METHODEN DER
ORGANISCHEN CHEMIE

METHODEN DER ORGANISCHEN CHEMIE

(HOUBEN-WEYL)

ERWEITERUNGS- UND FOLGEBÄNDE ZUR VIERTEN AUFLAGE

HERAUSGEBER

K. H. BÜCHEL · J. FALBE · H. HAGEMANN
LEVERKUSEN   OBERHAUSEN   LEVERKUSEN

M. HANACK · D. KLAMANN · R. KREHER
TÜBINGEN   HAMBURG   LÜBECK

H. KROPF · M. REGITZ
HAMBURG   KAISERSLAUTERN

ZENTRALREDAKTION

H. G. PADEKEN
STUTTGART

GEORG THIEME VERLAG STUTTGART · NEW YORK

BAND E 1

ORGANISCHE PHOSPHOR-VERBINDUNGEN I

HERAUSGEGEBEN VON

MANFRED REGITZ

KAISERSLAUTERN

BEARBEITET VON

H. J. BESTMANN · H. D. BLOCK
ERLANGEN · LEVERKUSEN

K. DIMROTH · G. ELSNER · H. HEYDT
MARBURG/LAHN · HÜRTH-KNAPSACK · KAISERSLAUTERN

K. JÖDDEN · H.-J. KLEINER · R. LUCKENBACH
HÜRTH-KNAPSACK · FRANKFURT-HOECHST · FRANKFURT

G. MÄRKL · H. NEUMAIER · H. G. PADEKEN
REGENSBURG · HÜRTH-KNAPSACK · STUTTGART

M. REGITZ · B. WEBER · R. ZIMMERMANN
KAISERSLAUTERN · KAISERSLAUTERN · ERLANGEN

MIT 2 ABBILDUNGEN UND 64 TABELLEN

1982

GEORG THIEME VERLAG STUTTGART · NEW YORK

In diesem Handbuch sind zahlreiche Gebrauchs- und Handelsnamen, Warenzeichen u. dgl. (auch ohne besondere Kennzeichnung), Patente, Herstellungs- und Anwendungsverfahren aufgeführt. Herausgeber und Verlag machen ausdrücklich darauf aufmerksam, daß vor deren gewerblicher Nutzung in jedem Falle die Rechtslage sorgfältig geprüft werden muß. Industriell hergestellte Apparaturen und Geräte sind nur in Auswahl angeführt. Ein Werturteil über Fabrikate, die in diesem Band nicht erwähnt sind, ist damit nicht verbunden.

CIP-Kurztitelaufnahme der Deutschen Bibliothek

Methoden der organischen Chemie / (Houben-Weyl).
– Stuttgart ; New York : Thieme
   Teilw. ohne Angabe d. Begr. – Teilw. mit
   Erscheinungsort: Stuttgart

NE: Müller, Eugen [Begr.]; Houben, Josef [Begr.]
Houben-Weyl, . . .
Erweiterungs- u. Folgebd. zur 4. Aufl. Hrsg. K. H. Büchel . . .
Bd. E1. → Organische Phosphor-Verbindungen
NE: Büchel, Karl Heinz [Hrsg.]

Organische Phosphor-Verbindungen / hrsg. von
Manfred Regitz. – Stuttgart ; New York : Thieme

NE: Regitz, Manfred [Hrsg.]
1. Bearb. von H. J. Bestmann . . . – 1982. –
   (Methoden der organischen Chemie ; Erweiterungs-
   u. Folgebd. zur 4. Aufl., Bd. E1)

NE: Bestmann, Hans Jürgen [Mitverf.]

Erscheinungstermin 25.11.1982

© 1982, Georg Thieme Verlag, Rüdigerstraße 14, Postfach 732, D-7000 Stuttgart 30 – Printed in Germany

Satz und Druck: Tutte Druckerei GmbH, 8391 Salzweg-Passau

ISBN 3-13-217104-2

Vorwort

Die METHODEN DER ORGANISCHEN CHEMIE wurden 1909 von THEODOR WEYL begründet und 1913 von HEINRICH J. HOUBEN fortgeführt. Die 3. Auflage umfaßte vier Bände, die in der Zeit von 1923–1941 erschienen sind.

Die 4. Auflage wurde 1952 begonnen von dem Herausgeber-Kollegium

OTTO BAYER   EUGEN MÜLLER
HANS MEERWEIN   KARL ZIEGLER

HEINZ KROPF, Hamburg (seit 1975)

und wird 1985 mit 65 Bänden und einem Generalregister abgeschlossen sein.

Durch Zusammenarbeit von Hochschul- und Industrie-Chemikern war es möglich, die in Fachzeitschriften und in der Patentliteratur veröffentlichten Ergebnisse angemessen zu berücksichtigen und ein ausgewogenes Gesamtwerk zu gestalten. Der Houben-Weyl hat sich so zu einem wichtigen Standardwerk des chemischen Schrifttums entwickelt.

Die vollständige Beschreibung von Methoden und deren kritische Wertung haben die Bedeutung des Houben-Weyl begründet. Dabei wird die Herstellung einer Verbindungsklasse ausführlich und zusammenfassend beschrieben, Umwandlungen an typischen Beispielen abgehandelt.

Die 4. Auflage des HOUBEN-WEYL wird von dem Herausgebergremium

KARL HEINZ BÜCHEL, Leverkusen	DIETER KLAMANN, Hamburg
JÜRGEN FALBE, Oberhausen	RICHARD KREHER, Lübeck
HERMANN HAGEMANN, Leverkusen	HEINZ KROPF, Hamburg
MICHAEL HANACK, Tübingen	MANFRED REGITZ, Kaiserslautern

in Erweiterungs- und Folgebänden mit dem Ziel fortgeführt, neue präparative Entwicklungen und methodische Fortschritte aufzuzeigen. In diesem Sinne werden behandelt:

Stoffklassen, die bisher nicht beschrieben wurden (z.B. 5- und 6-gliedrige Heteroarene)
Stoffklassen, bei deren Herstellung in der Zwischenzeit wesentliche Fortschritte und Verbesserungen erzielt wurden
  (z.B. Kohlensäure-Derivate, Carbonsäuren und Carbonsäure-Derivate, Aldehyde, Carbonyl-Derivate, Halogen-Verbindungen, Peroxide, Schwefel-, Selen-, Tellur-, Stickstoff- und Phosphor-Verbindungen).

Die Erweiterungs- und Folgebände sind mit den Bänden der 4. Auflage des Houben-Weyl abgestimmt und durch Verweise miteinander verknüpft.
Für die Gliederung der Verbindungsklassen und damit für die Einteilung ihrer Herstellungsmethoden wurden systematische Leitlinien erstellt; diese sind in dem Sonderheft „Das Aufbauprinzip" (s.a. Übersichtstafel) zusammengestellt.

Die Herausgeber

Vorwort zum Band E1

Die von K. SASSE verfaßten Bände über Organische Phosphorverbindungen der 4. Auflage des Houben-Weyl (XII/1, XII/2) gelten seit fast zwanzig Jahren als Standardwerk in der Organophosphorchemie. Wenn dieses jetzt in Form der Bände E1 und E2 eine Ergänzung und Aktualisierung erhält, so war hierfür in erster Linie die stürmische Entwicklung in den beiden letzten Jahrzehnten ausschlaggebend. Erinnert sei z.B. an die aktuellen Fortschritte auf dem Gebiet der Phosphor(III)- und Phosphor(V)-Verbindungen niederer Koordinationszahl, an die Vielfalt organischer Synthesen mit Phosphoryliden oder etwa an pentakoordinierte Organophosphor-Verbindungen und deren stereochemischen Aspekte. Aber auch die explosionsartige Vermehrung unseres Wissens über schon klassisch zu nennende Arbeitsfelder wie etwa die Chemie der Phosphane, Phosphanoxide Phosphonsäure- oder Phosphorsäure-Derivate hat unsere Entscheidung stark mitgeprägt.

Leider war es auch bei kritischer Stoffauswahl nicht möglich, eine vollständige Beschreibung der methodischen Entwicklungen der Organophosphorchemie in einem einzigen Band zu geben, ohne Gefahr zu laufen, Wesentliches tilgen oder doch ungebührlich kurz darstellen zu müssen. Naturgemäß stellen die in Formeln und Tabellen aufgeführten Beispiele nur eine repräsentative Auswahl dar. Unser Ziel ist es also lediglich, dem Benutzer des Houben-Weyl, mit den Phosphorbänden E1 und E2 (und den nach wie vor unentbehrlichen Bänden XII/1 und XII/2 der 4. Auflage) einen methodisch weitgehend kompletten und aktuellen Überblick in die Hand zu geben. In den meisten Fällen wird man beide Werke wohl gemeinsam benutzen müssen.

Der systematische Gesamtaufbau der vorliegenden Bände richtet sich streng nach Bindigkeit und Koordinationszahl am Phosphor-Atom und weicht somit etwas vom Aufbau der entsprechenden Bände der 4. Auflage ab. Da die Stoffgruppeneinteilung hiervon unberührt bleibt (s. auch die Querverbindung zu den Bänden XII/1 und XII/2 im Bd. E1, 1. Kap.), sollten keine Probleme auftreten.

Dem umfangreichen synthetischen Material ist ein Abschnitt über sterischen Aufbau und spektroskopische Identifizierung von Organophosphor-Verbindungen vorangestellt. Trotz seiner enormen und anerkannten Wichtigkeit ist es aber – ganz im Sinne der Zielsetzung des Houben-Weyl – kurz abgefaßt; ihm folgt eine recht umfangreiche Bibliographie, die es dem Benützer erlaubt, rasch Antworten auf spezielle Fragen zu erhalten.

An der Abfassung der Bände E1 und E2 waren – sieht man vom Herausgeber, der gleichzeitig Autor war, ab – insgesamt 19 Autoren beteiligt. Ihnen gilt auch an dieser Stelle mein aufrichtiger und herzlicher Dank. Engagement, gegenseitige Rücksichtnahme und nicht zuletzt harte Disziplin haben die termingerechte Herausgabe der beiden Bände ermöglicht. Den Herren Professoren Dr. Dr. h.c. K.H. Büchel/Leverkusen, Dr. H. Hoffmann/ Elberfled und Dr. K.Weissermel/Hoechst schulde ich großen Dank: Ihre Mithilfe bei der Suche nach sachkompetenten Autoren in ihren Werken hat die Herausgabe der beiden Phosphorbände wesentlich erleichtert.

Kaiserslautern, im November 1982   M. REGITZ

Organophosphor-Verbindungen

Organische Phosphor-Verbindungen I

herausgegeben von

Manfred Regitz

Fachbereich Chemie der
Universität Kaiserslautern

bearbeitet von

Hans-Jürgen Bestmann
Institut für Organische Chemie
der Universität Erlangen-Nürnberg
Erlangen

Hans-Dieter Block
Bayer Ag, Sparte AC-F
Leverkusen

Karl Dimroth
Chemisches Institut
der Universität Marburg
Marburg

Georg Elsner
Hoechst AG, Werk Knapsack
Anorganische Forschung
Hürth-Knapsack

Heinrich Heydt
Fachbereich Chemie der
Universität Kaiserslautern
Kaiserslautern

Klaus Jödden
Hoechst AG, Werk Knapsack
Hürth-Knapsack

Hanss-Jerg Kleiner
Farbwerke Hoechst AG
Hauptlabor
Frankfurt/Main

Reiner Luckenbach
Beilstein-Institut für
Literatur der Organischen Chemie
Frankfurt/Main

Gottfried Märkl
Fachbereich Chemie der
Universität Regensburg
Regensburg

Hubert Neumaier
Hoechst AG, Werk Knapsack
Anorganische Forschung
Hürth-Knapsack

Hans Gerd Padeken
Zentral-Redaktion HOUBEN-WEYL
Georg Thieme Verlag
Stuttgart

Manfred Regitz
Fachbereich Chemie der
Universität Kaiserslautern
Kaiserslautern

Bernd Weber
Fachbereich Chemie
der Universität Kaiserslautern
Kaiserslautern

Reiner Zimmermann
Institut für Organische
Chemie der Universität
Erlangen-Nürnberg
Erlangen

Mit 2 Abbildungen und 64 Tabellen

Literatur berücksichtigt bis 1982

Inhalt

Phosphor(V)-Verbindungen

I. der Koordinationszahl 3
(bearbeitet von M. Regitz)

Systematik, Nomenklatur, sterischer Aufbau und spektroskopische Identifizierung organischer Phosphor-Verbindungen

bearbeitet von

Dr. Bernd Weber

Fachbereich Chemie der Universität Kaiserslautern

Prof. Dr. Reiner Luckenbach

Beilstein-Institut für Literatur der Organischen Chemie, Frankfurt/Main

Dr. Hans-Gerd Padeken

Georg Thieme Verlag, Stuttgart

und

Prof. Dr. Manfred Regitz

Fachbereich Chemie der Universität Kaiserslautern

I. Systematik

Methoden zur Herstellung und Umwandlung von organischen Phosphor-Verbindungen sind in den Bänden XII/1 und 2 der 4. Auflage des Houben-Weyl ausführlich abgehandelt. Sie berücksichtigen die Literatur bis Ende 1961 bzw. bis Ende 1962, sodaß die Entwicklungen der Organophosphorchemie seit 1962 nicht erfaßt sind. Diese Lücke zu schließen ist Aufgabe der Phosphorbände E1 und 2 (Erweiterungs- und Folgebände zur 4. Auflage).

Es ergeben sich zwei Forderungen, die die Phosphorbände E1 und 2 zu erfüllen haben

① die in den Bänden XII/1 und 2 behandelten Methoden zur Herstellung und Umwandlung von Organo-phosphor-Verbindungen durch die Ergebnisse der Jahre 1961–1981 zu ergänzen (Phosphane, Quartäre Phosphonium-Salze, tert. Phosphanoxide, Biphosphane, Cyclophosphane, Phosphinige Säuren, Phosphinsäuren, Phosphonige Säuren, Phosphonsäuren und deren Derivate sowie Organische Derivate der phosphorigen Säure und der Phosphorsäure; im Prinzip sind auch die Kapitel über Phosphor-Ylide und Pentaorgano-phosphor-Verbindungen zu nennen, deren Chemie nach Erscheinen der Bände XII/1 und 2 eine geradezu stürmische Entwicklung durchlief).

② aktuelle Entwicklungen vor allem auf dem Gebiet ungewöhnlich koordinierter Phosphor(III)- und Phosphor(V)-Verbindungen umfassend bezüglich Herstellung und Umwandlung darzustellen (z.B. Alkylidinphosphane, Methylenphosphane, Amino-imino-phosphane, Phosphanyliden-phosphane, Organo-oxo(thioxo)-phosphane,

λ^3-Phosphorine, Bis-[methylen]-phosphorane, Metaphosphate, λ^5-Phosphorine und hexakoordinierte Organophosphor-Verbindungen u. a.).

Auch an dieser Stelle sei ausdrücklich darauf verwiesen, daß der Houben-Weyl eine kritische Betrachtung möglichst aller synthetischer Methoden anstrebt, die durch Einzelbeispiele belegt werden. Vollständige Wiedergabe der Literatur sowie aller hergestellten Verbindungen ist nicht Ziel dieses Handbuches.

Zu einem klaren und übersichtlichen Bandkonzept, das alle Stoffklassen (seien sie nun ergänzt oder völlig neu abgefaßt) in eine logische Folge einordnet, gelangt man, indem man die Organophosphor-Verbindungen nach steigender Bindigkeit und Koordinationszahl ordnet und abhandelt. Hierüber sowie über Querverbindungen mit den Phosphorbänden XII/1 und 2 der 4. Auflage informiert Tab. 1.

Tab. 1: Einteilung der Organophosphor-Verbindungen nach steigender Bindigkeit und Koordinationszahl

Bindigkeit	Koordinations-zahl	Allgemeine Formel	Stoffklasse	Querverbindung zur 4. Auflage
einbindig	1	$R-\bar{P}$	Phosphinidene	—
dreibindig	1	$-C\equiv P$	Alkylidinphosphane	—
	2	$\overset{}{C}=P$	Methylenphosphane	—
		$N=P$	Amino-imino-phosphane	—
		$-P=P$	Phosphanyliden-phosphane	—
		$P=O\,(S)$	Organo-oxo(thioxo)-phosphane	—
		 (Ring mit P)	λ^3-Phosphorine	—
	3	R_3P	Phosphane	XII/1, S. 17 ff.
		$P-P$	Diphosphane	XII/1, S. 182 ff.
		$P-(P)_n-P$	Acyclische Polyphosphane	—
		 $\overset{P-P}{X}$	Cyclopolyphosphane	XII/1, S. 190 ff.
		R_2P-OH bzw. $R_2PH=O$ $R-P(OH)_2$ bzw. $R-PH(=O)-OH$	Phosphinige Säure und Derivate Phosphonige Säure und Derivate	XII/1, S. 193 ff. XII/1, S. 294 ff.
		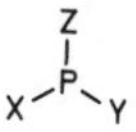 $X-\overset{Z}{P}-Y$	Derivate der phosphorigen Säure	XII/2, S. 5 ff.
vierbindig	4	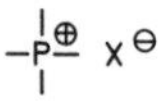 $-\overset{\oplus}{P}-\ X^{\ominus}$	Phosphoniumsalze	XII/1, S. 79 ff.
fünfbindig	3	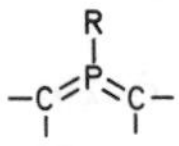 $-C\overset{R}{=P=}C-$	Bis-[methylen]-phosphorane	—
		$X\overset{R}{=P=}C-$	Metaphosphinate	—
		$X\overset{R}{=P=}Y$	Metaphosphonate	—
		$X\overset{Z}{=P=}Y$	Metaphosphate	—

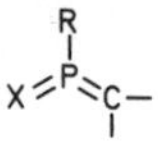

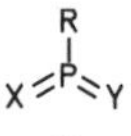

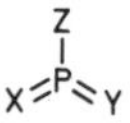

Tab. 1: (Fortsetzung)

Bindigkeit	Koordinations-zahl	Allgemeine Formel	Stoffklasse	Querverbindung zur 4. Auflage
	4	$-\!\!\overset{\|}{\underset{\|}{P}}\!\!=\!C\overset{\diagup}{\diagdown}$	Phosphorylide (Methylen-phosphorane)	XII/1, S. 112 ff.
		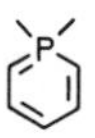 (Ring mit P)	λ^5-Phosphorine	—
		$R_3P\!=\!O$	tert. Phosphanoxide und Derivate	XII/1, S. 127 ff.
		$R_2\overset{O}{\underset{OH}{\overset{\|\|}{P}}}$	Phosphinsäuren und Derivate	XII/1, S. 217 ff.
		$R\!-\!\overset{O}{\underset{OH}{\overset{\|\|}{P}}}\!-\!OH$	Phosphonsäuren und Derivate	XII/1, S. 338 ff.
		$HO\!-\!\overset{O}{\underset{OH}{\overset{\|\|}{P}}}\!-\!OH$	Derivate der Phosphorsäure	XII/2, S. 131 ff.
	5	R_5P (bzw. mit Heteroatomen)	Pentaorganophosphor-Verbindungen	XII/1, S. 125 ff.
sechsbindig	6	$R_6P^\ominus$ (bzw. mit Hetero-atomen)	Hexaorganophosphor-Verbindungen	—

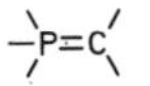

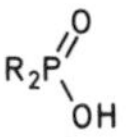

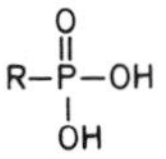

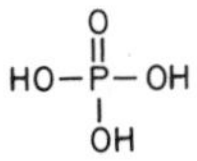

X, Y und Z sind Heteroatome enthaltende Reste.

II. Nomenklatur

Die Benennung der in diesem Band zu besprechenden Phosphor-Verbindungen erfolgt nach den international üblichen Bestimmungen, wobei einige Vereinfachungen eingeführt wurden. Phosphor(I)-Verbindungen werden als Phosphinidene und offenkettige Phosphor(III)-Verbindungen als Phosphane bezeichnet. Als Substanzklassen werden bei P–X-Derivaten auch die entsprechenden Säure-Bezeichnungen verwendet:

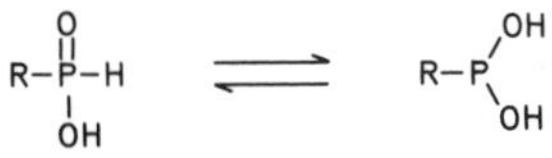

$R\!-\!\overset{O}{\underset{OH}{\overset{\|\|}{P}}}\!-\!H \rightleftharpoons R\!-\!P\overset{OH}{\underset{OH}{\diagdown}}$ **Phosphonigsäure**
deren Derivate: -halogenide, -ester, -amide usw.
als Name z.B.: *Ethanphosphonigsäure*
Ethyl-dichlor-phosphan
Brom-ethoxy-ethyl-phosphan

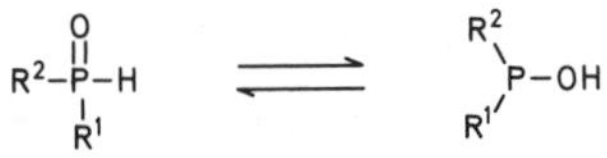

$R^2\!-\!\overset{O}{\underset{R^1}{\overset{\|\|}{P}}}\!-\!H \rightleftharpoons \overset{R^2}{\underset{R^1}{P}}\!\!-\!OH$ **Phosphinigsäure**
deren Derivate: -halogenide, -ester, -amide usw.
als Name z.B.: *Diethylphosphinigsäure*
Chlor-diethyl-phosphan usw.

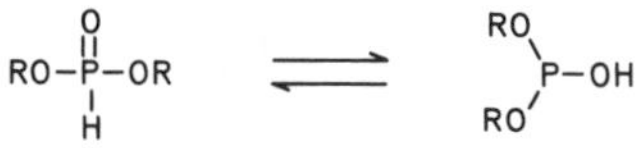

$RO\!-\!\overset{O}{\underset{H}{\overset{\|\|}{P}}}\!-\!OR \rightleftharpoons \overset{RO}{\underset{RO}{P}}\!\!-\!OH$ **Phosphorigsäure** und deren Derivate,
auch als Einzelnamen

Bei cyclischen Verbindungen wird die Nomenklatur des Ringindex verwendet:
z.B.:

Phosphetan    *Phospholan*    *2,5-Dihydro-phosphol* 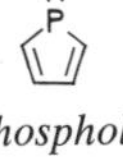   *Phosphol*

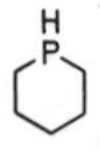

Phosphorinan    3,4,5,6-Tetrahydro- λ^3-Phosphorin   Phosphepan
                λ^3-phosphorin

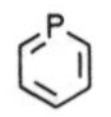

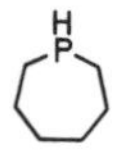

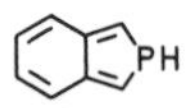

2H-2-Benzophosphol 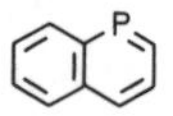   Benzo[b]-λ^3-phosphorin 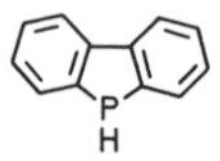   5H-Dibenzophosphol

Verbindungen mit einer P–P-Bindung werden als Di-, Tri- usw. -phosphane, Phosphor(III)-Verbindungen der Koordinationszahl 2 mit einer P=X-Bindung als Phosphane bezeichnet; z.B.:

$$R–P=N–R \qquad \text{z.B.: } \textit{Ethyl-phenylimino-phosphan}$$

Phosphor(IV)-Verbindungen stellen naturgemäß Phosphonium-Salze dar. Offenkettige Phosphor(V)-Verbindungen werden als Phosphorane bezeichnet. Von dieser Bezeichnung gibt es einige Ausnahmen. Tert. Phosphanoxide werden als solche bezeichnet, entsprechend wird bei den Sulfiden und Seleniden verfahren, während tert. Phosphanimide als Imino-phosphorane benannt werden.

Phosphinsäuren   Phosphonsäuren 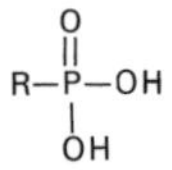   Phosphorsäure

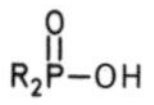

$$R_2\overset{\overset{O}{\|}}{P}{-}OH \qquad\qquad R{-}\overset{\overset{O}{\|}}{\underset{\underset{OH}{|}}{P}}{-}OH \qquad\qquad OP(OH)_3$$

und deren Derivate werden auch als Einzelverbindungen als Säure-Derivate bezeichnet; z.B. Ethanphosphonsäure-diester, Diethylphosphinsäure-chlorid. Bei cyclischen Verbindungen erfolgt die Bezeichnung analog den Phosphor(III)-Verbindungen mit dem Zusatz λ^5 (z.B. λ^5-Phosphorin) bzw. analog dem tert. Phosphanoxid als -oxid, -sulfid als Nachsilbe z.B.:

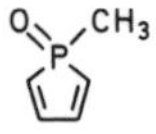

1-Methyl-phosphol-1-oxid   2-Chlor-1,3,2-dioxaphospholan-2-oxid
bzw. 1-Methyl-1-oxo-λ^5-phosphol   bzw. 2-Chlor-2-oxo-1,3,2λ^5-dioxaphospholan

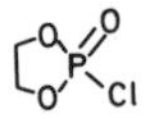

Unabhängig von ihrer Struktur werden P-Ylide als Phosphorane benannt (z.B. *Methylentriethyl-phosphoran*). Dasselbe gilt für die Verbindungen der Koordinationszahl 3 mit einer bzw. zwei P=X-Bindungen (z.B. *Dioxo-phenyl-phosphoran*).
Pentakoordinierte Phosphor(V)-Verbindungen sind Phosphorane, wobei das H-Atom am P-Atom mitgenannt wird. Hexakoordinierte Phosphor-Verbindungen werden als Phosphoranate bezeichnet.
Die Benennung der Substituenten erfolgt wie üblich, wobei bei offenkettigen Substituenten das am P-Atom stehende C-Atom stets die Ziffer 1 erhält; damit wird z.B. der 2-Butyl-Rest zu einem 1-Methyl-propyl-Substituenten. Die Nennung der Substituenten erfolgt unter Einbeziehung der Vorsilben Di-, Tri-, Tetra- usw., Bis-, Tris-, Tetrakis- usw. in alphabetischer Reihenfolge. Bei cyclischen Verbindungen werden die zum Stammkörper gehörenden Bezeichnungen *dihydro-, tetrahydro-* zuletzt genannt.
Thio-P-Säuren (analoges gilt für die Seleno-Derivate) werden unter Einbeziehung aller S-Atome vor der P-Säure benannt und der Substituent am S-Atom in der Nachnennung mit S besonders gekennzeichnet; z.B.:

$$
\begin{array}{c}
S{-}C_3H_7 \\
R{-}P{\diagdown} \\
Cl
\end{array}
\qquad\qquad
\begin{array}{c}
S \\
\parallel \\
Cl{-}P{-}SC_2H_5 \\
\mid \\
OC_2H_5
\end{array}
$$

Thiophosphonigsäure-chlorid-S-propylester   *Dithiophosphorsäure-chlorid-O,S-diethylester*
(bzw. *Chlor-ethyl-propylthio-phosphan*)

In Fällen, in denen die Benennung organischer Phosphorverbindungen nicht auf den phosphorhaltigen Teil der Molekel bezogen werden kann, werden die phosphorhaltigen Reste durch die folgenden Präfixe gekennzeichnet:

Phosphorhaltiger Rest	Bindung an ein Hetero- bzw. Kohlenstoff-Atom
$\begin{array}{c} O \\ \parallel \,_X \\ {-}P{\diagup} \\ {\diagdown}_X \end{array}$	*-phosphoryl-*
$\begin{array}{c} O \\ \parallel \,_R \\ {-}P{\diagup} \\ {\diagdown}_X \end{array}$	*-phosphonyl-*
$\begin{array}{c} O \\ \parallel \,_R \\ {-}P{\diagup} \\ {\diagdown}_R \end{array}$	*-phosphinyl-*
$\begin{array}{c} {}_{R(X)} \\ {-}P{\diagup} \\ {\diagdown}_{R(X)} \end{array}$	*-phosphano-*
$\begin{array}{c} \oplus\,_R \\ {-}P{-}R \\ \mid \\ R \end{array}$	*-phosphoniono-*

(X = Heterorest, R = organischer Rest)

III. Sterischer Aufbau

Im folgenden wird ein kurzer Überblick über den sterischen Aufbau phosphororganischer Verbindungen der Koordinationszahlen 2–6 gegeben. Für weitergehende Informationen und zum stereochemischen Ablauf von Reaktionen muß auf die entsprechende Spezialliteratur verwiesen werden[1-14].

[1] *W. E. McEwen* u. *K. D. Berlin, Organophosphorus Stereochemistry, Parts I und II, Benchmark Papers in Organic Chemistry*, Vol. 3 u. 4, Dowden, Hutchinson & Ross. Inc., Stroudsburg, Pennsylvania 1975.

[2] *M. J. Ga'lagher* u. *J. D. Jenkins, Stereochemical Aspects of Phosphorus Chemistry*, in *E. L. Eliel* u. *N. L. Allinger, Topics in Stereochemistry*, Vol. 3, S. 1 ff., Wiley-Interscience, New York 1968.

[3] *G. M. Kosolapoff* u. *L. Maier, Organic Phosphorus Compounds*, Vol. 1 ff., Wiley-Interscience, 1972.

[4] *F. G. Mann, The Stereochemistry of the Group V Elements*, in *W. Klyne* u. *P. B. D. de la Mare, Progress in Stereochemistry*, Vol. 2, S. 196 ff., Butterworths, London 1958.

[5] *W. Klyne* u. *J. Buckingham, Atlas of Stereochemistry*, 2. Aufl., Vol. 1, S. 231–234; Vol. 2, S. 121 ff., Chapman & Hall, London 1978.

[6] *R. Luckenbach, Dynamik Stereochemistry of Pentacoordinated Phosphorus and Related Elements*, Thieme, Stuttgart 1973.

[7] *W. E. McEwen, Topics in Phosphorus Chemistry* 2, 1 (1965), John Wiley & Sons Inc., New York 1965.

[8] *L. Horner*, Pure Appl. Chem. 9, 225 (1964); Helv. Chim. Acta fasc. extraord. „A. Werner" 1967, 93.

[9] *H. Christau* u. *H.-J. Cristau*, Ann. Chim. (Paris) 6, 179, 191 (1971).

[10] *R. F. Hudson* u. *M. Green*, Angew. Chem. 75, 47 (1963).

[11] *R. F. Hudson, Structure and Mechanism in Organo-Phosphorus Chemistry*, Academic Press, London 1965.

[12] *J. Michalski*, Bull. Soc. Chim. Fr. 1967, 1109.

[13] *A. Cammarata*, J. Chem. Educ. 43, 64 (1966).

[14] *H. Kessler*, Naturwissenschaften 58, 46 (1971).

Abb. 1 enthält die sterischen Strukturen phosphororganischer Verbindungen der Koordinationszahlen 2–6.

Koordinationszahl	sterischer Aufbau			
2				gewinkelt
3	trigonal planar			pyramidal
4				tetraedrisch
5	tetragonal pyramidal			trigonal bipyramidal
6				oktaedrisch

Abb. 1: Sterischer Aufbau von Organophosphor-Verbindungen

Verbindungen der Koordinationszahl 2 (z.B. Methylenphosphane) besitzen eine Phosphor-Element-Doppelbindung sowie ein einsames Elektronenpaar am P-Atom und haben daher eine gewinkelte Struktur. Das Auftreten von *syn/anti*-Isomeren wird beobachtet[15].

Dreifach koordinierte Phosphor(III)-Verbindungen mit einsamen Elektronenpaaren am P-Atom besitzen die Geometrie einer Pyramide. Infolge der hohen Inversionsbarriere des Phosphors ist diese konfigurationsstabil, sodaß bei entsprechender Substituentenwahl optische Isomerie möglich ist[8, 16]. Phosphor(V)-Verbindungen der Koordinationszahl 3 liegen dagegen trigonal planar vor, da die Planarität starke π-Bindungen ermöglicht und somit zur Stabilisierung des koordinativ ungesättigten P-Atoms beiträgt[17].

Vierfach koordinierte Verbindungen sind tetraedrisch aufgebaut. Bei vier verschiedenen Substituenten treten auch bei dieser Verbindungsklasse optische Isomere auf[18–20].

Die bevorzugte Struktur der fünffach koordinierten Phosphor-Verbindungen ist die trigonale Bipyramide[18, 21, 22]. Bei fünf gleichartigen Substituenten sind die Bindungen in der apicalen Position etwas länger und schwächer als die in der äquatorialen Position[18, 21, 22]. Bei verschiedenen Substituenten wird die apicale Position vom Substituenten mit der größten Elektronegativität, dem größten π-Akzeptor-Charakter und dem kleinsten sterischen Platzbedarf eingenommen.

Viele experimentelle Befunde (Stereochemie, NMR-Spektren) an fünffach koordinierten Phosphor-Verbindungen werden über ein Phänomen erklärt, das als Pseudorotation bekannt ist. Darunter versteht man den Positionswechsel der apicalen und äquatorialen Substituenten ohne Bindungsbruch. Von den denkbaren Mechanismen dieses Prozesses werden heute die Berry-Pseudorotation mit quadratisch pyramidalem Übergangszustand und die Turnstile-Rotation als die energetisch günstigsten diskutiert[18, 21, 22].

[8] *L. Horner*, Pure Appl. Chem. **9**, 225 (1964); Helv. Chim. Acta fasc. extraord. „A. Werner" **1967**, 93.

[15] *G. Becker*, Z. Anorg. Allg. Chem. **423**, 242 (1976).

[16] *L. Horner, H. Winkler, A. Rapp, A. Mentrup. H. Hoffmann* u. *P. Beck*, Tetrahedron Lett. **1961**, 161.

[17] *S. Pohl, E. Niecke* u. *B. Krebs*, Angew. Chem. **87**, 284 (1975); engl.: **14**, 261.

[18] *W. E. McEwen* u. *K. D. Berlin, Organophosphorus Stereochemistry, Parts I u. II, Benchmark Papers in Organic Chemistry*, Vol. **3** u. **4**, Dowden, Hutchinson & Ross, Stroudsburg, Pennsylvania, 1975.

[19] *M. J. Gallagher* u. *J. D. Jenkins, Stereochemical Aspects of Phosphorus Chemistry*, in *E. L. Eliel* u. *N. L. Allinger, Topics in Stereochemistry*, Vol. **3**, S. 1, Wiley-Interscience, New York 1968.

[20] *W. Klyne* u. *J. Buckingham, Atlas of Stereochemistry*, 2. Aufl., Vol. **1**, S. 231–234; Vol. **2**, S. 121 ff., Chapman & Hall, London 1978.

[21] *R. Luckenbach, Dynamic Stereochemistry of Pentacoordinated Phosphorus and Related Elements*, Thieme, Stuttgart 1973.

[22] *I. Ugi* u. *F. Ramirez*, Chem. Ber. **8**, 198 (1972).

Sechsfach koordinierte Phosphor-Verbindungen liegen im allgemeinen in der oktaedrischen Geometrie vor[23-26].

IV. Spektroskopische Identifizierung

a) IR-Spektroskopie

Dieser Abschnitt behandelt nur solche Gruppenfrequenzen, die zur Identifizierung einer Organophosphor-Verbindung signifikant sind. Für weitergehende Informationen und weitere Korrelationen von Gruppenfrequenzen muß auf die Literatur verwiesen werden[27,28].

1. Die P=O-Gruppe

Die Valenzschwingung der Phosphoryl-Gruppe erscheint als sehr intensive Bande im Bereich von $1450-1080$ cm^{-1}, wobei die meisten Verbindungen im engeren Bereich von $1320-1200$ cm^{-1} absorbieren[28]. Für einzelne Substanzklassen kann dieser Bereich in noch kleinere unterteilt werden[27].

Die Lage der Phosphoryl-Bande wird von mehreren Faktoren beeinflußt:
① von der Art der drei anderen am P-Atom gebundenen Substituenten, speziell von deren Elektronegativität
② durch Wasserstoff-Brückenbindungen an den Sauerstoff der P=O-Gruppe
③ durch Konjugation und Elektronen-Delokalisierung über andere gebundene O-Atome in Anionen wie $R_2PO_2^{\ominus}$ oder $RPO_3^{2\ominus}$
④ durch Bildung von Metall-Komplexen, in denen der Sauerstoff als Donor fungiert
⑤ durch Lösungsmittel-Wechselwirkungen

Mit Hilfe der Pauling-Elektronegativitäten und überlagerter induktiver Effekte werden sogenannte π-Konstanten für die anderen am P-Atom gebundenen Substituenten ermittelt, die über empirisch ermittelte Formeln eine Vorhersage der Lage der P=O-Bande in guter Näherung gestatten[29,30].

Enthält das P-Atom der Phosphoryl-Gruppe gleichzeitig eine Hydroxy-Gruppe, wie in P-Säuren, so verursachen Wasserstoff-Brückenbindungen eine Verbreiterung der P=O-Bande und eine Verschiebung um $50-100$ cm^{-1} nach kleineren Wellenzahlen.

Benachbarte π-Systeme beeinflussen die Lage der P=O-Bande nicht. Konjugation und Delokalisation über andere am P-Atom gebundene O-Atome wie in den oben genannten Anionen verschieben die P=O-Bande ebenfalls nach niederen Wellenzahlen.

Im gleichen Sinne wird die Lage der P=O-Bande in Übergangsmetall-Komplexen verschoben, in denen die Phosphoryl-Verbindung über den Sauerstoff als Ligand fungiert (z.B. Bis-[dimethylphosphoryl]-dichloro-kobalt).

[23] D. Hellwinkel, Chem. Ber. **99**, 3628, 3642, 3660 (1966).
[24] D. Hellwinkel in G. M. Kosolapoff u. L. Maier, Organic Phosphorus Compounds, Vol. 3, S. 185 ff., Wiley-Interscience, New York 1972.
[25] W. S. Sheldrick, Topics Curr. Chem. **73**, 1 (1978).
[26] R. Schmutzler, Inorg. Chem. **7**, 1327 (1968).
[27] L. C. Thomas, Interpretation of the Infrared Spectra of Organophosphorus Compounds, Heyden, London 1974.
[28] D. E. C. Corbridge, Infrared Spectra of Phosphorus Compounds, Topics in Phosphorus Chem., Vol. **6**, S. 235 (1969).
[29] L. C. Thomas u. R. A. Chittenden, Spectrochim. Acta **20**, 467 (1964).
[30] W. Chen, Acta Chim. Sinica **31**, 37 (1965).

2. die P–O–C-Gruppe

Die neben der Phosphoryl-Gruppe in Organophosphor-Verbindungen sehr häufig auftretende P–O–C-Gruppe verursacht im IR-Spektrum eine Absorption um 1000 cm^{-1}. Dabei kann unterschieden werden zwischen aromatischen P–O–C-Gruppen, die eine starke Bande bei 1242–1110 cm^{-1} haben und aliphatischen, die im Bereich von 1088–950 cm^{-1} liegen[31]. Der aliphatische Bereich kann weiter unterteilt werden, wobei eine Unterscheidung von Ester-Gruppen prim. und sek. Alkohole möglich ist:

P–O–CH$_3$	1088–1010 cm^{-1}
P–O–CH$_2$–R	1042– 987 cm^{-1}
P–O–CHR$_2$	1018– 950 cm^{-1}

3. Die P–C$_6$H$_5$-Gruppe

Für P–C$_6$H$_5$-Gruppen werden zwei Banden angegeben[32, 33] und zwar im engen Bereich von 1450–1425 cm^{-1} und in der Nähe von 1000 cm^{-1}. Bei einer Reihe von Substanzen werden Banden im Bereich von 1450–1425 cm^{-1} und 1010–990 cm^{-1} gefunden[34]. Weitere Untersuchungen zeigten[35], daß sowohl die P–O–C$_6$H$_5$- wie auch die P–N–C$_6$H$_5$-Gruppe Banden in den gleichen Bereichen verursachen:

P–O–C$_6$H$_5$	1458–1445 cm^{-1}
P–C$_6$H$_5$	1450–1420 cm^{-1}
P–N–C$_6$H$_5$	1425–1379 cm^{-1}

Die Überlappung der beiden Bereiche für P–C$_6$H$_5$ und P–O–C$_6$H$_5$ führt nicht zu Schwierigkeiten, da die P–O–C$_6$H$_5$-Gruppe sicher identifiziert werden kann (s. o.).

4. die P–H-Gruppe

P–H-Gruppen[36] verursachen Absorptionen im Bereich von 2505–2222 cm^{-1}. Die Lage der Banden wird von den anderen Substituenten am P-Atom ähnlich beeinflußt wie bei Phosphoryl-Verbindungen. Bei Verbindungen mit Phosphoryl- oder Thiophosphoryl-Gruppen wird auch der Einfluß von Wasserstoff-Brückenbindungen auf die Lage der P–H-Banden diskutiert.

Zur weiteren Unterteilung des Gesamtbereichs nach einzelnen Verbindungsklassen s. Lit.[36].

b) ^{31}P–NMR-Spektroskopie

Mit der Entwicklung neuer Aufnahmetechniken wurde die ^{31}P-kernmagnetische Resonanz (NMR)-Spektroskopie für den präparativ tätigen Chemiker ein hervorragendes Hilfsmittel zur Identifizierung phosphororganischer Verbindungen. Gemäß der Zielsetzung dieses Werkes als präparatives Handbuch wird bewußt auf die Erörterung der theoretischen Grundlagen verzichtet. Von den wichtigsten Parametern der NMR-Spektroskopie

---

[31] *L. C. Thomas, Interpretation of the Infrared Spectra of Organophosphorus Compounds*, S. 51 ff., Heyden, London 1974.

[32] *L. W. Daasch* u. *D. C. Smith*, Anal. Chem. **23**, 853 (1951).

[33] *D. E. C. Corbridge*, J. Appl. Chem. **6**, 456 (1956).

[34] *D. E. C. Corbridge*, Topics in Phosphorus Chem., Vol. **6**, 235 (1969).

[35] *L. C. Thomas, Interpretation of the Infrared Spectra of Organophosphorus Compounds*, S. 91 ff., Heyden, London 1974.

[36] *L. C. Thomas, Interpretation of the Infrared Spectra of Organophosphorus Compounds*, S. 58 ff., Heyden, London 1974.

wird nur die chemische Verschiebung behandelt, ohne auf theoretische oder empirische Konzepte[37, 38] zu deren Voraussage einzugehen.

Für die im üblichen Sinne definierte δ-Skala der chemischen Verschiebung wird 85% Phosphorsäure als Bezugssubstanz allgemein akzeptiert. Die Vorzeichengebung der δ-Werte in diesem Abschnitt folgt der IUPAC-Empfehlung, wonach Tieffeld-Verschiebungen positives und Hochfeld-Verschiebungen negatives Vorzeichen erhalten. Leider wird diese Empfehlung nicht generell befolgt, so daß man in der Literatur zuweilen auch die umgekehrten Vorzeichen findet.

Während die δ-Skala bei der ¹H–NMR-Spektroskopie einen Bereich von ∼ 20 ppm überstreicht, findet man bei der ³¹P–NMR-Spektroskopie δ-Werte zwischen +250 und −500 ppm. Mit der Synthese von Phosphor(III)-Verbindungen der Koordinationszahl 2, deren ³¹P-Signale bei extrem tiefem Feld erscheinen, muß dieser Bereich am positiven Ende auf ∼ 450 ppm erweitert werden und überstreicht somit fast 1000 ppm. Verursacht wird diese große Spanne durch die Tatsache, daß Phosphor in seinen Verbindungen in mehreren Oxidationsstufen und mit Koordinationszahlen von 1–6 auftreten kann.

Abb. 2 gibt eine grobe Einteilung der Bereiche der chemischen Verschiebung δ als Funktion der Koordinationszahlen.

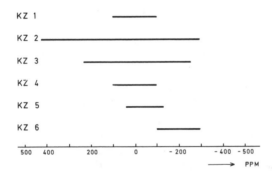

Abb. 2: ³¹P-Verschiebungen der Phosphor-Verbindungen mit Koordinationszahl 1–6

Da mit der Oxidations- und der Koordinationszahl die elektronischen Verhältnisse am P–Atom festgelegt sind, gibt das ³¹P–NMR-Spektrum im allgemeinen direkte Auskunft über diese Größen. Ein Blick auf Abb. 2 zeigt aber, daß bei der Interpretation dieser Daten eine gewisse Vorsicht geboten ist.

1. Phosphor-Verbindungen der Koordinationszahl 1

Das zur Zeit verfügbare geringe Datenmaterial erlaubt keine endgültige Aussage. Die Lage des ³¹P-Signals schwankt zwischen δ = −200 und +100 ppm. Ebenso substituentenabhängig ist die Lage der ¹³C-Signale, die bei tieferem Feld erscheinen als bei Alkinen oder Nitrilen (vgl. Tab. 2, S. 10).

[37] *J. R. van Wazer*, Determination of Organic Structures by Physical Methods, Vol. **4**, Academic Press, New York 1971.
[38] *J. R. van Wazer*, Topics in Phosphorus Chemistry, Vol. **5**, S. 110ff., Wiley Interscience, New York 1967.
R. Appel, F. Knoll u. *I. Ruppert*, Angew. Chem. **93**, 771 (1981); engl.: **20**, 731.

Tab. 2: NMR-Daten der Methinphosphane

Methinphosphan	$^{31}P\{^1H\}$ δ	$^{13}C\{^1H\}$ δ	Lit.
P≡C–H	−32	+ 154,0 d	[39]
P≡C–C(CH₃)₃	−69	+ 184,8 d	[40]
P≡C–C₆H₅	−32	+ 164,9 d	[41]
P≡C–F	−207	—	[42]
P≡C–Si(CH₃)₃	+ 96	+ 201,4 d	[43]

2. Phosphor-Verbindungen der Koordinationszahl 2

Die ^{31}P-Signale dieser Verbindungsklasse[44, 45] erscheinen im Bereich von $\delta = -217,5$ ppm für das mittlere P-Atom von *3,3-Diethoxy-3-oxo-1,1,1-tributyl-1λ⁵,2λ³,3λ⁵-triphosphen* und 453,9 ppm für *Bis-[bis-(trimethylsilyl)-amino]-phosphenium-tetrabromoaluminat*. Sieht man von einigen Substanzgruppen ab, so ist es ein generelles Kennzeichen der Phosphor(III)-Verbindungen der Koordinationszahl 2, daß ihre ^{31}P-Signale bei sehr tiefem Feld ($\delta > 120$ ppm) erscheinen. Außer den erwähnten Verbindungen, bei denen das zweifach koordinierte P-Atom an zwei weitere P-Atome gebunden ist, gehören zu den Ausnahmen die Phosphamethincyanine[46] ($\delta = -112-67$ ppm) und die Benzo-1,2-aza-, -thia- und -oxaphosphole[47] ($\delta = 70-79$ ppm). Auch das *Dicyanphosphid*[48] mit $\delta = -193$ ppm und das *Difluor-methylen-phosphan* mit $\delta = -62$ ppm gehören zu diesen Verbindungen.

Beschränkt man sich auf einzelne Substanzgruppen, so erscheinen die ^{31}P-Signale oft in einem engen Bereich. So liegen z.B. die Signale der Amino-imino-phosphane im Bereich von $\delta = \sim 290-330$ ppm.

Eine generelle theoretische Erklärung der großen Differenz in der chemischen Verschiebung dieser Verbindungsklasse kann im gegenwärtigen Zeitpunkt nicht gegeben werden. Doch ergeben sich bei den Einflüssen der Nachbargruppen an der P/C-Doppelbindung bei Methylenphosphanen Parallelen zu den Verschiebungen in den ^{13}C–NMR-Spektren von Alkenen und auch zu den ^{31}P-Verschiebungen der entsprechenden Phosphane, bei denen sich mit Hilfe der „α-Inkremente"[49] die δ-Werte in guter Näherung vorhersagen lassen. Gute Übereinstimmung mit diesen Werten findet man für Substituenten, die nicht oder nur wenig mit dem π-System der P/C-Doppelbindung in Wechselwirkung treten (z.B. H, Alkyl, Aryl). Dagegen verschieben Substituenten mit mesomeriefähigem Elektronenpaar (Hal, OR, NR₂) an der P/C-Doppelbindung das Signal zu höherem, die Trimethylsilyl-Gruppe nach niederem Feld[45, 50].

Abschließend seien die zu dieser Verbindungsklasse gehörenden λ³-Phosphorine erwähnt, deren ^{31}P-Signale zwischen $\delta = 178-211$ ppm erscheinen[44, 51].

[39] *S.P. Anderson, H. Goldwhite, D. Koj* u. *A. Letsou,* Chem. Commun. **1975**, 744.
[40] *G. Becker, G. Gresser* u. *W. Uhl,* Z. Naturforsch. **36b,** 16 (1981).
[41] *R. Appel* u. *A. Westerhaus,* Angew. Chem. **93,** 215 (1981); engl.: **20,** 197.
[42] *U.E. Eshtjagh-Hosseini, H.W. Kroto* u. *J.F. Nixon,* Chem. Commun. **1979,** 653.
[43] *R. Appel* u. *A. Westerhaus,* Tetrahedron Lett. **1981,** 2159.
[44] *E. Fluck,* Topics in Phosphorus Chem. **10,** 193 (1980).
[45] *R. Appel, F. Knoll* u. *I. Ruppert,* Angew. Chem. **93,** 771 (1981); engl.: **20,** 731.
[46] *K. Dimroth,* Topics in Current Chem., Vol. **38,** 1 (1973).
[47] *K. Issleib, R. Vollmer, H. Oehme* u. *H. Meyer,* Tetrahedron Lett. **1978,** 441.
[48] *A. Schmidtpeter* u. *F. Zwaschka,* Angew. Chem. **89,** 747 (1977); engl.: **16,** 704 (1981).
[49] *E. Breitmaier* u. *W. Voelter,* ^{13}C–NMR-Spectroscopy, 2. Aufl., S. 72, Verlag Chemie, Weinheim 1978.
[50] *T.C. Klebach, R. Lourens* u. *F. Bickelhaupt,* J. Am. Chem. Soc. **100,** 4886 (1978).
[51] *A.J. Ashe, R.R. Sharp* u. *J.W. Tolan,* J. Am. Chem. Soc. **98,** 5451 (1976).

3. Phosphor-Verbindungen der Koordinationszahl 3

Verbindungen dieser Art zeigen ³¹P-Signale im Bereich $\delta = -240$ (Phosphan) bis 251 ppm (Difluormethyl-phosphan). Im allgemeinen findet man aber positive Verschiebungen, wenn man von Alkyl- und Arylphosphanen, Phosphan selbst sowie von einigen Verbindungsgruppen, zu denen Silyl-, Germanyl- und Stannyl-Verbindungen gehören, absieht. Findet man ³¹P-Verschiebungen mit δ >100 ppm, so enthält das entsprechende Phosphan wenigstens einen elektronegativen Substituenten (z.B. O,N,S oder Halogen). Zur tabellarischen Erfassung der ³¹P-Verschiebungen dieser Verbindungsklasse s. Lit.[52⁻54]. Phosphor(V)-Verbindungen der Koordinationszahl 3 haben positive ³¹P-Signale im Bereich von $\delta = \sim 50$–140 ppm. Das bisher verfügbare Daten-Material[54a] ist nicht sehr groß; es läßt aber eine gewisse Substituentenabhängigkeit der ³¹P-Signale erkennen. So absorbieren die *Amino-imino-thioxo* und *-selenoxo-phosphorane* bei δ-Werten >100 ppm. Das andere Ende des angegebenen Bereiches wird von den *Amino-bis-[imino]-phosphoranen* abgedeckt. Die gemischt substituierten *Amino-imino-methylen-phosphorane* zeigen mittlere Werte um 80 ppm.

4. Phosphor-Verbindungen der Koordinationszahl 4

Die ³¹P-Verschiebungen der vierfach koordinierten Phosphor-Verbindungen bewegen sich in einem Bereich um den Nullpunkt, da sie im allgemeinen zur Substanzklasse des Standards gehören.
Die nicht zur Substanzklasse des Standards zählenden Phosphonium-Salze haben positive ³¹P-Verschiebungen und zwar im Bereich $\delta = 5$–40 ppm. Einige Beispiele sollen das belegen (vgl. Tab. 3).

Tab. 3: ³¹P-Verschiebungen von Phosphonium-Salzen

Verbindung	³¹p [ppm]
$[(H_5C_6)_3\overset{\oplus}{P}–CH_3]J^{\ominus}$	21,1
$[(H_5C_6)_3\overset{\oplus}{P}–CH(CH_3)_2]Br^{\ominus}$	31,3
$[(H_5C_6)_3\overset{\oplus}{P}–CH_2–COOC_2H_5]Br^{\ominus}$	21,0
$[(H_9C_4)_3\overset{\oplus}{P}–C_2H_5]Br^{\ominus}$	36,6

Weitere ³¹P-Daten s. Lit.[52⁻54].
Im selben Bereich wie bei den Phosphonium-Salzen erscheinen die Signale der Methylenphosphorane, vor allem dann, wenn sie mit Organo-lithium-Verbindungen aus Phosphonium-Salzen synthetisiert wurden. Diese Lithium-salzhaltigen Methylenphosphorane können Lithium-Addukte durch Assoziation des Lithium-Atoms am α–C-Atom bilden und liegen somit als Phosphoniumylide vor. Die ³¹P-Verschiebungen salzfreier Methylenphosphorane können von den angegebenen Werten abweichen[55].

[52] *M. M. Crutchfield, C. H. Dungan, J. H. Letcher, V. Mark* u. *J. R. van Wazer*, Topics in Phosphorus Chem., Vol. **5**, S. 227ff. (1967).
[53] *M. Murray* u. *R. Schmutzler, Techniques of Chemistry*, Vol. **4**, Part 1, Wiley Interscience, New York 1972.
[54] *G. Mavel, Anual Reports on NMR-Spectroscope*, Vol. **5b**, Academic Press, New York 1973.
[54a] *E. Fluck, Topics in Phosphorus Chemistry* **10**, 193 (1980).
[55] *T. A. Albright* u. *E. E. Schweizer*, J. Org. Chem. **41**, 1168 (1976).

λ^5-Phosphorine absorbieren im Gegensatz zu den λ^3-Phosphorinen (s. S. 10) bei wesentlich höherem Feld und zwar zwischen $\delta = -8,4$ ppm (*1,1-Dimethyl-2,4,6-triphenyl-λ^5-phosphorin*) und $\delta = 79,6$ ppm (*1,1-Difluor-2,4,6-tri-tert.-butyl-λ^5-phosphorin*)[56] (weitere ^{31}P-Verschiebungen für λ^5-Phosphorine s. Lit.[57]). Die Lage der ^{31}P-Signale wird vorwiegend durch die 1,1-Substituenten am Phosphor und weniger durch die Substituenten am Ring bestimmt[58].

5. Phosphor-Verbindungen der Koordinationszahl 5 und 6

Phosphor-Verbindungen der Koordinationszahl 5 haben im allgemeinen ^{31}P-Signale im Bereich $\delta = -100$ bis 0 ppm. Einige wenige Ausnahmen zeigen auch positive ^{31}P-Verschiebungen wie einige Beispiele zeigen (vgl. Tab. 4).

Tab. 4: Fünffach koordinierte P-Verbindungen mit positiven ^{31}P-Verschiebungen

Verbindung	[31]P$_{[ppm]}$	Lit.
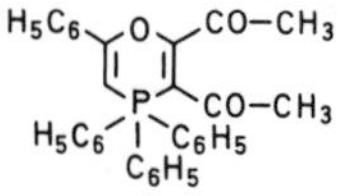 H_5C_6 O $CO-CH_3$ P $CO-CH_3$ H_5C_6 C_6H_5 C_6H_5	17	59
$(H_3C)_2PF_3$	8	60
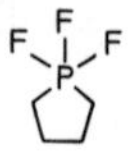 F F F P	29,8	61, 62

Das verfügbare Datenmaterial sechsfach koordinierter Organophosphor-Verbindungen ist verhältnismäßig gering. Ihre ^{31}P-Signale liegen bei ähnlich hohem Feld wie die der fünffach koordinierten und erscheinen allgemein bei Werten $\delta < -100$ ppm. (Weitere ^{31}P-Verschiebungen für diese Verbindungsklassen s. Lit.[52, 54].)

[52] *M. M. Crutchfield, C. H. Dungan, J. H. Letcher, V. Mark u. J. R. van Wazer*, Topics in Phosphorus Chem., Vol. **5**, S. 227ff. (1967).
[54] *G. Mavel, Anual Reports on NMR-Spectroscope*, Vol. **5b**, Academic Press, New York 1973.
[56] *H. Kanter, W. Mach u. K. Dimroth*, Chem. Ber. **110**, 395 (1977).
[57] *K. Dimroth, M. Lückoff u. H. Kaletsch*, Phosphorus Sulfur **10**, 285 (1981).
[58] *A. J. Ashe u. T. W. Smith*, J. Am. Chem. Soc. **98**, 7861 (1976).
[59] *G. S. Reddy u. G. D. Weis*, J. Org. Chem. **28**, 1822 (1963).
[60] *E. L. Muetterties, W. Mahler u. R. Schmutzler*, Inorg. Chem. **2**, 613 (1963).
[61] *J. F. Nixon u. R. Schmutzler*, Spectrochim. Acta **20**, 1835 (1964).
[62] *R. Schmutzler*, J. Chem. Soc. **1964**, 4551.

Methoden zur
Herstellung und Umwandlung von
Phosphor(I)-Verbindungen

Phosphor(I)-Verbindungen der Koordinationszahl 1 (Phosphinidene)

bearbeitet von

Dr. Bernd Weber

und

Prof. Dr. Manfred Regitz

Fachbereich Chemie der Universität Kaiserslautern

Phosphinidene[1] (IUPAC: Phosphandiyle) sind neutrale Phosphor(I)-Verbindungen und enthalten in Analogie zu Carbenen und Nitrenen ein Elektronensextett. Sie stellen wie diese hochreaktive Verbindungen dar und müssen durch Abfangreaktionen nachgewiesen werden, wobei zumeist Phosphor(III)-Verbindungen entstehen. Darüber hinaus existieren Verbindungen, z. B. „Phosphiniden-Komplexe"[2], die die Phosphiniden-Einheit als Ligand enthalten. Da diese aber im allgemeinen nicht über freie Phosphinidene hergestellt werden, bleiben derartige Verbindungen in diesem Abschnitt unberücksichtigt.

Die Bildung vieler phosphororganischer Verbindungen läßt sich über Phosphinidene erklären. Man findet jedoch fast immer eine mechanistische Alternative, die ohne das Auftreten von Phosphiniden zur entsprechenden Verbindung führt. Als gesichert gilt ihr Nachweis im Pyrolyse-Massenspektrum[3] von Cyclopolyphosphanen.

Bei dieser Methode wird die Probe bei 10^{-5} Torr durch eine Quarzkapillare in die Ionenquelle eines Massenspektrometers verdampft und dicht vor der Ionenquelle durch Erwärmen der Kapillare pyrolisiert. Die Pyrolyseprodukte werden sofort ionisiert, wobei die Energie der ionisierenden Elektronen so niedrig gewählt wird, daß möglichst keine weitere Fragmentierung auftritt. Auf diese Weise läßt sich bei 400° die thermische Bildung von *Phenyl-phosphiniden* aus Pentaphenyl-pentaphospholan im Massenspektrum nachweisen[4]. Ein analoger Versuch mit Pentamethyl-pentaphospholan ergibt erst bei einer Pyrolysetemperatur von 800° ein dem *Methyl-phosphiniden* entsprechendes Signal geringer Intensität. Die Spektren sind infolge rascher Verschmutzung der Ionenquelle schlecht reproduzierbar[4].

Der thermische Zerfall alkylsubstituierter Cyclophosphane wurde anhand eines Kreuzungsexperimentes mit Pentamethyl- und Pentaethyl-pentaphospholan untersucht[5]. Ein Gemisch aus beiden ergab bereits bei 130° eine Dismutation zu allen möglichen Penta-

[1] Übersicht: *U. Schmidt*, Angew. Chem. **87**, 535 (1975); engl.: **14**, 523.
[2] *G. Huttner, H.-D. Müller, A. Frank* u. *H. Lorenz*, Angew. Chem. **87**, 714 (1975); engl. **14**, 705.
[3] *H. F. Grützmacher* u. *J. Lohmann*, Justus Liebigs Ann. Chem. **705**, 81 (1967).
[4] *H. F. Grützmacher, W. Silhan* u. *U. Schmidt*, Chem. Ber. **102**, 3230 (1969).
[5] *U. Schmidt, R. Schröer* u. *H. Achenbach*, Angew. Chem. **78**, 307 (1966); engl. **5**, 316.

phosphanen. Dabei wurde durch die Versuchsführung sichergestellt, daß die Dismutation nicht im Massenspektrometer auftritt. Dieses Experiment beweist zwar nicht die Bildung von Alkyl-phosphinidenen, ein negatives Ergebnis hätte aber ihr Auftreten ausgeschlossen.

Die ^{31}P-NMR-spektroskopische Untersuchung einer Schmelze von Pentaphenyl-pentaphospholan liefert neben dem Signal für das Pentaphospholan zwei Signale, die dem Diphosphan und dem Phosphiniden zugeordnet wurden[6]. Spätere Untersuchungen zeigten jedoch, daß sich in der Schmelze aus dem Pentameren das Hexamer und das Tetramer bilden, die die zuvor erwähnten Signale verursachen[7].

A. Herstellung

1. aus Dihalogenphosphanen mit Metallen

Die Bildung von Phosphinidenen kann prinzipiell bei jeder Umsetzung einer Monophosphor-Verbindung zu Cyclophosphanen diskutiert werden[8,9]. Als Beispiel sei hier nur die Umsetzung von Dihalogenphosphanen mit Metallen, vor allem Magnesium, erwähnt[10]:

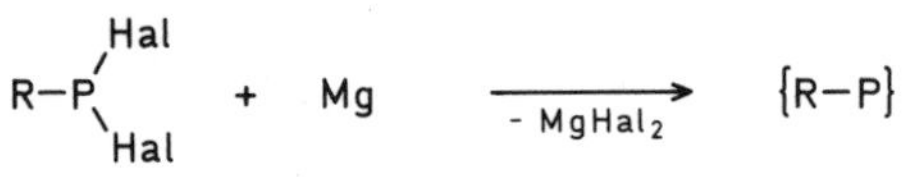

$$R-P{\overset{\displaystyle Hal}{\underset{\displaystyle Hal}{\Big\langle}}} \quad + \quad Mg \quad \xrightarrow[-\,MgHal_2]{} \quad \{R-P\}$$

2. durch thermische und photochemische Zersetzung von Cyclopolyphosphanen

Bei der thermischen und photochemischen Behandlung von Cyclophosphanen in Gegenwart von Abfangreagentien kann aus dem Produktbild auf die Bildung von Phosphinidenen geschlossen werden; z. B.:

$$(R-P)_n \quad \xrightarrow{\Delta,\ h\nu} \quad n\{R-P\}$$

Es sei erwähnt, daß dabei sowohl aus dem Cyclophosphan als auch den Abfangreagentien reaktive Bruchstücke entstehen können, die die Produktbildung ebenfalls erklären (Nähere Einzelheiten s. S. 18).

3. durch thermische Cycloeliminierung

3.1. aus Azadiphosphoridinen

Die thermische Stabilität der Azadiphosphoridine ist sehr stark substituentenabhängig. So sind die 2,3-Bis-(bis-[trimethylsilyl]-amino)- bzw. -[diisopropylamino]-azadiphosphoridine bei 120° längere Zeit stabil. 3-(Bis-[trimethylsilyl]-amino)-2-diisopropylamino-azadiphosphiridin zerfällt dagegen oberhalb 50° schon merklich. In einer [2 + 1]-Cycloreversion werden Phosphinidene und Amino-imino-phosphane gebildet, wobei zwei Zerfallsrichtungen miteinander konkurrieren können[11]:

[6] E. Fluck u. K. Issleib, Z. Naturforsch. **21 b**, 738 (1968).
[7] M. Baudler, B. Carlsohn, W. Böhm u. G. Reuschenbach, Z. Naturforsch. **31 b**, 558 (1978).
[8] M. J. Gallagher u. I. D. Jenkins, J. chem. Soc. [C] **1966**, 2476; **1971**, 593.
[9] H. Fritzsche, U. Hasselrodt u. F. Korte, Angew. Chem. **75**, 1205 (1963); engl. **2**, 68.
[10] W. A. Henderson Jr., M. Epstein u. F. S. Seichter, J. Am. Chem. Soc. **85**, 2462 (1963).
[11] E. Niecke, A. Nickloweit-Lüke, R. Rüger, B. Krebs u. H. Grewe, Z. Naturforsch. **36b**, 1566 (1981).

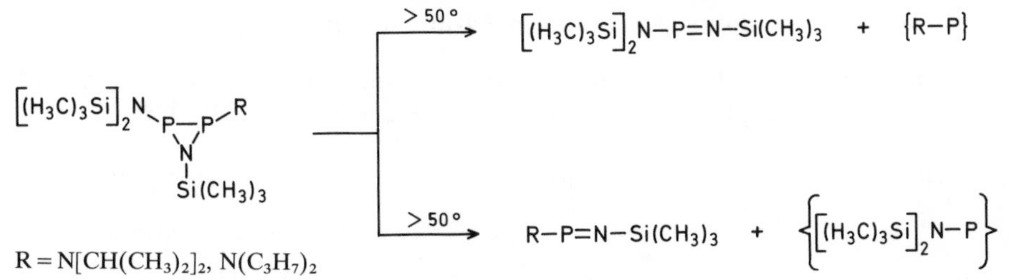

$$[(H_3C)_3Si]_2N-P=N-Si(CH_3)_3 \quad + \quad \{R-P\} \qquad (>50°)$$

$$[(H_3C)_3Si]_2N\!\!\diagdown\!\!\underset{\underset{Si(CH_3)_3}{|}}{P}\!\!-\!\!P\!\!\diagup\!\!R$$

$$R-P=N-Si(CH_3)_3 \quad + \quad \left\{[(H_3C)_3Si]_2N-P\right\} \qquad (>50°)$$

$$R = N[CH(CH_3)_2]_2, \; N(C_3H_7)_2$$

Ersetzt man die Diisopropylamino-Gruppe durch die sterisch weniger aufwendige Dipropylamino-Gruppe, so ist auch dieses Azadiphosphoridin nicht mehr stabil[11].

Beim ebenfalls thermolabilen 3-(Bis-[trimethylsilyl]-amino)-1,2-di-tert.-butyl-1-azadiphosphoridin wird die Zerfallsrichtung durch die Stabilität der Zerfallsprodukte bestimmt. Man erhält ausschließlich *tert.-Butyl-phosphiniden* und Amino-imino-phosphan. Das energetisch ungünstigere tert.-Butyl-tert.-butylimino-phosphan wird nicht gebildet[11]:

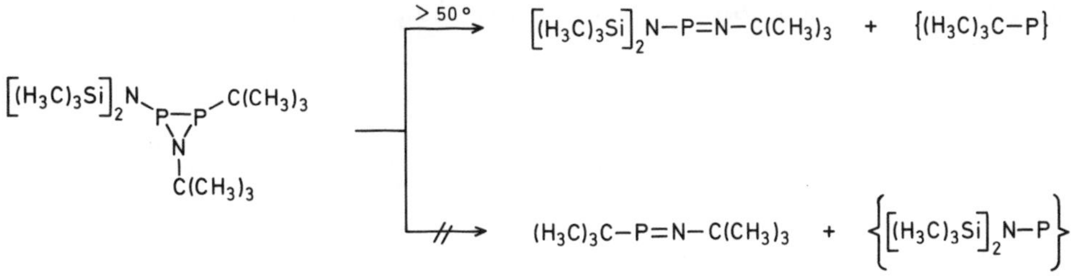

$$[(H_3C)_3Si]_2N-P=N-C(CH_3)_3 \quad + \quad \{(H_3C)_3C-P\} \qquad (>50°)$$

$$[(H_3C)_3Si]_2N\!\!\diagdown\!\!\underset{\underset{C(CH_3)_3}{|}}{P}\!\!-\!\!P\!\!\diagup\!\!C(CH_3)_3$$

$$(H_3C)_3C-P=N-C(CH_3)_3 \quad + \quad \left\{[(H_3C)_3Si]_2N-P\right\} \qquad (\not\to)$$

3.2. aus 7-Phospha-bicyclo[2.2.1]heptenen

Die Phosphan-Gruppierungen in 7-Phospha-bicyclo[2.2.1]heptanen sind trotz des kleinen C–P–C-Winkels im allgemeinen recht stabil. Mit der Einführung einer C=C-Doppelbindung, d.h. beim Übergang zum 7-Phospha-bicyclo[2.2.1]hepten-System, werden sie thermisch labiler. So erleidet z.B. das 5-Cyan-5-methyl-1,4,7-triphenyl-7-phospha-bicyclo[2.2.1]hepten in siedendem Benzol Cycloreversion zum *Phenyl-phosphiniden* und 5-Cyan-5-methyl-1,4-diphenyl-1,3-cyclohexadien[12, 13]:

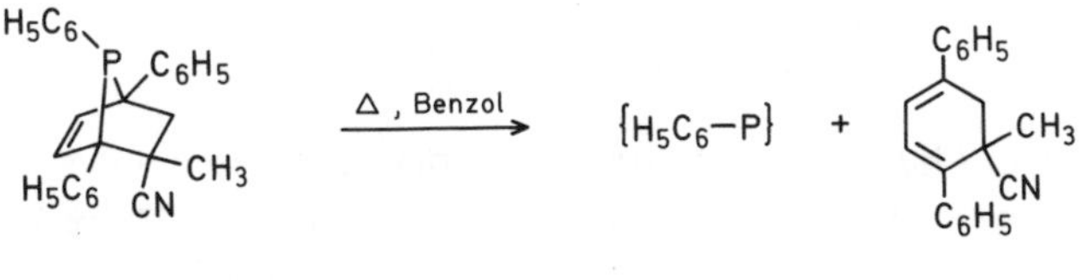

$$\xrightarrow{\;\Delta\,,\,\text{Benzol}\;} \quad \{H_5C_6-P\} \quad + $$

B. Umwandlung

1. Oligomerisierung

Phosphinidene oligomerisieren zu Cyclopolyphosphanen (zur Ringgröße und Stabilität der Ringe s. S. 198, 224):

$$n\{R-P\} \quad \longrightarrow \quad (R-P)_n$$

[11] *E. Niecke, A. Nickloweit-Lüke, R. Rüger, B. Krebs* u. *H. Grewe*, Z. Naturforsch. **36b**, 1566 (1981).

[12] *E. Fluck*, Chem. Ztg. **105**, 323 (1981).

[13] *L. D. Quin* u. *J. G. Verhade*, Phosphorus Chemistry of the 1981 International Conference, ACS Symposium Series, Vol. 171.

2. Insertion in Disulfane, Allylsulfane und Biphenylen

Bei der Umsetzung von Pentaphenyl-pentaphospholan mit Disulfanen erfolgt bei 160° fast quantitative Phenyl-phosphiniden-Insertion in die S/S-Bindung; z.B. [14,15]:

$$(H_5C_6-P)_5 \xrightarrow{160°} 5\{H_5C_6-P\} \xrightarrow{H_5C_2-S-S-C_2H_5} 5\, H_5C_6-P(SC_2H_5)_2$$

Bis-[ethylthio]-phenyl-phosphan; 100%

Photochemisch[8] gelingt die gleiche Reaktion bei 20°. Die analoge Reaktion des *Trifluor-methyl-phosphinidens* wurde mit Dimethyldisulfan durchgeführt[16]. Der Reaktionsablauf kann mit Phosphinidenen als Zwischenstufe erklärt werden. Die Endprodukte lassen sich aber auch umgekehrt mit primärem Angriff von Alkylschwefel-Radikalen auf die Cyclophosphane interpretieren.

Die Einschiebung des aus Pentaphenyl-pentaphospholan erzeugten Phenyl-phosphinidens in eine C/S-Bindung im Allyl-ethyl-sulfan tritt bereits bei 100° ein[17] und man erhält *Allyl-ethylthio-phenyl-* und *Bis-[ethylthio]-phenyl-phosphan*:

$$(H_5C_6-P)_5 \rightleftharpoons^{100°} 5\{H_5C_6-P\} + H_5C_2-S-CH_2-CH=CH_2 \longrightarrow$$

$$H_5C_6-P{\overset{SC_2H_5}{\underset{CH_2-CH=CH_2}{}}} + H_5C_6-P(SC_2H_5)_2$$

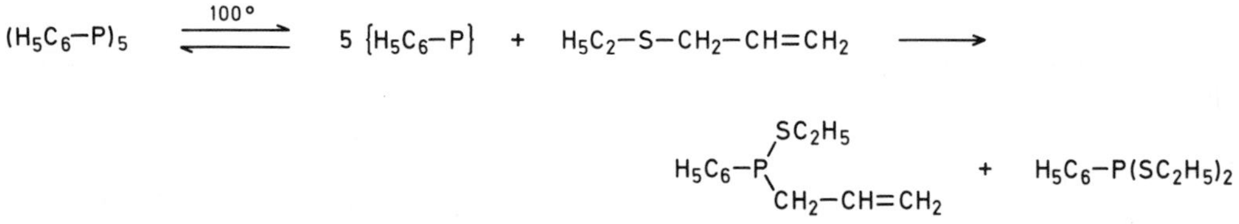

Dagegen benötigt die Einschiebung in eine C/C-Bindung von Biphenylen über 400°, also den Temperaturbereich, in dem auch im Pyrolyse-Massenspektrum Phosphiniden nachweisbar ist[18]:

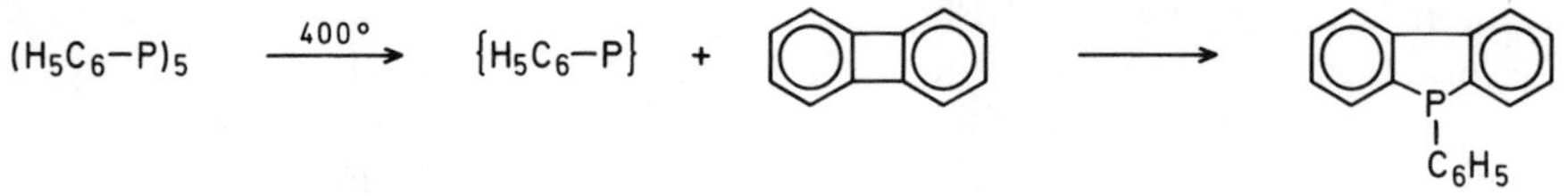

$$(H_5C_6-P)_5 \xrightarrow{400°} \{H_5C_6-P\} + \text{[biphenylene]} \longrightarrow$$

5-Phenyl-dibenzophosphol

3. Addition

3.1. an Alkine

Ein der Addition von Phenyl-phosphiniden an Tolan entsprechendes Phosphiren (oder sein Dimeres) wurde nicht gefunden. Dagegen führt die Umsetzung von Pentaphenyl-pentaphospholan mit Tolan bei 160° zu folgender Produktverteilung[17]:

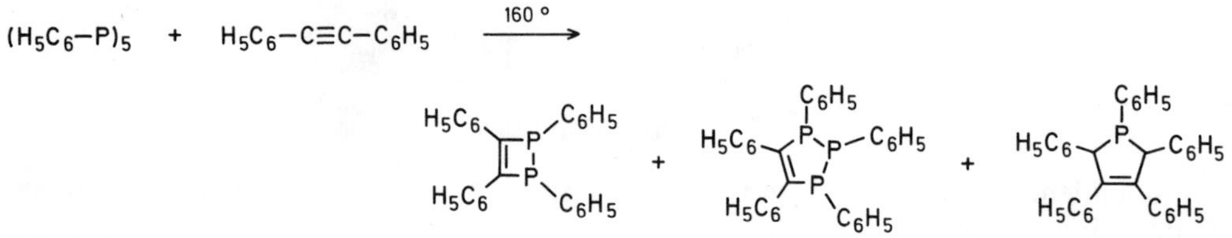

$$(H_5C_6-P)_5 + H_5C_6-C\equiv C-C_6H_5 \xrightarrow{160°}$$

[8] *M. J. Gallagher* u. *I. D. Jenkins*, J. chem. Soc. [C] **1966**, 2476; **1971**, 593.
[14] *U. Schmidt, I. Boie, C. Osterrodt, R. Schröer* u. *H. F. Grützmacher*, Chem. Ber. **101**, 1381 (1968).
[15] *U. Schmidt* u. *C. Osterrodt*, Angew. Chem. **77**, 455 (1967); engl.: **4**, 437.
[16] *A. H. Cowley*, J. Am. Chem. Soc. **89**, 5990 (1967).
     A. H. Cowley u. *D. S. Dierdorf*, J. Am. Chem. Soc. **91**, 6609 (1969).
[17] *A. Ecker* u. *U. Schmidt*, Chem. Ber. **106**, 1453 (1973).
[18] *A. Ecker* u. *U. Schmidt*, Monatsh. Chem. **102**, 1851 (1971).

Eine ähnliche Reaktion gelingt auch bei 170° von Pentakis-[trifluormethyl]-pentaphos-pholan mit Hexafluor-2-butin[19]. Die Ergebnisse können auch unter Umgehung einer Phosphiniden-Zwischenstufe gedeutet werden.

3.2. an 1,3-Diene

Die thermische Umsetzung von Aryl- bzw. Alkyl-cyclophosphanen mit 1,3-Dienen ver-läuft unter der Bildung von 2,5-Dihydro-phospholen und 1,2,3,6-Tetrahydro-1,2-diphos-phorinen[14,20]:

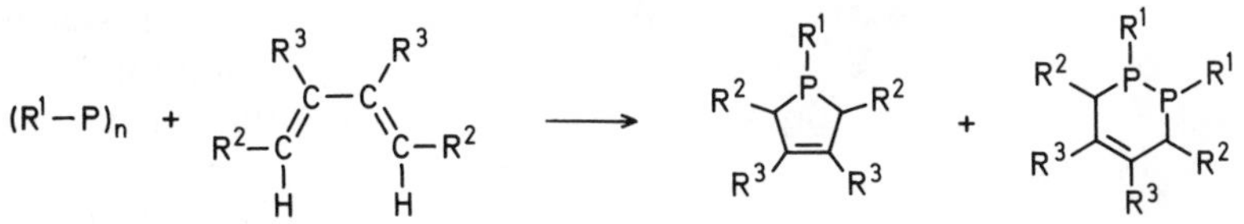

$R^1 = CH_3, C_6H_5; R^2 = R^3 = H, CH_3$
$R^1 = C_2H_5; R^2-R^2 = -CH_2-, -CH_2-CH_2-$

Es ist sichergestellt, daß der Fünfring nicht aus dem Sechsring entsteht, da dieser unter au-thentischen Reaktionsbedingungen stabil ist.
Auch die aus 7-Phospha-bicyclo[2.2.1]hepten erzeugten Phosphinidene (s.S. 17) lassen sich teilweise mit 2,3-Dimethyl-1,3-butadien zum 2,5-Dimethyl-2,5-dihydro-phosphol abfangen[12,13].

3.3. an Benzil

Die photochemische Umsetzung von Pentaphenyl-pentaphospholan mit Benzil[14] führt zu dem selben 2:1-Addukt wie die Umsetzung von Dichlor-phenyl-phosphan mit Magne-sium in Gegenwart von Benzil[8,14]:

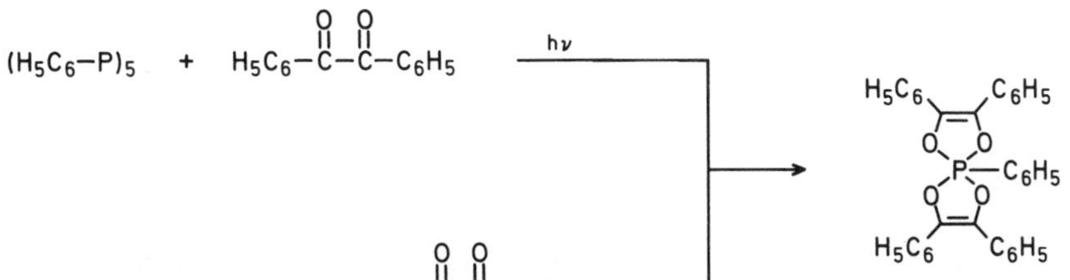

2,3,5,7,8-Pentaphenyl-1,4,6,9-tetraoxa-5-phospha-spiro[4.4] nona-2,7-dien

[8] *M.J. Gallagher* u. *I.D. Jenkins*, J. chem. Soc. [C] **1966**, 2476; **1971**, 593.
[12] *E. Fluck*, Chem. Ztg. **105**, 323 (1981).
[13] *L.D. Quin* u. *J.G. Verhade,* Phosphorus Chemistry of the 1981 International Conference, ACS Symposium Series, Vol. 171.
[14] *U. Schmidt, I. Boie, C. Osterrodt, R. Schröer* u. *H.F. Grützmacher*, Chem. Ber. **101**, 1381 (1968).
[19] *W. Mahler*, J. Am. Chem. Soc. **86**, 2306 (1964).
[20] *U. Schmidt* u. *I. Boie*, Angew. Chem. **78**, 1061 (1966); engl.: **5**, 1038.

Methoden zur
Herstellung und Umwandlung von
Phosphor(III)-Verbindungen

I. Phosphor(III)-Verbindungen der Koordinationszahl 1

Alkylidin-phosphane

bearbeitet von

Prof. Dr. MANFRED REGITZ

Fachbereich Chemie der Universität Kaiserslautern

Methylidin-phosphan ist sehr kurzlebig und wurde 1961 durch Tieftemperatur-IR-Spektroskopie identifiziert[1]. Erst 20 Jahre später wurde *(2,2-Dimethyl-propylidin)-phosphan* die erste, bei 20° stabile Verbindung mit einer P≡C-Dreifachbindung synthetisiert[2] (nur unter Inertgasatmosphäre haltbar) (zu strukturanalytischen Daten in der Gasphase s. Lit.[3]). Zur spektroskopischen Charakterisierung von Alkylidin-phosphanen sind vor allem die ^{31}P-NMR-Daten geeignet (s. hierzu S. 9).

A. Herstellung

1. durch Aufbaureaktion aus Phosphorwasserstoff

Beim Durchleiten von Phosphorwasserstoff durch einen von Graphitelektroden ausgehenden Lichtbogen im wassergekühlten Kupferreaktor läßt sich bei −196° ein 4:1-Gemisch aus Acetylen und *Methylidin-phosphan* ausfrieren, aus dem letzteres durch Gaschromatographie abgetrennt werden kann[1,5]. Es polymerisiert >124° und ist selbstentzündlich an der Luft.

Eine Bestätigung für die ausgesprochen unwahrscheinlich erscheinende Reaktion von Phosphorwasserstoff mit Bromcyan zu *Aminoethylidin-phosphan-Hydrobromid*[6] steht noch aus.

[1] *T.E. Gier*, J. Am. Chem. Soc. **83**, 1769 (1961).
[2] *G. Becker, G. Gresser* u. *W. Uhl*, Z. Naturforsch. **36b**, 16 (1981).
[3] *H. Oberhammer, G. Becker* u. *G. Gresser*, J. Mol. Struct. **75**, 283 (1981).
[5] s.a. *S.P. Anderson, H. Goldwhite, D. Ko* u. *A. Letsou*, Chem. Commun. **1975**, 744; dort ^{31}P-NMR.
[6] *I.S. Matveev*, Khim. Tekhnol. (Kiev) **1974**, 49; C.A. **83**, 97470 (1975).

2. durch thermische und alkalische Eliminierung

2.1. an Methylen-phosphanen

Benzylidin-phosphan ($\sim 100\%$) ist durch Vakuumpyrolyse von Chlor-(α-trimethylsilyl-benzyliden)-phosphan unter selektiver Eliminierung von Chlor-trimethyl-silan zugänglich[7]:

$$\begin{array}{c} H_5C_6 \\ \diagdown \\ \diagup \\ (H_3C)_3Si \end{array}C=P-Cl \quad \xrightarrow[-(H_3C)_3Si-Cl]{700\ °} \quad H_5C_6-C\equiv P$$

Benzylidin-phosphan[7]: Ein Quarzrohr (Durchmesser: 25 mm), das in der Heizzone mit Quarzwolle gefüllt ist, wird in einem regelbaren 10-cm-langen Ringofen auf 750° vorgeheitzt. Aus der Vorlage (20°), in der sich ein Vorrat an Chlor-(α-trimethylsilyl-benzyliden)-phosphan befindet, werden innerhalb 12 Stdn. i. Vak. einer Quecksilberdampfstrahlpumpe $\sim 0,5$ g Benzyliden-phosphan thermolysiert und das Reaktionsprodukt in einer auf $-196°$ gekühlten Falle aufgefangen. Die bei $-78°$ filtrierte Lösung des Kondensates in Dichlor-dideutero-methan enthält Benzylidin-phosphan und Chlor-trimethyl-silan.
Benzylidin-phosphan zersetzt sich langsam $> -50°$; $\tau_{1/2}[0°]$: ~ 7 Min.[7].

Auf analoge Art (750°/0,001 Torr/1,3 $\cdot$ 10^{-4} kPa) wird *(Trimethylsilyl-methylidin)- phosphan* (Zers. $> -10°$; $\tau_{1/2}[20°] \sim 50$ Min.) aus (Bis-[trimethylsilyl]-methylen)-chlor- phosphan gewonnen[8].
Gegen thermische Eliminierung – zumindest bis 150° – ist (2,2-Dimethyl-1-trimethylsil-oxy-propyliden)-trimethylsilyl-phosphan stabil; katalytische Mengen Natriumhydroxid in 1,2-Dimethoxy-ethan lassen aber bereits bei 20° die Abspaltung von Hexamethyl-disiloxan zu *(2,2-Dimethyl-propylidin)-phosphan* (76%) ablaufen[9]:

$$\begin{array}{c} (H_3C)_3Si-O \quad Si(CH_3)_3 \\ \diagdown \qquad \diagup \\ C=P \\ \diagup \\ (H_3C)_3C \end{array} \quad \xrightarrow{NaOH,\ 20\ °} \quad (H_3C)_3C-C\equiv P \ + \ (H_3C)_3Si-O-Si(CH_3)_3$$

(2,2-Dimethyl-propylidin)-phosphan[9]: Die Lösung von 10,0 g (38 mmol) (2,2-Dimethyl-1-trimethylsiloxy-propyliden)-trimethylsilyl-phosphan in 12 *ml* Bis-[2-methoxy-ethyl]-ether wird unter Lichtausschluß bei ständiger Anwesenheit einiger Stückchen Natriumhydroxid von 1–2 mg Gewicht ~ 12 Stdn. bei 20° gerührt. Man destilliert die flüchtigen Anteile bei 20° i. Vak. ab. Bei der anschließenden fraktionierten Kondensation sammelt sich das mitgerissene Lösungsmittel in einer auf 0° gekühlten Falle; Hexamethyl-disiloxan wird bei $-78°$ zurückgehalten. Gegebenenfalls muß die Kondensation mehrmals wiederholt werden; Ausbeute: 2,9 g (76%); Sdp.: 61° (760 Torr/101,3 kPa) (farblos).

2.2. am Dichlor-ethyl-phosphan

Vakuumpyrolyse von Dichlor-ethyl-phosphan liefert *Ethylidin-phosphan* bei zweifacher Chlorwasserstoff-Eliminierung; es ist bei der Temp. des flüssigen Stickstoffs beständig:

$$H_3C-CH_2-PCl_2 \quad \xrightarrow[-HCl]{900\ °,\ Vak.} \quad H_3C-CH=P\rightsquigarrow Cl \quad \xrightarrow[-HCl]{900\ °,\ Vak.} \quad H_3C-C\equiv P$$

[7] R. Appel, G. Maier, H. P. Reisenauer u. A. Westerhaus, Angew. Chem. **93**, 215 (1981); engl.: **20**, 197.
[8] R. Appel u. A. Westerhaus, Tetrahedron Lett. **1981**, 2159.
[9] G. Becker, G. Gresser u. W. Uhl, Z. Naturforsch. **36 b**, 16 (1981).

Zwischenstufe dieser Pyrolyse ist Chlor-ethyliden-phosphan[10, 11] (s. auch S. 31). Entsprechende Eliminierung ist auch mit Dichlor-methyl-phosphan möglich (1000°)[12].

2.3. an Trifluormethyl-phosphan

Leitet man gasförmiges Trifluormethyl-phosphan i. Hochvak. bei 20° über Kaliumhydroxid, so entstehen durch sukzessive Fluorwasserstoff-Eliminierung Difluormethylen- und *Fluormethylidin-phosphan* nebeneinander (s. a. S. 28); längere Kontaktzeit am Kaliumhydroxid erhöht die Ausbeute an *(2-Fluor-benzylidin)-phosphan*[13].

3. durch Substitutionsreaktionen an Methylidin-phosphanen

Führt man in einer Durchflußapparatur bei 1000° aus Dichlor-methyl-phosphan erzeugtes Methylidin-phosphan und bei 700° aus Cyanazid erzeugtes Dicyan zusammen, so entsteht *(Cyanmethylidin)-phosphan*, das durch Mikrowellenspektroskopie nachgewiesen werden kann[12]:

$$HC\equiv P \ + \ NC-CN \xrightarrow[-HCN]{} \ NC-C\equiv P$$

Ausgesprochen zweifelhaft dagegen sind die von Aminomethylidin-phosphan-Hydrobromid ausgehenden Substitutionsreaktionen[14]. Hydrolyse soll *Hydroxymethylidin-phosphan*, Reaktion mit Pentylnitrit *Brommethylidin-phosphan* liefern[15]:

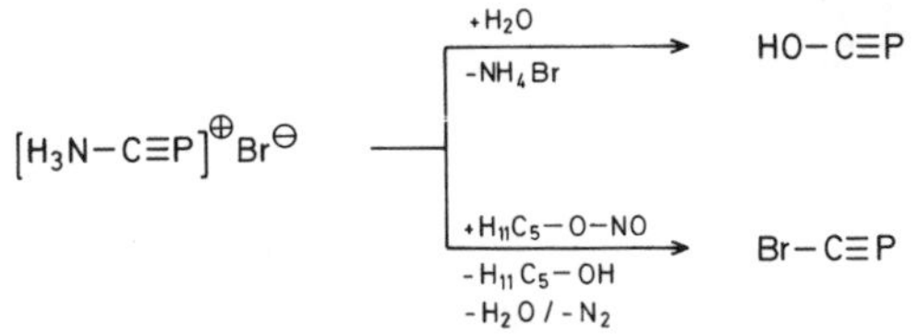

$$[H_3N-C\equiv P]^{\oplus}Br^{\ominus}$$

$$\xrightarrow[-NH_4Br]{+H_2O} HO-C\equiv P$$

$$\xrightarrow[-H_{11}C_5-OH \ -H_2O/-N_2]{+H_{11}C_5-O-NO} Br-C\equiv P$$

B. Umwandlungen

Alkylidin-phosphane addieren stufenweise Chlorwasserstoff zu Alkyliden-chlor- bzw. Alkyl-dichlor-phosphanen[16-18]:

$$R-C\equiv P \xrightarrow{HCl} R-CH=P-Cl \xrightarrow{HCl} R-CH_2-PCl_2$$

In situ erzeugtes Benzylidin-phosphan geht u. a. mit Tetraphenyl-2H-pyron [4+2]-Cycloaddition ein, jedoch decarboxyliert das Cycloaddukt unter den Reaktionsbedingungen (220°) zum *Pentaphenyl-λ^3-phosphorin*[19] (s. a. S. 77):

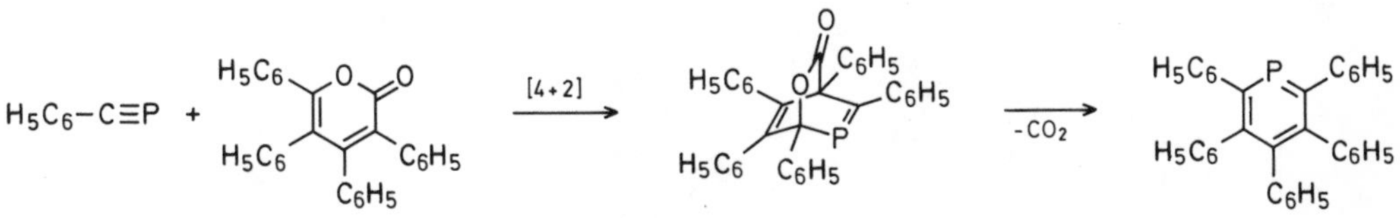

[10] *M.J. Hopkinson, H.W. Kroto, J.F. Nixon* u. *N.P.C. Simmons*, Chem. Phys. Lett. **42**, 460 (1976).

[11] *H.W. Kroto, J.F. Nixon* u. *N.P.C. Simmons*, J. Mol. Spectrosc. **77**, 270 (1979); dort Mikrowellenspektrum.

[12] *T.A. Cooper, H.W. Kroto, J.F. Nixon* u. *O. Ohashi*, Chem. Commun. **1980**, 333.

[13] *H. Eshtiagh-Hosseini, H.W. Kroto* u. *J.F. Nixon*, Chem. Commun. **1979**, 653; dort ^{19}F- und [31]-P-NMR-Daten.

[14] *R. Appel, F. Knoll* u. *I. Ruppert*, Angew. Chem. **93**, 771 (1971); engl.: **20**, 731.

[15] *I.S. Matveev*, Khim. Tekhnol. (Kiev) **1974**, 49; C.A. **83**, 97470 (1975).

[16] *T.E. Gier*, J. Am. Chem. Soc. **83**, 1769 (1961).

[17] *R. Appel, G. Maier, H.P. Reisenauer* u. *A. Westerhaus*, Angew. Chem. **93**, 215 (1981); engl.: **20**, 197.

[18] *R. Appel* u. *A. Westerhaus*, Tetrahedron Lett. **1981**, 2159.

[19] *G. Märkl, G.Y. Jin* u. *E. Silbereisen*, Angew. Chem. **94**, 383 (1982); engl.: **21**, 370.

II. Phosphor(III)-Verbindungen der Koordinationszahl 2

Phosphor(III)-Verbindungen der Koordinationszahl 2 besitzen eine Phosphor-Element-Doppelbindung und widersprechen daher der klassischen Doppelbindungsregel, wonach nur Elemente mit einer Hauptquantenzahl <2 Verbindungen mit stabilen $p\pi$-$p\pi$-Bindungen ausbilden.

Bekannt sind offenkettige und cyclische Phosphor(III)-Verbindungen der Koordinationszahl 2 mit P/C-, P/N-, P/P-, P/O- und P/S-Doppelbindungen[1a]. Sie werden als Methylen-, Imino-, Phosphanyliden- (bzw. Phosphoranyliden)-, Oxo- und Thioxophosphane bezeichnet. Hierher gehören auch die Phosphorine (vgl. S. 72). Während die Methylen- bzw. Imino-phosphane in Substanz faßbar sind, werden die Oxo- bzw. Thioxophosphane als Zwischenstufen diskutiert und als Abfangprodukte isoliert. Zur Stabilisierung der ersteren wurden drei Prinzipien verfolgt:

① Resonanzstabilisierung von ionischen Systemen (z.B. Phosphamethincyanine)
② Einbeziehung der P-Element-Doppelbindung in ein Ringsystem mit Bindungsausgleich über den Ring (z.B. Phosphorine)
③ kinetische Stabilisierung durch voluminöse Reste (z.B. Amino-imino-phosphane).

[1a] Übersichten:
  N.I. Shvetsov-Shilovskii, R.G. Bobkova, N.P. Ignatova u. *N.N. Melnikov*, Russian Chem. Rev. **46**, 514 (1977).
  E. Fluck, Topics in Phosphorus Chem. **10**, 193 (1980).
  R. Appel, F. Knoll u. *I. Ruppert*, Angew. Chem. **93**, 771 (1981); engl.: **20**, 731.

a) Methylen-phosphane

bearbeitet von

Dr. BERND WEBER

und

Prof. Dr. MANFRED REGITZ

Fachbereich Chemie der Universität Kaiserslautern

α) Methylen-phosphane mit einer P–H-Bindung

A. Herstellung

1. durch thermische und alkalische Eliminierung

Bei der Pyrolyse von Dimethyl- bzw. Trifluormethyl-phosphan in einem Quarzrohr bei $1000°/\sim 0,03$ Torr $(0,004\,kPa)$ entsteht in beiden Fällen *Methylidin-phosphan* (vgl. S. 25). Als Zwischenstufen werden *Methylen-* und *Difluormethylen-phosphan* durch Mikrowellen-Spektroskopie nachgewiesen[1]:

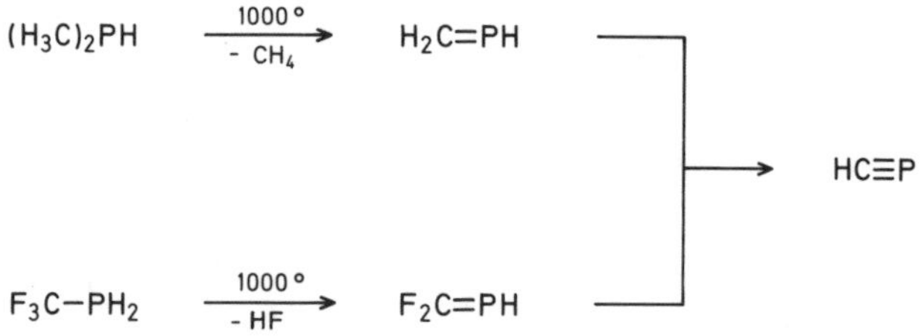

$$(H_3C)_2PH \xrightarrow[-\ CH_4]{1000°} H_2C=PH$$

$$F_3C-PH_2 \xrightarrow[-\ HF]{1000°} F_2C=PH$$

$$\longrightarrow HC\equiv P$$

Das *Difluormethylen-phosphan* erhält man auch durch Fluorwasserstoff-Eliminierung aus gasförmigem Trifluormethyl-phosphan bei 0,03 Torr $(0,004\,kPa)/20°$ an festem Kaliumhydroxid in einem U- oder Spiral-Rohr[2,3]. Durch weitere Fluorwasserstoff-Eliminierung entsteht *Fluormethylidin-phosphan* als Endprodukt:

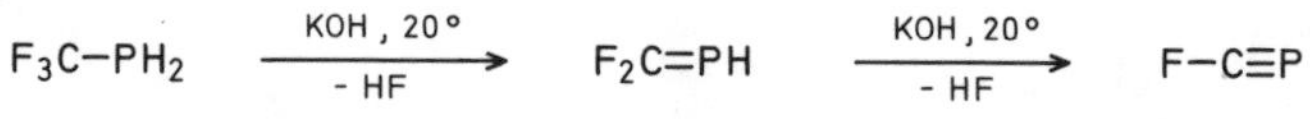

$$F_3C-PH_2 \xrightarrow[-\ HF]{KOH\,,\ 20°} F_2C=PH \xrightarrow[-\ HF]{KOH\,,\ 20°} F-C\equiv P$$

Die Ausbeute an Difluormethylen-phosphan läßt sich durch die Rohrlänge und die Durchflußgeschwindigkeit der Ausgangsverbindung optimieren[3].

[1] *M.J. Hopkinson, H.W. Kroto, J.F. Nixon* u. *N.P.C. Simmons*, J. Chem. Soc. Chem. Commun. **1976**, 513.
[2] *H. Eshtiagh-Hosseini, H.W. Kroto* u. *J.F. Nixon*, J. Chem. Soc. Chem. Commun. **1979**, 653.
[3] *H.W. Kroto, J.F. Nixon, N.P.C. Simmons* u. *N.P.C. Westwood*, J. Am. Chem. Soc. **100**, 446 (1978).

2. aus Bis-[trimethylsilyl]-phosphan

Das aus Bis-[trimethylsilyl]-phosphan mit 2,2-Dimethyl-propanoylchlorid bei $-25°$ zugängliche (2,2-Dimethyl-propanoyl)-trimethylsilyl-phosphan geht bei $20°$ unter P/O-Silyl-Verschiebung in das *(2,2-Dimethyl-1-trimethylsiloxy-propyliden)-phosphan* über[4]:

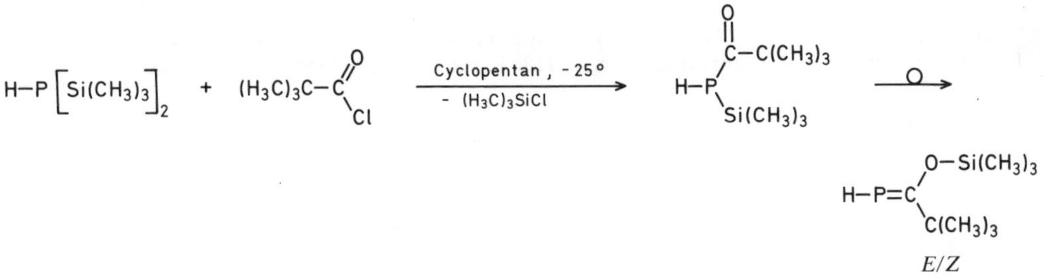

$$H-P\left[Si(CH_3)_3\right]_2 \;+\; (H_3C)_3C-C{\overset{O}{\underset{Cl}{}}} \quad\xrightarrow[-\,(H_3C)_3SiCl]{Cyclopentan\,,\,-25°}\quad H-P{\overset{C-C(CH_3)_3}{\underset{Si(CH_3)_3}{}}} \quad\xrightarrow{O}$$

$$H-P=C{\overset{O-Si(CH_3)_3}{\underset{C(CH_3)_3}{}}}$$
$$E/Z$$

Letzteres dimerisiert im diffusen Tageslicht zum *2,4-Bis-[trimethylsiloxy]-2,4-di-tert.-butyl-1,3-diphosphetan*, das in benzolischer Lösung teilweise zerfällt und im Gleichgewicht mit seinem Monomeren steht:

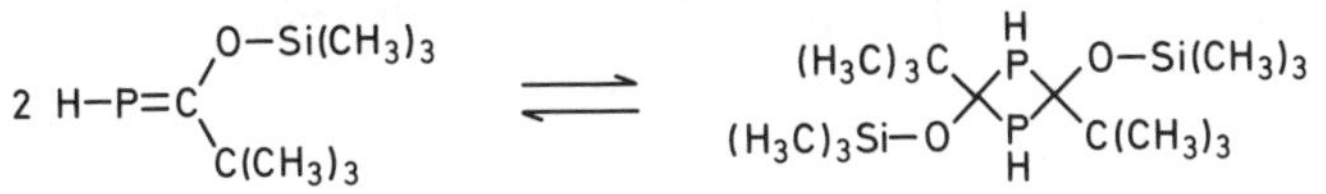

$$2\;H-P=C{\overset{O-Si(CH_3)_3}{\underset{C(CH_3)_3}{}}} \quad\rightleftharpoons\quad {(H_3C)_3C \atop (H_3C)_3Si-O}{\overset{\overset{H}{P}}{\underset{\underset{H}{P}}{}}}{O-Si(CH_3)_3 \atop C(CH_3)_3}$$

(2,2-Dimethyl-1-trimethylsiloxy-propyliden)-phosphan[4]: 14,9 g (83,7 mmol) Bis-[trimethylsilyl]-phosphan in 100 *ml* Cyclopentan werden bei $20°$ mit 10,6 g (87,9 mmol) 2,2-Dimethyl-propanoylchlorid in 100 *ml* Cyclopentan versetzt. Nach 12 Stdn. werden alle bei $20°$ flüchtigen Substanzen i. Vak. abdestilliert und der Rückstand 2mal fraktioniert kondensiert; das (2,2-Dimethyl-1-trimethylsiloxy-propyliden)-phosphan bleibt in einer auf $-24°$ gekühlten Falle zurück; Ausbeute: 10,8 g (68%).

3. aus anderen Methylen-phosphanen

Bei der säurekatalysierten Umsetzung des (2,2-Dimethyl-1-trimethylsiloxy-propyliden)-trimethylsilyl-phosphans (I) mit Methanol oder Benzylalkohol werden beide Silyl-Gruppen durch Wasserstoff unter Bildung von (2,2-Dimethyl-propanoyl)-phosphan (II) substituiert. Mit 2-(2-Ethoxy-ethoxy)-ethanol wird bei Abwesenheit von Säurespuren nur die reaktivere P/Si-Bindung unter Bildung von *(2,2-Dimethyl-1-trimethylsiloxy-propyliden)-phosphan* (III) gespalten. Die Reaktion ist präparativ nicht verwertbar, da sich das entstehende Alkoxy-trimethyl-silan nicht vom Phosphan III abtrennen läßt:

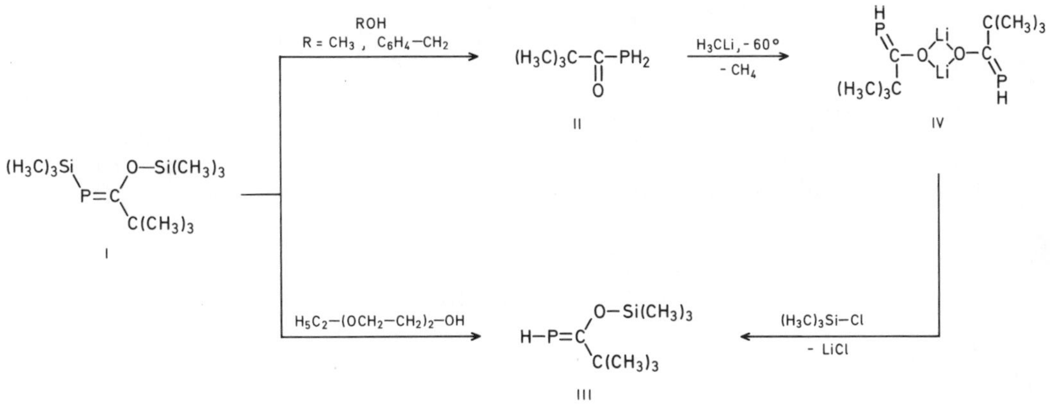

Das Phosphan II läßt sich bei $-60°$ in 1,2-Dimethoxy-ethan mit Methyl-lithium zum *(2,2-Dimethyl-1-lithiumoxy-propyliden)-phosphan* (IV) umsetzen[4].

---

[4] G. Becker, M. Rössler u. W. Uhl, Z. Anorg. Allg. Chem. **473**, 7 (1981).

2*

(2,2-Dimethyl-1-lithiumoxy-propyliden)-phosphan(IV)[5]: 5,9 g (50,0 mmol) (2,2-Dimethyl-propanoyl)-phosphan (II) werden in 50 *ml* 1,2-Dimethoxy-ethan gelöst und bei −60° mit 41,4 *ml* einer 1,21 m (50,0 mmol) ether. Methyl-lithium-Lösung versetzt. Man fängt das freigesetzte Methan auf, erwärmt den Ansatz auf 20° und destilliert alle flüchtigen Substanzen i. Vak. ab. Der viskose, teilweise kristalline Rückstand wird aus einem Gemisch von 10 *ml* Cyclopentan und 10 *ml* 1,2-Dimethoxy-ethan umkristallisiert; Ausbeute: 8,9 g (83%); Schmp.: 118–122°.

Aufgefangenes Methan: 1100 *ml* (90%).

Das Phosphan ist in benzolischer Lösung dimer und kristallisiert mit einem Molekül 1,2-Dimethoxy-ethan aus. Mit Chlor-trimethyl-silan wird unter Abspaltung von Lithiumchlorid *(2,2-Dimethyl-1-trimethylsilyloxy-propyliden)-phosphan* (III) gebildet.

β) Methylen-phosphane mit einer P–Si-Bindung

A. Herstellung

(2,2-Dimethyl-propanoyl)-trimethylsilyl-phosphan (s. S. 29) wird in Diethylether mit Methyl-lithium bei −55° metalliert und durch anschließende Reaktion mit Chlor-trimethyl-silan unter Abspaltung von Lithiumchlorid in das *(2,2-Dimethyl-1-trimethylsiloxy-propyliden)-trimethylsilyl-phosphan* (53%) übergeführt[5]:

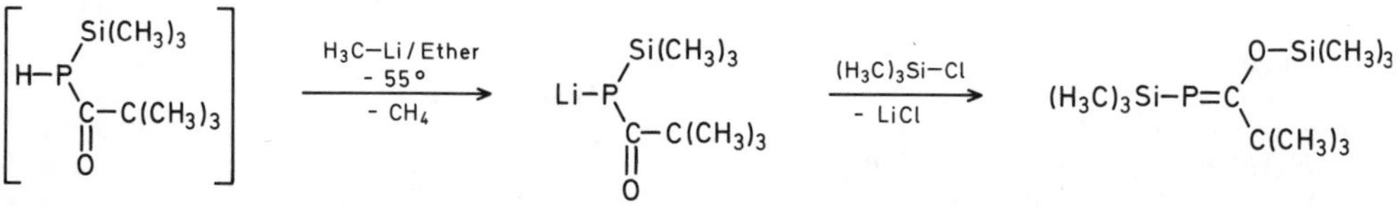

Dasselbe Phosphan ist auf einfachere Weise und mit höheren Ausbeuten durch Umsetzung von Tris-[trimethylsilyl]-phosphan mit 2,2-Dimethyl-propanoylchlorid zugänglich. Allerdings gelingt die Umsetzung nur in Cyclopentan bei 25° (selbst Benzol ist zu polar und gestattet die Substitution aller Silyl-Gruppen). Das zunächst entstehende Acyl-disilyl-phosphan lagert sich leicht unter P/O-Silyl-Verschiebung zum Methylen-phosphan um (94%)[6]:

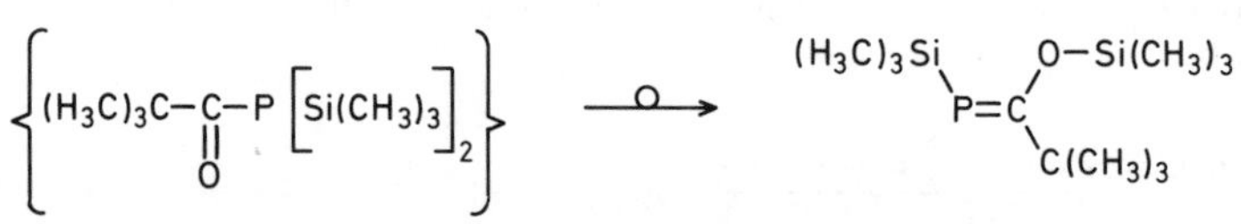

(2,2-Dimethyl-1-trimethylsiloxy-propyliden)-trimethylsilyl-phosphan[6]: Zu einer Lösung von 30 g (0,249 mol) 2,2-Dimethyl-propanoylchlorid in 150 *ml* Cyclopentan tropft man 39,8 g (0,159 mol) Tris-[trimethylsilyl]-phosphan. Nach ungefähr einer Woche ist die Reaktion beendet. Man entfernt alle flüchtigen Bestandteile und destilliert den Rückstand über eine 20-cm-Vigreux-Kolonne i. Vak.; Ausbeute: 38 g (94%); Sdp.: 50–54° (5 · 10⁻³ Torr/6,65 · 10⁻² Pa).

B. Umwandlung

Das Methylen-trimethylsilyl-phosphan läßt sich mit festem Natriumhydroxid in das entsprechende *Methylidin-phosphan* umwandeln (s. S. 24).

[5] *G. Becker, M. Rössler* u. *W. Uhl*, Z. Anorg. Allg. Chem. **473**, 7 (1981).
[6] *G. Becker*, Z. Anorg. Allg. Chem. **430**, 66 (1977).

γ) Methylen-phosphane mit einer P–Cl-Bindung

A. Herstellung

1. durch thermische Eliminierung

Durch Pyrolyse bei 1000°/0,03 Torr/4 Pa ist aus Dichlor-methyl-phosphan unter Chlorwasserstoff-Eliminierung *Chlor-methylen-phosphan* erhältlich (die weitere Chlorwasserstoff-Eliminierung führt zum *Methylidin-phosphan*)[7]:

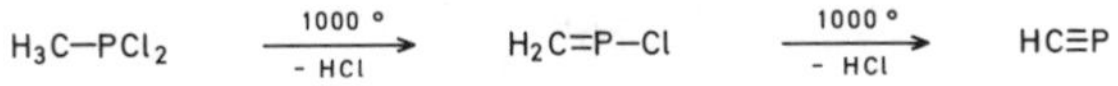

$$H_3C-PCl_2 \xrightarrow[-\,HCl]{1000°} H_2C=P-Cl \xrightarrow[-\,HCl]{1000°} HC\equiv P$$

2. durch Basen-Zusatz

Auch tert. Amine können zur Abspaltung von Chlorwasserstoff aus Alkyl-dichlor-phosphanen herangezogen werden[8]:

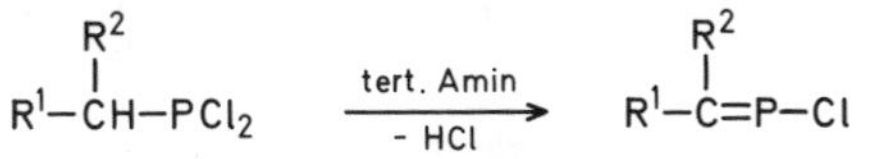

$$\begin{array}{ccc} R^2 & & R^2 \\ | & \xrightarrow[-\,HCl]{\text{tert. Amin}} & | \\ R^1-CH-PCl_2 & & R^1-C=P-Cl \end{array}$$

. . .-methylen)-phosphan

$R^1 = C_6H_5$; $R^2 = H$; *Chlor-(phenyl. . .*
          $R^2 = C_6H_5$; *Chlor-(diphenyl. . .*
          $R^2 = Si(CH_3)_3$; *Chlor-(α-trimethylsilyl-benzyliden)-phosphan*
$R^1 =$ $R^2 = Si(CH_3)_3$; *(Bis-[trimethylsilyl]-methylen)-chlor-phosphan*

Das Chlor-(α-trimethylsilyl-benzyliden)-phosphan ist destillierbar und kann im Kühlschrank wochenlang unverändert aufbewahrt werden. Seine Stabilität widerlegt die Annahme teilweise, daß die P=C-Doppelbindung der Methylenphosphane durch sperrige Substituenten am Phosphor- und Kohlenstoff-Atom abgeschirmt werden muß.

Chlor-(α-trimethylsilyl-benzyliden)-phosphan[9]: Zu 15,0 g (57 mmol) des Dichlor-(α-trimethylsilyl-benzyl)-phosphans in 200 *ml* Ether gibt man 25,3 g (220 mmol) 1,4-Diaza-bicyclo[2.2.2]octan und rührt 12 Stdn. bei 20°. Der unlösliche Rückstand wird abfiltriert und 2mal mit Ether gewaschen. Die vereinigten Filtrate werden i. Vak. eingeengt, das dabei ausfallende Amin-Hydrochlorid wird abfiltriert. Nach Entfernen des Lösungsmittels wird der Rückstand mit Pentan versetzt und die Filtration wiederholt. Die vereinigten Filtrate werden destilliert; Ausbeute: 7,1 g (54%); Kp: 51° (0,001 Torr/1,3 · 10⁻⁴ kPa).

B. Umwandlung

Durch Pyrolyse erhält man aus den Chlor-methylen-phosphanen *Methylidin-phosphan* (s. S. 24).

δ) Methylen-phosphane mit einer P–O-, P–S- bzw. P–P-Bindung

A. Herstellung

Chlor-(α-trimethylsilyl-benzyliden)-phosphan setzt sich mit Nukleophilen wie sek. Phosphanen, Alkoholen bzw. Thiolen zu den entsprechenden Phosphano-, Alkoxy- bzw. Alkylthio-methylen-phosphanen um[10a]:

---

[7] *M.J. Hopkinson, H. W. Kroto, J. F. Nixon* u. *N. P. C. Simmons*, J. Chem. Soc. Chem. Commun. **1976**, 513.
[8] *R. Appel* u. *A. Westerhaus*, Angew. Chem. **92**, 578 (1980); engl.: **19**, 556.
[9] *R. Appel* u. *A. Westerhaus*, Tetrahedron Lett. **1981**, 2159.
[10a] *R. Appel* u. *U. Kündgen*, Angew. Chem. Suppl. **1982**, 549–558.

$$\begin{array}{c}
H_5C_6 \\
\diagdown \\
C=P-Cl \\
\diagup \\
(H_3C)_3Si
\end{array}
\xrightarrow[\substack{+\ R_2PH/(H_5C_2)_3N \\ -\ [(H_5C_2)_3NH]^{\oplus}\ Cl^{\ominus}}]{}
\begin{array}{cc}
H_5C_6 & R \\
\diagdown & \diagup \\
C=P-P \\
\diagup & \diagdown \\
(H_3C)_3Si & R
\end{array}$$

$$\xrightarrow[\substack{+\ R-XH/(H_5C_2)_3N \\ -\ [(H_5C_2)_3NH]^{\oplus}\ Cl^{\ominus}}]{}
\begin{array}{c}
H_5C_6 \\
\diagdown \\
C=P-X-R \\
\diagup \\
(H_3C)_3Si
\end{array}$$

$$X = O, S$$

Phosphano-, Alkoxy- bzw. Alkylthio-methylen-phosphane; allgemeine Arbeitsvorschrift[10a]: Eine Lösung von 11,4 g (50 mmol) Chlor-(α-trimethylsilyl-benzyliden)-phosphan und 5,4 g (50 mmol) Triethylamin in $\sim 150\,ml$ Hexan wird unter Magnetrührung mit der äquimolaren Menge Phosphan, Alkohol bzw. Thiol versetzt. Man läßt innerhalb ~ 12 Stdn. auf 20° erwärmen und filtriert den Niederschlag ab. Man entfernt das Lösungsmittel i. Vak. und fraktioniert den viskosen Rückstand bei 10^{-4} Torr ($1,3 \cdot 10^{-5}$ kPa) (Hg-Dampfstrahlpumpe).
Auf diese Weise erhält man u. a. mit

Di-tert.-butyl-phosphan → *(Di-tert.-butyl-phosphano)-(α-trimethylsilyl-benzylen)-phosphan*; 53%; Sdp.: 111° (10^{-4} Torr/1,3 · 10^{-5} kPa)

Diphenyl-phosphan → *(Diphenyl-phosphano)-...* (Rohprodukt)

Methanol → *Methoxy-...* Sdp.: 80–90° (10^{-4} Torr/1,3 · 10^{-5} kPa)

tert.-Butanol → *tert.-Butyloxy-...* 43%; Sdp.: 85° (10^{-4} Torr/1,3 · 10^{-5} kPa)

Phenol → *Phenoxy-...* 31%; Sdp.: 133° (10^{-4} Torr/1,3 · 10^{-5} kPa)

tert.-Butanthiol → *tert.-Butylthio-...* 44%; Sdp.: 127° (10^{-4} Torr/1,3 · 10^{-5} kPa)

Die Ausbeute wird im Falle des Methoxy- bzw. Phenoxy-methylen-phosphans durch Addition der entsprechenden Nukleophile an die P/C-Doppelbindung vermindert.

ε) Methylen-phosphane mit einer P–N-Bindung

A. Herstellung

(Bis-[trimethylsilyl]-amino)-(bis-[trimethylsilyl]-methyl)-chlor-phosphan geht beim Erhitzen auf 150° i. Vak. unter Abspaltung von Chlor-trimethyl-silan in das *(Bis-[trimethylsilyl]-amino)-(trimethylsilyl-methylen)-phosphan* (54%) über[10]:

$$\left[(H_3C)_3Si\right]_2 \underset{\underset{Cl}{|}}{CH-P-N}\left[Si(CH_3)_3\right]_2 \xrightarrow[-\ (H_3C)_3SiCl]{150°} (H_3C)_3Si-CH=P-N\left[Si(CH_3)_3\right]_2$$

(Bis-[trimethylsilyl]-amino)-(trimethylsilyl-methylen)-phosphan[10]:
(Bis-[trimethylsilyl]-amino)-(bis-[trimethylsilyl]-methyl)-chlor-phosphan: 18 g (92 mmol) Bis-[trimethylsilyl]-chlor-methan werden mit 2,2 g (92 mmol) Magnesium in 50 ml THF zur Grignard-Verbindung umgesetzt; diese wird unter Kühlung mit Eis/Kochsalz-Mischung so langsam zu 12,6 g (92 mmol) Phosphor(III)-chlorid in 20 ml THF getropft, daß die Temp. 10° nicht übersteigt. Anschließend erwärmt man, tropft zur siedenden Reaktionsmischung 15,3 g (92 mmol) Lithium-bis-[trimethylsilyl]-amid in 50 ml THF und erhitzt 1 Stde. unter Rückfluß. Das Lösungsmittel wird entfernt.
(Bis-[trimethylsilyl]-amino)-(trimethylsilyl-methylen)-phosphan: Der vorab erhaltene Rückstand wird i. Vak. bei 150° pyrolysiert, wobei das hellgelbe Methylen-phosphan überdestilliert; Ausbeute: 13,7 g (54%); Sdp.: 57–59° (0,1 Torr/1,3 · 10^{-2} kPa).

---

[10] E. *Niecke*, W. W. *Schoeller* u. D.-A. *Wildbredt*, Angew. Chem. **93**, 119 (1981); engl.: **20**, 131.
[10a] R. *Appel* u. U. *Kündgen*, Angew. Chem. Suppl. **1982**, 549–558.

Am Chlor-(α-trimethylsilyl-benzyliden)-phosphan läßt sich das Chlor-Atom durch sek. Amine unter Bildung von Amino-(α-trimethylsilyl-benzyliden)-phosphanen substituieren[10a]:

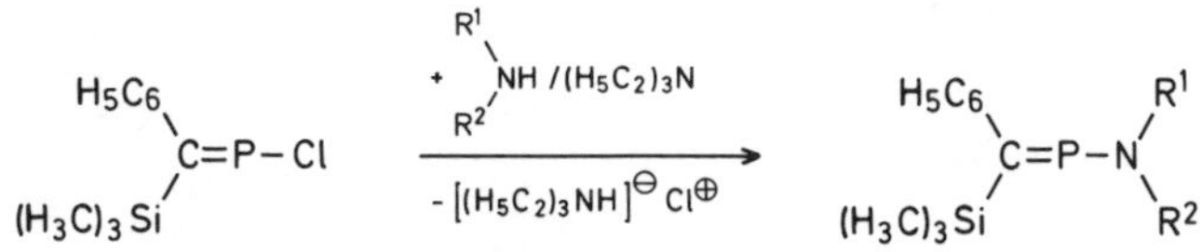

... (α-trimethylsilyl-benzyliden)-phosphan

$R^1 = R^2 = CH_3$;   Dimethylamino ...;   85%; Sdp.: 90° (10^{-3} Torr/$1,3 \cdot 10^{-5}$ kPa)
$R^1 = R^2 = CH(CH_3)_2$; Diisopropylamino ...;   63%; Sdp.: 105° (10^{-3} Torr/$1,3 \cdot 10^{-5}$ kPa)
$R^1 = R^2 = -(CH_2)_5-$; Piperidino ...;   61%; Sdp.: 113° (10^{-3} Torr/$1,3 \cdot 10^{-5}$ kPa)
$R^1 = CH_3$; $R^2 = C_6H_5$;(N-Methyl-anilino) ...;   50%; Sdp.: 133° (10^{-3} Torr/$1,3 \cdot 10^{-5}$ kPa)

Die Ausbeute wird allerdings in einigen Fällen durch eine von der Nukleophilie des Amins abhängige Addition an die P/C-Doppelbindung vermindert.

B. Umwandlung

Das Amino-methylen-phosphan I bildet mit 2,2-Dimethyl-diazopropan das *1-(Bis-[trimethylsilyl]-amino)-3-tert.-butyl-2-trimethylsilyl-phosphiran* (s. S. 584)[10]:

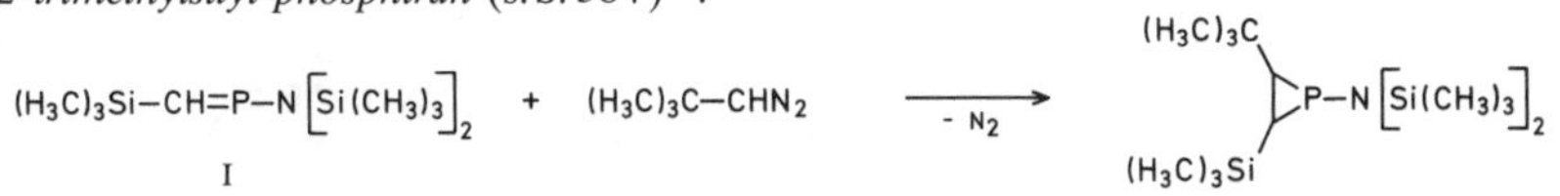

ζ) **Methylen-phosphane mit einer zusätzlichen P–C-Einfachbindung**

A. Herstellung

1. durch Aufbaureaktionen

1.1. aus Metallphosphiden mit Benzoylchlorid

Die Umsetzung von Lithium-phosphid mit Benzoylchlorid in 1,2-Dimethoxy-ethan liefert chelatartiges *Benzoyl-(α-lithiumoxy-benzyliden)-phosphan*, das einer Keto-Enol-Tautomerie unterliegt (86%)[11]:

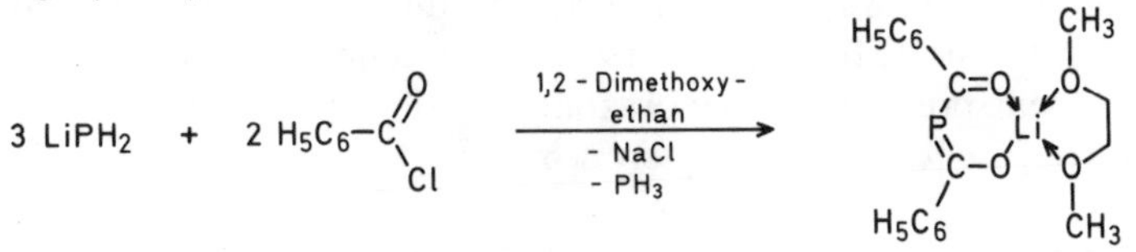

Analoges Verhalten zeigt das *Tris-[α-benzoylphosphanyliden-benzyloxy]-aluminium* (Schmp.: 243°), das durch Umsetzung von Natrium-tetraphosphanoaluminat mit Benzoylchlorid in 1,2-Dimethoxy-ethan erhalten wird[12]:

---

[10] E. Niecke, W. W. Schoeller u. D.-A. Wildbredt, Angew. Chem. **93**, 119 (1981); engl.: **19**, 556.
[10a] R. Appel u. U. Kündgen, Angew. Chem. Suppl. **1982**, 549–558.
[11] G. Becker, M. Birkhahn, W. Massa u. W. Uhl, Angew. Chem. **92**, 756 (1980); engl.: **19**, 741.
[12] G. Becker u. H. P. Beck, Z. Anorg. Allg. Chem. **430**, 91 (1977).

$$NaAl(PH_2)_4 \quad + \quad H_5C_6-C\underset{Cl}{\overset{O}{\big\langle}} \quad \xrightarrow[\substack{- \; NaCl \\ - \; PH_3}]{\substack{1,2-Dimethoxy- \\ ethan}}$$

Benzoyl-(α-lithiumoxy-benzyliden)-phosphan[11]: Zu einer auf $-35°$ gekühlten Lösung von 14,6 g (104 mmol) Benzoylchlorid in 50 ml abs. 1,2-Dimethoxy-ethan tropft man unter Argon und unter Rühren 20,3 g (156 mmol) Lithium-phosphid in 200 ml 1,2-Dimethoxy-ethan. Man erwärmt auf 20° und rührt bis zur Beendigung der Phosphan-Entwicklung (~ 12 Stdn.). Das ausgefallene Lithiumchlorid wird abfiltriert und mit wenig 1,2-Dimethoxy-ethan gewaschen. Das Filtrat wird i. Vak. vom Lösungsmittel befreit und der Rückstand in 1,2-Dimethoxy-ethan gelöst. Bei $-25°$ kristallisiert das Phosphan aus. Ausbeute: 15,1 g (86%); Zers.-p.: 308° (unter Argon).

1.2. aus Lithium-bis-[bis-(trimethylsilyl)-phosphano]-methan

Bei der Umsetzung von Bis-[bis-(trimethylsilyl)-phosphano]-methan[13] mit 2,2-Dimethyl-propanoylchlorid in Cyclopentan werden zwei Silyl-Gruppen substituiert, anschließende P/O-Silylverschiebung liefert *Bis-[(2,2-dimethyl-1-trimethylsiloxy-propyliden)-phosphano]-methan* (82%)[14]:

$$\begin{bmatrix}(H_3C)_3Si \\ \quad \;\; P \\ (H_3C)_3Si\end{bmatrix}_2 CH_2 \quad \xrightarrow[2\;(H_3C)_3SiCl]{2\;(H_3C)_3C-CO-Cl} \quad \underset{(H_3C)_3C}{\overset{(H_3C)_3Si-O}{\big\rangle}}C{=}P{-}CH_2{-}P{=}C\underset{C(CH_3)_3}{\overset{O-Si(CH_3)_3}{\big\langle}}$$

$$Z/Z$$

Bis-[(2,2-dimethyl-1-trimethylsiloxy-propyliden)-phosphano]-methan[14]: Zu einer Lösung von 2,44 g (5,72 mmol) Bis-[bis-(trimethylsilyl)-phosphano]-methan in 20 ml Cyclopentan tropft man bei 20° unter Rühren eine Lösung von 1,46 g (12,1 mmol) 2,2-Dimethyl-propanoylchlorid in 20 ml Cyclopentan. Nach 48 Stdn. Stehen bei 20° werden alle flüssigen Anteile i. Vak. abdestilliert, der Rückstand aus 1,2-Dimethoxy-ethan umkristallisiert und bei 50° sublimiert; Ausbeute: 1,81 g (82%); Schmp.: 39°.

1.3. aus Phosphor(III)-chlorid

1.3.1. mit Azo-Verbindungen

Azo-Verbindungen mit tert. Substituenten zersetzen sich beim Erwärmen in Phosphor (III)-chlorid radikalisch unter Bildung von Dichlor-organo-phosphanen[15]. Azo-Verbindungen mit prim. und sek. Substituenten erleiden unter den gleichen Bedingungen zunächst eine säurekatalysierte [Chlorwasserstoff-Spuren im Phosphor(III)-chlorid] Isomerisierung zu den entsprechenden Hydrazonen[16], die zu 2,4-substituierten 2H-1,2,3-Diazaphospholen weiterreagieren; z.B.[17]:

$$H_9C_4-NH-N{=}CH-CH_2-C_2H_5 \quad \xrightarrow[-\;HCl]{PCl_3} \quad \begin{bmatrix}H_9C_4-\underset{PCl_2}{\overset{|}{N}}-N{=}CH-CH_2-C_2H_5\end{bmatrix} \quad \xrightarrow[-\;2\;HCl]{75°} \quad$$

2-Butyl-2H-1,2,3-diazaphosphol

---

[11] *G. Becker, M. Birkhahn, W. Massa* u. *W. Uhl*, Angew. Chem. **92**, 756 (1980); engl.: **19**, 741.
[13] *G. Fritz* u. *W. Hölderlich*, Z. Anorg. Allg. Chem. **431**, 76 (1977).
[14] *G. Becker* u. *O. Mundt*, Z. Anorg. Allg. Chem. **443**, 53 (1978).
[15] *L. Dulog, F. Nierlich* u. *A. V. Verhelst*, Chem. Ber. **105**, 874 (1972).
[16] *H. L. Lochte, W. A. Noyes* u. *J. R. Bailey*, J. Am. Chem. Soc. **44**, 2556 (1922).
[17] *L. Dulog, F. Nierlich* u. *A. Verhelst*, Phosphorus **4**, 197 (1974).

2-Cyclohexyl-4,5,6,7-tetrahydro-2H-⟨benzo-1,2,3-diazaphosphol⟩[17]:

$$\text{(Cyclohexyl)}\!-\!N\!\!=\!\!N\!-\!\text{(Cyclohexyl)} \xrightarrow[-\ 3\ HCl]{PCl_3} \text{(Produkt)}$$

4,85 g (25 mmol) Dicyclohexyl-diazen werden in 17,9 g (125 mmol) Phosphor(III)-chlorid[18] 1 Stde. auf 75° gehalten. Es wird fraktioniert destilliert; Ausbeute: 3,6 g (65,5%); Sdp.: 48–49° (0,7 Torr/0,09 kPa).

Auf analoge Weise ist *2-Butyl-4-ethyl-1,2,3-diazaphosphol* zugänglich.

1.3.2. mit Hydrazonen

Anstelle von Azo-Verbindungen können Hydrazone direkt mit Phosphor(III)-chlorid zu 1,2,3-Diazaphospholen in Gegenwart eines tertiären Amins umgesetzt werden. Die Reaktionen erfolgen in Diethylether oder Dichlormethan mit einem ~ dreifachen Überschuß an Phosphor(III)-chlorid[19].

Neuere Arbeiten empfehlen stöchiometrischen Umsatz und Benzol als Lösungsmittel, in dem die Chlorwasserstoff-Eliminierung auch ohne Amin-Zusatz erfolgt[20].

Mit Aceton-hydrazonen können die zunächst entstehenden 3-Chlor-3,4-dihydro-2H-1,2,3-diazaphosphole isoliert werden[20, 21]:

$$PCl_3\ +\ R\!-\!NH\!-\!N\!\!=\!\!C\!\!\begin{array}{l}CH_3\\CH_3\end{array} \xrightarrow{-\ 2\ HCl} \quad \xrightleftharpoons[+\ HCl]{-\ HCl} \quad$$

R = CO–CH_3[20], C_6H_5[20], 4–CH_3–C_6H_4[20], 2-Pyridyl[20]

Weitere Beispiele s. Lit.[24a–e].

Im Falle der Methylhydrazone des Acetons und Pentanons sind die postulierten Zwischenstufen ionisch aufgebaut und liegen als „Phosphenium-Chloride" vor[20, 22]:

$$PCl_3\ +\ H_3C\!-\!NH\!-\!N\!\!=\!\!C\!\!\begin{array}{l}CH_3\\CH_3\end{array} \xrightarrow{-\ 2\ HCl} \left[\ \right]^{\oplus}[Cl]^{\ominus} \xrightleftharpoons[-\ HCl]{+\ HCl}$$

2,5-Dimethyl-2H-1,2,3-diazaphosphol

[17] *L. Dulog, F. Nierlich* u. *A. Verhelst*, Phosphorus **4**, 197 (1974).

[18] Phosphor(III)-chlorid wurde zweimal ausgefroren, entgast und unter trockenem Stickstoff fraktioniert destilliert.

[19] *A. F. Vasil'ev, L. V. Vilkov, N. P. Ignatova, N. N. Mel'nikov, V. V. Negrebeckij, N. I. Svetsov-Silovskij* u. *L. S. Chajkin*, J. Prakt. Chem. **314**, 806 (1972).

[20] *J. H. Weinmaier, H. Brunnhuber* u. *A. Schmidpeter*, Chem. Ber. **113**, 2278 (1980).

[21] *N. J. Shvetsov-Shilovskij, N. P. Ignatova, R. G. Bobkova, V. Y. Manyukhina* u. *N. N. Melnikov*, Zh. Obshch. Khim. **42**, 1939 (1972); C. A. **78**, 43610.

[22] *J. Luber* u. *A. Schmidpeter*, Angew. Chem. **88**, 91 (1976); engl.: **15**, 111.

[24a] *N. P. Ignatova, N. N. Melnikov* u. *N. I. Shvetsov-Silovskii*, Khim. Geterotsiki. Soed. **1967**, 753; C. A. **68**, 78367.

[24b] *A. F. Vasilev, L. V. Vilkov, N. P. Ignatova, N. N. Melnikov, V. V. Negrebetskii, N. I. Shvetsov-Silovskij* u. *L. S. Khaihin*, Dokl. Akad. Nauk. SSSR, **183**, 95 (1968); C. A. **71**, 117434.

[24c] *N. I. Shvetsov-Shilovskii, N. P. Ignatova* u. *N. N. Melnikov*, Zhur. Obshch. Khim. **40**, 1501 (1970); C. A. **75**, 6021.

[24d] *V. V. Negrebetskii, N. P. Ignatova, A. V. Kessenikh, N. N. Melnikov* u. *N. I. Shvetsov-Shilovskii*, Zhur. Strukt. Khim. **11**, 633 (1970); C. A. **73**, 135760.

[24e] *V. V. Negrebetskii, A. V. Kessenikh, A. F. Vasilev, N. P. Ignatova, N. I. Shvetsov-Shilovskii* u. *N. N. Melnikov*, Zhur. Strukt. Khim. **12**, 798 (1971); C. A. **76**, 39811.

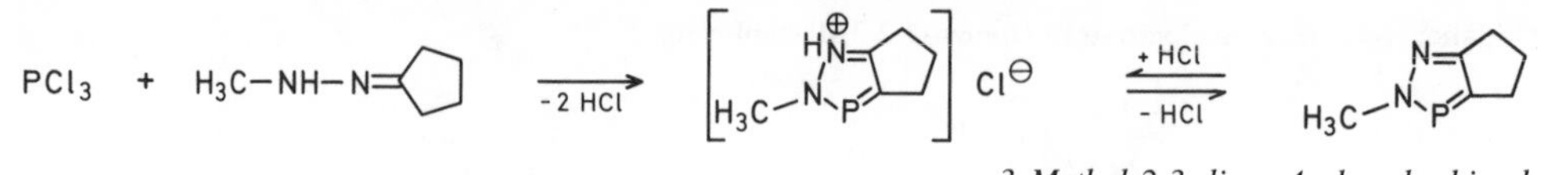

PCl₃ + H₃C—NH—N=⬠ $\xrightarrow{-2\,HCl}$ [structure] Cl⊖ $\underset{-\,HCl}{\overset{+\,HCl}{\rightleftharpoons}}$ [structure]

3-Methyl-2,3-diaza-4-phospha-bicyclo-[3.3.0]octa-1,3-dien

Die Bildung der 1,2,3-Diazaphosphole aus den Phospholium-chloriden ist reversibel. Eingesetzt werden hauptsächlich Hydrazone des Acetons.

Die Umsetzung der Arylhydrazone von 2-Oxo-alkanen liefert dagegen Gemische aus 5-Alkyl-2-aryl-(I) und 4-Alkyl-2-aryl-5-methyl-2H-1,2,3-diazaphospholen (II)[23]:

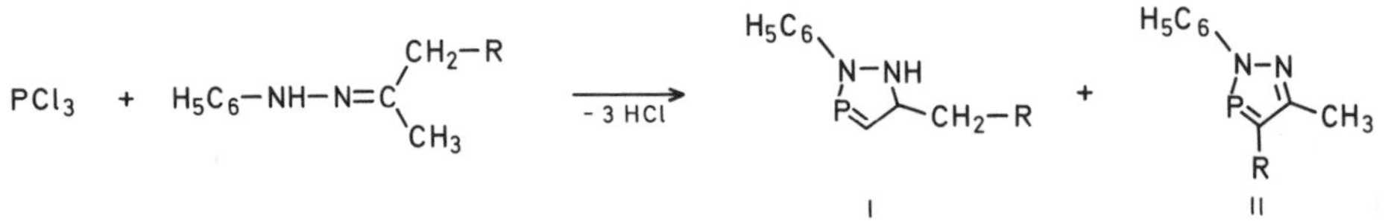

PCl₃ + H₅C₆—NH—N=C(CH₂—R)(CH₃) $\xrightarrow{-3\,HCl}$ [structure I] + [structure II]

I II

Die Cyclisierung erfolgt bevorzugt über die Methyl-Gruppe, so daß das Diazaphosphol I überwiegt. Mit Butanon-phenylhydrazon (R = CH₃) erhält man ein Gemisch aus 60% *4-Ethyl-2-phenyl-* und 40% *4,5-Dimethyl-2-phenyl-2H-1,2,3-diazaphosphol*, mit 2-Pentanon-phenylhydrazon (R = C₂H₅) 75% *2-Phenyl-5-propyl-* und 25% *4-Ethyl-5-methyl-2-phenyl-2H-1,2,3-diazaphosphol*.

2,5-Dimethyl-2H-1,2,3-diazaphosphol-Hydrochlorid[23]: Zu 27,4 g (0,2 mol) Phosphor(III)-chlorid in 100 *ml* Dichlormethan werden unter starkem Rühren und Eiskühlung 17,2 g (0,2 mol) Aceton-methylhydrazon getropft. Die einsetzende Chlorwasserstoff-Entwicklung wird durch ~ 48 Stdn. Rückflußkochen vervollständigt. Man filtriert, entfernt das Lösungsmittel i. Vak., wäscht den Rückstand mit Ether und trocknet ihn. Es kann durch Sublimation gereinigt werden; Ausbeute: 26,2 g (87%).

4-Alkyl-2-aryl-2H-1,2,3-diazaphosphole, allgemeine Arbeitsvorschrift[24]: Zu 206,2 g (1,5 mol) Phosphor(III)-chlorid in 400 *ml* abs. Diethylether tropft man bei 0° unter Stickstoff und unter Rühren innerhalb 2 Stdn. eine Lösung von 74 g (0,5 mol) Keton-arylhydrazon und 151,7 g (1,5 mol) Triethylamin in 250 *ml* abs. Ether. Nach 12 Stdn. Stehen wird filtriert und der Rückstand mit Ether gewaschen. Das Filtrat wird i. Vak. vom Ether befreit, und der Rückstand i. Vak. destilliert.

Tab. 5 (S. 37) enthält eine Auswahl der nach dieser Methode hergestellten Diazaphosphole.

1.4. aus Tris-[trimethylsilyl]-phosphan

Wird Tris-[trimethylsilyl]-phosphan mit 2-Chlor-N-hetarenium-Salzen umgesetzt, so erhält man die auf S. 44 näher beschriebenen Phosphamethin-cyanine bis zu 63%[25]; z.B.:

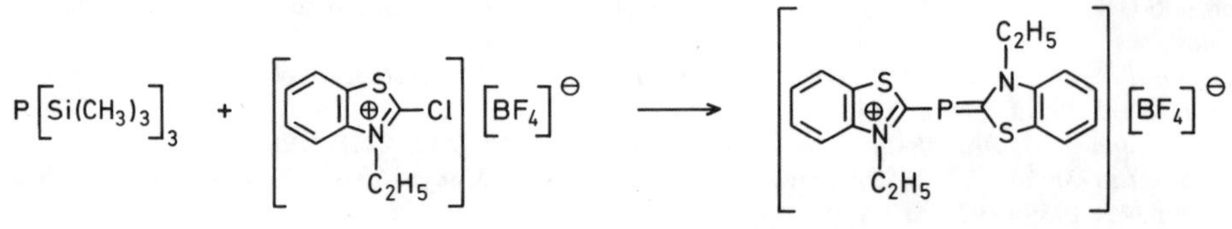

P[Si(CH₃)₃]₃ + [structure] [BF₄]⊖ ⟶ [structure] [BF₄]⊖

(1-Ethyl-1,3-benzothiazolium-2-yl)-(1-ethyl-1,2-dihydro-1,3-benzothiazol-2-yliden)-phosphan-tetrafluoroborat

Das entsprechende 1-Methyl-Derivat wird zu 59% erhalten.

[23] *J. H. Weinmaier, G. Brunnhuber* u. *A. Schmidpeter,* Chem. Ber. **113**, 2278 (1980).
[24] *A. F. Vasil'ev, L. V. Vilkov, N. P. Ignatova, N. N. Mel'nikov, V. V. Negrebeckij, N. J. Svetsov-Silovskij* u. *L. S. Chajkin,* J. Prakt. Chem. **314**, 806 (1972).
[25] *G. Märkl* u. *F. Lieb,* Tetrahedron Lett. **1967**, 3489.

Tab. 5: 2H-1,2,3-Diazaphosphole aus Hydrazonen und Phosphor(III)-chlorid

$$R^1-NH-N=C\begin{smallmatrix}R^2\\CH_3\end{smallmatrix}$$

R¹	R²	Reaktionsbedingungen	...2H-1,2,3-diazaphosphol	Ausbeute [%]	Sdp. [°C]	Sdp. [Torr (kPa)]	Literatur
CH_3	CH_3	Hydrazon/PCl₃ (1:1) 48 Stdn. sied. Benzol	2,4-Dimethyl-...	62	140–142	722 (95,2)	[23]
C_6H_5	H	Ether/Triethylamin	2-Phenyl-...	10	85–87	0,2 (0,027)	[24]
	CH_3		4-Methyl-2-phenyl-...	54	73	0,05 (0,0066)	[24]
	C_2H_5		4-Ethyl-2-phenyl- ...	87	103	0,09 (0,012)	[24]
$4\text{-}Cl\text{-}C_6H_4$	CH_3	Ether/Trithylamin	2-(4-Chlor-phenyl)-4-methyl-...	20	107–108	0,07 (0,0093)	[24]
$4\text{-}H_3C\text{-}C_6H_4$	CH_3		4-Methyl-2-(4-methyl-phenyl)-	16	93–95	0,09 (0,012)	[24]
2-Pyridyl	CH_3	Hydrazon/PCl₃ (1:1) CH₂Cl₂; 17 Stdn. Rückfluß	4-Methyl-2-pyridyl-(2)-...	36	67–71	0,008 (0,001)	[23]

[23] J. H. Weinmaier, G. Brunnhuber u. A. Schmidpeter, Chem. Ber. 113, 2278 (1980).
[24] A. F. Vasil'ev, L. V. Vilkov, N. P. Ignatova, N. N. Mel'nikov, V. V. Negrebeckij, N. J. Svetsov-Silovskij u. L. S. Chajkin, J. Prakt. Chem. 314, 806 (1972).

1.5. aus Organophosphanen mit Orthocarbonsäure-diester-dimethylamiden

Primäre aromatische Phosphane bilden mit Orthocarbonsäure-diester-dimethylamiden die Methylen-phosphane I[26]; z. B.:

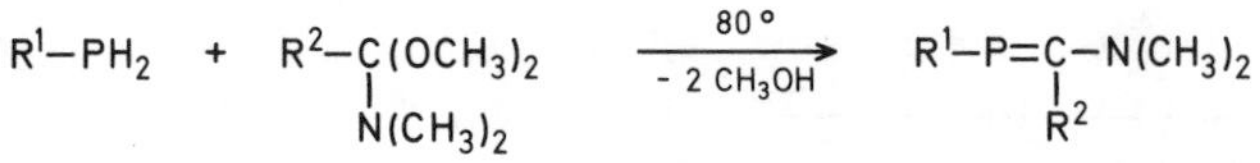

$$R^1{-}PH_2 \;+\; R^2{-}\underset{\underset{N(CH_3)_2}{|}}{C}(OCH_3)_2 \quad\xrightarrow[-\,2\,CH_3OH]{80^\circ}\quad R^1{-}P{=}\underset{\underset{R^2}{|}}{C}{-}N(CH_3)_2$$

...-phosphan

$R^1 = C_6H_5$; $R^2 = H$; *(Dimethylamino-methylen)-phenyl-*...; Sdp.: 115° (0,1 Torr/0,013 kPa)
$R^1 = 2,4,5\text{-}(H_3C)_3\text{-}C_6H_2$, $R^2 = H$; *(Dimethylamino-methylen)-(2,4,5-trimethyl-phenyl)*...,
Sdp.: 123° (0,1 Torr/0,013 kPa)
$R^1 = C_6H_5$; $R^2 = CH_3$; *(1-Dimethylamino-ethyliden)-phenyl-*...; Sdp.: 137° (0,3 Torr/0,04 kPa)

Die Methode ist auf aromatische primäre Phosphane beschränkt.

1.6. aus 2-substituierten Phenylphosphanen

1.6.1. aus (2-Hydroxy-phenyl)-phosphan mit 2,2-Dimethyl-propansäure-chlorid-(4-methyl-phenylimid)

Aus (2-Hydroxy-phenyl)-phosphan erhält man mit 2,2-Dimethyl-propansäure-chlorid-(4-methyl-phenylimid) das *2-tert.-Butyl-1,3-benzoxaphosphol* zu 65%[27]:

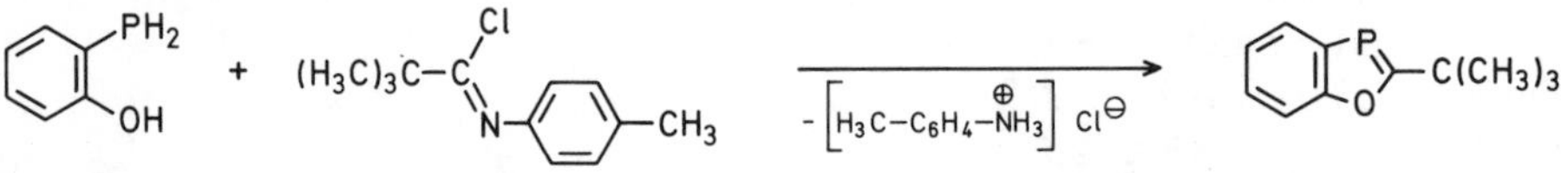

2-tert.-Butyl-1,3-benzoxaphosphol[27]: 1,5 g (11,9 mmol) (2-Hydroxy-phenyl)-phosphan und 3,0 g (14,4 mmol) 2,2-Dimethyl-propansäure-chlorid-(4-methyl-phenylimid) in 50 *ml* Diethylether werden 5 Tage bei 20° stehengelassen. Man filtriert, wäscht das Filtrat mit 5% Natriumhydroxyd-Lösung, dann mit Wasser, trocknet die Ether-Phase und destilliert; Ausbeute: 1,5 g (65%); Sdp.: 57–60° (0,5 Torr/0,067 kPa).

1.6.2. aus (2-Mercapto-phenyl)-phosphan mit Orthocarbonsäure-diester-dimethylamiden

(2-Mercapto-phenyl)-phosphan cyclisiert mit Orthocarbonsäure-diester-dimethylamid zu 1,3-Benzthiaphospholen[28]:

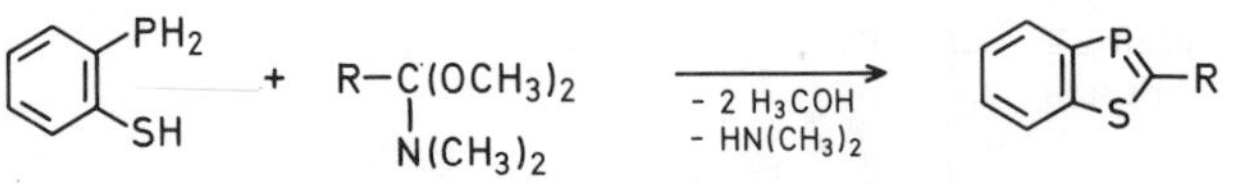

R = H; *1,3-Benzthiaphosphol*; Sdp.: 154–155° (0,1 Torr/0,013 kPa)
R = CH₃; *2-Methyl-1,3-benzthiaphosphol*; Sdp.: 135° (0,1 Torr/0,013 kPa)

2-Phenyl-1,3-benzthiaphosphol [Sdp.: 165–168° (0,3 Torr/0,04 kPa)] läßt sich günstiger aus dem gleichen Phosphan mit Benzaldehyd bei 120° herstellen:

[26] *H. Oehme, E. Leissring* u. *H. Meyer*, Tetrahedron Lett. **1980**, 1141.
[27] *J. Heinicke* u. *A. Tzschach*, Z. Chem. **20**, 342 (1980).
[28] *K. Issleib* u. *R. Vollmer*, Tetrahedron Lett. **1980**, 3483.

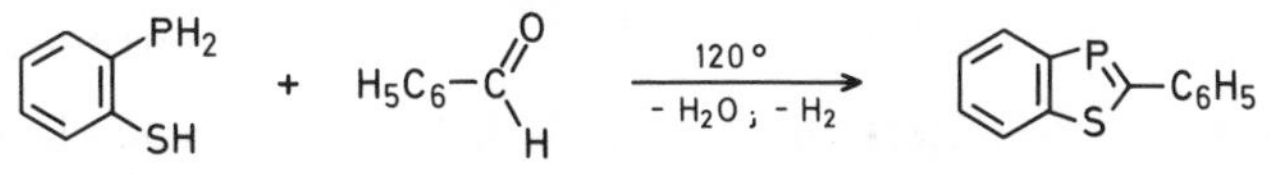

1.6.3. aus (2-Amino-phenyl)-phosphan mit Carbonsäure-ester-imid-Hydrochloriden

Aus (2-Amino-phenyl)-phosphan und Carbonsäure-ester-imid-Hydrochloriden sind
1H-1,3-Benzazaphosphole zugänglich. (Die P=C-Doppelbindung ist gegenüber der
N=C-Doppelbindung bevorzugt)[29]; z.B.:

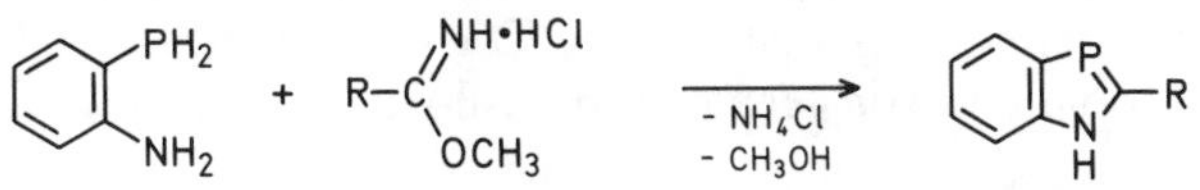

R = H; *1H-1,3-Benzazaphosphol*; Schmp.: 102–103°
R = CH$_3$; *2-Methyl-1H-1,3-benzazaphosphol*; Schmp.: 116–117°
R = C$_6$H$_5$; *2-Phenyl-1H-1,3-benzazaphosphol*; Schmp.: 127–129°

Das *2-Methyl-1H-1,3-benzazaphosphol* bildet sich auch aus (2-Amino-phenyl)-phenyl-
und (2-Amino-phenyl)-ethyl-phosphan mit Essigsäure-imid-methylester-Hydrochlorid
unter Abspaltung von Anisol bzw. Ethyl-methyl-ether.

1.7. aus Brom-diorgano-phosphanen

Bis-[1,3,3-trimethyl-2,3-dihydro-indol-2-ylidenmethyl]-brom-phosphan[30] geht bei der
Behandlung mit Trimethyloxonium-tetrafluoroborat in den β-Phosphatrimethincyanin-
Farbstoff[31] *(1,3,3-Trimethyl-2,3-dihydro-indol-2-ylidenmethyl)-(1,3,3-trimethyl-3H-in-
dolium-2-ylmethylen)-phosphan-tetrafluoroborat* über[32]:

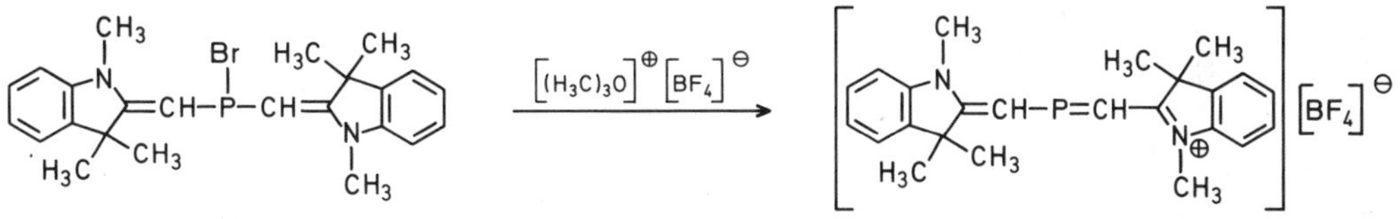

**(1,3,3-Trimethyl-2,3-dihydro-indol-2-ylidenmethyl)- (1,3,3-trimethyl-3H-indolium-2-ylmethylen)-phosphan-
tetrafluoroborat**[32]: 0,84 g (1,8 mmol)Bis-[1,3,3-trimethyl-2,3-dihydro-indol-2-ylidenmethyl]-bromphos-
phan und 0,27 g (1,8 mmol) Trimethyloxonium-tetrafluoroborat werden unter Stickstoff in 25 *ml* abs. Chloroform bei 25° 1 Stde. kräftig gerührt. Die filtrierte tiefblaue Lösung wird mit 80 *ml* Petrolether überschichtet.
Nach 2 Tagen wird abfiltriert und 30 Min. bei 70°/1,3 · 10^{-5} kPa getrocknet; Ausbeute: 0,82 g (98%); Schmp.:
220° (Zers.).
Das dunkelblaue Phosphan ist extrem hydrolyseempfindlich.

[29] *K. Issleib, R. Vollmer* u. *H. Meyer*, Tetrahedron Lett. **1978**, 441.
[30] Die Zwischenstufe ist in Chloroform bereits geringfügig dissoziiert (UV/Vis).
[31] Der Name leitet sich von den Trimethincyaninen durch Ersatz der β-Methin-Gruppe durch die Phospha-
     Gruppe ab; Nomenklatur s. Bd. V/1d, S. 227 (1972).
[32] *N. Gamon* u. *C. Reichardt*, Angew. Chem. **89**, 418 (1977); engl.: **16**, 404.

1.8. aus Bis-[trimethylsilyl]-organo-phosphanen

Als Ausgangsprodukte zur Herstellung von Methylen-phosphanen lassen sich Bis-[trimethylsilyl]-organo-phosphane mit einer Reihe von Kohlensäure- und Carbonsäure-Derivaten mit recht unterschiedlichem Verlauf umsetzen. Beim Phosgen und seinen aza-analogen Phosgen-arylimiden werden beide Chlor-Atome substituiert, wobei ein komplexes Produktgemisch entsteht. Die Umsetzung mit Carbonsäure-chloriden führt über die entsprechenden Acyl-organo-trimethylsilyl-phosphane zu Organo-(1-trimethyl-silyloxy-alkyliden)-phosphanen. Carbonsäure-imid-chloride reagieren analog. Kohlendisulfid und Carbodiimide werden zunächst addiert, zweifache Silyl-Verschiebung liefert die entsprechenden Methylenphosphane. Die Umsetzung mit N-N-Dimethyl-form-amid führt unter Abspaltung von Hexamethyldisiloxan zum entsprechenden Methylen-phosphan.

1.8.1. mit Phosgen

Die Umsetzung von Bis-[trimethylsilyl]-phenyl-phosphan mit Phosgen liefert Dichlor-phenyl-phosphan als Endprodukt (s. S. 283). Bei entsprechender Reaktionsführung lassen sich aber mehrere Zwischenprodukte isolieren. Aus Bis-[trimethylsilyl]-phenyl-phosphan mit Phosgen im Verhältnis 2:1 in Pentan erhält man in nahezu quantitativer Ausbeute *Phenyl-[(phenyl-trimethylsilyl-phosphano)-trimethylsiloxy-methylen]-phosphan* (I)[33]:

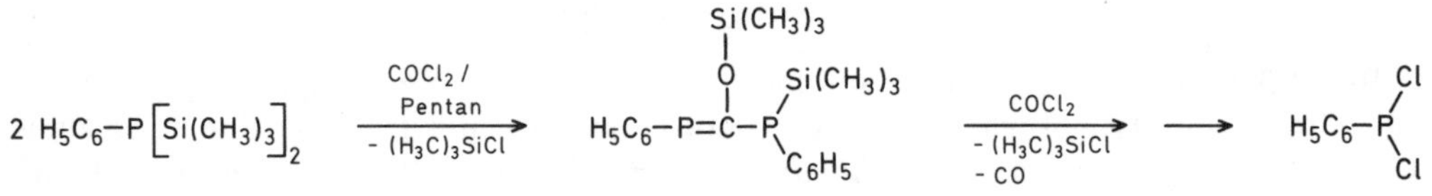

$$2\ H_5C_6-P\left[Si(CH_3)_3\right]_2 \xrightarrow[-(H_3C)_3SiCl]{\substack{COCl_2/ \\ Pentan}} \quad H_5C_6-P=C\underset{C_6H_5}{\overset{\underset{|}{O-Si(CH_3)_3}}{-}}\ \xrightarrow[\substack{-(H_3C)_3SiCl \\ -CO}]{COCl_2} \quad H_5C_6-P\overset{Cl}{\underset{Cl}{-}}$$

I

Phenyl-[(phenyl-trimethylsilyl-phosphano)-trimethylsiloxy-methylen]-phosphan[33]: Zur Lösung von 50,8 g (200 mmol) Bis-[trimethylsilyl]-phenyl-phosphan in 400 *ml* Pentan werden nach Evakuieren unter Magnetrührung bei 0° innerhalb 6 Stdn. 10,7 g (108 mmol) Phosgen kondensiert. Nach 12 Stdn. bei 20° engt man die Lösung auf ~ 100 *ml* ein und rührt weitere 12 Stdn. Nach dem Filtrieren und Entfernen des Lösungsmittels wird destilliert (teilweise Zersetzung); Ausbeute: 19,5 g (~ 100%):
Das gelbe Öl ist bei 0° unter Ausschluß von Sauerstoff und Feuchtigkeit einige Wochen beständig.

1.8.2. mit Phosgen-arylimiden

Die Umsetzung von Bis-[trimethylsilyl]-phenyl-phosphan mit Phosgen-arylimiden führt je nach Reaktionsführung zu verschiedenen Produkten. Die äquimolekulare Umsetzung der Phosgen-arylimide I bei 20° in Acetonitril liefert, vermutlich über die „Phospha-Carbodiimide" II, 1,3-Diphosphetane III. Daneben werden die Phosphano-methylen-phosphane IV gebildet. Bei der sehr langsamen Zugabe (innerhalb von vier Tagen) der Phosgen-arylimide V in Pentan im Verhältnis 0,75:1 erhält man die Bis-methylenphos-phane VI[34].

[33] R. Appel u. V. Barth, Angew. Chem. **91**, 497 (1979); engl.: **18**, 469.
[34] R. Appel u. B. Laubach, Tetrahedron Lett. **1980**, 2497.

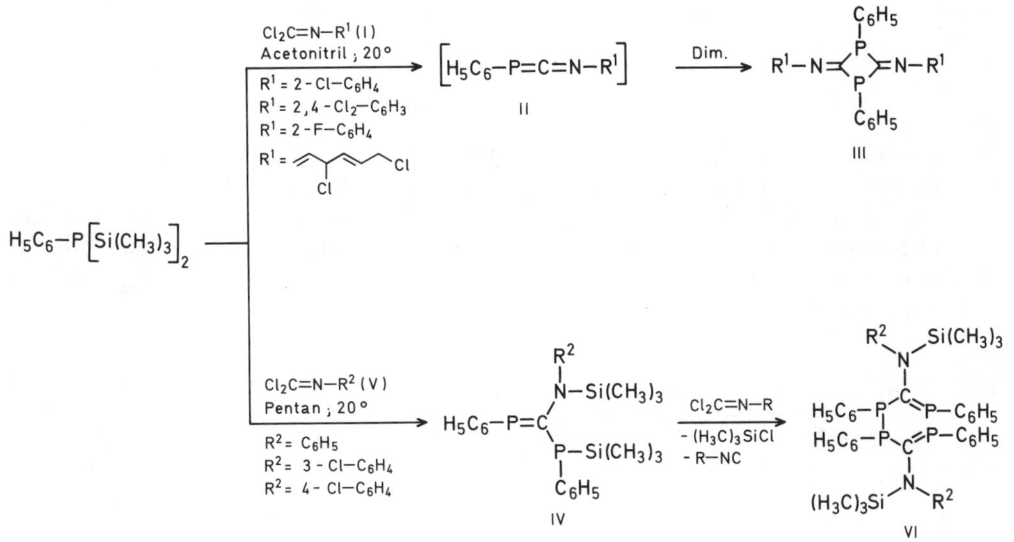

$$Cl_2C=N-R^1 \ (I)$$

Acetonitril ; 20°

$R^1 = 2-Cl-C_6H_4$
$R^1 = 2,4-Cl_2-C_6H_3$
$R^1 = 2-F-C_6H_4$

$\left[H_5C_6-P=C=N-R^1\right]$ II

Dim.

$R^1-N \rightleftharpoons \underset{C_6H_5}{\overset{C_6H_5}{P}} \rightleftharpoons N-R^1$ III

$H_5C_6-P\left[Si(CH_3)_3\right]_2$

$Cl_2C=N-R^2 \ (V)$

Pentan ; 20°

$R^2 = C_6H_5$
$R^2 = 3-Cl-C_6H_4$
$R^2 = 4-Cl-C_6H_4$

$H_5C_6-P=C \begin{array}{l} N-Si(CH_3)_3 \\ | \\ R^2 \\ P-Si(CH_3)_3 \\ | \\ C_6H_5 \end{array}$ IV

$Cl_2C=N-R$
$-(H_3C)_3SiCl$
$-R-NC$

VI

		...-trimethylsilyl-amino]-(phenyl-trimethylsilyl-phosphano)-methylen}-phenyl-phosphan	1,2-Bis-[... -(phenyl-phosphanyliden)-methyl]-1,2-diphenyl-diphosphan
R = C₆H₅	:	{[Phenyl-...	...-phenyl... ; Schmp.: 135°
R = 2-F–C₆H₄	:	{[(2-Fluor-phenyl)-...	–
R = 2-Cl–C₆H₄	:	{[(2-Chlor-phenyl)...	–
R = 3-Cl–C₆H₄	:	{[(3-Chlor-phenyl)-...	...-(3-chlor-phenyl)-...; 46%; Schmp.: 158° (Zers.)
R = 4-Cl–C₆H₄	:	{[(4-Chlor-phenyl)-...	...(4-chlor-phenyl)...
R = 2,5-Cl₂–C₆H₃	:	{[(2,5-Dichlor-phenyl)-...; 70%; Schmp.: 84–88°	–

Die Bis-methylenphosphane VI zeigen ähnliche Eigenschaften wie 1,5-Hexadiene und geben wie diese eine phospha-analoge Cope-Umlagerung[35].

1.8.3. mit N,N-Dimethyl-formamid

N,N-Dimethyl-formamid setzt sich mit Bis-[trimethylsilyl]-phenyl-phosphan bei 20° nur langsam um. Nach einigen Wochen erhält man unter Abspaltung von Hexametyldisiloxan *(Dimethylamino-methylen)-phenyl-phosphan* (74%) und durch Dimerisation entstandenes 1,3-Diphosphetan (19%)[36]:

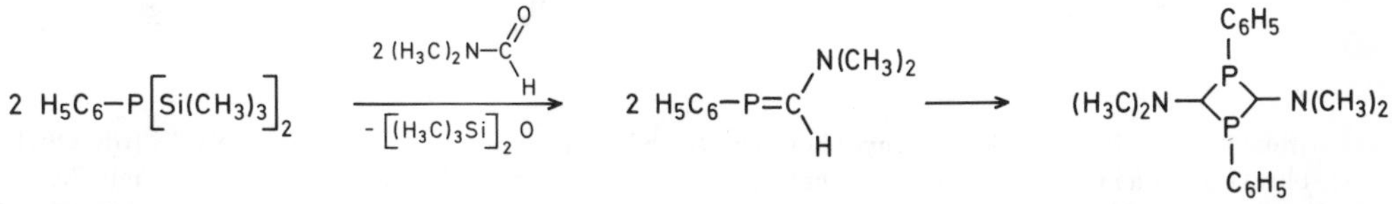

$$2 \ H_5C_6-P\left[Si(CH_3)_3\right]_2 \xrightarrow[-\left[(H_3C)_3Si\right]_2O]{2 \ (H_3C)_2N-C\overset{O}{\underset{H}{\diagdown}}} 2 \ H_5C_6-P=C\overset{N(CH_3)_2}{\underset{H}{\diagup}} \longrightarrow (H_3C)_2N-\underset{C_6H_5}{\overset{C_6H_5}{P}}-N(CH_3)_2$$

(Dimethylamino-methylen)-phenyl-phosphan[36]: Ein Gemisch von 9,14 g (35,9 mmol) Bis-[trimethylsilyl]-phenyl-phosphan und 5,25 g (71,8 mmol) N,N-Dimethyl-formamid wird einige Wochen bei 20° aufbewahrt. Die Lösung färbt sich zunächst gelb, dann scheidet sich eine leichtere, flüssige Phase ab. Wenn diese nicht mehr zunimmt, ist die Reaktion beendet. Bei der anschließenden Vakuumdestillation isoliert man 2,31 g (31,6 mmol) unverbrauchtes N,N-Dimethyl-formamid, 5,31 g (32,7 mmol; 91%) Hexamethyldisiloxan und intensiv gelbes, oxidationsempfindliches Methylen-phosphan; Ausbeute: 4,39 g (26,6 mmol; 74%) Sdp.: 69° ($5 \cdot 10^{-4}$ Torr/0,067 Pa).

---

[35] *R. Appel, V. Barth, F. Knoll* u. *I. Ruppert*, Angew. Chem. **91**, 936 (1979); engl.: **18**, 873.
[36] *G. Becker* u. *O. Mundt*, Z. Anorg. Allg. Chem. **462**, 130 (1980).

Der bei 20° teilweise kristalline Rückstand (1,13 g, 19%) besteht aus *2,4-Bis-[dimethylamino]-1,3-diphenyl-1,3-diphosphetan*, das durch Sublimation gereinigt werden kann (Schmp.: 63°).

1.8.4. mit Carbodiimiden

Diaryl-substituierte Carbodiimide liefern in guten Ausbeuten mit Bis-[trimethylsilyl]-organo-phosphanen über die nicht isolierbaren Insertionszwischenstufen I unter P/N-Silyl-Verschiebung die Methylen-phosphane II. Die P/N-Silyl-Verschiebung wird von dem Organo-Substituenten des Ausgangs-Phosphans nicht beeinflußt. Bei der Herstellung der Methylen-phosphane II, die als E/Z-Isomere anfallen, wird hauptsächlich Diphenylcarbodiimid eingesetzt[37]:

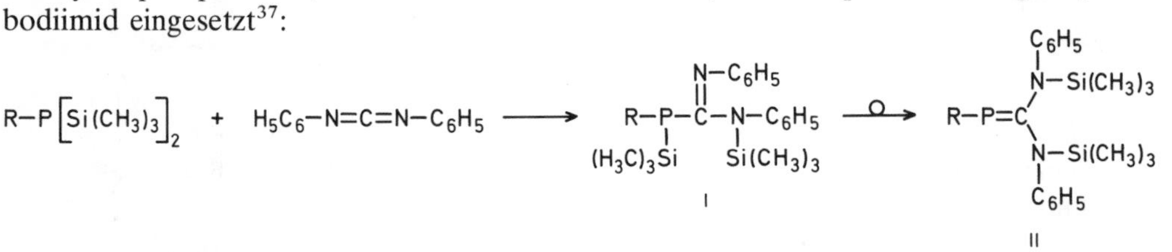

(Bis-[N-trimethylsilyl-anilino]-methylen)-organo-phosphane II; allgemeine Arbeitsvorschrift[37]: 0,1 mol des entsprechenden Bis-[trimethylsilyl]-organo-phosphans in 50 ml abs. Hexan läßt man unter Argon und unter Rühren bei 20° zu 19,4 g (0,1 mol) Diphenylcarbodiimid in 50 ml Hexan tropfen. Dabei erwärmt sich das Gemisch und färbt sich gelb. Nach Abkühlen auf −30° werden die abgeschiedenen Kristalle der Methylen-phosphane II auf einer G2-Fritte gesammelt und i. Vak. getrocknet.
Auf diese Weise erhält man u.a.
(Bis-[N-trimethylsilyl-anilino]-methylen)-...-phosphan

R = CH$_3$	...-methyl-...; 95%
R = C(CH$_3$)$_3$	...-tert.-butyl-...; 85%
R = C$_6$H$_{11}$	...-cyclohexyl-...; 71%
R = C$_6$H$_5$	...-phenyl-...; 79%
R = 4-(H$_3$C)$_2$N–C$_6$H$_4$	...-(4-dimethylamino-phenyl)-...; 86%

1.8.5. mit Kohlendisulfid

Kohlendisulfid bildet mit Bis-[trimethylsilyl]-phenyl-phosphan in 1,2-Dimethoxy-ethan zunächst das Betain I, das bei 20° unter zweifacher P/S-Silyl-Verschiebung in das licht-, hydrolyse- und oxydationsempfindliche *(Bis-[trimethylsilylthio]-methylen)-phenyl-phosphan* (II) umlagert[38]:

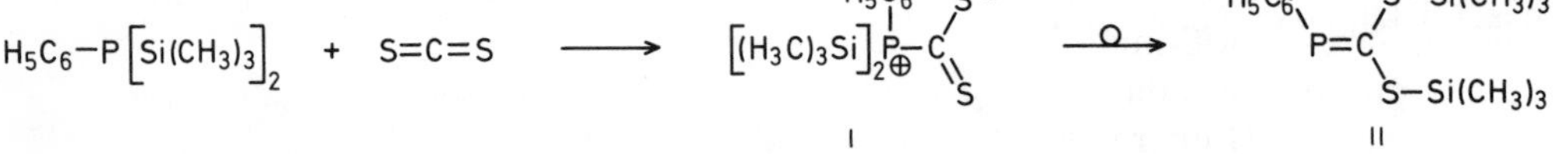

(Bis-[trimethylsilylthio]-methylen)-phenyl-phosphan (II)[38]: Eine Lösung von 6,3 g (24,7 mmol) Bis-[trimethylsilyl]-phenyl-phosphan in 10 ml abs. 1,2-Dimethoxy-ethan wird bei 20° unter Argon langsam mit 2,65 g (34,8 mmol) Kohlendisulfid versetzt (der Reaktionskolben ist mit Aluminium-Folie vor Lichteinfall zu schützen). Die anfänglich rote Farbe hellt sich schnell auf; nach 30 Min. werden bei −20° i. Vak. alle flüchtigen Substanzen entfernt. Der verbleibende Rückstand wird aus Cyclopentan umkristallisiert; Ausbeute: 6,2 g (20,3 mmol; 82%); Schmp.: 47°.

---

[37] K. Issleib, H. Schmidt u. H. Meyer, J. Organomet. Chem. **192**, 33 (1980).
[38] G. Becker, G. Gresser u. W. Uhl, Z. Anorg. Allg. Chem. **463**, 144 (1980).

1.8.6. mit Carbonsäure-chloriden

Durch Umsetzung von Bis-[trimethylsilyl]-organo-phosphanen mit 2,2-Dimethyl-propanoylchlorid im Molverhältnis 1 : 1 in Cyclopentan erhält man bei 0° in nahezu quantitativer Ausbeute Monoacyl-phosphane I, die bereits bei 20° unter 1,3-P/O-Silyl-Verschiebung in Methylen-phosphane II übergehen[39]:

$$R-P\left[Si(CH_3)_3\right]_2 \; + \; (H_3C)_3C-C\underset{Cl}{\overset{O}{\diagup}} \xrightarrow[-\,(H_3C)_3SiCl]{Cyclopentan,\,0°} \; R-P\overset{Si(CH_3)_3}{\underset{\underset{O}{\overset{\|}{C}}-C(CH_3)_3}{|}} \xrightarrow{20°} R-P=C\overset{O-Si(CH_3)_3}{\underset{C(CH_3)_3}{}}$$

Die Umsetzung verläuft nur dann eindeutig, wenn durch die Wahl des Lösungsmittels und der Temperatur nur eine Trimethylsilyl-Gruppe substituiert wird. Sie scheint ferner auf 2,2-Dimethyl-propanoylchlorid beschränkt zu sein, da mit anderen Acyl-halogeniden z. B. Acetylchlorid ein komplexes Produktgemisch entsteht[39]. Außerdem stabilisiert die voluminöse tert.-Butyl-Gruppe die P=C-Doppelbindung. Mit Bis-[trimethylsilyl]-tert.-butyl-phosphan tritt wegen der höheren Reaktionstemperatur sofortige Umlagerung des Acylphosphans I zum Endprodukt ein.

(2,2-Dimethyl-1-trimethylsilyloxy-propyliden)-organo-phosphane; allgemeine Arbeitsvorschrift[39, 40]**:** Zur Lösung eines Bis-[trimethylsilyl]-organo-phosphans in Cyclopentan tropft man unter Rühren bei 0° langsam eine Lösung mit der stöchiometrischen Menge 2,2-Dimethyl-propanoyl-chlorid in Cyclopentan. Der Reaktionsablauf wird ¹H-NMR-spektroskopisch verfolgt. Nach beendeter Reaktion werden Lösungsmittel und überschüssiges Acylchlorid abdestilliert. Der verbleibende Rückstand wird über eine 20-cm-Vigreux-Kolonne fraktioniert; Ausbeute: nahezu quantitativ.

Auf diese Weise erhält man u. a.
R = CH₃; *(2,2-Dimethyl-1-trimethylsilyloxy-propyliden)-methyl-phosphan*; Sdp: 63° (5 Torr/0,67 kPa)
R = C(CH₃)₃; *tert.-Butyl-(2,2-dimethyl-1-trimethylsilyloxy-propyliden)-phosphan*; Sdp.: 45° (0,001 Torr/0,13 Pa)
R = C₆H₁₁; *Cyclohexyl-(2,2-dimethyl-1-trimethylsilyloxy-propyliden)-phosphan*; Sdp.: 51–55° (0,001 Torr/ 0,13 Pa)
R = C₆H₅; *(2,2-Dimethyl-1-trimethylsilyloxy-propyliden)-phenyl-phosphan*; Sdp.: 60–62° (5·10⁻⁴ Torr/0,067 Pa)

Die Methylen-phosphane sind farblose bis gelbe Öle, die sich bei Luft- und Feuchtigkeitsausschluß längere Zeit bei 20° aufbewahren lassen. Bei Luftzutritt erfolgt spontane Selbstentzündung.

1.8.7. mit Carbonsäure-chlorid-imiden

Carbonsäure-chlorid-imide bilden mit Bis-[trimethylsilyl]-phenyl-phosphan die Iminomethyl-phosphane I, die sofort unter 1,3-P/N-Silyl-Verschiebung in die (Amino-methylen)-phosphane II übergehen[41]:

$$H_5C_6-P\left[Si(CH_3)_3\right]_2 \; + \; R^1-N=C\underset{R^2}{\overset{Cl}{\diagup}} \xrightarrow[-\,(H_3C)_3SiCl]{150\,-\,160°} \; R^1-N=C-P\overset{R^2\quad C_6H_5}{\underset{Si(CH_3)_3}{|}} \longrightarrow$$

$$(H_3C)_3Si\overset{R^1\quad R^2}{\underset{}{N-C=P-C_6H_5}}$$

$$II$$

---

[39] *G. Becker*, Z. Anorg. Allg. Chem. **423**, 242 (1976).
[40] Alle Arbeiten werden unter trockenem Reinstargon ausgeführt.
[41] *K. Issleib, H. Schmidt* u. *H. Meyer*, J. Organomet. Chem. **160**, 47 (1978).

Die P/N-Silyl-Verschiebung wird von den Substituenten des Ester-imids nicht beeinflußt. Lediglich im Falle des Benzoesäure-chlorid-cyclohexylimids laufen Nebenreaktionen ab, die durch eine behinderte Umlagerung begünstigt sein könnten.

(Amino-methylen)-phosphane II; allgemeine Arbeitsvorschrift[41]: Äquimolare Mengen Carbonsäure-chlorid-imide und Bis-[trimethylsilyl]-phenyl-phosphan werden auf 150–160° erhitzt, wobei Chlor-trimethyl-silan (Sdp.: 57,3°) abdestilliert. Nach beendeter Reaktion wird das Reaktionsgemisch durch Vakuumdestillation aufgearbeitet.

Auf diese Weise erhält man u. a. aus

2,2-Dimethyl-propansäure-chlorid-phenylimid	→	*[2,2-Dimethyl-1-(N-trimethylsilyl-anilino)-propyliden]-phenyl-phosphan*; 85%; Sdp.: 126° (0,06 Torr/0,008 kPa)
Benzoesäure-chlorid-methylimid	→	*[α-(Methyl-trimethylsilyl-amino)-benzyliden]-phenyl-phosphan*; 55%; Sdp.: 143° (0,02 Torr/2,7 Pa)
Benzoesäure-chlorid-(2,6-diethyl-phenylimid)	→	*[α-(2,6-Dimethyl-N-trimethylsilyl-anilino)-benzyliden]-phenyl-phosphan*; 78%; Sdp.: 183° (0,01 Torr/1,3 Pa)
Benzoesäure-chlorid-(4-chlor-phenylimid)	→	*[α-(4-Chlor-N-trimethylsilyl-anilino)-benzyliden]-phenyl-phosphan*; 66%; Sdp.: 183° (Zers.) (0,03 Torr/0,4 Pa)
2,4,6-Trimethyl-benzoesäure-chlorid-phenylimid	→	*Phenyl-[2,4,6-trimethyl-α-(N-trimethylsilyl-anilino)-benzyliden]-phosphan*; 63%; Sdp.: 156–158° (0,005 Torr/0,67 Pa)
4-Chlor-benzoesäure-phenylimid	→	*[4-Chlor-α-(N-trimethylsilyl-anilino)-benzyliden]-phenyl-phosphan*; 53%; Sdp.: 160° (0,007 Torr/0,9 Pa)

2. Methylen-organo-phosphane durch Abbaureaktionen

2.1. aus Tris-[hydroxymethyl]-phosphan mit 2-Chlor-N-hetarenium-Salzen

Phosphamethincyanine[42] wurden als erste Phosphor(III)-Verbindungen der Koordinationszahl 2 hergestellt. Man erhält sie durch Umsetzung von Tris-[hydroxymethyl]-phosphan mit 2-Chlor-N-hetarenium-Salzen in Gegenwart eines tert. Amins (z.B. Diisopropyl-ethyl-, Tributylamin) z.B.:

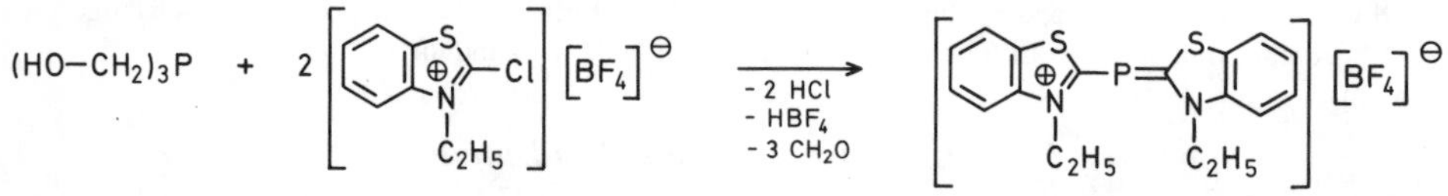

(1-Ethyl-1,3-benzthiazolium-2-yl)-
(1-ethyl-2,3-dihydro-1,3-benzthiazol-
2-yliden)-phosphan-tetrafluoroborat

Als Lösungsmittel eignen sich Dimethylformamid und Acetonitril, auch Eisessig, wenn man Natriumacetat als Base verwendet. Unsymmetrisch substituierte Phosphamethincyanine lassen sich herstellen, indem man zunächst ein 2-Chlor-N-hetarenium-Salz mit Tris-[hydroxymethyl]-phosphan umsetzt, das Salz des zweiten Hetarens zugibt und dann erst Diisopropyl-ethyl-amin. Aus dieser Reaktionsfolge heraus muß das 2-(Bis-[hydroxymethyl]-phosphano)-2-chlor-N-hetaren als Zwischenprodukt stabil sein; in zwei Fällen gelang seine Isolierung[43]:

---

[41] *K. Issleib, H. Schmidt* u. *H. Meyer*, J. Organomet. Chem. **160**, 47 (1978).
[42] *K. Dimroth*; Fortschr. Chem. Forsch. **38**, 1 (1973).
[43] *K. Dimroth, N. Greif* u. *A. Klapproth*, Justus Liebigs Ann. Chem. **1975**, 373.

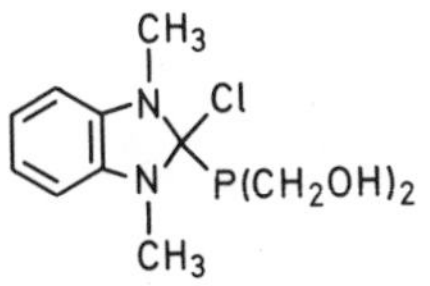

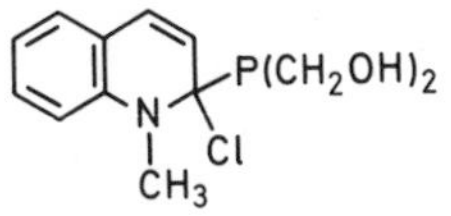

Zur Umsetzung von Tris-[trimethylsilyl]-phosphan mit 2-Chlor-N-hetarenium-Salzen s.S. 36.

Die nachfolgenden Vorschriften geben die Arbeitsweise zur Herstellung symmetrischer und unsymmetrischer Phosphamethincyanine wieder. Tab. 6 (S. 46) enthält die nach diesen Methoden hergestellten Verbindungen.

Phosphamethincyanine; allgemeine Arbeitsvorschrift[44]:
Symmetrische: 5 mmol 2-Chlor-N-hetarenium-Salz in 50 *ml* Dimethylformamid werden mit 3,3 mmol Tris-[hydroxymethyl]-phosphan versetzt. Innerhalb 5 Min. tropft man unter Stickstoff 7,5 mmol Diisopropyl-ethyl-amin unter Rühren zu und erwärmt 30 Min. auf 80°. Nach dem Abkühlen auf 0° läßt man 30 g Natriumtetra-fluoroborat in 300 *ml* sauerstofffreiem Wasser zufließen, saugt nach 12 stdg. Stehen den Niederschlag ab, wäscht ihn mit Wasser und fällt ihn durch Lösen in wenig Dimethylformamid und Zugeben von wäßr. Natriumtetrafluo-roborat um.

Unsymmetrische[44]: 10 mmol Tris-[hydroxymethyl]-phosphan werden bei 20° unter Zusatz von 5 Tropfen 70% Perchlorsäure in 10 *ml* Eisessig gelöst und nach Zugabe von 10 mmol 2-Chlor-1-methyl-1,3-benzthiazo-lium-Salz 30 Min. gerührt. Anschließend gibt man 10 mmol 2-Chlor-1-methyl-chinolinium-Salz hinzu, kühlt mit Eiswasser und versetzt mit 8 g Natriumacetat. Nach weiteren 30 Min. Rühren wird mit 100 *ml* Wasser verdünnt und das ausgefällte Produkt wie nachstehend beschrieben mit Natrium-perchlorat umgefällt.

Das Anion der Phosphamethincyanine kann ohne Schwierigkeiten durch ein anderes ersetzt werden; z.B.[44,45]:

$[ClO_4]^\ominus$ $[PF_6]^\ominus$ $[J]^\ominus$ $[P(CN)_2]^\ominus$

Phosphamethincyanin-perchlorat[44]: 0,5 g des Phosphamethincyanin-tetrafluoroborats werden in 10 *ml* Dime-thylformamid unter Stickstoff heiß gelöst und mit 10 *ml* einer heiß ges. Natriumperchlorat-Lösung in Dimethyl-formamid versetzt. Man läßt abkühlen und verdünnt mit 50 *ml* Wasser. Anschließend wird aus Dimethyl-formamid umkristallisiert.

2.2. aus Dicyan-phosphid mit 2-Chlor-N-hetarenium-Salzen

Die aus Dicyan-phosphid[45] mit 2-Chlor-N-hetarenium-Salzen zugänglichen Dicyan-hetarenium-phosphane I, werden mit Dialkyl-phosphiten unter Cyan-Abspaltung zu Cyan-(hetarenyliden)-phosphanen II umgesetzt; z.B.[45]:

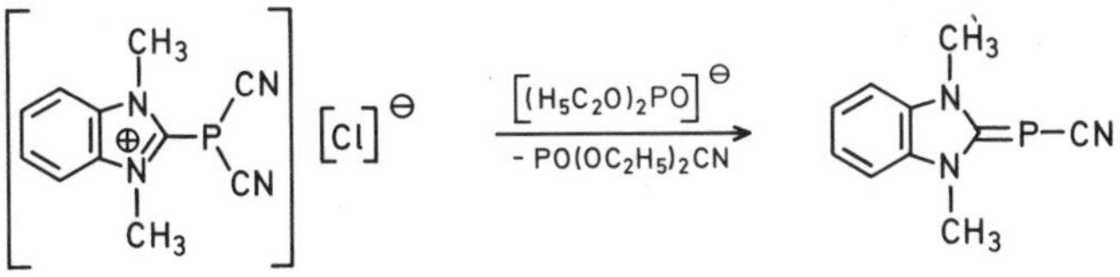

Cyan-(1,3-dimethyl-2,3-dihydro-benzimidazol-2-yliden)-phosphan; Schmp.: 155–157°

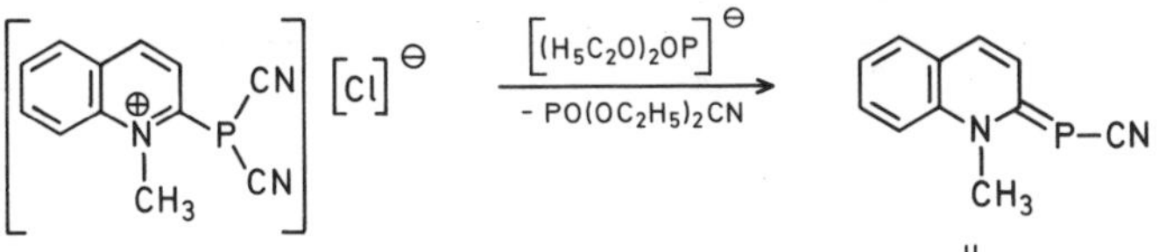

Cyan-(1-methyl-1,2-dihydro-chinolin-2-yliden)-phosphan; Schmp.: 162° (Zers.)

[44] *K. Dimroth* u. *P. Hoffmann*, Chem. Ber. **99**, 1325 (1966).
[45] *A. Schmidpeter*, *W. Gebler*, *F. Zwaschka* u. *W. Sheldrick*, Angew. Chem. **92**, 767 (1980); engl.: **19**, 722.

3*

Tab. 6: Phosphamethincyanine aus Tris-[hydroxymethyl]-phosphan und 2-Chlor-N-hetarenium-Salzen

2-Chlor-N-hetarenium-tetrafluoroborat	Phosphamethincyanin	Ausbeute [%]	Schmp. [°C]	Literatur
R¹ = CH₃; R² = H	(1-Methyl-1,3-benzothiazolium-2-yl)-(1-methyl-1,2-dihydro-1,3-benzothiazol-2-yliden)-phosphan-tetrafluoroborat	31	225–235	46,47
R¹ = CH₃; R² = OCH₃	(6-Methoxy-1-methyl-...)-(6-methoxy-1-methyl-1,2-dihydro-...)...	40–50	208–220	46
R¹ = C₂H₅; R² = Br	(6-Brom-1-methyl-...)-(6-brom-1-methyl-1,2-dihydro-...)...perchlorat	38	224–227	47
R² = CH₃; R³ = H	(1,3-Dimethyl-benzoimidazolium-2-yl)-(1,3-dimethyl-2,3-dihydro-benzimidazol-2-yliden)-phosphan-tetrafluoroborat	36	262 (Zers.)	48
R³ = Cl	(5-Chlor-1,3-dimethyl-...)-(5-chlor-1,3-dimethyl-2,3-dihydro-...)...	8	243–247	48
R¹ = C(CH₃)₃; R² = CH₃; R³ = H	(1-tert.-Butyl-3-methyl-...)-(1-tert.-butyl-3-methyl-2,3-dihydro-...)	20	180–181,5	48
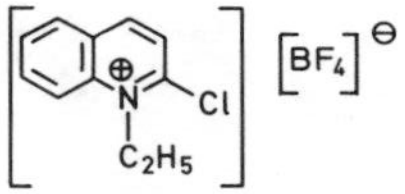	(1-Ethyl-chinolinium-2-yl)-(1-ethyl-1,2-dihydro-chinolin-2-yliden)-phosphan-tetrafluoroborat...perchlorat	44–50	126 (Zers.)	46
R¹ = R² = H	(1-Ethyl-chinolinium-2-yl)-(3-ethyl-1,2-dihydro-1,3-benzothiazol-2-yliden)-phosphan-perchlorat	53	197–200	47
R¹ = CH₃; R² = H	(3-Ethyl-1,2-dihydro-1,3-benzothiazol-2-yliden)-(1-ethyl-4-methyl-chinolinium-2-yl)-...	35	163–167	47
R¹ = H; R² = OCH₃	(1-Ethyl-chinolium-2-yl)-(3-ethyl-6-methoxy-1,2-dihydro-1,3-benzothiazol-2-yliden)-...	33	204–210	47
		36	162–168	47

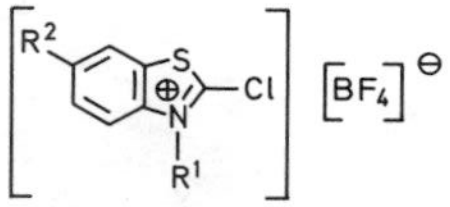

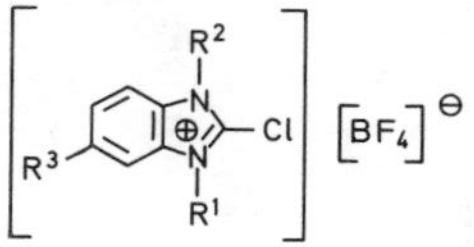

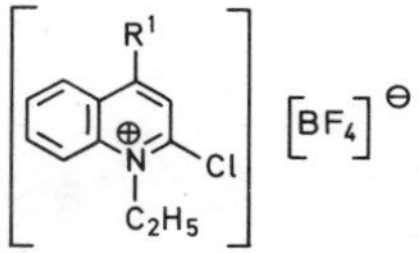

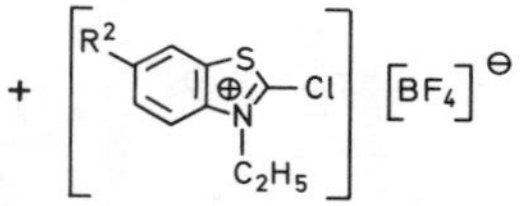

46 *K. Dimroth* u. *P. Hoffmann*, Angew. Chem. **76**, 433 (1964); engl.: **3**, 384.

47 *K. Dimroth* u. *P. Hoffmann*, Chem. Ber. **99**, 1325 (1966).

48 *K. Dimroth, N. Greif* u. *A. Klapproth*, Justus Liebigs Ann. Chem. **1975**, 373).

Bei den auf S. 28 beschriebenen Phosphamethincyanin-tetrafluoroboraten läßt sich das Anion gegen Dicyanphosphid austauschen. Die Phosphamethincyanin-cyanphosphide sind in Kristallform stabil und zerfallen in Lösung zu den beschriebenen Hetarenyliden-phosphanen[49]:

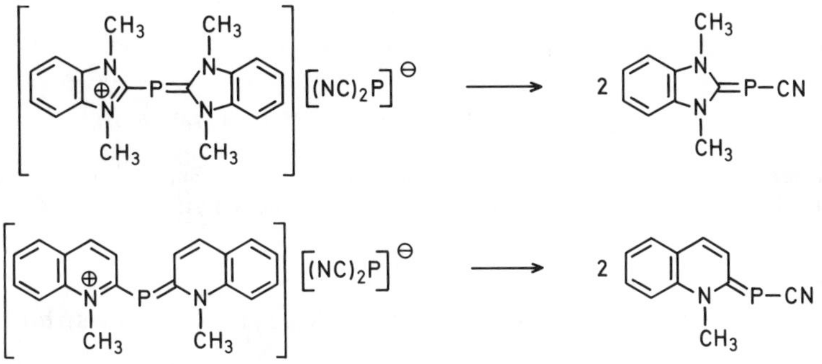

Cyan-(hetarenyliden)-phosphane II (S. 45); allgemeine Arbeitsvorschrift[49]: 10 mmol eines Dicyan-hetarenium-phosphans I (S. 45) werden in einer wäßr. Lösung der äquimolaren Menge Natrium-diethylphosphit suspendiert und 12 Stdn. gerührt. Aus dem eingeengten Filtrat kristallisieren die Cyan-(hetaren-yliden)-phosphane II aus; Ausbeute: 20–40%.

3. Methylen-organo-phosphane aus anderen Methylen-phosphanen

3.1. aus (2,2-Dimethyl-1-trimethylsiloxy-propyliden)-trimethylsilyl-phosphan

Beim (2,2-Dimethyl-1-trimethylsiloxy-propyliden)-trimethylsilyl-phosphan (I) (s.S. 30) wird mit überschüssigem 2,2-Dimethyl-propanoylchlorid beim Erwärmen auf 60–70° in einer geschlossenen Ampulle das *(2,2-Dimethyl-propanoyl)-(2,2-dimethyl-1-trimethylsilyloxy-propyliden)-phosphan* [II; Sdp.: 58–60°/0,005 Torr (0,67 Pa)] gebildet, das bei 80–90° quantitativ zum *tert.-Butyl-(2,2-dimethyl-1-trimethylsiloxy-propyliden)-phosphan* (III) (vgl. S. 43) decarbonyliert[50]:

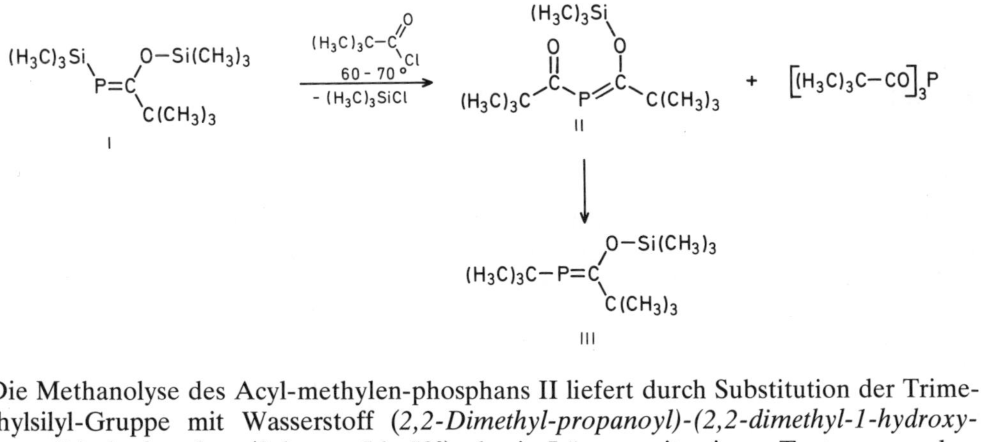

Die Methanolyse des Acyl-methylen-phosphans II liefert durch Substitution der Trimethylsilyl-Gruppe mit Wasserstoff *(2,2-Dimethyl-propanoyl)-(2,2-dimethyl-1-hydroxy-propyliden)-phosphan* (Schmp.: 56–58°), das in Lösung mit seinem Tautomeren, dem Bis-[2,2-dimethyl-propanoyl]-phosphan, im Gleichgewicht steht[51]:

---

[49] A. Schmidpeter, W. Gebler, F. Zwaschka u. W. Sheldrick, Angew. Chem. **92**, 767 (1980); engl.: **19**, 722.
[50] G. Becker, Z. Anorg. Allg. Chem. **430**, 66 (1977).
[51] G. Becker u. H.P. Beck, Z. Anorg. Allg. Chem. **430**, 77 (1977).

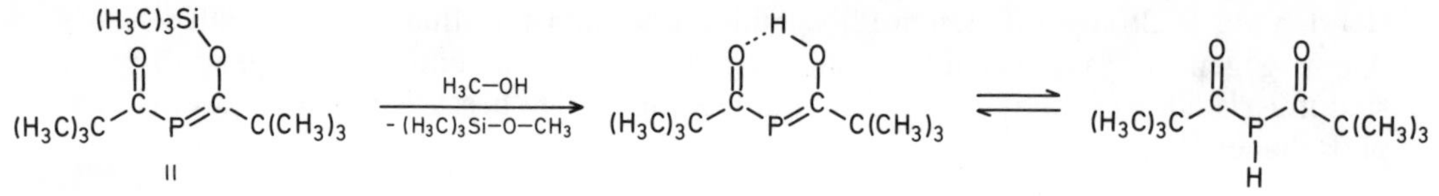

Das Diacyl-phosphan zeigt die gleiche Keto-Enol-Tautomerie wie 1,3-Diketone und kristallisiert in der Enol-Form.

(2,2-Dimethyl-propanoyl)-(2,2-dimethyl-1-trimethylsiloxy-propyliden)-phosphan (II)[50]: 56,9 g (217 mmol) (2,2-Dimethyl-1-trimethylsilyloxy-propyliden)-trimethylsilyl-phosphan (I) und 47,6 g (395 mmol) 2,2-Dimethyl-propanoylchlorid werden in einer zugeschmolzenen Ampulle 72 Stdn. auf 70–80° erwärmt.
Nach Entfernen aller flüchtigen Substanzen wird mehrmals i. Vak. destilliert; Ausbeute: 40,4 g (147 mmol); 68%; Sdp.: 58–60° (0,005 Torr/0,67 Pa).

3.2. aus Chlor-(α-trimethylsilyl-benzyliden)-phosphan

Chlor-(α-trimethylsilyl-benzyliden)-phosphan läßt sich bei − 78° mit tert.-Butyl-lithium alkylieren[10a]:

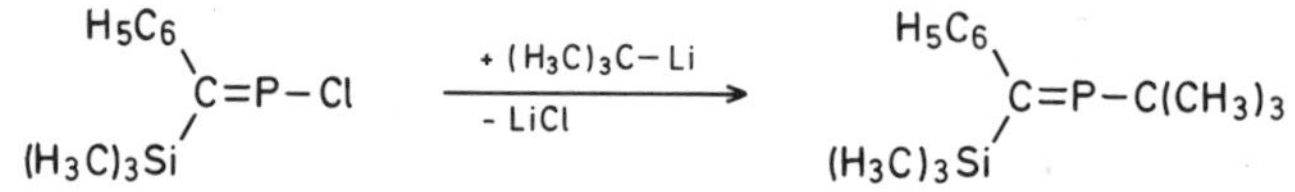

tert.-Butyl-(α-trimethylsilyl-benzyliden)-phosphan[10a]: Zu einer Lösung von 11,4 g (50 mmol) Chlor-(α-trimethylsilyl-benzyliden)-phospan in ~ 150 ml Hexan gibt man bei −78° innerhalb 8 Stdn. 50 mmol einer tert.-Butyl-lithium/Hexan-Lösung (2,5%ig). Man läßt innerhalb 12 Stdn. auf 20° erwärmen und filtriert den Niederschlag ab. Danach entfernt man das Lösungsmittel i. Vak. und fraktioniert den viskosen Rückstand bei 10^{-4} Torr (0,013 Pa) (Hg-Dampfstrahlpumpe); Ausbeute 6,75 g (54%); Sdp.: 62° (10^{-4} Torr/0,013 Pa).

3.3. aus 2,5-Dimethyl-diazaphosphol mit Elektrophilen

Für den elektrophilen Angriff bietet das 2,5-Dimethyl-2H-1,2,3-diazaphosphol drei Möglichkeiten:

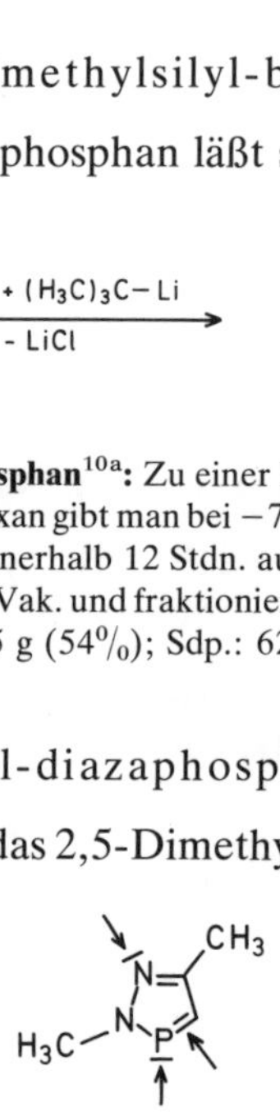

Es existieren Beispiele für jede der drei Alternativen.

3.3.1. mit Trimethyloxonium-tetrafluoroborat

2,5-Dimethyl-2H-1,2,3-diazaphosphol wird mit Trimethyloxonium-tetrafluoroborat und langsam auch mit Dimethylsulfat zum *1,2,5-Trimethyl-2H-1,2,3-diazaphospholium-methylsulfat* (Schmp.: 39–40°) methyliert[52]:

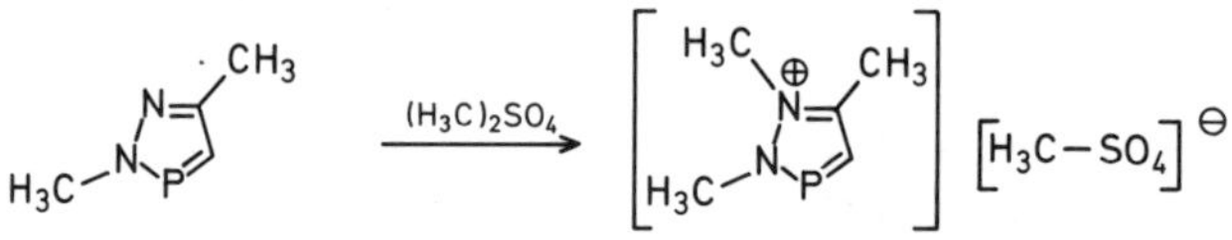

Methyljodid reagiert nicht.

[10a] R. Appel u. U. Kündgen, Angew. Chem. Suppl. **1982**, 549–558.
[50] G. Becker, Z. Anorg. Allg. Chem. **430**, 66 (1977).
[52] J. H. Weinmaier, G. Brunnhuber u. A. Schmidpeter, Chem. Ber. **113**, 2278 (1980).

3.3.2. mit Phosphor(III)-halogeniden

Bei der Umsetzung von 2,5-Dimethyl-2H-1,2,3-diazaphosphol mit Phosphor(III)-bromid bzw. -chlorid entsteht *4-Dichlorphosphano-* bzw. *4-Dibromphosphano-2,5-dimethyl-2H-1,2,3-diazaphosphol*. Der freiwerdende Halogenwasserstoff wird unter Bildung von Diazaphospholium-halogeniden abgefangen[53]:

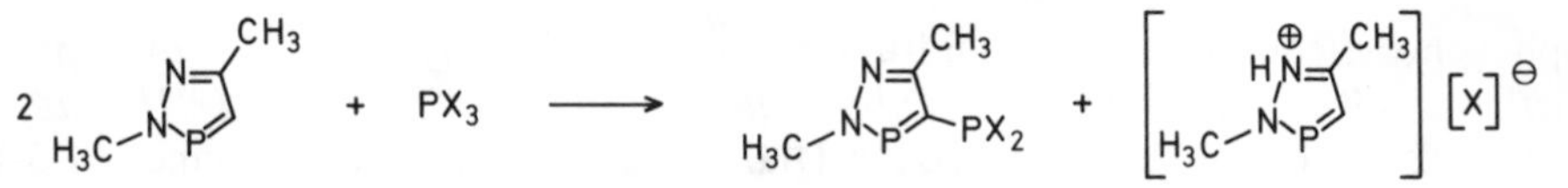

$$2 \quad [\text{Diazaphosphol}] \;+\; PX_3 \;\longrightarrow\; [\text{Diazaphosphol-}PX_2] \;+\; \left[\text{Diazaphospholium} \right] [X]^{\ominus}$$

Die 4-Dihalogenphosphano-2H-1,2,3-diazaphosphole bilden sich ferner direkt bei der Umsetzung von Aceton-methylenhydrazonen mit 3–5 Äquivalenten Phosphor(III)-halogenid.

4-Dibromphosphano-2,5-dimethyl-2H-1,2,3-diazaphosphol[53]: Zu 2,6 g (23 mmol) 2,5-Dimethyl-2H-1,2,3-diazaphosphol in 10 *ml* Chloroform werden unter Rühren 3,1 g (11,5 mmol) Phosphor(III)-bromid gegeben. Nach 4 Stdn. bei 20° wird der Niederschlag (2,5-Dimethyl-2H-1,2,3-diazaphospholium-bromid) über eine Fritte abgesaugt, das Filtrat vom Lösungsmittel befreit und der Rückstand destilliert; Ausbeute: 3,2 g (92%); Sdp.: 100–105°(0,9 Torr/0,12 kPa).

3.3.3. mit Phosphor(III)-cyanid

Phosphor(III)-cyanid setzt sich mit 2,5-Dimethyl-2H-1,2,3-diazaphosphol zum *4-Dicyanphosphano-2,5-dimethyl-2H-diazaphosphol* (91%; Sdp.: 85°/0,0008 Torr/0,06 Pa) um, wobei kein Diazaphospholium-cyanid gebildet wird[53]:

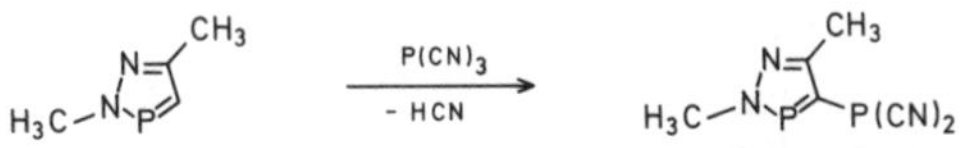

$$[\text{Diazaphosphol}] \xrightarrow[-\;HCN]{P(CN)_3} [\text{Diazaphosphol-}P(CN)_2]$$

3.3.4. mit Dichlor-organo-phosphanen

Dichlor-organo-phosphane reagieren, wenn auch deutlich langsamer, wie die Phosphor(III)-halogenide mit 2,5-Dimethyl-2H-1,2,3-diazaphosphol unter Bildung der entsprechenden 4-Phosphano-diazaphosphole[53]:

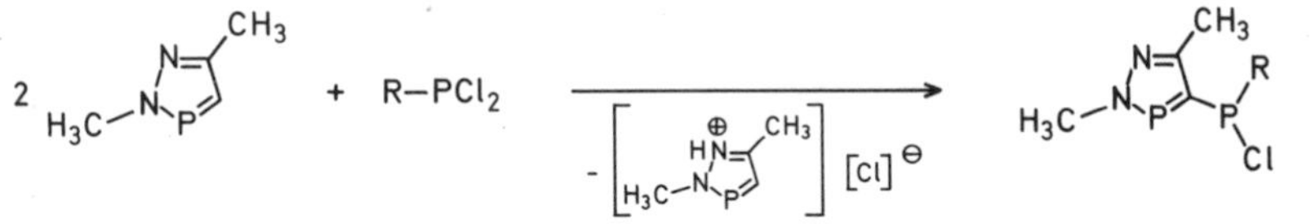

$$2 \quad [\text{Diazaphosphol}] \;+\; R\text{--}PCl_2 \;\longrightarrow\; [\text{Diazaphosphol-}P(R)Cl]$$
$$-\left[\text{Diazaphospholium}\right][Cl]^{\ominus}$$

. . .-2,5-dimethyl-2H-1,2,3-diazaphosphol

R = CH₃; *4-(Chlor-methyl-phosphano)-. . .*; 36%; Sdp.: 68–70°
(0,5 Torr/6,7·10⁻² kPa)

R = C₆H₅; *4-(Chlor-phenyl-phosphano)-. . .*; 6%

3.3.5. mit Chlor-diphenyl-phosphan

Chlor-diphenyl-phosphan setzt sich infolge herabgesetzter Elektrophilie nur langsam mit 2,5-Dimethyl-2H-1,2,3-diazaphosphol um und bildet nach 17 Tagen in 20%iger Ausbeute *2,5-Dimethyl-4-diphenylphosphano-2H-1,2,3-diazaphosphol*, welches destillativ nicht vollständig von nicht umgesetztem Chlor-diphenyl-phosphan getrennt werden kann[53]:

---

[53] *J. H. Weinmaier, G. Brunnhuber* u. *A. Schmidpeter*, Chem. Ber. **113**, 2278 (1980).

$$ 2 \quad [\text{diazaphosphol}] \ + \ (H_5C_6)_2P{-}Cl \ \longrightarrow \ [\text{product}] \ + \ \left[\ \text{(cationic ring)} \ \right] Cl^{\ominus} $$

3.3.6. mit Thiophosphoryl-halogeniden

Thiophosphoryl-chlorid und -bromid liefern mit 2,5-Dimethyl-2H-1,2,3-diazaphosphol *2-Dichlorthiophosphono* bzw. *2-Dibromthiophosphono-2,5-dimethyl-2H-diazaphosphol*. Jeweils die Hälfte des eingesetzten Diazaphosphols wird zu 2,5-Dimethyl-3-halogen-3,4-dihydro-2H-1,2,3-diazaphosphol-3-sulfid umgesetzt[53]:

$$ 2 \quad [\text{diazaphosphol}] \ + \ 2\ PSX_3 \ \xrightarrow{-\ PX_3} \ [\text{product}] \ + \ [\text{product}] $$

3.4. aus 4-Phosphano-2H-1,2,3-diazaphospholen

4-Phosphano-2H-1,2,3-diazaphosphole enthalten je ein zweifach und ein dreifach koordiniertes Phosphor-Atom. Da die Reaktivität des zweifach koordinierten Ring-Phosphor-Atoms stark eingeschränkt ist, setzt sich bevorzugt das exocyclische, dreifach koordinierte Phosphor-Atom um.

Aus 4-Dichlorphosphano-2,5-dimethyl-2H-1,2,3-diazaphosphol (I) bildet sich mit Methanol das *4-Dimethoxyphosphano-2,5-dimethyl-2H-1,2,3-diazaphosphol* (II; 71%), das mit Methyljodid in einer Michaelis-Arbusov-Reaktion zum *2,5-Dimethyl-4-(methoxy-methyl-phosphoryl)-2H-1,2,3-diazaphol* (III) umgesetzt werden kann. Mit Butandion wird *4-(2,2-Dimethoxy-1,3,2-dioxaphosphol-2-yl)-2,5-dimethyl-2H-1,2,3-dioxaphosphol* (IV) gebildet (andere 1,2-Diketone reagieren analog) und mit Schwefel entsteht *4-(Dimethoxy-thiophosphono)-2,5-dimethyl-2H-1,2,3-diazaphosphol* (V)[53]:

[53] *J. H. Weinmaier, G. Brunnhuber* u. *A. Schmidpeter*, Chem. Ber. **113**, 2278 (1980).

B. Umwandlung

Die Umwandlung[53a] der Methylen-phosphane wird durch die Polarität der P=C-Doppelbindung im folgenden Sinne geprägt:

$$R-P=C\begin{smallmatrix}R\\R\end{smallmatrix} \longleftrightarrow R-\overset{\ominus}{P}-\overset{\oplus}{C}\begin{smallmatrix}R\\R\end{smallmatrix}$$

Ohne Reaktionspartner erfolgt oft Dimerisation zu Diphosphetanen (s. S. 179), deren Ausmaß und Geschwindigkeit von den Substituenten abhängt, z. B.[54]:

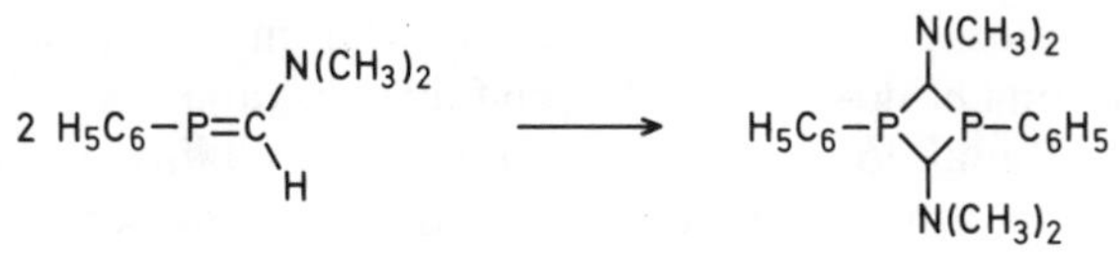

$$2\ H_5C_6-P=C\begin{smallmatrix}N(CH_3)_2\\H\end{smallmatrix} \longrightarrow H_5C_6-P\overset{N(CH_3)_2}{\underset{N(CH_3)_2}{\diamond}}P-C_6H_5$$

Alkohole und Chlorwasserstoff addieren sich im oben beschriebenen Sinne an den entsprechenden Phosphanen, z. B.[55]:

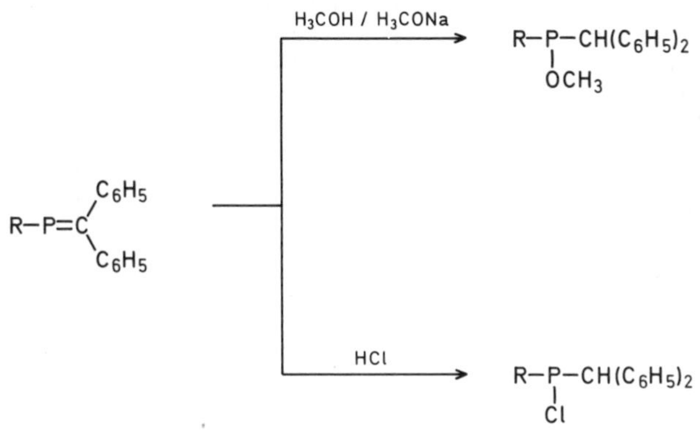

$$R-P=C\begin{smallmatrix}C_6H_5\\C_6H_5\end{smallmatrix}$$

$$\xrightarrow{H_3COH\ /\ H_3CONa} R-\underset{OCH_3}{\overset{|}{P}}-CH(C_6H_5)_2$$

$$\xrightarrow{HCl} R-\underset{Cl}{\overset{|}{P}}-CH(C_6H_5)_2$$

An den Siloxymethylen-phosphanen wird mit Alkoholen die Trimethylsilyl-Gruppe unter Bildung der entsprechenden Acylphosphane abgespalten[56, 57]:

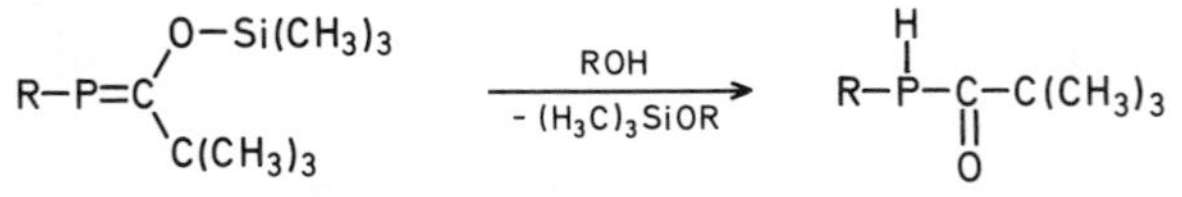

$$R-P=C\begin{smallmatrix}O-Si(CH_3)_3\\C(CH_3)_3\end{smallmatrix} \xrightarrow[-(H_3C)_3SiOR]{ROH} R-\overset{H}{\underset{}{P}}-\underset{\overset{\|}{O}}{C}-C(CH_3)_3$$

Das Bis-[trimethylsilyl]-methylen-phosphan I addiert zunächst Chlorwasserstoff an die P=C-Doppelbindung und verliert anschließend beide Trimethylsilyl-Gruppen[58]:

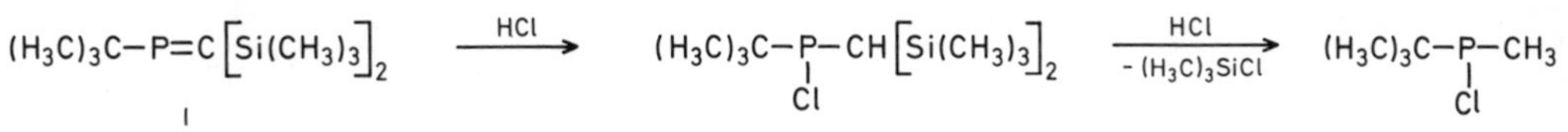

$$(H_3C)_3C-P=C\left[Si(CH_3)_3\right]_2 \xrightarrow{HCl} (H_3C)_3C-\underset{Cl}{\overset{|}{P}}-CH\left[Si(CH_3)_3\right]_2 \xrightarrow[-(H_3C)_3SiCl]{HCl} (H_3C)_3C-\underset{Cl}{\overset{|}{P}}-CH_3$$

I

[53a] Übersicht: *E. Fluck*, Topics in Phosphorus Chem. **10**, 193 (1980).

[54] *G. Becker* u. *O. Mundt*, Z. Anorg. Allg. Chem. **462**, 130 (1980).

[55] *T. C. Klebach*, *R. Lourens* u. *F. Bickelhaupt*, J. Am. Chem. Soc. **100**, 4886 (1978).

[56] *G. Becker*, Z. Anorg. Allg. Chem. **423**, 242 (1976).

[57] *G. Becker*, *M. Rössler* u. *E. Schneider*, Z. Anorg. Allg. Chem. **439**, 121 (1978).

[58] *K. Issleib*, *H. Schmidt* u. *C. Wirkner*, Z. Anorg. Allg. Chem. **473**, 85 (1981).

b) Organo-oxo- und -thioxo-phosphane

bearbeitet von

Dr. BERND WEBER

und

Prof. Dr. MANFRED REGITZ

Fachbereich Chemie der Universität Kaiserslautern

Organo-thioxo-phosphane werden als Zwischenstufen bei der Umsetzung von Thiophosphorsäure- bzw. Thiophosphonsäure-chloriden mit Grignard-Verbindungen, die unter anderem zur Bildung von Dithio-bisphosphanen führt, diskutiert[107, 108]. Zu ihrer gezielten Herstellung wurde die Reduktion von Thiophosphonsäure-chlorid mit Magnesium herangezogen. Organo-oxo-phosphane werden meist durch thermischen oder photochemischen Abbau von Phospha-Heterocyclen erzeugt. Wegen der Instabilität beider Spezies werden sie fast immer als Abfangprodukte isoliert. Als Abfangreagenzien der Wahl eignen sich dabei Disulfane und Benzil. Unbefriedigend ist in diesem Zusammenhang, daß man die Abfangprodukte oft auch durch primären Angriff der unter den Reaktionsbedingungen möglicherweise gebileten Alkylschwefel-Radikale bzw. Stilbendiolate auf das Ausgangsmaterial erklären kann[109].

Methanol soll Oxo-phenyl-phosphan als *Benzolphosphonigsäure-methylester (Hydroxy-methoxy-phenyl-phosphan)* abfangen[110, 111]. Gegen diese Einlagerung des Oxo-phosphans in die O–H-Bindung des Alkohols wird von anderer Seite die große Dissoziationsenergie dieser Bindung ins Feld geführt[109].

A. Herstellung

1. durch Aufbaureaktion aus tert-Butylimino-diisopropylamino-phosphan mit Schwefeldioxid

Das Amino-imino-phosphan I reagiert in einer Pseudo-Wittig-Reaktion mit Schwefeldioxid zum *Diisopropylamino-oxo-phosphan* (II), das in trimerer Form als *2,4,6-Tris-[diisopropylamino]-1,3,5,2,4,6-trioxatriphosphorin* (III) isoliert wird (41%)[112]:

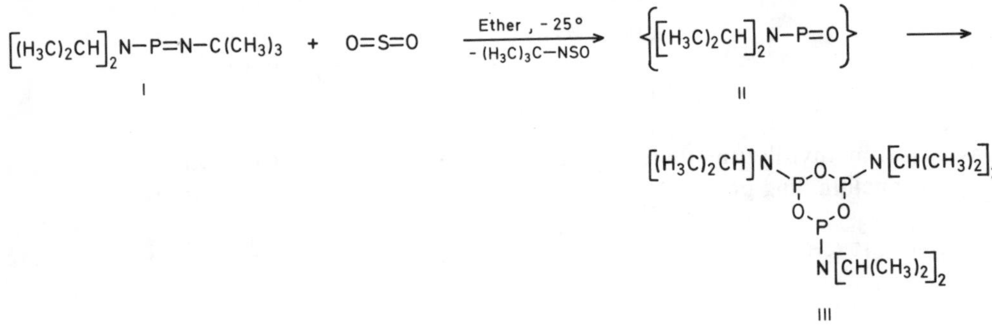

$$[(H_3C)_2CH]_2N-P=N-C(CH_3)_3 + O=S=O \xrightarrow[-(H_3C)_3C-NSO]{Ether,\ -25°} \left\{[(H_3C)_2CH]_2N-P=O\right\} \longrightarrow$$

I   II

$$[(H_3C)_2CH]N \underset{\underset{N[CH(CH_3)_2]_2}{\overset{|}{\underset{P}{\overset{O\diagdown\ \diagup O}{}}}}}{\overset{\diagdown O\diagup}{\underset{P\diagdown\ \diagup P}{}} } N[CH(CH_3)_2]_2$$

III

---

[107] *P. C. Crofts* u. *I. S. Fox*, J. Chem. Soc. (B) **1968**, 1416.

[108] *H. J. Harwood* u. *K. A. Pollart*, J. Org. Chem. **28**, 3430 (19063).

[109] *U. Schmidt*, Angew. Chem. **87**, 535 (1975); engl.: **14**, 523.

[110] *H. Tomioka* u. *Y. Izawa*, J. Org. Chem. **42**, 582 (1977).

[111] *J. K. Stille, J. L. Eichelberger, J. Higgins* u. *M. E. Freeburger*, J. Am. Chem. Soc. **94**, 4761 (1972).

[112] *E. Niecke, H. Zorn, B. Krebs* u. *G. Henkel*, Angew. Chem. **92**, 737 (1980); engl.: **19**, 709.

2,4,6-Tris-[diisopropylamino]-1,3,5,2,4,6-trioxatriphosphorin (III)[114]**:** In eine Lösung von 9,5 g (47 mmol) tert.-Butylimino-diisopropylamino-phosphan in 15 *ml* Ether leitet man unter Stickstoff bei $-25°$ ~ 180 mmol mit Calciumchlorid getrocknetes Schwefeldioxid. Sofort nach dem Einleiten wird unter weiterer Kühlung überschüssiges Schwefeldioxid abgezogen. Man erwärmt auf $20°$, zieht das Lösungsmittel sowie entstandenes tert.-Butylimino-schwefeloxid ab und kristallisiert das farblose Trioxatriphosphorin 2mal aus Benzol um; Ausbeute: 2,8 g (41%); Schmp.: 107°.

Mit Hexacarbonylchrom bildet das Amino-imino-phosphan I den Komplex II, der in gleicher Weise mit Schwefeldioxid reagiert[114]:

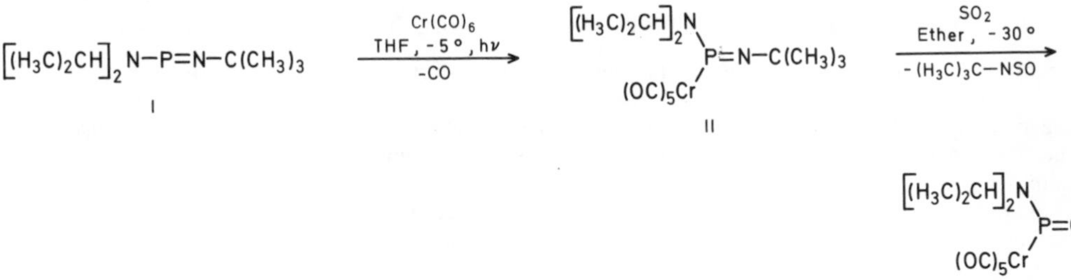

$$[(H_3C)_2CH]_2N-P{=}N-C(CH_3)_3 \xrightarrow[-CO]{\substack{Cr(CO)_6 \\ THF, -5°, h\nu}} \begin{array}{c} [(H_3C)_2CH]_2N \\ (OC)_5Cr \end{array}\!\!\!\!P{=}N-C(CH_3)_3 \xrightarrow[-(H_3C)_3C-NSO]{\substack{SO_2 \\ Ether, -30°}}$$

I   II

$$\begin{array}{c} [(H_3C)_2CH]_2N \\ (OC)_5Cr \end{array}\!\!\!\!P{=}O$$

(Diisopropylamino-oxo-phosphan)-penta-carbonyl-chrom; 43%; Schmp.: 93–96° (Zers.)

2. durch Reduktion von Phosphonsäure- bzw. Thiophosphonsäure-dichloriden mit Magnesium

Die Umsetzung von Phosphonsäure- bzw. Thiophosphonsäure-chloriden mit äquimolaren Mengen Magnesium in Tetrahydrofuran führt in Gegenwart von Diethyl-disulfan über die Organo-oxo- bzw. -thioxo-phosphane zu Dithio- bzw. Trithiophosphonsäure-S,S-diethyl-ester (40–70%)[113]:

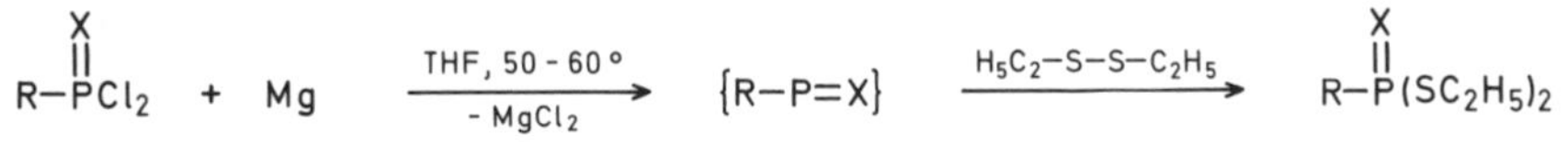

$$\overset{\overset{X}{\|}}{R-PCl_2} + Mg \xrightarrow[-MgCl_2]{THF, 50-60°} \{R-P{=}X\} \xrightarrow{H_5C_2-S-S-C_2H_5} \overset{\overset{X}{\|}}{R-P(SC_2H_5)_2}$$

X = O, S
R = C_6H_{11}, C_6H_5

In Gegenwart von Benzil werden im Falle der Thiophosphonsäure-chloride die entsprechenden Organo-thioxophosphane als 1,3,2-Dioxaphosphole abgefangen[113]:

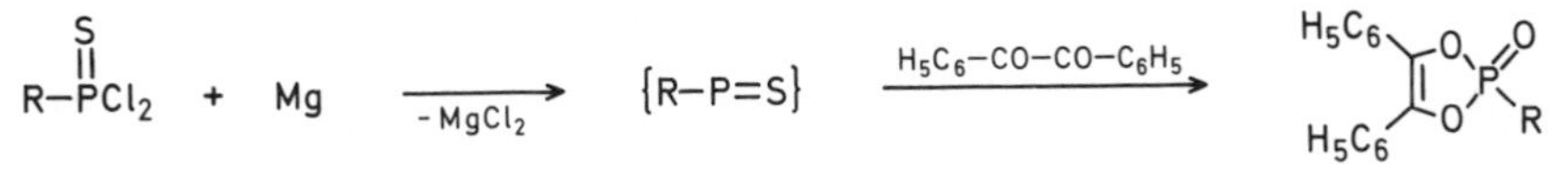

$$\overset{\overset{S}{\|}}{R-PCl_2} + Mg \xrightarrow[-MgCl_2]{} \{R-P{=}S\} \xrightarrow{H_5C_6-CO-CO-C_6H_5} \begin{array}{c} H_5C_6 \\ H_5C_6 \end{array}\!\!\!\!\!\overset{O}{\underset{O}{\diagup}}\!\!P\overset{O}{\underset{R}{\diagdown}}$$

R = C_6H_{11}, C_6H_5

Ausgehend von Phosphonsäure-dichloriden werden die entsprechenden 1,3,2-Dioxaphosphole bei der wäßr. Aufarbeitung zu den Phosphonsäure-(1,2-diphenyl-2-oxo-ethyl-estern) (48–65%) und Tolan hydrolysiert[113]:

---

[113] *M. Yoshifuji, S. Nakayama, R. Okazaki* u. *N. Inamoto*, J. Chem. Soc., Perkin I **1973**, 2065, 2069.
[114] *E. Niecke, M. Engelmann, H. Zorn, B. Krebs* u. *G. Henkel*, Angew. Chem. **92**, 738 (1980); engl. **19**, 710.

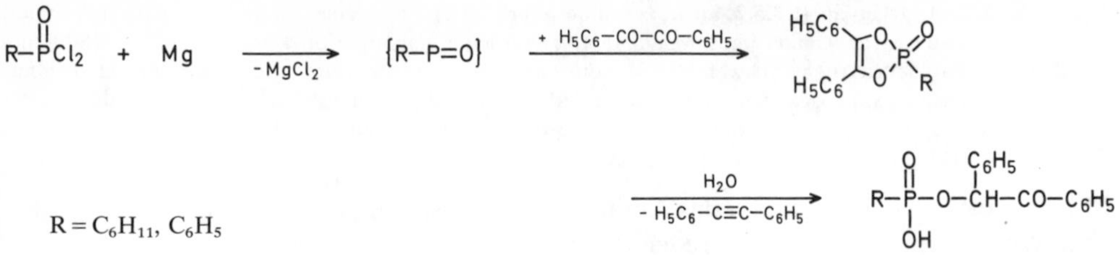

$$R = C_6H_{11}, C_6H_5$$

Die folgenden Arbeitsvorschriften erläutern das Vorgehen an je einem Beispiel:

Benzol-dithiophosphonsäure-S,S-diethylester über in situ hergestelltes Oxo-phenyl-phosphan[113]: 9,8 g (50 mmol) Dichlor-phenyl-phosphan tropft man unter Rühren und Wasser-Kühlung zu 1,5 g (52 mg atom) Magnesium-Späne in 50 *ml* Diethyl-disulfan und 10 *ml* THF. Nach 8 Stdn. Rühren bei 50–60° filtriert man überschüssiges Magnesium ab und wäscht das Filtrat mit Wasser. Die organische Phase wird i. Vak. destilliert; Ausbeute: 4,4 g (41%); Sdp.: 163–165° (3 Torr/0,4 kPa).

2,4,5-Triphenyl-1,3,2-dioxaphosphol-2-sulfid über in situ hergestelltes Phenyl-thioxo-phosphan[113]: 21,2 g (0,10 mol) Dichlor-phenyl-phosphan tropft man innerhalb 30 Min. zu einem Gemisch aus 2,7 g (0,11 g atom) Magnesium, 23,0 g (0,11 mol) Benzil und 70 *ml* THF. Das Gemisch wird 2 Stdn. mit gelegentlicher Wasserkühlung gerührt. Danach wird das Lösungsmittel entfernt und der Rückstand mit Ether heiß extrahiert. Nach Eindampfen des Extraktes wird der Rückstand aus Ether umkristallisiert; Ausbeute: 34 g (65%); Schmp.: 126,5–127°.

3. durch thermischen oder photochemischen Abbau von Phosphor-Heterocyclen

3.1. aus 1,2,3-Tri-tert.-butyl-phosphiran-1-oxid

1,2,3-Tri-tert.-butyl-phosphiran-1-oxid (I) wird in Methanol innerhalb 20 Stdn. bei 70° quantitativ zum *2-Methyl-propan-2-phosphonigsäure-methylester*(IV) umgesetzt. Aus 9,10-Phenanthrenchinon und dem Phosphiranoxid I im Molverhältnis 2:1 bildet sich in Octadeutero-1,4-dioxan bei 70° *2-tert.-Butyl-⟨phenanthro-[9,10-d]-1,3,2-dioxaphosphol⟩-2-oxid* (V; 50%), und mit 3,5-Di-tert.-butyl-1,2-benzochinon im molaren Verhältnis Hexadeutero-benzol (20 Stdn. 75°) quantitativ das *2,4,6-Tri-tert.-butyl-1,3,2-benzodioxaphosphol-2-oxid* (VI)[115, 115a]:

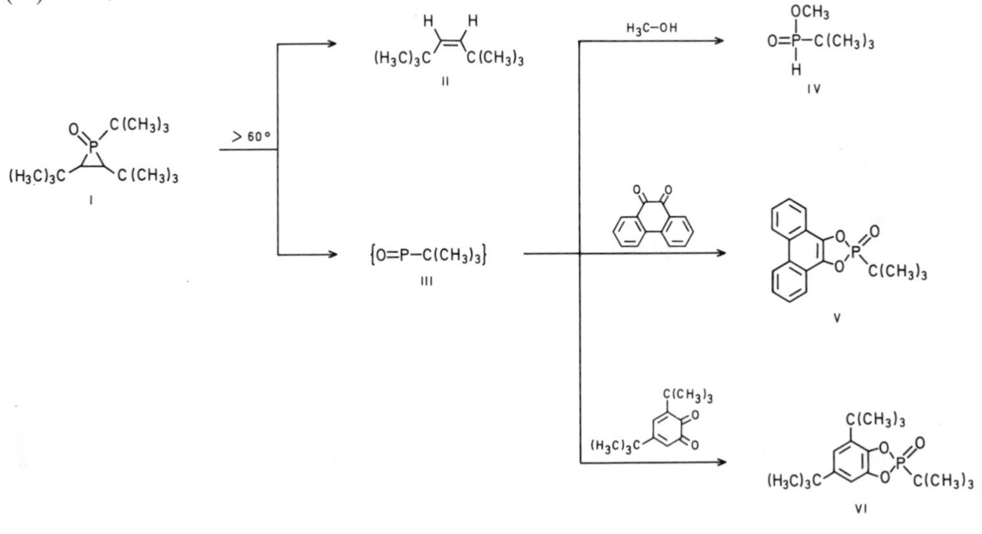

---

[113] *M. Yoshifuji, S. Nakayama, R. Okazaki* u. *N. Inamoto*, J. Chem. Soc., Perkin I **1973**, 2065, 2069.

[115] *H. Quast* u. *M. Heuschmann*, Angew. Chem. **90**, 921 (1978); engl.: **17**, 867. Die thermische Zersetzung des Phosphiranoxids I bei 60° in Hexadeutero-benzol verläuft ebenfalls über das Oxo-phenyl-phosphan.

[115a] *H. Quast* u. *M. Heuschmann*, Chem. Ber. **115**, 901 (1982); und dort zitierte Literatur.

3.2. aus 1-Phenyl-2,5-dihydro-1H-phosphol-1-oxid

1-Phenyl-2,5-dihydro-1H-phosphol-1-oxid ist thermisch bis 300° stabil. Bei Bestrahlung in Methanol mit Licht von 254 nm bilden sich 1,3-Butadien und *Phenyl-oxo-phosphan*, das als *Benzolphosphonigsäure-methylester* abgefangen wird[116]:

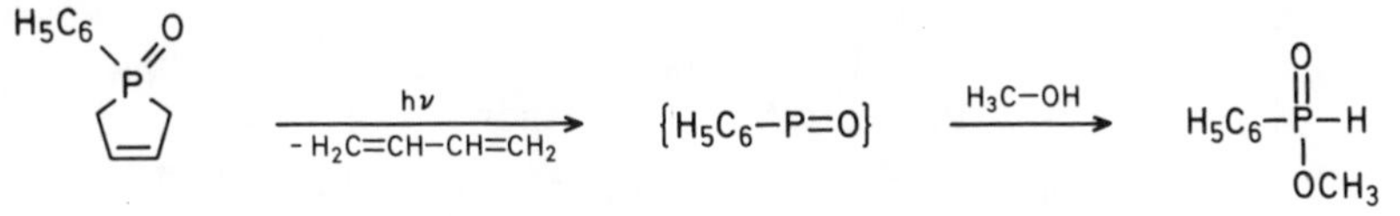

3.3. aus 1,6,7,8,9-Pentaphenyl-⟨benzo-7-phospha-bicyclo [2.2.1]heptadien⟩-9-oxid

Bei der Thermolyse des Bicyclus I entstehen bei 155° quantitativ Tetraphenyl-naphthalin und polymeres *Oxo-phenyl-phosphan* mit 14 Moleküleinheiten. In Gegenwart von Methanol läßt sich das Oxo-phenyl-phosphan als *Benzol-phosphonigsäure-methylester* (II) abfangen, mit Diethyldisulfan bzw. Keten-diethylacetal bilden sich *Benzol-dithiophosphonsäure-S,S-diethylester* (III) bzw. *Benzolphosphonsäure-diethylester* (IV)[117]:

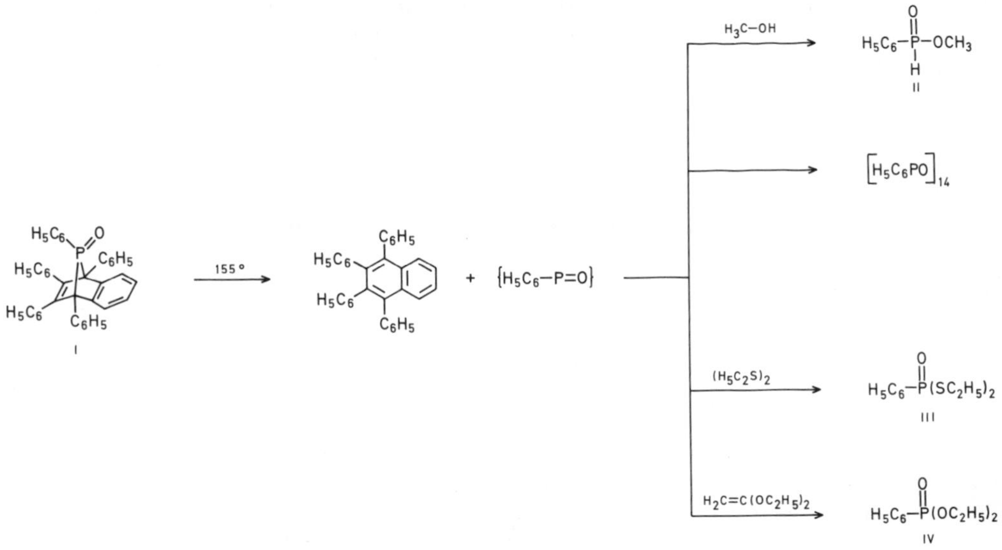

Abfangversuche mit einer Reihe von Acetylenen und Olefinen verlaufen erfolglos.

---

[116] *H. Tomioka* u. *Y. Izawa*, J. Org. Chem. **42**, 582 (1977).
[117] *J. K. Stille, J. L. Eichelberger, J. Higgins* u. *M. E. Freeburger*, J. Am. Chem. Soc. **94**, 4761 (1972).

c) Imino-phosphane

bearbeitet von

Dr. Bernd WEBER

und

Prof. Dr. MANFRED REGITZ

Fachbereich Chemie der Universität Kaiserslautern

Die bisher bekannten Imino-phosphane enthalten alle bis auf eine Ausnahme eine zusätz-liche P–N-Bindung. Es existieren acyclische und cyclische Verbindungen; letztere sind neutral oder kationisch aufgebaut.

Bei den acyclischen Amino-imino-phosphanen ist das Prinzip der Stabilisierung durch Abschirmung der P=N-Doppelbindung mit voluminösen Resten am deutlichsten gewahrt. Sie enthalten daher alle bis auf eine Ausnahme die Trimethylsilyl-, tert.-Butyl- und Iso-propyl-Gruppe als Substituenten. Ihre Stabilität und Reaktivität werden vor allem durch den Substituenten am Imin-Stickstoff beeinflußt. Hier hat die tert.-Butyl-Gruppe den am stärksten stabilisierenden Effekt[59]. Die Verhältnisse am Amin-Stickstoff sind nicht so klar: Die Trimethylsilyl-Gruppe stabilisiert besser als die tert.-Butyl-Gruppe. Am wirk-samsten scheint die Kombination tert.-Butyl-/Isopropyl-Gruppe zu stabilisieren. Sie er-möglicht ein Phosphan mit der Isopropyl-Gruppe am Imin-Stickstoff[60].

α) Imino-phosphane mit einer P–N–Bindung

A. Herstellung

1. durch Aufbaureaktionen

1.1. aus Orthophosphorsäure-amid-chloriden mit 1,3-Propandithiol

Aus dem Dichlor-triamino- I bzw. Diamino-trichlor-phosphoran-Derivat II erhält man mit 1,3-Propandithiol (oder 1,2-Ethandithiol) und Triethylamin die 1H-1,2,4,3-Tri-azaphosphole[61]:

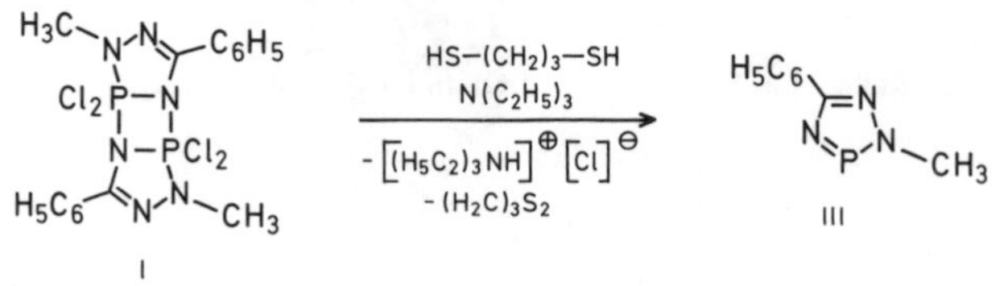

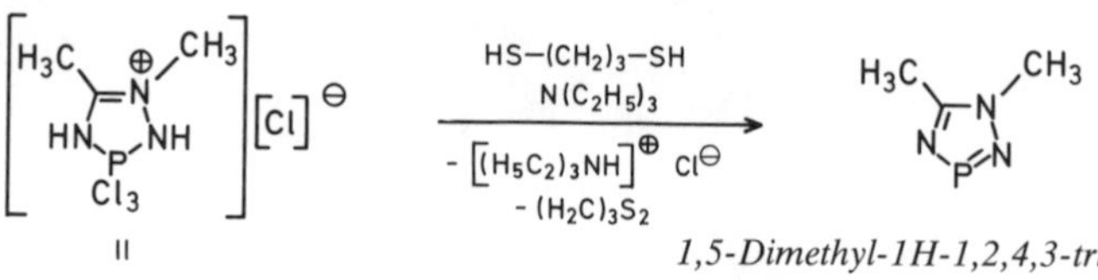

1,5-Dimethyl-1H-1,2,4,3-triazaphos-phol

[59] E. Niecke u. O.J. Scherer, Nachr. Chem. Tech. **23**, 395 (1975).
[60] O.J. Scherer u. H. Conrad, Z. Naturforsch. **36b**, 515 (1981).
[61] A. Schmidpeter, J. Luber u. H. Tautz, Angew. Chem. **89**, 554 (1977); engl.: **16**, 546.

2-Methyl-5-phenyl-1,2,4,3-triazaphosphol (III)[61]**:** Zu 24,3 g (49 mmol) 2,8-Dimethyl-5,9-diphenyl-2,2,7,7-te-trachlor-1,3,4,6,8,9-hexaaza-2,7-diphospha-tricyclo[5.3.0.0²·⁶]deca-4,9-dien (I) in 250 ml Benzol gibt man unter Eiskühlung 10,6 g (98 mmol) 1,3-Propandithiol und 19,8 g (183 mmol) Triethylamin in 40 ml Benzol. Nach 12 Stdn. Rühren bei 20° wird das Triethylammonium-chlorid abgesaugt, das Filtrat eingedampft und der Rückstand destilliert; Ausbeute: 15,3 g (86%); Sdp.: 108–110° (0,1 Torr/0,013 kPa).

1.2. aus Phosphor(III)-halogeniden mit Lithium-amiden

Zur Herstellung acyclischer Amino-imino-phosphane haben sich zwei Methoden bewährt:
① Doppelte Umsetzung von Phosphor(III)-chlorid oder -bromid mit Lithium-trimethyl-silylamiden mit anschließender intramolekularer Halogen-trimethyl-silan-Abspaltung[62,63]:

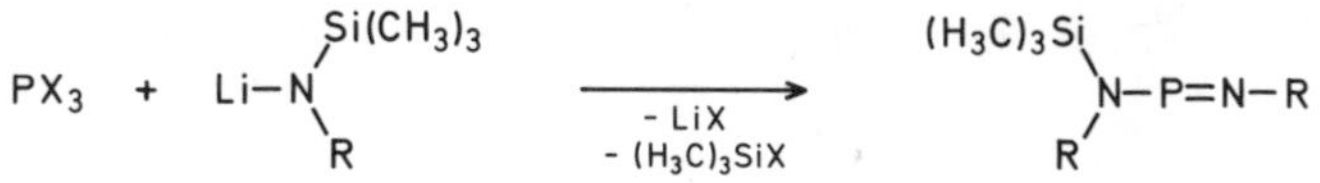

$$PX_3 \; + \; \underset{\underset{R}{|}}{Li-N}\!\!\diagup^{Si(CH_3)_3} \quad \xrightarrow[\;-\;(H_3C)_3SiX\;]{-\;LiX} \quad \underset{\underset{R}{|}}{(H_3C)_3Si}\!\!\diagdown N-P=N-R$$

X = Br; R = C(CH₃)₃; *tert.-Butylimino-(tert.-butyl-trimethylsilyl-amino)-phosphan*; 32%; Sdp.: 38–40°
           (0,01 Torr/0,013 kPa)
X = Br, Cl; R = Si(CH₃)₃; *(Bis-[trimethylsilyl]-amino)-(trimethylsilylimino)-phosphan;* 51%
           (X = Cl); 69% (X = Br); Sdp.: 45–48° (0,01 Torr/0,013 kPa)

Das *(Bis-[trimethylsilyl]-amino)-(trimethylsilylimino)-phosphan* ist auch durch Umsetzung von Bis-[trimethylsilyl]-difluor-phosphan mit Lithium-bis-[trimethylsilyl]-amid zu 53% zugänglich[64].
Setzt man an Stelle der Lithium-amide Lithium-1,2-bis-[trimethylsilyl]-2-methyl-hydrazid ein, so erhält man die Hydrazino-hydrazono-phosphane I bzw. II als nicht trennbares Gemisch im Verhältnis 2:1 (30%; Sdp.: 79–85°/10⁻⁴ Torr/0,013 Pa)[65]:

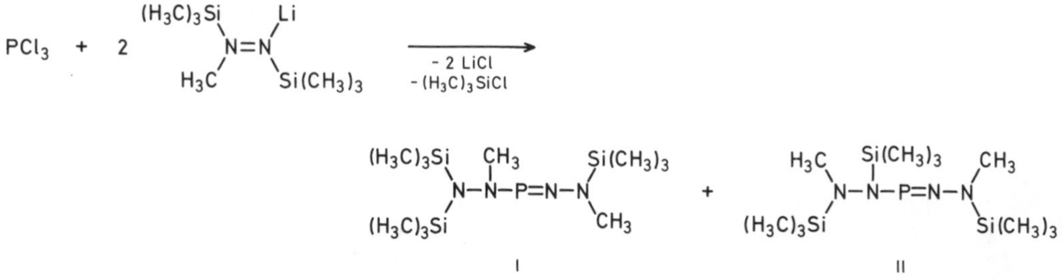

$$PCl_3 \; + \; 2 \quad \underset{\underset{H_3C}{\diagup}\;\;\underset{Si(CH_3)_3}{\diagdown}}{N=N}\!\!\diagup^{(H_3C)_3Si}\!\!\diagdown_{Li} \quad \xrightarrow[\;-\;(H_3C)_3SiCl\;]{-\;2\;LiCl}$$

$$\underset{\underset{(H_3C)_3Si}{}}{(H_3C)_3Si}\!\!\diagdown\underset{\underset{}{}}{\overset{CH_3}{N}}-N-P=N-\underset{\underset{CH_3}{}}{N}\!\!\diagup^{Si(CH_3)_3} \qquad + \qquad \underset{\underset{(H_3C)_3Si}{}}{H_3C}\!\!\diagdown N-N-P=N-\underset{\underset{Si(CH_3)_3}{}}{N}\!\!\diagup^{CH_3}$$

                       I   II

(2,2-Bis-[trimethylsilyl]-1-methyl-   *(1,2-Bis-[trimethylsilyl]-2-methyl-*
hydrazino)-(2-methyl-2-trimethylsilyl-   *hydrazino)-(2-methyl-2-trimethyl-*
hydrazono)-phosphan   *silyl-hydrazono)-phosphan*

② Bei dieser Methode wird das Phosphan II, das mindestens einen Trimethylsilyl-Substituenten enthalten muß, durch thermische Chlor-trimethyl-silan-Abspaltung in das Amino-imino-phosphan umgewandelt:

[61] A. Schmidpeter, J. Luber u. H. Tautz, Angew. Chem. **89**, 554 (1977); engl.: **16**, 546.
[62] O.J. Scherer u. N. Kuhn, Angew. Chem. **86**, 899 (1974); engl.: **13**, 811.
[63] O.J. Scherer u. N. Kuhn, Chem. Ber. **107**, 2123 (1974).
[64] E. Niecke u. W. Flick, Angew. Chem. **85**, 586 (1973); engl.: **12**, 585.
[65] O.J. Scherer u. W. Gläßel, Chem. Ber. **110**, 3874 (1977).

$$PCl_3 \;+\; Li-N\begin{smallmatrix}R^1\\\\R^2\end{smallmatrix} \xrightarrow[-\,LiCl]{} \begin{smallmatrix}R^1\\\\R^2\end{smallmatrix}N-PCl_2 \xrightarrow[-\,LiCl]{+\,Li-N\begin{smallmatrix}R^3\\Si(CH_3)_3\end{smallmatrix}} \begin{smallmatrix}R^1\\\\R^2\end{smallmatrix}N-\underset{\underset{II}{Cl}}{\overset{}{P}}-N\begin{smallmatrix}R^3\\Si(CH_3)_3\end{smallmatrix}$$

$$\xrightarrow[-\,(H_3C)_3SiCl]{\Delta} \begin{smallmatrix}R^1\\\\R^2\end{smallmatrix}N-P{=}N-R^3$$

Aus Amino-dichlor-phosphanen I mit einer N-Silyl-Gruppe sind durch Umsetzung mit Lithium-hydraziden nach dieser Methode auch Hydrazino-imino-phosphane in 8–40% zugänglich[65]:

$$(H_3C)_3Si\underset{R^1}{\overset{}{\diagdown}}N-PCl_2 \;+\; Li-N\underset{R^4}{\overset{R^2}{\diagup}}N\underset{}{\overset{R^3}{\diagdown}} \xrightarrow[-\,(H_3C)_3SiCl]{-\,LiCl} \underset{R^4}{\overset{R^3}{\diagdown}}N-N\underset{}{\overset{R^2}{\diagup}}-P{=}N-R^1$$

R^1	R^2	R^3	R^4	...-phosphan
$C(CH_3)_3$	$Si(CH_3)_3$	$Si(CH_3)_3$	$Si(CH_3)_3$	tert.-Butylimino-(1,2,2-tris-[trimethylsilyl]-hydrazino)- ...; 8%; Sdp.: 63° (0,01 Torr/0,0013 kPa)
		CH_3	$C(CH_3)_3$	tert.-Butylimino-(2-tert.-butyl-2-methyl-1-trimethylsilyl-hydrazino) ...; 21%; Sdp.: 44–45° (0,01 Torr/0,0013 kPa)
	CH_3	$Si(CH_3)_3$	$Si(CH_3)_3$	(2,2-Bis-[trimethylsilyl]-1-methyl-hydrazino)-tert.-butyl-imino-...; 34%; Sdp.: 55–57° (0,01 Torr/0,0013 kPa)
$Si(CH_3)_3$	CH_3	$Si(CH_3)_3$	$Si(CH_3)_3$	(2,2-Bis-[trimethylsilyl]-1-methyl-hydrazino)-trimethyl-silylimino-...; ~40%[66]; Sdp.: 75–85° (0,01 Torr/0,0013 kPa)

Die Methode ② ist universeller, sie gestattet die gezielte Variation der Substituenten sowohl am Amin- wie auch Imin-Stickstoff. Die folgenden Arbeitsvorschriften geben Beispiele für beide Herstellungsmethoden. Tab. 7 (S. 59) enthält die nach der Methode ② hergestellten Amino-imino-phosphane.

tert.-Butylimino-(tert.-butyl-trimethylsilyl-amino)-phosphan (Methode ①)[67]: 22,2 g (153,1 mmol) tert.-Butyl-trimethylsilyl-amin in 100 ml Diethylether werden mit 92 ml (153,1 mmol) einer Lösung von Butyl-lithium in Hexan metalliert und 2 Stdn. unter Rückfluß erwärmt. Diese Lösung tropft man bei −78° innerhalb 2 Stdn. zu 20,7 g (76,5 mmol) Phosphor(III)-bromid in 250 ml Ether, rührt ~ 12 Stdn., engt i. Vak. ein, nimmt mit 30 ml Pentan auf und filtriert über eine G3-Fritte vom Niederschlag ab. Abschließend wird fraktioniert destilliert (Siedebereich: 60–90°/0,2 Torr/0,027 kPa; Badtemp.: bis 130°) und redestilliert (Vigreux-Kolonne); Ausbeute: 6 g (32%); Sdp.: 38–40° (0,1 Torr/0,013 kPa) (gelbgrün).

tert.-Butylimino-(tert.-butyl-isopropyl-amino)-phosphan (Methode ②)[68]:
(tert.-Butyl-isopropyl-amino)-dichlor-phosphan: 20,0 g (174 mmol) tert.-Butyl-isopropyl-amin werden lösungsmittelfrei mit 177 mmol einer Lösung von Butyl-lithium in Hexan metalliert und 24 Stdn. unter Rückfluß erhitzt. Die so erhaltene Suspension wird bei 0° innerhalb 30 Min. zu 39,3 g (286 mmol) Phosphor(III)-chlorid in 250 ml Ether getropft. Anschließend wird 12 Stdn. weitergeführt, danach filtriert (G3-Fritte) und der Rückstand über eine 10-cm-Vigreux-Kolonne fraktioniert. Ausbeute: 27,5 g (73%); Sdp.:54–56° (0,01 Torr/1,3 Pa).
tert.-Butylimino-(tert.-butyl-isopropyl-amino)-phosphan: 14,53 g (100 mmol) tert.-Butyl-trimethylsilyl-amin in 50 ml Ether werden mit 101 mmol einer Lösung von Butyl-lithium in Hexan metalliert und 1 Stde. unter Rückfluß erwärmt. Die so erhaltene Suspension tropft man bei −78° zu 21,7 g (100 mmol) (tert.-Butyl-isopropyl-amino)-dichlor-phosphan in 50 ml Ether. Die Aufarbeitung erfolgt wie vorab beschrieben (30-cm-Vigreux-Kolonne): Ausbeute: 9,7 g (45%); Sdp.: 27–29° (0,01 Torr/1,3 Pa) (gelbgrün).

---

[65] O.J. Scherer u. W. Gläßel, Chem. Ber. 110, 3874 (1977).
[66] Die Verbindung dimerisiert sehr rasch.
[67] O.J. Scherer u. N. Kuhn, Angew. Chem. 86, 899 (1974); engl.: 13, 811.
[68] O.J. Scherer u. H. Conrad, Z. Naturforsch. 36b, 515 (1981).

Tab. 7: Amino-imino-phosphane nach Methode ② durch Thermolyse von Amino-chlor-(trimethylsilylamino)-phosphanen (vgl. S. 57)

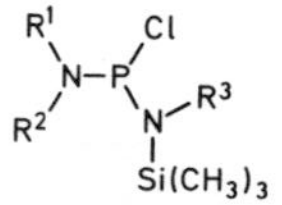

Struktur:
$$R^1\!-\!N\!-\!P\!-\!Cl \qquad R^2 \qquad N\!-\!R^3,\ Si(CH_3)_3$$

R^1	R^2	R^3	...-phosphan	Ausbeute [%]	Sdp. [°C]	Sdp. [Torr (kPa)]	Literatur
$Si(CH_3)_3$	$Si(CH_3)_3$	$C(CH_3)_3$	(Bis-[trimethylsilyl]-amino)-tert.-butyl-imino-...	38	62–65	0,1 (0,013)	[69]
	CH_3	$C(CH_3)_3$	tert.-Butylimino-(methyl-trimethylsilyl-amino)-...	32	31–34	0,01 (0,0013)	[70]
	$CH(CH_3)_2$	$C(CH_3)_3$	tert.-Butylimino-(isopropyl-trimethylsilyl-amino)-...	52	46–49	0,01 (0,0013)	[70]
$CH(CH_3)_2$	$CH(CH_3)_2$	$C(CH_3)_3$	tert.-Butylimino-(diisopropyl-amino)-...	75	29–32	0,01 (0,0013)	[70]
	$C(CH_3)_3$	$CH(CH_3)_2$ [a]	(tert.-Butyl-isopropyl-amino)-isopropyl-imino-...	95	76–83	2 (1,6)	[71]
		$C(CH_3)_3$	tert.-Butylimino-(tert.-butyl-isopropyl-amino)-...	45	27–29	0,01 (0,0013)	[71]
		$Si(CH_3)_3$	(tert.-Butyl-isopropyl-amino)-trimethylsilyl-imino-...	78	26–27	0,01 (0,0013)	[71]

[a] Dieses Chlor-diamino-phosphan läßt sich unzersetzt destillieren. Die Chlor-trimethyl-silan-Abspaltung erfolgt bei 150—165°/12 Torr (1,6 kPa).

[69] O.J. Scherer u. N. Kuhn, J. Organomet. Chem. **82**, C3 (1974).
[70] O.J. Scherer u. W. Glüßel, Chem. Ber. **110**, 3874 (1977).
[71] O.J. Scherer u. H. Conrad, Z. Naturforsch. **36b**, 515 (1981).

1.3. aus Carbonsäure-methylester-(chlor-ethoxy-phosphanoimiden) mit Hydrazinen

Die Umsetzung von Carbonsäure-(chlor-ethoxy-phosphanoimid)-methylestern mit Hydrazinen in Gegenwart von Triethylamin liefert die isomeren Dihydro-1,2,4,3-triazaphosphole I und II in ~50%. Während das Isomer I unter Bildung des 1H-1,2,4,3-Triazaphosphols III bei 20° spontan Ethanol abspaltet, erfolgt die analoge Abspaltung zum 2H-1,2,4,3-Triazaphosphol IV aus dem Dihydro-Derivat II – insbesondere bei Alkyl-Substitution – selbst bei höheren Temperaturen in Abhängigkeit vom Druck nur unvollständig, wobei oft Zersetzung eintritt. Das 1H-1,2,4,3-Triazaphosphol III ist in reiner Form erhältlich, wenn man zum Isomeren-Gemisch I/II Methyljodid gibt, wobei nur das Isomer II zum 3-Methyl-3,4-dihydro-2H-1,2,4,3-triazaphosphol-3-oxid (V) umgewandelt wird und bei der anschließenden Destillation als Rückstand verbleibt[72]:

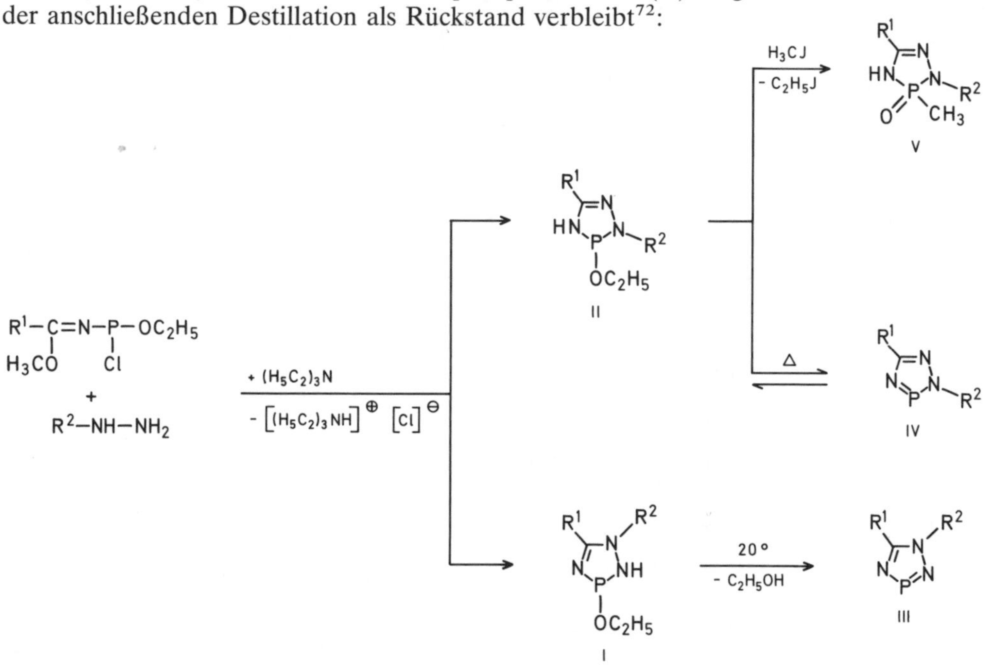

Zur besseren Herstellung der 2H-1,2,4,3-Triazaphosphole IV s. S. 62.

1-Methyl-5-phenyl-1H-1,2,4,3-triazaphosphol (III; R^1 = C_6H_5; R^2 = CH_3)[72]: Zu 14,7 g (0,1 mol) Dichlor-ethoxy-phosphan in 100 ml abs. Benzol tropft man bei 0° unter Stickstoff und Rühren innerhalb 15 Min. eine Lösung von 13,5 g (0,1 mol) Benzoesäure-imid-methylester und 11 g (0,1 mol) Triethylamin in 50 ml abs. Benzol. Nach 10 Min. Rühren tropft man innerhalb 5 Min. 4,6 g (0,1 mol) Methyl-hydrazin und 11 g (0,11 mol) Triethylamin in 50 ml abs. Benzol zu. Man beläßt 15 Min. bei 20° und erwärmt dann unter Rückfluß. Danach wird ausgefallenes Triethylammoniumchlorid abfiltriert, mit 50 ml abs. Benzol gewaschen und das Filtrat i. Vak. eingeengt. Der Rückstand wird in einer Destillationsapparatur bei 0,1 Torr (0,013 kPa) 30 Min. unter Rückfluß erhitzt und anschließend beim gleichen Druck destilliert, wobei man ein Gemisch von 2-Methyl-5-phenyl-2H- und 1-Methyl-5-phenyl-1H-1,2,4,3-triazaphosphol im Verhältnis von ~4:1 erhält; Ausbeute: 9 g (50%); Siedebereich: 105–115°/0,1 Torr (0,013 kPa).
Zur Abtrennung des 1-Methyl-5-phenyl-1H-1,2,4,3-triazaphosphols löst man das Gemisch in 50 ml abs. Benzol und gibt 5 g (0,11 mol) Ethanol zu. Nach 5 Min. Rühren gibt man 14 g (0,1 mol) Methyljodid zu und kocht 30 Min. unter Rückfluß. Danach entfernt man das Lösungsmittel i. Vak. und destilliert; Ausbeute: 1–2 g (6–11%); Sdp.: 112° (0,1 Torr/0,013 kPa); Schmp: 50°.

Auf analoge Weise wird *5-Benzyl-1-methyl-1H-1,2,4,3-triazaphosphol* (III; R^1 = CH_2–C_6H_5; R^2 = CH_3) (Sdp.: 168°/15 Torr/2 kPa) erhalten.

---

[72] *Y. Charbonnel* u. *J. Barrans*, Tetrahedron **32**, 2039 (1976).

1.4. aus Triphenylphosphit mit aromatischen Diaminen

2-Anilino-anilin bildet mit Triphenylphosphit bei 150° unter Phenol-Abspaltung *1-Phenyl-1H-⟨benzo-1,3,2-diazaphosphol⟩* (75%)[73]:

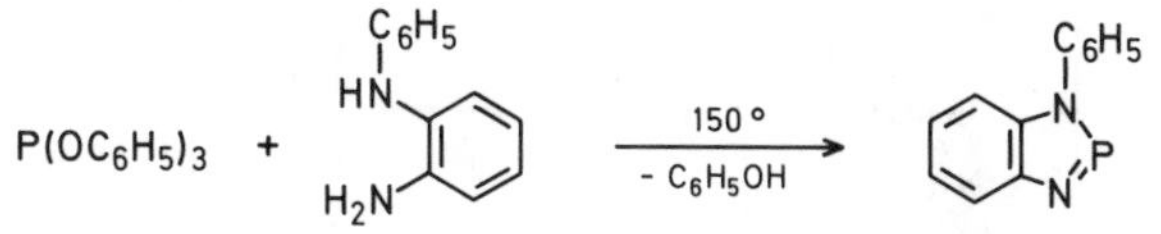

In gleicher Weise reagiert Bis-[2-amino-phenyl]-disulfan mit Triphenylphosphit zum *11H-⟨Dibenzo-1,2,5,7,6-dithiadiazaphosphonin⟩* (86%; Schmp.: 333,5–334°)[73]:

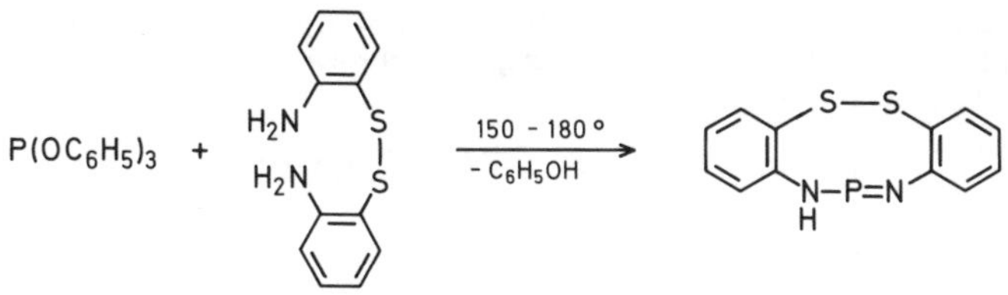

Beide Verbindungen sind in organischen Lösungsmitteln unlöslich.

1-Phenyl-1H-⟨benzo-1,3,2-diazaphosphol⟩[73]: 5,52 g (30 mmol) 2-Anilino-anilin und 9,3 g (30 mmol) Triphenylphosphit werden unter Rühren bei 1 Torr (0,13 kPa) langsam auf 150° erhitzt; wobei Phenol abdestilliert und ein farbloser Niederschlag auszufallen beginnt. Nach Steigerung der Temp. auf 180° werden insgesamt 8,1 g (95%) Phenol abdestilliert, wobei der Kolbeninhalt erstarrt. Anschließend wird pulverisiert, mit Xylol, dann 3mal mit Ether heiß extrahiert und i. Vak, getrocknet; Ausbeute: 4,8 g (75%); Schmp.: 350° (Zers.).

1.5. aus Tris-[dialkylamino]-phosphanen mit Amidrazon-Hydrohalogeniden

1.5.1. aus Tris-[dimethylamino]-phosphan mit N'-Amino-N,N-dimethyl-guanidinium-jodid

Die Umsetzung von N'-Amino-N,N-dimethyl-guanidinium-jodid mit Tris-[dimethylamino]-phosphan in siedendem Benzol führt zu *5-Dimethylamino-2H-1,2,4,3-triazaphosphol* (74%; Schmp.: 100–101°; Sdp.: 105–107°/0,8 Torr/0,1 kPa)[74]:

Die Herstellung von am Heteroatom unsubstituierten 2H-1,2,4,3-Triazaphospholen ist offenbar an einen Amino-Rest in 5-Stellung gebunden. Bei der analogen Umsetzung von Acet- bzw. Benzamidrazon-Hydrochlorid (Methyl- bzw. Phenyl-Gruppe anstelle der Dimethylamino-Gruppe) erhält man Spirophosphane[75].

5-Dimethylamino-2H-1,2,4,3-triazaphosphol[74]: 23,0 g (0,1 mol) N'-Amino-N,N-dimethyl-guanidinium-jodid und 16,3 g (0,12 mol) Tris-[dimethylamino]-phosphan in 250 ml Benzol werden 12 Stdn. unter Rückfluß erhitzt, wobei Dimethylamin entweicht und Dimethylammonium-jodid ausfällt. Aus dem stark eingeengten Filtrat fällt das Triazaphosphol als feinkristalliner, blaßgelber Niederschlag langsam aus; Ausbeute: 11,6 g (74%); Schmp.: 101–103°.

---

[73] K. Pilgram u. F. Korte, Tetrahedron **19**, 137 (1963).

[74] A. Schmidpeter u. H. Tautz, Z. Naturforsch. **35b**, 1222 (1980).

[75] Y. Charbonnel u. J. Barrans, C.R. Acad. Sci. Ser. C **274**, 2209 (1972).

1.5.2. aus Tris-[diethylamino]-phosphan mit Carbonsäure-amidrazon-Hydrochloriden

Carbonsäure-amidrazon-Hydrochloride bilden mit Tris-[diethylamino]-phosphan in siedendem Benzol 2,5- disubstituierte 2H-1,2,4,3-Triazaphosphole in hohen Ausbeuten[76]:

$$P\left[N(C_2H_5)_2\right]_3 \; + \; \left[\underset{R^1-NH}{\overset{H}{\underset{}{\oplus}N}} \underset{NH_2}{\overset{R^2}{=}}C \right] Cl^{\ominus} \xrightarrow[\substack{-\left[(H_5C_2)_2NH_2\right]^{\oplus}Cl^{\ominus} \\ -(H_5C_2)_2NH}]{\text{Benzol}} R^1-N\underset{P}{\overset{N}{\diagup}}\overset{N=}{\underset{N}{\diagdown}}R^2$$

Zur Herstellung 1,5-disubstituierter 1H-1,2,4,3-Triazaphosphole s. S. 60.

5-Isopropyl-2-methyl-2H-1,2,4,3-triazaphosphol[76]: 15 g (0,1 mol) 2-Methyl-propansäure-amid-(2-methyl-hydrazon)-Hydrochlorid und 24,7 g (0,1 mol) Tris-[diethylamino]-phosphan in 100 ml abs. Benzol werden unter Rühren 1,5 Stdn. unter Rückfluß erhitzt, wobei das entstehende Diethylamin mit einem Stickstoffstrom entfernt wird. Die Lösung wird nach der Filtration i. Vak. eingeengt und der Rückstand destilliert; Ausbeute: 10 g (70%); Sdp.: 72° (15 Torr/2 kPa) (sehr hygroskopisch).

Auf ähnliche Weise wird *2-Methyl-5-phenyl-2H-1,2,4,3-triazaphosphol* (Sdp.: 105°/0,1 Torr/0,013 kPa)) erhalten.

2. aus Phosphor(III)-Heterocyclen mit Lewis-Säuren

Phosphor(III)-Heterocyclen mit einer P-Halogen-Bindung werden mit Lewis-Säuren durch Halogenid-Übertragung in zweifach koordinierte Phosphor(III)-Kationen („Phosphenium-Ionen") übergeführt. Es sind Beispiele von vier-, fünf- und sechsgliedrigen Heterocyclen bekannt. Als Lewis-Säure wird meist Aluminium(III)-chlorid weniger Phosphor(V)-chlorid bzw. -fluorid eingesetzt.

2.1. aus 1,3-Bis-[trimethylsilyl]-2,4,4-trichlor-1,3,2,4-diaza-phosphasiletidin mit Aluminium(III)-chlorid

Durch Umsetzung des Heterocyclus I mit Aluminium(III)-chlorid bei 0° in Toluol wird das Ionen-Paar II zu 78% gebildet[77]:

$$2\,(H_3C)_3Si-N\underset{\underset{Cl}{\overset{}{\underset{Si}{\diagup}}}}{\overset{\overset{Cl}{\overset{}{\underset{P}{\diagdown}}}}{}}N-Si(CH_3)_3 \; + \; Al_2Cl_6 \xrightarrow{\text{Toluol, 0°}} 2\left[(H_3C)_3Si-N\underset{\underset{Cl}{\overset{}{\underset{Si}{\diagup}}}}{\overset{\overset{\oplus}{\overset{}{\underset{P}{}}}}{}}N-Si(CH_3)_3\right]\left[AlCl_4\right]^{\ominus}$$

I   II

1,3-Bis-[trimethylsilyl]-4,4-dichlor-1,3,2,4-diazaphospheniasiletan-tetrachloroaluminat[77]: Zu einer Suspension von 2,5 g (0,02 mol) Aluminium(III)-chlorid in 10 ml Toluol tropft man unter Rühren bei 0° 6,8 g (0,02 mol) 1,3-Bis-[trimethylsilyl]-2,4,4-trichlor-1,3,2,4-diazaphosphasiletidin, wobei ein farbloser Festkörper ausfällt. Die Lösung wird bis zur Entfärbung gerührt, das Salz über eine Fritte abfiltriert, mehrmals mit Toluol gewaschen, aus Dichlormethan bei −20° umkristallisiert und i. Vak. getrocknet; Ausbeute: 7,4 g (78%); Zers.-p.: 70°.

2.2. aus 2-Chlor-1,3-di-tert.-butyl-4-methyl-1,3,2,4-diaza-diphosphetidin mit Aluminium(III)-chlorid

Das 1,3,2,4-Diazadiphosphetidin III liefert mit Aluminium(III)-chlorid bei −78° in Dichlormethan das Ionen-Paar IV (62%)[78]:

---

[76] *Y. Charbonnel* u. *J. Barrans*, Tetrahedron **32**, 2039 (1976).
[77] *E. Niecke* u. *R. Kröher*, Angew. Chem. **88**, 758 (1976); engl.: **15**, 692.
[78] *O. J. Scherer* u. *G. Schnabl*, Chem. Ber. **109**, 2996 (1976).

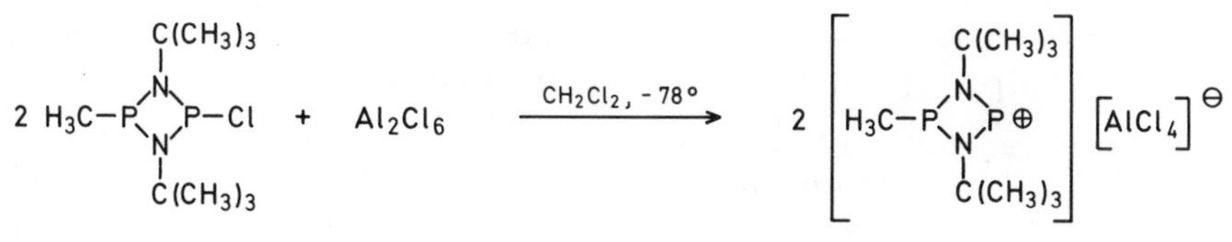

$$2\ H_3C-P\underset{\underset{C(CH_3)_3}{N}}{\overset{\overset{C(CH_3)_3}{N}}{}}P-Cl\quad +\quad Al_2Cl_6\quad \xrightarrow{CH_2Cl_2,\ -78°}\quad 2\left[H_3C-P\underset{\underset{C(CH_3)_3}{N}}{\overset{\overset{C(CH_3)_3}{N}}{}}P\oplus\right]\left[AlCl_4\right]^\ominus$$

III   IV

1,3-Di-tert.-butyl-4-methyl-1,3,2,4-diazaphosphaphosphenia-tetrachloroaluminat[78]: Zu 2,0 g (7,9 mmol) 4-Chlor-1,3-di-tert.-butyl-2-methyl-1,3,2,4-diazaphosphetidin in 2 *ml* Dichlormethan tropft man bei −78° 1,04 g (7,9 mmol) Aluminium(III)-chlorid in 3 *ml* Ether. Aus der zunächst blaugrünen Lösung scheiden sich beim Erwärmen auf 20° farblose, sehr hygroskopische Kristalle ab, die mit einem Gemisch aus Pentan und Dichlormethan gewaschen und dann i. Vak. getrocknet werden; Ausbeute: 1,9 g (62%).

2.3. aus 1,3-Dimethyl-2-fluor-1,3,2-diazaphospholan mit Phosphor(V)-fluorid

Das 1,3-Dimethyl-2-fluor-diazaphospholan wird in Dichlormethan mit Phosphor(V)-fluorid zum *1,3-Dimethyl-1,3,2-diazaphospheniaolan-hexafluorophosphat* umgesetzt[79]:

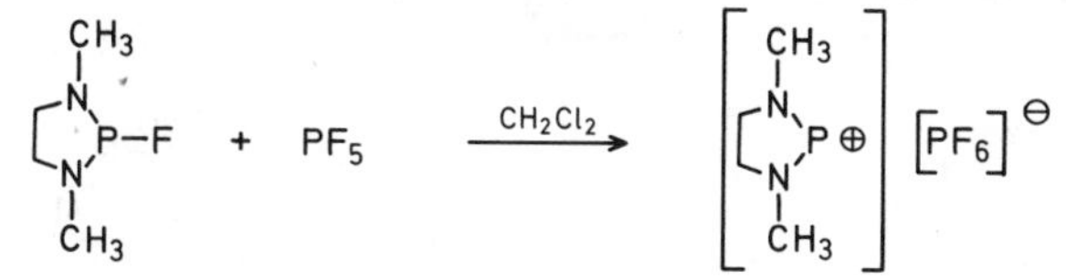

Bis-[dimethylamino]-phosphenium-Kation wird dagegen aus Bis-[dimethylamino]-chlor-bzw. Dichlor-dimethylamino-phosphan[80] mit Aluminium(III)-chlorid erhalten[81]:

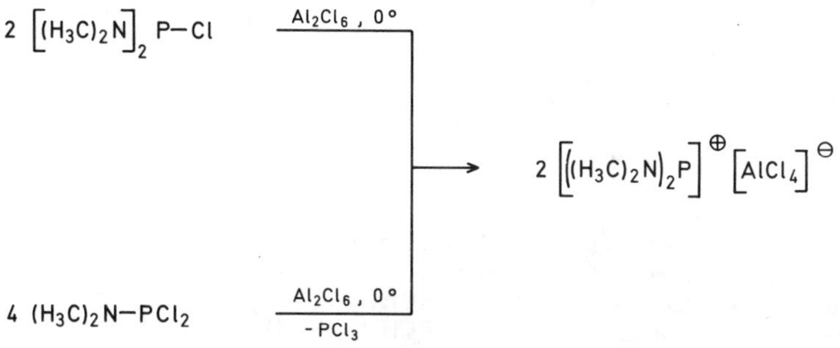

2.4. aus 2-Chlor-1,3,5,5-tetramethyl-1,3,2-diazaphosphorinan mit Phosphor(V)-chlorid

Die Umsetzung von 2-Chlor-1,3,5,5-tetramethyl-1,3,2-diazaphosphorinan mit Phosphor(V)-chlorid in Nitrobenzol führt zum *1,3,5,5-Tetramethyl-1,3,2-diazaphospheniarinan-hexachlorophosphat*[80]:

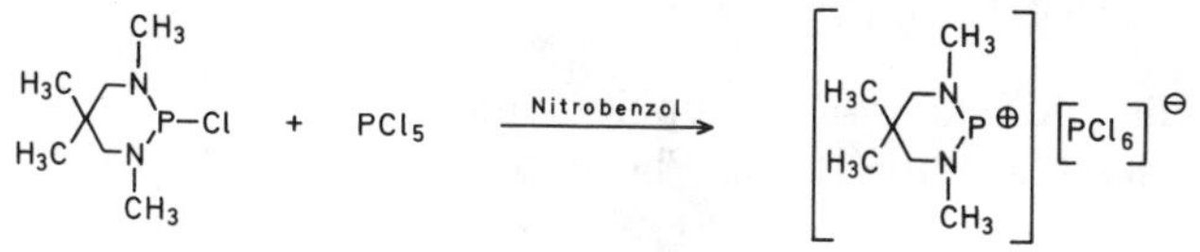

[78] *O. J. Scherer* u. *G. Schnabl*, Chem. Ber. **109**, 2996 (1976).
[79] *S. Fleming, M. K. Lupton* u. *K. Jekot*, Inorg. Chem. **11**, 2534 (1972).
[80] *B. E. Maryanoff* u. *R. O. Hutchins*, J. Org. Chem. **37**, 3475 (1972).
[81] *M. G. Thomas, R. W. Kopp, C. N. Schultz* u. *R. W. Parry*, J. Am. Chem. Soc. **96**, 2646 (1974).

2.5. aus 3,6-Dichlor-1,2,4,5-tetramethyl-1,2,4,5,3,6-tetraza-diphosphorinan mit Aluminium(III)-chlorid

3,6-Dichlor-1,2,4,5-tetramethyl-1,2,4,5,3,6-tetraazadiphosphorinan bildet bei $-30°$ in Dichlormethan mit Aluminium(III)-chlorid *1,2,4,5-Tetramethyl-1,2,4,5,3,6- tetraazadiphospheniarinan-bis-[tetrachloroaluminat]*[82]:

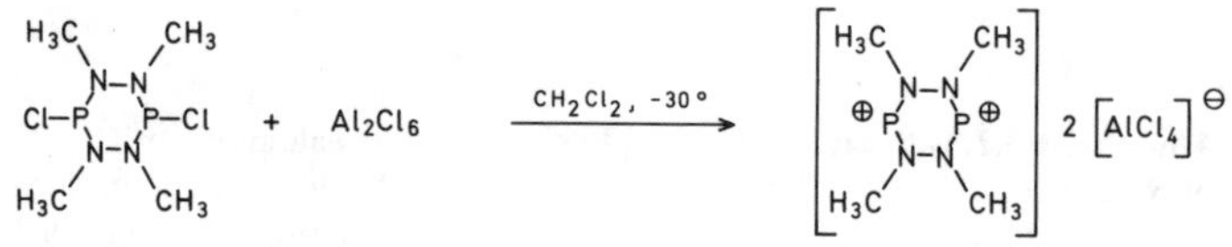

3. aus anderen Imino-phosphanen

(Bis-[trimethylsilyl]-amino)-(trimethylsilylimino)-phosphan liefert mit Aluminium(III)-chlorid, -bromid und -jodid die Addukte II, die unter Chlor-trimethyl-silyl-Abspaltung in die cyclischen Betaine III übergehen [bei der Umsetzung mit Aluminium(III)-chlorid ist das Addukt II isolierbar].

(Bis-[trimethylsilyl]-amino)-tert.-butylimino-phosphan reagiert mit Aluminium(III)-chlorid analog. Das Addukt II ist auch in diesem Fall thermolabil und geht sofort in das Betain III über[83, 84]:

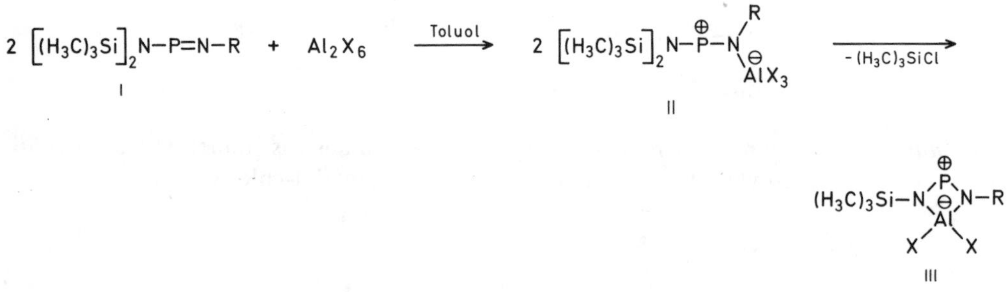

1,3,2,4-Diazaphospheniaaluminatetidine; allgemeine Arbeitsvorschrift[84]: Zu einer Suspension von 0,02 mol Aluminium(III)-halogenid in 5 *ml* abs. Toluol tropft man unter Stickstoff und Rühren 0,02 mol Amino-imino-phosphan gelöst in 5 *ml* Toluol und rührt 1 Stde. bei 20°. Danach entfernt man das Lösungsmittel und thermolysiert den Rückstand bei 60–75°/$1,3 \cdot 10^{-2}$ kPa in einer Sublimationsapparatur.

Auf diese Weise erhält man u. a. folgende *1,3,2,4-Diazaphospheniaaluminatetidine*:

1,3-Bis-[trimethylsilyl]-4,4-dichlor-...	[R = Si(CH$_3$)$_3$; X = Cl]	84%; Schmp.: 77–78°
1,3-Bis-[trimethylsilyl]-4,4-dibrom-...	[R = Si(CH$_3$)$_3$; X = Br]	78%; Schmp.: 124–132°
1,3-Bis-[trimethylsilyl]-4,4-dijod-...	[R = Si(CH$_3$)$_3$; X = J]	55%; Schmp.: 149–152°
3-tert.-Butyl-4,4-dichlor-1-trimethylsilyl-...	[R = C(CH$_3$)$_3$; X = Cl]	72%; Schmp.: 70–74°

B. Umwandlung

Die Umwandlung der Amino-imino-phosphane erfolgt hauptsächlich durch drei Reaktionstypen:

① Addition an die ylidische P=N-Doppelbindung
② Überführung des Phosphor(III) in Phosphor(V) unter Erhalt der P=N-Doppelbindung
③ Komplex-Bildung mit Schwermetallen

[82] *H. Nöth* u. *R. Ullmann*, Chem. Ber. **109**, 1942 (1976).
[83] *E. Niecke* u. *R. Kröher*, Angew. Chem. **88**, 758 (1976); engl.: **15**, 692.
[84] *E. Niecke* u. *R. Kröher*, Z. Naturforsch. **34 b**, 837 (1979).

1. 1,2-Addition an die P=N-Doppelbindung

Amino-imino-phosphane ohne Reaktionspartner dimerisieren zu 1,3,2,4-Diazadiphosphetidinen. Ausmaß und Geschwindigkeit der Dimerisation sind von den Liganden abhängig.

Amino-imino-phosphane mit der tert.-Butyl-Gruppe am Imin-Stickstoff reagieren in einer 1,2-Addition mit Verbindungen des Typs Nu-El gemäß der Polarität der P=N-Doppelbindung zu Bis-[amino]-phosphanen:

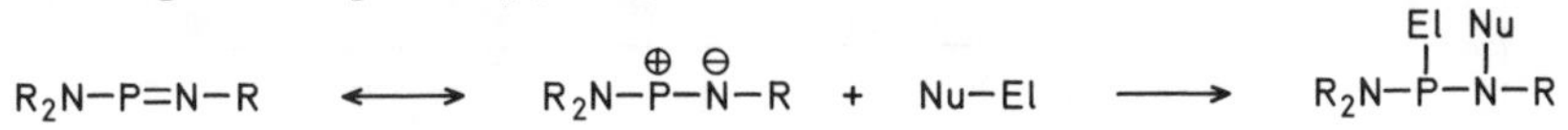

$$R_2N-P=N-R \quad \longleftrightarrow \quad R_2N-\overset{\oplus}{P}-\overset{\ominus}{N}-R \quad + \quad Nu-El \quad \longrightarrow \quad R_2N-\overset{\overset{El}{|}}{\underset{}{P}}-\overset{\overset{Nu}{|}}{N}-R$$

Tab. 8 (S. 66) enthält eine Auswahl von Umsetzungen, die auf diese Art ablaufen.

2. Überführung des Phosphor(III) in Phosphor(V) unter Erhalt der P=N-Doppelbindung

Amino-imino-phosphane mit der Trimethylsilyl-Gruppe am Imin-Stickstoff bilden zumeist mit Verbindungen des Typs Nu-El in einer [1.1]-Addition vierfach koordinierte Imino-phosphorane:

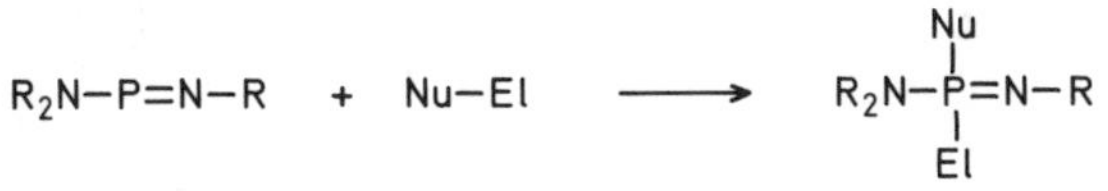

$$R_2N-P=N-R \quad + \quad Nu-El \quad \longrightarrow \quad R_2N-\overset{\overset{Nu}{|}}{\underset{\underset{El}{|}}{P}}=N-R$$

Schwefel, Selen, Diazo-Verbindungen und Azide oxidieren Amino-imino-phosphane im allgemeinen unter Bildung von Phosphoranen mit einem Phosphor(V)-Atom der Koordinationszahl 3:

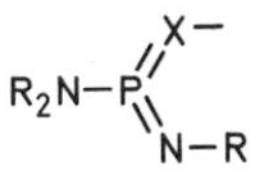

$$R_2N-P\overset{\nearrow X-}{\underset{\searrow N-R}{}}$$

$$X = S, Se, CR_2, N-R$$

Tab. 9 (S. 68) enthält eine Auswahl von Umsetzungen, die zu den beschriebenen Phosphoranen führen.

3. Komplexbildung mit Schwermetallen

3.1. mit Carbonyl-metall-Komplexen

Das Amino-imino-phosphan I bildet mit Hexacarbonylchrom bei Bestrahlen mit UV-Licht {(Bis-[trimethylsilyl]-amino)-tert.-butylimino-phosphan}-tricarbonyl-chrom(0)[85]:

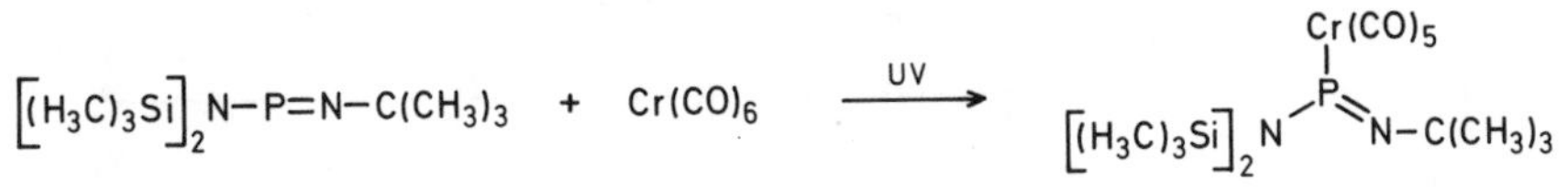

$$\left[(H_3C)_3Si\right]_2 N-P=N-C(CH_3)_3 \quad + \quad Cr(CO)_6 \quad \xrightarrow{UV} \quad \left[(H_3C)_3Si\right]_2 N-\overset{\overset{Cr(CO)_5}{|}}{\underset{}{P}}=N-C(CH_3)_3$$

Auf dem gleichen Wege sind aus 1,5-1H- bzw. 2,5-disubstituierten 2H-1,2,4,3-triazaphospholen mit Hexacarbonyl-chrom und -molybdän die entsprechenden Komplexe erhältlich, die auch thermisch gebildet werden[86] (s.S. 68):

---

[85] S. Pohl, J. Organomet. Chem. **142**, 185 (1977).
[86] J. H. Weinmaier, H. Tautz u. A. Schmidpeter, J. Organomet. Chem. **185**, 53 (1980).

Tab. 8: Umwandlung von Amino-imino-phosphanen unter Verlust der P=N-Doppelbindung[87]

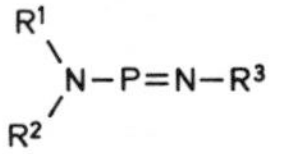

$$\begin{matrix} R^1 \\ \diagdown \\ N-P=N-R^3 \\ \diagup \\ R^2 \end{matrix}$$

$R^1=R^2=R^3=Si(CH_3)_3$

Reaktionspartner	Produkt		Literatur
– Dimerisation	$[(H_3C)_3Si]_2N-P$ (cyclic diazadiphosphetidine ring with $Si(CH_3)_3$, $N-P-N$, $N[Si(CH_3)_3]_2$, $Si(CH_3)_3$)	2,4-Bis-[bis-(trimethylsilyl)-amino]-1,3-bis-[trimethylsilyl]-1,3,2,4-diazadiphosphetidin (cycl. Phosphane)	88
BCl_3; BBr_3	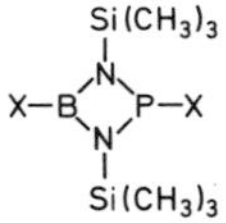 $Si(CH_3)_3$ ring $N-P-X$, $X-B-N$, X, $Si(CH_3)_3$	1,3,2,4-Diazaphosphaboretidine (s. S. 393)	89
$SiCl_4$, $SiBr_4$	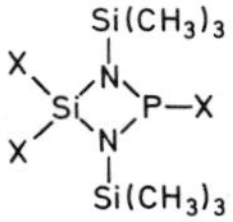 $Si(CH_3)_3$ ring $N-P-X$, $X-Si-N$, X, $Si(CH_3)_3$	1,3,2,4-Diazaphosphasiletidine	89
$R^4_2SiCl_2$ $R^4=Cl, CH_3, C_2H_5, C_6H_5$	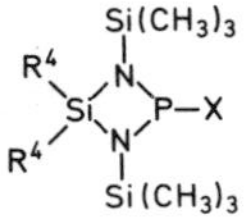 $Si(CH_3)_3$ ring R^4-P-X, R^4-Si-N, $Si(CH_3)_3$	1,3,2,4-Diazaphosphasiletidine	90
$H_3B-N(CH_3)_2$ H	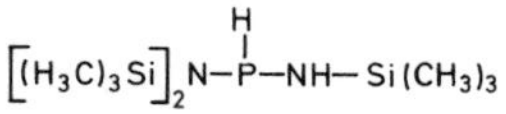 $[(H_3C)_3Si]_2N-P-NH-Si(CH_3)_3$ (with H, $Si(CH_3)_3$)	(Bis-[trimethylsilyl]-amino)-trimethylsilylamino-phosphan	91
$GeCl_4$	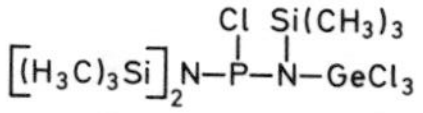 $[(H_3C)_3Si]_2N-P-N-GeCl_3$ (with Cl, $Si(CH_3)_3$)	(Bis-[trimethylsilyl]-amino)-chlor-(trichlorgermanyl-trimethylsilyl-amino)-phosphan	89

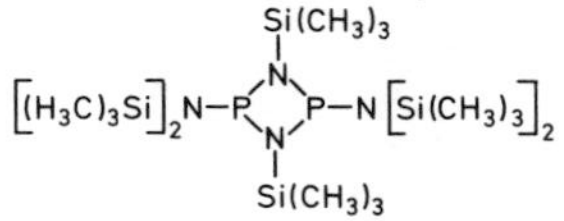

[87] Übersicht: E. Niecke u. O. J. Scherer, Nachr. Chem. Tech. 23, 395 (1975).
[88] E. Niecke, W. Flick u. S. Pohl, Angew. Chem. 88, 305 (1976); engl.: 15, 309.
[89] E. Niecke u. W. Bitter, Chem. Ber. 109, 415 (1976).
[90] U. Klingebiehl, P. Werner u. A. Meller, Monatsh. Chem. 107, 939 (1976).
[91] E. Niecke u. G. Ringel, Angew. Chem. 89, 501 (1977); engl.: 16, 486.

Tab. 8: (Fortsetzung)

$R^1 \diagdown$
$\qquad N{-}P{=}N{-}R^3$
$R^2 \diagup$

Reaktionspartner	Produkt	Literatur
$R^1{=}Si(CH_3)_3; R^2{=}R^3{=}C(CH_3)_3$		
$AsCl_3$	*1,3-Di-tert.-butyl-2,4-dichlor-1,3,2,4-diazaphospharsetidin*	92
$H_3C{-}PCl_2$	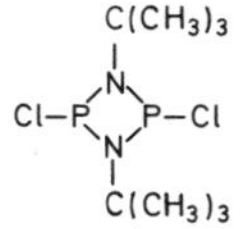 *1,3-Di-tert.-butyl-2,4-dichlor-1,3,2,4-diazadiphosphetidin*	93
$R^1{=}R^2{=}Si(CH_3)_3, R^3{=}C(CH_3)_3$		
$H_3C{-}OH$	*Bis-[bis-(trimethylsilyl)-amino]-methoxy-phosphan*	94
R_2NH	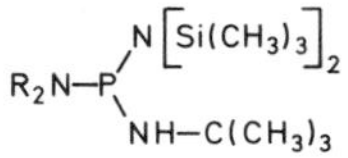 *Phosphane*	95

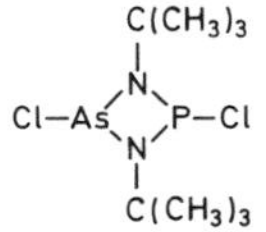

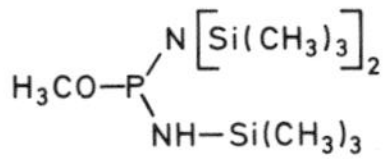

92 *O.J. Scherer* u. *G. Schnabl*, Z. Naturforsch. **31b**, 142 (1976).
93 *O.J. Scherer* u. *G. Schnabl*, Chem. Ber. **109**, 2996 (1976).
94 *O.J. Scherer* u. *N. Kuhn*, J. Organomet. Chem. **82**, C3 (1974).
95 *L.N. Markovski, V.D. Romanenko* u. *A.V. Ruban*, Phosphorus and Sulfur **9**, 221 (1980).

Tab. 9: Umwandlung der Amino-imino-phosphane in Phosphorane[96]

$[(H_3C)_3Si]_2N-P=N-R$	Reaktionspartner	Phosphoran	Literatur
$Si(CH_3)_3$	H_3C-OH	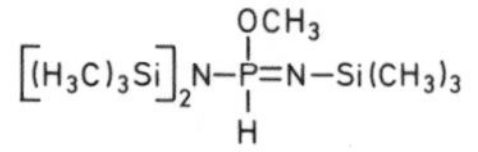 $[(H_3C)_3Si]_2N-\overset{OCH_3}{\underset{H}{P}}=N-Si(CH_3)_3$	97
	CCl_4, $(H_3C)_2CH-Br$, C_2H_5J	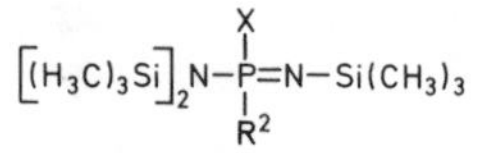 $[(H_3C)_3Si]_2N-\overset{X}{\underset{R^2}{P}}=N-Si(CH_3)_3$	98
	$SnCl_4$	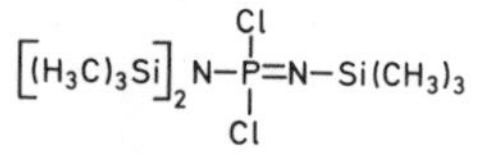 $[(H_3C)_3Si]_2N-\overset{Cl}{\underset{Cl}{P}}=N-Si(CH_3)_3$	98
	Cl_2, Br_2, J_2, F_2	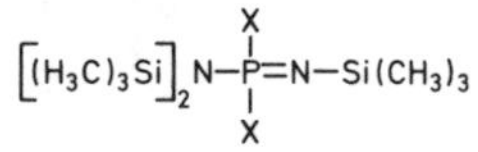 $[(H_3C)_3Si]_2N-\overset{X}{\underset{X}{P}}=N-Si(CH_3)_3$	98
	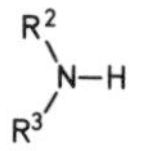 $\overset{R^2}{\underset{R^3}{N}}-H$	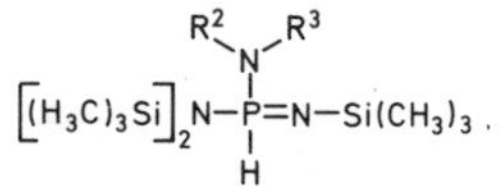 $[(H_3C)_3Si]_2N-\overset{R^2\diagdown N\diagup R^3}{\underset{H}{P}}=N-Si(CH_3)_3$.	99
	$(H_3C)_3Si-N_3$	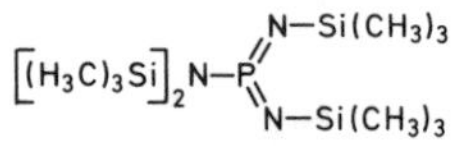 $[(H_3C)_3Si]_2N-P{\diagup \atop \diagdown}{N-Si(CH_3)_3 \atop N-Si(CH_3)_3}$	100
	$H_3C-C{\diagup R^2 \atop \diagdown N_2}$	$[(H_3C)_3Si]_2N-P{\diagup \atop \diagdown}{\overset{CH_3}{C}-R^2 \atop N-Si(CH_3)_3}$	101, 102
	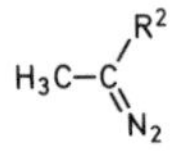 $R^2=CH_3$, CH_2CH_3, $CH(CH_3)_2$, $C(CH_3)_3$	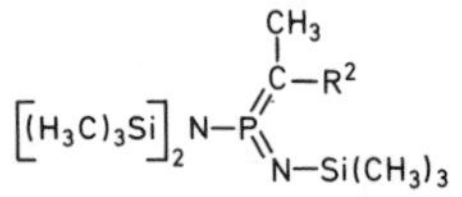	
$C(CH_3)_3$	1/8 S	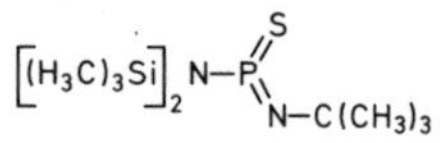 $[(H_3C)_3Si]_2N-P{\diagup S \atop \diagdown N-C(CH_3)_3}$	103, 104
	Se	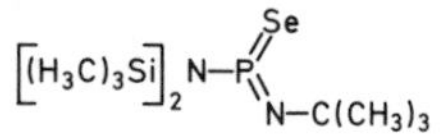 $[(H_3C)_3Si]_2N-P{\diagup Se \atop \diagdown N-C(CH_3)_3}$	103, 105

$$H_3C\diagdown \underset{N=P=N}{N}\diagup CH_3 \quad + \quad M(CO)_6 \quad \longrightarrow \quad H_3C\diagdown \underset{N-P-N}{N}\diagup CH_3 \text{ (M(CO)}_5)$$

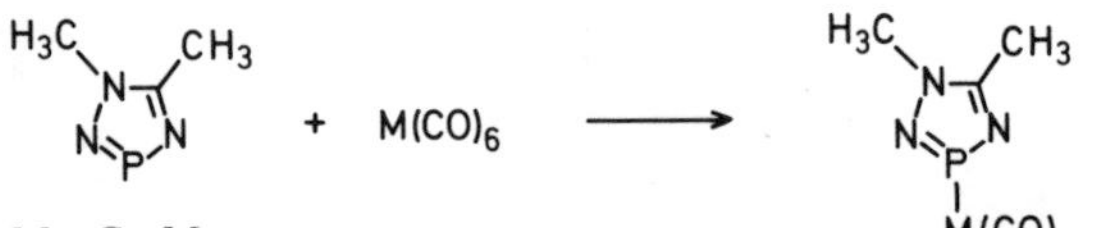

M = Cr, Mo

$$H_3C-N{\diagup N \atop \diagdown N}P\diagdown C_6H_5 \quad + \quad M(CO)_6 \quad \longrightarrow \quad H_3C-N\diagup\diagdown P\diagdown C_6H_5 \text{ (M(CO)}_5)$$

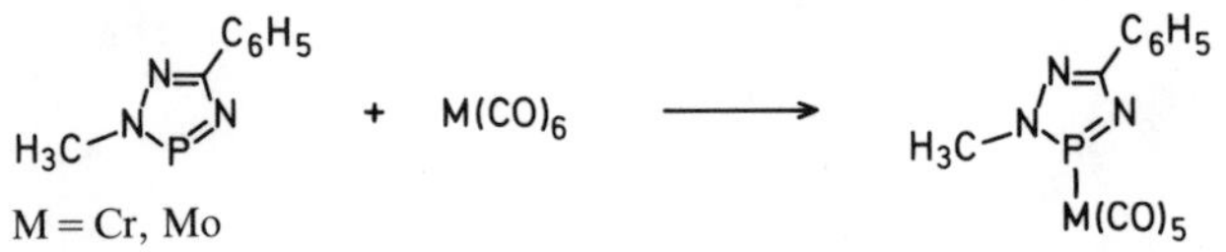

M = Cr, Mo

[96] Übersicht: *E. Niecke* u. *O.J. Scherer*, Nachr. Chem. Tech. **23**, 395 (1975).

[97] *E. Niecke* u. *W. Flick*, Angew. Chem. **85**, 586 (1973); engl.: **12**, 585.

[98] *E. Niecke* u. *W. Bitter*, Chem. Ber. **109**, 415 (1976).

[99] *L.N. Markovski, V.D. Romanenko* u. *A.V. Ruban*, Phosphorus and Sulfur **9**, 221 (1980).

[100] *E. Niecke* u. *W. Flick*, Angew. Chem. **87**, 355 (1975); engl.: **14**, 363.

[101] *E. Niecke* u. *D.-A. Wildbredt*, Angew. Chem. **90**, 209 (1978); engl.: **17**, 199.

[102] *E. Niecke* u. *D.-A. Wildbredt*, Chem. Ber. **113**, 1549 (1980).

[103] *O.J. Scherer* u. *N. Kuhn*, J. Organomet. Chem. **82**, C3 (1974).

[104] *O.J. Scherer* u. *N. Kuhn*, Angew. Chem. **86**, 899 (1974); engl.: **13**, 811.

[105] *O.J. Scherer* u. *N. Kuhn*, J. Organomet. Chem. **78**, C17 (1974).

3.2. mit Zeise-Salz und Bis-[1,5-cyclooctadien]-platin(0)

Zeise-Salz setzt sich mit dem Amino-imino-phosphan I in hoher Ausbeute zum äußerst hydrolyseempfindlichen *Bis-[tert.-butylimino-(tert.-butyl-trimethylsilyl-amino)-phosphan]-dichloro-platin(II)* um[106]:

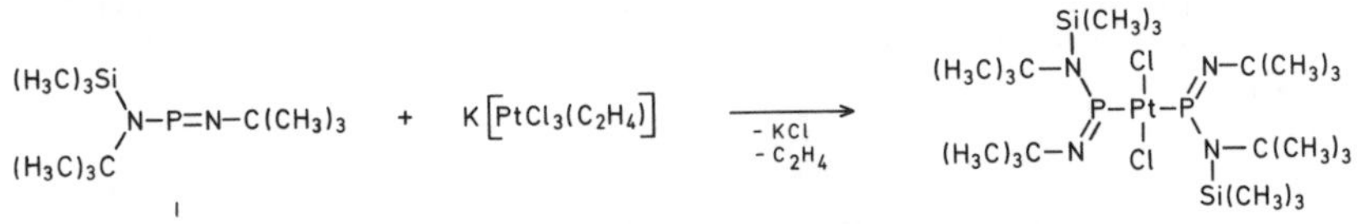

Mit Bis-[1,5-cyclooctadien]-platin(0) erhält man mit dem gleichen Amino-imino-phosphan *Tris-[tert.-butylimino- (tert.-butyl-trimethylsilyl-amino)-phosphan]-platin(0)* [107a]:

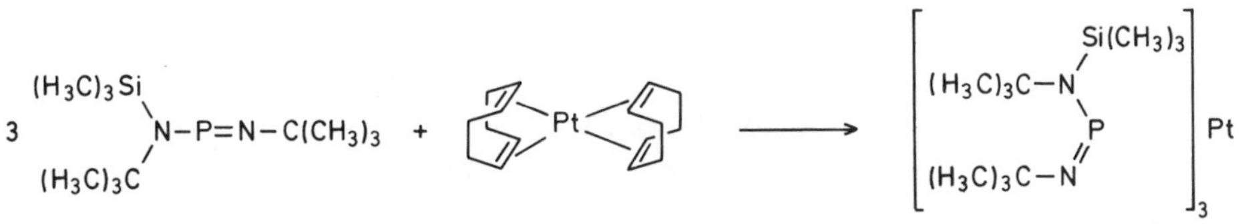

β) Iminophosphane mit einer P–C-Bindung

A. Herstellung

Aus tert.-Butyl-(tert.-butyl-lithium-amino)-fluor-phosphan erhält man bei 50–60°/0,5 Torr $(6,7 \cdot 10^{-2}$ kPa) unter Lithiumfluorid-Abspaltung *tert.-Butyl-tert.-butylimino-phosphan*, das bei –40° einige Tage haltbar ist. Oberhalb 0° bildet es in einer [2+1]-Cycloaddition *3-tert.-Butylimino-1,2,3-tri-tert.-butyl-1,2,3-azadiphosphoridin*, das ebenfalls aus tert.-Butyl-(tert.-butyl-trimethylsilyl-amino)-chlor-phosphan durch Chlor-trimethyl-silan-Eliminierung bei 150–160° zugänglich ist. Die Cycloreversion des Azadiphosphoridins findet unter milden Bedingungen statt, so daß es als Synthon für das Iminophosphan dienen kann[106a]:

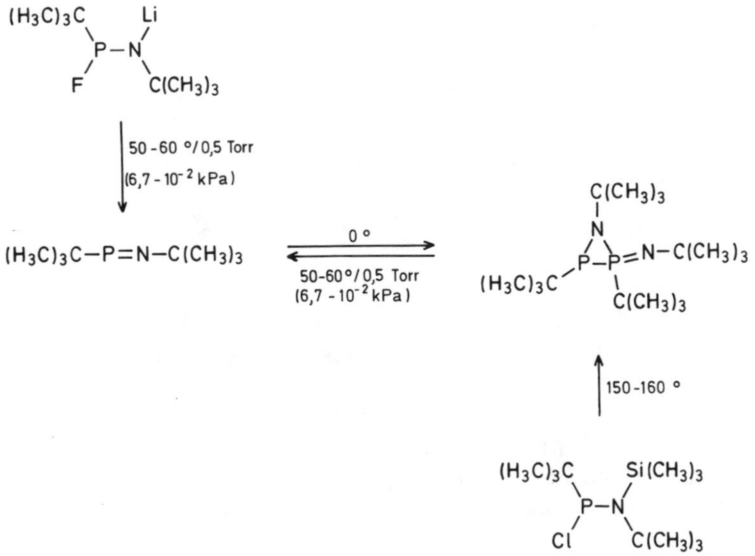

---

[106] *O. J. Scherer, N. Kuhn* u. *H. Jungmann*, Z. Naturforsch. **33 b**, 1321 (1978).
[106a] *E. Niecke, R. Rüger* u. *W. W. Schoeller*, Angew. Chem. **93**, 1110 (1981); engl.: **20**, 1034.
[107a] *O. J. Scherer, R. Konrad, C. Krüger* u. *J.-H. Tsay*, Chem. Ber. **115**, 414 (1982).

tert.-Butyl-tert.-butylimino-phosphan[106a]**:** Zu 9 g (0,05 mol) tert.-Butyl-(tert.-butyl-lithium-amino)-fluor-phosphan in 50 *ml* Pentan und 20 *ml* Diethylether tropft man bei −78° langsam 2,3 *ml* (0,05 mol) Butyl-lithium (23% in Hexan). Nach 1 Stde. Rühren bei −78° werden die Lösungsmittel unter langsamem Erwärmen auf −10° abgezogen. Der Rückstand wird bei 50−60°/0,5 Torr/6,7 · 10^{-2}kPa) pyrolisiert, wobei die flüchtigen Produkte in zwei hintereinander geschalteten Kühlfallen (0°/−78°) aufgefangen werden. Nach 4 Stdn. erhält man in der −78°-Falle 3,6 g verunreinigtes Rohprodukt, das durch zweimaliges Umkondensieren gereinigt wird; Ausbeute: 2,4 g (32%).

d) Phosphinidenyliden-, Phosphanyliden- und Phosphoranyliden-phosphane

bearbeitet von

Dr. BERND WEBER

und

Prof. Dr. MANFRED REGITZ

Fachbereich Chemie d. Universität Kaiserslautern

Bei der Umsetzung von Tetrakis-[trifluormethyl]-cyclotetraphosphan bzw. dem Pentameren mit Trimethyl-phosphan erhält man bei <−40° einen farblosen Feststoff, bei dem es sich um *Methyl-trifluor-(trimethyl-phosphanyliden)-phosphan* handeln sollte. Bei 20° zerfällt der Feststoff wieder unter Bildung der Edukte und wird daher als Trimethyl-phosphan-Komplex des Trifluormethyl-phosphinidens angesehen[106b]. Thermisch stabile Verbindungen mit einer P/P-Doppelbindung werden im folgenden beschrieben.

A. Herstellung

1. aus Dichlor-(2,4,6-tri-tert.-butyl-phenyl)-phosphan mit Magnesium

Die Umsetzung von Dichlor-(2,4,6-tri-tert.-butyl-phenyl)-phosphan unter Argon in Tetrahydrofuran mit Magnesium bei 20° liefert das thermisch stabile und an der Luft handhabbare *Bis-[tri-tert.-butyl-phenyl]-diphosphen* (54%; Schmp.: 175−176°)[106c,106f]:

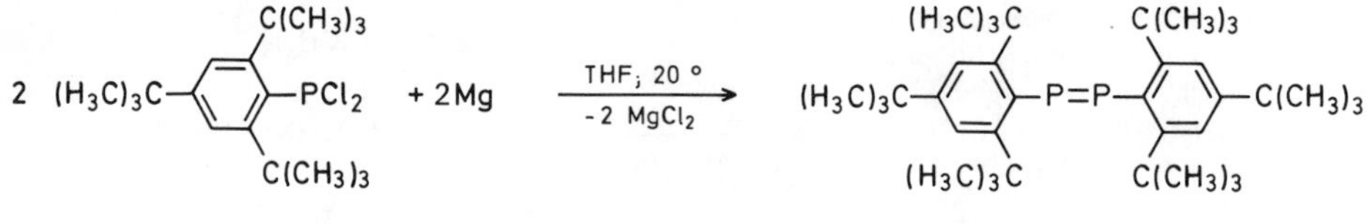

2. aus Tris-[diethoxyphosphoryl]-phosphan

2.1 mit Trialkylphosphanen

Tris-[diethoxyphosphoryl]-phosphan setzt sich mit Triethyl- bzw. Tributyl-phosphan bei 20° nur langsam um und liefert innerhalb 3 Monaten *(Diethoxyphosphoryl)- (triethyl-phosphanyliden)-* bzw. *-(tri-butyl-phosphanyliden)-phosphan* zu 90%[106d]:

[106a] *E. Niecke, R. Rüger u. W. M. Schoeller,* Angew. Chem. **93**, 1110 (1981); engl.: **20**, 1034.
[106b] *A. B. Burg u. W. Mahler,* J. Am. Chem. Soc. **83**, 2388 (1961).
[106c] *m. Yoshifuji, I. Shima, N. Inamoto, K. Hirotsu u. T. Higuchi,* J. Am. Chem. Soc. **103**, 4587 (1981).
[106d] *D. Weber u. E. Fluck,* Z. Anorg. Allg. Chem. **242**, 103 (1976).
[106f] *G. Bertrand, C. Couret, J. Escudie, S. Majid u. J.-P. Majoral,* Tetrahedron Lett. **1982**, 3569.

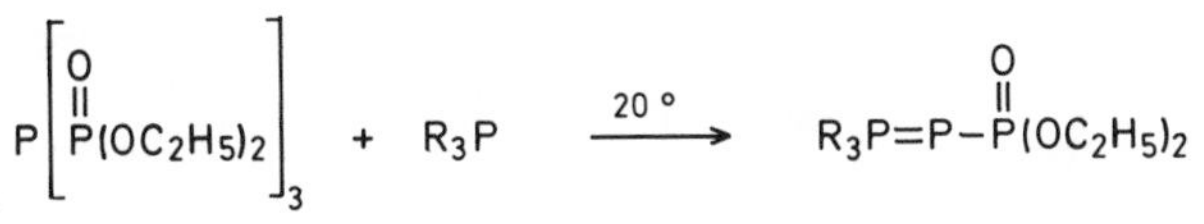

$$P\left[\overset{\overset{O}{\|}}{P(OC_2H_5)_2}\right]_3 \quad + \quad R_3P \quad \xrightarrow{20°} \quad R_3P{=}P{-}\overset{\overset{O}{\|}}{P(OC_2H_5)_2}$$

$$R = C_2H_5, C_4H_9$$

Bis-[diethoxyphosphoryl]-diethoxyphosphano- bzw. -trimethylsilyl-phosphan sind thermisch recht unbeständig. Dennoch reicht ihre Lebensdauer aus, um in Gegenwart der entsprechenden Trialkylphosphane die oben beschriebenen Phosphanyliden-phosphane spontan und in nahezu quantitativer Ausbeute zu bilden.

(Diethoxyphosphoryl)-(tributylphosphanyliden)-phosphan[106d]: Eine Mischung von 16 g (0,036 mol) Tris-[diethoxyphosphoryl]-phosphan und 11 g (0,054 mol) Tributyl-phosphan wird nach 3 Monaten bei 20° in 100 *ml* Pentan aufgenommen und mehrmals mit jeweils 30 *ml* Wasser ausgeschüttelt. Die wäßr. Phase wird verworfen. Die organ. Phase wird über Natriumsulfat getrocknet und i. Vak. vom Lösungsmittel befreit. Nach Entfernung von überschüssigem Tributylphosphan i. Hochvak. bei 50–60° verbleibt ein nahezu farbloses Öl, das geringe Mengen Tributylphosphanoxid enthält und zu über 90% rein ist; Ausbeute: 12 g (90%).

2.2. mit Aminen

Mit genügend basischen bis maximal sek. Aminen wird am Tris-[diethoxyphosphoryl]-phosphan eine P/P-Bindung vermutlich unter Bildung von Bis-[diethoxyphosphoryl]-phosphan gespalten, welches mit weiterem Amin in das entsprechende Ammonium-bis-[diethoxyphosphoryl]-phosphid übergeht[106e]:

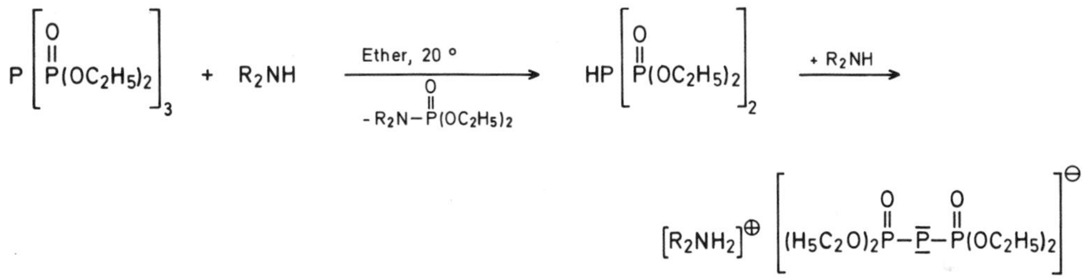

$$P\left[\overset{\overset{O}{\|}}{P(OC_2H_5)_2}\right]_3 \ + \ R_2NH \ \xrightarrow[\substack{\overset{\overset{O}{\|}}{-R_2N-P(OC_2H_5)_2}}]{\text{Ether, 20°}} \ HP\left[\overset{\overset{O}{\|}}{P(OC_2H_5)_2}\right]_2 \xrightarrow{+ R_2NH}$$

$$[R_2NH_2]^{\oplus}\left[(H_5C_2O)_2\overset{\overset{O}{\|}}{P}-\underline{\overline{P}}-\overset{\overset{O}{\|}}{P}(OC_2H_5)_2\right]^{\ominus}$$

Als Amine werden Ammoniak, Diethylamin, Pyrrolidin und Piperidin eingesetzt. Die Ausbeuten sind praktisch quantitativ, werden aber durch den Reinigungsprozeß (s. Arbeitsvorschrift) stark reduziert.

Pyrrolidinium-bis-[diethoxyphosphoryl]-phosphid[106e]: Zu einer Lösung von 16 *ml* (0,196 mol) Pyrrolidin in 150 *ml* abs. Ether werden unter Rühren langsam 40 g (0,0904 mol) Tris-[diethoxyphosphoryl]-phosphan zugetropft. Aus der schon nach kurzer Zeit rotbraun gefärbten Lösung flockt ein geringer Anteil Feststoff aus, der nach 24 Stdn. Stehenlassen abfiltriert und verworfen wird. Das Filtrat wird i. Vak. eingeengt. In mindestens 3 Arbeitsgängen läßt sich das Phosphid bei −78° so weit ausfrieren bis ein etwas rotstichiger Kristallbrei entsteht, der sich bei 20° rasch verflüssigt. Das viskose Öl enthält noch 3–5% Nebenprodukt; Ausbeute: In der Mischung 100%, nach der Trennung 60%.

[106d] D. *Weber* u. E. *Fluck*, Z. Anorg. Allg. Chem. **424**, 130 (1976).
[106e] D. *Weber*, G. *Heckmann* u. E. *Fluck*, Z. Naturforsch. **31b**, 81 (1976).

e) λ^3-Phosphorine, $1(\lambda^3),4\lambda^3$-Diphosphorine bzw. $1,4(\lambda^3)$-Azaphosphorine

bearbeitet von

Prof. Dr. GOTTFRIED MÄRKL

Institut für Organische Chemie der Universität Regensburg

α) λ^3-Phosphorine

λ^3-Phosphorine mit 3-bindigem Phosphor der Koordinationszahl 2 sind als planare, cy-

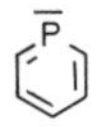

clisch konjugierte 6π-Elektronen-Systeme aromatisch, dies wird insbesondere durch zahlreiche Strukturuntersuchungen und spektroskopische Messungen bestätigt.

Ihre chemische Reaktivität wird im Wesentlichen nicht durch den aromatischen Charakter, sondern durch das Heteroatom bestimmt.

λ^3-Phosphorine sind, neben dem Grundsystem, als mono-, di-, tri-, tetra- und pentasubstituierte Derivate, mit folgenden Substitutionsmustern hergestellt worden:

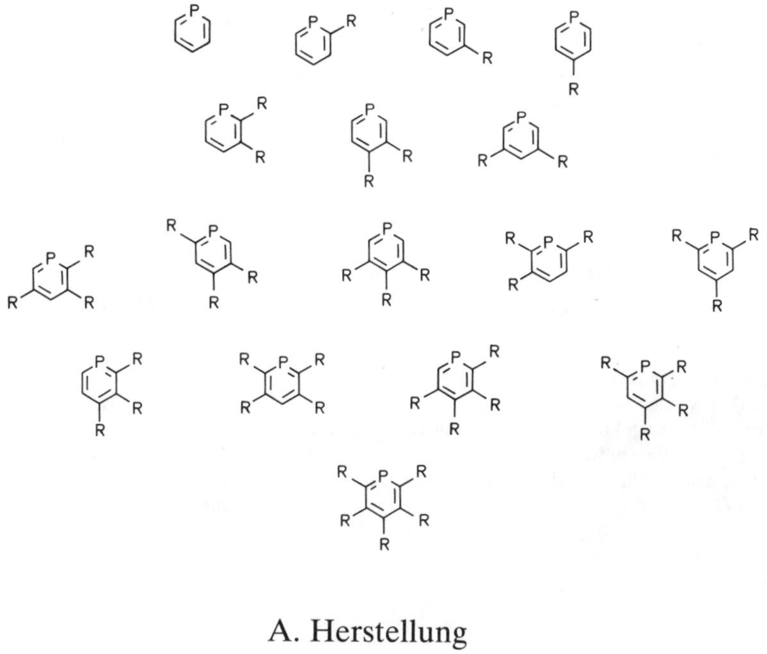

A. Herstellung

1. durch direkten Aufbau des Ringsystems

1.1. aus Pyrylium-Salzen

1.1.1. mit Tris-[hydroxymethyl]-phosphan

Tris-[hydroxymethyl]-phosphan (s. Bd. XII/1, S. 28) setzt sich in Pyridin mit 2,4,6-Triaryl-pyrylium-Salzen unter Abspaltung von Formaldehyd zu 2,4,6-Triaryl-λ^3-phosphorinen um$^{1-6}$ (zum Mechanismus s. Lit.^{2}):

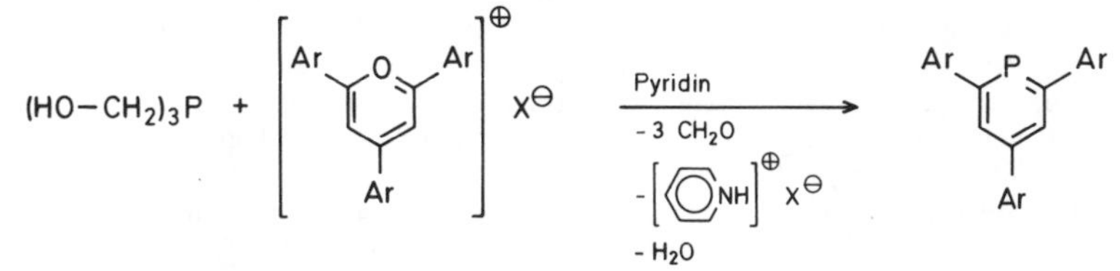

Auf analoge Weise sind Tetraaryl- und Pentaaryl-λ^3-phosphorine zugänglich (s. Tab. 10, S. 75). Diaryl-, 2,4,6-Alkyl-diaryl- bzw. -Aryl-dialkyl-λ^3-phosphorine sind auf diesem Wege nicht zugänglich. Eine Ausnahme stellt die Umsetzung von 2,4,6-Tri-tert.-butyl-pyrylium-tetrafluoroborat zum *2,4,6-Tri-tert.-butyl-λ^3-phosphorin* dar^4.

Wie aus Tab. 10 (S. 75) zu ersehen ist, können auch Naphtho[1,2-b]-λ^3-pyrylium-Salze wenn auch in schlechten Ausbeuten zu den entsprechenden Benzo[b]-λ^3-phosphorinen umgesetzt werden (Chromylium-Salze reagieren nicht).

Tri-, Tetra- und Pentaaryl-phosphorine sind kristallin an der Luft relativ stabil, in Lösung werden sie langsam autoxidiert (s. S. 96f.). Bei der Präparation muß deshalb unter Schutzgas (Reinststickstoff, Argon) gearbeitet werden.

2,4,6-Triphenyl-λ^3-phosphorin^2: 100 g (0,25 mol) trockenes 2,4,6-Triphenyl-pyrylium-tetrafluoroborat und 50,0 g (0,37 mol) trockenes, aus Aceton umkristallisiertes Tris-[hydroxymethyl]-phosphan werden in einem 500 ml-Rundkolben mit seitlichem Kapillarhahn in 150 ml über Calciumhydrid frisch destilliertem Pyridin suspendiert. Unter Reinststickstoff wird 4 Stdn. unter Rückfluß zum Sieden erhitzt; während dieser Zeit scheidet sich der gebildete Formaldehyd überwiegend als fester Paraformaldehyd im Rückflußkühler ab und die anfangs dunkelgrüne Reaktionslösung wird hellgelb.

Nach dem Erkalten versetzt man mit 150 ml 80%igem Ethanol und läßt zur vollständigen Kristallisation 12 Stdn. im Kühlschrank stehen. Man saugt ab und wäscht mit wenig eiskaltem Ethanol nach; Rohausbeute: 20,0–24,3 g (25–30%).

Durch Umkristallisation aus wenig Chloroform/Ethanol erhält man 18,0–22,0 g (22–27%) Reinprodukt; Schmp.: 172–173° (schwach gelbe Nadeln).

2,4,6-Tris-[4-methoxy-phenyl]-λ^3-phosphorin^2: 1,87 g (3,75 mmol) 2,4,6-Tris-[4-methoxy-phenyl]-pyrylium-perchlorat, 0,99 g (8,00 mmol) Tris-[hydroxymethyl]-phosphan in 10 ml abs. Pyridin werden 5 Stdn. unter Rückfluß und Rühren (Magnetrührer) unter Schutzgas zum Sieden erhitzt.

Das Pyrylium-Salz löst sich innerhalb ~ 2 Stdn., Paraformaldehyd scheidet sich ab. Die erkaltete orangerote Lösung versetzt man mit Wasser bis zur beginnenden Trübung, man läßt in der Kälte kristallisieren; Ausbeute: 0,45 g (29%); Schmp.: 102° (gelbgrüne Nadeln).

Durch Umkristallisation aus wenig Chloroform/Ethanol erhält man das reine Phosphorin; Schmp.: 108–109° (26%).

2,3,4,6-Tetraphenyl-λ^3-phosphorin^2: 4,72 g (10,0 mmol) 2,3,4,6-Tetraphenyl-pyrylium-tetrafluoroborat und 2,50 g (20,0 mmol) Tris-[hydroxymethyl]-phosphan werden in einem 25-ml-Rundkolben mit seitlichem Kapillarhahn unter Reinststickstoff in 10 ml abs. Pyridin gelöst. Man erhitzt 6–8 Stdn. unter Rückfluß zum Sieden, während dieser Zeit scheidet sich in den kälteren Teilen der Apparatur und im Rückflußkühler Paraformaldehyd ab. Man läßt erkalten, dekantiert die klare Pyridin-Lösung ab und engt im Wasserstrahlvak. ein. Der Rückstand wird in Benzol/Chloroform (95/5) aufgenommen (es bleibt schmieriges Material ungelöst zurück), nach mehrmaligem Waschen mit Wasser trocknet man kurz über Calciumchlorid und chromatographiert an Aluminiumoxid (Brockmann, neutral) mit Benzol. Die schnellaufende, gelbe Zone wird abgetrennt, das nach dem Abziehen des Solvens erhaltene viskose Öl kristallisiert beim Stehenlassen über wenig Ethanol; Rohausbeute: 1,20 g (30%); Schmp.: 175–185°.

Die Umkristallisation aus Eisessig liefert das reine λ^3-Phosphorin; Ausbeute: 1,00 g (25%); Schmp.: 209–210° (farblose Nadeln).

---

^{1} *G. Märkl*, Angew. Chem. **78**, 907 (1966); engl.: **5**, 846.

^{2} *F. Lieb*, Dissertation, Universität Würzburg 1969.
   A. Merz, Dissertation, Universität Würzburg 1969.

^{3} *K. Dimroth, N. Greif, W. Städe* u. *F. W. Steuber*, Angew. Chem. **79**, 725 (1967); engl.: **6**, 711.

^{4} *K. Dimroth* u. *W. Mach*, Angew. Chem. **80**, 489 (1968); engl.: **7**, 460.

^{5} *A. I. Tolmachev* u. *E. S. Kozlov*, Zh. Obshch. Khim. **37**, 1922 (1967); C. A. **68**, 105298 (1968).

^{6} *G. J. Zhungietu* u. *F. N. Chukhrii*, Otkrytiya, Izobret. Prom. Obraztsy, Tovarny Znaki **1970**, **47** (36), 29; C. A. **75**, 36347 (1971).

2,3,4,5,6-Pentaphenyl-λ^3-phosphorin[2]: 7,0 g (12,5 mmol) 2,3,4,5,6-Pentaphenyl-pyrylium-perchlorat und 3,10 g (25,0 mmol) Tris-[hydroxymethyl]-phosphan werden in 20 *ml* abs. Pyridin unter Reinststickstoff 6 Stdn. zum Sieden erhitzt. Nach dieser Zeit ist die Abscheidung von Paraformaldehyd beendet. Man läßt Erkalten, saugt vom abgeschiedenen Pyridiniumperchlorat ab und engt im Wasserstrahlvak. ein. Der Rückstand wird in Chloroform aufgenommen, nach mehrmaligem Waschen mit verd. Salzsäure und Wasser wird über Calciumchlorid getrocknet und erneut eingeengt. Der ölige, hochviskose Rückstand kristallisiert beim Stehenlassen mit Eisessig; Rohausbeute: 2,40 g (42%); Schmp.: 242–246°.

Durch Umkristallisation aus Eisessig erhält man das reine λ^3-Phosphorin; Ausbeute: 1,86 (30%); Schmp.: 252–254° (farblose Nadeln).

2,4,6-Tri-tert.-butyl-λ^3-phosphorin[4, 7]: 6,70 g (20 mmol) 2,4,6-Tri-tert.-butyl-pyrylium-tetrafluoroborat[4] und 3,70 g (30 mmol) kristallines Tris-[hydroxymethyl]-phosphan werden in 15–20 *ml* abs. Pyridin unter Reinststickstoff 6 Stdn. unter Rückfluß zum Sieden erhitzt. Nach dem Abziehen des Pyridins im Wasserstrahlvak. extrahiert man den viskosen Rückstand mit ∼ 50 *ml* Benzol, wäscht den Benzol-Extrakt mehrmals mit Wasser, trocknet über Natriumsulfat, engt ein und chromatographiert an Aluminiumoxid neutral mit Benzol.

Die schnell laufende Zone enthält das λ^3-Phosphorin, das durch Umkristallisation aus wenig Methanol oder Methanol/Wasser rein erhalten wird; Ausbeute: 1,59–1,96 g (30–37%); Schmp.: 87–88°.

2-tert.-Butyl-4-phenyl-⟨naphtho[1,2-b]-λ^3-phosphorin⟩[8]:

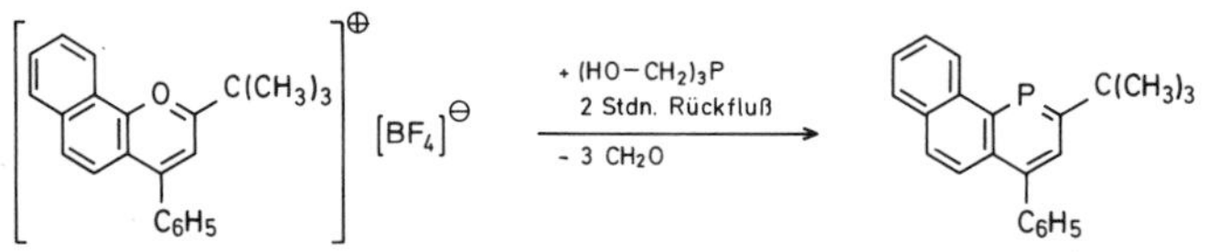

2,95 g (7,40 mmol) 2-tert.-Butyl-4-phenyl-⟨naphtho-[1,2-b]-pyrylium⟩-tetrafluoroborat[8] werden mit 1,24 g (10 mmol) Tris-[hydroxymethyl]-phosphan unter Reinststickstoff 2 Stdn. unter Rückfluß zum Sieden erhitzt. Der abgespaltene Formaldehyd scheidet sich polymer im Rückflußkühler ab. Nach dem Erkalten versetzt man mit 30–50 *ml* Benzol und 50 *ml* sauerstofffreiem Wasser und mischt mit dem Magnetrührer 30 Min. gründlich durch. Die Benzol-Phase wird mehrmals mit verd. Salzsäure und Wasser gewaschen, mit Calciumchlorid getrocknet und an Aluminiumoxid (Akt.-Stufe III) mit Benzol chromatographiert. Die schnellaufende Zone wird erneut an Aluminiumoxid mit Cyclohexan chromatographiert. Nach dem Einengen wird der Rückstand aus wenig Ethanol/Cyclohexan umkristallisiert; Ausbeute: 97,0 mg (4%); Schmp.: 135–136°.

1.1.2. mit Tris-[trimethylsilyl]-phosphan

Tris-[trimethylsilyl]-phosphan[12] reagiert mit Pyrylium-Salzen zu λ^3-Phosphorinen[13]:

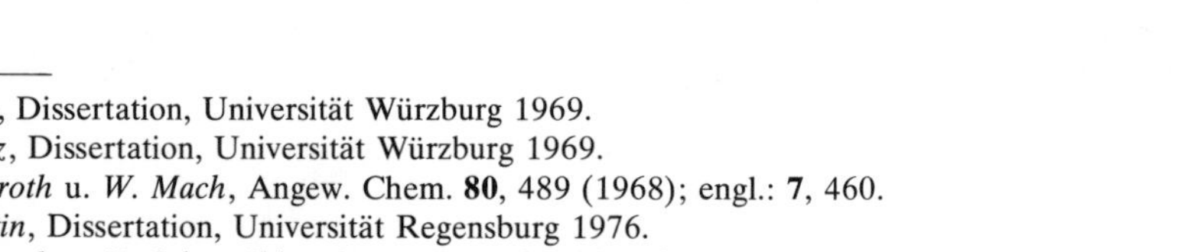

$X = ClO_4^\ominus$, $[BF_4]^\ominus$
Hal = J, Br, Cl

[2] F. Lieb, Dissertation, Universität Würzburg 1969.
　　A. Merz, Dissertation, Universität Würzburg 1969.
[4] K. Dimroth u. W. Mach, Angew. Chem. **80**, 489 (1968); engl.: **7**, 460.
[7] C. Martin, Dissertation, Universität Regensburg 1976.
[8] K. Dimroth u. H. Odenwälder, Chem. Ber. **104**, 2984 (1971).
[12] A. J. Leffler u. E. G. Teach, J. Am. Chem. Soc. **82**, 2710 (1960).
　　G. W. Parshall u. R. U. Lindsey, J. Am. Chem. Soc. **81**, 6273 (1959).
　　A. B. Bruker, L. D. Balashova u. L. Z. Soborwskii, Ber. Akad. Wiss. UdSSR, Abt. chem. Wiss. **135**, 843
　　　　(1960); C. A. **55**, 13 301 (1961).
　　Herstellung:
　　B. Becker, Chem. Ber. **108**, 2484 (1975).
　　H. Schumann u. L. Rösch, J. Organometal. Chem. **55**, 257 (1973).
[13] G. Märkl, F. Lieb u. A. Merz, Angew. Chem. **79**, 475 (1967); engl.: **6**, 458.

Tab. 10: λ^3-Phosphorine aus Pyrylium-Salzen und Tris-[hydroxymethyl]-phosphan

Pyrylium-Salz ($X^\ominus = [BF_4]^\ominus, ClO_4^\ominus$)			...λ^3-phosphorin	Aus-beute [%]	Schmp. [°C]	Lite-ratur
R¹	R²	R³				
C₆H₅	C₆H₅	C₆H₅	2,4,6-Triphenyl...	22–27	171–173	9
C₆H₅	C₆H₅	4-CH₃–C₆H₄	2,4-Diphenyl-6-(4-methyl-phenyl)...	26	155–156,5	3
C₆H₅	C₆H₅	2-Naphthyl	2,4-Diphenyl-6-(2-naphthyl)-...	20	163–164	3
C₆H₅	C(CH₃)₃	C₆H₅	4-tert.-Butyl-2,6-di-phenyl...		87,5–88	3
4-CH₃–C₆H₄	C₆H₅	4-CH₃–C₆H₄	2,6-Bis-[4-methyl-phenyl]-4-phenyl...	24	132–133	2
4-CH₃–C₆H₄	4-CH₃–C₆H₄	4-CH₃–C₆H₄	2,4,6-Tris-[4-methyl-phenyl]-...		167–170	3
4-Cl–C₆H₄	4-Cl–C₆H₄	4-Cl–C₆H₄	2,4,6-Tris-[4-chlor-phenyl]...	25	181–182	3
C(CH₃)₃	C₆H₅	C(CH₃)₃	2,6-Di-tert.-butyl-4-phenyl...	29	104–105	3

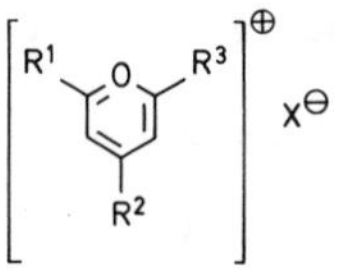

	...λ^3-phosphorin	Aus-beute [%]	Schmp. [°C]	Lite-ratur
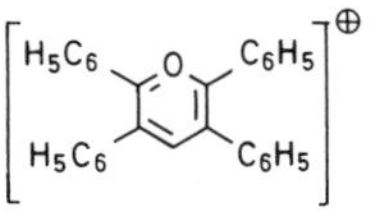	2,3,5,6-Tetraphenyl...	4	239–240	2
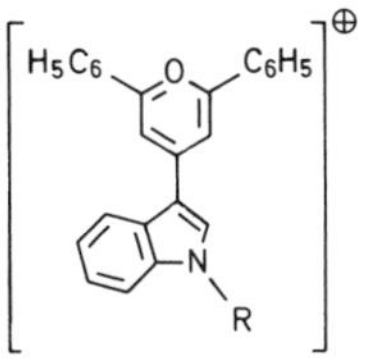	2,6-Diphenyl-4-(indol-3-yl)-...	–		6
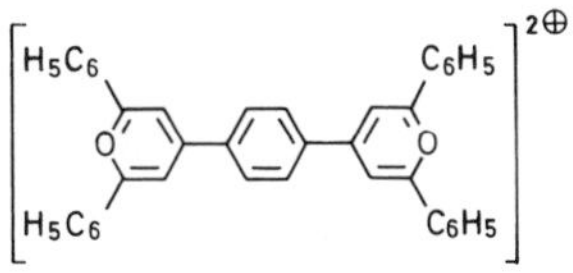	1,4-Bis-[2,6-diphenyl-λ^3-phosphorin-4-yl]-benzol	8,5	216–218	10
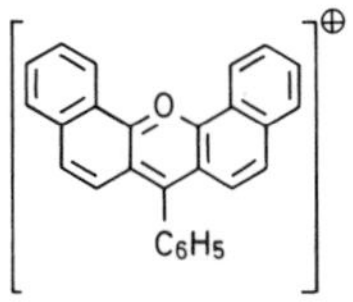	7-Phenyl-⟨dinaphto-[1,2-b; 2,1-e]-λ^3-phos-phorin⟩	–	193–197	11

---

[2] F. *Lieb*, Dissertation, Universität Würzburg 1969.
A. *Merz*, Dissertation, Universität Würzburg 1969.
[3] K. *Dimroth, N. Greif, W. Städe* u. *F. W. Steuber*, Angew. Chem. **79**, 725 (1967); engl.: **6**, 711.
[6] G. J. *Zhungietu* u. *F. N. Chukhrii*, Otkrytiya, Izobret. Prom. Obraztsy, Tovarny Znaki **1970**, 47 (36), 29; C. A. **75**, 36 347 (1971).
[9] E. I. *Grinstein, A. B. Bruker* u. *L. Z. Soborovskij*, Dokl. Akad. SSSR **139**, 1359 (1961).
[10] G. *Märkl, D. E. Fischer* u. *H. Olbrich*, Tetrahedron Lett. **1970**, 645.
[11] K. *Dimroth*, Fortschritte der chemischen Forschung, Vol. **38**, S. 27, Springer-Verlag, Berlin · Heidelberg · New York 1973.

Die treibende Kraft für den Phosphorin-Ringschluß ist die Bildung von Hexamethyldisiloxan (zum Mechanismus s. Lit.[13,14]).

Da die komplexen Anionen Perchlorat, Tetrafluoroborat nicht hinreichend nucleophil sind, wird den Reaktionsansätzen Natriumjodid (oder ein anderes Natriumhalogenid) zugesetzt.

Die Ausbeuten liegen durchweg höher als bei der Umsetzung mit Tris-[hydroxymethyl]-phosphan; die Synthese ist auf die Herstellung von 2,4,6-Triaryl- und Polyaryl-λ^3-phosphorinen beschränkt.

U.a. werden auf diese Weise folgende ...-λ^3-*phosphorine* erhalten[13,14]:

2,4,6-Triphenyl-...	45%; Schmp.: 172–173°
2,6-Bis-[4-methyl-phenyl]-4-phenyl-...	62%; Schmp.: 133–134°
2,6-Bis-[4-methoxy-phenyl]-4-phenyl-...	45%; Schmp.: 136–137°
2,3,4,6-Tetraphenyl-...	41%; Schmp.: 209–210°
Pentaphenyl-...	51%; Schmp.: 253–254°

1.1.3. mit Phosphorwasserstoff

Im Gegensatz zu den Umsetzungen von Pyrylium-Salzen mit Tris-[hydroxymethyl]- bzw. Tris-[trimethylsilyl]-phosphan (s. S. 72, 74) ist die Umsetzung mit Phosphan unter Protonen-Katalyse neben 2,4,6-Triaryl-, Tetra- und Pentaryl- auch für 2-Alkyl-4,6-diaryl-, 4-Alkyl-2,6-diaryl-, 6-Aryl-2,4-dialkyl- und 2,4,6-Trialkyl-λ^3-phosphorine einsetzbar[15]:

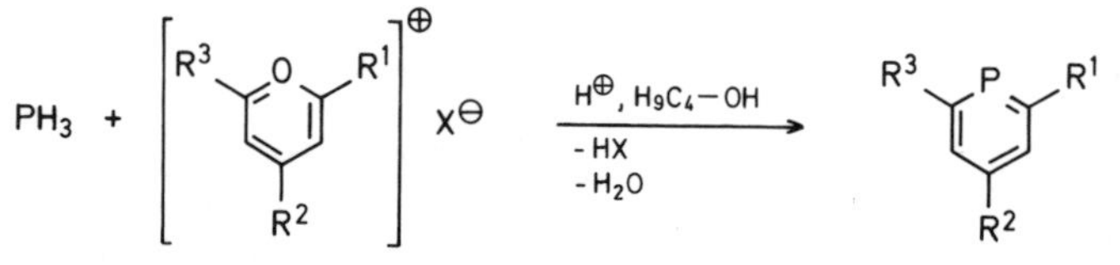

R^1, R^2, R^3: Aryl, Alkyl

Der Phosphorwasserstoff ist trotz seiner extrem geringen Basizität (pK $\sim$ 22) und Nucleophilie zur Umsetzung mit Pyrylium-Salzen in Gegenwart katalytischer Mengen starker Mineralsäuren befähigt (zum Mechanismus s. Lit.[15–17]). Am einfachsten verwendet man käufliches Phosphoniumjodid, das in Butanol praktisch vollständig zu Phosphorwasserstoff und Jodwasserstoff zerfällt[15, vgl. a. 16]:

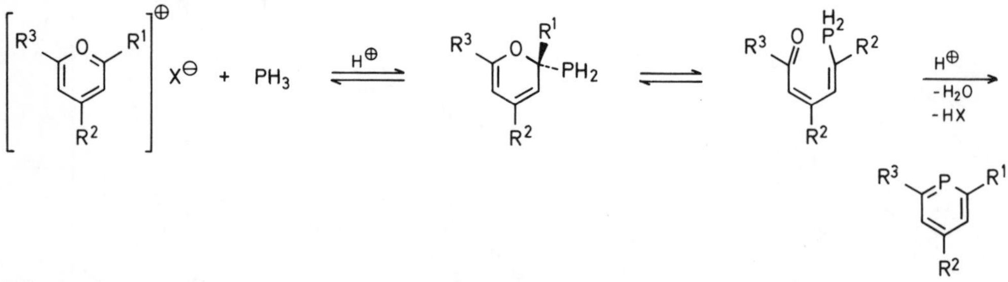

Die Ausbeuten an Tri-, Tetra- und Pentaaryl-λ^3-phosphorinen sind (wegen der Reversibilität der nucleophilen Addition von Phosphorwasserstoff in 2- bzw. 4-Stellung des Pyrylium-Salzes) deutlich höher als bei den vorab besprochenen Synthesen.

4,6-Diphenyl-2-methyl-λ^3-phosphorin[15]: In einer mit Reinststickstoff gespülten Glasdruckflasche wird die Suspension von 2,10 g (6,30 mmol) 4,6-Diphenyl-2-methyl-pyrylium-tetrafluoroborat in 50 *ml* Butanol und 2,60 g

[13] *G. Märkl, F. Lieb* u. *A. Merz*, Angew. Chem. **79**, 475 (1967); engl.: **6**, 458.
[14] *A. Merz*, Dissertation, Universität Würzburg 1969.
[15] *G. Märkl, F. Lieb* u. *A. Merz*, Angew. Chem. **79**, 947 (1967); engl.: **6**, 944.
[16] *F. Lieb*, Dissertation, Universität Würzburg 1969.
[17] *S.A. Buckler* u. *M. Epstein*, Tetrahedron **18**, 1211, 1231 (1962).

(16,0 mmol) Phosphoniumjodid 24 Stdn. auf 110–120° erhitzt (das Phosphoniumjodid wird unter Schutzgas in tarierten, verstöpselten Reagensgläsern abgewogen, nach dem Einwerfen des Reagensglases in die Druckflasche wird diese sofort verschlossen).

Nach dem Erkalten wird das Lösungsmittel unter Schutzgas abgezogen, der Rückstand in Benzol aufgenommen. Nach mehrmaligem Waschen mit Wasser wird über Calciumchlorid getrocknet und erneut eingeengt. Das ölig anfallende λ^3-Phosphorin kristallisiert beim Anreiben mit Ethanol; es wird aus wenig Ethanol umkristallisiert; Ausbeute: 945 mg (61%); Schmp.: 79–81°.

Auf ähnliche Weise erhält man u.a. folgende ...-λ^3-*phosphorine*:

2,4,6-Triphenyl-...[15]	61%; Schmp.: 172–173°
2,6-Bis-[4-methyl-phenyl]-4-phenyl-...[15]	81%; Schmp.: 134°
2,6-Diphenyl-4-(4-methoxy-phenyl)-...[15]	63%; Schmp.: 107°
2,6-Diphenyl-4-methyl-...[15]	63%; Schmp.: 118–120°
2,4-Dimethyl-6-phenyl-...[16]	24%; Öl
2,6-Dimethyl-4-phenyl-...[16]	15%; Schmp.: 64°

1.2. durch Cycloadditionsreaktionen

1.2.1. aus Alkylidin-phosphanen mit 2H-Pyronen

Das aus Chlor-phenyl-(trimethylsilyl)-methan zugängliche Chlor-[phenyl-(trimethylsilyl)-methylen]-phosphan[18] reagiert mit 2H-Pyronen in Gegenwart von Kaliumfluorid/[18]-Krone-6 bei 200–220° im Bombenrohr regiospezifisch zu λ^3-Phosphorinen[19,20]. Als Zwischenstufe entsteht zunächst wahrscheinlich das Benzylidin-phosphan[21], das in einer Diels-Alder-Reaktion mit den 2H-Pyronen zu λ^3-Phosphorinen abreagiert:

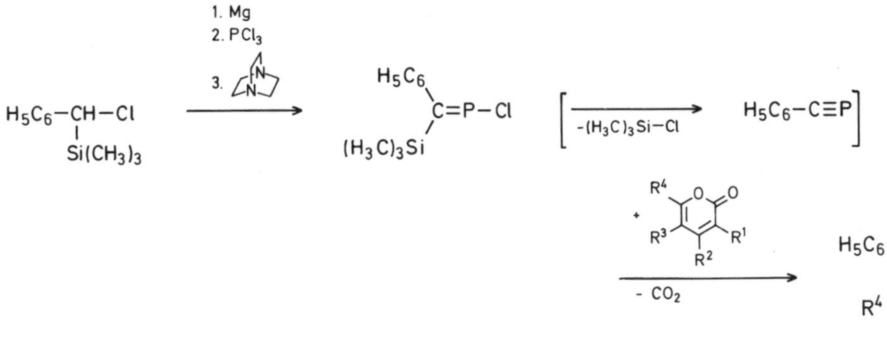

Aus symmetrisch substituierten 2H-Pyronen ($R^1 = R^4$; $R^2 = R^3$) wird unabhängig von der Additionsrichtung des Benzylidin-phosphan nur e i n λ^3-Phosphorin gebildet, bei unsymmetrisch substituierten 2H-Pyronen reagiert das Benzylidin-phosphan ausschließlich so, daß das Phosphor-Atom an die Stelle der Carbonyl-Gruppe im 2H-Pyron tritt.

2,3,5-Triphenyl-λ^3-phosphorin[20]: 2,48 g (10 mmol) 4,6-Diphenyl-2-pyron und 2,51 g (11 mmol) Chlor-[phenyl-(trimethylsilyl)-methylen]-phosphan werden in einem zuvor mit Argon gespülten Bombenrohr zusammen mit 0,7 g Kaliumfluorid und einer Spatelspitze [18]-Krone-6 eingeschmolzen und 6 Stdn. auf 200–220° erhitzt. Nach dem Erkalten wird die benzolische Lösung an Kieselgel 60 mit Benzol chromatographiert. Die schnell laufende Zone wird nach dem Einengen in einer Mikrodestille bei 0,001 Torr (0,13 Pa) destilliert und das λ^3-Phosphorin aus wenig Ethanol kristallisiert; Ausbeute: 450 mg (14%); Schmp.: 130–132°.

[15] G. Märkl, F. Lieb u. A. Merz, Angew. Chem. **79**, 947 (1967); engl.: **6**, 944.

[16] F. Lieb, Dissertation, Universität Würzburg 1969.

[18] R. Appel u. W. Westerhaus, Angew. Chem. **92**, 578 (1980); engl.: **19**, 556.

[19] G. Märkl, E. Silbereisen u. G. Y. Jin, Angew. Chem. **94**, 383 (1982); Angew. Chem. Suppl. **1982**, 881.

[20] E. Silbereisen, Diplomarbeit Universität Regensburg 1982.

[21] Das Benzylidin-phosphan wird durch Gasphasen-Blitzthermolyse bei 800° erhalten, bei −50° hat es eine Lebensdauer von wenigen Minuten (s. S. 24):
R. Appel, G. Maier, H. P. Reisenauer u. A. Westerhaus, Angew. Chem. **93**, 215 (1981).

Auf ähnliche Weise erhält man mit Benzyliden-phosphan u. a. folgende . . . -λ^3-*phosphorine*:

2,3-Diphenyl-. . .   10%; Öl
2,4,5-Triphenyl-. . .   16%; Schmp.: 164–165°
2,3,4,5-Tetraphenyl-. . .   9%; Schmp.: 172–175°
Pentaphenyl-. . .   16%; Schmp.: 252–255°

1.2.2. aus Alkyliden-phosphanen mit Cyclopentadienonen

Analog der vorab beschriebenen Synthese reagiert Benzyliden-phosphan[22,23] in Gegenwart von Kaliumfluorid/[18]-Krone-6 (220°, Bombenrohr) mit tetrasubstituierten Cyclopentadienonen zu pentasubstituierten λ^3-Phosphorinen[23]:

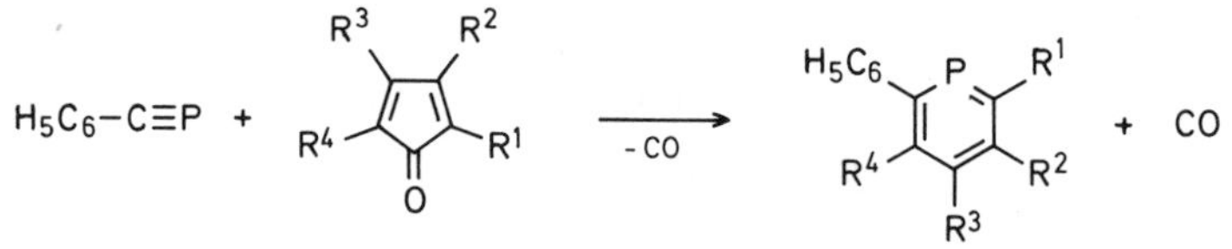

. . .λ^3-*phosphorin*[22]

$R^1 = R^2 = R^3 = R^4 = C_6H_5$; *Pentaphenyl-*. . .; 12%; Schmp.: 250–252°
$R^2 = R^3 = C_6H_5$; $R^1 = R^4 = CH_3$; *2,5-Dimethyl-triphenyl-*. . .; 15%; Schmp.: 179°
$R^1 = R^4 = C_2H_5$; *2,5-Diethyl-triphenyl-*. . .; 18%; Schmp.: 182–184°

Es können auch dimere Cyclopentadienone eingesetzt werden, die unter den Reaktionsbedingungen mit den Monomeren im Gleichgewicht stehen; z. B. 1,4-Dimethyl-2,3-diphenyl-5-oxo-cyclopentadien[24].

1.2.3. aus 1-Phenyl-phospholen und Alkinen

1-Phosphole[25] reagieren bei 170° mit Tolan nach Umlagerung in ein 2H-Phosphol I nach Diels-Alder zu 1-Phospha-bicyclo[2.2.1]heptadienen; dagegen werden bei 230° in sehr guten Ausbeuten λ^3-Phosphorine[26] erhalten; z. B.:

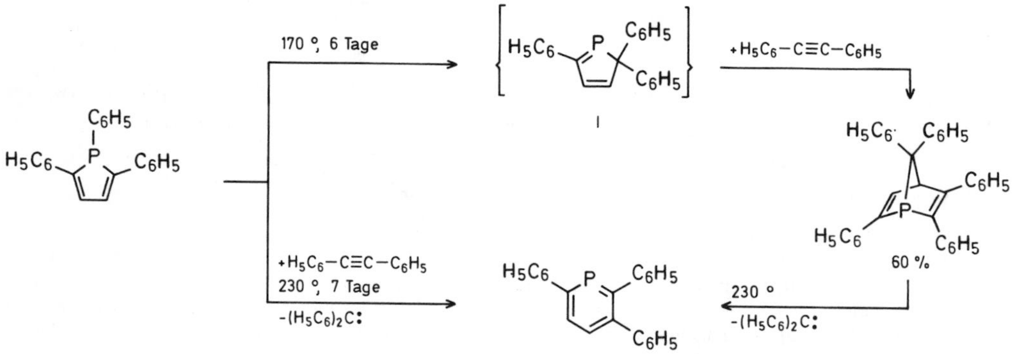

[22] R. Appel u. W. Westerhaus, Angew. Chem. 92, 578 (1980); engl.: 19, 556.
[23] G. Märkl, E. Silbereisen u. G. Y. Jin, Angew. Chem. 94, im Druck (1982).
[24] F. W. Gray, J. Chem. Soc. 95, 2131 (1909).
[25] E. H. Braye u. W. Hübel, Chem. Ind. (London) 1959, 1250; J. Am. Chem. Soc. 83, 4406 (1961).
     F. C. Leavitt, T. A. Manuel u. F. Johnson, J. Am. Chem. Soc. 81, 3163 (1959).
     F. C. Leavitt, J. Am. Chem. Soc. 82, 5099 (1960).
     G. Märkl u. R. Potthast, Angew. Chem. 79, 58 (1967).
[26] F. Mathey, F. Mercier u. C. Charrier, J. Am. Chem. Soc. 103, 4595 (1981).

Als Folgeprodukt des abgespaltenen Diphenylcarbens wird Diphenylmethan isoliert[27].

2,3,6-Triphenyl-λ^3-phosphorin[26]: 3,12 g (10 mmol) 1,2,5-Triphenyl-phosphol und 5,00 g (28 mmol) Tolan werden unter Schutzgas (Stickstoff) im Bombenrohr 7 Tage auf 230° erhitzt. Man nimmt in wenig Toluol auf und trennt das Phosphorin (gelbe Zone) durch Chromatographie an Kieselgel mit einem Gemisch Hexan/Toluol (80/20) ab; Ausbeute: 2,59 g (80%); Schmp.: 148° (aus Methanol) (gelbe Kristalle).

2. durch Aromatisierung von 1,2- (bzw. 1,4)-Dihydro-phosphorinen

2.1. durch Dehydrohalogenierung von 1-Halogen-1,4- (bzw. 1,2)-dihydro-phosphorinen

2.1.1. durch Dehydrobromierung von 1-Brom-1,4-dihydro-phosphorinen

Das aus 1,1-Dibutyl-1,4-dihydro-stannin[28] und Phosphor(III)-bromid zugängliche 1-Brom-1,4-dihydro-phosphorin[29] wird durch 1,5-Diaza-bicyclo[4.3.0]non-5-en (DBN) zum unsubstituierten extrem Sauerstoff-empfindlichen λ^3-Phosphorin dehydrobromiert[29]:

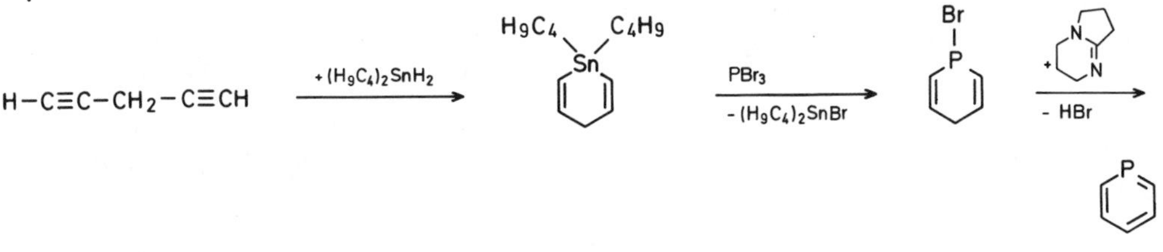

Die Abtrennung des Phosphorins vom Dibrom-dibutyl-stannan erfolgt durch präparative Gaschromatographie (Apiezon L, 100°).

Zur Synthese von 2-Alkyl- bzw. 2,6-Dialkyl-λ^3-phosphorinen ist diese Methode nur in beschränktem Umfang brauchbar[30], da bei der Umsetzung der 1,3-Diine mit Dibutylstannan neben den 1,4-Dihydro-stanninen auch 5-(1-Alkenyl)-4,5-dihydro-stannole entstehen[30] [31], die keine λ^3-Phosphorine mit Phosphor(III)-bromid/DBN liefern.

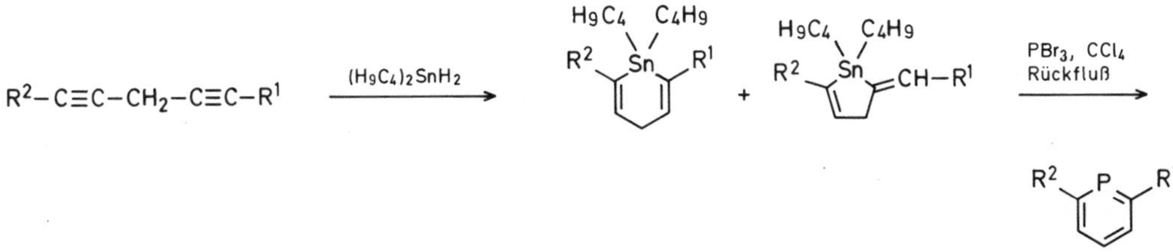

R¹ = CH₃; R² = H; 2-Methyl-λ^3-phosphorin; 45%
R¹ = R² = CH₃; 2,6-Dimethyl-λ^3-phosphorin
R¹ = C₆H₅; R² = CH₃; –

[26] F. Mathey, F. Mercier u. C. Charrier, J. Am. Chem. Soc. **103**, 4595 (1981).
[27] H. Tomioka, G. W. Griffin u. K. J. Nishiyama, J. Am. Chem. Soc. **101**, 6009 (1979).
[28] A. J. Ashe III u. P. Shu, J. Am. Chem. Soc. **93**, 1804 (1971).
[29] A. J. Ashe III, J. Am. Chem. Soc. **93**, 3293 (1971).
[30] A. J. Ashe III, Woon-Tung Chan u. E. Perozzi, Tetrahedron Lett. **1975**, 1083.
[31] F. Kneidl, Dissertation, Universität Regensburg 1975.

2.1.2. durch Dehydrochlorierung von P-Chlor-benzo[c]-, -dibenzo[b;d]- bzw. -dibenzo[b;e]-dihydro-phosphorinen

Dibenzo[b;e]phosphorine werden durch Dehydrochlorierung entsprechender 5-Chlor-5,10(R)-dihydro-⟨dibenzo[b;e]phosphorine⟩[32−34] mit tert.-Aminen erhalten[32,34]:

$\ldots$-⟨dibenzo[b;e]-λ^3-phosphorin⟩

R = H; Base = DBN; ...; nur in Toluol bei 20° einige Tage beständig

R = CH₃; Base = DBN; 23%; 10-Methyl-...; Schmp.: ~ 120° (nur unter Schutzgas isolierbar)

10-Phenyl-⟨dibenzo[b;e]-λ^3-phosphorin⟩ (R = C₆H₅)[35]: 592 mg 5-Chlor-10-phenyl-5,10-dihydro-⟨dibenzo [a;e]-λ^3-phosphorin⟩ werden i. Hochvak. in 40 ml DMF gelöst und mit 357 mg DBN versetzt. Nach 12 Stdn. Stehen wird die Lösung unter Schutzgas eingedampft, der Rückstand mit Cyclohexan extrahiert, die Lösung eingedampft, und das Phosphorin aus Toluol umkristallisiert und i. Vak. sublimiert; Schmp.: 173–176°.

Auf ähnliche Weise wird 5-Chlor-5,6-dihydro-⟨dibenzo[b;d]-λ^3-phosphorin⟩ mittels DBN in wasserfreiem Ether zum in Lösung nachweisbaren *Dibenzo[b;d]-λ^3-phosphorin* dehydrochloriert[35,36]:

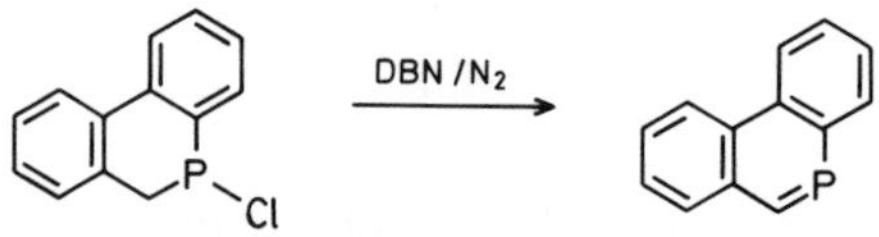

Im Gegensatz zu den relativ instabilen Dibenzo[b;d]- und Dibenzo[b;e]-λ^3-phosphorinen sind das *Benzo[c]-λ^3-phosphorin*[37] sowie sein *1-* bzw. *3-Methyl-* und *1,3-Dimethyl-*Derivat[37,38] relativ stabil und in Substanz isolierbar.

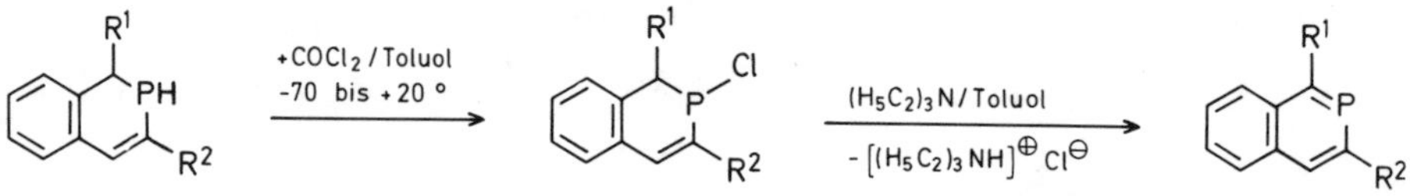

$\ldots$-⟨benzo[c]-λ^3-phosphorin⟩

R¹ = H, R² = CH₃; *3-Methyl-*...[37,38]; 64%; Schmp.: 72–74°

R¹ = CH₃; R² = H; *1-Methyl-*...[38]; nicht rein erhältlich

R¹ = R² = CH₃; *1,3-Dimethyl-*...[38]; 47%; Sdp.: 70° (0,01 Torr/0,0013 kPa)

Benzo[c]-λ^3-phosphorin (R¹ = R² = H)[37]:
2-Chlor-1,2-dihydro-⟨benzo[c]-λ^3-phosphorin⟩: 900 mg (6,15 mmol) 1,2-Dihydro-⟨benzo[c]-λ^3-phosphorin⟩ werden in einer mit Reinststickstoff gespülten Vakuumapparatur in 15 ml Toluol gelöst und mit flüssigem Stickstoff eingefroren. Nach der Zugabe von 6 mmol Phosgen in 12 ml Toluol läßt man die Temp. auf

[32] P. de Koe u. F. Bickelhaupt, Angew. Chem. **79**, 533 (1967); engl.: **6**, 567.
      s.a.: P. Jutzi u. K. Deuchert, Angew. Chem. **81**, 1051 (1969); engl.: **8**, 911.
[33] P. de Koe u. F. Bickelhaupt, Angew. Chem. **80**, 912 (1968); engl.: **7**, 889.
[34] C. Jongsma, H. Vermeer u. F. Bickelhaupt; W. Schäfer u. A. Schweig, Tetrahedron **31**, 2931 (1975).
[35] P. de Koe, R. van Veen u. F. Bickelhaupt, Angew. Chem. **80**, 486 (1968); engl.: **7**, 465.
[36] Das 6-Phenyl-⟨dibenzo[b;d]-λ^3-phosphorin⟩ als stabile Verbindung wird in der Literatur lediglich erwähnt:
      F. Bickelhaupt u. H. Vermeer, Recl. Trav. Chim. Pays-Bas **93**, 7 (1975); daselbst Hinweis auf Dissertation
      P. de Koe, Frije Universität Amsterdam.
[37] H. G. de Graaf, J. Dubbledam, H. Vermeer u. F. Bickelhaupt, Tetrahedron Lett. **1973**, 2397.
[38] H. G. de Graaf u. F. Bickelhaupt, Tetrahedron **31**, 1097 (1975).

−70° (hierbei wird das Reaktionsgemisch flüssig), dann innerhalb von 30 Min. auf −20° und schließlich kurz auf 20° ansteigen und filtriert durch eine Glasfritte im geschlossenen System.

Benzo[c]-λ^3-phosphorin: Das erhaltene klare Filtrat wird mit 606 mg (6,0 mmol) Triethylamin in 20 ml Toluol versetzt. Nach 1 Stde. wird zur Trockene eingeengt, der Rückstand mit Cyclohexan extrahiert. Die durch Filtration im geschlossenen System erhaltene klare Lösung liefert nach erneutem Einengen rohes Phosphorin, das durch Sublimation bei 50–55°/0,0001 Torr (0,013 Pa) gereinigt wird; Ausbeute: 180 mg (20%); Schmp.: 82–84°.

2.2. durch thermische Spaltungsreaktionen

2.2.1. von 1,2-Dihydro-phosphorinen

1,2-Dihydro-phosphorine mit guten radikalischen Abgangsgruppen am Phosphor-Atom (z.B. Benzyl, tert. Butyl) zerfallen bei 250–300° in guten Ausbeuten zu λ^3-Phosphorinen. Bei den thermisch besonders stabilen 2,4,6-Triaryl-λ^3-phosphorinen gelingt es auch die 4-Dimethylamino-phenyl- bzw. Methyl-Gruppe abzuspalten[39, 40].

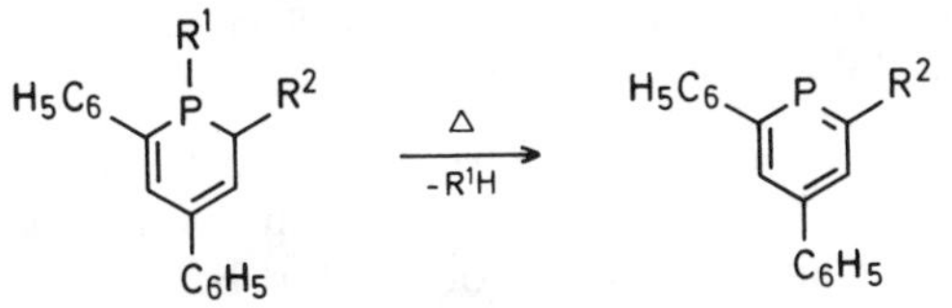

$R^2 = C_6H_5$; 2,4,6-Triphenyl-λ^3-phosphorin
$R^1 = CH_2-C_6H_5$; 75%[39]
$R^1 = C(CH_3)_3$; 65%[40]
$R^1 = 4-(CH_3)_2N-C_6H_4$; 70%[39]
$R^1 = CH_3$; 56%
$R^2 = C(CH_3)_3$; $R^1 = CH_2-C_6H_5$; 2-tert.-Butyl-4,6-diphenyl-λ^3-phosphorin[41];
46%; Schmp.: 142–144°

Soweit es sich um 1,2-Dihydro-phosphorine handelt, die durch nucleophile Addition von Organometall-Verbindungen an das Phosphorin-System und nachfolgende Hydrolyse erhalten werden, besitzen die 1,2-Dihydro-phosphorine mit der Struktur tert. Phosphane nur Schutzgruppencharakter für die P=C-Doppelbindung der λ^3-Phosphorine.

Wenn die 1,2-Dihydro-phosphorine mit geeigneten Abgangsgruppen am Phosphor-Atom totalsynthetisch aufgebaut wurden, eröffnet deren Thermolyse neue synthetische Zugänge zu λ^3-Phosphorinen; z.B.:

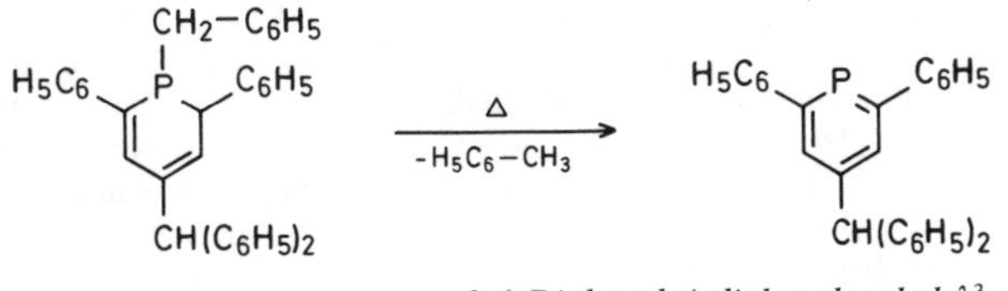

2,6-Diphenyl-4-diphenylmethyl-λ^3-phosphorin[42, 43]; 53%;
Schmp.: 114,5–115,5°

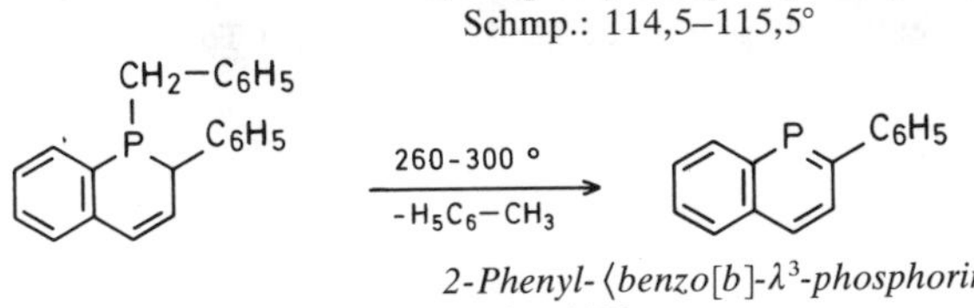

2-Phenyl-⟨benzo[b]-λ^3-phosphorin⟩[40, 44]; 60%; Schmp.:
101–102°

---

[39] G. Märkl u. A. Merz, Tetrahedron Lett. **1971**, 1215.
[40] K. H. Heier, Dissertation, Universität Würzburg 1974.
[41] A. Merz, Dissertation, Universität Würzburg 1969.
[42] G. Märkl, D. E. Fischer u. H. Olbrich, Tetrahedron Lett. **1970**, 645.
[43] G. Märkl u. D. E. Fischer, Tetrahedron Lett. **1972**, 4925.
[44] G. Märkl u. K. H. Heier, Angew. Chem. **84**, 1067 (1972); engl.: **11**, 1017.

$$\ldots\text{-}\lambda^3\text{-phosphorin}^{\text{vgl. a. 44, 45, 47}}$$

R = C(CH$_3$)$_3$; *5-tert.-Butyl-3-phenyl-*...[46]; 60%; Sdp.: 110–120°/0,01 Torr (1,3 Pa)
R = C$_4$H$_9$; *5-Butyl-3-phenyl-*...[46]; 50%; Sdp.: 120–130°/0,01 Torr (1,3 Pa)
R = 4–CH$_3$–C$_6$H$_4$; *5-(4-Methyl-phenyl)-3-phenyl-*...[46]; 73%; Schmp.: 75–76°

3,5-Diphenyl-λ^3-phosphorin[46]: In einem 50-*ml*-Kolben (NS 14) mit seitlichem Kapillarhahn werden unter Reinststickstoff 2,46 g (10,0 mmol) 1-tert.-Butyl-5-oxo-3-phenyl-1,2,5,6-tetrahydro-λ^3-phosphorin in 15 *ml* abs. Benzol unter Eiskühlung mit 60,0 mmol Phenyl-lithium versetzt. Man rührt 12 Stdn. bei 20°, hydrolysiert mit verd. Salzsäure, wäscht die Benzol-Phase mit wenig Wasser und trocknet über Calciumchlorid. Nach dem Abziehen des Solvens wird das *1-tert.-Butyl-3,5-diphenyl-1,2-dihydro-phosphorin* bei 180° (Ölbadtemp.)/0,05 Torr (6,7 Pa) destilliert und zur weiteren Reinigung an Kieselgel 60 mit Benzol chromatographiert. Das reine Dihydrophosphorin (30% d. Th., Schmp.: 79–81°) (Ethanol) wird unter Reinststickstoff im Metallbad 5 Min. auf 300° erhitzt und das Rohprodukt aus Ethanol umkristallisiert; Ausbeute: 600 mg (80%); Schmp.: 92–94°.

Das aus 1-tert.-Butyl-5-oxo-3-phenyl-1,2,5,6-tetrahydro-λ^3-phosphorin mit Lithium-diisopropylamid/Chlor-trimethyl-silan zugängliche Gemisch von 1-tert.-Butyl-3(5)-phenyl-5(3)-trimethylsiloxy-1,2-dihydro-phosphorin liefert bei 250° *5-Phenyl-3-trimethylsilyloxy-λ^3-phosphorin* (I; 97%; Sdp.: 120–130°/ 0,01 Torr/ 1,3 Pa)[48]:

I

3-Hydroxy-5-phenyl-phosphorin
~ 100%; Sdp.: 160°/0,0001 Torr (0,013 Pa)

5-Phenyl-3-trimethylsilyloxy-λ^3-phosphorin[48]:
1-tert.-Butyl-3(5)-phenyl-5(3)-trimethylsilyloxy-1,2-dihydro-λ^3-phosphorin: In einem 250-*ml*-Rundkolben mit seitlichem Kapillarhahn werden unter Reinststickstoff zu 7,07 g (70 mmol) Diisopropylamin in 20 *ml* abs. THF unter Rühren bei −20° innerhalb 60 Min. 70 mmol Butyl-lithium zugetropft. Nach Zugabe von 17,2 g (70 mmol) 1-tert.-Butyl-5-oxo-3-phenyl-1,2,5,6-tetrahydro-λ^3-phosphorin in 100 *ml* abs. THF bei −20° tropft man bei −20° bis −10° 7,6 g (70 mmol) Chlor-trimethyl-silan in 15 *ml* abs. THF zu. Es wird im rotierenden Kugelrohr bei 150–160°/0,01 Torr (1,3 Pa) destilliert; Ausbeute: 18,3 g (82%).
5-Phenyl-3-trimethylsilyloxy-λ^3-phosphorin: 6,37 g (20 mmol) des 1,2-Dihydro-phosphorin-Gemisches werden unter Reinststickstoff im Metallbad 5–10 Min. auf 250° erhitzt und anschließend im rotierenden Kugelrohr destilliert; Ausbeute: 5,05 g (97%); Sdp.: 120–130° (0,01 Torr/1,3 Pa).

[44] *G. Märkl* u. *K. H. Heier*, Angew. Chem. **84**, 1067 (1972); engl.: **11**, 1017.
    K. H. Heier, Dissertation, Universität Würzburg 1974.
[45] *G. Märkl* u. *D. Matthes*, Tetrahedron Lett. **1974**, 4385.
[46] *K. Hock*, Diplomarbeit, Universität Regensburg 1981.
[47] *G. Märkl*, *G. Habel* u. *H. Baier*, Phosphorus and Sulfur **5**, 257 (1979).
    G. Märkl u. *G. Habel*, Phosphorus and Sulfur **4**, 27 (1978).
[48] *G. Märkl*, *G. Adolin*, *F. Kees* u. *G. Zander*, Tetrahedron Lett. **1977**, 3445.

λ^3-Phosphorine werden auch durch direkte Desulfurierung und Dealkylierung von 1-Benzyl-1,2-dihydro-λ^3-phosphorin-1-sulfid mit Raney-Nickel gebildet; z. B.[49, 50]:

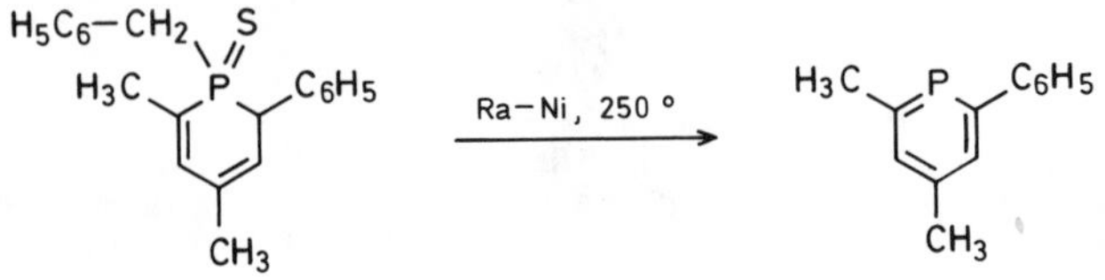

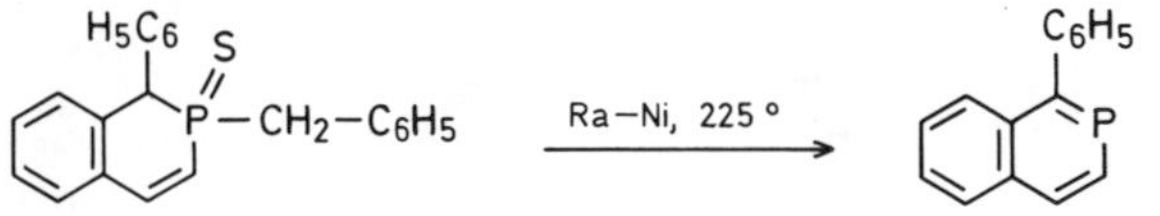

1-Phenyl-⟨benzo[c]-λ^3-phosphorin⟩[50]; 52%
Sdp.: 200°/0,1 Torr (0,013 kPa)

4,6-Dimethyl-2-phenyl-λ^3-phosphorin[49]: 600 mg 1-Benzyl-4,6-dimethyl-2-phenyl-1,2-dihydro-λ^3-phosphorin-1-sulfid werden in einer rotierenden Kugelrohrdestille unter Argon mit 600 mg Raney-Nickel gründlich vermischt. Man erhitzt auf 250°, innerhalb 6–8 Stdn. geht das Phosphorin über, das bei 100–120°/0,2 Torr (0,027 kPa) destilliert wird; Ausbeute: 170 mg (46%).

Die Reaktion verläuft über eine 1,2-Dihydro-phosphorin-Zwischenstufe wie folgendes Beispiel zeigt[51]:

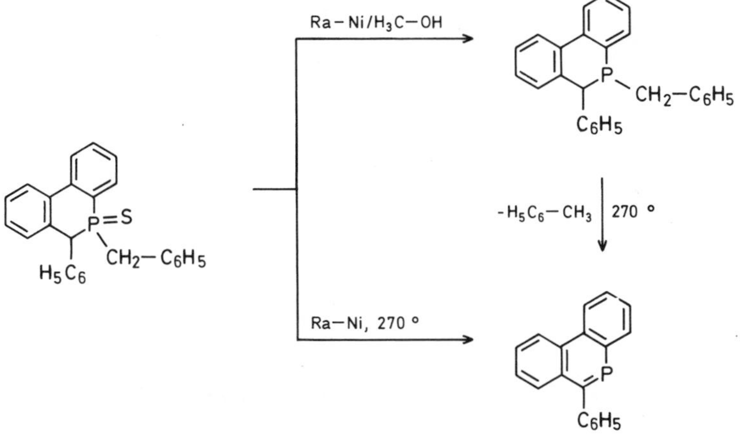

6-Phenyl-⟨dibenzo[b;d]-λ^3-phosphorin⟩;
Schmp.: 85°

2.2.2. von 1,4-Dihydro-phosphorinen

Das durch Addition von tert.-Butyl-magnesiumhalogeniden an 2-Phenyl-⟨benzo[b]-λ^3-phosphorinen⟩ entstehende Anion wird durch Alkylierungsmittel, Acylierungsmittel und durch das Proton in 4-Stellung zu 1,4-Dihydro-Verbindungen alkyliert, acyliert oder protoniert (das P-Benzyl-Anion liefert ausschließlich die 1,2-Dihydro-Derivate).

[49] L. D. Quin, S. G. Borleske u. J. F. Engel, J. Org. Chem. **38**, 1858 (1973).
   F. Mathey, Tetrahedron Lett. **1979**, 1753.
[50] F. Nief, C. Charrier, F. Mathey u. M. Simalty, Nouveau Journal de Chimie, Vol. 5, 187 (1981).
   vgl. a. A. N. Hughes, K. Amornraksa, S. Phisithkul u. V. Reutrakul, J. Heterocycl. Chem. **13**, 937 (1976).
[51] F. Nief, C. Charrier, F. Mathey u. M. Simalty, Tetrahedron Lett. **1980**, 1441.

Durch Thermolyse dieser 1,4-Addukte werden in 4-Stellung substituierte 2-Phenyl-⟨benzo[b]-λ^3-phosphorine⟩ erhalten[52,53]:

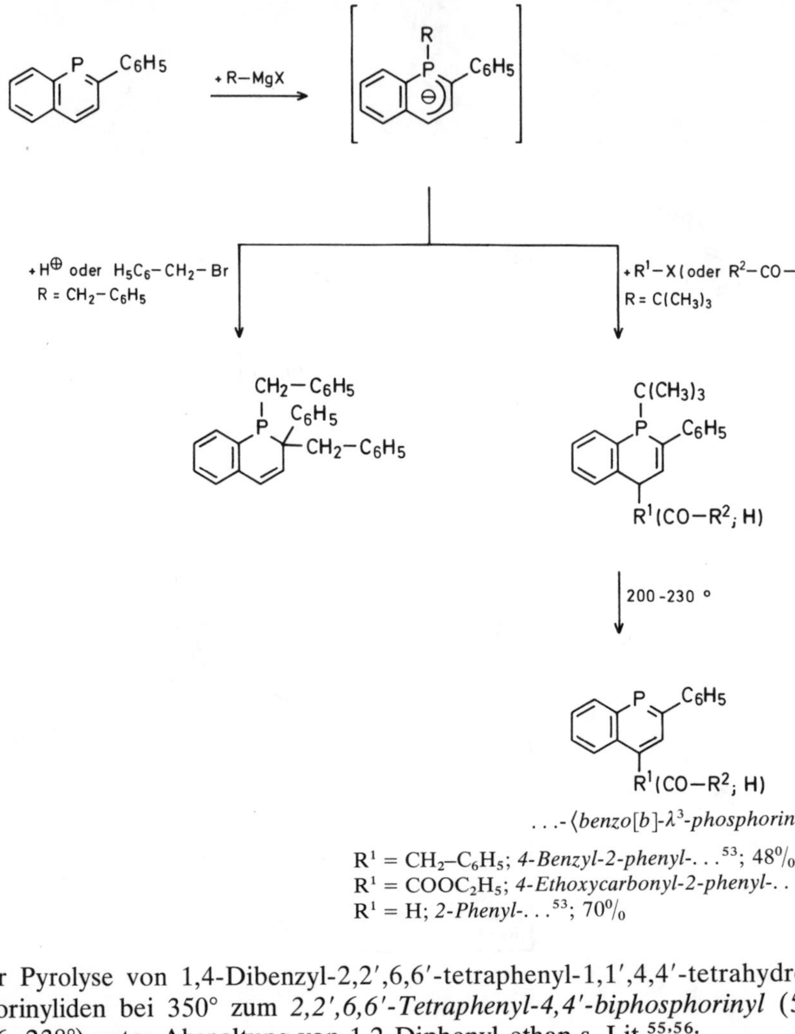

+ R—MgX

+ H⊕ oder H₅C₆—CH₂—Br
R = CH₂—C₆H₅

+ R¹—X (oder R²—CO—X oder H⊕)
R = C(CH₃)₃

200–230 °

...-⟨benzo[b]-λ^3-phosphorin⟩

R¹ = CH₂—C₆H₅; *4-Benzyl-2-phenyl-*...[53]; 48%; Schmp.: 86–87°
R¹ = COOC₂H₅; *4-Ethoxycarbonyl-2-phenyl-*...[53,54]; 45%; Öl
R¹ = H; *2-Phenyl-*...[53]; 70%

Zur Pyrolyse von 1,4-Dibenzyl-2,2′,6,6′-tetraphenyl-1,1′,4,4′-tetrahydro-4,4′-biphosphorinyliden bei 350° zum *2,2′,6,6′-Tetraphenyl-4,4′-biphosphorinyl* (51%; Schmp.: 236–238°) unter Abspaltung von 1,2-Diphenyl-ethan s. Lit.[55,56]:

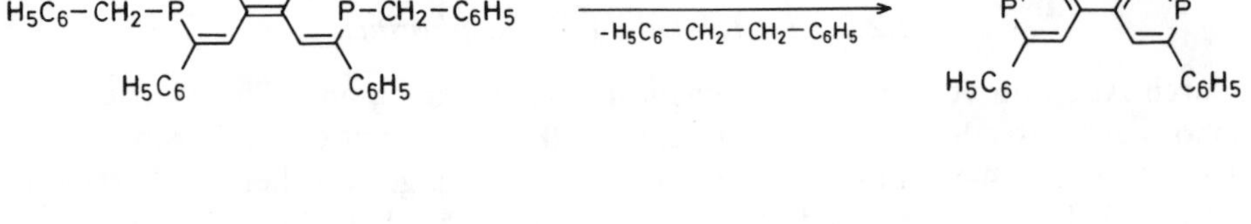

350 °
−H₅C₆—CH₂—CH₂—C₆H₅

[52] *G. Märkl* u. *K. H. Heier*, Angew. Chem. **84**, 1067 (1972); engl.: **11**, 1017.
[53] *G. Märkl* u. *K. H. Heier*, Tetrahedron Lett. **1974**, 4501.
[54] *K. H. Heier*, Dissertation, Universität Würzburg 1974; mit wäßr. Alkalien bzw. auch im Sauren erfolgt Verseifung und Decarboxylierung zum 2-Phenyl-1,4-dihydro-⟨benzo[b]-λ^3-phosphorin⟩.
[55] *G. Märkl, D. E. Fischer* u. *H. Olbrich*, Tetrahedron Lett. **1970**, 645.
[56] *D. E. Fischer*, Dissertation, Universität Würzburg 1972.

2.2.3. durch thermische Spaltungsreaktionen von 1-Chlor-4-methoxy-(4-R)-1,4-dihydro-phosphorinen

Die aus 4-Alkyl-1,1-dibutyl-4-methoxy-1,4-dihydro-stanninen[57-59] und Phosphor(III)-bromid zugänglichen 4-Alkyl(Aryl)-1-brom-4-methoxy-1,4-dihydro-phosphorine gehen beim Erhitzen auf 150–200° unter formaler Eliminierung von Methylhypobromit in 4-Alkyl(Aryl)-λ^3-phosphorine über[59].

Da das abzuspaltende Hypobromit die gebildeten λ^3-Phosphorine oxidativ angreift, lassen sich die Ausbeuten durch Zugabe von Triphenylphosphan als Reduktionsmittel vor der Thermolyse deutlich verbessern.

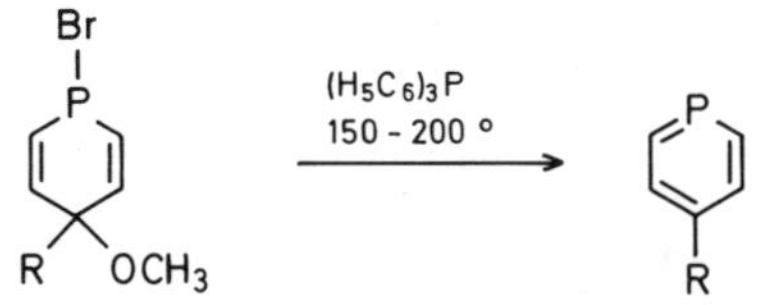

R = C(CH$_3$)$_3$; *4-tert.-Butyl-λ^3-phosphorin*; 19%; Sdp.: 80–95°/14 Torr (1,87 kPa)
R = C$_6$H$_{11}$; *4-Cyclohexyl-λ^3-phosphorin*; 26%; Sdp.: 60–70°/0,01 Torr (0,0013 kPa)
R = C$_6$H$_5$; *4-Phenyl-λ^3-phosphorin*; 42%; Schmp.: 50–51°

2.3. durch thermische Umlagerung von 1,4-Dihydro-phosphorinen

1-Benzyl-2,6-diaryl-4-diphenylmethylen-1,4-dihydro-λ^3-phosphorine lagern sich bei 250° unter Stickstoff unter 1,5-Verschiebung der Benzyl-Reste und Aromatisierung zu 2,4,6-trisubstituierten λ^3-Phosphorinen um[60-63]:

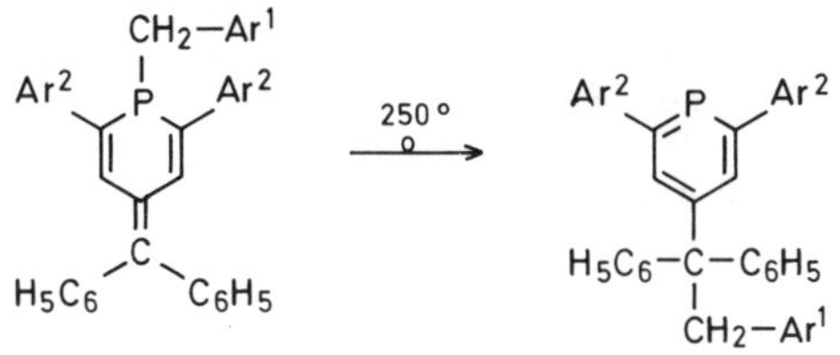

...-λ^3-phosphorin[62]

Ar^1 = C$_6$H$_5$; Ar^2 = 4-CH$_3$–C$_6$H$_4$; *2,6-Bis-[4-methyl-phenyl]-4-(1,1,2-triphenyl-ethyl)-* ...; 76%; Schmp.: 214–216°
Ar^1 = Ar^2 = 4-CH$_3$–C$_6$H$_4$; *2,6-Bis-[4-methyl-phenyl]-4-[1,1-diphenyl-2-(4-methyl-phenyl)-ethyl]-* ...; 78%; Schmp.: 176–178°
Ar^1 = 4-CH$_3$–C$_6$H$_4$; Ar^2 = C$_6$H$_5$; *2,6-Diphenyl-4-[1,1-diphenyl-2-(4-methyl-phenyl)-ethyl]-* ...; 70%; Schmp.: 218–219°

[57] R. D. Dillard u. D. E. Tavey, J. Org. Chem. 36, 749 (1971).
   A. Merz, Angew. Chem. 85, 868 (1973); engl.: 12, 846.
[58] G. Märkl, F. Kees, P. Hofmeister u. C. Soper, J. Organomet. Chem. 173, 125 (1979).
   G. Märkl, H. Baier u. R. Liebl, Justus Liebigs Ann. Chem. 1981, 870.
   G. Märkl u. R. Liebl, Justus Liebigs Ann. Chem. 1980, 2095.
[59] G. Märkl u. F. Kneidl, Angew. Chem. 85, 990 (1973); engl.: 12, 931.
   F. Kneidl, Dissertation, Universität Würzburg 1975.
   A. J. Ashe III u. P. Shu, J. Am. Chem. Soc. 93, 1804 (1971).
[60] G. Märkl, D. E. Fischer u. H. Olbrich, Tetrahedron Lett. 1970, 645.
[61] D. E. Fischer, Dissertation, Universität Würzburg 1972.
[62] G. Märkl u. D. E. Fischer, Tetrahedron Lett. 1972, 4925.
[63] G. Märkl u. D. E. Fischer, Tetrahedron Lett. 1973, 223.

2,6-Diphenyl-4-(1,1,2-triphenyl-ethyl)-λ^3-phosphorin (Ar^1 = Ar^2 = C$_6$H$_5$)[62]: 100 mg (0,2 mmol) 1-Benzyl-2,6-diphenyl-4-diphenylmethylen-1,4-dihydro-λ^3-phosphorin werden unter Reinstickstoff 15 Min. auf 250–260° erhitzt. Nach dem Abkühlen nimmt man in wenig Benzol auf und chromatographiert an Kieselgel mit Dichlormethan. Die schnell laufende Zone enthält das λ^3-Phosphorin; Ausbeute: 80 mg (80%); Schmp.: 216–218° (farblos; aus Essigsäure-ethylester/Methanol).

2.4. durch Reduktion von 4-Alkyl(Aryl)-1-butyloxy-4-methoxy-1,4-dihydro-phosphorinen

4-Alkyl(Aryl)-1-butyloxy-4-methoxy-1,4-dihydro-phosphorine werden mit Lithiumtetrahydroaluminat in Ether zu den 4-Alkyl(Aryl)-4-methoxy-4-R-1,4-dihydro-phosphorinen reduziert, die spontan Methanol unter Bildung der stark autoxidablen 4-Alkyl(Aryl)-λ^3-phosphorine abspalten[64–66]:

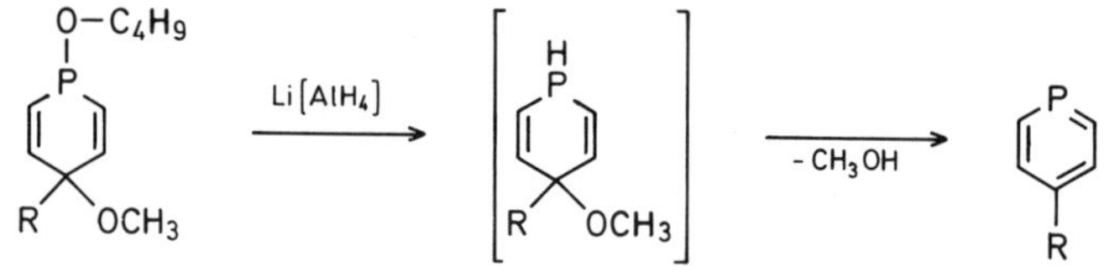

$\ldots$-λ^3-phosphorin

R = C$_2$H$_5$; *4-Ethyl-*. . .; 38%; Sdp.: 40–45°/14 Torr (1,87 kPa)^a
R = C(CH$_3$)$_3$; *4-tert.-Butyl-*. . .; 33%; Sdp.: 45–50°/14 Torr (1,87 kPa)^a
R = C$_6$H$_{11}$; *4-Cyclohexyl-*. . .; 83%; Sdp.: 65–75°/0,01 Torr (0,0013 kPa)^a
R = C$_6$H$_5$; *4-Phenyl-*. . .; 76%; Sdp.: 70–80°/0,01 Torr (0,0013 kPa)^a

a: Badtemp.

4-Methyl-λ^3-phosphorin[66]: Zur Suspension von 6,00 mmol Lithiumtetrahydroaluminat in 30 *ml* abs. Ether läßt man unter Reinstickstoff und Rühren bei 20° 5,00 mmol (1,07 g) 1-Butyloxy-4-methoxy-4-methyl-1,4-dihydro-λ^3-phosphorin zutropfen. Man erhitzt 2 Stdn. zum Sieden und hydrolysiert unter Eiskühlung mit wenig stickstoffgesättigtem Wasser. Die Ether-Phase wird abgetrennt, mit Wasser gewaschen und über Natriumsulfat getrocknet. Nach dem Abdestillieren des Solvens über eine Vigreuxkolonne wird das Phosphorin im rotierenden Kugelrohr unter Reinstickstoff destilliert; Ausbeute: 214 mg (45%); Sdp.: 35–40°/14 Torr (1,87 kPa) (wasserklare, leicht bewegliche und extrem luft- bzw. sauerstoff-empfindliche Flüssigkeit).

3. aus λ^5-Phosphorinen durch Thermolyse

3.1. von 1,1-Dialkyl-λ^5-phosphorinen

1,1-Dialkyl-2,4,6-triphenyl-λ^5-phosphorine (s. S. 783 ff.) mit einer guten Alkyl-Abgangsgruppe (z.B. Benzyl, Allyl, tert.-Butyl) werden bei $\sim$250° zum *2,4,6-Triphenyl-λ^3-phosphorin* gespalten[67]:

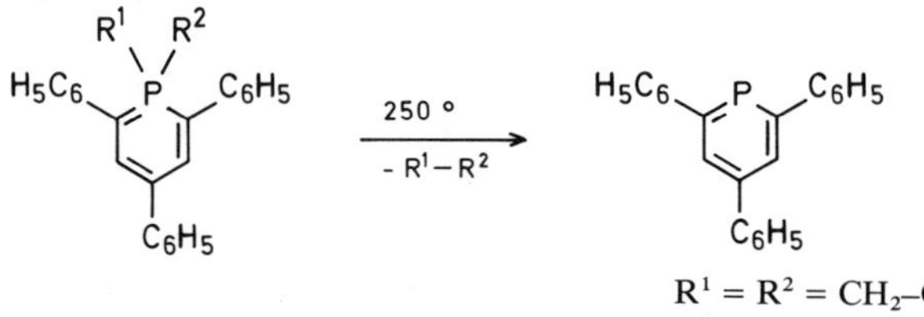

R^1 = R^2 = CH$_2$–C$_6$H$_5$; 65%
R^1 = CH$_2$–C$_6$H$_5$; R^2 = C(C$_6$H$_5$)$_3$; 70%
R^1 = C$_6$H$_5$; R^2 = Aryl; keine Spaltung

[62] G. *Märkl* u. D. E. *Fischer*, Tetrahedron Lett. **1972**, 4925.
[64] G. *Märkl* u. F. *Kneidl*, Angew. Chem. **85**, 990 (1973); engl.: **12**, 931.
　　G. *Märkl* u. R. *Liebl*, Justus Liebigs Ann. Chem. **1980**, 2095.
[65] G. *Märkl* u. P. *Hofmeister*, Tetrahedron Lett. **1976**, 3419.
　　G. *Märkl*, F. *Kees*, P. *Hofmeister* u. C. *Soper*, J. Organomet. Chem. **173**, 125 (1979).
[66] G. *Märkl*, H. *Baier* u. R. *Liebl*, Justus Liebigs Ann. Chem. **1981**, 919.
[67] G. *Märkl* u. A. *Merz*, Tetrahedron Lett. **1971**, 1215.

3.2. von 1-Alkoxy-1-alkyl-λ^5-phosphorinen

Zur Herstellung von 1-Phenyl-5-alkyl-5H-⟨indolo[2,3-c]-λ^3-phosphorinen⟩ durch Thermolyse der entsprechenden 3-Alkoxy-3-tert.-butyl-Derivate s. Lit.[68]:

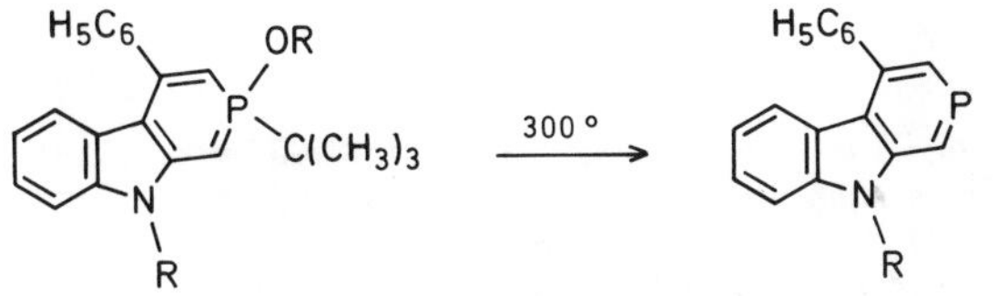

...-1-phenyl-5H-⟨indolo[2,3-c]-λ^3-phosphorin⟩

R = CH$_3$; 5-Methyl-...; 31%; Sdp.: ~180–200°/12 Torr (1,6 kPa)
R = C$_2$H$_5$; 5-Ethyl-...; 40%; Sdp.: ~200°/12 Torr (1,6 kPa)

3.3. von 1-Alkyl-1-chlor- bzw. 1,1-Dihalogen-λ^5-phosphorinen

3-Aryl-1-tert.-butyl-1-chlor-λ^5-phosphorine[69–72] zerfallen bei 250° unter Eliminierung von Isobuten und Chlorwasserstoff zu 3-Aryl-λ^3-phosphorinen[72,73]:

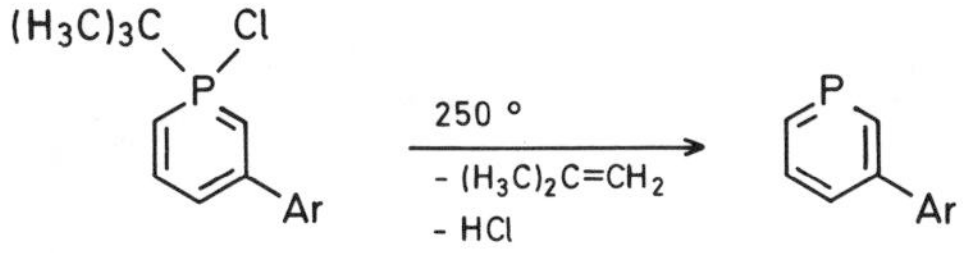

...-λ^3-phosphorin

Ar = 4-CH$_3$–C$_6$H$_4$; 3-(4-Methyl-phenyl)-...; 35%; Schmp.: 40–41°
Ar = 4-OCH$_3$–C$_6$H$_4$; 3-(4-Methoxy-phenyl)-...; 35%; Schmp.: 67–68°
Ar = 4-Br–C$_6$H$_4$; 3-(4-Brom-phenyl)-...; 39%; Schmp.: 68–69°

3-Phenyl-λ^3-phosphorin[73]: 2,63 g (10 mmol) 1-tert.-Butyl-1-chlor-3-phenyl-λ^5-phosphorin werden unter Reinststickstoff in einem Metallbad so thermolysiert, daß die Temp. innerhalb 10 Min. von 170° auf 250° gesteigert wird. Das 3-Phenyl-λ^3-phosphorin wird durch Destillation bei 120°/0,01 Torr (0,0013 kPa) als farbloses Öl rein erhalten; Ausbeute: 0,52 g (30%).

Analog werden 1-tert.-Butyl-1-chlor-4(5)-methyl-3-aryl-λ^5-phosphorine zu 3-Aryl-4(5)-methyl-λ^3-phosphorinen gespalten[73]:

[68] G. Märkl, G. Habel u. H. Baier, Phosphorus and Sulfur **5**, 257 (1979).
s.a. M.J. Gallagher u. F.G. Mann, J. Chem. Soc. **1962**, 5118.
s.a. M.J. Gallagher, E.C. Kirby u. F.G. Mann, J. Chem. Soc. **1963**, 4846.
[69] W. Voskuil u. J.F. Arens, Recl. Trav. Chim. Pays-Bas **81**, 993 (1962).
W. Voskuil, Dissertation, Utrecht 1963.
D. Matthes, Dissertation, Universität Würzburg 1974.
K. Hock, Diplomarbeit, Universität Regensburg 1981.
[70] G. Märkl u. D. Matthes, Tetrahedron Lett. **1974**, 4385.
[71] s.a. G. Märkl, G. Habel u. H. Baier, Phosphorus and Sulfur **5**, 257 (1979).
G. Märkl u. G. Habel, Phosphorus and Sulfur **4**, 27 (1978).
[72] G. Märkl u. D. Matthes, Tetrahedron Lett. **1974**, 4381.
[73] K. Hock, Diplomarbeit, Universität Regensburg 1981.
G. Märkl u. K. Hock, Chem. Ber., **1982**, im Druck.

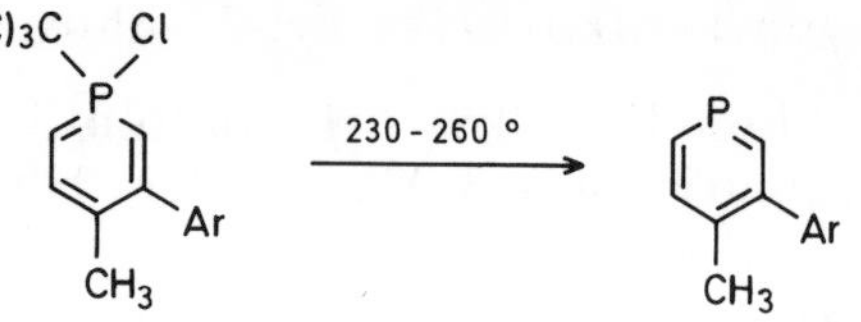

$\ldots$-λ^3-phosphorin

Ar = C_6H_5; *4-Methyl-3-phenyl-*...; 47%; Sdp.: 100°/0,005 Torr ($6{,}7 \cdot 10^{-3}$kPa)
Ar = 4-CH_3–C_6H_4; *4-Methyl-3-(4-methyl-phenyl)-*...; 31%; Sdp.: 135°/0,01 Torr (0,0013 kPa)
Ar = 4-F–C_6H_4; *3-(4-Fluor-phenyl)-4-methyl-*...; 65%; Sdp.: 145°/0,02 Torr (0,0027 kPa)
Ar = 4-Br–C_6H_4; *3-(4-Brom-phenyl)-4-methyl-*...; 35%; Sdp.: 140°/0,01 Torr (0,0013 kPa)
Ar = 4-OCH_3–C_6H_4; *3-(4-Methoxy-phenyl)-4-methyl-*...; 35%; Sdp.: 140°/0,01 Torr (0,0013 kPa)

Da bei der Herstellung der λ^5-Phosphorine bei den 3-Phenyl-, 3-(4-Methyl-phenyl)- und 3-(4-Methoxy-phenyl)-Derivaten die isomeren 5-Methyl-3-aryl-λ^5-phosphorine als Nebenprodukte entstehen, beträgt im λ^3-Phosphorin der 5-Methyl-Anteil 15, 40 bzw. 23%. Die Trennung gelingt mittels Hochdruckflüssigkeitschromatographie.
Ähnlich den 1-tert.-Butyl-1-chlor-λ^5-phosphorinen unterliegen auch die 1,1-Dihalogen-λ^5-phosphorine der thermischen Spaltung zu λ^3-Phosphorinen. 1,1-Dibrom-2,4,6-triphenyl-λ^5-phosphorin zerfällt bereits bei 70° in inerten Solventien (z.B. Toluol) unter Abgabe von Brom zum *2,4,6-Triphenyl-λ^3-phosphorin*[74].
Die Spaltung der 1,1-Dichlor-2,4,6-triphenyl-λ^5-phosphorine erfordert höhere Temperaturen, das Erhitzen in der Schmelze auf $\sim 150°$ in Gegenwart von Triphenylphosphan (zur Aufnahme des Chlors) ist am besten geeignet:

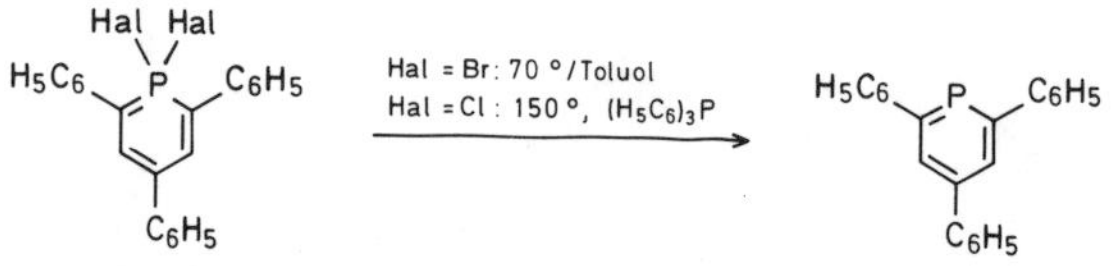

Da die bislang bekannten 1,1-Dihalogen-λ^5-phosphorine ihrerseits aus den entsprechenden λ^3-Phosphorinen durch Addition von Halogen (unter Belichtung) hergestellt werden, kommt dieser λ^3-Phosphorin-Synthese z. Zt. noch keine präparative Bedeutung zu.

3.4. von 1,1-Diamino- und 1,1-Bis-[alkyl(aryl)thio]-λ^5-phosphorinen

Die leicht zugänglichen 1,1-Bis-[diarylamino]-2,4,6-triaryl-λ^5-phosphorine (s.S. 803, 810)[75–77] zerfallen bei 150–180° zu λ^3-Phosphorinen[78]:

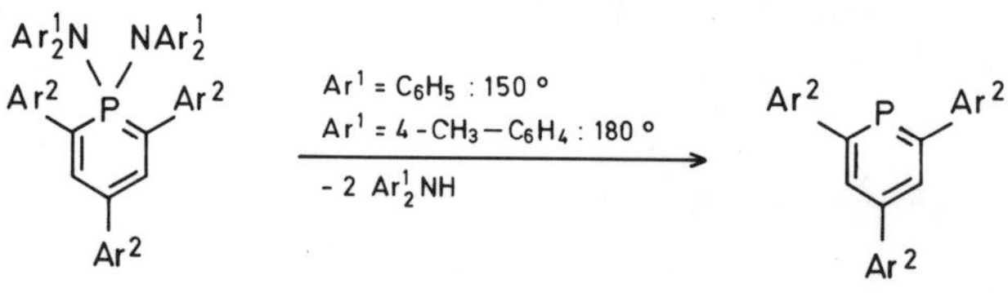

In Gegenwart von H-Donatoren (z.B. 1,3,5-Triiso-propyl-benzol) gelingt die thermische Spaltung bereits in siedendem Toluol[78].

[74] *O. Schaffer* u. *K. Dimroth*, Angew. Chem. **84**, 1146 (1972); engl.: **11**, 1091.
　　H. Kanter, W. Mach u. *K. Dimroth*, Chem. Ber. **110**, 395 (1977).
[75] *K. Dimroth, A. Hettche, W. Städe* u. *F. W. Steuber*, Angew. Chem. **81**, 784 (1969); engl.: **8**, 776.
　　A. Hettche, Dissertation, Universität Marburg 1971.
[76] *K. Dimroth* u. *W. Städe*, Angew. Chem. **80**, 966 (1968); engl.: **7**, 981.
　　A. Hettche u. *K. Dimroth*, Tetrahedron Lett. **1972**, 829.
　　K. Dimroth, A. Hettche, H. Kanter u. *W. Städe*, Tetrahedron Lett. **1972**, 835.
[77] *H. Kanter, W. Mach* u. *K. Dimroth*, Chem. Ber. **110**, 395 (1977).
[78] *A. Hettche*, Dissertation, Universität Marburg 1971.
　　H. Kanter, Dissertation, Universität Marburg 1973.

Auch 1,1-Bis-[alkylthio]-2,4,6-triaryl-λ^5-phosphorine liefern beim Erhitzen in Substanz 2,4,6-Triaryl-λ^3-phosphorine[77]:

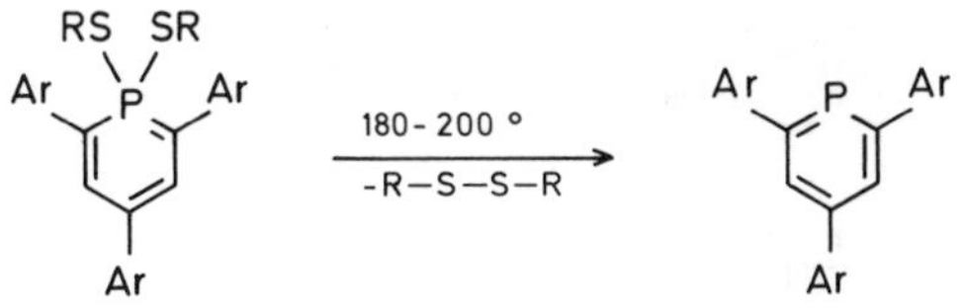

$$R = CH_3, C_2H_5 \ (\sim 87\%)$$

Das 1,1-Bis-[phenylthio]-2,4,6-triphenyl-λ^5-phosphorin ist dagegen so instabil, daß es bereits bei seiner Herstellung durch säurekatalysierte Umsetzung (Trifluor-essigsäure) von 1,1-Bis-[dialkyl(diaryl)amino]-2,4,6-triaryl-λ^5-phosphorinen mit Thiophenol in siedendem Benzol zum *2,4,6-Triphenyl-λ^3-phosphorin* zerfällt[77]. Diese Methode ist daher auch geeignet, um die thermisch stabilen 1,1-Bis-[dialkylamino]-λ^5-phosphorine in die λ^3-Phosphorine zu überführen.

Das Spiro-Derivat I zerfällt ebenfalls bereits unter milden Bedingungen zum *2,4,6-Triphenyl-λ^3-phosphorin*:

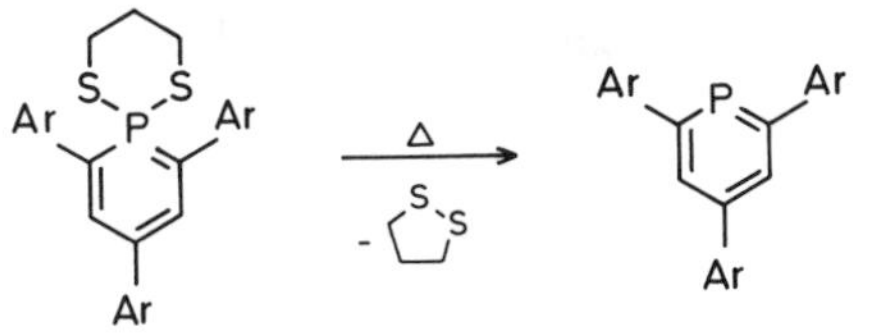

I

Da die in diesem Abschnitt besprochenen Spaltungsreaktionen alle von λ^5-Phosphorinen ausgehen, die ihrerseits aus den entsprechenden λ^3-Phosphorinen erhalten werden, kommt diesen λ^5-Phosphorinen in der Synthese allenfalls eine Schutzgruppenfunktion für den 3-bindigen Phosphor (KZ.2) in den λ^3-Phosphorinen zu.

B. λ^3-Phosphorin-Komplexe

λ^3-Phosphorine als aromatische 6π-Systeme mit einem einsamen Elektronenpaar am 3-bindigen P-Atom (KZ 2), sind sowohl zur Bildung von σ-I, π-II, σ,π-III und „sandwich"-Komplexen IV befähigt. Im Vergleich mit dem Pyridin besitzen die λ^3-Phosphorine eine geringere „n-Basizität" und eine deutlich ausgeprägtere „π-Basizität".

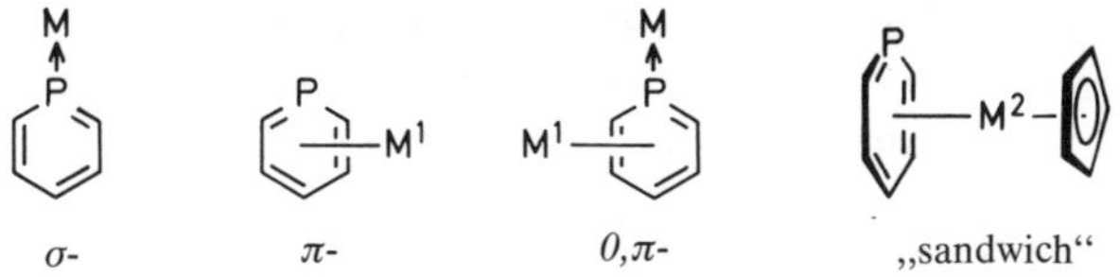

σ-	π-	$0,\pi$-	„sandwich"
I	II	III	IV

1. σ-Komplexe

Die beim Belichten von Hexacarbonyl-metallen in THF mit einer Quecksilberhochdruck-lampe entstehenden, reaktiven Pentacarbonyl-metall · THF-Komplexe[79] reagieren be-

[77] *H. Kanter, W. Mach* u. *K. Dimroth*, Chem. Ber. **110**, 395 (1977).
[79] *W. Strohmeier* u. *F.J. Müller*, Chem. Ber. **102**, 3608 (1969).

reits bei 20° in 40–55% Ausbeute mit 2,4,6-Triphenyl- λ^3- phosphorin zu *Pentacarbonyl-σ-[2,4,6-triphenyl-λ^3-phosphorin]-chrom(molybdän, wolfram)*-Komplexen[80]:

$$\begin{array}{c} M(CO)_5 \\ \uparrow \\ H_5C_6 \diagdown P \diagup C_6H_5 \\ C_6H_5 \end{array}$$

M = Cr; 40%; Schmp.: 140–141°
M = Mo; 55%; Schmp.: 137–139°
M = W; 55%; Schmp.: 152–153°

Die Komplexe sind in fester, kristalliner Form an der Luft stabil, die Lösungen zersetzen sich langsam, schneller in Gegenwart von Sauerstoff.

Pentacarbonyl-σ- [2,4,6-triphenyl-λ^3- phosphorin]-chrom(0)[80]: 1,6 mmol Hexacarbonylchrom in 120 *ml* abs. THF werden mit einer Quecksilberhochdrucklampe bis zur Beendigung der Kohlenoxid-Abspaltung bestrahlt (1–3 Stdn.). Hierauf gibt man die der abgespaltenen Kohlenoxid-Menge entsprechende Menge 2,4,6-Triphenyl-λ^3-phosphorin zu und rührt 5 Stdn. bei 20°. Nach dem Abziehen des Solvens wird überschüssiges Hexacarbonylchrom bei 40°/2,0 kPa absublimiert. Der Rückstand wird bei 20° in der gerade erforderlichen Menge Pentan gelöst, nach der Filtration läßt man 2–3 Tage im Kühlschrank stehen. Nach dieser Zeit hat sich der Komplex in Form gelber Kristalle analysenrein abgeschieden; Ausbeute: 40%; Schmp.: 140–141°.

Bis-σ- [2,4,6-triphenyl-λ^3-phosphorin]-tetracarbonyl-chrom (molybdän, wolfram)-Komplexe[80] sind aus den entsprechenden η^4-Bicyclo[2.2.1]heptadien-tetracarbonyl-metall-Komplexen[81] (in THF oder 1,4-Dioxan, 20°) zugänglich:

$$\begin{array}{c} H_5C_6 \diagdown P \diagup C_6H_5 \\ C_6H_5 \end{array} + \begin{array}{c} \\ M \\ (CO)_n \end{array} \xrightarrow[\text{1,4-Dioxan, 20 °}]{\text{THF bzw.}} \begin{array}{c} H_5C_6 \quad C_6H_5 \\ H_5C_6 \diagdown P \diagup \text{CO} \diagdown P \diagdown C_6H_5 \\ | \quad M \quad | \\ H_5C_6 C \diagup C \diagdown C_6H_5 \\ O \quad C \quad O \\ O \end{array}$$

M = Cr; 60%; Schmp.: 189–190°
M = Mo; 65%; Schmp.: 196–198°
M = W; 50%; Schmp.: 214–216°
an der Luft beständige Komplexe

Der Wolfram-Komplex kann auch durch Umsetzung des λ^3-Phosphorins mit Bis-[acetonitril]-tetracarbonyl-wolfram[82] hergestellt werden[80].

Zur Herstellung von *σ-(4-Cyclohexyl-λ^3-phosphorin)-pentacarbonyl-chrom* (Schmp.: 74–76°) bzw. *-molybdän* (Schmp.: 86–89°) s. Lit.[83].
Bis-[1,5-cyclooctadien]-nickel[84] reagiert (unter Argon) mit 2,4,6-Triphenyl- bzw. 4-tert.-Butyl-2,6-diphenyl-λ^3-phosphorin, nicht hingegen mit 2,6-Di-tert.-butyl-4-phenyl- und 2,4,6-Tri-tert.-butyl-λ^3-phosphorin (Benzol, 48 Stdn. 20°) zu *Bis-σ-[2,4,6-triphenyl- (bzw. 4-tert.-butyl-2,6-diphenyl)- x^3-phosphorin]-η^2-(1,5-cyclooctadien)-nickel* (~100%; Schmp.: 94–98° bzw. 187–190°)[85]. Zur Herstellung von *η^6-(trans-1,trans-5, trans-9-Cyclododecatrien)-σ-[2,4,6-triphenyl- (bzw. 4-tert.-butyl-2,6-diphenyl)-λ^3-phosphorin]-nickel* (~90%; Schmp.: 118–122° bzw. 90°) s. Lit.[85].

[80] *J. Deberitz* u. *H. Nöth*, J. Organomet. Chem. **49**, 453 (1973).
   H. Vahrenkamp u. *H. Nöth*, Chem. Ber. **106**, 2227 (1973).
   J. Deberitz, Diplomarbeit, Universität Marburg 1969.
[81] *M.A. Bennett, C. Pratt* u. *G. Wilkinson*, J. Chem. Soc. **1961**, 2037.
   R. Pettit, J. Am. Chem. Soc. **81**, 1266 (1959).
[82] *D.P. Tate, W.R. Knipple* u. *J.M. Augl*, Inorg. Chem. **1**, 433 (1962).
[83] *K.C. Nainan* u. *C.T. Sears*, J. Organomet. Chem. **148**, C 31 (1978).
[84] *B. Bogdanović, M. Kröner* u. *G. Wilke*, Justus Liebigs Ann. Chem. **699**, 1 (1966).
[85] *H. Lehmkuhl, R. Paul* u. *R. Mynott*, Justus Liebigs Ann. Chem. **1981**, 1139.

Im Bis-[triphenylphosphan- bzw. Bis-[tris-(2-methyl-phenoxy)-phosphan]-η-ethen-nik-kel[86] wird in THF bei 20° das Ethen durch 2,4,6-Triphenyl-λ^3-phosphorin, im Bis-[tricyc-lohexylphosphan]-ethen-nickel durch 2,4,6-Triphenyl-λ^3-phosphorin der Phosphan-Li-gand verdrängt[85]:

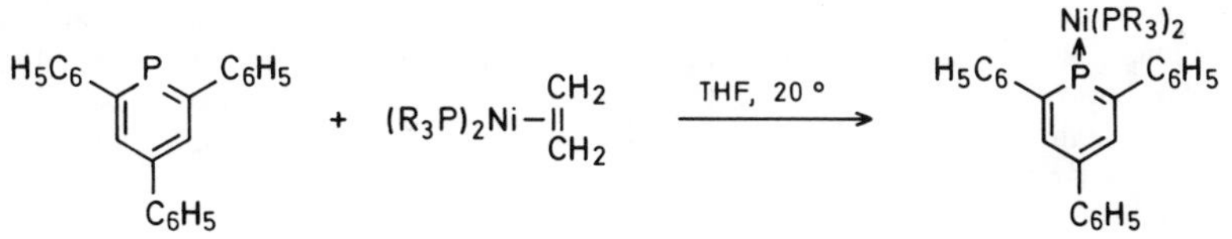

...-σ-(2,4,6-triphenyl-λ^3-phosphorin)-nickel

R = C₆H₅; *Bis-[triphenylphosphan]-...; 36%*

R = $\text{o}-\langle\rangle$; *Bis-[tris-(2-methyl-phenoxy)-phosphan]-...; 72%*

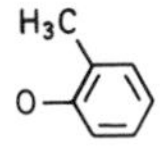

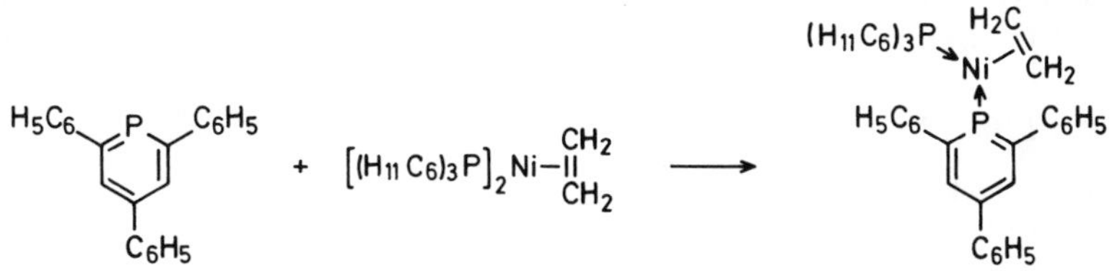

η-Ethen-(tricyclohexylphosphan)-σ-(2,4,6-triphenyl-
λ^3-phosphorin)-nickel

Durch Umsetzung einer benzolischen Lösung von Carbonyl-goldchlorid bzw. einer Sus-pension von Gold(I)-jodid in Benzol mit 2,4,6-Triphenyl-λ^3-phosphorin entsteht σ-*(2,4,6-Triphenyl-λ^3-phosphorin)-gold(I)-chlorid* (38%; Schmp.: 140°, Zers.) bzw. *-jodid* (64%; Schmp.: 146°, Zers.)[87].

Weitere σ-(2,4,6-Triphenyl-λ^3-phosphorin) -kupfer-, -rhodium-, -ruthenium-, -palladium-, -nickel und -tan-tal-Komplexe sind in der Literatur beschrieben[88].

2. π-Komplexe

Beim Erhitzen von 2,4,6-Triphenyl-λ^3-phosphorin mit Hexacarbonyl-chrom bzw. -mo-lybdän in siedendem Dibutylether erhält man *Tricarbonyl-(η⁶-2,4,6-triphenyl-λ^3-phos-phorin)-chrom(0)* (28%; Schmp.: 156–158°, Zers.) bzw. *-molybdän*[89,90].

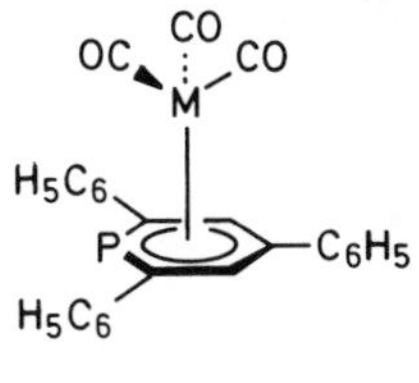

M = Cr, Mo

[85] *H. Lehmkuhl, R. Paul* u. *R. Mynott*, Justus Liebigs Ann. Chem. **1981**, 1139.
[86] *G. Hermann*, Dissertation, Techn. Hochschule Aachen 1963.
[87] *K. C. Dash, J. Eberlein* u. *H. Schmidbaur*, Synth. Inorg. Met. Org. Chem. **3**, 375 (1973).
[88] *M. Fraser, D. G. Holah, A. N. Hughes* u. *B. C. Hui*, J. Heterocycl. Chem. **9**, 1457 (1972).
[89] *J. Deberitz* u. *H. Nöth*, Chem. Ber. **103**, 2541 (1970).
[90] *H. Vahrenkamp* u. *H. Nöth*, Chem. Ber. **105**, 1148 (1972); Röntgenstrukturanalyse.

Mit Tricarbonyl-(1,3,5-trimethyl-benzol)-molybdän(0)[91] (abs. THF, Stickstoff, 2 Tage 20°) erhält man *Tricarbonyl-η^6-(2,4,6-triphenyl-λ^3-phosphorin)-molybdän* (45%; Schmp.: 152–153°, Zers.)[92].

Tricarbonyl-η^6-(2,4,6-triphenyl-λ^3-phosphorin)-chrom[92]: 463 mg (1,54 mmol) des aus 1,3,5-Trimethyl-benzol mit Hexacarbonyl-chrom hergestellten Tricarbonyl-(1,3,5-trimethyl-benzol)-molybdän(0)[91] und 500 mg (1,54 mmol) 2,4,6-Triphenyl-λ^3-phosphorin werden unter Schutzgas in 25 *ml* abs. THF 2 Tage bei 20° gerührt. Das Solvens wird i. Vak. abgezogen, der Rückstand in 10 *ml* Toluol gelöst. Nach der Zugabe von 10 *ml* Pentan kristallisiert der Komplex beim 2tägigen Stehenlassen im Kühlschrank aus; Ausbeute: 350 mg (45%); Schmp.: 152–153° (dunkelrote Kristalle).

3. σ,π-Komplexe

In 2,6-Stellung unsubstituierte λ^3-Phosphorine (z. B. 4-Cyclohexyl-λ^3-phosphorin) sind – offenbar durch den Wegfall sterischer Effekte – stärkere n-Donatoren als die 2,4,6-trisubstituierten λ^3-Phosphorine. Beim Erhitzen von 4-Cyclohexyl-λ^3-phosphorin mit Hexacarbonyl-chrom bzw. -molybdän in siedendem Dibutylether (1 Stde.) unter Reinststickstoff erhält man *4-Cyclohexyl-σ-pentacarbonylchrom-π-tricarbonylchrom-* (Schmp.: 135–137°) und *4-Cyclohexyl-σ-pentacarbonylmolybdän-π-tricarbonylmolybdän-λ^3-phosphorin*[93] (Schmp.: 116–118°).

Ein interessanter σ,π-Nickel-Komplex (wahrscheinliche Struktur I) (68%) entsteht beim Erhitzen des Ethen-(tricyclohexylphosphan)-σ-(2,4,6-triphenyl-λ^3-phosphorin)-nickel(0)[94] (1,4-Dioxan, 60–70°) unter Abspaltung von Ethen[94]:

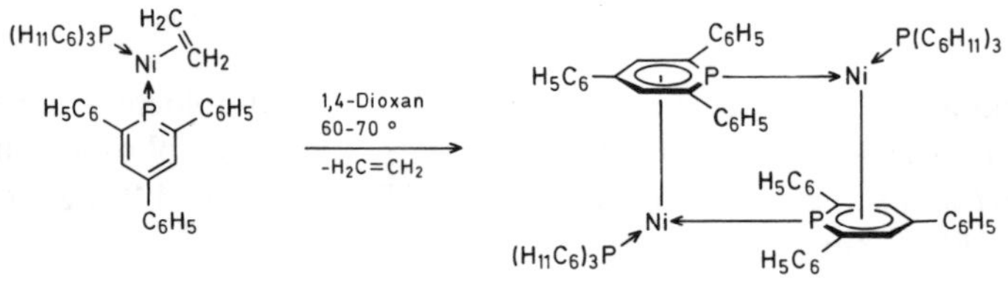

I

4. Sandwich-Komplexe

Die beim Belichten von η^5-Cyclopentadienyl-tricarbonyl-mangan entstehenden reaktiven Cyclopentadienyl-dicarbonyl-mangan-THF-Komplexe reagieren mit 2,4,6-Triphenyl- bzw. 4,5-Dimethyl-2-phenyl-λ^3-phosphorin bei 20° zu den σ,π-Komplexen I, die beim Belichten [Quecksilber-Mitteldrucklampe (Hanovia 100 W)] in Cyclohexan bei 20° die Sandwich-Komplexe II liefern[95]:

[91] *B. Nickolls* u. *M. C. Whiting*, J. Chem. Soc. **1959**, 551.
[92] *J. Deberitz* u. H. Nöth, Chem. Ber. **106**, 2222 (1973).
[93] *K. C. Nainan* u. *C. T. Sears*, J. Organomet. Chem. **148**, C 31 (1978).
[94] *H. Lehmkuhl, R. Paul* u. *R. Mynott*, Justus Liebigs Ann. Chem. **1981**, 1139.
[95] *F. Nief, C. Charrier, F. Mathey* u. *M. Simalty*, J. Organomet. Chem. **187**, 277 (1980).

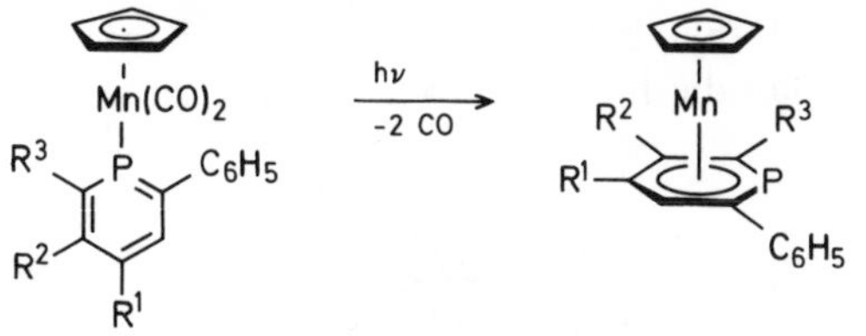

I

η^5-Cyclopentadienyl-dicarbonyl-...
-mangan

II

η^5-Cyclopentadienyl-...-mangan

R^2=H, R^1=R^3=C_6H_5:
...σ-(2,4,6-triphenyl-λ^3-phosphorin)-...; 69%;
    Schmp.: 175–176°
R^1=R^2=CH_3; R^3=H
...- σ-(4,5-dimethyl-2-phenyl-λ^3-phosphorin)...;
69%; Schmp.: 138–139°

...-η^6-(2,4,6-triphenyl-λ^3-phosphorin)...;
18%; Schmp.: 145–150° (Zers.)

...-η^6-(4,5-dimethyl-2-phenyl-λ^3-phosphorin)...

η^5-(Cyclopentadienyl)- η^6- (2,4,6-triphenyl- λ^3- phosphorin)- mangan[95]:

σ-Komplex: 410 mg (2 mmol) Cyclopentadien-tricarbonyl-mangan werden in 250 ml wasserfreiem THF gelöst und unter Reinststickstoff 1 Stde. mit einer Quecksilber-Mitteldrucklampe (Hanovia 100 W) bei 20° bestrahlt. Hierauf gibt man 650 mg (2 mmol) 2,4,6-Triphenyl-λ^3-phosphorin zu und rührt 1 Stde. bei 20°.
Nach dem Abziehen des Solvens wird der Rückstand auf Kieselgel mit Hexan/Benzol (80/20) chromatographiert und aus Pentan umkristallisiert.

Sandwich-Komplex: 1,00 g (2 mmol) des σ-Komplexes werden in 1000 ml Cyclohexan gelöst und unter Stickstoff 5½ Stdn. mit der Hanovia-Lampe belichtet. Die DC-Kontrolle zeigt, daß der σ-Komplex nach dieser Zeit umgesetzt ist. Man filtriert unter Schutzgas, zieht das Solvens ab und chromatographiert an Kieselgel. Die mit Hexan/Benzol (80/20) eluierte rote Zone enthält das Produkt, Umkristallisation aus Pentan liefert den reinen Komplex; Ausbeute: 160 mg (18%); Schmp.: 145–150° (Zers.).

Zur Herstellung der folgenden Sandwich-Komplexe I und II s.Lit.:

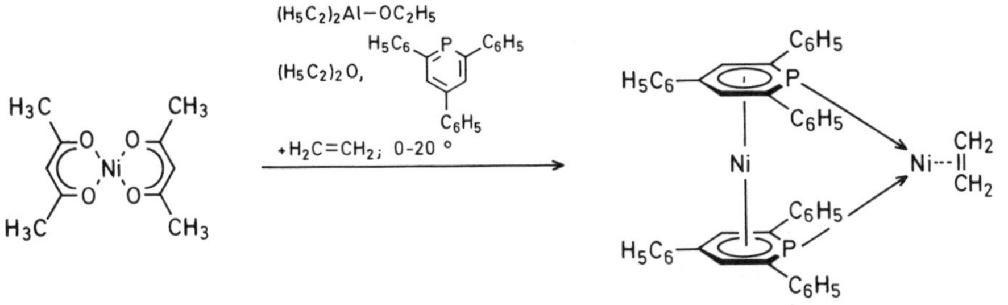

I, 70%; dunkelblau[96]; der Ethen-Ligand kann z.B. durch 3,3-Dimethyl-cyclopropen, 2-Butin, tert. Phosphane und 2,4,6-Triphenyl-λ^3-phosphorin zu II verdrängt werden.

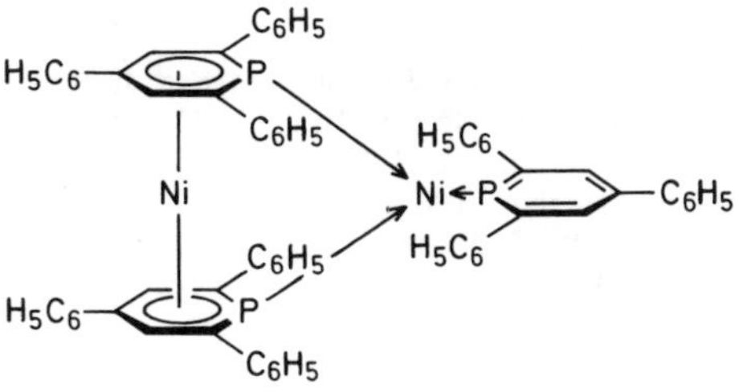

II, 27%, schwarzgrün[96]

[95] F. Nief, C. Charrier, F. Mathey u. M. Simalty, J. Organomet. Chem. **187**, 277 (1980).
[96] H. Lehmkuhl, R. Paul, C. Krüger, Y.H. Tsay, R. Benn u. R. Mynott, Justus Liebigs Ann. Chem. **1981**, 1147.

6*

Bei der Umsetzung des 1-Methyl- bzw. 1-Ethyl-2,4,6-triphenyl-phosphorinyl-Anions mit Eisen(II)-chlorid erhält man die folgenden Sandwich-Eisenkomplexe[97,96]:

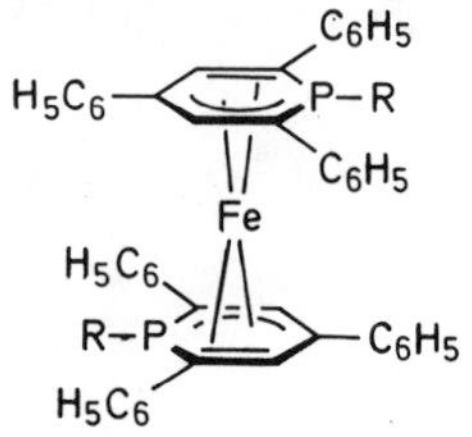

...-2,4,6-triphenyl-phosphorinyl-]-eisen
R = CH$_3$; *Bis-[η²,η³-1-methyl-...*[97]
R = C$_2$H$_5$; *Bis-[η²,η³-1-ethyl-...*[96]

C. Umwandlung

1. zu anderen Organophosphor-Verbindungen

1.1. [4+2]-Cycloadditionen

Ähnlich den Benzolkohlenwasserstoffen reagieren auch λ^3-Phosphorine nur mit h o c h r e -
a k t i v e n A l k i n e n zu 1-Phospha-bicyclo[2.2.2]octatrienen[98–101]:

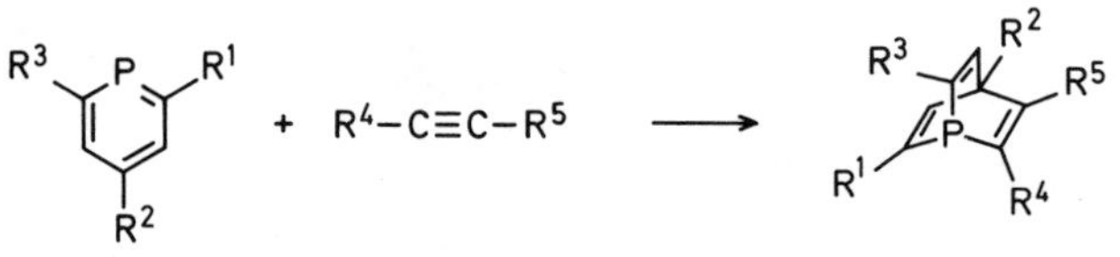

Mit Benzophosphorinen werden die entsprechenden B e n z o - 1 - p h o s p h a - b i c y c l o
[2.2.2]octatriene erhalten[101,102], die auch bei der Umsetzung von Arinen mit λ^3-Phosphorinen entstehen[103–105].

1.2. Reduktion mit Alkalimetallen

Der aus elektrochemischen, insbesondere polarographischen Untersuchungen[106] postulierte, gegenüber Benzol- und Pyridinabkömmlingen deutlich ausgeprägtere Elektronenacceptorcharakter der λ^3-Phosphorine wird durch die Chemie der λ^3-Phosphorine bestätigt.

---

[96] *H. Lehmkuhl, R. Paul, C. Krüger, Y. H. Tsay, R. Benn* u. *R. Mynott*, Justus Liebigs Ann. Chem. **1981**, 1147.
[97] *G. Märkl* u. *C. Martin*, Angew. Chem. **86**, 445 (1974); engl.: **13**, 408.
     C. Martin, Dissertation, Universität Regensburg 1975.
[98] *F. Lieb*, Dissertation, Universität Würzburg 1969.
[99] *G. Märkl* u. *F. Lieb*, Angew. Chem. **80**, 702 (1968); engl.: **7**, 733.
[100] *A. J. Ashe III* u. *M. D. Gordon*, J. Am. Chem. Soc. **94**, 7596 (1972).
[101] *G. Märkl* u. *K. H. Heier*, Tetrahedron Lett. **1974**, 4369.
[102] *H. G. de Graaf* u. *F. Bickelhaupt*, Tetrahedron **31**, 1097 (1975).
[103] *T. C. Klebach, L. A. M. Turkenburg* u. *F. Bickelhaupt*, Tetrahedron Lett. **1978**, 1099.
[104] *G. Märkl, F. Lieb* u. *C. Martin*, Tetrahedron Lett. **1971**, 1249.
[105] *G. Märkl* u. *K. H. Heier*, Angew. Chem. **84**, 1067 (1972).
[106] *F. Lieb*, Dissertation, Universität Würzburg, 1969.
     A. Merz, Dissertation, Universität Würzburg 1969.

2,4,6-Triphenyl-λ^3-phosphorin reagiert mit Kalium/-Natrium-Legierung in THF unter successiver Aufnahme von 1-3-Elektronen zum *2,4,6-Triphenyl-λ^3-phosphorin-Radikal-Anion* (I), zum diamagnetischen-*Dianion* (II) und zum *Radikal-Trianion* (III)[107, 108]:

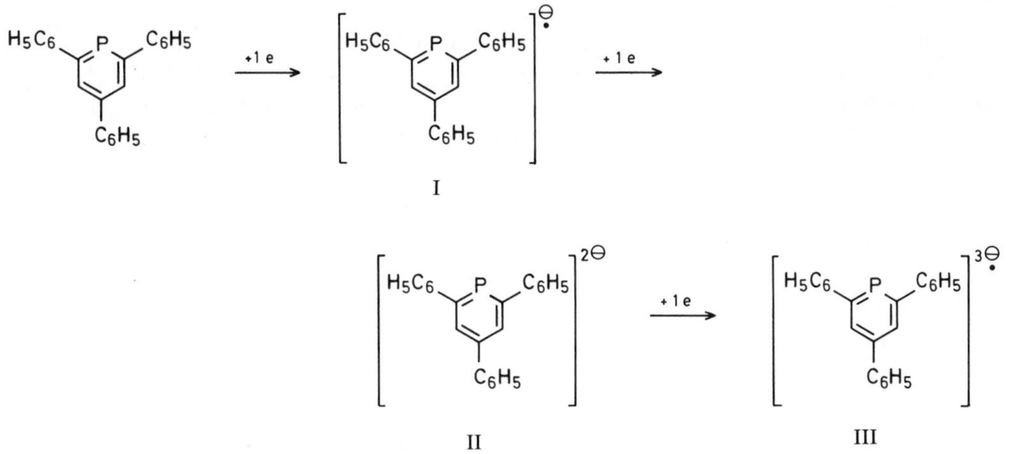

Die präparative Nutzung der reduzierten λ^3-Phosphorine ist bislang gering. Das 2,4,6-Triphenyl-λ^3-phosphorin-Dianion wird mit Methyljodid zum *1,1-Dimethyl-2,4,6-triphenyl-λ^5-phosphorin* umgesetzt (s. S. 788f.)[109].

Die Fähigkeit zur Aufnahme mehrerer Elektronen hängt von den Substituenten des λ^3-Phosphorins ab. 2,4,6-Tri-tert.-butyl-λ^3-phosphorin reagiert mit Kalium/-Natrium-Legierung nur zum *2,4,6-Tri-tert.-butyl-λ^3-phosphorin-Radikal-Anion*.

Benzo[c]-λ^3-phosphorin reagiert mit Kalium in THF ebenfalls nur zum *Benzo[c]-λ^3-phosphorin-Radikal-Anion*[110].

1.3. Umsetzung mit Nucleophilen

1.3.1. mit Organo-metall-Verbindungen

λ^3-Phosphorine reagieren mit Organo-lithium- (in Benzol, THF, Ether)[111−113] bzw. Grignard-Verbindungen (in THF)[112, 114] zu 1-Organo-λ^3-phosphorin-Anionen, die als Tetrabutyl-ammonium-Salze in Substanz isoliert werden können[115].

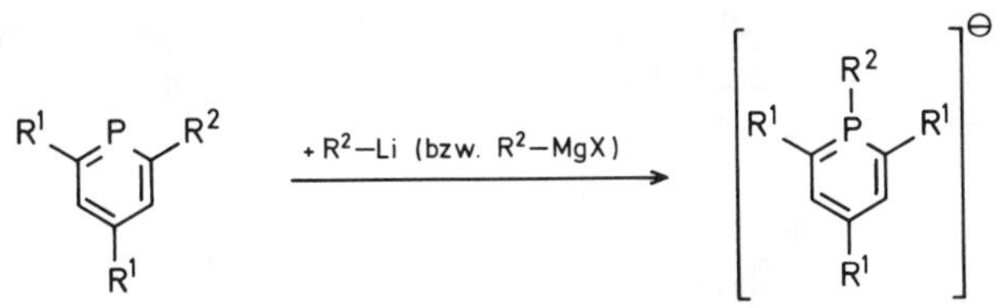

R^2 = Alkyl, Aryl, Hetaryl[116]

[107] *K. Dimroth* u. *F. W. Steuber*, Angew. Chem. **99**, 410 (1967); engl.: **6**, 445.

[108] *F. Gerson, G. Plattner, A.J. Ashe III* u. *G. Märkl*, Mol. Phys. **28**, 601 (1974).

[109] *H. Weber*, Dissertation, Universität Marburg 1975.

[110] *C. Jongsma, H.G. de Graaf* u. *F. Bickelhaupt*, Tetrahedron Lett. **1974**, 1267.

[111] *G. Märkl, F. Lieb* u. *A. Merz*, Angew. Chem. **79**, 59 (1967); engl.: **6**, 87.

[112] *G. Märkl* u. *A. Merz*, Tetrahedron Lett. **1971**, 1215.

[113] *A.J. Ashe III* u. *T. W. Smith*, Tetrahedron Lett. **1977**, 407.

[114] *G. Märkl* u. *K. H. Heier*, Tetrahedron Lett. **1974**, 4501.

[115] *G. Märkl* u. *C. Martin*, Angew. Chem. **86**, 445 (1974).

[116] *G. Märkl, C. Martin* u. *W. Weber*, Tetrahedron Lett. **1981**, 1207.

Die Umsetzung ist vom pK_A-Wert der den metallorganischen Verbindungen zugrundeliegenden Kohlenwasserstoffe abhängig; Kohlenwasserstoffe mit pK_A-Werten $\lesssim 15$ (z.B. Cyclopentadienyl- bzw. Vinyl-lithium) reagieren nicht mit 2,4,6-Triphenyl-λ^3-phosphorin[117].

Die Elektrophilie der λ^3-Phosphorine wird durch die Substitution im Ring deutlich beeinflußt. 2,4,6-Tri-tert.-butyl-λ^3-phosphorin reagiert z.B. nicht mehr mit Phenyl-lithium[117]. Die Hydrolyse der 1-Organo-phosphorinium-Anionen führt unter Protonierung in 2-Stellung zu den 1-Organo-1,2-dihydro-phosphorinen[111, 112, 114, 116]:

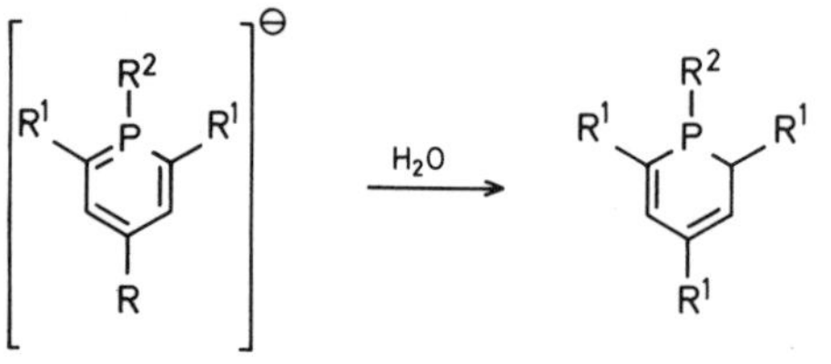

Mit S_N2-Alkylierungsmitteln (z.B. Methyl-, Ethyljodid) wird das P-Atom angegriffen, mit S_N1-Alkylierungsmitteln (z.B. Benzyl-, Allylbromid, Trimethyloxonium-Salze) wird in 2-Stellung alkyliert; auch Acylierungen können vorgenommen werden[114]:

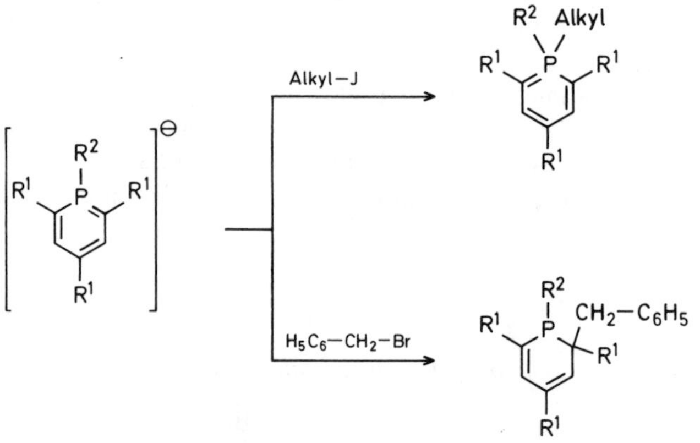

1.3.2. mit Diazoalkanen

Diazoalkane reagieren als Nucleophile mit 2,4,6-Triaryl-λ^3-phosphorinen zu Phosphorin-Yliden, die spontan protische Nucleophile (Alkohole, Thioalkohole, Phenole, Amine) zu λ^5-Phosphorinen addieren[118, 119]:

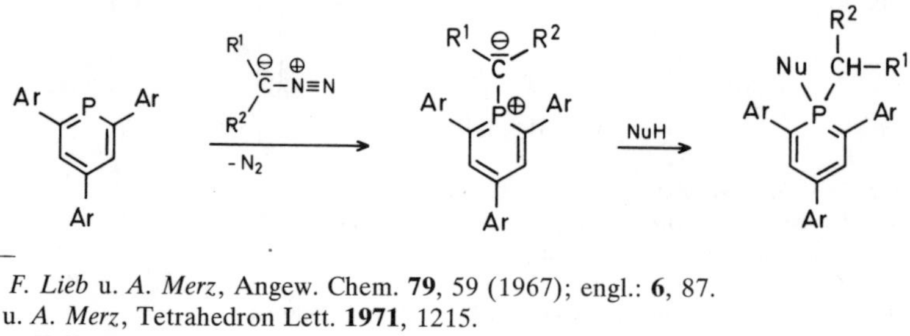

[111] G. Märkl, F. Lieb u. A. Merz, Angew. Chem. **79**, 59 (1967); engl.: **6**, 87.

[112] G. Märkl u. A. Merz, Tetrahedron Lett. **1971**, 1215.

[114] G. Märkl u. K. H. Heier, Tetrahedron Lett. **1974**, 4501.

[116] G. Märkl, C. Martin u. W. Weber, Tetrahedron Lett. **1981**, 1207.

[117] C. Martin, Dissertation, Universität Regensburg 1975.

[118] P. Kieselack u. K. Dimroth, Angew. Chem. **86**, 129 (1974); engl.: **13**, 148.

[119] P. Kieselack, C. Helland u. K. Dimroth, Chem. Ber. **108**, 3656 (1975).

1.4. Oxidation

1.4.1. elektrochemisch bzw. mit 1-Elektronen-Oxidantien

Die bei der Umsetzung von 2,4,6-trisubstituierten λ^3-Phosphorinen mit 5,6-Dichlor-2,3-dicyan-1,4-benzochinon (DDQ)[120] in Dichlormethan, Tetracyanethen (TCNE)[120] in 1,2-Dimethoxy-ethan, Blei(IV)-benzoat, -acetat oder Quecksilber(II)-acetat bzw. 2,4,6-Triphenyl-phenoxy-Radikal[121,122] entstehenden instabilen Phosphorin-Radikal-Kationen I addieren sofort Wasser (Alkohole) zu den neutralen 1-Hydroxy-2,4,6-trisubstituierten-λ^4-phosphorin-Radikalen II, die in Gegenwart von weiterem Oxidans und Wasser (in Abhängigkeit von den Resten R) zu den relativ stabilen Neutral-Radikalen III weiterreagieren[120]:

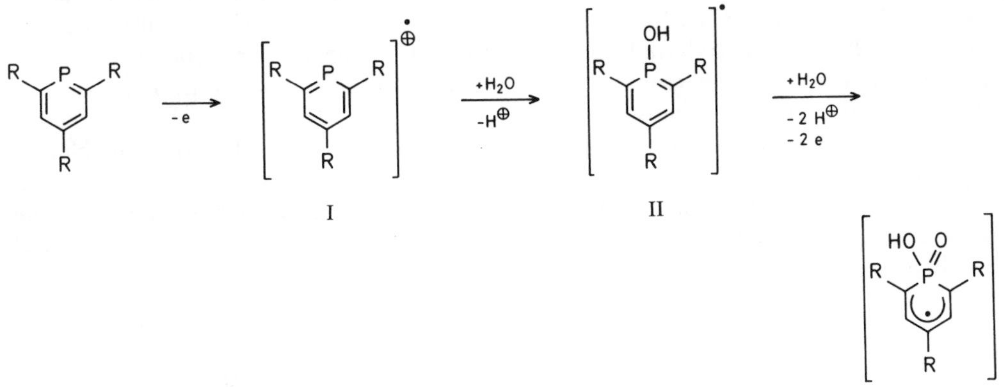

Bei der elektrochemischen Oxidation in Dichlormethan mit Tetrabutylammonium-tetrafluoroborat als Leitsalz werden die entsprechenden neutralen Radikale IV gebildet[120].

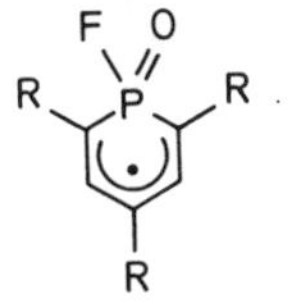

IV

1.4.2. durch Umsetzung mit O-, N- und C-Radikalen

Bei der Umsetzung der 2,4,6-Triaryl-λ^3-phosphorine mit Tetraarylhydrazinen in siedendem Benzol[123] bzw. mit Bis-[2,4,6-triphenyl-phenyl]-peroxid[124] in Benzol bei 20° bilden sich 1,1-Bis-[diarylamino]- bzw. 1,1-Bis-[2,4,6-triphenyl-phenoxy]-2,4,6-triaryl-λ^5-phosphorine[125,126]:

---

[120] K. Dimroth u. W. Heide, Chem. Ber. 114, 3004 (1981).

[121] K. Dimroth, N. Greif, W. Städe u. F. W. Steuber, Angew. Chem. 79, 725 (1967); engl.: 6, 711.

[122] K. Dimroth, N. Greif, H. Perst u. F. W. Steuber, Angew. Chem. 79, 58 (1967); engl.: 6, 85.

[123] H. Wieland, Justus Liebigs Ann. Chem. 381, 200 (1911).

F. A. Neugebauer u. H. H. P. Fischer, Chem. Ber. 98, 844 (1966).

F. A. Neugebauer u. S. Bamberger, Angew. Chem. 83, 47, 48 (1971); engl.: 10, 71.

[124] K. Dimroth, A. Berndt, F. Bär, R. Volland u. A. Schweig, Angew. Chem. 79, 68 (1967); engl.: 6, 34.

[125] W. Städe, Dissertation, Universität Marburg 1968.

[126] A. Hettche, Dissertation, Universität Marburg 1971.

A. Hettche u. K. Dimroth, Tetrahedron Lett. 1972, 829.

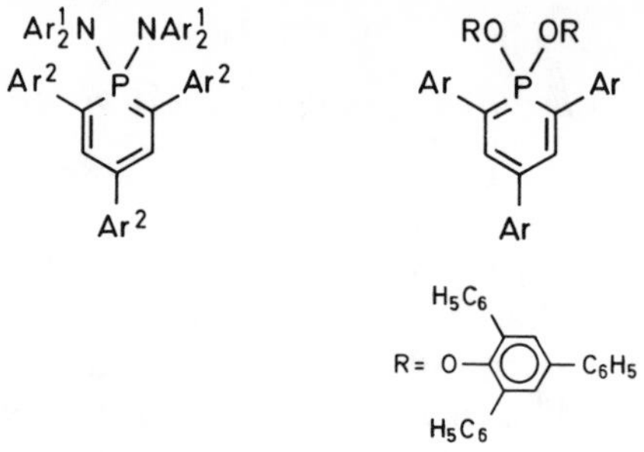

$Ar_2^1 N \quad NAr_2^1$

$Ar^2 \quad\quad Ar^2$

Ar^2

$RO \quad OR$

$Ar \quad\quad Ar$

Ar

$R = O \quad —\quad C_6H_5$ (H_5C_6 ... H_5C_6)

Führt man die Umsetzungen in Gegenwart von Alkoholen durch, so werden 1-Alkoxy-1-amino- bzw. 1-Alkoxy-1-(2,4,6-triphenyl-phenoxy)-λ^5-phosphorine erhalten[127].

Die bei ~ 220–260° in Aryl-Radikale und metallisches Quecksilber zerfallenden Diaryl-quecksilber-Verbindungen reagieren z.B. mit 2,4,6-Triphenyl-λ^3-phosphorin zu 1,1-Diaryl-2,4,6-triphenyl-λ^5-phosphorinen[128].

Mit Aryldiazonium-tetrafluoroboraten[129, 130] in Gegenwart von Alkoholen als Nucleophilen bilden sich 1-Alkoxy-1-aryl-λ^5-phosphorine II, in Abwesenheit von Alkoholen werden in einer der Schiemann-Reaktion vergleichbaren Umsetzung aus den intermediär gebildeten 1-Aryl-phosphorinium-Kationen I 1-Aryl-1-fluor-λ^5-phosphorine III erhalten:

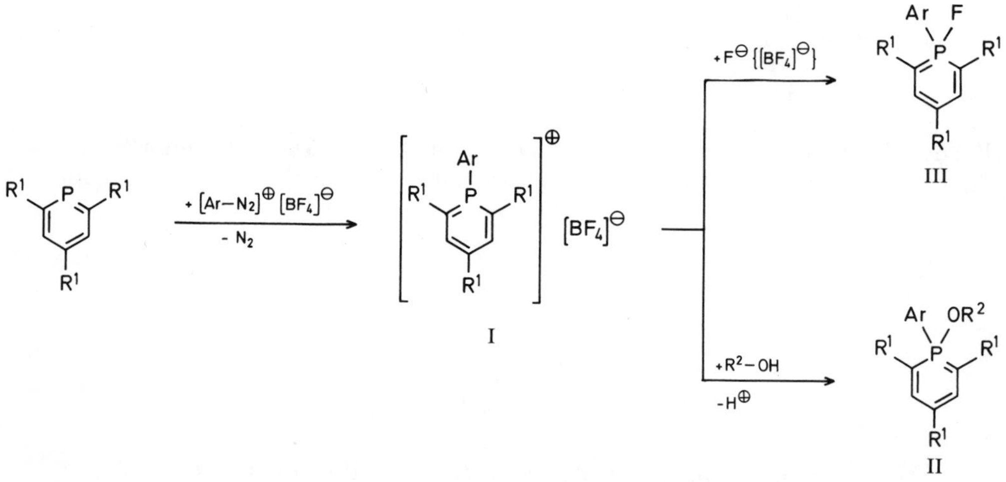

$R^1 \quad P \quad R^1$ R^1 $\xrightarrow[- N_2]{+ [Ar-N_2]^{\oplus} [BF_4]^{\ominus}}$ $\left[\begin{array}{c} Ar \\ R^1 \quad P \quad R^1 \\ R^1 \end{array}\right]^{\oplus} [BF_4]^{\ominus}$ I

$\xrightarrow{+ F^{\ominus} \{[BF_4]^{\ominus}\}}$ (Ar F) $R^1 \quad P \quad R^1$ R^1 III

$\xrightarrow[-H^{\oplus}]{+ R^2-OH}$ (Ar OR^2) $R^1 \quad P \quad R^1$ R^1 II

1.4.3. durch Luftsauerstoff, Singulett-Sauerstoff oder Salpetersäure

Bei der Oxidation von 2,4,6-Triphenyl-λ^3-phosphorin mit in Benzol gelöstem Sauerstoff im Dunkeln (1 Woche 20°) entstehen die dimeren Phosphinsäuren I[131, s.a.132–134]:

[127] K. Dimroth, Fortschr. Chem. Forsch., Vol. **38**, 83 (1973).
[128] G. Märkl u. A. Merz, Tetrahedron Lett. **1969**, 1231.
[129] O. Schaffer u. K. Dimroth, Angew. Chem. **84**, 1146 (1972); engl.: **11**, 1091.
[130] O. Schaffer u. K. Dimroth, Chem. Ber. **108**, 3271 (1975).
[131] K. Dimroth, K. Vogel, W. Mach u. U. Schoeler, Angew. Chem. **80**, 359 (1968); engl.: **7**, 37.
    A. Hettche u. K. Dimroth, Chem. Ber. **106**, 1001 (1973).
[132] A. Hettche, Dissertation, Universität Marburg 1971.
[133] K. Dimroth, Fortschr. Chem. Forsch. **38**, S. 48–51 (1973).
[134] W. Städe, Dissertation, Universität Marburg 1968.
    s.a. K. Dimroth, Fortschr. Chem. Forsch. **38**, 124, 125 (1973).

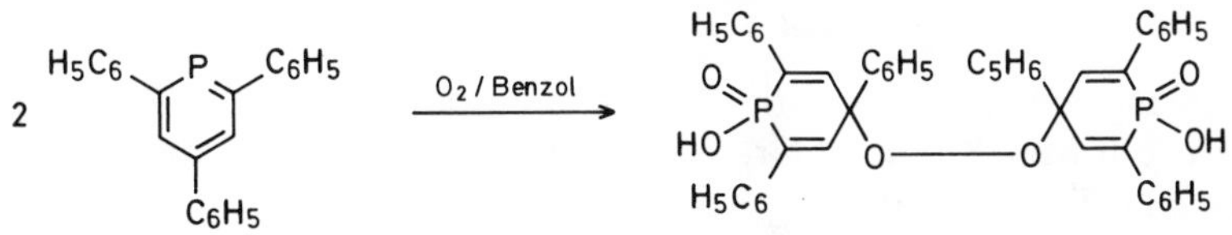

I

2,4,6-Tri-tert.-butyl-λ^3-phosphorin wird durch Nitriersäure/Eisessig zum *1,4-Dihydroxy-1-oxo-2,4,6-tri-tert.-butyl-1,4-dihydro-λ^5-phosphorin*[135] (E/Z-Isomerengemisch) oxidiert.

Bei der Belichtung einer Lösung von 2,4,6-Tri-tert.-butyl-λ^3-phosphorin in Benzol/Methanol in Gegenwart von Luftsauerstoff und einem Sensibilisator (z.B. Eosin, Methylenblau oder Rose bengale) reagiert der photochemisch erzeugte Singulettsauerstoff wahrscheinlich zum bicyclischen 1,4-Addukt II, das mit Methanol zum Phosphinsäureester IV abreagiert bzw. zum bicyclischen Oxid III umlagert[136]:

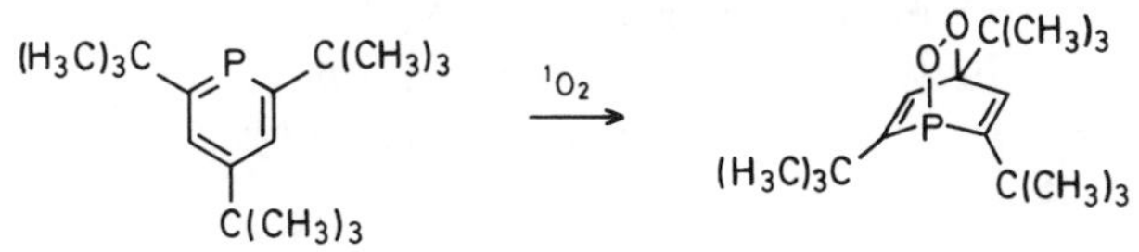

II

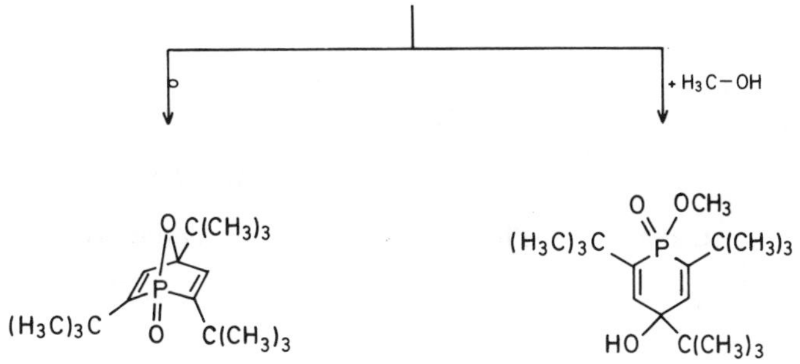

III; 15%; Schmp.: 152°   IV

1.4.4. durch Wasserstoffperoxid

2,4,6-Triaryl- und 2,4,6-Trialkyl-λ^3-phosphorine reagieren mit Wasserstoffperoxid zu 1-Hydroxy-1,2-dihydro-phosphorin-oxiden, die wahrscheinlich durch eine Tautomerisierung der primär gebildeten 1,1-Dihydroxy-λ^5-phosphorine entstehen[135, 138]:

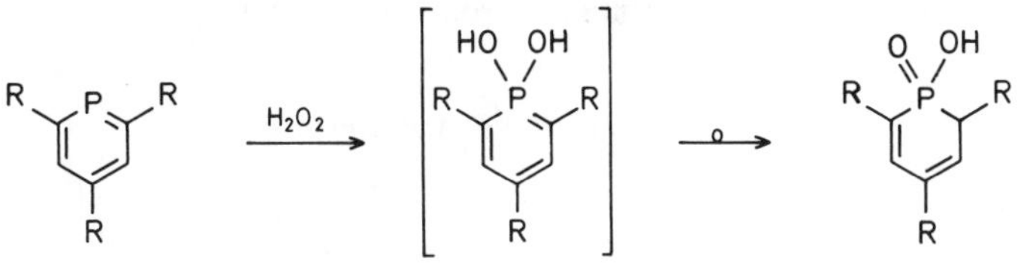

[135] *W. Mach*, Dissertation, Universität Marburg 1968.
[136] *K. Dimroth, A. Chatzidakis* u. *O. Schaffer*, Angew. Chem. **84**, 526 (1972); engl.: **8**, 985 (1969).
[138] *A. Hettche* u. *K. Dimroth*, Chem. Ber. **106**, 1001 (1973).

1.4.5. durch Halogen

Bei der Umsetzung von 2,4,6-trisubstituierten λ^3-Phosphorinen in Tetrachlormethan oder Benzol mit einem Mol Brom, Chlor, Pyridiniumperbromid oder Phosphor(V)-chlorid entstehen die 1,1-Dihalogen-λ^5-phosphorine[139] (vgl. S. 80):

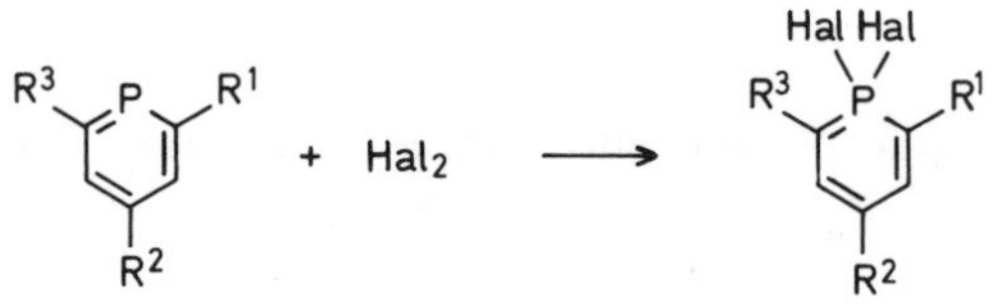

2,4,6-Triphenyl-λ^3-phosphorin reagiert mit Brom nur beim Belichten mit einer Tageslichtlampe, mit Chlor beim Belichten mit einer Quecksilberhochdrucklampe. Die 1,1-Dihalogen-λ^5-phosphorine sind wertvolle Edukte für die Synthese zahlreicher heterosubstituierter λ^5-Phosphorine.

Mit überschüssigem Halogen entstehen weitergehende Oxidationsprodukte; z. B. nimmt 2,4,6-Tri-tert.-butyl-λ^3-phosphorin in Tetrachlormethan 2 Mol Chlor unter Bildung von *1,1,1,4-Tetrachlor-2,4,6-tri-tert.-butyl-1,4-dihydro-λ^5-phosphorin* auf, bei vorsichtiger Hydrolyse entsteht daraus *1,4-Dichlor-2,4,6-tri-tert.-butyl-1,4-dihydro-λ^5-phosphorin-1-oxid* (Schmp.: 77–78,5°)[139]:

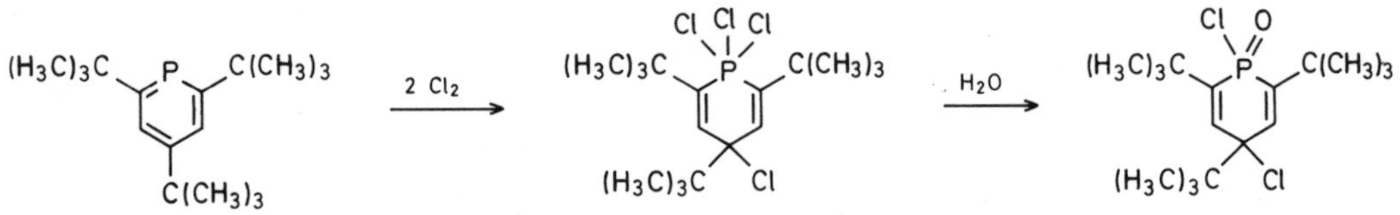

1.4.6. Oxidative Alkoxylierung

Bei der Umsetzung von λ^3-Phosphorinen mit Quecksilber(II)-acetat in Gegenwart prim., sek. bzw. tert. Alkohole in Gegenwart von Phenolen oder sek. Aminen entstehen die in Lösung meist fluoreszierenden 1,1-Dialkoxy- bzw. 1,1-Diphenoxy-λ^5-phosphorine[140]:

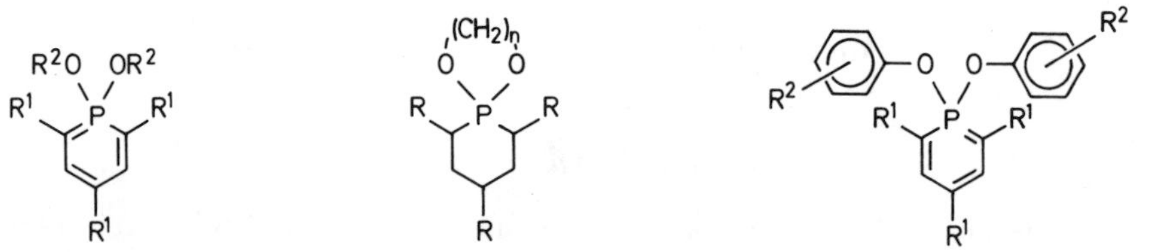

| $R^2 = CH_3, C_2H_5, CH(CH_3)_2, C(CH_3)_3$ | $n = 2, 3, 4$ | $R^2 = H, 4-OCH_3, 4-Cl, 4-NO_2$ |

Analog reagieren 3-Aryl- bzw. 4-Alkyl(Aryl)-λ^3-phosphorine, wenn auch in mäßigen Ausbeuten. Thioalkohole und Thiophenole reagieren nicht.

1.4.7. Oxidative Aminierung

In Analogie zur oxidativen Alkylierung reagieren 2,4,6-Triaryl(Aryl/Alkyl-, Alkyl)-λ^3-phosphorine mit Quecksilber(II)-acetat in Gegenwart sek. aliphatischer bzw. aromatischer Amine unter Abscheidung von metallischem Quecksilber zu den in Lösung grün

[139] *H. Kanter, W. Mach* u. *K. Dimroth*, Chem. Ber. **110**, 395 (1977).
[140] *K. Dimroth* u. *W. Städe*, Angew. Chem. **80**, 966 (1968); engl.: **7**, 881.
     A. Hettche u. *K. Dimroth*, Tetrahedron Lett. **1972**, 829.

fluoreszierenden, relativ stabilen 1,1-Bis-[diaryl(dialkyl)amino]-λ^5-phosphorinen. In 3- oder 4-Stellung monosubstituierte λ^3-Phosphorine reagieren nicht[140].

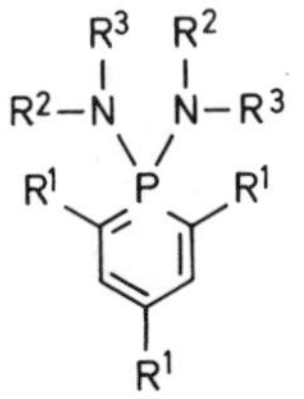

$R^2 = R^3 = CH_3, C_2H_5, C_6H_5; 4\text{-}CH_3\text{-}C_6H_4$

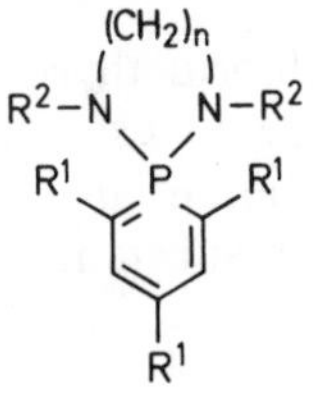

$n = 2; R^2 = H, CH_3$

2. unter Verlust des Phosphor-Atoms

Die Umsetzung von 2,4,6-trisubstituierten λ^3-Phosphorinen (z.B. 2,4,6-Triphenyl-λ^3-phosphorin) mit den Systemen Dichlormethan, Chloroform oder Dichlor-phenyl-methan/Kalium-tert.-butanolat in THF führt unter Verlust des Phosphors zu Arenen[141] (zum Mechanismus s. Lit.[142]):

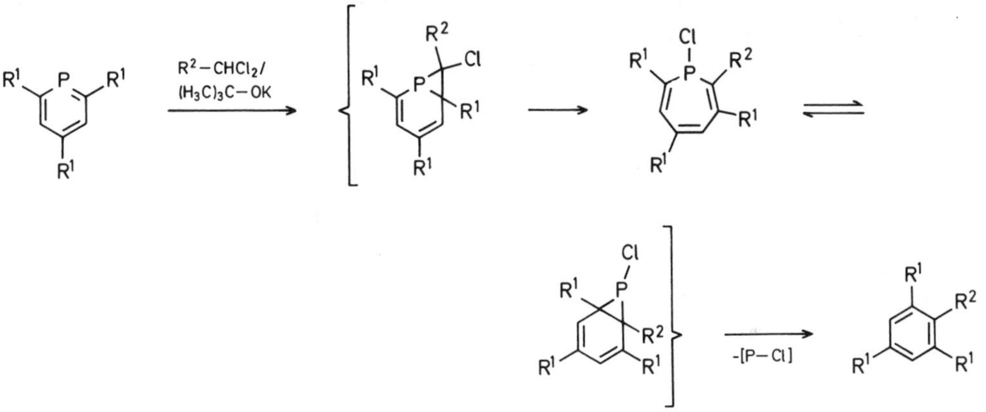

$R^1 = C(CH_3)_3;$ $R^2 = H;$ *1,3,5-Tri-tert.-butyl-benzol*; 60%; Schmp.: 74°
                      $R^2 = Cl;$ *2-Chlor-1,3,5-tri-tert.-butyl-benzol*; 63%; Schmp.: 162°
                      $R^2 = C_6H_5;$ *1,3,5-Tri-tert.-butyl-biphenyl*; 64%; Schmp.: 139°
$R^1 = C_6H_5;$ $R^2 = H;$ *1,3,5-Triphenyl-benzol*; 38%; Schmp.: 172°
                      $R^2 = Cl;$ *2-Chlor-1,3,5-triphenyl-benzol*; 25%; Schmp.: 100–110°
                      $R^2 = C_6H_5;$ *1,2,3,5-Tetraphenyl-benzol*; 35%; Schmp.: 216–218°

2,4,6-Tri-tert.-butyl-λ^3-phosphorin reagiert mit dem System Dichlor-phenyl-methan/Kalium-tert.-butanolat zum *2,4,6-Tri-tert.-butyl-biphenyl* (64%); Schmp.: 139°)[143]. Im Gegensatz zum 2,4,6-Triphenyl-λ^3-phosphorin bilden sich die Arene auch bei der Umsetzung mit Natrium-trichloracetat bzw. (Brom-dichlor-methyl)-phenyl-quecksilber als Dichlorcarben-Vorstufen.

[140] *K. Dimroth* u.*W. Städe*, Angew. Chem. **80**, 966 (1968); engl.: **7**, 881.
     A. Hettche u. *K. Dimroth*, Tetrahedron Lett. **1972**, 829.
[141] *G. Märkl* u.*A. Merz*, Tetrahedron Lett. **1971**, 1269.
[142] *A. Merz*, Dissertation, Universität Würzburg, 1969.
[143] *C. Martin*, Dissertation, Universität Regensburg, 1975.

β) 1,4-λ^3,λ^3-Diphosphorine

A. Herstellung

2,3,5,6,7,8-Hexakis-[trifluormethyl]-7-methoxy-1,4-diphospha-bicyclo[2.2.2]octa-2,5-dien[144, 145] geht in siedendem Hexan unter Argon unter Abspaltung von *trans*-1,1,1,4,4,4-Hexafluor-2-methoxy-2-buten in *2,3,5,6-Tetrakis-[trifluormethyl]-1,4-λ^3*, *λ^3-diphosphorin*[145] über, das nicht in Substanz isoliert wird, aber durch Folgereaktionen nachgewiesen werden kann.

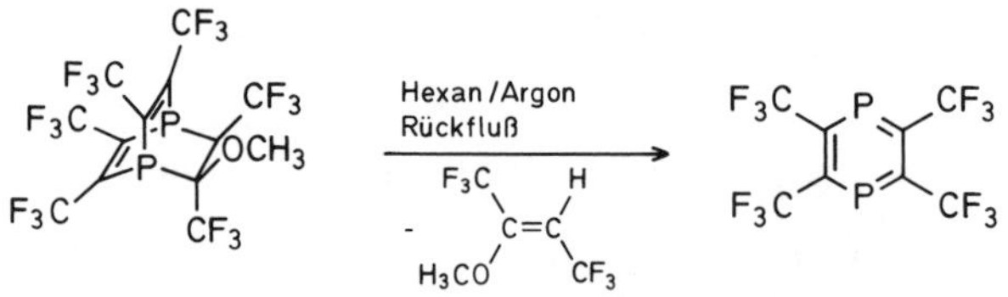

Die durch Umsetzung des 1,4-Diphospha-bicyclo[2.2.2]octatriens I mit Diazomethan bzw. Phenylazid in 1,3-dipolaren Cycloadditionen gebildeten 1:1-Addukte II und III zerfallen bereits unter milden Bedingungen in einer 1,3-dipolaren Cycloreversion zum *2,3,5,6-Tetrakis-[trifluormethyl]-1,4-λ^3,λ^3-diphosphorin* IV und zu den entsprechenden Pyrazolen bzw. Triazolen[146]:

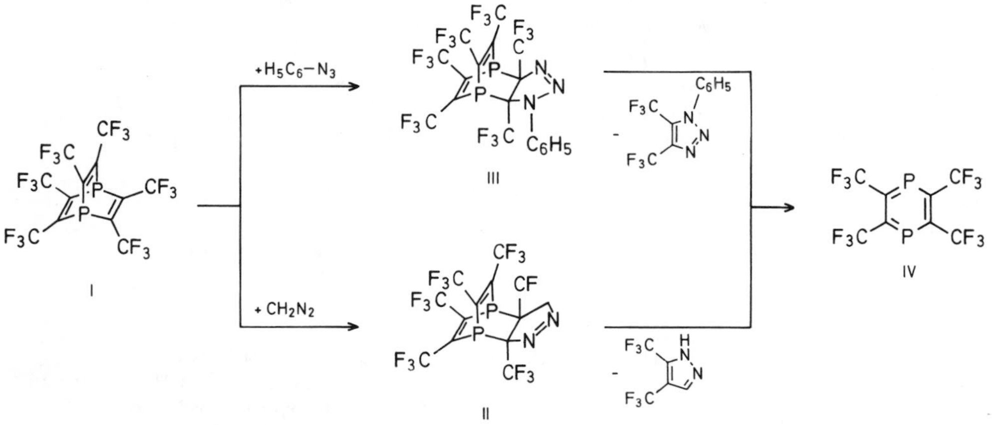

B. Umwandlung

Das auch in Lösung relativ instabile 2,3,5,6-Tetrakis-[trifluormethyl]-1,4-λ^3,λ^3-diphosphorin reagiert in Hexan glatt mit Alkinen zu den entsprechenden 1,4-Diphospha-bicyclo[2.2.2]octatrienen[144]:

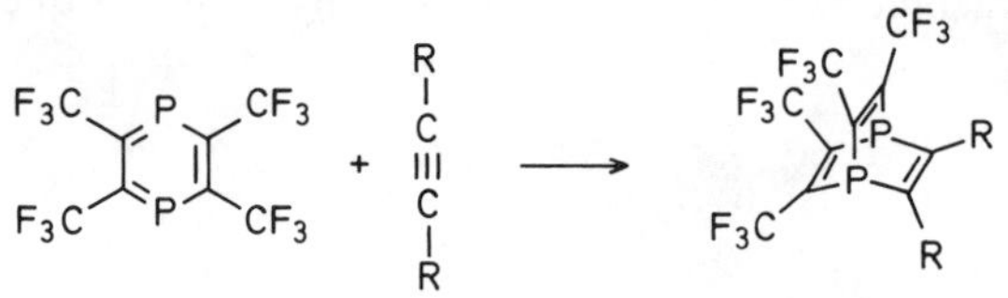

[144] *C. G. Krespan, B. C. McKusick* u. *T. L. Cairns*, J. Am. Chem. Soc. **82**, 1515 (1960).
C. G. Krespan, J. Am. Chem. Soc. **83**, 3432 (1961).
[145] *Y. Kobayashi, J. Kumadaki, A. Ohsawa* u. *H. Hamana*, Tetrahedron Lett. **1976**, 3715.
[146] *Y. Kobayashi, J. Kumadaki, A. Ohsawa* u. *H. Hamana*, Tetrahedron Lett. **1977**, 867.

Beim Erhitzen in Tetrachlormethan (Bombenrohr, 130°) bildet sich neben dem *7,7-Dichlor-2,3,5,6-tetrakis-[trifluormethyl]-1,4-diphospha-bicyclo[2.2.1]heptadien* (27% ; Schmp.: 39–39,5°) das *1,4-Dichlor-2,3,5,6-tetrakis-[trifluormethyl]-1,4-dihydro-1,4-diphosphorin* (nicht isolierbar) [147, 148]:

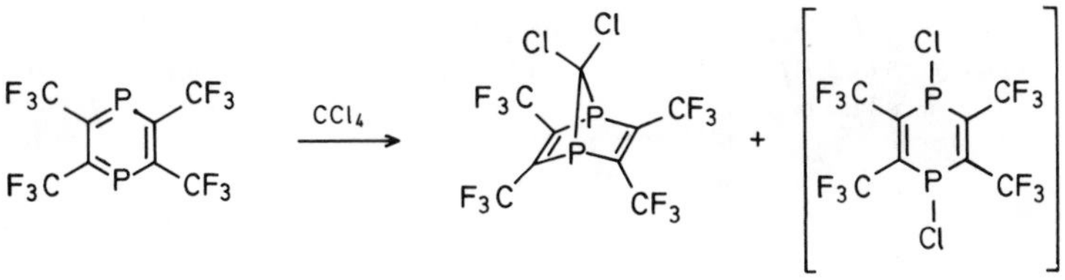

Mit Schwefel wird *2,3,5,6-Tetrakis-[trifluormethyl]-7-thia-1,4-diphospha-bicyclo[2.2.1] heptadien* [149] I und mit 7-Thia-bicyclo[4.1.0]heptan das *9,10,11,12-Tetrakis-[trifluormethyl]-1,8-diphospha-tricyclo[6.2.2.0^{2,7}]dodeca-9,11-dien* [149] (II; ~100%; Schmp.: 130–132°) neben I erhalten:

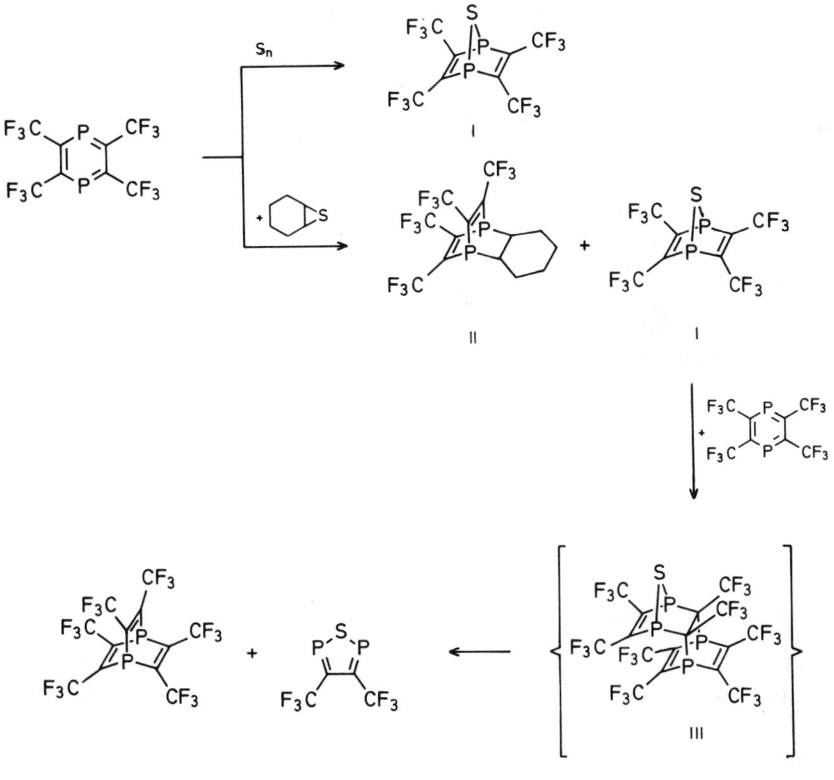

Das Thia-Derivat I ist offenbar als Dienophil zur Umsetzung mit dem 1,4-Diphosphorin zum Cycloadukt III befähigt, das nicht isoliert werden kann, jedoch ist seine Bildung infolge Isolierung des *3,4-Bis-[trifluormethyl]-1,2,5-thiadiphosphols* als labile Zwischenstufe wahrscheinlich.

Beim Belichten einer Lösung von 2,3,5,6-Tetrakis-[trifluormethyl]-1,4-diphosphorin in Perfluorpentan unter Argon in einem unter Vakuum abgeschmolzenen Pyrex-Bombenrohr mit einer Quecksilberhochdrucklampe (72 Stdn.) bildet sich die tricyclische Verbindung IV, die als Dienophil mit Furan bzw. 2,3-Dimethyl-1,3-butadien als Dienen zu V bzw. VI abreagiert [150].

[147] *I. M. Downie, J. B. Lee* u. *M. F. S. Matough*, J. Chem. Soc., Chem. Commun. **1968**, 1350.
[148] *Y. Kobayashi, J. Kumadaki, H. Hamana* u. *S. Fujino*, Tetrahedron Lett. **1977**, 3057.
[149] *Y. Kobayashi, S. Fujino* u. *J. Kumadaki*, J. Am. Chem. Soc. **103**, 2465 (1981).
[150] *Y. Kobayashi, S. Fujino, H. Hamana, Y. Hanzawa, S. Morita* u. *J. Kumadaki*, J. Org. Chem. **45**, 4683 (1980).

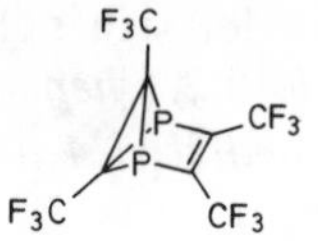

IV; *2,3,5,6-Tetrakis-[trifluormethyl]-*
1,4-diphospha-tricyclo[2.1.1.0^{5,6}]
hex-2-en; flüchtiges farbloses Öl

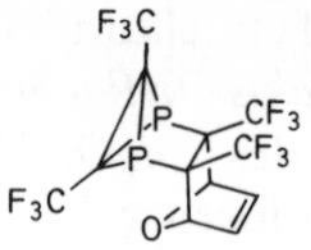

V; *2,4,5,7-Tetrakis-[trifluormethyl]-11-oxa-*
3,6-diphospha-pentacyclo[6.2.1.0^{2,7}.0^{3,5}.0^{4,6}]
undec-9-en; 53%; Schmp.: 66–70°

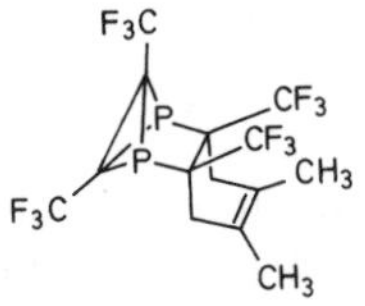

VI; *8,9-Dimethyl-1,3,4,6-tetrakis-*
[trifluormethyl]-2,5-diphospha-
tetracyclo[4.4.0.0^{2,4}.0^{3,5}]dec-8-en;
60%; Schmp.: 55–56°

γ) 1,4-λ^3-Azaphosphorine

A. Herstellung

1. durch Thermolyse von 1,4-Dihydro-1,4-λ^3-azaphosphorinen

3,5-Diphenyl-1,4-λ^3-azaphosphorin (Schmp.: 77–80°) wird beim Erhitzen von 4-tert.-Bu-
tyl-2,6-diphenyl-1,4-dihydro-1,4-azaphosphorin[151] auf 260° unter Reinststickstoff oder
Argon zu 60% erhalten[152]:

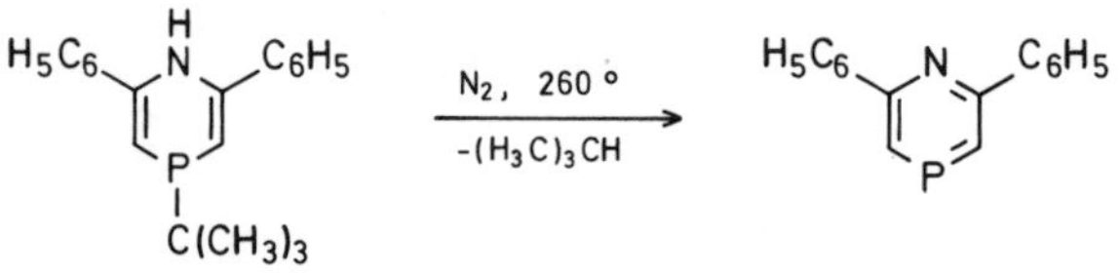

2. durch Thermolyse von 1-Chlor-1,3,5-tri-tert.-butyl-1,4-λ^5-azaphosphorin[153]

Beim Erhitzen von 4-Chlor-2,4,6-tri-tert.-butyl-1,4-λ^5-azaphosphorin auf 280° unter
Stickstoff erhält man unter Abspaltung von Isobuten und Chlorwasserstoff 63% *2,6-Di-
tert.-butyl-1,4-λ^3-azaphosphorin* (Schmp.: 48–51°)[153]:

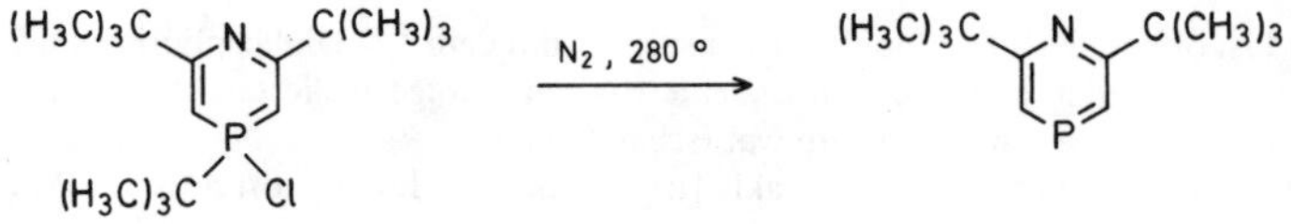

[151] *A. M. Aguiar* u. *H. Aguiar*, J. Am. Chem. Soc. **88**, 4090 (1966).
    A. M. Aguiar, K. C. Hansen u. *G. S. Reddy*, J. Am. Chem. Soc. **89**, 3067 (1967).
[152] *G. Märkl* u. *D. Matthes*, Angew. Chem. **84**, 1069 (1972); engl.: **11**, 1019.
[153] *D. Matthes*, Dissertation, Universität Würzburg 1974.

B. Umwandlung

Die bislang hergestellten 1,4-λ^3-Azaphosphorine zeichnen sich durch eine außerordentliche hohe Reaktivität, insbesondere gegenüber Nucleophilen aus, die durch die hohe Elektronegativitätsdifferenz der Ringheteroatome bedingt ist.

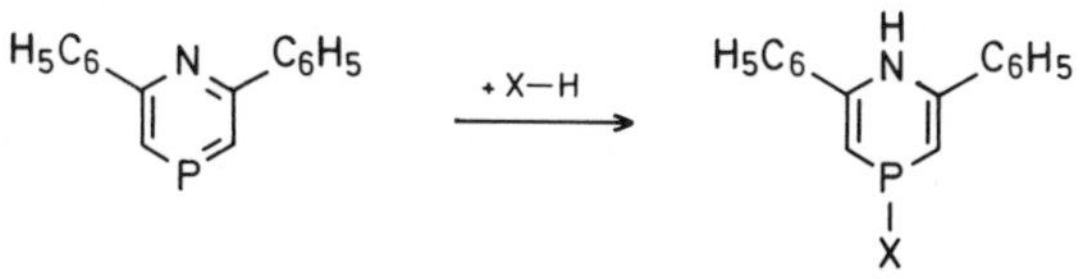

XH = R–OH, R–SH, R$_2$NH, H$_2$O

2,6-Diphenyl-1,4-λ^3-azaphosphorin reagiert z.B. stürmisch mit Wasser, prim., sek. und tert. Alkoholen, Thioalkoholen und Aminen unter 1,4-Addition (das Nucleophil am P-Atom, das Proton am N-Atom) zu 1,4-Dihydro-1,4-azaphosphorinen[152, 153]. Das 3,5-Di-tert.-butyl-1,4-λ^3-azaphosphorin reagiert analog z.B.:

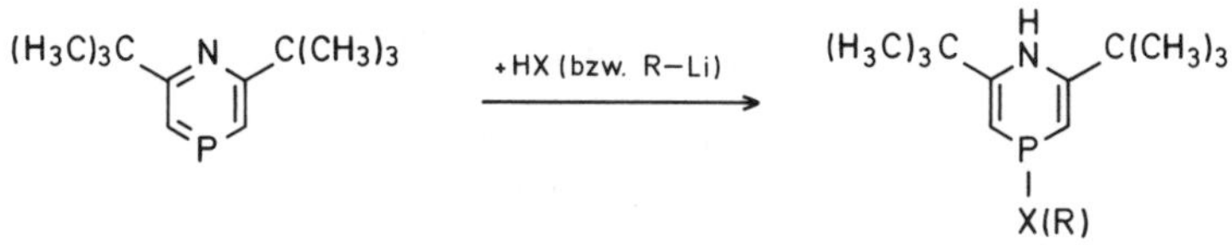

R = C$_6$H$_5$
XH = R–OH, R–SH, R$_2$NH, H$_2$O

---

[152] G. Märkl u. D. Matthes, Angew. Chem. **84**, 1069 (1972); engl.: **11**, 1019.
[153] D. Matthes, Dissertation, Universität Würzburg 1974.

III. Phosphor(III)-Verbindungen der Koordinationszahl 3

a) Phosphane

bearbeitet von

Dr. GEORG ELSNER

Hoechst AG, Werk Knapsack
Hürth-Knapsack

A. Herstellung

1. durch Aufbaureaktion

1.1. aus Phosphanen

1.1.1. durch Substitution

1.1.1.1. mit Alkyl-, Aryl- bzw. Acyl-halogeniden oder Carbonsäureanhydriden

Im nachfolgenden Abschnitt werden Umsetzungen folgenden Typs beschrieben:

$$\text{\textbackslash}P{-}H \;+\; X{-}R \;\longrightarrow\; \text{\textbackslash}P{-}R \;+\; HX$$

Zur Abgrenzung gegen Reaktionen auf S. 160ff. werden nur solche besprochen, bei denen es keinen Hinweis auf eine stabile Zwischenverbindung (ein H-Phosphoniumsalz) gibt. Vom Mechanismus her tritt jedoch ein H-Phosphoniumsalz als Zwischenstufe auf, die entweder sofort thermisch oder durch zugefügte Base zersetzt wird. Manchmal deuten geringe Ausbeuten darauf hin, daß die als Reaktant eingesetzte P–H-Komponente selbst die Rolle der Base übernimmt.

Die Reaktion ist nicht beschränkt auf C-Halogen-Verbindungen, auch Organo-metallhalogenide können eingesetzt werden (s.S. 108).

Eine neue Methode zur Herstellung prim. Alkyl-phosphane stellt die Umsetzung von Alkylhalogeniden mit dem 1:1 Komplex Phosphan-Trichloralan dar, die in guter Aus-

beute zu prim. Phosphanen (nach hydrolytischer Aufarbeitung) führt[1,2]. Bei Einsatz von
1-Brom-dodecan werden jedoch überwiegend Isomere des *Dodecyl-phosphans* erhalten[3].
Phosphan kann auch direkt mit Methylchlorid am A-Kohle-Kontakt bei 300° alkyliert
werden[4]. Je nach Molverhältnis Phosphan:Methylchlorid entstehen *Methyl-, Dimethyl-*
und *Trimethyl-phosphan* in wechselnden Mengenverhältnissen. Gleichzeitig entstehendes
Tetramethyl-phosphoniumchlorid verbleibt auf dem Katalysator und führt zu einem langsamen Aktivitätsabfall. Weitere Nebenprodukte der Reaktion sind Wasserstoff, weißer
Phosphor und Methan[5,6].
Unter milderen Bedingungen reagieren Organo-chloride, deren Chlor-Atom durch elektronenziehende Substituenten aktiviert ist. So kann z. B. bei der Umsetzung von 1,2-Di-
chlor-tetrafluor-cyclobuten mit Diphenyl-phosphan auf den Zusatz einer Base verzichtet
werden[7], desgleichen bei Einsatz von 2,2′-Dichlor-octafluor-1,1′-bicyclobut-1-enyl und
ähnlichen Verbindungen[8]:

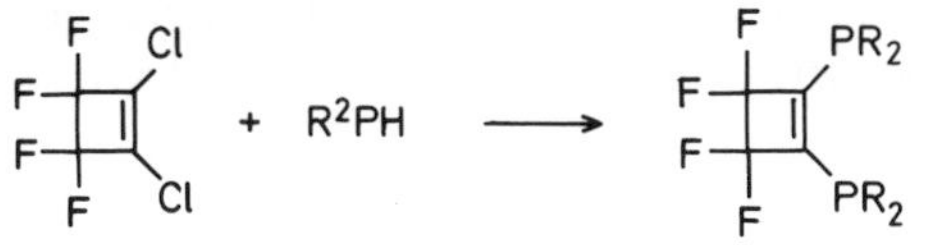

R = C_6H_5; *1,2-Bis-[diphenylphosphano]-tetrafluor-cyclobuten*

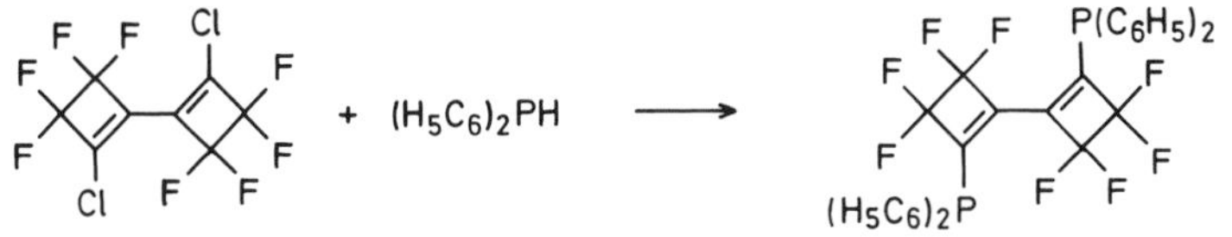

2,2′-Bis-[diphenylphosphano]-octachlor-1,1′-
bicyclobut-1-enyl; 86%

(1-Chlor-alkyliden)-malonsäure-dinitrile setzen sich bereits bei −78° in Ether mit Diphenyl-phosphan um[9]:

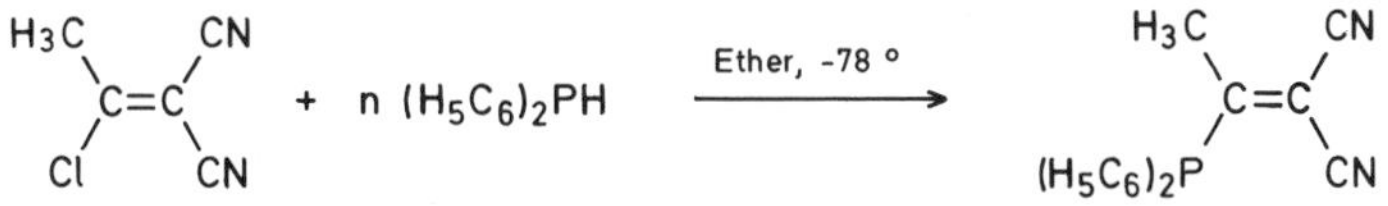

Ether, −78°

(2,2-Dicyan-1-methyl-vinyl)-diphenyl-phosphan; 72%

Die C=C-Doppelbindung wird in keinem Falle angegriffen.
Setzt man weniger aktive Halogen-Verbindungen ein, so muß i. a. eine Base zugefügt werden. In speziellen Fällen dient das eingesetzte Phosphan selbst als Base wie bei der Umsetzung von Diethyl-phosphan mit 3-Chlor-acrylnitril[10]:

[1] *F. Pass, E. Steininger* u. *H. Zorn*, Monatsh. Chem. **93**, 230 (1962).
[2] DE AS 1126867 (1962/1959), Farbw. Hoechst, Erf.: *H. Zorn, F. Pass* u. *E. Steininger*.
[3] *H. R. Hays*, J. Org. Chem. **31**, 3817 (1966).
[4] DE OS 2407461 (1975/1974), Hoechst AG, Erf.: *K. Hestermann, B. Lippsmeier* u. *G. Heymer*.
[5] *K. Hestermann*, Hoechst AG, unveröffentlicht 1976.
[6] *H. Harnisch*, Angew. Chem. **88**, 517 (1976).
[7] *R. F. Stockel*, Can. J. Chem. **47**, 867 (1969).
[8] *W. R. Cullen* et al., Can. J. Chem. **54**, 2871 (1976) und dort zitierte Literatur.
[9] *K. Issleib* u. *H. Schmidt*, Z. Anorg. Allg. Chem. **459**, 131 (1979).
[10] *K. D. Gundermann* u. *A. Garming*, Chem. Ber. **102**, 3023 (1969).

$$Cl-CH=CH-CN \quad + \quad (H_5C_2)_2PH \quad \xrightarrow[-[(H_5C_2)_2PH_2]Cl]{} \quad (H_5C_2)_2P-CH=CH-CN$$

(2-Cyan-vinyl)-diethyl-phosphan; 45%

Cyanursäurechlorid setzt sich mit Diphenyl-phosphan zu *2,4,6-Tris-[diphenylphospha-no]-1,3,5-triazin* um[11].

Bei der Umsetzung von Diphenyl-phosphan mit Chlor-essigsäure-ethylester zum *Diphe-nyl-(ethoxycarbonyl-methyl)-phosphan* dient Oxiran[12] als Hilfsbase:

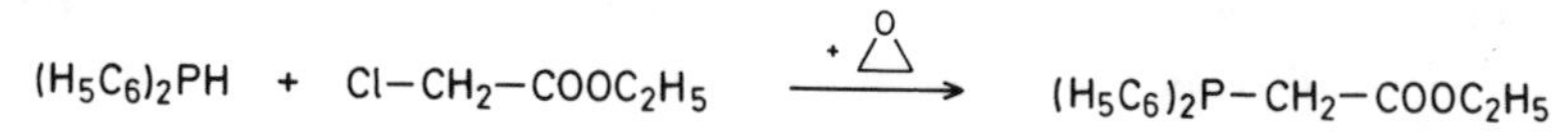

$$(H_5C_6)_2PH \quad + \quad Cl-CH_2-COOC_2H_5 \quad \xrightarrow{+\ \overset{O}{\triangle}} \quad (H_5C_6)_2P-CH_2-COOC_2H_5$$

Auf Basen-Zusatz kann i.a. nicht mehr verzichtet werden, wenn die entstehenden Phosphane säureempfindliche Gruppen enthalten oder aber die Halogenide zu inaktiv sind. So gelingt die Umsetzung von Diphenyl-phosphan mit Triphenyl-germaniumbromid zum *Di-phenyl-triphenylgermanyl-phosphan* nur bei Anwesenheit von Triethylamin[13]:

$$(H_5C_6)_2PH \quad + \quad (H_5C_6)_3Ge-Br \quad \xrightarrow[-[(H_3C_2)_3NH]Br]{+(H_5C_2)_3N} \quad (H_5C_6)_2P-Ge(C_6H_5)_3$$

Diphenyl-triphenylgermyl-phosphan[13]: Zu einer Lösung von 3,8 g (10 mmol) Triphenyl-germaniumbromid in 60 *ml* wasserfreiem und mit Stickstoff-ges. Benzol tropft man bei 20° unter Rühren und in Stickstoff-Atmosphäre 1,9 g (~ 10 mmol) Diphenyl-phosphan und anschließend die äquimolare Menge Triethylamin (frisch über Calciumhydrid destilliert). Es scheidet sich innerhalb kurzer Zeit farbloses Triethylammoniumbromid ab. Nach 2 Stdn. Rühren und 12 Stdn. Stehen wird der Niederschlag über eine G3-Umkehrfritte abgesaugt. Nach Abdestillieren des Benzols aus dem klaren Filtrat verbleibt ein Öl, das mit Methylcyclohexan bis zur Kristallbildung angerieben wird. Die Kristalle werden anschließend in einer Umkehrfritte abgesaugt, mit Methylcyclohexan nachgewaschen und mit Stickstoffgas getrocknet; Ausbeute: 2,4 g (48%); Schmp.: 159–161°.

Ähnlich erhält man die in Tab. 11 (S. 109) aufgeführten Verbindungen.

Die sehr reaktiven Carbonsäure-halogenide und -anhydride setzen sich mit Phosphan, prim. oder sek. Phosphanen zu Acyl-phosphanen um. Die Umsetzung von Phosphan mit Benzoylchlorid (4. Aufl., Bd. XII/1, S. 73) führt nur unter sorgfältigem Luftausschluß zum spektroskopisch reinen *Tribenzoyl-phosphan*[14]. Bei der Umsetzung mit prim. Phosphanen läßt sich durch Wahl des Säurefängers gezielt Mono- oder Disubstitution erreichen. So reagiert (Methoxycarbonyl-methyl)-phosphan mit einem Unterschuß an Acetylchlorid in Benzol in Anwesenheit von fein gepulvertem, getrocknetem Kaliumcarbonat zum *Acetyl-(methoxycarbonyl-methyl)-phosphan* (54%), während die Umsetzung mit überschüssigem Acetylchlorid und Triethylamin zum *Diacetyl-(methoxycarbonyl-methyl)-phosphan* (65%) führt[15]. Auch cyclische Carbonsäure-phosphide sind nach dieser Methode zugänglich; z.B.:

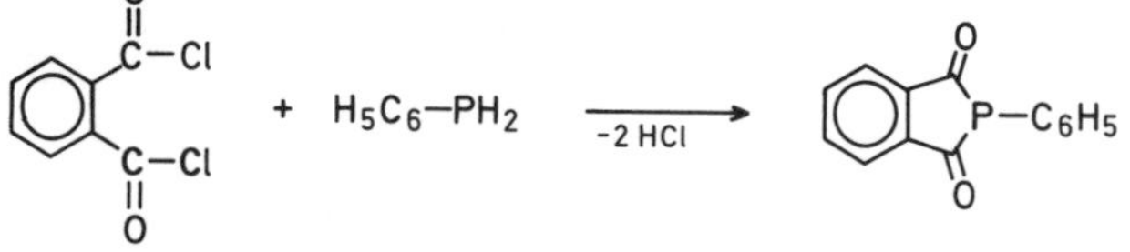

[11] *W. Hewertson, R.A. Shaw* u. *B.C. Smith*, J. Chem. Soc. **1964**, 1020.
[12] FR. Demande 24 01 931 (1979/1977), *A.I. Razumov, R.I. Tarasova, V.G. Nikolaeva* u. *R.L. Yafarova*.
[13] *H. Schumann, P. Schwabe* u. *O. Stelzer*, Chem. Ber. **102**, 2900 (1969).
[14] *D. Kost, F. Cozzi* u. *K. Mislow*, Tetrahedron Lett. **22**, 1983 (1979).
[15] *K. Issleib* u. *R. Kümmel*, Z. Naturforsch. **22 b**, 784 (1967).

Tab. 11: Tert.-Organometall-phosphane aus Phosphanen mit Organo-metallhalogeniden

$R_{3-n}PH_n$ [mmol]	$R_{4-n}MX_n$ [mmol]	$(H_5C_2)_3N$ [mmol]	Reaktionsprodukt	Ausbeute [%]	Schmp. [°C]	Literatur
PH_3	$(H_3C)_3Sn–Cl$ [250]	250	Tris-[trimethylstannyl]-phosphan	89	(Sdp.: 116–117/1,5Torr/ 0,2 kPa)	13
	$(H_5C_6)_3Sn–Cl$ [10]	10	Tris-[triphenylstannyl]-phosphan	87	201	13
	$(H_3C)_3Pb–Cl$ [20]	20	Tris-[trimethylblei]-phosphan	42	48–49	13
$H_5C_6–PH_2$ [10]	$(H_5C_6)_3Ge–Cl$ [20]	20	Bis-[triphenylgermanyl]-phenyl-phosphan	33	110	13
	$(H_5C_6)_3Sn–Cl$ [20]	20	Bis-[triphenylstannyl]-phenyl-phosphan	90	180	13
$(H_5C_6)_2PH$ [20]	$SnCl_4$ [5]	20	Tetrakis-[diphenyl-phosphano]-stannan	58	106–107	16
[10]	$(H_9C_4)_3Sn–Cl$ [10]	10	Diphenyl-tributyl-stannyl-phosphan	66	90–96	16
[50]	$(H_6C_5)_3Sn–Cl$ [50]	50	Diphenyl-triphenyl-stannyl-phosphan	90	127–130	13

1,3-Dioxo-1,3-dihydro-2H-1,3,2-benzophosphol[18]: Zu 5 g Phenyl-phosphan und 35 g feingepulvertem Kalium-carbonat in 600 ml Diethylether läßt man innerhalb 2 Stdn. unter Rühren und Kochen 11 g Phthalsäure-dichlorid in 200 ml Diethylether tropfen. Das Reaktionsgemisch wird 3 Stdn. unter Rückfluß gekocht, dann warm über eine G3-Fritte filtriert und die Lösung bis auf ~ 100 ml eingeengt. Ausgefallenes gelbes Produkt wird abfiltriert und durch Waschen mit Diethylether von öligen Nebenprodukten gereinigt; Ausbeute: 7,1 g (~ 54%); Schmp.: 72–73°.

Die Umsetzung von prim. Phosphanen mit Dicarbonsäure-dichloriden führt in der Regel nicht zu einheitlichen cyclischen Verbindungen, sondern zu nicht charakterisierbaren Produkten höherer Molgewichte[18].

Weitere Acylphosphane, die nach vorstehendem Reaktionsprinzip hergestellt werden können, sind in Tab. 12 aufgeführt.

Tab. 12: Acyl-phosphane aus Diorgano-phosphanen mit Acylhalogeniden

Phosphan	Acylhalogenid	Hilfsbase	Acyl-Phosphan	Ausbeute [%]	Literatur
$(H_9C_4)_2PH$	$F_7C_3–CO–Cl$	$(H_5C_2)_3N$	Dibutyl-pentafluorpropa-noyl-phosphan	20	19
$[(H_3C)_2CH]_2PH$	$(H_3C)_3C–CO–Cl$	Pyridin	Diisopropyl-(2,2-dimethyl-propanoyl)-phosphan	–	20
$H_5C_6–PH–CH_2–C_6H_5$	$H_3C–CO–Cl$	$(H_5C_2)_3N$	Acetyl-benzyl-phenyl-phosphan	84	21
$H_{11}C_6–PH–C_6H_5$	$H_3C–CO–Cl$	$(H_5C_2)_3N$	Acetyl-cyclohexyl-phenyl-phosphan	71	21

In einigen Fällen kann das Acylhalogenid auch durch das entsprechende Anhydrid ersetzt werden. Vorteilhaft ist, daß hierbei auf die Hilfsbase verzichtet werden kann, so daß sich die Isolierung und ggfls. destillative Reinigung sehr einfach durchführen lassen. So erhält man z.B.:

[13] H. Schumann, P. Schwabe u. O. Stelzer, Chem. Ber. **102**, 2900 (1969).
[16] H. Schumann, H. Köpf u. M. Schmidt, J. Organomet. Chem. **2**, 159 (1964).
[18] K. Issleib, Kr. Mohr u. H. Sonnenschein, Z. Anorg. Allg. Chem. **408**, 266 (1974).
[19] I. L. Knunyants et al., Zh. Vses. Khim. Obshchest. **17**, 346 (1972); C.A. **77**, 126770j (1972).
[20] R. G. Kostyanovskii et al., Izv. Akad. Nauk SSSR, Ser. Khim. **1975**, 901; C.A. **83**, 97468h (1975).
[21] E. Lindner u. G. Frey, Chem. Ber. **113**, 3268 (1980).

Bis-[(3-trifluormethyl)-phenyl]-trifluoracetyl-phosphan[22]   62%; Sdp.: 98°/0,01 Torr (1,3 Pa)
Bis-[2,4,6-trimethyl-phenyl]-trifluoracetyl-phosphan[22]   100%; Schmp.: 96°
5-Acetyl-5H-dibenzophosphol[23]   78%; Sdp.: 178°/11 Torr (1,3 kPa)
5-Trifluoracetyl-5H-dibenzophosphol[23]   86%; Schmp.: 53°

1.1.1.2. mit Aminen

Während bei den im vorstehenden Abschnitt beschriebenen Reaktionen überwiegend die Existenz eines intermediären Phosphonium-Ions, das durch eine Hilfsbase gespalten werden muß, anzunehmen ist, leiten die zuletzt beschriebenen Reaktionen mit Carbonsäureanhydriden zu einem Reaktionstyp über, der mit einem Additions-Eliminations-Mechanismus ohne stabile Zwischenstufe beschrieben werden kann. In speziellen Fällen kann auch ein Substitutionsmechanismus angenommen werden[24], der, falls eindeutige Hinweise auf eine C=N-Doppelbindung vorliegen, auf S. 127 beschrieben wird.

Allgemein können die Umsetzungen mit Aminen wie folgt beschrieben werden:

$$\ \diagdown\!\!\diagup\!\!PH \ + \ NR_3 \ \rightleftharpoons \ \diagdown\!\!\diagup\!\!P{-}R \ + \ HNR_2$$

Die Reaktion läuft dann besonders gut, wenn das Amin als Produkt gasförmig entweichen kann, d.h. das offensichtlich anzunehmende Gleichgewicht in Richtung der Produkte verschoben werden kann.

So reagieren die Metall-amide Dimethylamino-trimethyl-stannan bzw. -german bereits bei −30° bzw. −50° mit Methyl-[25], Diphenyl-[26] bzw. Di-tert.-butyl-phosphan[27] unter Abspaltung von Dimethylamin in guten Ausbeuten zu den entsprechenden Diorgano-trialkylmetall-phosphanen. Auf analoge Weise wird *Tris-[trimethylgermanyl]-phosphan* aus Phosphan erhalten[28]. C-Phosphonylierungen sind i.a. nur möglich bei speziellen Aminen, die aktivierende Gruppen in der Nähe der zu spaltenden R–N-Bindung enthalten (s. Tab. 13, S. 111).

Nicht aktivierte Amine (bevorzugt Methylamine) können nur bei hohen Temperaturen (∼250–350°) an Aktiv-Kohle-Kontakten mit Phosphan umgesetzt werden. Bei Verweilzeiten von einigen Sekunden entsteht ein Gemisch prim., sek. und tert. Phosphane und Amine neben Ammoniak, Wasserstoff, Methan und elementarem Phosphor. Durch geeignete Wahl der Zusammensetzung der Reaktanten läßt sich die Produktverteilung weitgehend beeinflussen, so daß *Methyl-* oder *Trimethyl-phosphan* erhalten wird[31].

1.1.1.3. mit Ethern, Alkoholen usw.

2,4,6-Tris-[diphenylphosphano]-1,3,5-triazin wird in guter Ausbeute durch Umsetzung von 2,4,6-Triphenoxy-1,3,5-triazin mit Diphenyl-phosphan erhalten (s.a. S. 108)[11]:

$$3\,(H_5C_6)_3PH \ + \quad\quad\quad \xrightarrow[-H_5C_6-OH]{180°} \quad\quad\quad$$

---

[11] *W. Hewertson, R. A. Shaw* u. *B. C. Smith*, J. Chem. Soc. **1964**, 1020.
[22] *E. Lindner* u. *G. Frey*, Chem. Ber. **113**, 2769 (1980).
[23] *E. Lindner* u. *G. Frey*, Z. Naturforsch. **35b**, 1150 (1980).
[24] *K. Kellner, S. Rothe, E.-M. Steyer* u. *A. Tzschach*, Phosphorus Sulfur **8**, 269 (1980).
[25] *I. Schumann-Ruidisch* u. *J. Kuhlmey*, J. Organomet. Chem. **16**, P26–P28 (1969).
[26] *K. Jones* u. *M. F. Lappert*, J. Organomet. Chem. **3**, 295 (1965).
[27] *H. Schumann, L. Roesch* u. *O. Stelzer*, J. Organomet. Chem. **21**, 351 (1970).
[28] *I. Schumann* u. *H. Blass*, Z. Naturforsch. **21b**, 1105 (1966).
[31] DE PS 26 36 558 (1979/1976), Hoechst AG, Erf.: *K. Hestermann, G. Heymer, H. Vollmer* u. *E.G. Schlosser*.

Tab. 13: tert. Phosphane aus prim. und. und sek. Phosphanen mit aktivierten Aminen

Phosphan	Amin	Reaktions-bedingungen	Produkt	Ausbeute [%]	Schmp. [°C]	Literatur
$[(H_3C)_2CH]_2PH$	$[(H_3C)_2N]_2\,CH_2$	50, $F_3C-COOH$	Diisopropyl-(dimethylamino-methyl)-phosphan	81	(Sdp.: 69°/8 Torr/1 kPa)	[29]
$(H_5C_6)_2PH$	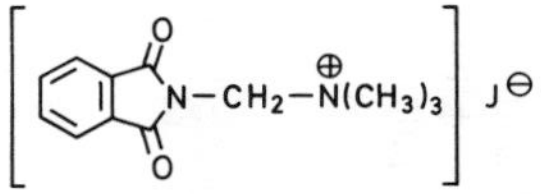 $[N-CH_2-N(CH_3)_3]^{\oplus}\ J^{\ominus}$ (Phthalimid)	$NaOC_2H_5$, C_2H_5OH, Rückfluß	Diphenyl-(phthalimido-me-thyl)-phosphan	65	136–137	[30]
	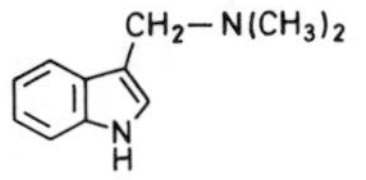 $CH_2-N(CH_3)_2$ (Indol)	150/1,5 Stde.	Diphenyl-(3-indolylmethyl)-phosphan	82	89–92	[24]
	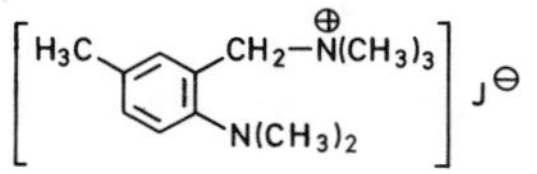 $[H_3C-\ CH_2-N(CH_3)_3^{\oplus}\ N(CH_3)_2]^{\ominus}\ J^{\ominus}$	H_2O/C_2H_5OH Rückfluß	(2-Dimethylamino-5-methyl-benzyl)-diphenyl-phosphan	50	(Sdp.: 185–192°/0,01 Torr/0,0013 kPa)	[24]

[24] K. Kellner, S. Rothe, E.-M. Steyer u. A. Tzschach, Phosphorus Sulfur **8**, 269 (1980).
[29] R. G. Kostyanovskii et al., Izv. Akad. Nauk SSSR, Ser. Khim. **1977**, 249; engl.: 222.
[30] A. Tzschach u. K. Kellner, J. Prakt. Chem. **316**, 851 (1974).

Das Phenol entweicht gasförmig und verschiebt so das Gleichgewicht nach rechts. Ähnlich verläuft die Umsetzung von Diphenyl- oder Di-tert.-butyl-phosphan mit Bis-[4-dimethylamino-phenyl]-carbinol (Michlers Hydrol)[32]:

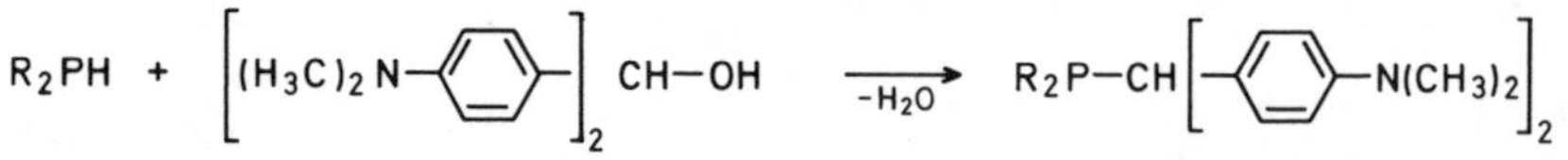

$$R_2PH \ + \ \left[(H_3C)_2N-\!\!\left\langle\bigcirc\right\rangle\!\!-\right]_2 CH-OH \quad \xrightarrow[-H_2O]{} \quad R_2P-CH\left[-\!\!\left\langle\bigcirc\right\rangle\!\!-N(CH_3)_2\right]_2$$

(Bis-[4-dimethylamino-phenyl]-...
-methyl)-phosphan
R = C(CH₃)₃; ...-di-tert.-butyl- ...; 66%
R = C₆H₅; ...-diphenyl-...; 90%

Nach einem vergleichbaren Schema verläuft die Umsetzung sek. Phosphane mit Hexabutyl-distannoxan, Dialkylthallium-dimethylamid, Dimethoxy-dimethylamino-methan oder 4-Methoxymethyl-morpholin:

$$2\,(H_5C_6)_2PH \ + \ [(H_9C_4)_3Sn]_2O \quad \xrightarrow[-H_2O]{} \quad 2\,(H_5C_6)_2P-Sn(C_4H_9)_3$$

Diphenyl-tributylstannyl-phosphan[33];
71%; Sdp.: 160–163° (0,01 Torr/ 0,0013 kPa)

$$(H_5C_6)_2PH \ + \ (H_3C)_2Tl-N(CH_3)_2 \quad \xrightarrow[-(H_3C)_3NH]{-30°} \quad (H_5C_6)_2P-Tl(CH_3)_2$$

Diphenyl-dimethylthallium-phosphan[34];
~ 100%; Schmp.: 108–109° (Zers.)

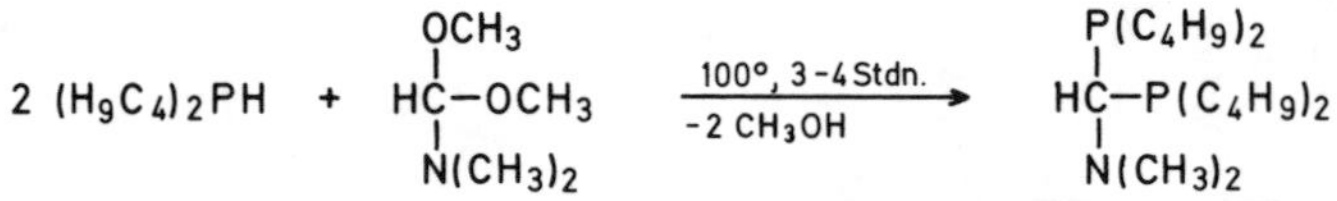

$$2\,(H_9C_4)_2PH \ + \ \begin{matrix} OCH_3 \\ | \\ HC-OCH_3 \\ | \\ N(CH_3)_2 \end{matrix} \quad \xrightarrow[-2\,CH_3OH]{100°,\ 3-4\,Stdn.} \quad \begin{matrix} P(C_4H_9)_2 \\ | \\ HC-P(C_4H_9)_2 \\ | \\ N(CH_3)_2 \end{matrix}$$

Bis-[dibutylphosphano]-dimethylamino-methan[35];
54%; Sdp: 121–122° (0,01 Torr/ 0,0013 kPa)

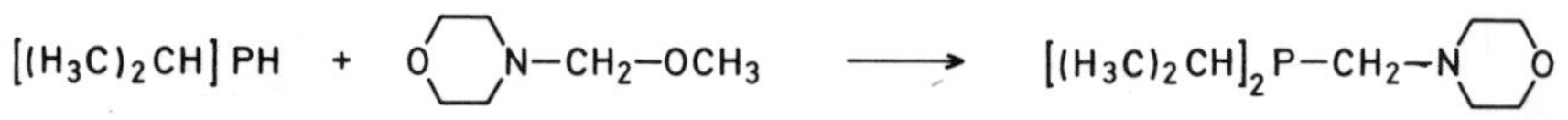

$$[(H_3C)_2CH]\,PH \ + \ O\!\!\left\langle\bigcirc\right\rangle\!\!N-CH_2-OCH_3 \quad \longrightarrow \quad [(H_3C)_2CH]_2\,P-CH_2-N\!\!\left\langle\bigcirc\right\rangle\!\!O$$

Diisopropyl-morpholinomethyl-phosphan[36];
86%; Sdp.: 87° (0,03 Torr/ 0,004 kPa)

Phosphan kann auch mit Butanol bzw. Cyclohexanol bei 200–300° an spez. Zeolithen[37] zu Tributyl- bzw. Tricyclohexyl-phosphan alkyliert werden. Diphenyl-phosphan liefert mit Bis-[2-oxo-propyl]-quecksilber Diphenyl-(2-oxo-propyl)-phosphan[38], während Trimethyl-thallium unter Methan-Abspaltung Dimethylthallium-diphenyl-phosphan[34] ergibt. Die stille elektrische Entladung eines Gemisches aus Phosphan und Methylsilan liefert (Methylsilanyl)-phosphan[39].

---

[32] N.N. Bychkov, A.I. Bokanov u. B.I. Stepanov, Zh. Obshch. Khim. 49, 1460 (1979); C.A. 91, 159020g (1979).
[33] K. Issleib u. B. Walther, J. Organomet. Chem. 10, 177 (1967).
[34] B. Walther u. S. Bauer, J. Organomet. Chem. 142, 177 (1977).
[35] K. Issleib u. M. Lischewski, J. Organomet. Chem. 46, 297 (1972).
[36] R.G. Kostyanovskii et al., Izv. Akad. Nauk SSSR, Ser. Khim. 1979, 1590; engl.: 1470.
[37] US 3352925 (1967/1964), Mobil Oil Corp., Erf.: L.A. Hamilton; C.A. 68, 49762t (1968).
[38] Z.S. Novikova et al., Zh. Obshch. Khim. 41, 831 (1971); engl.: 838.
[39] J.E. Drake u. J.W. Anderson, J. Chem. Soc. [A] 1971, 1424.

1.1.2. durch Addition

1.1.2.1. an Alkene, Diene und Cycloalkadiene

Die Umsetzung P–H-funktioneller Verbindungen mit C=C-Doppelbindungen bietet infolge der guten Verfügbarkeit der verschiedensten Alkene – auch im technischen Maßstab – Zugang zu einer großen Vielfalt von Phosphanen (s. a. 4. Aufl., Bd. XII/1, S. 25 ff.). Die Addition kann durch Säuren oder Basen, Radikalstarter (z. B. Azobisisobutyronitril, Diorganoperoxide), UV-Strahlung, γ-Strahlen oder durch bloßes Erwärmen der Komponenten bewirkt werden.

So kann Diethyl- oder Di-tert.-butyl-phosphan mit Methyl-vinyl-ether in guter Ausbeute zum *Diethyl-* (70%; Sdp.: 90–93°/ 30 Torr/ 5,3 kPa) bzw. *Di-tert.-butyl-(1-methoxy--ethyl)-phosphan* (60%; Sdp.: 54–56°/ 0,04 Torr/ 0,0053 kPa) in Anwesenheit katalytischer Mengen Trifluoressigsäure umgesetzt werden[40] (Markownikoff-Produkt):

$$R_2PH \;+\; H_2C{=}CH{-}OCH_3 \quad \xrightarrow{F_3C-COOH} \quad R_2P{-}\underset{\underset{CH_3}{|}}{C}H{-}OCH_3$$

Hingegen entsteht bei der Umsetzung von Methyl-phosphan mit Acrylsäure in überschüssiger wäßriger Salzsäure nur das *anti*-Markownikoff-Produkt[41] [*(2-Carboxy-ethyl)-methyl-phosphan*]:

$$H_3C{-}PH_2 \;+\; H_2C{=}CH{-}COOH \quad \xrightarrow{HCl} \quad \left[H_3C{-}\overset{\overset{H}{|}}{\underset{\underset{H}{|}}{P}}{}^{\oplus}{-}CH_2{-}CH_2{-}COOH \right] Cl^{\ominus}$$

Auch die basisch katalysierte Umsetzung führt zum *anti*-Markownikoff-Produkt, jedoch ist die Umsetzung beschränkt auf aktivierte Olefine. Tab. 14 (S. 114) zeigt den Umfang dieser Reaktion und ihr synthetisches Potential auf.

Ebenfalls aktivierend auf die C=C-Doppelbindung wirken Isocyan-[42] oder Silyl-Gruppen[43].

Der Anwendungsbereich der radikalisch katalysierten Umsetzung PH-haltiger Verbindungen ist nicht auf aktivierte Olefine beschränkt. Die Radikalkettenreaktion kann durch Starter (z. B. Azobisisobutyronitril, Diorganoperoxide) oder durch energiereiche Strahlung (UV von 3600 Å, γ-Strahlen) eingeleitet werden. Während bei chemischen Initiatoren, speziell bei größeren Ansätzen, Nebenreaktionen, bes. Oxidation bei Diorganoperoxid-Zusatz stets ausbeutemindernd wirken, bzw. Trennprobleme herbeiführen, so ist bei Initiierung durch Strahlung mit sehr langen Reaktionszeiten zu rechnen (geringe UV-Absorptionskoeffizienten, Umlagerungsprodukte etc.). Bei reaktiveren Olefinen (Styrol) ist zusätzlich mit Polymerisation zu rechnen. Weitere Nebenprodukte können durch Markownikoff-Addition entstehen. So sind z. B. bei der Umsetzung von Phosphan mit 1-Octen zum *Trioctyl-phosphan* stets drei Isomere nachweisbar:

$$PH_3 \;+\; H_2C{=}CH{-}C_6H_{13} \quad \longrightarrow \quad H_3C{-}(CH_2)_7{-}PH_2 \;+\; H_3C{-}(CH_2)_5{-}\underset{\underset{CH_3}{|}}{C}H{-}PH_2 \;+\; \cdots$$

was zu theoretisch 4, praktisch aber nur 3 nachweisbaren Isomeren führt, die durch hochauflösende ^{31}P–NMR-Spektroskopie nachgewiesen werden können[44]. Insofern ist speziell

[40] *B. D. Dombeck*, J. Org. Chem. **43**, 3408 (1978).
[41] DE AS 25 40 283 (1980/1975), Hoechst AG, Erf.: *H. Vollmer* u. *K. Hestermann*.
[42] *R. B. King* u. *A. Efraty*, J. Am. Chem. Soc. **93**, 564 (1971).
[43] *J. Grobe* u. *U. Moeller*, J. Organomet. Chem. **17**, 263 (1969).
[44] *G. Elsner*, Hoechst AG, Werk Knapsack 1981, unveröffentlicht.

Tab. 14: Phosphane durch basenkatalysierte Umsetzung von P–H–Verbindungen mit Alkenen

PH-Verbindung	Alken	Base	Produkt	Ausbeute [%]	Schmp. [°C]	Literatur
PH_3	$H_2C=CH-P(C_6H_5)_2$	H_5C_6-Li	*Tris-[2-diphenylphosphano-ethyl]-phosphan*	24	131	45
H_3C-PH_2	$\overset{S}{\overset{\|}{H_2C=CH-P(CH_3)_2}}$	$KO-C(CH_3)_3$	*Bis-[2-(dimethyl-thiophosphoryl)-ethyl]-methyl-phosphan*	76 (Roh)	83–84	46
$H_5C_6-PH_2$	$H_2C=CH-P(C_6H_5)_2$	H_5C_6-Li	*Bis-[2-diphenylphosphano-ethyl]-phenyl-phosphan*	87	127	45
	$H_5C_6-CH=CH-SO_2-C_6H_5$	$Na-PH-C_6H_5$	*Bis-[2-phenylsulfon-1-phenyl-ethyl]-phenyl-phosphan*	66	142–143	47
$(H_5C_6)_2PH$	$H_2C=CH-P(C_6H_5)_2$	H_5C_6-Li	*1,2-Bis-[diphenylphosphano]-ethan*	80	139–140	45
	$H_2C=CH-\underset{C_6H_5}{\overset{F}{\underset{\|}{\overset{\|}{P}}}}-C_6H_5$ (mit F, C_6H_5)	$KO-C(CH_3)_3$	*Difluor-diphenyl-(2-diphenylphos-phano-ethyl)-phosphoran*	45	185	48
	$H_2C=CH-\underset{O-C(CH_3)_3}{\overset{C_6H_5}{\underset{\|}{\overset{\|}{P}}}}$	$KO-C(CH_3)_3$	*tert.-Butyloxy-(2-diphenylphosphano-ethyl)-phenyl-phosphan*	–ᵃ	–	49
	$[H_2C=CH-P(C_6H_5)_2](CO)_5W$	$KO-C(CH_3)_3$	*(1,2-Bis-[diphenylphosphano]-ethyl)-pentacarbonyl-wolfram*	72	122	50
	$H_2C=CH-SO_2-N(CH_3)_2$	$Na-P(C_6H_5)_2$	*(2-Dimethylaminosulfonyl-ethyl)-di-phenyl-phosphan*	34	98	51
	$H_2C=CH-SO_2-N(CH_2-CH=CH_2)_2$	$Na-P(C_6H_5)_2$	*(2-Diallylamino-ethyl)-diphenyl-phosphan*	90	70	51
	$H_2C=CH-CH_2-SO_2-N(CH_3)_2$	$Na-P(C_6H_5)_2$	*(3-Dimethylamino-propyl)-diphenyl-phosphan*	82	113	51

ᵃ Nach Reduktion zum *(2-Diphenylphosphano-ethyl)-phenyl-phosphan* 57%.

[45] *R. B. King* u. *P. M. Kapoor*, J. Am. Chem. Soc. **93**, 4158 (1971). s. a.: US 3657298 (1972/1970), Pressure Chem. Co., Erf.: *R. B. King* u. *P. N. Kapoor*.

[46] *R. B. King* u. *J. C. Cloyd*, jun., J. Am. Chem. Soc. **97**, 53 (1975).

[47] *K. Issleib* u. *P. v. Malotki*, J. Prakt. Chem. **315**, 463 (1974).

[48] *I. Ruppert*, Z. Naturforsch. **34b**, 662 (1979).

[49] *R. B. King*, *J. C. Cloyd*, jun. u. *P. M. Kapoor*, J. Chem. Soc. [Perkin Trans. 1] **1973**, 2226.

[50] *R. L. Keiter* et al., J. Am. Chem. Soc. **101**, 2638 (1979).

[51] *K. Issleib* u. *Kl. Zimmermann*, Z. Anorg. Allg. Chem. **436**, 20 (1977).

PH-Verbindung	Alken	Starter[a]	Produkt	Ausbeute [%]	Sdp. [°C]	Sdp. [Torr(kPa)]	Literatur
PH_3	$F_2C=CF_2$	UV, 160 Stdn.	(1,1,2,2-Tetrafluor-ethyl)-phosphan	58	18–20	734 (97,9)	52
$NC-CH_2-CH_2-PH_2$	$H_2C=CH-P(C_6H_5)_2$	ABIN/UV	Bis-[2-diphenylphosphano-ethyl]-(2-cyan-ethyl)-phosphan	99	–	–	53
$H_5C_6-PH_2$	$H_2C=CH-P(C_3H_7)_2$	ABIN	Bis-[2-dipropylphosphano-ethyl]-phenyl-phosphan	56	142–145	1 (0,13)	54
	$H_2C=CH-CH_2-NH_2$	ABIN	Bis-[3-amino-propyl]-phenyl-phosphan	78	148–149	1 (0,13)	55
$(H_3C)_2PH$	$\overset{Cl}{\underset{F}{C}}=\overset{F}{\underset{F}{C}}$	UV, 6 Stdn.	(2-Chlor-1,1,2-trifluor-ethyl)-dimethyl-phosphan	43	110	400 (53,3)	56
	$H_2C=CH-(CH_2)_8-COOH$	ABIN	(10-Carboxy-decyl)-dimethyl-phosphan	96	(Schmp.: 55°)		57
$(H_5C_2)_2PH$	$(H_2C=CH)_2Si(CH_3)_2$	UV, 24 Stdn.	Bis-[2-diethylphosphano-ethyl]-dimethyl-silan	96	164–165	8 (1,1)	58
$H_5C_2-PH-C_6H_5$	$H_2C=CH-CH_2-OH$	UV, 15 Stdn.	Ethyl-(3-hydroxy-propyl)-phenyl-phosphan	87	172–173	13 (1,7)	59
$(H_9C_4)_2PH$	$H_2C=CH-CH_2-OH$	UV, 15 Stdn.	Dibutyl-(3-hydroxy-propyl)-phosphan	91	154–155	13 (1,7)	59
	$H_2C=CH-O-CO-CH_3$	ABIN	(2-Acetoxy-ethyl)-dibutyl-phosphan	60	62–66	4,5 (0,6)	60
$(H_5C_6)_2PH$	$H_2C=CH-\overset{Cl}{\underset{}{Si}}(CH_3)_2$	UV, 48 Stdn.	[2-(Chlor-dimethyl-silyl)-ethyl]-diphenyl-phosphan	54	–	–	61
	$[H_2C=CH-P(C_6H_5)_2](CO)_5W$	ABIN	(1,2-Bis-[diphenylphosphano-ethyl]-pentacarbonyl-wolfram	82	(Schmp.: 122°)		62
$H_5C_6-PH-(CH_2)_3-PH-C_6H_5$	$H_2C=CH-CH_2-\overset{O}{\overset{\|}{P}}-O-CH(CH_3)_2 \atop CH(CH_3)_2$	ABIN 36 Stdn.; 70°	1,3-Bis-{[3-(isopropyl-isopropyloxy-phosphoryl)-propyl]-phenyl-phosphano}-propan	100	–	–	63

[a] ABIN = Azobisisobutyronitril

52 G. M. Burch, H. Goldwhite u. R. N. Haszeldine, J. Chem. Soc. 1963, 1083.
53 R. Uriarte, T. J. Mazanec, K. D. Tau u. D. W. Meek, Inorg. Chem. 19, 79 (1980).
54 K. Issleib u. H. Weichmann, Z. Chem. 11, 188 (1971).
55 B. A. Arbuzov, G. M. Vinokurova u. I. A. Aleksandrova, Izv. Akad. Nauk SSSR, Otd. Khim. Nauk 1962, 290; C. A. 57, 15145c (1962).
56 R. Fields, R. N. Haszeldine u. J. Kirman, J. Chem. Soc. [C] 1970, 197.
57 J. Grobe u. U. Moeller, J. Organomet. Chem. 17, 263 (1969).
58 H. Niebergall, Makromol. Chem. 52, 218 (1962).
59 E. Steininger, Chem. Ber. 95, 2541 (1962).
60 US 3206496 (1965/1960), American Cyanamid Comp., Erf.: M. M. Rauhut.
61 N. E. Shore u. S. Sundar, J. Organomet. Chem. 184, C44–C48 (1980).
62 R. L. Keiter et al., J. Am. Chem. Soc. 101, 2638 (1979).
63 M. Baacke, O. Stelzer u. V. Wray, Chem. Ber. 113, 1356 (1980).

Tab. 16: Phosphane durch Addition von PH-Verbindungen an nicht aktivierte Alkene

PH-Verbindung	Alken	Starter[a]	Produkte	Ausbeute [%]	Schmp. [°C]	Literatur
PH_3		ABIN	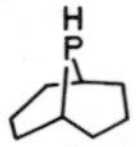 9-Phospha-bicyclo[3.3.1]nonan 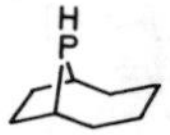 + 9-Phospha-bicyclo[4.2.1]nonan	57	117	65b
		γ-Strahlen	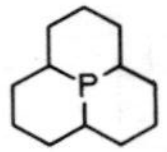 13-Phospha-tricyclo[7.3.1.0^{5,13}]tridecan 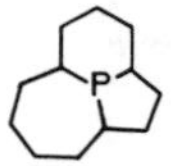 + 13-Phospha-tricyclo[6.4.1.0^{4,13}]tridecan	20	(Sdp.: 73–77°)	66
$H_3C-(CH_2)_{19}-PH_2$	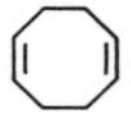	$(H_3C)_3C-O-O-C(CH_3)_3$	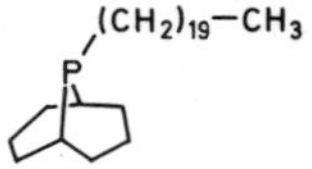 9-Eicosyl-9-phospha-bicyclo[3.3.1]nonan	84	38–39	67

[b] kontinuierliche Umsetzung mit hohem Phosphan-Überschuß ergibt bessere Ausbeuten und weniger Nebenprodukte[74].

65 DE OS 1 909 620 (1969/1968), Shell, Erf.: *J. L. Van Winkle, R. C. Morris* u. *R. F. Mason.*
66 US 3 435 076 (1969/1966), Shell, Erf.: *R. F. Mason.*
67 NL-Oktroiaanvrage 73 12 880 (1973/1965), Shell.
74 DE PS 2 703 802 (1979/1977), Hoechst AG, Erf.: *G. Elsner, H. W. Stephan* u. *G. Heymer.*

Tab. 16 (Fortsetzung)

PH-Verbindung	Alken	Starter[a]	Produkte	Ausbeute [%]	Schmp. [°C]	Literatur
$H_3C-(CH_2)_{19}-PH_2$			$CH_2-(CH_2)_{18}-CH_3$ [Struktur] 9-Eicosyl-9-phospha-bicyclo[4.2.1.]nonan + $PH-(CH_2)_{19}-CH_3$ [Struktur]	16		[68]
$(H_3C)_2PH$	$H_2C=CH_2$	UV/6 Stdn.	Dimethyl-ethyl-phosphan	71	(Sdp.: 73°/ 750 Torr/ 100 kPa)	[70]
$(F_3C)_2PH$	$H_2C=CH-CH_3$	UV/1 Stde.	Bis-[trifluormethyl]-propyl-phosphan	98	(Sdp.: 85°/ 748 Torr/ 99,7 kPa)	[70]
[Struktur: Bicyclus mit PH] + [Struktur]	$H_2C=CH-C_4H_9$	ABIN	9-Hexyl-9-phospha-bicyclo[3.3.1]nonan + ...-bicyclo[4.2.1]nonan	69	(Sdp.: 122–124°/ (0,45 Torr/ 0,060 kPa)	[71]
$(H_5C_6)_2PH$	1,2-Polybutadien	UV/ 72 Stdn.	$----(CH_2)_x-CH-CH_2-(CH_2)_y----$ $\;\;\;\;CH_2-CH_2-P(C_6H_5)_2$	–	–	[72]
$H_2P-(CH_2)_3-PH_2$	$H_2C=CH-C_6H_{13}$	ABIN	1,3-Bis-[dioctylphosphano]-propan	87	(Sdp.: 175–180°/ 0,01 Torr/ 1,3 Pa)	[73]

[a] ABIN: Azobisisobutyronitril

[68] GB 1191815 (1970/1968), Shell, Erf.: J. L. Van Winkle.
[70] R. Fields, R. N. Haszeldine u. J. Kirman, J. Chem. Soc. [C] 1970, 197.
[71] NL-Oktroiaanvrage 6604004 (1966/1965), Shell.
[72] DE OS 2022489 (1971/1969), The British Petroleum Comp., Erf.: K. G. Allum u. R. D. Hancock.
[73] US 3518312 (1970/1965), Monsanto, Erf.: L. Maier.

bei älterer Literatur gewisse Vorsicht bezüglich der Reinheit, bzw. Einheitlichkeit der beschriebenen Verbindungen geboten. Dies gilt auch für Tab. 15 (S. 115), die Auskunft über das Potential der vorstehend beschriebenen Reaktion gibt.

Tris-[3-hydroxy-propyl]-phosphan[64]: Ein Autoklav aus rostfreiem Stahl wird mit 870 g (14,9 mol) Allylalkohol und 92 g (2,7 mol) Phosphan beschickt. Sodann wird, unter Erwärmen des Autoklaven auf 80°, eine Lösung von 7 g Azobisisobutyronitril in 150 ml Allylalkohol in Portionen von 30 ml, verteilt über 5 Stdn., zugefügt. Nach der letzten Zugabe wird 5 Stdn. bei 80° gehalten. Der Autoklaveninhalt wird unter Stickstoff in einen Glaskolben überführt und der überschüssige Allylalkohol durch Vakuumdestillation entfernt; Rohausbeute: 529 g (93,5% Umsatz).
Jodometrische Titration ergibt, daß das Öl zu ∼ 93% aus Tris-[3-hydroxy-propyl]-phosphan besteht.

Während sich Alkene mit funktionellen Gruppen oft bereits ohne Katalysator mit P–H-Verbindungen umsetzen lassen, so ist bei Alkenen mit reinen Kohlenwasserstoff-Substituenten ein Katalysator erforderlich. Da basische Katalysatoren nicht anwendbar sind, sind praktisch nur Radikalbildner, (überwiegend Azobisisobutyronitril) als Starter beschrieben. Da die Umsetzung P–H-haltiger Verbindungen mit Olefinen zur Herstellung technisch interessanter Phosphor-Derivate benutzt wird (Tributyl-phosphan, Trioctylphosphan-oxid, Hydroformylierungskatalysatoren), gibt es eine Reihe von Verfahrenspatenten zum o.g. Komplex (s. Tab. 16, S. 116).
Phosphane, bei denen das Phosphor-Atom Bestandteil eines Ringsystems ist, entstehen beim Bestrahlen sek. Phosphane, deren einer Rest eine ungesättigte Gruppierung enthält: so entsteht z.B. aus (3-Butenyl)-phenyl-phosphan in 38%iger Ausbeute *1-Phenyl-phospholan* (Sdp.: 125°/3,5 Torr/ 1,8 kPa), aus (4-Pentenyl)-phenyl-phosphan *1-Phenyl-phosphorinan* (64%; Sdp.: 94°/ 1 Torr/ 0,13 kPa) bzw. aus (5-Hexenyl)-phenyl-phosphan *1-Phenyl-phosphepan* (41%; Sdp.: 106–120°/1,5 Torr/ 0,2 kPa)[69]:

$$H_5C_6-PH-(CH_2)_n-CH-CH_2 \xrightarrow[\text{Petrolether (40/60), Rückfluß}]{\text{uv, 80 Stdn.}}$$

n = 2, 3, 4

Bei der Umsetzung von Phosphan bzw. prim. Phosphanen mit Divinylether erhält man durch eine inter- und eine intramolekulare Addition in mäßigen Ausbeuten 1,4-Oxaphosphorinane[75]:

$$R-PH_2 + H_2C=CH-O-CH=CH_2 \xrightarrow{\text{ABIN, h}\nu} R-P\langle\;\rangle O$$

R = H, Alkyl, Aryl

Durch zweifache intramolekulare Cyclisierung von (2-Allyl-4-pentenyl)-phosphan mit Hilfe von ABIN und konsequenter Anwendung des Verdünnungsprinzips ist das theoretisch interessante *1-Phospha-bicyclo[3.3.1]nonan* (44%; Sdp.: 80°/ 10 Torr/ 1,33 kPa; Schmp.: 169–173°)[76] zugänglich:

$$H_2C=CH-CH_2-\overset{\overset{\textstyle CH_2-CH=CH_2}{|}}{CH}-CH_2-PH_2 \longrightarrow$$

[64] US 3489811 (1970/1967), American Cyanamid Co., Erf.: *A. Drucker* u. *M. Grayson.*
[69] *J.H. Davies, J.D. Downer* u. *P. Kirby,* J. Chem. Soc. [C] **1966**, 245.
     s.a.: FR 1488936 (1967/1965), Shell.
[75] FR 2037298 (1970/1969), BASF.
[76] *F. Krech* u. *K. Issleib,* Z. Anorg. Allg. Chem. **425**, 209 (1976).

In speziellen Fällen kann die Addition der PH-Verbindung an das Alken auch ohne Katalysator ablaufen; i. a. sind dann höhere Temperaturen (100°) und längere Reaktionszeiten
erforderlich. So erhält man z. B. aus Methyl-phosphan mit Tetrafluor-ethen bei 150° im
Autoklaven ein Gemisch aus *Methyl-(1,1,2,2-tetrafluor-ethyl)-* und *Bis-[1,1,2,2-tetra-*
fluor-ethyl]-methyl-phosphan[77].

Nahezu quantitativ verläuft die Umsetzung von Dimethyl-phosphan mit 1,1,2,2-Tetra-
fluor-ethen bei 212–288° zu *Dimethyl-(1,1,2,2-tetrafluor-ethyl)-phosphan*[78]. Bereits bei
80° erhält man aus Dibutyl-phosphan mit N-Dodecyl-acrylamid 46% *Dibutyl-(2-dodecyl-*
aminocarbonyl-ethyl)-phosphan (Sdp.: 198–208°/ 0,05 Torr/ 3,33 Pa)[79]:

$$(H_9C_4)_2PH \ + \ H_2C{=}CH{-}\overset{\overset{O}{\|}}{C}{-}NH{-}(CH_2)_{11}{-}CH_3 \xrightarrow{80°, \ 4 \ Stdn.} (H_9C_4)_2P{-}CH_2{-}CH_2{-}\overset{\overset{O}{\|}}{C}{-}NH{-}(CH_2)_{11}{-}CH_3$$

Ebenfalls unter relativ milden Bedingungen setzt sich Phenyl- bzw. Diphenyl-phosphan
mit ω-Nitro-styrol um[80]:

$$H_5C_6{-}PH_2 \ + \ H_5C_6{-}CH{=}CH{-}NO_2 \xrightarrow{76°, \ 2 \ Stdn.} H_5C_6{-}P\left[\overset{\overset{\textstyle C_6H_5}{|}}{CH_2{-}CH{-}NO_2}\right]_2$$

Bis-[2-nitro-2-phenyl-ethyl]-phenyl-phos-
phan; 81%; Schmp.: 157–158°

$$(H_5C_6)_2PH \ + \ H_5C_6{-}CH{=}CH{-}NO_2 \xrightarrow{76°, \ 2 \ Stdn.} (H_5C_6)_2P{-}\overset{\overset{\textstyle C_6H_5}{|}}{CH}{-}CH_2{-}NO_2$$

Diphenyl-(2-nitro-1-phenyl-ethyl)-phosphan;
85%; Schmp.: 138°

Unter ähnlich milden Bedingungen reagieren Cyclohexyl-, bzw. Phenyl-phosphan mit
α,β-ungesättigten Verbindungen[81]:

$$R^1{-}PH_2 \ + \ 2 \ H_5C_6{-}CH{=}CH{-}\overset{\overset{O}{\|}}{C}{-}R^2 \xrightarrow[4{-}5 \ Stdn.]{C_2H_5OH, \ 76°} R^1{-}P\left[\overset{\overset{\textstyle C_6H_5}{|}}{CH{-}CH_2{-}CO{-}R^2}\right]_2$$

$R^1 = C_6H_5$; $R^2 = C(CH_3)_3$;   *Bis-[4,4-dimethyl-3-oxo-1-phenyl-pentyl]-phenyl-phosphan*; 93%
$R^2 = C_6H_5$;   *Bis-[1,3-diphenyl-3-oxo-propyl]-phenyl-phosphan*; 94%
$R^1 = C_6H_{11}$; $R^2 = C(CH_3)_3$;   *Bis-[4,4-dimethyl-3-oxo-1-phenyl-pentyl]-cyclohexyl-phosphan*; 93%
$R^2 = C_6H_5$;   *Bis-[1,3-diphenyl-3-oxo-propyl]-cyclohexyl-phosphan*; 95%

Gleichfalls unter milden Bedingungen und mit guten Ausbeuten werden sek. Phosphane
mit Ketenen umgesetzt[82, 83]; z. B.:

$$R_2PH \ + \ H_2C{=}C{=}O \xrightarrow[-20°]{(H_5C_2)_2O} R_2P{-}\overset{\overset{O}{\|}}{C}{-}CH_3$$

R = CH₃; *Acetyl-dimethyl-phosphan*[82]; 85%
R = C(CH₃)₃; *Acetyl-di-tert.-butyl-phosphan*[83]; 92%
R = C₆H₅; *Acetyl-diphenyl-phosphan*[82]; 66%

---

[77] *A. B. Bruker, K. R. Raver* u. *L. Z. Soborovskii*, Probl. Organ. Sinteza, Akad. Nauk SSSR, Otd. Obshch. i
Tekhn. Khim. **1965**, 285; C. A. **64**, 6681 c (1966).
  s. a.: SU 140058 (1961/1960), *L. Z. Soborovskii, A. A. Bruker* u. *K. R. Raver*; C. A. **56**, 10192e (1962).
[78] *R. Brandon, R. N. Haszeldine* u. *P. J. Robinson*, J. Chem. Soc. [Perkin Trans. 2] **1973**, 1295.
[79] FR 1344698 (1963/1962), American Cyanamid Comp., Erf.: *F. L. Wagner* u. *M. Grayson*.
[80] *K. Issleib* u. *P. v. Malotki*, J. Prakt. Chem. **315**, 463 (1973).
[81] *K. Issleib* u. *P. v. Malotki*, Phosphorus **3**, 141 (1973).
[82] *R. G. Kostyanovskii* et al., Izv. Akad. Nauk SSSR, Ser. Khim. **1967**, 1398; C. A. **68**, 38943b (1968).
[83] *R. G. Kostyanovskii* et al., Dokl. Akad. Nauk SSSR **188**, 366 (1969); C. A. **72**, 11915g (1970).

Addition an Trialkylsilyl-ketene ergibt thermisch unbeständige Verbindungen, die bei 150–160° umlagern[84]; z. B.:

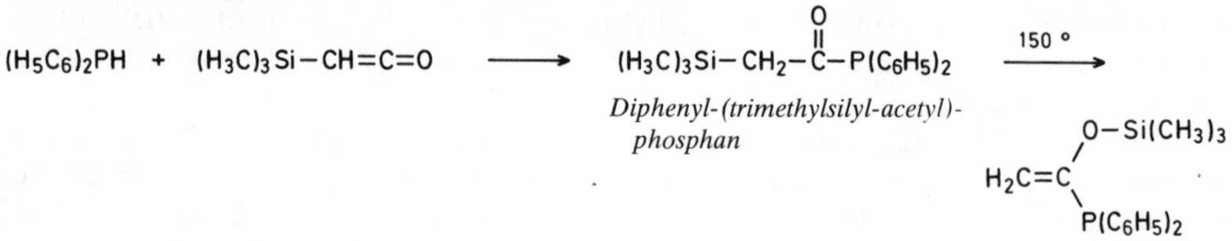

$$(H_5C_6)_2PH \ + \ (H_3C)_3Si-CH=C=O \ \longrightarrow \ (H_3C)_3Si-CH_2-\overset{\overset{\displaystyle O}{\|}}{C}-P(C_6H_5)_2 \ \xrightarrow{150\,°}$$

Diphenyl-(trimethylsilyl-acetyl)-phosphan

$$H_2C=C\overset{\displaystyle O-Si(CH_3)_3}{\underset{\displaystyle P(C_6H_5)_2}{\big\langle}}$$

Diphenyl-(1-trimethylsilyloxy-vinyl)-phosphan

Höhere Temperaturen erfordert die Umsetzung von prim. Phosphanen mit 2,6-Dimethyl-4-oxo-2,5-heptadien bzw. 1,5-Diphenyl-3-oxo-1,4-pentadien[85] (35–75%):

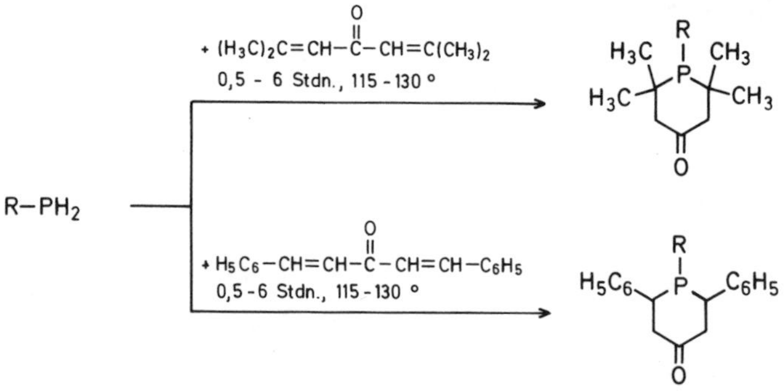

R = CH$_2$–CH$_2$–CN, C$_6$H$_{11}$, C$_8$H$_{17}$, CH$_2$–CH(CH$_3$)$_2$, C$_6$H$_5$

Unter ähnlichen Bedingungen wird Phenyl-phosphan mit 3-Oxo-1,4-cyclooctadien zum *3-Oxo-9-phenyl-9-phospha-bicyclo[3.3.1]nonan* (50%; Schmp.: 133–135°) umgesetzt[86]:

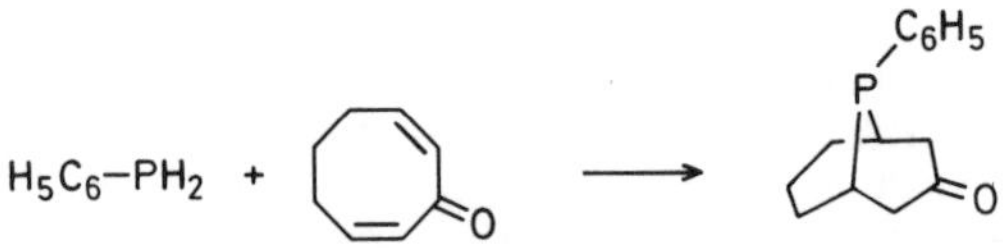

$$H_5C_6-PH_2 \ + \quad\quad \longrightarrow$$

1.1.2.2. an Alkine und Allene

Die Umsetzung von P–H-Verbindungen mit Alkinen führt nur in wenigen Fällen zu definierten, isolierbaren Produkten. So läßt sich z. B. Hexafluor-2-butin mit Diethyl-phosphan im Unterschuß (3,6:1) in 45%iger Ausbeute zu *trans-2-Diethylphosphano-1,1,1,4,4,4-hexafluor-2-buten* (Sdp. 132°/ 760 Torr/ 101,3 kPa) umsetzen[87]. Diphenyl-phosphan reagiert spontan bei 20° mit Hexafluor-2-butin zu *2-Diphenylphosphano-1,1,1,4,4,4-hexafluor-2-buten*[88], während Bis-[trifluormethyl]-phosphan zwei Produkte liefert[87]:

[84] *A. S. Kostyuk* et al., Zh. Obshch. Khim. **45**, 563 (1975); C. A. **83**, 43425 y (1975).
[85] *R. P. Welcher* u. *N. E. Day*, J. Org. Chem. **27**, 1824 (1962).
[86] *Y. Kashman* u. *E. Benary*, Tetrahedron **28**, 4091 (1972).
[87] *W. R. Cullen* u. *D. S. Dawson*, Can. J. Chem. **45**, 2887 (1967).
[88] *W. R. Cullen, D. S. Dawson* u. *G. E. Styan*, Can. J. Chem. **43**, 3392 (1965).

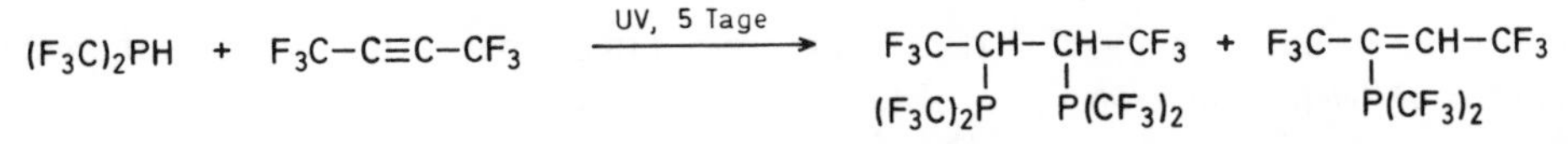

$$(F_3C)_2PH \ + \ F_3C-C\equiv C-CF_3 \ \xrightarrow{\text{UV, 5 Tage}} \ \underset{\underset{(F_3C)_2P \quad P(CF_3)_2}{|} }{F_3C-CH-CH-CF_3} \ + \ \underset{\underset{P(CF_3)_2}{|}}{F_3C-C=CH-CF_3}$$

2,3-Bis-[bis-(trifluormethyl)-   2-(Bis-[trifluormethyl]-
phosphano]-1,1,1,3,3,3-   phosphano)-1,1,1,3,3,3-
hexafluor-butan; 21%   hexafluor-2-buten; 25%

Bessere Ausbeuten erbringt die Umsetzung von Diphenyl-phosphan mit Phenylacetylen [62% *Diphenyl-(2-phenyl-vinyl)-phosphan*; Schmp.: 89–90°][89]:

$$(H_5C_6)_2PH \ + \ HC\equiv C-C_6H_5 \ \xrightarrow{\text{100°/7 Tage}} \ (H_5C_6)_2P-CH=CH-C_6H_5$$

Gleichfalls mäßige Ausbeuten erhält man aus prim. und sek. Phosphanen mit 4- und 1-Octin in Anwesenheit von z.B. Bis-[triphenylphosphan]-dicarbonyl-nickel oder ähnlichen Verbindungen[90].

Auch die radikalisch initiierte Cycloaddition von Phenyl-phosphan an 1,3-Hexadiin ergibt das *1-Phenyl-4,5-dihydro-phosphepin* (Sdp.: 65–67°/ 0,01 Torr/ 1,3 Pa) nur zu 33%[91]:

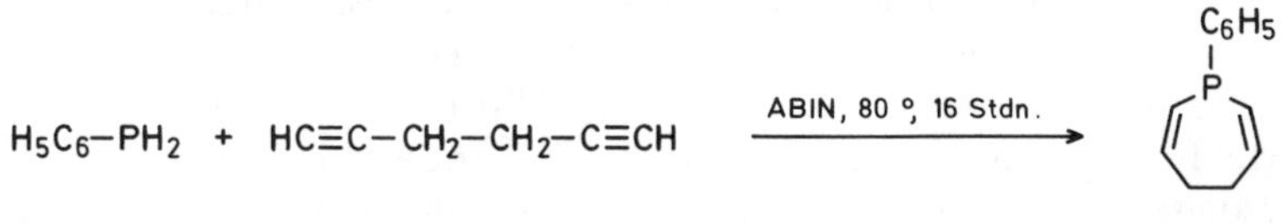

$$H_5C_6-PH_2 \ + \ HC\equiv C-CH_2-CH_2-C\equiv CH \ \xrightarrow{\text{ABIN, 80°, 16 Stdn.}}$$

Einen interessanten Weg zu 1,2-*cis*-Bis-[diorganophosphano]-1-alkenen stellt die Umsetzung eines an einem Übergangsmetallatom gebundenen 1-Diphenylphosphano-1-alkins mit einem sek. Phosphan dar[92]:

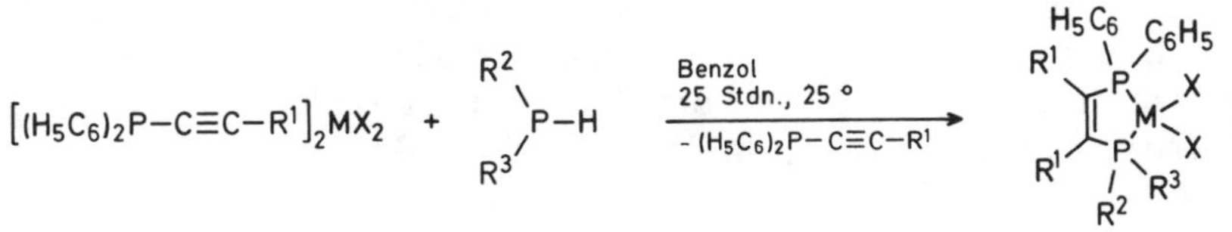

$$[(H_5C_6)_2P-C\equiv C-R^1]_2MX_2 \ + \ \underset{R^3}{\overset{R^2}{>}}P-H \ \xrightarrow[- (H_5C_6)_2P-C\equiv C-R^1]{\text{Benzol}\atop\text{25 Stdn., 25°}}$$

Das im Komplex gebundene Phosphan kann durch Cyanid-Ionen verdrängt und dann isoliert werden.

Dagegen liefert die durch Phenyl-lithium katalysierte Umsetzung von Diphenyl-ethinyl-phosphan mit Diphenyl-phosphan das *trans-1,2-Bis-[diphenylphosphano]-ethen*[93] zu 66%.

Während Organo-substituierte Alkine in den vorstehend beschriebenen Fällen mäßige bis gute Ausbeuten liefern, läßt sich Acetylen selbst offenbar nicht mit PH-Verbindungen zu charakterisierbaren Produkten umsetzen.

Selbst Versuche, Phosphan und Acetylen bei 0,133 kPa in einer stillen elektrischen Entladung (10 kV) umzusetzen, führten nur in 9%iger Ausbeute zum thermisch instabilen *Ethinyl-phosphan*[94].

Nur wenig charakterisiert sind die Produkte der Umsetzung mit Allenen. So entsteht *Isopropenyl-phosphan* nur in geringer Menge bei der Bestrahlung eines äquimolaren Gemisches von Phosphan und Allen[95], während die Umsetzung eines Komplex-gebundenen

[89] *H. Hoffmann* u. *H.J. Diehr*, Chem. Ber. **98**, 363 (1965).
[90] US 3673285 und US 3614481 (1972/1969), Hooker Chem. Corp., Erf.: *K.C. Lin*.
[91] *G. Märkl* u. *G. Dannhardt*, Tetrahedron Lett. **1973**, 1455.
[92] *A.J. Carty, D.K. Johnson* u. *S.E. Jacobson*, J. Am. Chem. Soc. **101**, 5612 (1979).
[93] *R.B. King* u. *P.M. Kapoor*, J. Am. Chem. Soc. **91**, 5191 (1969).
[94] *J.P. Albrand, S.P. Anderson, H. Goldwhite* u. *L. Huff*, Inorg. Chem. **14**, 570 (1975).
[95] *H. Goldwhite*, J. Chem. Soc. **1965**, 3901.

Dimethyl-phosphans mit η^3-Allyl-dicarbonyl-kobalt in geringer Ausbeute zu komplex gebundenem *Allyl-dimethyl-phosphan* führt[96].

1.1.2.3. an Carbonyl-Verbindungen

Die Umsetzung von P–H-Verbindungen mit Aldehyden bzw. Ketonen führt zu (1-Hydroxy-alkyl)-phosphanen (s. 4. Aufl., Bd. XII/1, S. 28 ff.):

$$R_2^1PH \;+\; R^2-\overset{\displaystyle O}{\overset{\|}{C}}-R^3 \;\longrightarrow\; R_2^1P-\overset{\displaystyle OH}{\underset{\displaystyle R^3}{\overset{|}{\underset{|}{C}}}}-R^2$$

Infolge ihrer Reaktivität [Acetalisierung mit überschüssigem Aldehyd, Umlagerung zu Phosphanoxiden (Buckler-Trippett-Umlagerung) und Phosphiniten, Bildung von Phosphoniumhydroxiden mit anschließendem Zerfall zum Phosphanoxid][97, 98] sind (1-Hydroxy-alkyl)-phosphane beliebte Synthone, jedoch schwierig rein zu erhaltende und zu reinigende Verbindungen. Deshalb kommt den Reaktionsbedingungen besondere Bedeutung zu: So werden Paraformaldehyd oder 1,3,5-Trioxan als Carbonyl-Komponente (anstelle von Formaldehyd) und Alkohole, Ether, Nitrile, Chlorkohlenwasserstoffe etc. als Lösungsmittel für die Umsetzung mit Phosphan[97–99] oder Alkyl-phosphanen[100] zur Gewinnung besonders reiner Präparate verwendet. Auf diese Weise kann die Zugabe von Säure als Katalysator vermieden werden, die nur in wenigen Fällen [z. B. Umsetzung von Formalin mit (1,1,2,2-Tetrafluor-ethyl)-phosphan[101] oder Acetophenon mit Diphenyl-, Phenyl- oder Propyl-phosphan[102]] notwendig ist, infolge verringerter Basizität der (1-Hydroxy-alkyl)-phosphane aber nicht zur Bildung von Phosphoniumsalzen führt, die mit Basen gespalten werden müßten (s. S. 160). Hingegen addieren Phosphano-carbonsäuren auch ohne Säurezugabe drei Mole Formaldehyd unter Bildung von Carboxyalkyl-tris-[hydroxymethyl]-phosphan-betainen[103]; z. B.:

$$H_2P-CH_2-COOH \;+\; 3\,H_2CO \;\longrightarrow\; (HO-CH_2)_3\overset{\oplus}{P}-CH_2-COO^{\ominus}$$

Carboxymethyl-tris-[hydroxymethyl]-phosphan-betain; 84%

Ohne Säure-Zugabe verläuft die Umsetzung P–H-haltiger Verbindungen mit perfluorierten Ketonen und Aldehyden. So reagiert z. B. Hexafluor-aceton bereits bei $-70°$ in quantitativer Ausbeute mit Diphenyl-phosphan zu *Diphenyl-2-(1,1,1,3,3,3-hexafluor-2-hydroxy-2-propyl)-phosphan*[104]:

$$(H_5C_6)_2PH \;+\; O{=}C(CF_3)_2 \;\rightleftharpoons\; (H_5C_6)_2P-\overset{\displaystyle OH}{\underset{\displaystyle CF_3}{\overset{|}{\underset{|}{C}}}}-CF_3$$

[96] *E. Keller* u. *H. Vahrenkamp*, Chem. Ber. **114**, 1111 (1981).

[97] *H. Hellmann*, *J. Bader*, *H. Birkner* u. *O. Schumacher*, Justus Liebigs Ann. Chem. **659**, 49 (1962).

[98] *S. A. Buckler* u. *M. Epstein*, Tetrahedron **18**, 1211, 1231 (1962); Übersichtsartikel mit exp. Ergebnissen.

[99] DE OS 21 58 823 (1972/1970), American Cyanamid Co., Erf.: *R. F. Stockel* u. *W. F. Herbes*.

[100] DE OS 24 13 852 (1975/1974), Hoechst AG, Erf.: *B. Lippsmeier*, *K. Hestermann* u. *G. Heymer*; C. A. **84**, 3124t (1976).

[101] *K. R. Raver*, *A. B. Bruker* u. *L. Z. Soborovskii*, Zh. Obshch. Khim. **32**, 588 (1962).

[102] *K. A. Petrov* et al., Zh. Obshch. Khim. **31**, 2729, 3411–3424 (1961); C. A. **56**, 11612g, 4692d–4693d (1962).

[103] *K. Issleib* u. *R. Kümmel*, Z. Chem. **7**, 235 (1967).

[104] *E. Evangelidou-Tsolis*, *F. Ramirez*, *J. F. Pilot* u. *C. P. Smith*, Phosphorus **4**, 109 (1974).

Die Verbindung ist nicht stabil, sondern zerfällt bei längerem Stehen bei 20° z. Tl. in die Ausgangskomponenten sowie Tetraphenyl-biphosphan, Diphenyl-(1,1,1,3,3,3-hexafluor-2-propyloxy)-phosphan und andere, nicht identifizierte Komponenten[104].

Stabiler, jedoch extrem leicht oxygenierbar ist das aus Diphenyl-phosphan mit Penta-fluor-benzaldehyd zugängliche *Diphenyl-(α-hydroxy-2,3,4,5,6-pentafluor-benzyl)-phos-phan*[104].

Einen ähnlichen Zerfall, allerdings erst oberhalb 120°, erleiden die aus Diphenyl-phos-phan und Acyl-phosphanoxiden leicht zugänglichen Phosphano-phosphinyl-car-binole[105]; z.B.:

$$(H_5C_6)_2PH \;+\; (H_5C_6)_2\overset{\|}{\underset{O}{P}}-\overset{\|}{\underset{O}{C}}-C_6H_5 \;\longrightarrow\; (H_5C_6)_2P-\overset{HO}{\underset{C_6H_5}{\overset{|}{C}}}-\overset{O}{\overset{\|}{P}}(C_6H_5)_2 \;\xrightarrow{180°}$$

(Diphenylphosphano)-(diphenylphosphinyl)-phenyl-carbinol

$$(H_5C_6)_2\overset{O}{\overset{\|}{P}}-O-\underset{C_6H_5}{\overset{|}{CH}}-P(C_6H_5)_2$$

Gleichfalls äußerst sauerstoffempfindlich sind die Umsetzungsprodukte von Phosphan, Methyl- und Dimethyl-phosphan mit Hexafluor- und Trifluor-aceton[106]. Phosphan ergibt mit Hexafluor-oxo-cyclobutan je nach Mengenverhältnis wenig *(Hexafluor-1-hydroxy-cyclobutyl)-phosphan* (Überschuß Phosphan) bzw. *Bis-[hexafluor-1-hydroxy-cyclobu-tyl]-phosphan* (Unterschuß Phosphan) (92%; Schmp.: 30–35°, Sdp.: 74,5–75,5°/8 Torr/ 1,07 kPa)[107]. Trotz der hohen Reaktivität des Ketons erhält man wahrscheinlich aus steri-schen Gründen kein tert. Phosphan. Dagegen setzt sich Trichloracetaldehyd – im Wider-spruch zu früheren Angaben (4. Aufl., Bd. XII/1, S. 29) – in stark salzsaurer Lösung zum *Tris-[1-hydroxy-3,3,3-trichlor-ethyl]-phosphan* (86%; Schmp.: 136°) um[108, 109]:

$$PH_3 \;+\; 3\,Cl_3C-CHO \;\xrightarrow{HCl\,(37\%ig)}\; \left[Cl_3C-\underset{}{\overset{OH}{\overset{|}{CH}}}\right]_3 P$$

Die Angaben in Lit.[109] stehen teilweise in Widerspruch zu Angaben der Lit.[108]; die Umsetzung Phosphan/ Chlo-ral-Hydrat ist noch nicht geklärt.

Obgleich (1-Hydroxy-alkyl)-phosphane i. a. kein Wasser abspalten und somit kein Aus-gangsmaterial für Vinylphosphane darstellen, ist in speziellen Fällen der Ersatz einer Hydroxy-Gruppe durch eine Diorganophosphano-Gruppe möglich. So reagiert 4-Di-methylamino-benzaldehyd mit zwei Äquivalenten Diphenyl-phosphan zum *Bis-[di-phenylphosphano]-(4-dimethylamino-phenyl)-methan*[110]:

$$2\,(H_5C_6)_2PH \;+\; (H_3C)_2N-\!\!\left\langle\!\!\bigcirc\!\!\right\rangle\!\!-CHO \;\xrightarrow{-H_2O}\; (H_3C)_2N-\!\!\left\langle\!\!\bigcirc\!\!\right\rangle\!\!-\underset{}{\overset{P(C_6H_5)_2}{\overset{|}{CH}}}-P(C_6H_5)_2$$

[104] *E. Evangelidou-Tsolis, F. Ramirez, J.F. Pilot* u. *C.P. Smith*, Phosphorus **4**, 109 (1974).
[105] *A.N. Pudovik, G.V. Romanov* u. *V.M. Pozhidaev*, Izv. Akad. Nauk SSSR, Ser. Khim. **1979**, 452; C.A. **90**, 187057x (1979).
[106] *E.I. Grinshtein, A.B. Bruker* u. *L.Z. Soborovskii*, Zh. Obshch. Khim. **36**, 1133, 1138 (1966); C.A. **65**, 11230f/h (1966).
[107] *G.W. Parshall*, Inorg. Chem. **4**, 52 (1962).
[108] US 3054718 (1962/1959), Hooker Chemical Corp., Erf.: *I. Gordon* u. *C.F. Baranaukas; C.A.* **57**, 17139b (1962).
[109] *E.S. Kozlov, A.V. Solovev* u. *L.N. Markovskii*, Zh. Obshch. Khim. **48**, 2437 (1978).
[110] *H. Oehme* u. *E. Leißring*, Z. Chem. **19**, 416 (1979).

Ähnlich verläuft die Umsetzung von Diorgano-(3,3,3-trifluor-2-trifluormethyl-propa-noyl)-phosphan mit Dialkyl-phosphanen[111]:

$$(F_3C)_2CH-CO-PR_2 \ + \ R_2PH \ \xrightarrow[-H_2O]{} \ (F_3C)_2C=C(PR_2)_2$$

Eine präparativ vielseitige Reaktion, die gleichfalls unter Protonen-katalysierter Was-ser-Abspaltung verläuft, stellt die cyclisierende Kondensation funktionell substituierter P–H-Verbindungen dar[112]:

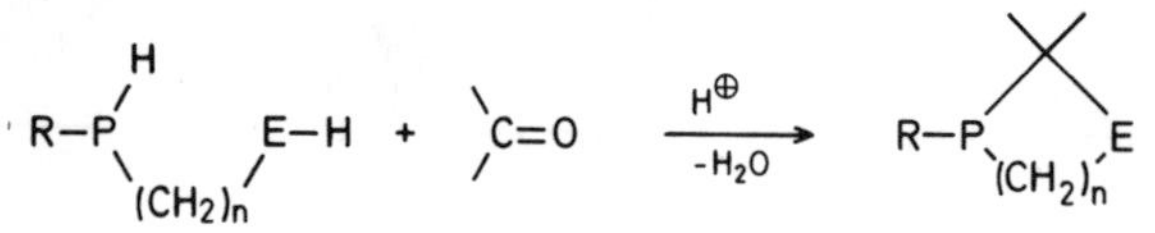

n = 2,3,4
E = O, S, NR, PR, COO

Die Brücke zwischen P- und Heteroatom kann auch Bestandteil eines aromatischen Ring-systems sein.

2,3-Diphenyl-1,3-azaphosphorinan[113]:

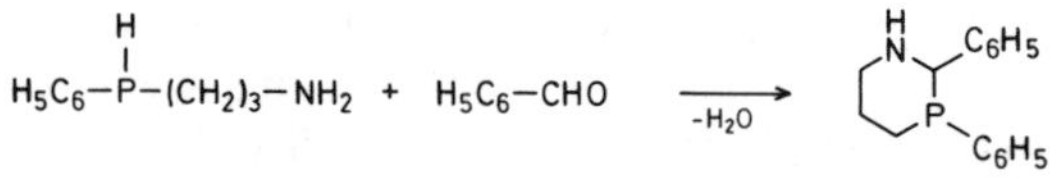

In einem Schlenk-Gefäß werden 6,3 g (3-Amino-propyl)-phenyl-phosphan mit 4 g Benzaldehyd ohne Lösungs-mittel vermischt, wobei sich unter exothermer Reaktion Wasser abscheidet. Das Reaktionsgemisch wird 2–3 Stdn. im siedenden Wasserbad erhitzt und das gebildete Wasser durch Erwärmen auf 100° i. Vak. abgetrennt. Das Produkt wird aus Ethanol umkristallisiert; Ausbeute: 9,3 g (~ 96%); Schmp.: 68–70°.

In einigen Fällen ist es zweckmäßig, die Reaktanten im Benzol zu lösen und die Wasser-Abscheidung, ggf. unter Zugabe von p-Toluolsulfonsäure, durch azeotrope Destillation am Wasserabscheider zu verfolgen. Tab. 17 (S. 125) gibt Auskunft über dieses äußerst viel-seitige Syntheseprinzip.
Nach dem gleichen Muster verläuft die Reaktion von (2,2-Bis-[hydroxymethyl]-1-isopro-pyl-ethyl)-phosphan mit Benzaldehyd zum *2,8-Diphenyl-9-isopropyl-3,7-dioxa-1-phos-pha-bicyclo[3.3.1]nonan*[114]:

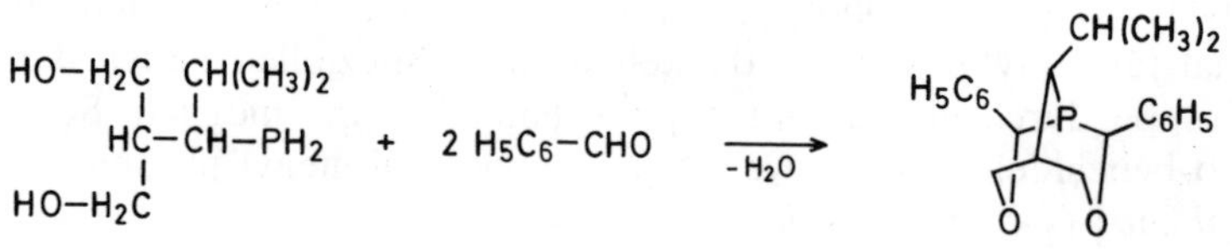

1.1.2.4. an C=S-Doppelbindungen

Entsprechend der Umsetzung PH-haltiger Verbindungen mit Carbonyl-Verbindungen ist auch eine Anlagerung an C–S-Doppelbindungen möglich. So setzt sich Diphenyl-phos-phan mit Thiobenzophenon zum *Diphenyl-(diphenyl-mercapto-methyl)-phosphan* um, das sich thermisch erst bei 180° in das entsprechende Phosphan-sulfid umlagert[126]:

[111] SU 403684 (1973/1972), *I. L. Knunyants* et al.; C.A. **80**, 37281v (1974).
[112] *K. Issleib*, Wiss. Z. Univ. Halle **28**, 51 (1979), Übersichtsartikel mit Literaturangaben.
[113] *K. Issleib, H. Oehme* u. *E. Leißring*, Chem. Ber. **101**, 4032 (1968).
[114] *H. Oehme* et al., Z. Anorg. Allg. Chem. **471**, 155 (1980).
[126] *A. N. Pudovik, G. V. Romanov* u. *V. M. Pozhidaev*, Izv. Akad. Nauk SSSR, Ser. Khim. **1979**, 2800.

Tab. 17: Phospha-heterocycloalkane durch cyclisierende Kondensation (heterofunktionell subst.-alkyl)-phosphane mit Carbonyl-Verbindungen

$$R^1-\underset{H}{\underset{|}{P}}-(CH_2)_n-EH \ + \ O=C\!\!\begin{array}{l}R^2\\R^3\end{array}$$

$E = O, S, N, P, COO$

Phosphan	Carbonyl-Verbindungen	Reaktions-produkt	Phosphan	Ausbeute [%]	Sdp. [°C]	[Torr (kPa)]	Lite-ratur
$H_2P-(CH_2)_2-NH_2$	H_5C_6-CHO	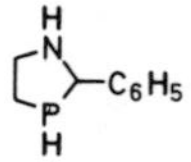	2-Phenyl-1,3-azaphospholidin	47	108–111	2 (0,27)	[115]
$H_5C_6-\underset{H}{\underset{|}{P}}-(CH_2)_2-NH_2$	H_5C_6-CHO	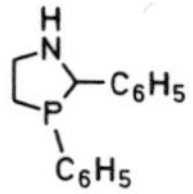	2,3-Diphenyl-1,3-azaphospholidin	76	(Schmp.: 78,5–79,5°)		[116]
$H_9C_4-\underset{H}{\underset{|}{P}}-(CH_2)_3-NH_2$	Cyclohexanon	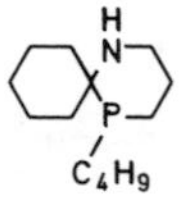	5-Butyl-1-aza-5-phospha-spiro[5.5]undecan	73	140–142	2 (0,27)	[113]
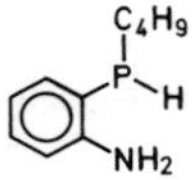	$(H_5C_2)_2C=O$	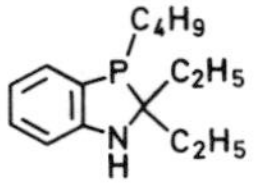	3-Butyl-2,2-diethyl-2,3-dihydro-⟨benzo-1,3-azaphosphol⟩	56	115–116	3 (0,4)	[117]
$H_5C_6-\underset{H}{\underset{|}{P}}-(CH_2)_2-OH$	Cyclopentanon	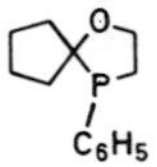	4-Phenyl-1-oxa-4-phospha-spiro[4.4]nonan	58	152–155	8 (1,07)	[118]

[113] K. Issleib, H. Oehme u. E. Leißring, Chem. Ber. **101**, 4032 (1968).
[115] K. Issleib et al., Chem. Ber. **101**, 3619 (1968).
[116] K. Issleib u. H. Oehme, Tetrahedron Lett. **1967**, 1489.
[117] K. Issleib et al., Organomet. Chem. Synth. **1**, 161 (1970/71).
[118] K. Issleib et al., Tetrahedron **28**, 2587 (1972).

8*

Tab. 17 (Fortsetzung)

Phosphan	Carbonyl-Verbindungen	Reaktions-produkt	Phosphan	Ausbeute [%]	Sdp. [°C]	Sdp. [Torr (kPa)]	Literatur
H_5C_6–P–$(CH_2)_3$–OH (H)	H_5C_6–CHO	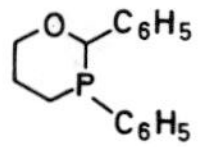	2,3-Diphenyl-1,3-oxaphosphorinan	50	175–178 (Schmp.: 43°)	2 (0,27)	[119]
H_5C_6–P–$(CH_2)_4$–OH (H)	H_5C_6–CHO	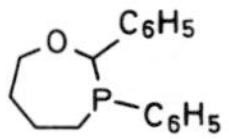	2,3-Diphenyl-1,3-oxaphosphepan	40	168–171	0,5 (0,067)	[120]
H_5C_6–P–CH_2–COOH (H)	H_5C_2–CHO	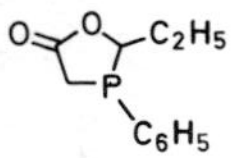	2-Ethyl-5-oxo-3-phenyl-1,3-oxaphospholan	74	148–150	1,5 (0,2)	[121]
H_5C_6P–$(CH_2)_2$–SH (H)	H_3C–CO–C_2H_5	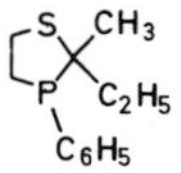	2-Ethyl-2-methyl-3-phenyl-1,3-thiaphospholan	65	110–115	0,009 (0,0012)	[122]
H_5C_6P–$(CH_2)_3$–SH (H)	H_5C_6–CHO	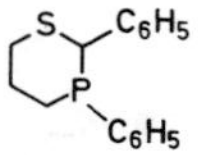	2,3-Diphenyl-1,3-thiaphosphorinan	38,2	78–83		[123]
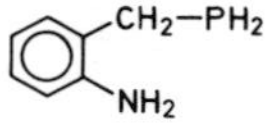 CH_2–PH_2 / NH_2	$(CH_2O)_n$	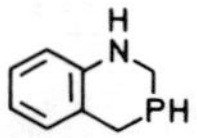	1,2,3,4-Tetrahydro-⟨benzo[e]-1,3-phosphorin⟩	30	103	0,5 (0,067)	[124]
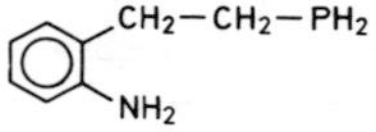 CH_2–CH_2–PH_2 / NH_2	H_3C–CO–C_2H_5	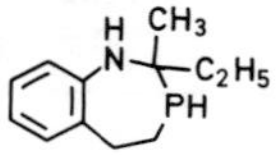	2-Ethyl-2-methyl-2,3,4,5-tetrahydro-2H-⟨benzo[f]-1,3-azaphosphepin⟩	42	–	–	[125]

[119] K. Issleib et al., Synth. Inorg. Met.-Org. Chem. **2**, 223 (1972).
[120] H. Oehme u. E. Leißring, Z. Chem. **19**, 57 (1979).
[121] K. Issleib et al., J. Prakt. Chem. **314**, 66 (1972).
[122] K. Issleib u. H.-J. Hannig, Phosphorus **3**, 113 (1973).
[123] K. Issleib et al., Z. Anorg. Allg. Chem. **402**, 189 (1973).
[124] K. Issleib et al., Synth. React. Inorg. Met.-Org. Chem. **4**, 191 (1974).
[125] K. Issleib et al., Z. Anorg. Allg. Chem. **424**, 97 (1976).

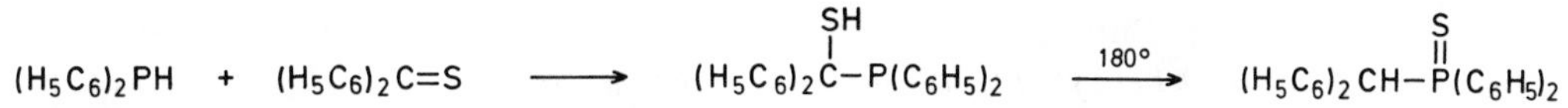

$$(H_5C_6)_2PH \quad + \quad (H_5C_6)_2C=S \quad \longrightarrow \quad (H_5C_6)_2\overset{\overset{\displaystyle SH}{|}}{C}-P(C_6H_5)_2 \quad \xrightarrow{180°} \quad (H_5C_6)_2CH-\overset{\overset{\displaystyle S}{\|}}{P}(C_6H_5)_2$$

Im Gegensatz zum Kohlendioxid (s. S. 182) setzt sich Schwefelkohlenstoff mit sek. Phosphanen zu den Salzen des *Diphenyl-(mercapto-thiocarbonyl)-phosphans* um[127]:

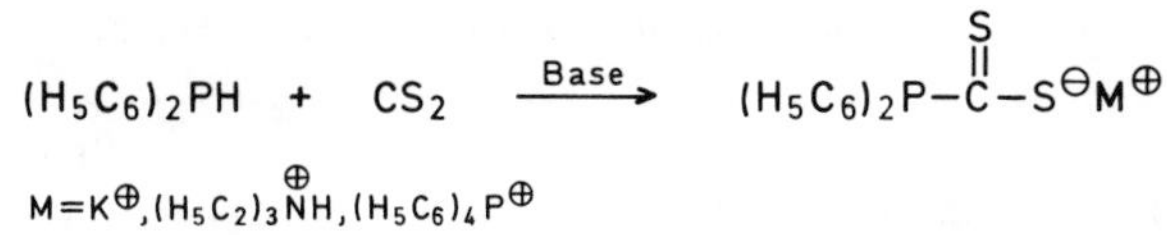

$$(H_5C_6)_2PH \quad + \quad CS_2 \quad \xrightarrow{\text{Base}} \quad (H_5C_6)_2P-\overset{\overset{\displaystyle S}{\|}}{C}-S^{\ominus}M^{\oplus}$$

$$M=K^{\oplus},(H_5C_2)_3\overset{\oplus}{N}H,(H_5C_6)_4P^{\oplus}$$

In Gegenwart von Nickel(II)-chlorid wird z.B. mit Dicyclohexyl-phosphan *Nickel(II)-bis-[diphenylphosphano-dithiocarboxylat]* erhalten[128]:

$$(H_{11}C_6)_2PH \quad + \quad CS_2 \quad + \quad \tfrac{1}{2}NiCl_2 \quad \xrightarrow{\text{Base}} \quad Ni[S_2C-P(C_6H_{11})_2]_2$$

Die gebildeten Salze können bei gleichzeitig anwesenden reaktiven Zentren im Molekül unter Dihydrosulfan-Abspaltung cyclisieren[129]; z.B.:

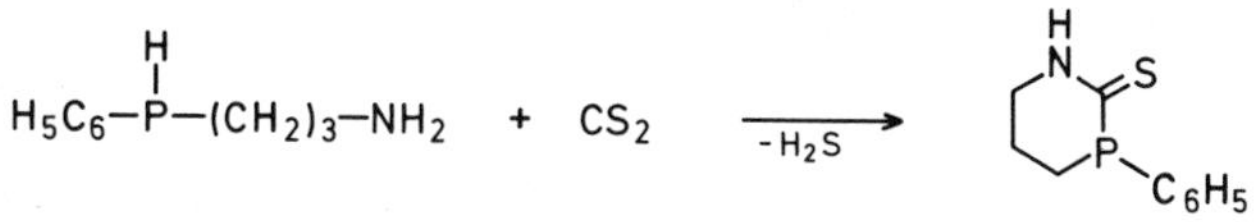

$$H_5C_6-\overset{\overset{\displaystyle H}{|}}{P}-(CH_2)_3-NH_2 \quad + \quad CS_2 \quad \xrightarrow{-H_2S} \quad$$

3-Phenyl-2-thioxo-1,3-azaphosphorinan

1.1.2.5. durch Einwirkung von Oxiranen, Thiiranen und Siliranen

Umsetzungen von Phosphan oder prim. und sek. Phosphanen mit Oxiranen oder Thiiranen führen nur dann zu charakterisierbaren Endprodukten, wenn Alkalimetallphosphide eingesetzt werden (s. S. 147).

Im sauren Milieu reagieren die gebildeten Hydroxy- oder Mercapto-Gruppen weiter[130].

Werden sek. Phosphane mit Oxiranen (2fach molare Menge) bei 160–220° umgesetzt, so bilden sich unter Abspaltung von Olefin ausschließlich Phosphanoxide[131] (s. S. 181).
Hingegen ergibt Hexamethylsiliran definierte Silylphosphane bei der Umsetzung mit Methyl-phosphan und sek. Phosphanen[132].

1.1.2.6. an C=N-Doppelbindungen

PH-funktionelle Verbindungen lassen sich mit C=N-Doppelbindungen analog den Carbonyl-Verbindungen umsetzen. So bildet z.B. Phenyl-phosphan mit Benzaldehydphenylimid das *Bis-[α-anilino-benzyl]-phenyl-phosphan*[133]:

$$H_5C_6-PH_2 \quad + \quad 2\,H_5C_6-CH=N-C_6H_5 \quad \longrightarrow \quad H_5C_6-P\left[\overset{\overset{\displaystyle C_6H_5}{|}}{CH}-NH-C_6H_5\right]_2$$

---

[127] *O. Dahl, N.C. Gelting* u. *O. Larsen,* Acta Chem. Scand. **23**, 3369 (1969).
[128] *F.G. Moers, D.H.M.W. Thewissen* u. *J.J. Steggerda,* J. Inorg. Nucl. Chem. **39**, 1321 (1977).
[129] *H. Oehme* et al., J. Prakt. Chem. **320**, 600 (1978).
[130] GB 970815 (1964/1963), Albright & Wilson, Erf.: *H. Coates, P.A.T. Hoye* u. *J.W. Wallis*; C.A. **61**, 14712c (1964).
[131] *A.N. Pudovik, G.V. Romanov* u. *V.M. Pozhidaev,* Izv. Akad. Nauk SSSR, Ser. Khim. **1978**, 473.
[132] *W. Hoelderich* u. *D. Seyferth,* J. Organomet. Chem. **153**, 299 (1978).
[133] *A.N. Pudovik* u. *M.A. Pudovik,* Zh. Obshch. Khim. **33**, 3353 (1963); C.A. **60**, 9308a (1964).

Ähnlich reagiert tert.-Butyl-phosphan mit Benzaldehyd-4-methyl-phenylimin zum *Bis-[α-(4-methyl-anilino)-benzyl]-phenyl-phosphan* (88%; Schmp.: 146°)[134]. Völlig analog reagieren sek. Phosphane zu 1:1-Addukten; z.B.:

$$(H_5C_2)_2PH + H_2C=N-C(CH_3)_3 \longrightarrow (H_5C_2)_2P-CH_2-NH-C(CH_3)_3$$

(tert.-Butylamino-methyl)-diethyl-phosphan[135]; 82%; Sdp.: 84–84,5° (15 Torr/ 2 kPa)

$$(H_5C_6)_2PH + H_5C_6-CH=N-C_6H_5 \longrightarrow (H_5C_6)_2P-\overset{\overset{\textstyle C_6H_5}{|}}{C}H-NH-C_6H_5$$

(α-Anilino-benzyl)-diphenyl-phosphan[134]; 78%; Schmp.: 238°

Enthält das eingesetzte Phosphan funktionelle Gruppen im Kohlenstoff-Gerüst, so kann nach Addition an die C=N-Doppelbindung Weiterreaktion mit der Amino-Gruppe erfolgen. So entstehen z.B. bei der Umsetzung von Carboxymethyl-phenyl-phosphan mit Iminen unter Wasser-Abspaltung 5-Oxo-1,3-azapholidine[136]; z.B.:

$$H_5C_6-\overset{\overset{\textstyle }{|}}{\underset{\underset{\textstyle H}{|}}{P}}-CH_2-COOH + H_5C_6-CH=N-C_2H_5 \xrightarrow{-H_2O}$$

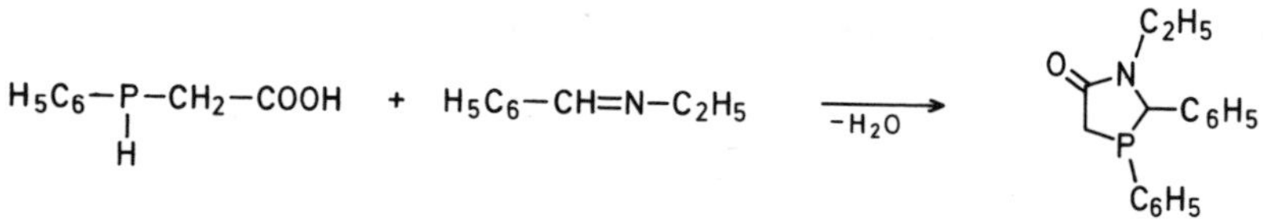

2,3-Diphenyl-1-ethyl-5-oxo-1,3-azapholidin; 75%; Sdp.: 182–184°/0,1 Torr (13,3 Pa)

Mit Semicarbazonen bzw. Thiosemicarbazonen werden auf analoge Weise substituierte 5-Oxo-1,3-azapholidine erhalten[137].

Die 1:1-Umsetzung prim. Phosphane mit C=N-Doppelbindungssystemen führt im allgemeinen nicht zu stabilen Verbindungen. So gelang bisher lediglich die Herstellung von *(tert.-Butylamino-methyl)-phenyl-phosphan* (7,5%; Sdp.: 68–71°/ 0,3 Torr/ 0,040 kPa) aus Phenyl-phosphan und Formaldehyd-tert.-butylimin[135]. Jedoch lassen sich 1:1-Reaktionslösungen aus Phenyl-phosphan/Benzaldehyd-alkyliminen mit Aldehyden zu 1,3,5-Oxazaphosphorinanen in guter Ausbeute umsetzen[136]; z.B.:

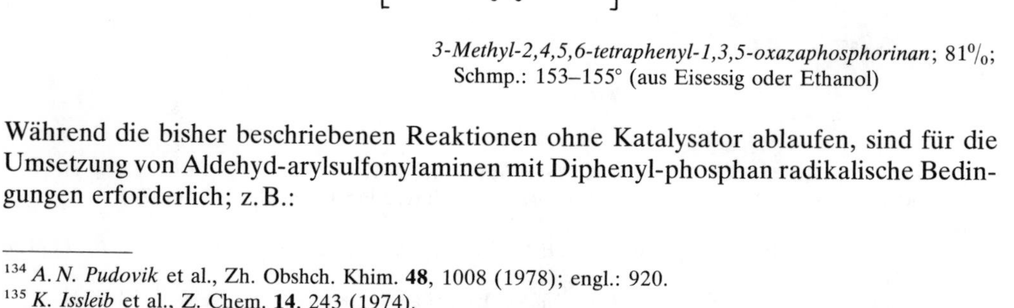

$$H_5C_6-PH_2 + H_5C_6-CH=N-CH_3 + 2 H_5C_6-CHO \longrightarrow$$

3-Methyl-2,4,5,6-tetraphenyl-1,3,5-oxazaphosphorinan; 81%; Schmp.: 153–155° (aus Eisessig oder Ethanol)

Während die bisher beschriebenen Reaktionen ohne Katalysator ablaufen, sind für die Umsetzung von Aldehyd-arylsulfonylaminen mit Diphenyl-phosphan radikalische Bedingungen erforderlich; z.B.:

---

[134] *A. N. Pudovik* et al., Zh. Obshch. Khim. **48**, 1008 (1978); engl.: 920.
[135] *K. Issleib* et al., Z. Chem. **14**, 243 (1974).
[136] *H. Oehme* et al., Synth. React. Inorg. Met.-Org. Chem. **4**, 453 (1974).
[137] *H. Oehme, K. Issleib* u. *E. Leißring*, Phosphorus **3**, 159 (1973).

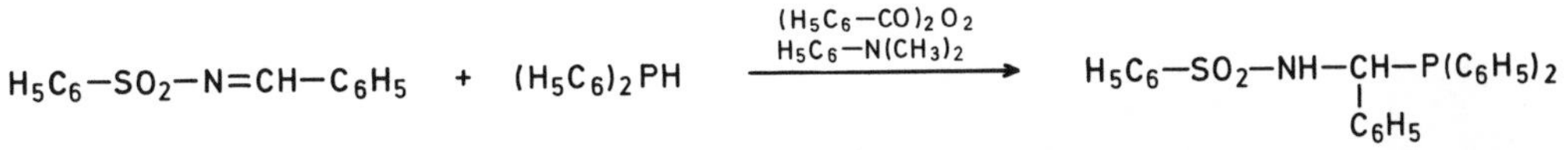

$$H_5C_6-SO_2-N=CH-C_6H_5 \quad + \quad (H_5C_6)_2PH \quad \xrightarrow{\substack{(H_5C_6-CO)_2O_2 \\ H_5C_6-N(CH_3)_2}} \quad H_5C_6-SO_2-NH-\underset{\underset{C_6H_5}{|}}{CH}-P(C_6H_5)_2$$

Diphenyl-(α-phenylsulfonylamino-benzyl)-phosphan[138]; 94%

PH-Verbindungen setzen sich auch mit C=N-Doppelbindungen, die Teil eines Hetero-allen-Systems sind (z.B. Isocyanate, Isothiocyanate, Carbodiimide) um. Neben der P–C-Bindung erhält man stets eine NH-Funktion (s. Tab. 18, S. 130).

Während die Umsetzung von PH-Verbindungen mit Heteroallenen meist ohne Katalysator oder mit geringen Mengen tert. Amine abläuft, ist für die Umsetzung von sek. Phosphanen mit Isonitrilen ein Radikalstarter oder Kupfer(I)-oxid erforderlich. Man erhält je nach Organo-Rest am Isonitril ein Cyan- oder ein (Organoimino-methyl)-phosphan; z.B.[139, 140]:

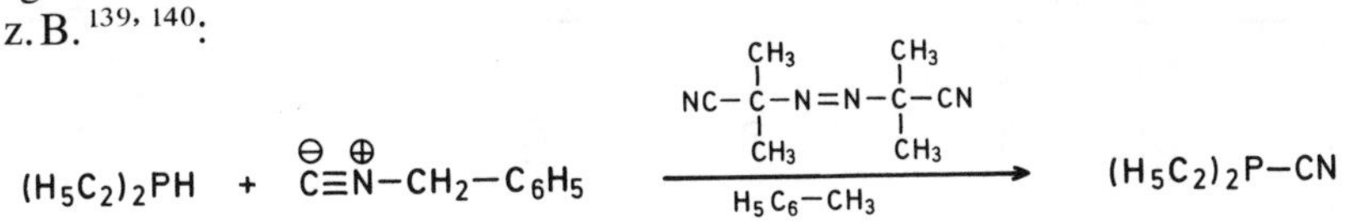

$$(H_5C_2)_2PH \quad + \quad \overset{\ominus}{C}\equiv\overset{\oplus}{N}-CH_2-C_6H_5 \quad \xrightarrow[H_5C_6-CH_3]{\substack{CH_3 \quad CH_3 \\ | \quad | \\ NC-C-N=N-C-CN \\ | \quad | \\ CH_3 \quad CH_3}} \quad (H_5C_2)_2P-CN$$

Cyan-diphenyl-phosphan; 71%; Sdp.: 71–72°(22 Torr/ 2,93 kPa)

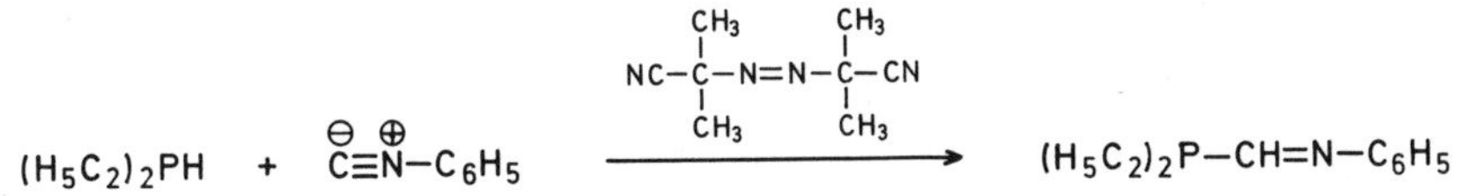

$$(H_5C_2)_2PH \quad + \quad \overset{\ominus}{C}\equiv\overset{\oplus}{N}-C_6H_5 \quad \xrightarrow{\substack{CH_3 \quad CH_3 \\ | \quad | \\ NC-C-N=N-C-CN \\ | \quad | \\ CH_3 \quad CH_3}} \quad (H_5C_2)_2P-CH=N-C_6H_5$$

Diethyl-(phenylimino-methyl)-phosphan; 56%; Sdp.: 110–112° (6 Torr/ 0,8 kPa)

1.2. aus Di- und Polyphosphanen

Als Methode zur Herstellung von Phosphanen hat die Umsetzung mit Di- und Polyphosphanen nur in wenigen Fällen Bedeutung erlangt, da die Ausgangsverbindungen schwierig zugänglich sind.

Ähnlich der Umsetzung mit Ethen (s. 4. Aufl., Bd. XII/1, S. 43) setzt sich Tetramethyl-diphosphan mit 1,3-Butadien zu einem Gemisch von *(E)*- und *(Z)-1,4-Bis-[dimethylphosphano]-2-buten* um[148], analog verhält sich Tetrafluor-ethen[149], während bei der Umsetzung mit Hexafluor-propen *(E)*- und *(Z)-Dimethyl-(pentafluor-propenyl)-phosphane* entstehen (neben Dimethyl-trifluor-phosphoran)[150]. Hohe Temperaturen, UV-Bestrahlung oder Anwendung eines Radikalstarters sind erforderlich, um die Reaktion ablaufen zu lassen. Vermutlich nach einem Radikalkettenmechanismus verläuft die Umsetzung von Tetraphenyl-diphosphan bzw. Tetraphenyl-tetraphosphetan mit Jod-trifluor-methan zum *Diphenyl-trifluormethyl-phosphan* (~20%)[151] bzw. *Bis-[trifluormethyl]-phenyl-phosphan*[152]. Mit besseren Ausbeuten gelingt die Spaltung mit Tetrachlormethan[153]:

[138] *K. Kellner, H.-J. Schultz* u. *A. Tzschach*, Z. Chem. **20**, 152 (1980).
[139] *T. Saegusa* et al., J. Org. Chem. **35**, 4238 (1970).
[140] *T. Seagusa* et al., Tetrahedron Lett. **1968**, 935.
[148] *W. Hewertson* u. *I. C. Taylor*, J. Chem. Soc. [C] **1970**, 1990.
[149] *R. Brandon, R. N. Haszeldine* u. *P. J. Robinson*, J. Chem. Soc. [Perkin Trans. 2] **1973**, 1301.
[150] *P. Cooper, R. Fields* u. *R. N. Haszeldine*, J. Chem. Soc. [Perkin Trans. 1] **1975**, 702.
[151] *M. A. A. Beg* u. *H. C. Clark*, Can. J. Chem. **40**, 283 (1962).
[152] *M. A. A. Beg* u. *H. C. Clark*, Can. J. Chem. **39**, 564 (1961).
[153] *R. Appel* u. *R. Milker*, Chem. Ber. **108**, 1783 (1975).

Tab. 18: Phosphane aus PH-Verbindungen mit Heteroallenen

PH-Verbindungen	R–N=C=X	Reaktionsprodukt	Ausbeute [%]	Schmp. [°C]	Literatur
PH_3	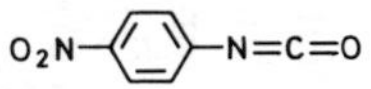 O_2N–⟨⟩–$N=C=O$	*Tris-[4-nitro-anilinocarbonyl]-phosphan*	100	267–270	[141]
$(H_3C)_2CH–CH_2–PH_2$	$H_5C_6–N=C=O$	*Bis-[anilinocarbonyl]-(2-methyl-propyl)-phosphan*	52	142–143	[142]
$(H_9C_4)_2PH$	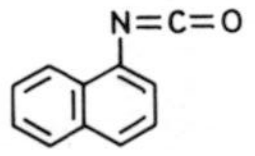 ⟨naphthyl⟩$N=C=O$	*Dibutyl-(1-naphthylaminocarbonyl)-phosphan*	53	80–81	[143]
$(H_{11}C_6)_2PH$	$H_5C_6–N=C=S$	*Anilinocarbonyl-dicyclohexyl-phosphan*	93	118	[144]
	$HN=C=O$	*Aminocarbonyl-dicyclohexyl-phosphan*	80	121–124	[145]
$(H_5C_6)_2PH$	$H_3C–N=C=S$	*Diphenyl-(methylamino-thiocarbonyl)-phosphan*	85	132,5	[146]
	$H_5C_6–N=C=N–C_6H_5$	*(Anilino-phenylimino-methyl)-diphenyl-phosphan*	100		[147]

[141] US 2969390 (1961/1959), American Cyanamid Comp., Erf.: *S. A. Buckler*; C. A. **55**, 12381 e (1961).
[142] US 3052719 (1962/1960), American Cyanamid Comp., Erf.: *S. A. Buckler* u. *M. Epstein*.
[143] US 3116316 (1963/1961), American Cyanamid Comp., Erf.: *M. M. Rauhut*.
[144] *K. Issleib* u. *G. Harzfeld*, Chem. Ber. **97**, 3430 (1964).
[145] *G. P. Papp* u. *S. A. Buckler*, J. Org. Chem. **31**, 588 (1966).
[146] *K. Issleib* u. *G. Harzfeld*, Z. Anorg. Allg. Chem. **351**, 18 (1967).
[147] *D. H. M. W. Thewissen* u. *H. P. M. M. Ambrosius*, Recl. Trav. Chim. Pays-Bas **99**, 344 (1980).

$$R_2P{-}PR_2 \quad + \quad CCl_4 \quad \xrightleftharpoons[120-140°]{60°} \quad R_2P{-}Cl \quad + \quad R_2P{-}CCl_3$$

$$R = C_6H_5, \ C_6H_{11}, \ C_3H_7, \ C_4H_9$$

Infolge der Reversibilität der Reaktion gelingt es jedoch nicht, die Reaktionsprodukte destillativ zu trennen.

Organometall-substituierte Phosphane werden durch Spaltung von P–P-Bindungen mit Bis-[trimethylsilyl]-quecksilber[154], Trimethyl-stannan[155] bzw. Dimethyl-arsan[156] erhalten. Bei der Umsetzung von Pentaphenyl-pentaphospholan mit Trimethyl-german (210°, 36 Stdn.) entsteht ein Reaktionsgemisch aus 65% *Phenyl-trimethylgermanyl-phosphan*, 13% *Bis-[trimethylgermanyl]-phenyl-phosphan* und 12% *Phenyl-phosphan*[157]. Dagegen verläuft die Spaltung von Tetrakis-[trifluormethyl]-tetraphosphetan mit Methyl-phosphan (3 Tage, 20°) nahezu quantitativ zu *Trifluormethyl-phosphan* und *Pentamethyl-penta-phosphol*[158].

Auch mit Diazomethan läßt sich die P–P-Bindung spalten; so entsteht z.B. aus Diphosphan 28% *Bis-[phosphano]-methan*[159].

Prim., sek. und tert. Organo-phosphane sind zugänglich durch Spaltung von Di- und Polyphosphanen mit Alkalimetallen bzw. Organo-metall-Verbindungen:

$$\begin{array}{c} R \qquad R \\ \diagdown \ \ \diagup \\ P{-}P \\ \diagup \ \ \diagdown \\ R \qquad R \end{array} \quad \xrightarrow[{-R_2P-Li}]{+H_5C_6-Li} \quad H_5C_6{-}PR_2$$

Bei hydrolytischer Aufarbeitung kann das sek. Phosphan aus dem Lithiumphosphid neben dem entsprechenden tert. gewonnen werden[160]. Die Umsetzung unterbleibt im Falle stark verzweigter organischer Substituenten am P-Atom (z.B. Isopropyl, tert.-Butyl, Cyclohexyl)[161].

Bei der Spaltung von Cyclopolyphosphanen mit Alkalimetallen oder Phenyl-lithium treten primär je nach Mengenverhältnis der Reaktanten[162] Verbindungen mit einer oder mehreren P–P-Bindungen auf, die bei hydrolytischer Aufarbeitung in Cyclopolyphosphane, Biphosphane, sek. und prim. Phosphane zerfallen[163].

Die Herstellung prim. und sek. Phosphane aus Di- und Polyphosphanen gelingt auch durch Spaltung mit Säuren. So entsteht z.B. *Methyl-trifluormethyl-phosphan* bei der Umsetzung von 1,2-Bis-[trifluormethyl]-1,2-dimethyl-diphosphan mit Salzsäure[164], *Phenyl-phosphan* bei der Spaltung von Pentaphenyl-pentaphospholan mit Wasser und p-Toluolsulfonsäure[165] oder *Dimethyl-phosphan* bei der reduktiven Entschwefelung von Tetramethyl-diphosphan-1,2-bis-sulfid mit Tributyl-phosphan/Wasser[166]:

$$(H_3C)_2\overset{\overset{\displaystyle S}{\|}}{P}{-}\overset{\overset{\displaystyle S}{\|}}{P}(CH_3)_2 \quad + \quad 3\,(H_9C_4)_3P \quad \xrightarrow{H_2O} \quad 2\,(H_3C)_2PH \quad + \quad 2\,(H_9C_4)_3PS \quad + \quad (H_9C_4)_3PO$$

[154] G. Avar u. W.P. Neumann, J. Organomet. Chem. **131**, 207 (1977).

[155] S. Ansari u. J. Grobe, Z. Naturforsch. **30b**, 531 (1975).

[156] R.G. Cavell u. R.C. Dobbie, J. Chem. Soc. [A] **1968**, 1406.

[157] J. Escudié, C. Couret u. J. Satgé, Recl. Trav. Chim. Pays-Bas **98**, 461 (1979).

[158] A.H. Cowley, J. Am. Chem. Soc. **89**, 5990 (1967).

[159] DE OS 2705994 (1978/1977), Hoechst AG, Erf.: M. Baudler; C.A. **89**, 197718g (1978).

[160] K. Issleib u. F. Krech, Z. Anorg. Allg. Chem. **328**, 21 (1964).

[161] K. Issleib u. F. Krech, J. Organomet. Chem. **13**, 283 (1968).

[162] K. Issleib u. F. Krech, Z. Anorg. Allg. Chem. **385**, 47 (1971).
     K. Issleib u. M. Hoffmann, Chem. Ber. **99**, 1320 (1966).

[163] M. Baudler u. G. Reuschenbach, Phosphorus Sulfur **9**, 81 (1980).

[164] A.B. Burg, K.K. Joshi u. J.F. Nixon, J. Am. Chem. Soc. **88**, 31 (1966).

[165] M.J. Gallagher u. J.D. Jenkins, J. Chem. Soc., Chem. Commun. **1971**, 593.

[166] A. Trenkle u. H. Vahrenkamp, Z. Naturforsch. **34b**, 462 (1979).

1.3. aus Phosphor

1.3.1. durch radikalische (elektrophile) Alkylierung bzw. Arylierung

Die Umsetzung von elementarem Phosphor mit Alkyl-, bzw. Arylhalogeniden führt nur in sehr geringen Ausbeuten zu Organophosphanen[167-171]. Als Hauptprodukte entstehen Organo- und Diorgano-halogen-phosphane[167] (s.a. 4. Aufl., Bd. XII/1, S. 316, 45).

Ein interessantes Nebenprodukt erhält man bei der Umsetzung von 1,2-Dichlor-benzol mit weißem Phosphor in Gegenwart katalytischer Mengen Eisen(III)-/Titan(IV)-chlorid[172]:

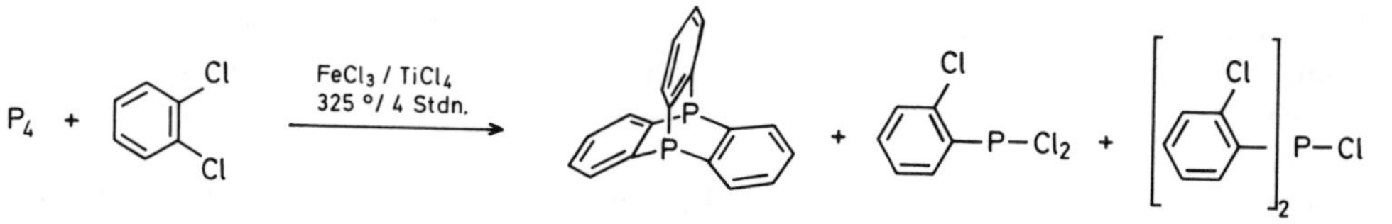

Tribenzo-1,4-diphospha-
bicyclo[2.2.2]octa-trien;
20%; Schmp.: 313–315°

Die Umsetzung von rotem Phosphor mit Alkyljodiden führt in guten Ausbeuten (60–65%) zu Trialkyl-phosphanen, wenn das entstandene Zwischenprodukt mit Zink reduziert wird; z.B.[173]:

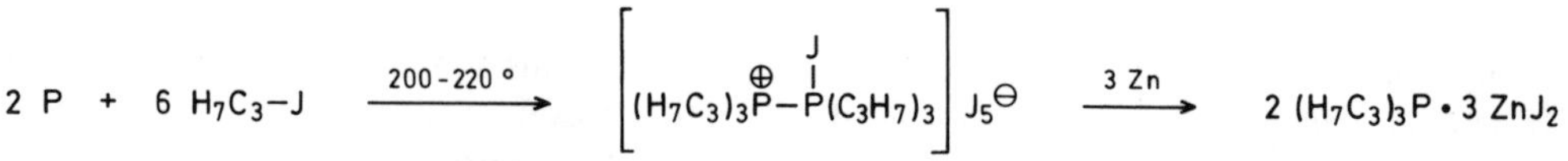

Tripropyl-phosphan-tris-zinkjodid

Der Trialkylphosphan-Zink-Jodid-Komplex wird mit Natronlauge versetzt, das Alkyl-phosphan mit Benzol extrahiert und anschließend destilliert[173].

1.3.2. durch nucleophile Alkylierung bzw. Arylierung

Nucleophile Alkylierung und Arylierung von Phosphor verlaufen mit ähnlich geringen Ausbeuten bzw. ebenfalls unspezifisch zu Produktgemischen wie die elektrophile Alkylierung[174-176].

Umsetzung von Tetraphenyl-zinn mit Phosphor ergibt bei 320°/16 Stdn. *Triphenyl-phosphan* in 85%iger Ausbeute[177]. Bei tieferen Temperaturen entstehen Organozinn-phosphane komplexerer Zusammensetzung[178]. Analog erhält man bei der Umsetzung von

[167] *L. Maier*, Helv. Chim. Acta **46**, 2026 (1963) und dort zitierte Literatur.
[168] DE OS 2126439 (1972/1971), Knapsack AG, Erf.: *H. Staendeke*.
[169] DE OS 2255395 (1974/1972), Knapsack AG, Erf.: *H. Staendeke*.
[170] DE OS 2721425 (1978/1977), Hoechst AG, Erf.: *K. Hestermann* u. *G. Heymer*; C.A. **90**, 87661w (1979).
[171] DE OS 2730742 (1979/1977), Hoechst AG, Erf.: *K. Hestermann, K. Joedden* u. *G. Heymer*, C.A. **90**, 152353p (1979).
[172] *K.G. Weinberg*, J. Org. Chem. **40**, 3586 (1975).
[173] *V.V. Malovik, Y.V. Kandul, V.Y. Semenii* u. *N.G. Feshchenko*, Khim. Tekhnol. **1977**, 33; C.A. **88**, 74437 (1978).
[174] US 3099690 (1963/1962), American Cyanamid Comp., Erf.: *M.M. Rauhut* u. *A.M. Semsel*.
[175] US 3099691 (1963/1962), American Cyanamid Comp., Erf.: *M.M. Rauhut* u. *A.M. Semsel*.
[176] *M.M. Rauhut* u. *A.M. Semsel*, J. Org. Chem. **28**, 471 (1963).
[177] *H. Schumann, H. Koepf* u. *M. Schmidt*, Z. Anorg. Allg. Chem. **331**, 200 (1964).
[178] *H. Schumann, H. Koepf* u. *M. Schmidt*, Angew. Chem. **75**, 672 (1963).

Dimethyl-stannan mit Phosphor *2,2,3,3,5,5,6,6,7,7-Decamethyl-1,4-diphospha-2,3,5, 6,7-penta-stanna-bicyclo[2.2.1]heptan*[179, 180].

1.3.3. durch elektrochemische Alkylierung bzw. Arylierung

Ebenso wie die nucleophile oder elektrophile Umsetzung führt auch die elektrochemische Reduktion von elementarem Phosphor in Gegenwart von Alkylhalogeniden (Butylbromid) oder Olefinen (Styrol) zu Produktgemischen, aus denen sich neben Phosphan und Diphosphanen Mono-, Di- und Triorgano-phosphane in schlechten Ausbeuten isolieren lassen[181, 182].

1.4. aus Metallphosphiden

1.4.1. mit Organo-halogen-Verbindungen

Die Umsetzung von Alkalimetallphosphiden mit Halogenkohlenwasserstoffen gehört zu den vielseitigst bearbeiteten Methoden zur Herstellung von Organo-phosphanen und ist bereits in der 4. Aufl. Bd. XII/1, S. 19ff. ausführlich beschrieben worden. Infolge der überragenden Bedeutung der Alkalimetallphosphide als Synthone soll vorab auf ihre Herstellung eingegangen werden. Alkaliphosphide werden nach folgenden Methoden hergestellt:
① Metallierung von PH-Verbindungen
② Umsetzung von P–Cl-Verbindungen mit Alkalimetallen
③ Spaltung von sek. u. tert. Organo-phosphanen mit mindestens einer Aryl-Gruppe mit Lithium.

Reaktionsweg ① bringt insbesondere bei der Herstellung von Dilithium-organophosphanen aus Organo-phosphan mit Methyl-lithium[183] sowie bei der Monometallierung von Organo-phosphanen zu Lithium-organo-phosphiden[184] Vorteile. Die Schwierigkeit liegt in der Handhabung der prim. oder sek. Phosphane bzw. ihrer Herstellung und Zugänglichkeit.

(3-Chlor-propyl)-diphenyl-phosphan[185]:

$$(H_5C_6)_2PH \; + \; H_9C_4-Li \xrightarrow[-C_4H_{10}]{} (H_5C_6)_2P-Li \xrightarrow[-LiCl]{+ Cl-(CH_2)_3-Cl} (H_5C_6)_2P-CH_2-CH_2-CH_2-Cl$$

Eine Lösung von 70,2 *ml* Butyl-lithium (0,1613 mol in Hexan) wird zu einer Lösung von 30 g Diphenyl-phosphan in 800 *ml* THF gegeben. Nach 30 Min. Rühren wird diese Lösung in einen Tropftrichter mit Druckausgleich übergeführt und innerhalb 6 Stdn. tropfenweise in eine auf 0° gekühlte Lösung von 200 *ml* 1,3-Dichlor-propan (10facher Überschuß) in 300 *ml* Ether in einen 2-*l*-Kolben gegeben. Man rührt 12 Stdn., fügt 50 *ml* Wasser zu und entfernt alle Lösemittel i. Vak. Der Rückstand wird mit 150 *ml* Wasser und 300 *ml* Ether versetzt, und die erhaltene Lösung 3mal mit 225 *ml* Ether extrahiert. Die ether. Extrakte werden gesammelt und der Ether i. Vak. verdampft. Das erhaltene schwach gelbe Produkt wird 1 Stde. bei 13 Torr (1,73 kPa) auf 65° erwärmt, um alle flüchtigen Komponenten zu entfernen; Ausbeute: 99%, bez. auf Diphenyl-phosphan.

Reaktionsweg ②, der von den oft kommerziell erhältlichen Chlor-phosphanen ausgeht, beinhaltet auch die Spaltung von Di- oder Polyphosphanen, die intermediär entstehen und die nicht immer quantitativ gelingt.

---

[179] *B. Mathiasch* u. *M. Draeger*, Angew. Chem. **90**, 814 (1978); engl.: **17**, 767.
[180] *B. Mathiasch*, J. Organomet. Chem. **165**, 295 (1979).
[181] *L. V. Kaabak* et al., Zh. Obshch. Khim. **36**, 2060 (1966); C. A. **66**, 85828m (1967).
[182] *L. V. Kaabak* et al., Zh. Obshch. Khim. **40**, 584 (1970); C. A. **73**, 31026z (1970).
[183] *G. Becker* et al., Z. Anorg. Allg. Chem. **443**, 42 (1978).
[184] *E. Arpac* u. *L. Dahlenburg*, Z. Naturforsch. **35b**, 146 (1980) u. dort zitierte Literatur.
[185] *R. Uriarte, T. J. Mazanec, K. D. Tau* u. *D. W. Meek*, Inorg. Chem. **19**, 79 (1980).

Lithium-diphenylphosphid[186]: Ein 250-*ml*-Dreihalskolben mit Kühler, Tropftrichter mit Druckausgleich und Magnetrührer wird mit reinem Stickstoff gespült. Dann werden 50 *ml* über Natrium-Draht getrocknetes THF eingefüllt. 2 g Lithium-Folie werden in kleine Streifen geschnitten und zu dem THF gegeben. Die Mischung wird kurz zum Rückfluß erhitzt und die Heizquelle entfernt. Dann werden 15,7 g käufliches Chlor-diphenyl-phosphan in 40 *ml* getrocknetem THF tropfenweise so zugefügt, daß ein mäßiger Rückfluß auftritt. Nach einer Induktionsperiode von ~ 2 Min. zeigt die Lösung die charakteristische tief-rote Farbe des Diphenyl-phosphid-Anions. Nach Zugabe des Chlor-diphenyl-phosphans (30 Min.) wird 1 Stde. am Rückfluß gekocht. Die Lösung wird mit einer Eis-Kochsalz-Mischung gekühlt und durch Filtration unter Stickstoff vom überschüssigen Lithium befreit.

Reaktionsweg ③ (S. 138) ist besonders zur Herstellung des *Diphenyl-phosphid-Anions* geeignet, da Triphenyl-phosphan – auch im technischen Maßstab – leicht zugänglich und einfach zu handhaben ist. Nachteilig ist, daß Zersetzung des gleichzeitig gebildeten Phenyl-Anions, z.B. mit tert. Butylchlorid unter Bildung von Isobuten[187] oder mit Ammoniumbromid (im Ammonosystem) erforderlich ist und dabei auch gewisse Anteile des Diphenylphosphid-Anions umgewandelt werden. Bei Verwendung von THF als Lösungsmittel wird bei längerem Erhitzen infolge Spaltung des Tetrahydrofurans Diphenyl-(4-hydroxy-butyl)-phosphan gebildet. Eine Arbeitsvorschrift zur Herstellung von *Lithium-diphenylphosphid* durch Spaltung von Triphenyl-phosphan mit Lithium findet sich in Lit.[188]. Ein ausbeuteminderndes Phänomen bei der Umsetzung von Alkalimetall-diorganophosphiden mit Organo-halogen-Verbindungen ist der Metall-Halogen-Austausch:

$$R_2P{-}Li \;+\; Hal{-}R \longrightarrow R_2P{-}Hal \;+\; R{-}Li \qquad |$$

Das gebildete Diorgano-halogen-phosphan reagiert mit überschüssigem Lithium-diorganophosphid unter Bildung von Tetraorgano-diphosphanen, die isoliert werden können[189, 190].

Metall-Halogen-Austausch wird insbesondere bei Alkalimetall-alkylphosphiden beobachtet, und verläuft bei Alkyl- bzw. Arylfluoriden und -chloriden in geringerem Ausmaß als bei den entsprechenden Bromiden und Jodiden[191, 192].

Tab. 19 (S. 135) gibt eine Auswahl aus der großen Fülle von Beispielen.

Im Unterschied zur Alkylierung ist die Arylierung der Metallphosphide von geringer präparativer Bedeutung (s.a. 4. Aufl., Bd. XII/1, S. 22). Obwohl, von wenigen Ausnahmen abgesehen[224, 225], die Umsetzung nicht über eine „Arin“-Zwischenstufe zu verlaufen scheint, sind die Ausbeuten – bedingt durch Metall-Halogen-Austausch – nur mäßig bis gut. Neben der Art der Zugabe (Phosphid-Vorlage und Zutropfen des Arylhalogenids oder umgekehrt) sind die organischen Reste am P-Atom, das Alkalimetall, die Reaktionstemperatur sowie die Polarität des Lösungsmittel von Bedeutung[224, 226–228]. Tab. 20 (S. 138) gibt einige charakteristische Beispiele wieder.

[186] *P. W. Clark*, Org. Prep. Proced. Int. **11**, 103 (1979).
[187] *A. M. Aguiar, J. Beisler* u. *A. Mills*, J. Org. Chem. **27**, 1001 (1962).
[188] *G. W. Luther III* u. *G. Beyerle*, Inorg. Synth. **17**, 186.
　　　R. F. Markham, E. A. Dietz Jr. u. *D. R. Martin*, Inorg. Synth. **16**, 153.
[189] *K. Issleib, A. Tzschach* u. *H.-U. Block*, Chem. Ber. **101**, 2931 (1968).
[190] *K. Issleib* u. *G. Harzfeld*, Chem. Ber. **95**, 268 (1962).
[191] *K. Issleib* u. *G. Döll*, Z. Anorg. Allg. Chem. **324**, 259 (1963).
[192] *K. Issleib* u. *K. Standtke*, Chem. Ber. **96**, 279 (1963).
[224] *K. Issleib, A. Tzschach* u. *H.-U. Block*, Chem. Ber. **101**, 2931 (1968).
[225] US 38 86 193 (1975/1973), Exxon, Erf.: *T. A. Whitney* u. *A. W. Langer*.
[226] *A. M. Aguiar, H. J. Greenberg* u. *K. E. Rubenstein*, J. Org. Chem. **28**, 2091 (1963).
[227] *K. Issleib* u. *M. Haftendorn*, Z. Anorg. Allg. Chem. **376**, 79 (1970).
[228] *K. Issleib* u. *L. Brüsehaber*, Z. Naturforsch. **20b**, 181 (1965).

Tab. 19: Phosphane durch Umsetzung von Alkalimetallphosphiden mit Alkylhalogeniden

Phosphid	R-Hal	Phosphan	Ausbeute [%]	Sdp. [°C]	Sdp. [Torr(kPa)]	Literatur
$NaPH_2$	$Cl-(CH_2)_4-Cl$	1,4-Bis-[phosphano]-butan	45	25	2 (0,29)	193
	$Cl-CH_2-CH_2-O-C(CH_3)_3$	(2-tert.-Butyloxy-ethyl)-phosphan	75	57	30 (4)	194
	$Cl-CH_2-COONa$	(Carboxymethyl)-phosphan	82	70–72	6 (0,8)	195,196
(2 Mol)	$Cl-CH_2-CH_2-Cl$	Phosphiran	74[a]	36,5[b]		197
KPH_2	$(H_2C=CH-CH_2)_2CH-CH_2-Br$	(2-Allyl-4-pentenyl)-phosphan	66	26	1,5 (0,2)	198
$Li[Al(PH_2)_4]$	H_5C_2-J	Ethyl-phosphan	97[c]	–	–	199
H_5C_2-PH-K	CH_2Cl_2	Bis-[ethyl-phosphano]-methan	6	54	5 (0,67)	200
	$Br-(CH_2)_3-Br$	1,3-Bis-[ethyl-phosphano]-propan	62	103	7 (2,28)	200
$H_{11}C_6-PH-Li$	$Cl-CH_2-CH_2-O-(CH_3)_3$	(2-tert.-Butyloxy-ethyl)-cyclohexyl-phosphan	74	80	100 (13,3)	194
$H_{11}C_6-PH-Na$	$Cl-CH_2-CH_2-Cl$	1,2-Bis-[cyclohexyl-phosphano]-ethan	83	162–168	4 (0,53)	201
$H_5C_6-PH-Na$	$Br-(CH_2)_6-Br$	1,6-Bis-[phenyl-phosphano]-hexan	57	178–181	0,2 (0,027)	202
	$Cl-CH_2-CH_2-NH_2$	(2-Amino-ethyl)-phenyl-phosphan	83	115	7 (0,93)	203
	$H_2C=CH-CH_2-Cl$	Allyl-phenyl-phosphan	45–50	57	0,1 (0,013)	204
	$H_5C_6-CH_2-Cl$	Benzyl-phenyl-phosphan	66	(Schmp.: 75–80°)	0,3 (0,04)	202
	$Cl-CH_2-COONa$	Carboxymethyl-phenyl-phosphan	57	(Schmp.: 29–31°)		195
$(H_3C)_2P-K$	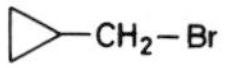 ▷–CH_2-Br	Cyclopropylmethyl-dimethyl-phosphan	34	119–120	758 (101)	205

[a] bez. auf 1,2-Dichlor-ethan
[b] errechnet
[c] bez. auf Ethyljodid

193 US 3086053 (1963/1957), American Potash u. Chemical Corp., Erf.: R.I. Wagner.
194 A. Tzschach, W. Radke u. W. Uhlig, Z. Chem. 19, 252 (1979).
195 K. Issleib, R. Kümmel u. H. Zimmermann, Angew. Chem. 77, 172 (1965); engl.: 4, 155
196 K. Issleib u. R. Kümmel, Chem. Ber. 100, 3331 (1967).
197 R.I. Wagner, L.D. Freeman, H. Goldwhite u. D.G. Rowsell, J. Am. Chem. Soc. 89, 1102 (1967).
198 F. Krech u. K. Issleib, Z. Anorg. Allg. Chem. 425, 209 (1976).
199 A.E. Finholt et al., Inorg. Chem. 2, 504 (1963); dort auch eine Darstellungsmethode für $Li[Al(PH_2)_4]$.
200 K. Issleib u. G. Döll, Z. Anorg. Allg. Chem. 324, 259 (1963).
201 K. Issleib u. G. Döll, Chem. Ber. 96, 1544 (1963).
202 E. Steiniger, Chem. Ber. 96, 3184 (1963).
203 K. Issleib u. H. Oehme, Chem. Ber. 100, 2685 (1967).
204 E. Steiniger u. M. Sander, Angew. Chem. 75, 88 (1963).
205 B.W. Bangerter et al., J. Org. Chem. 42, 3247 (1977).

Tab. 19 (1. Fortsetzung)

Phosphid	R-Hal	Phosphan	Ausbeute [%]	Sdp. [°C]	[Torr(kPa)]	Literatur
(H₅C₂)₂P-Na	Cl-CH₂-CH₂-S-C₂H₅	*Diethyl-(2-ethylthio-ethyl)-phosphan*	40	59	0,4 (0,053)	[206]
(H₉C₄)₂P-Li	Cl-CO-C₆H₅	*Dibutyl-ethoxycarbonyl-phosphan*	57	137–141	14 (1,87)	[207]
(H₁₁C₆)₂P-Li	Cl-(CH₂)₄-As(C₆H₅)₂	*Dicyclohexyl-(4-diphenylarsano-butyl)-phosphan*	44	(Schmp.: 49–51°)		[208]
	Cl-C≡C-C₆H₅	*Dicyclohexyl-(phenylethinyl)-phosphan*	35	(Schmp. 74°)		[190]
C₆H₅ H₃C-P-Na	Cl-CH₂-Si(CH₃)₃	*Methyl-phenyl-(trimethylsilyl-methyl)-phosphan*	65	63	0,5 (0,067)	[209]
C₆H₅ H₅C₂-P-Na	Cl-(CH₂)₃-Si(OC₂H₅)₃	*Ethyl-phenyl-(3-triethoxysilyl-propyl)-phosphan*	–	129–130	0,55 (0,073)	[210]
(H₅C₆)₂P-Li	Cl-CH₂-O-CH₂-Cl	*Bis-[diphenylphosphano-methyl]-ether*	80	(Schmp.: 86–88°)		[211]
	(Struktur)	*trans-1,2-Bis-[diphenylphosphano]-ethen*	80	(Schmp.: 125–126°)		[212]
	(Struktur)	*(1,2-Difluor-2-triethylsilyl-vinyl)-diphenyl-phosphan*	53	153–155	0,35 (0,046)	[213]
(H₅C₆)₂P-Na	H₃C-C(CH₂-Cl)₃	*1,3-Bis-[diphenylphosphano-2-methyl-2-(diphenylphosphano-methyl)]-propan*	73	(Schmp.: 100–101°)		[214]

[190] K. Issleib u. G. Harzfeld, Chem. Ber. **95**, 268 (1962).
[206] J. F. Siekhaus u. T. Layloff, Inorg. Chem. **6**, 2185 (1967).
[207] K. Issleib u. O. Löw, Z. Anorg. Allg. Chem. **346**, 241 (1966).
[208] A. Tzschach u. W. Lange, Chem. Ber. **95**, 1360 (1962).
[209] R. Appel, J. Peters u. R. Schmitz, Z. Anorg. Allg. Chem. **475**, 18 (1981).
[210] US 3019248 (1962/1958), Union Carbid Corp., Erf.: F. Fekete; C. A. **57**, 11238d (1962).
[211] A. M. Aguiar, K. C. Hansen u. J. T. Mague, J. Org. Chem. **32**, 2383 (1967).
[212] A. M. Aguiar u. D. Daigle, J. Am. Chem. Soc. **86**, 2299 (1964).
[213] D. Seyferth u. T. Wada, Inorg. Chem. **1**, 78 (1962).
[214] W. Hewertson u. H. R. Watson, J. Chem. Soc. **1962**, 1490.

Tab. 19 (2. Fortsetzung)

Phosphid	R-Hal	Phosphan	Ausbeute [%]	Sdp. [°C]	Sdp. [Torr(kPa)]	Literatur
$(H_5C_6)_2P$-Na	$C(CH_2$-$Br)_4$	*1,3-Bis-[diphenylphosphano]-2,2-bis-[diphenylphosphano-methyl]-propan*	45	(Schmp.: 176–178°)		[215]
	Cl-CH_2-CH_2-O-$C(CH_3)_3$	*(2-tert.-Butyloxy-ethyl)-diphenyl-phosphan*	84	146–148	1 (0,13)	[216]
	Cl-CO-CF_3	*Diphenyl-trifluoracetyl-phosphan*	30	102	1 (0,13)	[217]
$(H_5C_6)_2P$-K	Cl-CH_2-CH_2-Cl	*(2-Chlor-ethyl)-diphenyl-phosphan*	90	–	–	[218]
	Br-CH_2-CH_2-$N(C_2H_5)_2$	*(2-Diethylamino-ethyl)-diphenyl-phosphan*	65	185	4 (0,4)	[219]
	$[(Cl$-CH_2-$CH_2)_2NH_2]Cl$	*Bis-[2-diphenylphosphano-ethyl]-ammoniumchlorid*	90	(Schmp.: 174,5–175,5°)		[220]
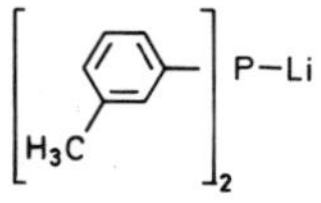 (Struktur)	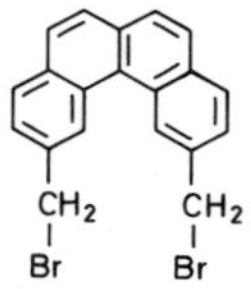	*2,11-Bis-{[bis-(3-methyl-phenyl)-phosphano]-methyl}-⟨benzo[c]phenanthren⟩*	67	(Schmp.: 195–200°)		[221]
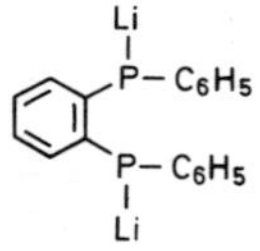 (Struktur)	H_5C_6-$P(CH_2$-CH_2-CH_2-$Cl)_2$	*1,5,9-Triphenyl-⟨benzo-1,4,8-triphospha-cyclododecen⟩*	34	(Schmp.: 163–166°)		[222]
Na_3P	Cl-CO-OC_2H_5	*Triethoxycarbonyl-phosphan*	29	130	1 (0,13)	[223]

[215] *J. Ellermann* u. *K. Dorn*, Chem. Ber. **99**, 653 (1966).
[216] *R. W. Turner* u. *A. H. Soloway*, J. Org. Chem. **30**, 4031 (1965).
[217] *E. Lindner* u. *H. Kranz*, Z. Naturforsch. **22b**, 675 (1967).
[218] *J. C. Cloyd* u. *D. W. Meek*, Inorg. Chim. Acta **6**, 607 (1972).
[219] *K. Issleib* u. *R. Rieschel*, Chem. Ber. **98**, 2086 (1965).
[220] *M. E. Wilson, R. G. Nuzzo* u. *G. M. Whitesides*, J. Am. Chem. Soc. **100**, 2269 (1978).
[221] *P. N. Kapoor* u. *L. M. Venanzi*, Helv. Chim. Acta **60**, 2824 (1977).
[222] *E. P. Kyba* et al., J. Am. Chem. Soc. **102**, 139 (1980).
[223] *A. W. Frank* u. *G. L. Drake*, J. Org. Chem. **36**, 3461 (1971).

Tab. 20: Phosphane durch Arylierung von Metallphosphiden

Phosphid	Arylhalogenid	Produkt	Ausbeute [%]	Sdp. [°C]	[Torr (kPa)]	Literatur
$(H_3C)_2P–Li$	[Struktur: Benzolring mit OCH$_3$ und Br]	Dimethyl-(2-methoxy-phenyl)-phosphan	53	70–72	2 (0,27)	229
$(H_5C_2)_2P–Li$	F–⟨⟩–CH$_3$	Diethyl-(4-methyl-phenyl)-phosphan	40	90–95	1,5 (0,2)	224
$(H_9C_4)_2P–Li$	F–⟨⟩–CH$_3$	Dibutyl-(4-methyl-phenyl)-phosphan	85	125–130	1,5 (0,2)	224
$(H_{11}C_6)_2P–Li$	F–⟨⟩–CH$_3$	Dicyclohexyl-(4-methyl-phe-nyl)-phosphan	82	175–180	1,5 (0,2)	224
H$_5$C$_6$–P–Na $\quad$CH$_3$	[Struktur: Benzolring mit 2 Cl]	1,2-Bis-[methyl-phenyl-phosphano]-benzol	68	190–200	0,1 (0,0133)	230
$(H_5C_6)_2P–K$	[Struktur: Chinolin mit Cl]	(Chinol-8-yl)-diphenyl-phosphan	84	(Schmp.: 197–198°)		227

1.4.2. mit Ethern bzw. Estern

Metallphosphide vermögen Ether unter Bildung von alkylierten Organophosphanen zu spalten[231–233]. So läßt sich Lithium-diphenylphosphid mit Anisol in 87% Ausbeute zu *Diphenyl-methyl-phosphan* umsetzen.
Auf ähnliche Weise erhält man aus

Benzyl-phenyl-ether	→	*Benzyl-diphenyl-phosphan*; 82%
Benzyl-phenyl-sulfan	→	*Benzyl-diphenyl-phosphan*; 79%
Allyl-phenyl-ether	→	*Allyl-diphenyl-phosphan*; 76%

Geringe Ausbeuten (3–5%) an alkyliertem Produkt liefern Ethoxy-, Propyloxy- und Isopropyloxy-benzol. Tetrahydrofuran setzt sich unter gleichen Bedingungen in 22% Ausbeute zu *Diphenyl-(4-hydroxy-butyl)-phosphan* um[234], mit Diphenylphosphano-magnesiumchlorid werden Ausbeuten von 57% erzielt[235] (weitere Umsetzungen s. Lit.[236]).

Sehr gute Ausbeuten ergibt die Umsetzung von Lithium-alkyl-phenyl-phosphiden mit Tetrahydrofuran, wenn das Phosphid durch längeres Kochen von Alkyl-diphenyl-phosphan mit Lithium-Metall und anschließendes Zerstören des gebildeten Phenyl-lithiums mit tert. Butylchlorid hergestellt wurde[237].

Ethyl-(4-hydroxy-butyl)-phenyl-phosphan[237]: 21,4 g Diphenyl-ethyl-phosphan und 1,4 g Lithiumspäne werden unter Stickstoff in 200 *ml* wasserfreiem THF unter Rühren 12 Stdn. unter kräftigem Rückfluß gekocht (bis zum

[224] K. Issleib, A. Tzschach u. H.-U. Block, Chem. Ber. 101, 2931 (1968).
[227] K. Issleib u. M. Haftendorn, Z. Anorg. Allg. Chem. 376, 79 (1970).
[229] W. Levason u. K. S. Smith, J. Organomet. Chem. 169, 283 (1979).
[230] N. K. Roberts u. S. B. Wild, J. Am. Chem. Soc. 101, 6254 (1979).
[231] F. G. Mann, B. P. Tong u. V. P. Wystrach, J. Chem. Soc. 1963, 1155.
[232] K. B. Mallion u. F. G. Mann, J. Chem. Soc. 1965, 4115.
[233] F. G. Mann u. M. J. Pragnell, J. Chem. Soc. 1965, 4120.
[234] K. Issleib u. H.-R. Roloff, Chem. Ber. 98, 2091 (1965).
[235] US 3 267 149 (1966/1962), Monsanto, Erf.: A. Y. Garner.
[236] R. E. Goldsberry, D. E. Lewis u. K. Cohn, J. Organomet. Chem. 15, 491 (1968).
[237] W. R. Purdum u. K. D. Berlin, J. Org. Chem. 40, 2801 (1975).

Auflösen des Lithiums). Nach Abkühlen auf 20° werden 9,3 g tert. Butylchlorid zugefügt und die Mischung 24 Stdn. gekocht (Farbänderung von dunkel- nach hellrot). Die Reaktionsmischung wird abgekühlt, mit 5,9 g Ammoniumchlorid in 50 *ml* Wasser hydrolisiert und mit Natriumchlorid gesättigt. Die Lösung wird 3mal mit 150 *ml* Benzol extrahiert, der Extrakt über wasserfreiem Magnesiumsulfat getrocknet und das Benzol abgezogen. Das verbleibende Öl wird über eine kurze Vigreux-Kolonne destilliert; Ausbeute: 18 g (86%); Sdp. 121–124° (0,15 Torr/ 0,020 kPa).

Auf ähnliche Weise erhält man u. a.

(4-Hydroxy-butyl)-methyl-phenyl-phosphan	86%; Sdp.: 87–89° (0,1 Torr/ 0,013 kPa)
Butyl-(4-hydroxy-butyl)-phenyl-phosphan	78%; Sdp.: 135–137° (0,1 Torr/ 0,013 kPa)
(4-Hydroxy-butyl)-diphenyl-phosphan	73%; Sdp.: 160–164° (0,2 Torr/ 0,026 kPa)

Ebenfalls in guten Ausbeuten wird Oxiran gespalten[234, 238]. Hingegen entsteht aus Lithium-ethyl-phenyl-phosphid mit Tetrahydropyran selbst nach 196 Stdn. Kochen nur zu 13% das *Ethyl-(5-hydroxy-pentyl)-phenyl-phosphan* (Sdp.: 120–122°/ 0,2 Torr/ 0,026 kPa)[237]. Lange Reaktionszeiten bei hohen Temperaturen erfordert die Spaltung von Glykolethern: So setzt sich Kalium-diphenylphosphid mit Bis-[2-ethoxy-ethyl]-ether innerhalb 43 Stdn. bei 160° zu *1,2-Bis-[diphenylphosphano]-ethan* (84%) um[239].

Während die Ether-Spaltung eher als störende Nebenreaktion anzusehen ist, so ist die arylierende bzw. alkylierende Wirkung von Sulfonsäureestern und Salzen der Sulfonsäure zu einer äußerst wertvollen präparativen Methode ausgebaut worden. Dabei kann der Bindungsbruch sowohl an der C–S- als auch an der O–C-Bindung erfolgen:

$$\text{(1)} \quad R^1_2PK \; + \; R^2-SO_3Na \; \xrightarrow[\text{2–10 Stdn.}]{140-180°} \; R^1_2P-R^2 \; + \; KNaSO_3$$

$$\text{(2)} \quad R^1_2PK \; + \; R^2-SO_2-OR^3 \; \xrightarrow{20°, \, 1 \, \text{Stde.}} \; R^1_2P-R^3 \; + \; R^2-SO_3K$$

Nach Gl. (1) werden bevorzugt aromatische Phosphane hergestellt[240–242]; z.B.: *Diphenyl-1-naphthyl-phosphan* (124°; 75%), *1,5-Bis-[diphenylphosphano]-naphthalin* (261°; 88%) oder *1,3-Bis-[diphenylphosphano]-benzol* (69%). Wie in Gl. (1) angedeutet, verläuft die Reaktion erst bei höheren Temperaturen in hochsiedenden Ethern und Glykolethern und benötigt zur Erzielung hoher Ausbeuten lange Reaktionszeiten.

Unter wesentlich milderen Bedingungen verläuft dagegen die S–O–C-Spaltung nach Gl. (2) bei Arensulfonsäure-alkylestern[243], so daß diese Methode besonders geeignet ist, chirale Tosylate in die entsprechenden chiralen tert. Phosphane zu überführen. Eine typische Reaktionssequenz sei am Beispiel der Herstellung des *trans-4,5-Bis-[diphenylphosphano-methyl]-2,2-dimethyl-1,3-dioxolans* aufgezeigt[244]:

[234] *K. Issleib* u. *H.-R. Roloff*, Chem. Ber. **98**, 2091 (1965).
[237] *W. R. Purdum* u. *K. D. Berlin*, J. Org. Chem. **40**, 2801 (1975).
[238] *N. A. Bondarenko, E. I. Matrosov, E. N. Tsvetkov* u. *M. I. Kabachnik*, Izv. Akad. Nauk SSSR, Ser. Khim. **1980**, 106; C. A. **93**, 8247b (1980).
[239] *H. Schindlbauer*, Monatsh. Chem. **96**, 961 (1965).
[240] *H. Schindlbauer*, Monatsh. Chem. **96**, 2051 (1965).
[241] *H. Zorn, H. Schindlbauer* u. *H. Hagen*, Chem. Ber. **98**, 2431 (1965).
[242] NL Appl. 6502108 (1965/1964), *H. Zorn*; C. A. **64**, 3598d (1966).
[243] *H. Schindlbauer*, Monatsh. Chem. **96**, 2058 (1965).
[244] *T. P. Dang* u. *H. B. Kagan*, J. Chem. Soc., Chem. Commun. **1971**, 481; J. Am. Chem. Soc. **94**, 6429 (1972).

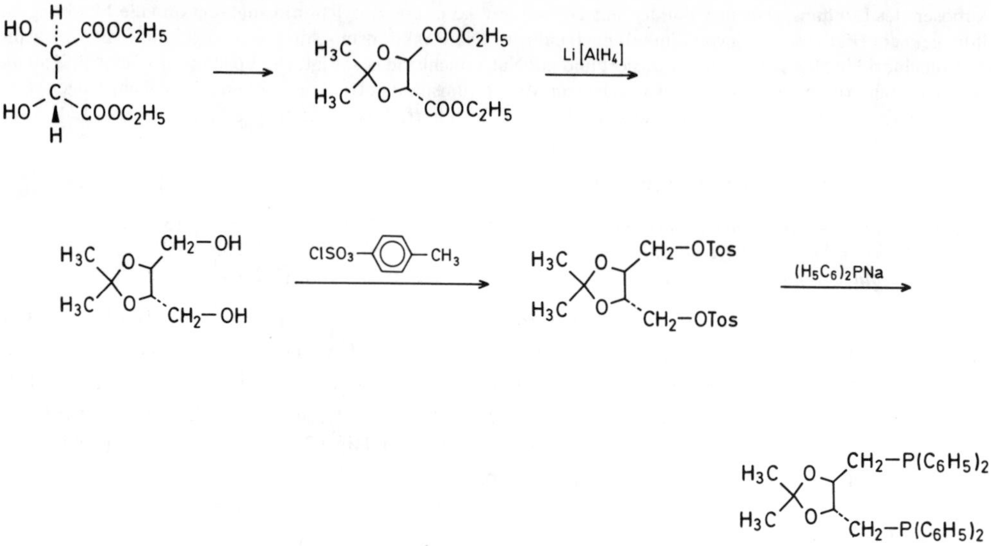

Zur Bedeutung der chiralen Phosphane als Bestandteile von Katalysatorsystemen s. z. B. Lit.[245].

Nach dem oben angeführten Schema sind folgende chiralen Phosphine aus natürlich vorkommenden chiralen Vorstufen zugänglich:

d-Galaktose	→ *1,2;3,4-Bis-O-isopropyliden-6-diphenylphosphano-6-deoxy-d-galaktopyranosid*[246]
L-Hydroxy-prolin	→ *trans-4-Diphenylphosphano-2-(diphenylphosphano-methyl)-pyrrolidin*[247]
(*S*)-2-Hydroxy-propansäure	→ *(S)-1,2-Bis-[diphenylphosphano]-propan*[248]
(*S*)-Phenyl-glykolsäure	→ *(S)-1,2-Bis-[diphenylphosphano]-1-phenyl-ethan*[249, 250]
Weinsäure	→ *2,3-Bis-[diphenylphosphano]-butan*[251]

Ebenso können Glucose, Xylose und Mannose[252] als natürliche chirale Ausgangsmaterialien für chirale Phosphane dienen.

Bei Verwendung opt. inaktiver Ausgangsmaterialien, z. B. Cyclobutancarbonsäure[253] oder *trans*-5,6-Dicarboxy-bicyclo[2.2.1]hepten[254] ist eine Racemattrennung erforderlich. Besondere Bedeutung kommt dem letzten Schritt, der Umsetzung des Tosylats mit dem Phosphid zu. Sehr gute Ausbeute wird nach folgender Verfahrensvorschrift erzielt[255].

(−)trans-4,5-Bis-[diphenylphosphano-methyl]-2,2-dimethyl-1,3-dioxolan[DIOP]: 0,4 g Kalium und 0,1 g Natrium werden unter Argon in einem Schlenkrohr zusammengeschmolzen. Dann werden 20 *ml* getrocknetes, Sauerstoff-freies 1,4-Dioxan sowie 1,3 g Triphenyl-phosphan zugefügt und die Mischung 2 Stdn. heftig gerührt. Eine Lösung von 1,15 g *trans*-4,5-Bis-[tosyloxymethyl]-2,2-dimethyl-1,3-dioxolan in 10 *ml* Sauerstoff-freiem Toluol

[245] P. Pino u. G. Consiglio, in: M. Tsutsui: Fundamental Research in Homogeneous Catalysis, Vol. III, S. 519, Plenum, New York 1979.

[246] J. Beneš u. J. Hetfleiš, Collect. Czech. Chem. Commun. **41**, 2256 (1976).

[247] K. Achiwa, J. Am. Chem. Soc. **98**, 8265 (1976).

[248] M. D. Fryzuk u. B. Bosnich, J. Am. Chem. Soc. **100**, 5491 (1978).

[249] R. B. King, J. Bakos, C. D. Hoff u. L. Markó, J. Org. Chem. **44**, 1729 (1979).

[250] J. M. Brown u. B. A. Murrer, Tetrahedron Lett. **1979**, 4859.

[251] J. Köttner u. G. Greber, Chem. Ber. **113**, 2323 (1980).

[252] H. Brunner u. W. Pieronczyk, J. Chem. Research (S) **1980**, 74, 76.

[253] P. Aviron-Violet, Y. Colleuille u. J. Varagnat, J. Mol. Cat. **5**, 41 (1979).
DE OS 24 24 543 (1974/1973), Rhône-Poulenc S. A., Erf.: P. Aviron-Violet.

[254] DE OS 28 24 861 (1979/1978), American Cyanamid Comp., Erf.: W. A. Henderson, R. G. Fischer, A. Zweig u. S. Ragh.

[255] B. A. Murrer, J. M. Brown, P. A. Chaloner, P. N. Nicholson u. D. Parker, Synthesis **1979**, 350.

wird zugegeben, die gelbe Suspension 10 Min. gerührt und über Celite unter Argon abfiltriert. Der Rückstand wird 2mal mit 20 *ml* Toluol nachgewaschen. Filtrat und Waschtoluol werden vereinigt, die Lösungsmittel i. Vak. abdestilliert. Das erhaltene hellgelbe Öl (1,4 g) wird beim Versetzen mit kaltem Methanol kristallin. Es wird 2mal aus Methanol umkristallisiert; Ausbeute: 0,9 g (72%); F: 89–90°.

1.4.3. mit Organo-metallhalogeniden

Entsprechend den Halogenkohlenwasserstoffen lassen sich auch Organo-metallhalogenide mit Metallphosphiden umsetzen.

Der Reaktionsverlauf ist nicht immer eindeutig, da höhere Acidität des Elementwasserstoffs, leichtere Spaltbarkeit der Metall-C-Bindung und mögliche Donor-Akzeptor-Wechselwirkung zwischen Phosphor- und Metall-Atom für oft unerwartete Reaktionsprodukte sorgen. Zudem ist die Stärke der P-Metall-Bindung geringer als die der P–C-Bindung, so daß die Produkte thermisch recht empfindlich und gegen Hydrolyse anfällig sind (s. 4. Aufl., Bd. XII/1, S. 75ff.). Zudem reagieren Metallhalogenide, z. B. Bor- oder Aluminiumchlorid, u. U. mit den als Lösemittel verwendeten Ethern und sorgen so für zusätzliche Schwierigkeiten bei der Aufarbeitung der Produkte[256]. Relativ eindeutig verlaufen die Umsetzungen von Metallphosphiden mit Diorgano- bzw. Triorgano-metallhalogeniden. So entsteht z. B. *(Diethylphosphano)-diphenyl-boran* in 84%iger Ausbeute bei der Umsetzung von Lithium-diphenylphosphid mit Chlor-diphenyl-boran[257].

Auf gleiche Weise sind u. a. zugänglich:

Diphenyl-diphenylphosphano-boran[257]	51%; Subl.p.: 240° (0,1 Torr/ 0,013 kPa)
Bis-[4-brom-phenyl]-diethylphosphano-boran[257]	49%; Schmp. 102°
Dicyclohexylphosphano-diethyl-alan[258]	48%; Schmp.: 123°
Diphenyl-triethylgermanyl-phosphan[259]	79%; Sdp.: 146° (0,1 Torr/ 0,013 kPa)
Diphenylphosphano-trimethyl-gallium[260]	87%; Sdp.: 125–130° (0,1 Torr/ 0,013 kPa)
Dibutyl-trimethylsilyl-phosphan[261]	63%; Sdp.: 106° (10 Torr/ 1,33 kPa)
Diphenyl-tributylstannyl-phosphan	60% (als Oxid)[262]

Setzt man Metall-di- oder -trihalogenide (z. B. Dichlor-diorgano-silan, Trichlorboran) mit Metallphosphiden um, so lassen sich in Abhängigkeit vom Mengenverhältnis und den Reaktionsbedingungen verschiedene Produkte erhalten[256, 263]. Noch komplexer sind die bei der Umsetzung SiH-funktioneller Halogensilane mit Metallphosphiden entstehenden Produktgemische[264].

Organosilyl-phosphane I–III besitzen große präparative Bedeutung als Synthone, da sie bei Reaktionen verwendet werden können, bei denen Alkalimetallphosphide nicht anwendbar sind (s. S. 147).

$$R-P\left[Si(CH_3)_3\right]_2 \qquad \begin{matrix} R^1 \\ \diagdown \\ \diagup \\ R^2 \end{matrix} P-Si(CH_3)_3 \qquad \begin{matrix} R \\ \diagdown \\ \diagup \\ H \end{matrix} P-Si(CH_3)_3$$

I   II   III

[256] *G. Fritz* u. *E. Sattler*, Z. Anorg. Allg. Chem. **413**, 193 (1975).

[257] *G. E. Coates* u. *J. G. Livingstone*, J. Chem. Soc. **1961**, 1000.

[258] *K. Issleib* u. *H.-J. Deylig*, Z. Naturforsch. **17b**, 198 (1962).

[259] *E. H. Brooks*, *F. Glockling* u. *K. A. Houton*, J. Chem. Soc. **1965**, 4283.

[260] *G. E. Coates* u. *J. Graham*, J. Chem. Soc. **1963**, 233.

[261] *H. Nöth* u. *W. Schrägle*, Chem. Ber. **98**, 352 (1965).

[262] *H. Schindlbauer* u. *D. Hammer*, Monatsh. Chem. **94**, 644 (1963).

[263] *G. Fritz* u. *F. Pfannerer*, Z. Anorg. Allg. Chem. **373**, 30 (1970).

[264] s. z. B.: *G. Fritz*, *G. Becker* u. *D. Kummer*, Z. Anorg. Allg. Chem. **372**, 171 (1971).

  G. Fritz et al., Z. Anorg. Allg. Chem. **407**, 266 (1974).

  G. Fritz u. *W. Hölderich*, Z. Anorg. Allg. Chem. **431**, 61 (1977).

  G. Fritz u. *U. Braun*, Z. Anorg. Allg. Chem. **469**, 207 (1980).

Eine Eintopf-Synthese von Silyl-phosphanen des Typs II verläuft wie folgt[265]:

$$(H_5C_6)_2P-R \quad + \quad 2\ Li \quad \longrightarrow \quad \underset{R}{\overset{H_5C_6}{\diagup}}P-Li \quad + \quad H_5C_6-Li$$

$$\underset{R}{\overset{H_5C_6}{\diagup}}P-Li \quad + \quad H_5C_6-Li \quad + \quad 2\ (H_3C)_3Si-Cl \quad \xrightarrow[-2\ LiCl]{} \quad \underset{R}{\overset{H_5C_6}{\diagup}}P-Si(CH_3)_3 \quad + \quad H_5C_6-Si(CH_3)_3$$

Butyl-phenyl-trimethylsilyl-phosphan[265]: In einem Dreihalskolben mit Tropftrichter, Rückflußkühler, Gaseinlaß und magnetischem Rührer wird zu 0,1 mol Butyl-diphenyl-phosphan in 150 *ml* abs. THF unter getrocknetem Sauerstoff-freiem Argon 0,2 mol feingeschnittener Lithiumdraht gegeben, die Apparatur mit einem Hg-Überdruckmanometer verschlossen und 3–4 Stdn. gerührt. Unter exothermer Reaktion bildet sich eine tiefdunkelbraune Lösung. Danach wird 0,2 mol Chlor-trimethyl-silan zugetropft und 30 Min. zur Vervollständigung der Reaktion unter Rückfluß erhitzt. Dabei entfärbt sich die Lösung. Nach Abkühlen wird das ausgefallene Lithiumchlorid abgetrennt (Inertgasfritte), das Lösungsmittel abgezogen und das zurückbleibende Öl i. Hochvak. über eine 20-cm-Vigreux-Kolonne fraktioniert (die erste Fraktion 45°/0,4 Torr/53 Pa enthält Phenyl-trimethylsilan); Ausbeute: 82%; Sdp.: 105–108° (1,5 Torr/0,2 kPa). Das Phosphan ist unter Schutzgas einige Zeit haltbar.

Auf analoge Weise erhält man u. a.

Methyl-phenyl-trimethylsilyl-phosphan   85%; Sdp.: 78–80° (1,2 Torr/ 0,16 kPa)
Cyclohexyl-phenyl-trimethylsilyl-phosphan   76%; Sdp.: 103–104° (0,3 Torr/ 0,04 kPa)

Sehr gute Ausbeuten an Silylphosphanen des Typs I (s. S. 141) liefert folgende Umsetzung[266]:

$$R-PH_2 \quad + \quad 2\ H_3C-Li \quad \xrightarrow[-CH_4]{} \quad R-PLi_2 \quad \xrightarrow[-2\ LiCl]{+\ (H_3C)_3Si-Cl} \quad R-P\left[Si(CH_3)_3\right]_2$$

Wesentlich für gute Ausbeuten ist das Metallierungsreagenz. Die besten Ausbeuten liefert eine frisch hergestellte Methyl-lithium-Lösung [z. B. nach 4. Aufl., Bd. XIII, 1, S. 135 (1970)], während Einsatz von Butyl-lithium stets verunreinigte Endprodukte liefert (neben P–H- auch C–H-Metallierung).

Bis-[trimethylsilyl]-methyl-phosphan[266]: 8,93 g (0,184 mol) Methyl-phosphan werden bei −78° in 150 *ml* Diethylether gelöst. Hierzu tropft man bei −40° 500 *ml* einer 0,785 m Methyl-lithium-Lösung in Diethylether. Man läßt vorsichtig auftauen; zwischen −20° und −10° beginnt die Gasentwicklung, und ein gelber Niederschlag scheidet sich ab. Der Ansatz wird 2 Stdn. bei 20° gerührt, dann werden 50 g (0,46 mol, 25% Überschuß) Chlor-trimethyl-silan zugetropft; nach 12 Stdn. Rühren wird destillativ aufgearbeitet; Ausbeute: 30 g (85%) (farblose pyrophore Flüssigkeit); Sdp.: 40° (3 Torr/ 0,4 kPa).

Nach analoger Arbeitsweise, jedoch ohne daß tiefe Temperaturen erforderlich sind (höherer Sdp. der einges. Phosphane) sind aus dem jeweiligen prim. Phosphan u. a. folgende Phosphane zugänglich:

Bis-[trimethylsilyl]-tert.-butyl-phosphan   81%; Sdp.: 47–48° (0,06 Torr/0,008 kPa)
   ...-cyclohexyl-phosphan   90%; Sdp.: 71–74° (0,06 Torr/0,008 kPa)
   ...-phenyl-phosphan   91%; Sdp.: 68–71° (0,05 Torr/0,007 kPa)
   ...-(2,4,6-trimethyl-phenyl)-phosphan   88%; Sdp.: 79° (10^{-3} Torr/0,13 Pa)
Bis-[trimethylstannyl]-methyl-phosphan[267]   89%; Sdp.: 89–90° (3 Torr/0,4 kPa)

Phosphine vom Typ III (s. S. 141) lassen sich nach einer ähnlichen Arbeitsvorschrift herstellen. Zum Metallieren werden äquimolare Menge Methyl-lithium verwendet und die

---

[265] R. *Appel* u. K. *Geisler*, J. Organomet. Chem. **112**, 61 (1976).
[266] G. *Becker* et al., Z. Anorg. Chem. **443**, 42 (1978).
[267] L. D. *Balashowa*, A. B. *Bruker* u. L. Z. *Soborovskii*, Zh. Obshch. Khim. **35**, 2207 (1965); C. A. **64**, 12718 (1966).

erhaltene Suspension des Metall-hydrophosphids bei $-20°$ in überschüssiges Chlor-trime-thyl-silan (verdünnt mit Ether) getropft. Es lassen sich so u.a. herstellen[266]:

tert.-Butyl-trimethylsilyl-phosphan	73%; Sdp.: 133–135° (760 Torr/101,3 kPa)
Cyclohexyl-trimethylsilyl-phosphan	82%; Sdp.: 32° (0,005 Torr/0,67 Pa)
(2,4,6-Trimethyl-phenyl)-trimethylsilyl-phosphan	78%; Sdp.: 55° (0,005 Torr/0,67 Pa)
Phenyl-trimethylsilyl-phosphan	65%; Sdp.: 38–41° (0,05 Torr/6,7 Pa)
	(mit H_5C_6-PH-K 60%[268], mit H_5C_6-PH-Li 74%[265])

Bis-[trimethylsilyl]-phenyl-phosphan läßt sich in guten Ausbeuten (50–80%) auch durch Umsetzung von Chlor-trimethyl-silan mit Dilithium-[265] bzw. Dikalium-phenylphos-phid[269] herstellen.

Cyclische Verbindung mit P-Metall-Bindungen werden durch Umsetzung difunktioneller Phosphide mit difunktionellen Metall-Verbindungen erhalten. Die Ausbeuten sind jedoch generell schlechter als bei den vorher beschriebenen Verfahren (s. Tab.21, S.144).

Anstelle der einfachen Alkalimetallphosphide können auch komplexe Phosphide z.B. Li-thium-[270] oder Natrium-tetrakis-[phosphano]-aluminate[271] eingesetzt werden. Hier ist of-fenbar die Basizität des Phosphid-Ions stark vermindert, so daß Nebenreaktionen in gerin-gerem Umfang ablaufen als beim Einsatz von Lithium- bzw. Kaliumphosphid.

So sind z.B.: *Trimethylsilyl-* (80%) bzw. *Trimethylgermanyl-phosphan* (76%) aus Chlor-trimethyl-silan bzw. Chlor-trimethyl-german mit Lithium-tetrakis-[phosphano]-aluminat zugänglich[272].

1.4.4. durch Addition an C,C- bzw. C,X-Mehrfachbindungen

Die Reaktion ähnelt der basenkatalysierten Addition von PH-Verbindungen an Doppel-bindungssysteme:

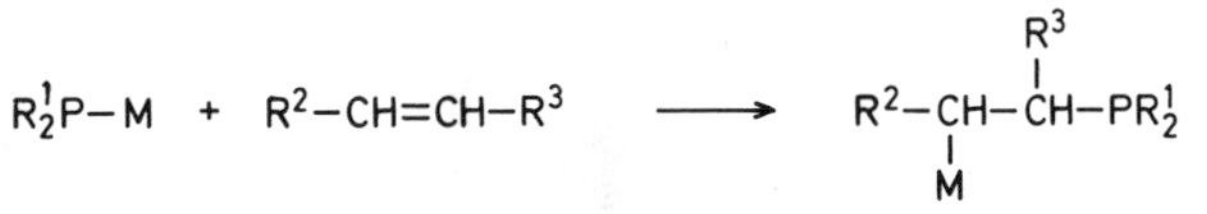

$$R_2^1P-M \ + \ R^2-CH=CH-R^3 \ \longrightarrow \ R^2-\underset{\underset{M}{|}}{CH}-\underset{\overset{R^3}{|}}{CH}-PR_2^1$$

Anschließende Hydrolyse ergibt das gewünschte Phosphan. Die Reaktion erfordert i.a. aktivierte Doppel-, bzw. Dreifachbindungssysteme. In Tab.22 (S.146) sind einige typische Umsetzungen aufgeführt.

Eine Variante stellt die Umsetzung von an Übergangsmetalle koordinierten Phosphiden mit Acetylendicarbonsäure-diestern[278] dar; z.B.:

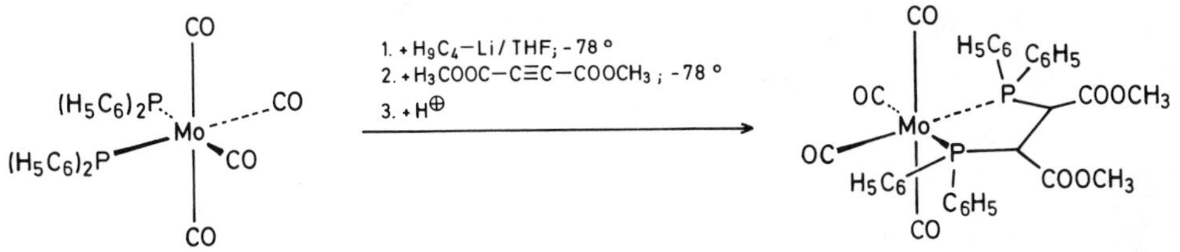

1,2-Bis-[diphenylphosphano]-bernsteinsäure-dimethylester)-tetracarbonyl-molybdän

[265] *R. Appel* u. *K. Geisler*, J. Organomet. Chem. **112**, 61 (1976).
[266] *G. Becker* et al., Z. Anorg. Chem. **443**, 42 (1978).
[268] *M. Baudler* u. *A. Zarkadas*, Chem. Ber. **104**, 3519 (1971).
[269] *M. Baudler* u. *A. Zarkadas*, Chem. Ber. **106**, 3970 (1973).
[270] *A.E. Finholt* et al., Inorg. Chem. **2**, 504 (1963).
[271] *G. Fritz* u. *H. Schäfer*, Z. Anorg. Allg. Chem. **385**, 243 (1971).
[272] *A.D. Norman*, Inorg. Chem. **9**, 870 (1970).
[278] *P.M. Treichel* u. *W.K. Wong*, J. Organomet. Chem. **157**, C5–C9 (1978).

Tab. 21: Cyclische Organo-phosphan-Metall-Verbindungen

Metallphosphid	Organo-metall-chlorid	Phosphan	Ausbeute [%]	Sdp [°C]	Sdp [Torr (kPa)]	Literatur
$H_9C_4-PLi_2$	$(H_3C)_2Ge-(CH_2)_3-Cl$ $\vert$ Cl	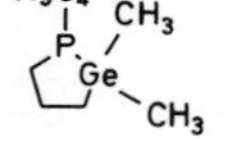 *1-Butyl-2,2-dimethyl-1,2-phosphagermanolan*	60	60	0,15 (0,02)	273
$H_5C_6-PLi_2$	$Cl-[Si(CH_3)_2]_n-Cl$ 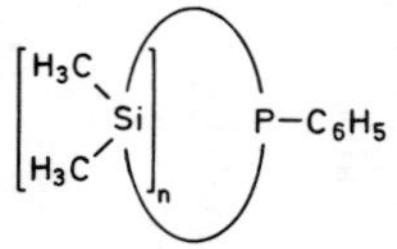					274
		n = 4 *Octamethyl-1-phenyl-phosphatetrasilolan*	66	105–107	0,03 (0,004)	
		n = 5 *Decamethyl-1-phenyl-phosphapentasilinan*	80	146	0,03 (0,004)	
		n = 6 *Dodecamethyl-1-phenyl-phosphahexasilepan*	76	(Schmp.: 64–68°) 165–168	0,04 (0,0053)	
	$(H_3C)_2Si-(CH_2)_3-Cl$ $\vert$ Cl	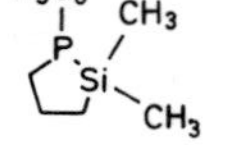 *2,2-Dimethyl-1-phenyl-1,2-phosphasilolan*	60	79–80	0,3 (0,04)	273
$H_5C_6-PK_2$	$(H_5C_6)_2GeCl_2$	*Hexaphenyl-1,3,2,4-diphosphadigermetan* + *Nonaphenyl-1,3,5,2,4,6-triphosphatrigerminan*	43 21	(Schmp.: 40–42°) (Schmp.: 112–114°)		275

[273] C. Couret, J. Escudié, J. Satgé u. G. Redoulès, C. R. Acad. Sci. Paris, t. **279**, Série C–225 (1974).

[274] R. T. Oakley, D. A. Stanislawski u. R. West, J. Organomet. Chem. **157**, 389 (1978).

[275] H. Schumann u. H. Benda, Chem. Ber. **104**, 333 (1971).

Tab. 21 (Fortsetzung)

Metallphosphid	Organo-metall-chlorid	Phosphan	Ausbeute [%]	Sdp [°C]	Sdp [Torr (kPa)]	Literatur
$H_5C_6-P-(CH_2)_n-P-C_6H_5$, Li, Li; $n = 2$	$(H_3C)_2SiCl_2$	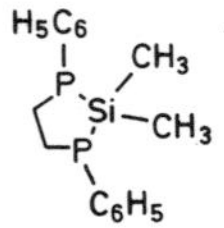 2,2-Dimethyl-1,3-diphenyl-1,3,2-diphosphasilolan	17	(Schmp.: 83–90°)		276
$n = 3$	$(H_3C)_2SiCl_2$	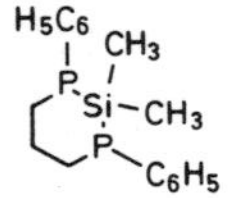 2,2-Dimethyl-1,3-diphenyl-1,3,2-diphosphasilinan	51	(Schmp.: 122–125°)		276
	$(H_3C)_2SnCl_2$	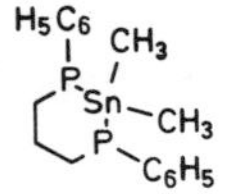 2,2-Dimethyl-1,3-diphenyl-1,3,2-diphosphastanninan	39	120	$8 \cdot 10^{-5}$ $(1 \cdot 10^{-5})$	276
$H_9C_4-P-(CH_2)_4-P-C_4H_9$, Li, Li	$(H_3C)_2SiCl_2$	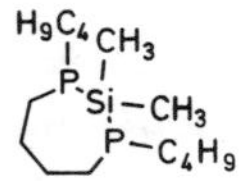 1,3-Dibutyl-2,2-dimethyl-1,3,2-diphosphasilepan	21	115–120	0,001 (0,00013)	277

[276] K. Issleib u. W. Böttcher, Z. Anorg. Allg. Chem. **406**, 178 (1974).
[277] K. Issleib u. P. Thorausch, Phosphorus Sulfur **3**, 203 (1977).

Tab. 22: Phosphane aus Metallphosphiden mit Mehrfachbindungssystemen

Metallphosphid	Mehrfachbindungssystem	Phosphan	Ausbeute [%]	Schmp. [°C]	Literatur
H_5C_6-P(H)(Na)	$H_5C_6-CH=CH-CO-C_6H_5$	(1,3-Diphenyl-3-oxo-propyl)-phenyl-phosphan	73	102–103	279
H_5C_6-P(H)(K)	CO_2	Phenyl-phosphan + Dicarboxy-phenyl-phosphan (Dikalium-Salz)	99	215–220 (Zers.)	280
$H_{11}C_6-PLi_2$	$H_5C_6-C\equiv CH$	Bis-[2-phenyl-vinyl]-phenyl-phosphan	73	78–79	281
	$H_3C-N=C=S$	Bis-[methylamino-thiocarbonyl]-cyclohexyl-phosphan	91	153,3	282
$(H_3C)_2P-Li$	$\left[HC \begin{smallmatrix} N(CH_3)_2 \\ N(CH_3)_2 \end{smallmatrix} \right]^{\oplus} Cl^{\ominus}$	(Bis-[dimethylamino]-methyl)-dimethyl-phosphan	30	(Sdp.: 56–57°/ 12 Torr/1,6 kPa)	283
$(H_5C_2)_2P-Li$	$(H_5C_6)_2C=CH_2$	Diethyl-(2,2-diphenyl-ethyl)-phosphan	67	(Sdp.: 165–170°/ 2 Torr/0,27 kPa)	284
	$H_3C-CO-CH=CH-CH_3$	Dietyhl-(1-methyl-3-oxo-butyl)-phosphan	50	(Sdp.: 115–160°/ 750 Torr/100 kPa)	285
$(H_{11}C_6)_2P-Li$	$H_5C_6-C\equiv N$ (1:2)	Dicyclohexyl-[α-(α-imino-benzylimino)-benzyl]-phosphan	82	217–218	286
$(H_3C)_2CH-P$(Li)(H_5C_6)	$H_2C=CH-P(C_6H_5)_2$	2-Diphenylphosphano-1-(isopropyl-phenyl-phosphano)-ethan	55	(Sdp.: 130–155°/ 0,0001 Torr/0,05 Pa)	287
$(H_5C_6)_2P-Li$	$H_5C_6-C\equiv CH$	(E)-Diphenyl-(2-phenyl-vinyl)-phosphan	–	(Sdp.: 198–200°/ 1,5 Torr/0,21 kPa)	288
	$H_5C_6-C\equiv C-C_6H_5$	Diphenyl-(1,2-diphenyl-vinyl)-phosphan	53	116–117	284

279 K. Issleib u. P. v. Malotki, J. Prakt. Chem. 312, 366 (1970).
280 K. Issleib u. H. Weichmann, Chem. Ber. 97, 721 (1964).
281 K. Issleib, H. Böhme u. Ch. Rockstroh, J. Prakt. Chem. 312, 571 (1970).
282 K. Issleib u. G. Harzfeld, Z. Anorg. Allg. Chem. 351, 18 (1967).
283 M. Lischewski, K. Issleib u. H. Tille, J. Organomet. Chem. 54, 195 (1973).
284 K. Issleib u. K. Jasche, Chem. Ber. 100, 412 (1967).
285 K. Issleib u. K. Jasche, Chem. Ber. 100, 3343 (1967).
286 K. Issleib u. R.-D. Bleck, Z. Anorg. Allg. Chem. 336, 234 (1965).
287 S. O. Grim et al., J. Am. Chem. Soc. 96, 3416 (1974).
288 A. M. Aguiar u. T. G. Archibald, Tetrahedron Lett. 1966, 5471.

1.4.5. durch Addition an Dreiring-Verbindungen

Die Umsetzung von Metallphosphiden mit Dreiringsystemen führt in die Reihe der in 2-Stellung funktionell substituierten Phosphane. So entstehen z.B. mit Oxiranen (s.a. 4. Aufl., Bd. XII/1, S. 25) (2-Hydroxy-alkyl)-phosphane, mit Thiiranen[289] (2-Mercapto-alkyl)-phosphane und mit Aziridinen (2-Amino-alkyl)-phosphane[290]:

$$\begin{array}{ccc} \diagdown \!\! P\!-\!M & + & R\!-\!\!\triangle\!\!-\!R \\ \diagup & & X \end{array} \longrightarrow \begin{array}{c} \diagdown \!\! P\!-\!CH\!-\!CH\!-\!R \\ \diagup \quad \quad \; X\!-\!M \end{array}$$

X = O, S, NH

Die nachfolgende Hydrolyse mit sauerstofffreiem Wasser liefert das gewünschte Phosphan. Mit Oxiranen als Reaktionspartner ist die gründliche Entfernung gebildeten Metallhydroxids erforderlich, da sonst bei der destillativen Aufarbeitung Wasser-Abspaltung unter Bildung von Vinyl-phosphanen eintritt[291, 292]. Mit Aziridinen ist infolge der relativ hohen Acidität des Wasserstoffs mit NH-Metall-Austausch zu rechnen:

$$R_2P\!-\!Li \; + \; HN\!\!\triangleleft \; \longrightarrow \; R_2PH \; + \; LiN\!\!\triangleleft$$

Tab. 23 (S. 148) zeigt Umfang und maximal erzielbare Ausbeuten dieser Reaktion. Überwiegend erfolgt der Angriff des Nucleophils am weniger substituierten C-Atom[292, 293]. Tritt die Umsetzung von Lithium-diphenylphosphid mit dem Oxiran bereits bei −78° ein, so lassen sich beide möglichen Isomeren isolieren; z.B.[294]:

$$(H_5C_6)_2P\!-\!Li \; + \; \overset{CH_3}{\underset{O}{\triangle}} \longrightarrow (H_5C_6)_2P\!-\!CH_2\!-\!\overset{OH}{\underset{|}{CH}}\!-\!CH_3 \; + \; (H_5C_6)_2P\!-\!\overset{CH_3}{\underset{|}{CH}}\!-\!CH_2\!-\!OH$$

81,5 : 13,4

Diphenyl-(2-hydroxy-propyl)-   *Diphenyl-(2-hydroxy-1-methyl-*
phosphan; Sdp.: 147°   *ethyl)-phosphan*; Sdp.: 153–154°
(0,05 Torr/0,0067 kPa)   (0,07 Torr/0,0093 kPa)

Zur Umsetzung von Cyclopropanen mit Metallphosphiden ist bisher lediglich ein Beispiel bekannt[298]:

$$(H_5C_6)_2P\!-\!Li \; + \; \text{[bicyclische Struktur]} \longrightarrow \text{[Cyclopentadien]}\!-\!CH_2\!-\!CH_2\!-\!CH_2\!-\!P(C_6H_5)_2$$

(3-Cyclopentadien-5-yl-propyl)-diphenyl-phosphan

1.4.6. Organo-organometall-phosphide als Synthone

Organophosphane mit Organoelement-Bindungen sind wertvolle Ausgangsmaterialien für Umsetzungen, bei denen die üblichen Metall-phosphide nicht einsetzbar sind oder nur schlechte Ausbeuten erbringen. Organometall-phosphor-Verbindungen, speziell solche mit Trimethylsilyl-Gruppen, sind gegenüber den Alkalimetallphosphiden leicht durch De-

[289] DE AS 12 38 023 (1967/1963), J.R. Geigy AG, Erf.: *G. Schwarzenbach*.
[290] *K. Issleib* u. *D. Haferburg*, Z. Naturforsch. **20b**, 916 (1965).
[291] *K. Issleib* u. *K. Rockstroh*, Chem. Ber. **96**, 407 (1963).
[292] *K. Issleib* u. *H.-R. Roloff*, Chem. Ber. **98**, 2091 (1965).
[293] *K. Issleib* u. *F. Ungvary*, Z. Naturforsch. **22b**, 1238 (1967).
[294] *K.L. Marsi* u. *M.E. Co-Sarno*, J. Org. Chem. **42**, 778 (1977).
[298] *T. Kauffmann* et al., Angew. Chem. **92**, 321 (1980).

Tab. 23: Phosphane aus Metallphosphiden mit Oxiranen, Aziridinen bzw. Thiiranen

Metallphosphid	(Ring)X	Phosphan	Ausbeute %]	Sdp. [°C]	[Torr (kPa)]	Literatur
$NaPH_2$	S	(2-Mercapto-ethyl)-phosphan	61	132–134	750 (101)	[295]
	S, CH_3	(2-Mercapto-propyl)-phosphan	59	139–141	750 (101)	[295]
H_5C_6–PH–Na	S	(2-Mercapto-ethyl)-phenyl-phosphan	87	135–137	10 (1,33)	[293]
	S (cyclohexyl)	(2-Mercapto-cyclohexyl)-phenyl-phosphan	66	134	0,06 $(8 \cdot 10^{-3})$	[296]
H_5C_6–PLi$_2$	O	Bis-[2-hydroxy-ethyl]-phenyl-phosphan	47	242	2 (0,3)	[292]
$(H_5C_2)_2$P–Na	S	Diethyl-(2-mercapto-ethyl)-phosphan	–	43–44	0,01 $(0,13 \cdot 10^{-3})$	[297]
$(H_5C_6)_2$P–K	O	Diphenyl-(2-hydroxy-ethyl)-phosphan	89	220–222	3 (0,4)	[292]
	N H	(2-Amino-ethyl)-diphenyl-phosphan	57	220	9 (1,2)	[290]

stillation zu reinigen und in den üblichen aprotischen Lösungsmitteln gut löslich. Überdies ist die Trimethylsilyl-Gruppe eine gute Ausgangsgruppe, die, besonders als Chlor-trimethyl-silan, leicht destillativ aus dem Reaktionsgemisch zu entfernen ist (Sdp.: 57,3°/ 760 Torr/ 101,6 kPa). Aus diesem Grunde sind die in den letzten Jahren ausgearbeiteten Synthesen für Organometall-phosphor-Verbindungen praktisch auf die entsprechenden Trimethylsilyl-phosphane beschränkt (s. S. 141).

So sind z. B. Organoelement-phosphane durch Austausch einer Trimethylsilyl-Gruppe gegen eine Organoelement-Halogen-Gruppe leicht zugänglich. Die geringere Reaktivität der P–Si-, verglichen mit der P-Alkalimetall-Bindung, läßt darüber hinaus einen abgestuften Austausch mit der Erfassung von Zwischenstufen zu.

Silyl-phosphane bilden mit Borhalogeniden oder Organo-borhalogeniden stabile, oft isolierbare Addukte, aus denen sich beim Erhitzen Halogen-trimethyl-silan abspalten läßt[299]. So wird z. B. *Dibutyl-phosphan-Dibromboran* (Schmp.: 111–113°; Sdp.: 185°/ 0,001 Torr/0,13 Pa) zu ~ 100% aus *Dibutyl-trimethylsilyl-phosphan* und Tribromboran erhalten[299]. Auch Diorgano-(dimethyl-halogen-germyl) bzw. -(dimethyl-halogen-stannyl)-phosphane sind auf diese Weise zugänglich:

$$R^2P–Si(CH_3)_3 \begin{cases} \xrightarrow{+(H_3C)_2GeCl_2} R^2P–\overset{\overset{Cl}{|}}{Ge}(CH_3)_2 \\ \xrightarrow{+(H_3C)_2SnCl_2} R^2P–\overset{\overset{Cl}{|}}{Sn}(CH_3)_2 \end{cases}$$

[290] K. Issleib u. D. Haferburg, Z. Naturforsch. **20b**, 916 (1965).
[292] K. Issleib u. H.-R. Roloff, Chem. Ber. **98**, 2091 (1965).
[293] K. Issleib u. F. Ungvary, Z. Naturforsch. **22b**, 1238 (1967).
[295] K. Issleib, P. Thorausch u. W. Reyes, Z. Chem. **16**, 277 (1976).
[296] K. Issleib u. K.-D. Franze, J. Prakt. Chem. **315**, 471 (1973).
[297] DE OS 24 37 146 (1975/1973), Smith Kline Corp., Erf.: B. M. Sutton u. J. Weinstock.
[299] H. Nöth u. W. Schrägle, Z. Naturforsch. **16b**, 473 (1961).
    H. Nöth u. W. Schrägle, Chem. Ber. **98**, 352 (1965).

Die Umsetzung läßt sich auch so steuern, daß z. B. im Germanium(IV)-halogenid nur ein Halogen-Atom ausgetauscht wird[300].

Aus 1,2-Bis-[phenyl-trimethylsilyl-phosphano]-ethan bzw. 1,3-Bis-[phenyl-trimethylsilyl-phosphano]-propan entstehen mit Diorgano-metall-dihalogeniden in guten Ausbeuten die entsprechenden 2-Organoelement-1,3-diphospholane und -1,3-diphosphorinane; z.B.[301]:

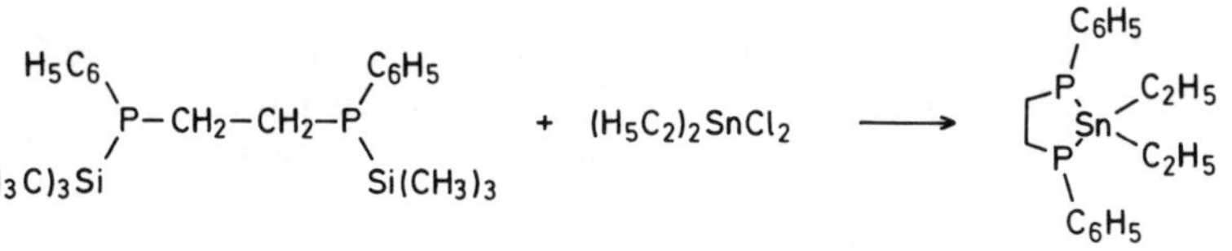

2,2-Diethyl-1,3-diphenyl-1,3,2-diphospha-
stannolan; 64%; Schmp.: 87–89° (Zers.)
(mit Alkalimetallphosphid nicht zugänglich)

Neben dem Si-Metall-Austausch können Silyl-phosphane auch mit aktiven Cl–C-Verbindungen, z. B. Dicarbonsäurechloriden, unter P–C-Verknüpfung reagieren (mit Alkalimetallphosphiden werden keine definierten Produkte erhalten); z.B.:

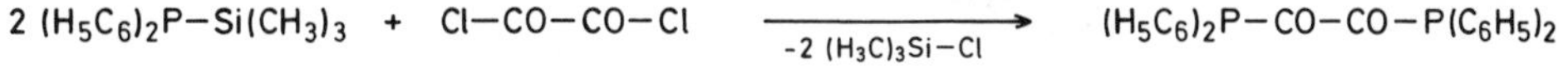

$$2 \ (H_5C_6)_2P-Si(CH_3)_3 \ + \ Cl-CO-CO-Cl \ \xrightarrow[-2 \ (H_3C)_3Si-Cl]{} \ (H_5C_6)_2P-CO-CO-P(C_6H_5)_2$$

1,2-Bis-[diphenylphosphano]-1,2-dioxo-
ethan[302]; 55%; Schmp.: 77° (Zers.)

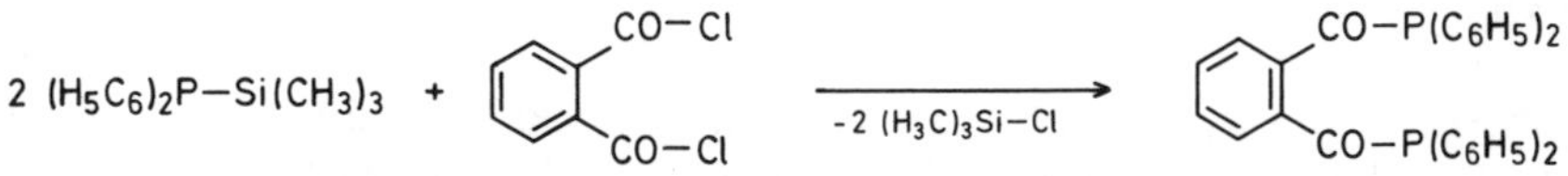

1,2-Bis-[diphenylphosphano-carbonyl]-
benzol[302]; 65%; Schmp.: 65° (Zers.)

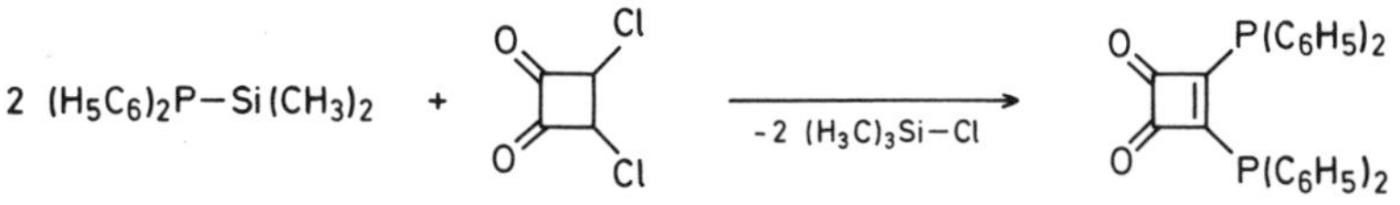

1,2-Bis-[diphenylphosphano]-3,4-dioxo-
cyclobuten[302]; 55%

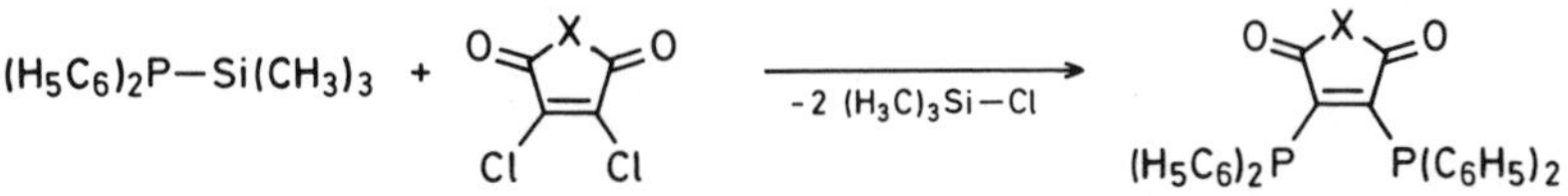

3,4-Bis-[diphenylphosphano]-2,5-dioxo-2,5-dihydro-...
X = O; ...-furan[303]; 80–90%; Schmp.: 147°
X = S; ...-thiophen[304]; 70%; Schmp.: 120°
X = N–CH_3; ...-1-methyl-pyrrol[304]; 80%; Schmp.: 123°

[300] W. W. duMont u. H. Schumann, J. Organomet. Chem. **128**, 99 (1977).
[301] K. Issleib u. W. Böttcher, Synth. React. Inorg. Met.-Org. Chem. **6**, 179 (1976).
[302] H. J. Becher, D. Fenske u. E. Langer, Chem. Ber. **106**, 177 (1973).
[303] D. Fenske u. H. J. Becher, Chem. Ber. **107**, 117 (1974).
[304] D. Fenske u. H. J. Becher, Chem. Ber. **108**, 2115 (1975).

$$H_5C_6-P[Si(CH_3)_3]_2 \; + \; \underset{CO-Cl}{\overset{CO-Cl}{\bigcirc}} \quad \xrightarrow{-2\;(H_3C)_3Si-Cl} \quad \bigcirc P-C_6H_5$$

1,3-Dioxo-2-phenyl-2,3-dihydro-1H-
⟨benzo[c]phosphol⟩[304a]; 70%;
Schmp.: 73–74°

Auf ähnliche Weise erhält man aus Diphenyl-trimethylsilyl-phosphan mit Chlor-acetoni-tril *Cyanmethyl-diphenyl-phosphan* (71%)[305] bzw. aus Tris-[trimethylsilyl]-phosphan mit Chlor-essigsäure-alkylester in guten Ausbeuten *Tris-[alkoxycarbonyl-methyl]-phospha-ne*[306]. Verwendet man Chlor-essigsäure-trimethylsilylester, so erhält man nach Hydrolyse mit Methanol *Tris-[carboxymethyl]-phosphan* (60%; Schmp.: 130°).

Auch (2-subst.-Benzoyl)-diphenyl-phosphane werden nach dieser Methode mit erheblich besseren Ausbeuten erhalten[307]:

$$(H_5C_6)_2P-Si(CH_3)_3 \; + \; \underset{X}{\overset{CO-Cl}{\bigcirc}} \quad \longrightarrow \quad \underset{X}{\overset{CO-P(C_6H_5)_2}{\bigcirc}}$$

...-diphenyl-phosphan

X = Br; *(2-Brom-benzoyl)-...*[308]; 78%; Schmp.: 68–69°
X = H; *Benzoyl-...*[309]; 95%; Schmp.: 79–81°
X = SO₂–CH₃; *(2-Methylsulfonyl-benzoyl)-...*[309]; 93%; Schmp.: 129–131°

Während Trimethylsilyl-phosphane mit Carbonsäure-halogeniden eindeutig und in guten Ausbeuten reagieren, sind bei Phosphanen mit mehreren Trimethylsilyl-Gruppen am P-Atom kompliziertere Reaktionsabläufe zu erwarten. So setzt sich Bis-[trimethylsilyl]-phenyl-phosphan mit 2,2-Dimethyl-propansäure-chlorid bei −20° in Cyclopentan zu-nächst zum *(2,2-Dimethyl-propanoyl)-phenyl-trimethylsilyl-phosphan* um, das bei 20° rasch zum *(2,2-Dimethyl-1-trimethylsilyloxy-propyliden)-phenyl-phosphan* umlagert[310] (s. S. 29).

$$H_5C_6-\underset{Si(CH_3)_3}{\overset{\overset{\displaystyle O}{\|}C-C(CH_3)_3}{P}} \quad \xrightarrow{\;\;} \quad H_5C_6-P=\underset{C(CH_3)_3}{\overset{O-Si(CH_3)_3}{C}}$$

Wird von Bis-[trimethylsilyl]-phosphan ausgegangen so dimerisiert das (2,2-Dimethyl-1-trimethylsilyloxy-propyliden)-phosphan zum *2,4-Bis-[trimethylsilyloxy]-2,4-di-tert.-bu-tyl-1,3-diphosphetan*[311]:

$$2\,[(H_3C)_3Si]_2PH \; + \; 2\,(H_3C)_3C-CO-Cl \quad \xrightarrow{-2\;(H_3C)_3Si-Cl} \quad 2\,HP=\underset{C(CH_3)_3}{\overset{O-Si(CH_3)_3}{C}} \quad \longrightarrow$$

$$\underset{(H_3C)_3Si-O}{\overset{(H_3C)_3C}{\diagup}} \overset{\overset{\displaystyle H}{|}P}{\underset{\underset{\displaystyle H}{|}P}{\times}} \overset{O-Si(CH_3)_3}{\underset{C(CH_3)_3}{\diagdown}}$$

[304a] *D. Fenske* et al., Chem. Ber. **109**, 359 (1976).
[305] *O. Dahl*, Acta Chem. Scand., Ser. **B30**, 799 (1976).
[306] *A. Tzschach* u. *S. Friebe*, Z. Chem. **19**, 375 (1979).
[307] *H. Kunzek, M. Braun, E. Nesener* u. *K. Rühlmann*, J. Organomet. Chem. **49**, 149 (1973).
[308] *M. Dankowski* et al., Phosphorus Sulfur **7**, 275 (1979).
[309] *M. Dankowski* u. *K. Praefcke*, Phosphorus Sulfur **8**, 105 (1980).
[310] *G. Becker*, Z. Anorg. Allg. Chem. **423**, 242 (1976).
[311] *G. Becker, M. Rössler* u. *W. Uhl*, Z. Anorg. Allg. Chem. **473**, 7 (1981); u. d. zit. weitere Literatur zum gleichen Thema.

Organo-element-phosphide können ferner Reaktionen eingehen, die ähnlich denen P–H-haltiger Verbindungen sind. So reagiert z. B. Diethyl-triethylgermanyl-phosphan mit Keten unter Spaltung der P–Ge-Bindung in 58%iger Ausbeute zum *Diethyl-(1-triethyl-germanyloxy-vinyl)-phosphan* (Sdp.: 89°/0,35 Torr/0,047 kPa)[312]:

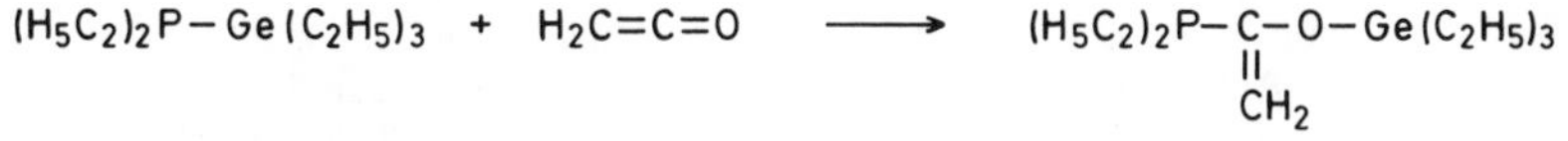

$$(H_5C_2)_2P-Ge(C_2H_5)_3 \;+\; H_2C=C=O \;\longrightarrow\; (H_5C_2)_2P-\underset{\underset{CH_2}{\|}}{C}-O-Ge(C_2H_5)_3$$

Analog erhält man mit Diphenylketen 74%. *Diethyl-(2,2-diphenyl-1-triethylgermanyl-oxy-vinyl)-phosphan* (Sdp.: 154°/0,04 Torr/0,0053 kPa).

1,2-Diketone reagieren unter 1,2-, 3-Oxo-cyclopenten unter 1,4-Addition; z. B.:

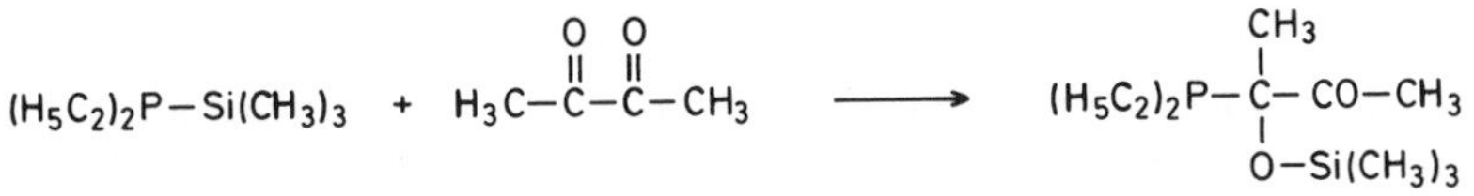

$$(H_5C_2)_2P-Si(CH_3)_3 \;+\; H_3C-\underset{\underset{O}{\|}}{C}-\underset{\underset{O}{\|}}{C}-CH_3 \;\longrightarrow\; (H_5C_2)_2P-\underset{\underset{O-Si(CH_3)_3}{\overset{\overset{CH_3}{|}}{|}}}{C}-CO-CH_3$$

Diethyl-(1-methyl-2-oxo-1-trimethylsilyloxy-propyl)-phosphan[313]; 90%; Sdp.: 56° (0,15 Torr/0,02 kPa)

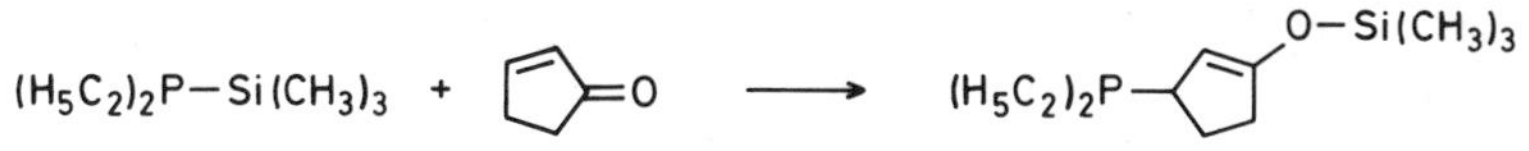

$$(H_5C_2)_2P-Si(CH_3)_3 \;+\; \underset{}{\bigcirc}\!\!=O \;\longrightarrow\; (H_5C_2)_2P-\underset{}{\bigcirc}\!-O-Si(CH_3)_3$$

Diethyl-(3-trimethylsilyloxy-2-cyclopentenyl)-phosphan[314]; 71%; Sdp.: 66° (0,06 Torr/0,008 kPa)

Beim Bis-[trimethylsilyl]-phenyl-phosphan reagieren beide P–Si-Bindungen mit Formaldehyd[315]:

$$H_5C_6-P\!\!\begin{array}{l}Si(CH_3)_3\\[4pt]Si(CH_3)_3\end{array} \;+\; 2\,H_2CO \;\longrightarrow\; H_5C_6-P\!\!\begin{array}{l}CH_2-O-Si(CH_3)_3\\[4pt]CH_2-O-Si(CH_3)_3\end{array}$$

Bis-[trimethylsilyloxy-methyl]-phenyl-phosphan; 83%; Sdp.: 73° ($5\cdot10^{-4}$ Torr/$7\cdot10^{-5}$ kPa)

1.5. aus Phosphor(III)-halogeniden oder Halogen-phosphanen

1.5.1. mit Organo-alkalimetall-Verbindungen

Während sich die Umsetzung von Metall-phosphiden mit Organo-halogen-Verbindungen in überwiegendem Maße dazu eignet, P–C-Bindungen am aliphatischen C-Atom zu knüpfen, bietet die Umsetzung von Phosphor-halogen-Verbindungen mit Organo-metall-Derivaten die Möglichkeit aromatische P–C-Bindungen aufzubauen. Letztere Umsetzung wird besonders dann bevorzugt, wenn tert. Phosphane mit drei gleichen Organo-Resten hergestellt werden sollen, da Phosphor(III)-halogenide in großen Mengen und hohen Reinheiten erhältlich sind, nicht aber die komplementären Trialkalimetallphosphide. So wird z. B. *Triphenyl-phosphan* (1981: 600–800 t/a) aus Phosphor(III)-chlorid, Natrium und Chlorbenzol hergestellt. Dabei konnte die Ausbeute gegenüber der Verfahrensweise von Michaelis (1885) (s. 4. Aufl., Bd. XII/1, S. 43) von 30% auf über 90% bei einer Reinheit von 99% verbessert werden.

---

[312] *J. Satgé* u. *C. Couret*, Bull. Soc. Chim. Fr. **1969**, 333.
[313] *C. Couret* et al., J. Organomet. Chem. **57**, 287 (1973).
[314] *C. Couret, J. Escudié* u. *J. Satgé*, J. Organomet. Chem. **92**, 11 (1975).
[315] *G. Becker* u. *O. Mundt*, Z. Anorg. Allg. Chem. **462**, 130 (1980); und die dort zit. Literatur.

Triphenyl-phosphan[316]: Ein mit trockenem Stickstoff gespültes Reaktionsgefäß wird mit 125 *ml* Toluol und 20 g Natrium in Form kleiner Kugeln beschickt. Das Gemisch wird unter kräftigem Rühren auf 105° erhitzt, wobei das Natrium schmilzt und fein dispergiert wird. Dann wird die Beheizung entfernt und bei 55° 1 g Dichlor-triphenyl-phosphoran, danach 3 *ml* eines Gemisches von 48,9 g Chlorbenzol und 19,8 g Phosphor(III)-chlorid zugefügt. Innerhalb von 3 Min. springt die Reaktion an, erkennbar an einer plötzlichen Temperatursteigerung auf 66°. Dann wird unter guter Kühlung innerhalb 92 Min. die Restmenge Chlorbenzol/Phosphor(III)-chlorid zugefügt, wobei die Innentemp. zwischen 45° und 60° schwankt. Danach wird 2 Stdn. auf 60° erwärmt und 50 *ml* Toluol zugefügt. Nach dem Abkühlen wird vom ausgefallenen Natriumchlorid abfiltriert, der Filterkuchen mit 2mal 35 *ml* Toluol nachgewaschen und die vereinigten Filtrate i. Vak. vom Toluol befreit; Ausbeute: 36,4 g (93,5% Ausbeute, korrigiert um die Kat.-Menge) (98,7%ig).

Triphenyl-phosphan wird ebenfalls als Katalysator beansprucht[317]. Weitere Einzelheiten zum gleichen Verfahren s. Lit.[318-322].

Wie die in Tab. 24 (S. 153) aufgeführten Beispiele zeigen, ergeben nur Aryl-lithium-Verbindungen gute Ausbeuten an tert. Phosphanen. Dies trifft auch für lithiiertes Polystyrol zu, das mit Chlor-diphenyl-phosphan zu Produkten mit ~ 8,5% Phosphor umgesetzt werden kann[323]. Dies entspricht bei einem Ausgangsmaterial mit 46,5% Jod (Metallierung mit Butyl-lithium) einem Umsatz von ~ 80%. Geringere Ausbeuten an isolierbarem tert. Phosphan liefern die Umsetzungen von Vinyl-alkalimetall-Verbindungen mit Chlor-phosphanen. So lassen sich z. B. 1-Methyl-vinyl- bzw. Propenyl-lithium nur zu ~ 50% zu *Tris-[1-methyl-vinyl]-* bzw. *Tripropenyl-phosphan* umsetzen[324]. Zur Umsetzung von Vinyl-natrium zum *Trivinyl-phosphan* s. Lit.[325].

Anionen CH-acider Verbindungen lassen sich ebenfalls mit Halogen-organo-phosphanen umsetzen. So reagiert tert.-Butyl-chlor-isopropyl-phosphan mit Dimethoxycarbonyl-methyl-natrium in 50% Ausbeute zu *tert.-Butyl-(dimethoxycarbonyl-methyl)-isopropyl-phosphan* (Sdp.: 90°/0,01 Torr/8 Pa; Schmp.: 56–58°)[357]. Analog erhält man aus Acetophenon mit Chlor-diisopropyl-phosphan in Gegenwart von Natrium-bis-[trimethylsilyl]-amid 55% *Diisopropyl-(2-oxo-2-phenyl-ethyl)-phosphan*[358]. Je nach Reaktionsbedingungen entstehen aber auch O-phosphorylierte Derivate.

1.5.2. mit Grignard-Verbindungen

Die altbekannte Umsetzung von Halogen-phosphor-Verbindungen mit Grignard-Verbindungen (s. 4. Aufl., Bd. XII/1, S. 33ff.) ist auch in den letzten Jahren intensiv bearbeitet worden. So ist insbesondere versucht worden, mit nahezu stöchiometrischen Mengen Grignardreagenz hohe Ausbeuten an der gewünschten P–C-Verbindung zu erhalten. *Tributyl-phosphan* kann z. B. in hoher Reinheit durch Umsetzung von drei Mol Butyl-magne-

---

[316] DE OS 26 38 720 (1977/1975), M. u. T. Chemicals, Erf.: *V. M. Chopdekar*.

[317] DE OS 20 07 535 (1971/1970), BASF, Erf.: *A. Stübinger* u. *H. Müller*.

[318] DE AS 16 18 116 (1971/1967), BASF, Erf.: *A. Stübinger*, *H. Müller* u. *H. Scheuring*.

[319] DE PS 20 50 095 (1975/1970), BASF, Erf.: *H. Müller* u. *A. Stübinger*.

[320] DE AS 1 643 636 (1971/1967), BASF, Erf.: *H. Müller* u. *A. Stübinger*.

[321] EPA 00 04 347 (1979/1978), Ihara Chem. Ind., Erf.: *Y. Nakayama*, *K. Hirao* u. *Ch. Yazawa*.

[322] DE PS 11 50 981 (1969/1961), Technochemie, Erf.: *H. Schindelbauer*, *K. Kirsch* u. *L. Lalla*.

[323] *D. Braun*, *H. Daimon* u. *G. Becker*, Makromol Chem. **62**, 183 (1963).

[324] *A. E. Borisov*, *A. N. Abramova* u. *A. N. Nesmeyanov*, Izv. Akad. Nauk SSSR, Otd. Khim. Nauk **1962**, 1258; C. A. **58**, 9121b (1963).

[325] GB 870 425 (1961/1958), Union Carbide Corp., Erf.: *D. J. Foster*; C. A. **55**, 2456i (1961).

[357] *O. I. Kolodyazhnyi*, Zh. Obshch. Khim. **50**, 1485 (1980); engl.: 1198; u. dort zit. Literatur.

[358] *A. N. Kurkin*, *Z. S. Novikowa* u. *I. F. Lutsenko*, Zh. Obshch. Khim. **50**, 1467 (1980); engl.: 1183; und dort zit. Literatur.

Tab. 24: tert. Phosphane aus Halogen-phosphanen mit Organo-alkalimetall-Verbindungen

Halogen-phosphan	Organo-alkalimetall-Verbindung	tert.-Phosphan	Ausbeute [%]	Sdp. [°C]	[Torr (kPa)]	Literatur
PCl$_3$	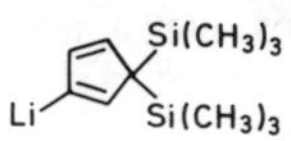 $Si(CH_3)_3$, $Si(CH_3)_3$, Li	Tris-[5,5-bis-(trimethylsilyl)-cyclopentadien-2-yl]-phosphan	73	(Schmp.: 134°)		326
	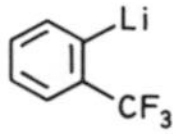 318	Tris-[2-tri-fluormethyl-phenyl]-phosphan	88	(Schmp.: 174–175°)		327
	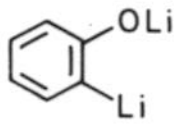 318	Tris-[2-hydroxy-phenyl]-phosphan-Hydrat	82	(Schmp.: 181–182°)		328
	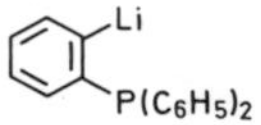 318	Tris-[2-diphenylphosphano-phenyl]-phosphan-Dimethylformamid-Addukt	78	(Schmp.: 221–223°)		329
PBr$_3$	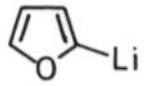 318	Tri-2-furyl-phosphan	33	136	4 (0,53)	330 s. a. 331
H$_5$C$_6$-PCl$_2$	H$_{11}$C$_6$-Li 317	Dicyclohexyl-phenyl-phosphan	90	(Schmp.: 56–57°)		332
	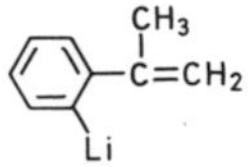 317	Bis-[2-isopropenyl-phenyl]-phenyl-phosphan	40	(Schmp.: 68–69°)		333
	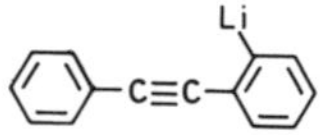 317	Bis-[2-phenylethinyl-phenyl]-phenyl-phosphan	42	(Schmp.: 150–151°)		334
	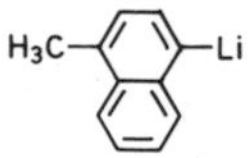 317	Bis-[4-methyl-1-naphthyl]-phenyl-phosphan	47	(Schmp.: 176–177°)		335

[317] DE OS 2007535 (1971/1970), BASF, Erf.: A. Stübinger u. H. Müller.
[318] DE AS 1618116 (1971/1967), BASF, Erf.: A. Stübinger, H. Müller u. H. Scheuring.
[326] P. Jutzi u. H. Saleske, Chem. Ber. 110, 1269 (1977).
[327] K. C. Eapen u. C. Tamborski, J. Fluorine Chem. 15, 239 (1979).
[328] A. Tschach u. E. Nietzschmann, Z. Chem. 20, 341 (1980).
[329] J. G. Hartley, L. M. Venanzi u. D. C. Goddall, J. Chem. Soc. 1963, 3930.
[330] E. Niwa et al., Chem. Ber. 99, 712 (1966).
[331] D. W. Allen et al., J. Chem. Soc. [Perkin Trans. 2] 1972, 63.
[332] C. Screttas u. A. F. Issbell, J. Org. Chem. 27, 2573 (1962).
[333] D. Hellwinkel, W. Krapp u. W. S. Sheldrick, Chem. Ber. 114, 1786 (1981).
[334] W. Winter, Chem. Ber. 109, 2405 (1976).
[335] W. Teffeller, R. A. Zingaro u. A. F. Issbell, J. Chem. Eng. Data 10, 310 (1965).

Tab. 24: (1. Fortsetzung)

Halogen-phosphan	Organo-alkalimetall-Verbindung	tert.-Phosphan	Ausbeute [%]	Sdp. [°C]	[Torr (kPa)]	Literatur
H_5C_6–PCl_2	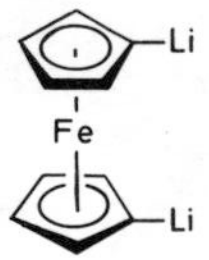 (Ferrocenyl-dilithium)	*Diferrocenyl-phenyl-phosphan* (chirale Ferrocenyl-phoshane s. Lit.[336])	51	(Schmp.: 100–102°)		337, 338
	 (Cyclooctatetraenyl $2K^\oplus$ $[2^\ominus]$)	*9-Phenyl-9-phospha-bicyclo[4.2.1]nona-2,4,7-trien* 	45	160–170	650 (85,5–86,5)	339
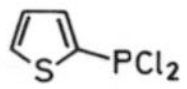 (Thienyl-PCl_2)	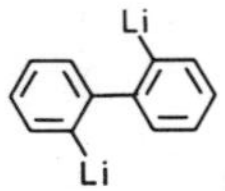 (Biphenyl-dilithium)	*5-(2-Thienyl)-(dibenzo-phosphol)*	63	180	300 (40)	340
$(H_3C)_2$P-Cl	$[(H_3C)_2P]_2$CH–Li	*Tris-[dimethylphosphano]-methan*	77	(Schmp.: 45–47°)		341
$(H_5C_2)_2$P-Cl	H_2C=CH–Li	*Diethyl-vinyl-phosphan*	–	125	744 (99,18)	342
	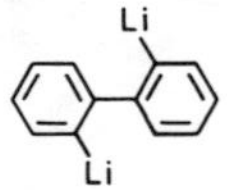 (Biphenyl-dilithium)	*2,2′-Bis-[diethylphosphano]-biphenyl*	70	152 (Schmp.: 28–30°)	0,25 (0,033)	343
$[(H_3C)_3C]_2$P-Cl	$(H_3C)_3$C-Li	*Tri-tert.-butyl-phosphan*	50	102–103 (Schmp.: 30°)	0,013 (0,00173)	344
	Li–$(CH_2)_5$-Li	*1,5-Bis-[di-tert.-butyl-phosphano]-pentan*	41	149–153	0,01 (0,0013)	411

336 T. Hayashi et al., Bull. Chem. Soc. Jpn. **53**, 1138 (1980).

337 A. G. Osborne, R. H. Whiteley u. R. E. Meads, J. Organomet. Chem. **193**, 345 (1980).

338 D. Seyferth u. H. P. Withers, J. Organomet. Chem. **185**, C 1 (1980).

339 T. J. Katz, C. R. Nicholson u. C. A. Reilly, J. Am. Chem. Soc. **88**, 3832 (1966); s.a. **95**, 4292 (1973).

340 D. W. Allen u. B. G. Hutley, Z. Naturforsch. **34b**, 1116 (1979).

341 H. H. Karsch, Z. Naturforsch. **34b**, 1171 (1979).

342 GB. 870425 (1961/1958), Union Carbide Corp., Erf.: D. J. Foster; C. A. **55**, 24566i (1961).

343 D. W. Allen, I. T. Millar u. F. G. Mann, J. Chem. Soc. [C] **1967**, 1869.

344 H. Hoffmann u. P. Schellenbeck, Chem. Ber. **100**, 692 (1967).

411 N. A. Al-Salem et al., J. Chem. Soc. [Dalton Trans] **1979**, 1972.

Tab. 24: (2. Fortsetzung)

Halogen-phosphan	Organo-alkalimetall-Verbindung	tert.-Phosphan	Ausbeute [%]	Sdp. [°C]	[Torr (kPa)]	Literatur
$(H_5C_6)_2P-Cl$	$H_3C-S-CH_2-Li$	Diphenyl-(methylthio-methyl)-phosphan	50	160–165	0,5 (0,067)	346
	$[(H_5C_6)_2P]_2CH-Li$	Tris-[diphenylphosphano]-methan	60	(Schmp.: 176–178°)		347
	$(H_5C_6)_2P(O)-CH_2-Li$	Diphenyl-(diphenylphosphano-methyl)-phosphanoxid	60	(Schmp.: 190–192)		348
	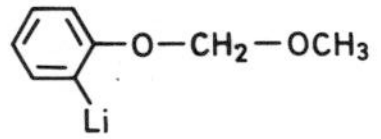 (o-CH_2-OCH_3, Li)	Diphenyl-(2-methoxymethoxy-phenyl)-phosphan	54	(Schmp.: 121–122°)		349
	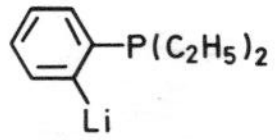 ($P(C_2H_5)_2$, Li)	2-Diethylphosphano-1-diphenylphosphano-benzol	58	(Schmp.: 103–105°)		350
	Cl_5C_6-Li	Diphenyl-(pentachlor-phenyl)-phosphan	60	(Schmp.: 132°)		351
	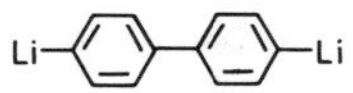 (Biphenyl, Li)	4,4'-Bis-[diphenylphosphano]-biphenyl	94	(Schmp.: 190–191°)		352
	$(H_3C)_3Si-C{\equiv}C-Li$	Diphenyl-(trimethylsilyl-ethinyl)-phosphan	81	120	0,05 (0,0067)	352a
	$(H_3C)_3C-C{\equiv}C-Li$	(3,3-Dimethyl-1-butinyl)-diphenyl-phosphan	81	151–152	0,2 (0,027)	353
	$F_3C-C{\equiv}C-Li$	Diphenyl-(3,3,3-trifluor-propinyl)-phosphan	65	70–71	0,1 (0,013)	354
	$NaB_{10}H_{12}$	1-Diphenylphosphano-decaboran(12)	56	(Schmp.: 147°)		355
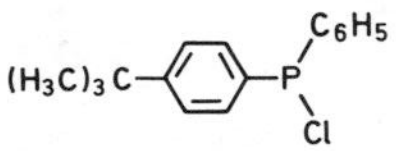 (C6H5, Cl, (H3C)3C-Struktur)	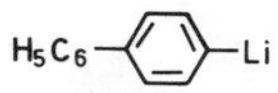 H_5C_6-Li	4-Biphenylyl-(4-tert.-butyl-phenyl)-phosphan	45	(Schmp.: 93–95°; Zers.)		356

346 D. J. Peterson, J. Org. Chem. **32**, 1717 (1967).
347 K. Issleib u. H. P. Abicht, J. Prakt. Chem. **312**, 456 (1970).
348 S. O. Grim, L. C. Satek, C. A. Tolman u. J. P. Jesson, Inorg. Chem. **14**, 656 (1975).
349 T. B. Rauchfuss, Inorg. Chem. **16**, 2966 (1977).
350 GB 877592 (1961/1959), ICI, Erf.: J. Chatt, F. A. Hart u. H. C. Fielding; C. A. **55**, 6002c (1961).
351 M. D. Rausch, F. E. Tibbetts u. H. B. Gordon, J. Organomet. Chem. **5**, 493 (1966).
352 R. A. Baldwin u. M. T. Cheng, J. Org. Chem. **32**, 1572 (1967).
352a W. Siebert, W. E. Davidsohn u. M. C. Henry, J. Organomet. Chem. **15**, 69 (1968).
353 M. S. Chatta u. A. M. Aguiar, J. Org. Chem. **38**, 1611 (1973).
354 A. J. Carty et al., Can. J. Chem. **49**, 2706 (1971).
355 H. Schroeder, Inorg. Chem. **2**, 390 (1962).
356 G. Wittig, H. Braun u. J.-H. Cristau, Justus Liebigs Ann. Chem. **751**, 17 (1971).

siumchlorid mit einem Mol Phosphor(III)-chlorid in Dibutylether zu 86% gewonnen werden[359].

Tributyl-phosphan[359]: Zu einer Lösung von Butyl-magnesiumchlorid in Dibutylether (116 kg einer 22,9%igen Lösung) werden innerhalb 3,5 Stdn. 11,2 kg Phosphor(III)-chlorid, gelöst in 22,5 kg Dibutylether, zugegeben, wobei die Temp. auf −5° gehalten wird. Anschließend wird die Reaktionsmischung 30 Min. bei 65–70° gerührt und auf 20° abgekühlt. Das Reaktionsgemisch wird mit 95 l 5%iger Salzsäure versetzt (unter Kühlung). Der pH-Wert der wäßr. Phase beträgt danach 4,0 und wird durch 43 l 3,5%iger wäßr. Ammoniak-Lösung auf 7,5 gestellt. Die abgetrennte Ether-Phase (124 kg) wird destilliert; Ausbeute: 14,4 kg [94%, bez. auf Butyl-magnesiumchlorid; 86%, bez. auf Phosphor(III)-chlorid].
Es ist zweckmäßig, sämtliche Arbeitsgänge unter gereinigtem Stickstoff vorzunehmen und die eingesetzten Reagenzien durch Ausblasen mit Stickstoff sauerstofffrei zu halten.

Entsprechend gute Ausbeuten (90–94%) werden für die 3 : 1-Umsetzung von Phenyl-magnesiumchlorid mit Phosphor(III)-chlorid in THF *(Triphenyl-phosphan)* beschrieben[360]. Anstelle von Ethern können auch Kohlenwasserstoffe (z. B. Heptan, Isooctan, Dodecan) als Lösungsmittel verwendet werden[361]. Phosphorsäuretris-[dimethylamid] wird mit Erfolg als Lösungsmittel bei der Umsetzung von Chlor-trimethyl-silan mit Magnesium und Phosphor(III)-chlorid zum *Tris-[trimethylsilyl]-phosphan* eingesetzt[362].

Die Ausbeute (62%) (dazu s. a. Lit.[363]) erscheint hoch in Anbetracht der Tatsache, daß das ähnlich gebaute tert.-Butyl-magnesiumchlorid mit Phosphor(III)-chlorid nur bis zum Chlor-di-tert.-butyl-phosphan reagiert[364] und 2,2-Dimethyl-propyl-magnesiumbromid nur zu 27% *Tris-[2,2-dimethyl-propyl]-phosphan* (Schmp.: 57–59°) ergibt[365].

Die Reinheit des eingesetzten Magnesium-Metalls scheint insbesondere bei der Herstellung von Aryl-magnesium-Verbindungen von Einfluß zu sein[366]; bei Verwendung des üblichen Magnesium-Metalls entstehen wechselnde Mengen Biaryle. Bei empfindlichen Grignardreagenzien (1-Alkinyl- und Vinyl-Verbindungen) sollten zur Vermeidung von Polymerisation besonders tiefe Reaktionstemperaturen (−30° bis −78°) eingehalten werden[367, 368].
In Tab. 25 (S. 157) sind einige typische Grignardreaktionen aufgeführt.
Auch cyclische Verbindungen mit Phosphor als Ringglied sind nach Grignardmethoden zugänglich. So reagiert z. B. die aus 1,5-Dibrom-2-methyl-pentan und Magnesium hergestellte Digrignard-Verbindung mit Dichlor-methyl-phosphan in 21%iger Ausbeute zu einem Gemisch von cis- und *trans-1,3-Dimethyl-phosphorinan* (Sdp.: 81–85°/55 Torr/7,6 kPa)[369].
1-Organo-phospholane werden auf folgendem Wege erhalten[370]:

---

[359] DE PS 12 65 746 (1968/1965), Deutsche Advance Produktion, Erf.: *H. J. Lorenz, A. R. Zintl* u. *V. Franzen*.
[360] US 40 45 494 (1977/1975), M. & T. Chemicals, Inc., Erf.: *V. M. Chopdekar* u. *W. R. Davis*; C. A. **87**, 168 203 p (1977).
[361] *L. I. Zakharkin, O. Y. Okhlobystin* u. *B. N. Strumin*, Izv. Akad. Nauk SSSR, Otd. Khim. Nauk **1962**, 2002; C. A. **57**, 9131 (1962).
[362] *H. Schumann* u. *L. Rösch*, J. Organomet. Chem. **55**, 257 (1973); s. a. Chem. Ber. **107**, 854 (1974).
[363] *G. Becker* u. *W. Hölderich*, Chem. Ber. **108**, 2484 (1975).
[364] *H. Hoffmann* u. *P. Schellenbeck*, Chem. Ber. **100**, 692 (1967).
[365] *R. B. King, J. C. Cloyd* u. *R. H. Reimann*, J. Org. Chem. **41**, 972 (1976).
[366] *R. Luckenbach* u. *K. Lorenz*, Z. Naturforsch. **32 b**, 1038 (1977).
[367] *W. Voskuil* u. *J. F. Arens*, Recl. Trav. Chim. Pays-Bas **83**, 1301 (1964).
[368] *A. H. Cowley* u. *M. W. Taylor*, J. Am. Chem. Soc. **91**, 1929 (1969).
[369] *L. D. Quin* u. *S. O. Lee*, J. Org. Chem. **43**, 1424 (1978).
[370] *B. Fell* u. *H. Bahrmann*, Synthesis **1974**, 119.

Tab. 25: tert. Phosphane durch Grignardreaktionen aus Halogen-phosphanen

Halogen-phosphan	Grignard-Verbindung	Phosphan	Ausbeute [%]	Sdp. [°C]	[Torr (kPa)]	Literatur
PCl_3	$H_3C-(CH_2)_{17}-MgBr$	*Trioctadecyl-phosphan*	72	(Schmp.: 62–64°)		371
	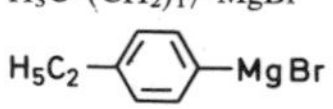 H_5C_2–⟨C$_6$H$_4$⟩–$MgBr$	*Tris-[4-ethyl-phenyl]-phosphan*	89	(Schmp.: 54°)		372
	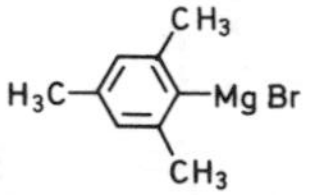 Mesityl–$MgBr$ (H_3C, CH_3, CH_3)	*Tris-[2,4,6-trimethyl-phenyl]-phosphan*	29	(Schmp.: 192–193°)		373
	$HC{\equiv}C-MgBr$	*Triethinyl-phosphan*	51	52	30 (4)	374
PBr_3	$(H_3)_3Si-CH_2-MgCl$	*Tris-[trimethylsilyl-methyl]-phosphan*	71	(Schmp.: 36–37°)		375
$H_5C_6-PCl_2$	$(H_3)_3C-CH_2-MgCl$	*Bis-[2,2-dimethyl-propyl]-phenyl-phosphan*	92	(Schmp.: 110–113°)		376, s. a. 377
	$H_2C{=}CH-CH_2-CH_2-MgCl$	*Bis-[3-buten-1-yl]-phenyl-phosphan*	53	75–77	0,15 (0,02)	378
$\begin{array}{l}CH_2-PCl_2\\[-2pt]CH_2-PCl_2\end{array}$	H_3C-MgJ	*1,2-Bis-[dimethylphosphano]-ethan*	62	85–88 / 26	0,3 (0,04) / 10 (1,33)	379
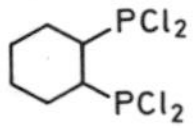 ⟨Cyclohexan mit zwei PCl_2⟩	H_5C_6-MgBr	*1,2-Bis-[diphenylphosphano]-cyclohexan*	45	(Schmp.: 149–150°)		380
$(H_5C_2)_2P-Cl$	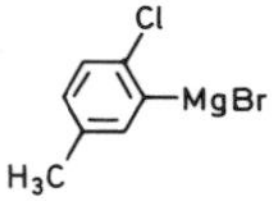 ⟨Cl, $MgBr$, H_3C am Phenyl⟩	*(2-Chlor-5-methyl-phenyl)-diethyl-phosphan*	48	99–101	0,4 (0,053)	381
	$HC{\equiv}C-MgBr$	*Diethyl-ethinyl-phosphan*	49	66–67	75 (10)	382
$(H_{11}C_6)_2P-Cl$	$(H_5C_6)_3C-MgCl$	*Dicyclohexyl-(triphenyl-methyl)-phosphan*	49	(Schmp.: 165–167°)		383

371 *S. Franks, F. R. Hartley* u. *D. J. A. McCaffrey*, J. Chem. Soc. [Perkin Trans. 1] **1979**, 3029.

372 *G. P. Schiemenz* u. *H. Kaack*, Justus Liebigs Ann. Chem. **1973**, 1494.

373 *B. I. Stepanov, E. N. Karpova* u. *A. I. Bokanov*, Zh. Obshch. Khim. **39**, 1544 (1969); engl.: 1514.

374 *W. Voskuil* u. *J. F. Arens*, Recl. Trav. Chim. Pays-Bas **83**, 1301 (1964).

375 US 2964 550 (1960/1957), M. & T. Corp.; Erf.: *D. Seyferth*; C. A. **55**, 6439i (1961).

376 *G. Singh* u. *G. S. Reddy*, J. Org. Chem. **44**, 1057 (1979).

377 *R. B. King, J. C. Cloyd* u. *R. H. Reimann*, J. Org. Chem. **41**, 972 (1976).

378 *G. B. Butler* et al., J. Macromol. Sci., Chem. **A4**, 1437 (1970).

379 *R. J. Burt, J. Chatt, W. Hussain* u. *G. J. Leigh*, J. Organomet. Chem. **182**, 203 (1979).

380 *Y. M. Polikarpov* et al., Izv. Akad. Nauk SSSR, Ser. Khim. **1977**, 1094; engl.: 1094.

381 *M. Davis* u. *F. G. Mann*, J. Chem. Soc. **1964**, 3786.

382 *W. Voskuil* u. *J. F. Arens*, Recl. Trav. Chim. Pays-Bas **81**, 993 (1962).

383 *K. Issleib* u. *B. Walther*, Chem. Ber. **97**, 3424 (1964).

$$(H_5C_2)_2N-PCl_2 \quad + \quad \begin{matrix} BrMg-CH_2 \\ | \\ (CH_2)_2 \\ | \\ BrMg-CH_2 \end{matrix} \quad \longrightarrow \quad \underset{\displaystyle \bigcirc}{P-N(C_2H_5)_2} \quad \xrightarrow[-(H_5C_2)_2NH]{+HCl}$$

$$\underset{\displaystyle \bigcirc}{P-Cl} \quad \xrightarrow[-MgBrCl]{+R-MgBr} \quad \underset{\displaystyle \bigcirc}{P-R}$$

...-phospholan

R = CH₃; *1-Methyl-...;* 50%; Sdp.: 122–124° (760 Torr/101 kPa)
R = C₂H₅; *1-Ethyl-...;* 62%; Sdp.: 149–152° (760 Torr/101 kPa)
R = C₆H₁₁; *1-Cyclohexyl-...;* 53%; Sdp.: 100–103° (11 Torr/1,47 kPa)
R = C₆H₅; *1-Phenyl-...;* 64%; Sdp.: 110–113° (8 Torr/1,07 kPa)

1.5.3. mit anderen Organometall-Verbindungen

Gemessen an der präparativen Bedeutung der in Abschnitten 1.5.1. (S.151) und 1.5.2. (S.152) beschriebenen Umsetzung von Organo-alkalimetall- und Grignard-Verbindungen mit Phosphor-Halogen-Verbindungen besitzen andere Organo-metall-Verbindungen nur geringen Wert, da ihre Herstellung zumeist über Organo-metall-Verbindungen der erstgenannten Metalle erfolgt und somit eine zusätzliche Stufe bedeutet. Sie eignen sich jedoch dazu, in einer Verbindung mit mehreren P-Hal-Bindungen selektiv ein Halogen-Atom durch einen Organo-Rest zu ersetzen (s. Herstellung von Diorgano-halogen-phosphanen S. E1–245). Sie besitzen daher gewisse Bedeutung bei der Herstellung unsymmetrischer tert. Phosphane[384–387].

Vollständiger P-Hal-Austausch gelingt hingegen, wenn die Metall-C-Bindung relativ labil ist (Anwesenheit elektronegativer Substituenten am C-Atom). So entstehen z.B. Tris-[1,3-alkadiinyl]-phosphane in guten Ausbeuten aus den entsprechenden 1,3-Alkadiinyl-quecksilber-Verbindungen mit Phosphor(III)-jodid[388].

Zur Herstellung einfacher Ethinyl-phosphane ist auch die Umsetzung von Silber- und Kupfer-acetylen (zumeist Phenylethinyl-silber)[389,390] bzw. 1-Alkinyl-triorganostannan[389,390] mit Trichlor- oder Dichlor-organo-phosphan geeignet[391,392]. Die guten Eigenschaften von Chlor-triethyl- bzw. Chlor-tributyl-stannan als Abgangsgruppe werden zur Synthese von *Bis-[methoxycarbonyl-methyl]-organo-phosphanen*[393,394] bzw. *Tris-[cyanmethyl]-phosphan*[395] ausgenutzt:

$$R-PCl_2 \quad + \quad 2\,(H_5C_2)_3Sn-CH_2-COOCH_3 \quad \xrightarrow[2\,(H_5C_2)_3Sn-Cl]{} \quad R-P(CH_2-COOCH_3)_2$$

R = C₂H₅, C₄H₉, C₆H₅ (~70%)

$$PCl_3 \quad + \quad 3\,(H_9C_4)_3Sn-CH_2-CN \quad \xrightarrow[-3\,(H_9C_4)_3Sn-Cl]{} \quad (NC-CH_2)_3P$$

[384] *I.G. Kamai* u. *G.M. Rusetskaya*, Zh. Obshch. Khim. **32**, 2848 (1962); C.A. **58**, 7965g (1963); Pb(C₂H₅)₄.
[385] *L. Maier*, J. Inorg. Nucl. Chem. **24**, 1073 (1962); (C₆H₅)₄Pb, (CH₃)₄Pb, (C₂H₅)₄Pb.
[386] DE AS 1228365 (1966/1961), Procter & Gamble, Erf.: *R.G. Laughlin* u. *J.T. Yoke*; (C₁₂H₂₅)₂Cd.
[387] *W. Chodkiewicz* u. *D. Guillerm*, Tetrahedron Lett. **1979**, 3573; o-CH₃O-C₆H₃CuCN.
[388] *H. Hartmann* u. *H. Fratzscher*, Naturwissenschaften **51**, 213 (1964).
[389] *B.I. Stepanov, L.I. Chekunina* u. *A.I. Bokanov*, Zh. Obshch. Khim. **43**, 2648 (1973).
[390] *I.R. Golding* u. *A.M. Sladkow*, Izv. Akad. Nauk SSSR, Ser. Khim. **1972**, 529; C.A. **77**, 88613a (1972).
[391] *A.E. Borisov, A.I. Borisova* u. *L.W. Kudryavtseva*, Izv. Akad. Nauk SSSR, Ser. Khim. **1968**, 2286.
[392] *H. Hartmann*, Justus Liebigs Ann. Chem. **714**, 1 (1968).
[393] *G.M. Vinokurova*, Zh. Obshch. Khim. **37**, 1652 (1967); C.A. **68**, 29798f (1968).
[394] *R.K. Ismagilov, A.I. Razumov* u. *R.L. Yafarova*, Zh. Obshch. Khim. **42**, 1248 (1972); C.A. **77**, 126773n (1972).
[395] *O. Dahl* u. *S. Larsen*, J. Chem. Res. Synop. **1979**, 396.

Beim Aufbau di- und tri-tert. Methylen-verbrückter Phosphane dient Chlor-trimethyl-silan als Abgangsgruppe[396]; z.B.:

$$(H_5C_6)_2P-CH_2-Si(CH_3)_3 \ + \ (H_5C_6)_2P-Cl \ \xrightarrow[-(H_3C)_3Si-Cl]{} \ (H_5C_6)_2P-CH_2-P(C_6H_5)_2$$

Bis-[diphenylphosphano]-methan;
80%; Schmp.: 120–122°

$$2 \ (H_5C_6)_2P-CH_2-Si(CH_3)_3 \ + \ H_5C_6-PCl_2 \ \xrightarrow[-2 \ (H_3C)_3Si-Cl]{} \ (H_5C_6)_2P-CH_2-\underset{\underset{C_6H_5}{|}}{P}-CH_2-P(C_6H_5)_2$$

Bis-[diphenylphosphano-methyl]-phenyl-phosphan; 82%; Schmp.: 122–123°

Cyan-trimethyl-silan dient zur Einführung einer Cyan-Gruppe[397]; z.B. zur Herstellung von Dicyan-phenyl-phosphan (70%) aus Dichlor-phenyl-phosphan.
Die Reaktion verläuft sehr rasch bereits bei 0°, während bei der Umsetzung von Dichlor-phenyl-phosphan mit Silbercyanid längeres Erhitzen in Acetonitril[398, 399] oder Xylol[400] erforderlich ist.

1.5.4. unter Friedel-Crafts-Bedingungen

Im allgemeinen ergibt die Umsetzung von Phosphor(III)-chlorid mit Arenen unter Aluminiumchlorid-Katalyse nur Aryl-dihalogen-phosphane. Ausnahmen bilden N,N-Dialkyl-aniline (s. 4. Aufl., Bd. XII/1, S. 32) sowie 1,3,5-Trimethoxy-benzol, aus dem in 80%iger Ausbeute Tris-[2,4,6-trimethoxy-phenyl]-phosphan (Schmp.: 146–147°, Katalysator: Zinkchlorid)[401] entsteht.
Auch Ferrocen und Cyclopentadienyl-tricarbonyl-mangan lassen sich mit Phosphor(III)-chlorid bzw. Dichlor-diethylamino-phosphan umsetzen. So entsteht Triferrocenyl-phosphan (Schmp.: 271–273°)[402] zu ~47% beim 20stdgn. Kochen von Ferrocen, Dichlor-diethylamino-phosphan und Aluminiumchlorid in Heptan. Unter ähnlichen Bedingungen setzt sich Cyclopentadienyl-tricarbonyl-mangan in 20%iger Ausbeute zum Tris-[π-tricarbonylmangan-cyclopentadienyl]-phosphan (Schmp.: 233–234°) um[403]:

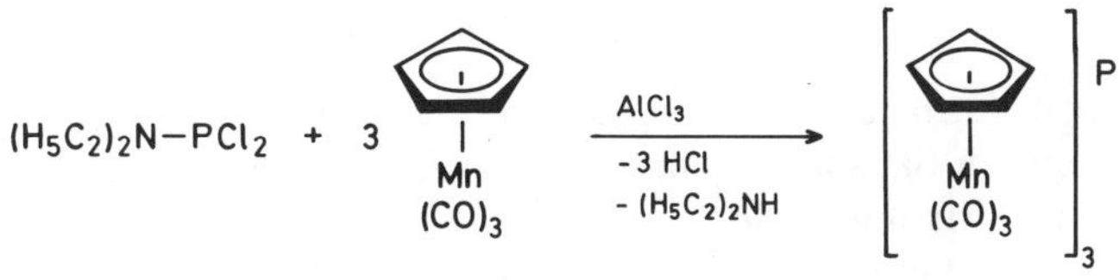

$$(H_5C_2)_2N-PCl_2 \ + \ 3 \ \begin{array}{c} \bigcirc \\ | \\ Mn \\ (CO)_3 \end{array} \ \xrightarrow[\substack{-3 \ HCl \\ -(H_5C_2)_2NH}]{AlCl_3} \ \left[\begin{array}{c} \bigcirc \\ | \\ Mn \\ (CO)_3 \end{array} \right]_3 P$$

Unter spez. Bedingungen (200°, 21,7 bar, hoher Benzol- und Aluminiumchlorid-Überschuß) soll sich Phosphor(III)-chlorid zu 69% zum Triphenyl-phosphan umsetzen[404].

[396] R. Appel, K. Geisler u. H.-F. Schöler, Chem. Ber. 112, 648 (1979).

[397] A.N. Pudovik et al., Zh. Obshch. Khim. 50, 985 (1980) u. dort zit. Literatur.

[398] L. Maier, Helv. Chim. Acta 46, 2667 (1963).

[399] C.E. Jones u. K.J. Coskran, Inorg. Chem. 10, 1536 (1971).

[400] J. Brierley, J.S. Dickstein u. S. Trippett, Phosphorus Sulfur 7, 167 (1979).

[401] I.S. Protopopov u. M.Y. Kraft, Zh. Obshch. Khim. 33, 3050 (1963); C.A. 60, 1789g (1964).

[402] G.P. Sollott u. W.R. Peterson, J. Organomet. Chem. 4, 491 (1965).

[403] A.N. Nesmeyanov, K.N. Anisimov u. Z.P. Valueva, Dokl. Akad. Nauk SSSR, Ser. Khim. 216, 106 (1974); engl.: 304.

[404] JP 7139337 (1971/1968), Ihara Chem. Ind. Co., Erf.: S. Kanazawa et al.; C.A. 76, 34397n (1972).

2. durch Spaltungsreaktionen und Umlagerungen

2.1. von Alkyliden-phosphoranen

Die Spaltung bzw. Umlagerung von Alkyliden-phosphoranen (P-Yliden) hat nur geringe präparative Bedeutung zur Herstellung von Phosphanen, da i. a. nur das bereits zur Herstellung des Ylids benötigte tert. Phosphan erhalten wird[405, 406]. Beispielsweise entsteht bei der Umsetzung von ω-Brom-acetophenon mit (Methoxycarbonyl-methylen)-triphenyl-phosphoran *Triphenyl-phosphan* (91%)[405]:

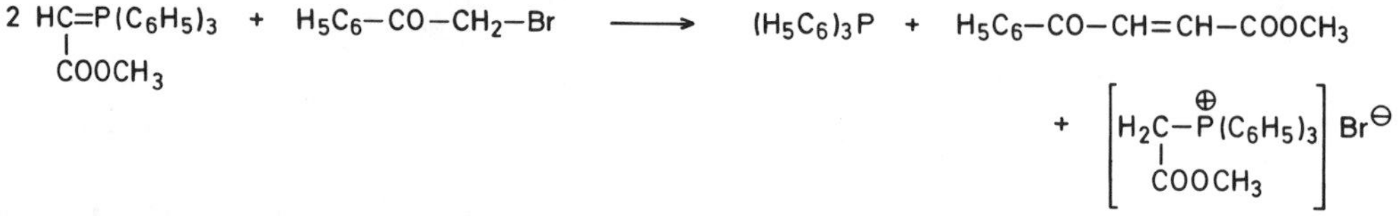

$$2\ \underset{\underset{COOCH_3}{|}}{HC}=P(C_6H_5)_3\ +\ H_5C_6-CO-CH_2-Br\ \longrightarrow\ (H_5C_6)_3P\ +\ H_5C_6-CO-CH=CH-COOCH_3$$

$$+\ \left[\underset{\underset{COOCH_3}{|}}{H_2C}-\overset{\oplus}{P}(C_6H_5)_3\right]Br^{\ominus}$$

Analog erhält man *Ethyl-methyl-phenyl-phosphan* aus Benzyliden-ethyl-methyl-phenyl-phosphoran mit Phenyl-oxiran[406]. Setzt man Alkyliden-triaryl-phosphorane mit Nikkel(0)-Komplexen [z. B. Cyclododecatrien-nickel(0)] um, so erhält man in guten Ausbeuten Benzyl-diaryl-phosphane; z. B.[407]:

$$(H_5C_6)_3P=CH_2\ \xrightarrow{\ Ni(0),\ 70\,°\ }\ (H_5C_6)_2P-CH_2-C_6H_5$$

Benzyl-diphenyl-phosphan

Diese Umlagerung ist auf Alkyliden-triaryl-phosphorane beschränkt und tritt zudem nicht mehr ein, wenn das Ylid-Kohlenstoff-Atom mehr als eine Alkyl-Gruppe trägt. So setzt sich z. B. Propyliden-triphenyl-phosphoran zu 54% zum *Diphenyl-(1-phenyl-propyl)-phosphan* um. Isopropyliden-triphenyl-phosphoran reagiert nicht mehr.

Die Reaktion von Alkyliden-phosphoranen mit Arinen ist eine komplexe Reaktion[408]:

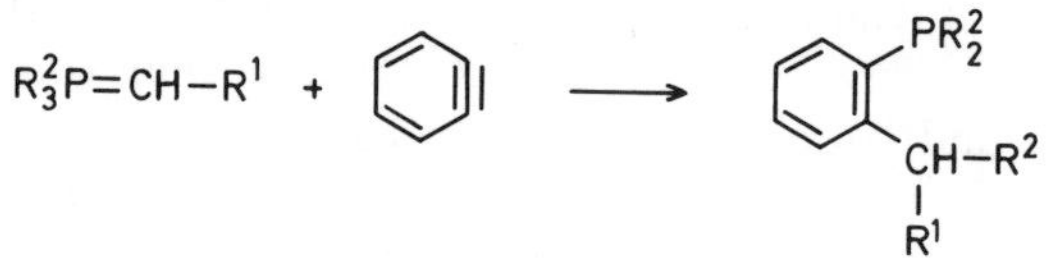

$$R_3^2P=CH-R^1\ +\ \text{[Aren]}\ \longrightarrow\ \text{[Produkt: } PR_2^2,\ CH-R^2,\ R^1\text{]}$$

2.2. von Phosphoniumsalzen

Wie bereits in der 4. Auflage, Bd. XI/1, S. 47 ff., ausführlich beschrieben, kann die Spaltung von Phosphonium-Salzen thermisch, durch Einsatz von Basen ($OH^{\ominus}$, $CN^{\ominus}$, $RO^{\ominus}$ u. ä.) oder reduktiv (Alkalimetalle, Hydride, elektrolytisch) erfolgen. Der präparative Wert der thermischen Spaltung ist relativ gering, da i. a. nur die zur Herstellung des Phosphoniumsalzes benutzten Verbindungen erhalten werden (tert. Phosphan und Organohalogenid). Erfolgt die Spaltung jedoch in Anwesenheit von alkoholfreiem Natriumalkanolat bei 240°, so lassen sich Alkyl-triphenyl-phosphoniumbromide in mäßigen Ausbeuten in Alkyl-diphenyl-phosphane und Phenylether überführen[409] (neben Triphenyl-phosphan, Olefin und Benzol). Bei Einsatz von Isopropyl-, (1-Methyl-propyl)- oder tert.-Butyl-triphenyl-phosphoniumbromid entsteht dagegen nahezu quantitativ das entsprechende Olefin neben *Triphenyl-phosphan*.

[405] *H. J. Bestmann* u. *H. Schulz*, Angew. Chem. **73**, 620 (1961).
[406] *W. E. McEwen, A. Bladé-Font* u. *C. A. Vanderwerf*, J. Am. Chem. Soc. **84**, 677 (1962).
[407] *F. Heydenreich* et al., Isr. J. Chem. **10**, 293 (1973).
[408] *E. Zbiral*, Monatsh. Chem. **95**, 1759 (1964).
[409] *C. T. Eyles* u. *S. Trippett*, J. Chem. Soc. [C] **1966**, 67.

Die Spaltung von Phosphonium-Salzen mit Basen in Lösung ist dann von Interesse, wenn die bei der Alkylierung prim. und sek. Phosphane entstehenden H-Phosphonium-Salze gespalten werden sollen. So gelingt die Herstellung von α,ω-Bis-phosphanen in guten Ausbeuten durch Kochen des jeweiligen sek. Phosphans mit α,ω-Dihalogen-alkanen und anschließende Spaltung mit 2n Natronlauge. *1,2-Bis-[dicyclohexylphosphano]-ethan* wird auf diese Weise zu 86% aus Dicyclohexyl-phosphan, 1,2-Dibrom-ethan und Natronlauge hergestellt[410]:

$$2\ (H_{11}C_6)_2PH \xrightarrow[\substack{-2\,H_2O \\ -2\,NaBr}]{\substack{1.\ Br-(CH_2)_2-Br \\ 2.\ 2\ NaOH}} (H_{11}C_6)_2P-CH_2-CH_2-P(C_6H_5)_2$$

Auf analoge Weise erhält man u. a.

1,2-Bis-[diethylphosphano]-ethan[410]   53%; Sdp.: 250–255° (760 Torr/101 kPa)
1,2-Bis-[diphenylphosphano]-ethan[410]   76%; Schmp.: 161–163°
1,5-Bis-[dicyclohexylphosphano]-pentan[410]   71%; Schmp.: 63°
1,7-Bis-[di-tert.-butyl-phosphano]-heptan[411]   72%; Sdp.: 160–170° (0,01 Torr/0,0013 kPa)
1,6-Bis[di-tert.-butyl-phosphano]-3-hexen[412]   38%; Sdp.: 110–120° 0,05 Torr/0,0067 kPa)
Di-tert.-butyl-(2-oxo-2-phenyl-ethyl)-phosphan[413]   93%; Sdp.: 130–135° (0,005 Torr/0,00067 kPa)
Di-tert.-butyl-(2-methoxy-5-methyl-benzyl)-phosphan[414]   85%; Sdp.: 101–103° (0,003 Torr/0,0004 kPa)

Beim Einsatz prim. Phosphane und $1,\omega$-Dihalogen-butan bzw. -pentan werden Phospholane bzw. Phosphorinane erhalten; z. B.[410]:

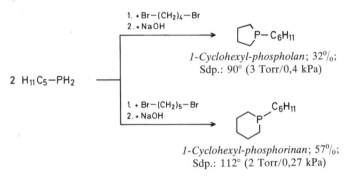

1-Cyclohexyl-phospholan; 32%;
Sdp.: 90° (3 Torr/0,4 kPa)

1-Cyclohexyl-phosphorinan; 57%;
Sdp.: 112° (2 Torr/0,27 kPa)

Mit aktiven Halogenalkanen (Chlor-, Jod-methan, Jod-ethan) gelingt die zweifache Alkylierung prim. Phosphane. So läßt sich *Dimethyl-dodecyl-phosphan* (Sdp.: 80–83°/0,03 Torr/0,004 kPa) in 85–94%iger Ausbeute aus Dodecyl-phosphan mit Methyljodid in Methanol und anschließender Spaltung mit Natronlauge herstellen[415]. Während diese Umsetzung bei ~ 60° nach 5 Stdn. beendet ist, benötigen die analogen Umsetzungen mit Ethylbzw. Butyljodid bei 70–75° 48 bzw. 64 Stdn.[415]:

Diethyl-dodecyl-phosphan   80%; Sdp.: 117–135° (0,6 Torr/0,08 kPa)
Dibutyl-dodecyl-phosphan   78%; Sdp.: 135–140° (0,5 Torr/0,067 kPa)

Unter vergleichbar milden Bedingungen verläuft die Spaltung von (Hydroxy-alkyl)-phosphonium-Salzen unter Abspaltung eines Aldehyds (s. 4. Aufl., Bd. XII/1, S. 49 ff.). Ihr kommt daher ein bedeutendes synthetisches Potential zu, da durch wiederholte Alky-

[410] *K. Issleib, K. Krech* u. *K. Gruber*, Chem. Ber. **96**, 2186 (1963).
[411] *N. A. Al-Salem* et al., J. Chem. Soc. [Dalton Trans.] **1979**, 1972.
[412] *C. Crocker* et al., J. Am. Chem. Soc. **102**, 4373 (1980).
[413] *C. J. Moulton* u. *B. L. Shaw*, J. Chem. Soc. [Dalton Trans.] **1980**, 299.
[414] *H. D. Empsall, P. N. Heys* u. *B. L. Shaw*, Trans. Met. Chem. **3**, 165 (1978).
[415] *H. R. Hays*, J. Org. Chem. **31**, 3817 (1966).

lierung und Spaltung unsymmetrische wie symmetrische Phosphane aufgebaut werden können und die als Zwischenstufen isolierbaren Alkyl-bis- und -mono-[hydroxy-alkyl]-phosphane selbst reaktive Zwischenprodukte zur Synthese phosphororganischer Verbindungen darstellen. Der Wert dieser Methode wird jedoch durch eine Reihe möglicher Nebenreaktionen beeinträchtigt:

1. Umlagerung der 1-Hydroxy-alkyl-Verbindungen in Alkylphosphanoxide (Buckler-Trippett-Umlagerung)[416] oder Phosphinigsäureester[417]
2. Bildung von Halbacetalen mit dem zuvor freigesetzten Formaldehyd[418]
3. Oxidation des Phosphans zum Phosphanoxid durch Wasser (unter Wasserstoff-Entwicklung), die besonders in Anwesenheit von Formaldehyd und/oder Basen-Überschuß abläuft[419, 420]
4. Bildung von 1,3,5-Dioxaphosphorinanen durch Reaktion des Formaldehyds mit Alkyl-bis-[1-hydroxy-alkyl]-phosphan[421]

Hinzu kommt, daß (1-Hydroxy-alkyl)-phosphane thermisch unbeständig sind, d.h. nicht durch Destillation gereinigt werden können, ebenso wie das Ausgangsmaterial der meisten Reaktionen, Tris-[hydroxymethyl]-phosphan. Überdies fallen sowohl die Phosphonium-salze wie die Phosphane als nicht kristallisierbare Öle an, was eine Reinigung und Abtrennung von Nebenprodukten zusätzlich erschwert. So ist es z.B. nicht möglich *Tris-[hydroxymethyl]-phosphan* durch Spaltung von Tetrakis-[hydroxymethyl]-phosphonium-chlorid mit Natronlauge[419], Triethylamin[422] oder Tributylphosphan[423] als kristalline Verbindung zu erhalten. Diese Kristallisation gelingt nur dann, wenn der Formaldehyd durch Reaktion mit Natriumsulfit entfernt wird[424]. Für Folgereaktionen ist der Einsatz von kristallinem, durch Azeotropdestillation mit Benzol getrocknetem Tris-[hydroxymethyl]-phosphan (Schmp.: 55°) empfehlenswert[425], jedoch sind die Produkte ähnlich schwierig charakterisierbar.

Bis-[hydroxymethyl]-methyl-phosphan[425]: Ein Mehrhalskolben mit Rührer, Thermometer, Tropftrichter und Rückflußkühler wird mit 124 g Tris-[hydroxymethyl]-phosphan und 80 *ml* Methanol (über Calciumoxid destilliert) beschickt. Die Mischung wird auf 0° gekühlt und unter Rühren langsam mit einer Mischung von 142 g Methyljodid in 70 *ml* Methanol versetzt. Die Mischung erwärmt sich leicht und wird 1 Stde. bei 20° gerührt. Das Methanol wird i. Vak. abdestilliert; Ausbeute: 241 g (90%).

Das dunkle Öl ist in Wasser und Eisessig löslich, in Aceton, Ether und Benzol unlöslich.

Zu dem dunklen Öl gibt man bei −2 bis −3° tropfenweise 171 g Triethylamin. Das ausgefallene Triethyl-ammoniumjodid wird abfiltriert und überschüssiges Triethylamin abdestilliert; Ausbeute: 69 g (gelbliches Öl).

Alle Operationen sollten unter Stickstoff ausgeführt werden!

Ähnlich herstellbar sind, entsprechend der Reaktivität des eingesetzten Alkylhalogenids mit ggf. längeren Reaktionszeiten und höheren Reaktionstemperaturen, u.a. folgende Verbindungen:

Bis-[hydroxymethyl]-ethyl-phosphan[425]
Bis-[hydroxymethyl]-butyl-phosphan[425]
Bis-[hydroxymethyl]-heptyl-phosphan[426]

Benzyl-bis-[hydroxymethyl]-phosphan[422]
Dibenzyl-hydroxymethyl-phosphan[422]

[416] *H. Hellmann, J. Bader, H. Birkner* u. *O. Schumacher*, Justus Liebigs Ann. Chem. **659**, 49 (1962).
[417] *E. Evangelidou-Tsolis* u. *F. Ramirez*, Phosphorus **4**, 121 (1974).
[418] *W.J. Vullo*, J. Org. Chem. **33**, 3665 (1968).
[419] *M. Grayson*, J. Am. Chem. Soc. **85**, 79 (1963).
[420] DE PS 19 30 521 (1980/1969), Hoechst AG, Erf.: *H. Haas*.
[421] *B. A. Arbusov* et al., Izv. Akad. Nauk SSSR, Ser. Khim. **1980**, 1626; C.A. **93**, 220857v (1980).
[422] *K. A. Petrov, V. A. Parshina* u. *M. A. Luzanova*, Zh. Obshch. Khim. **32**, 552 (1962).
[423] *A. W. Frank* u. *G. L. Drake*, J. Org. Chem. **36**, 549 (1971).
[424] US 3257460 (1966/1962), Hooker Chem. Corp.; Erf.: *I. Gordon* u. *G. M. Wagner*.
[425] *R. K. Valetdinov* et al., Zh. Obshch. Khim. **37**, 2269 (1967); engl.: 2154.
[426] *K. A. Petrov, V. A. Parshina* u. *A. F. Manuilov*, Zh. Obshch. Khim. **35**, 2062 (1965); engl.: 2053.

Besser charakterisierbare Verbindungen ergibt die Spaltung von Acetoxymethyl-phosphonium-Salzen. So ist z. B. *Tris-[acetoxy-methyl]-phosphan* (Sdp.: 152–153°/6 Torr/0,8 kPa) zu 80% durch Spaltung von Chlor-tetrakis-[methoxycarbonyl-methyl]-phosphoran mit 40%iger Natronlauge zugänglich[427].

Tris-[acetoxymethyl]-phosphan kann ebenso wie Tris-[hydroxymethyl]-phosphan eine Reihe von Alkylierungen und Spaltungen mit Basen zu tert. Alkyl-phosphanen eingehen. Die Alkylierung mit Alkylbromiden verläuft jedoch erst bei höheren Temperaturen (130°, 20–30 Stdn.).

Auf diese Weise erhält man u. a.

Bis-[methoxycarbonyl-methyl]-butyl-phosphan	53%; Sdp.: 121–122° (3 Torr/0,4 kPa)
Dipropyl-(methoxycarbonyl-methyl)-phosphan	50%; Sdp.: 70–71° (4 Torr/0,53 kPa)

Die Spaltung von Tetrakis-[alkoxycarbonylamino-methyl]-phosphonium-Salzen ergibt besonders dann gute Ausbeuten am tert. Phosphan, wenn das abgespaltene Hydroxymethylcarbamat gleichzeitig mit der eingesetzten Base (z. B. Morpholin, Ammoniak, Sulfit) reagieren kann[428].

Ein gleichfalls unter recht milden Bedingungen verlaufendes Verfahren zur P–C-Spaltung ist die „Cyanolyse", bei der selektiv am Phosphor stehende Allyl-Gruppen entfernt werden können:

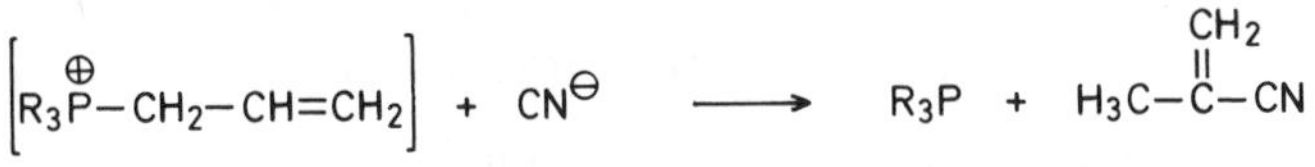

$$\left[R_3\overset{\oplus}{P}-CH_2-CH{=}CH_2\right] + CN^{\ominus} \longrightarrow R_3P + H_3C-\overset{\overset{\displaystyle CH_2}{\|}}{C}-CN$$

Die Umsetzung ist in Wasser bei 100° in wenigen Stunden beendet; das gebildete 2-Methyl-acrylnitril destilliert dabei ab[429, 430].

Ebenso wie die „Cyanolyse" verläuft die elektrochemische Spaltung optisch aktiver Phosphonium-Salze unter Erhaltung der Konfiguration am Phosphor-Atom (s. 4. Aufl., Bd. XII/1, S. 53). Besonders einfach ist die Elektrolyse nach folgender Vorschrift durchführbar[431].

Methyl-phenyl-propyl-phosphan: In einen 500-*ml*-Dreihalskolben mit NS 29-Schliffen werden 2 Aluminiumbleche mittels geeignet durchbohrter Gummistopfen eingehängt. Der Kolben wird mit einer Suspension von 0,1 mol Benzyl-methyl-phenyl-propyl-phosphoniumbromid in 200 *ml* Wasser beschickt. Die wäßr. Phase wird mit Toluol überschichtet, ein Rückflußkühler aufgesetzt und die Apparatur mit Stickstoff gespült. Dann wird 2–3 Stdn. bei 24–36 V elektrolysiert. Die organ. Phase, die das tert. Phosphin enthält, wird unter Stickstoff eingedampft und destilliert; Ausbeute: 77% (Konfigurationserhaltung: ~93%); Sdp.: 86–88° (3 Torr/0,4 kPa).

Die Anwendbarkeit der Methode unterliegt gewissen Einschränkungen, da meist Gemische tert. Phosphane entstehen, deren Zusammensetzung von der Elektrolysetemperatur, dem Kathodenmaterial, Lösungsmittel, Elektrodenpotential und Säurezusatz bestimmt wird[432–434].

2.3. aus anderen tert. Phosphanen durch verschiedene Reaktionen

In diesem Abschnitt werden Umsetzungen tert. Phosphane zu anderen tert. Phosphanen besprochen:

[427] *Z. N. Mironova, E. N. Tsvetkov, A. V. Nikolaev* u. *M. I. Kabachnik*, Zh. Obshch. Khim. **37**, 2747 (1967); C.A. **69**, 19262h (1968).

[428] *A. W. Frank* u. *G. L. Drake*, J. Org. Chem. **42**, 4040 (1977).
s.a.: US 4204072 (1980/1978), US Dept. Agriculture, Erf.: *A. W. Frank*.

[429] *L. Horner* et al., Chem. Ber. **103**, 2718 (1970).

[430] *L. Horner* u. *M. Jordan*, Phosphorus Sulfur **8**, 215 (1980); u. dort zit. Literatur.

[431] *P. Walach, D. H. Skaletz* u. *L. Horner*, Phosphorus **3**, 183 (1973).

[432] *L. Horner* u. *J. Röder*, Phosphorus **6**, 147 (1976).

[433] *L. Horner* u. *J. Röder*, Justus Liebigs Ann. Chem. **1977**, 2067.

[434] *E. A. L. Hall* u. *L. Horner*, Phosphorus Sulfur **9**, 231 (1980).

$$R_3P + n\,X{-}Y \longrightarrow R_{3-n}PX_{n-3} + RY$$

ohne daß über den Reaktionsmechanismus oder Zwischenstufen eine Aussage gemacht werden soll.

In diese Gruppe von Reaktionen gehört die Umsetzung von Tris-[hydroxymethyl]-phosphan mit Acrylnitril zu *Tris-[2-cyan-ethyl]-phosphan*[435, 436] (s.a. 4. Aufl., Bd. XII/1, S. 50). Die analoge Umsetzung von Alkyl-bis-[hydroxymethyl]-phosphanen mit Acrylnitril dagegen verläuft nur bei tiefen Temperaturen ($-20°$) und sorgfältiger Abtrennung des Formaldehyds i. Vak. zu Alkyl-bis-[2-cyan-ethyl]-phosphanen[437], während bei 25–35° lediglich Polymere des Acrylnitrils mit Phosphor-haltigen Endgruppen entstehen[438]. Auf ähnliche Weise lassen sich Hydroxymethyl-phosphane mit Aldehyden oder Oxiranen zu (1-Hydroxy-alkyl)- bzw. (2-Hydroxy-ethyl)-phosphanen[439, 440] umsetzen. Die Charakterisierung der letztgenannten Komponenten gestaltet sich jedoch recht schwierig.

3. durch Reduktion von Organo-phosphor-Verbindungen mit P–Hal-, P–O-, P–S-, P–P- oder P–N-Bindungen

3.1. durch Reduktion mit Wasserstoff

Die direkte Hydrogenolyse einer $P{=}O$-Doppelbindung ist bis heute nicht realisiert worden, obwohl sie die wirtschaftlichste Lösung darstellen würde, das in großen Mengen bei der Wittig-Synthese anfallende Triphenyl-phosphanoxid in *Triphenyl-phosphan* zu überführen. Möglich ist hingegen die Hydrogenolyse der Dichlor-triorgano-phosphorane mit Wasserstoff[441].

Tributyl-phosphan: Ein zylindrisches Glasgefäß mit 2,18 g Tributyl-phosphanoxid und 0,7 g Chlor in 15 *ml* Tetrachlormethan wird in einen Autoklaven gebracht. Nach Aufpressen von ~ 59 bar Kohlenmonoxid bei 25° und 10 Min. Schütteln steigt die Temp. auf 60°. Nach dem Entspannen wird die Reaktionsmischung vom Lösungsmittel befreit und mit 50 *ml* Toluol versetzt; ~ 35 *ml* davon werden abdestilliert, um restliches Tetrachlormethan zu entfernen. Das Glasgefäß mit der Lösung von Dichlor-tributyl-phosphoran in Toluol wird wieder in den Autoklaven gebracht. Nach Aufpressen von ~ 98 bar Wasserstoff und Schütteln (1,5 Stdn. bei 160°) wird die Reaktionsmischung mit Natriumhydrogencarbonat-Lösung neutralisiert; Ausbeute: 1,82 g (90%).

Analog erhält man u.a.

Trioctyl-phosphan	92%
Triphenyl-phosphan	85%

Auch Chloroform[442] oder Pyridin[443] können als Lösungsmittel eingesetzt werden. Durch Zusatz von Platin oder Palladium auf Aktivkohle soll sich in den oben genannten Systemen der Wasserstoff-Druck auf 5–30 bar (anstelle von 100 bar) reduzieren lassen[444]. Eine weitere Variante der Hydrogenolyse geht direkt vom Triphenyl-phosphanoxid aus, das mit

---

[435] US 3 475 479 (1969/1965), Hooker Chem. Corp., Erf.: *W.J. Vullo.*

[436] *W.J. Vullo,* Ind. Eng. Chem., Prod. Res. Dev. **5**, 346 (1966).

[437] *S.L. Komissarova, R.K. Valetdinov* u. *E.V. Kuznetsov,* Zh. Obshch. Khim. **41**, 322 (1971); engl.: 317.

[438] *R.K. Valetdinov, E.V. Kuznetsov* u. *S.L. Komissarova,* Zh. Obshch. Khim. **39**, 1744 (1969); engl.: 1708.

[439] *R.K. Valetdinov* et al., Zh. Obshch. Khim. **49**, 1503 (1979); engl.: 1311.

[440] *R.K. Valetdinov* u. *S.I. Zaripov,* Zh. Obshch. Khim. **44**, 1440 (1974); engl.: 1415.

[441] *M. Masaki* u. *N. Kakeya,* Angew. Chem. **89**, 558 (1977); engl.: **16**, 552.

[442] EPA 00 05 746 (1979/1978), F. Hoffmann-La Roche, Erf.: *E.A. Broger.*

[443] Jpn. Kokai Tokkyo Koho 79 84 528 (1979/1977), Ube Ind., Erf.: *M. Masaki* u. *N. Kakeya*; C.A. **91**, 193 418c (1979).

[444] EPA 00 05 747 (1979/1978), F. Hoffmann-La Roche, Erf.: *E.A. Broger.*

molaren Mengen Tetrachlorsilan, katalytischen Mengen Schwefel, Selen oder Palladium-Kohle mit Wasserstoff unter Druck reduziert wird[445].

3.2. mit Hydriden

Die Reduktion der verschiedensten Organo-phosphor-Sauerstoff- bzw. Halogen-Verbindungen mit Lithiumalanat ist bereits in der 4. Aufl., Bd. XII/1, S. 60, ausführlich besprochen worden. Entgegen den dort gemachten Ausführungen lassen sich Tetraalkyl- und Tetraaryl-diphosphane mit Lithiumalanat zu entsprechenden sek. Phosphanen reduzieren[446].

Phenyl-phosphan wird so aus Dichlor-phenyl-phosphan in nahezu quantitativer Ausbeute gewonnen.

Phenyl-phosphan[447]: Ein 3-*l*-Mehrhalskolben mit Rührer, Thermometer, Rückflußkühler, Tropftrichter mit Druckausgleich und Stickstoff-Einlaß wird mit trockenem Stickstoff gespült und mit 78 g ~ 2 mol Lithiumalanat in 1 *l* abs. Ether beschickt. Nach Abkühlen auf −78° im Trockeneis-Aceton-Bad wird eine Lösung von 180 g ~ 1 mol Dichlor-phenyl-phosphan in 200 *ml* Ether so zugetropft, daß eine Temp. von −78° im Kolben nicht überschritten wird (~ 8 Stdn.).
Danach wird das Kältebad entfernt und die Reaktionsmischung 2 Stdn. unter Rückfluß gekocht. Nach Abkühlen in einem Eisbad werden 450 g Ammoniumchlorid in 500 *ml* Wasser langsam zugetropft (alle Operationen unter Rühren und Stickstoff). Nach 2 Stdn. Rühren und Trennung der wäßr. und org. Phase wird die org. Phase über wasserfreiem Kaliumcarbonat getrocknet und der Ether abdestilliert. Das Phenyl-phosphan wird dann i. Vak. destilliert; Ausbeute: 100−102 g (~ 90−94%); Sdp.: 80−84° (7 Torr/9,3 kPa).

Analog erhält man u. a.:

tert.-Butyl-phosphan[448]	86%; Sdp.: 53−55° (750 Torr/101 kPa)
(2,4,6-Trimethyl-phenyl)-phosphan[448]	91%; Sdp.: 85−90° (5 Torr/0,67 kPa)

Neben der niedrigen Reaktionstemperatur ist vor allem der hohe Lithiumalanat-Überschuß für die guten Ausbeuten verantwortlich[448].
Anstelle von Lithiumalanat sind auch Organo-aluminiumhydride verwendbar (z. B. Diisobutylaluminiumhydrid zur Reduktion des Triphenyl-phosphanoxids zum *Triphenyl-phosphan*)[455]. Bei der Reduktion von Halogen-organo-phosphanen mit Organo-aluminiumhydriden ist jedoch mit Nebenreaktionen (z. B. Alkylierung) zu rechnen, z. B. bei der Reduktion von Chlor-diphenyl-phosphan mit Natrium-bis-[2-methoxy-ethoxy]-dihydrido-aluminat, bei der neben *Diphenyl-phosphan* auch *Diphenyl-methyl-* und *Diphenyl-(2-hydroxy-ethyl)-phosphan* nachweisbar sind[456].
Zu erwähnen ist ferner, daß die Entschwefelung tert. Phosphansulfide mit Lithiumalanat unter Konfigurationserhaltung verläuft[457], im Unterschied zur Desoxigenierung der Phosphanoxide[458]. Eine ebenfalls unter Erhaltung der Konfiguration am Phosphor-Atom verlaufende Reduktionsmethode stellt die Umsetzung von Organophosphor-Sauerstoff- oder -Halogen-Verbindungen mit Silanen (mit Si−H oder Si−Si-Bindungen) dar[459]. Da auch tert. Phosphanoxide bereits unter milden Bedingungen reduziert werden können und

[445] DE OS 24 55 371 (1975/1974), F. Hoffmann-La Roche, Erf.: *M.J. Townsend* u. *D.H. Valentine*.
[446] *K. Issleib, A. Tzschach* u. *R. Schwarzer*, Z. Anorg. Allg. Chem. **338**, 141 (1965).
[447] *R.C. Tayler, R. Kolodny* u. *D.B. Walters*, Synth. Inorg. Met.-Org. Chem. **3**, 175 (1973).
[448] *G. Becker* et al., Z. Anorg. Allg. Chem. **443**, 42 (1978).
[455] US 41 13 783 (1978/1977), Texas Alkyls, Erf.: *P.B. Malpass* u. *G.S. Yeargin*.
[456] *M.J. Gallagher* u. *G. Pollard*, Phosphorus **6**, 61 (1975).
[457] *R. Luckenbach*, Tetrahedron Lett. **1971**, 2177.
[458] *P.D. Henson, K. Naumann* u. *K. Mislow*, J. Am. Chem. Soc. **91**, 5645 (1969).
[459] *H. Fritzsche, U. Hasserodt* u. *F. Korte*, Chem. Ber. **97**, 1988 (1964).

Tab. 26: Organo-phosphane aus Organo-phosphor-Halogen- bzw. -Sauerstoff-Verbindungen durch Reduktion mit Lithiumalanat

Ausgangsverbindung	Phosphan	Ausbeute	Sdp.		Lite-ratur
		[%]	[°C]	[Torr(kPa)]	
$[(H_3C)_3C]_2P-Cl$	Di-tert.-butyl-phosphan	70	38–40	13 (1,73)	[449]
$H_9C_4-CH\begin{bmatrix} O \\ \parallel \\ PCl_2 \end{bmatrix}_2$	1,1-Bis-[phosphano]-pentan	44–51	53–55	9 (1,2)	[450]
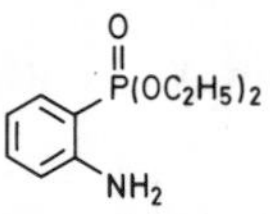 $\overset{O}{\overset{\parallel}{P(OC_2H_5)_2}}$ (2-Amino-phenyl ring, NH₂)	(2-Amino-phenyl)-phosphan	82	69–70	4 (0,53)	[451]
$(H_5C_6)_2P-CH_2-\overset{O}{\overset{\parallel}{P}}(OC_2H_5)_2$	Diphenyl-(phosphano-methyl)-phosphan	40	110–113	0,06 (0,0008)	[452]
$H_5C_6-\overset{Cl}{\overset{\mid}{P}}-CH_2-\overset{O}{\overset{\parallel}{P}}(OC_2H_5)_2$	Phenyl-(phosphano-methyl)-phosphan	34	50–51	0,02 (0,00027)	[452]
$(H_5C_2O)_2P-(CH_2)_4-P(OC_2H_5)_2$	1,4-Bis-[phosphano]-butan	42	57–58	13 (1,73)	[453]
$H_5C_2-\overset{O}{\overset{\parallel}{\underset{\underset{OC_2H_5}{\mid}}{P}}}-(CH_2)_4-\overset{O}{\overset{\parallel}{\underset{\underset{OC_2H_5}{\mid}}{P}}}-C_2H_5$ (H_5C_2O)	1,4-Bis-[ethyl-phosphano]-butan	57	81	10 (1,30)	[454]

funktionelle Gruppen i.a. nicht angegriffen werden, stellt diese Methode eine außerordentlich wertvolle Ergänzung bereits bekannter Desoxigenierungsverfahren dar:

$$R_3^1P{=}O \quad + \quad R_3^2SiH \quad \xrightarrow{-R_3^1P} \quad R_3^2Si{-}OH \quad \xrightarrow[{-H_2}]{+R_3^2SiH} \quad (R_3^2Si)_2O$$

Pro Mol P=O-Doppelbindung müssen also 2 Mol –Si–H-Verbindung eingesetzt werden. Bei Verwendung von Trichlorsilan sind drei Teilschritte zu formulieren:

$$n\,R_3PO \;+\; n\,Cl_3SiH \xrightarrow{-n\,R_3P} n\,Cl_3Si{-}OH \xrightarrow{-(Cl_2Si{-}O)_n} n\,HCl \xrightarrow{+n\,Cl_3SiH}$$

$$n\,SiCl_4 \;+\; n\,H_2$$

Bei Einsatz tert.[460] und sek. Amine[461] als Chlorwasserstoff-Fänger wird nur ein Mol Trichlorsilan benötigt. Die nachstehende Arbeitsvorschrift zeigt am Beispiel der Triphenyl-phosphanoxid-Reduktion die Vorzüge der Methode.

Triphenyl-phosphan[460]: 14 g Triphenyl-phosphanoxid werden in 50 ml Benzol gelöst, man gibt 6 g Triethylamin sowie 7,5 g Trichlorsilan zu und kocht 2 Stdn. unter Rückfluß. Nach dem Abkühlen wird unter Kühlung solange

[449] H. Hoffmann u. P. Schellenbeck, Chem. Ber. **99**, 1134 (1966).
[450] H.R. Hays u. T.J. Logan, J. Org. Chem. **31**, 3391 (1966).
[451] K. Issleib et al., Organomet. Chem. Synth. **1**, 161 (1970/71).
[452] H. Weichmann et al., J. Organomet. Chem. **182**, 465 (1979).
[453] M. Sander, Chem. Ber. **95**, 473 (1962).
[454] K. Issleib u. H. Weichmann, Chem. Ber. **101**, 2197 (1968).
[460] H. Fritzsche, U. Hasserodt u. F. Korte, Chem. Ber. **98**, 171 (1965).
[461] BE 868462 (1979/1977), M. & T. Chemicals, Erf.: W.R. Davis u. M.D. Gordon; C.A. **90**, 121799 (1979).

30%ige Natronlauge zugetropft, bis sich zwei klare Schichten bilden. Die benzolische Phase wird abgetrennt, mit Wasser gewaschen und über wasserfreiem Natriumsulfat getrocknet. Das Lösungsmittel wird i. Vak. abdestilliert und der Rückstand aus Ethanol umkristallisiert; Ausbeute: 112 g (85%); Schmp.: 80°.

Bei oxidationsempfindlicheren Phosphanen ist es erforderlich, unter Inertgasatmosphäre zu arbeiten und Sauerstoff-freie Reagenzien zu verwenden. Besonders einfach gestaltet sich das Verfahren bei Anwendung von Methylpolysiloxan, Mono, Di- oder Triphenyl-silan, wenn das gewünschte Phosphan einen niedrigen Siedepunkt hat. Das Phosphan kann dann nach der Reaktion ohne hydrolytische Aufarbeitung aus dem Reaktionsgemisch abdestilliert werden[462, 463]. Tab. 27 (S. 168) zeigt einige typische Beispiele für die Silan-Reduktion von Organo-phosphor-Verbindungen.

Ein besonderer Vorzug der Silan-Desoxigenierung ist die hohe Spezifität, mit der am Phosphor-Atom gebundener Sauerstoff entfernt wird.

So wird z.B. aus (4-Carboxy-phenyl)-diphenyl-phosphanoxid mit Trichlorsilan selektiv *(4-Carboxy-phenyl)-diphenyl-phosphan* (94%; Schmp.: 153–154°)[471] erhalten. Auf analoge Weise erhält man aus dem entsprechenden 5-Oxid *10-Oxo-5-phenyl-5,10-dihydro-⟨dibenzo[b;e]phosphorin⟩*[472].

Auch Phosphanoxide mit C=C-Doppelbindungen lassen sich ohne Nebenreaktionen desoxigenieren: So erhält man z.B. *Diphenyl-(2-phenyl-vinyl)-phosphan* (Schmp.: 70,5–71,5°)[473] zu 98% aus dem entsprechenden Oxid (mit zwei Molen Trichlorsilan in Benzol).

Außer den bisher erwähnten H-Silanen können auch Verbindungen mit Si–Si-Bindungen zur Desoxigenierung verwendet werden [z.B. Hexachlor-disilan[474], chlorierte Methyl-di-silane (Rückstände aus der Chlor-methyl-silan-Herstellung[475])].

Für einige spezielle Phosphor-Verbindungen können andere Reduktionsmittel eingesetzt werden (s. Tab. 28, S. 169).

3.3. mit Phosphor-Verbindungen

Die direkte Deoxigenierung von tert. Phosphanoxiden gelingt durch Erhitzen auf 300–400° mit Triphenylphosphit[486]:

$$R^1_3P=O \ + \ (R^2O)_3P \ \xrightarrow[\text{2-4 Stdn.}]{300-400\,°} \ R^1_3P \ + \ (R^2O)_3P=O$$

z.B.: $R^1 = C_6H_5$; $R^2 = C_6H_5$; *Triphenyl-phosphan*; 80%
$R^1 = C_4H_9$; $R^2 = C_6H_5$; *Tributyl-phosphan*; 95%

Bei niedrigeren Temperaturen verläuft die Dechlorierung von Dichlor-triphenyl-phosphoran mit weißem oder rotem Phosphor in 1,2-Dichlor-benzol, bei der das entstehende Phosphor(III)-chlorid stetig aus dem Reaktionsgemisch abdestilliert wird. Die Ausbeute an *Triphenyl-phosphan* liegt bei 90–95%, die Reinheit zwischen 95 und 98% (Jod-Titration)[487].

[462] *K. L. Marsi*, J. Am. Chem. Soc. **91**, 4724 (1969).
[463] *H. Fritzsche, U. Hasserodt* u. *F. Korte*, Chem. Ber. **98**, 1681 (1965).
　　DE AS 12 23 838 (1966/1964), Shell, Erf.: *H. Fritzsche, U. Hasserodt* u. *F. Korte*.
　　BE 635 518 (1964/1963), Shell.
[471] *G. P. Schiemenz* u. *J. Thobe*, Chem. Ber. **99**, 2663 (1966).
[472] *Y. Segall, I. Granoth* u. *A. Kalir*, J. Chem. Soc., Chem. Commun. **1974**, 501.
[473] *G. K. Fedorova, L. S. Moskalevskaya* u. *A. V. Kirsanov*, Zh. Obshch. Khim. **39**, 1227 (1969); C.A. **71**, 124 585e (1969).
[474] *K. Naumann, G. Zon* u. *K. Mislow*, J. Am. Chem. Soc. **91**, 2788 (1969).
[475] *G. Deleris, J. Donugues* u. *R. Calas*, Bull. Soc. Chim. Fr. **1974** (3–4, Pt. 2) 672.
[486] DE PS 24 37 153 (1979/1973), F. Hoffmann-La Roche, Erf.: *J. N. Gardner* u. *J. Köchling*.
[487] *G. Wunsch, K. Wintersberger* u. *J. Geierhaas*, Z. Anorg. Allg. Chem. **369**, 33 (1969).

Tab. 27: Prim., sek. bzw. tert. Phosphane aus anderen Organo-phosphor-Verbindungen mit Si-H-Verbindungen

Ausgangsverbindung	Silan	Phosphan	Ausbeute [%]	Sdp. [°C]	Sdp. [Torr(kPa)]	Literatur
$H_5C_6-PCl_2$	$(H_5C_6)_2SiH_2$	*Phenyl-phosphan*	82	60	14 (1,87)	[463]
$(H_9C_4)_2P(=O)OH$	$(H_5C_6)_2SiH_2$	*Dibutyl-phosphan*	77	70	14 (1,87)	[463]
$(H_5C_6)_2P(=O)Cl$	$(H_5C_6)_2SiH_2$	*Diphenyl-phosphan*	88	107	0,07 (0,009)	[463]
$(H_3C)_2CH-CH_2-P(=O)(OC_2H_5)_2$	Methyl-polysiloxan	*(2-Methyl-propyl)-phosphan*	95	60	760 (101)	[463]
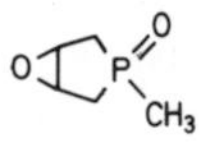 (Epoxid-P(=O)CH₃ Struktur)	$H_5C_6-SiH_3$	*3-Methyl-6-oxa-3-phospha-bicyclo [3.1.0]hexan*	67	60–61	16 (2,13)	[464]
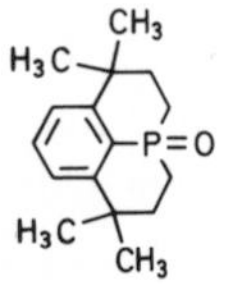 (Tetramethyl-P=O Struktur)	Cl_3SiH	*2,2,8,8-Tetramethyl-5-phospha-tricyclo [7.3.1.0^{5,13}]trideca-1^{13},9,11-trien*	85	130–132	0,6 (0,08)	[465]
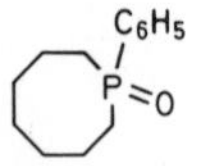 (C_6H_5-P=O Ring)	$H_5C_6-SiH_3$	*1-Phenyl-phosphocan*	94	120–130	15 (2)	[466]
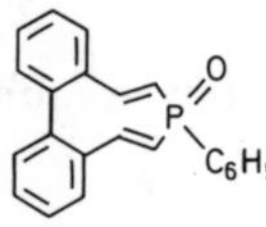 (Dibenzo-P=O-C₆H₅ Struktur)	Cl_3SiH	*7-Phenyl-7H-⟨di-benzo[d;f]cyclo-nonatetraen⟩*	95	(Schmp.: 68–73°)		[467]
$(H_5C_6)_2P(=O)-CH_2-OC_4H_9$	Cl_3SiH	*(Butyloxy-methyl)-diphenyl-phosphan*	76	172–173	2 (0,27)	[468]
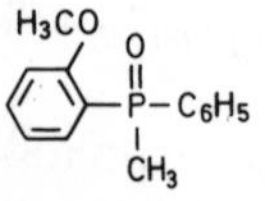 (H_3CO, $P(=O)-C_6H_5$, CH_3 Struktur)	Cl_3SiH	*(2-Methoxy-phenyl)-methyl-phenyl-phosphan*	95	–	–	[469]
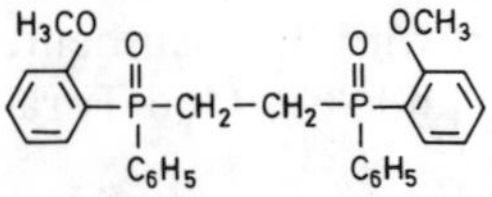 (H_3CO…$P(=O)-CH_2-CH_2-P(=O)$…OCH_3, C_6H_5 Struktur)	Cl_3SiH	*1,2-Bis-[phenyl-(2-methoxy-phenyl)-phosphano]-ethan*	90	(Schmp.: 102–104°)		[470]

[463] *H. Fritzsche, U. Hasserodt* u. *F. Korte,* Chem. Ber. **98**, 1681 (1965).
DE AS 1223838 (1966/1964), Shell, Erf.: *H. Fritzsche, U. Hasserodt* u. *F. Korte.*
BE 635518 (1964/1963), Shell.
[464] *L.D. Quin* et al., J. Org. Chem. **45**, 4688 (1980).
[465] *C.H. Chen, K.E. Brighty* u. *F.M. Michaels,* J. Org. Chem. **46**, 361 (1981).
[466] *G.A. Gray, S.E. Cremer* u. *K.L. Marsi,* J. Am. Chem. Soc. **98**, 1750 (1976).
[467] *E.D. Middlemas* u. *L.D. Quin,* J. Am. Chem. Soc. **102**, 4839 (1980).
[468] *K.A. Petrov* et al., Zh. Obshch. Khim. **50**, 1510 (1980); engl.: 1220.
[469] US 4005127 (1977/1975), Monsanto, Erf.: *W.S. Knowles, M.J. Sabacky* u. *B.D. Vineyard.*
[470] *B.D. Vineyard, W.S. Knowles, M.J. Sabacky, G.L. Bachmann* u. *D.J. Weinkauff,* J. Am. Chem. Soc. **99**, 5946 (1977).

Tab. 28: Phosphane durch Reduktion von Organo-phosphor-Verbindungen mit speziellen Reduktionsmitteln

Ausgangsverbindung	Reduktions-mittel	Reduktionsbedingungen		Phosphan	Ausbeute	Lite-ratur
		[°C]	[Stdn.]		[%]	
H_3C-PCl_2	H_2S	75–150	12	*Methyl-phosphan*	–	[476]
$Mo(CO)_4[(H_5C_6)_2P-Cl]_2$	$Na[BH_4]$	20	16 (THF)	*Bis-[diphenylphos-phan]-tetracarbonyl-molybdän*	78	[477]
$(F_3C)_2P-J$	$(H_3C)_3SnH$	20	(einige Min.)	*Bis-[trifluormethyl]-phosphan*	95–99	[478]
$(H_3C)_2P-N(CH_3)_2$	HCN	20	(10 Min.)	*Cyan-dimethyl-phosphan*	84	[479]
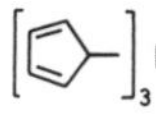 $\left[\text{cyclopentadienyl}\right]_3 PCl_2$	H_5C_2-SH	20	$-^a$	*Tris-[cyclopentadien-5-yl]-phosphan*	77	[480]
$(H_5C_6)_3PCl_2$	$N_2H_4 \cdot 2HCl$	280–300	3	*Triphenyl-phosphan*	93	[481]
$(H_9C_4)_3PO$	$TiCl_4/LiH$ (1:4)	100	10	*Tributyl-phosphan*	90	[482]
$(H_5C_6)_3PO$	$(H_7C_3)_3B$	250	5	*Triphenyl-phosphan*	96	[483]
$(H_5C_6)_3PS$	$(H_3C)_3SnH$	60	6^b		63	[484]
$(H_3C)_2\overset{S}{\overset{\|}{P}}-\overset{S}{\overset{\|}{P}}(CH_3)_2$	$Na[BH_4]$	250	6	*trimeres Dimethyl-phosphano-boran*	75	[485]

^{a} in Benzol/Triethylamin
^{b} Azoisobutyronitril

Auch Phosphan selbst kann als Reduktionsmittel verwendet werden; so erhält man z. B. aus Jod-methyl-trifluormethyl-phosphan 70%. *Methyl-trifluormethyl-phosphan.* Umsatz und Ausbeute fallen jedoch bei Einsatz von Chlor-methyl-trifluormethyl-phosphan drastisch ab (10% Umsatz, 33%)[488].

3.4. mit Organo-metall-Verbindungen

Formal kann die Umsetzung von Triorganophosphiten, Diorganoxy-organo- bzw. Diorgano-organoxy-phosphanen mit Organo-metall-Verbindungen (z.B. Organo-lithium-Verbindungen) als Reduktion der Phosphor-Komponente betrachtet werden. Umsetzungen dieses Typs sind in der 4. Aufl., Bd. XII/1, S. 44 beschrieben. Im folgenden werden daher die neueren Ergebnisse wiedergegeben.

[476] US 32 23 737 (1965/1962), Monsanto, Erf.: *L. C. D. Groenweghe.*
[477] *O. Stelzer* u. *N. Weferling,* Z. Naturforsch. **35b**, 74 (1980).
[478] *S. Ansari* u. *J. Grobe,* Z. Naturforsch. **30b**, 651 (1975).
[479] *E. A. Dietz* u. *D. R. Martin,* Inorg. Chem. **12**, 241 (1973).
[480] *M. Masaki* u. *K. Fukui,* Chem. Lett. **1977**, 151.
[481] DE PS 12 21 220 (1967/1964), BASF, Erf.: *R. Appel* u. *R. Schöllhorn.*
[482] *U. M. Dzhemilev* et al., Izv. Akad. Nauk SSSR, Ser. Khim. **1980**, 734.
[483] *R. Koester* u. *Y. Morita,* Angew. Chem. **77**, 589 (1965); engl.: **4**, 593
[484] *G. Avar* u. *W. P. Neumann,* J. Organomet. Chem. **131**, 215 (1977).
[485] GB 882 532 (1961/1959), Borax Cons. Ltd., Erf.: *R. C. Cass, R. Long* u. *M. P. Brown*; C.A. **56**, 12 948d (1961).
[488] *A. B. Burg, K. K. Joshi* u. *J. F. Nixon,* J. Am. Chem. Soc. **88**, 31 (1966).

Triphenylphosphit wird mit Methyl-magnesiumjodid zum *Trimethyl-phosphan* (80%) umgesetzt[489]. In ähnlich hoher Ausbeute erhält man mit Cyclopropyl-lithium *Tricyclo-propylphosphan*[490]. Nach dem gleichen Prinzip verläuft die Umsetzung von Diethoxy-phenyl-ethinyl-phosphan mit Aryl-magnesiumhalogeniden[491]. Trotz Verzichts auf Isolierung des Phosphonigsäure-diesters (aus Chlor-diethoxy-phosphan und Phenyl-ethinyl-lithium) läßt sich durch Zutropfen von z.B. 4-Fluor-phenyl-magnesiumbromid das *Bis-[4-fluor-phenyl]-phenylethinyl-phosphan* (Sdp.: 170–175°/0,01 Torr/13 Pa) zu 52% gewinnen:

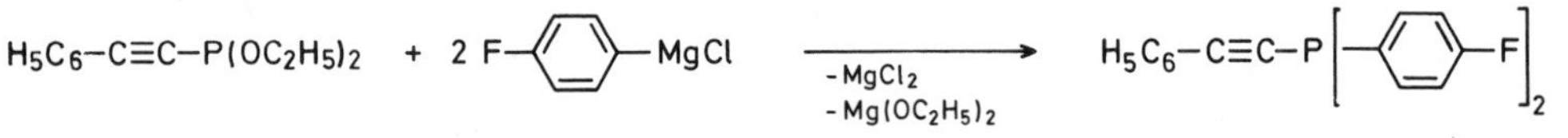

$$H_5C_6-C\equiv C-P(OC_2H_5)_2 \;+\; 2\; F\!-\!\!\left\langle\!\!\!\bigcirc\!\!\!\right\rangle\!\!-\!MgCl \;\xrightarrow[-Mg(OC_2H_5)_2]{-MgCl_2}\; H_5C_6-C\equiv C-P\left[\left\langle\!\!\!\bigcirc\!\!\!\right\rangle\!\!-\!F\right]_2$$

Analog erhält man u.a.

Bis-[4-methyl-phenyl]-phenylethinyl-phosphan	64%; Sdp.: 198–204° (0,04 Torr/0,0053 kPa)
Bis-[4-dimethylamino-phenyl]-phenylethinyl-phosphan	60%; Schmp.: 105–107°
Bis-[4-chlor-phenyl]-phenylethinyl-phosphan	60%; Schmp.: 86–87,5°

Eine besonders einfache Ausführungsform dieses Reaktionsprinzips ist in einigen Patenten beschrieben[492].

Tributyl-phosphan: In einem 12-*l*-Kolben mit Tropftrichter, Intensivrührer, Rückflußkühler, Thermometer sowie Stickstoff-Einlaß werden 400 g Petrolether (Sdp.: 110/150°) und 676 g Natrium auf 110° erhitzt und das Natrium zu sehr kleinen Teilchen (~ 100μ) dispergiert. Nach Abkühlen auf 30° wird innerhalb 2 Stdn. eine Lösung von 1415 g Triphenylphosphit in 1395 g 1-Chlor-butan zugetropft, wobei die Temp. durch ein Kühlbad zwischen 30° und 50° gehalten wird. Anschließend wird die Reaktionsmischung 2 Stdn. gerührt, 2mal mit je 6 *l* Wasser ausgewaschen und das Lösungsmittel i. Vak. entfernt. Das Rohprodukt (810 g, ~ 88%) wird fraktioniert; Ausbeute: 765 g; Sdp.: 70–74° (0,5 Torr/0,067 kPa).

Bei Verwendung von Ethern als Lösungsmittel lassen sich auch kurzkettige und verzweigte Alkyl- und Cycloalkylhalogenide in guten Ausbeuten zu den entsprechenden Trialkyl-phosphanen umsetzen[493].

Dieses Reaktionsprinzip läßt sich auch zur Synthese optisch aktiver Phosphane ausnutzen. So entsteht z.B. aus Chinchoninyloxy-1-naphthyl-phenyl-phosphan mit Methyl-lithium in nahezu quantitativer Ausbeute *Methyl-1-naphthyl-phenyl-phosphan* in 80%iger optischer Reinheit[494].

Eine recht aufwendige, aber sehr schonende Desulfurierungsmethode besteht in der Umsetzung von tert. Phosphansulfiden mit Bis-[cyclopentadienyl]-nickel/Allyljodid. Der isolierbare Cyclopentadienyl-tert.-phosphan-nickeljodid-Komplex kann durch Trimethylphosphit unter Freisetzung des gewünschten Phosphans zerstört werden[495]. So wird z.B. *(E,E)-Diphenyl-(4-phenyl-1,3-butadienyl)-phosphan*, ausgehend vom Allyl-diphenylphosphansulfid erhalten[496]. Ausgehend von optisch aktiven Phosphanoxiden werden optisch aktive funktionell substituierte tert. Phosphane erhalten; z.B.[497]:

[489] W. Wolfsberger u. H. Schmidbaur, Synth. React. Inorg. Met.-Org. Chem. **4**, 149 (1974).
[490] D.B. Denney u. F.J. Gross, J. Org. Chem. **32**, 2445 (1967).
[491] J.C. Williams, W.D. Hounshell u. A.M. Aguiar, Phosphorus **6**, 169 (1976).
[492] US 3223736 (1965/1962) ≡ DE AS 1201837, Carlisle Chem. Works, Erf.: I. Hechenbleikner u. K.R. Molt.
[493] US 3470254 (1969/1967) ≡ DE OS 1793038, Carlisle Chem. Works, Erf.: I. Hechenbleikner u. E.J. Lanpher.
[494] W. Chodkiewicz, D. Jore u. W. Wodzki, Tetrahedron Lett. **1979**, 1069 u. dort. zit. Literatur.
     s.a. J. Omelańczuk et al., J. Chem. Soc., Chem. Commun. **1980**, 24.
[495] F. Mathey u. F. Mercier, J. Organomet. Chem. **177**, 255 (1979).
[496] F. Mathey, F. Mercier u. C. Santini, Inorg. Chem. **19**, 1813 (1980).
[497] F. Mathey u. F. Mercier, Tetrahedron Lett. **1979**, 3081.

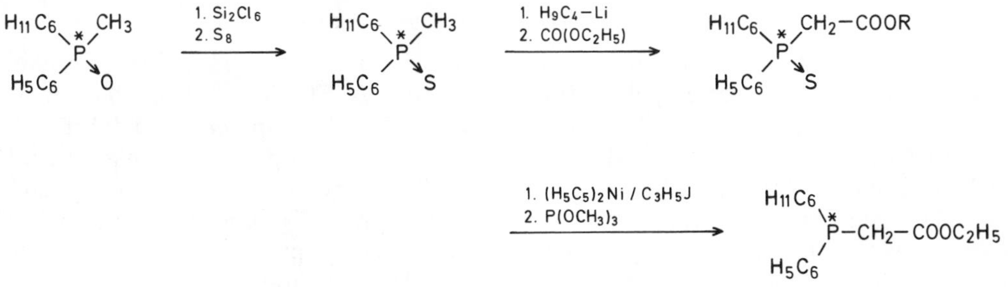

$$
\underset{\underset{H_5C_6}{|}}{\overset{H_{11}C_6}{\diagdown}}\overset{*}{\underset{O}{P}}\diagup CH_3 \quad \xrightarrow[\text{2. } S_8]{\text{1. } Si_2Cl_6} \quad \underset{\underset{H_5C_6}{|}}{\overset{H_{11}C_6}{\diagdown}}\overset{*}{\underset{S}{P}}\diagup CH_3 \quad \xrightarrow[\text{2. } CO(OC_2H_5)]{\text{1. } H_9C_4-Li} \quad \underset{\underset{H_5C_6}{|}}{\overset{H_{11}C_6}{\diagdown}}\overset{*}{\underset{S}{P}}\diagup CH_2-COOR
$$

$$
\xrightarrow[\text{2. } P(OCH_3)_3]{\text{1. } (H_5C_5)_2Ni\,/\,C_3H_5J} \quad \underset{\underset{H_5C_6}{|}}{\overset{H_{11}C_6}{\diagdown}}\overset{*}{P}-CH_2-COOC_2H_5
$$

Cyclohexyl-(ethoxycarbonyl-methyl)-phenyl-phosphan;
20%

3.5. mit Metallen

Die Reduktion der verschiedensten Phosphor-Verbindungen mit Hilfe von Metallen ist in der 4. Aufl., Bd. XII/1, S. 56ff. ausführlich besprochen worden. Die dortigen Ausführungen sind nur um weniges zu erweitern. So gelingt es z. B. auch, tert. Phosphansulfide mit Eisen zu desulfurieren[498, 499]. Die für diese Umsetzungen notwendigen, hohen Reaktionstemperaturen (280–370°) begrenzen den Anwendungsbereich allerdings auf thermisch sehr stabile Phosphane (z. B. *Tributyl-, Triphenyl-phosphan*).

Unter erheblich milderen Reaktionsbedingungen werden Dihalogen-triorgano-phosphorane mit Magnesium-Spänen reduziert. So reagiert 1,1-Dichlor-3-methyl-1-phenyl-2,5-dihydro-phosphol bereits in siedendem Tetrahydrofuran zu *3-Methyl-1-phenyl-2,5-dihydro-phosphol* (39%; Sdp.: 133–134°/16 Torr/2,13 kPa)[500]:

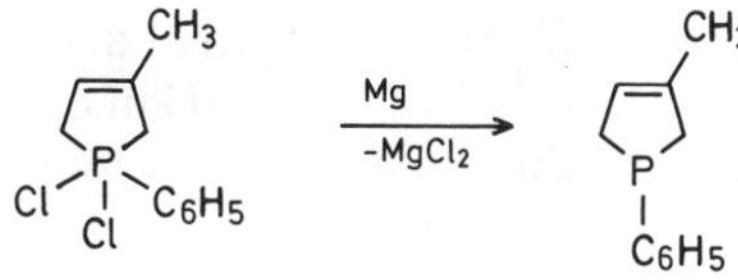

Auf analoge Weise wird *1-Methyl-2,5-dihydro-phosphol* (73%; Sdp.: 114–115°/760 Torr/101 kPa) erhalten[501].

Die Reduktion der bei der Alkylierung des roten Phosphor mit Alkyljodid/Jod entstehenden Produkte zu tert. Alkyl-phosphanen mit Magnesium-Pulver erfordert dagegen Temperaturen bis 170°[502].

Eine sehr schonende Methode stellt die Enthalogenierung von Bis-[trifluormethyl]-jod- und Dijod-trifluormethyl-phosphan mit Quecksilber/Jodwasserstoff dar, die bereits bei 20° innerhalb weniger Stunden hohe Ausbeuten (80–90%) an *Bis-[trifluormethyl]*- bzw. *Trifluormethyl-phosphan* erbringt[503]. Durch Anwendung von Deuterojodid lassen sich so *Bis-[trifluormethyl]-deutero-* bzw. *Dideutero-trifluormethyl-phosphan* herstellen[504].

---

[498] *L. Maier*, Helv. Chim. Acta **47**, 2137 (1964).
[499] *G. A. Olah* u. *D. Hehemann*, J. Org. Chem. **42**, 2190 (1977).
[500] *L. D. Quin* u. *D. A. Mathewes*, J. Org. Chem. **29**, 836 (1964).
[501] *L. D. Quin* et. al., Tetrahedron Lett. **1964**, 3689.
[502] *N. G. Feshchenko, I. K. Mazepa, Y. P. Makovetskii* u. *A. V. Kirsanov*, Zh. Obshch. Khim. **39**, 1886 (1969);
C. A. **71**, 113042z (1969).
[503] *R. G. Cavell* u. *R. C. Dobbie*, J. Chem. Soc. [A] **1967**, 1308 u. dort zit. Lit.
[504] *R. Demuth* u. *J. Grobe*, J. Fluorine Chem. **2**, 263 (1972/1973).

3.6. durch elektrochemische Reduktion

Analog der Spaltung quartärer Phosphoniumsalze (s. S. 163) können auch Quasiphospho-
niumsalze elektrochemisch gespalten werden. So wird z. B. Ethyl-tris-[phenylthio]-phos-
phonium-tetrafluoroborat in $\sim 70\%$ Ausbeute in *Triphenyl-phosphan* übergeführt[505].
Ähnlich läßt sich aus Benzyl-methyl-(N-methyl-anilino)-phenyl-phosphoniumbromid die
N-Methyl-anilino-Gruppe reduktiv entfernen (80% *Benzyl-methyl-phenyl-phosphan*).
Auch Halogen-phosphane sind elektrochemisch reduzierbar. Während in aprotischen Lösungsmitteln Di- oder Cyclopolyphosphane entstehen, sind in protischen Lösungsmitteln
über die Stufe von Di- oder Cyclopolyphosphanen oder auch direkt aus diesen prim. und
sek. Phosphane herstellbar[506–509]. Die Ausbeuten liegen zwischen $80-90\%$. Bei der
Elektrolyse von Tetraethyl-diphosphan-1,2-bis-sulfid wird dagegen *Diethyl-phosphan*
nur zu 48% isoliert; als weiteres Produkt entsteht Diethyl-dithiophosphinsäure[508].
Tert. Aryl-phosphane sind im Gegensatz zu tert. Alkyl-phosphanen elektrochemisch zu
sek. Phosphanen reduzierbar[510]. Dabei wird z. B. aus Diphenyl-1-naphthyl-phosphan
Benzol, aus Benzyl-diphenyl-phosphan Toluol abgespalten, und man erhält *1-Naphthyl-
phenyl-* bzw. *Diphenyl-phosphan*. Triphenyl-phosphanselenid wird zum *Triphenyl-phosphan*, das entsprechende Sulfid zu *Triphenyl-phosphan*, Benzol und Diphenyl-dithiophos-
phinsäure gespalten, Triphenyl-phosphanoxid jedoch nur in das *Triphenyl-phosphan-
oxyl-Radikalanion* überführt[510].

4. aus anderen Phosphanen durch Umwandlung am C-Atom
unter Erhalt aller P–C-Bindungen

Während in der 4. Aufl., Bd. XII/1, S. 65, noch gesagt werden konnte, die Zahl der Umwandlungen in den organischen Resten sei sehr beschränkt, so kann dies zum gegenwärtigen Zeitpunkt nicht mehr aufrechterhalten werden, da die Umwandlungen am C-Atom
nicht notwendigerweise anders verlaufen als wenn ein anderes Heteroatom oder C-Atom
benachbart wäre. Aufgrund dieser Möglichkeiten wird auf eine ausführlichere Diskussion
verzichtet und einer mehr tabellarischen Aufzählung interessanter Umwandlungen der
Vorzug gegeben.
Zunächst werden Umwandlungen der (Hydroxy-alkyl)-phosphane behandelt, die sich als
vielseitige Synthone erwiesen haben.
In einigen Fällen werden – wegen der besseren Handhabbarkeit – die (Hydroxy-alkyl)-
phosphoniumsalze als Ausgangsmaterial erwähnt, da sie oft sehr leicht in die interessie-
renden Phosphane überführt werden können oder sich unter den Reaktionsbedingungen
in die entsprechenden Phosphane spalten.
Bei der Kondensation optisch aktiver Amine mit Hydroxymethyl-phosphanen entstehen
in hohen Ausbeuten optisch aktive Aminomethyl-phosphane; z. B.:

Tris-{[methyl-(1-phenyl-ethyl)-amino]-methyl}-phosphan[529]
2-[Bis-(diorganophosphano-methyl)-amino]-butansäure-ester[530]

Ein gleichfalls gutes synthetisches Potential besitzen (2-Cyan-ethyl)-phosphane, die eine
Reihe von Umwandlungen an der Cyan-Gruppe erlauben. Zur Ringschlußreaktion der
Alkyl(Aryl)-bis-[2-cyan-ethyl]-phosphane zu 1-Alkyl-4-oxo-phosphorinanen s.
4. Aufl., Bd. XII/1, S. 66.

[505] *L. Horner* u. *M. Jordan*, Phosphorus Sulfur **8**, 209 (1980).

[506] *H. Matschiner* u. *H. Tannenberg*, Z. Chem. **20**, 218 (1980).

[507] *R. E. Dessy, T. Chivers* u. *W. Kitching*, J. Am. Chem. Soc. **88**, 467 (1966).

[508] DD 86394 (1971/1970), *H. Matschiner, A. Tzschach* u. *R. Matuschke*.

[509] DD 79728 (1971/1970), *A. Tzschach, H. Matschiner* u. *E. Reiss*; C.A. **76**, 14714s (1972).

[510] *H. Matschiner, A. Tzschach* u. *A. Steinert*, Z. Anorg. Allg. Chem. **373**, 237 (1970).

[529] *G. Märkl, G. Y. Jin* u. *C. Schoerner*, Tetrahedron **21**, 1845 (1980).

[530] *G. Märkl* u. *G. Y. Jin*, Tetrahedron **22**, 223 (1981).

Tab. 29: Phosphane durch Umwandlung von (Hydroxy-alkyl)-phosphanen

Ausgangsverbindung	Reagenz	Phosphan	Ausbeute [%]	Sdp. [°C]	Sdp. [Torr (kPa)]	Literatur
$(HO-CH_2)_3P$	$(H_3C)_3Si-Cl$/Pyridin	Tris-[trimethylsilyloxy-methyl]-phosphan	70	78–80	$5,3 \cdot 10^{-3}$	[511]
	$P(OCH_3)_3$	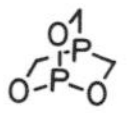	20–30	–		[512]
	$PCl_3/(H_5C_2)_3N$	2,6,7-Trioxa-1,4-diphospha-bicyclo[2.2.2]octan	52	(Schmp.: 71–73°)		[513]
	CH_2O/NH_2-CN	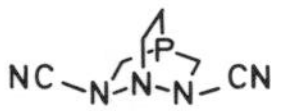 2,6-Dicyan-1,2,6-triaza-4-phospha-bicyclo[2.2.1]heptan	6	(Schmp.: 246–267°)		[514]
	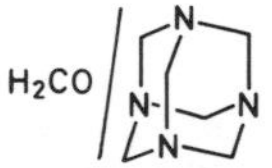 H_2CO	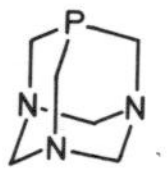 1,3,7-Triaza-5-phospha-tricyclo[3.3.1.1^{3,7}]decan	40	(Schmp.: 260°; Zers.)		[515]
$[(HO-CH_2)_4P]^{\oplus} Cl^{\ominus}$	1. PCl_5 2. NaOH 3. H_5C_2-SNa	Tris-[ethylthio-methyl]-phosphan	65	137–138	2 (0,27)	[516]
$[(H_3C)_3Si-O-CH_2]_3P$	$(H_3C-CO)_2O$/Pyridin	Tris-[acetoxymethyl]-phosphan	39	138	$0,7(36 \cdot 10^{-3})$	[517]
	$P(OCH_3)_3$	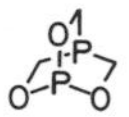 2,6,7-Trioxa-1,4-diphospha-bicyclo[2.2.2]octan	10	(Schmp.: 74–75°)		[518]
$H_3C-P(CH_2-OH)_2$	$H_5C_6-N=C=O$	Bis-[anilinocarbonyloxy-methyl]-methyl-phosphan	76	–	–	[519]

[511] E. S. Kozlov et al., Zh. Obshch. Khim. **47**, 954 (1977); engl.: 869
s. a.: V. M. D'yakov et al., Zh. Obshch. Khim. **49**, 800 (1979); engl.: 694
[512] J. W. Rothke, J. W. Guyer u. J. G. Verkade, J. Org. Chem. **35**, 2310 (1970).
[513] F. Ramirez et al., Phosphorus **1**, 1 (1971).
[514] D. J. Daigle, A. B. Pepperman u. F. L. Normand, J. Heterocycl. Chem. **9**, 715 (1972).
[515] D. J. Daigle, A. B. Pepperman u. S. L. Vail, J. Heterocycl. Chem. **11**, 407 (1974).
[516] M. I. Kabachnik et al., Zh. Obshch. Khim. **40**, 285 (1970); engl.: 255.
[517] S. Lanoux u. G. L. Drake, Proc. La. Acad. Sci. **36**, 56 (1973).
[518] E. S. Kozlov u. V. I. Tovstenko, Zh. Obshch. Khim. **50**, 1499 (1980); engl.: 1210.
[519] R. K. Valetdinov, S. I. Zaripov u. M. K. Khasanov, Zh. Obshch. Khim. **43**, 1029 (1973); engl.: 1021.

Tab. 29 (Fortsetzung)

Ausgangsverbindung	Reagenz	Phosphan	Ausbeute [%]	Sdp. [°C]	[Torr (kPa)]	Literatur
$H_{11}C_6–P(CH_2–OH)_2$	N_2H_4	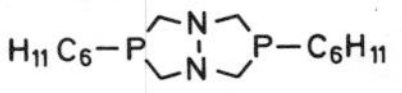 $H_{11}C_6–P\underset{N}{\overset{N}{<}}P–C_6H_{11}$ 3,7-Dicyclohexyl-1,5-diaza-3,7-diphospha-bicyclo[3.3.0]octan	62	(Schmp.: 98–99,5°)		520
$H_5C_6–P(CH_2–OH)_2$	$(H_3O)_2Si(OCH_3)_2$	2,2-Dimethyl-5-phenyl-1,3,5,2-dioxa-phosphasilinan	51	92–93	1,5 (0,2)	521
	$H_5C_6–NH_2$	1,3,5-Triphenyl-1,3,5-diazaphosphorinan	42	(Schmp.: 115°)		522, s. a.
	$(H_3O)_2CH–NH–NH–CH(CH_3)_2$	1,2-Diisopropyl-4-phenyl-1,2,4-diaza-phospholan	94	(Schmp.: 36–37°)		520
$[H_5C_6\overset{\oplus}{–}P(CH_2–OH)_3]\ Cl^{\ominus}$	$H_5C_6–BCl_2$	2,5-Diphenyl-1,3,5,2-dioxaphosphaborinan	15	(Schmp.: 106–108°)		523–524
$H_5C_6–P\overset{O}{\underset{O}{<}}B–C_6H_5$	$H_5C_6–NH_2$	1,3-Diphenyl-1,3-azaphosphetan	85	(Schmp.: 190–191°)		525
$\left[H_5C_6\overset{\oplus}{–}P\overset{OH}{\underset{|}{–}}CH–CH_3\right]_3 Cl^{\ominus}$	$(H_3C–CO)_2O/H_3C–COOH$	2-Methyl-5-phenyl-1,3,5-dioxa-phosphorinan	52	87–88	0,1(13·10⁻³)	526
$H_5C_2–P(CH_2–CH_2–OH)_2$	$(H_5C_2)_2NH$	Bis-[2-diethylamino-ethyl]-ethyl-phosphan	59	70–80	1 (0,13)	527
	$H_5C_6–N=C=O$	Bis-[2-anilinocarbonyloxy-ethyl]-phenyl-phosphan	84	–	–	528

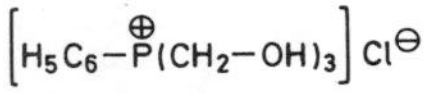

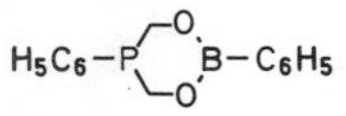

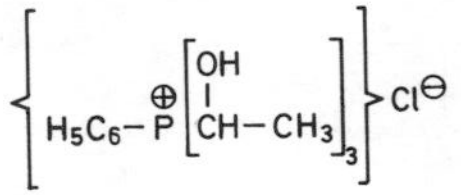

520 G. Märkl u. G. Y. Jin, Tetrahedron 22, 229 (1981).
521 M. G. Voronkov et al., Dokl. Akad. Nauk SSSR 247, 609 (1979); engl.: 355.
522 B. A. Arbuzov et al., Izv. Akad. Nauk SSSR, Ser. Khim. 1979, 2771; C.A. 92, 111114j (1979).
523 M. Pailer u. H. Huemer, Monatsh. Chem. 95, 373 (1964).
524 B. A. Arbuzov et al., Izv. Akad. Nauk SSSR, Ser. Khim. 1979, 2349; engl.: 2170.
525 B. A. Arbuzov et al., Izv. Akad. Nauk SSSR, Ser. Khim. 1980, 735; C.A. 93, 95335v (1980).
526 B. A. Arbuzov et al., Izv. Akad. Nauk SSSR, Ser. Khim. 1979, 866; engl.: 810.
527 R. K. Valetdinov et al., Zh. Obshch. Khim. 46, 275 (1976); engl.: 272.
528 R. K. Valetdinov u. S. I. Zaripov, Zh. Obshch. Khim. 45, 2380 (1975); engl.: 2339.

Tab. 30: tert. Phosphane durch Umwandlung von (2-Cyan-ethyl)-phosphanen und davon abgeleiteten Verbindungen

Edukt	Reagenz	Phosphan	Ausbeute [%]	Schmp. [°C]	Literatur
$(NC-CH_2-CH_2)_3P$	$Zn/NiCl_2/H_2O$	*Tris-[2-amino-ethyl]-phosphan*	81	–	532
	C_2H_5OH/H_2O saurer Ionenaustauscher	*Tris-[2-ethoxycarbonyl-ethyl]-phosphan*	51	–	533
	$H_2O/$saurer Ionenaustauscher	*Tris-[2-carboxy-ethyl]-phosphan*	56	134–135	534
	$H_2O/$bas. Ionenaustauscher	*Tris-[2-aminocarbonyl-ethyl]-phosphan*	57	33–60	534
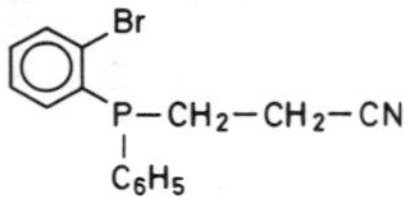 (Struktur: Br, $P-CH_2-CH_2-CN$, C_6H_5)	1. $CuCN/(CH_3)_2SO$ 2. $(H_3C)_3C-ONa/$Xylol	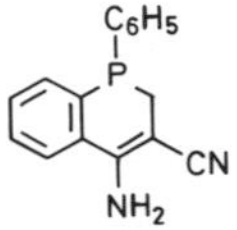 *4-Amino-3-cyan-1-phenyl-1,2-di-hydro-*⟨*benzo[b]phosphorin*⟩	(gering)	180–181	535
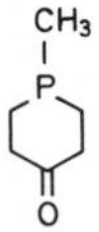 (Struktur: CH_3-P, Ring, O) [a)]	H_5C_2-MgBr	*4-Ethyl-4-hydroxy-1-methyl-phosphorinan*	56	[Sdp: 45–62°/0,0035 Torr (27 Pa)]	536
	1. $H_5C_6-NH-NH_2/H_3C-COOH$ 2. HCl 3. KOH/H_2O	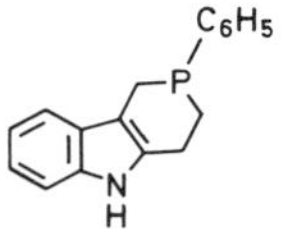 *2-Phenyl-1,2,3,4-tetrahydro-5H-*⟨*indolo[3,2-c]phosphorin*⟩	75	115–116	537
	$H_2NOH \cdot HCl$	*4-Hydroximo-1-methyl-phosphorinan*	61	88–89	538
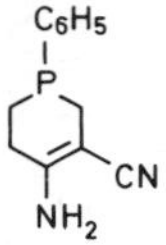 (Struktur: C_6H_5-P, CN, NH_2)	1. $HC(OC_2H_5)_3/(CH_3CO)_2O$ 2. NH_3/C_2H_5OH	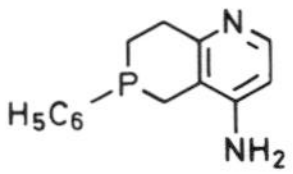 *4-Amino-6-phenyl-4,5,6,7-tetrahydro-*⟨*phosphorino[4,3-b]pyridin*⟩	66	194–197	539
$[Co(CO)_3P(CH_2-CH_2-CN)_3]_2$	1. $H_2/CO/(CH_3)_2CH-CHO$ 2. Oxalsäure	*Tris-{3-[bis-(2-methyl-propyl)-amino]-propyl}-phosphan*	–	–	540

[a)] Zur Herstellung aus (2-Cyan-ethyl)-phosphanen s.S. 172.

[532] R. K. Valetdinov et al., Zh. Obshch. Khim. **44**, 284 (1974); engl.: 269.
[533] T. V. Yakovenko et al., Zh. Obshch. Khim. **48**, 1540 (1978); engl.: 1411.
[534] T. V. Yakovenko et al., Zh. Obshch. Khim. **46**, 278 (1976); engl.: 275.
[535] M. J. Gallagher, E. C. Kirby u. F. G. Mann, J. Chem. Soc. **1963**, 4846.
[536] L. D. Quin u. H. E. Shook, Tetrahedron Lett. **1965**, 2193.
[537] K. C. Srivastava u. K. D. Berlin, J. Org. Chem. **37**, 4487 (1972).
[538] S. W. Shalaby et al., Polymer Preprints, Am. Chem. Soc., Div. Polym. Sci. **15**, 429 (1974).
[539] T. E. Snider u. K. D. Berlin, J. Org. Chem. **38**, 1657 (1973).
[540] DE-OS 2451797 (1975/1973), Montedison, Erf.: G. Gregorio, G. Montrasi u. A. Andretta.

Es muß jedoch an dieser Stelle betont werden, daß der eigentliche Wert speziell der Alkyl-bis-[2-cyan-ethyl]-phosphane und ihrer Derivate mehr bei den Phosphanoxiden liegt, die hinsichtlich ihrer Einbaubarkeit in Polymerketten (Polyester, Polyamide etc.) als flammhemmende Komponenten untersucht wurden[531].

Tert. Phosphane können durch Umsetzung mit Butyl-lithium leicht metalliert werden:

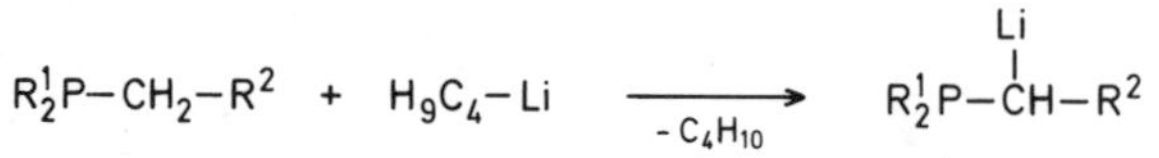

$$R_2^1P-CH_2-R^2 \; + \; H_9C_4-Li \xrightarrow[-C_4H_{10}]{} R_2^1P-\overset{\overset{\displaystyle Li}{|}}{C}H-R^2$$

Die Reaktion verläuft nahezu selektiv mit Methyl-phosphanen ($R^2 = H$). Sind zwei Methyl-Gruppen anwesend, können beide metalliert werden, wobei aber auch andere C–H-Bindungen angegriffen werden. Vinyl-phosphane werden unter 1,2-Addition angegriffen:

$$R_2P-CH=CH_2 \; + \; (H_3C)_3C-Li \longrightarrow R_2P-\underset{\underset{\displaystyle Li}{|}}{C}H-CH_2-C(CH_3)_3$$

Die gebildeten tert.-α-Lithium-phosphane sind den üblichen Reaktionen (Silylierung, Deuterierung, Carboxylierung mit Kohlendioxid etc.) zugänglich[541–544].

Auch Phosphorylierungen sind möglich, die in die Reihe der unsymmetrisch substituierten Bis-[diorganophosphano]-methane führt; z.B.[545]:

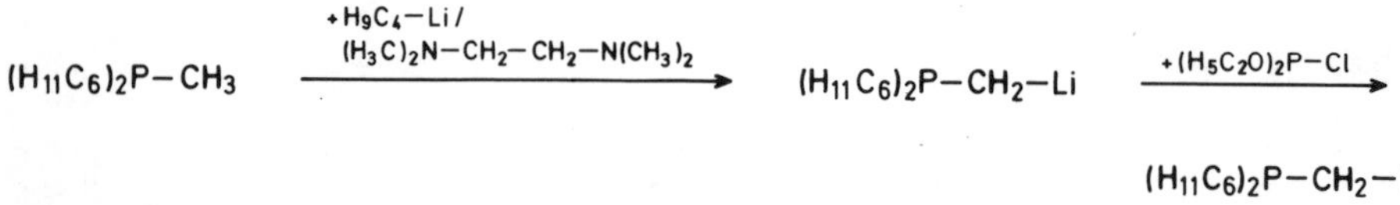

$$(H_{11}C_6)_2P-CH_3 \xrightarrow[\substack{(H_3C)_2N-CH_2-CH_2-N(CH_3)_2}]{\substack{+H_9C_4-Li/}} (H_{11}C_6)_2P-CH_2-Li \xrightarrow{+(H_5C_2O)_2P-Cl}$$

$$(H_{11}C_6)_2P-CH_2-P(OC_2H_5)_2$$

Dicyclohexylphosphano-diethoxyphosphano-methan; 37%;
Sdp.: 110° (0,04 Torr/0,0053 kPa)

Gründlich untersucht wurde die Metallierung von (2-Chlor- bzw. 2-Brom-benzyl)-phosphanen. Je nach Organo-Rest am P-Atom und dem Halogen sind drei Reaktionen möglich[546]:

1. α-Metallierung:

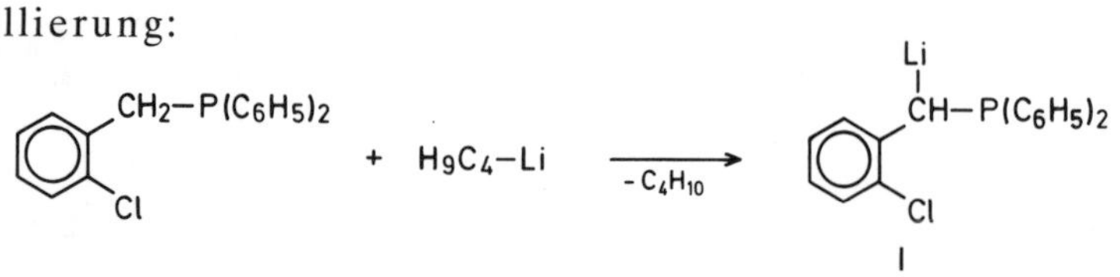

2. o-Metallierung:

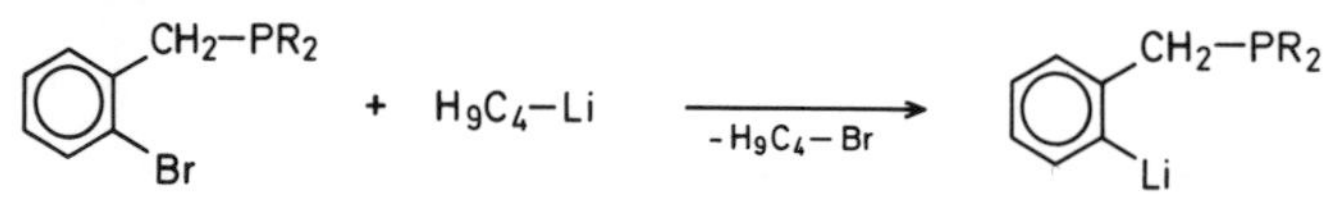

R = CH₃, C₆H₅   II

[531] *J. Pellon* u. *W. G. Carpenter*, J. Polym. Sci. Part A **1**, 863 (1963).
[541] *D. J. Peterson* u. *H. R. Hays*, J. Org. Chem. **30**, 1939 (1965).
[542] *D. J. Peterson*, J. Org. Chem. **31**, 950 (1966).
[543] *D. J. Peterson* u. *J. H. Collins*, J. Org. Chem. **31**, 2373 (1966).
[544] US 3414624 (1968/1965), Procter & Gamble, Erf.: *D. J. Peterson* u. *H. R. Hays*.
[545] *Z. S. Novikova* et al., Zh. Obshch. Khim. **50**, 989 (1980); engl.: 787.
[546] *H.-P. Abicht* u. *K. Issleib*, Z. Anorg. Allg. Chem. **447**, 53 (1978); u. dort zit. Literatur.

3. Spaltung:

So ist z.B. aus (2-Chlor-α-lithium-benzyl)-diphenyl-phosphan (I) mit Chlor-trimethyl-silan das *(2-Chlor-α-trimethylsilyl-benzyl)-diphenyl-phosphan* (Schmp.: 105–107°) in 30%iger Ausbeute bzw. aus Diphenyl-(2-lithium-benzyl)-phosphan (II) mit Brom-dime-thyl-thallium das *(2-Dimethylthallium-benzyl)-diphenyl-phosphan* (Schmp.: 76–80°) zu 43,5% zugänglich[547].

Weitere Umsetzungen werden im folgenden wiedergegeben:

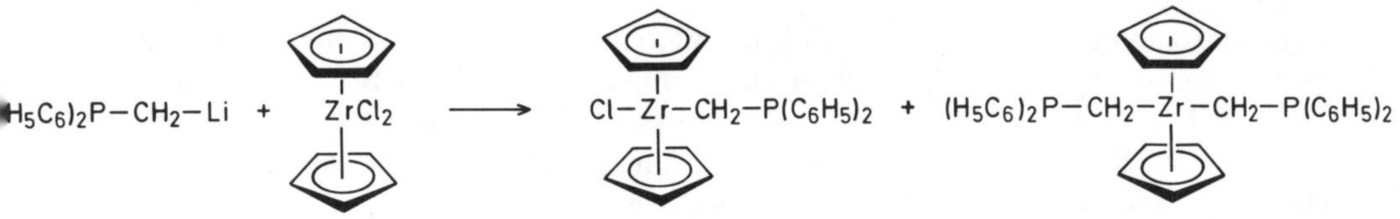

Bis-[cyclopentadienyl]-chlo-ro-(diphenylphosphano-methyl)-zirkon[548]

Bis-[cyclopentadienyl]-bis-[diphenylphosphano-me-thyl]-zirkon[548]

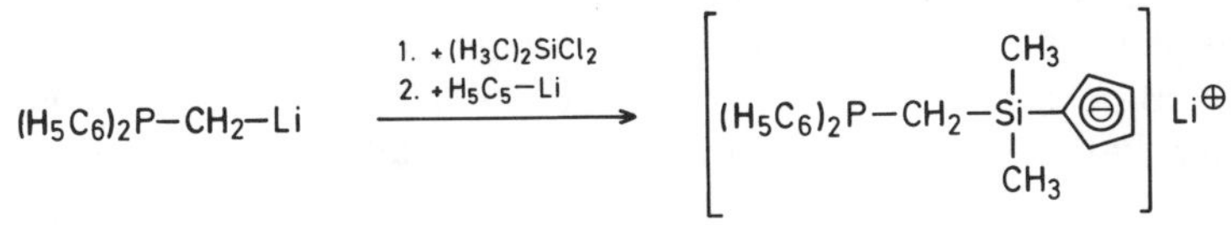

Cyclopentadienyl-dimethyl-(diphenylphosphano-methyl)-silan-lithium[549]

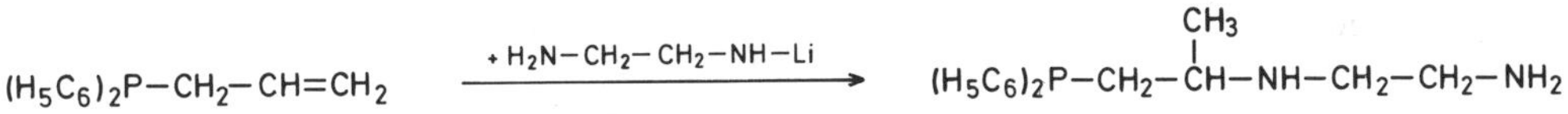

[2-(2-Amino-ethylamino)-propyl]-diphenyl-phosphan[550]

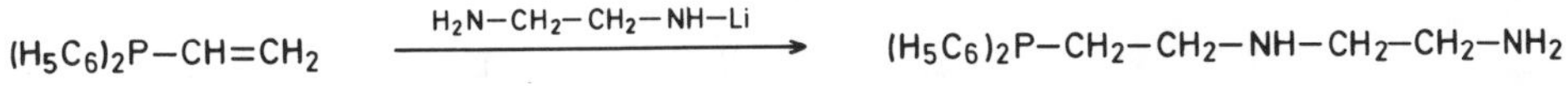

[2-(2-Amino-ethylamino)-ethyl]-diphenyl-phosphan[550]

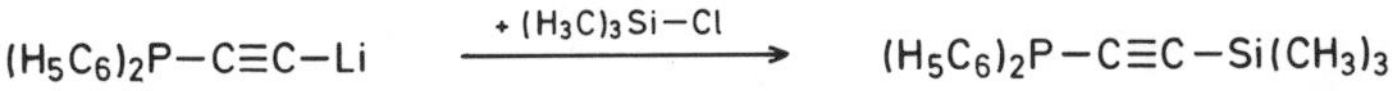

Diphenyl-(trimethylsilyl-ethinyl)-phosphan[551]

Die Umsetzung von Organophosphanen mit C=C-Doppelbindungen im organischen Rest mit P–H-Verbindungen wird auf S. 113 abgehandelt. Auch Thiole[552], Triorgano-stanna-

[547] *H.-P. Abicht* u. *K. Issleib*, Z. Anorg. Chem. **422**, 237 (1967).
[548] *N.E. Shore* u. *H. Hope*, J. Am. Chem. Soc. **102**, 4251 (1980).
[549] *N.E. Shore*, J. Am. Chem. Soc. **101**, 7410 (1979).
[550] *F. Mathey* u. *G. Muller*, Tetrahedron **27**, 5645 (1972).
[551] *W. Siebert* et al., J. Organomet. Chem. **15**, 69 (1968).
[552] *D.H. Brown, R.J. Cross* u. *D. Millington*, J. Chem. Soc. [Dalton Trans.] **1976**, 334.

ne[553] bzw. Triorganosilane[553a] werden an die C=C-Doppelbindung in Vinyl-phosphanen unter radikalischen Bedingungen addiert. Polymere mit $-P(R)-(CH_2)_n$-Struktureinheiten erhält man durch radikalische Polymerisation sek. Allyl-phosphane[554], während *Poly-(4-diphenylphosphano-styrol)* durch Polymerisation des entsprechenden Styrol-Derivates leicht zugänglich ist[555].

Addition von Dibutylstannan an tert.-Butyl-diethinyl-phosphan führt zu *1-tert.-Butyl-4,4-dibutyl-1,4-dihydro-1,4-phosphastannin*[556]:

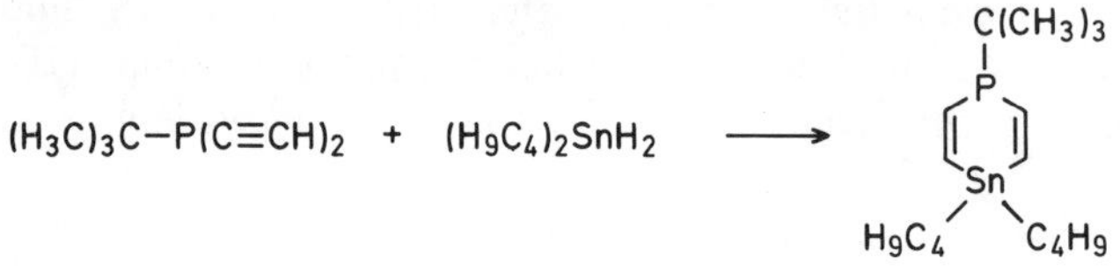

$$(H_3C)_3C-P(C\equiv CH)_2 \quad + \quad (H_9C_4)_2SnH_2 \quad \longrightarrow$$

Versuche zur nucleophilen oder elektrophilen Einführung von Substituenten an Aryl-phosphanen bringen im allgemeinen nur mäßige Ausbeuten, z.B. die Sulfonierung von Triphenyl- oder Tris-[4-methyl-phenyl]-phosphan[557]. Zur ausführlichen Darstellung der nucleophilen Substitution der Hydroxy-, Amino-, Cyan- bzw. Nitro-Gruppe gegen eine Halogen-Funktion in Diphenyl-(3- bzw. 4-X-phenyl)-phosphanen s. Lit.[558] Tris-[penta-fluor-phenyl]-phosphan reagiert mit Nucleophilen unter Austausch aller 4-Fluor-Atome[559].

Phosphane mit C=C-Doppelbindungen im Kohlenstoffgerüst lassen sich i.a. schwer katalytisch hydrieren, da der dreiwertige Phosphor die aktiven Zentren des Katalysators offensichtlich irreversibel blockieren kann[560]. Eine Möglichkeit, dies zu vermeiden, besteht in der vorherigen Blockierung des Phosphor-Atoms als Nickel(II)-chlorid-Komplex, der sich dann leicht mit Palladium auf Aktiv-Kohle hydrieren läßt[561].

B. Umwandlung

1. Anlagerungsreaktionen

1.1. Anlagerung von Säuren

Als Basen setzen sich prim., sek. und tert. Organo-phosphane mit Säuren zu H-Phosphonium-Salzen I um (s. 4. Aufl., Bd. XII/1, S. 66):

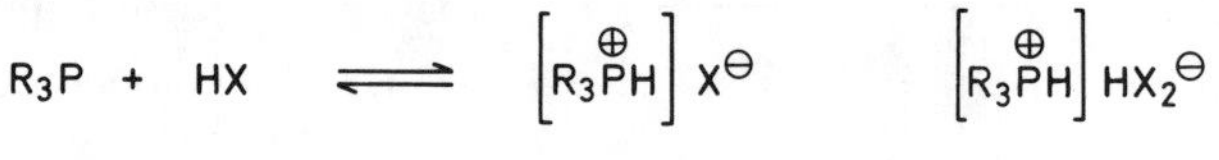

$$R_3P \; + \; HX \;\; \rightleftharpoons \;\; \left[R_3\overset{\oplus}{P}H\right]X^{\ominus} \qquad \left[R_3\overset{\oplus}{P}H\right]HX_2^{\ominus}$$

$$\text{I} \qquad\qquad\qquad \text{II}$$

[553] *H. Weichmann, G. Quell* u. *A. Tzschach*, Z. Anorg. Allg. Chem. **462**, 7 (1980).
[553a] US 2995594 (1961/1958), Union Carbide Corp., Erf.: F. Fekete; C.A. **56**, 351 (1961).
[554] US 3235536 (1966/1963), Monsanto, Erf.: *A.Y. Garner*.
[555] *A.J. Naaktgeboren, R.J.M. Nolte* u. *W. Drenth*, J. Am. Chem. Soc. **102**, 3350 (1980).
[556] *G. Märkl* u. *D. Matthes*, Tetrahedron Lett. **1976**, 2599.
[557] GB 1066261 (1967/1964), Ilford Ltd., Erf.: *J. Chatt* u. *R.B. Collins*; C.A. **67**, 27588t (1967).
[558] *G.P. Schiemenz* u. *M. Finzenhagen*, Justus Liebigs Ann. Chem. **1976**, 2126; u. dort zit. Literatur.
[559] *H.R. Hanna* u. *J.M. Miller*, Can. J. Chem. **57**, 1011 (1979); u. dort zit. Literatur.
[560] *L. Horner* u. *W. Heupt*, Phosphorus **5**, 139 (1975).
[561] *L.D. Quin, J.H. Somers* u. *R.H. Prince*, J. Org. Chem. **34**, 3700 (1969).

In Ethern oder Dichlormethan können sich auch Verbindungen des Typs II bilden[562, 563]. In speziellen Fällen tritt Spaltung einer P–C-Bindung ein; z. B.[564]:

$$\underset{\text{71 \%}}{\xrightarrow{\text{HCl / HCOOH}}}$$

Vorsicht ist auch geboten bei der Anlagerung sauerstoffhaltiger Säuren an Phosphane. So wird z. B. Tributyl-phosphan durch Chlorsulfonsäure bereits bei 20° quantitativ in Tributyl-phosphanoxid (als Chlorwasserstoff-Addukt) umgewandelt[565].

1.2. von Organo-metall-Verbindungen und starken Basen

Die Anlagerung nucleophiler oder stark basischer Verbindung an Phosphane führt nicht zu stabilen Verbindungen, sondern je nach Art des Organo-metalls bzw. der Base und des Phosphans zu P–H, P–C oder C–H-Spaltung (s. a. S. 133, Lit.[565a]). So erhält man aus prim. Phosphanen mit Organo-quecksilber-Verbindungen cyclische Poly-(monoorgano-phosphane) $[(RP)_n]$[566, 567]. Aus sek. Phosphanen bilden sich mit Alkyl-magnesium- bzw. -zink-Verbindungen die entsprechenden Magnesium- bzw. Zink-diorganophosphide[568, 569]. Dagegen erhält man aus Bis-[trifluormethyl]-phosphan mit Dimethyl-zink neben Methan und Methyl-zinkfluorid *1,3-Bis-[trifluormethyl]-tetrafluor-1,3-diphosphetan*[570]:

$$2 \ (F_3C)_2PH \ + \ 2 \ (H_3C)_2Zn \xrightarrow[\substack{- 2 \ CH_4 \\ - 2 \ H_3C-ZnF}]{}$$

Zur α-Metallierung tert. Phosphane, bzw. P–C-Spaltung s. S. 176.
Die Reaktion tert. aromatischer Phosphane mit Kaliumamid (100°, 90 Stdn.) führt zu *Kalium-diarylphosphanoamid*[571].

1.3. von Halogenen und ähnlichen Verbindungen

Die Umsetzungen prim., sek. und tert. Phosphane mit Halogenen sind bereits in der 4. Aufl., Bd. XII/1, S. 70, ausführlich beschrieben. Neu ist die Umsetzung tert. Phosphane mit elementarem Fluor, die bei geeigneter Reaktionsführung (−90°, Fluor-trichlor-methan, Fluor mit 5facher Menge Inertgas verdünnt) hohe Ausbeuten an den entsprechenden Difluor-phosphoranen liefert[572]. Ebenfalls zu den Dihalogen-phosphoranen führt die Umsetzung tert. Phosphane mit Di- oder Trihalogen-phosphanen[573]. Zur Umsetzung von

[562] *M. van den Akker* u. *F. Jellinek*, Recl. Trav. Chim. Pays-Bas **86**, 275 (1967).
[563] *S. O. Grim* u. *W. McFarlane*, Can. J. Chem. **46**, 2071 (1968).
[564] *L. D. Quin* u. *C. E. Roser*, J. Org. Chem. **39**, 3423 (1974).
[565] DE-OS 3033957 (1982/1980) Hoechst AG, Erf.: J. Grosse.
[565a] *W. Hewertson* u. *H. R. Watson*, J. Chem. Soc. **1962**, 1490.
[566] *G. B. Postnikova* u. *I. F. Lutsenko*, Zh. Obshch. Khim. **33**, 4029 (1963); C.A. **60**, 9308h (1964).
[567] *A. Rheingold* u. *P. Choudhoury*, J. Organomet. Chem. **128**, 155 (1977).
[568] *K. Issleib* u. *H. J. Deylig*, Chem. Ber. **97**, 946 (1964).
[569] *J. G. Noltes*, Recl. Trav. Chim. Pays-Bas **84**, 782 (1975).
[570] *D. K. Kang* u. *A. B. Burg*, J. Chem. Soc., Chem. Commun. **1972**, 763.
[571] *O. Schmitz-DuMont* u. *H. Klieber*, Z. Anorg. Allg. Chem. **371**, 115 (1969).
[572] *I. Ruppert* u. *V. Bastian*, Angew. Chem. **89**, 763 (1977); engl.: **16**, 718.
[573] *I. C. Summers* u. *H. H. Sisler*, Inorg. Chem. **9**, 862 (1970).

Triphenyl-phosphan bzw. Dichlor-triphenyl-phosphoran mit Interhalogen-Verbindungen (z. B. Jodtrichlorid) s. Lit.[574].

Anders als P–C-Phosphane reagieren P–Si-Phosphane mit Halogenen; es bilden sich z. B. Chlor-diorgano-phosphane und Chlor-trimethyl-silan[575]. Wesentlich bessere Ausbeuten an Chlor-diorgano-phosphanen bzw. an Tetraorgano-diphosphanen als Zwischenstufen erbringt der Einsatz von Hexachlor-ethan anstelle von elementarem Chlor[576].

1.4. von Schwefel, Selen, Tellur und verwandten Verbindungen

Tert. Phosphane reagieren mit elementarem Schwefel, Selen und Tellur[577] zu dementsprechenden Chalkogeniden (s.S. E2/86, E2/93, E2/94). Zur Umsetzung prim. Phosphane mit Schwefel bzw. Selen s. Lit.[578, 579].

Abweichungen vom Verhalten der P–C-Phosphane zeigen Silyl- und Stannyl-phosphane. So setzt sich Di-tert.-butyl-trimethyl-silyl-phosphan mit Tellur zum Di-tert.-butyl-(trimethyl-silyl-tellur)-phosphan um[580]. Analoge Reaktionen treten mit Schwefelkohlenstoff, Kohlenstoffoxidsulfid, Isocyanaten bzw. Isothiocyanaten etc. ein[581–583].

1.5. von Lewis-Säuren

Phosphane als Elektronenpaardonatoren reagieren mit Lewis-Säuren unter Bildung relativ stabiler 1:1-Verbindungen (s. 4. Aufl., Bd. XII/1, S. 75ff). So bilden Trialkyl- und Triaryl-phosphane recht stabile 1:1-Addukte mit Bortrifluorid, -chlorid bzw. -bromid[584, 585]. Bortrijodid dagegen bildet mit Triphenyl-phosphan ein 1:3-Addukt[586]. Auch Germanium(II)-jodid[587], Zinn(II)-chlorid bzw. -bromid[588] oder Zinn(IV)-chlorid[589] bilden mit tert. Phosphanen stabile Addukte. Silyl-phosphane reagieren bei tiefen Temperaturen mit Aluminiumchlorid unter Bildung stabiler Addukte, die beim Erwärmen unter P–Si-Bindungsbruch zerfallen[590]. Auch Organo-gallium- und -indium-Verbindungen sowie Gallium- und Indium-hydrid bilden Addukte mit tert. Phosphanen, während mit prim. und sek. Phosphanen Zersetzung zu Polymeren eintritt[591–593].

[574] *M. F. Ali* u. *G. S. Harris*, J. Chem. Soc. [Dalton Trans.] **1980**, 1545.

[575] *E. W. Abel, R. A. McLean* u. *T. H. Sabherwal*, J. Chem. Soc. [A] **1968**, 2371.

[576] *R. Appel, K. Geisler* u. *H.-F. Schöler*, Chem. Ber. **110**, 376 (1977).

[577] *R. A. Zingaro, B. S. Steeves* u. *K. Irgolic*, J. Organomet. Chem. **4**, 320 (1965).

[578] *L. Maier*, Helv. Chim. Acta **46**, 1812 (1963).

[579] *L. Maier*, Helv. Chim. Acta **48**, 1190 (1965).

[580] *W.-W. duMont*, Angew. Chem. **92**, 562 (1980); engl.: **19**, 554.

[581] *H. Schumann* u. *P. Jutzi*, Chem. Ber. **101**, 24 (1968).

[582] *U. Kunze* u. *A. Antoniadis*, Z. Anorg. Allg. Chem. **456**, 155 (1979).

[583] *G. Becker, G. Gresser* u. *W. Uhl*, Z. Anorg. Allg. Chem. **463**, 144 (1980).

[584] *E. Sirtl* u. *A. Adler*, Z. Naturforsch. **16b**, 403 (1961).

[585] *F. Hein* u. *H. L. Prüfer*, Monatsber. Dtsch. Akad. Wiss. Berlin **1961**, 381.

[586] *E. L. Muetterties*, J. Inorg. Nucl. Chem. **15**, 182 (1960).

[587] *R. B. King*, Inorg. Chem. **2**, 199 (1962).

[588] *W.-W. duMont* et al., Angew. Chem. **88**, 303 (1976); engl.: **15**, 308.

[589] *A. A. Muratova* et al., Zh. Obshch. Khim. **50**, 734 (1980); engl.: 579.

[590] *G. Fritz* u. *R. Emül*, Z. Anorg. Chem. **416**, 19 (1975).

[591] *O. T. Beachley* u. *G. E. Coates*, J. Chem. Soc. **1965**, 3241.

[592] *N. N. Greenwood, E. J. F. Ross* u. *A. Storr*, J. Chem. Soc. **1965**, 1400.

[593] *N. N. Greenwood, E. J. F. Ross* u. *A. Storr*, J. Chem. Soc. [A] **1966**, 706.

1.6. von Organo-halogen-Verbindungen und Systemen mit aktivierten Doppelbindungen

Die Einwirkung von Organo-halogen-Verbindungen auf Phosphane führt normalerweise zur P–C-Verknüpfung unter Bildung der entsprechenden Phosphonium-Verbindungen (s. S. 491). Abweichend davon verlaufen Umsetzungen von Triphenyl-phosphan mit α-Halogen-carbonyl-Verbindungen (z.B. Brom-essigsäure[594], α-Brom-ketonen)[595], die *Triphenyl-phosphanoxid* und dehalogenierte Carbonyl-Verbindung ergeben. Auch Acylhalogenide können neben normalen Acyl-phosphonium-Salzen durch Addition weiterer tert. Phosphans 1,2-Bis-[triorganophosphonia]-1-alkene liefern[596].
Oxirane werden durch tert. Phosphane im aprotischen Milieu desoxigeniert, während sich im alkoholischen Vinyl-phosphonium-Salze bilden[597]. Auch cyclische Kohlensäure-diester werden durch tert. Phosphane desoxigeniert[598]. Die Umsetzung sek. Phosphane verläuft unter Halogen-Wasserstoff-Austausch. So entstehen aus Trichlor-acetonitril und sek. Phosphanen Chlor-diorgano-phosphane[599].
Zur Umsetzung tert. Phosphane mit Tetrachlormethan s. Lit.[600]:

$$3\ R_3P\ +\ CCl_4\ \longrightarrow\ \left[R_3P{=}\overset{\displaystyle \oplus}{\underset{\displaystyle \overset{|}{Cl}}{C}}{-}PR_3\right] Cl^{\ominus}\ +\ R_3PCl_2$$

Dichlor-phosphorane entstehen auch bei der Umsetzung von Hexachlorethan mit tert. Phosphanen in hohen Ausbeuten[601].
Die Umsetzung von Triphenyl-phosphan mit aktivierten C≡C-Dreifachbindungen[602] führt in Anwesenheit von Säuren zu Vinyl-phosphonium-Salzen[603] (vgl. S. E1/514). Phosphole mit 5bindigem Phosphor bilden sich bei der Umsetzung von Triphenyl-phosphan mit Acetylendicarbonsäure-diestern[604]. Mit fluorierten Olefinen reagieren tert. Phosphane zu Phosphoranen[605,606].
Mit Trifluor-aceton werden 2,2,2-Trialkyl-2,2-dihydro-1,3,2-dioxaphospholane erhalten[607] (s.a. S. E2/573).

2. Oxigenierung

Von wenigen Ausnahmen abgesehen, sind die meisten Phosphane leicht oxigenierbar, teilweise sogar autoxidabel. Deshalb ist bei der Herstellung, Isolierung und Handhabung von Phosphanen der Ausschluß von Sauerstoff erforderlich, desgl. Entgasen der zu verwendenden Lösungsmittel etc.

---

[594] *G. Aksnes*, Acta Chem. Scand. **15**, 438 (1961).
[595] *I.J. Borowitz* u. *R. Virkhaus*, J. Am. Chem. Soc. **85**, 2183 (1963).
[596] *H. Christol, H.-J. Christau* u. *J.-P. Joubert*, Bull. Soc. Chim. Fr. **1974**, 2975.
[597] *H. Christol, H.-J. Christau* u. *M. Soleiman*, Tetrahedron Lett. **1976**, 3321.
[598] *P.T. Keough* u. *M. Grayson*, J. Org. Chem. **27**, 1817 (1962).
[599] *A.N. Pudovik* et al., Izv. Akad. Nauk. SSSR, Ser. Khim. **1977**, 2172; engl.: 2014.
[600] *R. Appel* u. *M. Huppertz*, Z. Anorg. Allg. Chem. **459**, 7 (1979).
[601] *R. Appel* u. *H.-F. Schöler*, Chem. Ber. **110**, 2382 (1977).
[602] s. hierzu den Übersichtsartikel von *M.A. Shaw* u. *R.S. Ward* in *E.J. Griffith* u. *M. Grayson*, „Topics in Phosphorus Chemistry", Vol. 7, S. 1, Interscience Publ., New York 1972.
[603] *H. Hoffmann* u. *H.J. Dier*, Chem. Ber. **98**, 363 (1965).
[604] *N.E. Waite, J.C. Tebby* u. *R.S. Ward*, J. Chem. Soc. [C] **1969**, 1104.
[605] *D.J. Burton, S. Shinya* u. *R.D. Howells*, J. Am. Chem. Soc. **101**, 3689 (1979).
[606] *D.B. Denney, D.Z. Denney* u. *Y.F. Hsu*, Phosphorus **4**, 217 (1974).
[607] *F. Ramirez* et al., J. Org. Chem. **33**, 3787 (1968).

An dieser Stelle werden lediglich einige Oxigenierungen bzw. Oxigenierungsmittel erwähnt, die über das in der 4. Aufl., Bd. XII/1, S. 69, erwähnte hinausgehen bzw. zu Nebenreaktionen Anlaß geben.

So verläuft etwa die Umsetzung tert. Phosphane mit Sauerstoff keineswegs ausschließlich unter Bildung tert. Phosphanoxide, sondern es entstehen je nach Reaktionsbedingungen beträchtliche Mengen Phosphin-, Phosphon- und Phosphorsäureester[608, 609]. Auch die Oxigenierung mit Schwefeldioxid liefert Gemische aus tert. Phosphanoxid und -sulfid[610, s.a. 611]. Zur Oxigenierung mit Dimethylsulfoxid s. Lit.[612]. Auch durch Wasser können tert. Phosphane, besonders solche, die gut wasserlöslich sind, oxigeniert werden. Hydroxyl-Ionen oder Formaldehyd wirken dabei als Katalysatoren[613–615].

Auch elektrochemisch[616, 617] bzw. mit Kohlendioxid in Gegenwart von Rhodium-Komplexen[618] werden Phosphane oxidiert.

C. Komplexbildung

Die Eigenschaft von Phosphanen, über das freie Elektronenpaar am P-Atom mit nahezu allen Übergangsmetallen Komplexe zu bilden, ist bereits in der 4. Aufl., Bd. XII/1, S. 67, beschrieben worden. Die seitdem veröffentlichte Literatur ist so umfangreich, daß es nicht möglich erscheint, hierüber eine kurzgefaßte Darstellung zu geben. Es sei deshalb nur auf einige Monographien bzw. Übersichtsartikel verwiesen[619–621].

[608] *S. E. Buckler*, J. Am. Chem. Soc. **84**, 3093 (1962).

[609] *W. Mahler*, Inorg. Chem. **18**, 352 (1979).

[610] *S. Chan* u. *H. Goldwhite*, Phosphorus Sulfur **4**, 33 (1978).

[611] *B. C. Smith* u. *G. H. Smith*, J. Chem. Soc. **1965**, 5516.

[612] *R. Luckenbach* u. *G. Herweg*, Justus Liebigs Ann. Chem. **1976**, 2305.

[613] DE PS 19 30 521 (1980/1969), Hoechst AG., Erf.: *H. Haas*.

[614] *S. M. Bloom* et al., J. Chem. Soc., Chem. Commun. **1970**, 870.

[615] *R. K. Valetdinov* u. *A. N. Zuikova*, Zh. Obshch. Khim. **48**, 1726 (1978); engl.: 1577.

[616] *H. Matschiner*, *L. Krause* u. *F. Krech*, Z. Anorg. Allg. Chem. **373**, 1 (1970).

[617] *H. Ohmori* et al., Chem. Pharm. Bull. **28**, 910 (1980).

[618] *K. M. Nicholas*, J. Organomet. Chem. **188**, C 10 (1980).

[619] *G. Booth* in *G. M. Kosolapoff* u. *L. Maier "Organic Phosphorus Compounds"*, Vol. **1**, 433 (1972), Wiley, New York 1972.

[620] *C. A. McAuliffe, Transition Metal Complexes of Phosphorus, Arsenic and Antimony Ligands,* Mac Millan, London 1973.

[621] *O. Stelzer* in: *E. J. Griffith* u. *M. Grayson "Topics in Phosphorus Chemistry"*, Vol. **9**, 1 (1977), Interscience, New York 1977.

b) Di- und Polyphosphane und deren Derivate

bearbeitet von

DR. HEINRICH HEYDT

und

PROF. DR. MANFRED REGITZ

Fachbereich Chemie der Universität Kaiserslautern

α) Diphosphane und deren Derivate

α₁) *Diphosphane*

Diphosphane sind in der Regel extrem luft- und feuchtigkeitsempfindlich. Sie entzünden sich bereits bei Luftberührung. Entsprechende Schutzmaßnahmen bei der Herstellung müssen daher getroffen werden.

A. Herstellung

1. durch Aufbaureaktionen

1.1. aus Phosphanen und deren Derivaten

1.1.1. aus primären Phosphanen

1.1.1.1. durch elektrische Entladung

Primäre Phosphane geben im elektrischen Entladungsrohr bei 7500–10000 V neben anderen Produkten Alkyl- und Dialkyl-diphosphane[1]. Aus Methyl-phosphan entsteht so *Methyl-diphosphan* in 60%iger Ausbeute neben wenig *1,2-Dimethyl-diphosphan*, während Trifluormethyl-phosphan *1,2-Bis-[trifluormethyl]-diphosphan* in 35% Ausbeute liefert[1].

1.1.1.2. mit Alkalimetallen

Mit Kalium in 1,4-Dioxan oder Tetrahydrofuran läßt sich Phenyl-phosphan bei 102° unter Wasserstoff-Abspaltung zu einem Gemisch aus Kalium-phenylphosphid und *1,2-Dikalium-1,2-diphenyl-diphosphan* umsetzen[2]. Hieraus wird mit Ethylbromid Ethyl-phenyl-phosphan (90%) und *1,2-Diethyl-1,2-diphenyl-diphosphan* (10%) erhalten[2].

1.1.1.3. mit Halogenphosphanen

Methyl-phosphan im Überschuß kondensiert bei −78° mit Bis-[trifluormethyl]-jodphosphan in nahezu quantitativer Ausbeute zu *1,1-Bis-[trifluormethyl]-2-methyl-diphosphan*[3]:

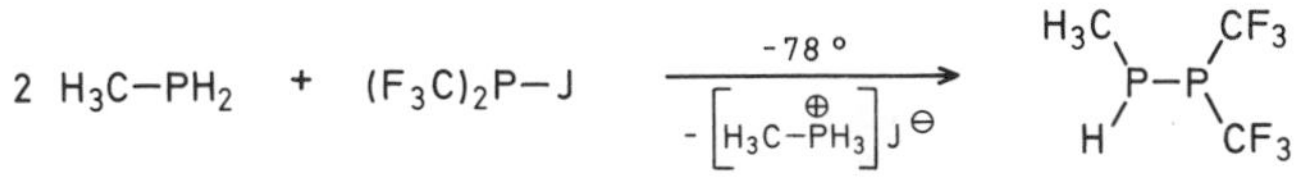

$$2\ H_3C-PH_2\ +\ (F_3C)_2P-J\ \xrightarrow[-\left[H_3C-\overset{\oplus}{P}H_3\right]J^{\ominus}]{-78°}\ \begin{matrix} H_3C & CF_3 \\ \diagdown P-P \diagup \\ \diagup \qquad \diagdown \\ H & CF_3 \end{matrix}$$

[1] *J. P. Albrand, S. P. Anderson, H. Goldwhite* u. *L. Huff,* Inorg. Chem. **14**, 570 (1975).

[2] *K. Issleib, A. Balzuweit* u. *P. Thorausch,* Z. Anorg. Allg. Chem. **437**, 5 (1977).

[3] *A. B. Burg* u. *K. K. Joshi,* J. Am. Chem. Soc. **86**, 353 (1964).

Entsprechend reagiert (Bis-[trimethylsilyl]-amino)-phosphan mit Dichlor-(2,2,6,6-tetramethyl-piperidino)-phosphan zu *2-(Bis-[trimethylsilyl]-amino)-1-chlor-1-(2,2,6,6-tetramethyl-piperidino)-diphosphan*[3a].

Im Gegensatz dazu wird aus Trimethylsilyl-phosphan mit Bis-[trifluormethyl]-jod-phosphan die Si–P-Bindung gespalten und man erhält neben Jod-trimethyl-silan *1,1-Bis-[trifluormethyl]-diphosphan*[4]:

$$(H_3C)_3Si-PH_2 \ + \ (F_3C)_2P-J \ \longrightarrow \ \underset{F_3C}{\overset{F_3C}{}}P-P\overset{H}{\underset{H}{}} \ + \ (H_3C)_3Si-J$$

Symmetrisches *1,2-Bis-[trifluormethyl]-diphosphan* entsteht bei der Kondensation von Trifluormethyl-phosphan mit Dicyan-trifluormethyl-phosphan über Cyan-trifluormethyl-phosphan als Zwischenstufe (Nebenprodukt ist Tetrakis-[trifluormethyl]-tetraphosphetan)[5]:

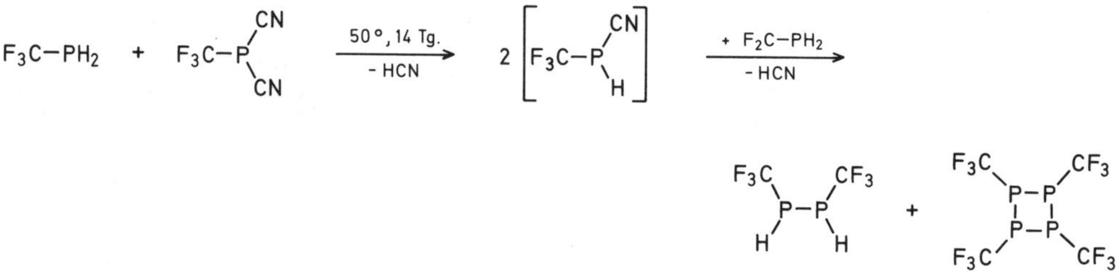

$$F_3C-PH_2 \ + \ F_3C-P\overset{CN}{\underset{CN}{}} \ \xrightarrow[-HCN]{50°,14\ Tg.} \ 2\left[F_3C-P\overset{CN}{\underset{H}{}}\right] \ \xrightarrow[-HCN]{+\ F_2C-PH_2}$$

$$\underset{H}{\overset{F_3C}{}}P-P\overset{CF_3}{\underset{H}{}} \ + \ \underset{F_3C}{\overset{F_3C}{}}\overset{P-P}{\underset{P-P}{}}\overset{CF_3}{\underset{CF_3}{}}$$

1.1.2. aus sekundären Phosphanen

1.1.2.1. durch elektrische Entladung

Ebenso wie primäre Phosphane lassen sich beim Durchfluß von sekundären Phosphanen durch ein elektrisches Entladungsrohr Diphosphane nachweisen. Aus Bis-[trifluormethyl]-phosphan entsteht so in geringer Ausbeute *Tetrakis-[trifluormethyl]-diphosphan*[1].

1.1.2.2. über Phosphinylradikale

Aus sek. Phosphanen und Azoisobutyronitril erzeugte Phosphinyl-Radikale dimerisieren u.a. zu Diphosphanen[5a].

1.1.2.3. mit Quecksilberorganischen Verbindungen

Die Umsetzung von sekundären Phosphanen mit Di-tert.-butylquecksilber stellt eine präparativ wertvolle Methode zur Herstellung von Diphosphanen dar[6]:

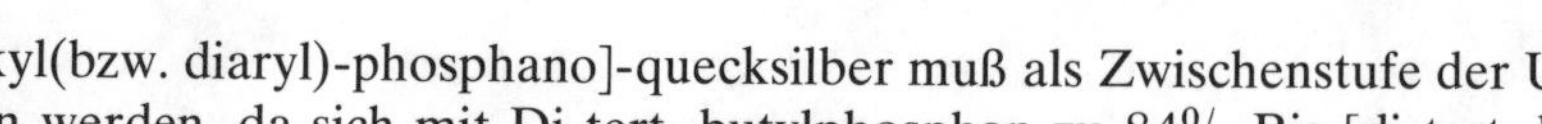

$$2\ R_2P-H \ + \ \left[(H_3C)_3C\right]_2Hg \ \xrightarrow[-Hg]{Benzol,\ 80°} \ R_2P-PR_2 \ + \ 2\ (H_3C)_3CH$$

Bis-[dialkyl(bzw. diaryl)-phosphano]-quecksilber muß als Zwischenstufe der Umsetzung angesehen werden, da sich mit Di-tert.-butylphosphan zu 84% Bis-[di-tert.-butyl-phosphano]-quecksilber isolieren lassen. Nachträgliche Photolyse liefert dann das *Tetra-tert.-butyl-diphosphan* (97%; Schmp.: 46°).

---

[1] *J. P. Albrand, S. P. Anderson, H. Goldwhite* u. *L. Huff*, Inorg. Chem. **14**, 570 (1975).
[3a] *E. Niecke* u. *R. Rüger*, Angew. Chem. **94**, 70 (1982); engl.: **21**, 62.
[4] *R. Demuth, J. Grobe* u. *L. Steiner*, Z. Naturforsch. **26B**, 731 (1971).
[5] *R. C. Dobbie, P. D. Gosling, B. P. Strauhan* u. *P. Brian*, J. Chem. Soc., Dalton Trans. **1975**, 2368.
[5a] *H. Low* u. *P. Tars*, Tetrahedron Lett. **1966**, 1357.
[6] *M. Baudler* u. *A. Zarkadas*, Chem. Ber. **105**, 3844 (1972).

$[(H_3C)_3C]_2PH$ + $[(H_3C)_3C]_2Hg$ $\xrightarrow{-2C_4H_{10}}$ $\{[(H_3C)_3C]_2P\}_2Hg$

$\xrightarrow[-Hg]{h\nu}$ $[(H_3C)_3C]_2P{-}P[C(CH_3)_3]_2$

Tetraphenyl-diphosphan[6]: Das Gemisch von 2,6 g (13,9 mmol) Diphenyl-phosphan und 2,6 g (8,25 mmol, 19%iger Überschuß) Di-tert.-butyl-quecksilber in 30 *ml* Benzol wird unter Rückfluß erhitzt, bis die Lösung nach Absitzen des Metalls farblos geworden ist (~ 4 Stdn.). Anschließend wird die flüssige Phase mit einer Kanüle abgezogen, das Lösungsmittel i. Vak. entfernt und der Rückstand aus Petrolether (Siedebereich 100–120°) umkristallisiert; Ausbeute: 2,4 g (93%); Schmp.: 120°.

Analog werden u. a. hergestellt[6]:

Tetraethyl-diphosphan 91%; Sdp. 58°/2,5 · 10^{-2} Torr (3,3 · 10^{-3} kPa)
Tetraisopropyl-diphosphan 91%; Sdp. 65°/3 · 10^{-4} Torr (3,9 · 10^{-5} kPa)
Tetracyclohexyl-diphosphan 96%; Schmp.: 171°.

Anstelle von Di-tert.-butylquecksilber kann auch Bis-[bis-(trimethylsilyl)-amino]-quecksilber als Kondensationsmittel verwendet werden, wobei (2,2-Dimethyl-propanoyl)-phenyl-phosphan unter Quecksilber-Abscheidung in 92%iger Ausbeute in *1,2-Bis-[2,2-dimethyl-propanoyl]-1,2-diphenyl-diphosphan* übergeht[7]:

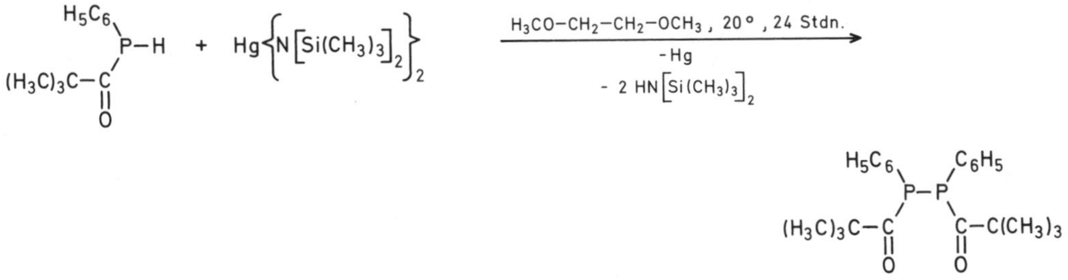

1.1.2.4. mit Halogenphosphanen

Sekundäre Phosphane kondensieren mit Halogenphosphanen unter Halogenwasserstoff-Abspaltung zu Diphosphanen (s. Bd. XII/1, S. 182).
Auf diesem Wege sind auch unsymmetrisch substituierte Diphosphane zugänglich[8]; z. B.:

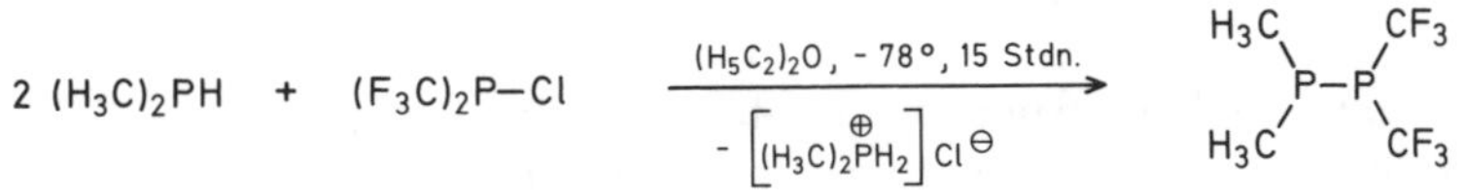

2,2-Bis-[trifluormethyl]-1,1-dimethyl-diphosphan;
87%; Sdp.: 120°/760 Torr (101,3 kPa)

Da der entstehende Halogenwasserstoff das Diphosphan unter Bildung von Bis-[trifluormethyl]-phosphan und Chlor-dimethyl-phosphan zersetzt[8], muß entweder mit der doppelt molaren Menge sekundären Phosphans oder in Gegenwart molarer Mengen Hilfsbase (z. B. Trimethylamin) gearbeitet werden[8,9].

[6] *M. Baudler* u. *A. Zarkadas*, Chem. Ber. **105**, 3844 (1972).
[7] *G. Becker, O. Mundt* u. *M. Rössler*, Z. Anorg. Allg. Chem. **468**, 55 (1980).
[8] *L. R. Grant Jr.* u. *A. B. Burg*, J. Am. Chem. Soc. **84**, 1834 (1962).
[9] US.P. 3118951 (1964/1959), *A. B. Burg* u. *L. R. Grant Jr.*; C. A. **60**, 20718b (1964).

Das zur Kondensation benötigte Halogenphosphan kann auch in situ aus dem sekundären Phosphan erzeugt werden. So erhält man aus Benzyl-phenyl-phosphan mit der halben molaren Menge Phosgen unter Kohlenmonoxid- und Chlorwasserstoff-Abspaltung *1,2-Dibenzyl-1,2-diphenyl-diphosphan* in 27%iger Ausbeute (Schmp.: 133°)[10]:

$$H_5C_6\text{---CH}_2, \quad P\text{---H} \quad + \quad O=C \quad \xrightarrow[-CO,\ -HCl]{-30°} \quad H_5C_6 \quad C_6H_5, \quad P\text{---P}, \quad H_5C_6\text{---CH}_2 \quad CH_2\text{---}C_6H_5$$

Die Umsetzung von sekundären Phosphanen mit Phosphorigsäure-chlorid-diestern in Gegenwart eines tertiären Amins als Hilfsbase liefert Alkoxy-alkyl-diphosphane[11], die auch aus Chlorphosphanen mit Dialkoxyphosphanen zugänglich sind[11]. In analoger Weise entstehen aus Dialkoxyphosphanen und Phosphorigsäure-chlorid-diestern Tetraalkoxy-diphosphane[11a u. 11b]

$$R_2^1P\text{---H} \quad + \quad (R^2O)_2P\text{---Cl} \quad \xrightarrow[{[(H_5C_2)_3NH]^{\oplus}Cl^{\ominus}}]{(H_5C_2)_2O,\ (H_5C_2)_3N,\ 20°} \quad R_2^1P\text{---}P(OR^2)_2$$

1,1-Diisopropyl-2,2-diphenoxy-diphosphan[11]: Zu 6,75 g Diisopropyl-phosphan in 20 *ml* Diethylether werden 6 g Triethylamin und innerhalb 10 Min. 15 g Chlor-diphenoxy-phosphan gegeben. Man beläßt 3 Tage bei 20°, filtriert das ausgefallene Ammoniumsalz ab, wäscht mit 15 *ml* Diethylether nach, entfernt den Diethylether und unterwirft den Rückstand einer fraktionierten Destillation; Ausbeute: 13,5 g (68%); Sdp.: 134–135°/0,04 Torr (5,2 · 10^{-3} kPa).

Auf analoge Weise erhält man z.B.:

1,1-Dibutyloxy-2,2-diisopropyl-diphosphan   62%; Sdp.: 100–101°/0,1 Torr (0,013 kPa)
1,1-Di-tert.-butyl-2,2-diethoxy-diphosphan   45%; Sdp.: 83–84°/0,1 Torr (0,013 kPa)
1,1-Diethoxy-2,2-diphenyl-diphosphan   44%; Sdp.: 132–134°/6 · 10^{-2} Torr (7,8 · 10^{-3} kPa)

Im Gegensatz zu den Dialkoxy-dialkyl-diphosphanen sind die arylsubstituierten Vertreter wenig beständig und wandeln sich leicht in die symmetrischen Tetraaryl- und Tetraalkoxy-diphosphane um[11]. Die Umwandlung wird durch Triethylamin katalysiert[11]:

$$2\ (H_5C_6)_2P\text{---}P(OR)_2 \quad \xrightarrow{\Delta\ od.\ (H_5C_2)_3N} \quad (H_5C_6)_2P\text{---}P(C_6H_5)_2 \quad + \quad (RO)_2P\text{---}P(OR)_2$$

1.1.3. aus tertiären Phosphanen

Die Herstellung von Diphosphanen aus tertiären Phosphanen ist auf Einzelfälle beschränkt. So liefert z.B. Anilinocarbonyl-diphenyl-phosphan beim 2stdgn. Erhitzen auf 180° unter Kohlenmonoxid-Abspaltung *Tetraphenyl-diphosphan* und N,N'-Diphenylharnstoff[12]:

$$2\ (H_5C_6)_2P\text{---}\underset{O}{\overset{\|}{C}}\text{---NH---}C_6H_5 \quad \xrightarrow[-CO]{180°,\ 2\ Stdn.} \quad (H_5C_6)_2P\text{---}P(C_6H_5)_2 \quad + \quad O=C(NH\text{---}C_6H_5)_2$$

[10] *E. Steininger, M. Schmidt, G. Braun* u. *K. Melcher*, Chem. Ber. **96**, 3184 (1963).
[11] *V. L. Foss, Y. A. Veits, V. V. Kudinova, A. A. Borisenko* u. *I. F. Lutsenko*, Zh. Obshch. Khim. **43**, 1000 (1973); engl.: 994; C. A. **79**, 53471s (1973).
[11a] *A. L. Chekhun, M. V. Proskurina* u. *I. F. Lutsenko*, Zh. Obshch. Khim. **40**, 2516 (1970); C. A. **74**, 124700a (1971).
[11b] *M. V. Proskurina, A. L. Chekhun* u. *I. F. Lutsenko*, Zh. Obshch. Khim. **43**, 66 (1973); C. A. **78**, 123920t (1973).
[12] *H. Fritzsche, U. Hasserodt* u. *F. Korte*, Angew. Chem. **75**, 1205 (1963).

Tetraphenyl-diphosphan entsteht mit 82% Ausbeute bei der Umsetzung von (Diethyl-amino-methyl)-diphenyl-phosphan mit Diphenyl-phosphan neben Diethyl-methyl-amin [13]:

$$(H_5C_6)_2P-CH_2-N(C_2H_5)_2 \quad + \quad (H_5C_6)_2PH \quad \xrightarrow[H_3C-N(C_2H_5)_2]{} \quad (H_5C_6)_2P-P(C_6H_5)_2$$

1.1.4. aus Silylphosphanen

1.1.4.1. mit Halogenphosphanen

Silylphosphane kondensieren mit Chlorphosphanen unter Abspaltung von Chlor-trime-thyl-silan zu Diphosphanen:

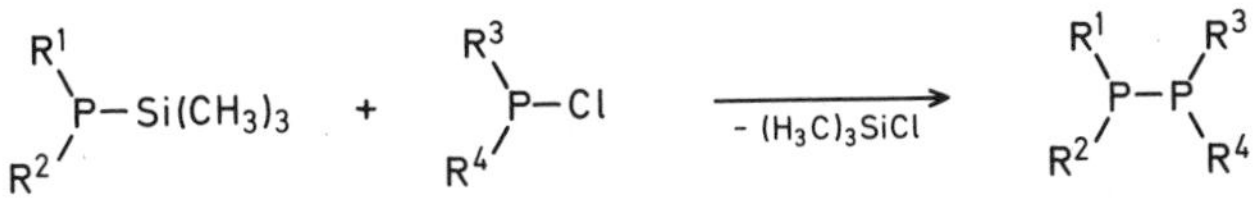

$R^1 = R^2 = R^3 = R^4 = C_6H_5$; *Tetraphenyl-diphosphan*[14]; 94%
$R^1 = C_6H_5$; $R^2 = Si(CH_3)_3$; $R^3 = R^4 = C_6H_5$; *Trimethylsilyl-triphenyl-diphosphan*[15]; Schmp. 103°
$R^3 = C_6H_5$; $R^4 = C(CH_3)_3$; *2-tert.-Butyl-1,2-diphenyl-1-trimethylsilyl-diphos-phan*[15]; Schmp. 91°
$R^1 = R^2 = Si(CH_3)_3$; $R^3 = R^4 = C_6H_5$; *2,2-Bis-[trimethylsilyl]-1,1-diphenyl-diphosphan*[16]; 34%

Eine elegante Variante besteht darin, mit einem geeigneten Halogenalkan eine Selbstkon-densation des Silylphosphans zu bewirken. Bewährt hat sich Hexachlorethan, das selbst in Tetrachlorethen umgewandelt wird[17]:

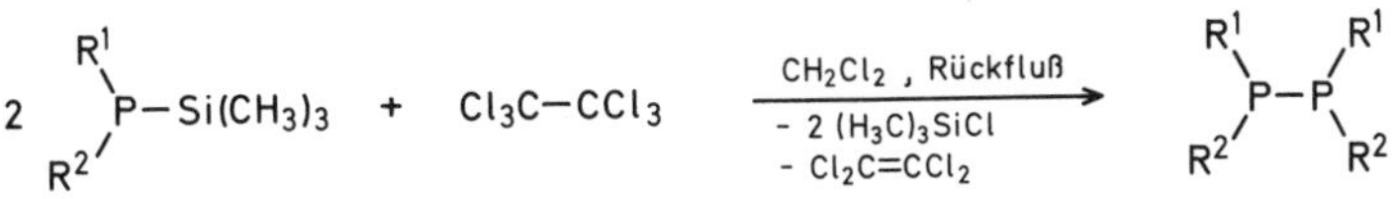

Diphosphane aus Silylphosphanen und Hexachlorethan; allgemeine Arbeitsvorschrift[17]: Die Lösung von 0,2 mol Trimethylsilyl-phosphan in 100 *ml* Dichlormethan wird tropfenweise mit einer Lösung von 0,1 mol Hexachlor-ethan in 125 *ml* Dichlormethan versetzt, wobei sich das Gemisch bis zum Sieden erwärmt. Man erhitzt weitere 30 Min. am Rückfluß, destilliert das Dichlormethan und das Tetrachlorethen ab und kristallisiert den Rückstand entweder aus Ethanol um oder destilliert i. Hochvak. über eine 20-cm-Vigreux-Kolonne. Die so erhaltenen Di-phosphane sind in Tab. 31 zusammengestellt.

Tab. 31: Diphosphane aus Silylphosphanen und Hexachlorethan[17]

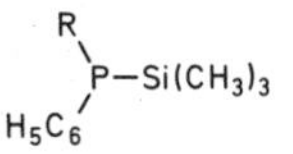 R–P–Si(CH₃)₃ / H₅C₆ / R	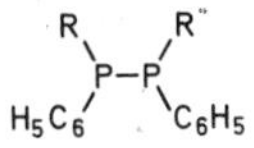 R–P–P–R° / H₅C₆ C₆H₅	Ausbeute [%]	Sdp. [°C]	Torr (kPa)	Schmp. [°C]
CH₃	*1,2-Dimethyl-1,2-diphenyl-diphosphan*	73	–	–	75–77
C₂H₅	*1,2-Diethyl-1,2-diphenyl-diphosphan*	75,3	160–164	2 (0,26)	–
CH(CH₃)₂	*1,2-Diisopropyl-1,2-diphenyl-diphosphan*	65,2	200–203	21 (2,8)	–
C₄H₉	*1,2-Dibutyl-1,2-diphenyl-diphosphan*	68,3	190–193	2 (0,26)	–
C₆H₁₁	*1,2-Dicyclohexyl-1,2-diphenyl-diphosphan*	72,8	–	–	133–135

[13] *W. C. Kaska* u. *L. Maier*, Helv. Chim. Acta **57**, 2550 (1974).
[14] *E. W. Abel, R. A. N. McLean* u. *I. H. Sabherwal*, J. Chem. Soc. A **1968**, 2371.
[15] *H. Schumann* u. *R. Fischer*, J. Organomet. Chem. **88**, C13 (1975).
[16] *G. Fritz* u. *W. Hoelderich*, Z. Anorg. Allg. Chem. **431**, 76 (1977).
[17] *R. Appel, K. Geiser* u. *H. Schoeler*, Chem. Ber. **110**, 376 (1977).

Phosgenimide können ebenfalls für die Kondensation eingesetzt werden. So liefert die Umsetzung von Phosgen-phenylimid mit dem Methylenphosphan I das erste 1,3,4,6-Tetraphospha-1,5-hexadien (als Diastereomerengemisch), dessen racemische Form als Molekül mit fluktuierenden Bindungen zur entarteten Tetraphospha-Cope-Umlagerung befähigt ist[18, 18a]:

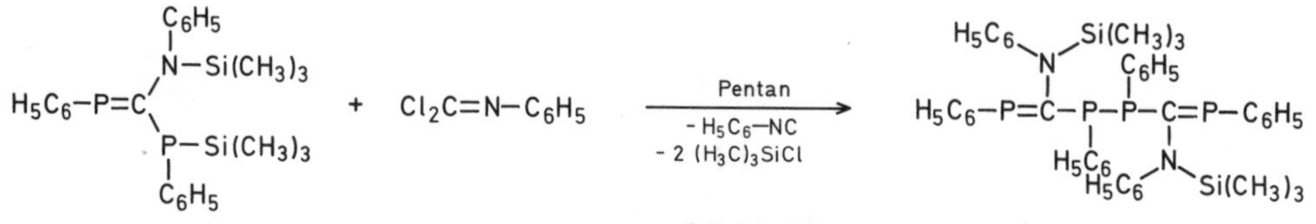

2,5-Bis-[N-trimethylsilyl-anilino]-1,3,4,6-tetraphenyl-1,3,4,6-tetraphospha-1,5-hexadien[18a];
47,5%; Schmp.: 135°

1.1.4.2. mit Silberhalogeniden

Diphenyl-trimethylsilyl-phosphan setzt sich mit Silberhalogeniden zu *Tetraphenyl-diphosphan* in Ausbeuten bis zu 80% um[19]. Vermutlich wird auch hier die Zwischenstufe des Halogenphosphans durchlaufen.

$$(H_5C_6)_2P{-}Si(CH_3)_3 \quad + \quad AgX \quad \xrightarrow[-(H_3C)_3Si{-}X]{-Ag} \quad (H_5C_6)_2P{-}P(C_6H_5)_2$$

1.1.4.3. mit Fluorphosphoranen

Die Umsetzung von Diphenyl-trimethylsilyl-phosphan mit Diphenyl-trifluor-phosphoran liefert ebenfalls *Tetraphenyl-diphosphan*[20]:

$$3\,(H_5C_6)_2P{-}Si(CH_3)_3 \quad + \quad (H_5C_6)_2PF_3 \quad \xrightarrow[-3\,(H_3C)_3Si{-}F]{} \quad 2\,(C_6H_5)_2P{-}P(C_6H_5)_2$$

1.1.4.4. mit Cyclopolyphosphanen

Silylierte und auch germylierte Phosphane setzen sich mit Cyclopolyphosphanen zu Diphosphanen um. Zwischenstufe sind nicht isolierbare Triphosphane[21]. Aus Diethyl-trimethylsilyl-phosphan und Pentaphenyl-pentaphospholan entsteht so *Tetraethyl-diphosphan* (Sdp.: 97°/0,5 Torr (0,06 kPa) in 61% Ausbeute[21]:

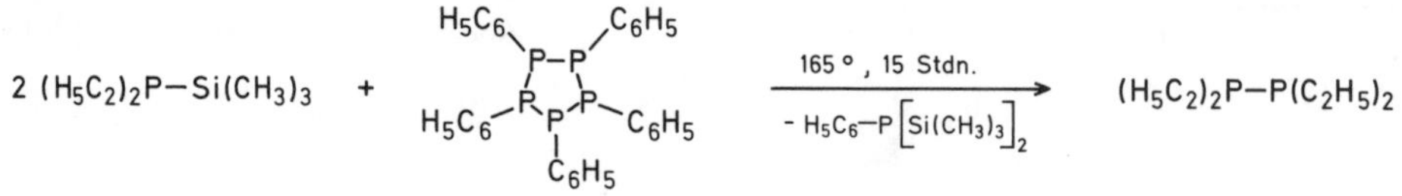

Auf analoge Weise erhält man u.a. aus[21]

$(CH_3)_2P\text{-}Ge(CH_3)_3 \quad \rightarrow \quad$ *Tetramethyl-diphosphan*   79%; Sdp.: 130°/760 Torr (101,3 kPa)
$(C_2H_5)_2P\text{-}Ge(CH_3)_3 \quad \rightarrow \quad$ *Tetraethyl-diphosphan*   71%; Sdp.: 97°/0,5 Torr (0,06 kPa)

---

[18] R. Appel, V. Barth, F. Knoll u. I. Ruppert, Angew. Chem. **91**, 936 (1979); engl. **18**, 873.
[18a] R. Appel, V. Barth u. M. Halstenberg, Chem. Ber. **115**, 1617 (1982).
[19] E. W. Abel, R. A. N. McLean u. I. H. Sabherwal, J. Chem. Soc. A. **1968**, 2371.
[20] M. Murray u. R. Schmutzler, Chem. Ind. (London) **1968**, 1730.
[21] J. Escudié, C. Couret u. J. Satgé, Recl. Trav. Chim. Pays-Bas **98**, 461 (1979).

1.1.5. aus Metallphosphiden

1.1.5.1. mit Oxidationsmittel

Kalium-diphenylphosphid wird von Kupfer(II)-bromid in Tetrahydrofuran zu *Tetraphenyl-diphosphan* oxidiert, das als Kupfer(I)-bromid-Komplex anfällt (Ausbeute: 75%). Mit Kaliumcyanid wird Tetraphenyl-diphosphan aus diesem Komplex freigesetzt[22].

$$(H_5C_6)_2P-K \cdot 2 \ \overset{O}{\underset{O}{\bigcirc}} \ + \ 2 \ CuBr_2 \xrightarrow[]{\text{THF, } 20°} (H_5C_6)_2P-P(C_6H_5)_2 \cdot Cu_2Br_2$$

$$\xrightarrow[\substack{-2 K_3[Cu(CN)_4] \\ -2 KBr}]{8 KCN, H_2O, 60-70°} (H_5C_6)_2P-P(C_6H_5)_2$$

Anstelle von Kupfer(II)-bromid kann auch Nickel(II)-chlorid[23] oder Bis-[triarylphosphan]-nickel(II)-dichlorid[24] zur Oxidation entsprechender Metallphosphide eingesetzt werden.

Bei der Umsetzung von α-Chlor-azinen, wie z.B. Bis-[1-chlor-benzyliden]-hydrazin mit Metallphosphiden bilden sich Diphosphane als Nebenprodukte[24a]. Ihre Bildung verläuft über einen Metall-Halogen-Austausch.

1.1.5.2. mit Halogenphosphanen

Metallphosphide setzen sich mit Halogenphosphanen unter Abspaltung von Metallhalogenid zu Diphosphanen um. Diese Methode eignet sich gut zur Herstellung der unsymmetrisch substituierten Diphosphane[24-27] (s. Tab. 32, S. 190):

$$R_2^1P-M \ + \ R_2^2P-Cl \xrightarrow[-MCl]{-60 \text{ bis } -30°C} R_2^1P-PR_2^2$$

Als Lösungsmittel finden Tetrahydrofuran[25], Benzol-Petrolether[26]- oder Pentan-Cyclopentan-Gemische[27] Verwendung.

Ein Überschuß Metallphosphid ist zu vermeiden, da die entstehenden Diphosphane gespalten werden (s. S. 199). Die unsymmetrischen Diphosphane sind wenig stabil und gehen leicht in die symmetrischen Diphosphane über[25-27]:

$$2 R_2^1P-PR_2^2 \longrightarrow R_2^1P-PR_2^1 \ + \ R_2^2P-PR_2^2$$

1.1.5.3. mit 1,2-Dihalogen-alkanen

Diese bereits im Bd. XII/1, S. 183 beschriebene Methode läßt sich zur Herstellung von tetrasilylierten bzw. tetragermylierten Diphosphanen ausnutzen[28, 29]; z.B.:

$$2 \ [(H_3C)_3M]_2P-Li \ + \ Br-CH_2-CH_2-Br \xrightarrow[\substack{-LiBr \\ -C_2H_4}]{\text{Toluol, } -78°} [(H_3C)_3M]_2P-P[M(CH_3)_3]_2$$

M = Si; *Tetrakis-[trimethylsilyl]-diphosphan*[28]; ∼ 100%; Sdp.: 93°/0,1 Torr $(1,3 \cdot 10^{-2}$ kPa)
M = Ge; *Tetrakis-[trimethylgermyl]-diphosphan*[29]; ∼ 100%; Sdp.: 105°/0,1 Torr $(1,3 \cdot 10^{-2}$ kPa)

[22] *K. Issleib* u. *H.O. Froehlich*, Chem. Ber. **95**, 375 (1962).
[23] *K. Issleib, H.O. Froehlich* u. *E. Wenschuh*, Chem. Ber. **95**, 2742 (1962).
[24] *H. Schäfer*, Z. Naturforsch. **34 B**, 1358 (1979).
[24a] *K. Issleib* u. *A. Balszuweit*, Chem. Ber. **99**, 1316 (1966).
[25] *K. Issleib* u. *K. Krech*, Chem. Ber. **98**, 1093 (1965).
[26] *H.J. Vetter* u. *H. Noeth*, Chem. Ber. **96**, 1816 (1963).
[27] *G. Fritz* u. *W. Hoelderich*, Z. Anorg. Allg. Chem. **431**, 76 (1977).
[28] *H. Schumann, L. Roesch* u. *W. Schmidt-Fritsche*, Chem.-Ztg. **101**, 156 (1977).
[29] *H. Schumann, L. Roesch* u. *W. Schmidt-Fritsche*, J. Organomet. Chem. **140**, C21 (1977).

Tab. 32: Unsymmetrisch substituierte Diphosphane aus Metallphosphiden und Chlorphosphanen

Ausgangsverbindungen		Diphosphan	Ausbeute	Sdp.		Literatur
$R_2P–M$	$R_2P–Cl$		[%]	[°C]	[Torr (kPa)]	
$(H_5C_6)_2P–K$	$(H_{11}C_6)_2P–Cl$	2,2-Dicyclohexyl-1,1-diphenyl-diphosphan	52,5	92°C [Zers.-P.]	–	25
$(H_5C_6)_2P–Na$	$[(H_3C)_2N]_2P–Cl$	2,2-Bis-[dimethylamino]-1,1-diphenyl-diphosphan	80,1	137–140	10^{-3} $(1,3 \cdot 10^{-4})$	26
$(H_5C_2)_2P–Li$	$(H_{11}C_6)_2P–Cl$	2,2-Dicyclohexyl-1,1-diethyl-diphosphan	53	155–160	2 (0,26)	25
$[(H_3C)_3Si]_2P–Li$ · 2 THF	$(H_5C_6)_2P–Cl$	2,2-Bis-[trimethylsilyl]-1,1-diphenyl-diphosphan	66,8	60°C [Subl.-p.]	10^{-3} $(1,3 \cdot 10^{-4})$	27

1.2. aus elementarem Phosphor

Die Elektrolyse einer Lösung von weißem Phosphor und Butylbromid in Dimethylformamid liefert an der Kathode neben einer Reihe anderer Produkte *Tetrabutyl-diphosphan* und *Tetrabutyl-tetraphosphetan* (Ausbeute: zusammen 9,1%)[30]. Behandelt man roten Phosphor mit Natrium in flüssigem Ammoniak und anschließend mit einem Alkylhalogenid, so entstehen Tetralkyl-diphosphane in Ausbeuten bis zu 28%[31, 32].

$$P_{rot} \xrightarrow[\text{2. R—X}]{\text{1. Na, NH}_3} R_2P—PR_2$$

R = CH_3, *Tetramethyl-diphosphan*[32]; 17%; Sdp.: 137–138°/760 Torr (101,3 kPa)
R = C_2H_5 *Tetraethyl-diphosphan*[32]; 28%; Sdp.: 221–222°/760 Torr (101,3 kPa)

Bestrahlt man eine Lösung von weißem Phosphor in Chlor-tribrom-methan unter ionisierenden Bedingungen (^{60}Co-γ-Quelle) oder erhitzt sie für eine Stde. auf 100°, so lassen sich *1,2-Bis-[trichlormethyl]-1,2-dibrom-diphosphan* und *1,1,2-Tribrom-2-trichlormethyl-diphosphan* isolieren[32a]:

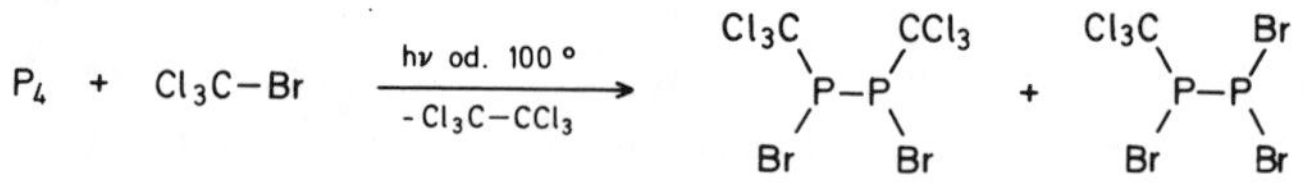

1.3. aus Halogenphosphanen

1.3.1. aus Monohalogenphosphanen (Phosphinigsäurehalogeniden)

1.3.1.1. durch Disproportionierung

Dialkyl- und Diaryl-fluor-phosphane disproportionieren zu Tetraalkyl- bzw. Tetraaryl-diphosphanen und Trifluorphosphoranen[34, 35]:

$$3 R_2P—F \xrightarrow{20°} R_2PF_3 + R_2P—PR_2$$

[25] K. Issleib u. K. Krech, Chem. Ber. 98, 1093 (1965).
[26] H. J. Vetter u. H. Noeth, Chem. Ber. 96, 1816 (1963).
[27] G. Fritz u. W. Hoelderich, Z. Anorg. Allg. Chem. 431, 76 (1977).
[30] L. V. Kaabak, M. J. Kabachnik, A. P. Tomilov u. S. L. Varshavskii, Zh. Obshch. Khim. 36, 2060 (1966); C. A. 66, 85828 m (1967).
[31] G. M. Bogolyubov u. A. A. Petrov, Zh. Obshch. Khim. 36, 1505 (1966); C. A. 66, 10995 y (1967).
[32] G. M. Bogolyubov u. A. A. Petrov, Dokl. Akad. Nauk SSSR 173, 1076 (1967); C. A. 67, 90887 e (1967).
[32a] P. L. Airey, Z. Naturforsch. 24 B, 1393 (1969).
[34] F. Seel u. K. H. Rudolph, Z. Anorg. Allg. Chem. 363, 233 (1968).
[35] C. Brown, M. Murray u. R. Schmutzler, J. Chem. Soc. C 1970, 878.

Auf diese Weise sind z.B. *Tetramethyl*[34]- und *Tetraphenyl-diphosphan*[35] zugänglich.
Tetraphenyl-diphosphan entsteht ferner neben Diphenyl-trijod-phosphoran in 33% Ausbeute durch Disproportionierung von Jod-diphenyl-phosphan[36].

1.3.1.2. über Phosphinylradikale

Aus Chlor-diphenyl-phosphan und Silberperchlorat erzeugtes Diphenylphosphinyl-Radikal dimerisiert zu *Tetraphenyl-diphosphan*[35a].

$$2\,(H_5C_6)_2P—Cl \;+\; 2\,AgClO_4 \quad \xrightarrow[-2\,AgCl]{} \quad 2\,[(H_5C_6)_2P^{\bullet} \;+\; ClO_4^{\bullet}]$$

$$\xrightarrow[\substack{-2\,ClO_2 \\ -2\,O_2}]{} \quad (H_5C_6)_2P—P(C_6H_5)_2$$

1.3.1.3. durch Reduktion

Die Umsetzung von Chlor-diphenyl-phosphan mit Tributyl-phosphan ist eine intermolekulare Redoxreaktion, die *Tetraphenyl-diphosphan* und Dichlor-tributyl-phosphoran liefert[37].
Die Elektrolyse von Chlor-diphenyl-phosphan mit Tetraethylammoniumperchlorat in Acetonitril[38] oder Tetraethylammoniumjodid in Dimethylformamid[39] als Grundelektrolyt liefert *Tetraphenyl-diphosphan* in Ausbeuten bis zu 65%:

$$2\,(H_5C_6)_2P—Cl \quad \xrightarrow[-2\,Cl^{\ominus}]{2\,e^{\ominus}} \quad (H_5C_6)_2P—P(C_6H_5)_2$$

Die Reduktion gelingt auch mit Calciumcarbid, das selbst zu Kohlenstoff oxidiert wird[40]:

$$2\,(H_5C_6)_2P—Cl \;+\; CaC_2 \quad \xrightarrow[\substack{-2\,C \\ -CaCl_2}]{150°,\,16-20\,Stdn.} \quad (H_5C_6)_2P—P(C_6H_5)_2$$

Tetraphenyl-diphosphan[40]: Es werden 3,3 g (15,0 mmol) Chlor-diphenyl-phosphan zu 0,32 g (5 mmol) Calciumcarbid gegeben und zunächst durch Feuchtigkeitsspuren entstandenes Acetylen abgepumpt. Anschließend erhitzt man i.Vak. unter Rühren für 16–20 Stdn. auf 150°, läßt abkühlen und fügt 25 *ml* Toluol zu der schwarzen Lösung. Nach Erhitzen auf 100–105° wird abfiltriert, i.Vak. eingedampft und das Diphosphan mit Diethylether gefällt. Man filtriert, wäscht den Niederschlag mit Diethylether und trocknet ihn i.Vak. bei 20°; Schmp.: 118–119°.

Tetraphenyl-diphosphan entsteht auch bei der Umsetzung von Chlor-diphenyl-phosphan mit Ameisensäure (Ausbeute: ~100%), wenn kein Säure-Überschuß verwendet wird[40a]; andernfalls entsteht Diphenyl-formyl-phosphanoxid (s. S. E 2/15).

1.3.1.4. mit Alkali- und Erdalkalimetallen

Monohalogenphosphane gehen beim Behandeln mit einem Alkali- oder Erdalkalimetall in Diphosphane über (s.d. Bd. XII/1, S. 183). Als Lösungsmittel finden Diethylether, 1,4-Dioxan, Tetrahydrofuran und Benzol Verwendung. Die Methode besitzt eine große Anwendungsbreite (vgl. Tab. 33, S. 192).

[34] *F. Seel* u. *K.H. Rudolph*, Z. Anorg. Allg. Chem. **363**, 233 (1968).
[35] *C. Brown, M. Murray* u. *R. Schmutzler*, J. Chem. Soc. C **1970**, 878.
[35a] *M.J. Gallagher, J.L. Garnett* u. *W. Sollich-Baumgartner*, Tetrahedron Lett. **1966**, 4465.
[36] *N.G. Feshchenko, T.V. Kovaleva* u. *E.A. Melnichuk*, Zh. Obshch. Khim. **46**, 252 (1976); engl.: 248; C.A. **85**, 5779a (1976).
[37] *S.E. Frazier, R.P. Nielsen* u. *H.H. Sisler*, Inorg. Chem. **3**, 292 (1964).
[38] *H. Matschiner* u. *H. Tanneberg*, Z. Chem. **20**, 218 (1980).
[39] GER (East) 86394 (1971/1970), *H. Matschiner, A. Tzschach* u. *R. Matuschke*; C.A. **77**, 140281g (1972).
[40] *E.J. Spanier* u. *F.E. Caropreso*, J. Am. Chem. Soc. **92**, 3348 (1970).
[40a] *G. Frey, H. Lesiecki, E. Lindner* u. *G. Vordermaier*, Chem. Ber. **112**, 763 (1963).

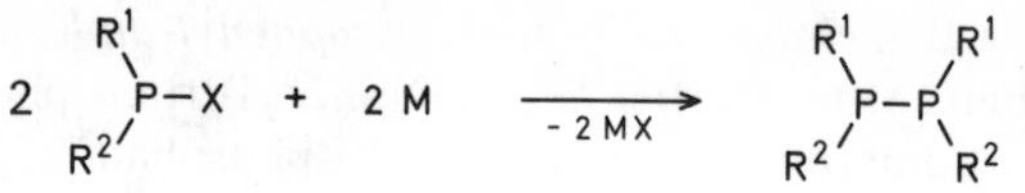

$$2 \quad \underset{R^2}{\overset{R^1}{>}}P{-}X \;+\; 2\,M \quad \xrightarrow{-\,2\,MX} \quad \underset{R^2}{\overset{R^1}{>}}P{-}P\underset{R^2}{\overset{R^1}{<}}$$

Ein Überschuß an Metall muß vermieden werden, da sonst die P–P-Bindung im Diphosphan gespalten wird (s. S. 200). Mit Magnesium reagieren nur die reaktionsfähigen Bromphosphane[41]. Aminosubstituierte Chlorphosphane geben lediglich mit einer Natrium-Kalium-Legierung gute Ausbeuten an Diphosphan[42]; mit Natrium entstehen oft bevorzugt Cyclopolyphosphane[42].

Tab. 33: Diphosphane aus Chlorphosphanen und Alkali- bzw. Erdalkalimetallen

Ausgangsverbindungen $\underset{R^2}{\overset{R^1}{>}}P{-}X$	Metall.	Reaktionsbedingungen Lösungsmittel	Temperatur [°C]	Diphosphan	Ausbeute [%]	Sdp. [°C]	[Torr (kPa)]	Literatur
$(H_5C_2)_2P{-}Cl$	Li	Tetrahydrofuran	0	Tetraethyldiphosphan	78	218–219	760 (101,31)	44
	Na	Dibutylether	100		91	220–221	760 (101,31)	45
$(H_3C)_3C \big\backslash \atop H_3C \big/ P{-}Cl$	Na	1,4-Dioxan	101	1,2-Di-tert.-butyl-1,2-dimethyl-diphosphan	75	73–75	0,1 (0,013)	47
$[(H_3C)_3C]_2P{-}Cl$	Na	1,4-Dioxan	101	Tetra-tert.-butyl-diphosphan	52	124–127	1 (0,13)	46
$(H_5C_6)_2P{-}Br$	Mg	Diethylether	35	Tetraphenyl-di-phosphan	70	(Schmp.: 121–122°)	–	41
$\underset{(H_3C)_2N}{\overset{H_5C_6}{>}}P{-}Cl$	Na	Benzol	60–70	1,2-Bis-[dimethyl-amino]-1,2-di-phenyl-diphosphan	13,8	(Schmp.: 85°)	–	48
$\underset{(H_5C_2)_2N}{\overset{H_{11}C_6}{>}}P{-}Cl$	(Na, K)	Diethylether	–10 bis –20	1,2-Bis-[diethylami-no]-1,2-dicyclo-hexyl-diphosphan	73	234–235	2,0 (0,26)	42
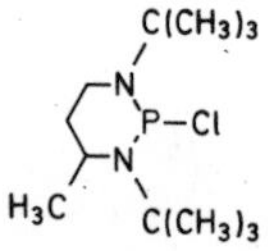 $\underset{H_3C}{\overset{C(CH_3)_3}{\big(}}\underset{C(CH_3)_3}{\overset{N}{\big)}}P{-}Cl$	Na	Toluol	130	1,1'-Bi-[1,3-di-tert.-butyl-4-methyl-1,3,3-diazaphos-phorinyl]	70	–	–	42a

tert.-Butyl-chlor-phenyl-phosphan und Chlor-trimethyl-silan gehen bei der Einwirkung von Magnesium (Verhältnis 1:1:2) in 78% Ausbeute in *1,2-Di-tert.-butyl-1,2-diphenyl-diphosphan* (Schmp.: 114°) über[43]:

[41] W. Kuchen u. W. Grünewald, Chem. Ber. **98**, 480 (1965).
[42] W. Seidel u. K. Issleib, Z. Anorg. Allg. Chem. **325**, 113 (1963).
[42a] J. V. Komlev, A. I. Zavalishina, I. P. Chernikevich, D. A. Predvoditelev u. E. E. Nifantev, Zh. Obshch. Khim. **42**, 802 (1972); C. A. **77**, 113746 (1972).
[43] H. Schumann u. R. Fischer, J. Organomet. Chem. **88**, C13 (1975).
[44] W. Hewertson u. H. R. Watson, J. Chem. Soc. **1962**, 1490.
[45] H. Niebergall u. B. Langenfeld, Chem. Ber. **95**, 64 (1962).
[46] K. Issleib u. M. Hoffmann, Chem. Ber. **99**, 1320 (1966).
[47] O. J. Scherer u. W. Gick, Chem. Ber. **103**, 71 (1970).
[48] H. J. Vetter u. H. Noeth, Chem. Ber. **96**, 1816 (1963).

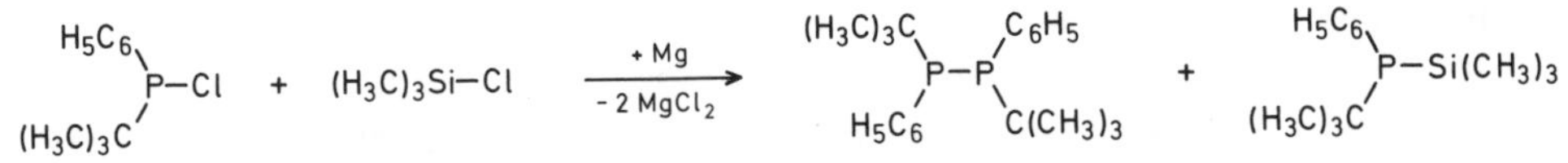

$$\underset{(H_3C)_3C}{\overset{H_5C_6}{\diagdown}}P-Cl \;+\; (H_3C)_3Si-Cl \quad \xrightarrow[-\,2\,MgCl_2]{+\,Mg} \quad \underset{H_5C_6}{\overset{(H_3C)_3C}{\diagdown}}\underset{C(CH_3)_3}{\overset{C_6H_5}{\diagup}}P-P \;+\; \underset{(H_3C)_3C}{\overset{H_5C_6}{\diagdown}}P-Si(CH_3)_3$$

1.3.1.5. mit Quecksilber oder Quecksilber-Verbindungen

Jod- und Bromphosphane lassen sich mit Quecksilber in Diphosphane umwandeln (s.d. Bd. XII/1, S. 183). Die Methode bewährt sich vor allem zur Herstellung von Perfluoralkyl- oder Perfluoraryl-diphosphanen[49-52]. Aus Jod-methyl-trifluormethyl-phosphan entsteht so *1,2-Bis-[trifluormethyl]-1,2-dimethyl-diphosphan* in 99% Ausbeute[49]:

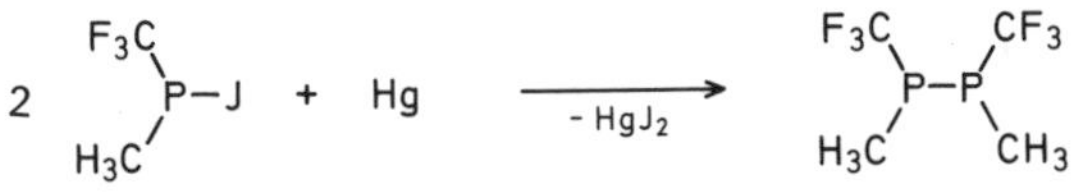

$$2 \;\underset{H_3C}{\overset{F_3C}{\diagdown}}P-J \;+\; Hg \quad \xrightarrow{-\,HgJ_2} \quad \underset{H_3C}{\overset{F_3C}{\diagdown}}\underset{CH_3}{\overset{CF_3}{\diagup}}P-P$$

1.3.1.6. mit Siliranen

Die Umsetzung von Chlor-diphenyl-phosphan mit Hexamethyl-siliran liefert *Tetraphenyl-diphosphan* in 92% Ausbeute[53]:

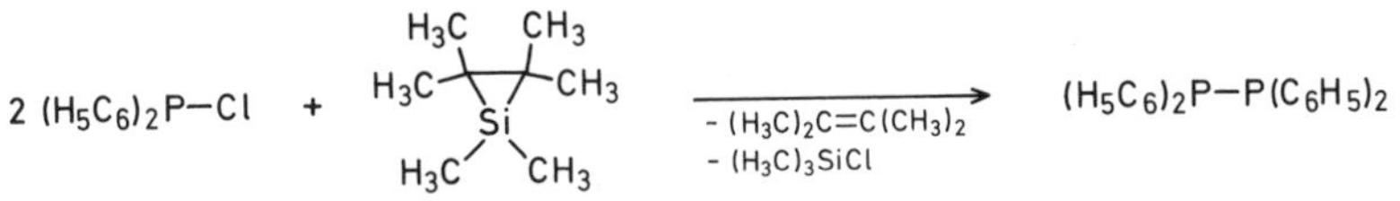

$$2\,(H_5C_6)_2P-Cl \;+\; \underset{H_3C}{\overset{H_3C\;\;\;CH_3}{\diagdown}}\underset{CH_3}{\overset{}{\underset{Si}{\diagup}}}\overset{CH_3}{\diagup} \quad \xrightarrow[-\,(H_3C)_3SiCl]{-\,(H_3C)_2C=C(CH_3)_2} \quad (H_5C_6)_2P-P(C_6H_5)_2$$

1.3.1.7. mit Trichlormethyl-phosphanen

Chlorphosphane und Trichlormethyl-phosphane stehen im Gleichgewicht mit Diphosphanen und Tetrachlormethan[53a].

$$R_2P-Cl \;+\; Cl_3C-PR_2 \;\rightleftharpoons\; R_2P-PR_2 \;+\; CCl_4$$

z.B.: R = H_5C_6, C_6H_{11}, C_3H_7, C_4H_9

1.3.2. aus Dihalogenphosphanen (Phosphonigsäuredihalogeniden)

Wie Monojodphosphane disproportionieren auch Dijodphosphane in Diphosphane und Phosphorane. Dijod-phenyl-phosphan setzt sich danach zu Tetrajod-phenyl-phosphoran und *1,2-Dijod-1,2-diphenyl-diphosphan* (88%) um[54]. Dijod-trifluormethyl-phosphan liefert mit Jodwasserstoff im Unterschuß und Quecksilber *1,2-Bis-[trifluormethyl]-diphosphan* in Ausbeuten bis zu 40%[55]:

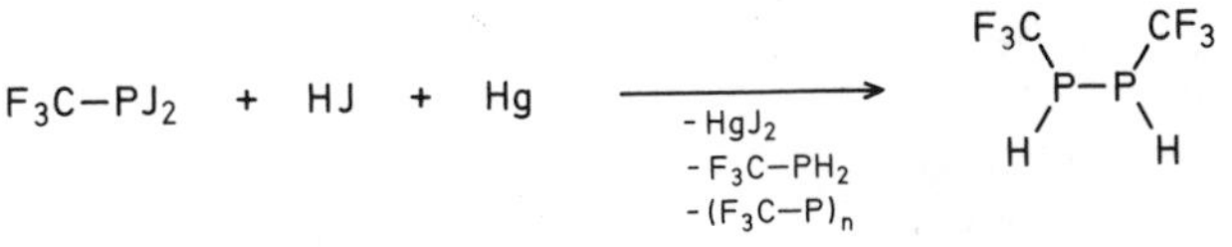

$$F_3C-PJ_2 \;+\; HJ \;+\; Hg \quad \xrightarrow[\substack{-\,HgJ_2 \\ -\,F_3C-PH_2 \\ -\,(F_3C-P)_n}]{} \quad \underset{H}{\overset{F_3C}{\diagdown}}\underset{H}{\overset{CF_3}{\diagup}}P-P$$

[49] *A. B. Burg, K. K. Joshi* u. *J. F. Nixon*, J. Am. Chem. Soc. **88**, 31 (1966).
[50] *H. G. Ang* u. *J. M. Miller*, Chem. Ind. (London) **1966**, 944.
[51] *H. W. Schiller* u. *R. W. Rudolph*, Inorg. Chem. **10**, 2500 (1971).
[52] *R. C. Dobbie, P. D. Gosling, B. P. Straughan* u. *P. Brian*, J. Chem. Soc., Dalton Trans. **1975**, 2368.
[53] *W. Hoelderich* u. *D. Seyferth*, J. Organomet. Chem. **153**, 299 (1978).
[53a] *R. Appel* u. *R. Milker*, Chem. Ber. **108**, 1783 (1975).
[54] *N. G. Feshchenko, T. V. Kovaleva* u. *E. A. Melnichuk*, Zh. Obshch. Khim. **46**, 252 (1976); engl.: 248; C. A. **85**, 5779a (1976).
[55] *R. C. Dobbie* u. *P. D. Gosling*, J. Chem. Soc., Chem. Commun. **1975**, 585.

Mit überschüssigem Jodwasserstoff wird die P–P-Bindung des Diphosphans gespalten (s. S. 200). Setzt man Dichlorphosphane mit Chlor-trimethyl-silan und Magnesium im Verhältnis 1 : 1 : 1,5 um, so entstehen in guten Ausbeuten 1,2-bis-silylierte Diphosphane[56]:

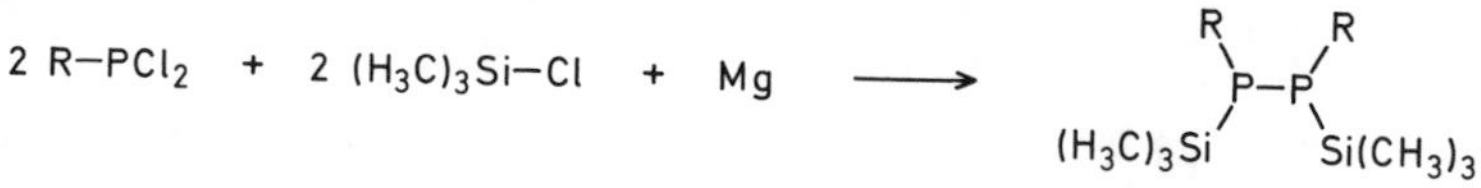

$$2\ R{-}PCl_2\ +\ 2\ (H_3C)_3Si{-}Cl\ +\ Mg\ \longrightarrow$$

R = C₆H₅; *1,2-Bis-[trimethylsilyl]-1,2-diphenyl-diphosphan*[56]; 65%; Schmp.: 96°
R = C(CH₃)₃; *1,2-Bis-[trimethylsilyl]-1,2-di-tert.-butyl-diphosphan*[56]; 59%; Sdp.: 82°/0,1 Torr (0,013 kPa)

1.3.3. aus Trihalogenphosphanen (Phosphorigsäuretrihalogeniden)

Trichlor- oder Tribromphosphan setzen sich mit 2,4,6-Trimethyl-phenyl-magnesium-bromid in Tetrahydrofuran zu *Tetrakis-[2,4,6-trimethyl-phenyl]-diphosphan* (33%; Schmp.: 200–215°) um[57] (als Nebenprodukt entsteht Tris-[2,4,6-trimethyl-phenyl]-phosphan):

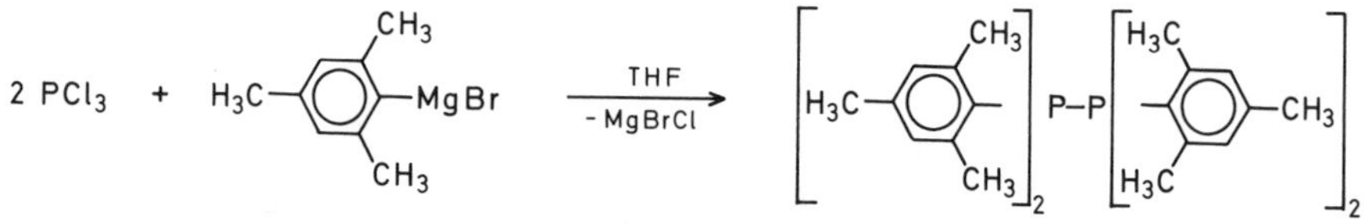

Die Bevorzugung des Diphosphans gegenüber dem Triaryl-phosphan kann durch sterische Hinderung der voluminösen 2,4,6-Trimethyl-phenyl-Gruppe erklärt werden.
Die Umsetzung von Trichlorphosphan und Chlor-trimethyl-silan mit Magnesium im Verhältnis 1 : 3 : 3 liefert *Tetrakis-[trimethylsilyl]-diphosphan* (Sdp.: 93°/0,1 Torr (0,013 kPa) in 17% Ausbeute[56]:

$$2\,PCl_3\ +\ 4\,(H_3C)_3Si{-}Cl\ +\ Mg\ \longrightarrow\ [(H_3C)_3Si]_2P{-}P[Si(CH_3)_3]_2\ +$$

$$P[Si(CH_3)_3]_3$$

1.4. aus Methylen-phosphanen

1,4-Bis-[phenyl-phosphanyliden]-1,4-bis-[trimethylsiloxy]-butan geht bei −10° unter [3.3]-sigmatroper Verschiebung in ein Diphosphan über[56a].

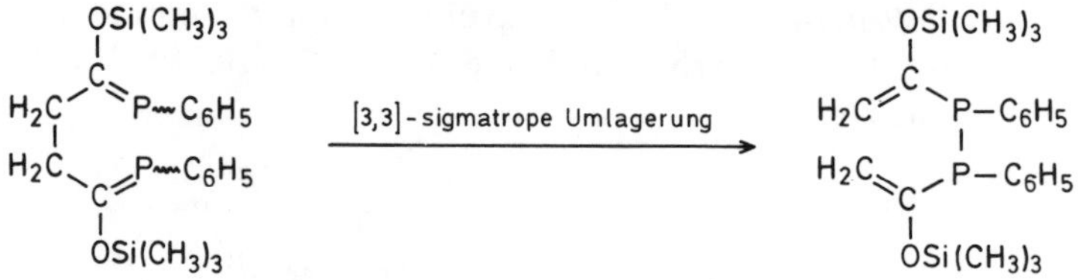

*1,2-Bis-[1-(trimethylsiloxy)-ethenyl]-
1,2-diphenyl-diphosphan*; farbloses Öl

[56] *H. Schumann* u. *R. Fischer*, J. Organomet. Chem. **88**, C13 (1975).
[56a] *R. Appel, V. Barth* u. *M. Halstenberg*, Chem. Ber. **115**, 1617 (1982).
[57] *B. I. Stepanov, E. N. Karpova* u. *A. I. Bokanov*, Zh. Obshch. Khim. **39**, 1544 (1969); C. A. **71**, 113056g (1969).

2. aus anderen Diphosphanen und deren Derivaten

2.1. aus Diphosphanen

Tetrakis-[trifluormethyl]-diphosphan setzt sich mit Dimethyl-phosphan in 97% Ausbeute zu dem unsymmetrischen *2,2-Bis-[trifluormethyl]-1,1-dimethyl-diphosphan* um[58]:

$$(F_3C)_2P-P(CF_3)_2 \ + \ (H_3C)_2PH \xrightarrow[-(F_3C)_2PH]{-63° \text{ bis } 20°C \text{ , } 24 \text{ Stdn.}} \begin{array}{c} H_3C \\ H_3C \end{array}\!\!\!P-P\!\!\!\begin{array}{c} CF_3 \\ CF_3 \end{array}$$

Tetraphenyl-diphosphan wird durch die doppelt molare Menge Lithium-dicyclohexyl-phosphid in *Tetracyclohexyl-diphosphan* (43%) umgewandelt[59]:

$$(H_5C_6)_2P-P(C_6H_5)_2 \ + \ 2 \, Li-P(C_6H_{11})_2 \xrightarrow[-2\,Li-P(C_6H_5)_2]{} \ (H_{11}C_6)_2P-P(C_6H_{11})_2$$

Die Methanolyse von 1,2-Bis-[1-(trimethylsiloxy)-ethenyl]-1,2-diphosphan liefert *1,2-Diphenyl-diphosphan* (99%)[59a]:

$$\begin{array}{c} OSi(CH_3)_3 \\ | \\ H_5C_6\!\!\diagdown\!\!P\!\!-\!\!C\!\!\diagup\!\!CH_2 \\ | \\ H_5C_6\!\!\diagup\!\!P\!\!-\!\!C\!\!\diagdown\!\!CH_2 \\ | \\ OSi(CH_3)_3 \end{array} + \ 4 \, H_3C-OH \xrightarrow[-2 \, H_3C-COOCH_3]{0-20° \quad -2 \, H_3CO-Si(CH_3)_3} \begin{array}{c} H_5C_6\diagdown\!\!\diagup H \\ P \\ | \\ P \\ H_5C_6\diagup\!\!\diagdown H \end{array}$$

Die Methanolyse verdeutlicht, daß das Divinyl-phosphan als ein verkapptes Acyl-phosphan zu betrachten ist[59a].

2.2. aus Dialkalimetall-diphosphiden

Die durch Spaltung von Cyclopolyphosphanen mit Alkalimetallen erhältlichen 1,2-Dialkalimetall-1,2-diphenyl-diphosphide (s. S. 198) lassen sich alkylieren[60,61,62] und acylieren (s. d. Bd. XII/1, S. 184). Mit Chlor-trimethyl-silan gelingt auch die Silylierung[63]; z. B.:

$$\begin{array}{c} H_5C_6\diagdown\!\!\!\!\diagup C_6H_5 \\ P-P \\ K\diagup\!\!\!\!\diagdown K \end{array} + \ 2 \, (H_3C)_3Si-Cl \xrightarrow[-2\,KCl]{} \begin{array}{c} H_5C_6\diagdown\!\!\!\!\diagup C_6H_5 \\ P-P \\ (H_3C)_3Si\diagup\!\!\!\!\diagdown Si(CH_3)_3 \end{array}$$

1,2-Bis-[trimethylsilyl]-1,2-diphenyl-diphosphan[63]: Zu einer Suspension von 4,00 g (9,1 mmol) 1,2-Dikalium-1,2-diphenyl-diphosphid-Bis-tetrahydrofuran in 75 *ml* Tetrahydrofuran wird bei −78° unter starkem Rühren langsam eine Lösung von 1,98 g (18,2 mmol) Chlor-trimethyl-silan in 25 *ml* Tetrahydrofuran getropft. Anschließend rührt man die farblose, gallertartige Reaktionsmischung unter allmählichem Erwärmen auf 20° einige Zeit nach. Nach Abtrennen des Kaliumchlorids und Einengen des Filtrates wird zur Kristallisation bei −20° belassen; Ausbeute: 3,1 g (93%); Schmp.: 99°.
Die Verbindung ist extrem hydrolyse- und oxidationsempfindlich.

[58] *R. G. Cavell* u. *R. C. Dobbie*, J. Chem. Soc. A **1968**, 1406.
[59] *K. Issleib* u. *F. Krech*, J. Prakt. Chem. **311**, 463 (1969).
[59a] *R. Appel, V. Barth* u. *M. Halstenberg*, Chem. Ber. **115**, 1617 (1982).
[60] US.P. 3 075 017 (1963/1959), Monsanto Co.; Erf.: *L. Maier*; C. A. **58**, 13995c (1963).
[61] *K. Issleib* u. *K. Krech*, Chem. Ber. **99**, 1310 (1966).
[62] *K. Issleib* u. *K. Krech*, Chem. Ber. **98**, 2545 (1965).
[63] *M. Baudler, M. Hallab, A. Zarkadas* u. *E. Tolb*, Chem. Ber. **106**, 3962 (1973).

2.3. aus 1,2-Bis[trimethylsilyl]-diphosphanen

1,2-Bis-[trimethylsilyl]-1,2-diphenyl-diphosphan läßt sich vorsichtig mit Wasser oder besser Alkoholen desilylieren. *1,2-Diphenyl-diphosphan* wird nach dieser Methode in 99% Ausbeute erhalten[64, 64a]:

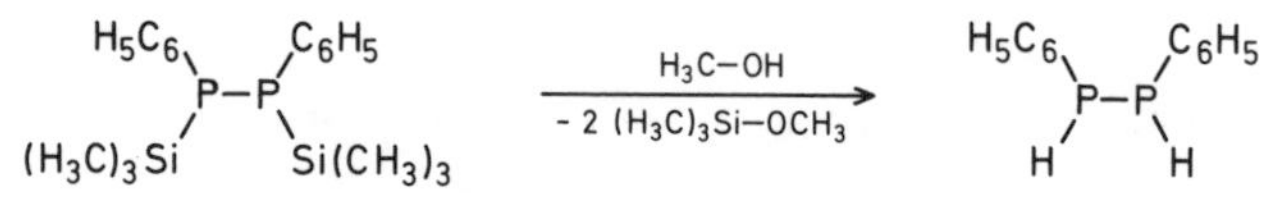

1,2-Diphenyl-diphosphan[64]: 3,62 g (10 mmol) 1,2-Bis-[trimethylsilyl]-1,2-diphenyl-diphosphan in 8 *ml* Benzol werden unter Eiskühlung mit (40 mmol) Methanol versetzt und 15 Min. bei ~ 15° gerührt. Die flüchtigen Bestandteile werden i. Hochvak. abgezogen; Ausbeute: 2,16 g (99%); farbloses, nach einiger Zeit kristallisierendes Öl; Schmp.: 30°.

Mit Benzoylchlorid wird *1,2-Dibenzoyl-1,2-diphenyl-diphosphan* (65%; Schmp.: 137–138°)[65] erhalten:

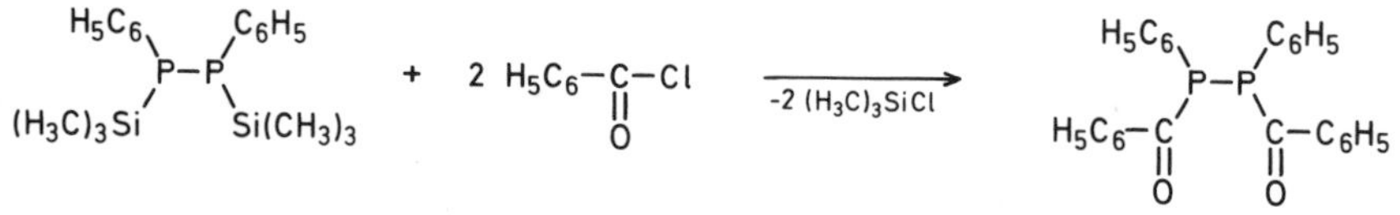

2.4. aus Tetrajod-diphosphanen

Tetrajoddiphosphane setzen sich mit Arylmagnesium-Verbindungen zu Tetraaryl-diphosphanen um[66]:

2.5. aus Diphosphanmonoxiden

Chlor-diphenyl-phosphan und Dimethoxy-methyl-phosphan reagieren zu *2,2-Diphenyl-1-methoxy-1-methyl-diphosphan-1-oxid*, das mit weiterem Chlor-diphenyl-phosphan in *Tetraphenyl-diphosphan* gespalten wird (Ausbeute 83%; Schmp.: 119–121°)[66a]:

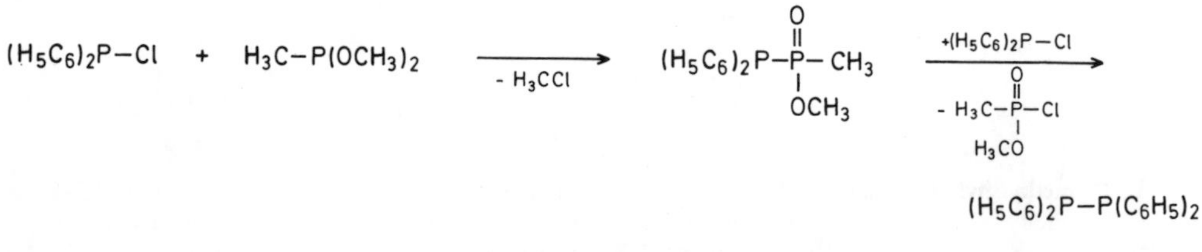

2.6. aus Diphosphan-bis-sulfiden

Aufgrund der leichten Zugänglichkeit von Diphosphan-bis-sulfiden (s. S. E 1/215), bietet die Desulfurierung einen bequemen Zugang zu Diphosphanen (s. d. Bd. XII/2, S. 184). Es lassen sich so Tetraalkyl- und Tetraaryl-diphosphane herstellen:

[64] *M. Baudler, B. Carlsohn, D. Koch* u. *P. K. Medda*, Chem. Ber. **111**, 1210 (1978).
[64a] *M. Baudler, C. Gruner, H. Tschäbunin* u. *J. Hahn*, Chem. Ber. **115**, 1739 (1982).
[65] *D. Fenske, E. Langer, M. Heymann* u. *H. J. Becker*, Chem. Ber. **109**, 359 (1976).
[66] *D. Negoin* u. *D. Lupin*, An. Univ. Bucureştı, Chim. **21**, 89 (1972); C.A. **79**, 78 886 u (1973).
[66a] *K. M. Abraham* u. *J. R. Van Wazer*, Inorganic Chem. **14**, 1099 (1975).

Tab. 34: Diphosphane aus Diphosphan-bis-sulfiden und Desulfurierungsmitteln

Ausgangsverbindungen		Diphosphan	Ausbeute	Sdp.		Lite-ratur
$R^1-\underset{\underset{R^2}{\overset{S}{\|}}}{\overset{\overset{S}{\|}}{P}}-\underset{\underset{R^2}{\|}}{\overset{\|}{P}}-R^1$	Desulfurierungs-mittel	$\underset{R^2}{\overset{R^1}{>}}P-P\underset{R^2}{\overset{R^1}{<}}$	[%]	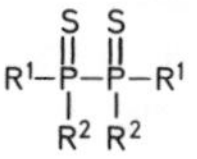 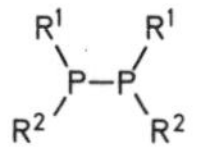 [°C]	[Torr (kPa)]	
R^1	R^2					
CH_3	CH_3	Fe	Tetramethyl-diphosphan	90	138	760 (101,31)	67,68
		$(H_9C_4)_3P$		80–88	61–63	54 (7,15)	70
C_2H_5	C_2H_5	FeH_2	Tetraethyl-diphosphan	–	220–221	760 (101,31)	69
CH_3	C_2H_5	$(H_9C_4)_3P$	1,2-Diethyl-1,2-di-methyl-diphosphan	65	188–190	722 (96,2)	71,72

Tetramethyl-diphosphan[67]: 18,6 g (0,1 mol) Tetramethyl-diphosphan-bis-sulfid werden mit 33,3 g (0,6 g Atom) Ferrum reductum innig vermischt. Nachdem die Luft mit Stickstoff verdrängt ist, wird vorsichtig angeheizt. Die grauschwarze Masse färbt sich an einer Stelle plötzlich tiefschwarz und eine heftige Reaktion setzt ein, wobei das Diphosphan abdestilliert. Man unterbricht das Heizen bis die Reaktion mäßiger ist und erhitzt danach solange weiter, bis kein Diphosphan mehr abdestilliert, das anschließend fraktioniert destilliert wird; Ausbeute: 11 g (90%); Sdp.: 138°/760 Torr (101,31 kPa).

1,2-Diethyl-1,2-dimethyl-diphosphan[71]: Eine Mischung von 12 g 1,2-Diethyl-1,2-dimethyl-diphosphan-bis-sulfid (Gemisch aus *meso*-Form und *dl*-Racemat) und 23 g Tributyl-phosphan wird langsam im Stickstoffstrom erhitzt. Bei 150° wird die Lösung homogen. Abschließend wird destilliert und rektifiziert; Ausbeute: 5,5 g (65%) Sdp. 188–190°/722 Torr (96,2 kPa).

Das Diphosphan entflammt an der Luft.

3. aus Cyclopolyphosphanen

3.1. durch Elektrolyse

Das bei der Elektrolyse von Pentaphenyl-pentaphospholan gebildete Dianion liefert mit Ethylbromid *1,2-Diethyl-1,2-diphenyl-diphosphan* in 70% Ausbeute[73]:

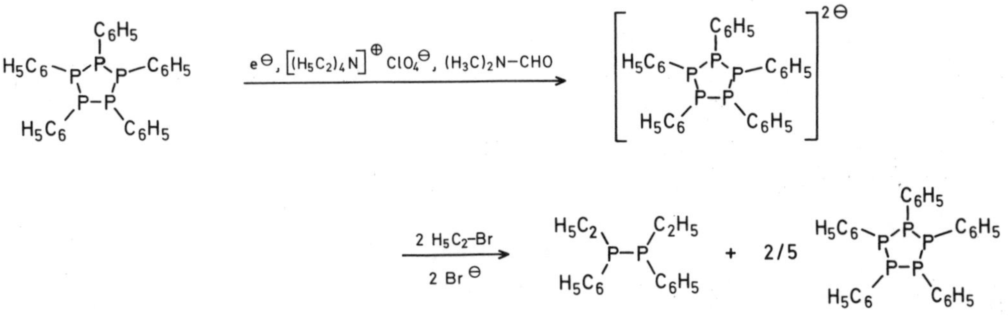

[67] H. Niebergall u. B. Langenfeld, Chem. Ber. **95**, 64 (1962).
[68] S. A. Butter u. J. Chatt, Inorg. Synth. **15**, 185 (1974).
[69] Brit. P. 875619 (1959/1958), Koppers Co. Inc.; C. A. **56**, 8748f (1962).
[70] G. Kordosky, B. R. Cook, J. Cloyd Jr. u. D. W. Meck, Inorg. Synth. **14**, 14 (1973).
[71] L. Maier, J. Inorg. Nucl. Chem. **24**, 275 (1962).
[72] F. Seel u. H. W. Heyer, Z. Anorg. Allg. Chem. **456**, 217 (1979).
[73] H. Matschiner u. H. Tanneberg, Z. Chem. **20**, 218 (1980).

3.2. mit Alkalimetallen

Die partielle Spaltung von Cyclopolyphosphanen mit Alkalimetallen führt zu 1,2-Dial-kalimetall-diphosphiden[74, 75]. Die besten Ausbeuten erhält man mit Kalium und wenn das Verhältnis „RP" zu Alkalimetall 1:1 beträgt. Es lassen sich sowohl Alkyl- als auch Aryl-cyclopolyphosphane zu 1,2-Dialkalimetall-diphosphiden umsetzen. In der Regel sind die Aryl-cyclopolyphosphane reaktiver.

$$(R-P)_n + K \xrightarrow{THF} \begin{array}{c} R \quad R \\ P-P \\ K \quad K \end{array}$$
$$n = 4,5$$

1,2-Dikalium-1,2-diphenyl-diphosphid[74]: 32 g Phenyl-cyclopolyphosphan werden mit 11,5 g Kalium in 150 ml Tetrahydrofuran 3 Stdn. gerührt. Nach Einengen und Zugabe von Petrolether fällt das 1,2-Dikalium-1,2-diphenyl-diphosphid aus; Ausbeute: 51 g (94,5%).

1,2-Dikalium-1,2-diethyl-diphosphid[75]: 16 g Ethyl-cyclopolyphosphan werden mit 10,4 g Kalium in 180 ml Tetrahydrofuran 36 Stdn. erhitzt, wobei der größte Teil des Kaliums umgesetzt ist. Die gelbbraune Lösung wird abfiltriert, i. Vak. eingedampft und mit Petrolether (30–50°) versetzt, wobei das Diphosphid auskristallisiert; Ausbeute: 31 g (86%, Tetrahydrofuran-Addukt).

Die 1,2-Dialkalimetall-diphosphide lassen sich leicht mit Alkylhalogeniden zu Tetraalkyl-bzw. Dialkyl-diaryl-diphosphanen alkylieren[74, 75] (s. S. E 1/195).

3.3. mit Phenyllithium bzw. Dilithium-phenyl-phosphid

Phenyllithium spaltet Aryl- und Alkyl-cyclopolyphosphane zu Monolithium-diphosphiden, wenn das Verhältnis „RP" zu Phenyllithium 4:2 beträgt[76, 77]. Die Ausbeuten betragen 60–70%:

$$(R-P)_n + H_5C_6-Li \longrightarrow \begin{array}{c} R \quad R \\ P-P \\ Li \quad C_6H_5 \end{array}$$

R = C_2H_5; *Lithium-1,2-diethyl-2-phenyl-diphosphid*; 60–65%
R = C_6H_5; *Lithium-triphenyldiphosphid*; 70%

Die Lithium-diphosphide lassen sich mit Alkylhalogeniden zu Diphosphanen umsetzen. Aus Lithium-triphenyldiphosphid und Ethylchlorid wird so *Ethyl-triphenyl-diphosphan* in 32–37% Ausbeute erhalten.

Phenyl-cyclopolyphosphan reagiert auch mit Dilithium-phenylphosphid im Verhältnis „RP" zu Li_2PR wie 1:1 zu *1,2-Dilithium-1,2-diphenyl-diphosphid* (71%)[78]:

$$(H_5C_6-P)_n + H_5C_6-PLi_2 \longrightarrow \begin{array}{c} H_5C_6 \quad C_6H_5 \\ P-P \\ Li \quad Li \end{array}$$

4. Sonstige Methoden

P–P-Bindungen werden bei der Photolyse oder Thermolyse der Übergangsmetall-Carbonyl-Komplexe von sek. oder tert. Phosphanen gebildet[78a, 78b]. Einige dieser Komplexe

---

[74] *K. Issleib* u. *K. Krech*, Chem. Ber. **99**, 1310 (1966).
[75] *K. Issleib* u. *K. Krech*, Chem. Ber. **98**, 2545 (1965).
[76] *K. Issleib* u. *F. Krech*, Z. Anorg. Allg. Chem. **385**, 47 (1971).
[77] *K. Issleib* u. *F. Krech*, Z. Anorg. Allg. Chem. **372**, 65 (1970).
[78] *K. Issleib* u. *F. Krech*, J. Prakt. Chem. **311**, 463 (1969).
[78a] *P. M. Treichel, W. K. Dean* u. *W. M. Douglas*, J. Organomet. Chem. **42**, 145 (1972).
[78b] *J. Grobe* u. *R. Rau*, Z. Anorg. Allg. Chem. **414**, 19 (1975).

sind nicht durch direkte Umsetzung von Metallcarbonylen und Diphosphan zugänglich (s. S. E 1/202), da bei diesen Umsetzungen oftmals die Spaltung der P–P-Bindung beobachtet wird.

1,2-Dialkyl(aryl)-1,2-dihalogen-diphosphane, die in Lösung in Cyclopolyphosphane und Dihalogenphosphane disproportionieren, lassen sich durch Koordination an Metall(O)-Zentren z.B. Cr(O) stabilisieren[78c].

B. Umwandlung

1. ohne Spaltung der P–P-Bindung

Die stufenweise Oxygenierung von Diphosphanen führt zu Diphosphan-oxiden (s.S. E 1/208) bzw. -bis-oxiden (s.S. E 1/214). Analog liefert die Sulfurierung Diphosphan-sulfide (s.S. E 1/211) bzw. -bis-sulfide (s.S. E 1/218). Mit Lewissäuren wie Diboran bilden Diphosphane stabile Mono- und Diaddukte[79]. Eine stabile Koordinationsverbindung wird auch von Tetramethyldiphosphan mit Quecksilber(II)-chlorid erhalten[80].

2. unter Spaltung der P–P-Bindung

Die P–P-Bindung von Diphosphanen läßt sich leicht spalten (s.d. Bd. XII/1, S. 186). Tab. 35 faßt die wichtigsten Spaltreaktionen mit den so herstellbaren Verbindungen zusammen.

Tab. 35: Umwandlung von Diphosphanen unter P–P-Spaltung

Diphosphan	Reaktionspartner	Reaktionsprodukte	beschrieben auf S.	Lit.
$\begin{array}{c}R \quad R\\ \backslash \, /\\ P-P\\ / \quad \backslash\\ R_2^1N \quad NR_2^1\end{array}$	Br_2	$\begin{array}{c}R\\ \backslash\\ P-Br\\ /\\ R_2^1N\end{array}$	251	81
	R^2-J	$[RR_2^2P^{\oplus}-NR_2^1]J^{\ominus}$ + $\begin{array}{c}R\\ \backslash\\ P-J\\ /\\ R_2^1N\end{array}$	251	82
$R_2P-P(OR^1)_2$	R^2-J	$[R_2P^{\oplus}R_2^2]\,J^{\ominus}$ + $(R^1O)_2P-J$	–	83
	R_2^2NH	R_2PH + $(R^1O)_2P-NR_2^2$	–	84
$(RO)_2P-P(OR)_2$	$\begin{array}{c}\backslash \quad /\\ C=C\\ / \quad \backslash\end{array}$	$(RO)_2P-\overset{\mid}{\underset{\mid}{C}}-\overset{\mid}{\underset{\mid}{C}}-P(OR)_2$	–	84a
	$-C\equiv C-$	$(RO)_2P-\overset{\mid}{C}=\overset{\mid}{C}-P(OR)_2$	–	84b

[78c] A. Hinke, W. Kuchen u. J. Kutter, Angew. Chem. **93**, 1112 (1981); engl.: **20**, 1060 (1981).

[79] H. J. Vetter u. H. Noeth, Chem. Ber. **96**, 1816 (1963).

[80] F. Seel u. H. W. Heyer, Z. Anorg. Allg. Chem. **456**, 217 (1979).

[81] W. Seidel u. K. Issleib, Z. Anorg. Allg. Chem. **325**, 113 (1963).

[82] W. Seidel, Z. Anorg. Allg. Chem. **330**, 141 (1964).

[83] V. L. Foss, Y. A. Veits u. I. F. Lutsenko, Zh. Obshch. Khim. **48**, 1705 (1978); engl.: 1558; C. A. **89**, 163661t (1978).

[84] V. L. Foss, Y. A. Veits u. I. F. Lutsenko, Zh. Obshch. Khim. **48**, 1709 (1978); engl.: 1562; C. A. **89**, 163662u (1978).

[84a] I. F. Lutsenko, M. V. Proskurina u. A. L. Chekhun, Zh. Oshch. Khim. **46**, 568 (1976); engl.: 565.

[84b] M. V. Proskurina, N. B. Karlstedt u. M. V. Livantsov, Zh. Obshch. Khim. **49**, 1910 (1979); engl.: 1682.

Tab. 35 (1. Fortsetzung)

Diphosphan	Reaktionspartner	Reaktionsprodukte	beschrieben auf S.	Lit.
$R_2P–PR_2$	$e/H^\oplus$	R_2PH	172	85
	$h\nu/–196°$	$R_2P.$	–	86
	$+ Hg[Si(CH_3)_3]_2$	$R_2P–Si(CH_3)_3$	–	87
	$+ [1. NC–\underset{CH_3}{\overset{CH_3}{C}}–N{=}N–\underset{CH_3}{\overset{CH_3}{C}}–CN;\ 2.\,S_8]$ 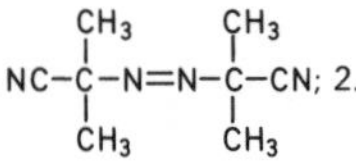	$R_2\overset{S}{\overset{\|}{P}}–\underset{CH_3}{\overset{CH_3}{C}}–CN$	E 2/85	88
	$+ [1.\,(H_5C_6)_2CO;\ 2.\,S_8]$	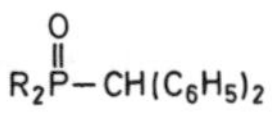 $R_2\overset{O}{\overset{\|}{P}}–CH(C_6H_5)_2$	–	89
		$+\ R_2P\!\!\overset{O}{\underset{OH}{\diagup\!\!\diagdown}}$	–	
		$+\ (H_5C_6)_2\,C{=}C(C_6H_5)_2$		
		$+\ (H_5C_6)_2\,C{=}S$		
	Alkalimetall	$R_2P–M$	⎫	90, 91, 92
	R_3SnH	$R_2P–SnR_3$ $+\ R_2PH$	⎪	93
	$Li[AlH_4]$	R_2PH	⎬ 131	94
	$H_5C_6–Li$	$R_2P–Li$ $+\ R_2P–C_6H_5$	⎭	95, 96, 97
	HCl	R_2PH $+R_2P–Cl$	131, 251	98
	Cl_2	R_2PCl_3	–	99
	Br_2	$R_2P–Br$	251	100
	Si_2Cl_6	$R_2P–SiCl_3$	–	101
	NH_2Cl	$[R_2P^\oplus(NH_2)_2]Cl^\ominus$	–	102
	$R_2^1N–NR_2^1$	$R_2^1P–NR_2^1$	–	103
	$R^1–OH$	$R_2P–OR^1$ $+R_2PH$	131, 258	104, 105

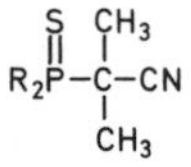

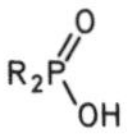

[85] H. Matschiner u. H. Tanneberg, Z. Chem. 20, 218 (1980).
[86] U. Schmidt, F. Geiger, A. Müller u. K. Markau, Angew. Chem. 75, 640 (1963).
[87] G. Avar u. W. P. Neumann, J. Organomet. Chem. 131, 207 (1977).
[88] R. Okazaki, Y. Hirabayashi, K. Tamura u. N. Inamoto, J. Chem. Soc., Perkin Trans. 1, 1976, 1034.
[89] R. Okazaki, K. Tamura, Y. Hirabayashi u. N. Inamoto, J. Chem. Soc., Perkin Trans. 1, 1976, 1924.
[90] H. Niebergall u. B. Langenfeld, Chem. Ber. 95, 64 (1962).
[91] S. A. Butter u. J. Chatt, Inorg. Synth. 15, 185 (1974).
[92] G. Kordosky, B. R. Cook, J. Cloyd Jr. u. D. W. Meck, Inorg. Synth. 14, 14 (1973).
[93] S. Ansari u. J. Grobe, Z. Naturforsch. 30 B, 531 (1975).
[94] K. Issleib, A. Tzschach u. R. Schwarzer, Z. Anorg. Allg. Chem. 338, 141 (1965).
[95] K. Issleib u. K. Krech, Chem. Ber. 98, 1093 (1965).
[96] K. Issleib u. F. Krech, J. Organomet. Chem. 13, 283 (1968).
[97] K. Issleib u. F. Krech, Z. Anorg. Allg. Chem. 328, 21 (1964).
[98] L. R. Grant Jr. u. A. B. Burg, J. Am. Chem. Soc. 84, 1834 (1962).
[99] H. G. Ang u. J. M. Miller, Chem. Ind. (London) 1966, 944.
[100] L. Maier, J. Inorg. Nucl. Chem. 24, 275 (1962).
[101] T. A. Bamford u. A. G. McDiarmid, Inorg. Nucl. Chem. Lett. 8, 733 (1972).
[102] S. E. Frazier u. H. H. Sisler, Inorg. Chem. 5, 925 (1966).
[103] Y. N. Shlyk, G. M. Bogolyubov u. A. A. Petrov, Zh. Obshch. Khim. 38, 193 (1968); C. A. 69, 67475b (1968).
[104] J. E. Griffiths u. A. B. Burg, J. Am. Chem. Soc. 84, 3442 (1962).
[105] R. S. Davidson, R. A. Sheldon u. S. Tripett, J. Chem. Soc. C 1966, 722.

Tab. 35 (2. Fortsetzung)

Diphosphan	Reaktionspartner	Reaktionsprodukte	beschrieben auf S.	Lit.
R_2P-PR_2	R^1S-SR^1	$R_2P-SR^1 + R_3P=S$	265, E2/85	[106, 107]
	R^1-J	$R_2P-R^1 + R_2P$-J	129, 251	[108, 109]
	$Br-CH_2-(CH_2)_n-CH_2-Br \longrightarrow$	$\left[(H_2C)_n \underset{R}{\overset{R}{P^\oplus}} \right] Br^\ominus$	–	[109a]
	CCl_4	$R_2P-CCl_3 + R_2P$-Cl	131, 251	[110]
	$CCl_4 + R_2^1NH$	$[R_2P^\oplus(NR_2^1)_2]Cl^\ominus$	–	[111]
	$R^1-CO-OH$	$R^1-CH-\overset{O}{\overset{\|}{P}}R_2$ $O-PR_2$ $\overset{}{\overset{\|}{O}}$	E2/40	[112, 113]
	NO	$R_2\overset{O}{\overset{\|}{P}}-O-\overset{O}{\overset{\|}{P}}R_2$	E2/174	[114, 115]
	$F_3C-CO-CF_3$	$F_3C\underset{F_3C}{\overset{R}{\underset{}{\bigtriangleup}}}\overset{O-C-CF_3}{\underset{O-CH-CF_3}{P}}$ $\overset{CF_3}{}$ PR_2 $\overset{CF_3}{}$	–	[116]
	$\overset{}{\underset{}{C=C}}$	$R_2P-\overset{\|}{\underset{\|}{C}}-\overset{\|}{\underset{\|}{C}}-PR_2$	129	[117, 118, 119]
		$R_2P-\overset{\|}{\underset{\|}{C}}-\overset{\|}{C}=\overset{\|}{C}-\overset{\|}{\underset{\|}{C}}-PR_2$	129	[120]
	$-\equiv-$	$R_2P-\overset{\|}{C}=\overset{\|}{C}-PR_2$	129	[117, 121]
	S_4N_4	$\overset{S\cdot N\cdot S}{\underset{R}{\underset{}{N\cdot P\cdot N}}}$	–	[121a]

[106] Y. N. Shlyk, G. M. Bogolyubov u. A. A. Petrov, Zh. Obshch. Khim. **38**, 193 (1968); C. A. **69**, 67475b (1968).
[107] Y. N. Shlyk, G. M. Bogloyubov u. A. A. Petrov, Dokl. Akad. Nauk SSSR **176**, 1327 (1967); C. A. **69**, 19261g (1968).
[108] M. Yamashita, A. Wakuta, T. Ogata u. S. Inokawa, Yuki Gosei Kagaku Kyokai Shi. **36**, 414 (1978); C. A. **89**, 109761n (1978).
[109] I. G. Maslennikow, V. I. Shibaev, A. N. Lavrentev u. E. G. Sochilin, Zh. Obshch. Khim. **46**, 940 (1976); engl.: 943; C. A. **85**, 33136g (1976).
[109a] G. Märkl, Angew. Chem. **75**, 859 (1963).
[110] R. Appel u. R. Milker, Chem. Ber. **108**, 1783 (1975).
[111] R. Appel u. R. Milker, Chem. Ber. **108**, 2349 (1975).
[112] R. S. Davidson, R. A. Sheldon u. S. Trippett, J. Chem. Soc. C **1967**, 1547.
[113] R. S. Davidson, R. A. Sheldon u. S. Trippett, J. Chem. Soc. C **1968**, 1700.
[114] R. C. Dobbie, J. Chem. Soc. A **1971**, 2894.
[115] A. B. Burg, Inorg. Chem. **17**, 2322 (1978).
[116] J. A. Gibson, G. V. Roeschenthaler u. R. Schmutzler, Z. Naturforsch. **32B**, 599 (1977).
[117] US.P. 3118951 (1964/1959), Erf.,: A. B. Burg u. L. R. Grant Jr.; C. A. **60**, 20718b (1964).
[118] R. N. Hazeldine, P. Cooper u. R. Fields, J. Chem. Soc. C **1971**, 3031.
[119] R. Brandon, R. N. Hazeldine u. P. J. Robinson, J. Chem. Soc., Perkin Trans. 2, **1973**, 1301.
[120] W. Hewertson u. I. C. Taylor, J. Chem. Soc. C **1970**, 1990.
[121] A. Tzschach u. S. Baeusch, J. Prakt. Chem. **313**, 254 (1971).
[121a] N. Burford, T. Chivers, R. T. Oakley, A. W. Cordes u. P. N. Swepston, J. Chem. Soc. Chem. Commun. **1980**, 1204.

3. mit Schwermetallsalzen und Metallcarbonylen

Diphosphane geben mit Schwermetallsalzen[122] und Metallcarbonylen charakteristische Komplexe (s. Bd. XII/1, S. 186). Bei den Metallcarbonylen sind Komplexe mit Vanadium[123, 124], Chrom[125, 126], Molybdän[127], Wolfram[125, 127], Rhenium[128] und Eisen[125, 129] beschrieben.

α_2) Diphosphanium(1+)-Salze

A. Herstellung

1. durch Aufbaureaktion

1.1. aus tertiären Phosphanen

1.1.1. mit Monohalogen-phosphanen

Tertiäre Phosphane mit mindestens zwei Alkyl-Gruppen setzen sich mit Monochlorphosphanen zu Diphosphanium(1+)-chloriden um[130−132]:

$$R^1_3P \;+\; R^2_2P{-}Cl \quad\xrightarrow{20\,°}\quad \left[R^1_3\overset{\oplus}{P}{-}PR^2_2\right] Cl^{\ominus}$$

$R^1 = C_2H_5$, $R^2 = CH_3$; 2,2-Dimethyl-1,1,1-triethyl-diphosphanium(1+)-chlorid[131]; Schmp.: 87–90°
$R^1 = CH_3$, $R^2 = C_6H_5$; 2,2-Diphenyl-1,1,1-trimethyl-diphosphanium-(1+)-chlorid[132]; 100%

1.1.2. mit Dihalogen-phosphanen

Triethyl-phosphan bildet mit Dichlor-phenyl- bzw. Dichlor-methyl-phosphan stabile 1:1-Addukte, denen die Konstitution von Diphosphanium(1+)-Salzen zukommt[131]:

$$(H_5C_2)_3P \;+\; R{-}PCl_2 \quad\xrightarrow{(H_5C_2)_2O,\ -20\ \text{bis}\ 0\,°}\quad \left[(H_5C_2)_3\overset{\oplus}{P}{-}\underset{Cl}{\overset{R}{P}}\right] Cl^{\ominus}$$

2-Chlor-2-methyl-1,1,1-triethyl-diphosphanium(1+)-chlorid[131]: Eine Lösung von 0,50 g (2,3 mmol) Dichlor-methyl-phosphan in 3 *ml* Diethylether wird bei 0° zu einer Lösung von 0,51 g (2,3 mmol) Triethyl-phosphan in 5 *ml* Diethylether gegeben. Der ausgefallene farblose Niederschlag wird abfiltriert und i. Vak. getrocknet; Ausbeute: 0,82 g (81%); Schmp.: 76–78°.

1.1.3. mit Phosphorsäure-trihalogeniden

Die Umsetzung von Trialkyl- oder Triaryl-phosphanen mit Phosphorsäuretrihalogeniden liefert die extrem hydrolyseempfindlichen Dihalogenphosphoniumhalogenide[133, 134]:

[122] K. Issleib, U. Giesder u. H. Hartung, Z. Anorg. Allg. Chem. **390**, 239 (1972).
[123] D. Rehder, J. Organomet. Chem. **137**, C25 (1977).
[124] H. Baumgarten, H. Johannsen u. D. Rehder, Chem. Ber. **112**, 2650 (1979).
[125] J. Chatt u. D. A. Thornton, J. Chem. Soc. **1964**, 1005.
[126] L. Staudacher u. H. Vahrenkamp, Chem. Ber. **109**, 218 (1976).
[127] R. C. Dobbie, Inorg. Nucl. Chem. Lett. **9**, 191 (1973).
[128] W. Hieber u. W. Opavsky, Chem. Ber. **101**, 2966 (1968).
[129] H. G. Ang u. J. M. Miller, Chem. Ind. (London) **1966**, 944.
[130] W. Seidel, Z. Anorg. Allg. Chem. **330**, 141 (1964).
[131] S. F. Spangenberg u. H. H. Sisler, Inorg. Chem. **8**, 1006 (1969).
[132] F. Ramirez u. E. A. Tsolis, J. Am. Chem. Soc. **92**, 7553 (1970).
[133] E. Lindner u. H. Schleß, Chem. Ber. **99**, 3331 (1966).
[134] E. Lindner u. H. Beer, Chem. Ber. **105**, 3261 (1972).

$$R_3P \quad + \quad O=PX_3 \quad \longrightarrow \quad \left[R_3\overset{\oplus}{P}-\overset{\overset{\displaystyle O}{\|}}{\underset{\underset{\displaystyle X}{|}}{P}}-X \right] X^{\ominus}$$

R = C₆H₅, X = Cl: *Dichlorphosphoryl-triphenyl-phosphoniumchlorid*[133]; 90%; Zers.-p.: 87°
X = Br: *Dibromphosphoryl-triphenyl-phosphoniumbromid*[133]; Zers.-p.: 197°
R = C₂H₅, X = Cl: *Dichlorphosphoryl-triethyl-phosphoniumchlorid*[134]; 80%; Schmp.: 27–28°

Mit 1,3- und 1,4-Diphosphanen bilden sich so Bisphosphonium-Salze, die ebenfalls extrem hygroskopisch sind[134, 135]. Bei 1,2-Diphosphanen (n=o) versagt die Reaktion.

$$(H_5C_6)_2P-(CH_2)_n-P(C_6H_5)_2 \quad \xrightarrow{\;O=PCl_3\;} \quad \left[\overset{\overset{\displaystyle O}{\|}}{\underset{\underset{\displaystyle Cl}{|}}{Cl-P}}-\overset{\overset{\displaystyle C_6H_5}{|}}{\underset{\underset{\displaystyle C_6H_5}{|}}{\overset{\oplus}{P}}}-(CH_2)_n-\overset{\overset{\displaystyle H_5C_6}{|}}{\underset{\underset{\displaystyle H_5C_6}{|}}{\overset{\oplus}{P}}}-\overset{\overset{\displaystyle O}{\|}}{\underset{\underset{\displaystyle Cl}{|}}{P-Cl}} \right] \; 2\,Cl^{\ominus}$$

n = 1; *Bis-[dichlorphosphoryl-diphenyl-phosphoniono]-methan-dichlorid*[134]; 90%; Öl
n = 2; *1,2-Bis-[dichlorphosphoryl-diphenyl-phosphoniono]-ethan-dichlorid*[135]; 90%; Schmp.: 120–122°

2. aus Diphosphanen

2.1. mit Alkylhalogeniden (s.d. Bd. XII/1, S. 186)

2.2. mit Tetrachlormethan

Im Gegensatz zu Tetraphenyl-diphosphan werden die stärker basischen Tetramethyl- und Tetraethyl-diphosphane von Tetrachlormethan nicht an der P–P-Bindung gespalten sondern bilden extrem hygroskopische Diphosphanium(1+)-Salze[136]:

$$2\,(H_3C)_2P-P(CH_3)_2 \quad + \quad CCl_4 \quad \longrightarrow \quad \left\{ \left[(H_3C)_2P-\overset{\oplus}{P}(CH_3)_2 \right]_2 CCl_2 \right\} 2\,Cl^{\ominus}$$

Bis-[tetramethyl-diphosphanio(1+)-dichlor-methan-dichlorid[136];
64%; Zers.-p.: ab 130°

B. Umwandlung

2,2-Diphenyl-1,1,1-trimethyl-diphosphanium(1+)-chlorid geht beim Erhitzen i. Vak. auf 100° in Umkehrung seiner Bildung in *Trimethyl-* und *Chlor-diphenyl-phosphan* über[132]. Die 1:1-Addukte aus Triethyl-phosphan und Dichlor-phosphanen werden thermisch in Dichlor-triethyl-phosphorane und Cyclopolyphosphane umgewandelt[131]. Die extrem hydrolyseempfindlichen Dihalogenphosphoryl-phosphoniumhalogenide lassen sich in guten Ausbeuten und schonend in Phosphanoxide umwandeln[133–135] (s.S. E2/55). Ebenfalls leicht hydrolysieren Diphosphanium(1 +)-Salze aus Tetraalkyl-diphosphanen und Tetrachlormethan wobei Alkanphosphinsäuren und sekundäre Phosphanoxide entstehen können[136].

---

[131] *S. F. Spangenberg* u. *H. H. Sisler*, Inorg. Chem. **8**, 1006 (1969).
[132] *F. Ramirez* u. *E. A. Tsolis*, J. Am. Chem. Soc. **92**, 7553 (1970).
[133] *E. Lindner* u. *H. Schleß*, Chem. Ber. **99**, 3331 (1966).
[134] *E. Lindner* u. *H. Beer*, Chem. Ber. **105**, 3261 (1972).
[135] *E. Lindner* u. *H. Beer*, Chem. Ber. **103**, 2802 (1970).
[136] *R. Appel* u. *R. Milker*, Chem. Ber. **108**, 1783 (1975).

α₃) *Diphosphanmonoxide*

A. Herstellung

1. durch Aufbaureaktion

1.1. aus sekundären Phosphanoxiden

1.1.1. mit Essigsäureanhydrid

Das intermediär aus Diphenyl-phosphanoxid und Acetanhydrid gebildete gemischte Anhydrid wandelt sich in Gegenwart von Pyridin in *Tetraphenyl-diphosphanmonoxid* um[137]:

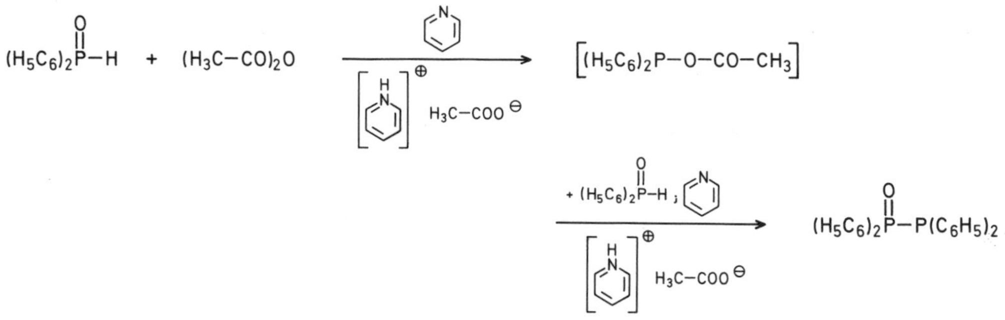

$$(H_5C_6)_2\overset{O}{\overset{||}{P}}-H \ + \ (H_3C-CO)_2O \ \xrightarrow{} \ \left[(H_5C_6)_2P-O-CO-CH_3\right]$$

$$\xrightarrow{\ + \ (H_5C_6)_2\overset{O}{\overset{||}{P}}-H \ , \ } \ (H_5C_6)_2\overset{O}{\overset{||}{P}}-P(C_6H_5)_2$$

Tetraphenyl-diphosphanmonoxid[137]: Die Lösung von 5,0 g (2,5 mmol) Diphenyl-phosphanoxid und 10,0 g (10 mmol) Essigsäureanhydrid in 25 *ml* Pyridin wird unter Stickstoff 3 Tage bei 20° belassen; Ausbeute: 4,0 g (84%) (kristalliner Feststoff).

1.1.2. mit Monohalogenphosphanen (Phosphinigsäure-chloriden)

Sekundäre Phosphanoxide und Monochlorphosphane setzen sich in Gegenwart von Basen wie Ethylamin[138] oder Triethylamin[138–140] in guten Ausbeuten zu Diphosphanmonoxiden um[141]:

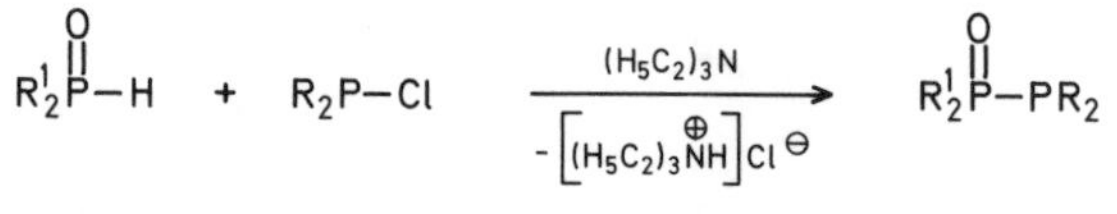

$$R_2^1\overset{O}{\overset{||}{P}}-H \ + \ R_2P-Cl \ \xrightarrow[-\left[(H_5C_2)_3\overset{\oplus}{N}H\right]Cl^{\ominus}]{(H_5C_2)_3N} \ R_2^1\overset{O}{\overset{||}{P}}-PR_2$$

Die Umsetzung versagt bei sterisch aufwendigen Resten am Halogenphosphan. So reagiert Chlor-di-tert-butyl-phosphan nicht mehr mit Dialkyl-phosphanoxiden[140]. Unterschiedliche Substitution der Ausgangsverbindungen ($R^1 \neq R^2$) verlangt einen Überschuß an Hilfsbase, um die sonst mögliche Austauschreaktion zwischen sekundärem Phosphanoxid und Halogenphosphan zu verhindern[140]:

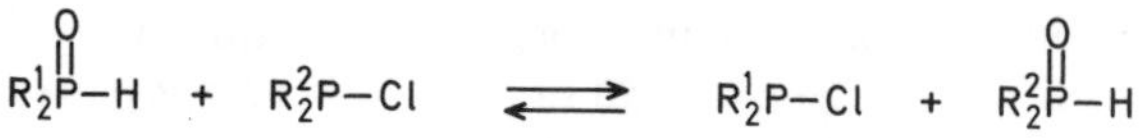

$$R_2^1\overset{O}{\overset{||}{P}}-H \ + \ R_2^2P-Cl \ \rightleftarrows \ R_2^1P-Cl \ + \ R_2^2\overset{O}{\overset{||}{P}}-H$$

[137] *S. Inokawa, Y. Tanaka, H. Yoshida* u. *T. Ogata*, Chem. Lett. **1972**, 469.

[138] *J. McKechnie, D. S. Payne* u. *W. Sim*, J. Chem. Soc. **1965**, 3500.

[139] *K. Issleib* u. *B. Walther*, J. Organomet. Chem. **22**, 375 (1970).

[140] *V. L. Foss, V. A. Solodenko* u. *I. F. Lutsenko*, Zh. Obshch. Khim. **49**, 2418 (1979); engl.: 2134.

[141] *B. Walther* u. *M. Weiss*, Khim. Primen. Fosfororg. Soedin., Tr. Konf., 5th. **1972** (Pub. 1974), 161; C. A. **83**, 164295 q (1975).

Tetrabutyl-diphosphanmonoxid[139]**:** Zu einer Lösung von 4,2 g (25,6 mmol) Dibutyl-phosphanoxid und 2,6 g (25,6 mmol) Triethylamin in 70 *ml* Benzol tropft man 4,6 g (29,1 mmol) Chlor-dibutyl-phosphan und erhitzt 4 Stdn. Man filtriert ab, dampft i. Vak. ein und destilliert den Rückstand; Ausbeute: 5,0 g (63,8%); Sdp.: 120–125°/ 10^{-2} Torr (1,3 · 10^{-3} kPa) (farblose Flüssigkeit).

2,2-Diisopropyl-1,1-diphenyl-diphosphan-1-oxid[140]**:** Innerhalb 5 Min. werden unter Rühren 1,68 g (11 mmol) Chlor-diisopropyl-phosphan zu 2,22 g (11 mmol) Diphenyl-phosphanoxid in 25 *ml* Benzol und 3,33 g (33 mmol) Triethylamin gegeben. Man rührt 2 Stdn. bei 20°, filtriert das Ammoniumsalz ab, dampft i. Vak. ein und kristallisiert aus Hexan um (Kühlen); Ausbeute: 2,1 g (61%); Schmp.: 86–88°.

Das für die Kondensation benötigte Monochlorphosphan läßt sich auch aus dem sekundären Phosphanoxid mit Tetrachlorsilan in situ erzeugen. So erhält man *Tetrabutyl-diphosphanmonoxid* in 80% Ausbeute bei der Umsetzung von Dibutyl-phosphanoxid mit Tetrachlorsilan im Molverhältnis 4 : 1 [139].

1.1.3. mit Monoaminophosphanen (Phosphinigsäure-amiden)

Beim Erhitzen von sekundären Phosphanoxiden mit Monoaminophosphanen bilden sich Diphosphanmonoxide in sehr guten Ausbeuten[140, 141]:

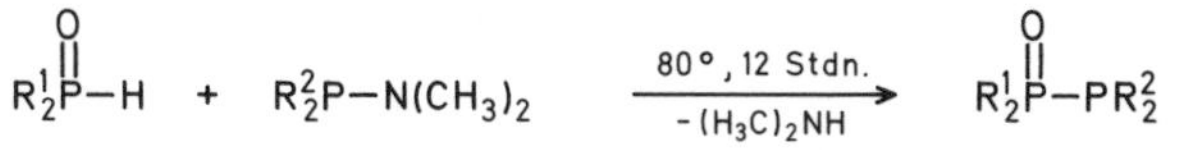

$$
\underset{\substack{\|\\ \text{O}}}{R^1_2 P}-H \;+\; R^2_2 P-N(CH_3)_2 \quad\xrightarrow[- (H_3C)_2 NH]{80°,\,12\,\text{Stdn.}}\quad \underset{\substack{\|\\ \text{O}}}{R^1_2 P}-PR^2_2
$$

$R^1 = C_6H_5$; $R^2 = CH(CH_3)_2$; *2,2-Diisopropyl-1,1-diphenyl-diphosphan-1-oxid*[140]: 100%; Schmp.; 86–88°
$R^2 = C_6H_{11}$; *2,2-Dicyclohexyl-1,1-diphenyl-diphosphan-1-oxid*[140]: 100%; Schmp.: 160–163°.

1.2. aus Alkalimetallsalzen von Phosphinigsäuren mit Monohalogenphosphanen

Die Alkalimetallsalze von Phosphinigsäuren bilden mit Monochlorphosphanen in guten bis sehr guten Ausbeuten Diphosphanmonoxide[140, 140a, 142]. Die Reaktion läßt sich auch mit sterisch aufwendigen Resten durchführen.

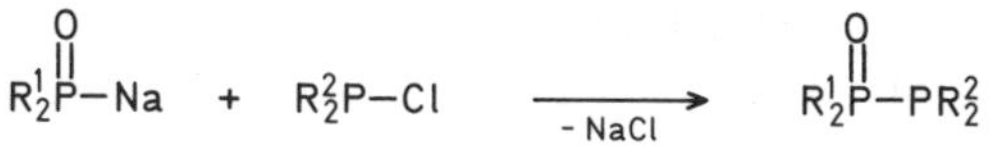

$$
\underset{\substack{\|\\ \text{O}}}{R^1_2 P}-Na \;+\; R^2_2 P-Cl \quad\xrightarrow{-\,NaCl}\quad \underset{\substack{\|\\ \text{O}}}{R^1_2 P}-PR^2_2
$$

2,2-Di-tert.-butyl-1,1-diphenyl-diphosphan-1-oxid[140]**:** Eine Lösung von 1,1 g (7 mmol) Natrium-bis-[trimethylsilyl]-amid in 4,3 *ml* Ether wird rasch zu 1,2 g (6 mmol) Diphenyl-phosphanoxid in 5 *ml* 1,4-Dioxan gegeben. Die Mischung wird 30 Min. gerührt und anschließend mit 1,08 g (6 mmol) Chlor-di-tert.-butyl-phosphan versetzt. Nach 2 Stdn. wird der Niederschlag abzentrifugiert und das Lösungsmittel i. Vak. abdestilliert. Der Rückstand wird 2mal mit Hexan gewaschen und i. Vak. über Phosphor(V)-oxid und Paraffin getrocknet; Ausbeute: 1,7 g (83%); Schmp.: 88–101°.

Entsprechend werden z. B. erhalten:

$R^1 = C_4H_9$; $R^2 = C(CH_3)_3$: *1,1-Dibutyl-2,2-di-tert.-butyl-diphosphan-1-oxid*[140]; 65%; Sdp.: 123°/ 0,04 Torr (5,2 · 10^{-3} kPa)
$R^1 = R^2 = C(CH_3)_3$; *Tetra-tert.-butyldiphosphan-monoxid*[142]; 70%

Nach dieser Methode lassen sich auch mit Chlor-dialkoxy-phosphan die sehr instabilen *2,2-Dialkoxy-1,1-dialkyl-diphosphan-1-oxide* herstellen[143]:

[139] *K. Issleib* u. *B. Walther*, J. Organomet. Chem. **22**, 375 (1970).
[140] *V. L. Foss*, *V. A. Solodenko* u. *I. F. Lutsenko*, Zh. Obshch. Khim. **49**, 2418 (1979); engl.: 2134.
[140a] *V. L. Foss*, *V. A. Solodenko*, *Y. A. Veits* u. *I. F. Lutsenko*, Zh. Obshch. Khim. **49**, 1724 (1979); engl.: 1510.
[141] *B. Walther* u. *M. Weiss*, Khim. Primen. Fosfororg. Soedin., Tr. Konf., 5th. **1972** (Pub. 1974), 161; C.A. **83**, 164295q (1975).
[142] *V. L. Foss*, *Y. A. Veits*, *V. A. Solodenko* u. *I. F. Lutsenko*, Zh. Obshch. Khim. **46**, 1651 (1976); engl. 1606; C.A. **85**, 159246m (1976).
[143] *V. L. Foss*, *Y. A. Veits* u. *I. F. Lutsenko*, Phosphorus Sulfur **3**, 299 (1977).

13*

$$R_2\overset{\overset{\displaystyle O}{\|}}{P}-M \quad + \quad (H_9C_4O)_2P-Cl \quad \xrightarrow[-\,MCl]{-78°} \quad R_2\overset{\overset{\displaystyle O}{\|}}{P}-P(OC_4H_9)_2$$

$R = CH(CH_3)_2$, $C(CH_3)_3$, C_6H_{11} (Reinheit: 50–80%)
$M = Na, K$

1.3. aus Phosphinigsäureestern

1.3.1. durch Erhitzen

Dimethyl-trimethylsilyloxy-phosphan geht beim Erhitzen auf 80° unter Abspaltung von Hexamethylsiloxan in *Tetramethyl-diphosphanmonoxid* über[144]. Mit Dimethyl-trimethyl-silyl-amin kann der Phosphinigsäure-ester aus Dimethylphosphanoxid erzeugt und direkt zu dem Diphosphanmonoxid umgesetzt werden[144]:

$$2\,(H_3C)_2\overset{\overset{\displaystyle O}{\|}}{P}-H \quad + \quad 2\,(H_3C)_2N-Si(CH_3)_3 \quad \xrightarrow[-\,2\,(H_3C)_2NH]{} \quad 2\,(H_3C)_2P-O-Si(CH_3)_3$$

$$\xrightarrow[-\,\left[(H_3C)_3Si\right]_2 O]{\Delta} \quad (H_3C)_2\overset{\overset{\displaystyle O}{\|}}{P}-P(CH_3)_2$$

Tetramethyl-diphosphanmonoxid[144]: 66,0 g (0,84 mol) Dimethyl-phosphanoxid werden bei ~ 50° mit 99,8 g (0,84 mol) Dimethyl-trimethylsilyl-amin versetzt. Nach Ende der starken Gasentwicklung wird die Temp. auf 75–80° erhöht und 16 Stdn. dabei belassen. Nach Abziehen der flüchtigen Anteile [20°/ 0,1 Torr (0,013 kPa)] verbleibt ein farbloser, kristalliner Rückstand, der mit kaltem Pentan (−40°) mehrmals gewaschen und dann bei 20°/ 0,1 Torr (0,013 kPa) getrocknet wird; Ausbeute 38,1 g (66%); Schmp.: 71–73°.

1.3.2. mit Monochlorphosphanen

Phosphinigsäure-ester setzen sich mit Monochlorphosphanen in einer der Michaelis-Arbusov-Reaktion analogen Weise in guten Ausbeuten zu Diphosphanmonoxiden um[140, 145, 146]. Am besten geeignet sind die Trimethylsilylester[140] während bei Alkylestern infolge verlängerter Reaktionszeiten bei am Phosphor unterschiedlich substituierten Diphosphanmonoxiden ($R^1 \neq R^2$) mit Isomerisierungsreaktionen gerechnet werden muß[140] (s. S. 208):

$$R_2^1P-OR^3 \quad + \quad R_2^2P-Cl \quad \xrightarrow[-\,R^3Cl]{} \quad R_2^1\overset{\overset{\displaystyle O}{\|}}{P}-PR_2^2$$

Tetraphenyl-diphosphanmonoxid[145]: Die Lösung von 22 g (0,1 mol) Chlor-diphenyl-phosphan und 21,6 g (0,1 mol) Diphenyl-methoxy-phosphan in 100 ml Benzol wird im schwachen Stickstoffstrom 2 Stdn. am Rückfluß zum Sieden erhitzt. Anschließend wird das Benzol i. Vak. abdestilliert wobei Tetraphenyl-diphosphanmonoxid in Form farbloser Kristalle anfällt, die aus wenig Benzol umkristallisiert werden; Ausbeute: 37 g (95,5%); Schmp.: 158–161°.

1,1-Di-tert.-butyl-2,2-diphenyl-diphosphan-1-oxid[140]: Zu 2,35 g (10 mmol) Di-tert.-butyl-trimethylsilyloxy-phosphan wird unter Schütteln 1,66 g (7,5 mmol) Chlor-diphenyl-phosphan tropfenweise gegeben, wobei die Apparatur auf 10 Torr (1,33 kPa) evakuiert wird. Nach 20 Min. wird mit Argon gefüllt und der feste Rückstand aus Ether umkristallisiert; Ausbeute: 1,5 g (65%); Schmp.: 123–125°.

---

[140] *V. L. Foss, V. A. Solodenko* u. *I. F. Lutsenko*, Zh. Obshch. Khim. **49**, 2418 (1979); engl.: 2134.
[144] *M. Volkholz, O. Stelzer* u. *R. Schmutzler*, Chem. Ber. **111**, 890 (1978).
[145] *E. Fluck* u. *H. Binder*, Inorg. Nucl. Chem. Lett. **3**, 307 (1967).
[146] *A. Kuzhikalail* u. *J. R. Van Wazer*, J. Organomet. Chem. **85**, 41 (1975).

In Tab. 36 sind weitere charakteristische Beispiele aufgeführt. Eine weitere Variante dieser Methode besteht darin, den Phosphinigsäureester aus dem Chlorphosphan zu erzeugen, der dann mit weiterem Chlorphosphan direkt weiter reagiert. Bewährt hat sich Methoxy-trimethyl-silan zur Einführung der Methoxy-Gruppe [146]:

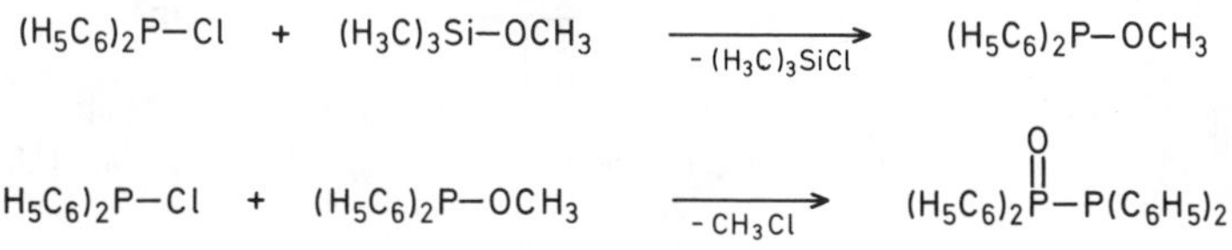

$$(H_5C_6)_2P-Cl \; + \; (H_3C)_3Si-OCH_3 \quad \xrightarrow[- (H_3C)_3SiCl]{} \quad (H_5C_6)_2P-OCH_3$$

$$(H_5C_6)_2P-Cl \; + \; (H_5C_6)_2P-OCH_3 \quad \xrightarrow[- CH_3Cl]{} \quad (H_5C_6)_2\overset{\overset{\textstyle O}{\|}}{P}-P(C_6H_5)_2$$

Tetraphenyl-diphosphanmonoxid[146]: 4,5 g (43 mmol) Methoxy-trimethyl-silan werden unter Stickstoff zu 6,4 g (29 mmol) Chlor-diphenyl-phosphan gegeben. Die Mischung wird 1 Stde. unter Rühren auf ~ 70° erhitzt, wobei sich ein farbloser, kristalliner Feststoff abscheidet. Nach Kühlen auf 20° werden die flüchtigen Bestandteile i. Vak. abdestilliert; Ausbeute: 5,39 g (96%); Schmp.: 157–160°.

Tab. 36: Diphosphanmonoxide aus Phosphinigsäure-trimethylsilylester und Monochlorphosphanen[147]

Ausgangsverbindungen		Diphosphanmonoxid	Ausbeute	Sdp.		Schmp.
$R_2^2P-OSi(CH_3)_3$ R^1	R_2^2P-Cl R^2	$R_2^1\overset{\overset{\textstyle O}{\|}}{P}-PR_2^2$	[% d. Th.]	[°C]	[Torr (kPa)]	[°C]
CH(CH₃)₂	CH(CH₃)₂	*Tetraisopropyl-diphosphan-monoxid*	70	120	2 (0,26)	–
	C₆H₅	*1,1-Diisopropyl-2,2-diphenyl-diphosphan-1-oxid*	65	–	–	107–108
C(CH₃)₃	C₄H₉	*2,2-Dibutyl-1,1-di-tert.-butyl-diphosphan-1-oxid*	65	127	0,05 (6,5·10⁻³)	–
C₆H₁₁	C₆H₅	*1,1-Dicyclohexyl-2,2-diphenyl-diphosphan-1-oxid*	72	–	–	121–124

1.4. aus Phosphonigsäureestern mit Monochlorphosphanen

Entsprechend den Phosphinigsäureestern erhält man aus Phosphonigsäure-dialkylestern und Chlorphosphanen Diphosphanmonoxide mit einem Alkoxy-Substituenten am λ^5-Phosphor[148]. So entsteht aus Dimethoxy-methyl-phosphan und Chlor-diphenyl-phosphan *2,2-Diphenyl-1-methoxy-1-methyl-diphosphan-1-oxid* in 96% Ausbeute[148]:

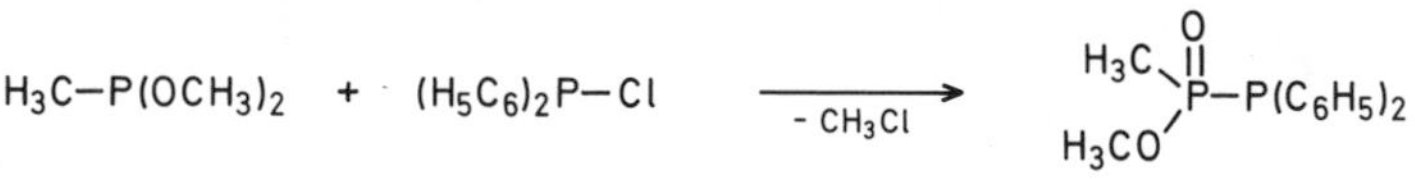

$$H_3C-P(OCH_3)_2 \; + \; (H_5C_6)_2P-Cl \quad \xrightarrow[- CH_3Cl]{} \quad \overset{\displaystyle H_3C}{\underset{\displaystyle H_3CO}{}}\!\!\!\diagdown\overset{\overset{\textstyle O}{\|}}{P}\!-P(C_6H_5)_2$$

1.5. aus Phosphorigsäureester mit Monochlorphosphanen

Diphosphamonoxide mit zwei Alkoxy-Substituenten am λ^5-Phosphor bilden sich bei der Umsetzung von Chlorphosphanen mit Phosphorigsäure-dialkylestern bzw. -trialkylestern,

[146] A. Kuzhikalail u. J. R. Van Wazer, J. Organomet. Chem. **85**, 41 (1975).
[147] V. L. Foss, V. A. Solodenko u. I. F. Lutsenko, Zh. Obshch. Khim. **49**, 2418 (1979); engl.: 2134.
[148] K. M. Abraham u. J. R. Van Wazer, Inorg. Chem. **14**, 1099 (1975).

wobei entweder Chlorwasserstoff oder Alkylhalogenid abgespalten werden[145, 148-150, 150a].
Bei Verwendung von Phosphorigsäure-dialkylestern muß der entstehende Chlorwasserstoff mit einer Hilfsbase (z.B. Triethylamin) gebunden werden[149]:

$$(R^1O)_2P-OR^2 \ + \ R_2^3P-Cl \ \xrightarrow[-R^2Cl]{} \ (R^1O)_2\overset{O}{\overset{\|}{P}}-PR_2^3$$

$R^1 = R^2 = CH_3$; $R^3 = C_6H_5$: *1,1-Dimethoxy-2,2-diphenyl-diphosphan-1-oxid*[145]; 100% d.Th.
$R^1 = -CH_2-C(CH_3)_2-CH_2-$; $R^2 = CH_3$; $R^3 = C_6H_5$: *4,4-Dimethyl-2-diphenylphosphano-1,3,2-dioxaphospho-*
rinan-1-oxid[148]; 92%

1,1-Dibutyloxy-2,2-diisopropyl-diphosphan-1-oxid[149]: 8,0 g (53 mmol) Chlor-diisopropyl-phosphan werden
unter Rühren zu einer Lösung von 10,2 g (53 mmol) Phosphorigsäure-dibutylester und 6,0 g (60 mmol) Triethylamin in 50 *ml* Ether gegeben. Die Mischung wird 30 Min. am Rückfluß erhitzt, der Niederschlag abfiltriert,
2mal mit Ether gewaschen und das Filtrat fraktioniert destilliert; Ausbeute: 13 g (80%); Sdp.: 122–123°/ 2 Torr
(0,26 kPa).

1,1-Dialkoxy-diphosphan-1-oxide bilden sich auch bei der Umsetzung von Monochlorphosphanen mit Phosphorigsäure-anhydriden[150b].

2. aus Diphosphanen und deren Derivaten

2.1. aus Diphosphanen

Die Oxygenierung von 1,1-Dibutyloxy-2,2-diisopropyl-diphosphan mit Quecksilberoxid
liefert *1,1-Dibutoxy-2,2-diisopropyl-diphosphan-1-oxid*[150]. Aufgrund der höheren Basizität des Diisopropylphosphano-Restes ist anzunehmen, daß sich zunächst das isomere
Diphosphan-oxid bildet, das irreversibel zum isolierten Produkt umlagert[150]:

$$\left[(H_3C)_2CH\right]_2P-P(OC_4H_9)_2 \ \xrightarrow[-Hg]{HgO} \ \left\{\left[(H_3C)_2CH\right]_2\overset{O}{\overset{\|}{P}}-P(OC_4H_9)_2\right\} \ \longrightarrow \ \left[(H_3C)_2CH\right]_2P-\overset{O}{\overset{\|}{P}}(OC_4H_9)_2$$

2.2. aus anderen Diphosphanoxiden

Zwischen Diphosphanmonoxiden mit unterschiedlichen Substituenten am λ^5- und λ^3-
Phosphor besteht ein substituentenabhängiges Gleichgewicht. Die Gleichgewichtseinstellung wird durch Nukleophile und Elektrophile katalysiert[151, 152]:

$$\overset{O}{\overset{\|}{R_2^1P}}-PR_2^2 \ \rightleftharpoons \ R_2^1P-\overset{O}{\overset{\|}{P}}R_2^2$$

$$\text{A} \hspace{4cm} \text{B}$$

[145] E. *Fluck* u. H. *Binder*, Inorg. Nucl. Chem. Lett. **3**, 307 (1967).
[148] K.M. *Abraham* u. J.R. *Van Wazer*, Inorg. Chem. **14**, 1099 (1975).
[149] V.L. *Foss*, Y.A. *Veits* u. I.F. *Lutsenko*, Phosphorus Sulfur **3**, 299 (1977).
[150] Y.A. *Veits*, A.A. *Borisenko*, V.L. *Foss* u. I.F. *Lutsenko*, Zh. Obshch. Khim. **43**, 440 (1973); engl.: 439.
[150a] V.A. *Alfonsov*, G.U. *Zamaletdinova*, E.S. *Batyeva* u. A.N. *Pudovik*, Zh. Obshch. Khim. **51**, 11 (1981);
       engl.: 8.
[150b] V.L. *Foss*, Y.A. *Veits* u. I.F. *Lutsenko*, Phosphorus Sulfur **3**, 299 (1977).
[151] V.L. *Foss*, V.A. *Solodenko* u. I.F. *Lutsenko*, Zh. Obshch. Khim. **49**, 2418 (1979); engl.: 2134.
[152] V.L. *Foss*, V.A. *Solodenko* u. I.F. *Lutsenko*, Zh. Obshch. Khim. **46**, 2382 (1976); engl.: 2280.

Sind die Substituenten R^1 = Alkyl-, Aryl-Gruppen und R^2 = Alkoxy-Gruppen, so läßt sich in der Regel nur das Isomere **B** isolieren[150]. Die Umsetzung von Diphenyl-methoxy-phosphan mit 2-Chlor-4,4-dimethyl-1,3,2-dioxaphosphorinan liefert demnach ausschließlich das *4,4-Dimethyl-2-diphenylphosphano-1,3,2-dioxaphosphorinan-2-oxid* und nicht das primär zu erwartende Isomere der Konstitution **A**[148].

$$(H_5C_6)_2P-OCH_3 \quad + \quad \begin{array}{c} H_3C \\ H_3C \end{array} \hspace{-0.3cm} \bigvee \hspace{-0.2cm} \begin{array}{c} O \\ O \end{array} \hspace{-0.3cm} P-Cl \quad \xrightarrow{-CH_3Cl} \quad \begin{array}{c} H_3C \\ H_3C \end{array} \hspace{-0.3cm} \bigvee \hspace{-0.2cm} \begin{array}{c} O \\ O \end{array} \hspace{-0.3cm} \overset{\displaystyle O}{\overset{\|}{P}} P(C_6H_5)_2$$

Im Falle der Substitution von R^1 = Phenyl und R^2 = Alkyl lagern sich die Isomeren **A** irreversibel in die Isomeren **B** um, die die stabileren Verbindungen darstellen[151, 152]. Eine Umlagerung läßt sich auch intermolekular in quantitativer Ausbeute erreichen. So geben Tetraisopropyl- und Tetraphenyl-diphosphanmonoxid mit Magnesiumbromid als Katalysator innerhalb 4 Stdn. bei 20° *1,1-Diisopropyl-2,2-diphenyl-diphosphan-1-oxid* in quantitativer Ausbeute[151, 152].

$$\left[(H_3C)_2CH\right]_2\overset{\displaystyle O}{\overset{\|}{P}}-P\left[CH(CH_3)_2\right]_2 \quad + \quad (H_5C_6)_2\overset{\displaystyle O}{\overset{\|}{P}}-P(C_6H_5)_2 \quad \xrightarrow{MgBr_2,\ 20°} \quad 2\left[(H_3C)_2CH\right]_2\overset{\displaystyle O}{\overset{\|}{P}}-P(C_6H_5)_2$$

Tetraisopropyl-diphosphanmonoxid wird auch von Chlor-diphenyl-phosphan an der P–P-Bindung gespalten, wobei *1,1-Diisopropyl-2,2-diphenyl-diphosphan-1-oxid* und Chlor-diisopropyl-phosphan entstehen[151]:

$$\left[(H_3C)_2CH\right]_2\overset{\displaystyle O}{\overset{\|}{P}}-P\left[CH(CH_3)_2\right]_2 \quad + \quad (H_5C_6)_2P-Cl \quad \longrightarrow \quad \left[(H_3C)_2CH\right]_2\overset{\displaystyle O}{\overset{\|}{P}}-P(C_6H_5)_2 \quad + \quad \left[(H_3C)_2CH\right]_2P-Cl$$

B. Umwandlung

Diphosphanmonoxide sind isomer mit Phosphinigsäure-anhydriden[153]. In der Regel liegt das Gleichgewicht ganz auf der Seite der Diphosphanmonoxide:

$$R_2^1\overset{\displaystyle O}{\overset{\|}{P}}-PR_2^2 \quad \rightleftharpoons \quad R_2^1P-O-PR_2^2$$

Im Falle von Tetra-tert.-butyl-diphosphanmonoxid ist jedoch infolge verringerter sterischer Hinderung das Anhydrid das stabilere Isomere. Erhitzen von Tetra-tert.-butyl-diphosphanmonoxid auf 180–200° in Gegenwart von Magnesiumbromid liefert das *Di-tert.-butyl-phosphinigsäure-anhydrid* zu 70%[154]; dagegen läßt sich Tetraisopropyl-diphosphanmonoxid nicht mehr in das isomere Anhydrid umlagern[154].

[148] *K. M. Abraham* u. *J. R. Van Wazer*, Inorg. Chem. **14**, 1099 (1975).

[150] *Y. A. Veits, A. A. Borisenko, V. L. Foss* u. *I. F. Lutsenko*, Zh. Obshch. Khim. **43**, 440 (1973); engl.: 439; C. A. **79**, 5416f (1973).

[151] *V. L. Foss, V. A. Solodenko* u. *I. F. Lutsenko*, Zh. Obshch. Khim. **49**, 2418 (1979); engl.: 2134.

[152] *V. L. Foss, V. A. Solodenko* u. *I. F. Lutsenko*, Zh. Obshch. Khim. **46**, 2382 (1976); engl.: 2280; C. A. **86**, 16752h (1977).

[153] *V. L. Foss, Y. A. Veits, P. L. Kukhmisterov, V. A. Solodenko* u. *I. F. Lutsenko*, Zh. Obshch. Khim. **47**, 477 (1977); engl.: 437; C. A. **87**, 6097e (1977).

[154] *V. L. Foss, Y. A. Veits, V. A. Solodenko* u. *I. F. Lutsenko*, Zh. Obshch. Khim. **46**, 1651 (1976); engl.: 1606; C. A. **85**, 159246m (1976).

Längeres Erhitzen der Diphosphanmonoxide führt insbesondere bei sterisch wenig aufwendigen Resten zu einer Redox-Disproportionierung, wobei Diphosphane und Phosphinsäureanhydride entstehen[151]. Die Umwandlung wird durch Elektrophile katalysiert und kann bei der Herstellung als unerwünschte Nebenreaktion auftreten[151]. Wie Diphosphane lassen sich auch die Diphosphanmonoxide leicht umwandeln. Charakteristische Umwandlungen sind in Tab. 37 zusammengefaßt.

Tab. 37: Umwandlung von Diphosphanmonoxiden; Reagenzien und charakteristische Produkte

Diphosphanmonoxid $\overset{O}{\overset{\|}{R^1_2P-PR^2_2}}$		Reaktions-partner	Reaktionsprodukte	Literatur
R^1	R^2			
$CH(CH_3)_2$	$CH(CH_3)_2$	O_2	Diisopropylphosphinsäure-anhydrid	151
		S_8	Diisopropyl-diphosphan-oxid-sulfid (s. S. 215)	151, 155
		R–OH	Diisopropylphosphinsäure + Diisopropylphosphinsäure-ester	155
C_6H_5	C_6H_5	O_2	Tetraphenyl-diphosphan-1,2-bis-oxid (s. S. 214)	155
		S_8	Tetraphenyl-diphosphan-oxid-sulfid (s. S. 215)	151, 155
		Br_2	Diphenylphosphinsäure-bromid + Diphenyl-tribrom-phosphoran	155
OCH_3/CH_3	C_6H_5	$(H_5C_6)_2P–Cl$	Tetraphenyl-diphosphan (s. S. 196) + Methanphosphonsäure-methylester-chlorid	156

α_4) Diphosphanmonosulfide

A. Herstellung

1. durch Aufbaureaktion aus sek. Phosphansulfiden mit Chlor-phosphanen

Sek. Phosphansulfide werden von Basen in ein ambidentes Anion überführt, das mit Chlorphosphanen zu Diphosphanmonosulfiden und den Thioanhydriden der Phosphinigsäuren reagiert[156a, 156b]:

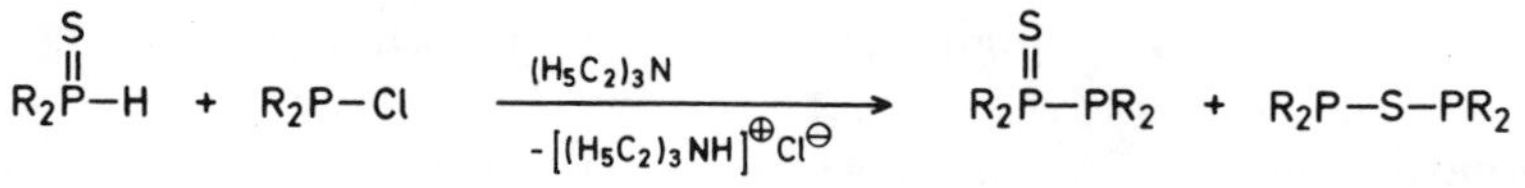

$$\overset{S}{\overset{\|}{R_2P-H}} + R_2P-Cl \xrightarrow[- [(H_5C_2)_3NH]^{\oplus}Cl^{\ominus}]{(H_5C_2)_3N} \overset{S}{\overset{\|}{R_2P-PR_2}} + R_2P-S-PR_2$$

R = CH(CH$_3$)$_2$: Tetraisopropyl-diphosphanmonosulfid (20%)
+ Bis-[diisopropylphosphano]-sulfan (80%)

Setzt man das Natriumsalz des Diisopropyl-phosphansulfids mit dem Chlorphosphan bei −78° um, so werden 95% Diphosphanmonosulfid und nur 5% des Anhydrids gebildet[156a].

[151] V. L. Foss, V. A. Solodenko u. I. F. Lutsenko, Zh. Obshch. Khim. **49**, 2418 (1979); engl.: 2134.
[155] J. McKechnie, D. S. Payne u. W. Sim, J. Chem. Soc. **1965**, 3500.
[156] K. M. Abraham u. J. R. Van Wazer, Inorg. Chem. **14**, 1099 (1975).
[156a] V. L. Foss, Y. A. Veits, P. L. Kukhmisterov, V. A. Solodenko u. I. F. Lutsenko, Zh. Obshch. Khim. **47**, 477 (1977); engl.: 437.
[156b] V. L. Foss, Y. A. Veits, P. L. Kukhmisterov u. I. F. Lutsenko, Zh. Obshch. Khim. **47**, 478 (1977); engl.: 438.

2. aus Diphosphanen und deren Derivaten

2.1. aus Diphosphanen durch Sulfurierung

Diphosphane lassen sich mit Schwefel zu den Monosulfiden sulfurieren[157, 158]:

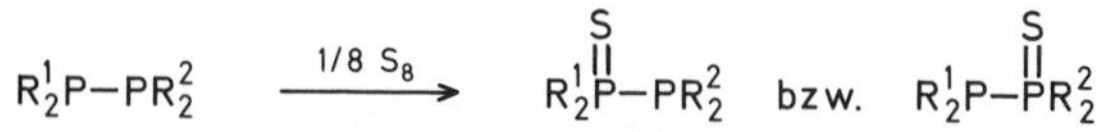

$$R_2^1P-PR_2^2 \xrightarrow{1/8\ S_8} R_2^1\overset{\overset{S}{\|}}{P}-PR_2^2 \quad bzw. \quad R_2^1P-\overset{\overset{S}{\|}}{P}R_2^2$$

1,2-Diethyl-1,2-dimethyl-diphosphan-1-sulfid[157]: Zu 2,61 g (17,5 mmol) 1,2-Diethyl-1,2-dimethyl-diphosphan gibt man in kleinen Anteilen 0,56 g (17,5 mmol) Schwefel. Die Reaktion ist stark exotherm. Zu Beginn wird der zugefügte Schwefel vollständig aufgelöst, gegen Ende bleibt etwas Schwefel zurück. Man erhitzt 4 Stdn. auf 190° und destilliert die farblose Lösung; Ausbeute: 2,8 g (88%); Sdp.: 92°/ 0,5 Torr (0,065 kPa).
Tetraphenyl-diphosphanmonosulfid[158]: 5,0 g (13,5 mmol) Tetraphenyldiphosphan werden in 50 ml Kohlenstoffdisulfid mit 0,43 g (13,5 mmol) Schwefel umgesetzt. Nach dem Abdestillieren des Lösungsmittels wird der Rückstand mehrmals aus Petrolether (Sdp. 115°) umkristallisiert; Ausbeute: 1,2 g (22%); Schmp. 138°.

2.2. aus Diphosphanen und Diphosphan-1,2-bis-sulfiden

Äquimolare Mengen von Diphosphan und Diphosphan-1,2-bis-sulfiden setzen sich beim Erhitzen auf 190° zu Diphosphanmonosulfiden um. Aus 1,2-Diethyl-1,2-dimethyl-diphosphan und 1,2-Diethyl-1,2-dimethyl-diphosphan-1,2-bis-sulfid entsteht so *1,2-Diethyl-1,2-dimethyl-diphosphanmonosulfid* in 80% Ausbeute[157]:

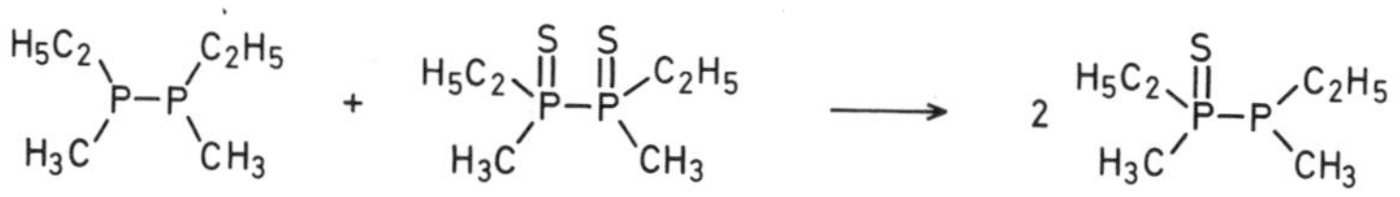

2.3. aus Diphosphan-1,2-bis-sulfiden

Mit Tributyl-phosphan lassen sich Diphosphan-1,2-bis-sulfide partiell zu Monosulfiden desulfurieren[159]:

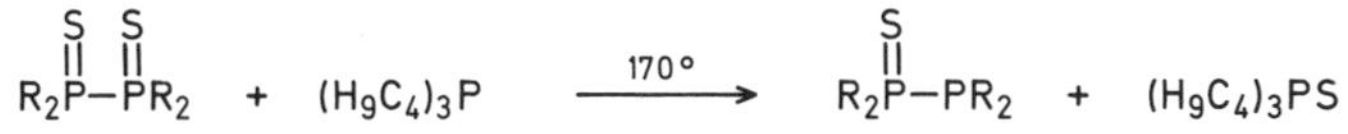

$$R_2\overset{\overset{S}{\|}}{P}-\overset{\overset{S}{\|}}{P}R_2 + (H_9C_4)_3P \xrightarrow{170°} R_2\overset{\overset{S}{\|}}{P}-PR_2 + (H_9C_4)_3PS$$

Tetramethyl-diphosphanmonosulfid[159]: Eine Mischung von 11,5 g (56,8 mmol) Tributyl-phosphan und 10,5 g (56,8 mmol) Tetramethyl-diphosphan-1,2-bis-sulfid wird im verschlossenen Gefäß 20 Stdn. auf 170° erhitzt. Danach wird unter Stickstoff geöffnet und fraktioniert i. Vak. dest. Die im Siedebereich von 65−70°/0,5 Torr (0,065 kPa) übergehende Fraktion enthält 90% Tetramethyl-diphosphanmonosulfid neben 10% Tributylphosphansulfid.

B. Umwandlung

Entsprechend den Diphosphanmonoxiden stehen auch die Diphosphanmonosulfide mit den Thioanhydriden der Phosphinigsäuren im Gleichgewicht, wobei sterisch aufwendige Reste die Anhydrid-Form begünstigen[160]:

[157] L. Maier, Helv. Chim. Acta **45**, 2381 (1962).
[158] H. Matschiner, F. Krech u. A. Steinert, Z. Anorg. Allg. Chem. **371**, 256 (1969).
[159] L. Maier, J. Inorg. Nucl. Chem. **24**, 275 (1962).
[160] V. L. Foss, Y. A. Veits, P. L. Kukhmisterov, V. A. Solodenko u. I. F. Lutsenko, Zh. Obshch. Khim. **47**, 477 (1977); engl.: 437; C. A. **87**, 6097 e (1977).

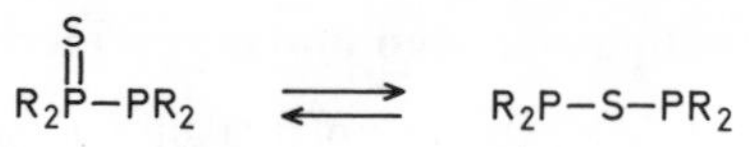

$$R_2\overset{\overset{S}{\|}}{P}-PR_2 \quad\rightleftharpoons\quad R_2P-S-PR_2$$

Mit tert.-Butyl als organische Gruppe liegt ausschließlich die Anhydrid-Form vor[160].

α_5) Diphosphanmonoimide

A. Herstellung

1. durch Aufbaureaktion aus Chlorphosphanen

Diphosphanmonoimide bilden sich in einfacher Weise aus einem Säureamid und der doppelt molaren Menge eines Chlorphosphans in Gegenwart eines tert. Amins als Hilfsbase[160a]:

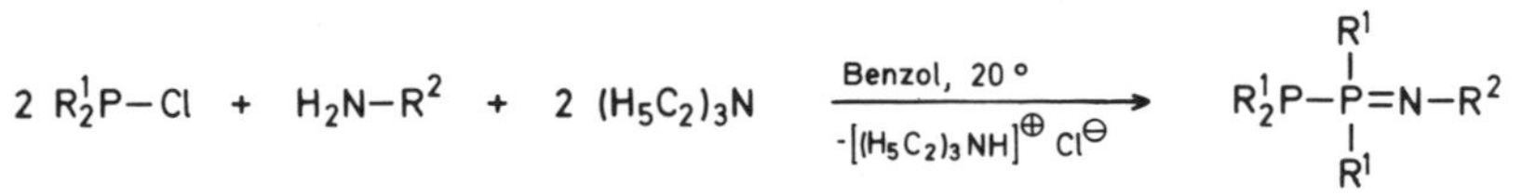

$$2\ R_2^1P-Cl\ +\ H_2N-R^2\ +\ 2\ (H_5C_2)_3N\ \xrightarrow[-[(H_5C_2)_3NH]^{\oplus}\,Cl^{\ominus}]{\text{Benzol, 20°}}\ R_2^1\overset{\overset{R^1}{|}}{\underset{\underset{R^1}{|}}{P}}-P=N-R^2$$

$R^1 = CH_3$, $R^2 = CO–C_6H_5$: *Tetramethyl-diphosphan-benzoylimid*[160a]; Öl

$R^1 = CH_3$, $R^2 = \overset{\overset{S}{\|}}{\underset{P(CH_3)_2}{}}$: *Tetramethyl-diphosphan-dimethylthiophosphorylimid*[160a]; Schmp.: 73–74°

$R^1 = C_6H_5$, $R^2 = $ Tos: *Tetraphenyl-diphosphan-tosylimid*[160b]

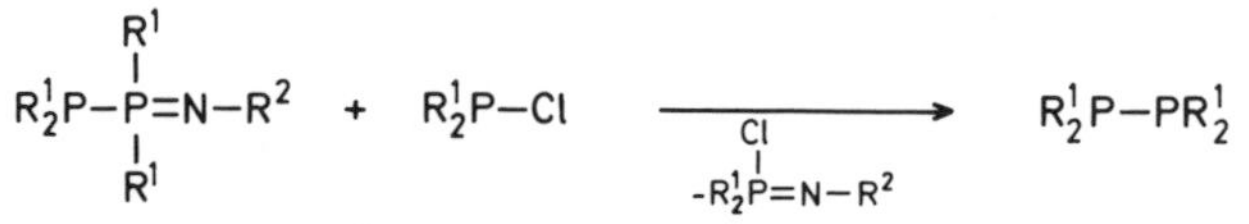

$$R_2^1\overset{\overset{R^1}{|}}{\underset{\underset{R^1}{|}}{P}}-P=N-R^2\ +\ R_2^1P-Cl\ \xrightarrow[-R_2^1\overset{|}{P}=N-R^2]{Cl}\ R_2^1P-PR_2^1$$

Als Zwischenstufe sind ein Aminophosphan und das damit im Gleichgewicht stehende Phosphanimid anzusehen[160a]. Überschüssiges Chlorphosphan spaltet, insbesondere in Ether als Solvens und wenn Chlordiphenylphosphan als Edukt eingesetzt wird, das Diphosphanimid unter Bildung von Diphosphanen:

Komplex verläuft die Umsetzung von Chlor-diphenyl-phosphan mit Hexamethyldisilazan[160c] oder Trimethylsilylamino-triphenylphosphonium-bromid[160d]. Es läßt sich u. a. *Tetraphenyl-diphosphan-diphenylphosphanionoimid* isolieren, für das folgende Bildungsweise vorgeschlagen wird:

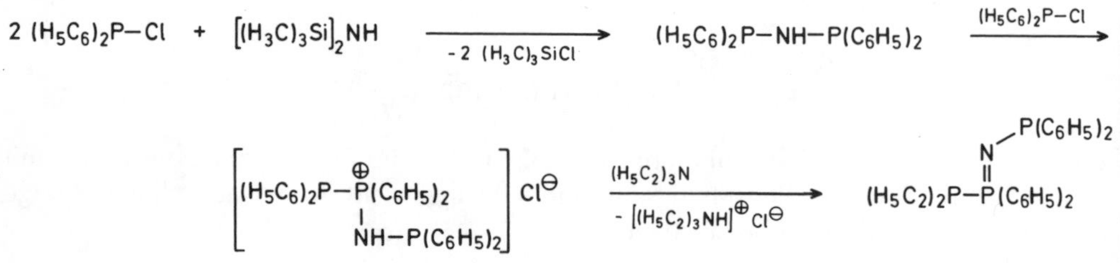

$$2\ (H_5C_6)_2P-Cl\ +\ [(H_3C)_3Si]_2NH\ \xrightarrow[-2\ (H_3C)_3SiCl]{}\ (H_5C_6)_2P-NH-P(C_6H_5)_2\ \xrightarrow{(H_5C_6)_2P-Cl}$$

$$\left[(H_5C_6)_2P\overset{\overset{\oplus}{P(C_6H_5)_2}}{\underset{\underset{NH-P(C_6H_5)_2}{|}}{}} \right] Cl^{\ominus}\ \xrightarrow[-[(H_5C_2)_3NH]^{\oplus}\,Cl^{\ominus}]{(H_5C_2)_3N}\ (H_5C_2)_2P\overset{\overset{N\diagup P(C_6H_5)_2}{\|}}{}P(C_6H_5)_2$$

[160] *V. L. Foss, Y. A. Veits, P. L. Kukhmisterov, V. A. Solodenko* u. *I. F. Lutsenko*, Zh. Obshch. Khim. **47**, 477 (1977); engl.: 437; C. A. **87**, 6097 e (1977).

[160a] *H. Roßknecht, W. P. Lehmann* u. *A. Schmidpeter*, Phosphorus **5**, 195 (1975).

[160b] *A. Schmidpeter* u. *H. Roßknecht*, Z. Naturforsch. **26 B**, 81 (1971).

[160c] *H. Nöth* u. *L. Meinel*, Z. Anorg. Allg. Chem. **349**, 225 (1967).

[160d] *H. G. Mardersteig, L. Meinel* u. *H. Nöth*, Z. Anorg. Allg. Chem. **368**, 254 (1969).

2. aus Diphosphanen

Die als Staudinger-Reaktion bekannte Umsetzung von Aziden mit tertiären Phosphanen unter Bildung von Phosphaniminen läßt sich auch auf Diphosphane übertragen. Mit Trimethylsilylazid reagieren äquimolare Mengen von Tetraalkyl-diphosphanen zu den sehr sauerstoff- und hydrolyseempfindlichen Tetraalkyl-diphosphanmonoimiden[161]. Sterisch aufwendige Alkyl-Reste verlangsamen die Umsetzung. Tetraphenyl-diphosphan gibt dagegen kein Diphosphanmonoimid, sondern reagiert unter Spaltung der P–P-Bindung[161].

$$R_2P-PR_2 \ + \ (H_3C)_3Si-N_3 \ \xrightarrow[-N_2]{100°} \ \overset{\displaystyle N^{Si(CH_3)_3}}{\underset{\|}{R_2P-PR_2}}$$

Tetraalkyl-diphosphan-monotrimethylsilylimide; allgemeine Vorschrift[161]: Die Mischung von 0,10 mol Diphosphan und 0,12 mol Trimethylsilylazid wird bei einer Badtemp. von 100° ~ 2 Stdn. bis zur Beendigung der Stickstoff-Entwicklung gerührt. Die erhaltene Flüssigkeit wird über eine kurze Vigreux-Kolonne sorgfältig fraktioniert, um eine gute Abtrennung des als Nebenprodukt entstandenen Diphosphan-1,2-bis-imids zu erzielen.
U.a. erhält man auf diese Weise:

Tetramethyl-diphosphan-trimethylsilylimid 89%; Sdp.: $53°/0{,}1$ Torr $(1{,}3 \cdot 10^{-2}\text{kPa})$
Tetraethyl-diphosphan-trimethylsilylimid 72%; Sdp.: $78°/0{,}1$ Torr $(1{,}3 \cdot 10^{-2}\text{kPa})$
Tetrapropyl-diphosphan-trimethylsilylimid 61%; Sdp.: $84°/0{,}1$ Torr $(1{,}3 \cdot 10^{-2}\text{kPa})$

B. Umwandlung

Mit einem weiteren Mol Trimethylsilylazid lassen sich die Diphosphanmonoimide in die Diphosphan-1,2-bis-imide umwandeln (s.S. E 1/221), mit Schwefel reagieren sie zu den Diphosphan-imid-sulfiden[161] (s.S. 221). Die Verbindungen sind in der Regel sehr oxidations- und hydrolyseempfindlich.

α_6) *Diphosphan-1,2-bis-oxide*

A. Herstellung

1. durch Aufbaureaktion

1.1. aus Monochlorphosphanen

In Gegenwart von tert. Aminen, Wasser und Luftsauerstoff erhält man aus Monochlorphosphanen direkt Diphosphan-1,2-bis-oxide in guten Ausbeuten, wenn Chlor-diaryl- oder Chlor-dibenzyl-phosphane als Edukte eingesetzt werden[162, 163]:

$$2\ R_2P-Cl \ + \ H_2O \ + \ 1/2\,O_2 \ \xrightarrow[-2\,[\langle\hspace{-2pt}\bigcirc\hspace{-2pt}\rangle-\overset{\oplus}{N}H(C_2H_5)_2]\,Cl^{\ominus}]{2\,\langle\hspace{-2pt}\bigcirc\hspace{-2pt}\rangle-N(C_2H_5)_2} \ \overset{\displaystyle O \ \ O}{\underset{\|\ \ \ \|}{R_2P-PR_2}}$$

Tetraphenyl-diphosphan-1,2-bis-oxid[163]: Eine Lösung von 11,9 g (53,9 mmol) Chlor-diphenyl-phosphan in 50 *ml* Ether wird langsam zu einer gekühlten Lösung von 8,04 g (53,9 mmol) N,N-Diethyl-anilin und 0,60 g (33 mmol) Wasser in 60 *ml* Ether gegeben, wobei sich sofort ein farbloser Niederschlag bildet. Die Mischung

[161] *R. Appel* u. *R. Milker*, Chem. Ber. **107**, 2658 (1974).
[162] *L. D. Quinn* u. *H. G. Anderson*, J. Am. Chem. Soc. **86**, 2090 (1964).
[163] *L. D. Quinn* u. *H. G. Anderson*, J. Org. Chem. **31**, 1206 (1966).

wird 12 Stdn. bei 20° unter Luftzutritt gerührt. Der Niederschlag wird abgesaugt und zur Entfernung des Ammoniumsalzes mit Wasser gewaschen, wobei das in Wasser unlösliche Diphosphan-bis-oxid zurückbleibt. Aus der Ether-Lösung gewinnt man nach Eindampfen und Waschen mit Wasser weitere 3,96 g; Gesamtausbeute: 8,60 g (79%).

Umkristallisation aus Aceton/Ether oder Toluol unter sorgfältigem Wasserausschluß ist möglich (Schmp. 167–169°).

Mit Triethylamin als Base erhält man Tetraphenyl-diphosphan-1,2-bis-oxid zu 77%.

Analog werden u. a. hergestellt:

Tetrakis-[4-methyl-phenyl]-diphosphan-1,2-bis-oxid[163]	54%; Schmp.: 165–168°
Tetrakis-[4-chlorphenyl]-diphosphan-1,2-bis-oxid[163]	63%; Schmp.: 155–156°
Tetrakis-[4-cyan-phenyl]-diphosphan-1,2-bis-oxid[163]	56%; Schmp.: 180–182°
Tetrabenzyl-diphosphan-1,2-bis-oxid[163]	56%; Schmp.: 158–159°

1.2. aus Phosphinsäure-chloriden

Unter Einwirkung von Natriumnaphthalid geht Diphenylphosphinsäure-chlorid in Tetrahydrofuran als Lösungsmittel in *Tetraphenyl-diphosphan-1,2-bis-oxid* (Schmp.: 168–178°) über[164]. Diese reduktive Kupplung gelingt auch mit Lithiumsiliciden[164a] und Bis-(trimethyl-silylphosphat)[164b].

1.3. aus Phosphonsäure-dichloriden

Die Umsetzung von Benzolphosphonsäure-dichloriden mit sterisch aufwendigen Grignardreagenzien liefert ebenfalls Diphosphan-1,2-bis-oxide in geringer Ausbeute neben sekundären Phosphanoxiden und Phosphinsäuren[165]. So bildet sich mit tert.-Butyl-magnesiumbromid *1,2-Di-tert.-butyl-1,2-diphenyl-diphosphan-1,2-bis-oxid* zu ~ 8% (Schmp.: 228–229°)[165].

2. aus Diphosphanen durch Oxygenierung (s.d. Bd. XII/1, S. 187)

3. Sonstige Methoden

Die reduktive, entacylierende Kupplung von Diorgano-(trifluoracetyl)-phosphanoxiden mit Tris-[triphenylphosphan]-rhodiumchlorid führt unter P–P-Knüpfung zu Diphosphan-1,2-bis-oxiden[165a], wie die schnelle Oxidation von Acylphosphanen mit Sauerstoff[165b]. *Tetraphenyl-diphosphan-1,2-bis-oxid* entsteht bei der Isomerisierung von 1,2-Bis-[diphenyl-phosphanyloxy]-ethan als Nebenprodukt (Ausbeute 22%)[165c] (s. E 2/S. 18).

B. Umwandlung

Tetraphenyl-diphosphan-1,2-bis-oxid wird mit Perbenzoesäure in *Diphenylphosphinsäure-anhydrid* umgewandelt (s.S. E2/174)[166, 167]. Aus Tetrakis-[4-methyl-phenyl]-diphosphan-1,2-bis-oxid entsteht bei der Umsetzung mit Wasserstoffperoxid in einem protischen Solvens *Bis-[4-methyl-phenyl]-phosphinsäure*[168].

---

[163] *L. D. Quinn* u. *H. G. Anderson*, J. Org. Chem. **31**, 1206 (1966).

[164] US.P. 3065273 (1962/1961), Lubrizol Corp., Erf.: *N. A. Meinhardt*; C. A. **58**, 9139a (1963).

[164a] *K. Issleib* u. *B. Walther*, Angew. Chem. **79**, 59 (1967); engl.: **6**, 88 (1967).

[164b] *A. N. Pudovik, G. V. Romanov* u. *T. Y. Stepanova*, Izv. Akad. Nauk SSSR, Ser. Khim. **1979**, 2644; C. A. **92**, 129022 (1980).

[165] *A. D. Brown Jr.* u. *G. M. Kosolapoff*, J. Chem. Soc. C **1968**, 839.

[165a] *G. Frey, H. Lesiecki, E. Lindner* u. *G. Vordermaier*, Chem. Ber. **112**, 763 (1979).

[165b] *H. Lesiecki, E. Lindner* u. *G. Vordermaier*, Chem. Ber. **112**, 793 (1979).

[165c] *L. D. Quinn* u. *H. G. Anderson*, J.Org. Chem. **29**, 1859 (1964).

[166] *N. Inamoto, T. Emoto* u. *R. Okazaki*, Chem. Ind. (London) **1969**, 832.

[167] *Z. Emoto, R. Okazaki* u. *N. Inamoto*, Bull. Chem. Soc. Jpn. **46**, 898 (1973).

[168] *K. Okon, J. Sabczynski, J. Sowinski* u. *K. Niewielski*, Binl. Wojskowej Akad. Tech. **13**, 109 (1964); C.A. **62**, 4050f (1965).

α_6) Diphosphan-oxid-sulfide

Tetraphenyl-diphosphanmonoxid läßt sich mit Schwefel zu *Tetraphenyl-diphosphan-oxid-sulfid* (Schmp.: 169–173°) in 37% Ausbeute sulfurieren[169]. *Tetramethyl-diphosphan-oxid-sulfid* entsteht durch Umsetzung von Tetramethyl-diphosphan-sulfid-trimethylsilylimid mit Kohlendioxid[170]:

$$\underset{(H_3C)_2\overset{\displaystyle S}{\overset{\displaystyle \|}{P}}-\overset{\displaystyle N}{\overset{\displaystyle \diagup Si(CH_3)_3}{P(CH_3)_2}}}{} \quad + \quad CO_2 \quad \xrightarrow[-\,(H_3C)_3Si-NCO]{20°} \quad (H_3C)_2\overset{\displaystyle S}{\overset{\displaystyle \|}{P}}-\overset{\displaystyle O}{\overset{\displaystyle \|}{P}}(CH_3)_2$$

Tetramethyl-diphosphan-oxid-sulfid[170]: Über eine Lösung von 3,4 g (14,1 mmol) Tetramethyl-diphosphan-sulfid-trimethylsilylimid in 20 *ml* Benzol wird bei 20° innerhalb 15 Min. über konz. Schwefelsäure und Calciumchlorid getrocknetes Kohlendioxid geleitet, wobei sich rasch ein farbloser Niederschlag abscheidet. Nach Erwärmen auf 50–60° läßt man die klare Lösung langsam abkühlen und filtriert den abgeschiedenen, feinkristallinen Feststoff ab, der aus wenig Benzol umkristallisiert wird; Ausbeute: 1,7 g (71%); Zers.-p.: 142°.

α_7) Diphosphan-1,2-bis-sulfide

A. Herstellung

1. durch Aufbaureaktion

1.1. aus sekundären Phosphanen

Bei der Umsetzung von Diphenyl-phosphan mit Schwefeldioxid entsteht in mechanistisch noch ungeklärter Weise *Tetraphenyl-diphosphan-1,2-bis-sulfid* in 43% Ausbeute neben Diphenylphosphinsäure[171].

In Gegenwart von Schwefel setzt sich Dimethyl-phosphan mit Chlor-diphenyl-phosphan zu *1,1-Dimethyl-2,2-diphenyl-diphosphan-1,2-bis-sulfid* um[171a].

1.2. aus Thiophosphinsäure-halogeniden

1.2.1. mit Metallen oder metallorganischen Verbindungen

Diphenyl-thiophosphinsäure-chlorid bildet mit Magnesium in Tetrahydrofuran als Lösungsmittel eine Grignard-Verbindung, die sich mit weiterem Thiophosphinsäure-chlorid zu *Tetraphenyl-diphosphan-1,2-bis-sulfid* umsetzt[172]:

$$(H_5C_6)_2\overset{\displaystyle S}{\overset{\displaystyle \|}{P}}-Cl \; + \; Mg \; \xrightarrow{THF;\,56°} \; (H_5C_6)_2\overset{\displaystyle S}{\overset{\displaystyle \|}{P}}-MgCl \; \xrightarrow[-\,MgCl_2]{+\,(H_5C_6)_2\overset{S}{\overset{\|}{P}}-Cl} \; (H_5C_6)_2\overset{\displaystyle S}{\overset{\displaystyle \|}{P}}-\overset{\displaystyle S}{\overset{\displaystyle \|}{P}}(C_6H_5)_2$$

Tetraphenyl-diphosphan-1,2-bis-sulfid[172]: Die Mischung von 7,9 g (31 mmol) Diphenyl-thiophosphinsäure-chlorid und 0,82 g (34 mg-Atom) Magnesium in 60 *ml* THF wird 1 Stde. am Rückfluß erhitzt. Danach tropft man bei 20° die Lösung von 7,7 g (30 mmol) Diphenyl-thiophosphinsäure-chlorid in 40 *ml* THF zu und erhitzt noch weitere 6 Stdn. am Rückfluß. Nach Abfiltrieren des Magnesiumchlorids und Eindampfen der Lösung i. Vak. wird der halbkristalline Rückstand 2mal mit Wasser gewaschen und mit Dichlormethan extrahiert. Nach Entfernen des Dichlormethans i. Vak. wird mit wenig Ethanol zur Kristallisation gebracht und aus Aceton/Ethanol (9:1) umkristallisiert; Ausbeute: 4,7 g (36% d. Th.); Schmp.: 165–167°.

---

[169] *J. McKechnie, D. S. Payne* u. *W. Sim*, J. Chem. Soc. **1965**, 3500.
[170] *R. Appel* u. *R. Milker*, Chem. Ber. **110**, 3201 (1977).
[171] *S. Chan* u. *H. Goldwhite*, Phosphorus Sulfur **4**, 33 (1978).
[171a] *J. Koketsu, M. Okamura, J. Ismii, K. Goto* u. *S. Shimizu*, J. Inorg. Nucl. Chem. Lett. **6**, 15 (1971).
[172] *T. Emoto, H. Gomi, M. Yoshifuji, R. Okazaki* u. *N. Inamoto*, Bull. Chem. Soc. Jpn. **47**, 2449 (1974).

Die Rolle der Grignard-Verbindung kann auch von der entsprechenden Lithiumorganischen Verbindung wahrgenommen werden, wie für die Herstellung von *1-Butyl-1,2,2-triphenyl-diphosphan-1,2-bis-sulfid* aus Diphenyl-thiophosphinsäure-chlorid und Butylphenyl-thiophosphinyl-lithium gezeigt wird[173]. Tetraaryl-diphosphan-1,2-bis-sulfide lassen sich nach einem patentierten Verfahren aus Diaryl-thiophosphinsäure-halogeniden und Natriumnaphthalid herstellen[174]:

$$2 \ Ar_2\overset{\overset{S}{\|}}{P}-X \quad \xrightarrow[-\ NaX]{\text{Naphthalin / Na, THF, } -30°} \quad Ar_2\overset{\overset{S}{\|}}{P}-\overset{\overset{S}{\|}}{P}Ar_2$$

Tetraphenyl-diphosphan-1,2-bis-sulfid[174]: Bei $-30°$ gibt man 126 g (0,5 mol) Diphenyl-thiophosphinsäure-chlorid zu einer aus 11,5 g (0,5 g-Atom) Natrium und 64 g (0,5 mol) Naphthalin hergestellten Lösung von Natriumnaphthalid in 500 *ml* THF innerhalb von 2 Stdn. Man hält 15 Stdn. bei 20° und entfernt das THF bei 70°/ 1 Torr (1,3 kPa). Der Rückstand wird in 300 *ml* Ethanol/50 *ml* Benzol gelöst, das Natriumchlorid abfiltriert, die Lösungsmittel i. Vak. entfernt und der Rückstand bei 100°/ 0,15 Torr (9,5 · 10^{-3} kPa) zur Entfernung des Natriumnaphthalids sublimiert; Schmp.: 168–171° (aus Ethanol-Benzol 6 : 1).

1.2.2. mit sek. Phosphansulfiden

Diaryl-thiophosphinsäure-chloride kondensieren beim Erhitzen auf 100° mit sek. aromatischen Phosphansulfiden zu Tetraaryl-diphosphan-1,2-bis-sulfiden[175]:

$$Ar_2\overset{\overset{S}{\|}}{P}-Cl \ + \ Ar_2\overset{\overset{S}{\|}}{P}-H \quad \xrightarrow[-\ HCl]{100°} \quad Ar_2\overset{\overset{S}{\|}}{P}-\overset{\overset{S}{\|}}{P}Ar_2$$

...-diphosphan-1,2-bis-sulfid

Ar = C_6H_5; *Tetraphenyl*...[175]; 79%; Schmp.: 168–169°
Ar = 4-CH_3–C_6H_4; *Tetrakis-[4-methyl-phenyl]*...[175]; 90%; Schmp.: 183–184°

1.3. aus Thiophosphonsäure-dihalogeniden

Die Reaktion von Alkan- bzw. Aren-thiophosphonsäure-dihalogeniden mit Grignard-Verbindungen führt in vielen Fällen nicht zu den eigentlich zu erwartenden tert. Phosphansulfiden, sondern unter bestimmten Voraussetzungen unter P–P-Verknüpfung zu Diphosphan-1,2-bis-sulfiden (s.d. Bd. XII/1, S. 189). Es hat sich herausgestellt, daß diese Methode sehr gut zur Herstellung von Diphosphan-1,2-bis-sulfiden mit großer Substituentenvariation geeignet ist, wie die Beispiele in Tab. 38 (S. 217) aufweisen:

$$R^1-\overset{\overset{S}{\|}}{P}X_2 \ + \ R^2-MgX \quad \longrightarrow \quad \overset{R^1}{\underset{R^2}{>}}\overset{\overset{S}{\|}}{P}-\overset{\overset{S}{\|}}{P}\overset{R^1}{\underset{R^2}{<}} \ + \ R^1-\overset{\overset{S}{\|}}{P}R_2^2$$

Temperatur und das Halogen der Grignard-Verbindung haben großen Einfluß auf die Diphosphan-1,2-bis-sulfid-Bildung[176]. Die höchsten Ausbeuten werden erhalten, wenn die Temperatur zwischen 0 und 25° gehalten wird und wenn Alkyl-magnesiumbromide als Grignard-Komponenten verwendet werden[176].

[173] USSR.P. 534 466 (1976/1975); *B. V. Timokhin, N. A. Sukhorukova, E. F. Grechkin* u. *V. I. Glukhikh*; C. A. **86**, 121 516 g (1977).
[174] US.P. 3 065 273 (1962/1961), Lubrizol Corp., Erf.: *N. A. Meinhardt*; C. A. **58**, 9139 a (1963).
[175] *H. Niebergall* u. *B. Langenfeld*, Chem. Ber. **95**, 64 (1962).
[176] *P. C. Crofts* u. *I. S. Fox*, J. Chem. Soc. (B) **1968**, 1416.

Der Einfluß des Thiophosphonsäure-halogens scheint dagegen weniger entscheidend zu sein. In mechanistischer Hinsicht kann eine vorgeschaltete Austauschreaktion zwischen Grignardreagenz und Thiophosphonsäurechlorid unter Bildung eines Thiophosphorylmagnesiumhalogenids diskutiert werden. Wie auf S. E 1/215 gezeigt, kann eine solche Grignard-Verbindung mit weiterem Thiophosphonsäure-halogenid die P–P-Bindung knüpfen:

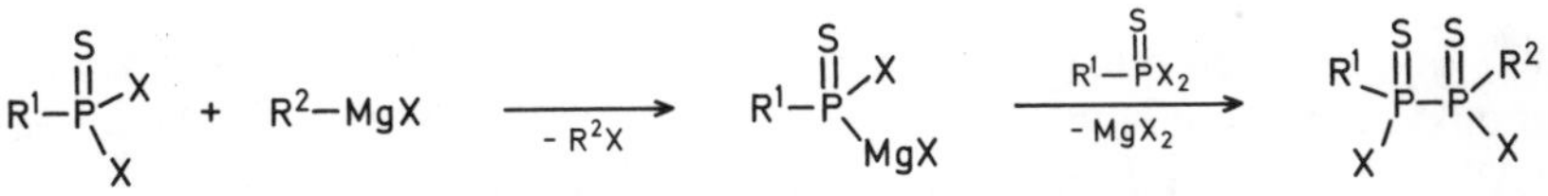

Dieses mechanistische Konzept ist jedoch nicht in der Lage alle experimentellen Beobachtungen befriedigend zu erklären, so daß Alternativen vorgeschlagen wurden, die die Erzeugung eines Phosphiniden-sulfides als reaktive Zwischenstufe vorsehen[176]. Sind die Substituenten R^1 und R^2 in den Edukten verschieden, so erhält man diastereomere Diphosphan-1,2-bis-sulfide, die in vielen Fällen in *meso-* und *d,l*-Form getrennt werden können[177-179] (s. Tab. 38).

Tab. 38: Diphosphan-1,2-bis-sulfide aus Thiophosphonsäure-dihalogeniden und Grignard-Verbindungen

Ausgangsverbindungen		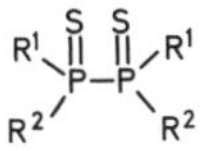 Produkt	Ausbeute [%]	Schmp. [°C]	Literatur
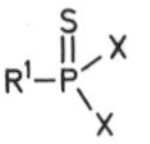 $R^1-P(\!=\!S)X_2$	R_2-MgX				
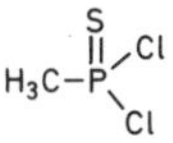 $H_3C-P(\!=\!S)Cl_2$	H_3C–MgCl	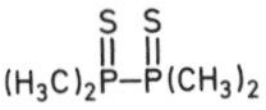 $(H_3C)_2P(\!=\!S)-P(\!=\!S)(CH_3)_2$ *Tetramethyl-diphosphan-1,2-bis-sulfid*	53	223,5–224	176
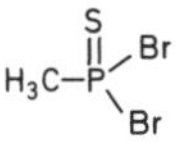 $H_3C-P(\!=\!S)Br_2$	H_5C_6–MgBr	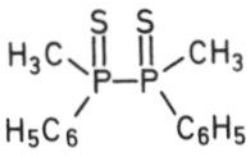 Produkt (H_3C, H_5C_6) *1,2-Dimethyl-1,2-diphenyl-diphosphan-1,2-bis-sulfid*	51	145–146 (*d,l*) 206–208 (*meso*)	177
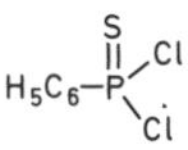 $H_5C_6-P(\!=\!S)Cl_2$	H_5C_6–CH_2–MgBr	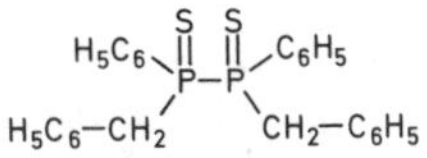 Produkt (H_5C_6, $H_5C_6-CH_2$) *1,2-Dibenzyl-1,2-diphenyl-diphosphan-1,2-bis-sulfid*	24	189–190	180
	H_5C_2–MgBr	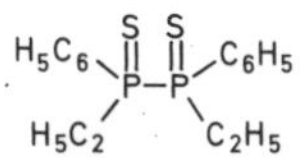 Produkt (H_5C_6, H_5C_2) *1,2-Diethyl-1,2-diphenyl-diphosphan-1,2-bis-sulfid*	41	85–87 (*d,l*) 156–157 (*meso*)	179

1,2-Diethyl-1,2-dimethyl-diphosphan-1,2-bis-sulfid[177]: Innerhalb von 3 Stdn. werden 0,21 mol Methan-thiophosphonsäure-dibromid bei 22° zu einer Lösung von 0,336 mol Ethyl-magnesiumbromid in 100 *ml* Ether gegeben. Die Mischung wird 1 Stde. am Rückfluß erhitzt und mit 50 *ml* einer 10%igen Schwefelsäure-Lösung hydrolysiert. Der ausgefallene Niederschlag wird abgesaugt und mit Ether gewaschen. Die vereinigten Ether-Phasen

[176] *P. C. Crofts* u. *I. S. Fox*, J. Chem. Soc. (B) **1968**, 1416.
[177] US.P. 3075017 (1963/1959), Monsanto Chemical Co., Erf.: *L. Maier*; C. A. **58**, 13995c (1963).
[178] *J. B. Lambert, G. F. Jackson* u. *D. C. Mueller*, J. Am. Chem. Soc. **92**, 3093 (1970).
[179] *K. A. Pollart* u. *H. J. Harwood*, J. Org. Chem. **27**, 4444 (1962).
[180] *P. C. Crofts* u. *K. Gosling*, J. Chem. Soc. **1964**, 2486.

werden eingedampft, der Rückstand i. Vak. getrocknet; Ausbeute: 8,5 g (38%) Racem-Gemisch; Schmp.: 103–104° (aus Aceton-Wasser).

Der ursprüngliche Niederschlag wird mit Wasser gewaschen, getrocknet und liefert 8,5 g (38%) *meso*-Derivat (Schmp.: 159–160°, aus Ethanol); Gesamtausbeute: 17,0 g (76%).

1.4. aus Thiophosphorsäure-trichloriden

Diese gut bekannte Methode (s. d. Bd. XII/2, S. 188) eignet sich vor allem zur Herstellung von Tetraalkyl-diphosphan-1,2-bis-sulfiden[175, 176, 179, 181]. Am besten lassen sich kleine primäre Alkyl-Reste (z. B. Methyl bis 1-Pentyl) einführen. Mit sek. Grignard-Reagenzien erhält man, wie auch mit dem Octyl- und Phenyl-Rest, keine bzw. geringe Ausbeute an Diphosphan-1,2-bis-sulfid[176, 182]. Mit Phenyl-magnesiumhalogeniden entsteht in hohen Ausbeuten *Triphenyl-phosphansulfid*[176]. Wie bei der Umsetzung von Thiophosphonsäure-dihalogeniden mit Grignardreagenzien (s. S. 216) beobachtet man auch hier einen großen Einfluß von Temperatur und des Halogens der Grignard-Verbindung auf die Diphosphan-bis-sulfid-Bildung. Die besten Ausbeuten werden mit Grignard-bromiden im Verhältnis 3 : 1 zum eingesetzten Thiophosphorsäure-trichlorid und Reaktionstemperaturen von 0–20° erreicht[175, 176]. Der Mechanismus der Reaktion sollte weitgehend dem entsprechen, wie er für die Herstellung von Diphosphan-1,2-bis-sulfiden aus Thiophoshonsäure-dihalogeniden und Grignardreagenzien postuliert wird[176] (s. S. 216).

$$\text{2 SPCl}_3 \;+\; \text{6 R—MgBr} \xrightarrow[-\;6\,\text{MgBrCl}]{} \; 2\;\underset{\displaystyle \overset{\text{S}}{\underset{}{\|}} }{\text{R}_2\text{P}}{-}\underset{\displaystyle \overset{\text{S}}{\underset{}{\|}}}{\text{PR}_2} \;+\; \text{R—R}$$

Tetraethyl-diphosphan-1,2-bis-sulfid[181]: Zu der aus 545 g (5 mol) Ethylbromid, 120 g (5 g-Atom) Magnesium und 2000 *ml* Ether hergestellten Grignard-Lösung läßt man unter kräftigem Rühren und Kühlen mit Leitungswasser 256 g (1,5 mol) Thiophosphorsäure-trichlorid in 300 *ml* Ether so langsam zutropfen, daß die Temp. im Reaktionsgefäß 25° nicht übersteigt. Die anfangs lebhafte Umsetzung ist nach 6 Stdn. beendet. Danach wird unter Eis/Wasser-Kühlung mit 1 *l* 2n-Schwefelsäure hydrolysiert, die Ether-Phase abgetrennt, und der nach Abdampfen des Ethers erhaltene weiß-graue Rückstand mehrmals aus Isobutanol umkristallisiert; Ausbeute: 131 g (71,5%); Schmp.: 77°.

Weitere Beispiele sind in Tab. 39 (S. 219) zusammengestellt.

2. aus Diphosphanen

Diphosphane werden mit Schwefel zu Diphosphan-1,2-bis-sulfiden sulfuriert (s. d. Bd. XII/2, S. 189). Die Sulfurierung gelingt auch mit Thiophosphorsäure-trichlorid[184a]. Intermediär durch Dimerisierung des Diphenylphosphinyl-Radikals gebildetes Tetraphenyldiphosphan ergibt beim Behandeln mit Schwefel *Tetraphenyl-diphosphan-1,2-bis-sulfid* in 25%iger Ausbeute[185].

---

[175] *H. Niebergall* u. *B. Langenfeld, Chem. Ber.* **95**, 64 (1962).

[176] *P. C. Crofts* u. *I. S. Fox*, J. Chem. Soc. (B) **1968**, 1416.

[179] *K. A. Pollart* u. *H. J. Harwood*, J. Org. Chem. **27**, 4444 (1962).

[181] *W. Kuchen, H. Buchwald, K. Strohlenberg* u. *J. Metten*, Justus Liebigs Ann. Chem. **652**, 28 (1962).

[182] *B. V. Timokhin, N. A. Sukhorukova, E. F. Grechkin* u. *V. I. Glukhikh*, Zh. Obshch. Khim. **45**, 2561 (1975); engl.: 2517; C. A. **84**, 74364c (1976).

[184a] *E. Lindner* u. *H. Beer*, Chem. Br. **105**, 3261 (1972).

[185] *H. Low* u. *P. Tavs*, Tetrahedron Lett. **1966**, 1357.

Tab. 39: Tetraalkyl-diphosphan-1,2-bis-sulfide aus Thiophosphorsäure-trichlorid und Grignard-Verbindungen

R–MgX	$\underset{R_2P-PR_2}{\overset{\overset{S}{\parallel}\ \overset{S}{\parallel}}{}}$ ...-diphosphan-1,2-bis-sulfid	Ausbeute [% d. Th.]	Schmp. [°C]	Literatur
H₃C–MgBr	Tetramethyl...	82	228–229	[175]
		87	221–223	[179]
H₃C–MgJ		74	223–227	[183]
		85	224–228	[182]
H₅C₂–MgBr	Tetraethyl...	96	77–78	[175]
		91	78–78,5	[179]
H₇C₃–MgBr	Tetra-propyl...	86	147–148	[175]
		65	145	[181]
H₉C₄–MgBr	Tetra-butyl-...	70	74,5–75	[175]
		40	74,5–75	[179]
H₁₁C₅–MgBr	Tetra-pentyl-...	31	43,5	[181]
H₁₁C₆–MgBr	Tetracyclohexyl-...	10	–	[182]
	+ Tricyclohexylphosphan-sulfid	10		
	+ Dicyclohexyl-thiophosphinigsäure	6		
BrMg-(CH₂)₄-MgBr	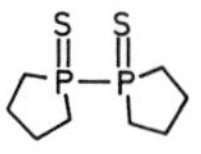 *(1,1'-Bi-phospholanyl-1,1'-bis-sulfid)*	–	185	[184]

3. aus anderen Diphosphan-1,2-bis-sulfiden

1,2-Diphenyl-diphosphan-1,2-bis-sulfid läßt sich mit 1-Tetradecen in Gegenwart von Azoisobuttersäure-dinitril durch Erhitzen auf 75° oder photochemisch in diastereomeres *1,2-Diphenyl-1,2-ditetradecyl-diphosphan-1,2-bis-sulfid* umwandeln[186]:

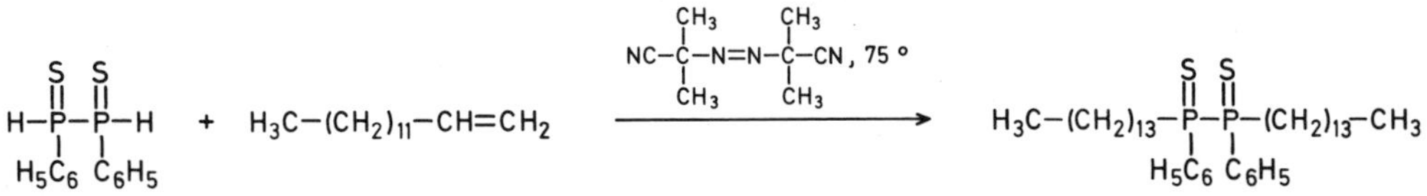

B. Umwandlung

Aufgrund ihrer leichten Zugänglichkeit stellen Diphosphan-1,2-bis-sulfide wertvolle Ausgangsverbindungen zur Einführung phosphororganischer Reste dar (s. d. Bd. XII/1, S. 189); Tab. 40 (S. 220) zeigt die wichtigsten Umwandlungsreaktionen auf.

[175] H. Niebergall u. B. Langenfeld, Chem. Ber. **95**, 64 (1962).
[179] K. A. Pollart u. H. J. Harwood, J. Org. Chem. **27**, 4444 (1962).
[181] W. Kuchen, H. Buchwald, K. Strohlenberg u. J. Metten, Justus Liebigs Ann. Chem. **652**, 28 (1962).
[182] B. V. Timokhin, N. A. Sukhorukova, E. F. Grechkin u. V. I. Glukhikh, Zh. Obshch. Khim. **45**, 2561 (1975); engl.: 2517; C. A. **84**, 74364c (1976).
[183] G. W. Parshall, Org. Synth. **45**, 102 (1965).
[184] US. P. 3246032 (1966/1963); DuPont, Erf.: R. Schmutzler; C. A. **64**, 19678f (1966).
[186] GB. P. 1101334 (1968/1964), Monsanto Corp.; C. A. **69**, 3004q (1968).

Tab. 40: Umwandlung von Diphosphan-1,2-bis-sulfiden

$R^1-\overset{\overset{S}{\|}}{\underset{\underset{R^2}{\|}}{P}}-\overset{\overset{S}{\|}}{\underset{R^2}{P}}-R^1$ $\quad R^1 \mid R^2$		Reaktionspartner	Reaktionsprodukte	Literatur
Alkyl	Alkyl	Cl₂	Dialkyl-thiophosphinsäure-chloride (S. E2/249)	[187, 188]
		Überschuß	Dialkyl-trichlor-phosphorane	[187]
		Br₂	Dialkyl-thiophosphinsäure-bromide (S. E2/249	[187, 189]
		+ $H_3C-\langle\bigcirc\rangle-NH_2$	Dialkyl-thiophosphinsäure-4-methyl-anilide	[190]
		SOCl₂, PCl₃, POCl₃, PCl₅	Dialkyl-thiophosphinsäure-chloride (S. E2/249)	[187, 189, 191]
		SOCl₂, Überschuß	Dialkyl-phosphinsäure-chloride (S. E2/160)	[188]
		Alkyl-Hal	tert. Trialkyl-phosphansulfide (S. E2/85)	[191, 191a]
		Hal = Cl,Br, J	Dialkyl-thiophosphinsäure-halogenide (S. E2/249)	[192]
		Alkyl-S-S-Alkyl	Dialkyl-dithiophosphinsäure-S-alkylester (S. E2/269)	[191]
CH₃	CH₃	SbF₃	*Dimethyl-trifluor-phosphoran*	[193]
		2 Cu/H₂	*Dimethyl-phosphan* (S. 131)	[194]
		(H₉C₄)₃P/H₂O	+ *Dimethylphosphinsäure*	[195]
		H₃C–CO–Cl	*Dimethyl-thiophosphinsäure-chlorid* (S. E2/249)	[196]
		P(OAryl)₃	*Dimethyl-thiophosphinsäure-O-aryl-ester* (S. E2/258)	[197]
		NaOH/H₂O	*Dimethyl-phosphansulfide* (S. 262)	[198]
		Überschuß	*Dimethyl-phosphanoxid*	[198]
CH₃	C₆H₅	Li[AlH₄]	*Methyl-phenyl-phosphan* (S. 131)	[189]

[187] W. Kuchen, H. Buchwald, K. Strolenberg u. J. Metten, Justus Liebigs Ann. Chem. **652**, 28 (1962).
[188] K. A. Pollart u. H. J. Harwood, J. Org. Chem. **27**, 4444 (1962).
[189] US.P. 3075017 (1963/1959), Monsanto Chemical Co., Erf.: L. Maier; C. A. **58**, 13995c (1963).
[190] P. C. Crofts u. K. Gosling, J. Chem. Soc. **1964**, 2486.
[191] E. N. Tsvetkov, T. A. Chepaikina u. M. I. Kabachnik, Izv. Akad. Nauk. SSSR, Ser. Khim. **1979**, 426; engl.: 394; C. A. **90**, 187055v (1979).
    SU.P. 534467 (1976/1975), E. N. Tsvetkov, T. A. Chepaikina u. M. I. Kabachnik; C. A. **86**, 90028t (1977).
[191a] SU.-P. 534467 (1976/1975), E. N. Tsvetkov, T. A. Chepaikina u. M. I. Kabachnik; C. A. **86**, 90028t (1977).
[192] SU.P. 537083 (1976/1975), E. N. Tsvetkov, T. A. Chepaikina u. M. I. Kabachnik; C. A. **86**, 171600a (1977).
[193] US.P. 3246032 (1966/1963), DuPont, Erf.: R. Schmutzler; C. A. **64**, 19678f (1966).
[194] H. Niebergall u. B. Langenfeld, Chem. Ber. **95**, 64 (1962).
[195] A. Trenkle u. H. Vahrenkamp, Z. Naturforsch., **34B**, 642 (1979).
[196] A. N. Pudovik, G. V. Romanov, A. A. Lapin u. E. I. Goldfarb, Zh. Obshch. Khim. **45**, 1895 (1975); engl.: 1857; C. A. **83**, 193449y (1975).
[197] SU.P. 371243 (1973/1971), E. N. Tsvetkov, I. G. Malakhova, T. A. Chepaikina u. M. I. Kabachnik; C. A. **79**, 53562x (1973).
[198] R. A. Malevannaya, E. N. Tsvetkov u. M. I. Kabachnik, Izv. Akad. Nauk SSSR, Ser. Khim. **1976**, 952; engl.: 936; C. A. **85**, 94444c (1976).

α_8) *Diphosphan-imid-sulfide*

Diphosphanmonoimide lassen sich mit Schwefel sulfurieren[199, 199a]:

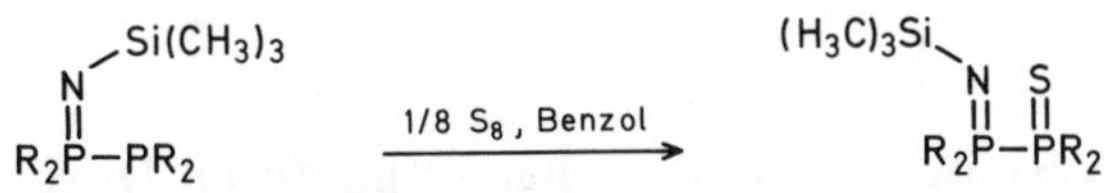

$$R_2P-PR_2 \text{ mit } N-Si(CH_3)_3 \xrightarrow{1/8\ S_8,\ \text{Benzol}} R_2P-PR_2 \text{ mit } (H_3C)_3Si-N,\ S$$

Tetraalkyl-diphosphan-sulfid-trimethylsilylimide[199]: Eine Lösung von 0,02 mol Diphosphanimid in 10 *ml* Benzol wird unter Rühren portionsweise mit 0,025 mol Schwefelblüte versetzt. Der Schwefel löst sich langsam auf, wobei sich die Lösung gelinde erwärmt. Abdampfen des Lösungsmittels liefert die Produkte.
Auf diese Weise erhält man u.a.:

Tetramethyl-diphosphan-sulfid-trimethylsilylimid   95%, Schmp.71°
Tetraethyl-diphosphan-sulfid-trimethylsilylimid   90%, Öl

Tetraalkoxy-diphosphansulfide setzen sich mit Phenylazid zu z.B. *Tetraethoxy-* bzw. *Tetrapropyloxy-diphosphan-phenylimid-sulfid* um[199b]:

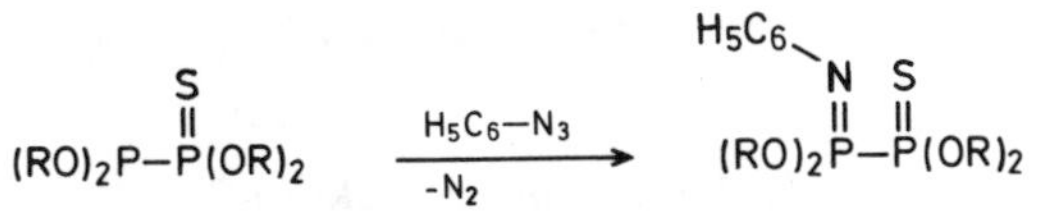

$$(RO)_2P-P(OR)_2 \text{ mit } S \xrightarrow[-N_2]{H_5C_6-N_3} (RO)_2P-P(OR)_2 \text{ mit } H_5C_6-N,\ S$$

z.B. R = H_5C_2, H_7C_3

Diphosphan-imid-sulfide hydrolysieren leicht unter Hexamethylsiloxan-Abspaltung zu sekundären Phosphansulfiden und den Ammoniumsalzen von Phosphinsäuren. Mit Kohlendioxid setzt sich Tetramethyl-diphosphan-sulfid-trimethylsilylimid zu *Tetramethyl-oxid-sulfid* um (s.d.S. E 1/215).

α_9) *Diphosphan-1,2-bis-imide*

Mit der doppelt molaren Menge Silylazid erhält man aus Diphosphanen unter Stickstoff-Abspaltung Diphosphan-1,2-bis-imide:

$$R_2^1P-PR_2^1 + 2\ R_3^2Si-N_3 \xrightarrow[-N_2]{\sim 100°} R_2^1P-PR_2^1 \text{ mit } R_3^2Si-N,\ N-SiR_3^2$$

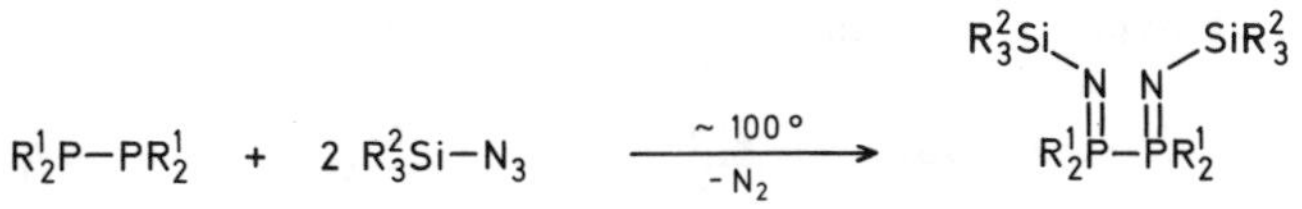

$R^1 = R^2 = CH_3$; *Tetramethyl-diphosphan-1,2-bis-[trimethylsilylimid]*[199]; 93%; Sdp.: 98°/0,09 Torr (0,012 kPa); Schmp.: 61°

$R^1 = R^2 = C_6H_5$; *Tetraphenyl-diphosphan-1,2-bis-[triphenylsilylimid]*[200]; 93%; Schmp.: 236–238°

Mit Trimethylsilylazid lassen sich nur Tetraalkyl-diphosphane umsetzen, da Tetraphenyl-diphosphan unter Spaltung der P–P-Bindung reagiert[199]. Triphenylsilylazid dagegen ergibt mit Tetraphenyl-diphosphan das gewünschte Diphosphan-bis-imid[200].
Die leicht erfolgende Hydrolyse der Diphosphan-1,2-bis-[silylimide] liefert Phosphinsäuren und ihre Ammoniumsalze neben sek. Phosphanoxiden. Der Versuch mit Kohlendioxid durch zweifache Abspaltung von Trimethylsilylisocyanat zu den bisher wenig be-

[199] R. Appel u. R. Milker, Chem. Ber. **107**, 2658 (1974).
[199a] H. Roßknecht, W. P. Lehmann u. A. Schmidpeter, Phosphorus **5**, 195 (1975).
[199b] Y. G. Gololobov, E. A. Suvalova u. T. I. Chudakova, Zh. Obshch. Khim. **51**, 1433 (1981)
[200] K. L. Paciorek u. R. H. Kratzer, J. Org. Chem. **31**, 2426 (1966).

14*

kannten Tetraalkyl-diphosphan-1,2-bis-oxiden zu gelangen, ist erfolglos, da unter den Reaktionsbedingungen die P–P-Bindung gespalten wird[201]. Mit Kohlenstoffdisulfid dagegen erhält man in glatter Reaktion Tetraalkyl-diphosphan-1,2-bis-sulfide[201].

β) Acyclische Polyphosphane und deren Derivate

Entsprechend den Diphosphanen sind höhere Oligophosphane z.T. extrem hydrolyse- und sauerstoffempfindlich. Zudem besteht oft eine hohe Thermolabilität. Geeignete Schutzmaßnahmen sind deshalb bei ihrer Herstellung zu berücksichtigen.

β₁) *Acyclische Polyphosphane*

A. Herstellung

1. durch Aufbaureaktion

1.1. aus primären Phosphanen

Methyl- oder Trifluormethyl-phosphan kondensiert mit zwei Molen Bis-[trifluormethyl]-chlor-phosphan in Gegenwart von Trimethylamin bei Temperaturen um $-40°$ zu Triphosphanen[202, 203]:

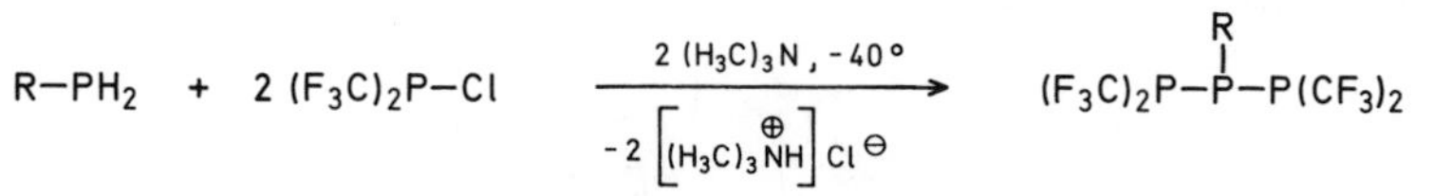

$$R-PH_2 \quad + \quad 2\ (F_3C)_2P-Cl \quad \xrightarrow[\substack{-2\ \left[(H_3C)_3\overset{\oplus}{N}H\right]Cl^{\ominus}}]{2\ (H_3C)_3N\ ,\ -40°}\quad (F_3C)_2P-\overset{\overset{\textstyle R}{|}}{P}-P(CF_3)_2$$

R = CH₃: *2-Methyl-1,1,3,3-tetrakis-[trifluormethyl]-triphosphan*[202]; 94%
R = CF₃: *Pentakis-[trifluormethyl]-triphosphan*[203]; 83%

1.2. aus sekundären Phosphanen

Die Umsetzung von Diphenyl-phosphan mit Dibrom-phenyl-phosphan im Molverhältnis 2:1 liefert mit Triethylamin als Base *Pentaphenyl-triphosphan*[204]:

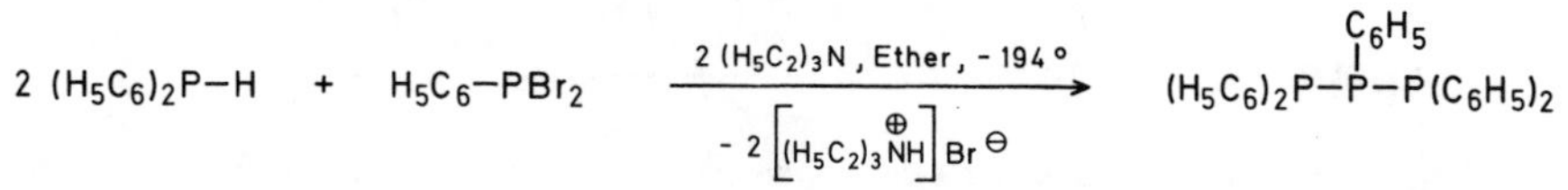

$$2\ (H_5C_6)_2P-H \quad + \quad H_5C_6-PBr_2 \quad \xrightarrow[\substack{-2\ \left[(H_5C_2)_3\overset{\oplus}{N}H\right]Br^{\ominus}}]{2\ (H_5C_2)_3N\ ,\ Ether\ ,\ -194°}\quad (H_5C_6)_2P-\overset{\overset{\textstyle C_6H_5}{|}}{P}-P(C_6H_5)_2$$

Mit Bis-[dimethylamino]-methyl-phosphan anstelle des Dihalogenphosphans ist das gemischt substituierte *2-Methyl-1,1,3,3-tetraphenyl-triphosphan* (Schmp.: 127–131°) in 71% Ausbeute zugänglich[205, 206]:

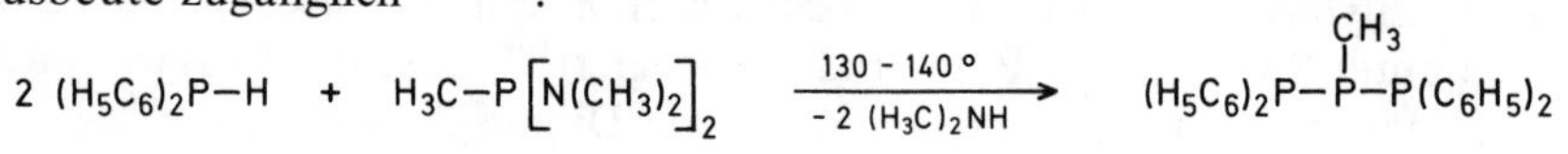

$$2\ (H_5C_6)_2P-H \quad + \quad H_3C-P\left[N(CH_3)_2\right]_2 \quad \xrightarrow[-2\ (H_3C)_2NH]{130-140°}\quad (H_5C_6)_2P-\overset{\overset{\textstyle CH_3}{|}}{P}-P(C_6H_5)_2$$

[201] *R. Appel* u. *R. Milker*, Chem. Ber. **110**, 3201 (1977).
[202] *A. B. Burg* u. *K. K. Joshi*, J. Am. Chem. Soc. **86**, 353 (1964).
[203] *A. B. Burg* u. *J. F. Nixon*, J. Am. Chem. Soc. **86**, 356 (1964).
[204] US.P. 3 390 189 (1968/1963), Hooker Chemical Corp., Erf.: *M. Van Ghemen* u. *E. Wiberg*; C.A. **69**, 77 473 p (1968).
[205] *L. Maier*, Helv. Chim. Acta **49**, 1119 (1966).
[206] US.P. 3 242 216 (1966/1961), Monsanto Chemical Co., Erf.: *L. Maier*; C.A. **64**, 15 922 f (1966).

1.3. aus elementorganischen Phosphanen

Pentaphenyl-triphosphan (Schmp.: 95–96°) ist in 86% Ausbeute aus 2 Mol Chlor-diphenyl-phosphan und Bis-[trimethylstannyl]-phenyl-phosphan erhältlich[207]. Die leicht erfolgende Abspaltung von Chlor-trimethyl-stannan läßt auch die Herstellung eines verzweigten Tetraphosphans zu, wenn Tris-[trimethylstannyl]-phosphan zur Kondensation eingesetzt wird[207, 208]. Die Stelle des stannylierten Phosphans kann auch das entsprechend germylierte oder silylierte Derivat einnehmen, wobei die Ausbeuten allerdings etwas niedriger liegen[207].

$$\left[(H_3C)_3M\right]_3P \;+\; 3\;(H_5C_6)_2P-Cl \xrightarrow[-3\,(H_3C)_3MCl]{} (H_5C_6)_2P-\overset{\overset{\displaystyle P(C_6H_5)}{|}}{P}-P(C_6H_5)_2$$

2-Diphenylphosphano-1,1,3,3-tetraphenyl-triphosphan[207, 208]: Ausbeuten: M = Sn: 92;
M = Ge: 84; M = Si: 76%; Schmp.: 118–120°

1.4. aus Metallphosphiden

Metallphosphide kondensieren mit Alkyl- oder Aryl-dichlor-phosphanen unter Abspaltung von Metallhalogenid zu Triphosphanen[204, 206, 209]:

$$2\;R^1_2P-M \;+\; R^2-PCl_2 \xrightarrow[-MCl]{} R^1_2P-\overset{\overset{\displaystyle R^2}{|}}{P}-PR^1_2$$

Als Metalle finden Lithium[209], Natrium[204] und Kalium[206] Verwendung. Nach dieser Methode ist *Pentaphenyl-triphosphan* ($R^1 = R^2 = C_6H_5$) in 58% Ausbeute zugänglich[206]. Mit Lithium-bis-[trimethylsilyl]-phosphid und Dichlor-methyl-phosphan wird Lithiumchlorid abgespalten, so daß ein tetrasilyliertes Triphosphan entsteht[209].

2-Methyl-1,1,3,3-tetrakis-[trimethylsilyl]-triphosphan [$R^1 = Si(CH_3)_3$; $R^2 = CH_3$][209]: Zu einer Lösung von 5,18 g (44,75 mmol) Dichlor-methyl-phosphan in 200 *ml* Pentan tropft man bei −40 bis −45° innerhalb 4 Stdn. 29,88 g (88,68 mmol) Lithium-bis-[trimethylsilyl]-phosphid-Bis-tetrahydrofuran. Man rührt 3 Stdn. bei −40°, 16 Stdn. bei 20°, filtriert und dampft ein. Der Rückstand wird i. Vak. sublimiert; Ausbeute: 13,79 g (77%); Subl.p.: 60–65°/0,001 Torr (0,13 Pa); Schmp.: 64°.
Als Nebenprodukt werden 1,3 g (11%) Tris-[trimethylsilyl]-phosphan isoliert.

An Molybdän gebundenes Lithium-dimethylphosphid setzt sich glatt mit Dichlor-methyl-phosphan zu *Hexamethyl-tetraphosphan* um, das durch das Übergangsmetall stabilisiert wird[210]:

$$(CO)_4Mo\left[(H_3C)_2PLi\right]_2 \;+\; 2\;H_3C-PCl_2 \xrightarrow[-2\,LiCl]{} (CO)_4Mo\left\langle \begin{array}{c} H_3C \\ \nearrow P \diagdown \\ \\ H_3C \searrow P \diagup \end{array} \right.$$

Nach diesem Syntheseprinzip lassen sich weitere koordinativ stabilisierte Derivate von Tri-, Tetra- und Pentaphosphanen herstellen: z. B.[211]:

μ-(1,2,3-Triphenyl-triphosphan-P¹˒³)-bis-[pentacarbonylmolybdän(0)] (47%)
μ-(1,1,2,3,4-Pentaphenyl-tetraphosphan-P²,P⁴)-bis-[pentacarbonylmolybdän(0)] (16%)

[204] US.P. 3390189 (1968/1963), Hooker Chemical Corp.; Erf.: *M. Van Ghemen* u. *E. Wiberg*; C.A. **69**, 77473p (1968).
[206] US.P. 3242216 (1966/1961), Monsanto Chemical Co.; Erf.: *L. Maier*; C.A. **64**, 15922f (1966).
[207] *H. Schumann, A. Roth* u. *O. Stelzer*, J. Organomet. Chem. **24**, 183 (1970).
[208] *H. Schumann, A. Roth* u. *O. Stelzer*, Angew. Chem. **80**, 240 (1968); engl.: **7**, 218.
[209] *W. Hölderlich* u. *G. Fritz*, Z. Anorg. Allg. Chem. **457**, 127 (1979).
[210] *O. Stelzer* u. *E. Unger*, J. Organomet. Chem. **85**, C33 (1975).
[211] *M. Baacke, S. Morton, G. Johannsen, N. Weferling* u. *O. Stelzer*, Chem. Ber. **113**, 1328 (1980).

2. aus Cyclophosphanen

Alkalimetalle spalten Alkyl- und Aryl-cyclopolyphosphane zu Dimetallphosphiden des Tri- und Tetraphosphans je nach eingesetzter Stöchiometrie[212,213]:

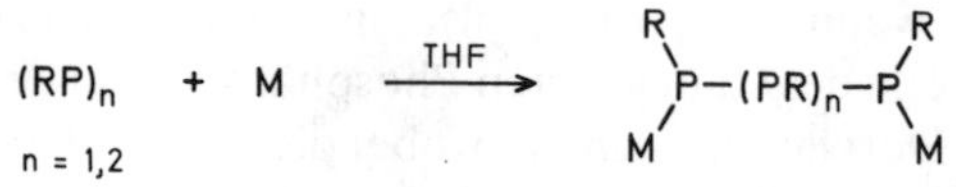

$$(RP)_n \quad + \quad M \quad \xrightarrow{\text{THF}} \quad \underset{M}{\overset{R}{\diagdown}} P-(PR)_n-P\underset{M}{\overset{R}{\diagup}}$$

$$n = 1,2$$

Als Metalle finden Lithium, Natrium und Kalium Verwendung, wobei letzteres am besten reagiert[212]. Die als Lösungsmitteladdukte anfallenden Disalze lassen sich auch durch Umsetzung von Cyclopolyphosphanen mit Dilithium-phenylphosphid gewinnen, wie die Bildung von *1,4-Dilithium-tetraphenyl-tetraphosphid* in 71% Ausbeute aus Phenyl-cyclopolyphosphan zeigt[214]. Dikalium- und Dilithium-triphenyltriphosphid, denen längere Zeit eine cyclische Konstitution zugewiesen wurde[215], sind jedoch ebenfalls als lineare acyclische Polyphosphide anzusehen[216]. Die Hydrolyse oder Alkylierung der Dimetallphosphide liefert keine stabilen Tri- oder Tetraphosphane, da diese sogleich disproportionieren[212,213]. In heterogener Phase läßt sich jedoch aus 1,3-Dikalium-triphenyl-triphosphid und Chlor-trimethyl-silan, das extrem oxidationsempfindliche *1,3-Bis-[trimethylsilyl]-1,2,3-triphenyl-triphosphan* (82%; Schmp.: 110–118°) erhalten[217]:

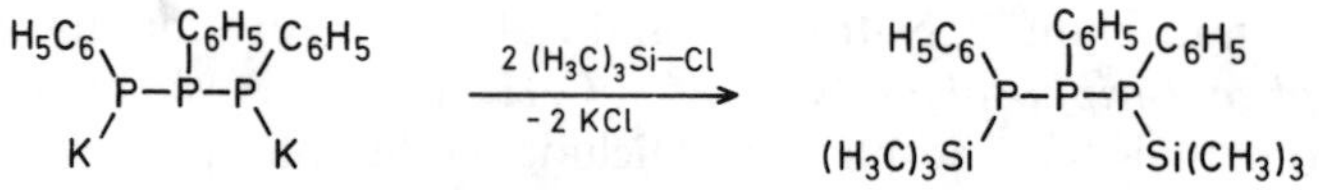

$$\underset{K}{\overset{H_5C_6}{\diagdown}} P-\underset{}{\overset{C_6H_5}{\underset{|}{P}}}\underset{K}{\overset{C_6H_5}{P\diagup}} \quad \xrightarrow[- \, 2 \, KCl]{2 \, (H_3C)_3Si-Cl} \quad \underset{(H_3C)_3Si}{\overset{H_5C_6}{\diagdown}} P-\underset{}{\overset{C_6H_5}{\underset{|}{P}}}\underset{Si(CH_3)_3}{\overset{C_6H_5}{P\diagup}}$$

B. Umwandlung

Tri- und höhere acyclische Polyphosphane disproportionieren z. T. bereits bei 20° und Lichtausschluß zu Diphosphanen und Cyclopolyphosphanen, was ihre Reindarstellung naturgemäß erschwert. Kinetische Stabilisierung durch sperrige Substituenten bzw. Koordination an Übergangsmetalle können die Disproportionierung jedoch erschweren oder ganz verhindern.

β₂) Oxide von acyclischen Polyphosphanen

A. Herstellung

Setzt man Trichlorphosphan mit Phosphorigsäure-dialkylestern in Gegenwart von Pyridin um, so erhält man die thermisch ungewöhnlich stabilen Tris-[dialkoxyphosphoryl]-phosphane[217a]. Zum Mechanismus s. Lit.[217a].

[212] *K. Issleib* u. *K. Krech*, Chem. Ber. **98**, 2545 (1965).
[213] *K. Issleib* u. *K. Krech*, Chem. Ber. **99**, 1310 (1966).
[214] *K. Issleib* u. *F. Krech*, J. Prakt. Chem. **311**, 463 (1969).
[215] *K. Issleib* u. *E. Fluck*, Angew. Chem. **78**, 597 (1966); engl.: **5**, 587.
[216] *M. Baudler, D. Koch, E. Tol, K. M. Diedrich* u. *B. Kloth*, Z. Anorg. Allg. Chem. **420**, 146 (1976).
[217] *M. Baudler, G. Reuschenbach, D. Koch* u. *B. Carlsohn*, Chem. Ber. **113**, 1264 (1980).
[217a] *D. Weber* u. *E. Fluck*, Z. Naturforsch. **30 B**, 60 (1974).

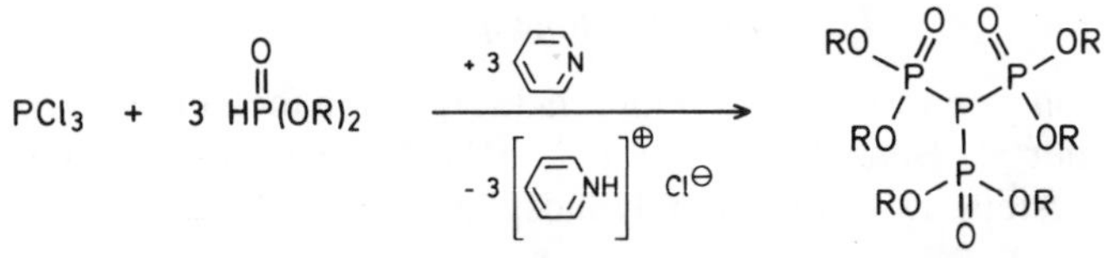

$$PCl_3 \;+\; 3\; HP(OR)_2 \quad \xrightarrow[\;-\;3\;\left[\langle\!\!\!\!\bigcirc\!\!\!\!\rangle NH\right]^{\oplus} Cl^{\ominus}]{+\;3\;\langle\!\!\!\!\bigcirc\!\!\!\!\rangle N} \quad$$

Tris-[diethoxyphosphoryl]-phosphan[217a]: In einem 500-*ml*-Rundkolben, mit Magnetrührer und Tropftrichter ausgestattet, werden 71,8 g (0,52 mol) Phosphorigsäure-diethylester, 41,1 g (0,52 mol) Pyridin und 150 *ml* Dichlormethan vorgelegt. Bei –50° gibt man unter Stickstoff und starkem Rühren 35,7 g (0,26 mol) Phosphor(III)-chlorid tropfenweise zu, daß die Temp. unter –30° bleibt. Anschließend wird ohne Kühlung 1 Stde. weitergerührt, 100 *ml* Petrolether hinzugefügt und der ausgefallene Niederschlag abfiltriert und verworfen. Dieser Arbeitsgang wird mit 50 *ml* Petrolether wiederholt. Anschließend engt man das Filtrat i. Vak. ein und erhält das Phosphan als farbloses bis hell-gelbes Öl; Ausbeute: 62%.

Entsprechend wurden hergestellt:

R = CH₃: *Tris-[dimethoxyphosphoryl]-phosphan*
R = CH(CH₃)₂: *Tris-[düsopropoxyphosphoryl]-phosphan*

B. Umwandlung

Mit Ammoniak, prim. od. sek. Aminen werden die Tris-[dialkoxyphosphoryl]-phosphane in die Ammoniumsalze von Bis-[dialkoxyphosphoryl]-phosphinidenen umgewandelt[217b] (s. S. 71). Andererseits lassen sich diese hochreaktiven λ^3-Phosphor-Verbindungen der Koordinationszahl 2 mit Halogeniden der Phosphinigen-, Phosphonigen- und Phosphorsäure unter erneuter P–P-Verknüpfung zu Derivaten der acyclischen Polyphosphane umsetzen[217c].

γ) Cyclopolyphosphane und deren Derivate

γ₁) *Cyclopolyphosphane*

A. Herstellung

1. durch Aufbaureaktion

1.1. aus primären Phosphanen

1.1.1. mit quecksilberorganischen Verbindungen

Dibenzyl-[218, 219] oder Di-tert.-butyl-quecksilber[220] setzen sich mit primären Phosphanen unter Quecksilber-Abscheidung zu Cyclopolyphosphanen um. *Tetrakis-[trimethylsilyl]-tetraphosphetan* kann so nach Sublimation zu 17% rein erhalten werden[220]:

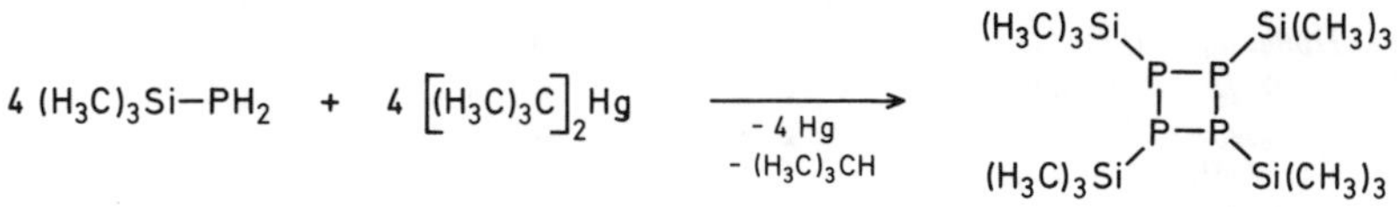

$$4\;(H_3C)_3Si\text{–}PH_2 \;+\; 4\;\left[(H_3C)_3C\right]_2 Hg \quad \xrightarrow[-\;(H_3C)_3CH]{-\;4\;Hg} \quad$$

[217a] *D. Weber* u. *E. Fluck*, Z. Naturforsch. **30 B**, 60 (1974).
[217b] *D. Weber, G. Heckmann* u. *E. Fluck*, Z. Naturforsch. **31 B**, 81 (1976).
[217c] *E. Fluck*, Topics in Phosphorus Chem. **10**, 194 (1980).
[218] *G. B. Postnikova* u. *I. F. Lutsenko*, Zh. Obshch. Khim. **33**, 4029 (1963); C. A. **60**, 9309a (1964).
[219] *A. L. Rhenigold, P. Choudhury*, U.S. NTJS, AD Rep. **1976**, AD-A 028 831, Avail. NTIS, From. Gov. Rep. Announce Index (U.S.) **76**, 133 (1976); C.A. **86**, 121471p (1977).
[220] *M. Baudler, G. Hofmann* u. *M. Hallab*, Z. Anorg. Allg. Chem. **466**, 71 (1980).

1.1.2. mit Dihalogenphosphanen

Die Umsetzung von prim. Phosphanen mit Dichlorphosphanen in indifferenten Lösungsmitteln (Petrolether[221], Benzol[222], Toluol[223], Ether[224]) ist ein allgemein anwendbares Verfahren zur Herstellung von Cyclopolyphosphanen (s. Bd. XII/1, S. 190):

$$\frac{n}{2}\,R{-}PH_2 \;+\; \frac{n}{2}\,R{-}PCl_2 \quad \xrightarrow[-nHCl]{} \quad (RP)_n$$

Mit Aryl-Substituenten verläuft die Umsetzung bereits bei 20° ausreichend schnell, während Alkyl-Gruppen höhere Temperaturen erfordern. Zum Abfangen des Chlorwasserstoffs hat sich der Zusatz von Hilfsbasen (z. B. Pyridin) in einigen Fällen bewährt[222]. Dem Vorteil hoher Ausbeuten bei dieser Methode steht gegenüber, daß in einigen Fällen ($R = C_2H_5$[225], $R = C_6H_5$[222, 226-228]) Cyclopolyphosphane unterschiedlicher Ringgröße nebeneinander gebildet werden, wobei die Reaktionsbedingungen eine entscheidende Rolle spielen.

Tetracyclohexyl-tetraphosphetan[223]: In einem Schlenkgefäß werden unter Stickstoff 5,5 g (47,4 mmol) Phenylphosphan und 8,5 g (45,9 mmol) Dichlor-phenyl-phosphan in 50 ml wasserfreiem Benzol solange unter Rückfluß erhitzt, bis kein Chlorwasserstoff mehr entwickelt wird. Nach Abkühlen wird abgesaugt und aus Benzol bzw. Toluol umkristallisiert; Ausbeute: 8,5 g (81%); Schmp.: 219–220°.

Tab. 41 (S. 227) gibt einen Überblick über die nach dieser Methode hergestellten Cyclopolyphosphane.

1.1.3. mit Diaminophosphanen

Pentaphenyl-pentaphospholan entsteht zu 83% aus Phenyl-phosphan mit stöchiometrischen Mengen Bis-[dimethylamino]-phenyl-phosphan[227]:

$$5\; H_5C_6{-}P\!\left[N(CH_3)_2\right]_2 \;+\; 5\; H_5C_6{-}PH_2 \quad \xrightarrow[-10\,(H_3C)_2NH]{170°,\,1\,Stde.} \quad$$

1.1.4. über primäre Phosphanoxide

Die durch Oxygenierung von primären Phosphanen mit Wasserstoffperoxid erhaltenen primären Phosphanoxide[229] gehen beim Erhitzen i. Vak. in Cyclopolyphosphane über[230, 231] (die Ausbeuten sind in der Regel gering):

$$n\; R{-}PH_2 \quad \xrightarrow[-\,n\,H_2O]{C_2H_5OH\,,\;H_2O_2} \quad n\; R{-}\overset{\overset{O}{\|}}{P}H_2 \quad \xrightarrow[-\,n\,H_2O]{60°\,/\,vak.} \quad (R{-}P)_n$$

z. B.: n = 4; $R = C_6H_{11}$: *Tetracyclohexyl-tetraphosphetan*; 22%; Schmp.: 222–224°.

[221] M. Fild, J. Hollenberg u. O. Glemser, Naturwissenschaften **54**, 89 (1967).

[222] W. A. Henderson Jr., M. Epstein u. F. S. Seichter, J. Am. Chem. Soc. **85**, 2462 (1963).

[223] K. Issleib u. W. Seidel, Z. Anorg. Allg. Chem. **303**, 155 (1960).

[224] L. Maier u. J. J. Daly, Helv. Chim. Acta **50**, 1747 (1967).

[225] M. Baudler u. K. Hammerström, Z. Naturforsch. **20 B**, 810 (1965).

[226] J. J. Daly u. L. Maier, Nature **208**, 383 (1965).

[227] L. Maier, Helv. Chim. Acta **49**, 1119 (1966).

[228] L. Maier u. J. J. Daly, Helv. Chim. Acta **50**, 1747 (1967).

[229] S. A. Buckler u. M. Epstein, J. Am. Chem. Soc. **82**, 2076 (1960).

[230] W. A. Henderson Jr., M. Epstein u. F. S. Seichter, J. Am. Chem. Soc. **85**, 2462 (1963).

[231] US. P. 3 032 591 (1962/1961), Am. Cyanamid Co., Erf.: W. A. Henderson Jr., S. A. Buckler u. M. Epstein; C. A. **57**, 11 240 b (1962).

Tab. 41: Cyclopolyphosphane durch Kondensationsreaktion von prim. Phosphanen und Dichlorphosphanen

Ausgangsverbindungen		Lösungsmittel/ Temp. [°C]	Cyclopolyphosphan $(RP)_n$	Ausbeute [%]	Sdp.		Schmp. [°C]	Literatur
$R–PH_2$	$R–PCl_2$				[°C]	[Torr (kPa)]		
$H_7C_3–PH_2$	$H_7C_3–PCl_2$	Benzol/50	*Pentapropyl-pentaphospholan*[a] (n = 5)	92	140–145	0,03 (0,004)	–	[230]
$H_9C_4–PH_2$	$H_9C_4–PCl_2$	Benzol/80	*Pentabutyl-pentaphospholan* (n=5)	82	120	0,02 (0,003)	–	[230]
$NC–CH_2–CH_2–PH_2$	$NC–CH_2–CH_2–PCl_2$	Chloroform-Pyridin/0	*Tetrakis-[2-cyan-ethyl]-tetraphosphetan* (n = 4)	43	–	–	87–89	[230]
$H_5C_6–PH_2$	$H_5C_6–PCl_2$	Diethylether/ 25	*Pentaphenyl-pentaphospholan*[b] (n = 5)	93	–	–	153–155	[230]
$F_5C_6–PH_2$	$F_5C_6–PCl_2$	Petrolether/ 25	*Tetrakis-[pentafluorphenyl]-tetraphosphetan* (n = 4)	94	–	–	151	[232]

[a] In der Originallit. als Tetraphosphetan bezeichnet[233]
[b] In der Originallit. als Tetraphosphetan bezeichnet[234-236].

[230] *W. A. Henderson Jr.*, *M. Epstein* u. *F. S. Seichter*, J. Am. Chem. Soc. **85**, 2462 (1963).
[232] *M. Fild*, *J. Hollenberg* u. *O. Glemser*, Naturwissenschaften **54**, 89 (1967).
[233] *L. R. Smith* u. *J. L. Mills*, J. Am. Chem. Soc. **98**, 3852 (1976).
[234] *M. Baudler*, *B. Carlsohn*, *W. Böhm* u. *G. Reuschenbach*, Z. Naturforsch. **31B**, 558 (1976).
[235] *P. R. Hoffman* u. *K. G. Caulton*, Inorg. Chem. **14**, 1997 (1975).
[236] *M. Baudler*, *K. Kipker* u. *H.-W. Valpertz*, Naturwissenschaften **53**, 612 (1966).

1.2. aus tertiären Phosphanen

Die Thermolyse von Bis-[anilinocarbonyl]-phenyl-phosphan bei 180° führt unter Kohlenmonoxid-Abspaltung zu *Tetraphenyl-tetraphosphetan* $(40\%)^{237}$.

1.3. aus acyclischen Polyphosphanen und deren Derivaten

1.3.1. aus silylierten acyclischen Polyphosphanen bzw. Polyphosphiden

Die Alkalimetallsalze von acyclischen Polyphosphanen bzw. deren Bis-[trimethylsilyl]-Derivate sind hervorragende Edukte zur Herstellung von Cyclopolyphosphanen. Die [(n + 2) + 1] Cyclokondensation mit Dihalogenphosphanen erlaubt insbesondere die Herstellung bzw. spektroskopische Charakterisierung metastabiler Cyclopolyphosphane[238]:

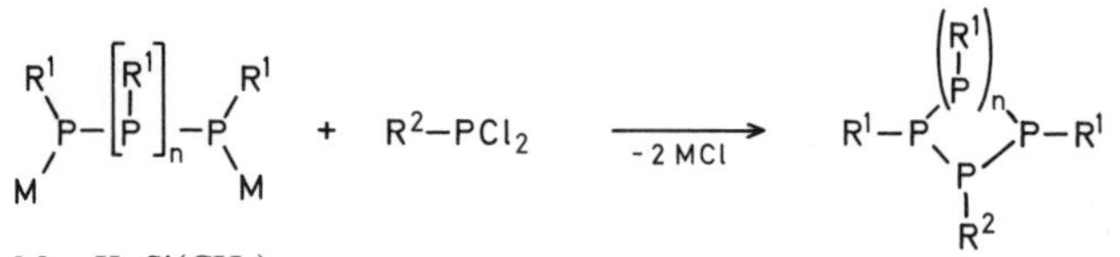

$$R^1\!\!\diagdown\!\!P\!\!-\!\!\left[\!\!\begin{array}{c}R^1\\|\\P\end{array}\!\!\right]_n\!\!-\!\!P\!\!\diagup\!\!R^1 \quad + \quad R^2\!\!-\!\!PCl_2 \quad \xrightarrow{-2\,MCl} \quad R^1\!\!-\!\!P\!\!\diagdown\!\!\begin{array}{c}\left(\!\!\begin{array}{c}R^1\\|\\P\end{array}\!\!\right)_n\\P\\|\\R^2\end{array}\!\!\diagup\!\!P\!\!-\!\!R^1$$

M = K, Si(CH₃)₃

Bei Verwendung unterschiedlich substituierter Edukte $(R^1 \neq R^2)$ ist auch die erstmalige Herstellung gemischt substituierter Cyclopolyphosphane möglich[239−241].

Die Ringgröße der gebildeten Cyclopolyphosphane ist zwar im allgemeinen von n unabhängig, da die metastabilen Ringe durch nukleophilen Angriff des Phosphids rasch in das thermodynamisch stabilere Oligomere umgewandelt werden, doch läßt sich diese Oligomerisierung durch Verwendung eines Lösungsmittels, indem das Phosphid unlöslich ist, unterdrücken[238].

Tetraphenyl-tetraphosphetan[240]: Zu einer Lösung von 15,7 g (33,4 mmol) 1,2-Bis-[trimethylsilyl]-1,2,3-triphenyl-triphosphan in 120 *ml* Toluol tropft man bei 20° unter Rühren innerhalb von 2,5 Stdn. 5,7 g (31,8 mmol, 5% Unterschuß) Dichlor-phenyl-phosphan in 15 *ml* Toluol. Zur Vervollständigung der Umsetzung wird 20 Min. nachgerührt. Der ³¹P–NMR-spektroskopisch bestimmte Anteil an Tetraphenyl-tetraphosphetan beträgt ~ 85% des Gesamtphosphors. Nach vollständigem Abziehen vom Chlor-trimethyl-silan und Toluol i. Vak. verbleibt ein gelblicher Feststoff mit einem Tetraphosphetan-Anteil von ~ 80%.
Pentaphenyl-pentaphospholan entsteht als Nebenpodukt.

1,2-Di-tert.-butyl-3-isopropyl-triphosphiran[239]: Zu einer Suspension von 12,5 g (43,0 mmol, 20% Überschuß) frisch hergestelltem[242] Dikalium-tri-tert.-butyl-triphosphid · 0,5 Tetrahydrofuran in 200 *ml* Pentan werden bei 15° unter Rühren innerhalb 10 Min. 5,19 g (35,8 mmol) frisch destilliertes Dichlor-isopropyl-phosphan getropft. Zur Vervollständigung der Umsetzung wird 30 Min. nachgerührt. Man saugt den Niederschlag ab, wäscht 2mal mit je 15 *ml* Pentan nach und dampft die vereinigten Lösungen i. Vak. ein. Es wird 2mal i. Hochvak. destilliert; Ausbeute: 3,15 g (35%); Sdp.: 42–43°/10⁻⁵ Torr (1,3 · 10⁻⁶ kPa).

Die Dikaliumsalze von Tetraethyl-tetraphosphid (n = 2) bzw. Pentaethyl-pentaphosphid (n = 3) setzen sich in glatter Reaktion zu *Tetraethyl-tetraphosphetan* (92%) bzw. *Pentaethyl-pentaphospholan* (94%) um[243]:

[237] *H. Fritsche, U. Hasserodt* u. *F. Korte*, Angew. Chem. **75**, 1205 (1963).
[238] *M. Baudler*, Pure Appl. Chem. **52**, 755 (1980).
[239] *M. Baudler, W. Driehsen* u. *S. Klautke*, Z. Anorg. Allg. Chem. **459**, 48 (1979).
[240] *M. Baudler* u. *G. Reuschenbach*, Z. Anorg. Allg. Chem. **464**, 9 (1980).
[241] *M. Baudler, B. Carlsohn, B. Kloth* u. *D. Koch*, Z. Anorg. Allg. Chem. **432**, 67 (1977).
[242] *M. Baudler, J. Hahn, H. Dietsch* u. *G. Fürstenberg*, Z. Naturforsch. **31 B**, 1305 (1976).
[243] *K. Issleib, C. Rockstroh, I. Ducheck* u. *E. Fluck*, Z. Anorg. Allg. Chem. **360**, 77 (1968).

$$H_5C_2\underset{K}{\overset{}{P}}-\left[\underset{}{\overset{C_2H_5}{P}}\right]_n-\underset{K}{\overset{C_2H_5}{P}} \quad + \quad Br-CH_2-CH_2-Br \quad \xrightarrow[-2\,KBr]{-H_2C=CH_2} \quad (H_5C_2-P)_{n+2}$$

1.3.2. aus Dihalogentriphosphanen

1,3-Dijod-1,2,3-tri-tert.-butyl-triphosphan läßt sich mit Lithiumhydrid in 99% Ausbeute zu *Tri-tert.-butyl-triphosphiran* enthalogenieren[244]:

$$(H_3C)_3C\underset{J}{\overset{C(CH_3)_3}{P}}-P-\underset{J}{\overset{}{P}}C(CH_3)_3 \quad \xrightarrow[\substack{-2\,LiJ \\ -H_2}]{2\,LiH,\,20°} \quad (H_3C)_3C\overset{C(CH_3)_3}{\underset{}{P}-P}C(CH_3)_3$$

1.4. aus elementarem Phosphor

Die Umsetzung von weißem Phosphor, Alkyl-magnesiumbromid und Alkylbromid in Tetrahydrofuran verläuft in einer einstufigen Synthese zu Polyalkyl-cyclopolyphosphanen[245–247]. Die Ausbeuten schwanken zwischen 5–20%.

$$P_4 \quad + \quad R-MgBr \quad + \quad R-Br \quad \xrightarrow[-MgBr_2]{THF} \quad (R-P)_n$$

Pentabutyl-pentapholan (n = 5; R = C_4H_9)[245, 246]: 31,0 g (1 mol) weißer Phosphor wird unter Wasser in 0,3 g Stücke geschnitten und mit Aceton und anschließend Benzol gewaschen. Der Phosphor wird unter Stickstoff in einer Portion zu einer Lösung von 0,55 mol Butyl-magnesiumbromid und 75,4 g (0,55 mol) Butylbromid in 300 *ml* Tetrahydrofuran gegeben und anschließend 1 Stde. am Rückfluß erhitzt. Die Mischung wird auf 20° gekühlt, mit 400 *ml* Diethylether verdünnt und tropfenweise mit 200 *ml* Wasser versetzt. Nach Abfiltrieren eines kleinen Anteils Magnesiumhydroxids werden die Phasen getrennt, die wäßr. Phase 3mal mit 50 *ml* Diethylether ausgeschüttelt und die vereinigten organ. Phasen über Natriumsulfat getrocknet. Anschließend wird i. Vak. destilliert; Ausbeute: 37,2 g (11%); Sdp.: 149–156°/0,01 Torr (1,3 · 10⁻³ kPa).
Erneute Destillation liefert ein analysenreines Produkt (Sdp.: 136–140°/0,007 Torr/0,9 Pa).
Als Nebenprodukt fallen 9 g (6% d. Th.) *Dibutyl-phosphan* (Sdp.: 71–78°/18 Torr/2,39 kPa) an.

Auf analoge Weise erhält man z.B.

Tetraisopropyl-tetraphosphetan [n = 4; R = $CH(CH_3)_2$]   Sdp.: 95°/0,05 Torr (6,5 · 10⁻³ kPa)
Pentaethyl-pentapholan (n = 5; R = C_2H_5)   Sdp.: 125°/0,05 Torr (6,5 · 10⁻³ kPa)
Pentapropyl-pentapholan (n = 5; R = C_3H_7)   Sdp.: 142°/0,03 Torr (4 · 10⁻³ kPa)

Die kathodische Elektrolyse von weißem Phosphor in Dimethylformamid in Gegenwart von Butylbromid liefert als Hauptprodukt *Tetrabutyl-diphosphan* und *Tetrabutyl-tetraphosphetan* (zusammen 9%)[248].

---

[244] M. Baudler u. J. Hellmann, Z. Naturforsch. **36 B**, 266 (1981).
[245] L. R. Smith u. J. L. Mills, J. Am. Chem. Soc. **98**, 3852 (1976).
[246] M. M. Rauhut u. A. M. Semsel, J. Org. Chem. **28**, 472 (1963).
[247] US.P. 3 099 690 (1963/1961), Am. Cyanamid Co., Erf.: M. M. Rauhut u. A. M. Semsel; C. A. **60**, 556c (1964).
[248] L. V. Kaabak, M. I. Kabachnik, A. P. Tomilov u. S. L. Varsharsku, Zh. Obshch. Khim. **36**, 2060 (1966); C. A. **66**, 85 828 m (1967).

1.5. aus Phosphonigsäure-Derivaten

1.5.1. aus Phosphonigsäuren mit Phosphonigsäure-diamiden

Bei der Umsetzung von Benzolphosphonigsäure mit Dimorpholino-phenyl-phosphan entsteht ein Gemisch, das u. a. *Pentaphenyl-pentaphospholan* (10%) enthält[249].

1.5.2. aus Dihalogenphosphanen (Phosphonigsäure-dihalogeniden)

1.5.2.1. durch Disproportionierung

Alkyl- oder Aryl-difluor-phosphane disproportionieren bei $20°$ oder leichtem Erwärmen zu Tetrafluorphosphoranen und Cyclopolyphosphanen[250, 251]:

$$2\,R\!-\!PF_2 \quad\longrightarrow\quad R\!-\!PF_4 \;+\; {}^1/_n(RP)_n$$

$$R = CH_3,\; CF_3,\; C_6H_5$$

1.5.2.2. durch Elektrolyse

Die Elektrolyse von Dichlor-phenyl-phosphan in Acetonitril mit Tetraethyl-ammoniumperchlorat als Grundelektrolyt liefert *Pentaphenyl-pentaphospholan* (80%)[251a].

1.5.2.3. mit Metallen bzw. Metall-Derivaten

Diese Methode besitzt eine große Anwendungsbreite. Als Metalle finden Lithium[252-254], Natrium[255, 256], Magnesium[252, 257-259], Zink[260], Quecksilber[252, 261-265] und Antimon[263, 264] Verwendung.

Phosphonigsäure-dibromide und -dijodide setzen sich gut mit Quecksilber und Antimon um, während die weniger aktiven -dichloride die reaktiveren Alkalimetalle bzw. Magnesium benötigen. Die Umsetzung mit Antimon und Quecksilber hat sich besonders für die Herstellung von perfluorierten Alkyl- und Aryl-cyclopolyphosphanen bewährt. Anstelle von Metallen kann auch Tetraalkylblei[266], Lithiumhydrid[267] oder Lithiumaluminiumhydrid[268] verwendet werden.

[249] *M. J. Gallagher* u. *I. D. Jenkins*, J. Chem. Soc. C **1966**, 2176.

[250] *V. N. Kulakova, Y. M. Zinovev* u. *L. Z. Sabarovskii*, Zh. Obshch. Khim. **29**, 3957 (1959); C. A. **54**, 20846e (1960).

[251] *H. G. Ang* u. *R. Schmutzler*, J. Chem. Soc. A **1969**, 702.

[251a] *H. Matschiner* u. *H. Tanneberg*, Z. Chem. **20**, 218 (1980).

[252] *L. R. Smith* u. *J. L. Mills*, J. Am. Chem. Soc. **98**, 3852 (1976).

[253] *W. A. Henderson Jr., M. Epstein* u. *F. S. Seichter*, J. Am. Chem. Soc. **85**, 2462 (1963).

[254] US.P. 3 029 289 (1962/1961), *W. A. Henderson Jr.*; C. A. **57**, 8618e (1962).

[255] *K. Issleib* u. *M. Hoffmann*, Chem. Ber. **99**, 1320 (1960).

[256] *M. Baudler, C. Pinner, C. Gruner, J. Hellmann, M. Schwamborn* u. *B. Kloth*, Z. Naturforsch. **32 B**, 1244 (1977).

[257] *W. Kuchen* u. *W. Grünewald*, Angew. Chem. **75**, 576 (1963).

[258] *W. Kuchen* u. *W. Grünewald*, Chem. Ber. **98**, 480 (1965).

[259] *M. Baudler* u. *C. Gruner*, Z. Naturforsch. **31 B**, 1311 (1976).

[260] *U. Schmidt* u. *C. Osterroht*, Angew. Chem. **77**, 455 (1965); engl.: **4**, 437 (1965).

[261] *A. H. Cowley* u. *R. P. Pinnell*, J. Am. Chem. Soc. **88**, 4533 (1966).

[262] *A. H. Cowley, T. A. Furtsch* u. *D. S. Dierdorf*, J. Chem. Soc. Chem. Commun. **1970**, 523.

[263] *P. S. Elmes, M. E. Redwood* u. *B. O. West*, J. Chem. Soc. Chem. Commun. **1970**, 1120.

[264] *H. G. Ang, M. E. Redwood* u. *B. O. West*, Aust. J. Chem. **25**, 493 (1975).

[265] *R. A. Wolcott* u. *J. L. Mills*, Inorg. Chim. Acta, **30**, L 331 (1978).

[266] SU.P. 435 249 (1974/1973), Lensovot Technological Institut, Leningrad, Erf.: *E. G. Sochilin, A. N. Lavrentev* u. *I. G. Maslennikov*; C. A. **81**, 91726c (1974).

[267] *M. Baudler* u. *K. Hammerström*, Z. Naturforsch. **20 B**, 810 (1965).

[268] *W. A. Henderson Jr., M. Epstein* u. *F. S. Seichter*, J. Am. Chem. Soc. **85**, 2462 (1963).

Tab. 42: Cyclopolyphosphane durch Enthalogenierung von Dihalogenphosphanen mit Metallen und Metallderivaten

Ausgangsverbindungen		Reaktionsbedingungen		Cyclopolyphosphan [(R–P)$_n$]	Ausbeute [%]	Sdp.		Schmp. [°C]	Literatur
R–PX$_2$	Metall	Lösungsmittel	Temp. [°C]			[°C]	[Torr (kPa)]		
H$_{11}$C$_6$–PCl$_2$	Na	1,4-Dioxan	100	Tricyclohexyl-triphosphiran (n = 3) + Pentacyclohexyl-pentaphospholan (n = 5)	18 / 7	– / –	– / –	– / –	276 / 277
(H$_3$C)$_3$C–PCl$_2$	Na	1,4-Dioxan	100	Tetra-tert.-butyl-tetraphosphetan (n = 4)	63	–	–	167–169	277
H$_5$C$_6$–PBr$_2$	Mg	Diethylether	35	Pentaphenyl-pentaphospholan (n=5)	76	72–74	50,5 (6,7)	151–152	278
F$_5$C$_2$–PJ$_2$	Hg, Sb	–	25	Tris-[pentafluor-ethyl]-triphosphiran (n = 3) + Tetrakis-[pentafluor-ethyl]-tetra-phosphetan (n = 4)	–	–	–	–	279, 280
(F$_3$C)$_2$CF–PJ$_2$	Hg	–	25	Tris-[heptafluor-isopropyl]-triphos-phiran (n = 3)	~ 100	–	–	20	281
F$_5$C$_6$–PBr$_2$	Hg	–	25	Pentakis-[pentafluor-phenyl]-penta-phospholan (n = 5)	91	–	–	156–161	282

276 M. Baudler, C. Pinner, C. Gruner, J. Hellmann, M. Schwamborn u. B. Kloth, Z. Naturforsch. 32 B, 1244 (1977).
277 K. Issleib u. M. Hoffmann, Chem. Ber. 99, 1320 (1966).
278 W. Kuchen u. W. Grünewald, Chem. Ber. 98, 480 (1965).
279 A. H. Cowley, T. A. Furtsch u. D. S. Dierdorf, J. Chem. Soc. Chem. Commun. 1970, 523.
280 A. N. Lavrentev, I. G. Maslennikov, V. A. Efanov u. E. G. Sochilin, Zh. Obshch. Khim. 44, 2589 (1974); engl.: 2550; C. A. 82, 57098k (1975).
281 R. A. Wolcott u. J. L. Mills, Inorg. Chim. Acta 30, L331 (1978).
282 A. H. Cowley u. R. P. Pinnell, J. Am. Chem. Soc. 88, 4533 (1966).

Pentamethyl-pentaphospholan[252]: Bei $-40°$ wird eine Lösung von 19,5 g (167 mmol) Dichlor-methyl-phosphan in 25 *ml* THF tropfenweise unter kräftigem Rühren zu einer Suspension von 2,50 g (375 mmol) Lithium-Draht in 100 *ml* THF gegeben. Die Mischung wird auf 20° erwärmt, weitere 48 Stdn. gerührt und anschließend destilliert; Ausbeute: 5,2 g (67%); Sdp.: 135–136°/3 Torr (0,4 kPa).

Tri-tert.-butyl-triphosphiran[259]: Zu 6 g (0,247 mmol) Magnesiumspänen, die durch Verdampfen von einigen Körnchen Jod angeätzt sind, in 30 *ml* THF gibt man in der Siedehitze unter starkem Rühren innerhalb 10 Min. eine Lösung von 12,0 g (0,076 mol) tert-Butyl-dichlor-phosphan. Nachdem etwa ein Drittel dieser Lösung eingetropft ist, setzt eine stark exotherme Reaktion unter Abscheidung von Magnesiumchlorid ein. Man läßt 30 Min. in der Siedehitze nachreagieren, dampft i. Vak. ein, nimmt den Rückstand in 80 *ml* Benzol auf, filtriert, wäscht mit 20 *ml* Benzol nach, dampft erneut i. Vak. ein und destilliert über eine 30-cm-Spaltrohrkolonne mit Mantelheizung; Ausbeute: 2,3 g (35%): Sdp.: 77–81°/0,2 Torr (0,026 kPa); Schmp.: 40–41° (geschl. Rohr).

Weitere Beispiele sind in Tab. 42 (S. 231) aufgeführt.

Tetra-tert.-butyl-tetraphosphetan (64%; Schmp.: 161°)[269] und *Tri-tert.-butyl-triphosphiran* (31%; Schmp.: 41°)[270] sind durch Erhitzen eines Gemisches aus Chlor-trimethylsilan, tert.-Butyl-dichlor-phosphan und Magnesium im Verhältnis 1 : 1 : 1,5 in Tetrahydrofuran zugänglich.

Die Reaktion von Siliranen mit Dichlor-phenyl-phosphan liefert *Pentaphenyl-pentaphospholan* (78%) neben Dichlor-dimethyl-silan und 2,3-Dimethyl-2-buten[271].

1.5.2.4. mit Phosphiden

Gemischt substituierte Tetraphosphetane und Triphosphirane entstehen bei der Kondensation von tert.-Butyl-dichlor-phosphan und Lithium-bis-[trimethylsilyl]-phosphid in Pentan bei $-40°$ (z.B.: *2,4-Bis-[trimethylsilyl]-1,3-di-tert.-butyl-tetraphosphetan*; 68%)[272].

1.5.2.5. mit tert. Phosphanen

Die Enthalogenierung von Dihalogenphosphanen kann anstelle von Metallen auch mit tert. Phosphanen wie z. B. Tri-tert-butyl-phosphan durchgeführt werden[273-275]. *Pentaphenyl-pentaphospholan* entsteht so in 30%iger Ausbeute[273].

1.5.3. aus Amino-chlor-phosphanen (Phosphonigsäure-amid-chloriden)

Tetracyclohexyl-tetraphosphetan entsteht aus Chlor-diethylamino-phosphan beim Behandeln mit Natrium[283] oder Lithiumaluminiumhydrid[284]:

[252] *L. R. Smith* u. *J. L. Mills*, J. Am. Chem. Soc. **98**, 3852 (1976).

[259] *M. Baudler* u. *C. Gruner*, Z. Naturforsch. **31 B**, 1311 (1976).

[269] *H. Schumann* u. *R. Fischer*, J. Organomet. Chem. **88**, C13 (1975).

[270] *M. Baudler, J. Hahn, H. Dietsch* u. *G. Fürstenberg*, Z. Naturforsch. **31B**, 1305 (1975).

[271] *W. Hölderich* u. *D. Seyferth*, J. Organomet. Chem. **153**, 299 (1978).

[272] *W. Hölderich* u. *G. Fritz*, Z. Anorg. Allg. Chem. **457**, 127 (1979).

[273] *S. E. Frazier, R. P. Nielsen* u. *H. H. Sisler*, Inorg. Chem. **3**, 292 (1964).

[274] *H. Hoffman* u. *R. Grünewald*, Chem. Ber. **94**, 186 (1961).

[275] *S. F. Spangenberg* u. *H. H. Sisler*, Inorg. Chem. **8**, 1006 (1969).

[283] *W. Seidel* u. *K. Issleib*, Z. Anorg. Allg. Chem. **325**, 113 (1963).

[284] *K. Issleib* u. *H. Weichmann*, Chem. Ber. **97**, 721 (1964).

1.6. aus Dithiophosphonsäure-Derivaten

Dithiophosphonsäure-anhydride lassen sich mit Tributyl-phosphan desulfurieren, wobei die isolierbaren inneren Phosphoniumsalze als Zwischenstufen auftreten[285, 286]:

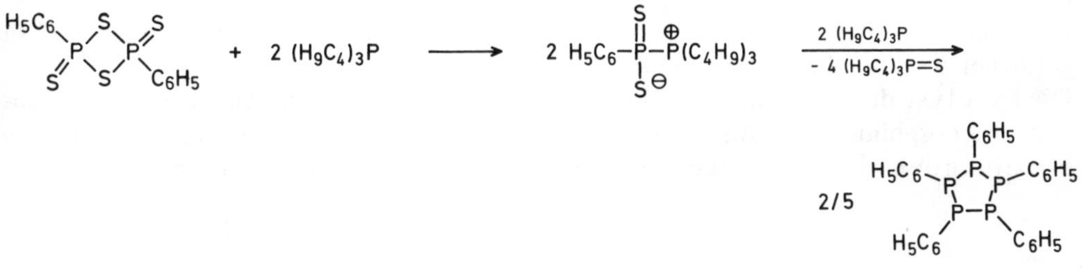

2. aus acyclischen Polyphosphanen

Acyclische Di- oder Triphosphane disproportionieren spontan oder beim Erhitzen zu Cyclopolyphosphanen[287–290].

B. Umwandlung

Die Hydrolyse von Cyclopolyphosphanen liefert primäre Phosphane neben acyclischen Polyphosphanen. Die Aminolyse von Pentaphenyl-pentaphospholan führt zu Triaminophosphoniumsalzen. Die Oxidation verläuft sehr leicht, manchmal unter Selbstentzündung. Mit Schwefel lassen sich Cyclopolyphosphane sulfurieren, wobei neben der Phosphansulfid-Bildung auch Einbau des Schwefels in den Polyphosphan-Ring beobachtet wird[291]. Die Metallierung mit Alkalimetallen liefert Phosphide und acyclische Polyphosphide (s. S. E 1/198 u. 224). Halogenierung mit stöchiometrischen Mengen Halogen ergibt Dihalogenphosphane während ein Halogen-Überschuß zu Tetrahalogenphosphoranen führt.

Mit Alkylhalogeniden erfolgt Quaternisierung zu Monoaddukten, denen die Konstitution von quatärnären Phosphoniumsalzen zukommt[292, 293]. Diese Reaktion versagt bei Aryl-cyclopolyphosphanen, die von Alkylhalogeniden vollständig gespalten werden[294]. Andererseits wird auch über den Abbau von Alkyl-cyclopolyphosphanen zu Monohalogenphosphanen berichtet[295, 296]. Tetrachlormethan spaltet die Cyclopolyphosphane ebenfalls zu Monohalogenphosphanen; daneben entstehen in einigen Fällen höhere acyclische Polyphosphane[297]. Tetrachlormethan und sek. Amine setzen sich mit Cyclopolyphosphanen zu Trisaminophosphonium-Salzen um.

[285] E. Fluck u. H. Binder, Angew. Chem. **78**, 677 (1966); engl.: **5**, 666 (1966).

[286] E. Fluck u. H. Binder, Z. Anorg. Allg. Chem. **354**, 113 (1967).

[287] A. B. Burg u. K. K. Joshi, J. Am. Chem. Soc. **86**, 353 (1964).

[288] K. Issleib u. K. Krech, Chem. Ber. **98**, 2545 (1965).

[289] K. Issleib u. K. Krech, Chem. Ber. **99**, 1310 (1966).

[290] E. Wiberg, M. Van Ghemen u. G. Müller-Schiedmayer, Angew. Chem. **75**, 814 (1963).

[291] M. Baudler, D. Koch, T. Vakratsas, E. Tolls u. D. Kipker, Z. Anorg. Allg. Chem. **413**, 239 (1975).

[292] K. Issleib u. M. Hoffmann, Chem. Ber. **99**, 1320 (1966).

[293] K. Issleib, C. Rockstroh, I. Duchek u. E. Fluck, Z. Anorg. Allg. Chem. **360**, 77 (1968).

[294] H. Hoffmann u. R. Grünewald, Chem. Ber. **94**, 186 (1961).

[295] I. G. Maslennikov, A. N. Lavrentev, V. I. Shibaev u. E. G. Sochilin, Zh. Obshch. Khim. **46**, 1904 (1976); engl.: 1841; C. A. **86**, 72553w (1977).

[296] A. N. Lavrentev, I. G. Maslennikov, L. N. Kirichenko u. E. G. Sochilin, Zh. Obshch. Khim. **47**, 2788 (1977); engl.: 2533; C. A. **88**, 105481c (1978).

[297] R. Appel u. R. Milker, Z. Anorg. Allg. Chem. **417**, 161 (1975).

Unterschiedlich substituierte Cyclopolyphosphane stehen miteinander über einen Vier-zentrenmechanismus im Gleichgewicht, wobei verschieden substituierte Cyclopoly-phosphane entstehen; der gleiche Mechanismus wird auch für die gegenseitige Umwand-lung von Cyclopolyphosphanen unterschiedlicher Ringgröße verantwortlich ge-macht[298,299].

Pentaphenyl-pentaphospholan und Trialkylgermane gehen beim Erhitzen auf 200° in germylierte sekundäre Phosphane über (s. S. 131).

Die Pyrolyse des gleichen Polyphosphans auf 400–800° macht das Auftreten der hochre-aktiven Phosphinidene wahrscheinlich[300,300a]. Cyclopolyphosphane sind auch als Kom-plexliganden bei Metallcarbonylen und Übergangsmetall-Salzen einsetzbar[301].

γ_2) Carba-cyclopolyphosphane

A. Herstellung

1. durch Aufbaureaktion

1.1. aus Phosphanen und deren Derivaten

Phenyl-phosphanomethylen-λ^3-phosphorane reagieren mit Phosgen oder Hexachlorethan unter P–P-Verknüpfung und [2 + 2]-Cycloaddition zu *1,4-Bis-[trimethylsilyloxy]-2,3,5,6-tetraphenyl-2,3,5,6-tetraphospha-bicyclo[3.2.0]hexan* (Schmp.: 148–150°)[302]:

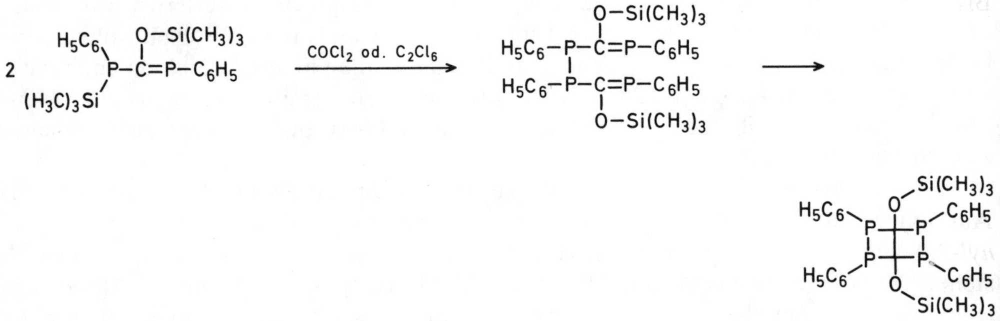

Ausgehend von Bis-[trimethylsilyl]-phosphanen sind mit Oxalylchlorid 1,2-Diphosphe-tene zugänglich, wobei intermediär gebildetes Bis-λ^3-Phosphoran als Zwischenstufe anzu-sehen ist[303]:

---

[298] *M. Baudler* u. *B. Carlsohn*, Chem. Ber. **110**, 2404 (1977).

[299] *M. Baudler, B. Carlsohn, B. Kloth* u. *D. Koch*, Z. Anorg. Allg. Chem. **432**, 67 (1977).

[300] *J. Escudié, C. Couret* u. *J. Satge*, Rec. Trav. Chim. Pays-Bas **98**, 461 (1979).

[300a] *U. Schmidt*, Angew. Chem. **87**, 535 (1975); engl.: **14**, 523 (1975).

[301] *L. Maier*, Fortschr. Chem. Forsch. **8**, 1 (1967).

[302] *R. Appel, V. Barth, M. Halstenberg, G. Huttner* u. *J. von Seyerl*, Angew. Chem. **91**, 935 (1979); engl.: **18**, 872 (1979).

[303] *R. Appel* u. *V. Barth*, Tetrahedron Lett. **1980**, 1923.

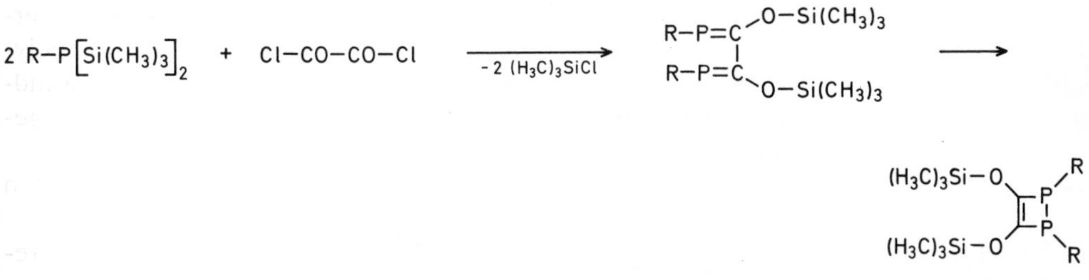

$$2 \; R-P\Big[Si(CH_3)_3\Big]_2 \;\; + \;\; Cl-CO-CO-Cl \;\; \xrightarrow[- \, 2 \; (H_3C)_3SiCl]{} \;\; \begin{array}{l} R-P{=}C{\diagup}^{O-Si(CH_3)_3} \\ R-P{=}C{\diagdown}_{O-Si(CH_3)_3} \end{array} \longrightarrow$$

$$\begin{array}{c} (H_3C)_3Si-O \diagdown \quad \diagup R \\ P \\ \| \\ (H_3C)_3Si-O \diagup \quad \diagdown P \diagdown R \end{array}$$

3,4-Bis-[trimethylsilyloxy]-. . .-1,2-diphospheten

R = C(CH₃)₃; . . .-1,2-di-tert.-butyl-. . .; 95%; Schmp.: 44°
R = C₆H₅; . . .-1,2-diphenyl-. . .; 85%; Schmp.: 54°

$1,\omega$-Bis-[phosphano]-alkane stellen gute Ausgangsverbindungen zur Herstellung von Carba-cyclopolyphosphanen dar. So erhält man durch Monometallierung bei $-40°$ von 1,3-Bis-[phosphano]-propan ein Monometallierungsprodukt, das beim Erwärmen auf 20° unter Wasserstoff-Abspaltung zum *1-Lithium-1,2-diphospholan* cyclisiert (90–95%)[304]:

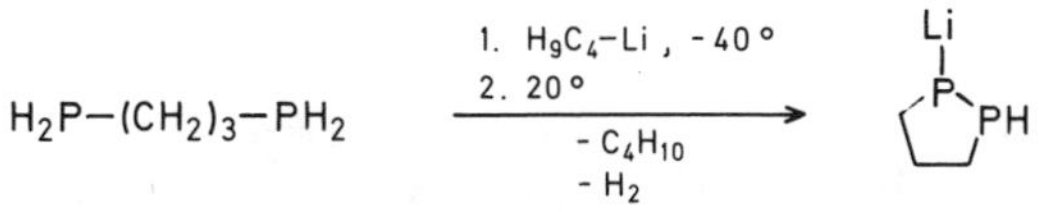

$$H_2P-(CH_2)_3-PH_2 \quad \xrightarrow[\substack{- \, C_4H_{10} \\ - \, H_2}]{\substack{1. \; H_9C_4-Li \, , \; -40° \\ 2. \; 20°}} \quad \underset{\substack{\\ }}{\overset{Li}{\underset{P}{\diagup}}} PH$$

Dimetallierung mit Alkalimetallen (z.B. Lithium, Natrium, Kalium) liefert die $1,\omega$-Bis-[alkalimetall-phosphano]-alkane, die mit Dichlorphosphanen cyclisiert werden können[305]. *1,2,3-Triphenyl-1,2,3-triphospholan* entsteht so in 50%iger Ausbeute aus 1,2-Bis-[phenyl-phosphano]-ethan, Dichlor-phenyl-phosphan und Kalium[305]:

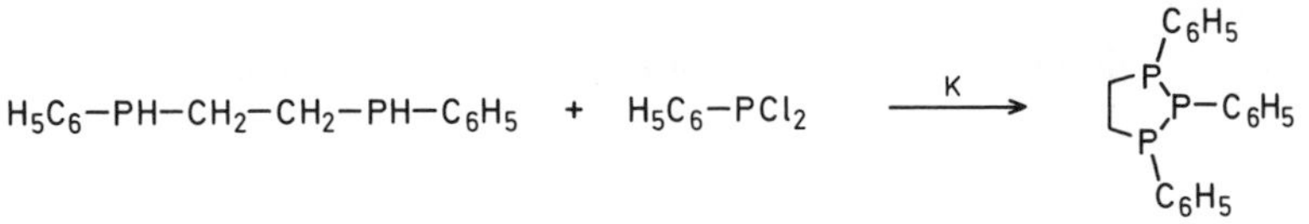

$$H_5C_6-PH-CH_2-CH_2-PH-C_6H_5 \;\; + \;\; H_5C_6-PCl_2 \;\; \xrightarrow{K} \;\; \begin{array}{c} C_6H_5 \\ P \\ P-C_6H_5 \\ P \\ C_6H_5 \end{array}$$

Aus Dilithium-phenyl-phosphid und 2-Brom-1-chlor-benzol bildet sich *1,2,3-Triphenyl-2,3-dihydro-⟨benzo-triphosphol⟩* (35%; Schmp.: 184–186°); als Nebenprodukt entsteht *5,10-Diphenyl-5,10-dihydro-⟨dibenzo-1,4-diphosphorin⟩*[306]:

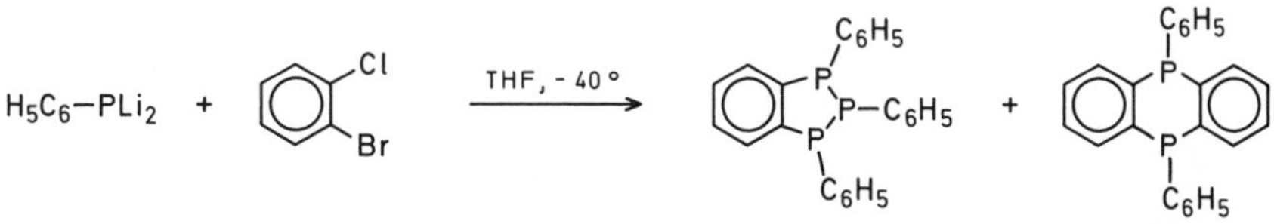

$$H_5C_6-PLi_2 \;\; + \;\; \underset{Br}{\overset{Cl}{\bigodot}} \;\; \xrightarrow{THF, \, -40°} \;\; \begin{array}{c} C_6H_5 \\ P \\ P-C_6H_5 \\ P \\ C_6H_5 \end{array} \;\; + \;\; \begin{array}{c} C_6H_5 \\ P \\ P \\ C_6H_5 \end{array}$$

Mit Halogen-Überträgern wie Brom, Trichlorphosphan oder am günstigsten Dichlor-methyl-phosphan, läßt sich 1,2-Bis-[phosphano]-ethan monohalogenieren und dimerisiert dabei spontan zu *1,2,5,6-Tetraphospha-bicyclo[3.3.0]octan* (55%; Schmp.: 86–88°)[307]:

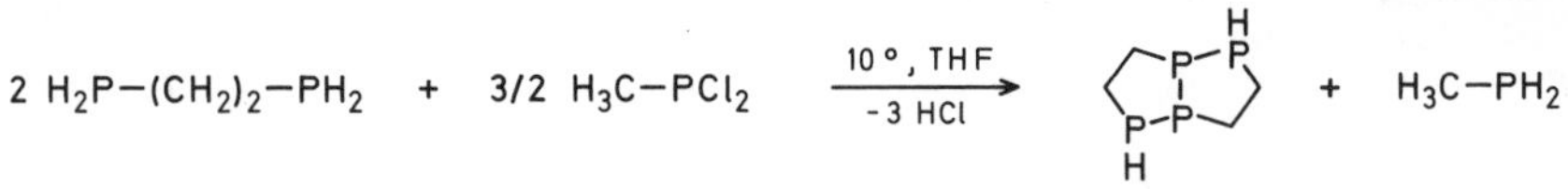

$$2 \; H_2P-(CH_2)_2-PH_2 \;\; + \;\; 3/2 \; H_3C-PCl_2 \;\; \xrightarrow[- \, 3 \, HCl]{10°, \, THF} \;\; \begin{array}{c} H \\ P-P \\ \diagup \qquad \diagdown \\ P-P \\ H \end{array} \;\; + \;\; H_3C-PH_2$$

[304] *K. Issleib* u. *P. Thorausch*, Phosphorus Sulfur **4**, 137 (1978).
[305] *K. Issleib* u. *W. Boettcher*, Z. Anorg. Allg. Chem. **406**, 178 (1974).
[306] *F.G. Mann* u. *A.J.H. Mercer*, J. Chem. Soc. Perkin Trans 1, **1972**, 1631.
[307] *M. Baudler*, *W. Warnau* u. *D. Koch*, Chem. Ber. **111**, 3838 (1978).

Die Reduktion einer Halogen-Phosphor-Funktion in 1,ω-Bis-[halogenphosphano]-alkanen mit Trialkylstannan[308] oder einem Kalium-Natrium-Gemisch[309] führt über die intermediären Monohalogen-Derivate zu Carba-cyclopolyphosphanen. Aus Bis-[halogen-isopropyl-phosphano]-methan entstehen so hochreaktive 1,2-Diphosphirane, die spontan zu 1,2,4,5-Tetraphosphorinanen dimerisieren[309]; ähnliche Cyclisierungen gelingen auch mit Magnesium[309a].

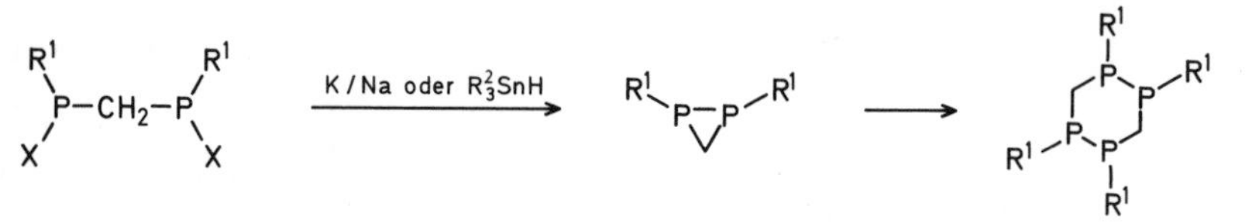

$R^2 = C_2H_5$; C_4H_9
$X = Br$, Cl

$R^1 = CH(CH_3)_2$; *1,2-Diiso-propyl-1,2-diphosphiran*

$R^1 = CH(CH_3)_2$: *1,2,4,5-Tetra-isopropyl-1,2,4,5-tetraphos-phorinan:* 73%[308] Sdp.: 118°/ 10^{-2} Torr (1,3 · 10^{-3} kPa)

1.2. aus acyclischen Polyphosphanen und deren Derivaten

Die durch Metallierung von Cyclopolyphosphanen herstellbaren Disalze von acyclischen Polyphosphiden (s. S. E 1/198 u. 224) lassen sich mit Dihalogenalkanen zu Carba-cyclopolyphosphanen umsetzen. Wenn keine sterischen Restriktionen der gegenseitigen Ringumwandlung im Wege stehen, werden sich im allgemeinen, unabhängig von der Länge der eingesetzten Polyphosphid-Kette, die thermodynamisch begünstigsten Carba-cyclopolyphosphane bilden[310, 311] (s. Beispiele Tab. 43, S. 237). Sterisch anspruchsvolle Dihalogenhalogenalkane verlangsamen die Reaktion[312].

An die Stelle von Dihalogenalkanen können auch Alkan-disulfonsäure-diester treten, wie die Bildung eines chiralen Carba-cyclopolyphosphan-Komplexliganden zeigt[313]:

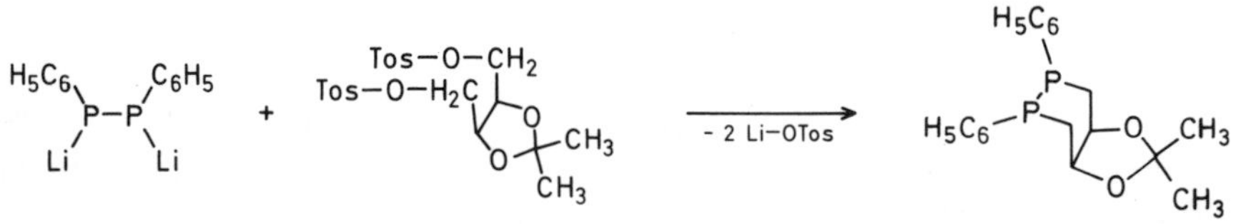

8,8-Dimethyl-3,4-diphenyl-7,9-dioxa-3,4-diphospha-bicyclo[4.3.0]nonan

[308] Z. S. Novikova, A. A. Prishchenko u. I. F. Lutsenko, Zh. Obshch. Khim. **49**, 471 (1979); engl.: 413; C. A. **90**, 204 194 j (1979).

[309] A. A. Prishchenko, Z. S. Novikova u. I. F. Lutsenko, Zh. Obshch. Khim. **50**, 689 (1980); C. A. **93**, 168 342 g (1980).

[309a] K. Diemert, W. Kuchen u. J. Kutter, Chem. Ber. **115**, 1947 (1982).

[310] M. Baudler, J. Vesper, P. Junkes u. H. Sandmann, Angew. Chem. **83**, 1019 (1971); engl.: **10**, 940.

[311] M. Baudler, E. Tolls, E. Clef, B. Kloth u. D. Koch, Z. Anorg. Allg. Chem. **435**, 21 (1977).

[312] M. Baudler, E. Tolls, E. Clef, D. Koch u. B. Kloth, Z. Anorg. Allg. Chem. **456**, 5 (1979).

[313] Fr. Demande 2 190 830 (1974/1972), R. Stern, D. Commereuc, Y. Chauvrin u. H. Kagan; C. A. **81**, 63 764 (1974).

Tab. 43: Carba-cyclopolyphosphane aus acyclischen Polyphosphiden und Halogen-alkanen

Ausgangsverbindungen				Reaktionsbedingungen		Carba-cyclopolyphosphan	Ausbeute [%]	Sdp.		Schmp. [°C]	Literatur
R, M, n			Dihalogen-alkan	Lösungsm.	Temp. [°C]			[°C]	[Torr (kPa)]		
CH_3	K	2	$Cl_2C{=}CCl_2$	THF	25	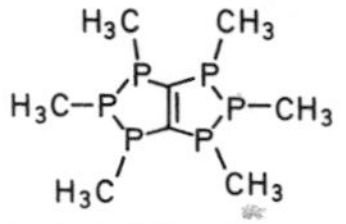 2,3,4,6,7,8-Hexamethyl-2,3,4,6,7,8-hexaphospha-bicyclo[3.3.0]oct-1^5-en	43	–	–	126	314
		4	CH_2Cl_2	THF	0	1,2,3,4-Tetramethyl-tetraphospholan	76	129	12 (1,56)	–	311
$C(CH_3)_3$	K	0	$(H_3C)_2CCl_2$	Pentan	0	1,2-Di-tert.-butyl-3,3-dimethyl-diphosphiran	33	33–34	0,005 (6,5·10^{-4})	–	315
C_6H_5	K	1	$Cl{-}CH_2{-}CH_2{-}Cl$	THF	0	1,2,3-Triphenyl-1,2,3-triphospholan	56	–	–	54–56	316
		3,4	CH_2Cl_2	THF	0	1,2,3,4-Tetraphenyl-tetraphospholan	73	–	–	–	310

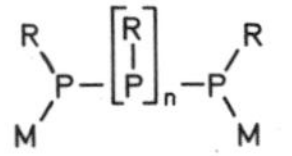

[310] M. Baudler, J. Vesper, P. Junkes u. H. Sandmann, Angew. Chem. 83, 1019 (1971); engl.: 10, 940.

[311] M. Baudler, E. Tolls, E. Clef, B. Kloth u. D. Koch, Z. Anorg. Allg. Chem. 435, 21 (1977).

[314] M. Baudler u. E. Tolls, Z. Chem. 19, 418 (1979).

[315] M. Baudler u. F. Saykowski, Z. Naturforsch. 33B, 1208 (1978).

[316] M. Baudler, J. Vesper u. H. Sandmann, Z. Naturforsch. 27B, 1007 (1972).

1.3. aus Cyclopolyphosphanen

Cyclopolyphosphane setzen sich thermisch oder photolytisch mit Alkinen[317-319] oder 1,3-Butadienen[320, 321] zu Carba-cyclopolyphosphanen um. Mit Alkinen entstehen in der Regel 1,2-Diphosphetene und 2,3-Dihydro-1,2,3-triphosphole nebeneinander.

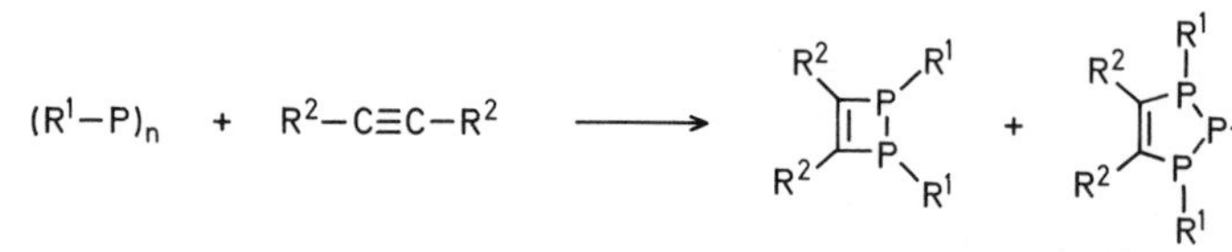

$$(R^1-P)_n \quad + \quad R^2-C\equiv C-R^2 \quad \longrightarrow$$

z.B.: $R^1 = R^2 = CF_3$; n = 4: *Tetrakis-[trifluormethyl]-1,2-diphosphet-3-en*[318]; 55%; Sdp.: 110°/740 Torr (98,8 kPa)

Phenyl-1,2-diphosphet-3-ene bzw. Phenyl-2,3-dihydro-1,2,3-triphosphole; allgemeine Arbeitsvorschrift[319]:
Eine Mischung von Pentaphospholan und Alkin im Molverhältnis 5:6 wird in einem geschlossenen Gefäß erhitzt. Das erhaltene Öl wird an Kieselgel (50 g Kieselgel/g Produkt) mit Benzol/Hexan (1:4) chromatographiert. Die Reaktionstemp. bewegen sich zwischen 170–240°, die Reaktionszeiten zwischen 6–7 Stdn. Sterisch aufwendige Reste wie tert.-Butyl begünstigen die Bildung der Vierring-Derivate.

$R^1 = R^2 = C_6H_5$; *Tetraphenyl-1,2-diphosphet-3-en*; 15%; Schmp.: 159°
   + *2,3-Dihydro-pentaphenyl-1,2,3-triphosphol*; 50%; Schmp.: 129°
$R^1 = C_6H_5$; $R^2 = C_2H_5$; *4,5-Diethyl-1,2,3-triphenyl-2,3-dihydro-1,2,3-triphosphol*; 37%; Öl
   $R^2 = C(CH_3)_3$; *3,4-Di-tert.-butyl-1,2-diphenyl-1,2-diphosphet-3-en*; 30%; Schmp.: 115,5°

Die Umsetzung der Cyclopolyphosphane mit 1,3-Butadienen liefert 1,2,3,6-Tetra-hydro-diphosphorine[320, 321], so z.B. *1,2,4,5-Tetramethyl-1,2,3,6-tetrahydro-1,2-di-phosphorin* (Sdp.: 100°/7,8 Torr/1,01 kPa) in 40–53%iger Ausbeute aus Pentamethyl-pentaphospholan und 2,3-Dimethyl-1,3-butadien[320]:

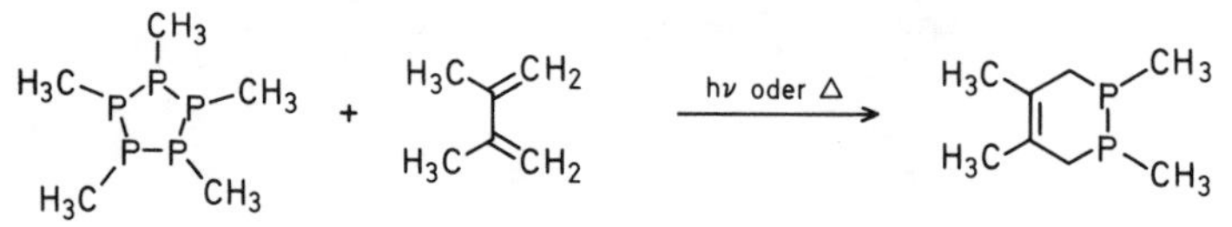

Mit cyclischen silylierten oder germylierten Phosphanen und Pentaphenyl-pentaphospholan erfolgt Einschiebung einer Phenyl-P-Einheit in die Phosphor-Element-Bindung unter Bildung von 1,2,3-Diphosphagerminan bzw. 1,2,3-Diphosphasilinan[322]:

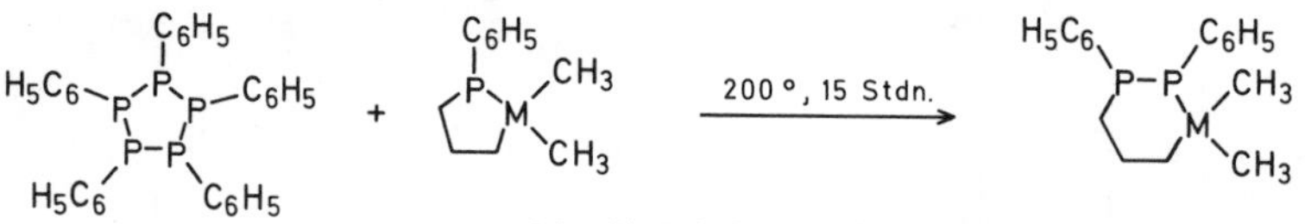

M = Si; *3,3-Dimethyl-1,2-diphenyl-1,2,3-diphosphasilinan*
M = Ge; *3,3-Dimethyl-1,2-diphenyl-1,2,3-diphosphagerminan*

---

[317] A. *Ecker* u. U. *Schmidt*, Chem. Ber. **106**, 1453 (1973).
[318] W. *Mahler*, J. Am. Chem. Soc. **86**, 2306 (1964).
[319] C. *Charrier*, J. *Guilherm* u. F. *Mathey*, J. Org. Chem. **46**, 3 (1981).
[320] U. *Schmidt* u. I. *Boie*, Angew. Chem. **78**, 1061 (1966); engl.: **5**, 1038.
[321] U. *Schmidt*, I. *Boie*, C. *Osterroht*, R. *Schröer* und H. F. *Grützmacher*, Chem. Ber. **101**, 1381 (1981).
[322] J. *Escudié*, C. *Couret* u. J. *Satgé*, Recl. Trav. Chim. Pays-Bas **98**, 461 (1979).

B. Umwandlung

Carba-cyclopolyphosphane lassen sich wie Cyclopolyphosphane selbst mit Alkalimetallen wie Lithium zu Diphosphiden spalten[319]; ebenso bilden sie Komplexe mit Metallcarbonylen[323, 324]. Mit Schwefel entstehen Thia-cyclocarbaphosphane[324a].

γ₃) *Cyclopolyphosphane mit weiteren Elementen im Polyphosphan-Ring außer Kohlenstoff*

Die bei der Herstellung von Carba-cyclopolyphosphanen bewährte Methode der Synthese aus den Alkalimetallsalzen von acyclischen Polyphosphiden und Dihalogen-alkanen bewährt sich auch für die Herstellung von Thia-[325, 326], Sila-[327], Aza-[328], Arsa-[329] und Bora[330, 330a]-cyclopolyphosphanen wenn die entsprechenden Element-dichloride eingesetzt werden. Die Ringgröße der entstehenden Produkte ist thermodynamisch kontrolliert unter deutlicher Bevorzugung des Fünfringes. Mit sterisch aufwendigen Resten lassen sich auch Dreiringe realisieren.

Thia-[331], Selena-[331] und Aza-diphosphirane[332] können aus Di-tert.-butyl-1,2-dichlor-diphosphanen durch Umsetung mit Bis-[trimethylstannyl]-sulfanen[331] bzw. -seleniden[331] oder Bis-[trimethylstannyl]-isopropyl-amin[332] erhalten werden.

Ein Aza-diphosphorinan bildet sich auch aus einem sek. Diaminophosphan durch Umsetzung mit Butyllithium und anschließend Amino-difluor-phosphan[333].

γ₄) *Sonstige Cyclopolyphosphane*

Cyclopolyphosphane mit einer Phosphor-Ylid-Funktion im Ring(I) bilden sich bei der Umsetzung von Dihalogenphosphanen mit Oxalsäure-diestern[334, 335].

Cyclopolyphosphane mit Phosphoniumsalz-Charakter entstehen aus 1,ω-Diphosphano-alkanen mit Trichlorphosphan und Zinn-(II)chlorid(II)[336] oder aus N,N′-Bis-[chlorphosphano]-oxalsäure-diamiden und Dimethyl-trimethylsilyl-amin(III)[337].

[319] *C. Charrier, J. Guilherm* u. *F. Mathey*, J. Org. Chem. **46**, 3 (1981).

[323] *A.H. Cowley* u. *K.E. Hill*, Inorg. Chem. **12**, 1446 (1973).

[324] *R.B. Knig* und *R.H. Reinmann*, Inorg. Chem. **15**, 184 (1976).

[324a] *M. Baudler, J. Vesper, B. Kloth, D. Koch* u. *H. Sandmann*, Z. Anorg. Allg. Chem. **431**, 39 (1977).

[325] *M. Baudler, T. Vakratsas, D. Koch* u. *K. Kipker*, Z. Anorg. Allg. Chem. **408**, 225 (1974).

[326] *M. Baudler, D. Koch, T. Vakratsas, E. Tolls* u. *K. Kipker*, Z. Anorg. Allg. Chem. **413**, 239 (1975).

[327] *M. Baudler* u. *J. Jongebloed*, Z. Anorg. Allg. Chem. **458**, 9 (1979).

[328] *M. Baudler* u. *P. Lütkecosmann*, Z. Anorg. Allg. Chem. **472**, 38 (1981).

[329] *M. Baudler* u. *S. Klautke*, Z. Naturforsch. **36 B**, 527 (1981).

[330] *M. Baudler, A. Marx* u. *J. Hahn*, Z. Naturforsch. **33 B**, 355 (1978).

[330a] *M. Baudler* u. *A. Marx*, Z. Anorg. Allg. Chem. **474**, 18 (1981).

[331] *M. Baudler, H. Suchomel, G. Fürstenberg* u. *U. Schings*, Angew. Chem. **93**, 1087 (1981); engl.: **20**, 1044 (1981).

[332] *M. Baudler* u. *G. Kupprat*, Z. Naturforsch. **37 B**, 527 (1982).

[333] *E. Niecke, A. Nickloweit-Lüke* u. *R. Rüger*, Angew. Chem. **93**, 406 (1981); engl.: **20**, 385 (1981).

[334] *G. Bergerhoff, O. Hammes, J. Falbe, B. Tihanyi, J. Weber* u. *W. Weisheit*, Tetrahedron **27**, 3593 (1971).

[335] *H.J. Padberg, J. Lindner* u. *G. Bergerhoff*, J. Chem. Res. (S) **1978**, 445.

[336] *A. Schmidpeter, S. Lochschmidt* u. *W.S. Sheldrick*, Angew. Chem. **94**, 72 (1982); engl.: **21**, 63 (1982).

[337] *N. Weferling, R. Schmutzler* u. *W.S. Sheldrick*, Justus Liebigs Ann. Chem. **1982**, 167.

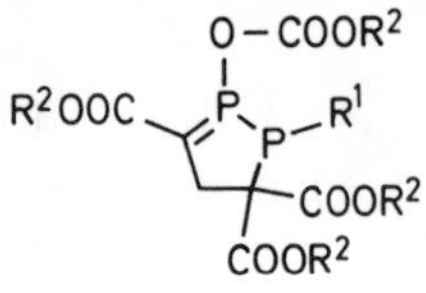

I; *2-Organo-2,3,5,5-tetraalkoxycarbonyl-4,5-dihydro-1,2 λ⁵-diphosphol*
II; *1,1,3,3-Tetraphenyl-4,5-dihydro-1H-1,2,3 λ⁵-phosphoniadiphosphol-hexachlorostannat*
III; *2-Dimethylamino-5-oxo-1,2,3,4-tetramethyl-1,4,2,3-diazaphosphoniaphospholidin-chlorid*

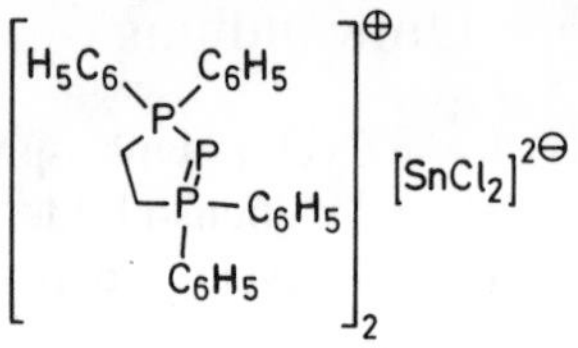

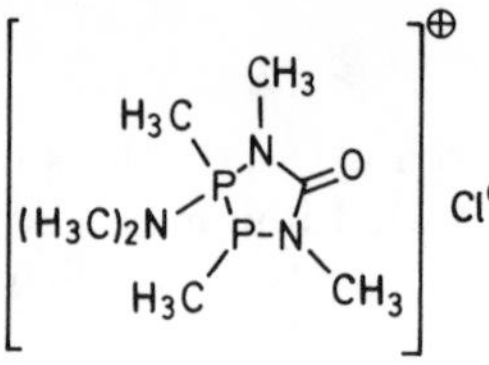

Polycyclische Organophosphane (P_nR_m), wie z. B. *2,3,5,6,7-Pentamethyl-bicyclo[2.2.1]heptaphosphan* (n = 7, m = 5) sind durch gezielte Abwandlung der Methoden, wie sie für die Herstellung monocyclischer Cyclopolyphosphane aufgezeigt wurden, herstellbar. Es sei auf den Übersichtsartikel in Lit.[338] verwiesen, in dem die bisher bekannten Vertreter aufgeführt und allgemeine Strukturprinzipien für polycyclische Phosphane aufgestellt sind.

c) Phosphinige Säuren und deren Derivate

bearbeitet von

DR. HANSS-JERG KLEINER

Hoechst AG Frankfurt/Main-Höchst

α) Phosphinige Säuren (sek. Phosphanoxide)
(s. auch 4. Aufl., Bd. XII/1, S. 193–199)

Phosphinige Säuren liegen im Normalfall als sek. Phosphanoxide vor. Ein häufig angenommenes Tautomerengleichgewicht gemäß

$$R_2\overset{\overset{\text{O}}{\|}}{P}-H \quad \rightleftharpoons \quad R_2P-OH$$

ist auszuschließen[1]. Fluorhaltige phosphinige Säuren können jedoch als solche stabil sein, z. B. *Bis-[pentafluorphenyl]-phosphinigsäure*[2].

A. Herstellung

1. durch Aufbaureaktion

1.1. aus Phosphor

Eine elektrochemische Synthese führt zu *Cyclohexyl-(1-hydroxy-cyclohexyl)-phosphanoxid* (24%)[3]:

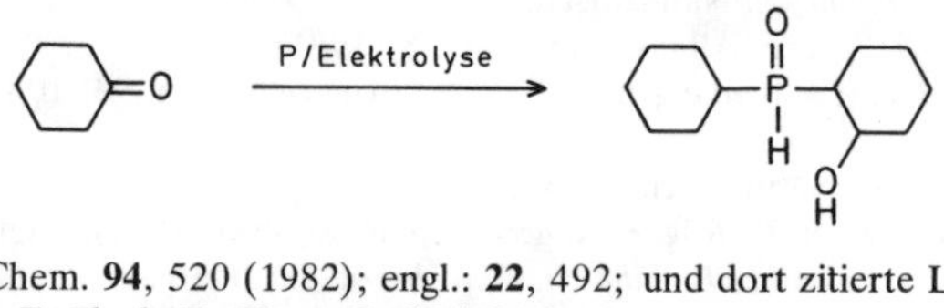

[338] *M. Baudler*, Angew. Chem. **94**, 520 (1982); engl.: **22**, 492; und dort zitierte Literatur.
[1] *K. Issleib, B. Walther* u. *E. Fluck*, Z. Chem. **8**, 67 (1968).
[2] *D. D. Magnelli, G. Tesi, I. U. Lowe* u. *W. E. McQuistion*, Inorg. Chem. **5**, 457 (1966).
[3] *I. M. Osadchenko* u. *A. P. Tomilov*, Zh. Obshch. Khim. **39**, 469 (1969); engl.: 445.

Als Kathodenflüssigkeit dient eine Mischung aus Essigsäure, konz. Salzsäure, Zinkacetat und Cyclohexanon. Anolyt ist 10%ige Salzsäure. Während der Elektrolyse bei 70° gibt man in den Kathodenraum portionsweise weißen Phosphor. Aus der Kathodenflüssigkeit läßt sich das sek. Phosphanoxid isolieren.

1.2. aus Phosphorigsäure-dialkylestern und Phosphonigsäure-monoalkylestern

Die Methode zur Herstellung sek. Phosphanoxide durch Umsetzung von Phosphorigsäure-dialkylestern mit Grignard-Verbindungen konnte durch Änderung der Aufarbeitungsbedingungen auf die niederen Dialkylphosphanoxide ausgedehnt werden. Die Reaktionen werden vorteilhaft in THF durchgeführt. Nach beendeter Reaktion wird mit eiskalter wäßriger Kaliumcarbonat-Lösung zersetzt und das ausgefallene Magnesiumcarbonat abgesaugt. Nach weiterer destillativer Aufarbeitung fallen die sek. Phosphanoxide in mittleren Ausbeuten an, z.B. *Dimethylphosphanoxid* zu 63%, *Diethylphosphanoxid* zu 52%[4]. Die Umsetzung mit Grignard-Verbindungen kann auch auf Phosphonigsäure-monoalkylester ausgedehnt werden; sie eignet sich dann besonders zur Herstellung unsymmetrischer sek. Phosphanoxide; z.B.[5]:

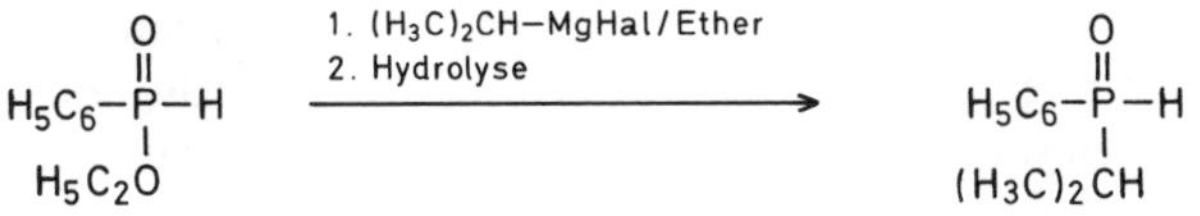

Isopropyl-phenyl-phosphanoxid; 90%

1.3. aus Phosphonsäure-dihalogeniden

Benzolphosphonsäure-dichlorid ergibt in einer speziellen Reaktion mit tert.-Butyl-magnesiumchlorid in Diethylether unter Rückfluß nach anschließender Zersetzung mit Wasser *tert.-Butyl-phenyl-phosphanoxid* in praktisch quantitativer Ausbeute. Beim Einsatz des Ethanphosphonsäure-dichlorids wird das *tert.-Butyl-ethyl-phosphanoxid* in 32% Ausbeute erhalten. Auch der Einsatz von Isopropyl-magnesiumchlorid ist möglich. Der Mechanismus der Reaktion ist unklar[6].

2. durch Oxigenierung sek. Phosphane

Die Oxigenierung niedriggliedriger sek. Phosphane zu den sek. Phosphanoxiden gelingt in verd. Salzsäure mit etwa stöchiometrischen Mengen eines geeigneten Oxigenierungsmittels bei 20–30°. Die Konzentration des sek. Phosphans soll 20 Gew.-% nicht überschreiten. Als Oxigenierungsmittel werden Chlor oder wäßrige Wasserstoffperoxid-Lösungen eingesetzt. So wird Dimethylphosphan in über 90%iger Ausbeute zu *Dimethylphosphanoxid* oxigeniert, Dimethylphosphinsäure entsteht in untergeordnetem Maße[7]. Die bekannte Reaktion sek. Phosphane mit (Luft)-Sauerstoff in Isopropanol ist auf Bis-[phosphano]-alkane übertragbar[8]; z.B.:

[4] *R. Hays*, J. Org. Chem. **33**, 3690 (1968).
[5] *S.O. Grim* u. *L.C. Satek*, J. Inorg. Nucl. Chem. **39**, 499 (1977).
[6] *G.M. Kosolapoff* u. *A.D. Brown*, J. Chem. Soc. [C] **1967**, 1789.
[7] DE-PS 2156203 (1971/1975), Knapsack AG, Erf.: *H. Staendeke* u. *W. Klose*; C.A. **79**, 53553v (1973).
[8] *B. Walther*, *R. Schöps* u. *W. Kolbe*, Z. Chem. **19**, 417 (1979).

$$R_2P-(CH_2)_n-PR_2 \quad \xrightarrow[\text{70-90 \%}]{O_2} \quad R-\overset{O}{\underset{H}{\overset{\|}{P}}}-(CH_2)_n-\overset{O}{\underset{H}{\overset{\|}{P}}}-R$$

R = CH$_3$, C$_6$H$_5$
n = 2–6

3. aus Phosphinigsäure-Derivaten

3.1. aus Phosphinigsäure-halogeniden (Diorgano-halogen-phosphane)

Halogenphosphane reagieren mit Wasser zu sek. Phosphanoxiden:

$$R_2P-Hal + H_2O \quad \xrightarrow[-HHal]{} \quad R_2\overset{O}{\overset{\|}{P}}-H$$

Für die Herstellung der aliphatischen sek. Phosphanoxide, insbesondere mit kurzen Alkyl-Gruppen, ist die Verwendung konzentrierter wäßriger Lösungen nicht oxidierender Mineralsäuren (bevorzugt konz. Salzsäure) erforderlich, um die sonst leicht eintretende Disproportionierung zu sek. Phosphanen und Phosphinsäuren zu unterbinden und so eine hohe Ausbeute zu sichern[9]. Die anfallenden Addukte der Mineralsäuren an die Phosphanoxide müssen möglichst bei 20° mit Hilfe von Basen zerlegt werden, um Disproportionierung zu vermeiden. Bei der anschließenden Aufarbeitung ist die Verwendung von Chloroform oder Tetrachlormethan auszuschließen, da sie die Disproportionierung katalysieren; z.B. reagiert *Dimethylphosphanoxid* mit Tetrachlormethan **explosionsartig**[10].

Dimethylphosphanoxid[9]: 185 g (1,92 mol) Chlor-dimethyl-phosphan werden in 165 g konz. Salzsäure bei −5° unter Stickstoff innerhalb 1,5 Stdn. eingetropft. Dann wird bei 20–30° mit konz. Natronlauge neutralisiert. Nun wird der Hauptteil des Wassers i. Vak. bei maximal 60° abdestilliert. Anschließend werden 300 *ml* Benzol zugegeben und der Rest des Wassers durch azeotrope Destillation entfernt. Danach wird vom Natriumchlorid abgesaugt, mit Benzol nachgespült und das Filtrat i. Vak. vom Benzol befreit. Man erhält 146 g Rohprodukt (97%), das durch Destillation bei einer Kühlwassertemp. von 40° gereinigt wird; Ausbeute: 135 g (90%); Sdp.: 54°/1 Torr (0,133 kPa); Schmp.: 34–36°.

Chlor-di-tert.-butyl-phosphan kann direkt mit Wasser in benzolischer Lösung unter Rückfluß[11], auch in Gegenwart von Triethylamin[12], zu *Di-tert.-butylphosphanoxid* in 68, bzw. 86%iger Ausbeute umgesetzt werden. Gegebenenfalls substituierte Chlor-diarylphosphane reagieren bereits bei 20° glatt mit Wasser zu den entsprechenden Diarylphosphanoxiden in guten Ausbeuten ohne Disproportionierung[13]. Nach derselben Methode wurde die *Bis-[pentafluor-phenyl]-phosphinigsäure* in 82%iger Ausbeute gewonnen[13a]. Die Umsetzung von Chlor-dimethyl-phosphan mit Alkoholen in Abwesenheit tertiärer Amine liefert in guten Ausbeuten ebenfalls *Dimethylphosphanoxid*. Bevorzugt ist der Einsatz von Methanol.

$$(H_3C)_2P-Cl + CH_3OH \quad \xrightarrow[-CH_3Cl]{} \quad (H_3C)_2\overset{O}{\overset{\|}{P}}-H$$

[9] FR-PS 2 015 823 (1970/1972), Farbw. Hoechst, Erf.: *H.-J. Kleiner* u. *K. Schimmelschmidt*; C.A. **74**, 88 129 k (1971).
[10] *H.-J. Kleiner*, Justus Liebigs Ann. Chem. **1974**, 751.
[11] *P. C. Crofts* u. *D. M. Parker*, J. Chem. Soc. [C] **1970**, 332.
[12] *A. P. Stewart* u. *S. Trippett*, J. Chem. Soc. [C] **1970**, 1263.
[13] *L. D. Quin* u. *R. E. Montgomery*, J. Org. Chem. **28**, 3315 (1963).
[13a] *D. D. Magnelli, G. Tesi, I. U. Lowe* u. *W. E. McQuistion*, Inorg. Chem. **5**, 457 (1966).

Am günstigsten ist es, einen drei- bis fünffachen molaren Überschuß an Alkohol zu verwenden[14].

In mittleren Ausbeuten kann Chlor-dimethyl-phosphan mit Ameisensäure zu *Dimethylphosphanoxid* umgesetzt werden[15].

3.2. aus Phosphinigsäure-anhydriden

Bis-[trifluormethyl]-phosphinigsäure-anhydrid wird mit Chlorwasserstoff unter Druck bei 80° zu Bis-[trifluormethyl]-chlor-phosphan und *Bis-[trifluormethyl]-phosphinigsäure* (86%), die als solche beständig ist, umgesetzt[16]:

$$(F_3C)_2P{-}O{-}P(CF_3)_2 \quad + \quad HCl \quad \longrightarrow \quad (F_3C)_2P{-}OH \quad + \quad (F_3C)_2P{-}Cl$$

3.3. aus Phosphinigsäure-estern

Das luftsauerstoffempfindliche Dimethyl-phenoxy-phosphan reagiert exotherm mit Wasser zu *Dimethylphosphanoxid* und Phenol. Katalysatoren sind nicht erforderlich[17]. Diphenyl-trimethylsilyloxy-phosphan kann bei 20° mit verd. Schwefelsäure zu *Diphenylphosphanoxid* (60%) hydrolysiert werden[18]:

$$(H_5C_6)_2P{-}O{-}Si(CH_3)_3 \quad + \quad H_2O \quad \xrightarrow[- (H_3C)_3Si-OH]{} \quad (H_5C_6)_2\overset{\overset{\displaystyle O}{\|}}{P}{-}H$$

3.4. aus Thiophosphinigen Säuren (sek. Phosphansulfide)

Aus Dimethylphosphansulfid entsteht bei 100° in wäßriger Natronlauge *Dimethylphosphanoxid* in 73%iger Ausbeute[19]:

$$(H_3C)_2\overset{\overset{\displaystyle S}{\|}}{P}{-}H \quad + \quad NaOH \quad \xrightarrow[-NaHS]{} \quad (H_3C)_2\overset{\overset{\displaystyle O}{\|}}{P}{-}H$$

Bei der Herstellung von Dimethylphosphansulfid durch alkalische Spaltung von Tetramethyldiphosphan-bis-sulfid bildet sich daher *Dimethylphosphanoxid* als Nebenprodukt.

3.5. aus Phosphinigsäure-amiden

Phosphinigsäure-amide können mit Wasser zu den sek. Phosphanoxiden gespalten werden:

$$R_2P{-}NR_2 \quad + \quad H_2O \quad \xrightarrow[- R_2NH]{} \quad R_2\overset{\overset{\displaystyle O}{\|}}{P}{-}H$$

Das luftsauerstoffempfindliche Dimethyl-dimethylamino-phosphan sowie die entsprechende Diethylamino-Verbindung reagieren bereits bei 20° mit Wasser. Es entsteht in über 90%iger Ausbeute *Dimethylphosphanoxid*[20]. Demgegenüber ist Dimethyl-diisopropylamino-phosphan bei 100° kurzfristig gegen Wasser beständig. Dieses und längerkettige

---

[14] DE-PS 1952605 (1969/1973), Farbw. Hoechst, Erf.: *H.-J. Kleiner* u. *H. Staendeke*; C.A. **77**, 5611z (1972).

[15] *H.-J. Kleiner*, Farbw. Hoechst, unveröffentlicht 1968.

[16] *J.E. Griffiths* u. *A.B. Burg*, J. Am. Chem. Soc. **84**, 3442 (1962).

[17] *H.-J. Kleiner*, Justus Liebigs Ann. Chem. **1974**, 751.

[18] *K. Issleib* u. *B. Walther*, J. Organomet. Chem. **22**, 375 (1970).

[19] *R.A. Malevannaya, E.N. Tsvetkov* u. *M.I. Kabachnik*, Izv. Akad. Nauk SSSR, Ser. Khim. **1976**, 952; engl.: 936.

[20] DE-PS 1806707 (1968/1976), Farbw. Hoechst, Erf.: *H.-J. Kleiner*; C.A. **73**, 35508f. (1970).

Phosphinigsäure-amide reagieren jedoch unter Druck bei höheren Temperaturen ebenfalls glatt ab[21].

Diethylphosphanoxid[21]: 196 g (1,04 mol) Diethyl-diisopropylamino-phosphan und 200 g Wasser werden in einen 1-*l*-Schüttelautoklaven gegeben und unter Stickstoff 3,5 Stdn. bei 140° gehalten. Der Druck steigt von 4,4 auf ~ 9,3 bar. Nach dem Abkühlen wird das Reaktionsgemisch i. Vak. von Diisopropylamin und Wasser befreit. Der Rückstand wird destilliert; Ausbeute: 92 g (83%); Sdp.: 47–48°/0,2 Torr (0,0266 kPa).

Die Spaltung insbesondere längerkettiger Phosphinigsäure-amide kann ferner mit Wasser bei 20° auch in Gegenwart äquivalenter Mengen nicht oxidierender anorganischer Säuren durchgeführt werden[22].

4. durch Reduktion von Phosphinsäure-Derivaten

4.1. von Selenophosphinsäuren und Thiophosphinsäuren

Selenophosphinsäuren und Thiophosphinsäuren werden mit Raney-Nickel in ethanol. Lösung zu den entsprechenden sek. Phosphanoxiden reduziert[23]; z. B.:

$$(H_3C)_3C-\overset{\overset{\displaystyle X}{\|}}{\underset{\underset{\displaystyle C_6H_5}{|}}{P}}-OH \xrightarrow{Ni/Ra} (H_3C)_3C-\overset{\overset{\displaystyle O}{\|}}{\underset{\underset{\displaystyle C_6H_5}{|}}{P}}-H$$

X = S, Se   *tert.-Butyl-phenyl-phosphanoxid*

4.2. von Phosphinsäure-estern

Phosphinsäure-ester werden durch Lithiumtetrahydroaluminat bei 5° zu sek. Phosphanoxiden reduziert. Es entsteht z.B. aus 4-Biphenylyl-phenyl-phosphinsäure-methylester in 35%iger Ausbeute *4-Biphenylyl-phenyl-phosphanoxid*[24].

5. durch Spaltung von tert. Phosphanoxiden

Pyrolyse von Trialkylphosphanoxiden bei hohen Temperaturen führt unter Abspaltung von Olefinen zu sek. Dialkylphosphanoxiden, deren Disproportionierung zu Phosphanen und Phosphinsäuren unter den Reaktionsbedingungen grundsätzlich zu erwarten ist. Immerhin liefert die Pyrolyse von Tributylphosphanoxid bei 550° 45% *Dibutylphosphanoxid*[25]:

$$(H_9C_4)_3\overset{\overset{\displaystyle O}{\|}}{P} \xrightarrow[- H_5C_2-CH=CH_2]{} (H_9C_4)_2\overset{\overset{\displaystyle O}{\|}}{P}-H$$

Die Anlagerungsprodukte von Ketonen an sek. Diarylphosphanoxide zersetzen sich bei höheren Temperaturen unter Rückspaltung in die Ausgangskomponenten. So zersetzt sich das Anlagerungsprodukt von Aceton an Diphenylphosphanoxid bei 137–139°; man erhält 83% reines *Diphenylphosphanoxid* (das Verfahren wird zur Reinigung roher sek. Phosphanoxide empfohlen)[26]:

$$(H_5C_6)_2\overset{\overset{\displaystyle O}{\|}}{\underset{\underset{\displaystyle OH}{|}}{P}}-C(CH_3)_2 \xrightarrow[- H_3C-CO-CH_3]{} (H_5C_6)_2\overset{\overset{\displaystyle O}{\|}}{P}-H$$

[21] DE-PS 1 806 706 (1968/1976), Farbw. Hoechst, Erf.: *H.-J. Kleiner*; C. A. **73**, 35 511 b (1970).
[22] DE-OS 1 806 705 (1968), Farbw. Hoechst, Erf.: *H.-J. Kleiner*; C. A. **73**, 45 598 z (1970).
[23] *J. Michalski* u. *Z. Skrzypzynski*, J. Organomet. Chem. **97**, C 31 (1975).
[24] *T. L. Emmick* u. *R. L. Letsinger*, J. Am. Chem. Soc. **90**, 3459 (1968).
[25] *W. J. Bailey*, *W. M. Muir* u. *F. Marktscheffel*, J. Org. Chem. **27**, 4404 (1962).
[26] DE-PS 1 166 777 (1962/1964), United Kingdom Atomic Energy Authority, Erf.: *J. L. Williams*.

B. Umwandlung

Sek. Phosphanoxide bilden mit Hexacarbonylmolybdän Pentacarbonylmetall-Komplexe der entsprechenden phosphinigen Säuren[27]:

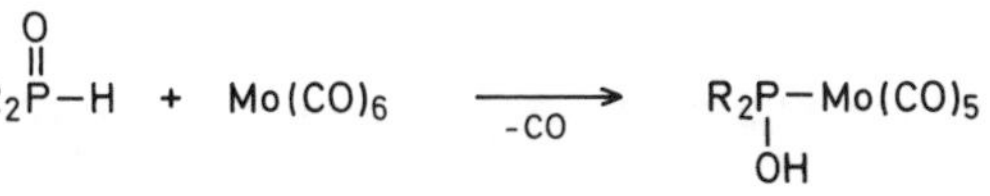

$$\underset{\underset{H}{\overset{\overset{O}{\parallel}}{}}{R_2P-H}} + Mo(CO)_6 \xrightarrow[-CO]{} R_2\underset{OH}{\overset{}{P}}-Mo(CO)_5$$

Bei der Einwirkung sek. Phosphanoxide auf Pentacarbonyl-(halogen)-metall-Komplexe z.B. des Mangans erhält man ebenfalls entsprechende komplexstabilisierte phosphinige Säuren[28].

Sek. Phosphanoxide können durch Umsetzung mit Phosphor(III)-chlorid bzw. Phosphorigsäure-chlorid-diester in Chlor-phosphane übergeführt werden (s.S. 248). In Form ihrer Alkalimetall-Salze setzen sie sich mit Chlor-organo-silanen zu Phosphinigsäure-silylestern um. Diese Umsetzung gelingt auch direkt mit Hilfe von Triethylamin. In gleicher Weise bilden sich Phosphinigsäure-germanylester und -stannylester (s.S. 256–257). Bei der Einwirkung von Phosphor(V)-sulfid erhält man sek. Phosphansulfide (s.S. 261). Durch Umsetzung mit Tetrachlormethan und Aminen entstehen Phosphinsäure-amide (s.S. E2/228). Anlagerung an 1,4-Benzochinon führt zu 1,4-Dihydroxy-2-diorganophosphono-benzol (s.S. E2/5). Anlagerung an Cyan-Gruppen ergibt tert. Phosphanoxide mit α-Imino-Gruppen (s.S. E2/7). Addition an nicht aktivierte Olefine mit Hilfe von Radikalbildnern führt zu tert. Phosphanoxiden (s.S. E2/3). Wird eine Lösung sek. Phosphanoxide in Cyclohexan unter gleichzeitiger Chlorierung belichtet, so erhält man tert. Cyclohexylphosphanoxide (Photophosphorylierung).

β) Phosphinigsäure-halogenide (Diorgano-halogen-phosphane)

(s.auch 4.Aufl., Bd. XII/1, S. 199–208)

A. Herstellung

1. durch Aufbaureaktion

1.1. aus Phosphor

Wird ein Phosphor-Dampf/Methylchlorid-Gemisch in einem zweckmäßig kontinuierlich gestalteten Verfahren bei 350° über Aktivkohle geleitet, so wird ein Gemisch von Dichlor-methyl-phosphan und *Chlor-dimethyl-phosphan* (~ 1:1) erhalten. Die Ausbeute liegt bei 70% (bez. auf das Methylchlorid).

Es wird mit einer Durchflußapparatur gearbeitet, in deren vorderen Teil der Phosphor in einem Trägergasstrom bei 500° verdampft wird[29, 30]. Die entstehenden Chlorphosphane können nach Kondensation durch Einleiten von Chlorwasserstoff in zwei Schichten getrennt werden, dabei scheidet sich ein Chlorwasserstoff-Addukt des Chlor-dimethyl-phosphans als untere Phase ab[31].

---

[27] *C.S. Kraihanzel* u. *C.M. Bartish*, J. Am. Chem. Soc. **94**, 3572 (1972).
[28] *E. Lindner* u. *B. Schilling*, Chem. Ber. **110**, 3266 (1977).
[29] DE-PS 1568928 (1966/1975), Knapsack AG, Erf.: *O. Bretschneider, H. Harnisch* u. *W. Klose*.
[30] DE-PS 2116355 (1971/1979), Knapsack AG, Erf.: *H. Staendeke*; C.A. **78**, 43704k (1973).
[31] DE-PS 1618603 (1967/1975), Knapsack AG, Erf.: *O. Bretschneider, H. Harnisch* u. *W. Klose*.

Die Umsetzung von Chlorbenzol mit weißem Phosphor gelingt in Gegenwart katalytischer Mengen Aluminiumchlorid bei 320–360° unter Druck. Man erhält Dichlor-phenyl-phosphan in 50%iger und *Chlor-diphenyl-phosphan* in 35%iger Ausbeute. Das Verfahren kann auf kernsubstituierte Arylhalogene (z.B. 1,2-Dichlor-benzol, 1-Brom-naphthalin) ausgedehnt werden. Dabei sind als Katalysatoren auch Eisen(III)- und besonders Titan(IV)-chlorid geeignet[32, 33].

Ohne diese Katalysatoren gelingt die Umsetzung, wenn Aryl-dichlor-phosphane als Lösungsmittel verwendet werden[34].

Chlor-diphenyl-phosphan[34]: 6,2 g (0,2 mol) weißer Phosphor, 36 g (0,32 mol) Chlorbenzol und 17,9 g (0,1 mol) Dichlor-phenyl-phosphan werden in einem Tantalautoklaven 4 Stdn. auf 340° erhitzt. Dann wird das Reaktionsgemisch fraktioniert; Ausbeute: 22 g (50%); Sdp.: 109°/0,3 Torr (40 Pa).

2-Chlor-1,2,3,4-tetrahydro-⟨benzo[c]phosphorin⟩ läßt sich durch Druckreaktion von 2-(2-Chlor-ethyl)-benzylchlorid mit weißem Phosphor bei 230° in Gegenwart von Phosphor(III)-chlorid und katalytischen Mengen Jod in 47%iger Ausbeute gewinnen[35]:

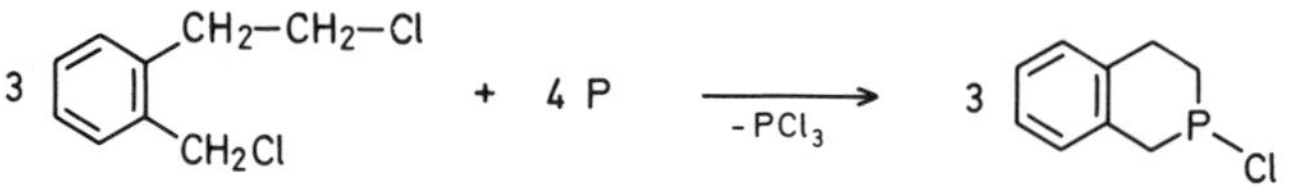

1.2. aus Phosphor(III)-halogeniden und Dihalogen-phosphanen

Die Reaktion zwischen Phosphor(III)-chlorid und Grignard-Verbindungen führt in 45–80%iger Ausbeute nur dann zu den Chlor-diorgano-phosphanen, wenn die Grignard-Verbindungen aus verzweigtkettigen Alkylchloriden (z.B. Isopropylchlorid) hergestellt und im Molverhältnis zwei zu eins mit Phosphor(III)-chlorid bei -25 bis $-30°$ umgesetzt werden. Mit tert.-Butylchlorid erhält man bei $-25°$ nur tert.-Butyl-dichlor-phosphan, das zweite Chlor-Atom wird erst bei 20° ausgetauscht[36]. In ähnlicher Weise gelingt die Herstellung von *tert.-Butyl-dichlor-phosphan*[37].

Bis-[pentafluorphenyl]-chlor-phosphan erhält man analog aus Pentafluorphenyl-magnesiumbromid und Phosphor(III)-chlorid in 66%iger Ausbeute[38]:

$$PCl_3 \quad + \quad 2\,F_5C_6\text{—MgBr} \quad \xrightarrow[\substack{-MgCl_2 \\ -MgBr_2}]{} \quad (F_5C_6)_2P\text{—Cl}$$

Bei dieser Reaktion findet in geringem Maße auch ein Brom–Chlor-Austausch statt[39]. Dichlor-phenyl-phosphan reagiert bei $-60°$ mit Organo-cadmium-Verbindungen im Molverhältnis eins zu eins unter Austausch eines Chlor-Atoms. Z.B. erhält man mit Dimethylcadmium nach geeigneter Aufarbeitung 58% *Chlor-methyl-phenyl-phosphan*[40].

Chlor-organo-(tris-[trimethylsilyl]-methyl)-phosphane bilden sich durch Umsetzung von Tris-[trimethylsilyl]-methyl-lithium mit Dichlor-organo-phosphanen in Ether zu 70–85%:

[32] US-PS 3557204 (1967/1971), Union Carbide Co., Erf.: *K. G. Weinberg*; C.A. **75**, 6088e (1971).
[33] *K. G. Weinberg*, J. Org. Chem. **40**, 3586 (1975).
[34] DE-PS 1945645 (1969/1973), Rhone-Poulenc S.A., Erf.: *A. Rio*; C.A. **72**, 132955m (1970).
[35] SU-PS 213857 (1967/1968), *Y. I. Baranov, O. F. Filippov, S. L. Varshavskii, B. S. Glebychev, M. I. Kabachnik* u. *N. K. Bliznyuk*; C.A. **69**, 77489y (1968).
[36] *W. Voskuil* u. *J. F. Arens*, Recl. Trav. Chim. Pays-Bas **82**, 302 (1963).
[37] *V. L. Foss, V. A. Solodenko, V. A. Veits* u. *I. F. Lutsenko*, Zh. Obshch. Khim. **49**, 1724 (1979); engl.: 1510.
[38] *D. D. Magnelli, G. Tesi, J. U. Lowe* u. *W. E. McQuistion*, Inorg. Chem. **5**, 457 (1966).
[39] *M. Fild, O. Glemser* u. *I. Hollenberg*, Z. Naturforsch. **21b**, 920 (1966).
[40] *D. Jore, D. Guillerm* u. *W. Chodkiewicz*, J. Organomet. Chem. **149**, C 7 (1978).

$$R-PCl_2 \quad + \quad \left[(H_3C)_3Si\right]_3 C-Li \quad \xrightarrow[-LiCl]{} \quad \overset{R}{\underset{Cl}{\diagdown}}P-C\left[Si(CH_3)_3\right]_3$$

Auch bei Verwendung eines Überschusses der Lithium-Komponente werden Zweifach-substitutionsprodukte nicht beobachtet[41].

Phosphor(III)-chlorid reagiert bei 150° mit einem Reaktionsgemisch, das bei der Umsetzung von Methylchlorid mit frisch in einer Kaliumchlorid-Aluminiumchlorid-Schmelze bei 220° durch Elektrolyse hergestelltem Aluminium erhalten wird, zu dem Aluminium-chlorid-Komplex des *Chlor-dimethyl-phosphans*, der in der Schmelze in Lösung bleibt[42].

Aluminiumchlorid-Komplexe von Dialkyl-trichlor-phosphoran wie sie bei der Einwirkung von Alkylchloriden auf Dichlor-phosphane in Gegenwart von Aluminiumchlorid anfallen reduziert man in Gegenwart von Kalium-chlorid auch mit Lithium- oder Calciumhydrid, aber auch Metallen wie z.B. Magnesium. Die dabei anfallen-den Chlor-dialkyl-phosphane erhält man in Ausbeuten bis zu 57%[43].

Chlor-diaryl- und Alkyl-aryl-chlor-phosphane werden erhalten durch Umsetzung der Aluminiumchlorid-Komplexe von Dichlor-organo-phosphanen mit Aromaten (z.B. Toluol) im Überschuß und anschließende Zersetzung der anfallenden Reaktionsge-mische mit äquimolaren Mengen Pyridin. Beispielsweise wird ausgehend von Dichlor-phenyl-phosphan 77% *Chlor-(4-methyl-phenyl)-phenyl-phosphan* erhalten[44].

Unsymmetrische Chlor-diaryl-phosphane sind herstellbar durch Reduktion der Reak-tionsprodukte von Aryl-dichlor-phosphanen mit Aryldiazoniumtetrafluoroboraten mit Aluminium in Gegenwart von Kupfer(I)-chlorid. Beispielsweise gewinnt man aus 3-Chlor-phenyldiazoniumtetrafluoroborat und Dichlor-phenyl-phosphan *Chlor-(3-chlor-phenyl)-phenyl-phosphan* zu 42%[45]:

R[1] = H, Cl
R[2] = Br, Cl, CF₃, COOH

Die thermische Disproportionierung kernsubstituierter Aryl-dichlor-phosphane gelingt durchaus in guten Ausbeuten, z.B. liefern Dichlor-(4-methyl-phenyl)- und Dichlor-(4-chlor-phenyl)-phosphan mit Zinkchlorid als Katalysator die entsprechenden Chlor-di-aryl-phosphane in guten Ausbeuten[46]:

$$2\,Ar-PCl_2 \quad \xrightarrow{\Delta,\ ZnCl_2} \quad Ar_2P-Cl \quad + \quad PCl_3$$

Bis-[4-methyl-phenyl]-chlor-phosphan[46]: 325,8 g (1,69 mol) Dichlor-(4-methyl-phenyl)-phosphan und 16,3 g wasserfreies Zinkchlorid werden 5 Stdn. auf 220–275° erhitzt, dabei destillieren 102 g (0,745 mol) Phos-phor(III)-chlorid ab. Anschließend wird fraktioniert; Ausbeute: 125 g (74%); Sdp.: 158–160°/2,5 Torr (0,332 kPa). 65 g Ausgangsmaterial werden zurückgewonnen (Sdp.: 85–90°/2,5 Torr/0,332 kPa).

[41] K. Issleib, H. Schmidt u. C. Wirkner, Z. Chem. **20**, 419 (1980).
[42] DE-PS 1239687 (1965/1967), Th. Goldschmidt AG, Erf.: W. Sundermayer u. W. Verbeek; C.A. **68**, 2989g (1968).
[43] V.G. Gruzdev, S.Z. Ivin u. K.V. Karavanov, Zh. Obshch. Khim. **35**, 1027 (1965); engl.: 1032.
[44] FR-PS 1450681 (1965/1966), Établissements Kuhlmann, Erf.: G. Nagy u. D. Balde; C.A. **67**, 3142s (1967).
[45] L.D. Quin u. R.E. Montgomery, J. Org. Chem. **28**, 3315 (1963).
[46] US-PS 3078304 (1960/1963), Koppers Co., Erf.: H. Niebergall; C.A. **59**, 5198f (1963).

Auf ähnliche Weise erhält man *Bis-[4-chlor-phenyl]-chlor-phosphan* (60%).
Die Disproportionierungsreaktion kann auf Benzyl-dihalogen-phosphane und Dichlor-(2-phenyl-ethyl)-phosphan ausgeweitet werden. Benzyl-dichlor-phosphan liefert z.B. 68% *Chlor-dibenzyl-phosphan* bei 75%igem Umsatz. Die Verwendung von Katalysatoren ist nicht erforderlich[47].

$$2 H_5C_6-H_2C-PCl_2 \xrightarrow[-PCl_3]{210-230°} (H_5C_6-H_2C)_2P-Cl$$

2. aus sek. Phosphanen

Die bekannte Reaktion sek. Phosphane mit Phosgen bei −30° gelingt auch mit Bis-[phosphano]-alkanen; z.B. erhält man aus 1,6-Bis-[phenylphosphano]-hexan *1,6-Bis-[chlorphenyl-phosphano]-hexan* in fast quantitativer Ausbeute[48]:

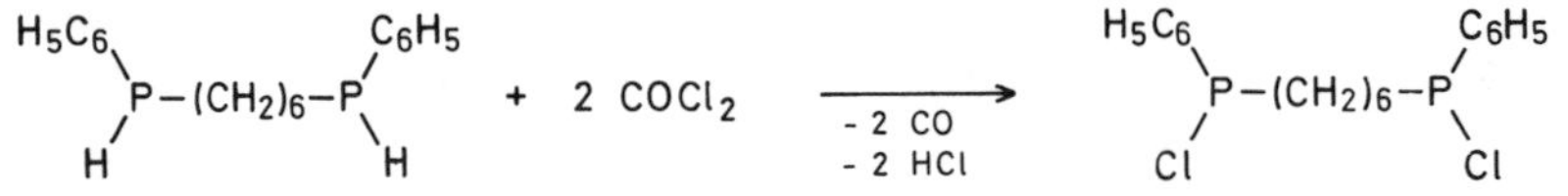

$$\underset{H}{\overset{H_5C_6}{\diagdown}}P-(CH_2)_6-P\underset{H}{\overset{C_6H_5}{\diagup}} + 2\ COCl_2 \xrightarrow[-2\ HCl]{-2\ CO} \underset{Cl}{\overset{H_5C_6}{\diagdown}}P-(CH_2)_6-P\underset{Cl}{\overset{C_6H_5}{\diagup}}$$

Sek. Phosphane können auch mit Trichloracetonitril bei 20° in Chlor-diorgano-phosphane übergeführt werden. Mit Trifluoracetonitril erfolgt keine Reaktion[49].

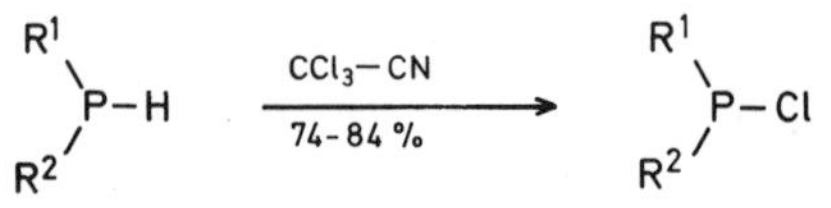

$$\underset{R^2}{\overset{R^1}{\diagdown}}P-H \xrightarrow[74-84\ \%]{CCl_3-CN} \underset{R^2}{\overset{R^1}{\diagdown}}P-Cl$$

$$R^1, R^2 = C_2H_5, C_4H_9, C_6H_5$$

3. aus Phosphinigsäure-Derivaten

3.1. aus Phosphinigen Säuren (sek. Phosphanoxide)

Aliphatische und aromatische sek. Phosphanoxide reagieren bei 20° mit Überschüssen an Phosphor(III)-chlorid zu Chlor-diorgano-phosphanen. Die Ausbeuten liegen zwischen 50 und 80%[50,51]:

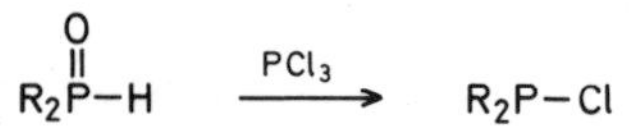

$$R_2\overset{\overset{O}{\parallel}}{P}-H \xrightarrow{PCl_3} R_2P-Cl$$

Bis-[4-methyl-phenyl]-chlor-phosphan[50]: Eine Mischung von 4,05 g (0,0176 mol) Bis-[4-methyl-phenyl]-phosphanoxid und 16 *ml* Phosphor(III)-chlorid wird 2 Stdn. gerührt, dann filtriert und destilliert; Ausbeute: 3,12 g (71,4%); Sdp.: 125–128°/0,2 Torr (27 Pa).

In einer exothermen Reaktion setzen sich aliphatische und aromatische sek. Phosphanoxide auch mit Phosphorigsäure-chlorid-dibutylester praktisch quantitativ zu Chlordiorgano-phosphanen um[52]:

[47] *Y. I. Baranov* u. *S. V. Gorelenko*, Zh. Obshch. Khim. **39**, 836 (1969); engl.: 799.
[48] *E. Steininger*, Chem. Ber. **96**, 3184 (1963).
[49] *A. N. Pudovik, G. V. Romanov* u. *V. M. Pozhidaev*, Izv. Akad. Nauk SSSR, Ser. Khim. **1977**, 2172; engl.: 2014.
[50] *R. E. Montgomery* u. *L. D. Quin*, J. Org. Chem. **30**, 2393 (1965).
[51] *L. D. Quin* u. *H. G. Anderson*, J. Org. Chem. **31**, 1206 (1966).
[52] *V. L. Foss, V. V. Kadinova, Y. A. Veits* u. *I. F. Lutsenko*, Zh. Obshch. Khim. **44**, 1209 (1974); engl.: 1168.

$$R_2\overset{\overset{\displaystyle O}{\|}}{P}-H \; + \; Cl-P(OC_4H_9)_2 \; \longrightarrow \; R_2P-Cl \; + \; H-\overset{\overset{\displaystyle O}{\|}}{P}(OC_4H_9)_2$$

3.2. aus Phosphinigsäure- und Thiophosphinigsäure-anhydriden

Bis-[trifluormethyl]-phosphinigsäure-anhydrid und -phosphinsäure-chlorid reagieren bei 25° während 18 Stdn. fast quantitativ zu Bis-*[trifluormethyl]-chlor-phosphan* und Bis-[trifluormethyl]-phosphinsäure-anhydrid[53]:

$$(F_3C)_2P-O-P(CF_3)_2 \; + \; 2\;(F_3C)_2\overset{\overset{\displaystyle O}{\|}}{P}-Cl \; \longrightarrow \; 2\;(F_3C)_2P-Cl \; + \; (F_3C)_2\overset{\overset{\displaystyle O}{\|}}{P}-O-\overset{\overset{\displaystyle O}{\|}}{P}(CF_3)_2$$

Bis-[trifluormethyl]-phosphinigsäure-anhydrid reagiert bei 110° mit Chlor-trimethylsilan zum Bis-*[trifluormethyl]-chlor-phosphan*[54]:

$$(F_3C)_2P-O-P(CF_3)_2 \; + \; (H_3C)_3Si-Cl \; \longrightarrow$$
$$(F_3C)_2P-Cl \; + \; (F_3C)_2P-O-Si(CH_3)_3$$

Methyl-trifluormethyl-thiophosphinigsäure-anhydrid kann mit Methyljodid bei 100° einer Spaltungsreaktion unterworfen werden, dabei gewinnt man *Jod-methyl-trifluormethyl-phosphan*[55]:

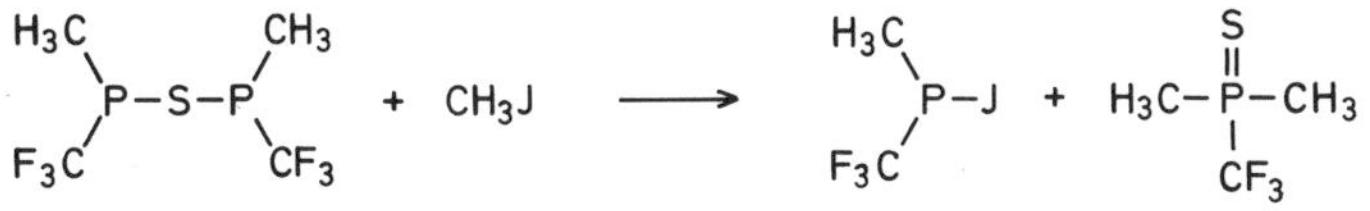

3.3. aus Phosphinigsäure-estern

Chlor-dibutyl-phosphan kann durch Umsetzung von Dibutyl-phenoxy-phosphan mit Benzoylchlorid hergestellt werden[56]:

$$(H_9C_4)_2P-OC_6H_5 \; + \; H_5C_6-CO-Cl \; \longrightarrow \; (H_9C_4)_2P-Cl \; + \; H_5C_6-CO-OC_6H_5$$

3.4. aus Phosphinigsäure-amiden

Phosphinigsäure-amide können mit Phosphor(III)-chlorid in exothermer Reaktion zu den Chlor-diorgano-phosphanen reagieren[57]; z.B.:

$$(H_5C_2)_2P-N(CH_3)_2 \; + \; PCl_3 \; \longrightarrow \; (H_5C_2)_2P-Cl \; + \; (H_3C)_2N-PCl_2$$

Chlor-diethyl-phosphan[57]: 6 g (0,045 mol) Diethyl-dimethylamino-phosphan werden unter Stickstoff zu 6,2 g (0,045 mol) Phosphor(III)-chlorid getropft. Eine stark exotherme Reaktion setzt sofort ein, es bildet sich eine homogene Lösung. Anschließend wird fraktioniert; Ausbeute: 5,5 g (98%); Sdp.: 128–131°/708 Torr (95 kPa).

---

[53] *A. B. Burg*, Inorg. Chem. **17**, 2322 (1978).
[54] *A. B. Burg* u. *J. S. Bosi*, J. Am. Chem. Soc. **90**, 3361 (1968).
[55] *A. B. Burg* u. *D.-K. Kang*, J. Am. Chem. Soc. **92**, 1901 (1970).
[56] *T. K. Gazizov, R. U. Belyalov, V. A., Kharlamov* u. *A. N. Pudovik*, Zh. Obshch. Khim. **50**, 232 (1980).
[57] GB-PS 1068364 (1964/1967), Monsanto Co., Erf.: *L. Maier*; C. A. **67**, 54260m (1967).

Eine analoge Reaktion kann mit Carbonsäure-chloriden durchgeführt werden[58].

4. durch Reduktion

4.1. von Trihalogenphosphoranen

Trihalogenphosphorane können auch mit Triphenylphosphan in Dichlormethan reduziert werden; z.B.[59]:

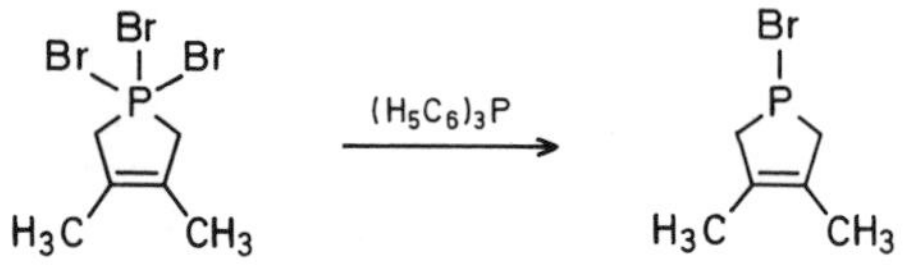

1-Brom-3,4-dimethyl-2,5-dihydro-phosphol;
79%

4.2. von Phosphinsäure- und Thiophosphinsäure-halogeniden

Das cyclische Phosphinsäurechlorid I wird durch Hexachlordisilan bei 20° in schwach exothermer Reaktion in Benzol zu 58% zum *1-Chlor-3-methyl-4,5-dihydro-phosphol* desoxigeniert[59]:

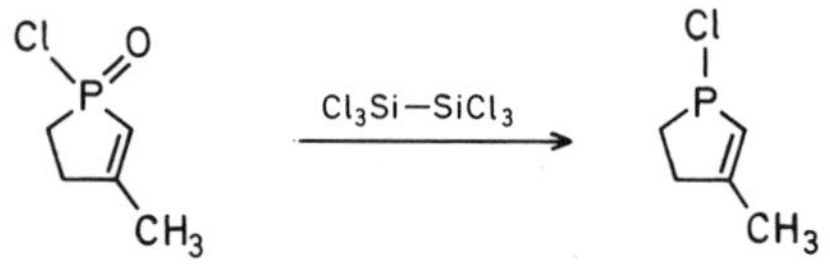

I

Die bekannte Entschwefelung von Thiophosphinsäure-halogeniden zu Chlor-diorgano-phosphanen ist auch mit Triphenylphosphit bei 175° zu erzielen; z.B.[60]:

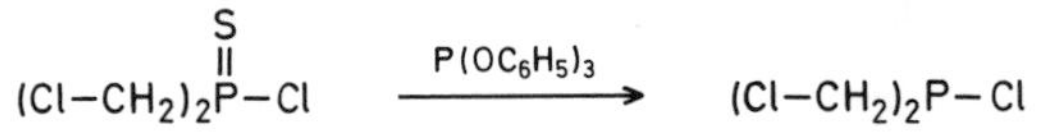

Bis-[chlormethyl]-chlor-
phosphan; 70%

5. durch Spaltungsreaktionen

5.1. aus Cyclopolyphosphanen

Perfluorierte Cyclopolyphosphane lassen sich mit Fluor-jod-alkanen bei 160–200° unter Druck spalten. Man erhält unsymmetrische fluorierte Dialkyl-jod-phosphane[61,62,63]. Z.B. gewinnt man aus der Umsetzung von Heptafluor-2-jod-propan mit einer unfraktionierten Mischung von Pentafluorethyl-cyclophosphanen, die zu ~80% das Tetramere (n = 4) enthält, 60% *(Heptafluor-isopropyl)-jod-(pentafluor-ethyl)phosphan*[62]:

[58] C. Brown, R. F. Hudson u. R. J. G. Searle, Phosphorus 2, 287 (1973).

[59] D. K. Myers u. L. D. Quin, J. Org. Chem. 36, 1285 (1971).

[60] G. K. Genkina u. V. A. Gilyarov, Izv. Akad. Nauk SSSR, Ser. Khim. 1969, 185; engl.: 181.

[61] A. N. Lavrentev, I. G. Maslennikov u. E. G. Sochilin, Zh. Obshch. Khim. 45, 1702 (1975); engl.: 1668.

[62] I. G. Maslennikov, A. N. Lavrentev, V. I. Shibaev u. E. G. Sochilin, Zh. Obshch. Khim. 46, 1904 (1976); engl.: 1841.

[63] I. G. Maslennikov, A., N. Lavrentev u. E. G. Sochilin, Zh. Obshch. Khim. 49, 2387 (1979).

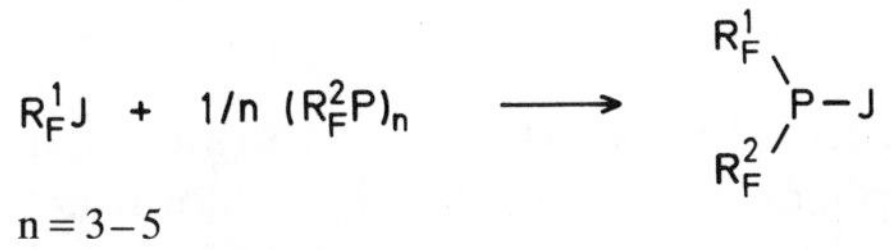

$$R_F^1J \ + \ 1/n \ (R_F^2P)_n \ \longrightarrow \ \begin{array}{c} R_F^1 \\ \diagdown \\ \diagup \\ R_F^2 \end{array} P-J$$

$$n = 3-5$$

5.2. aus Diphosphanen

Diphosphane setzen sich nicht nur mit Halogenen, sondern auch mit Chlorwasserstoff, Tetrachlormethan oder Alkyl-jodiden zu Chlor-diorgano-phosphanen um. So reagieren mit Chlorwasserstoff 2,2-Bis[dimethylamino]-1,1-diphenyl-diphosphan zur *Chlor-diphenylphosphan*[64] und Bis[trifluormethyl]-dimethyl-diphosphan zu *Chlor-methyl-trifluormethyl-phosphan*[65] in guten Ausbeuten:

$$2\,(H_5C_6)_2P-P[N(CH_3)_2]_2 \ + \ 6\,HCl \xrightarrow[\substack{-3\,[H_2N(CH_3)_2]^{\oplus}Cl^{\ominus} \\ -1/n\,[(CH_3)_2N(Cl)P_2]n}]{} \ 2\,(H_5C_6)_2P-Cl$$

$$\begin{array}{c} H_3C \quad\ CH_3 \\ \diagdown \ \diagup \\ P-P \\ \diagup \ \diagdown \\ F_3C \quad\ CF_3 \end{array} + HCl \ \longrightarrow \ \begin{array}{c} H_3C \\ \diagdown \\ \diagup \\ F_3C \end{array} P-Cl \ + \ \begin{array}{c} H_3C \\ \diagdown \\ \diagup \\ F_3C \end{array} P-H$$

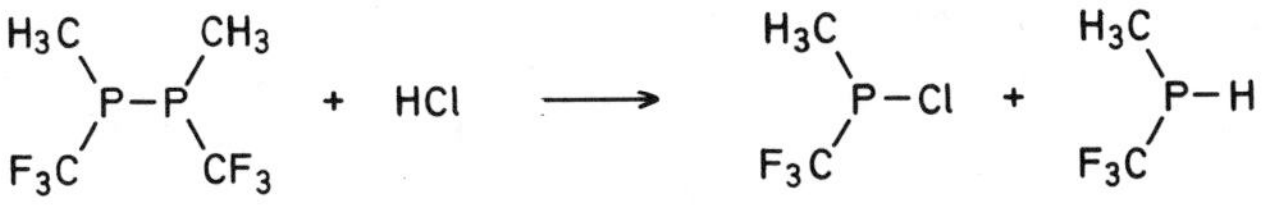

Auch die Spaltung Tetramethyl-trifluormethyl-diphosphonium-jodid zu *Chlor-methyl-trifluormethyl-phosphan* gelingt mit Chlorwasserstoff[65]:

$$\left[\begin{array}{c} \quad\ CF_3 \\ \diagup \\ (H_3C)_3P-P \\ \diagdown \\ \quad\ CH_3 \end{array} \right]^{\oplus} J^{\ominus} + HCl \ \longrightarrow \ \begin{array}{c} H_3C \\ \diagdown \\ \diagup \\ F_3C \end{array} P-Cl \ + \ \left[(H_3C)_3P-H\right]^{\oplus} J^{\ominus}$$

Die Reaktion aliphatischer und aromatischer Diphosphane mit überschüssigem Tetrachlormethan erfolgt in der Siedehitze. Bei höheren Temperaturen ist die Reaktion umkehrbar[66].

$$R_2P-PR_2 \ + \ CCl_4 \ \longrightarrow \ R_2P-Cl \ + \ R_2P-CCl_3$$

Auch Tetraphenyldiphosphanmonoxid ist durch Tetrachlormethan zu *Chlor-diphenyl-phosphan* abbaubar[66]:

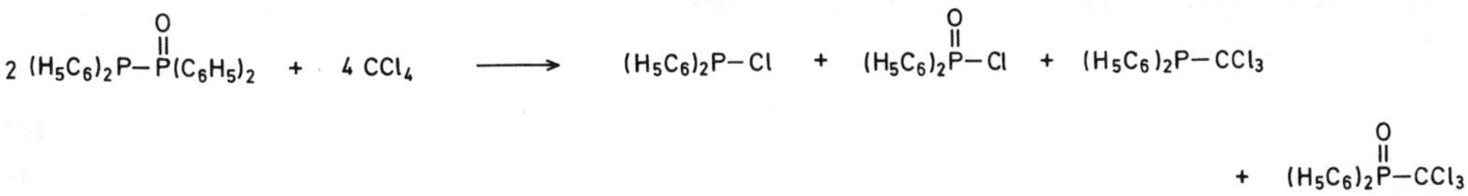

$$2\,(H_5C_6)_2P-\overset{\overset{O}{\|}}{P}(C_6H_5)_2 \ + \ 4\,CCl_4 \ \longrightarrow \ (H_5C_6)_2P-Cl \ + \ (H_5C_6)_2\overset{\overset{O}{\|}}{P}-Cl \ + \ (H_5C_6)_2P-CCl_3$$

$$+ \ (H_5C_6)_2\overset{\overset{O}{\|}}{P}-CCl_3$$

Schließlich können perfluorierte Tetraalkyldiphosphane mit perfluorierten Alkyljodiden zu perfluorierten Dialkyl-jod-phosphanen umgesetzt werden[67].

---

[64] *H.-J. Vetter* u. *H. Nöth*, Chem. Ber. **96**, 1816 (1963).

[65] *A. B. Burg, K. K. Joshi* u. *J. F. Nixon*, J. Am. Chem. Soc. **88**, 31 (1966).

[66] *R. Appel* u. *R. Milker*, Chem. Ber. **108**, 1783 (1975).

[67] *I. G. Maslennikov, V. I. Shibaev, A. N. Lavrentev* u. *E. G. Sochilin*, Zh. Obshch. Khim. **46**, 940 (1976); engl.: 943.

5.3. aus tert. Phosphanen

Zur Synthese gemischter Chlor-dialkyl-phosphane eignet sich die Spaltung von tert. Dialkyl-phenyl-phosphanen mit Phosphor(III)-chlorid unter Druck bei 270–280°. Aus Ethyl-methyl-phenyl-phosphan erhält man z. B. *Chlor-ethyl-methyl-phosphan*. Auch cyclische Chlorphosphane wie z. B. *1-Chlor-phospholan* (70%) können auf diesem Wege gewonnen werden[68]:

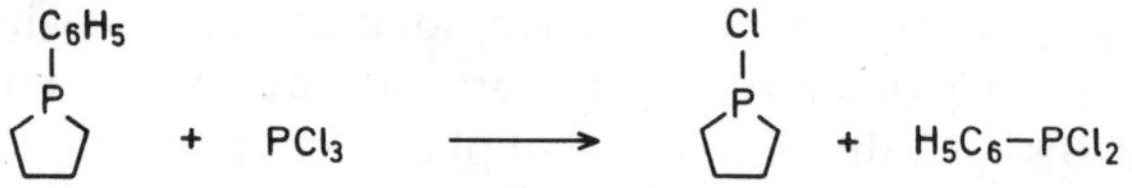

1-Chlor-phospholan[68]: 41 g (0,25 mol) 1-Phenyl-phospholan werden mit 50 g Phosphor(III)-chlorid 5 Stdn. im Bombenrohr bei 280° gehalten. Dann wird i. Vak. destilliert; Ausbeute: 21,4 g (70%); Sdp.: 65°/20 Torr (2,67 kPa).

Silylphosphane reagieren mit Halogenen **explosionsartig**. Bei −98° kann die stark exotherme Reaktion unter Kontrolle gehalten werden. Diphenyl-trimethylsilyl-phosphan ergibt mit Chlor dann quantitativ *Chlor-diphenyl-phosphan*[69]:

$$(H_5C_6)_2P-Si(CH_3)_3 \ + \ Cl_2 \ \longrightarrow \ (H_5C_6)_2P-Cl \ + \ (H_3C)_3Si-Cl$$

Hexachlorethan ist das geeignete Chlorierungsmittel für die Herstellung der Chlor-diorgano-phosphane aus den Silylphosphanen. Die Reaktion verläuft bei 20° in guten Ausbeuten[70]:

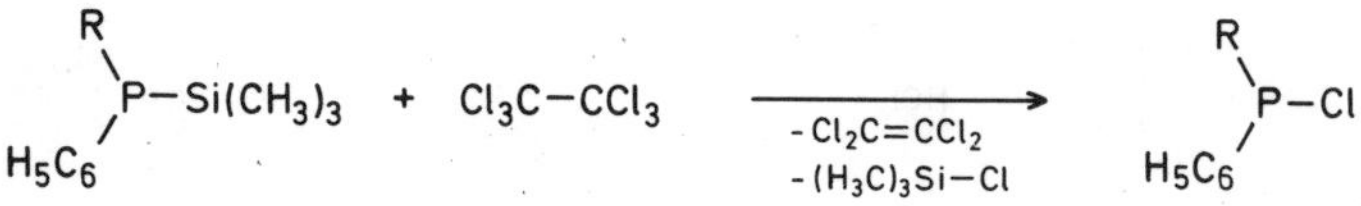

$$R = Alkyl, C_6H_5$$

5.4. aus Dihalogenphosphoranen

Die thermische Spaltung von Dichlor-trialkyl-phosphoranen zu Chlor-dialkyl-phosphanen kann auch intramolekular erfolgen. Das aus Bicyclo[2.2.1]heptadien und Dichlor-methyl-phosphan leicht zugängliche Addukt I spaltet bei 180° [0,1 Torr (13,3 Pa)] zu *exo-3-Chlor-endo-5-(chlor-methyl-phosphano)-tricyclo[2.2.1.0²,⁶]heptan* (56%)[71]:

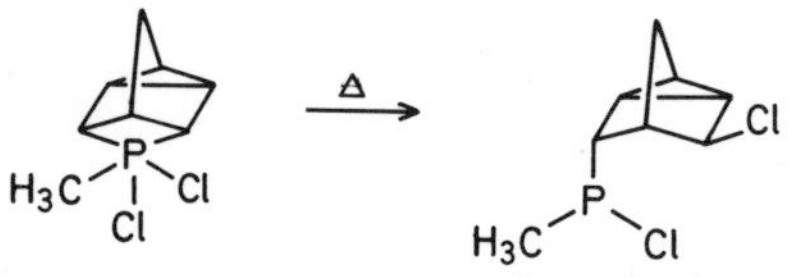

I

[68] *K. Sommer*, Z. Anorg. Allg. Chem. **379**, 56 (1970).
[69] *E. W. Abel, R. A. N. McLean* u. *I. H. Sabherwal*, J. Chem. Soc. [**A**] **1968**, 2371.
[70] *R. Appel, K. Geisler* u. *H. Schöler*, Chem. Ber. **110**, 376 (1977).
[71] *M. Green*, J. Chem. Soc. **1965**, 541.

6. aus anderen Phosphinigsäure-halogeniden (Diorgano-halogen-phosphane) durch Halogen-Austausch

Diorgano-fluor-phosphane lassen sich aus den Chlor-diorgano-phosphanen mit Natriumfluorid in Sulfolan bei 150–180° in guten Ausbeuten herstellen. So wird Chlor-di-tert.-butyl-phosphan zu 85% in *Di-tert.-butyl-fluor-phosphan* umgewandelt[72].
Äquilibrierung von Chlor-diorgano-phosphanen mit Phosphor(III)-bromid bei 130–150° führt glatt zu Brom-diorgano-phosphanen[73].

Brom-diphenyl-phosphan[73]: 266,6 g (1,21 mol) Chlor-diphenyl-phosphan und 670 g (2,48 mol) Phosphor-(III)-bromid werden 1 Stde. bei 130–150° gehalten. Dann wird i. Vak. zuerst Phosphor(III)-chlorid und danach überschüssiges Phosphor(III)-bromid abdestilliert. Der Rückstand wird fraktioniert; Ausbeute: 284,5 g (89%); Sdp.: 131°/0,3 Torr (40 Pa).

Diorgano-jod-phosphane entstehen bei der Behandlung von Chlor-diorgano-phos-phanen mit Magnesiumjodid in Diethylether bei 20°[74]. Auch mit Jod-trimethyl-silan bei 20° in Benzol erhält man zu ~80% Diorgano-jod-phosphane[75].

B. Umwandlung

Diorgano-halogen-phosphane bilden mit Metallcarbonylen Komplexe[76, 77]. Unter geeigneten Bedingungen werden mit Wasser glatt die sek. Phosphanoxide gebildet. Insbesondere die Verwendung von konz. Salzsäure verhindert sonst leicht eintretende Disproportionierung zu Phosphanen und Phosphinsäuren (s. S. 242). Auch die Umsetzung mit Alkoholen (bevorzugt Methanol) in Abwesenheit tert. Basen führt zu den sek. Phosphanoxiden (s. S. 242). Dagegen erhält man bei der Einwirkung von Thiolen auch in Abwesenheit tert. Basen Thiophosphinigsäure-ester (s. S. 264). Diese können weiterhin auch mit Ethylxanthogensäureestern gewonnen werden (s. S. 264). Durch Reaktion mit Ortho-kohlensäure- oder Orthoessigsäure-estern sind Phosphinigsäure-ester herstellbar (s. S. 257). Werden jedoch Orthoameisensäure-triester eingesetzt, so erhält man (Dialkoxy-methyl)-diorgano-phosphanoxide, im Falle der Orthothioameisensäure-triester die analogen tert. Phosphansulfide (s. S. E2/17):

$$R^1_2P-Cl \ + \ H-C(X-R^2)_3 \ \xrightarrow[-R^2-Cl]{} \ R^1_2\overset{\overset{X}{\|}}{P}-CH(X-R^2)_2$$

X = O, S

Mit Acetalen, Aminalen oder deren Thioanaloga werden unter P–C-Verknüpfungen tert. Phosphanoxide bzw. -sulfide (s. S. E2/12 u. E2/77) gebildet. Aus im Überschuß eingesetzten aliphatischen Carbonsäureanhydriden (z. B. Essigsäureanhydrid) und Chlor-diorgano-phosphanen bilden sich (1-Acyloxy-vinyl)-diorgano-phosphanoxide:

$$R_2P-Cl \ + \ (H_3C-CO)_2O \ \xrightarrow{-HCl} \ R_2\overset{\overset{O}{\|}}{P}-\overset{\overset{CH_2}{\|}}{C}\!-\!O-CO-CH_3$$

[72] *O. Stelzer* u. *R. Schmutzler*, Inorg. Synth. **18**, 176 (1978).
[73] *W. Kuchen* u. *W. Grünewald*, Chem. Ber. **98**, 480 (1965).
[74] *M. M. Kabachnik, Z. S. Novikova, E. V. Snyatkova* u. *I. F. Lutsenko*, Zh. Obshch. Khim. **46**, 433 (1976); engl.: 428.
[75] *V. D. Romanenko, V. I. Tovstenko* u. *L. N. Markovski*, Synthesis **1980**, 823.
[76] GB-PS 1156336 (1966/1969), I. C. I., Erf.: *D. T. Thompson*; C. A. **71**, 81529v (1969).
[77] *C. S. Kraihanzel* u. *C. M. Bartish*, J. Am. Chem. Soc. **94**, 3572 (1972).

Diorgano-halogen-phosphane liefern bei der Behandlung mit tert. Aminen in Gegenwart von Luftsauerstoff und Wasser Tetraorgano-diphosphan-bis-oxide (s.S. E1/213). Chlor-diaryl-phosphane setzen sich mit Alkalimetall-Salzen aromatischer Sulfinsäuren bevorzugt in DMF zu Diarylphosphinsäure-S-arylestern um (s.S. E2/224). Die Umsetzung von Chlor-diorgano-phosphanen mit Acrylamid führt zu (2-Cyan-ethyl)-diorgano-phosphanoxiden (s.S. E2/10). Reaktionen mit Ketonen ergeben ebenfalls tert. Phosphanoxide (s.S. E2/11):

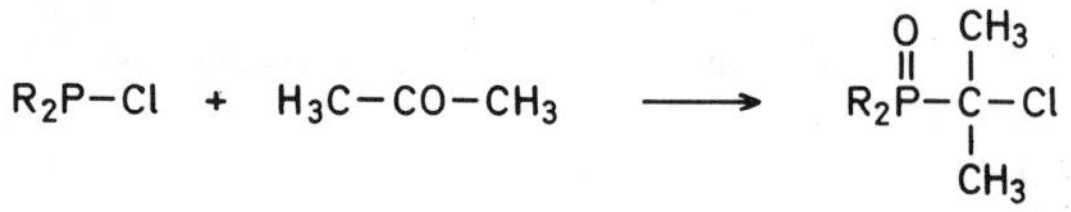

$$R_2P-Cl \ + \ H_3C-CO-CH_3 \ \longrightarrow \ R_2\overset{\overset{\textstyle O}{\|}}{P}-\underset{\underset{\textstyle CH_3}{|}}{\overset{\overset{\textstyle CH_3}{|}}{C}}-Cl$$

Durch Reaktion mit 3-Oxo-alkoholen lassen sich Diorgano-(3-oxo-alkyl)-phosphanoxide herstellen (s.S. E2/17):

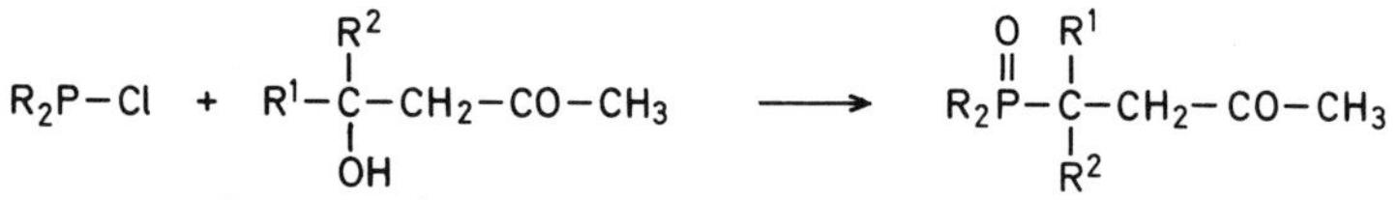

$$R_2P-Cl \ + \ R^1-\underset{\underset{\textstyle OH}{|}}{\overset{\overset{\textstyle R^2}{|}}{C}}-CH_2-CO-CH_3 \ \longrightarrow \ R_2\overset{\overset{\textstyle O}{\|}}{P}-\underset{\underset{\textstyle R^2}{|}}{\overset{\overset{\textstyle R^1}{|}}{C}}-CH_2-CO-CH_3$$

$R^1, R^2 = H, CH_3$

γ) Phosphinigsäure-anhydride
(s.a. 4.Aufl., Bd. XII/1, S. 216)

A. Herstellung

1. aus Phosphinigsäure-Derivaten

1.1. aus Phosphinigsäure-halogeniden (Diorgano-halogen-phosphane)

Die Herstellung des Bis-[trifluormethyl]-phosphinigsäure-anhydrids erfolgt vorteilhafter aus dem Bis-[trifluormethyl]-chlor-phosphan und Silbercarbonat[78].
Ausgehend von Chlor-di-tert.-butyl-phosphan und Di-tert.-butyl-phosphanoxid gelingt die Herstellung des Di-tert.-butyl-phosphinigsäure-anhydrids (73%) in siedendem Benzol in Gegenwart von Kalium[79]:

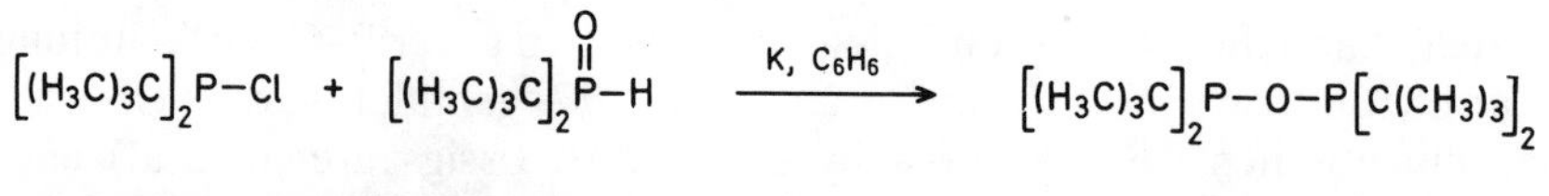

$$\left[(H_3C)_3C\right]_2P-Cl \ + \ \left[(H_3C)_3C\right]_2\overset{\overset{\textstyle O}{\|}}{P}-H \ \xrightarrow{\ K, \ C_6H_6\ } \ \left[(H_3C)_3C\right]_2P-O-P\left[C(CH_3)_3\right]_2$$

Di-tert.-butyl-phosphinigsäure-anhydrid[79]: Zu einer Mischung von 4,8 g (0,03 mol) Di-tert.-butyl-phosphanoxid und 9,8 g (0,054 mol) Chlor-di-tert.-butyl-phosphan in 10 *ml* Benzol werden unter Argon 2,15 g (0,055 mol) Kalium gegeben. Es wird ~ 4 Stdn. am Rückfluß gekocht, bis das Kalium abreagiert hat. Dann wird vom abgeschiedenen Kaliumchlorid zentrifugiert und die Lösung i.Vak. destilliert; Ausbeute: 6,4 g (73%); Sdp.: 113–115°/1 Torr (133 Pa); Schmp.: 58–59°.

---

[78] *A.B. Burg* u. *J.S. Basi*, J. Am. Chem. Soc. **91**, 1937 (1969).
[79] *V.L. Foss, V.A. Solodenko, Y.A. Veits* u. *I.F. Lutsenko*, Zh. Obshch. Khim. **49**, 1724 (1979); engl.: 1510.

1.2. aus Phosphinigsäure-Essigsäure-Anhydriden

Bis-[trifluormethyl]-phosphinigsäure-anhydrid kann aus Bis-[trifluormethyl]-phosphinigsäure-Trifluoressigsäu-re-Anhydrid infolge der Ausbildung einer Gleichgewichtsreaktion gewonnen werden[80]:

$$2\,(F_3C)_2P-O-CO-CF_3 \quad \rightleftharpoons \quad (F_3C)_2P-O-P(CF_3)_2 \quad + \quad (F_3C-CO)_2O$$

1.3. aus Phosphinigsäure-amiden

Diethylamino-diphenyl-phosphan reagiert mit Trifluoressigsäure-anhydrid zu *Diphenyl-phosphinigsäure-anhydrid* $(80^0/_0)$[81]:

$$2\,(H_5C_6)_2P-N(C_2H_5)_2 \quad + \quad (F_3C-CO)_2O \quad \xrightarrow[-2F_3C-CO-N(C_2H_5)_2]{}$$

$$(H_5C_6)_2P-O-P(C_6H_5)_2$$

B. Umwandlung

Bis-[trifluormethyl]-phosphinigsäure-anhydrid bildet Nickel- bzw. Eisencarbonyl- K o m p l e x e [82, 83]. Mit Chlor-wasserstoff wird es zu *Bis-[trifluormethyl]-chlor-phosphan* und *Bis-[trifluormethyl]-phosphinigsäure* gespalten (s. S. 243). Mit Chlor-trimethyl-silan werden *Bis-[trifluormethyl]-chlor-* und *Bis-[trifluormethyl]-trimethylsilyl-oxy-phosphan* erhalten (s. S. 257).

δ) Phosphinigsäure-Essigsäure-Anhydride

A. Herstellung

1. aus Phosphinigsäure-Derivaten

1.1. aus Phosphinigsäure-halogeniden (Diorgano-halogen-phosphane)

Diorgano-halogen-phosphane bilden mit Silber- aber auch Natrium-acetat Acetoxy-diorgano-phosphane[84, 85]. So erhält man aus Chlor-diphenyl-phosphan und Natrium-acetat in siedendem Diethylether *Acetoxy-diphenyl-phosphan* $(90^0/_0)$:

$$(H_5C_6)_2P-Cl \quad + \quad H_3C-COONa \quad \xrightarrow[-NaCl]{} \quad (H_5C_6)_2P-O-CO-CH_3$$

1.2. aus Phosphinigsäure-anhydriden

Bis-[trifluormethyl]-phosphinigsäure-anhydrid addiert Essigsäureanhydrid quantitativ (6 Tage 25°) zum *Acetoxy-bis-[trifluormethyl]-phosphan*[84]:

$$(F_3C)_2P-O-P(CF_3)_2 \quad + \quad (H_3C-CO)_2O \quad \longrightarrow \quad 2\,(F_3C)_2P-O-CO-CH_3$$

[80] *L. K. Peterson* u. *A. B. Burg*, J. Am. Chem. Soc. **86**, 2587 (1964).

[81] *L. Horner* u. *M. Jordan*, Phosphorus Sulfur **8**, 235 (1980).

[82] *A. B. Burg* u. *R. A. Sinclair*, J. Am. Chem. Soc. **88**, 5354 (1966).

[83] *R. C. Dobbie* u. *M. J. Hopkinson*, J. Chem. Soc., Dalton Trans. **1974**, 1290.

[84] *L. K. Peterson* u. *A. B. Burg*, J. Am. Chem. Soc. **86**, 2587 (1964).

[85] *R. S. Davidson*, *R. A. Sheldon* u. *S. Trippett*, J. Chem. Soc. [C] **1968**, 1700.

1.3. aus Phosphinigsäure-amiden

Diphenyl-pyrrolidino-phosphan und Essigsäureanhydrid setzen sich zu *Acetoxy-diphenyl-phosphan* um[86].

ε) Phosphinigsäure-ester
(s. a. 4. Aufl., Bd. XII/1, S. 208–212)

A. Herstellung

1. durch Aufbaureaktion

1.1. aus Triorganophosphiten

Die Reaktion von Trialkyl- oder Triphenylphosphit mit Butylchlorid in Gegenwart von Natrium führt bei 40–60° zu einem Gemisch von Butanphosphonigsäure-diestern und Dibutylphosphinigsäure-estern neben wenig Tributylphosphan[87].

1.2. aus Phosphonigsäure-ester-halogeniden

Die Umsetzung von Phosphonigsäure-ester-halogeniden gelingt auch mit bifunktionellen Grignard-Verbindungen. Beispielsweise entsteht aus Chlor-ethoxy-ethyl-phosphan und 1,6-Dichlor-hexan im Zuge einer Grignard-Reaktion in THF *1,6-Bis-[ethoxy-ethyl-phosphino]-hexan* (44%)[88]:

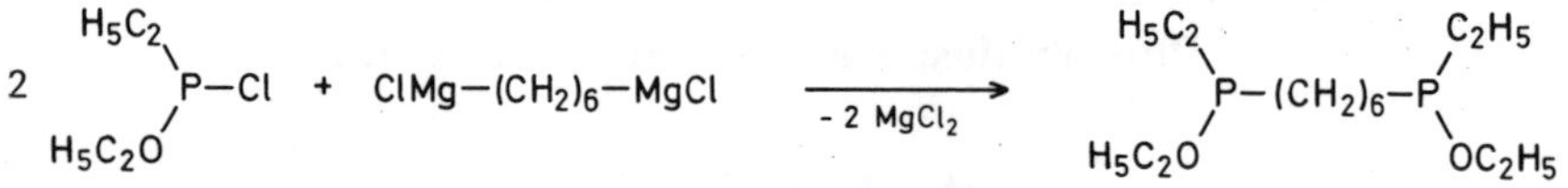

2. aus sek. Phosphanen

(3-Hydroxy-propyl)-organo-phosphane bilden durch Umsetzung mit Diphenyldisulfan in Benzol bei 22° innerhalb 15 Stdn. cyclische Phosphinigsäure-ester; z. B.[89]:

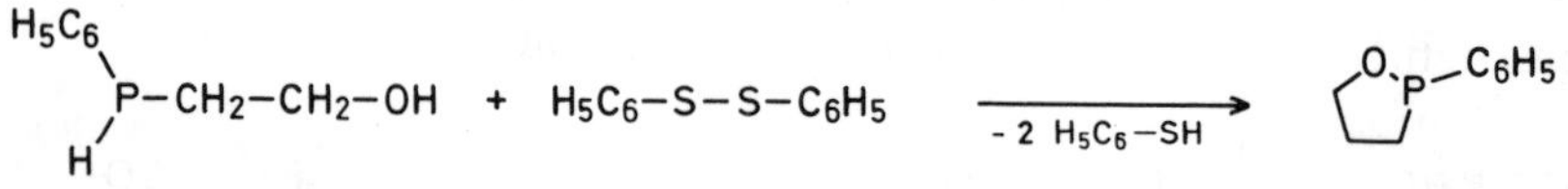

2-Phenyl-1,2-oxaphospholan; 34%

3. aus Phosphinigsäure-Derivaten

3.1. aus Phosphinigen Säuren (sek. Phosphanoxide)

Die Alkalimetall-Salze der sek. Phosphanoxide reagieren in protonenfreien Lösungsmitteln mit Chlor-organo-silanen zu Phosphinigsäure-silylestern. Die sek. Phosphanoxide können sich auch direkt mit Hilfe von Triethylamin mit den Chlor-organo-silanen zu den

---

[86] *M. P. Savage* u. *S. Trippett*, J. Chem. Soc. [C] **1966**, 1842.
[87] US-PS 3316333 (1965/1967), Carlisle Chemical Works, Erf.: *I. Hechenbleikner* u. *K. R. Molt*; C. A. **68**, 49765w (1968).
[88] *E. Steininger*, Chem. Ber. **96**, 3184 (1963).
[89] *M. Grayson* u. *C. E. Farley*, Chem. Comm. **1967**, 830.

Phosphinigsäure-silylestern umsetzen. So erhält man z. B. aus Diphenylphosphanoxid und Chlor-trimethyl-silan zu 81% *Diphenyl-trimethylsilyloxy-phosphan*[90]:

$$(H_5C_6)_2\overset{\overset{O}{\|}}{P}-H \ + \ (H_3C)_3Si-Cl \ \xrightarrow{(H_5C_2)_3N} \ (H_5C_6)_2P-O-Si(CH_3)_3$$

Das Verfahren kann auf die Herstellung von Phosphinigsäure-germanylestern und -stannylestern ausgedehnt werden[90].

Dimethylamino-trimethyl-silan setzt sich mit Dimethylphosphanoxid unter Eliminierung von Dimethylamin zu *Dimethyl-trimethylsilyloxy-phosphan* um[91]:

$$(H_3C)_2\overset{\overset{O}{\|}}{P}-H \ + \ (H_5C)_3Si-N(CH_3)_2 \ \xrightarrow[-(H_3C)_2NH]{} \ (H_3C)_2P-O-Si(CH_3)_3$$

Dimethyl-trimethylsilyloxy-phosphan[91]: 22,8 g (0,29 mol) Dimethylphosphanoxid werden bei 60° innerhalb 10 Min. mit 33,4 g (0,29 mol) Dimethylamino-trimethyl-silan versetzt. Die dabei sofort auftretende Entwicklung von Dimethylamin ist nach ~ 1 Stde. beendet. Es wird fraktioniert destilliert; Ausbeute: 38,3 g (89%); Sdp.: 105–107°/760 Torr (101,3 kPa).
An der Luft erfolgen rasch Hydrolyse und Oxygenierung.

In analoger Weise erhält man Dialkyl-trialkylstannyloxy-phosphane[92].

3.2. aus Phosphinigsäure-halogeniden (Diorgano-halogen-phosphane)

Phosphinigsäure-ester entstehen bei der Umsetzung der Diorgano-halogen-phosphane mit Orthoessigsäure-triestern bzw. Orthokohlensäure-tetraestern; z. B.[93]:

$$(H_5C_6)_2P-Cl \ + \ H_3C-C(OC_2H_5)_3 \ \xrightarrow[-H_3C-COOC_2H_5]{-C_2H_5Cl} \ (H_5C_6)_2P-OC_2H_5$$

Diphenyl-ethoxy-phosphan[93]: 16,2 g (0,1 mol) Orthoessigsäure-triethylester werden innerhalb 25 Min. zu 22,1 g (0,1 mol) Chlor-diphenyl-phosphan getropft. Am Ende der exothermen Reaktion wird 1 Stde. auf 80° erwärmt unter Abdestillation der Leichtsieder. Dann wird destilliert; Ausbeute: 18,1 g (78%); Sdp.: 115–120°/0,15 Torr (20 Pa).

Die Reaktion von Bis[trifluormethyl]-halogen-phosphan mit Hexamethyldisiloxan bei höheren Temperaturen führt zu *Bis[trifluormethyl]-trimethylsilyloxy-phosphan*[94, 95]:

$$(F_3C)_2P-Hal \ + \ [(H_3C)_3Si]_2O \ \xrightarrow{-(H_3C)_3Si-Hal} \ (F_3C)_2P-O-Si(CH_3)_3$$

3.3. aus Phosphinigsäure-anhydriden

Bis[trifluormethyl]-phosphinigsäure-anhydrid setzt sich mit Chlor-trimethyl-silan bzw. Hexamethyldisiloxan nahezu quantitativ bei 100° zu *Bis[trifluormethyl]-trimethylsilyloxy-phosphan* um[94]:

[90] *K. Issleib* u. *B. Walther*, Angew. Chem. **79**, 59 (1967).
[91] *M. Volkholz, O. Stelzer* u. *R. Schmutzler*, Chem. Ber. **111**, 890 (1978).
[92] *K. Issleib* u. *B. Walther*, J. Organomet. Chem. **22**, 375 (1970).
[93] *W. Dietsche*, Justus Liebigs Ann. Chem. **712**, 21 (1968).
[94] *A. B. Burg* u. *J. S. Basi*, J. Am. Chem. Soc. **90**, 3361 (1968).
[95] *R. G. Cavell, R. D. Leary, A. R. Sanger* u. *A. J. Tomlinson*, Inorg. Chem. **12**, 1374 (1973).

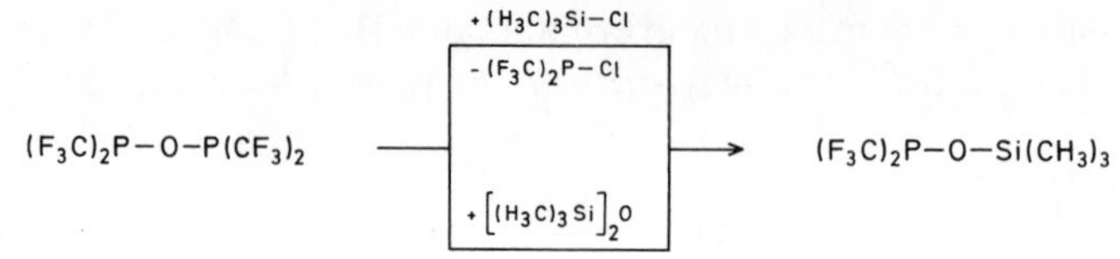

$$(F_3C)_2P-O-P(CF_3)_2 \quad \boxed{\begin{array}{c} +(H_3C)_3Si-Cl \\ -(F_3C)_2P-Cl \\ \\ +\left[(H_3C)_3Si\right]_2O \end{array}} \longrightarrow \quad (F_3C)_2P-O-Si(CH_3)_3$$

3.4. aus Phosphinigsäure-amiden

Durch Einwirken von Trifluoressigsäure-4-methyl-phenylester auf Diethylamino-ethyl-phenyl-phosphan wird *Ethyl-(4-methyl-phenoxy)-phenyl-phosphan* erhalten[96]:

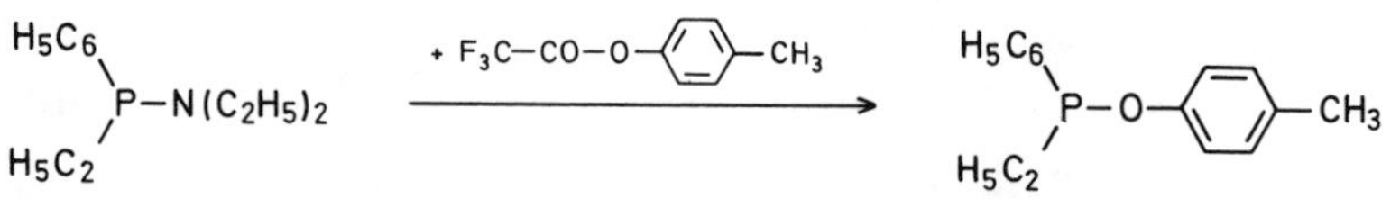

$$\begin{array}{c} H_5C_6 \\ \diagdown \\ \diagup P-N(C_2H_5)_2 \\ H_5C_2 \end{array} \xrightarrow{+\ F_3C-CO-O-\langle\!\bigcirc\!\rangle-CH_3} \begin{array}{c} H_5C_6 \\ \diagdown \\ \diagup P-O-\langle\!\bigcirc\!\rangle-CH_3 \\ H_5C_2 \end{array}$$

Auf analoge Weise erhält man mit Trifluoressigsäure-2,2,2-trifluor-ethylester *Ethyl-phenyl-(2,2,2-trifluor-ethoxy)-phosphan*[97].

Dialkylamino-diphenyl-phosphane addieren bei 140° 2-Oxo-1,3-dioxolane in einer Einschubreaktion zu (2-Dialkylaminocarbonyloxy-alkoxy)-diphenyl-phosphanen[98]:

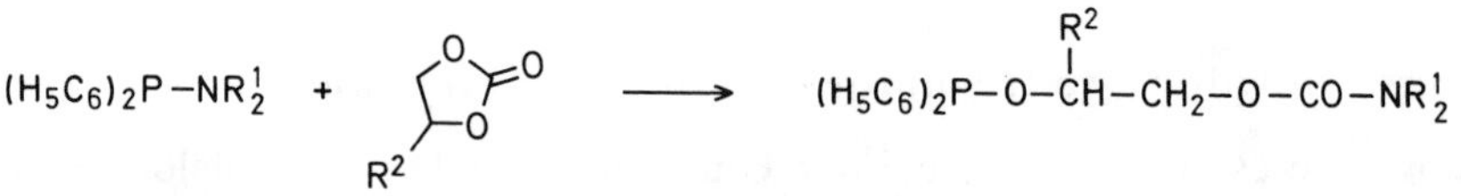

$$(H_5C_6)_2P-NR_2^1 \ + \ \begin{array}{c} O \\ \diagup\!\diagup\!O \\ \diagdown\!\diagdown\!O \\ R^2 \end{array} \longrightarrow (H_5C_6)_2P-O-\overset{R^2}{\underset{|}{C}H}-CH_2-O-CO-NR_2^1$$

$$R^2 = H, CH_3$$

Dialkylamino-diphenyl-phosphane reagieren mit Phenyl-isocyanat in Diethylether exotherm zu *Diphenyl-phenoxy-phosphan* $(75-83\%)$[99]:

$$(H_5C_6)_2P-NR_2 \ + \ H_5C_6-NCO \quad \xrightarrow[-R_2N-CN]{} \quad (H_5C_6)_2P-OC_6H_5$$

4. aus Diphosphanen

Tetrakis[trifluormethyl]-diphosphan wird durch Methanol bereits bei 0° quantitativ in *Bis[trifluormethyl]-methoxy-phosphan* und Bis[trifluormethyl]-phosphan gespalten[100]:

$$(F_3C)_2P-P(CF_3)_2 \ + \ CH_3OH \quad \longrightarrow \quad (F_3C)_2P-OCH_3 \ + \ (F_3C)_2P-H$$

5. aus Phosphinsäure- und Thiophosphinsäure-estern

Diphenylphosphinsäure-ethylester reagiert mit Triethyloxonium-tetrafluoroborat zu einem Phosphoniumsalz in siedendem Chloroform, das mit Jod aktiviertem Magnesium in Methanol bei -40 bis $-50°$ unter Stickstoff reduziert wird. Gleichzeitig tritt Umesterung ein. Man erhält zu 35% *Diphenyl-methoxy-phosphan*[101]:

$$(H_5C_6)_2\overset{O}{\overset{||}{P}}-OC_2H_5 \quad \longrightarrow \quad \left[(H_5C_6)_2P(OC_2H_5)_2\right]^{\oplus} \left[BF_4\right]^{\ominus} \quad \longrightarrow \quad (H_5C_6)_2P-OCH_3$$

[96] *L. Horner* u. *M. Jordan*, Phosphorus Sulfur **6**, 491 (1979).

[97] *L. Horner* u. *M. Jordan*, Phosphorus Sulfur **8**, 235 (1980).

[98] *J. Koketsu, S. Sakai* u. *Y. Ishii*, Kogyo Kagaku Zasshi **73**, 201 (1970); C.A. **73**, 35 447 k (1970).

[99] *J. Koketsu, S. Sakai* u. *Y. Ishii*, Kogyo Kagaku Zasshi **72**, 2503 (1969); C.A. **72**, 79 165 a (1970).

[100] *J. E. Griffiths* u. *A. B. Burg*, J. Am. Chem. Soc. **84**, 3442 (1962).

[101] *A. Rhomberg* u. *P. Tavs*, Monatsh. Chem. **98**, 105 (1967).

In nur mäßigen Ausbeuten gelingt die Entschwefelung von Diphenylthiophosphinsäure-O-methylester mit Natrium in flüssigem Ammoniak bzw. mit Naphthalin-Natrium in THF zu *Diphenyl-methoxy-phosphan* (20%)[102]:

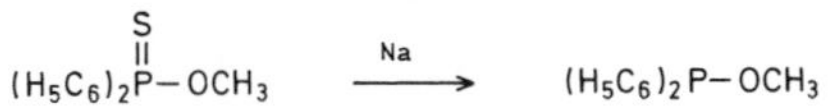

$$(H_5C_6)_2\overset{\overset{\displaystyle S}{\|}}{P}-OCH_3 \quad \xrightarrow{\text{Na}} \quad (H_5C_6)_2P-OCH_3$$

B. Umwandlung

Phosphinigsäure-ester bilden Ruthenium-[103], Rhodium-[104], Iridium-[105], Palladium-, Platin Komplexe[106, 107] sowie Metallcarbonyl-Komplexe[104, 108]. Mit Diorganodisulfanen werden Phosphinsäure-S-ester erhalten. In einer stark lösungsmittelabhängigen Reaktion erhält man aus Diphenylphosphinigsäure-estern und 2-Nitro-1-phenyl-ethen als Hauptprodukt *Aryl-1,2-bis-[diphenylphosphano]-ethane* (s.S. 140). Umsetzung mit Chinonen und Diketonen führt in die Reihe der 1,3,2-Dioxaphosphole, dagegen werden mit Hexafluoraceton 1,3,2-Dioxaphospholane erhalten.

Die Phosphinigsäure-ester bilden mit Acrylsäureestern in Gegenwart von Alkoholen pentakoordinierte Addukte:

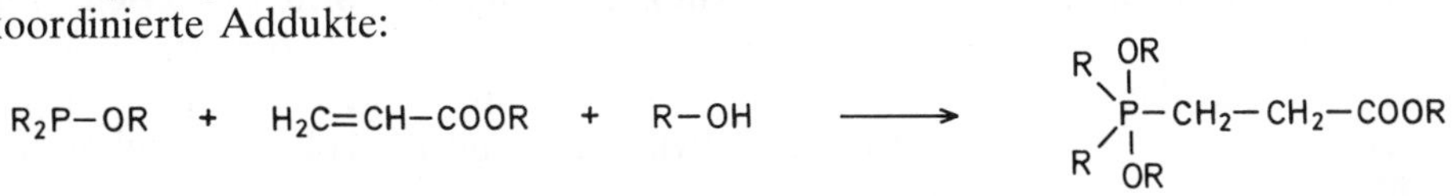

$$R_2P-OR \quad + \quad H_2C=CH-COOR \quad + \quad R-OH \quad \longrightarrow \quad \overset{R}{\underset{R}{>}}\overset{OR}{\underset{OR}{\overset{|}{\underset{|}{P}}}}-CH_2-CH_2-COOR$$

Mit Acrylnitril erhält man analoge Addukte. Phosphinigsäure-silylester zeigen keine Neigung zur Michaelis-Arbusov-Umlagerung[109]. Erhitzen führt unter Abspaltung von Disiloxanen zu Diphosphan-oxiden.

ζ) Thiophosphinige Säuren (sek. Phosphansulfide)
(s.a. 4. Aufl., Bd. XII/1, S. 212f.)

Thiophosphinige Säuren liegen entsprechend den phosphinigen Säuren (s.S. 240) im Normalfall als sek. Phosphansulfide vor[110]. Bis[trifluormethyl]-thiophosphinigsäure ist dagegen als solche beständig[111].

A. Herstellung
1. durch Aufbaureaktion
1.1. aus Thiophosphorigsäure-O,O-diestern

Bei der Umsetzung von Thiophosphorigsäure-O,O-diestern mit Grignard-Verbindungen in Ether erhält man sek. Phosphansulfide in mäßigen Ausbeuten[112]:

---

[102] *L. Horner* u. *M. Jordan*, Phosphorus Sulfur **8**, 221 (1980).
[103] *W.J. Sime* u. *T.A. Stephenson*, J. Organomet. Chem. **124**, C 23 (1977).
[104] *W.R. Cullen*, *B.R. James* u. *G. Strukul*, Inorg. Chem. **17**, 484 (1978).
[105] *L.M. Haines* u. *E. Singleton*, J. Chem. Soc., Dalton Trans. **1972**, 1891.
[106] US-PS 3 776929 (1971/1973), DuPont, Erf.: *J.J. Mrowca*; C.A. **80**, 48166n (1974).
[107] *P.-C. Kong* u. *D.M. Roundhill*, Inorg. Chem. **11**, 749 (1972).
[108] *R.H. Reimann* u. *E. Singleton*, J. Chem. Soc., Dalton Trans. **1976**, 2109.
[109] *M. Volkholz*, *O. Stelzer* u. *R. Schmutzler*, Chem. Ber. **111**, 890 (1978).
[110] *E. Lindner* u. *H. Dreher*, Angew. Chem. **87**, 447 (1975).
[111] *A.B. Burg* u. *K. Gosling*, J. Am. Chem. Soc. **87**, 2113 (1965).
[112] *L. Maier*, Helv. Chim. Acta **49**, 1249 (1966).

$$(RO)_2\overset{\overset{S}{\|}}{P}-H \ + \ 3\ RMgX \xrightarrow[\substack{-2\ RO-Mg-X \\ -RH}]{} R_2\overset{\overset{S}{\|}}{P}-MgX \xrightarrow[\substack{+H_2O \\ -X-Mg-OH}]{} R_2\overset{\overset{S}{\|}}{P}-H$$

Die Ausbeuten liegen wesentlich höher bei Verwendung lithiumorganischer Verbindungen.

Diphenylphosphansulfid[112]: Zu 21 g (0,25 mol) Phenyl-lithium in 150 *ml* Diethylether tropft man 12,3 g (0,8 mol) Thiophosphorigsäure-O,O-diethylester, gelöst in 20 *ml* Diethylether. Es setzt eine exotherme Reaktion ein. Nach 30 Min. Rückfluß wird mit 10%iger Salzsäure hydrolysiert, die Diethylether-Schicht abgetrennt, der Wasser-Extrakt 2mal mit je 100 *ml* Benzol extrahiert und die organ. Extrakte vereinigt. Diese werden mit Natriumsulfat getrocknet und das Lösungsmittel abdestilliert; Ausbeute: 16 g (92%); Schmp.: 95–100°. Nach Umkristallisation aus Acetonitril Schmp.: 96–98°.

1.2. aus Thiophosphoryltrihalogeniden und Thiophosphonsäure-dihalogeniden

Alkyllithium-Verbindungen reagieren mit Thiophosphoryltrichlorid bzw. Benzolthiophosphonsäure-dichlorid bei −25° in niedrigen Ausbeuten zu sek. Phosphansulfiden, die nach wäßriger Aufarbeitung isolierbar sind. Aus Butyllithium und Thiophosphoryltrichlorid bildet sich *Dibutylphosphansulfid*, aus Ethyllithium und Benzolthiophosphonsäure-dichlorid *Ethyl-phenyl-phosphansulfid*[113].

2. aus sek. Phosphanen

Die bekannte Umsetzung von sek. Phosphanen mit Schwefel zu den sek. Phosphansulfiden kann auch mit Bis[ethylphosphano]-alkanen durchgeführt werden[114]:

$$H_5C_2-\overset{\overset{}{\underset{H}{|}}}{P}-(CH_2)_n-\overset{\overset{}{\underset{H}{|}}}{P}-C_2H_5 \ + \ 2\ S \ \longrightarrow \ H_5C_2-\overset{\overset{\overset{S}{\|}}{}}{\underset{\underset{H}{|}}{P}}-(CH_2)_n-\overset{\overset{\overset{S}{\|}}{}}{\underset{\underset{H}{|}}{P}}-C_2H_5$$

n = 3–6

1,3-Bis[ethylphosphano]-propan und 1,4-Bis[ethylphosphano]-butan reagieren selbst bei einem Überschuß Schwefel in guten Ausbeuten nur zu *1,3-Bis[ethyl-thioxo-phosphoranyl]-propan* bzw. *1,4-Bis[ethyl-thioxo-phosphoranyl]-butan*. Bei 1,5-Bis[ethylphosphano]-pentan und 1,6-Bis[ethylphosphano]-hexan tritt dagegen die Bildung der entsprechenden Bis(dithiophosphinsäuren) in den Vordergrund[114].

1,4-Bis[ethyl-thioxo-phosphoranyl]-butan[114]: 2 g (0,0112 mol) 1,4-Bis[ethylphosphano]-butan und 0,75 g (0,0234 mol) Schwefel läßt man in 20 *ml* Benzol einige Stdn. bei 20°. Nach Abdestillieren des Benzols i. Vak. wird der Rückstand mit kaltem Methanol behandelt, überschüssiger Schwefel abfiltriert und die Lösung eingeengt. Der Rückstand wird aus Methanol oder Aceton/Wasser umkristallisiert; Ausbeute: 2,2 g (81%); Schmp.: 91–92°.

Aus sek. Phosphanen und Selen werden bei 70° in quantitativer Ausbeute die nur wenige Tage bei 20° beständigen sek. Phosphanselenide erhalten; z.B. *Diphenylphosphanselenid*[115].

---

[112] *L. Maier*, Helv. Chim. Acta **49**, 1249 (1966).
[113] *B. V. Timokhin* u. *N. A. Sukhorwkova*, Zh. Obshch. Khim. **49**, 1235 (1979); engl.: 1083.
[114] *K. Issleib* u. *G. Döll*, Z. Anorg. Allg. Chem. **324**, 259 (1963).
[115] *L. Maier*, Helv. Chim. Acta **49**, 1000 (1966).

3. aus Phosphinigsäure-Derivaten

3.1. aus Phosphinigen Säuren (sek. Phosphanoxide)

Sek. Phosphanoxide können mit Phosphor(V)-sulfid bei -30 bis $-20°$ zu den sek. Phosphansulfiden umgesetzt werden: z.B. erhält man in 62%iger Ausbeute *Diethylphosphansulfid*[116]:

$$(H_5C_2)_2\overset{\overset{O}{\|}}{P}-H \ + \ 1/5 \ P_2S_5 \ \longrightarrow \ (H_5C_2)_2\overset{\overset{S}{\|}}{P}-H \ + \ 1/5 \ P_2O_5$$

3.2. aus Phosphinigsäure-halogeniden (Diorgano-halogen-phosphane)

Bis[trifluormethyl]-brom-phosphan setzt sich mit Schwefelwasserstoff in Gegenwart von molaren Mengen Trimethylamin zur *Bis[trifluormethyl]-thiophosphinigsäure* um, die als solche beständig ist[117]:

$$4 \ (F_3C)_2P-Br \ + \ 3 \ H_2S \ + \ 4 \ (H_3C)_3N \ \xrightarrow[{-4 \ \left[(H_3C)_3NH\right]^{\oplus} Br^{\ominus}}]{} \ 2 \ (F_3C)_2P-SH \ + \ (F_3C)_2P-S-P(CF_3)_2$$

3.3. aus Thiophosphinigsäure-anhydriden

Bis[trifluormethyl]-thiophosphinigsäure-anhydrid wird unvollständig bei $100°$ mit Bromwasserstoff in *Bis[trifluormethyl]-thiophosphinigsäure* und Bis[trifluormethyl]-bromphosphan gespalten[117]:

$$(F_3C)_2P-S-P(CF_3)_2 \ + \ HBr \ \longrightarrow \ (F_3C)_2P-SH \ + \ (F_3C)_2P-Br$$

Besser verläuft die Spaltung mit Schwefelwasserstoff unter Druck bei $100°/$ sechs Tagen[117a]:

$$(F_3C)_2P-S-P(CF_3)_2 \ + \ H_2S \ \xrightarrow[93\%]{} \ 2 \ (F_3C)_2P-SH$$

3.4. aus Thiophosphinigsäure-estern

Bis[trifluormethyl]-trimethylsilylthio-phosphan reagiert bei $20°$ mit Halogenwasserstoff praktisch quantitativ zu *Bis[trifluormethyl]-thiophosphinigsäure*[118, 119]:

$$(F_3C)_2P-S-Si(CH_3)_3 \ + \ HHal \ \xrightarrow[-(H_3C)_3Si-Hal]{} \ (F_3C)_2P-SH$$

Das Bis[trifluormethyl]-trimethylsilylthio-phosphan kann auch durch Aminolyse mit Dimethylamin und Spaltung des entstandenen Salzes des Dimethylamins mit Bis[trifluormethyl]-thiophosphinigsäure durch Chlorwasserstoff in diese übergeführt werden[118].

3.5. aus Phosphinigsäure-amiden

Phosphinigsäure-amide reagieren in siedender benzolischer Lösung schnell und fast quantitativ mit Schwefelwasserstoff zu sek. Phosphansulfiden. Beim Einsatz der Phosphinigsäure-dimethylamide und -diethylamide sublimieren die gebildeten Dialkylammonium-

[116] DE-OS 2 335 462 (1973), Farbw. Hoechst, Erf.: *H.-J. Kleiner*; C.A. **82**, 171196r (1975).
[117] *R.G. Cavell* u. *H.-J. Emeléus*, J. Chem. Soc. **1964**, 5825.
[117a] *A.B. Burg* u. *K. Gosling*, J. Am. Chem. **87**, 2113 (1965).
[118] *R.G. Cavell, R.D. Leary, A.R. Sanger* u. *A.J. Tomlinson*, Inorg. Chem. **12**, 1374 (1973).
[119] *K. Gosling* u. *J.L. Miller*, Inorg. Nucl. Chem. Lett. **9**, 355 (1973).

hydrogensulfide in den Kühler, so daß die sek. Phosphansulfide nach Abdampfen des Benzols rein erhalten werden. Beispielsweise wird aus Dimethyl-dimethylamino-phosphan 94% *Dimethylphosphansulfid* hergestellt[120]:

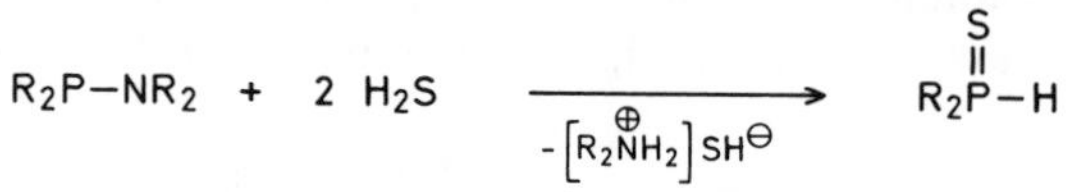

$$R_2P-NR_2 + 2\ H_2S \xrightarrow[-\left[R_2\overset{\oplus}{N}H_2\right]SH^{\ominus}]{} \overset{\overset{S}{\|}}{R_2P-H}$$

Diethylphosphansulfid[120]: In eine Lösung von 26,6 g (0,2 mol) Diethyl-dimethylamino-phosphan in 100 *ml* Benzol leitet man 1 Stde. unter Rückfluß Schwefelwasserstoff ein. Dabei scheiden sich im Kühler farblose Kristalle ab. Anschließend wird die benzolische Lösung destilliert; Ausbeute: 22,3 g (91,4%); Sdp.: 51–55°/0,3 Torr (40 Pa).

4. aus Diphosphan-bis-sulfiden

Photolyse von Tetraphenyldiphosphan-bis-sulfid in Methanol ergibt *Diphenylphosphansulfid* (52%) und Diphenylthiophosphinsäure-methylester[121]:

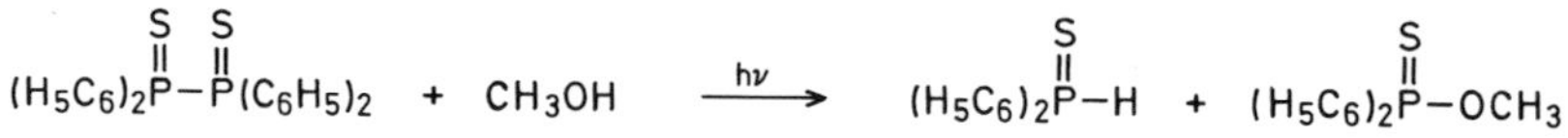

$$\underset{(H_5C_6)_2\overset{\overset{S}{\|}}{P}-\overset{\overset{S}{\|}}{P}(C_6H_5)_2}{} + CH_3OH \xrightarrow{h\nu} \underset{(H_5C_6)_2\overset{\overset{S}{\|}}{P}-H}{} + \underset{(H_5C_6)_2\overset{\overset{S}{\|}}{P}-OCH_3}{}$$

B. Umwandlung

Sek. Phosphansulfide reagieren mit Carbonyl-Verbindungen von Metallen der VI. und VII. Nebengruppe unter Bildung von S-verknüpften Komplexen, die bei Temperaturerhöhung in die P-gebundenen Komplexe isomerisieren[122, 123]:

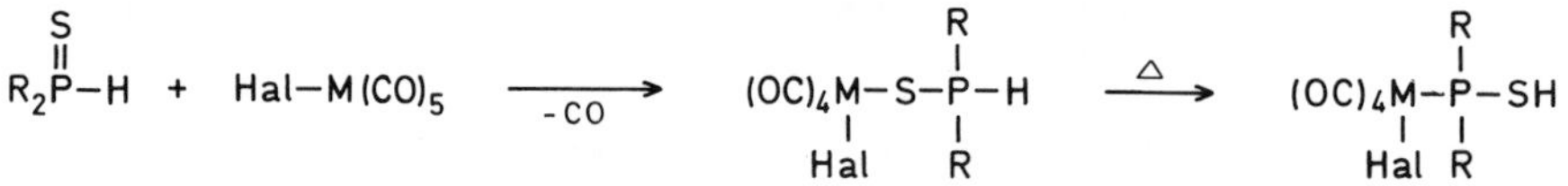

$$\overset{\overset{S}{\|}}{R_2P-H} + Hal-M(CO)_5 \xrightarrow{-CO} (OC)_4\underset{\underset{Hal}{|}}{M}-S-\underset{\underset{R}{|}}{\overset{\overset{R}{|}}{P}}-H \xrightarrow{\triangle} (OC)_4\underset{\underset{Hal}{|}}{M}-\underset{\underset{R}{|}}{\overset{\overset{R}{|}}{P}}-SH$$

Sek. Phosphansulfide reagieren mit 4-Chlormercapto-morpholin zu Dithiophosphinsäure-anhydriden:

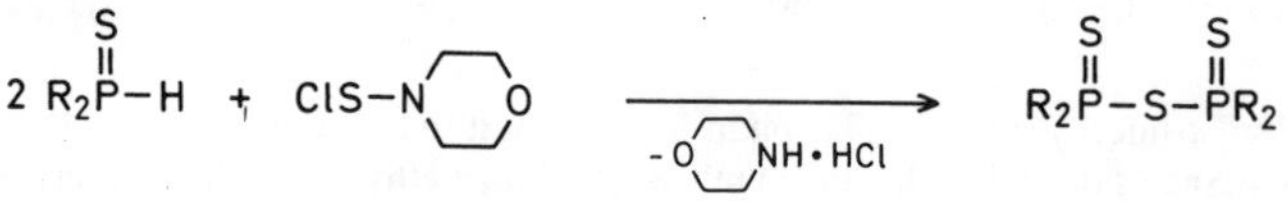

$$2\ \overset{\overset{S}{\|}}{R_2P-H} + ClS-N\underset{}{\bigcirc}O \xrightarrow[-O\ \ \ NH\cdot HCl]{} \overset{\overset{S}{\|}}{R_2P}-S-\overset{\overset{S}{\|}}{PR_2}$$

Mit Dialkyl-hydroxymethyl-aminen tritt leichte Kondensation unter Bildung von Aminomethyl-diorgano-phosphansulfiden ein:

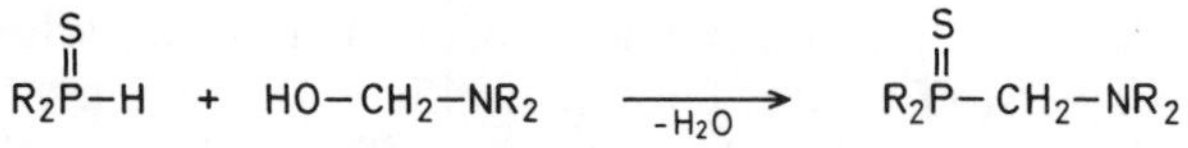

$$\overset{\overset{S}{\|}}{R_2P-H} + HO-CH_2-NR_2 \xrightarrow{-H_2O} \overset{\overset{S}{\|}}{R_2P}-CH_2-NR_2$$

In Gegenwart von Radikalbildnern lagern sich die sek. Phosphansulfide an Olefine zu tert. Phosphansulfiden an:

---

[120] *L. Maier*, Helv. Chim. Acta **49**, 1249 (1966).
[121] *T. Emoto, R. Okazaki* u. *N. Inamoto*, Bull. Chem. Soc. Jpn. **46**, 898 (1973).
[122] *E. Lindner* u. *H. Dreher*, Angew. Chem. **87**, 447 (1975).
[123] *E. Lindner* u. *B. Schilling*, Chem. Ber. **110**, 3725 (1977).

η) **Thiophosphinigsäure-anhydride**

A. Herstellung

1. aus Phosphinigsäure-Derivaten

1.1. aus Phosphinigsäure-halogeniden (Diorgano-halogen-phosphane)

Bis[trifluormethyl]-chlor-phosphan reagiert mit Silbersulfid bei 105° innerhalb 5 Tagen zu *Bis[trifluormethyl]-thiophosphinigsäure-anhydrid* (79%)[124],

$$2\,(F_3C)_2P\text{—}Cl \quad + \quad Ag_2S \quad \xrightarrow[-2\,AgCl]{} \quad (F_3C)_2P\text{—}S\text{—}P(CF_3)_2$$

das auch in Gegenwart von Trimethylamin mit Schwefelwasserstoff erhalten wird (89%)[124]:

$$2\,(F_3C)_2P\text{—}Cl \quad + \quad 2\,H_2S \quad + \quad 2\,(H_3C)_3N \quad \xrightarrow[-2\,[(H_3C)_3NH]^{\oplus}Cl^{\ominus}]{} \quad (F_3C)_2P\text{—}S\text{—}P(CF_3)_2$$

Chlor-diphenyl-phosphan liefert beim Erhitzen mit Hexamethylcyclo-trisilathian 39% *Diphenylthiophosphinigsäure-anhydrid*[125]:

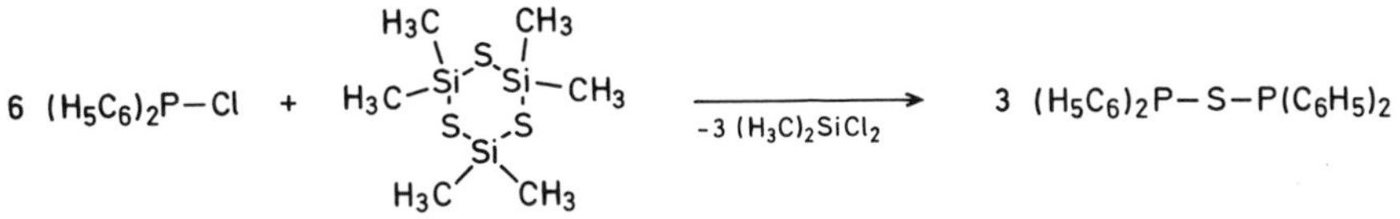

$$6\,(H_5C_6)_2P\text{—}Cl \quad + \quad \text{(Hexamethylcyclotrisilathian)} \quad \xrightarrow[-3\,(H_3C)_2SiCl_2]{} \quad 3\,(H_5C_6)_2P\text{—}S\text{—}P(C_6H_5)_2$$

1.2. aus Thiophosphinigsäure-estern

Bis[trifluormethyl]-trimethylsilylthio-phosphan wird bei 80° durch Bis[trifluormethyl]-chlor-phosphan zu *Bis-[trifluormethyl]-thiophosphinigsäure-anhydrid* (92%) und Chlor-trimethyl-silan gespalten[125a]:

$$(F_3C)_2P\text{—}S\text{—}Si(CH_3)_3 \quad + \quad (F_3C)_2P\text{—}Cl \quad \xrightarrow[-(H_3C)_3Si\text{—}Cl]{} \quad (F_3C)_2P\text{—}S\text{—}P(CF_3)_2$$

B. Umwandlung

Bis[trifluormethyl]-thiophosphinigsäure-anhydrid bildet Carbonyl-Komplexe[126] und mit Schwefel und anschließend Schwefelwasserstoff wird *Bis-[trifluormethyl]-dithiophosphinsäure* erhalten.

[124] A. B. Burg u. K. Gosling, J. Am. Chem. Soc. **87**, 2113 (1965).
[125] E. W. Abel, D. A. Armitage u. R. P. Bush, J. Chem. Soc. **1964**, 5585.
[125a] K. Gosling u. J. L. Miller, Inorg. Nucl. Chem. Lett. **9**, 355 (1973).
[126] A. B. Burg u. R. A. Sinclair, J. Am. Chem. Soc. **88**, 5354 (1966).

9) Thiophosphinigsäure-ester
(s. a. 4. Aufl., Bd. XII/1, S. 213)

A. Herstellung

1. aus sek. Phosphanen

Sek. Phosphane werden mit Disulfanen in Gegenwart von Radikalinhibitoren in guten Ausbeuten in Thiophosphinigsäure-ester umgewandelt[127]:

$$R_2P-H \; + \; RS-SR \quad \xrightarrow{-R-SH} \quad R_2P-SR$$

Dicyclohexyl-phenylthio-phosphan[127]: 11 g (0,05 mol) Diphenyldisulfan, 10 g (0,05 mol) Dicyclohexylphosphan und 0,05 g Hydrochinon werden 2,25 Stdn. in 100 *ml* Benzol unter Argon am Rückfluß gehalten. Anschließend wird i. Vak. destilliert; Ausbeute: 14,3 g (92%); Sdp.: 175–179°/0,1 Torr (13 Pa).

Diphenylphosphan setzt sich mit Butyl-chlor-sulfan exotherm zum *Butylthio-diphenyl-phosphan* (48%) um[128]:

$$(H_5C_6)_2P-H \; + \; H_9C_4-S-Cl \quad \xrightarrow{-HCl} \quad (H_5C_6)_2P-SC_4H_9$$

2. aus Phosphinigsäure-Derivaten

2.1. aus Phosphinigsäure-halogeniden (Diorgano-halogen-phosphane)

Die bekannte Umsetzung von Diorgano-halogen-phosphanen mit Thiolen zu Thiophosphinigsäure-estern gelingt auch in Abwesenheit von Basen. Chlor-diethyl-phosphan und Butanthiol ergeben z. B. 74% *Butylthio-diethyl-phosphan*[129, 130].

Erhitzen von Diorgano-halogen-phosphanen und Dithiokohlensäure-O-ethylester-S-ester auf 120–140° führt ebenfalls zu Thiophosphinigsäure-estern[131]:

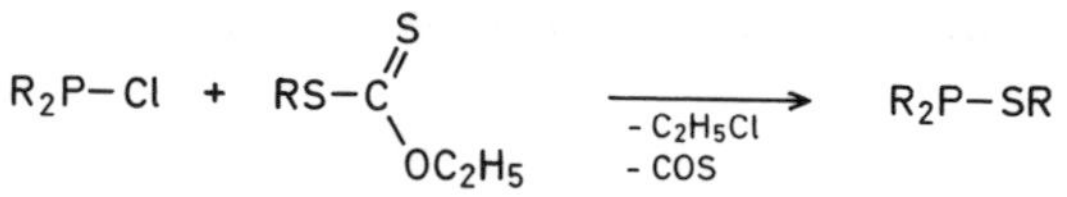

$$R_2P-Cl \; + \; RS-\overset{\displaystyle S}{\underset{\displaystyle OC_2H_5}{\overset{\|}{C}}} \quad \xrightarrow[-\;COS]{-\;C_2H_5Cl} \quad R_2P-SR$$

Butylthio-diphenyl-phosphan[131]: 22,1 g (0,1 mol) Chlor-diphenyl-phosphan und 17,8 g (0,1 mol) Dithiokohlensäure-S-butylester-O-ethylester werden 1 Stde. auf 160° erhitzt. Dann wird i. Vak. destilliert; Ausbeute: 22,7 g (82%); Sdp.: 154–160°/0,01 Torr (1,3 Pa).

Bis-[trifluormethyl]-chlor-phosphan setzt sich mit Hexamethyldisilathian bei 85–100° zu *Bis-[trifluormethyl]-trimethylsilylthio-phosphan* (96%) um[132]:

$$(F_3C)_2P-Cl \; + \; (H_3C)_3Si-S-Si(CH_3)_3 \quad \xrightarrow{-\,(H_3C)_3Si-Cl} \quad (F_3C)_2P-S-Si(CH_3)_3$$

Durch Erhitzen von Chlor-diphenyl-phosphan und Butylthio-trimethyl-silan wird *Butyl-thio-diphenyl-phosphan* zu 43% erhalten[133]:

[127] *M. Grayson* u. *C. E. Farley*, J. Org. Chem. **32**, 236 (1967).
[128] *K. A. Petrov, V. A. Parshina, B. A. Orlov* u. *G. M. Tsypina*, Zh. Obshch. Khim. **32**, 4017 (1962); engl.: 3944.
[129] SU-PS 186463 (1965/1966), *N. I. Rizpolozhenskii* u. *V. D. Akamsin*; C. A. **66**, 95193 q (1967).
[130] *N. I. Rizpolozhenskii* u. *V. D. Akamsin*, Izv. Akad. Nauk SSSR, Ser. Khim. **1967**, 1987; engl.: 1904.
[131] *W. H. Dietsche*, Tetrahedron **23**, 3049 (1967).
[132] *K. Gosling* u. *J. L. Miller*, Inorg. Nucl. Chem. Lett. **9**, 355 (1973).
[133] *E. W. Abel, D. A. Armitage* u. *R. P. Bush*, J. Chem. Soc. **1964**, 5584.

$$(H_5C_6)_2P—Cl \quad + \quad (H_3C)_3Si—SC_4H_9 \quad \xrightarrow[-(H_3C)_3Si—Cl]{} \quad (H_5C_6)_2P—SC_4H_9$$

2.2. aus Thiophosphinigsäure-anhydriden

Bis-[trifluormethyl]-thiophosphinigsäure-anhydrid und Hexamethyldisilathian bilden bei 100° *Bis-[trifluormethyl]-trimethylsilylthio-phosphan* (63%)[134]:

$$(F_3C)_2P—S—P(CF_3)_2 \quad + \quad (H_3C)_3Si—S—Si(CH_3)_3 \quad \longrightarrow \quad 2\,(F_3C)_2P—S—Si(CH_3)_3$$

2.3. aus Phosphinigsäureamiden

Diethylamino-diphenyl-phosphan und Thiophenol ergeben mit einer Spur Natriumhydrid in exothermer Reaktion *Diphenyl-phenylthio-phosphan* (72%)[135]:

$$(H_5C_6)_2P—N(C_2H_5)_2 \quad + \quad H_5C_6—SH \quad \xrightarrow[-HN(C_2H_5)_2]{NaH} \quad (H_5C_6)_2P—SC_6H_5$$

Dimethylamino-diphenyl-phosphan reagiert bei 70° mit 2-Oxo-1,3-oxathiolan zum [*2-(Dimethylamino-carbonyloxy)-ethylthio]-diphenyl-phosphan* (82%)[136]:

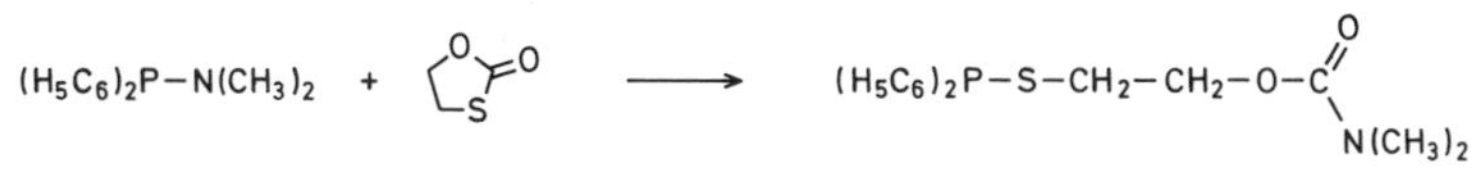

3. aus Diphosphanen

Tetraalkyldiphosphane lassen sich mit Diaryldisulfanen bei 130–200° fast quantitativ spalten. Aus Tetraethyldiphosphan und Diphenyldisulfan wird z.B. *Diethyl-phenylthio-phosphan* gebildet[137]:

$$(H_5C_2)_2P—P(C_2H_5)_2 \quad + \quad H_5C_6—S—S—C_6H_5 \quad \longrightarrow \quad 2\,(H_5C_2)_2P—SC_6H_5$$

Das Verfahren läßt sich auf Dialkyldisulfane ausweiten[138, 139]. Dabei kann auch bei 20° gearbeitet werden[139].

Aus Tetrakis-[trifluormethyl]-diphosphan und Methanthiol erhält man in mäßigen Ausbeuten *Bis-[trifluormethyl]-methylthio-phosphan*[140]:

$$(F_3C)_2P—P(CF_3)_2 \quad + \quad H_3C—SH \quad \longrightarrow \quad (F_3C)_2P—SCH_3 \quad + \quad (F_3C)_2P—H$$

[134] *R. G. Cavell, R. D. Leary, A. R. Sanger* u. *A. J. Tomlinson*, Inorg. Chem. **12**, 1374 (1973).
[135] *L. Horner* u. *M. Jordan*, Phosphorus Sulfur **8**, 235 (1980).
[136] *J. Koketsu, S. Sakai* u. *Y. Ishii*, Kogyo Kagaku Zasshi **73**, 201 (1970); C. A. **73**, 35447k (1970).
[137] *Yu. N. Shlyk, G. M. Bogolynbov* u. *A. A. Petrov*, Dokl. Akad. Nauk SSSR **176**, 1327 (1967); engl.: 956.
[138] *I. B. Mishra* u. *A. B. Burg*, Inorg. Chem. **11**, 664 (1972).
[139] *C. D. Mickey, P. H. Javora* u. *R. A. Zingaro*, J. Carbohydrates, Nukleosides, Nucleotides **1**, 291 (1974).
[140] *R. G. Cavell* u. *H.-J. Eméleus*, J. Chem. Soc. **1964**, 5825.

4. aus Thiophosphinsäure-S-estern

Methyl-phenyl-thiophosphinsäure-S-(4-methyl-phenylester) wird quantitativ bei 90° innerhalb 12 Stdn. mit Tributylphosphan bzw. bei 50° innerhalb 48 Stdn. mit Trimethylphosphan zu *Methyl-(4-methyl-phenylthio)-phenyl-phosphan* entschwefelt[141]:

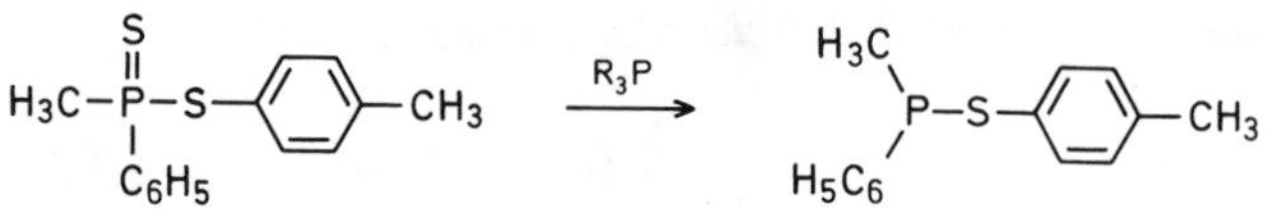

$$H_3C-\underset{\underset{C_6H_5}{|}}{\overset{\overset{S}{||}}{P}}-S-\!\!\!\!\langle\;\rangle\!\!\!\!-CH_3 \quad\xrightarrow{R_3P}\quad \underset{H_5C_6}{\overset{H_3C}{}}P-S-\!\!\!\!\langle\;\rangle\!\!\!\!-CH_3$$

Diphenyl-thiophosphinsäure-S-methylester reagiert analog[141].

B. Umwandlung

Thiophosphinigsäure-ester bilden Palladium-[142] und Carbonyl-Komplexe[143, 144].

ι) Phosphinigsäure-amide
(s. auch 4. Aufl., Bd. XII/1, S. 213–215, 216)

A. Herstellung

1. durch Aufbaureaktion aus Phosphorigsäure-amid-dihalogeniden und Phosphonigsäure-amid-halogeniden

Phosphorigsäure-dialkylamid-dichloride sind auch Ausgangsstoffe zur Herstellung cyclischer Phosphinigsäure-amide (Phospholane), z. B. entsteht aus 1,4-Dibrom-butan und Phosphorigsäure-dichlorid-diethylamid im Zuge einer Grignardreaktion *1-Diethylamino-phospholan* zu 65%[145]:

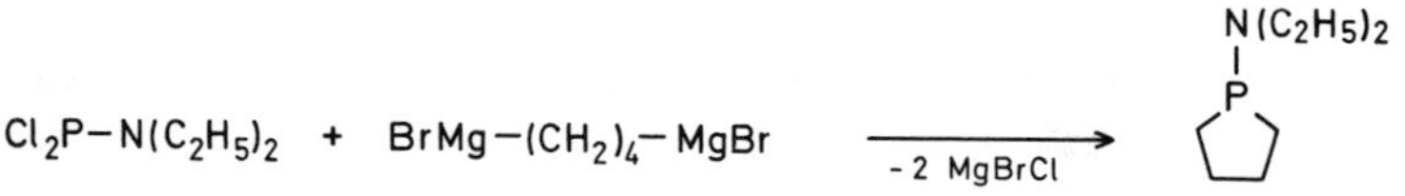

$$Cl_2P-N(C_2H_5)_2 \;+\; BrMg-(CH_2)_4-MgBr \xrightarrow[-\,2\;MgBrCl]{} \overset{\overset{N(C_2H_5)_2}{\underset{|}{P}}}{\langle\quad\rangle}$$

1-Diethylamino-phospholan[145]: In eine aus 24 g (1mol) Magnesium, 90 g (0,4 mol) 1,4-Dibrom-butan und 400 *ml* abs. Ether bereitete Grignard-Lösung wird bei 20–30° in 10–15 Stdn. eine Lösung von 42 g (0,24 mol) Phosphorigsäure-dichlorid-diethylamid in 50 *ml* Ether eingetropft. Es setzt eine Trennung in zwei Schichten ein. Die obere Schicht wird unter Stickstoffatmosphäre abgehebert und die untere graue Schicht fünfmal mit je 100 *ml* Ether im gleichen Kolben extrahiert. Die gesammelten Ether-Extrakte werden i. Vak. vom Ether befreit. Der anfallende Rückstand wird i. Vak. unter Stickstoffatmosphäre destilliert bis zu einer Badtemp. von 190°. Dabei wird der gelbgrüne Kolbeninhalt immer zähflüssiger. Ausbeute: 25 g (65%); Sdp.: 36,5°/0,2 Torr (26,6 Pa).

Mit den reaktiveren lithiumorganischen Verbindungen werden höhere Ausbeuten erzielt. So erhält man z. B. aus Phosphorigsäure-dichlorid-dimethylamid mit Butyllithium (−78° in Diethylether) 80% *Dibutyl-dimethylamino-phosphan*[146]:

---

[141] *L. Horner* u. *M. Jordan*, Phosphorus Sulfur **8**, 221 (1980).
[142] US-PS 3 776 929 (1971/1973), Du Pont, Erf.: *J.J. Mrowca*; C.A. **80**, 48 166 n (1974).
[143] DE-PS 1 274 579 (1966/1968), I.C.I., Erf.: *D.T. Thompson*, C.A. **69**, 77 480 p (1968).
[144] *E. Linder* u. *W.P. Meier*, Chem. Ber. **109**, 3323 (1976).
[145] *B. Fell* u. *H. Bahrmann*, Synthesis **1974**, 119.
[146] *H. Nöth* u. *H.-J. Vetter*, Chem. Ber. **96**, 1109 (1963).

$$2 H_9C_4Li \quad + \quad Cl_2P-N(CH_3)_2 \quad \xrightarrow[-2\,LiCl]{} \quad (H_9C_4)_2P-N(CH_3)_2$$

Phosphorigsäure-dialkylamid-dichloride setzten sich ebenfalls mit aluminiumorganischen Verbindungen, bevorzugt Trialkylaluminium, um. Der dabei anfallende Komplex des gebildeten Phosphinigsäure-amids mit Aluminiumchlorid wird mit Kaliumchlorid gespalten. Aus Phosphorigsäure-dichlorid-dimethylamid erhält man so mit Triethylaluminium 69%
Diethyl-dimethylamino-phosphan[147, 148]:

$$2 (H_5C_2)_3Al \quad + \quad 3 Cl_2P-N(CH_3)_2 \quad \xrightarrow[-2\,AlCl_3]{} \quad 3 (H_5C_2)_2P-N(CH_3)_2$$

Diethyl-dimethylamino-phosphan[147]: Zu 44 g (0,3 mol) Phosphorigsäure-dichlorid-dimethylamid wird unter Stickstoff langsam eine Lösung von 25 g (0,22 mol) Triethylaluminium in 150 *ml* Hexan gegeben. Es setzt eine stark exotherme Reaktion unter Bildung eines Niederschlages ein. Nach 90 Min. Rückfluß wird das Hexan abdestilliert. Es werden 23 g (0,31 mol) Kaliumchlorid zugegeben. Dann wird i. Vak. destilliert; Ausbeute: 28 g (69,4%); Sdp.: 141–143°/706 Torr (95,5 kPa).

Phosphonigsäure-amid-halogenide können analog mit Grignard-Reagenzien und lithiumorganischen Verbindungen zu den Phosphinigsäure-amiden umgesetzt werden[149, 150].

2. aus sek. Phosphanen

Bis-[trifluormethyl]-phosphan bildet mit Ammoniak *Amino-difluormethyl-trifluormethyl-phosphan*[151]:

$$(F_3C)_2P-H \quad + \quad 2 NH_3 \quad \xrightarrow[-NH_4F]{} \quad \begin{matrix} F_3C \\ \diagdown \\ F_2CH \end{matrix} P-NH_2$$

3. Aus Phosphinigsäure-halogeniden (Diorgano-halogen-phosphane)

Diorgano-halogen-phosphane reagieren bei der bekannten Umsetzung mit Aminen nur in Ausnahmefällen glatt mit prim. Alkylaminen oder auch Ammoniak zu Phosphinigsäure-amiden. Derartige Ausnahmen sind insbesondere fluorierte Diorgano-halogen-phosphane. Außer dem bereits bekannten *Amino-bis-[trifluormethyl]-phosphan* sind so

Amino-bis-[pentafluorphenyl]-phosphan　　　　　　*Amino-methyl-trifluormethyl-phosphan*
Bis-[pentafluorphenyl]-methylamino-phosphan　　　*Methyl-methylamino-trifluormethyl-phosphan*

zugänglich[152–154]. Ebenfalls läßt sich aus Chlor-di-tert.-butyl-phosphan *Amino-di-tert.-butyl-phosphan* zu 94% herstellen[155]:

$$[(H_3C)_3C]_2P-Cl \quad + \quad 2 NH_3 \quad \xrightarrow[-NH_4Cl]{} \quad [(H_3C)_3C]_2P-NH_2$$

Amino-di-tert.-butyl-phosphan[155]: 90,3 g (0,5 mol) Chlor-di-tert.-butyl-phosphan in 100 *ml* Diethylether werden bei −50° unter lebhaftem Rühren zu 100 *ml* trockenem Ammoniak getropft. Nach dem Erwärmen auf 20°

---

[147] US-PS 3 320 251 (1964/1967), Monsanto Co., Erf.: *L. Maier*; C.A. **67**, 54262p (1967).

[148] *L. Maier*, Helv. Chim. Acta **47**, 2129 (1964).

[149] *M. G. Barlow, M. Green, R. N. Haszeldine* u. *H. G. Higson*, J. Chem. Soc. [C] **1966**, 1592.

[150] *E. M. Evleth, L. D. Freeman* u. *R. I. Wagner*, J. Org. Chem. **27**, 2192 (1962).

[151] *H. Goldwhite, R. N. Haszeldine* u. *D. G. Rowsell*, Chem. Commun. **1965**, 83.

[152] *D. D. Magnelli, G. Tesi, J. U. Lowe* u. *W. E. McQuistion*, Inorg. Chem. **5**, 457 (1966).

[153] *M. G. Barlow, M. Green, R. N. Haszeldine* u. *H. G. Higson*, J. Chem. Soc. [C] **1966**, 1592.

[154] *A. B. Burg, K. K. Joshi* u. *J. F. Nixon*, J. Am. Chem. Soc. **88**, 31 (1966).

[155] *O. J. Scherer* u. *G. Schieder*, Chem. Ber. **101**, 4184 (1968).

wird filtriert, mit Diethylether gewaschen und fraktioniert destilliert; Ausbeute: 75,5 g (94%); Sdp.: 33–34°/2 Torr (267 Pa); Schmp.: −1 bis 1° (äußerst sauerstoffempfindlich).

Analog erhält man Di-tert.-butyl-methylamino-phosphan (75%). Tert.-Butyl-chlor-methyl-phosphan setzt sich mit Ammoniak ebenfalls zu dem sauerstoffempfindlichen *Amino-tert.-butyl-methyl-phosphan* (63%) um, daneben bildet sich jedoch *Bis-[tert.-butyl-methyl-phosphano]-amin* (I; 12%) [156]:

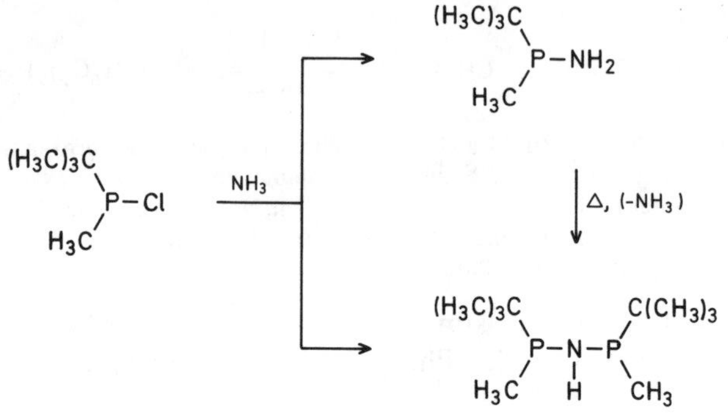

$$
\begin{array}{c}
(H_3C)_3C \\
\diagdown \\
P-Cl \quad \xrightarrow{\;NH_3\;} \\
\diagup \\
H_3C
\end{array}
\quad
\begin{array}{c}
\nearrow \\
\\
\searrow
\end{array}
\quad
\begin{array}{c}
(H_3C)_3C \\
\diagdown \\
P-NH_2 \\
\diagup \\
H_3C \\
\\
\Big\downarrow \Delta,\ (-NH_3) \\
\\
(H_3C)_3C \qquad C(CH_3)_3 \\
\diagdown \qquad\quad \diagup \\
P-N-P \\
\diagup \quad | \quad \diagdown \\
H_3C \quad H \quad CH_3
\end{array}
$$

I

Bei Erwärmen auf 100° kondensiert Amino-tert.-butyl-methyl-phosphan unter Ammoniak-Abspaltung zum Amin I [156].

Amino-bis-[trifluormethyl]-phosphan setzt sich mit Bis-[trifluormethyl]-chlor-phosphan bei 25° in Gegenwart von Trimethylamin zum *Bis-[bis-(trifluormethyl)-phosphano]-amin* (95%) um [157],

$$
(F_3C)_2P-Cl \;+\; H_2N-P(CF_3)_2 \;\xrightarrow{\;N(CH_3)_3\;}\; (F_3C)_2P-N-P(CF_3)_2 \atop \qquad\qquad\qquad\qquad\qquad\qquad\qquad | \atop \qquad\qquad\qquad\qquad\qquad\qquad\quad H
$$

das in flüssigem Ammoniak ein Natriumsalz bildet. Das Natriumsalz liefert mit überschüssigem Bis-[trifluormethyl]-chlor-phosphan 50% *Tris-[bis-(trifluormethyl)-phosphano]-amin* [157]:

$$
(F_3C)_2P-Cl \;+\; NaN[P(CF_3)_2]_2 \;\xrightarrow[-NaCl]{}\; [(F_3C)_2P]_3N
$$

Ausgehend von Chlor-diorgano-phosphanen können auch – gegebenenfalls substituierte – Phosphinigsäure-hydrazide hergestellt werden [158].

Bei der Umsetzung von Dimethylamino-trimethyl-silan mit Bis-[pentafluorphenyl]-chlor-phosphan erhält man *Bis-[pentafluorphenyl]-dimethylamino-phosphan* (91%) [159]:

$$
(F_5C_6)_2P-Cl \;+\; (H_3C)_3Si-N(CH_3)_2 \;\xrightarrow[-(H_3C)_3Si-Cl]{}\; (F_5C_6)_2P-N(CH_3)_2
$$

Hexamethyl- und Heptamethyldisilazan reagieren mit Chlor-diphenyl-phosphan unter Bildung von *Bis-[diphenylphosphano]-amin* bzw. *-methyl-amin* [160–162]:

[156] *O.J. Scherer* u. *W. Gick*, Chem. Ber. **103**, 71 (1970).
[157] *A.B. Burg* u. *J. Heners*, J. Am. Chem. Soc. **87**, 3092 (1965).
[158] *R.P. Nielsen* u. *H.H. Sisler*, Inorg. Chem. **2**, 753 (1963).
[159] *M.G. Barlow, M. Green, R.N. Haszeldine* u. *H.G. Higson*, J. Chem. Soc. [C] **1966**, 1592.
[160] *H. Nöth* u. *L. Meinel*, Z. Anorg. Allg. Chem. **349**, 225 (1967).
[161] *R. Keat*, J. Chem. Soc. [A] **1970**, 1795.
[162] *F.T. Wang, J. Najdzionek, K.L. Leneker, H. Wasserman* u. *D.M. Braitsch*, Synth. React. Inorg. Met. Org. Chem. **8**, 119 (1978).

$$2 \ (H_5C_6)_2P-Cl \ + \ (H_3C)_3Si-N\overset{Si(CH_3)_3}{\underset{R}{\Big\langle}} \xrightarrow[-2\ (H_3C)_3Si-Cl]{} (H_5C_6)_2P-N\overset{P(C_6H_5)_2}{\underset{R}{\Big\langle}}$$

$$R = H, \ CH_3$$

Bis-[diphenylphosphano]-amin[162]: Eine Lösung von 115 g (0,52 mol) Chlor-diphenyl-phosphan in 200 *ml* Toluol wird innerhalb 30 Min. unter Rühren zu einer Lösung von 42 g (0,27 mol) Hexamethyldisilazan in 100 *ml* Toluol bei 80–90° getropft. Man rührt 3 Stdn. bei dieser Temp.; gleichzeitig destilliert Chlor-trimethyl-silan ab. Anschließend werden bei 110° ~300 *ml* Toluol abdestilliert. Danach wird auf 0° abgekühlt. Es bildet sich ein farbloses Pulver, das mit Toluol und dann Petrolether digeriert wird; danach wird aus 120 *ml* Toluol umkristallisiert; Ausbeute: 60 g (58%); Schmp.: 149–151°.

Andererseits führt die Umsetzung von Chlor-diorgano-phosphanen mit dem Lithiumsalz des Hexamethyldisilazans bzw. den Lithiumsalzen anderer Alkylamino-trimethyl-silane zu Phosphinigsäure-trimethylsilylamiden[161, 163]. *Bis-[trifluormethyl]-bis-[trimethylsilylamino]-phosphan* erhält man auf diese Weise z.B. zu 91%[163]:

$$(F_3C)_2P-Cl \ + \ (H_3C)_3Si-N\overset{Si(CH_3)_3}{\underset{Li}{\Big\langle}} \xrightarrow[-LiCl]{} (F_3C)_2P-N\Big[Si(CH_3)_3\Big]_2$$

4. aus Phosphonium-Salzen

Dialkylamino-trialkyl-phosphonium-Salze mit einer Allyl-Gruppe am P-Atom können mit trockenem Tetrabutylammonium-cyanid in Dichlormethan in Phosphinigsäure-amid übergeführt werden. Aus Allyl-diethylamino-diphenyl-phosphonium-bromid erhält man z.B. zu 60% *Diethylamino-diphenyl-phosphan*[164]:

$$\left[\overset{CH_2-CH=CH_2}{\underset{}{(H_5C_6)_2P-N(C_2H_5)_2}}\right]^\oplus Br^\ominus \xrightarrow[-H_2C=CH-CH_2-Br]{[(H_9C_4)_4N]^\oplus CN^\ominus} (H_5C_6)_2P-N(C_2H_5)_2$$

5. aus Thiophosphinsäure-amiden

Methyl-phenyl-thiophosphinsäure-diethylamid wird mit feinverteiltem Kalium in siedendem Benzol zu *Diethylamino-methyl-phenyl-phosphan* (41%) entschwefelt[165]:

$$\underset{C_6H_5}{\overset{S}{\underset{\|}{H_3C-P-N(C_2H_5)_2}}} \xrightarrow{K} \underset{H_5C_6}{\overset{H_3C}{P-N(C_2H_5)_2}}$$

B. Umwandlung

Phosphinigsäure-amide bilden Nickel-[166], Palladium-[166] und Rhodium-Komplexe[167] sowie Metallcarbonyl-Komplexe[168, 169]. Die Phosphinigsäure-amide werden mit Wasser –

[161] R. Keat, J. Chem. Soc. [A] **1970**, 1795.
[162] F. T. Wang, J. Najdzionek, K. L. Leneker, H. Wasserman u. D. M. Braitsch, Synth. React. Inorg. Met. Org. Chem. **8**, 119 (1978).
[163] R. H. Neilson, R. C.-Y. Lee u. A. H. Cowley, Inorg. Chem. **16**, 1455 (1977).
[164] L. Horner u. M. Jordan, Phosphorus Sulfur **8**, 215 (1980).
[165] L. Horner u. M. Jordan, Phosphorus Sulfur **8**, 221 (1980).
[166] G. Ewart, A. P. Lane, J. McKechnie u. D. S. Payne, J. Chem. Soc. **1964**, 1543.
[167] P. Svoboda u. J. Hetflejš, Collect. Czech. Chem. Commun. **42**, 2177 (1977).
[168] H.-J. Langenbach u. H. Vahrenkamp, Chem. Ber. **110**, 1195 (1977).
[169] H. Brunner u. J. Doppelberger, Chem. Ber. **111**, 673 (1968).

gegebenenfalls in Gegenwart geeigneter anorganischer Säuren – zu den sek. Phosphan-oxiden gespalten (s.S. 243–244). Die Umwandlung in die Chlor-diorgano-phos-phane kann auch mit Phosphor(III)-chlorid oder Carbonsäure-chloriden durchgeführt werden (s.S. 249–250). Mit Schwefelwasserstoff werden sek. Phosphansulfide (s.S. 261–262), mit Thiophenol Thiophosphinigsäure-phenylester (s.S. 265) erhalten. Dialkylamino-diphenyl-phosphane bilden mit Brombenzol in Gegenwart von Nickelbro-mid Amino-triphenyl-phosphonium-Salze:

$$(H_5C_6)_2P{-}NR_2 \quad + \quad H_5C_6{-}Br \quad \xrightarrow{\text{NiBr}_2} \quad [(H_5C_6)_3P{-}NR_2]^{\oplus}Br^{\ominus}$$

Mit Acrylsäure erhält man tert. Phosphanoxide:

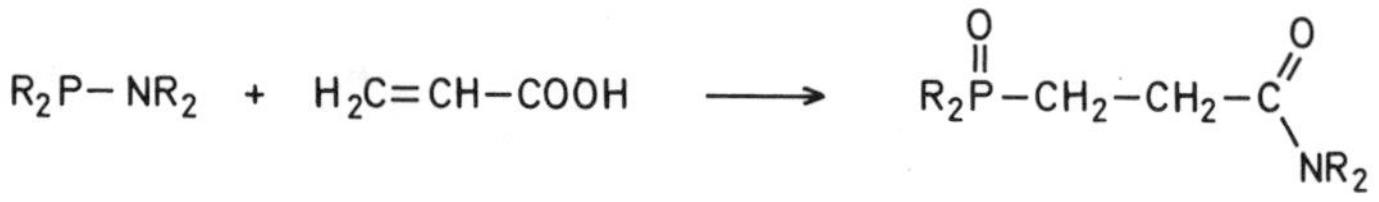

$$R_2P{-}NR_2 \quad + \quad H_2C{=}CH{-}COOH \quad \longrightarrow \quad R_2\overset{\overset{O}{\|}}{P}{-}CH_2{-}CH_2{-}C\overset{O}{\underset{NR_2}{\diagdown}}$$

Die bekannte Umsetzung mit Alkoholen zu Phosphinigsäure-estern führt beim Einsatz längerkettiger Alkohole und Anwendung hoher Temperaturen vorteilhaft in Gegenwart von Katalysatoren direkt zu den entsprechenden tert. Phosphanoxiden.

ϰ) Phosphinigsäure-azide

A. Herstellung

Die bislang synthetisierten Phosphinigsäure-azide spalten bereits bei oder unterhalb 20° – teilweise sogar **explosionsartig** – Stickstoff ab[170]. Ihre Synthese erfolgt durch Umsetzung von Diorgano-halogen-phosphanen mit Natriumazid bei tiefen Temperaturen. *Azido-bis-[pentafluorphenyl]-phosphan* entsteht z.B. aus Bis-[pentafluorphenyl]-brom-phos-phan und Natriumazid in Acetonitril bei −2 bis −10° (die thermische Zersetzung beginnt bei −2°)[171]:

$$(F_5C_6)_2P{-}Br \quad + \quad NaN_3 \quad \xrightarrow[-NaBr]{} \quad (F_5C_6)_2P{-}N_3$$

λ) Phosphinigsäure-iso(thio)cyanate

A. Herstellung

Werden Bis-[pentafluorphenyl]-halogen-phosphane mit einem Überschuß an Silber-(thio)cyanaten in Benzol oder Acetonitril mehrere Stdn. erwärmt, so bilden sich *Bis-[pentafluorphenyl]-iso(thio)cyanato-phosphane*. Analog sind die *Iso(thio)cyanato-penta-fluorphenyl-phenyl-phosphane* zugänglich. Die Verbindungen sind gegen Oxidation ver-hältnismäßig stabil und äußerst empfindlich gegen Solvolyse[172].

$$(F_5C_6)_2P{-}Hal \quad + \quad Ag{-}XCN \quad \xrightarrow[-AgCl]{} \quad (F_5C_6)_2P{-}NCX$$

X = O, S

[170] *O.J. Scherer* u. *W. Gläßel*, Chem.-Ztg. **99**, 246 (1975).
[171] *H.-G. Horn, M. Gersemann* u. *U. Niemann*, Chem.-Ztg. **100**, 197 (1976).
[172] *M. Fild, O. Glemser* u. *I. Hollenberg*, Naturwissenschaften **53**, 130 (1966).

Auch mit Natriumcyanat können Diorgano-halogen-phosphane in einer Mischung aus Benzol und Acetonitril unter Rückfluß zur Reaktion gebracht werden. Derartig hergestellte Dialkyl-isocyanato-phosphane fallen als Dimere an, die bereits bei 20° mit den Monomeren im Gleichgewicht stehen. *Diethyl-isocyanato-phosphan* kann z.B. in 24%iger Ausbeute gewonnen werden[173].

B. Umwandlung

Phosphinigsäure-isocyanate werden mit Distickstofftetraoxid zu Phosphinsäure-isocyanaten oxigeniert. Diaryl-isocyanato-phosphane reagieren mit Thiophosphoryltrichlorid zu Diarylthiophosphinsäure-isocyanaten; dimere Dialkyl-iso-cyanatophosphane reagieren mit überschüssigem Schwefel zu Dialkyl-thiophosphinsäure-isocyanaten.

d) Phosphonige Säuren und deren Derivate

bearbeitet von

DR. HUBERT NEUMAIER

Hoechst AG, Werk Knapsack

α) Phosphonige Säuren

A. Herstellung

1. aus Unterphosphoriger Säure

Unterphosphorige Säuren und ihre Salze lagern sich in Gegenwart peroxidischer Katalysatoren an Olefine unter Bildung von Phosphonigen Säuren an [s. Bd. XII/1 (4. Aufl.), S. 298]. Mit Dihydrogenperoxid (bei organischen Peroxiden entstehen Nebenprodukte) in Gegenwart von Schwefelsäure, werden sehr gute Ausbeuten erzielt.

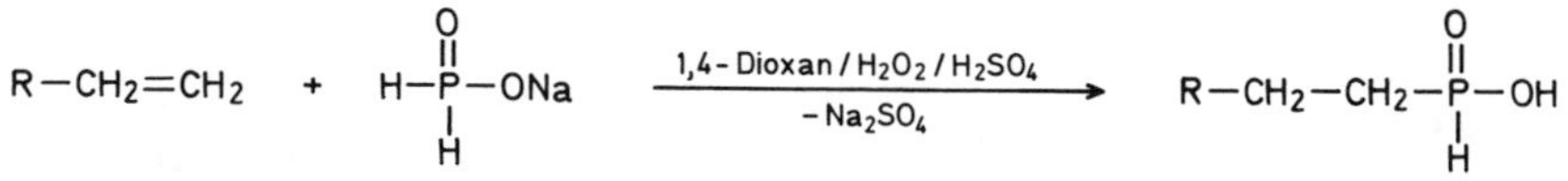

$$R-CH_2=CH_2 \ + \ H-\overset{\overset{\displaystyle O}{\|}}{\underset{\underset{\displaystyle H}{|}}{P}}-ONa \quad \xrightarrow[-Na_2SO_4]{1,4-Dioxan\,/\,H_2O_2\,/\,H_2SO_4} \quad R-CH_2-CH_2-\overset{\overset{\displaystyle O}{\|}}{\underset{\underset{\displaystyle H}{|}}{P}}-OH$$

Alkanphosphonigsäuren; allgemeine Arbeitsvorschrift[1]: Zu 0,125 mol Natriumhypophosphit, 6 *ml* Wasser und 5,3 *ml* (0,1 m) konz. Schwefelsäure werden unter Rühren bei 15° 0,1 mol Olefin in 25 *ml* 1,4-Dioxan und danach 0,5 *ml* Dihydrogenperoxid (30%ig) in 15 *ml* 1,4-Dioxan eingetropft und einige Zeit erhitzt (s. u.). Nach Filtration wird das 1,4-Dioxan abgetrieben und die Alkanphosphonigsäure mit Benzol extrahiert, mit wenig Wasser sulfatfrei gewaschen und durch Azeotropdestillation mit Benzol getrocknet. Auf diese Weise erhält man u.a. aus

4-Methyl-1-penten $\xrightarrow{1,5\ Stdn.,\ 60°}$ *4-Methyl-pentanphosphonigsäure;* 97%

1-Hexen $\xrightarrow{30\ Min.,\ 65°}$ *Hexanphosphonigsäure;* 95%

Cyclohexen $\xrightarrow{3\ Stdn.,\ 80°}$ *Cyclohexanphosphonigsäure;* 91%

---

[173] *M. V. Kolotilo, A. G. Matyusha* u. *G. I. Derkach*, Zh. Obshch. Khim. **40**, 758 (1970); engl.: 734.
[1] *É. E. Nifant'ev, R. K. Magdeeva* u. *N. P. Shchepet'eva*, Zh. Obshch. Khim. **50**, 1744 (1980); engl.: 1416.

Durch Anlagerung von Unterphosphoriger Säure an Aldehyde und Ketone werden 1-Hydroxy-alkan-1-phosphonigsäuren gebildet [s. Bd. XII/1 (4. Aufl.), S. 298]. Eine intramolekulare Anlagerung erfolgt beim Erhitzen von 4-Acetyl-phenylammonium-hypophosphit unter gleichzeitiger Wasser-Abspaltung[2]:

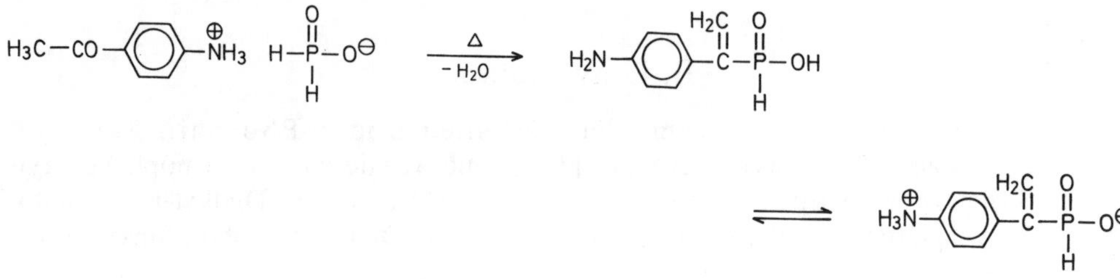

$$H_3C-CO-\langle\rangle-\overset{\oplus}{N}H_3 \quad H-\overset{O}{\underset{H}{P}}-O^{\ominus} \quad \xrightarrow[-H_2O]{\Delta} \quad H_2N-\langle\rangle-\overset{H_2C}{\underset{}{C}}-\overset{O}{\underset{H}{P}}-OH$$

$$\rightleftharpoons \quad H_3\overset{\oplus}{N}-\langle\rangle-\overset{H_2C}{\underset{}{C}}-\overset{O}{\underset{H}{P}}-O^{\ominus}$$

1-(4-Amino-phenyl)-ethenphosphonigsäure;
50%; Schmp.: 233°

Wird Unterphosphorige Säure mit Aldehyden oder Ketonen in Gegenwart von Aminen umgesetzt, so bilden sich 1-Amino-alkan-1-phosphonigsäuren. Verwendet werden prim. [s. Bd. XII/1 (4. Aufl.), S. 299f.] und sek. Amine[3]; z.B.:

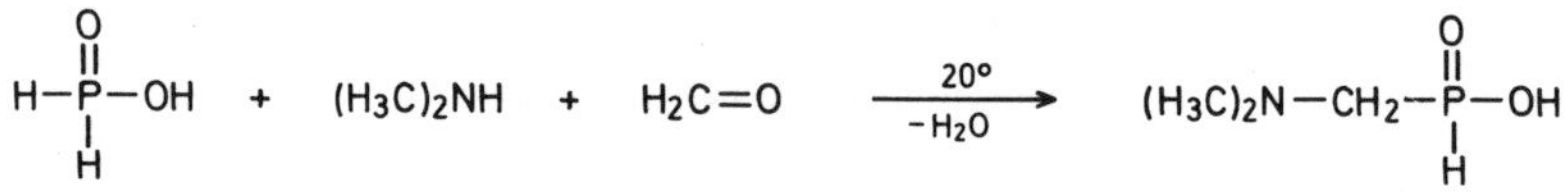

$$H-\overset{O}{\underset{H}{P}}-OH \quad + \quad (H_3C)_2NH \quad + \quad H_2C{=}O \quad \xrightarrow[-H_2O]{20°} \quad (H_3C)_2N-CH_2-\overset{O}{\underset{H}{P}}-OH$$

Dimethylamino-methanphosphonigsäure[3];
81%; Schmp.: 56–58°

2. aus Phosphonigsäure-Derivaten

Phosphonigsäure-dichloride, -diester und -bis-[amide] liefern bei der Umsetzung mit Wasser Phosphonige Säuren [s. Bd. XII/1 (4. Aufl.), S. 294ff.]. Die Hydrolyse der Dichloride ergibt Ausbeuten bis 99%. Auch die Spaltung der Bis-[amide], diese Reaktion dient vor allem dazu, die aus Bis-[dialkylamino]-chlor-phosphanen und metallorganischen Verbindungen zugänglichen Produkte in Phosphonige Säuren überzuführen, liefert gute Ausbeuten; z.B.[4]:

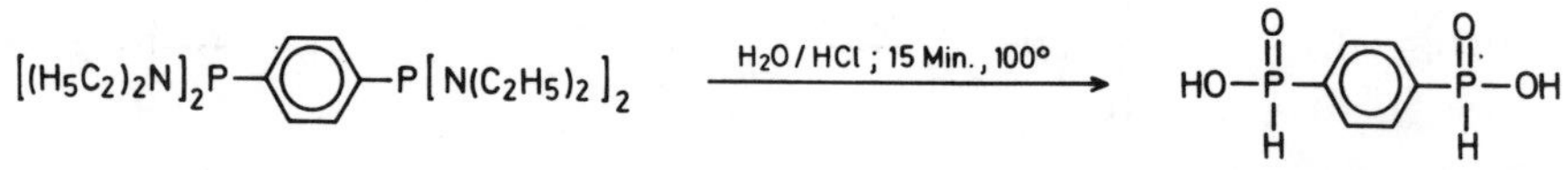

$$[(H_5C_2)_2N]_2P-\langle\rangle-P[N(C_2H_5)_2]_2 \quad \xrightarrow{H_2O/HCl\ ;\ 15\ Min.,\ 100°} \quad HO-\overset{O}{\underset{H}{P}}-\langle\rangle-\overset{O}{\underset{H}{P}}-OH$$

Benzol-1,4-bis-[phosphonigsäure];
82%; Schmp.: 217°

B. Umwandlung

Ergänzung zu Bd. XII (4. Aufl.), S. 301: Phosphonigsäuren werden durch Butyl-lithium in ihre Dianionen überführt, die mit Alkylierungsmitteln zu unsymm. Phosphinsäuren reagieren[5].

---

[2] *V. I. Yudelevich, A. P. Fetter, L. B. Sokolov* u. *B. I. Ionin*, Zh. Obshch. Khim. **48**, 2379 (1978); engl.: 2159.
[3] *L. Maier*, Helv. Chim. Acta **50**, 1742 (1967).
[4] *P. G. Chantrell, C. A. Pearce, C. R. Toyer* u. *R. Twaits*, J. Appl. Chem. **14**, 563 (1964).
[5] *M. E. Garst*, Synth. Commun. **9**, 261 (1979).

β) Phosphonigsäure-monohalogenide

Bei der partiellen Hydrolyse von Dichlor-methyl- oder -phenyl-phosphan in 1,4-Dioxan bei $-15°$ werden sehr unbeständige Phosphonigsäure-monochloride gebildet[6], die sich bei der Aufarbeitung zersetzen (s. u.). Ausgehend von 1,3,5-Tri-tert.-butyl-benzol erhält man dagegen ein durch sterische Hinderung stabiles *2,4,6-Tri-tert.-butyl-benzolphosphonigsäure-chlorid* (71%, Schmp.: 133–134°)[7]:

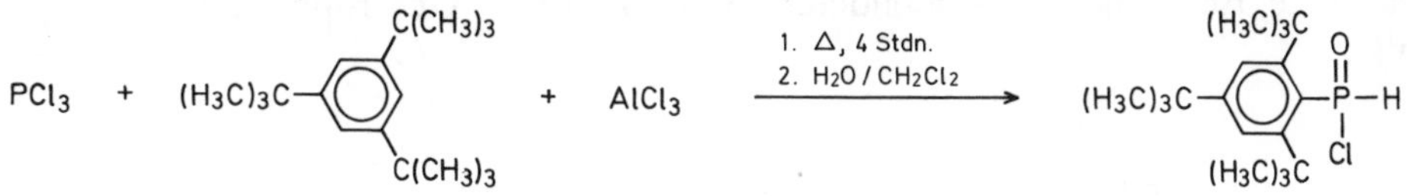

Die Simultanumsetzung von Alkyl-dichlor-phosphanen mit Fluorwasserstoff und Wasser liefert Alkanphosphonigsäure-monofluoride[8]:

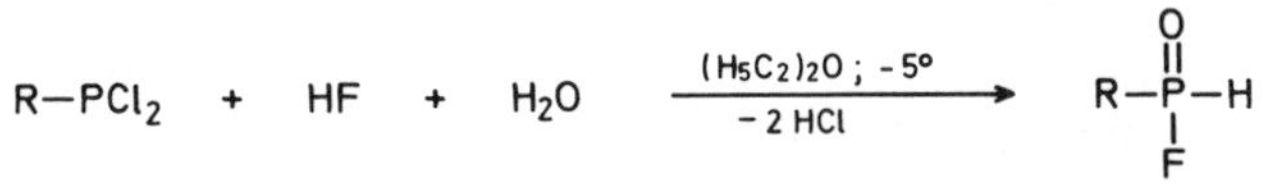

$R = CH_3$;   *Methanphosphonigsäure-fluorid*;
47%; Sdp.: 130°/760 Torr (101,3 kPa); Schmp.: $-46°$
$R = C_2H_5$;   *Ethanphosphonigsäure-fluorid*;
60%; Sdp.: 153°/760 Torr (101,3 kPa); Schmp.: $-49°$

γ) Phosphonigsäure-anhydride

Phosphonigsäure-anhydride sollen in sehr guten Ausbeuten bei der partiellen Hydrolyse von Alkyl- oder Aryl-dichlor-phosphanen mit und ohne Chlorwasserstoffacceptor entstehen[9-11]:

$$R{-}PCl_2 \quad + \quad H_2O \quad \xrightarrow[-HCl]{} \quad (R{-}PO)_n$$

Die Reaktion läuft in mehreren Stufen ab und die intermediär gebildeten Phosphonigsäure-anhydride disproportionieren zu Phosphonsäure-anhydriden und Pentaorgano-pentaphospholanen[6]:

$$n\,RPCl_2 \quad + \quad n\,H_2O \quad \xrightarrow[-HCl]{} \quad n\,RP(O)(Cl)H \quad \xrightarrow[-HCl]{} \quad (RPO)_n$$

$$\xrightarrow{\quad} \quad 0{,}5\,(RPO_2)_n \quad + \quad 0{,}5\,(RP)_n$$

Ein gemischtes Anhydrid erhält man bei der Umsetzung von Dichlor-trifluormethyl-phosphan mit Silberacetat oder Essigsäureanhydrid[13]:

$$F_3C{-}PCl_2 \quad \xrightarrow[-AgCl\ bzw.\ H_3C{-}CO{-}Cl]{H_3C{-}CO{-}OAg\ bzw.\ (H_3C{-}CO)_2O} \quad F_3C{-}P(O{-}CO{-}CH_3)_2$$

Diacetoxy-trifluormethyl-phosphan;
28–35%; Sdp.: 22°/4 Torr (0,53 kPa)

[6] *N.A. Andreev, O.N. Grishina* u. *V.N. Smirnov*, Zh. Obshch. Khim. **48**, 1048 (1978); engl.: 955.
[7] *A.G. Cook*, J. Org. Chem. **30**, 1262 (1965).
[8] *U. Ahrens* u. *H. Falius*, Chem. Ber. **105**, 3317 (1972).
[9] *L.I. Mizrakh* u. *V.P. Evdakov*, Zh. Obshch. Khim. **36**, 469 (1966); C.A. **65**, 738 (1966).
[10] *É.E. Nifant'ev, M.P. Koroteev, N.L. Ivanova, I.P. Gudkova* u. *D.A. Pretvoditelev*, Dokl. Akad. Nauk SSSR **173**, 1345 (1967); C.A. **67**, 108710 (1967).
[11] *V.G. Gruzdev, K.V. Karavanov* u. *S.A. Ivin*, Zh. Obshch. Khim. **38**, 1548 (1968); C.A. **69**, 87095 (1968).
[13] *L.K. Peterson* u. *A.B. Burg*, J. Am. Chem. Soc. **86**, 2587 (1964).

δ) Phosphonigsäure-monoester

A. Herstellung

1. aus Phosphonigen Säuren

Phosphonigsäure-monoester [s. Bd. XII/1 (4. Aufl.), S. 320] entstehen mit guten Ausbeuten bei der Umsetzung Phosphoniger Säuren mit höhersiedenden Alkoholen, die eine gleichzeitige Entfernung des gebildeten Wassers durch Azeotropdestillation ermöglichen[14]:

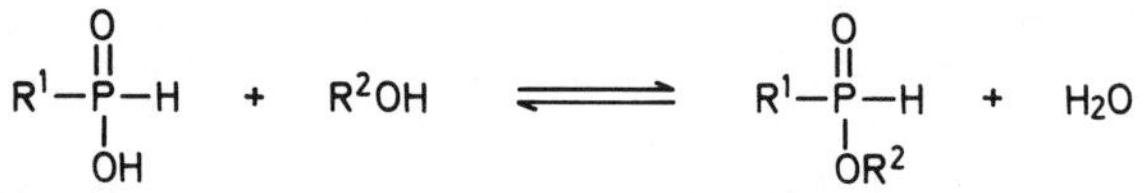

$$
\begin{array}{ccc}
& & O \\
& & \| \\
R^1\!-\!P\!-\!H & + \ R^2OH & \rightleftharpoons \\
& | & \\
& OH &
\end{array}
\qquad
\begin{array}{cc}
O & \\
\| & \\
R^1\!-\!P\!-\!H & + \ H_2O \\
| & \\
OR^2 &
\end{array}
$$

$R^1 = C_4H_9$; $R^2 = C_6H_{11}$;   *Butanphosphonigsäure-cyclohexylester*; 70%; Sdp.: 110–111°/5 Torr (0,67 kPa)
$R^1 = C_6H_{13}$; $R^2 = C_6H_{11}$;   *Hexanphosphonigsäure-cyclohexylester*; 83%; Sdp.: 118–119°/2 Torr (0,27 kPa)

Phosphonigsäure-monoethylester sind durch Umsetzung Phosphiniger Säuren mit Chlorameisensäure-ethylester erhältlich; z.B.[15]:

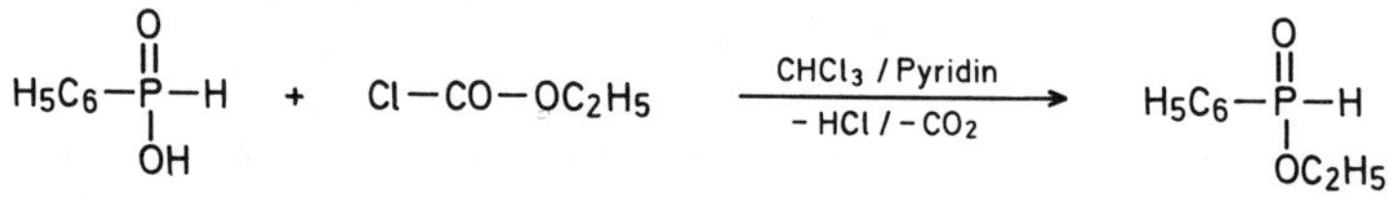

$$
\begin{array}{c}
O \\
\| \\
H_5C_6\!-\!P\!-\!H \\
| \\
OH
\end{array}
+ \ Cl\!-\!CO\!-\!OC_2H_5 \quad
\xrightarrow[-\,HCl\,/\,-\,CO_2]{CHCl_3\,/\,Pyridin} \quad
\begin{array}{c}
O \\
\| \\
H_5C_6\!-\!P\!-\!H \\
| \\
OC_2H_5
\end{array}
$$

Benzolphosphonigsäure-ethylester; 98%

Organosilylester können durch Umsetzung von Phosphonigen Säuren mit Bis-[trimethylsilyl]-amin[16] im Molverhältnis 2:1 oder mit Trialkylsilan[17] in Gegenwart von kolloidalem Nickel erhalten werden; z.B.:

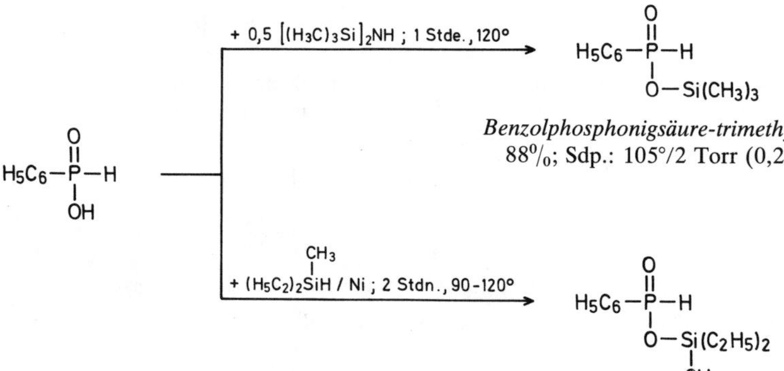

$$
\begin{array}{c}
O \\
\| \\
H_5C_6\!-\!P\!-\!H \\
| \\
OH
\end{array}
$$

+ 0,5 $[(H_3C)_3Si]_2NH$; 1 Stde., 120°

$$
\begin{array}{c}
O \\
\| \\
H_5C_6\!-\!P\!-\!H \\
| \\
O\!-\!Si(CH_3)_3
\end{array}
$$

Benzolphosphonigsäure-trimethylsilylester[16]; 88%; Sdp.: 105°/2 Torr (0,27 kPa)

+ $(H_5C_2)_2SiH$ / Ni ; 2 Stdn., 90-120° (mit CH₃)

$$
\begin{array}{c}
O \\
\| \\
H_5C_6\!-\!P\!-\!H \\
| \\
O\!-\!Si(C_2H_5)_2 \\
| \\
CH_3
\end{array}
$$

Benzolphosphonigsäure-(diethyl-methyl-silylester)[17]; 73%; Sdp.: 133°/3 Torr (0,4 kPa)

---

[14] *É. E. Nifant'ev, V. R. Kil'disheva* u. *I. S. Nasonovskii*, Zh. Prikl. Khim. (Leningrad) **42**, 2590 (1969); C.A. **72**, 100835 (1970).

[15] *D. G. Hewitt*, Aust. J. Chem. **32**, 463 (1979).

[16] *E. P. Lebedev, A. N. Pudovik, B. N. Tsyganov, R. Y. Nazmutdinov* u. *G. V. Romanov*, Zh. Obshch. Khim. **47**, 765 (1977); engl.: 698.

[17] *N. F. Orlov* u. *M. A. Beleokrinitskii*, Zh. Obshch. Khim. **40**, 504 (1970); C.A. **72**, 132882 (1970).

2. aus Phosphonigsäure-dihalogeniden

Die Einwirkung von wenigstens zwei Mol Alkohol auf Dihalogen-phosphane führt zu Phosphonigsäure-monoalkylestern:

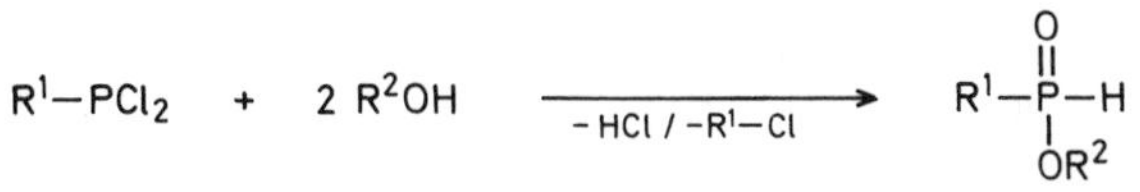

$$R^1-PCl_2 \ + \ 2\,R^2OH \ \xrightarrow[-HCl\,/\,-R^1-Cl]{} \ R^1-\overset{\displaystyle O}{\underset{\displaystyle OR^2}{\overset{\|}{\underset{|}{P}}}}-H$$

Die Reaktion ist nicht nur bei niederen [s. Bd. XII/1 (4. Aufl.), S. 322], sondern auch bei höheren Temp. durchführbar, wenn der gebildete Chlorwasserstoff rasch entfernt wird. Z. B. erhält man *Methanphosphonigsäure-(2-methyl-propylester)* zu 97%, wenn man kontinuierlich Dichlor-methyl-phosphan mit überschüssigem 2-Methyl-propanol in einer Kolonne bei 97–112° umsetzt[18]. Die Nebenprodukte – Chlorwasserstoff und 1-Chlor-2-methyl-propan – destillieren mit einem Teil des überschüssigen Alkohols ab, während aus dem Kolonnenablauf der Monoester durch Destillation i. Vak. gewonnen wird.

3. aus Thio- oder Selenophosphonsäure-O-monoestern

Optisch aktive Phosphonigsäure-monoester entstehen durch Entschwefelung optisch reiner Thiophosphonsäure-O-monoester mit Raney-Nickel in siedendem Ethanol unter Beibehaltung der Konfiguration[19]; z. B.:

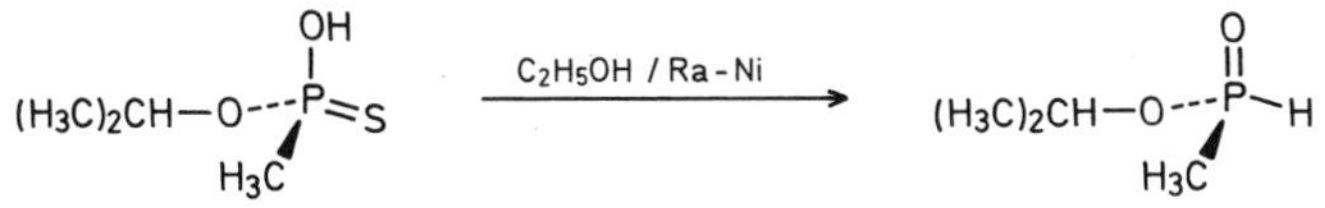

$$(H_3C)_2CH-O\cdots\overset{\displaystyle OH}{\underset{\displaystyle H_3C}{\overset{|}{P}}}{\diagdown}S \ \xrightarrow{C_2H_5OH\,/\,Ra-Ni} \ (H_3C)_2CH-O\cdots\overset{\displaystyle O}{\underset{\displaystyle H_3C}{\overset{\|}{P}}}-H$$

Methanphosphonigsäure-isopropylester;
60%; Sdp.: 77°/7 Torr (0,93 kPa); [x] D: −30°

Auch optisch aktive Selenophosphonsäure-O-monoester dienen hierbei als Ausgangsmaterial[20].

B. Umwandlung

Ergänzung zu Bd. XII/1 (4. Aufl.), S. 323:
Phosphonigsäure-monoester lagern sich in Gegenwart von Radikalbildnern an Alkene unter Bildung von Phosphinsäure-estern an[20a]. Mit Acetylen entstehen Ethan-1,2-bis-[phosphinsäure-ester][20b] und mit Metallhalogeniden bilden sich Phosphonigsäure-monoester-Komplexe[20c]. Bei der Umsetzung mit Dialkyldiselanen erhält man Phosphonsäure-O,Se-diester[20d].

---

[18] DAS 2 415 757 (1974), Hoechst AG, Erf.: *E. Lohmar, A. Ohorodnik, K. Gehrmann, P. Stutzke* u. *H. Staendeke*; C. A. **84**, 44 355 (1976).

[19] *L. P. Reiff* u. *H. S. Aaron*, J. Am. Chem. Soc. **92**, 5275 (1970).

[20] *I. A. Nuretdinov* u. *M. A. Giniyatullina*, Izv. Akad. Nauk SSSR, Ser. Khim. **1976**, 476; C. A. **85**, 21 543 (1976).

[20a] *M. Finke* u. *H. J. Kleiner*, Justus Liebigs Ann. Chem. **1974**, 741.

[20b] DOS 2 302 523 (1973), Hoechst AG, Erf.: *H. J. Kleiner* u. *W. Rupp*; C. A. **81**, 136 299 (1974).

[20c] *A. A. Muratova, E. G. Yarkova, V. P. Plekhov, N. R. Safiullina, A. A. Musena* u. *A. N. Pudovik*, Zh. Obshch. Khim. **43**, 1692 (1973); C. A. **79**, 121 371 (1973).

[20d] *I. A. Nuretdinov, D. N. Sadkova* u. *E. V. Bayandina*, Izv. Akad. Nauk SSSR, Ser. Khim. **1977**, 2635; C. A. **88**, 50 977 (1978).

ε) Phosphonigsäure-monoamide

Durch partielle Hydrolyse von Phosphonigsäure-bis-[amiden] erhält man Phosphonigsäure-monoamide; z. B.:

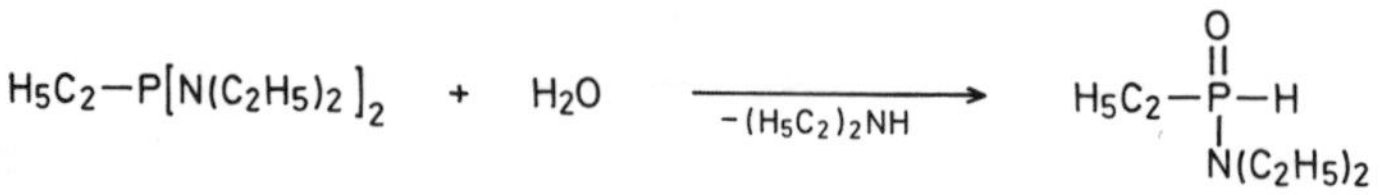

$$H_5C_2-P[N(C_2H_5)_2]_2 \ + \ H_2O \quad \xrightarrow[-(H_5C_2)_2NH]{} \quad \underset{N(C_2H_5)_2}{\overset{\overset{\displaystyle O}{\|}}{H_5C_2-P-H}}$$

Ethanphosphonigsäure-diethylamid[21]: Zu 5,6 g (27 mmol) Bis-[diethylamino]-ethyl-phosphan gibt man bei 90–95° 0,49 g (27 mmol) Wasser in 1 *ml* 1,4-Dioxan. Nach Anlegen von Vak. (10 Torr/1,33 kPa) bei 45–60° verbleiben 4,1 g (100%) einer beweglichen Flüssigkeit.

Bei Temp. über 110° zersetzen sich Phosphonigsäure-mono-dialkylamide unter Abspaltung von Dialkylamin und Bildung von Polyalkyl-cyclopolyphosphan und Phosphonsäure-anhydrid.

ζ) Phosphonigsäure-dihalogenide

A. Herstellung

1. Aufbaureaktionen

1.1. aus Phosphor

Die Arylierung von weißem Phosphor mit Arylhalogeniden bei höheren Temperaturen führt zu Gemischen aus Phosphonigsäure-dihalogeniden und Phosphinigsäure-halogeniden[22] [s. Bd. XII/1 (4. Aufl.), S. 317]. Durch Zusatz überschüssiger Phosphor(III)-halogenide kann die Bildung der Phosphinigsäure-halogenide weitgehend zurückgedrängt und dadurch die Ausbeute der Phosphonigsäure-dihalogenide erhöht werden. Auch Alkylhalogenide gehen diese Reaktion ein.

$$P_4 \ + \ 2\,PHal_3 \ + \ 6\,R-Hal \quad \xrightarrow{\Delta,\ Autoklav} \quad 6\,R-PHal_2$$

Dichlor-phenyl-phosphan[23]: 50 g (0,44 mol) Chlorbenzol, 9 g (0,27 gAtom) Phosphor und 90 g (0,65 mol) Phosphor(III)-chlorid werden im Autoklav in 1,5 Stdn. auf 275° erhitzt, 80 Min. bei 275° und weitere 13 Stdn. bei 310–315° geschüttelt. Nach Abkühlen wird Phosphor(III)-chlorid bei Atmosphärendruck, der Rückstand i. Vak. destilliert; Ausbeute: 63 g (81% bez. auf Phosphor, 79% bez. auf Chlorbenzol); Sdp.: 105–110°/24 Torr (3,2 kPa).

Auf ähnliche Weise erhält man u. a.[24]:

R = C$_4$H$_9$; X = Cl; 290–320°; 5 Stdn.; *Butyl-dichlor-phosphan*; 59%; Sdp.: 156–159°/760 Torr (101,3 kPa)
R = C$_6$H$_5$; X = Br; 280–300°; 7 Stdn.; *Dibrom-phenyl-phosphan*; 71%; Sdp.: 117–119°/5 Torr (0,67 kPa)
R = C$_6$H$_5$CH$_2$; X = Cl; 230–240°; 10 Stdn.; *Benzyl-dichlor-phosphan*; 80%; Sdp.: 113–115°/15 Torr (2 kPa)

Bis-[dichlorphosphano]-Verbindungen sind analog zugänglich; z. B.[25]:

[21] *N. A. Andreev, O. N. Grishina* u. *V. N. Smirnov*, Zh. Obshch. Khim. **49**, 332 (1979); engl.: 288.

[22] *K. G. Weinberg*, J. Org. Chem. **40**, 3586 (1975).

[23] US-P. 3 864 394 (1975/1973), Stauffer Chem. Co., Erf.: *F. A. Via, E. H. Uhing* u. *A. D. F. Toy*; C. A. **82**, 140 301 (1975).

[24] *N. K. Bliznyuk, Z. N. Kvasha* u. *A. F. Kolomiets*, Zh. Obshch. Khim. **37**, 890 (1967); engl.: 840.

[25] *Y. I. Baranov, O. F. Filippov, S. L. Varshavskii* u. *M. I. Kabachnik*, Dokl. Akad. Nauk SSSR **182**, 337 (1968); engl.: 799.

P_4 + 2 PCl_3 + 3 $Cl-CH_2-$⟨O⟩$-CH_2-Cl$ $\xrightarrow{\text{7 Stdn., 270° (Autoklav)}}$

3 Cl_2P-CH_2-⟨O⟩$-CH_2-PCl_2$

1,4-Bis-[dichlorphosphano-methyl]-benzol;
75%; Schmp.: 114,5–115,5°

Olefine setzen sich mit Phosphor und Phosphor(III)-chlorid zu Bis-[dichlorphosphano]-alkanen um[26]; z. B.:

3 $H_2C=CH_2$ + 4 PCl_3 + 0,5 P_4 $\xrightarrow{\text{13 Stdn., 195° (Rohr)}}$ 3 $Cl_2P-CH_2-CH_2-PCl_2$

1,2-Bis-[dichlorphosphano]-ethan;
50% (bez. auf Phosphor);
Sdp.: 55–60°/0,5 Torr (0,07 kPa)

1.2. aus Phosphor(III)-halogeniden

1.2.1. und aliphatischen Kohlenwasserstoffen

Die Alkylierung von Phosphor(III)-chlorid gelingt mit Methan oder Ethan bei 500–700°, wobei Umsatz und Ausbeute durch Zusatz von Radikalbildnern (z. B. Sauerstoff, Phosgen, Tetrachlormethan) wesentlich erhöht werden[27-30]:

RH + PCl_3 $\xrightarrow[\text{– HCl}]{500-700°}$ $R-PCl_2$

R = CH_3; *Dichlor-methyl-phosphan*[29]; 94–98%; Sdp.: 81°/760 Torr (101,3 kPa)
R = C_2H_5; *Dichlor-ethyl-phosphan*[30]; 82%; Sdp.: 110–111°/760 Torr (101,3 kPa)

Zur Umsetzung wird ein Gasgemisch aus Phosphor(III)-chlorid und Alkan im Überschuß durch ein beheiztes Reaktionsrohr mit Verweilzeiten von 0,3–7 Sek. geleitet und anschließend abgekühlt. Durch destillative Aufarbeitung der anfallenden Reaktionsgemische, die 15–35% Alkyl-dichlor-phosphan in Phosphor(III)-chlorid enthalten, werden die Dichlor-phosphane rein erhalten. Selbst die Reingewinnung von *Dichlor-methyl-phosphan* aus derartigen Gemischen durch Destillation ist möglich[31], obwohl die Siedepunkte eng beieinander liegen (Sdp. H_3C-PCl_2: 81,5°; Sdp. PCl_3: 74,5°/760 Torr (101,3 kPa).
Reines Dichlor-methyl-phosphan kann aus der Mischung auch erhalten werden, wenn man das Phosphor(III)-chlorid mit Phenol umsetzt und anschließend das Phosphan abdestilliert[32].

Die aus Chloralkanen mit Phosphor(III)-chlorid in Gegenwart von Aluminiumchlorid anfallenden Alkyl-tetrachlor-phosphoran-Aluminiumchlorid-Komplexe [s. Bd. XII/1 (4. Aufl.), S. 305f., S. 342f., S. 397] werden z.B. mit Aluminiumpulver, Natrium oder Dichlor-methoxy-phosphan zu Alkyl-dichlor-phosphan-Aluminiumchlorid-Addukten re-

[26] US-P. 3976690 (1976/1975), Stauffer Chem. Co., Erf.: *A. D. F. Toy* u. *E. H. Uhing*; C. A. **85**, 192889 (1976).
[27] *J. A. Pianfetti* u. *L. D. Quin*, J. Am. Chem. Soc. **84**, 851 (1962).
[28] US-P. 3210418 (1965/1953), FMC Corp., Erf.: *J. A. Pianfetti*; C. A. **64**, 2188 (1966).
[29] DE-P. 2629299 (1977/1976), Hoechst AG, Erf.: *K. Gehrmann, A. Ohorodnik, K. H. Steil* u. *S. Schäfer*; C. A. **89**, 24531 (1978).
[30] NL-P. 7013363 (1972/1970), Shell Internationale Research M.N.V., Erf.: *J. K. Kramer*; C. A. **77**, 101889 (1972).
[31] Be-P. 857203 (1978/1976), Hoechst AG, Erf.: *A. Ohorodnik, K. Gehrmann, S. Schäfer* u. *A. Mainski*; C. A. **89**, 24534 (1978).
[32] US-P. 3519685 (1970/1968), Hooker Chem. Corp., Erf.: *C. F. Basanaukas* u. *E. E. Harris*; C. A. **73**, 77391 (1970).

duziert. Die Spaltung dieser Komplexe (z.B. mit Alkalimetallchloriden oder Phosphoroxidchlorid) liefert Alkyl-dichlor-phosphane [s. Bd. XII/1 (4. Aufl.), S. 305 f.].

$$RCl \; + \; PCl_3 \; + \; AlCl_3 \; \longrightarrow \; R{-}PCl_4 \cdot AlCl_3 \; \xrightarrow{\text{Reduktion}}$$

$$R{-}PCl_2 \cdot AlCl_3 \; \xrightarrow{\text{Spaltung}} \; R{-}PCl_2$$

Auch elektrochemische Reduktion ist möglich. So erhält man z.B. bei der Elektrolyse von Methyl-tetrachlor-phosphoran-Aluminiumchlorid-Komplexen bei 160–170° aus dem Kathodenraum *Dichlor-methyl-phosphan* mit einer Stromausbeute von 86,5%[33].

Um das Arbeiten in Salzschmelzen [s. Bd. XII/1 (4. Aufl.), S. 306] zu vermeiden, wird die Reduktion mit Antimon in Gegenwart von Phthalsäure-diethylester im Überschuß durchgeführt.

Dichlor-methyl-phosphan[34]: Der aus 200 g (1,5 mol) Aluminiumchlorid, 137,5 g (1 mol) Phosphor(III)-chlorid und 50,5 g (1 mol) Chlormethan hergestellte Komplex wird unter Kühlung in 600 *ml* Phthalsäure-diethylester gelöst. Die Lösung wird bei 75°/2 Torr (0,27 kPa) entgast, auf 30° gekühlt und unter Rühren mit 81,2 g (0,667 gAtom) feingemahlenem Antimon versetzt. Die Temp. wird durch Kühlung bei 55° gehalten. Nach 35 Min. ist die Reaktion unter Bildung eines farblosen Niederschlags beendet. Dichlor-methyl-phosphan wird bei 75°/10 Torr (1,33 kPa) abgezogen und redestilliert; Ausbeute: 105,5 g (90%); Sdp.: 78–79°/700 Torr (93,1 kPa).

Als Reduktionsmittel kann auch Dichlor-phenyl-phosphan verwendet werden; z.B.:

$$PCl_3 \; + \; Cl{-}CH_2{-}CH_2{-}Cl \; + \; AlCl_3 \; \xrightarrow{\text{2,5 Stdn., Rückfluß}}$$

$$Cl{-}CH_2{-}CH_2{-}PCl_4 \cdot AlCl_3 \; \xrightarrow[\substack{-H_5C_6\ -PCl_4 \\ -POCl_3 \cdot AlCl_3}]{H_5C_6{-}PCl_2,\ POCl_3} \; Cl{-}CH_2{-}CH_2{-}PCl_2$$

(2-Chlor-ethyl)-dichlor-phosphan[35];
25%; Sdp.: 98–102°/90 Torr (12,4 kPa)

Siletane addieren Phosphor(III)-chlorid in Gegenwart von Aluminiumchlorid. Durch Spaltung der gebildeten Komplexe erhält man siliziumhaltige Alkyl-dichlor-phosphane; z.B.[36]:

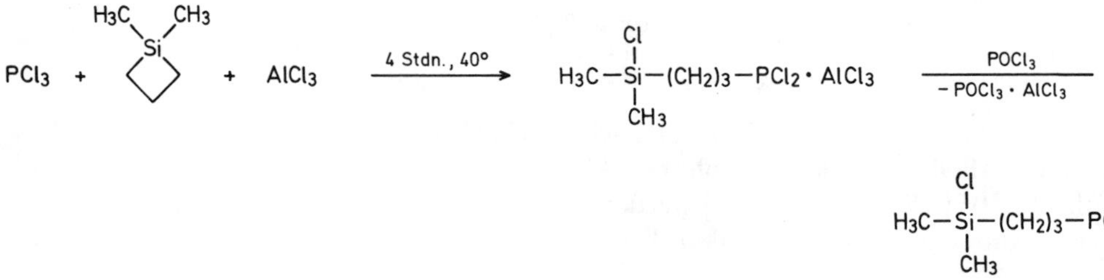

[3-(Chlor-dimethyl-silyl)-propyl]-dichlor-phosphan;
70%; Sdp.: 98–100°/5 Torr (0,67 kPa)

1.2.2. und Arenen bzw. Hetarenen

Arene und Hetarene reagieren mit Phosphor(III)-chlorid in Gegenwart von Aluminiumchlorid nach folgendem Schema zu **Aryl-dichlor-phosphanen**:

[33] DE-P. 1 165 597 (1964/1962), Bayer AG, Erf.: *R. Schliebs*; C.A. **61**, 312 (1964).
[34] *B.J. Perry, J.B. Reesor* u. *J.L. Ferron*, Can. J. Chem. **41**, 2299 (1963).
[35] *L. Maier*, Phosphorus Sulfur **11**, 149 (1981).
[36] *E.F. Bugerenko, A.S. Petukhova* u. *E.A. Chernyshev*, Zh. Obshch. Khim. **42**, 168 (1972); engl.: 164.

$$PCl_3 \ + \ RH \ + \ AlCl_3 \quad \xrightarrow[-HCl]{} \quad R{-}PCl_2 \cdot AlCl_3 \quad \xrightarrow[-AlCl_3]{} \quad R{-}PCl_2$$

Die Reaktion wird in der Regel in überschüssigem Phosphor(III)-chlorid als Lösemittel durchgeführt, wobei die aufzuwendende Menge Aluminiumchlorid der molaren Menge des eingesetzten Kohlenwasserstoffs entsprechen soll. Zur Reingewinnung wird der Aryl-dichlor-phosphan-Aluminiumchlorid-Komplex, z.B. mit Phosphoroxidchlorid, Pyridin oder Alkalimetallchloriden (s. a. S. 278) zersetzt [ausführl. Darstellung s. Bd. XII/1 (4. Aufl.), S. 313 ff.].

Bei der Umsetzung von Alkyl-aryl-ethern mit Phosphor(III)-chlorid verwendet man anstelle des etherspaltenden Aluminiumchlorids schwächere Lewis-Säuren, z.B. Zinn(IV)-[37] oder Zinkchlorid[38].

Dichlor-(4-methoxy-phenyl)-phosphan[37]:

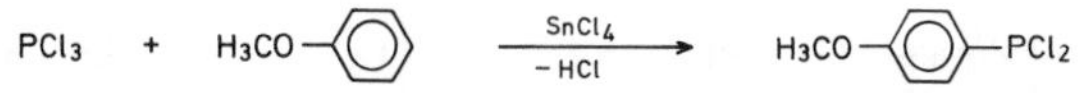

0,1 mol Methoxybenzol (Anisol), 0,3 mol Phosphor(III)-chlorid und 2 ml Zinn(IV)-chlorid werden unter Rückfluß gekocht. Nach jeweils 12–18 Stdn. werden weitere 1–2 ml Zinn(IV)-chlorid zugesetzt. Nach 76 Stdn. wird die Mischung i. Vak. konzentriert und der Rückstand i. Hochvak. destilliert; Ausbeute: 19 g (91%); Sdp.: 74–78°/0,05 Torr (6,67 Pa).

Aus Thiophen wird *Dichlor-2-thienyl-phosphan* (40–50%; Sdp.: 108°/18 Torr (2,4 kPa) erhalten[39]:

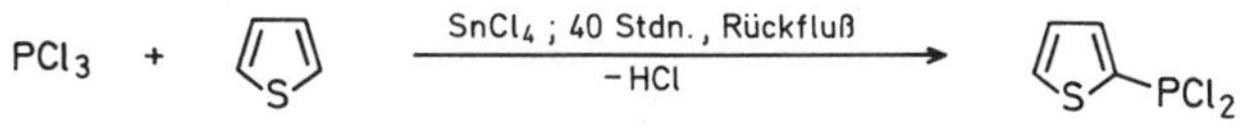

1.2.3. und Organo-metall-Verbindungen

Phosphor(III)-halogenide setzen sich mit einer Reihe metallorganischer Verbindungen zu Dihalogen-organo-phosphanen um. Die ausführliche Darstellung dieses Reaktionstyps in Bd. XII/1 (4. Aufl.), S. 308 ff. sei durch einige Beispiele ergänzt.

Auch mit Grignard-Verbindungen ist es möglich, nur ein Halogen-Atom im Phosphor (III)-halogenid zu substituieren[40, 41]; z.B.:

Dichlor-(pentafluor-phenyl)-phosphan[40]; 55%; Sdp.: 81–82°/9 Torr (1,2 kPa)

Allerdings sollen hierbei Gemische von Aryl-dichlor- und -dibrom-phosphan entstehen[42].

Dilithium-m-carboran reagiert mit Phosphor(III)-chlorid zu *1,3-Bis-[dichlorphosphano]-m-carboran*[43] (40%; Sdp.: 119°/0,3 Torr (0,04 kPa).

Ein Dichlor-phosphan mit fluktuierender Struktur erhält man aus Pentamethyl-cyclopentadienyl-lithium[44]:

[37] *J. A. Miles, M. T. Beeney* u. *K. W. Ratts*, J. Org. Chem. **40**, 343 (1975).
[38] *I. S. Protopopov* u. *M. Y. Kraft*, Zh. Obshch. Khim. **34**, 1446 (1964); engl.: 1451.
[39] *M. Bentov, L. David* u. *E. D. Bergmann*, J. Chem. Soc. **1964**, 4750.
[40] *D. D. Magnelli, G. Tesi, J. U. Lowe, Jr.* u. *W. E. McQuistion*, Inorg. Chem. **5**, 457 (1966).
[41] *M. Fild, O. Stelzer* u. *R. Schmutzler*, Inorg. Synth. **14**, 4 (1973).
[42] *M. Fild, O. Glemser* u. *I. Hollenberg*, Z. Naturforsch. **21**, 920 (1966).
[43] *R. P. Alexander* u. *H. J. Schroeder*, Inorg. Chem. **5**, 493 (1966).
[44] *P. Jutzi, H. Saleske* u. *D. Nadler*, J. Organomet. Chem. **118**, C8 (1976).

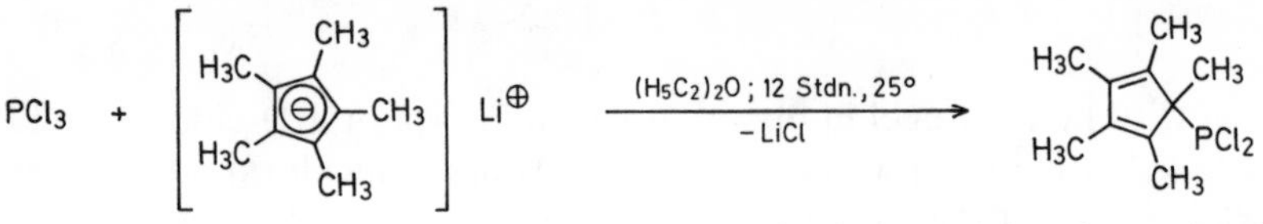

Dichlor-(pentamethyl-cyclopentadienyl)-phosphan;
84%; Sdp.: 74°/0,0075 Torr (1 Pa)

Nicht nur Aryl-, sondern auch Alkyl-aluminiumchlorid-Verbindungen, die aus Aluminium und Chloralkanen erhältlich sind, setzen sich mit Phosphor(III)-chlorid um[45]:

Bis-[dichlorphosphano]-methan[45]:

$$Cl_2Al-CH_2-AlCl_2 \;+\; 2\,PCl_3 \;\longrightarrow\; Cl_2P-CH_2-PCl_2 \cdot 2\,AlCl_3 \xrightarrow[\substack{-POCl_3 \cdot AlCl_3 \\ -NaAlCl_4}]{POCl_3,\,NaCl} Cl_2P-CH_2-PCl_2$$

Eine Suspension von Bis-[dichloraluminium]-methan[aus 27 g (1 gAtom) Aluminium und 200 *ml* Dichlormethan] wird unter Rühren in 137,7 g (1 mol) Phosphor(III)-chlorid so eingetropft, daß die Mischung siedet. Nach 2 Stdn. bei 40–70° werden 153,3 g (1 mol) Phosphoroxidchlorid und 74,5 g (1,28 mol) feingemahlenes Natriumchlorid zugegeben und 2 Stdn. erhitzt. Nach Filtration wird das Lösemittel abgetrieben und der Rückstand i. Vak. destilliert; Ausbeute: 71 g (65%); Sdp.: 48°/1 Torr (0,13 kPa).

Bei der Umsetzung von Phosphor(III)-chlorid mit 1,4-Bis-[trimethylsilyl]-benzol in Gegenwart von Aluminiumchlorid wird selektiv eine Trimethylsilyl-Gruppe substituiert[46]:

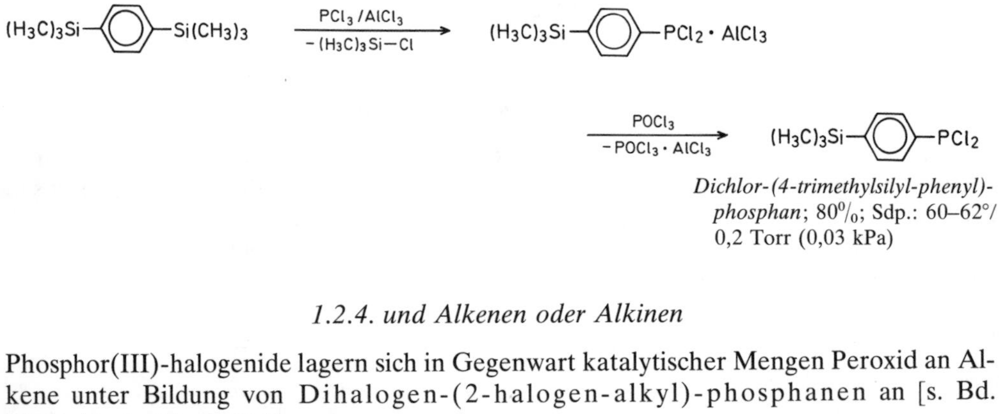

Dichlor-(4-trimethylsilyl-phenyl)-phosphan; 80%; Sdp.: 60–62°/
0,2 Torr (0,03 kPa)

1.2.4. und Alkenen oder Alkinen

Phosphor(III)-halogenide lagern sich in Gegenwart katalytischer Mengen Peroxid an Alkene unter Bildung von Dihalogen-(2-halogen-alkyl)-phosphanen an [s. Bd. XII/1 (4. Aufl.), S. 316]:

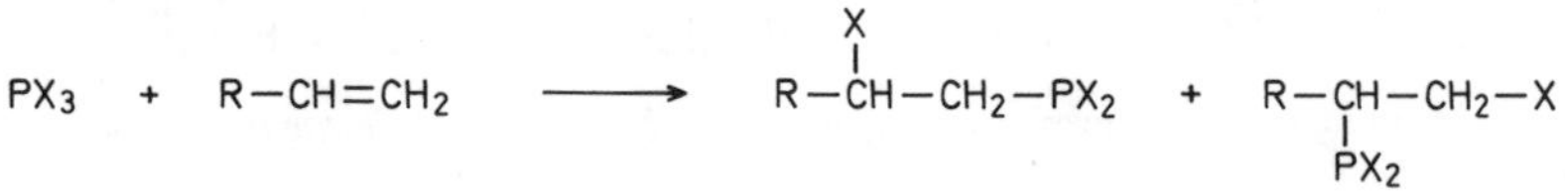

X = Halogen
bei R ≠ H entstehen Isomerengemische

Die Umsetzung kann auch durch Bestrahlung mit UV-Licht[47, 48] oder γ-Strahlen[49, 50] initiiert werden.

[45] *Z. S. Novikova, A. A. Prishchenko* u. *I. F. Lutsenko*, Zh. Obshch. Khim. **47**, 775 (1977); engl.: 707.
[46] *K. Dey*, J. Indian Chem. Soc. **50**, 224 (1973).
[47] *J. R. Little* u. *P. F. Hartmann*, J. Am. Chem. Soc. **88**, 96 (1966).
[48] *B. Fontal* u. *H. Goldwhite*, J. Org. Chem. **31**, 3804 (1966).
[49] *P. A. Zagorets, A. G. Shostenko* u. *A. M. Dodonov*, Zh. Obshch. Khim. **41**, 2171 (1971); engl.: 2195; **45**, 2365 (1975); engl.: 2322.
[50] *E. I. Babkina* u. *I. V. Vereshchinskii*, Zh. Obshch. Khim. **41**, 1248 (1971); engl.: 1258.

Phosphor(III)-bromid reagiert mit Ethen bei höheren Temperaturen unter Druck ohne Katalysatoren zu *(2-Brom-ethyl)-dibrom-phosphan* (44%; Sdp.: $60-62°/0,0075$ Torr (1 Pa)[48]:

$$PBr_3 \;+\; H_2C{=}CH_2 \quad\xrightarrow{\text{20 Stdn., 140--150° (Autoklav)}}\quad Br{-}CH_2{-}CH_2{-}PBr_2$$

In Gegenwart von Sauerstoff setzt sich Phosphor(III)-bromid mit Olefinen bereits bei $20-50°$ zu (2-Brom-alkyl)-dibrom-phosphanen um[51].

(2-Brom-cyclohexyl)-dibrom-phosphan[51]: 15,2 g (0,185 mol) Cyclohexen werden unter Kühlung in 50 g Phosphor(III)-bromid eingetropft. Anschließend werden bei 25--30° 12 l Sauerstoff durch die Mischung geleitet. Die fraktionierte Destillation i. Vak. ergibt 27 g (55%); Sdp.: $172-176°/15$ Torr (2 kPa).

In ähnlicher Weise erhält man aus 1-Hexen bei $40-50°$ 44% *(1-Brommethyl-pentyl)-dibrom-phosphan*[51] (Sdp.: $105-107°/0,3$ Torr/0,04 kPa).

Gleichfalls unter Sauerstoff-Katalyse wird Phosphor(III)-bromid bereits bei $20-25°$ an Alkine angelagert[52, 53]:

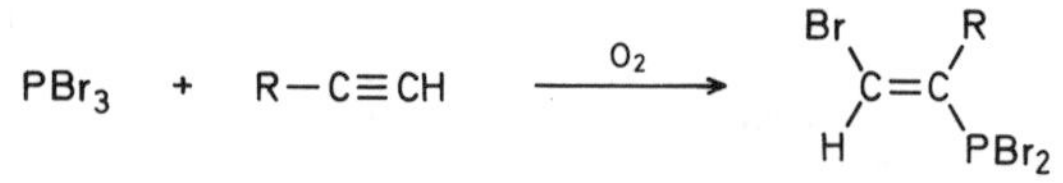

$$PBr_3 \;+\; R{-}C{\equiv}CH \quad\xrightarrow{O_2}\quad \underset{H}{\overset{Br}{}}C{=}C\underset{PBr_2}{\overset{R}{}}$$

(2-Brom-1-phenyl-vinyl)-dibrom-phosphan ($R = C_6H_5$): Durch eine Mischung aus 100 ml Phosphor(III)-bromid und 60 ml Phenyl-acetylen perlt man mittels einer Glasfritte 5 Stdn. Sauerstoff bei 20--25°. Nicht umgesetzte Ausgangsprodukte werden bei 15 Torr (2 kPa) bis 60° abdestilliert; der Rückstand wird i. Vak. fraktioniert; Ausbeute: 150 g (60%); Sdp.: $142°/1$ Torr (0,13 kPa); Schmp.: $42-44°$.

Auf ähnliche Weise werden erhalten:

$R = (H_3C)_3C$ *(2-Brom-1-tert.-butyl-vinyl)-dibrom-phosphan*[53]; 53%; Sdp.: $108°/1$ Torr (0,13 kPa)
$R = BrCH_2$ *(2-Brom-1-brommethyl-vinyl)-dibrom-phosphan*[53]; 62%; Sdp.: $95°/1$ Torr (0,13 kPa)

Alkine mit aktivierter C≡C-Dreifachbindung addieren bereits in Abwesenheit von Katalysatoren Phosphor(III)-bromid[54] oder -chlorid[55]; z.B.:

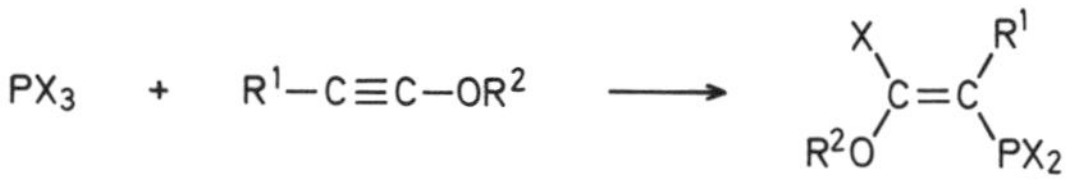

$$PX_3 \;+\; R^1{-}C{\equiv}C{-}OR^2 \quad\longrightarrow\quad \underset{R^2O}{\overset{X}{}}C{=}C\underset{PX_2}{\overset{R^1}{}}$$

(2-Chlor-1-ethyl-2-methoxy-vinyl)-dichlor-phosphan[55]: 2,7 g 1-Methoxy-1-butin werden mit 6,1 g Phosphor(III)-chlorid 5 Stdn. auf 60--70° erhitzt; abschließend wird i. Vak. destilliert; Ausbeute: 4,4 g (50%); Sdp.: $61°/1$ Torr (0,13 kPa).

In gleicher Weise erhält man:

	[%]	[°C]
(2-Chlor-2-methoxy-1-methyl-vinyl)-dichlor-phosphan[55]	82	Sdp.: $56°/1$ Torr (0,13 kPa)
(2-Chlor-2-ethoxy-vinyl)-dichlor-phosphan[55]	72	Sdp.: $46°/1$ Torr (0,13 kPa)
(2-Brom-2-ethoxy-vinyl)-dibrom-phosphan[54]	84	Sdp.: $90°/1$ Torr (0,13 kPa)
(2-Brom-2-methoxy-1-ethyl-vinyl)-dibrom-phosphan[54]	78	Sdp.: $88°/1$ Torr (0,13 kPa)

[48] B. Fontal u. H. Goldwhite, J. Org. Chem. **31**, 3804 (1966).
[51] S. V. Fridland, T. M. Shchukareva u. R. A. Salakhutdinov, Zh. Obshch. Khim. **46**, 1232 (1976); engl.: 1213.
[52] A. S. Kruglov, E. L. Oskotskii, A. V. Dogadina, B. I. Ionin u. A. A. Petrov, Zh. Obshch. Khim. **48**, 1495 (1978); engl.: 1371.
[53] A. S. Kruglov, A. V. Dogadina, B. I. Ionin u. A. A. Petrov, Zh. Obshch. Khim. **48**, 705 (1978); engl.: 649.
[54] M. A. Kazankova, I. G. Trostyanskaya, A. R. Kudinov u. I. F. Lutsenko, Zh. Obshch. Khim. **49**, 469 (1979); engl.: 411.
[55] M. A. Kazankova, A. R. Sheffer, E. A. Besolova u. I. F. Lutsenko, Zh. Obshch. Khim. **47**, 1675 (1977); engl.: 1535.

1.3. aus Phosphor(V)-chlorid

Phosphor(V)-chlorid setzt sich mit 1-Alkenen, die in 2-Stellung zwei Alkyl-Reste, einen Alkoxy-, Alkylthio- oder mindestens einen Aryl-Rest besitzen, i.a. unter Abspaltung von Chlorwasserstoff zu Tetrachlor-vinyl-phosphoranen bzw. deren Komplexen mit Phosphor(V)-chlorid, wenn dieses im Überschuß angewendet wird, um [s. Bd. XII/1 (4. Aufl.), S. 340ff.]. Durch Reduktion (z.B. mit Phosphor) erhält man daraus Dichlor-vinyl-phosphane [s. Bd. XII/1 (4. Aufl.), S. 304f.].
Nachstehend wird eine verbesserte Vorschrift wiedergegeben.

Dichlor-(2-phenyl-vinyl)-phosphan[56]:

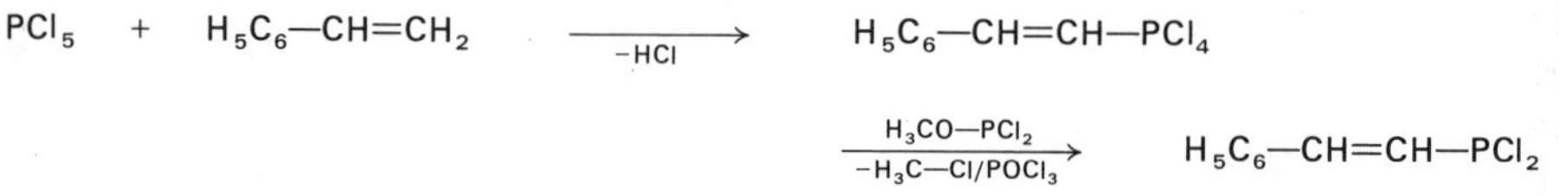

$$PCl_5 \;+\; H_5C_6{-}CH{=}CH_2 \xrightarrow[-HCl]{} H_5C_6{-}CH{=}CH{-}PCl_4$$

$$\xrightarrow[-H_3C{-}Cl/POCl_3]{H_3CO{-}PCl_2} H_5C_6{-}CH{=}CH{-}PCl_2$$

26 g (0,25 mol) Styrol werden innerhalb 10 Min. unter Rühren in eine siedende Lösung von 52 g (0,25 mol) Phosphor(V)-chlorid in 250 ml Phosphor(III)-chlorid eingetropft, wobei ein zwischenzeitlich auftretender Niederschlag wieder gelöst wird. In die siedende Lösung werden anschließend 40 g (0,3 mol) Dichlormethoxy-phosphan eingetropft und 30–40 Min. unter Rückfluß erhitzt. Nach Abtreiben der Leichtsieder wird i. Vak. destilliert; Ausbeute: 44,8 g (87%); Sdp.: 82–83°/0,03 Torr (4 Pa).

Die Reduktion der Phosphorane bzw. deren Komplexe mit Phosphor(V)-chlorid kann auch mit Phosphorwasserstoff[57], Arsenwasserstoff[58] oder Siliziumwasserstoff-Verbindungen[59] erfolgen.

(2-Butyloxy-vinyl)-dichlor-phosphan[57]: 20 g (0,2 mol) Butyl-vinyl-ether werden bei 10–12° in eine Suspension von 83 g (0,4 mol) Phosphor(V)-chlorid in 60 ml Benzol eingetropft und 1 Stde. gerührt. Nach 12 Stdn. Stehen wird bei 20° Phosphorwasserstoff eingeleitet bis sich das kristalline Addukt aufgelöst hat. Benzol und das gebildete Phosphor(III)-chlorid werden abgezogen und der Rückstand i. Vak. destilliert; Ausbeute: 27 g (71%); Sdp.: 121–122°/20 Torr (2,7 kPa).

Aus 2-Phenyl-propen erhält man auf diese Weise *Dichlor-(2-phenyl-1-propenyl)-phosphan*[57] (90%; Sdp.: 144°/10 Torr/1,3 kPa).
Das bei der Umsetzung von Styrol und Phosphor(V)-chlorid im Molverhältnis 1:1 in Benzol erhältliche (2-Phenyl-vinyl)-tetrachlor-phosphoran bildet mit Phosphoroxidchlorid bzw. -thioxidchlorid Komplexe. Aus diesen erhält man nach Pyrolyse *(1-Chlor-2-phenyl-vinyl)-dichlor-phosphan*[60] (63%; Sdp.: 125–127°/0,5 Torr/0,07 kPa):

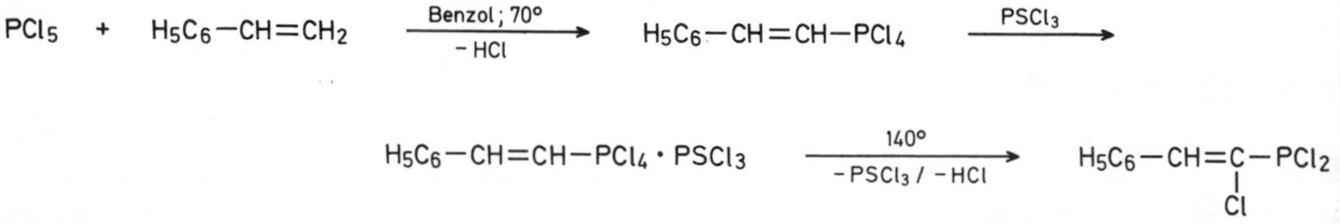

$$PCl_5 \;+\; H_5C_6{-}CH{=}CH_2 \xrightarrow[-HCl]{Benzol;\,70°} H_5C_6{-}CH{=}CH{-}PCl_4 \xrightarrow{PSCl_3}$$

$$H_5C_6{-}CH{=}CH{-}PCl_4 \cdot PSCl_3 \xrightarrow[-PSCl_3\,/\,-HCl]{140°} H_5C_6{-}CH{=}\underset{Cl}{C}{-}PCl_2$$

Phosphor(V)-chlorid addiert sich an Alkine unter Bildung von (2-Chlor-vinyl)-phosphoranen, die i.a. als Komplexe mit überschüssigem Phosphor(V)-chlorid anfallen. Durch Reduktion sind daraus (2-Chlor-1-alkenyl)-dichlor-phosphane erhältlich; z.B.[57]:

[56] *Y. A. Levin, V. S. Galeev* u. *E. K. Trutneva*, Zh. Obshch. Khim. **37**, 1872 (1967); engl.: 1783.
[57] *S. V. Fridland* u. *A. I. Efremov*, Zh. Obshch. Khim. **48**, 319 (1978); engl.: 285.
[58] *A. A. Krolevets* u. *A. V. Fokin*, Izv. Akad. Nauk SSSR, Ser. Khim. **1980**, 1208; C. A. **93**, 114637 (1980).
[59] *A. F. Kolomiets, A. V. Fokin, A. A. Krolevets* u. *O. V. Bronnyi*, Izv. Akad. Nauk SSSR, Ser. Khim. **1976**, 207; C. A. **84**, 164953 (1976).
[60] *S. V. Fridland, Y. K. Malkov, L. A. Eroshina* u. *R. A. Salakhutdinov*, Zh. Obshch. Khim. **48**, 47 (1978); engl.: 38.

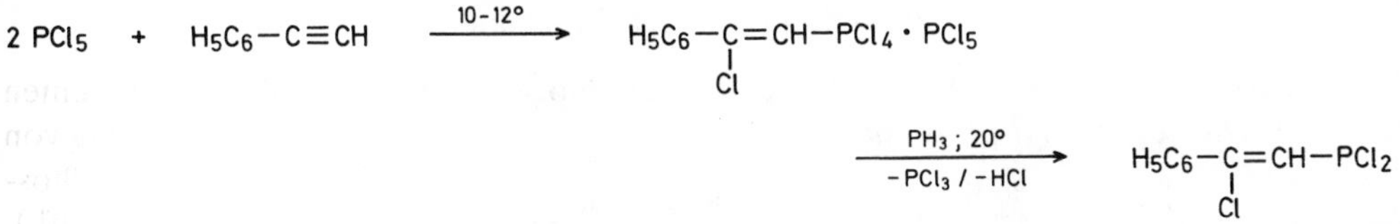

$$2\ PCl_5\ +\ H_5C_6-C\equiv CH\ \xrightarrow{10-12°}\ H_5C_6-\underset{\underset{Cl}{|}}{C}=CH-PCl_4\cdot PCl_5$$

$$\xrightarrow[-PCl_3\,/\,-HCl]{PH_3\,;\,20°}\ H_5C_6-\underset{\underset{Cl}{|}}{C}=CH-PCl_2$$

(2-Chlor-2-phenyl-vinyl)-dichlor-phosphan;
85%; Sdp.: 148–149°/9 Torr (1,2 kPa)

2. aus Phosphonigsäure-Derivaten

Dichlorphosphane können durch Umsetzung von Phosphonigsäure-diestern mit Phosphor(III)-chlorid oder von Phosphonigsäure-bis-[amiden] mit Chlorwasserstoff erhalten werden [s. Bd. XII/1 (4. Aufl.), S. 302f.].
Bei der Umsetzung von Alkyl-bis-[amino]-phosphanen mit einem hochsiedenden Dichlor-phosphan läßt sich das leichter flüchtige Alkyl-dichlor-phosphan in Freiheit setzen. Aus Bis-[diethylamino]-^{13}C-methyl-phosphan gewinnt man auf diese Weise *Dichlor-^{13}C-methyl-phosphan* mit 76% Ausbeute[61]:

$$H_3{}^{13}C-P[N(C_2H_5)_2]_2\ +\ H_5C_6-PCl_2\ \xrightarrow[-H_5C_6-P[N(C_2H_5)_2]_2]{200-220°}\ H_3{}^{13}C-PCl_2$$

3. durch Reduktion von Thiophosphonsäure-dihalogeniden

Thiophosphonsäure-dichloride werden durch Derivate des dreibindigen Phosphors zu Dichlor-organo-phosphanen reduziert [s. Bd. XII/1 (4. Aufl.), S. 307f.].
Als Entschwefelungsmittel werden Mono-[62] und Dihalogen-phosphane, Phosphite[63] und tert. Phosphane[64, 65] verwendet; z.B.:

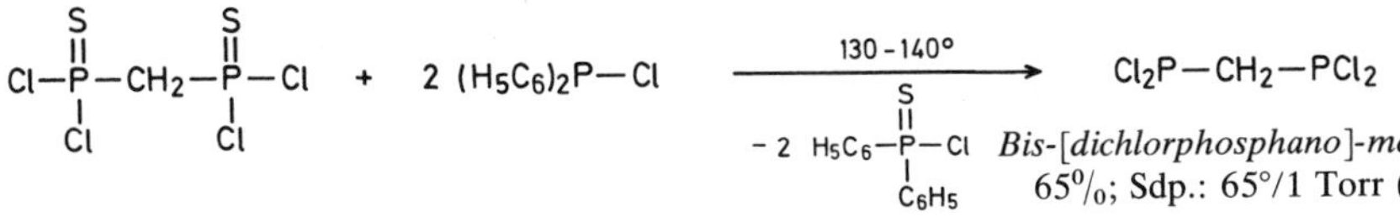

$$Cl-\underset{\underset{Cl}{|}}{\overset{\overset{S}{\|}}{P}}-CH_2-\underset{\underset{Cl}{|}}{\overset{\overset{S}{\|}}{P}}-Cl\ +\ 2\ (H_5C_6)_2P-Cl\ \xrightarrow[-2\ H_5C_6-\overset{\overset{S}{\|}}{\underset{\underset{C_6H_5}{|}}{P}}-Cl]{130-140°}\ Cl_2P-CH_2-PCl_2$$

Bis-[dichlorphosphano]-methan[62];
65%; Sdp.: 65°/1 Torr (0,13 kPa)

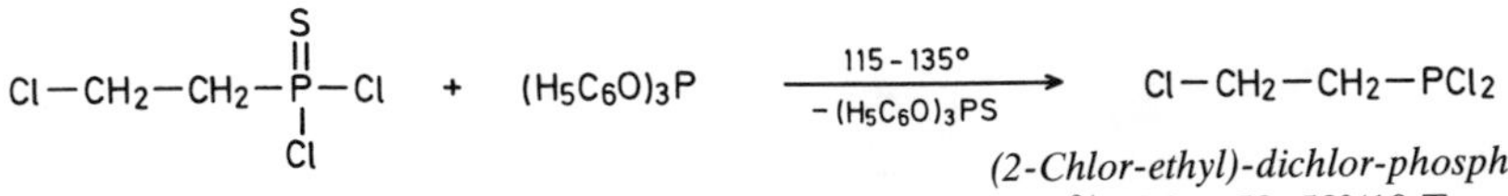

$$Cl-CH_2-CH_2-\underset{\underset{Cl}{|}}{\overset{\overset{S}{\|}}{P}}-Cl\ +\ (H_5C_6O)_3P\ \xrightarrow[-(H_5C_6O)_3PS]{115-135°}\ Cl-CH_2-CH_2-PCl_2$$

(2-Chlor-ethyl)-dichlor-phosphan[63];
84%; Sdp.: 50–53°/10 Torr (1,3 kPa)

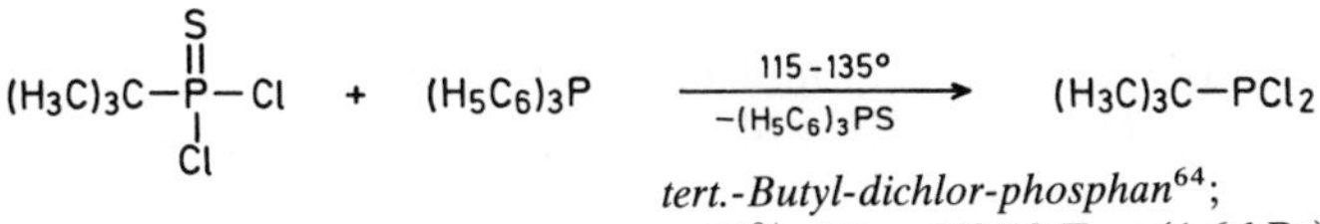

$$(H_3C)_3C-\underset{\underset{Cl}{|}}{\overset{\overset{S}{\|}}{P}}-Cl\ +\ (H_5C_6)_3P\ \xrightarrow[-(H_5C_6)_3PS]{115-135°}\ (H_3C)_3C-PCl_2$$

tert.-Butyl-dichlor-phosphan[64];
80%; Sdp.: 60°/12 Torr (1,6 kPa); Schmp.: 44–48°

Das bei Verwendung von Triphenylphosphan anfallende Phosphansulfid kann mit Eisenpulver entschwefelt werden[65].

[61] *I.J. Colquhoun* u. *W. McFarlane*, J. Labelled Compd. Radiopharm. **13**, 535 (1977).
[62] *M. Fild, J. Heinze* u. *W. Krüger*, Chem. Ztg. **101**, 259 (1977).
[63] *L. Maier*, Phosphorus **1**, 105 (1971).
[64] *P.C. Crofts* u. *D.M. Parker*, J. Chem. Soc. **1970**, 332.
[65] *L. Maier*, Helv. Chim. Acta **47**, 2137 (1964).

4. durch Spaltung tert. Phosphane

Triphenylphosphan setzt sich mit Phosphor(III)-chlorid im Überschuß bei 280° unter Druck zu *Dichlor-phenyl-phosphan* um[66]:

$$(H_5C_6)_3P \;+\; 2\,PCl_3 \xrightarrow{\;280°\;(Autoklav)\;} 3\,H_5C_6\!-\!PCl_2$$

Diese intermolekulare Phenyl-Wanderung läßt sich erfolgreich auf ditert. Phosphane übertragen[66, 67] und liefert z.B. aus 1,4-Bis-[diphenylphosphano]-benzol mit 86% Ausbeute *Dichlor-phenyl-phosphan* neben *1,4-Bis-[dichlorphosphano]-benzol*[67]:

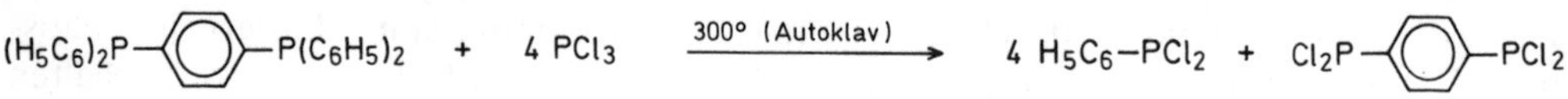

5. aus anderen Phosphonigsäure-dihalogeniden

Aus Dichlor-organo-phosphanen erhält man bei der Umsetzung mit Brom- oder Jodwasserstoff Dibrom- bzw. Dijod-organo-phosphane [s. Bd. XII/1 (4. Aufl.), S. 317]. Die Umsetzung mit Phosphor(III)-bromid liefert Dibrom-organo-phosphane mit guten Ausbeuten:

$$R\!-\!PCl_2 \;+\; PBr_3 \xrightarrow[-\,PCl_3]{\;\Delta\;} R\!-\!PBr_2$$

Dibrom-phenyl-phosphan[68]: 107 g (0,6 mol) Dichlor-phenyl-phosphan werden mit 325 g (1,2 mol) Phosphor(III)-bromid im Ölbad allmählich auf 190° erhitzt. Über eine Vigreux-Kolonne wird dabei zunächst Phosphor(III)-chlorid und anschließend überschüssiges Phosphor(III)-bromid abdestilliert. Der Rückstand wird i. Vak. fraktioniert; Ausbeute: 139 g (86%); Sdp.: 122–123°/9,5 Torr (1,26 kPa).

Auf analoge Weise wird *Dibrom-ethyl-phosphan*[68] (70%; Sdp.: 161–163°/760 Torr/ 101,3 kPa) erhalten.

Mit Bor(III)-bromid wird bereits bei 20° eine quantitative Umwandlung von Dichlor-phenyl-phosphan in *Dibrom-phenyl-phosphan* erzielt[69].

Durch Reaktion mit Lithiumjodid werden Dichlor- zu Dijod-organo-phosphanen umgesetzt[70, 71]:

$$R\!-\!PCl_2 \;+\; 2\,LiJ \xrightarrow[-2\,LiCl]{\;CCl_4\;od.\;Benzol;\;20°,\;0,5-2\;Stdn.\;} R\!-\!PJ_2$$

R = C₆H₅; *Dijod-phenyl-phosphan*[70]; 90%; Sdp.: 104–105°/0,08 Torr (0,01 kPa)
R = (H₃C)₃C; *tert.-Butyl-dijod-phosphan*[71]; 91%; Sdp.: 65–70°/0,08 Torr (0,01 kPa)

Difluor-organo-phosphane gewinnt man bei der Umsetzung der Dichlor-Derivate mit Antimon(III)-fluorid [s. Bd. XII/1 (4. Aufl.), S. 318]. Höhere Ausbeuten werden mit

[66] K. Sommer, Z. Anorg. Allg. Chem. **376**, 37 (1970).
[67] R.A. Baldwin, Ch.O. Wilson, Jr. u. R.J. Wagner, J. Org. Chem. **32**, 2172 (1967).
[68] W. Kuchen u. W. Grünewald, Chem. Ber. **98**, 480 (1965).
[69] P.M. Druce u. M.F. Lappert, J. Chem. Soc. **1971**, 3595.
[70] N.G. Feshchenko, E.A. Melnichuk u. A.V. Kirsanov, Zh. Obshch. Khim. **47**, 1006 (1977); engl.: 924.
[71] N.G. Feshchenko u. E.A. Melnichuk, Zh. Obshch. Khim. **48**, 365 (1978); engl.: 329.

Natriumfluorid erzielt[72-75]:

$$R{-}PCl_2 \quad + \quad 2\,NaF \quad \xrightarrow{\Delta\,;\ Sulfolan} \quad R{-}PF_2$$

R = C₆H₅;   *Difluor-phenyl-phosphan*[72]; 74,5%; Sdp.: 31°/11 Torr (1,5 kPa)
R = (H₃C)₃C;   *tert.-Butyl-difluor-phosphan*[73]; 86%; Sdp.: 54°/760 Torr (101,3 kPa)
R = 2-Thienyl;   *Difluor-2-thienyl-phosphan*[74]; 80%; Sdp.: 43°/20 Torr (2,7 kPa)

Leitet man bei 120° Dichlor-methyl-phosphan durch aktiviertes Kaliumfluorid (herge-stellt aus Kaliumfluorosulfit), so erhält man quantitativ das flüchtige *Difluor-methyl-phosphan*[75] (Sdp.: −27°/760 Torr/101,3 kPa).

Difluor-methyl-phosphan zersetzt sich bei 20° in wenigen Tagen zu Methyl-tetrafluor-phosphoran und Pentame-thyl-pentaphospholan. Difluor-phenyl-phosphan dagegen läßt sich bei 20° einige Wochen unzersetzt aufbewah-ren.

B. Umwandlung

Ergänzung zu Bd. XII/1 (4. Aufl.), S. 318f.:
Dihalogen-phosphane setzen sich auch mit prim. Aminen zu Phosphonigsäure-bis-[ami-den] um (s. S. 310f.). Die Pyrolyse von Alkan-dichlor-phosphanen führt zu unbeständigen Alkyliden- bzw. Alkylidin-phosphanen[76, 77]. Durch Umsetzung von Dichlor-organo-phos-phanen mit Halogen-alkansäure-nitrilen und Phosphoroxidchlorid erhält man Phosphon-säure-chlorid-imide[78].

Dihalogen-organo-phosphane bilden mit Metallen und Metallhalogeniden Komplexverbindungen. In den Kom-plexen der Übergangsmetallhalogenide sind durch Redoxreaktionen verschiedene Wertigkeitsstufen möglich[79].

η) **Phosphonigsäure-ester-halogenide**

Phosphonigsäure-ester-halogenide werden aus Dihalogen-organo-phosphanen durch Einwirkung molarer Mengen Alkohol in Gegenwart eines tert. Amins gewonnen [s. Bd. XII/1 (4. Aufl.), S. 324].
2-Chlor-cycloalkanphosphonigsäure-chlorid-ester erhält man aus den entsprechen-den Dichlor-phosphanen, besser durch Umsetzung mit Methoxy-trimethyl-silan, um eine Chlorwasserstoff-Abspaltung durch Einfluß des Amins (s.o.) zu vermeiden; z.B.[80]:

[72] *R. Schmutzler*, Chem. Ber. **98**, 552 (1965).
[73] *M. Fild* u. *R. Schmutzler*, J. Chem. Soc. **1970**, 2359.
[74] *G.-V. Röschenthaler* u. *R. Schmutzler*, J. Inorg. Nucl. Chem. **1976**, 17.
[75] *F. Seel, K. Rudolph* u. *R. Budenz*, Z. Anorg. Allg. Chem. **341**, 196 (1965).
[76] *M.J. Hopkinson, H.W. Kroto, J.F. Nixon* u. *N.P.C. Simmons*, J. Chem. Soc. **1976**, 513.
[77] *M.J. Hopkinson, H.W. Kroto, J.F. Nixon* u. *N.P.C. Simmons*, Chem. Phys. Lett. **42**, 460 (1976).
[78] *N.D. Bodnarchuk, V.Y. Semenii, V.P. Kukhar* u. *A.V. Kirsanov*, Zh. Obshch. Khim. **41**, 984 (1971); C.A. **75**, 76924 (1971).
[79] *R. Bartsch, M. Hausard* u. *O. Stelzer*, Chem. Ber. **111**, 1420 (1978).
[80] *V.S. Sergeev, É.I. Babkina* u. *Y.G. Gololobov*, Zh. Obshch. Khim. **47**, 43 (1977); engl.: 37.

18*

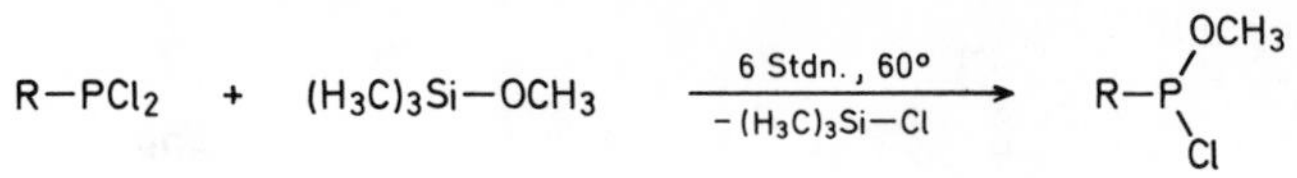

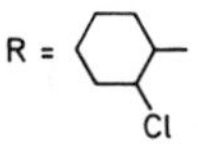

$$R-PCl_2 + (H_3C)_3Si-OCH_3 \xrightarrow[-(H_3C)_3Si-Cl]{6\ Stdn.,\ 60°} R-P\begin{smallmatrix} OCH_3 \\ \diagup \\ \diagdown \\ Cl \end{smallmatrix}$$

R = [cyclohexyl with Cl] ; *Chlor-(2-chlor-cyclohexyl)-methoxy-phosphan*;
77%; Sdp.: 48–50°/0,1 Torr (0,013 kPa)

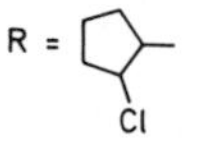

R = [cyclopentyl with Cl] ; *Chlor-(2-chlor-cyclopentyl)-methoxy-phosphan*;
62%; Sdp.: 46–47°/0,37 Torr (0,05 kPa)

Phosphonigsäure-halogenid-(2,2,2-trifluor-1-trifluormethyl-ethylester) entstehen bei der Reaktion von Dihalogen-phosphanen mit dem entsprechenden Lithium-alkanolat[81]:

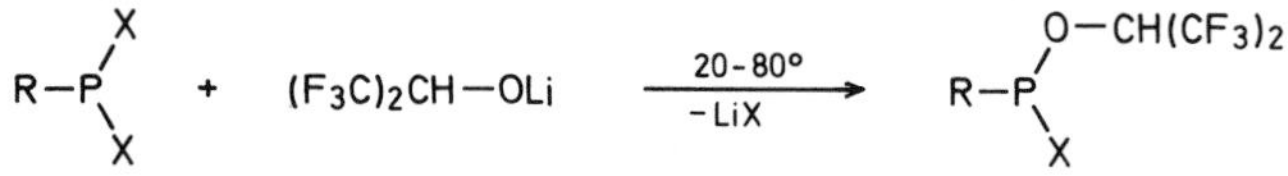

$$R-P\begin{smallmatrix} X \\ \diagup \\ \diagdown \\ X \end{smallmatrix} + (F_3C)_2CH-OLi \xrightarrow[-LiX]{20-80°} R-P\begin{smallmatrix} O-CH(CF_3)_2 \\ \diagup \\ \diagdown \\ X \end{smallmatrix}$$

R = (H_3C)_3C; X = Cl; *tert.-Butyl-chlor-(2,2,2-trifluor-1-trifluormethyl-ethoxy)-
phosphan*; 80%; Sdp.: 128°/760 Torr (101,3 kPa)
R = C_6H_5; X = F; *Fluor-phenyl-(2,2,2-trifluor-1-trifluormethyl-ethoxy)-
phosphan*; 77%; Sdp.: 40°/0,01 Torr (1,3 Pa)

Auch durch Substituentenaustausch bei der Reaktion eines Phosphonigsäure-dichlorids mit dem korrespondierenden -diester lassen sich Phosphonigsäure-chlorid-ester in guten Ausbeuten herstellen[82, 83]:

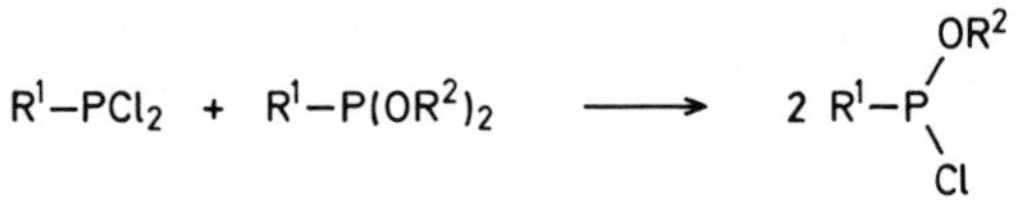

$$R^1-PCl_2 + R^1-P(OR^2)_2 \longrightarrow 2\ R^1-P\begin{smallmatrix} OR^2 \\ \diagup \\ \diagdown \\ Cl \end{smallmatrix}$$

Chlor-ethoxy-phenyl-phosphan[82]: Zu 22,4 g (0,125 mol) Dichlor-phenyl-phosphan in 100 *ml* Ether werden unter Eiskühlung 24,8 g (0,125 mol) Diethoxy-phenyl-phosphan zugetropft. Nach 2 Stdn. wird der Ether i. Wasserstrahlvak. abdestilliert und der Rückstand i. Vak. destilliert; Ausbeute: 35 g (74%); Sdp.: 74–75°/0,2 Torr (27 Pa).

Auf analoge Weise erhält man u. a.

Chlor-ethoxy-ethyl-phosphan[82]   77%; Sdp.: 35–36°/18 Torr (2,4 kPa)
Chlor-methoxy-trifluormethyl-phosphan[83]   91%

Phosphonigsäure-ester-halogenide reagieren mit Alkoholen zu Diestern (s. S. 295), mit Aminen zu Amid-estern (s. S. 300) und mit Thiolen zu Thiophosphonigsäure-diestern (s. S. 298). Bei der Umsetzung mit Grignard-Verbindungen erhält man Phosphinigsäure-ester[82].

9) Thiophosphonigsäure-halogenide

Bei der Umsetzung von Difluor-organo-phosphanen mit Schwefelwasserstoff in Gegenwart von Triethylamin erhält man Thiophosphonigsäure-fluoride; z. B.[83a]:

[81] *D. Dakternieks, G. V. Röschenthaler* u. *R. Schmutzler*, Z. Naturforsch. **33b**, 507 (1978).
[82] *E. Steininger*, Chem. Ber. **95**, 2993 (1962).
[83] *A. B. Burg*, Inorg. Chem. **16**, 379 (1977).
[83a] *U. Ahrens* u. *H. Falius*, Z. Anorg. Allg. Chem. **480**, 90 (1981).

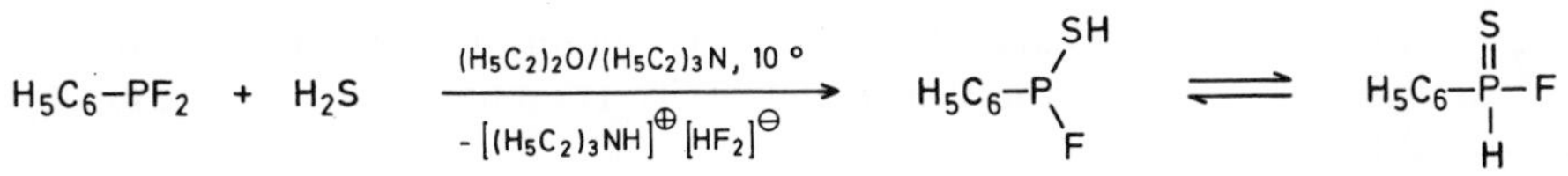

$$H_5C_6-PF_2 \ + \ H_2S \quad \xrightarrow[- \ [(H_5C_2)_3NH]^{\oplus} \ [HF_2]^{\ominus}]{(H_5C_2)_2O/(H_5C_2)_3N, \ 10°} \quad \underset{F}{\overset{SH}{H_5C_6-P}} \quad \rightleftharpoons \quad \underset{H}{\overset{S}{H_5C_6-\overset{\|}{P}-F}}$$

Benzolthiophosphonigsäure-fluorid; 30%;
Sdp.: 66°/0,5 Torr (0,07 kPa); Schmp.: −72°

Methanthiophosphonigsäure-fluorid (5%; Sdp.: 35°/30 Torr (4 kPa) Schmp.: −108°) und *Ethanthiophosphonig-säure-fluorid* (5%; Sdp.: 28°/10 Torr (1,33 kPa) Schmp.: −92°) erhält man aus den entsprechenden Dichlor-or-gano-phosphanen, wenn man diese in ether. Lösung in Gegenwart von Triethylamin zunächst mit Fluorwasser-stoff und anschließend mit Schwefelwasserstoff umsetzt[83a]:

ι) Thiophosphonigsäure-ester-halogenide

Dihalogen-organo-phosphane setzen sich mit molaren Mengen Thiol in Gegenwart eines tert. Amins zu Thiophosphonigsäure-ester-halogeniden um [s. Bd. XII/1 (4. Aufl.), S. 332]:

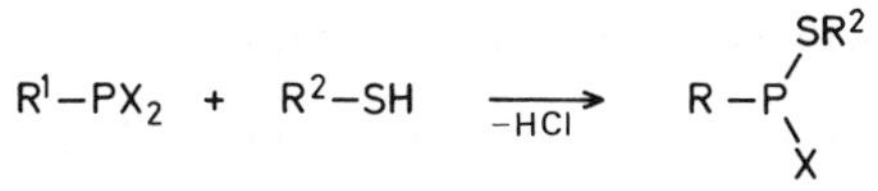

$$R^1-PX_2 \ + \ R^2-SH \quad \xrightarrow[-HCl]{} \quad R-\underset{X}{\overset{SR^2}{P}}$$

Die Reaktion läßt sich auch in Abwesenheit eines Halogenwasserstoffacceptors durchfüh-ren, wenn man durch das Reaktionsgemisch einen Inertgasstrom leitet und so den gebilde-ten Halogenwasserstoff austreibt.

Alkyl-alkylthio-halogen-phosphan; allgemeine Arbeitsvorschrift:
Methode A[84]: Zu 0,13 mol Alkyl-dihalogen-phosphan in 25 *ml* Dichlormethan wird bei gleichzeitigem Durchleiten eines Kohlendioxidstroms innerhalb 3 Stdn. 0,13 mol Alkanthiol eingetropft und 1 Stde. nachge-rührt. Anschließend wird innerhalb 1,5 Stdn. i. Wasserstrahlvak. das Lösemittel und restlicher Halogenwasser-stoff entfernt. Der Rückstand wird i. Vak. destilliert.

Methode B[85]: In einer Claisenflasche werden zu 0,01 mol Alkyl-dihalogen-phosphan bei 20–25° 0,01 mol Alkanthiol eingetropft und gleichzeitig ein Argonstrom durch das Reaktionsgemisch geleitet. Am Ende der Re-aktion wird kurzzeitig auf dem Wasserbad erhitzt und der Halogenwasserstoff vollständig abgetrieben. Der Rückstand wird i. Vak. destilliert.

Auf diese Weise erhält man u.a.
$R^1 = CH_3$; $R^2 = C_2H_5$; $X = Cl$; *Chlor-ethylthio-methyl-phosphan*[85]; 85%; Sdp.: 40–41°/7 Torr (0,93 kPa)
$R^1 = CH_3$; $R^2 = C_4H_9$; $X = Cl$; *Butylthio-chlor-methyl-phosphan*[85]; 90%; Sdp.: 58–59°/1 Torr (0,13 kPa)
$R^1 = R^2 = C_2H_5$; $X = Cl$; *Chlor-ethyl-ethylthio-phosphan*[84]; 68%; Sdp.: 56–57°/7 Torr (0,93 kPa)
$R^1 = C_2H_5$; $R^2 = C_4H_9$; $X = Br$; *Brom-butylthio-ethyl-phosphan*[84]; 70%; Sdp.: 118–119°/9 Torr (1,2 kPa)

Thiophosphonigsäure-ester-halogenide entstehen beim Eintropfen äquimolarer Mengen eines Thiirans zu Dihalogen-organo-phosphanen und anschließendem Erwärmen; z.B.[86]:

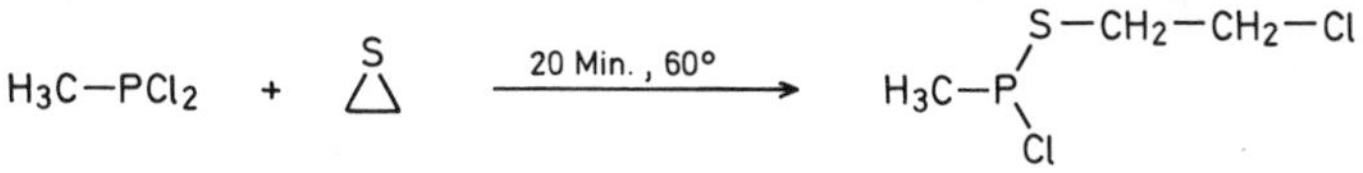

$$H_3C-PCl_2 \ + \ \underset{\triangle}{\overset{S}{}} \quad \xrightarrow{20 \ Min., \ 60°} \quad H_3C-\underset{Cl}{\overset{S-CH_2-CH_2-Cl}{P}}$$

Chlor-(2-chlor-ethylthio)-methyl-phosphan;
70%; Sdp.: 102–103°/15 Torr (2 kPa)

[83a] *U. Ahrens* u. *H. Falius*, Z. Anorg. Allg. Chem. **480**, 90 (1981).
[84] *E.A. Krasilnikova, A.M. Potapov* u. *A.I. Razumov*, Zh. Obshch. Khim. **38**, 1098 (1968); engl.: 1055.
[85] *L.N. Shitov* u. *B.M. Gladshtein*, Zh. Obshch. Khim. **39**, 1251 (1969); engl.: 1220.
[86] *S.Z. Ivin* u. *I.D. Shelakova*, Zh. Obshch. Khim. **35**, 1220 (1965); engl.: 1224.

Durch Substituententausch bei der Reaktion von Dithiophosphonigsäure-diestern mit Di-halogen-organo-phosphanen erhält man gleichfalls Thiophosphonigsäure-ester-halogenide[87, 88]; z.B.:

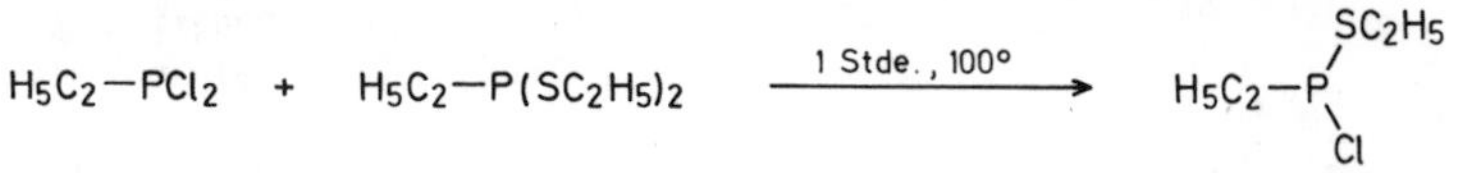

$$H_5C_2-PCl_2 \quad + \quad H_5C_2-P(SC_2H_5)_2 \quad \xrightarrow{\text{1 Stde., 100°}} \quad H_5C_2-P\begin{smallmatrix}SC_2H_5\\ \\Cl\end{smallmatrix}$$

Chlor-ethyl-ethylthio-phosphan[87];
65%; Sdp.: 54–56°/7,5 Torr (1 kPa)

Thiophosphonigsäure-ester-halogenide liefern bei der Reaktion mit Alkoholen Thio-phosphonigsäure-diester (s. S. 298), mit Aminen Thiophosphonigsäure-amid-ester (s.S. 307).

ϰ) Phosphonigsäure-amid-halogenide

A. Herstellung

1. aus Amino-dichlor-phosphanen und Organo-metall-Verbindungen

Die Umsetzung von Amino-dichlor-phosphanen mit metallorganischen Verbindungen im äquimolaren Verhältnis liefert Phosphonigsäure-amid-chloride in guten Ausbeuten; z.B.:

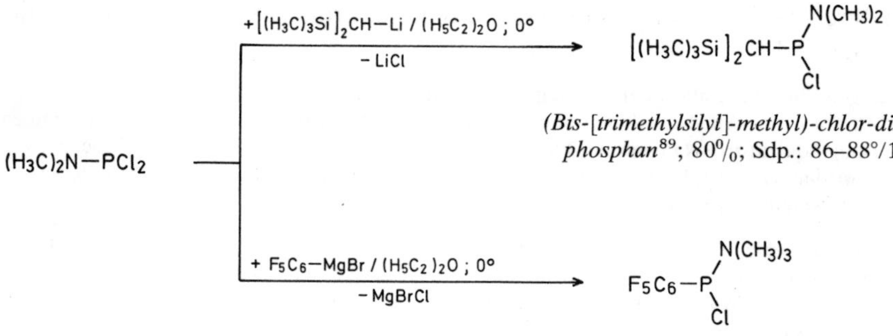

$$(H_3C)_2N-PCl_2 \quad \xrightarrow{\substack{+[(H_3C)_3Si]_2CH-Li \,/\, (H_5C_2)_2O \,;\, 0° \\ -LiCl}} \quad [(H_3C)_3Si]_2CH-P\begin{smallmatrix}N(CH_3)_2\\ \\Cl\end{smallmatrix}$$

(Bis-[trimethylsilyl]-methyl)-chlor-dimethylamino-phosphan[89]; 80%; Sdp.: 86–88°/1 Torr (0,13 kPa)

$$\xrightarrow{\substack{+\,F_5C_6-MgBr \,/\, (H_5C_2)_2O \,;\, 0° \\ -MgBrCl}} \quad F_5C_6-P\begin{smallmatrix}N(CH_3)_3\\ \\Cl\end{smallmatrix}$$

Chlor-dimethylamino-(pentafluor-phenyl)-phosphan[90]; 79%; Sdp.: 75–78°/0,1 Torr (0,013 kPa)

2. aus Phosphonigsäure-Derivaten

2.1. aus Phosphonigsäure-dihalogeniden

Dichlor-organo-phosphane setzen sich mit der zweifach molaren Menge eines sek. Amins in guten Ausbeuten zu Phosphonigsäure-amid-chloriden um [s. Bd. XII/1 (4. Aufl.), S. 334]:

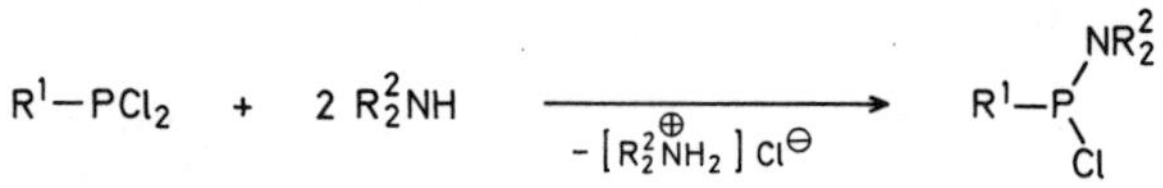

$$R^1-PCl_2 \quad + \quad 2\,R^2_2NH \quad \xrightarrow{-\,[R^2_2\overset{\oplus}{N}H_2]\,Cl^{\ominus}} \quad R^1-P\begin{smallmatrix}NR^2_2\\ \\Cl\end{smallmatrix}$$

[87] V. D. Akamsin u. N. I. Rizpolozhenskii, Izv. Akad. Nauk SSSR, Ser. Khim. **1967**, 825; C. A. **67**, 100207 (1967).
[88] A. M. Potapov, E. A. Krasilnikova u. A. I. Razumov, Zh. Obshch. Khim. **40**, 566 (1970); engl.: 534.
[89] H. Goldwhite u. P. P. Power, Org. Magn. Reson. **11**, 499 (1978).
[90] M. G. Barlow, M. Green, R. N. Haszeldine u. H. G. Higson, J. Chem. Soc. **1966**, 1592.

Auch mit prim. Aminen ist die Reaktion möglich. Allerdings entstehen thermisch stabile Verbindungen nur bei Einsatz prim. Amine mit größeren Alkyl-Resten; z.B. tert.-Butyl-amin[91]:

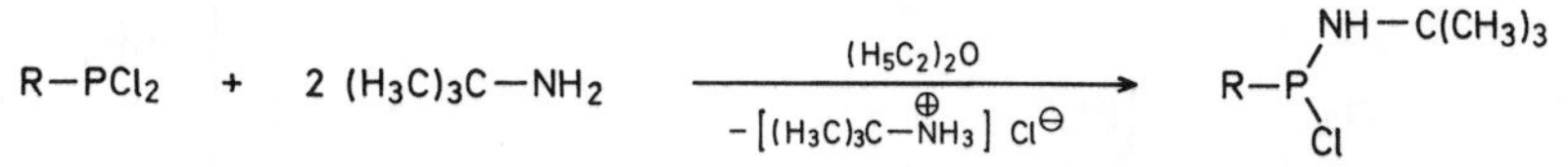

$$R-PCl_2 \quad + \quad 2 \ (H_3C)_3C-NH_2 \xrightarrow[-\ [(H_3C)_3C-\overset{\oplus}{N}H_3] \ Cl^{\ominus}]{(H_5C_2)_2O} \quad R-\underset{Cl}{\overset{NH-C(CH_3)_3}{P}}$$

R = CH₃;   *tert.-Butylamino-chlor-methyl-phosphan*; 40%; Sdp.: 48–52°/5 Torr (0,67 kPa)

R = (H₃C)₃C; *tert.-Butyl-tert.-butylamino-chlor-phosphan*; 80%; Sdp.: 35–36°/0,1 Torr (0,013 kPa)

2,5-Difluor-1-methyl-1,2,5-azadiphospholidin entsteht zu 60% bei der Umsetzung von 1,2-Bis-[difluorphosphano]-ethan mit Methylamin[92]:

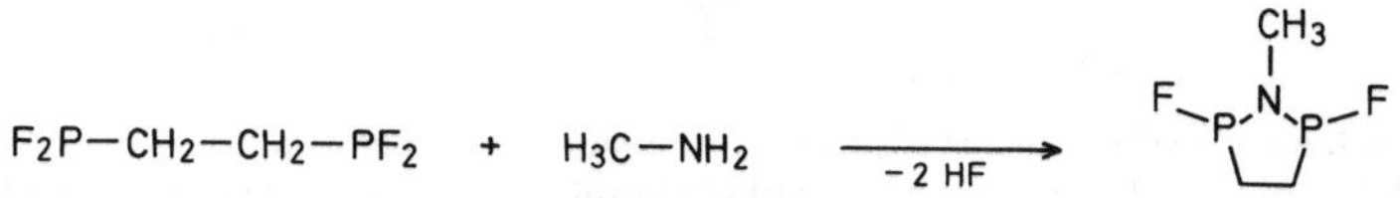

$$F_2P-CH_2-CH_2-PF_2 \quad + \quad H_3C-NH_2 \xrightarrow[-2 \ HF]{}$$

Bis-[chlor-methyl-phosphano]-methyl-amin (77%) erhält man bei der Reaktion von Hep-tamethyldisilazan mit Dichlor-methyl-phosphan im Überschuß. Die Umsetzung im Mol-verhältnis 1:1 führt dagegen zum *Chlor-methyl-(methyl-trimethylsilyl-amino)-phosphan* (73%)[93].

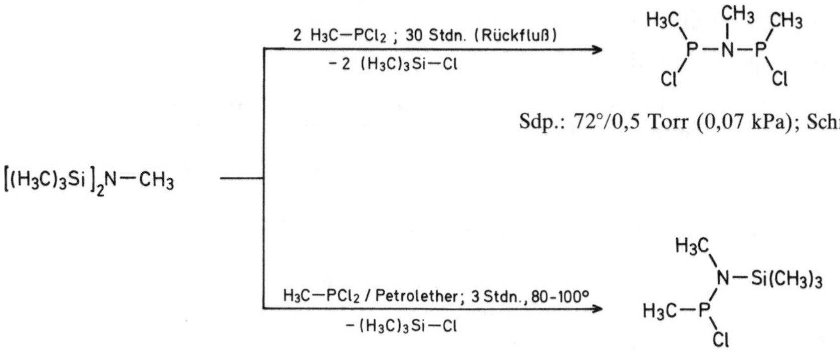

$$[(H_3C)_3Si]_2N-CH_3$$

2 H₃C—PCl₂ ; 30 Stdn. (Rückfluß)
− 2 (H₃C)₃Si—Cl

Sdp.: 72°/0,5 Torr (0,07 kPa); Schmp.: 30°

H₃C—PCl₂ / Petrolether; 3 Stdn., 80–100°
− (H₃C)₃Si—Cl

Sdp.: 53°/1 Torr (0,13 kPa)

Eine Verbindung dieses Typs wird auch bei der Umsetzung von tert.-Butyl-dichlor-phos-phan mit Lithium-methyl-trimethylsilyl-amid gewonnen[94]:

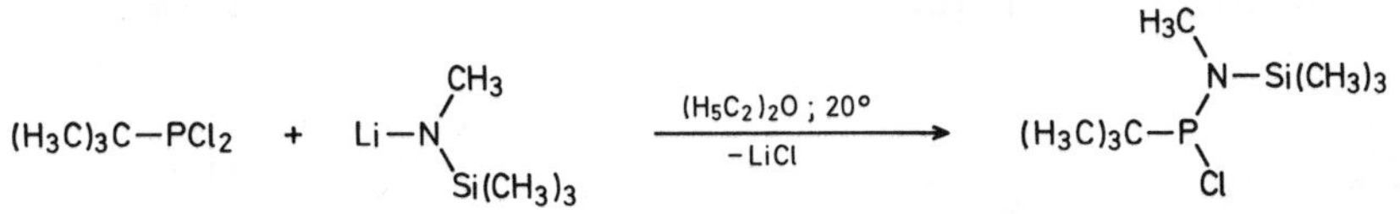

$$(H_3C)_3C-PCl_2 \quad + \quad Li-\underset{Si(CH_3)_3}{\overset{CH_3}{N}} \xrightarrow[-\ LiCl]{(H_5C_2)_2O \ ; \ 20°} \quad (H_3C)_3C-\underset{Cl}{\overset{H_3C}{\underset{}{P}}}\!\!\overset{N-Si(CH_3)_3}{}$$

tert.-Butyl-chlor-(methyl-trimethyl-silyl-amino)-phosphan; 88%; Sdp.: 45–48°/0,1 Torr (0,013 kPa); Schmp.: −4°

[91] O.J. Scherer u. P. Klusmann, Angew. Chem., **81**, 743 (1969); engl.: **8**, 752.
[92] E.R. Falardeau, K.W. Morse u. J.G. Morse, Inorg. Chem. **14**, 132 (1975).
[93] U. Wannagat u. H. Autzen, Z. Anorg. Allg. Chem. **420**, 119 (1976).
[94] O.J. Scherer u. P. Klusmann, Z. Anorg. Allg. Chem. **370**, 171 (1969).

Bis-{[*bis*-(*trimethylsilyl*)-*amino*]-*chlor*-*phosphano*}-*methan* entsteht bei der Umsetzung von Bis-[dichlorphosphano]-methan mit Natrium-bis-[trimethylsilyl]-amid in 94% Ausbeute[95]:

$$Cl_2P-CH_2-PCl_2 \; + \; 4 \; \left[(H_3C)_3Si\right]_2N-Na \; \xrightarrow[-4\,NaCl]{(H_5C_2)_2O \;;\; 0°} \; H_2C\left[P \begin{array}{c} N\left[Si(CH_3)_3\right]_2 \\ \diagup \\ \diagdown \\ Cl \end{array} \right]_2$$

Setzt man äquimolare Mengen der korrespondierenden Dichloride und Bis-[amide] einer Phosphonigen Säure miteinander um, erhält man Phosphonigsäure-amid-chloride in guten Ausbeuten[96, 97].

$$R^1-PCl_2 \; + \; R^1-P(NR_2^2)_2 \; \longrightarrow \; 2 \; R^1-P \begin{array}{c} NR_2^2 \\ \diagup \\ \diagdown \\ Cl \end{array}$$

Chlor-dimethylamino-methyl-phosphan[96]: Zu 13,4 g (0,1 mol) Bis-[dimethylamino]-methyl-phosphan werden langsam unter Rühren 11,7 g (0,1 mol) Dichlor-methyl-phosphan getropft. Unter exothermer Reaktion scheidet sich etwas gelber Festkörper ab. Abschließend wird i. Vak. fraktioniert; Ausbeute: 20,8 g (83%); Sdp.: 138–144°/720 Torr (96 kPa).

Chlor-diethylamino-phenyl-phosphan[97]: Eine Lösung von 5,4 g (0,03 mol) Dichlor-phenyl-phosphan in 10 *ml* Ether wird bei 0° in eine Lösung von 7,5 g (0,03 mol) Bis-[diethylamino]-phenyl-phosphan unter Argonatmosphäre eingetropft. Nach Entfernung des Ethers wird der Rückstand i. Vak. destilliert; Ausbeute: 12 g (93%); Sdp.: 130–132°/10 Torr (1,33 kPa);

Auf analoge Weise erhält man z. B.

Chlor-diethylamino-ethyl-phosphan;   92%; Sdp.: 72–73°/10 Torr (1,33 kPa)
Chlor-cyclohexyl-diethylamino-phosphan;   92%; Sdp.: 133°/10 Torr (1,33 kPa)

2.2. aus Phosphonigsäure-bis-[amiden]

Bei der Umsetzung von Phosphonigsäure-bis-[amiden] mit Chlorwasserstoff erhält man Phosphonigsäure-amid-chloride nur in mäßigen Ausbeuten, da gleichzeitig die korrespondierenden Dichloride gebildet werden[98]. Gute Ausbeuten erzielt man dagegen, wenn Phosphonigsäure-bis-[amide] mit der äquimolaren Menge Diethylammoniumchlorid im Argonstrom umgesetzt werden; z. B.[99]:

$$H_5C_2-P\left[N(C_2H_5)_2\right]_2 \; + \; \left[(H_5C_2)_2\overset{\oplus}{N}H_2\right] Cl^{\ominus} \; \xrightarrow[-(H_5C_2)_2NH]{1\,Stde.,\,90-140°} \; H_5C_2-P \begin{array}{c} N(C_2H_5)_2 \\ \diagup \\ \diagdown \\ Cl \end{array}$$

Chlor-diethylamino-ethyl-phosphan;
73%; Sdp.: 81–82°/15 Torr (2 kPa)

Zur Herstellung von Phosphonigsäure-amid-chloriden durch Reaktion des Bis-[amids] mit dem Dichlorid einer Phosphonigen Säure s. o.

[95] *I. F. Lutsenko, A. A. Prishchenko, A. A. Borisenko* u. *Z. S. Novikova*, Dokl. Akad. Nauk SSSR **256**, 1401 (1981); C. A. **95**, 81 109 (1981).

[96] *L. Maier*, Helv. Chim. Acta **46**, 2667 (1963).

[97] *N. A. Andreev* u. *O. N. Grishina*, Zh. Obshch. Khim. **49**, 2230 (1979); engl.: 1959.

[98] *H.-B. Eikmeier, K. C. Hodges, O. Stelzer* u. *R. Schmutzler*, Chem. Ber. **111**, 2077 (1978).

[99] *N. A. Andreev* u. *O. N. Grishina*, Zh. Obshch. Khim. **49**, 718 (1979); engl.: 623.

3. aus anderen Phosphonigsäure-amid-halogeniden

Phosphonigsäure-amid-fluoride gewinnt man aus den Phosphonigsäure-amid-chloriden bei der Umsetzung mit Natriumfluorid in Tetrahydrothiophen-1,1-dioxid („Sulfolan")[98, 100]:

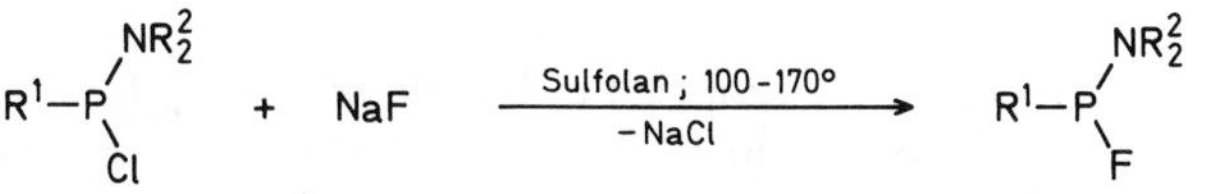

$$R^1-\overset{\displaystyle NR^2_2}{\underset{\displaystyle Cl}{P}} \;+\; NaF \quad\xrightarrow[-NaCl]{Sulfolan;\;100-170°}\quad R^1-\overset{\displaystyle NR^2_2}{\underset{\displaystyle F}{P}}$$

$R^1 = 4\text{-}CH_3\text{--}C_6H_4$; $R^2 = C_2H_5$;	*Diethylamino-fluor-(4-methyl-phenyl)-phosphan*[98]; 86%;	Sdp.: 83°/1 Torr (0,13 kPa)
$R^1 = R^2 = CH_3$;	*Dimethylamino-fluor-methyl-phosphan*[100]; 90%;	Sdp.: 85–86°/760 Torr (101,3 kPa)

B. Umwandlung

Ergänzung zu Bd. XII/1 (4. Aufl.), S. 334:

Phosphonigsäure-amid-halogenide ergeben mit geeigneten Aminen unsymmetrische Phosphonigsäure-bis-[amide] (s. S. 312). Mit Grignard-Verbindungen erhält man unsymmetrische Phosphinigsäure-amide (Amino-diorgano-phosphane mit unterschiedlichen Kohlenwasserstoff-Resten)[101, 102]. Mit Natrium-Kalium-Legierung lassen sich Phosphonigsäure-amid-chloride in Bis-[amino]-diorgano-diphosphane umwandeln[103]. Phosphonigsäure-amid-fluoride können als Komplexliganden Carbonyl-Gruppen in Metallcarbonylen ersetzen[104].

λ) Phosphonigsäure-diester

A. Herstellung

1. Aufbaureaktionen

1.1. aus Unterphosphorigsäure-diestern

Alkoxy-phosphane reagieren mit Alkylhalogeniden in Gegenwart von Triethylamin zu Phosphonigsäure-diestern; z.B.[105]:

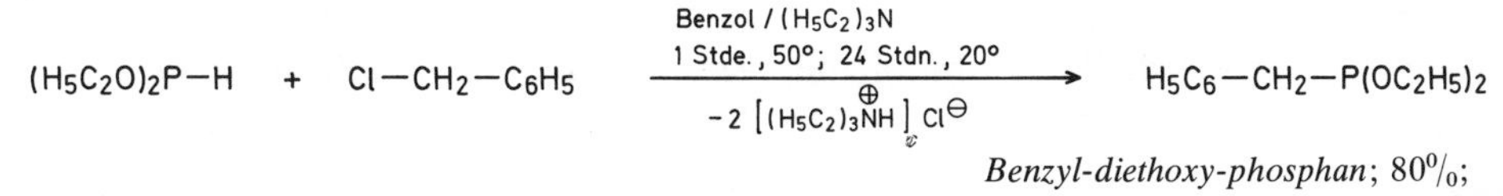

$$(H_5C_2O)_2P-H \;+\; Cl-CH_2-C_6H_5 \quad\xrightarrow[-2\,[(H_5C_2)_3\overset{\oplus}{N}H]\,Cl^{\ominus}]{\substack{Benzol\,/\,(H_5C_2)_3N\\ 1\;Stde.,\,50°;\;24\;Stdn.,\,20°}}\quad H_5C_6-CH_2-P(OC_2H_5)_2$$

Benzyl-diethoxy-phosphan; 80%; Sdp.: 141–142°/2,5 Torr (0,33 kPa)

Mit Carbonsäure-chloriden erhält man 1-Oxo-alkan-phosphonigsäure-diester; z.B.[106]:

[98] *H.-B. Eikmeier, K. C. Hodges, O. Stelzer* u. *R. Schmutzler*, Chem. Ber. **111**, 2077 (1978).
[100] *R. Schmutzler*, J. Chem. Soc. **1965**, 5630.
[101] *W. Kuchen* u. *K. Koch*, Z. Anorg. Allg. Chem. **394**, 74 (1972).
[102] *M. Fild* u. *T. Stankiewicz*, Z. Anorg. Allg. Chem. **406**, 115 (1974).
[103] *W. Seidel* u. *K. Issleib*, Z. Anorg. Allg. Chem. **325**, 113 (1963).
[104] *R. Schmutzler*, J. Chem. Soc. **1965**, 5630.
[105] SU-P. 162142 (1964/1963), *G. F. Gavrilin* u. *B. A. Vovsi*; C. A. **61**, 9529 (1964).
[106] *M. V. Proskurnina, N. B. Karlstédt* u. *I. F. Lutsenko*, Zh. Obshch. Khim. **47**, 1244 (1977); engl.: 1147.

$$(H_9C_4O)_2P{-}H \quad + \quad (H_3C)_3C{-}CO{-}Cl \quad \xrightarrow[-[(H_5C_2)_3NH]^{\oplus}Cl^{\ominus}]{(H_5C_2)_2O, \ (H_5C_2)_3N, \ 10{-}20°}$$

$$(H_3C)_3C{-}CO{-}P(OC_4H_9)_2$$

Dibutyloxy-(2,2-dimethyl-propanoyl)-phosphan;
60%; Sdp.: 85–88°/0,5 Torr (0,07 kPa)

Dibutyloxy-phosphan addiert sich an aktivierte C=C-Doppelbindungen ungesättigter Nitrile[107, 108], Aldehyde[108], Carbonsäuren[107, 108] oder Imine[109] unter Bildung der Phosphonigsäure-dibutylester. In Abhängigkeit von der Reaktivität der Additionskomponenten werden die Umsetzungen z.Tl. von Radikalbildnern initiiert[108].

$$(H_9C_4O)_2P{-}H \quad + \quad H_2C{=}CH{-}CN \quad \longrightarrow \quad NC{-}CH_2{-}CH_2{-}P(OC_4H_9)_2$$

$$(H_9C_4O)_2P{-}H \quad + \quad H_5C_6{-}CH{=}N{-}C_6H_5 \quad \xrightarrow{(H_5C_2)_2O \ ; \ 24 \ Stdn., \ 20°} \quad \underset{\overset{|}{C_6H_5}}{H_5C_6{-}NH{-}CH{-}P(OC_4H_9)_2}$$

(α-Anilino-benzyl)-dibutyloxy-phosphan[109];
85%; Sdp.: 135–137°/1 Torr (0,13 kPa)

(2-Cyan-ethyl)-dibutyloxy-phosphan[107]: 5,8 g (0,033 mol) Dibutyloxy-phosphan in 10 *ml* Diethylether werden mit 3,5 g (0,065 mol) Acrylnitril versetzt. Die Mischung wird 72 Stdn. gerührt und anschließend i. Vak. destilliert; Ausbeute 4 g (54%); Sdp.: 105°/1,5 Torr (0,2 kPa).

Phosphonigsäure-bis-[silylester] erhält man entsprechend bei der Umsetzung von Bis-[trimethylsilyloxy]-phosphan mit Acrylnitril[110, 111] oder Styrol[111]:

$$[(H_3C)_3Si{-}O]_2P{-}H \quad + \quad H_2C{=}CH{-}R \quad \xrightarrow{150°, \ 1,5{-}2,5 \ Stdn.}$$

$$R{-}CH_2{-}CH_2{-}P[O{-}Si(CH_3)_3]_2$$

R = CN; *Bis-[trimethylsilyloxy]-(2-cyan-ethyl)-phosphan*[110]; 49%; Sdp.: 80–81°/1,5 Torr (0,2 kPa)
R = C_6H_5; *Bis-[trimethylsilyloxy]-(2-phenyl-ethyl)-phosphan*[111]; 85%; Sdp.: 77°/0,06 Torr (8 Pa)

1.2. aus Phosphorigsäure-triestern bzw. -diester-halogeniden

Aus Phosphorigsäure-triestern oder -diester-halogeniden erhält man bei der Umsetzung mit metallorganischen Verbindungen Phosphonigsäure-diester in guten Ausbeuten [s. Bd. XII/1 (4. Aufl.), S. 328ff.].
(1-Alkoxy-vinyloxy)-dialkoxy-phosphane lagern sich beim Erhitzen in (Dialkoxyphosphano)-essigsäureester um; z.B.[112]:

$$(H_9C_4O)_2P{-}O{-}\underset{\overset{|}{OCH_3}}{C}{=}CH_2 \quad \xrightarrow{3 \ Stdn., \ 140{-}150°} \quad H_3C{-}O{-}CO{-}CH_2{-}P(OC_4H_9)_2$$

Dibutyloxy-(methoxycarbonyl-methyl)-phosphan;
90%; Sdp.: 120°/1 Torr (0,13 kPa)

[107] *I. F. Lutsenko, M. V. Proskurnina* u. *N. B. Karlstédt*, Phosphorus **3**, 55 (1973).
[108] *K. Issleib, W. Kitzrow* u. *I. F. Lutsenko*, Phosphorus **5**, 281 (1975).
[109] *I. F. Lutsenko, M. V. Proskurnina* u. *N. B. Karlstédt*, Zh. Obshch. Khim. **48**, 765 (1978); engl.: 700.
[110] *M. G. Voronkov, L. Z. Marmur, O. N. Dolgov, V. A. Pestunovich, E. I. Pokrovskii* u. *Y. I. Popel*, Zh. Obshch. Khim. **41**, 1987 (1971); engl.: 2005.
[111] *A. N. Pudovik, G. V. Romanov* u. *R. Y. Nazmutdinov*, Zh. Obshch. Khim. **47**, 555 (1977); engl.: 509.
[112] *Z. S Novikova, S. N. Zdorova, S. Y. Skorobogatova* u. *I. F. Lutsenko*, Zh. Obshch. Khim. **45**, 2384 (1975); engl.: 2343.

1.3. aus Tetraalkoxy-biphosphanen

Tetraalkoxy-biphosphane lassen sich mit Carbonsäure-chloriden zu 1-Oxo-alkan-phosphonigsäure-diestern spalten; z.B.[113]:

$$(H_9C_4O)_2P-P(OC_4H_9)_2 \quad + \quad (H_3C)_3C-CO-Cl \xrightarrow[-(H_9C_4O)_2P-Cl]{\text{Pentan, }10°,\text{ 1 Stde.}}$$

$$(H_3C)_3C-CO-P(OC_4H_9)_2$$

Dibutyloxy-(2,2-dimethyl-propanoyl)-phosphan;
75%; Sdp.: 92–94°/1 Torr (0,13 kPa)

Tetrabutyloxy-biphosphan lagert sich unter milden Bedingungen an aktivierte C=C-Doppelbindungen (z.B. Acrylnitril, Acrylsäure-ester) an, wobei Bis-[phosphonigsäure-dibutylester] entstehen; z.B.[114]:

$$(H_9C_4O)_2P-P(OC_4H_9)_2 \quad + \quad H_2C=CH-CN \xrightarrow{(H_5C_2)_2O\,;\,20-30°} (H_9C_4O)_2P-CH_2-\underset{\underset{CN}{|}}{CH}-P(OC_4H_9)_2$$

2,3-Bis-[dibutyloxy-phosphano]-propansäure-nitril
70%; Sdp.: 154–156°/1Torr (0,13 kPa)

Die Umsetzung gelingt auch mit Alkoxy-ethinen, wobei stereoselektiv unter *cis*-Addition Ethen-bis-[phosphonigsäure-dibutylester] gebildet werden; z.B.[115]:

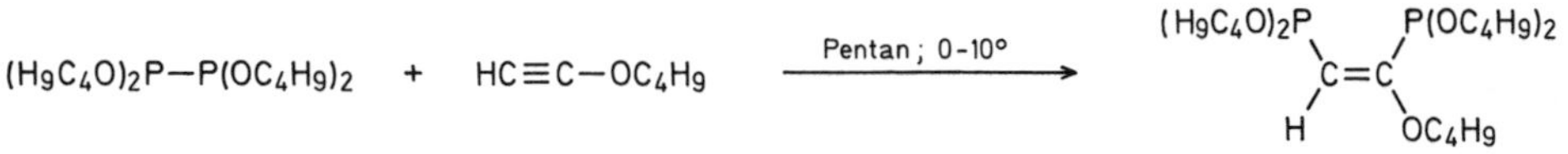

$$(H_9C_4O)_2P-P(OC_4H_9)_2 \quad + \quad HC\equiv C-OC_4H_9 \xrightarrow{\text{Pentan}\,;\,0-10°}$$

$$\underset{H}{\overset{(H_9C_4O)_2P}{\big\diagdown}}C=C\underset{OC_4H_9}{\overset{P(OC_4H_9)_2}{\big\diagup}}$$

1,2-Bis-[dibutyloxy-phosphano]-1-butyloxy-ethen;
68%; Sdp.: 156–157°/1 Torr (0,13 kPa)

2. aus Phosphonigen Säuren

Während Phosphonigsäure-dialkylester oder -diarylester direkt aus Phosphonigen Säuren nicht zugänglich sind (die Umsetzung mit Alkoholen liefert lediglich die Monoester, s. S. 264), entstehen bei der Reaktion mit Silylaminen die Bis-[silylester] in guten Ausbeuten[116–118]:

$$H_5C_6-\underset{\underset{OH}{|}}{\overset{\overset{O}{\|}}{P}}-H \quad + \quad [(H_3C)_3Si]_2NH \xrightarrow[-NH_3]{\text{4 Stdn.},\,125°} H_5C_6-P[O-Si(CH_3)_3]_2$$

Bis-[trimethylsilyloxy]-phenyl-phosphan[117];
90%; Sdp.: 97°/10 Torr (1,33 kPa)

[113] *M. V. Proskurnina, A. L. Chekhun* u. *I. F. Lutsenko*, Zh. Obshch. Khim. **44**, 1239 (1974); engl.: 1216.

[114] *I. F. Lutsenko, M. V. Proskurnina* u. *A. L. Chekhun*, Zh. Obshch. Khim. **46**, 568 (1976); engl.: 565.

[115] *M. V. Proskurnina, N. B. Karlstédt* u. *M. V. Livantsov*, Zh. Obshch. Khim. **49**, 1910 (1979); engl.: 1682.

[116] *A. F. Rosenthal, A. Gringauz* u. *L. A. Vargas*, J. Chem. Soc. Chem. Commun. **1976**, 384.

[117] *E. P. Lebedev, A. N. Pudovik, B. N. Tsyganov, R. Y. Nazmutdinov* u. *G. V. Romanov*, Zh. Obshch. Khim. **47**, 765 (1977); engl.: 698.

[118] *É. E. Nifant'ev, R. K. Magdeeva, N. P. Shchepet'eva* u. *T. A. Mastryukova*, Zh. Obshch. Khim. **50**, 2676 (1980); C. A. **95**, 43227 (1981).

3. aus Phosphonigsäure-Derivaten

3.1. aus Phosphonigsäure-dihalogeniden

3.1.1. und Alkoholen

Das gebräuchlichste Verfahren zur Herstellung von Phosphonigsäure-diestern besteht in der Umsetzung von Dihalogen-phosphanen mit der zweifach molaren Menge eines Alkohols oder Phenols in Gegenwart tert. Amine [s. Bd. XII/1 (4. Aufl.), S. 324 ff.].

$$R^1-P\begin{smallmatrix}Hal\\\\Hal\end{smallmatrix} \quad + \quad 2\ R^2OH \quad \xrightarrow[-2\ H-Hal]{} \quad R^1-P\begin{smallmatrix}OR^2\\\\OR^2\end{smallmatrix}$$

Nach einer optimierten Vorschrift erhält man bei der Umsetzung von Dichlor-methyl-phosphan mit Ethanol und N,N-Dimethyl-anilin in Pentan *Diethoxy-methyl-phosphan* mit 91% Ausbeute[119].

Als Halogenwasserstoffacceptor kann auch Ammoniak verwendet werden[120].

Dibutyloxy-methyl-phosphan[120]: 22 g (0,19 mol) Dichlor-methyl-phosphan werden auf −60° gekühlt und 29 g (0,39 mol) Butanol in dem Maße zugesetzt, daß die Temp. nicht über −40° steigt. Nach Zugabe von 100 *ml* Dichlormethan und 15 g (0,88 mol) Ammoniak wird auf 20° erwärmt und Ammoniumchlorid abfiltriert. Das Lösemittel wird abgezogen und der Rückstand i. Vak. destilliert; Ausbeute: 33,5 g (93%); Sdp.: 57–58°/2 Torr (0,27 kPa).

Bis-[phosphonigsäure-diester] entstehen bei der Reaktion entsprechender Dichlor-Derivate mit Alkohol; z. B.[121]:

$$Cl_2P-CH_2-CH_2-PCl_2 \quad + \quad 4\,H_3C-OH \quad \xrightarrow[-4\,[(H_5C_2)_3NH]^\oplus Cl^\ominus]{\substack{(H_5C_2)_2O,\ (H_5C_2)_3N\\-78°,\ 0,5\ Stdn.,\ 20°,\ 2\ Stdn.}}$$

$$(H_3CO)_2P-CH_2-CH_2-P(OCH_3)_2$$

1,2-Bis-[dimethoxyphosphano]-ethan;
60–70%; Sdp.: 60–64°/0,08 Torr (0,01 kPa)

Die Verbindung bildet als zweizähniger Ligand Komplexe mit Metallcarbonylen[121].

Cyclische Ester gewinnt man durch Umsetzung von Dihalogen-phosphanen mit Diolen[122–124]; z. B.:

$$H_5C_6-P\begin{smallmatrix}Cl\\\\Cl\end{smallmatrix} \quad + \quad \begin{smallmatrix}HO\\\\HO\end{smallmatrix} \quad \xrightarrow[-2\,[(H_5C_2)_3\overset{\oplus}{N}H]\,Cl^\ominus]{Benzol\,/\,(H_5C_2)_3N\,;\,0°}$$

2-Phenyl-1,3,2-dioxaphospholan[122];
62%; Sdp.: 79–80°/0,8 Torr (0,1 kPa)

$$H_5C_6-P\begin{smallmatrix}Cl\\\\Cl\end{smallmatrix} \quad + \quad \begin{smallmatrix}HO\\\\HO\end{smallmatrix}-\hspace{-4pt}\bigcirc \quad \xrightarrow[-2\,[(H_5C_2)_3\overset{\oplus}{N}H]\,Cl^\ominus]{(H_5C_2)_2O\,/\,(H_5C_2)_3N\,;\,0-20°}$$

2-Phenyl-1,3,2-benzodioxaphosphol[124];
82%; Sdp.: 91°/0,1 Torr (0,013 kPa) Schmp.: 28°

[119] *J. A. Miles, T. M. Balthazor, H. L. Lufer* u. *M. T. Beeny*, Org. Prep. Proced. Int. **11**, 11 (1979).
[120] *B. M. Gladshtein* u. *L. N. Shitov*, Zh. Obshch. Khim. **39**, 1951 (1969); C. A. **72**, 31935 (1970).
[121] *R. B. King* u. *W. M. Rhee*, Inorg. Chem. **17**, 2961 (1978).
[122] *T. Mukaiyama, T. Fujisawa, Y. Tamura* u. *Y. Yokota*, J. Org. Chem. **29**, 2572 (1964).
[123] *D. W. White*, Phosphorus **1**, 33 (1971).
[124] *M. Wieber* u. *W. R. Hoos*, Monatsh. Chem. **101**, 776 (1970).

3.1.2. und Oxiranen

Dihalogen-phosphane reagieren mit wenigstens zwei Mol Oxiran zu Phosphonigsäure-bis-[2-halogen-alkylester] [s. Bd. XII/1 (4. Aufl.), S. 327]:

$$R-PCl_2 \; + \; \underset{\triangle}{O} \longrightarrow R-P(O-CH_2-CH_2-Cl)_2$$

R = C$_6$H$_{11}$; (H$_5$C$_2$)$_2$O, 0°; *Bis-[2-chlor-ethoxy]-cyclohexyl-phosphan*[126]; 100%
R = CH$_3$; 30–40°;   *Bis-[2-chlor-ethoxy]-methyl-phosphan*[127]; 90%; Sdp.: 85–87°/2–3 Torr (0,3–0,4 kPa)

Die Reaktion wird entweder bei $\leqq$0° in Lösungsmitteln (z. B. Diethylether[125, 126]) oder bei etwas höheren Temp. ohne Lösungsmittel[127] durchgeführt.
Phosphonigsäure-bis-[2-chlor-ethylester] isomerisieren beim Erhitzen leicht zu (2-Chlor-ethyl)-organo-phosphinsäure-(2-chlor-ethylestern) [s. Bd. XII/1 (4. Aufl.), S. 251 u. 327].

3.2. aus Phosphonigsäure-ester-halogeniden oder -amid-estern

Phosphonigsäure-chlorid-ester setzen sich mit Alkoholen in Gegenwart eines tert. Amins zu Phosphonigsäure-diestern um. Die Reaktion ist insbesondere zur Herstellung un-symmetrischer Diester von Interesse:

$$R^1-P\overset{OR^2}{\underset{Cl}{\diagdown}} \; + \; R^3OH \; \xrightarrow{-HCl} \; R^1-P\overset{OR^2}{\underset{OR^3}{\diagdown}}$$

Die durch Umsetzung eines Dichlorids mit dem Diester einer Phosphonigen Säure in Diethylether leicht zugänglichen Esterchloride (s. S. 286) können hierbei ohne Isolierung mit Alkoholen umgesetzt werden[128].

Butyloxy-ethoxy-phenyl-phosphan[128]: In das Reaktionsprodukt aus 35,8 g (0,2 mol) Dichlor-phenyl-phosphan und 39,6 g (0,2 mol) Diethoxy-phenyl-phosphan in 120 *ml* Diethylether (s. S. 286) wird bei −20° ein Gemisch aus 34,8 g (0,44 mol) Pyridin und 29,6 g (0,4 mol) Butanol in 250 *ml* Diethylether eingetropft. Nach 12 Stdn. Stehen wird vom ausgefallenen Pyridiniumchlorid abgesaugt und destilliert. Das bei 15 Torr (2 kPa) zwischen 130 und 150° erhaltene Produkt wird über eine kleine Kolonne i. Vak. redestilliert; Ausbeute: 75 g (83%); Sdp.: 105–107°/0,2 Torr (0,027 kPa).

Auch durch Alkoholyse von Phosphonigsäure-amid-estern können unter Freisetzung des Amins, je nach Wahl des Alkohols, Phosphonigsäure-diester mit gleichen oder unterschiedlichen Ester-Gruppen in Ausbeuten zwischen 50 und 70% erhalten werden[129–131]:

$$R^1-P\overset{OR^2}{\underset{NR^3_2}{\diagdown}} \; + \; R^4OH \; \xrightarrow[-R^3_2NH]{\Delta, \, 1,5-2 \text{ Stdn.}} \; R^1-P\overset{OR^2}{\underset{OR^4}{\diagdown}}$$

Die Reaktion wird durch Spuren Amin-Hydrochlorid, die den Amid-estern von der Herstellung her anhaften, katalysiert[131]. Sorgfältig, durch Destillation über Natrium gereinigte Phosphonigsäure-amid-ester reagieren nicht mit Alkoholen.

[125] *G. I. Rakhimova* u. *F. M. Kharrasova*, Zh. Obshch. Khim. **42**, 1244 (1972); engl.: 1239.
[126] *Y. A. Levin, M. M. Gilyazov* u. *É. I. Babkina*, Zh. Obshch. Khim. **43**, 2786 (1973); engl.: 2760.
[127] *I. A. Rogacheva* u. *E. L. Gefter*, Zh. Obshch. Khim. **41**, 2634 (1971); engl.: 2666.
[128] *E. Steininger*, Chem. Ber. **95**, 2993 (1962).
[129] *K. A. Petrov, V. P. Evdakov, K. A. Bulevich* u. *Y. S. Kosarev*, Zh. Obshch. Khim. **32**, 1974 (1962); engl.: 1954.
[130] *A. N. D'yakonov, P. M. Zavlin, V. M. Al'bitskaya* u. *T. G. Shatrova*, Zh. Obshch. Khim. **45**, 1653 (1975); engl.: 1624.
[131] *N. A. Andreev* u. *O. N. Grishina*, Zh. Obshch. Khim. **50**, 803 (1980); engl.: 641.

3.3. aus Phosphonigsäure-bis-[amiden]

Durch Umsetzung von Phosphonigsäure-bis-[amiden] mit Alkoholen bei erhöhter Temperatur erhält man unter Freisetzung von Amin Phosphonigsäure-diester in sehr guten Ausbeuten [s. Bd. XII/1 (4. Aufl.), S. 328].

4. durch Spaltung der 2,5-Dihydro-phosphole mit Dialkylperoxiden

3-Methyl-1-phenyl-2,5-dihydro-phosphol reagiert mit Diethylperoxid quantitativ unter Bildung von *Diethoxy-phenyl-phosphan* und Isopren[132]:

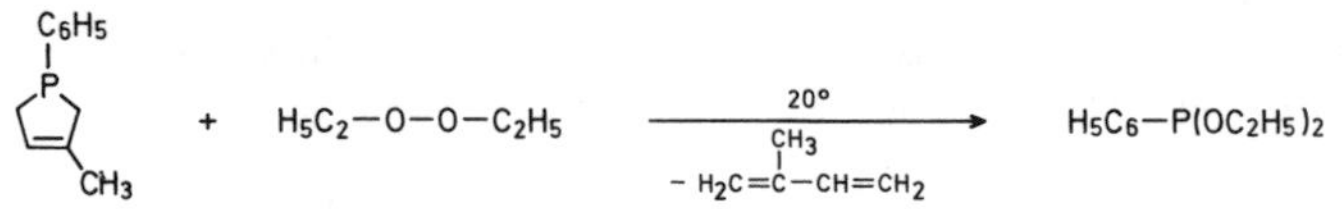

$$\underset{CH_3}{\overset{C_6H_5}{\text{(Ring)}}} \quad + \quad H_5C_2-O-O-C_2H_5 \quad \xrightarrow[\substack{20° \\ -\ H_2C=\overset{CH_3}{\underset{|}{C}}-CH=CH_2}]{} \quad H_5C_6-P(OC_2H_5)_2$$

Aus 1,2,5-Trimethyl-2,5-dihydro-phosphol erhält man *Dimethoxy-methyl-phosphan* und 2,4-Hexadien[133].

5. aus anderen Phosphonigsäure-diestern

Beim Erwärmen von Phosphonigsäure-diestern niederer Alkohole mit höhersiedenden Alkoholen im Überschuß findet eine weitgehende Umesterung beider Ester-Gruppen statt, während sich mit äquimolaren Mengen eines höhersiedenden Alkohols unsymmetrische Phosphonigsäure-diester gewinnen lassen [s. Bd. XII/1 (4. Aufl.), S. 330f.].

In unsymmetrischen Phosphonigsäure-diestern wird beim Umsatz mit einem hochsiedenden Alkohol im Molverhältnis 1:1 die Ester-Gruppe des niedrigstsiedenden Alkohols substituiert; z.B.[134]:

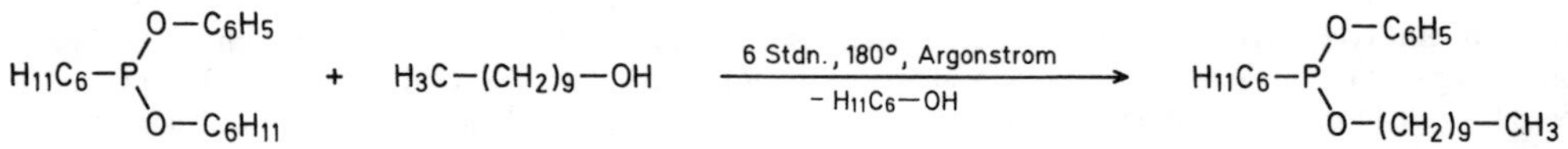

$$H_{11}C_6-P\overset{O-C_6H_5}{\underset{O-C_6H_{11}}{}} \quad + \quad H_3C-(CH_2)_9-OH \quad \xrightarrow[-\ H_{11}C_6-OH]{\text{6 Stdn., 180°, Argonstrom}} \quad H_{11}C_6-P\overset{O-C_6H_5}{\underset{O-(CH_2)_9-CH_3}{}}$$

Cyclohexyl-decyloxy-phenoxy-phosphan; 90%; Sdp.: 220°/5 Torr (0,67 kPa)

2-Phenyl-1,3,2-dioxaphospholan (s. S.294) dimerisiert in Toluol, das eine Spur Wasser enthält, zu *2,7-Diphenyl-1,3,6,8-tetraoxa-2,7-diphospha-cyclodecan*[135]:

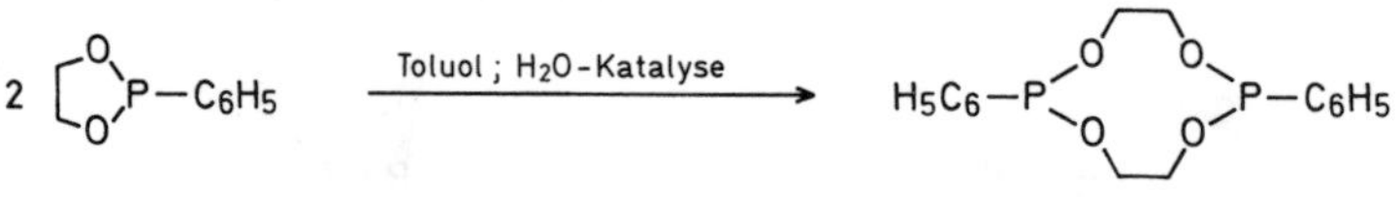

$$2 \ \underset{O}{\overset{O}{\text{(Ring)}}}P-C_6H_5 \quad \xrightarrow{\text{Toluol ; H}_2\text{O-Katalyse}} \quad H_5C_6-P\underset{O}{\overset{O}{\text{(Ring)}}}P-C_6H_5$$

B. Umwandlung

Ergänzung zu Bd. XII/1 (4. Aufl.), S. 331:

Phosphonigsäure-diester liefern bei der Umsetzung mit Benzolsulfensäureestern Tetraalkoxy-phosphorane[136]. Cyclische Phosphonigsäure-diester (1,3,2-Dioxaphos-

[132] *D.B. Denney, D.Z. Denney, C.D. Hall* u. *K.L. Marsi*, J. Am. Chem. Soc. **94**, 245 (1972).
[133] *C.D. Hall, J.D. Bramblett* u. *F.F.S. Lin*, J. Am. Chem. Soc. **94**, 9264 (1972).
[134] *P.M. Zavlin, A.N. D'yakonov, V.M. Al'bitskaya* u. *E.I. Babkina*, Zh. Obshch. Khim. **43**, 1651 (1973); engl.: 1635.
[135] *J.P. Dutasta, A.C. Guimaraes, J. Martin* u. *J.B. Robert*, Tetrahedron **18**, 1519 (1975).
[136] *D.A. Bowman, D.B. Denney* u. *D.Z. Denney*, Phosphorus Sulfur **4**, 229 (1978).

pholane oder -phosphole) (s. S. 294) reagieren mit Dienen[137, 138], 1,2-Dioxo-Verbindungen[139] oder α,β-ungesättigten Oxo- oder Cyan-Verbindungen[140-142] zu spirocyclischen Phosphoranen.

μ) Thiophosphonigsäure-O-ester

Thiophosphonigsäure-O-ester sind durch Reaktion von Phosphonigsäure-monoestern mit Phosphor(V)-sulfid erhältlich[s. Bd. XII/1 (4. Aufl.), S. 331]. Bessere Ausbeuten erzielt man bei der Umsetzung von Phosphonigsäure-chlorid-estern mit Schwefelwasserstoff in Gegenwart eines tert. Amins [s. Bd. XII/1 (4. Aufl.), S. 332]:

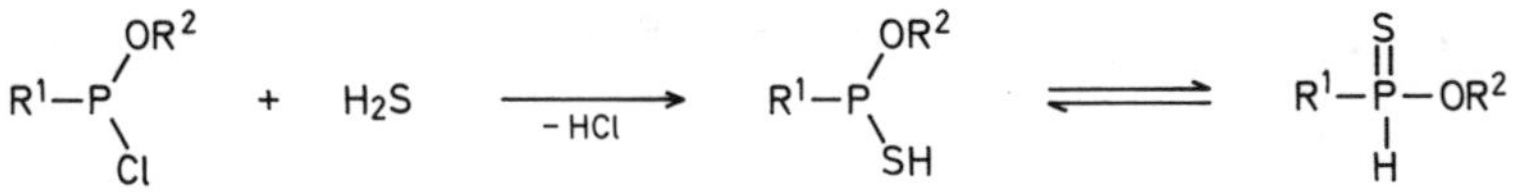

Man kann hierbei die aus einem Dichlor-phosphan mit der äquimolaren Menge eines Alkohols [s. Bd. XII/1 (4. Aufl.), S. 324] erhältliche Reaktionslösung ohne Isolierung des entstehenden Phosphonigsäure-chlorid-esters mit Schwefelwasserstoff weiterbehandeln.

Ethanthiophosphonigsäure-O-propylester[143]: Zu einer Lösung von 26,2 g (0,2 mol) Dichlor-ethyl-phosphan in 150 ml Benzol wird unter Kühlung (Eis-Kochsalz-Mischung) und Rühren eine benzolische Lösung von 9,2 g (0,2 mol) Ethanol und 20,2 g (0,2 mol) Triethylamin eingetropft. Nach 0,5 Stdn. Rühren bei 0–5° wird Triethylammoniumchlorid abfiltriert und 2mal mit 25 ml Benzol gewaschen. Nach Zugabe von 11,9 g (0,15 mol) Pyridin in das Filtrat wird bei 5–10° Schwefelwasserstoff eingeleitet. Pyridiniumchlorid wird abfiltriert, 2mal mit 50 ml Benzol gewaschen und aus dem vereinigten Filtrat das Lösemittel i. Vak. abgezogen und der Rückstand i. Vak. destilliert; Ausbeute: 16,1 g (53%) bez. auf Dichlor-ethyl-phosphan); Sdp.: 96–97°/16 Torr (2,13 kPa).

Aus Phosphonigsäure-diestern und Schwefelwasserstoff gewinnt man Thiophosphonigsäure-O-ester mit guten Ausbeuten, wenn man in Gegenwart eines tert. Amins mit einem p_K-Wert < 7 (z. B. N,N-Diethyl-anilin) arbeitet[144]:

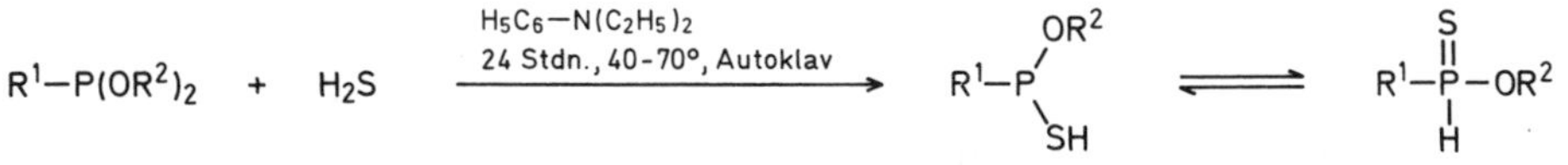

$R^1 = C_2H_5$; $R^2 = CH_3$; *Ethanthiophosphonigsäure-O-methylester*; 85%; Sdp.: 31°/15 Torr (2 kPa)
$R^1 = C_6H_5$; $R^2 = CH_3$; *Benzolthiophosphonigsäure-O-methylester*; 84%; Sdp.: 100°/1 Torr (0,13 kPa)

Leitet man Schwefelwasserstoff in Phosphonigsäure-amid-ester unter vermindertem Druck ein, so erhält man unter Freisetzung von Amin ebenfalls Thiophosphonigsäure-O-ester mit guten Ausbeuten[145]:

[37] N. A. Razumova, F. V. Bagrov u. A. A. Petrov, Zh. Obshch. Khim. **39**, 2368 (1969); C. A. **72**, 43 795 (1970).
[38] N. A. Kurshakova u. N. A. Razumova, Zh. Obshch. Khim. **46**, 1027 (1976); C. A. **85**, 143 190 (1976).
[39] M. Wieber u. W. R. Hoos, Monatsh. Chem. **101**, 776 (1970).
[40] N. A. Razumova, M. P. Gruk u. A. A. Petrov, Zh. Obshch. Khim. **43**, 1475 (1973); C. A. **80**, 15 020 (1974).
[41] N. A. Razumova, Y. Y. Samitov, V. V. Vasil'ev, A. K. Voznesenskaya u. A. A. Petrov, Zh. Obshch. Khim. **47**, 312 (1977); engl.: 289.
[42] I. V. Konovalova, É. K. Ofitserova, I. G. Kuzina u. A. N. Pudovik, Zh. Obshch. Khim. **47**, 37 (1977); engl.: 31.
[43] J. Michalski u. Z. Tulimoski, Rocz. Chem. **36**, 1781 (1962); C. A. **59**, 10 109 (1963).
[44] R. Schliebs, Z. Naturforsch. **25 B**, 111 (1970).
[45] K. A. Petrov, V. P. Evdakov, L. I. Mizrakh u. V. P. Romodin, Zh. Obshch. Khim. **32**, 3062 (1962); engl.: 3012.

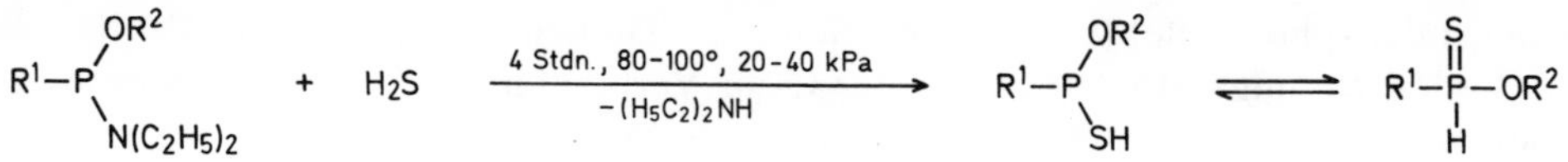

$R^1 = CH_3$; $R^2 = C_4H_9$; *Methanthiophosphonigsäure-O-butylester*; 80%; Sdp.: 92–93°/10 Torr (1,3 kPa)
$R^1 = C_6H_5$; $R^2 = C_4H_9$; *Benzolthiophosphonigsäure-O-butylester*; 76%; Sdp.: 75°/0,03 Torr (4 Pa)

Thiophosphonigsäure-O-methylester entstehen bei der Bestrahlung von 7-Thioxo-7-phospha-bicyclo[2.2.1]heptenen mit einer Quecksilber-Mitteldrucklampe in Gegenwart von Methanol in THF-Lösung[145a]:

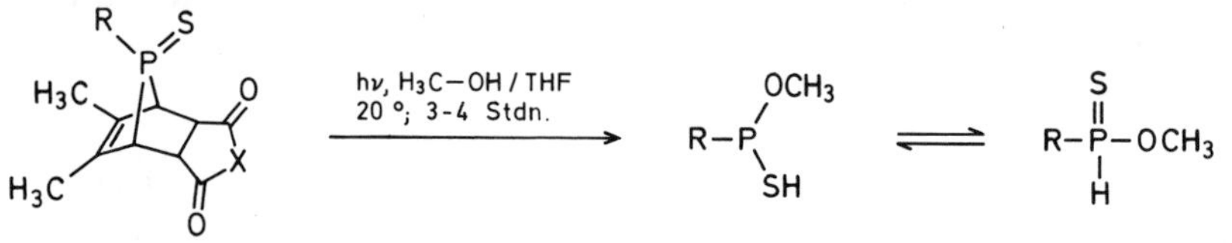

R = C_6H_5; X = O; N–C_6H_5;   *Benzolthiophosphonigsäure-O-methylester*; 80%
R = C_4H_9; X = N–C_6H_5;   *Butanthiophosphonigsäure-O-methylester*; 65%
R = Br–(CH_2)_5; X = N–C_6H_5;   *5-Brom-pentanthiophosphonigsäure-O-methylester*; 75%

v) **Thiophosphonigsäure-diester**

Thiophosphonigsäure-diester gewinnt man durch Einwirkung von Alkoholen auf Thiophosphonigsäure-ester-halogenide unter Zusatz eines säurebindenden Mittels [s. Bd. XII/1 (4. Aufl.), S. 332]:

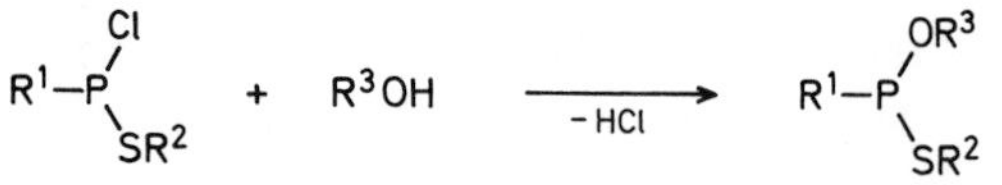

Analog erhält man sie auch durch Reaktion von Phosphonigsäure-ester-halogeniden mit Thiolen; z. B.[146]:

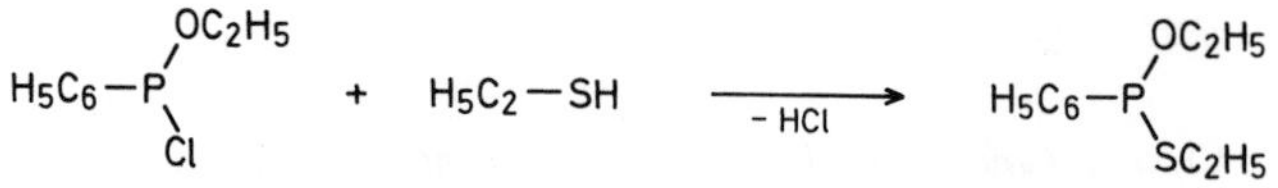

Ethoxy-ethylthio-phenyl-phosphan[146]: Die ether. Lösung von 75,4 g (0,4 mol) Chlor-ethoxy-phenyl-phosphan wird bei −30° in eine Lösung von 24,8 g (0,4 mol) Ethanthiol und 34,8 g (0,44 mol) Pyridin in 300 *ml* Diethylether eingetropft. Nach Abfiltrieren des Pyridiniumchlorids wird Diethylether abgetrieben und der Rückstand i. Vak. destilliert; Ausbeute: 50 g (59%); Sdp.: 172–174°/17 Torr (2,27 kPa).

Thiophosphonigsäure-diester gewinnt man auch aus Dithiophosphonigsäure-diestern[147] oder Thiophosphonigsäure-amid-estern[148] mit äquimolaren Mengen eines hochsiedenden Alkohols, wobei das tiefer siedende Thiol oder Amin abdestilliert:

[145a] *S. Holand* u. *F. Mathey*, J. Org. Chem. **46**, 4387 (1981).
[146] *E. Steininger*, Chem. Ber. **95**, 2993 (1962).
[147] *P. M. Zavlin, A. N. D'yakonov, V. M. Al'bitskaya* u. *É. I. Babkina*, Zh. Obshch. Khim. **43**, 2788 (1973); engl.: 2763.
[148] *P. M. Zavlin, A. N. D'yakonov* u. *V. M. Al'bitskaya*, Zh. Obshch. Khim. **45**, 2133 (1975); engl.: 2084.

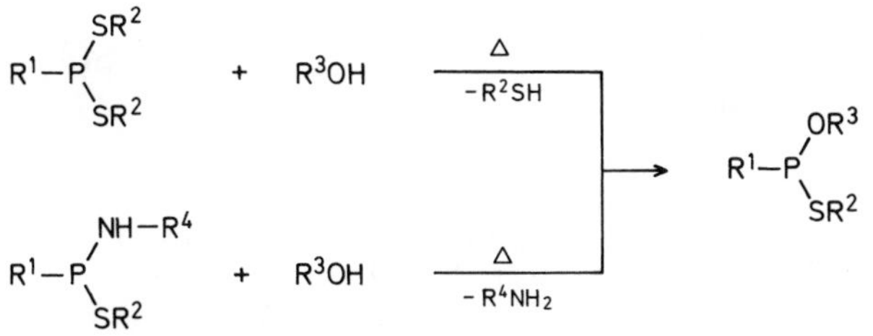

Cyclische Ester entstehen bei der Reaktion von Dihalogen-phosphanen mit Mercapto-alkanolen[149] oder o-Mercapto-phenolen[150, 151]; z.B.:

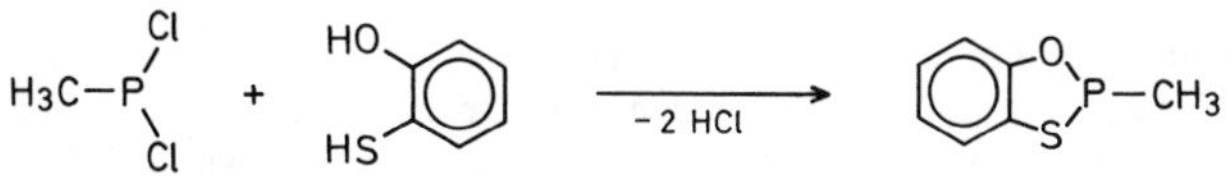

2-Methyl-1,3,2-benzoxathiaphosphol[150]: In eine Lösung von 12,6 g (0,1 mol) 2-Mercapto-phenol und 20,2 g (0,2 mol) Triethylamin in 100 *ml* Diethylether wird eine Lösung von 11,7 g (0,1 mol) Dichlor-methyl-phosphan in 50 *ml* Diethylether eingetropft. Während des Zutropfens wird das Reaktionsgefäß mit Eiswasser gekühlt. Anschließend wird 4 Stdn. bei 20° gerührt. Das gebildete Triethylammoniumchlorid wird abfiltriert, das Lösemittel abdestilliert und der ölige Rückstand i. Vak. destilliert; Ausbeute: 10,2 g (60%); Sdp.: 88°/2 Torr (0,27 kPa).

2-Phenylthio-1,2-oxaphospholan (22%; Sdp.: 116°/0,2 Torr/0,027 kPa) erhält man aus (3-Hydroxy-propyl)-phosphan mit Diphenyldisulfan[152]:

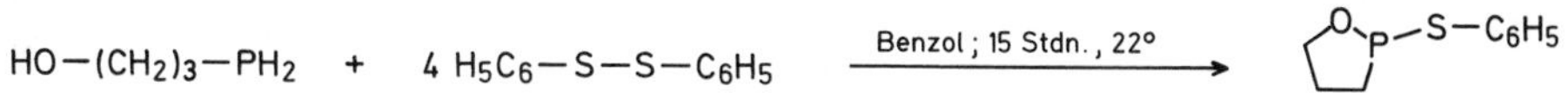

ξ) **Phosphonigsäure-amid-ester**

A. Herstellung

1. aus Phosphonigsäure-dihalogeniden

Bei der Umsetzung von Dichlor-organo-phosphanen mit 2-Amino-alkanolen[153-155], 2-Alkylamino-ketonen[155] oder o-Amino-phenolen[156] entstehen in Gegenwart von tert. Aminen cyclische Phosphonigsäure-amid-ester, die auch aus Phosphonigsäure-bis-amiden (s. S.302) zugänglich sind:

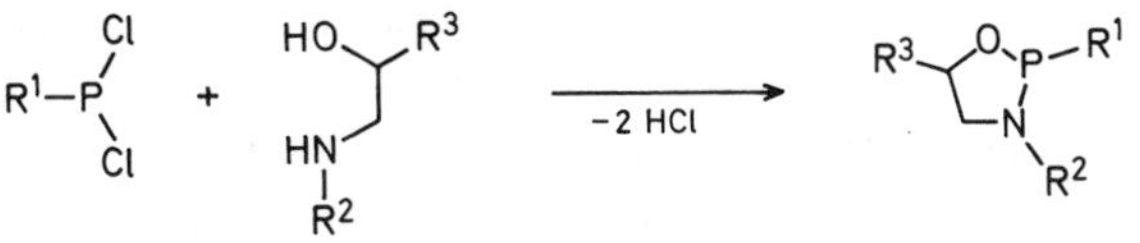

[149] K. Bergesen u. M. Bjorøy, Acta Chem. Scand. **27**, 3477 (1973).
[150] M. Wieber u. J. Otto, Chem. Ber. **100**, 974 (1967).
[151] US.P. 3 773 711 (1973/1970), Borg-Warner Corp., Erf.: J. L. Dever u. N. W. Dachs; C. A. **80**, 70 809 (1974).
[152] M. Grayson u. C. E. Farley, J. Chem. Soc. **1967**, 830.
[153] T. Fujisawa, Y. Yokota u. T. Mukaiyama, Bull. Chem. Soc. Jpn. **40**, 147 (1967).
[154] T. T. Dustmukhamedov, M. M. Yusupov, N. K. Rozhkova u. S. R. Tulyaganov, Zh. Obshch. Khim. **46**, 300 (1976); engl.: 297.
[155] Y. V. Balitskii, L. F. Kasukhin, M. P. Ponomarchuk u. Y. G. Gololobov, Zh. Obshch. Khim. **49**, 42 (1979); engl.: 34.
[156] DOS 2 826 622 (1980/1978), Hoechst AG, Erf.: U.-H. Felcht; C. A. **92**, 215 540 (1980).

$$R^1-\overset{Cl}{\underset{Cl}{P}} \quad + \quad \underset{\underset{R^2}{|}}{\overset{O}{\underset{HN}{\overset{\|}{C}}}}\!\!\!-\!R^3 \quad \xrightarrow[-2\,[(H_5C_2)_3\overset{\oplus}{N}H]\,Cl^{\ominus}]{CHCl_3\,/\,(H_5C_2)_3N\,;\,5^\circ} \quad \underset{R^2}{\overset{R^3}{\diagdown}}\!\!\!\overset{O}{\underset{N}{\diagup}}\!\!\!P-R^1$$

$R^1 = CH_3$; $R^2 = R^3 = (H_3C)_3C$; *3,5-Di-tert.-butyl-2-methyl-2,3-dihydro-1,3,2-oxazaphosphol*[155]; 70%;
Sdp.: 89°/17 Torr (2,3 kPa)

$$R^1-\overset{Cl}{\underset{Cl}{P}} \quad + \quad \text{HO-}\underset{\underset{CO-R^2}{|}}{\underset{HN}{\bigcirc}} \quad \xrightarrow[-2\,[(H_5C_2)_3\overset{\oplus}{N}H]\,Cl^{\ominus}]{Toluol\,/\,(H_5C_2)_3N} \quad \underset{CO-R^2}{\overset{O}{\underset{N}{\bigcirc}}}\!\!P-R^1$$

2,3-Diphenyl-1,3,2-oxazaphospholidin ($R^1 = R^2 = C_6H_5$; $R^3 = H$)[153]: In eine Lösung von 6,9 g (0,05 mol) 2-Anilino-ethanol und 11,1 g (0,11 mol) Triethylamin in 30 *ml* Benzol wird langsam unter Rühren bei 0° eine Lösung von 9 g (0,05 mol) Dichlor-phenyl-phosphan eingetropft. Anschließend wird 1 Stde. unter Rückfluß erhitzt und das ausgefallene Triethylammoniumchlorid abfiltriert. Das Filtrat wird eingeengt und der Rückstand i. Vak. destilliert. Beim Abkühlen auf 20° erstarrt das Destillat. Es wird aus Diethylether umkristallisiert; Ausbeute: 6,1 g (50%); Sdp.: 150–153°/0,13 Torr (0,017 kPa); Schmp.: 78–81°.

Auf analoge Weise erhält man u. a.

3-(2,4-Dichlor-phenyl)-2-phenyl-1,3,2-oxazaphospholidin[154]; 62%; Schmp.: 168–170°
3,5-Di-tert.-butyl-2-methyl-1,3,2-oxazaphospholidin[155];   72%; Sdp.: 40°/0,5 Torr (0,07 kPa)

3-Acetyl-2-methyl-2,3-dihydro-1,3,2-benzoxazaphosphol[156]: Zu einer Aufschlämmung von 332 g (2,2 mol) 2-Acetylamino-phenol in 4 *l* Toluol und 460 g (4,55 mol) Triethylamin tropft man innerhalb 10 Min. 200 *ml* (2,2 mol) Dichlor-methyl-phosphan. Dabei erwärmt sich die Reaktionslösung auf ~ 50°. Nach beendeter Zugabe hält man 30 Min. bei 90°, kühlt ab und saugt das ausgefallene Triethylammoniumchlorid mit einer Drucknutsche unter Stickstoff ab. Das Filtrat wird bei 40°/12 Torr (1,6 kPa) eingedampft, anhaftende Lösemittelreste bei 30°/0,1 Torr (0,013 kPa) entfernt und zur Kristallisation angerieben; Ausbeute: 424 g (99%); Schmp.: 43–46°.

Auf analoge Weise ist *3-Acetyl-2-phenyl-2,3-dihydro-1,3,2-benzoxazaphosphol* (99%; Schmp.: 73–75°) zugänglich.

2. aus Phosphonigsäure-ester-halogeniden

Durch Umsetzung von Phosphonigsäure-ester-halogeniden mit sek. Aminen gewinnt man Phosphonigsäure-amid-ester[157] (zur analogen Reaktion aus Phosphonigsäure-amid-halogeniden mit Alkoholen s. S. 301); z. B.:

$$H_5C_6-\overset{OC_2H_5}{\underset{Cl}{P}} \quad + \quad 2\,(H_5C_2)_2NH \quad \xrightarrow[-2\,[(H_5C_2)_3\overset{\oplus}{N}H]\,Cl^{\ominus}]{\overset{(H_5C_2)_2O\,;\,-30^\circ}{\underset{20^\circ}{12\,Stdn.,}}} \quad H_5C_6-\overset{OC_2H_5}{\underset{N(C_2H_5)_2}{P}}$$

Diethylamino-ethoxy-phenyl-phosphan;
65%; Sdp.: 83–85°/0,075 Torr (0,01 kPa)

Man kann hierbei, ausgehend von Dihalogen-phosphanen, die bei deren Umsetzung mit Alkoholen zugänglichen Phosphonigsäure-ester-halogenide (s. S. 286) ohne Isolierung weiter mit einem Amin umsetzen[158].

[153] *T. Fujisawa, Y. Yokota* u. *T. Mukaiyama*, Bull. Chem. Soc. Jpn. **40**, 147 (1967).
[154] *T. T. Dustmukhamedov, M. M. Yusupov, N. K. Rozhkova* u. *S. R. Tulyaganov*, Zh. Obshch. Khim. **46**, 300 (1976); engl.: 297.
[155] *Y. V. Balitskii, L. F. Kasukhin, M. P. Ponomarchuk* u. *Y. G. Gololobov*, Zh. Obshch. Khim. **49**, 42 (1979); engl.: 34.
[156] DOS 2826622 (1980/1978), Hoechst AG, Erf.: *U.-H. Felcht*; C. A. **92**, 215540 (1980).
[157] *E. Steininger*, Chem. Ber. **95**, 2993 (1962).
[158] *K. A. Petrov, V. P. Evdakov, L. I. Mizrakh* u. *V. P. Romodin*, Zh. Obshch. Khim. **32**, 3062 (1962); engl.: 3012.

Perfluoralkan-phosphonigsäure-chlorid-fluoralkylester setzen sich auch mit Ammoniak zu stabilen Phosphonigsäure-amid-estern um. Hier trägt wahrscheinlich der induktive Effekt der Fluoralkyl-Gruppen zur Stabilität bei und verhindert eine intermolekulare Reaktion bei der Herstellung[159].

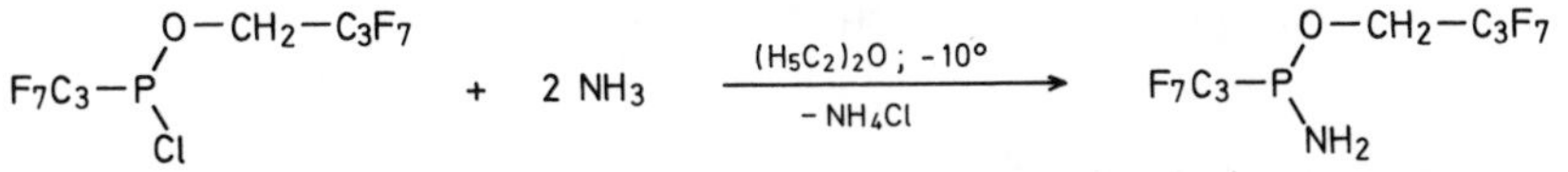

Amino-(2,2,3,3,4,4,4-heptafluor-butyloxy)-
heptafluorpropyl-phosphan;
76%; Sdp.: 60–61°/2 Torr (0,27 kPa)

Ein am Stickstoff-Atom gleichzeitig acylierter und silylierter Phosphonigsäure-amid-ester bildet sich bei der Reaktion von Chlor-ethoxy-ethyl-phosphan mit N,N-Bis-[trimethylsilyl]-acetamid[160]:

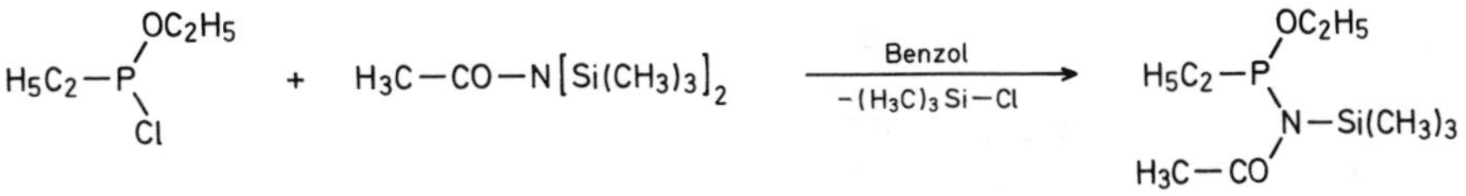

(N-Acetyl-N-trimethylsilyl-amino)-ethoxy-
ethyl-phosphan; 50%; Sdp.: 63–64°/0,075 Torr (0,01 kPa)

3. aus Phosphonigsäure-amid-halogeniden

Analog der Reaktion von Phosphonigsäure-ester-halogeniden mit Aminen zu Phosphonigsäure-amid-estern (s. S.300) erhält man diese auch durch Umsetzung von Phosphonigsäure-amid-halogeniden mit Alkoholen in Gegenwart eines tert. Amins [s. Bd. XII/1 (4. Aufl.), S. 335],

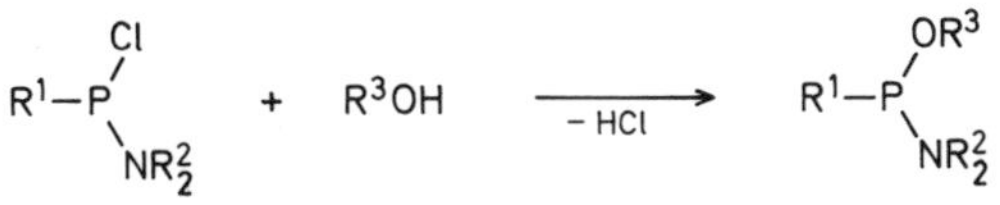

bzw. aus Amino-halogen-phosphanen mit Natriumalkanolaten in Diethylether; z.B.[159]:

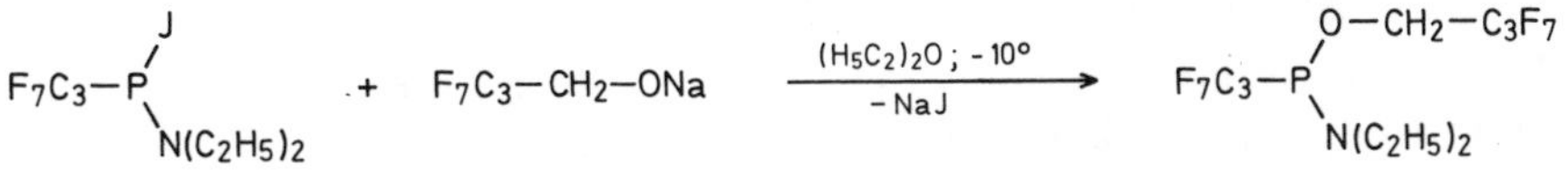

Diethylamino-(2,2,3,3,4,4,4-heptafluor-
butyloxy)-heptafluorpropyl-phosphan;
75%; Sdp.: 68–69°/4,5 Torr (0,6 kPa)

---

[159] V.N. Prons, M.P. Grinblat u. A.L. Klebanskii, Zh. Obshch. Khim. **45**, 2423 (1975); engl.: 2380.
[160] M.A. Pudovik, L.K. Kibardina, M.D. Medvedeva, N.P. Anoshina u. A.N. Pudovik, Zh. Obshch. Khim. **48**, 2648 (1978); engl.: 2402.

4. aus Phosphonigsäure-bis-[amiden]

Phosphonigsäure-bis-[amide] reagieren mit äquimolaren Mengen eines Alkohols oder Phenols unter Austausch einer Amino-Gruppe[162, 163]:

$$R^1-P(NR_2^2)_2 \quad + \quad R^3OH \quad \xrightarrow[-R_2^2NH]{} \quad R^1-P\underset{NR_2^2}{\overset{OR^3}{<}}$$

Dimethylamino-ethoxy-phenyl-phosphan[163]: 30 g (0,15 mol) Bis-[dimethylamino]-phenyl-phosphan und 7 g (0,15 mol) Ethanol werden 4 Stdn. bei schwachem Rückfluß gekocht. Das entwickelte Dimethylamin wird in einer Kühlfalle aufgefangen (5,6 g; 80%). Nach Abfiltrieren einer sich in geringer Menge bildenden, gallertigen Substanz wird i. Vak. destilliert; Ausbeute: 24,4 g (81%); Sdp.: 74–80°/0,02 Torr (3 Pa).

Setzt man Phosphonigsäure-bis-[amide] mit Amino-alkanolen um, erfolgt bei gleichzeitiger Umaminierung und Alkoholyse eine Kondensation zu cyclischen Phosphonigsäure-amid-estern[164, 165], die auch aus Phosphonigsäure-dichloriden (s. S. 299f.) zugänglich sind:

$$R^1-P\underset{NR_2^2}{\overset{NR_2^2}{<}} \quad + \quad \underset{\underset{R^3}{|}}{\overset{HO}{\underset{HN}{}}} \quad \xrightarrow{-2\ R_2^2NH} \quad \text{(cyclisches Produkt)}$$

3-(4-Methoxy-phenyl)-2-phenyl-1,3,2-oxazaphospholidin[164]: Eine Mischung von 5,04 g (0,02 mol) Bis-[diethylamino]-phenyl-phosphan und 3,34 g (0,02 mol) 2-(4-Methoxy-anilino)-ethanol wird 4 Stdn. auf 150–170° erhitzt. Anschließend wird i. Vak. destilliert. Beim Stehen kristallisiert das Destillat; Ausbeute: 5 g (91%); Sdp.: 174–178°/0,08–0,15 Torr (0,01–0,02 kPa); Schmp.: 41–44°.

Auf analoge Weise erhält man mit 2-Anilino-ethanol *2-Methyl-3-phenyl-1,3,2-oxazaphospholidin* (67%)[165].
Auch 2-Amino-phenole können eingesetzt werden[166, 167]; z.B.:

$$H_3C-P\underset{N(CH_3)_2}{\overset{N(CH_3)_2}{<}} \quad + \quad \text{(2-Methylamino-phenol)} \quad \xrightarrow{-2\ (H_3C)_2NH} \quad \text{(Benzoxazaphosphol)}$$

2,3-Dimethyl-2,3-dihydro-1,3,2-benzoxazaphosphol[166]: 2,46 g (0,02 mol) 2-Methylamino-phenol und 2,68 g (0,02 mol) Bis-[dimethylamino]-methyl-phosphan werden in 40 *ml* Benzol eingebracht. Es wird so lange (~ 3 Stdn.) unter Rückfluß gekocht, bis das Ende der Dimethylamin-Entwicklung erreicht ist. Es wird i. Vak. destilliert; Ausbeute: 2,64 g (79%); Sdp.: 58°/0,1 Torr (0,013 kPa).

Durch Kondensation mit 2-substituierten 1-Acetyl- oder 1-Benzoyl-hydrazinen erhält man 2,3-Dihydro-1,3,4,2-oxadiazaphosphole[168].

[162] *K. A. Petrov, V. P. Evdakov, K. A. Bulevich* u. *Y. S. Kosarev*, Zh. Obshch. Khim. **32**, 1974 (1962); engl.: 1954.
[163] *L. Maier*, Helv. Chim. Acta **47**, 2129 (1964).
[164] *O. Mitsunobu, T. Ohashi, M. Kikuchi* u. *T. Mukaiyama*, Bull. Chem. Soc. Jpn. **40**, 2964 (1967).
[165] *M. A. Pudovik, S. A. Terent'eva* u. *A. N. Pudovik*, Zh. Obshch. Khim. **51**, 518 (1981); engl.: 402.
[166] *M. Wieber, O. Mulfinger* u. *H. Wunderlich*, Z. Anorg. Allg. Chem. **477**, 108 (1981).
[167] *M. A. Pudovik, S. A. Terent'eva, I. V. Nebogatikova* u. *A. N. Pudovik*, Zh. Obshch. Khim. **44**, 1020 (1974); C. A. **81**, 63723 (1974).
[168] *A. Schmidpeter, J. Luber, H. Riedl* u. *M. Volz*, Phosphorus Sulfur **3**, 171 (1977).

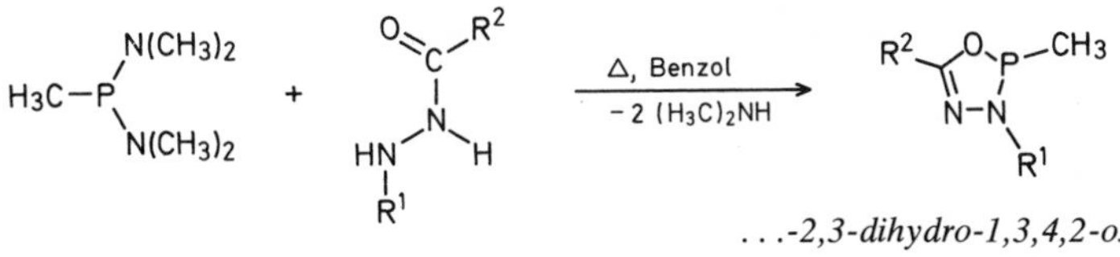

...-2,3-dihydro-1,3,4,2-oxadiazaphosphol

$R^1 = C_6H_5$; $R^2 = CH_3$;   2,5-Dimethyl-3-phenyl-...   80%; Sdp. 0°/0,9 Torr (0,12 kPa)

$R^1 = CO–CH_3$; $R^2 = CH_3$;   3-Acetyl-2,5-dimethyl-...   80%; Sdp.: 114–115°/25 Torr
                                                                           (3,33 kPa)

$R^1 = P(S)(CH_3)_2$; $R^2 = C_6H_5$;   3-(Dimethyl-thiophosphoryl)-   72%; Schmp.: 79–81°
                                               2-methyl-5-phenyl-...

Die Reaktion wird mit äquimolaren Mengen in siedendem Benzol bis zum Abklingen der Dimethylamin-Entwicklung durchgeführt.

B. Umwandlung

Ergänzung zu Bd. XII/1 (4. Aufl.), S. 335:
Cyclische Phosphonigsäure-àmid-ester disproportionieren beim Erhitzen unter Aluminiumchlorid-Katalyse zu spirocyclischen Phosphoranen[166]. Die Reaktion mit 1,2-Benzochinon[166] oder Butandion[168] führt gleichfalls zu Spirophosphoranen.

o) Dithiophosphonige Säuren

Bei der Einwirkung von Schwefelwasserstoff im Überschuß auf Bis-[dimethylamino]-phosphan in Hexan bei tiefen Temperaturen erhält man das *Dimethylammonium-methandithiophosphonit*[169].

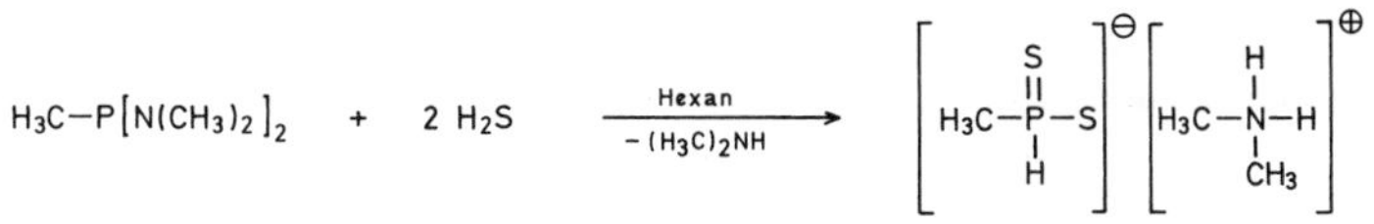

Mittels eines Kationenaustauschers in der $H^{\oplus}$-Form gelingt es bei 0° eine wäßrige Lösung des Salzes in eine Lösung der freien *Methandithiophosphonigsäure* überzuführen[169]:

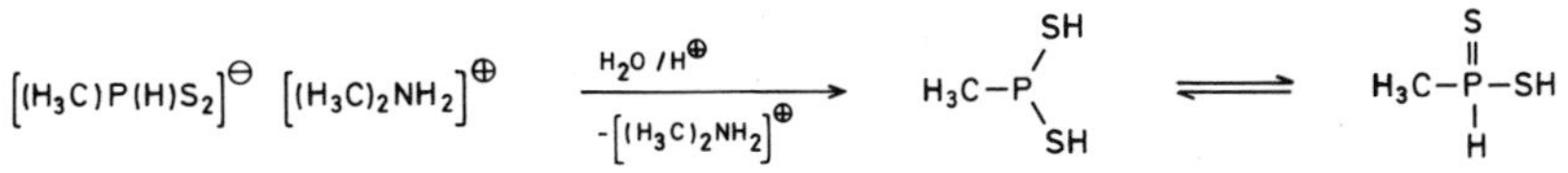

Beim Versuch, die wasserfreie Säure zu erhalten, tritt Zersetzung unter Schwefelwasserstoff-Bildung ein.

π) Dithiophosphonigsäure-S- bzw. -S,S-anhydride

Gemischte S-Anhydride der Monochloride von Thiophosphonig- und Dithiophosphonsäuren entstehen bei der Umsetzung von Alkyl- oder Aryl-dichlor-phosphanen mit Disulfan[170]:

[166] M. Wieber, O. Mulfinger u. H. Wunderlich, Z. Anorg. Allg. Chem. **477**, 108 (1981).
[168] A. Schmidpeter, J. Luber, H. Riedl u. M. Volz, Phosphorus Sulfur **3**, 171 (1977).
[169] F. Seel, H. Keim u. G. Zindler, Chem. Ber. **112**, 2282 (1979).
[170] M. Baudler u. H.-W. Valpertz, Z. Naturforsch. **22 B**, 222 (1967).

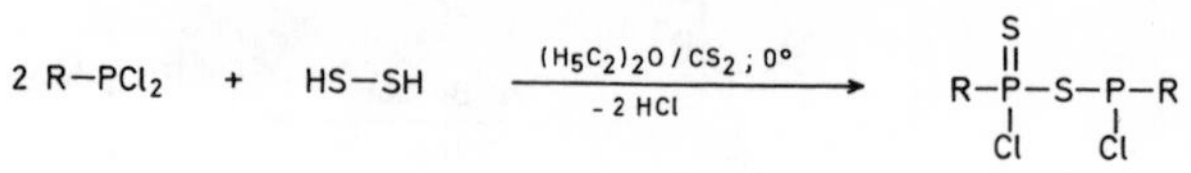

$$2\ R-PCl_2\ +\ HS-SH\ \xrightarrow[-2\ HCl]{(H_5C_2)_2O\ /\ CS_2\ ;\ 0°}\ \underset{\underset{Cl}{|}}{R}-\underset{\underset{Cl}{|}}{\overset{\overset{S}{\parallel}}{P}}-S-\underset{\underset{Cl}{|}}{P}-R$$

R = C₂H₅; *(Chlor-ethyl-phosphano)-(chlor-ethyl-thiophosphoryl)-sulfan*; 98%

R = C₆H₅; *(Chlor-phenyl-phosphano)-(chlor-phenyl-thiophosphoryl)-sulfan*; 88%

Ein gemischtes Anhydrid einer Dithiophosphonig- und Dithio-carbamid-säure erhält man bei der Einwirkung von Kohlenstoffdisulfid auf Bis-[dimethylamino]-phosphan[171]:

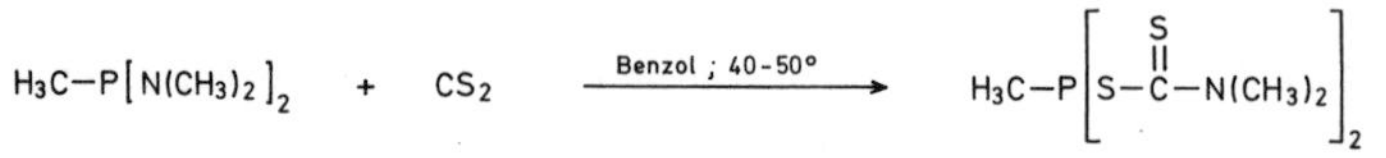

$$H_3C-P\left[N(CH_3)_2\right]_2\ +\ CS_2\ \xrightarrow{Benzol\ ;\ 40-50°}\ H_3C-P\left[S-\overset{\overset{S}{\parallel}}{C}-N(CH_3)_2\right]_2$$

Bis-[dimethylamino-thiocarbonylthio]-methyl-phosphan; 91%; Schmp.: 97–98°

ϱ) Dithiophosphonigsäure-diester

A. Herstellung

1. aus prim. Phosphanen

Dithiophosphonigsäure-diester werden bei der Umsetzung von prim. Phosphanen mit Dialkyl[172]- oder Diaryl-disulfanen[173] mit sehr guten Ausbeuten gewonnen:

$$R^1-PH_2\ +\ 2\,R^2S-SR^2\ \xrightarrow{-2R^2-SH}\ R^1-P(SR^2)_2$$

Bis-[phenylthio]-cyclohexyl-phosphan[173]: 53,2 g (0,245 mol) Diphenyl-disulfan und 14 g (0,121 mol) Cyclohexyl-phosphan werden in 125 *ml* Benzol 20 Stdn. unter Rückfluß erhitzt; anschließend wird i. Vak. destilliert; Ausbeute: 36 g (90%); Sdp.: 183–189°/0,15 Torr (0,02 kPa).

Auf ähnliche Weise wird *Bis-[phenylthio]-butyl-phosphan* (93%; Sdp.: 175–180°/0,3 Torr/0,04 kPa) erhalten.

2. aus Phosphonigsäure-dihalogeniden

Bei der Umsetzung von Dichlor-phosphanen mit Thiolen in Gegenwart eines tert. Amins erhält man in guten Ausbeuten Dithiophosphonigsäure-diester [s. Bd. XII/1 (4. Aufl.), S. 333]:

$$R^1-PCl_2\ +\ 2\,R^2-SH\ \xrightarrow{-2HCl}\ R^1-P(SR^2)_2$$

Der Zusatz eines Chlorwasserstoffacceptors erübrigt sich, wenn man die Reaktion in einem Lösemittel (z.B. Dichlor- oder Trichlormethan) durchführt, aus dem durch Sieden der Chlorwasserstoff ausgetrieben werden kann[174, 175].

[171] *G. Oertel, H. Malz* u. *H. Holtschmidt*, Chem. Ber. **97**, 891 (1964).

[172] *M. J. Gallagher* u. *I. D. Jenkins*, J. Chem. Soc. **1966**, 2173.

[173] *M. Grayson* u. *Ch. E. Farley*, J. Org. Chem. **32**, 236 (1967).

[174] *V. D. Akamsin* u. *N. I. Rizpolozhenskii*, Izv. Akad. Nauk SSSR, Ser. Khim. **1967**, 1987; C. A. **68**, 114693 (1968).

[175] *E. A. Krasil'nikova, A. M. Potapov* u. *A. I. Razumov*, Zh. Obshch. Khim. **38**, 609 (1968); engl.: 587.

Bis-[ethylthio]-ethyl-phosphan[174]: Zu 13,3 g (0,214 mol) Ethanthiol in Dichlormethan wird langsam 14 g (0,107 mol) Dichlor-ethyl-phosphan eingetropft. Die Mischung wird 2 Stdn. unter Rückfluß zum Sieden erhitzt, bis die Chlorwasserstoffentwicklung beendet ist. Abschließend wird i. Vak. destilliert; Ausbeute: 13 g (66%); Sdp.: 44–45°/0,037 Torr (5 Pa).

Dithiophosphonigsäure-diester entstehen gleichfalls mit guten Ausbeuten, aus Dichlor-phosphanen mit Alkylthio-trimethylsilanen; z.B.[176]:

$$H_5C_6-PCl_2 \quad + \quad 2\,H_5C_2S-Si(CH_3)_3 \quad \xrightarrow[-2\,(H_3C)_3Si-Cl]{\Delta,\,2\,Stdn.} \quad H_5C_6-P(SC_2H_5)_2$$

Bis-[ethylthio]-phenyl-phosphan;
85%; Sdp.: 92°/0,0008 Torr (0,1 Pa)

Die Verbindung wird auch mit Diethyldisulfan in Gegenwart von Zinkstaub zu 54% erhalten[177]:

$$H_5C_6-PCl_2 \quad + \quad H_5C_2S-SC_2H_5 \quad \xrightarrow[-ZnCl_2]{THF,\,Zn,\,20°} \quad H_5C_6-P(SC_2H_5)_2$$

Dihalogen-phosphane lassen sich mit 1,2-Ethandithiolen[178, 179] bzw. 1,2-Dimercapto-benzol-Verbindungen[178] in Gegenwart von Triethylamin in sehr guten Ausbeuten zu cyclischen Dithiophosphonigsäure-diestern kondensieren; z.B.[178]:

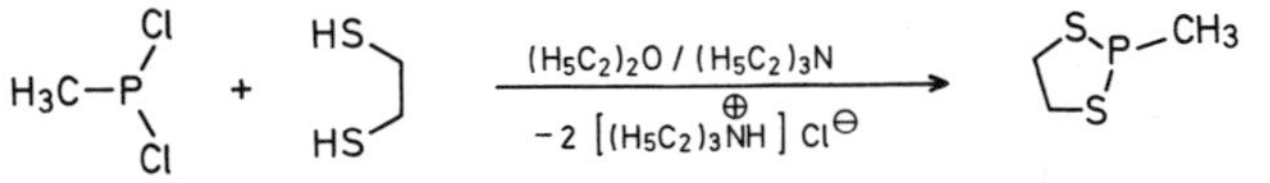

2-Methyl-1,3,2-dithiaphospholan;
Sdp.: 90°/5 Torr (0,67 kPa); Schmp.: −5°

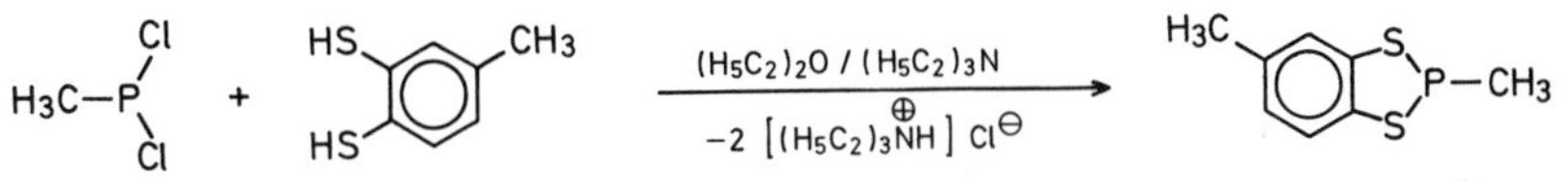

2,5-Dimethyl-1,3,2-benzodithiaphosphol;
Sdp.: 110–114°/2 Torr (0,27 kPa)

Analog erhält man mit Propan-1,3-dithiol 2-Organo-1,3,2-dithiaphosphorinane[178, 180]; z.B.:

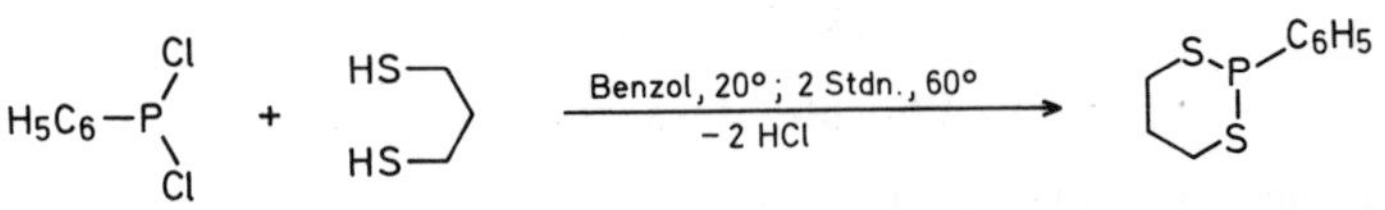

2-Phenyl-1,3,2-dithiaphosphorinan[180];
75%; Schmp.: 50°

[174] V. D. Akamsin u. N. I. Rizpolozhenskii, Izv. Akad. Nauk SSSR, Ser. Khim. **1967**, 1987; C. A. **68**, 114693 (1968).
[176] E. W. Abel, D. A. Armitage u. R. P. Bush, J. Chem. Soc. **1964**, 5584.
[177] U. Schmidt, I. Boie, C. Osterroht, R. Schröer u. H.-F. Grützmacher, Chem. Ber. **101**, 1381 (1968).
[178] M. Wieber, J. Otto u. M. Schmidt, Angew. Chem. **76**, 648 (1964).
[179] K. Bergesen, M. Bjorøy u. T. Gramstad, Acta Chem. Scand. **26**, 3037 (1972).
[180] J. Martin, J. B. Robert u. C. Taleb, J. Phys. Chem. **80**, 2417 (1976).

3. aus Thiophosphonigsäure-amid-estern

Durch Erhitzen von Thiophosphonigsäure-amid-estern mit äquimolaren Mengen eines hochsiedenden Thiols gelangt man unter Freisetzung des Amins zu unsymmetrisch substituierten Dithiophosphonigsäure-diestern; z.B.[181]:

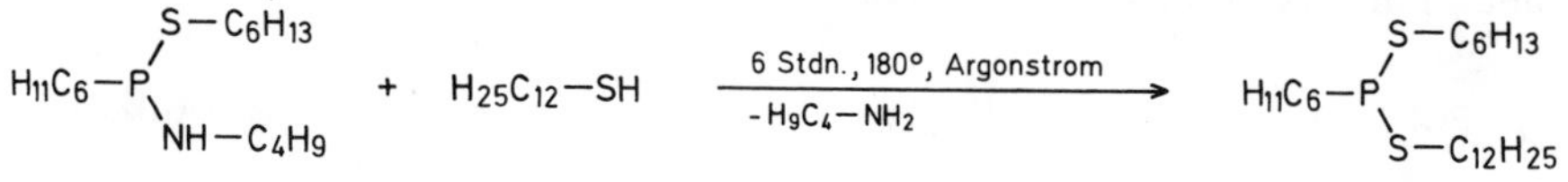

Cyclohexyl-dodecylthio-hexylthio-phosphan;
56%; Schmp.: 83°

4. aus Cyclophosphanen

Cyclophosphane werden beim Erhitzen mit Dialkyl-disulfanen im Überschuß unter Bildung von Dithiophosphonigsäure-diestern gespalten; z.B.[182]:

$$(H_5C_6-P)_5 \; + \; 5\,H_5C_2S-SC_2H_5 \; \xrightarrow{\;\Delta\;} \; 5\,H_5C_6-P(SC_2H_5)_2$$

Bis-[ethylthio]-phenyl-phosphan: Eine Mischung aus 15 g Pentaphenyl-pentaphospholan, 50 *ml* Diethyldisulfan und 20 *ml* THF wird 2 Stdn. bei 160° im Bombenrohr erhitzt. Man destilliert zunächst i. Wasserstrahlvak. bei 40° das überschüssige Diethyl-disulfan und anschließend den Rückstand i. Vak.; Ausbeute: 19,5 g (61%); Sdp.: 109–112°/0,1 Torr (0,013 kPa).

Analog ist durch Umsetzung von Tetrakis-[trifluormethyl]-tetraphosphetan mit Bis-[trifluormethyl]-disulfan bei 200° (ohne Lösemittel) *Bis-[trifluormethylthio]-trifluormethyl-phosphan* erhältlich[183, 184].

B. Umwandlung

S. Bd. XII/1 (4. Auflage), S. 333.

σ) Thiophosphonigsäure-amid-ester

A. Herstellung

1. aus Phosphonigsäure-dihalogeniden

Dichlor-methyl-phosphan reagiert mit 2-Amino-thiophenol in Gegenwart von Triethylamin zu *2-Methyl-2,3-dihydro-1,3,2-benzothiazaphosphol* (65%; Sdp.: 122–124°/2 Torr/0,27 kPa; Schmp.: 120°)[185] (Vorschrift analog der Herstellung von 2-Methyl-1,3,2-benzoxathiaphosphol aus 2-Mercapto-phenol, s. S. 299).

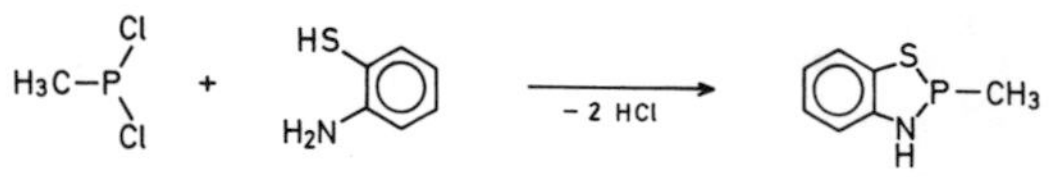

[181] *P. M. Zavlin, A. N. D'yakonov* u. *V. M. Al'bitskaya*, Zh. Obshch. Khim. **45**, 2113 (1975); engl.: 2084.
[182] *U. Schmidt, I. Boie, C. Osterroht, R. Schröer* u. *H.-F. Grützmacher*, Chem. Ber. **101**, 1381 (1968).
[183] *A. H. Cowley* u. *D. S. Dierdorf*, J. Am. Chem. Soc. **91**, 6609 (1969).
[184] *I. B. Mishra* u. *A. B. Burg*, Inorg. Chem. **11**, 664 (1972).
[185] *M. Wieber* u. *J. Otto*, Chem. Ber. **100**, 974 (1967).

2. aus Thiophosphonigsäure-ester-halogeniden

Bei der Umsetzung von Thiophosphonigsäure-ester-halogeniden mit einem sek. Amin in Gegenwart eines tert. Amins entstehen Thiophosphonigsäure-amid-ester in guten Ausbeuten; z. B.[186]:

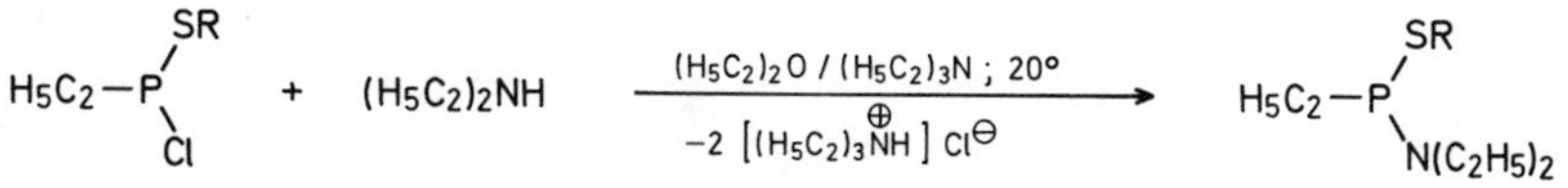

$R = C_2H_5$; *Diethylamino-ethyl-ethylthio-phosphan*; 74%; Sdp.: 88–90°/9 Torr (1,2 kPa)
$R = C_4H_9$; *Butylthio-diethylamino-ethyl-phosphan*; 68%; Sdp.: 115–117°/9 Torr (1,2 kPa)

Analog erhält man mit Hydrazinen Thiophosphonigsäure-ester-hydrazide[187, 188]:

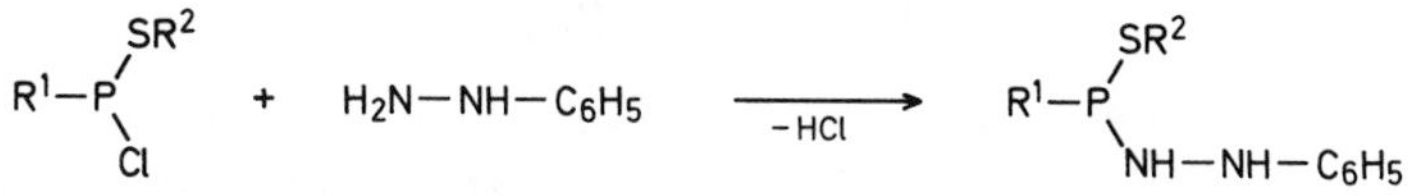

Alkyl-alkylthio-(2-phenyl-hydrazino)-phosphane; allgemeine Arbeitsvorschrift[188]: Zu einer Lösung von 0,1 mol Phenylhydrazin und 0,1 mol Triethylamin in 150 *ml* Diethylether werden bei −5 bis 0° unter Rühren 0,1 mol eines Alkyl-alkylthio-chlor-phosphans langsam eingetropft und 30–40 Min. gerührt. Triethylammoniumchlorid wird abfiltriert und mit Diethylether gewaschen. Aus dem Filtrat wird das Lösemittel abgezogen und der Rückstand in einer Molekulardestillationsapparatur destilliert. Die nachfolgenden Temperaturangaben betreffen die Spiralentemp. der Apparatur bei 0,5 Torr (67 Pa).

Auf diese Weise erhält man u. a.

$R^1 = CH_3$; $R^2 = C_4H_9$;	*Butylthio-methyl-(2-phenyl-hydrazino)-phosphan*;	90%; Spiralentemp.: 130°/0,5 Torr (67 Pa)
$R^1 = R^2 = C_2H_5$;	*Ethyl-ethylthio-(2-phenyl-hydrazino)-phosphan*;	87%; Spiralentemp.: 130°/0,5 Torr (67 Pa)
$R^1 = C_2H_5$; $R^2 = (H_3C)_2CH$;	*Ethyl-isopropylthio-(2-phenyl-hydrazino)-phosphan*;	89%; Spiralentemp.: 135°/0,5 Torr (67 Pa)

3. aus Phosphonigsäure-bis-[amiden]

Analog der Herstellung von 1,3,2-Oxazaphospholidinen (s. S. 302) aus 2-Amino-ethanolen und Phosphonigsäure-bis-[amiden] ergeben letztere bei der Kondensationsreaktion mit 2-Amino-ethanthiol cyclische Thiophosphonigsäure-amid-ester, z. B. [189]:

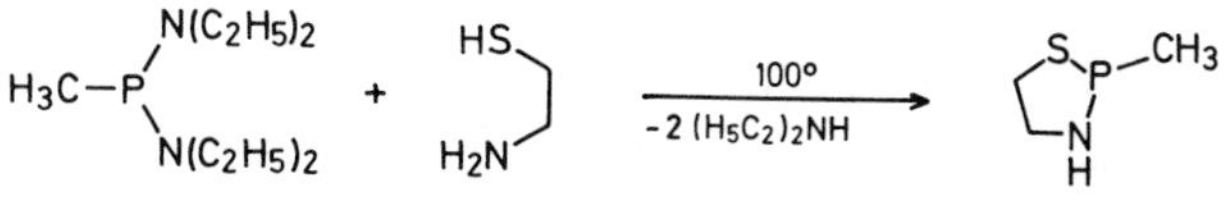

2-Methyl-1,3,2-thiazaphospholidin;
53%; Sdp.: 59–60°/2 Torr (0,27 kPa)

Mit 2-Amino-thiophenol erhält man entsprechend 2-Alkyl-2,3-dihydro-1,3,2-benzothiazaphosphole in Ausbeuten von 52–61%[190], die auch aus Dihalogen-phosphanen zugänglich sind (s. S. 306):

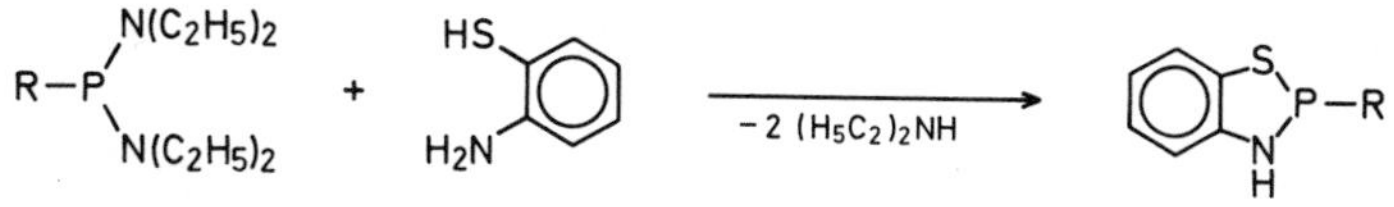

[186] *V. D. Akamsin* u. *N. I. Rizpolozhenskii*, Izv. Akad. Nauk SSSR **1967**, 1983; C. A. **68**, 114692 (1968).
[187] *V. S. Abramov*, *R. S. Chenborisov* u. *V. V. Markin*, Zh. Obshch. Khim. **38**, 2588 (1968); engl.: 2504.
[188] *R. S. Chenborisov* u. *V. V. Markin*, Zh. Obshch. Khim. **40**, 43 (1970); engl.: 40.
[189] *É. E. Nifant'ev*, *A. P. Tuseev*, *S. M. Markov* u. *G. F. Didenko*, Zh. Obshch. Khim. **36**, 319 (1966); C. A. **64**, 15914 (1966).
[190] *M. A. Pudovik*, *Y. B. Mikhailov* u. *A. N. Pudovik*, Izv. Akad. Nauk SSSR, Ser. Khim. **1981**, 1108; C. A. **95**, 204049 (1981).

4. aus anderen Thiophosphonigsäure-amid-estern

Durch Umaminierung mit einem höhersiedenden Amin kann die Amino-Gruppe in Thio-phosphonigsäure-amid-estern ausgetauscht werden; z.B.[191]:

$$\begin{array}{c} \text{S}-\text{C}_6\text{H}_{13} \\ | \\ \text{H}_{11}\text{C}_6-\text{P} \\ | \\ \text{NH}-\text{C}_4\text{H}_9 \end{array} \quad + \quad \text{H}_5\text{C}_6-\text{NH}_2 \quad \xrightarrow[-\text{H}_9\text{C}_4-\text{NH}_2]{\text{6 Stdn., 180°, Argonstrom}} \quad \begin{array}{c} \text{S}-\text{C}_6\text{H}_{13} \\ | \\ \text{H}_{11}\text{C}_6-\text{P} \\ | \\ \text{NH}-\text{C}_6\text{H}_5 \end{array}$$

Anilino-cyclohexyl-hexylthio-phosphan; 54%; Schmp.: 163°

B. Umwandlung

Thiophosphonigsäure-amid-ester bilden mit Kupferhalogeniden Komplexe[192]. Durch Addition von Schwefel erhält man Dithiophosphonsäure-amid-ester[192]. Beim Erhitzen mit einem hochsiedenden Alkohol bilden sich Thiophosphonigsäure-diester (s. S. 298f.), mit hochsiedenden Thiolen Dithiophosphonigsäure-diester (s.S. 306).

τ) Diselenophosphonigsäure-diester

Die Umsetzung von Dihalogen-phosphanen mit Alkylselenyl-trimethyl-silanen ergibt Di-selenophosphonigsäure-diester in sehr guten Ausbeuten; z.B.[193]:

$$\text{H}_5\text{C}_6-\text{PCl}_2 \quad + \quad 2\,(\text{H}_3\text{C})_3\text{Si}-\text{SeCH}_3 \quad \xrightarrow[-2\,(\text{H}_3\text{C})_3\text{Si}-\text{Cl}]{} \quad \text{H}_5\text{C}_6-\text{P}(\text{SeCH}_3)_2$$

Bis-[methylselenyl]-phenyl-phosphan; 99%

Auch durch Umsetzung von Dijod-organo-phosphanen mit Quecksilber-bis-[alkylsele-nid] sind Diselenophosphonigsäure-diester zugänglich[194]:

$$\text{H}_5\text{C}_6-\text{PJ}_2 \quad + \quad \text{Hg}(\text{Se}-\text{CF}_3)_2 \quad \longrightarrow \quad \text{H}_5\text{C}_6-\text{P}(\text{Se}-\text{CF}_3)_2$$

Bis-[trifluormethylselenyl]-phenyl-phosphan[194]: Zu 5,84 g (16,12 mmol) Dijod-phenyl-phosphan in 50 ml Benzol werden unter kräftigem Rühren innerhalb 15 Min. 8,3 g (16,7 mmol) Quecksilber-bis-[trifluormethylse-lenid], gelöst in 25 ml Benzol, getropft. Nach 1 Stde. wird vom Unlöslichen abfiltriert und das Lösemittel i. Vak. abgedampft. Der Rückstand wird mit Pentan bei −10° extrahiert; Ausbeute: 5,8 g (87%).

Die Verbindung erhält man, analog zur Herstellung von Di-S-estern mit Disulfanen (s. S.306), aus Pentaphenyl-pentaphospholan mit Bis-[trifluormethyl]-diselan[194, 195] im Bombenrohr (10 Stdn.; 40°) mit 91% Ausbeute[194]:

$$(\text{H}_5\text{C}_6-\text{P})_5 \quad + \quad 5\,\text{F}_3\text{C}-\text{Se}-\text{Se}-\text{CF}_3 \quad \longrightarrow \quad 5\,\text{H}_5\text{C}_6-\text{P}(\text{Se}-\text{CF}_3)_2$$

[191] *P. M. Zavlin, A. N. Dyakonov* u. *V. M. Albitskaya*, Zh. Obshch. Khim. **45**, 2113 (1975); engl.: 2084.
[192] *R. S. Chenborisov* u. *V. V. Markin*, Zh. Obshch. Khim. **40**, 43 (1970); engl.: 40.
[193] *J. W. Anderson, J. E. Drake, R. T. Hemmings* u. *D. L. Nelson*, Inorg. Nucl. Chem. Lett. **11**, 233 (1975).
[194] *A. Darmadi, A. Haas* u. *M. Kaschani-Motlagh*, Z. Anorg. Allg. Chem. **448**, 35 (1979).
[195] *T. Vakratsas*, Chem. Chron. **7**, 125 (1978).

v) **Phosphonigsäure-bis-[amide]**

A. Herstellung

1. aus Unterphosphorigsäure-bis-[amiden]

Bis-[amide] der Unterphosphorigen Säure addieren sich an aktivierte C=C-Doppelbindungen, so erhält man z.B. aus 1,3-Di-tert.-butyl-4-methyl-1,3,2-diazaphosphorinan mit Acrylsäure-methylester *1,3-Di-tert.-butyl-2-(2-methoxycarbonyl-ethyl)-4-methyl-1,3,2-diazaphosphorinan*[196] (40%; Sdp.: 117°/1 Torr/0,13 kPa):

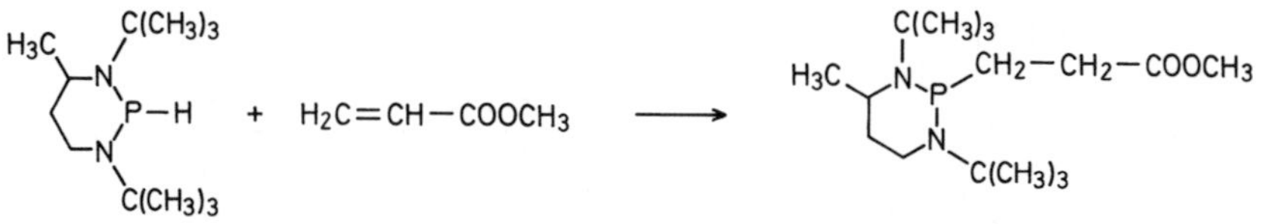

2. aus Phosphorigsäure-bis-[amid]-halogeniden

Phosphonigsäure-bis-[amide] können durch Umsetzung von Phosphorigsäure-bis-[amid]-chloriden mit Organometall-Verbindungen hergestellt werden [s. Bd. XII/1 (4. Aufl.), S. 335f.]. Nachstehend werden einige repräsentative Beispiele wiedergegeben.

Bis-[dimethylamino]-butyl-phosphan[197]:

$$[(H_3C)_2N]_2P-Cl \; + \; H_9C_4-Li \quad \xrightarrow[-\,LiCl]{} \quad H_9C_4-P[N(CH_3)_2]_2$$

15 g (97 mmol) Bis-[dimethylamino]-chlor-phosphan werden in 70 *ml* Diethylether gelöst und auf $-78°$ gekühlt. Unter kräftigem Rühren tropft man 105 *ml* einer 0,94 m ether. Butyl-lithium-Lösung (98,7 mmol) langsam zu. Nach Erwärmen auf 20° wird Lithiumchlorid abfiltriert und Diethylether i. Vak. abdestilliert. Der Rückstand wird über eine kleine Vigreux-Kolonne destilliert; Ausbeute: 14,2 g (83%); Sdp.: 75°/11 Torr (1,47 kPa); Sdp.: 190°/721,5 Torr (96,2 kPa).

Bis-[bis-(diethylamino)-phosphano]-ethin[198]:

$$2\,[(H_5C_2)_2N]_2P-Cl \; + \; BrMg-C\equiv C-MgBr \quad \xrightarrow[-\,2\,MgBrCl]{} \quad [(H_5C_2)_2N]_2P-C\equiv C-P[N(C_2H_5)_2]_2$$

334,5 g (1,6 mol) Bis-[diethylamino]-chlor-phosphan in 300 *ml* Diethylether werden zu einer Suspension von 232,5 g (0,8 mol) Bis-[brommagnesium]-ethin in 800 *ml* Diethylether bei 0° eingetropft. Man erhitzt 30 Min. zum Sieden und filtriert den Niederschlag ab. Das Filtrat wird eingeengt und i. Vak. destilliert; Ausbeute: 213 g (71%); Sdp.: 143–144°/0,1 Torr (0,013 kPa).

Das aus Phosphor(III)-chlorid und einem Tris-[amino]-phosphan zugängliche Bis-[amino]-chlor-phosphan kann ohne Isolierung mit einer Grignard-Lösung umgesetzt werden; z.B.[199]:

$$PCl_3 \; + \; 2\,P[N(CH_3)_2]_3 \quad \longrightarrow \quad 3\,[(H_3C)_2N]_2P-Cl \quad \xrightarrow[-\,3\,MgBrCl]{3\,H_2C=CH-MgBr}$$

$$3\,H_2C=CH-P[N(CH_3)_2]_2$$

---

[196] *É. E. Nifantev, A. I. Zavalishina, S. F. Sorokina, A. A. Borisenko* u. *L. A. Vorobeva*, Zh. Obshch. Khim. **46**, 1184 (1976); engl.: 1167.

[197] *H. Nöth* u. *H.-J. Vetter*, Chem. Ber. **96**, 1109 (1963).

[198] *W. Kuchen* u. *K. Koch*, Z. Anorg. Allg. Chem. **394**, 74 (1972).

[199] *R. B. King* u. *W. F. Masler*, J. Am. Chem. Soc. **99**, 4001 (1977).

Bis-[dimethylamino]-vinyl-phosphan: 91,5 g (0,66 mol) Phosphor(III)-chlorid werden bei 20° in 217 g (1,33 mol) Tris-[dimethylamino]-phosphan eingetropft und 20 Min. auf 100° erhitzt. Nach Abkühlen werden 2500 *ml* Diethylether zugefügt, die Lösung auf −78° gekühlt und innerhalb 2 Stdn. eine Lösung von 2 mol Vinyl-magnesiumbromid in 1500 *ml* THF eingetropft. Nach 12 Stdn. Stehen bei 20° wird das Reaktionsgemisch in 5 Min. in eine eiskalte Lösung von 642 g (2,2 mol) Ethylen-diamintetraessigsäure (EDTA) und 370 g (9,25 mol) Natriumhydroxid in 4 *l* Wasser eingerührt. Die Ether-Phase wird abgetrennt, die wäßr. Phase mit 1 *l* Diethylether extrahiert und die ether. Lösung mit Kaliumcarbonat getrocknet. Das Lösemittel wird bei 25°/40 Torr (5,33 kPa) abgezogen und der Rückstand i. Vak. destilliert; Ausbeute: 175 g (60%); Sdp.: 75–79°/28 Torr (3,7 kPa).

2,4-Diorgano-1,3,2,4-diazadiphosphetidine erhält man bei der Einwirkung von Grignard-Verbindungen auf die entsprechenden 2,4-Dichlor-Derivate; z. B.[200]:

1,3-Di-tert.-butyl-2,4-dimethyl-
1,3,2,4-diazadiphosphetidin[200]; 60%;
Sdp.: 31–32°/0,53 Torr (0,07 kPa); Schmp.: 34–36°

3. aus Phosphorigsäure-tris-[amiden]

Bei der Umsetzung von Tris-[dimethylamino]-phosphan mit perfluorierten Alkylhalogeniden in einer geschlossenen Apparatur (Vakuumtechnik) entstehen Fluoralkan-phosphonigsäure-bis-[amide] neben Tetrakis-[dimethylamino]-phosphonium-jodid[201, 202]:

$$2\,[(H_3C)_2N]_3P \quad + \quad R_FJ \quad \xrightarrow[-\{[(H_3C)_2N]_4P\}^{\oplus}J^{\ominus}]{} \quad R_F-P[N(CH_3)_2]_2$$

$R_F = CF_3$ (2 Stdn., 60%);   *Bis-[dimethylamino]-trifluormethyl-phosphan*[202]; 63%
$R_F = CF(CF_3)_2$ (72 Stdn., 20°); *Bis-[dimethylamino]-(heptafluor-isopropyl)-phosphan*[202]; 68%

4. aus Phosphonigsäure-dihalogeniden

Dihalogen-phosphane reagieren nicht nur mit sek. Aminen [s. Bd. XII/1 (4. Aufl.), S. 335], sondern auch mit prim. Aminen zu Phosphonigsäure-bis-[amiden][203−208]:

$$R^1-PCl_2 \quad + \quad 4\,R^2-NH_2 \quad \xrightarrow[-2\,[R^2-NH_3]^{\oplus}Cl^{\ominus}]{} \quad R^1-P(NH-R^2)_2$$

Bis-[tert.-butylamino]-phenyl-phosphan[203]: Eine Lösung von 18 g (0,1 mol) Dichlor-phenyl-phosphan in 75 *ml* Benzol wird unter Rühren in eine Lösung von 30 g (0,4 mol) tert.-Butylamin in 175 *ml* Benzol eingetropft, wobei die Temp. auf 50° ansteigt. Es wird 1,5 Stdn. bei 50° gerührt. Das gebildete tert.-Butylammoniumchlorid wird abfiltriert und mit Benzol und Diethylether gewaschen. Aus den vereinigten Filtraten wird das Lösemittel im Rota-

[200] *O. J. Scherer* u. *G. Schnabl*, Chem. Ber. **109**, 2996 (1976).
[201] *H. G. Ang, G. Manoussakis* u. *Y. O. El Nigumi*, J. Inorg. Nucl. Chem. **30**, 1715 (1968).
[202] *Y. O. El Nigumi* u. *H. J. Emeléus*, J. Inorg. Nucl. Chem. **32**, 3211 (1970).
[203] *N. L. Smith*, J. Org. Chem. **28**, 863 (1963).
[204] *O. J. Scherer* u. *G. Schnabl*, Chem. Ber. **109**, 2996 (1976).
[205] *O. J. Scherer* u. *P. Klusmann*, Z. Anorg. Allg. Chem. **370**, 171 (1969).
[206] *A. P. Lane, D. A. Morton-Blake* u. *D. S. Payne*, J. Chem. Soc. **1967**, 1492.
[207] *Y. G. Trishin, V. N. Chistokletov* u. *A. A. Petrov*, Zh. Obshch. Khim. **49**, 48 (1979); engl.: 39.
[208] *M. G. Barlow, M. Green, R. N. Haszeldine* u. *H. G. Higson*, J. Chem. Soc. **1966**, 1592.

tionsverdampfer entfernt und der Rückstand i. Vak. destilliert; Ausbeute: 14,9 g (64%); Sdp.: 98–100°/0,4 Torr (0,05 kPa).

Tab. 44: Phosphonigsäure-bis-[amide] (Diamino-organo-phosphane) aus Dichlor-organo-phosphanen und prim. Aminen

Dichlor-phosphan	Amin	...phosphan	Aus-beute [%]	Sdp.		Schmp. [°C]	Lite-ratur
				[°C]	[Torr (kPa)]		
$H_3C–PCl_2$	$(H_3C)_3C–NH_2$	Bis-[tert.-butylamino]-methyl-...	68	50–53	5 (0,67)		204
$(H_3C)_3C–PCl_2$	$H_3C–NH_2$	Bis-[methylamino]-tert.-butyl-...	60	70–72	12 (1,6)	–26	205
$H_5C_6–PCl_2$	$H_5C_2–NH_2$	Bis-[ethylamino]-phenyl-...	28	53–56	0,001 (0,00013)	6,5–7,5	206
	$H_5C_6–NH_2$	Dianilino-phenyl-...	63			76–78	207
	4-Br-1-NH$_2$-C$_6$H$_4$	Bis-[4-brom-anilino]-phenyl-...	77,5			90–92	207
$F_5C_6–PCl_2$	$(H_3C)_3C–NH_2$	Bis-[tert.-butylamino]-(pentafluor-phenyl)-...	81			54	208

Analoge Phosphonigsäure-bis-[amide] können auch durch Umsetzung von Dihalogen-phosphanen mit Alkalimetallamiden hergestellt werden; z.B.[209]:

$$(H_3C)_3C–PCl_2 \quad + \quad 2\,H_5C_6–NH–Li \quad \xrightarrow[-2\,LiCl]{} \quad (H_3C)_3C–P(NH–C_6H_5)_2$$

tert.-Butyl-dianilino-phosphan: 5 g (54 mmol) Anilin in 80 ml Diethylether werden bei 20° mit 25 ml (54 mmol) Butyl-lithium-Lösung in Hexan metalliert. Anschließend tropft man 4,3 g (27 mmol) tert.-Butyl-dichlor-phosphan in 50 ml Diethylether zu, rührt 12 Stdn. und filtriert über eine G3-Fritte. Nach Waschen mit Diethylether wird i. Vak. fraktioniert destilliert; Ausbeute: 5,6 g (76%); Sdp.: 130°/1 Torr (0,13 kPa) (es muß überhitzt destilliert werden); Schmp.: 82–85°.

Durch Umsetzung von Dihalogen-phosphanen mit Hydrazinen sind Phosphonigsäure-bis-[hydrazide] zugänglich[210–212]; z.B.[212]:

$$F_3C–PJ_2 \quad + \quad 4\,(H_3C)_2N–NH_2 \quad \xrightarrow[-2\,[(H_3C)_2N–NH_3]^{\oplus}Cl^{\ominus}]{\text{Chlorbenzol, 20°, 12 Stdn.}} \quad F_3C–P[NH–N(CH_3)_2]_2$$

Bis-[2,2-dimethyl-hydrazino]-trifluormethyl-phosphan[212]; Schmp.: 49°

Bei der Umsetzung von tert.-Butyl-dichlor-phosphan mit Ammoniak bei tiefen Temperaturen wird tert.-Butyl-diamino-phosphan (60%; Subl.p.: 75–85°/12 Torr/1,6 kPa; Schmp.: 77–79°) erhalten[213]:

$$(H_3C)_3C–PCl_2 \quad + \quad 4\,NH_3 \quad \xrightarrow[-2\,NH_4Cl]{(H_5C_2)_2O,\ -70°} \quad (H_3C)_3C–P(NH_2)_2$$

Durch Reaktion von Dihalogen-organo-phosphanen mit Diaminen entstehen cyclische Phosphonigsäure-bis-[amide]; z.B.[214]:

[204] O.J. Scherer u. G. Schnabl, Chem. Ber. **109**, 2996 (1976).
[205] O.J. Scherer u. P. Klusmann, Z. Anorg. Allg. Chem. **370**, 171 (1969).
[206] A.P. Lane, D.A. Morton-Blake u. D.S. Payne, J. Chem. Soc. **1967**, 1492.
[207] Y.G. Trishin, V.N. Chistokletov u. A.A. Petrov, Zh. Obshch. Khim. **49**, 48 (1979); engl.: 39.
[208] M.G. Barlow, M. Green, R.N. Haszeldine u. H.G. Higson, J. Chem. Soc. **1966**, 1592.
[209] O.J. Scherer, P. Klusmann u. N. Kuhn, Chem. Ber. **107**, 552 (1974).
[210] R.P. Nielsen u. H.H. Sisler, Inorg. Chem. **2**, 753 (1963).
[211] J.M. Kanamueller u. H.H. Sisler, Inorg. Chem. **6**, 1765 (1967).
[212] L.K. Peterson, G.L. Wilson u. K.I. Thé, Can. J. Chem. **47**, 1025 (1969).
[213] O.J. Scherer u. P. Klusmann, Angew. Chem. **80**, 560 (1968); Z. Anorg. Allg. Chem. **370**, 171 (1969).
[214] G. Pracejus u. H. Pracejus, Tetrahedron Lett. **39**, 3497 (1977).

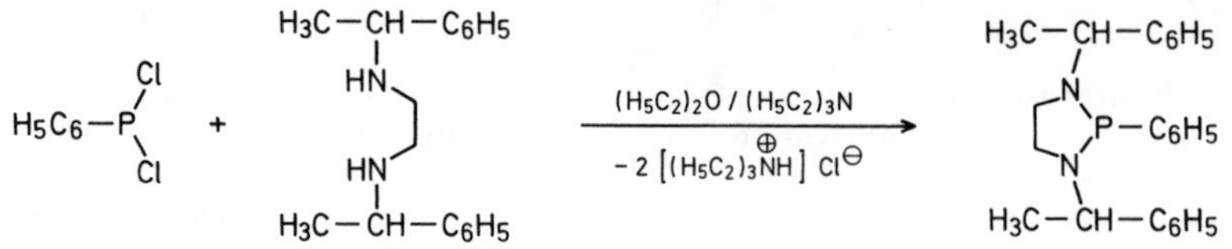

1,3-Bis-[1-phenyl-ethyl]-2-phenyl-1,3,2-diazaphospholidin; 69%

Bei der entsprechenden Kondensation von Dichlor-methyl- mit Bis-[tert.-butylamino]-methyl-phosphan bildet sich *1,3-Di-tert.-butyl-2,4-dimethyl-1,3,2,4-diazadiphosphetidin* mit 30% Ausbeute[215]:

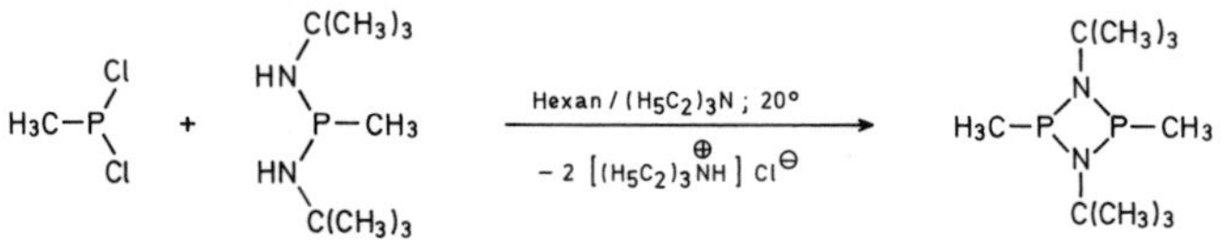

Diese Verbindung ist auf einem anderen Weg mit höherer Ausbeute zugänglich (s. S. 310).

Auch Amino-silane können eingesetzt werden; z.B.:

$$H_5C_6-PCl_2 \quad + \quad 2\,(H_5C_2)_2N-Si(CH_3)_3 \quad \xrightarrow[-2\,(H_3C)_3Si-Cl]{-78°} \quad H_5C_6-P[N(C_2H_5)_2]_2$$

Bis-[diethylamino]-phenyl-phosphan[216]; 84%; Sdp.: 80°/0,005 Torr (0,67 Pa)

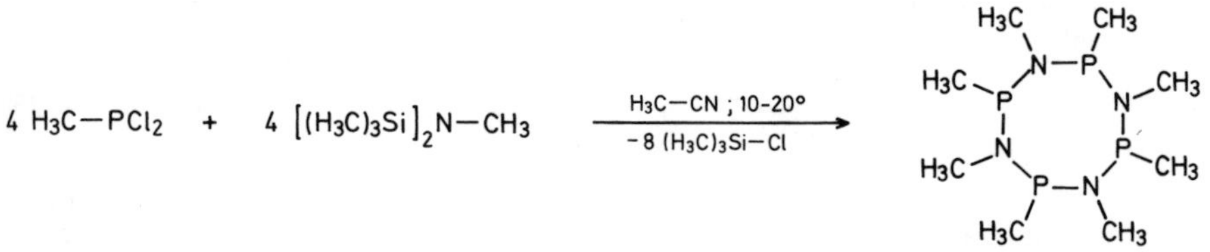

Octamethyl-cyclotetraphosphazan[217]; (∼ 50%); Erweichungsp.: 120°; Schmp.: 180–185°

5. aus Phosphonigsäure-amid-halogeniden

Die Umsetzung von Phosphonigsäure-amid-halogeniden mit Aminen im Überschuß eignet sich zur Herstellung **unsymmetrisch** substituierter Phosphonigsäure-bis-[amide]; z.B.[218]:

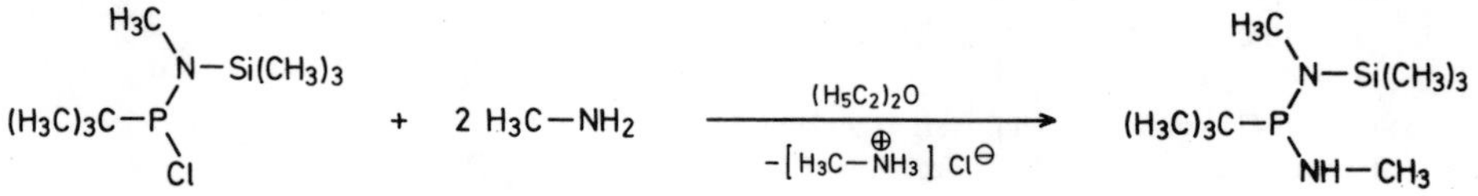

tert.-Butyl-methylamino-(methyl-trimethyl-silyl-amino)-phosphan; 69%; Sdp.: 41–43°/0,1 Torr (0,013 kPa)

[215] *O.J. Scherer* u. *G. Schnabl*, Chem. Ber. **109**, 2996 (1976).
[216] *E.W. Abel, D.A. Armitage* u. *G.R. Willey*, J. Chem. Soc. **1965**, 57.
[217] *W. Zeiß, W. Schwarz* u. *H. Hess*, Angew. Chem. **89**, 423 (1977).
[218] *O.J. Scherer* u. *P. Klusmann*, Z. Anorg. Allg. Chem. **370**, 171 (1969).

B. Umwandlung

Ergänzung zu Bd. XII/1 (4. Aufl.), S. 336:

Phosphonigsäure-bis-[amide] reagieren mit Organo-ammoniumchloriden bzw. Dihalogen-organo-phosphanen zu Phosphonigsäure-amid-halogeniden (s. S. 290). Mit Alkoholen in äquimolaren Mengen erhält man Phosphonigsäure-amid-ester (s. S. 302) und mit Metallcarbonylen werden Komplexe erhalten[219].

φ) Phosphonigsäure-diisocyanate

Dihalogen-phosphane reagieren mit Silbercyanat zu Phosphonigsäure-diisocyanaten [s. Bd. XII/1 (4. Aufl.), S. 336]. Auch mit Natriumcyanat ist die Herstellung mit guten Ausbeuten möglich; z.B.[220]:

$$H_5C_6{-}PCl_2 \quad + \quad 2\,NaOCN \quad \xrightarrow[-2\,NaCl]{\text{Benzol/}H_3C{-}CN, \ 22\,Stdn., \ Rückfluß} \quad H_5C_6{-}P(NCO)_2$$

Diisocyanato-phenyl-phosphan;
67%; Sdp.: 75–77°/0,5 Torr (0,07 kPa)

e) Derivate der Phosphorigen Säure

bearbeitet von

Dr. HANS-DIETER BLOCK

Bayer AG., Leverkusen

e₁) Phosphorigsäure-monoester[1]

A. Herstellung

1. aus Unterphosphoriger Säure

1,4-Benzochinon soll bei weitgehender Abwesenheit von Wasser mit Unterphosphoriger Säure *Phosphorigsäure-2-hydroxy-phenylester* liefern[1a]:

$$H_3PO_3 \quad + \quad O{=}\langle\ \rangle{=}O \quad \longrightarrow \quad HO{-}\overset{\overset{O}{\|}}{\underset{H}{P}}{-}O{-}\langle\ \rangle{-}OH$$

[219] *M. Höfler* u. *M. Schnitzler*, Chem. Ber. **105**, 1133 (1972).
[220] *J.J. Pitts, M.A. Robinson* u. *S.I. Trotz*, Inorg. Nucl. Chem. Lett. **4**, 483 (1968).
[1] *E.E. Nifantev*, Usp. Khim. **47**, 1565 (1978); Russ. Chem. Rev. **47**, 835 (1978) (Übersicht)
[1a] *V.I. Yudelevich, L.B. Sokolov* u. *B.I. Ionin*, Zh. Obshch. Khim. **46**, 2394 (1976); engl.: 2295.

2. aus Phosphoriger Säure bzw. ihren Derivaten

2.1. aus Phosphoriger Säure bzw. deren Salzen

2.1.1. mit Alkoholen

Durch verbesserte Aufarbeitungsmethoden ist die zuvor präparativ kaum nutzbare Veresterung der Phosphorigen Säure mit Alkoholen zu einem nahezu allgemein anwendbaren Verfahren für die Herstellung von Phosphorigsäure-monoalkylestern geworden. Prim. und sek. Alkohole, vorwiegend die weniger flüchtigen, sowie Aminoalkohole[2, 3], Diole[4], Polyole[5], Cyanalkohole[4] und ungesättigte Alkohole[4] lassen sich mit Erfolg einsetzen. Für Säure-empfindliche Alkohole ist das Verfahren ungeeignet. Um die Bildung von Phosphorigsäure-dialkylestern zurückzudrängen, werden Phosphorige Säure und Alkohol im annähernd äquimolaren Verhältnis oder Phosphorige Säure im Überschuß – selten in Lösungsmitteln[5] – eingesetzt. Um Zersetzung der Ester zu vermeiden, wird stets unterhalb 150° gearbeitet. Cellulose läßt sich dagegen gut in einer Harnstoff-Schmelze bei 150° mit überschüssiger Phosphoriger Säure verestern[6].

Phosphorigsäure-monomenthylester-Natriumsalz[4]: 7,8 g (50 mmol) Menthol und 4,1 g (50 mmol) Phosphorige Säure werden 20 Stdn. bei 78° im Wasserstrahlvak. erhitzt (der Veresterungsgrad beträgt dann 50%). Nach dem Abkühlen löst man die Mischung in einer möglichst kleinen Menge Ethanol und gießt diese Lösung in Eiswasser. Es bildet sich ein viskoser Niederschlag; die wäßr.-alkohol. Lösung wird abgegossen und der Rückstand mehrfach mit der gleichen Alkohol-Wasser-Lösung durchgerührt, wobei nicht reagierte Phosphorige Säure entfernt wird. Anschließend stellt man eine Suspension des Rückstandes in Wasser her und stellt unter Rühren mit verd. Natronlauge auf pH 4,5–5 ein. Die entstehende Mischung wird i. Vak. zur Trockne eingedampft. Durch Aufrühren mit Aceton, welches das vorhandene Menthol löst, wird der Rückstand in reines Phosphorigsäure-monomenthylester-Natriumsalz umgewandelt, das abfiltriert und über Phosphor(V)-oxid getrocknet wird; Ausbeute: 3,7 g (30%).

Auch die azeotrope Veresterung in aromatischen Kohlenwasserstoffen als Lösungsmittel führt zu guten Ausbeuten[7]. Mineralsäuren und Natriumacetat katalysieren die Veresterung[7], sulfonierte Kationenaustauscher sind hochwirksam[8].

Mit tert. Alkoholen tritt praktisch keine Veresterung ein; mit Phenolen werden bei 145° 4 Tage benötigt, um eine bescheidene Ausbeute an Phosphorigsäure-monophenylester zu erhalten[9].

In Weiterentwicklung der bekannten Methode werden insbesondere Nucleoside mit 2,4,5-Triisopropyl-benzolsulfochlorid[10, 11], Arensulfonsäure-imidazoliden oder -triazoliden[11] als Kondensationsmittel in Pyridin in Ausbeuten bis 94% d. Th. zu den entsprechenden Phosphorigsäure-monoestern umgesetzt.

Die Salze der Phosphorigsäure-alkylester sind stabiler als die Säure-Form[12].

---

[2] E. Cherbuliez, Sl. Còlak-Antić, G. Weber u. J. Rabinowitz, Helv. Chim. Acta **46**, 2996 (1963).

[3] GB 940 697 (1961), Albright & Wilson Ltd., Erf.: H. Coates, D. A. Brown, G. Quesnnel, J. G. C. Girard u. A. Thiot; C. A. **60**, 6747 h (1964).

[4] E. Cherbuliez, F. Hunkeler, G. Weber u. J. Rabinowitz, Helv. Chim. Acta **47**, 1647 (1964).

[5] B. Laszkiewicz, J. Macromol. Sci. A **5**, 421 (1971).

[6] N. Inagaki, S. Nakamura, H. Asai u. K. Katsuura, J. Appl. Polym. Sci. **29**, 2829 (1976).

[7] E. E. Nifant'ev, V. R. Kildisheva u. I. S. Nasonovskii, Zh. Prikl. Khim. (Leningrad) **42**, 2590 (1969); engl.: 2443.

[8] Y. G. Titarenko, L. A. Vasyakina, T. P. Ulanova, L. A. Sokhadze, V. P. Shcherbak, Zh. Prikl. Khim. (Leningrad) **45**, 2090 (1972); engl.: 2184.

[9] E. Cherbuliez, R. Prince u. J. Rabinowitz, Helv. Chim. Acta **47**, 1653 (1964).

[10] T. Hata u. M. Sekine, J. Am. Chem. Soc. **96**, 7363 (1974).

[11] M. Sekine u. T. Hata, Tetrahedron Lett. **1975**, 1711.

[12] A. Zwierzak u. M. Kluba, Tetrahedron **29**, 1089 (1973).

2.1.2. mit Alkylhalogeniden

In Gegenwart äquivalenter Mengen Amin setzen sich Phosphorige Säure und Alkylhalogenide in inerten Lösungsmitteln zu Phosphorigsäure-monoalkylestern um[13]:

$$H_3PO_3 \ + \ R{-}Br \ + \ (H_5C_2)_3N \quad \xrightarrow[- \left[(H_5C_2)_3NH\right]^{\oplus} Br^{\ominus}]{} \quad R{-}O{-}\overset{\overset{O}{\|}}{\underset{\underset{H}{|}}{P}}{-}OH$$

2.1.3. mit Ethern

Phosphorige Säure setzt sich mit Alkyl-tert.-butyl-ethern zu Phosphorigsäure-monoestern und Isobuten um[14]:

$$H_3PO_3 \ + \ R{-}O{-}C(CH_3)_3 \quad \xrightarrow{-H_2O} \quad R{-}O{-}\overset{\overset{O}{\|}}{\underset{\underset{H}{|}}{P}}{-}OH \ + \ H_2C{=}\overset{\overset{CH_3}{|}}{C}{-}CH_3$$

Phosphorigsäure-butylester[15]: Eine Mischung aus 4,1 g (50 mmol) Phosphoriger Säure und 6,5 g (50 mmol) Butyl-tert.-butyl-ether wird unter Rückfluß auf 120–130° erhitzt. Nach 7 Min. ist die Isobuten-Entwicklung beendet. Der abgekühlten Reaktionsmischung werden 25 ml Diethylether und 5,5 g (55 mmol) Triethylamin hinzugefügt. Das ausgefallene Triethylammoniumsalz des Phosphorigsäure-monobutylesters wird abfiltriert, gewaschen und getrocknet; Ausbeute: 8,5 g (71%).

Hydrogenphosphite setzen sich in wäßriger Lösung mit Oxiranen zu Phosphorigsäure-2-hydroxy-alkylestern um[16]; z.B.:

$$NaH_2PO_3 \ + \ \overset{\diagup CH_2Cl}{\underset{O}{\triangle}} \quad \longrightarrow \quad NaO{-}\overset{\overset{O}{\|}}{\underset{\underset{H}{|}}{P}}{-}O{-}CH_2{-}\overset{\overset{OH}{|}}{C}H{-}CH_2{-}Cl$$

2.2. aus Phosphorigsäure-anhydrid und Alkoholen

Phosphorigsäure-anhydrid reagiert sowohl in inerten Lösungsmitteln[17, 18] wie auch in der Gasphase bei reduziertem Druck[19] mit prim. und sek. Alkoholen zu Gemischen aus Phosphorigsäure-mono- und -dialkylestern. Wesentlich ist der Einsatz einer überstöchiometrischen Menge Alkohol, Sauerstoff- und Wasser-Ausschluß:

$$P_4O_6 \ + \ 6R{-}OH \quad \longrightarrow \quad 2R{-}O{-}\overset{\overset{O}{\|}}{\underset{\underset{H}{|}}{P}}{-}OH \ + \ 2(R{-}O)_2P\overset{\diagup O}{\diagdown_H}$$

Die Gasphasen-Methode ist vorzugsweise für kontinuierliche Reaktionsführung geeignet. Der Phosphorigsäure-monoalkylester wird als unflüchtiger Rückstand nach Abziehen des Dialkylesters isoliert.

[13] DAS 1277234 (1965), Chem. Fabrik Kalk, Erf.: *H. Jenkner*; C. A. **69**, 108229 (1968).

[14] *N. K. Kochetkov, E. M. Klimov, E. E. Nifantev* u. *M. P. Koroteev*, Izv. Akad. Nauk SSSR, Ser. Khim. **1972**, 1867; engl.: 1812.

[15] *V. I. Yudelevich, L. B. Sokolov* u. *B. I. Ionin*, Zh. Obshch. Khim. **46**, 2394 (1976); engl.: 2295.

[16] *M. M. Kabachnik, V. K. Potapov, Z. A. Shabarova* u. *A. A. Prokofev*, Dokl. Akad. Nauk SSSR **201**, 858 (1971); engl.: 989.

[17] US 3555125 (1967), The Procter and Gamble Co., Erf.: *J. D. Curry*; C. A. **74**, 140951 (1971).

[18] *D. Heinz*, Pure Appl. Chem. **44**, 141, 157 (1975).

[19] DDR 108755 (1973), VEB Stickstoffwerk Piesteritz, Erf.: *E. Feike, D. Heinz, R. Kurze, M. Oertel, D. Radeck* u. *H. Richter*; C. A. **83**, 58098 (1975).

2.3. aus Phosphorigsäure-monoestern durch Umesterung

Bei der Umsetzung von Phosphorigsäure-monoalkylester-Salzen niedrig siedender Alkohole mit höher siedenden Alkoholen bei ~ 150° tritt Umesterung ein:

$$
H_3C-O-\overset{\overset{\displaystyle O}{\|}}{\underset{\underset{\displaystyle H}{|}}{P}}-O^{\ominus}\ Na^{\oplus}\ +\ R-OH\ \xrightarrow[-\,H_3C-OH]{}\ R-O-\overset{\overset{\displaystyle O}{\|}}{\underset{\underset{\displaystyle H}{|}}{P}}-O^{\ominus}\ Na^{\oplus}
$$

Eingesetzt werden in der Regel die Salze des Phosphorigsäure-methylesters[20, 21] und des -ethylesters[22]. Temperaturen über 150° sind zu meiden, da Dismutierung eintritt.

Phosphorigsäure-octadecylester (Natriumsalz)[20]: 118 g (1 mol) Phosphorigsäure-methylester-Natriumsalz werden mit 270 g (1 mol) Octadecanol in einem 1-*l*-Kolben unter Rühren 4 Stdn. auf 150° erhitzt, wobei Methanol abdestilliert. Danach wird 1 Stde. i. Vak. auf 150° erhitzt; Ausbeute: 360 g (~ 100%).

Dimethylformamid ist ein besonders geeignetes Lösungsmittel[23]. Auch aus dem Phosphorigsäure-monophenylester läßt sich Phenol durch hochsiedende Alkohole verdrängen[22], jedoch muß, um eine Reaktionstemperatur von 150–160° nicht zu überschreiten, zur Entfernung freigesetzten Phenols i. Vak. gearbeitet werden.

Der Alkyl-Rest in Phosphorigsäure-3-chlor-2-hydroxy-propylester kann durch Substitution umgewandelt werden, z. B.: mit Aminen[16]:

$$
\underset{\underset{\displaystyle OH}{|}}{Cl-CH_2-CH}-CH_2-O-\overset{\overset{\displaystyle O}{\|}}{\underset{\underset{\displaystyle H}{|}}{P}}-O^{\ominus}\ Na^{\oplus}\ +\ R^1-\overset{\overset{\displaystyle R^2}{|}}{\underset{\underset{\displaystyle R^3}{|}}{N}}\ \xrightarrow[-\,NaCl]{}\ R^1-\overset{\overset{\displaystyle R^2}{|}}{\underset{\underset{\displaystyle R^3}{|}}{N}}{}^{\oplus}-CH_2-\underset{\underset{\displaystyle OH}{|}}{CH}-CH_2-O-\overset{\overset{\displaystyle O}{\|}}{\underset{\underset{\displaystyle H}{|}}{P}}-O^{\ominus}
$$

2.4. aus Phosphorigsäure-diestern

Bei dem raschen und bewährten Verfahren, Phosphorigsäure-monoalkylester durch alkalische Hydrolyse von Phosphorigsäure-diestern z.B. mit Ammoniak-Lösung herzustellen, treten Schwierigkeiten und Verzögerungen auf, wenn der eingesetzte Diester nicht wasserlöslich ist. Es ist nicht zu empfehlen, wie früher vorgeschlagen, Ethanol oder andere gut wasserlösliche Alkohole als Lösungsvermittler zuzusetzen, da Umesterung des Diesters dazu führt, daß uneinheitlicher Phosphorigsäure-monoester entsteht[24]. Intensive Durchmischung ist eine wichtige Voraussetzung, um auch in heterogenen Systemen die Verseifung der Diester zu den Monoestern in guten Ausbeuten zu bewerkstelligen.

Für die Herstellung von *Phosphorigsäure-monoethylester-Natriumsalz* hat sich die kontinuierliche (1 Stde. 75°; pH 7,5) alkalische Spaltung von überwiegend aus Phosphorigsäure-diethylester bestehenden Mischungen von Phosphorigsäure-ethylestern bewährt[25] (Ausbeuten bis 97%). 2-Oxo-2H-1,3,2-dioxaphospholane hydrolysieren besonders rasch auch ohne Alkali[25a].

[16] *M.M. Kabachnik, V.K. Potapov, Z.A. Shabarova* u. *A.A. Prokotev*, Dokl. Akad Nauk SSSR **201**, 858 (1971); engl.: 989.

[20] DOS 2513965 (1975), Th. Goldschmidt AG, Erf.: *E. Ruf*; C.A. **86**, 6865 (1977).

[21] SU 508508 (1974), Phytopathology Res. Inst., Erf.: *N.K. Bliznyuk, L.D. Protasova* u. *R.S. Klopkova*; C.A. **85**, 5191 (1976).

[22] *E.E. Nifantev* u. *L.P. Levitan*, Probl. Organ. Sinteza, Akad. Nauk SSSR, Otd. Obshch. i Tekhn. Khim. **1965**, 293; C.A. **64**, 11074 (1966).

[23] SU 525–692 (1975), Phytopathology Res. Inst., Erf.: *N.K. Bliznyuk, L.D. Protasova* u. *P.S. Klopkova*; C.A. **86**, 71901f (1977).

[24] *G.M. Blackburn, J.S. Cohen* u. *A. Todd*, J. Chem. Soc. (C) **1966**, 239.

[25] DOS 2911516 (1978), Philagro S.A., Erf.: *A. Bernard, A. Disdier* u. *M. Royer*; C.A. **92**, 76663p (1980).

[25a] *B.A. Trofimov, V.M. Nikitin* u. *A.S. Atavin*, Zh. Obshch. Khim. **42**, 346 (1972); engl.: 336.

Calcium und Barium-Salze werden aus Phosphorigsäure-diester und -triester-Gemischen bei Zugabe der Hydroxide bis zum pH-Wert von ~ 8,5 erhalten[26, 27]. Bei stark Säure-empfindlichen tert.-Alkylestern darf ein pH von 8 nicht unterschritten werden[28].
Andererseits eröffnet die Säure-Spaltung von Phosphorigsäure-alkylester-tert.-butylestern z.B. mit Trifluoressigsäure bei 20°/18 Stdn. in Benzol einen eleganten Weg zu Phosphorigsäure-alkylestern[29] in quantitativen Ausbeuten:

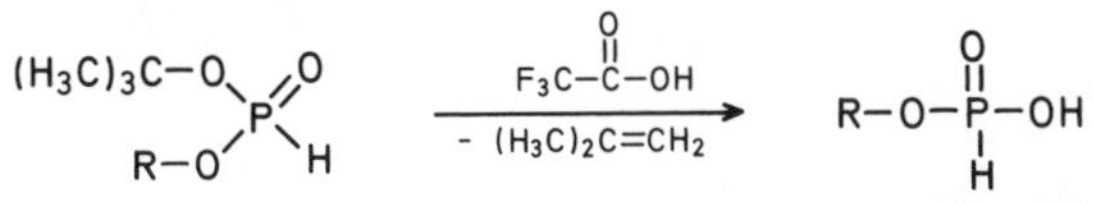

Auch Metallsalze mit alkylierbaren Anionen sind zur Herstellung von Salzen der Monoester aus den Diestern geeignet. Verwendet werden über die bereits früher bekannten Einzelfälle hinaus insbesondere Metall- und Organozinn-halogenide[30, 31] -pseudohalogenide, -carboxylate und -oxide[32]; z.B. für *Phosphorigsäure-methylester*:

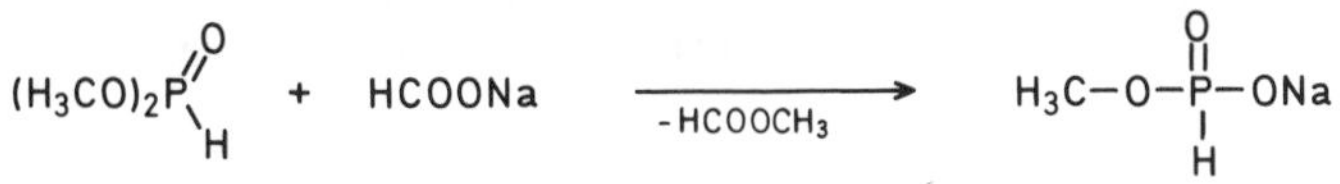

Die erforderlichen Reaktionstemp. hängen vom Phosphorigsäure-dialkylester und vom eingesetzten Metallsalz ab; für Phosphorigsäure-dimethylester liegen sie im Bereich von ~ 60–130°.

Zur Herstellung verschiedenster Salze von Phosphorigsäure-alkylestern s. Lit.[31].

Phosphorigsäure-methylester (Natriumsalz)[32]: In einem 1-*l*-Kolben werden 68 g (1 mol) Natriumformiat und 115 g (1,05 mol) Phosphorigsäure-dimethylester unter Rühren ~ 3 Stdn. auf ~ 100 bis 115° erhitzt. Bei ~ 100° beginnt die Reaktion, wobei sich Ameisensäure-methylester abspaltet. Die Reaktionsmischung wird unter Rühren 1 Stde. bis auf 120°/5 Torr (0,67 kPa) erhitzt (Restmenge Ameisensäure-methylester sowie überschüssiger Phosphorigsäure-dimethylester destillieren ab); Ausbeute: 118 g (100%).

Die lange bekannte Spaltung der Phosphorigsäure-dialkyl-ester mit Aminen zu Alkylammoniumsalzen der Phosphorigsäure-monoalkylester und mit Thioharnstoff kann auf cycl. Diester[33, 34, 35]) angewendet werden, wobei Betain-artige Monoester-Salze entstehen:

Phosphorigsäure-2,2-dimethyl-3-dodecylammoniono-propylester[33]: 30 g (0,2 mol) 5,5-Dimethyl-1,3,2-dioxaphosphorinan-2-oxid und 44,4 g (0,24 mol) Dodecylamin werden in 100 *ml* Wasser 2 Stdn. unter Rühren am Rückfluß erhitzt. Dann wird die Lösung zur Trockne eingedampft; Ausbeute: 73 g (98%).
Zur Herstellung von Phosphorigsäure-2-acylamino-ethylester mittels Thioharnstoff s. Lit.[36, 37].

[26] E. Cherbuliez, F. Hunkeler, G. Weber u. J. Rabinowitz, Helv. Chem. Acta **47**, 1647 (1964).
[27] E. Cherbuliez, S. Colak-Antić, R. Prince u. J. Rabinowitz, Helv. Chim. Acta **47**, 1659 (1964).
[28] E. Cherbuliez, R. Prince u. J. Rabinowitz, Helv. Chim. Acta **47**, 1653 (1964).
[29] E.E. Nifantev u. I.V. Shilov, Zh. Obshch. Khim. **42**, 1936 (1972); engl.: 1929.
[30] V.V. Orlowskii, B.A. Vovsi u. A.E. Mishkevich, Zh. Obshch. Khim. **42**, 1930 (1972); engl.: 1924.
[31] DOS 2456627 (1974), Pepro, Erf.: J. Ducret, G. Lacroix u. J.M. Gaulliard; C.A. **83**, 109789 (1975).
[32] DOS 2513965 (1975), Th. Goldschmidt AG., Erf.: E. Ruf; C.A. **86**, 6865 (1977).
[33] DOS 2239790 (1972), Hoechst AG, Erf.: D. Düwel, H. Diery u. U. Cuntze; C.A. **80**, 132787y (1974).
[34] M. Yoshikawa, M. Sakuraba u. K. Kasashio, Bull. Chem. Soc. Jpn. **43**, 456 (1970).
[35] DOS 2260326 (1972), Hoechst AG, Erf.: H. Diery u. U. Cuntze; C.A. **79**, 41909 (1973).
[36] L.I. Mizrakh, L.Y. Polonskaya, B.I. Bryantsev, T.A. Babushkina u. T.M. Ivanova, Zh. Obshch. Khim. **45**, 44 (1975); engl.: 38.
[37] L.I. Mizrakh u. L.Y. Polonskaya, Zh. Obshch. Khim. **49**, 1168 (1979); engl.: 1020.

Auch Halogenwasserstoffe können zur partiellen Spaltung der Diester herangezogen werden, wobei die Reaktionsgeschwindigkeiten von Chlor- zum Jodwasserstoff ansteigen[38]. Mit Chlorwasserstoff werden nur die Diester sek. Alkohole bei 25° genügend schnell zu Monoestern umgesetzt (vgl. a. S. 330)[39,40]:

$$(R-O)_2P\overset{\displaystyle O}{\underset{\displaystyle H}{\diagdown}} \;+\; HX \xrightarrow[-RX]{} R-O-\overset{\displaystyle O}{\underset{\displaystyle H}{\underset{|}{\overset{||}{P}}}}-OH$$

R = prim., sek. Alkyl
X = Cl, Br, J

In begrenztem Umfang findet diese Acidolyse bei der Synthese der Phosphorigsäure-dialkylester aus Phosphor(III)-chlorid und Alkoholen statt[40].

Gezielte Entalkylierung der Diester mit Ammoniumhalogeniden bei 130–145°/2 Stdn. s. Lit.[41].

Als Ammoniumsalze werden Phosphorigsäure-arylester bei der durch Amine, z. B. Pyridin, hervorgerufenen Disproportionierung von Phosphorigsäure-diarylestern in geringen Ausbeuten erhalten[42].

2.5. aus Phosphorigsäure-dihalogenid-estern durch Hydrolyse bzw. Alkanolyse

Im Gegensatz zu den meisten Phosphorigsäure-monoestern (z. B. der Nucleoside[43–45]) sind Phosphorigsäure-monoarylester und -chloralkylester[46] in der Regel derart Hydrolyse-empfindlich, daß ihre Herstellung aus den Dihalogenid-estern nur mit stöchiometrischen Mengen Wasser unter besonders schonenden Bedingungen vorgenommen werden kann. Phosphorigsäure-mono-2,6-dialkyl- und noch eher -2,4,6-trialkyl-phenylester entstehen dagegen in hoher Ausbeute und Reinheit, wenn man die zugehörigen Dichloride in einem großen Überschuß Wasser mehrere Stdn. bei 20° hydrolysiert[47]. *Phosphorigsäure-2,4,6-tri-tert.-butyl-phenylester* wird so in 99,9%iger Reinheit zu 85% erhalten. Phosphorigsäure-mono-*phenylester* entsteht in quantitativer Ausbeute beim Erwärmen von Phosphorigsäure-dichlorid-phenylester im geschlossenen Rohr mit einem kleinen Überschuß Methanol auf 60–70°[48]:

$$H_5C_6-O-PCl_2 \;+\; 2\,H_3C-OH \xrightarrow[-2\,H_3C-Cl]{} H_5C_6-O-\overset{\displaystyle O}{\underset{\displaystyle H}{\underset{|}{\overset{||}{P}}}}-OH$$

Wahrscheinlich findet eine Spaltung der intermediär gebildeten Alkylester durch Chlorwasserstoff statt.

---

[38] *H. R. Hudson*, Synthesis **1969**, 112.
[39] *E. J. Coulson, W. Gerrard* u. *H. R. Hudson*, J. Chem. Soc. **1965**, 2364.
[40] *N. K. Bliznyuk, A. F. Kolomiets, Z. N. Kvasha, G. S. Levskaya* u. *V. V. Antipina*, Zh. Obshch. Khim. **36**, 475 (1966); engl.: 493.
[41] *K. Troev, E. Tashev* u. *G. Borisov*, Phosphorus Sulfur **11**, 363 (1981).
[42] JP 2042858 (1975), Sumitomo Chem. KK; Erf.: *N. Yamazaki* u. *F. Higashi*; C. A. **87**, 134558 (1977).
[43] *G. M. Blackburn, J. S. Cohen* u. *A. Todd*, J. Chem. Soc. [C] **1966**, 239.
[44] *M. Yoshikawa, M. Sakuraba* u. *K. Kusashio*, Bull. Chem. Soc. Jpn. **43**, 456 (1970).
[45] *M. M. Kabachnik, V. K. Potapov, Z. A. Shabarova* u. *A. A. Prokofev*, Dokl. Akad. Nauk SSSR **201**, 858 (1971); engl.: 989.
[46] *B. A. Arbuzov, E. N. Dianova, V. S. Vinogradova* u. *A. K. Shamsutdinova*, Izv. Akad. Nauk. SSSR, Ser. Khim. **1966**, 1361; engl.: 1308.
[47] US 3412118 (1965), Hooker Chemical Corp., Erf.: *F. M. Kujawa, A. F. Shepard* u. *B. F. Dannels*; C. A. **62**, 2738 (1965).
[48] *L. E. Nifantev* u. *L. P. Levitan*, Probl. Organ. Sinteza, Akad. Nauk SSSR., Otd. Obshch. i Tekhn. Khim. **1965**, 293; C. A. **64**, 11074 (1966).

2.6. aus Phosphorigsäure-alkyl(aryl)ester-di-tert.-alkylestern

Phosphorigsäure-monoalkylester prim. Alkohole[49] und Diole[50] sind durch Spaltung der entsprechenden Alkylester-di-tert.-alkylester mit Chlorwasserstoff zugänglich. Synthese und Spaltung der gemischten Ester werden mit Vorteil als Eintopfreaktion ausgeführt, wobei der bei der Synthese des Triesters freigesetzte Halogenwasserstoff die Abspaltung der tert.-Alkylhalogenide bewirkt:

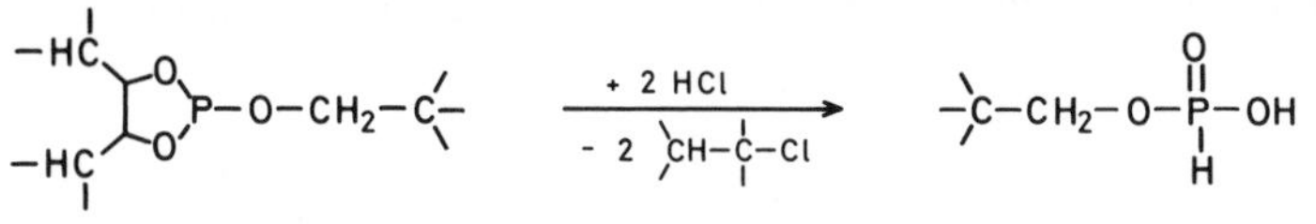

Phosphorigsäure-monodecylester[49]: Eine Lösung von 22,2 g (0,3 mol) tert.-Butanol in 10 ml tert.-Butylchlorid wird innerhalb 15–20 Min. unter starkem Rühren zu einer Lösung von 20,6 g (0,15 mol) Phosphor(III)-chlorid in 15 ml tert.-Butylchlorid gegeben, wobei die Reaktionsmischung zu sieden beginnt. Die Mischung wird 30–60 Min. erhitzt. Man gibt 23,7 g (0,15 mol) 1 Decanol zu, wobei die Lösung am Sieden bleibt. Es wird weiter erhitzt, bis die Chlorwasserstoff-Entwicklung aufhört, danach wird das Lösungsmittel abdestilliert; Ausbeute: 100%.

Phosphorigsäure-arylester-di-tert.-alkylester zerfallen beim Erhitzen, insbesondere in Gegenwart saurer Katalysatoren, zu Phosphorigsäure-monoarylester und Alken[51,52]:

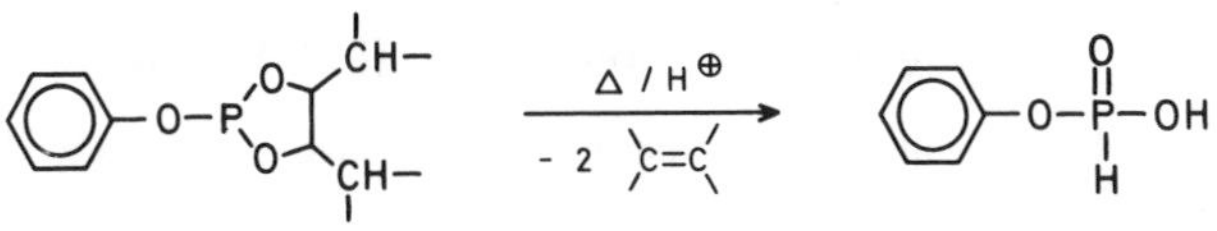

Phosphorigsäure-4-n-nonylphenylester[51]: 13,14 g (33 mmol) Phosphorigsäure-di-tert.-butylester-4-nonyl-phenylester wird in 50 ml Toluol zusammen mit 2 g Amberlyst 15® (makroporöses, stark saures Ionenaustauscherharz) unter Rückfluß erhitzt. Der Austauscher wird abfiltriert und das Lösungsmittel i. Vak. abgezogen; Ausbeute: 8,69 g (92%) (farbloses Öl).

2.7. aus Phosphorigsäure-amid-diestern bzw. -diamid-estern

2-Alkoxy-1,3,2-oxazaphosphorinane werden durch Wasser in THF zu den *Phosphorigsäure-3-amino-propylestern* gespalten[53]; z. B.:

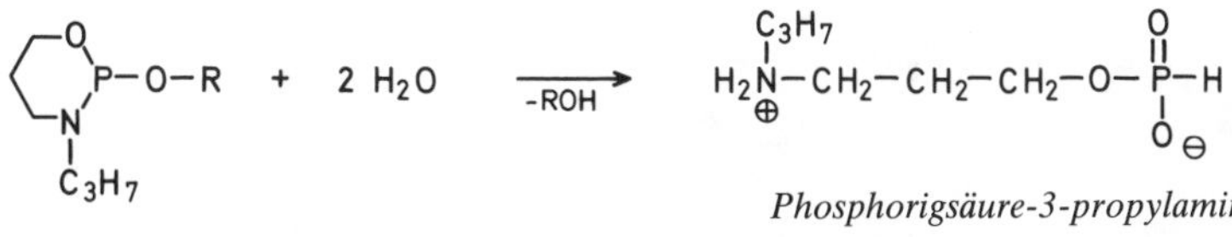

Phosphorigsäure-3-propylamino-propylester

Phosphorigsäure-diamid-ester werden durch Carbonsäuren, speziell Ameisensäure, quantitativ zu Phosphorigsäure-monoestern abgebaut[54]. Auf diese Weise sind u. a. *Bis-(phosphorigsäure-ester)* des *1,4:3,6-Dianhydro-D-glucitols* und *-mannitols* zugänglich:

[49] SU 504 778 (1973), Phytopathology Res. Inst.; Erf.: *N. K. Bliznyuk* u. *L. D. Protasova*; C. A. **84**, 121 137 (1976).

[50] SU 480 715 (1973), Phytopathology Res. Inst., Erf.: *N. K. Bliznyuk, L. D. Protasova, T. A. Sakharchuk* u. *T. A. Klimova*; C. A. **83**, 163 633 (1975).

[51] US 4 092 254 (1976), Mobil Oil Corp., Erf.: *R. F. Bridger* u. *K. D. Schmitt*; C. A. **89**, 16 579 b (1978).

[52] SU 491 646 (1973), Phytopathology Res. Inst., Erf.: *N. K. Bliznyuk, L. D. Protasova, T. A. Sakharchuk* u. *T. A. Klimova*; C. A. **84**, 30 664 (1976).

[53] *M. K. Grachev, D. A. Predvoditelev* u. *E. E. Nifantev*, Zh. Obshch. Khim. **46**, 1677 (1976); engl.: 1633.

[54] *E. E. Nifantev, A. P. Tuseev* u. *Y. I. Koshurin*, Sinteza Prirodn. Soedin. Akad. Nauk SSSR, Otd. Obshch. i Tekhn. Khim. **1965**, 38; C. A. **65**, 10651 (1965).

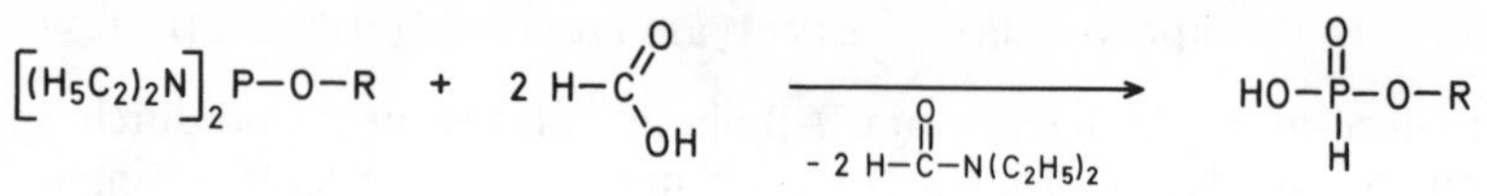

$$\left[(H_5C_2)_2N\right]_2 P-O-R \ + \ 2 \ H-C\overset{O}{\underset{OH}{\diagup}} \quad \xrightarrow[-\ 2\ H-\overset{O}{\overset{\|}{C}}-N(C_2H_5)_2]{} \quad HO-\overset{O}{\underset{H}{\overset{\|}{P}}}-O-R$$

2.8. aus Orthophosphorigsäure-diamid-diestern

5-Hydro-1,6-dioxa-4,9-diaza-6-phospha-spiro[4.4]nonane reagieren bei 100° mit 2-Amino-alkanol praktisch quantitativ zu **Phosphorigsäure-2-amino-alkylestern**[55], z. B.:

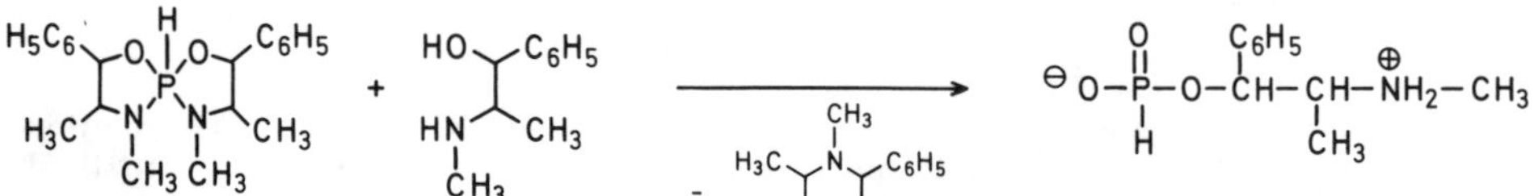

Phosphorigsäure-2-methylamino-1-phenyl-propylester

Unerwünscht verläuft diese Reaktion bei der Synthese der Spirane mit 2-Amino-alkanolen.

e₂) **Thiophosphorigsäure-S-ester**

Thiophosphorigsäure-S-ester sollen bei der thermischen Zersetzung von Dithiophosphorigsäure-S,S-dialkylestern entstehen[56]:

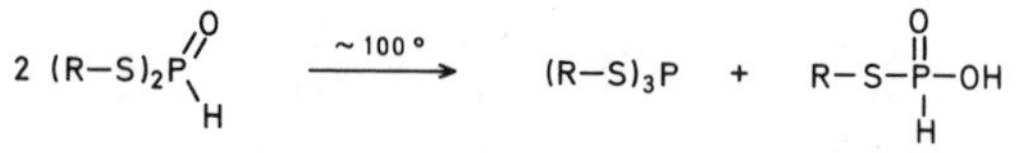

$$2 \ (R-S)_2 P\overset{O}{\underset{H}{\diagup}} \quad \xrightarrow{\sim 100°} \quad (R-S)_3 P \ + \ R-S-\overset{O}{\underset{H}{\overset{\|}{P}}}-OH$$

e₃) **Phosphorigsäure-monoamide**

Im Gemisch mit Phosphorigsäure-diamiden entstehen Phosphorigsäure-monoamide bei der Einwirkung von prim. und sek. aliphatischen Aminen auf Phosphor(III)-oxid[57, 58] in einem inerten Lösungsmittel:

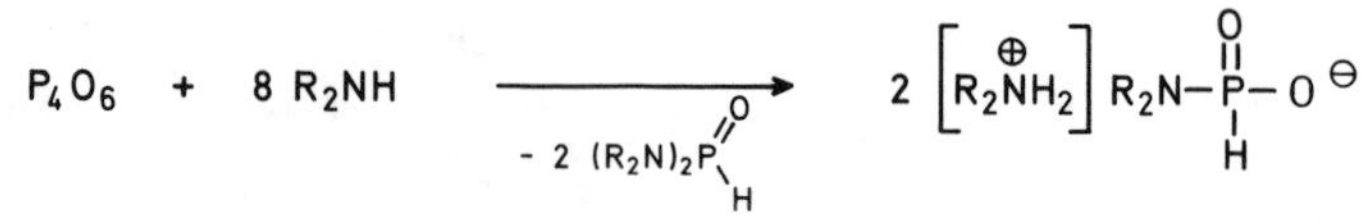

$$P_4O_6 \ + \ 8 \ R_2NH \quad \xrightarrow[-\ 2\ (R_2N)_2P\overset{O}{\underset{H}{\diagup}}]{} \quad 2 \left[R_2\overset{\oplus}{N}H_2\right] R_2N-\overset{O}{\overset{\|}{P}}-O^{\ominus}$$

Phosphorigsäure-diamide reagieren mit stöchiometrischen Mengen Wasser oder Essigsäure[59] und mit enolisierbaren Ketonen[60] zu den Monoamiden:

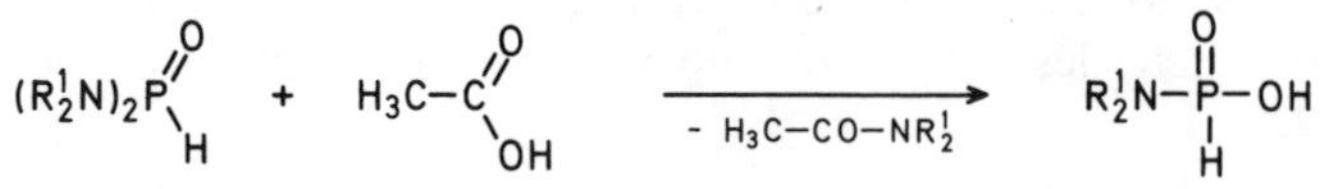

$$(R_2^1N)_2 P\overset{O}{\underset{H}{\diagup}} \ + \ H_3C-C\overset{O}{\underset{OH}{\diagup}} \quad \xrightarrow{-\ H_3C-CO-NR_2^1} \quad R_2^1N-\overset{O}{\underset{H}{\overset{\|}{P}}}-OH$$

[55] *J. Ferekh, A. Munoz, J. F. Brazier* u. *R. Wolf*, C.R. Acad. Sci. Paris **272**, 797 (1971).
[56] *S. F. Sorokina, A. I. Zavalishina* u. *E. E. Nifantev*, Zh. Obshch. Khim. **43**, 750 (1973); engl.: 748.
[57] DOS 2 300 549 (1972), VEB Stickstoffwerk Piesteritz, Erf.: *D. Heinz, P. Neumann, D. Radeck* u. *H. Richter*, C.A. **79**, 115 113 (1973).
[58] *D. Heinz*, Pure Appl. Chem. **44**, 141, 167 (1975).
[59] *E. E. Nifantev* u. *I. V. Shilov*, Zh. Obshch. Khim. **42**, 1936 (1972); engl.: 1929.
[60] *R. Burgada* u. *J. Roussel*, Bull. Soc. Chim. Fr. **1970**, 192.

Phosphorigsäure-diethylamid[59]: Zu einer Lösung von 4,4 g (23 mmol) Phosphorigsäure-bis-[diethylamid] in 10 ml Diethylether werden 1,37 g (23 mmol) Essigsäure zugetropft (die Temp. steigt auf 40°). Es wird 30 Min. gerührt, das Lösungsmittel und anschließend das Essigsäure-diethylamid i. Vak. abgezogen; Ausbeute: 2,8 g (89%).

e₄) Phosphorigsäure-alkylester-halogenide

Nur in flüssiger Phase bildet sich *Phosphorigsäure-fluorid-methylester* als wenig beständiges Produkt in Mischungen aus Difluorphosphanoxid und Phosphorigsäure-difluorid-methylester[61] bei 25° zu 50%.

Phosphorigsäure-alkylester-chloride[62] werden als Produkte der Hydrolyse von Phosphorigsäure-alkylester-dichloriden mit äquimolaren Mengen Wasser in verdünnter Lösung in Trimethylphosphat formuliert[63]:

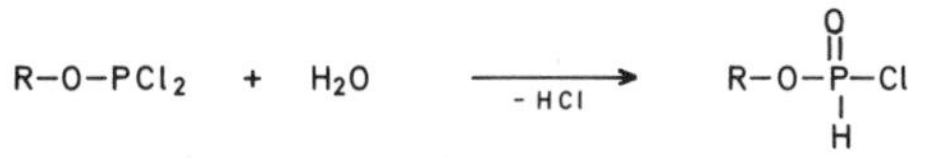

Der unterhalb ~30° aus Phosphorigsäure-dichlorid-ethylester mit Essigsäure erhaltene *Phosphorigsäure-chlorid-ethylester*[64] ist nicht homogen. Gute Ausbeuten werden mit 2fachem Überschuß an Dichlorid-ester erhalten:

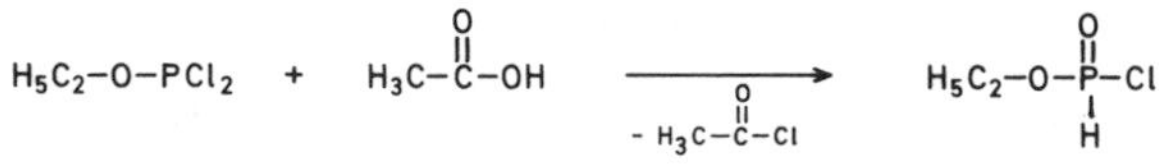

e₅) Phosphorigsäure-ester-Anhydride

α) *Phosphorigsäure-ester-Carbonsäure-Anhydride*

Offenkettige und cycl. Phosphorigsäure-alkylester- bzw. -arylester-Bis-[carbonsäure-Anhydride] werden von Essigsäure, katalysiert durch Acetate, in Phosphorigsäure-ester-Carbonsäure-Anhydride übergeführt[65, 66]:

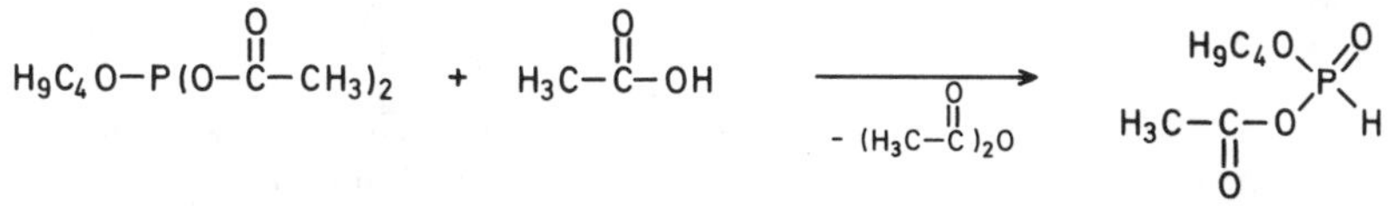

Phosphorigsäure-butylester-Essigsäure-Anhydrid;
99%

Arylester-Bis-Anhydride reagieren im gleichen Sinn mit Chlorwasserstoff[65]; z. B.:

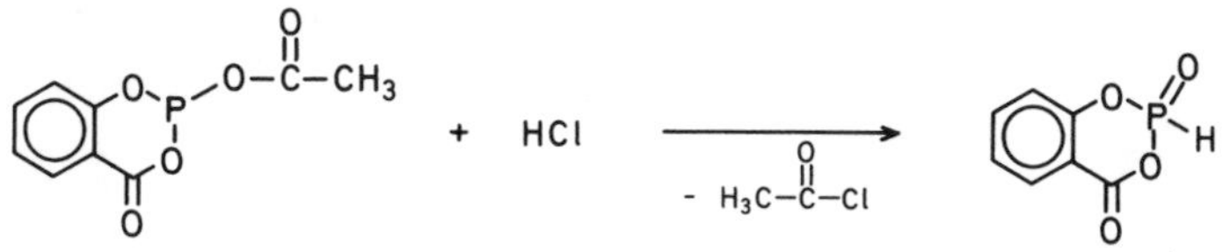

*4-Oxo-4H-⟨benzo[d]-1,3,2-dioxaphosphorin⟩-
2-oxid*; 95%

[59] E. E. Nifantev u. I. V. Shilov, Zh. Obshch. Khim. **42**, 1936 (1972); engl.: 1929.
[61] L. F. Centofanti u. R. W. Parry, Inorg. Chem. **9**, 2709 (1970).
[62] E. E. Nifantev, Usp. Khim. **47**, 1565 (1978); Russ. Chem. Rev. **47**, 835 (1978).
[63] M. Yoshikawa, M. Sakuraba u. K. Kusashio, Bull. Chem. Soc. Jpn. **43**, 456 (1970).
[64] A. N. Pudovik, T. Kh. Gazizov, A. P. Pashinkin u. V. A. Kharlamov, Zh. Obshch. Khim. **45**, 2123 (1975); engl.: 2092.
[65] E. E. Nifantev u. I. V. Fursenko, Zh. Obshch. Khim. **39**, 1028 (1969); engl.: 999; **37**, 511 (1967); engl.: 481.
[66] A. V. Nesterov u. R. A. Sabirova, Zh. Obshch. Khim. **35**, 1976 (1965); engl.: 1967.

Phosphorigsäure-monoalkylester werden von Acetylchlorid/Triethylamin in Phosphorig-säure-alkylester-Essigsäure-Anydride überführt[66a]; z.B.:

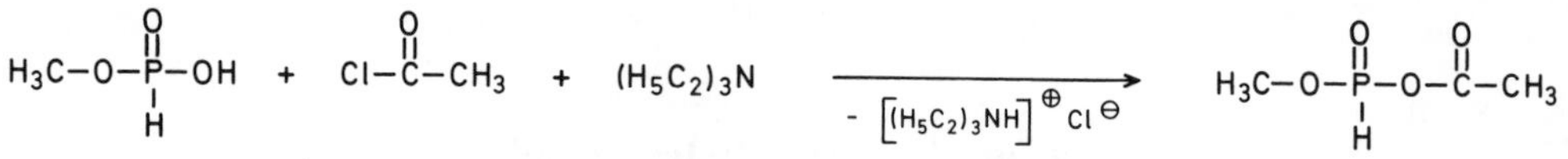

$$H_3C-O-\underset{\underset{H}{|}}{\overset{\overset{O}{\|}}{P}}-OH \ + \ Cl-\overset{\overset{O}{\|}}{C}-CH_3 \ + \ (H_5C_2)_3N \xrightarrow[- \ [(H_5C_2)_3NH]^\oplus Cl^\ominus]{} H_3C-O-\underset{\underset{H}{|}}{\overset{\overset{O}{\|}}{P}}-O-\overset{\overset{O}{\|}}{C}-CH_3$$

Phosphorigsäure-methylester-Essigsäure-Anhydrid;
76%

β) *Phosphorigsäure-alkylester-P-säure-Anhydride*

Zur Herstellung von *Phosphorigsäure-ethylester-Phosphorsäure-diethylester-Anhydrid* s. Lit.[66b].

Umsetzung von Phosphorigsäure-dichlorid-ethylester mit Essigsäure im Molverhältnis 2:3 führt zu *Phosphorig-säure-ethylester-Anhydrid* (48%) als Hauptprodukt[66c]:

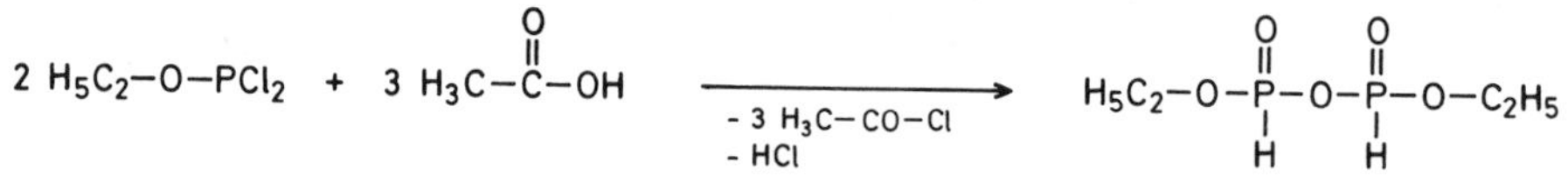

$$2 \ H_5C_2-O-PCl_2 \ + \ 3 \ H_3C-\overset{\overset{O}{\|}}{C}-OH \xrightarrow[- \ HCl]{- \ 3 \ H_3C-CO-Cl} H_5C_2-O-\underset{\underset{H}{|}}{\overset{\overset{O}{\|}}{P}}-O-\underset{\underset{H}{|}}{\overset{\overset{O}{\|}}{P}}-O-C_2H_5$$

In gleicher Ausbeute wird dieses Produkt durch Dimerisierung von Phosphorigsäure-ethylester mittels Dicyclo-hexyl-carbodiimid in Benzol bei 20°/1 Stde. erhalten[66d].

e₆) **Phosphorigsäure-diester**[66e]

α) *Phosphorigsäure-diorganoester*

A. Herstellung

1. aus elementarem Phosphor und aus Unterphosphorigsäure-estern

Zusammen mit Trialkylphosphaten und Alkanphosphonsäure-dialkylestern entstehen Phosphorigsäure-dialkylester bei der gemeinsamen Einwirkung von Alkohol, Alkanolat und Tetrachlormethan auf weißen Phosphor[67, 68]; z.B.:

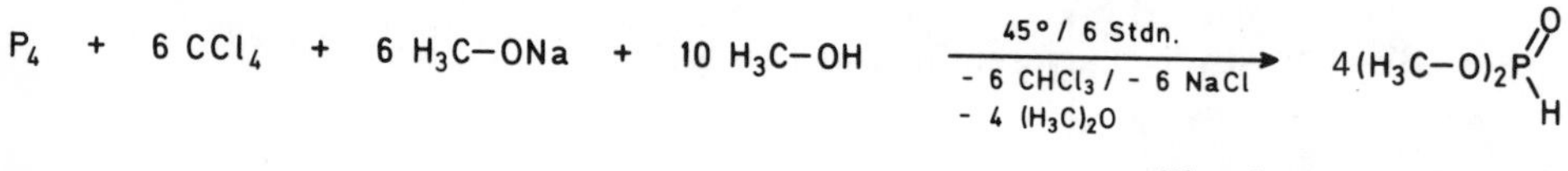

$$P_4 \ + \ 6 \ CCl_4 \ + \ 6 \ H_3C-ONa \ + \ 10 \ H_3C-OH \xrightarrow[\substack{- \ 6 \ CHCl_3 \ / \ - \ 6 \ NaCl \\ - \ 4 \ (H_3C)_2O}]{45°/ \ 6 \ Stdn.} 4 \ (H_3C-O)_2\overset{\overset{O}{\|}}{\underset{\underset{H}{|}}{P}}$$

Phosphorigsäure-dimethylester

[66a] *D. A. Predvoditelev, E. E. Nifantev* u. *Z. A. Rogovin*, Visokomol. Soedin. **1966**, 76; C. A. **65**, 2460 (1966).

[66b] *J. Michalski* u. *A. Zwierzak*, Roczn. Chem. **36**, 97 (1962); C. A. **57**, 12298 (1962).

[66c] *A. N. Pudovik, T. K. Gazizov, A. P. Pashinkin* u. *V. A. Kharlamov*, Zh. Obshch. Khim. **45**, 2123 (1975); engl.: 2092.

[66d] *A. Zwierzak* u. *A. Koziara*, Tetrahedron **23**, 2243 (1967).

[66e] *E. E. Nifantev*, Usp. Khim. **47**, 1565 (1978); Russ. Chem. Rev. **47**, 835 (1978) (Übersicht).

[67] DOS 2643281 (1975), VEB Stickstoffwerk Piesteritz, Erf.: *H. A. Lehmann, H. Schadow, H. Richter, R. Kurze* u. *H. Oertel*; C. A. **87**, 135923 (1977).

[68] *C. Brown, R. F. Hudson, C. A. Wartow* u. *H. Coates*, Chem. Commun. **1978**, 7.

Durch Zusatz von 0,7–1,0 Mol Wasser/1 Mol Phosphor läßt sich die Ausbeute an Phosphorigsäure-estern auf Kosten der Alkanphosphonsäure-ester steigern[69].

Aus Unterphosphorigsäure-alkylestern entstehen bei Einwirkung von Tetrachlormethan und Triethylamin in Ausbeuten um 60% Phosphorigsäure-dialkylester[70].

2. aus Phosphonsäure-estern

1-Oxo-alkanphosphonsäure-dialkylester werden unter milden Bedingungen durch Eintragen in flüssiges Ammoniak[71], durch Amine[72] und durch Alkohole[72,73] im Überschuß zu Phosphorigsäure-dialkylestern gespalten; z.B.:

$$
\underset{R-\overset{\overset{\displaystyle O}{\|}}{C}-\overset{\overset{\displaystyle O}{\|}}{P}(O-C_2H_5)_2}{} \ + \ NH_3 \ \xrightarrow[{- \ R-\overset{\overset{\displaystyle O}{\|}}{C}-NH_2}]{} \ (H_5C_2-O)_2\overset{\overset{\displaystyle O}{\|}}{P}-H
$$

Phosphorigsäure-diethylester

Die Spaltung kann auch Säure- und Basen-katalysiert mit Wasser vorgenommen werden[74–76].

Besonders leicht werden die 1-Oxo-perfluoralkanphosphonsäure-dialkylester durch Wasser und Alkohole ohne Katalysatoren bei 20° gespalten[77].

1-Hydroxy-alkanphosphonsäure-dialkylester zerfallen, wie lange bekannt, bei Einwirkung von Alkali in Umkehrung ihrer Bildungsgleichung zu Phosphorigsäure-dialkylester, wenn nicht durch stark elektronegative Substituenten eine Phosphonat-Phosphat-Umlagerung hervorgerufen wird[78].

Der Zerfall von 1-Hydroxy-alkanphosphonsäure-dialkylestern kann besonders leicht thermisch bewirkt werden, wenn ein durch Konjugation stabilisiertes Keton dabei freigesetzt wird[79,80].

2,2-Bis-[dialkoxyphosphano]-alkansäure-ester werden durch Wasser an der P–C-Bindung gespalten[81,82]; z.B.:

$$
\underset{(H_5C_2-O)_2P-\overset{\overset{\displaystyle COOCH_3}{|}}{C}H-P(O-C_2H_5)_2}{} \ + \ H_2O \ \xrightarrow[{- \ H_2\overset{\overset{\displaystyle COOCH_3}{|}}{C}-P(O-C_2H_5)_2}]{} \ (H_5C_2-O)_2P\overset{\displaystyle O}{\underset{H}{\diagup\!\!\diagdown}}
$$

Phosphorigsäure-diethylester; 67%

[69] DDR 129329 (1976), *H. A. Lehmann*; C. A. **89**, 75402 (1978).
[70] *E. E. Nifantev* u. *L. V. Matveeva*, Zh. Obshch. Khim. **37**, 1692 (1967); engl.: 1614.
[71] *M. Soroka* u. *P. Mastalerz*, Zh. Obshch. Khim. **44**, 463 (1973); engl.: 446.
[72] *A. P. Pashinkin, T. K. Gazizov* u. *A. N. Pudovik*, Zh. Obshch. Khim. **40**, 28 (1970); engl.: 24.
[73] *A. N. Pudovik, T. K. Gazizov* u. *A. P. Pashinkin*, Zh. Obshch. Khim. **38**, 2812 (1968); engl.: 2712.
[74] *S. Andreae* u. *W. Jugelt*, Z. Chem. **13**, 136 (1973).
[75] *W. Jugelt, S. Andreae* u. *G. Schubert*, J. Prakt. Chem. **313**, 83 (1971).
[76] *K. D. Berlin* u. *H. A. Taylor*, J. Am. Chem. Soc. **86**, 3862 (1964).
[77] *I. L. Knunyants, E. G. Bykhovskaya, Y. A. Sizov* u. *L. I. Zinoveva*, Zh. Vses. Khim. Ova. **20**, 235 (1975); C. A. **83**, 97463 (1975).
[78] *A. N. Pudovik, I. V. Konovalova* u. *L. V. Dedova*, Dokl. Akad. Nauk SSSR, **153**, 616 (1963); engl.: 965.
[79] *A. N. Pudovik, R. D. Gareev* u. *S. E. Shtilman*, Zh. Obshch. Khim. **43**, 1646 (1973); engl.: 1628.
[80] *A. N. Pudovik* u. *R. D. Gareev*, Zh. Obshch. Khim. **45**, 16 (1975); engl.: 14.
[81] *Z. S. Nikonova, S. Ya. Skorobogatova* u. *I. F. Lutsenko*, Zh. Obshch. Khim. **46**, 2213 (1976); engl.: 2128.
[82] *Z. S. Nikonova, S. Ya. Skorobogatova* u. *I. F. Lutsenko*, Zh. Obshch. Khim. **48**, 757 (1978); engl.: 694.

2-Alkoxy-ethenphosphonigsäure-dialkylester werden in saurer und neutraler Lösung durch Wasser in 1,4-Dioxan zu Phosphorigsäure-dialkylestern gespalten[83]:

$$H_9C_4-O-\overset{\overset{\displaystyle CH_3}{|}}{C}=CH-P(O-C_4H_9)_2 \ + \ 2 \ H_2O \ \xrightarrow[\substack{- \ (H_3C)_2C=O \\ - \ H_9C_4-OH}]{} \ (H_9C_4-O)_2P\overset{\displaystyle O}{\underset{\displaystyle H}{\diagup\!\!\diagdown}}$$

3. aus Phosphorigsäure bzw. ihren Derivaten

3.1. aus Phosphoriger Säure, ihren Salzen, Phosphor(III)-oxid

Die Veresterung der Phosphorigen Säure kann ohne Zusatz von Lösungsmitteln mit prim. und sek. Alkoholen ab Pentanol erfolgen, wenn der Alkohol in 45–150% Überschuß eingesetzt wird[84, 85]. Die Ausbeuten sind hoch, wenn nicht zu lange erhitzt wird und der Alkohol als Schleppmittel für Wasser dient. Aryloxy-alkanole führen zu deutlich niedrigeren Ausbeuten[86].
Statt von der Phosphorigen Säure kann auch von der Zwischenstufe Phosphorigsäure-alkylester ausgegangen werden[87].

Phosphorigsäure-bis-[2-ethyl-hexylester][84]: 0,5 kg (6,25 mol) Phosphorige Säure und 2,8 kg (21,5 mol) 2-Ethyl-hexanol werden unter Rühren 4 Stdn. unter Rückfluß erhitzt, wobei die Reaktionstemp. von 140° auf 210° ansteigt. Mit Hilfe eines Wasserabscheiders werden 240 *ml* Wasser abgeschieden. 1 g Reaktionsgemisch verbraucht danach 0,7 *ml* 1 m Natronlauge. Ausbeute nach Destillation: 1,74 kg (93%); Sdp.: 130–135°/0,1 Torr (0,013 kPa).

Mit wesentlich besseren Ergebnissen als mit den Dialkalimetall-phosphiten reagieren Alkylhalogenide mit der Kombination Phosphorige Säure/Amin in inerten Lösungsmitteln zu Phosphorigsäure-dialkylestern[88]; z.B.:

$$H_3PO_3 \ + \ 2 \ H_9C_4-Br \ \xrightarrow[\substack{- \ 2 \ \left[(H_5C_2)_3NH\right]^{\oplus} Br^{\ominus}}]{+ \ 2 \ (H_5C_2)_3N} \ (H_9C_4-O)_2P\overset{\displaystyle O}{\underset{\displaystyle H}{\diagup\!\!\diagdown}}$$

Phosphorigsäure-dibutylester[88]: 300 g (2,19 mol) 1-Brom-butan, 202 g (2,0 mol) Triethylamin und 400 g Toluol werden gemischt und auf 80–85° erwärmt. Innerhalb 20 Min. werden 85 g (1,04 Mol) Phosphorige Säure (98%ig) zugefügt, wobei sich Triethylamin-Hydrobromid abscheidet, welches nach Reaktionsende und Abkühlung abfiltriert und nochmals mit Toluol ausgewaschen wird. Aus den Filtraten wird Toluol abgezogen und der Rückstand i. Vak. destilliert; Ausbeute: 176 g (96%); Sdp.: 120–125°/12 Torr (1,6 kPa).

Nur in Gegenwart katalytischer Mengen Wasser wird Phosphorige Säure durch Orthoameisensäure-triester in Phosphorigsäure-dialkylester bei 100°/2 Stdn. umgewandelt[89]; z.B.:

$$H_3PO_3 \ + \ HC(O-C_2H_5)_3 \ \xrightarrow[- \ HCOOC_2H_5 \ / \ - \ H_2O]{} \ (H_5C_2-O)_2P\overset{\displaystyle O}{\underset{\displaystyle H}{\diagup\!\!\diagdown}}$$

Phosphorigsäure-diethylester; 78%

[83] *G. B. Postnikova* u. *I. F. Lutsenko*, Zh. Obshch. Khim. **37**, 233 (1967); engl.: 216.
[84] DOS 1668031 (1967), Hoechst AG, Erf.: *K. Schimmelschmidt* u. *H. J. Kleiner*; C. A. **79**, 145975 (1973)
[85] *E. E. Nifantev, V. R. Kildisheva* u. *I. S. Nasonovskii*, Zh. Prikl. Khim. (Leningrad) **42**, 2590 (1969); engl.: 2443.
[86] DOS 2928854 (1978), GAF Corp., Erf.: *F. Eiseman*; C. A. **93**, 114124 (1980).
[87] *E. E. Nifantev* u. *L. P. Levitan*, Probl. Organ. Sinteza, Akad. Nauk SSSR, Otd. Obshch. i Tekhn. Khim. **1965**, 293; C. A. **64**, 11074e (1966).
[88] GB 1122450 (1965), Chemische Fabrik Kalk, Erf.: *H. Jenkner*; C. A. **69**, 108229 (1968).
[89] *H. Gross* u. *B. Cortisella*, J. Prakt. Chem. **316**, 550 (1974).

Katalysiert durch starke Säuren reagieren Phenol und Phosphorige Säure zu *Phosphorigsäure-diphenylester* in bescheidenen Ausbeuten, wenn das Wasser azeotrop mit Toluol dauernd ausgetragen wird[90].

Zu Fortschritten in der Gewinnung von Phosphorigsäure-diestern kurzkettiger prim. und sek. Alkanole aus Phosphor(III)-oxid in der Gasphase s. Lit.[91, 92]; Diester langkettiger Alkohole sind in Lösungsmitteln herstellbar[93, 94, 95], vorteilhaft mit gleichzeitiger Veresterung der Phosphorigsäure-monoalkylester[95].

3.2. aus Phosphorigsäure-monoestern

Phosphorigsäure-monoalkylester disproportionieren beim Erhitzen auf 100–200°, so daß i.Vak. die zugehörigen Phosphorigsäure-diester kurzkettiger Alkohole in Ausbeuten von 33% (bez. auf eingesetzten Phosphor) abdestilliert werden können[93, 96-98]. Daher werden bei den prim. zu Phopshorigsäure-monoalkylestern führenden Umsetzungen von Phosphorigsäure-alkylester-amiden mit stöchiometrischen Mengen Wasser bzw. Carbonsäuren bei destillativer Aufarbeitung Phosphorigsäure-dialkylester erhalten[97]. Vergleichbare Ausbeuten an *Phosphorigsäure-dimethylester* liefert die Veresterung des Monomethylesters mit Methanol i.Vak.[99].

Reine unsymmetrische Phosphorigsäure-dialkylester werden bei der Alkylierung der Tetrabutylammonium-Salze der Phosphorigsäure-alkylester mit Alkyljodiden in Acetonitril bei 50°/5 Stdn. erhalten. Mit prim. Alkyljodiden sind Ausbeuten bis 86% erreichbar und deutlich besser als mit sek. Alkyljodiden[100]. Produkte früher publizierter Verfahren haben sich als inhomogen erwiesen[100]; z.B.:

$$\left[H_5C_2O-\overset{\overset{O}{\|}}{\underset{\underset{H}{|}}{P}}-O^{\ominus} \right] \left[(H_9C_4)_4N \right]^{\oplus} + H_7C_3-J \xrightarrow[-\left[(H_9C_4)_4N\right]^{\oplus} J^{\ominus}]{} \quad \begin{array}{c} H_5C_2O \\ H_7C_3O \end{array} \overset{O}{\underset{H}{\diagdown P \diagup}}$$

Phosphorigsäure-ethylester-propylester; 71%

Die umständlicher herzustellenden Tetramethylammonium-Salze z.B. des Phosphorigsäure-tert.-butylesters lassen sich in gleicher Weise in Aceton und Acetonitril einsetzen[101]. Mit Alkylbromiden bleiben die Ausbeuten zumeist deutlich niedriger.

Die Alkylierung von Phosphorigsäure-benzylester-tetramethylammonium-Salz mittels Alkyljodiden zu Phosphorigsäure-alkylester-benzylester ist von Ligandenaustausch zu Dialkylester und Dibenzylester begleitet[102].

[90] JP 7 742 857 (1975), Sumitomo Chem. KK; Erf.: *N. Yamazaki*; C.A. **87**, 134 557 (1977).
[91] DDR 108 755 (1973), VEB Stickstoffwerk Piesteritz, Erf.: *E. Feike, D. Heinz, R. Kurze, M. Oertel, D. Radeck* u. *H. Richter*; C.A. **83**, 58 098 (1975).
[92] *D. Heinz, R.G. Asiyev, I.F. Müller* u. *G. Kanschka*, Pure Appl. Chem. **52**, 825 (1980).
[93] *D. Heinz*, Pure Appl. Chem. **44**, 141 (1975).
[94] US 3 555 125 (1967), Procter & Gamble Co, Erf.: *J.D. Curry*; C.A. **74**, 140 951 (1971).
[95] SU 473 717 (1972), Phytopath. Res. Inst., Erf.: *N.K. Bliznyuk* u. *L.D. Protasova*; C.A. **83**, 96 421 (1975).
[96] DOS 2 121 832 (1971), VEB Stickstoffwerk Piesteritz, Erf.: *D. Radeck, D. Heinz* u. *H. Crahmer*; C.A. **76**, 72 396 (1972).
[97] *V.S. Abramov, N.A. Ilina* u. *I.N. Yuldasheva*, Zh. Obshch. Khim. **39**, 2237 (1969); engl.: 2183.
[98] *O.N. Dolgov, M.G. Voronkov* u. *N.F. Orlov*, Zh. Obshch. Khim. **40**, 1667 (1970); engl.: 1658.
[99] DDR 116 456 (1974), T.U. Dresden, Erf.: *H.A. Lehmann, W. Jentzsch, H. Schadow* u. *L. Wolf*; C.A. **85**, 45 967 (1976).
[100] *M. Kluba* u. *A. Zwierzak*, Synthesis **1978**, 134.
[101] *A. Zwierzak* u. *M. Kluba*, Tetrahedron **29**, 1089 (1973).
[102] *M. Kluba, A. Zwierzak* u. *R. Gramze*, Rocz. Chem. **48**, 277 (1974).

Zu praktisch quantitativen Ausbeuten an (asymmetrischen) Phosphorigsäure-dialkylestern führt die Veresterung der Monoalkylester mit Orthoameisensäure-trialkylestern[103].

Phosphorigsäure-alkylester-tert.-butylester; (allgemeine Arbeitsvorschrift)[101]: Eine Mischung von 0,02 mol Alkyljodid und 4,2 g (0,02 mol) Phosphorigsäure-tert.-butylester-tetramethylammonium-Salz wird in 30 ml Aceton 3 Stdn. zum Sieden erhitzt. Dann wird Tetramethylammoniumjodid abfiltriert und mit Aceton gewaschen. Das Filtrat wird eingedampft, der Rückstand in Petrolether aufgenommen, erneut filtriert, wieder eingeengt und 1 Std./35°/2 Torr (0,27 kPa) evakuiert; Ausbeuten mit prim. Alkyljodiden: 79–87%.

Ausbeuten über 70% werden auch bei der Veresterung der Phosphorigsäure-monoalkylester-Natriumsalze mit Chlorameisensäure-alkylestern in Benzol bei 60°/1–2 Stdn. oder in Dichlormethan/0,5 Stdn. erhalten[104]; z.B.:

$$H_5C_2O-\underset{\underset{H}{|}}{\overset{\overset{O}{\|}}{P}}-ONa \ + \ Cl-\overset{\overset{O}{\|}}{C}-O-CH_3 \ \xrightarrow[- \ NaCl \ / \ - \ CO_2]{(Pyridin \ / \ DMF)} \ \underset{H_3CO}{\overset{H_5C_2O}{>}}P\overset{O}{\underset{H}{<}}$$

Phosphorigsäure-ethylester-methylester; 70,8%

Katalysiert durch starke Säuren setzt sich Phosphorigsäure-phenylester mit Phenol zum *Phosphorigsäure-diphenylester* um[112a].

3.3. aus Phosphorigsäure-diestern durch Umesterung

Die Umesterung von Phosphorigsäure-dimethylester führt zu höheren Ausbeuten als diejenige von Phosphorigsäure-diethylester[105], -diphenylester[105] und von -bis-[2-chlorethylester][106]. Auf die Zugabe eines alkalischen Katalysators zum Phosphorigsäure-dimethylester[107, 108] kann bei ausreichendem Alkohol-Überschuß, ebenso wie beim Phosphorigsäure-diphenylester[109], verzichtet werden. Die durch Natrium katalysierte wie die unkatalysierte Umesterung lassen sich erfolgreich mit Säure-empfindlichen Alkoholen, die z.B. Acetal-Gruppen enthalten, durchführen[105,110,111]. Die Reaktionsgeschwindigkeit bei der Umesterung mit kurzkettigen Alkoholen, speziell Allylalkohol und 2-Methylallylalkohol, kann wesentlich gesteigert werden, wenn in einem hochsiedenden Lösungsmittel, das kein Azeotrop mit dem freigesetzten Alkanol bildet, gearbeitet wird[112].

Umesterung von Phosphorigsäure-diethylester bzw. -bis-[2-chlor-ethylester] mit Glykol führt in Ausbeuten von 90 bzw. 58% zum Dimeren des *2-Oxo-2H-1,3,2-dioxaphospholans*[106]. Mit 1,3-Butandiol ergibt die Umesterung stabiles *cis-4-Methyl-2-oxo-2H-*

[101] A. Zwierzak u. M. Kluba, Tetrahedron 29, 1089 (1973).

[103] SU 478012 (1973), Phytopath. Res. Inst., Erf.: N. K. Bliznyuk, T. A. Klimova, L. D. Protasova u. T. A. Sakharchuk; C. A. 83, 131134 (1975).

[104] DOS 1216278 (1963), Bayer AG, Erf.: R. Coelln; C. A. 65, 8762a (1966).

[105] D. A. Predvoditelev, T. G. Chukbar, G. A. Urvantseva u. E. E. Nifantev, Zh. Obshch. Khim. 44, 1203 (1974); engl.: 1160.

[106] K. A. Petrov, E. E. Nifantev u. R. G. Goltsova, Zh. Obshch. Khim. 33, 1485 (1963); engl.: 1449.

[107] M. G. Imaev, V. G. Maslennikov, V. M. Gorina u. O. S. Krasheninikova, Zh. Obshch. Khim. 35, 75 (1965); engl.: 73.

[108] SU 462827 (1972), N. K. Bliznyuk, L. D. Protasova u. R. S. Klopkova, C. A. 83, 42818 (1975).

[109] FR 1470166 (1965), Lankro Chem. Ltd., Erf.: R. Dyke, H. P. Mayo u. L. Molinario; C. A. 67, 117741 (1967).

[110] E. E. Nifantev u. T. S. Kukhareva, Zh. Obshch. Khim. 49, 757 (1979); engl.: 656.

[111] E. E. Nifantev, L. T. Elepina, A. A. Borisenko, M. P. Koroteev, L. A. Aslanov, V. M. Ionov u. S. S. Sotman, Zh. Obshch. Khim. 48, 2453 (1978); engl.: 2227.

[112] DOS 2002678 (1969), Stauffer Chem. Co.; Erf.: A. D. F. Toy; C. A. 74, 23223 (1971).

[112a] JP-77042857 (1977), Sumitomo Chem. K.K., Erf.: N. Yamazaki; C. A. 87, 134557 (1977).

1,3,2-dioxaphosphorinan, während saure Hydrolyse des zugehörigen Dialkylamids zum instabilen *trans*-Isomeren führt[113, 114]:

$$(H_3C-O)_2P\overset{O}{\underset{H}{<}} \quad + \quad H_3C\overset{-OH}{\underset{-OH}{<}} \quad \xrightarrow[-2\ H_3C-OH]{Na\ /\ 130°} \quad H_3C\text{-structure}$$

Zur Umesterung mit anderen 1,3-Diolen s. Lit.[114, 111]:

Der Austausch von Alkoxy-Gruppen zwischen verschiedenen Phosphorigsäure-dialkylestern bei 150° wird durch Alkali nicht katalysiert, es bilden sich statistische Gemische[115]. Daher sind unsymmetrische Phosphorigsäure-dialkylester durch Umesterung bei den dafür erforderlichen Temperaturen nur schwierig rein zu erhalten[116]; das Verfahren ist zu ihrer Herstellung wenig geeignet.

Wird die Umesterung mit Diolen im Molverhältnis 1:1 unter besonders schonenden Bedingungen vorgenommen, dann entstehen als nicht destillierbare Primärprodukte die Phosphorigsäure-alkylester-hydroxyalkylester[117, 118], die im Fall der 1,2- und 1,3-Diole leicht in zuvor beschriebenem Sinn cyclisieren. Im Phosphorigsäure-diester-Überschuß bilden sich zunächst mit den Diolen die unbeständigen Bis-[alkoxy-hydroxy-phosphinoxy]-alkane[119]. Zu achtgliedrig-cycl. Phosphorigsäure-diarylester aus dem Diphenylester s. Lit.[120], zur Umesterung mit Thiolen s. Lit.[119], mit Polyolen s. Lit.[121].

3.4. aus Dithiophosphorigsäure-diestern, Phosphorigsäure-ester-Carbonsäure-Anhydriden, Phosphorigsäure-amid-estern und -diamiden

Dithiophosphorigsäure-S,S-diisopropylester wird durch Butanol bei 80°/1,5 Stdn. in *Phosphorigsäure-dibutylester (71%)* umgewandelt[122].

Mit Butanol setzt sich Phosphorigsäure-butylester-Carbonsäure-Anhydrid bereits bei 0° zu *Phosphorigsäure-dibutylester* um[123]. Zur Alkoholyse von *Phosphorigsäure-methylester-Essigsäure-Anhydrid* s. Lit.[123a].

Die Alkoholyse der Phosphorigsäure-alkylester-Phosphorsäure-dialkylester-Anhydride in Gegenwart von 2,6-Dimethyl-pyridin führt bei 50°/13 Stdn. in Benzol zu Ausbeuten von 50% an Phosphorigsäure-dialkylester[124].

[111] E. E. Nifantev, L. T. Elepina, A. A. Borisenko, M. P. Koroteev, L. A. Aslanov, V. M. Ionov u. S. S. Sotman, Zh. Obshch. Khim. **48**, 2453 (1978); engl.: 2227.

[113] E. E. Nifantev, A. A. Borisenko, I. S. Nasonovskii u. E. I. Matrosov, Dokl. Akad. Nauk SSSR **196**, 121 (1971); engl.: 28.

[114] E. E. Nifantev, I. S. Nasonovskii u. A. A. Borisenko, Zh. Obshch. Khim. **41**, 2368 (1971); engl.: 2394.

[115] K. Moedritzer, G. M. Burch, J. R. von Wazer u. H. K. Hofmeister, Inorg. Chem. **2**, 1152 (1963).

[116] M. G. Imaev, V. G. Maslennikov, V. M. Gorina u. V. S. Krasheninikova, Zh. Obshch. Khim. **35**, 75 (1965); engl.: 73.

[117] G. Borisov u. K. Troev, Izv. Otd. Khim. Nauki, Bulg. Akad. Nauk. **1971**, 369; C. A. **77**, 100338 (1972).

[118] E. E. Nifantev, A. I. Zavalishina, I. S. Nasonovskii u. I. V. Komlev, Zh. Obshch. Khim. **38**, 2538 (1968); engl.: 2453.

[119] A. I. Zavalishina, S. F. Sorokina u. E. E. Nifantev, Zh. Obshch. Khim. **38**, 2271 (1968); engl.: 2197.

[120] V. Kh. Kadyrova, P. A. Kirpichnikov, N. A. Mukmeneva, G. P. Gren u. N. S. Kolyubakina, Zh. Obshch. Khim. **41**, 1688 (1971); engl.: 1696.

[121] E. E. Nifantev, T. G. Shestakova u. E. A. Kirichenko, Zh. Prikl. Khim. (Leningrad) **44**, 1577 (1971); engl.: 1595.

[122] S. F. Sorokina, A. I. Zavalishina u. E. E. Nifantev, Zh. Obshch. Khim. **43**, 750 (1973); engl.: 748.

[123] E. E. Nifantev u. I. V. Fursenko, Zh. Obshch. Khim. **37**, 511 (1965); engl.: 481.

[123a] D. A. Predvoditelev, E. E. Nifantev u. Z. A. Rogovin, Vysokomolekul. Soedin. **8**, 76 (1966); C. A. **65**, 2460 (1966).

[124] J. Michalski u. A. Zwierzak, Rocz. Chem. **36**, 97 (1962); C. A. **57**, 12298 (1962).

Aus offenkettigen[125, 126] bzw. cyclischen[127] Phosphorigsäure-diamiden werden die Amid-Reste durch Alkohole[126, 127] und Phenol[125] verdrängt; z.B.:

Phosphorigsäure-diethylester

Während die Umsetzung mit Alkoholen in einfachen Fällen schon bei $\sim 20°$ exotherm verläuft[127], bedarf die Reaktion mit Phenol je nach Amid-Rest der Erwärmung auf 60–130°. Wie die Diamide können die Phosphorigsäure-amid-ester mit Alkoholen und Phenolen im Molverhältnis 1:1 zu Phosphorigsäure-diestern umgesetzt werden[128, 129]. Dieses Verfahren soll bessere Ausbeuten liefern als die Herstellung aus den Amid-diestern und als die Umesterung[126].

3.5. aus Phosphor(III)-halogeniden

Das bekannte Verfahren, Phosphorigsäure-dialkylester durch Reaktion von Phosphor(III)-chlorid mit der dreifach molaren Menge Alkohol herzustellen, ist durch folgende Maßnahmen weiter verbessert worden:
1. Die als Nebenprodukte auftretenden Phosphorigsäure-monoalkylester werden noch in der Reaktionsmischung nach Ausblasen des Chlorwasserstoffes mit überschüssig zugesetztem Alkohol in Gegenwart eines Veresterungs-Katalysators und von Toluol zu Phosphorigsäure-dialkylestern verestert[130] (vorzugsweise für höhersiedende Alkohole).
2. Die heftige Wärmeentwicklung beim Zusammengeben der Reaktionspartner, die die Bildung von Phosphorigsäure-monoalkylester fördert, wird dadurch herabgesetzt, daß mit Chlorwasserstoff ges. Alkohol eingesetzt wird[131] (nur für niedere Alkohole).
3. Die Einwirkung von Chlorwasserstoff auf die Diester, insbesondere der kurzkettigen Alkohole, wird dadurch begrenzt, daß
   a) unmittelbar nach Zusammengeben die Reaktionsmischung kontinuierlich mehrstufig im Gegenstrom mit Inertgas ausgeblasen wird[132] oder in eine Vakuum-Destillationskolonne eingegeben wird[133],
   b) die Zusammenführung der Komponenten und destillative Trennung im Vakuum vorgenommen werden[134],

[125] *E. E. Nifantev* u. *I. V. Shilov*, Zh. Obshch. Khim. **42**, 1936 (1972); engl.: 1929.
[126] *D. A. Predvoditelev, T. G. Chukbar, G. A. Urvantseva* u. *E. E. Nifantev*, Zh. Obshch. Khim. **44**, 1203 (1974); engl.: 1160.
[127] *E. E. Nifantev, A. I. Zavalishina, S. F. Sorokina, E. I. Smirnova* u. *A. A. Borisenko*, Zh. Obshch. Khim. **48**, 1419 (1978); engl.: 1302.
[128] *V. S. Abramov, N. A. Ilina* u. *I. N. Yuldasheva*, Zh. Obshch. Khim. **39**, 2237 (1969); engl.: 2183.
[129] *L. K. Kibardina, M. A. Pudovik* u. *A. N. Pudovik*, Izv. Akad. Nauk SSSR, Ser. Khim. **1981**, 1133; C. A. **95**, 115400 (1981).
[130] *N. K. Bliznyuk, A. F. Kolomiets, Z. N. Kvasha, G. S. Levskaya* u. *V. V. Antipina*, Zh. Obshch. Khim. **36**, 475 (1966); engl.: 493.
[131] NL 6612966 (1965), Stauffer Chem. Co., Erf.: *H. E. Sorstokke*; C. A. **67**, 53665 (1967).
[132] DOS 2519192 (1975), Hoechst AG, Erf.: *H. Staendeke* u. *E. Lohmar*; C. A. **86**, 72874 (1977).
[133] US 3194827 (1953), Olin Mathieson Chem. Corp., Erf.: *L. J. Lutz* u. *H. N. Tatomer*; C. A. **63**, 9812 (1965).
[134] RO 63090 (1972), *R. Vilceanu, P. Schulz* u. *L. Kurunczi*; C. A. **92**, 22038 (1980).

c) die Eingabe der Komponenten oder der Reaktionsmischung gemeinsam mit einem aromatischen Lösungsmittel in den mittleren Teil einer Reaktions-/Destillations-Kolonne erfolgt[135],

d) die Eingabe der Komponenten in den oberen Teil einer Reaktorenkaskade mit stets siedendem Inhalt bei gleichzeitiger Zufuhr eines niedrig siedenden aliphatischen Lösungsmittels von unten vorgenommen wird[136],

e) die Eingabe der Komponenten mit einem Alkohol-Überschuß in eine unter Vakuum gehaltene Reaktions-/Destillations-Kolonne erfolgt[137].

Weitere Maßnahmen technischer Art. s. Lit.[138].

Um die Freisetzung unerwünschter Chloralkane zu vermeiden, werden höhere Alkanole mit Methanol und Phosphor(III)-chlorid im Molverhältnis $2:1:1$ umgesetzt[139]:

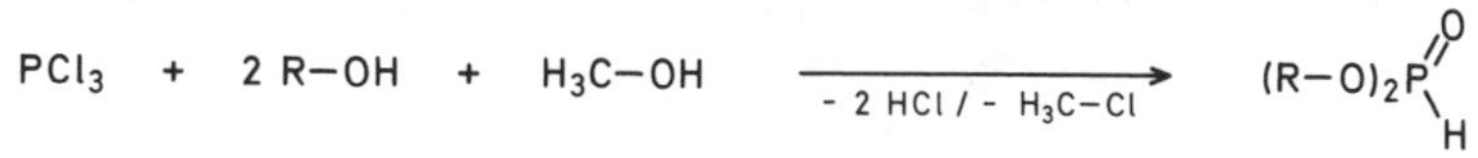

$$PCl_3 \; + \; 2\,R{-}OH \; + \; H_3C{-}OH \quad \xrightarrow[-\,2\,HCl\,/\,-\,H_3C{-}Cl]{} \quad (R{-}O)_2\overset{O}{\underset{H}{P}}$$

Wird Phosphor(III)-chlorid mit einem substituierten 1,2-Alkandiol und z.B. Ethanol bei 10–15° in Benzol umgesetzt, dann bleibt im Gegensatz zur Reaktion des Glykols der 1,3,2-Dioxaphospholan-Ring erhalten[140]:

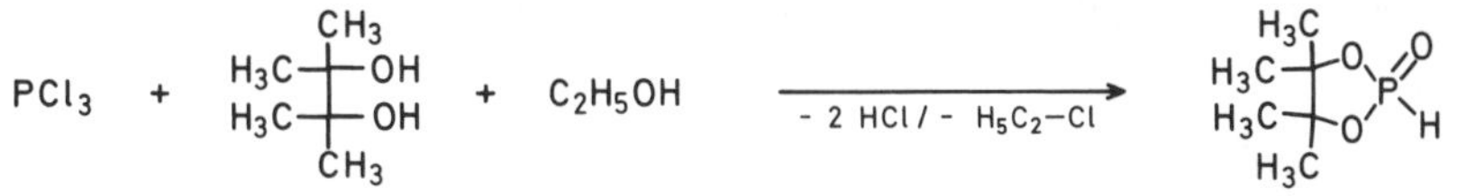

2-Oxo-4,4,5,5-tetra-methyl-2H-1,3,2-dioxaphos-pholan; 43%

Zur Herstellung cycl. Phosphorigsäure-dialkylester aus 1,2-, 1,3- und 1,4-Diolen nach diesem Verfahren hat sich der Zusatz molarer Mengen tert.-Butanol bewährt[141]. Phosphorigsäure-diarylester werden auf diesem Wege ebenfalls leicht erhalten[142]:

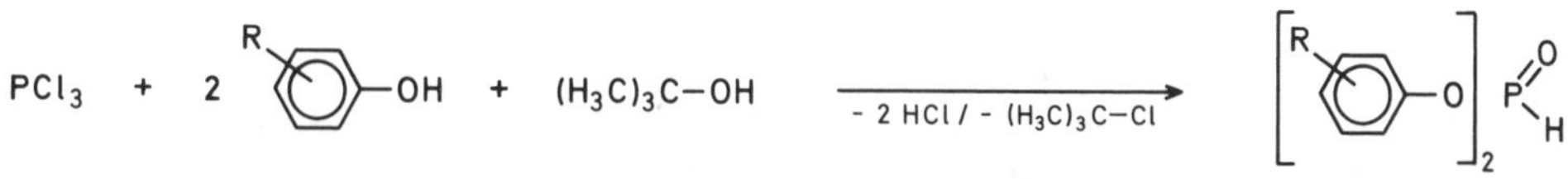

Sowohl symm.[143, 144] und reine unsymmetrische[145, 146] Dialkylester als auch Diarylester[142] der Phosphorigen Säure sollen bei der Umsetzung von Phosphor(III)-chlorid mit Alkohol

[135] FR 2392029 (1977), Chinoin Gyogyszer R.T., Erf.: *G. Szabo, K. Jakus* u. *G. Szuk*; C.A. **91**, 140333 (1979).

[136] DDR 128775 (1976), VEB Chemiekomb. Bitterfeld, Erf.: *K. Dittrich, F. Frotscher, F. Grimmer, E. Günther, K. Hoffmann, W. Kochmann, J. Müller, K.D. Müller* u. *D. Saes*; C.A. **89**, 231771 (1978).

[137] US 3331895 (1963), Hooker Chem. Corp., Erf.: *C.F. Baranauckas* u. *J.J. Hodan*; C.A. **67**, 63764 (1967).

[138] *V. Sauli*, Chem. Prum. **23**, 554 (1973); C.A. **80**, 70233 (1974).

[139] *Y.A. Mandelbaum, A.L. Itskova* u. *N.N. Melnikov*, Khim. Org. Soedin Fosfora, Akad. Nauk SSSR, Otd. Obshch. Tekh. Khim. **1967**, 288; C.A. **69**, 43338h (1968).

[140] *A. Zwierzak*, Can. J. Chem. **45**, 2501 (1967).

[141] SU 487891 (1973), Phytopathology Res. Inst., Erf.: *N.K. Bliznyuk, L.D. Protasova, T.A. Sakharchuk* u. *T.A. Klimova*; C.A. **84**, 16749 (1976).

[142] US 3329742 (1965), Mobil Oil Corp., Erf.: *H. Myers*; C.A. **67**, 81937 (1967).

[143] *T.V. Kim, Z.M. Ivanova* u. *Y.G. Gololobov*, Zh. Obshch. Khim. **48**, 700 (1978); engl.: 642.

[144] SU 421696 (1972), *P.M. Zavlin* u. *E.R. Rodnyanskaya*; C.A. **81**, 3350 (1974).

[145] SU 167848 (1964), Erf.: *Y.A. Mandelbaum, N.N. Melnikov* u. *P.G. Zaks*; C.A. **63**, 496b (1965).

[146] *Y.A. Mandelbaum, P.G. Zaks* u. *N.N. Melnikov*, Zh. Obshch. Khim. **36**, 44 (1966); engl.: 46.

und Wasser im Molverhältnis 1 : 2 : 1 zugänglich sein, wie es bereits früher für die Phosphorigsäure-diester kurzkettiger Alkanole beschrieben wurde.

Bei den empfindlichen Phosphorigsäure-diestern sek. Alkohole ist eine sorgfältige Entfernung von Säure-Resten durch Wäsche mit Wasser vor der Destillation nötig[147].

Wenn die Eliminierung eines Alkens nicht möglich ist, führt die Umsetzung von Phosphor(III)-chlorid mit tert. Alkohol in hohen Ausbeuten zu Phosporigsäure-di-tert.-alkylestern[148], z.B. zum *Di-1-adamantylester* (73%).

Sofern ein Gehalt an Phosphorigsäure-monoalkylester nicht stört, kann auch mit Wasserhaltigem Alkohol bei höherer Temp. und mit längeren Verweilzeiten gearbeitet werden[149]. In Nickel(0)-Komplexen gebundenes Phosphor(III)-chlorid reagiert nur zum geringen Teil mit Methanol zu *Phosphorigsäure-dimethylester*[150].

Die Reaktion von Phosphor(III)-chlorid mit Oxiran und 2-Chlor-ethanol im Molverhältnis 1 : 2 : 1 oder aber mit Oxiran und Wasser im Molverhältnis 1 : 3 : 1 ergibt *Phosphorigsäure-bis-[2-chlor-ethylester]*[151]:

$$PCl_3 \ + \ 2 \ \overset{}{\underset{O}{\triangle}} \ + \ Cl-CH_2-CH_2-OH \ \xrightarrow[-\ Cl-CH_2-CH_2-Cl]{} \ (Cl-CH_2-CH_2-O-)_2 P{\overset{O}{\underset{H}{\diagdown}}}$$

Diphosphortetrajodid reagiert in Schwefelkohlenstoff bei 0°/0,1 Stdn. mit der vierfach molaren Menge eines prim. oder sek. Alkohols zu einem Intermediärprodukt, das bei der Hydrolyse 55–60% Phosphorigsäure-dialkylester ergibt[152].

3.6. aus Phosphorigsäure-diester-chloriden

Chlorwasserstoff bewirkt Disproportionierung und Spaltung von Phosphorigsäure-chlorid-dialkylestern, so daß aus dem Reaktionsgemisch Phosphorigsäure-dialkylester zu isolieren sind[153, 154]; z.B.:

$$2 \ (H_5C_2-O)_2 P-Cl \ + \ HCl \ \xrightarrow[- \ H_5C_2-O-PCl_2]{- \ H_5C_2-Cl} \ (H_5C_2-O)_2 P{\overset{O}{\underset{H}{\diagdown}}}$$

Phosphorigsäure-diethylester; 89%

Das bewährte Standard-Verfahren, Hydrolyse der Phosphorigsäure-chlorid-diester in Gegenwart von tert. Amin, ist bei −30° in Diethylether/Aceton auch zur Herstellung von Phosphorigsäure-alkylester-enolestern geeignet, wobei Ausbeuten von 37% nicht überschritten werden[155]; z.B.:

$$\underset{H_5C_2-O}{\overset{Cl_2C=\overset{CH_3}{\overset{|}{C}}-O}{\diagdown}} P-Cl \ + \ H_2O \ + \ (H_5C_2)_3N \ \xrightarrow[- \ [(H_5C_2)_3NH]^{\oplus} \ Cl^{\ominus}]{} \ \underset{H_5C_2-O}{\overset{Cl_2C=\overset{CH_3}{\overset{|}{C}}-O}{\diagdown}} P{\overset{O}{\underset{H}{\diagdown}}}$$

Phosphorigsäure-(2,2-dichlor-1-methyl-vinylester)-ethylester; 22%

---

[147] Czech. 109 145 (1962), *J. Matouek*; C.A. **60**, 10 549 (1964).

[148] *R. I. Yurchenko, T. I. Klepa, M. I. Mishak* u. *V. P. Tikhonov*, Zh. Obshch. Khim. **50**, 2443 (1980); engl.: 1972.

[149] BE 875 081 (1978), Philagro S.A., Erf.: *A. Bernard, A. Disdier* u. *M. Royer*, C.A. **92**, 76 663 (1980).

[150] *D. F. Bachman, E. D. Stevens, T. A. Lane* u. *J. T. Yoke*, Inorg. Chem. **11**, 109 (1972).

[151] SU 188 493 (1964), *N. K. Bliznyuk, A. F. Kolomiets* u. *R. N. Golubeva*; C.A. **67**, 53 667 (1967).

[152] *M. Lauwers, B. Regnier, M. van Eenoo, J. N. Denis* u. *A. Krief*, Tetrahedron Lett. **1979**, 1801.

[153] *T. Kh. Gazizov, V. A. Kharlamov, A. P. Pashinkin* u. *A. N. Pudovik*, Zh. Obshch. Khim. **47**, 1234 (1977); engl.: 1137.

[154] *T. K. Gazizov, V. A. Kharlamov* u. *A. N. Pudovik*, Zh. Obshch. Khim. **45**, 2339 (1975); engl.: 2295.

[155] *T. V. Kim, Zh. M. Ivanova* u. *Y. G. Gololobov*, Zh. Obshch. Khim. **48**, 1967 (1978); engl.: 1791.

Bei der Hydrolyse von Phosphorigsäure-chlorid-diarylestern in 1,4-Dioxan bei 20°/14 Stdn. hat sich N,N-Diethyl-anilin als schwache Base zum Abfangen des Chlorwasserstoffs besser bewährt als Triethylamin: es werden praktisch keine Nebenprodukte gebildet[156]. Besonders Alkali-empfindliche Phosphorigsäure-chlorid-diarylester werden am besten mit verd. Säure[157] oder mit Wasser allein[158, 159] hydrolysiert. Die Hydrolyse findet nicht statt bei den Chlorid-diestern polychlorierter Alkanole[160]. Diester von Alkoholen des Typs 3,3-Dimethyl-butanol werden aus den zugehörigen Chloriden mit Wasser/Triethyl-amin in Benzol erhalten[161], Temperaturen bis 5° sind unschädlich. Zur Herstellung von *Phosphorigsäure-bis-[ferrocenylmethylester]* s. Lit.[162]. Das sehr empfindliche *2-Oxo-2H-1,3,2-dioxaphospholan* läßt sich aus dem 2-Chlor-1,3,2-dioxaphospholan dann sehr gut gewinnen, wenn nur 80% der berechneten Wassermenge in 1,4-Dioxan bei 20° zugesetzt werden[163]. Das stabile Isomer des deutlich weniger empfindlichen *4-Methyl-2-oxo-2H-1,3,2-dioxaphospholans* wird bei Hydrolyse mit Wasser-Unterschuß in 70% Ausbeute erhalten[164]. Als beste Methode, zu reinen substituierten 2-Oxo-2H-1,3,2-dioxaphospho-lanen zu gelangen, hat es sich erwiesen, die Hydrolyse bei 0–5° in Benzol bei Anwesenheit von Triethylamin vorzunehmen[165]. Dieses Verfahren ist auch für sechs- und sieben-gliedrige cycl. Phosphorigsäure-diester optimal[165, 166]. In der Regel werden Gemische aus *cis-* und *trans-*Form erhalten[166, 167], die in Einzelfällen getrennt worden sind[168].

Cycl. Phosphorigsäure-diester[165]; allgemeine Arbeitsvorschrift: Eine Mischung von 3,6 g (0,2 mol) Wasser, 20,2 g (0,2 mol) Triethylamin und 10 *ml* THF wird unter intensivem Rühren zu einer bei 0–5° gehaltenen Lösung von 0,2 mol des cycl. Phosphorigsäure-chlorid-diesters in 250 *ml* Benzol zugetropft. Die Reaktionsmischung wird 1 Stde. bei 20° gehalten, dann filtriert und der Filterkuchen wird 2mal mit je 100 *ml* Benzol ausgewaschen. Nach Abziehen des Lösungsmittels aus dem Filtrat wird der Rückstand i. Vak. destilliert.

Statt mit Wasser kann die Umwandlung der Phosphorigsäure-chlorid- bzw. -bromid-di-ester mit tert. Butanol[169, 170] oder mit Carbonsäuren[171] bei 60–80°, insbesondere aber mit Ameisensäure[172, 173] bei 20–40°, vorgenommen werden; z.B.:

2-Oxo-2H-1,3,2-dioxaphospholan

[156] *I. V. Barinov, V. V. Rodé* u. *S. F. Rafikov*, Zh. Obshch. Khim. **37**, 464 (1967); engl.: 432.
[157] *T. Mukaiyama* u. *K. Osaka*, Bull. Soc. Chem. Jpn. **39**, 566 (1966).
[158] DOS 2204701 (1972), Shell Int. Res. Mij., Erf.: *H. R. Gersmann, W. F. De Haas*; C. A. **79**, 147934 (1973).
[159] *M. G. Imaev* u. *K. N. Karimova*, Zh. Obshch. Khim. **35**, 370 (1965); engl.: 370.
[160] *B. A. Arbusov, E. N. Dianova, V. S. Vinogradova* u. *A. K. Shamsutdinova*, Izv. Akad. Nauk SSSR, Ser. Khim. **1966**, 1361; engl.: 1308.
[161] *S. Bluj, B. Borecka, A. Lopusinkski* u. *J. Michalski*, Rocz. Chem. **48**, 329 (1974).
[162] *V. I. Boev* u. *A. V. Dombrovskii*, Zh. Obshch. Khim. **49**, 1246 (1979); engl.: 1093.
[163] *E. E. Nifantev, I. S. Nasonovskii, A. V. Miklashevskii, A. I. Zavalishina* u. *E. I. Smirnova*, Zh. Org. Khim. **11**, 2206 (1975); engl.: 2235.
[164] *E. E. Nifantev, I. S. Nasonovskii* u. *A. A. Borisenko*, Zh. Obshch. Khim. **41**, 1876 (1971); engl.: 1885.
[165] *A. Zwierzak*, Can. J. Chem. **45**, 2501 (1967).
[166] *M. Mikolajczyk* u. *J. Luczak*, Tetrahedron **28**, 5411 (1972).
[167] *J. A. Mosbo* u. *J. G. Verkade*, J. Am. Chem. Soc. **95**, 204 (1973).
[168] *M. Mikolajczyk*, Chem. Commun. **1969**, 1221.
[169] SU 455964 (1973), *N. K. Bliznyuk* u. *L. D. Protasova*; C. A. **82**, 125082c (1975).
[170] SU 476267 (1973), *N. K. Bliznyuk, L. D. Protasova* u. *R. S. Klopkova*; C. A. **83**, 163650 (1975).
[171] SU 732269 (1977), *P. V. Vershinin* u. *Y. P. Vershinin*; C. A. **94**, 46951 (1981).
[172] US 4070336 (1976), Monsanto Co., Erf.: *G. H. Birum*; C. A. **89**, 75889 (1978).
[173] *I. V. Fursenko, G. T. Bakhvalov* u. *E. E. Nifantev*, Zh. Obshch. Khim. **38**, 1299 (1968); engl.: 1251.

Zur Umwandlung mittels Acetalen s. Lit.[174].

Die Umsetzung der Phosphorigsäure-chlorid-dialkylester mit N-Trimethylsilyl-acetamid läuft bei 100–140° ohne Lösungsmittel ab[175, 176]; z.B.:

$$(H_5C_2-O)_2P-Cl \ + \ H_3C-\overset{\overset{O}{\|}}{C}-NH-Si(CH_3)_3 \quad \xrightarrow[- (H_3C)_3Si-Cl]{- H_3C-C\equiv N} \quad (H_5C_2-O)_2\overset{\overset{O}{\diagup\!\!\!\|}}{P}{\diagdown}_H$$

Phosphorigsäure-diethylester

Beim Erwärmen von Phosphorigsäure-dialkylestern oder -diarylestern[177] sowie von Phosphinigsäuren (sek. Phosphanoxide) und Phosphonigsäure-estern[178] mit Phosphorigsäure-chlorid-diestern stellt sich durch Chlor-Austausch ein Gleichgewicht ein. Aus der Mischung kann der/das niedrigst siedende Chlorid-diester, Chlorid-ester bzw. Chlorphosphan abdestilliert und dann der erzeugte Phosphorigsäure-diester isoliert werden; z.B.:

$$(H_5C_6-O)_2P-Cl \ + \ \underset{O}{\overset{O}{\Big\langle}}\overset{\overset{O}{\diagup\!\!\!\|}}{P}{\diagdown}_H \quad \xrightarrow{- \ \big\langle^{O}_{O'}P-Cl} \quad (H_5C_6-O)_2\overset{\overset{O}{\diagup\!\!\!\|}}{P}{\diagdown}_H$$

Phosphorigsäure-diphenylester

Mit den sek. Phosphanoxiden wird bei 20°/0,5 Std. eine vollständige Umwandlung erreicht, in den anderen Fällen bilden sich Gleichgewichte.

3.7. aus Phosphorigsäure-alkylester-Anhydriden

Phosphorigsäure-alkylester-Anhydride (Polymetaphosphite) reagieren mit Alkoholen bei 100°/1 Stde. zu Phosphorigsäure-dialkylestern[179, 180] in Ausbeuten von 50–75%; z.B.:

$$1/n \ (H_3C-O-P-O)_n \ + \ H_3C-OH \quad \longrightarrow \quad (H_3C-O)_2\overset{\overset{O}{\diagup\!\!\!\|}}{P}{\diagdown}_H$$

Phosphorigsäure-dimethylester

3.8. aus Phosphorigsäure-dialkylester-Carbonsäure-Anhydriden

Phosphorigsäure-dialkylester- (bzw. -diarylester)-Ameisensäure-Anhydride zerfallen unter Kohlenmonoxid-Freisetzung ab ~40° zu Phosphorigsäure-diestern[181, 183].

Die Hydrolyse der Phosphorigsäure-dialkylester-Carbonsäure-Anhydride ergibt Phosphorigsäure-dialkylester[184], die Alkoholyse führt in der Regel zu Gemischen von Phos-

[174] M. B. Gazizov, A. I. Razumov, L. P. Syrneva u. L. G. Rudakova, Zh. Obshch. Khim. **43**, 2787 (1973); engl.: 2762.

[175] M. A. Pudovik, L. K. Kibardina u. A. N. Pudovik, Zh. Obshch. Khim. **48**, 695 (1978); engl.: 637.

[176] SU 585169 (1976), AS USSR Kazan, Erf.: A. N. Pudovik, M. A. Pudovik, L. K. Kibardina u. T. A. Pestova; C. A. **88**, 105304 (1978).

[177] O. N. Nuretdinova, Dokl. Akad. Nauk SSSR, Ser. Khim. **217**, 1332 (1974); engl.: 583.

[178] V. L. Foss, V. V. Kudinova, Y. A. Veits u. I. F. Lutsenko, Zh. Obshch. Khim. **44**, 1209 (1974); engl.: 1168.

[179] V. G. Gruzdev, K. V. Karavanov u. S. Z. Ivin, Zh. Obshch. Khim. **38**, 1548 (1968); engl.: 1499.

[180] E. E. Nifantev, M. P. Koroteev, N. L. Ivanova, I. P. Gudkova u. D. A. Predvoditelev, Dokl. Akad. SSSR **173**, 1345 (1967); engl.: 398.

[181] I. V. Fursenko, G. T. Bakhvalov u. E. E. Nifantev, Zh. Obshch. Khim. **38**, 1299 (1968); engl.: 1251.

[183] US 4070336 (1976), Monsanto Co., Erf.: G. A. Birum; C. A. **89**, 75889 (1978).

[184] V. P. Evdakov u. E. K. Shlenkova, Zh. Obshch. Khim. **35**, 1587 (1965); engl.: 1591.

horigsäure-dialkylestern und -trialkylestern, wenn oberhalb 0° gearbeitet wird[185, 186].
Phosphorigsäure-dialkylester-Carbonsäure-Anhydride werden durch sek. Amine und
Anilin und ihre Carbonsäure-Salze in Petrolether oder in Benzol bei 40–80°/2 Stdn. zu
Phosphorigsäure-dialkylestern gespalten[187–190], bei tiefer Temp. entstehen dagegen
Phosphorigsäure-amid-diester[186]:

$$(H_3C-O)_2P-O-\overset{\overset{O}{\|}}{C}-C_6H_5 \;+\; H_5C_6-COO^{\ominus}\,(H_3C)_2NH_2^{\oplus} \;\xrightarrow[\substack{-\;H_5C_6-COOH \\ -\;H_5C_6-\overset{\overset{O}{\|}}{C}-N(CH_3)_2}]{} \;(H_3C-O)_2\overset{\overset{O}{\nearrow}}{\underset{H}{P}}$$

Phosphorigsäure-dimethylester

2-Acetoxy-1,3,2-dioxaphospholan wird überwiegend , 2-Acetoxy-1,3,2-dioxaphospho-
rinan ausschließlich durch Dimethylamin, nicht aber durch Ammoniak, in der Weise gespalten, daß 2-Oxo-2H-1,3,2-dioxaphospholane bzw. -dioxaphosphorinane
entstehen[190a]. Zum andersartigen Verlauf bei 2-Acetoxy-5-methyl-1,3,2-dioxaphospho-
rinanen s. Lit.[186].
Mit Carbonsäuren[186,192,193], Phosphorsäure-dialkylestern[194] bzw. Dithiophosphorsäure-O,O-dialkylestern[195] setzen sich Phosphorigsäure-dialkylester-Carbonsäure-Anhydride bei 20°/6 Stdn. zu Phosphorigsäure-dialkylestern und den Carbonsäure-Anhydriden
um.
Einwirkung von Essigsäure bzw. Benzoesäure auf 2-Acetoxy-1,3,2-dioxaphosphorinan,
nicht aber auf 2-Acetoxy-1,3,2-dioxaphospholan, führt bei 20°/1 Stde. zum *2-Oxo-2H-
1,3,2-dioxaphosphorinan* (78%)[190a]:

$$\underset{O}{\overset{O}{\bigg\langle}}P-O-\overset{\overset{O}{\|}}{C}-CH_3 \;+\; H_3C-\overset{\overset{O}{\|}}{C}-OH \;\xrightarrow[-\;(H_3C-\overset{\overset{O}{\|}}{C})_2O]{}\;\underset{O}{\overset{O}{\bigg\langle}}\overset{\overset{O}{\nearrow}}{\underset{H}{P}}$$

3.9. aus Phosphorigsäure-dialkylester-Phosphor(II–V)-säure-Anhydriden

Hydrolyse der Hypodiphosphorigsäure-tetraalkylester liefert Phosphorigsäure-dialkylester neben Unterphos-
phorigsäure-dialkylestern[196]; Phosphorigsäure-dialkylester mittels DMSO s. Lit.[197].

Diphosphorigsäure-tetraalkylester werden durch sek. Amine unter milden Bedingungen
zu Phosphorigsäure-dialkylestern gespalten[198]; z.B.:

$$\underset{O}{\overset{O}{\bigg\langle}}P-O-\overset{\overset{O}{\nearrow}}{P}\overset{O}{\bigg\rangle} \;+\; (H_5C_2)_2NH \;\xrightarrow[-\;(H_5C_2)_2N-P\overset{O}{\underset{O}{\bigg\rangle}}]{}\;\underset{O}{\overset{O}{\bigg\langle}}\overset{\overset{O}{\nearrow}}{\underset{H}{P}}$$

*2-Oxo-2H-1,3,2-dioxa-
phospholan*

[185] *E. E. Nifantev* u. *I. V. Fursenko*, Usp. Khim. **39**, (1970); Russ. Chem. Rev. (engl.) **39**, 1050 (1970).
[186] *E. E. Nifantev* u. *I. V. Fursenko*, Zh. Obshch. Khim. **38**, 1295 (1968); engl.: 1247.
[187] *R. Burgada*, Bull. Soc. Chim. Fr. **1972**, 4161.
[188] *T. K. Gazizov, A. P. Pashinkin* u. *A. N. Pudovik*, Zh. Obshch. Khim. **40**, 2130 (1970); engl.: 2112.
[189] *E. E. Nifantev*, Usp. Khim. **47**, 1565 (1978); Russ. Chem. Rev. (engl.) **47**, 835 (1978) (Übersicht).
[190] *I. S. Nasonovskii, A. A. Krynchkov* u. *E. E. Nifantev*, Zh. Obshch. Khim. **45**, 724 (1975); engl.: 714.
[190a] *A. Munoz, M. T. Boisdon, J. F. Brazier* u. *R. Wolf*, Bull. Soc. Chim. Fr. **1971**, 1424.
[192] *E. E. Nifantev* u. *I. V. Fursenko*, Zh. Obshch. Khim. **37**, 511 (1967); engl.: 481.
[193] *V. A. Kharlamov, T. K. Gazizov* u. *A. N. Pudovik*, Zh. Obshch. Khim. **47**, 1003 (1977); engl.: 921.
[194] *L. I. Mizrakh, V. P. Evdakov* u. *L. Y. Sandalova*, Zh. Obshch. Khim. **35**, 1871 (1965); engl.: 1865.
[195] *A. N. Pudovik* u. *V. K. Krupnov*, Zh. Obshch. Khim. **38**, 305 (1968); engl.: 306.
[196] *I. F. Lutsenko, M. B. Proskurnina* u. *A. L. Chekhun*, Zh. Obshch. Khim. **46**, 568 (1976); engl.: 565.
[197] *M. V. Proskurnina, A. L. Chekhun* u. *I. F. Lutsenko*, Zh. Obshch. Khim. **44**, 2117 (1974); engl.: 2080.
[198] *E. E. Nifantev* u. *I. S. Nasonovskii*, Zh. Obshch. Khim. **39**, 1948 (1969); engl.: 1911.

Die Hydrolyse der Hypodiphosphorsäure-tetraalkylester führt zu einem Gemisch aus Phosphorigsäure- und Phosphorsäure-dialkylestern[199].

Aus Phosphorigsäure-dialkylester-Phosphorsäure-dialkylester-Anhydriden werden durch Carbonsäuren[200], N-Benzyloxycarbonyl-aminosäuren[200a], durch Phosphorsäure-dialkylester kurzkettiger Alkanole[194, 200], durch Thiophosphonsäure-alkylester[194] und durch Sulfonsäuren[200] Phosphorigsäure-dialkylester freigesetzt[200].

$$(H_9C_4-O)_2P-O-\overset{\overset{O}{\|}}{P}(O-C_4H_9)_2 \;+\; (H_5C_2-O)_2\overset{\overset{O}{\|}}{P}-OH \xrightarrow[-\;(H_5C_2O)_2\overset{O}{\underset{\|}{P}}-O-\overset{O}{\underset{\|}{P}}(OC_4H_9)_2]{} (H_9C_4-O)_2P\overset{\diagup O}{\underset{\diagdown H}{}}$$

Phosphorigsäure-dibutylester; 81%

Die Ausbeuten betragen bis 81%, wenn in Diethylether bis 4 Stdn. bei ~40° gehalten wird, bei wenig raumfüllenden Carbonsäuren reicht 1 Stde/25°. Stöchiometrische Mengen Wasser[194] oder wäßrige Hydrogencarbonat-Lösung[201] sind geeignet für die Hydrolyse zu Phosphorigsäure-dialkylestern.

Hydrolyse der (Phosphorigsäure-dialkylester)-(Dialkyl-phosphinsäure)-Anhydride liefert die Phosphorigsäure-dialkylester in hohen Ausbeuten[202].

Phosphorigsäure-dialkylester-Sulfonsäure-Anhydride liefern Phosphorigsäure-dialkylester bei der Hydrolyse sowie bei der Alkoholyse, wenn keine Basen zugegen sind[203].

3.10. aus Phosphorigsäure-triestern

Phosphorigsäure-triester mit wenigstens einer Alkyl-Gruppe werden von verschiedenartigsten Säuren außer, wie bekannt, den Halogenwasserstoffen[204-209] bei −20° bis 40°

von Carbonsäuren[204, 210] je nach Säurestärke bei 60–130°, i. Vak. z. T. auch bei niedrigerer Temp.[210a]
Phosphorsäure[211]
Phosphorsäure-dialkylester[212, 213]

Phosphinsäuren[214]
Thiophosphorsäure-O,O-diestern[215]

[194] *L. I. Mizrakh, V. P. Evdakov* u. *L. Y. Sandalova*, Zh. Obshch. Khim. **35**, 1871 (1965); engl.: 921.
[199] *J. Michalski* u. *A. Zwierzak*, Proc. Chem. Soc. London **1964**, 80.
[200] *J. Michalski* u. *T. Modro*, Chem. Ber. **95**, 1629 (1962).
[200a] *M. Leplawy, J. Michalski* u. *J. Zabrocki*, Chem. Ind. (London) **1964**, 835.
[201] *J. Michalski, W. Stec* u. *A. Zwierzak*, Chem. Ind. (London) **1965**, 347.
[202] *I. F. Lutsenko, M. V. Proskurnina* u. *A. L. Chekhun*, Phosphors **4**, 57 (1974).
[203] *M. G. Gubaidullin* u. *L. M. Kovaleva*, Zh. Obshch. Khim. **43**, 2660 (1973); engl.: 2638.
[204] *T. K. Gazizov, T. Ya. Efremov, R. Z. Muzin, A. P. Pashinkin, V. A. Kharlamov* u. *A. N. Pudovik*, Zh. Obshch. Khim. **44**, 1859 (1974); engl.: 1827.
[205] *D. G. Goodwin* u. *H. R. Hudson*, J. Chem. Soc. [B] **1968**, 1333.
[206] *H. R. Hudson*, Synthesis **1969**, 112.
[207] *W. Gerrard, H. R. Hudson* u. *F. W. Parrett*, Nature **211**, 740 (1966).
[208] SU 582257 (1976), Kazan Kirov Chem. Techn., Erf.: *P. A. Kirpichnikov, N. A. Mukmeneva, V. K. Kadyrova, V. M. Zharkova, L. M. Popova* u. *N. K. Golland*; C. A. **88**, 89360 (1978).
[209] *H. R. Hudson* u. *J. C. Roberts*, J.Chem. Soc. [Perkin Trans. II] **1974**, 1575.
[210] *J. Szmuszkovicz*, Org. Prep. Proced. Int. **4**, 51 (1972).
[210a] *A. N. Pudovik, E. S. Batyeva, Y. I. Girfanova* u. *A. A. Karelov*, Zh. Obshch. Khim. **48**, 1420 (1978); engl.: 1303.
[211] *A. Markowska, J. Olejnik, B. Mlotkowska* u. *M. Sobanska*, Phosphorus Sulfur **10**, 143 (1981).
[212] *A. Markowska, J. Olejnik* u. *J. Michalski*, Chem. Ztg. **103**, 384 (1979).
[213] *A. Markowska* u. *J. Olejnik*, Phosphorus Sulfur **10**, 245 (1981).
[214] *N. V. Ivasyuk* u. *I. M. Shermergorn*, Izv. Akad. Nauk SSSR, Ser. Khim. **1968**, 2388; engl.: 2262.
[215] *A. N. Pudovik* u. *V. K. Krupnov*, Zh. Obshch. Khim. **38**, 194 (1968); engl.: 196.

Dithiophosphorsäure-O,O-diestern[216, 217]   Diphenylcarbinol[219]
  (hohe Ausbeute bei 0–5°/14 Stdn.)   Amin-Hydrohalogeniden[220]
Oximen[218]   Schwefelwasserstoff/Amin[221] (bei 150°)

in Phosphorigsäure-diester überführt.

Bei Estern des 2-Chlor-ethanols[222] gelingt auch die unkatalysierte Hydrolyse, zumeist wird in siedendem Acetonitril hydrolisiert[237, 224] oder bei 5°/5 Stdn. in THF[225], bzw. in Säure-haltigem Acetonitril bei 20°. Das Verfahren ist zur Herstellung deuterierter und ^{18}O-markierter Produkte geeignet[225, 226].

Weiterhin sind Verbindungen, die leicht Halogenwasserstoff abspalten, z.B.:

4-Chlorpenten-2[227]   N-Halogen-carbonsäureamide[230]
2,3-Dihalogen-propansäureester[228]   2-Chlor-pyran[231]
Acetylene/Silberchlorid oder Kupfer(I)-chlorid[229]   2-Chlor-dioxan[232]

zur Durchführung dieser Umwandlung geeignet. UV-Bestrahlung[233] und Einwirkung von Peroxid[234] ergibt nur geringe Ausbeuten. Einfaches Erhitzen führt vor allem bei den Estern tert. Alkohole[235–241] und des Thioglykols[242, 243] zum Erfolg.

Die präparative Bedeutung neuer Agenzien für die Triester/Diester-Umwandlung dürfte gering bleiben.

Besonders rasch werden auch die *exo*cycl. Alkoxy-Gruppen in 2-Alkoxy-1,3,2-dioxaphospholanen abgelöst[244, 245].

[216] *A.N. Pudovik* u. *V.K. Krupnov*, Zh. Obshch. Khim. **38**, 305 (1968); engl.: 306.

[217] *A.N. Pudovik, R.A. Cherkasov* u. *V.V. Ovchinnikov*, Zh. Obshch. Khim. **42**, 2638 (1972); engl.: 2629.

[218] *M.P. Osipova, P.M. Lukin, L.I. Afaneseva* u. *V.A. Kukhtin*, Zh. Obshch. Khim. **50**, 1888 (1980) C.A. **93**, 239538 (1980).

[219] *H.G. Henning*, Tetrahedron Lett. **1966**, 2585.

[220] *N.K. Bliznyuk* u. *L.M. Solneeva*, Zh. Obshch. Khim. **36**, 1711 (1966); engl.: 1709.

[221] *I.S. Akhmetzhanov, R.N. Zagidulin* u. *M.G. Imaev*, Dokl. Akad. Nauk SSSR **163**, 362 (1965); engl.: 652.

[222] *A.N. Pudovik, E.M. Faizullin* u. *V.P. Zhukov*, Zh. Obshch. Khim. **36**, 310 (1966); engl.: 319.

[223] FR 2380287 (1977), Prod. Chim. Ugine Kuhlmann, Erf.: *M. Demarq*; C.A. **91**, 57064 (1979).

[225] *W.J. Stec, N. Goddard* u. *J.R. von Wazer*, J. Phys. Chem. **75**, 3547 (1971).

[226] *R.D. Bertrand, H.J. Berwin, G.K. McEwen* u. *J.G. Verkade*, Phosphorus **4**, 81 (1974).

[227] *L.V. Verizhnikov, P.A. Kirpichnikov* u. *N.A. Mukmeneva*, Zh. Obshch. Khim. **44**, 2422 (1974); engl.: 2383.

[228] *B.A. Arbusov, A.D. Novoselskaya* u. *V.S. Vinogradova*, Zh. Obshch. Khim. **43**, 2604 (1973); engl.: 2584.

[229] *M.F. Shostakovskii, L.A. Polyakova, L.V. Vasileva* u. *A.I. Polyakov*, Zh. Org. Khim. **2**, 1899 (1966); engl.: 1865.

[230] *J.M. Desmarchelier* u. *T.R. Fukuto*, J. Org. Chem. **37**, 4218 (1972).

[231] *M.B. Gazizov, A.I. Razumov* u. *I.K. Gizatullina*, Zh. Obshch. Khim. **50**, 1421 (1980); C.A. **93**, 186087 (1980).

[232] *V.S. Tsivunin, V.G. Zaripova, T.V. Zykova* u. *R.A. Salakhutdinova*, Zh. Obshch. Khim. **49**, 1906 (1979); engl.: 1404.

[233] *R.B. La Count* u. *C.E. Griffin*, Tetrahedron Letters **1965**, 3071.

[234] *W.G. Bentrude*, Tetrahedron Letters **1965**, 3543.

[235] *G. Aksnes* u. *D. Aksnes*, Acta Chem. Scand. **19**, 898 (1965).

[236] *V. Mark* u. *J.R. van Wazer*, J. Org. Chem. **29**, 1006 (1964).

[237] *L.J. Goodell* u. *J.T. Yoke*, Can. J. Chem. **47**, 2462 (1969).

[238] US 4120917 (1977), Mobil Oil Corp., Erf.: *K.D. Schmitt*; C.A. **90**, 71750 (1979).

[239] *R. Burgada*, Bull. Soc. Chim. Fr. **1964**, 1735.

[240] *A.A. Borisenko* u. *E.E. Nifantev*, Zh. Obshch. Khim. **40**, 2765 (1970); engl.: 2765.

[241] *V.S. Tsivunin, R.G. Ivanova* u. *G.K. Kamai*, Zh. Obshch. Khim. **38**, 1062 (1968); engl.: 1021.

[242] *D. Bernard, P. Savignac* u. *R. Burgada*, Bull. Soc. Chim. Fr. **1972**, 1657.

[243] *P.M. Zavlin, E.R. Rodnyanskaya, A.I. Dyakonov* u. *V.M. Albitskaya*, Zh. Obshch. Khim. **41**, 1874 (1971); engl.: 1883.

[244] *B.A. Trofimov, V.M. Nikitin* u. *A.S. Atavin*, Zh. Obshch. Khim. **42**, 346 (1972); engl.: 336.

[245] *R. Weiss, L.J. Vande Griend* u. *J.G. Verkade*, J. Org. Chem. **44**, 1860 (1979).

3.11. aus Phosphorigsäure-dialkylester-trimethylsilylestern

Phosphorigsäure-dialkylester-trimethylsilylester werden durch Alkohole[246, 247], aliphatische Carbonsäuren[248, 249], Phenole[247] und Enole[250] in Phosphorigsäure-dialkylester (80–90%) umgewandelt:

$$(H_5C_2-O)_2P-O-Si(CH_3)_3 \ + \ H_3C-COOH \ \xrightarrow[- \ H_3C-\overset{O}{\underset{\|}{C}}-O-Si(CH_3)_3]{} \ (H_5C_2-O)_2P\overset{O}{\underset{H}{\diagdown}}$$

Phosphorigsäure-diethylester; 74%

Stärkere Säuren reagieren bevorzugt[248].

3.12. aus Phosphorigsäure-amid-diestern

Nur bei starker Abschirmung der Alkoxy-Gruppen gelingt an den Phosphorigsäure-amid-diestern eine ausreichend selektive Abspaltung der Amid-Gruppe mit Wasser[251, 252] besser aber mit p-Toluolsulfonsäure-Hydraten[253–255].
Hohe Ausbeuten an Phosphorigsäure-dialkylestern werden bei der Umsetzung mit Carbonsäuren erhalten, vorzugsweise mit Essigsäure[256-264b], Benzoesäure[265], Ameisensäure[266–269].

[246] *R. D. Bertrand, H. J. Berwin, G. K. McEwan* u. *J. G. Verkade*, Phosphorus **4**, 81 (1974).
[247] *L. K. Kibardina, M. A. Pudovik* u. *A. N. Pudovik*, Izv. Akad. Nauk, SSSR, Ser. Khim. **1981**, 1133; C. A. **95**, 115400 (1981).
[248] *V. A. Kharlamov, T. K. Gazizov* u. *A. N. Pudovik*, Zh. Obshch. Khim. **47**, 1003 (1977); engl.: 921.
[249] *T. K. Gazizov, V. A. Kharlamov* u. *A. N. Pudovik*, Zh. Obshch. Khim. **42**, 2579 (1972); engl.: 2572.
[250] *E. K. Ofitserova, O. E. Ivanova, E. N. Ofitserov, I. V. Konovalova* u. *A. N. Pudovik*, Zh. Obshch. Khim. **51**, 505 (1981); engl.: 390.
[251] *R. Burgada*, Bull. Soc. Chim. Fr. **1964**, 1735.
[252] *D. A. Predvoditelev, T. G. Chukbar, G. A. Urvantseva* u. *E. E. Nifantev*, Z. Obshch. Khim. **44**, 1203 (1974); engl.: 1160.
[253] *T. Mukaiyama* u. *Y. Kodaira*, Bull. Chem. Soc. Jpn. **39**, 1297 (1966).
[254] *E. E. Nifantev, G. A. Podzhunas, D. A. Predvoditelev* u. *Y. B. Filippovich*, Zh. Obshch. Khim. **42**, 1842 (1972); engl.: 1824.
[255] *M. K. Grachev, D. A. Predvoditelev* u. *E. E. Nifantev*, Zh. Obshch. Khim. **46**, 1677 (1976); engl.: 1633.
[256] *E. E. Nifantev, A. A. Borisenko, I. S. Nasonovskii* u. *E. I. Matrosov*, Dokl. Akad. Nauk SSSR **196**, 121 (1971); engl.: 28.
[257] *M. A. Pudovik, L. K. Kibardina* u. *A. N. Pudovik*, Zh. Obshch. Khim. **51**, 538 (1981); engl.: 420.
[258] *A. N. Pudovik* u. *G. P. Krupnov*, Zh. Obshch. Khim. **34**, 1157 (1964); engl.: 1147.
[259] *D. A. Predvoditelev, T. G. Chukbar* u. *E. E. Nifantev*, Zh. Obshch. Khim. **46**, 291 (1976); engl.: 288.
[260] *A. N. Pudovik, E. S. Batyeva, V. A. Alfonsov* u. *M. Z. Kaufman*, Zh. Obshch. Khim. **47**, 221 (1977); engl.: 203.
[261] *E. E. Nifantev, I. S. Nasonovskii, A. V. Miklashevskii, A. I. Zavalishina* u. *E. I. Smirnova*, Zh. Org. Khim. **11**, 2206 (1975); engl.: 2235.
[262] *E. E. Nifantev, I. S. Nasonovskii* u. *A. A. Borisenko*, Zh. Obshch. Khim. **41**, 2368 (1971); engl.: 2394.
[263] *E. E. Nifantev, L. T. Elepina, A. A. Borisenko, M. P. Koroteev, L. A. Aslanov, K. M. Ionov* u. *S. S. Sotman*, Zh. Obshch. Khim. **48**, 2453 (1978); engl.: 2227.
[264] *I. S. Nasonovskii, A. A. Krynchkov* u. *E. E. Nifantev*, Zh. Obshch. Khim. **45**, 724 (1975); engl.: 714.
[264a] *V. P. Evdakov, K. A. Bilevich* u. *G. P. Sizova*, Zh. Obshch. Khim. **33**, 3770 (1963); engl.: 3705.
[264b] *E. E. Nifantev, E. E. Milliaresi, N. G. Ruchkina, L. M. Druyan-Poleshchuk, L. K. Vasyanina* u. *E. A. Tyan*, Zh. Obshch. Khim. **51**, 1528 (1981); engl.: 1295.
[265] *R. Burgada*, Bull Soc. Chim. Fr. **1972**, 4161.
[266] *D. A. Predvoditelev, V. B. Kvantrishvili* u. *E. E. Nifantev*, Zh. Org. Khim. **11**, 1190 (1975); engl.: 1180.
[267] *D. A. Predvoditelev, V. B. Kvantrishvili* u. *E. E. Nifantev*, Zh. Org. Khim. **12**, 38 (1976); engl.: 36.
[268] SU 193499 (1965), *I. N. Sorochkin* et al.; C. A. **69**, 43430 (1968).
[269] *D. A. Predvoditelev, T. G. Chukbar, G. A. Urvantseva* u. *E. E. Nifantev*, Zh. Obshch. Khim. **44**, 1203 (1974); engl. 1160.

Acrylsäure[258], Zimtsäure[258], 3-Hydroxy-propansäure-Lacton[270, 271], Carbonsäure-hydroxymethylamide[272], Hydroxymethyl-phenole[273] und andere Carbonsäuren[274] dürften präparativ eher nachteilig sein. Insbesondere die Entfernung der Amid-Gruppe mit Ameisensäure verläuft unter sehr milden Bedingungen, z.B. bei 25°/12 Stdn. in Benzol oder ohne Lösungsmittel, so daß auf diesem Weg auch Phosphorigsäure-diester empfindlicher Alkanole, die etwa Acetal-Bindungen enthalten, hergestellt werden können[266, 267, 269]. Dagegen ist die Reaktion mit den anderen Carbonsäuren im gewünschten Sinne nur bei erhöhter Temp. durchführbar, da die Reaktion sonst auf der Stufe der Phosphorigsäure-diester-Carbonsäure-Anhydride stehen beibt. Die Reaktionstemp. sollte mindestens 35°, besser aber 70–100° betragen.

Ist das gebundene Amin sehr wenig basisch, z.B. ein Acetyl- oder Sulfonylamin, so versagt die Reaktion[275] oder sie kann nur bei weiter erhöhter Temp. erzwungen werden[276]. Die Umwandlung der Phosphorigsäure-amid-diester in die Diester mit der Kombination Carbonsäure/Amin vorzunehmen[277], ist wenig vorteilhaft.

Da bei der Alkoholyse der Phosphorigsäure-amid-bis-(Carbonsäure-Anhydride)[278] und der Phosphorigsäure-alkylester-amid-Carbonsäure-Anhydride[279–280a] mit der doppelt bzw. einfach molaren Menge Alkohol die Zwischenstufe Phosphorigsäure-amid-dialkylester bei gleichzeitiger Anwesenheit von Carbonsäure durchlaufen wird, tritt auch hier in der Wärme Phosphorigsäure-dialkylester als Hauptprodukt auf.

3.13. aus 2,4-Dialkoxy-1,3,2,4-diazadiphosphetidinen

2,4-Dialkoxy-1,3-diphenyl-1,3,2,4-diazadiphosphetidine reagieren mit Benzaldehyd und Alkanol zu Phosphorigsäure-dialkylestern[281], z.B.:

Phosphorigsäure-dibutylester

Die Umsetzungsgrade bleiben auch bei 112°/3 Stdn. mit 37% unbefriedigend.

[258] *A.N. Pudovik* u. *G.P. Krupnov*, Zh. Obshch. Khim. **34**, 1157 (1964); engl.: 1147.

[266] *D.A. Predvoditelev, V.B. Kvantrishvili* u. *E.E. Nifantev*, Zh. Org. Khim. **11**, 1190 (1975); engl.: 1180.

[267] *D.A. Predvoditelev, V.B. Kvantrishvili* u. *E.E. Nifantev*, Zh. Org. Khim. **12**, 38 (1976); engl.: 36.

[269] *D.A. Predvoditelev, T.G. Chukbar, G.A. Urvantseva* u. *E.E. Nifantev*, Zh. Obshch. Khim. **44**, 1203 (1974); engl. 1160.

[270] *E.S. Batyeva, V.A. Alfonsov* u. *A.N. Pudovik*, Zh. Obshch. Khim. **48**, 997 (1978); engl.: 910.

[271] *E.S. Batyeva, V.A. Alfonsov, M.Z. Kaufman* u. *A.N. Pudovik*, Izv. Akad. Nauk SSSR, Ser. Khim. **1976**, 1193; engl.: 1166.

[272] *B.E. Ivanov, S.V. Samurina, S.S. Krokhina* u. *N.P. Anoshina*, Izv. Akad. Nauk SSSR, Ser. Khim. **1974**, 2075; engl.: 1993.

[273] *B.E. Ivanov, S.V. Samurina, N.N. Lebedeva, A.B. Ageeva* u. *E.I. Goldfarb*, Izv. Akad. Nauk SSSR, Ser. Khim. **1973**, 1825; engl.: 1768.

[274] *R. Burgada*, Ann. Chim. (Paris) **8**, 347 (1963).

[275] *R. Burgada*, Bull. Soc. Chim. Fr. **1972**, 4161.

[276] *A.N. Pudovik, E.S. Batyeva, V.A. Alfonsov* u. *M.Z. Kaufman*, Z. Obshch. Khim. **47**, 221 (1977); engl. 203.

[277] *V.N. Eliseenkov, A.N. Pudovik, S.G. Fattakhof* u. *N.A. Serkina*, Zh. Obshch. Khim. **40**, 498 (1970); engl.: 461.

[278] *E.E. Nifantev* u. *I.V. Fursenko*, Zh. Obshch. Khim. **39**, 1028 (1969); engl.: 999.

[279] *V.P. Evdakov, E.K. Shlenkova* u. *K.A. Bilevich*, Zh. Obshch. Khim. **35**, 728 (1965); engl.: 727.

[280] *V.P. Evdakov* u. *E.K. Shlenkova*, Zh. Obshch. Khim. **35**, 1587 (1965); engl.: 1591.

[280a] *K.A. Bilevich, V.P. Evdakov* u. *E.K. Shlenkova* Zh. Obshch. Khim. **33**, 3772 (1963); engl.: 3707.

[281] *O. Mitsunobu* u. *T. Mukaiyama*, J. Org. Chem. **29**, 3005 (1964).

Besser ausgenutzt wird das Dialkoxy-1,3,2,4-diazadiphosphetidin, wenn es in einer Ein-topfreaktion mit Carbonsäure, z.B. Essigsäure, Benzoesäure, Trichloressigsäure, oder p-Toluolsulfonsäure sowie einem prim. oder sek. Alkohol bei 20–80° in Benzol umgesetzt wird[281a]. Sowohl 1,3-Diphenyl- wie 1,3-Diisopropyl-diazadiphosphetidine führen zu Ausbeuten bis 80% an ggf. gemischten Phosphorigsäure-dialkylestern. Tert. Alkohole und Phenole ergeben geringe Ausbeuten.

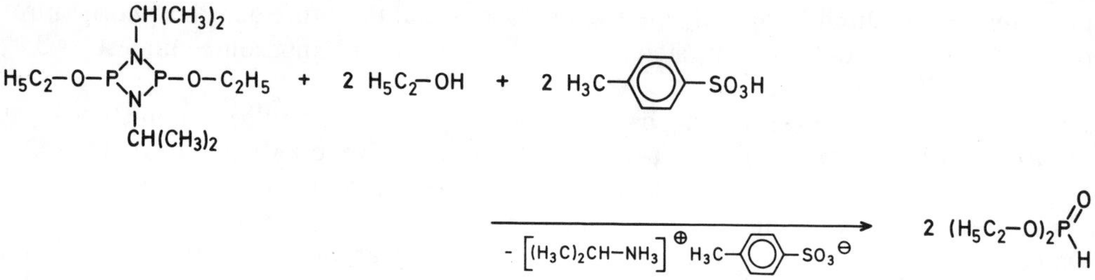

Phosphorigsäure-diethylester

3.14. aus Orthophosphorigsäure-diamid-diestern

Dioxadiazaphosphaspirane erleiden mit Acetanhydrid bzw. Benzoesäureanhydrid in Benzol beidseitige Ringöff-nung zu *Phosphorigsäure-bis-[2-acetamino-ethylester]* (100%)[282, 283]; z.B.:

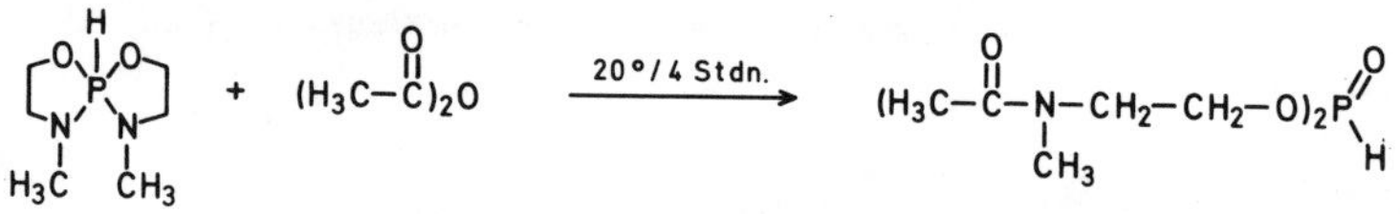

Herstellung aus Dialkoxy-disilyloxy-phosphoranen s.Lit.[286].

β) *Phosphorigsäure-alkyl(aryl)ester-trialkylsilylester*

A. Herstellung

Phosphorigsäure-ester-trialkylsilylester sind aus Unterphosphorigsäure-bis-[trimethylsi-lylester]

① durch Ligandentausch mit Alkoxyalkanolen[284]
② durch Anlagerung an 1,4-Benzochinon[285]
③ durch Umsetzung mit α-Chlor-ketonen (Perkov-Reaktion)[286]

zugänglich.

Die Natriumsalze der Phosphorigsäure-alkylester setzen sich in siedendem Diethylether mit Chlor-trimethylsilan zu Phosphorigsäure-alkylester-trimethylsilylestern um [287]; z.B.:

[281a] *I. Mukaiyma* u. *K. Osaka*, Bull. Soc. Chem. Jpn. **39**, 566 (1966).

[282] *L.I. Mizrakh* u. *L.Y. Polonskaya*, Zh. Obshch. Khim. **49**, 1168 (1979); engl.: 1020.

[283] *L.I. Mizrakh, L.Y. Polonskaya, B.I. Bryantsev, T.A. Babushkina* u. *T.M. Ivanova*, Zh. Obshch. Khim. **45**, 44 (1975); engl.: 38.

[284] *M.G. Voronkov, N.A. Keiko, A.A. Bystritskii* u. *M.V. Sigalov*, Izv. Akad. Nauk SSSR, Ser. Khim. **1975**, 1866; engl.: 1748.

[285] *A.N. Pudovik, G.V. Romanov* u. *R.Y. Nazmutdinov*, Zh. Obshch. Khim. **49**, 1942 (1979); engl.: 1708.

[286] *A.N. Pudovik, G.V. Romanov* u. *R.Y. Nazmutdinov*, Zh. Obshch. Khim. **49**, 257 (1979); engl.: 225.

[287] *J.F. Brazier, D. Houalla* u. *R. Wolf*, Bull. Soc. Chim. Fr. **1970**, 1089.

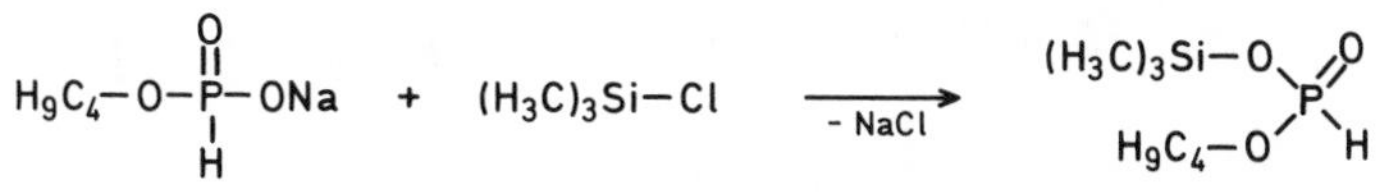

$$H_9C_4-O-\overset{\overset{O}{\|}}{\underset{H}{P}}-ONa \quad + \quad (H_3C)_3Si-Cl \quad \xrightarrow[-\ NaCl]{} \quad \overset{(H_3C)_3Si-O}{\underset{H_9C_4-O}{\diagdown}}\!\!P\!\!\overset{\diagup O}{\diagdown H}$$

*Phosphorigsäure-butylester-trimethyl-
silylester*

Mit Hexaalkyldisiloxanen reagieren Phosphorigsäure-alkylester zu Phosphorigsäure-alkylester-trialkylsilylestern, wenn das freigesetzte Wasser azeotrop z. B. mit Toluol aus der Reaktionsmischung entfernt wird und die Reaktion mit Säure katalysiert wird[288]; z. B.:

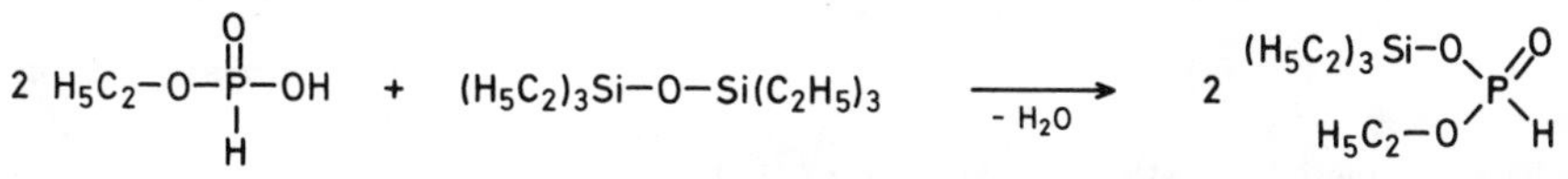

$$2\ H_5C_2-O-\overset{\overset{O}{\|}}{\underset{H}{P}}-OH \quad + \quad (H_5C_2)_3Si-O-Si(C_2H_5)_3 \quad \xrightarrow[-\ H_2O]{} \quad 2\ \overset{(H_5C_2)_3Si-O}{\underset{H_5C_2-O}{\diagdown}}\!\!P\!\!\overset{\diagup O}{\diagdown H}$$

Phosphorigsäure-ethylester-triethylsilylester;
53%

Die Ausbeuten sind begrenzt durch die Neigung der gemischten Ester, in Gegenwart von Säure sich in ein Gleichgewichtsgemisch mit Phosphorigsäure-dialkylester und -bis-[trialkylsilylester] umzuwandeln. In Umkehrung dieser Reaktion entstehen die Phosphorigsäure-alkylester-triethylsilylester bei 150° aus den symmetrischen Dialkylestern und Bis-[trialkylsilylestern]:

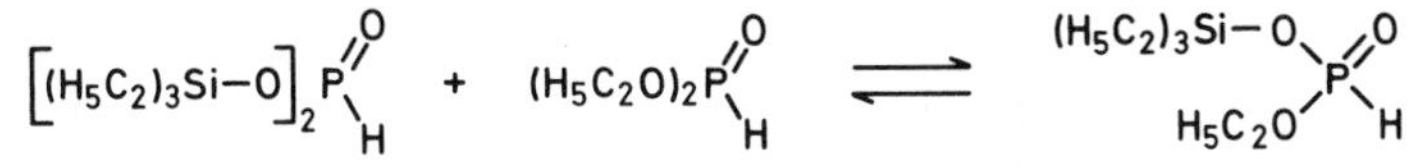

$$\left[(H_5C_2)_3Si-O\right]_2\!\!P\!\!\overset{\diagup O}{\diagdown H} \quad + \quad (H_5C_2O)_2\!\!P\!\!\overset{\diagup O}{\diagdown H} \quad \rightleftharpoons \quad \overset{(H_5C_2)_3Si-O}{\underset{H_5C_2O}{\diagdown}}\!\!P\!\!\overset{\diagup O}{\diagdown H}$$

56%

Durch Chlor-trialkyl-silan im Überschuß und durch Trialkylsilylether soll es möglich sein, in Phosphorigsäure-alkylester-trialkylsilylestern die Trialkylsilyl-Gruppe auszutauschen[289].

In Phosphorigsäure-arylester-bis-[trimethylsilylestern] wird durch Carbonsäuren eine Silyl-Gruppe abgespalten, so daß ein Phosphorigsäure-arylester-trimethylsilylester entsteht[285].

γ) *Phosphorigsäure-ethylester-triethylgermylester*

Durch Umsetzung von Phosphorigsäure-ethylester-Natriumsalz mit Chlor-triethylgerman in siedendem Diethylether (12 Stdn.) wird *Phosphorigsäure-ethylester-triethylgermylester* erhalten[290].

[285] *A. N. Pudovik, G. V. Romanov* u. *R. Y. Nazmutdinov*, Zh. Obshch. Khim. **49**, 1942 (1979); engl.: 1708.
[288] *O. N. Dolgov, M. G. Voronkov* u. *N. F. Orlov*, Zh. Obshch. Khim. **40**, 1667 (1970); engl.: 1658.
[289] *N. F. Orlov, M. S. Sorokin, L. N. Slesar* u. *O. N. Dolgov*, Kremniorg. Mater. **1971**, 133; C. A. **78**, 29922 (1973).
[290] *J. F. Brazier, D. Houalla* u. *R. Wolf*, Bull. Soc. Chim. Fr. **1970**, 1089.

δ) *Phosphorigsäure-bis-[trialkylsilylester]*

A. Herstellung

1. aus Unterphosphorigsäure-bis-[trialkylsilylestern]

Höchste Ausbeuten liefert die Oxidation des Unterphosphorigsäure-bis-[trimethylsilyl-esters] mit trockener Luft in Hexan[291] unterhalb 18°; z.B.:

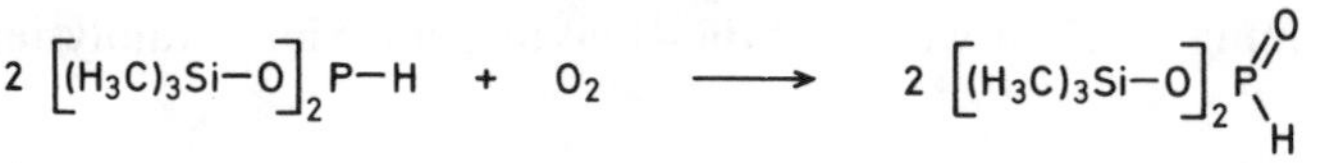

$$2 \left[(H_3C)_3Si-O\right]_2 P-H \; + \; O_2 \;\longrightarrow\; 2 \left[(H_3C)_3Si-O\right]_2 P\overset{O}{\underset{H}{\diagup}}$$

Phosphorigsäure-bis-[trimethylsilylester]; 88%

Dagegen liefert die thermische oder durch Alkyl-bromid initiierte Disproportionierung[291] wie die Oxidation mit Aldehyd[292] nur unbedeutende Produktmengen.

2. aus Phosphoriger Säure

Die bekannte Synthese aus Phosphoriger Säure und Chlor-trialkyl-silan führt zu wesentlich besseren Ergebnissen, wenn der freigesetzte Chlorwasserstoff in THF-Lösung mit Triethylamin gebunden wird[293]. Ein Überschuß Amin ist zu vermeiden, weil sonst Phosphorigsäure-tris-[trimethylsilylester] entsteht[294].

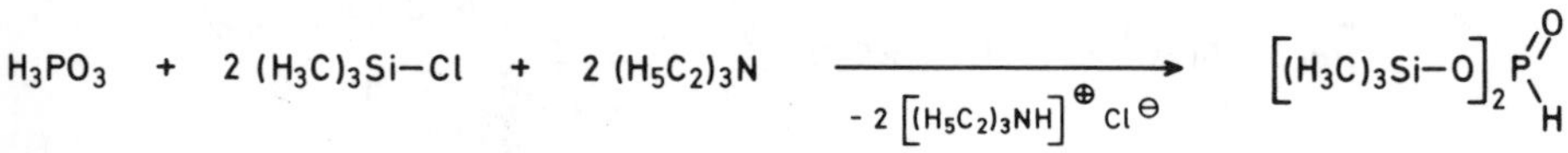

$$H_3PO_3 \; + \; 2\,(H_3C)_3Si-Cl \; + \; 2\,(H_5C_2)_3N \;\xrightarrow[-\,2\,\left[(H_5C_2)_3NH\right]^{\oplus} Cl^{\ominus}]{}\; \left[(H_3C)_3Si-O\right]_2 P\overset{O}{\underset{H}{\diagup}}$$

Phosphorigsäure-bis-[trimethylsilylester][293]: Durch Azeotrop-Destillation mit THF/Benzol getrocknete 40 g (0,463 mol) Phosphorige Säure werden in 300 *ml* THF gelöst. Unter heftigem Rühren werden 101 g (0,926 mol) Chlor-trimethyl-silan in 1500 *ml* Diethylether und danach tropfenweise 94 g (0,926 mol) Triethylamin hinzugefügt. Nach beendeter Zugabe wird weitere 2,5 Stdn. am Sieden gehalten und anschließend die abgekühlte Mischung filtriert. Der Filterkuchen wird mit 200 *ml* Diethylether nachgewaschen. Aus dem eingeengten Filtrat wird das Produkt durch Destillation i. Vak. gewonnen; Ausbeute: 97 g (93%); Sdp.: 77–79°/10 Torr (1,33 kPa).

Auch Hexalkyldisiloxane sind geeignet[295, 296]; z.B.:

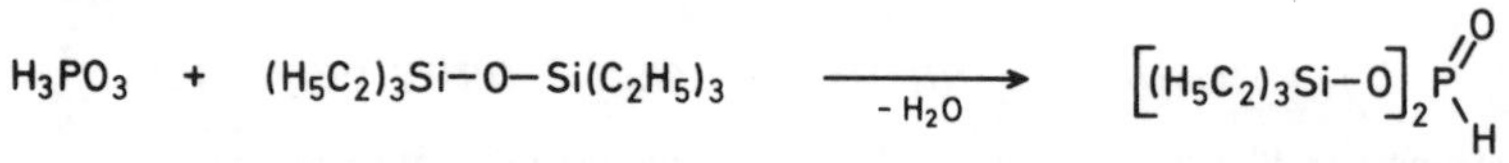

$$H_3PO_3 \; + \; (H_5C_2)_3Si-O-Si(C_2H_5)_3 \;\xrightarrow[-\,H_2O]{}\; \left[(H_5C_2)_3Si-O\right]_2 P\overset{O}{\underset{H}{\diagup}}$$

Phosphorigsäure-bis-[triethylsilylester]; 50%

Die Reaktion wird durch Schwefelsäure oder Zinkchlorid katalysiert. Freigesetztes Wasser wird z.B. durch ein aromatisches Lösungsmittel wie Benzol oder Xylol azeotrop ausgetragen. Die Ausbeuten betragen bis 58%.
Bei der Umsetzung mit Carbonsäure-trialkylsilylester wird die Ausbeute an Phosphorigsäure-bis-[trialkylsilylester] wesentlich durch schnelle Entfernung der abgespaltenen Carbonsäure begünstigt[295]; z.B.:

[291] *M.G. Voronkov, L.Z. Marmur, O.N. Dolgov, V.A. Pestunovich, E.I. Prodkrovskii* u. *Y.I. Popel*, Zh Obshch. Khim. **41**, 1987 (1971); engl.: 2005.
[292] *M.G. Voronkov, N.A. Keiko, A.A. Bystritskii* u. *M.V. Sigalov*, Izv. Akad. Nauk SSSR, Ser. Khim. **1975** 1866; engl.: 1748.
[293] *M. Sekine, K. Okimoto, K. Yamada* u. *T. Hata*, J. Org. Chem. **46**, 2097 (1981).
[294] *A.F. Rosenthal, L.A. Vargas, Y.A. Isaacson* u. *R. Bittman*, Tetrahedron Lett. **1975**, 977.
[295] *N.F. Orlov* u. *L.N. Volodina*, Zh. Obshch. Khim. **36**, 920 (1966); engl.: 935.
[296] *O.N. Dolgov, M.G. Voronkov* u. *N.F. Orlov*, Zh. Obshch. Khim. **40**, 1667 (1970); engl.: 1658.

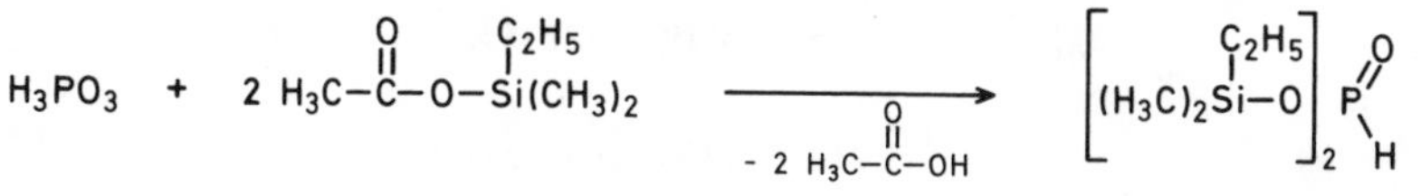

$$H_3PO_3 \ + \ 2 \ H_3C-\overset{\overset{O}{\|}}{C}-O-\overset{\overset{C_2H_5}{|}}{Si}(CH_3)_2 \xrightarrow[-2\ H_3C-\overset{\overset{O}{\|}}{C}-OH]{} \left[(H_3C)_2\overset{\overset{C_2H_5}{|}}{Si}-O\right]_2 \overset{O}{\underset{H}{P}}$$

Phosphorigsäure-bis-[dimethyl-ethyl-silylester]; 50%

Doppelt molare Mengen Hexamethyldisilazan ergeben mit Phosphoriger Säure bei 140°/3,5 Stdn. *Phosphorigsäure-bis-[trimethylsilylester]* (89%)[297]:

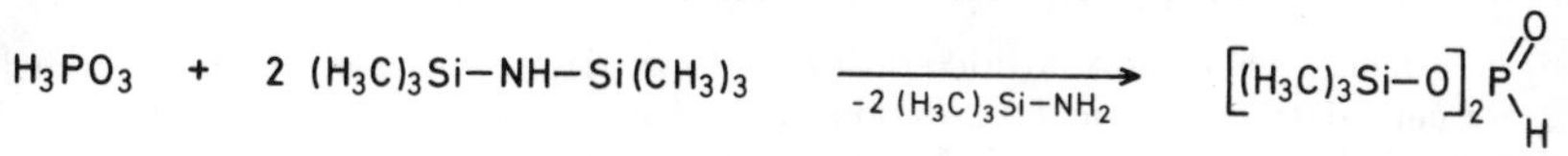

$$H_3PO_3 \ + \ 2 \ (H_3C)_3Si-NH-Si(CH_3)_3 \xrightarrow[-2\ (H_3C)_3Si-NH_2]{} \left[(H_3C)_3Si-O\right]_2 \overset{O}{\underset{H}{P}}$$

In Gegenwart von in situ hergestelltem Nickel reagieren Phosphorige Säure und Trialkyl- oder Aryl-dialkyl-silane langsam schon bei 20°, rasch bei 120–160° in Ausbeuten bis 92% zu Phosphorigsäure-bis-[triorganosilyle-stern][298]; z.B.:

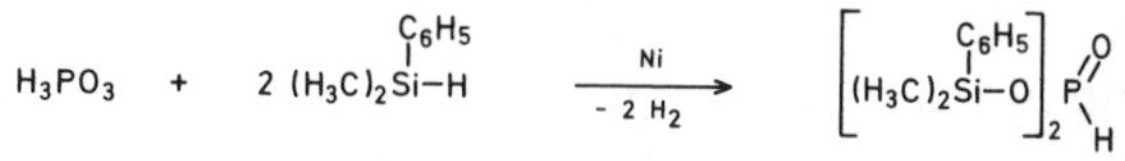

$$H_3PO_3 \ + \ 2 \ (H_3C)_2\overset{\overset{C_6H_5}{|}}{Si}-H \xrightarrow[-2\ H_2]{Ni} \left[(H_3C)_2\overset{\overset{C_6H_5}{|}}{Si}-O\right]_2 \overset{O}{\underset{H}{P}}$$

Phosphorigsäure-bis-[dimethyl-phenyl-silylester]; 57%

3. aus Phosphorigsäure-estern

Sowohl in Phosphorigsäure-dialkylestern wie in Phosphorigsäure-alkylester-trialkylsilyl-estern können die gebundenen Alkylester- und Trialkylsilylester-Gruppen durch Brom-trialkyl-silan verdrängt werden[299]. Präparativ nicht bedeutend ist die Möglichkeit, Phos-phorigsäure-tris-[trialkylsilylester] mit Alkoholen oder Silanolen in Phosphorigsäure-bis-[trialkylsilylester] umzuwandeln[300].

e₇) Thiophosphorigsäure-O-alkylester

Stöchiometrische Mengen wäßrig-alkoholische Alkalimetallhydroxid-Lösung verseifen Thiophosphorigsäure-O,O-dialkylester in der Siedehitze fast quantitativ zu Alkalimetall-Salzen der Thiophosphorigsäure-O-alkyl-ester[301]; z.B.:

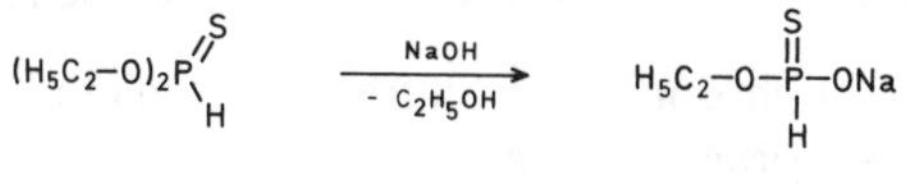

$$(H_5C_2-O)_2\overset{S}{\underset{H}{P}} \xrightarrow[-C_2H_5OH]{NaOH} H_5C_2-O-\overset{\overset{S}{\|}}{\underset{H}{P}}-ONa$$

Thiophosphorigsäure-O-ethylester; Natrium-Salz; 90%

[297] *E.P. Lebedev, A.N. Pudovik, B.N. Tsyganov, R.Y. Nazmutdinov* u. *G.V. Romanov,* Zh. Obshch. Khim. **47**, 765 (1977); engl.: 698.

[298] *N.F. Orlov* u. *B.L. Kaufman,* Zh. Obshch. Khim. **36**, 1155 (1966); engl.: 1170.

[299] *N.F. Orlov, M.S. Sorokin, L.N. Slesar* u. *O.N. Dolgov,* Kremniorg. Mater. **1971**, 133; C.A. **78**, 29922 (1973).

[300] *V.M. Dyakov, L.Z. Marmur, M.G. Voronkov* u. *N.F. Orlov,* Zh. Obshch. Khim. **42**, 1291 (1972); engl.: 1286.

[301] *J. Michalski, Z. Tulimowski* u. *R. Wolf,* Chem. Ber. **98**, 3006 (1965).

e$_8$) Thiophosphorigsäure-O,S-diester

A. Herstellung

2-Oxo-2H-1,3,2-oxathiaphospholan – im Gleichgewicht mit *2-Hydroxy-1,3,2-oxathiaphospholan* – wird bei der Hydrolyse von 2-Chlor-1,3,2-oxathiaphospholan in Gegenwart von Triethylamin wie auch bei dessen Umsetzung mit Thioglykol unter Thiiran-Abspaltung erhalten[302]. Die Synthesen werden bevorzugt in inerten Lösungsmitteln bei 0–10° ausgeführt, weil der Phosphorigsäure-O,S-diester thermisch instabil ist.

Verunreinigt mit dem zugehörigen Anhydrid erhält man 2-Oxo-2H-1,3,2-oxathiaphospholan durch Reaktion von Essigsäure mit 2-Dimethylamino-1,3,2-oxathiaphospholan[302] sowie bei der Umsetzung des 2-Acetoxy-1,3,2-oxathiaphospholans mit sek. Amin[302, 303], jeweils in Benzol bei 20°/7 Stdn. (43%):

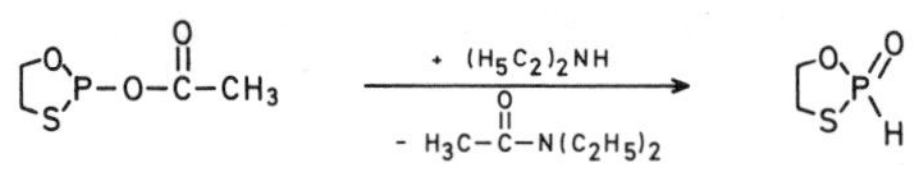

Für präparative Weiterverwendung geeignete Thiophosphorigsäure-O,S-diester[304] entstehen bei der aufeinanderfolgenden Umsetzung äquimolarer Mengen von Thiophosphorigsäure-S-alkylester-dichloriden zunächst mit tert.-Butanol bei −10 bis 5° und dann mit einem prim. Alkanol bei 10–25° und nachfolgendes Erhitzen auf 50–60°:

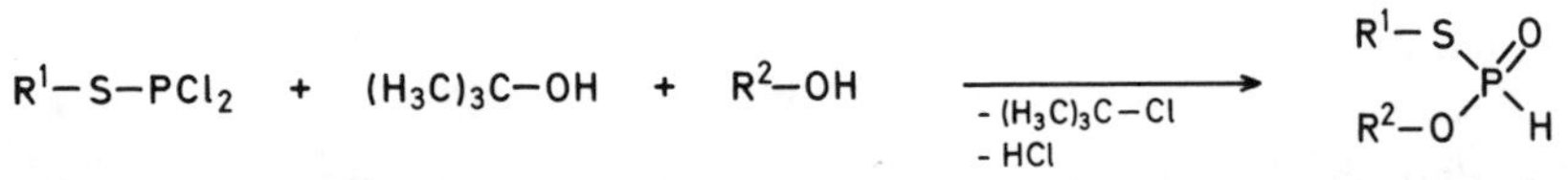

$$R^1-S-PCl_2 \ + \ (H_3C)_3C-OH \ + \ R^2-OH \ \xrightarrow[- \text{HCl}]{- (H_3C)_3C-Cl} \ \begin{array}{c} R^1-S \\ R^2-O \end{array}\!\!P\!\!\begin{array}{c} O \\ H \end{array}$$

Die Umsetzung von Phosphorigsäure-diphenylester mit Thiolen bei 90° bis zur Freisetzung einer molaren Menge Phenol soll zu Thiophosphorigsäure-S-alkylester-O-phenylester führen[305].

Die in Gegenwart von Amin ablaufende Umlagerung der Thiophosphorigsäure-O,O-dialkylester[306] ist zur Herstellung der Thiophosphorigsäure-O,S-dialkylester bisher nicht genutzt worden.

e$_9$) Phosphorigsäure-ester-amide

A. Herstellung

1. aus Phosphorigsäure-ester- bzw. -amid-Anhydriden

Symmetrische Diester der Diphosphorigen Säure reagieren mit Dialkylaminen glatt und in guten Ausbeuten zu Phosphorigsäure-amid-estern[307]:

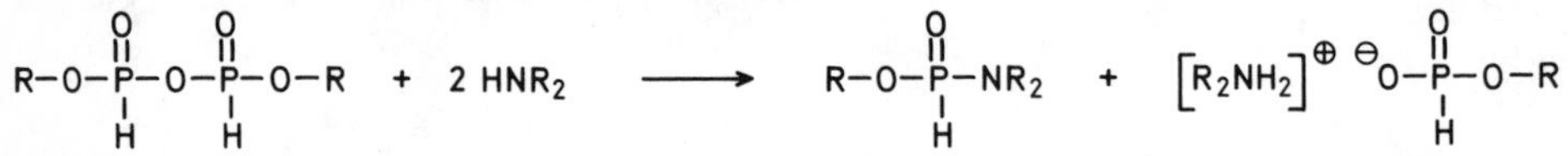

[302] *E.E. Nifantev, A.I. Zavalishina, S.F. Sorokina* u. *A.A. Borisenko*, Zh. Obshch. Khim. **46**, 471 (1976); engl.: 469.

[303] *M. Willson, H. Goncalves, H. Boudjebel* u. *R. Burgada*, Bull. Soc. Chim. Fr. **1975**, 615.

[304] SU 499270 (1974), Phytopathology Res. Inst., Erf.: *N.K. Bliznyuk, T.A. Klimova* u. *L.D. Protasova*; C.A. **84**, 165023 (1976).

[305] GB 1044025 (1960), Hooker Chem. Co., Erf.: *I. Hechenbleikner*; C.A. **65**, 13266 (1966).

[306] *B.E. Ivanov, S.S. Krokhina, I.S. Ryzhkina, V.I. Gaidai* u. *V.N. Smirnov*, Izv. Akad. Nauk SSSR, Ser. Khim. **1979**, 615; engl.: 569.

[307] *A. Zwierzak* u. *A. Koziara*, Tetrahedron **23**, 2243 (1967).

Dieses Verfahren scheint beschränkt zu sein auf Diphosphorigsäure-dialkylester, die sich durch Destillation reinigen lassen.

Phosphorigsäure-diethylamid-ethylester[310]: 7,3 g (0,1 mol) Diethylamin, gelöst in 10 *ml* Benzol, werden bei 10–15° unter Rühren in eine gekühlte Lösung von 10,1 g (0,05 mol) destilliertem Diphosphorigsäure-diethylester in 50 *ml* Benzol eingetropft. Die Mischung wird 1 Stde. bei 20° gehalten und dann i. Vak. fraktioniert; Ausbeute: 5,0 g (61%); Sdp.: 41–42°/0,03 Torr (4 Pa).

Auch cycl. Anhydride der Phosphorigsäure-alkylester setzen sich mit sek. Aminen zu Phosphorigsäure-amid-estern um[308]:

$$(R^1-O-\overset{|}{\underset{|}{P}}-O)_{2,3} \ + \ R^2_2NH \ \longrightarrow \ \begin{matrix} R^1-O \\ R^2_2N \end{matrix} \overset{O}{\underset{H}{P}}$$

Zum gleichen Ergebnis führt die Alkoholyse cycl. Phosphorigsäure-dialkylamid-Anhydride[308]:

$$(R^1_2N-\overset{|}{\underset{|}{P}}-O)_{2,3} \ + \ R^2-OH \ \longrightarrow \ \begin{matrix} R^2-O \\ R^1_2N \end{matrix} \overset{O}{\underset{H}{P}}$$

Gemischte Anhydride der Phosphorigsäure-monoalkylester z.B. mit Phosphorsäure-dialkylestern lassen sich entgegen früheren Angaben[309] nicht mit Aminen einseitig umsetzen, so daß schwer trennbare Gemische von Phosphorigsäure-amid-estern und -amid-diestern entstehen[310].

2. aus anderen Phosphorigsäure-amid-estern durch Umamidierung

Aus Phosphorigsäure-amid-estern, deren zugehöriges Amin leicht flüchtig ist, wird die Amid-Gruppe durch schwerer flüchtige Amine verdrängt[311], z.B.:

$$\begin{matrix} H_5C_2O \\ (H_5C_2)_2N \end{matrix} \overset{O}{\underset{H}{P}} \ + \ H-N\underset{}{\overset{}{\bigcirc}}O \ \longrightarrow \ \begin{matrix} H_5C_2O \\ O\bigcirc N \end{matrix} \overset{O}{\underset{H}{P}}$$

Phosphorigsäure-ethylester-
morpholid; 30%

Da die Reaktion erst bei erhöhter Temp. anspringt, ist sie in der Regel von Disproportionierung und Zersetzung begleitet.

3. aus Phosphorigsäure-diamiden

Aus Phosphorigsäure-bis-[dimethylamid] bzw. -bis-[diethylamid] läßt sich eine Amid-Gruppe bei 70–80° bzw. 110–130° durch Phenol oder durch einen Alkohol verdrängen[312]. Die erhaltenen offenkettigen Amid-ester sind wegen ihrer Neigung zur Disproportionierung bei erhöhter Temp. nicht rein zu erhalten.

Phosphorigsäure-butylester-diethylamid[312]: 5,3 g (30 mmol) Phosphorigsäure-bis-[diethylamid] und 2,04 g (30 mmol) Butanol werden zusammen auf 110–120° erhitzt. Wenn die Diethylamin-Entwicklung zu Ende gekommen ist, wird i. Vak. fraktioniert; Ausbeute: 2,9 g (55%); Sdp.: 93–94°/1 Torr (0,133 kPa).

---

[308] *E. E. Nifantev, M. P. Koroteev, N. L. Ivanova, I. P. Gudkova* u. *D. A. Predvoditelev*, Dokl. Akad. Nauk SSSR **173**, 1345 (1967); engl.: 398.

[309] *A. Zwierzak*, Bull. Acad. Pol. Sci., Ser. Sci. Chim. **12**, 235 (1964); C.A. **62**, 5502 (1964).

[310] *A. Zwierzak* u. *A. Koziara*, Tetrahedron **23**, 2243 (1967).

[311] *V. S. Abramov, N. A. Ilina* u. *I. N. Yuldasheva*, Zh. Obshch. Khim. **39**, 2237 (1969); engl.: 2183.

[312] *E. E. Nifantev* u. *I. V. Shilov*, Zh. Obshch. Khim. **42**, 1936 (1972); engl.: 1929.

4. aus Phosphorigsäure-amid-ester-halogeniden

Hydrolyse von Phosphorigsäure-amid-chlorid-estern mit stöchiometrischen Mengen Wasser und Base vorzugsweise in homogener Phase mit THF oder 1,4-Dioxan als Lösungsmittel führt zu Phosphorigsäure-dialkylamid-estern[313-315]:

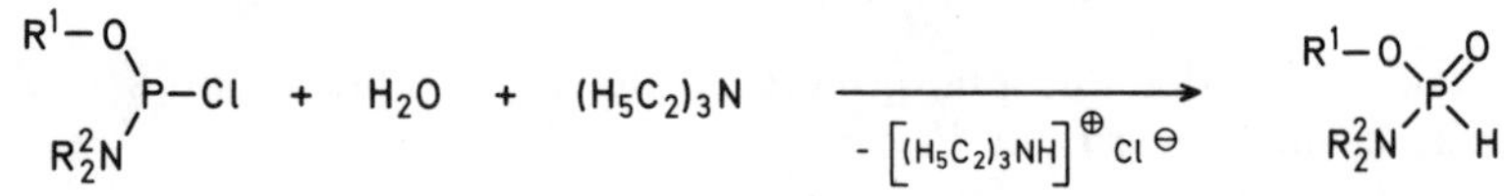

Voraussetzung für hohe Ausbeuten ist die Reinheit des Ausgangsmaterials[315]. Allgemein sind daher im Fall offenkettiger Amid-ester die durch Umsetzung der Phosphorigsäure-dichlorid-ester mit Amin gewonnenen Phosphorigsäure-amid-chlorid-ester besser geeignet als die durch Alkoholyse von Phosphorigsäure-dialkylamid-dichloriden erhaltenen.

Bei den cycl. sechsgliedrigen[313] und fünfgliedrigen[314] Amid-chlorid-estern, bei denen sich dieses Verfahren als anderen überlegen erwiesen hat[314], ist die erforderliche Reinheit leichter zu erreichen.

Phosphorigsäure-alkylester-dialkylamide; allgemeine Arbeitsvorschrift[315]: Eine Mischung von 3,6 g (0,2 mol) Wasser, 20,2 g (0,2 mol) Triethylamin und 10 *ml* THF wird unter intensivem Rühren zu einer Lösung von 0,2 mol des destillierten Phosphorigsäure-chlorid-dialkylamids in 200 *ml* Benzol bei 10–15° tropfenweise zugefügt. Man läßt 1 Stde. bei 20° stehen und filtriert. Der Niederschlag wird 2mal mit 50 *ml* Benzol ausgewaschen. Nach dem Einengen von Filtrat und Waschlösungen wird der Rückstand i. Vak. destilliert und ergibt ein chromatographisch reines Produkt.

Nach diesem Verfahren werden u. a. erhalten:

Phosphorigsäure-diethylamid-ethylester	60%; Sdp.: 44–45°/0,5 Torr (67 Pa)
Phosphorigsäure-butylester-diethylamid	65%; Sdp.: 52–54°/0,05 Torr (6,7 Pa)
Phosphorigsäure-butylester-dibutylamid	40%; Sdp.: 72–74°/0,05 Torr (6,7 Pa)
Phosphorigsäure-dibutylamid-ethylester	53%; Sdp.: 68–70°/0,03 Torr (4 Pa)
Phosphorigsäure-ethylester-morpholid	51%; Sdp.: 66–67°/0,01 Torr (1,3 Pa)
Phosphorigsäure-diethylamid-isopropylester	61%; Sdp.: 52–53°/0,5 Torr (67 Pa)

2-Oxo-3-phenyl-1,3,2-oxazaphospholan[314]: Eine Lösung von 0,9 g Wasser (50 mmol) und 5,0 g (50 mmol) Triethylamin in 15 *ml* THF wird langsam zu 10,1 g (46 mmol) 2-Chlor-3-phenyl-1,3,2-oxazaphospholan in 60 *ml* trockenem Benzol getropft. Nach 12 Stdn. Stehen wird filtriert, aus dem Filtrat das Lösungsmittel verdampft, der Rückstand 24 Stdn. zur Kristallisation stehen gelassen, aus Benzol umkristallisiert; Ausbeute: 4,8 g (53%); Schmp.: 86–87°.

5. aus Phosphorigsäure-amid-diestern

Mit Dithiophosphorsäure-O,O-dialkylestern reagieren Phosphorigsäure-dialkylamid-diester bereits bei tiefer Temp. exotherm zu Phosphorigsäure-amid-estern[316]:

[313] *E. E. Nifantev, D. A. Predvoditelev* u. *M. K. Grachev*, Zh. Obshch. Khim. **44**, 2779 (1974); engl.: 2731.
[314] *M. A. Pudovik* u. *A. N. Pudovik*, Zh. Obshch. Khim. **43**, 2144 (1973); engl.: 2135.
[315] *A. Zwierzak* u. *K. Koziara*, Tetrahedron **23**, 2243 (1967).
[316] *A. N. Pudovik* u. *K. K. Krupnov*, Zh. Obshch. Khim. **38**, 1406 (1968); engl.: 1359.

Benzoesäure spaltet 2-Alkoxy-1,3,2-oxazaphospholane zu cycl. Phosphorigsäure-amid-estern und zu Phosphorigsäure-diestern[317].

Zum bei ~ 20° ablaufenden langsamen Zerfall von Phosphorigsäure-alkylester-dialkylamid-(3-oxo-tert.-alkyl-estern) s. Lit.[318]

$$\underset{R_2^2N}{\overset{R^1-O}{>}}P-O-\underset{CH_3}{\overset{CH_3}{\underset{|}{C}}}-\overset{O}{\overset{\|}{C}}-CH_3 \quad\xrightarrow[-\ (H_3C)_2C=CH-\overset{O}{\overset{\|}{C}}-CH_3]{}\quad \underset{R_2^2N}{\overset{R^1-O}{>}}\overset{O}{\overset{\|}{P}}-H$$

bzw. zum thermischen Zerfall von Phosphorigsäure-(2-acylamino-ethylester)-alkylester-dialkylamiden s. Lit.[319]:

$$\underset{(H_5C_2)_2N}{\overset{R-O}{>}}P-O-CH_2-CH_2-NH-\overset{O}{\overset{\|}{C}}-CH_3 \quad\xrightarrow[-\overset{}{\underset{N}{\bigtriangleup}}-CH_3]{}\quad \underset{(H_5C_2)_2N}{\overset{R-O}{>}}\overset{O}{\overset{\|}{P}}-H$$

2-Silyloxy-1,3,2-oxazaphospholane werden durch Alkohole und Phenole zu cycl. Phosphorigsäure-amid-estern und weiter zu Phosphorigsäure-diestern gespalten[320].

6. aus Phosphorigsäure-diamid-estern

Die Hydrolyse des Phosphorigsäure-bis-[diethylamid]-isopropylesters mit molaren Mengen Wasser in 1,4-Dioxan liefert *Phosphorigsäure-diethylamid-isopropylester* in reiner Form[315, 321].

$$\left[(H_5C_2)_2N\right]_2 P-O-CH(CH_3)_2 \ +\ H_2O \quad\xrightarrow[-\ (H_5C_2)_2NH]{}\quad \underset{(H_3C)_2CH-O}{\overset{(H_5C_2)_2N}{>}}\overset{O}{\overset{\|}{P}}-H$$

Auf andere Ester- und Amid-Reste läßt sich diese Methode nicht problemlos übertragen. Es werden verunreinigte Produkte erhalten[322, 323], was einmal auf die Uneinheitlichkeit des Ausgangsmaterials infolge Ligandenaustausch zurückzuführen ist[315, 321], zum anderen auf einen nicht eindeutigen Reaktionsablauf (z. B. bei reinen 2-Dialkylamino-3-phenyl-1,3,2-oxazaphospholanen[324]).

Neben der Hydrolyse ist die Umsetzung der Phosphorigsäure-diamid-ester mit Carbonsäuren bei tiefer Temp. zur Herstellung von Phosphorigsäure-amid-estern geeignet[325, 326]:

$$(R_2^1N)_2P-O-R^2 \ +\ R^3-\overset{O}{\overset{\|}{C}}-OH \quad\xrightarrow[-\ R^3-\overset{O}{\overset{\|}{C}}-NR_2^1]{}\quad \underset{R_2^1N}{\overset{R^2-O}{>}}\overset{O}{\overset{\|}{P}}-H$$

[315] *A. Zwierzak* u. *K. Koziara*, Tetrahedron **23**, 2243 (1967).

[317] *M. A. Pudovik, S. A. Terenteva* u. *A. N. Pudovik*, Zh. Obshch. Khim. **51**, 518 (1981); engl.: 402.

[318] *F. S. Mukhametov, L. V. Stepashkina* u. *N. I. Rizpolozhenskii*, Izv. Akad. Nauk SSSR, Ser. Khim. **1977**, 1134; engl.: 1040.

[319] *L. I. Mizrakh* u. *L. Y. Polonskaya*, Zh. Obshch. Khim. **45**, 2343 (1975); engl.: 2301.

[320] *L. K. Kibardina, M. A. Pudovik* u. *A. N. Pudovik*, Izv. Akad. Nauk SSSR, Ser. Khim. **1981**, 1133.

[321] *D. Houalla, M. Sanchez* u. *R. Wolf*, Bull. Soc. Chim. Fr. **1965**, 2368.

[322] *V. S. Abramov, N. A. Ilina* u. *I. N. Yuldasheva*, Zh. Obshch. Khim. **39**, 2237 (1969); engl.: 2183.

[323] *E. E. Nifantev* u. *N. L. Ivanova*, Vestn. Mosk. Univ., Ser. II. Khim. **20**, 82 (1965); C.A. **64**, 17 626 (1966).

[324] *M. A. Pudovik* u. *A. N. Pudovik*, Zh. Obshch. Khim. **43**, 2144 (1973); engl.: 2135.

[325] *E. E. Nifantev, D. A. Predvoditelev* u. *M. K. Grachev*, Zh. Obshch. Khim. **44**, 2779 (1974); engl.: 2731.

[326] *A. N. Pudovik, M. A. Pudovik* u. *R. R. Shagidullin*, Zh. Obshch. Khim. **39**, 1973 (1969); engl.: 1935.

Liegt ein 1,3,2-Oxazaphospholan- oder -phosphorinan-Ring vor, so wird bevorzugt die *exo*-cycl. Amid-Gruppe abgespalten[317, 324, 325], die Reinheit der Produkte ist jedoch unbefriedigend[324]; sofern eine Reinigung möglich ist, bleiben die Ausbeuten gering[325].

Präparativ noch nicht genutzt ist die Entamidierung der Diamid-ester mit Carbonsäure-hydroxymethylamiden[327], die Ausbeuten sind gering.

e₁₀) Dithiophosphorigsäure-S,S-diester

A. Herstellung

1. aus Dithiophosphorigsäure-chlorid-S,S-diestern bzw. -S,S-diester-Anhydriden

1.1. durch Hydrolyse

Hydrolyse von Dithiophosphorigsäure-chlorid-S,S-diestern in inerten Lösungsmitteln (THF, Benzol) mit stöchiometrischen Mengen Wasser und tert. Amin bei 0–10° liefert Dithiophosphorigsäure-S,S-diester in hohen Ausbeuten[328]:

$$(R-S)_2P-Cl \quad + \quad H_2O \quad \xrightarrow[\displaystyle -\left[(H_5C_2)_3NH\right]^{\oplus} Cl^{\ominus}]{(H_5C_2)_3N} \quad (R-S)_2P\diagdown\substack{O \\ H}$$

Offenkettige Dithiophosphorigsäure-S,S-dialkylester sind derart unbeständig, daß sie destillativ nicht gereinigt werden können, weil sie bereits ab ~ 90° zu Trithiophosphorigsäure-S,S,S-trialkylestern zerfallen[328–330]. Beständiger sind die teilweise als Dimere vorliegenden 2-Oxo-2H-1,3,2-dithiaphosphorinane[329]. Dagegen sind die fünfgliedrig-cycl. S,S-Diester für eine Isolierung zu unbeständig[331].

Dithiophosphorigsäure-S,S-dibutylester[328]: Eine Mischung aus 1,3 g (72 mmol) Wasser, 3,9 *ml* THF und 7,7 g (76 mmol) Triethylamin wird unter heftigem Rühren bei 5–10° (Kühlen) zu 18,3 g (75 mmol) Dithiophosphorigsäure-chlorid-S,S-dibutylester, gelöst in 150 *ml* Benzol, hinzugetropft. Nach 1,5 Stdn. bei 20° wird filtriert und aus dem Filtrat i. Vak. die Lösungsmittel abgezogen; Ausbeute: 16 g (95%).

2-Oxo-2H-1,3,2-dithiaphosphorinane entstehen auch bei der Hydrolyse in THF und bei der Alkoholyse der 2-Diethoxythiophosphorylthio-1,3,2-dithiaphosphorinane[332]; z. B.:

2-Oxo-2H-1,3,2-dithiaphosphorinan

---

[317] *M. A. Pudovik, S. A. Terenteva* u. *A. N. Pudovik*, Zh. Obshch. Khim. **51**, 518 (1981); engl.: 402.

[324] *M. A. Pudovik* u. *A. N. Pudovik*, Zh. Obshch. Khim. **43**, 2144 (1973); engl.: 2135.

[325] *E. E. Nifantev, D. A. Predvoditelev* u. *M. K. Grachev*, Zh. Obshch. Khim. **44**, 2779 (1974); engl.: 2731.

[327] *B. E. Ivanov, S. V. Samurina, S. S. Krokhina* u. *N. P. Anoshina*, Izv. Akad. Nauk SSSR, Ser. Khim. **1974**, 2075; engl.: 1993.

[328] *S. F. Sorokina, A. I. Zavalishina* u. *E. E. Nifantev*, Zh. Obshch. Khim. **43**, 750 (1973); engl.: 748.

[329] *E. E. Nifantev, A. I. Zavalishina, S. F. Sorokina* u. *S. M. Chernyak*, Dokl. Akad. Nauk SSSR **203**, 593 (1972); engl.: 262.

[330] *E. E. Nifantev* u. *I. V. Shilov*, Zh. Obshch. Khim. **42**, 1936 (1972) engl.: 1929.

[331] *E. E. Nifantev, A. I. Zavalishina, S. F. Sorokina* u. *A. A. Borisenko*, Zh. Obshch. Khim. **46**, 471 (1976); engl.: 469.

[332] *O. P. Yakovleva, V. P. Blagoveshchenskii, A. A. Borisenko, E. E. Nifantev* u. *S. I. Volfkovich*, Izv. Akad. Nauk SSSR, Ser. Khim. **1975**, 2060; engl.: 1941.

1.2. mit tert.-Alkanolen

Umsetzung der 2-Chlor-1,3,2-dithiaphosphorinane mit tert.-Butanol in Diethylether ergibt unter Isobuten-Abspaltung 2-Oxo-2H-1,3,2-dithiaphosphorinane[333]; z.B.:

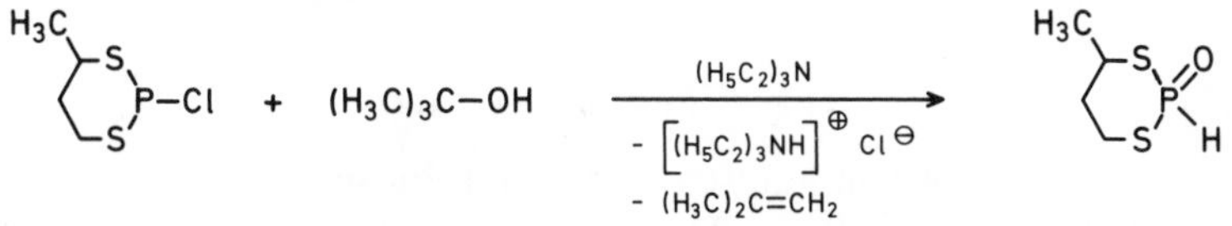

4-Methyl-2-oxo-2H-1,3,2-dithiaphosphorinan; 48%

2. aus Phosphorigsäure-diarylestern und -diamiden

Bei der Umsetzung von Thiolen mit Phosphorigsäure-diphenylester[334] bei 110–150° bzw. mit Phosphorigsäure-bis-[diethylamid][329, 330] bei 110° werden die Phenoxy- bzw. Diethylamid-Gruppen verdrängt, doch werden wegen des thermischen Zerfalls bestenfalls stark verunreinigte Dithiophosphorigsäure-S,S-dialkylester erhalten.

e₁₁) Thiophosphorigsäure-amid-O-ester

Bei 10–15° (z.B. in Benzol) setzen sich Phosphorigsäure-amid-chlorid-ester mit überschüssigem Schwefelwasserstoff und molaren Mengen tert. Amin zu Thiophosphorigsäure-amid-O-estern (30–60%) um[334a]; z.B.:

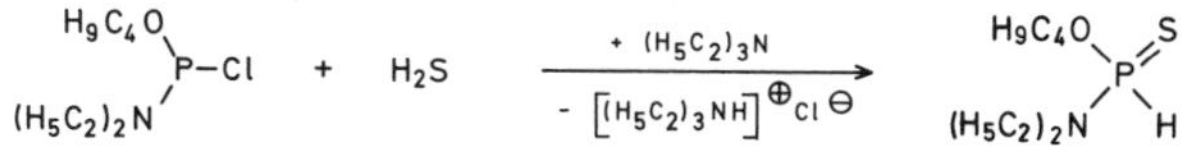

Thiophosphorigsäure-O-butylester-diethylamid; 47%

e₁₂) Phosphorigsäure-diamide

α) Phosphorigsäure-bis-[organoamide]

A. Herstellung

1. aus Phosphor(III)-oxid

Phosphorigsäure-diamide entstehen zusammen mit Phosphorigsäure-monoamiden bei der Einwirkung prim. und sek. aliphatischer und aromatischer Amine auf Phosphor(III)-oxid bei 15–25° in einem inerten Lösungsmittel[335, 336]:

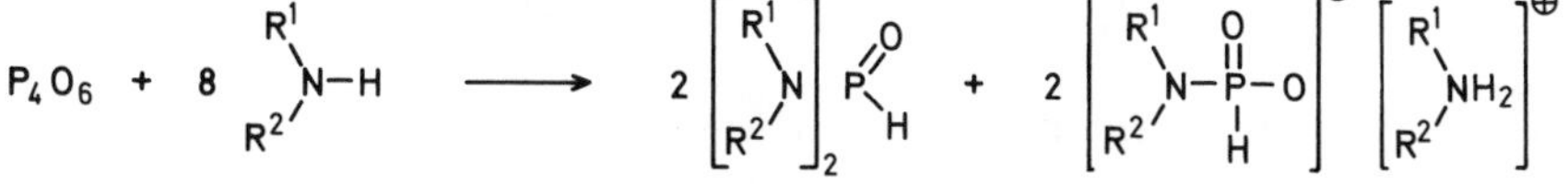

[329] E. E. Nifanter, A. I. Zavalishina, S. F. Sorokina u. S. M. Cherniak, Dokl. Akad. Nauk. SSSR 203, 593 (1972); engl.: 262.

[330] E. E. Nifantev u. I. V. Shilov, Zh. Obshch. Khim. 42, 1936 (1972); engl.: 1929.

[333] E. E. Nifantev, A. I. Zavalishina, S. F. Sorokina, V. S. Blagoveshchenskii, O. P. Yakovleva u. E. V. Esinina, Zh. Obshch. Khim. 44, 1694 (1974); engl.: 1664.

[334] BE 621145 (1960); Hooker Chem. Co., Erf.: I. Hechenbleikner; C.A. 60, 2768 (1964).

[334a] A. Koziara u. A. Zwierzak, Bull. Acad. Pol. Sci., Ser. Sci. Chim. 15, 509 (1967).

[335] DOS 2300549 (1972), VEB Stickstoffwerk Piesteritz, Erf.: D. Heinz, P. Neumann, D. Radeck u. H. Richter; C.A. 79, 115113 (1973).

[336] D. Heinz, Pure Appl. Chem. 44, 141 (1975).

Bei großem Überschuß an aromatischem Amin [Phosphor(III)-oxid: Amin <1:8] entsteht Phosphorigsäure-diamid in Ausbeuten um 95%:

$$P_4O_6 \ + \ 8 \ H_2N-Ar \ \longrightarrow \ 4 \ (Ar-NH)_2P\overset{\displaystyle O}{\underset{\displaystyle H}{\diagup\diagdown}} \ + \ 2 \ H_2O$$

2. aus Phosphoriger Säure

Die Umsetzung von Phosphorigsäure-triamiden mit Phosphoriger Säure ist seit langem bekannt [s. Bd. XII/2, S. 103 (1964)]. Dieses vorteilhafte Verfahren[337, 338] liefert nahezu quantitative Ausbeuten, wenn auf eine Destillation des bereits recht rein anfallenden Rohproduktes verzichtet wird[338-340].

Phosphorigsäure-bis-[dimethylamid][339]: Eine Mischung von 4,7 g (29 mmol) Phosphorigsäure-tris-[dimethylamid] und 1,17 g (14,5 mmol) Phosphoriger Säure wird 1 Stde. gerührt (die Temp. steigt dabei auf 50° an). Nach 14 Stdn. Stehen wird destilliert (95%; $n_D^{20,2} = 1,4555$) und redestilliert; Ausbeute: 3,5 g (69%); Sdp.: 62–64°/1 Torr (0,13 kPa); $n_D^{20,2} = 1,4555$.

3. aus anderen Phosphorigsäure-diamiden

Hochsiedende Amine verdrängen niedriger siedende Amine aus den Phosphorigsäurediamiden, z.B. gelingt die Umamidierung von Phosphorigsäure-bis-[diethylamid] zum *Phosphorigsäure-bis-[dibutylamid]* mit Dibutylamin bei 110–120°[341].

4. durch Hydrolyse von Phosphorigsäure-chlorid-diamiden

In Gegenwart wenigstens stöchiometrischer Mengen Amin werden Phosphorigsäure-chlorid-diamide[343-347] durch Wasser z.B. in THF zum Phosphorigsäure-diamid hydrolysiert. Das undestillierte Produkt enthält meistens Amin-Hydrochlorid, wodurch die Stabilität erheblich beeinträchtigt wird[340, 342]. Abhilfe schafft eine Behandlung mit starken Basen, z.B. Butyl-lithium[342, 347].

Phosphorigsäure-bis-[diisopropylamid][342]: Zu einer auf 0° gehaltenen Lösung von 13,3 g (50 mmol) Phosphorigsäure-bis-[diisopropylamid]-chlorid und 8,5 ml (60 mmol) Triethylamin in 50 ml THF werden 0,9 ml Wasser (50 mmol), gelöst in 6 ml THF hinzugefügt. Nach 4 Stdn. Rühren bei 20° wird der Niederschlag abfiltriert und das Filtrat eingedampft. Der feste Rückstand wird in möglichst wenig siedendem Hexan aufgenommen, der ungelöst bleibende Rückstand abfiltriert und das Filtrat auf −60° gekühlt und die erhaltenen Kristalle abfiltriert; Ausbeute: 7,1 g (58%); Schmp.: 62–63°.
Aus der Mutterlauge lassen sich weitere 2,5 g isolieren; Gesamtausbeute: 9,6 g ($78,4\%$).

1,3-Dimethyl-2-oxo-2H-1,3,2-diazaphosphorinan[343]:

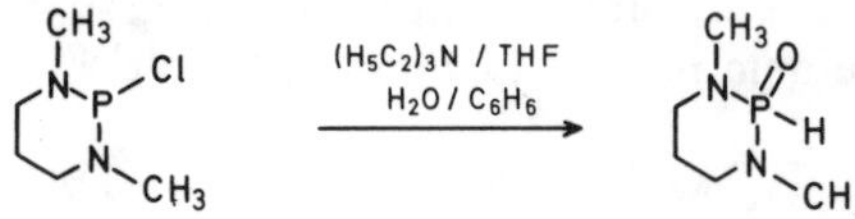

[337] *E.J. Corey* u. *D.E. Cane*, J. Org. Chem. **34**, 3053 (1969).
[338] *A. Zwierzak*, Bull. Int. Acad. Pol. Sci. Lett. Cl. Sci. Math. Nat. **13**, 609 (1965); C.A. **64**, 9575 (1966).
[339] *I.V. Shilov* u. *E.E. Nifantev*, Zh. Prikl. Khim. (Leningrad) **44**, 2581 (1971); engl.: 2660.
[340] *E.E. Nifantev* u. *I.V. Shilov*, Zh. Obshch. Khim. **42**, 503 (1972); engl.: 502.
[341] *E.E. Nifantev* u. *I.V. Shilov*, Zh. Obshch. Khim. **42**, 1936 (1972); engl.: 1929.
[342] *V.L. Foss*, *N.V. Lukashev* u. *I.F. Lutsenko*, Zh. Obshch. Khim. **50**, 1236 (1980); engl.: 1000.
[343] *E.E. Nifantev*, *A.I. Zavalishina*, *S.F. Sorokina*, *A.A. Borisenko*, *E.I. Smirnova*, *V.V. Kurochkin* u. *L.I. Moiseeva*, Zh. Obshch. Khim. **49**, 64 (1979); engl.: 53.
[344] *A. Zwierzak*, Bull. Int. Acad. Pol. Sci. Lett., Cl. Sci. Math. Nat. **13**, (9), 609 (1965); C.A. **64**, 9575 (1966).
[345] *H. Falius* u. *M. Babin*, Z. Anorg. Allg. Chem. **420**, 65 (1976).
[346] *E.E. Nifantev*, *A.I. Zavalishina*, *S.F. Sorokina*, *E.I. Smirnova* u. *A.A. Borisenko*, Zh. Obshch. Khim. **48**, 1419 (1978); engl.: 1302.
[347] *E.E. Nifantev*, *A.I. Zavalishina* u. *E.I. Smirnova*, Phosphorus Sulfur **10**, 261 (1981).

Eine Mischung von 0,54 *ml* (30 mmol) Wasser, 3,03 g (30 mmol) Triethylamin und 2 *ml* THF werden zu 5,0 g (30 mmol) 2-Chlor-1,3-dimethyl-1,3,2-diazaphosphorinan, gelöst in 60 *ml* Benzol, bei 0–5° zugetropft. Nach 3 Stdn. Rühren bei 20° wird abfiltriert, die Lösungsmittel aus dem Filtrat abgezogen und der Rückstand bei 123–125°/0,1 Torr (0,0133 kPa) übergetrieben; Ausbeute: 2,8 g (60%).

5. aus Phosphorigsäure-diamid-Anhydriden

Phosphorigsäure-bis-[dialkylamid]-Anhydride werden durch Wasser und Alkohole glatt und mit guten Ausbeuten in die Phosphorigsäure-bis-[dialkylamide] gespalten[342]:

$$(R^1_2N)_2P-O-P(NR^1_2)_2 \ + \ R^2-OH \xrightarrow[- (R^1_2N)_2P-O-R^2]{} \ (R^1_2N)_2P\overset{O}{\underset{H}{\diagup\diagdown}}$$

Spaltung durch Ammoniumchloride s. Lit.[348].

Das gemischte Anhydrid von Phosphorigsäure-bis-[dimethylamid] und Benzoesäure, in situ erzeugt aus Phosphorigsäure-tris-[dimethylamid] und Benzoesäure, wird durch das gleichzeitig freigesetzte Dimethylamin bei 30° innerhalb 1 Stde. zum *Phosphorigsäure-bis-[dimethylamid]* umgesetzt[349]:

$$\left[(H_3C)_2N\right]_2P-O-\overset{O}{\overset{\|}{C}}-C_6H_5 \ + \ (H_3C)_2NH \xrightarrow[- \ H_5C_6-\overset{O}{\overset{\|}{C}}-N(CH_3)_2]{} \ \left[(H_3C)_2N\right]_2P\overset{O}{\underset{H}{\diagup\diagdown}}$$

Wahrscheinlich ebenfalls über das gemischte Anhydrid als Zwischenstufe reagiert Essigsäure mit Phosphorigsäure-tris-[dimethylamid] in Petrolether zum *Phosphorigsäure-bis-[dimethylamid]*[350].

Gemischte Anhydride aus Phosphorigsäure-bis-[dialkylamid] und N,N-Dialkyl-carbaminsäure werden bei 20° von stöchiometrischen Mengen Wasser zu Phosphorigsäure-bis-[dialkylamiden] (45–50%) gespalten[351]. Gleichsinnig reagiert das gemischte Anhydrid aus Phosphorigsäure-bis-[diethylamid] und Methanphosphonsäure-ethylester mit Diethylamin[352].

6. aus Phosphorigsäure-diamid-estern

Aus Phosphorigsäure-diamid-estern tert. Alkohole entstehen Phosphorigsäure-diamide durch thermische Eliminierung[353, 353a]. Präparativ wird die Reaktion bisher nicht genutzt.

[342] *V. L. Foss, N. V. Lukashev* u. *I. F. Lutsenko*, Zh. Obshch. Khim. **50**, 1236 (1980); engl.: 1000.

[348] *V. L. Foss, N. V. Lukashev, Y. A. Veits* u. *I. F. Lutsenko*, Zh. Obshch. Khim. **49**, 1712 (1979); engl.: 1499.

[349] *R. Burgada*, Bull. Soc. Chim. Fr. **1972**, 4161.

[350] *D. Houalla, H. Sanchez* u. *R. Wolf*, Bull. Soc. Chim. Fr. **1965**, 2368.

[351] *I. V. Shilov* u. *E. E. Nifantev*, Zh. Prikl. Khim. (Leningrad) **44**, 2581 (1971); engl.: 2660.

[352] *V. N. Eliseenkov, N. A. Samatova, N. P. Anoshina* u. *A. N. Pudovik*. Zh. Obshch. Khim. **46**, 23 (1976); engl.: 23.

[353] *F. S. Mukhametov, L. V. Stepashkina* u. *N. I. Rizpolozhenskii*, Izv. Akad. Nauk SSSR, Ser. Khim. **1977**, 1134; engl.: 1040.

[353a] *E. E. Nifantev, A. I. Zavalishina, S. F. Sorokina, A. A. Borisenko, E. I. Smirnova* u. *I. V. Gustova*, Zh. Obshch. Khim. **47**, 1960 (1977); engl.: 1793.

Phosphorigsäure-bis-[dialkylamid]-silylester werden durch Wasser[354] Alkohole[355, 356] bzw. Anilin[355, 357] zu Phosphorigsäure-bis-[dialkylamiden] gespalten[357]; z.B.:

$$[(H_5C_2)_2N]_2 P-O-Si(CH_3)_3 \; + \; H_5C_2-OH \xrightarrow[-\;H_5C_2-O-Si(CH_3)_3]{} [(H_5C_2)_2N]_2 P\overset{O}{\underset{H}{\diagup\!\!\diagdown}}$$

Phosphorigsäure-bis-[diethylamid]; $>67\%$

7. aus Phosphorigsäure-triamiden

Hydrolyse von Phosphorigsäure-triamiden mit stöchiometrischen Mengen Wasser in THF[356, 358–360] oder mit Salzsäure in 1,4-Dioxan[361] liefert Phosphorigsäure-diamide. Weniger reaktive aromatische Amide können in Chloroform hydrolysiert werden[362].

$$(R_2N)_3P \; + \; H_2O \xrightarrow[-\;R_2NH]{} (R_2N)_2 P\overset{O}{\underset{H}{\diagup\!\!\diagdown}}$$

Phosphorigsäure-bis-[dibutylamid][358, 359]: Eine Lösung von 0,27 g (15 mmol) Wasser in 10 *ml* THF wird unter Rühren zu 6,2 g (15 mmol) Phosphorigsäure-tris-[dibutylamid] in 10 *ml* THF getropft. Die Mischung wird 1 Stde. gerührt und 12 Stdn. stehen gelassen. Das nach Abdestillieren des Lösungsmittels und des Dibutylamins verbleibende Rohprodukt (95%; n_D^{20}: 1,4580) ist praktisch genau so rein wie das destillierte Produkt; Ausbeute: 2,4 g (53%); Sdp.: 105–112°/0,002 Torr (0,267 Pa); n_D^{20} = 1,4570.

In entsprechender Weise erhält man u.a.:

Phosphorigsäure-bis-[dimethylamid][358] (78°, 5 Min.); Rohausbeute: 94% (n_D^{22} = 1,4540); Reinausbeute: 62%; Sdp.: 62–65°/1 Torr (0,13 kPa); n_D^{22} = 1,4539

Phosphorigsäure-bis-[diethylamid][359]: (20°, 18 Stdn.); Rohausbeute: 95% ($n_D^{17,4}$ = 1,4565); Reinausbeute: 57%; Sdp.: 50°/0,002 Torr (0,267 Pa); $n_D^{17,4}$ = 1,4568

Das durch Umsetzung von Phosphorigsäure-tris-[dimethylamid] mit Phenylisothiocyanat erhaltene Betain hydrolysiert bereits in der Kälte[363, 364]:

$$[(H_3C)_2N]_3P \xrightarrow{+\;H_5C_6-NCS} [(H_3C)_2N]_3\overset{\oplus}{P}-\overset{\overset{\displaystyle S}{\|}}{C}-\overset{\ominus}{N}-C_6H_5 \xrightarrow[-\;(H_3C)_2N-\overset{\overset{\displaystyle S}{\|}}{C}-NH-C_6H_5]{H_2O}$$

$$[(H_3C)_2N]_2 P\overset{O}{\underset{H}{\diagup\!\!\diagdown}}$$

[354] *A.N. Pudovik, E.S. Batyeva* u. *V.A. Alfonsov*, Zh. Obshch. Khim. **45**, 248 (1975); engl.: 240.
[355] *E.S. Batyeva, V.A. Alfonsov* u. *A.N. Pudovik*, Izv. Akad. Nauk SSSR, Ser. Khim. **1976**, 463; engl.: 449.
[356] *A. Zwierzak*. Bull. Int. Acad. Pol. Sci. Lett., Cl. Sci. Math. Nat. **13**, 609 (1965); C.A. **64**, 9575 (1966).
[357] *E.S. Batyeva, V.A. Alfonsov* u. *A.N. Pudovik*, Izv. Akad. Nauk SSSR, Ser. Khim. **1976**, 463; engl.: 449.
[358] *I.V. Shilov* u. *E.E. Nifantev*, Zh. Prikl. Khim. (Leningrad) **44**, 2581 (1971); engl.: 2660.
[359] *E.E. Nifantev* u. *I.V. Shilov*, Zh. Obshch. Khim. **42**, 503 (1972); engl.: 502.
[360] *M.J. Gallagher* u. *I.D. Jenkins*, J. Chem. Soc. [C] **1966**, 2176.
[361] *E.E. Nifantev* u. *N.L. Ivanova*, Vestn. Mosk. Univ., Ser. II, Khim. **20**, 82 (1965); C.A. **64**, 17626 (1966).
[362] *M. Babin*, Z. Anorg. Allg. Chem. **467**, 218 (1980).
[363] *E.S. Batyeva, E.N. Ofitserov* u. *A.N. Pudovik*, Zh. Obshch. Khim. **47**, 559 (1977); engl.: 512.
[364] *G. Oertel, H. Malz* u. *H. Holtschmidt*, Chem. Ber. **97**, 891 (1964).

Zur Übertragung einer Amid-Gruppe auf Phosphorige Säure s. S. 348. Carbonsäuren reagieren mit Phosphorigsäure-triamiden über die Zwischenstufe der gemischten Anhydride[365] (s. S. 349). Auch Phosphonsäure-monoester sind zur Übernahme einer Amid-Gruppe geeignet[366]. Mit 3-Propanolid als verkappter Acrylsäure reagiert Phosphorigsäure-tris-[dimethylamid] zu *Phosphorigsäure-bis-[dimethylamid]*[367, 368].

Phosphorigsäure-tris-[dimethylamid] überführt leicht enolisierbare Ketone in Enamine und Phosphorigsäure-bis-[dimethylamid][369]:

$$[(H_3C)_2N]_3P \; + \; R^1-\overset{\overset{O}{\|}}{C}-CH_2-R^2 \;\longrightarrow\; R^1-\overset{\overset{N(CH_3)_2}{|}}{C}=CH-R^2 \; + \; [(H_3C)_2N]_2P\overset{\nearrow O}{\underset{\searrow H}{}}$$

Phosphorigsäure-bis-[dimethylamid][369]: 13 g (0,1 mol) Acetessigsäure-methylester werden langsam unter Rühren zu 16,3 g (0,1 mol) Phosphorigsäure-tris-[dimethylamid] gefügt. Nach dem Anspringen der Reaktion wird die Temp. auf 30–35° gehalten. Nach 12 Stdn. Stehen wird destilliert; Ausbeute: 5,72 g (42%); Sdp.: 47–53°/0,1 Torr (13,3 Pa); $n_D^{22,5} = 1,452$.

Umsetzung von Phosphorigsäure-tris-[diethylamid] mit 2-Hydroxy-benzylalkohol[370], N-Hydroxymethyl-benzamid[371] bzw. -phthalimid[371] zu *Phosphorigsäure-bis-[diethylamid]* ist präparativ unergiebig.

Mit Benzoesäure-amid reagiert Phosphorigsäure-tris-[diethylamid] in siedendem THF zum gemischten Anhydrid I, das in *Phosphorigsäure-bis-[diethylamid]* und Benzonitril zerfällt[372]:

$$[(H_5C_2)_2N]_3P \; + \; H_5C_6-\overset{\overset{O}{\|}}{C}-NH_2 \;\xrightarrow[-(H_5C_2)_2NH]{}\; H_5C_6-\overset{O-P[N(C_2H_5)_2]_2}{\underset{\searrow NH}{\diagup}}C \xrightarrow[-H_5C_6-CN]{}$$

I

$$[(H_5C_2)_2N]_2P\overset{\nearrow O}{\underset{\searrow H}{}}$$

Auch mit anderen Carbonsäureamiden entstehen Phosphorigsäure-diamide[373].

β) 4-Alkoxy- bzw. 4-Amino-2-oxo-2H-1,3,2,4-diazadiphosphetidine

4-tert.-Butyloxy-1,3-di-tert.-butyl-2-oxo-2H-1,3,2,4-diazadiphosphetidin wird bei der Umsetzung von 1,3-Di-tert.-butyl-2,4-dichlor-1,3,2,4-diazadiphosphetidin mit tert.-Butanol/Triethylamin bei ~ 20°, besser bei erhöhter Temp. i. Vak. erhalten[374]:

[365] R. Burgada, Bull. Soc. Chim. Fr. **1972**, 4161.

[366] A. N. Pudovik, V. N. Eliseenkov, N. A. Serkina u. J. P. Lipatova, Izv. Akad. Nauk SSSR, Ser. Khim. **1971**, 1039; engl.: 954.

[367] E. S. Batyeva, V. A. Alfonsov, M. Z. Kaufmann u. A. N. Pudovik, Izv. Akad. Nauk. SSSR, Ser. Khim. **1976**, 1193; engl.: 1166.

[368] E. S. Batyeva, V. A. Alfonsov u. A. N. Pudovik, Zh. Obshch. Khim. **48**, 997 (1978); engl.: 910.

[369] R. Burgada u. J. Roussel, Bull. Soc. Chim. Fr. **1970**, 192.

[370] B. E. Ivanov, S. V. Samurina, N. N. Lebedeva, A. B. Ageeva u. E. I. Goldfarb, Izv. Akad. Nauk SSSR, Ser. Khim. **1973**, 1825; engl.: 1768.

[371] B. E. Ivanov, S. V. Samurina, S. S. Krokhina u. N. P. Anoshina, Izv. Akad. Nauk SSSR, Ser. Khim. **1974**, 2075; engl.: 1993.

[372] T. Sodeyama, M. Kodomari u. K. Itabashi, Chem. Lett. **1973**, 577.

[373] J. Devillers, M. Willson u. R. Burgada, Bull. Soc. Chim. Fr. **1968**, 4670.

[374] R. Keat, D. S. Rycroft u. D. G. Thompson, J. Chem. Soc., Dalton Trans. **1979**, 1224.

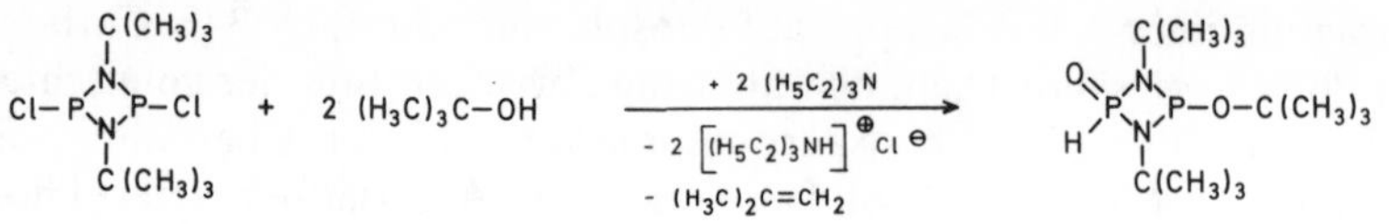

Partielle Hydrolyse von 1,3-Di-tert.-butyl-2,4-dimorpholino-1,3,2,4-diazadiphosphetidin in Benzol liefer *1,3-Di-tert.-butyl-4-morpholino-2-oxo-2H-1,3,2,4-diazadiphosphetidin*[375]:

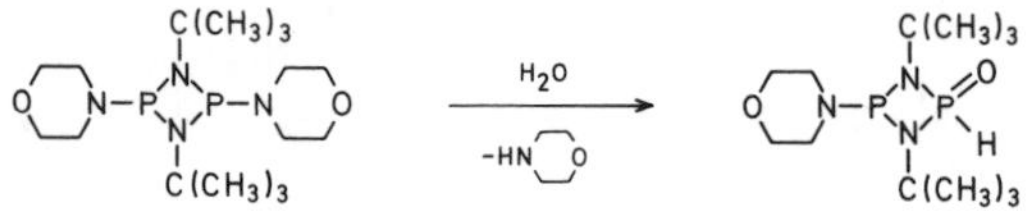

e₁₃) Phosphorigsäure-dihalogenid-Carbonsäure-Anhydride

Thermisch erstaunlich stabile *Phosphorigsäure-difluorid-Carbonsäure-Anhydride*[376] liefert die Umsetzung der Phosphor(III)-chlorid(bromid/jodid)-difluoride und den Silber-Salzen der Carbonsäuren ohne Lösungsmittel bei gemeinsamen Erwärmen auf ~ 20°; z.B.:

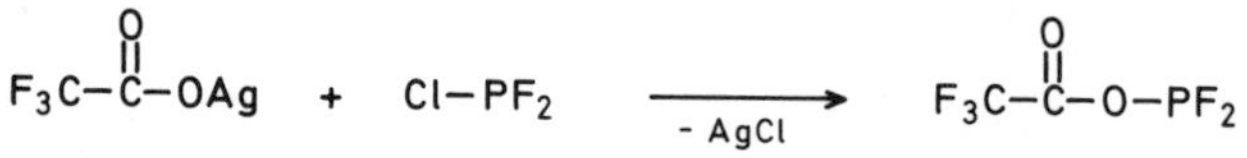

Phosphorigsäure-difluorid-Trifluoressigsäure-Anhydrid; 82%

Zur Stabilität und Bildung von *Phosphorigsäure-dichlorid-Essigsäure-Anhydrid*[377], *-dichlorid-Benzoesäure-Anhydrid*[378] bzw. *-difluorid-(N-Difluorphosphanylimino-essigsäure)-Anhydrid* s. Lit.[379].

e₁₄) Phosphorigsäure-dihalogenid-ester

α) *Phosphorigsäure-dihalogenid-organoester*

A. Herstellung

1. aus Phosphor(III)-halogeniden

1.1. mit Alkoholen bzw. Phenolen

Trialkylphosphate, insbesondere Phosphorsäure-trimethylester, beschleunigen in katalytischen Mengen oder besser noch als Lösungsmittel die Reaktion von Phosphor(III)-chlorid mit geschützten Nucleosiden derart, daß sich bei 0°/0,25 Std. Ausbeuten bis 98% an

[375] R. Keat, D.S. Rycroft u. D.G. Thompson, J. Chem. Soc., Dalton Trans. 1 **1980**, 321.
[376] G.G. Flaskerud, K.E. Pullen u. J.M. Shreeve, Inorg. Chem. **8**, 728 (1969).
[377] J.K. Michie u. J.A. Miller, J. Chem. Soc., Perkin Trans. **1981**, 785.
[378] JP 4718853 (1971), Yamanouchi Pharm. Co.; Erf.: K. Tamazawa, H. Murakami u. A. Koda Co.; C.A. **77**, 139627 (1972).
[379] E.A.V. Ebsworth, D.W.H. Rankin, W. Steger u. J.G. Wright, J. Chem. Soc., Dalton Trans. **1980**, 1768.

den sogleich umgewandelten Phosphorigsäure-dichlorid-estern ergeben[380]. Mit Phosphor(III)-bromid liegen wie beim klassischen Verfahren die Ausbeuten erkennbar niedriger (Bromwasserstoff-Einwirkung, Disproportionierung)[381]. Das Verfahren dürfte auch auf andere empfindliche und wertvolle Alkohole anwendbar sein, doch ist die Haltbarkeit des erzeugten Dichlorid-esters in der Reaktionslösung begrenzt:

$$PCl_3 \;+\; R-OH \quad \xrightarrow[{- (H_3C-O)_3P=O \,\cdot\, HCl}]{(H_3C-O)_3P=O} \quad R-O-PCl_2$$

Zur Umsetzung in Pyridin (2°/1 Stde.) s. Lit.[382]. Phosphorigsäure-tert.-alkylester-dichloride werden erhalten, wenn die Umsetzung äquimolarer Mengen tert.-Alkanol und tert. Amin mit überschüssigem Phosphor(III)-chlorid bei 0° oder darunter in Kohlenwasserstoffen vorgenommen wird[383, 384].

Phosphorigsäure-tert.-butylester-dichlorid[383]: Zu einer auf −5° gehaltenen Lösung von 128,5 g (0,935 mol) Phosphor(III)-chlorid in 250 *ml* Pentan werden innerhalb 40 Min. 27,9 (0,187 mol) N,N-Diethyl-anilin und 13,9 g (0,188 mol) tert.-Butanol, gelöst in 30 *ml* Pentan, zugetropft. Nach 2 Stdn. bei 0° wird filtriert und aus dem Filtrat werden Pentan und Phosphor(III)-chlorid abgezogen; Ausbeute: 21,3 g (65%).

Phosphorigsäure-alkylester-difluoride entstehen aus einer bei −196° kondensierten Mischung annähernd äquimolarer Mengen Phosphor(III)-fluorid, Alkanol und Pyridin beim Erwärmen auf 20° (2–12 Stdn.) in Ausbeuten von 25–65%[385]. Die Eignung anderer Amine richtet sich nach ihrer Abtrennbarkeit von den Produkten.

Bisher nur in minimalen Ausbeuten zugängliches *1,2-Bis-[dichlor-phosphanoxy]-ethan* wird dann erhalten, wenn die Umsetzung in verdünnter Lösung in Tetrachlormethan bei 0–10° vorgenommen und auf eine Destillation verzichtet wird[386].

Perfluor-1H,1H,ωH-alkanole setzen sich mit Phosphor(III)-chlorid ohne wesentliche Wärmeabgabe zu destillierbaren Phosphorigsäure-dichlorid-perfluor-1H,1H, ωH-alkylestern um, die allerdings ab ∼80° zur Disproportionierung neigen[387].

Zur Reaktion von Inolen mit Phosphor(III)-halogeniden s. Lit.[388, 389].
Zur Gewinnung verschiedener 2-subst. *Phosphorigsäure-difluorid-(1,1,1,3,3,3-hexafluor-isopropylester)* aus Hexafluoraceton bzw. Hexafluorisopropanolaten s. Lit.[390, 391].

Die Umsetzung von Phenolen mit überschüssigem Phosphor(III)-chlorid zu Phosphorigsäure-arylester-dichloriden kann wesentlich beschleunigt und die Ausbeute angehoben werden, wenn an die ∼3stdge. Reaktion bei Normaldruck eine ∼2stdge. Nachreaktion im Autoklaven bei ∼200° angeschlossen wird[392].

[380] *M. Yoshikawa, M. Sakuraba* u. *M. Kusashio*, Bull. Chem. Soc. Jpn. **43**, 456 (1970).
[381] *G. I. Drozd, O. G. Strukov, E. P. Sergeeva, S. Z. Ivin* u. *S. S. Dubov*, Zh. Obshch. Khim. **39**, 937 (1969); engl.: 907.
[382] *M. M. Kabachnik, V. K. Potapov, Z. A. Shabarova* u. *A. A. Prokofev*, Dokl. Akad. Nauk SSSR **201**, 858 (1971); engl.: 989.
[383] US 4120917 (1977), Mobil Oil Corp., Erf.: *K. D. Schmitt*; C.A. **90**, 71750 (1979).
[384] US 4198355 (1978), Mobil Oil Corp., Erf.: *K. D. Schmitt*; C.A. **90**, 71750 (1979).
[385] *E. L. Lines* u. *L. F. Centofanti*, Inorg. Chem. **12**, 2111 (1973).
[386] JP 7213259 (1968), Marubishi Oil Chem. Co. Ltd.; Erf.: *Y. Ogawa, A. Nagai* u. *H. Hisada*; C.A. **77**, 19800 (1972).
[387] *A. V. Fokin, A. F. Kolomiets, V. A. Komarov, A. I. Rapkin, A. A. Krolevets* u. *K. I. Pasevina*, Izv. Akad. Nauk SSSR, Ser. Khim. **1979**, 159; engl.: 148.
[388] *Kh. M. Angelov, M. Kirilov* u. *B. I. Ionin*, Zh. Obshch. Khim. **49**, 1960 (1979); engl.: 1724.
[389] *R. C. Elder, L. R. Florian, E. R. Kennedy* u. *R. S. Macomber*, J. Org. Chem. **38**, 4177 (1973).
[390] *M. Lustig*, Inorg. Chem. **7**, 2054 (1958).
[391] *M. Lustig* u. *W. E. Hill*, Inorg. Chem. **6**, 1448 (1967).
[392] SU 509598 (1974), Phytopathology Res. Inst., Erf.: *N. K. Bliznyuk, T. A. Klimova, L. D. Protasova* u. *V. G. Mochalev*; C.A. **84**, 179869 (1976).

Eine besonders rasche Umsetzung von Phosphor(III)-chlorid und Phenol läßt sich auch dadurch erreichen, daß die Reaktionspartner kontinuierlich bei einer Temp. zusammengebracht werden, die über 150°, jedoch nicht mehr als 75° unter dem Siedepunkt des Phenols liegt[393]. Über die Reinheit der aus nahezu stöchiometrischen Mengen Phosphor(III)-chlorid und Phenol gewonnenen Phosphorigsäure-arylester-dichloride ist wenig bekannt[vgl. z.B.394]. Phosphoniumhalogenide wirken beschleunigend auf die Reaktion[395].

Das bekannte Verfahren, m- und p-Diphenole mit Phosphor(III)-chlorid im Überschuß in der Siedehitze zu Bis-[dichlor-phosphanoxy]-arenen umzusetzen, ist auf Alkandiyl-verbrückte Bis-phenole übertragen worden[396].

Zur Herstellung der Phosphorigsäure-arylester-dichloride aus 2,6-disubstituierten Phenolen ist es erforderlich, die Phenole entweder zuvor in ihre Natriumsalze zu überführen oder mindestens stöchiometrische Mengen tert. Amin oder Calciumoxid hinzuzufügen[397,398]. Auf die Zugabe eines Lösungsmittels kann verzichtet werden, stattdessen wird Phosphor(III)-chlorid im 3–4fachen Überschuß eingesetzt und anschließend mit Petrolether extrahiert[397]. Reaktionstemperaturen liegen zwischen 20° und 105°. Lewis-Säuren sind in diesem Fall als Katalysatoren ungeeignet[398].

Nach Überführung in das Kaliumsalz setzt sich auch Pentafluorphenol mit Phosphor(III)-chlorid und Phosphor(III)-bromid-difluorid zum *Phosphorigsäure-dichlorid-* bzw. *-difluorid-pentafluorphenylester* um[399].

Quartäre Ammoniumhalogenide beschleunigen die Bildung von Phosphorigsäure-arylester-dichloriden aus Phosphor(III)-chlorid und Phenolaten[400].

1.2. mit Estern

Vom Phosphor(III)-fluorid zum -jodid nimmt die Geschwindigkeit des Ligandenaustausches mit Phosphorigsäure-trialkylestern zu[401]:

$$PCl_3 \ + \ \left[(H_3C)_2CH-O\right]_3P \xrightarrow{20°/0,25 \text{ Stdn.}} (H_3C)_2CH-O-PCl_2 \ + \ \left[(H_3C)_2CH-O\right]_2P-Cl$$

$$\left[(H_3C)_2CH-O\right]_2P-Cl \ + \ PCl_3 \xrightarrow{100°/8 \text{ Stdn.}} 2 \ (H_3C)_2CH-O-PCl_2$$

Phosphorigsäure-dichlorid-isopropylester

Der zweite Teilschritt, der auch für sich zur Herstellung von Phosphorigsäure-alkylester-dichloriden herangezogen werden kann, verläuft stets langsamer als der erste Teilschritt. Mit Phosphor(III)-fluorid treten Nebenreaktionen hervor[402]. Die Komproportionierung

[393] FR 1374789 (1962), Hooker Chem. Corp., Erf.: *C. F. Baranauckas* u. *I. Gordon*; C.A. **62**, 11737 (1965).
[394] *I. V. Barinov, V. V. Rodé* u. *S. R. Rafikov*, Zh. Obshch. Khim. **37**, 464 (1967); engl: 432.
[395] SU 485120 (1974), Phytopathology Res. Inst., Erf.: *N. K. Bliznyuk, Z. N. Kvasha* u. *L. V. Chvestkina*, C.A. **83**, 205932 (1975).
[396] BE 623965 (1961), Hooker Chem. Corp., Erf.: *C. F. Baranauckas* u. *I. Gordon*; C.A. **59**, 9894 (1963).
[397] FR 1366579 (1964), Hooker Chem. Corp., Erf.: *A. F. Shepard, B. F. Dannels* u. *F. M. Kujawa*; C.A. **62**, 2738 (1965).
[398] *E. E. Nifantev, D. A. Predvoditelev, A. P. Tuseev, M. K. Grachev* u. *M. A. Zolotov*, Zh. Obshch. Khim. **50**, 1702 (1980); engl.: 1379.
[399] *E. R. Falardeau* u. *D. D. Desmarteau*, J. Fluorine Chem. **7**, 185 (1976).
[400] SU 550399 (1975), Phytopathology Res. Inst., Erf.: *N. K. Bliznyuk, Z. N. Kvasha* u. *L. V. Chvestkina*; C.A. **87**, 22762 (1977).
[401] *R. U. Belyalov, A. M. Kibardin, T. Kh. Gazizov* u. *A. N. Pudovik*, Zh. Obshch. Khim. **51**, 24 (1981); engl.: 19.
[402] *D. H. Brown, K. D. Crosbie, G. W. Fraser* u. *D. W. A. Sharp*, J. Chem. Soc. [A] **1969**, 872.

wird durch Säuren wie Chlorwasserstoff und besonders Bor(III)-fluorid sowie durch Amine und durch Phosphorigsäure-dialkylester beschleunigt. Die allgemein sehr viel langsamere Komproportionierung mit Phosphorigsäure-triarylestern wird durch die gleichen Katalysatoren gefördert.

Achtung: Unkatalysiert durch Erwärmen der Ausgangsstoffe auf 70° auf diesem Weg hergestellter *Phosphorigsäure-dichlorid-methylester* neigt zur **Explosion** beim Destillieren[403].

Besonders wirkungsvoll wird die Komproportionierung durch aprotische polare Lösungsmittel, vorzugsweise 1–5 Mol% Phosphorsäure-tris-[dimethylamid][404] sowie $\sim 1\%$ Trialkylphosphanoxide[406], letztere z.T. in Kombination mit Alkoholen, weiterhin durch DMF, DMSO, Sulfolan[404] bei 0–25°/1–4 Stdn. gefördert. Unter diesen Bedingungen werden Phosphorigsäure-alkylester-dichloride in Ausbeuten bis 95% erhalten. Wasserhaltige quartäre Ammonium- und Phosphoniumhalogenide führen zu vergleichbaren Ergebnissen[405].

Phosphorigsäure-alkylester-chlorid-fluoride und -bromid-fluoride in Ausbeuten von 30–60% entstehen bei der Säure-katalysierten Reaktion von Phosphor(III)-chlorid bzw. -bromid mit Phosphorigsäure-dialkylester-fluorid[407] bei 20–40°; z.B.:

$$(H_9C_4-O)_2P-F \;+\; PCl_3 \quad \xrightarrow[- \; H_9C_4-O-PCl_2]{(HCl)} \quad H_9C_4-O-P\begin{smallmatrix} F \\ \\ Cl \end{smallmatrix}$$

Phosphorigsäure-butylester-chlorid-fluorid; 34%

Wegen der Ausbeute-mindernden Folgereaktionen muß nach 0,5–1 Std. der katalytisch wirkende Chlor- bzw. Bromwasserstoff i.Vak. abgezogen werden; aus dem gleichen Grund wird das Diester-fluorid im 1,6-fachen Überschuß eingesetzt.

Zur Herstellung von *Phosphorigsäure-dichlorid-phenylester* (94%)[408] bzw. *-(2-chlorethylester)-dichlorid* (71%)[409] wird der zugehörige Triester am besten mit der $\sim$4fach stöchiometrischen Menge Phosphor(III)-chlorid im Autoklaven 2 Stdn. auf 200–220° bzw. 190–200° erhitzt.

Methoxysilan reagiert bereits bei $-78°$ mit Phosphor(III)-chlorid zu *Phosphorigsäure-dichlorid-methylester*[410].

Ein zu Phosphorigsäure-alkylester-dichloriden führender Chlor/Alkoxy-Gruppen-Austausch findet auch bei der Einwirkung von Phosphor(III)-chlorid auf Arsensäure-trialkylester[411] (geringe Ausbeuten), auf Orthoameisensäure-trialkylester[412] und auf Acetale[413-415a] (Ausbeute: $\sim 30\%$) statt.

---

[403] *C. E. Jones* u. *K. J. Coskran*, Inorg. Chem. **10**, 1536 (1971).

[404] DOS 2643442 (1975), Ciba-Geigy AG, Erf.: *M. Zdenek*; C.A. **87**, 52758 (1977).

[405] DOS 2643474 (1975), Ciba-Geigy AG, Erf.: *M. Zdenek* u. *H. Brunetti*; C.A. **87**, 52757t (1977).

[406] DOS 2636270 (1976), Bayer AG, Erf.: *R. Kleinstück* u. *H. D. Block*; C.A. **88**, 169588 (1978).

[407] *H. Binder* u. *R. Fischer*, Z. Naturforsch. **34b**, 794 (1979).

[408] SU 488822 (1974), Phytopathology Res. Inst., Erf.: *N. K. Bliznyuk, T. A. Klimova* u. *L. D. Protasova*; C.A. **84**, 16939 (1976).

[409] SU 509599 (1974), Phytopathology Res. Inst., Erf.: *N. K. Bliznyuk, T. A. Klimova* u. *L. D. Protasova*; C.A. **85**, 20608 (1976).

[410] *C. van Dyke*, J. Inorg. Nucl. Chem. **30**, 81 (1968).

[411] *V. S. Gamayurova, M. M. Aladzhev, R. M. Nigmatullina* u. *B. D. Chernokalskii*, Zh. Obshch. Khim. **48**, 700 (1978); engl.: 643.

[412] *M. B. Gazizov, A. I. Razumov* u. *R. A. Khairullin*, Zh. Obshch. Khim. **50**, 470 (1980); C. A. **93**, 46759 (1980).

[413] *M. B. Gazizov, A. I. Razumov, I. Kh. Gizatullina* u. *L. P. Ostanina*, Zh. Obshch. Khim. **50**, 687 (1980); C. A. **93**, 186087 (1980).

[414] *M. B. Gazizov*, Zh. Obshch. Khim. **49**, 369 (1979); engl.: 322.

[415] *M. B. Gazizov, D. B. Sultanova, A. I. Razumov, T. V. Zykova, N. A. Anoshina* u. *R. A. Salakhutdinov*, Zh. Obshch. Khim. **45**, 1704 (1975); engl.: 1670.

[415a] *M. B. Gazizov*, Zh. Obshch. Khim. **48**, 1477 (1978); engl.: 1356.

Offenkettige Phosphorigsäure-dialkylester gehen bereits bei $\sim 20°$ innerhalb 1–3 Tagen mit äquimolaren Mengen Phosphor(III)-chlorid bzw. -bromid über in Phosphorigsäure-alkylester-dichloride bzw. -dibromide[416].

1.3. und cycl. Ethern

Mit Methyl-oxiran reagiert Phosphor(III)-chlorid bei 25–40° ausschließlich zu *Phospho-rigsäure-(2-chlor-propylester)-dichlorid*[417], dagegen mit 2-Methyl-oxetan zum *Phospho-rigsäure-(3-chlor-1-methyl-propylester)-dichlorid*[418,419]:

$$\text{PCl}_3 \quad + \quad \text{H}_3\text{C}{-}\triangle{-}\text{O} \quad \longrightarrow \quad \overset{\underset{|}{\text{Cl}}}{\text{H}_3\text{C}{-}\text{CH}}{-}\text{CH}_2{-}\text{O}{-}\text{PCl}_2$$

$$\text{PCl}_3 \quad + \quad \text{H}_3\text{C}{-}\square{-}\text{O} \quad \longrightarrow \quad \text{H}_2\overset{\underset{|}{\text{Cl}}}{\text{C}}{-}\text{CH}_2{-}\overset{\underset{|}{\text{CH}_3}}{\text{CH}}{-}\text{O}{-}\text{PCl}_2$$

Die Ausbeute an Phosphorigsäure-(2-chlor-alkylester)-dichloriden mit Oxiranen wird nahezu quantitativ, wenn ein ~ 6facher Überschuß Phosphor(III)-chlorid eingesetzt und nach der Hauptreaktion im Autoklaven auf 200° erhitzt wird[420].
Als geeigneter Katalysator für die Umsetzung der Phosphor(III)-halogenide mit Oxiranen in stöchiometrischen Mengen unterhalb 100° hat sich $\sim 0,1\%$ DMF erwiesen, so daß 0,5– Stde. Nachreaktionszeit ausreichend sind[421].

2. aus Phosphorigsäure-difluorid-Anhydriden

Bis-[difluorphosphano]-sulfan reagiert bei 20° mit prim., sek. und tert. Alkoholen zu Phosphorigsäure-alkylester-difluoriden in hohen Ausbeuten[422]:

$$(\text{F}_2\text{P})_2\text{S} \quad + \quad \text{R}{-}\text{OH} \quad \xrightarrow[{-\text{F}_2\text{P}\overset{\text{S}}{\underset{\text{H}}{\diagdown}}}]{} \quad \text{F}_2\text{P}{-}\text{O}{-}\text{R}$$

Vom leichtflüchtigen Thiophosphorigsäure-difluorid kann einfach getrennt werden. Bis-[difluorphosphano]-oxid reagiert mit Alkoholen beim Erwärmen auf $\sim 20°$ analog, aber weniger einheitlich[423].

3. aus Phosphorigsäure-dichlorid-estern durch Halogenaustausch

Auch unter Normaldruck führt die Einwirkung von Antimon(III)-fluorid auf Phosphorig-säure-dichlorid-ester ohne Lösungsmittel zu hohen Ausbeuten (71–89%) an Phosphorig-

[416] O.N. Nuretdinova u. L.Z. Nikonova, Izv. Akad. Nauk SSSR, Ser. Khim. **1975**, 694; engl.: 620.
[417] N.I. Shuikin u. I.F. Belskii, Zh. Obshch. Khim. **29**, 2973 (1959); engl.: 2936.
[418] B.A. Arbusov, L.Z. Nikonova, O.N. Nuretdinova u. V.V. Pomazanov, Izv. Akad. Nauk SSSR, Ser. Khim. **1970**, 1426; engl.: 1350.
[419] N.I. Shuikin, I.F. Belskii u. I.E. Grushko, Izv. Akad. Nauk SSSR, Otd. Khim. **1963**, 557; engl.: 498.
[420] SU 495320 (1974), Phytopathology Res. Inst., Erf.: N.K. Bliznyuk, T.A. Klimova u. L.D. Protasova; C.A. **84**, 73642 (1976).
[421] JP 52118-427 (1976), Yokka-Ichi Gosei KK; Erf.: Y. Ito u. M. Fujikawa; C.A. **88**, 61975 (1978).
[422] E.R. Cromie, G. Hunter u. D.W.H. Rankin, Angew. Chem. **92**, 323 (1980).
[423] L.F. Centofanti u. R.W. Parry, Inorg. Chem. **9**, 2709 (1970).

säure-difluorid-estern[424-426]. Längerkettige Alkylester- bzw. Arylester-difluoride bedürfen der Erwärmung auf $60-70°/0,25$ Stdn.

Die Überführung der Phosphorigsäure-dichlorid-ester in die Dibromid-ester kann mit Phosphor(III)-bromid nur vorgenommen werden, wenn Reaktionstemperaturen von $170-190°$ erreichbar sind; z.B. mit Arylester-dichloriden[427]. Entstehendes Phosphor(III)-chlorid wird abdestilliert; z.B.:

$$3\ H_5C_6-O-PCl_2\ +\ 2\ PBr_3\ \xrightarrow[-\ 2\ PCl_3]{}\ 3\ H_5C_6-O-PBr_2$$

Phosphorigsäure-dibromid-phenylester; 82%

Magnesiumbromid-Diethyletherat in Diethylether tauscht in den Phosphorigsäure-alkylester-dichloriden bei $20°/15$ Stdn. die Chlor- gegen Brom-Atome aus[428], vor der Aufarbeitung wird zur Ausfällung des Magnesiumbromidchlorids das 2,5fache Volumen Petrolether zugesetzt; z.B.:

$$H_9C_4-O-PCl_2\ +\ 2\ (H_5C_2)_2O\bullet MgBr_2\ \xrightarrow[-\ 2\ (H_5C_2)_2O\bullet MgBrCl]{}\ H_9C_4-O-PBr_2$$

Phosphorigsäure-butylester-dibromid; 82%

Mittels Magnesiumjodid-Diethyletherat[429] bei -40 bis $-50°$ sowie mit Lithiumjodid in Tetrachlormethan oder Hexan[430,431] bei -15 bis $-20°$ (1 Std. bzw. 4 Stdn.) werden analog die in etherischer Lösung bei $\sim 20°$ ziemlich stabilen, in Substanz aber nur bei $-60°$ haltbaren Phosphorigsäure-alkylester-dijodide erhalten; z.B.:

$$H_9C_4-O-PCl_2\ +\ 2\ (H_5C_2)_2O\bullet MgJ_2\ \xrightarrow[-\ 2\ (H_5C_2)_2O\bullet MgClJ]{}\ H_9C_4-O-PJ_2$$

Phosphorigsäure-butylester-dijodid; 85%

$$H_7C_3-O-PCl_2\ +\ 2\ LiJ\ \xrightarrow[-\ 2\ LiCl]{}\ H_7C_3-O-PJ_2$$

Phosphorigsäure-dijodid-propylester; 90%

Die erkennbar stabileren, aber auch nur bei Temperaturen um $-50°$ beständigen Phosphorigsäure-arylester-dijodide entstehen aus den entsprechenden Chloriden mit Lithiumjodid in Tetrachlormethan bei -10 bis $-20°$ (8–15 Stdn.)[431,432]. Trägt der Alkoxy- oder Aryloxy-Rest in den Dijodid-estern elektronenziehende Substituenten, erhöht sich ihre Beständigkeit.

[424] Z. M. *Ivanova*, Zh. Obshch. Khim. **34**, 858 (1964); engl.: 852.

[425] R. *Schmutzler*, Chem. Ber. **96**, 2435 (1963).

[426] R. *Schmutzler*, Adv. Fluorine Chem. **5**, 31 (1965).

[427] B. A. *Arbusov*, V. K. *Krupnov* u. A. O. *Vizel*, Izv. Akad. Nauk SSSR, Ser. Khim. **1972**, 1193; engl.: 1147.

[428] Z. S. *Novikova*, M. M. *Kabachnik*, A. A. *Prishchenko* u. I. F. *Lutsenko*, Zh. Obshch. Khim. **44**, 1857 (1974); engl.: 1825.

[429] M. M. *Kabachnik*, Z. S. *Novikova*, E. V. *Snyatkova* u. I. F. *Lutsenko*, Zh. Obshch. Khim. **46**, 433 (1976); engl.: 428.

[430] N. G. *Feshchenko* u. V. G. *Kostina*, Zh. Obshch. Khim. **46**, 777 (1976); engl.: 775.

[431] N. G. *Feshchenko*, V. G. *Kostina* u. A. V. *Kirsanov*, Zh. Obshch. Khim. **43**, 209 (1973); engl.: 208.

[432] N. G. *Feshchenko* u. V. G. *Kostina*, Zh. Obshch. Khim. **45**, 283 (1975); engl.: 269.

4. aus Phosphorigsäure-chlorid-diestern bzw. -triestern

Phosphorigsäure-chlorid-dimethylester disproportioniert in Gegenwart von Zinn(IV)-chlorid bereits bei $-15°$ bis $0°/\sim 72$ Stdn. in Phosphorigsäure-trimethylester und *Phosphorigsäure-dichlorid-methylester*[434]:

$$4 \ (H_3C-O)_2P-Cl \ + \ SnCl_4 \ \xrightarrow[- \ [(H_3C-O)_3P]_2 SnCl_4]{} \ 2 \ H_3C-O-PCl_2$$

Die Disproportionierung kann auch durch Chlorwasserstoff bewirkt werden[435]. Die Kombination Carbonsäurechlorid/Chlorwasserstoff überführt bei $225°/10$ Stdn. Phosphorigsäure-chlorid-diarylester in Phosphorigsäure-arylester-dichloride[436].
Besonders einfach gestaltet sich die Synthese der Phosphorigsäure-alkylester- bzw. -arylester-difluoride ($71–82\%$ bzw. 40%) durch Reaktion der Phosphorigsäure-triester mit Bortrifluorid[437] bei $0–20°$; z.B.:

$$(H_5C_2-O)_3P \ + \ 2 \ BF_3 \ \xrightarrow[- \ 2/3 \ (H_5C_2-O-BF_2)_3]{} \ H_5C_2-O-PF_2$$

Phosphorigsäure-difluorid-ethyl-ester; 79%

Beim thermischen Zerfall oberhalb $120°$ der Addukte von Phosphorigsäure-trialkylestern an Difluor-2-trifluormethyl-acrylsäureester entstehen Phosphorigsäure-alkylester-difluoride[438, 439] in $60–95\%$.

β) *Phosphorigsäure-difluorid-trimethylsilylester*

Phosphorigsäure-difluorid-trimethylsilylester entsteht bei der Lösungsmittel-freien Umsetzung sowohl von Phosphorigsäure-difluorid-Anhydrid mit Hexamethyldisiloxan bei $60°/16$ Tage wie auch von Phosphorigsäure-difluorid mit Heptamethyldisilazan in kurzer Zeit bei $\sim 20°$ zu 66% bzw. 78%[440].

[434] *A.N. Pudovik, A.A. Muratova, O.B. Sobanova, E.G. Yarkova* u. *A.S. Khramov*, Zh. Obshch. Khim. **46**, 2152 (1976); engl.: 2070.
[435] *T.Kh. Gazizov, V.A. Kharlamov, A.P. Pashinkin* u. *A.N. Pudovik*, Zh. Obshch. Khim. **47**, 1234 (1977); engl.: 1137.
[436] *T.Kh. Gazizov, R.U. Belyalov* u. *A.N. Pudovik*, Zh. Obshch. Khim. **50**, 1673 (1980); engl.: 1355.
[437] *H. Binder* u. *R. Fischer*, Z. Naturforsch. **27b**, 753 (1972).
[438] *U. Utebaev, E.M. Rokhlin, E.P. Lure* u. *I.L. Knunyants*, Izv. Akad. Nauk SSSR, Ser. Khim. **1975**, 1463; engl.: 1358.
[439] *I.L. Knunyants, U. Utebaev, E.M. Rokhlin, E.P. Lure* u. *E.I. Mysov*, Izv. Akad. Nauk SSSR, Ser. Khim. **1976**, 875; engl.: 853.
[440] *R.G. Cavell, R.D. Leary, A.R. Sanger* u. *A.J. Tomlinson*, Inorg. Chem. **12**, 1374 (1973).

e$_{15}$) Thiophosphorigsäure-dihalogenid-S-ester

A. Herstellung

1. aus Phosphor(III)-halogeniden

1.1. und Thiolen oder Thiophenolen

Die Umsetzung äquimolarer Mengen Phosphor(III)-chlorid mit aliph. Thiolen führt zu unreineren Thiophosphorigsäure-dichlorid-S-estern als früher angenommen[441-445]. Reinere Produkte werden erhalten, wenn Phosphor(III)-chlorid in zwei- bis dreifach molarem Überschuß vorliegt[441,444,445]. Zur Umsetzung mit Thiophenol s. Lit.[446].

Thiophosphorigsäure-dichlorid-S-propylester[445]: In 205,5 g (1,5 mol) auf 50° erwärmtes Phosphor(III)-chlorid werden unter Rühren 38 g (0,5 mol) Propanthiol eingetropft. Nach beendeter Zugabe wird die Mischung 4 Stdn. bei 75° gekocht. Danach wird aus dem Reaktionsgemisch überschüssiges Phosphor(III)-chlorid i. Vak. abdestilliert; Ausbeute: 82,3 g (87%; 93,7%ig).

Eine Reinigung der Thiophosphorigsäure-S-alkylester-dichloride durch Destillieren ist nur beschränkt möglich, da bereits bei 20° langsame Zersetzung eintritt zu einem Gleichgewichtsgemisch, das zusätzlich Phosphor(III)-chlorid und Dithiophosphorigsäure-chlorid-S,S-diester enthält[441,447]. Die gegenseitige Umwandelbarkeit hat andererseits zur Folge, daß für eine Reihe von Umsetzungen die Produktionsgemische, die bei der 1:1-Umsetzung von Phosphor(III)-chlorid und Thiolen entstehen, verwendbar sind[442-445,448].

Sogar bei der Umsetzung von Chlor-difluor-phosphan mit Thiolen und Amin im Molverhältnis 1:1:1 ist trotz der abgestuften Reaktivität der P-Hal-Bindungen das gebildete Thiophosphorigsäure-S-alkylester-difluorid mit Thiophosphorigsäure-S,S-dialkylester-fluorid verunreinigt[449]. Aus gereinigtem *Thiophosphorigsäure-difluorid-S-methylester* wird bereits beim Erwärmen auf 20° Phosphor(III)-fluorid freigesetzt. Anstelle der Thiole können auch Metallthiolate eingesetzt werden; z. B.[450]:

$$2 \ Br{-}PF_2 \ + \ (F_3C{-}S)_2Hg \ \xrightarrow[-\ HgBr_2]{} \ 2 \ F_3C{-}S{-}PF_2$$

*Thiophosphorigsäure-difluorid-S-trifluor-
methylester*

Zur Synthese aus Phosphor(III)-chlorid und Alkylthio-trimethyl-silan s. Lit.[451].

Mit Methyl-thiiran reagiert Phosphor(III)-chlorid in Gegenwart von Zinkchlorid bei 20°

[441] *L. V. Stepashkina, V. D. Akamsin* u. *N. I. Rizpolozhenskii*, Izv. Akad. Nauk SSSR, Ser. Khim. **1972**, 380; engl.: 330.

[442] US 3457306 (1965), Monsanto Co, Erf.: *J. W. Baker* u. *R. E. Stenseth*; C.A. **71**, 91648 (1969).

[443] US 3457308 (1965), Monsanto Co, Erf.: *L.C.D. Groenweghe*; C.A. **71**, 91646 (1969).

[444] *I. W. Baker, R. E. Stenseth* u. *L. C. D. Groenweghe*, J. Am. Chem. Soc. **88**, 3041 (1966).

[445] DOS 2647058 (1977), Mobay Chem. Co., Erf.: *A. Zakaryan*; C.A. **87**, 38870 (1977).

[446] *D. Minich, N. I. Rizpolozhenskii, V. D. Akamsin* u. *O. A. Raevskii*, Izv. Akad. Nauk SSSR, Ser. Khim. **1969**, 876; engl.: 795.

[447] *N. Fritzowsky, A. Lentz* u. *J. Goubeau*, Z. Anorg. Allgem. Chem. **386**, 67 (1971).

[448] SU 337384 (1969), Phytopath. Res. Inst., Erf.: *N. K. Bliznyuk, Z. N. Kvasha* et al.; C.A. **77**, 90726 (1972).

[449] *R. Foerster* u. *K. Cohn*, Inorg. Chem. **11**, 2590 (1972).

[450] *G. H. Sprenger* u. *I. M. Shreeve*, J. Fluorine Chem. **4**, 201 (1974).

[451] *E. W. Abel, D. A. Armitage* u. *R. P. Bush*, J. Chem. Soc. **1964**, 5584.

unvollständig ($< 50\%$) zu *Thiophosphorigsäure-S-(2-chlor-propylester)-dichlorid*, bei 70°
aber zu einem Gemisch der Chlorid-S-ester[452,453]. Zur Reaktion mit Thiiran s. Lit.[453].

1.2. und Trithiophosphorigsäure-S,S,S-trialkylestern

Trithiophosphorigsäure-S,S,S-trialkylester reagieren mit Phosphor(III)-chlorid zu einem Gleichgewichtsgemisch, das neben den Ausgangsstoffen die gemischten Thiophosphorigsäure- und Dithiophosphorigsäure-chlorid-S-ester enthält[454]:

$$PCl_3 \;+\; (R-S)_3P \;\rightleftharpoons\; R-S-PCl_2 \;+\; (R-S)_2P-Cl$$

Zur verwandten Spaltung derselben Trialkylester mit Chlorwasserstoff s. Lit.[455].

1.3. und Dithiocarbonsäure-alkylestern

In Gegenwart von Amin setzen sich Phosphor(III)-chlorid und 2-Methyl-propandithiosäure-alkylester zu Thiophosphorigsäure-S-(1-alkylthio-2,2-dimethyl-vinylester)-dichloriden um[456]:

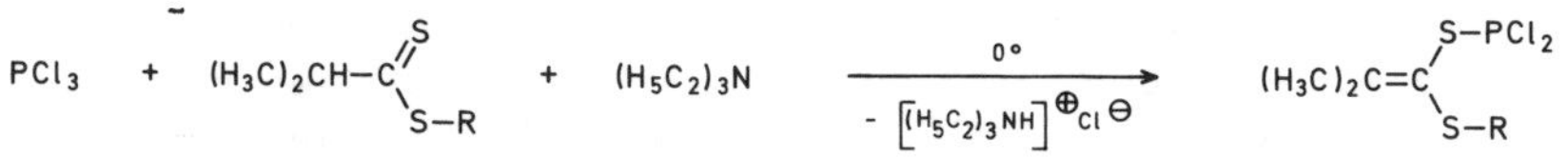

$$PCl_3 \;+\; (H_3C)_2CH-C\!\!\begin{array}{c}\nearrow S\\\searrow S-R\end{array} \;+\; (H_5C_2)_3N \;\xrightarrow[-\,[(H_5C_2)_3NH]^\oplus Cl^\ominus]{0°}\; (H_3C)_2C\!=\!C\!\!\begin{array}{c}\nearrow S-PCl_2\\\searrow S-R\end{array}$$

2. aus Thiophosphorigsäure-dichlorid-S-estern

Zur Herstellung von *Thiophosphorigsäure-S-(chlor-fluor-methylester)-dichlorid* aus den Sulfenylchloriden und Phosphor s. Lit.[457].

e₁₆) Selenophosphorigsäure-Se-alkylester-dihalogenide

Difluor-jod-phosphan reagiert mit dem Quecksilbersalz des Trifluormethanselenols bei
$-45°/0,5$ Stdn. zu *Selenophosphorigsäure-difluorid-Se-trifluormethylester*[458]:

$$2\; J-PF_2 \;+\; (F_3C-Se)_2Hg \;\xrightarrow[-HgJ_2]{}\; 2\; F_3C-Se-PF_2$$

[452] *O. N. Nuretdinova*, Izv. Akad. Nauk SSSR, Ser. Khim. **1966**, 1255; engl.: 1205.
[453] *O. N. Nuretdinova* u. *L. Z. Nikonova*, Izv. Akad. Nauk SSSR, Ser. Khim. **1969**, 1125; engl.: 1028.
[454] *K. Moedritzer, G. M. Burch, J. R. Van Wazer* u. *H. K. Hofmeister*, Inorg. Chem. **2**, 1152 (1963)
[455] *E. N. Ofitserov, O. G. Sinyashin, E. S. Batyeva* u. *A. N. Pudovik*, Zh. Obshch. Khim. **50**, 222 (1980); C. A. **93**, 70926 (1980).
[456] *Y. G. Gololobov* u. *M. N. Danchenko*, Zh. Obshch. Khim. **49**, 2623 (1979); engl.: 2326.
[457] *A. Haas* u. *D. Winkler*, Z. Anorg. Allg. Chem. **468**, 68 (1980).
[458] *C. J. Marsden*, J. Fluorine Chem. **5**, 423 (1975).

e₁₇) **Phosphorigsäure-amid-dihalogenide**

α) *Phosphorigsäure-dihalogenid-organoamide*

A. Herstellung

1. aus Phosphonigsäure-dihalogeniden

Sek. Amine spalten vorzugsweise die P–C-Bindung im Difluor-trichlormethyl-phosphan[459, 460] bzw. dessen Molybdän-Carbonyl-Komplexen:

$$CCl_3\text{—}PF_2 \ + \ R_2NH \ \xrightarrow[-HCCl_3]{} \ R_2N\text{—}PF_2$$

Mit prim. Aminen werden schlechtere Ausbeuten erzielt[461].

2. aus Phosphor(III)-chlorid

2.1. mit Enaminen

Die bei der Anlagerung von Phosphor(III)-chlorid an 1-Alkyl-1-morpholino-ethene gebildeten Immonium-Salze zerfallen bei Einwirkung von Triethylamin zu *Phosphorigsäure-dichlorid-morpholid*[462]:

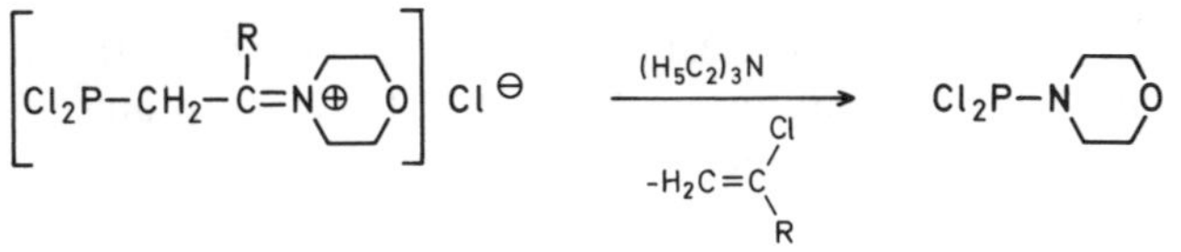

$$\left[Cl_2P\text{—}CH_2\text{—}\overset{\overset{R}{|}}{C}=N^{\oplus}\underset{}{\bigcirc}O \right] Cl^{\ominus} \ \xrightarrow[-H_2C=C\overset{Cl}{\underset{R}{\diagdown}}]{(H_5C_2)_3N} \ Cl_2P\text{—}N\underset{}{\bigcirc}O$$

Ganz entsprechend zerfallen die durch Anlagerung von Phosphor(III)-chlorid an Keten-aminale entstehenden Komplexe zu Phosphorigsäure-amid-dichlorid und Enamin[463]; z. B.:

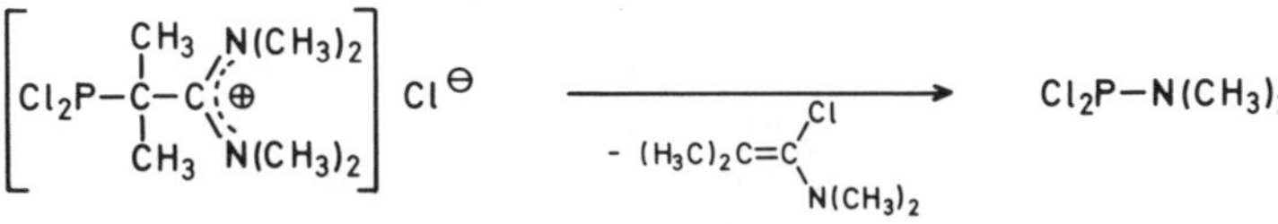

$$\left[Cl_2P\text{—}\overset{\overset{CH_3}{|}}{\underset{\underset{CH_3}{|}}{C}}\text{—}\overset{\overset{N(CH_3)_2}{\diagup}}{\underset{\underset{N(CH_3)_2}{\diagdown}}{C^{\oplus}}} \right] Cl^{\ominus} \ \xrightarrow[-(H_3C)_2C=C\overset{Cl}{\underset{N(CH_3)_2}{\diagdown}}]{} \ Cl_2P\text{—}N(CH_3)_2$$

Phosphorigsäure-dichlorid-dimethylamid

2.2. mit Cyanamid

Die Addition von Phosphor(III)-chlorid an Cyanamide bei 20° liefert die bis ~70° beständigen Phosphorigsäure-(chlor-dialkylamino-methylenamid)-dichloride[464] (90–97%):

$$PCl_3 \ + \ R_2N\text{—}C{\equiv}N \ \longrightarrow \ R_2N\text{—}\overset{\overset{Cl}{|}}{C}=N\text{—}PCl_2$$

[459] *J. F. Nixon*, J. Chem. Soc. **1964**, 2469.
[460] *C. G. Barlow* u. *J. F. Nixon*, J. Chem. Soc. [A] **1966**, 228.
[461] *C. G. Barlow, R. Jefferson* u. *J. F. Nixon*, J. Chem. Soc. **1968**, 2692.
[462] *L. A. Lazukina, V. P. Kukhar* u. *G. V. Pesotskaya*, Zh. Obshch. Khim. **44**, 2355 (1974); engl.: 2309.
[463] *H. Weingarten*, J. Org. Chem. **35**, 3970 (1970).
[464] *V. I. Shevchenko, N. P. Pisanenko* u. *I. M. Kosinskaya*, Zh. Obshch. Khim. **48**, 1179 (1978); engl.: 1078.

2.3. und Iminen bzw. Aziridinen

Aldimine mit β-ständigem Wasserstoff, die zur Umlagerung in die NH-aktiven Enamine befähigt sind, setzen sich mit Phosphor(III)-chlorid in Gegenwart von tert. Amin zu Phosphorigsäure-1-alkenylamid-dichloriden um[465]; z.B.:

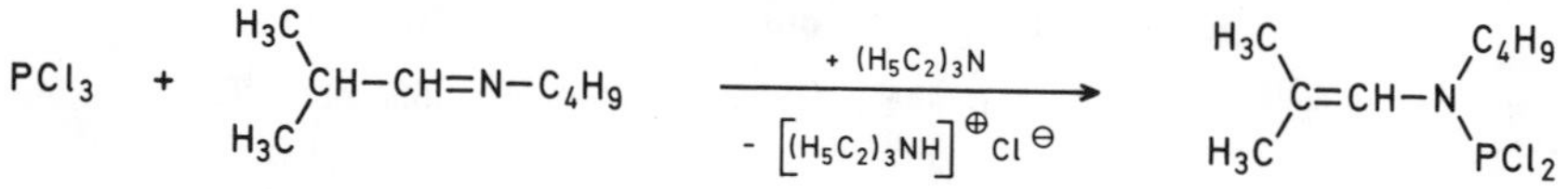

$$PCl_3 \ + \ \begin{array}{c} H_3C \\ \diagdown \\ CH-CH=N-C_4H_9 \\ \diagup \\ H_3C \end{array} \xrightarrow[-\ [(H_5C_2)_3NH]^{\oplus} Cl^{\ominus}]{+\ (H_5C_2)_3N} \begin{array}{c} H_3C \\ \diagdown \\ C=CH-N \\ \diagup \\ H_3C \end{array} \begin{array}{c} C_4H_9 \\ \diagup \\ \diagdown \\ PCl_2 \end{array}$$

Phosphorigsäure-[butyl-(2-methyl-propenyl)-amid]-dichlorid; 31–87%

Mit N-Alkyl- und N-Phosphoryl-aziridinen werden unter Ringöffnung Phosphorigsäure-(2-chlor-alkylamid)-dichloride erhalten[466]; z.B.:

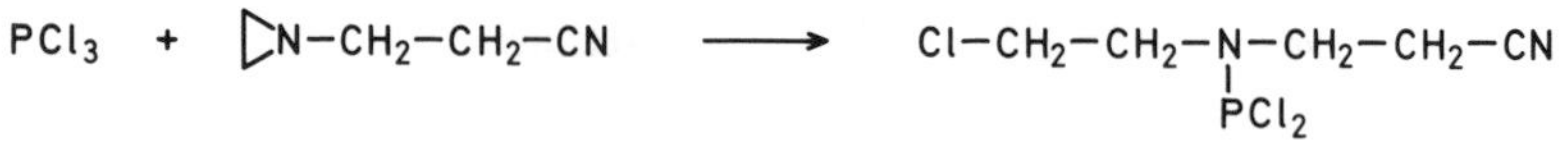

$$PCl_3 \ + \ \underset{\diagdown}{\overset{\diagup}{N}}-CH_2-CH_2-CN \longrightarrow Cl-CH_2-CH_2-\underset{\underset{PCl_2}{\big|}}{N}-CH_2-CH_2-CN$$

Phosphorigsäure-[(2-chlor-ethyl)-2-cyan-ethyl)-amid]-dichlorid

2.4. mit Aminen

Im Gegensatz zu den höheren Trihalogeniden läßt sich Phosphor(III)-fluorid gut in der Gasphase mit Aminen zu Phosphorigsäure-amid-difluoriden umsetzen[467–469]. Diese Reaktion ermöglicht bei sek. Aminen (z.B. Dimethylamin) nahe 20° Ausbeuten bis 84%[469]:

$$2\ PF_3 \ + \ 3\ (H_3C)_2NH \xrightarrow[-\ (H_3C)_2NH \cdot H_2F_2]{} 2\ (H_3C)_2N-PF_2$$

Phosphorigsäure-difluorid-dimethylamid; 84%

Prim. Alkylamine liefern ein Gemisch aus Phosphorigsäure-alkylamid-difluorid und Bis-[methylamino]-difluor-hydro-phosphoran; bei Überschuß an Phosphor(III)-fluorid entsteht *Phosphorigsäure-difluorid-methylamid* in nahezu quantitativer Ausbeute[470].
Höhere prim. Amine werden besser in Lösungsmitteln (z.B. Pentan) mit überschüssigem Phosphor(III)-fluorid umgesetzt. Enthält das prim. Amin einen sterisch anspruchsvollen Rest, treten keine Phosphorane als Nebenprodukte auf[470].
Die Umsetzung sek. Amine mit Phosphor(III)-fluorid kann auch im Boran-Komplex in Diethylether als Lösungsmittel vorgenommen werden, das entstandene Amid-difluorid kann dann aus seinem Komplex mit Amin freigesetzt werden[471]; z.B.:

---

[465] *A. M. Kibardin, T. K. Gazizov* u. *A. N. Pudovik*, Izv. Akad. Nauk SSSR, Ser. Khim. **1980**, 2186; C. A. **94**, 83550 (1981).
[466] *E. S. Gubnitskaya, E. T. Semashko, V. S. Parkhomenko* u. *A. V. Kirsanov*, Zh. Obshch. Khim. **50**, 2171 (1980); engl.: 1746.
[467] *R. G. Cavell*, J. Chem. Soc. **1964**, 1992.
[468] *J. F. Nixon* u. *J. R. Swain*, J. Chem. Soc. [A] **1970**, 2075.
[469] *S. Fleming* u. *R. W. Parry*, Inorg. Chem. **11**, 1 (1972).
[470] *J. S. Harman* u. *D. W. A. Sharp*, J. Chem. Soc. [A] **1970**, 1935.
[471] *G. Kodama* u. *R. W. Parry*, Inorg. Chem. **4**, 410 (1965).

$$2 \ F_3\overset{\oplus}{P}-\overset{\ominus}{B}H_3 \ + \ 3 \ (H_3C)_2NH \ \xrightarrow[- \ \left[(H_3C)_2NH_2\right]^{\oplus} HF_2^{\ominus}]{} \ 2 \ (H_3C)_2\overset{\oplus}{N}-\overset{\ominus}{P}F_2-BH_3 \ \xrightarrow{2R_3N}$$

$$2 \ (H_3C)_2N-PF_2$$

Phosphorigsäure-difluorid-dimethylamid

In Phosphor(III)-chlorid- oder -bromid-fluoriden wird vor dem Fluor stets das höhere Halogen durch Amine verdrängt. So erhält man aus Chlor-difluor-phosphan und Dimethylamin im Molverhältnis 1:2 in der Gasphase das *Phosphorigsäure-difluorid-dimethylamid*[472]. Analog reagieren Brom- und Chlor-difluor-phosphan mit Methylamin, Ammoniak sowie mit der Kombination Pyrrol/Trimethylamin zu monomeren Phosphorigsäureamid-difluoriden[473-475]; z.B.:

$$Cl-PF_2 \ + \ 2 \ H_3C-NH_2 \ \xrightarrow[- \ \left[H_3C-NH_3\right]^{\oplus} Cl^{\ominus}]{} \ H_3C-NH-PF_2$$

Phosphorigsäure-difluorid-methylamid

Aus Dibrom- bzw. Dichlor-fluor-phosphan lassen sich bei Umsetzung mit Dimethylamin *Phosphorigsäure-bromid-* bzw. *-chlorid-dialkylamid-fluoride* erhalten[476].
Phosphor(III)-chlorid mit Dialkylaminen im Molverhältnis 1:2 in inerten Lösungsmitteln (z.B. Diethylether, Kohlenwasserstoffen) zu Phosphorigsäure-amid-dichloriden umzusetzen, ist ein bekanntes Verfahren[477], das sich einerseits auch auf Phosphor(III)-bromid[478,479] andererseits auf Alkyl-aryl-amine[480] und sterisch gehinderte Dialkylamine[481,482] übertragen läßt. Wichtig ist, Sauerstoff und Feuchtigkeit weitestgehend auszuschließen[483]. Nach diesem Verfahren werden auch destillierbare Phosphorigsäure-amid-dichloride aus prim. Alkylaminen mit stark raumfüllenden Substituenten (z.B. tert.-Butylamin) erhalten[484].
Zur Bindung des abgespaltenen Halogenwasserstoffs können z.B. Triethylamin, 1,4-Diaza-bicyclo[2.2.2]octan[481] oder Pyridin verwendet werden.
Prim. Arylamine und ihre Hydrochloride[485-487] liefern bei der Umsetzung mit Phosphor(III)-chlorid je nach Verhältnis der Reaktanten in der Regel Bis-[dichlorphospha-

[472] *R.G. Cavell*, J. Chem. Soc. **1964**, 1992.
[473] *R.G. Cavell, T.L. Charlton* u. *W. Sim*, J. Am. Chem. Soc. **93**, 1130 (1971).
[474] *J.E. Smith* u. *K. Cohn*, J. Am. Chem. Soc. **92**, 6185 (1970).
[475] *D.W.H. Rankin* u. *J.G. Wright*, J. Fluorine Chem. **17**, 469 (1981).
[476] *R.G. Montemayor* u. *R.W. Parry*, Inorg. Chem. **12**, 2482 (1973).
[477] *J.G. Morse, K. Cohn, R.W. Rudolph* u. *R.W. Parry*, Inorg. Synth. **10**, 147 (1967).
[478] *E.A. Dietz* u. *D.R. Martin*, Inorg. Chem. **12**, 241 (1973).
    H. Nöth u. *H.J. Vetter*, Chem. Ber. **96**, 1109 (1963).
[479] *L.N. Markowskii, V.D. Romanenko* u. *A.V. Ruban*, Zh. Obshch. Khim. **49**, 1908 (1979); engl.: 1681.
[480] *V.A. Giljarov, A.M. Maksudov* u. *M.I. Kabachnik*, Zh. Obshch. Khim. **37**, 2501 (1967); engl.: 2378.
[481] *O.J. Scherer* u. *N. Kuhn*, Chem. Ber. **108**, 2478 (1975).
[482] *L.N. Markovskii, V.D. Romanenko, A.V. Ruban* u. *L.A. Robenko*, Zh. Obshch. Khim. **50**, 337 (1980); engl.: 273.
[483] *K.J. Irgolic, L.R. Kallenbach* u. *R.A. Zingaro*, Monatsh. Chem. **102**, 545 (1971).
[484] *O.J. Scherer* u. *P. Klusmann*, Angew. Chem. **81**, 743 (1969).
[485] *J.F. Nixon*, J. Chem. Soc. [A] **1968**, 2689.
[486] *Z.K. Gorbatenko, I.T. Rozhdestvenskaya* u. *N.G. Feshchenko*, Zh. Obshch. Khim. **45**, 2367 (1975); engl.: 2325.
[487] *R. Jefferson, J.F. Nixon, T.M. Painter, R. Keat* u. *L. Stobbs*, J. Chem. Soc., Dalton Trans. **1973**, 1414.

nyl]-1,3-diaryl-2,4-dichlor- bzw. -2,4-diamino-1,3,2,4-diazadiphosphetidine[488,489], lediglich 4-Nitro-anilin reagiert zum *Phosphorigsäure-dichlorid-(4-nitro-anilid)*[489].

Methyl- und Ethylamin und ihre Hydrochloride liefern Bis-[dichlorphosphanyl]-amine [485,487], prim. Alkylamine mit großvolumigen Substituenten aber 1,3-Dialkyl-2,4-dichlor-1,3,2,4-diazadiphosphetidine[487] oder Phosphorigsäure-amid-dichloride[490].

Während bei den reaktiven kurzkettigen Dialkylaminen eine Mäßigung der Reaktion, z.B. durch Einsatz der Amine in Form ihrer Hydrochloride, das Reaktionsergebnis deutlich verbessert, ist bei Umsetzung von Phosphor(III)-chlorid, -bromid, -chlorid-difluorid mit Ketiminen[491] bzw. schwach basischen Aminen (z.B. Diphenylamin[492], phosphorylierten prim. Aminen[493,494]) die Zugabe eines stärker basischen tert. Amins sogar unabdingbar, wenn die Reaktion nicht unter drastischeren Bedingungen erzwungen werden kann[495,496]:

Phosphorigsäure-dichlorid-diphenylamid[492]: 28 g (0,2 mol) Phosphor(III)-chlorid, 34 g (0,2 mol) Diphenylamin und 40 g (0,4 mol) Triethylamin werden in 250 ml Benzol 2 Stdn. am Rückfluß erhitzt. Nach Filtration werden Benzol und Triethylamin i. Vak. abgedampft. Der ölige Rückstand bleibt nach Lösen in 200 ml Diethylether 12 Stdn. bei −30° stehen. Ein entstandener Niederschlag wird separiert und die dunkle Lösung über eine Säule von 10 g Aluminiumoxid (basisch) gegeben. Nach Abdampfen des Ethers wird der ölige Rückstand i. Hochvak. einer Kurzwegdestillation unterzogen. (Badtemp. 135–140°). Das erhaltene Öl ist nach 24 Stdn. bei 0° kristallin erstarrt; Ausbeute: 30,1 g (55%); Schmp.: 21–23°.

2.5. mit Metallamiden

Lithium-bis-[trimethylsilyl]-amid setzt sich mit Phosphor(III)-chlorid in Diethylether bei 0° zum *Phosphorigsäure-(bis-[trimethylsilyl]-amid)-dichlorid* (80%) um[497]:

$$\text{PCl}_3 \quad + \quad [(\text{H}_3\text{C})_3\text{Si}]_2\text{N—Li} \quad \xrightarrow[-\text{LiCl}]{} \quad [(\text{H}_3\text{C})_3\text{Si}]_2\text{N—PCl}_2$$

Weitere Synthesen dieser Art s. Lit.[498-500].

Auch sek. Lithiumamide mit stark raumfüllenden Substituenten (z.B. Lithium-tert.-butyl-isopropyl-amin) setzen sich bereits bei 0° mit Phosphor(III)-chlorid zu den entsprechenden Phosphorigsäure-amid-dichloriden um[501]; z.B. *Phosphorigsäure-(tert.-butyl-isopropyl-amid)-dichlorid* (73%).

2.6. mit Silylaminen

Silylamine reagieren mit Phosphor(III)-halogeniden im Molverhältnis 1:1 unter Silylhalogenid-Abspaltung zu Phosphorigsäure-amid-dihalogeniden. Eingesetzt werden Phos-

[485] *I. F. Nixon*, J. Chem. Soc. [A] **1968**, 2689.

[487] *R. Jefferson, J. F. Nixon, T. M. Painter, R. Keat* u. *L. Stobbs*, J. Chem. Soc., Dalton Trans. **1973**, 1414.

[488] *J. F. Nixon*, Chem. Commun. **1967**, 669.

[489] *A. R. Davies, A. T. Dronsfield, R. N. Haszeldine* u. *D. R. Taylor*, J. Chem. Soc., Perkin Trans. 1 **1973**, 379.

[490] *O. J. Scherer* u. *P. Klusmann*, Angew. Chem. **81**, 743 (1969).

[491] *A. Schmidpeter* u. *W. Zeiß*, Chem. Ber. **104**, 1199 (1971).

[492] *H. Falius* u. *M. Babin*, Z. Anorg. Allg. Chem. **420**, 65 (1976).

[493] *R. Keat*, J. Chem. Soc., Dalton Trans. **1974**, 876.

[494] *J. S. Harman, M. E. Mc Cartney* u. *D. W. A. Sharp*, J. Chem. Soc. [A] **1971**, 1547.

[495] *E. Fluck* u. *S. Kleemann*, Z. Anorg. Allg. Chem. **461**, 187 (1980).

[496] *J. R. Butler, H. S. Freeman* u. *L. D. Freedman*, Phosphorus Sulfur **9**, 269 (1981).

[497] *O. J. Scherer* u. *N. Kuhn*, J. Organomet. Chem. **82**, C 3 (1974).

[498] *O. J. Scherer* u. *P. Klusmann*, Angew. Chem. **81**, 743 (1969).

[499] *R. H. Neilson* u. *W. A. Kusterbeck*, J. Organomet. Chem. **166**, 309 (1979).

[500] *J. Neemann* u. *U. Klingebiel*, Chem. Ber. **114**, 527 (1981).

[501] *O. J. Scherer* u. *H. Conrad*, Z. Naturforsch. **36b**, 515 (1981).

phor(III)-chlorid, -(III)-bromid[502, 503] bzw. -(III)-jodid[504, 505] und Dialkyl-trialkylsilyl-amine[506]:

$$R_2N-Si(CH_3)_3 + PX_3 \xrightarrow[- (H_3C)_3Si-X]{} R_2N-PX_2$$

R = Alkyl
X = Cl, Br, J

Mit N-Silyl-Derivaten prim. Amine werden weniger einheitliche Ergebnisse erhalten. N-Phosphorylierte Alkyl-trimethylsilyl-amine reagieren mit Phosphor(III)-chlorid zu N-phosphorylierten Phosphorigsäure-amid-dichloriden[507]:

$$\overset{O}{\underset{}{\underset{}{P}}}-N-Si(CH_3)_3 + PCl_3 \xrightarrow[- (H_3C)_3Si-Cl]{} \overset{O}{\underset{}{P}}-N-PCl_2$$

Heptamethyldisilazan setzt sich mit Phosphor(III)-chlorid zum wenig stabilen *Phosphorigsäure-dichlorid-(methyl-trimethylsilyl-amid)* und weiter bis zum *Bis-[dichlorphosphanyl]-methyl-amin*[508, 509] um, mit Chlor-difluor-phosphan kann die Umsetzung auf der Stufe des gegenüber dem Dichlorid stabileren[509] *Phosphorigsäure-difluorid-(methyl-trimethylsilyl-amids)* angehalten werden[510]:

$$Cl-PF_2 + H_3C-N[Si(CH_3)_3]_2 \xrightarrow[- (H_3C)_3Si-Cl]{} (H_3C)_3Si-\underset{\underset{CH_3}{|}}{N}-PF_2$$

Die unterschiedliche Reaktivität der Halogene am Phosphor-Atom tritt auch bei der Umsetzung von 1-Trimethylsilyl-pyrrol mit Phosphor-bromid-difluorid hervor, wobei *Phosphorigsäure-difluorid-pyrrolid* entsteht[511].
Bei gleichzeitigem Vorliegen von O- und N-Trimethylsilyl-Gruppen, z.B. im Acetyl-bis-[trimethylsilyl]-amid wird bevorzugt die N-Trimethylsilyl-Gruppe abgespalten[512]; z.B.:

$$Br-PF_2 + H_3C-C\overset{O-Si(CH_3)_3}{\underset{N-Si(CH_3)_3}{\big\langle}} \xrightarrow[- (H_3C)_3Si-Br]{} H_3C-C\overset{O-Si(CH_3)_3}{\underset{N-PF_2}{\big\langle}}$$

Phosphorigsäure-difluorid-(1-trimethylsilyloxy-ethylidenamid)

Silylimine verhalten sich gegenüber Phosphor(III)-halogeniden ähnlich den Silylaminen[512, 513], ebenso die Stannylamine gegenüber Phosphor(III)-fluorid[513a].

[502] *E. W. Abel, D. A. Armitage* u. *G. R. Willey*, J. Chem. Soc. **1965**, 57.
[503] *S. Fischer, L. K. Peterson* u. *J. F. Nixon*, Can. J. Chem. **52**, 3981 (1974).
[504] *A. M. Pinchuk, Z. K. Gorbatenko* u. *N. G. Feshchenko*, Zh. Obshch. Khim. **43**, 1855 (1973); engl.: 1839.
[505] *Z. K. Gorbatenko* u. *N. G. Feshchenko*, Zh. Obshch. Khim. **47**, 1915 (1977); engl.: 1752.
[506] *J. Grobe* u. *G. Heyer*, J. Organomet. Chem. **61**, 133 (1973).
[507] *R. Keat*, J. Chem. Soc., Dalton Trans. **1974**, 876.
[508] *R. Jefferson, J. F. Nixon* u. *T. M. Painter*, Chem. Commun. **1969**, 622.
[509] *R. Jefferson, J. F. Nixon, T. M. Painter, R. Keat* u. *L. Stobbs*, J. Chem. Soc., Dalton Trans. **1973**, 1414.
[510] *J. S. Harman, M. E. McCartney* u. *D. W. A. Sharp*, J. Chem. Soc. [A] **1971**, 1547.
[511] *D. W. H. Rankin* u. *J. G. Wright*, J. Fluorine Chem. **17**, 469 (1981).
[512] *E. A. V. Ebsworth, D. W. H. Rankin, W. Steger* u. *J. G. Wright*, J. Chem. Soc., Dalton Trans. **1980**, 1768.
[513] *L. P. Filonenko* u. *A. M. Pinchuk*, Zh. Obshch. Khim. **49**, 348 (1979); engl.: 302.
[513a] *J. F. Nixon* in *Advances in Inorganic Chemistry and Radiochemistry*, Vol. 13, S. 387, Academic Press, New York · London 1970.

23*

2.7. mit anderen Amino-Phosphor-Derivaten

Präparativ besonders vorteilhaft ist die Synthese der Phosphorigsäure-amid-dihalogenide durch Umsetzung von Phosphor(III)-fluorid[514], -chlorid[515–517] bzw. -bromid[515] mit Phosphorigsäure-triamiden im Molverhältnis 2 : 1.

$$P(NR_2)_3 \;+\; 2\,PX_3 \;\longrightarrow\; 3\,X_2P{-}NR_2$$

X = F, Cl, Br

Statt des Triamids kann auch das Diamid-halogenid eingesetzt werden[518].

Präparativ weniger bedeutend sind die Umsetzungen mit Phosphorigsäure-diamid[519], mit Diethylphosphinigsäure-diethylamid[518] und Phosphorigsäure-diethylamid-difluorid[520] zu Phosphorigsäure-amid-dichloriden.

Phosphor(III)-fluorid reagiert zumeist langsam und nur bei erhöhter Temperatur.
In entsprechender Weise werden jedoch Phosphorigsäure-amid-difluoride aus Phosphonigsäure-bis-[dialkylamiden], Phosphinigsäure-dialkylamiden, Phosphorsäure-tris-[dialkylamiden] oder Phosphonsäure-bis-[dialkylamiden] erhalten[514].
Der Komproportionierung von Phosphorigsäure-triamiden und Phosphor-halogeniden gegenüber steht die Disproportionierung der Phosphorigsäure-amid-halogenide[521]. Fängt man das bei der Disproportionierung von Phosphorigsäure-bis-[dialkylamid]-chlorid entstehende Triamid als kristallisierendes Jod-Addukt ab, dann lassen sich die gleichzeitig entstandenen Phosphorigsäure-amid-dichloride isolieren[522].

Ebenso wird bei Einwirkung von Kohlenoxidsulfid auf Phosphorigsäure-bis-[dimethylamid]-fluorid neben dem Kohlenoxidsulfid-Phosphorigsäure-triamid-Reaktionsprodukt das *Phosphorigsäure-difluorid-dimethylamid* erhalten[523].

3. aus Phosphorigsäure-difluorid-estern durch Umamidierung

Bei der Umsetzung des Phosphorigsäure-difluorid-methylesters mit Diethylamin soll neben der Substitution des Fluors auch eine Verdrängung der Methoxy-Gruppe zum *Phosphorigsäure-diethylamid-difluorid* eintreten[524]. Dimethylamin reagiert mit Phosphorigsäure-difluorid-trimethylsilylester zu *Phosphorigsäure-difluorid-dimethylamid* (21%)[525].

[514] *D. H. Brown, K. D. Crosbie, G. W. Fraser* u. *D. W. A. Sharp*, J. Chem. Soc. [A] **1969**, 551.
[515] *H. Nöth* u. *H. J. Vetter*, Chem. Ber. **96**, 1109 (1963).
[516] *J. R. Van Wazer* u. *L. Maier*, J. Am. Chem. Soc. **86**, 811 (1964).
[517] *S. Sengès, M. Zentil* u. *M. C. Labarre*, Bull. Soc. Chim. Fr. **1971**, 351.
[518] *L. Maier*, Helv. Chim. Acta **47**, 2129 (1964).
[519] *E. Fluck* u. *S. Kleemann*, Z. Anorg. Allg. Chem. **461**, 187 (1980).
[520] *Z. M. Ivanova*, Zh. Obshch. Khim. **35**, 164 (1965); engl.: 165.
[521] *A. P. Marchenko, V. A. Kovenya, A. A. Kudryavtsev* u. *A. M. Pinchuk*, Zh. Obshch. Khim. **51**, 561 (1981); engl.: 440.
[522] *Z. K. Gorbatenko, I. E. Mitelman* u. *N. G. Feshchenko*, Zh. Obshch. Khim. **50**, 1726 (1980); engl.: 1400.
[523] *R. W. Light, L. D. Hutchins, R. T. Paine* u. *C. F. Campana*, Inorg. Chem. **19**, 3597 (1980).
[524] *G. I. Drozd, M. A. Sokalskii, V. V. Sheluchenko, M. A. Landau* u. *S. Z. Ivin*, Zh. Vses. Khim. Ova. **1969**, 592; C. A. **72**, 54645 (1970).
[525] *R. G. Cavell, R. D. Leary, A. R. Sanger* u. *A. J. Tomlinson*, Inorg. Chem. **12**, 1374 (1973).

4. aus Phosphorigsäure-amid-dihalogeniden

4.1. durch Umhalogenierung

Die Umwandlung der Phosphorigsäure-amid-dichloride in die Difluoride[526] kann nicht nur in klassischer Weise mit Antimon(III)-fluorid[527, 528, 529], vorzugsweise ohne Lösungsmittel bei 50–80°[530], sondern auch mit Natriumfluorid in polaren Lösungsmitteln z.B. Dimethylsulfoxid, Phosphorsäure-tris-[dimethylamid][531, 532], Tetrahydrothiophen-1,1-dioxid[533, 534] und Acetonitril[535] oder lösungsmittelfrei mit Zinkfluorid[536–538] vorgenommen werden. Die Gefahr der Komplexbildung zwischen Antimon(III)-fluorid[535] bzw. Zinkfluorid[538] und Amid wird durch das Natriumfluorid-Verfahren umgangen:

$$R_2N{-}PCl_2 \quad + \quad 2\,NaF \quad \xrightarrow[-2\,NaCl]{} \quad R_2N{-}PF_2$$

Phosphorigsäure-difluorid-diphenylamid[535]: 27 g (0,1 mol) Phosphorigsäure-dichlorid-diphenylamid werden in 150 *ml* Acetonitril mit 16,8 g (0,4 mol) gepulvertem Natriumfluorid unter Rühren 5,5 Stdn. am Rückfluß erhitzt. Das erkaltete Gemisch wird filtriert, die Lösung i.Vak. vom Acetonitril befreit und der Rückstand i.Hochvak. destilliert; Ausbeute: 18,5 g (78%); Schmp.: 11°.

In unpolaren Lösungsmitteln z.B. in siedendem Benzol kann dagegen der Austausch des Chlors in den Phosphorigsäure-amid-dichloriden gegen Jod mit Lithium-[539], Natrium- und Kaliumjodid[540] erfolgen:

$$R_2N{-}PCl_2 \quad + \quad 2\,LiJ \quad \xrightarrow[-2\,LiCl]{} \quad R_2N{-}PJ_2$$

Die Umwandlung der Phosphorigsäure-amid-dichloride in die zugehörigen Dibromide kann mit Phosphor(III)-bromid[541] bzw. Brom-trimethyl-silan[542], die der Phosphorigsäure-amid-difluoride in die zugehörigen Dichloride mit Phosphor(III)-chlorid durchgeführt werden[543]:

$$3\,R_2N{-}PCl_2 \quad + \quad 2\,PBr_3 \quad \xrightarrow[-2\,PCl_3]{} \quad 3\,R_2N{-}PBr_2$$

Phosphorigsäure-diethylamid wird durch Chlor-triamino-phosphoniumchlorid in *Phosphorigsäure-dichlorid-diethylamid* zurückverwandelt[544].

[526] *R. Schmutzler*, Adv. Fluorine Chem. **5**, 31 (1965) (Übersicht).

[527] *O.J. Scherer* u. *N. Kuhn*, Chem. Ber. **108**, 2478 (1975).

[528] *E. Fluck* u. *S. Kleemann*, Z. Anorg. Allg. Chem. **461**, 187 (1980).

[529] *R. Jefferson, J.F. Nixon, T.M. Painter, R. Keat* u. *L. Stobbs*, J. Chem. Soc., Dalton Trans. **1973**, 1414.

[530] *Z.M. Ivanova*, Zh. Obshch. Khim. **35**, 164 (1965); engl.: 165.

[531] *S. Sengès, M. Zentil* u. *M.C. Labarre*, Bull. Soc. Chim. Fr. **1971**, 531.

[532] *R. Schmutzler*, Chem. Ber. **96**, 2435 (1963).

[533] *R. Schmutzler*, Inorg. Chem. **3**, 415 (1964).

[534] *J.G. Morse, K. Cohn, R.W. Rudolph* u. *R.W. Parry*, Inorg. Synth. **10**, 147 (1967).

[535] *H. Falius* u. *M. Babin*, Z. Anorg. Allg. Chem. **420**, 65 (1976).

[536] *A. Nöth* u. *H.J. Vetter*, Chem. Ber. **96**, 1109 (1963).

[537] *Z.M. Ivanova*, Zh. Obshch. Khim. **35**, 164 (1965); engl.: 165.

[538] *H. Nöth* u. *H.J. Vetter*, Chem. Ber. **96**, 1298 (1963).

[539] *Z.K. Gorbatenko* u. *N.G. Feshchenko*, Zh. Obshch. Khim. **47**, 1916 (1977); engl.: 1753.

[540] *Z.K. Gorbatenko, N.G. Feshchenko* u. *T.V. Kovaleva*, Zh. Obshch. Khim. **44**, 2357 (1974); engl.: 2311.

[541] *B.A. Arbusov, V.K. Krupnova* u. *A.O. Vizel*, Izv. Akad. Nauk SSSR, Ser. Khim. **1972**, 1193; engl.: 1147.

[542] *V.D. Romanenko, V.I. Tovstenko* u. *L.N. Markovskii*, Zh. Obshch. Khim. **50**, 1660 (1980); C.A. **93**, 220856 (1980).

[543] *Z.M. Ivanova*, Zh. Obshch. Khim. **35**, 164 (1965); engl.: 165.

[544] *V.P. Kukhor, V.I. Pasternak, I.V. Shevchenko, M.B. Shevchenko, A.P. Marchenko* u. *Y.P. Makovetskii*, Zh. Org. Khim. **17**, 180 (1981); C.A. **95**, 6397 (1981).

Phosphorigsäure-amid-dihalogenide mit verschiedenen Halogenen sind nur schwierig zugänglich. Phosphorigsäure-chlorid-dialkylamid-fluoride entstehen in sehr geringen Ausbeuten aus den Dichloriden mit Antimon(III)-fluorid[545] bei 20°. Ebenfalls nur in mäßiger Ausbeute entsteht *Phosphorigsäure-bromid-dimethylamid-fluorid* aus dem Difluorid mit Bromcyan[546].

4.2. nach anderen Methoden

Phosphorigsäure-(tert.-butyl-trimethylsilyl-amid)-difluorid wird durch Fluorwasserstoff zu *Phosphorigsäure-tert.-butylamid-difluorid* gespalten[547]:

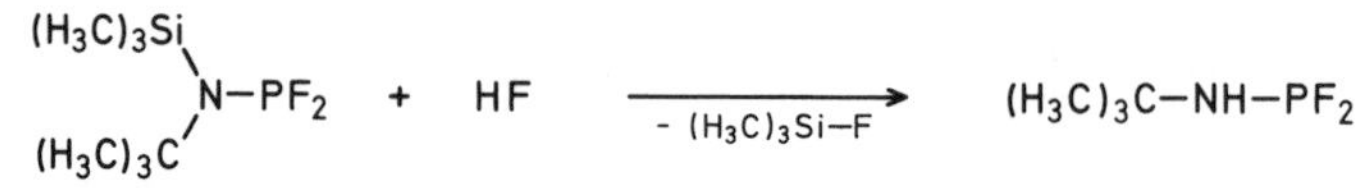

$$
\begin{array}{c}
(H_3C)_3Si \\
\diagdown \\
\qquad N-PF_2 \ + \ HF \ \xrightarrow[- \ (H_3C)_3Si-F]{} \ (H_3C)_3C-NH-PF_2 \\
\diagup \\
(H_3C)_3C
\end{array}
$$

Zur Umsetzung von Phosphorigsäure-dihalogenid-silylamiden mit Phosphor(V)-fluorid s. Lit.[547-550].

Reaktionen am nicht silylierten Stickstoff von Phosphorigsäure-amid-difluoriden primärer Amine sind stark von Nebenreaktionen begleitet[548].

Methylamin spaltet Bis-[difluor-phosphanyl]-methyl-amin bei 20° zu *Phosphorigsäure-difluorid-methylamid*[551] (47%):

$$H_3C-N(PF_2)_2 \ + \ H_3C-NH_2 \ \longrightarrow \ 2\,H_3C-NH-PF_2$$

5. aus Phosphorigsäure-diamid-halogeniden, -triamiden

Gemischte Phosphorigsäure-amid-dihalogenide werden bei der Umsetzung von Phosphorigsäure-bis-[dialkylamid]-fluorid mit Chlor- oder Bromwasserstoff im Molverhältnis 1:2 erhalten[552]:

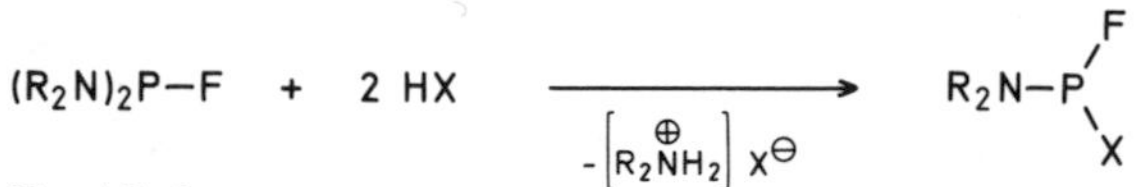

$$
(R_2N)_2P-F \ + \ 2\,HX \ \xrightarrow[- \left[R_2\overset{\oplus}{N}H_2\right]X^{\ominus}]{} \ R_2N-P\overset{\textstyle F}{\underset{\textstyle X}{\diagdown}}
$$

R = Alkyl,
X = Cl, Br

Präparativ am wichtigsten ist die Umsetzung der Phosphorigsäure-triamide mit Phosphor(III)-halogeniden (s. S. 366).

Bortrifluorid[553] in Toluol überführt Phosphorigsäure-tris-[dialkylamide] in Phosphorigsäure-dialkylamid-difluoride; z. B.:

$$[(H_3C)_2N]_3P \ + \ 2\,BF_3 \ \xrightarrow[-2\,(H_3C)_2N-BF_2]{} \ (H_3C)_2N-PF_2$$

Phosphorigsäure-difluorid-dimethylamid; 74%

Mit Bortrichlorid wird lediglich Phosphor(III)-chlorid erhalten[554].

[545] *H. W. Roesky*, Inorg. Nucl. Chem. Lett. **5**, 891 (1969).
[546] *J. E. Clune* u. *K. Cohn*, Inorg. Chem. **7**, 2067 (1968).
[547] *G. V. Röschenthaler, W. Storzer* u. *R. Schmutzler*, Z. Naturforsch. **35b**, 1125 (1980).
[548] *J. S. Harman, M. E. McCartney* u. *D. W. A. Sharp*, J. Chem. Soc. [A] **1971**, 1547.
[549] *G. V. Röschenthaler, R. Schmutzler* u. *W. Storzer*, Chem. Ztg. **104**, 63 (1979).
[550] *G. V. Röschenthaler* u. *R. Schmutzler*, Z. Anorg. Allg. Chem. **416**, 289 (1975).
[551] *C. G. Barlow, R. Jefferson* u. *J. F. Nixon*, J. Chem. Soc. **1968**, 2692.
[552] *R. G. Montemayor* u. *R. W. Parry*, Inorg. Chem. **12**, 2482 (1973).
[553] *H. Nöth* u. *H. J. Vetter*, Chem. Ber. **96**, 1298 (1963).
[554] *R. R. Holmes* u. *R. P. Wagner*, J. Am. Chem. Soc. **84**, 357 (1962).

Phosphorsäure- und Phosphonsäure-halogenide können ebenfalls eingesetzt werden. So überführen Phosphoryl-fluorid und Phosphor(V)-fluorid Phosphorigsäure-tris-[dimethylamid] in *Phosphorigsäure-difluorid-dimethylamid*[555] und Phosphorsäure-dichlorid-dimethylamid reagiert mit Phosphorigsäure-bis-[dimethylamid]-chlorid zu *Phosphorigsäure-dichlorid-dimethylamid*[556]:

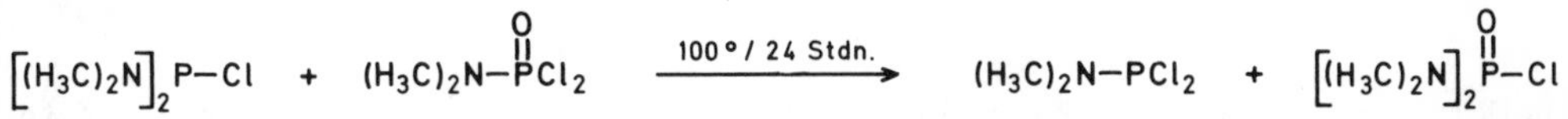

$$\left[(H_3C)_2N\right]_2 P-Cl \;+\; (H_3C)_2N-\overset{\overset{\displaystyle O}{\|}}{P}Cl_2 \xrightarrow{\;100°\,/\,24\;Stdn.\;} (H_3C)_2N-PCl_2 \;+\; \left[(H_3C)_2N\right]_2\overset{\overset{\displaystyle O}{\|}}{P}-Cl$$

Intramolekular führt eine analoge spontane Reaktion zum N-phosphorylierten Phosphorigsäure-amid-dichlorid[557]:

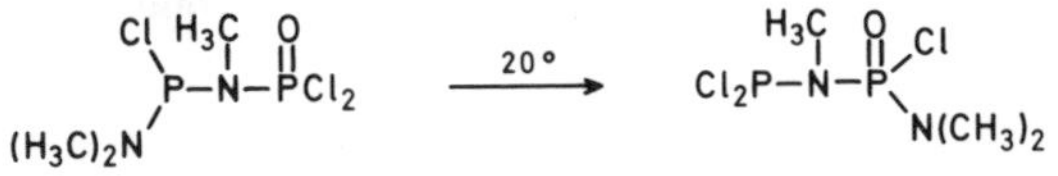

Phosphorigsäure-[(chlor-dimethylamino-phosphoryl)-methyl-amid]-dichlorid

Zur Spaltung der Diamid-halogenide bzw. -triamide mit Carbonsäurechloriden s. Lit.[557a].

6. aus Amino-imino-phosphanen

Bei der Umsetzung von (Bis-trimethylsilyl-amino)-trimethylsilylimino-phosphan mit Bor(III)-bromid entsteht neben einem 1,3,2,4-Diazaphosphaboretidin auch *Phosphorigsäure-(bis-[trimethylsilyl]-amid)-dibromid*[558].

β) Phosphorigsäure-dihalogenid-hydroxylamide

Phosphorigsäure-dichlorid-(methoxy-methyl-amid) wird durch Umsetzung von Phosphor(III)-chlorid mit der nahezu doppelt molaren Menge O,N-Dimethyl-hydroxylamin in Diethylether erhalten[559]. Mit Antimon(III)-fluorid werden die Chlor-Atome durch Fluor ersetzt [*Phosphorigsäure-difluorid-(methoxy-methyl-amid)*; 63%]. Die Dihalogenide sind bei ~ 20° wenig beständig.

γ) Phosphorigsäure-dihalogenid-hydrazide

A. Herstellung

Phosphorigsäure-dihalogenid-hydrazide können ausgehend von Phosphor(III)-halogenid und Phosphorigsäure-trihydrazid hergestellt werden. *Phosphorigsäure-dichlorid-(1,2,2-trimethyl-hydrazid)* (39%) entsteht aus Phosphor(III)-chlorid mit der nahezu doppelt molaren Menge 1,2,2-Trimethyl-hydrazin in Diethylether. Umsetzung von 1,2-Dimethyl-hydrazin[559] in einem Überschuß Phosphor(III)-chlorid liefert *1,2-Bis-[dichlorphosphanol]-1,2-dimethyl-hydrazin* (~ 100%)[561]:

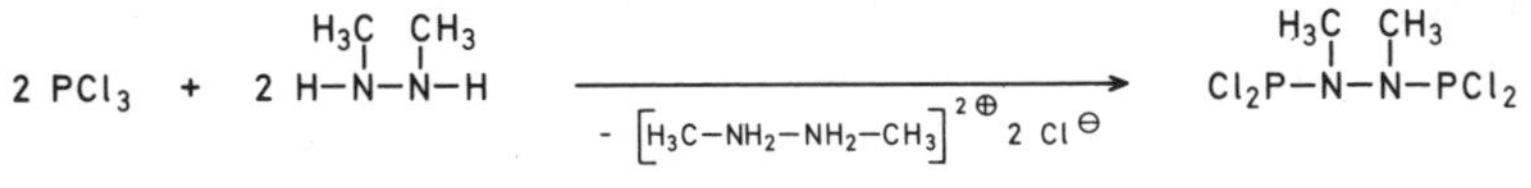

---

[555] D. H. Brown, K. D. Crosbie, G. W. Fraser u. D. W. A. Sharp, J. Chem. Soc. [A] **1969**, 551.
[556] R. Keat, Phosphorus **1**, 253 (1972).
[557] R. Keat, J. Chem. Soc., Dalton Trans. **1974**, 876.
[557a] J. H. Hargis u. G. A. Mattson, J. Org. Chem. **46**, 1597 (1981).
[558] E. Niecke u. W. Bitter, Angew. Chem. **87**, 34 (1975).
[559] A. E. Goya, M. D. Rosario u. J. W. Gilje, Inorg. Chem. **8**, 725 (1969).
[561] H. D. Havlicek u. J. W. Gilje, Inorg. Chem. **11**, 1624 (1972).

Letzteres wird z. B. auch auf folgendem Wege erhalten[561]:

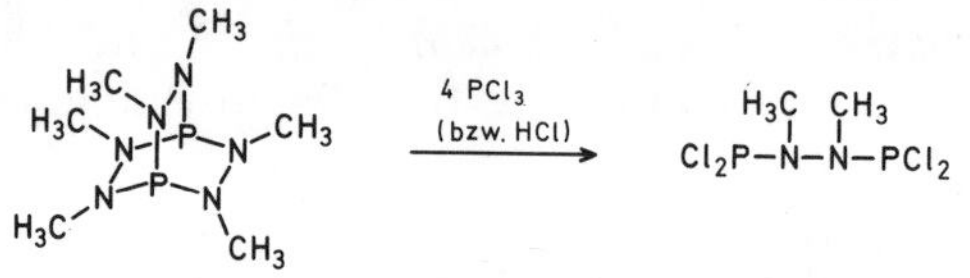

Mit gleichem Erfolg kann das als Zwischenstufe durchlaufende 3,6-Dichlor-1,2,4,5-tetramethyl-1,2,4,5,3,6-tetra-aza-diphosphorinan gespalten werden, z. B. auch mit Bortrichlorid[562]. *1,2-Bis-[dibromphosphano]-1,2-dimethyl-hydrazin* entsteht aus demselben Trihydrazid und Phosphorbromid[562].
Aus Phosphorigsäure-dichlorid-hydraziden werden mit Antimon(III)-fluorid[561] Phosphorigsäure- difluorid-hydrazide erhalten.

δ) Bis-[dihalogenphosphano]-amine

A. Herstellung

1. aus Phosphor(III)-halogeniden

Hydrochloride einfacher Monoalkylamine reagieren mit überschüssigem Phosphor(III)-chlorid (Molverhältnis 1:4) in siedendem 1,1,2,2-Tetrachlorethan innerhalb 7–10 Tagen zu Alkyl-bis-[dichlor-phosphano]-aminen (30–40%)[563, 564]:

$$2\,PCl_3 \;+\; [R\!-\!NH_3]^{\oplus}Cl^{\ominus} \;\xrightarrow[-3\,HCl]{}\; R\!-\!N(PCl_2)_2$$

Schneller und in besseren Ausbeuten verläuft die Reaktion, wenn der freigesetzte Chlorwasserstoff durch tert. Amin (z. B. Pyridin in stöchiometrischen Mengen) gebunden wird, wobei allerdings die Bildung von festen Phosphor(III)-chlorid-Amin-Addukten störend wirken kann. In siedendem Octan/8 Stdn. werden dabei bessere Ausbeuten (65–72%)[565] als in siedendem 1,1,2,2-Tetrachlor-ethan[563] erzielt.

Bis-[dichlorphosphano]-methyl-amin[565]: 119 g (1,5 mol) Pyridin werden unter Rühren und Kühlen in eine Mischung von 34 g (0,5 mol) Methylamin-Hydrochlorid, 344 g (2,5 mol) Phosphor(III)-chlorid und 400 *ml* Octan eingetragen. Die Mischung wird 8 Stdn. zum Sieden erhitzt. Nach dem Filtrieren wird der Filterkuchen mehrfach mit Petrolether ausgewaschen, die vereinigten Filtrate werden eingeengt, der Rückstand i. Vak. destilliert; Ausbeute: 84 g (72%); Sdp.: 41–42°/0,8 Torr (10,6 Pa).

Auch wenn das Amin im Überschuß eingesetzt wird, entstehen Alkyl-bis-[dichlorphosphano]-amine als Hauptprodukt, jedoch in unbefriedigenden Ausbeuten[566]. Amin-Hydrochloride mit sperrigem Alkyl-Rest reagieren sehr langsam[567].
Zur Herstellung von Alkyl-bis-[difluorphosphano]-aminen aus Phosphorigsäure-alkylamid-difluoriden und Phosphor-fluoriden s. Lit.[568].
Prim. aromatische Amine und ihre Hydrochloride reagieren bereits in überschüssigem, siedendem Phosphor(III)-chlorid innerhalb 4–6 Tagen zu Aryl-bis-[dichlorphos-

[561] *H. D. Havlicek* u. *J. W. Gilje*, Inorg. Chem. **11**, 1624 (1972).
[562] *H. Nöth* u. *R. Ullmann*, Chem. Ber. **107**, 1019 (1974).
[563] *J. F. Nixon*, J. Chem. Soc. [A] **1968**, 2689.
[564] *J. F. Nixon*, Chem. Commun. **1967**, 669.
[565] *Z. K. Gorbatenko, I. T. Rozhdestvenskaya* u. *N. G. Feshchenko*, Zh. Obshch. Khim. **45**, 2357 (1975); engl.: 2325.
[566] *R. Jefferson, J. F. Nixon, T. M. Painter, R. Keat* u. *L. Stobbs*, J. Chem. Soc., Dalton Trans. **1973**, 1414.
[567] *G. Bulloch* u. *R. Keat*, J. Chem. Soc., Dalton Trans. **1974**, 2010.
[568] *J. S. Harman, M. E. McCartney* u. *D. W. A. Sharp*, J. Chem. Soc. [A] **1971**, 1547.

phano]-aminen[569,575], unter drastischeren Bedingungen entstehen dagegen 2,4-Dichlor-1,3,2,4-diazadiphosphetidine[569], ebenso langsam oberhalb 30° bei Abwesenheit von Phosphor(III)-chlorid. Die Reaktion mit Phosphor(III)-chlorid bleibt im Fall sehr schwach basischer Aniline (z.B. 4-Nitro-anilin) auf der Stufe der Phosphorigsäure-anilid-dichloride stehen[569], wenn nicht eine Hilfsbase zugesetzt wird.

Anstelle der Amin-Hydrochloride können auch die Trimethylsilyl-Derivate der prim. Alkylamine mit Phosphor(III)-chlorid umgesetzt werden[570,571]; z.B.:

$$2 \ PCl_3 \ + \ \begin{array}{c} (H_3C)_3Si \\ \diagdown \\ \diagup \\ (H_3C)_3Si \end{array} N-CH_3 \quad \xrightarrow{-2 \ (H_3C)_3Si-Cl} \quad \begin{array}{c} Cl_2P \\ \diagdown \\ \diagup \\ Cl_2P \end{array} N-CH_3$$

Bis-[dichlorphosphano]-methyl-amin; 90%

Die Reaktion wird ohne Lösungsmittel bei 70–140° zweckmäßig mit einem Phosphor(III)-chlorid-Überschuß ausgeführt, bei tieferen Temperaturen bleibt die Reaktion auf der Stufe des Phosphorigsäure-dichlorid-silylamids stehen[575]. Demzufolge kann die Synthese auch zweistufig ausgeführt werden[575]; z.B.:

$$\begin{array}{c} Cl_2P \\ \diagdown \\ \diagup \\ (H_3C)_3Si \end{array} N-CH_3 \ + \ PCl_3 \quad \xrightarrow{-(H_3C)_3Si-Cl} \quad \begin{array}{c} Cl_2P \\ \diagdown \\ \diagup \\ Cl_2P \end{array} N-CH_3$$

Bis-[dichlorphosphano]-methyl-amin

Zur Synthese von *Acetyl-bis-[difluorphosphano]-amin* aus Phosphor(III)-bromid-difluorid und N,N-Bis-[trimethylsilyl]-acetamid s. Lit.[572].

2. aus Bis-[phosphano]-aminen

Antimon(III)-fluorid überführt Alkyl-bis-[dichlorphosphano]-amine in Alkyl-bis-[difluorphosphano]-amine[573,574] (70–75%); weniger glatt gelingt die Herstellung der Aryl-bis-[difluorphosphano]-amine auf diesem Weg[569,575].

Bis-[difluorphosphano]-methylamin[573]: 23,3 g (0,1 mol) Bis-[dichlorphosphano]-methyl-amin in 50 *ml* Petrolether (100–120°) werden unter Rühren zur Mischung von 45 g (0,25 mol) Antimon(III)-fluorid und 75 *ml* Petrolether zugefügt. Die Reaktionsmischung wird 0,5–1 Stde. am Sieden gehalten und dann sorgfältig fraktioniert; Ausbeute: 12,5 g (75%); Sdp.: 40–42°/760 Torr (101,3 kPa).

Durch 4stdg. Einwirkung von Natriumjodid in siedendem Benzol werden Alkyl-bis-[dichlorphosphano]-amine in die Alkyl-bis-[dijodphosphano]-amine (50–80%) umgewandelt[576]:

[569] *A.R. Davies, A.T. Dronsfield, R.N. Haszeldine* u. *D.R. Taylor*, J. Chem. Soc., Perkin Trans. 1 **1973**, 379.

[570] *R. Jefferson, J.F. Nixon* u. *T.M. Painter*, Chem. Commun. **1969**, 622.

[571] DOS 1793432 (1968), Bayer AG, Erf.: *G. Jonas* u. *R. Schliebs*.

[572] *E.A.V. Ebsworth, D.W.H. Rankin, W. Steger* u. *J.G. Wright*, J. Chem. Soc., Dalton Trans. **1980**, 1768.

[573] *J.F. Nixon*, J. Chem. Soc. [A] **1968**, 2689.

[574] *J.F. Nixon*, Chem. Commun. **1967**, 669.

[575] *R. Jefferson, J.F. Nixon, T.M. Painter, R. Keat* u. *L. Stobbs*, J. Chem. Soc., Dalton Trans. **1973**, 1414.

[576] *Z.K. Gorbatenko, I.T. Rozhdestvenskaya* u. *N.G. Feshchenko*, Zh. Obshch. Khim. **45**, 2357 (1957); engl.: 2325.

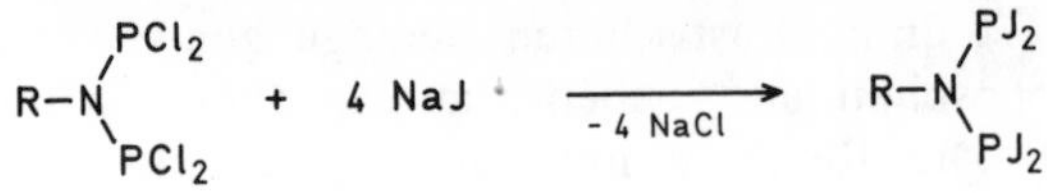

$$R-N\begin{smallmatrix}PCl_2\\\\PCl_2\end{smallmatrix} + 4\ NaJ \xrightarrow{-4\ NaCl} R-N\begin{smallmatrix}PJ_2\\\\PJ_2\end{smallmatrix}$$

Reduktion von Bis-[tetrachlorphosphorano]-methyl-amin mit Phosphorigsäure-dichlorid-methylester in Tetrachlormethan bei −20° bis 20° (3,5 Stdn.) ergibt 20% *Bis-[dichlorphosphano]-methyl-amin*[577].

e₁₈) Phosphorigsäure-amid-halogenid- bzw. -halogenid-hydrazid-Anhydride

2-Chlor-3-tert.-butyl-5-oxo-1,3,2-oxazaphospholan ist auf folgendem Wege durch Cyclisierung zugänglich[577a]:

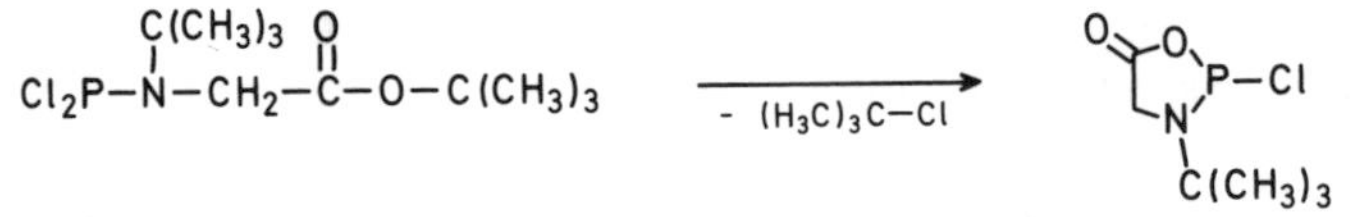

$$Cl_2P-\overset{C(CH_3)_3}{\underset{}{N}}-CH_2-\overset{O}{\overset{\|}{C}}-O-C(CH_3)_3 \xrightarrow{-(H_3C)_3C-Cl} \underset{\underset{C(CH_3)_3}{|}}{N}$$

Das zum Zerfall in die Ausgangsstoffe neigende *Phosphorigsäure-dimethylamid-fluorid-N,N-Dimethyl-carbaminsäure-Anhydrid* entsteht bei 25° aus Phosphorigsäure-bis-[dimethylamid]-fluorid und überschüssigem Kohlendioxid im geschlosssenen Rohr[577b]:

$$[(H_3C)_2N]_2P-F + CO_2 \longrightarrow (H_3C)_2N-\overset{F}{\underset{}{P}}-O-\overset{O}{\overset{\|}{C}}-N(CH_3)_2$$

2,5-Dichlor-3,4-dimethyl-1,3,4,2,5-oxadiazaphospholan (55%) entsteht bei der Einwirkung von Wasser und Triethylamin auf 1,2-Bis-[dichlorphosphano]-1,2-dimethyl-hydrazin in THF[578]:

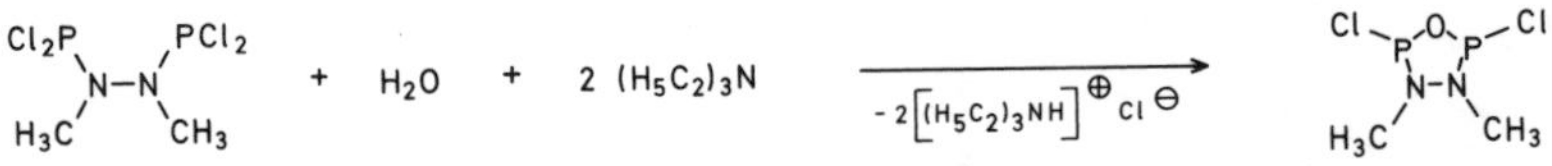

$$\begin{smallmatrix}Cl_2P\\\\H_3C\end{smallmatrix}N-N\begin{smallmatrix}PCl_2\\\\CH_3\end{smallmatrix} + H_2O + 2\ (H_5C_2)_3N \xrightarrow{-2[(H_5C_2)_3NH]^{\oplus}Cl^{\ominus}} \begin{smallmatrix}Cl\\\\H_3C\end{smallmatrix}P\overset{O}{\underset{N-N}{}}P\begin{smallmatrix}Cl\\\\CH_3\end{smallmatrix}$$

e₁₉) Phosphorigsäure-diester-halogenide

A. Herstellung

1. aus Hypodiphosphorigsäure-tetraalkylestern

In Ausbeuten über 90% entstehen Phosphorigsäure-chlorid-dialkylester bei Einwirkung von Carbonsäure-chloriden auf Hypodiphosphorigsäure-tetraalkylester unter milden Bedingungen in Petrolether[579–581]. Zur Spaltung mittels Sulfenylchloriden s. Lit.[580]

[577] *V. A. Kovenya* u. *A. M. Pinchuk*, Zh. Obshch. Khim. **46**, 2679 (1976); engl.: 2557.
[577a] *L. I. Nesterova* u. *Y. G. Gololobov*, Zh. Obshch. Khim. **51**, 1663 (1981); engl.: 1417.
[577b] *R. W. Light, L. D. Hutchins, R. T. Paine* u. *C. F. Campana*, Inorg. Chem. **19**, 3597 (1980).
[578] *H. Nöth* u. *R. Ullmann*, Chem. Ber. **109**, 1942 (1976).
[579] *M. V. Proskurnina, A. L. Chekhun* u. *I. F. Lutsenko*, Zh. Obshch. Khim. **44**, 1239 (1974); engl.: 1216.
[580] *E. E. Nifantev, I. V. Komlev, I. P. Konyaeva, A. I. Zavalishina* u. *V. M. Tulchinskii*, Zh. Obshch. Khim. **43**, 2368 (1973); engl.: 2353.
[581] *I. F. Lutsenko, M. V. Proskurnina* u. *A. L. Chekhun*, Phosphorus **4**, 57 (1974).

2. aus Phosphorigsäure-diestern

Phosphorigsäure-dialkylester werden durch Säurechloride wie z.B. Phosphor(V)-chlorid
in Benzol bei 0°/2 Stdn. oder Thionylchlorid in Diethylether bei 20°/2 Stdn. in Gegenwart
von Triethylamin in Phosphorigsäure-chlorid-dialkylester umgewandelt[582]. Im ersten Fall
betragen die Ausbeuten 52–92%, im zweiten etwas weniger; z.B.:

$$(H_9C_4-O)_2P \overset{O}{\underset{H}{\diagup}} \; + \; PCl_5 \; + \; (H_5C_2)_3N \xrightarrow[\substack{- [(H_5C_2)_3NH]^{\oplus} Cl^{\ominus} \\ - POCl_3}]{} (H_9C_4-O)_2P-Cl$$

Phosphorigsäure-chlorid-dibutylester

Phosphorigsäure-chlorid-dialkylester und -diarylester tauschen bei 100–120°/1 Stde. die
Liganden mit Phosphorigsäure-dialkylestern[583, 584]; z.B.:

$$(H_5C_2-O)_2P\overset{O}{\underset{H}{\diagup}} \; + \; (Cl-CH_2-CH_2-O)_2P-Cl \; \rightleftharpoons \; (H_5C_2-O)_2P-Cl \; +$$

$$(Cl-CH_2-CH_2-O)_2P\overset{O}{\underset{H}{\diagup}}$$

Phosphorigsäure-bis-[2-chlor-ethylester];
38%

Die Umwandlung der Diester in die Chlorid-diester kann auch mit Phosphor(III)-chlorid
vorgenommen werden[585]; Phosphorigsäure-dimethylester und cycl. Phosphorigsäure-diester ergeben die besten Ausbeuten (71% *Phosphorigsäure-chlorid-dimethylester*). Mit
Phosphor(III)-bromid treten Trennprobleme auf.

3. aus Phosphor(III)-halogeniden

Die direkte Umsetzung von einfachen Alkanolen und Phenolen mit Phosphor(III)-halogeniden im Molverhältnis
2:1 bleibt wegen Disproportionierung und Folgereaktionen der Phosphorigsäure-dialkylester-halogenide mit
Chlorwasserstoff[586] unbefriedigend.
Nur bei Vorliegen besonderer voluminöser und stabiler Substituenten (z.B. 2,2-Dimethyl-propanol[587],
1,1,1,3,3,3-Hexachlor-2-propanol[588], 2,6-Diisopropyl-phenol[589], 2,6-Di-tert.-butyl-phenol[590]) werden hohe
Ausbeuten erreicht, im letzteren Fall aber nur nach vorhergehender Überführung in die Phenolate.

Die bekanntlich mit guten Ergebnissen ablaufende Umsetzung von Phosphor(III)-chlorid
mit 1,2-Diolen und 1,3-Diolen zu 2-Chlor-1,3,2-dioxaphospholanen bzw.

[582] *M. M. Kabachnik, E. V. Snyatkova, Z. S. Novikova* u. *I. F. Lutsenko*, Zh. Obshch. Khim. **50**, 227 (1980); C. A. **92**, 157006 (1980).
[583] *O. N. Nuretdinova*, Izv. Akad. Nauk SSSR, Ser. Khim. **1974**, 1438; engl.: 1365.
[584] *O. N. Nuretdinova*, Dokl. Akad. Nauk SSSR **217**, 1332 (1974); engl.: 583.
[585] *O. N. Nuretdinova* u. *L. Z. Nikonova*, Izv. Akad. Nauk SSSR, Ser. Khim. **1975**, 694; engl.: 620.
[586] *T. K. Gazizov, V. A. Kharlamov* u. *A. N. Pudovik*, Zh. Obshch. Khim. **45**, 2339 (1975); engl.: 2295.
[587] *S. Bluj, B. Borecka, A. Lopusinski* u. *J. Michalski*, Rocz. Chem. **48**, 329 (1974).
[588] *B. A. Arbusov, E. N. Dianova, V. S. Vinogradova* u. *A. K. Shamsutdinova*, Izv. Akad. Nauk SSSR, Ser. Khim. **1966**, 1361; engl.: 1308.
[589] US 3476838 (1965), Ethyl Corp., Erf.: *G. G. Ecke* u. *A. J. Kolka*; C. A. **72**, 90040 (1970).
[590] FR 1366579 (1962), Hooker Chem. Corp., Erf.: *M. Kujawa, A. F. Shepard* u. *B. F. Dannels*; C. A. **62**, 2738 (1965).

-1,3,2-dioxaphosphorinanen ist auf eine Vielzahl spezieller Fälle angewendet worden, z. B.

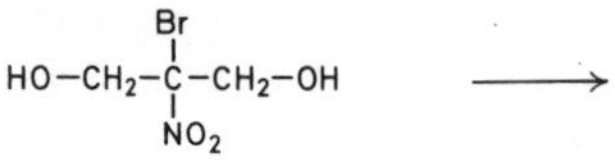

$$HO-CH_2-\underset{\underset{NO_2}{|}}{\overset{\overset{Br}{|}}{C}}-CH_2-OH \longrightarrow \qquad \textit{5-Brom-2-chlor-5-nitro-1,3,2-dioxaphosphorinan}[591]$$

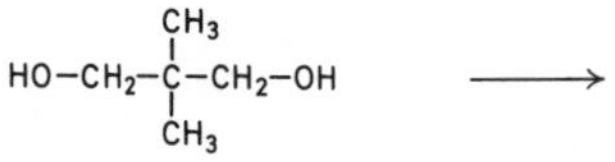

$$HO-CH_2-\underset{\underset{CH_3}{|}}{\overset{\overset{CH_3}{|}}{C}}-CH_2-OH \longrightarrow \qquad \textit{2-Chlor-5,5-dimethyl-1,3,2-dioxaphosphorinan}[592]$$

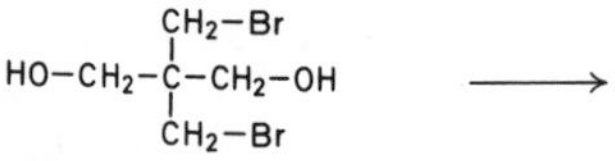

$$HO-CH_2-\underset{\underset{CH_2-Br}{|}}{\overset{\overset{CH_2-Br}{|}}{C}}-CH_2-OH \longrightarrow \qquad \textit{5,5-Bis-[brommethyl]-2-chlor-1,3,2-dioxaphosphorinan}[593, 594]; \; 60\%$$

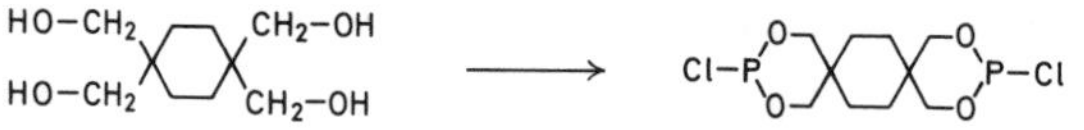

3,12-Dichlor-2,4,11,13-tetraoxa-3,12-diphospha-dispiro[5.2.5.2]hexa-decan[595]

2-Chlor-⟨naphtho[1,8]-1,3,2-dioxaphosphorinan[597, 597a]

Zu anderen Diolen s. Lit.[598-600, 596].

Dabei hat sich gezeigt, daß die langsame Zugabe des Glykols zur Lösung des Phosphor(III)-chlorids in Dichlormethan ohne Zusatz von Base anderen Varianten überlegen ist[598,601], indem weniger Linear-Polymere entstehen. Sogar 1,4-Butandiol ist auf diese Weise zum *2-Chlor-1,3,2-dioxaphosphepan* (21%) umsetzbar:

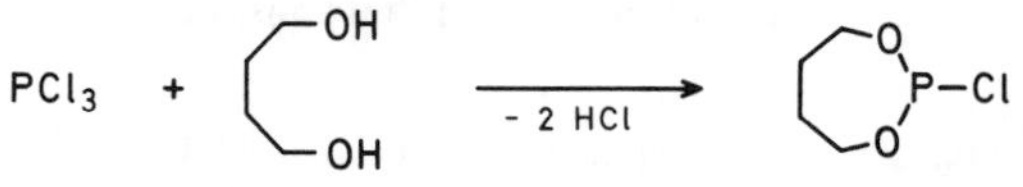

$$PCl_3 \; + \; \text{(diol)} \xrightarrow{-\,2\;HCl} \text{(cyclic product)}$$

Der Zusatz einer Base ist im allgemeinen nicht erforderlich, auch nicht bei 1,4-Butandiolen[602], jedoch wird Perfluorpinakol am besten als Dilithium-Salz umgesetzt[603]. Wasser[597a]

[591] *I. Neda* u. *R. Vilceanu*, Rev. Chim. (Bucharest) **31**, 1053 (1980); C. A. **95**, 6415 (1981).

[592] *R. S. Edmundson*, Chem. Ind. (London) **1965**, 1220.

[593] DOS 2 732 996 (1976), Velsicol Chem. Corp., Erf.: *J. A. Albright* u. *T. C. Wilkinson*; C. A. **89**, 60 524 (1978).

[594] *B. A. Arbusov, V. E. Kataev, R. P. Arshinova* u. *R. N. Gubaidullin*, Izv. Akad. Nauk SSSR, Ser. Khim. **1978**, 2450; engl.: 2179.

[595] BE 659 368 (1964), Hoechst AG; C. A. **64**, 3600 (1966).

[596] *N. A. Makarova, E. T. Mukmenev* u. *B. A. Arbusov*, Dokl. Akad. Nauk SSSR, Ser. Khim. **213**, 1331 (1973); engl.: 958.

[597] *E. E. Nifantev, E. E. Milliaresi, N. G. Ruchkina* u. *L. M. Druyan-Poleshchuk*, Zh. Obshch. Khim. **49**, 2390 (1979); engl.: 2109.

[597a] *E. E. Nifantev, E. E. Milliaresi, N. G. Ruchkina, L. M. Druyan-Poleshchuk, L. K. Vasyanina* u. *E. A. Tyan*, Zh. Obshch. Khim. **51**, 1528 (1981); engl.: 1295.

[598] *A. Zwierzak*, Can. J. Chem. **45**, 2501 (1967).

[599] *D. Z. Denney, G. Y. Chen* u. *D. B. Denney*, J. Am. Chem. Soc. **91**, 6838 (1969).

[600] *C. S. Kraihanzel* u. *C. M. Bartish*, Phosphorus **4**, 271 (1974).

[601] *W. J. Stec, T. Sudol* u. *B. Uznanski*, Chem. Commun. **1975**, 467.

[602] *O. N. Nuretdinova*, Izv. Akad. Nauk SSSR, Ser. Khim. **1978**, 1898; engl.: 1669.

[603] *G. V. Röschenthaler, K. Sauerbrey, J. A. Gibson* u. *R. Schmutzler*, Z. Anorg. Allg. Chem. **450**, 79 (1979).

und Amine in katalytischen Mengen wirken ebenso wie Alkalimetall- und Erdalkalimetallhalogenide, insbesondere Magnesiumchlorid, beschleunigend auf die Hauptreaktion[604]. Umsetzung von Phosphor(III)-bromid mit 1,2- und 1,3-Diolen s. Lit.[604a].
2,2'-verbrückte Bisphenole reagieren in Chloraromaten als Lösungsmittel mit der 1,2fachen Menge Phosphor(III)-chlorid bei 80–175°/3–5 Stdn. zu achtgliedrig-cycl. Phosphorigsäure-chlorid-diarylestern[605]; z.B.:

2-Chlor-2H,8H-⟨dibenzo[d;g]-1,3,2-dioxaphosphocin⟩; 98%

Siebengliedrig-cycl. Chlorid-diarylester s. Lit.[605a]. *Phosphorigsäure-chlorid-endiolester* aus Benzoin s. Lit.[605b].
Die Bildung von Phosphorigsäure-diester-halogeniden aus Phosphorigsäure-triestern und Phosphor(III)-halogenid wird von Phosphor(III)-chlorid zum -jodid erleichtert[606]; z.B.:

$$PCl_3 \ + \ (H_5C_6{-}O)_3P \ \xrightarrow{100°/10\ \text{Stdn.}} \ H_5C_6{-}O{-}PCl_2 \ + \ (H_5C_6{-}O)_2P{-}Cl$$

$$H_5C_6{-}O{-}PCl_2 \ + \ (H_5C_6{-}O)_3P \ \longrightarrow \ 2\,(H_5C_6{-}O)_2P{-}Cl$$

Phosphorigsäure-chlorid-diphenylester

Beide Teilschritte, von denen der zweite langsamer verläuft, werden durch tert. Amine und Säuren beschleunigt. Für voluminösere Aryloxy-Reste muß die Reaktionstemp. bis 200° angehoben werden[607]. Durch einfaches Zusammengeben der Ausgangsstoffe nach diesem Verfahren hergestellter *Phosphorigsäure-chlorid-dimethylester* birgt Explosionsgefahr beim Destillieren[608,609].
Die Komproportionierung von Phosphor(III)-chlorid und Phosphorigsäure-triester wird besonders wirkungsvoll durch aprotische polare Lösungsmittel, vorzugsweise Phosphorsäure-tris-[dimethylamid] sowie DMF, DMSO, Tetrahydrothiophen-1,1-dioxid in Mengen von 1–5 mol % katalysiert, so daß Phosphorigsäure-chlorid-dialkylester und -diarylester bei 0–25°/1–4 Stdn. in Ausbeuten von 70–75% bzw. 61% erhalten werden[610,611].

Phosphorigsäure-chlorid-dimethylester[610]: 32,5 g (0,24 mol) Phosphor(III)-chlorid werden zu einer bei 0–5° gehaltenen Mischung von 62,04 g (0,50 mol) Phosphorigsäure-trimethylester und 4,0 g Phosphorsäure-tris-[dimethylamid] zugetropft. Anschließend wird auf 20° gebracht und 2 Stdn. gerührt, danach wird destilliert; Ausbeute: 68,13 g (75%), Sdp.: 29–31°/43 Torr (4,67 kPa).

[604] DOS 2504390 (1974), Monsanto Co., Erf.: *G. H. Birum* u. *M. L. Losee*; C. A. **83**, 179140 (1975).
[604a] *A. K. Voznesenskaya* u. *N. A. Razumova*, Zh. Obshch. Khim. **39**, 387 (1969); engl.: 365.
[605] SU 787412 (1979), *P. V. Vershinin*; C. A. **95**, 25155 (1981).
[605a] *L. V. Veriznikov* u. *P. A. Kirpichnikov*, Zh. Obshch. Khim. **37**, 1355 (1967); engl.: 1281.
[605b] *F. S. Mukhametov, R. M. Eliseenkova* u. *N. I. Rizpolozhenskii*, Zh. Obshch. Khim. **51**, 2674 (1981).
[606] *R. U. Belyalov, A. M. Kibardin, T. K. Gazizov* u. *A. N. Gazizov*, Zh. Obshch. Khim. **51**, 24 (1981); engl.: 19.
[607] *I. V. Barinov, V. V. Rodé* u. *S. R. Rafikov*, Zh. Obshch. Khim. **37**, 432 (1967); engl.: 432.
[608] *C. E. Jones* u. *K. J. Coskran*, Inorg. Chem. **10**, 1536 (1971).
[609] *A. E. Lippman*, J. Org. Chem. **30**, 3217 (1965).
[610] DOS 2643442 (1975), Ciba-Geigy AG, Erf.: *Z. Mazour*; C. A. **87**, 52758 (1977).
[611] *N. T. Thuong, C. Tran, U. Asseline* u. *P. Chabrier*, C. R. Acad. Sci., Ser. C **290**, 53 (1980).

Vergleichbar gute Ergebnisse werden mit 1–10 mol % wasserfeuchter quartärer Ammonium- und Phosphonium-halogenide[612] sowie mit ~ 1% Trialkylphosphanoxid[613] z.T. in Kombination mit einem Alkohol als Cokatalysator erhalten.

4. aus Phosphorigsäure-alkylester-dihalogeniden

Für die Überführung von Phosphorigsäure-alkylester-difluoriden in die Phosphorigsäure-alkylester-fluorid-phenylester ist der Einsatz von Natriumphenolat erforderlich, wobei im Gegensatz zu Erfahrungen mit entsprechenden Dichloriden die Ausbeuten mit 47–64% hoch sind[614].

Phosphorigsäure-alkylester-dichloride ergeben mit äquimolaren Mengen Dialkylacetalen in Ausbeuten von 30% Phosphorigsäure-chlorid-dialkylester[615].

Phosphorigsäure-1-alkenylester-alkylester-chloride entstehen bei der Umsetzung von Phosphorigsäure-alkylester-dichloriden mit Chlormethyl-ketonen/Triethylamin bei 0–20° und mehrtägigem Stehen[616]. Wie auch sonst bei dem klassischen Verfahren der Veresterung von Phosphorigsäure-alkylester-dichloriden zu Chlorid-dialkylestern bleibt die Ausbeute wegen teilweise weitergehender Reaktion bescheiden; z.B.:

$$H_5C_2-O-PCl_2 \quad + \quad Cl-CH_2-\overset{O}{\overset{\|}{C}}-CH_3 \quad \xrightarrow[- \left[(H_5C_2)_3NH\right]^{\oplus} Cl^{\ominus}]{+ (H_5C_2)_3N} \quad H_5C_2-O-\overset{O-\overset{CH_3}{\overset{|}{C}}=CH-Cl}{\underset{Cl}{P}}$$

Phosphorigsäure-chlorid-(2-chlor-1-methyl-vinylester)-ethylester; 42%

Mit Oxetanen reagieren Phosphorigsäure-alkylester-dichloride im Molverhältnis 1:1 bei 25–40° zu Phosphorigsäure-alkylester-(3-chlor-alkylester)-chloriden, mit 2-Methyl-oxetan speziell in dem Sinne, daß fast ausschließlich *Alkylester-chlorid-(3-chlor-1-methyl-propylester)* gebildet wird[617]. Die Ausbeuten bleiben unterhalb 40%. Bei der Umsetzung von Phosphor(III)-chlorid mit der doppelt molaren Menge Oxetan werden nur infolge Disproportionierung stark verunreinigte Produkte erhalten[618].

5. aus anderen Phosphorigsäure-diester-halogeniden

Zur Überführung von Phosphorigsäure-chlorid-diarylester in die Phosphorigsäure-diarylester-fluoride[619] hat sich die Behandlung mit Arsen(III)-fluorid bei 70–120° bewährt, wobei Ausbeuten um 70% erreicht werden[620]. Mit Antimon(III)-fluorid sind die Ausbeuten an Phosphorigsäure-dialkylester-fluoriden eher noch höher, wenn ein 1,3,2-Dioxaphospholan-, ein Benzo-1,3,2-dioxaphosphol- oder ein 1,3,2-Dioxaphospho-

---

[612] DOS 2643474 (1975), Ciba-Geigy AG, Erf.: *Z. Mazour* u. *H. Brunetti*; C.A. **87**, 52757 (1977).

[613] DOS 2636270 (1976), Bayer AG, Erf.: *R. Kleinstück* u. *H.D. Block*; C.A. **88**, 169588 (1978).

[614] *Z.M. Ivanova*, Zh. Obshch. Khim. **34**, 858 (1964); engl.: 852.

[615] SU 458559 (1973), *A.I. Razumov, M.B. Gazizov, D.B. Sultanova* u. *R.P. Fedotova*; C.A. **82**, 124747 (1975).

[616] *T.V. Kim, Z.M. Ivanova* u. *Y.G. Gololobov*, Zh. Obshch. Khim. **48**, 1967 (1978); engl.: 1791.

[617] *B.A. Arbuzov, L.Z. Nikonova, O.N. Nuretdinova* u. *V.V. Pomazanov*, Izv. Akad. Nauk SSSR, Ser. Khim. **1970**, 1426; engl.: 1350.

[618] *E.V. Kuznetsov* u. *L.A. Vlasova*, Zh. Obshch. Khim. **39**, 698 (1969); engl.: 662.

[619] *R. Schmutzler*, Adv. Fluorine Chem. **5**, 31 (1965) (Übersicht).

[620] *Z.M. Ivanova*, Zh. Obshch. Khim. **34**, 858 (1964); engl.: 852.

·inan-System vorliegt[621,622], bei offenkettigen und makrocyclischen Phosphorigsäure-
dialkylester-fluoriden aber zumeist niedriger[622,623].

Natriumfluorid in Tetrahydrothiophen-1,1-dioxid ist nur bei der Fluoridierung von 2-Chlor-⟨benzo-1,3,2-di-
oxaphosphol⟩ zum *2-Fluor-⟨benzo-1,3,2-dioxaphosphol⟩* wirksam[621].

Magnesiumbromid-Diethyletherat überführt bei 20°/14 Stdn. Phosphorigsäure-chlorid-
dialkylester in Phosphorigsäure-b r o m i d - d i a l k y l e s t e r[624,625]; z. B.:

$$[(H_3C)_2CH—O]_2P—Cl \quad + \quad 2(H_5C_2)_2O^{\bullet}MgBr_2 \quad \xrightarrow[-2(H_5C_2)_2O \cdot MgBrCl]{}$$

$$[(H_3C)_2CH—O]_2P—Br$$

Phosphorigsäure-bromid-diisopropylester; 80%

Zur Abtrennung muß das Magnesium-bromid-chlorid-Etherat mit dem 2–3fachen Volumen Petrolether ausgefällt werden.

Phosphorigsäure-d i a l k y l e s t e r - und - d i a r y l e s t e r - j o d i d e entstehen aus den zugehörigen Chloriden mit Lithiumjodid in Tetrachlormethan[626] bei −20° oder in Diethylether[627]
bei 20°.
Magnesiumjodid-Etherat ist ebenfalls zur Umwandlung der Phosphorigsäure-chlorid-
dialkylester in Phosphorigsäure-dialkylester-jodide geeignet. Die nur in Diethylether bei
20° einigermaßen stabilen Jodide werden durch zweistündige Umsetzung bei 20° in Ausbeuten von 62–86% erhalten[628]. Umwandlung der Phosphorigsäure-chlorid-diester in die
Azide mittels Trimethylsilylazid s. Lit.[628a]

6. aus Phosphorigsäure-triestern

Hohe Ausbeuten an Phosphorigsäure-d i a l k y l e s t e r - und - d i a r y l e s t e r - f l u o r i d e n (bis
95%) liefert die Umsetzung der Phosphorigsäure-triester mit Bortrifluorid bei 0° in Petrolether bzw. bei 20° ohne Lösungsmittel. Das Verfahren scheint universell einsetzbar[629];
z. B.:

$$(H_5C_6—O)_3P \quad + \quad BF_3 \quad \xrightarrow[-\frac{1}{3}(H_5C_6—O—BF_2)_3]{} \quad (H_5C_6—O)_2P—F$$

Phosphorigsäure-diphenylester-fluorid; 67%

Umsetzung des Triesters mit Bor(III)-chlorid in Pyridin bei −80° ergibt Ausbeuten von
95% an *Phosphorigsäure-bis-[2,2,2-trifluor-ethylester]-chlorid*[630].
Chlorwasserstoff katalysiert die Reaktion von Phosphorigsäure-triarylestern mit Carbonsäure-chloriden derart, daß z. B. die Umwandlung des Phosphorigsäure-triphenylesters

[621] *R. Schmutzler*, Chem. Ber. **96**, 2435 (1963).
[622] *N. A. Razumova, Z. L. Evtikhov* u. *A. A. Petrov*, Zh. Obshch. Khim. **38**, 1117 (1968); engl.: 1072.
[623] *L. Z. Soborovskii* u. *Y. G. Gololobov*, Zh. Obshch. Khim. **34**, 1141 (1964); engl.: 1132.
[624] *Z. S. Novikova, M. M. Kabachnik, A. A. Prishchenko* u. *I. F. Lutsenko*, Zh. Obshch. Khim. **44**, 1857 (1974);
    engl.: 1825.
[625] SU 445672 (1973), *Z. S. Novikova, M. M. Kabachnik* u. *I. F. Lutsenko*; C. A. **82**, 124205 (1975).
[626] *N. G. Feshchenko* u. *V. G. Kostina*, Zh. Obshch. Khim. **46**, 777 (1976); engl.: 775.
[627] *H. J. Vetter*, Z. Naturforsch. **19b**, 72 (1964).
[628] *M. M. Kabachnik, Z. S. Novikova, E. V. Snyatkova* u. *I. F. Lutsenko*, Zh. Obshch. Khim. **46**, 433 (1976); engl.:
    428.
[628a] *N. I. Gusar, I. Y. Budilova* u. *Y. G. Gololobov*, Zh. Prikl. Khim. **51**, 1477 (1981); engl.: 1254.
[629] *H. Binder* u. *R. Fischer*, Z. Naturforsch. **27b**, 753 (1972).
[630] *M. V. Fenton* u. *B. Lewis*, Chem. Ind. (London) **1965**, 946.

mit Benzoylchlorid bei 50° innerhalb 8 Stdn. abgeschlossen ist[631]. Chlorwasserstoff allein führt zu einem Gleichgewichtsgemisch[632].

$$(H_5C_6-O)_3P \quad + \quad \overset{\overset{\text{O}}{\parallel}}{H_5C_6-C-Cl} \quad \xrightarrow[- \; H_5C_6-\overset{\overset{\text{O}}{\parallel}}{C}-O-C_6H_5]{} \quad (H_5C_6-O)_2P-Cl$$

Phosphorigsäure-chlorid-diphenylester

In hoher Reinheit und Ausbeute entsteht *Phosphorigsäure-chlorid-diethylester* (81%) aus dem Triethylester bei Einwirkung von 2,2,2-Trichlor-⟨benzo-1,3,2λ⁵-dioxaphosphol⟩[633]

$$2 \; (H_5C_2-O)_3P \quad + \quad \text{[benzodioxaphosphol]} PCl_3 \quad \longrightarrow \quad 2 \; (H_5C_2-O)_2P-Cl$$

$$- \; [\text{benzodioxaphospholan}] \quad - \; H_5C_2-Cl$$

Phosphor(V)-chlorid liefert weniger einheitliches Produkt.

Phosphorigsäure-chlorid-diethylester[633]: Zu 12,2 g (0,05 mol) 2,2,2-Trichlor-⟨benzo-1,3,2λ⁵-dioxaphosphol⟩ werden bei 0° 16,6 g (0,1 mol) Phosphorigsäure-triethylester getropft. Nach Abklingen der stürmischen Reaktion wird bis zur vollständigen Lösung des Trichlorids auf 100° erwärmt und dann i. Vak. destilliert; Ausbeute: 12,6 g (81%); Sdp.: 45–53°/15 Torr (2 kPa).

Zum Chlor-Austausch zwischen Phosphorigsäure-triestern und -chlorid-diestern s. Lit.[634].

7. aus Thiophosphorigsäure-O,O-dialkylestern

Mit Silberchlorid/Triethylamin in Chloroform können Thiophosphorigsäure-O,O-dialkylester in Phosphorigsäure-chlorid-dialkylester übergeführt werden[635]. Ohne Zusatz von Base erfolgt diese Umwandlung mit Kupfer(I)-chlorid[635] und Quecksilber(II)-chlorid[636].

8. aus Phosphorigsäure-amid-diestern

Insbesondere zur Herstellung des *Phosphorigsäure-chlorid-dimethylesters* (80%) geeignet ist die bereits bei −65° in Petrolether ablaufende Spaltung von Phosphorigsäure-dimethylamid-dimethylester mit Chlorwasserstoff[637]:

$$(H_3C-O)_2P-N(CH_3)_2 \quad + \quad 2\,HCl \quad \xrightarrow[[(H_3C)_2\overset{\oplus}{N}H_2]Cl^{\ominus}]{} \quad (H_3C-O)_2P-Cl$$

Anwendungen dieses Verfahrens zur Herstellung von Phosphorigsäure-bis-[perfluor-1H,1H-alkylester]-chloriden s. Lit.[638].

Zur Herstellung von Phosphorigsäure-chlorid-dialkylestern aus den Amid-dialkylestern mit 2-Chlor-⟨benzo-1,3,2-dioxaphosphol⟩ s. Lit.[639].

---

[631] *T. K. Gazizov, R. U. Belyalov* u. *A. N. Pudovik*, Zh. Obshch. Khim. **50**, 1673 (1980); engl.: 1355.

[632] *H. R. Hudson* u. *J. C. Roberts*, J. Chem. Soc., Perkin Trans. 2 **1974** 1575.

[633] *J. Gloede, M. Mikolajczyk, A. Luposinski* u. *J. Omelanczuk*, J. Prakt. Chem. **316**, 703 (1974).

[634] *V. A. Alfonsov, Y. N. Girfanov, G. U. Zamaletdinova, E. S. Batyeva* u. *A. N. Pudovik*, Dokl. Akad. Nauk SSSR, Ser. Khim. **251**, 105 (1980); engl.: 99.

[635] *V. P. Plekhov, A. A. Muratova* u. *A. N. Pudovik*, Zh. Obshch. Khim. **45**, 940 (1975); engl.: 923.

[636] *A. A. Muratova, V. P. Plekhov* u. *A. N. Pudovik*, Zh. Obshch. Khim. **40**, 1168 (1970); engl.: 1158.

[637] *O. J. Scherer* u. *R. Thalacker*, Z. Naturforsch. **27b**, 1429 (1972).

[638] *V. N. Prons, M. P. Grinblat* u. *A. L. Klebanskii*, Zh. Obshch. Khim. **45**, 2423 (1975); engl.: 2380.

[639] *V. A. Alfonsov, G. U. Zamaletdinova, E. S. Batyeva* u. *A. N. Pudovik*, Zh. Obshch. Khim. **51**, 11 (1981); engl.: 8.

e$_{20}$) Thiophosphorigsäure-chlorid-O,S-diester

2-Chlor-1,3,2-oxathiaphospholan kann aus Phosphor(III)-chlorid und 2-Mercapto-ethanthiol und tert. Amin[640, 641] bei 0–10° wie auch ohne Anwesenheit von Basen bei erhöhter Temp. erhalten werden, wenn der abgespaltene Chlorwasserstoff rasch entfernt wird[642]. Die Stabilität der in Anwesenheit stöchiometrischer Menge Basen erzeugten Produkte soll höher sein[641]. Zur Herstellung von 2-Chlor-⟨benzo-1,3,2-oxathiaphosphol⟩ setzt man Phosphor(III)-chlorid im Überschuß ein[643], erwärmt bis 120° und verzichtet auf Base.

2-Chlor-1,3,2-oxathiaphospholan[642]: 30 g (0,385 mol) 2-Mercapto-ethanthiol werden innerhalb 1,5 Stdn. zu einer bei 30–35° gehaltenen Lösung von 53 g (0,385 mol) Phosphor(III)-chlorid in 100 *ml* Dichlormethan zugetropft. Nach weiteren 1,5 Stdn. wird destilliert; Ausbeute: 31 g (57%); Sdp.: 84–85°/20 Torr (1,6 kPa).

Sowohl 2-Aryloxy- wie auch 2-Arylthio-⟨benzo-1,3,2-oxathiaphosphole⟩ werden durch Phosphor(III)-chlorid beim Erwärmen in die *2-Chlor-⟨benzo-1,3,2-oxathiaphosphole⟩* übergeführt[644].

e$_{21}$) Phosphorigsäure-amid-ester-halogenide

α) *Phosphorigsäure-ester-halogenid-organoamide*

A. Herstellung

1. aus Phosphor(III)-chlorid und Aminoalkoholen bzw. -phenolen

Die Synthese fünfgliedrig-cycl. Phosphorigsäure-amid-chlorid-ester bzw. -amid-ester-fluoride aus Phosphor(III)-chlorid bzw. -dichlorid-fluorid mit 2-Amino-alkoholen verläuft, bedingt durch die besondere Begünstigung des 1,3,2-Oxazaphospholan-Systems, in Gegenwart von Basen mit hohen Ausbeuten[646, 647, 647a].
Lediglich 2-Benzylamino-ethanol führt zum wenig beständigen *3-Benzyl-2-chlor-1,3,2-oxazaphospholan* (30%)[647]. 2-Phenylamino-ethanole liefern ebenfalls nur geringe Ausbeuten (17–28%)[648]. Dieses Verfahren ist mit Erfolg auch auf 2-Alkylamino-phenole anwendbar[649,650]. Ausgehend von 2-Amino-phenol[650] bzw. 2-Acylamino-phenolen[651]

[640] *N. A. Razumova* u. *A. A. Petrov*, Zh. Obshch. Khim. **34**, 356 (1964); engl.: 354.

[641] *N. A. Razumova, L. S. Kovalev, A. A. Petrov*, Zh. Obshch. Khim. **38**, 126 (1968); engl.: 125.

[642] *I. V. Martynov, Y. L. Kruglyak, G. A. Leibovskaya, Z. I. Khromova* u. *O. G. Strukov*, Zh. Obshch. Khim. **39**, 996 (1969); engl.: 966.

[643] *A. M. Kuliev, S. R. Aliev, F. N. Mamedov, M. Movsum-Zade* u. *M. I. Shikieva*, Zh. Obshch. Khim. **47**, 2492 (1977); engl.: 2278.

[644] *M. Movsum-Zade, S. R. Aliev* u. *F. N. Mamedov*, Zh. Obshch. Khim. **50**, 2698 (1980); engl.: 2179.

[646] *I. V. Martynov, Y. L. Kruglyak* u. *S. I. Malekin*, Zh. Obshch. Khim. **38**, 2343 (1968); engl.: 2272.

[647] *A. N. Pudovik, M. A. Pudovik, O. S. Shulyndina* u. *K. K. Nagaeva*, Zh. Obshch.·Khim. **40**, 1477 (1979); engl.: 1463.

[647a] *I. V. Komlev, A. I. Zavalishina, I. P. Chernikevich, D. A. Predvoditelev* u. *E. E. Nifantev*; Zh. Obshch. Khim. **42**, 802 (1972); engl.: 794.

[648] *E. E. Milliaresi, M. A. Kharshan, E. A. Preobrazhenskaya, E. A. Koveshnikova* u. *E. E. Nifantev*, Zh. Obshch. Khim. **51**, 1524 (1981).

[649] *C. Laurenco* u. *R. Burgada*, C.R. Acad. Sci. Ser. C **278**, 291 (1974).

[650] *P. A. Kirpichnikov, M. V. Ivanova* u. *Y. A. Gurvich*, Zh. Obshch. Khim. **36**, 1147 (1966), engl.: 1161.

[651] *M. A. Pudovik, S. A. Terenteva, I. V. Nebogatikova* u. *A. N. Pudovik*, Zh. Obshch. Khim. **44**, 1020 (1974); engl.: 983.

kann auf den Zusatz von Base verzichtet werden und der Chlorwasserstoff durch Kochen z.B. in Benzol[651] oder Toluol oder durch Erhitzen auf ~ 190° ohne Lösungsmittel[650] ausgetrieben werden; z.B.:

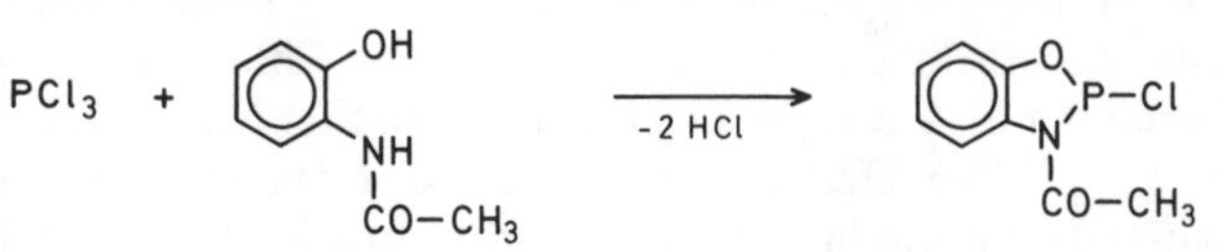

3-Acetyl-2-chlor-⟨benzo-1,3,2-
oxazaphosphol⟩; 75%

Mit Phosphor(III)-bromid gelingt diese Reaktion nicht[651].
Die Bevorzugung fünfgliedriger Ringsysteme ermöglicht auch die Synthese von 4-Alkoxy-2-chlor-2,5-dihydro-1,3,2-oxazaphospholen aus 2-Hydroxy-carbonsäure-ester-imiden[652], von 3-Alkyl-2-chlor-2,3-dihydro-1,3,2-oxazaphospholen aus enolisierbaren 2-Alkylamino-ketonen und ihren Hydrochloriden[653,654], bzw. von 2-Chlor-2,3-dihydro-1,3,5,2-oxadiazaphospholen aus Carbonsäure-amid-oximiden[655]:

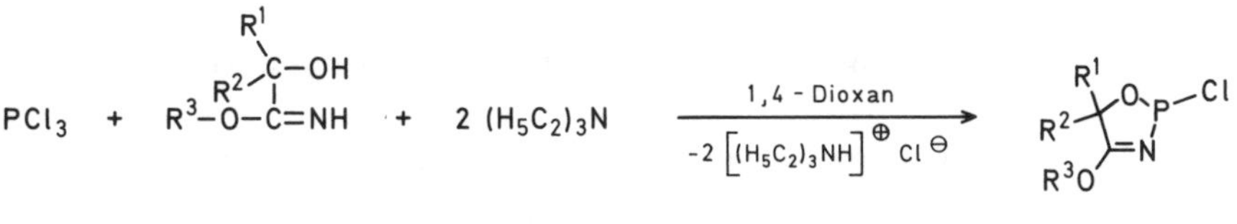

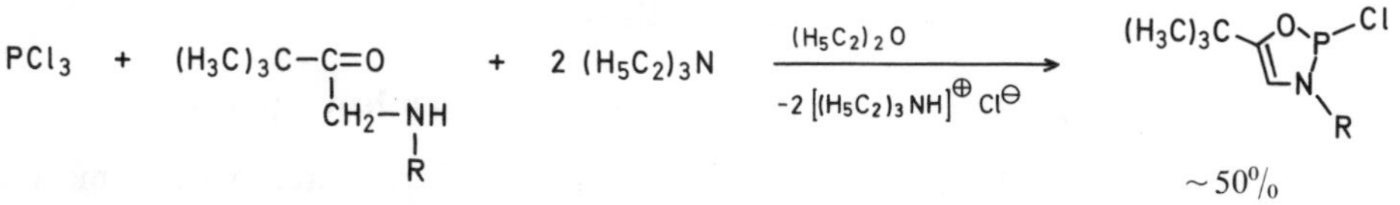

Mit 3-Amino-alkanolen werden 3-Alkyl-2-chlor-1,3,2-oxazaphosphorinane erhalten[656]:

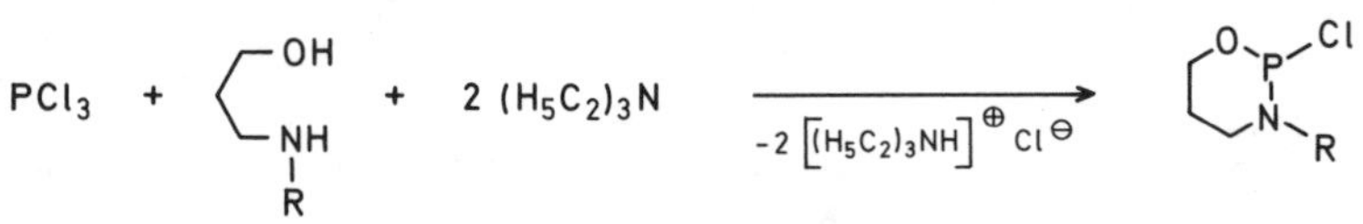

2. aus Phosphorigsäure-dihalogenid-estern

Sek. aliphatische Amine setzen sich mit Phosphorigsäure-difluorid-estern zu Phosphorigsäure-amid-ester-fluoriden (20–40%) um[657]:

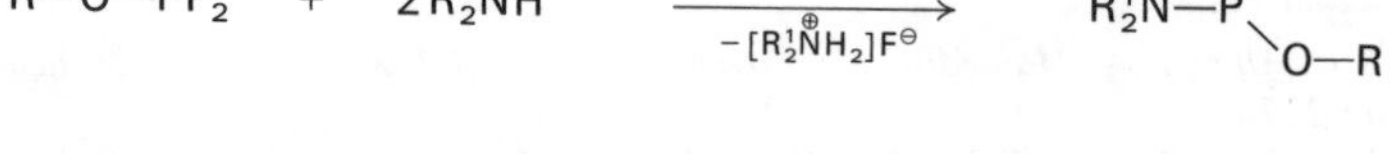

[650] P.A. Kirpichnikov, M.V. Ivanova u. Y.A. Gurvich, Zh. Obshch. Khim. **36**, 1147 (1966), engl.: 1161.
[651] M.A. Pudovik, S.A. Terenteva, I.V. Nebogatikova u. A.N. Pudovik, Zh. Obshch. Khim. **44**, 1020 (1974); engl.: 983.
[652] V.E. Shishkin, Y.M. Yukhno u. B.I. No, Zh. Obshch. Khim. **46**, 1649 (1976); engl.: 1603.
[653] Y.G. Gololobov u. Y.V. Balitskii, Zh. Obshch. Khim. **44**, 2356 (1974); engl.: 2310.
[654] Y.V. Balitskii, Y.G. Gololobov, V.M. Yurchenko, M.Y. Antipin, Y.T. Struchkov u. I.E. Boldeskul, Zh. Obshch. Khim. **50**, 291 (1980); engl.: 231.
[655] L. Lopez, C. Fabas u. J. Barrans, Phosphorus Sulfur **7**, 81 (1979).
[656] E.E. Nifantev, D.A. Predvoditelev u. M.K. Grachev, Zh. Obshch. Khim. **46**, 477 (1976); engl.: 475.
[657] G.I. Drozd, M.A. Sokalskii, S.Z. Ivin, E.P. Sosova u. O.G. Strukov, Zh. Obshch. Khim. **39**, 936 (1969); engl.: 905.

Mit prim. aliphatischen Aminen werden dagegen die Fluorwasserstoff-Addukte mit fünf-bindigem Phosphor erhalten[658].

Wie die Dialkylamine in doppelt molaren Mengen[659] setzen sich prim. Acylamine[660] und Ester-imide[660a] mit Phosphorigsäure-dichlorid-estern in Gegenwart tert. Amine zu Phosphorigsäure-acylamid-chlorid-estern bzw. -chlorid-ester-imiden um; z.B.:

$$H_5C_2-O-PCl_2 \ + \ H-N\overset{C_2H_5}{\underset{COOC_2H_5}{}} \ \xrightarrow[-\ [(H_5C_2)_3NH]^{\oplus} \ Cl^{\ominus}]{(H_5C_2)_3N} \ H_5C_2-O-P\overset{N-COOC_2H_5}{\underset{Cl}{\overset{C_2H_5}{}}}$$

Phosphorigsäure-chlorid-(ethoxycarbonyl-ethyl-amid)-ethylester; 57%

Phosphorigsäure-alkylester-chlorid-dialkylamid; allgemeine Arbeitsvorschrift[659]: Eine Lösung von 0,4 mol Dialkylamin in 40 ml Benzol wird unter starkem Rühren bei 0–5° in eine Lösung von 0,2 mol Phosphorigsäure-dichlorid-ester in 200 ml Benzol eingetropft. Man rührt 4 Stdn. bei 0–5°, filtriert und wäscht den Filterkuchen 2mal mit je 50 ml Benzol. Nach dem Abziehen des Lösungsmittels kann das als Rückstand verbleibende Produkt destilliert werden.

Auf diese Weise erhält man u.a.:

Phosphorigsäure-chlorid-diethylamid-ethylester	47%; Sdp.: 44–45°/1,3 Torr (0,173 kPa)
...-chlorid-dibutylamid-ethylester	78%; Sdp.: 64–65°/0,05 Torr (6,67 Pa)
...-chlorid-ethylester-morpholid	50%; Sdp.: 51–54°/0,04 Torr (4 Pa)
...-chlorid-dibutylamid-propylester	68%; Sdp.: 39–42°/0,8 Torr (0,106 kPa)
...-butylester-chlorid-diethylamid	83%; Sdp.: 62–63°/2 Torr (0,16 kPa)
...-butylester-chlorid-dibutylamid	64%; Sdp.: 73–76°/0,08 Torr (0,01 kPa)

Zur Herstellung der Phosphorigsäure-alkylester-fluorid-silylamide aus dem zugehörigen Alkylester-chlorid-fluorid und Heptamethyldisilazan s. Lit.[661].

3. aus Phosphorigsäure-amid-dihalogeniden

Die Umsetzung von Phosphorigsäure-amid-difluoriden mit Alkanolaten liefert nur in Ausbeuten von 20–40%[657] die entsprechenden Amid-ester-fluoride:

$$R^1_2N-PF_2 \ + \ R^2-ONa \ \xrightarrow[-\ NaF]{} \ R^1_2N-P\overset{F}{\underset{O-R^2}{}}$$

Die aus Phosphorigsäure-dialkylamid-dichloriden mit äquivalenten Mengen Alkohol und tert. Aminen erhaltenen Phosphorigsäure-alkylester-chlorid-dialkylamide sind stärker verunreinigt als die aus Phosphorigsäure-alkylester-dichloriden erhaltenen Verbindungen[659].

Der Alkoxy-Halogen-Austausch kann auch mit Alkoxy-silanen vorgenommen werden[662]; z.B.:

$$Cl_2P-N\overset{CH_3}{\underset{}{}}-PCl_2 \ + \ (H_3C)_3Si-O-CH_3 \ \xrightarrow[-\ (H_3C)_3Si-Cl]{} \ Cl_2P-N\overset{CH_3}{\underset{}{}}-P\overset{O-CH_3}{\underset{Cl}{}}$$

Phosphorigsäure-chlorid-(dichlorphosphano-methyl-amid)-methylester

---

[657] *G.I. Drozd, M.A. Sokalskii, S.Z. Ivin, E.P. Sosova* u. *O.G. Strukov*, Zh. Obshch. Khim. **39**, 936 (1969); engl.: 905.

[658] *G.I. Drozd, M.A. Sokalskii, V.V. Sheluchenko, M.A. Landau* u. *S.Z. Ivin*, Zh. Vses. Khim. Ova. **14**, 592 (1969), C.A. **72**, 54645 (1970).

[659] *A. Zwierzak* u. *A. Koziara*, Tetrahedron **23**, 2243 (1967).

[660] *L.A. Antokhina* u. *P.I. Alimov*, Izv. Akad. Nauk SSSR, Ser. Khim. **1974**, 401; engl.: 367.

[660a] *Y. Charbonnel* u. *J. Barrans*, Tetrahedron **32**, 2039 (1976).

[661] *H. Binder* u. *R. Fischer*, Z. Anorg. Allg. Chem. **474**, 43 (1981).

[662] *R. Keat*, J. Chem. Soc., Dalton Trans. **1974**, 876.

24*

Phosphorigsäure-dichlorid-dimethylamid reagiert mit Methyl-oxiran zu einem 1:1-Gemisch der Ester des prim. und des sek. Chlor-propanols[663,664]:

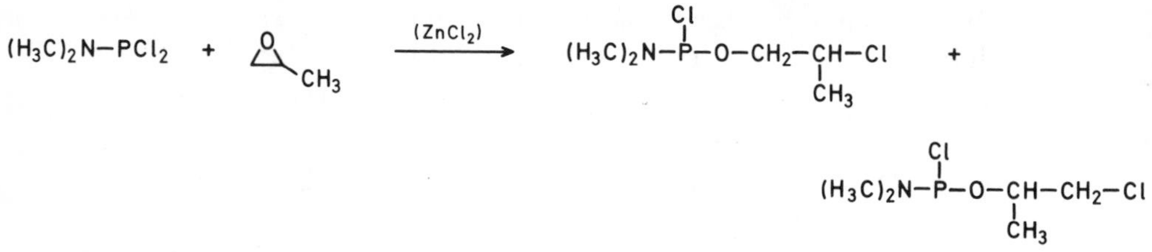

$$(H_3C)_2N-PCl_2 \quad + \quad \text{(Epoxid-CH}_3) \quad \xrightarrow{(ZnCl_2)} \quad (H_3C)_2N-\overset{\displaystyle Cl}{\underset{\displaystyle}{P}}-O-CH_2-\overset{\displaystyle}{\underset{\displaystyle CH_3}{CH}}-Cl \quad +$$

$$(H_3C)_2N-\overset{\displaystyle Cl}{\underset{\displaystyle CH_3}{P}}-O-CH-CH_2-Cl$$

Hingegen wird bei Umsetzung mit 2-Methyl-oxetan bevorzugt der Ester des prim. 3-Chlor-butanols gebildet[664]:

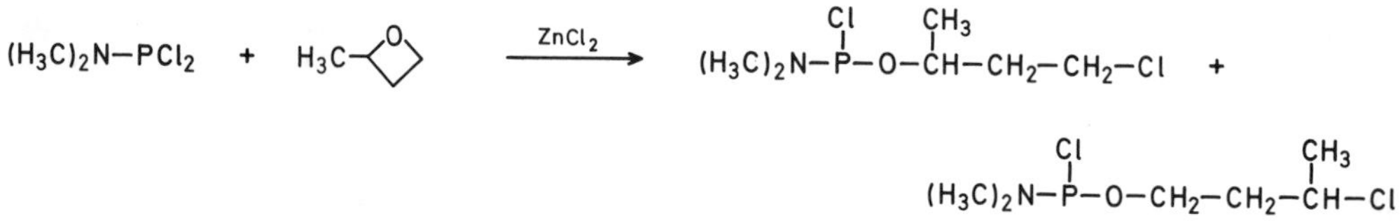

$$(H_3C)_2N-PCl_2 \quad + \quad H_3C\text{(oxetan)} \quad \xrightarrow{ZnCl_2} \quad (H_3C)_2N-\overset{\displaystyle Cl}{P}-O-\overset{\displaystyle CH_3}{CH}-CH_2-CH_2-Cl \quad +$$

$$(H_3C)_2N-\overset{\displaystyle Cl}{P}-O-CH_2-CH_2-\overset{\displaystyle CH_3}{CH}-Cl$$

4. aus anderen Phosphorigsäure-amid-ester-halogeniden

Phosphorigsäure-amid-chlorid-ester setzen sich mit Antimon(III)-fluorid zu den entsprechenden Fluoriden[665-667] (20–40%) um.

In polaren Lösungsmitteln erhält man aus Phosphorigsäure-amid-bromid-estern mit Amin-Hydrochloriden die entsprechenden Chloride[668].

5. aus Phosphorigsäure-diamid-estern

Carbonsäure-chloride spalten Phosphorigsäure-arylester-bis-[dialkylamide] bei 0–5° in Petrolether zu Phosphorigsäure-amid-arylester-chloriden[669]:

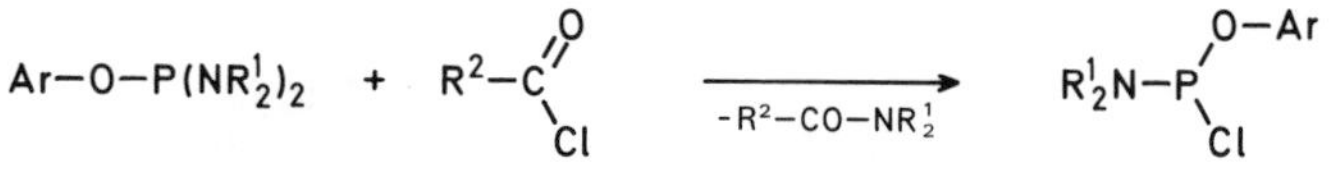

$$Ar-O-P(NR_2^1)_2 \quad + \quad R^2-\overset{\displaystyle O}{\underset{\displaystyle Cl}{C}} \quad \xrightarrow{-R^2-CO-NR_2^1} \quad R_2^1N-\overset{\displaystyle O-Ar}{\underset{\displaystyle Cl}{P}}$$

Phosphorigsäure-chlorid-diethylamid-phenylester[669]: Zu 13 g (48 mmol) Phosphorigsäure-bis-[diethylamid]-phenylester in 70 ml Petrolether fügt man unter Kühlung bei 0–5° langsam 3,8 g (48 mmol) Acetylchlorid in 10 ml Petrolether zu und rührt 2 Stdn. bei 20°.

Das Lösungsmittel wird abgezogen, der Rückstand i. Vak. destilliert und das Destillat redestilliert; Ausbeute: 7,5 g (67%); Sdp.: 76–77°/0,07 Torr (9,3 Pa).

[663] B. A. Arbusov, L. Z. Nikonova, O. N. Nuretdinova u. V. V. Pomazanov, Izv. Akad. Nauk SSSR, Ser. Khim. **1970**, 1426; engl.: 1350.

[664] O. N. Nuretdinova, L. Z. Nikonova u. V. V. Pomazanov, Izv. Akad. Nauk SSSR, Ser. Khim. **1971**, 2225; engl.: 2103.

[665] Y. V. Balitskii, Y. G. Gololobov, V. M. Yurchenko, M. Y. Antipin, Y. T. Struchkov u. I. E. Boldeskul, Zh. Obshch. Khim. **50**, 291 (1980); engl.: 231.

[666] G. I. Drozd, M. A. Sokalskii, S. Z. Ivin, E. P. Sosova u. O. G. Strukov, Z. Obshch. Khim. **39**, 936 (1969); engl.: 905.

[667] I. V. Martynov, Y. L. Kruglyak u. S. I. Malekin, Zh. Obshch. Khim. **38**, 2343 (1968); engl.: 2272.

[668] M. A. Pudovik, L. K. Kibardina, E. S. Batyeva u. A. N. Pudovik, Zh. Obshch. Khim. **49**, 1698 (1979); engl.: 1468.

[669] N. P. Grechkin, N. A. Buina, I. A. Nuretdinov u. S. G. Salikhov, Izv. Akad. Nauk SSSR, Ser. Khim. **1968**, 2131; engl.: 2022.

Nach dem gleichen Verfahren erhält man z.B.:

Phosphorigsäure-chlorid-diethylamid-(2-methyl-phenylester) 80%; Sdp.: 84–85°/0,07 Torr (9,3 Pa)
Phosphorigsäure-chlorid-diethylamid-(3-methyl-phenylester) 50%; Sdp.: 98–100°/0,08 Torr (0,01 kPa)

Auch 3-Acyl-2-dialkylamino- bzw. 2-Dialkylamino-3-phosphoryl- (bzw. 3-phenyl) 2,3-dihydro-⟨benzo-1,3,2-oxazaphosphole⟩ werden mit Carbonsäure-chloriden bzw. -bromiden glatt und eindeutig zu den entsprechenden 2-Halogen-Derivaten gespalten[670, 671, 672]; z.B.:

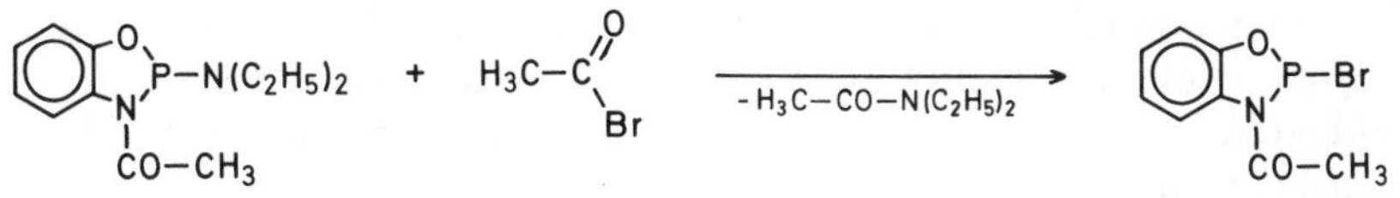

3-Acetyl-2-brom-2,3-dihydro-
⟨benzo-1,3,2-oxazaphosphol⟩; 73%

Bei 2-Silylamino-1,3,2-oxazaphospholen muß die Reaktion mit Acylchloriden bei −20 bis 0° durchgeführt werden, da andernfalls der Amid-chlorid-ester zu Bis-[1,3,2-oxazaphospholan-2-yl]-aminen weiterreagiert[672].

Mit Carbonsäure- bzw. Kohlensäure-chloriden werden lediglich in geringen Ausbeuten Phosphorigsäure-alkylester-amid-chloride[672, 673] neben 1-Oxo-alkan-phosphonsäure-diamiden als den Produkten der vorwiegend ablaufenden Arbusov-Reaktion gebildet.

Bei Phosphorigsäure-acylamid-alkylester-amiden wird dagegen mit Acylchloriden in Konkurrenz zur Arbusov-Reaktion stets nur die nicht acylierte Amid-Gruppe gegen Halogen ausgetauscht[674]; z.B.:

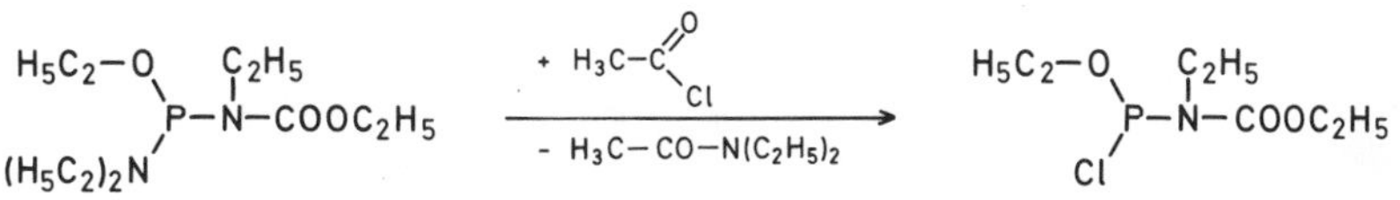

Phosphorigsäure-chlorid-(N-ethoxycarbonyl-N-ethyl-amid)-ethylester[674]: Zu 9,24 g (35 mmol) Phosphorigsäure-(ethoxycarbonyl-ethyl-amid)-ethylester-diethylamid werden unter Kühlung 2,74 g (35 mmol) Acetylchlorid derart zugefügt, daß die Temp. 35–40° nicht überschreitet. Anschließend wird fraktioniert; Ausbeute: 3,2 g (40%); Sdp.: 62–64°/11 Torr (1,47 kPa).

Die Bildung der Phosphorigsäure-amid-ester-halogenide wird stark begünstigt, wenn man von 2-Amino-2,3-dihydro-⟨benzo-1,3,2-oxazaphospholen⟩ bzw. 2-Amino-1,3,2-oxazaphospholanen ausgeht[675].
Eingehend untersucht wurden die Substituenten-, Temperatur- und Lösungsmittel-Einflüsse bei der Umsetzung von 2-Dialkylamino-3-phenyl-1,3,2-oxazaphospholanen mit Carbonsäure- bzw. Kohlensäure-chloriden[676]; z.B.:

---

[670] *M.A. Pudovik., S.A. Terenteva, I.V. Nebogatikova u. A.N. Pudovik*, Zh. Obshch. Khim. **44**, 1020 (1974); engl.: 983.
[671] *M.A. Pudovik u. A.N. Pudovik*, Zh. Obshch. Khim. **46**, 222 (1976); engl.: 219.
[672] *M.A. Pudovik, L.K. Kibardina, M.D. Medvedeva u. A.N. Pudovik*, Zh. Obshch. Khim. **49**, 988 (1979); engl.: 855.
[673] *P.I. Alimov u. L.A. Antokhina*, Izv. Akad. Nauk SSSR, Ser. Khim. **1966**, 1486; engl.: 1432.
[674] *L.A. Antokhina u. P.I. Alimov*, Izv. Akad. Nauk SSSR, Ser. Khim. **1974**, 401, engl.: 367.
[675] *M.A. Pudovik, Y.A. Mikhailov, T.A. Malykh, V.A. Alfonsov, G.U. Zamaletdinova, E.S. Batyeva u. A.N. Pudovik*, Zh. Obshch. Khim. **50**, 1677 (1980); engl.: 1359.
[676] *M.A. Pudovik, L.K. Kibardina, E.S. Bateya u. A.N. Pudovik*, Zh. Obshch. Khim. **49**, 1698 (1979); engl.: 1468.

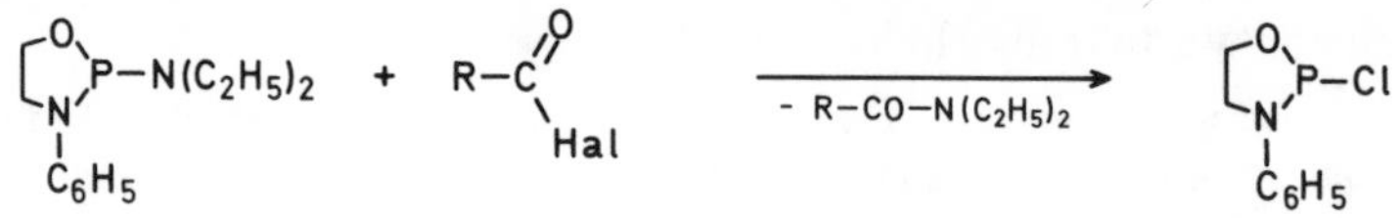

$$\left[\begin{array}{c} O \\ N \end{array}\right]P-N(C_2H_5)_2 \quad + \quad R-C\underset{Hal}{\overset{O}{\diagup}} \quad \xrightarrow{\ -\ R-CO-N(C_2H_5)_2\ } \quad \left[\begin{array}{c} O \\ N \end{array}\right]P-Cl$$
$$\underset{C_6H_5}{} \qquad\qquad\qquad\qquad\qquad\qquad\qquad\qquad \underset{C_6H_5}{}$$

2-Chlor-3-phenyl-1,3,2-oxazaphospholan

Mit Carbonsäure-chloriden erhält man bei 20° ausschließlich Phosphorigsäure-amid-chlorid-ester, mit Chlorameisensäure-ester und Acetylbromid ein Produktgemisch und mit Benzoyl-bromid ausschließlich Produkte der Arbusov-Reaktion. Höhere Reaktionstemperaturen und Anwesenheit von Amin-Hydrohalogeniden begünstigen die Bildung der Amid-ester-halogenide.

In entsprechender Weise setzen sich die 3-Acyl-2-dialkylamino-1,3,2-oxazaphospholane mit Acetyl-chlorid ausschließlich zu 2-Chlor-1,3,2-oxazaphospholanen um[677].

β) Phosphorigsäure-chlorid-diethylamid-trimethylsilylester

Bei Einwirkung der zweifach molaren Menge Chlorwasserstoff auf Phosphorigsäure-bis-[diethylamid]-trimethylsilylester bei −50° in Diethylether[678] wird *Phosphorigsäure-chlorid-diethylamid-trimethylsilylester* (in ether. Lösung bei −10° ziemlich beständig) erhalten:

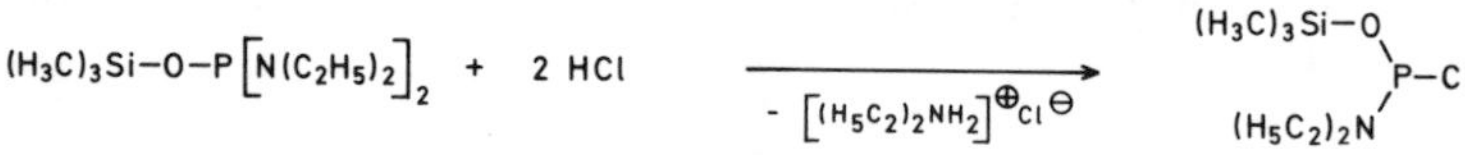

$$(H_3C)_3Si-O-P\left[N(C_2H_5)_2\right]_2 \ +\ 2\ HCl \quad \xrightarrow{\ -\ \left[(H_5C_2)_2NH_2\right]^{\oplus}Cl^{\ominus}\ } \quad \begin{array}{c}(H_3C)_3Si-O\\ (H_5C_2)_2N\end{array}\!\!P-Cl$$

γ) Phosphorigsäure-chlorid-ester-hydrazide und -hydroxylamide

2-Acyl-1-phenyl- und 2-Acyl-1-methyl-hydrazin setzen sich mit Phosphor(III)-chlorid zum *2-Chlor-3-phenyl-5-methyl-* bzw. *2-Chlor-3,5-dimethyl-2,3-dihydro-1,3,4,2-oxadiazaphosphol* um[678a, 678b]:

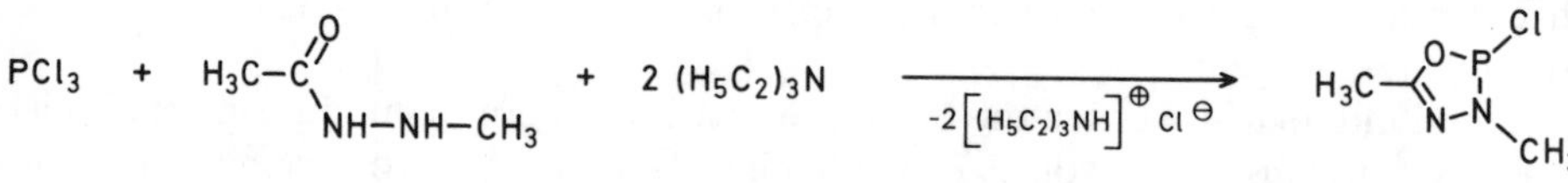

$$PCl_3 \ +\ H_3C-C\underset{NH-NH-CH_3}{\overset{O}{\diagup}} \ +\ 2\ (H_5C_2)_3N \quad \xrightarrow{\ -2\left[(H_5C_2)_3NH\right]^{\oplus}Cl^{\ominus}\ } \quad H_3C-\begin{array}{c}O-P\diagdown Cl\\ N-N\diagdown CH_3\end{array}$$

2-Chlor-3,5-dimethyl-2,3-dihydro-1,3,4,2-oxadiazaphosphol[678a]: Eine Lösung von 31,6 g (0,23 mol) Phosphor(III)-chlorid in 20 *ml* Dichlormethan wird innerhalb 2 Stdn. zu einer auf 6–8° gehaltenen Lösung von 20,9 g (0,23 mol) 1- und 2-Acetyl-1-methyl-hydrazin-Mischung und 45,5 g (0,45 mol) Triethylamin in 90 *ml* Dichlor-

[677] *M.A. Pudovik, S.A. Terenteva, I.V. Nebogatikova* u. *A.N. Pudovik*, Zh. Obshch. Khim. **44**, 1020 (1974); engl.: 983.
[678] *E.S. Batyeva, V.A. Alfonsov* u. *A.N. Pudovik*, Izv. Akad. Nauk SSSR, Ser. Khim. **1976**, 463; engl.: 449.
[678a] *L.V. Vilkov, L.S. Khaikin, A.F. Vasilev, T.L. Italinskaya, N.N. Melnikov, V.V. Negrebetskii* u. *N.I. Shvetsov-Shilovskii*, Dokl. Akad. Nauk SSSR **187**, 659 (1969); engl.: 1293.
[678b] *T.L. Italinskaya, N.N. Melnikov* u. *N.I. Shvetsov-Shilovskii*, Zh. Obshch. Khim. **38**, 2265 (1968); engl.: 2192.

methan getropft. Die Reaktionsmischung wird 1,5 Stdn. gerührt, 15 Stdn. stehengelassen und filtriert. Der Niederschlag wird mehrfach mit kleinen Portionen Dichlormethan ausgewaschen.
Nach dem Abziehen des Dichlormethans wird der Rückstand mit Hexan extrahiert. Der Extrakt wird i. Vak. destilliert; Ausbeute: 14,7 g (42%); Sdp.: 50–51°/7 Torr (0,93 kPa).

Ohne Zusatz von Basen setzen sich Arylhydroxamsäuren mit Phosphor(III)-chlorid zu thermisch empfindlichen 5-Aryl-2-chlor-1,3,4,2-dioxazaphospholen um[679, 679a]; z.B.:

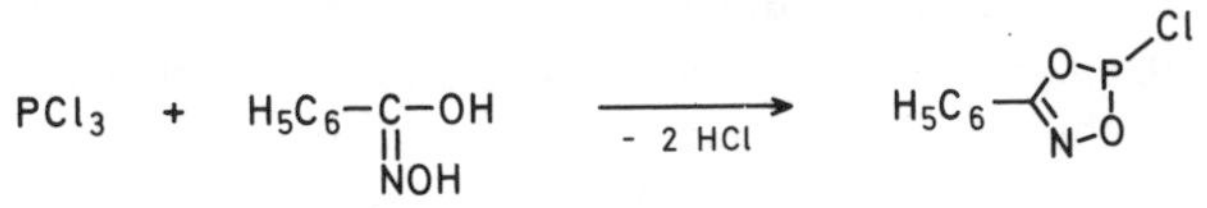

2-Chlor-5-phenyl-1,3,4,2-dioxazaphosphol

δ) Bis-[alkoxy-fluor-phosphano]-amine

Phosphorigsäure-alkylester-chlorid-fluoride setzen sich bei Siedetemp. unverdünnt mit Heptamethyl-disilazan über die Alkylester-fluorid-silylamide im Molverhältnis 2:1 zu Bis-[alkoxy-fluor-phosphano]-methyl-aminen um[679b]; z.B.:

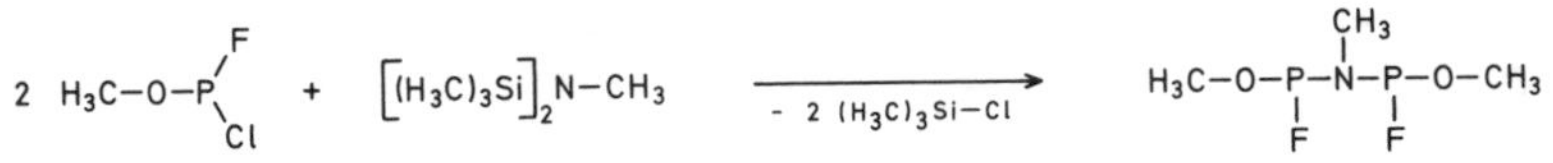

Bis-[fluor-methoxy-phosphano]-methyl-amin; 45%

e₂₂) Dithiophosphorigsäure-S,S-diester-halogenide

A. Herstellung

1. aus Phosphor(III)-halogeniden

Dithiophosphorigsäure-chlorid-S,S-diester entstehen auch ohne Base bei langsamer Zugabe von prim. und sek. Thiolen zu unverdünntem Phosphor(III)-chlorid im Molverhältnis 2:1 und ausreichend langer Reaktionszeit[680, 680a, 680b] (12–24 Stdn.) bei 25–30°, anschließend kann die Temp. noch leicht erhöht werden[680]. Dagegen liefert die bekannte zweistufige Umsetzung in Gegenwart von Base mit prim., sek. und tert. Thiolen in siedendem Dichlormethan nur 18–25% Dithiophosphorigsäure-chlorid-diester[681]. Auch die einstufige Umsetzung in Petrolether bei 20°/15 Stdn.[681a] ergibt Ausbeuten von 60%. Mit Methanthiol entstehen offenbar nur Gemische[681b, 682]. Aus Chlor-difluor-phosphan, Methanthiol und Trimethylamin entsteht Dithiophosphorigsäure-S,S-dimethylester-

[679] E. v. Hinrichs u. I. Ugi, J. Chem. Research (S), 1978, 338.
[679a] E. Fluck u. M. Vargas, Z. Anorg. Allg. Chem. 437, 53 (1977).
[679b] H. Binder u. R. Fischer, Z. Anorg. Allg. Chem. 474, 43 (1981).
[680] CH 1202709 (1966), Ciba AG, Erf.: G. Beriger; C.A. 73, 3470 (1970).
[680a] S. F. Sorokina, A. I. Zavalishina u. E. E. Nifantev, Zh. Obshch. Khim. 43, 750 (1973); engl.: 748.
[680b] US 3210244 (1962), Socony Mobil Oil Co, Erf.: J. H. Wilson; C.A. 63, 18967 (1965).
[681] L. V. Stepashkina, V. D. Akamsin u. N. I. Rizpolozhenskii, Izv. Akad. Nauk SSSR, Ser. Khim. 1972, 380; engl.: 330.
[681a] H. Takaku u. Y. Shimada, Tetrahedron Lett. 1972, 411.
[681b] US 3457308 (1965), Monsanto Co, Erf.: L. C. D. Groenweghe; C.A. 71, 91646 (1969).
[682] J. W. Baker, R. E. Stenseth u. L. C. D. Groenweghe, J. Am. Chem. Soc. 88, 3041 (1966).

fluorid[682a]. Zur Synthese aus Phosphor(III)-chlorid und Alkylthio-trimethyl-silan s. Lit.[682b].

Dithiophosphorigsäure-chlorid-S,S-dibutylester[680a]: Innerhalb 20 Min. werden 25,5 g (0,284 mmol) Butanthiol zu 19,5 g (0,142 mol) Phosphor(III)-chlorid bei 25° zugetropft. Die Reaktionsmischung verbleibt 12 Stdn. bei ~ 20° und wird destilliert; Ausbeute: 16,7 g (48%); Sdp.: 116–118°/0,1 Torr (0,013 kPa).

Die bekannte Umsetzung des 1,2-Ethandithiols mit Phosphor(III)-chlorid zum *2-Chlor-1,3,2-dithiaphospholan* wird besser in Benzol bei 50°/5 Stdn. ausgeführt[683]. Analog dem 1,2-Ethandithiol setzen sich 1,2-Propandithiol *(2-Chlor-4-methyl-1,3,2-dithiaphospholan)*[683a], 1,3-Alkandithiole[683a, 683b] sowie 4-Methyl-benzol-1,2-dithiol[683] und Benzol-1,2-dithiol[684] *(2-Chlor-* bzw. *2-Chlor-5-methyl-⟨benzo-1,3,2-dithiaphosphol⟩)* mit Phosphor(III)-chlorid in Ausbeuten von 65–75% um, letzteres sogar in 90%. Um die Bildung linearer Chlorid-S-ester zu unterdrücken, wird in verdünnter Lösung, vorzugsweise in Diethylether, bei 20–40° gearbeitet und die Phosphorchlorid-Zugabe erfolgt unter intensivem Rühren; z.B.:

2-Chlor-4-methyl-1,3,2-dithia-phosphorinan

2-Chlor-1,3,2-dithiaphosphorinan[683b]: 11,4 g (0,083 mol) Phosphor(III)-chlorid werden unter Rühren zu 9 g (0,083 mol) 1,3-Propandithiol in 60 *ml* Diethylether hinzugefügt. Nach 20 Min. Sieden unter Rückfluß läßt man bei 20°/1,5 Stdn. stehen, zieht den Ether ab und destilliert i. Vak.; Ausbeute: 10,4 g (73%), Sdp.: 120–121°/9 Torr (1,2 kPa).

Phosphor(III)-chlorid und Trithiophosphorigsäure-tributylester im Molverhältnis 1:2 äquilibrieren bei 120°/48 Stdn. zu Gemischen mit bis zu 74% *Dithiophosphorigsäure-chlorid-S,S-dibutylester*[684a]; bei 20° findet kein erkennbarer Zerfall mehr statt[684b].
Nur in Gegenwart von ~ 2% Zinkchlorid reagieren Phosphor(III)-chlorid und Methylthiiran bei 80°/1,2 Stdn. glatt zu *Dithiophosphorigsäure-S,S-bis-[2-chlor-propylester]-chlorid*[685].

2. aus Dithiophosphorigsäure-chlorid-S,S-diestern

2-Fluor-1,3,2-dithiaphospholan läßt sich aus dem Chlorid mit Antimon(III)-fluorid nur in mäßigen Ausbeuten erhalten[685a].

Der Ersatz des Chlor-Atoms durch andere Halogene und Pseudohalogene soll mit ihren Kalium-Salzen in DMF glatt verlaufen[684b].

[680a] *S. F. Sorokina, A. I. Zavalishina* u. *E. E. Nifantev*, Zh. Obshch. Khim. **43**, 750 (1973); engl.: 748.
[682a] *R. Foerster* u. *K. Cohn*, Inorg. Chem. **11**, 2590 (1972).
[682b] *A. Haas* u. *D. Winkler*, Z. Anorg. Allg. Chem. **468**, 68 (1980).
[683] *H. Boudjebel, H. Goncalves* u. *F. Mathis*, Bull. Soc. Chim. Fr. **1975**, 628.
[683a] US 4 140 514 (1978), Chevron Res. Co, Erf.: *F. J. Freenor*; C. A. **90**, 91340 (1979).
[683b] *E. E. Nifantev, A. I. Zavalishina, S. F. Sorokina, V. S. Blagoveshchenskii, O. P. Yakovleva* u. *E. V. Esinina*, Zh. Obshch. Khim. **44**, 1694 (1974); engl.: 1664.
[684] *M. Baudler, A. Moog, K. Glinka* u. *U. Kelsch*, Z. Naturforsch. B, **28**, 363 (1973).
[684a] *K. Moedritzer, G. M. Burch, J. R. Van Wazer* u. *H. K. Hofmeister*, Inorg. Chem. **2**, 1152 (1963).
[684b] CH. 1 202 709 (1966), Ciba AG., Erf.: *G. Beriger*; C. A. **73**, 3470 (1970).
[685] *O. N. Nuretdinova*, Izv. Akad. Nauk SSSR, Ser. Khim. **1966**, 1255; engl.: 1205.
[685a] *J. P. Albrand, A. Cogne, D. Gagnaire, J. Martin, J. B. Robert* u. *J. Verrier*, Org. Magn. Reson. **3**, 75 (1971).

3. nach verschiedenen Methoden

Trithiophosphorigsäure-triethylester werden durch Chlorwasserstoff bei 45°/8 Stdn. in Gemische mit $\sim 25\%$ destillativ isolierbarem *Dithiophosphorigsäure-chlorid-S,S-diethylester* gespalten[685b].

Zur Herstellung von Dithiophosphorigsäure-chlorid-S,S-diestern durch Reduktion von Bis-[alkylthio]-trichlor-phosphoranen s. Lit.[686].

Bei Reaktion von weißem Phosphor mit Ethanthiol und Natrium-ethanthiolat im Molverhältnis 1:6:6 in Tetrachlormethan entsteht *Dithiophosphorigsäure-chlorid-S,S-diethylester* neben Trithiophosphorigsäure-triethylester[686a].

Zur Herstellung von *Dithiophosphorigsäure-S,S-bis-[chlor-fluormethylester]-chloriden* aus Phosphor und den Sulfenylchloriden s. Lit.[686b].

e₂₃) Thiophosphorigsäure-amid-S-ester-halogenide bzw. -chlorid-S-ester-hydrazide

Thiophosphorigsäure-S-(2-chlor-alkylester)-dichloride reagieren bei $-10°$ in Petrolether mit Diethylamin zu *Thiophosphorigsäure-S-(2-chlor-alkylester)-chlorid-diethylamid*[687] zu 30–50%; z.B.:

$$Cl-CH_2-CH_2-S-PCl_2 \ + \ 2 \ (H_5C_2)_2NH \ \longrightarrow \ Cl-CH_2-CH_2-S-P\overset{\displaystyle Cl}{\underset{\displaystyle N(C_2H_5)_2}{|}}$$

Thiiran bzw. Methyl-thiiran setzen sich mit Phosphorigsäure-dichlorid-diethylamid bei mehrstündigem Erhitzen der unverdünnten Komponenten auf 75° bzw. 105° in geringem Umfang (15% d. Th.) zu den *Thiophosphorigsäure-S-(2-chlor-ethylester)-* bzw. *-(2-chlor-propylester)-chlorid-diethylamiden* um[687]:

$$(H_5C_2)_2N-PCl_2 \ + \ \overset{R}{\underset{S}{\triangle}} \ \longrightarrow \ (H_5C_2)_2N-P\overset{\displaystyle Cl}{\underset{\displaystyle S-CH_2-\overset{R}{\underset{|}{CH}}-Cl}{|}}$$

R = H, CH₃

Zur Synthese von 2-Halogen-1,3,2-Thiazaphospholanen aus Phosphor(III)-chlorid und 2-Alkylamino-alkanthiol/Triethylamin in Benzol bei 10–15° sowie durch Chlor-Fluor-Austausch mit Antimon(III)-fluorid s. Lit.[687b].

3-Phenyl- und 3-Acetyl-dithiocarbazinsäure-methylester reagieren in Gegenwart von tert. Amin mit Phosphor-(III)-chlorid zu cycl. Thiophosphorigsäure-chlorid-S-ester-hydrazid[687a]; z.B.:

$$Cl_3 \ + \ H_5C_6-NH-NH-C\overset{\displaystyle S}{\underset{\displaystyle S-CH_3}{\diagup\diagdown}} \ + \ 2 \ (H_5C_2)_3N \ \xrightarrow[\ -2 \ [(H_5C_2)_3NH]^{\oplus} \ Cl^{\ominus}\ ]{} \ H_3CS \diagdown \text{thiadiazaphosphol ring}$$

2-Chlor-5-methylthio-3-phenyl-2,3-dihydro-
1,3,4,2-thiadiazaphosphol

[685b] *E. N. Ofitserov, O. G. Sinyashin, E. S. Batyeva* u. *A. N. Pudovik*, Zh. Obshch. Khim. **50**, 222 (1980); C. A. **93**, 70926 (1980).

[686] US 3 294 876 (1962), Chemagro Corp., Erf.: *E. Regel*; C. A. **66**, 45 692 (1967).

[686a] *C. Brown, R. F. Hudson* u. *G. A. Wartew*, J. Chem. Soc., Perkin Trans. **1, 1979**, 1799.

[686b] *E. W. Abel, D. A. Armitage* u. *R. P. Bush*, J. Chem. Soc. **1964**, 5584.

[687] *O. N. Nuretdinova* u. *L. Z. Nikonova*, Izv. Akad. Nauk SSSR, Ser. Khim. **1969**, 1125; engl.: 1028.

[687a] *N. I. Shvetsov-Shilovskii, B. P. Nesterenko* u. *A. A. Stepanova*, Zh. Obshch. Khim. **49**, 1896 (1979); engl.: 1669.

[687b] *Y. L. Kruglyak, S. I. Malekin* u. *I. V. Martynov*, Zh. Obshch. Khim. **39**, 466 (1969); engl.: 440.

e$_{24}$) Phosphorigsäure-diamid-halogenide

α) Phosphorigsäure-bis-[organoamid]-halogenide

A. Herstellung

1. aus Phosphor(III)-halogeniden

1.1. mit Aminen

Während die Umsetzung von Phosphor(III)-fluorid mit Dimethylamin bei 20° rasch zum Phosphorigsäure-difluorid-dimethylamid (vgl. S. 362) verläuft, findet die Weiterreaktion zum *Phosphorigsäure-bis-[dimethylamid]-fluorid* bei 20° äußerst langsam[688], bei 50° schneller (unreines Produkt)[689] statt.

Die Umsetzung gelingt glatt mit di-sek. 1,2-Diaminen und man erhält 2-Fluor-1,3,2-diazaphospholane[690]; z.B.:

1,3-Dimethyl-2-fluor-1,3,2-diazaphospholan; 59%

Von den prim. Aminen ersetzt nur tert.-Butylamin mehr als ein Fluor-Atom, erhalten wird *Phosphorigsäure-bis-[tert.-butylamid]-fluorid*[691].

Aus den aus Phosphor(III)-fluorid-Boran mit überschüssigem Methylamin oder Dimethylamin gut zugänglichen Phosphorigsäure-diamid-fluorid-Boran-Addukten kann das Boran wegen der hohen Basizität der Diamid-fluoride nur schwierig verdrängt werden[692].

Die Herstellung von Phosphorigsäure-chlorid-diamiden aus Phosphor(III)-chlorid mit Dialkylaminen im Molverhältnis 1:4 in inerten Lösungsmitteln sollte zweistufig mit Isolierung der Phosphorigsäure-amid-dichloride als Zwischenprodukte durchgeführt werden. Bei dieser klassischen Synthese kann auch von Phosphor(III)-bromid ausgegangen werden. Keine Vorteile bietet die zweistufige Synthese wenn wie z.B. mit Diphenylamin sowie mit Hilfsbase gearbeitet wird[693, 694]. Das gilt auch, wenn das Phosphor(III)-halogenid mit 1,2- und mit 1,3-Diaminen in Gegenwart eines tert. Amins[695 – 697c] oder auch mit überschüssigem Diamin[698] umgesetzt wird:

[688] *S. Fleming* u. *R. W. Parry*, Inorg. Chem. **11**, 1 (1972).

[689] *R. G. Cavell*, J. Chem. Soc. **1964**, 1995.

[690] *S. Fleming, M. K. Lupton* u. *K. Jekot*, Inorg. Chem. **11**, 2534 (1972).

[691] *J. S. Harman* u. *D. W. A. Sharp*, J. Chem. Soc. [A] **1970**, 1935.

[692] *G. Kodama* u. *R. W. Parry*, Inorg. Chem. **4**, 410 (1965).

[693] *H. Nöth* u. *H. J. Vetter*, Chem. Ber. **96**, 1109 (1963).

[694] *H. Falius* u. *M. Babin*, Z. Anorg. Allg. Chem. **420**, 65 (1975).

[695] *E. E. Nifantev, A. I. Zavalishina, S. F. Sorokina, A. A. Borisenko, E. I. Smirnova, V. V. Kurochkin* u. *L. I. Moiseeva*, Zh. Obshch. Khim. **49**, 64 (1979); engl.: 53.

[696] *M. A. Pudovik, N. A. Muslimova* u. *A. N. Pudovik*, Izv. Akad. Nauk SSSR, Ser. Khim. **1980**, 1183; C. A. **93**, 114408 (1980).

[697] *E. E. Nifantev, V. S. Blagoveshchenskii, A. S. Chechetkin* u. *P. P. Dakhnov*, Zh. Obshch. Khim. **47**, 29? (1977); engl.: 276.

[697a] *E. E. Nifantev, A. I. Zavalishina, S. F. Sorokina, A. I. Borisenko, E. I. Smirnova* u. *I. V. Gustova* Zh. Obshch. Khim. **47**, 1960 (1977); engl.: 1793.

[697b] *I. V. Komlov, A. I. Zavalishina, I. P. Chernikevich, D. A. Predvoditelev* u. *E. E. Nifantev*, Zh. Obshch. Khim. **42**, 802 (1972); engl.: 794.

[697c] *E. I. Smirnova, A. I. Zavalishina, A. A. Borisenko, M. N. Rybina* u. *E. E. Nifantev*, Zh. Obshch. Khim. **51** 1956 (1981).

[698] *O. J. Scherer* u. *J. Wokulat*, Z. Naturforsch. **22b**, 474 (1967).

$$PCl_3 \quad + \quad R-NH-CH_2-CH_2-NH-R \quad \xrightarrow[- 2 \left[(H_5C_2)_3NH\right]^{\oplus} Cl^{\ominus}]{+ (H_5C_2)_3N} \quad \underset{R}{\overset{R}{\underset{|}{\overset{|}{N}}}}\!\!\diagdown\!\!P-Cl$$

Während bei den einfachen Dialkylaminen tiefe Temperaturen (z. B. $-70°$ in Petrolether)[699, 700] zu wesentlich besseren Ausbeuten als höhere Temperaturen[701] führen, kann bei sperrigeren Aminen (z. B. Diisopropylamin, Morpholin) die Reaktionsmischung zum Sieden erhitzt werden[702].

Phosphorigsäure-bis-[diethylamid]-chlorid[699]: Eine Lösung von 292 g (4 mol) Diethylamin in 400 ml Petrolether (30–40°) wird bei $-70°$ unter Rühren innerhalb 3 Stdn. zu 137,5 g (1 mol) Phosphor(III)-chlorid in 2 l Petrolether getropft. Wenn die Reaktionsmischung sich auf $\sim 20°$ erwärmt hat, wird filtriert und der Niederschlag mehrfach mit Petrolether ausgewaschen. Filtrat und Waschlösungen werden eingeengt, der Rückstand wird i. Vak. destilliert; Ausbeute: 150 g (71%); Sdp.: 87–90°/2 Torr (0,27 kPa).

Phosphorigsäure-bis-[diisopropylamid]-chlorid[702]: Zu einer Lösung von 69 g (0,5 mol) Phosphor(III)-chlorid in 700 ml Diethylether werden unter Rühren bei 0° 335 g (3,0 mol) Diisopropylamin zugefügt. Die Reaktionsmischung wird 6 Stdn. zum Sieden erhitzt und 16 Stdn. bei $\sim 20°$ stehen gelassen. Der Niederschlag wird abfiltriert und mit Diethylether gewaschen. Nach dem Verdampfen des Lösungsmittels aus dem Filtrat wird der Rückstand bei 125–132°/7 Torr (0,93 kPa) 2mal destilliert, wobei durch ausreichend weite Rohre ein Verstopfen durch die bei 100° schmelzende Substanz vermieden werden kann; Ausbeute: 88 g (66%).

Auf ähnliche Weise erhält man mit 1,2-Bis-[methylamino]-ethan 66% *2-Chlor-1,3-dimethyl-1,3,2-diazaphospholan* (Sdp.: 98–100°/14 Torr/1,86 kPa).

2-Chlor-1,3,4-trimethyl-1,3,2-diazaphosphorinan[703]:

$$PCl_3 \quad + \quad H_3C-NH-CH_2-CH_2-\underset{CH_3}{\overset{|}{C}}H-NH-CH_3 \quad \xrightarrow[-2\left[(H_5C_2)_3NH\right]^{\oplus} Cl^{\ominus}]{2\,(H_5C_2)_3N} \quad$$

Eine Lösung von 21,6 g (0,15 mol) 1,3-Bis-[methylamino]-butan und 30,3 g (0,3 mol) Triethylamin in 100 ml Benzol werden zu 20,6 g (0,15 mol) Phosphor(III)-chlorid in 150 ml Benzol gegeben. Die Mischung wird 2 Stdn. bei $\sim 20°$ gerührt, das Benzol abgezogen und der Rückstand i. Vak. destilliert; Ausbeute: 18,2 g (67%); Sdp.: 84–85°/1,5 Torr (0,2 kPa).

Phosphonigsäure-diamide können mit Phosphor(III)-chlorid und Trialkylamin[704, 705] oder bei erhöhter Temp. ohne Amin[706] zu 2-Chlor-1,3,2,4-diazadiphosphetanen umgesetzt werden; z. B.[704]:

$$PCl_3 \quad + \quad H_3C-\overset{NH-C(CH_3)_3}{\underset{NH-C(CH_3)_3}{P}} \quad + \quad 2\,(H_5C_2)_3N \quad \xrightarrow[-2\left[(H_5C_2)_3NH\right]^{\oplus}Cl^{\ominus}]{} \quad$$

2-Chlor-1,3-di-tert.-butyl-4-methyl-1,3,2,4-diazadiphosphetan; 53%

[699] P. G. Chantrell, C. A. Pearce, C. R. Toyer u. R. Twaits, J. Appl. Chem. **14**, 563 (1964).
[700] F. Ramirez, A. V. Patwardhan, H. J. Kugler u. C. P. Smith, J. Am. Chem. Soc. **89**, 6276 (1967).
[701] K. J. Irgolic, L. R. Kallenbach u. R. A. Zingaro, Monatsh. Chem. **102**, 545 (1971).
[702] V. L. Foss, N. V. Lukashev u. I. F. Lutsenko, Zh. Obshch. Khim. **50**, 1236 (1980); engl.: 1000.
[703] E. E. Nifantev, A. I. Zavalishina, S. F. Sorokina, A. A. Borisenko, E. I. Smirnova, V. V. Kurochkin u. L. I. Moiseeva, Zh. Obshch. Khim. **49**, 64(1979); engl.: 53.
[704] O. J. Scherer u. G. Schnabl, Chem. Ber. **109**, 2996 (1976).
[705] A. H. Cowley, S. K. Mehrotra u. H. W. Roesky, Inorg. Chem. **20**, 712 (1981).
[706] E. Fluck u. S. Kleemann, Z. Anorg. Allg. Chem. **461**, 187 (1980).

1.2. mit Silylaminen

Dialkyl-trimethylsilyl-amine reagieren mit Phosphor(III)-chlorid im Molverhältnis $2:1$ glatt zu Phosphorigsäure-bis-[dialkylamid]-chloriden[707]:

$$PCl_3 \; + \; 2 \; (H_5C_2)_2N-Si(CH_3)_3 \; \xrightarrow[- \; 2 \; (H_3C)_3Si-Cl]{} \; \left[(H_5C_2)_2N\right]_2 P-Cl$$

Phosphorigsäure-bis-[diethylamid]-chlorid[707]: 39,5 g (0,272 mol) Diethylamino-trimethyl-silan werden zu 18,7 g (0,136 mol) Phosphor(III)-chlorid in trockener Stickstoff-Atmosphäre tropfenweise zugefügt. Anschließend wird i. Vak. destilliert; Ausbeute: 20,1 g (70%) Sdp.: 55–57°/0,2 Torr (26,7 kPa).

Auf diese Weise sind auch Phosphorigsäure-bis-[dialkylamid]-jodide zugänglich[708, 709]:

$$PJ_3 \; + \; 2 \; R_2N-Si(CH_3)_3 \; \xrightarrow[-(H_3C)_3Si-J]{} \; (R_2N)_2P-J$$

Phosphorigsäure-dimorpholid-jodid[708]: Eine Lösung von 3,2 g (20 mmol) 4-Trimethylsilyl-morpholin in 10 *ml* Benzol wird unter Rühren zu einer Suspension von 4,1 g (10 mmol) Phosphor(III)-jodid in 50 *ml* Benzol gegeben. Die Lösung wird unter Rühren 1 Stde. zum Sieden erhitzt, filtriert und das Filtrat wird i. Vak. auf die Hälfte eingeengt. Beim Abkühlen kristallisiert Phosphorigsäure-dimorpholid-jodid aus; Ausbeute: (80–90%); Schmp.: 102–104°.

Ausgehend von Phosphorigsäure-amid-dichloriden lassen sich mit Trimethylsilyl-amiden unsymmetrisch substituierte Phosphorigsäure-chlorid-diamide erhalten[711].

2. aus Phosphorigsäure-amid-dihalogeniden

Sofern die Verknüpfung unterschiedlicher Amid-Reste zu den Phosphorigsäure-diamid-halogeniden gewünscht wird, ist es unumgänglich, von isolierten gereinigten Phosphorigsäure-amid-dihalogeniden auszugehen, die mit der zweifach molaren Menge Dialkylamin bzw. mit jeweils molaren Mengen Dialkylamin und Trialkylamin umgesetzt werden. Silylamine müssen als Alkalimetallsilylamide eingesetzt werden; z.B.[712–717]:

$$R_2N-P(Hal)_2 \; + \; Li-N\begin{smallmatrix} Si(CH_3)_3 \\ \\ C(CH_3)_3 \end{smallmatrix} \; \xrightarrow[- \; LiHal]{} \; R_2N-P\begin{smallmatrix} N\begin{smallmatrix}Si(CH_3)_3\\ C(CH_3)_3\end{smallmatrix} \\ \\ Hal \end{smallmatrix}$$

Hal = Cl, Br

Zur Synthese symmetrischer Phosphorigsäure-bis-[silylamid]-halogenide kann auch Phosphor(III)-chlorid im Eintopfverfahren mit den Lithium-silylamiden umgesetzt werden[718].

[707] *E. W. Abel, D. A. Armitage* u. *G. R. Willey*, J. Chem. Soc. **1965**, 57.

[708] *A. M. Pinchuk, Z. K. Gorbatenko* u. *N. G. Feshchenko*, Zh. Obshch. Khim. **43**, 1855 (1973); engl.: 1839.

[709] *Z. K. Gorbatenko* u. *N. G. Feshchenko*, Zh. Obshch. Khim. **47**, 1915 (1977); engl.: 1752.

[711] *R. Keat*, J. Chem. Soc., Dalton Trans. **1974**, 876.

[712] *O. J. Scherer* u. *N. Kuhn*, J. Organomet. Chem. **82**, C 3 (1974).

[713] *L. N. Markovskii, V. D. Romanenko* u. *A. V. Ruban*, Zh. Obshch. Khim. **49**, 1908 (1979); engl.: 1681.

[714] *O. J. Scherer* u. *H. Conrad*, Z. Naturforsch. **36b**, 515 (1981).

[715] *A. H. Cowley, M. Lattman* u. *J. C. Wilburn*, Inorg. Chem. **20**, 2916 (1981).

[716] *W. Zeiß, C. Feldt, J. Weis* u. *G. Dunkel*, Chem. Ber. **111**, 1180 (1978).

[717] *O. J. Scherer* u. *W. Gläßel*, Chem. Ber. **110**, 3874 (1977).

[718] *O. J. Scherer* u. *N. Kuhn, Chem. Ber. 107*, 2123 (1974).

Phosphorigsäure-(bis-[trimethylsilyl]-amid)-(tert.-butyl-trimethylsilyl-amid)-chlorid[719]: 21,8 g (0,15 mol) tert.-Butyl-trimethylsilyl-amin gelöst in 100 *ml* Diethylether, werden mit einer äquimolaren Menge Butyl-lithium in Hexan versetzt und 3 Min. unter Rückfluß erhitzt. Diese Lösung wird bei 98° zu einer Lösung von Phosphorigsäure-(bis-[trimethylsilyl]-amid)-dichlorid [hergestellt aus 20,6 g (0,15 mol) Phosphor(III)-chlorid, 24,0 g (0,15 mol) Bis-[trimethylsilyl]-amin und Butyl-lithium] in 50 *ml* Pentan bei −78° zugetropft. Man läßt die Temp. unter Rühren auf 20° kommen, engt nach ~ 16 Stdn. i. Vak. ein, filtriert über eine G 3-Fritte und entfernt die Lösungsmittel-Reste durch Evakuieren i. Hochvak. (1 Stde.); Ausbeute: 40,2 g (72%; 90%ig).

Phosphorigsäure-amid-difluoride reagieren nur mit Dialkylaminen zu Phosphorigsäure-bis-[dialkylamid]-fluoriden, mit prim. Aminen entstehen die Fluorwasserstoff-Addukte mit fünfbindigem Phosphor[720] (vgl. S. 381).

Zur Herstellung von Phosphorigsäure-diamid-fluoriden aus -amid-difluoriden mit Lithiumamiden s. Lit.[721].

Wird Phosphorigsäure-dichlorid-diethylamid mit molaren Mengen eines 1,3-Diamins umgesetzt, so entstehen ausschließlich 2-Chlor-1,3,2-diazaphosphorinane[722]; in Gegenwart von Hilfsbasen (z.B. Triethylamin) werden 2-Chlor- und 2-Amino-1,3,2-diazaphosphorinane erhalten[723]:

$$Cl_2P-N(C_2H_5)_2 \quad + \quad R-NH-CH_2-CH_2-\underset{\underset{CH_3}{|}}{CH}-NH-R \xrightarrow[-[(H_5C_2)_2NH_2]^{\oplus}\,Cl^{\ominus}]{}$$

3. aus Phosphorigsäure-diamid-halogeniden

3.1. durch Umhalogenierung

Phosphorigsäure-diamid-fluoride entstehen aus den zugehörigen Chloriden mit Antimon(III)-fluorid in leichtem Überschuß[724] – Antimon(V)-fluorid wirkt dabei katalytisch[725] – ohne Lösungsmittel oder mit Arsen(III)-fluorid unter ähnlichen Bedingungen[726].

$$3\,(R_2N)_2P-Cl \quad + \quad SbF_3 \xrightarrow[-SbCl_3]{} \quad 3\,(R_2N)_2P-F$$

Alternativ können auch die Chloride mit überschüssigem Natriumfluorid in polaren Lösungsmitteln z.B.

Acetonitril[727]   Phosphorsäure-tris-[dimethylamid][730]
Tetrahydrothiophen-1,1-dioxid[724, 728, 729]   Dimethylformamid[730]

umgesetzt werden. Silbertetrafluoroborat[725] bewirkt den Chlor/Fluor-Austausch schon bei −80°. Kaliumfluorsulfinat kann Natriumfluorid ersetzen[724]. In Benzol sind mit Natriumfluorid sehr lange Reaktionszeiten erforderlich[731]. Die Umwandlung der Phospho-

[19] *O.J. Scherer* u. *N. Kuhn*, J. Organomet. Chem. **82**, C 3 (1974).

[20] *G.I. Drozd, M.A. Sokalskii, V.V. Sheluchenko, M.A. Landau* u. *S.Z. Ivin*, Zh. Vses. Khim. Ova. **1969**, 532; C.A. **72**, 54645 (1970).

[21] *J. Neemann* u. *U. Klingebiel*, Chem. Ber. **114**, 527 (1981).

[22] *E.E. Nifantev, A.I. Zavalishina, S.F. Sorokina, A.A. Borisenko, E.I. Smirnova, V.V. Kurochkin* u. *L.I. Moiseeva*, Zh. Obshch. Khim. **49**, 64 (1979); engl.: 53.

[23] *E.E. Nifantev, A.A. Borisenko, A.I. Zavalishina* u. *S.F. Sorokina*, Chem. Ztg. **104**, 63 (1980).

[24] *R. Schmutzler*, Inorg. Chem. **3**, 415 (1964).

[25] *A.H. Cowley, S.K. Mehrotra* u. *H.W. Roesky*, Inorg. Chem. **20**, 712 (1981).

[26] *O.J. Scherer* u. *G. Schnabl*, Z. Naturforsch. **31b**, 142 (1976).

[27] *H. Falius* u. *M. Babin*, Z. Anorg. Allg. Chem. **420**, 65 (1975).

[28] *H.W. Roesky*, Inorg. Nucl. Chem. Lett., **5**, 891 (1969).

[29] *G.S. Reddy* u. *R. Schmutzler*, Z. Naturforsch. **20b**, 104 (1965).

[30] *S. Sengés, M. Zentil* u. *M.C. Labarre*, Bull. Soc. Chim. Fr. **1971**, 351.

[31] *J.P. Albrand, A. Cogne, D. Gagnaire, J. Martin, J.B. Robert* u. *J. Verrier*, Org. Magn. Reson. **3**, 75 (1971).

rigsäure-chlorid-diamide in die Bromide kann in guten Ausbeuten mit dem aus Magnesium und Dibrommethan bzw. 1,2-Dibrom-ethan in Diethylether erhältlichen Magnesiumbromid-Diethyletherat durchgeführt werden[732]; z.B.:

$$\left[(H_5C_2)_2N\right]_2P\!-\!Cl \ + \ MgBr_2\bullet(H_5C_2)_2O \xrightarrow[-\,MgBrCl\,\bullet\,(H_5C_2)_2O]{} \left[(H_5C_2)_2N\right]_2P\!-\!Br$$

Phosphorigsäure-bis-[diethylamid]-bromid; 60%

Phosphorigsäure-bis-[diethylamid]-jodid ist analog aus Magnesiumjodid-Etherat zugänglich[733].

3.2. durch Umwandlung im Amid-Rest

Wegen der hohen Reaktivität der Phosphorigsäure-diamid-halogenide ist die Zahl der Umwandlungen in den Amid-Resten bei gleichzeitiger Erhaltung der Phosphor-diamid-halogenid-Einheit gering und auf Vertreter mit hochreaktiven Substituenten am Stickstoff beschränkt (s. z.B. Lit.[734]).

4. aus Phosphorigsäure-triamiden

Halogenwasserstoffe (z.B. Bromwasserstoff) spalten Phosphorigsäure-triamide zu Phosphorigsäure-diamid-halogeniden[735, 736]:

$$P(NR_2)_3 \ + \ 2\,HBr \xrightarrow[-[R_2\overset{\oplus}{N}H_2]Br^{\ominus}]{} (R_2N)_2P\!-\!Br$$

*Exo*cyclische Amid-Gruppen werden bevorzugt abgespalten[736]. In Umkehrung ihrer Bildungsgleichung reagieren Phosphorigsäure-tris-[dialkylamide] auch mit den schwächer sauren Ammoniumchloriden in geringem Umfang zu Phosphorigsäure-chlorid-diamiden[737]:

$$(R_2N)_3P \ + \ [(H_5C_2)_3\overset{\oplus}{N}H]Cl^{\ominus} \xrightarrow[\substack{-(H_5C_2)_3N \\ -R_2NH}]{} (R_2N)_2P\!-\!Cl$$

Präparativ läßt sich diese Reaktion dann nutzen, wenn das Phosphorigsäure-chlorid-diamid laufend destillativ aus der Reaktionsmischung entfernt wird[737]. Das freigesetzte sek. Amin kann z.B. auch mit Phenylisothiocyanat abgefangen werden[738].
Die Komproportionierung von Phosphor(III)-chlorid und Phosphorigsäure-tris-[dialkylamiden] zu Phosphorigsäure-bis-[dialkylamid]-chloriden[739] hat sich zum Stan-

[732] *Z.S. Novikova, M.I. Kabachnik, A.A. Prishchenko* u. *I.F. Lutsenko*, Zh. Obshch. Khim. **44**, 1857 (1974) engl.: 1825.

[733] *M.J. Kabachnik, Z.S. Novikova, E.V. Snyatkova* u. *I.F. Lutsenko*, Zh. Obshch. Khim. **46**, 433 (1976); engl. 428.

[734] *O.J. Scherer* u. *G. Schnabl*, Chem. Ber. **109**, 2996 (1976).

[735] *H. Nöth* u. *H.J. Vetter*, Chem. Ber. **96**, 1109 (1963).

[736] *E.E. Nifantev, A.I. Zavalishina* u. *E.I. Smirnova*, Phosphorus Sulfur **10**, 261 (1981).

[737] *V.N. Eliseenkov, A.N. Pudovik, S.G. Fattakhov* u. *N.A. Serkina*, Zh. Obshch. Khim. **40**, 498 (1970); engl.: 461.

[738] *E.S. Batyeva, E.N. Ofitserov* u. *A.N. Pudovik*, Zh. Obshch. Khim. **47**, 559 (1977); engl.: 512.

[739] *H. Nöth* u. *H.J. Vetter*, Chem. Ber. **94**, 1505 (1961).

dard-Verfahren für Dialkylamide mit kurzen Alkyl-Resten entwickelt[735, 740-746]. Zur Disproportionierung der Chlorid-diamide s. Lit.[747].

5. aus Amino-imino-phosphanen

An monomere Amino-imino-phosphane lagern sich Bortrihalogenide[748], Organosiliciumchloride[749], Germanium(IV)-chlorid[750], Phosphorchloride[751, 752] und Arsen(III)-chlorid[753] zu N-substituierten Phosphorigsäure-chlorid-diamiden an; z.B.:

$$[(H_3C)_3Si]_2N-P=N-Si(CH_3)_3 \ + \ GeCl_4 \ \longrightarrow$$

$$\begin{array}{c} [(H_3C)_3Si]_2N \\ \diagdown P-Cl \\ (H_3C)_3Si-N \diagup \\ | \\ GeCl_3 \end{array}$$

Phosphorigsäure-(bis-[trimethylsilyl]-amid)-chlorid-
(trichlorgermanyl-trimethylsilyl-amid); ~ 100%

Folgereaktionen können sich anschließen[751, 753, 748, 749] z.B.:

$$\begin{array}{c} (H_3C)_3Si \\ \diagdown N-P=N-C(CH_3)_3 \ + \ BHal_3 \ \xrightarrow[-\,(H_3C)_3Si-Hal]{} \\ (H_3C)_3C \diagup \end{array} \qquad \begin{array}{c} Hal \\ | \\ P \\ (H_3C)_3C-N\diagdown{}_B\diagup N-C(CH_3)_3 \\ {}^{\diagup}{}^{\diagdown} \\ Hal \end{array}$$

1,3-Bis-[trimethylsilyl]-2,4-dibrom-1,3,2,4-diazaphosphaboretidin[748]: 14 g (50 mmol) (Bis-[trimethylsilyl]-amino)-(trimethylsilyl-imino)-phosphan werden unter Rühren in Inertgas-Atmosphäre bei 0° tropfenweise mit 15 g (60 mmol) Bortribromid versetzt. Nach 1 Stde. bei 20° wird Trimethylsilylbromid weitgehend abgezogen, der Rückstand i. Hochvak. fraktioniert und die Fraktion Sdp.: 50–65°/0,1 Torr (0,013 kPa) über eine Vigreux-Kolonne fraktioniert; Ausbeute: 13 g (70%) Sdp.: 62–63°/0,1 Torr (0,013 kPa).

β) *Phosphorigsäure-bis-[hydroxylamid]-halogenide*

Phosphorigsäure-bis-[methoxy-methyl-amid]-chlorid läßt sich durch Umsetzung von Phosphor(III)-chlorid mit der vierfach molaren Menge O,N-Dimethyl-hydroxylamin in Diethylether herstellen, ebenso aber auch aus Phosphorigsäure-dichlorid-(methoxy-methyl-amid) mit der doppelt molaren Menge O,N-Dimethyl-hydroxylamin[754]. Aus Phosphorigsäure-difluorid-(methoxy-methyl-amid) und überschüssigem O,N-Dimethyl-hydroxylamin entsteht nur in mäßiger Ausbeute das *Bis-[methoxy-methyl-amid]-fluorid*, das besser aus dem zugehörigen Chlorid mit Antimon(III)-fluorid hergestellt wird. Die genannten Phosphorigsäure-bis-[methoxy-methyl-amid]-halogenide sind bei ~ 20° wenig beständig.

[735] *H. Nöth* u. *H.J. Vetter*, Chem. Ber. **96**, 1109 (1963).

[740] *S. Sengés, M. Zentil* u. *M.C. Labarre*, Bull. Soc. Chim. Fr. **1971**, 351.

[741] *L. Maier*, Helv. Chim. Acta **47**, 2129 (1964).

[742] *J.R. Van Wazer* u. *L. Maier*, J. Am. Chem. Soc. **86**, 811 (1964).

[743] *B.E. Maryanoff* u. *R.O. Hutchins*, J. Org. Chem. **37**, 3475 (1972).

[744] *J.H. Hargis* u. *W.D. Alley*, J. Am. Chem. Soc. **96**, 5927 (1974).

[745] *R.W. Kopp, A.C. Bond* u. *R.W. Parry*, Inorg. Chem. **15**, 3043 (1976).

[746] *J.H. Hargis* u. *W.D. Alley*, Chem. Commun. **1975**, 612.

[747] *A.P. Marchenko, V.A. Kovenya, A.A. Kudryavtsev* u. *A.M. Pinchuk*, Zh. Obshch. Khim. **51**, 561 (1981); engl.: 440.

[748] *E. Niecke* u. *W. Bitter*, Angew. Chem. **87**, 34 (1975).

[749] *U. Klingebiel, P. Werner* u. *A. Meller*, Monatsh. Chem. **107**, 939 (1976).

[750] *E. Niecke* u. *W. Bitter*, Chem. Ber. **109**, 415 (1976).

[751] *O.J. Scherer* u. *G. Schnabl*, Chem. Ber. **109**, 2996 (1976).

[752] *O.J. Scherer* u. *H. Conrad*, Z. Naturforsch. **36b**, 515 (1981).

[753] *O.J. Scherer* u. *G. Schnabl*, Z. Naturforsch. **31b**, 142 (1976).

[754] *A.E. Goya, M.D. Rosario* u. *J.W. Gilje*, Inorg. Chem. **8**, 725 (1969).

γ) Phosphorigsäure-amid-chlorid-hydrazide

N-Silylierte Phosphorigsäure-amid-chlorid-hydrazide sollen als nicht destillierbare Zwischenprodukte bei der Synthese von 2-Phospha-1-tetrazenen aus Phosphorigsäure-dichlorid-silylamiden und Lithium-silylhydraziden auftreten[755]. Zur Herstellung von Phosphorigsäure-amid-chlorid-hydraziden aus cycl. Phosphorigsäure-alkyl-ester-amid-hydraziden mit 2-Chlor-1,3,2-dioxaphospholan[756] und durch Anlagerung von Dimethyl-thiophosphinsäure-chlorid an 5-Amino-1,2,4,3-triazaphosphol[757] s. Lit.

δ) Phosphorigsäure-dihydrazid-halogenide

Phosphorigsäure-dihydrazid-halogenide sind ausgehend von Phosphor(III)-halogenid bzw. Phosphorigsäure-trihydrazid zugänglich[758]; z. B.:

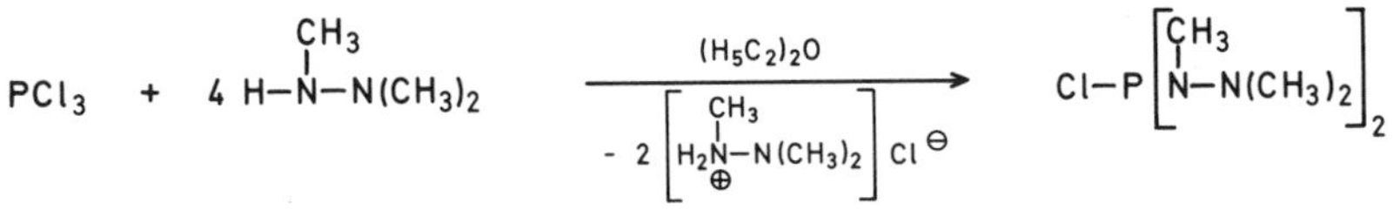

$$PCl_3 \ + \ 4 \ H-\underset{\underset{CH_3}{|}}{N}-N(CH_3)_2 \quad \xrightarrow[\substack{-\ 2\ \left[H_2\overset{\oplus}{N}-N(CH_3)_2\right] Cl^{\ominus}}]{(H_5C_2)_2O} \quad Cl-P\left[\underset{\underset{CH_3}{|}}{N}-N(CH_3)_2\right]_2$$

Phosphorigsäure-bis-[1,2,2-trimethyl-hydrazid]-chlorid; 35%

In quantitativer Ausbeute wird *3,6-Dichlor-1,2,4,5-tetramethyl-1,2,4,5,3,6-tetraazadiphosphorinan* durch Umsetzung von Phosphor(III)-chlorid mit dem Bicyclus I erhalten[759,760]:

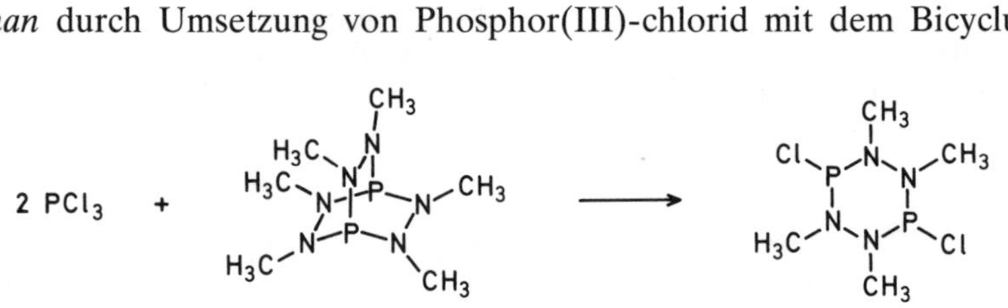

$$2\ PCl_3 \ + \quad I \quad \longrightarrow$$

I

Die Spaltung des Trihydrazids I kann auch mit 1,2-Bis-[dichlorphosphano]-1,2-dimethyl-hydrazin in Chloroform[760] sowie mit Chlorwasserstoff[761] erfolgen. Mit Phosphor(III)-bromid reagiert das Trihydrazid I zum *3,6-Dibrom-1,2,4,5-tetramethyl-1,2,4,5,3,6-tetrazadiphosphorinan*[762] (90%).

Phosphorigsäure-dihydrazid-fluoride entstehen aus den zugehörigen Chloriden durch Umsetzung mit Antimon(III)-fluorid[760], *Phosphorigsäure-bis-[1,2,2-trimethyl-hydrazid]-fluorid* auch durch Umsetzung mit Natriumfluorid in Tetrahydrothiophen-1,1-dioxid[758].

[755] *O. J. Scherer* u. *W. Gläßel*, Chem. Ber. **110**, 3874 (1977).
[756] *Y. Charbonnel* u. *I. Barrans*, Tetrahedron **32**, 2039 (1976).
[757] *A. Schmidpeter* u. *H. Tautz*, Z. Naturforsch. **35b**, 1222 (1980).
[758] *A. E. Goya, H. D. Rosario* u. *J. W. Gilje*, Inorg. Chem. **8**, 725 (1969).
[759] *D. S. Payne, H. Nöth* u. *G. Henniger*, Chem. Commun. **1965**, 327.
[760] *H. D. Havlicek* u. *J. W. Gilje*, Inorg. Chem. **11**, 1624 (1972).
[761] *R. Goetze, H. Nöth* u. *D. S. Payne*, Chem. Ber. **105**, 2637 (1972).
[762] *H. Nöth* u. *R. Ullmann*, Chem. Ber. **107**, 1019 (1974).

ε) 2,4-Dihalogen-1,3,2,4-diazadiphosphetidine

A. Herstellung

1. aus Phosphor(III)-halogeniden

Nur prim., aliphatische Amine mit stark raumfüllenden Substituenten (z.B. Isopropyl-, tert.-Butyl-Resten[763-766]) reagieren mit Phosphor(III)-chlorid und -bromid[766] im Molverhältnis 3:1 zu *2,4-Dichlor-* bzw. *2,4-Dibrom-1,3,2,4-diazadiphosphetidinen*, nicht aber Methylamin[764, 767] wie früher angegeben[768]:

$$6 \ (H_3C)_3C-NH_2 \ + \ 2 \ PCl_3 \ \xrightarrow[\text{- 4 } [(H_3C)_3C-NH_3]^{\oplus} Cl^{\ominus}]{} \ \begin{array}{c} C(CH_3)_3 \\ | \\ N \\ Cl-P \diagup \diagdown P-Cl \\ \diagdown N \diagup \\ | \\ C(CH_3)_3 \end{array}$$

Aus Phosphor(III)-chlorid und Ethylamin wird sehr wenig Diazadiphosphetidin erhalten, so daß eine Isolierung nicht gelingt[764], Hauptprodukt ist *Bis-[dichlorphosphano]-ethyl-amin*.

Hydrochloride prim. Aniline setzen sich mit der dreifach molaren Menge Phosphor(III)-chlorid in siedendem 1,1,2,2-Tetrachlor-ethan innerhalb 24 Stdn. zu 1,3-Diaryl-2,4-dichlor-1,3,2,4-diazadiphosphetidinen um[769, 770], während bei tieferen Temp. Aryl-bis-[dichlor-phosphano]-amine erhalten werden.

An die Stelle der genannten prim. Amine selbst können bei der Umsetzung mit Phosphor(III)-chlorid auch ihre Silyl-Derivate treten: Reaktion von Phosphor(III)-chlorid mit Bis-[trimethylsilyl]-phenyl-amin liefert unter Chlor-trimethyl-silan-Abspaltung *2,4-Dichlor-1,3-diphenyl-1,3,2,4-diazadiphosphetidin*[769], dagegen liefert Heptamethyldisilazan nur 1,3,5,2,4,6-Triazatriphosphorinane[771].

$$2 \ PCl_3 \ + \ 2 \ H_5C_6-N \begin{array}{c} \diagup Si(CH_3)_3 \\ \diagdown Si(CH_3)_3 \end{array} \ \xrightarrow[\text{- 4 } (H_3C)_3Si-Cl]{} \ \begin{array}{c} C_6H_5 \\ | \\ N \\ Cl-P \diagup \diagdown P-Cl \\ \diagdown N \diagup \\ | \\ C_6H_5 \end{array}$$

Mit besonders gutem Erfolg kann das Lithiumsalz des tert.-Butyl-trimethylsilyl-amins mit Phosphor(III)-chlorid[763] in Diethylether umgesetzt werden:

$$2 \ PCl_3 \ + \ 2 \ \begin{array}{c} (H_3C)_3Si \\ \diagdown \\ (H_3C)_3C-N-Li \end{array} \ \xrightarrow[\substack{\text{- 2 } (H_3C)_3Si-Cl \\ \text{- 2 LiCl}}]{} \ \begin{array}{c} Cl \\ | \\ P \\ (H_3C)_3C-N \diagup \diagdown N-C(CH_3)_3 \\ \diagdown P \diagup \\ | \\ Cl \end{array}$$

1,3-Di-tert.-butyl-2,4-dichlor-1,3,2,4-diazadiphosphetidin[763]: Zu 10,0 g (73 mmol) Phosphor(III)-chlorid in 100 *ml* Diethylether fügt man tropfenweise eine aus 10,6 g (73 mmol) tert.-Butyl-trimethylsilyl-amin und 33,0 *ml* (73 mmol) Butyl-lithium/Hexan bereitete Lösung von 73 mmol Lithium-tert.-butyl-trimethylsilyl-amid

---

[763] O.J. Scherer u. P. Klusmann, Angew. Chem. **81**, 743 (1969).

[764] R. Jefferson, J.E. Nixon, T.M. Painter, R. Keat u. L. Stobbs, J. Chem. Soc., Dalton Trans. **1973**, 1414.

[765] O.J. Scherer, Nachr. Chem. Tech. Lab. **28**, 392 (1980).

[766] O.J. Scherer u. W. Gläßel, Chem. Ber. **110**, 3874 (1977).

[767] J.F. Nixon, Chem. Commun. **1967**, 669; J. Chem. Soc. [A] **1968**, 2689.

[768] E.W. Abel, D.A. Armitage u. G.R. Willey, J. Chem. Soc. **1965**, 57.

[769] A.R. Davies, A.T. Dronsfield, R.N. Haszeldine u. D.R. Taylor, J. Chem. Soc., Perkin Trans. **1 1973**, 379.

[770] G. Bulloch, R. Keat u. D.G. Thompson, J. Chem. Soc., Dalton Trans. **1977**, 99.

[771] W. Zeiss u. K. Barlos, Z. Naturforsch. **34b**, 423 (1979).

in 50 *ml* Diethylether. Nach Ende der exothermen Reaktion wird über eine G 3-Fritte filtriert, das Filtrat i. Vak. eingeengt, der Rückstand bis zur vollständigen Chlor-trimethyl-silan-Abspaltung auf 130° erwärmt und dann i. Vak. destilliert; Ausbeute: 7,5 g (75%); Sdp.: 90–93°/0,1 Torr (0,013 kPa).

Mit sperrig substituierten Phosphorigsäure-bis-[monoalkylamiden] reagiert Phosphor(III)-chlorid/Triethylamin ebenfalls zu stabilen 2-Chlor-1,3,2,4-diazadiphosphetidinen[773].

2. aus Phosphorigsäure-amid-dichloriden

Die Umsetzung von Phosphor(III)-chlorid mit prim. Alkylaminen mit sperrigen Substituenten kann auch zweistufig durchgeführt werden, so daß zunächst ein Phosphorigsäure-alkylamid-dichlorid erzeugt und dieses mit Base (z.B. Triethylamin) in 1,3-Dialkyl-2,4-dichlor-1,3,2,4-diazadiphosphetidin umgewandelt wird[772]:

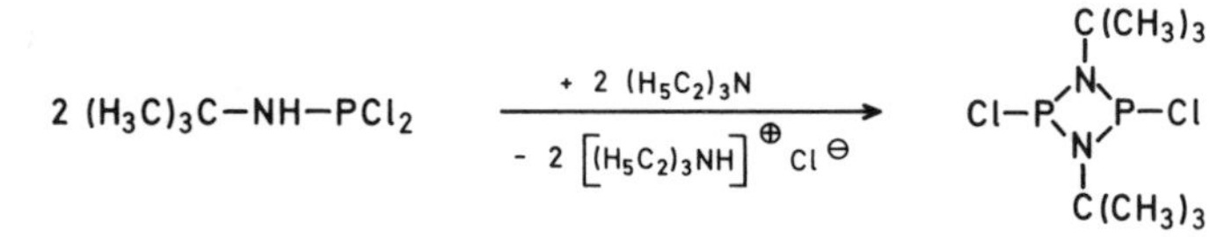

1,3-Di-tert.-butyl-2,4-dichlor-1,3,2,
4-diazadiphosphetidin

Trägt die Amid-Gruppe einen abspaltbaren Silyl-Rest, kann ohne Zusatz von Base die Umwandlung in das 2,4-Dichlor-1,3,2,4-diazadiphosphetidin thermisch vorgenommen werden[774]. Analog wird aus N,N-Bis-[dichlorphosphano]-anilinen thermisch (80° i.Vak. oder 140° in Xylol) Phosphor(III)-chlorid eliminiert[769, 770]; z.B.:

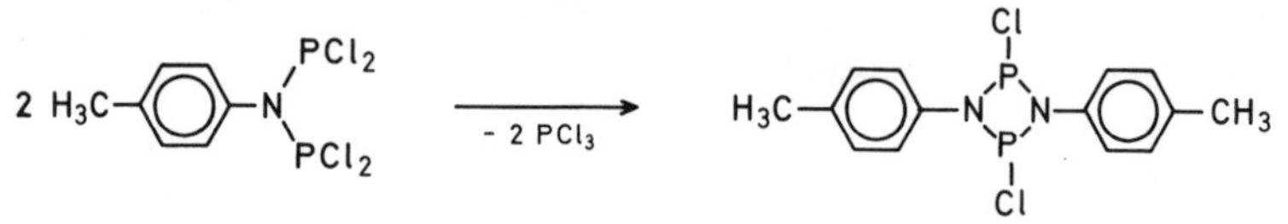

1,3-Bis-[4-methyl-phenyl]-2,4-di-
chlor-1,3,2,4-diazadiphosphetidin

Bis-[dichlorphosphano]-amine reagieren mit der dreifach molaren Menge prim. Alkylamin mit sperrigem Substituenten zu 1,3-Dialkyl-2,4-dichlor-1,3,2,4-diazadiphosphetidinen[775]; z.B.:

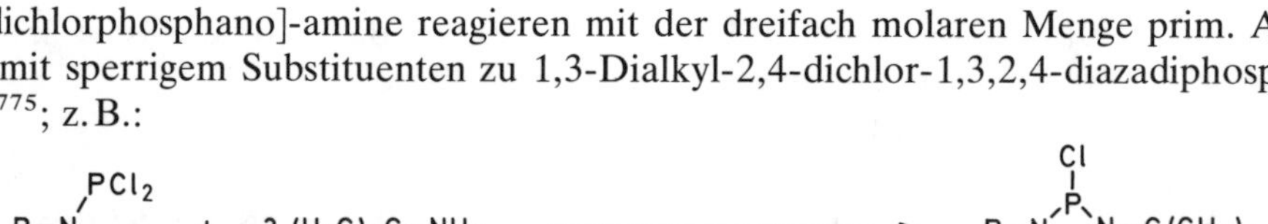

. . .-1,3,2,4-diazadiphosphetidin
R = CH₃; *3-tert.-Butyl-2,4-dichlor-1-methyl-. . .*
R = C(CH₃)₃; *2,4-Di-tert.-butyl-1,3-dichlor-. . .*

Statt des prim. Amins kann auch das zugehörige Bis-[trimethylsilyl]-amin im Molverhältnis 1:1 eingesetzt werden[769]. Über den andersartigen Verlauf mit Heptamethyldisilazan zu 1,3,5,2,4,6-Triazatriphosphorinanen s. Lit.[771].

[769] *A.R. Davies, A.T. Dronsfield, R.N. Haszeldine* u. *D.R. Taylor*, J. Chem. Soc., Perkin Trans. I **1973**, 379.
[770] *G. Bulloch, R. Keat* u. *D.G. Thompson*, J. Chem. Soc., Dalton Trans. **1977**, 99.
[771] *W. Zeiss* u. *K. Barlos*, Z. Naturforsch. **34b**, 423 (1979).
[772] *O.J. Scherer* u. *P. Klusmann*, Angew. Chem. **81**, 743 (1969).
[773] *O.J. Scherer* u. *G. Schnabl*, Chem. Ber. **109**, 2996 (1976).
[774] *J. Neemann* u. *U. Klingebiel*, Chem. Ber. **114**, 527 (1981).
[775] *G. Bulloch* u. *R. Keat*, J. Chem. Soc., Dalton Trans. **1974**, 2010.

3. aus 2,4-Dichlor-1,3,2,4-diazadiphosphetidinen

1,3-Di-tert.-butyl-2,4-difluor-1,3,2,4-diazadiphosphetidin wird aus dem 2,4-Dichlor-Derivat mit Antimon(III)-fluorid erhalten[776, 777]. Der Chlor/Fluor-Austausch in 2-Chlor-1,3,2,4-diazadiphosphetidinen ist mit Antimon(III)-fluorid auch durchführbar bei gleichzeitiger Anwesenheit einer Amid-Gruppe[778]. Gemeinsames Erhitzen von 2,4-Difluor- und 2,4-Dichlor-1,3,2,4-diazadiphosphetidinen auf 100°/24 Stdn. bewirkt Halogen-Austausch[778].

2,4-Dichlor- bzw. 2-Chlor-1,3,2,4-diazadiphosphetidine können einseitig mit DMSO[779], Schwefel[779, 780], Selen[780], Tellur[780] und Elementhalogeniden[781] oxidiert bzw. auch alkyliert[780] werden.

4. aus Amino-imino-phosphanen

Anlagerung von Dichlor-methyl-phosphan an tert.-Butylimino-(tert.-butyl-trimethylsilyl-amino)-phosphan zu *2-Chlor-1,3-di-tert.-butyl-4-methyl-1,3,2,4-diazadiphosphetidin* s. Lit.[780].

Zu Herstellung, Umwandlung, Trennung der *cis-trans*-Isomeren s. Übersichten[782–784].

ζ) 2,4,6-Trihalogen-1,3,5,2,4,6-triazatriphosphorinane

Umsetzung äquimolarer Mengen Phosphor(III)-chlorid bzw. -bromid und Heptamethyldisilazan führt zu *2,4,6-Trichlor- bzw. -Tribrom-1,3,5-trimethyl-1,3,5,2,4,6-triazatriphosphorinan*[785] in Ausbeuten von 29% bzw. 74%:

$$3\ PBr_3\ +\ 3\ \left[(H_3C)_3Si\right]_2 N-CH_3 \xrightarrow{-\ 6\ (H_3C)_3Si-Cl}$$

2,4,6-Tribrom-1,3,5-trimethyl-1,3,5,2,4,6-triazatriphosphorinan[785]: Man gibt 14,5 g (0,054 mol) Phosphor(III)-bromid durch einen Rückflußkühler zu 9,5 g (0,054 mol) Heptamethyldisilazan, wobei gegen Ende der Zugabe heftige Reaktion eintritt. Danach werden 10 ml Acetonitril zugefügt und die Lösung 0,25 Stdn. zum Sieden erhitzt. Das Produkt kristallisiert beim Abkühlen auf 20°, eventuell muß bis −30° gekühlt werden; Ausbeute: 5,6 g (74%); Schmp.: 149–150°.

In 30% bzw. 65% werden die 2,4,6-Trihalogen-1,3,5-trimethyl-1,3,5,2,4,6-triazatriphosphorinane auch aus Nonamethyl-cyclotrisilazan und überschüssigem Phosphor(III)-chlorid bzw. -bromid unter Rückfluß-Bedingungen erhalten[785].

---

[776] *J. F. Nixon* u. *B. Wilkins*, Z. Naturforsch. **25b**, 649 (1970).

[777] *J. S. Jessup, R. T. Paine* u. *C. F. Campana*, Phosphorus Sulfur **9**, 279 (1981).

[778] *R. Keat* u. *D. G. Thompson*, J. Chem. Soc., Dalton Trans. **1978**, 634.

[779] *R. Jefferson, J. E. Nixon, T. M. Painter, R. Keat* u. *L. Stobbs*, J. Chem. Soc., Dalton Trans. **1973**, 1414.

[780] *O. J. Scherer* u. *G. Schnabl*, Chem. Ber. **109**, 2996 (1976).

[781] *O. J. Scherer* u. *G. Schnabl*, Z. Naturforsch. **31b**, 1462 (1976).

[782] *O. J. Scherer*, Nachr. Chem. Tech. Lab. **28**, 392 (1980).

[783] *A. F. Grapov, L. V. Razvodovskaya* u. *N. N. Melnikov*, Usp. Khim. **50**, 606 (1981); Russ. Chem. Rev. **50**, 324 (1981).

[784] *A. F. Grapov, L. V. Razvodovskaya* u. *N. N. Melnikov*, Usp. Khim. **39**, 39 (1970); Russ. Chem. Rev. **39**, 20 (1970).

[785] *W. Zeiss* u. *K. Barlos*, Z. Naturforsch. **34b**, 324 (1979).

Sowohl bei der Umsetzung von Bis-[dichlorphosphano]-methyl-amin mit Methylamin[786] im Molverhältnis 1:3 wie bei der Reaktion von Bis-[dibromphosphano]-methyl-amin mit Heptamethyldisilazan[785] entstehen 2,4,6-Trihalogen-1,3,5-trimethyl-1,3,5,2,4,6-triaza-triphosphorinane.

Als Nebenprodukt tritt *2,4,6-Trichlor-1,3,5-triethyl-1,3,5,2,4,6-triazatriphosphorinan* bei Reaktion äquimolarer Mengen Phosphor(III)-chlorid und N-Ethyl-hexamethyldisilazan[787], bei der Reaktion von Phosphor(III)-chlorid mit Ethylamin[788] sowie in Reaktionsgemischen aus Bis-[dichlorphosphano]-ethyl-amin und Ethylamin[786] auf.

2,4,6-Trichlor-1,3,5-tris-[dimethylamino]-1,3,5,2,4,6-triazatriphosphorinan[789] bildet sich bei Umsetzung von Phosphor(III)-chlorid und 1,1-Dimethyl-hydrazin im Molverhältnis 1:3 bei −78°:

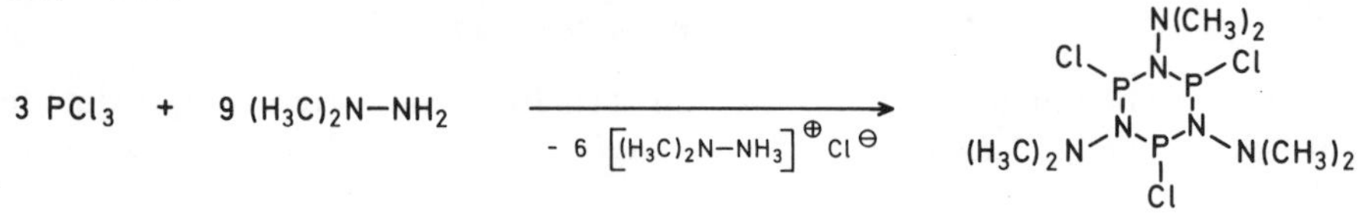

$$3\ PCl_3\ +\ 9\ (H_3C)_2N-NH_2 \xrightarrow{-6\ \left[(H_3C)_2N-NH_3\right]^{\oplus}Cl^{\ominus}}$$

e₂₅) Phosphorigsäure-tris-[Selenophosphor(V)-säure-Anhydride]

Zur Herstellung von *Phosphorigsäure-tris-(Selenophosphorsäure-O,O-diisopropylester-Anhydrid)* s. Lit.[790].

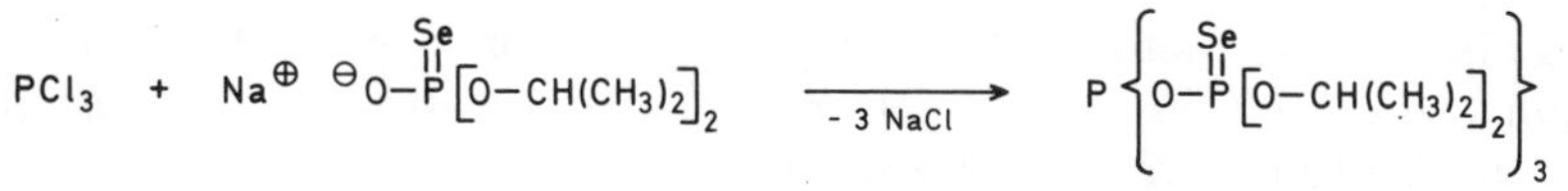

e₂₆) Phosphorigsäure-ester-Bis-Anhydride

α) *Phosphorigsäure-ester-bis-(Carbonsäure-Anhydride)*

Phosphorigsäure-alkylester-dichloride setzen sich in Diethylether bei 40° (5 Stdn.) mit Natrium- oder Kaliumacetat zu Phosphorigsäure-alkylester-bis-(Carbonsäure-Anhydriden) in Ausbeuten von 60–72% um[791]:

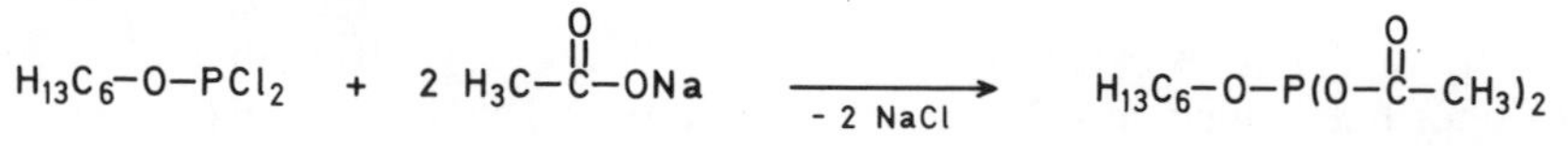

Phosphorigsäure-hexylester-bis-Essigsäure-Anhydrid; 61%

Bis-Anhydride mit unterschiedlichen Carbonsäure-Resten werden unter gleichen Bedingungen aus Phosphorigsäure-chlorid-ester-Carbonsäure-Anhydriden, besonders aus dem

[785] *W. Zeiss* u. *K. Barlos*, Z. Naturforsch. **34 b**, 324 (1979).

[786] *G. Bulloch* u. *R. Keat*, J. Chem. Soc., Dalton Trans. **1974**, 2010.

[787] *E. W. Abel, D. A. Armitage* u. *G. R. Willey*, J. Chem. Soc. **1965**, 57.

[788] *R. Jefferson, J. F. Nixon, T. M. Painter, R. Keat* u. *L. Stobbs*, J. Chem. Soc., Dalton Trans. **1973**, 1414.

[789] *D. B. Whigan, J. W. Gilje* u. *A. E. Goya*, Inorg. Chem. **9**, 1279 (1970).

[790] *C. Glidewell* u. *E. J. Leslie*, J. Chem. Soc., Dalton Trans. **1977**, 527.

[791] *E. E. Nifantev* u. *I. V. Fursenko*, Zh. Obshch. Khim. **39**, 1028 (1969); engl.: 999.

leicht herstellbaren 2-Chlor-4-oxo-4H-1,3,2-benzodioxaphosphorin, mit Carbonsäure-Natriumsalzen erhalten[792]; z. B.:

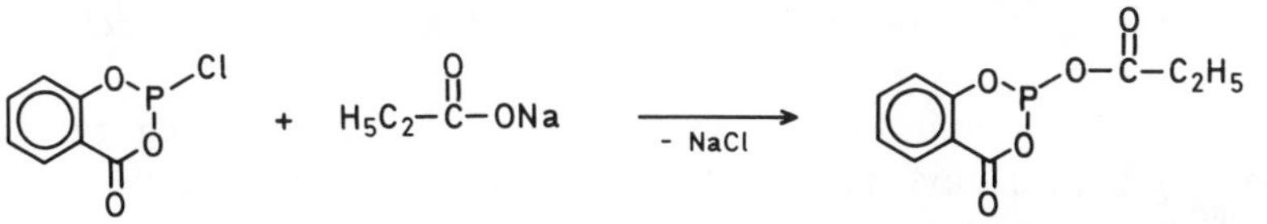

4-Oxo-2-propanoyloxy-4H-1,3,2-benzodioxaphosphorin; 83%

Zur Umsetzung von Phosphorigsäure-alkylester-dichloriden mit Acetanhydrid s. Lit.[793].

Im Molverhältnis 1:2 reagieren Phosphorigsäure-alkylester-bis-[dialkylamide] bei 20–30° ohne Lösungsmittel mit Essigsäureanhydrid und anderen Carbonsäureanhydriden zu Phosphorigsäure-alkylester-bis-[Carbonsäure-Anhydriden][794, 795]:

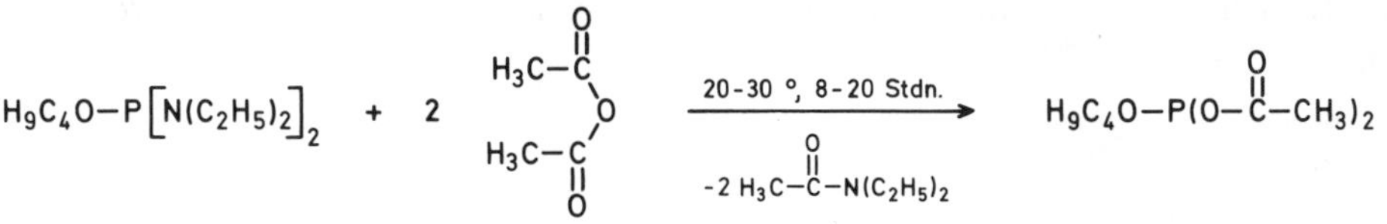

Phosphorigsäure-butylester-bis-Essigsäure-Anhydrid; 80%

β) *2,4,6-Trialkoxy-1,3,5,2,4,6-trioxatriphosphorinane*

Vermischt mit 2,4-Dialkoxy-1,3,2,4-dioxadiphosphetidinen werden 2,4,6-Trialkoxy-1,3,5,2,4,6-trioxatriphosphorinane bei der Hydrolyse der Phosphorigsäure-alkylester-dichloride mit stöchiometrischen Mengen Wasser und Triethylamin erhalten[796]; z. B.:

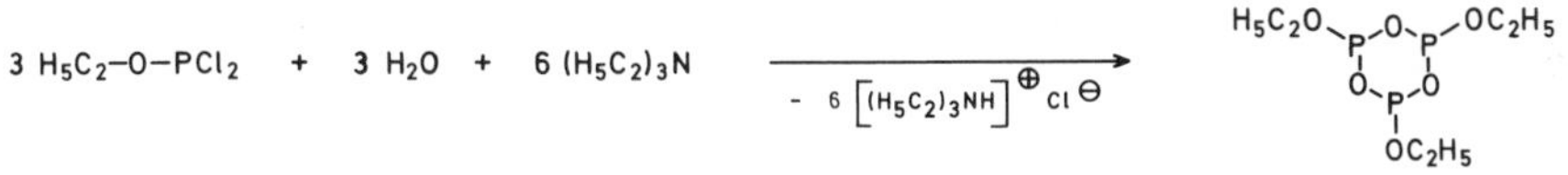

2,4,6-Triethoxy-1,3,5,2,4,6-trioxatriphosphorinan; 85%

Werden Phosphorigsäure-alkylester-dichlorid und Wasser bei −70° vereinigt, dann langsam auf 10° erwärmt und schließlich bei ~120° entgast, so erhält man die 2,4,6-Trialkoxy-Derivate[797]. Statt Wasser kann unter diesen Bedingungen auch eine äquimolare Menge Ameisensäure eingesetzt werden[797].
Zur thermischen Zersetzung von Phosphorigsäure-alkylester-dialkylamid-Essigsäure-Anhydriden zu 1,3,5,2,4,6-Trioxatriphosphorinanen s. Lit.[798].

[792] *L. V. Nesterov* u. *R. A. Sabirova*, Zh. Obshch. Khim. **35**, 1976 (1965); engl.: 1967.

[793] *M. B. Gazizov, D. B. Sultanova, A. I. Razumov, L. P. Ostanina, T. V. Zykova* u. *R. A. Salakhutdinov*, Zh. Obshch. Khim. **43**, 2160 (1973); engl.: 2152.

[794] *V. P. Evdakov* u. *E. K. Shlenkova*, Zh. Obshch. Khim. **35**, 739 (1965); engl.: 738.

[795] *V. P. Evdakov* u. *E. K. Shlenkova*, Zh. Obshch. Khim. **35**, 1587 (1965); engl.: 1591.

[796] *E. E. Nifantev, M. P. Koroteev, N. L. Ivanova, I. P. Gudkova* u. *D. A. Predvoditelev*, Dokl. Akad. Nauk SSSR **173**, 1345 (1967); engl.: 398.

[797] *V. G. Gruzdev, K. V. Karavanov* u. *S. Z. Ivin*, Zh. Obshch. Khim. **38**, 1548 (1968); engl.: 1499.

[798] *V. P. Evdakov* u. *E. K. Shlenkova*, Zh. Obshch. Khim. **35**, 739 (1965); engl.: 738.

e$_{27}$) Phosphorigsäure-amid-bis-Anhydride

α) *Phosphorigsäure-amid-bis-(Carbonsäure-Anhydride)*

Phosphorigsäure-dialkylamid-bis-(Carbonsäure-Anhydride) entstehen bei Umsetzung von Phosphorigsäure-dialkylamid-dichloriden mit überschüssigem Kaliumacetat in Diethylether[799]; z. B.:

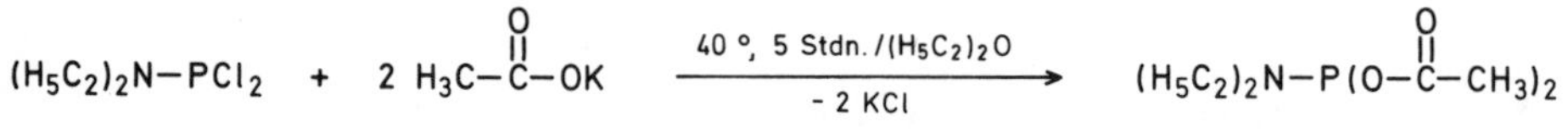

Phosphorigsäure-diethylamid-bis-(Essigsäure-Anhydrid); 82%

Phosphorigsäure-diamid-Carbonsäure-Anhydride setzen sich mit weiterem Carbonsäureanhydrid zu den Amid-bis-(Carbonsäure-Anhydriden) um; über diese Zwischenstufe verläuft auch die Umsetzung der Phosphorigsäure-triamide mit doppelt molaren Mengen Carbonsäureanhydrid[800].

Mit Acetanhydrid erfolgt auch Öffnung des 1,3,2-Diazaphospholan-Rings; z. B.:

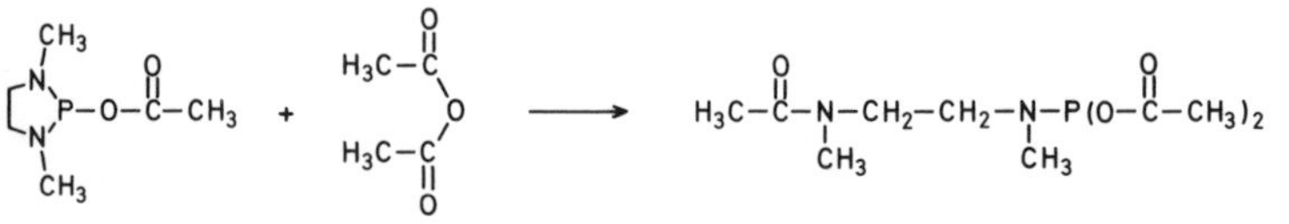

Phosphorigsäure-{[-2-(acetyl-methyl-amino)-ethyl]-me-thyl-amid}-bis-(Essigsäure-Anhydrid)

Phosphorigsäure-tris-[dialkylamide] liefern mit überschüssigem Kohlendioxid unter zweifachem Atmosphärendruck die entsprechenden Bis-(N,N-Dialkyl-carbaminsäure-Anhydride); z. B.[801, s.a. 802]:

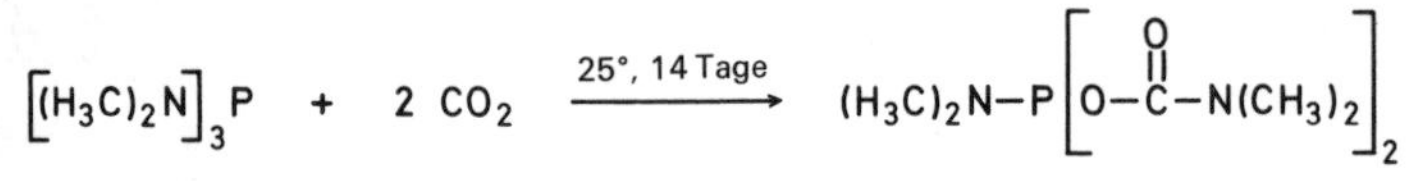

Phosphorigsäure-dialkylamid-bis-(N,N-Dimethyl-carbaminsäure-Anhydrid); 90%

Wird die Umsetzung durch Dialkylamin-Hydrochlorid oder Dialkylamin katalysiert, so lassen sich auch bei ~ 20° unter Normaldruck Ausbeuten bis 82% erreichen[803].

[799] E. E. *Nifantev* u. I. V. *Fursenko*, Zh. Obshch. Khim. **39**, 1028 (1969); engl.: 999.

[800] J. H. *Hargis* u. G. A. *Mattson*, J. Org. Chem. **46**, 1597 (1981).

[801] R. W. *Light*, L. D. *Hutchins*, R. T. *Paine* u. C. F. *Campana*, Inorg. Chem. **19**, 3597 (1980).

[802] G. *Oertel*, H. *Malz* u. H. *Holtschmidt*, Chem. Ber. **97**, 891 (1964).

[803] N. K. *Kochetkov*, E. E. *Nifantev*, I. P. *Gudkova* u. M. P. *Koroteev*, Zh. Obshch. Khim. **40**, 2199 (1970); engl.: 2185.

β) 2,4,6-Triamino-1,3,5,2,4,6-trioxatriphosphorinane

2,4,6-Tris-[dialkylamino]-1,3,5,2,4,6-trioxatriphosphorinane entstehen verunreinigt mit geringen Mengen 2,4-Bis-[dialkylamino]-1,3,2,4-dioxadiphosphetidinen (zusammen 93%) bei der Hydrolyse der Phosphorigsäure-dialkylamid-dichloride mit stöchiometrischen Mengen Wasser und Triethylamin in Diethylether/(1,4-Dioxan)[804]; z.B.:

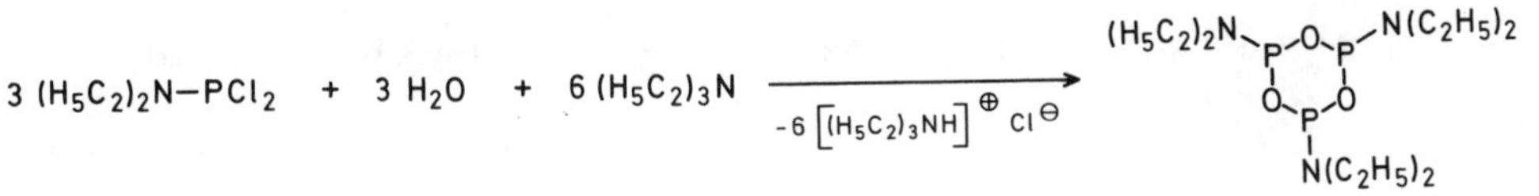

2,4,6-Tris-[diethylamino]-1,3,5,2,4,6-trioxatriphosphorinan

2,4,6-Tris-[diisopropylamino]-1,3,5,2,4,6-trioxatriphosphorinan (41%) entsteht bei −25° in Diethylether aus tert.-Butylimino-diisopropylamino-phosphan und Schwefeldioxid in rascher Reaktion[805]. Das monomere Amino-oxophosphan ist nur als Komplex-stabilisierter Ligand faßbar[806].

e₂₈) Phosphorigsäure-diester-Anhydride

α) Phosphorigsäure-diester-Carbonsäure-Anhydride

A. Herstellung

1. aus Phosphorigsäure-chlorid-diestern

Das klassische Verfahren, die Umsetzung von Phosphorigsäure-chlorid-diestern mit Kalium- oder Natrium-Salzen von Carbonsäuren in inerten Lösungsmitteln (z.B. Diethylether) bei 35–50° (4–10 Stdn.), ist auf die Herstellung von 2-Acyloxy-1,3,2-dioxaphospholanen[807,808a], -1,3,2-dioxaphosphorinanen[807–810] und -1,3,2-benzodioxaphospholen[808] sowie auf Anhydride ungesättigter Carbonsäuren[811] und Anhydride von Kohlensäuremonoalkylestern[812] ausgedehnt worden; z.B.:

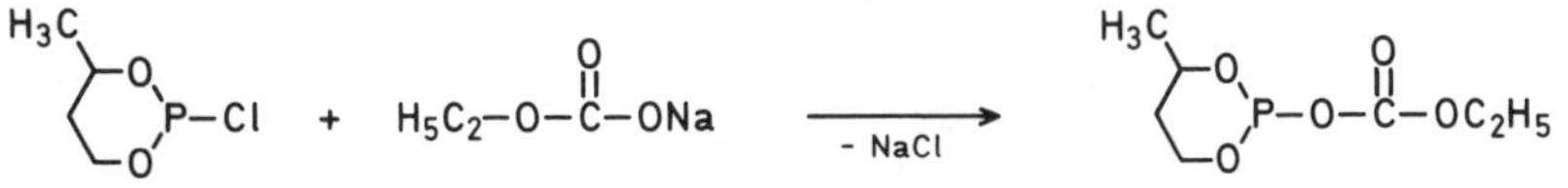

2-Ethoxycarbonyloxy-4-methyl-1,3,2-dioxaphosphorinan; 82%

Zur Herstellung und Stabilität der stereoisomeren 2-Acetoxy-4-methyl-1,3,2-dioxaphosphorinane s. Lit.[810].

[804] E. E. Nifantev, M. P. Koroteev, N. L. Ivanova, I. P. Gudkova u. D. A. Predvoditelev, Dokl. Akad. Nauk SSSR **173**, 1345 (1967); engl.: 398.

[805] E. Niecke, H. Zorn, B. Krebs u. G. Henkel, Angew. Chem. **92**, 737 (1980).

[806] E. Niecke, M. Engelmann, H. Zorn, B. Krebs u. G. Henkel, Angew. Chem. **92**, 738 (1980).

[807] A. Munoz, M. T. Boisdon, J. F. Brazier u. R. Wolf, Bull. Soc. Chim. Fr. **1971**, 1424.

[808] I. V. Fursenko, G. T. Bakhvalov u. E. E. Nifantev, Zh. Obshch. Khim. **38**, 1299 (1968); engl.: 1251.

[808a] L. V. Nesterova, R. A. Sabirova u. N. E. Krepysheva, Zh. Obshch. Khim. **39**, 1943 (1969); engl.: 1906.

[809] K. A. Petrov, E. E. Nifantev u. I. I. Sopikova, Dokl. Akad. SSSR **151**, 859 (1963); engl.: 603.

[810] I. S. Nasonovskii, A. A. Kryuchkov u. E. E. Nifantev, Zh. Obshch. Khim. **45**, 724 (1975); engl.: 714.

[811] A. N. Pudovik, E. I. Kashevarova u. V. M. Gorchakova, Zh. Obshch. Khim. **34**, 2213 (1964); engl.: 2224.

[812] E. E. Nifantev u. I. V. Fursenko, Zh. Obshch. Khim. **37**, 1134 (1967); engl.: 1076.

2. aus Phosphorigsäure-amid-diestern

Die Reaktion von Phosphorigsäure-dialkylamid-dialkylestern mit Carbonsäuren zu Phosphorigsäure-dialkylester-Carbonsäure-Anhydriden[813] ist schnell und reversibel[814] [-817a]. Darauf beruht die katalytische Wirksamkeit von Carbonsäuren bei Umesterungen und Umamidierungen von Phosphorigsäure-amiden[818].

$$(H_3CO)_2P-N(CH_3)_2 \quad + \quad H_5C_6-\overset{\overset{\text{O}}{\|}}{C}-OH \quad \xrightarrow[- (H_3C)_2NH]{} \quad (H_3CO)_2P-O-\overset{\overset{\text{O}}{\|}}{C}-C_6H_5$$

Phosphorigsäure-dimethylester-Benzoesäure-Anhydrid

Durch Entfernen des im allgemeinen leicht flüchtigen Dialkylamins kann die Reaktion vollständig zum Phosphorigsäure-dialkylester-Carbonsäure-Anhydrid gelenkt werden[815]. Temperaturen oberhalb 20° sollten während der Reaktion vermieden werden, da bei erhöhter Temp. irreversibel Phosphorigsäure-dialkylester gebildet werden[816] und im Fall ungesättigter Carbonsäuren Phosphonocarbonsäure-ester entstehen[819]. Durch rasches Entfernen des freigesetzten Amins können die Zersetzungsreaktionen unterdrückt werden.

Lediglich Phosphorigsäure-amid-diester schwach basischer sek. Amine dürfen bei höheren Temperaturen mit Carbonsäuren umgesetzt werden, da die dabei freigesetzten Amine nicht zur Reaktion mit den Anhydriden befähigt sind[816].

Essigsäure reagiert schneller als Benzoesäure[816]. Verkappte Carbonsäuren, z. B. Propan-3-olid, verhalten sich gleich den Carbonsäuren[820].

Phosphorigsäure-diethylester-Acrylsäure-Anhydrid[819]: Eine Lösung von 19,3 g (0,10 mol) Phosphorigsäure-diethylamid-diethylester in Petrolether wird bei −10° bis −20° zu einer Lösung von 14,4 g (0,10 mol) Acrylsäure in Petrolether getropft. Anschließend wird die Petrolether-Lösung vom Diethylammonium-acrylat, das sich als schwere Phase abgeschieden hat, abgetrennt und daraus das Lösungsmittel und Amin abgetrieben. Der Rückstand wird i. Vak. destilliert; Ausbeute: 13 g (68%); Sdp.: 46–48°/0,05 Torr (6,67 Pa).

Phosphorigsäure-dialkylamid-dialkylester setzen sich bei 30–70° innerhalb 1 Stde. in Benzol oder auch ohne Lösungsmittel mit stöchiometrischen Mengen oder einem kleinen Überschuß Acetanhydrid exotherm zu Phosphorigsäure-dialkylester-Essigsäure-Anhydriden in hohen Ausbeuten um[821–823]; z. B.:

$$(H_5C_2O)_2P-N(C_4H_9)_2 \quad + \quad \begin{matrix} H_3C-\overset{\overset{\text{O}}{\|}}{C} \\ \\ H_3C-\underset{\underset{\text{O}}{\|}}{C} \end{matrix}\Big\rangle O \quad \xrightarrow[- H_3C-\overset{\overset{\text{O}}{\|}}{C}-N(C_4H_9)_2]{} \quad (H_5C_2O)_2P-O-\overset{\overset{\text{O}}{\|}}{C}-CH_3$$

Phosphorigsäure-diethylester-Essigsäure-Anhydrid; 80%

[813] *E. E. Nifantev, I. V. Fursenko* u. *A. M. Sokurenko*, Zh. Obshch. Khim. **38**, 1909 (1968); engl.: 1858.

[814] *T. K. Gazizov, A. P. Pashinkin* u. *A. N. Pudovik*, Zh. Obshch. Khim. **40**, 2130 (1970); engl.: 2112.

[815] *V. N. Eliseenkov, A. N. Pudovik, S. G. Fattakhov* u. *N. A. Serkina*, Zh. Obshch. Khim. **40**, 498 (1970); engl.: 461.

[816] *R. Burgada*, Bull. Soc. Chim. Fr. **1972**, 4162.

[817] *V. P. Evdakov, V. P. Beketov* u. *V. I. Svergun*, Zh. Obshch. Khim. **43**, 55 (1973); engl.: 51.

[817a] *J. Koketsu, S. Sakai* u. *Y. Ishii*, Kogyo. Kagaku. Zaschi. **73**, 205 (1970); C. A. **73**, 29399 (1970).

[818] *E. E. Nifantev, N. L. Ivanova* u. *I. V. Fursenko*, Zh. Obshch. Khim. **39**, 854 (1969); engl.: 817.

[819] *A. N. Pudovik, E. S. Batyeva, R. R. Shagidullin, O. A. Raevskii* u. *M. A. Pudovik*, Zh. Obshch. Khim. **40**, 1195 (1970); engl.: 1188.

[820] *E. S. Batyeva, V. A. Alfonsov* u. *A. N. Pudovik*, Zh. Obshch. Khim. **48**, 997 (1978); engl.: 910.

[821] *M. I. Kabachnik, T. A. Mastryukova* u. *A. E. Shilov*, Zh. Obshch. Khim. **33**, 320 (1963); engl.: 315.

[822] *K. A. Bilevich* u. *V. P. Evdakov*, Zh. Obshch. Khim. **35**, 365 (1965); engl.: 364.

[823] *L. A. Antokhina* u. *P. I. Alimov*, Izv. Akad. Nauk SSSR, Ser. Khim. **1966**, 2135; engl.: 2067.

Die Reaktion läßt sich auch auf andere Carbonsäureanhydride und Dicarbonsäureanhydride übertragen, doch wird dabei die Temp. am besten unter 40° gehalten und erst nach 10–24 Stdn. bei 20° zumeist durch Destillation i. Vak. aufgearbeitet[824].

Mit etwas kleineren Ausbeuten lassen sich unter gleichen Bedingungen 2-Dimethylamino-1,3,2-dioxaphosphorane[825, 826], 2-Dialkylamino-1,3,2-benzodioxaphosphole[827] und 2-Dimethylamino-⟨pyrido[2,3-d]-1,3,2-dioxaphosphol⟩[827] mit Acetanhydrid in die jeweiligen Phosphorigsäure-diester-Essigsäure-Anhydride überführen. Nur unter härteren Bedingungen wird in 2-Alkoxy-1,3,2-oxazaphospholanen die *endo*cyclische P–N-Bindung gespalten[828]; z. B.:

Phosphorigsäure-[2-(acetyl-methyl-amino)-1-methyl-ethylester]-ethylester-Essigsäure-anhydrid

Wie die Phosphorigsäure-amid-dialkylester reagieren auch die Diester-hydrazide mit Acetanhydrid zu Phosphorigsäure-diester-Essigsäure-Anhydriden[829].

Offenkettige und cycl. Phosphorigsäure-dialkylamid-dialkylester absorbieren Kohlendioxid bei 20–40° und man erhält Phosphorigsäure-dialkylester-N,N-Dialkyl-carbaminsäure-Anhydride[830] (Amin-Hydrochloride wirken katalytisch[831,832]; sek. Amine können durch Bildung von Carbaminsäure ebenfalls die Reaktion beschleunigen):

2-Dimethylaminocarbonyloxy-6-methyl-1,3,2-dioxaphosphorinan; 92%

2-Dimethylamino-1,3,2-benzodioxaphosphol läßt sich unter diesen Bedingungen nicht zum Carbaminsäure-Anhydrid umsetzen. Beim 2-Ethoxy-1,3,2-oxazaphospholan ist die Einschiebung von Kohlendioxid in die P–N-Bindung bei 0° und Normaldruck zum siebengliedrig-cycl. Phosphorigsäure-diester-Carbaminsäure-Anhydrid beschrieben[833].

3. nach verschiedenen Methoden

① Alkoxycarbonyl-dialkylphosphano (bzw. -dialkoxyphosphano)-methanphosphonigsäure-dialkylester werden durch Essigsäure bereits bei 20° an der P–C-Bindung gespalten[834].

② Phosphorigsäure-dialkylester reagieren mit Ketenen zu Phosphorigsäure-dialkylester-Carbonsäure-Anhydriden in hohen Ausbeuten[835].

[824] *V. P. Evdakov* u. *E. K. Shlenkova*, Zh. Obshch. Khim. **35**, 1587 (1965); engl.: 1591.

[825] *D. Houalla, M. Sanchez* u. *R. Wolf*, Bull. Soc. Chim. Fr. **1965**, 2368.

[826] *M. Sanchez, R. Wolf, R. Burgada* u. *F. Mathis*, Bull. Soc. Chim. Fr. **1968**, 773.

[827] *A. Munoz, M. T. Boisdon, J. F. Brazier* u. *R. Wolf*, Bull. Soc. Chim. Fr. **1971**, 1424.

[828] *A. N. Pudovik, M. A. Pudovik* u. *O. S. Shulyndina*, Zh. Obshch. Khim. **40**, 501 (1970); engl.: 466.

[829] *R. S. Chemborisov* u. *A. P. Kirisova*, Zh. Obshch. Khim. **39**, 931 (1969); engl.: 898.

[830] *G. Oertel, H. Malz* u. *H. Holtschmidt*, Chem. Ber. **97**, 891 (1964).

[831] *N. K. Kochetkov, E. E. Nifantev, I. P. Gudkova* u. *M. P. Koroteev*, Zh. Obshch. Khim. **40**, 2199 (1970); engl.: 2185.

[832] *E. E. Nifantev, N. L. Ivanova, I. P. Guskova* u. *I. V. Glulov*, Zh. Obshch. Khim. **40**, 1420 (1970); engl.: 1406.

[833] *T. Mukaiyama* u. *Y. Kodaira*, Bull. Chem. Soc. Jpn. **39**, 1297 (1966).

[834] *Z. S. Novikova, S. Y. Skorobogatova* u. *I. F. Lutsenko*, Zh. Obshch. Khim. **46**, 2213 (1976); engl.: 2128.

[835] *L. Y. Kryukova, L. N. Kryukov, T. D. Truskanova, V. L. Isaev, R. N. Sterlin* u. *I. L. Knunyants*, Dokl. Akad. Nauk SSSR **232**, 1311 (1977); engl.: 90.

③ Die Alkoholyse von Phosphorigsäure-alkylester-bis-(Carbonsäure-Anhydriden) bei 0–20° mit äquimolaren Mengen Alkohol zu Phosphorigsäure-dialkylester-Carbonsäure-Anhydriden[836, 837] ist präparativ von geringerer Bedeutung, wenn auch die Ausbeuten bis 85% betragen.

④ Ausgehend von Phosphorigsäure-dialkylester-Anhydriden werden auch mit ungesättigten Carbonsäuren deren Phosphorigsäure-dialkylester-Carbonsäure-Anhydride erhalten[838].

⑤ Umacylierung von Phosphorigsäure-diester-Essigsäure-Anhydriden[838a, 838b].

β) Phosphorigsäure-dialkylester-Sulfonsäure-Anhydride

werden in Ausbeuten von 60–90% d. Th. bei Umsetzung äquimolarer Mengen Phosphorigsäure-chlorid-dialkylester mit den Silbersalzen von Sulfonsäuren in Diethylether erhalten[839]; z. B.:

$$(H_7C_3-O)_2P-Cl \;+\; H_5C_6-SO_3Ag \quad \xrightarrow[-\,AgCl]{} \quad (H_7C_3-O)_2P-O-SO_2-C_6H_5$$

Phosphorigsäure-dipropylester-Benzolsulfonsäure-Anhydrid; 87%

γ) Phosphorigsäure-diester-P-säure-Anhydride

Phosphorigsäure-dialkylester-Phosphorsäure-dialkylester-Anhydride entstehen bei der Oxygenierung der Phosphorigsäure-dialkylester-Anhydride mit molaren Mengen DMSO in Petrolether; zum gleichen Ergebnis führt die Umsetzung der Hypodiphosphorigsäure-tetraalkylester mit der doppelt molaren Menge DMSO[840, 841]:

$$(H_9C_4O)_2P-O-P(O-C_4H_9)_2 \;+\; H_3C-\overset{O}{\overset{\|}{S}}-CH_3 \quad \xrightarrow{-\,(H_3C)_2S} \quad (H_9C_4O)_2P-O-\overset{O}{\overset{\|}{P}}(O-C_4H_9)_2$$

Phosphorigsäure-dibutylester-Phosphorsäure-dibutylester-Anhydrid; 75%

Die thermische Umlagerung der Hypodiphosphorsäure-tetraalkylester bei 190–200° erbringt keine brauchbaren Resultate[842]. Zur Herstellung der isomeren Hypodiphosphorsäure-tetraalkylester s. Lit.[848].

Die klassische Synthese aus Phosphorigsäure-chlorid-dialkylestern und Phosphorsäure-dialkylestern ist auf cycl. Derivate erweitert worden[843].

Nur mit unbefriedigenden Ausbeuten verläuft die Verdrängung des Carboxylat-Restes aus Phosphorigsäure-diester-Essigsäure-Anhydriden mit Phosphonsäure-alkylestern zu den Phosphorigsäure-diester-Phosphonsäure-alkylester-Anhydriden in Gegenwart von Amin[844].

Phosphorigsäure-dialkylamid-dialkylester setzen sich bei 115–125° mit Phosphonsäure-Anhydriden bzw. Phosphor(V)-oxid zu thermisch labilen Phosphorigsäure-dialkylester-Phosphonsäure-dialkyl

---

[836] *E. E. Nifantev* u. *I. V. Fursenko*, Zh. Obshch. Khim. **39**, 1028 (1969); engl.: 999.

[837] *L. V. Nesterov* u. *R. A. Sabirova*, Zh. Obshch. Khim. **35**, 1976 (1965); engl.: 1967.

[838] *T. K. Gazizov, A. P. Pashinkin* u. *A. N. Pudovik*, Zh. Obshch. Khim. **41**, 2418 (1971); engl.: 2443.

[838a] *J. F. Brazier, R. Wolf* u. *R. Burgada*, Bull. Soc. Chim. Fr. **1966**, 2109.

[838b] *D. Gagnaire, J. B. Robert, J. Ferrrier* u. *R. Wolf*, Bull. Soc. Chim. Fr. **1966**, 3719.

[839] *M. G. Gubaidullin* u. *L. M. Kovaleva*, Zh. Obshch. Khim. **43**, 2660 (1973); engl.: 2638.

[840] *I. F. Lutsenko, M. V. Proskurnina* u. *A. L. Chekhun*, Phosphorus **4**, 57 (1974).

[841] *M. V. Proskurnina, A. L. Chekhun* u. *I. F. Lutsenko*, Zh. Obshch. Khim. **44**, 2117 (1974); engl.: 2080.

[842] *J. Michalski, W. Stec* u. *A. Zwierzak*, Chem. Ind. (London) **1965**, 347.

[843] *J. Michalski* u. *J. Mikolajczyk*, Bull. Acad. Pol. Sci., Ser. Sci. Chim. **14**, 829 (1966); C. A. **67**, 11 126 (1967

[844] *K. A. Petrov, E. E. Nifantev* u. *I. I. Sopikova*, Dokl. Akad. SSSR **151**, 858 (1963); engl.: 603.

[848] *J. Michalski* u. *A. Zwierzak*, Proc. Chem. Soc. London **1964**, 80.

amid-Anhydriden bzw. Bis-(phosphorigsäure-dialkylester)-Phosphorsäure-dialkylamid-Anhydriden um[845]; z.B.:

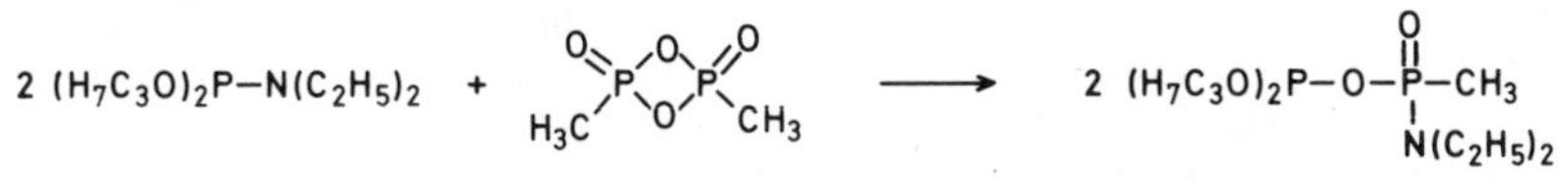

2 $(H_7C_3O)_2P-N(C_2H_5)_2$ + [Struktur] $\longrightarrow$ 2 $(H_7C_3O)_2P-O-\overset{O}{\underset{N(C_2H_5)_2}{\overset{\|}{P}}}-CH_3$

Phosphorigsäure-dipropylester-Methanphosphonsäure-diethyl-amid-Anhydrid; 55%

Mit Thiophosphorsäure-O,O-dialkylestern bzw. Thiophosphonsäure-alkylestern reagieren Phosphorigsäure-dialkylamid-dialkylester unter Amin-Verdrängung zu Phosphorigsäure-dialkylester-Thiophosphor-säure-dialkylester (bzw. Thiophosphonsäure-alkylester)-Anhydriden[846]:

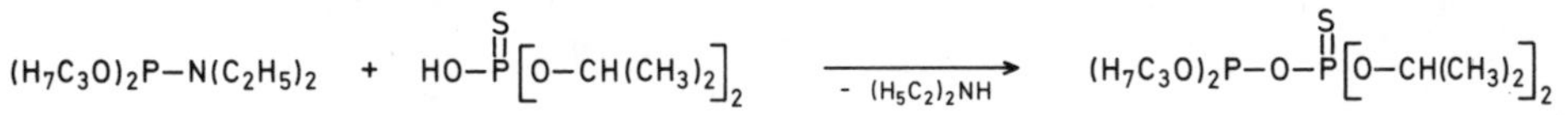

$(H_7C_3O)_2P-N(C_2H_5)_2$ + $HO-\overset{S}{\overset{\|}{P}}\left[O-CH(CH_3)_2\right]_2$ $\xrightarrow[-(H_5C_2)_2NH]{}$ $(H_7C_3O)_2P-O-\overset{S}{\overset{\|}{P}}\left[O-CH(CH_3)_2\right]_2$

Phosphorigsäure-dipropylester-Thiophosphorsäure-diisopropylester-An-hydrid; 75%

Arbeiten in Lösungsmitteln wie Petrolether bei herabgesetzter Temp. scheint hohe Ausbeuten zu begünstigen. Zur Herstellung von *Phosphorigsäure-dibutylester-Dimethylphosphinsäure-Anhydrid* (69%) aus Hypodiphosphorigsäure-tetrabutylester s. Lit.[847]
Phosphorigsäure-diethylester-Dithiophosphorsäure-O,O-diethylester-S-Anhydrid s. Lit.[848]

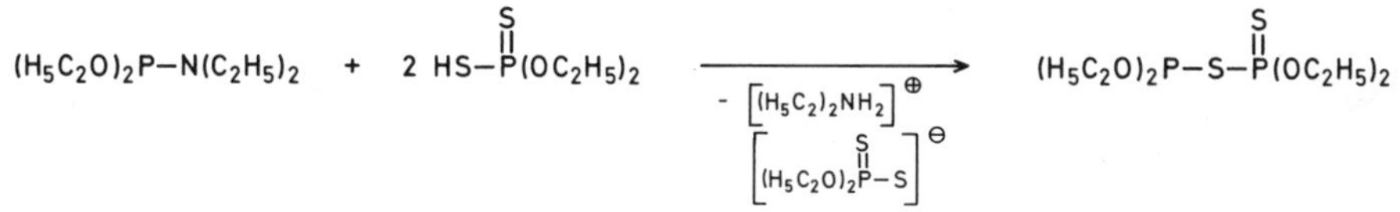

$(H_5C_2O)_2P-N(C_2H_5)_2$ + 2 $HS-\overset{S}{\overset{\|}{P}}(OC_2H_5)_2$ $\xrightarrow[\substack{-\left[(H_5C_2)_2NH_2\right]^{\oplus} \\ \left[(H_5C_2O)_2\overset{S}{\overset{\|}{P}}-S\right]^{\ominus}}]{}$ $(H_5C_2O)_2P-S-\overset{S}{\overset{\|}{P}}(OC_2H_5)_2$

Durch molare Mengen DMSO werden Hypodiphosphorigsäure-tetraalkylester in Petrol-ether zu Phosphorigsäure-dialkylester-Anhydriden oxidiert[847, 849, s. a. 851]:

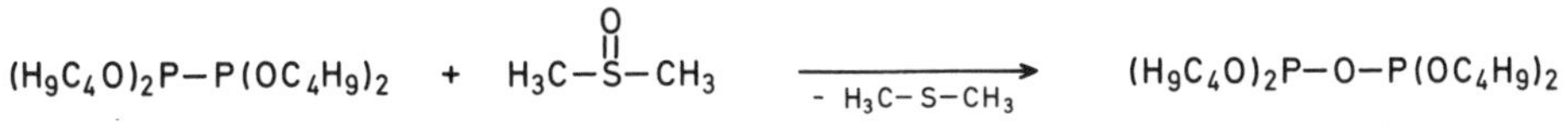

$(H_9C_4O)_2P-P(OC_4H_9)_2$ + $H_3C-\overset{O}{\overset{\|}{S}}-CH_3$ $\xrightarrow[-H_3C-S-CH_3]{}$ $(H_9C_4O)_2P-O-P(OC_4H_9)_2$

Phosphorigsäure-dibutylester-Anhydrid; 80%

Phosphorigsäure-dialkylester-Anhydride werden in Ausbeuten um 70% aus Phosphorig-säure-dialkylester-Essigsäure-Anhydriden und Phosphorigsäure-dialkylamid-dialkyl-estern in Benzol erhalten[852]; z.B.:

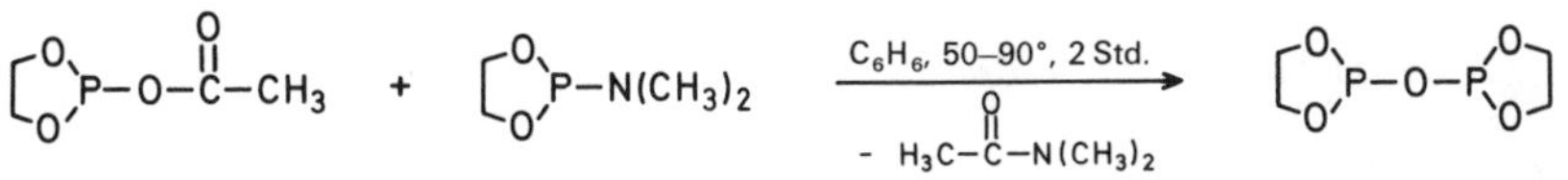

[Struktur] $P-O-\overset{O}{\overset{\|}{C}}-CH_3$ + [Struktur] $P-N(CH_3)_2$ $\xrightarrow[-H_3C-\overset{O}{\overset{\|}{C}}-N(CH_3)_2]{C_6H_6,\ 50-90°,\ 2\ Std.}$ [Struktur] $P-O-P$ [Struktur]

Bis-[1,3,2-dioxaphospholan-2-yl]-oxid

[845] *L. I. Mizrakh, V. P. Evdakov* u. *L. Y. Sandalova*, Zh. Obshch. Khim. **35**, 1871 (1965); engl.: 1865.
[846] *V. N. Eliseenkov* u. *N. A. Samatova*, Izv. Akad. Nauk SSSR, Ser. Khim. **1975**, 2847; engl.: 2740.
[847] *I. F. Lutsenko, M. V. Proskurnina* u. *A. L. Chekhun*, Phosphorus **4**, 57 (1974).
[849] *M. V. Proskurnina, A. L. Chekhun* u. *I. F. Lutsenko*, Zh. Obshch. Khim. **44**, 2117 (1974); engl.: 2080.
[851] *V. L. Foss, Y. A. Veits, N. V. Lukashev, Y. E. Tsvetkov* u. *I. F. Lutsenko*, Zh. Obshch. Khim. **47**, 479 (1977); engl.: 439.
[852] *D. Houalla, M. Sanchez* u. *R. Wolf*, Bull. Soc. Chim. Fr. **1965**, 2368.
[858] *A. N. Pudovik, E. S. Batyeva, V. A. Alfonsov* u. *M. Z. Kaufman*, Zh. Obshch. Khim. **47**, 221 (1977); engl.: 203.

Zum gleichen Ergebnis über gleiche Zwischenstufen führt die Umsetzung von Phosphorigsäure-amid-dialkyl-ester mit Acetanhydrid im Molverhältnis 2 : 1[852]. Nach dem gleichen Verfahren entstehen Anhydride cycl. Phosphorigsäure-diarylester in Ausbeuten bis 85%[853]. Die Phosphorigsäure-dialkylester-Anhydride sind stabiler als die isomeren Tetraalkoxy-diphosphan-monoxide[851], letztere lagern sich also in die Anhydride um.
Phosphorigsäure-dialkylester-Phosphonigsäure-alkylester-Anhydride entstehen bei Umsetzung von Phosphorigsäure-chlorid-diestern mit Phosphonigsäure-alkylestern in Gegenwart von Triethylamin[854]

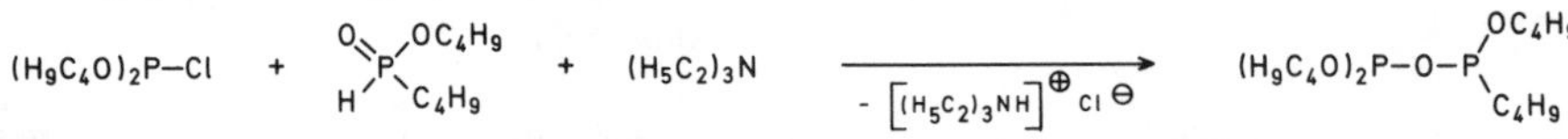

Phosphorigsäure-dibutylester-Butanphosphonsäure-butylester-Anhydrid

Dagegen liefert die Reaktion von Phosphorigsäure-dibutylester mit Butanphosphonigsäure-butylester-chlorid und Triethylamin das dazu isomere *2-Butyl-1,1,2-tributyloxy-diphosphan-1-oxid*:

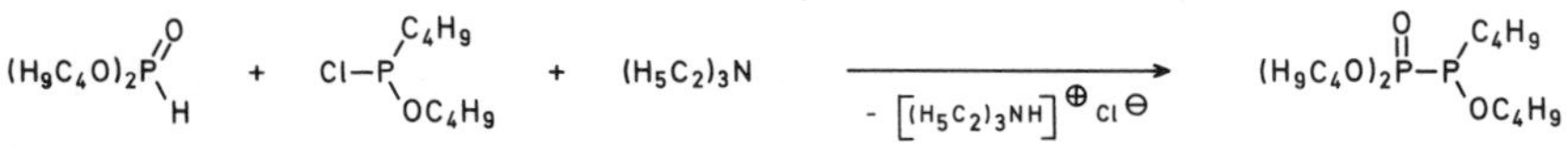

Ebenso entsteht aus sek. Phosphanoxiden und Phosphorigsäure-chlorid-dialkylestern mit Triethylamin bzw. aus Chlor-dialkyl-phosphanen und Phosphorigsäure-dialkylestern mit Triethylamin ebenso wie durch Oxidation der 2,2-Dialkoxy-1,1-dialkyl-diphosphane fast ausschließlich das jeweilige Diphosphanmonoxid[854a].

e₂₉) Thiophosphorigsäure-O-ester-Phosphorsäure-diester-Anhydrid

Thiophosphorigsäure-O-ethylester-Phosphorsäure-diethylester-Anhydrid wird zu 90% bei Einwirkung von Phosphorsäure-chlorid-diethylester auf Thiophosphorigsäure-O-ethylester-Natriumsalz in Benzol bei 45–50°/0,5 Stdn. erhalten[855]:

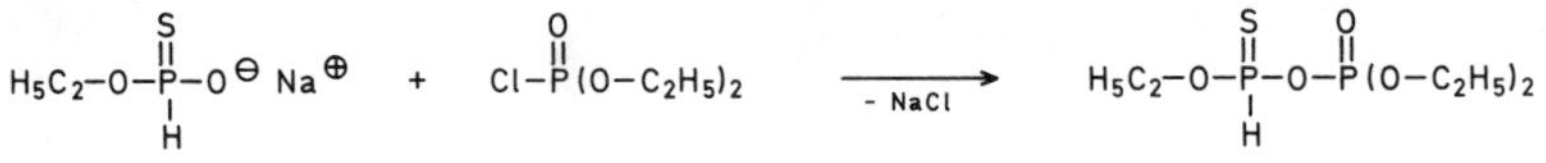

e₃₀) Thiophosphorigsäure-O,S-diester-Anhydride

Zur Herstellung von *2-Acetoxy-1,3,2-oxathiaphospholan* (60%)[853]

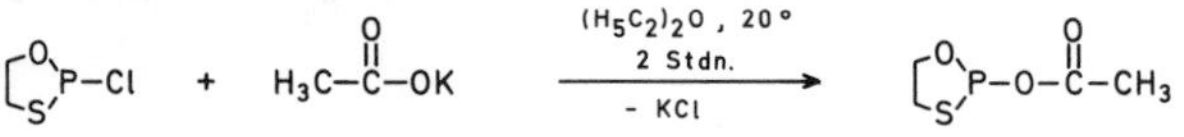

bzw. *Bis-[1,3,2-oxathiaphospholan-2-yl]-oxid* s. Lit.[853].

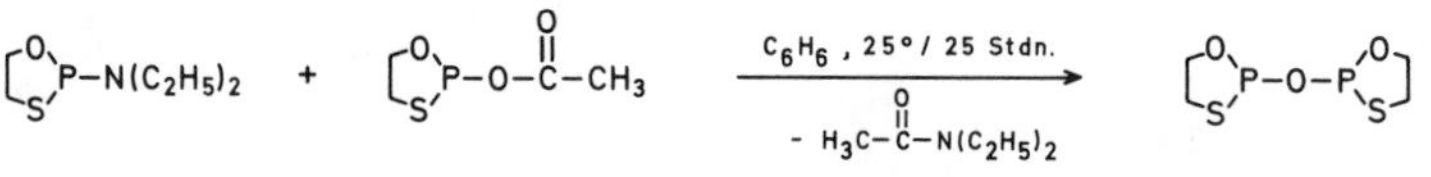

[851] *V. L. Foss, Y. A. Veits, N. V. Lukashev, Y. E. Tsvetkov* u. *I. F. Lutsenko*, Zh. Obshch. Khim. **47**, 479 (1977); engl.: 439.
[852] *D. Houalla, M. Sanchez* u. *R. Wolf*, Bull. Soc. Chim. Fr. **1965**, 2368.
[853] *M. Willson, H. Goncalves, H. Boudjebel* u. *R. Burgada*, Bull. Soc. Chim. Fr. **1975**, 615.
[854] *V. L. Foss, V. V. Kudinova, Y. A. Veits* u. *I. F. Lutsenko*, Zh. Obshch. Khim. **44**, 1209 (1974); engl.: 1169.
[854a] *Y. A. Veits, A. A. Borisenko, V. L. Foss* u. *I. F. Lutsenko*, Zh. Obshch. Khim. **43**, 440 (1973); engl.: 439.
[855] *J. Michalski, Z. Tulimovski* u. *R. Wolf*, Chem. Ber. **98**, 3006 (1965).
[856] *E. E. Nifantev, A. I. Zavalishina, S. F. Sorokina* u. *A. A. Borisenko*, Zh. Obshch. Khim. **46**, 471 (1976); engl.: 469.

e₃₁) Phosphorigsäure-amid-ester-Anhydride

α) Phosphorigsäure-amid-ester-Carbonsäure-Anhydride

Offenkettige[859−861] und cycl.[862] Phosphorigsäure-diamid-ester mit *exo* cycl. Amid-Gruppe reagieren bei 20–40° mit Acetanhydrid bzw. anderen Carbonsäure-Anhydriden[863] zu Phosphorigsäure-amid-ester-Carbonsäure-Anhydriden in Ausbeuten bis 91%:

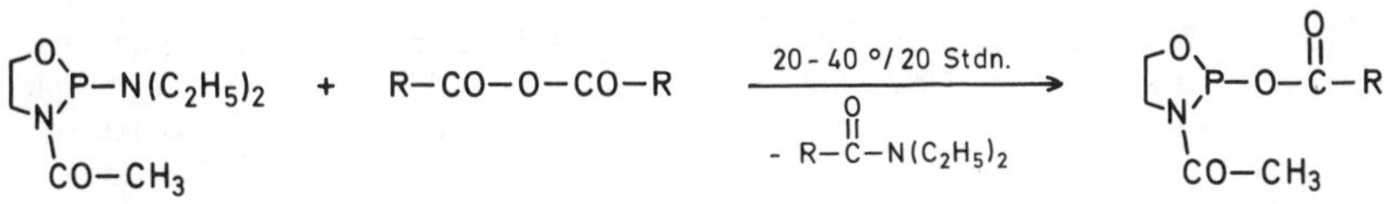

Selbst 1,3-Dimethyl-2-methoxy-1,3,2-diazaphospholan reagiert mit Acetanhydrid unter Ringöffnung[861].

Bei Einwirkung von Essigsäure auf 2-Amino-1,3,2-oxazaphospholane entstehen zunächst 2-Acetoxy-1,3,2-oxazaphospholane, die bei 40° rasch weiterreagieren[864].

Mit Kohlendioxid im Überschuß bei 20−40° erhält man aus Phosphorigsäure-bis-[dimethylamid]-ethylester das *Phosphorigsäure-ethylester-dimethylamid-N,N-Dimethyl-carbaminsäure-Anhydrid (88%)*[865]:

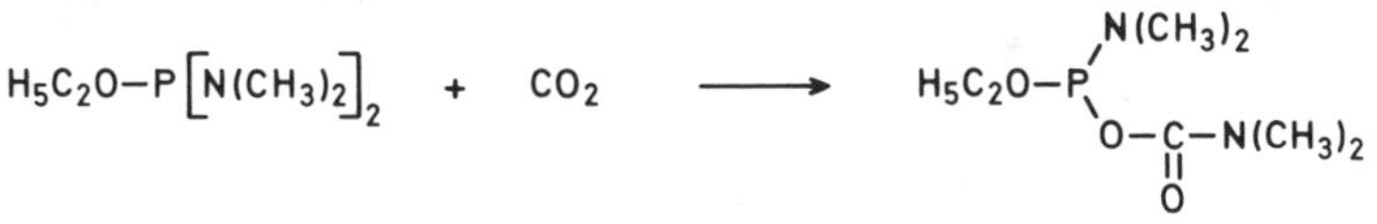

Die Aufarbeitung der Phosphorigsäure-amid-ester-Carbonsäure-Anhydride muß unterhalb 120° erfolgen, andernfalls entstehen Metaphosphorigsäure-ester[860] (vgl. S. 399).
Zur Synthese von *5,5-Dimethyl-2-dimethylamino-4-oxo-1,3,2-dioxaphospholan* s. Lit.[866].

β) Phosphorigsäure-alkylester-amid-P-säure-Anhydride[867]

Phosphorigsäure-alkylester-amid-Anhydride liegen im Temperatur-abhängigen Gleichgewicht mit Bis-[alkoxy-amino]-diphosphan-monoxiden vor[868, 869]. Die Primärprodukte der verschiedenen Syntheseverfahren wandeln sich langsam in die Gleichgewichtsgemische um:

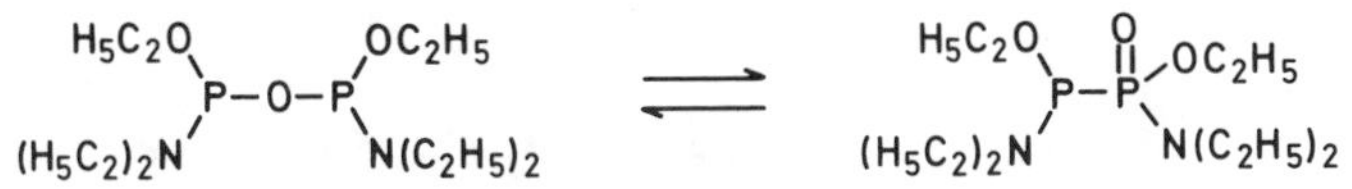

[859] K. A. Bilevich, V. P. Evdakov u. E. K. Shlenkova, Zh. Obshch. Khim. **33**, 3772 (1963); engl.: 3707.
[860] V. P. Evdakov u. E. K. Shlenkova, Zh. Obshch. Khim. **35**, 739 (1965); engl.: 738.
[861] J. H. Hargis u. G. A. Mattson, J. Org. Chem. **46**, 1597 (1981).
[862] L. I. Mizrakh, L. Y. Polonskaya, L. N. Kozlova, T. A. Babushkina u. B. I. Bryantsev, Zh. Obshch. Khim. **45**, 1469 (1975); engl.: 1436.
[863] V. P. Evdakov u. E. K. Shlenkova, Zh. Obshch. Khim. **35**, 1587 (1965); engl.: 1591.
[864] M. A. Pudovik, S. A. Terenteva u. A. N. Pudovik, Zh. Obshch. Khim. **51**, 518 (1981); engl.: 402.
[865] G. Oertel, H. Malz u. H. Holtschmidt, Chem. Ber. **97**, 891 (1964).
[866] M. Koenig, A. Munoz, B. Garrigues u. R. Wolf, Phosphorus Sulfur **6**, 435 (1979).
[867] I. F. Lutsenko u. V. L. Foss, Pure Appl. Chem. **52**, 917 (1980) (Übersicht).
[868] V. L. Foss, N. V. Lukashev, A. A. Borisenko u. I. F. Lutsenko, Zh. Obshch. Khim. **50**, 1950 (1980); engl.: 1572.
[869] V. L. Foss, Y. A. Veits, N. V. Lukashev, Y. E. Tsvetkov u. I. F. Lutsenko, Zh. Obshch. Khim. **47**, 479 (1977); engl.: 439.

Während die Umsetzung von Phosphorigsäure-alkylester-chlorid-dialkylamiden mit Phosphorigsäure-alkyl-ester-dialkylamid-Natriumsalzen zu den Diphosphanmonoxiden als Primärprodukten führt, ergibt die Umsetzung mit Phosphorigsäure-alkylester-dialkylamid in Gegenwart überschüssigen tert. Amins in THF/Diethylether bei −15° direkt Produktgemische. Der Amin-Überschuß ist erforderlich, da die Synthese-Reaktion reversibel verläuft; vor Aufarbeitung muß das Salz entfernt werden.

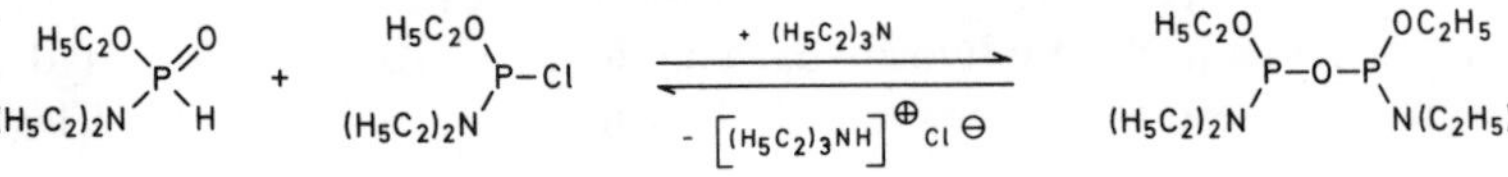

Zum gleichen Ergebnis führt die Reaktion des Phosphorigsäure-alkylester-chlorid-dialkylamids mit der halbmolaren Menge Wasser und Triethylamin-Überschuß. Nicht isolierbare Primärprodukte sind die Phosphorigsäure-alkylester-dialkylamid-Anhydride. Dagegen sind in der Umsetzung der Phosphorigsäure-(N-alkyl-anilid)-alkylester mit Phosphorigsäure-(N-alkyl-anilid)-chloriden die Bis-[alkoxy-alkyl-anilino]-diphosphanmonoxide als Primärprodukte in nahezu reiner Form isoliert worden.

Diese Reaktionsrichtung wird allgemein begünstigt durch wenig basische Phosphor(III)-Reaktanten[867]. Phosphorigsäure-diethylamid-ethylester-Lithiumsalz reagiert mit Phosphorigsäure-chlorid-dialkylester zum *1-Diethylamino-1,2,2-triethoxy-diphosphan-1-oxid*, das sich katalytisch in das zugehörige Anhydrid umlagern läßt[870].

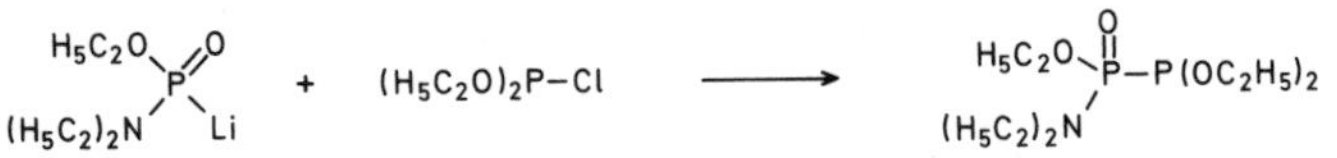

Phosphorsäure-dialkylester, Thiophosphorsäure-O,O-dialkylester[871] und Alkan(thio)phosphonsäure-alkylester[872, 873] reagieren mit Phosphorigsäure-alkylester-bis-[dialkylamiden] unter Verdrängung einer Amid-Gruppe zu den entsprechenden Anhydriden:

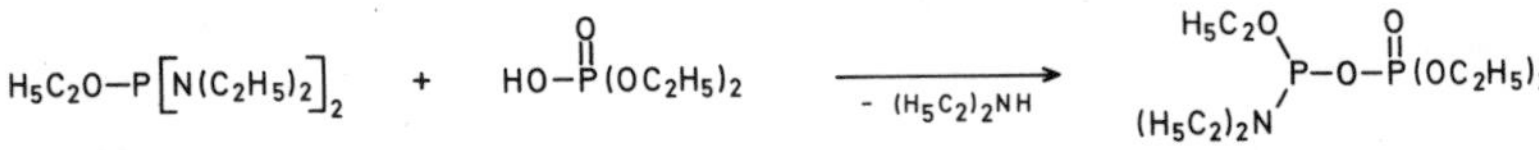

Phosphorigsäure-diethylamid-ethylester-Phosphorsäure-diethyl-ester-Anhydrid; 76%

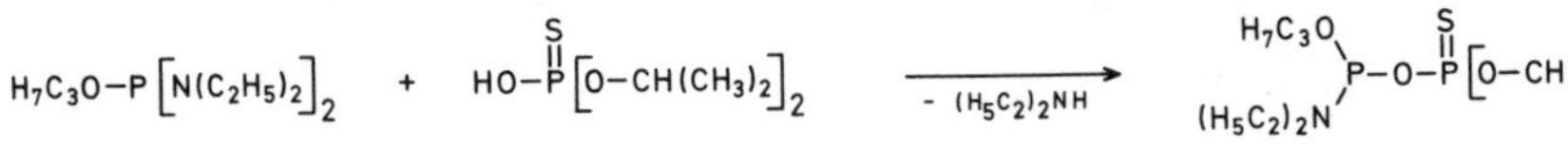

Phosphorigsäure-diethylamid-propylester-Thiophosphorsäure-diisopropylester-O-Anhydrid; 71%

Man kann auch von den entsprechenden Ammonium-Salzen ausgehen.
Höchste Ausbeuten werden erhalten, wenn die Reaktion bei 80–100° i. Vak. ausgeführt wird (kein Angriff des Amins auf Anhydrid).

e₃₂) **Thiophosphorigsäure-O,S-diester-Dithiocarbonsäure-Anhydride**

Aus 2-Dimethylamino-1,3,2-oxathiaphospholan und Schwefelkohlenstoff im Überschuß entsteht *(2-Dimethyl-amino-thiocarbonylthio)-1,3,2-oxathiaphospholan[237a]*:

[867] *I. F. Lutsenko* u. *V. L. Foss*, Pure Appl. Chem. **52**, 917 (1980) (Übersicht).

[870] *V. L. Foss, N. V. Lukashev, P. V. Petrovskii* u. *I. F. Lutsenko*, Zh. Obshch. Khim. **50**, 2400 (1980); engl.: 1935.

[871] *V. N. Eliseenkov, N. V. Bureva* u. *A. N. Pudovik*, Izv. Akad. Nauk SSSR, Ser. Khim. **1971**, 2013; engl.: 1898.

[872] *A. N. Pudovik, V. N. Eliseenkov, N. A. Serkina* u. *I. P. Lipatova*, Izv. Akad. Nauk SSSR, Ser. Khim. **1971**, 1039; engl.: 954.

[873] *V. N. Eliseenkov, N. A. Samatova, N. P. Anoshina* u. *A. N. Pudovik*, Zh. Obshch. Khim. **46**, 23 (1976); engl.: 23.

[237a] *H. Boudjebel, H. Goncalves* u. *F. Mathis*, Bull. Soc. Chim. Fr. **1972**, 1671.

$$\left[\begin{array}{c} O \\ S \end{array}\right] P-N(CH_3)_2 \ + \ CS_2 \ \longrightarrow \ \left[\begin{array}{c} O \\ S \end{array}\right] P-S-\overset{\overset{\displaystyle S}{\|}}{C}-N(CH_3)_2$$

e$_{33}$) Dithiophosphorigsäure-S,S-diester-Anhydride

Carbonsäuren verdrängen die Amid-Gruppe aus 2-Dimethylamino-1,3,2-dithiaphospholanen zu 2-Acyl-oxy-1,3,2-dithiaphospholanen[874]; z.B.:

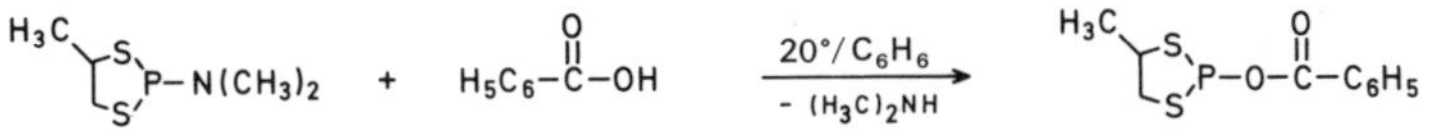

$$H_3C \left[\begin{array}{c} S \\ S \end{array}\right] P-N(CH_3)_2 \ + \ H_5C_6-\overset{\overset{\displaystyle O}{\|}}{C}-OH \ \xrightarrow[-(H_3C)_2NH]{20°/C_6H_6} \ H_3C \left[\begin{array}{c} S \\ S \end{array}\right] P-O-\overset{\overset{\displaystyle O}{\|}}{C}-C_6H_5$$

2-Benzoyloxy-4-methyl-1,3,2-dithiaphospholan

2-Acetoxy-5-methyl-1,3,2-benzodithiaphosphole, auf diese Weise hergestellt, sind nur kurze Zeit haltbar. Zur Herstellung von Dithiophosphorigsäure-S,S-diester-Phosphor(III)-säure-Anhydriden s. Lit.[875].

e$_{34}$) Phosphorigsäure-amid-ester-Dithiocarbonsäure-Anhydride

Schwefelkohlenstoff schiebt sich bei 20° in die P–N-Bindung der 2-Dialkylamino-1,3,2-oxazaphospholane ein und man erhält thermisch labile cycl. Phosphorigsäure-amid-O-ester-Dithiocarbaminsäure-Anhydride[237b]:

$$\left[\begin{array}{c} O \\ N \\ | \\ C_6H_5 \end{array}\right] P-N(CH_3)_2 \ + \ CS_2 \ \longrightarrow \ \left[\begin{array}{c} O \\ N \\ | \\ C_6H_5 \end{array}\right] P-S-\overset{\overset{\displaystyle S}{\|}}{C}-N(CH_3)_2$$

2-(Dimethylamino-thiocarbonylthio)-3-phenyl-1,3,2-oxazaphospholan; 94%

Dieselben Anhydride können aus den 2-Chlor-Derivaten mit Natriumdithiocarbaminaten erhalten werden[237b]. Aus 2-Dialkylamino-2,3-dihydro-1,3,2-benzoxazaphospholen entstehen die Anhydride nur, wenn Schwefelkohlenstoff in äquimolarer Menge ohne Lösungsmittel bei −10° bis 10° einwirkt.

e$_{35}$) Phosphorigsäure-diamid-Anhydride

α) Phosphorigsäure-diamid-Carbonsäure-Anhydride

Aus den gut zugänglichen cycl. Phosphorigsäure-amid-chlorid-Anhydriden lassen sich die Diamid-Anhydride durch Umsetzung mit sek. Amin in inerten Lösungsmitteln herstellen[876]; z.B.:

[237b] M. A. Pudovik, L. K. Kibardina, I. A. Aleksandrova, V. K. Khairullin u. A. N. Pudovik, Zh. Obshch. Khim. **51**, 28 (1981); engl.: 23.

[874] R. Burgada, M. Willson, H. Goncalves u. H. Boudjebel, Bull. Soc. Chim. Fr. **1975**, 2207.

[875] L. V. Ermanson, V. S. Blagoveshchenskii u. N. N. Godovikov, Izv. Akad. Nauk SSSR, Ser. Khim. **1980**, 2788; C. A. **93**, 238768 (1980).

[876] L. I. Nesterova u. Y. G. Gololobov, Zh. Obshch. Khim. **51**, 1663 (1981); engl.: 1417.

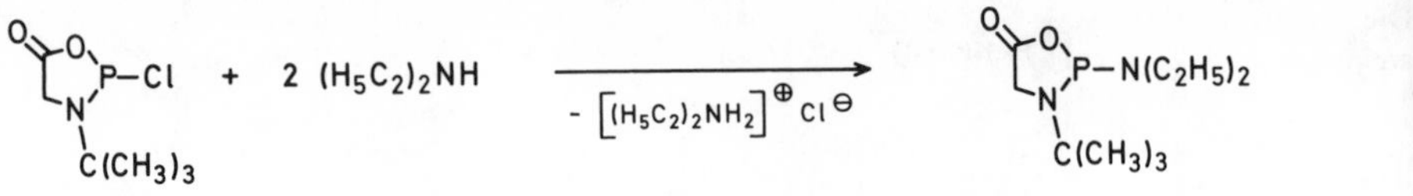

3-tert.-Butyl-2-diethylamino-5-oxo-1,3,2-oxaza-
phospholan; 56%

Offenkettige[877] und cycl.[878, 878a] Phosphorigsäure-chlorid-diamide setzen sich mit ggf. überschüssigem Kaliumacetat in Diethylether oder Benzol bei 20° zu den Phosphorigsäure-diamid-Essigsäure-Anhydriden um; z.B.:

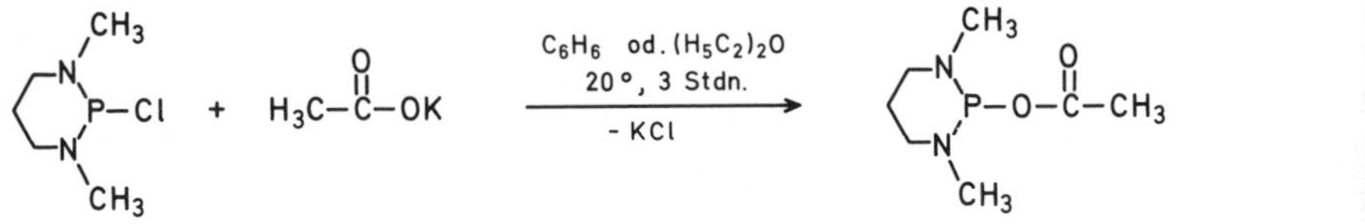

2-Acetoxy-1,3-dimethyl-1,3,2-diazaphosphorinan; 73%

Phosphorigsäure-tris-[dialkylamide] reagieren bei 20° sehr schnell und reversibel mit Carbonsäuren zu Phosphorigsäure-bis-[dialkylamid]-Carbonsäure-Anhydriden, die bei 20° und darunter, wenn keine überschüssige Carbonsäure vorhanden ist, in der Reaktionsmischung über 1 Stde. haltbar sind[879]. Störende Folgereaktion ist der Abbau zu Phosphorigsäure-diamiden.

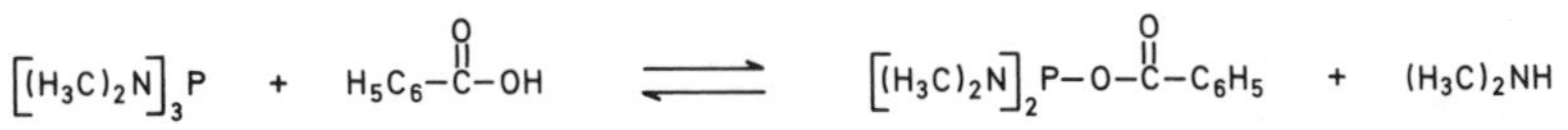

Die Umsetzung der Triamide mit Acetanhydrid führt nur unter sorgfältiger Temperaturkontrolle bei 0° zum Erfolg[880, 881], da die Produkte thermisch labil sind. Carbonsäureanhydride mit voluminösen Substituenten reagieren langsamer[881]. In 2-Amino-1,3,2-diazaphospholanen wird bevorzugt die *exo*cycl. Amid-Gruppe verdrängt.

Der Ersatz einer Amid-Gruppe in Phosphorigsäure-tris-[dimethylamid] gegen eine Acetoxy-Gruppe gelingt auch mit Phosphorigsäure-diethylester-Essigsäure-Anhydrid[882].

Mit stöchiometrischen Mengen Kohlendioxid setzen sich Phosphorigsäure-tris-[dialkylamide] zu Phosphorigsäure-bis-[dialkylamid]-N,N-Dialkyl-carbaminsäure-Anhydrid um[883–885].

Phosphorigsäure-bis-[diethylamid]-N,N-Diethyl-carb-
aminsäure-Anhydrid; 90%

[877] *I. V. Fursenko, G. T. Bakhvalov* u. *E. E. Nifantev*, Zh. Obshch. Khim. **38**, 1299 (1968); engl.: 1251.

[878] *E. E. Nifantev, A. I. Zavalishina, S. F. Sorokina, A. A. Borisenko, E. I. Smirnova, V. V. Kurochkin* u. *L. I. Moiseeva*, Zh. Obshch. Khim. **49**, 64 (1979); engl.: 53.

[878a] *E. E. Nifantev, A. I. Zavalishina, S. F. Sorokina, A. A. Borisenko, E. I. Smirnova* u. *I. V. Gustova*, Zh. Obshch. Khim. **47**, 1960 (1977); engl.: 1793.

[879] *R. Burgada*, Bull. Soc. Chim. Fr. **1972**, 4161.

[880] *V. P. Evdakov* u. *E. K. Shlenkova*, Zh. Obshch. Khim. **35**, 739 (1965); engl.: 738.

[881] *J. H. Hargis* u. *G. A. Mattson*, J. Org. Chem. **46**, 1597 (1981).

[882] *V. A. Alfonsov, G. U. Zamaletdinova, E. S. Batyeva* u. *A. N. Pudovik*, Zh. Obshch. Khim. **50**, 2616 (1980); C. A. **94**, 57329 (1981).

[883] *R. W. Light, L. D. Hutchins, R. T. Paine* u. *C. F. Campana*, Inorg. Chem. **19**, 3597 (1980).

[884] *G. Oertel, H. Malz* u. *H. Holtschmidt*, Chem. Ber. **97**, 891 (1964).

[885] *N. K. Kochetkov, E. E. Nifantev, I. P. Gudkova* u. *M. P. Koroteev*, Zh. Obshch. Khim. **40**, 2199 (1970); engl.: 2185.

Die Umsetzung wird durch Amin-Hydrochlorid und durch sek. Amine, die unter Reaktionsbedingungen Carbaminsäuren bilden, beschleunigt[885].

β) Phosphorigsäure-diamid-P-säure-Anhydride[886]

Phosphorigsäure-bis-[dialkylamid]-Anhydride liegen im Gleichgewicht mit den Tetrakis-[dialkylamino]-diphosphanmonoxiden vor[887]:

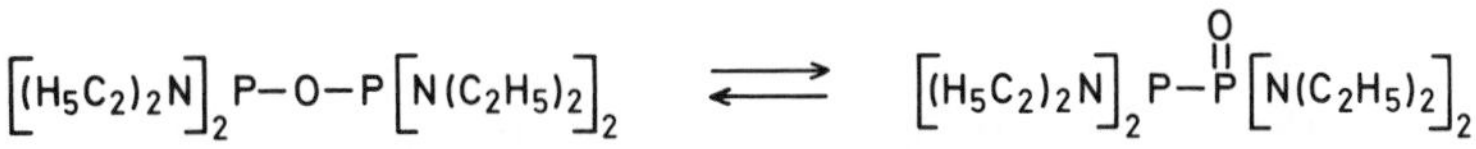

$$\left[(H_5C_2)_2N\right]_2 P-O-P\left[N(C_2H_5)_2\right]_2 \quad \rightleftarrows \quad \left[(H_5C_2)_2N\right]_2 P-\overset{\overset{O}{\|}}{P}\left[N(C_2H_5)_2\right]_2$$

Die Gleichgewichtseinstellung wird durch Salze (z. B. Ammoniumchloride, Magnesiumbromid) beschleunigt und durch große Alkyl-Substituenten verlangsamt. Reaktion der Phosphorigsäure-bis-[dialkylamid]-chloride mit den Natrium- oder Lithiumsalzen der Phosphorigsäure-bis-[dialkylamide] in Kohlenwasserstoffen bei 0–20° ergibt überwiegend die Tetrakis-[dialkylamino]-diphosphanmonoxide als Primärprodukte, während ihre Umsetzung mit den Phosphorigsäure-dialkylamiden in Gegenwart eines 4–5fachen Überschusses an Triethylamin die Phosphorigsäure-bis-[dialkylamid]-Anhydride liefert; z. B.:

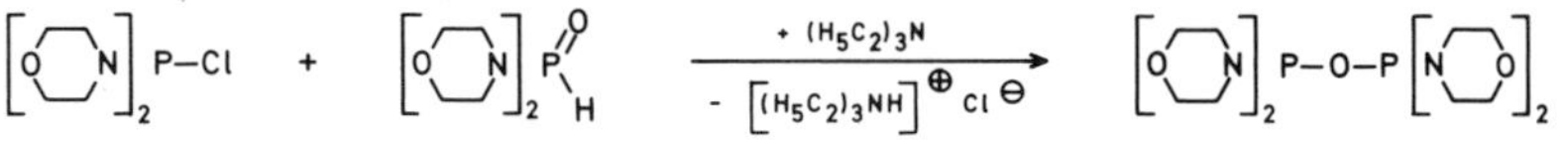

$$\left[O\!\!\diagdown\!\!N\right]_2 P-Cl \;+\; \left[O\!\!\diagdown\!\!N\right]_2 P\!\!\diagup^{O}_{H} \quad \xrightarrow[-\left[(H_5C_2)_3NH\right]^{\oplus} Cl^{\ominus}]{+\,(H_5C_2)_3N} \quad \left[O\!\!\diagdown\!\!N\right]_2 P-O-P\left[N\!\!\diagup\!\!O\right]_2$$

Bis-[dimorpholino-phosphan]-oxid; 85–90%

Der Amin-Überschuß ist erforderlich, da die Synthese-Reaktion reversibel verläuft; vor Aufarbeitung muß das Salz sorgfältig entfernt werden. Ein kleiner Überschuß (5–10%) Phosphorigsäure-chlorid-diamid verbessert die Ausbeute. Bei sterisch anspruchsvolleren Resten (ab Isopropyl am N-Atom) versagt die Reaktion. Desgleichen ist es nicht möglich, Phosphorigsäure-bis-[dimethylamid]-Anhydrid auf diesem Wege zu erhalten (Umlagerung!).

In analoger Weise entstehen Phosphorigsäure-bis-[dialkylamid]-Phosphorigsäure-alkylester-dialkylamid-Anhydride[888]; z. B.:

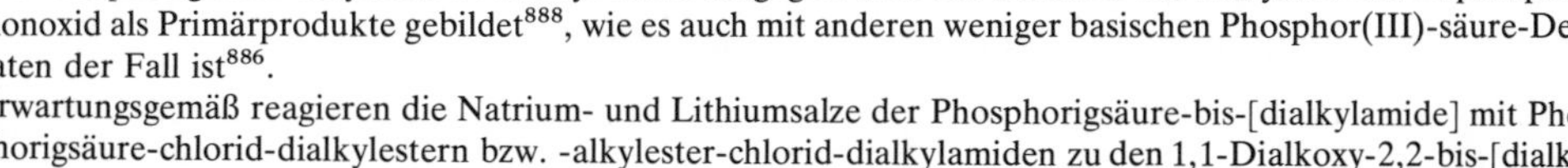

$$\left[(H_5C_2)_2N\right]_2 P-Cl \;+\; \overset{H_5C_2O}{\underset{(H_5C_2)_2N}{\diagdown\!\!\!\diagup}}P\!\!\diagup^{O}_{H} \quad \xrightarrow[-\left[(H_5C_2)_3NH\right]^{\oplus} Cl^{\ominus}]{+\,(H_5C_2)_3N} \quad \overset{(H_5C_2)_2N}{\underset{(H_5C_2)_2N}{\diagdown\!\!\!\diagup}}P-O-P\overset{OC_2H_5}{\underset{N(C_2H_5)_2}{\diagup\!\!\!\diagdown}}$$

Phosphorigsäure-bis-[diethylamid]-Phosphorigsäure-dimethyl-amid-ethylester-Anhydrid

Mit Phosphorigsäure-ethylester-N-methyl-anilid hingegen wird ein Gemisch aus Anhydrid und Diphosphanmonoxid als Primärprodukte gebildet[888], wie es auch mit anderen weniger basischen Phosphor(III)-säure-Derivaten der Fall ist[886].

Erwartungsgemäß reagieren die Natrium- und Lithiumsalze der Phosphorigsäure-bis-[dialkylamide] mit Phosphorigsäure-chlorid-dialkylestern bzw. -alkylester-chlorid-dialkylamiden zu den 1,1-Dialkoxy-2,2-bis-[dialkylamino]-diphosphan-2-oxiden bzw. 1-Alkoxy-tris-[dialkylamino]-diphosphan-2-oxiden, die sich katalytisch z. T. in die genannten Phosphorigsäure-diamid-Phosphorigsäure-diester (bzw. -amid-ester)-Anhydride umlagern lassen[889]:

[885] *N. K. Kochetkov, E. E. Nifantev, I. P. Gudkova* u. *M. P. Koroteev*, Zh. Obshch. Khim. **40**, 2199 (1970); engl.: 2185.

[886] *I. F. Lutsenko* u. *V. L. Foss*, Pure Appl. Chem. **52**, 917 (1980) (Übersicht).

[887] *V. L. Foss, N. V. Lukashev, I. F. Lutsenko*, Zh. Obshch. Khim. **50**, 1236 (1980); engl.: 1000.

[888] *V. L. Foss, N. V. Lukashev, A. A. Borisenko* u. *N. F. Lutsenko*, Zh. Obshch. Khim. **50**, 1950 (1980); engl.: 1572.

[889] *V. L. Foss, N. V. Lukashev, P. V. Petrovskii* u. *I. F. Lutsenko*, Zh. Obshch. Khim. **50**, 2400 (1980); engl.: 1935.

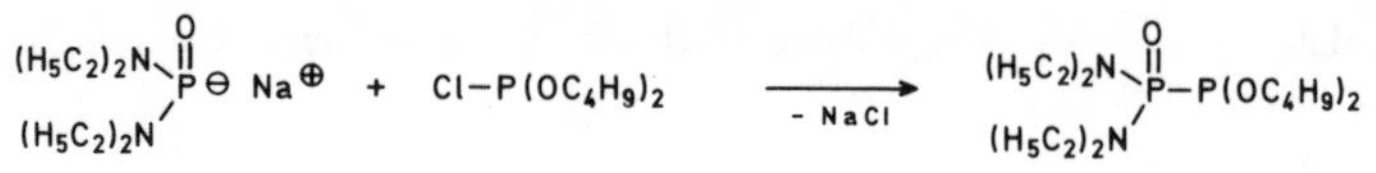

$$(H_5C_2)_2N{\diagdown}\underset{(H_5C_2)_2N{\diagup}}{\overset{O}{\overset{\|}{P}}}\ominus\ Na^{\oplus}\ +\ Cl{-}P(OC_4H_9)_2\ \xrightarrow{-\ NaCl}\ (H_5C_2)_2N{\diagdown}\underset{(H_5C_2)_2N{\diagup}}{\overset{O}{\overset{\|}{P}}}{-}P(OC_4H_9)_2$$

Dagegen wird bei Vertauschung der reaktiven Funktionen das entsprechende Diphosphan-1-oxid nur verunreinigt mit anderen Isomeren erhalten[889]:

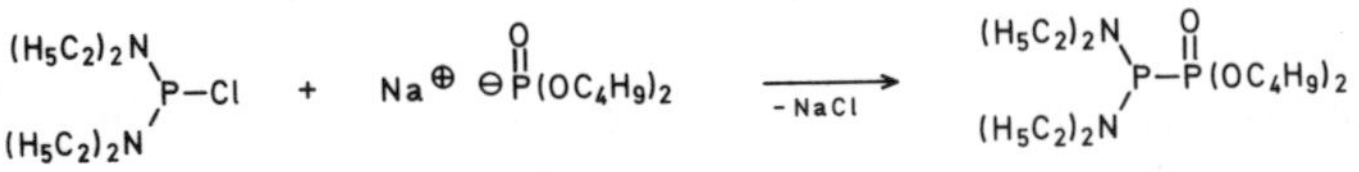

$$(H_5C_2)_2N{\diagdown}\underset{(H_5C_2)_2N{\diagup}}{P}{-}Cl\ +\ Na^{\oplus}\ \ominus\overset{O}{\overset{\|}{P}}(OC_4H_9)_2\ \xrightarrow{-NaCl}\ (H_5C_2)_2N{\diagdown}\underset{(H_5C_2)_2N{\diagup}}{P}{-}\overset{O}{\overset{\|}{P}}(OC_4H_9)_2$$

1-Bis-[diethylamino]-2-dibutyloxy-diphosphan-1-oxid
72%

Entsprechende Synthesen der Phosphorigsäure-diamid-Phosphinigsäure-Anhydride und isomerer Diphosphanoxide s. Lit.[890].

Phosphorsäure-dialkylester, Thiophosphorsäure-O,O-dialkylester[891] und Alkan(thio)-phosphonsäure-alkylester[892] verdrängen aus Phosphorigsäure-tris-[dialkylamiden] eine Dialkylamid-Gruppe unter Bildung der entsprechenden Anhydride:

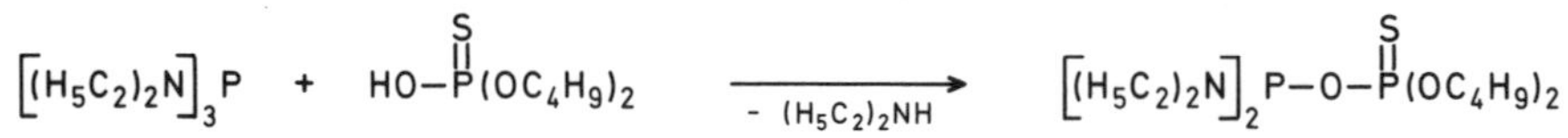

$$\left[(H_5C_2)_2N\right]_3P\ +\ HO{-}\overset{S}{\overset{\|}{P}}(OC_4H_9)_2\ \xrightarrow{-\ (H_5C_2)_2NH}\ \left[(H_5C_2)_2N\right]_2P{-}O{-}\overset{S}{\overset{\|}{P}}(OC_4H_9)_2$$

Phosphorigsäure-bis-[diethylamid]-
Thiophosphorsäure-dibutylester-Anhydrid; 75%

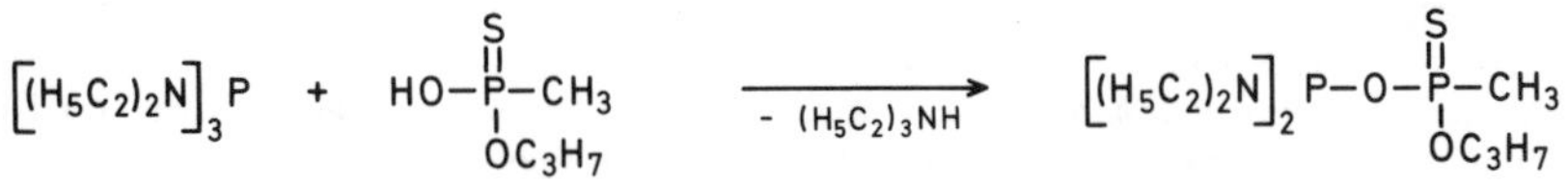

$$\left[(H_5C_2)_2N\right]_3P\ +\ HO{-}\underset{OC_3H_7}{\overset{S}{\overset{\|}{P}}}{-}CH_3\ \xrightarrow{-\ (H_5C_2)_3NH}\ \left[(H_5C_2)_2N\right]_2P{-}O{-}\underset{OC_3H_7}{\overset{S}{\overset{\|}{P}}}{-}CH_3$$

Im gleichen Sinne reagieren ihre Ammoniumsalze[893]. Da das freigesetzte Amin zur Spaltung der erzeugten Anhydride in Phosphorigsäure-diamide befähigt ist, wird die Reaktion am besten ohne Lösungsmittel i. Vak. zur besseren Entfernung des Amins ausgeführt. Die erforderlichen Reaktionstemp. betragen 80–100°, die Ausbeuten 60–86%.

Phosphorigsäure-bis-[diethylamid]-Methanthiophosphonsäure-O-propylester-Anhydrid[892]: Zu 10 g (72 mmol) Methanthiophosphonsäure-propylester in 50 *ml* Diethylether werden bei 10° tropfenweise 16,1 g (65 mmol) Phosphorigsäure-tris-[diethylamid] zugefügt. Der Ether wird i. Vak. abgezogen. Innerhalb 1 Stde. wird bei 10 Torr (1,33 kPa) auf 80° erwärmt und bei dieser Temp. 1 Stde. gehalten. Der Rückstand wird 2mal i. Vak. destilliert; Ausbeute: 18,4 g (86%); Sdp.: 102°/0,002 Torr (0,26 Pa).

Phosphorigsäure-tris-[dialkylamide] setzen sich mit Phosphonsäure-anhydriden zu Phosphorigsäure-bis-[dialkylamid]-Phosphonsäure-dialkylamid-Anhydriden um, wenn die Komponenten bis zur klaren Lösung auf 115–120° erwärmt werden[894]; z. B.:

[889] V. L. Foss, N. V. Lukashev, P. V. Petrovskii u. I. F. Lutsenko, Zh. Obshch. Khim. **50**, 2400 (1980); engl.: 1935.

[890] V. L. Foss, N. V. Lukashev, Y. A. Veits u. I. F. Lutsenko, Zh. Obshch. Khim. **49**, 1712 (1979); engl.: 1499.

[891] V. N. Eliseenkov, N. V. Bureva u. A. N. Pudovik, Izv. Akad. Nauk SSSR, Ser. Khim. **1971**, 2013; engl.: 1898.

[892] A. N. Pudovik, V. N. Eliseenkov, N. A. Serkina u. I. P. Lipatova, Izv. Akad. Nauk SSSR, Ser. Khim. **1971**, 1039; engl.: 954.
V. N. Eliseenkov, N. A. Samatova, N. P. Anoshina u. A. N. Pudovik, Zh. Obshch. Khim. **46**, 23 (1976); engl.: 23.

[893] V. N. Eliseenkov, A. N. Pudovik, S. G. Fattakhov u. N. A. Serkina, Zh. Obshch. Khim. **40**, 498 (1970); engl.: 461.

[894] L. I. Mizrakh, V. P. Evdakov u. L. Y. Sandalova, Zh. Obshch. Khim. **35**, 1871 (1965); engl.: 1865.

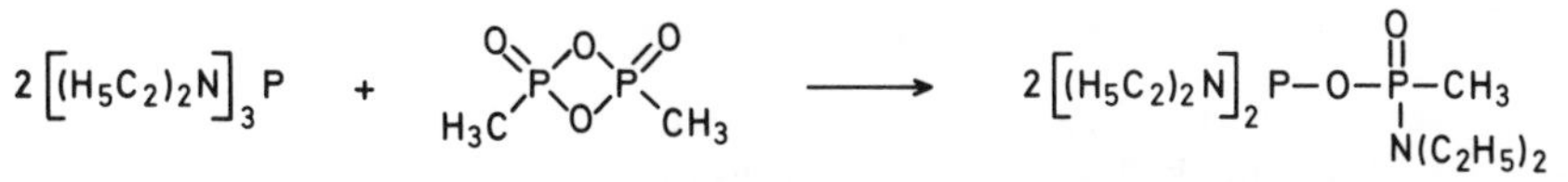

$$2\,\big[(H_5C_2)_2N\big]_3 P \;+\; \underset{H_3C}{\overset{O}{\parallel}}\,P\,O\,P\,\underset{CH_3}{\overset{O}{\parallel}} \;\longrightarrow\; 2\,\big[(H_5C_2)_2N\big]_2\,P-O-\underset{N(C_2H_5)_2}{\overset{O}{\underset{\parallel}{P}}}-CH_3$$

Phosphorigsäure-bis-[dimethylamid]-
Methanphosphonsäure-diethylamid-
Anhydrid; 46%

Zur Herstellung von *5-Ethoxy-2-diethylamino-3-(1-methyl-propyl)-1,3,2,5-oxazadiphospholan-5-oxid* durch thermische Cyclisierung s. Lit.[895].

γ Phosphorigsäure-dihydrazid-Anhydride

Phosphorigsäure-dihydrazid-Anhydride sind nur als bicycl. Vertreter bekannt; z. B.[896]:

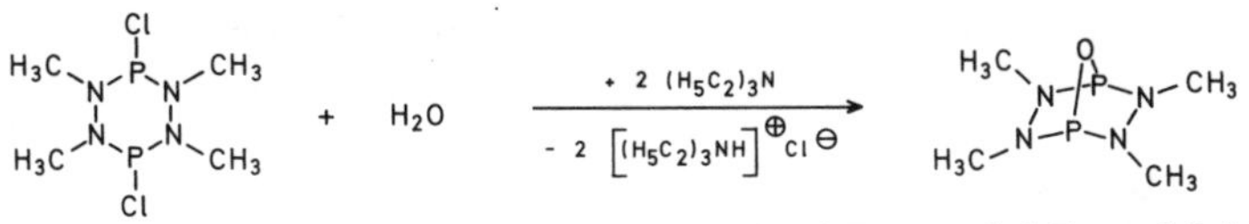

2,3,5,6-Tetramethyl-7-oxa-2,3,5,6-tetraaza-
1,4-diphospha-bicyclo[2.2.1]heptan; 70%

e$_{36}$) Phosphorigsäure-triester

α) Phosphorigsäure-triorganoester

A. Herstellung

1. aus Phosphan bzw. elementarem Phosphor

Phosphan setzt sich mit Natriummethanolat in überschüssigem Methanol und Tetrachlormethan nahezu quantitativ zu *Phosphorigsäure-trimethylester* um[898]:

$$PH_3 \;+\; 3\,CCl_4 \;+\; 3\,H_3C-ONa \xrightarrow[-3\,HCCl_3]{-3\,NaCl} (H_3CO)_3P$$

Weißer Phosphor reagiert mit Alkoholen und Alkanolaten in überschüssigem Tetrachlormethan in unbefriedigenden Ausbeuten zu Phosphorigsäure-trialkylestern[899–901]; z. B.:

$$P_4 \;+\; 6\,H_9C_4-ONa \;+\; 6\,H_9C_4-OH \;+\; 6\,CCl_4 \xrightarrow[-6\,NaCl;\,-6\,HCCl_3]{20°,\,1-3\,Stdn.} 4\,P(OC_4H_9)_3$$

Phosphorigsäure-tributylester; 14%

[895] Z. M. Ivanova, E. A. Suvalova u. Y. G. Gololobov, Zh. Obshch. Khim. **45**, 949 (1975); engl.: 936.
[896] H. Nöth u. R. Ullmann, Chem. Ber. **109**, 1942 (1976).
[898] DOS 2643282 (1975), VEB Stickstoffwerk Piesteritz, Erf.: H. A. Lehmann, H. Schadow, H. Richter, R. Kurze u. M. Oertel; C. A. **87**, 184678 (1977).
[899] C. Brown, R. F. Hudson, G. A. Wartew u. H. Coates, Chem. Commun. **1978**, 7.
[900] C. Brown, R. F. Hudson, G. A. Wartew u. H. Coates, Phosphorus Sulfur **6**, 481 (1979).
[901] DOS 2643281 (1975), VEB Stickstoffwerk Piesteritz, Erf.: H. A. Lehmann, H. Schadow, H. Richter, R. Kurze u. H. Oertel; C. A. **87**, 135923 (1977).

2. aus Unterphosphorigsäure-estern

Unterphosphorigsäure-dialkylester reagieren bereits bei 20° mit Bis-[formylmethyl]- bzw. Bis-[2-oxo-propyl]-quecksilber zu Phosphorigsäure-dialkylester-vinylestern in hohen Ausbeuten; mit Bis-[methoxycarbonyl-methyl]-quecksilber muß bei 60–70° in Pyridin umgesetzt werden[902]:

$$(H_{11}C_5O)_2P-H \quad + \quad (H_3COOC-CH_2)_2Hg \quad \xrightarrow[\substack{-\ H_3C-COOCH_3 \\ -\ Hg}]{0,5-1\ Std.} \quad (H_{11}C_5O)_2P-O-\overset{\overset{\displaystyle O-CH_3}{|}}{C}=CH_2$$

Phosphorigsäure-pentylester-(1-methoxy-vinylester); 56%

Bei gleichzeitiger Einwirkung von 1,4-Benzochinon und Diethyl-trimethylsilyl-amin setzt sich Unterphosphorigsäure-dibutylester zu *Phosphorigsäure-dibutylester-(4-trimethylsilyloxy-phenylester)* um[903].

3. aus Phosphonigsäure-Derivaten

Phosphonigsäure-dialkylester mit Alkoxycarbonyl- bzw. Phosphano-Gruppen am α-C-Atom werden durch Alkohole glatt zu Phosphorigsäure-trialkylester gespalten[905, 906]; z.B.:

$$(H_5C_2O)_2P-\overset{\overset{\displaystyle COOCH_3}{|}}{CH}-P(OC_2H_5)_2 \quad + \quad H_5C_2-OH \quad \xrightarrow[-\ H_3COOC-CH_2-P(OC_2H_5)_2]{} \quad P(OC_2H_5)_3$$

Phosphorigsäure-triethylester; 84%

1-Cyan-1-hydroxy-alkanphosphonigsäure-dialkylester lagern sich leicht zu Phosphorigsäure-(1-cyan-alkylester)dialkylester um[907]. Zur Herstellung von Phosphorigsäure-trialkylestern durch Alkoholyse von 1,2,3-Diazaphospholen s. Lit.[908].

1-Oxo-ethanphosphonigsäure-dialkylester dimerisieren zu Phosphorigsäure-triestern[904].

4. aus Phosphorigsäure-Derivaten

4.1. aus Phosphorigsäure-diestern

Phosphorigsäure-diphenylester disproportioniert bereits bei 20° in Gegenwart tert. Amine zu *Phosphorigsäure-triphenylester* und *-monophenylester*. Die Ausbeuten mit Triethylamin sollen bis 90% betragen[909, 910].

4.2. aus Phosphor(III)-chlorid, Phosphorigsäure-dichlorid-estern bzw. -chlorid-diestern

Dithiokohlensäure-O-alkylester-Salze mit langkettigen Alkyl-Resten (>4 C-Atome) reagieren mit Phosphor(III)-chlorid überwiegend unter Abspaltung von Schwefelkohlenstoff zu Phosphorigsäure-trialkylestern[911].

---

[902] *Z.S. Novikova, N.P. Sadovnikova, S.N. Zdorova* u. *I.F. Lutsenko*, Zh. Obshch. Khim. **44**, 2233 (1974); engl.: 2189.

[903] *A.N. Pudovik, G.V. Romanov* u. *R.Y. Nazmutdinov*, Zh. Obshch. Khim. **49**, 1942 (1979); engl.: 1708.

[904] *M.V. Proskurnina, A.L. Chekhun* u. *I.F. Lutsenko*, Zh. Obshch. Khim. **44**, 1239 (1974); engl.: 1216.

[905] *Z.S. Novikova, S.Y. Skorobogatova* u. *I.F. Lutsenko*, Zh. Obshch. Khim. **46**, 2213 (1976); engl.: 2128.

[906] *Z.S. Novikova, S.Y. Skorobogatova* u. *I.F. Lutsenko*, Zh. Obshch. Khim. **48**, 757 (1978); engl.: 694.

[907] *G.V. Romanov, A.N. Pudovik, R.J. Nazmutdinov* u. *V.M. Pogidaev*, Chem. Ztg. **104**, 63 (1979).

[908] *A.F. Vasilev, L.V. Vilkov, N.P. Ignatova, N.N. Melnikov, V.V. Negrebetskii, N.I. Shvetsov-Shilovskii* u. *L.S. Chaikin*, J. Prakt. Chem. **314**, 806 (1972).

[909] JP 7742858 (1975), Sumitomo Chemical KK, Erf.: *N. Yamazaki* u. *F. Higashi*; C.A. **87**, 134558 (1977).

[910] *M. Masaki* u. *K. Fukui*, Chem. Lett. **1977**, 151.

[911] *E. Wottgen*, Freiberg. Forschungsh. **A 302**, 5 (1963).

Phosphorigsäure-chlorid-dialkylester zerfallen unter dem Einfluß von Lewis-Säuren in Phosphorigsäure-alkylester-dichloride und Phosphorigsäure-trialkylester-Säure-Addukte, aus denen mit Triethylamin der Phosphorigsäure-trialkylester freigesetzt wird. Mit Chlorwasserstoff[912, 913] tritt die Disproportionierung bereits bei −70°, mit Zinn(IV)-chlorid[914] bei −15° bis 0° ein. Zur spontanen Umwandlung von Bis-[fluoralkylester]-chloriden s. Lit.[914a].

Das ausführlich beschriebene und bewährte Verfahren (vgl. Bd. XII/2, S. 53), Phosphor(III)-chlorid, Phosphorigsäure-chlorid-diester und -dichlorid-ester mit Alkanolen bzw. Phenolen in Gegenwart stöchiometrischer Mengen tert. Amin – zur Herstellung von Phosphorigsäure-triarylestern kann auf die Base verzichtet werden – umzusetzen, ist an einer Vielzahl von Beispielen ohne wesentliche methodische Änderungen erfolgreich erprobt worden. Entgegen früheren Angaben können achtgliedrig-cycl. Phosphorigsäure-triester aus Phosphorigsäure-dichlorid-estern mit 2,2′-verbrückten Bisphenolen erhalten werden[915]. Siebengliedrige cyclische Phosphorigsäure-triester s. Lit.[915a].

Die Umsetzung der Phosphorigsäure-chlorid-dialkylester mit Oxiranen[916] und der Phosphorigsäure-chlorid-dialkylester und -bromid-dialkylester mit Oxetanen[916, 918, 918a] verläuft überwiegend so, daß die C–O-Bindung zum höchstsubstituierten C-Atom erhalten bleibt. Titan(IV)-chlorid ist ein guter Katalysator[918b].

2-(3-Chlor-1-methyl-propyloxy)-1,3,2-dioxaphosphorinan; 63%

Zur Bildung von Phosphorigsäure-trialkylestern aus Phosphorigsäure-chlorid-estern bzw. Phosphor(III)-chlorid mit Acetalen[920, 921] aus 2-Chlor-1,3,2-dioxaphospholan und 3-Ethoxy-2,3-dihydro-1,2,4,3-triazaphosphol s. Lit.[922]. Chlor-/Alkoxy-Austausch zwischen Phosphorigsäure-trialkylestern und 2-Chlor-1,3,2-dioxaphospholan ist möglich[923]. Auf diesem Weg hergestellte Phosphorigsäure-tert.-alkylester-dialkylester sind ab ∼90° unbeständig[926].

In Gegenwart stöchiometrischer Mengen Triethylamin setzen sich Chlor- bzw. 1,1-Dichlor-aceton sowie 2-Oxo-butansäure-nitril mit Phosphorigsäure-dichlorid-ethylester zu

[912] T. K. Gazizov, V. A. Kharlamov u. A. N. Pudovik, Zh. Obshch. Khim. 45, 2339 (1975); engl.: 2295.

[913] T. K. Gazizov, V. A. Kharlamov, A. P. Pashinkin u. A. N. Pudovik, Zh. Obshch. Khim. 47, 1234 (1977); engl.: 1137.

[914] A. N. Pudovik, A. A. Muratova, O. B. Sobanova, E. G. Yarkova u. A. S. Khramov, Zh. Obshch. Khim. 46, 2152 (1976); engl.: 2070.

[914a] A. V. Fokin, A. F. Kolomiets, V. A. Komarev, A. I. Rapkin, A. A. Krolevets u. K. I. Pasevina, Izv. Akad. Nauk SSSR, Ser. Khim. 1979, 159; engl.: 148.

[915] V. K. Kadyrova, P. A. Kirpichnikov, N. A. Mukmeneva, G. P. Gren u. N. S. Kolyubakina, Zh. Obshch. Khim. 42, 1688 (1971); engl.: 1696.

[915a] L. V. Verizhnikov u. P. A. Kirpichnikov, Zh. Obshch. Khim. 37, 1355 (1967); engl.: 1281.

[916] A. N. Pudovik, E. M. Faizullin u. V. P. Zhukov, Zh. Obshch. Khim. 36, 310 (1966); engl.: 319.

[917] B. A. Arbusov, L. Z. Nikonova, O. N. Nuretdinova u. N. P. Anoshina, Izv. Akad. Nauk SSSR, Ser. Khim. 1975, 473; engl.: 405.

[918] O. N. Nuretdinova, Izv. Akad. Nauk SSSR, Ser. Khim. 1978, 1898; engl.: 1669.

[918a] O. N. Nuretdinova, B. A. Arbuzov u. L. Z. Nikonova, Izv. Akad. Nauk SSSR, Ser. Khim. 1971, 2086; engl.: 1971.

[918b] JP 7213259 (1968) Marubishi Oil. Chem. Co.; Erf.: Y. Ogawa, A. Nagai u. H. Hisada; C. A. 77, 19800 (1972).

[920] M. B. Gazizov, Zh. Obshch. Khim. 48, 1477 (1978); engl.: 1356.

[921] M. B. Gazizov, A. I. Razumov u. R. A. Khairullin, Zh. Obshch. Khim. 50, 231 (1980); C. A. 93, 46758 (1980).

[922] Y. Charbonnel u. J. Barrans, Tetrahedron 32, 2039 (1976).

[923] V. A. Alfonsov, Y. N. Girfanova, G. U. Zamaletdinova, E. S. Batyeva u. A. N. Pudovik; Dokl. Akad. Nauk SSSR, Ser. Khim. 251, 105 (1980); engl.: 99.

[926] US 4120917 (1977), Mobil Oil Corp., Erf.: K. D. Schmitt; C.A. 90, 71750 (1979).

Gemischen aus Phosphorigsäure-1-alkenylester-chlorid-ethylestern und -bis-[1-alkenylester]-ethylestern um; z.B.:

$$H_5C_2-O-PCl_2 \quad + \quad O=\overset{\overset{\displaystyle CH_3}{|}}{C}-CHCl_2 \quad + \quad 2\,(H_5C_2)_3N \quad \xrightarrow[\textstyle -2\,\left[(H_5C_2)_3NH\right]^{\oplus} Cl^{\ominus}]{}$$

$$H_5C_2-O-P\left[O-\overset{\overset{\displaystyle CH_3}{|}}{C}=CCl_2\right]_2$$

Phosphorigsäure-bis-[2,2-dichlor-1-methyl-vinylester]-ethylester; 31%

Die Reaktionsgeschwindigkeit steigt mit der Acidität der Carbonyl-Komponente[924]. Phosphorigsäure-1-alkenylester-dialkylester entstehen entsprechend aus den Chlorid-diestern mit 2-Chlor-keton/Triethylamin[925].

Zur Herstellung von Phosphorigsäure-alkylester-endiolestern aus den zugehörigen -alkylester-(di)chloriden und Benzoin s. Lit.[926a].

Phosphorigsäure-arylester-dijodide müssen wegen ihrer thermischen Empfindlichkeit in Benzol mit Natrium-phenolat zu Phosphorigsäure-triarylestern umgesetzt werden[927a], Phosphorigsäure-triester aus Phosphorigsäure-diisocyanat-ester s. Lit.[927b].

4.3. aus Phosphorigsäure-Carbonsäure-Anhydriden[928]

Phosphorigsäure-tris-[Carbonsäure-Anhydride] setzen sich mit der dreifach molaren Menge Alkanol in rascher Reaktion zu Phosphorigsäure-trialkylestern um[929, 930]. Dabei wird zumeist ein inertes Lösungsmittel (z.B. Benzol, THF) verwendet, das zuvor zur Synthese des Anhydrids verwendet wurde[931, 932]. Die Reaktionstemperaturen sollten unter 40° liegen, da bei höheren Temperaturen Phosphorigsäure-dialkylester bevorzugt entstehen[929]. Die Ausbeuten übersteigen 74% nicht, sind in der Regel deutlich niedriger.

Mit ähnlichem Ergebnis können auch die bei der Reaktion durchlaufenen Zwischenprodukte, die Phosphorigsäure-ester-bis-(Carbonsäure-Anhydride)[932–934] und -diester-Carbonsäure-Anhydride[935–937], einschließlich der Carbaminsäure- und Kohlensäure-alkylester-Anhydride[938, 939], letztere bereits bei 0° mit weiterem Alkohol zu Phosphorigsäure-trialkylestern umgesetzt werden. Ein Lösungsmittel ist nicht erforder-

[924] *T. V. Kim, Z. M. Ivanova* u. *Y. G. Gololobov*, Zh. Obshch. Khim. **48**, 1967 (1978); engl.: 1791.

[925] *V. P. Prokonenko, T. V. Kim, Z. M. Ivanova* u. *Y. G. Gololobov*, Zh. Obshch. Khim. **48**, 1963 (1978); engl.: 1788.

[926a] *F. S. Mukhametov, R. M. Eliseenkova* u. *N. I. Rizpolozhenskii*, Zh. Obshch. Khim. **51**, 2674 (1981).

[927] *N. G. Feshchenko* u. *V. G. Kostina*, Zh. Obshch. Khim. **46**, 777 (1976); engl.: 775.

[927a] *N. G. Feshchenko* u. *V. G. Kostina* Zh. Obshch. Khim. **45**, 283 (1975); engl.: 269.

[927b] *R. P. Steyermark*, J. Org. Chem. **28**, 3570 (1966).

[928] *E. E. Nifantev* u. *I. V. Fursenko*, Usp. Khim. **39**, (1970); Russ. Chem. Rev. **39**, 1050 (1970).

[929] *K. A. Petrov, E. E. Nifantev* u. *I. I. Sopikova*, Dokl. Akad. Nauk SSSR **151**, 859 (1963); engl.: 603.

[930] *E. E. Nifantev* u. *I. V. Fursenko*, Zh. Obshch. Khim. **37**, 511 (1967); engl.: 481.

[931] FR 1532822 (1966), Hooker Chemical Corp., Erf.: *J. L. Dever* u. *J. J. Hodan*; C. A. **71**, 38340 (1969).

[932] *E. E. Nifantev* u. *I. V. Fursenko*, Zh. Obshch. Khim. **39**, 1028 (1969); engl.: 999.

[933] *V. P. Evdakov* u. *E. K. Shlenkova*, Zh. Obshch. Khim. **35**, 739 (1965); engl.: 738.

[934] *L. V. Nesterov* u. *R. A. Sabirova*, Zh. Obshch. Khim. **35**, 1976 (1965); engl.: 1967.

[935] *V. P. Evdakov, K. A. Bilevich* u. *G. P. Sizova*, Zh. Obshch. Khim. **33**, 3770 (1963); engl.: 3705.

[936] *E. E. Nifantev* u. *I. V. Fursenko*, Zh. Obshch. Khim. **38**, 1295 (1968); engl.: 1247.

[937] *K. A. Bilevich* u. *V. P. Evdakov*, Zh. Obshch. Khim. **35**, 365 (1965); engl.: 364.

[938] *N. K. Kochetkov, E. E. Nifantev, I. P. Gudkova* u. *M. P. Koroteev*, Zh. Obshch. Khim. **40**, 2199 (1970); engl. 2185.

[939] *E. E. Nifantev* u. *I. V. Fursenko*, Zh. Obshch. Khim. **37**, 1134 (1967); engl.: 1076.

lich, die Reaktionen sind schwach exotherm. Unsymmetrische Phosphorigsäure-trialkylester sind auf diesem Weg nicht zugänglich, außer bei Vorliegen fünf- und sechsgliedriger
Ringe, weil die freigesetzte Carbonsäure auch den Ester-Gruppen-Austausch katalysiert[940]. Dagegen erlauben die milden Bedingungen (0–20°/0,5 Stdn.) die Synthese von
Estern tert. Alkohole[941–943]. Tert. Amine unterdrücken die Nebenreaktion (Bildung von
Phosphorigsäure-diester[944,945]) mindern aber die Reaktionsgeschwindigkeit[944, vgl.a.946]
und erschweren die Aufarbeitung[941–943,946], Phosphorigsäure-amide wirken gleichar-
tig[941,943]. Phenole werden wie die Alkohole in die Phosphorigsäure-arylester übergeführt[943,947].
Die Geschwindigkeit der Alkoholyse steigt allgemein mit der Säurestärke der abgespal-
tenen Carbonsäure, doch wird der Acetoxy-Rest rascher verdrängt als der Benzoyloxy-
Rest[945,943], Säuren beschleunigen die Austauschreaktion.
Mehrwertige Alkohole verdrängen aus Phosphorigsäure-diarylester-Carbonsäure-An-
hydriden nach dem Acyloxy-Rest auch einen[948] oder beide Aryloxy-Reste, wenn nicht das
Anhydrid im Überschuß eingesetzt wird; z.B.:

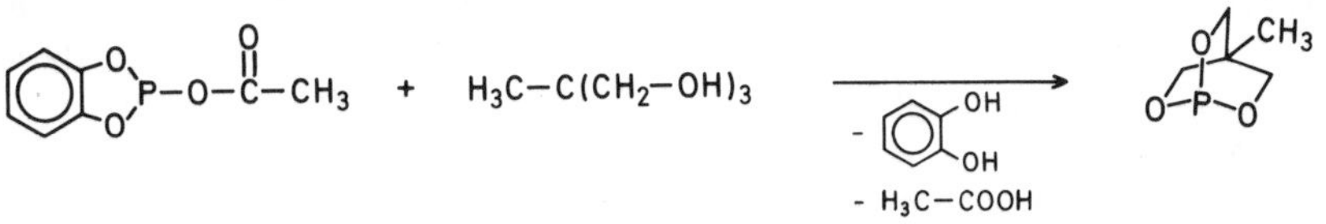

4-Methyl-2,6,7-trioxa-1-phospha-
bicyclo[2.2.2]octan

Besonders rasch führt die Alkoholyse der Phosphorigsäure-bis-[dialkylamid]-Carbonsäure-Anhydri-
de[945] sowie -dialkylamid-bis-(Carbonsäure-Anhydride) und dessen prim. Alkoholyse-Produktes
Phosphorigsäure-alkylester-dialkylamid-Carbonsäure-Anhydrid[940,951] zu Phosphorigsäure-trialkylestern, so daß die Reaktion bei 0° ausgeführt werden kann; z.B.:

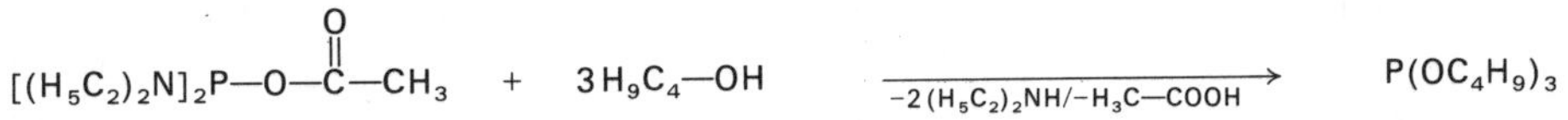

$$[(H_5C_2)_2N]_2P-O-\overset{O}{\overset{\|}{C}}-CH_3 \quad + \quad 3 H_9C_4-OH \quad \xrightarrow[-2(H_5C_2)_2NH/-H_3C-COOH]{} \quad P(OC_4H_9)_3$$

Phosphorigsäure-tributylester

In diesen Fällen wirkt die freigesetzte Carbonsäure katalysierend auf die Ablösung der Amid-Gruppen, Ammo-
niumcarboxylat fällt erst am Ende der Reaktion aus.

4.4. aus Phosphorigsäure-diester-Elementsäure-Anhydriden

Anhydride der Phosphorigsäure-dialkylester mit Sulfonsäuren[952], mit Phosphonsäure-alkylestern[953],
Phosphonsäure-amiden[954], Diphosphorsäure-diamiden[954] und Phosphorsäure-diestern[955] werden durch
Alkohole in Phosphorigsäure-triester umgewandelt; z.B.:

[940] *E. E. Nifantev* u. *I. V. Fursenko*, Zh. Obshch. Khim. **39**, 1028 (1969); engl.: 999.
[941] *V. P. Evdakov, K. A. Bilevich* u. *G. P. Sizova*, Zh. Obshch. Khim. **33**, 3770 (1963); engl.: 3705.
[942] *K. A. Petrov, E. E. Nifantev* u. *I. I. Sopikova*, Dokl. Akad. Nauk SSSR **151**, 859 (1963); engl.: 603.
[943] *K. A. Bilevich* u. *V. P. Evdakov*, Zh. Obshch. Khim. **35**, 365 (1965); engl.: 364.
[944] *E. E. Nifantev* u. *I. V. Fursenko*, Zh. Obshch. Khim. **38**, 1295 (1968); engl.: 1247.
[945] *I. V. Fursenko, G. T. Bakhvalov* u. *E. E. Nifantev*, Zh. Obshch. Khim. **38**, 1299 (1968); engl.: 1251.
[946] *V. P. Evdakov, V. P. Beketov* u. *V. I. Svergun*, Zh. Obshch. Khim. **43**, 55 (1973); engl.: 51.
[947] *L. V. Nesterov* u. *R. A. Sabirova*, Zh. Obshch. Khim. **35**, 1976 (1965); engl.: 1967.
[948] *I. V. Fursenko, G. T. Bakhvalov* u. *E. E. Nifantev*, Zh. Obshch. Khim. **38**, 2528 (1968); engl.: 2445.
[951] *V. P. Evdakov, E. K. Shlenkova* u. *K. A. Bilevich*, Zh. Obshch. Khim. **35**, 728 (1965); engl.: 727.
[952] *M. G. Gubaidullin* u. *L. M. Kovaleva*, Zh. Obshch. Khim. **43**, 2660 (1973); engl.: 2638.
[953] *V. P. Evdakov* u. *E. I. Alipova*, Zh. Obshch. Khim. **37**, 441 (1967); engl.: 412.
[954] *L. I. Mizrakh, V. P. Evdakov* u. *L. Y. Sandalova*, Zh. Obshch. Khim. **35**, 1871 (1965); engl.: 1865.
[955] *J. Michalski* u. *T. Modro*, Bull. Acad. Pol. Sci., Ser. Sci. Chim. **10**, 327 (1962).

$$(H_9C_4O)_2P-O-\overset{\overset{O}{\|}}{\underset{N(C_2H_5)_2}{P}}-CH_3 \quad + \quad H_9C_4-OH \quad \xrightarrow[-\ HO-\overset{\overset{O}{\|}}{\underset{N(C_2H_5)_2}{P}}-CH_3]{} \quad P(OC_4H_9)_3$$

Phosphorigsäure-tributylester; 91,5%

Soll die gleichzeitig freigesetzte Säure durch Amin gebunden werden, wählt man zur besseren Salz-Abscheidung Diethylether als Lösungsmittel[952]. Zur Überführung der Phosphorigsäure-diester-Anhydride in Phosphorigsäure-triester mittels α-Amino-ethern s. Lit.[956].

4.5. aus Phosphorigsäure-amid-diestern[957] und triamiden

Phosphorigsäure-amid-dialkylester **disproportionieren** bei 130–140° (mehrere Stunden) unter Freisetzung von Phosphorigsäure-**trialkylestern**[958].
Die Verdrängung von Amid-Gruppen aus Phosphorigsäure-triamiden und -diamid-estern und -amid-diestern mit Alkoholen bzw. Phenolen ist bekannt (s. Bd. XII/2, S. 72). Mit steigender Acidität des Alkohols bzw. Phenols und zunehmender Basizität des Amids nimmt die Reaktionsgeschwindigkeit zu[959–961]. Sowohl die Umsetzung mit Alkoholen wie mit Phenolen wird durch Ammoniumchloride[961–964], besonders wirkungsvoll durch Dimethylamin-Hydrochlorid sowie durch Carbonsäuren, insbesondere Essigsäure[965, 966, 963] beschleunigt, wobei die Carbonsäuren den Vorteil der besseren Löslichkeit aufweisen. In abgeschwächtem Maße wirken Phenole in der Alkanolyse katalytisch[966, 961]. So kann die Umwandlung einfacher Triamide mit Alkoholen in Gegenwart von Essigsäure im Molverhältnis 1:3:1 zu Phosphorigsäure-trialkylestern bereits bei 0° vorgenommen werden, für das Molverhältnis 1:3:0,1 sind 40–50° angebracht. Auch das sonst nur schwer umzuesternde Phosphorigsäure-tripiperidid wird in Anwesenheit von Essigsäure bereits bei 20° in Phosphorigsäure-trialkylester überführt. Bei Umsetzung der Triamide mit phenolischen Mannich-Basen ist eine Katalyse schon deshalb erforderlich, weil sonst andere, zu Produkten mit fünfbindigem Phosphor führende Reaktionen bevorzugt ablaufen[967].
Keine weitere Beschleunigung der Austauschreaktion bewirken die genannten Katalysatoren, wenn 1,2-Diole auf Phosphorigsäure-triamide einwirken, und nur eine geringe Beschleunigung bei 1,3-Diolen; in diesen Fällen verläuft der Austausch ohnehin mit vergleichsweise hoher Geschwindigkeit[965]. Zur Triester-Bildung mit Hydroxycarbonsäuren[968] sowie zu Hinweisen auf alkalische Katalyse s. Lit.[969].

[952] *M. G. Gubaidullin* u. *L. M. Kovaleva*, Zh. Obshch. Khim. **43**, 2660 (1973); engl.: 2638.

[956] *H. Böhme* u. *K. H. Meyer-Dulheuer*, Justus Liebigs Ann. Chem. **688**, 78 (1965).

[957] *R. Burgada*, Ann. Chim. (Paris) **1966**, 15.

[958] *K. A. Petrov, V. P. Evdakov, K. A. Bilevich* u. *V. I. Chernykh*, Zh. Obshch. Khim. **32**, 2065 (1962); engl.: 3015.

[959] *R. Burgada, L. Lafaille* u. *F. Mathis*, Bull. Soc. Chim. Fr. **1974**, 341.

[960] *E. E. Nifantev, N. L. Ivanova* u. *A. A. Borisenko*, Zh. Obshch. Khim. **40**, 1420 (1970); engl.: 1405.

[961] *E. E. Nifantev* u. *N. L. Ivanova*, Zh. Obshch. Khim. **41**, 2192 (1971); engl.: 2217.

[962] *E. E. Nifantev, N. L. Ivanova* u. *N. K. Bliznyuk*, Zh. Obshch. Khim. **36**, 765 (1966); engl.: 783.

[963] *V. N. Eliseenkov, A. N. Pudovik, S. G. Fattakhov* u. *N. A. Serkina*, Zh. Obshch. Khim. **40**, 498 (1970); engl.: 461.

[964] *E. S. Batyeva, V. A. Alfonsov, G. U. Zamaletdinova* u. *A. N. Pudovik*, Zh. Obshch. Khim. **46**, 2204 (1976); engl.: 2120.

[965] *E. E. Nifantev, N. L. Ivanova* u. *I. V. Fursenko*, Zh. Obshch. Khim. **39**, 854 (1969); engl.: 817.

[966] *V. P. Evdakov, V. P. Beketov* u. *V. I. Svergun*, Zh. Obshch. Khim. **43**, 55 (1973); engl.: 51.

[967] *B. E. Ivanov, S. V. Samurina, A. B. Ageeva, L. A. Valitova* u. *V. E. Belskii*, Zh. Obshch. Khim. **49**, 1973 (1979); engl: 1736.

[968] *M. Koenig, A. Munoz, D. Houalla* u. *R. Wolf*, Chem. Commun. **1974**, 182.

[969] *A. N. Pudovik, M. A. Pudovik, S. A. Terenteva* u. *V. E. Belskii*, Zh. Obshch. Khim. **41**, 2407 (1971); engl.: 2434.

In cycl. Phosphorigsäure-triamiden, -diamid-estern und -amid-diestern werden *exo*cycl. Amid-Gruppen deutlich schneller als *endo*cycl. verdrängt.

Aus 1,3,2-Oxazaphospholanen bzw. 1,3,2-Oxazaphosphorinanen entstehen bei Einwirkung von Alkanol die zugehörigen Phosphorigsäure-(2-amino-ethylester)[977, 970] bzw. -(3-amino-propylester)-dialkylester[971, 972], aus 2-Amino-1,3,2-oxazaphospholanen mit 1,2-Diolen 2-Amino-ethyl-1,3,2-dioxaphospholane[973]. Letztere lassen sich auch aus 2-Amino-1,3,2-dioxaphospholanen durch Umsetzung mit 2-Amino-alkanolen herstellen[970, 973, 974]; z.B.:

$$\text{(cyclic)}\ \text{P}{-}\text{OC}_3\text{H}_7 \ + \ \text{H}_7\text{C}_3{-}\text{OH} \longrightarrow (\text{H}_7\text{C}_3\text{O})_2\text{P}{-}\text{O}{-}(\text{CH}_2)_3{-}\text{NH}_2$$

Phosphorigsäure-(3-amino-propylester)-dipropyl-ester

$$\text{(cyclic)}\ \text{P}{-}\text{N}(\text{C}_2\text{H}_5)_2 \ + \ \text{(cyclic)}\ \begin{matrix}\text{OH}\\\text{OH}\end{matrix} \ \xrightarrow{-\ (\text{H}_5\text{C}_2)_2\text{NH}} \ \text{(cyclic)}\ \text{P}{-}\text{O}{-}\text{CH}_2{-}\text{CH}_2{-}\text{NH}{-}\text{CH}_2{-}\text{CH}_2{-}\text{CN}$$

2-[2-(2-Cyan-ethylamino)-ethoxy]-1,3,2-dioxaphospholan

Phosphorigsäure-arylester-diamide aus sterisch stark gehinderten Phenolen bedürfen Temperaturen bis 160°/3 Stdn. für eine Verdrängung der Amid-Gruppen mit 1,3-Diolen[975].

Bemerkenswert ist, daß aus 2-Arylamino-1,3,2-dioxaphosphorinanen der Amid-Rest wesentlich leichter als aus den 2-Dialkylamino-Derivaten durch Alkohol verdrängt wird, am schwierigsten aus den 2-Pyrrolo-Verbindungen[976]. Vom 2-Ethoxy-3-methyl- zum 2-Ethoxy-3-phenyl-1,3,2-oxazaphospholan nimmt dagegen die Geschwindigkeit der Ringöffnung ab[977].

Kohlenhydrate werden in Pyridin bei 90°/2 Stdn. mit Phosphorigsäure-tris-[dimethylamid] zu den bicycl. Triestern umgesetzt[978].

Besteht die Gefahr der Carbonsäureamid-Bildung, z.B. aus gleichzeitig anwesenden Carbonsäureester-Gruppen, so ist durch Arbeiten in siedender Lösung, z.B. in Benzol für rasche Entfernung des freigesetzten Amins zu sorgen[979].

Wie die Phosphorigsäure-dialkylamide kann auch das aus Phosphor(III)-chlorid und Ammoniak gebildete instabile Reaktionsprodukt mit Alkoholen und Phenolen bei 120° bzw. 140°/17–20 Stdn. in die Phosphorigsäure-trialkylester bzw. -triarylester umgewandelt werden[980].

[970] *O. Mitsunobu, T. Ohashi, M. Kikuchi* u. *T. Mukaijama*, Bull. Chem. Soc. Jpn. **39**, 214 (1966).

[971] *M. A. Pudovik, O. S. Shulyndina, L. K. Ivanova, S. A. Terenteva* u. *A. N. Pudovik*, Zh. Obshch. Khim. **44**, 501 (1974); engl.: 482.

[972] *M. K. Grachev, D. A. Predvoditelev* u. *E. E. Nifantev*, Zh. Obshch. Khim. **46**, 1677 (1976); engl.: 1633.

[943] *L. I. Mizrakh, L. Y. Polonskaya, B. I. Bryantsev* u. *N. V. Stepanchikova*, Zh. Obshch. Khim. **46**, 1490 (1976); engl.: 1460.

[974] *L. I. Mizrakh, L. Y. Polonskaya, T. A. Babushkina* u. *B. I. Bryantsev*, Zh. Obshch. Khim. **45**, 549 (1975); engl.: 542.

[975] *E. E. Nifantev, D. A. Predvoditelev, A. P. Tuseev, M. K. Grachev* u. *M. A. Zolotov*, Zh. Obshch. Khim. **50**, 1702 (1980); engl.: 1379.

[976] *E. E. Nifantev, N. L. Ivanova* u. *D. A. Predvoditelev*, Dokl. Akad. Nauk SSSR **228**, 357 (1976); engl.: 349.

[977] *A. N. Pudovik, M. A. Pudovik, S. A. Terenteva* u. *V. E. Belskii*, Zh. Obshch. Khim. **41**, 2407 (1971); engl.: 2434.

[978] *E. E. Nifantev, M. P. Koroteev, Z. K. Zhane* u. *N. K. Kochetkov*, Izv. Akad. Nauk SSSR, Ser. Khim. **1975**, 1462; engl.: 1357.

[979] *D. A. Predvoditelev, T. G. Chukbar, T. P. Zeleneva* u. *E. E. Nifantev*, Zh. Org. Khim. **17**, 1305 (1981).

[980] *K. A. Petrov, V. P. Evdakov, K. A. Bilevich* u. *V. I. Chernykh*, Zh. Obshch. Khim. **32**, 2065 (1962); engl.: 3015.

Statt mit Methanol selbst können die Phosphorigsäure-amid-diester auch mit Trifluoressigsäure-methylester in Phosphorigsäure-dialkylester-methylester überführt werden[981], wobei die Reaktionsgeschwindigkeit mit zunehmender Basizität des Phosphorigsäure-amids steigt und in cycl. Phosphorigsäure-amiden praktisch ausschließlich *exo*cycl. Bindungen angegriffen werden. Zur Überführung von Phosphorigsäure-amid-diestern in Triester mittels Malonsäure-diestern s. Lit.[982].

Phosphorigsäure-dialkylamid-diphenylester wird durch Phenylcyanat in den *Triphenylester* (78%) übergeführt[983].

Zur Alkoholyse der Phosphorigsäure-amid-dialkylester mittels Kohlendioxid/Alkanol bzw. Phenol[983a] bzw. Trialkylester aus Phosphorigsäure-alkylester-bis-[isocyanaten] s. Lit.[983b].

4.6. aus Dialkoxy- bzw. Diamino-diazadiphosphetidinen

Wie die Phosphorigsäure-diamid-ester und -triamide werden die 2,4-Dialkoxy- und die 2,4-Diamino-1,3,2,4-diazadiphosphetidine mit Alkoholen und Phenolen in Phosphorigsäure-triester übergeführt[984]. Bei Umsetzung der 2,4-Dialkoxy-1,3,2,4-diazadiphosphetidine mit Alkoholen im Molverhältnis 1:4 sind auch unsymm. Triester erhältlich.

4.7. aus Orthophosphorigsäure-erstern

Zur Herstellung von Phosphorigsäure-triester aus Pentaalkyloxy-phosphoran[984a] bzw. aus Trioxaazaphosphaspiranen[984b] mit Acetylendicarbonsäureester s. Lit.

5. aus Thiophosphorigsäure-triestern

Alkoholyse von 2-Alkoxy-1,3,2-oxathiaphospholanen mit Alkoholen bei 20° führt zu Phosphorigsäure-dialkylester-(2-mercapto-ethylestern)[985]; z.B.:

Phosphorigsäure-dimethylester-(2-mercapto-ethylester)

Das gleiche Produkt wird aus 2-Dimethylamino-1,3,2-oxathiaphospholan erhalten.

Dithiophosphorigsäure-O,S,S-triester gehen mit überschüssigem Alkohol, in Anwesenheit von Amin bereits bei 20°, in Phosphorigsäure-trialkylester über[986].
Enolisierbare Ketone und Aldehyde reagieren mit 2-Phenylthio-1,3,2-dioxaphospholanen bzw. -1,3,2-dioxaphosphorinanen zu 2-Vinyloxy-1,3,2-dioxaphospholanen bzw. -phosphorinanen[987]; z.B.:

2-(1-Methyl-3-phenylthio-propenyloxy)-1,3,2-dioxaphospholan; 86%

[981] R. Burgada, Bull. Soc. Chim. Fr. **1971**, 136.

[982] R. Burgada, C.R. Acad. Sci. Paris **258**, 1532 (1964).

[983] J. Koketsu, S. Sakai u. Y. Ishii, J. Chem. Soc. Jpn. **72**, 2503 (1969).

[983a] N.K. Kochetkov, E.E. Nifantev, I.P. Gudkova u. M.P. Koreteev, Zh. Obshch. Khim. **40**, 2199 (1970); engl.: 2185.
    G. Baschang u. V. Kvita, Angew. Chem. **85**, 44 (1973).

[983b] P.R. Steyermark, J. Org. Chem. **28**, 3570 (1966).

[984] O. Mitsunobu, T. Ohashi, M. Kikuchi u. T. Mukaijama, Bull. Chem. Soc. Jpn. **39**, 214 (1966).

[984a] Y.G. Shermolovich, N.P. Kolesnik, V.V. Vasilev, V.E. Pashinkin, L.N. Markovskii, Zh. Obshch. Khim. **51**, 542 (1981); engl.: 423.

[984b] R. Burgada, A. Mohri, Phosphorus Sulfur **9**, 285 (1981).

[985] M. Willson, H. Goncalves, H. Boudjebel u. R. Burgada, Bull. Soc. Chim. Fr. **1975**, 615.

[986] H. Goncalves, R. Burgada, M. Willson, H. Boudjebel u. F. Mathis, Bull. Soc. Chim. Fr. **1975**, 621.

[987] V.V. Ragulin, N.A. Razumova, V.I. Zakharov u. A.A. Petrov, Zh. Obshch. Khim. **50**, 462 (1980); C.A. **93**, 46619 (1980).

6. aus Trithiophosphorigsäure-triestern

Aus Trithiophosphorigsäure-triestern verdrängen Alkohole und Phenole die Alkylthio-
und Arylthio-Gruppen beim Erhitzen auf ~ 160°/2–6 Stdn., wenn das austretende Thiol
niedriger siedet als das Alkanol bzw. Phenol[988]. Alkalien wirken beschleunigend.

$$(H_3C{-}S)_3P \ + \ 3\,H_5C_6{-}OH \ \xrightarrow[-3\,H_3C{-}SH]{} \ P(OC_6H_5)_3$$

Phosphorigsäure-triphenylester; 79%

7. aus Dithiophosphorigsäure-amid-S,S-diestern

Dithiophosphorigsäure-amid-S,S-diester werden durch die dreifach molare Menge prim. Alkohol in Phosphorigsäure-trialkylester übergeführt[989]; z. B.:

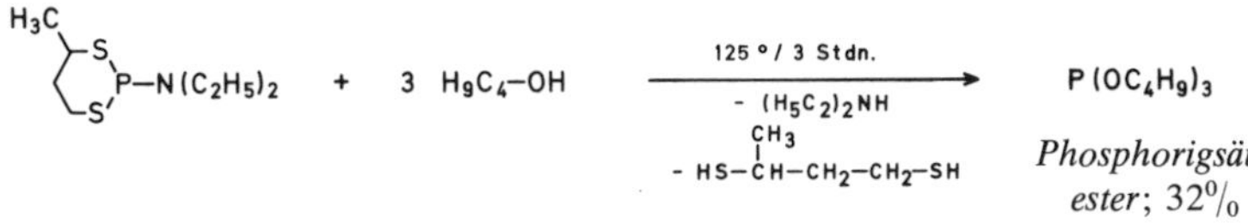

*Phosphorigsäure-tributyl-
ester*; 32%

Bevorzugt wird bei Alkohol-Unterschuß die Amid-Gruppe verdrängt[986].

β) Phosphorigsäure-diester-trialkylsilylester

A. Herstellung

1. aus 1-Silyloxy-alkanphosphonsäure-dialkylestern

1-Phenyl-1-trimethylsilyloxy-ethanphosphonsäure-dimethylester zerfällt bei erhöhter Temp. i. Vak. unter Abspaltung von *Phosphorigsäure-dimethylester-trimethylsilylester*[1]:

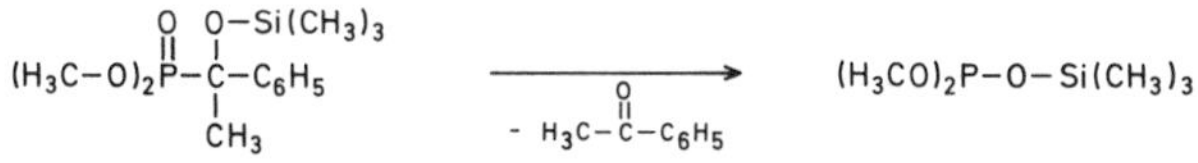

2. aus Phosphorigsäure-dialkylestern

In Gegenwart tert. Amine werden Phosphorigsäure-dialkylester durch Chlor-trialkyl-
silan in Phosphorigsäure-dialkylester-trialkylsilylester überführt[2]. Mit vergleichbar guten
Ausbeuten können die Phosphorigsäure-dialkylester ohne Fremdbase mit Trialkylsi-
lyl-aminen bei 100–110°/1 Stde. zu Phosphorigsäure-dialkylester-trialkylsilylestern umgesetzt werden[3, 3a]; z. B.:

[986] *H. Goncalves, R. Burgada, M. Willson, H. Boudjebel* u. *F. Mathis.* Bull. Soc. Chim. Fr. **1975**, 621.
[988] NE 6508683 (1965), Union Carbide Corp., Erf.: *C. Wu* u. *F.J. Welch*; C.A. **64**, 14411 (1966).
[989] *E. E. Nifantev, A. I. Zavalishina, S. F. Sorokina, V. S. Blagoveshchenskii, O. P. Yakovleva* u. *E. V. Esenina*, Zh.
Obshch. Khim. **44**, 1694 (1974); engl.: 1664.
[1] *A. N. Pudovik, T. K. Gazizov* u. *Y. I. Sudarev*, Zh. Obshch. Khim. **44**, 951 (1974); engl.: 914. Weiteres Beispiel s. *A. N. Pudovik, G. V. Romanov* u. *R. Y. Nazmutdinov*, Zh. Obshch. Khim. **49**, 257 (1979); engl.: 225.
[2] *N. F. Orlov* u. *E. V. Sudakova*, Zh. Obshch. Khim. **39**, 222 (1969); engl.: 211.
[3] *M. A. Pudovik, M. D. Medvedeva* u. *A. N. Pudovik*, Zh. Obshch. Khim. **45**, 700 (1975); engl.: 682.
[3a] *M. A. Pudovik, M. D. Medvedeva* u. *A. N. Pudovik*, Zh. Obshch. Khim. **46**, 773 (1976); engl.: 772.

$$(H_7C_3O)_2P\overset{O}{\underset{H}{\big<}} \quad + \quad (H_3C)_3Si-N(C_2H_5)_2 \quad \xrightarrow[-\,(H_5C_2)_2NH]{} \quad (H_7C_3O)_2P-O-Si(CH_3)_3$$

Phosphorigsäure-dipropylester-trimethylsilylester; 58%

Besonders günstige Ergebnisse werden mit Hexamethyldisilazan erzielt (bis 93%) wobei unter Ausnutzung beider Silyl-Gruppen Ammoniak freigesetzt wird[4].

Zur Trimethylsilylierung mit aktivierten Silylethern[5] bzw. mit N-Trimethylsilyl-acetamid[6] s. Lit.

In Gegenwart von Raney-Nickel entstehen aus Phosphorigsäure-dialkylestern und Trialkylsilanen in Ausbeuten bis 60% Phosphorigsäure-dialkylester-trialkylsilylester[7].
Wenn die Umsetzung in Diethylether vorgenommen wird, reagieren die Natriumsalze der Phosphorigsäure-dialkylester mit Chlor-trialkyl-silanen und Brom-trialkyl-silanen ausschließlich zu Phosphorigsäure-dialkylester-trialkylsilylestern und nicht zu Phosphorylsilanen[8-10]; z.B.:

$$(H_5C_2O)_2P-ONa \quad + \quad (H_3C)_3Si-Cl \quad \xrightarrow[-NaCl]{} \quad (H_5C_2O)_2P-O-Si(CH_3)_3$$

Phosphorigsäure-diethylester-trimethylsilylester[10]: Zu 13,8 g (0,6 mol) Natrium in 250 *ml* Diethylether tropft man 69 g (0,5 mol) Phosphorigsäure-diethylester und hält durch Kühlung auf 10°. Gegen Ende der Wasserstoff-Entwicklung wird 0,5 Stdn. zum Sieden erhitzt. Bei 10° werden sodann 65,2 g (0,6 mol) Chlor-trimethyl-silan innerhalb 1 Stde. zugetropft und anschließend 15 Stdn. bei 20° gerührt. Nach Filtration wird das Lösungsmittel abgezogen und der flüssige Rückstand i. Vak. destilliert; Ausbeute: 95,7 g (91%); Sdp.: 66°/15 Torr (2 kPa).

Auf diesem Wege sind auch die *Bis-, Tris-* und *Tetrakis-[dialkoxyphosphanoxy]-silane* zugänglich[9], indem man die Phosphorigsäure-dialkylester-Natriumsalze in Diethylether mit Alkylchlorsilanen ($R_{4-n}Si\,Cl_n$) oder Tetrachlorsilan umsetzt; z.B.:

$$3\,(H_5C_2O)_2P-ONa \quad + \quad H_3C-SiCl_3 \quad \xrightarrow[-3\,NaCl]{} \quad [(H_5C_2O)_2P-O]_3Si-CH_3$$

Methyl-tris-[diethoxyphosphanoxy]-silan; 68%

3. aus Phosphorigsäure-chlorid-diestern bzw. -triestern bzw. -amid-diestern

Schon bei −20 bis −30° (1 Stde.) reagieren Phosphorigsäure-chlorid-dialkylester mit Natriumsilanolaten in Diethylether[8]:

$$(H_5C_2O)_2P-Cl \quad + \quad (H_5C_2)_3Si-ONa \quad \xrightarrow[-NaCl]{} \quad (H_5C_2O)_2P-O-Si(C_2H_5)_3$$

Phosphorigsäure-diethylester-triethylsilylester; 58%

---

[4] *E. A. Chernyshev, E. F. Bugerenko, A. S. Akateva* u. *A. D. Naumov*, Zh. Obshch. Khim. **45**, 242 (1975); engl.: 231.

[5] *A. N. Pudovik, G. V. Romanov* u. *R. Y. Nazmutdinov*, Zh. Obshch. Khim. **49**, 257 (1979); engl.: 225.

[6] *R. D. Bertrand, H. J. Berwin, G. K. McEwen* u. *J. G. Verkade*, Phosphorus **4**, 81 (1974).

[7] *N. F. Orlov, M. S. Sorokin, L. N. Slesar* u. *O. N. Dolgov*, Kremniorg. Mater. **1971**, 133; C. A. **78**, 29922 (1973).

[8] *E. F. Bugerenko, L. A. Chernyshev* u. *E. M. Popov*, Izv. Akad. Nauk SSSR, Ser. Khim. **1966**, 1391; engl.: 1334.

[9] *E. F. Bugerenko, A. S. Petukhova, A. A. Borisenko* u. *E. A. Chernyshev*, Zh. Obshch. Khim. **43**, 216 (1973); engl.: 218.

[10] *M. Sekine, K. Okimoto, K. Yamada* u. *T. Hata*, J. Org. Chem. **46**, 2097 (1981).

Die Reaktion von Phosphorigsäure-triethylester und Brom-triethyl-silan führt auch bei 155–180° nur zu unbefriedigenden Ausbeuten an *Phosphorigsäure-diethylester-triethylsilylester* (15%)[8]:

$$(H_5C_2O)_3P \;+\; (H_5C_2)_3Si-Br \xrightarrow[-H_5C_2-Br]{} (H_5C_2O)_2P-O-Si(C_2H_5)_3$$

Bei tiefen Temperaturen mindert die durch Bromethan hervorgerufene Arbusov-Reaktion, bei höheren Temperaturen die weitere Alkoxygruppen-Verdrängung das Ergebnis.

Phosphorigsäure-(acetyl-trialkylsilyl-amid)-dialkylester spalten beim Erwärmen Acetonitril ab und man erhält Phosphorigsäure-dialkylester-trialkylsilylester[11–13]; z.B.:

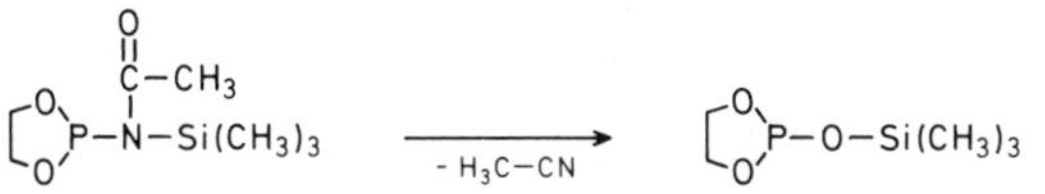

2-*Trimethylsilyloxy-1,3,2-dioxaphospholan*; 40%

2-Trimethylsilyloxy-1,3,2-oxazaphospholane werden durch Alkohole und Phenole in ein Gemisch aus Dialkylester-trimethylsilylester bzw. Alkylester-arylester-trimethylsilylester und cyclischem Ester-amid umgewandelt[14].

γ) *Phosphorigsäure-bis-[trialkylsilylester]-ester*

Zur Anlagerung von Unterphosphorigsäure-bis-[trimethylsilylestern] an Oxocarbonsäure-ester bzw. -nitrile s. Lit.[15].

In Gegenwart zweifach molarer Mengen Trialkylamin in Pyridin setzen sich Phosphorigsäure-alkylester mit Chlor-trimethyl-silan fast quantitativ zu den Phosphorigsäure-alkylester-bis-[trimethylsilylestern] um[16]:

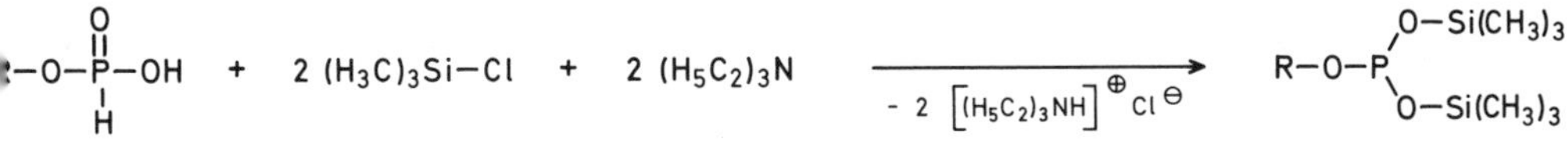

Das Erhitzen des Ammonium-Salzes von Phosphorigsäure-ethylester mit siedendem Hexamethyldisilazan erbringt 71% *Phosphorigsäure-bis-[trimethylsilylester]-ethylester*[17]. Sowohl Trialkylsilylamine[18] als auch – wenngleich mit geringeren Ausbeuten – die Kombination Chlor-trialkyl-silan/tert. Amin[19] überführen Phosphorigsäure-ester-trialkylsilylester in die Phosphorigsäure-bis-[trialkylsilylester]-ester; z.B.:

[8] *E.F. Bugerenko, L.A. Chernyshev* u. *E.M. Popov*, Izv. Akad. Nauk SSSR, Ser. Khim. **1966**, 1391; engl.: 1334.
[1] *M.A. Pudovik, L.K. Kibardina, T.A. Pestova, M.D. Medvedeva* u. *A.N. Pudovik*, Zh. Obshch. Khim. **45**, 2568 (1975); engl.: 2528.
[2] *M.A. Pudovik, L.K. Kibardina* u. *A.N. Pudovik*, Zh. Obshch. Khim. **48**, 695 (1978); engl.: 637.
[3] *M.A. Pudovik, L.K. Kibardina, M.D. Medvedeva, N.P. Anoshina* u. *A.N. Pudovik*, Zh. Obshch. Khim. **48**, 2648 (1978); engl.: 2402.
[4] *L.K. Kibardina, M.A. Pudovik* u. *A.N. Pudovik*, Izv. Akad. Nauk SSSR, Ser. Khim. **1981**, 1133.
[5] *A.N. Pudovik, G.V. Romanov* u. *R.Y. Nazmutdinov*, Zh. Obshch. Khim. **49**, 257 (1979); engl.: 225.
[6] *T.Hata* u. *M. Sekine*, J. Am. Chem. Soc. **96**, 7363 (1974).
[7] *M. Sekine, K. Okimoto, K. Yamada* u. *T. Hata*, J. Org. Chem. **46**, 2097 (1981).
[8] *A.N. Pudovik, G.V. Romanov* u. *R.Y. Nazmutdinov*, Zh. Obshch. Khim. **49**, 1942 (1979); engl.: 1708.
[9] *N.F. Orlov* u. *E.V. Sudakova*, Zh. Obshch. Khim. **39**, 222 (1968); engl.: 211.

$$\underset{\underset{H_5C_2-O}{(H_5C_2)_3Si-O}}{\overset{O}{\underset{}{\diagdown}}}\overset{O}{\underset{}{\diagup}}P-H \;+\; (H_5C_2)_3Si-Cl \;+\; R_3N \quad \xrightarrow[-\left[R_3NH\right]^{\oplus}Cl^{\ominus}]{} \quad \left[(H_5C_2)_3Si-O\right]_2P-O-C_2H_5$$

Phosphorigsäure-bis-[triethylsilylester]-ethylester; 31%

Zum gleichen Ergebnis soll die Einwirkung von Alkoxy-trialkyl-silanen und von Trialkylsilan/Raney-Nickel führen[20].

δ) *Phosphorigsäure-trisilylester*

A. Herstellung

Phosphorige Säure wird durch Einwirkung von Chlor-trimethyl-silan/Triethylamin in *Phosphorigsäure-tris-[trimethylsilylester]* (82%) übergeführt[21, 22]:

$$H_3PO_3 \;+\; 3(H_3C)_3Si-Cl \;+\; 3(H_5C_2)_3N \quad \xrightarrow[-3[(H_5C_2)_3\overset{\oplus}{N}H]Cl^{\ominus}]{} \quad [(H_3C)_3Si-O]_3P$$

Als besonders vorteilhaft hat sich die Verwendung von THF/Diethylether als Lösungsmittel und ein ~60%iger Überschuß an Amin und Chlorsilan erwiesen[23].

Auch unter optimalen Bedingungen wird Phosphorigsäure-bis-[trimethylsilylester] zu ~15% als Nebenprodukt gebildet; letzteres kann bei hohen Ansprüchen durch Erhitzen mit Natrium auf 140–150° entfernt werden[23, 24].

Produkte hoher Reinheit entstehen aus Phosphoriger Säure und überschüssigem Hexamethyldisilazan bei 160°/10 Stdn. in 75% Ausbeute[25].

Die genannten Silylierungsmittel können mit vergleichbarem Erfolg auf partiell silylierte Phosphorige Säure, insbesondere auf Phosphorigsäure-bis-[trialkylsilylester], angewendet werden. Mit Diethyl-trimethylsilyl-amin werden bei 145° (7 Stdn.) hohe Ausbeuten reiner *Phosphorigsäure-tris-[trimethylsilylesters]* (92%) erhalten[23, 25]; auch die Kombination Chlor-trialkyl-silan/tert. Amin[26] liefert 70–80% Triester:

$$\left[(H_3C)_3Si-O\right]_2\overset{O}{\underset{H}{\overset{\diagup}{\diagdown}}}P \;+\; (H_5C_2)_2N-Si(CH_3)_3 \quad \xrightarrow[-(H_5C_2)_2NH]{} \quad \left[(H_3C)_3Si-O\right]_3P$$

Phosphorige Säure und Phosphorigsäure-bis-[trialkylsilylester] reagieren mit Trialkylsilan in Anwesenheit von feinstverteiltem Nickel unter Wasserstoff-Entwicklung zu Phosphorigsäure-tris-[trialkylsilylester][22, 27].

[20] *N. F. Orlov, M. S. Sorokin, L. N. Slesar* u. *O. N. Dolgov*, Kremniorg. Mater. **1971**, 133; C.A. **78**, 29922 (1973).

[21] *T. Hata* u. *M. Sekine*, J. Am. Chem. Soc. **96**, 7363 (1974).

[22] *N. F. Orlov, B. L. Kaufman, L. Sukhi, L. N. Slesar* u. *E. V. Sudakova*, Khim. Prakt. Primen. Kremniorg. Soedin., Tr. Sovesch. **1966**, 111; C.A. **72**, 21738 (1970).

[23] *M. Sekine, K. Okimoto, K. Yamada* u. *T. Hata*, J. Org. Chem. **46**, 2097 (1981).

[24] JP 7818519 (1976), Ube Industries KK, Erf.: *H. Akira, M. Sekine* u. *K. Okimoto*; C.A. **89**, 24528 (1978).

[25] *E. P. Lebedev, A. N. Pudovik, B. N. Tsyganov, R. Y. Nazmutdinov* u. *G. V. Romanov*, Zh. Obshch. Khim. **47**, 765 (1977); engl.: 698.

[26] *N. F. Orlov* u. *E. V. Sudakova*, Zh. Obshch. Khim. **39**, 222 (1969); engl.: 211.

[27] *N. F. Orlov, M. S. Sorokin, L. N. Slesav* u. *O. N. Dolgov*, Kremniorg. Mater. **1971**, 133; C.A. **78**, 29922 (1973).

Präparativ weniger brauchbar ist die Umsetzung von Phosphor(III)-bromid mit Alkoxy-trialkyl-silanen im Überschuß in Gegenwart von Metallchloriden, die Ausbeuten übersteigen 30% nicht[28]:

$$PBr_3 \quad + \quad 3\,(H_3C)_3Si-OC_4H_9 \quad \xrightarrow[-3\,H_9C_4-Br]{} \quad [(H_3C)_3Si-O]_3P$$

Das gilt auch für die Herstellung der Trisilylester aus Phosphor(III)-bromid bzw. -chlorid und überschüssigem Hexamethyldisiloxan bei ~ 170°/3 Stdn. mit den gleichen Katalysatoren[28].

Ungleich substituierte Phosphorigsäure-trisilylester disproportionieren beim Erhitzen[22] auf 120–160°.

e$_{37}$) Thiophosphorigsäure-O,O-diester

α) *Thiophosphorigsäure-O,O-diorganoester*

A. Herstellung

1. aus Dithiophosphorsäure-O,O-diestern

Bei der Reduktion von Dithiophosphorsäure-O,O-dimethylester mit Zink in saurer Lösung entsteht *Thiophosphorigsäure-O,O-dimethylester* (14%)[29].

2. aus Phosphorigsäure-chlorid-diestern

In dem bewährten Verfahren, Phosphorigsäure-chlorid-diester mit Schwefelwasserstoff zu Thiophosphorigsäure-O,O-diestern umzusetzen, lassen sich bei Verwendung von Ammoniak als Base die Ausbeuten deutlich steigern[30].

5,5-Dimethyl-2-thiono-2H-1,3,2-dioxaphosphorinan[30]:

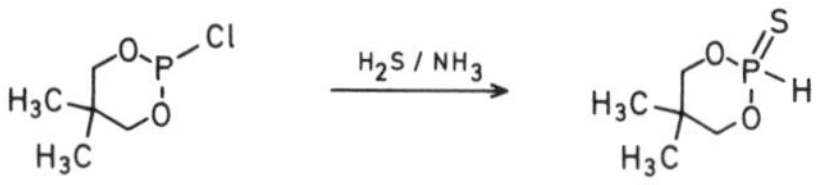

In eine Lösung aus 168,6 g (1,0 mol) 2-Chlor-5,5-dimethyl-1,3,2-dioxaphosphorinan in 700 *ml* Toluol werden bei einer Temp. ≤ 10° Schwefelwasserstoff und Ammoniak unter heftigem Rühren während ~ 2$^1/_2$ Stdn. in gleichmäßigem Strom so eingeleitet, daß keine nennenswerten Gasverluste auftreten. Anschließend wird 3 Stdn. bei ~ 20° gerührt und nach Abschalten der Gaszufuhr 0,5 Stdn. mit Stickstoff gespült. Nachfolgend wird 4mal mit je 500 *ml* Wasser gewaschen, mit Natriumsulfat getrocknet und das Lösungsmittel i. Vak. abdestilliert. Der erhaltene kristalline Rückstand wird mit 300 *ml* Petrolether intensiv verrührt, abfiltriert, mit Petrolether gewaschen und i. Vak. bei 50° bis zur Gewichtskonstanz getrocknet; Ausbeute: 145,4 g (87%); Schmp.: 83,5–86°.

Zur Herstellung unsymmetrischer Thiophosphorigsäure-dialkylester nach diesem Verfahren s. Lit.[31]; zur Verwendung von Pyridin s. Lit.[32-34].

[22] *N.F. Orlov, B.L. Kaufman, L. Sukhi, L.N. Slesar* u. *E.V. Sudakova*, Khim. Prakt. Primen. Kremniorg. Soedin., Tr. Sovesch. **1966**, 111; C.A. **72**, 21738 (1970).
[28] *M.G. Voronkov* u. *Y.I. Skorik*, Zh. Obshch. Khim. **35**, 106 (1965); engl.: 105.
[29] *M.Y. Lee*, Yakhak Hoeji **16**, 47 (1972); C.A. **80**, 14676 (1974).
[30] DOS 3025254 (1979) Ciba-Geigy, Erf.: *H. Zinke*; C.A. **95**, 7351 (1981).
[31] *J. Michalski, Z. Tulimowski* u. *R. Wolf*, Chem. Ber. **98**, 3006 (1965).
[32] *R.S. Edmundson*, Chem. Ind. (London) **1965**, 1220.
[33] *A. Zwierzak*, Can. J. Chem. **45**, 2501 (1967).
[34] *A.N. Pudovik* u. *G.A. Golitsyna*, Zh. Obshch. Khim. **34**, 876 (1964); engl.: 870.

3. aus Phosphorigsäure-dialkylester-Phosphorsäure-dialkylester-Anhydriden

Analog den Chlorid-diestern werden die Phosphorigsäure-dialkylester-Phosphorsäure-dialkylester-Anhydride bei 20–30° durch Schwefelwasserstoff in Gegenwart von tert. Amin zu Thiophosphorigsäure-O,O-dialkylestern gespalten[35]; z.B.:

$$(H_5C_2O)_2P-O-\overset{O}{\overset{\|}{P}}(O-C_2H_5)_2 \ + \ H_2S \ \xrightarrow[- (H_5C_2-O)_2\overset{O}{\overset{\|}{P}}-OH]{\text{/ Benzol}} \ (H_5C_2O)_2\overset{S}{\overset{\|}{P}}\diagdown_H$$

Thiophosphorigsäure-O,O-diethylester; 86%

4. aus Thiophosphorigsäure-O-alkylester-Phosphor(V)-säure-Anhydriden

Alkohole spalten bei 50° (1 Stde.) Thiophosphorigsäure-O-alkylester-Phosphorsäure-dialkylester-Anhydride zu Thiophosphorigsäure-O,O-dialkylestern:

$$H_5C_2O-\overset{S}{\overset{\|}{\underset{H}{P}}}-O-\overset{O}{\overset{\|}{P}}(OC_2H_5)_2 \ + \ R-OH \ \xrightarrow[- (H_5C_2O)_2PO_2H]{} \ \overset{H_5C_2-O}{\underset{R-O}{\diagup}}\overset{S}{\overset{P}{\diagdown}}_H$$

Auf diese Weise zugängliche Thiophosphorigsäure-O,O-diester (40–50%) mit unterschiedlichen Alkyl-Resten neigen in geringem Umfang zur Symmetrisierung[31].

5. aus Phosphorigsäure-trialkylestern

Phosphorigsäure-trialkylester werden durch Schwefelwasserstoff in Gegenwart unterstöchiometrischer Mengen (~ 30 Gew.-%) von tert. Amin zu Thiophosphorigsäure-O,O-dialkylestern in Ausbeuten über 90% umgesetzt[36–38]:

$$(R-O)_3P \ + \ H_2S \ \xrightarrow[- R-OH]{\substack{(H_5C_2)_3N \\ 1. \ -10°/50 \ Stdn. \\ 2. \ \text{Destillation i. Vak.}}} \ (R-O)_2\overset{S}{\overset{\|}{P}}\diagdown_H$$

Die katalytische Aktivität der Amine nimmt mit ihrer Basizität zu. Die destillative Aufarbeitung der Reaktionsgemische, die ein Intermediär-1:1-Addukt von Schwefelwasserstoff und Phosphorigsäure-trialkylester zerstört, sollte unter ~ 90° erfolgen, sonst werden Thiole freigesetzt. Für die Herstellung von *Thiophosphorigsäure-O,O-dimethylester* sind nur schwach basische Amine (z.B. N,N-Diethyl-anilin) geeignet[38–41], dafür kann bei 40–70° mit Schwefelwasserstoff unter Druck umgesetzt werden.

Thiophosphorigsäure-O,O-dimethylester[40]: 248 g (2 mol) Phosphorigsäure-trimethylester, 150 g (1 mol) N,N-Diethyl-anilin und 82 g (2,42 mol) Schwefelwasserstoff werden in einem 1-*l*-Autoklaven 24 Stdn. auf 50° erhitzt

[31] *J. Michalski, Z. Tulimowski* u. *R. Wolf*, Chem. Ber. **98**, 3006 (1965).
[35] *J. Michalski* u. *T. Modro*, Rocz. Chem. **38**, 123 (1964).
[36] *I. S. Akhmetzhanov, R. N. Zagidulin* u. *M. G. Imaev*, Dokl. Akad. Nauk SSSR, **163**, 362 (1965); engl.: 652.
[37] *A. S. Chechetkin, V. S. Blagoveshchenskii* u. *E. E. Nifantev*, Zh. Vses. Khim. Ova. **20**, 596 (1975); C.A. **84** 58825 (1976).
[38] *I. S. Akhmetzhanov*, Zh. Obshch. Khim. **38**, 1090 (1968); engl.: 1047.
[40] *R. Schliebs*, Z. Naturforsch. **25b**, 111 (1970).
[41] ZA 6902779 (1968), Bayer AG, Erf.: *R. Schliebs*; C.A. **72**, 132037 (1970).

)er Ausgangsdruck von ~24 atü fällt nach 18 Stdn. auf 6 und nach 24 Stdn. auf 4,8 atü ab. Abschließend wird
Vak. destilliert; Ausbeute: 203 g (80%); Sdp.: 21°/2 Torr (0,267 kPa).

6. aus Phosphorigsäure-dichlorid-estern

n einem einstufigen Verfahren entstehen Thiophosphorigsäure-O,O-dialkylester, wenn
nan bei ~20° z.B. in Ethern zum Phosphorigsäure-alkylester-dichlorid einen niederen
Alkohol und Schwefelwasserstoff im Molverhältnis 1:1:2 gleichzeitig hinzufügt. Zugleich
müssen 1 Mol Natriumsulfat und 2 Mol Natriumcarbonat in der Reaktionsmischung vor-
iegen[42]; z.B.:

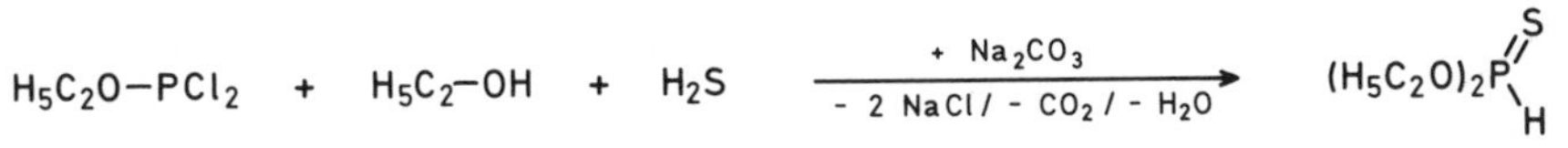

$$H_5C_2O-PCl_2 \quad + \quad H_5C_2-OH \quad + \quad H_2S \quad \xrightarrow[- 2\ NaCl\ /\ -\ CO_2\ /\ -\ H_2O]{+\ Na_2CO_3} \quad (H_5C_2O)_2P\overset{\displaystyle S}{\underset{\displaystyle H}{\big\backslash\!\!\big/}}$$

*Thiophosphorigsäure-O,O-
diethylester*; 69%

7. aus Phosphorigsäure-amid-diestern

'nnerhalb 5 Stdn./50° werden Phosphorigsäure-amid-diester von Schwefelwasserstoff zu
Thiophosphorigsäure-O,O-diestern gespalten[43].

8. aus Thiophosphorigsäure-diamiden

[n Thiophosphorigsäure-diamiden werden die Amid-Gruppen durch Alkohole und Phe-
1ol verdrängt zu Thiophosphorigsäure-O,O-diestern (64–75%)[44]; z.B.:

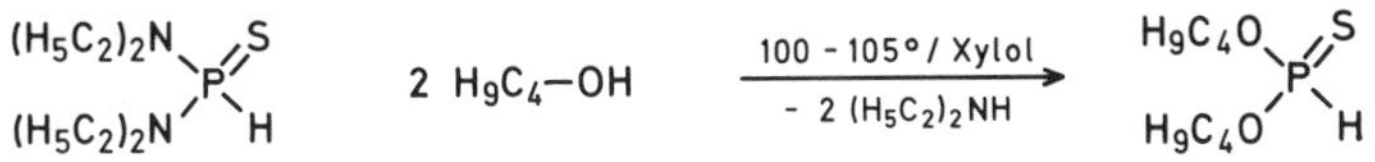

$$\begin{matrix}(H_5C_2)_2N\\ (H_5C_2)_2N\end{matrix}\!\!P\overset{\displaystyle S}{\underset{\displaystyle H}{\big\backslash\!\!\big/}} \quad 2\ H_9C_4-OH \quad \xrightarrow[- 2\ (H_5C_2)_2NH]{100\ -\ 105°\ /\ Xylol} \quad \begin{matrix}H_9C_4O\\ H_9C_4O\end{matrix}\!\!P\overset{\displaystyle S}{\underset{\displaystyle H}{\big\backslash\!\!\big/}}$$

Thiophosphorigsäure-O,O-dibutylester

Zur Herstellung aus Tetraphosphorheptasulfid/Alkohol/Bromalkan s. Lit.[45].

β) Thiophosphorigsäure-O,O-bis-[trialkylsilylester]

Thiophosphorigsäure-O,O-bis-[trialkylsilylester] sollen sich in Ausbeuten von über 65% bei der Einwirkung von
Brom-trialkyl-silan auf Thiophosphorigsäure-O,O-dialkylester bilden[45a].

---

[42] DDR 114890 (1972), Akad. d. Wiss., Erf.: *H. Groß* u. *H. Seibt*; C.A. **87**, 5385 (1977).
[43] *D.A. Predvoditelev, T.G. Chukbar* u. *E.E. Nifantev*, Zh. Obshch. Khim. **46**, 291 (1976); engl.: 288.
[44] *A.S. Chechetkin, V.S. Blagoveshchenskii* u. *E.E. Nifantev*, Zh. Vses. Khim. Ova. **20**, 596 (1975); C.A. **84**, 58825 (1976).
[45] *I.V. Muravev, N.I. Zemlyanskii* u. *E.P. Panov*, Zh. Obshch. Khim. **38**, 133 (1968); engl.: 133.
[45a] *N.F. Orlov, M.S. Sorokin, L.N. Slesar* u. *O.N. Dolgov*, Kremniorg. Mater. **1971**, 133; C.A. **78**, 29922 (1973).

e₃₈) Thiophosphorigsäure-O,O,S-triester

A. Herstellung

1. aus Hypodiphosphorigsäure-estern

Hypodiphosphorigsäure-tetraalkylester werden durch Phenylmethansulfenylchlorid in ein Gemisch aus Phosphorigsäure-chlorid-dialkylester und Thiophosphorigsäure-S-benzylester-O,O-dialkylester gespalten[46].

2. aus Phosphonigsäure-dialkylestern

Phosphonigsäure-dialkylester mit schwacher C–P-Bindung (z.B. Phenylmethanphosphonigsäure-diethylester ergeben bei Einwirkung von Alkylthio-Radikalen Thiophosphorigsäure-O,O,S-trialkylester neben Thiophosphonsäure-dialkyl-estern[47, 48]; z.B.:

$$H_5C_6-CH_2-P(OC_2H_5)_2 \ + \ (H_3C)_2CH-S^{\cdot} \ \xrightarrow[-H_5C_6-CH_2^{\cdot}]{} \ (H_3C)_2CH-S-P(OC_2H_5)_2$$

Thiophosphorigsäure-O,O-diethylester-S-isopropylester

3. aus Phosphorigsäure-chlorid-diestern bzw. Thiophosphorigsäure-dichlorid-S-estern

Das bekannte Verfahren, Phosphorigsäure-chlorid-dialkylester mit Thiol/Amin oder Natriumthiolat in inerten Lösungsmitteln zu Thiophosphorigsäure-O,O,S-triestern umzusetzen, ist auf Thiophosphorigsäure-S-arylester-O,O-dialkylester erweitert worden[49]:

$$(RO)_2P-Cl \ \xrightarrow[\text{bzw. } H_5C_6-SNa]{+H_5C_6-SH/(H_5C_2)_3N} \ (RO)_2P-SC_6H_5$$

Zum gleichen Ergebnis führt die Reaktion der Thiophosphorigsäure-arylester-dichloride mit Alkoholen/Amin[49]:

$$H_5C_6S-PCl_2 \ + \ 2\,R-OH \ \xrightarrow[-2\,[(H_5C_2)_3NH]^{\oplus}\,Cl^{\ominus}]{+2\,(H_5C_2)_3N} \ H_5C_6-S-P(OR)_2$$

Dagegen hat sich *Thiophosphorigsäure-O,O-dimethylester-S-ethylester* nach diesen beiden Verfahren als nicht in reiner Form herstellbar erwiesen[50].

Mit Natriumcyanat sind Thiophosphorigsäure-dicyanat-S-ester aus den zugehörigen Dichloriden erhalten worden[50a]:

$$R-S-PCl_2 \ + \ 2\,NaOCN \ \longrightarrow \ R-S-P(OCN)_2 \ + \ 2\,NaCl$$

[46] E. E. Nifantev, I. V. Komlev, I. P. Konyaeva, A. I. Zavalishina u. V. M. Tulchinskii, Zh. Obshch. Khim. **43**, 2368 (1973); engl.: 2353.

[47] W. G. Bentrude, E. R. Hansen, W. A. Khan u. P. E. Rogers, J. Am. Chem. Soc. **94**, 2867 (1972).

[48] W. G. Bentrude, E. R. Hansen, W. A. Khan, T. B. Min u. P. E. Rogers, J. Am. Chem. Soc. **95**, 2286 (1973).

[49] D. Minich, N. I. Rizpoloshenskii, V. D. Akamsin u. O. A. Raevskii, Izv. Akad. Nauk SSSR, Ser. Khim. **1969**, 876; engl.: 795.

[50] G. A. Olah u. C. W. McFarland, J. Org. Chem. **40**, 2582 (1975).

[50a] V. A. Shokol, A. G. Matyusha, L. I. Molyakov, N. K. Mikhailyuchenko u. G. I. Derkach, Zh. Obshch. Khim. **39**, 2137 (1969); engl.: 2088.

4. aus Phosphorigsäure-chlorid-O,S-diestern

Insbesondere die fünfgliedrig-cycl. Phosphorigsäure-chlorid-O,S-diester setzen sich mit Alkoholen/tert. Amin[51,51a] bzw. Dialkylamin[52,53], die 2-Chlor-⟨benzo-1,3,2-oxathiaphosphole⟩ auch ohne Base mit Phenolen[54] zu Thiophosphorigsäure-O,O,S-triestern um. Gegenüber Oxetanen sind 2-Chlor-1,3,2-oxathiaphospholane derart reaktionsfreudig, daß sie sich bei 40–50° bereits ohne Katalysatoren zu den 2-(1-Alkyl-3-chlor-alkyl-oxy)-1,3,2-oxathiaphospholanen (43%) umsetzen[55].

5. aus Phosphorigsäure-triarylestern

Aus Triarylsphosphiten (vorzugsweise Triphenylphosphit) verdrängen hochsiedende Alkanthiole in Gegenwart alkalischer Katalysatoren stöchiometrische Mengen Phenol zu Thiophosphorigsäure-S-alkylester-O,O-diarylestern:

$$(H_5C_6O)_3P \quad + \quad R{-}SH \quad \xrightarrow[-H_5C_6-OH]{} \quad (H_5C_6O)_2P{-}S{-}R$$

Um die Temperatur unter 200° zu halten, wird i. Vak. gearbeitet[56].

e$_{39}$) Selenophosphorigsäure-O,O-diester

Selenophosphorigsäure-O,O-dialkylester werden in verbesserten Ausbeuten von 75–84% durch Einwirkung von Selenwasserstoff auf Lösungen von Phosphorigsäure-chlorid-dialkylestern in Gegenwart von tert. Amin erhalten[57]:

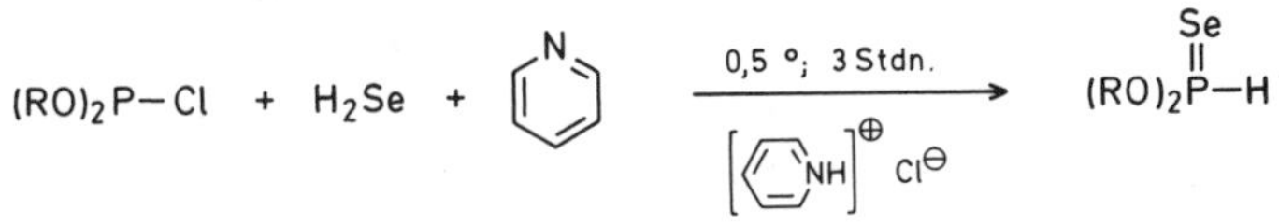

$$(RO)_2P{-}Cl \; + \; H_2Se \; + \; \underset{}{\text{[Pyridin]}} \xrightarrow[{\large[\text{NH}]^{\oplus}\,Cl^{\ominus}}]{0,5\,°;\;3\,\text{Stdn.}} \quad (RO)_2\overset{\overset{\text{Se}}{\|}}{P}{-}H$$

Phosphorigsäure-bis-[aralkylester]-chloride liefern nur Ausbeuten um 40%.

Selenophosphorigsäure-O,O-dialkylester; allgemeine Arbeitsvorschrift[57]: Selenwasserstoff wird innerhalb 3 Stdn. unter Rühren in eine durch Kühlung bei 5° gehaltene Lösung von je 0,2 mol Phosphorigsäure-chlorid-dial-kylester und Pyridin in 120 ml Benzol eingeleitet. Das ausgefällte Pyridin-Hydrochlorid wird abfiltriert und 2mal mit je 25 ml Benzol gewaschen. Das Filtrat wird i. Vak. eingeengt und der Rückstand destilliert.

[51] D. Bernard, P. Savignac u. R. Burgada, Bull. Soc. Chim. Fr. **1972**, 1657.
[51a] A. M. Kuliev, S. R. Aliev, F. N. Mamedov, M. Movsum-Zade u. M. I. Shikhieva, Zh. Obshch. Khim. **47**, 2492 (1977); engl.: 2278.
[52] M. Willson, H. Goncalves, H. Boudjebel u. R. Burgada, Bull. Soc. Chim. Fr. **1975**, 615.
[53] L. S. Kovalev, N. A. Razumova u. A. A. Petrov, Zh. Obshch. Khim. **39**, 869 (1969); engl.: 833.
[54] M. Movsum-Zade, S. R. Aliev u. F. N. Mamedov, Zh. Obshch. Khim. **50**, 2698 (1980); engl.: 2179.
[55] L. Z. Nikonova u. O. N. Nuretdinova, Izv. Akad. Nauk SSSR, Ser. Khim. **1980**, 918; engl.: 663.
[56] BE 621 145 (1960), Hooker Chem. Co., Erf.: I. Hechenbleikner; C. A. **60**, 2768 (1964).
[57] C. Krawiecki, J. Michalski, R. A. Y. Jones u. A. R. Katritzky, Rocz. Chem. **43**, 869 (1969).

e₄₀) Phosphorigsäure-amid-diester

α) Phosphorigsäure-diester-organoamide

A. Herstellung

1. aus Phosphonigsäure-diestern

Trotz hoher Stereoselektivität und guten Ausbeuten hat die Substitution von Alkyl-Gruppen in cycl. Phosphonig-säure-diestern durch photochemisch erzeugte Dimethylamino-Radikale[58] noch keine präparative Bedeutung erlangt:

$$(H_3C)_3C-\underset{O}{\overset{O}{\diagdown}}P-CH_2-C_6H_5 \quad + \quad \cdot N(CH_3)_2 \quad \longrightarrow \quad (H_3C)_3C-\underset{O}{\overset{O}{\diagdown}}P-N(CH_3)_2 \quad + \quad \cdot CH_2-C_6H_5$$

C-Phosphoryl-C-carbonyl-methanphosphonigsäure-dialkylester werden durch sek. Amine und Silyl-amine zu Phosphorigsäure-amid-dialkylestern gespalten[59].

2. aus Phosphorigsäure-diestern

Phosphorigsäure-dialkylester werden durch Phosphorigsäure-triamide zu Phosphorigsäu-re-amid-dialkylestern amidiert[60]. Es ist nicht erforderlich, intermediär gebildete Di-phosphorigsäure-dialkylester-diamide zu isolieren, wenn das zugleich entwickelte Amin am Entweichen gehindert wird.

Phosphorigsäure-bis-[2-methyl-propylester]-diethylamid[60]: 14,5 g (89 mmol) Phosphorigsäure-tris-[dimethyl-amid] und 11,4 g (59 mmol) Phosphorigsäure-bis-[2-methyl-propylester] werden im verschlossenen Rohr 6 Stdn. auf 100° erhitzt. Bei Destillation des Reaktionsgemisches wird eine bei 50–67°/0,007 Torr (0,93 Pa) siedende Fraktion erhalten, die nach Zusatz von elementarem Natrium erneut destilliert wird; Ausbeute: 11,4 g (78%); Sdp.: 106–107°/11 Torr (1,47 kPa).

3. aus Phosphor(III)-chlorid

Ausgehend von Phosphor(III)-chlorid gelingt die einstufige Synthese von Phosphorigsäure-amid-diestern nur mit Bis-[2-hydroxy-alkyl]-aminen bei 0–40° in Benzol[61]:

$$PCl_3 \quad + \quad (HO-CH_2-CH_2)_2NH \quad + \quad 3 \ (H_5C_2)_3N \quad \xrightarrow[- \ 3 \ [(H_5C_2)_3NH]^{\oplus} Cl^{\ominus}]{} \quad \underset{N}{\overset{O-P-O}{\diagup\diagdown}}$$

2,8-Dioxa-5-aza-1-phospha-bicyclo[3.3.0]octan

4. aus Phosphorigsäure-dichlorid-estern

Phosphorigsäure-alkylester-dichloride setzen sich in inerten Lösungsmitteln in Gegenwart von Triethylamin mit 2-sek.-Amino-alkanolen zu 2-Alkoxy-3-alkyl-1,3,2-oxaza-phospholanen[62-65], mit 3-Alkylamino-alkanolen zu 2-Alkoxy-3-alkyl-1,3,2-

---

[58] *W. G. Bentrude, W. A. Khan, M. Murakami* u. *H. W. Tan*, J. Am. Chem. Soc. **96**, 5566 (1974).

[59] *Z. S. Novikova, S. Y. Skorobogatova* u. *I. F. Lutsenko*, Zh. Obshch. Khim. **48**, 757 (1978); engl.: 694.

[60] *A. N. Pudovik, V. N. Elisenkov* u. *S. G. Fattakhov*, Izv. Akad. Nauk SSSR, Ser. Khim. **1969**, 2345; engl.: 2207.

[61] *C. Bonningue, D. Houalla, M. Sanchez, R. Wolf* u. *F. H. Osman*, J. Chem. Soc. Perkin Trans. **2 1981**, 19.

[62] *L. I. Mizrakh, L. Y. Polonskaya, B. I. Bryantsev* u. *N. V. Stepanchikova*, Zh. Obshch. Khim. **46**, 1490 (1976); engl.: 1460.

[63] *D. Bernard* u. *R. Burgada*, Phosphorus **3**, 187 (1974).

[64] *R. Burgada*, Bull. Soc. Chim. Fr. **1971**, 136.

[65] *J. Mukaiyama* u. *Y. Kodaira*, Bull. Chem. Soc. Jpn. **39**, 1297 (1966).

oxazaphosphorinanen[66] bzw. mit 2-Hydroxy-carbonsäure-amiden zu 2-Alkoxy-4-oxo-1,3,2-oxazaphospholanen[67] um:

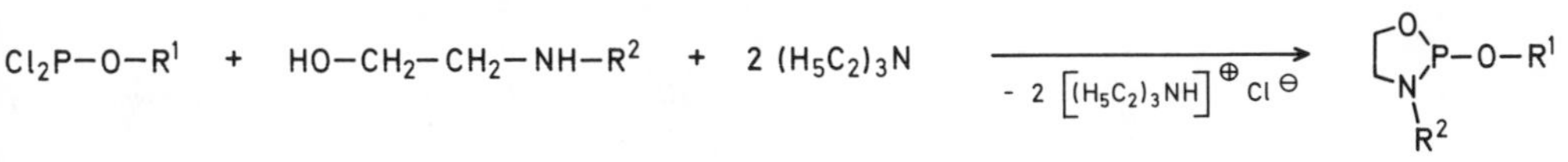

Mit prim. 3-Amino-alkanolen bleiben die Ausbeuten unter 20%[68].
Mit sek. (2-Oxo-alkyl)-aminen reagieren Phosphorigsäure-alkylester-dichloride glatt zu 2-Alkoxy-1,3-dihydro-1,3,2-oxazaphospholen[69]; z.B.:

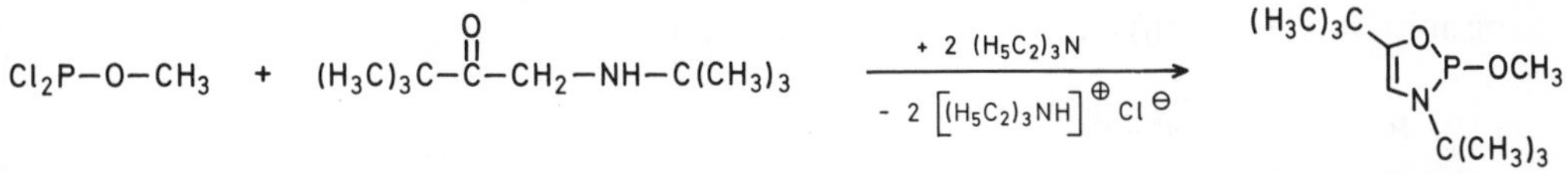

3,5-Di-tert.-butyl-2-methoxy-1,3-dihydro-1,3,2-oxazaphosphol; 64%

2-Ethoxy-3-methyl-1,3,2-oxazaphospholan[65]: Eine Mischung von 3,75 g (0,05 mol) 2-Methylamino-ethanol und 15,45 g (0,153 mol) Triethylamin wird tropfenweise unter Rühren in eine bei 0° gehaltene Lösung von 7,35 g (0,05 mol) Phosphorigsäure-dichlorid-ethylester in 100 *ml* Diethylether gegeben. Man läßt 2 Stdn. bei ~ 20° reagieren, filtriert und wäscht den Filterkuchen 2mal mit 10 *ml* Diethylether. Nach Abziehen des Lösungsmittels wird das Produkt bei 62–67°/26,5 Torr (2,27 kPa) destilliert; Ausbeute: 3,1 g (42%).

Das aus Phosphorigsäure-dichlorid-phenylester und Bis-[2-hydroxy-ethyl]-amin in Gegenwart von Triethylamin gebildete *Phosphorigsäure-3-(2-hydroxy-ethyl)-2-phenoxy-1,3,2-oxazaphospholan* lagert sich zum bicyclischen Phosphoran I um; bei höherer Temp. entsteht daraus das leicht polymerisierende *2,8-Dioxa-5-aza-1-phospha-bicyclo-[3.3.0]octan*[69a]:

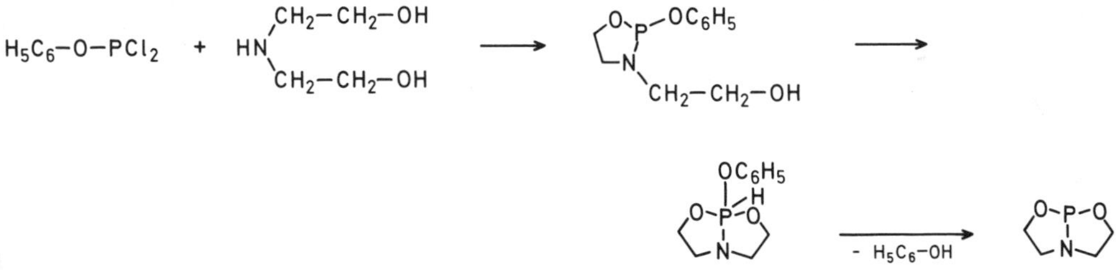

I

Wie die Amino-alkanole selbst setzen sich auch ihre Silyl-Derivate mit Phosphorigsäure-dichlorid-estern unter Abspaltung von Chlor-trimethyl-silan zu cycl. Phosphorigsäure-diamid-estern um[70]:

---

[65] *J. Mukaiyama* u. *Y. Kodaira*, Bull. Chem. Soc. Jpn. **39**, 1297 (1966).
[66] *E. E. Nifantev, D. A. Predvoditelev* u. *M. K. Grachev*, Zh. Obshch. Khim. **46**, 477 (1976); engl.: 475.
[67] *C. Laurenco* u. *R. Burgada*, C. R. Acad. Sci., Ser. C **278**, 291 (1974).
[68] *M. A. Pudovik, O. S. Shulyndina, L. K. Ivanova, S. A. Terenteva* u. *A. N. Pudovik*, Zh. Obshch. Khim. **44**, 501 (1974); engl.: 482.
[69] *Y. V. Balitskii, L. F. Kasukhin, M. P. Ponomarchuk* u. *Y. G. Gololobov*, Zh. Obshch. Khim. **49**, 42 (1979); engl.: 34.
[69a] *R. Wolf*, Pure Appl. Chem. **52**, 1141 (1980).
[70] *V. V. Kurochkin, A. I. Zavalishina, S. F. Sorokina* u. *E. E. Nifantev*, Zh. Obshch. Khim. **49**, 711 (1979); engl.: 615.

$$R-O-PCl_2 \quad + \quad \begin{array}{c} O-Si(CH_3)_3 \\ N[Si(CH_3)_3]_2 \end{array} \quad \xrightarrow{-2 \ (H_3C)_3Si-Cl} \quad \begin{array}{c} O \\ P-O-R \\ N \\ Si(CH_3)_3 \end{array}$$

2-Alkoxy-3-trimethylsilyl-1,3,2-oxazaphosphorinan

5. aus Phosphorigsäure-amid-dihalogeniden

Phosphorigsäure-dichlorid-imide[71] und Phosphorigsäure-amid-dichloride[72-74] reagieren mit Alkoholen in Gegenwart tert. Amine bei auf $\sim 0°$ herabgesetzter Temp. in inerten Lösungsmitteln wie Diethylether zu Phosphorigsäure-amid-diestern:

$$R_2^1N-PCl_2 \quad + \quad 2R^2-OH \quad + \quad 2(H_5C_2)_3N \quad \xrightarrow{-2[(H_5C_2)_3\overset{\oplus}{N}H]Cl^{\ominus}} \quad R_2^1N-P(OR^2)_2$$

Mit o-Diphenolen bleiben die Ausbeuten klein[75].

Die besten Ergebnisse werden erhalten, wenn die Diole[76,77], Alkohole[78-80] oder Phenole[81] zuvor in ihre Natriumsalze oder in die Lithiumalkanolate[82] übergeführt und dann umgesetzt werden. Dabei wird vorzugsweise bei 0–5° in inerten Lösungsmitteln, z.B. Toluol oder Petrolether gearbeitet.

Phosphorigsäure-dialkylamid-dialkylester; allgemeine Arbeitsvorschrift[82]: Zu einer Lösung des Lithiumalkanolats, hergestellt aus dem Alkohol und Butyl-lithium in Petrolether, wird bei 0° eine halbmolare Menge Phosphorigsäure-amid-dichlorid zugetropft. 30 Min. wird bei 20° gerührt und dann 1 Stde. zum Sieden erhitzt. Lithiumchlorid wird abfiltriert, das Lösungsmittel abgezogen und der Rückstand über Kolonne destilliert. Auf diese Weise werden u.a. erhalten:

Phosphorigsäure-diisopropylester-dimethylamid	75%; Sdp.: 62–65°/7 Torr (0,93 kPa)
Phosphorigsäure-bis-[1-methyl-propylester]-dimethylamid	78%; Sdp.: 47–52°/3,5 Torr (0,46 kPa)
Phosphorigsäure-dimethylamid-dipropylester	73%; Sdp.: 75–84°/5,4 Torr (0,72 kPa)
Phosphorigsäure-diethylester-dimethylamid	56%; Sdp.: 40–48°/12 Torr (1,6 kPa)

Mit Natriumphenolat sind sehr gute Ausbeuten auch bei der Umsetzung mit Amid-dijodiden zu erreichen[81].

Mit Oxetanen setzen sich Phosphorigsäure-amid-dichloride bei Anwesenheit von Zinkchlorid zum Gemisch der isomeren *Phosphorigsäure-amid-bis-[3-chlor-propylester]* um[83].

[71] *A. Schmidpeter* u. *W. Zeiß*, Chem. Ber. **104**, 1199 (1971).

[72] *V.P. Evdakov* u. *E.K. Shlenkova*, Zh. Obshch. Khim. **35**, 1587 (1965); engl.: 1591.

[73] *E.S. Gubnitskaya, Z.T. Semashko* u. *A.V. Kirsanov*, Zh. Obshch. Khim. **48**, 2624 (1978); engl.: 2382.

[74] *R. Burgada*, Bull. Soc. Chim. Fr. **1963**, 2335.

[75] *B. Costisella* u. *H. Gross*, Phosphorus Sulfur **8**, 99 (1980).

[76] *V.N. Volkovitskii, L.I. Zinoveva, E.G. Bykhovskaya* u. *I.L. Knunyants*, Zh. Vses. Khim. Ova. **19**, 470 (1974); C.A. **81**, 136064 (1974).

[77] *W. Storzer, D. Schomburg* u. *G.V. Röschenthaler*, Z. Naturforsch. **36b**, 1071 (1981).

[78] *V.N. Prons, M.P. Grinblat* u. *A.L. Klebanskii*, Zh. Obshch. Khim. **45**, 2423 (1975); engl.: 2380.

[79] *R. Burgada* u. *H. Normant*, C.R. Acad. Sci., Ser. C. **257**, 1943 (1963).

[80] *R. Burgada*, Bull. Soc. Chim. Fr. **1964**, 1735.

[81] *Z.G. Gorbatenko, N.G. Feshchenko* u. *T.V. Kovaleva*, Zh. Obshch. Khim. **44**, 2357 (1974); engl.: 2311.

[82] *J. Koketsu, S. Kojima* u. *Y. Ishii*, Bull. Chem. Soc. Jpn. **43**, 3232 (1970).

[83] *B.A. Arbusov, O.N. Nuretdinova, L.Z. Nikonova, F.F. Guseva* u. *E.I. Goldfarb*, Izv. Akad. Nauk SSSR. Ser. Khim. **1973**, 2345; engl.: 2288.

$$R_2^1N-PCl_2 \quad + \quad R^2-\overset{O}{\underset{}{\triangleleft}} \quad \longrightarrow \quad R_2^1N-P\left[O-\underset{R^2}{\underset{|}{CH}}-CH_2-CH_2-Cl\right]_2 \quad +$$

$$R_2^1N-P\left[O-CH_2-CH_2-\underset{R^2}{\underset{|}{CH}}-Cl\right]_2$$

6. aus Phosphorigsäure-diester-halogeniden

Bei herabgesetzter Temp. und in inerten Lösungsmitteln (z.B. Benzol, Diethylether) werden Phosphorigsäure-chlorid-dialkylester und -diarylester[84-93] sowie -alkylester-chlorid-vinylester[89] mit der zweifach molaren Menge sek. Amin zu Phosphorigsäure-amid-diestern umgesetzt:

$$\overset{O}{\underset{O}{\langle}}\hspace{-4pt}P-Cl \quad + \quad 2\ R_2NH \quad \xrightarrow[-\ \left[R_2NH_2\right]^{\oplus}Cl^{\ominus}]{} \quad \overset{O}{\underset{O}{\langle}}\hspace{-4pt}P-NR_2$$

Die mit diesem Verfahren erreichbaren Ausbeuten sollen höher sein als die durch Alkoholyse von Phosphorigsäure-amid-dichloriden erzielten[94]. An Stelle der Dialkylamine können auch Ammoniak[95], prim. Amine[89, 96, 97] und Anilin[96, 98] eingesetzt werden. Die schwächer basischen Acylamine[99, 100], Imino-ester[101], Ketimine[102], Pyrrol[103], Diphenylamin[91] und Silylamine[104, 105] benötigen zur Umsetzung mit Phosphorigsäure-chlorid-diestern ein tert. Amin als Chlorwasserstoffakzeptor. Von Vorteil ist die Verwendung eines tert. Amins, gelegentlich auch eines sek. Amins[106] bei den Umsetzungen von Anilin[96, 98] und Alkyl-aryl-aminen, gelegentlich auch von Dialkylaminen und Alkylaminen[97]; z.B.:

$$\underset{H_3C}{\overset{O}{\underset{O}{\langle}}}\hspace{-4pt}P-Cl \quad + \quad HN=C\overset{C_6H_5}{\underset{C_6H_5}{}} \quad + \quad (H_5C_2)_3N \quad \xrightarrow[-\ \left[(H_5C_2)_3NH\right]^{\oplus}Cl^{\ominus}]{} \quad \underset{H_3C}{\overset{O}{\underset{O}{\langle}}}\hspace{-4pt}P-N=C\overset{C_6H_5}{\underset{C_6H_5}{}}$$

2-(Diphenylmethylen-amino)-4-methyl-1,3,2-dioxaphosphorinan

[84] R. Burgada, Bull. Soc. Chim. Fr. **1971**, 136.

[85] R. Burgada, Bull. Soc. Chim. Fr. **1963**, 2335.

[86] R. Burgada, Ann. Chim. (Paris) **1963**, 347.

[87] K. Utvary, Monatsh. Chem. **99**, 1473 (1968).

[88] V.A. Gilyarov, N.A. Tikhonina, T.M. Shcherbina u. M.I. Kabachnik, Zh. Obshch. Khim. **50**, 1438 (1980); engl.: 1157.

[89] T.V. Kim, Z.M. Ivanova u. Y.G. Gololobov, Zh. Obshch. Khim. **48**, 1967 (1978); engl.: 1791.

[90] US 3712936 (1970), DuPont, Erf.: A.G. Jelinek; C.A. **78**, 120236 (1973).

[91] N.P. Grechkin, I.A. Nuretdinov u. N.A. Buina, Izv. Akad. Nauk SSSR Ser. Khim. **1968**, 1141; engl.: 1090.

[92] DOS 2515428 (1974), Philagro S.A., Erf.: G. Lacroix u. J. Debourge; C.A. **84**, 39702 (1976).

[93] R. Burgada, Ann. Chim. (Paris) **1963**, 1363 (1963).

[94] K. Dimroth u. H. Nürrenbach, Chem. Ber. **93**, 1649 (1960).

[95] O.J. Scherer u. R. Thalacker, Z. Naturforsch. **27b**, 1429 (1972).

[96] E.E. Nifantev, G.F. Bebikh u. T.P. Sakodynskaya, Zh. Obshch. Khim. **41**, 2011 (1971); engl.: 2032.

[97] L.K. Nikonorova, N.P. Grechkin u. I.A. Nuretdinov, Zh. Obshch. Khim. **46**, 1015 (1976); engl.: 1012.

[98] V.A. Giljarov u. M.I. Kabachnik, Zh. Obshch. Khim. **36**, 282 (1966); engl.: 293.

[99] R. Burgada, Bull. Soc. Chim. France **1972**, 4161.

[100] M.A. Pudovik, L.K. Kibardina, M.D. Medvedeva, N.P. Anoshina u. A.N. Pudovik, Zh. Obshch. Khim. **48**, 2648 (1978); engl.: 2402.

[101] Y. Charbonnel, J. Barrans u. R. Burgada, Bull. Soc. Chim. Fr. **1970**, 1363.

[102] E.V. Borisov, A.K. Akhlebinin u. E.E. Nifantev, Zh. Obshch. Khim. **51**, 473 (1981); C.A. **94**, 175005 (1981).

[103] E.E. Nifantev, N.L. Ivanova u. D.A. Predvoditelev, Dokl. Akad. Nauk SSSR **228**, 357 (1976); engl.: 349.

[104] M.A. Pudovik, L.K. Kibardina, M.D. Medvedeva u. A.N. Pudovik, Zh. Obshch. Khim. **49**, 988 (1979); engl.: 855.

[105] M.A. Pudovik, L.K. Kibardina u. A.N. Pudovik, Zh. Obshch. Khim. **48**, 695 (1978); engl.: 637.

[106] E.S. Batyeva, V.A. Alfonsov, G.U. Zamaletdinova u. A.N. Pudovik, Zh. Obshch. Khim. **46**, 2204 (1976); engl.: 2120.

Im allgemeinen wird der Phosphorigsäure-chlorid-diester unter Rühren langsam einer 0,5–1 M Lösung[107,109,11] der Amine in Diethylether oder Benzol bei Temperaturen unterhalb 10° langsam zugefügt. Diese Zugabefolge is unabdingbar, wenn Ammoniak oder prim. Amine umgesetzt werden, weil sonst Bis-[dialkoxy(diaryloxy)-phosphano]-amine entstehen[108,109].

Wird auf eine Destillation der Rohprodukte verzichtet, betragen die Ausbeuten übe[r] 90%[110]. Besonders bei Amid-diestern aus prim. Aminen besteht die Gefahr, daß unte[r] Destillationsbedingungen verstärkt Bis-[dialkoxy(diaryloxy)-phosphano]-amine entstehen[110,109].

Phosphorigsäure-diethylamid-diethylester[107]: Zu einer Lösung von 350 g (4,8 mol) Diethylamin in 2 l Diethylether werden innerhalb 30 Min. 500 ml einer Lösung von 349 g (2,2 mol) Phosphorigsäure-chlorid-diethyleste[r] in Diethylether bei 0–10° zugegeben. Die Reaktionsmischung wird 2 Stdn. gerührt und zur Entfernung vo[n] Amin-Hydrochlorid filtriert. Nach Einengen des Filtrats wird der verbleibende Rückstand i. Vak. destilliert Ausbeute: 314 g (73%); Sdp.: 63–70°/4 Torr (0,533 kPa).

Phosphorigsäure-diphenylamid-diphenylester[111]: 28,6 g (0,113 mol) Phosphorigsäure-chlorid-diphenyleste[r] gelöst in 50 ml Benzol, werden in eine Lösung von 19,1 g (0,113 mol) Diphenylamin und 11,5 g (0,113 mol) Triethylamin in 250 ml Benzol eingetropft. Die Reaktionstemp. beträgt ~ 15°. Anschließend wird 5 Stdn. bei 30[°] und 2 Stdn. bei 60° weitergerührt. Nach dem Abfiltrieren des Hydrochlorids wird das Filtrat i. Vak. eingedampft Der Rückstand, der beim Abkühlen kristallisiert (40,2 g; 92%) wird aus einem 1:3-Gemisch Petrolether/Diethylether umkristallisiert; Schmp.: 89–91°.

Phosphorigsäure-dibutylester-methylamid[109]: Zu einer bei 2° gehaltenen Lösung von 12,5 g (0,4 mol) Methylamin in 300 ml Benzol werden tropfenweise 42,8 g (0,2 mol) Phosphorigsäure-chlorid-dibutylester in 100 m[l] Benzol zugefügt. Anschließend wird 2 Stdn. bei 20° gerührt und ~ 16 Stdn. stehengelassen. Ausgefallenes Methylamin-Hydrochlorid wird abfiltriert und mit Benzol ausgewaschen. Der nach Vertreiben des Lösungsmittels aus dem Filtrat verbleibende Rückstand wird 2mal fraktionierend destilliert; Ausbeute: 38 g (91%); Sdp.[:] 53°/0,05 Torr (6,67 Pa).

Die Umwandlung des umzusetzenden Amins in ein Alkalimetall- oder Magnesium-Salz ist insbesondere bei schwach basischen Aminen und Iminen üblich, z.B. beim Benzophenon-imin[102]. Während sich einfach N-silylierte Amine in Gegenwart von Triethylamin mit Phosphorigsäure-chlorid-diestern umsetzen lassen[104], ist beim Bis-[trimethylsilyl]-amin dessen Überführung in das Natrium-[104] oder Lithium-Salz[108,112] erforderlich; z.B.:

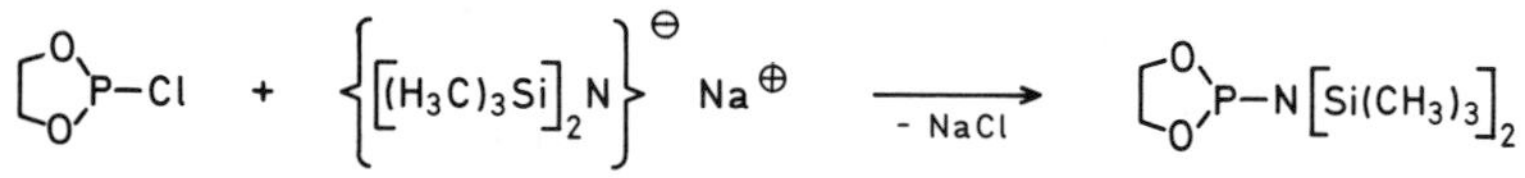

2-(Bis-[trimethylsilyl]-amino)-1,3,2-dioxaphospholan

Sind keine Basen und NH-Gruppen gleichzeitig anwesend, setzen sich N-Silyl-amine und -imine unter Chlorsilan-Abspaltung mit Phosphorigsäure-chlorid-diestern um[102,112,113]; z.B.:

[102] E. V. Borisov, A. K. Akhlebinin u. E. E. Nifantev, Zh. Obshch. Khim. **51**, 473 (1981); C. A. **94**, 175005 (1981).

[104] M. A. Pudovik, L. K. Kibardina, M. D. Medvedeva u. A. N. Pudovik, Zh. Obshch. Khim. **49**, 988 (1979); engl.: 855.

[107] DOS 2405288 (1974), Shell Int. Research Maatschappij B. V., Erf.: C. W. McBeth et al.; C. A. **81**, 135442 (1974).

[108] O. J. Scherer u. R. Thalacker, Z. Naturforsch. **27b**, 1429 (1972).

[109] L. K. Nikonorova, N. P. Grechkin u. I. A. Nuretdinov, Zh. Obshch. Khim. **46**, 1015 (1976); engl.: 1012.

[110] E. E. Nifantev, G. F. Bebikh u. T. P. Sakodynskaya, Zh. Obshch. Khim. **41**, 2011 (1971); engl.: 2032.

[111] N. P. Grechkin, I. A. Nuretdinov u. N. A. Buina, Izv. Akad. Nauk SSSR, Ser. Khim. **1968**, 1141; engl.: 1090.

[112] M. A. Pudovik, M. D. Medvedeva u. A. N. Pudovik, Zh. Obshch. Khim. **46**, 773 (1976); engl.: 772.

[113] H. Binder u. R. Fischer, Chem. Ber. **107**, 205 (1974).

$$\text{(ring)P-Cl} \ + \ (H_3C)_3Si-N=C(C_6H_5)_2 \ \xrightarrow[-\ (H_3C)_3Si-Cl]{} \ \text{(ring)P-N=C(C_6H_5)_2}$$

2-(Diphenylmethylen-amino)-4-methyl-1,3,2-dioxaphosphorinan

Liegen Bis-[trialkylsilyl]-amine oder -amide vor, reagieren diese mit Phosphorigsäure-chlorid-diestern im Molverhältnis 1:1 zu Phosphorigsäure-diester-trialkylsilylamiden[112-116] (Weiterreaktion s. Lit.[113]); z.B.:

$$(H_5C_2O)_2P-Cl \ + \ H_3C-\overset{O}{\overset{\|}{C}}-N\left[Si(CH_3)_3\right]_2 \ \xrightarrow[-\ (H_3C)_3Si-Cl]{} \ (H_5C_2O)_2P-N\overset{CO-CH_3}{\underset{Si(CH_3)_3}{\big\langle}}$$

Phosphorigsäure-dimethylester-(methyl-trimethylsilyl-amid)[113]: Zu 35,0 g (0,2 mol) siedendem Heptamethyldisilazan werden innerhalb 15 Min. 25,7 g (0,2 mol) Phosphorigsäure-chlorid-dimethylester getropft. Nach 2stdgm. Rückflußkochen wird zunächst Chlor-trimethyl-silan abdestilliert und danach der Rückstand i. Vak. über eine 25-cm-Vigreux-Kolonne destilliert; Ausbeute: 22,7 g (58%); Sdp.: 57–60°/12 Torr (1,6 kPa).

Mit Phosphorigsäure-amiden tauschen Phosphorigsäure-chlorid-diester die Chlor- bzw. Amino-Gruppe stets in dem Sinne aus, daß die Amino-Gruppe am stärksten elektrophilen P-Atom verbleibt[117].

Mit N-Alkyl- und N-Phosphoryl-aziridinen reagieren Phosphorigsäure-chlorid-diester exotherm zu Phosphorigsäure- [alkyl-(2-chlor- ethyl)-amid]- diestern[118,119] bzw. -[(2-chlor- ethyl)-N-phosphoryl-amid]- diestern:

$$(H_5C_2O)_2P-Cl \ + \ \triangleright N-R \ \longrightarrow \ (H_5C_2O)_2P-\overset{R}{\overset{|}{N}}-CH_2-CH_2-Cl$$

Gleich den Phosphorigsäure-chlorid-diestern reagieren Phosphorigsäure-diester-isocyanate mit aromatischen Aminen unter Verdrängung des Pseudohalogenids[120]; z.B.:

$$(RO)_2P-N=C=O \ + \ 2 \ H_5C_6-NH_2 \ \xrightarrow[-\ H_5C_6-NH-\overset{O}{\overset{\|}{C}}-NH_2]{} \ (RO)_2P-NH-C_6H_5$$

Zur Umsetzung von Phosphorigsäure-azid-diestern mit Phosphorigsäure-trialkylester s. Lit.[121].

[112] M. A. Pudovik, M. D. Medvedeva u. A. N. Pudovik, Zh. Obshch. Khim. **46**, 773 (1976); engl.: 772.

[113] H. Binder u. R. Fischer, Chem. Ber. **107**, 205 (1974).

[114] M. A. Pudovik, L. K. Kibardina, M. D. Medvedeva, N. P. Anoshina, T. A. Pestova u. A. N. Pudovik, Izv. Akad. Nauk SSSR, Ser. Khim. **1976**, 672; engl.: 608.

[115] V. V. Kurochkin, A. I. Zavalishina, S. F. Sorokina u. E. E. Nifantev, Zh. Obshch. Khim. **49**, 711 (1979); engl.: 615.

[116] M. A. Pudovik, L. K. Kibardina, M. D. Medvedeva, N. P. Anoshina u. A. N. Pudovik, Zh. Obshch. Khim. **48**, 2648 (1978); engl.: 2402.

[117] V. A. Alfonsov, G. U. Zamaletdinova, E. S. Batyeva u. A. N. Pudovik, Zh. Obshch. Khim. **51**, 11 (1981); engl.: 8.

[118] E. S. Gubnitskaya, Z. T. Semashko u. A. V. Kirsanov, Zh. Obshch. Khim. **48**, 2624 (1978); engl.: 2382.

[119] E. S. Gubnitskaya, Z. T. Semashko, V. S. Parkhomenko u. A. V. Kirsanov, Zh. Obshch. Khim. **50**, 2171 (1980); engl.: 1746.

[120] M. V. Kolotilo, A. G. Matyusha u. G. I. Derkach, Zh. Obshch. Khim. **40**, 758 (1979); engl.: 734.

[121] N. I. Gusar, I. Y. Budilova u. Y. G. Gololobov, Zh. Obshch. Khim. **51**, 1477 (1981); C. A. **95**, 150786 (1981).

7. aus Phosphorigsäure-amid-ester-halogeniden

Offenkettige[122], bevorzugt aber fünfgliedrig[123-126] und sechsgliedrig[127-129] cycl. aliphatische wie aromatische[130] Phosphorigsäure-amid-chlorid-ester reagieren mit stöchiometrischen Mengen Alkohol oder Phenol[131] in Gegenwart von Triethylamin z. B. in Diethylether bei −5° bis 20° zu Phosphorigsäure-amid-diestern:

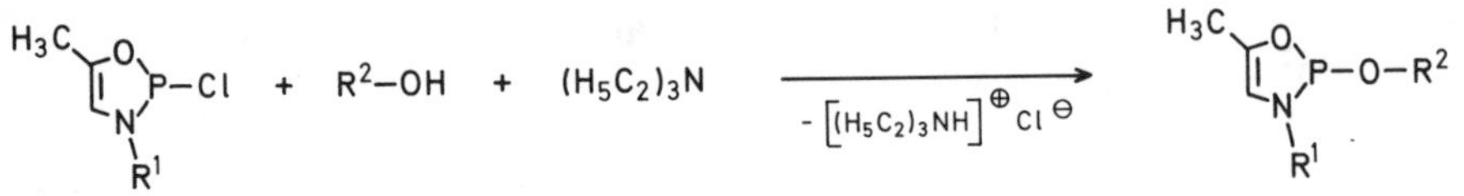

In der Regel wird das Säurechlorid mit dem Lösungsmittel vorgelegt und dann das Alkohol-Amin-Gemisch in die gekühlte, intensiv gerührte Mischung eingetropft. Dieses Verfahren liefert bei der Herstellung der 2-Alkoxy-1,3,2-oxazaphosphorinane bessere Ausbeuten als die Reaktion des Amino-alkohols mit Phosphorigsäure-alkylester-dichlorid und deutlich bessere als die Alkoholyse des 2-Amino-1,3,2-oxazaphosphorinans[129].

Auf diese Weise sind auch 2-Alkoxy- und 2-Phenoxy-3-phosphoryl-1,3,2-oxazaphosp orinane zugänglich, die aus Phosphorigsäure-diamid-estern mit 3-Phosphorylamino-alkoholen nicht herstellbar sind[132].

2-Chlor-1,3,2-oxazaphospholane reagieren mit Oxetanen zu 2-(3-Chlorpropyloxy)-1,3,2-oxazaphospholanen, besonders rasch in Gegenwart von Zinkchlorid[133,134]. Mit 2-Chlor-1,3,2-oxazaphosphorinanen findet Reaktion nur bei Anwesenheit von Zinkchlorid statt[135,127]:

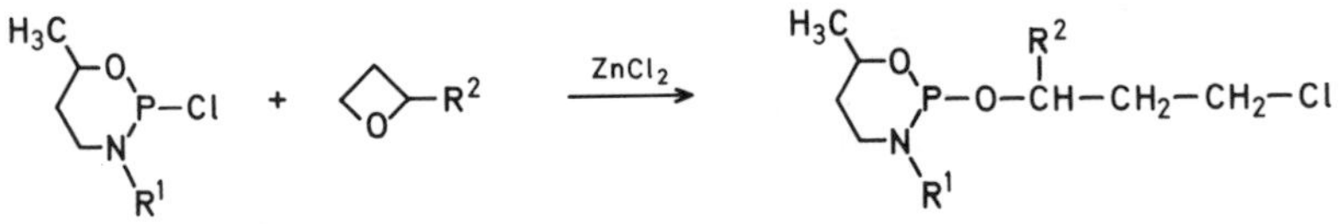

[122] F. S. Mukhametov, L. V. Stepashkina u. N. I. Rizpolozkenskii, Izv. Akad. Nauk SSSR, Ser. Khim. **1977**, 1134; engl.: 1040.

[123] Y. V. Balitskii, Yu. G. Gololobov, Y. M. Yurchenko, M. Y. Antipin, Y. T. Struchkov u. I. E. Boldeskul, Zh. Obshch. Khim. **50**, 291 (1980); engl.: 231.

[124] M. A. Pudovik, S. A. Terenteva, I. V. Nebogatikova u. A. N. Pudovik, Zh. Obshch. Khim. **44**, 1020 (1974); engl.: 983.

[125] M. A. Pudovik, L. K. Kibardina, E. S. Batyeva u. A. N. Pudovik, Zh. Obshch. Khim. **49**, 1698 (1979); engl.: 1486.

[126] A. N. Pudovik, M. A. Pudovik, O. S. Shulyndina u. K. K. Nagaeva, Zh. Obshch. Khim. **40**, 1477 (1979); engl.: 1463.

[127] O. N. Nuretdinov u. L. Z. Nikonova, Zh. Obshch. Khim. **50**, 533 (1980); engl.: 423.

[128] M. K. Grachev, D. A. Predvoditelev u. E. E. Nifantev, Zh. Obshch. Khim. **46**, 1677 (1976); engl.: 1633.

[129] E. E. Nifantev, D. A. Predvoditelev u. M. K. Grachev, Zh. Obshch. Khim. **46**, 477 (1976); engl.: 475.

[130] P. A. Kirpichnikov, M. V. Ivanova u. Y. A. Gurvich, Zh. Obshch. Khim. **36**, 1147 (1966); engl.: 1161.

[131] C. Laurenco u. R. Burgada, C. R. Acad. Sci., Ser. C. **278**, 291 (1974).

[132] M. A. Pudovik u. N. A. Pudovik, Zh. Obshch. Khim. **46**, 222 (1976); engl.: 219.

[133] B. A. Arbusov, O. N. Nuretdinova, L. Z. Nikonova, F. F. Guseva u. E. I. Goldfarb, Izv. Akad. Nauk SSSR, Ser. Khim. **1973**, 2345; engl.: 2288.

[134] L. Z. Nikonova u. O. N. Nuretdinova, Izv. Akad. Nauk SSSR, Ser. Khim. **1980**, 918; engl.: 664.

[135] B. A. Arbusov, O. N. Nuretdinova, L. Z. Nikonova, F. F. Guseva u. E. I. Goldfarb, Izv. Akad. Nauk SSSR, Ser. Khim. **1973**, 2345; engl.: 2288.

Auch 2-Brom-1,3,2-oxazaphospholane setzen sich mit Oxetanen zu 2-(3-Brom-propyloxy)-1,3,2-oxazaphospholanen um, die sich beim Erhitzen allerdings in cycl. Phosphonate umlagern[136]. Eine Katalyse mit Zinkchlorid ist nicht erforderlich.

8. aus Phosphorigsäure-diamid-isocyanaten

Phosphorigsäure-diamid-isocyanate, die als Dimere vorliegen, sollen mit Alkoholen bei 120° zu Phosphorigsäure-amid-diestern reagieren[137]:

$$[(R_2^1N)_2P-N=C=O]_2 \;+\; 4\;H_9C_4-OH \;\longrightarrow\; 2\;(H_9C_4O)_2P-NR_2^1 \;+\; 2\;R_2^1NH \;+\; 2/3\;(HO-CN)_3$$

9. aus Phosphorigsäure-diester-Anhydriden

Diphosphorigsäure-tetraalkylester werden durch sek. und prim. Amine[138] wie auch durch Aminale[139] gespalten:

$$(H_5C_2O)_2P-O-P(OC_2H_5)_2 \;+\; R^1-NH_2 \;\longrightarrow\; (H_5C_2O)_2P-NH-R^1 \;+\; (H_5C_2O)_2P\overset{O}{\underset{H}{\diagup\!\!\diagdown}}$$

Ähnlich reagieren Phosphorigsäure-dialkylester-(Phosphorsäure/Phosphonsäure/Phosphinsäure)-Anhydride mit prim. und sek. Aminen[140, 141].

Bei herabgesetzter Temp. z.B. in Petrolether spalten Dialkylamine, wenn in mehr als doppelt molarer Menge eingesetzt, Phosphorigsäure-diethylester-Essigsäure-Anhydrid zum Amid-diester[142]:

$$H_3C-\overset{O}{\overset{\|}{C}}-O-P(OC_2H_5)_2 \;+\; 2\;R_2NH \;\xrightarrow[-\,[R_2NH_2]^{\oplus}\,H_3C-COO^{\ominus}]{}\; R_2N-P(OC_2H_5)_2$$

Bei höherer Temp. und geringerem Amin-Angebot entstehen Phosphorigsäure-dialkylester und Acetamid[143].

Mit Anilin reagieren die Phosphorigsäure-diester-Essigsäure-Anhydride nur in Gegenwart von Trialkylamin in geringem Maße zum Anilid-diester[142].

Phosphorigsäure-diester-Carbonsäure-Anhydride werden auch durch Phosphorigsäure-triamide, weniger gut durch Phosphinigsäure-amide, in Phosphorigsäure-amid-diester umgewandelt[144]; z.B.:

$$H_3C-\overset{O}{\overset{\|}{C}}-O-P(OC_2H_5)_2 \;+\; P\left[N(CH_3)_2\right]_3 \;\xrightarrow[-\,H_3C-\overset{O}{\overset{\|}{C}}-O-P\left[N(CH_3)_2\right]_2]{}\; (H_3C)_2N-P(OC_2H_5)_2$$

Phosphorigsäure-diethylester-dimethylamid; 40%

---

[136] O.N. Nuretdinova, B.A. Arbusov, F.F. Guseva, L.Z. Nikonova u. N.P. Anoshina, Izv. Akad. Nauk SSSR, Ser. Khim. **1974**, 869; engl.: 833.

[137] M.V. Kolotilo, A.G. Matyusha u. G.I. Derkach, Zh. Obshch. Khim. **40**, 758 (1974); engl.: 734.

[138] H. Vanden Eynde, Ind. Chim. Belge **28**, 855 (1963).

[139] H. Böhme u. K.H. Meyer-Dulheuer, Justus Liebigs Ann. Chem. **688**, 78 (1965).

[140] J. Michalski, J. Mikolaiczyk, Bull. Acad. Pol. Sci., Ser. Sci. Chim. **14**, 829 (1966); C.A. **67**, 11126 (1967).

[141] J. Michalski u. T. Modro, Bull. Acad. Pol. Sci., Ser. Sci. Chim. **10**, 327 (1962); C.A. **58**, 11244 (1963).

[142] T.K. Gazizov, A.P. Pashinkin u. A.N. Pudovik, Zh. Obshch. Khim. **40**, 2130 (1970); engl.: 2112.

[143] E.E. Nifantev u. I.V. Fursenko, Zh. Obshch. Khim. **38**, 1295 (1968); engl.: 1247.
    A. Munoz, M.T. Boisdon, J.F. Brazier u. R. Wolf, Bull. Soc. Chim. Fr. **1971**, 1424.

[144] V.A. Alfonsov, G.U. Zamaletdinova, E.S. Batyeva u. A.N. Pudovik, Zh. Obshch. Khim. **50**, 2616 (1980); C.A. **94**, 57329 (1981).

10. aus Phosphorigsäure-amid-ester-Anhydriden

Alkohole spalten die Diphosphorigsäure-1,3-diamid-1,3-diester[146]:

$$R^2{-}OH \;+\; \underset{R_2^1N}{\overset{R^2O}{}}\!P{-}O{-}P\!\underset{NR_2^1}{\overset{OR^2}{}} \;\longrightarrow\; R_2^1N{-}P(OR^2)_2 \;+\; \underset{R_2^1N}{\overset{R^2O}{}}\!P\!\overset{O}{\underset{H}{}}$$

Analog den Phosphorigsäure-amid-chlorid-estern können auch die Amid-ester-Säure-Anhydride der Alkoholyse zu Phosphorigsäure-amid-diestern unterworfen werden[147]:

$$\underset{\underset{C_6H_5}{|}}{\overset{O}{\underset{N}{}}}\!P{-}S{-}\overset{S}{\overset{\|}{C}}{-}NR_2^1 \;+\; R^2{-}OH \xrightarrow[-\;R_2^1NH\,/\,HS{-}\overset{S}{\overset{\|}{C}}{-}NR_2^1]{} \underset{\underset{C_6H_5}{|}}{\overset{O}{\underset{N}{}}}\!P{-}O{-}R^2$$

11. aus Phosphorigsäure-triestern

Phosphorigsäure-trialkylester und -triarylester setzen sich mit Phosphor(V)-silylimiden unter Abspaltung von Silylestern zu Phosphorigsäure-diester-imiden um[148]:

$$\underset{/}{\overset{\backslash}{}}P{=}N{-}Si(CH_3)_3 \;+\; P(OR)_3 \xrightarrow[-\;RO{-}Si(CH_3)_3]{} \underset{/}{\overset{\backslash}{}}P{=}N{-}P(OR)_2$$

Zur Herstellung von Phosphorigsäure-amid-dialkylestern aus Phosphorigsäure-trialkylestern und langkettigen Aminen s. Lit.[149].

12. aus Phosphorigsäure-amid-diestern

Die Umamidierung von Phosphorigsäure-amid-diestern mit höher siedenden aliphatischen und aromatischen Aminen[150–154a] ist abhängig vom Gehalt an Amin-Hydrochlorid[153,155–157], so daß auch mit Amin-Hydrochloriden umamidiert werden kann; z.B.:

[146] V. L. Foss, N. V. Lukashev, A. A. Borisenko u. I. F. Lutsenko, Zh. Obshch. Khim. **50**, 1950 (1980); engl. 1752.

[147] M. A. Pudovik, L. K. Kibardina, I. A. Aleksandrova, V. K. Khairullin u. A. N. Pudovik, Zh. Obshch. Khim. **51** 28 (1981); engl.: 23.

[148] E. P. Flindt, Z. Anorg. Allg. Chem. **447**, 97 (1978).

[149] DOS 2 723 526 (1977), Hoechst AG, Erf.: N. Mayer, G. Pfahler u. H. Wiezer; C. A. **90**, 104 976 (1979)

[150] R. Burgada, Ann. Chim. (Paris) **1963**, 347.

[151] N. P. Grechkin, I. A. Nuretdinov u. N. A. Buina, Izv. Akad. Nauk SSSR Ser. Khim. **1968**, 1141; engl.: 1090

[152] V. A. Giljarov u. M. I. Kabachnik, Zh. Obshch. Khim. **36**, 282 (1966); engl.: 293.

[153] E. S. Batyeva, V. A. Alfonsov, G. U. Zamaletdinova u. A. N. Pudovik, Zh. Obshch. Khim. **46**, 2204 (1976) engl.: 2120.

[154] K. A. Petrov, V. P. Evdakov, K. A. Bilevich u. V. I. Chernykh, Zh. Obshch. Khim. **32**, 2065 (1962); engl. 3015.

[154a] L. K. Nikonorova, N. P. Grechkin u. N. P. Zhelonkina, Zh. Obshch. Khim. **51**, 1975 (1981).

[155] A. N. Pudovik, E. S. Batyeva, E. N. Ofitserov u. V. A. Alfonsov, Zh. Obshch. Khim. **45**, 2338 (1975); engl. 2293.

[156] A. I. Razumov, P. A. Gurevich, S. A. Muslimov, T. V. Komina, T. V. Zykova u. R. A. Salakhutdinov, Zh Obshch. Khim. **50**, 778 (1980); engl.: 618.

[157] E. S. Batyeva, E. N. Ofitserov, V. A. Alfonsov u. A. N. Pudovik, Dokl. Akad. Nauk SSSR **224**, 339 (1975) engl.: 536.

$(H_5C_2)_2N-P(O-C_2H_5)_2$ + $[H_5C_6-NH_3^\oplus]Cl^\ominus$ $\xrightarrow[-[(H_5C_2)_2\overset{\oplus}{N}H_2]Cl^\ominus]{}$

$$H_5C_6-NH-P(O-C_2H_5)_2$$

Phosphorigsäure-anilid-diethylester

Mit der Basizität des eintretenden Amins steigt die Geschwindigkeit[157a].
Die Ausbeuten bei der Umamidierung bleiben wegen der unter den Reaktionsbedingungen leicht eintretenden Disproportionierung hinter den nach anderen Methoden erreichbaren zurück[151]. 2-Alkoxy-3-alkyl-1,3,2-oxazaphospholane werden aber auch durch Anilin-Hydrochlorid – nicht durch Anilin – nahezu quantitativ in Hydrochloride offenkettiger Phosphorigsäure-(2-alkylamino-ethylester)-alkylester-anilide umgewandelt[158].
Phosphorigsäure-amid-dialkylester setzen sich nach Überführung in ihre Natrium-Salze mit Alkylchloriden zu Phosphorigsäure-alkylamid-dialkylestern um[159]:

$$(R^1O)_2P-NH-Na \quad + \quad Cl-CH_2-\overset{\overset{O}{\|}}{C}-NR^2_2 \quad \xrightarrow[-NaCl]{} \quad (R^1O)_2P-NH-CH_2-\overset{\overset{O}{\|}}{C}-NR^2_2$$

Offenkettige Phosphorigsäure-amid-diester, abgeleitet von prim. Aminen, setzen sich mit Phosphorigsäure-chlorid-diestern und Basen zu Bis-[dialkoxyphosphano]-aminen um[160]. Nach Überführung in ihre Magnesium-Salze reagieren sie mit Chlor-trimethyl-silan zu Phosphorigsäure-diester-(N-trimethylsilyl-anilid)[161]; z.B.:

$$(H_5C_2O)_2P-\overset{\overset{MgBr}{|}}{N}-C_6H_5 \quad + \quad (H_3C)_3Si-Cl \quad \xrightarrow[-MgBrCl]{} \quad (H_5C_2O)_2P-\overset{\overset{Si(CH_3)_3}{|}}{N}-C_6H_5$$

Phosphorigsäure-diethyl-ester-(N-trimethylsilyl-anilid)

Mit Chlorwasserstoff kann die N-Trimethylsilyl-Gruppe bei 20° aus (Acetyl-trimethylsilyl-amid)-diestern wieder abgespalten werden[162].
Cycl. Phosphorigsäure-amid-diester, die sich von 2- oder 3-Amino-alkoholen oder von 2-Amino-phenolen mit prim. Amino-Gruppe ableiten, lassen sich mit Silylaminen in die 2-Alkoxy-3-silyl-1,3,2-oxazaphospholane und -phosphorinane[163, 164] und mit Phosphorigsäure-triamiden bzw. Phosphonigsäure-diamiden in

[151] *N.P. Grechkin, I.A. Nuretdinov* u. *N.A. Buina*, Izv. Akad. Nauk SSSR Ser. Khim. **1968**, 1141; engl.: 1090.
[157a] *L. Lafoille, F. Mathis* u. *R. Burgada*, C.R. Acad. Sci. Paris **270**, 1138 (1970).
[158] *M.A. Pudovik, L.K. Kibardina* u. *A.N. Pudovik*, Zh. Obshch. Khim. **51**, 538 (1981); engl.: 420.
[159] *O.N. Fedorova* u. *P.I. Alimov*, Izv. Akad. Nauk SSSR, Ser. Khim. **1973**, 2391; engl.: 2342.
[160] *L.K. Nikonorova, N.P. Grechkin* u. *I.A. Nuretdinov*, Zh. Obshch. Khim. **46**, 1015 (1976); engl.: 1012.
[161] *A.N. Pudovik, E.S. Batyeva, V.A. Alfonsov* u. *Y.N. Girfanova*, Zh. Obshch. Khim. **45**, 1641 (1975); engl.: 1606.
[162] *M.A. Pudovik, L.K. Kibardina* u. *A.N. Pudovik*, Zh. Obshch. Khim. **48**, 695 (1978); engl.: 637.
[163] SU 601285 (1975), *A.N. Pudovik, M.A. Pudovik, N.P. Morozova* u. *M.D. Medvedeva*; C.A. **89**, 59956 (1978).
[164] *M.A. Pudovik, N.P. Morozova, M.D. Medvedeva* u. *A.N. Pudovik*, Izv. Akad. Nauk SSSR, Ser. Khim. **1978**, 1637; engl.: 1430.

die 2-Alkoxy-3-diaminophosphano- (bzw. -3-(alkyl-amino-phosphano)-1,3,2-oxazaphospholane[164-167] umwandeln; z.B.:

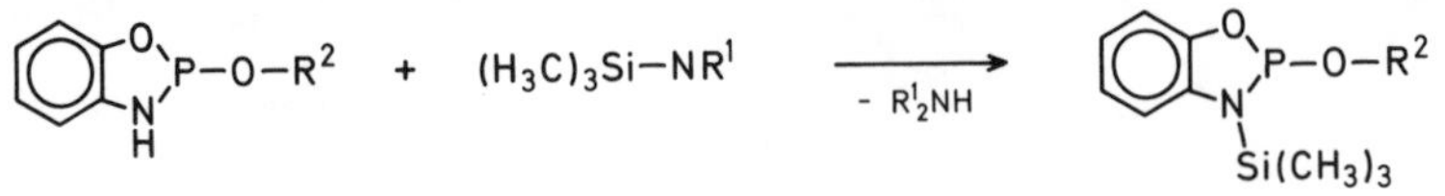

Die Silylierung findet bei 120–160° statt und wird durch Ammoniumsulfat katalysiert. Die Silylierung kann an Rohprodukten, wie sie durch kombinierte Umesterung und Umamidierung der Phosphorigsäure-diamid-ester mit 2- und 3-Amino-alkanolen entstehen, vorgenommen werden. Die Phosphanolierung kann mit der Synthese der cycl. Phosphorigsäure-amid-diester kombiniert werden, indem Phosphorigsäure-diamid-ester im Überschuß gegenüber dem Amino-phenol eingesetzt wird[166]; z.B.:

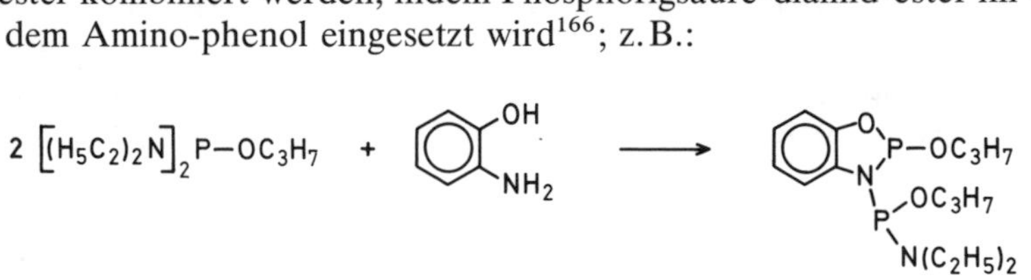

3-(Diethylamino-propyloxy-phosphano)-2-pro-pyloxy-2,3-dihydro-⟨benzo-1,3,2-oxazaphosphol⟩; 40%.

2-Isopropoxy-3-trimethylsilyl-1,3,2-oxazaphospholan[164]: 23,4 g (0,1 mol) Phosphorigsäure-bis-[diethylamid] isopropylester und 6,1 g (0,1 mol) 2-Amino-ethanol werden 1 Stde. auf 120–160° erhitzt. Es werden 14,5 g (0,. mol) Diethyl-trimethylsilyl-amin und eine katalytische Menge Ammoniumsulfat zugefügt und die Mischung 1–. Stdn. auf 130–160° erwärmt. Während dieser Zeit hört die Amin-Entwicklung auf. Es wird i. Vak. destilliert. Ausbeute: 8,8 g (40%); Sdp.: 44°/0,04 Torr (5,3 Pa).

Mit Phenylisocyanat reagieren Phosphorigsäure-dialkylamid-dialkylester in Gegenwart von Amin-Hydrochloriden zu Phosphorigsäure-(N-aminocarbonyl-anilino)-dialkylester, also unter Einschiebung in die P–N-Bindung und Amin-Austausch[168].

13. aus Phosphorigsäure-diamid-estern

Phosphorigsäure-diamid-ester disproportionieren teilweise zu Phosphorigsäure-amid-diester und -triamid[169].

Die Substitution eines Amid-Restes in Phosphorigsäure-diamid-estern mit stöchiometrischen Mengen Alkohol oder Phenol[170-173a], mit N-phosphorylierten 3-Amino-alkano-

[164] M. A. Pudovik, N. P. Morozova, M. D. Medvedeva u. A. N. Pudovik, Izv. Akad. Nauk SSSR, Ser. Khim. **1978**, 1637; engl.: 1430.
[165] M. A. Pudovik, S. A. Terenteva u. A. N. Pudovik, Zh. Obshch. Khim. **45**, 518 (1975); engl.: 513.
[166] M. A. Pudovik, S. A. Terenteva, Y. Y. Samitov u. A. N. Pudovik, Zh. Obshch. Khim. **45**, 266 (1975); engl.: 252.
[167] M. A. Pudovik, S. A. Terenteva u. A. N. Pudovik, Zh. Obshch. Khim. **43**, 1860 (1973); engl.: 1848.
[168] A. N. Pudovik, E. S. Batyeva, E. N. Ofitserov u. G. U. Zamaletdinova, Zh. Obshch. Khim. **47**, 992 (1977); engl.: 912.
[169] D. Houalla, M. Sanchez u. R. Wolf, Bull. Soc. Chim. Fr. **1965**, 2368.
[170] M. A. Zolotov, D. A. Predvoditelev u. E. E. Nifantev, Zh. Obshch. Khim. **50**, 2380 (1980); C. A. **94**, 24 24 (1981).
[171] SU 193 499 (1965), I. N. Sorochkin; C. A. **69**, 43 430 (1968).
[172] D. A. Predvoditelev, V. B. Kvantrishvili u. E. E. Nifantev, Zh. Org. Khim. **11**, 1190 (1975); engl.: 1180.
[173] E. E. Nifantev, D. A. Predvoditelev, A. P. Tuseev, M. K. Grachev u. M. A. Zolotov, Zh. Obshch. Khim. **50**, 1702 (1980); engl.: 1379.
[173a] L. K. Nikonorova, N. P. Grechkin u. N. P. Zhelonkina, Zh. Obshch. Khim. **51**, 1975 (1981).

...en[174] und N-acylierten 2-Amino-alkoholen[175] ermöglicht die Synthese von Phosphorigsäure-amid-diestern mit unterschiedlichen Ester-Resten, die im letztgenannten Fall zu
3-Acyl-2-alkoxy-1,3,2-oxazaphospholanen kondensieren können[175]:

$$(R_2^1N)_2P-OR^2 \quad + \quad H_3C-\overset{\overset{\text{O}}{\|}}{C}-NH-CH_2-CH_2-OH \quad \longrightarrow \quad H_3C-\overset{\overset{\text{O}}{\|}}{C}-NH-CH_2-CH_2-O-P\overset{OR^2}{\underset{NR_2^1}{}}$$

Phosphorigsäure-(2-acetaminoethylester)-diethylamid-ethylester[175]: Eine Mischung von 13,3 g (60 mmol)
Phosphorigsäure-bis-[diethylamid]-ethylester und 6,3 g (61 mmol) N-(2-Hydroxymethyl)-acetamid werden 20
Min. bei 10–15 Torr (1,33–2 kPa) auf 75–80° unter Rühren erwärmt; Ausbeute: 15 g (~ 100%).

Cycl. Phosphorigsäure-amid-diester entstehen durch Alkoholyse fünf-[176-180] und sechsgliedriger[181] cycl. Phosphorigsäure-diamid-ester mit *exo*-cycl. Amid-Gruppe mit stöchiometrischen Mengen Alkohol.

$$\underset{\underset{R^1}{|}}{\overset{\text{O}}{\underset{N}{\diagdown}}}P-NR^2 \quad + \quad R^3-OH \quad \xrightarrow[- R_2^2NH]{} \quad \underset{\underset{R^1}{|}}{\overset{\text{O}}{\underset{N}{\diagdown}}}P-OR^3$$

Aus den fünfgliedrig-cycl. Phosphorigsäure-diamid-estern wird dabei auch durch die doppelt molare Menge Alkohol (z.B. siedendes Ethanol) nur die *exo*cycl. Amid-Gruppe verdrängt[176]. Die Herstellung der Phosphorigsäure-amid-diester aus den Diamid-estern mit
zwei *endo*cycl. P–N-Bindungen gelingt daher auch unter drastischen Bedingungen nicht,
da die Alkoholyse zum Phosphorigsäure-trialkylester führt[178].

3,4-Dimethyl-2-methoxy-5-phenyl-1,3,2-oxazaphospholan[177]: 4,76 g (0,02 mol) 3,4-Dimethyl-2-dimethyl-
amino-5-phenyl-1,3,2-oxazaphospholan und 0,64 g (0,02 mol) Methanol werden im Stickstoffstrom auf 75–80°
erwärmt. Wenn 95% der ber. Amin-Menge (0,019 mol) entwichen sind, wird i. Vak. destilliert; Ausbeute: 3,8 g
(85%); Sdp.: 102–104°/0,7 Torr (93,3 Pa).

In cycl. und offenkettigen Phosphorigsäure-diamid-estern kann eine Amid-Gruppe durch
Reaktion mit Trifluoressigsäure-alkylester gegen eine Alkoxy-Gruppe ausgetauscht werden[178,182]; z.B.:

$$\underset{\underset{C_6H_5}{|}}{\overset{\text{O}}{\underset{N}{\diagdown}}}P-N(CH_3)_2 \quad + \quad F_3C-\overset{\overset{\text{O}}{\|}}{C}-OCH_3 \quad \xrightarrow[- F_3C-\overset{\overset{\text{O}}{\|}}{C}-N(CH_3)_2]{} \quad \underset{\underset{C_6H_5}{|}}{\overset{\text{O}}{\underset{N}{\diagdown}}}P-OCH_3$$

2-Methoxy-3-phenyl-1,3,2-oxazaphospholan

*Endo*cycl. P–N-Bindungen werden durch Trifluoressigsäureester in keinem Fall angegriffen[178].

2-Methoxy-3-methyl-1,3,2-oxazaphospholan[178]: 3 g (23,4 mmol) Trifluoressigsäure-methylester und 3,7 g (25
mmol) 2-Dimethylamino-3-methyl-1,3,2-oxazaphospholan werden vermischt und 12 Stdn. bei 20° stehen gelassen. Es wird i. Vak. destilliert; Ausbeute: 2,0 g (63%); Sdp.: 50–52°/12 Torr (1,6 kPa).

[174] *M. A. Pudovik* u. *N. A. Pudovik*, Zh. Obshch. Khim. **46**, 222 (1976); engl.: 219.
[175] *L. I. Mizrakh* u. *L. Y. Polonskaya*, Zh. Obshch. Khim. **45**, 2343 (1975); engl.: 2301.
[176] *L. I. Mizrakh, L. Y. Polonskaya, B. I. Bryantsev* u. *N. V. Stepanchikova*, Zh. Obshch. Khim. **46**, 1490 (1976);
    engl.: 1460.
[177] *D. Bernard* u. *R. Burgada*, Phosphorus **3**, 187 (1974).
[178] *R. Burgada*, Bull. Soc. Chim. Fr. **1971**, 136.
[179] *J. Mukaiyama* u. *Y. Kodaira*, Bull. Chem. Soc. Jpn. **39**, 1297 (1966).
[180] *A. N. Pudovik, M. A. Pudovik, O. S. Shulyndina* u. *K. K. Nagaeva*, Zh. Obshch. Khim. **40**, 1477 (1979); engl.:
    1463.
[181] *E. E. Nifantev, D. A. Predvoditelev* u. *M. K. Grachev*, Zh. Obshch. Khim. **46**, 477 (1976); engl.: 475.
[182] *V. Mark*, Tetrahedron Lett. **1964**, 3139.

Mit 3-Amino-alkanolen[183, 184] und mit 2-prim.-[185] und 2-sek.-Amino-alkanolen[186, 187] reagieren Phosphorigsäure-diamid-ester in einem Schritt zu 2-Alkoxy-1,3,2-oxaza-phosphorinanen bzw. -oxazaphospholanen:

$$(R_2^1N)_2P\!-\!OR^2 \; + \; \overset{H_3C}{\underset{NH_2}{\diagup}}\!\!\!-\!OH \;\longrightarrow\; \overset{H_3C}{\diagdown}\!\!\!\diagup\!P\!-\!OR^2 \; + \; 2\,R_2^1NH$$

Für die Umesterung sind Temperaturen von 110–160° erforderlich[186, 183, 185]. Allerdings tritt nach Verdrängung des ersten Amid-Restes kein Ringschluß ein, wenn der 2-Amino-alkohol einen sehr sperrigen Substituenten (z. B. Triphenylmethyl-Rest) trägt[188]. Die nach diesem Verfahren erhaltenen Ausbeuten an 2-Alkoxy-1,3,2-oxazaphospholan sind etwas höher als wenn man von Phosphorigsäure-dichlorid-estern ausgeht oder 2-Amino-1,3,2-oxazaphospholan mit überschüssigem Alkohol umsetzt[186].

2-Amino-phenol[189] und 2-Acylamino-phenole[190] verdrängen die beiden Amid-Reste aus Phosphorigsäure-alkylester-bis-[dialkylamiden] zu 2-Alkoxy-2,3-dihydro-⟨ben-zo-1,3,2-oxazaphospholanen⟩:

$$(R_2^1N)_2P\!-\!OR^2 \; + \; \overset{OH}{\underset{NH_2}{\bigcirc}} \;\xrightarrow{-\,2\,R_2^1NH}\; \overset{O}{\underset{N}{\bigcirc}}\!\!P\!-\!OR^2$$

Die Neigung, mit weiterem 2-Amino-phenol Phosphaspirane zu bilden, ist für die eher mäßigen Ausbeuten verantwortlich.

Bis-[dialkoxy-phosphano]-amine werden durch halbmolare Mengen Schwefel oder Selen in phosphorylierte Phosphorigsäure-amid-diester[145] umgewandelt.

14. aus Phosphorigsäure-triamiden

Alkohole einschließlich der tert. Alkohole[191−193] sowie Phenole[194, 195] verdrängen, in doppelt molarer Menge eingesetzt, zwei Amid-Reste aus den Phosphorigsäure-triamiden. Aziridin-Reste werden dabei vor offenkettigen Dialkylamid-Gruppen substituiert[196, 197].

[145] N. P. Grechkin, I. A. Nuretdinov, L. K. Nikonorova u. E. I. Loginova, Zh. Obshch. Khim. **46**, 1753 (1976); engl.: 1703.

[183] M. A. Pudovik, O. S. Shulyndina, L. K. Ivanova, S. A. Terenteva u. A. N. Pudovik, Zh. Obshch. Khim. **44**, 501 (1974); engl.: 482.

[184] M. K. Grachev, D. A. Predvoditelev u. E. E. Nifantev, Zh. Obshch. Khim. **46**, 1677 (1976); engl.: 1633.

[185] M. A. Pudovik, N. P. Morozova, M. D. Medvedeva u. A. N. Pudovik, Izv. Akad. Nauk SSSR, Ser. Khim. **1978**, 1637; engl.: 1430.

[186] L. I. Mizrakh, L. Y. Polonskaya, B. I. Bryantsev u. N. V. Stepanchikova, Zh. Obshch. Khim. **46**, 1490 (1976); engl.: 1460.

[187] O. Mitsunobu, T. Ohashi, M. Kikuchi u. T. Mukaiyama, Bull. Chem. Soc. Jpn. **39**, 214 (1966).

[188] D. A. Predvoditelev, V. B. Kvantrishvili u. E. E. Nifantev, Zh. Org. Khim. **12**, 38 (1976); engl.: 36.

[189] A. N. Pudovik, M. A. Pudovik, S. A. Terenteva u. E. I. Goldfarb, Zh. Obshch. Khim. **42**, 1901 (1972); engl.: 1895.

[190] M. A. Pudovik, S. A. Terenteva, I. V. Nebogatikova u. A. N. Pudovik, Zh. Obshch. Khim. **44**, 1020 (1974); engl.: 983.

[191] R. Burgada u. H. Normant, C. R. Acad. Sci. Ser. C. **257**, 1943 (1963).

[192] R. Burgada, Bull. Soc. Chim. Fr. **1964**, 1735.

[193] R. Burgada, Ann. Chim. **1966**, 15.

[194] M. A. Zolotov, D. A. Predvoditelev u. E. E. Nifantev, Zh. Obshch. Khim. **50**, 2380 (1980); C. A. **94**, 24247 (1981).

[195] B. E. Ivanov u. S. V. Samurina, Izv. Akad. Nauk SSSR, Ser. Khim. **1974**, 2079; engl.: 1997.

[196] I. A. Nuretdinov u. N. P. Grechkin, Izv. Akad. Nauk SSSR **1967**, 439; engl.: 424.

[197] I. A. Nuretdinov u. N. P. Grechkin, Izv. Akad. Nauk SSSR **1968**, 1366; engl.: 1287.

Die erforderlichen Reaktionstemp. liegen um $100°$[198, 199], die Reaktionsdauer beträgt ~ 2 Stdn.[200]. Ausbeuten um 50% lassen sich erreichen; mit sterisch gehinderten Phenolen gelingt die zweifache Substitution jedoch nur unzureichend[194]. An phenolischen Mannich-Basen hat sich gezeigt, daß die Substitution durch die Phenoxy-Gruppen von Amin-Hydrochloriden katalysiert wird: Mit Hydrochlorid-freien Phosphorigsäure-triamiden wird keine Substitution erreicht[196, 201].

Mit den Phosphorigsäure-tris-[dialkylamiden], reagieren 1,2-Diole[202-206], 1,3-Diole[199,207-209b] und 1,2-Diphenole[210, 204] zu 2-Dialkylamino-1,3,2-dioxaphospholanen, -1,3,2-dioxaphosphorinanen bzw. -2,3-dihydro-⟨1,3,2-benzo-dioxaphospholen⟩:

$$(R_2N)_3P \ + \ HO-CH_2-CH_2-OH \ \xrightarrow[-\ 2\ R_2NH]{} \ \text{[Ring]}$$

4,5-Dimethyl-2-dimethylamino-1,3,2-dioxaphospholan[204]: 18 g (0,2 mol) 2,3-Butandiol und 33 g (0,2 mol) Phosphorigsäure-tris-[dimethylamid] werden gemeinsam auf 110–115° erwärmt. Das über den Rückflußkühler entweichende Dimethylamin wird mit einem Stickstoffstrom in vorgelegte Säure geleitet, um den Reaktionsablauf verfolgen zu können. Nach 1,5 Stdn. sind $\sim 93\%$ der theor. erwarteten Dimethylamin-Menge entwichen. Es wird i.Vak. destilliert; Ausbeute: 29 g (85%); Sdp.: 78–82°/22 Torr (1,6 kPa).

2-sek.-Amino-alkanole setzen sich mit Phosphorigsäure-tris-[dialkylamiden] in Molverhältnis 2:1 zu monocycl. Phosphorigsäure-amid-diestern um[211]; in Einzelfällen cyclisieren letztere teilweise weiter zu bicycl. Phosphaspiranen[204]:

$$[(H_3C)_2N]_3P \ + \ 2\ HO-CH_2-CH_2-NH-CH_3 \ \longrightarrow \ \text{[Ring]} \ +$$

In geringerem Maße läuft diese Reaktion auch bei der Herstellung der 2-Amino-1,3,2-oxazaphospholane aus Phosphorigsäure-triamid und 2-Amino-alkohol ab[204].

3-Methyl-2-(2-methylamino-ethoxy)-1,3,2-oxazaphospholan[204]: 15 g (0,2 mol) 2-Methylamino-ethanol und 16,3 g (0,1 mol) Phosphorigsäure-tris-[dimethylamid] werden in 25 ml Benzol gelöst und 2 Stdn. zum Sieden er-

[194] M. A. Zolotov, D. A. Predvoditelev u. E. E. Nifantev, Zh. Obshch. Khim. **50**, 2380 (1980); C. A. **94**, 24247 (1981).

[196] I. A. Nuretdinov u. N. P. Grechkin, Izv. Akad. Nauk SSSR **1967**, 439; engl.: 424.

[198] D. A. Predvoditelev, T. G. Chukbar u. E. E. Nifantev, Zh. Obshch. Khim. **46**, 291 (1976); engl.: 288.

[199] E. E. Nifantev, L. T. Elepina, A. A. Borisenko, M. P. Koroteev, L. A. Aslanov, V. M. Ionov u. S. S. Sotman, Phosphorus Sulfur **5**, 315 (1979).

[200] M. Zentil, S. Sengés, J. P. Faucher u. M. C. Labarre, Bull. Soc. Chim. Fr. **1971**, 376.

[201] B. E. Ivanov, S. V. Samurina, A. B. Ageeva, L. A. Valitova u. V. E. Belskii, Zh. Obshch. Khim. **49**, 1973 (1979); engl.: 1736.

[202] R. Burgada, Bull. Soc. Chim. Fr. **1971**, 136.

[203] M. König, A. Munoz, D. Houalla u. R. Wolf, Chem. Commun. **1974**, 182.

[204] M. Sanchez, R. Wolf, R. Burgada u. F. Mathis, Bull. Soc. Chim. Fr. **1968**, 773.

[205] W. G. Bentrude, W. D. Johnson u. W. A. Khan, J. Am. Chem. Soc. **94**, 923 (1972).

[206] H. Germa, M. Sanchez, R. Burgada u. R. Wolf, Bull. Soc. Chim. Fr. **1979**, 612.

[207] E. E. Nifantev, L. T. Elepina, A. A. Borisenko, M. P. Koroteev, L. A. Aslanov, V. M. Ionov u. S. S. Sotman, Zh. Obshch. Khim. **48**, 2453 (1978); engl.: 2227.

[208] D. A. Predvoditelev, T. G. Chukbar, T. P. Zeleneva u. E. E. Nifantev, Zh. Org. Khim. **17**, 1305 (1981).

[209] E. E. Nifantev, I. S. Nasonovskii u. A. A. Borisenko, Zh. Obshch. Khim. **41**, 2368 (1971); engl.: 2394.

[209a] I. S. Nasonovskii, A. A. Krynchkov u. E. E. Nifantev, Zh. Obshch. Khim. **45**, 724 (1975); engl.: 714.

[209b] G. Baschang u. V. Kvita, Angew. Chem. **85**, 44 (1973).

[210] B. Costisella u. H. Gross, Phosphorus Sulfur **8**, 99 (1980).

[211] US 3172903 (1963), Monsanto Co, Erf.: T. Reetz u. J. F. Powers; C. A. **63**, 2981f (1965).

hitzt. Sodann wird das Lösungsmittel abgezogen und der Rückstand destilliert; Ausbeute: 9 g (50%); Sdp. 90°/0,05 Torr (6,67 Pa).

2-(2-Anilino-ethoxy)-3-phenyl-1,3,2-oxazaphospholan[211]: 16,3 g (0,1 mol) Phosphorigsäure-tris-[dimethyl-amid] und 24,6 g (0,2 mol) 2-Anilino-ethanol werden zusammen langsam auf 70° erwärmt. Bei 60 Torr (8,0 kPa) wird die Temp. weiter auf 78° gesteigert, um Reste von Dimethylamin zu entfernen. Der ölige Rückstand kristalisiert beim Anreiben mit Diethylether und Hexan; Ausbeute: 26,3 g (90%); Schmp.: 52°.

Prim. wie sek. 3-Amino-alkanole setzen sich mit Phosphorigsäure-triamiden über die Stufe der cycl. Diamid-ester hinaus zu den offenkettigen Amid-diestern um, auch wenn der Amino-alkohol unterstöchiometrisch eingesetzt wird[212]; Spiran-Bildung findet in keinem Fall statt[213].

Phosphorigsäure-tris-[dimethylamid] setzt sich mit Bis-[2-hydroxy-alkyl]-aminen unter Verdrängung von zwei Dimethylamid-Gruppen zum Phosphoran um, das zum bicycl. und dann weiter zum polymeren Phosphorigsäure-amid-diester zerfällt[214-216]; z.B.:

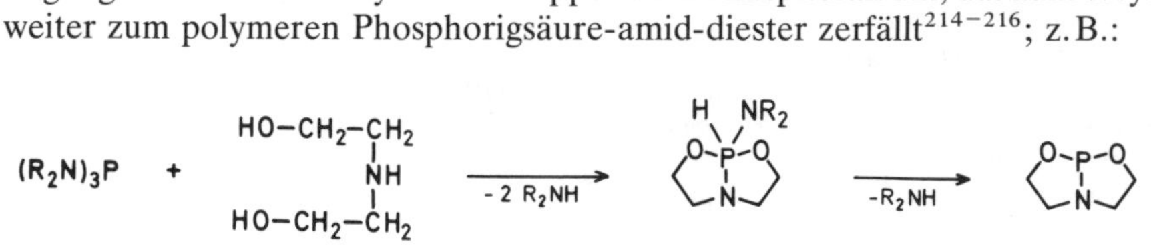

2,8-Dioxa-5-aza-1-phospha-bicyclo[3.3.0]octan

Die Stabilität der monomeren fünfgliedrig-bicycl. Amid-diester wird durch Substituenten am Bis-[2-hydroxy-alkyl]-amin erhöht. Mit Bis-[3-hydroxy-alkyl]-amin entstehen gegen Polymerisation stabile sechsgliedrig-bicycl. Amid-diester[217]:

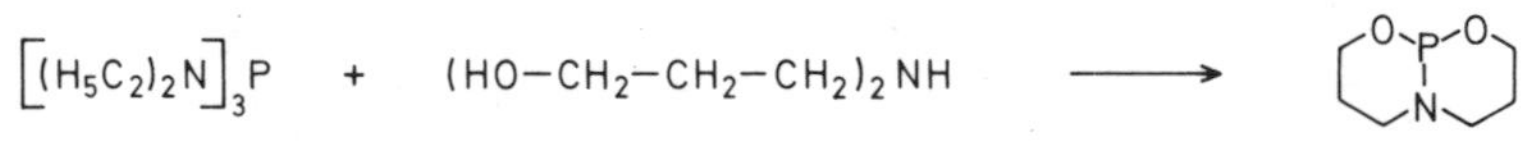

2,10-Dioxa-6-aza-1-phospha-bicyclo[4.4.0]decan[217]:
Zu einer Lösung von 14,1 g (0,106 mol) Bis-[3-hydroxy-propyl]-amin in 40 ml Toluol fügt man bei 90° 17,3 g (0,106 mol) Phosphorigsäure-tris-[diethylamid] hinzu. Die Mischung wird 48 Stdn. unter Rückfluß gekocht. Danach wird das Lösungsmittel i. Vak. abgezogen. Der Rückstand wird destilliert; Ausbeute: 2,8 g (16%); Sdp.: 56–60°/0,08 Torr (10,6 Pa).

2,8-Dioxa-5-aza-1-phospha-bicyclo[3.3.0]octan[217]: Zu 7,52 g (0,072 mol) Bis-[2-hydroxy-ethyl]-amin in 120 ml Toluol werden bei 85° 11,7 g (0,072 mol) Phosphorigsäure-tris-[dimethylamid], gelöst in 15 ml Toluol, zugefügt. Die Mischung wird 4 Tage unter Rückfluß gehalten und dann i. Vak. vom Lösungsmittel befreit; Ausbeute: 5,12 g (54%); Sdp.: 39–40°/0,01 Torr (1,33 Pa).

15. aus Trioxazaphospha-spiro[4.4]nonanen

Aus Phosphaspiranen mit einem 1,3,2-Dioxaphospholan-Ring und einem anderen, durch Diole ablösbarem Ring wird durch überschüssiges Phosphorigsäure-triamid 2-Amino-

[211] US 3 172 903 (1963), Monsanto Co, Erf.: *T. Reetz* u. *J.F. Powers*; C.A. **63**, 2981 f (1965).
[212] *E.E. Nifantev, D.H. Predvoditelev* u. *M.K. Grachev*, Zh. Obshch. Khim. **46**, 477 (1976); engl.: 475.
[213] *N.P. Grechkin, R.R. Shagidullin* u. *G.S. Gubanova*, Izv. Akad. Nauk SSSR, Ser. Khim. **1968**, 1797; engl.: 1700.
[214] *C. Bonningue, D. Houalla, M. Sanchez, R. Wolf* u. *F.H. Osman*, J. Chem. Soc., Dalton Trans. **1981**, 19.
[215] *Y.V. Balitskii, L.F. Kasukhin, M.P. Ponamarchuk* u. *Y.G. Gololobov*, Zh. Obshch. Khim. **49**, 42 (1979); engl.: 34.
[216] *D. Houalla, F.H. Osman, M. Sanchez* u. *R. Wolf*, Tetrahedron Lett. **1977**, 3041.
[217] *D.B. Denney, D.Z. Denney, P.J. Hammond, C. Huang* u. *K.S. Tseng*, J. Am. Chem. Soc. **102**, 5073 (1980).

1,3,2-dioxaphospholan freigesetzt[218]; z.B.:

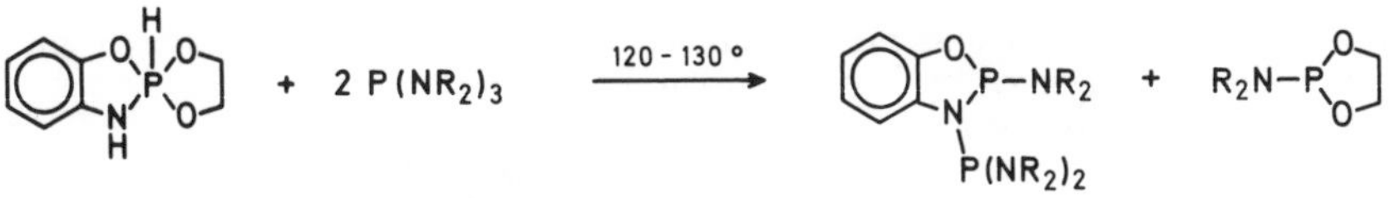

Spirophosphorane mit einem 1,3,2-Oxazaphospholan-Ring und einem 1,3,2-Dioxaphospholan-Ring können aber auch von allein unter Öffnung des Oxazaphospholan-Ringes übergehen in 2-Amino-1,3,2-dioxaphospholan[219]; z.B.:

2-(2-Carboxy-pyrrolidino)-1,3,2-dioxaphospholan

β) Phosphorigsäure-diester-isocyanate, -diester-isothiocyanate bzw. alkylester-amid-silylester

Phosphor-dichlorid-isocyanat reagiert in Gegenwart von tert. Amin mit Alkanolen unter Substitution beider Chlor-Atome zu Phosphorigsäure-dialkylester-isocyanaten[220]; z.B.:

$$Cl_2P\!-\!NCO \quad + \quad 2H_5C_2\!-\!OH \quad + \quad 2(H_5C_2)_3N \quad \xrightarrow[-2[(H_5C_2)_3\overset{\oplus}{N}H]Cl^{\ominus}]{}$$

$$(H_5C_2O)_2P\!-\!NCO$$

Phosphorigsäure-diethylester-isocyanat; 33%

Mit Isocyansäure/Trimethylamin in Diethylether wird Phosphorigsäure-diphenylester-chlorid glatt in *Phosphorigsäure-diphenylester-isocyanat* (70%) übergeführt[221a].
Alkalimetallcyanate werden vorzugsweise in einem Benzol/Acetonitril-Gemisch bei 80°/0,5 Stdn. umgesetzt, die erreichbaen Ausbeuten an cycl. Phosphorigsäure-dialkylester-isocyanaten betragen über 90%[222], an offenkettigen weniger[223].
Phosphorigsäure-dialkylester-isothiocyanate werden aus den Chloriden mit Kaliumrhodanid in Benzol bei 20°/2 Stdn. erhalten[221]; z.B.:

$$(H_3CO)_2P\!-\!Cl \quad + \quad KNCS \quad \xrightarrow[-KCl]{} \quad (H_3CO)_2P\!-\!NCS$$

Phosphorigsäure-dimethylester-isothiocyanat; 50%

[218] *M.A. Pudovik, S.A. Terenteva* u. *A.N. Pudovik*, Zh. Obshch. Khim. **44**, 1412 (1974); engl.: 1385.
[219] *B. Garrigues, C.B. Cong, A. Munoz* u. *A. Klaebe*, J. Chem. Research **1979**, 172.
[220] *M.V. Kolotilo, A.G. Matyusha* u. *G.I. Derkach*, Zh. Obshch. Khim. **40**, 758 (1970); engl.: 734.
[221] *I.V. Konovalova, R.D. Gareev, L.A. Burnaeva, N.K. Novikova, T.A. Faskhutdinova* u. *A.N. Pudovik*, Zh. Obshch. Khim. **50**, 1451 (1980); engl.: 1169.
[221a] *P.R. Steyermark*, J. Org. Chem. **28**, 586 (1963).
[222] *W.J. Stec, T. Sudol* u. *B. Uznanski*, Chem. Commun. **1975**, 467.
[223] *V.F. Gamaleya, E.I. Slyusarenko* u. *G.I. Derkach*, Zh. Obshch. Khim. **41**, 992 (1971); engl.: 997.

Entsprechend bildet sich mit Kaliumselenocyanat in 1,2-Dimethoxy-ethan z.B. das *5,5-Dimethyl-2-selenocyanato-1,3,2-dioxaphospholan*[224].

Phosphorigsäure-alkylester-amid-silylester entstehen beim Erwärmen aus 2-(Acetyl-trimethylsilyl-amino)-1,3,2-oxazaphospholanen unter Acetonitril-Abspaltung[225]:

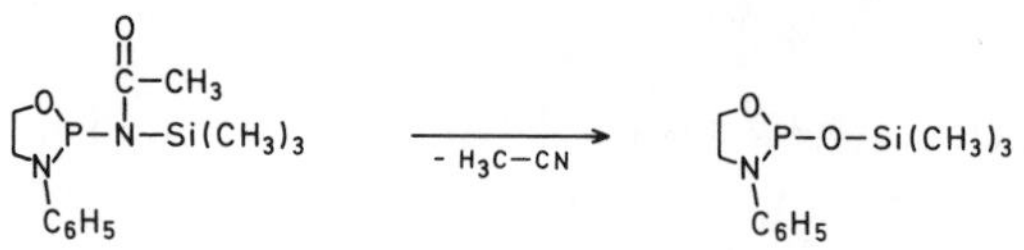

3-Phenyl-2-trimethylsilyloxy-1,3,2-oxazaphospholan

γ) *Phosphorigsäure-diester-hydroxylamide*

Phosphorigsäure-chlorid-diester setzen sich in Gegenwart von Triethylamin mit N-Alkyl-hydroxylaminen sowohl an der NH- wie an der OH-Funktion um. Monomere Diester-hydroxylamide werden mit O-Methyl- bzw. N,N-Dimethyl-hydroxylamin erhalten[226].

δ) *Phosphorigsäure-diester-hydrazide*

In Gegenwart von Triethylamin setzen sich Phosphorigsäure-chlorid-diester zu Phosphorigsäure-diester-hydraziden um[226, 228]. Auch überschüssiges Alkylhydrazin ist eine geeignete Base[229]:

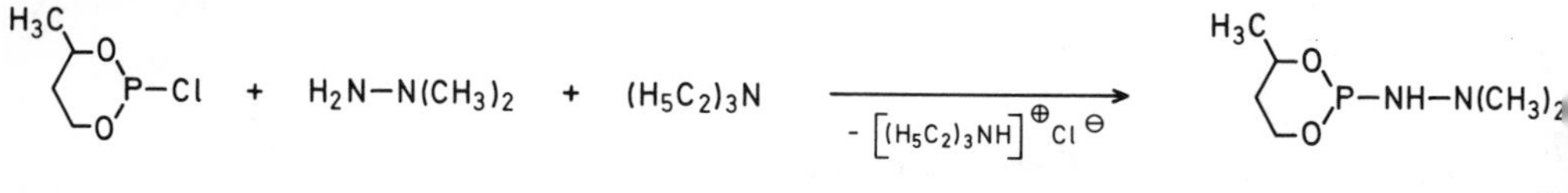

2-(2,2-Dimethyl-hydrazino)-1,3,2-dioxaphosphorinan

(2-Hydroxy-ethyl)-hydrazone verdrängen beide Amid-Reste aus Phosphorigsäure-di-amid-estern zu 2-Alkoxy-3-alkylidenamino-1,3,2-oxazaphospholanen[230]:

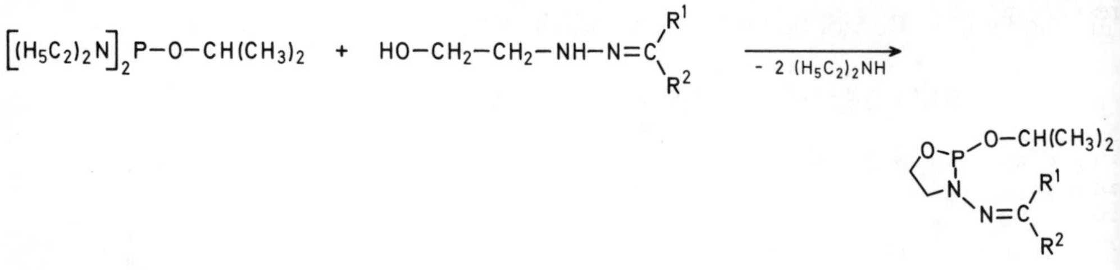

[224] *P. R. Steyermark*, J. Org. Chem. **28**, 586 (1963).
[225] *M. A. Pudovik, L. K. Kibardina, T. A. Pestova, M. D. Medvedeva* u. *A. N. Pudovik*, Zh. Obshch. Khim. **45**, 2568 (1975); engl.: 2528.
[226] *E. E. Nifantev*, Zh. Obshch. Khim. **34**, 3850 (1964); engl.: 3905.
[228] *V. S. Abramov, R. S. Chemborisov* u. *A. P. Kirisova*, Zh. Obshch. Khim. **38**, 1657 (1968); engl.: 1613.
[229] *D. W. McKennon, G. E. Graves* u. *L. W. Houk*, Synth. React. Inorg. Met. Org. Chem. **5**, 223 (1975).
[230] *M. A. Pudovik, G. Y. Gadzhiev, E. Y. Dzhalilov, M. D. Medvedeva* u. *A. N. Pudovik*, Zh. Obshch. Khim. **51**, 514 (1981); engl.: 398.

ε) Bis-[dialkoxyphosphano]- bzw. Bis-[diaryloxyphosphano]-amine

Sowohl die einstufige Umsetzung von Phosphorigsäure-chlorid-dialkylestern mit prim. Alkylamin/tert. Amin im Molverhältnis 2:1:2 wie auch die zweistufige Umsetzung mit Isolierung des Phosphorigsäure-alkylamid-dialkylesters führt zu Alkyl-bis-[dialkoxyphosphano]-aminen, letztere in besseren Ausbeuten (bis 57%)[231]; z.B.:

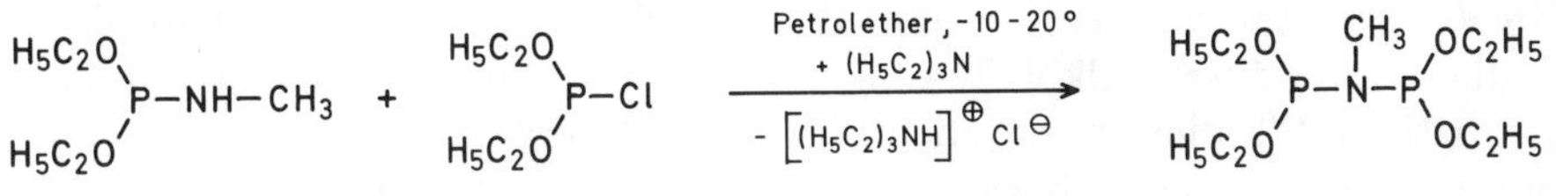

Bis-[diethoxyphosphano]-methyl-amin

Setzt man statt der prim. Alkylamine/tert. Amin die Alkyl-bis-[trimethylsilyl]-amine ein, so werden lösungsmittelfrei bei 70° (4 Stdn.) im ein- und im zweistufigen Verfahren Alkyl-bis-[dialkoxyphosphano]-amine zu 43–46% erhalten[232].

Alkyl-bis-[dichlorphosphano]-amine werden durch Alkohol/Amin im Molverhältnis 1:4:4 bei 20° (0,5 Stdn.) in Petrolether ebenfalls zu Alkyl-bis-[dialkoxyphosphano]-aminen umgewandelt[233].

Alkyl-bis-[diaryloxyphosphano]-amine (65–70%) entstehen aus den Alkyl-bis-[dijodphosphano]-aminen mit Natrium-phenolat in Benzol bei 50–60° (4 Stdn.)[234].

Einseitige Oxidation der Bis-[dialkoxyphosphano]-amine mit Schwefel und Selen ist mit guten Ausbeuten durchführbar[235].

e₄₁) Dithiophosphorigsäure-O,S,S-triester

Das bekannte Verfahren, Phosphorigsäure-alkylester-dichloride mit Thiolen/Amin bzw. ihren Alkalimetall- oder Ammonium-Salzen zu Dithiophosphorigsäure-O,S,S-trialkyl-estern umzusetzen, ist auf Dithiophosphorigsäure-O-sek.-alkylester-S,S-diaryl-ester[238,239] und -O-arylester-S,S-dialkylester[240] ausgedehnt worden. In die Reaktion können neben prim. auch sek. und tert. Thiole eingesetzt werden[238,241]. Bei den S-tert.-Alkylestern besteht aber die Gefahr der Alken-Abspaltung zu Dithiophosphorigsäure-O,S-diestern oder deren Folgeprodukten unter Destillationsbedingungen[242].

[231] L. K. Nikonorova, N. P. Grechkin u. I. A. Nuretdinov, Zh. Obshch. Khim. 46, 1015 (1976); engl.: 1012.
[232] H. Binder u. R. Fischer, Chem. Ber. 107, 205 (1974).
[233] I. U. Colquhoun u. W. McFarlane, J. Chem. Soc., Dalton Trans. 1977, 1674.
[234] Z. K. Gorbatenko, I. T. Rozhdestvenskaya u. N. G. Feshchenko, Zh. Obshch. Khim. 45, 2367 (1975); engl.: 2325.
[235] N. P. Grechkin, I. A. Nuretdinov, L. K. Nikonorova u. E. I. Loginova, Zh. Obshch. Khim. 46, 1753 (1976); engl.: 1012.
[238] JP 7606212 (1976), Bayer AG, C. A. 87, 179022 (1977).
[239] FR 1583740 (1969), Nihon Tokushu Nayaku Seise KK; C. A. 73, 76868 (1970).
[240] US 3037043 (1959), Virginia-Carolina Chem. Corp., Erf.: L. E. Goyette; C. A. 57, 13681 (1962).
[241] DOS 2100388 (1970), Ciba-Geigy AG, Erf.: E. Beriger u. H. Martin; C. A. 75, 110048 (1971).
[242] N. I. Rizpoloszhenskii, L. V. Stepashkina u. R. M. Eliseenkova, Izv. Akad. Nauk SSSR, Ser. Khim. 1974, 2121; engl.: 2039.

Unsymmetrische Dithiophosphorigsäure-O,S,S-triester können aus aliphatischen und aromatischen Thiophosphorigsäure-chlorid-O,S-diestern und Thiolen in inerten Lösungsmitteln – aus aliphatischen Chlorid-O,S-diestern in Gegenwart von tert. Amin – erhalten werden[243, 244, 244a].

Ausbeuten von 60–77% an Dithiophosphorigsäure-O-alkylester-S,S-diethylestern liefert die Umsetzung des Dithiophosphorigsäure-chlorid-S,S-diethylesters mit prim. und sek. Alkoholen in Diethylether bei 0°/3 Stdn. mit N,N-Dimethyl-anilin als Base[245] oder in Hexan mit Triethylamin[246]. Noch empfindlicher als die S-tert.-Alkylester sind die O-tert.-Alkylester, die bereits während der Synthese aus Dithiophosphorigsäure-chlorid-S,S-diestern und tert.-Alkohol/Amin bei ~ 20° unter Alken-Eliminierung zu Dithiophosphorigsäure-S,S-diestern zerfallen[247]. Bei – 10° bis – 15° läßt sich auch Glycid mit Dithiophosphorigsäure-chlorid-S,S-diestern umsetzen[248], während 2-Chlor-1,3,2-dithiaphospholane und -dithiaphosphorinane mit Alkoholen und Phenolen/Triethylamin noch bei ~ 30° Ausbeuten über 90% liefern[249]:

$$\underset{S}{\overset{S}{\Big\rangle}}P\text{-Cl} \ + \ R\text{-OH} \quad \xrightarrow[\text{- }\left[(H_5C_2)_3NH\right]^{\oplus} Cl^{\ominus}]{(H_5C_2)_3N} \quad \underset{S}{\overset{S}{\Big\rangle}}P\text{-O-R}$$

Durch Verwendung von Methylamin als Base sinkt die Ausbeute nur geringfügig[250], ausgehend von 2-Chlor-1,3,2-benzodithiaphosphol jedoch auf ~ 50%[250]. Vorteilhaft ist in den genannten Fällen die Zugabe von Zeolithen zur Bindung von Restwasser[249].

Dithiophosphorigsäure-chlorid-S,S-diester ergeben mit 2-Alkyl-oxetanen bei 40–50° in Benzol Dithiophosphorigsäure-O-[1-alkyl-3-chlor-propylester]-S,S-diester in Ausbeuten von 80–85%[251], mit Oxiran entstehen auch unter wenig kontrollierten Bedingungen noch 59% des 2-Chlor-ethylesters[252].

$$\underset{R\text{-S}}{\overset{R\text{-S}}{\Big\rangle}}P\text{-Cl} \ + \ H_3C\text{-}\overset{O}{\triangleleft\rangle} \quad \longrightarrow \quad \underset{R\text{-S}}{\overset{R\text{-S}}{\Big\rangle}}P\text{-O-}\underset{\underset{CH_3}{|}}{CH}\text{-CH}_2\text{-CH}_2\text{-Cl}$$

Analog den Chloriden werden Dithiophosphorigsäure-S,S-diester-Dithiophosphorsäure-O,O-diester-Anhydride durch äquimolare Mengen Alkohol/Amin in die Dithiophosphorigsäure-O,S,S-triester umgewandelt[253].

[243] M. Movsum-Zade, S. R. Aliev u. F. N. Mamedov, Zh. Obshch. Khim. 50, 2698 (1980); engl.: 2179.

[244] DOS 2 111 588 (1970), Bayer AG, Erf.: S. Kishino, A. Kudamatsu, K. Shiokawa, K. Kawasaki u. S. Yamaguchi; C. A. 76, 13 809 (1972).

[244a] A. M. Kuliev, S. R. Aliev, F. N. Mamedov, M. Movsum-Zade u. M. I. Shikhieva, Zh. Obshch. Khim. 47, 2492 (1977); engl.: 2278.

[245] H. Takaku u. Y. Shimada, Tetrahedron Lett. 1972, 411.

[246] US 3 210 244 (1962), Socony Mobil Oil Co, Erf.: J. H. Wilson; C. A. 63, 18 967 (1965).

[247] E. E. Nifantev, A. I. Zavalishina, S. F. Sorokina, V. S. Blagoveshchinskii, O. P. Yakovleva u. E. V. Esinina, Zh. Obshch. Khim. 44, 1694 (1974); engl.: 1664.

[248] L. V. Stepashkina, V. D. Akamsin u. N. I. Rizpolozhenskii, Izv. Akad. Nauk SSSR, Ser. Khim. 1972, 380; engl.: 330.

[249] US 4 140 514 (1978), Chevron Res. Co, Erf.: F. J. Freenor; C. A. 90, 912 340 (1979).

[250] H. Boudjebel, H. Goncalves u. F. Mathis, Bull. Soc. Chim. Fr. 1975, 628.

[251] L. Z. Nikonova u. O. N. Nuretdinova, Izv. Akad. Nauk SSSR, Ser. Khim. 1980, 918; engl.: 664.

[252] O. N. Nuretdinova, Izv. Akad. Nauk SSSR, Ser. Khim. 1966, 1255; engl.: 1205.

[253] O. P. Yakovleva, V. S. Blagoveshchenskii, A. A. Borisenko, E. E. Nifantev u. S. I. Volfkovich, Izv. Akad. Nauk SSSR, Ser. Khim. 1975, 2060; engl.: 1941.

2-Dialkylamino-1,3,2-benzodithiaphosphole werden durch Methanol rasch in *2-Methoxy-1,3,2-benzodithia-phosphole* umgewandelt. 2-Dialkylamino-1,3,2-dithiaphospholane und offenkettige Dithiophosphorigsäure-amid-S,S-dialkylester reagieren weniger einheitlich[250, 254].

e₄₂) Thiophosphorigsäure-amid-O,S-diester

Gleichzeitige Zugabe molarer Mengen Alkanol und Alkanthiol zu Phosphorigsäure-amid-dichlorid in Petrolether in Gegenwart von tert. Amin liefert ein Produktgemisch, das in einzelnen Fällen die destillative Isolierung des Thiophosphorigsäure-amid-O,S-diesters gestattet[255].

Thiophosphorigsäure-amid-O,S-diester entstehen durch Umsetzung der Thiophosphorigsäure-chlorid-O,S-diester mit sek. Aminen bei 0–20° in inerten Lösungsmitteln[256, 257]; z.B.:

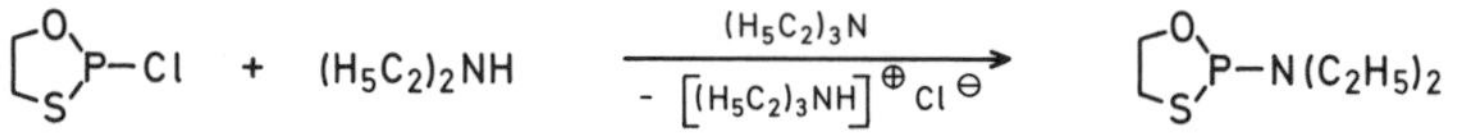

$$\text{(O,S-ring)}P-Cl \; + \; (H_5C_2)_2NH \quad \xrightarrow[- \, [(H_5C_2)_3NH]^{\oplus} Cl^{\ominus}]{(H_5C_2)_3N} \quad \text{(O,S-ring)}P-N(C_2H_5)_2$$

2-Diethylamino-1,3,2-oxathiaphospholan; 55%

bzw. aus Phosphorigsäure-amid-chlorid-estern mit Thiol und Base[258]:

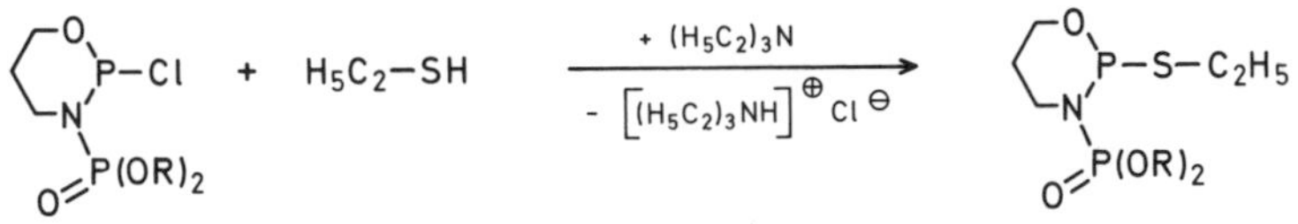

$$\text{(O,N-ring)}P-Cl \; + \; H_5C_2-SH \quad \xrightarrow[- \, [(H_5C_2)_3NH]^{\oplus} Cl^{\ominus}]{+ \, (H_5C_2)_3N} \quad \text{(O,N-ring)}P-S-C_2H_5$$

(Ring mit $O{=}P(OR)_2$ am N)

2-Chlor-1,3,2-azathiaphospholane setzen sich bei 50° (0,5 Stdn.) in inerten Lösungsmitteln mit 2-Alkyl-oxetanen zu 2-(1-Alkyl-3-chlor-propyl)-1,3,2-azathiaphospholanen (33–69%) um[259]:

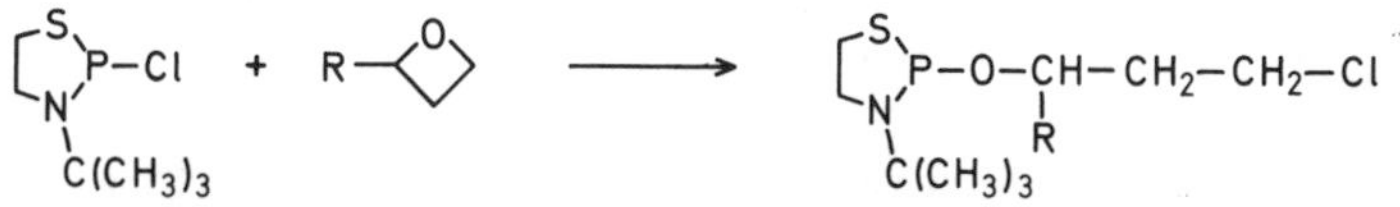

$$\text{(S,N-ring)}P-Cl \; + \; R-\text{(oxetan)} \quad \longrightarrow \quad \text{(S,N-ring)}P-O-CH-CH_2-CH_2-Cl$$

(N-Substituent $C(CH_3)_3$; am CH: R)

Zur Herstellung aus Phosphorigsäure-diamid-estern mit Thiol s. Lit.[260, 260a].

[250] H. Boudjebel, H. Goncalves u. F. Mathis, Bull. Soc. Chim. Fr. **1975**, 628.
[254] H. Goncalves, R. Burgada, M. Willson, H. Boudjebel u. F. Mathis, Bull. Soc. Chim. Fr. **1975**, 621.
[255] M. Willson, H. Goncalves, H. Boudjebel u. R. Burgada, Bull. Soc. Chim. Fr. **1975**, 615.
[256] E. E. Nifantev, A. I. Zavalishina, S. F. Sorokina u. A. A. Borisenko, Zh. Obshch. Khim. **46**, 471 (1976); engl.: 469.
[257] D. Bernard, P. Savignac u. R. Burgada, Bull. Soc. Chim. Fr. **1972**, 1657.
[258] M. A. Pudovik u. A. N. Pudovik, Zh. Obshch. Khim. **46**, 222 (1976); engl.: 219.
[259] L. Z. Nikonova u. O. N. Nuretdinova, Izv. Akad. Nauk SSSR, Ser. Khim. **1980**, 918; engl.: 664.
[260] E. E. Nifantev, A. P. Tuseev, A. I. Valdman, L. V. Voronina u. P. A. Morozov, Zh. Obshch. Khim. **48**, 1473 (1978); engl.: 1352.
[260a] A. N. Pudovik, M. A. Pudovik, S. A. Terenteva u. V. I. Belskii, Zh. Obshch. Khim. **41**, 2407 (1971); engl.: 2434.

2-Chlor-5-methylthio-3-phenyl-2,3-dihydro-1,3,4,2-thiadiazaphosphol setzt sich mit prim., sek. und tert. Alkoholen in Gegenwart von Amin zu den entsprechenden 2-Alkoxy-Derivaten um[261]:

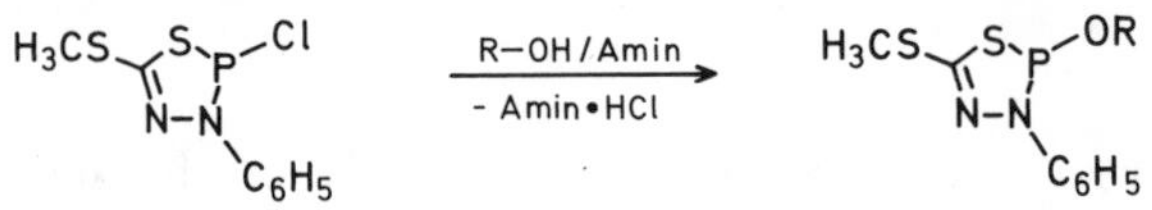

e₄₃) Phosphorigsäure-diamid-ester

α) Phosphorigsäure-bis-[organoamid]-ester

A. Herstellung

1. aus Phosphorigsäure-dichlorid-estern

Phosphorigsäure-alkylester- bzw. -arylester-dichloride, die mit Alkylaminen bzw. Anilin ohne Hilfsbase zu allerdings durch Disproportionierung verunreinigten Dianilid-estern bzw. Diamid-estern[262-264] reagieren, setzen sich bei Anwesenheit stöchiometrischer Mengen Triethylamin auch mit den schwach basischen N-Acyl-aminen[265] zu offenkettigen, mit N-Acyl-1,3-diaminen[266], 3-Alkylamino-carbonsäure-amiden[267], N¹,N³-Dimethyl-harnstoff[268] bzw. N-Silyl-diaminen[269] zu cycl. Phosphorigsäure-alkylester- bzw. -arylester-diamiden[270, 271] um, z.B.:

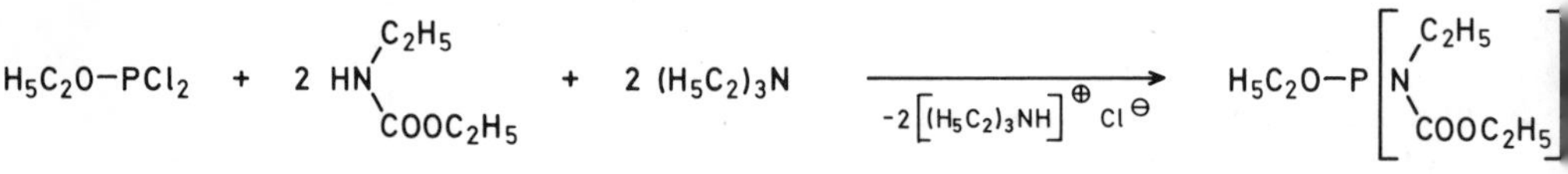

Phosphorigsäure-bis-[ethoxycarbonyl-ethyl-amid]-ethylester; 57%

Bevorzugte Reaktionstemp. ist 0–5° in inerten Lösungsmitteln[268, 269, 271] (z.B. THF, Benzol). Wenn das umzusetzende Amin zu vorgelegtem Phosphorigsäure-dichlorid-ester zugefügt wird, bleibt die Ausbeute zumeist bescheiden[272].

1,3-Dimethyl-2-ethoxy-4-oxo-1,3,2-diazaphosphorinan[267]: Zu einer Mischung von 7,0 g (0,06 mol) 3-Methylamino-propansäure-methylamid und 12,1 g (0,12 mol) Triethylamin in 150 *ml* Benzol werden bei 0–5° 8,8 g

[261] *N.I. Shevtsov-Shilovskii, B.P. Nesterenko* u. *A.A. Stepanova*, Zh. Obshch. Khim. **49**, 1896 (1979); engl.: 1669.
[262] *M. Zentil, S. Sengés, J.P. Faucher* u. *M.C. Labarre*, Bull. Soc. Chim. Fr. **1971**, 376.
[263] *Y.G. Trishin, V.N. Chistokletov* u. *A.A. Petrov*, Zh. Obshch. Khim. **49**, 48 (1979); engl.: 39.
[264] *R.J. Cremlyn, R.M. Ellam* u. *N. Akhtar*, Phosphorus Sulfur **7**, 257 (1979).
[265] *L.A. Antokhina* u. *P.I. Alimov*, Izv. Akad. Nauk SSSR, Ser. Khim. **1974**, 401; engl.: 367.
[266] *E.E. Nifantev, A.I. Zavalishina, E.I. Smirnova* u. *M.M. Vlasova*, Zh. Obshch. Khim. **50**, 459 (1980); C.A. **93**, 8151 (1980).
[267] *E.E. Nifantev, A.I. Zavalishina* u. *E.I. Smirnova*, Phosphorus Sulfur **10**, 261 (1981).
[268] *R. Burgada*, Bull. Soc. Chim. Fr. **1971**, 136.
[269] *E.E. Nifantev, A.I. Zavalishina, V.V. Kurochkin, E.V. Nikolaeva* u. *L.K. Vasyanina*, Zh. Obshch. Khim. **51**, 474 (1981); C.A. **95**, 97881 (1981).
[270] *Y.G. Gololobov* u. *L.I. Nesterova*, Zh. Obshch. Khim. **50**, 683 (1980); C.A. **93**, 186250 (1980).
[271] SU 558035 (1975), *G.V. Lavrentev* et al.; C.A. **87**, 69179 (1977).
[272] *W.G. Bentrude, W.D. Johnson* u. *W.A. Khan*, J. Org. Chem. **37**, 642 (1972).

(0,06 mol) Phosphorigsäure-dichlorid-ethylester zugefügt. Nach 2 Stdn. bei ~ 20° wird Triethylamin-Hydrochlorid abfiltriert, Benzol aus dem Filtrat abgezogen und der Rückstand i. Vak. destilliert; Ausbeute: 5,9 g (52%); Sdp.: 80–81°/1 Torr (0,13 kPa).

Phosphorigsäure-arylester-dichloride reagieren mit überschüssigem Dialkylamin zu Phosphorigsäure-arylester-diamiden[273]; z.B.:

$$H_5C_6O-PCl_2 \; + \; 4 \; HN(C_2H_5)_2 \quad \xrightarrow[- \; 2 \; [(H_5C_2)_2NH_2]^{\oplus} \; Cl^{\ominus}]{} \quad H_5C_6O-P\left[N(C_2H_5)_2\right]_2$$

Phosphorigsäure-bis-[diethylamid]-phenylester; 57,6%

Phosphorigsäure-bis-[diethylamid]-(4-methyl-phenylester)[273]: Unter Rühren werden 50 g (0,24 mol) Phosphorigsäure-dichlorid-(4-methyl-phenylester), gelöst in 30 ml Benzol, in eine auf − 5° gehaltene Lösung von 69,85 g (0,96 mol) Diethylamin in 500 ml trockenem Benzol eingetropft. Im Anschluß wird die Mischung 1,5 Stdn. bei 20° gerührt und sodann filtriert. Aus dem Filtrat wird das Benzol abgezogen, der Rückstand destilliert; Ausbeute: 42 g (62%); Sdp.: 89–90°/0,02 Torr (2,67 Pa).

Die 2,6-disubstituierten Arylester-dichloride benötigen bei 20° 15 Stdn. Reaktionszeit[274].

Zur Umsetzung mit Heptamethyldisilazan zu Phosphorigsäure-alkylester-bis-[methyl-trimethylsilyl-amiden] s. Lit.[275].
Phosphorigsäure-alkylester-bis-[phenylureide] sind aus Phosphorigsäure-alkylester-bis-[isocyanaten] und Anilin zugänglich[276].

2. aus Phosphorigsäure-amid-dichloriden

2- und 3-Amino-alkohole lassen sich einstufig mit Phosphorigsäure-amid-dichloriden zu cycl. Phosphorigsäure-diamid-estern umsetzen[277, 278]; z.B.:

$$Cl_2P-N(C_2H_5)_2 \; + \; HO-(CH_2)_3-NH-C_3H_7 \; + \; 2 \; (H_5C_2)_3N \quad \xrightarrow[- \; 2 \; [(H_5C_2)_3NH]^{\oplus} \; Cl^{\ominus}]{6 - 10° / (H_5C_2)_2O \; (od. \; C_6H_6)}$$

2-Diethylamino-3-propyl-1,3,2-oxazaphosphorinan

Entsprechend reagieren 2-Amino-phenole bei − 10° zu 2-Amino-2,3-dihydro-⟨benzo-1,3,2-oxazaphospholen⟩; bei höheren Temperaturen entstehen stattdessen Spirophosphorane[279]. 2-Hydroxy-carbonsäure-alkylamide setzen sich mit den Phosphorigsäure-amid-dichloriden zu 2-Amino-4-oxo-1,3,2-oxazaphospholanen um[277].

[273] *N. A. Buina, I. A. Nuretdinov* u. *N. P. Grechkin*, Izv. Akad. Nauk SSSR, Ser. Khim. **1967**, 1606; engl.: 1545.
[274] *E. E. Nifantev, D. A. Predvoditelev, A. P. Tuseev, M. K. Grachev* u. *M. A. Zolotov*, Zh. Obshch. Khim. **50**, 1702 (1980); engl.: 1379.
[275] *H. Binder* u. *R. Fischer*, Chem. Ber. **107**, 205 (1974).
[276] *V. A. Shokol, V. V. Doroshenko, N. K. Mikhailyuchenko, L. I. Molyavko* u. *D. I. Derkach*, Zh. Obshch. Khim. **39**, 1041 (1969); engl.: 1012.
[277] *R. Burgada*, Bull. Soc. Chim. Fr. **1971**, 136.
[278] *E. E. Nifantev, D. A. Predvoditelev* u. *M. K. Grachev*, Zh. Obshch. Khim. **46**, 477 (1976); engl.: 475.
[279] *M. A. Pudovik, Y. A. Mikailov, Y. A. Malykh, V. A. Alfonsov, G. U. Zamaletdinova, E. S. Batyeva* u. *A. N. Pudovik*, Zh. Obshch. Khim. **50**, 1677 (1980); engl.: 1359.

2-Diethylamino-2,3-dihydro-1,3,2-benzoxazaphosphol[279]**:**

$$Cl_2P-N(C_2H_5)_2 \quad + \quad \text{[2-amino-phenol structure: benzene ring with OH and NH_2]} \quad \longrightarrow \quad \text{[product: benzoxazaphosphol ring }P-N(C_2H_5)_2\text{]}$$

Zu 10,9 g (0,1 mol) 2-Amino-phenol und 20,2 g (0,02 mol) Triethylamin in 200 *ml* trockenem Diethylether werden bei 0°–10° 17,4 g (0,1 mol) Phosphorigsäure-dichlorid-diethylamid zugetropft. Man rührt 15 Min. bei 10° und 1 Stde. bei 20°, dann wird filtriert. Nach Abziehen des Ethers aus dem Filtrat verbleiben 20,6 g (98%); (ölige Flüssigkeit).

3. aus Phosphorigsäure-amid-chlorid-estern

Phosphorigsäure-amid-chlorid-ester lassen sich – vorzugsweise bei herabgesetzter Temp.[280] – mit überschüssigem Dialkylamin[278, 281, 282] oder Anilin oder mit der Kombination Anilin/Triethylamin[281, 281a] in inerten Lösungsmitteln (z. B. Benzol) zu den Diamidestern umsetzen. Die schwächer basischen Acyl-amine[283] bzw. Silyl-amine[284] bedürfen der Gegenwart eines stärker basischen Amins.

$$\text{[reaction scheme]} \quad \begin{matrix} RO \\ P-Cl \\ R^1_2N \end{matrix} \quad + \quad HN\begin{matrix} R^2 \\ COOC_2H_5 \end{matrix} \quad + \quad (H_5C_2)_3N \quad \xrightarrow[-\;[(H_5C_2)_3NH]^{\oplus}\,Cl^{\ominus}]{} \quad \begin{matrix} RO \\ P-N \\ R^1_2N \end{matrix}\begin{matrix} R^2 \\ COOC_2H_5 \end{matrix}$$

Phosphorigsäure-diethylamid-(ethoxycarbonyl-ethyl-amid)-ethylester[283]**:** Zu einer Mischung von 5,97 g (0,05 mol) Kohlensäure-ethylamid-ethylester und 5,15 g (0,05 mol) Triethylamin werden bei 20° 9,36 g (0,05 mol) Phosphorigsäure-chlorid-diethylamid-ethylester zugefügt. Die Mischung wird 3 Stdn. auf 45° erwärmt und sodann mit Diethylether versetzt. Die Ausfällung wird abfiltriert, das Lösungsmittel aus dem Filtrat abgezogen und i. Vak. destilliert; Ausbeute: 6,2 g (46%); Sdp.: 86–88°/1,5 Torr (0,2 kPa).

2-Diethylamino-2,3-dihydro-1,3,2-benzoxazaphosphol[280]**:** Eine Lösung von 16,8 g (0,1 mol) 2-Chlor-2,3-dihydro-1,3,2-benzoxazaphosphol in 50 *ml* Benzol wird bei −5° bis 2° zu einer Lösung von 14,7 g (0,2 mol) Diethylamin in 100 *ml* Benzol zugetropft. Ohne äußere Kühlung wird die Mischung 2 Stdn. gerührt, sodann wird vom Amin-Hydrochlorid abfiltriert und das Lösungsmittel aus dem Filtrat abgezogen. Aus dem Rückstand wird das Produkt mit heißem Hexan extrahiert; Ausbeute: 15,0 g (71%).

Silylamine werden, wenn die Silyl-Gruppe erhalten bleiben soll, mit Vorteil als Natrium-Salze bei −20° in Diethylether mit dem Amid-chlorid-ester umgesetzt[284].

Anderenfalls kann unter Verzicht auf Base ein Silyl-amin oder -amid in die Reaktion mit Phosphorigsäure-amid-chlorid-ester eingesetzt werden[285, 286], so daß z. B. Chlor-trimethyl-silan abgespalten wird; z. B.:

[278] E. E. Nifantev, D. A. Predvoditelev u. M. K. Grachev, Zh. Obshch. Khim. **46**, 477 (1976); engl.: 475.

[279] M. A. Pudovik, Y. A. Mikailov, Y. A. Malykh, V. A. Alfonsov, G. U. Zamaletdinova, E. S. Batyeva u. A. N. Pudovik, Zh. Obshch. Khim. **50**, 1677 (1980); engl.: 1359.

[280] M. M. Yusupov, N. K. Rozhkova u. N. D. Abdullaev, Zh. Obshch. Khim. **46**, 583 (1976); engl.: 581.

[281] Y. V. Balitskii, Y. G. Gololobov, V. M. Yurchenko, M. Y. Antipin, Y. T. Struchkov u. I. E. Boldeskul, Zh. Obshch. Khim. **50**, 291 (1980); engl.: 231.

[281a] E. E. Milliaresi, M. A. Kharshan, E. A. Preobrazhenskaya, E. A. Koveshnikova u. E. E. Nifantev, Zh. Obshch. Khim. **51**, 1524 (1981); engl. 1292.

[282] A. N. Pudovik, O. S. Shulyudina u. K. K. Nagaeva, Zh. Obshch. Khim. **40**, 1477 (1970); engl.: 1463.

[283] L. A. Antokhina u. P. I. Alimov, Izv. Akad. Nauk SSSR, Ser. Khim. **1974**, 401; engl.: 367.

[284] M. A. Pudovik, L. K. Kibardina, M. D. Medvedeva u. A. N. Pudovik, Zh. Obshch. Khim. **49**, 988 (1979); engl.: 855.

[285] Y. G. Gololobov u. L. I. Nesterova, Zh. Obshch. Khim. **50**, 683 (1980); C. A. **93**, 186250 (1980).

[286] M. A. Pudovik, L. K. Kibardina, M. D. Medvedeva, N. P. Anoshina u. A. N. Pudovik, Zh. Obshch. Khim. **48**, 2648 (1978); engl.: 2402.

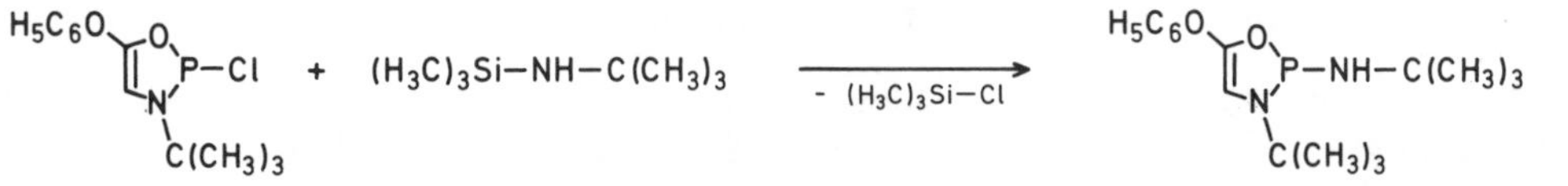

$$3\text{-}tert.\text{-}Butyl\text{-}2\text{-}tert.\text{-}butylamino\text{-}5\text{-}phenoxy\text{-}2,3\text{-}dihydro\text{-}1,3,2\text{-}oxazaphosphol}$$

Phosphorigsäure-amid-chlorid-ester und Disilylamine ergeben N-silylierte Phosphorig-säure-diamid-ester im Gemisch mit Bis-[alkoxy-amino-phosphano]-aminen[287].

4. aus Phosphorigsäure-chlorid-diamiden

Offenkettige[288–291] und cycl.[292, 293, 293a] Phosphorigsäure-chlorid-diamide einschließlich des sterisch belasteten Phosphorigsäure-bis-[diphenylamid]-chlorids[294] setzen sich mit prim., sek. und tert. Alkoholen, mit Phenol und mit Hydroxy-carbonsäure-estern[288] bei Anwesenheit von Triethylamin in Diethylether oder Benzol als Lösungsmittel zu Phos-phorigsäure-alkylester- bzw. -arylester-diamiden um, z. B.:

Normalerweise sind offenkettige Produkte durch Disproportionierung verunreinigt[295, 296]. Um zu Enolestern und zu Estern tert. Alkohole zu gelangen, ist die vorangehende Herstellung des Alkalimetall- oder Magnesium-Salzes und dessen Umsetzung mit dem Phosphorigsäure-chlorid-diamid in Diethylether angebracht[297, 298]. Zerfall des tert. Butyl-esters s. Lit.[293a, 293b].

Die Umsetzung der Phosphorigsäure-chlorid-diamide mit molaren Mengen Oxetanen, die bei substituierten Oxetanen nur unvollständig abläuft und zu einem Isomerengemisch mit überwiegend Phosphorigsäure-(3-chlor-propylester)-diamid führt, wird durch geringe Mengen Zinkchlorid katalysiert. Das Oxetan wird bei 30–40° zugegeben[299, 300] (Ausbeuten: 61–64%).

[287] M. A. Pudovik, M. D. Medvedeva u. A. N. Pudovik, Zh. Obshch. Khim. **46**, 773 (1976); engl.: 772.

[288] R. Burgada, Bull. Soc. Chim. Fr. **1971**, 136.

[289] J. H. Hargis u. W. D. Alley, J. Am. Chem. Soc. **96**, 5927 (1974).

[290] J. H. Hargis u. W. D. Alley, Chem. Commun. **1975**, 612.

[291] F. S. Mukhametov, S. V. Stepashkina u. N. I. Rizpolozhenskii, Izv. Akad. Nauk SSSR, Ser. Khim. **1977**, 1134; engl.: 1040.

[292] E. E. Nifantev, A. I. Zavalishina, S. F. Sorokina, A. A. Borisenko, E. I. Smirnova, V. V. Kurochkin u. L. I. Moiseeva, Zh. Obshch. Khim. **49**, 64 (1979); engl.: 53.

[293] E. E. Nifantev, A. I. Zavalishina u. E. I. Smirnova, Phosphorus Sulfur **10**, 261 (1981).

[293a] E. E. Nifantev, A. I. Zavalishina, S. F. Sorokina, A. A. Borisenko, E. I. Smirnova u. I. V. Gustova, Zh. Obshch. Khim. **47**, 1960 (1977); engl.: 1793.

[293b] E. I. Smirnova, A. I. Zavalishina, A. A. Borisenko, M. N. Rybina u. E. E. Nifantev, Zh. Obshch. Khim. **51**, 1956 (1981).

[294] H. Falius u. M. Babin, Z. Anorg. Allg. Chem. **420**, 65 (1976).

[295] A. Zwierzak u. A. Koziara, Tetrahedron **23**, 2243 (1967).

[296] M. Zentil, S. Sengés, J. P. Faucher u. M. C. Labarre, Bull. Soc. Chim. Fr. **1971**, 376.

[297] A. N. Kurkin, E. S. Novikova u. I. F. Lutsenko, Zh. Obshch. Khim. **50**, 1467 (1980); engl.: 1183.

[298] R. Burgada u. H. Normant, C. R. Acad. Sci. **257**, 1943 (1963).

[299] B. A. Arbusov, O. N. Nuretdinova, L. Z. Nikonova, F. F. Guseva u. E. I. Goldfarb, Izv. Akad. Nauk SSSR, Ser. Khim. **1973**, 2345; engl.: 2288.

[300] L. Z. Nikonova u. O. N. Nuretdinova, Izv. Akad. Nauk SSSR, Ser. Khim. **1980**, 918; engl.: 663.

5. aus Phosphorigsäure-amid-ester-Anhydriden und -diamid-Anhydriden

Den Phosphorigsäure-amid-ester-halogeniden ähnlich verhalten sich die Anhydride der Phosphorigsäure-amid-ester mit anderen P-Säuren [z.B. Methan(thio)-phosphonsäure-ethylester][301] gegenüber einem bedeutenden Amin-Überschuß; z.B.:

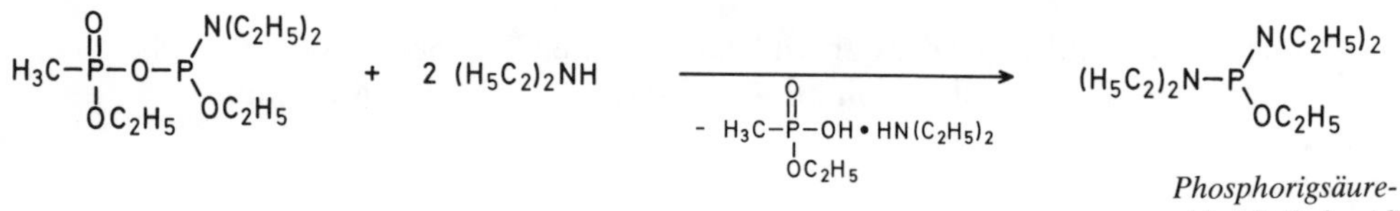

Phosphorigsäure-bis-[diethylamid]-ethylester; 73%

Um unerwünschte Folgereaktionen auszuschalten, muß vor der destillativen Aufarbeitung das Ammoniumsalz mit Petrolether ausgefällt und abgetrennt werden (Ausbeuten: >70%).

Ebenso können die aus den Phosphorigsäure-diamid-estern mit Schwefelkohlenstoff zugänglichen Thiophosphorigsäure-amid-ester-Thiocarbaminsäure-Anhydride mit Amin, aber auch durch Erhitzen wieder in die Diamid-ester zurückverwandelt werden[302]; z.B.:

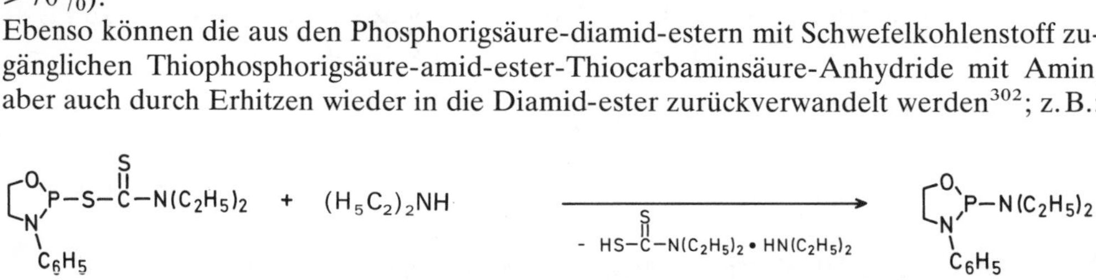

2-Diethylamino-3-phenyl-1,3,2-oxazaphospholan; 77%

Zur Herstellung aus Phosphorigsäure-bis-[dialkylamid]-Carbaminsäure-Anhydriden mit Alkoholen s. Lit.[303].

6. aus Diphosphorigsäure-bis-diamiden

Analog den Phosphorigsäure-chlorid-diamiden werden die Anhydride der Phosphorigsäure-diamide bei Einwirkung von Alkoholen quantitativ zu Phosphorigsäure-diamid-estern-gespalten[304]:

7. aus Phosphorigsäure-triarylestern

Die Verdrängung von Aryloxy-Gruppen durch Amino- und Imino-Gruppen ist mit 1-Amino-3-imino-1,1,3,3-tetraphenyl-diphosphazen[305] sowie mit 1,8-Diamino-naphthalin[306] gelungen:

[301] V.N. Eliseenkov, N.A. Samatova, N.P. Anoshina u. A.N. Pudovik, Zh. Obshch. Khim. **46**, 23 (1976); engl.: 23.

[302] M.A. Pudovik, L.K. Kibardina, I.A. Aleksandrova, V.K. Khairullin u. A.N. Pudovik, Zh. Obshch. Khim. **51**, 28 (1981); engl.: 23.

[303] N.K. Kochetkov, E.E. Nifantev, I.P. Gudkova u. M.P. Koroteev, Zh. Obshch. Khim. **40**, 2199 (1970); engl.: 2185.

[304] V.L. Foss, N.V. Lukashev u. I.F. Lutsenko, Zh. Obshch. Khim. **50**, 1236 (1980); engl.: 1000.

[305] A. Schmidpeter u. I. Ebeling, Angew. Chem. **80**, 197 (1968).

[306] K. Pilgram u. F. Korte, Tetrahedron **19**, 137 (1963).

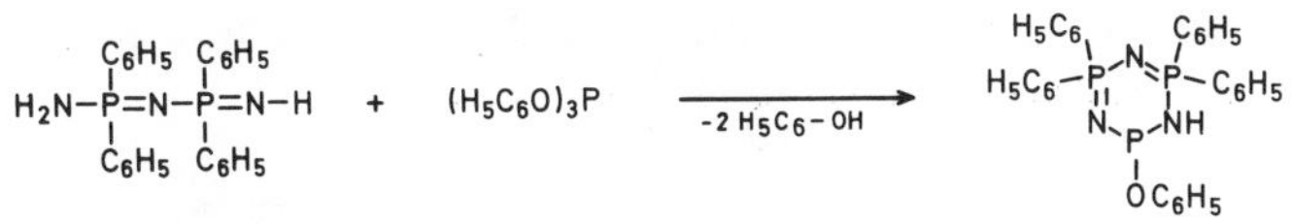

8. aus Phosphorigsäure-diamid-estern

8.1 durch Umamidierung

Phosphorigsäure-diamid-ester, von deren Amid-Resten wenigstens einer von einem leicht flüchtigen Amin abstammt, lassen sich mit einem höher siedenden Amin[307-309] oder einem Anilin-Hydrochlorid[310] umamidieren. *Exo*cyclische Amid-Gruppen werden bevorzugt verdrängt[307, 308]; z.B.:

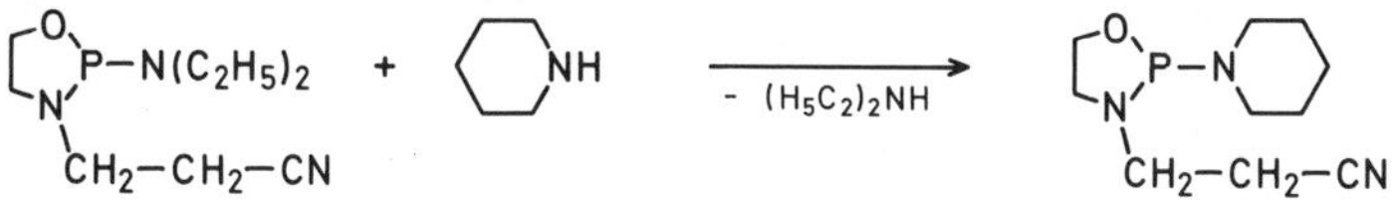

3-(2-Cyan-ethyl)-2-piperidino-1,3,2-oxazaphospholan

Aliphatische[311, 312], aromatische[313] und gemischt aliphatisch-aromatische[311] 1,2-Diamine sowie aliphatische 1,3-Diamine[314] verdrängen bei 80–140° zwei leichter flüchtige Amine aus Phosphorigsäure-diamid-estern unter Ringbildung; z.B.:

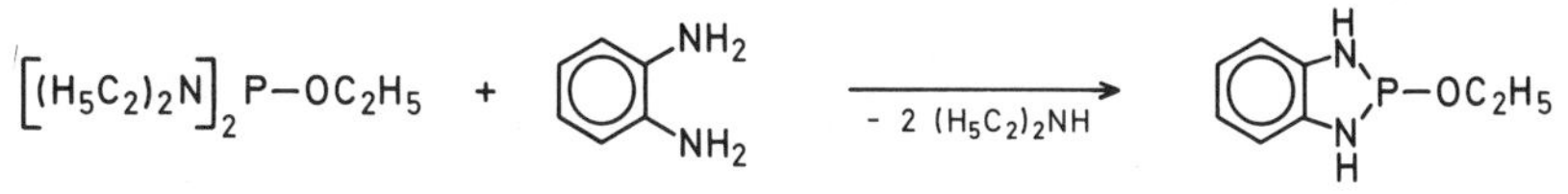

2-Ethoxy-2,3-dihydro-1,3,2-benzodiazaphosphol[313]: 14,7 g (0,136 mol) 1,2-Diamino-benzol und 30 g (0,136 mol) Phosphorigsäure-bis-[diethylamid]-ethylester werden 2 Stdn. auf 120–140° erwärmt (Diethylamin entweicht). Der Rückstand wird i. Vak. destilliert; Ausbeute: 7,7 g (31%); Sdp.: 135°/0,003 Torr (0,4 Pa).

8.2. durch Acylierung

Von mindestens einem prim. Amin abgeleitete Phosphorigsäure-diamid-ester können an der NH-Gruppe weiter mit Säure-Derivaten umgesetzt werden. 2-Dialkylamino-2,3-dihydro-1,3,2-benzooxazaphospholane reagieren mit Trimethylsilyl-amiden (Ammoniumsulfat als Katalysator!) bzw. Phosphorigsäure-tris-dialkylamiden zu 3-Trimethylsilyl-bzw. 3-(Bis-[dialkylamino]-phosphano)-2,3-dihydro-1,3,2-benzooxaza-

[307] *L. I. Mizrakh, L. Y. Polonskaya, L. N. Kozlova, T. A. Babushkina* u. *B. I. Bryantsev*, Zh. Obshch. Khim. **45**, 1469 (1975); engl.: 1436.

[308] *L. I. Mizrakh, L. Y. Polonskaya, B. I. Bryantsev* u. *N. V. Stepanchikova*, Zh. Obshch. Khim. **46**, 1490 (1976); engl.: 1460.

[309] *D. Houalla, M. Sanchez* u. *R. Wolf*, Bull. Soc. Chim. Fr. **1965**, 2368.

[310] *M. A. Pudovik, L. K. Kibardina* u. *A. N. Pudovik*, Zh. Obshch. Khim. **51**, 538 (1981); engl.: 420.

[311] *M. A. Pudovik, N. P. Morozova, M. S. Medvedeva* u. *A. N. Pudovik*, Izv. Akad. Nauk SSSR, Ser. Khim. **1978**, 1637; engl.: 1430.

[312] *M. A. Pudovik, N. A. Muslimova* u. *A. N. Pudovik*, Izv. Akad. Nauk SSSR, Ser. Khim. **1980**, 1183; C. A. **93**, 114408 (1980).

[313] *M. A. Pudovik, T. A. Pestova* u. *A. N. Pudovik*, Zh. Obshch. Khim. **46**, 230 (1976); engl.: 227.

[314] *E. E. Nifantev, A. T. Zavalishina, V. V. Kurochkin, E. V. Nikolaeva* u. *L. K. Vasyanina*, Zh. Obshch. Khim. **51**, 474 (1981); C. A. **95**, 97881 (1981).

phospholen[315]. Bereits unter den Bedingungen ihrer Synthese setzen sie sich mit über-schüssigem Phosphorigsäure-triamid um[316].

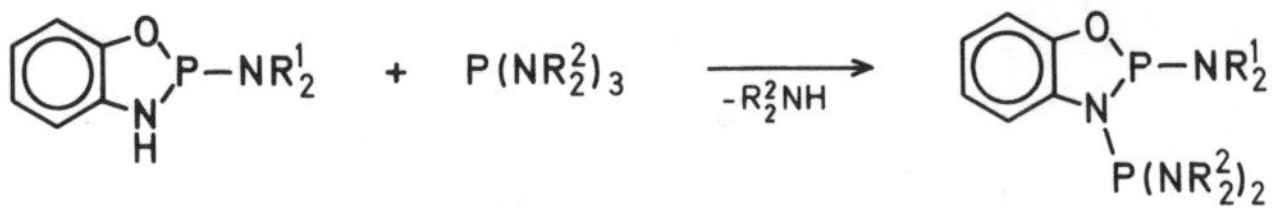

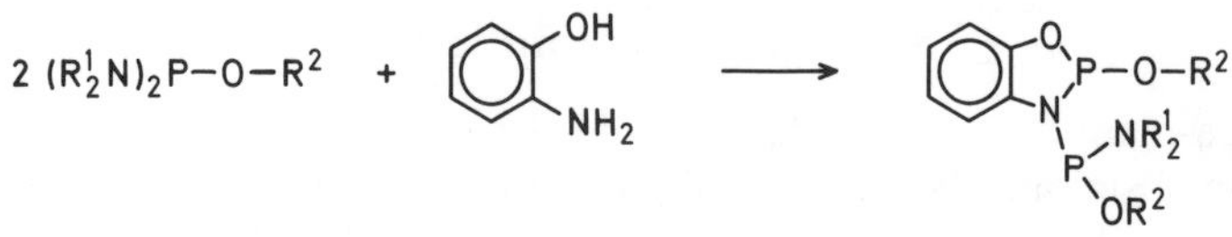

2 $(R_2^1N)_2P-O-R^2$ +

Entsprechend lassen sich 2-Alkoxy-1,3,2-diazaphospholane[311, 317] und -phosphorinane[314, 317] in die 2-Alkoxy-1-trimethylsilyl- bzw. 2-Alkoxy-1,3-bis-[trimethylsilyl]-1,3,2-oxazaphospholane bzw. -1,3,2-phosphorinane überführen.

8.3. durch Umlagerung

3-tert.-Butyl-2-tert.-butylamino-5-phenoxy-2,3-dihydro-1,3,2-oxazaphosphol lagert sich thermisch um in das *1,3-Di-tert.-butyl-5-oxo-2-phenoxy-1,3,2-diazaphospholan*[318]:

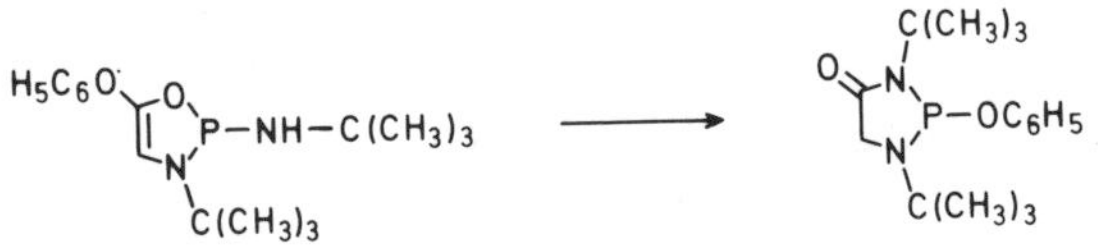

9. aus Thiophosphorigsäure-diamid-S-estern

Es liegen keine präparativen Angaben vor[319].

10. aus Phosphorigsäure-triamiden

In Phosphorigsäure-triamiden wird durch stöchiometrische Mengen Alkohol eine Amin-Gruppe ersetzt[320-326a]. *Exo*cyclische Amin-Gruppen werden zuerst verdrängt:

[311] *M.A. Pudovik, N.P. Morozova, M.S. Medvedeva* u. *A.N. Pudovik*, Izv. Akad. Nauk SSSR, Ser. Khim. **1978**, 1637; engl.: 1430.

[314] *E.E. Nifantev, A.T. Zavalishina, V.V. Kurochkin, E.V. Nikolaeva* u. *L.K. Vasyanina*, Zh. Obshch. Khim. **51**, 474 (1981); C.A. **95**, 97881 (1981).

[315] *M.A. Pudovik, Y.A. Mikailov, Y.A. Malykh, V.A. Alfonsov, G.U. Zamaletdinova, E.S. Batyeva* u. *A.N. Pudovik*, Zh. Obshch. Khim. **50**, 1677 (1980); engl.: 1359.

[316] *M.A. Pudovik, S.A. Terenteva, Y.Y. Samitov* u. *A.N. Pudovik*, Zh. Obshch. Khim. **45**, 266 (1975); engl.: 252.

[317] SU 601285 (1975), AS Kazan B.R. Arbusov, Erf.: *A.N. Pudovik, M.A. Pudovik, N.P. Morozova* et al.; C.A. **89**, 59956 (1978).

[318] *Y.G. Gololobov* u. *L.I. Nesterova*, Zh. Obshch. Khim. **50**, 683 (1980); C.A. **93**, 186250 (1980).

[319] *E.E. Nifantev, A.P. Tuseev, A.I. Valdman, L.V. Voronina* u. *P.A. Morozova*, Zh. Obshch. Khim. **48**, 1473 (1978); engl.: 1352.

[320] *R. Burgada*, Bull. Soc. Chim. Fr. **1971**, 136.

[321] *D. Houalla, M. Sanchez* u. *R. Wolf*, Bull. Soc. Chim. Fr. **1965**, 2368.

[322] *K.V. Nikonorov, L.A. Gurylev* u. *F.F. Mertsalova*, Izv. Akad. Nauk SSSR **1981**, 182; engl.: 161.

[323] *E.E. Nifantev, D.A. Predvoditelev* u. *V.A. Shin*, Zh. Vses. Khim. Ova. **23**, 220 (1978); C.A. **89**, 24645 (1978).

[324] *I. Mukaiyama* u. *V. Kodaira*, Bull. Chem. Soc. Jpn. **39**, 1297 (1966).

[325] *B.E. Ivanov* u. *S.V. Pasmanyuk*, Izv. Akad. Nauk SSSR Ser. Khim., **1968**, 138; engl.: 124.

[326] *E.E. Nifantev, A.I. Zavalishina* u. *E.I. Smirnova*, Phosphorus Sulfur **10**, 261 (1981).

[326a] *E.I. Smirnova, A.I. Zavalishina, A.A. Borisenko, M.N. Rybina* u. *E.E. Nifantev*, Zh. Obshch. Khim. **51**, 1956 (1981).

$$\underset{\substack{CH_3 \\ \\ CH_3}}{\left[\underset{N}{\overset{N}{\big|}}\right]}P-N(CH_3)_2 \quad + \quad H_3C-OH \quad \xrightarrow[-\,(H_3C)_2NH]{} \quad \underset{\substack{CH_3 \\ \\ CH_3}}{\left[\underset{N}{\overset{N}{\big|}}\right]}P-OCH_3$$

1,3-Dimethyl-2-methoxy-1,3,2-diazaphospholan

Die Reindarstellung nicht-cycl. Phosphorigsäure-diamid-ester auf diesem Weg ist schwierig, da sie unter den Reaktionsbedingungen zur Disproportionierung neigen[321, 327]. Mit zunehmender Sperrigkeit des Alkoxy- und der Dialkylamino-Reste nimmt die Neigung zum Ligandenaustausch ab. Arbeitet man unterhalb der Siedetemp. des Alkohols und destilliert im bestmöglichen Vakuum, wird die Störreaktion zurückgedrängt[328].

Phosphorigsäure-diethylamid-isopropylester[321]: Eine Mischung von 49,4 g (0,2 mol) Phosphorigsäure-tris-[diethylamid] und 12 g (0,2 mol) Isopropanol wird 1 Stde. zum Sieden erhitzt. Freigesetztes Amin wird durch einen langsamen Stickstoff-Strom ausgetragen. Man destilliert i. Vak.; Ausbeute: 35,1 g (75%); Sdp.: 45–46°/0,5 Torr (66 Pa).

Unter besonders milden Bedingungen verläuft die Alkoholyse, wenn die Triamide zunächst, katalysiert durch Ammoniumchlorid, mit Phenylisothiocyanat in ein Betain übergeführt werden, das bei 20° in benzolischer Lösung mit Alkohol in den in Benzol praktisch unlöslichen und durch Filtration leicht entfernbaren N-Phenyl-thioharnstoff und Phosphorigsäure-diamid-ester gespalten wird[329]:

$$(R_2N)_3\overset{\oplus}{P}-\overset{\overset{S}{\diagdown}}{\underset{N-C_6H_5}{\overset{\diagup}{C}\ominus}} \quad + \quad H_3C-OH \quad \xrightarrow[-\,H_5C_6-NH-\overset{\overset{S}{\|}}{C}-NR_2]{} \quad (R_2N)_2P-O-CH_3$$

Phenole und Diphenole reagieren oberhalb 100° unter Verdrängung des leicht flüchtigen Amins[330, 331]. Bei tieferen Temperaturen (z. B. in siedendem Benzol) werden Reaktionszeiten von über 10 Stdn. benötigt[332]. 2,6-Disubstituierte Phenole[333] und 1,2-substituierte phenolische Mannich-Basen[334] in Gegenwart von Amin-Hydrochloriden benötigen 140–180°. Verunreinigungen der Produkte mit Phosphorigsäure-amid-diestern sind nicht auszuschließen[335], mit phenolischen Mannich-Basen können Spirophosphorane Hauptprodukte werden[336]. Liegen gleichzeitig Aziridid- und offenkettige Dialkylamid-Gruppen vor, so werden bevorzugt die Aziridid-Reste verdrängt[337, 338].

Phosphorigsäure-bis-[dimethylamid]-phenylester[332]: Zu einer siedenden Lösung von 24,5 g (0,15 mol) Phosphorigsäure-tris-[dimethylamid] in 350 *ml* Benzol werden 14,2 g (0,15 mol) Phenol, gelöst in 100 *ml* Ben-

[321] *D. Houalla, M. Sanchez* u. *R. Wolf*, Bull. Soc. Chim. Fr. **1965**, 2368.

[327] *A. Zwierzak* u. *A. Koziara*, Tetrahedron **23**, 2243 (1967).

[328] *M. Zentil, S. Sengés, J. P. Faucher* u. *M. C. Labarre*, Bull. Soc. Chim. Fr. **1971**, 376.

[329] *E. S. Batyeva, E. N. Ofitserov* u. *A. N. Pudovik*, Zh. Obshch. Khim. **47**, 559 (1977); engl.: 512.

[330] SU 550400 (1975), Volg. Poly, Erf.: *S. N. Lopasteiskii, V. A. Lukasik, A. M. Ogrel, S. Y. Sizov* u. *A. P. Tuseev*, C.A. **86**, 191133 (1977).

[331] SU 586178, 586179 (1976), Erf.: *A. P. Tuseev* et al.; C.A. **88**, 90824 (1978) u. **88**, 106554 (1978).

[332] *W. G. Bentrude, W. D. Johnson* u. *W. A. Khan*, J. Org. Chem. **37**, 642 (1972).

[333] *E. E. Nifantev, D. A. Predvoditelev, A. P. Tuseev, M. K. Grachev* u. *M. A. Zolotov*, Zh. Obshch. Khim. **50**, 1702 (1980); engl.: 1379.

[334] *B. E. Ivanov, S. V. Samurina, A. B. Ageeva, L. A. Valitova* u. *V. E. Belskii*, Zh. Obshch. Khim. **49**, 1973 (1979); engl.: 1736.

[335] *M. A. Zolotov, D. A. Predvoditelev* u. *E. E. Nifantev*, Zh. Obshch. Khim. **50**, 2380 (1980); C. A. **94**, 24247 (1981).

[336] *B. E. Ivanov* u. *S. V. Samurina*, Izv. Akad. Nauk SSSR, Ser. Khim. **1974**, 2079; engl.: 1997.

[337] *I. A. Nuretdinov* u. *N. P. Grechkin*, Izv. Akad. Nauk SSSR **1967**, 439; engl.: 424.

[338] *I. A. Nuretdinov* u. *N. P. Grechkin*, Izv. Akad. Nauk SSSR **1968**, 1366; engl.: 1287.

zol, zugetropft. Die Reaktionsmischung wird 15 Stdn. am Sieden gehalten. Danach wird Benzol i. Vak. abgezogen und der Rückstand über eine Vigreux-Kolonne destilliert; Ausbeute: 28,2 g (87%); Sdp.: 52–53°/0,1 Torr (13 Pa).

2-Amino-alkohole mit sek. Amino-Gruppe, z. B.

2-Alkylamino-ethanole[339–341]　　Ephedrin[340, 343]
2-Anilino-ethanol[342]　　　　　　2-(2-Cyan-ethylamino)-ethanol[344]

sowie 2- und 3-Aminoalkohole mit acylierter prim. Amino-Gruppe[345, 346] bzw. 2-Acyl-amino-phenole[347] verdrängen beim Erhitzen auf mindestens 60°, häufig auch erst ab 90–140°, zwei Amino-Gruppen; z. B.:

$$P\left[N(CH_3)_2\right]_3 \; + \; H_5C_6-\underset{\underset{CH_3}{|}}{\overset{\overset{OH}{|}}{C}}H-CH-NH-CH_3 \longrightarrow$$

3,5-Dimethyl-2-dimethylamino-5-phenyl-1,3,2-oxazaphospholan

Dabei sollte zur Erreichung guter Ausbeuten während der Reaktion das Triamid stets im Überschuß vorliegen[341]. Ausbeuteverluste resultieren wesentlich aus der Bildung linear-verbrückter Phosphorigsäure-amid-diester und -diamid-ester[341].
2-Amino-phenol und 2-Amino-ethanol mit freier prim. Amino-Gruppe reagieren sogleich weiter zum Spirophosphoran[348–350]; Einwirkung von überschüssigem Phosphorig-säure-triamid auf 2-Amino-phenol mit freier prim. Amino-Gruppe führt dagegen zum 2-Amino-3-(diaminophosphano)-1,3,2-oxazaphospholan[351]. 3-Amino-alko-hole mit sek. Amino-Gruppe setzen sich auch bei äquimolaren Einsatz zu 3-Alkyl-2-(3-amino-alkoxy)-1,3,2-oxazaphosphorinanen um[352].

2-Dimethylamino-3-methyl-1,3,2-oxazaphospholan[353]: Zu 15 g (0,2 mol) 2-Methylamino-ethanol in 50 ml Benzol fügt man 32,6 g (0,2 mol) Phosphorigsäure-tris-[dimethylamid] in 50 ml Benzol. Die Mischung wird 2 Stdn. am Sieden gehalten, wobei die nahezu theor. Menge Dimethylamin entweicht. Das Lösungsmittel wird abgezogen und der Rückstand i. Vak. destilliert; Ausbeute: 18 g (63%); Sdp.: 66–68°/15,6 Torr (2,13 kPa).

3,4-Dimethyl-2-dimethylamino-5-phenyl-1,3,2-oxazaphospholan[354]: 16,5 g (0,1 mol) Ephedrin (2-Methylami-no-1-phenyl-propanol) und 65,2 g (0,4 mol) Phosphorigsäure-tris-[dimethylamid] werden im Stickstoffstrom

[339] *T. Mukaiyama* u. *Y. Kodaira*, Bull. Soc. Chem. Jpn. **39**, 1297 (1966).
[340] *R. Burgada*, Bull. Soc. Chim. Fr. **1971**, 136.
[341] *M. Sanchez, R. Wolf, R. Burgada* u. *F. Mathis*, Bull. Soc. Chim. Fr. **1968**, 773.
[342] *A. N. Pudovik, O. S. Shulyndina* u. *K. K. Nagaeva*, Zh. Obshch. Khim. **40**, 1477 (1970); engl.: 1463.
[343] *D. Bernard* u. *R. Burgada*, Phosphorus **3**, 187 (1974).
[344] *L. I. Mizrakh, L. Y. Polonskaya, B. I. Bryantsev* u. *N. V. Stepanchikova*, Zh. Obshch. Khim. **46**, 1490 (1976); engl.: 1460.
[345] *L. I. Mizrakh, L. Y. Polonskaya, L. N. Kozlova, T. A. Babushkina* u. *B. I. Bryantsev*, Zh. Obshch. Khim. **45**, 1469 (1975); engl.: 1436.
[346] *L. I. Mizrakh, L. Y. Polonskaya* u. *N. V. Ulanovskaya*, Zh. Obshch. Khim. **49**, 2393 (1979); engl.: 2112.
[347] *M. A. Pudovik, S. A. Terenteva, I. V. Nebogatikova* u. *A. N. Pudovik*, Zh. Obshch. Khim. **44**, 1020 (1974); engl.: 983.
[348] *M. A. Pudovik, Y. A. Mikhailov, Y. A. Malykh, V. A. Alfonsov, G. U. Zamaletdinova, E. S. Batyeva* u. *A. N. Pudovik*, Zh. Obshch. Khim. **50**, 1677 (1980); engl.: 1359.
[349] *N. P. Grechkin, R. R. Shagidullin* u. *L. N. Grishina*, Dokl. Akad. Nauk SSSR 161 **1965**, 115; engl.: 237.
[350] US 3 172 903 (1965), Monsanto Co., Erf.: *T. Reetz* u. *I. F. Powers*; C. A. **63**, 2981 (1965).
[351] *M. A. Pudovik, S. A. Terenteva, Y. Y. Samitov* u. *A. N. Pudovik*, Zh. Obshch. Khim. **45**, 266 (1975); engl. 252.
[352] *E. E. Nifantev, D. A. Predvoditelev* u. *M. K. Grachev*, Zh. Obshch. Khim. **46**, 477 (1976); engl.: 475.
[353] *M. Sanchez, R. Wolf, R. Burgada* u. *F. Mathis*, Bull. Soc. Chim. Fr. **1968**, 773.
[354] *D. Bernard* u. *R. Burgada*, Phosphorus **3**, 187 (1974).

angsam von 60° auf 130° erwärmt, bis 95% der theor. Menge Dimethylamin (0,19 mol) entwichen sind. Der Überschuß Triamid wird abgezogen. Das Produkt wird bei 110–120°/0,01 Torr (1,3 Pa) destilliert; Ausbeute: 12,9 g (55%).

3-(Bis-[diethylamino]-phosphano)-2-diethylamino-2-3-dihydro-1,3,2-benzoxazaphosphol[356]: Eine Mischung von 49,4 g (0,2 mol) Phosphorigsäure-tris-[diethylamid] und 10,9 g (0,1 mol) 2-Amino-phenol werden auf 120–150° erhitzt. Nach 1–2 Stdn. hört die Diethylamin-Entwicklung auf. Der Rückstand wird destilliert; Ausbeute: 28,4 g (74%); Sdp.: 152°/0,008 Torr (1,07 Pa).

Gleich den N-acylierten verdrängen auch die N-phosphorylierten 2- und 3-Amino-alkanole aus Phosphorigsäure-triamiden bei erhöhter Temp. zwei Amid-Reste zu 2-Amino-3-phosphoryl-1,3,2-oxazaphospholanen bzw. -1,3,2-oxazaphosphorinanen[355]; z.B.:

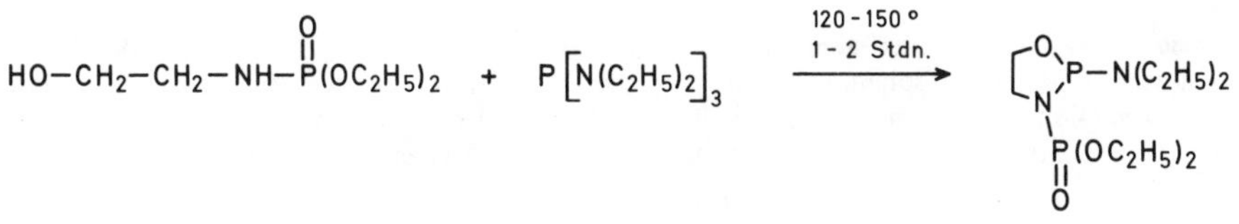

3-(Diethoxyphosphoryl)-2-diethylamino-1,3,2-oxazaphospholan; 62,5%

Von Spirophosphoranen aus 2-Amino-phenolen wird ein zweizähniger Ligand durch Reaktion mit Phosphorigsäure-tris-[dimethylamid] wieder abgelöst, so daß Phosphorigsäure-diamid-ester erhalten werden[356, 357]; z.B.:

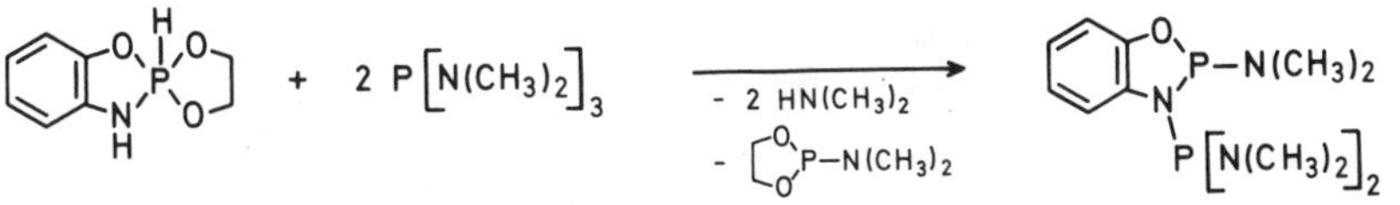

3-(Bis-[dimethylamino]-phosphano)-2-dimethylamino-
2,3-dihydro-1,3,2-benzoxazaphosphol; 67%

Mit Trifluoressigsäure-alkylestern werden Phosphorigsäure-diamid-ester[358] bereits bei ~20° innerhalb 12 Stdn. erhalten (Lösungsmittel sind nicht erforderlich):

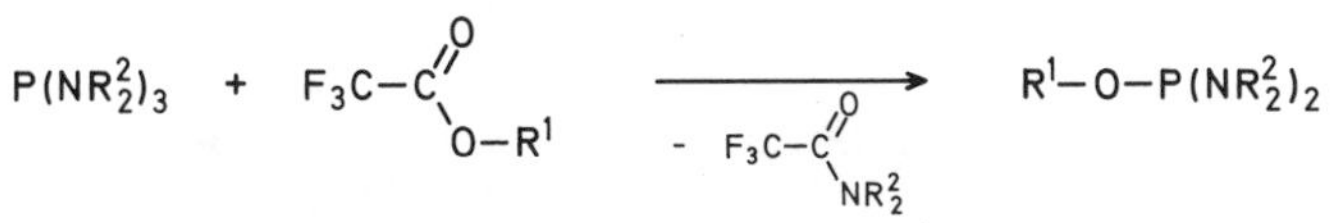

Am Beispiel der Umsetzung von Phosphorigsäure-tris-[dimethylamid] mit Trifluoressigsäure-ethylester ist gezeigt worden, daß die Anwesenheit saurer Beimengungen (Amin-Hydrochlorid) für das Gelingen erforderlich ist[359]. Im Gegensatz zur Reaktion der Triamide mit Alkoholen wird die Bildung der Phosphorigsäure-diamid-ester durch elektronenziehende Substituenten in den Amid-Gruppen, aber auch durch Anwesenheit fünfgliedriger N-Cyclen, stark erschwert[358]. *Exo*cyclische Amid-Gruppen werden vor *endo*cy-

[355] *M.A. Pudovik* u. *A.N. Pudovik*, Zh. Obshch. Khim. **46**, 222 (1976); engl.: 219.
[356] *M.A. Pudovik, S.A. Terenteva, Y.Y. Samitov* u. *A.N. Pudovik*, Zh. Obshch. Khim. **45**, 266 (1975); engl.: 252.
[357] *M.A. Pudovik, S.A. Terenteva* u. *A.N. Pudovik*, Zh. Obshch. Khim. **44**, 1412 (1974); engl.: 1385.
[358] *R. Burgada*, Bull. Soc. Chim. Fr. **1971**, 136.
[359] *E.S. Batyeva, E.N. Ofitserov, N.V. Ivasyuk* u. *A.N. Pudovik*, Zh. Obshch. Khim. **46**, 2384 (1976); engl.: 2282.

clischen verdrängt. Nur unter verschärften Bedingungen wandeln Chloressigsäure-alkyl-ester Phosphorigsäure-triamide in Phosphorigsäure-alkylester-diamide um[360,361].

11. aus Phosphazenen

Bereits bei tiefen Temperaturen in Diethylether als Lösungsmittel addieren Alkohole an monomere Amino-imino-phosphane, wobei statt der Phosphorigsäure-diamid-ester[362] Bis-[alkoxy-amino-phosphano]-amine[363] entstehen können:

$$
\left[(H_3C)_3Si\right]_2 N-P=N-C(CH_3)_3 \quad + \quad H_3C-OH \quad \longrightarrow \quad \left[(H_3C)_3Si\right]_2 N-\overset{\overset{\displaystyle O-CH_3}{|}}{\underset{|}{P}}-NH-C(CH_3)_3
$$

Phosphorigsäure-(bis-[trimethylsilyl]-amid)-tert.-butylamid-methylester[362]: 5 g (19,1 mol) (Bis-[trimethylsi-lyl]-amino)-tert.-butylimino-phosphan, gelöst in 30 ml Diethylether, werden bei 0° mit 0,6 g (19,1 mol) Metha-nol, gelöst in 10 ml Diethylether, versetzt und 2 Stdn. bei ~ 20° gerührt. Bei der anschließenden Destillation wird die bei 45–47°/0,1 Torr (13,3 Pa) siedende Fraktion abgetrennt; Ausbeute: 3,6 g (64%).

β) Phosphorigsäure-bis-[isocyanat]-ester und -diamid-silylester

In exothermer Reaktion setzen sich Phosphorigsäure-dichlorid-ester mit der mindestens doppelt molaren Menge Natriumcyanat (~ 10% Überschuß) in Benzol/Acetonitril zu Phosphorigsäure-bis-[isocyanat]-estern[363a] um; z.B.:

$$
Cl-\!\!\left\langle\bigcirc\right\rangle\!\!-O-PCl_2 \quad 2\ NaOCN \quad \xrightarrow[-\ 2\ NaCl]{80°/2\ Stdn.} \quad Cl-\!\!\left\langle\bigcirc\right\rangle\!\!-O-P(NCO)_2
$$

Phorsphorigsäure-bis-[isocyanat]-(4-chlor-phenylester); 70%

Wenn Phosphorigsäure-alkylester-dichlorid mit äquimolaren Mengen Natriumcyanat zu-sammengegeben wird, läßt sich in geringen Mengen Phosphorigsäure-alkylester-chlo-rid-isocyanat isolieren[364].
In Diethylether reagieren Phosphorigsäure-alkylester- und arylester-dichloride mit Isocy-ansäure/Pyridin oder Triethylamin zu destillierbaren Phosphorigsäure-bis-[isocyanat]-estern in Ausbeuten von 50–65%[365, vgl. a. 366]; z.B.:

$$
H_3C-O-PCl_2 \quad + \quad 2\ HOCN \quad + \quad 2\ (H_5C_2)_3N \quad \xrightarrow[-2\ \left[(H_5C_2)_3NH\right]^{\oplus} Cl^{\ominus}]{} \quad H_3C-O-P(NCO)_2
$$

Phosphorigsäure-bis-[isocyanat]-methylester

[360] *N. N. Melnikov, B. A. Chaskin* u. *N. B. Petruchenko*, Zh. Obshch. Khim. **38**, 2096 (1968); engl.: 2030.

[361] *L. I. Mizrakh, L. Y. Polonskaya, T. A. Babushkina* u. *T. M. Ivanova*, Zh. Obshch. Khim. **50**, 2239 (1980); engl.: 1807.

[362] *O. J. Scherer* u. *N. Kuhn*, J. Organomet. Chem. **82**, C 3 (1974).

[363] *E. Niecke* u. *W. Flick*, Angew. Chem. **85**, 586 (1973).

[363a] *V. A. Shokol, V. V. Doroshenko, N. K. Mikhailyuchenko, L. I. Molyavko* u. *G. I. Derkach*, Zh. Obshch. Khim. **30**, 1041 (1969); engl.: 1012.

[364] *V. A. Shokol* u. *L. I. Molyavko*, Zh. Obshch. Khim. **44**, 2660 (1974); engl.: 2615.

[365] *P. R. Steyermark*, J. Org. Chem. **28**, 586 (1963).

[366] *I. V. Konovalova, R. D. Gareev, L. A. Burnaeva, N. K. Novikova, T. A. Faskhutdinova* u. *A. N. Pudovik*, Zh. Obshch. Khim. **50**, 1451 (1980); engl.: 1169.

Tetrakis-[dialkylamino]-diphosphanmonoxide werden durch Hexamethyldisilazan in Phosphorigsäure-dia-midtrimethylsilylester und Phosphorigsäure-triamide gespalten[367].

Dialkyl-trialkylsilyl-amine überführen Phosphorigsäure-bis-[dialkylamide] in Phosphorigsäure-bis-[dialkylamid]-trialkylsilylester, wenn das freigesetzte Amin bei 120–130° abdestilliert wird[368]; z.B.:

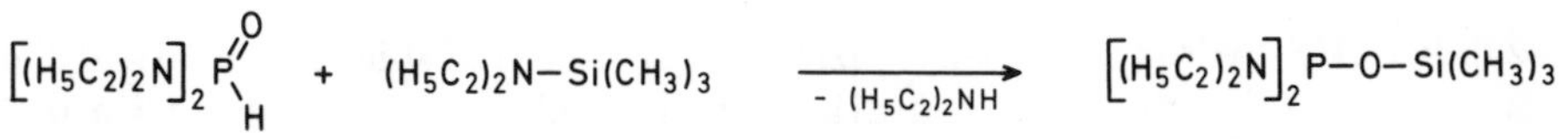

$$\left[(H_5C_2)_2N\right]_2 P\!\!\begin{matrix} O \\ H \end{matrix} \;+\; (H_5C_2)_2N-Si(CH_3)_3 \xrightarrow[-\,(H_5C_2)_2NH]{} \left[(H_5C_2)_2N\right]_2 P-O-Si(CH_3)_3$$

Phosphorigsäure-bis-[diethylamid]-trimethylsilylester; 67%

Nach Überführung in ihre Magnesiumbromid-Salze setzen sich Phosphorigsäure-diamide in Diethylether auch mit Chlor-trimethyl-silan um[369]; z.B.:

$$\left[(H_5C_2)_2N\right]_2 P-O-MgBr \;+\; (H_3C)_3Si-Cl \xrightarrow[-\,MgBrCl]{} \left[(H_5C_2)_2N\right]_2 P-O-Si(CH_3)_3$$

$$35\%$$

Mit doppelt molaren Mengen Diethylamin reagiert Phosphorigsäure-chlorid-diethyl-amid-trimethylsilylester bereits bei $-10°$ in Diethylether[368]:

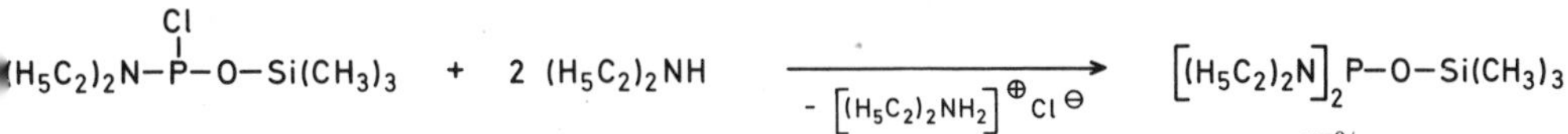

$$(H_5C_2)_2N-\overset{Cl}{\underset{|}{P}}-O-Si(CH_3)_3 \;+\; 2\,(H_5C_2)_2NH \xrightarrow[-\,\left[(H_5C_2)_2NH_2\right]^{\oplus}Cl^{\ominus}]{} \left[(H_5C_2)_2N\right]_2 P-O-Si(CH_3)_3$$

$$57\%$$

2-(Acetyl-trimethylsilyl-amino)-1,3,2-diazaphospholane zerfallen beim Erwärmen zu 2-Trimethylsilyloxy-1,3,2-diazaphospholanen[370, 371]; z.B.:

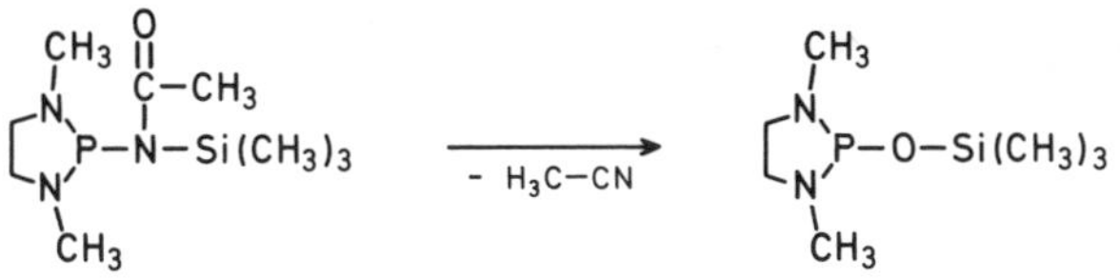

$$\xrightarrow[-\,H_3C-CN]{}$$

1,3-Dimethyl-2-trimethylsilyloxy-1,3,2-diazaphospholan

γ) Phosphorigsäure-amid-ester-hydrazide

1-Alkyl-1-(2-alkylamino-ethyl)-hydrazine verdrängen aus Phosphorigsäure-diamid-estern die beiden Amid-Gruppen zu 3-Alkoxy-1,2,4,3-triazaphosphorinanen (73%)[372]; z.B.:

[367] *V.L. Foss, N.V. Lukashev* u. *I.F. Lutsenko*, Zh. Obshch. Khim. **50**, 1236 (1980); engl.: 1000.
[368] *E.S. Batyeva, V.A. Alfonsov* u. *A.N. Pudovik*, Izv. Akad. Nauk SSSR, Ser. Khim. **1976**, 463; engl.: 449.
[369] *A.N. Pudovik, E.S. Batyeva* u. *V.A. Alfonsov*, Zh. Obshch. Khim. **45**, 248 (1975); engl.: 240.
[370] *M.A. Pudovik, L.K. Kibardina, T.A. Pestova, M.D. Medvedeva* u. *A.N. Pudovik*, Zh. Obshch. Khim. **45**, 2568 (1975); engl.: 2528.
[371] *M.A. Pudovik, N.A. Muslimova* u. *A.N. Pudovik*, Izv. Akad. Nauk SSSR, Ser. Khim. **1980**, 1183; C.A. **93**, 114408 (1980).
[372] *G.S. Goldin, S.G. Fedorov, G.S. Nikitina* u. *N.A. Smirnova*, Zh. Obshch. Khim. **44**, 2668 (1974); engl.: 2623.

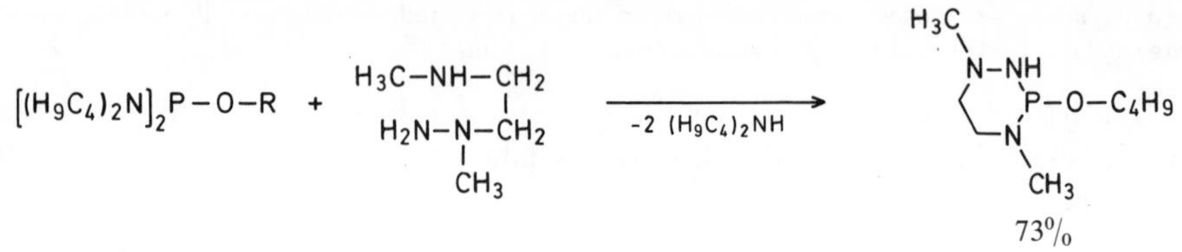

$$[(H_9C_4)_2N]_2P-O-R \quad + \quad \begin{array}{c} H_3C-NH-CH_2 \\ | \\ H_2N-N-CH_2 \\ | \\ CH_3 \end{array} \quad \xrightarrow{-2\ (H_9C_4)_2NH} \quad \begin{array}{c} H_3C \\ N-NH \\ P-O-C_4H_9 \\ N \\ | \\ CH_3 \end{array}$$

$$73\%$$

2-Benzyliden-1-(2-hydroxy-ethyl)-hydrazin liefert mit Phosphorigsäure-tris-[dialkyl-amiden] 3-Benzylidenamino-2-dialkylamino-1,3,2-oxazaphospholane (32–65%)[373, 374]:

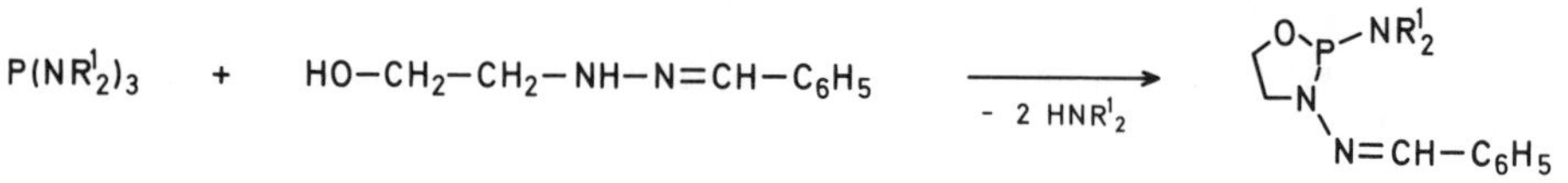

$$P(NR_2^I)_3 \quad + \quad HO-CH_2-CH_2-NH-N=CH-C_6H_5 \quad \xrightarrow{-\ 2\ HNR_2^I} \quad \begin{array}{c} O\diagdown P-NR_2^I \\ N \\ N=CH-C_6H_5 \end{array}$$

3-Alkoxy-2-methyl-5-phenyl-2,3-dihydro-1,2,4,3-triazaphosphole sind durch Anlagerung von Alkanolen an 2-Methyl-5-phenyl-2H-1,2,4,3-triazaphosphol zugänglich[375]:

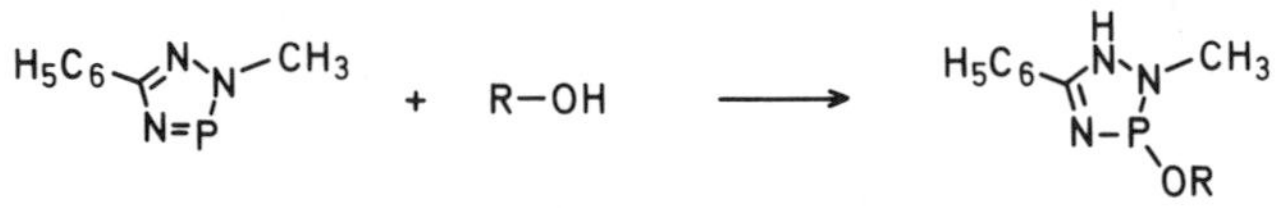

$$\begin{array}{c} H_5C_6\diagdown \underset{N=P}{\overset{N-N}{|}}\diagup CH_3 \end{array} \quad + \quad R-OH \quad \longrightarrow \quad \begin{array}{c} H_5C_6\diagdown \underset{N-P}{\overset{N-N}{|}}\diagup^{H}CH_3 \\ OR \end{array}$$

Zur Synthese offenkettiger Phosphorigsäure-amid-ester-hydrazide aus Alkanolen und Hydrazino-imino-phosphanen s. Lit.[376]. Mit Glykol entsteht ein Amid-ester-hydrazid, das im Gleichgewicht mit dem Spirophosphoran vorliegt.

Die schrittweise Kondensation von Phosphorigsäure-dichlorid-ethylester mit Carbonsäure-imid-methylestern und Alkyl- und Arylhydrazinen liefert ein Gemisch aus 3-Ethoxy-3,4-dihydro-2H- und -2,3-dihydro-1H-1,2,4,2-triazaphospholen[377]:

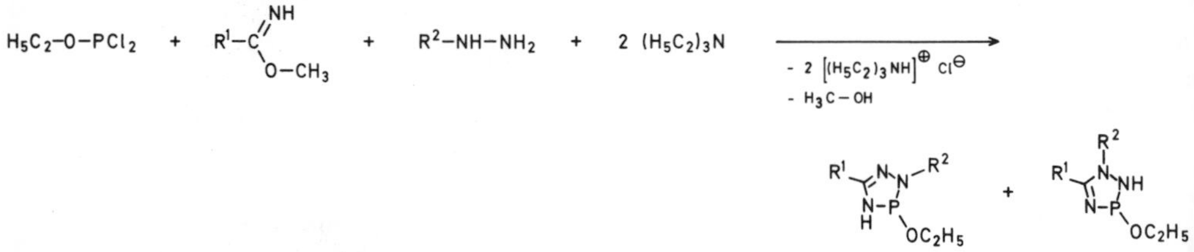

$$H_5C_2-O-PCl_2 \quad + \quad R^1-C\begin{array}{c} \diagup NH \\ \diagdown O-CH_3 \end{array} \quad + \quad R^2-NH-NH_2 \quad + \quad 2\ (H_5C_2)_3N \quad \xrightarrow[-\ H_3C-OH]{-\ 2\ [(H_5C_2)_3NH]^\oplus\ Cl^\ominus}$$

$$\begin{array}{c} R^1\diagdown \underset{H}{\overset{N-N}{\underset{N-P}{|}}}\diagup^{R^2} \\ OC_2H_5 \end{array} \quad + \quad \begin{array}{c} R^2 \\ R^1\diagdown \underset{N-P}{\overset{N-N}{|}}\diagup NH \\ OC_2H_5 \end{array}$$

Phosphorigsäure-amid-ester-hydrazide mit exocycl. Amid-Gruppe entstehen durch Umsetzung des zugehörigen Chlorids mit doppelt molaren Mengen Amin in Diethylether[378–380]; z.B.:

[373] M.A. Pudovik, G.Y. Gadzhiev, E.Y. Dzhalilov u. A.N. Pudovik, Izv. Akad. Nauk SSSR, Ser. Khim. **1979**, 2158; engl.: 1988.

[374] M.A. Pudovik, G.Y. Gadzhiev, E.Y. Dzhalilov, M.D. Medvedeva u. A.N. Pudovik, Zh. Obshch. Khim. **51**, 514 (1981); engl.: 398.

[375] Y. Charbonnel u. J. Barrans, C.R. Acad. Sci., Ser. C. **278**, 355 (1974).

[376] O.J. Scherer u. W. Gläßel, Chem. Ber. **110**, 3874 (1977).

[377] Y. Charbonnel u. J. Barrans, Tetrahedron **32**, 2039 (1976).

[378] T.L. Italinskaya, N.N. Melnikov u. N.I. Shvetsov-Shilovskii, Zh. Obshch. Khim. **38**, 2265 (1968); engl.: 2192.

[379] M.M. Yusupov, A. Razhabov u. I.Y. Gorban, Fungitsidy **1980**, 114; C.A. **95**, 7161y (1981).

[380] SU 201396 (1966), Chem. Protect. Plant Res. Inst., Erf.: T.L. Italinskaya et al.; C.A. **69**, 27425 (1968).

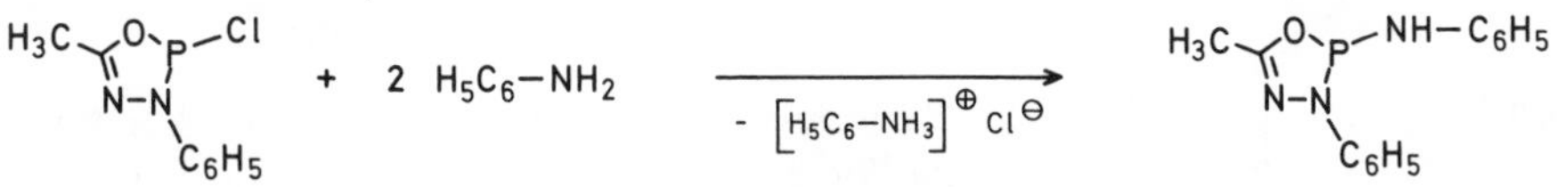

2-Anilino-5-methyl-3-phenyl-2,3-dihydro-1,3,4,2-oxadiazaphosphol

δ) Phosphorigsäure-dihydrazid-ester

3,6-Dimethoxy-1,2,4,5-tetramethyl-1,2,4,5,3,6-tetraazadiphosphorinan (82%) entsteht aus dem entsprechenden 3,6-Dichlor-Derivat mit Natriummethanolat[381] und 4-Methyl-3-phenyl-2-(2-phenyl-hydrazino)-2,3-dihydro-1,3,4,2-oxadiazaphosphol aus dem 2-Chlor-Derivat mit der doppelt molaren Menge Phenylhydrazin in Diethylether[382]:

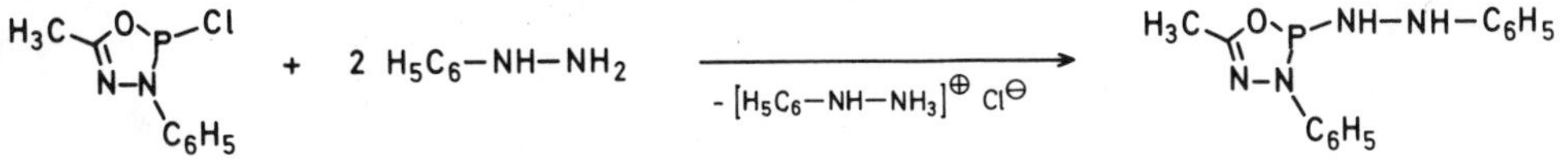

Umsetzung von Phosphorigsäure-diamid-estern mit Bis-hydrazinen liefert unter Verdrängung der Amid-Gruppen polymere Phosphorigsäure-dihydrazid-ester[383]:

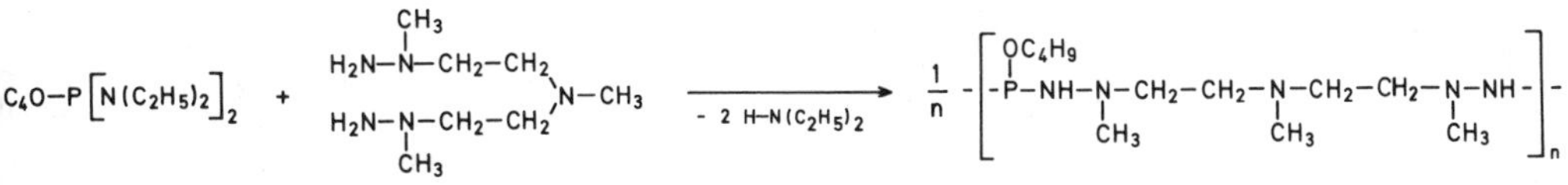

ε) Bis-[alkoxy-amino-phosphano]-amine

Bis-[3-phenyl-1,3,2-phospholan-2-yl]-phenyl-amin (60%)[383a, 383c], das auch bei Destillation von 2-Anilino-3-phenyl-1,3,2-oxazaphospholan[383b] anfällt, wird auf folgende Weise erhalten:

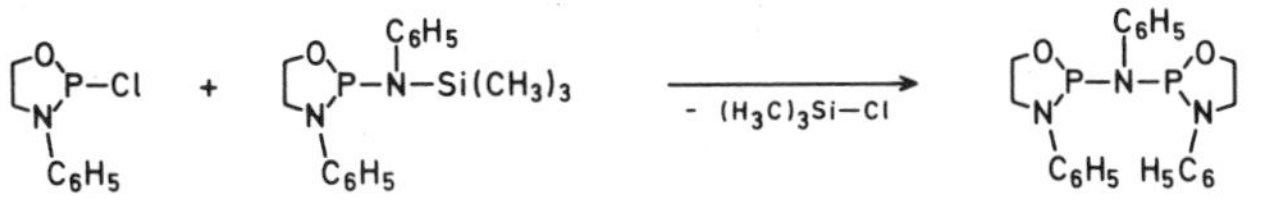

[381] H. Nöth u. R. Ullmann, Chem. Ber. **109**, 1942 (1976).

[382] T. L. Italinskaya, N. N. Melnikov u. N. I. Shvetsov-Shilovskii, Zh. Obshch. Khim. **38**, 2265 (1968); engl.: 2192.
  A. Razhabov, M. M. Yusupov, K. L. Seitanidi u. M. R. Yagudaev, Zh. Obshch. Khim. **50**, 464 (1980); C. A. **92**, 215499 (1980).

[383] G. S. Goldin, S. G. Fedorov, G. S. Nikitina u. N. A. Smirnova, Zh. Obshch. Khim. **44**, 2668 (1974); engl.: 2623.

[383a] M. A. Pudovik, L. K. Kibardina, M. D. Medvedeva u. A. N. Pudovik, Zh. Obshch. Khim. **49**, 988 (1979); engl.: 855.

[383b] M. A. Pudovik, L. K. Kibardina u. A. N. Pudovik, Zh. Obshch. Khim. **51**, 538 (1981); engl.: 420.

[383c] M. A. Pudovik, M. D. Medvedeva u. A. N. Pudovik, Zh. Obshch. Khim. **46**, 773 (1976); engl.: 772.

ζ) Alkoxy-1,3,2,4-diazadiphosphetidine

2,4-Dialkoxy-1,3-diphenyl-1,3,2,4-diazadiphosphetidine werden zu 50% bei der Zugabe der dreifach molaren Menge Anilin zu Phosphorigsäure-alkylester-dichlorid in Benzol bei 20° erhalten[384, 385]:

$$2\ H_5C_2-O-PCl_2\ +\ 6\ H_5C_6-NH_2\ \xrightarrow[-\ 4\ \left[H_5C_6-NH_3\right]^{\oplus}Cl^{\ominus}]{\text{Benzol, 20°}}\ H_5C_2-O-P\underset{\underset{C_6H_5}{|}}{\overset{\overset{C_6H_5}{|}}{N}}P-O-C_2H_5$$

Sowohl 2,4-Dichlor-1,3-diphenyl- wie 1,3-Di-tert.-butyl-2,4-dichlor-1,3,2,4-diazadiphosphetidin setzen sich mit Alkoholen in Gegenwart von Triethylamin oder Pyridin in Diethylether, Petrolether bei 40° zu den *2,4-Dialkoxy-1,3-diphenyl-*[386] bzw. *-1,3-di-tert.-butyl-1,3,2,4-diazadiphosphetidinen* (55–80%)[387, 388] um:

$$Cl-P\underset{\underset{C(CH_3)_3}{|}}{\overset{\overset{C(CH_3)_3}{|}}{N}}P-Cl\ +\ 2\ R-OH\ \xrightarrow[-\ 2\ \left[H_5C_5NH\right]^{\oplus}Cl^{\ominus}]{+\ 2\ H_5C_5N}\ R-O-P\underset{\underset{C(CH_3)_3}{|}}{\overset{\overset{C(CH_3)_3}{|}}{N}}P-O-R$$

1,3-Di-tert.-butyl-2,4-dimethoxy-1,3,2,4-diazadiphosphetidin[388]: 1,2 g (37 mmol) Methanol und 3,7 g (36 mmol) Triethylamin werden tropfenweise unter Rühren zu einer Lösung von 5,0 g (18 mmol) *cis*-1,3-Di-tert.-butyl-2,4-dichlor-1,3,2,4-diazadiphosphetidin in 150 *ml* Petrolether bei 0° zugefügt. Anschließend wird 0,5 Stdn. unter Rückfluß (~ 40°) gehalten, filtriert und das Filtrat eingeengt. Der Rückstand wird i. Vak. destilliert und das Destillat (Sdp.: 75–80°/0,2 Torr/27 Pa) 72 Stdn. stehen gelassen. Die ausgefallenen Kristalle werden abgetrennt und aus Pentan umkristallisiert; Ausbeute: 0,9 g (16%) *trans*-Isomer.
Der flüssige Anteil wird auf 100°/10 Stdn. erhitzt und redestilliert; Ausbeute: 3,1 g (64%) *cis*-Isomer.
Mit Methanol und Ethanol werden die reinen *cis*-Isomeren, mit tert.-Butanol ausschließlich *trans*-Isomeres erhalten[386].

Mit 1,2-Ethandiol bzw. 1,3-Propandiol lassen sich auf diese Weise aus dem *cis*-1,3-Di-tert.-butyl-2,4-dichlor-1,3,2,4-diazadiphosphetidin sogar die überbrückten 1,3-Di-tert.-butyl-1,3,2,4-diazadiphosphetidine neben Polymeren zu 20% erhalten[388a].

Werden 2,4-Dichlor-1,3,2,4-diazadiphosphetidin und Methanol/Amin in äquimolaren Mengen zusammengegeben, so entstehen 2-Chlor-4-methoxy-1,3,2,4-diazadiphosphetidine[388].

η) 2,4,6-Trialkoxy- und 2,4,6-Triaryloxy-1,3,5,2,4,6-triaza-triphosphorinane

Die Verbindungen sind zu 60–100% aus den 2,4,6-Tribrom-Derivaten mit prim., sek. oder tert. Alkoholen bzw. Phenol/Triethylamin zugänglich[390]:

---

[384] O. Mitsunobu u. T. Mukaiyama, J. Org. Chem. **29**, 3005 (1964).

[385] T. Kawashima u. N. Inamoto, Bull. Chem. Soc. Jpn. **49**, 1924 (1976).

[386] W. Zeiß u. J. Weis, Z. Naturforsch. **32b**, 485 (1977).

[387] I.J. Colquhoun u. W. McFarlane, J. Chem. Soc., Dalton Trans. **1977**, 1674.

[388] R. Keat, D.S. Rycroft u. D.G. Thompson, J. Chem. Soc., Dalton Trans. **1979**, 1224.

[388a] R. Keat u. D.G. Thompson, Angew. Chem. **89**, 829 (1977).

[390] W. Zeiss, A. Pointner, C. Engelhardt u. H. Klehr, Z. Anorg. Allg. Chem. **475**, 256 (1981).

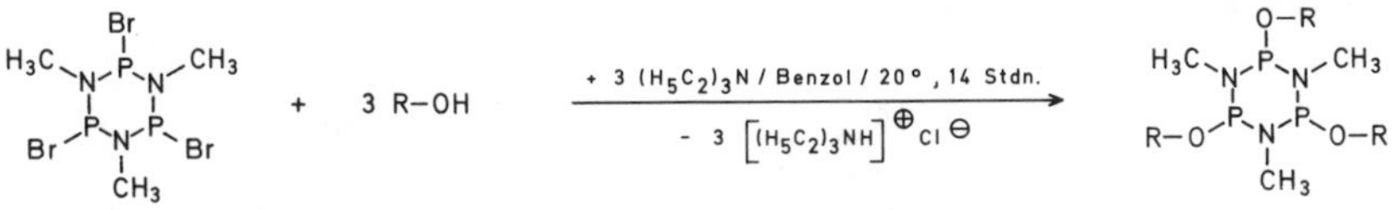

e₄₄) Trithiophosphorigsäure-tris-[Thiocarbonsäure-Anhydride] bzw. -S-ester-bis-(Thiocarbonsäure-Anhydride)

Mit Schwefelkohlenstoff in dreifach molarer Menge reagieren Phosphorigsäure-tris-[dialkylamide] bei 25° zu Phosphorigsäure-tris-[N,N-Dialkyl-dithiocarbaminsäure-Anhydriden][389a]; bessere Ausbeuten werden in siedendem Benzol[389b] sowie in siedendem überschüssigem Schwefelkohlenstoff[389c, d] erzielt:

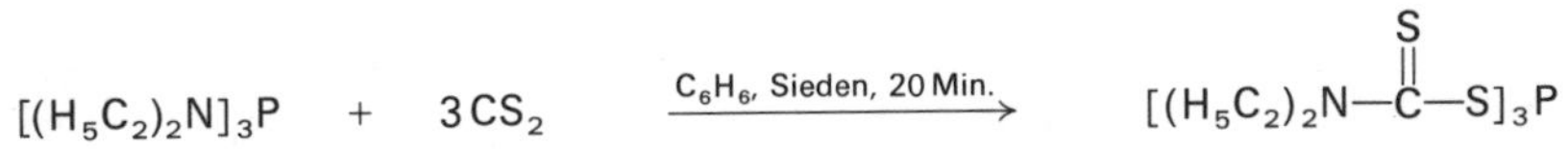

Phosphorigsäure-tris-(N,N-diethyl-dithiocarbaminsäure-Anhydrid); 95%

Verschiedene Phosphorigsäure-Dithiocarbaminsäure-Anhydride disproportionieren unter Freisetzung der Phosphorigsäure-tris-(Dithiocarbaminsäure-Anhydride), insbesondere
Phosphorigsäure-bis-[dialkylamid]-Dithiocarbaminsäure-Anhydride[389a, d, e]
cycl. aromatische Phosphorigsäure-amid-ester-Dithiocarbaminsäure-Anhydride[389f]
Phosphorigsäure-alkylester (bzw. -arylester)-bis-(Dithiocarbaminsäure-Anhydride)[389a, s. a. 389b, 389g]
Phosphorigsäure-bis-(Dithiocarbaminsäure-Anhydride)[389h]

Thiophosphorigsäure-S-arylester-diamide setzen sich mit Schwefelkohlenstoff zu den Trithiophosphorigsäure-S-arylester-bis-(Thiocarbaminsäure-Anhydriden) um[390a]; z. B.:

Trithiophosphorigsäure-(1,3-benzothiazol-2-ylester)-bis-
[(Thiokohlensäure-dimethylamid)-Anhydrid]; 94%

e₄₅) Trithiophosphorigsäure-diester-Anhydride

2-Dimethylamino-1,3,2-dithiaphospholane und offenkettige Dithiophosphorigsäure-S,S-diester-dimethylamide reagieren mit Schwefelkohlenstoff im Überschuß zu den jeweils zugehörigen Trithiophosphorigsäu-

[389a] *M. A. Pudovik, L. K. Kibardina, I. A. Aleksandrova, V. K. Khairullin* u. *A. N. Pudovik*, Zh. Obshch. Khim. **51**, 530 (1981); engl.: 412.
[389b] *G. Oertel, H. Malz* u. *H. Holtschmidt*, Chem. Ber. **97**, 891 (1964).
[389c] *H. J. Vetter* u. *H. Nöth*, Chem. Ber. **96**, 1308 (1963).
[389d] *R. W. Light, L. D. Hutchins, R. T. Paine* u. *C. F. Campana*, Inorg. Chem. **19**, 3597 (1980).
[389e] *K. A. Jensen, O. Dahl* u. *L. Engels-Henriksen*, Acta Chem. Scand. **24**, 1179 (1970).
[389f] *M. A. Pudovik, L. K. Kibardina, I. A. Aleksandrova, V. K. Khairullin* u. *A. N. Pudovik*, Zh. Obshch. Khim. **51**, 28 (1981); engl.: 23.
[389g] SU 643509 (1977), *A. P. Tuseev, V. P. Bakalov* u. *L. P. Karasev*; C.A. **90**, 188338 (1979).
[389h] *E. E. Nifantev* u. *I. V. Shilov*, Zh. Obshch. Khim. **45**, 1264 (1975); engl.: 1241.
[390a] *E. E. Nifantev, A. P. Tuseev, A. I. Valdman, L. V. Voronina* u. *P. A. Morozov*, Zh. Obshch. Khim. **48**, 1473 (1978); engl.: 1352.

re-S,S-diester-Thiocarbaminsäure-Anhydriden[390b]; z.B.:

$$\left[\begin{array}{c}S\\S\end{array}\right]P-N(CH_3)_2 \;+\; CS_2 \;\longrightarrow\; \left[\begin{array}{c}S\\S\end{array}\right]P-S-\overset{\overset{\displaystyle S}{\|}}{C}-N(CH_3)_2$$

2-(Dimethylamino-thiocarbonylthio)-1,3,2-
dithiaphospholan

Zur Herstellung von Trithiophosphorigsäure-S,S-dialkylester-Thiophosphorsäure-Anhydri-den können folgende Methoden verwendet werden[390c]:

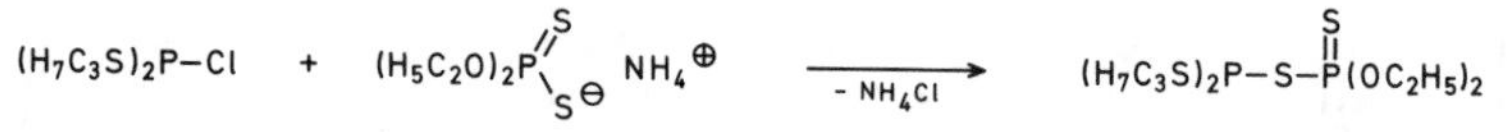

$$(H_7C_3S)_2P-Cl \;+\; (H_5C_2O)_2P\overset{\displaystyle /\!\!/S}{\underset{\displaystyle S^\ominus}{}}NH_4^\oplus \;\xrightarrow[-\,NH_4Cl]{}\; (H_7C_3S)_2P-S-\overset{\overset{\displaystyle S}{\|}}{P}(OC_2H_5)_2$$

Trithiophosphorigsäure-dipropylester-(Thiophosphorsäure-O,O-diethylester)-Anhydrid

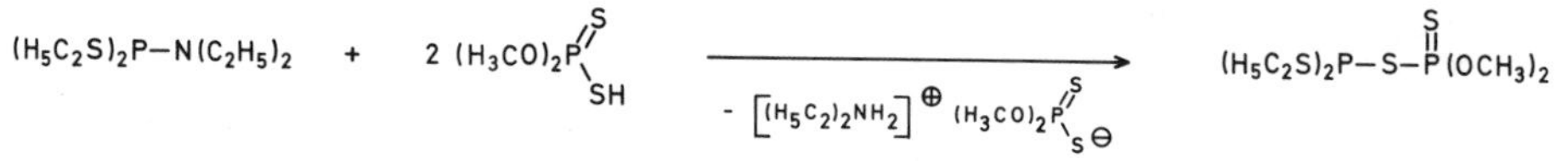

$$(H_5C_2S)_2P-N(C_2H_5)_2 \;+\; 2\,(H_3CO)_2P\overset{\displaystyle /\!\!/S}{\underset{\displaystyle SH}{}} \;\xrightarrow[-\,\left[(H_5C_2)_2NH_2\right]^\oplus\,(H_3CO)_2P\overset{/\!\!/S}{\underset{S^\ominus}{}}]{}\; (H_5C_2S)_2P-S-\overset{\overset{\displaystyle S}{\|}}{P}(OCH_3)_2$$

Trithiophosphorsäure-diethylester-(Thiophosphorsäure-
O,O-dimethylester)-Anhydrid

e₄₆) Dithiophosphorigsäure-amid-bis-[Carbonsäure-Anhydride]

Offenkettige Phosphorigsäure-triamide reagieren mit Schwefelkohlenstoff bei 20° oder darüber auch bei dessen Unterschuß zu Dithiophosphorigsäure-amid-bis-[Thiocar-baminsäure-Anhyriden][390d,e,f]; z.B.:

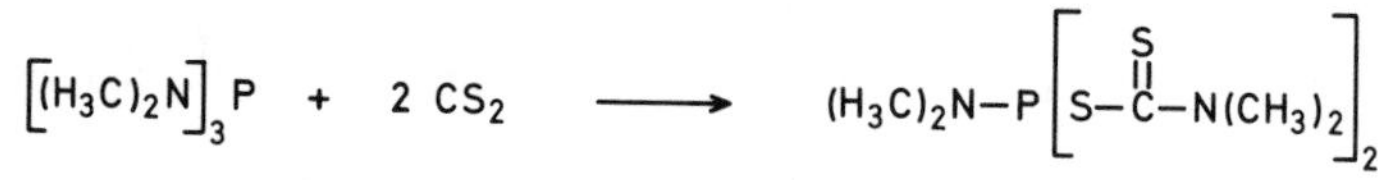

$$\left[(H_3C)_2N\right]_3P \;+\; 2\,CS_2 \;\longrightarrow\; (H_3C)_2N-P\left[S-\overset{\overset{\displaystyle S}{\|}}{C}-N(CH_3)_2\right]_2$$

Zu den gleichen Produkten führt die Umsetzung der Phosphorigsäure-dialkylamid-dichloride mit Natrium-di-thiocarbaminaten[390d].

Mit Kohlenoxysulfid im Überschuß reagiert Phosphorigsäure-tris-[dimethylamid] bei 25° zum *Dithiophosphorigsäure-dimethylamid-bis-(N,N-Dimethyl-carbaminsäure-Anhydrid)* (85%)[390f]:

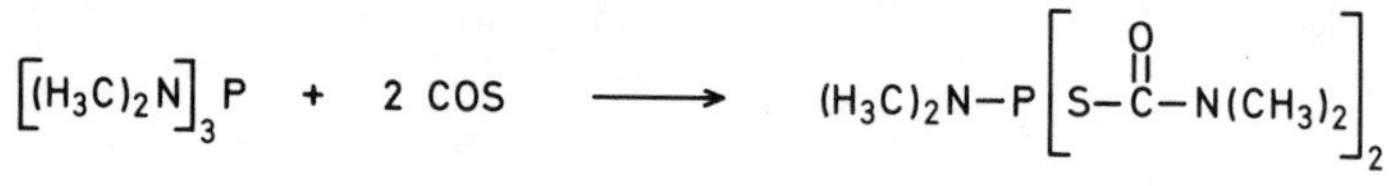

$$\left[(H_3C)_2N\right]_3P \;+\; 2\,COS \;\longrightarrow\; (H_3C)_2N-P\left[S-\overset{\overset{\displaystyle O}{\|}}{C}-N(CH_3)_2\right]_2$$

[390b] *H. Boudjebel, H. Goncalves* u. *F. Mathis*, Bull. Soc. Chim. Fr. **1974**, 1671.

[390c] *E.S. Batyeva, E.N. Ofitserov, O.G. Sinyashin, T.A. Musina* u. *A.N. Pudovik*, Zh. Obshch. Khim. **50**, 2396 (1980); engl.: 1932.

     O.P. Yakovleva, V.S. Blagoveshchenskii, A.A. Borisenko, E.E. Nifantev u. *S.I. Volfkovich*, Izv. Akad. Nauk SSSR, Ser. Khim. **1975**, 2060; engl.: 1941.

[390d] *H.J. Vetter* u. *H. Nöth*, Chem. Ber. **96**, 1308 (1963).

[390e] *K.A. Jensen, O. Dahl* u. *L. Engels-Henriksen*, Acta Chem. Scand. **24**, 1179 (1970).

     M.A. Pudovik, L.K. Kibardina, I.A. Aleksandrova, V.K. Khairullin u. *A.N. Pudovik*, Zh. Obshch. Khim. **51**, 530 (1981); engl.: 412.

[390f] *R.W. Light, L.D. Hutchins, R.T. Paine* u. *C.F. Campana*, Inorg. Chem. **19**, 3597 (1980).

e₄₇) Thiophosphorigsäure-diamid-Anhydride

2-Dimethylamino-1,3-dimethyl-1,3,2-diazaphospholan setzt sich mit Schwefelkohlenstoff zum *1,3-Dimethyl-2-(dimethylamino-thiocarbonylthio)-1,3,2-diazaphospholan*[390 g] um:

$$\underset{CH_3}{\overset{CH_3}{N}}\!\!-\!P\!-\!N(CH_3)_2 \;+\; CS_2 \;\longrightarrow\; \underset{CH_3}{\overset{CH_3}{N}}\!\!-\!P\!-\!S\!-\!\overset{\overset{S}{\|}}{C}\!-\!N(CH_3)_2$$

Offenkettige Phosphorigsäure-tris-[dialkylamide] liefern lediglich unreine Derivate[390 h] oder Folgeprodukte[390 h, i].

Zur Herstellung von *Thiophosphorigsäure-bis-[dimethylamid]-Anhydrosulfid* $(78\%)^{[390j]}$ bzw. *2,3,5,6-Tetramethyl-7-thia-2,3,5,6-tetraaza-1,4-diphospha-bicyclo[2.2.1]heptan*[390 k] s. Lit.:

$$2\;\big[(H_3C)_2N\big]_2 P\!-\!Cl \;+\; (H_3C)_3Si\!-\!S\!-\!Si(CH_3)_3 \;\xrightarrow[\substack{-2\ (H_3C)_3Si-Cl}]{\substack{\text{Pyridin,}\\ 60°,\ 3\ \text{Stdn.}}}\; \big[(H_3C)_2N\big]_2 P\!-\!S\!-\!P\big[N(CH_3)_2\big]_2$$

$$\underset{H_3C}{\overset{Cl}{}}\;\text{(Diazaphospholan-Ringsystem)}\; +\; (H_3C)_3Si\!-\!S\!-\!Si(CH_3)_3 \;\xrightarrow{C_6H_6,\,70°,\,90\ \text{Min.}}\; (\text{bicyclisches Thiaphosphaprodukt})$$

e₄₈) Trithiophosphorigsäure-triester

A. Herstellung

1. aus Phosphor(III)-chlorid

Die Umsetzung von Phosphor(III)-chlorid mit Thiolen kann durch Katalysatoren wie Amin-Stickstoff enthaltende Stoffe[391], ~ 1% Zinkchlorid[392], 100–350 ppm Wasser[393] soweit beschleunigt werden, daß auch beim Einsatzstoff-Verhältnis 1 : 3 und ab 20°[392] Ausbeuten über 80% erzielt werden. Erhöhung der Reaktionstemperaturen bis maximal 180°[394], zumeist aber 100–150°[395–399], laufende Entfernung des freigesetzten Chlorwas-

[390 g] *M. A. Pudovik, L. K. Kibardina, I. A. Aleksandrova, V. K. Khairullin* u. *A. N. Pudovik*, Zh. Obshch. Khim. **51**, 28 (1981); engl.: 23.

[390 h] *M. A. Pudovik, L. K. Kibardina, I. A. Aleksandrova, V. K. Khairullin* u. *A. N. Pudovik*, Zh. Obshch. Khim. **51**, 530 (1981); engl.: 412.

[390 i] *H. J. Vetter* u. *H. Nöth*, Chem. Ber. **96**, 1308 (1963).
   G. Oertel, H. Malz u. *H. Holtschmidt*, Chem. Ber. **97**, 891 (1964).
   K. A. Jensen, O. Dahl u. *L. Engels-Henriksen*, Aceta Chem. Scand. **24**, 1179 (1970).

[390 j] *E. P. Lebedev, M. D. Mizhiritskii, V. A. Baburina* u. *E. N. Ofitserov*, Zh. Obshch. Khim. **49**, 1730 (1979); engl.: 1515.

[390 k] *H. Nöth* u. *R. Ullmann*, Chem. Ber. **109**, 1942 (1976).

[391] DOS 2809492 (1977), Ciba-Geigy, Erf.: *H. Zinke, J. Lorenz, E. Otto* u. *R. Maul*; C.A. **90**, 103401 (1979).

[392] SU 165725 (1963), *I. L. Bogatyrev*; C.A. **62**, 6395 (1965).

[393] US 3922325 (1973), Phillips Petr. Co, Erf.: *J. E. Anderson*; C.A. **84**, 121127 (1976).

[394] US 3174989 (1962), Phillips Petr. Co, Erf.: *P. F. Warner, J. R. Slagle* u. *R. W. Mead*; C.A. **63**, 495 (1965).

[395] SU 757538 (1978), *L. I. Kutyanin*; C.A. **94**, 65111 (1981).

[396] DOS 1949607 (1968) ICI; Erf.: *R. J. Hurlock*; C.A. **72**, 132042 (1970).

[397] SU 276951 (1968), *I. L. Bogatyrev, V. V. Pozdnev* u. *S. V. Golubkov* et al.; C.A. **78**, 83810 (1973).

[398] US 2943107 (1959), Chemagro Corp. Erf.: *K. H. Rattenbury* u. *J. R. Costello*; C.A. **54**, 20876 (1960).

[399] US 3885002 (1973), Phillips Petr. Co, Erf.: *F. T. Barber*; C.A. **83**, 58103 (1975).

serstoffs durch Druckminderung[394] oder Durchspülen mit Stickstoff[396, 397], verlängerte Reaktionsdauer bis 16 Stdn.[396] und Abfangen des Rest-Chlorwasserstoffs mit Amin[394] führen zu reineren Produkten in erhöhter Ausbeute (zur Behandlung des Abgasstroms s. Lit.[395, 399, 400]). Trithiophosphorigsäure-tri-tert.-butylester ist entgegen früheren Angaben[401] aber auf diesem Weg nicht herstellbar[402]. In Ausbeuten über 95% sollen Trithiophosphorigsäure-tris-[4-alkyl-arylester] durch Umsetzung in siedendem Benzol in 5–6 Stdn. entstehen[403].

Zu höheren Ausbeuten (~ 75%) als die Kombination Thiol/Amin (N,N-Dimethyl-anilin, Pyridin) führt bei der Umsetzung mit Phosphor(III)-chlorid in Diethylether die Verwendung der dreifach molaren Menge Natriumthiolat[404].

In jenen Fällen, in denen saubere Bleithiolate erhalten werden können, liefert deren Umsetzung mit Phosphor(III)-chlorid in Diethylether und Kohlenwasserstoffen bei 20°/0,5 Stdn. Ausbeuten bis zu 90% an Trithiophosphorigsäure-trialkylestern und -triarylestern[405]; für die Thiophenolate sind erhöhte Temperaturen geeigneter. Mit Diphosphortetrajodid reagieren die Bleithiolate zu Gemischen aus Trithiophosphorsäure- und Trithiophosphorigsäure-S,S,S-triestern.

Statt der Thiole und ihrer Salze können auch ihre Trimethylsilylester mit Phosphor(III)-fluorid[406] und -chlorid[407] bei 100°/15 Stdn. oder ihre Trimethylstannylester mit Phosphor(III)-chlorid[408] bei 20° nahezu quantitativ in Trithiophosphorigsäure-trialkylester bzw. -triarylester überführt werden; z.B.:

$$PCl_3 \ + \ 3\,(H_3C)_3Sn{-}S{-}C_6H_5 \quad \xrightarrow[-3\,(H_3C)_3Sn{-}Cl]{} \quad P(S{-}C_6H_5)_3$$

Trithiophosphorigsäure-tri-phenylester

Zur Reaktion von Phosphor(III)-chlorid mit Methyl-thiiran/Zinkchlorid s. Lit.[409].

Wenn ein bevorzugt gebildeter 1,3,2-Dithiaphospholan- oder 1,3,2-Dithiaphosphorinan-Ring enthalten ist, können auch einheitliche unsymmetrische Trithiophosphorigsäure-triester erhalten werden. Ihre Herstellung erfolgt zweistufig aus Phosphor(III)-chlorid entweder über einen Thiophosphorigsäure-dichlorid-S-ester durch Umsetzung mit einem 1,3-Dithiol[410] oder über ein 2-Chlor-1,3,2-dithiaphospholan oder -1,3,2-dithiaphosphorinan durch Umsetzung mit einem Thiol/Amin[411] in Diethylether bei 25° in Ausbeuten von 90%.

[394] US 3174989 (1962), Phillips Petr. Co, Erf.: *P.F. Warner, J.R. Slagle* u. *R.W. Mead*; C.A. **63**, 495 (1965).
[395] SU 757538 (1978), *L.I. Kutyanin*; C.A. **94**, 65111 (1981).
[396] DOS 1949607 (1968) ICI; Erf.: *R.J. Hurlock*; C.A. **72**, 132042 (1970).
[397] SU 276951 (1968), *I.L. Bogatyrev, V.V. Pozdnev* u. *S.V. Golubkov* et al.; C.A. **78**, 83810 (1973).
[399] US 3885002 (1973), Phillips Petr. Co, Erf.: *F.T. Barber*; C.A. **83**, 58103 (1975).
[400] US 3178468 (1961), Phillips Petr. Co, Erf.: *J.W. Clark*; C.A. **63**, 496 (1965).
[401] US 2682554 (1948), Phillips Petr. Co, Erf.: *W.W. Crouch* u. *R.T. Werkman*; C.A. **49**, 6988 (1955).
[402] *G.A. Olah* u. *C.W. McFarland*, J. Org. Chem. **40**, 2582 (1975).
[403] *A.M. Kuliev, A.B. Kuliev, F.N. Mamedov, M.A. Batyrov* u. *F.A. Mamedov*, Khim. Seraorg. Soedin., Soderzh. Neftyakh, Nefteprod. **1968**, 76; C.A. **71**, 80851 (1969).
[404] *M.D. Voigt* u. *M.C. Labarre*, C.R. Acad. Sci. Paris **259**, 4632 (1964).
[405] *R.A. Shaw* u. *M. Woods*, Phosphorus **1**, 191 (1971).
[406] *D.H. Brown, K.D. Crosbie, J.I. Darragh, D.S. Ross* u. *D.W.A. Sharp*, J. Chem. Soc. [A] **1970**, 914.
[407] *E.W. Abel, D.A. Armitage* u. *R.P. Bush*, J. Chem. Soc. **1964**, 5584.
[408] *E.W. Abel* u. *D.B. Brady*, J. Chem. Soc. **1965**, 1192.
[409] *O.N. Nuretdinova*, Izv. Akad. Nauk SSSR, Ser. Khim. **1966**, 1255; engl.: 1205.
[410] *V.S. Blagoveshchenskii, E.E. Nifantev, O.P. Yakovleva* u. *V.N. Esenin*, Vestn. Mosk. Univ. **16**, 227 (1975); C.A. **83**, 179212 (1975).
[411] US 4140514 (1975), Chevron Res. Co, Erf.: *F.J. Freenor*; C.A. **91**, 91340 (1979).

2. aus Phosphorigsäure-triarylestern

Die Verdrängung von Phenoxy-Gruppen im Phosphorigsäure-triphenylester auch durch niedrigsiedende Thiole zu Trithiophosphorigsäure-trialkylestern gelingt in Gegenwart von $\sim 10\%$ Triethylamin durch mehrstündiges Erhitzen unter Rückfluß[412]. Wirksame Umesterungskatalysatoren sind auch die Acetate von Zink, Cadmium und Quecksilber[413].

3. aus Dithiophosphorigsäure- und Trithiophosphorigsäure-S,S-dialkylestern und Trithiophosphorigsäure-triestern

Dithiophosphorigsäure-S,S-dialkylester zerfallen beim Erwärmen in Trithiophosphorigsäure-trialkylester und Thiophosphorigsäure-S-alkylester[414]:

$$2 \; (R-S)_2 P \overset{O}{\underset{H}{\diagdown}} \longrightarrow (R-S)_3 P \; + \; R-S-\overset{O}{\underset{H}{\overset{\|}{P}}}-OH$$

Fünfgliedrig-cycl. Dithiophosphorigsäure-S,S-diester zerfallen bereits unter Synthesebedingungen[415], offenkettige erst unter Destillationsbedingungen[416,417]. Ebenso ergibt die Reaktion der Thiophosphorigsäure-diamide mit Thiolen bei $\sim 100°$ statt der Trithiophosphorigsäure-diester nur deren Triester[418].

Zur Umesterung von Trithiophosphorigsäure-triestern mit Thiolen s. Lit.[419].

4. aus Phosphor

Alkalische Katalysatoren (z. B. Kaliumhydroxid, Kaliummethanthiolat) in aprotischen polaren Lösungsmitteln (DMSO, Aceton) beschleunigen die Reaktion zwischen elementarem Phosphor und Dialkyldisulfanen derart, daß bereits bei 20° innerhalb 0,5–1,5 Stdn. Trithiophosphorigsäure-trialkylester in Ausbeuten über 90%[420,421] und in hoher Reinheit[422] erhalten werden; z.B.:

$$P_4 \; + \; 6 \, (H_9 C_4)_2 S_2 \; \xrightarrow{\text{KOH/Aceton}} \; 4 \, P(SC_4 H_9)_3$$

Trithiophosphorigsäure-tributylester[421]: Unter Rühren wird zu einer Mischung von 1,55 g (50 mmol) gelbem Phosphor, 13,4 g (75 mmol) Dibutyldisulfan und 30 ml DMSO 40 mg (0,4 mmol) Kaliummethanthiolat, gelöst in 5 ml DMSO, zugefügt. Durch Kühlen wird die Mischung auf 27–28° gehalten. Nach 40 Min. ist der Phosphor gelöst und es wird weitere 30 Min. gerührt, sodann die Mischung in Wasser gegossen. Die organ. Phase wird in Diethylether aufgenommen und dann destilliert; Ausbeute: 12,5 g (86%); Sdp.: 144°/0,3 Torr (40 Pa).

[412] *I. S. Akhmetzhanov*, Zh. Obshch. Khim. **46**, 578 (1976); engl.: 575.

[413] JP 7017674-R (1967), Daihachi Kagaku, Erf.: *M. Umemura, A. Hatano* u. *Y. Yano*; C.A. **73**, 1094755 (1970).

[414] *S. F. Sorokina, A. I. Zavalishina* u. *E. E. Nifantev*, Zh. Obshch. Khim. **43**, 750 (1973); engl.: 748.

[415] *E. E. Nifantev, A. I. Zavalishina, S. F. Sorokina* u. *A. A. Borisenko*, Zh. Obshch. Khim. **46**, 471 (1976).; engl.: 469.

[416] *E. E. Nifantev* u. *I. V. Shilov*, Zh. Obshch. Khim. **42**, 1936 (1972); engl.: 1929.

[417] *E. E. Nifantev, A. I. Zavalishina, S. F. Sorokina* u. *S. N. Chernyak*, Dokl. Akad. Nauk SSSR, Ser. Khim. **203**, 593 (1972); engl.: 262.

[418] *A. S. Chechetkin, V. S. Blagoveshchenskii* u. *E. E. Nifantev*, Zh. Vses. Khim. Ova. **20**, 596 (1975); C.A. **84**, 58825 (1976).

[419] US 3351683 (1965), Union Carbide Corp., Erf.: *C. Wu* u. *F. J. Welch*; C.A. **68**, 21685 (1968).

[420] *C. Wu*, J. Am. Chem. Soc. **87**, 2522 (1965).

[421] US 3341632 (1964), Union Carbide Corp., Erf.: *C. Wu*; C.A. **68**, 86840 (1968).

[422] *B. W. Fullam, S. P. Mishra* u. *M. C. R. Symons*, J. Chem. Soc., Dalton Trans. **1974**, 2145.

Bei der durch γ-Strahlen initiierten Umsetzung werden zwar gute Strahlen-Ausbeuten[423], aber durch Tetrathiophosphorsäure-trialkylester verunreinigte[424] Trithiophosphorigsäure-trialkylester erhalten.

Ausbeuten von 82–97% an Trithiophosphorigsäure-trialkylestern ergibt die kombinierte Einwirkung von Alkanthiol und Natriumalkanthiolat auf gelben Phosphor in überschüssigem Tetrachlormethan[425]:

$$P_4 \ + \ 6\,R{-}SH \ + \ 6\,R{-}SNa \ + \ 6\,CCl_4 \quad \xrightarrow[-6\,HCCl_3/-6\,NaCl]{20°/48\ \text{Stdn.}} \quad 4\,P(SR)_3$$

Zur Herstellung von *Trithiophosphorigsäure-tris-[trifluormethylester]* aus Phosphor und Trifluormethansulfenylchlorid s. Lit.[426].

5. nach verschiedenen Methoden

In Gegenwart von Chlorwasserstoff-Spuren bei 120°/72 Stdn. tauschen Trithiophosphorigsäure-trialkylester ihre Ester-Gruppen aus, so daß statistische Gemische entstehen[427].

Natriumphosphid setzt sich in Diethylether bei 40°/4 Stdn. mit Diethyldisulfan zum *Trithiophosphorigsäure-triethylester* (55%) um[428]:

$$H_2PNa \ + \ 3\,(H_5C_2)_2S_2 \quad \xrightarrow[-2\,H_5C_2{-}SH/-NaS{-}C_2H_5]{} \quad P(SC_2H_5)_3$$

Entgegen früheren Angaben[429] entsteht Trithiophosphorigsäure-triethylester nicht bei der thermischen Spaltung von Tetrathiophosphorsäure-triethylester[430].

2-Dimethylamino-1,3,2-dithiaphospholane werden durch 1,2-Ethandithiol in Bis-(trithiophosphorigsäure-triester) überführt[431]; z.B.:

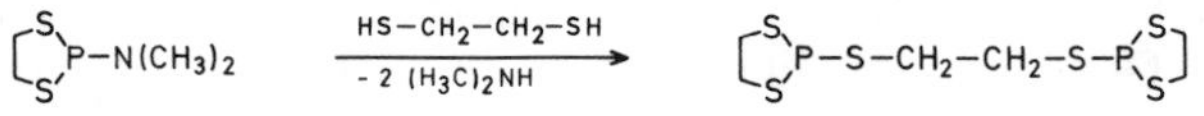

*1,2-Bis-[1,3,2-dithiaphospholan-2-ylthio]-
ethan*; 34%

e$_{49}$) Dithiophosphorigsäure-amid-diester

α) *Dithiophosphorigsäure-S,S-diester-organoamide*

In Gegenwart von tert. Aminen reagieren Phosphorigsäure-amid-dichloride mit Thiolen und Dithiolen zu Dithiophosphorigsäure-amid-S,S-diestern[432,433]:

[423] *M. Scheffler, H. Drawe* u. *A. Henglein,* Z. Naturforsch. **23 b**, 911 (1968).
[424] *H. Drawe,* Z. Naturforsch. **24 b**, 934 (1969).
[425] *C. Brown, R.F. Hudson* u. *G.A. Wartew,* J. Chem. Soc., Perkin Trans 1 **1979**, 1799.
[426] *A. Haas* u. *D. Winkler,* Z. Anorg. Allg. Chem. **468**, 68 (1980).
[427] *K. Moedritzer, G.M. Burch, J.R. von Wazer* u. *H.K. Hofmeister,* Inorg. Chem. **2**, 1152 (1963).
[428] *A.B. Bruker, L.D. Balashova* u. *L.Z. Soborovskii,* Zh. Obshch. Khim. **36**, 75 (1966); engl.: 79.
[429] *R.A. McIvor, G.D. McCarthy* u. *G.A. Grant,* Can. J. Chem. **34**, 1819 (1956).
[430] *G.A. Olah* u. *C.W. McFarland,* J. Org. Chem. **40**, 2582 (1975).
[431] *H. Goncalves, R. Burgada, M. Willson, H. Boudjebel* u. *F. Mathis,* Bull. Soc. Chim. Fr. **1975**, 621.
[432] *E.E. Nifantev, A.I. Zavalishina, S.F. Sorokina, V.S. Blagoveshchenskii, O.P. Yakovleva* u. *E.V. Esinina,* Zh. Obshch. Khim. **44**, 1694 (1974); engl. 1664.
[433] *H. Boudjebel, H. Goncalves* u. *F. Mathis,* Bull. Soc. Chim. Fr. **1975**, 628.

$$R_2^1N\!-\!PCl_2 \quad + \quad 2\,R^2\!-\!SH \quad \xrightarrow[-2\,[(H_5C_2)_3\overset{\oplus}{N}H]Cl^{\ominus}]{+2\,(H_5C_2)_3N/0\!-\!10°/KW} \quad (R^2\!-\!S)_2P\!-\!NR_2^1$$

Dithiophosphorigsäure-chlorid-S,S-diester reagieren in inerten Lösungsmitteln (Dichlormethan, Diethylether, Benzol) mit Ammoniak[434], Aminen[432–436] und Amiden[434] zu Dithiophosphorigsäure-amid-S,S-diestern:

$$(R^1S)_2P\!-\!Cl \quad + \quad R^2\!-\!NH\!-\!R^3 \quad \xrightarrow[-[(H_5C_2)_3NH]^{\oplus}Cl^{\ominus}]{(H_5C_2)_3N} \quad (R^1S)_2P\!-\!N\!\!\begin{array}{c}R^2\\[2pt]\diagdown\\[-2pt]R^3\end{array}$$

Statt des tert. Amins kann auch das einzuführende Amin in doppelt molarer Menge eingesetzt werden, nicht jedoch die zu wenig basischen Carbonsäure-amide. Für die Umsetzung mit Ammoniak wird die Reaktionstemperatur auf $-78°$ gesenkt, sek. Amine und Carbonsäure-amide werden bei $0\!-\!20°$ umgesetzt. Um eingeschlepptes Wasser zu entfernen, kann der Reaktionslösung Molekularsieb zugesetzt werden[434]. Die Ausbeuten betragen bis 80%[433], zumeist aber nur $40\!-\!55\%$.

Auch die Trithiophosphorigsäure-S,S-diester-Thiophosphorsäure-O,O-diester-Anhydride setzen sich analog den Chloriden mit Dialkylaminen in Diethylether um[437]; z.B.:

$$\begin{array}{c}H_7C_3S\\[-2pt]\diagdown\\[-4pt]\diagup\\[-2pt]H_7C_3S\end{array}\!\!P\!-\!S\!-\!\overset{S}{\overset{\|}{P}}(OR)_2 \quad \xrightarrow[-\,[(H_5C_2)_2NH_2]^{\oplus}(RO)_2PS_2^{\ominus}]{+\,2\,(H_5C_2)_2NH} \quad \begin{array}{c}H_7C_3S\\[-2pt]\diagdown\\[-4pt]\diagup\\[-2pt]H_7C_3S\end{array}\!\!P\!-\!N(C_2H_5)_2$$

Dithiophosphorigsäure-diethylamid-S,S-dipropylester; 83%

Das bekannte Verfahren, Phosphorigsäure-triamide mit der vierfach molaren Menge Thiophenol zu Dithiophosphorigsäure-amid-S,S-diestern umzuwandeln, läßt sich auch mit 4-Methyl-benzol-1,2-dithiol durchführen[433]:

$$\left[(H_3C)_2N\right]_3P \quad + \quad \overset{H_3C}{\underset{}{\bigcirc}}\!\!\!\!\begin{array}{c}SH\\[6pt]SH\end{array} \quad \xrightarrow[-\,2\,(H_3C)_2NH]{55\,-\,60\,°/C_6H_6} \quad \overset{H_3C}{\underset{}{\bigcirc}}\!\!\!\!\begin{array}{c}S\\[4pt]\diagdown\\[-4pt]\diagup\\[4pt]S\end{array}\!\!P\!-\!N(CH_3)_2$$

2-Dimethylamino-5-methyl-1,3,2-benzodithiaphosphol; 70%

β) Dithiophosphorigsäure-diester-isocyanat bzw. -isothiocyanat

Dithiophosphorigsäure-S,S-dibutylester-isothiocyanat entsteht aus dem Chlorid mit Ammoniumthiocyanat in Benzol (79%)[438], für den Austausch des Chlors gegen die Isocyanat-Gruppe hat sich die Reaktion mit Natriumcyanat in Benzol/Acetonitril-Gemischen bei $\sim 80°/3$ Stdn. bewährt[439].

[432] E. E. Nifantev, A. I. Zavalishina, S. F. Sorokina, V. S. Blagoveshchenskii, O. P. Yakovleva u. E. V. Esinina, Zh. Obshch. Khim. **44**, 1694 (1974); engl. 1664.

[433] H. Boudjebel, H. Goncalves u. F. Mathis, Bull. Soc. Chim. Fr. **1975**, 628.

[434] US 3832424 (1972), Chevron Res. Co, Erf.: F. J. Freenor; C.A. **81**, 135444 (1974).

[435] O. N. Nuretdinova, Izv. Akad. Nauk SSSR, Ser. Khim. **1966**, 1255; engl.: 1205.

[436] J. P. Albrand, D. Gagnaire, J. Martin u. J. B. Robert, Org. Magn. Reson. **5**, 33 (1973).

[437] E. S. Batyeva, E. N. Ofitserov, O. G. Sinyashin, T. A. Musina u. A. N. Pudovik, Zh. Obshch. Khim. **50**, 2396 (1980); engl.: 1932.

[438] CH 1202709 (1966), Ciba AG, Erf.: G. Beriger; C.A. **73**, 3470 (1970).

[439] V. A. Shokol, A. G. Matyusha, L. I. Molyavko, N. K. Mikhailyuchenko u. G. I. Derkach, Zh. Obshch. Khim. **39**, 2137 (1969); engl.: 2088.

γ) Bis-[bis-(methylthio)-phosphano]-amine bzw. 2,4-Diamino-1,3,2,4-dithiadiphosphetidine

Zu 70% entsteht *Bis-[bis-(methylthio)-phosphano]-methyl-amin* aus Bis-[dichlorphosphano]-methyl-amin und überschüssigem Methanthiol in Gegenwart der vierfach molaren Menge Pyridin in Petrolether[440]:

$$
\begin{array}{c}
Cl_2P \\
\quad \diagdown N{-}CH_3 \\
Cl_2P \diagup
\end{array}
+ 4\ H_3C{-}SH
\quad
\xrightarrow[{-\ 4\ [H_5C_5NH]^{\oplus}\ Cl^{\ominus}}]{4\ \text{Pyridin}, \text{Petrolether}, 20°/30\ \text{Min.}}
\quad
\begin{array}{c}
(H_3CS)_2P \\
\quad \diagdown N{-}CH_3 \\
(H_3CS)_2P \diagup
\end{array}
$$

Zur Herstellung von 2,4-Diamino-1,3,2,4-dithiadiphosphetanen s. Lit.[441].

e$_{50}$) Thiophosphorigsäure-diamide

Phosphorigsäure-chlorid-diamide setzen sich in Gegenwart von Amin mit stöchiometrischen Mengen Schwefelwasserstoff zu Thiophosphorigsäure-diamiden um[442,443]. Umgesetzt wird bei Temperaturen unter 20° am besten in stark verdünnter Lösung (z. B. in Diethylether, Benzol, Toluol)[442–445]. Die Rohprodukte fallen in hohen Ausbeuten an, Destillation führt zu weitgehender Zersetzung[442,443].

$$
(R_2N)_2P{-}Cl + H_2S
\quad
\xrightarrow[{-\ [(H_5C_2)_3NH]^{\oplus}\ Cl^{\ominus}}]{+\ (H_5C_2)_3N}
\quad
(R_2N)_2P\overset{\displaystyle S}{\underset{\displaystyle H}{\diagup\!\!\!\diagup}}
$$

Bereits bei 20° in Toluol verdrängt Schwefelwasserstoff eine Amid-Gruppe aus den Phosphorigsäure-triamiden zu Thiophosphorigsäure-diamiden, die in Ausbeuten über 90% anfallen[443,446]. Ein Überschuß Schwefelwasserstoff ist zu vermeiden; z. B.:

$$
\left[(H_5C_2)_2N \right]_3 P + H_2S
\quad
\xrightarrow[{-\ (H_5C_2)_2NH}]{}
\quad
\left[(H_5C_2)_2N \right]_2 P\overset{\displaystyle S}{\underset{\displaystyle H}{\diagup\!\!\!\diagup}}
$$

Thiophosphorigsäure-bis-[diethylamid]

e$_{51}$) Thiophosphorigsäure-diamid-ester bzw. -dihydrazid-ester

Thiophosphorigsäure-S-alkylester-dichloride setzen sich mit sek. Aminen zu Thiophosphorigsäure-S-alkylester-diamiden um[447,448]:

[440] *C. C. Chang, R. C. Haltiwanger* u. *A. D. Norman*, Inorg. Chem. **17**, 2056 (1978).

[441] *I. J. Colquhoun* u. *W. McFarlane*, J. Chem. Soc., Dalton Trans. **1977**, 1674.

[442] *H. Falius* u. *M. Babin*, Z. Anorg. Chem. **420**, 65 (1976).

[443] *E. E. Nifantev, V. S. Blagoveshchenskii, A. S. Chechetkin* u. *P. P. Dakhnov*, Zh. Obshch. Khim. **47**, 299 (1977); engl.: 276.

[444] *A. Koziara* u. *A. Zwierzak*, Bull. Acad. Pol. Sci., Ser. Sci. Chim. **15**, 509 (1967).

[445] SU 455966 (1973), *E. E. Nifantev, V. S. Blagoveshchenskii, A. S. Chechetkin* u. *P. P. Dakhnov*; C.A. **82**, 124208 (1975).

[446] *A. S. Chechetkin, V. S. Blagoveshchenskii* u. *E. E. Nifantev*, Vestn. Mosk. Univ. Khim. **16**, 243 (1975); C.A. **83**, 178744 (1975).

[447] *E. E. Nifantev, I. V. Shilov, V. S. Blagoveshchenskii* u. *I. V. Kemlov*, Zh. Obshch. Khim. **45**, 295 (1975); engl.: 282.

[448] *O. N. Nuretdinova*, Izv. Akad. Nauk SSSR **1966**, 1255; engl.: 1205.

$$R^1S-PCl_2 \ + \ 4 \ R_2^2NH \xrightarrow[- \ 2 \ [R_2^2NH_2]^{\oplus} Cl^{\ominus}]{} R^1S-P(NR_2^2)_2$$

In 2-Chlor-2,3-dihydro-1,3,2-benzothiazaphospholen wird das Chlor mit Phosphorigsäure-triamiden gegen eine Dialkylamino-Gruppe ausgetauscht[449]; z.B.:

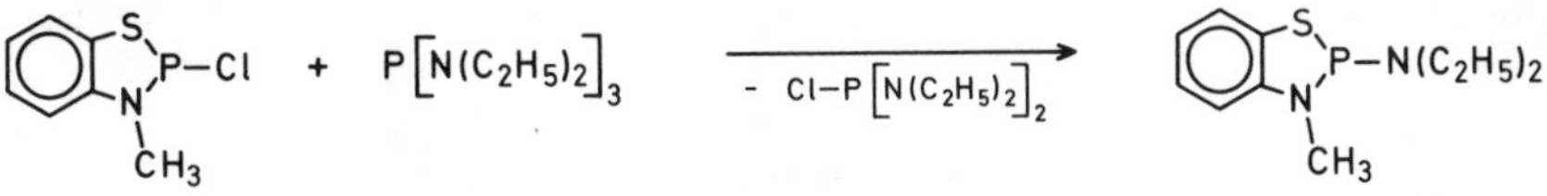

2-Diethylamino-3-methyl-2,3-dihydro-1,3,2-benzothiazaphosphol

Phosphorigsäure-S-alkylester-diamide (23–30%) werden auch aus Phosphorigsäure-chlorid-diamiden mit Thiolen und Triethylamin erhalten[450]:

$$(R_2^1N)_2P-Cl \ + \ R^2-SH \xrightarrow[- \ [(H_5C_2)_3NH]^{\oplus} Cl^{\ominus}]{+ \ (H_5C_2)_3N \ / \ (H_5C_2)_2O \ , \ 0^{\circ}} (R_2^1N)_2P-S-R^2$$

2-Amino-2,3-dihydro-1,3,2-benzothiazaphosphole tauschen bei mehrstündigem Erhitzen auf ~ 150° in Gegenwart katalytisch wirkender Ammoniumchloride mit Phosphorigsäure-triamiden leicht den *exo* cycl. 2-Amino-Rest aus[449]; z.B.:

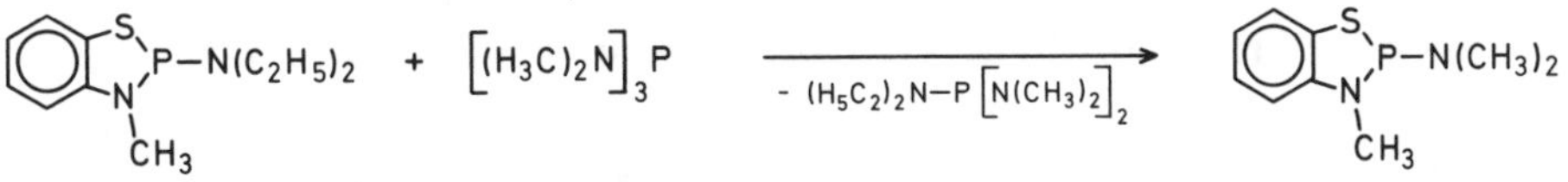

2-Dimethylamino-3-methyl-2,3-dihydro-1,3,2-benzothiazaphosphol

Phosphorigsäure-triamide reagieren mit Alkanthiolen zu Thiophosphorsäure-triamiden[451,452], mit Thiophenolen[451,452,453] und deren Amin-Salzen[452] sowie mit heterocycl. aromatischen Thiolen[454] im Molverhältnis 1:1 zu Thiophosphorigsäure-diamid-S-estern. Alkanthiole können eingesetzt werden, wenn gleichzeitig ein Ringschluß zum 1,3,2-Thiazaphospholan erfolgen kann[455]:

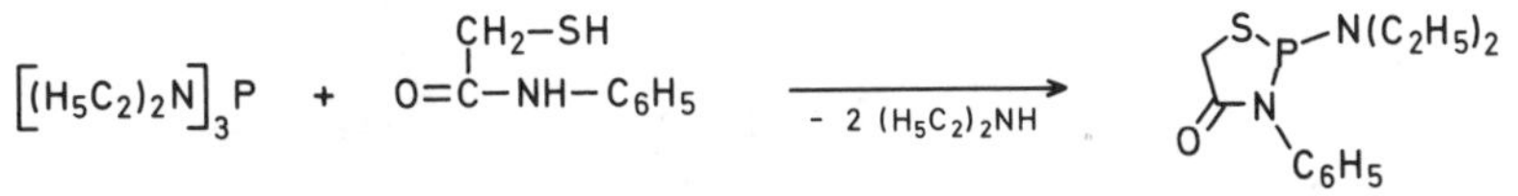

2-Diethylamino-4-oxo-3-phenyl-
1,3,2-thiazaphospholan; 54%

[449] M.A. Pudovik, Y.A. Mikhailov, T.A. Malykh, V.A. Alfonsov, G.U. Zamaletdinova, E.S. Batyeva u. A.N. Pudovik, Zh. Obshch. Khim. **50**, 1677 (1980); engl.: 1359.

[450] H. Falius u. M. Babin, Z. Anorg. Allg. Chem. **420**, 65 (1976).

[451] N. Yoshino, M. Masumura u. K. Itabashi, Nippon Kagaku Kaishi **1976**, 1904; C.A. **86**, 105386 (1977).

[452] K.A. Petrov, V.P. Evdakov, I. Abramtseva u. A.K. Strautman, Zh. Obshch. Khim. **32**, 3070 (1962); engl.: 3019.

[453] DAS 1142866 (1960), Bayer AG; Erf.: F. Schrader; C.A. **59**, 1533 (1963).

[454] E.E. Nifantev, A.P. Tuseev, A.I. Valdman, L.V. Voronina u. P.A. Morozov, Zh. Obshch. Khim. **48**, 1473 (1978); engl.: 1352.

[455] L.I. Mizrakh, L.Y. Polonskaya, B.I. Bryantsev u. T.M. Ivanova, Zh. Obshch. Khim. **46**, 1688 (1976); engl.: 1642.

Zur Herstellung von Thiophosphorigsäure-diamid-S-estern aus Phosphorigsäure-triamid und cycl. Disulfanen[456] bzw. aus Thiophosphorigsäure-bis-[isocyanat]-S-estern und Anilin s. Lit.[457].

Zur Herstellung von *2-Amino-5-methylthio-3-phenyl-2,3-dihydro-1,3,4,2-thiadiazaphospholen* s. Lit.[458].
2,4,6-Tris-[alkylthio]- und 2,4,6-Tris-[arylthio]-1,3,5,2,4,6-triazatriphosphorinane sind aus 2,4,6-Tribrom-1,3,5-trimethyl-1,3,5,2,4,6-triazatriphosphorinan mit der dreifach molaren Menge Bleialkanthiolat (in Benzol, 80°/0,5 Stdn.) oder mit Thiophenol/Triethylamin (Benzol, 20°/14 Stdn.) herstellbar[459]:

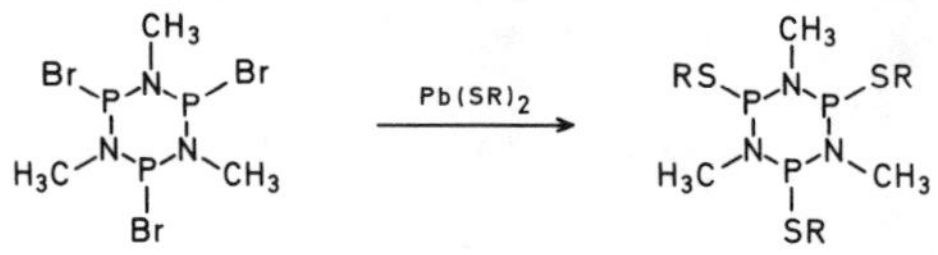

$$\text{(Br, CH}_3\text{ triazatriphosphorinan)} \xrightarrow{\text{Pb(SR)}_2} \text{(RS, CH}_3\text{ triazatriphosphorinan)}$$

Zur Herstellung von *3,6-Bis-[methylthio]-1,2,4,5-tetramethyl-1,2,4,5,3,6-tetraazadiphosphorinan* aus dem entsprechenden 3,6-Dichlor-Derivat mit Bis-[methylthio]-blei s. Lit.[460]:

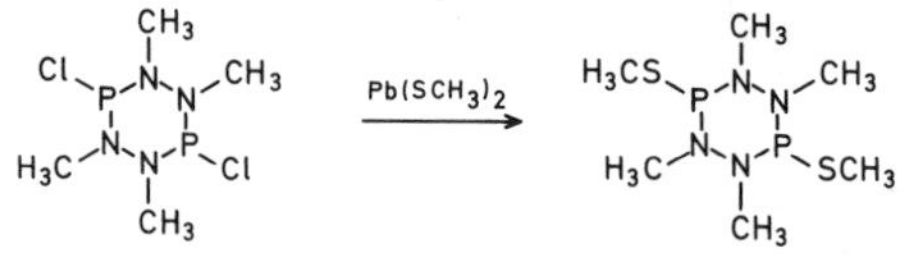

$$\text{(Cl, CH}_3\text{ tetraazadiphosphorinan)} \xrightarrow{\text{Pb(SCH}_3\text{)}_2} \text{(H}_3\text{CS, CH}_3\text{ tetraazadiphosphorinan)}$$

e_{52}) Triseleno- bzw. Tritellurophosphorigsäure-Derivate

Triselenophosphorigsäure-tris-(selenokohlensäure-O-alkylester)-Anhydride entstehen aus den Kalium-Salzen der Diselenoxanthogensäuren mit Phosphor(III)-chlorid[460 a] in Diethylether bei 0°:

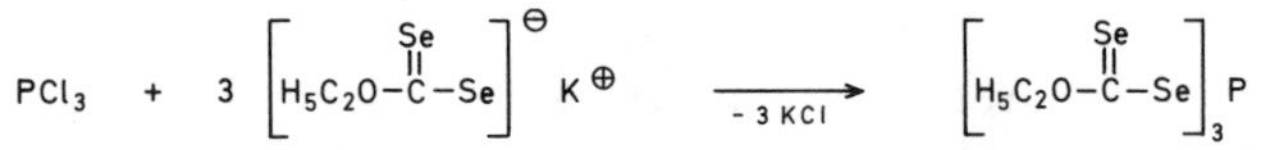

$$PCl_3 + 3\left[H_5C_2O-\overset{\overset{Se}{\|}}{C}-Se\right]^{\ominus} K^{\oplus} \xrightarrow{-3\,KCl} \left[H_5C_2O-\overset{\overset{Se}{\|}}{C}-Se\right]_3 P$$

Triselenophosphorigsäure-tris-(selenokohlensäure-O-ethylester)-Anhydrid

Vorzugsweise in Aceton reagiert feinverteilter weißer Phosphor mit Dialkyl- und Diaryldiseleniden in Gegenwart konz. Kalilauge z. B. zu *Triselenophosphorigsäure-triphenylester* (90%)[460 b]:

$$P_4 + 6(H_5C_6)_2Se_2 \xrightarrow{30-50°/30-60\,\text{Min.}} 4(H_5C_6-Se)_3P$$

Unter gleichen Bedingungen entsteht aus Phosphor mit Bis-[4-methoxyl-phenyl]-ditellurid der bei −20° haltbare *Tritellurophosphorigsäure-tris-[4-methoxy-phenylester][460 b]*.

[456] *D.N. Harpp* u. *J.G. Gleason*, J. Org. Chem. **35**, 3259 (1970).
[457] *V.A. Shokol* u. *L.I. Molyavko*, Zh. Obshch. Khim. **44**, 2660 (1974); engl.: 2615.
[458] *N.I. Shvetsov-Shilovskii, B.P. Nesterenko* u. *A.A. Stepanova*, Zh. Obshch. Khim. **49**, 1896 (1979); engl.: 1669.
[459] *W. Zeiss, A. Pointner, C. Engelhardt* u. *H. Klehr*, Z. Anorg. Allg. Chem. **475**, 256 (1981).
[460] *H. Nöth* u. *R. Ullmann*, Chem. Ber. **109**, 1942 (1976).
[460 a] *A. Rosenbaum, H. Kirchberg* u. *E. Leibnitz*. J. Prakt. Chem. **19**, 1 (1963).
[460 b] *L. Maier*, Helv. Chim. Acta **59**, 252 (1976).

e₅₃) Phosphorigsäure-triamide

α) *Phosphorigsäure-tris-[organoamide]*

A. Herstellung

1. aus Phosphor(III)-chlorid und Amin

Die Ausbeuten bei diesem klassischen Verfahren, in Einzelfällen bei den Phosphorigsäu-re-tris-[dialkylamiden] bereits 90–100% betragend[461], lassen sich häufig wesentlich steigern, indem nach Reaktionsende das gebildete Amin-Hydrochlorid durch Einleiten von Ammoniak in schwerer lösliches Ammoniumchlorid umgewandelt wird[462, 463]. Bei wertvollen Aminen setzt man statt eines Amin-Überschußes Triethylamin als Hilfsbase in Ether oder Kohlenwasserstoffen als Lösungsmittel ein[464, 465].
Die Anwendbarkeit dieses Verfahrens ist auf N-Alkyl-aniline[466, 467] und mit geringerem Erfolg auf Diphenylamin[468] ausgedehnt worden. Dabei ist entgegen früheren Angaben der Zusatz einer starken Hilfsbase (z.B. Triethylamin[466, 468], Natriumamid[467]) unumgänglich:

$$PCl_3 \;+\; 3\; H_5C_6-\overset{\underset{|}{R}}{N}-H \;+\; 3\;(H_5C_2)_3N \xrightarrow[-\;3\;\left[(H_5C_2)_3NH\right]^{\oplus} Cl^{\ominus}]{} P\left[\overset{\underset{|}{R}}{N}-C_6H_5\right]_3$$

Mit Diphenylamin wird auch nach 30 Tagen Reaktionszeit nur 8,5% *Phosphorigsäure-tris-[diphenylamid]* erhalten[468]. Auch Dialkylamine mit sperrigen Substituenten (z.B. Diisopropylamin) reagieren nur bis zum Phosphorigsäure-chlorid-diamid[469].
Prim. Alkyl- und Arylamine liefern keine Triamide, sondern je nach Reaktionsbedingungen bei Amin-Überschuß 2,4-Diamino-1,3,2,4-diazadiphosphetidine oder Hexaaza-tetraphospha-adamantane und bei Phosphor(III)-chlorid-Überschuß Bis-[dichlorphosphano]-amine bzw. 2,4-Dichlor-1,3,2,4-diazadiphosphetidine[470].

2. aus Phosphorigsäure-amid-dichlorid und Amin

Durch Umsetzung von Phosphorigsäure-amid-dichloriden mit Aminen lassen sich Phosphorigsäure-triamide mit ungleichen Amid-Resten herstellen[471]; z.B.:

$$H_2C\overset{\displaystyle CH_2-NH-C_6H_5}{\underset{\displaystyle CH_2-NH-C_6H_5}{<}} \;+\; Cl_2P-N(C_2H_5)_2 \;+\; 2\;(H_5C_2)_3N \xrightarrow[-\;2\;\left[(H_5C_2)_3NH\right]^{\oplus} Cl^{\ominus}]{}$$

2-Diethylamino-1,3-diphenyl-1,3,2-diaza-phosphorinan

---

[461] *V. Mark*, Organic Syntheses, Vol. 46, S. 42–43.
[462] *D. Houalla, H. Sanchez* u. *R. Wolf*, Bull. Soc. Chim. Fr. **1965**, 2368.
[463] *S. Sengès, M. Zentil* u. *M.C. Labarre*, Bull. Soc. Chim. Fr. **1971**, 351.
[464] *N.P. Grechkin, G.S. Gubanova* u. *G.A. Kashafutdinova*, Zh. Obshch. Khim. **48**, 1058 (1978); engl.: 963.
[465] *I.A. Nuretdinov* u. *N.P. Grechkin*, Izv. Akad. Nauk SSSR, Ser. Khim. **1964**, 1883; engl.: 1784.
[466] *A.P. Marchenko, A.M. Pinchuk* u. *N.G. Feshchenko*, Zh. Obshch. Khim. **43**, 1900 (1973); engl.: 1887.
[467] *F.B. Ogilvie, J.H. Jenkins* u. *J.G. Verkade*, J. Am. Chem. Soc. **92**, 1916 (1970).
[468] *M.J. Babin*, Z. Anorg. Allg. Chem. **467**, 218 (1980).
[469] *V.L. Foss, N.V. Lukashev* u. *I.F. Lutsenko*, Zh. Obshch. Khim. **50**, 1236 (1980); engl.: 1000.
[470] *A.R. Davies, A.T. Dronsfield, R.N. Haszeldine* u. *D.R. Taylor*, J. Chem. Soc., Perkin Trans. **1 1973**, 379.
[471] *E.N. Nifantev, A.A. Borisenko, A.I. Zavalishina* u. *S.F. Sorokina*, Chem. Ztg. **104**, 63 (1980).

In bestimmten Fällen, z. B. mit 1,3-Bis-[alkylamino]-propanen versagt die Reaktion[471].

3. aus Phosphorigsäure-chlorid-diamiden und Amin

Phosphorigsäure-triamide mit ungleichen Amid-Resten lassen sich auch durch Umsetzung von vorzugsweise cycl. Phosphorigsäure-chlorid-diamiden mit sek. Aminen[472,473,473a] – im speziellen Fall cycl. Phosphorigsäure-chlorid-diamide auch mit prim. Aminen[474] – herstellen, wobei zumeist das einzuführende Amin zugleich als Chlorwasserstoff-Akzeptor wirkt. Auch Bis-amide von 1,2-Diaminen sollen auf diese Weise zugänglich sein[474,475].

$$(R_2N)_2P-Cl \;+\; 2\; \underset{R^2}{\overset{R^1}{\diagdown}}N-H \;\xrightarrow[-\left[\underset{R^2}{\overset{R^1}{\diagdown}}\overset{\oplus}{N}H_2\right]Cl^{\ominus}]{} \; (R_2N)_2P-N\underset{R^2}{\overset{R^1}{\diagup}}$$

Man arbeitet in Ethern oder aliphatischen Kohlenwasserstoffen als Lösungsmittel, zur Vermeidung von Folgereaktionen bei Umsetzung mit prim. Amin zusätzlich bei auf −30 bis −70° herabgesetzter Temp.

Ist das umzusetzende Amin wenig basisch (z. B. Carbonsäure-ester-imide[476], Carbonsäure-amide[477]) oder wertvoll, werden Phosphorigsäure-chlorid-diamid und Amin im Molverhältnis 1:1 eingesetzt; eine inerte Hilfsbase (z. B. Triethylamin) wird zugefügt[478,472].

Gelegentlich macht sich störend bemerkbar, daß Phosphorigsäure-chlorid-diamide mit der Zeit zu einem Gemisch mit bis zu 16% Phosphorigsäure-triamid zerfallen[475].

Zur Herstellung N-trimethylsilylierter Phosphorigsäure-triamide aus Diamid-chloriden und Natrium-silylamiden s. Lit.[479].

4. aus Phosphorigsäure-amid-halogeniden und Silylamiden

Auch in schwierigen Fällen führt die Umsetzung von Phosphorigsäure-amid-chloriden mit Trimethylsilyl-amiden noch mit hohen Ausbeuten zum Erfolg[478,480,481]; z. B. zum *Phosphorigsäure-tris-[diphenylamid]*:

$$\left[(H_5C_6)_2N\right]_2P-Cl \;+\; (H_5C_6)_2N-Si(CH_3)_3 \;\xrightarrow[-\,(H_3C)_3Si-Cl]{}\; \left[(H_5C_6)_2N\right]_3P$$

Symmetrische Phosphorigsäure-triamide können auf diese Weise auch ausgehend von Phosphor(III)-chlorid erhalten werden[480].

Phosphorigsäure-tripyrazolide, aus Phosphor(III)-chlorid und Pyrazolin nur schlecht herstellbar, werden bei der Umsetzung des Phosphor(III)-chlorids mit 1-Trimethylsilyl-

[471] *E.N. Nifantev, A.A. Borisenko, A.I. Zavalishina* u. *S.F. Sorokina*, Chem. Ztg. **104**, 63 (1980).

[472] *E.E. Nifantev, A.I. Zavalishina, S.F. Sorokina, A.A. Borisenko, E.I. Smirnova, V.V. Kurochkin* u. *L.I. Moiseeva*, Zh. Obshch. Khim. **49**, 64 (1979); engl.: 53.

[473] *F. Ramirez, A.V. Patwardhan, H.J. Kugler* u. *C.P. Smith*, J. Am. Chem. Soc. **89**, 6267 (1967).

[473a] *E.I. Smirnova, A.I. Zavalishina, A.A. Borisenko, M.N. Rybina* u. *E.E. Nifantev*, Zh. Obshch. Khim. **51**, 1956 (1981).

[474] *O.J. Scherer* u. *J. Wokulat*, Z. Naturforsch. **22b**, 474 (1967).

[475] *A.P. Marchenko, V.A. Kovenya, A.A. Kudryavtsev* u. *A.M. Pinchuk*, Zh. Obshch. Khim. **51**, 561 (1981); engl.: 440.

[476] *Y. Charbonnel, J. Barrans* u. *R. Burgada*, Bull. Soc. Chim. Fr. **1970**, 1366.

[477] *F.L. Bowden, A.T. Dronsfield, R.N. Haszeldine* u. *D.R. Taylor*, J. Chem. Soc., Perkin Trans. **1 1973**, 516.

[478] *M.J. Babin*, Z. Anorg. Allg. Chem. **467**, 218 (1980).

[479] *W. Zeiß, C. Feldt, J. Weis* u. *G. Dunkel*, Chem. Ber. **111**, 1180 (1978).

[480] *E.W. Abel, D.A. Armitage* u. *G.R. Willey*, J. Chem. Soc. **1965**, 62.

[481] *A.H. Cowley, S.K. Mehrotra* u. *H.W. Roesky*, Inorg. Chem. **20**, 712 (1981).

pyrazol in praktisch quantitativer Ausbeute erhalten[482]. Auch 1-Trimethylstannyl-pyrazol kann eingesetzt werden [mit Phosphor(III)-fluorid][482].

Cycl. Triamide werden aus Phosphorigsäure-amid-dichloriden und Dilithium-diaminen erhalten[483].

5. aus Anhydriden der Phosphorigsäure-diamide mit Fremdsäuren und Amin

Bei der Einwirkung von Diethylamin auf das gemischte Anhydrid aus Phosphorigsäure-diethylamid mit Methanthiophosphonsäure-alkylester wird *Phosphorigsäure-tris-[di-ethylamid]* zu 77% gebildet[484]:

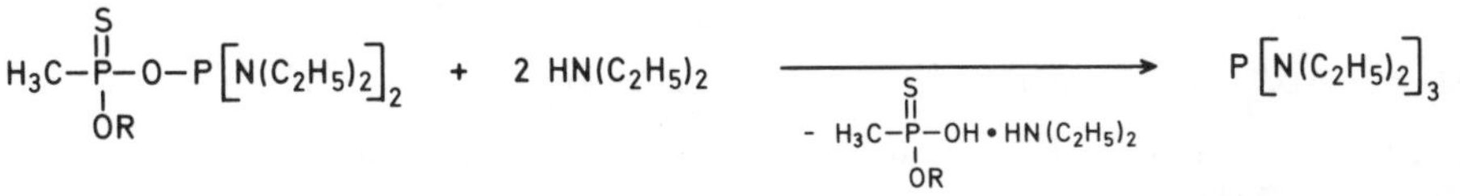

$$H_3C-\overset{\overset{S}{\|}}{\underset{\underset{OR}{|}}{P}}-O-P\left[N(C_2H_5)_2\right]_2 \;+\; 2\;HN(C_2H_5)_2 \quad\xrightarrow[-\;H_3C-\overset{\overset{S}{\|}}{\underset{\underset{OR}{|}}{P}}-OH\cdot HN(C_2H_5)_2]{}\quad P\left[N(C_2H_5)_2\right]_3$$

6. aus Phosphorigsäure-triamiden durch Umamidierung

Durch Umamidierung können unter milden Bedingungen Phosphorigsäure-triamide auch empfindlicher sek. aliphatischer Amine und prim. Aniline erhalten werden[485-487]. Auch gemischte Triamide sind dadurch zugänglich[488, 473a]. Die Methode ist besonders auch zur Herstellung cycl. und bicycl. Phosphorigsäure-triamide[489-491] aus 1,3- und 1,2-di-sek. Diaminen[492], subst.-Harnstoffen[493], 3-Amino-carbonsäure-amiden[494] und Phosphorsäure-amiden[494a] geeignet. Die Ausbeuten liegen in der Regel über 60%. Phosphorigsäure-tris-[dimethylamid] wird wegen der Flüchtigkeit des verdrängten Amins vorzugsweise als Ausgangsmaterial eingesetzt. Die Komponenten werden ohne Lösungsmittel auf ~ 100° bis zum Ende der Amin-Entwicklung erhitzt.

Die Umamidierung mit Carbonsäure-amiden, wie sie z.B. für Chloressigsäure-dibutylamid beschrieben ist[495], dürfte demgegenüber weniger Vorteile bieten.

7. aus Amino-imino-phosphanen und Amin

Prim. und einfache sek. Amine addieren bei ~ 20° glatt an Amino-imino-phosphane wobei die Produkte abhängig von den Substituenten im Amino-imino-phosphan sowohl Phosphorigsäure-triamid- wie auch Iminophosphorigsäure-diamid-Struktur aufweisen können[496]:

[473a] *E.I. Smirnova, A.I. Zavalishina, A.A. Borisenko, M.N. Rybina* u. *E.E. Nifantev*, Zh. Obshch. Khim. **51**, 1956 (1981).

[482] *S. Fischer, L.K. Peterson* u. *J.F. Nixon*, Can. J. Chem. **52**, 3981 (1974).

[483] *O.J. Scherer* u. *M. Püttmann*, Angew. Chem. **91**, 741 (1979).

[484] *V.N. Eliseenkov, N.V. Bureva* u. *A.N. Pudovik*, Izv. Akad. Nauk SSSR, Ser. Khim. **1971**, 2013; engl.: 1898.

[485] *Y.G. Trishin, V.N. Chistokletov, V.V. Kosovtsev* u. *A.A. Petrov*, Zh. Org. Khim. **11**, 1752 (1975); engl.: 1750.

[486] *R. Burgada*, Ann. Chim. (Paris) **1963**, 348.

[487] *H.J. Vetter* u. *H. Nöth*, Chem. Ber. **96**, 1308 (1963).

[488] *D. Houalla, M. Sanchez* u. *R. Wolf*, Bull. Soc. Chim. Fr. **1965**, 2368.

[489] *B.L. Laube, R.D. Bertrand, G.A. Casedy, R.D. Compton* u. *J.G. Verkade*, Inorg. Chem. **6**, 173 (1967).

[490] *W.G. Bentrude, W.D. Johnson* u. *W.A. Khan*, J. Am. Chem. Soc. **94**, 923 (1972).

[491] *M.A. Pudovik, N.A. Muslimova* u. *A.N. Pudovik*, Izv. Akad. Nauk SSSR, Ser. Khim. **1980**, 1183; C.A. **93**, 114408 (1980).

[492] *E.E. Nifantev, A.I. Zavalishina, S.F. Sorokina, A.A. Borisenko, E.I. Smirnova, V.V. Kurochkin* u. *L.I. Moiseeva*, Zh. Obshch. Khim. **49**, 64 (1979); engl.: 53.

[493] *J. Devillers, M. Willson* u. *R. Burgada*, Bull. Soc. Chim. Fr. **1968**, 4670.

[494] *E.E. Nifantev, A.I. Zavalishina* u. *E.I. Smirnova*, Phosphorus Sulfur **10**, 261 (1981).

[494a] *S. Kleemann, E. Fluck* u. *W. Schwarz*, Phosphorus Sulfur **12**, 1981.

[495] *N.N. Melnikov, B.A. Khaskin* u. *N.B. Petruchenko*, Zh. Obshnh. Khim. **38**, 2069 (1968); engl.: 2030.

[496] *L.N. Markovski, V.D. Romanenko* u. *A.V. Ruban*, Phosphorus Sulfur **9**, 221 (1980).

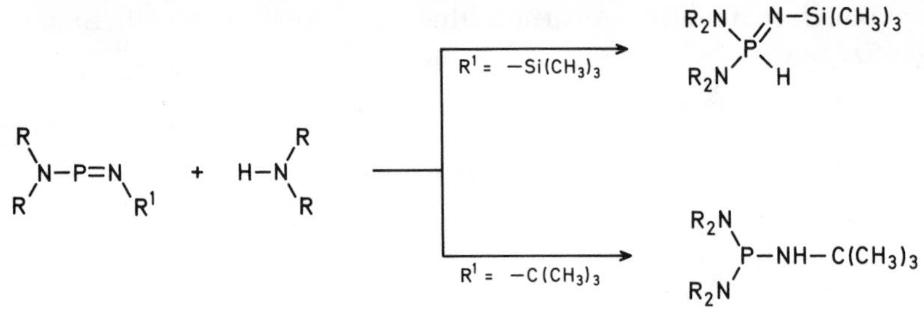

$R^1 = -Si(CH_3)_3$

$$\begin{array}{c} R_2N \\ \diagdown \\ P \diagup N-Si(CH_3)_3 \\ R_2N \diagup \diagdown H \end{array}$$

$$\begin{array}{c} R \\ \diagdown \\ N-P=N \diagup R \\ R \diagup \diagdown R^1 \end{array} \quad + \quad \begin{array}{c} R \\ \diagdown \\ H-N \diagup R \\ \diagdown R \end{array}$$

$R^1 = -C(CH_3)_3$

$$\begin{array}{c} R_2N \\ \diagdown \\ P-NH-C(CH_3)_3 \\ R_2N \diagup \end{array}$$

β) Phosphorigsäure-tris-[isothiocyanate] bzw. -amid-bis-[isocyanate]

Phosphorigsäure-tris-[isocyanat] (52%) wird durch Erhitzen stöchiometrischer Mengen Phosphor(III)-chlorid mit Trimethylsilylisothiocyanat[497] erhalten:

$$PCl_3 \quad + \quad 3(H_3C)_3Si-NCS \quad \xrightarrow[-3(H_3C)_3Si-Cl]{100-150°/3\ Stdn.} \quad P(NCS)_3$$

Über die verschiedenen Phosphorigsäure-chlorid (bzw. -bromid-)-iso(thio)cyanate s. Lit.[498].

Die Phosphorigsäure-bis-[isocyanat]-dialkylamide sind aus den Dichloriden mit Natrium- oder Silbercyanat in inerten Lösungsmitteln[499, 500] bzw. mit Trimethylsilyl-isocyanat[499] zugänglich.

γ) Phosphorigsäure-diamid-hydrazide und -amid-dihydrazide

Diese Verbindungen werden am besten aus den Phosphorigsäure-amid-halogeniden oder -halogenid-hydraziden durch Reaktion mit Überschuß des Hydrazins bzw. des Amins hergestellt; z.B.[501]:

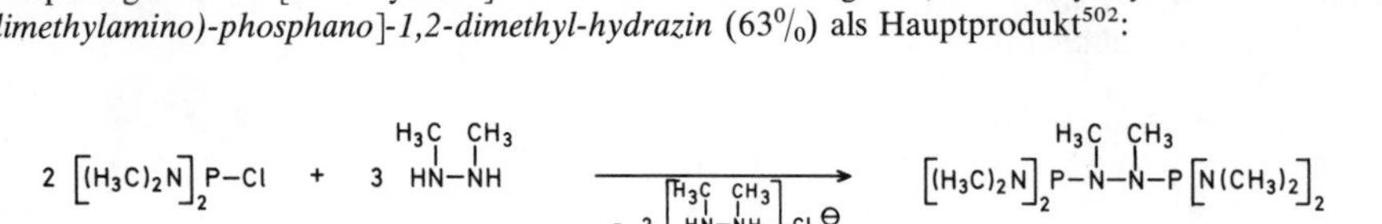

$$\begin{array}{c} CH_3 \\ | \\ N \\ \diagdown \\ P-Cl \\ N \diagup \\ | \\ CH_3 \end{array} \quad + \quad 2\ H_2N-N(CH_3)_2 \quad \xrightarrow[-\ [(H_3C)_2N-NH_3]^{\oplus}\ Cl^{\ominus}]{} \quad \begin{array}{c} CH_3 \\ | \\ N \\ \diagdown \\ P-NH-N(CH_3)_2 \\ N \diagup \\ | \\ CH_3 \end{array}$$

1,3-Dimethyl-2-(2,2-dimethyl-hydrazino)-1,3,2-diazaphospholan; 69%

Aus Phosphorigsäure-bis-[dimethylamid]-chlorid und überschüssigem 1,2-Dimethyl-hydrazin entsteht *1,2-Bis-[bis-(dimethylamino)-phosphano]-1,2-dimethyl-hydrazin* (63%) als Hauptprodukt[502]:

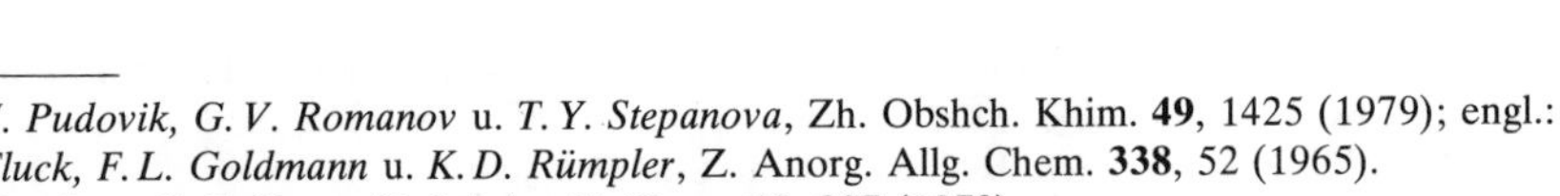

$$2\ \left[(H_3C)_2N\right]_2 P-Cl \quad + \quad 3\ \begin{array}{c} H_3C\ \ CH_3 \\ |\ \ \ \ | \\ HN-NH \end{array} \quad \xrightarrow[-\ 2\left[\begin{array}{c} H_3C\ \ CH_3 \\ |\ \ \ \ | \\ HN-NH_2 \\ \oplus \end{array}\right]Cl^{\ominus}]{} \quad \left[(H_3C)_2N\right]_2 P-\begin{array}{c} H_3C\ \ CH_3 \\ |\ \ \ \ | \\ N-N \end{array}-P\left[N(CH_3)_2\right]_2$$

[497] *A.N. Pudovik, G.V. Romanov* u. *T.Y. Stepanova*, Zh. Obshch. Khim. **49**, 1425 (1979); engl.: 1248.
[498] *E. Fluck, F.L. Goldmann* u. *K.D. Rümpler*, Z. Anorg. Allg. Chem. **338**, 52 (1965).
[499] *W. Jurchen, G. Keßler* u. *H. Scheler*, Z. Chem. **12**, 337 (1972).
[500] *K. Gloe, G. Keßler* u. *H. Scheler*, Z. Chem. **12**, 337 (1972).
[501] *O.J. Scherer* u. *J. Wokulat*, Z. Naturforsch. **22**b, 474 (1967).
[502] *H. Nöth* u. *R. Ullmann*, Chem. Ber. **109**, 1942 (1976).

3,6-Dichlor-1,2,4,5-tetramethyl-1,2,4,5-tetraaza-3,6-diphosphorinan liefert mit überschüssigem Amin das zugehörige Bis-[amid-dihydrazid][503]; z. B.:

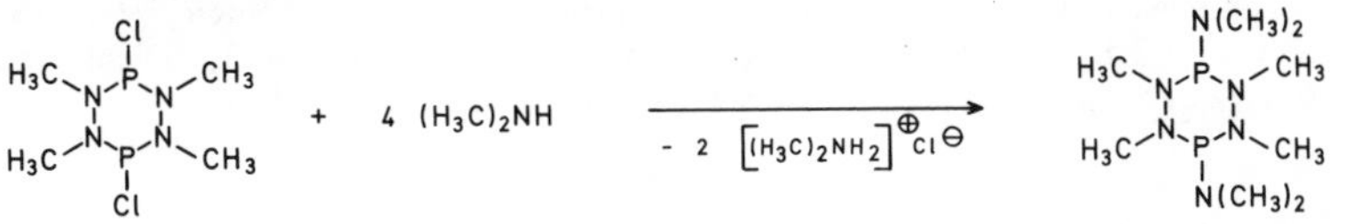

$$\text{Cl-Verbindung} + 4\ (H_3C)_2NH \xrightarrow{-\ 2\ \left[(H_3C)_2NH_2\right]^{\oplus}Cl^{\ominus}} \text{Produkt}$$

3,6-Bis-[dimethylamino]-1,2,4,5-tetramethyl-1,2,4,5,3,6-tetraazadiphosphorinan; 67%

Phosphorigsäure-triamide lassen sich mit (2-Amino-ethyl)-hydrazin zu 1,2,4,3-Triazaphosphorinanen umamidieren[504]:

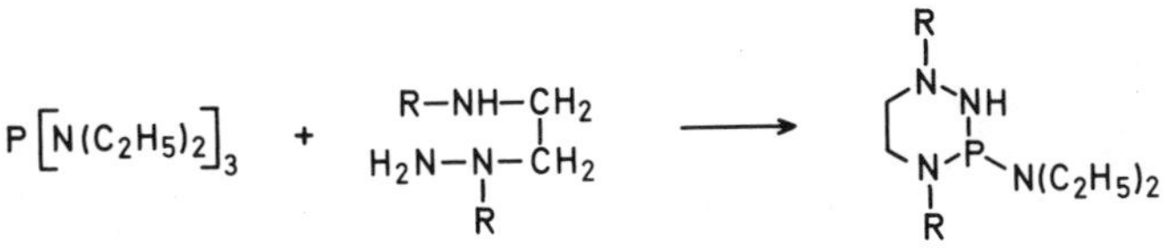

$$P\left[N(C_2H_5)_2\right]_3 + \begin{array}{c} R-NH-CH_2 \\ H_2N-N-CH_2 \\ R \end{array} \longrightarrow \text{Produkt} \quad N(C_2H_5)_2$$

I. Vak. bei erhöhter Temp. erfolgt Kondensation zum Bis-1,2,4,3-triazaphosphorinan.

Mit 1,2-Bis-[1-alkyl-hydrazino]-ethan reagieren die Triamide zu 3-Amino-1,2,4, 5,3-tetraazaphosphepan, das mit weiterem Hydrazin auch in das zugehörige Phosphorigsäure-trihydrazid überführt werden kann:

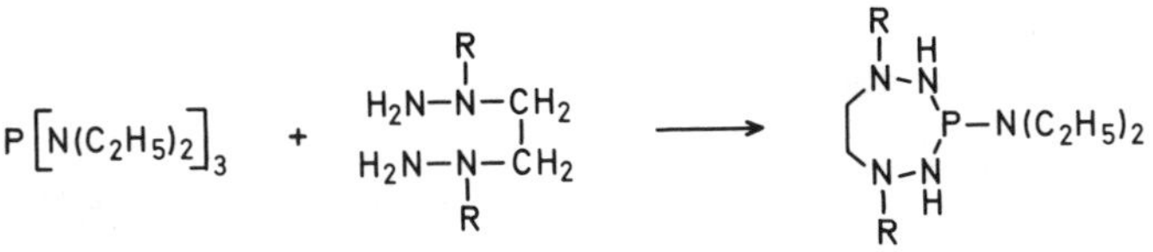

$$P\left[N(C_2H_5)_2\right]_3 + \begin{array}{c} H_2N-N-CH_2 \\ R \\ H_2N-N-CH_2 \\ R \end{array} \longrightarrow \text{Produkt} \quad P-N(C_2H_5)_2$$

Auf Sonderfälle beschränkt bleibt die Addition sek. Amine an P=N-Doppelbindungen; z. B.[505]:

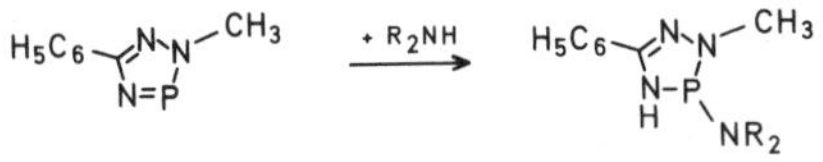

$$H_5C_6 \text{-Verbindung} \xrightarrow{+\ R_2NH} H_5C_6 \text{-Produkt} \quad NR_2$$

Cycl. Phosphorigsäure-amid-dihydrazide und -diamid-hydrazide werden auch durch Tetramerisierung von 5-Amino-1,2,4,3-triazaphosphol erhalten[506].

δ) *Phosphorigsäure-trihydrazide*

Erwartungsgemäß werden Phosphorigsäure-trihydrazide aus Phosphor(III)-chlorid und 1,2,2-trisubstituiertem Hydrazin in Gegenwart von Hilfsbase in Toluol erhalten[507]:

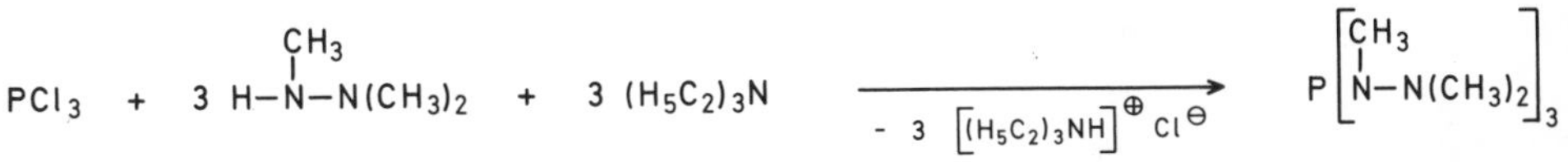

$$PCl_3 + 3\ \underset{CH_3}{H-N-N(CH_3)_2} + 3\ (H_5C_2)_3N \xrightarrow{-\ 3\ \left[(H_5C_2)_3NH\right]^{\oplus}Cl^{\ominus}} P\left[\underset{CH_3}{N-N(CH_3)_2}\right]_3$$

Phosphorigsäure-tris-[trimethyl-hydrazid]; 83%

[503] H. Nöth u. R. Ullmann, Chem. Ber. **107**, 1019 (1974).

[504] G. S. Goldin, S. G. Fedorov, G. S. Nikitina u. N. A. Smirnova, Zh. Obshch. Khim. **44**, 2668 (1974); engl.: 2623.

[505] Y. Charbonnel u. J. Barrans, C. R. Acad. Sci., Ser. C. **278**, 355 (1974).

[506] A. Schmidpeter, H. Tautz, J. v. Seyerl u. G. Huttner, Angew. Chem. **93**, 420 (1981).

[507] J. H. Kanamüller u. H. H. Sisler, Inorg. Chem. **6**, 1765 (1967).

Mit überschüssigem 1,1-Dimethyl-hydrazin reagiert Phosphor(III)-chlorid entgegen früheren Angaben[508] zu *2,4,6,8,9,10-Hexakis-* *[dimethylamino]-2,4,6,8,9,10-hexaaza-1,3,5,7-tetraphospha-adamantan*[509].

1,2-Dimethyl-hydrazin im Überschuß ergibt *2,3,5,6,7,8-Hexamethyl-2,3,5,6,7,8-hexaaza-1,4-diphospha-bicyclo[2.2.2]octan* als zweifaches Phosphorigsäure-trihydrazid in mäßigen Ausbeuten[510]. Seine Synthese gelingt auch ausgehend vom 1,2-Bis-[dichlor-phosphano]-1,2-dimethyl-hydrazin bzw. 3,6-Dichlor-1,2,4,5-tetrame-thyl-1,2,4,5,3,6-tetraazadiphosphorinan mit überschüssigem 1,2-Dimethyl-hydrazin[511, 512]:

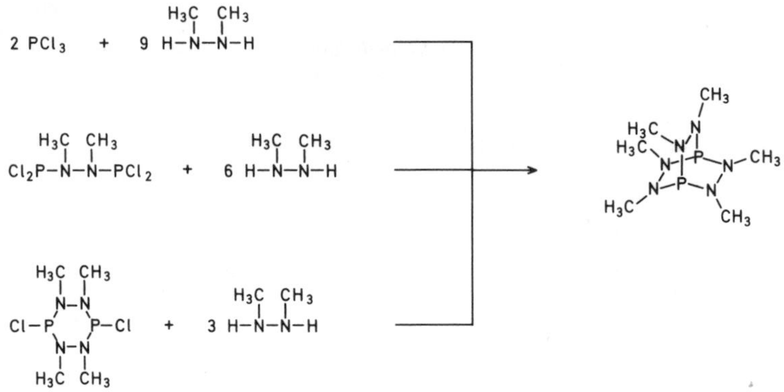

Die besten Ausbeuten liefert jedoch die Umsetzung von Phosphorigsäure-tris-[dimethyl-amid] mit 1,2-Dimethyl-hydrazin[512] oder seinem Bis-hydrochlorid[510] z. B. in siedendem Benzol[513]:

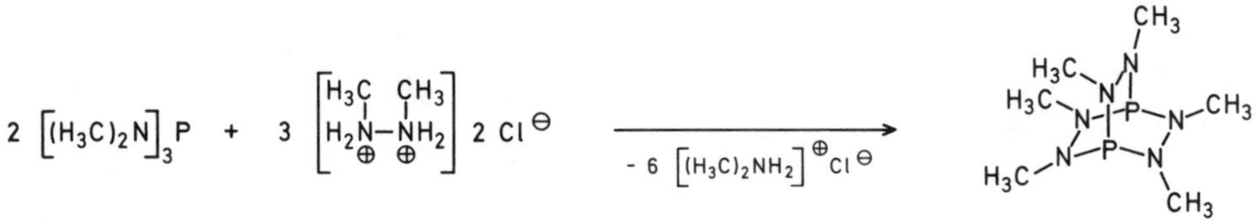

Zur Herstellung von *1,5-Dimethyl-3-{[2-methyl-2-(1-methyl-hydrazino)-ethyl]-hydrazino}-1,2,4,5,3-tetra-azaphosphepan* s. Lit.[514]:

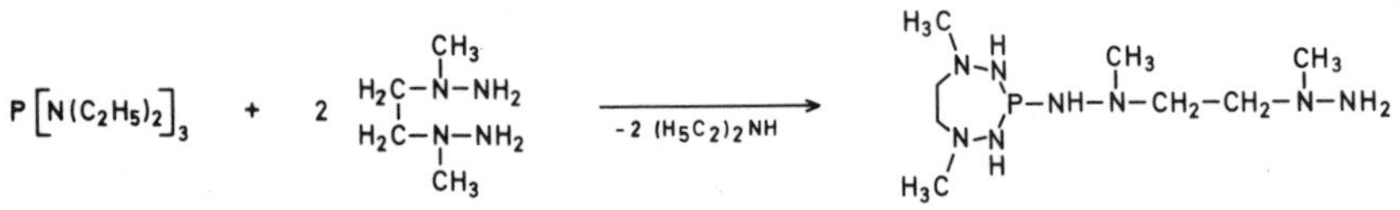

Als tricyclisches Phosphorigsäure-trihydrazid wird 2,3,5,7,8,9-Hexaaza-1-phospha-adamantan aus seinem Sulfid durch Reduktion mit Tributyl- oder Triphenyl-phosphan erhalten[515].

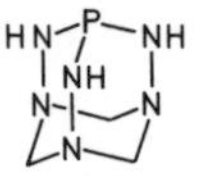

[508] *R. P. Nielsen* u. *H. H. Sisler*, Inorg. Chem. **2**, 753 (1963).

[509] *D. B. Whigan, J. W. Gilje* u. *A. E. Goya*, Inorg. Chem. **9**, 1279 (1970).
R. D. Kroshefsky u. *J. G. Verkade*, Phosphorus Sulfur **6**, 391 (1979).

[510] *R. Goetze, H. Nöth* u. *D. S. Payne*, Chem. Ber. **105**, 2637 (1972).

[511] *H. Nöth* u. *R. Ullmann*, Chem. Ber. **109**, 1942 (1976).

[512] *H. Nöth* u. *R. Ullmann*, Chem. Ber. **107**, 1019 (1974).

[513] *D. S. Payne, H. Nöth* u. *G. Henniger*, Chem. Commun. **1965**, 327.

[514] *G. S. Goldin, S. G. Fedorov, G. S. Nikitina* u. *N. A. Smirnova*, Zh. Obshch. Khim. **44**, 2668 (1974); engl.: 2623.

[515] *J. Navech, H. Germa* u. *J. P. Majoral*, Chem. Ztg. **104**, 63 (1980).

ε) Phosphorigsäure-azid-diamide

Für Phosphorigsäure-diamid-pseudohalogenide sind Austauschreaktionen der einzig bekannte Syntheseweg; z. B. Phosphorigsäure-azid-diamide:

$$(R_2N)_2P\!\!-\!\!Cl \quad + \quad (H_3C)_3Si\!\!-\!\!N_3 \quad \xrightarrow[-(H_3C)_3Si\!-\!Cl]{} \quad (R_2N)_2P\!\!-\!\!N_3$$

R = Alkyl[515a, 515b], Si(CH$_3$)$_3$[515c]

ζ) 5-Amino-4,5-dihydro-tetraazaphosphole

Amino-tert.-butylimino-phosphane addieren tert.-Butylazid zu *1,4-Di-tert.-butyl-5-(bis-[trimethylsilyl]-amino)-* bzw. *-5-diisopropylamino-4,5-dihydro-tetraazaphosphol*[515d, 515e]:

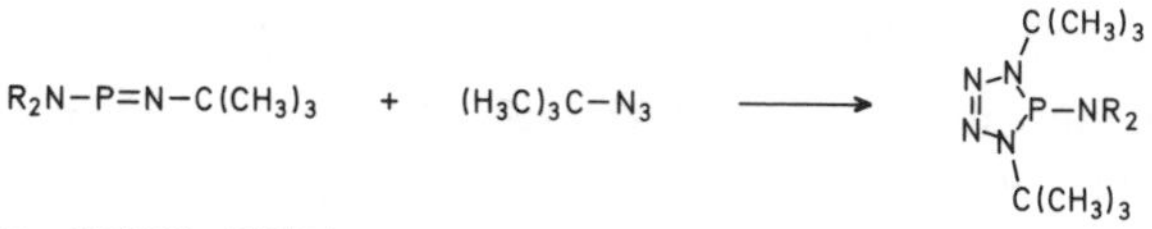

R = CH(CH$_3$)$_2$, Si(CH$_3$)$_3$

η) 1,2,3,4-Tetraamino- bzw. 2,4-Dihydrazino-1,3,2,4-diazadiphosphetidine

2,4-Bis-[tert.-butyl-methyl-amino]-1,3-bis-[dimethylamino]-1,3,2,4-diazadiphosphetidin entsteht zu 25% auf folgende Weise[515f]:

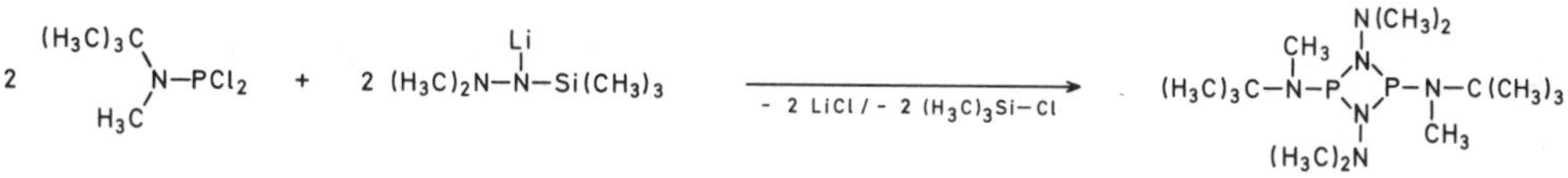

(2,2-Bis-[trimethylsilyl]-1-methyl-hydrazino)-(trimethylsilylimino)-phosphan dimerisiert in fester Phase zum *1,3-Bis-[trimethylsilyl]-2,4-bis-[2,2-bis-(trimethylsilyl)-1-methyl-hydrazino]-1,3,2,4-diazadiphosphetidin*[515g]:

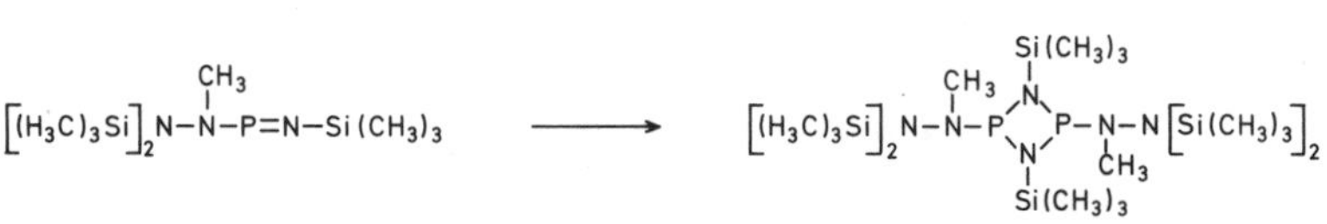

δ) Alkyl-bis-[bis-(dialkylamino)-phosphano]-amine

Bis-[dichlorphosphano]-methyl- bzw. -ethyl-amin reagieren mit überschüssigem Dimethylamin bereits bei −78° in Petrolether zu *Bis-[bis-(dimethylamino)-phosphano]-methyl-* bzw. *-ethyl-amin*[516, 517]:

[515a] *O.J. Scherer* u. *W. Gläßel*, Chem. Ztg. **99**, 246 (1975).
[515b] *I.Y. Bodilova, N.I. Gusar* u. *Y.G. Gololobov*, Zh. Obshch. Khim. **50**, 1201 (1980); C.A. **93**, 87658 (1980).
[515c] *O.J. Scherer* u. *N. Kuhn*, Chem. Ber. **107**, 2123 (1974).
[515d] *E. Niecke* u. *H.G. Schäfer*, Angew. Chem. **89**, 817 (1977).
[515e] *S. Pohl, E. Niecke* u. *H.G. Schäfer*, Angew. Chem. **90**, 135 (1967).
[515f] *O.J. Scherer* u. *W. Gläßel*, Angew. Chem. **87**, 667 (1975).
[515g] *O.J. Scherer* u. *W. Gläßel*, Chem. Ber. **110**, 3874 (1977).
[516] *I.J. Colquhoun* u. *W. McFarlane*, J. Chem. Soc., Dalton Trans. **1977**, 1674.
[517] *R. Keat, D.S. Rycroft* u. *D.G. Thompson*, J. Chem. Soc., Dalton Trans. **1980**, 321.

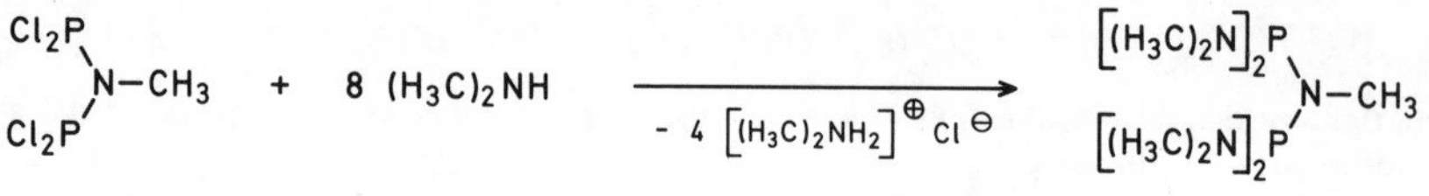

$$\begin{array}{c}
\text{Cl}_2\text{P} \\
\qquad\;\;\text{N}-\text{CH}_3 \\
\text{Cl}_2\text{P}
\end{array}
\;+\; 8\;(\text{H}_3\text{C})_2\text{NH}
\xrightarrow[-\;4\;\left[(\text{H}_3\text{C})_2\text{NH}_2\right]^{\oplus}\text{Cl}^{\ominus}]{}
\begin{array}{c}
\left[(\text{H}_3\text{C})_2\text{N}\right]_2\text{P} \\
\qquad\qquad\qquad\;\;\text{N}-\text{CH}_3 \\
\left[(\text{H}_3\text{C})_2\text{N}\right]_2\text{P}
\end{array}$$

Mit Dimethyl-trimethylsilyl-amin gelingt der partielle Chlor-Ersatz zu *Bis-[chlor-dimethylamino-phosphano]-methyl-amin*[518]. Dagegen weicht Bis-[dichlor-phosphano]-phenyl-amin bei Umsetzung mit der vierfach molaren Menge Dimethylamin zum *2-Chlor-4-dimethylamino-1,3,2,4-diazadiphosphetidin* aus[519].

ι) Amino-1,3,2,4-diazadiphosphetidine[520]

A. Herstellung

1. aus Phosphor(III)-chlorid

Nur ein prim. Alkylamin mit sperrigem Alkyl-Rest wie tert.-Butylamin setzt sich im Überschuß mit Phosphor(III)-chlorid in Diethylether bei 0°/72 Stdn. zum *2,4-Bis-[tert.-butylamino]-1,3-di-tert.-butyl-1,3,2,4-diazadiphosphetidin*[521] um, verhält sich also ähnlich den Anilinen.

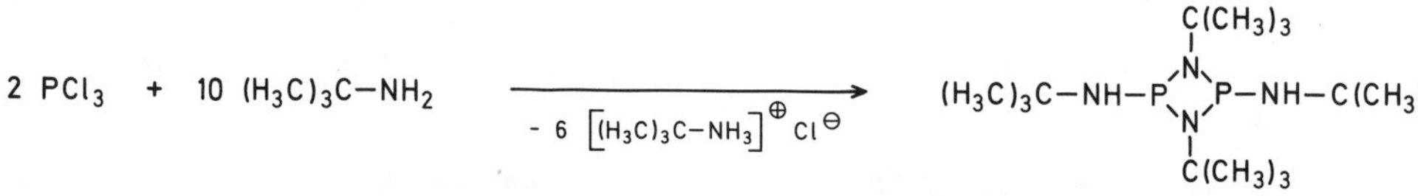

$$2\;\text{PCl}_3\;+\;10\;(\text{H}_3\text{C})_3\text{C}-\text{NH}_2
\xrightarrow[-\;6\;\left[(\text{H}_3\text{C})_3\text{C}-\text{NH}_3\right]^{\oplus}\text{Cl}^{\ominus}]{}
\begin{array}{c}
\text{C}(\text{CH}_3)_3 \\
| \\
\text{N} \\
(\text{H}_3\text{C})_3\text{C}-\text{NH}-\text{P}\qquad\text{P}-\text{NH}-\text{C}(\text{CH}_3)_3 \\
\text{N} \\
| \\
\text{C}(\text{CH}_3)_3
\end{array}$$

Werden Phosphor(III)-chlorid und Anilin im Molverhältnis 1 : 4,75 in Toluol 2 Stdn. zum Sieden erhitzt, entsteht *N,N-Bis-[4-anilino-1,3-diphenyl-1,3,2,4-diazadiphosphetidinyl]-anilin* (75–85%) und nicht das 2,4-Dianilino-1,3,2,4-diazadiphosphetidin[522].

2. aus Phosphorigsäure-amid-dichloriden

Bereits bei −78° in Diethylether setzen sich Phosphorigsäure-amid-dichloride aus sterisch gehinderten sek. Aminen mit überschüssigem tert.-Butylamin zu *2,4-Bis-[tert.-butylamino]-1,3-di-tert.-butyl-1,3,2,4-diazadiphosphetidin* (75%) und mit Anilin zu *2,4-Dianilino-1,3-diphenyl-1,3,2,4-diazadiphosphetidin* um[523]:

[518] R. Keat, J. Chem. Soc., Dalton Trans. **1974**, 876.
[519] G. Bulloch, R. Keat u. D. G. Thompson, J. Chem. Soc., Dalton Trans. **1977**, 99.
[520] Herstellung, Umwandlung und Trennung der cis-trans-Isomeren s. Übersichten bzw. Originale:
　　O. J. Scherer, Nachr. Chem. Tech. Lab. **28**, 392 (1980).
　　E. Niecke u. O. J. Scherer, Nachr. Chem. Tech. Lab. **23**, 395 (1975).
　　A. F. Grapov, L. V. Razvodovskaya u. N. N. Melnikov, Usp. Khim. **50**, 606 (1981); engl.: 324.
　　R. Keat, D. S. Rycroft u. D. G. Thompson, J. Chem. Soc., Dalton Trans., **1980**, 321.
　　G. Bulloch, R. Keat u. D. G. Thompson, J. Chem. Soc., Dalton Trans. **1977**, 99.
　　R. Keat, A. N. Keith, A. Macphee, K. W. Muir u. D. G. Thompson, Chem. Commun. **1978**, 372.
[521] R. R. Holmes u. J. A. Forstner, Inorg. Chem. **2**, 380 (1963).
[522] M. L. Thompson, R. C. Haltiwanger u. A. D. Norman, Chem. Commun. **1979**, 647.
[523] L. N. Markovskii, V. D. Romanenko, A. V. Ruban u. L. A. Robenko, Zh. Obshch. Khim. **50**, 337 (1980); engl.: 273.

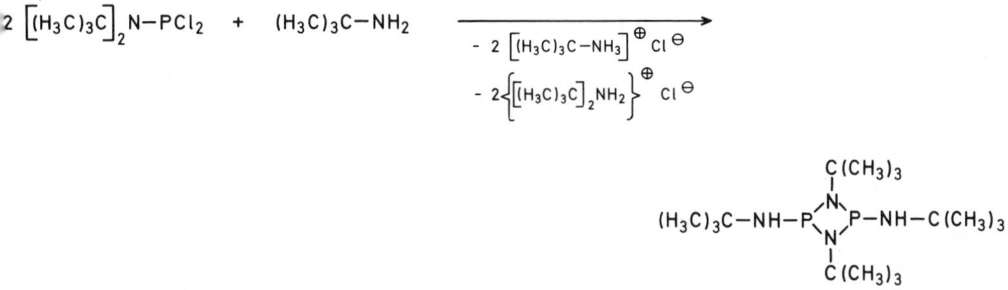

$$2\,\left[(H_3C)_3C\right]_2N-PCl_2 \quad + \quad (H_3C)_3C-NH_2 \xrightarrow[\qquad]{}$$

$$-\,2\,\left[(H_3C)_3C-NH_3\right]^{\oplus}Cl^{\ominus}$$

$$-\,2\left\{\left[(H_3C)_3C\right]_2NH_2\right\}^{\oplus}Cl^{\ominus}$$

Sterisch weniger anspruchsvolle Dialkylamino-Reste werden erst bei höheren Temperaturen verdrängt, es entstehen je nach Bedingungen 2,4-Bis-[dialkylamino]-[523] oder z.B. *2,4-Dianilino-1,3,2,4-diazadiphosphetidine*[524].

Arensulfonamide setzen sich mit Phosphorigsäure-dialkylamid-dichloriden zu 1,3-Bis-[arylsulfonyl]-2,4-dialkylamino-1,3,2,4-diazadiphosphetidinen um[525].

N,N-Bis-[dichlorphosphano]-4-methoxy-anilin reagiert mit überschüssigem Dimethylamin zu dem nach anderen Methoden nur schwer erhältlichen *2,4-Bis-[dimethylamino]-1,3-bis-[4-methoxy-phenyl]-1,3,2,4-diazadiphosphetidin* (76%)[526]:

Analog wird *2,4-Bis-[dimethylamino]-1,3-diphenyl-1,3,2,4-diazadiphosphetidin* erhalten[527].

3. aus Phosphorigsäure-chlorid-diamiden

Bis-[chlor-dimethylamino-phosphano]-methyl-amin cyclisiert mit tert.-Butylamin zum *2,4-Bis-[dimethylamino]-3-tert.-butyl-1-methyl-1,3,2,4-diazadiphosphetidin*[526]:

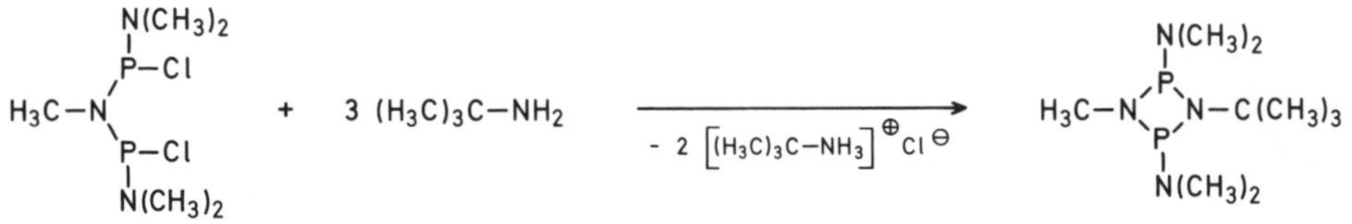

Phosphorigsäure-diamid-halogenide, deren Stickstoff keine zu sperrigen Substituenten (z.B. tert.-Butyl) trägt, mit wenigstens einer N-Trimethylsilyl-Gruppe bilden beim Erwärmen 2,4-Diamino-1,3,2,4-diazadiphosphetidine[528, 529]; z.B.:

[523] L.N. Markovskii, V.D. Romanenko, A.V. Ruban u. L.A. Robenko, Zh. Obshch. Khim. **50**, 337 (1980); engl.: 273.

[524] Y.G. Trishin, V.N. Chistokletov, V.V. Kosovtsev u. A.A. Petrov, J. Org. Chem. (USSR) **11**, 1749 (1976); engl.: 1747.

[525] F.L. Bowden, A.T. Dronsfield, R.N. Haszeldine u. D.R. Taylor, J. Chem. Soc., Perkin Trans. **1 1973**, 516.

[526] G. Bulloch, R. Keat u. D.G. Thompson, J. Chem. Soc., Dalton Trans. **1977**, 99.

[527] A.R. Davies, A.T. Dronsfield, R.N. Haszeldine u. D.R. Taylor, J. Chem. Soc., Perkin Trans. **1 1973**, 379.

[528] O.J. Scherer u. W. Gläßel, Chem. Ber. **110**, 3874 (1977).

[529] O.J. Scherer u. K. Andres, Z. Naturforsch. **33b**, 467 (1978).

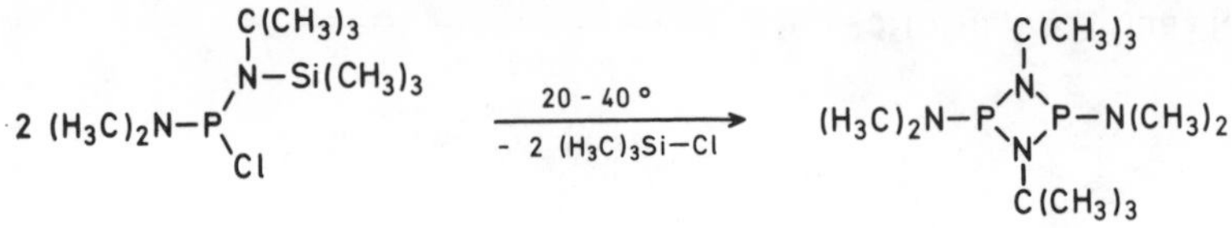

$$2 \; (H_3C)_2N-P\begin{smallmatrix}N-Si(CH_3)_3\\|\\C(CH_3)_3\end{smallmatrix}\diagdown Cl \quad \xrightarrow[-2\;(H_3C)_3Si-Cl]{20-40°} \quad (H_3C)_2N-P\underset{C(CH_3)_3}{\overset{C(CH_3)_3}{\diagdown}}P-N(CH_3)_2$$

2,4-Bis-[dimethylamino]-1,3-di-tert.-butyl-1,3,2,4-diazadiphosphetidin; 50%

Die Thermolyse-Temp. ist Substituenten-abhängig, Phosphorigsäure-chlorid-diisopropylamid-(isopropyl-trimethylsilyl-amid) wird bei 150–170°/15 Torr (2 kPa) umgesetzt[529].

Unter Spaltung der P–N-Bindung verläuft die Reaktion der Phosphorigsäure-bis-[dialkylamid]- bzw. -bis-[N-alkyl-anilid]-chloride mit Benzolsulfonsäureamiden in Pyridin mit 75–80% zu 1,3-Bis-[arylsulfonyl]-2,4-diamino-1,3,2,4-diazadiphosphetidinen[525]; z.B.:

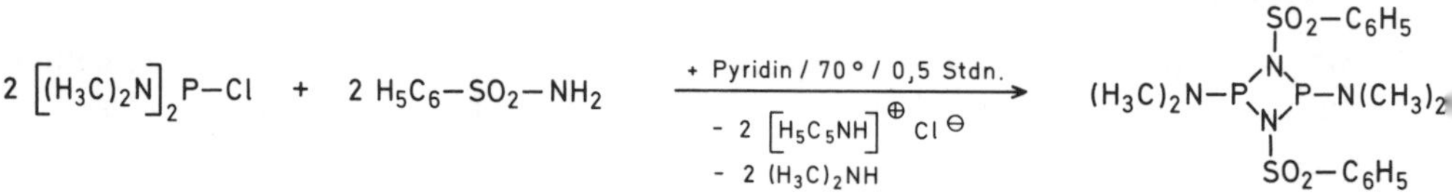

$$2 \; \left[(H_3C)_2N\right]_2 P-Cl \;+\; 2\; H_5C_6-SO_2-NH_2 \quad \xrightarrow[\substack{-2\;\left[H_5C_5NH\right]^{\oplus}Cl^{\ominus}\\-2\;(H_3C)_2NH}]{+\;\text{Pyridin}\,/\,70°\,/\,0,5\;\text{Stdn.}} \quad (H_3C)_2N-P\underset{SO_2-C_6H_5}{\overset{SO_2-C_6H_5}{\diagdown}}P-N(CH_3)_2$$

2,4-Bis-[dimethylamino]-1,3-bis-[phenylsulfonyl]-1,3,2,4-diaza-diphosphetidin; 72%

In ähnlicher Weise soll Phosphorigsäure-bis-[2,4-dimethyl-anilid]-chlorid mit Anilin und Pyridin zu *Bis-[2,4-dimethyl-anilino]-1,3-diphenyl-1,3,2,4-diazadiphosphetidin* reagieren[525].

Phosphorigsäure-bis-[dialkylamid]-chloride liefern mit Natrium-bis-[trimethylsilyl]-amid bereits bei –70° in Diethylether 2,4-Bis-[dialkylamino]-1,3-bis-[trimethylsilyl]-1,3,2,4-diazadiphosphetidine in Ausbeuten von 36–75%[530]:

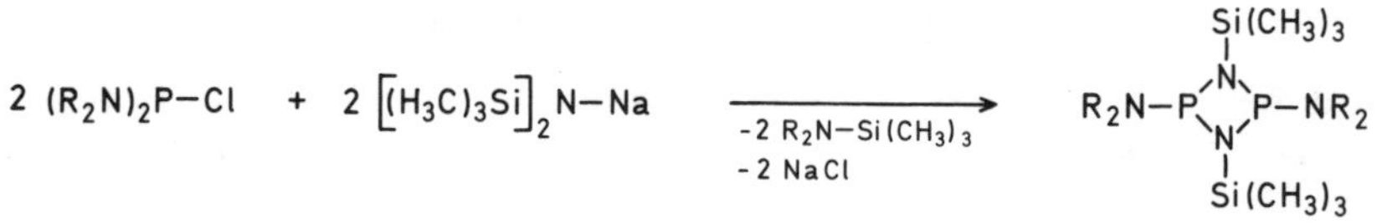

$$2 \; (R_2N)_2P-Cl \;+\; 2 \left[(H_3C)_3Si\right]_2 N-Na \quad \xrightarrow[\substack{-2\;R_2N-Si(CH_3)_3\\-2\;NaCl}]{} \quad R_2N-P\underset{Si(CH_3)_3}{\overset{Si(CH_3)_3}{\diagdown}}P-NR_2$$

Mit Phosphorigsäure-bis-[4-methyl-anilid]-chlorid bleibt die Ausbeute gering.

4. aus 2,4-Dichlor-1,3,2,4-diazadiphosphetidinen

1,3-Di-tert.-butyl-2,4-dichlor-1,3,2,4-diazadiphosphetidin[530a] setzt sich ebenso wie die 1,3-Diaryl-2,4-dichlor-1,3,2,4-diazadiphosphetidine[526] mit überschüssigen prim. und sek. Alkylaminen in Ethern oder Kohlenwasserstoffen bei 0–20° zu 2,4-Diamino-1,3-di-tert.-butyl- (bzw. 1,3-diaryl)-1,3,2,4-diaza-diphosphetidinen um; z.B.:

[525] *F.L. Bowden, A.T. Dronsfield, R.N. Haszeldine* u. *D.R. Taylor*, J. Chem. Soc., Perkin Trans. **1 1973**, 516.
[526] *G. Bulloch, R. Keat* u. *D.G. Thompson*, J. Chem. Soc., Dalton Trans. **1977**, 99.
[529] *O.J. Scherer* u. *K. Andres*, Z. Naturforsch. **33b**, 467 (1978).
[530] *W. Zeiß, C. Feldt, J. Weis* u. *G. Dunkel*, Chem. Ber. **111**, 1180 (1978).
[530a] *R. Keat, D.S. Rycroft* u. *D.G. Thompson*, J. Chem. Soc. Dalton Trans. **1980**, 321.
   G. Bulloch, R. Keat u. *D.G. Thompson*, J. Chem. Soc. Dalton Trans. **1977**, 99.

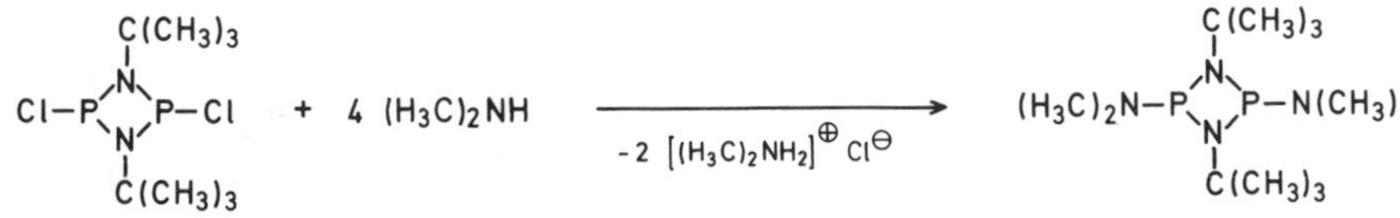

2,4-Bis-[dimethylamino]-1,3-di-tert.-butyl-1,3,2,4-diazadi-
phosphetidin; 30%

Mit 1,2-Bis-[methylamino]-ethan werden bicyclisch-verbrückte 2,4-Diamino-diazadi-
phosphetidine[531] erhalten. Auch partielle Substitution zu 2-Chlor-4-dialkylamino-
1,3,2,4-diazadiphosphetidinen[526] ist bei vermindertem Amin-Einsatz – Molverhältnis 1:2
– möglich. Ebenso können vollständige[532] wie einfache[526] Chlor-Substitution mit Li-
thium-amiden vorgenommen werden. Insbesondere der einfache Halogen-Ersatz läßt sich
mit der Synthese der 2,4-Dihalogen-1,3,2,4-diazadiphosphetidine aus Phosphor(III)-
chlorid und -bromid koppeln[528, 533].
Ohne Zusatz von Base tritt der Ersatz des Chlors in den 2,4-Dichlor-1,3,2,4-diazadiphos-
phetidinen gegen Amino-Gruppen mittels Silylamiden, insbesondere Heptamethyldisilazan[534] ein. Dieser Reaktionstyp ist auch geeignet zur Synthese doppelt verbrückter 2,4-
Diamino-1,3,2,4-diazadiphosphetidine durch Thermolyse eines Gemisches von cis-2,4-
Dichlor- und cis-2,4-Bis-[isopropyl-trimethylsilyl-amino]-1,3-diisopropyl-1,3,2,4-dia-
zaphosphetidin[535, 536] oder durch Thermolyse von 2-Chlor-1,3-diisopropyl-4-(isopropyl-
trimethylsilyl-amino)-1,3,2,4-diazaphosphetidin[535, 536]:

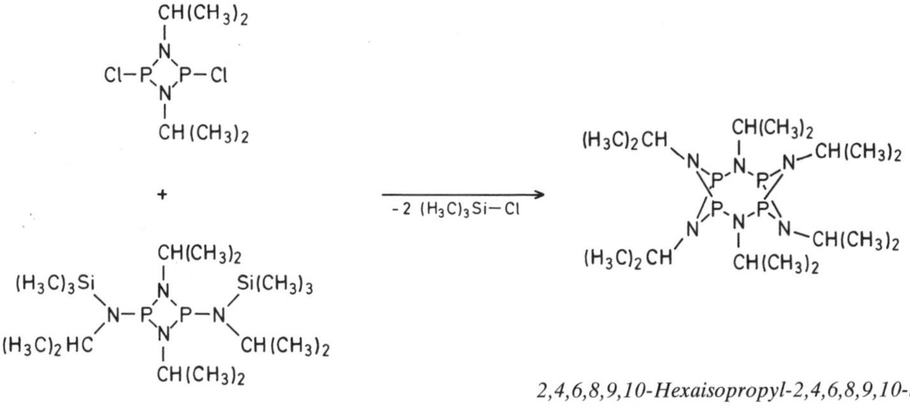

2,4,6,8,9,10-Hexaisopropyl-2,4,6,8,9,10-hexa-
aza-1,3,5,7-tetraphospha-tricyclo
[5.1.1.1^{3,5}]decan; 25%

5. aus Phosphorigsäure-triamiden

Phosphorigsäure-trianilid wandelt sich in siedendem Toluol in das 2,4-Dianilino-1,3-di-
phenyl-1,3,2,4-diazadiphosphetidin[537] (71%) um:

[526] G. Bulloch, R. Keat u. D. G. Thompson, J. Chem. Soc., Dalton Trans. 1977, 99.
[528] O. J. Scherer u. W. Gläßel, Chem. Ber. 110, 3874 (1977).
[531] R. Keat u. D. G. Thompson, Angew. Chem. 89, 829 (1977).
[532] D. A. Harvey, R. Keat, A. N. Keith, K. W. Muir u. D. R. Rycroft, Inorg. Chim. Acta 34, L 201 (1979).
[533] R. Jefferson, I. F. Nixon, T. M. Painter, R. Keat u. L. Stobbs, J. Chem. Soc., Dalton Trans. 1973, 1414.
[534] R. Keat, A. N. Keith, A. McPhee, K. W. Muir u. D. G. Thompson, Chem. Commun. 1978, 372.
[535] O. J. Scherer, Nachr. Chem. Tech. Lab. 28, 392 (1980).
[536] O. J. Scherer, K. Andres, C. Krüger, Y. H. Tsay u. G. Wolmershäuser, Angew. Chem. 92, 563 (1980).
[537] Y. G. Trishin, V. N. Chistokletov, V. V. Kosovtsev u. A. A. Petrov, Zh. Org. Khim. 11, 1752 (1975); engl.:
1750.

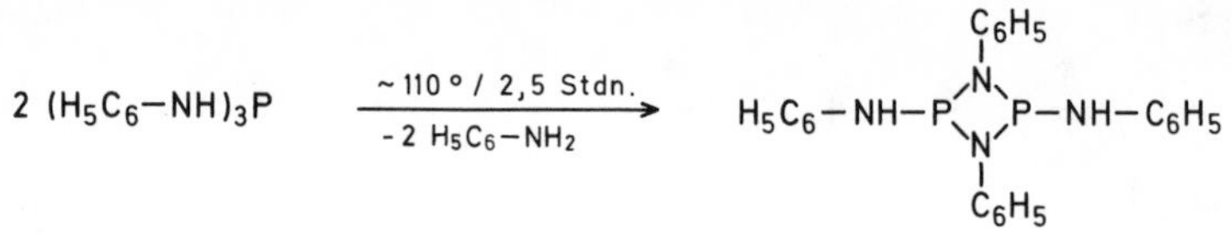

$$2 \ (H_5C_6-NH)_3P \quad \xrightarrow[\ -2 \ H_5C_6-NH_2\ ]{\sim 110° \ / \ 2,5 \ \text{Stdn.}} \quad H_5C_6-NH-P\underset{\underset{C_6H_5}{|}}{\overset{\overset{C_6H_5}{|}}{\langle \overset{N}{\underset{N}{\ }} \rangle}}P-NH-C_6H_5$$

Umamidierung von Phosphorigsäure-tris-[dimethylamid] mit Anilin im Molverhältnis 1:2[538] und im Molverhältnis 1:3[539] bei 60–70°/5 Stdn. führt zu *2,4-Dianilino-1,3-diphenyl-1,3,2,4-diazadiphosphetidin*.

Dagegen liefern die Umamidierungen mit Acetamid[540] bei 110–120°, Benzamidin[541] sowie 4-Fluor- und 4-Fluormethyl-anilin[542] in Gegenwart von wenig Ammoniumsulfat stets die *2,4-Bis-[dimethylamino]-1,3-diacetyl-* (bzw. *-1,3-bis-[α-imino-benzyl]-*, bzw. *-1,3-bis-[4-fluor-* (sowie *4-fluormethyl)-phenyl]-1,3,2,4-diazadiphosphetidine*.

Phosphorigsäure-bis-[N-methyl-anilid]-(bis-[trimethylsilyl]-amid) geht i. Vak. bei 100° über in *2,4-Bis-[N-methyl-anilino]-1,2-bis-[trimethylsilyl]-1,3,2,4-diaza-diphosphetidin* (17%)[543]:

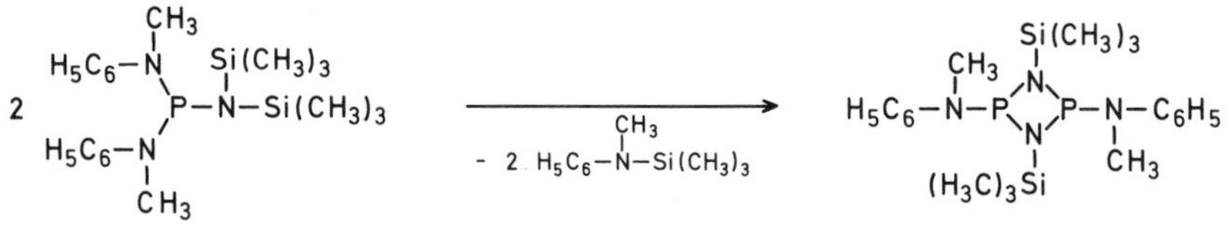

Analog bilden Alkyl-bis-[diamino-phosphano]-amine beim Erhitzen 2,4-Diamino-1,3,2,4-diazadiphosphetidine[544]:

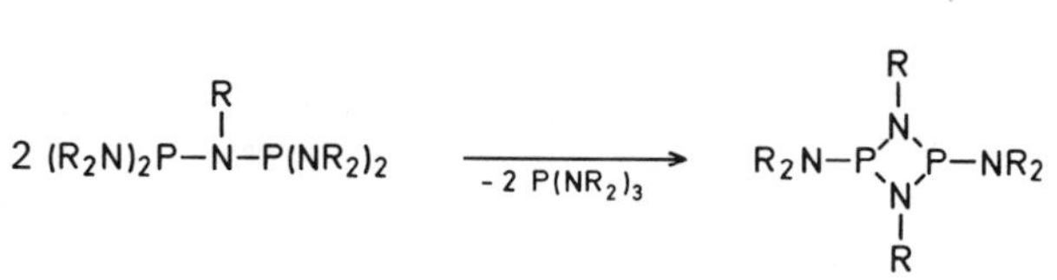

6. aus monomeren und trimeren Amino-imino-phosphanen

Monomere Amino-imino-phosphane dimerisieren leicht zu 2,4-Diamino-1,3,2,4-diazadiphosphetidinen, wenn die Dimerisierung durch besonders sperrige Substituenten am N-Atom (z.B. tert.-Butyl) nicht unmöglich gemacht wird[545–547]; z.B.:

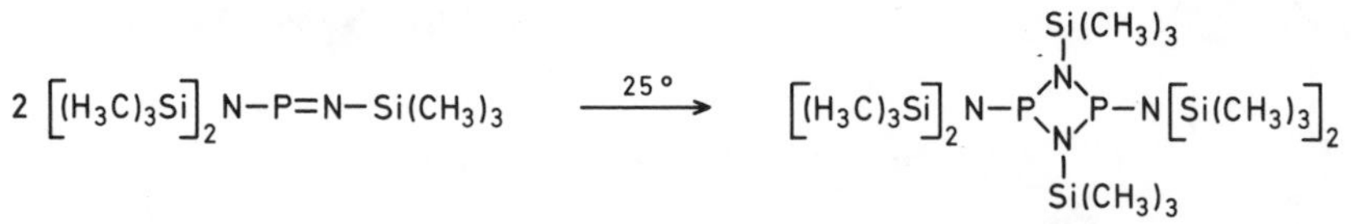

2,4-Bis-[bis-(trimethyl-silyl)-amino]-
1,3-bis-[trimethylsilyl]-1,3,2,4-diazadiphosphetidin

[538] *H.J. Vetter* u. *H. Nöth*, Chem. Ber. **96**, 1308 (1963).
[539] *G. Pfeiffer, A. Guillemonat* u. *J.C. Traynard*, C.R. Acad. Sci. Ser. C **266**, 400 (1968).
[540] *I. Devillers, M. Willson* u. *R. Burgada*, Bull. Soc. Chim. Fr. **1968**, 4670.
[541] *A.F. Grapov, L.V. Razvodovskaya* u. *N.N. Melnikov*, Usp. Khim. **50**, 606 (1981); engl.: 324.
[542] *E. Fluck* u. *D. Wachtler*, Justus Liebigs Ann. Chem. **1979**, 1125.
[543] *W. Zeiß, C. Feldt, J. Weis* u. *G. Dunkel*, Chem. Ber. **111**, 1180 (1978).
[544] *R. Keat, A.N. Keith, M. Macphee, K.W. Muir* u. *D.G. Thompson*, Chem. Commun. **1978**, 372.
[545] *O.J. Scherer* u. *W. Gläßel*, Chem. Ber. **110**, 3874 (1977).
[546] *E. Niecke, W. Flick* u. *S. Pohl*, Angew. Chem. **88**, 305 (1976).
[547] *O.J. Scherer* u. *W. Gläßel*, Angew. Chem. **88**, 305 (1975).

Bis-[trimethylsilyl]-amino)-trimethylsilylimino-phosphan addiert an Amino-bis-[imino]-phosphoran zu 2,4-Bis-[bis-(trimethylsilyl)-amino]-1,3-bis-[trimethylsilyl]-2-trimethylsilylimino-1,3,2,4-diazadiphosphetidin[548] und an Azaphosphole zu bicycl. Diazadiphosphetidinen[549]:

$$R{-}N{=}P{-}N\overset{R}{\underset{R}{\big\backslash}} \quad + \quad R_2N{-}\underset{\overset{\|}{\underset{R}{N}}}{P}{=}N{-}R \quad \longrightarrow \quad \underset{R{-}N}{\overset{R_2N}{\diagdown}}P\underset{\underset{R}{N}}{\overset{\overset{R}{N}}{\diamond}}P\underset{}{\overset{}{\diagup}}\underset{NR_2}{}$$

In ähnlicher Weise führt Einwirkung von Schwefel bzw. Bis-[trifluormethyl]-diazomethan über instabile Amino-imino-thioxo-phosphorane bzw. Amino-bis-[imino]-phosphorane zu den 2,4-Diamino-2-thioxo- (bzw. -2-imino)-1,3,2,4-diazadiphosphetidinen[550].

Dank der Bevorzugung der Vierring-Struktur wird 1,3,5-Trimethyl-2,4,6-tris-[diethylamino]-1,3,5,2,4,6-triazatriphosphorinan ab 100° zum *2,4-Bis-[diethylamino]-1,3-dimethyl-1,3,2,4-diazadiphosphetidin* abgebaut[551].

2,4-Dianilino-1,3-diphenyl-1,3,2,4-diazadiphosphetidin aus trimerem Phenylamino-phenylimino-phosphan s. Lit.[551a].

7. nach anderen Methoden

Zur Herstellung der 2,4-Diamino-1,3,2,4-diazadiphosphetidine aus Pentafluorbenzol-phosphonigsäure-diamiden s. Lit.[552].

2,4-Diamino-1,3,2,4-diazadiphosphetidine können einseitig am P-Atom alkyliert[553, 554] sowie mit Peroxid[554] und DMSO[555], Schwefel[555], Selen[554], Tellur[554], Butandion[556], Diphenyl-diazomethan[557] und Benzil-phenylimin oxidiert werden.

j) *Amino-1,3,5,2,4,6-triazatriphosphorinane*

2,4,6-Tribrom-1,3,5-trimethyl-1,3,5,2,4,6-triazatriphosphorinan setzt sich in Benzol bei 20° mit Dialkylaminen/Triethylamin zu den *2,4,6-Tris-[dialkylamino]-1,3,5-trimethyl-1,3,5,2,4,6-triazatriphosphorinanen* um[558]:

$$+\ 3\ R_2NH\ +\ 3\ (H_5C_2)_3N \quad \xrightarrow[-\ 3\ \big[(H_5C_2)_3NH\big]^{\oplus}Br^{\ominus}]{}$$

Mit sterisch anspruchsvolleren Dialkylaminen wird nur Monosubstitution z. B. zum *2,4-Dibrom-6-diisopropylamino-triazatriphosphorinan* erreicht[558].

Aus dem 1,3-Dibrom-5-diisopropylamino-1,3,5,2,4,6-triazatriphosphorinan ist mit 1,2-Bis-[methylamino]-ethan bicycl. Triamino-triazaphosphorinan sowie mit 1,2-Ethandiol auch ein bicycl. 2-Amino-4,6-dialkoxy-triazatriphosphorinan herstellbar[558].

[548] *R. Appel* u. *M. Halstenberg*, J. Organomet. Chem. **99**, C 25 (1975).

[549] *A. Schmidpeter* u. *T. v. Criegern*, Z. Naturforsch. **33 b**, 1330 (1978).

[550] *E. Niecke* u. *W. Flick*, J. Organomet. Chem. **104**, C 23 (1976).

[551] *W. Zeiss, A. Pointner, C. Engelhardt* u. *H. Klehr*, Z. Anorg. Allg. Chem. **475**, 256 (1981).

[551a] *M. L. Thompson, A. Tarassoli, R. C. Haltiwanger* u. *A. D. Norman*, J. Chem. Soc. **103**, 6770 (1981).

[552] *M. G. Barlow, M. Green, R. N. Haszeldine* u. *H. G. Higson*, J. Chem. Soc. [C] **1966**, 1592.

[553] *W. Zeiß, C. Feldt, J. Weis* u. *G. Dunkel*, Chem. Ber. **111**, 1180 (1978).

[554] *R. Keat* u. *D. G. Thompson*, J. Chem. Soc., Dalton Trans. **1980**, 928.

[555] *R. Jefferson, I. F. Nixon, T. M. Painter, R. Keat* u. *L. Stobbs*, J. Chem. Soc., Dalton Trans. **1973**, 1414.

[556] *W. Zeiß*, Angew. Chem. **88**, 582 (1976).

[557] *E. Fluck* u. *D. Wachtler*, Justus Liebigs Ann. Chem. **1979**, 1125.

[558] *W. Zeiss, A. Pointner, C. Engelhardt* u. *H. Klehr*, Z. Anorg. Allg. Chem. **475**, 256 (1981).

Zur Herstellung von 2,4,6-Triamino-1,3,5,2,4,6-triazatriphosphorinanen durch Erhitzen von Alkyl-bis[diamino-phosphano]-aminen, s. Lit.[559].

Reaktion von 2,4,6-Tribrom- bzw. 2,4,6-Trichlor-1,3,5-trimethyl-1,3,5,2,4,6-triazatriphosphorinan mit Heptamethyldisilazan im Molverhältnis 4:3 bei 25° in Dichlormethan führt zu *3,7-Dibrom-* bzw. *3,7-Dichlor-2,4,6,8,9-pentamethyl-2,4,6,8,9-pentaaza-1,3,5,7-tetraphospha-bicyclo[3.3.1]nonan*[560] (70 bzw. 30%):

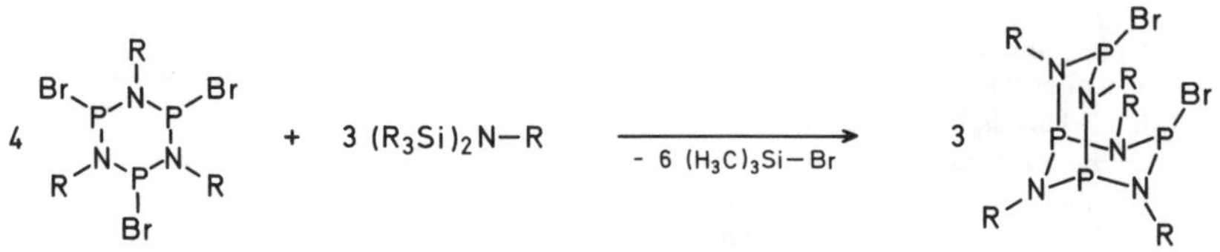

3,7-Dibrom-2,4,6,8,9-pentamethyl-2,4,6,8,9-pentaaza-1,3,5,7-tetraphospha-bicyclo[3.3.1]nonan[560]: Man löst 14,7 g (35 mmol) 2,4,6-Tribrom-1,3,5-trimethyl-1,3,5,2,4,6-triazatriphosphorinan in 150 *ml* Dichlormethan, filtriert, und fügt bei 0° innerhalb 0,5 Stdn. tropfenweise 4,7 g (27 mmol) Heptamethyldisilazan in 20 *ml* Dichlormethan zu. Nach 4 Stdn. bei 20° wird i. Vak. eingeengt, der Rückstand in Acetonitril aufgenommen und bei −30° auskristallisieren gelassen; Ausbeute: ~8 g (70%); Schmp.: 110−112°.
Zum Auftreten des 3,7-Dichlor-Derivats s. Lit.[561].

Die Halogen-Atome lassen sich mit Alkohol/Triethylamin gegen Alkoxy-Reste ersetzen[560].

Zur Herstellung kondensierter Triamino-triazaphosphorinane mit Adamantan-Gerüst aus Phosphor(III)-chlorid mit überschüssigem Methylamin[562] bzw. 1,1-Dimethyl-hydrazin[563] s. Lit.:

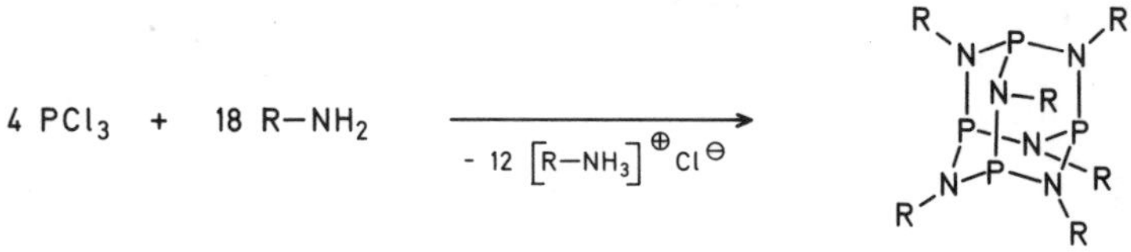

$R = CH_3; N(CH_3)_2$

Zu weiteren Synthesen s. Lit.[563−568].

[559] *R. Keat, D. S. Rycroft* u. *D. G. Thompson*, J. Chem. Soc., Dalton Trans. **1980**, 321.
[560] *W. Zeiss* u. *W. Endrass*, Z. Naturforsch. **34b**, 678 (1979).
[561] *G. Bulloch* u. *R. Keat*, J. Chem. Soc., Dalton Trans. **1974**, 2010.
[562] *R. R. Holmes*, J. Am. Chem. Soc. **83**, 1334 (1961).
[563] *D. B. Whigan, J. W. Gilje* u. *A. E. Goya*, Inorg. Chem. **9**, 1279 (1970).
[564] *R. Jefferson, J. F. Nixon* u. *T. M. Painter*, Chem. Commun. **1969**, 622.
[565] *O. J. Scherer, K. Andres, C. Krüger, Y. H. Tsay* u. *G. Wolmershäuser*, Angew. Chem. **92**, 563 (1980).
[566] *O. J. Scherer*, Nachr. Chem. Tech. Lab. **28**, 392 (1980).
[567] *J. G. Riess* u. *A. Wolff*, Chem. Commun. **1972**, 1050.
[568] *A. Wolff* u. *J. G. Riess*, Bull. Soc. Chim. Fr. **1973**, 1588.

Methoden zur Herstellung und Umwandlung von Phosphor(IV)-Verbindungen

Phosphonium-Salze

bearbeitet von

Dr. KLAUS JÖDDEN

Hoechst AG, Werk Knapsack

A. Herstellung

1. Durch Aufbaureaktionen

1.1. unter Aufbau einer P–C-Bindung

1.1.1. *aus Phosphanen mit P-H-Bindungen*

1.1.1.1. aus Phosphorwasserstoff oder prim. bzw. sek. Phosphanen

Die direkte Alkylierung von Phosphorwasserstoff sowie prim. und sek. Phosphanen zu symm. quart. Phosphonium-Salzen gelingt durch eine heterogene Gasphasenreaktion mit kurzkettigen Alkylhalogeniden an Aktivkohle-Kontakten[1] (vgl. 4. Aufl., Bd. XII/1, S. 97). So entsteht bei der Reaktion von Phosphorwasserstoff mit Methylchlorid bei einem Molverhältnis von 1 : 4 bei 280–300° *Tetramethyl-phosphonium-chlorid* in hoher Ausbeute:

$$PH_3 \quad + \quad 4\,CH_3Cl \quad \xrightarrow[-3\,HCl]{\text{Aktivkohle, 280°}} \quad [(H_3C)_4\overset{\oplus}{P}]Cl^{\ominus}$$

Das Phosphonium-Salz scheidet sich an der Katalysatoroberfläche ab und kann leicht unter gleichzeitiger Reaktivierung der Aktivkohle mit heißem Wasser ausgewaschen werden. Bei der Alkylierung von Diphenylphosphan mit 1,5-Dijod-pentan in siedendem Acetonitril erfolgt Ringschluß zum *1,1-Diphenyl-phosphorinanium-jodid*[2]:

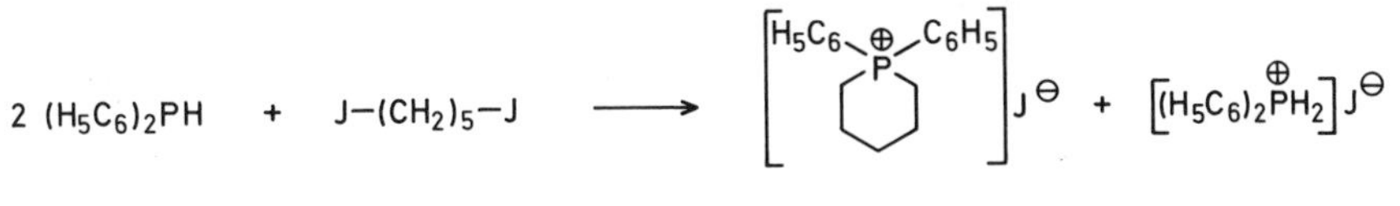

Außer dem freien Phosphorwasserstoff (s. 4. Aufl., Bd. XII/1, S. 99) reagieren auch sek. Phosphane mit Dialdehyden in Gegenwart von Salzsäure. Dabei bilden sich heterocyclische Bis-[1-hydroxy-alkyl]-diorgano-phosphonium-Salze[3]. Um wenigstens Ausbeuten von 30–50% zu erzielen, wird empfohlen, zunächst eine Lösung des sek. Phosphans und Dialdehyds herzustellen und dann konz. Salzsäure zuzutropfen:

---

[1] DE 2457442 (1976/1974), Hoechst AG, Erf.: *K. Hestermann, H. Staendeke* u. *B. Lippsmeier*; C.A. **85**, 124146b (1976).
[2] *S.O. Grim* u. *R. Schaaff*, Angew. Chem. **75**, 669 (1963).
[3] *S.A. Buckler* u. *M. Epstein*, J. Org. Chem. **27**, 1090 (1962).

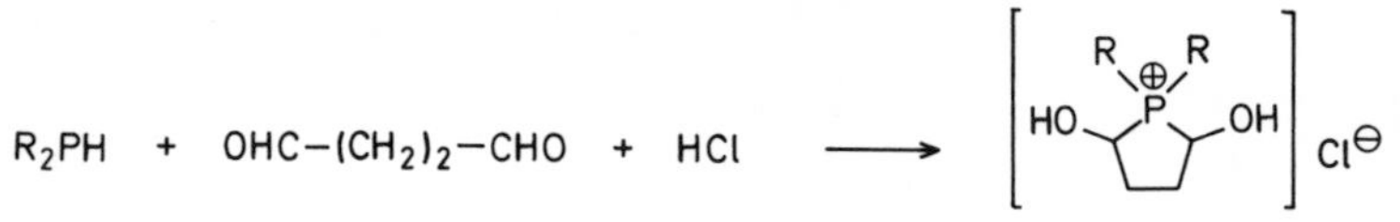

$$R_2PH \;+\; OHC-(CH_2)_2-CHO \;+\; HCl \;\longrightarrow\; \left[\begin{array}{c} R \overset{\oplus}{\underset{}{P}} R \\ HO \qquad OH \end{array} \right] Cl^{\ominus}$$

. . . .-phospholanium-chlorid

$R = C_4H_9$; *1,1-Dibutyl-2,5-dihydroxy-*. . .; 52%
$R = CH_2-CH(CH_3)_2$; *1,1-Bis-[2-methyl-propyl]-2,5-dihydroxy-*. . .; 32%

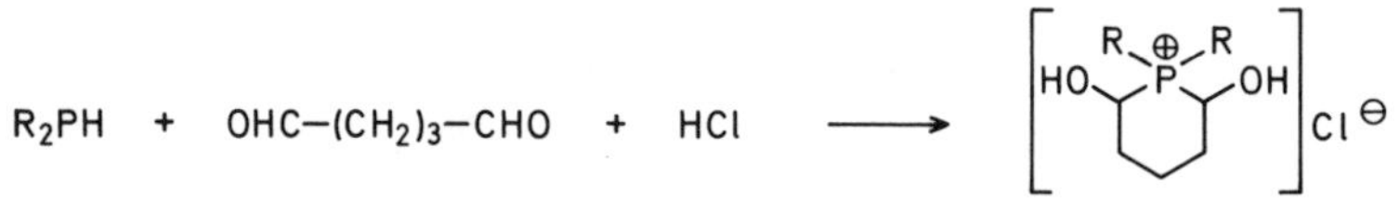

$$R_2PH \;+\; OHC-(CH_2)_3-CHO \;+\; HCl \;\longrightarrow\; \left[\begin{array}{c} R \overset{\oplus}{\underset{}{P}} R \\ HO \qquad OH \end{array} \right] Cl^{\ominus}$$

. . .-phosphorinanium-chlorid

$R = C_6H_{11}$; *1,1-Dicyclohexyl-2,6-dihydroxy-*. . .; 32%
$R = C_8H_{17}$; *2,6-Dihydroxy-1,1-dioctyl.* . .; 36%

Durch Addition prim. und sek. Phosphane an α,β-ungesättigte Carbonsäuren können die Hydrochloride sek. bzw. tert. Phosphane in hohen Ausbeuten hergestellt werden[4]. Die Umsetzung muß in stark saurer Lösung durchgeführt werden, da andernfalls Weiterreaktion zu Phosphor-Betainen erfolgt (s. S. 573).

Bis-[2-carboxy-ethyl]-hydro-methyl-phosphonium-chlorid[4]: In einer mit Stickstoff gespülten Rührapparatur werden 142 g (1,97 mol) Acrylsäure in einer Mischung von 100 *ml* konz. Salzsäure und 200 *ml* Wasser vorgelegt. Innerhalb 1 Stde. leitet man mit Stickstoff als inertem Trägergas 60 g (1,25 mol) Methylphosphan ein. Die Reaktionstemp. wird durch Außenkühlung auf 20–30° gehalten. Danach wird die Lösung stark eingeengt und der ausgefallene Feststoff abfiltriert; Ausbeute: 91%; Schmp.: 147°.

Bei der Addition sek. Phosphane an Halogen- bzw. Acetoxy-ethen werden in Gegenwart nichtoxidierender Radikalbildner wie 2,2'-Azodiisobutyronitril oder unter Bestrahlung gleichzeitig 1,4-Diphosphorinan-dionium-Salze und polymere Phosphonium-Verbindungen gebildet[5], wobei letztere sich beim Erhitzen auf 160° in die heterocyclischen Phosphonium-Salze umwandeln:

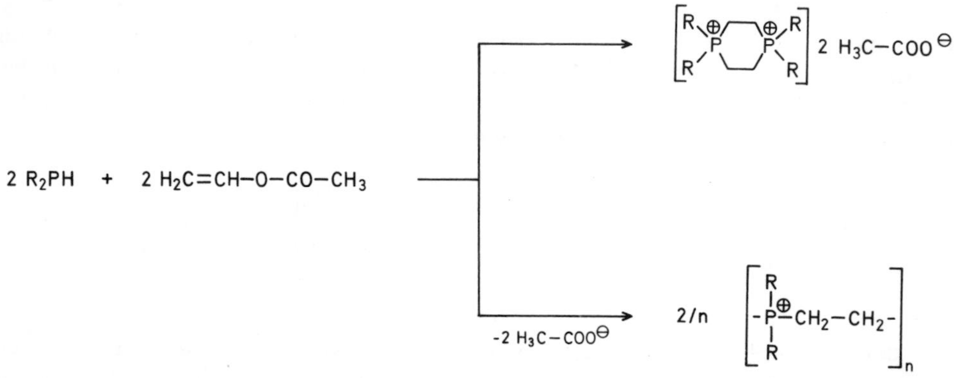

$$2\,R_2PH \;+\; 2\,H_2C=CH-O-CO-CH_3 \;\longrightarrow\; \left[\begin{array}{c} R \overset{\oplus}{P} \overset{\oplus}{P} R \\ R' \qquad R \end{array} \right] 2\;H_3C-COO^{\ominus}$$

$$\xrightarrow{-2\;H_3C-COO^{\ominus}} \quad 2/n \left[\begin{array}{c} R \\ | \\ -P\overset{\oplus}{=}CH_2-CH_2- \\ | \\ R \end{array} \right]_n$$

Ein Phosphonium-Salz mit einer P–P-Bindung fällt bei der Umsetzung von Dimethylphosphan mit Chlor-dimethyl-phosphan in einer geschlosssenen Ampulle an[6,7]. Die

[4] DE 2540283 (1980/1975), Hoechst AG, Erf.: *H. Vollmer* u. *K. Hestermann*; C. A. **87**, 39656a (1977).
[5] DE 1148234 (1963/1960), American Cyanamid Co., Erf.: *M. M. Rauhut*.
[6] *F. Seel* u. *K.-D. Velleman*, Chem. Ber. **104**, 2967 (1971).
[7] *F. Seel* u. *K.-D. Velleman*, Chem. Ber. **104**, 2972 (1971).

Sublimierbarkeit des *Hydro-tetramethyl-diphosphanium-chlorids* beruht auf der Dissoziation in die Ausgangsverbindungen:

$$(H_3C)_2PH \quad + \quad (H_3C)_2P{-}Cl \quad \rightleftharpoons \quad \left[\underset{\overset{|}{H}}{(H_3C)_2\overset{\oplus}{P}{-}P(CH_3)_2} \right] Cl^{\ominus}$$

Auf Umsetzungen mit Metallphosphiden wird bereits in Bd. XII/1 (4. Aufl.), S. 97 eingegangen. Ausgehend von Phosphiden können auch heterocyclische Phosphonium-Verbindungen hergestellt werden. So liefert Kalium-diphenyl-phosphid mit ω,ω'-Dibrom-alkanen in siedenden 1,4-Dioxan/THF-Mischungen die entsprechenden 1,1-Diphenylphosphoniacycloalkan-bromide in mittleren bis guten Ausbeuten[8]:

$$(H_5C_6)_2P{-}K \quad + \quad Br{-}CH_2{-}(CH_2)_n{-}CH_2{-}Br \quad \xrightarrow[-\,KBr]{} \quad \left[\underset{(CH_2)_n}{\overset{H_5C_6 \underset{\oplus}{\diagdown} \diagup C_6H_5}{P}} \right] Br^{\ominus}$$

Bei der Einwirkung von Natrium-diphenyl-phosphid auf 2-Chlormethyl-1,3-dichlor-2-methyl-propan (Molverhältnis 2:1) in flüssigem Ammoniak erhält man nach Abziehen des Ammoniaks, Erhitzen des Reaktionsprodukts in THF und Hydrolyse mit wäßriger Ammoniumchlorid-Lösung das *1,1-Diphenyl-3-(diphenylphosphano-methyl)-3-methyl-phosphetanium-chlorid*[9]:

$$2\,(H_5C_6)_2P{-}Na \quad + \quad \underset{Cl{-}CH_2}{\overset{Cl{-}CH_2}{\diagup}}\!\!\underset{}{\overset{}{C}}{-}CH_3 \quad \xrightarrow[-\,2\,NaCl]{} \quad \left[\underset{H_3C \diagdown CH_2{-}P(C_6H_5)_2}{\overset{H_5C_6 \underset{\oplus}{\diagdown}\diagup C_6H_5}{P}} \right] Cl^{\ominus}$$

1.1.1.2. aus Di- und Oligophosphanen

Zur Synthese cyclischer Phosphonium-Salze eignet sich als Ausgangsstoff besonders das leichter handhabbare und gut zugängliche Tetraphenyl-diphosphan. Dieses geht bei der Umsetzung mit ω,ω'-Dihalogen-alkanen in siedendem 1,2-Dichlor-benzol unter Spaltung der P–P-Bindung in das 1,1-Diphenyl-phosphoniacycloalkan-bromid und in Bromdiphenyl-phosphan über[10,11] (S. Lit.[12]):

$$(H_5C_6)_2P{-}P(C_6H_5)_2 \quad + \quad Br{-}CH_2{-}(CH_2)_n{-}CH_2{-}Br \quad \longrightarrow \quad \left[\underset{H_5C_6 \diagdown C_6H_5}{\overset{(CH_2)_n{-}CH_2{-}Br}{\underset{\oplus}{P}{-}P(C_6H_5)_2}} \right] Br^{\ominus}$$

$$\xrightarrow[-\,(H_5C_6)_2PBr]{} \quad \left[\underset{(CH_2)_n}{\overset{H_5C_6 \underset{\oplus}{\diagdown}\diagup C_6H_5}{P}} \right] Br^{\ominus}$$

Cyclische Phosphonium-Salze; allgemeine Arbeitsvorschrift[11]: Eine 0,555 m Lösung von Tetraphenyl-diphosphan in trockenem 1,2-Dichlor-benzol wird mit der doppelt molaren Menge des ω,ω'-Dihalogen-alkans verei-

[8] *G. Märkl*, Angew. Chem. **75**, 669 (1963).
[9] *D. Berglund* u. *D. W. Meek*, J. Am. Chem. Soc. **90**, 518 (1968).
[10] *G. Märkl*, Angew. Chem. **75**, 859 (1963).
[11] *K. L. Marsi, D. M. Lynch* u. *G. D. Homer*, J. Heterocycl. Chem. **9**, 331 (1972).
[12] *G. Märkl*, Angew. Chem. **77**, 1109 (1965); allgemeine Übersicht über Phosphor-Heterocyclen.

nigt. Die Lösung läßt man innerhalb 3 Stdn. in einer trockenen Stickstoffatmosphäre in siedendes 1,2-Dichlor-benzol tropfen. Danach werden ~ 80% des Lösungsmittels abdestilliert und der Rückstand 12 Stdn. stehen gelassen. Das kristalline Produkt wird filtriert und zunächst mit reinem 1,2-Dichlor-benzol, dessen Menge einem Drittel des Vol. der Tetraphenyl-diphosphan-Lösung entspricht, gewaschen. Anschließend wäscht man 2mal mit der gleichen Menge Benzol und trocknet i. Vak. zur Gewichtskonstanz. Analytisch reine Produkte erhält man durch Umkristallisieren aus Ethanol/Essigsäure-ethylester.

Eine Spaltung der P–P-Bindung unter Bildung von Dialkyl-diamino-phosphonium-chloriden erfolgt auch bei Einwirkung von Chloramin/Ammoniak-Mischungen (s. a. S. 534) auf Tetramethyl- und Tetraethyl-diphosphan[13]. Das äußerst hydrolyseempfindliche *Phenyl-triamino-phosphonium-chlorid* erhält man auf diesem Wege in mäßiger Ausbeute aus Tetraphenyl-tetraphosphetan.

1.1.2. aus Phosphor

Leitet man ein Gemisch von dampf- oder gasförmigem Phosphor, Methylchlorid und Chlorwasserstoff bei 360° über Aktivkohle, so entsteht unter Disproportionierung des Phosphors neben den Hauptprodukten Dichlor-methyl-phosphan und Chlor-dimethyl-phosphan auch *Hydro-trimethyl-phosphonium-chlorid*[14], das auf diese Weise präparativ in großer Menge zugänglich ist.

Tetramethyl-phosphonium-halogenide fallen in hohen Ausbeuten bei der Umsetzung von weißem Phosphor mit Methylchlorid oder -bromid im Bombenrohr an[15, 16]. Für den Umsatz entscheidend sind eine genügend hohe Reaktionstemperatur und eine ausreichend lange Reaktionszeit. *Tetramethyl-phosphonium-chlorid* bildet sich z. B. in einer Ausbeute von 89% (bez. auf das im Unterschuß eingesetzte Methylchlorid) durch 5stdgs. Erhitzen der Reaktanten auf 250°.

$$1/2\,P_4 \quad + \quad 4\,CH_3Cl \quad \xrightarrow[-PCl_3]{} \quad [(H_3C)_4\overset{\oplus}{P}]Cl^{\ominus}$$

Die Phosphoniumsalz-Bildung ist allerdings zwangsläufig, ähnlich wie in dem oben erwähnten Beispiel, mit der Entstehung von Phosphor(III)-halogenid und Dihalogen-methyl-phosphan gekoppelt.

Ein einfaches Verfahren zur Herstellung von *Tetrabenzyl-phosphonium-bromid* besteht im Erhitzen von weißem Phosphor in Benzylbromid[17]. Hauptsächliches Koppelprodukt ist Benzyl-dibrom-phosphan. Tetrabenzyl-phosphonium-*chlorid* und dessen substituierte Abkömmlinge lassen sich in Gegenwart von Katalysatoren [z. B. Kupfer(I)-chlorid] ebenfalls durch mehrstündiges Erhitzen von weißem Phosphor in Benzylchlorid bzw. dessen Derivaten herstellen[18].

Läßt man metallorganische Verbindungen (z. B. Phenyl-, Butyllithium, Butylmagnesiumbromid) in inerten Lösungsmitteln auf weißen Phosphor einwirken und setzt dann zu der Reaktionsmischung Oxirane (z. B. Methyloxiran) zu, so erhält man nach Hydrolyse, allerdings in mäßigen Ausbeuten, u. a. Bis-[2-hydroxy-alkyl]-diaryl(dialkyl)-phosphonium-halogenide[19]. In ähnlicher Weise kann man weißen Phosphor auch mit einer

[13] *S. E. Frazier* u. *H. H. Sisler*, Inorg. Chem. **5**, 925 (1966).

[14] DE 2 116 355 (1978/1971), Hoechst AG, Erf.: *H. Staendeke*; C. A. **78**, 43 704 (1973).

[15] *L. Maier*, Helv. Chim. Acta **49**, 2458 (1966).

[16] US 3 432 559 (1969/1966), Monsanto Co., Erf.: *L. Maier*.

[17] *A. I. Titov* u. *P. O. Gitel*, Dokl. Akad. Nauk SSSR **158**, 1380 (1964); engl.: 1119.

[18] US 3 316 293 (1967/1965), Hooker Chemical Corp., Erf.: *R. L. K. Carr* u. *Ch. F. Baranauckas*; C. A. **67**, 43 921 f (1967).

[19] US 3 251 883 (1966/1962), American Cyanamid Co., Erf.: *M. M. Rauhut* u. *A. M. Semsel*; C. A. **65**, 2298 de (1966).

Lösung einer Grignard-Verbindung und eines Alkylhalogenids u.a. zu quartären Phosphonium-Salzen umsetzen[20]. *Tetrabutyl-phosphonium-bromid* entsteht so in 10% Ausbeute durch Einwirkung von Butylmagnesiumbromid und Butylbromid auf weißen Phosphor unter mehrstündigem Erhitzen in THF.

Tetrakis-[1-hydroxy-alkyl]-phosphonium-Salze, die üblicherweise durch Umsetzung wäßriger Aldehyd-Lösungen mit Phosphorwasserstoff in Gegenwart von Halogenwasserstoffsäure hergestellt werden (s. 4. Aufl., Bd. XII/1, S. 98), sind grundsätzlich auch direkt aus elementarem Phosphor in Gegenwart einer Säure und stöchiometrischer Mengen eines unedlen Metalls, z.B. Zink, zugänglich[21]. Bei der Aufarbeitung müssen allerdings die gebildeten Metallsalze abgetrennt werden.

1.1.3. *aus tert. Phosphanen*

1.1.3.1. durch Alkylierung

1.1.3.1.1. mit Halogenalkanen

1.1.3.1.1.1. mit einfachen Alkylhalogeniden

Die Alkylierung tert. Phosphane (s. 4. Aufl., Bd. XII/1, S. 79ff.) gelingt i.a. auch mit sterisch stark gehinderten Phosphanen. So bilden die tert.-Butyl-methyl-phosphane einschließlich des Tri-tert.-butyl-phosphans mit Methylbromid in einer geschlossenen Ampulle die entsprechenden *tert.-Butyl-methyl-phosphonium-bromide*[22]:

$$(H_3C)_nP\left[C(CH_3)_3\right]_{3-n} \ + \ H_3C-Br \ \longrightarrow \ \left[(H_3C)_{n+1}\overset{\oplus}{P}\left[C(CH_3)_3\right]_{3-n}\right] Br^{\ominus}$$

Die Quartärisierung tert. Phosphane mit dem großvolumigen 1-Brom-adamantan zu 1-Adamantyl-phosphonium-bromiden wird am besten unter Rückfluß in Eisessig oder Ameisensäure durchgeführt[23]. Die Ausbeute hängt von der Art der Substituenten am Phosphor-Atom ab, wobei Triaryl- und Alkyl-diaryl-phosphane die besten Ergebnisse liefern.

Die ohne Lösungsmittel stark exotherm und schwer kontrollierbar verlaufende Reaktion zwischen Bis-[phosphano]-methanen und Methyljodid führt in benzolischer Lösung bei 20° je nach Molverhältnis zu den Mono- oder Bis-phosphonium-Salzen[24]. In gleicher Weise reagieren die an der P–C–P-Brücke einfach oder zweifach methylierten Bisphosphane glatt zu den entsprechenden Mono- oder Bis-phosphonium-Salzen[24,25]:

$R^1 = R^2 = H; R^3 = CH_3; X = J;$ *(Diphenyl-methyl-phosphoniono)-trimethyl-phosphoniono-methan-dijodid*; 86%

$R^1 = H, R^2 = CH_3; R^3 = C_6H_5; X = J;$ *1,1-Bis-[diphenyl-methyl-phosphoniono]-ethan-dijodid*; 63%

$R^1 = R^2 = CH_3; R^3 = C_6H_5; X = J;$ *2,2-...-propan-dijodid*; 68%

---

[20] US 3099690 (1963/1961), American Cyanamid Co., Erf.: *M. M. Rauhut* u. *A. M. Semsel*; C.A. **60**, 556 a–d (1964).

[21] US 3755457 (1973/1971), Hooker Chemical Corp., Erf.: *R. H. Carlson*; C.A. **79**, 105402 s (1973).

[22] *H. Schmidbaur, G. Blaschke* u. *F. H. Köhler*, Z. Naturforsch. B **32 B**, 757 (1977).

[23] *L. Horner* u. *W.-D. Hohndorf*, Phosphorus **6**, 71 (1976).

[24] *H. H. Karsch*, Z. Naturforsch. B **34 B**, 31 (1979).

[25] *H. Schmidbaur* u. *A. Wohlleben-Hammer*, Chem. Ber. **112**, 510 (1979).

Durch langsames Zutropfen von Bis-[diphenylphosphano]-methan und 1,3-Dibrom-propan zu siedendem DMF ist *1,1,3,3-Tetraphenyl-1,3-diphosphorinandionium-dibromid* mit quantitativer Ausbeute zugänglich[26]. *1,1,4,4-Tetraphenyl-5,6-dihydro-1,4-diphosphorindionium-dibromid* ist durch Reaktion von *cis-*1,2-Bis-[diphenylphosphano]-ethen in siedendem 1,2-Dibrom-ethan erhältlich[27]:

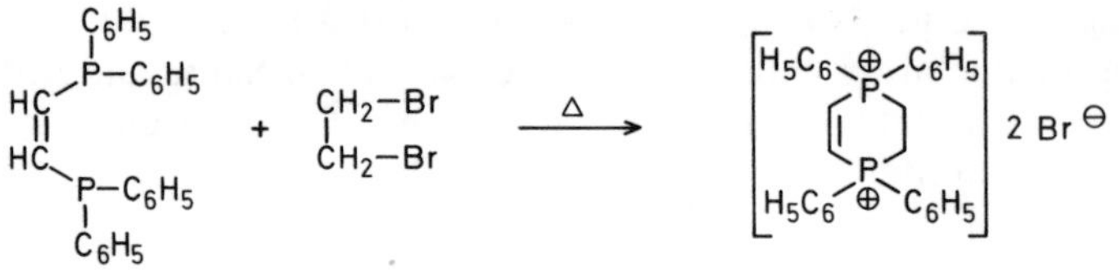

Auch der Einbau eines weiteren Heteroatoms in sechs- und siebengliedrige Ringe ist z. B. durch Umsetzung von Bis-[chlormethyl]-ether mit Bis-[phosphano]-methanen in benzolischer Lösung bzw. von überschüssigem 1,2-Dibrom-ethan mit Bis-[diphenylphosphanomethyl]-ether in der Siedehitze möglich[28]:

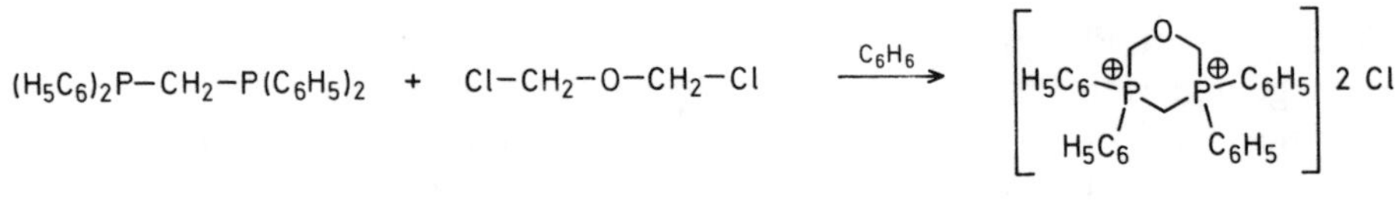

3,3,5,5-Tetraphenyl-1,3,5-oxadiphosphorinandionium-dichlorid; 61%

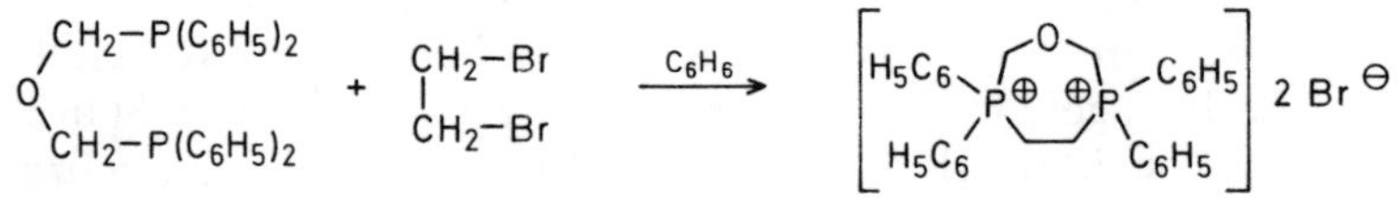

3,3,6,6-Tetraphenyl-1,3,6-oxadiphosphepandionium-dibromid; 52%

Die Bildung eines makrocyclischen tetraquartären Ringsystems wird durch Einwirkung von 1,2-Bis-[diphenylphosphano]-ethan auf 1,4-Bis-[chlormethyl]-benzole ermöglicht[29]. Nach viertägigem Erhitzen in siedendem Toluol erhält man den Makrocyclus mit vier Phosphor-Atomen im Ringsystem mit hoher Ausbeute (wegen wahrscheinlicher Toxizität mit äußerster Vorsicht behandeln!):

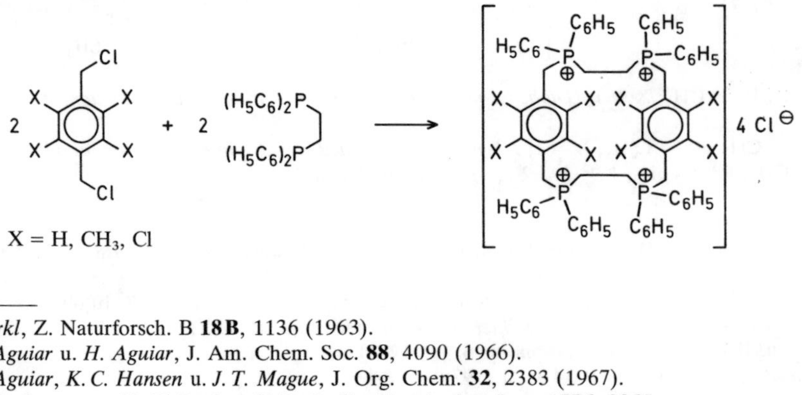

X = H, CH₃, Cl

[26] *G. Märkl*, Z. Naturforsch. B **18 B**, 1136 (1963).

[27] *A. M. Aguiar* u. *H. Aguiar*, J. Am. Chem. Soc. **88**, 4090 (1966).

[28] *A. M. Aguiar, K. C. Hansen* u. *J. T. Mague*, J. Org. Chem. **32**, 2383 (1967).

[29] *S. D. Venkataramu, M. El-Deek* u. *K. D. Berlin*, Tetrahedron Lett. **1976**, 3365.

Zwei allgemeine Verfahren zur Herstellung von heterocyclischen Phosphonium-Salzen mit zwei oder vier Phosphor-Atomen im Ringsystem beruhen auf Umsetzungen von α,ω-Bis-[diorganophosphano]-alkanen[30]. Der erste Weg besteht in der Reaktion eines α,ω-Bis-[diorganophosphano]-alkans A mit einem α,ω-Dihalogen-alkan B, wobei entweder nach

$$A \;+\; B \;\longrightarrow\; C$$

ein cyclisches Bisphosphonium-Salz oder nach

$$2\,A \;+\; 2\,B \;\longrightarrow\; D$$

ein cyclisches Tetraphosphonium-Salz gebildet wird:

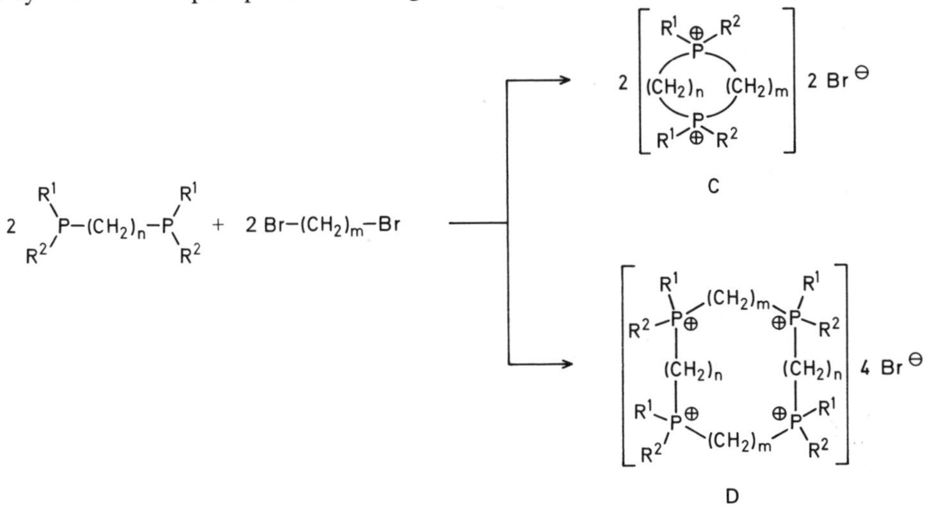

In einer zweiten Verfahrensvariante geht man ebenfalls von einem α,ω-Bis-[diorganophosphano]-alkan A aus, setzt dieses aber mit einem 1,ω-Bis-[(ω-brom-alkyl)-diorganophosphoniono]-alkan E zum Tetrakis-phosphonium-Salz F um:

$$A \;+\; E \;\longrightarrow\; F$$

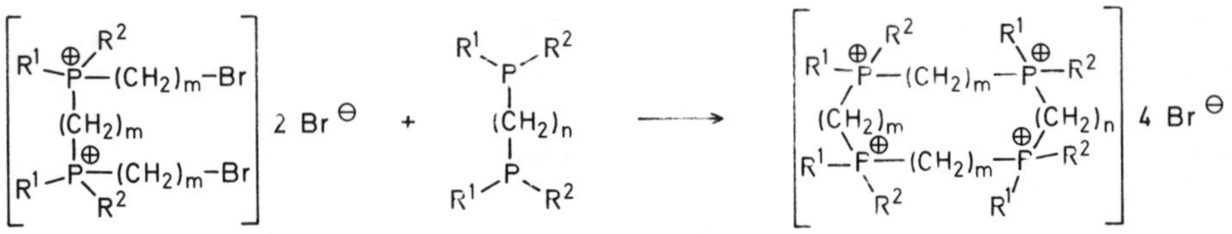

Die Reaktionspartner werden jeweils in unverdünnter Lösung eingesetzt, da die Anwendung des Verdünnungsprinzips bei dieser Methode zu keiner Verbesserung der Ausbeuten führt. Diese können je nach Ringgröße und Art der Substituenten an den Phosphor-Atomen bis 60% betragen. Z.B. entsteht nach der ersten Methode bei der Einwirkung von 1,4-Bis-[dibenzylphosphano]-butan auf 1,4-Dibrom-butan ein Gemisch des 10-gliedrigen Ringsystems *1,1,6,6-Tetrabenzyl-1,6-diphosphonia-cyclodecan-dibromid* und des 20-gliedrigen Ringsystems *1,1,6,6,11,11,16,16-Octabenzyl-1,6,11,16-tetraphosphonia-cycloeicosan-tetrabromid*. Eine Trennung kann durch fraktionierte Kristallisation aus Methanol erfolgen. Hohe Anfangskonzentrationen der Reaktionspartner verschieben das

---

[30] *L. Horner, P. Walach* u. *H. Kunz*, Phosphorus Sulfur **5**, 171 (1978).

Ausbeuteverhältnis zugunsten des 20-Rings. In wesentlich besserer Ausbeute läßt sich dieser aber nach dem zweiten Verfahren darstellen.

1,1,4,4-Tetrabenzyl-1,4-diphosphepandionium-dibromid[30]: Eine Lösung von 9,7 g (21 mmol) 1,2-Bis-[dibenzylphosphano]-ethan und 4,36 g (21 mmol) 1,3-Dibrom-propan in 3,5 l Acetonitril wird in einer Stickstoffatmosphäre 6 Tage unter Rückfluß erhitzt. Danach destilliert man das Lösungsmittel ab und kocht den Rückstand mit heißem Toluol aus. Die unlöslichen Anteile werden in 200 ml heißem Acetonitril aufgenommen. Die innerhalb von 3 Tagen ausgefallenen Kristalle kristallisiert man mehrmals aus Acetonitril um; Ausbeute: 41%; Schmp. 242°.

Mesomeriestabilisierte Phosphonium-Salze mit drei Phosphor-Atomen am gleichen C-Atom sind z.B. durch Methylierung von (Tris-[dimethylphosphano]-methyl)-lithium zugänglich[31]:

$$\left[(H_3C)_2P\right]_3C-Li \ + \ 3\ CH_3J \ \xrightarrow[-\,LiJ]{THF} \ \left[\begin{array}{c}(H_3C)_3P\!\!\diagdown\!\!\underset{\underset{P(CH_3)_3}{|}}{\overset{}{C}}\!\!\diagup\!\!P(CH_3)_3\end{array}\right]^{2\oplus} \ 2\ J^{\ominus}$$

Das trigonal-planare, luft- und wasserbeständige *(Bis-[trimethylphosphoniono]-methylen)-trimethyl-phosphoran-dijodid* kann in ~30% Ausbeute isoliert werden. Das analog aufgebaute *(Bis-[triphenylphosphoniono]-methylen)-diphenyl-methyl-phosphoran-dijodid* wird auf ähnliche Weise erhalten[32]:

$$\left[\begin{array}{c}P(C_6H_5)_2\\ |\\ (H_5C_6)_3P\!\!\diagup\!\!\overset{C}{\diagdown}\!\!P(C_6H_5)_3\end{array}\right]^{\oplus} Cl^{\ominus} \ \xrightarrow[-CH_3Cl]{CH_3J-\ddot{U}berschu\beta} \ \left[\begin{array}{c}(H_5C_6)_2PCH_3\\ \|\\ (H_5C_6)_3P\!\!\diagup\!\!\overset{C}{\diagdown}\!\!P(C_6H_5)_3\end{array}\right]^{2\oplus} \ 2\ J^{\ominus}$$

Bei der Alkylierung von Vinyl-[33] und Alkinyl-phosphanen[34] mit Methyl- oder Benzylhalogenid werden die entsprechenden Vinyl- und mehr oder weniger feuchtigkeitsempfindlichen Alkinyl-phosphonium-Salze gebildet.

1.1.3.1.1.2. mit polymeren Alkylhalogeniden

Polymere mit quart.-Phosphonium-Ankergruppen, die als Phasentransfer-Katalysatoren eingesetzt werden können[35-39], sind z.B. durch Umsetzung von chlormethyliertem Polystyrol mit tert. Phosphanen herstellbar. Die Alkylierung von Tributylphosphan mit Chlormethyl-polystyrol (3,5 · 10^{-3} Äquiv. Cl$^{\ominus}$/g) kann bei 110° in DMF erfolgen[35], wobei man nach vier Tagen ein zu 98% quaterniertes Harz (2,0 · 10^{-3} Äquiv. Cl$^{\ominus}$/g) erhält. Auf ähnlichem Wege sind auch Phosphonium-Harze mit größeren Abständen des Phosphor-Atoms zur Polymermatrix durch fünftägiges Erwärmen der Komponenten ohne Zusatz eines Lösungsmittels auf 65° zugänglich[37].

[30] *L. Horner, P. Walach* u. *H. Kunz*, Phosphorus Sulfur **5**, 171 (1978).
[31] *H.H. Karsch, B. Zimmer-Gasser, D. Neugebauer* u. *U. Schubert*, Angew. Chem. **91**, 519 (1979).
[32] *G.H. Birum* u. *C.N. Matthews*, J. Am. Chem. Soc. **88**, 4198 (1966).
[33] *J.R. Shutt* u. *S. Trippett*, J. Chem. Soc. (C) **1969**, 2038.
[34] *J. Skolimowsky* u. *M. Simalty*, Tetrahedron Lett. **1980**, 3037.
[35] *F. Molinari, F. Montanari, S. Quici* u. *P. Tundo*, J. Am. Chem. Soc. **101**, 3920 (1979).
[36] *M. Tomoi* u. *W.T. Ford*, J. Am. Chem. Soc. **103**, 3821 (1981).
[37] *P. Tundo*, Synthesis **1978**, 315.
[38] *M.S. Chiles, D.D. Jackson* u. *P.C. Reeves*, J. Org. Chem. **45**, 2915 (1980).
[39] *H. Molinari, F. Montanari* u. *P. Tundo*, J. Chem. Soc., Chem. Commun. **1977**, 639.

$$(H_9C_4)_3P \quad + \quad \text{(P)}-CH_2-Cl \quad \xrightarrow{\Delta} \quad \left[\text{(P)}-CH_2-\overset{\oplus}{P}(C_4H_9)_3 \right] Cl^{\ominus}$$

$$(H_9C_4)_3P \quad + \quad \text{(P)}-(CH_2)_6-Br \quad \xrightarrow{\Delta} \quad \left[\text{(P)}-(CH_2)_6-\overset{\oplus}{P}(C_4H_9)_3 \right] Br^{\ominus}$$

In Gegenwart von konz. Salzsäure können in der Wärme auch polymere Alkohole wie Polyvinylalkohol mit Triphenylphosphan in Poly-phosphonium-Salze (MG ~ 2000) umgewandelt werden[40]:

$$---CH_2-CH-CH_2-CH-CH_2-CH---CH_2-CH_2-OH$$
$$\qquad\quad | \qquad\qquad | \qquad\qquad |$$
$$\qquad\quad HO \quad Cl^{\ominus} \; {}^{\oplus}P(C_6H_5)_3 \quad OH$$

1.1.3.1.1.3. mit α-Halogen-carbonyl-Verbindungen

Tert. Phosphane reagieren mit α-Halogen-ketonen in aprotischen Lösungsmitteln i. a. in glatter Reaktion zu (2-Oxo-alkyl)-phosphonium-Salzen [s. 4. Aufl., Bd. XII/1, S. 82] (typische Beispiele s. Tab. 45, S. 502)[41]. Um höhere Ausbeuten zu erzielen, läßt man die Komponenten über längere Zeit bei 20° in THF oder Acetonitril reagieren. Wesentlich schneller verläuft die Umsetzung von α-Brom-ketonen unter Basenkatalyse[42]. Setzt man z.B. einer Lösung von Triphenylphosphan und ω-Brom-acetophenon in Acetonitril bei 20° katalytische Mengen an Triethylamin zu, so erhält man innerhalb 2 Stdn. 93% *(2-Oxo-2-phenyl-ethyl)-triphenyl-phosphonium-bromid*:

$$(H_5C_6)_3P \quad + \quad Br-CH_2-\overset{\overset{\displaystyle O}{\|}}{C}-C_6H_5 \quad \xrightarrow{(H_5C_2)_3N} \quad \left[(H_5C_6)_3\overset{\oplus}{P}-CH_2-\overset{\overset{\displaystyle O}{\|}}{C}-C_6H_5 \right] Br^{\ominus}$$

(2-Oxo-2-phenyl-ethyl)-triphenyl-phosphonium-bromid[42]: Man versetzt eine Lösung von 2,62 g (10 mmol) Triphenylphosphan in 50 ml Acetonitril mit 5 Tropfen (0,5 mmol) Triethylamin und dann mit einer Lösung von 1,99 g (10 mmol) ω-Brom-acetophenon in 30 ml Acetonitril. Nach 2 Stdn. gibt man 10 ml Methanol zu. Die Reaktionslösung wird eingeengt, der Rückstand mit 20 ml THF suspendiert und filtriert; Ausbeute: 4,2 g (91%); Schmp.: 264,5°.

Auch sek. α-Brom-ketone (z.B. 2-Brom-1-oxo-1-phenyl-propan) lassen sich auf diese Weise bei 20° mit höherer Geschwindigkeit zu den entsprechenden (2-Oxo-alkyl)-phosphonium-Salzen umsetzen.

Allgemein wird bei sek. α-Halogen-ketonen der Reaktionsverlauf stark durch sterische Faktoren beeinflußt. Z. B. werden bei der Umsetzung von tert. Phosphanen mit 2-Chlor-1,2-diphenyl-1-oxo-ethan Gemische der (2-Oxo-alkyl)- und der äußerst solvolyse-empfindlichen Enol-phosphonium-Salze gebildet[43]:

$$R_3P \quad + \quad H_5C_6-CO-\overset{\overset{\displaystyle Cl}{|}}{C}H-C_6H_5 \quad \longrightarrow \quad \left[H_5C_6-CO-\overset{\overset{\displaystyle \oplus PR_3}{|}}{C}H-C_6H_5 \right] Cl^{\ominus} \quad + \quad \left[H_5C_6-\overset{\overset{\displaystyle |}{C}=CH-C_6H_5}{\underset{\underset{\displaystyle O-PR_3}{\oplus}}{|}} \right] Cl^{\ominus}$$

Die Reaktion zu den (2-Oxo-alkyl)-phosphonium-Salzen verläuft unter S_N2-Substitution am α-C-Atom, während sich die Bildung der Enol-phosphonium-Salze durch Primäran-

[40] *L. Horner, H. Ertel* u. *H. Hinrichs*, Werkst. Korros. **22**, 924 (1971).
[41] *V. V. Kormachev, G. P. Pavlov, V. A. Kukhtin* u. *R. S. Tsekhanskii*, Zh. Obshch. Khim., **49**, 2479 (1979); engl.: 2189.
[42] *K. Fukui, R. Sudo, M. Masaki* u. *M. Ohta*, J. Org. Chem. **33**, 3504 (1968).
[43] *H. Hoffmann* u. *P. Schellenbeck*, Chem. Ber. **99**, 1134 (1966).

griff am Halogen-Atom entsprechend einer Phosphoniumsalz-Bildung 2. Art deuten läßt[44]. Zunehmende Stabilität des Enolat-Anions und ein positiviertes Halogen-Atom wirken in die gleiche Richtung[44]. Bei sterisch anspruchsvollen Phosphanen wie Di-tert.-butyl-methyl-phosphan verläuft die Umsetzung daher bevorzugt zu den Enol-phosphonium-Salzen[43]. Auch durch geeignete Wahl der Reaktionsbedingungen läßt sich das Bildungsverhältnis von Keto- und Enol-phosphonium-Salzen beeinflussen. So führt die erwähnte Einwirkung von Triphenylphosphan auf 2-Brom-1,2-diphenyl-1-oxo-ethan in siedendem Glyme bei hohen Konzentrationen der Reaktionspartner (1,3 m) überwiegend zum (2-Oxo-alkyl)-phosphonium-Salz[45]. Bei 20° erfolgt in verschiedenen Lösungsmitteln bevorzugt langsame Bildung des entsprechenden Enol-phosphonium-Salzes. 2-Brom-cyclohexanon liefert in einer komplexen Reaktion nur Gemische von (3- und 4-Oxo-cyclohexyl)-phosphonium-bromiden[46, 47].

Das Keto-Enol-Gleichgewicht von (2-Oxo-alkyl)-phosphonium-Salzen wird durch die Acidität der Wasserstoff-Atome am α-C-Atom und durch die Art des Substituenten an der β-Carbonyl-Gruppe bestimmt[48, 49]. (1-Acyl-2-oxo-alkyl)-phosphonium-Salze liegen z.B. wegen ihrer relativ hohen Acidität und der möglichen Stabilisierung durch Wasserstoffbrücken sowohl in Lösung als auch im festen Zustand vollständig in der Enol-Form vor[48, 50]; z.B.:

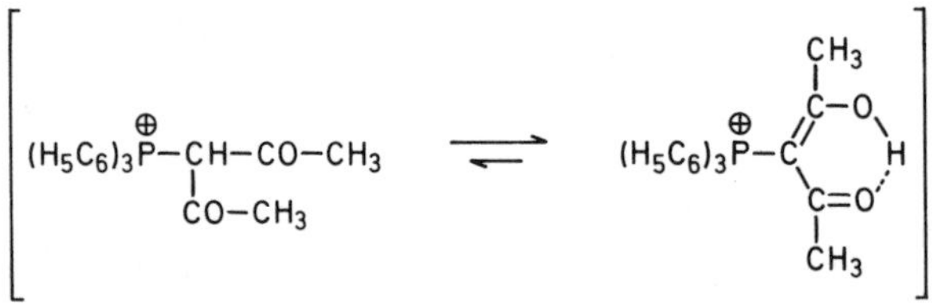

(1-Acetyl-2-oxo-propyl)-triphenyl-phosphonium-halogenid

Stabile, aber äußerst hygroskopische Enol-phosphonium-Salze, die als Zwischenstufen der Perkow-Reaktion diskutiert werden[51], erhält man in guten Ausbeuten bei der Umsetzung von Triphenylphosphan mit 2-Chlor-1-oxo-1,2,2-triphenyl- und 2,2-Dichlor-1,2-diphenyl-1-oxo-ethan sowie ω,ω,ω-Trichlor-acetophenon[52]:

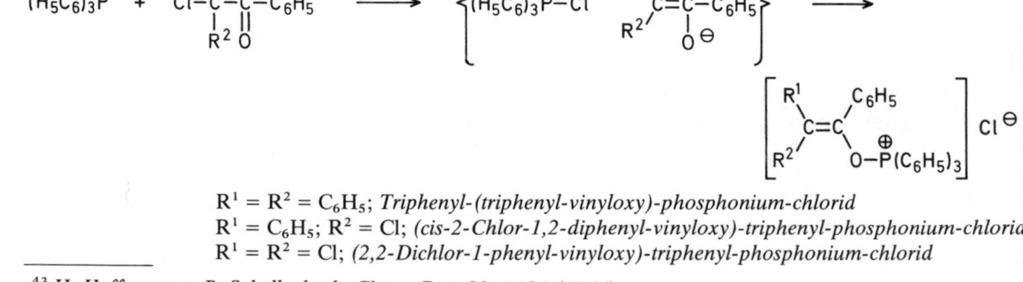

R[1] = R[2] = C_6H_5; *Triphenyl-(triphenyl-vinyloxy)-phosphonium-chlorid*
R[1] = C_6H_5; R[2] = Cl; *(cis-2-Chlor-1,2-diphenyl-vinyloxy)-triphenyl-phosphonium-chlorid*
R[1] = R[2] = Cl; *(2,2-Dichlor-1-phenyl-vinyloxy)-triphenyl-phosphonium-chlorid*

[43] H. Hoffmann u. P. Schellenbeck, Chem. Ber. 99, 1134 (1966).
[44] H. Hoffmann u. H.J. Diehr, Angew. Chem. 76, 944 (1964).
[45] I.J. Borowitz, P.E. Rusek u. R. Virkhaus, J. Org. Chem. 34, 1595 (1969).
[46] P.A. Chopard u. R.F. Hudson, J. Chem. Soc. (B) 1966, 1089.
[47] I.J. Borowitz, K.C. Kirby, jr. u. R. Virkhaus, J. Org. Chem. 31, 4031 (1966).
[48] T.A. Mastryukova, I.M. Aladzheva, K.A. Suerbaev, E.I. Matrosov u. P.V. Petrovskii, Phosphorus 1, 159 (1971); eingehende Diskussion der Keto-Enol-Tautomerie.
[49] G. Aksnes u. H. Haugen, Phosphorus 1, 155 (1972).
[50] I.M Aladzheva, P.V. Petrovskii, T.A. Mastryukova u. M.I. Kabachnik, Zh. Obshch. Khim. 50, 1442 (1980); engl.: 1161.
[51] H. Hoffmann u. H.J. Diehr, Tetrahedron Lett. 1962, 583.
[52] R.D. Partos u. A.J. Speziale, J. Am. Chem. Soc. 87, 5068 (1965).

Die Bildung der (2-Oxo-alkyl)-phosphonium-Salze, die z.B. durch Reaktion des optisch aktiven Methyl-phenyl-propyl-phosphans mit 2-Halogen-1-oxo-1-phenyl-alkanen (z.B. 2-Chlor-1-oxo-1-phenyl-propan, 2-Chlor-1,2-diphenyl-1-oxo-ethan) entstehen, verläuft unter Erhalt der Konfiguration am Phosphor-Atom[53]. Bei der Einwirkung von Methyl-phenyl-propyl-phosphan auf 2,2-Dihalogen-1-oxo-1-phenyl-alkane (z.B. 2,2-Dibrom-1,2-diphenyl-1-oxo-ethan) wird dagegen unter Bildung des Enol-phosphonium-Salzes eine Konfigurationsumkehr am Phosphor-Atom beobachtet[53].

Tert. Alkinyl-phosphane können durch Umsetzung mit prim. und sek. α-Halogen-ketonen unter Cyclisierung mit guten Ausbeuten in 4H-1,4-Oxaphosphorinonium-Salze übergeführt werden[54-56]; z.B.[54]:

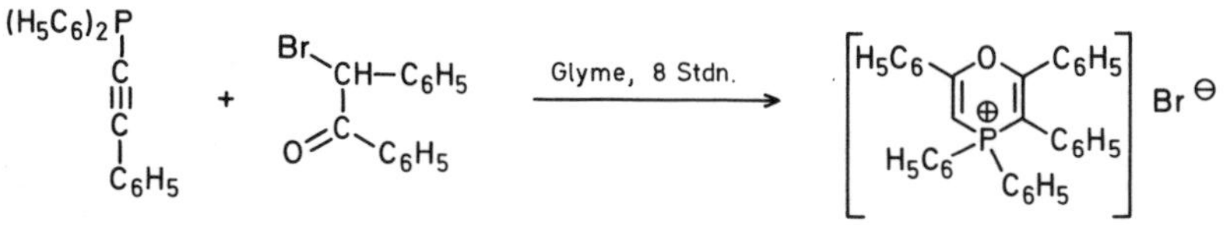

2,3,4,4,6-Pentaphenyl-4H-1,4-oxaphosphorinonium-bromid; 55%

α-Halogen-carbonsäuren und deren Ester liefern mit tert. Phosphanen die entsprechenden substituierten Phosphonium-Salze [s. 4. Aufl., Bd. XII/1, S. 82/83].

Das durch Reaktion von Triphenylphosphan und Chloressigsäure-ethylester gebildete *(Ethoxycarbonyl-methyl)-triphenyl-phosphonium-chlorid* geht beim Trocknen an Luft langsam in ein Bis-hydrat über[67]. Mit Trichlor- und Pentachlor-phenylestern (z.B. Chloressigsäure-pentachlor-phenylester) sind in einigen Fällen durch Umsetzung mit tert. Phosphanen in einer bei 20° sehr langsam ablaufenden komplexen Reaktion *2,4,6-Trioxo-1,3,5-tris-[trialkylphosphoniono]-cyclohexan-trichloride* erhältlich[68]:

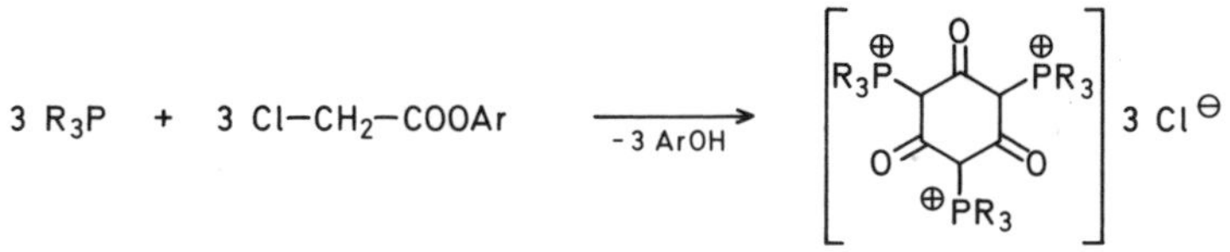

Polymerisierbare Phosphonium-Salze (s. S. 571/72) z.B. *Tributyl-(vinyloxycarbonyl-methyl)-phosphonium-chlorid* können durch Behandlung von Trialkylphosphanen mit α-Halogen-carbonsäure-vinylestern hergestellt werden[69].

Im Gegensatz dazu sind die durch Reaktion von tert. Phosphanen mit 2-Chlormethyl-acrylsäure-methylester gebildeten *(2-Methoxycarbonyl-allyl)-phosphonium-chloride* unter radikalischen Bedingungen nicht polymerisierbar[70]. Als Lösungsmittel für diese mit guten Ausbeuten verlaufende Reaktion wird Acetonitril empfohlen:

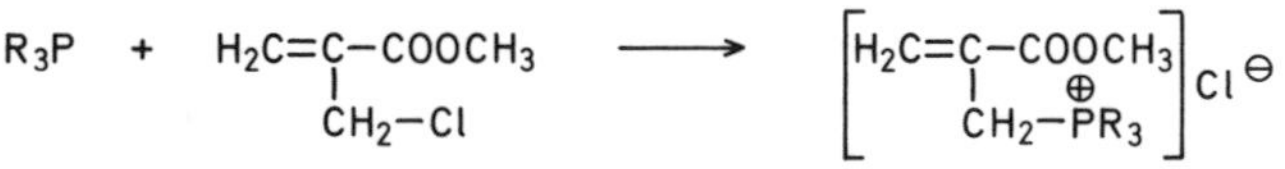

[53] *I.J. Borowitz, K.C. Kirby*, jr., *P.E. Rusek* u. *E.W.R. Casper*, J. Org. Chem. **36**, 88 (1971).
[54] *M. Simalty* u. *M.H. Mebazaa*, Bull. Soc. Chim. Fr. **1972**, 3532.
[55] *M. Simalty* u. *H. Chahine*, C.R. Acad. Sci., Ser. C **266**, 1098 (1968).
[56] *M.S. Chattha*, J. Chem. Eng. Data **23**, 95 (1978).
[67] *W.J. Considine*, J. Org. Chem. **27**, 647 (1962).
[68] *N.B. Petrina, B.A. Khaskin, N.N. Melnikov, S.F. Dymova* u. *N.N. Tuturina*, Zh. Obshch. Khim. **47**, 1031 (1977); engl.: 946.
[69] US. 3 125 555 (1964/1961), American Cyanamid Co., Erf.: *P.J. Paré* u. *M. Hauser*; C.A. **60**, 14 634 ab (1964).
[70] *A.E. Sherr* u. *H.G. Klein*, J. Appl. Polym. Sci. **11**, 1431 (1967).

Tab. 45: (2-Oxo-alkyl)- und Enol-phosphonium-Salze aus tert. Phosphanen und α-Halogen-ketonen

Phosphan	α-Halogen-keton	Reaktionsbedingungen			Phosphonium-Salz	Ausbeute [%]	Schmp. [°C]	Literatur
		Lösungsmittel	[°C]	[Stdn.]				
(H₅C₆)₃P	H₃C-CO-NH-⟨⟩-CO-CH₂-Cl	Toluol	Sieden	12	[2-(4-Acetamino-phenyl)-2-oxo-ethyl]-triphenyl-phosphonium-chlorid	85	259–263	57
	H₃C₆-CO-CH₂-Br	H₃C-CN[c]	20	2	[2-Oxo-2-phenyl-ethyl]-triphenyl-phosphonium-bromid	91	264,5	58
	H₅C₆-CH₂-⟨⟩-CO-CH₂-Br	THF	20	48	[2-(4-Benzyl-phenyl)-2-oxo-ethyl]-triphenyl-phosphonium-bromid	87	235–237	59
	H₅C₆-⟨⟩-CO-CH₂-Br	THF	20	48	[2-(4-Biphenylyl)-2-oxo-ethyl]-triphenyl-phosphonium-bromid	63	192–193	59
	H₅C₆-CO-CH-CH₃ (Br)[a]	H₃C-CN	Sieden	2	(1-Methyl-2-oxo-2-phenyl-ethyl)-triphenyl-phosphonium-bromid	83	245–247	60
	H₅C₆-CO-C(Cl)(C₆H₅)-C₆H₅	Xylol	Sieden	0,75	Triphenyl-(triphenyl-vinyloxy)-phosphonium-chlorid	68	–	61
	H₅C₆-CO-CH-C₆H₅ (Br)[b]	Glyme	Sieden	6	(1,2-Diphenyl-2-oxo-ethyl)-triphenyl-phosphonium-bromid	79	239,5–241	62

[a] 0,84 molar
[b] 1,3 molar
[c] Spur Triethylamin

[57] V. V. Kormachev, G. P. Pavlov, V. A. Kukhtin u. R. S. Tsekhanskii, Zh. Obshch. Khim. **49**, 2479 (1979); engl.: 2189.
[58] K. Fukui, R. Sudo, M. Masaki u. M. Ohta, J. Org. Chem. **33**, 3504 (1968).
[59] M. I. Shevchuk, E. M. Volynskaya, N. I. Kudla u. A. V. Dombrovskii, Zh. Org. Khim. **6**, 355 (1970); engl.: 341.
[60] I. J. Borowitz, K. C. Kirby, jr. u. R. Virkhaus, J. Org. Chem. **31**, 4031 (1966).
[61] R. D. Partos u. A. J. Speziale, J. Am. Chem. Soc. **87**, 5068 (1965).
[62] I. J. Borowitz, P. E. Rusek u. R. Virkhaus, J. Org. Chem. **34**, 1595 (1969).

Tab. 45: (Fortsetzung)

Phosphan	α-Halogen-keton	Reaktionsbedingungen			Phosphonium-Salz	Ausbeute [%]	Schmp. [°C]	Literatur
		Lösungsmittel	[°C]	[Stdn.]				
$(H_5C_6)_3P$	$H_5C_6{-}CO{-}\overset{\overset{\displaystyle Br}{\mid}}{\underset{\underset{\displaystyle C_6H_5}{\mid}}{C}}{-}C_6H_5$	Glyme	25	22	Triphenyl-(triphenyl-vinyloxy)-phosphonium-bromid	87	165–167	63
	$H_5C_6{-}CO{-}\overset{\overset{\displaystyle Cl}{\mid}}{\underset{\underset{\displaystyle Cl}{\mid}}{C}}{-}C_6H_5$	Benzol	Sieden	0,25	(2-Chlor-1,2-diphenyl-vinyloxy)-triphenyl-phosphonium-chlorid	62	–	61
	$H_5C_6{-}CO{-}CCl_3$	Benzol	20	0,5	(2,2-Dichlor-1-phenyl-vinyloxy)-triphenyl-phosphonium-chlorid	78	–	61
	$H_5C_6{-}CO{-}CO{-}\overset{\overset{\displaystyle Br}{\mid}}{CH}{-}CH_3$	THF	20	0,33	(2,3-Dioxo-1-methyl-3-phenyl-propyl)-triphenyl-phosphonium-bromid	96	95–96	64
$(HO{-}CH_2)_3P$	$H_5C_6{-}CO{-}CH_2{-}Br$	DMF	20	12	(2-Oxo-2-phenyl-ethyl)-tris-[hydroxymethyl]-phosphonium-bromid	92	100–101	65
$[(H_3C)_3SiO{-}CH_2]_3P$	$H_5C_6{-}CO{-}CH_2{-}Br$	$H_3C{-}CN$	20	4–5	(2-Oxo-2-phenyl-ethyl)-tris-[trimethylsilyloxy-methyl]-phosphonium-bromid	84	108–109	66

[61] R. D. Partos u. A. J. Speziale, J. Am. Chem. Soc. 87, 5068 (1965).

[63] I. J. Borowitz, K. C. Kirby, jr., P. E. Rusek u. E. W. R. Casper, J. Org. Chem. 36, 88 (1971).

[64] M. I. Shevchuk, M. V. Khalaturnik u. A. V. Dombrovskii, Zh. Obshch. Khim. 43, 758 (1973); engl.: 756.

[65] E. S. Kozlov, A. I. Sedlov u. A. V. Kirsanov, Zh. Obshch. Khim. 38, 1881 (1968); engl.: 1828.

[66] E. S. Kozlov u. V. I. Tovstenko, Zh. Obshch. Khim. 50, 1499 (1980); engl.: 1210.

Auch Chlormethyl-acetamide (z. B. N-Chloracetyl-aminosäuren[71], N-Chloracetyl-harn-
stoff[72]) gehen mit tert. Phosphanen erwartungsgemäß in die entsprechenden substituierten
Phosphonium-chloride über.

Die hydrophoben, N-terminal geschützten N-(2-Brom-ethoxycarbonyl)-aminosäuren
können durch Umsetzung mit tert. Phosphanen in Aceton in wasserlösliche *N-(2-Triorga-
nophosphoniono-ethoxycarbonyl)-aminosäuren* umgewandelt werden[73]:

$$R_3P \ + \ Br{-}CH_2{-}CH_2{-}O{-}CO{-}NH{-}\overset{\overset{\displaystyle R}{|}}{C}H{-}COOH \ \longrightarrow$$

$$\left[R_3\overset{\oplus}{P}{-}CH_2{-}CH_2{-}O{-}CO{-}NH{-}\overset{\overset{\displaystyle R}{|}}{C}H{-}COOH \right] Br^{\ominus}$$

Basenempfindlichkeit und Löslichkeitseigenschaften lassen sich durch Variation der Liganden am Phosphor-Atom beeinflussen[74]. Demgegenüber gehen Kohlensäure-2-brom-
ethylester bei der analogen Reaktion in 1,2-Bis-[triorganophosphoniono]-
ethan-dibromide über[75]:

$$2\ R_3P \ + \ RO{-}CO{-}O{-}CH_2{-}CH_2{-}Br \ \xrightarrow[\text{2. HBr}]{\text{1. Aceton / NaJ}} \ \left[R_3\overset{\oplus}{P}{-}CH_2{-}CH_2{-}\overset{\oplus}{P}R_3 \right] 2\ Br^{\ominus}$$

Bromacetonitril liefert in glatter Reaktion mit Triphenylphosphan in Benzol das *Cyanme-
thyl-triphenyl-phosphonium-chlorid*[76]. Auch mit Chlor- und Brommethylisocyanaten
werden Triarylphosphane leicht zu Isocyanatmethyl-triaryl-phosphonium-halo-
geniden quaterniert[77, 78].

1.1.3.1.1.4. mit ungesättigten Alkylhalogeniden

Zur Reaktion prim., olefinisch ungesättigter Alkylhalogenide mit tert. Phosphanen wird
auf Bd. XII/1 (4. Aufl.), S. 81 verwiesen. Die Einführung der 2-Propinyl-Gruppe in Triphenylphosphan unter Bildung des *2-Propinyl-triphenyl-phosphonium-bromids* gelingt in
~ 60%iger Ausbeute durch Einwirkung von 3-Brom-propin auf Triphenylphosphan in
Gegenwart von einem Äquivalent wäßriger Halogenwasserstoffsäure[79]:

$$(H_5C_6)_3P \ + \ Br{-}CH_2{-}C{\equiv}CH \ \xrightarrow{\text{HBr}} \ \left[(H_5C_6)_3\overset{\oplus}{P}{-}CH_2{-}C{\equiv}CH \right] Br^{\ominus}$$

Auch Alkene mit prim. gebundenen Halogen-Atomen in Vinyl-Stellung (z. B. 1-Chlor-
3-oxo-1-alkene) liefern mit Triphenylphosphan in glatter Reaktion die zu erwartenden
(3-Oxo-1-alkenyl)-triphenyl-phosphonium-Salze[80].

[71] *H. Kunz* u. *H. Kauth*, Z. Naturforsch. **34b**, 1737 (1979).

[72] *V. N. Kushnir, M. I. Shevchuk* u. *A. V. Dombrovskii*, Zh. Obshch. Khim. **47**, 1715 (1977); engl.: 1570.

[73] *H. Kunz*, Justus Liebigs Ann. Chem. **1976**, 1674.

[74] *H. Kunz*, Chem. Ber. **109**, 2670 (1976).

[75] *H.-H. Bechtolsheimer, M. Buchholz* u. *H. Kunz*, Justus Liebigs Ann. Chem. **1979**, 1908.

[76] *G. P. Schiemenz* u. *H. Engelhard*, Chem. Ber. **94**, 578 (1961).

[77] *V. A. Shokol, E. B. Silina, B. N. Kozhushko* u. *G. A. Golik*, Zh. Obshch. Khim. **49**, 312 (1979); engl.: 271.

[78] *B. N. Kozhushko, E. B. Silina, A. V. Gumenyuk, A. V. Turov* u. *V. A. Shokol*, Zh. Obshch. Khim. **50**, 2210
      (1980); engl.: 1781.

[79] *K. Eiter* u. *H. Oediger*, Justus Liebigs Ann. Chem. **682**, 62 (1965).

[80] *E. Zbiral* u. *E. Werner*, Justus Liebigs Ann. Chem. **707**, 130 (1967).

$$(H_5C_6)_3P \ + \ X-CH=CH-CO-R \ \longrightarrow \ \left[(H_5C_6)_3\overset{\oplus}{P}-CH=CH-CO-R\right] X^{\ominus}$$

Ebenso reagieren *cis-trans*-isomere Derivate von 3-Halogen-acrylsäuren mit Tributyl-oder Triphenylphosphan bereits bei 20° langsam zu den entsprechenden *Tributyl-* bzw. *Triphenyl-trans-vinyl-phosphonium-Salzen* (s. Tab. 46, S. 506)[81], wobei die Tributylphosphonium-Salze allerdings nur unter Schwierigkeiten kristallin und analysenrein erhältlich sind. Im Falle der 1-Brom-1-nitro-1-alkene verläuft die Reaktion mit drei Äquivalenten Triphenylphosphan in aprotischen Lösungsmitteln unter Reduktion der Nitro-Gruppe und unter Bildung von *(1-Cyan-alkyl)-triphenyl-phosphonium-bromiden*[82]:

$$3 \ (H_5C_6)_3P \ + \ R-CH=C\overset{\displaystyle NO_2}{\underset{\displaystyle Br}{\big\langle}} \ \xrightarrow[- \ 2 \ (H_5C_6)_3PO]{} \ \left[(H_5C_6)_3\overset{\oplus}{P}-\underset{\displaystyle CN}{\overset{\displaystyle |}{C}H}-R\right] Br^{\ominus}$$

Mit dem weniger reaktiven 2-Brom-propen gelingt die Herstellung von *Isopropenyl-triphenyl-phosphonium-bromid* (55%) erst durch Modifizierung der Horner-Reaktion[83] (s. S. 518 ff.). Hierbei wird Triphenylphosphan mit wasserfreiem Nickelbromid in der Schmelze zur Reaktion gebracht. Nach Zugabe von Benzonitril wird der gebildete Übergangsmetall-Komplex mit 2-Brom-propen unter Erhitzen auf 200° umgesetzt[84]:

$$(H_5C_6)_3P \ \xrightarrow[\underset{\displaystyle CH_3}{2. \ Br-C=CH_2 , \ H_5C_6-CN , \ \triangle}]{1. \ NiBr_2} \ \left[(H_5C_6)_3\overset{\oplus}{P}-C\overset{\displaystyle /\!\!/CH_2}{\underset{\displaystyle CH_3}{\big\backslash}}\right] Br^{\ominus}$$

Ein Weg zur Synthese von Ethinyl-phosphonium-Salzen besteht in der bereits bei 20° ablaufenden Reaktion zwischen einem 1-Halogen-1-alkin und 1-Halogen-2-phenyl-1-alkinen mit Triphenyl- oder Tributylphosphan (Vorsicht im Umgang mit Chlor- und Bromacetylen! **Explosions-** und Brandgefahr bei Zutritt von Luft!)[85, 86]. Das besonders elektrophile Dichlor-acetylen reagiert bereits unterhalb 20° innerhalb weniger Stunden vollständig, während die Umsetzung mit 1-Chlor-1-alkinen äußerst langsam verläuft. 1-Halogen-2-phenyl-acetylene nehmen eine Mittelstellung ein und gehen bei 20° innerhalb weniger Tage in die entsprechenden Ethinyl-phosphonium-halogenide über[85].

Ethinyl-phosphonium-Salze; allgemeine Arbeitsvorschrift[86]: Man löst 0,1 mol tert. Phosphan und 0,1 mol Halogenalkin (s. Gefahrenhinweis oben) in 500 *ml* Ether. Bei 25° fällt innerhalb einiger Tage das Phosphonium-Salz aus. Dieses wird mehrfach durch Lösen in abs. Ethanol und langsame Fällung mit Ether gereinigt. Hygroskopische Phosphonium-Salze, insbesondere die Chloride, können als Chloroplatinate und Tetraphenylborate gefällt werden. Umkristallisieren aus Ethanol oder Aceton/Wasser.

---

[81] *H. Molinari, F. Montanari, S. Quici* u. *P. Tundo*, J. Am. Chem. Soc. **101**, 3920 (1979).
[82] *C. J. Devlin* u. *B. J. Walker*, J. Chem. Soc., Perkin Trans. I **1973**, 1428.
[83] *L. Horner, G. Mummenthey, H. Moser* u. *P. Beck*, Chem. Ber. **99**, 2782 (1966).
[84] *E. E. Schweizer, A. T. Wehman* u. *D. M. Nycz*, J. Org. Chem. **38**, 1583 (1973).
[85] *H. G. Viehe* u. *E. Franchimont*, Chem. Ber. **95**, 319 (1962).
[86] *J. I. Dickstein* u. *S. I. Miller*, J. Org. Chem. **37**, 2168 (1972).

Tab. 46: Vinyl- und Ethinyl-triphenyl-phosphonium-halogenide aus Triphenylphosphan und Vinyl- bzw. Ethinylhalogeniden

Vinyl- bzw. Ethinylhalogenid	Reaktionsbedingungen			Phosphonium-Salz	Ausbeute [%]	Schmp. [°C]	Literatur
	Lösungsmittel	[°C]	[Stdn.]				
$Cl-CH=CH-CO-CH_3$	Benzol	Sieden	(einige Min.)	(3-Oxo-1-butenyl)-triphenyl-phosphonium-bromid[a]	85	205–207 (Zers.)	[87]
$Cl-CH=CH-CO-CH(CH_3)_2$	Benzol	Sieden	(einige Min.)	(4-Methyl-3-oxo-1-pentenyl)-triphenyl-phosphonium-chlorid	100	195–199	[87]
$Cl-CH=CH-COOCH_3$ cis	Benzol	20	240	(trans-2-Methoxycarbonyl-vinyl)-triphenyl-phosphonium-chlorid	75	150–152	[88]
$Br-CH=CH-COOCH_3$ trans	Benzol	20	96	(trans-2-Methoxycarbonyl-vinyl)-triphenyl-phosphonium-bromid .	90	158–160	[88]
$Br-CH=CH-COOH$ trans	Benzol	0	48	(trans-2-Carboxy-vinyl)-triphenyl-phosphonium-bromid	61	174–186 (Zers.)	[88]
$H_5C_6-CH=C(Br)-NO_2$	Benzol	20	24	(α-Cyan-benzyl)-triphenyl-phosphonium-bromid	80	255–256	[89]
$Br-C(=CH_2)-CH_3$ [b]	Benzonitril	50–200	48–72	Isopropenyl-triphenyl-phosphonium-bromid	55	197–197,5	[90]
$Cl-C\equiv C-Cl$	Diethylether	−60 bis −10	~2	(Chlor-ethinyl)-triphenyl-phosphonium-chlorid	81		[91]
$H_5C_6-C\equiv C-Cl$	THF	Sieden	24	Phenylethinyl-triphenyl-phosphonium-chlorid	83		[92]
$H_5C_6-C\equiv C-Br$	Diethylether	25	(einige Tage)	Phenylethinyl-triphenyl-phosphonium-bromid[c]	90	209–211	[93]

[a] mit KBr-Lösung behandelt
[b] NiBr$_2$-Zusatz im Molverhältnis 1:1
[c] mit Tributylphosphan werden 92% Phenylethinyl-tributyl-phosphonium-bromid (Schmp.: 57–59°) erhalten[93]

[87] E. Zbiral u. E. Werner, Justus Liebigs Ann. Chem. **707**, 130 (1967).
[88] G. Pattenden u. B.J. Walker, J. Chem. Soc. (C) **1969**, 531.
[89] C.J. Devlin u. B.J. Walker, J. Chem. Soc., Perkin Trans. I **1973**, 1428.
[90] E.E. Schweizer, A.T. Wehman u. D.M. Nycz, J. Org. Chem. **38**, 1583 (1973).
[91] E. Fluck u. W. Kazenwadel, Phosphorus **6**, 195 (1976).
[92] H.G. Viehe u. E. Franchimont, Chem. Ber. **95**, 319 (1962).
[93] J.I. Dickstein u. S.I. Miller, J. Org. Chem. **37**, 2168 (1972).

1.1.3.1.1.5. mit Dihalogen- bzw. 1-Halogen-1-heterofunktionyl-substituierten Alkanen

Alkylhalogenide, die am gleichen C-Atom ein weiteres Halogen-Atom [s. 4. Aufl., Bd. XII/1, S. 84] oder Pseudohalogen- oder Silyl-Gruppen tragen, reagieren i. a. leicht mit tert. Phosphanen zu den entsprechenden Phosphonium-Verbindungen. Beispielsweise besteht ein gangbarer Weg zur Herstellung von *Chlormethyl-triphenyl-phosphonium-jodid* in der Umsetzung von Triphenylphosphan mit Chlor-jod-methan in siedendem THF (60–70%)[94]. Mit Brom-dichlor-methan ist auch das *Dichlormethyl-triphenyl-phosphonium-bromid* erhältlich[95].

1-Halogen-1-nitro-alkane gehen mit zwei Mol Triphenylphosphan in der Kälte (< 5°) unter Reduktion der Nitro-Gruppe in (1-Hydroximino-alkyl)-phosphonium-Salze über[96] [vgl. S. 505 sowie 4. Aufl., Bd. XII/1, S. 83]:

$$2\ (H_5C_6)_3P\ +\ \underset{Br}{R-CH-NO_2}\ \xrightarrow[-\ (H_5C_6)_3PO]{}\ \left[(H_5C_6)_3\overset{\oplus}{P}-\overset{R}{\underset{}{C}}=NOH\right]\ Br^{\ominus}$$

Die Quaternierung von Triethylphosphan mit Chlormethyl-trimethyl-silanen zu *Triethyl-(trimethylsilyl-methyl)-phosphonium-chlorid* erfolgt bereits in der Kälte mit quantitativer Ausbeute[97, 98].

Phosphonium-chloride mit zwei oder drei Trimethylsilyl-Gruppen sind durch Alkylierung von Dimethyl-(trimethylsilyl-methyl)- bzw. Bis-[trimethylsilyl-methyl]-methyl-phosphan mit Chlormethyl-trimethyl-silan zugänglich[99]; z.B.:

$$(H_3C)_2P-CH_2-Si(CH_3)_3\ +\ Cl-CH_2-Si(CH_3)_3\ \longrightarrow\ (H_3C)_2\overset{\oplus}{P}\left[CH_2-Si(CH_3)_3\right]_2\ Cl^{\ominus}$$

Bis-[trimethylsilyl-methyl]-dimethyl-phosphonium-chlorid

Bis-[trimethylsilyl-methyl]-dimethyl-phosphonium-chlorid[99]: Man läßt eine Mischung von 4,9 g (33 mmol) Dimethyl-(trimethylsilyl-methyl)-phosphan und 14,7 g (120 mmol) Chlormethyl-trimethyl-silan 5 Tage bei 55° reagieren. Es bildet sich ein farbloser Niederschlag, der abfiltriert, gewaschen und i. Vak. getrocknet wird; Ausbeute: 7,4 g (82%); Schmp.: 206–208°.

1.1.3.1.1.6. mit Tetrahalogenmethanen

Gereinigtes, scharf getrocknetes Triphenylphosphan reagiert mit überschüssigem Tetrachlormethan nur sehr langsam[100, s.a. 95]. In Gegenwart von Spuren polarer Stoffe wie Wasser, Alkohol oder inerten polaren Lösungsmitteln wie Dichlormethan oder Acetonitril erfolgt dagegen eine schnelle Umsetzung, bei der als stabile Endprodukte [*Chlor-(triphenyl-phosphoranyliden)-methyl*]-*triphenyl-phosphonium-chlorid* und *Dichlor-triphenyl-phosphoran* entstehen (Gl. 2; S. 508)[100, s.a. 95]. Eingeleitet wird die Reaktion offenbar durch Wechselwirkung des Phosphor-Atoms mit einem Halogen-Atom (Gl. 1):

[94] *S. Miyano, Y. Izumi* u. *H. Hashimoto*, J. Chem. Soc., Chem. Commun. **1978**, 446.

[95] *A.J. Speziale* u. *K. W. Ratts*, J. Am. Chem. Soc. **84**, 854 (1962).

[96] *S. Trippett, B.J. Walker* u. *H. Hoffmann*, J. Chem. Soc. **1965**, 7140.

[97] *H. Schmidbaur* u. *W. Malisch*, Angew. Chem. **81**, 329 (1969).

[98] *H. Schmidbaur* u. *W. Malisch*, Chem. Ber. **103**, 3007 (1970).

[99] *H. Schmidbaur* u. *W. Malisch*, Chem. Ber. **102**, 83 (1969).

[100] *R. Appel, F. Knoll, W. Michel, W. Morbach, H. D. Wihler* u. *H. Veltmann*, Chem. Ber. **109**, 58 (1976).

s.a. *R. Rabinowitz* u. *R. Marcus*, Chem. Ber. **84**, 1312 (1962).

$$\text{①} \quad R_3P + CX_4 \longrightarrow R_3\overset{\delta+}{P}\cdots X\cdots \overset{\delta-}{C}X_3 \longrightarrow \left[R_3\overset{\oplus}{P}-X\right]CX_3^{\ominus} \longrightarrow \left[R_3\overset{\oplus}{P}-CX_3\right]X$$

$$\text{②} \quad 3\,(H_5C_6)_3P + CCl_4 \longrightarrow \left[(H_5C_6)_3P\overset{\oplus}{\underset{\underset{Cl}{|}}{\cdots C\cdots}}P(C_6H_5)_3\right]Cl^{\ominus} + (H_5C_6)_3PCl_2$$

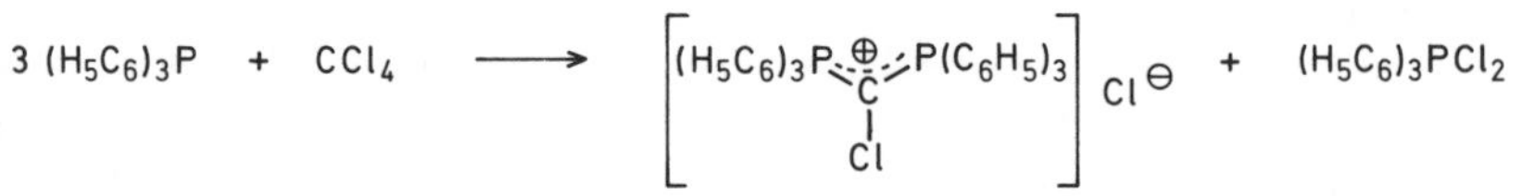

Als Zwischenprodukt läßt sich das in Gl. ① formulierte *Trichlormethyl-triphenyl-phosphonium-chlorid* nachweisen und z. B. durch Chlorierung von [Chlor-(triphenylphosphoranyliden)-methyl]-triphenyl-phosphonium-chlorid herstellen (Gl. ③)[100]:

$$\text{③} \quad \left[(H_5C_6)_3P\overset{\oplus}{\underset{\underset{Cl}{|}}{\cdots C\cdots}}P(C_6H_5)_3\right]Cl^{\ominus} + 2\,Cl_2 \longrightarrow \left[(H_5C_6)_3\overset{\oplus}{P}-CCl_3\right]Cl^{\ominus} + (H_5C_6)_3PCl_2$$

Ersteres läßt sich besser in Acetonitril als Lösungsmittel durch Einwirkung eines großen Überschusses an Tetrachlormethan auf Triphenylphosphan gewinnen[102]. Dadurch wird die Weiterreaktion mit Triphenylphosphan über das kurzlebige Dichlormethylen-triphenyl-phosphoran zu den in Gl. ② formulierten Endprodukten zurückgedrängt (Gl. ④):

$$\text{④} \quad \left[(H_5C_6)_3\overset{\oplus}{P}-CCl_3\right]Cl^{\ominus} \underset{(H_5C_6)_3P}{\rightleftharpoons} (H_5C_6)_3P{=}CCl_2 + (H_5C_6)_3PCl_2 \rightleftharpoons$$

$$\left[(H_5C_6)_3\overset{\oplus}{P}-CCl_2-\overset{\oplus}{P}(C_6H_5)_3\right]2\,Cl^{\ominus} \xrightarrow{(H_5C_6)_3P} \left[(H_5C_6)_3P\overset{\oplus}{\underset{\underset{Cl}{|}}{\cdots C\cdots}}P(C_6H_5)_3\right]Cl^{\ominus} + (H_5C_6)_3PCl$$

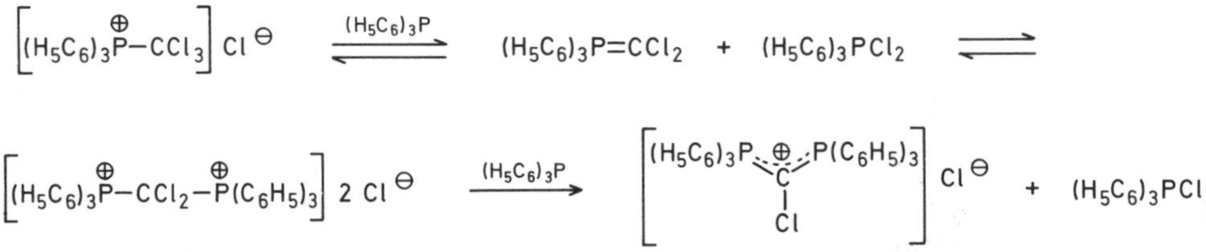

Versucht man, das hochreaktive Ylid Dichlormethylen-triphenyl-phosphoran mit Chlorwasserstoff abzufangen, so erhält man *Chlormethyl-triphenyl-phosphonium-chlorid*, nicht aber das zu erwartende Dichlormethyl-triphenyl-phosphonium-chlorid (Gl. ⑤)[100]:

$$\text{⑤} \quad (H_5C_6)_3P{=}CCl_2 + 2\,HCl + (H_5C_6)_3P \longrightarrow \left[(H_5C_6)_3\overset{\oplus}{P}-CH_2-Cl\right]Cl^{\ominus} + (H_5C_6)_3PCl$$

Die beiden letztgenannten Phosphonium-Salze sind präparativ durch Umsetzung von Triphenylphosphan mit Tetrachlormethan in einer Benzol/Acetonitril-Lösung unter Zusatz der berechneten Mengen an Wasser in hohen Ausbeuten zugänglich[102]:

$$\text{⑥} \quad 4\,(H_5C_6)_3P + 2\,CCl_4 + H_2O \longrightarrow 2\left[(H_5C_6)_3\overset{\oplus}{P}-CHCl_2\right]Cl^{\ominus} + (H_5C_6)_3PO + (H_5C_6)_3PCl_2$$

$$\text{⑦} \quad 3\,(H_5C_6)_3P + CCl_4 + H_2O \longrightarrow \left[(H_5C_6)_3\overset{\oplus}{P}-CH_2-Cl\right]Cl^{\ominus} + (H_5C_6)_3PO + (H_5C_6)_3PCl_2$$

[100] *R. Appel, F. Knoll, W. Michel, W. Morbach, H. D. Wihler* u. *H. Veltmann*, Chem. Ber. **109**, 58 (1976).
[102] *R. Appel* u. *W. Morbach*, Synthesis **1977**, 699.

Trichlormethyl-triphenyl-phosphonium-chlorid[102]: 105 g (0,4 mol) Triphenylphosphan werden in einem 1-*l*-Einhalskolben mit seitlichem Ansatz im Argon-Gegenstrom mit 400 *ml* (4 mol) abs. Tetrachlormethan versetzt. Dann gibt man 200 *ml* Acetonitril zu und rührt 1 Stde. unter Luft- und Feuchtigkeitsausschluß bei 20°. Die Reaktionslösung wird i. Vak. auf $^2/_3$ ihres Vol. eingeengt und mit Argon durchgespült. Zur Zerstörung des gebildeten Dichlor-triphenyl-phosphorans werden 30 *ml* (0,4 mol) Ethyl-oxiran zugegeben. Man rührt 1 Stde., saugt das feste Reaktionsprodukt ab, wäscht mit abs. Benzol und abs. Ether aus und trocknet i. Hochvak. Die hydrolyseempfindliche Substanz läßt sich aus Dichlormethan/Ether umkristallisieren; Ausbeute: 40 g (25%); Schmp.: 171–180°.

Dichlormethyl- und Chlormethyl-triphenyl-phosphonium-chlorid[102]: 52,4 g (0,2 mol) trockenes Triphenylphosphan werden in einem 1-*l*-Zweihalskolben mit seitlichem Ansatz in 420 *ml* abs. Benzol und 80 *ml* abs. Acetonitril gelöst und unter Rühren mit Wasser (0,800 *ml* für das Dichlormethyl- und 1,550–1,600 *ml* für das Chlormethylphosphonium-Salz) versetzt. Anschließend werden 200 *ml* (2 mol) Tetrachlormethan zugegeben. Nach Verschließen des Kolbens wird 1 Stde. bzw. 2 Stdn. bei 50° gerührt. Der entstehende leichte Überdruck entweicht über eine Quecksilbertauchung. Es wird noch eine weitere Stde. bei 20° gerührt. Aufarbeitung wie im obigen Beispiel; Ausbeute:

33 g (87%) *Dichlormethyl-triphenyl-phosphonium-chlorid*; Schmp.: 228° (Zers.).

17,6 g (76%) *Chlormethyl-triphenyl-phosphonium-chlorid*; Schmp.: 253°

[Chlor-(triphenylphosphoranyliden)-methyl]-triphenyl-phosphonium-chlorid[100]: 78,6 g (0,3 mol) Triphenylphosphan, 150 *ml* abs. Dichlormethan und 31 g (0,2 mol) abs. Tetrachlormethan werden bei 20° gerührt. Die Mischung wird nach wenigen Min. gelbbraun. Nach 60 Min. steigt die Temp. an, und die Mischung färbt sich dunkelbraun. Dichlor-triphenyl-phosphoran fällt nach 4 Stdn. kristallin aus. Man rührt 2 Stdn. und setzt dann zur Zerstörung des Phosphorans 15 g (0,2 mol) Ethyloxiran unter Kühlung so langsam zu, daß die Temp. der Mischung nicht über 40° ansteigt. Anschließend werden tropfenweise ~ 80 *ml* Ether bis zur bleibenden Trübung zugegeben. Bei weiterem Rühren ist die Fällung nach 20 Min. vollständig. Nach dem Abfiltrieren wird der Rückstand in wenig Dichlormethan gelöst und die Lösung bis zur Trübung wieder mit Ether versetzt. Der farblose Feststoff wird i. Vak. bei 80–100° getrocknet; Ausbeute: 45 g (74%); Schmp.: 258–260° (Zers.).

Phosphonium-chloride mit einer P–C–P-Brücke lassen sich auch durch Umsetzung von Trimethyl- und Dimethyl-phenyl-phosphan mit Tetrachlormethan herstellen[103]. Da die hierbei gebildeten Dichlor-phosphorane in Dichlormethan und Acetonitril unlöslich sind, ist so eine einfachere Abtrennung als bei der Umsetzung mit Triphenylphosphan möglich. Auch Trichlormethyl-triphenyl-phosphonium-chlorid kann man an Stelle von Triphenylphosphan mit Alkyl-aryl-phoṡphanen (z. B. Diphenyl-methyl-phosphan) zu unterschiedlich substituierten Salzen mit einem P–C–P-Gerüst umsetzen[104]. Im Falle des Diphenylmethyl-phosphans erhält man auf diese Weise in Dichlormethan in einem komplexen Reaktionsverlauf neben *Chlormethyl-triphenyl-phosphonium-chlorid* das äußerst feuchtigkeitsempfindliche *Chlor-diphenyl-[(diphenyl-methyl-phosphoranyliden)-methyl]-phosphonium-chlorid* (86%):

$$\left[(H_5C_6)_3\overset{\oplus}{P}-CCl_3\right]Cl^{\ominus} \ + \ 2\ (H_5C_6)_2P-CH_3 \ \longrightarrow$$

$$\left[\begin{array}{c} CH_3 \quad Cl \\ H_5C_6-P\cdots P-C_6H_5 \\ C \\ H_5C_6 \quad C_6H_5 \\ H \end{array}\right]^{\oplus} Cl^{\ominus} \ + \ \left[Cl-CH_2-\overset{\oplus}{P}(C_6H_5)_3\right]Cl^{\ominus}$$

Anders als mit Triphenylphosphan und Trialkyl- bzw. Dialkyl-phenyl-phosphanen verläuft die Umsetzung zwischen Tetrachlormethan und Alkyl-diphenyl-phosphanen. In aprotischen Lösungsmitteln wie Ether und Toluol entstehen bei Eiskühlung neben

---

[100] *R. Appel, F. Knoll, W. Michel, W. Morbach, H. D. Wihler* u. *H. Veltmann*, Chem. Ber. **109**, 58 (1976).

[102] *R. Appel* u. *W. Morbach*, Synthesis **1977**, 699.

[103] *R. Appel, I. Ruppert* u. *R. Milker*, Chem. Ber. **110**, 2385 (1977).

[104] *R. Appel, H.-F. Schöler* u. *H.-D. Wihler*, Chem. Ber. **112**, 462 (1979).

32*

(1-Chlor-alkyl)-diphenyl-phosphan *Alkyl-(dichlormethyl)-diphenyl-phosphonium-chloride*[105]:

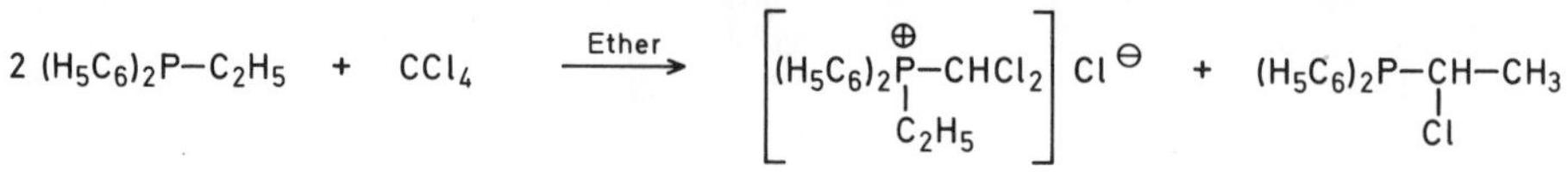

$$2\ (H_5C_6)_2P-C_2H_5\ +\ CCl_4\ \xrightarrow{\text{Ether}}\ \left[(H_5C_6)_2\overset{\oplus}{\underset{C_2H_5}{P}}-CHCl_2\right]Cl^{\ominus}\ +\ (H_5C_6)_2P-\underset{Cl}{CH}-CH_3$$

In protischen Lösungsmitteln wie Dichlormethan werden an Stelle der (1-Chlor-alkyl)-diphenyl-phosphane als Koppelprodukte Dichlor-phosphorane gebildet.

Setzt man Tetrabrommethan mit Triphenylphosphan (Molverhältnis 1:2) in Dichlormethan um und fügt Wasser zu, so erhält man unter Abspaltung von Bromwasserstoff über die Stufe des reaktiven Dibrommethylen-triphenyl-phosphorans in glatter Reaktion *Dibrommethyl-triphenyl-phosphonium-bromid* und Triphenyl-phosphanoxid[106]:

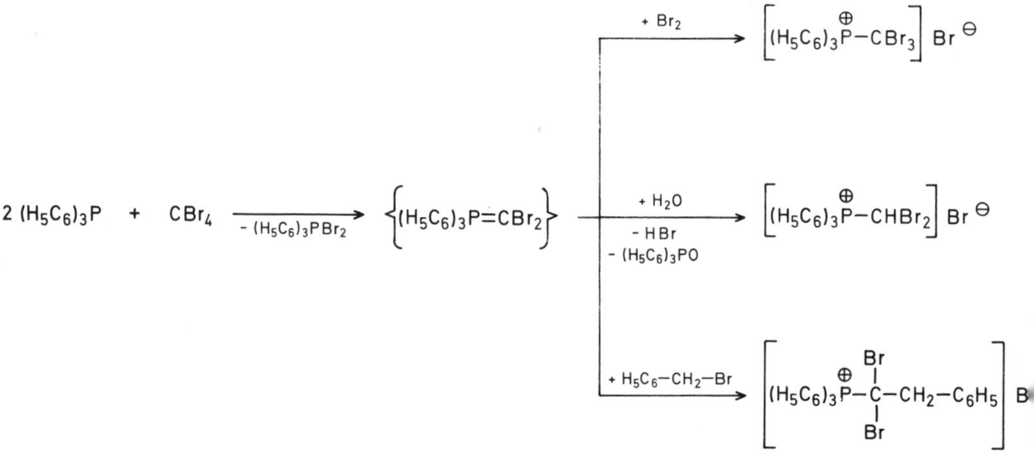

$$2\ (H_5C_6)_3P\ +\ CBr_4\ \xrightarrow[-\ (H_5C_6)_3PBr_2]{}\ \left\{(H_5C_6)_3P=CBr_2\right\}$$

$$\xrightarrow{+\ Br_2}\ \left[(H_5C_6)_3\overset{\oplus}{P}-CBr_3\right]Br^{\ominus}$$

$$\xrightarrow[\substack{-\ HBr\\ -\ (H_5C_6)_3PO}]{+\ H_2O}\ \left[(H_5C_6)_3\overset{\oplus}{P}-CHBr_2\right]Br^{\ominus}$$

$$\xrightarrow{+\ H_5C_6-CH_2-Br}\ \left[(H_5C_6)_3\overset{\oplus}{P}-\overset{Br}{\underset{Br}{C}}-CH_2-C_6H_5\right]B$$

Tribrommethyl-triphenyl-phosphonium-bromid wird erhalten, in dem man einer Lösung von Triphenylphosphan und Tetrabrommethan in Dichlormethan eine Lösung von Brom und Dichlormethan zufügt[106]. Ferner sind im System Tetrabrommethan/Triphenylphosphan Alkylierungsreaktionen möglich. Bei Zusatz von Benzylbromid ist z.B. das (*1,1-Dibrom-2-phenyl-ethyl)-triphenyl-phosphonium-bromid* isolierbar[106].
Zur Reaktion von Triphenylphosphan mit Aminen bzw. Alkoholen in Gegenwart von Tetrachlormethan s.S. 536/533.

1.1.3.1.2. mit Carbenium-Salzen

Die Reaktion zwischen Triphenylmethyl-Salzen und tert. Phosphanen [vgl. 4. Aufl., Bd. XII/1, S. 91] verläuft je nach Reaktionsbedingungen und Art der Substituenten am Phosphor-Atom zu zwei isomeren Phosphonium-Salzen. Phosphane mit großvolumigen Substituenten wie tert.-Butyl-Gruppen oder mit mindestens zwei Phenyl-Gruppen liefern in erster Linie aus sterischen Gründen bei 30–80° und in mehrstündiger Reaktion bevorzugt die thermodynamisch stabileren (4-Diphenylmethyl-phenyl)-phosphonium-Salze[107, 108]:

[105] *R. Appel* u. *M. Huppertz*, Z. Anorg. Allg. Chem. **459**, 7 (1979).
[106] *F. Ramirez*, *N. B. Desai* u. *N. McKelvie*, J. Am. Chem. Soc. **84**, 1745 (1962).
[107] *H. Hoffmann* u. *P. Schellenbeck*, Chem. Ber. **101**, 2203 (1968).
[108] *H. Hoffmann* u. *P. Schellenbeck*, Chem. Ber. **99**, 1134 (1966).

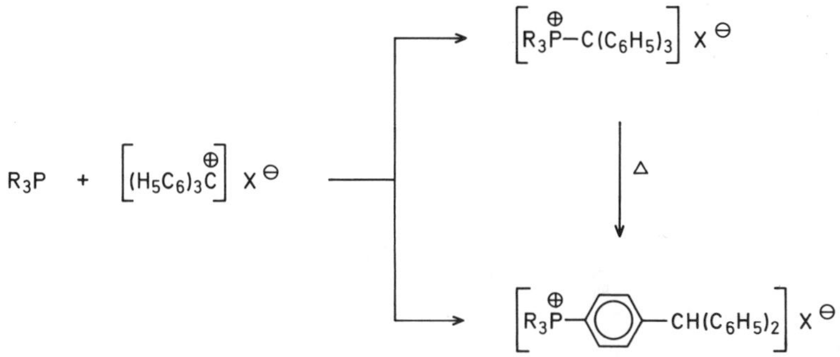

$$\left[R_3\overset{\oplus}{P}-C(C_6H_5)_3\right] X^{\ominus}$$

$$R_3P \quad + \quad \left[(H_5C_6)_3\overset{\oplus}{C}\right] X^{\ominus} \longrightarrow$$

$$\Delta$$

$$\left[R_3\overset{\oplus}{P}-\langle\bigcirc\rangle-CH(C_6H_5)_2\right] X^{\ominus}$$

Führt man die Reaktion mit Triphenyl- oder Trimethylphosphan bei 20° durch, so kann man das entsprechende Triphenylmethyl-phosphonium-Salz in guter Ausbeute isolieren[109, 110]. In siedendem Acetonitril erhält man nach 12stdger. Reaktion wiederum das umgelagerte Produkt[109]. Beim Erhitzen in der Schmelze oder in inerten Lösungsmitteln gehen Triphenylmethyl-phosphonium-Salze stets irreversibel in die stabileren (4-Diphenylmethyl-phenyl)-phosphonium-Salze über[107, 111].
Bei der Umsetzung von Cyclopropenylium-[112, 113] und Tropylium-Salzen[112] mit tert. Phosphanen werden durch kurzes Erhitzen in polaren Lösungsmitteln Cyclopropenylium-triphenyl- bzw. *Triphenyl-tropylium-phosphonium-Salze* gebildet.

1.1.3.1.3. mit Onium-Salzen

Methyleniminium-Salze bilden mit tert. Phosphanen temperatur- und feuchtigkeitsempfindliche Phosphonium-Salze. So entsteht bei der Einwirkung von Dimethyl-methylen-iminium-chlorid auf schwach basische Phosphane wie Triphenylphosphan bei −50° *(Dimethylamino-methyl)-triphenyl-phosphonium-chlorid*, das durch Zugabe von vorgekühltem Ether mit ~ 90% Ausbeute isoliert werden kann[114]. Bei 20° wird das Reaktionsgleichgewicht auf die Seite der Ausgangsstoffe verschoben.

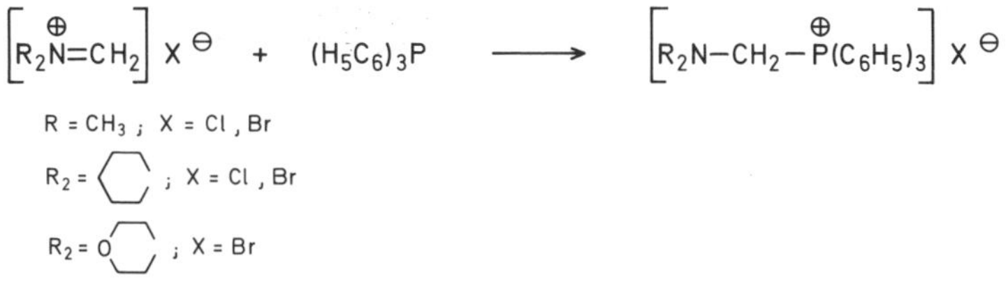

$$\left[R_2\overset{\oplus}{N}=CH_2\right] X^{\ominus} \quad + \quad (H_5C_6)_3P \quad \longrightarrow \quad \left[R_2N-CH_2-\overset{\oplus}{P}(C_6H_5)_3\right] X^{\ominus}$$

$$R = CH_3 \; ; \; X = Cl \, , \, Br$$

$$R_2 = \langle\bigcirc\rangle \; ; \; X = Cl \, , \, Br$$

$$R_2 = O\langle\bigcirc\rangle \; ; \; X = Br$$

Die mit stärker basischen Phosphanen (z.B. Triethyl-[114], Tributylphosphan[115]) erhältlichen Salze lassen eine derartige Temperaturempfindlichkeit nicht mehr erkennen.
Pyrylium-Salze können mit Triphenylphosphan in polaren Solventien durch kurzes Erhitzen in glatter Reaktion zu *(4H-Pyran-4-yl)-triphenyl-phosphonium-Salzen* umgesetzt werden[116]:

---

[107] *H. Hoffmann* u. *P. Schellenbeck*, Chem. Ber. **101**, 2203 (1968).
[109] *M. Bjoroey, B.B. Saunders, S. Esperas* u. *J. Songstad*, Phosphorus **6**, 83 (1976).
[110] *R.A. Jones, G. Wilkinson, M.B. Hursthouse* u. *K.M.A. Malik*, J.Chem. Soc., Perkin Trans. II **1980**, 117.
[111] *G. Bidan* u. *M. Genies*, Tetrahedron Lett. **1978**, 2499.
[112] *V.I. Dulenko, N.S. Semenov, S.N. Baranov* u. *S.V. Krivun*, Zh. Obshch. Khim. **40**, 701 (1970); engl.: 672.
[113] *D.T. Longone* u. *E.S. Alexander*, Tetrahedron Lett. **1968**, 5815.
[114] *H. Böhme* u. *M. Haake*, Chem. Ber. **105**, 2233 (1972).
[115] *F. Knoll* u. *U. Krumm*, Chem. Ber. **104**, 31 (1971).
[116] *S.V. Krivun*, Dokl. Akad. Nauk SSSR **182**, 347 (1968); engl.: 809.

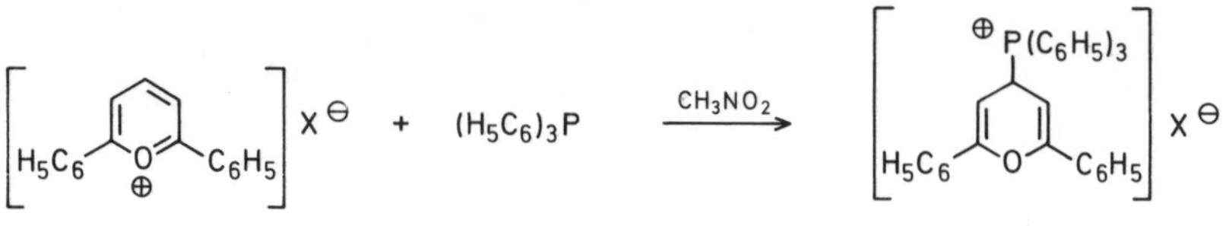

$$\left[\underset{H_5C_6 \overset{\oplus}{O} C_6H_5}{\bigcirc} \right] X^{\ominus} + (H_5C_6)_3P \xrightarrow{CH_3NO_2} \left[\underset{H_5C_6 \overset{}{O} C_6H_5}{\overset{\overset{\oplus}{P}(C_6H_5)_3}{\bigcirc}} \right] X^{\ominus}$$

1.1.3.1.4. mit Acylhalogeniden bzw. Orthocarbonsäure-chlorid-diestern

Die Synthese von 1,2-Bis-[triorganophosphoniono]-ethenen kann auf einfache Weise durch Einwirkung von Acetylchlorid oder besser -bromid auf tert. Phosphane in siedendem Chloroform erfolgen. An Stelle von Acetylbromid kann man auch Acetanhydrid in Gegenwart von gasförmigem Bromwasserstoff zur Reaktion bringen[117–119]:

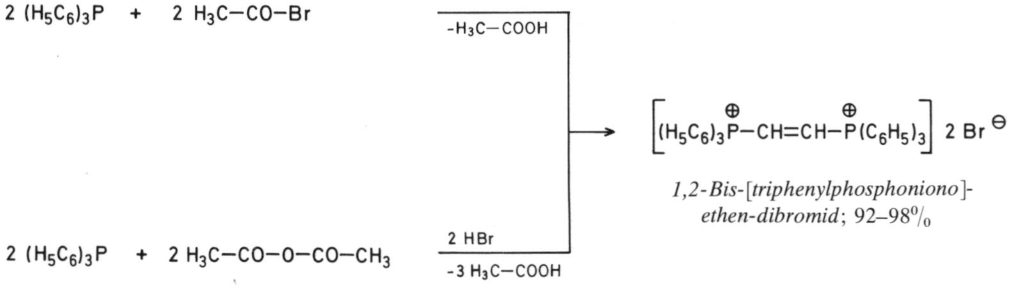

$$2\,(H_5C_6)_3P \;+\; 2\,H_3C\!-\!CO\!-\!Br$$

$$\xrightarrow{-H_3C-COOH}$$

$$\left[(H_5C_6)_3\overset{\oplus}{P}\!-\!CH\!=\!CH\!-\!\overset{\oplus}{P}(C_6H_5)_3 \right] 2\,Br^{\ominus}$$

1,2-Bis-[triphenylphosphoniono]-ethen-dibromid; 92–98%

$$2\,(H_5C_6)_3P \;+\; 2\,H_3C\!-\!CO\!-\!O\!-\!CO\!-\!CH_3$$

$$\overset{2\,HBr}{\underset{-3\,H_3C-COOH}{}}$$

Ein Weg zur Herstellung von α-dialkoxylierten Phosphonium-Salzen besteht in der Umsetzung von tert. Phosphanen mit Orthoameisensäure-triestern und Acetylhalogenid[120]. Letztere Reaktanten bilden in einer vorgelagerten Reaktion unter Austausch einer Alkoxy-Gruppe Dialkoxy-halogen-methane, die mit dem tert. Phosphan unter milden Bedingungen zu den entsprechenden Acetalen der Formylphosphonium-Salze weiterreagieren:

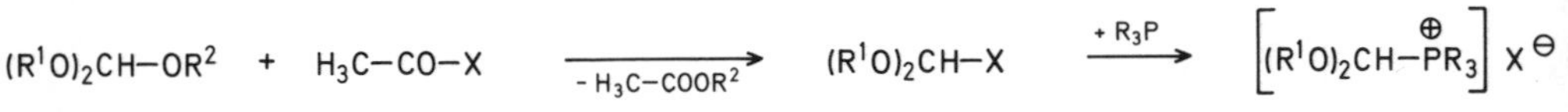

$$(R^1O)_2CH\!-\!OR^2 \;+\; H_3C\!-\!CO\!-\!X \xrightarrow[-\,H_3C-COOR^2]{} (R^1O)_2CH\!-\!X \xrightarrow{+\,R_3P} \left[(R^1O)_2CH\!-\!\overset{\oplus}{P}R_3 \right] X^{\ominus}$$

1.1.3.1.5. mit anderen Alkylierungsmitteln

Quartäre Phosphonium-Salze werden durch Umsetzung von Ethern mit tert. Phosphanen in Gegenwart von Säure erhalten. Beispiele hierfür sind die Bildung von Retinyl-phosphonium-Salzen aus Methyl-retinyl-ether[121] und von Ureidomethyl-phosphonium-Salzen aus N-(1-Alkoxy-alkyl)-harnstoffen[122, 123].

Ein gangbarer Weg zur Gewinnung von Vinyl-phosphonium-Salzen besteht in der Einwirkung von Oxiranen auf tert. Phosphane in Gegenwart von Phenol[124]. Man erhält durch direkte Vinylierung von Triphenylphosphan innerhalb 24 Stdn. bei 100° und Überführung in das entsprechende Halogenid oder Tetraphenylborat die *Triphenyl-vinyl-phosphonium-Salze* in recht guten Ausbeuten:

[117] H. Christol, H.-J. Cristau u. J.-P. Joubert, Bull. Soc. Chim. Fr. 7–8, Pt. 2, 1421 (1974).
[118] H. Christol, H.-J. Cristau u. J.-P. Joubert, Bull. Soc. Chim. Fr. 9–10, Pt. 2, 2263 (1974).
[119] H. Christol, H.-J. Cristau u. J.-P. Joubert, Bull. Soc. Chim. Fr. 12, Pt. 2, 2975 (1974).
[120] B. Costisella u. H. Gross, J. Prakt. Chem. 320, 128 (1978).
[121] US 3347932 (1967/1964), Eastman Kodak Co., Erf.: A. V. Chechak; C. A. 68, 96004 g (1968).
[122] H. Petersen u. W. Reuther, Justus Liebigs Ann. Chem. 766, 58 (1972).
[123] DE 1768461 (1976/1968), BASF AG, Erf.: H. Petersen u. W. Reuther; C. A. 86, 106774 w (1977).
[124] H. Christol, H.-J. Cristau u. M. Soleiman, Tetrahedron Lett. 1976, 3321.

$$(H_5C_6)_3P \quad + \quad \triangle\!\!-\!\!R^1 \xrightarrow[\text{2. + MX}]{\text{1. + H}_5\text{C}_6\text{-OH}} \quad \left[(H_5C_6)_3\overset{\oplus}{P}-CH=CH-R^1\right] X^{\ominus}$$

Eine weitere Möglichkeit zur Alkylierung tert. Phosphane besteht in deren Umsetzung mit Sulfonsäureestern. Durch Erhitzen der Komponenten in einer hochsiedenden Benzin-Fraktion erhält man die entsprechenden Phosphonium-sulfonate nach Umfällen aus Ethanol/Ether in guten Ausbeuten[125].

Mit Toluolsulfonsäure-methylester liefert Triphenylphosphan (6 Stdn./140°) *Methyl-triphenyl-phosphonium-tosylat* in 92%iger Ausbeute. Analog reagiert Diphenyl-tosyloxymethyl-phosphanoxid mit Triphenylphosphan zu *(Diphenylphosphinyl-methyl)-triphenyl-phosphonium-tosylat*[126]:

$$(H_5C_6)_2\overset{O}{\overset{\|}{P}}-CH_2-OTos \; + \; (H_5C_6)_3P \xrightarrow{\Delta} \left[(H_5C_6)_3\overset{\oplus}{P}-CH_2-\overset{O}{\overset{\|}{P}}(C_6H_5)_2\right] Tos-O^{\ominus}$$

Die alkylierende Wirkung von Phosphorsäure-methylestern und mit Einschränkungen -ethylestern auf tert. Phosphane läßt sich zur Herstellung von Phosphonium-dialkyl-phosphaten ausnutzen[127]; z.B.:

$$PO(OCH_3)_3 \; + \; (H_5C_6)_3P \longrightarrow \left[H_3C-\overset{\oplus}{P}(C_6H_5)_3\right] (H_3CO)_2\overset{O}{\overset{\|}{P}}-O^{\ominus}$$

Methyl-triphenyl-phosphonium-dimethylphosphat; 76%

In ähnlicher Weise, allerdings unter langsamer Thiono-Thiolo-Isomerisierung, reagieren Thiophosphorsäure-[128] und Dithiophosphorsäure-S-methylester[129] bereits bei 20° mit Trialkylphosphanen zu Tetraalkylphosphonium-S-methyl- und -S,S-dimethyl-phosphaten.

An Stelle von Phosphorsäureestern können auch Phosphonsäure-methylester oder -ethylester zur Alkylierung von tert. Phosphanen eingesetzt werden. So reagiert Benzolphosphonsäure-dimethylester mit Tris-[hydroxymethyl]-phosphan ohne Zusatz eines Lösungsmittels bei 100° quantitativ zu *Methyl-tris-[hydroxymethyl]-phosphonium-(methyl-benzolphosphonat)*[130].

1.1.3.1.6. mit ungesättigten Kohlenwasserstoffen durch Addition

Die bekannte, in Anwesenheit von Säuren erfolgende Addition aktivierter, α,β-ungesättigter Carbonyl-Verbindungen an tert. Phosphane [s. 4. Aufl., Bd. XII/1, S. 92] kann mit einer Reihe von Arylmethylen-malonsäure-dinitrilen in Chloroform/Salzsäure auch ohne Erhitzen, allerdings sehr langsam, unter gleichzeitiger Hydrolyse einer Nitril-Gruppe ablaufen[131]:

[125] D. Klamann u. P. Weyerstahl, Chem. Ber. **97**, 2534 (1964).

[126] W. Wegener u. P. Scholz, Z. Chem. **12**, 103 (1972).

[127] B.A. Khaskin, N.N. Tuturina u. N.N. Mel'nikov, Zh. Obshch. Khim. **37**, 2757 (1967); engl.: 2623.

[128] N.N. Mel'nikov, B.A. Khaskin u. N.N. Tuturina, Zh. Obshch. Khim. **36**, 645 (1966); engl.: 622.

[129] N.N. Mel'nikov, N.N. Tuturina u. B.A. Khaskin, Zh. Obshch. Khim. **36**, 1082 (1966); engl.: 1097.

[130] DE 1203772 (1965/1964), Farbenfabriken Bayer AG, Erf.: K. Kleine-Weischede; C.A. **64**, 6693 fg (1966).

[131] R.L. Powell u. C.D. Hall, J. Chem. Soc. (C) **1971**, 2336.

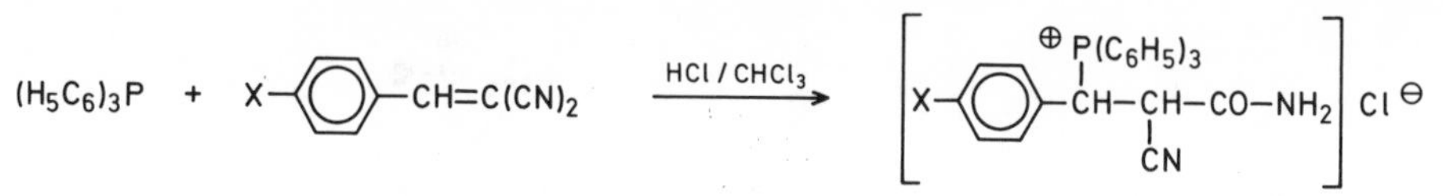

$(2\text{-}Aminocarbonyl\text{-}1\text{-}aryl\text{-}2\text{-}cyan\text{-}ethyl)\text{-}triphenyl\text{-}phosphonium\text{-}chlorid$ (X = H): 82%

Durch elektronenziehende Substituenten in p-Stellung wird die Reaktionsgeschwindigkeit deutlich erhöht.

(2-Aminocarbonyl-2-cyan-1-phenylethyl)-triphenyl-phosphonium-chlorid[131]:

3,1 g (0,02 mol) Benzyliden-malonsäure-dinitril werden zu einer Lösung von 5,24 g (0,02 mol) Triphenylphosphan in 25 ml Chloroform gegeben. Die Suspension wird unter Auflösung des Malonsäure-dinitrils mit 25 ml konz. Salzsäure geschüttelt. Man läßt 14 Tage unter gelegentlichem Schütteln bei 20° reagieren. Der farblose Niederschlag wird abfiltriert, 2mal mit je 10 ml Dichlormethan gewaschen und 3 Stdn. bei 40°/0,5 Torr (0,07 kPa) getrocknet; Ausbeute: 8 g (82%); Schmp.: 129–130°.

Die Umsetzung mit 1,4-Benzochinon verläuft unter P-Arylierung (s. S. 575).

Man kann die Umsetzung von tert. Phosphanen mit α,β-ungesättigten Carbonyl-Verbindungen auch unter milden Bedingungen in aprotischen Lösungsmitteln, die eine Suspension tert. Ammoniumsalze enthalten, durchführen[132]. Diese Arbeitsweise hat den Vorteil, daß unerwünschte Neben- und Zersetzungsreaktionen, die beim Erhitzen in Mineralsäuren oft unvermeidlich sind, zurückgedrängt werden können. Hinzu kommt, daß auch hydrolyseempfindliche Olefine und dreibindige Phosphor-Verbindungen wie Amino- und Halogenphosphane in Heterophosphonium-Salze überführbar sind (s. S. 538). Es wird empfohlen, Reaktionen nach dieser Methode bei Temperaturen von 40–80° durchzuführen und als Lösungsmittel Acetonitril einzusetzen. So erhält man durch Einwirkung von Acrolein auf Triphenylphosphan in Acetonitril und in Anwesenheit einer molaren Menge an N,N-Dimethyl-anilin-Hydrojodid nach 6stdgm. Erwärmen auf 60° *(3-Oxo-propyl)-triphenyl-phosphonium-jodid* in 81%iger Ausbeute:

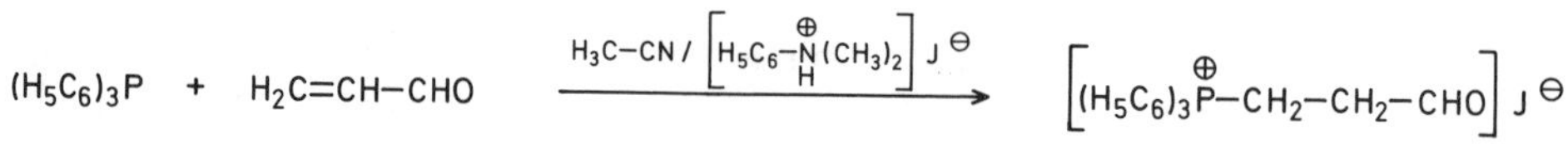

Ähnlich verläuft die Synthese von (3,3-Dialkylthio-allyl)-phosphonium-Salzen, wobei man direkt vom Hydro-triphenyl-phosphonium-tetrafluoroborat ausgeht und dieses mit Keten-dithioacetalen bei 20° in Chloroform umsetzt[133]:

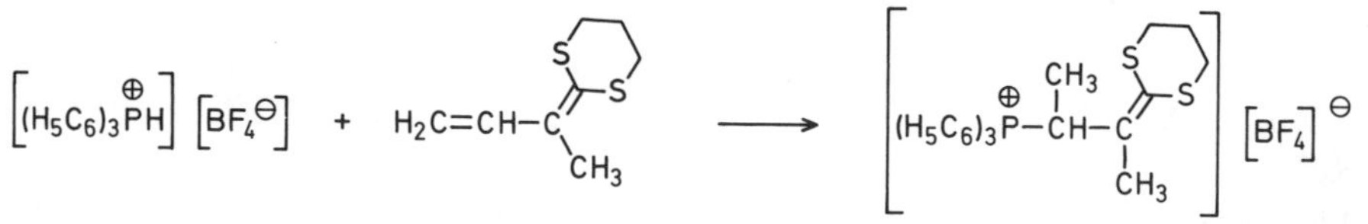

[2-(1,3-Dithian-2-yliden)-1-methyl-propyl]-triphenyl-phosphonium-tetrafluoroborat; 85%

Die Addition von tert. Phosphanen an aktivierte Alkine in 48% Bromwasserstoffsäure führt i.a. zu einem Gemenge der *E*- und *Z*-Vinyl-phosphonium-Salze, die durch fraktionierte Umkristallisation getrennt werden können[134, 135]; z.B.:

[131] *R. L. Powell* u. *C. D. Hall*, J. Chem. Soc. (C) **1971**, 2336.
[132] DD 100960 (1973/1972), *H. Teichmann, W. Thierfelder* u. *W. Kochmann*; C. A. **80**, 83236 g (1974).
[133] *D. A. Clark* u. *P. L. Fuchs*, Synthesis **1977**, 628.
[134] *E. E. Schweizer* u. *A. T. Wehman*, J. Chem. Soc. (C) **1970**, 1901.
[135] *H. Hoffmann* u. *H. J. Diehr*, Chem. Ber. **98**, 363 (1965)

$$(H_5C_6)_3P \quad + \quad H_5C_6-C\equiv C-COOH \quad \xrightarrow{\text{HBr}/\text{H}_2\text{O}}$$

$$\left[\begin{array}{c} C_6H_5 \\ (H_5C_6)_3\overset{\oplus}{P}-\overset{|}{C} \\ \diagdown C-COOH \\ | \\ H \end{array} \right] Br^{\ominus} \quad + \quad \left[\begin{array}{c} C_6H_5 \\ (H_5C_6)_3\overset{\oplus}{P}-\overset{|}{C} \\ \diagdown C-H \\ | \\ COOH \end{array} \right] Br^{\ominus}$$

$$E \qquad\qquad\qquad\qquad\qquad Z$$

(2-Carboxy-1-phenyl-vinyl)-triphenyl-phosphonium-bromid[134]: 26,3 g (0,1 mol) Triphenylphosphan werden in 100 *ml* 48%iger Bromwasserstoffsäure gelöst. Nach Zugabe von 14,6 g (0,1 mol) Phenyl-propinsäure wird die Mischung 3 Stdn. unter Rückfluß erhitzt. Die erkaltete Lösung wird mit Wasser verdünnt, mit Ether gewaschen und mit Dichlormethan extrahiert. Der mit Magnesiumsulfat getrocknete Extrakt wird nach Einengen mit Essigsäure-ethylester versetzt, wobei ein Gemenge der *E*- und *Z*-isomeren Salze ausfällt; Ausbeute: 25 g (51%). Fraktionierte Kristallisation aus Aceton liefert das *E*-Isomere (Schmp.: 227–229°, aus Dichlormethan/Essigsäure-ethylester) und das *Z*-Isomere (Schmp.: 257–260°).

1.1.3.1.7. durch intramolekulare C–P-Verknüpfung

(2-Acetoxy-ethyl)-dialkyl-phosphane gehen nach Durchlaufen einer Induktionsperiode bei Temperaturen oberhalb 80° unter Selbstquaternierung in 1,1,4,4-Tetraalkyl-1,4-diphosphorinandionium-diacetate über[136]:

$$2\ R_2P-CH_2-CH_2-O-CO-CH_3 \quad \longrightarrow \quad \left[\begin{array}{c} R\diagdown \overset{\oplus}{P}\diagup R \\ | | \\ | | \\ R\diagup \underset{P}{}\diagdown R \end{array} \right] 2\ H_3C-COO^{\ominus}$$

Die Diethyl- und Dimethylacetale von Diphenyl-formylmethyl-phosphanen dimerisieren unter Ringschluß in siedendem Eisessig und in Gegenwart von Bromwasserstoff zu 2,5-Dialkoxy-1,4-diphosphorinandionium-dibromiden, ohne daß durch Abspaltung von Alkohol ungesättigte heterocyclische Phosphonium-Salze entstehen[137]:

$$2\ (H_5C_6)_2P-CH_2-CH(OR)_2 \quad \xrightarrow{\text{HBr}/\text{H}_3\text{C}-\text{COOH}} \quad \left[\begin{array}{c} H_5C_6\diagdown \overset{\oplus}{P}\diagup C_6H_5 \\ | OR \\ RO | \\ H_5C_6\diagup \underset{P}{}\diagdown C_6H_5 \end{array} \right] 2\ Br^{\ominus}$$

Bei der Einwirkung von Halogenwasserstoff auf 1-Alkinyl-phosphane in Eisessig erfolgt in vielen Fällen bereits bei 20° Dimerisierung zu 1,4-Dihydro-1,4-diphosphorindionium-Salzen[138–141]. Gegebenenfalls gebildete (2-Brom-vinyl)-hydro-phosphonium-halogenide gehen beim Erhitzen in die entsprechenden heterocyclischen Phosphonium-Salze über[139, 140]:

---

[134] *E. E. Schweizer* u. *A. T. Wehman*, J. Chem. Soc. (C) **1970**, 1901.

[136] *M. M. Rauhut, G. B. Borowitz* u. *H. C. Gillham*, J. Org. Chem. **28**, 2565 (1963).

[137] *K. C. Hansen, C. H. Wright, A. M. Aguiar, C. J. Morrow, R. M. Turkel* u. *N. S. Bhacca*, J. Org. Chem. **35**, 2820 (1970).

[138] *J. C. Williams*, jr., *W. D. Hounshell* u. *A. M. Aguiar*, Phosphorus **6**, 169 (1976).

[139] *A. M. Aguiar, J. R. S. Irelan, G. W. Prejean, J. P. John* u. *C. J. Morrow*, J. Org. Chem. **34**, 2681 (1969).

[140] *M. S. Chattha* u. *A. M. Aguiar*, J. Org. Chem. **38**, 1611 (1973).

[141] *A. M. Aguiar, G. W. Prejean, J. R. S. Irelan* u. *C. J. Morrow*, J. Org. Chem. **34**, 4024 (1969).

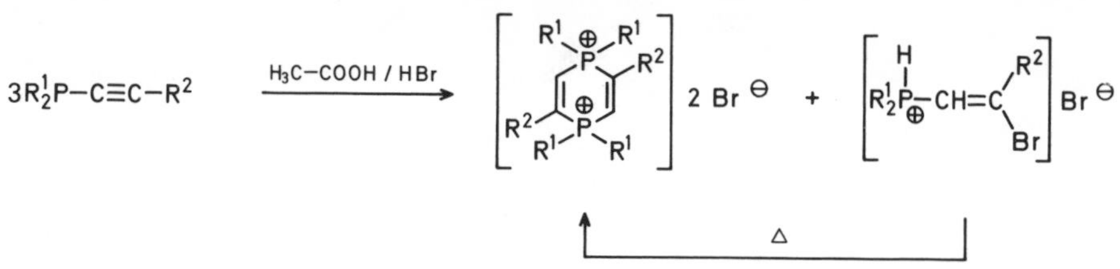

$$3R_2^1P-C\equiv C-R^2 \xrightarrow{H_3C-COOH/HBr} \left[\begin{array}{c} R^1 \overset{\oplus}{P} R^1 \\ R^2 \\ R^2 \\ R^1 \overset{\oplus}{P} R^1 \end{array}\right] 2\,Br^{\ominus} + \left[\begin{array}{c} H \\ R_2^1\overset{|}{\underset{\oplus}{P}}-CH=C \overset{R^2}{\underset{Br}{}} \end{array}\right] Br^{\ominus}$$

Die an den Phosphor-Atomen phenylierten *endo*-cyclischen Produkte gehen beim Erhitzen in Eisessig unter Isomerisierung in die *exo*-cyclischen 2,5-Bis-[alkyliden]-1,4-diphosphorinandionium-dihalogenide über[140, 141]:

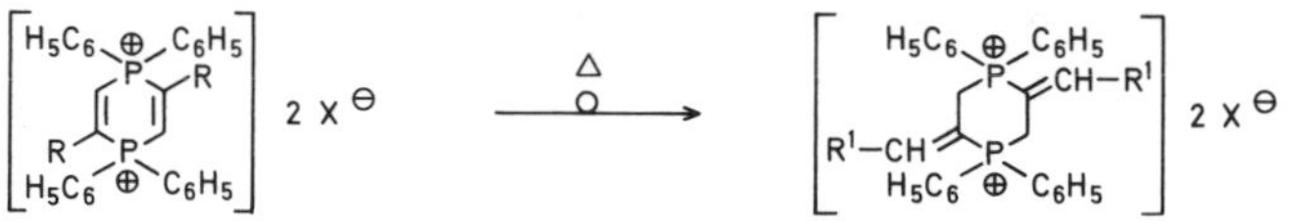

$$\left[\begin{array}{c} H_5C_6 \overset{\oplus}{P} C_6H_5 \\ R \\ R \\ H_5C_6 \overset{\oplus}{P} C_6H_5 \end{array}\right] 2\,X^{\ominus} \xrightarrow[\Omega]{\Delta} \left[\begin{array}{c} H_5C_6 \overset{\oplus}{P} C_6H_5 \\ CH-R^1 \\ R^1-CH \\ H_5C_6 \overset{\oplus}{P} C_6H_5 \end{array}\right] 2\,X^{\ominus}$$

1.1.3.2. durch Arylierung

1.1.3.2.1. mit Aromaten durch elektrochemische Synthese

Die Arylierung von tert. Phosphanen kann in einigen Fällen durch elektrochemische Oxidation an Platin-Elektroden in Anwesenheit von Aromaten bzw. Heteroaromaten erreicht werden[142, 143, 143a]. Als Lösungsmittel eignet sich Acetonitril, wobei als Leitsalze Natriumperchlorat oder -tetrafluoroborat verwendet werden. Die elektrochemische Oxidation an der Anode läßt sich durch folgende Reaktionsschritte beschreiben:

$$R_3P \rightleftharpoons R_3P \cdot^{\oplus} + e$$

$$R_3P \cdot^{\oplus} + Ar-H \xrightarrow{R_3P} R_3\dot{P}-Ar + R_3\overset{\oplus}{P}H$$

$$R_3\dot{P}-Ar \longrightarrow R_3\overset{\oplus}{P}-Ar + e$$

$$2R_3P + ArH \longrightarrow R_3\overset{\oplus}{P}-Ar + R_3\overset{\oplus}{P}H + 2e$$

$R = C_6H_5, C_4H_9$
$Ar = C_6H_5$, Naphthyl, Furyl, Thienyl

Wirkt man der im Verlauf der Elektrolyse ansteigenden Acidität der Reaktionslösung durch Zusatz von Stickstoffbasen wie Pyridin entgegen, so kann man Ausbeuten von 60–70% erzielen[143].

1.1.3.2.2. mit Arylhalogeniden

1.1.3.2.2.1. ohne Zusatz von Hilfsstoffen

Unter drastischen Bedingungen können tert. Phosphane in zahlreichen Fällen direkt durch Umsetzung mit den entsprechenden Arylhalogeniden unter Substitution des Halogen-Atoms in Aryl-phosphonium-Salze umgewandelt werden [vgl. 4. Aufl., Bd. XII/1, S. 93]

[140] *M. S. Chattha* u. *A. M. Aguiar*, J. Org. Chem. **38**, 1611 (1973).

[141] *A. M. Aguiar, G. W. Prejean, J. R. S. Irelan* u. *C. J. Morrow*, J. Org. Chem. **34**, 4024 (1969).

[142] *Y. M. Kargin, E. V. Nikitin* u. *O. V. Parakin*, Phosphorus Sulfur **8**, 55 (1980).

[143] *Y. M. Kargin, E. V., Nikitin, O. V. Parakin, G. V. Romanov* u. *A. N. Pudovik*, Dokl. Akad. Nauk SSSR **241**, 131 (1978); eng.: 584.

[143a] *Y. M. Kargin, E. V. Nikitin, G. V. Romanov, O. V. Parakin, B. S. Mironov* u. *A. N. Pudovik*, Dokl. Akad. Nauk SSSR **226**, 1101 (1976); eng.: 140.

(s. Tab. 47, S. 519). So reagiert 4-Brom-acetophenon mit Triphenylphosphan bei 275–290° in 1–2 Stdn. ohne Zusatz hochsiedender Lösungsmittel hauptsächlich zu *(4-Acetyl-phenyl)-triphenyl-phosphonium-bromid*[144]. Das isomere [*4-(1-Hydroxy-vi-nyl)-phenyl*]-*triphenyl-phosphonium-bromid* entsteht bevorzugt in einem noch höheren Temperaturbereich (300–315°):

$$(H_5C_6)_3P \quad + \quad Br\!\!-\!\!\langle\ \rangle\!\!-\!\!CO\!-\!CH_3 \quad \longrightarrow$$

275–290° → $\left[(H_5C_6)_3\overset{\oplus}{P}\!\!-\!\!\langle\ \rangle\!\!-\!\!CO\!-\!CH_3\right] Br^{\ominus}$

300–315° → $\left[(H_5C_6)_3\overset{\oplus}{P}\!\!-\!\!\langle\ \rangle\!\!-\!\!\underset{}{\overset{OH}{C}}\!\!=\!\!CH_2\right] Br^{\ominus}$

Die Umsetzungen, die die betreffenden Phosphonium-Salze in mittleren Ausbeuten neben vergleichbaren Mengen Triphenylphosphanoxid liefern, werden in geschlossenen Ampullen durchgeführt. Auch Bis-phosphonium-Salze, z. B. [*2-Oxo-2-(4-triphenylphos-phoniono-phenyl)-ethyl*]- bzw. *(4-Triphenylphosphonio-benzyl)-triphenyl-phosphonium-dibromid*, lassen sich z. B. durch Einwirkung von Triphenylphosphan auf 4,ω-Dibrom-acetophenon[144] bzw. 4-Brom-benzylbromid[145] auf diese Weise in einigen Fällen herstellen. Dieses Verfahren läßt sich auch auf die Herstellung von Tetraaryl-phosphonium-Salzen mit Heteroatomen in einem aromatischen Ring ausdehnen. 2-Acetyl-5-brom-thiophen bildet mit Triphenylphosphan bei 200° relativ schnell (40 Min.) *(5-Acetyl-2-thienyl)-triphenyl-phosphonium-bromid* mit mittlerer Ausbeute, wobei wieder durch Reaktion mit dem Carbonyl-Sauerstoffatom beträchtliche Mengen an Triphenyl-phosphanoxid entstehen[146].

$$(H_5C_6)_3P \quad + \quad Br\!\!-\!\!\langle_S\rangle\!\!-\!\!CO\!-\!CH_3 \quad \longrightarrow \quad \left[(H_5C_6)_3\overset{\oplus}{P}\!\!-\!\!\langle_S\rangle\!\!-\!\!CO\!-\!CH_3\right] Br^{\ominus}$$

Das entsprechende *2-Furyl-triphenyl-phosphonium-bromid* kann man analog durch Erhitzen von 5-Brom-2-carboxy-furan und Triphenylphosphan auf 280° unter gleichzeitiger Decarboxylierung herstellen[147].

In speziellen Fällen ist auch die zweifache Substitution aromatisch gebundener Halogen-Atome möglich. 1,4-Dijod-benzol, 2,5-Dijod-thiophen und -furan gehen mit Triphenyl-phosphan bei 280–290° in die entsprechenden Bis-triphenylphosphonium-dijodide über, die nach Extraktion der Reaktionsmasse mit Chloroform und Fällen mit Ether in 40–60%iger Ausbeute erhältlich sind[147]:

$$2\ (H_5C_6)_3P \quad + \quad J\!\!-\!\!\langle\ \rangle\!\!-\!\!J \quad \xrightarrow{290°,\ 2\ Stdn.} \quad \left[(H_5C_6)_3\overset{\oplus}{P}\!\!-\!\!\langle\ \rangle\!\!-\!\!\overset{\oplus}{P}(C_6H_5)_3\right] 2\ J^{\ominus}$$

1,4-Bis-[triphenylphosphoniono]-benzol-dijodid; 50%; Schmp.: 135°

[144] *M. I. Shevchuk, I. V. Megera* u. *O. M. Bukachuk*, Zh. Obshch. Khim. **49**, 1225 (1979); engl.: 1074.
[145] *O. M. Bukachuk, I. V. Megera* u. *M. I. Shevchuk*, Zh. Obshch. Khim. **48**, 2660 (1978); engl.: 2412.
[146] *O. M. Bukachuk, I. V. Megera, M. J. Porushnik* u. *M. I. Shevchuk*, Zh. Obshch. Khim. **49**, 1552 (1979); engl.: 1353.
[147] *O. M. Bukachuk, I. V. Megera* u. *M. I. Shevchuk*, Zh. Obshch. Khim. **50**, 1730 (1980); engl.: 1404.

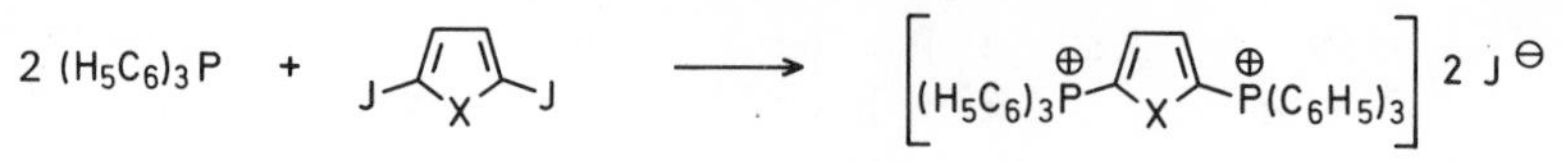

$$2 (H_5C_6)_3P \quad + \quad J\text{—}\langle X \rangle\text{—}J \quad \longrightarrow \quad \left[(H_5C_6)_3\overset{\oplus}{P}\text{—}\langle X \rangle\text{—}\overset{\oplus}{P}(C_6H_5)_3 \right] 2 J^{\ominus}$$

2,5-Bis-[triphenylphosphoniono]-...-dijodid

X = O (260–270°, 2 Stdn.); ...-*furan*...; 50%; Schmp.: 198–200°

X = S (280°, 4 Stdn.); ...-*thiophen*...; 60%; Schmp.: 190–192°

Arylhalogenide mit besonders locker gebundenen Halogen-Atomen wie 4-Chlor-1,3-di-nitro-benzol reagiéren mit genügend nukleophilen tert. Phosphanen bereits bei 20° in Lösung über farbige Zwischenstufen zu den betreffenden Tetraaryl-phosphonium-Salzen[150, 151].

1.1.3.2.2.2. in Gegenwart von Übergangsmetallhalogeniden

(Komplexsalz-Methode[152])

Tert. Phosphane reagieren mit Hilfe von Übergangsmetall-Salzen, vor allem Nickel(II)-chlorid und -bromid, bei erhöhter Temperatur mit Arylhalogeniden zu den entsprechenden Aryl-phosphonium-Salzen [vgl. 4. Aufl., Bd. XII/1, S. 94][152]. Diese präparativ sehr bedeutende Methode zur Einführung von Aryl-Resten liefert i. a. hohe Ausbeuten und hat einen weiten Anwendungsbereich (s. Tab. 48, S. 521). Die Umsetzung kann entweder durch Erhitzen der Reaktanten in einer Druckflasche ohne Zusatz eines Lösungsmittels oder in siedendem Benzonitril erfolgen. Tert. Phosphan und Metallsalz werden im Molverhältnis 2:1 eingesetzt. Die über verschiedene, isolierbare Zwischenstufen verlaufende Quartärisierungsreaktion kann folgendermaßen dargestellt werden[152]:

$$2R_3P \quad + \quad MeX_2 \quad \xrightarrow{\quad 80° \quad} \quad (R_3P)_2MeX_2 \quad \xrightarrow{\quad +ArX;\ 120° \quad}$$

$$[R_3\overset{\oplus}{P}\text{—}Ar]\,[(R_3P)MeX_3]^{\ominus} \quad \xrightarrow{\quad +ArX;\ 180° \quad} \quad [R_3\overset{\oplus}{P}\text{—}Ar]_2[MeX_4]^{2\ominus}$$

$$2R_3P \quad + \quad MeX_2 \quad + \quad 2ArX \quad \longrightarrow \quad [R_3\overset{\oplus}{P}\text{—}Ar]_2\,[MeX_4]^{2\ominus}$$

Für die Komplexsalz-Methode geeignete Metallsalze sind außer den Nickel(II)-halogeniden auch Kobalt-, Zink- und Kupfer(II)-chlorid. Um optimale Ausbeuten zu erreichen, müssen Reaktionstemperaturen um 200° angewendet werden. Arylbromide reagieren i. a. leichter als Arylchloride, während mit Fluorbenzol auch unter noch energischeren Bedingungen keine Phosphonium-fluoride erhältlich sind.

Aryl-phosphonium-Salze; allgemeine Arbeitsvorschriften nach der Komplexsalz-Methode[152, 153]:

ⓐ In der Druckflasche: Ein Gemenge von 0,1 mol tert. Phosphan, 0,055 mol feingepulvertem, gut getrocknetem Nickel(II)- oder Kobalt(II)-halogenid und 0,4 mol Arylhalogenid wird 12 Stdn. in einer Druckflasche auf 180–200° erhitzt. Nach Lösen der erkalteten Schmelze in 300 *ml* heißem Wasser (ungelöste Anteile können in Chloroform aufgenommen werden) wird mehrmals mit Ether extrahiert, um unumgesetztes Phosphan und Arylhalogenid zu entfernen. Dann wird das Phosphonium-Salz mit Chloroform ausgeschüttelt und die organ. Phase abgetrennt. Zur Abtrennung von restlichem Metallsalz wird die organ. Phase mehrmals mit Wasser gewaschen. Möglicherweise gebildete farbige Nebenprodukte, die z. B. in Phosphonium-Verbindungen mit 4-Dimethylami-no-Gruppen enthalten sind, können dadurch entfernt werden, daß man die Chloroform-Lösung über eine Aluminiumoxid-Säule (Akt. I-Neutral) schickt[153]. Das Phosphonium-Salz läßt sich durch Eintropfen der mäßig konz. Chloroform-Lösung in überschüssigen Ether langsam ausfällen. Dabei ist darauf zu achten, daß schon ausgefallenes Salz nicht zusammenklumpt. Nach intensivem Rühren und Reiben an der Gefäßwand entsteht ein fein-flockiger bis kristalliner, farbloser Niederschlag, der i. a. aus Wasser umkristallisiert werden kann.

[150] B. V. Timokhin, L. V. Mironova u. V. I. Glukhikh, Zh. Obshch. Khim. **45**, 2555 (1975); engl.: 2508.
[151] K. B. Mallion u. F. G. Mann, J. Chem. Soc., Suppl. **1964**, 5716.
[152] L. Horner, G. Mummenthey, H. Moser u. P. Beck, Chem. Ber. **99**, 2782 (1966).
[153] L. Horner u. U.-M. Duda, Phosphorus **5**, 109 (1975).

Tab. 47: Tetraaryl-phosphonium-Salze durch Arylierung von tert. Phosphanen ohne Zusatz von Hilfsstoffen

Arylhalogenid	Reaktions-temp. [°C]	Zeit [Stdn.]	Phosphonium-Salz	Ausbeute [%]	Schmp. [°C]	Literatur
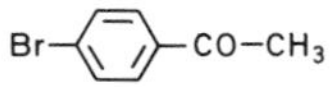 Br-⟨⟩-CO-CH₃	275–290	1,5	(4-Acetyl-phenyl)-triphenyl-phosphonium-bromid	52	137–140	144
	300–315	1,5	[4-(1-Hydroxy-vinyl)-phenyl]-triphenyl-phosphonium-bromid	41	210–216	144
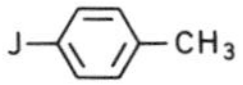 J-⟨⟩-CH₃	270	3,5	(4-Methyl-phenyl)-triphenyl-phosphonium-jodid	42	204–207	145
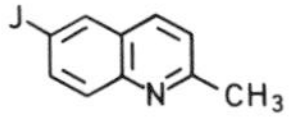 (chinolin) J-...-CH₃	230–240	1,5	(2-Methyl-chinolin-6-yl)-triphenyl-phosphonium-jodid	47	102–103	148
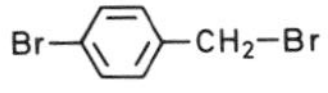 Br-⟨⟩-CH₂-Br	270	6	Triphenyl-(4-triphenylphosphoniono-benzyl)-phosphonium-dibromid	51	235–240	145
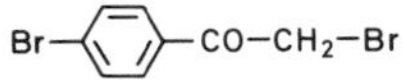 Br-⟨⟩-CO-CH₂-Br	325–340	3	[2-Oxo-2-(4-triphenylphosphoniono-phenyl)-ethyl]-triphenyl-phosphonium-dibromid	62	230–234	144
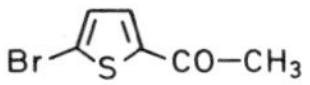 Br-⟨S⟩-CO-CH₃	200	0,7	(5-Acetyl-2-thienyl)-triphenylphosphonium-bromid	44	171	146
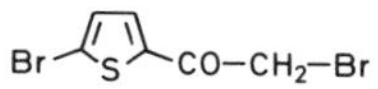 Br-⟨S⟩-CO-CH₂-Br	200	0,7	Triphenyl-[5-(triphenylphosphoniono-acetyl)-2-thienyl]-phosphonium-dibromid	56	136–138	146
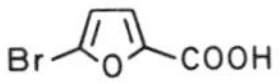 Br-⟨O⟩-COOH	280	4	2-Furyl-triphenyl-phosphonium-bromid	40	137–140	147
 Br-⟨⟩-Br	190–210	185	1,4-Bis-[triphenylphosphoniono]-benzol-dibromid	50	>330	149

144 *M.I. Shevchuk, I.V. Megera u. O.M. Bukachuk*, Zh. Obshch. Khim. **49**, 1225 (1979); engl.: 1074.
145 *O.M. Bukachuk, I.V. Megera u. M.I. Shevchuk*, Zh. Obshch. Khim. **48**, 2660 (1978); engl.: 2412.
146 *O.M. Bukachuk, I.V. Megera, M.I. Porushnik u. M.I. Shevchuk*, Zh. Obshch. Khim. **49**, 1552 (1979); engl.: 1353.
147 *O.M. Bukachuk, I.V. Megera u. M.I. Shevchuk*, Zh. Obshch. Khim. **50**, 1730 (1980); engl.: 1404.
148 *M.I. Shevchuk, I.N. Cherryuk, E.M. Volynskaya, V.V. Shelest u. P.I. Yagodinets*, Zh. Obshch. Khim. **50**, 1978 (1980); engl.: 1595.
149 *R.D. Rieke u. C.K. White*, J. Org. Chem. **42**, 3759 (1977).

Zur Überführung in die Perchlorate oder Tetraphenylborate wird zu den Lösungen der Phosphonium-bromide in Ethanol bzw. Methanol unter Rühren die äquivalente Menge an 70%iger wäßr. Perchlorsäure bzw. einer Lösung von Kalignost in Methanol zugetropft[153]. Die erhaltenen Salze können aus Acetonitril/Wasser umkristallisiert werden.

ⓑ in Benzonitril: In einem mit einer Destillationsbrücke versehenen Kolben werden 0,2 mol tert. Phosphan, 0,22 mol Arylhalogenid und 0,11 mol Nickel(II)-bromid-Hexakis-hydrat in 20–25 ml Benzonitril unter Rühren langsam zum Sieden erhitzt (~ 220°), wobei ein Benzonitril/Wasser-Azeotrop abdestilliert wird. Nach 3–4 Stdn. werden Lösungsmittel und unumgesetztes Arylhalogenid mit Wasserdampf übergetrieben. Aus dem Rückstand kann das Phosphonium-Salz mit Chloroform extrahiert und nach Methode ⓐ aufgearbeitet werden.

Beide Verfahrensvarianten liefern in etwa gleich hohe Ausbeuten. Die Komplexsalz-Methode bietet auch die Möglichkeit, aromatische Liganden mit Heteroatomen in tert. Phosphane mit mittleren bis guten Ausbeuten einzuführen[154]. Trotz der relativ hohen Reaktionstemperaturen verläuft die Arylierung nach diesem Verfahren unter dem Einfluß des Nickel(II)-bromids in hohem Maße unter Erhaltung der Konfiguration[155, 156]. Z.B. erhält man auf diesem Wege durch Einwirkung von Brombenzol auf (–)-Benzyl-methyl-propyl-phosphan das (+)-S-*Benzyl-methyl-phenyl-propyl-phosphonium-bromid*:

$$
\begin{array}{c}
H_7C_3 \\
H_3C-P \\
H_5C_6-CH_2
\end{array}
\quad \xrightarrow{C_6H_5Br\,/\,NiBr_2\,/\,200°} \quad
\left[
\begin{array}{c}
H_7C_3 \\
H_3C-\overset{\oplus}{P}-C_6H_5 \\
H_5C_6-CH_2
\end{array}
\right] Br^{\ominus}
$$

1.1.3.2.2.3. in Gegenwart von Grignard-Verbindungen und Kobalt(II)-chlorid (Kobaltsalz-Methode[157])

Tert. Phosphane können in Gegenwart geringer Mengen Kobalt(II)-chlorid und mindestens stöchiometrischer Mengen einer Grignard-Verbindung mit Arylhalogeniden zu Aryl-phosphonium-Salzen umgesetzt werden [s. 4. Aufl., Bd. XII/1, S. 94][157].
Brom- und Jodbenzol reagieren wesentlich leichter als Chlorbenzol. Die Ausbeute ist u.a. auch von der Kobaltsalz-Menge und dessen Löslichkeit abhängig und geht z.B. bei der Umsetzung von je einem Moläquivalent Triphenylphosphan und Grignard-Verbindung sowie zwei Moläquivalenten Brombenzol bei 0,05 Moläquivalenten Kobalt(II)-chlorid durch ein Maximum. Als besonders geeignetes Lösungsmittel wird Diethylether empfohlen.

Aryl-phosphonium-Salze; allgemeine Arbeitsvorschrift nach der Kobaltsalz-Methode[157]**:** In einem 250-ml-Dreihalskolben mit KPG-Rührer, Tropftrichter mit Druckausgleich und Rückflußkühler, der zum Abschließen der Apparatur mit einer Schwefelsäure-Waschflasche verbunden wird, werden 50 mmol Arylhalogenid und 25 mmol tert. Phosphan, gelöst in 40 ml Diethylether, eingefüllt. Die Umsetzung wird unter Rein-Stickstoff, der mit Schwefelsäure und Phosphor(V)-oxid getrocknet wird, durchgeführt. Nach Suspendieren von 1,25 mmol wasserfreiem Kobalt(II)-chlorid, das aus dem wasserhaltigen Salz durch Entwässern im Vakuumtrockenschrank bei 150°/15 Torr (2,0 kPa) hergestellt wurde, tropft man 50 mmol einer ether. Ethyl-magnesiumbromid-Lösung zu. Man rührt 30 Min. bei 20° und erhitzt 3 Stdn. zum Sieden. Danach werden 30–40 ml 2n Salzsäure zugesetzt. Nach dem Filtrieren wird der meist geringe Rückstand mit heißem Wasser extrahiert. Im Filtrat trennt man die wäßr. Phase ab und fällt das gebildete Phosphonium-Salz durch Zugabe von Natriumjodid aus. Es kann aus Ethanol/Wasser oder Wasser umkristallisiert werden.

Ähnlich wie die Komplexsalz-Methode kann auch die Kobaltsalz-Methode zur Herstellung optisch aktiver Phosphonium-Salze dienen[163].

---

[153] L. *Horner* u. U.-M. *Duda*, Phosphorus **5**, 109 (1975).
[154] L. *Horner* u. J. *Röder*, Phosphorus **6**, 147 (1976).
[155] L. *Horner*, R. *Luckenbach* u. W.D. *Balzer*, Tetrahedron Lett. **1968**, 3157.
[156] R. *Luckenbach*, Phosphorus **1**, 77 (1971).
[157] L. *Horner* u. H. *Moser*, Chem. Ber. **99**, 2789 (1966).
[163] R. *Luckenbach*, Tetrahedron Lett. **1975**, 1673.

Tab. 48: Tetraaryl-phosphonium-Salze aus tert. Phosphanen und Arylhalogeniden nach der Komplexsalz-Methode

Phosphan	Arylhalogenid	Metall-Salz	Reaktions-temperatur [°C]	Phosphonium-Salz	Ausbeute [%]	Schmp. [°C]	Literatur
$(H_5C_6)_3P$	H_5C_6-Cl	$NiCl_2$ $CoCl_2$ $ZnCl_2$	200 200 200	Tetraphenyl-phosphonium-chlorid	98 80 81	265–267	158
	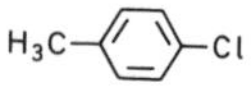 $H_3C-C_6H_4-Cl$	$NiCl_2$	230	(4-Methyl-phenyl)-triphenyl-phosphonium-chlorid	96	194	158
	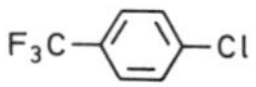 $F_3C-C_6H_4-Cl$	$NiCl_2$	230	(4-Trifluormethyl-phenyl)-triphenyl-phosphonium-chlorid	65	218–220	158
	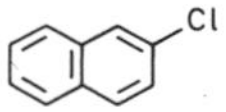 Naphthyl-Cl	$NiCl_2$	240	2-Naphthyl-triphenyl-phosphonium-chlorid	74	280	158
	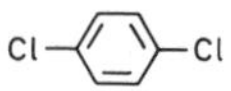 $Cl-C_6H_4-Cl$	$NiCl_2$	230	1,4-Bis-[triphenylphosphoniono]-benzol-dichlorid	72	272–274	158
	H_5C_6-Br	$NiBr_2$	180	Tetraphenyl-phosphonium-bromid	98	287	158
	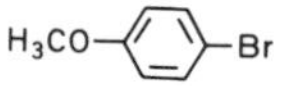 $H_3CO-C_6H_4-Br$	$NiBr_2$	–	(4-Methoxy-phenyl)-triphenyl-phosphonium-bromid	33	214	160
	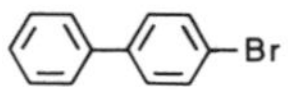 Biphenyl-Br	$NiBr_2$	250	4-Biphenylyl-triphenyl-phosphonium-bromid	89	255	158
	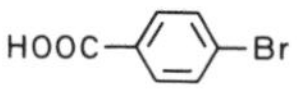 $HOOC-C_6H_4-Br$	$NiCl_2$	180	(4-Carboxy-phenyl)-triphenyl-phosphonium-bromid	50	184–186	161
	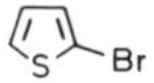 Thienyl-Br	$NiBr_2$	–	2-Thienyl-triphenyl-phosphonium-bromid	52	272	162
	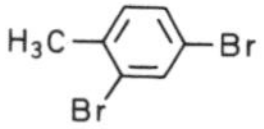 H_3C-Benzol-Br,Br	$NiBr_2$	200	2,4-Bis-[triphenylphosphoniono]-1-methyl-benzol-dibromid	86	289–292	158

[158] L. Horner, G. Mummenthey, H. Moser u. P. Beck, Chem. Ber. **99**, 2782 (1966).
[160] L. Horner u. U.-M. Duda, Phosphorus **5**, 109 (1975).
[161] O. M. Bukachuk, I. V. Megera u. M. I. Shevchuk, Zh. Obshch. Khim. **50**, 1730 (1980); engl.: 1404.
[162] L. Horner u. J. Röder, Phosphorus **6**, 147 (1976).

Tab. 48: (Fortsetzung)

Phosphan	Arylhalogenid	Metall-Salz	Reaktions-temperatur [°C]	Phosphonium-Salz	Ausbeute [%]	Schmp. [°C]	Literatur
$(H_5C_6)_3P$	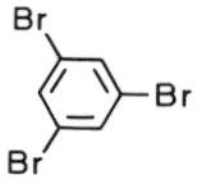 [structure: benzene with Br substituents]	$NiBr_2$	200	1,3,5-Tris-[triphenylphosphoniono]-benzol-tribromid	90	295–297	[158]
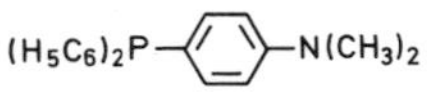 $(H_5C_6)_2P$—C$_6$H$_4$—$N(CH_3)_2$	H_5C_6—Br	$NiBr_2$	–	(4-Dimethylamino-phenyl)-triphenyl-phosphonium-bromid	98	287	[160]
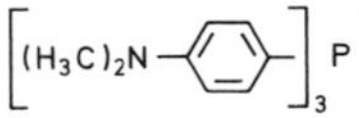 $[(H_3C)_2N$—C$_6$H$_4]_3$P	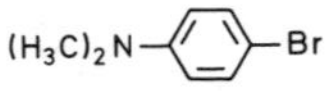 $(H_3C)_2N$—C$_6$H$_4$—Br	$NiBr_2$	–	Tetrakis-[4-dimethylamino-phenyl]-phosphonium-bromid	63	317	[160]
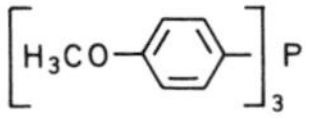 $[H_3CO$—C$_6$H$_4]_3$P	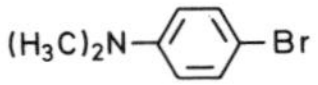 $(H_3C)_2N$—C$_6$H$_4$—Br	$NiBr_2$	–	(4-Dimethylamino-phenyl)-tris-[4-methoxy-phenyl]-phosphonium-bromid	13	255	[160]
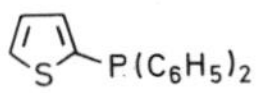 [thienyl]—$P(C_6H_5)_2$	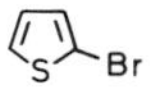 [thienyl]—Br	$NiBr_2$	–	Diphenyl-(di-2-thienyl)-phospho-nium-bromid	77	259–260	[162]
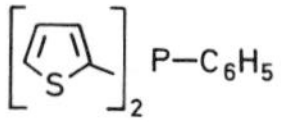 [thienyl]$_2$—P—C$_6$H$_5$	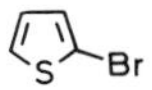 [thienyl]—Br	$NiBr_2$	–	Phenyl-(tri-2-thienyl)-phosphonium-bromid	40	253–254	[162]

[158] L. Horner, G. Mummenthey, H. Moser u. P. Beck, Chem. Ber. **99**, 2782 (1966).

[160] L. Horner u. U.-M. Duda, Phosphorus **5**, 109 (1975).
[162] L. Horner u. J. Röder, Phosphorus **6**, 147 (1976).

1.1.3.2.2.4. in Gegenwart von Arylphosphan-nickel-Komplexen

Eine gute Methode zur Herstellung von Arylphosphonium-Salzen besteht in der Umsetzung von Arylhalogeniden mit Triphenylphosphan in siedendem Ethanol unter Zusatz geringer Mengen an Tris-[triphenylphosphan]-nickel[164].

$$(H_5C_6)_3P \quad + \quad ArX \quad \xrightarrow{Ni[P(C_6H_5)_3]_3/C_2H_5-OH} \quad [Ar-\overset{\oplus}{P}(C_6H_5)_3]X^{\ominus}$$

Der Ablauf der Arylierung ist aus dem folgenden Schema erkennbar:

$$ArX \quad + \quad Ni[P(C_6H_5)_3]_3 \quad \longrightarrow \quad \underset{\underset{P(C_6H_5)_3}{|}}{\overset{\overset{P(C_6H_5)_3}{|}}{Ar-Ni-X}} \quad + \quad (H_5C_6)_3P$$

$$\underset{\underset{P(C_6H_5)_3}{|}}{\overset{\overset{P(C_6H_5)_3}{|}}{Ar-Ni-X}} \quad + \quad 2\,(H_5C_6)_3P \quad \longrightarrow \quad \left[Ar-\overset{\oplus}{P}(C_6H_5)_3\right]X^{\ominus} \quad + \quad Ni[P(C_6H_5)_3]_3$$

Anstelle von Tris-[triphenylphosphan]-nickel können auch *trans*-Aryl-bis-[triphenyl-phosphan]-chlor-nickel(I)-Komplexe eingesetzt werden. Elektronische und sterische Effekte spielen bei dieser Methode eine wichtige Rolle. Sie ist allgemein mit hohen Ausbeuten bei m- und p-substituierten Arylhalogeniden anwendbar. Elektronenliefernde Substituenten am aromatischen Ring erleichtern die Phosphoniumsalz-Bildung. 4-Amino- und 4-Dimethylamino-brombenzol reagieren z.B. bereits bei 20°. Elektronenziehende Gruppen in m- und p-Stellung wirken dagegen reaktionshemmend, wobei die entsprechenden Phosphonium-Salze nur in geringen Ausbeuten anfallen. Mit o-substituierten Arylhalogeniden sind in jedem Fall nur geringe Ausbeuten zu erzielen.

(4-Amino-phenyl)-triphenyl-phosphonium-bromid[164]: 0,296 g (0,35 mmol) Tris-[triphenylphosphan]-nickel, 0,914 g (3,5 mmol) Triphenylphosphan, 0,700 g (3,5 mmol) 4-Dimethylamino-1-brom-benzol und 35 *ml* Ethanol werden in einen mit Stickstoff gespülten 100-*ml*-Rundkolben gegeben. Die Mischung wird 24 Stdn. unter Rühren und unter Rückfluß erhitzt. Das Lösungsmittel wird dann i. Vak. abgezogen und der Rückstand in Ether suspendiert; Ausbeute: 1,4 g (86%).
Das Rohprodukt kann aus Chloroform/Ether umkristallisiert werden; Schmp.: 278–281° (Verbindung enthält ¹/₂ mol Chloroform je Mol Phosphonium-Salz).

1.1.3.2.2.5. Einwirkung energiereicher Strahlung

Durch Einwirkung von γ-Strahlung (Strahlenquelle Co-60) wird Triphenylphosphan bei der Umsetzung mit Arylhalogeniden, die gleichzeitig als Lösungsmittel dienen können, in Tetraaryl-phosphonium-Salze umgewandelt[165–167]. Zusätze von Benzol, Cyclohexan oder Cyclohexen erhöhen den Umsatz durch Energieabsorption und -übertragung auf das Reaktionsgemisch[167]. Weiter ist eine Ausbeutesteigerung durch Erhöhung der Dosisleistung möglich.
Aryljodide setzen sich bereits unter der Einwirkung von UV-Strahlung (Quecksilberdampflampe) mit Triphenylphosphan zu Tetraaryl-phosphonium-Salzen um[168]. Die Ausbeuten sind allerdings i. a. auch bei langen Bestrahlungszeiten gering.

---

[164] *L. Cassar* u. *M. Foà*, J. Organomet. Chem. **74**, 75 (1974).
[165] *H. Drawe* u. *G. Caspari*, Angew. Chem. **78**, 331 (1966).
[166] *H. Drawe*, Chem.-Ztg. **102**, 213 (1978).
[167] *G. Caspari* u. *H. Drawe*, Z. Naturforsch. **22b**, 574 (1967).
[168] *J. B. Plumb* u. *C. E. Griffin*, J. Org. Chem. **27**, 4711 (1962).

1.1.3.2.3. mit Diaryl-jodonium-Salzen

Die Einführung von Aryl-Resten in tert. Phosphane durch Einwirkung von Diaryl-jodonium-Salzen [s. 4. Aufl., Bd. XII/1, S. 96] ist außer auf thermischem Wege auch durch Bestrahlung mit einer Quecksilberdampflampe möglich[169, 170]. Als Lösungsmittel eignet sich besonders Aceton. Die Umsetzungen verlaufen i.a. mit mittleren Ausbeuten. Die Reaktion zwischen Diphenyl-jodonium-tetrafluoroborat und Triphenylphosphan zum *Tetraphenyl-phosphonium-tetrafluoroborat*, die in siedendem Propanol bei Tageslicht mit 90%iger Ausbeute abläuft, stellt ein Beispiel für die Überlagerung photochemischer und thermischer Prozesse dar[171].

1.1.3.2.4. mit Dehydroaromaten

Aus 2-Fluor-phenyl-lithium in etherischer Lösung gebildetes Dehydrobenzol reagiert mit Triarylphosphanen bei tiefen Temperaturen zu betainartigen Zwischenstufen, die durch Zusatz bestimmter C–H-acider Verbindungen wie Fluoren unter besonders schonenden Bedingungen mit guten Ausbeuten in Tetraaryl-phosphonium-Salze übergehen[172]. Die Umsetzung gelingt auch unter Methylierung in o-Position mit Methyljodid an Stelle von Fluoren.

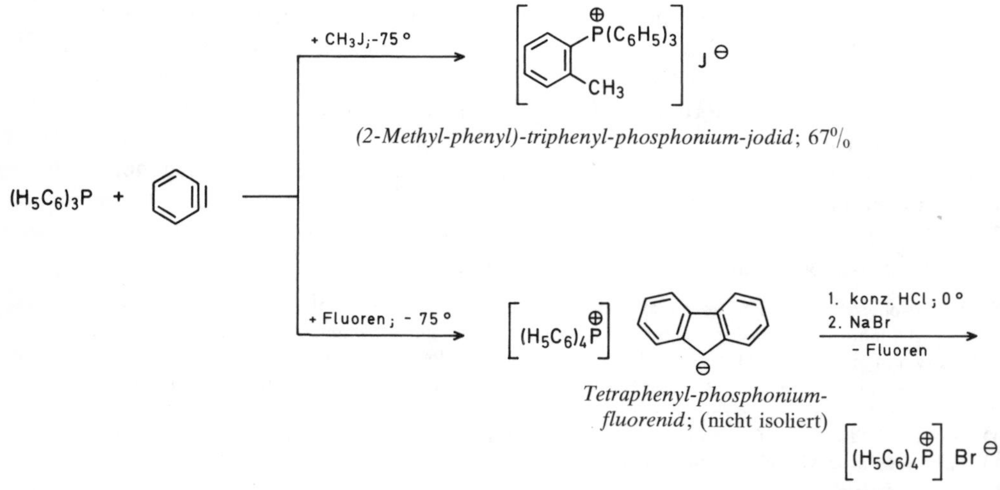

(2-Methyl-phenyl)-triphenyl-phosphonium-jodid; 67%

Tetraphenyl-phosphonium-fluorenid; (nicht isoliert)

Tetraphenyl-phosphonium-bromid; 63%

Isomerenreine Phosphonium-Salze können auf diesem Wege bei Verwendung symm. Dehydroaromaten (z.B. 4,5-Dimethyl-dehydrobenzol) hergestellt werden [z.B. *(3,5-Dimethyl-phenyl)-triphenyl-phosphonium-bromid*]. In Ausnahmefällen sind auch aus asymm. substituierten Dehydroaromaten sterisch einheitliche Produkte erhältlich. Setzt man z.B. Triphenylphosphan mit 1,2-Dehydro-naphthalin um, so entsteht wegen der vom periständigen Wasserstoff-Atom verursachten sterischen Hinderung ausschließlich das *2-Naphthyl-triphenyl-phosphonium-bromid*.
Die Methode ist auch zur Synthese optisch aktiver Tetraaryl-phosphonium-Salze geeignet[173].

---

[169] O.A. Ptitsyna, M.E. Pudeeva, N.A. Bel'kevich u. O.A. Reutov, Dokl. Akad. Nauk SSSR **163**, 383 (1965); engl.: 671.

[170] O.A. Ptitsyna, M.E. Pudeeva u. O.A. Reutov, Dokl. Akad. Nauk SSSR **165**, 582 (1965); engl.: 1128.

[171] O.A. Ptitsyna, M.E. Pudeeva u. O.A. Reutov, Dokl. Akad. Nauk SSSR **168**, 595 (1966); engl.: 524.

[172] G. Wittig u. H. Matzura, Justus Liebigs Ann. Chem. **732**, 97 (1970).

[173] G. Wittig u. H. Braun, Justus Liebigs Ann. Chem. **751**, 27 (1971).

(–)-4-Biphenylyl-[4-tert.-butyl-phenyl]- [3,4-dimethyl-phenyl]-phenyl-phosphonium -tetraphenylborat[173]: 3,8 *ml* einer 1,31 m ether. Butyl-lithium-Lösung (5 mmol) werden in einem Schliffschlenkrohr auf –75° gekühlt. Unter Rühren fügt man in Abständen von 5 Min. folgende Lösungen zu: 1,01 g (5 mmol) 5-Brom-4-fluor-1,2-xylol in 10 *ml* Ether, 1,97 g (5 mmol) (–)-4-Biphenylyl-[4-tert.-butyl-phenyl]-phenyl-phosphan in 20 *ml* Ether sowie 831 mg (5 mmol) Fluoren. Dabei färbt sich das Reaktionsgemisch rotbraun. Beim Einleiten von Chlorwasserstoff-Gas bei 0° ballt sich ein zitronengelbes Harz zusammen. Nach Dekantieren des Lösungsmittels wird mit wenig Ether gewaschen und die halbfeste Masse in wenig Methanol gelöst. Bei der Fällung mit einem Überschuß methanolischer Kalignost-Lösung erhält man das lichtempfindliche, farblose Phosphonium-Salz; Ausbeute: 1,63 g (40%).
Die Reinigung gelingt durch Lösen in THF und Fällen mit Ethanol. Erweichungsbereich: 100–200°; $[\alpha]_{436}^{20}$ = –1,38° ±0,04 (c = 2,465, Aceton).

1.1.3.2.5. mit Chinonen

Die Addition von Tributylphosphan an 1,4-Benzochinon (vgl. a. S. 575) in Methanol verläuft in Gegenwart äquimolarer Mengen Säure bereits bei niedriger Temperatur (–10°) und liefert die entsprechenden *(2,5-Dihydroxy-phenyl)-tributyl-phosphonium-Salze* in hohen Ausbeuten[174]:

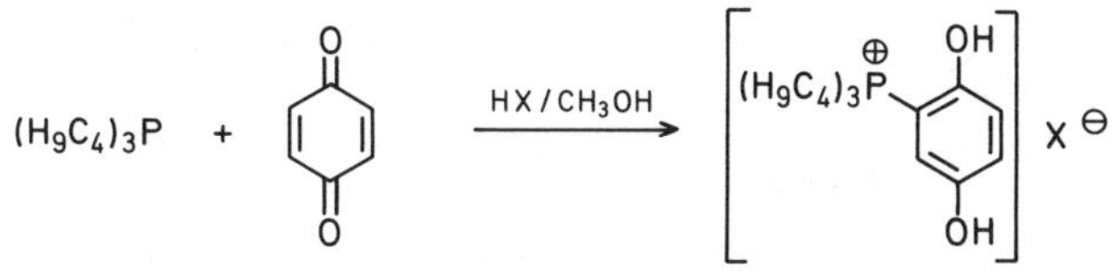

(2,5-Dihydroxy-phenyl)-tributyl-phosphonium-tetrafluoroborat[174]: 106,4 g (0,525 mol) Tributylphosphan werden auf 0° gekühlt und anteilweise zu einer kräftig gerührten Suspension von 54,1 g (0,50 mol) 1,4-Benzochinon in 250 g Methanol gegeben. Die Suspension wird vor Zugabe des Tributylphosphans auf –20 bis –40° gekühlt und mit 0,5 mol Hydro-tetrafluoro-borat (50% in Wasser) versetzt. Während der Zugabe des Phosphans wird die Reaktionstemp. bei ~ –10° gehalten. Falls danach eine Trübung beobachtet wird, läßt man die Temp. ansteigen, bis man eine klare Lösung erhält. Dann rührt man 0,5 Stdn. und senkt dabei die Temp. auf –10°. Das Lösungsmittel wird abgezogen, der Rückstand in Aceton suspendiert und abfiltriert; Ausbeute: ~ 97% (UV spektroskopisch).

1.1.4. aus Phosphinigsäure- und Phosphonigsäure-Derivaten

Die Addition von Chlor-dimethyl- oder Dichlor-methyl-phosphan an 1,3-Diene verläuft langsam, aber sterospezifisch und mit guten Ausbeuten unter Bildung von 2,5-Dihydro-phospholium-chloriden[175]. 1,3-Butadien und *trans,trans*-2,4-Hexadien liefern mit Chlor-dimethyl-phosphan in einer geschlossenen Ampulle unter milden Bedingungen *1,1-Dimethyl*- bzw. *1,1,2,5-Tetramethyl-2,5-dihydro-phospholium-chlorid*, wobei die beiden an den C–Atomen gebundenen Methyl-Gruppen *cis*-Konfiguration einnehmen[175]:

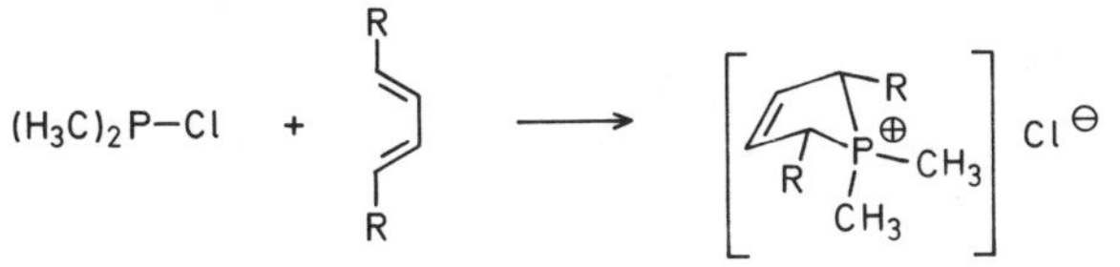

In gleicher Weise bildet sich durch Reaktion von *trans,trans*-2,4-Hexadien mit Dichlor-methyl-phosphan bei 20° sehr langsam *1-Chlor-1,2,5-trimethyl-2,5-dihydro-phospholium-chlorid*[175]:

---

[173] G. *Wittig* u. H. *Braun*, Justus Liebigs Ann. Chem. **751**, 27 (1971).
[174] US 4093650 (1978/1976), Dow Chemical Co., Erf.: G. A. *Doorakian* u. L. G. *Duquette*; C. A. **89**, 147049u (1978).
[175] A. *Bond*, M. *Green* u. S. C. *Pearson*, J. Chem. Soc. (B) **1968**, 929.

Bei der Einwirkung von 2,4,4-Trimethyl-2-penten auf Dichlor-phenyl- oder Dichlor-ethyl-phosphan in Dichlormethan entstehen unter Wanderung einer Methyl-Gruppe in Anwesenheit von Aluminiumchlorid bereits bei 0–5° *cis,trans*-isomere 1-Chlor-phosphetanium-Salze[176]:

$$R-PCl_2 \;+\; H_3C-\underset{\underset{H}{|}}{\overset{\overset{CH_3}{|}}{C}}-C(CH_3)_3 \quad\xrightarrow{AlCl_3 / CH_2Cl_2}\quad \left[\begin{array}{c} R \quad Cl \\ H_3C \overset{\oplus}{P} CH_3 \\ H_3C \qquad CH_3 \\ CH_3 \end{array} \right] [AlCl_4]^{\ominus}$$

...-*phosphetanium-tetrachloroaluminat*

R = CH_3; *1-Chlor-1,2,2,3,4,4-hexamethyl-*...; 80–90%

R = C_6H_5; *1-Chlor-2,2,3,4,4-pentamethyl-1-phenyl-*...; 39%

1-Chlor-2,2,3,4,4-pentamethyl-1-phenyl-phosphetanium-tetrachloroaluminat[176]: Zu einer Suspension von 40 g (0,30 mol) wasserfreiem, gepulvertem Aluminiumchlorid in 100 *ml* Dichlormethan werden 54 g (0,30 mol) Di-chlor-phenyl-phosphan, gelöst in 100 *ml* Dichlormethan, gegeben. Die Mischung wird durch Rühren homogeni-siert und auf 0–5° gekühlt. Dann wird innerhalb von 2 Stdn. eine Lösung von 34 g (0,30 mol) 2,4,4-Trimethyl-2-penten in 100 *ml* Dichlormethan zugetropft. Man läßt die Lösung auf 20° erwärmen und rührt 12 Stdn. Das Lö-sungsmittel wird i. Vak. (20 Torr/~ 2,7 kPa) entfernt, wobei man ein kristallines Rohprodukt erhält. Dieses wird mindestens 2mal aus heißem, trockenem Acetonitril und trockenem Essigsäure-ethylester umkristallisiert; Aus-beute: 50 g (39%); Schmp.: 84–104° (geschlossene Ampulle).

Unter Mitwirkung von Calciumcarbid ist durch Reaktion von Chlor-diphenyl-phosphan mit 1,2-Bis-[brommethyl]-benzol in 1,2-Dichlor-benzol *2,2-Diphenyl-2,3-dihydro-1H-⟨benzo-[c]-phospholium⟩-bromid* in geringerer Ausbeute erhältlich[177]:

$$(H_5C_6)_2P-Cl \;+\; \underset{\text{benzene ring}}{\overset{CH_2-Br}{\underset{CH_2-Br}{}}} \quad\xrightarrow[\text{20 Stdn.}]{CaC_2, 150°}\quad \left[\overset{\oplus}{P}\underset{C_6H_5}{\overset{C_6H_5}{}} \right] Br^{\ominus}$$

2,2-Diphenyl-2,3-dihydro-1H-⟨benzo-[c]-phospholium⟩-perchlorat[177]: 6,6 g (0,03 mol) Chlor-diphenyl-phos-phan und 0,64 g (0,01 mol) Calciumcarbid werden unter Stickstoff 20 Stdn. bei 150° gehalten. Dann werden 8,0 g (0,03 mol) 1,2-Bis-[brommethyl]-benzol, gelöst in sauerstofffreiem 1,2-Dichlor-benzol, zugefügt. Die Mi-schung wird 20 Min. zum Sieden erhitzt. Nach Abkühlen auf 20° wird der teerartige schwarze Niederschlag gründlich mit Methanol/Wasser extrahiert. Das nach Zugabe von wäßriger Natrium-perchlorat-Lösung ausgefal-lene Salz wird aus Cyclohexan/2-Propanol umkristallisiert; Ausbeute: ~31% (bez. auf CaC_2); Schmp.: 174–176°.

Die Herstellung stabiler 1,4,2-Dioxaphospholanium-Salze gelingt auf einfache Weise durch Umsetzung von zwei Mol Benzaldehyd und einem Mol Chlor-diorgano-phosphan[178]:

$$R_2P-Cl \;+\; 2\, H_5C_6-CHO \quad\longrightarrow\quad \left[\begin{array}{c} R \quad O-C_6H_5 \\ \overset{\oplus}{P} \\ R \quad O \\ C_6H_5 \end{array} \right] Cl^{\ominus}$$

In einigen Fällen sind durch Alkylierung von Phosphiniten und Phosphoniten Alk-oxy-phosphonium-Salze, die als Zwischenstufen der Arbusow-Reaktion von Interesse sind, herstellbar. Ein besonders geeignetes Methylierungsmittel für diese Stoffklasse ist der Trifluormethansulfonsäure-methylester, dessen Trifluormethansulfonat-Abgangs-gruppe als äußerst schwaches Nukleophil offenbar eine Weiterreaktion im Sinne der Ar-

[176] *S. E. Cremer, F. L. Weitl, F. R. Farr, P. W. Kremer, G. A. Gray* u. *H. Hwang*, J. Org. Chem. **38**, 3199 (1973).
[177] *T. E. Snider* u. *K. D. Berlin*, Phosphorus **1**, 59 (1971).
[178] *N. J. De'Ath, J. A. Miller* u. *M. J. Nunn*, Tetrahedron Lett. **1973**, 5191.

busow-Reaktion verhindert[179] (**Vorsicht** im Umgang mit Trifluormethansulfonsäure-methylester, der wahrscheinlich als starkes Methylierungsmittel hoch**toxisch** ist! Es besteht Verdacht der **Cancerogenität**[179]):

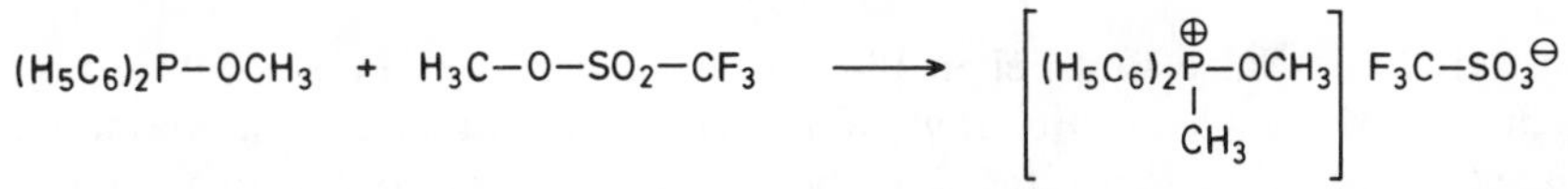

$$(H_5C_6)_2P-OCH_3 \;+\; H_3C-O-SO_2-CF_3 \;\longrightarrow\; \left[(H_5C_6)_2\overset{\oplus}{\underset{CH_3}{P}}-OCH_3 \right] F_3C-SO_3^{\ominus}$$

Diphenyl-methoxy-methyl-phosphonium-trifluormethansulfonat

$$H_5C_6-P(OCH_3)_2 \;+\; H_3C-O-SO_2-CF_3 \;\longrightarrow\; \left[H_5C_6-\overset{\oplus}{\underset{CH_3}{P}}(OCH_3)_2 \right] F_3C-SO_3^{\ominus}$$

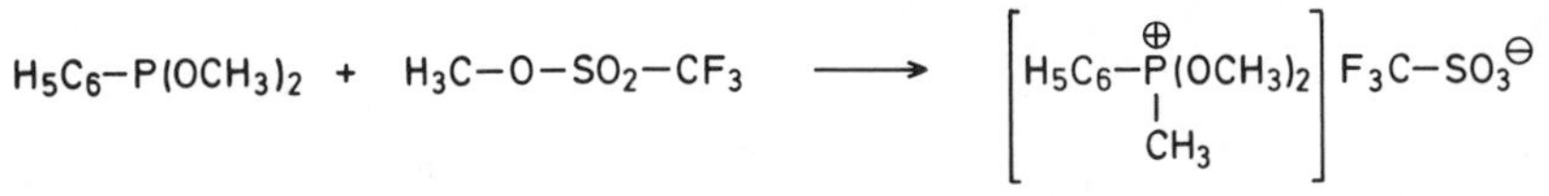

Dimethoxy-methyl-phenyl-phosphonium-trifluormethansulfonat

Die gebildeten Methoxy-phosphonium-Salze sind temperaturempfindliche, begrenzt haltbare, niedrig schmelzende Verbindungen, die z.T. als Öle anfallen.
Alkyl-dialkoxy-phosphane mit verzweigten Alkoxy-Gruppen, sind in einigen Fällen auch mit Methyljodid bei 0° in Ether in Dialkoxy-dialkyl-phosphonium-Salze überführbar[180]. Zunehmend stabile Salze erhält man durch Methylierung von Dialkyl-isopropyloxy-, -(2-methyl-propyloxy)- bzw. -(2,2-dimethyl-propyloxy)-phosphanen, da ein Angriff von Halogenid-Ionen aus sterischen Gründen in dieser Reihenfolge schwieriger wird.
Außer durch Chloraminierung von tert. Phosphanen (s.S. 534) sind Amino-phosphonium-Salze leicht durch die stets am Phosphor-Atom erfolgende Alkylierung von Amino-phosphanen in mittleren bis hohen Ausbeuten zugänglich[181, 182]; z.B.:

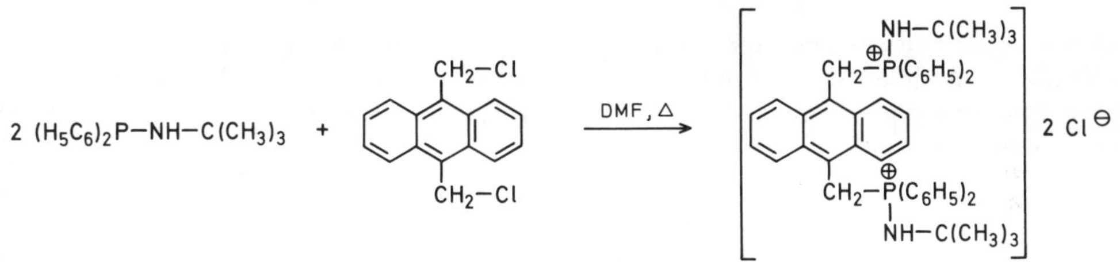

$$2 (H_5C_6)_2P-NH-C(CH_3)_3 \;+\; \text{[anthracen-9,10-bis(methylenchlorid)]} \;\xrightarrow{DMF,\,\Delta}\; \text{[Produkt]} \; 2\,Cl^{\ominus}$$

9,10-Bis-[(tert.-butylamino-diphenyl-phosphoniono)-methyl]-anthracen-dichlorid; 82%

Die Einführung der Phenyl-Gruppe in Aminophosphane mit unverzweigten Alkyl-Gruppen gelingt glatt durch Erhitzen mit Brombenzol bei 200° in Gegenwart katalytischer Mengen wasserfreiem Nickelbromid (vgl. S. 518)[183]; z.B.:

$$(H_5C_6)_2P-N(C_2H_5)_2 \;+\; C_6H_5Br \;\xrightarrow{NiBr_2,\,24\,Stdn.}\; [(H_5C_6)_3\overset{\oplus}{P}-N(C_2H_5)_2]Br^{\ominus}$$

Diethylamino-triphenyl-phosphonium-bromid; 81%

---

[179] *K.S. Colle* u. *E.S. Lewis*, J. Org. Chem. **43**, 571 (1978).
[180] *L.V. Nesterov* u. *N.A. Aleksandrova*, Izv. Akad. Nauk SSSR, Ser. Khim. **1971**, 415; engl.: 348.
[181] *N.L. Smith* u. *H.H. Sisler*, J. Org. Chem. **28**, 272 (1963).
[182] *H.H. Sisler* u. *N.L. Smith*, J. Org. Chem. **26**, 4733 (1961).
[183] *H.-J. Cristau*, *A. Chêne* u. *H. Christol*, Synthesis **1980**, 551.

Die Methode ist auch für die Arylierung von Di- und Triaminophosphanen anwendbar.

1.1.5. aus Phosphorigsäure-Derivaten

Spiro-phosphonium-Salze sind neben Phosphazinoxiden, wenn auch mit geringen Ausbeuten, durch Erhitzen von Diphenylamin[184] oder substituierten Diarylaminen[185] und Phosphor(III)-chlorid auf 200–220° bei anschließender vorsichtiger Hydrolyse der Reaktionsmischung erhältlich:

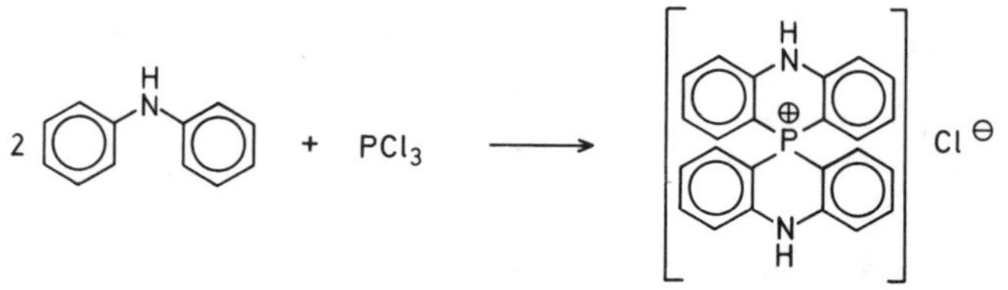

9,10-Dihydro-phosphazinium-⟨10-spiro-10⟩-9,10-
dihydro-phosphazinium-chlorid

Läßt man Trimethylphosphit mit Trifluormethansulfonsäure-methylester (s. Gefahrenhinweis S. 527) bei 0° in Ether reagieren, so kann man *Methyl-trimethoxy-phosphonium-trifluormethansulfonat* als begrenzt haltbares Zwischenprodukt der Arbusow-Reaktion isolieren[186]. Auch das entsprechende *Diphenoxy-methoxy-methyl-phosphonium-trifluormethansulfonat* ist ein starkes Alkylierungsmittel und reagiert ohne Kühlung leicht im Sinne der Arbusow-Reaktion unter Verlust der Methoxy-Gruppe. Das relativ stabile *Methyl-triphenoxy-phosphonium-jodid* ist durch Einwirkung von Methyljodid auf Triphenylphosphit in hohen Ausbeuten zugänglich[187]. Das durch Alkylierung mit Trifluormethansulfonsäure-methylester ebenfalls in hohen Ausbeuten erhältliche *Methyl-triphenoxy-phosphonium-trifluormethansulfonat*[188] kann als vielseitiges Reagenz z. B. zur Herstellung von Ethern dienen[189].

Methyl-triphenoxy-phosphonium-trifluor-methansulfonat[188]: 12,4 g (0,04 mol) Triphenylphosphit und 6,56 g (0,04 mol) Trifluor-methansulfonsäure-methylester werden in einer Stickstoff-Atmosphäre unter Rühren auf 100° erhitzt. Dabei setzt spontanes Sieden unter Rückfluß ein, das einige Minuten andauert. Man erhitzt 1 Stde. und läßt auf 20° abkühlen. Dabei kristallisiert das Produkt aus. Man versetzt mit wasserfreiem Ether, filtriert unter Stickstoff, wäscht mit wasserfreiem Ether und trocknet i. Vak.; Ausbeute: 17,54 g (92%); Schmp.: 96,5–98,5°.

Alkoxy-amino-phosphonium-Salze sind i. a. bei 20° ebenso instabil wie die meisten Alkoxy-phosphonium-Salze. Die Stabilität hängt auch von der Delokalisierungsmöglichkeit der positiven Ladung ab. So gelingt die Herstellung des beständigen *Diethoxy-(1-ethyl-1,2-dihydro-2-pyridylidenamino)-methyl-phosphonium-jodids* durch Umsetzung von Diethoxy-(1-ethyl-1,2-dihydro-2-pyridylidenamino)-phosphan mit Methyljodid bei 20°[190]:

[184] *R. N. Jenkins, L. D. Freedman* u. *J. Bordner*, J. Chem. Soc., Chem. Commun. **1971**, 1213.
[185] *R. N. Jenkins* u. *L. D. Freedman*, J. Org. Chem. **40**, 766 (1975).
[186] *K. S. Colle* u. *E. S. Lewis*, J. Org. Chem. **43**, 571 (1978).
[187] *R. F. Hudson* u. *P. A. Chopard*, Helv. Chim. Acta **45**, 1137 (1962).
[188] *D. I. Phillips, I. Szele* u. *F. H. Westheimer*, J. Am. Chem. Soc. **98**, 184 (1976).
[189] *E. S. Lewis, B. J. Walker* u. *L. M. Ziurys*, J. Chem. Soc., Chem. Commun. **1978**, 424.
[190] *M. I. Kabachnik, V. A. Gilyarov* u. *M. M. Yusupov*, Dokl. Akad. Nauk SSSR **164**, 812 (1965); engl.: 935.

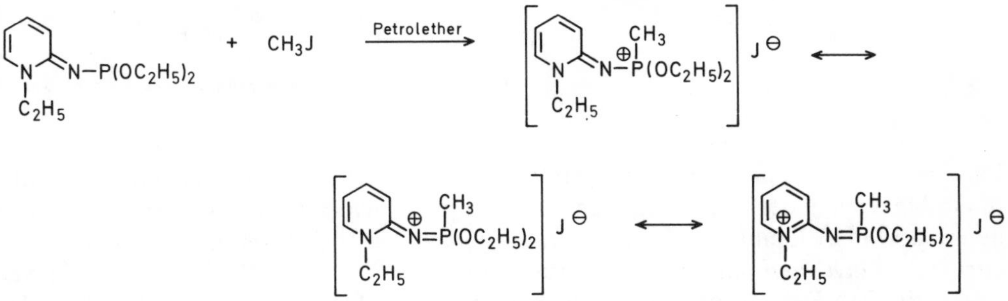

Tris-[dialkylamino]-phosphane können in der Wärme leicht durch Alkylierung, z.B. mit Benzylchlorid, in stabile Quasiphosphonium-Salze überführt werden[191]. Die analoge Umsetzung mit Carbonsäure-Derivaten (z.B. Acetoxymethyl-acyl- bzw. Acyl-chlormethyl-amiden) liefert ebenfalls beständige, aber feuchtigkeitsempfindliche Phosphonium-Salze[192]:

$$P\left[N(C_2H_5)_2\right]_3 + H_5C_6{-}CO{-}NH{-}CH_2{-}O{-}CO{-}CH_3 \longrightarrow \left\{H_5C_6{-}CO{-}NH{-}CH_2{-}\overset{\oplus}{P}\left[N(C_2H_5)_2\right]_3\right\} H_3C{-}COO^{\ominus}$$

Ähnlich wie tert. Phosphane lassen sich auch Trisphosphane mit Tetrahalogenmethan bzw. Chloroform zu Halogenmethyl-tris-[amino]-phosphonium-Salzen umsetzen[193]. Eine Möglichkeit zur Herstellung von *Dichlormethyl-tris-*[*dimethylamino*]*-phosphonium*-Salzen besteht in der Reaktion von Tris-[dimethylamino]-phosphan mit Chloroform in etherischer Lösung[193]:

$$P\left[N(CH_3)_2\right]_3 + CHCl_3 \longrightarrow \left\{Cl_2CH{-}\overset{\oplus}{P}\left[N(CH_3)_2\right]_3\right\} Cl^{\ominus}$$

Die entsprechenden *Trichlormethyl-tris-*[*dimethylamino*]*-phosphonium*-Salze sind auf ähnliche Weise durch Einwirkung von Tetrachlormethan auf das entsprechende substituierte Tris-[amino]-phosphan zugänglich[193]:

$$P\left[N(CH_3)_2\right]_3 + CCl_4 \longrightarrow \left\{Cl_3C{-}\overset{\oplus}{P}\left[N(CH_3)_2\right]_3\right\} Cl^{\ominus}$$

1.1.6. aus Phosphorsäure-Derivaten

Die bei der Addition von Phosphor(V)-chlorid an ungesättigte Kohlenwasserstoffe entstehenden 1-Alkenyl-trichlor-phosphonium-hexachlorophosphate, die zur Herstellung von Phosphonsäuren dienen können, lassen sich z.B. im Falle des bei der Umsetzung von Styrol mit Phosphor(V)-chlorid gebildeten Additionsprodukts [s. 4. Aufl., Bd. XII/1, S. 393] mit einer Ausbeute von 62% isolieren[194]:

---

[191] *L.I. Mizrakh, L.Y. Polonskaya* u. *T.M. Ivanova*, Zh. Obshch. Khim. **49**, 2394 (1979); engl.: 2113.

[192] *B.E. Ivanov, S.S. Krokhina, T.V. Chichkanova, T.A. Zyablikova* u. *A.V. Il'yasov*, Izv. Akad. Nauk SSSR, Ser. Khim. **1979**, 2783; engl.: 2590.

[193] *W. Ried* u. *H. Appel*, Justus Liebigs Ann. Chem. **679**, 51 (1964).

[194] *G.K. Fedorova* u. *A.V. Kirsanov*, Zh. Obshch. Khim. **30**, 4044 (1960); engl.: 4006.

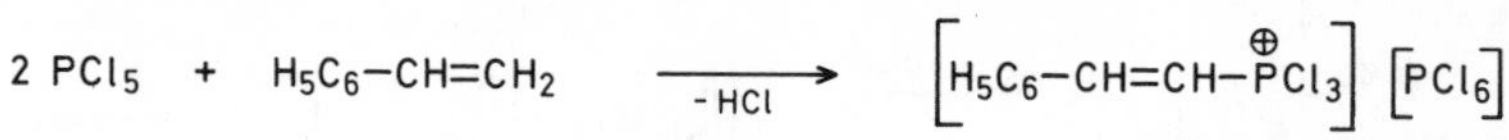

$$2\ PCl_5\ +\ H_5C_6-CH=CH_2\ \xrightarrow{-\ HCl}\ \left[H_5C_6-CH=CH-\overset{\oplus}{P}Cl_3\right]\left[PCl_6\right]^{\ominus}$$

(2-Phenyl-vinyl)-trichlor-phosphonium-hexachlorophosphat

Läßt man fein gepulvertes Phosphor(V)-chlorid mit 2,5 Moläquivalenten 2,2′-Dilithium-biphenyl in der Kälte reagieren, so erhält man nach Hydrolyse des gebildeten Niederschlags den Onium-at-Komplex *(Bis-[biphenyl-2,2′-diyl]-phosphonium)-(tris-[biphenyl-2,2′-diyl]-phosphat)* mit einer Ausbeute von 48%[195] (s. Bd. E2, S. 903 f.). Mit Natriumjodid ist eine Aufspaltung in das entsprechende Phosphonium-jodid und in Natrium-tris-[biphenyl-2,2′-diyl]-phosphat möglich:

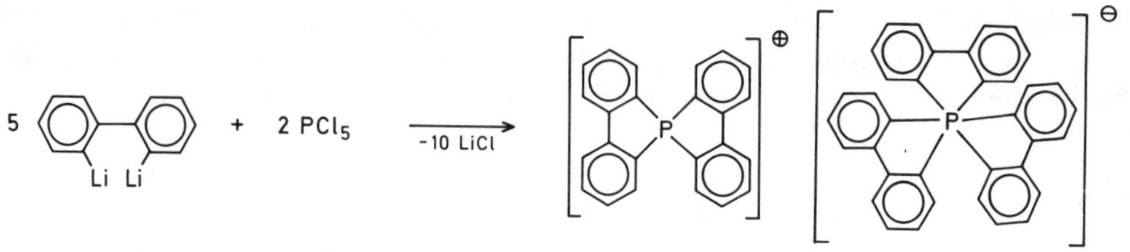

Die präparative Herstellung von *Bis-[biphenyl-2,2′-diyl]-phosphonium-jodid* gelingt mit hoher Ausbeute auf direktem Wegen durch Einwirkung von Triphenylphosphat auf 2,2′-Dilithium-biphenyl in siedendem Ether und anschließender Hydrolyse der Reaktionsmischung mit salzsaurer Kaliumjodid-Lösung[196]. Auch substituierte Bis-[biphenyl-2,2′-diyl]-phosphonium-Salze sind auf diesem Wege zugänglich[197].

Bis-[biphenyl-2,2′-diyl]-phosphonium-jodid[196]: Aus 40,6 g (100 mmol) 2,2′-Dijod-biphenyl und 200 mmol Butyllithium in 500 ml Ether wird eine 2,2′-Dilithium-biphenyl-Lösung hergestellt. Nach Zufügen von 14,2 g (43,5 mmol) über Phosphor(V)-oxid getrocknetem Triphenylphosphat wird die Mischung 10 Stdn. zum Sieden erhitzt, wobei nach ~ 45 Min. ein farbloser Niederschlag auszufallen beginnt. Danach gießt man den Ansatz in überschüssige Kaliumjodid-haltige verd. Salzsäure, worauf sich das Spirophosphonium-jodid abscheidet; Ausbeute: 17,4 g (87%); Schmp.: 295–297° (aus Ethanol).

1.2. durch Aufbau einer P–X-Bindung

1.2.1. *durch P–Cl-Neuknüpfung*

1.2.1.1. aus tert. Phosphanen

Mit überschüssigem Antimon(V)-chlorid reagieren tert. Phosphane in einer Redox-Reaktion zu Chlor-phosphonium-Salzen, auf deren ionische Konstitution Leitfähigkeitsmessungen in Lösung schließen lassen[198]. Stark basische Phosphane wie Tri-tert.-butyl-phosphan bilden mit Germanium- und Zinn(IV)-halogeniden nach dem gleichen Prinzip *Chlor-tri-tert.-butyl-phosphonium-Salze*[199–201]:

[195] *H. Nöth* u. *H.J. Vetter*, Chem. Ber. **98**, 1981 (1965).
[196] *D. Hellwinkel*, Chem. Ber. **98**, 576 (1965).
[197] *R. Rothuis, J.J.H.M. Font Freide* u. *H.M. Buck*, Recl. Trav. Chim. Pays-Bas **92**, 1308 (1973).
[198] *J.K. Ruff*, Inorg. Chem. **2**, 813 (1963).
[199] *W.W. Du Mont*, Z. Anorg. Allg. Chem. **458**, 85 (1979).
[200] *W.W. Du Mont, H.-J. Kroth* u. *H. Schumann*, Chem. Ber. **109**, 3017 (1976).
[201] *O.J. Scherer* u. *G. Schnabl*, Z. Naturforsch. **B 31**, 1462 (1976).

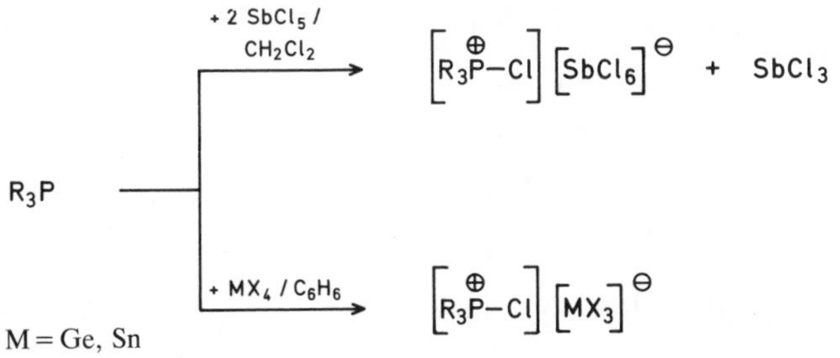

$$\text{R}_3\text{P} \quad \begin{cases} \xrightarrow[\text{CH}_2\text{Cl}_2]{\text{+ 2 SbCl}_5 /} \left[\text{R}_3\overset{\oplus}{\text{P}}\text{-Cl}\right]\left[\text{SbCl}_6\right]^{\ominus} + \text{SbCl}_3 \\ \\ \xrightarrow{\text{+ MX}_4 / \text{C}_6\text{H}_6} \left[\text{R}_3\overset{\oplus}{\text{P}}\text{-Cl}\right]\left[\text{MX}_3\right]^{\ominus} \end{cases}$$

M = Ge, Sn
X = Cl, Br

Als Zwischenstufen im System tert. Phosphan/Chlor/Alkohol treten ebenfalls Chlor-phosphonium-Salze auf, die mit den entsprechenden Phosphoranen in einem vom Lösungsmittel abhängigen Gleichgewicht stehen[202]. Auch bei der Umsetzung von Triphenyl-phosphan mit Chlor bzw. mit Interhalogen-Verbindungen können Halogen-phospho-nium-Salze isoliert werden[203] *(Chlor-triphenyl-phosphonium*-Salze):

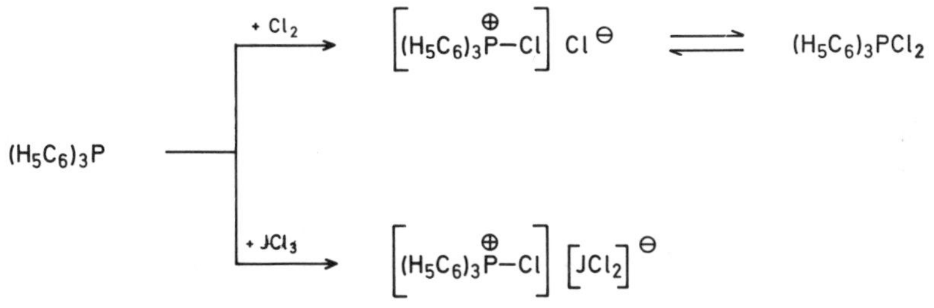

$$(\text{H}_5\text{C}_6)_3\text{P} \quad \begin{cases} \xrightarrow{\text{+ Cl}_2} \left[(\text{H}_5\text{C}_6)_3\overset{\oplus}{\text{P}}\text{-Cl}\right]\text{Cl}^{\ominus} \rightleftharpoons (\text{H}_5\text{C}_6)_3\text{PCl}_2 \\ \\ \xrightarrow{\text{+ JCl}_3} \left[(\text{H}_5\text{C}_6)_3\overset{\oplus}{\text{P}}\text{-Cl}\right]\left[\text{JCl}_2\right]^{\ominus} \end{cases}$$

1.2.1.2. aus Phosphinig- bzw. Phosphonigsäure-chloriden

Ähnlich wie tert. Phosphane (s. S. 531) liefern Dichlor-organo- und Chlor-diorgano-phos-phane mit überschüssigem Antimon(V)-chlorid in einer Redoxreaktion die entsprechen-den Organo-trichlor- bzw. Dichlor-diorgano-phosphonium-hexachloroantimonate mit hohen Ausbeuten[198, 204].

1.2.1.3. aus Phosphorigsäure-tris-amiden

Die bei der Halogenierung von Tris-[dimethylamino]-phosphan anfallenden Additions-produkte sind auf Grund ihrer Eigenschaften, z. B. hoher Schmelzpunkte, Löslichkeit in polaren, Unlöslichkeit in unpolaren Lösungsmitteln und elektrischer Leitfähigkeit am be-sten als Phosphonium-Salze zu formulieren[205]. Die Reaktionen sind allgemein stark exo-therm und müssen durch inerte Lösungsmittel und durch Kühlung unter Kontrolle gehal-ten werden. Besonders bei der Herstellung des *Chlor-tris-[dimethylamino]-phospho-nium-chlorids* muß mit stöchiometrischen Mengen an Halogen, z. B. einer Chlor-Lösung in Trichlor-ethen, gearbeitet werden, um die Bildung des entsprechenden Trichlorids zu vermeiden[205].

Chlor-tris-[dimethylamino]-phosphonium-chlorid[205]: Zu einer eisgekühlten Lösung von 4,0 g (24,5 mmol) Tris-[dimethylamino]-phosphan in 50 *ml* Ether läßt man während 1 Stde. unter Rühren 13,8 *ml* 1,8 m Chlor-Lösung (24,8 mmol) in Trichlor-ethen tropfen. Gelöstes Produkt fällt man nach Auftauen auf 20° durch Versetzen mit

[198] *J. K. Ruff*, Inorg. Chem. **2**, 813 (1963).
[202] *A. D. Beveridge, G. S. Harris* u. *F. Inglis*, J. Chem. Soc. (A) **1966**, 520.
[203] *M. F. Ali* u. *G. S. Harris*, J. Chem. Soc. Dalton Trans. **1980**, 1545.
[204] *A. Schmidt*, Chem. Ber. **103**, 3928 (1970).
[205] *H. Nöth* u. *H. J. Vetter*, Chem. Ber. **98**, 1981 (1965).

Ether aus. Nach mehrmaligem Waschen mit Ether wird i. Hochvak. getrocknet; Ausbeute: 5,72 g Phosphonium-Salz (99%); Schmp.: 258–271° (Zers.).
Produkte, die Trichlor-ethen enthalten, schmelzen bei 145–160°.

1.2.2. unter P–O- bzw. P–S-Neuknüpfung

1.2.2.1. aus tert. Phosphanen

Die Einwirkung von Alkoholen, vornehmlich in Gegenwart von Säuren, wird bereits in
Bd. XII/1 (4. Aufl.), S. 90/91 besprochen. Bei der Reaktion von Hydroxy-Gruppen mit
tert. Phosphanen, z.B. in Kohlenhydraten, kann man mit Hilfe des Systems
Triphenylphosphan/Azodicarbonsäure-diethylester in einigen Fällen als Zwischenprodukte relativ stabile Alkoxy-phosphonium-Salze gewinnen[208, 209]:

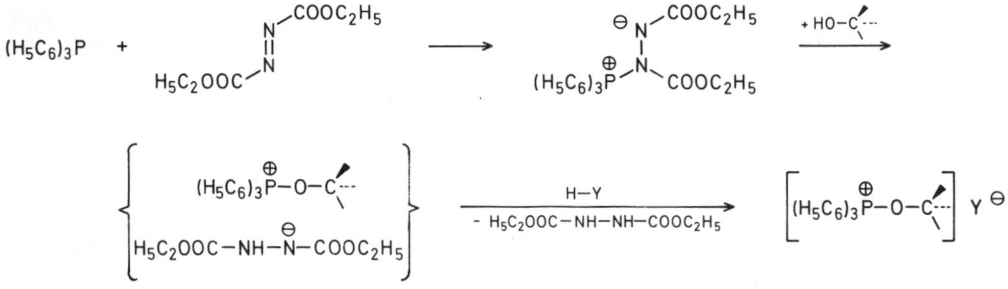

In der Kohlenhydratchemie kann die Reaktion zur nukleophilen Substitution der Hydroxy-Gruppe unter milden Bedingungen dienen[208, 209] (s. hierzu Lit.[210] und in Lit.[208] zitierte
Publikationen).
Die Behandlung von 3,3-Dimethyl-2-butanol und insbesondere einer Reihe von tert. bicyclischen Alkoholen mit Chlor/Tetrachlormethan-Lösungen erlaubt in einigen Fällen die
Synthese relativ stabiler Alkoxy-phosphonium-Salze (Tab. 49, S. 533). Im Falle des 1-Hy-
droxy-bicyclo[2.2.2]octan ist auf diese Weise das langsam kristallisierende *1-Triphenyl-
phosphonionooxy-bicyclo[2.2.2]octan-chlorid-Hydrogenchlorid* (55%; 91%ige Reinheit; Schmp.: 88–91°) zugänglich[211, 212]:

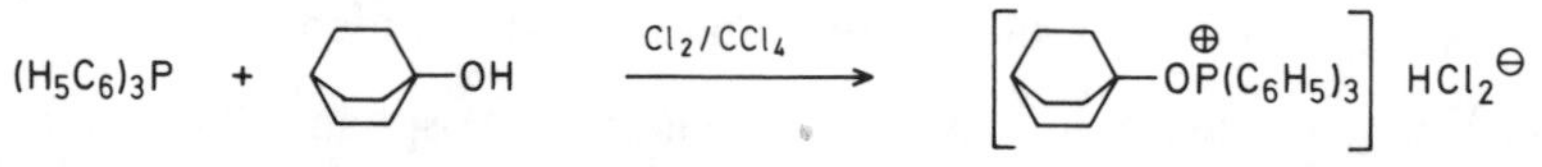

Man kann auch durch Einwirkung von Natriumhypochlorit zunächst eine Hypochlorit-Lö-
sung des entsprechenden Alkohols herstellen und diese mit Triphenylphosphan umsetzen.
Ein recht stabiles Alkoxy-phosphonium-Salz liefert auch die Umsetzung von 7-Hydroxy-
bicyclo[2.2.1]heptan mit Triphenylphosphan und Brom in Triglyme (*7-Triphenylphos-
phonionooxy-bicyclo[2.2.1]heptan-bromid*, 87%, Schmp.: 161–162°)[213]. In gleicher
Weise reagiert *endo*-2-Hydroxy-bicyclo[2.2.1]heptan bei 20° zum *endo-2-Triphenyl-
phosphonionooxy-bicyclo[2.2.1]heptan-bromid* (~ 100%; Schmp.: 82–83°)[213]:

[208] *H. Kunz* u. *P. Schmidt*, Chem. Ber. **112**, 3886 (1979).
[209] *H. Kunz* u. *P. Schmidt*, Z. Naturforsch. B **33 b**, 1009 (1978).
[210] *O. Mitsunobu* u. *M. Yamada*, Bull. Chem. Soc. Jpn. **40**, 2380 (1967).
[211] *D. B. Denney* u. *R. R. DiLeone*, J. Am. Chem. Soc. **84**, 4737 (1962).
[212] *D. B. Denney, B. H. Garth, J. W. Hanifin*, jr. u. *H. M. Relles*, Phosphorus Sulfur **8**, 275 (1980).
[213] *J. P. Schaefer* u. *D. S. Weinberg*, J. Org. Chem. **30**, 2635 (1965).

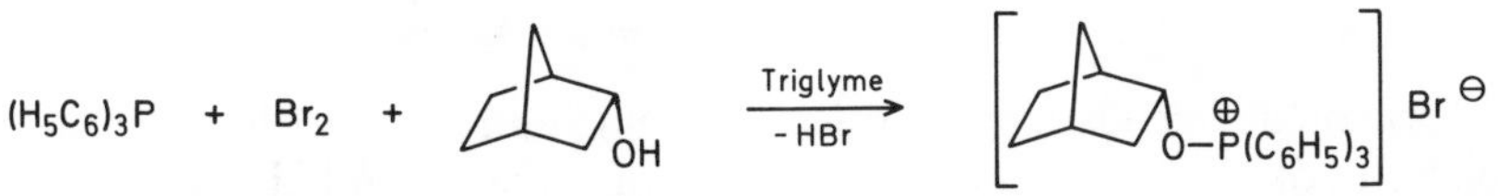

$$(H_5C_6)_3P \;+\; Br_2 \;+\; \text{[norbornane]}OH \xrightarrow[-\,HBr]{\text{Triglyme}} \left[\text{[norbornane]}O-\overset{\oplus}{P}(C_6H_5)_3\right] Br^{\ominus}$$

Als Beispiel für die Bildung einer P–O-Bindung unter dem Einfluß von Tetrachlormethan sei die Herstellung des *Phenoxy-triphenyl-phosphonium-hexachloroantimonats* genannt[214]:

$$(H_5C_6)_3P \;+\; CCl_4 \;+\; H_5C_6{-}OH \xrightarrow[-\,CHCl_3]{SbCl_5} \left[(H_5C_6)_3\overset{\oplus}{P}{-}OC_6H_5\right]\left[SbCl_6\right]^{\ominus}$$

Tab. 49: Alkoxy-phosphonium-Salze aus Alkoholen, Triphenylphosphan und Halogen

Alkohol	Lösungsmittel	Phosphonium-Salz	Ausbeute [%]	Schmp. [°C]	Literatur
$(H_3C)_3C{-}\underset{OH}{CH}{-}CH_3$	Hexan	*(1,2,2-Trimethyl-propyloxy)-triphenyl-phosphonium-chlorid-Hydrogenchlorid*	89 (96%ig)	111–117	212
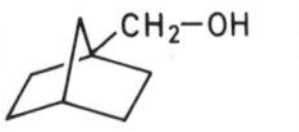 [bicyclo]CH$_2$–OH	Pentan	*1-(Triphenylphosphonionooxy-methyl)-bicyclo[2.2.1]heptan-chlorid-Hydrogen-chlorid*	90 (98%ig)	78–80	212
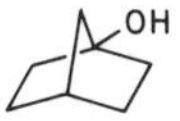 [bicyclo]OH	Hexan/Dichlormethan	*1-Triphenylphosphonionooxy-bicyclo[2.2.1]heptan-chlorid*	78	209–211	211
	Ether	*1-Triphenyl-phosphonionooxy-bicyclo[2.2.1]heptan-chlorid-Hydrogenchlorid*	82 (95%ig)	155–157	212

Bei der Umsetzung von α-Halogen-ketonen entstehen entweder (2-Oxo-alkyl)-phosphonium-Salze bzw. infolge nachträglicher Umlagerung oder Direktangriff an der C=O-Funktion die entsprechenden Enol-phosphonium-Salze. Die Methode ist auf S. 499/500 eingehend besprochen.

1.2.2.2. aus Phosphorigsäureestern

Die bei der Reaktion zwischen Trialkylphosphiten und Alkylhypochloriten bzw. Alkansulfenylchloriden intermediär entstehenden Quasiphosphonium-Salze lassen sich vor der Weiterreaktion zu Phosphonaten durch Komplexbildung mit Antimon(V)-chlorid abfangen und isolieren[215]:

$$(CH_3O)_3P \xrightarrow{+\,H_3C{-}X{-}Cl} [(CH_3O)_3\overset{\oplus}{P}{-}X{-}CH_3]Cl^{\ominus} \xrightarrow{SbCl_5}$$

$$[(CH_3O)_3\overset{\oplus}{P}{-}X{-}CH_3]\,[SbCl_6]^{\ominus}$$

$$X = O:\ 38\%$$

Die analogen *(Bicyclo[2.2.1]hept-1-yloxy)-triphenoxy-phosphonium-Salze* können als recht stabile Zwischenprodukte auch ohne Mitwirkung eines starken Komplexbildners durch Einwirkung einer Chlor/Tetrachlormethan-Lösung auf eine etherische Lösung von Triphenylphosphit und 1-Hydroxy-bicyclo[2.2.1]heptan bei 0° mit 50% Ausbeute hergestellt werden (vgl. S. 532)[212]. Bei Einsatz anderer bicyclischer Alkohole, z.B. 1-Hydroxy-bicyclo[2.2.2]octan, gelingt die Isolierung solcher Zwischenprodukte nicht.

[211] *D. B. Denney* u. *R. R. DiLeone*, J. Am. Chem. Soc. **84**, 4737 (1962).
[212] *D. B. Denney, B. H. Garth, J. W. Hanifin*, jr. u. *H. M. Relles*, Phosphorus Sulfur **8**, 275 (1980).
[214] *H. Teichmann, M. Jatkowski* u. *G. Hilgetag*, J. Prakt. Chem. **314**, 129 (1972).
[215] *J. S. Cohen*, Tetrahedron Lett. **1965**, 3491.

1.2.2.3. aus Phosphorigsäure-tris-amiden

In Gegenwart von überschüssigem Tetrachlormethan und einer stöchiometrischen Menge eines primären Alkohols kann Tris-[dimethylamino]-phosphan bei tiefer Temperatur in relativ beständige Alkoxy-tris-[dimethylamino]-phosphonium-Salze übergeführt werden[206, 207] (als Lösungsmittel wird THF empfohlen):

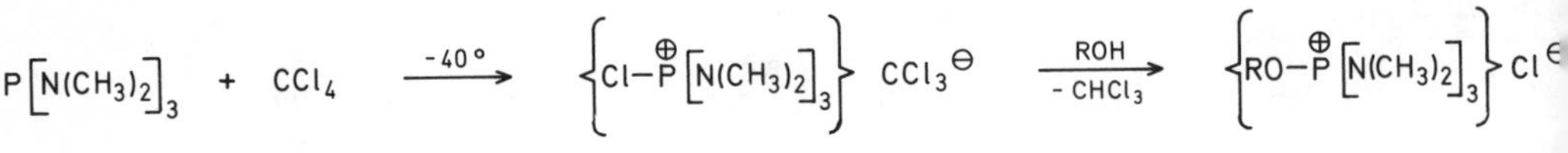

$$P\left[N(CH_3)_2\right]_3 \ + \ CCl_4 \ \xrightarrow{-40°} \ \left\{Cl-\overset{\oplus}{P}\left[N(CH_3)_2\right]_3\right\} \ CCl_3^{\ominus} \ \xrightarrow[-\ CHCl_3]{ROH} \ \left\{RO-\overset{\oplus}{P}\left[N(CH_3)_2\right]_3\right\} Cl^{\ominus}$$

1.2.3. unter P–N-Neuknüpfung

1.2.3.1. aus tert. Phosphanen

Ein allgemein gangbarer Weg zur Herstellung von Amino-phosphonium-Salzen besteht in der Behandlung von tert. Phosphanen mit Chloramin (Tab. 50, S. 535)[216-219]:

$$R_3^1P \ + \ R_2^2N-Cl \ \longrightarrow \ [R_3^1\overset{\oplus}{P}-NR_2^2]Cl^{\ominus}$$

$$R^2 = H^{216-219}, \ CH_3{}^{219}$$

Chloramin kann in Form eines Chloramin/Ammoniak-Gemisches, das in einem Chloramin-Generator erzeugt werden kann, bei 20° gasförmig in die Lösung des tert. Phosphans eingeleitet oder in etherischer Lösung zugegeben werden. Als Lösungsmittel eignen sich z.B. Benzol, Diethylether, Chloroform und Dichlormethan. Schwierigkeiten bereitet allerdings oft die Entfernung von Ammoniumchlorid-Verunreinigungen aus dem ausgefallenen Amino-phosphonium-Salz. In ähnlicher Weise wie Chloramine reagieren auch Chlor-guanidine mit Triphenylphosphan in Acetonitril bei sorgfältigem Ausschluß von Wasser in glatter Reaktion zu den entsprechenden *(Diaminomethylen-amino)-triphenyl-phosphonium-chloriden*[220]:

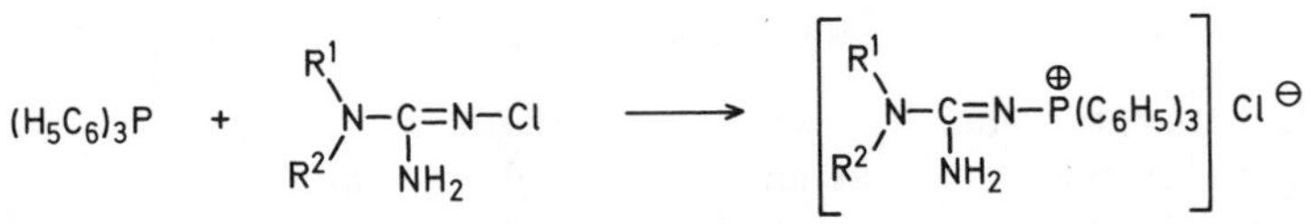

$$(H_5C_6)_3P \ + \ \begin{matrix} R^1 \\ \diagdown \\ N-C=N-Cl \\ \diagup \quad | \\ R^2 \quad NH_2 \end{matrix} \longrightarrow \left[\begin{matrix} R^1 \\ \diagdown \\ N-C=N-\overset{\oplus}{P}(C_6H_5)_3 \\ \diagup \quad | \\ R^2 \quad NH_2 \end{matrix}\right] Cl^{\ominus}$$

N,N-Dichlor-alkylamine liefern bei der Umsetzung mit Triphenylphosphan in Ether hydrolyseempfindliche *(N-Chlor-N-alkyl-amino)-triphenyl-phosphonium-chloride*[221]:

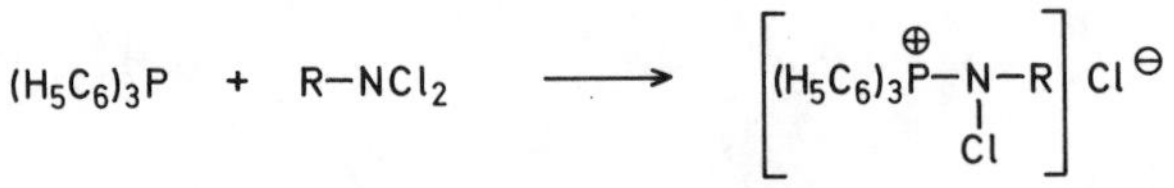

$$(H_5C_6)_3P \ + \ R-NCl_2 \ \longrightarrow \ \left[(H_5C_6)_3\overset{\oplus}{P}-N-R \atop \quad\quad\quad | \atop \quad\quad\quad Cl\right] Cl^{\ominus}$$

[206] *B. Castro* u. *C. Selve*, Bull. Soc. Chim. Fr. **1971**, 2296.
[207] *P. Simon, J.-C. Ziegler* u. *B. Gross*, Synthesis **1979**, 951.
[216] *H.H. Sisler, H.S. Ahuja* u. *N.L. Smith*, J. Org. Chem. **26**, 1819 (1961).
[217] *H.H. Sisler, A. Sarkis, H.S. Ahuja, R.J. Drago* u. *N.L. Smith*, J. Am. Chem. Soc. **81**, 2982 (1959).
[218] *S.E. Frazier* u. *H.H. Sisler*, Inorg. Chem. **11**, 1431 (1972).
[219] *H.H. Sisler* u. *S.R. Jain*, Inorg. Chem. **7**, 104 (1968).
[220] *A. Heesing* u. *G. Imsieke*, Chem. Ber. **107**, 1536 (1974).
[221] *R.M. Kren* u. *H.H. Sisler*, Inorg. Chem. **10**, 2630 (1971).

Tab. 50: Amino-phosphonium-Salze durch Halogenaminierung von tert. Phosphanen

tert. Phosphan	Halogenamin	Lösungsmittel	Amino-phosphonium-Salz	Ausbeute [%]	Schmp. [°C]	Literatur
$(NC-CH_2-CH_2)_3P$	NH_2-Cl	CH_2Cl_2	Amino-tris-[2-cyan-ethyl]-phosphonium-chlorid	85	154[a]	216
$(H_5C_4)_3P$	$(H_3C)_2N-Br$	Hexan	Dimethylamino-tributyl-phosphonium-bromid	~100[c]	131–136	222
$(H_5C_6-CH_2)_3P$	NH_2-Cl	Benzol	Amino-tribenzyl-phosphonium-chlorid	66	220–221	216
$(H_3O)_2P-C_6H_5$	$(H_3C)_2N-Cl$	Ether	Dimethyl-dimethylamino-phenyl-phosphonium-chlorid	–	131–132	219
$(H_2C=CH-CH_2)_2-P-C_6H_5$	NH_2-Cl	Ether	Amino-diallyl-phenyl-phosphonium-chlorid	80	192–193[b]	216
$(H_5C_6)_3P$	NH_2-Br	Toluol	Amino-triphenyl-phosphonium-bromid	~100[c]	247–249	222
	H_3C-NCl_2	Ether	(N-Chlor-methylamino)-triphenyl-phosphonium-chlorid	75	145–149 (Zers.)	221
	$H_5C_2-NCl_2$	Ether	(N-Chlor-ethylamino)-triphenyl-phosphonium-chlorid	91	184–185 (Zers.)	221
	$H_5C_6-SO_2-N$ (CH_3)(Cl)	Ether	(N-Methyl-phenylsulfonylamino)-triphenyl-phosphonium-chlorid	87	58–60 (Zers.)	223
	$H_2N-CO-NH-Cl$	H_3C-CN	Ureido-triphenyl-phosphonium-chlorid	42	194–195	224
	$H_5C_6-CH_2-NH-C(=N-Cl)-NH_2$	H_3C-CN	(Amino-benzylamino-methylenamino)-triphenyl-phosphonium-chlorid	79	200	220
	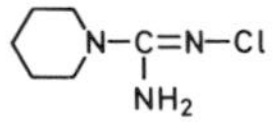 piperidino-$N-C(=N-Cl)-NH_2$	H_3C-CN	(Amino-piperidino-methylenamino)-triphenyl-phosphonium-chlorid	53	174	220
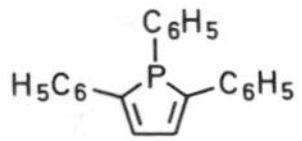 Phosphol: H_5C_6 … $P-C_6H_5$	NH_2-Cl	Benzol/Ether	1-Amino-1,2,5-triphenyl-phospholium-chlorid	79	210–211	218

[a] Pikrat
[b] Hexachloroplatinat
[c] bez. auf Bromamin

216 H. H. Sisler, H. S. Ahuja u. N. L. Smith, J. Org. Chem. 26, 1819 (1961).
218 S. E. Frazier u. H. H. Sisler, Inorg. Chem. 11, 1431 (1972).
219 H. H. Sisler u. S. R. Jain, Inorg. Chem. 7, 104 (1968).
220 A. Heesing u. G. Imsieke, Chem. Ber. 107, 1536 (1974).
221 R. M. Kren u. H. H. Sisler, Inorg. Chem. 10, 2630 (1971).
222 D. F. Clemens, W. Woodford, E. Dellinger u. Z. Tyndall, Inorg. Chem. 8, 998 (1969).
223 V. A. Shokol, L. I. Molyavko u. G. J. Derkach, Zh. Obshch. Khim. 36, 930 (1966); engl.: 945.
224 R. A. Wiesboeck, J. Org. Chem. 30, 3161 (1965).

Unter Mitwirkung von Tetrachlormethan werden durch schonende Umsetzung von tert. Phosphanen mit Ammoniak oder Aminen in hohen Ausbeuten Amino-phosphonium-chloride erhalten[225]:

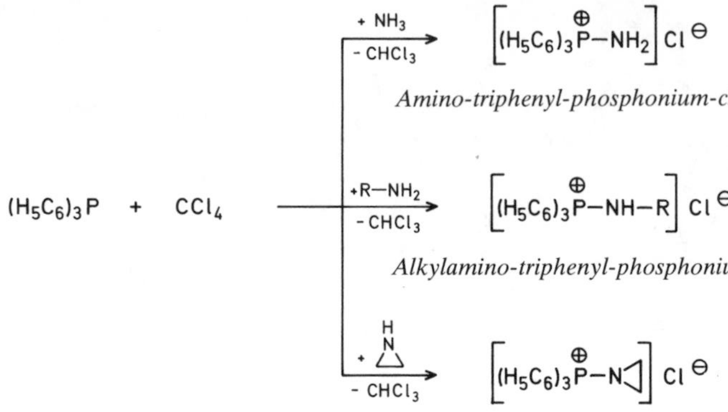

$(H_5C_6)_3P$ + CCl_4

$\xrightarrow[- CHCl_3]{+ NH_3}$ $\left[(H_5C_6)_3\overset{\oplus}{P}{-}NH_2\right]Cl^{\ominus}$

Amino-triphenyl-phosphonium-chlorid

$\xrightarrow[- CHCl_3]{+R{-}NH_2}$ $\left[(H_5C_6)_3\overset{\oplus}{P}{-}NH{-}R\right]Cl^{\ominus}$

Alkylamino-triphenyl-phosphonium-chlorid

$\xrightarrow[- CHCl_3]{+ \overset{H}{\underset{\triangle}{N}}}$ $\left[(H_5C_6)_3\overset{\oplus}{P}{-}N\triangleleft\right]Cl^{\ominus}$

Aziridino-triphenyl-phosphonium-chlorid

Die Einwirkung von Benzoldiazonium-tetrafluoroborat auf das mesomere Phosphonium-Kation (Diphenylphosphano-triphenylphosphoranyliden-methyl)-triphenyl-phosphonium-chlorid (s. S. 549) führt nicht zum erwarteten arylierten Dikation [vgl. 4. Aufl., Bd. XII/1, S. 96], sondern zu einem thermisch stabilen, diazotierten Phosphonium-Salz[226]:

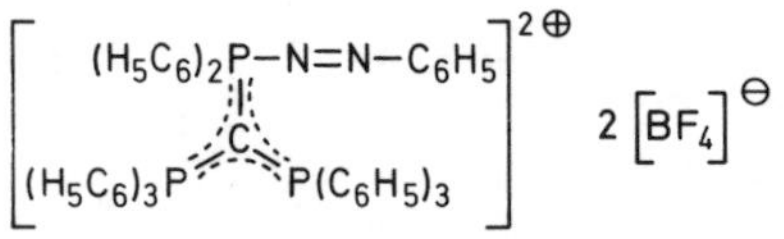

$$\left[\begin{array}{c}(H_5C_6)_2P{-}N{=}N{-}C_6H_5 \\ \vdots \\ C \\ (H_5C_6)_3P \cdots P(C_6H_5)_3\end{array}\right]^{2\oplus} 2\left[BF_4\right]^{\ominus}$$

Benzolazo-diphenyl-(bis-[triphenylphosphoniono]-methylen)-phosphoran-bis-[tetrafluoroborat]; 86%

1.2.3.2. aus Phosphinig- bzw. Phosphonigsäure-Derivaten

Quasiphosphonium-Salze mit P–N-Bindungen sind in guten Ausbeuten und unter milden Bedingungen durch Einwirkung prim. oder sek. Amine in Gegenwart eines Tetrahalogenmethans auf Chlor-diorgano- bzw. Dichlor-organo-phosphane zugänglich[227]. Zum Abfangen des entstehenden Chlorwasserstoffs kann als Hilfsbase auch das eingesetzte Amin dienen:

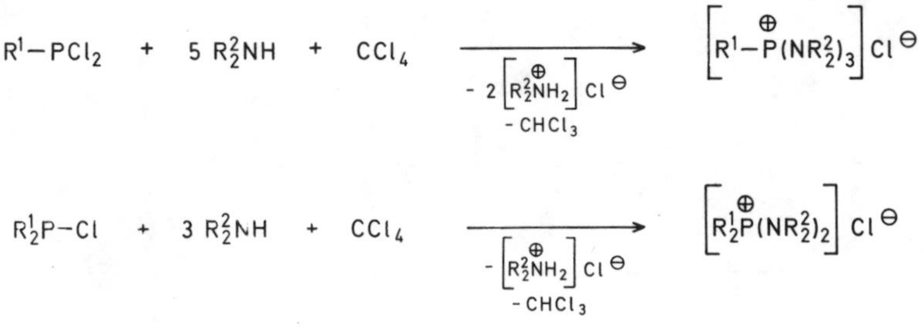

$R^1{-}PCl_2$ + $5\,R_2^2NH$ + CCl_4 $\xrightarrow[\substack{- 2\left[R_2^2\overset{\oplus}{N}H_2\right]Cl^{\ominus} \\ - CHCl_3}]{}$ $\left[R^1{-}\overset{\oplus}{P}(NR_2^2)_3\right]Cl^{\ominus}$

$R_2^1P{-}Cl$ + $3\,R_2^2NH$ + CCl_4 $\xrightarrow[\substack{- \left[R_2^2\overset{\oplus}{N}H_2\right]Cl^{\ominus} \\ - CHCl_3}]{}$ $\left[R_2^1\overset{\oplus}{P}(NR_2^2)_2\right]Cl^{\ominus}$

[225] *R. Appel, R. Kleinstück, K. D. Ziehn* u. *F. Knoll*, Chem. Ber. **103**, 3631 (1970).
[226] *G. H. Birum* u. *C. N. Matthews*, J. Am. Chem. Soc. **88**, 4198 (1966).
[227] DD 105 242 (1974/1973), *H. Teichmann, W. Gerhard* u. *W. Kochmann*; C. A. **82**, 43 042 a (1975).

Die gebildeten Phosphonium- und Ammonium-Salze können durch ihr unterschiedliches Löslichkeitsverhalten gegenüber den verwendeten Lösungsmitteln voneinander getrennt werden.

Durch Chloraminierung substituierter Alkyl- und Aryl-amino-phosphane mit Chloramin oder Chlor-dimethyl-amin in inerten Lösungsmitteln kann auf einfache Weise eine weitere Amino-Gruppe unter Knüpfung einer P–N-Bindung eingeführt werden[228–230]. Bis-[diphenylphosphano]-amine gehen mit Chloramin/Ammoniak-Gemischen eine doppelte Umsetzung an den Phosphor-Atomen ein[228]:

$$(H_5C_6)_2P{-}NR_2 \;+\; NH_2Cl \;\longrightarrow\; \left[(H_5C_6)_2\overset{\oplus}{\underset{NR_2}{P}}{-}NH_2\right] Cl^{\ominus}$$

$$\left[(H_5C_6)_2P\right]_2 N{-}R \;+\; 2\,NH_2Cl \;+\; NH_3 \;\xrightarrow[-\,NH_4Cl]{}\; \left[R{-}\overset{\displaystyle \underset{\|}{P(C_6H_5)_2}}{\underset{\displaystyle \overset{\oplus}{\underset{NH}{P(C_6H_5)_2}}}{N}}\right] Cl^{\ominus}$$

Hydrazino-[231] und Bis-[hydrazino]-phosphane[232] verhalten sich bzgl. Alkylierungs- und Aminierungsreaktionen wie Aminophosphane. In jedem Fall entstehen die entsprechenden Phosphonium-Salze ohne weitere Alkylierung bzw. Aminierung der Stickstoff-Atome:

$$R{-}\overset{\displaystyle NH{-}N(CH_3)_2}{\underset{\displaystyle NH{-}N(CH_3)_2}{P}} \;+\; NH_2Cl \;\longrightarrow\; \left[R{-}\overset{\displaystyle \overset{\oplus}{\underset{NH_2}{}}}{\underset{\displaystyle NH{-}N(CH_3)_2}{P}}{-}NH{-}N(CH_3)_2\right] Cl^{\ominus}$$

Amino-bis-[2,2-dimethyl-hydrazino]-organo-phosphonium-chlorid;
80%

Im Falle des 1,1-Bis-[diphenylphosphano]-2,2-dimethyl-hydrazin ist durch Umsetzung mit Chloramin/Ammoniak wiederum eine Zweifach-Aminierung zum *Amino-[2,2-dimethyl- 1- (diphenyl- imino- phosphoranyl)- hydrazino]- diphenyl- phosphonium- chlorid* (34%) möglich[231]:

$$\overset{\displaystyle (H_5C_6)_2P}{\underset{\displaystyle (H_5C_6)_2P}{N}}{-}N(CH_3)_2 \;+\; 2\,NH_2Cl \;+\; NH_3 \;\xrightarrow[-\,NH_4Cl]{}\; \left[\overset{\displaystyle (H_5C_6)_2\overset{\|}{\underset{NH}{P}}}{\underset{\displaystyle (H_5C_6)_2\overset{\oplus}{\underset{NH_2}{P}}}{N}}{-}N(CH_3)_2\right] Cl^{\ominus}$$

Amino-[2,2-dimethyl-hydrazino]-diphenyl-phosphonium-chlorid[231]: 4,5g (18,4 mmol) [2,2-Dimethyl-hydrazino]-diphenyl-phosphan werden in 50 *ml* trockenem Ether 15 Min. mit Chloramin, das in einem Chloramin-Generator[231a] erzeugt wird, bei 0° umgesetzt. Während der Reaktion bildet sich ein farbloser Feststoff. Das Rohprodukt (4,6 g, 86%) wird aus abs. Ethanol bei 20° umkristallisiert. (Schmp.: 195,0°).

[228] *D.F. Clemens* u. *H.H. Sisler*, Inorg. Chem. **4**, 1222 (1965).
[229] *W.A. Hart* u. *H.H. Sisler*, Inorg. Chem. **3**, 617 (1964).
[230] *S.R. Jain, L.K. Krannich, R.E. Highsmith* u. *H.H. Sisler*, Inorg. Chem. **6**, 1058 (1967).
[231] *R.P. Nielsen, J.F. Vincent* u. *H.H. Sisler*, Inorg. Chem. **2**, 760 (1963).
[231a] s. *H. Sisler, F. Neth, R.S. Drago* u. *D. Yaney*, J. Am. Chem. Soc. **76**, 3906 (1954).
[232] *H.H. Sisler* u. *J. Weiss*, Inorg. Chem. **4**, 1514 (1965).

1.2.3.3. mit Phosphorigsäure-Derivaten

Ebenso wie Halogenphosphane (s. S. 536) können auch Phosphor(III)-halogenide in inerten Lösungsmitteln mit prim. und sek. Aminen in Gegenwart von Tetrachlormethan zu Quasiphosphonium-Salzen umgesetzt werden[227]:

$$PCl_3 \quad + \quad 7\,R_2NH \quad + \quad CCl_4 \quad \xrightarrow[\substack{-3\,[R_2\overset{\oplus}{N}H_2]Cl^{\ominus} \\ -CHCl_3}]{} \quad [(R_2N)_4\overset{\oplus}{P}]Cl^{\ominus}$$

Tetrakis-[2,5-dimethyl-anilino]-phosphonium-chlorid[227]: In einem 500-*ml*-Dreihalskolben mit Rührer, Tropftrichter und Rückflußkühler mit Trockenrohr werden 59,5 g (0,49 mol) 2,5-Dimethyl-anilin in 300 *ml* Dichlormethan und 15 *ml* (0,16 mol) Tetrachlormethan gelöst. Unter Rühren tropft man langsam eine Lösung von 9,6 g (0,07 mol) Phosphor(III)-chlorid in 30 *ml* Dichlormethan zu, wobei die Reaktionsmischung zu sieden beginnt. Man rührt 5 Stdn. unter Rückfluß. Nach Abkühlen wird das abgeschiedene Gemenge abgesaugt und mit Chloroform gewaschen. Den trockenen Rückstand kocht man mit 55 *ml* Ethanol aus und saugt die heiße Suspension ab. Das zurückbleibende Phosphonium-Salz enthält Spuren an Amin-Hydrochlorid und kann mit viel Ethanol umkristallisiert werden; Ausbeute: 27 g (71%); Schmp.: 290° (Zers.).

Ein Beispiel für die Überführung von Phosphiten in Quasiphosphonium-Salze unter Knüpfung einer P–N-Bindung stellt die in Acetonitril ablaufende Reaktion zwischen Triphenylphosphit und Chlor-guanidinen dar[233]. Die dabei gebildeten [*(Amino-organoamino-methylen)-amino*]-*triphenoxy-phosphonium-chloride* sind thermisch und gegen Hydrolyse relativ stabil. Jedoch muß bei der Herstellung auf strikten Ausschluß von Wasser geachtet werden.

$$(H_5C_6O)_3P \quad + \quad \underset{\underset{NH_2}{|}}{R-NH-C=N-Cl} \quad \longrightarrow \quad \left[\underset{\underset{NH_2}{|}}{(H_5C_6O)_3\overset{\oplus}{P}-N=C-NH-R}\right]Cl^{\ominus}$$

1.2.4. *unter P–P- bzw. P–As-Neuknüpfung*

Durch Reaktion tert. Phosphane mit Chlor-dimethyl-phosphan ohne Zusatz von Lösungsmitteln sind Pentaalkyl-diphosphonium-chloride (die im Falle der Pentamethyl-Verbindung als sublimierbare Addukte anfallen) erhältlich[234,235] (vgl. S. 492/493). Arsino-phosphonium-Salze können analog z.B. durch Einwirkung von Dimethyl-jod-arsan auf tert. Alkyl-phosphane in Ether hergestellt werden[236]:

$$R_3P \quad + \quad (H_3C)_2P-Cl \quad \rightleftharpoons \quad [R_3\overset{\oplus}{P}-P(CH_3)_2]Cl^{\ominus}$$

Bei der Umsetzung von tert. Phosphanen mit Phosphoroxychlorid entstehen in einer nukleophilen Substitutionsreaktion als salzartige, sehr feuchtigkeitsempfindliche Zwischenprodukte Dichlorphosphoryl-phosphonium-chloride[237,238]. Auch Diphosphane (z.B. *1,2-Bis-[diphenylphosphano]-ethan*) liefern in überschüssigem Phosphoroxychlorid in einer stark exothermen Reaktion die entsprechenden Bis-phosphonium-Salze mit zwei P–P-Bindungen:

---

[227] DD 105242 (1974/1973), *H. Teichmann, W. Gerhard* u. *W. Kochmann*; C.A. **82**, 43042a (1975).

[233] *A. Heesing* u. *G. Imsieke*, Chem. Ber. **107**, 1536 (1974).

[234] *F. Seel* u. *H. Keim*, Chem. Ber. **112**, 2278 (1979).

[235] *St. F. Spangenberg* u. *H. H. Sisler*, Inorg. Chem. **8**, 1006 (1969).

[236] *J. M. F. Braddock* u. *G. E. Coates*, J. Chem. Soc. **1961**, 3208.

[237] *E. Lindner* u. *H. Beer*, Chem. Ber. **105**, 3261 (1972).

[238] *E. Lindner* u. *H. Beer*, Chem. Ber. **103**, 2802 (1970).

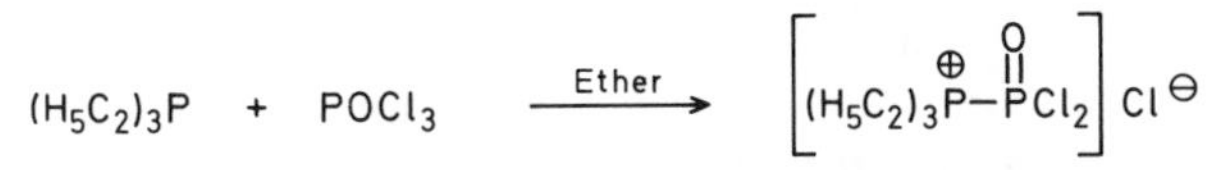

$$(H_5C_2)_3P \ + \ POCl_3 \ \xrightarrow{\text{Ether}} \ \left[(H_5C_2)_3\overset{\oplus}{P} - \overset{\overset{O}{\|}}{P}Cl_2 \right] Cl^{\ominus}$$

Dichlorphosphoryl-triethyl-phosphonium-chlorid; ~ 80%

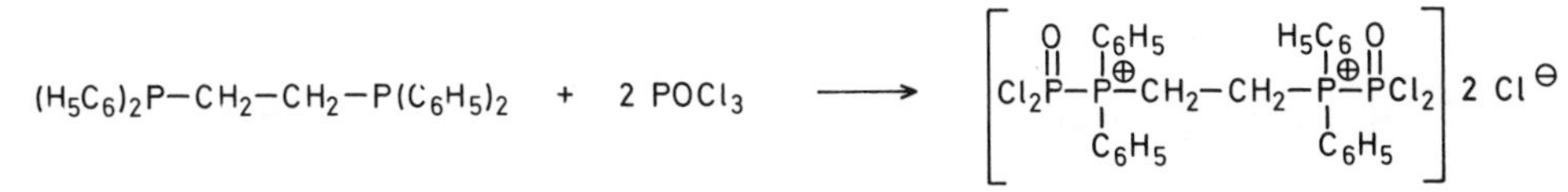

$$(H_5C_6)_2P-CH_2-CH_2-P(C_6H_5)_2 \ + \ 2 \ POCl_3 \ \longrightarrow \ \left[Cl_2\overset{\overset{O}{\|}}{P}-\overset{\overset{C_6H_5}{\oplus}}{\underset{C_6H_5}{P}}CH_2-CH_2-\overset{\overset{H_5C_6}{\oplus}}{\underset{C_6H_5}{P}}\overset{\overset{O}{\|}}{P}Cl_2 \right] 2 \ Cl^{\ominus}$$

1,2-Bis-[dichlorphosphoryl-diphenyl-phosphoniono]-
ethan-dichlorid; ~ 90%

Dichlorphosphoryl-triethyl-phosphonium-chlorid[237]: Zu einer Lösung von 10 *ml* (137 mmol) Phosphoroxy-chlorid in 75 *ml* Ether wird unter lebhaftem Rühren bei −78° eine Lösung von 2,37 g (20,05 mmol) Triethylphos-phan in 30 *ml* Ether getropft. Nach dem Erwärmen auf 20° filtriert man von orangefarbenen Verunreinigungen (D 4-Fritte) ab und engt die farblose Lösung i. Vak. ein. Die gebildete Kristallmasse wird in wenig Chloroform ge-löst und durch Versetzen mit 30 *ml* Ether als farbloses Öl gefällt. Dieses wird nach Dekantieren der Ether-Phase i. Vak. von Lösungsmittelresten befreit und durch Kühlen auf −30° zur Kristallisation gebracht; Ausbeute: ~ 4,3 g (~ 80%); Schmp.: 27–28°.

2. durch Abbaureaktion

2.1. unter Spaltung einer P–C-π-Bindung

2.1.1. *in Alkyliden-triorgano-phosphoranen*

2.1.1.1. durch Einwirkung freier Säuren und von Ammoniumsalzen

Alkyliden-triorgano-phosphorane können i. a. glatt durch Addition freier Säuren zu den korrespondierenden Phosphonium-Salzen umgesetzt werden [s. 4. Aufl., Bd. XII/1, S. 10]. Als einfachsten Reaktionstyp läßt sich die erneute Umwandlung der aus Phospho-nium-Salzen gewonnenen Ylide in Phosphonium-halogenide durch Einwirkung von Halo-genwasserstoff anführen. Z. B. fällt bei der Behandlung von 1-Methyl-1-methylen-1-λ^5-phosphorinan mit etherischer Chlorwasserstoff-Lösung sofort das *1,1-Dimethyl-phos-phorinanium-chlorid* unter Protonierung des ylidischen C–Atoms aus[239]:

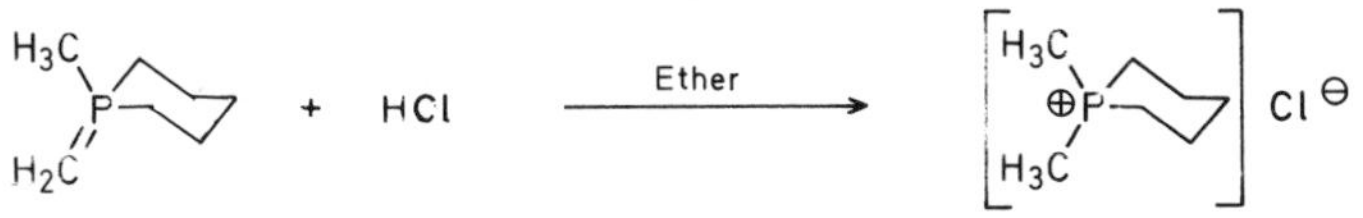

Auf diesem Wege gelingt unter wasserfreien Bedingungen die Herstellung einer Reihe von Salzen unter Variation des Anions. So ist *Tetramethyl-phosphonium-acetat* bzw. *-hy-drogenacetat* durch Reaktion des reinen, salzfreien Methylen-trimethyl-phosphorans mit einem bzw. zwei Moläquivalenten Eisessig in etherischer Lösung zugänglich[240]. Unter gleichen Bedingungen scheidet sich auch mit Stickstoffwasserstoffsäure das entsprechende *Azid* ab[240]. Bei Einwirkung wasserfreier Fluorwasserstoffsäure auf Methylen-trimethyl-

[237] *E. Lindner* u. *H. Beer*, Chem. Ber. **105**, 3261 (1972).
[239] *H. Schmidbaur* u. *H.P. Scherm*, Chem. Ber. **110**, 1576 (1977).
    s.a. *H. Schmidbaur* u. *A. Mörtl*, Z. Naturforsch. B **35 B**, 990 (1980).
[240] *H. Schmidbaur* u. *H. Stühler*, Z. Anorg. Allg. Chem. **405**, 202 (1974).

phosphoran bei tiefen Temperaturen läßt sich das äußerst feuchtigkeitsempfindliche und im Gegensatz zu anderen Fluor-phosphonium-Verbindungen dieses Typs weitgehend io-nisch aufgebaute *Tetramethyl-phosphonium-fluorid* in kristalliner Form gewinnen[241]:

$$(H_3C)_3P{=}CH_2 \quad + \quad HF \quad \xrightarrow{-70°} \quad [(H_3C)_4\overset{\oplus}{P}]F^{\ominus}$$

$$(H_3C)_3P{=}CH-Si(CH_3)_3 \quad + \quad 2HF \quad \xrightarrow[-(H_3C)_3SiF]{-40°} \quad [(H_3C)_4\overset{\oplus}{P}]F^{\ominus}$$

Zur Herstellung der Phosphonium-thiocyanate und -nitrate geht man am besten von den Ammoniumsalzen aus, die unter der Einwirkung des stark basischen Ylids Ammoniak abspalten und so die Bildung z. B. von *Tetramethyl-phosphonium-thiocyanat* bzw. *-nitrat* in guten Ausbeuten ermöglichen[240]. Bis-[tetraalkyl-phosphonium]-sulfate und -thiosulfate werden aus den entsprechenden Yliden gewonnen, wenn man diese zuvor durch Zugabe von Alkohol oder Verdünnen mit Wasser in die Phosphonium-hydroxide überführt und danach das Ammoniumsalz zufügt. Erst dann verläuft die Reaktion unter Ammoniak-Entwicklung im gewünschten Sinne[240]:

$$R_3P{=}CH_2 \quad + \quad NH_4X \quad \xrightarrow{-NH_3} \quad [R_3\overset{\oplus}{P}-CH_3]X^{\ominus}$$

$$X = SCN, NO_3$$

$$(H_3C)_3P{=}CH_2 \quad \xrightarrow[]{\substack{1.\ H_5C_2-OH \\ 2.\ H_2O}} \quad [(H_3C)_4\overset{\oplus}{P}]OH^{\ominus} \quad \xrightarrow[\substack{-2NH_3 \\ -H_2O}]{(NH_4)_2X} \quad [(H_3C)_4\overset{\oplus}{P}]_2X^{2\ominus}$$

Tetramethyl-phospho-nium-hydroxid

Bis-[tetramethyl-phosphonium]-sulfat bzw. -thiosulfat

$$X = SO_4, S_2O_3$$

Die Strukturen der bei den Reaktionen von Alkyliden-triorgano-phosphoranen mit Säu-ren gebildeten Phosphonium-Salze können auch durch Keto-Enol-Gleichgewichte, deren Lage in komplizierter Weise von der Basizität des Anions, der Natur der Substituenten am α-C-Atom und vom Lösungsmittel abhängt, geprägt sein. Z. B. liegt das durch Einwirkung von Bromwasserstoff auf (1-Ethoxycarbonyl-2-oxo-propyliden)-triphenyl-phosphoran in Benzol ausfallende *(1-Ethoxycarbonyl-2-oxo-propyl)-triphenyl-phosphonium-bromid* in der *trans*-Enol-Form vor[242]:

$$\left[(H_5C_6)_3\overset{\oplus}{P}-\underset{\underset{COOC_2H_5}{|}}{CH}-CO-CH_3\right] Br^{\ominus} \quad \rightleftharpoons \quad \left[\substack{(H_5C_6)_3\overset{\oplus}{P} \\ \\ H_5C_2OOC} \underset{\diagdown}{\overset{\diagup}{C}{=}C} \substack{OH \\ \\ CH_3}\right] Br^{\ominus}$$

Dieses kann durch Wasserstoffbrückenbildung mit den Anionen zusätzlich stabilisiert werden. Demgegenüber existieren (1-Halogen-2-oxo-alkyl)-triphenyl-phosphonium-Salze, deren Acidität unter dem Einfluß des elektronegativen Halogen-Atoms im Ver-gleich zu den am α–C-Atom unsubstituierten (2-Oxo-2-phenyl-ethyl)-triphenyl-phos-

[240] H. Schmidbaur u. H. Stühler, Z. Anorg. Allg. Chem. **405**, 202 (1974).
[241] H. Schmidbaur, K.-H. Mitschke u. J. Weidlein, Angew. Chem. **84**, 165 (1972).
[242] I. M. Aladzheva, P. V. Petrovskii, T. A. Mastryukova u. M. I. Kabachnik, Zh. Obshch. Khim. **50**, 1442 (1980); engl.: 1161.

phonium-Salzen wesentlich erhöht wird, im festen Zustand und in Lösung i.a. in der Keto-Form[243]; z.B.:

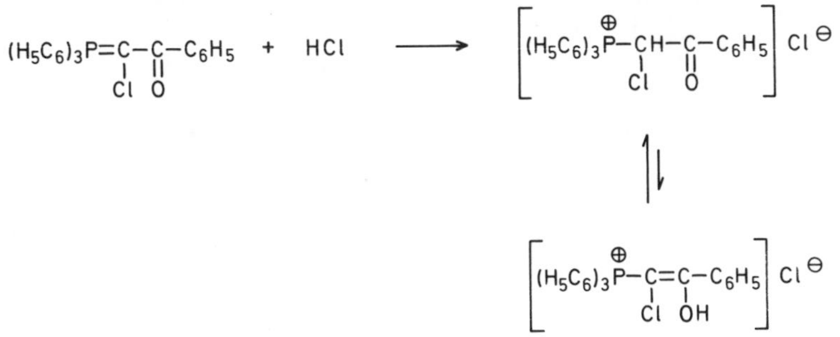

$$(H_5C_6)_3P=C-C-C_6H_5 \;+\; HCl \longrightarrow \left[(H_5C_6)_3\overset{\oplus}{P}-CH-C-C_6H_5\right] Cl^{\ominus}$$
$$\overset{|}{Cl}\;\overset{\|}{O} \qquad\qquad\qquad \overset{|}{Cl}\;\overset{\|}{O}$$

$$\updownarrow$$

$$\left[(H_5C_6)_3\overset{\oplus}{P}-C=C-C_6H_5\right] Cl^{\ominus}$$
$$\overset{|}{Cl}\;\overset{|}{OH}$$

(1-Chlor-2-oxo-2-phenyl-ethyl)-triphenyl-phosphonium-chlorid

Die durch Addition von Säuren gebildeten Phosphonium-Salze verhalten sich je nach Basizität der korrespondierenden Ylide wie mehr oder weniger starke Säuren, die bei genügender Acidität bereits mit schwachen Basen wieder in die ursprünglichen Ylide übergehen. Dies trifft z.B. auf die (1-Acyl-2-oxo-alkyl)-triphenyl-phosphonium-Salze zu, die sich aus einer benzolischen Lösung der (1-Acyl-2-oxo-alkyliden)-triphenyl-phosphorane bei Einleitung von Halogenwasserstoff abscheiden[244].

Versetzt man eine Lösung von Bis-[triphenylphosphoranyliden]-methan in Diglyme mit verd. Salzsäure, so erhält man nach Extraktion mit Chloroform *Triphenyl-(triphenylphosphoranyliden-methyl)-phosphonium-chlorid*, dessen Struktur durch eine mesomere Ladungsverteilung zu beschreiben ist[245]:

$$(H_5C_6)_3P=C=P(C_6H_5)_3 \;+\; HCl \longrightarrow \left[(H_5C_6)_3P\overset{\overset{\overset{H}{|}}{\overset{C}{\diagdown}}}{\underset{\oplus}{\diagup}}P(C_6H_5)_3\right] Cl^{\ominus}$$

Bei der Umsetzung etherischer Lösungen von Pentacarbonyl-isocyan-chrom(0)-Komplexen mit Methylen-triphenyl-phosphoran können bei Anwesenheit geeigneter Isocyan-Liganden die Komplexe I entstehen, die mit wasserfreier Borfluorwasserstoffsäure unter Spaltung der Chrom-Stickstoff-Bindung glatt in (2-Amino-1-alkenyl)-triphenyl-phosphonium-tetrafluoroborate übergehen. Diese fallen aus etherischer Lösung direkt aus[246]:

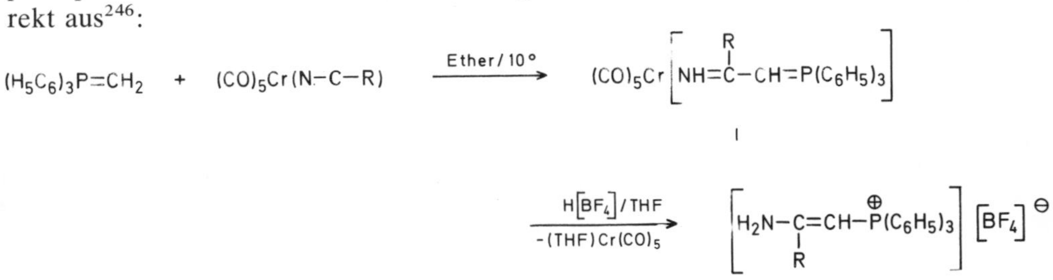

$$(H_5C_6)_3P=CH_2 \;+\; (CO)_5Cr(N-C-R) \xrightarrow{\text{Ether}/10°} (CO)_5Cr\left[\overset{\overset{R}{|}}{NH=C}-CH=P(C_6H_5)_3\right]$$

I

$$\xrightarrow[-(THF)Cr(CO)_5]{H[BF_4]/THF} \left[H_2N-C=CH-\overset{\oplus}{P}(C_6H_5)_3\right] [BF_4]^{\ominus}$$
$$\overset{|}{R}$$

---

[243] *I. M. Aladzheva, V. A. Svoren', P. V. Petrovskii, T. A. Mastryukova* u. *M. I. Kabachnik*, Zh. Obshch. Khim. **50**, 725 (1980); engl.: 570.

[244] *T. A. Mastryukova, I. M. Aladzheva, E. I. Matrosov* u. *M. I. Kabachnik*, Zh. Obshch. Khim. **42**, 1470 (1972); engl.: 1461.

[245] *J. S. Driscoll, D. W. Grisley*, jr., *J. V. Pustinger, J. E. Harris* u. *C. N. Matthews*, J. Org. Chem. **29**, 2427 (1964).

[246] *L. Knoll* u. *H. Wolff*, Chem. Ber. **112**, 2709 (1979).

2.1.1.2. durch Einwirkung von Halogen

Durch vorsichtige Einwirkung von Halogen können Alkyliden-phosphorane in vielen Fällen in (1-Halogen-alkyl)-phosphonium-Verbindungen übergeführt werden. So läßt sich das hygroskopische [*Chlor-(diphenylaminocarbonyl)-methyl*]-*triphenyl-phosphonium-chlorid* durch Reaktion des (Diphenylaminocarbonyl-methylen)-triphenyl-phosphorans mit äquimolaren Mengen Chlor bei 0° mit 93%iger Ausbeute isolieren[247]:

$$(H_5C_6)_3P{=}CH{-}\overset{\overset{O}{\|}}{C}{-}N(C_6H_5)_2 \ + \ Cl_2 \quad \xrightarrow{CHCl_3} \quad \left[(H_5C_6)_3\overset{\oplus}{P}{-}\overset{\overset{Cl}{\|}}{\underset{}{C}}H{-}\overset{\overset{O}{\|}}{C}{-}N(C_6H_5)_2 \right] Cl^{\ominus}$$

Zur Herstellung von *(1-Brom-1-phenyl-ethyl)-triphenyl-phosphonium-bromid* kann man das aus dem korrespondierenden Phosphonium-Salz gebildete (1-Phenyl-ethyliden)-triphenyl-phosphoran ohne vorherige Isolierung aus der Reaktionsmischung mit einer benzolischen Brom-Lösung umsetzen[248]. Auf diesem Wege erhält man geeignete Ausgangsstoffe zur Herstellung α-substituierter Vinyl-phosphonium-Salze:

$$(H_5C_6)_3P{=}C\overset{\overset{CH_3}{\diagup}}{\underset{\underset{C_6H_5}{\diagdown}}{}} \ + \ Br_2 \quad \xrightarrow{C_6H_6} \quad \left[(H_5C_6)_3\overset{\oplus}{P}{-}\overset{\overset{CH_3}{|}}{\underset{\underset{C_6H_5}{|}}{C}}{-}Br \right] Br^{\ominus}$$

(1-Brom-1-phenyl-ethyl)-triphenyl-phosphonium-bromid[248]: Eine Suspension von 134 g (0,3 mol) (1-Phenyl-ethyl)-triphenyl-phosphonium-bromid in 250 *ml* trockenem Benzol wird unter Stickstoff mit 165 *ml* 1,91 m Lithium-phenyl-Lösung (0,315 mol) versetzt. Man erhitzt die Reaktionsmischung unter Rühren und unter Rückfluß 24 Stdn. Die entstandene, erkaltete Reaktionsmischung bringt man mit einer Lösung von 64 g Brom (0,4 mol) in 150 *ml* trockenem Benzol zur Reaktion, indem man beide Mischungen unter kräftigem Rühren langsam in eine eisgekühlte, mit Stickstoff gespülte und mit 300 *ml* Benzol gefüllte Vorlage gibt. Die Zugabe soll so langsam erfolgen, daß kein Sieden unter Rückfluß auftritt. Die entstandene orangefarbene Suspension wird 0,5 Stdn. weitergerührt. Das Lösungsmittel wird dekantiert und der gummiartige Rückstand in Dichlormethan gelöst. Die Lösung wird bis zu einer blassen Gelbfärbung mit Cyclohexen versetzt. Nach Zufügen von Celite wird die Reaktionsmischung filtriert und eingeengt. Zugabe von Essigsäure-ethylester liefert das Phosphonium-Salz; Schmp.: 168–169°.

Setzt man (2-Aryl-1-brom-2-oxo-ethyliden)-triphenyl-phosphorane mit äquimolaren Mengen Brom um, so bilden sich die *(2-Aryl-1,1-dibrom-2-oxo-ethyl)-triphenyl-phosphonium-bromide* in fester, mehr oder weniger reiner Form[249, 247]; z.B.:

$$(H_5C_6)_3P{=}C\overset{\overset{Br}{\diagup}}{\underset{\underset{\underset{O}{\|}}{C}{-}C_6H_5}{\diagdown}} \ + \ Br_2 \quad \longrightarrow \quad \left[(H_5C_6)_3\overset{\oplus}{P}{-}\overset{\overset{Br}{|}}{\underset{\underset{Br}{|}}{C}}{-}\overset{\overset{O}{\|}}{C}{-}C_6H_5 \right] Br^{\ominus}$$

(1,1-Dibrom-2-oxo-2-phenyl-ethyl)-triphenyl-phosphonium-bromid

2.1.1.3. durch Einwirkung von Alkylhalogeniden und Carbonsäure-Derivaten

Die Umsetzung von Alkyliden-phosphoranen mit Alkylhalogeniden [s. 4. Aufl., Bd. XII/1, S. 101] führt in einer Reihe von Fällen ohne Komplikationen zur Bildung quartärer Phosphonium-Salze, die unter Umständen durch einfache Alkylierung von tert. Phospha-

---

[247] *A. J. Speziale* u. *K. W. Ratts*, J. Org. Chem. **28**, 465 (1963).
[248] *E. E. Schweizer* u. *A. T. Wehman*, J. Chem. Soc. (C) **1971**, 343.
[249] *A. A. Grigorenko, M. I. Shevchuk* u. *A. V. Dombrovskii*, Zh. Obshch. Khim. **35**, 1227 (1965); engl.: 1232.

nen nicht zugänglich sind. Ein Beispiel für die erfolgreiche Anwendung dieses Reaktions-prinzips stellt die Synthese der extrem sterisch gespannten, aber stabilen *Tetra-tert.-bu-tyl-phosphonium-Salze* dar, deren vierte tert.-Butyl-Gruppe stufenweise durch Quartäri-sierungs- und Ylidierungs-Reaktionen aufgebaut werden muß[250]:

$$[(H_3C)_3C]_3P=CH-CH_3 \xrightarrow{\text{CH}_3\text{Br / Pentan}, -50°} \left\{[(H_3C)_3C]_3\overset{\oplus}{P}-CH(CH_3)_2\right\} \text{ Br}^{\ominus} \xrightarrow{\text{Base}}$$

$$[(H_3C)_3C]_3P=C(CH_3)_2 \xrightarrow{\text{CH}_3\text{J/ Pentan}, -60°} \left\{[(H_3C)_3C]_4\overset{\oplus}{P}\right\} J^{\ominus}$$

Phosphonium-Salze und Alkyliden-phosphorane können als korrespondierende Säure-Base-Paare aufgefaßt werden, wobei die Basizität der Ylide von den Substituenten am yli-dischen C-Atom abhängt[251, 252]. Diese Tatsache kann präparative Umsetzungen mit Alky-liden-phosphoranen wesentlich komplizieren. Läßt man z.B. (Methoxycarbonyl-methy-len)-triphenyl-phosphoran mit Alkylhalogeniden reagieren, so erhält man ohne weitere Folgereaktionen unter Alkylierung des α-C-Atoms (1-Methoxycarbonyl-alkyl)-triphenyl-phosphonium-halogenid (C-Alkylierung):

$$(H_5C_6)_3P=CH-COOCH_3 + RX \longrightarrow \left[(H_5C_6)_3\overset{\oplus}{P}-\overset{\overset{R}{|}}{C}H-COOCH_3\right]X^{\ominus}$$

Bei genügender Acidität des am α-C-Atom gebundenen H-Atoms, hervorgerufen durch Liganden mit starkem mesomeren oder induktiven Effekt, kann das gebildete Phospho-nium-Salz mit weiterem, als Base wirkenden Ylid reagieren. In einer weiteren präparativ nachteiligen Folgereaktion kann das in einer Säure-Base-Gleichgewichtsreaktion gebil-dete Ylid in stark polaren Lösungsmitteln mit weiterem Alkylhalogenid quartärisiert wer-den[252]. Sind die Basizitäten der beteiligten Ylide bzw. die Säurestärke der Phosphonium-Salze genügend verschieden, so wird das Gleichgewicht i.a. in die Richtung des schwächer basischen Ylids und des weniger aciden Phosphonium-Salzes verlagert[251].

$$(H_5C_6)_3P=CH-COOCH_3 + \left[(H_5C_6)_3\overset{\oplus}{P}-\overset{\overset{R}{|}}{C}H-COOCH_3\right]X^{\ominus} \rightleftharpoons \left[(H_5C_6)_3\overset{\oplus}{P}-CH_2-COOCH_3\right]X^{\ominus}$$

$$+ (H_5C_6)_3P=\overset{\overset{R}{|}}{C}-COOCH_3$$

Eindeutig und ohne Umylidierungsreaktionen verläuft z.B. die Alkylierung von Benzyli-den-triphenyl-phosphoran mit Benzylhalogenid im Molverhältnis 1:1. Die Acidität des gebildeten Phosphonium-Salzes reicht in diesem Fall nicht aus, das nur schwach basisch wirkende Ylid zu protonieren[253]:

$$H_5C_6-CH=P(C_6H_5)_3 + Br-CH_2-C_6H_5 \longrightarrow \left[H_5C_6-\overset{\overset{\oplus}{P(C_6H_5)_3}}{\underset{\underset{CH_2-C_6H_5}{|}}{C}H}\right]Br^{\ominus}$$

[250] *H. Schmidbaur, G. Blaschke, B. Zimmer-Gasser* u. *U. Schubert*, Chem. Ber. **113**, 1612 (1980).
[251] *H.J. Bestmann*, Chem. Ber. **95**, 58 (1962).
[252] *H.J. Bestmann* u. *H. Schulz*, Chem. Ber. **95**, 2921 (1962).
[253] *H.J. Bestmann, E. Vilsmaier* u. *G. Graf*, Justus Liebigs Ann. Chem. **704**, 109 (1967).

(1,2-Diphenyl-ethyl)-triphenyl-phosphonium-bromid[253]:

Benzyliden-triphenyl-phosphoran: Zur Trocknung wird das als Reaktionsmedium dienende Ammoniak in eine Natrium enthaltende, mit flüssigem Stickstoff gekühlte Falle kondensiert und anschließend in ein Schlenkrohr destilliert. Man fügt 1,3 g (0,056 mol) fein zerschnittenes Natrium und einige Körnchen Eisen(III)-nitrat zu. Wenn die blaue Lösung durch Bildung von Natriumamid grau geworden ist, werden unter Rühren mit einem Magnetrührer 20,0 g (0,051 mol) Benzyl-triphenyl-phosphonium-chlorid zugegeben. Unter weiterem Rühren wird das Ammoniak über ein Quecksilberventil verdampft. Der Rückstand wird mit 100 *ml* abs. Benzol 15 Min. zum Sieden erhitzt, wobei der Rückflußkühler durch ein Quecksilberventil geschlossen wird. Man filtriert durch eine G3-Fritte in ein Schlenkrohr. Dieses wird mit einem Anschützaufsatz versehen, der einen Kühler und Umlauftropftrichter trägt.

(1,2-Diphenyl-ethyl)-triphenyl-phosphonium-bromid: In die vorab erhaltene rote Lösung von Benzyliden-triphenyl-phosphoran gibt man 8,5 g (0,050 mol) Benzylbromid und kocht so lange unter Rückfluß, bis die Farbe der Lösung nach schwach gelb umgeschlagen ist (~ 12 Stdn.). Das ausgefallene Salz kann ohne Inertgasschutz abgesaugt, mit Benzol gewaschen und aus Chloroform/Essigsäure-ethylester umkristallisiert werden; Ausbeute: 19 g (72%); Schmp.: 248–249°.

Entsprechend werden aus Trimethyl-(trimethylsilyl-methylen)-phosphoran mit Alkyl-halogeniden Trimethyl-(1-trimethylsilyl-alkyl)-phosphonium-Salze erhalten[254].

Das Prinzip der C-Alkylierung von Alkyliden-phosphoranen läßt sich auch zur Herstellung cyclischer Phosphonium-Salze anwenden[255]. Bei dieser Methode setzt man Methylen-triphenyl-phosphoran mit einer Dihalogen-Verbindung im Molverhältnis 2:1 um (s. u.). Das durch intermolekulare C-Alkylierung gebildete Phosphonium-Salz reagiert mit dem überschüssigen Methylen-phosphoran im Umylidierungsgleichgewicht zu *Methyl-triphenyl-phosphonium-halogenid* und einem intermediären ω-Halogen-Ylid. Dieses wird durch intramolekulare C-Alkylierung in ein cyclisches Phosphonium-Salz umgewandelt, das weitere gezielte Umsetzungen zuläßt[255]. Die gebildeten Phosphonium-Salze fallen zusammen aus und können auf Grund ihrer unterschiedlichen Löslichkeit, z.B. durch Umkristallisieren aus Wasser getrennt werden. Diese Ringschluß-Methode, bei der inter- und intramolekulare C-Alkylierung kombiniert werden, ermöglicht die Bildung von Vier-, Fünf-, Sechs- und Siebenring-Phosphonium-Salzen:

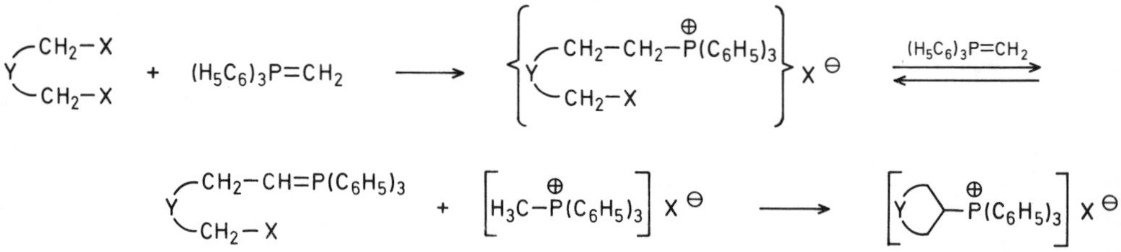

Y: Alkandiyl, Cycloalkandiyl (beide können Heteroatome enthalten)

In der Praxis geht man z.B. zur Herstellung des *Cyclobutyl-triphenyl-phosphonium-bromids* so vor, daß man eine salzfreie, filtrierte Lösung des Methylen-triphenyl-phosphorans in THF mit einer Lösung von 1,3-Dibrom-propan in THF versetzt und 4 Stdn. bei 50–60° erwärmt. Danach ist die anfangs rote Reaktionslösung fast farblos. Das ausgefallene Salzgemenge wird abfiltriert, mit Ether gewaschen, getrocknet und durch Umkristallisieren aus wenig Wasser aufgetrennt (Ausbeute: 25%); bei Fünf- und Sechsringen liegen die Ausbeuten bei fast 90%.

Cyclohexyl-triphenyl-phosphonium-bromid[255]: Zu einer Lösung von 60 mmol Methylen-triphenyl-phosphoran in THF tropft man bei 50–60° eine Lösung von 6,9 g (30 mmol) 1,5-Dibrom-pentan in 30 *ml* abs. THF. Man läßt

[253] *H.J. Bestmann, E. Vilsmaier* u. *G. Graf*, Justus Liebigs Ann. Chem. **704**, 109 (1967).
[254] *D.R. Mathiason* u. *N.E. Miller*, Inorg. Chem. **7**, 709 (1968).
[255] *H.J. Bestmann* u. *E. Kranz*, Chem. Ber. **102**, 1802 (1969).

7 Stdn. reagieren, filtriert und kristallisiert den Niederschlag aus wenig Wasser um; Ausbeute: 11,3 g (88%); Schmp.: 267–269°.

Die Umsetzung von 1,3-Bis-[triphenylphosphoranyliden]-aceton mit 1,ω-Dihalogen-alkanen kann auf ähnlichem Wege ebenfalls zur Bildung cyclischer Phosphonium-Salze führen[256]:

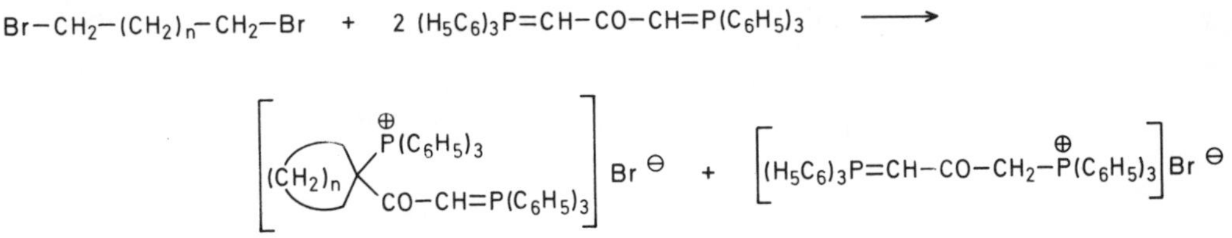

$$Br-CH_2-(CH_2)_n-CH_2-Br \ + \ 2 \ (H_5C_6)_3P{=}CH-CO-CH{=}P(C_6H_5)_3 \longrightarrow$$

$$\left[(CH_2)_n \underset{CO-CH=P(C_6H_5)_3}{\overset{\overset{\oplus}{P}(C_6H_5)_3}{{<}}} \right] Br^\ominus \ + \ \left[(H_5C_6)_3P{=}CH-CO-CH_2-\overset{\oplus}{P}(C_6H_5)_3 \right] Br^\ominus$$

Triphenyl-[1-(triphenylphosphoranyliden-acetyl)-cycloalkyl]-phosphonium-bromid   Triphenyl-(2-oxo-3-triphenylphosphoranyliden-propyl)-phosphonium-bromid

Obwohl die Alkylierung von Alkyliden-phosphoranen in den meisten Fällen am α–C-Atom erfolgt, wird z. B. bei der Umsetzung von (2-Oxo-alkyliden)-phosphoranen [z.B. (2-Oxo-2-phenyl-ethylen)- und (2-Oxo-propyliden)-triphenyl-phosphoran] mit Ethyl- oder Propyljodid Alkylierung am Carbonylsauerstoff-Atom beobachtet (O-Alkylierung), und zwar unter Bildung der E- und Z-Isomeren, wobei das Z-Isomere überwiegt[257].

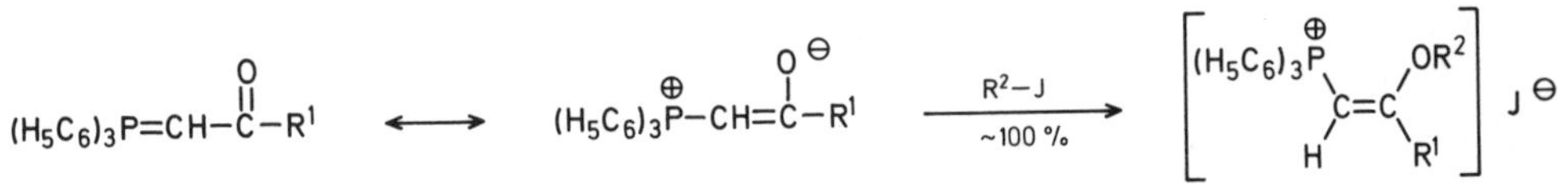

$$(H_5C_6)_3P{=}CH-\overset{\overset{O}{\|}}{C}-R^1 \longleftrightarrow (H_5C_6)_3\overset{\oplus}{P}-CH{=}\overset{\overset{O^\ominus}{|}}{C}-R^1 \xrightarrow[\sim 100\%]{R^2-J} \left[(H_5C_6)_3\overset{\oplus}{P}\underset{H}{\overset{OR^2}{{>}C{=}C{<}}}R^1 \right] J^\ominus$$

$R^1 = CH_3$; $R^2 = C_2H_5$; (2-Ethoxy-1-propenyl)-triphenyl-phosphonium-jodid
$R^1 = C_6H_5$; $R^2 = C_2H_5$; (2-Ethoxy-2-phenyl-vinyl)-triphenyl-phosphonium-jodid

Mit Methyljodid wird ein Gemisch von vier Reaktionsprodukten erhalten[257]:
Z- und E-Isomere der O-Alkylierungsprodukte
C-alkyliertes Salz
durch Umylidierung des eingesetzten Ylids gebildetes Phosphonium-Salz.

Das am α-C-Atom zweifach substituierte (1-Benzoyl-3-oxo-3-phenyl-2-propyliden)-tris-[dimethylamino]-phosphoran reagiert bereits bei 20° unter O-Alkylierung mit Benzyl-bromid glatt zum [2-Benzyloxy-1-(2-oxo-2-phenyl-ethyl)-2-phenyl-vinyl]-tris-[dimethyl-amino]-phosphonium-bromid[258]:

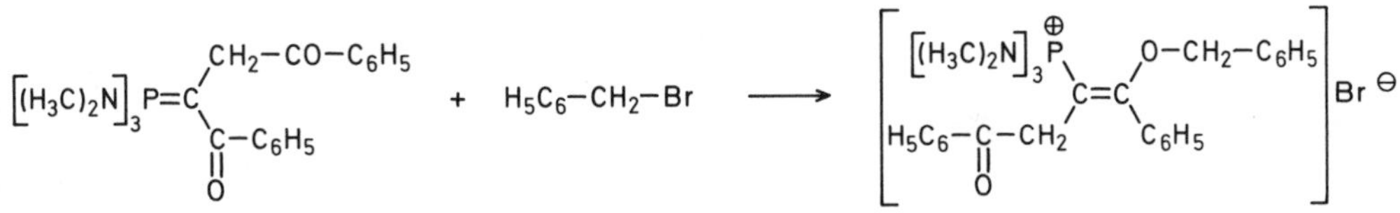

$$\left[(H_3C)_2N\right]_3P{=}C\underset{\overset{\overset{|}{C}-C_6H_5}{\overset{\|}{O}}}{\overset{CH_2-CO-C_6H_5}{{<}}} \ + \ H_5C_6-CH_2-Br \longrightarrow \left[\left[(H_3C)_2N\right]_3\overset{\oplus}{P}\underset{H_5C_6-\overset{\overset{O}{\|}}{C}-CH_2}{\overset{O-CH_2-C_6H_5}{{>}C{=}C{<}}}C_6H_5 \right] Br^\ominus$$

In analoger Weise können auch [1-(Alkylthio-thiocarbonyl)-alkyliden]-triphenyl-phosphorane mit hohen Ausbeuten unter S-Alkylierung umgesetzt werden[259]:

[256] A. Hercouet u. M. Le Corre, Tetrahedron 33, 33 (1977).
[257] N.A. Nesmeyanov, S.T. Berman, P.V. Petrovskii, A.I. Lutsenko u. O.A. Reutov, Zh. Org. Khim. 13, 2465 (1977); engl.: 2293.
[258] F. Ramirez, O.P. Madan u. C.P. Smith, Tetrahedron 22, 567 (1966).
[259] H.J. Bestmann, R. Engler u. H. Hartung, Angew. Chem. 78, 1100 (1966).

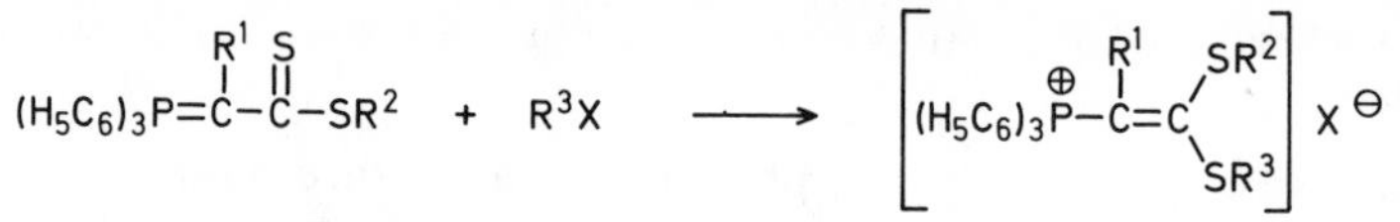

$$
(H_5C_6)_3P=\overset{\overset{\displaystyle R^1}{|}}{C}-\overset{\overset{\displaystyle S}{||}}{C}-SR^2 \ + \ R^3X \ \longrightarrow \ \left[(H_5C_6)_3\overset{\oplus}{P}-\overset{\overset{\displaystyle R^1}{|}}{C}=C\overset{\diagup SR^2}{\diagdown SR^3} \right] X^{\ominus}
$$

An Stelle des α-C-Atoms können in einer Konkurrenzreaktion auch nukleophile Zentren (z. B. Phosphan-Substituenten) in den am ylidischen C-Atom gebundenen Resten alkyliert werden, wobei mesomeriestabilisierte Phosphonium-Salze entstehen können[260]; z. B.:

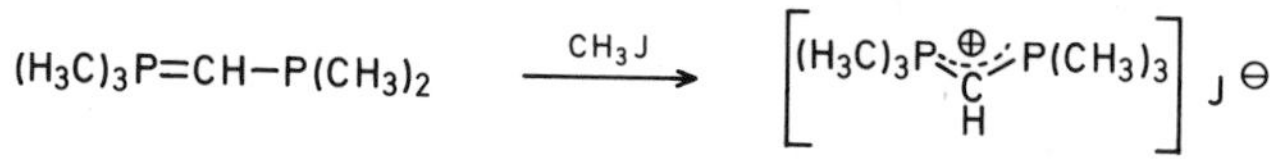

$$
(H_3C)_3P=CH-P(CH_3)_2 \ \xrightarrow{\ CH_3J\ } \ \left[(H_3C)_3\overset{\oplus}{P}\overset{\cdots}{\underset{\underset{\displaystyle H}{|}}{C}}P(CH_3)_3 \right] J^{\ominus}
$$

Trimethyl-(trimethylphosphoranyliden-methyl)-phosphonium-jodid

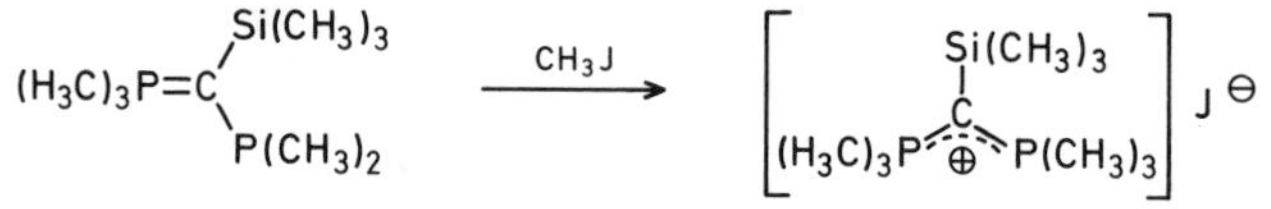

$$
(H_3C)_3P=C\overset{\diagup Si(CH_3)_3}{\diagdown P(CH_3)_2} \ \xrightarrow{\ CH_3J\ } \ \left[(H_3C)_3P\overset{\overset{\displaystyle Si(CH_3)_3}{|}}{\underset{\oplus}{C}}P(CH_3)_3 \right] J^{\ominus}
$$

Trimethyl-(trimethylphosphoranyliden-trimethylsilyl-methyl)-phosphonium-jodid

Ähnlich wie bei der Alkylierung carbonylstabilisierter Alkyliden-phosphorane, die sich wie ambidente Anionen verhalten können, sind auch Acylierungsreaktionen am α-C-Atom (C-Acylierung) oder am Carbonylsauerstoff-Atom möglich (O-Acylierung). So gehen (2-Aryl-2-oxo-ethyliden)-triphenyl-phosphorane z. B. mit Acetyl- oder Benzoylchlorid in Benzol mit hoher Ausbeute in *(2-Acetoxy-2-aryl-vinyl)-* bzw. *(2-Benzoyloxy-2-aryl-vinyl)-triphenyl-phosphonium-chloride* über[261, 262]:

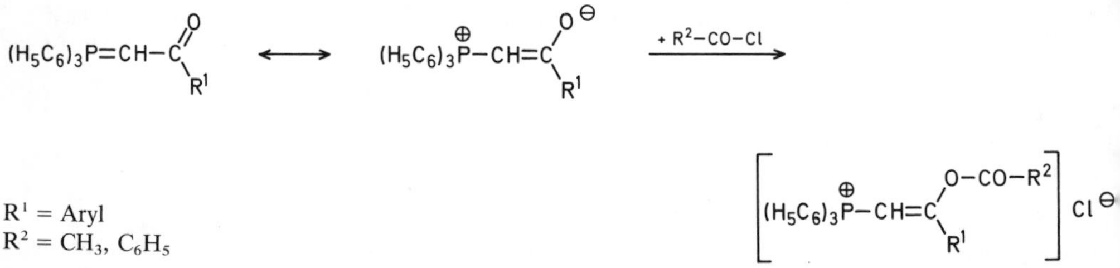

$$
(H_5C_6)_3P=CH-C\overset{\diagup O}{\diagdown R^1} \ \longleftrightarrow \ (H_5C_6)_3\overset{\oplus}{P}-CH=C\overset{\diagup O^{\ominus}}{\diagdown R^1} \ \xrightarrow{\ +\ R^2-CO-Cl\ }
$$

R[1] = Aryl
R[2] = CH₃, C₆H₅

$$
\left[(H_5C_6)_3\overset{\oplus}{P}-CH=C\overset{\diagup O-CO-R^2}{\diagdown R^1} \right] Cl^{\ominus}
$$

Demgegenüber erfolgt beim Erhitzen von (Ethoxycarbonyl-methylen)-triphenyl-phosphoran mit Carbonsäureanhydriden C-Acylierung[261]:

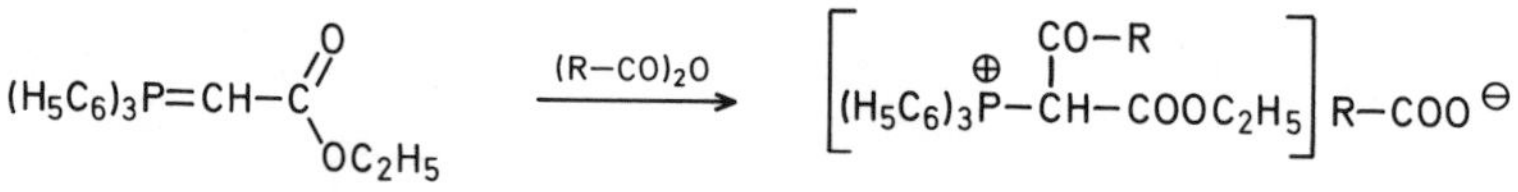

$$
(H_5C_6)_3P=CH-C\overset{\diagup O}{\diagdown OC_2H_5} \ \xrightarrow{\ (R-CO)_2O\ } \ \left[(H_5C_6)_3\overset{\oplus}{P}-\overset{\overset{\displaystyle CO-R}{|}}{C}H-COOC_2H_5 \right] R-COO^{\ominus}
$$

(1-Ethoxycarbonyl-2-oxo-alkyl)-triphenyl-phosphonium-carboxylat

Häufig, z. B. bei der unter C-Acylierung verlaufenden Reaktion zwischen (Ethoxycarbonyl-methylen)-triphenyl-phosphoran mit Acylchloriden, erfolgen Umylidierungen[261] (s. a. S. 543):

[260] *H. Schmidbaur* u. *W. Tronich*, Chem. Ber. **101**, 3545 (1968).
[261] *P. A. Chopard, R. J. G. Searle* u. *F. H. Devitt*, J. Org. Chem. **30**, 1015 (1965).
[262] *A. V. Dombrovskii, V. N. Listvan, A. A. Grigorenko* u. *M. I. Shevchuk*, Zh. Obshch. Khim. **36**, 1421 (1966);
        engl.: 1428.

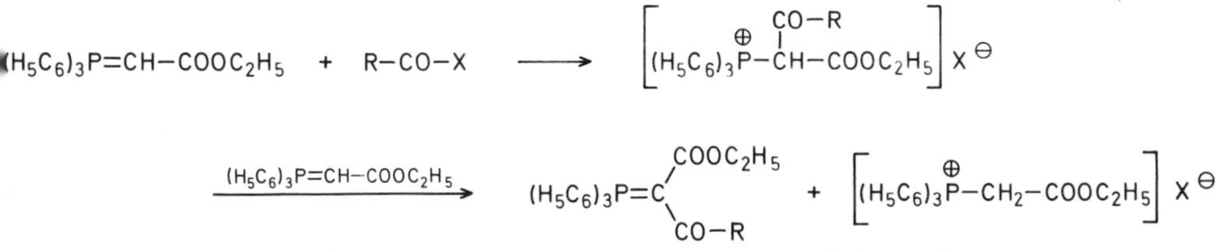

$$(H_5C_6)_3P=CH-COOC_2H_5 \ + \ R-CO-X \ \longrightarrow \ \left[(H_5C_6)_3\overset{\oplus}{P}-\overset{\overset{\textstyle CO-R}{|}}{C}H-COOC_2H_5 \right] X^\ominus$$

$$\xrightarrow{\ (H_5C_6)_3P=CH-COOC_2H_5\ } \ (H_5C_6)_3P=C\overset{\textstyle COOC_2H_5}{\underset{\textstyle CO-R}{\diagdown}} \ + \ \left[(H_5C_6)_3\overset{\oplus}{P}-CH_2-COOC_2H_5 \right] X^\ominus$$

(Ethoxycarbonyl-methyl)-triphenyl-phosphonium-Salz

Bei Einwirkung von Kohlendioxid und Bromwasserstoff auf Cyclopropyliden-triphenyl-phosphoran läßt sich unter Carboxylierung am α-C-Atom *(1-Carboxy-cyclopropyl)-triphenyl-phosphonium-bromid* in 43%iger Ausbeute herstellen[263].

Die Reaktion von Bis-[triphenylphosphoranyliden]-methan mit Arencarbonsäurechloriden führt in einer ersten Reaktionsstufe zu einem *(2-Aryl-2-oxo-1-triphenylphosphoranyliden-ethyl)-triphenyl-phosphonium-chlorid* mit mesomerer Ladungsverteilung (vgl. S. 546), das beim Erhitzen unter Abspaltung von Triphenyl-phosphanoxid in *Arylethinyl-triphenyl-phosphonium-chlorid* übergeht[264]:

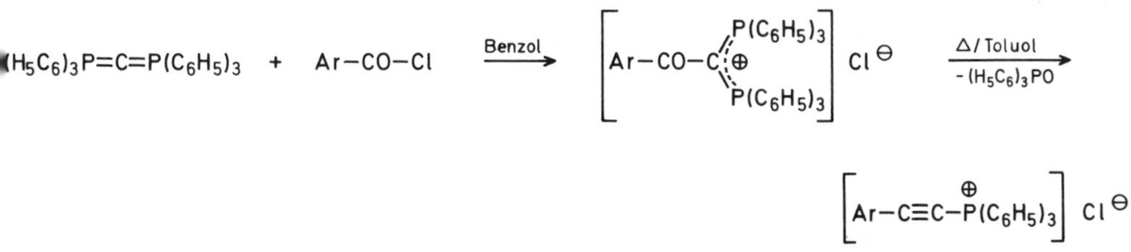

$$(H_5C_6)_3P=C=P(C_6H_5)_3 \ + \ Ar-CO-Cl \ \xrightarrow{\text{Benzol}} \ \left[Ar-CO-\overset{\overset{\textstyle P(C_6H_5)_3}{\diagup}}{\underset{\underset{\textstyle P(C_6H_5)_3}{\diagdown}}{C}}{\oplus} \right] Cl^\ominus \ \xrightarrow[\ -(H_5C_6)_3PO\ ]{\Delta\,/\,\text{Toluol}}$$

$$\left[Ar-C\equiv C-\overset{\oplus}{P}(C_6H_5)_3 \right] Cl^\ominus$$

Arylethinyl-triphenyl-phosphonium-chloride; allgemeine Arbeitsvorschrift[264]: Eine Lösung von frisch destilliertem Arencarbonsäurechlorid (20 mmol) in 20 *ml* Benzol wird unter Stickstoff zu einer Lösung von 20 mmol Bis-[triphenylphosphoranyliden]-methan in 100 *ml* wasserfreiem Benzol getropft. Man filtriert den farblosen Niederschlag, wäscht mit Benzol und trocknet i. Vak. (1 Torr/0,13 kPa) bei 40°. Eine Suspension des Salzes wird 12–18 Stdn. unter Rückfluß und unter Stickstoff in 100 *ml* wasserfreiem Toluol erhitzt. Das gebildete unlösliche Ethinylphosphonium-Salz wird filtriert, mit Benzol gewaschen und i. Vak. getrocknet.

2.1.1.4. durch Einwirkung von Onium-Verbindungen

Als Alkylierungsmittel für Alkyliden-phosphorane eignet sich auch Triethyloxonium-tetrafluoroborat, das bei der Umsetzung von Benzyliden- und Isopropyliden-triphenyl-phosphoran *(1-Phenyl-propyl)-* bzw. *(1,1-Dimethyl-propyl)-triphenyl-phosphonium-tetrafluoroborat* in praktisch quantitativer Ausbeute liefert[265]. Demgegenüber werden (1-Alkoxycarbonyl-alkyliden)-triphenyl-phosphorane auf diese Weise unter O-Alkylierung in isomere substituierte *(2-Alkoxy-2-ethoxy-Vinyl)-triphenyl-phosphonium*-Salze umgewandelt[266]:

[263] *H.J. Bestmann, Th. Denzel, R. Kunstmann* u. *J. Lengyel*, Tetrahedron Lett. **1968**, 2895.
[264] *H.J. Bestmann* u. *W. Kloeters*, Angew. Chem. **89**, 55 (1977).
[265] *G. Märkl*, Tetrahedron Lett. **1962**, 1027.
[266] *H.J. Bestmann, R. Saalfrank* u. *J.P. Snyder*, Angew. Chem. **81**, 227 (1969).

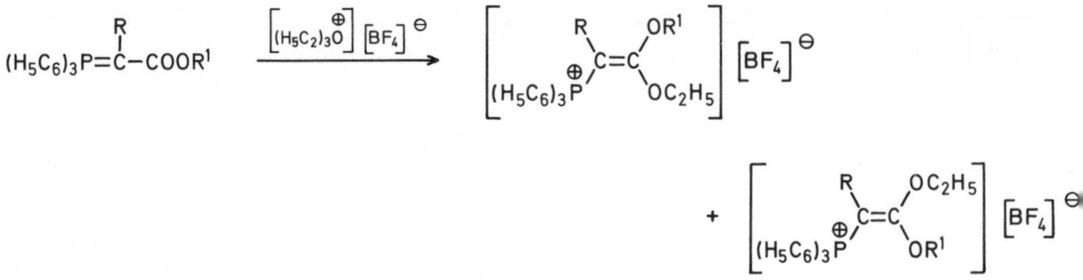

$$(H_5C_6)_3P=\overset{\overset{\displaystyle R}{|}}{C}-COOR^1 \quad \xrightarrow{\left[(H_5C_2)_3O\right]^{\oplus}\left[BF_4\right]^{\ominus}} \quad \left[\overset{\overset{\displaystyle R}{}}{\underset{(H_5C_6)_3\overset{\oplus}{P}}{}}C=C\overset{\displaystyle OR^1}{\underset{\displaystyle OC_2H_5}{}}\right]\left[BF_4\right]^{\ominus}$$

$$+ \quad \left[\overset{\overset{\displaystyle R}{}}{\underset{(H_5C_6)_3\overset{\oplus}{P}}{}}C=C\overset{\displaystyle OC_2H_5}{\underset{\displaystyle OR^1}{}}\right]\left[BF_4\right]^{\ominus}$$

Enamin-phosphonium-Salze sind durch Umsetzung von Alkyliden-phosphoranen mit Dichlor-dimethylamino-methan in der Kälte zugänglich[265]:

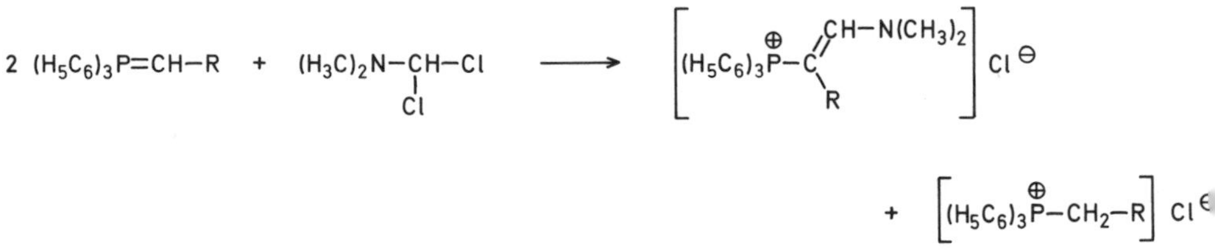

$$2\ (H_5C_6)_3P=CH-R \ + \ (H_3C)_2N-\overset{\overset{\displaystyle }{|}}{\underset{\underset{\displaystyle Cl}{|}}{C}}H-Cl \ \longrightarrow \ \left[(H_5C_6)_3\overset{\oplus}{P}-\overset{\overset{\displaystyle CH-N(CH_3)_2}{}}{\underset{\displaystyle R}{C}}\right]Cl^{\ominus}$$

$$+ \ \left[(H_5C_6)_3\overset{\oplus}{P}-CH_2-R\right]Cl^{\ominus}$$

Ein gangbarer Weg zur Herstellung substituierter Cyclopropyl-triphenyl-phospho-nium-Salze besteht in der Einwirkung ungesättigter Sulfonium-Salze [z.B. Dimethyl-vinyl-sulfonium-bromid, *cis*-Dimethyl-(2-phenyl-vinyl)-sulfonium-tetrafluoroborat] auf äquimolare Mengen eines Alkyliden-phosphorans unter Abspaltung der entsprechenden Sulfane[267]:

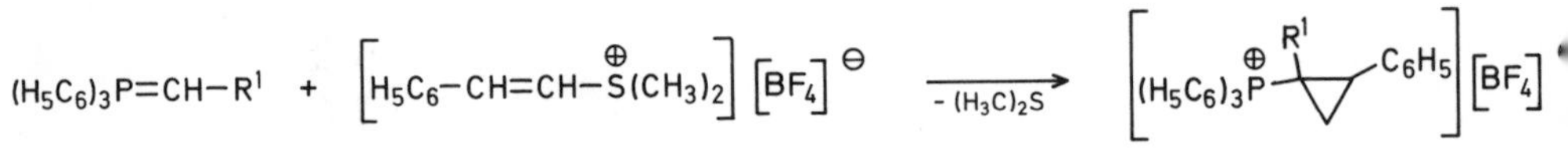

$$(H_5C_6)_3P=CH-R^1 \ + \ \left[H_5C_6-CH=CH-\overset{\oplus}{S}(CH_3)_2\right]\left[BF_4\right]^{\ominus} \ \xrightarrow{-(H_3C)_2S} \ \left[(H_5C_6)_3\overset{\oplus}{P}\overset{R^1}{\triangleleft}C_6H_5\right]\left[BF_4\right]$$

Als elektrophile Reagenzien reagieren auch 2,6-Diphenyl-pyrylium-Salze mit (2-Oxo-2-phenyl-ethyliden)-phosphoranen bereits bei 20° in Methanol zu [*2-Aryl-1-(2,6-diphenyl-4H-pyran-4-yl)-2-oxo-ethyl*]-*triphenyl-phosphonium-Salzen*[268]. Auch Tropylium-Salze lassen sich bereits unter milden Bedingungen mit (2-Oxo-alkyliden)-triphenyl-phosphoranen zu [*1-(Cycloheptatrien-7-yl)-2-oxo-alkyl*]-*triphenyl-phosphonium-tetrafluoro-boraten* umsetzen (s.a. S. 558)[269, 270]:

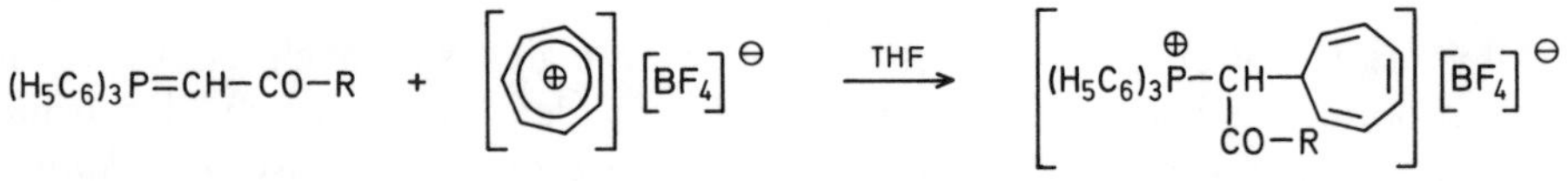

$$(H_5C_6)_3P=CH-CO-R \ + \ \left[\text{(⊕)}\right]\left[BF_4\right]^{\ominus} \ \xrightarrow{THF} \ \left[(H_5C_6)_3\overset{\oplus}{P}-\overset{\overset{\displaystyle }{|}}{\underset{\underset{\displaystyle CO-R}{|}}{C}}H-\text{(⬡)}\right]\left[BF_4\right]^{\ominus}$$

2.1.1.5. durch Einwirkung von Phosphor-Halogen-Verbindungen

Alkyliden-phosphorane, die am α-C-Atom kein H-Atom tragen und somit keine Umyli-dierungs-Reaktionen eingehen können, werden mit Chlor-diphenyl-phosphan in glatter Reaktion in (1-Diphenylphosphano-alkyl)-phosphonium-Salze umgewandelt[271] [vgl. 4.Aufl., Bd. XII/1, S. 102]; z.B.:

[265] *G. Märkl*, Tetrahedron Lett. **1962**, 1027.
[267] *R. Manske* u. *J. Gosselck*, Tetrahedron Lett. **1971**, 2097.
[268] *V.I. Boev* u. *A.V. Dombrovskii*, Zh. Obshch. Khim. **50**, 1473 (1980).
[269] *G. Cavicchio, M. D'Antonio, G. Gaudiano, V. Marchetti* u. *P.P. Ponti*, Gazz. Chim. Ital. **109**, 315 (1979)
[270] *G. Cavicchio, G. Gaudiano* u. *P.P. Ponti*, Tetrahedron Lett. **1980**, 2333.
[271] *K. Issleib* u. *R. Lindner*, Justus Liebigs Ann. Chem. **699**, 40 (1966).

$$\begin{array}{c}H_3C\\ C{=}P(C_6H_5)_3\\ H_3C\end{array} + (H_5C_6)_2P{-}Cl \longrightarrow \left[\begin{array}{c}H_3C\overset{\oplus}{P}(C_6H_5)_3\\ C\\ H_3CP(C_6H_5)_2\end{array}\right] Cl^{\ominus}$$

(1-Diphenylphosphano-1-methyl-ethyl)-triphenyl-phosphonium-chlorid; 90%

Analoge Umsetzungen kann man mit Diphenylphosphinsäure-chlorid und -thiophosphinsäure-chlorid durchführen, wobei aber die Chlor-Atome schwieriger substituierbar sind als beim Chlor-diphenyl-phosphan; man erhält (1-Diphenylphosphinyl-alkyl)-bzw. (1-Diphenylthiophosphinyl-alkyl)-phosphonium-chloride[272]. Phosphonium-Verbindungen mit mesomerer Ladungsverteilung, z.B. *(Diphenylphosphano-triphenylphosphoranyliden-methyl)-triphenyl-phosphonium-chlorid,* sind z.B. durch Reaktion von Chlor-diphenyl-phosphan mit Bis-[triphenylphosphoranyliden]-methan in Diglyme erhältlich[273] (vgl. S. 498, 536):

$$(H_5C_6)_3P{=}C{=}P(C_6H_5)_3 + (H_5C_6)_2P{-}Cl \longrightarrow \left[\begin{array}{c}P(C_6H_5)_2\\ C\\ (H_5C_6)_3P\overset{\oplus}{{\cdot}{\cdot}}P(C_6H_5)_3\end{array}\right] Cl^{\ominus}$$

2.1.1.6. durch Einwirkung von Organo-metallhalogeniden und anderen Reagentien

Läßt man Jodmethyl-trimethyl-silan bzw. -stannan bei 20° auf Alkyliden-triphenyl-phosphorane einwirken, so erhält man *(2-Trimethylsilyl-alkyl)-* bzw. *(2-Trimethylstannyl-alkyl)-triphenyl-phosphonium-jodid,* die zur Herstellung der substituierten Silyl- und Stannylallyl-Derivate von Interesse sind[274]:

$$(H_5C_6)_3P{=}CH_2 + (H_3C)_3M{-}CH_2{-}J \longrightarrow [(H_5C_6)_3\overset{\oplus}{P}{-}CH_2{-}CH_2{-}M(CH_3)_3]J^{\ominus}$$

M = Si, Sn

Bei der Umsetzung der (2-Aryl-2-oxo-ethyliden)-triphenyl-phosphorane mit Chlor-trimethyl-stannan in Dichlormethan werden [*(2-Aryl-2-oxo-1-trimethylstannyl-ethyl)-triphenyl-phosphonium-chloride* in guter Ausbeute gebildet, wobei aber das Carbonylsauerstoff-Atom in starker Wechselwirkung mit der Stannyl-Gruppe steht[275] [vgl. hierzu a. 4. Aufl., Bd. XII/1, S. 102]:

$$(H_5C_6)_3P{=}CH{-}\overset{O}{\overset{\|}{C}}{-}C_6H_5 + (H_3C)_3Sn{-}Cl \longrightarrow \left[\begin{array}{c}(H_5C_6)_3\overset{\oplus}{P}{-}CH{-}\overset{O}{\overset{\|}{C}}{-}C_6H_5\\ (H_3C)_3Sn{\cdots}O\end{array}\right] Cl^{\ominus}$$

(2-Oxo-2-phenyl-1-trimethylstannyl-ethyl)-triphenyl-phosphonium-chlorid; 76%

(2-Oxo-alkyliden)-triphenyl-phosphorane addieren Quecksilber(II)-chlorid in Methanol unter Bildung von *(1-Chlormercuri-2-oxo-alkyl)-triphenyl-phosphonium-chloriden* [vgl. auch 4. Aufl., Bd. XII/1, S. 102], die in DMSO-Lösung ausreichend löslich sind und als re-

---

[272] *K. Issleib* u. *R. Lindner,* Justus Liebigs Ann. Chem. **707**, 112 (1967).
[273] *G.H. Birum* u. *C.N. Matthews,* J. Am. Chem. Soc. **88**, 4198 (1966).
[274] *D. Seyferth, K.R. Wursthorn* u. *R.E. Mammarella,* J. Org. Chem. **42**, 3104 (1977).
[275] *S. Kato, T. Kato, M. Mizuta, K. Itoh* u. *Y. Ishii,* J. Organomet. Chem. **51**, 167 (1973).

lativ labile Komplexe in einem Dissoziationsgleichgewicht mit den Edukten stehen[276]. Solche Quecksilberchlorid-Addukte können auch als relativ lagerstabile Wittig-Reagenzien dienen[277].

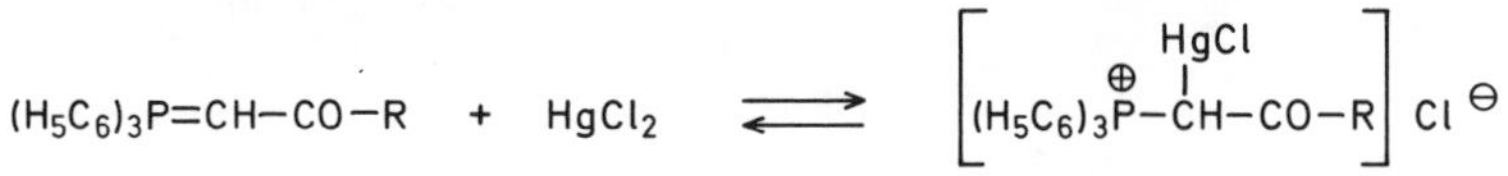

$$(H_5C_6)_3P=CH-CO-R \quad + \quad HgCl_2 \quad \rightleftharpoons \quad \left[(H_5C_6)_3\overset{\oplus}{P}-\overset{\overset{\displaystyle HgCl}{|}}{C}H-CO-R\right] Cl^{\ominus}$$

R = OCH_3, CH_3, C_6H_5

Setzt man stabile Alkyliden-phosphorane, z. B. (2-Oxo-2-phenyl-ethyliden)- bzw. (Methoxycarbonyl-methylen)-triphenyl-phosphoran, in THF mit Nitrosylchlorid in der Kälte um, so gewinnt man *(1-Hydroximino-2-oxo-2-phenyl-ethyl)-* bzw. *(Hydroximino-methoxycarbonyl-methyl)-triphenyl-phosphonium-chloride* in guten Ausbeuten[278]:

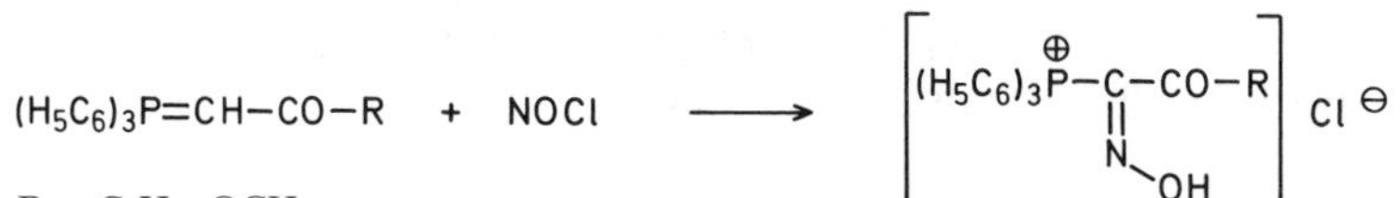

$$(H_5C_6)_3P=CH-CO-R \quad + \quad NOCl \quad \longrightarrow \quad \left[(H_5C_6)_3\overset{\oplus}{P}-\underset{\underset{\displaystyle OH}{\overset{\displaystyle ||}{N}}}{C}-CO-R\right] Cl^{\ominus}$$

R = C_6H_5, OCH_3

2.2. unter Spaltung von zwei P–X-Bindungen

2.2.1. *von P–Hal-Bindungen*

Eine nützliche Methode zur Herstellung von Monoalkylamino-phosphonium-Salzen mit hohen Ausbeuten besteht in der Umsetzung von Dibrom-triphenyl-phosphoran mit prim. Aminen in Gegenwart einer Hilfsbase wie Triethylamin[279, 280]. Die ebenfalls glatt verlaufende Reaktion mit sek. Aminen liefert die entsprechenden disubstituierten Amino-phosphonium-bromide[281]. Eine Variante zu diesem Verfahren stellt die Umsetzung metallierter prim. Amine mit Dibrom-triphenyl-phosphoran dar[282]. Damit sind auch sterisch gehinderte Amino-phosphonium-Salze zugänglich:

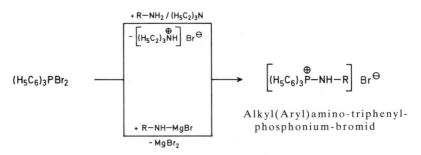

Alkyl(Aryl)amino-triphenyl-phosphonium-bromid

Läßt man Dibrom-triphenyl-phosphoran auf Hydrazin einwirken, so erhält man das *Hydrazino-triphenyl-phosphonium-bromid* (53%)[280]; mit Hydraziniumchlorid bei 180–200°

[276] *N.A. Nesmeyanov, V.M. Novikov* u. *O.A. Reutov*, J. Organomet. Chem. **4**, 202 (1965).
[277] *N.A. Nesmeyanov, V.M. Novikov* u. *O.A. Reutov*, Zh. Org. Khim. **2**, 942 (1966); engl.: 937.
[278] *C. Eguchi, K. Akiba* u. *N. Inamoto*, Bull. Chem. Soc. Jpn. **43**, 438 (1970).
[279] *H. Zimmer* u. *G. Singh*, J. Org. Chem. **28**, 483 (1963).
[280] *L. Horner* u. *H. Oediger*, Justus Liebigs Ann. Chem. **627**, 142 (1959).
[281] *K. Fukui* u. *R. Sudo*, Bull. Chem. Soc. Jpn. **43**, 1160 (1970).
[282] *E. Zbiral* u. *L. Berner-Fenz*, Monatsh. Chem. **98**, 666 (1967).

wird *1,2-Bis-[triphenylphosphoniono]-hydrazin-dichlorid* erhalten[284]. In ähnlicher Weise reagieren auch Hydrazone mit Dibrom-triphenyl-phosphoran in Anwesenheit äquimolarer Mengen Triethylamin zu stabilen (2-Alkyliden-hydrazino)- bzw. (2-Aryliden-hydrazino)-triphenyl-phosphonium-bromiden[285]:

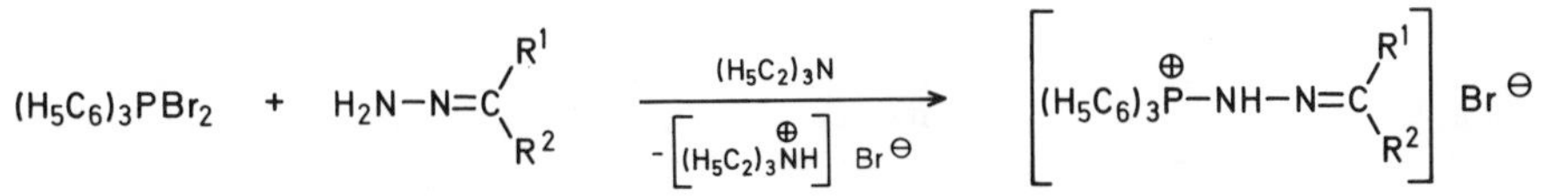

$$(H_5C_6)_3PBr_2 \quad + \quad H_2N-N=C\begin{matrix}R^1\\R^2\end{matrix} \quad \xrightarrow[-\left[(H_5C_2)_3\overset{\oplus}{N}H\right]Br^{\ominus}]{(H_5C_2)_3N} \quad \left[(H_5C_6)_3\overset{\oplus}{P}-NH-N=C\begin{matrix}R^1\\R^2\end{matrix}\right]Br^{\ominus}$$

Cyclohexylamino-triphenyl-phosphonium-bromid[283]: Zu einer Suspension von 10,5 g (25 mmol) Dibrom-triphenyl-phosphoran in Benzol[283] werden bei 10° erst 3,0 g (30 mmol) Triethylamin, dann 2,5 g (25 mmol) Cyclohexylamin gegeben. Dann wird 30 Min. auf 90° erhitzt. Nach Filtrieren des Niederschlags kocht man mit 1,4-Dioxan aus und saugt heiß ab. Das Phosphonium-Salz fällt beim Erkalten rein aus; Ausbeute: 85%; Schmp.: 176−177°.

(2-Alkyliden-hydrazino)- und (2-Aryliden-hydrazino)-triphenyl-phosphonium-bromide; allgemeine Arbeitsvorschrift[285]: 0,1 mol Hydrazon und 10,1 g (0,1 mol) Triethylamin werden innerhalb 30 Min. gleichzeitig unter Rühren zu einer frisch hergestellten Suspension von 42,2 g (0,1 mol) Dibrom-triphenyl-phosphoran[283] in 200 *ml* trockenem Benzol gegeben. Man rührt 1 weitere Stde. Zur Fällung des Phosphonium-Salzes versetzt man mit 300 *ml* trockenem Ether. Nach kurzer Zeit wird abgesaugt und mit kaltem Wasser gewaschen. Das Salz wird aus Chloroform/Essigsäure-ethylester umkristallisiert.

Durch Umsetzung von Trimethyl-(trimethylsilylimino)-phosphoran mit Dimethyl-trifluor-phosphoran kann ohne Zusatz von Lösungsmitteln bei 20° *Bis-[trimethylphosphoranyliden-amino]-dimethyl-phosphonium-(dimethyl-tetrafluoro-phosphat)* unter Eliminierung von Fluor-trimethyl-silan hergestellt werden[286]:

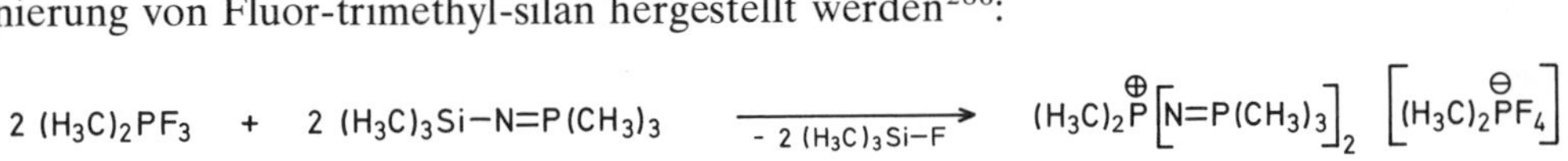

$$2\ (H_3C)_2PF_3 \quad + \quad 2\ (H_3C)_3Si-N=P(CH_3)_3 \quad \xrightarrow{-\ 2\ (H_3C)_3Si-F} \quad (H_3C)_2\overset{\oplus}{P}\left[N=P(CH_3)_3\right]_2 \left[(H_3C)_2\overset{\ominus}{P}F_4\right]$$

In ähnlicher Weise sind durch Reaktion von Dimethyl-phenyl-(trimethylsilylimino)-phosphoran mit Methyl- oder Phenyl-tetrafluor-phosphoran unter Erhitzen *Organo-tris-[dimethyl-phenyl-phosphoranyliden)-amino]-phosphonium-methyl-* bzw. *-phenyl-pentafluor-phosphate)* zugänglich[286]:

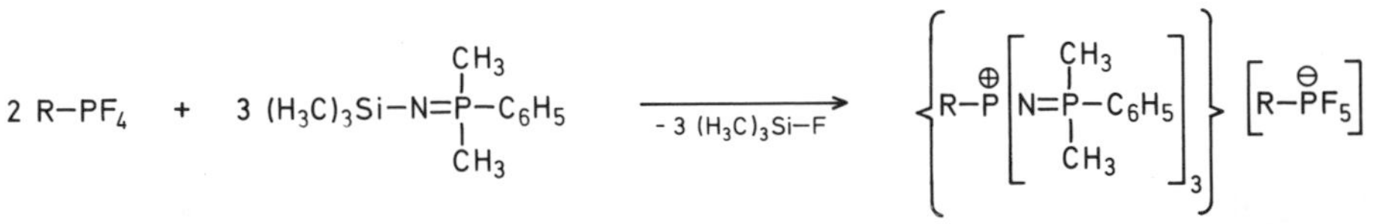

$$2\ R-PF_4 \quad + \quad 3\ (H_3C)_3Si-N=\overset{\overset{\displaystyle CH_3}{|}}{\underset{\underset{\displaystyle CH_3}{|}}{P}}-C_6H_5 \quad \xrightarrow{-\ 3\ (H_3C)_3Si-F} \quad \left\{R-\overset{\oplus}{P}\left[N=\overset{\overset{\displaystyle CH_3}{|}}{\underset{\underset{\displaystyle CH_3}{|}}{P}}-C_6H_5\right]_3\right\} \left[R-\overset{\ominus}{P}F_5\right]$$

Zur Herstellung von Tetrakis-[alkylamino]-phosphonium-chloriden kann man auch von Phosphor(V)-chlorid ausgehen und dieses in Benzol mit prim. Aminen umsetzen[287].

2.2.2. *unter Spaltung einer P−O−π-Bindung*

Tert. Alkyl- und Aryl-phosphanoxide lassen sich mit Phosphoryl- und Thiophosphoryl-halogeniden im Molverhältnis 1:1 in einer nukleophilen Substitutionsreaktion in Benzol glatt zu den stark hygroskopischen Phosphonium-Salzen umsetzen[288]:

[283] *L. Horner* u. *H. Oediger*, Justus Liebigs Ann. Chem. **627**, 142 (1959).
[284] *R. Appel* u. *R. Schöllhorn*, Angew. Chem. **76**, 991 (1964).
[285] *G. Singh* u. *H. Zimmer*, J. Org. Chem. **30**, 417 (1965).
[286] *W. Stadelmann*, *O. Stelzer* u. *R. Schmutzler*, Z. Anorg. Allg. Chem. **385**, 142 (1971).
[287] DE 1211641 (1966/1964), Rohm & Haas Co., Erf.: *H. F. Wilson* u. *R. L. Skiles*.
[288] *H. Binder* u. *E. Fluck*, Z. Anorg. Allg. Chem. **365**, 170 (1969).

$$\left[R_3\overset{\oplus}{P}{-}O{-}\overset{\overset{\displaystyle O}{\|}}{P}X_2 \right] X^{\ominus}$$

R_3P=O + X_3P=O ⟶

X = Cl, Br

(Dichlorphosphoryloxy)-triphenyl-phosphonium-chlorid[288]: Eine Lösung von 27,8 g (0,1 mol) Triphenyl-phos phanoxid in 100 ml abs. Benzol versetzt man mit einer Lösung von 30,6 g (0,2 mol) Phosphorylchlorid in 50 m abs. Benzol. Unter leichter Erwärmung scheidet sich ein braunes Öl ab. Man läßt 12 Stdn. stehen. Überschüssige Phosphorylchlorid entfernt man bei 0,1 Torr (0,013 kPa)/60° innerhalb von 4 Stdn. Beim Abkühlen kristallisier das Salz in farblosen, glänzenden, hygroskopischen Kristallen aus; Ausbeute: 43 g (100%); Schmp.: 48–51°

Eine Reaktion ähnlichen Typs beobachtet man bei der Bildung von *Trimethylsilyloxy-tri phenyl-phosphonium-chlorid*, das durch Einwirkung von Chlor-trimethyl-silan auf tert Phosphanoxide erhältlich ist[288]:

$$(H_5C_6)_3PO + (H_3C)_3Si{-}Cl \longrightarrow \left[(H_5C_6)_3\overset{\oplus}{P}{-}O{-}Si(CH_3)_3 \right] Cl^{\ominus}$$

Dimethyl-(3-methyl-1,2-butadienyl)-phosphanoxid geht bei der Behandlung mit Chlor wasserstoff in siedendem Tetrachlormethan unter Cyclisierung in das stabile Quasiphos phonium-Salz *2,2,5,5-Tetramethyl-2,5-dihydro-1,2-oxaphospholium-chlorid* über[289]:

$$(H_3C)_2\overset{\overset{\displaystyle O}{\|}}{P}{-}CH{=}C{=}C(CH_3)_2 + HCl \longrightarrow \left[\begin{array}{c} H_3C \\ H_3C \end{array}\!\!\!\underset{}{\overset{O}{\diagup}}\!\overset{\oplus}{P}\!\!\begin{array}{c} CH_3 \\ CH_3 \end{array} \right] Cl^{\ominus}$$

Bei Einsatz von Allen-phosphonsäure-estern sind die analogen cyclischen Phosphonium Salze wegen der schnell folgenden Arbusow-Reaktion nicht faßbar[289].

Diarylphosphinsäuren und deren Säurechloride reagieren bei 125–160° mit Phos phor(V)-chlorid glatt zu Diaryl-dichlor-phosphonium-hexachlorophosphaten die aus dem gleichzeitig gebildeten Phosphoroxychlorid auskristallisieren[290]. Methan phosphonsäure- und Dimethylphosphinsäure-trimethylsilylester können ähnlich wie tert Phosphanoxide mit Jod-trimethylsilan ohne Zusatz von Lösungsmitteln quantitativ z Quasiphosphonium-Salzen umgesetzt werden[291]; z.B.:

$$Ar_2\overset{\overset{\displaystyle O}{\|}}{P}{-}Cl + 2 PCl_5 \xrightarrow[-POCl_3]{} \left[Ar_2\overset{\oplus}{P}Cl_2 \right]\left[PCl_6 \right]^{\ominus}$$

$$(H_3C)_2\overset{\overset{\displaystyle O}{\|}}{P}{-}O{-}Si(CH_3)_3 + (H_3C)_3Si{-}J \longrightarrow \left\{ (H_3C)_2\overset{\oplus}{P}\left[O{-}Si(CH_3)_3 \right]_2 \right\} J^{\ominus}$$

Bis-[trimethylsilyloxy]-dimethyl-phosphonium-jodid; 100%/

$$H_3C{-}\overset{\overset{\displaystyle O}{\|}}{P}\left[O{-}Si(CH_3)_3 \right]_2 + (H_3C)_3Si{-}J \longrightarrow \left\{ H_3C{-}\overset{\oplus}{P}\left[O{-}Si(CH_3)_3 \right]_3 \right\} J^{\ominus}$$

Methyl-tris-[trimethylsilyloxy]-phosphonium-jodid; 100%

[288] H. Binder u. E. Fluck, Z. Anorg. Allg. Chem. **365**, 170 (1969).
[289] T.S. Mikhailova, N.K. Skvortsov, V.M. Ignat'ev, B.I. Ionin u. A.A. Petrov, Dokl. Akad. Nauk SSSR **24** 1095 (1978); engl.: 383.
[290] V.I. Shevchenko, A.M. Pinchuk u. N.Y. Kozlova, Zh. Obshch. Khim. **34**, 3955 (1964); engl.: 4015.
[291] H. Schmidbaur u. R. Seeber, Chem. Ber. **107**, 1731 (1974).

Die Reihe der Trimethylsilyloxy-phosphonium-Salze läßt sich ausgehend von Tris-[trimethylsilyloxy]-phosphan oder noch besser Trimethoxyphosphanoxid und Jod-trimethyl-silan unter quantitativer Bildung von *Tetrakis-[trimethylsilyloxy]-phosphonium-jodid* vervollständigen[291]:

$$(H_3CO)_3P{=}O \ + \ 4 \ (H_3C)_3Si{-}J \quad \xrightarrow[-3\ CH_3J]{} \quad \left\{\left[(H_3C)_3SiO\right]_4 \overset{\oplus}{P}\right\} \ J^{\ominus}$$

Tetrakis-[trimethylsilyloxy]-phosphonium-jodid[291]: 1,40 g (10 mmol) Trimethoxy-phosphanoxid werden in 25 *ml* Dichlormethan gelöst und mit 8,00 g (40 mmol) Jod-trimethylsilan versetzt. Man läßt 1 Stde. stehen und zieht dann das gebildete Methyljodid i. Vak. vom farblosen Niederschlag ab; Ausbeute: 5,14 g (100%); Schmp.: 151°.

Die Einwirkung von Phosgen oder besser Phosphoroxychlorid auf Hexamethylphos-phorsäuretriamid (HMPT) in Dichlormethan führt in quantitativer Ausbeute zu *Chlor-tris-[dimethylamino]-phosphonium-chlorid*[292, 293]:

$$\left[(H_3C)_2N\right]_3P{=}O \ + \ POCl_3 \ \longrightarrow \ \left\{\left[(H_3C)_2N\right]_3\overset{\oplus}{P}{-}Cl\right\} \ Cl_2\overset{\overset{O}{\|}}{P}{-}O^{\ominus} \quad \xrightarrow[-\ Cl_2\overset{\overset{O}{\|}}{P}{-}OH]{HCl}$$

$$\left\{\left[(H_3C)_2N\right]_3\overset{\oplus}{P}{-}Cl\right\} \ Cl^{\ominus}$$

Hexamethylphosphorsäuretriamid wird durch Umsetzung mit Carbonsäure-Derivaten über Acylierungsgleichgewichte zu *Acyloxy-tris-[dimethylamino]-phosphonium-Salzen* umgesetzt, die sich in einigen Fällen als *Hexachloroantimonate* oder *Tetraphenylborate* isolieren lassen[294]. Wegen der guten HMPT-Abgangsgruppe wirken diese als starke Acylie-rungsmittel.

$$\left[(H_3C)_2N\right]_3PO \ + \ R{-}CO{-}Cl \ \rightleftarrows \ \left\{\left[(H_3C)_2N\right]_3\overset{\oplus}{P}{-}O{-}CO{-}R\right\} \ Cl^{\ominus}$$

2.2.3. *unter Spaltung einer P–N–π-Bindung*

In einigen Fällen können Imino-triphenyl-phosphorane durch Erhitzen mit Methyl- oder Ethyljodid in *Dialkylamino-triphenyl-phosphonium-jodide* überführt werden. Mit höhe-ren Alkylhalogeniden wird lediglich die Eliminierung von Jodwasserstoff und die Bildung von *Alkylamino-triphenyl-phosphonium-jodiden* beobachtet[295]. Den analogen Verlauf nimmt die Umsetzung von (2,2-Diorgano-hydrazono)-triphenyl-phosphoranen zu z.B. *(2,2-Diorgano-1-methyl-hydrazino)-triphenyl-phosphonium-jodiden*[296]:

$$(H_5C_6)_3P{=}N{-}N\overset{R^1}{\underset{R^2}{\Big\langle}} \ + \ CH_3J \ \longrightarrow \ \left[(H_5C_6)_3\overset{\oplus}{P}{-}N{-}N\overset{R^1}{\underset{\underset{CH_3}{|}}{\Big\langle R^2}}\right] J^{\ominus}$$

[291] H. *Schmidbaur* u. R. *Seeber*, Chem. Ber. **107**, 1731 (1974).
[292] S. *Poignant*, J. R. *Gauvreau* u. G. J. *Martin*, Can. J. Chem. **58**, 946 (1980).
[293] J.-R. *Dormoy* u. B. *Castro*, Tetrahedron Lett. **1979**, 3321.
[294] H. *Teichmann*, C. *Auerswald* u. G. *Engelhardt*, J. Prakt. Chem. **321**, 835 (1979).
[295] H. *Zimmer* u. G. *Singh*, J. Org. Chem. **28**, 483 (1963).
[296] H. *Zimmer* u. G. *Singh*, J. Org. Chem. **29**, 1579 (1964).

Bei der Umsetzung von Alkyljodiden (bzw. Alkylchloriden oder Acylchloriden mit (Alkyl-liden-hydrazono)-triphenyl-phosphoranen müssen mit abnehmender Basizität der Hy-drazono-phosphorane härtere Reaktionsbedingungen angewendet werden[297]:

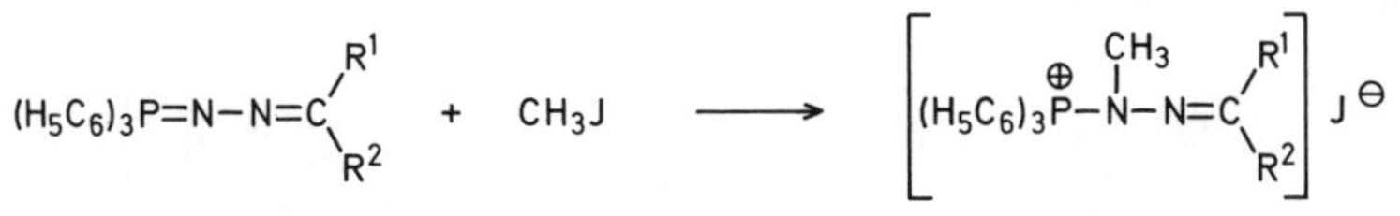

$$(H_5C_6)_3P=N-N=C \begin{matrix} R^1 \\ \\ R^2 \end{matrix} \quad + \quad CH_3J \quad \longrightarrow \quad \left[(H_5C_6)_3\overset{\oplus}{P}-\overset{\underset{|}{CH_3}}{N}-N=C \begin{matrix} R^1 \\ \\ R^2 \end{matrix} \right] J^{\ominus}$$

Unter Knüpfung einer Si–N-Bindung verläuft dagegen die Reaktion zwischen Iminophos-phoranen und Silylhalogeniden wie Brom-trimethyl-silan in inerten Lösungsmitteln[298]:

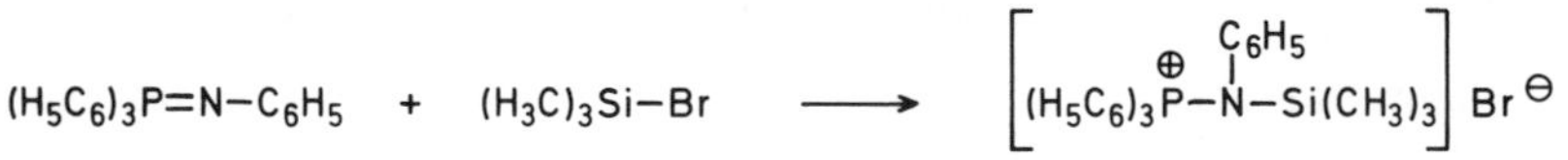

$$(H_5C_6)_3P=N-C_6H_5 \quad + \quad (H_3C)_3Si-Br \quad \longrightarrow \quad \left[(H_5C_6)_3\overset{\oplus}{P}-\overset{\underset{|}{C_6H_5}}{N}-Si(CH_3)_3 \right] Br^{\ominus}$$

(N-Trimethylsilyl-anilino)-triphenyl-phosphonium-bromid; $78^0/_0$

3. aus anderen Phosphonium-Salzen

3.1. Reaktionen am Phosphor-Atom

3.1.1. *unter Spaltung einer P–H-Bindung*

Die Bildung von **Phospholanium**-Salzen wird durch intramolekularen Ringschluß der (ω-Brom-butyl)-diorgano-hydro-phosphonium-bromide, die durch Spaltung von Tetra-hydrofuran mit Lithium-diorganophosphiden und nachfolgende Behandlung mit Brom-wasserstoff gut zugänglich sind, im Zweiphasensystem Chloroform/Wasser in Gegenwart von Natriumcarbonat/-hydrogencarbonat ermöglicht[299]; z.B.:

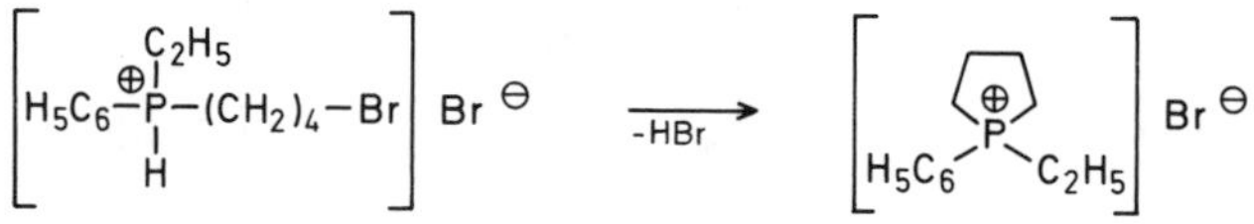

$$\left[H_5C_6-\overset{\underset{|}{\overset{\oplus}{C_2H_5}}}{\underset{H}{P}}-(CH_2)_4-Br \right] Br^{\ominus} \quad \xrightarrow{-HBr} \quad \left[\underset{H_5C_6}{\overset{\oplus}{P}}\diagdown_{C_2H_5} \right] Br^{\ominus}$$

1-Ethyl-1-phenyl-phospholanium-bromid; $90^0/_0$

3.1.2. *unter Spaltung einer P–Cl-Bindung*

Chlor-tris-[dimethylamino]-phosphonium-chlorid reagiert mit 1-Hydroxy-benzotriazol unter Substitution des Chlor-Atoms leicht zum *(Benzotriazolyl-1-oxy)-tris-[dimethylami-no]-phosphonium-hexafluorophosphat* (BOP-Reagenz), das zur Knüpfung von Pep-tid-Bindungen eingesetzt werden kann[300, 301]:

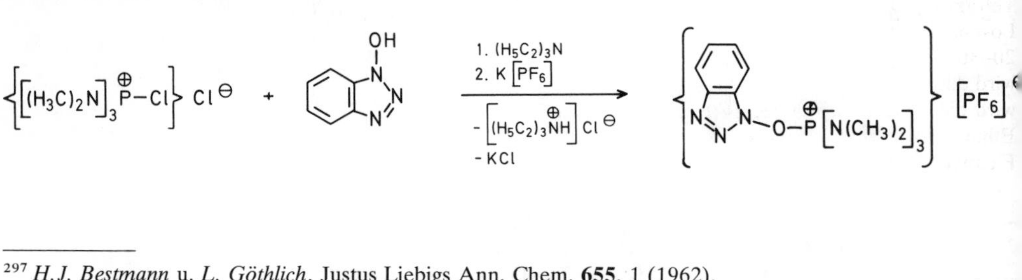

$$\left\{ [(H_3C)_2N]_3\overset{\oplus}{P}-Cl \right\} Cl^{\ominus} \quad + \quad \underset{}{\text{(benzotriazol)}} \quad \xrightarrow[\substack{-[(H_5C_2)_3\overset{\oplus}{N}H] Cl^{\ominus} \\ -KCl}]{\substack{1. (H_5C_2)_3N \\ 2. K[PF_6]}} \quad \left\{ \underset{}{\text{(benzotriazol)}} N-O-\overset{\oplus}{P}[N(CH_3)_2]_3 \right\} [PF_6]^{\ominus}$$

[297] *H.J. Bestmann* u. *L. Göthlich*, Justus Liebigs Ann. Chem. **655**, 1 (1962).

[298] US 3 188 294 (1965/1960), Monsanto Co., Erf.: *L. Maier*; C.A. **63**, 13 318 gh (1965).

[299] *W.R. Purdum* u. *K.D. Berlin*, J. Org. Chem. **40**, 2801 (1975).

[300] *B. Castro, J.-R. Dormoy, B. Dourtoglou, G. Evin, C. Selve* u. *J.-C. Ziegler*, Synthesis **1976**, 751.

[301] *J.-R. Dormoy* u. *B. Castro*, Tetrahedron Lett. **1979**, 3321.

Ein Austausch der am Phosphor-Atom gebundenen Chlor-Atome gegen Azid-Gruppen wird in der Reihe der Chlor-phenyl-phosphonium-hexachloroantimonate bei der Umsetzung mit Natriumazid in Dichlormethan beobachtet[302]:

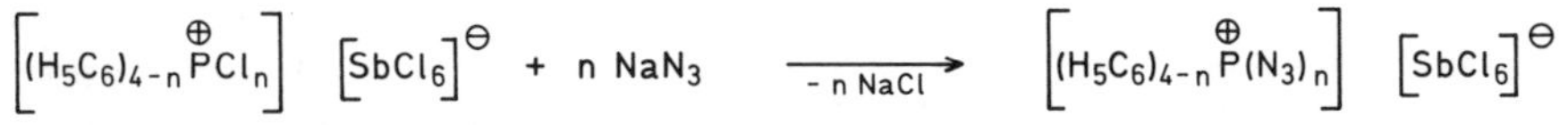

$$\left[(H_5C_6)_{4-n}\overset{\oplus}{P}Cl_n\right]\left[SbCl_6\right]^{\ominus} + n\ NaN_3 \xrightarrow{-n\ NaCl} \left[(H_5C_6)_{4-n}\overset{\oplus}{P}(N_3)_n\right]\left[SbCl_6\right]^{\ominus}$$

Unter Spaltung von P–Cl-Bindungen verläuft auch die Synthese des *1,5,6,6-Tetramethyl-2,2,4,4-tetraphenyl-1,4,5,6-tetrahydro-1,3,5,2,4,6-triazaphosphaphosphoniasilin-chlorid*, dessen Herstellung unter Anwendung des Verdünnungsprinzips durch Umsetzung von Chlor-(chlor-diphenyl-phosphoranylidenamino)-diphenyl-phosphonium-chlorid mit Bis-[trimethylsilyl-methyl-amino]-dimethyl-silan in Dichlormethan mit 70% Ausbeute gelingt[303]. Die beiden Phosphor-Atome sind in diesem Heterocyclus äquivalent.

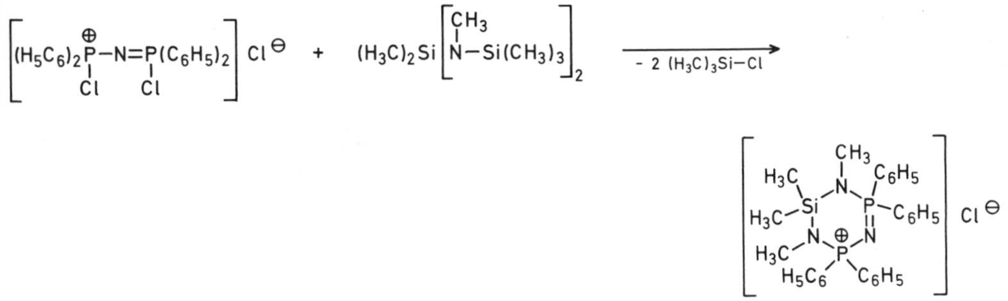

$$\left[(H_5C_6)_2\overset{\oplus}{\underset{Cl}{P}}-N=\underset{Cl}{P}(C_6H_5)_2\right]Cl^{\ominus} + (H_3C)_2Si\left[\underset{}{\overset{CH_3}{N}}-Si(CH_3)_3\right]_2 \xrightarrow{-2\ (H_3C)_3Si-Cl}$$

3.1.3. *unter Spaltung einer P–C-Bindung*

Ausgehend von dem leicht verfügbaren Tetrakis-[hydroxymethyl]-phosphonium-chlorid können (2-Hydroxy-alkyl)-phosphonium-Salze in schwach alkalischer Lösung unter Spaltung von P–C-Bindungen durch Einwirkung von Oxiranen hergestellt werden[304]. Allerdings sind auf diese Weise auch bei einem hohen Oxiran-Überschuß höchstens drei Hydroxymethyl-Gruppen austauschbar, wobei die Reaktionsprodukte als blaßgelbe bis farblose Öle anfallen [vgl. 4. Aufl., Bd. XII/1, S. 90/91]:

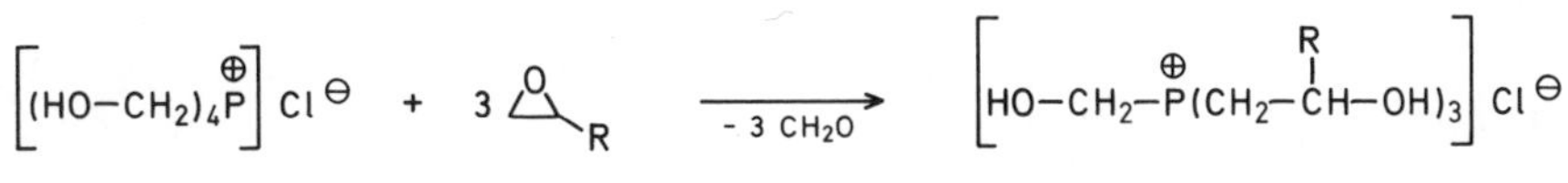

$$\left[(HO-CH_2)_4\overset{\oplus}{P}\right]Cl^{\ominus} + 3\ \overset{O}{\triangle}_R \xrightarrow{-3\ CH_2O} \left[HO-CH_2-\overset{\oplus}{P}(CH_2-\overset{R}{CH}-OH)_3\right]Cl^{\ominus}$$

Hydroxymethyl-tris-(3-chlor-2-hydroxy-propyl)-phosphonium-chlorid[305]: Eine Lösung von 571,3 g (3,0 mol) Tetrakis-[hydroxymethyl]-phosphonium-chlorid in 450 *ml* Wasser wird unter Eiskühlung bei 10–15° mit einer Lösung von 159 g (2,84 mol) Kaliumhydroxid in 225 *ml* Wasser versetzt. Danach werden innerhalb 5 Stdn. bei 20–30° 832 g (9 mol) Chlormethyl-oxiran (Epichlorhydrin) zugegeben. Der pH-Wert der Reaktionsmischung wird durch Zugabe von 340 *ml* 25%iger Salzsäure auf Werte zwischen acht und neun gehalten. Nach 15 Stdn. wird die Lösung neutralisiert und i. Vak. eingedampft. Das gebildete Kaliumchlorid wird durch Zugabe von Ethanol gefällt und abfiltriert. Nach Abdestillieren des Alkohols erhält man das Reaktionsprodukt als blaßgelbe Flüssigkeit; Ausbeute: 1121 g (99%).

[302] *W. Buder* u. *A. Schmidt*, Chem. Ber. **106**, 3812 (1973).

[303] *E. Fluck* u. *U. Pachali*, Z. Anorg. Allg. Chem. **456**, 95 (1979).

[304] *H.J. Bestmann*, *H. Hartung* u. *I. Pils*, Angew. Chem. **77**, 1011 (1965).

[305] *L. Maier*, Helv. Chim. Acta **54**, 1434 (1971).

3.2. unter Erhalt der Phosphonium-Struktur

3.2.1. *Austausch des Anions*

3.2.1.1. Austausch

Zum Austausch des Anions in Phosphonium-Salzen kommt eine Reihe von Verfahren in Frage, die bereits in Bd. XII/1 (4. Aufl.), S. 104 aufgeführt sind. In einzelnen Fällen, z. B. bei der Herstellung wasserfreier Fluoride der 5. Hauptgruppe, müssen spezielle Methoden angewendet werden (vgl. S. 540). So erhält man solvatfreies *Tetraphenyl-phosphoniumfluorid*, in dem man das Chlorid z. B. mit wasserfreier, methanolischer Fluorwasserstoff-Lösung umsetzt, mit Natriumalkanolat neutralisiert und das gebildete Phosphoniumfluorid-Alkanolat thermisch abbaut[305a]:

$$[R_4\overset{\oplus}{P}]Cl^{\ominus} \xrightarrow[-HCl]{HF} [R_4\overset{\oplus}{P}]F^{\ominus} \cdot nHF \xrightarrow[-nNaF]{nNaOCH_3}$$

$$[R_4\overset{\oplus}{P}]F^{\ominus} \cdot nCH_3OH \xrightarrow[-nCH_3OH]{\triangle} [R_4\overset{\oplus}{P}]F^{\ominus}$$

Die Überführung von Phosphonium-chloriden in die *Jodide* kann unter Freisetzen von Methylchlorid grundsätzlich auch durch Einwirkung von Methyljodid durchgeführt werden[306].

Ein Beispiel für den weniger geläufigen Ersatz des Anions in einer Redox-Reaktion stellt die Bildung farbiger Charge-Transfer-Komplexe durch Umsetzung verschiedener Jodide, also auch quartärer Phosphonium-jodide, mit Chinon-bis-[cyanmethiden] dar (z. B. 5,6-Bis-[dicyanmethylen]-1,3-cyclohexadien (TCNQ)[307], 2,6-Bis-[dicyanmethylen]-2,6-dihydro-naphthalin (TNAP)[308], 9-Dicyanmethylen-nitro-fluoren[309]). Die in Acetonitril gebildeten Salze sind als Radikalanion-Komplexe zu formulieren und haben im Falle des TCNQ folgende Zusammensetzung:

$$\left[R_4P\right]^{\oplus}(TCNQ)_2^{\cdot\ominus} \quad \text{bzw.} \quad \left[R_4P\right]^{\oplus}(TCNQ)^{\overset{\cdot}{\ominus}}(TCNQ)$$

Die Bildung von Phosphonium-hydroxiden kann außer nach den in Bd. XII/1 (4. Aufl.), S. 106/107 beschriebenen Methoden in speziellen Fällen, z. B. bei wasserunlöslichen Phosphonium-Salzen, an der Grenzfläche zwischen zwei Phasen erfolgen[310]. Hierbei wird das Phosphonium-halogenid in einem geeigneten Lösungsmittelgemisch gelöst und mit wäßriger Natronlauge umgesetzt. Die gebildeten Phosphonium-hydroxide fallen auch bei dieser Methode als viskose Öle an.

3.2.1.2. Komplexbildung

Abgesehen von den elementaren Halogenen [s. 4. Aufl., Bd. XII/1, S. 106] bilden sich bei der Behandlung von Phosphonium-halogeniden mit Interhalogenen wie Jodbromid in analoger Weise die entsprechenden Trihalogenide, wie sich am Beispiel des *Tetraphenylphosphonium-joddibromids* zeigen läßt[311].

[305a] DE 1191813 (1965/63), Siemens-Schuckert-Werke AG, Erf.: *G. Urban* u. *R. Dötzer*; C. A. **63**, 14909d (1965).

[306] *B. N. Kozhushko, E. B. Silina, A. V. Gumenyuk, A. V. Turov* u. *V. A. Shokol*, Zh. Obshch. Khim. **50**, 2210 (1980); engl.: 1781.

[307] *R. Kowal* u. *K. Lorenz*, Pol. J. Chem. **53**, 673 (1979).

[308] US 3226389 (1965/1962), du Pont de Nemours & Co., Erf.: *W. H. Hertler*; C. A. **64**, 11355h (1966).

[309] US 3226388 (1965/1962), du Pont de Nemours & Co., Erf.: *H. D. Harzler*; C. A. **64**, 9859g (1966).

[310] *K. A. Petrov, V. A. Parshina* u. *T. S. Erokhina*, Zh. Obshch. Khim. **42**, 2469 (1972); engl.: 2462.

[311] *U. Müller*, Z. Naturforsch. **34 B**, 1064 (1979).

Auf die Bildung von Doppelsalzen wird bereits in Bd. XII/1 (4. Aufl.), S. 106, hingewiesen. Auch instabile Organo-telluryl- bzw. Organoselenylhalogenide können in Chloroform mit quartären Phosphonium-halogeniden unter Komplexbildung zu Dihalogenorgano-telluraten(II) bzw. -selenaten(II) umgesetzt werden[312]:

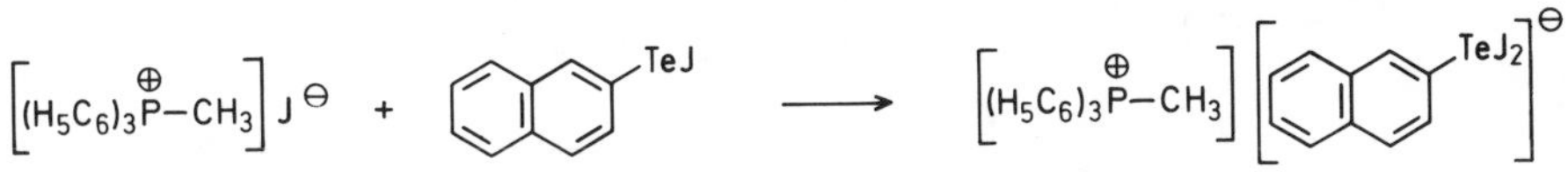

$$\left[(H_5C_6)_3\overset{\oplus}{P}-CH_3\right]J^{\ominus} \;+\; \underset{}{\text{[Naphthalin-TeJ]}} \;\longrightarrow\; \left[(H_5C_6)_3\overset{\oplus}{P}-CH_3\right]\left[\text{[Naphthalin-TeJ}_2]\right]^{\ominus}$$

Methyl-triphenyl-phosphonium-[dijodo-2-naphthyl-tellurat(II)]

Mit Aryl-tellurtrihalogeniden sind die entsprechenden Phosphonium-tetrahalogenotellurate(IV) erhältlich[313]; z.B.:

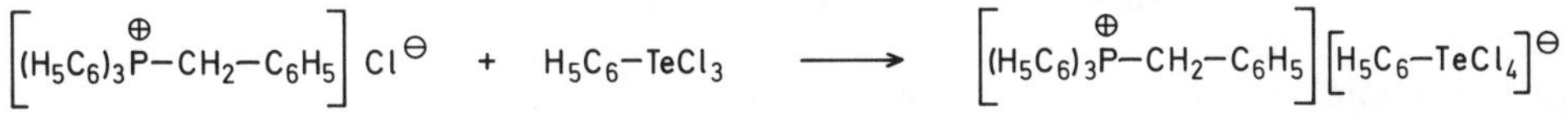

$$\left[(H_5C_6)_3\overset{\oplus}{P}-CH_2-C_6H_5\right]Cl^{\ominus} \;+\; H_5C_6-TeCl_3 \;\longrightarrow\; \left[(H_5C_6)_3\overset{\oplus}{P}-CH_2-C_6H_5\right]\left[H_5C_6-TeCl_4\right]^{\ominus}$$

Benzyl-triphenyl-phosphonium-[phenyl-tetrachloro-tellurat(IV)]

Das cubanartig aufgebaute tetramere Tellur(IV)-bromid liegt in Lösung im Gleichgewicht mit niedermolekularen Einheiten vor, die durch geeignete Kationen selektiv isoliert werden können. Mit Hilfe von Tetraphenyl-phosphonium-bromid läßt sich so das dimere Tellur(IV)-bromid in Form des *Tetraphenyl-phosphonium-decabromditellurat(IV)* stabilisieren[314].

3.2.1.3. Austausch des Anions in Polymeren

Über Seitenketten an das polymere Grundgerüst gebundene quartäre Phosphonium-halogenide und -acetate (s. S. 498) gehen mit Metallhydroxiden und -alkanolaten Austauschreaktionen ein und bilden so die entsprechenden polymeren Phosphonium-hydroxide und -alkanolate[315].
Natrium-Aluminiumsilikate mit Schichtstrukturen wie z.B. Montmorillonit lassen sich dagegen in wäßriger Suspension durch Kationen-Austausch mit Tetraalkyl-phosphonium-Salzen zu den entsprechenden, thermisch sehr beständigen Phosphonium-Aluminiumsilikaten (Zersetzungstemp. < 300°) umsetzen[316]. Der Reaktionsverlauf ist von der Temperatur und den Konzentrationen der Reaktanten weitgehend unabhängig.

3.2.2. Reaktionen am C-Atom

3.2.2.1. Substitution

3.2.2.1.1. eines H-Atoms

Die auf S. 548 erwähnte Möglichkeit zur Einführung des Cycloheptatrienyl-Kations in Phosphonium-Salze gelingt in einigen Fällen auch durch direkte Umsetzung der betref-

[312] *N. Petragnani, L. Torres, K. J. Wynne* u. *D. J. Williams*, J. Organomet. Chem. **76**, 241 (1974).
[313] *N. Petragnani, L. T. Castellanos, K. J. Wynne* u. *W. Maxwell*, J. Organomet. Chem. **55**, 295 (1973).
[314] *B. Krebs* u. *K. Büscher*, Z. Anorg. Allg. Chem. **463**, 56 (1980).
[315] US 4043948 (1977/1973), Dow Chemical Co., Erf.: *J. W. Rakshys, jr.* u. *S. V. McKinley*; C. A. **87**, 168776c (1977).
[316] US 4136103 (1979/1973), Exxon Research & Engineering Co., Erf.: *A. A. Oswald*; C. A. **91**, 23376v (1979).

fenden carbonylaktivierten Phosphonium-Verbindungen mit Tropylium-tetrafluoroborat in wäßriger oder wäßrig-alkoholischer Lösung[317]; z.B.:

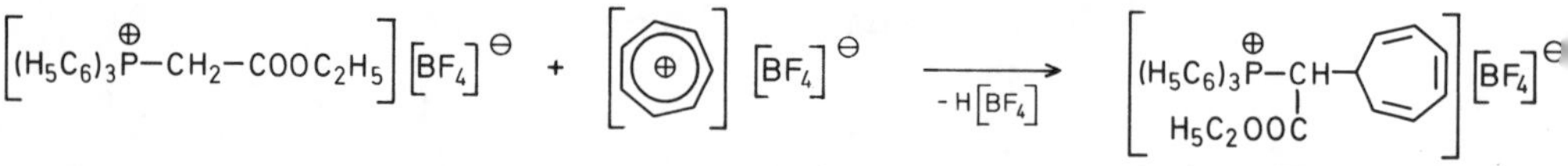

$$\left[(H_5C_6)_3\overset{\oplus}{P}-CH_2-COOC_2H_5\right]\left[BF_4\right]^{\ominus} + \left[\overset{\oplus}{\bigcirc}\right]\left[BF_4\right]^{\ominus} \xrightarrow[-H\left[BF_4\right]]{} \left[(H_5C_6)_3\overset{\oplus}{P}-\underset{H_5C_2OOC}{\overset{|}{C}H}-\bigcirc\right]\left[BF_4\right]^{\ominus}$$

[*(Cycloheptatrien-7-yl)-ethoxycarbonyl-methyl]-
triphenyl-phosphonium-tetrafluoroborat*; 60%]

Die am α-C-Atom gebundenen H-Atome lassen sich selektiv unter Basenkatalyse gegen die Deuterium-Atome des Deuteriumoxids austauschen[318]. Im allgemeinen reichen bereits verdünnte wäßrige Lösungen von Natriumcarbonat in schwerem Wasser aus, um z.B. in Alkyl- und Aryl-triphenyl-phosphonium-halogeniden die α-ständigen H-Atome innerhalb weniger Stunden bei 20° vollständig durch Deuterium-Atome zu substituieren. Aryl-Reste und elektronenziehende Substituenten beschleunigen zudem den Austausch. Ausgehend vom (3-Brom-propyl)-triphenyl-phosphonium-bromid läßt sich durch Einwirkung einer äquivalenten Menge Natriumhydroxid in heißer wäßriger Lösung[319] oder Natriummethanolat in Ethanol[320] *Cyclopropyl-triphenyl-phosphonium-bromid* in hoher Ausbeute gewinnen. Die Synthese verläuft über ein intermediär gebildetes Ylid (s. Lit.[321]-[323]), das unter Ringschluß schnell zum Cyclopropan-Ring weiterreagiert:

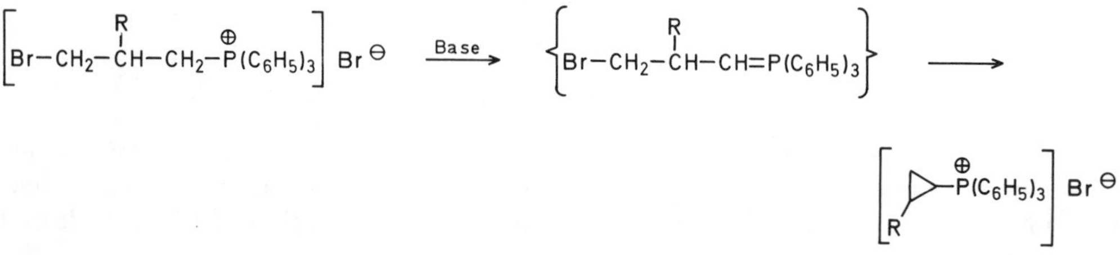

$$\left[Br-CH_2-\overset{\overset{R}{|}}{C}H-CH_2-\overset{\oplus}{P}(C_6H_5)_3\right]Br^{\ominus} \xrightarrow{Base} \left\{Br-CH_2-\overset{\overset{R}{|}}{C}H-CH=P(C_6H_5)_3\right\} \longrightarrow$$

$$\left[\underset{R}{\triangleright}-\overset{\oplus}{P}(C_6H_5)_3\right]Br^{\ominus}$$

(2-Methyl-cyclopropyl)-triphenyl-phosphonium-bromid[320]: In eine ethanol. Lösung von Natriummethanolat [0,58 g (25 mmol) Natrium in 80 *ml* abs. Ethanol] werden unter Stickstoff 12 g (25 mmol) (3-Brom-2-methyl-propyl)-triphenyl-phosphonium-bromid gegeben. Die Mischung wird 10 Stdn. bei 70° gerührt. Man engt dann ein und filtriert das unlösliche Natriumbromid ab. Mit Ethanol/Essigsäure-ethylester kristallisiert man das gebildete Phosphonium-Salz aus dem Filtrat aus; Ausbeute: 7,9 g (80%); Schmp.: 205–206° (aus Isopropanol/Essigsäure-ethylester).

Die Reaktivität der Methylen-Gruppe in Arylmethyl-triphenyl-phosphonium-Salzen reicht aus, um in glatter Reaktion mit Diethoxy-dimethylamino-methan in siedendem Ethanol[324] oder tert.-Butyloxy-diamino-methan[325] das (Aryl-dimethylaminomethylen-methyl)-phosphonium-Salz zu bilden, das mit verd. Salzsäure leicht in das (*α-Formyl-benzyl)-triphenyl-phosphonium*-Salz übergeführt werden kann[324, 326]:

[317] *G. Cavicchio, M. D'Antonio, G. Gaudiano, V. Marchetti* u. *P.P. Ponti*, Gazz. Chim. Ital. **109**, 315 (1979).
[318] *M. Schlosser*, Chem. Ber. **97**, 3219 (1964).
[319] *H.J. Bestmann* u. *E. Kranz*, Chem. Ber. **105**, 2098 (1972).
[320] *K. Utimoto, M. Tamura* u. *K. Sisido*, Tetrahedron **29**, 1169 (1973).
[321] *G. Märkl*, Angew. Chem. **75**, 168 (1963).
[322] *G. Märkl* u. *K.-H. Heier*, Angew. Chem. **84**, 1066 (1972).
[323] *H.J. Bestmann* u. *H. Häberlein*, Z. Naturforsch. **17b**, 787 (1962).
[324] *M.A. Grassberger*, Justus Liebigs Ann. Chem. **1974**, 1872.
[325] *H. Bredereck, G. Simchen* u. *W. Griebenow*, Chem. Ber. **106**, 3732 (1973).
[326] *G. Märkl*, Tetrahedron Lett. **1962**, 1027.

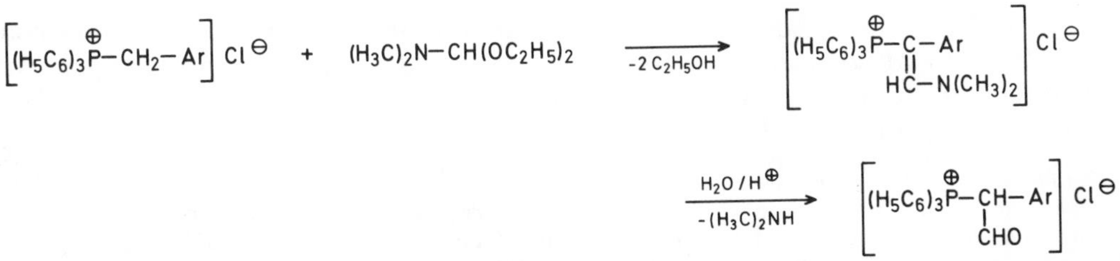

$$\left[(H_5C_6)_3\overset{\oplus}{P}-CH_2-Ar\right]Cl^{\ominus} \quad + \quad (H_3C)_2N-CH(OC_2H_5)_2 \quad \xrightarrow[-2\,C_2H_5OH]{} \quad \left[\begin{array}{c}(H_5C_6)_3\overset{\oplus}{P}-\underset{\underset{HC-N(CH_3)_2}{\|}}{C}-Ar\end{array}\right]Cl^{\ominus}$$

$$\xrightarrow[-(H_3C)_2NH]{H_2O\,/\,H^{\oplus}} \quad \left[(H_5C_6)_3\overset{\oplus}{P}-\underset{\underset{CHO}{|}}{CH}-Ar\right]Cl^{\ominus}$$

3.2.2.1.2. Substitution einer funktionellen Gruppe

(2-Alkoxycarbonyl-ethyl)-phosphonium-Salze [z.B. (2-Acetoxy-ethyl)-phosphonium-chlorid, Herstellung s. Bd. XII/1 (4.Aufl.), S. 103, s.a. S. 562/563], gehen in Gegenwart katalytischer Mengen einer Base zahlreiche Substitutionsreaktionen mit Alkoholen[327–329] und Thiolen[330–332] ein. Hierbei wird die Ester-Gruppe durch einen Alkanolat- bzw. Thiolat-Rest ersetzt. Zu diesem Reaktionstyp gehört auch die entsprechende Umsetzung mit Aminen[333]. Einen Überblick über die Fülle der Möglichkeiten geben die folgenden Reaktionsgleichungen:

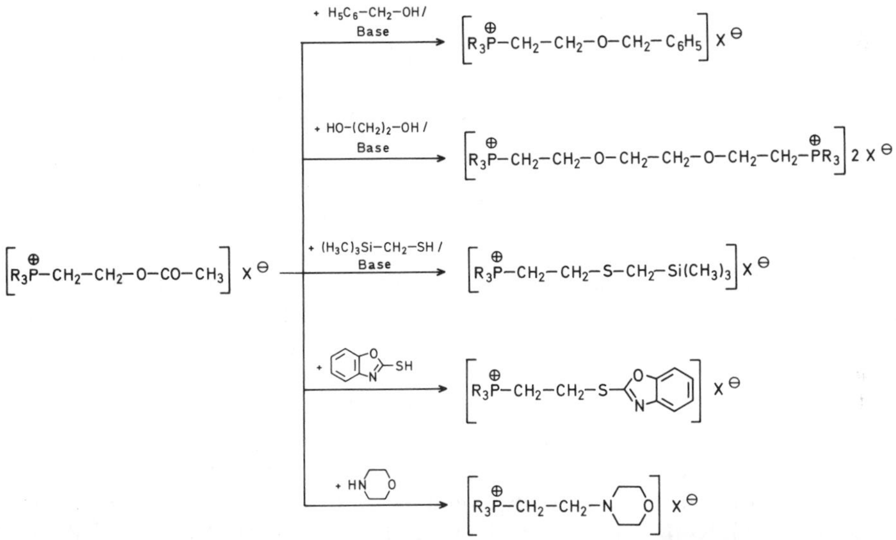

Üblicherweise werden diese intermediär über Vinyl-phosphonium-Verbindungen ablaufenden Phosphonioethylierungen[329] in inerten Lösungsmitteln wie THF, DMF, Ace-

[327] US 3 333 005 (1967/1963), American Cyanamid Co., Erf.: *M. Grayson, P. T. Keough* u. *M. M. Rauhut*; C. A. **67**, 100 242 g (1967).

[328] US 3 332 962 (1967/1963), American Cyanamid Co., Erf.: *M. Grayson, P. T. Keough* u. *M. M. Rauhut*; C. A. **67**, 100 241 f (1967).

[329] *H. J. Cristau, H. Christol* u. *M. Soleiman*, Phosphorus Sulfur **4**, 287 (1978).

[330] US 3 299 143 (1967/1964), American Cyanamid Co., Erf.: *M. Grayson, P. T. Keough* u. *M. M. Rauhut*; C. A. **66**, 55 580 g (1967).

[331] US 3 364 245 (1968/1966), American Cyanamid Co., Erf.: *M. Grayson, P. T. Keough* u. *M. M. Rauhut*; C. A. **68**, 69 122 n (1968).

[332] US 3 214 434 (1965/1964), American Cyanamid Co., Erf.: *M. Grayson, P. T. Keough* u. *M. M. Rauhut*; C. A. **64**, 15 924 e (1966).

[333] US 3 320 321 (1967/1963), American Cyanamid Co., Erf.: *M. Grayson, P. T. Keough* u. *M. M. Rauhut*; C. A. **67**, 64 527 t (1967).

tonitril und 1,4-Dioxan bei erhöhter Temperatur durchgeführt. Als Basen können Alkalimetall- und Erdalkalimetallhydroxide, -carbonate und Amine verwendet werden. An Stelle der Ester-Gruppe kommen als Abgangsgruppen auch z. B. die Phenoxy- oder Hydroxy-Gruppe in Frage[329, 334].

(2-Ethoxy-ethyl)-triphenyl-phosphonium-bromid[334]: 4,63 g (10 mmol) (2-Phenoxy-ethyl)-triphenyl-phosphonium-bromid werden in Gegenwart von 0,26 g (1 mmol) Triphenylphosphan als Katalysator in 25 *ml* abs. Ethanol 40 Stdn. unter Rückfluß erhitzt. Die Lösung wird unter Rühren in 400 *ml* trockenen Ether gegeben, wobei farblose Kristalle ausfallen. Man filtriert und wäscht mit Ether; Ausbeute: 3,0 g (72%); Schmp.: 179–181°.

So verläuft die Umsetzung von (2-Phenoxy-ethyl)-triphenyl-phosphonium-chlorid mit sek. Aminen in polaren aprotischen Lösungsmitteln (DMSO) bereits unter sehr milden Bedingungen zu den *(2-Dialkylamino-ethyl)-triphenyl-phosphonium-chloriden*[335]. Auch die Einwirkung von Alkanolen in der Siedehitze führt ohne Basen-Zusatz unter Eliminierung von Phenol langsam zur Bildung von *(2-Alkoxy-ethyl)-triphenyl-phosphonium-Salzen*[334]. Allerdings erhöhen katalytische Mengen an Triphenylphosphan die Ausbeute.

Setzt man dagegen (3-Oxo-alkyl)-triphenyl-phosphonium-Salze mit Glykolen oder Thioglykolen in Chloroform um, so erhält man in teilweise guten Ausbeuten die zu erwartenden Acetale bzw. Dithioacetale[336]:

$$\left[(H_5C_6)_3\overset{\oplus}{P}-CH_2-CH_2-CO-R \right] Br^{\ominus} \ + \ HY-CH_2-CH_2-YH \ \xrightarrow[-\,H_2O]{} $$

$$Y = O, S \qquad\qquad \left[(H_5C_6)_3\overset{\oplus}{P}-CH_2-CH_2\underset{R}{\overset{Y}{\diagdown\!\!\diagup}} \right] Br^{\ominus}$$

Die Reaktion zwischen Tetrakis-[hydroxymethyl]-phosphonium-chlorid und aromatischen Aminen verläuft im Gegensatz zur Umsetzung mit stärker basischen Aminen ohne Zerstörung der Phosphonium-Struktur zu Tetrakis-[arylaminomethyl]-phosphonium-Salzen [vgl. 4. Aufl., Bd. XII/1, S. 103][337]. Analog sind durch Umsetzungen von Hydroxymethyl-phosphonium-halogeniden mit Alkoxycarbonylaminen **(Vorsicht:** Carbamidsäure-ethylester ist **cancerogen!)** stabile (Alkoxycarbonylamino-methyl)-phosphonium-halogenide zugänglich[338]. Auch beim Erhitzen einer methanolischen Lösung von Methyl-tris-[hydroxymethyl]-phosphonium-jodid mit Ammoniumacetat und Paraformaldehyd im Molverhältnis 1:3:3 bleibt die Phosphonium-Struktur erhalten. Dabei bildet sich in guter Ausbeute das *5-Methyl-1,3,7-triaza-5-phosphonia-adamantan-jodid*, während bei der Methylierung des 1,3,7-Triaza-5-phospha-adamantans lediglich das N-Methyl-Derivat entsteht[339]:

$$\left[H_3C-\overset{\oplus}{P}(CH_2-OH)_3 \right] J^{\ominus} \ + \ 3\ H_3C-CO-ONH_4 \ + \ 3\ CH_2O \ \xrightarrow[-6\ H_2O]{-3\ H_3C-COOH} $$

[329] *H. J. Cristau, H. Christol* u. *M. Soleiman*, Phosphorus Sulfur **4**, 287 (1978).

[334] *E. E. Schweizer* u. *R. D. Bach*, J. Org. Chem. **29**, 1746 (1964).

[335] GB 1161201 (1969/1965), Wellcome Foundation Ltd., Erf.: *F. C. Copp*; C. A. **71**, 102008 s (1969).

[336] *H.-J. Cristau, J.-P. Vors* u. *H. Christol*, Synthesis **1979**, 538.

[337] US 3954866 (1976/1973), U.S.A., Secretary of Agriculture, Erf.: *A. W. Frank* u. *G. L. Drake*, jr.; C. A. **85**, 63167h (1976).

[338] US 4196302 (1980/1979), U.S.A., Secretary of Agriculture, Erf.: *A. W. Frank*.

[339] *E. Fluck* u. *H.-J. Weißgraeber*, Chem. -Ztg. **101**, 304 (1977).

Eine Möglichkeit zur Herstellung von N-(Triphenylphosphoniono-acetyl)-aminosäuren, die zur Peptid-Kondensation eingesetzt werden können, besteht in der Umsetzung des (Phenoxycarbonyl-methyl)-triphenyl-phosphonium-chlorids mit N,O-bis-silylierten Aminosäuren und anschließender Hydrolyse[340]:

$$
\left[(H_5C_6)_3\overset{\oplus}{P}-CH_2-COOC_6H_5\right] Cl^{\ominus} \ + \ (H_3C)_3Si-NH-\overset{\overset{R}{|}}{C}H-CO-OSi(CH_3)_3 \quad \xrightarrow{\overset{\text{1. } CH_2Cl_2 / CHCl_3}{\text{2. 2n HCl}}}
$$

$$
\left[(H_5C_6)_3\overset{\oplus}{P}-CH_2-CO-NH-\overset{\overset{R}{|}}{C}H-COOH\right] Cl^{\ominus} \ + \ C_6H_5OH \ + \ 2\,(H_3C)_3Si-OH
$$

Zur Herstellung von N-(2-Triphenylphosponiono-ethoxycarbonyl)-aminosäuren geht man von (2-Hydroxy-ethyl)-triphenyl-phosphonium-chlorid aus und setzt dieses z.B. mit Phosgen in Chloroform bei 0° zum (2-Chlorcarbonyloxy-ethyl)-triphenyl-phosphonium-chlorid um, das in Gegenwart einer Hilfsbase (Pyridin, Triethylamin) zur Einführung der 2-Triphenylphosphoniono-ethoxycarbonyl-Schutzgruppe (Peoc) in Amine und vor allem Aminosäureester dienen kann[341]:

$$
\left[(H_5C_6)_3\overset{\oplus}{P}-CH_2-CH_2-OH\right] Cl^{\ominus} \ + \ COCl_2 \quad \longrightarrow \quad \left[(H_5C_6)_3\overset{\oplus}{P}-CH_2-CH_2-O-CO-Cl\right] Cl^{\ominus}
$$

$$
\xrightarrow{+ H_2N-\overset{\overset{R^1}{|}}{C}H-COOR^2 \,/\, \text{Base}} \quad \left[(H_5C_6)_3\overset{\oplus}{P}-CH_2-CH_2-O-CO-NH-\overset{\overset{R^1}{|}}{C}H-COOR^2\right] Cl^{\ominus}
$$

Die direkte Herstellung von N-Peoc-Aminosäuren ist wiederum durch Umsetzung des Peoc-Chlorids mit N-Trimethylsilyl-aminosäure-trimethylsilylestern in Dichlormethan möglich[341]:

$$
\left[(H_5C_6)_3\overset{\oplus}{P}-CH_2-CH_2-O-CO-Cl\right] Cl^{\ominus} \ + \ (H_3C)_3Si-NH-\overset{\overset{R}{|}}{C}H-CO-OSi(CH_3)_3 \quad \xrightarrow[\text{-2 } (H_3C)_3SiCl]{\overset{\text{1. } CH_2Cl_2}{\text{2. HCl}}}
$$

$$
\left[(H_5C_6)_3\overset{\oplus}{P}-CH_2-CH_2-O-CO-NH-\overset{\overset{R}{|}}{C}H-COOH\right] Cl^{\ominus}
$$

Die Peoc-Schutzgruppe zeichnet sich durch eine hohe Säurestabilität aus, ist aber sehr basenempfindlich. Daher muß bei Peptid-Synthesen die Entstehung eines basischen Milieus vermieden werden. Die Abspaltung der Peoc-Schutzgruppe, die den Aminosäuren und Peptiden eine erhöhte Wasserlöslichkeit verleiht, gelingt demgemäß unter alkalischen Bedingungen i.a. glatt[341].

Im allgemeinen sind Phosphonium-Salze gegenüber Redox-Reaktionen am organischen Rest unempfindlich [vgl. 4. Aufl., Bd. XII/1, S. 103]. So läßt sich das (4-Acetyl-phenyl)-triphenyl-phosphonium-bromid mit Kaliumpermanganat in das *(4-Carboxy-phenyl)-triphenyl-phosphonium-bromid* überführen[342]. Analog geht das (5-Acetyl-2-thienyl)-tri-

---

[340] *H. Kunz* u. *H. Kauth*, Z. Naturforsch. **34b**, 1737 (1979).

[341] *H. Kunz*, Chem. Ber. **109**, 2670 (1976).

[342] *M.I. Shevchuk, I.V. Megera* u. *O.M. Bukachuk*, Zh. Obshch. Khim. **49**, 1225 (1979); engl.: 1074.

phenyl-phosphonium-bromid in das entsprechende *(5-Carboxy-2-thienyl)-triphenyl-phosphonium-bromid* über[343]. Einwirkung von Brom in DMF/1,4-Dioxan liefert das *(5-Bromacetyl-2-thienyl)-triphenyl-phosphonium-bromid*[343]. Auch die Behandlung mit N-Brom-succinimid in siedendem Chloroform kann zur Einführung von Brom in den organischen Rest dienen[344, 345].

Als Beispiel für die mögliche Erzeugung eines weiteren Onium-Zentrums sei auf die Alkylierung von (Alkylthio-methyl)-phosphonium-Salzen mit Triethyloxonium-tetrafluoroborat in Nitromethan, die unter Bildung von *(Dialkylsulfoniono-methyl)-triphenyl-phosphonium*-Salzen abläuft, hingewiesen[346]:

$$\left[(H_5C_6)_3\overset{\oplus}{P}-CH_2-SR\right]\left[BF_4\right]^{\ominus} + \left[(H_5C_2)_3\overset{\oplus}{O}\right]\left[BF_4\right]^{\ominus} \longrightarrow \left[(H_5C_6)_3\overset{\oplus}{P}-CH_2-\underset{R}{\overset{\oplus}{S}}-C_2H_5\right]2\left[BF_4\right]^{\ominus}$$

Enthalogenierungsreaktionen können bei Einwirkung von Triphenylphosphan auf (Halogenmethyl)-phosphonium-halogenide unter Bildung der Methyl-phosphonium-Salze in alkoholischer Lösung stattfinden[347].

3.2.2.2. Eliminierung (Bildung von Doppelbindungen)

Aus dem bequem zugänglichen Hydrazino-triphenyl-phosphonium-bromid (s. S. 550) erhält man bei der Umsetzung mit Aldehyden bzw. Ketonen in Methanol mit hohen Ausbeuten die entsprechenden *(2-Alkyliden-hydrazino)-triphenyl-phosphonium-bromide*[348]:

$$\left[(H_5C_6)_3\overset{\oplus}{P}-NH-NH_2\right]Br^{\ominus} + \underset{R^2}{\overset{R^1}{}}C=O \xrightarrow{-H_2O} \left[(H_5C_6)_3\overset{\oplus}{P}-NH-N=C\underset{R^2}{\overset{R^1}{}}\right]Br^{\ominus}$$

Zur Synthese der wichtigen Vinyl-phosphonium-Verbindungen geht man i.a. von 2-substituierten Ethyl-phosphonium-Salzen aus, die unter verschiedenen Reaktionsbedingungen und je nach Abgangsgruppe Eliminierungsreaktionen eingehen können. So liefert z.B. das (2-Brom-ethyl)-triphenyl-phosphonium-bromid unter dem Einfluß von Silberoxid bereits das *Triphenyl-vinyl-phosphonium-bromid*[349]. Erhitzt man (2-Phenoxyethyl)-triphenyl-phosphonium-bromid 48 Stdn. unter Rückfluß in Essigsäure-ethylester, so erhält man unter Abspaltung von Phenol das *Triphenyl-vinyl-phosphonium-bromid* in 92%iger Ausbeute[350]. Da das Ausgangsprodukt mit hoher Ausbeute durch Alkylierung von Triphenylphosphan mit 2-Brom-1-ethoxy-benzol zugänglich ist[350], stellt dessen thermische Zerlegung eine gute Möglichkeit zur Herstellung des entsprechenden Vinyl-phosphonium-bromids dar. Schließlich eignen sich auch (2-Alkoxycarbonyl-ethyl)- und insbesondere (2-Acetoxy-ethyl)- bzw. (2-Hydroxy-ethyl)-phosphonium-Salze zur Herstellung

[343] *O. M. Bukachuk, I. V. Megera, M. J. Porushnik* u. *M. I. Shevchuk*, Zh. Obshch. Khim. **49**, 1552 (1979); engl.: 1353.

[344] *G. Märkl*, Angew. Chem. **75**, 168 (1963).

[345] *G. Märkl* u. *K.-H. Heier*, Angew. Chem. **84**, 1066 (1972).

[346] *J. Gosselck, H. Schenk* u. *H. Ahlbrecht*, Angew. Chem. **79**, 242 (1967).

[347] *D. W. Grisley, jr.*, Tetrahedron Lett. **1963**, 435.

[348] *C. C. Walker* u. *H. Shechter*, Tetrahedron Lett. **1965**, 1447.

[349] *D. Seyferth, J. S. Fogel* u. *J. K. Heeren*, J. Am. Chem. Soc. **86**, 307 (1964).

[350] *E. E. Schweizer* u. *R. D. Bach*, J. Org. Chem. **29**, 1746 (1964).

von Trialkyl- oder Triaryl-vinyl-phosphonium-halogeniden[351]. Die Umsetzungen laufen bei erhöhter Temperatur in Gegenwart von Basen (Alkalimetall- und Erdalkalimetallcarbonate oder -hydroxide) ab. Unter milderen Bedingungen sind Vinyl-phosphonium-Salze auch durch Einwirkung von Triethylamin auf (2-Chlor-ethyl)-phosphonium-Salze in siedendem Dichlormethan zugänglich[352]. Im Gegensatz zum Triphenylphosphonium-Derivat erfordern die Benzyl-diphenyl-(2-phenoxy-ethyl)- und Dibenzyl-(2-phenoxy-ethyl)-phenyl-phosphonium-Salze zur Eliminierung von Phenol Basenkatalyse[349].

$$\left[(H_5C_6)_3\overset{\oplus}{P}-CH_2-CH_2-OC_6H_5\right] Br^{\ominus} \xrightarrow[-H_5C_6-OH]{\Delta} \left[(H_5C_6)_3\overset{\oplus}{P}-CH=CH_2\right] Br^{\ominus}$$

Beim Erhitzen von (1-Brom-1-phenyl-ethyl)-triphenyl-phosphonium-bromid mit Lithiumbromid in DMF wird die Bildung von *(1-Phenyl-vinyl)-triphenyl-phosphonium-bromid* beobachtet[353]:

$$\left[(H_5C_6)_3\overset{\oplus}{P}-\underset{C_6H_5}{\overset{CH_3}{\underset{|}{\overset{|}{C}}}}-Br\right] Br^{\ominus} \xrightarrow[-HBr]{\Delta} \left[(H_5C_6)_3\overset{\oplus}{P}-\underset{C_6H_5}{\overset{CH_2}{C}}\right] Br^{\ominus}$$

Triphenyl-vinyl-phosphonium-bromid[352]: 8,1 g (0,02 mol) 2-Chlor-ethyl-triphenyl-phosphonium-bromid werden in einem Gemisch von 50 ml Dichlormethan und 3 ml Triethylamin (0,025 mol) 24 Stdn. unter Rückfluß erhitzt. Das gebildete Triethylamin-Hydrobromid wird abfiltriert und das Filtrat mit 15 ml verd. Bromwasserstoffsäure und dann mit 15 ml Wasser gewaschen. Die Lösung wird über Natriumsulfat getrocknet. Beim Einengen bildet sich ein Öl, das beim Emulgieren mit Ether kristallisiert. Der Feststoff wird aus tert.-Butanol umkristallisiert; Ausbeute: 5,3 g (72%); Schmp.: 180–183°.

Behandelt man das (2-Brom-1-ethoxy-ethyl)-triphenyl-phosphonium-bromid in der Kälte mit Triethylamin, so erhält man das *(1-Ethoxy-vinyl)-triphenyl-phosphonium-bromid*[354]. In β-Stellung substituierte Vinyl-phosphonium-Salze lassen sich durch Einwirkung von Alkoholen und Thiolen auf 1,2-Bis-[triorganophosphoniono]-ethen-dibromide in Gegenwart äquivalenter Mengen Triethylamin unter Spaltung einer P–C-Bindung in guten Ausbeuten gewinnen[355]; z.B.:

$$\left[(H_5C_6)_3\overset{\oplus}{P}-CH=CH-\overset{\oplus}{P}(C_6H_5)_3\right] 2 Br^{\ominus} \xrightarrow[\substack{-(H_5C_2)_3P \\ -\left[(H_5C_2)_3\overset{\oplus}{N}H\right]Br^{\ominus}}]{(H_5C_2)_3N} \left\{\left[(H_5C_6)_3\overset{\oplus}{P}-C\equiv CH\right] Br^{\ominus}\right\}$$

$$\xrightarrow{CH_3OH} \left[(H_5C_6)_3\overset{\oplus}{P}-CH=CH-OCH_3\right] Br^{\ominus}$$

Die Synthese verläuft über das intermediär gebildete *Ethinyl-triphenyl-phosphonium-bromid*, das unter Addition acider Reaktanten in das Vinyl-phosphonium-Salz übergeht. Allenyl-phosphonium-Salze sind in ähnlicher Weise aus (2-Brom-allyl)-phospho-

---

[349] *D. Seyferth, J. S. Fogel* u. *J. K. Heeren*, J. Am. Chem. Soc. **86**, 307 (1964).

[351] US 3 422 149 (1969/1963), American Cyanamid Co., Erf.: *M. M. Rauhut, G. B. Borowitz* u. *M. Grayson*; C. A. **70**, 58 014 u (1969).

[352] *J. M. Swan* u. *S. H. B. Wright*, Aust. J. Chem. **24**, 777 (1971).

[353] *E. E. Schweizer* u. *A. T. Wehman*, J. Chem. Soc. (C) **1971**, 343.

[354] *J. M. McIntosh* u. *H. B. Goodbrand*, Synthesis **1974**, 862.

[355] *H. Christol, H.-J. Cristau, J.-P. Joubert* u. *M. Soleiman*, C. R. Acad. Sci., Ser. C **279**, 167 (1974).

nium-Salzen durch Erhitzen in Diglyme oder in Gegenwart äquimolarer Mengen einer Base zugänglich[356]; z. B.:

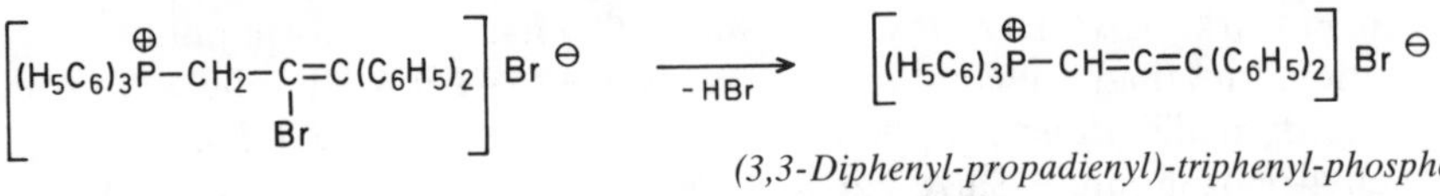

$$\left[(H_5C_6)_3\overset{\oplus}{P}-CH_2-\underset{\underset{Br}{|}}{C}=C(C_6H_5)_2\right] Br^{\ominus} \xrightarrow{-HBr} \left[(H_5C_6)_3\overset{\oplus}{P}-CH=C=C(C_6H_5)_2\right] Br^{\ominus}$$

(3,3-Diphenyl-propadienyl)-triphenyl-phosphonium-bromid; 81%

In einigen Fällen können C=C-Doppelbindungen durch Dehydrobromierung in erhitzter Polyphosphorsäure erzeugt werden[357, 358].

3.2.2.3. Addition an die C–C-Mehrfachbindung

3.2.2.3.1. mit anderen Reaktionspartnern

Vinyl-phosphonium-Salze sind zahlreichen, i. a. basenkatalysierten Additionsreaktionen mit Reaktanten, die acide Wasserstoff-Atome enthalten, zugänglich. Solche Phosphonioethylierungs-Reaktionen[359] können z. B. mit Alkoholen, Thiolen, Aminen oder CH-aciden Verbindungen durchgeführt werden. Einige charakteristische Reaktionen sind im folgenden aufgeführt:

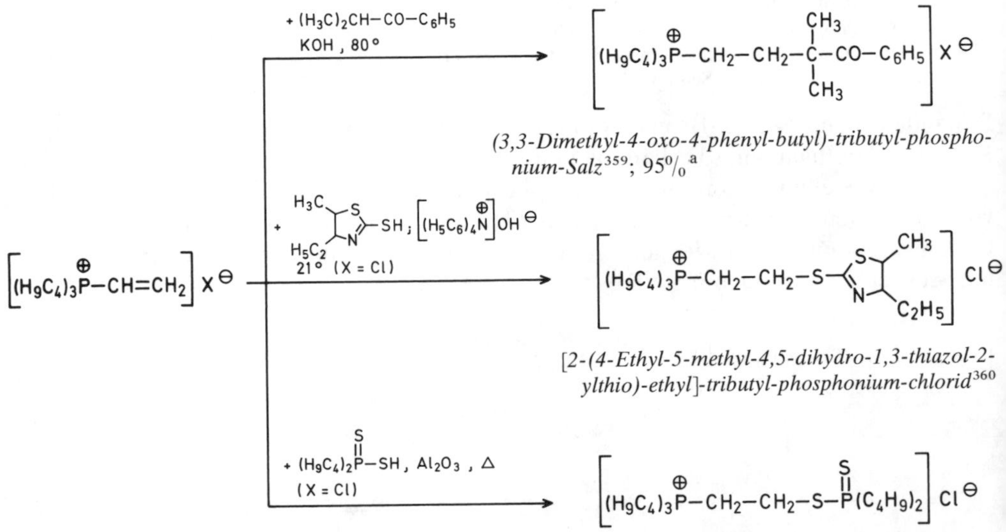

(3,3-Dimethyl-4-oxo-4-phenyl-butyl)-tributyl-phosphonium-Salz[359]; 95%[a]

[2-(4-Ethyl-5-methyl-4,5-dihydro-1,3-thiazol-2-ylthio)-ethyl]-tributyl-phosphonium-chlorid[360]

[2-(Dibutyl-thiophosphinylthio)-ethyl]-tributyl-phosphonium-chlorid[361]

[a] X = $(H_5C_6)_4B$

[356] K. W. Ratts u. R. D. Partos, J. Am. Chem. Soc. **91**, 6112 (1969).

[357] G. Märkl u. K.-H. Heier, Angew. Chem. **84**, 1066 (1972).

[358] N. A. Nesmeyanov u. O. A. Reutov, Dokl. Akad. Nauk SSSR **171**, 111 (1966); engl.: 1042.

[359] P. T. Keough u. M. Grayson, J. Org. Chem. **29**, 631 (1964).

[360] US 3214434 (1965/1964), American Cyanamid Co., Erf.: M. Grayson, P. T. Keough u. M. M. Rauhut; C. A. **64**, 15 924e (1966).

[361] US 3299143 (1967/1964), American Cyanamid Co., Erf.: M. Grayson, P. T. Keough u. M. M. Rauhut; C. A. **66**, 55 580g (1967).

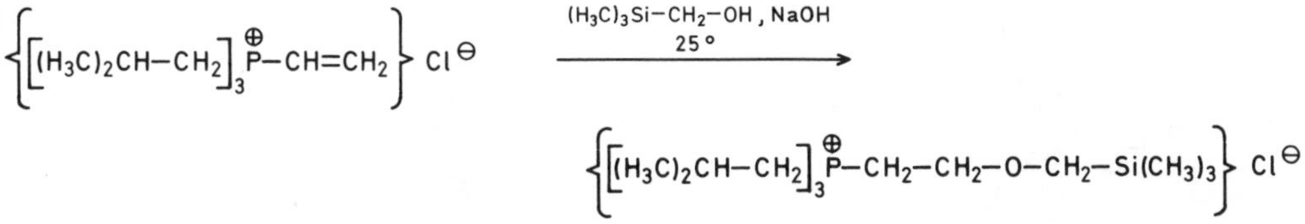

$$\left\{\left[(H_3C)_2CH-CH_2\right]_3\overset{\oplus}{P}-CH=CH_2\right\} \; Cl^{\ominus} \quad \xrightarrow[25°]{(H_3C)_3Si-CH_2-OH \,,\, NaOH}$$

$$\left\{\left[(H_3C)_2CH-CH_2\right]_3\overset{\oplus}{P}-CH_2-CH_2-O-CH_2-Si(CH_3)_3\right\} \; Cl^{\ominus}$$

(2-Trimethylsilylmethoxy-ethyl)-tris-[2-methyl-propyl]-
phosphonium-chlorid[362]

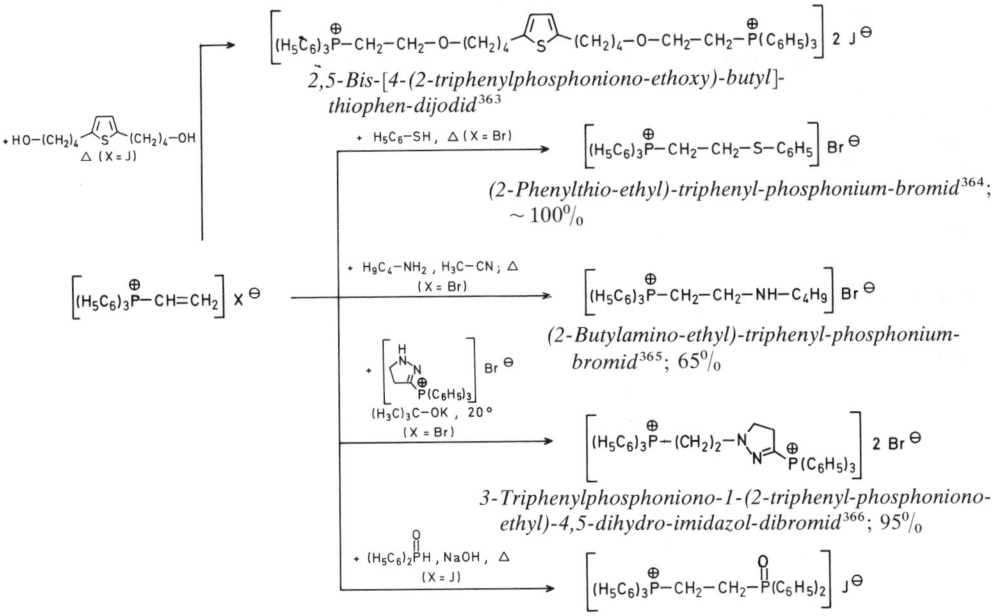

$$\left[(H_5C_6)_3\overset{\oplus}{P}-CH_2-CH_2-O-(CH_2)_4-\underset{S}{\text{thiophen}}-(CH_2)_4-O-CH_2-CH_2-\overset{\oplus}{P}(C_6H_5)_3\right] 2 \; J^{\ominus}$$

2,5-Bis-[4-(2-triphenylphosphoniono-ethoxy)-butyl]-
thiophen-dijodid[363]

+ HO-(CH₂)₄ ⟨thiophen⟩ (CH₂)₄-OH
Δ (X = J)

$$\left[(H_5C_6)_3\overset{\oplus}{P}-CH=CH_2\right] X^{\ominus}$$

+ H₅C₆-SH, Δ (X = Br)

$$\left[(H_5C_6)_3\overset{\oplus}{P}-CH_2-CH_2-S-C_6H_5\right] Br^{\ominus}$$

(2-Phenylthio-ethyl)-triphenyl-phosphonium-bromid[364];
~ 100%

+ H₉C₄-NH₂, H₃C-CN; Δ (X = Br)

$$\left[(H_5C_6)_3\overset{\oplus}{P}-CH_2-CH_2-NH-C_4H_9\right] Br^{\ominus}$$

(2-Butylamino-ethyl)-triphenyl-phosphonium-
bromid[365]; 65%

+ [imidazoline-P(C₆H₅)₃] Br⁻
(H₃C)₃C-OK, 20°
(X = Br)

$$\left[(H_5C_6)_3\overset{\oplus}{P}-(CH_2)_2-N\overset{}{\underset{N}{\diagup}}\overset{\oplus}{P}(C_6H_5)_3\right] 2 \; Br^{\ominus}$$

3-Triphenylphosphoniono-1-(2-triphenyl-phosphoniono-
ethyl)-4,5-dihydro-imidazol-dibromid[366]; 95%

+ (H₅C₆)₂ṖH, NaOH, Δ
(X = J)

$$\left[(H_5C_6)_3\overset{\oplus}{P}-CH_2-CH_2-\overset{O}{\overset{\|}{P}}(C_6H_5)_2\right] J^{\ominus}$$

2-(Diphenylphosphinyl-ethyl)-triphenyl-phos-
phonium-jodid[367, 368]

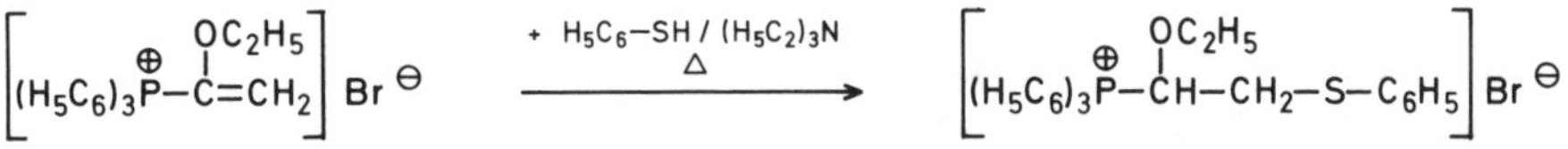

$$\left[(H_5C_6)_3\overset{\oplus}{P}-\overset{OC_2H_5}{\underset{}{C}}=CH_2\right] Br^{\ominus} \quad \xrightarrow[\Delta]{+ H_5C_6-SH / (H_5C_2)_3N}$$

$$\left[(H_5C_6)_3\overset{\oplus}{P}-\overset{OC_2H_5}{\underset{}{C}}H-CH_2-S-C_6H_5\right] Br^{\ominus}$$

(1-Ethoxy-2-phenylthio-ethyl]-triphenyl-phosphonium-
bromid[369]; 51%

---

[362] US 3 333 005 (1967/1963), American Cyanamid Co., Erf.: *M. Grayson, P. T. Keough* u. *M. M. Rauhut*; C. A. **67**, 100 242 g (1967).

[363] US 3 332 962 (1967/1963), American Cyanamid Co., Erf.: *M. Grayson, P. T. Keough* u. *M. M. Rauhut*; C. A. **67**, 100 241 f (1967).

[364] *E. E. Schweizer* u. *R. D. Bach*, J. Org. Chem. **29**, 1746 (1964).

[365] *J. M. Swan* u. *S. H. B. Wright*, Aust. J. Chem. **24**, 777 (1971).

[366] *E. E. Schweizer* u. *C. S. Kim*, J. Org. Chem. **36**, 4041 (1971).

[367] US 3 836 587 (1974/1963), American Cyanamid Co., Erf.: *M. Grayson* u. *P. T. Keough*; C. A. **82**, 31 392 b (1975).

[368] US 3 689 601 (1972/1963), American Cyanamid Co., Erf.: *M. Grayson* u. *P. T. Keough*; C. A. **77**, 152 346 v (1972).

[369] *J. M. McIntosh* u. *H. B. Goodbrand*, Synthesis **1974**, 862.

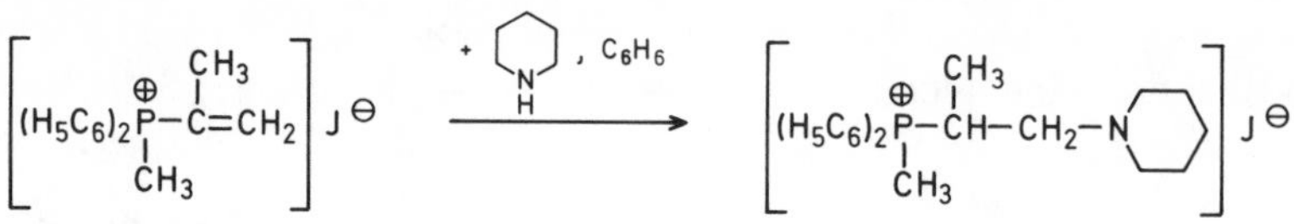

Diphenyl-methyl-(1-methyl-2-piperidino-ethyl)-phosphonium-jodid[370]; 70%

Phosphonioethylierungen mit Tributyl-vinyl-phosphonium-bromid; allgemeine Arbeitsvorschrift[359]: Man mischt 15,4 g (0,05 mol) Tributyl-vinyl-phosphonium-bromid mit 0,05 mol der aciden Verbindung in 50–100 m*l* Lösungsmittel und erhitzt das Reaktionsgemisch in Stickstoffatmosphäre einige Stunden unter Rückfluß. Bei der Phosphonioethylierung relativ flüchtiger acider Verbindungen (z. B. Acetophenon, Acetessigsäure-ethylester, Diethylamin, Ethanol) werden diese im Überschuß als Reaktionsmedium eingesetzt. I. a. wählt man aber Benzol, Acetonitril oder Glyme als Lösungsmittel. Die Reaktionszeit beträgt ca. 3–8 Stdn. Danach wird das Lösungsmittel i. Vak. abgezogen und der flüssige Rückstand mit wasserfreiem Ether gewaschen, bis Kristallisation erfolgt. Andernfalls kann man kristalline Produkte durch Fällung mit 1 N Natrium-tetraphenylborat-Lösung in Aceton, Essigsäure-ethylester oder THF erhalten. Die erhaltenen Salze werden aus Aceton, Essigsäure-ethylester, Benzol oder THF umkristallisiert.

Additionsreaktionen an C≡C-Dreifachbindungen bieten ein ähnliches Bild. So erhält man bei der Umsetzung von 2-Propinyl-triphenyl-phosphonium-bromid mit Methanol in siedendem Chloroform über eine Allenyl-Zwischenstufe das *(2-Methoxy-allyl)-triphenyl-phosphonium-bromid*[371]. Sind bei der Umsetzung zusätzlich katalytische Mengen an Alkanolat zugegen, so wird in einer Folgereaktion unter erneuter Isomerisierung das *(2-Methoxy-1-propenyl)-triphenyl-phosphonium-bromid* gebildet[371]:

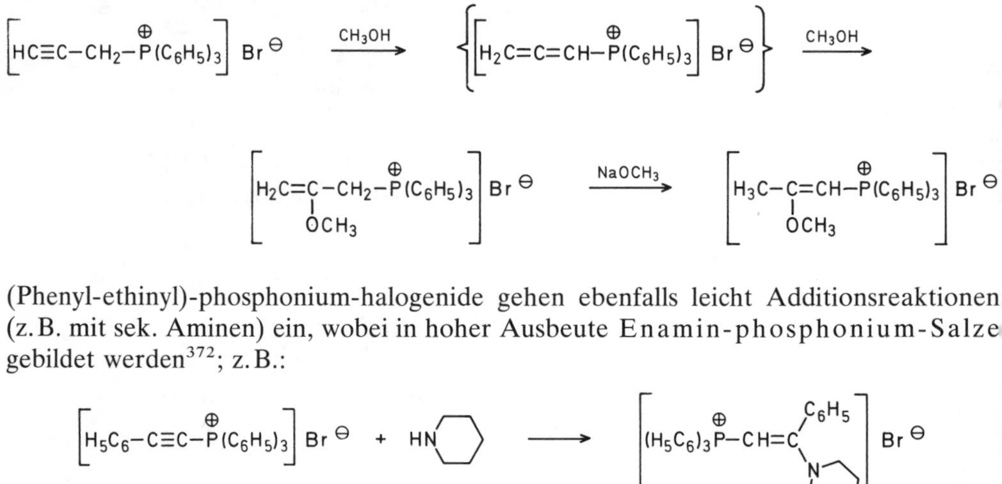

(Phenyl-ethinyl)-phosphonium-halogenide gehen ebenfalls leicht Additionsreaktionen (z. B. mit sek. Aminen) ein, wobei in hoher Ausbeute Enamin-phosphonium-Salze gebildet werden[372]; z. B.:

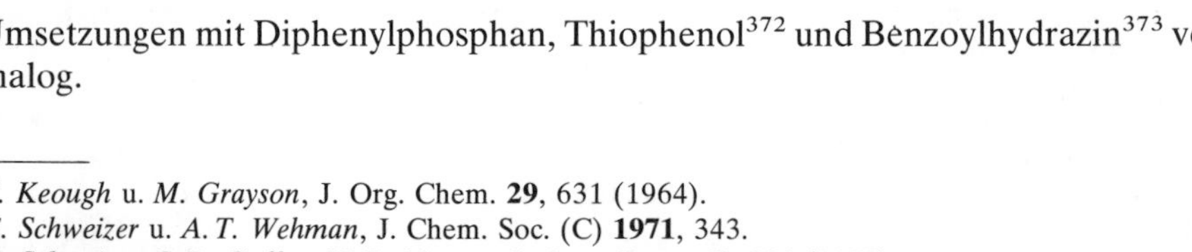

(2-Phenyl-2-piperidino-vinyl)-triphenyl-phosphonium-bromid; 95%

Die Umsetzungen mit Diphenylphosphan, Thiophenol[372] und Benzoylhydrazin[373] verlaufen analog.

[359] *P. T. Keough* u. *M. Grayson*, J. Org. Chem. **29**, 631 (1964).
[370] *E. E. Schweizer* u. *A. T. Wehman*, J. Chem. Soc. (C) **1971**, 343.
[371] *E. E. Schweizer, S. D. Goff* u. *W. P. Murray*, J. Org. Chem. **42**, 200 (1977).
[372] *H. Hoffmann* u. *H. Förster*, Tetrahedron Lett. **1964**, 983.
[373] *N. Morita, J. I. Dickstein* u. *S. I. Miller*, J. Chem. Soc., Perkin Trans. I **1979**, 2103.

Bei der Anlagerung von Aziridinen an 2-Propinyl-triphenyl-phosphonium-bromid können je nach Reaktionsbedingungen zwei isomere Phosphonium-Salze entstehen[374]. In der
Kälte entsteht das weniger stabile *(2-Aziridino-allyl)-*, in der Wärme das *(2-Aziridino-*
propenyl)-triphenyl-phosphonium-bromid:

$$\left[HC{\equiv}C-CH_2-\overset{\oplus}{P}(C_6H_5)_3 \right] Br^{\ominus} + \overset{\triangleright}{N}H \quad \xrightarrow{CH_2Cl_2} \begin{cases} \xrightarrow{0-10°} & \left[\overset{\triangleright}{N}-\overset{\overset{\overset{CH_2}{\|}}{C}}{}-CH_2-\overset{\oplus}{P}(C_6H_5)_3 \right] Br^{\ominus} \\ \xrightarrow{0-40°} & \left[\overset{\triangleright}{N}-\overset{\overset{CH_3}{|}}{C}=CH-\overset{\oplus}{P}(C_6H_5)_3 \right] Br^{\ominus} \end{cases}$$

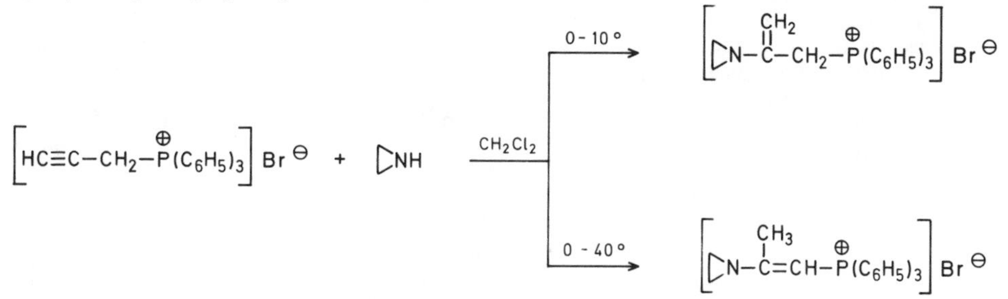

Das Prinzip der nukelophilen Addition von Aminen an quartäre Phosphonium-Salze, die
außer einer Allyl- noch eine Alkinyl- oder 2-Oxo-alkyl-Gruppe enthalten, läßt sich in einigen Fällen zur Herstellung von 1,4-Azaphosphorinium-Salzen anwenden[375]:

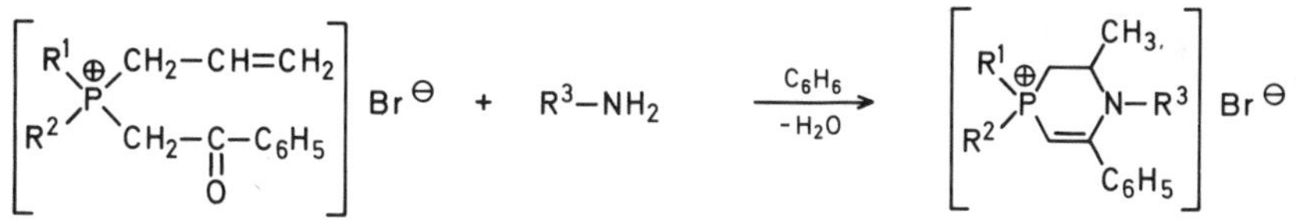

$$\left[\overset{R^1}{\underset{R^2}{>}}\overset{\oplus}{P}\overset{CH_2-CH=CH_2}{\underset{CH_2-\overset{\overset{O}{\|}}{C}-C_6H_5}{}} \right] Br^{\ominus} + R^3-NH_2 \xrightarrow[-H_2O]{C_6H_6} \left[\overset{R^1}{\underset{R^2}{>}}\overset{\oplus}{P} \begin{smallmatrix} CH_3 \\ \\ N-R^3 \\ \\ C_6H_5 \end{smallmatrix} \right] Br^{\ominus}$$

$$R^3 = CH_3, CH_2-C_6H_5$$

Analog können nach dieser Methode bei 20° quartäre Diallyl-phosphonium-Salze mit Natronlauge, Natriumhydrogensulfid, Ammoniak oder prim. Aminen nach Isomerisierung
der Allyl- in 1-Propenyl-Gruppen zu 1,4-Oxaphosphorinanium-, 1,4-Thiaphos-
phorinanium- und 1,4-Azaphosphorinanium-halogeniden umgesetzt werden[376,377]:

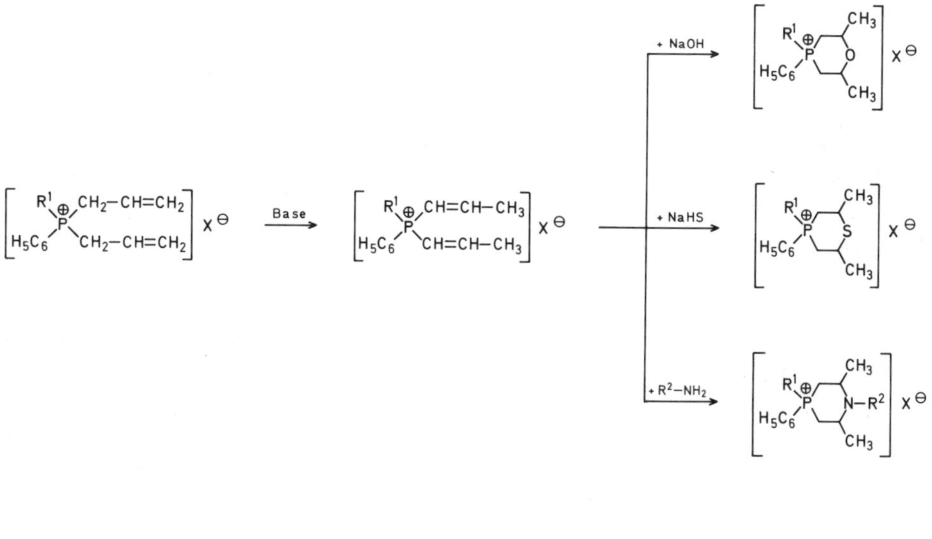

---

[374] *M. A. Calcagno* u. *E. E. Schweizer*, J. Org. Chem. **43**, 4207 (1978).
[375] *S. Samaan*, Justus Liebigs Ann. Chem. **1979**, 43.
[376] *S. Samaan*, Chem. Ber. **111**, 579 (1978).
[377] *L. Horner* u. *S. Samaan*, Phosphorus **4**, 1 (1974).

1,4-Thiaphosphorinanium-Salze; allgemeine Arbeitsvorschrift[376]: 0,03–0,05 mol Dialkyl-phosphonium-Salz werden in wäßr. Lösung mit 0,06–0,1 mol Natriumhydrogensulfid in Wasser versetzt. (Um das Diallyl-phosphonium-Salz vollständig in Lösung zu bringen, kann man Aceton, 1,4-Dioxan oder Acetonitril zusetzen). Die Lösung wird 30–60 Stdn. bei 20° gerührt. Ausgefallene Produkte werden abgesaugt; die Mutterlauge wird mit Bromwasserstoffsäure neutralisiert und mit Dichlormethan oder Chloroform extrahiert. Man dampft die organische Phase ab, kristallisiert den Rückstand aus Ethanol/Ether um und vereinigt ihn mit dem Hauptprodukt. Es wird nochmals umkristallisiert. Falls während der Reaktion keine Produkte ausfallen, wird direkt mit Bromwasserstoffsäure neutralisiert und analog aufgearbeitet.

Besonders vielseitige, Additionsreaktionen zugängliche Reagenzien sind die (3-Oxo-1-alkenyl)-phosphonium-Salze, die z.B. mit Amino-substituierten Heterocyclen (z.B. 2-Amino-pyridin, 2-Amino-pyrimidin, 4-Amino-2-hydroxy-pyrimidin) zu zwei isomeren Phosphoniaheterocyclen umgesetzt werden können[378-380]:

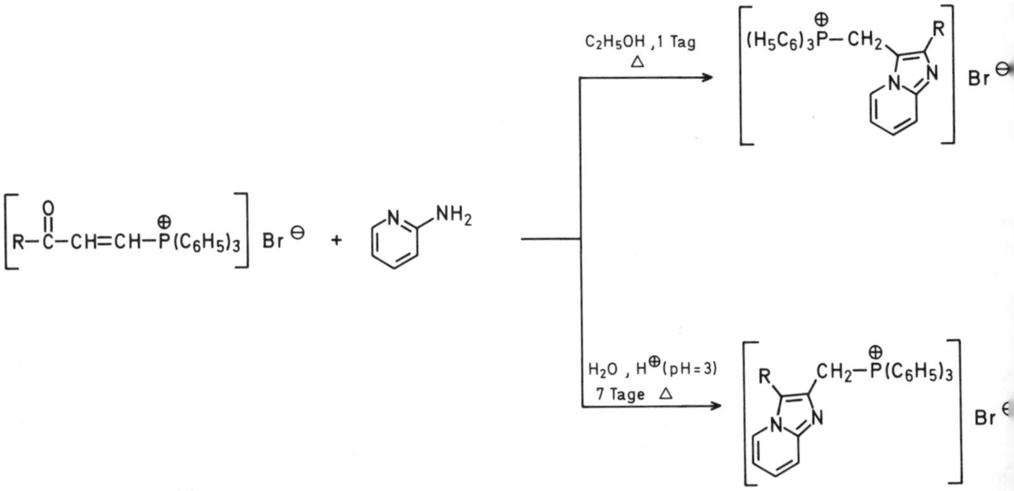

Vinyl-phosphonium-Salze, die in β-Stellung elektronenziehende Substituenten tragen, lassen sich in Dichlormethan mit Alkyliden-sulfuranen unter Abspaltung eines Sulfans zu stereoisomeren Cyclopropyl-phosphonium-Salzen umsetzen[381]:

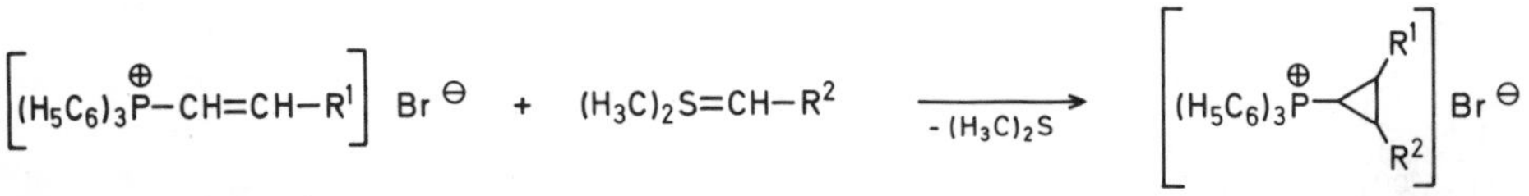

$R^1 = CO–C_6H_5$, $COOCH_3$, CN
$R^2 = CO–C_6H_5$, $COOC_2H_5$, CN

Ein Stereoisomerengemisch bicyclischer Phosphonium-Salze wird auch bei den Cyclo-additionsreaktionen von Dienen an die dienophilen (3-Oxo-1-alkenyl)- bzw. (2-Cyan-vinyl)-phosphonium-Salze gebildet[379, 382]; z.B.:

[376] S. Samaan, Chem. Ber. **111**, 579 (1978).
[378] C. Ivancsics u. E. Zbiral, Justus Liebigs Ann. Chem. **1975**, 1934.
[379] C. Ivancsics u. E. Zbiral, Monatsh. Chem. **106**, 839 (1975).
[380] E. Hugl, G. Schulz u. E. Zbiral, Justus Liebigs Ann. Chem. **1973**, 278.
[381] F. Hammerschmidt u. E. Zbiral, Justus Liebigs Ann. Chem. **1977**, 1026.
[382] E. Zbiral u. E. Werner, Justus Liebigs Ann. Chem. **707**, 130 (1967).

$$\left[(H_5C_6)_3\overset{\oplus}{P}-CH=CH-CN\right]\,Br^{\ominus}\;+\;\text{(cyclopentadiene)}\;\longrightarrow\;\left[\text{(bicyclic structure)}\overset{\overset{\oplus}{P(C_6H_5)_3}}{\underset{CN}{}}\right]\,Br^{\ominus}$$

5-Cyan-6-triphenylphosphoniono-bicyclo[2.2.1]hepten-2-bromid; 94%

Bei der [2 + 4]-Cycloaddition nicht aktivierter Vinyl-phosphonium-Salze mit Dienen (z. B. 1,3-Butadien, Isopren, 1,3-Cyclohexadien) sind zur Herstellung der entsprechenden Diels-Alder-Addukte energischere Reaktionsbedingungen erforderlich. Die Reaktanten müssen, ggf. in einer geschlossenen Ampulle, mehrere Stdn. auf 145–180° erhitzt werden[383].

Ein Weg zur Bildung des 1,3-Thiazol-Ringsystems besteht in der Anlagerung von Thioamiden an (3-Oxo-1-alkenyl)- bzw. (2-Cyan-vinyl)-phosphonium-Salze, wobei durch den dirigierenden Einfluß des Phosphor-Atoms das Schwefel-Atom primär am β-C-Atom angreift und das intermediär gebildete Immoniumylid nach prototroper Verschiebung unter Ringschluß in das (1,3-Thiazol-5-yl-methyl)-phosphonium-Salz umgewandelt wird[384, 379]:

$$\left[(H_5C_6)_3\overset{\oplus}{P}-CH=CH-CO-R^1\right]X^{\ominus}\;+\;R^2-\overset{\overset{S}{\|}}{C}-NH_2\;\longrightarrow\;\left\{(H_5C_6)_3P=CH-\underset{\underset{R^2}{\overset{|}{C}}-NH_2}{\overset{|}{S}}\right\}X^{\ominus}$$

$$\longrightarrow\;\left[(H_5C_6)_3\overset{\oplus}{P}-CH_2-\underset{R^1}{\overset{S}{\diagdown}}\overset{R^2}{N}\right]X^{\ominus}$$

[(4-Amino-2-phenyl-5-thiazolyl-methyl]- triphenyl-phosphonium- bromid[379]: 1,18 g (3 mmol) (2-Cyan-vinyl)-triphenyl-phosphonium-bromid und 0,41 g (3 mmol) Thiobenzamid werden in 35 *ml* Chloroform 4 Stdn. unter Rückfluß erhitzt. Man läßt 10 Stdn. bei 20° stehen, engt die Lösung auf 5 *ml* ein und filtriert nach 24 Stdn. Das Filtrat wird mit Essigsäure-ethylester versetzt und das ausgefallene Salz abgesaugt. Ausbeute: 0,54 g (34%). Es wird aus Chloroform/Essigsäure-ethylester umkristallisiert. Schmp.: 175–180° (Zers.).

Durch 1,3-dipolare Cycloadditionen von Diazoalkanen an substituierte und unsubstituierte Vinyl-phosphonium-Salze sind dementsprechend (4,5-Dihydro-pyrazol-3-yl)-phosphonium-Salze zugänglich. Läßt man z. B. eine etherische Lösung von Diazomethan bei 20° auf Triphenyl-vinyl-phosphonium-bromid, gelöst in Dichlormethan, einwirken, so erhält man in glatter Reaktion *(4,5-Dihydro-pyrazol-3-yl)-triphenyl-phosphonium-bromid*[385]:

$$\left[(H_5C_6)_3\overset{\oplus}{P}-CH=CH_2\right]Br^{\ominus}\;+\;CH_2N_2\;\longrightarrow\;\left[(H_5C_6)_3\overset{\oplus}{P}-\underset{N-NH}{\diagup}\right]Br^{\ominus}$$

In anderen Fällen, wie bei der Umsetzung mit Diphenyl-diazomethan, wird das entsprechende (4,5-Dihydro-3H-pyrazol-3-yl)-Derivat gebildet[386]:

[379] *C. Ivancsics* u. *E. Zbiral*, Monatsh. Chem. **106**, 839 (1975).

[383] *R. Bonjouklian* u. *R.A. Ruden*, J. Org. Chem. **42**, 4095 (1977).

[384] *E. Zbiral*, Tetrahedron Lett. **1970**, 5107.

[385] *E.E. Schweizer* u. *C.S. Kim*, J. Org. Chem. **36**, 4033 (1971).

[386] *E.E. Schweizer, C.S. Kim* u. *R.A. Jones*, J. Chem. Soc., Chem. Commun. **1970**, 39.

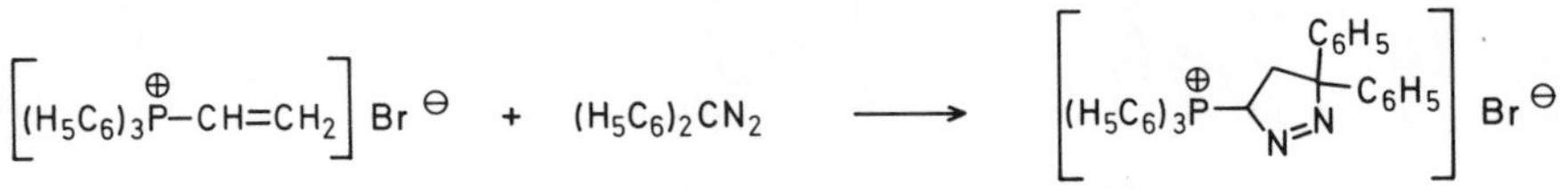

$$\left[(H_5C_6)_3\overset{\oplus}{P}-CH=CH_2\right] Br^{\ominus} \;+\; (H_5C_6)_2CN_2 \;\longrightarrow\; \left[(H_5C_6)_3\overset{\oplus}{P}\underset{N=N}{\overset{C_6H_5}{\underset{}{\overset{}{\diagup}}}}\overset{C_6H_5}{\diagup}\right] Br^{\ominus}$$

(5,5-Diphenyl-4,5-dihydro-3H-pyrazol-3-yl)-triphenyl-phosphonium-bromid; $\sim 100^0/_0$

Die Synthese der Pyrrol- und Imidazol-Ringsysteme kann nach einem ähnlichen Schema ablaufen. Zur Herstellung von (Pyrrol-3-yl-methyl)-triphenyl-phosphonium-Salzen werden (3-Oxo-1-alkenyl)-triphenyl-phosphonium-bromide mit (3-Oxo-1-alkenyl)-aminen unter Erhitzen in Chloroform umgesetzt[387]. Wendet man das gleiche Reaktionsprinzip auf die entsprechende Umsetzung mit Amidinen an, so erhält man (Imidazol-4-yl-methyl)-triphenyl-phosphonium-Salze[387]:

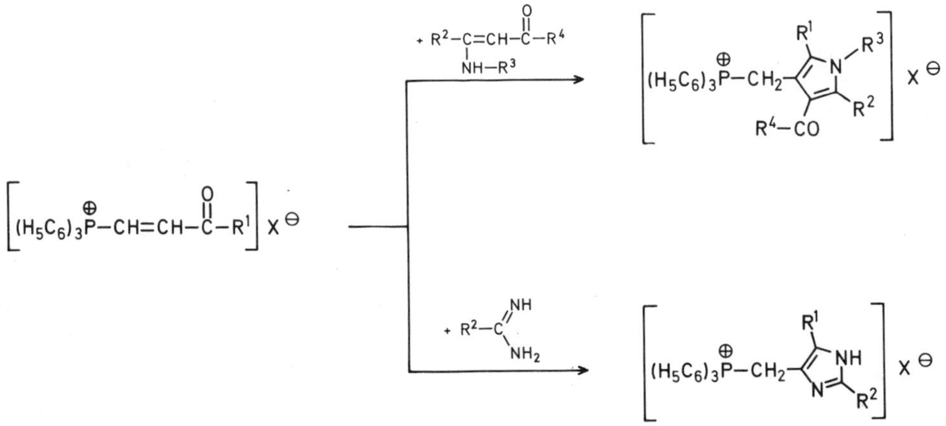

(Pyrrol-3-yl-methyl)-triphenyl-phosphonium-bromide; allgemeine Arbeitsvorschrift[387] **:** 4,1 g (0,01 mol) (3-Oxo-1-butenyl)-triphenyl-phosphonium-bromid werden in 100 *ml* Chloroform gelöst, mit 0,011 mol (3-Oxo-1-alkenyl)-amin versetzt und 15 Stdn. auf dem Wasserbad erhitzt. Abgeschiedenes Salz wird entfernt, das Lösungsmittel i. Vak. abdestilliert und der Rückstand mit Wasser und etwas Methanol auf dem Wasserbad digeriert. Das Pyrrolmethyl-phosphonium-bromid scheidet sich dabei ab. Es wird aus Chloroform/Essigsäure-ethylester umkristallisiert.

3.2.2.3.2. Intramolekulare Cyclisierung

Bei der Synthese der 1,2,3,4-Tetrahydro-⟨benzo-[b]-phosphorinium⟩- bzw. -⟨benzo-[c]-phosphorinium⟩-Salze können Alkenyl-substituierte Aryl-phosphonium-Salze eingesetzt werden[388]. Als allgemein anwendbares Verfahren zur Cyclisierung solcher und ähnlich aufgebauter Phosphonium-Verbindungen kann das Erhitzen in Polyphosphorsäure (PPS) dienen[388-391]. Die Reaktionsmischung wird anschließend in Eiswasser gegeben und das neu gebildete Phosphonium-Salz als Hexafluorophosphat ausgefällt.

---

[387] *E. Zbiral* u. *E. Hugl*, Phosphorus **2**, 29 (1972).
[388] *W. R. Purdum, G. A. Dilbeck* u. *K. D. Berlin*, J. Org. Chem. **40**, 3763 (1975).
[389] *G. A. Dilbeck, Don L. Morris* u. *K. D. Berlin*, J. Org. Chem. **40**, 1150 (1975).
[390] *R. Fink, D. van der Helm* u. *K. D. Berlin*, Phosphorus Sulfur **8**, 325 (1980).
[391] *A. S. Radhakrishna, K. D. Berlin* u. *D. van der Helm*, Pol. J. Chem. **54**, 495 (1980).

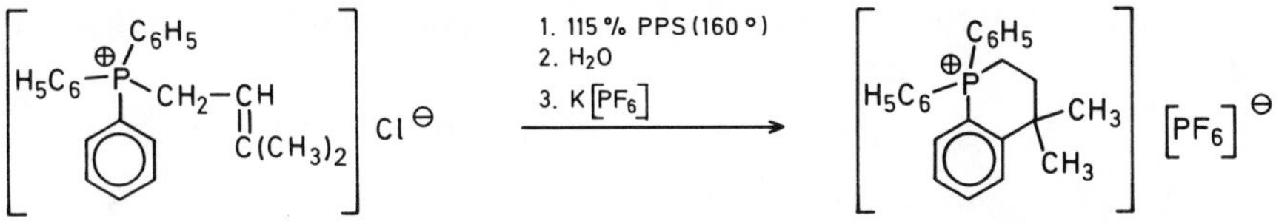

4,4-Dimethyl-1,1-diphenyl-1,2,3,4-tetrahydro-
⟨benzo-[b]-phosphorinium⟩-
hexafluorophosphat; 89%

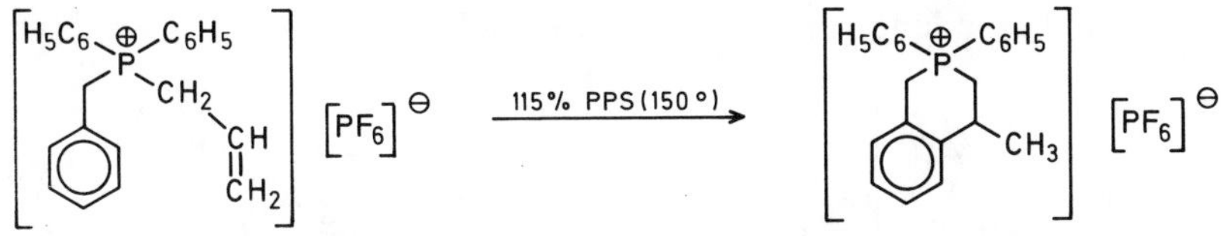

2,2-Diphenyl-4-methyl-1,2,3,4-tetrahydro-
⟨benzo-[c]-phosphorinium⟩-hexa-
fluorophosphat; 75%

Nach dem gleichen Reaktionsprinzip erfolgt die Cyclisierung von Benzyl-(2-carboxy-ethyl)-diphenyl-phosphonium-Salzen[392]:

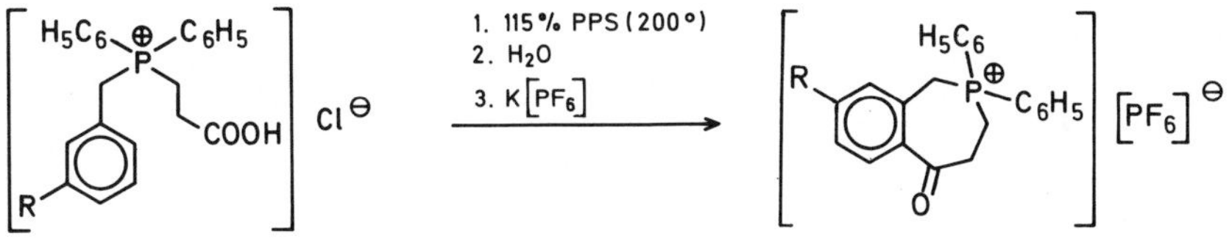

2,2-Diphenyl-5-oxo-2,3,4,5-tetrahydro-
1H-⟨benzo-[c]-phosphepinium⟩-hexa-
fluorophosphat; R = H: 64%

2,2-Diphenyl-4-methyl-1,2,3,4-tetrahydro-⟨benzo-[c]-phosphorinium⟩-hexafluoro-phosphat[389]: In einem 100-ml-Becher werden 60 ml 115%ige Polyphosphorsäure auf 160° erhitzt. 2,0 g (5 mmol) Allyl-benzyl-diphe-nyl-phosphonium-bromid werden innerhalb 10 Min. zugegeben und 30 Min. gerührt. Man läßt die Lösung auf 110–115° abkühlen und gießt sie langsam in 500 ml Eiswasser. Nach 15 Min. Rühren entsteht eine homogene Lö-sung. Die Phosphonium-Salz-Fällung erfolgt durch Zugabe von 50 ml ges. Kalium-hexafluorophosphat-Lösung. Das Rohprodukt wird filtriert und feucht in möglichst wenig Dichlormethan gelöst. Die wässrige Phase wird ab-getrennt. Man fällt das Phosphonium-Salz durch tropfenweise Zugabe von Ether wieder aus, bis die Lösung trübe wird. Es wird nochmals aus Dichlormethan/Ether umkristallisiert; Ausbeute: 1,70 g (75%); Schmp.: 172,5–174,5°.

3.2.2.3.3. Polymerisation

Durch Einwirkung energiereicher Strahlung kann Tributyl-vinyl-phosphonium-bromid in wäßriger Lösung im Gegensatz zu anderen Vinyl-phosphonium-Salzen (Triethyl-, Tri-cyclohexyl- und Dimethyl-phenyl-vinyl-phosphonium-bromid) über einen radikalischen Reaktionsmechanismus zu Polymeren mit hohen Molekulargewichten polymerisiert wer-den[393, 394]. Auch in Gegenwart nichtoxydierend wirkender Radikalstarter (Di-tert.-butyl-peroxid, Azo-bis-isobutyronitril) erhält man in Chlorbenzol-Lösung Polymere[393, 394]. Zur Polymerisation befähigt sind vor allem die (Vinoxycarbonyl-methyl)-phosphonium-Salze,

[389] G. A. Dilbeck, Don L. Morris u. K. D. Berlin, J. Org. Chem. **40**, 1150 (1975).
[392] G. D. MacDonell, K. D. Berlin, S. E. Ealick u. D. van der Helm, Phosphorus Sulfur **4**, 187 (1978).
[393] R. Rabinowitz u. R. Marcus, J. Polym. Sci., Part A **3**, 2063 (1965).
[394] US 3 294 764 (1966/1963), American Cyanamid Co., Erf.: J. J. Pellon, M. Grayson u. K. J. Valan; C. A. **66**, 55985 m (1967).

die wiederum unter dem Einfluß von Peroxiden oder Azo-Verbindungen in hochmoleku-
lare Produkte übergehen können[395].

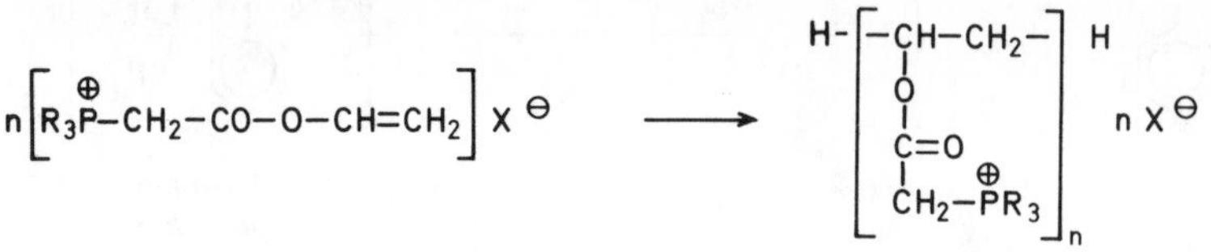

$$n\left[R_3\overset{\oplus}{P}-CH_2-CO-O-CH=CH_2\right]X^{\ominus} \longrightarrow \left[H-\begin{bmatrix}-CH-CH_2-\\ \ O \\ \ \ C=O \\ \ \ CH_2-\overset{\oplus}{P}R_3\end{bmatrix}H\right]_n\ n\,X^{\ominus}$$

Diallyl-phosphonium-Salze können unter ähnlichen Bedingungen Cyclopolymerisations-
reaktionen unter Ausbildung von Sechsringen eingehen[396]:

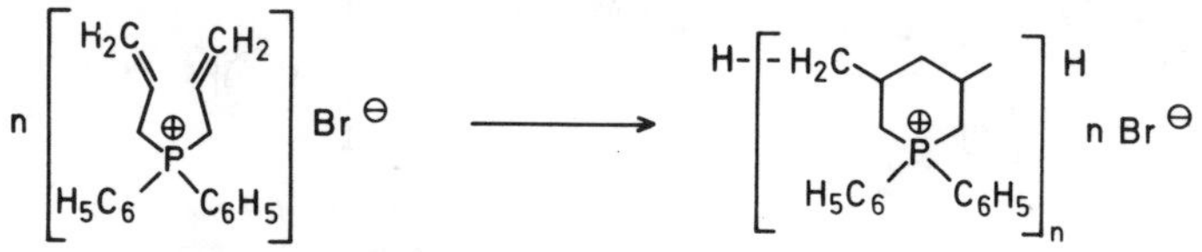

$$n\left[\begin{array}{c}H_2C\quad CH_2\\ \overset{\oplus}{P}\\ H_5C_6\quad C_6H_5\end{array}\right]Br^{\ominus} \longrightarrow \left[H-\begin{array}{c}-H_2C\\ \overset{\oplus}{P}\\ H_5C_6\quad C_6H_5\end{array}H\right]_n\ n\,Br^{\ominus}$$

3.2.3. Reaktionen unter C–C-Spaltung

Die Pyrolyse von (2-Oxo-3-tetrahydrofuryl)-triphenyl-phosphonium-bromid bei 180–
190° führt zum *Cyclopropyl-triphenyl-phosphonium-bromid*[397]:

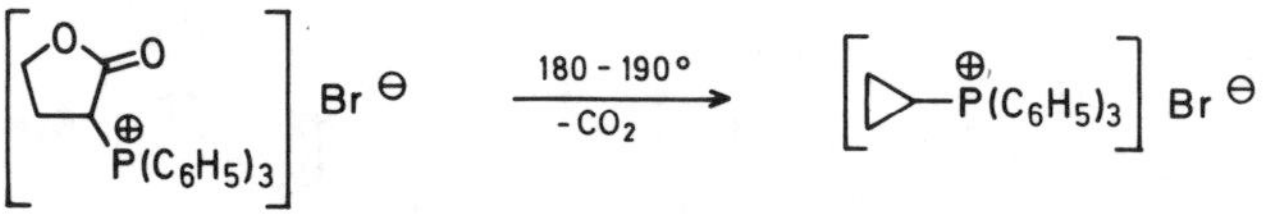

$$\left[\begin{array}{c}O\diagdown\diagup O\\ \overset{\oplus}{P}(C_6H_5)_3\end{array}\right]Br^{\ominus}\ \xrightarrow[-CO_2]{180-190°}\ \left[\triangleright-\overset{\oplus}{P}(C_6H_5)_3\right]Br^{\ominus}$$

B. Umwandlung

1. Einwirkung basischer Mittel

Das Verhalten von Phosphonium-Salzen gegenüber basischen Mitteln wird im wesentlichen bereits in Bd. XII/1 (4. Aufl.), S. 105 beschrieben. Zu neueren Untersuchungen
über die basische Hydrolyse und Phosphanoxid-Spaltung von Phosphonium-Salzen s.
Lit.[398–409]. Insbesondere sei auf Cyanolyse-Reaktionen[404,410] und auf die Stereochemie
der Phosphanoxid-Spaltung[409] hingewiesen.

[395] US 3 125 555 (1964/1961), American Cyanamid Co., Erf.: *P.J. Paré* u. *M. Hauser*; C.A. **60**, 14 634 ab (1964).
[396] *G.B. Butler, D.L. Skinner, W.C. Bond*, jr. u. *C. Lawson Rogers*, J. Macromol. Sci.-Chem. **A 4**, 1437 (1970).
[397] *H.J. Bestmann, H. Hartung* u. *I. Pils*, Angew. Chem. **77**, 1011 (1965).
[398] *L. Horner* u. *S. Samaan*, Phosphorus **4**, 1 (1974).
[399] *L. Horner* u. *M. Jordan*, Phosphorus Sulfur **8**, 225 (1980).
[400] *J.C. Gallucci* u. *R.R. Holmes*, J. Am. Chem. Soc. **102**, 4379 (1980).
[401] *R.O. Day, St. Husebye, J.A. Deiters* u. *R.R. Holmes*, J. Am. Chem. Soc. **102**, 4387 (1980).
[402] *D.W. Allen* u. *B.G. Hutley*, J. Chem. Soc., Perkin Trans. I **1979**, 1499.
[403] *F.Y. Khalil* u. *G. Aksnes*, Acta Chem. Scand. **27**, 3832 (1973).
[404] *L. Horner* u. *R. Luckenbach*, Phosphorus **1**, 73 (1971).
[405] *B. Siegel*, J. Am. Chem. Soc. **101**, 2265 (1979).
[406] *L. Maier*, Phosphorus **1**, 237 (1972).
[407] *L. Horner* u. *U.-M. Duda*, Phosphorus **5**, 119 (1975).
[408] *G. Aksnes*, Phosphorus Sulfur **3**, 227 (1977).
[409] *R. Luckenbach*, Z. Naturforsch. **31 b**, 1127 (1976).
[410] *L. Horner* u. *M. Jordan*, Phosphorus Sulfur **8**, 215 (1980).

2. Elektrochemische Reduktion

Die elektroreduktive Spaltung von Phosphonium-Salzen führt zur Bildung tert. Phosphane (s. S. 172). Zu ausführlichen Untersuchungen s. Lit.[411-418].

C. Betaine

1. durch Aufbaureaktion aus Phosphanen

Im Gegensatz zu früheren Auffassungen [s. 4. Aufl., Bd. XII/1, S. 111] lassen sich neben Tris-[hydroxymethyl]-phosphan auch weniger aktive tert. Phosphane mit α,β-ungesättigten Carbonyl-Verbindungen zu stabilen Phosphorbetainen umsetzen[419]. So erhält man z.B. in exothermer Reaktion durch Einwirkung von Acrylsäure auf Triphenylphosphan in 1,4-Dioxan das *3-Triphenyl-phosphoniono-propanoat* in guter Ausbeute. Als geeignete Lösungsmittel, in denen die Reaktanten löslich, das gebildete Betain aber unlöslich ist, werden 1,4-Dioxan, Acetonitril und Aceton empfohlen. Obwohl die Umsetzung bereits bei 20° einsetzt, soll das Reaktionsgemisch zweckmäßigerweise zur Vervollständigung der Reaktion auf 60–80° erwärmt werden. Außer den tert. Phosphanen liefern auch prim. und sek. Phosphane mit α,β-ungesättigten Carbonsäuren[420] und deren Estern[421] in wäßriger Lösung und in einer einzigen Reaktionsstufe Phosphorbetaine mit hohen Ausbeuten. Im Falle der α,β-ungesättigten Carbonsäure-ester setzt man geringe Mengen eines katalytisch wirkenden Metallsalzes (Cadmiumchlorid) zu; z.B.:

$$H_3C-PH_2 \; + \; 3\,H_2C{=}CH{-}COOH \; \longrightarrow \; H_3C{-}\overset{\oplus}{\underset{\underset{CH_2-CH_2-COOH}{|}}{\overset{\overset{CH_2-CH_2-COOH}{|}}{P}}}{-}CH_2{-}CH_2{-}COO^{\ominus}$$

3-(Bis-[2-carboxy-ethyl]-methyl-phosphoniono)-propanoat;
~100%

3-(Bis-[2-carboxy-ethyl]- methyl- phosphoniono)- propanoat[420]: In einer mit Stickstoff gespülten Rührapparatur werden 1450,5 g (20,1 mol) Acrylsäure in 2,5 l Wasser vorgelegt. Innerhalb 3 Stdn. werden 322 g (6,7 mol) Methylphosphan zusammen mit Stickstoff eingeleitet. Durch Kühlung wird die Temp. im Bereich von 20–30° gehalten. Die Kristallisation setzt kurz nach Beginn der Umsetzung ein. Der erhaltene Feststoff wird abfiltriert, mit Wasser und Aceton gewaschen und getrocknet; Ausbeute: 1,77 kg (~100%); Schmp.: 234–236°.

Durch Addition von überschüssigem Formaldehyd an Phosphanocarbonsäuren werden ebenfalls unter Mitwirkung des aciden Protons der Carboxy-Gruppe 2-(Tris-[hydroxymethyl]-phosphoniono)-carboxylate gebildet[422]:

$$H_2P{-}\overset{\overset{R}{|}}{C}H{-}COOH \; + \; 3\,CH_2O \; \longrightarrow \; (HO{-}CH_2)_3\overset{\oplus}{P}{-}\overset{\overset{R}{|}}{C}H{-}COO^{\ominus}$$

R = H, CH$_3$, C$_2$H$_5$

[411] *L. Horner* u. *M. Jordan*, Phosphorus Sulfur **8**, 209 (1980).
[412] *E.A.H. Hall* u. *L. Horner*, Phosphorus Sulfur **9**, 231 (1980).
[413] *S. Samaan*, Phosphorus Sulfur **7**, 89 (1979).
[414] *E.A.H. Hall* u. *L. Horner*, Ber. Bunsenges. Phys. Chem. **84**, 1145 (1980).
[415] *L. Horner* u. *M. Jordan*, Phosphorus Sulfur **6**, 491 (1979).
[416] *J.H.P. Utley* u. *A. Webber*, J. Chem. Soc., Perkin Trans. I **1980**, 1154.
[417] *J.M. Saveant* u. *S. Khac Binh*, J. Org. Chem. **42**, 1242 (1977).
[418] *D.W. Allen* u. *L. Ebdon*, Phosphorus Sulfur **7**, 161 (1979).
[419] DE 1 200 295 (1967/1964), Farbenfabriken Bayer AG, Erf.: *E. Einers*; C.A. **63**, 18 158 b (1965).
[420] DE 2 540 232 (1977/1975), Hoechst AG, Erf.: *H. Vollmer* u. *K. Hestermann*; C.A. **87**, 39 264 k (1977).
[421] DE 2 540 260 (1977/1975), Hoechst AG, Erf.: *H. Vollmer* u. *K. Hestermann*; C.A. **87**, 39 657 r (1977).
[422] *K. Issleib* u. *R. Kümmel*, Z. Chem. **7**, 235 (1967).

I.a. werden Betaine dieses Typs jedoch durch Behandlung von (Carboxy-alkyl)-phosphonium-Salzen mit Alkalimetallen oder Silberoxid hergestellt [s. 4. Aufl., Bd. XII/1, S. 107). In einigen Fällen sind über einen Additions-Eliminierungsmechanismus durch Reaktion von Halogen-cycloalkenen (z.B. 1,2-Dichlor-perfluor-cyclobuten, -cyclopenten, Hexafluor-cyclobuten) mit Triphenylphosphan in Eisessig/Wasser (Dioxo-perfluor-cycloalkyl)-phosphonium-betaine erhältlich[423, 424]; z.B.:

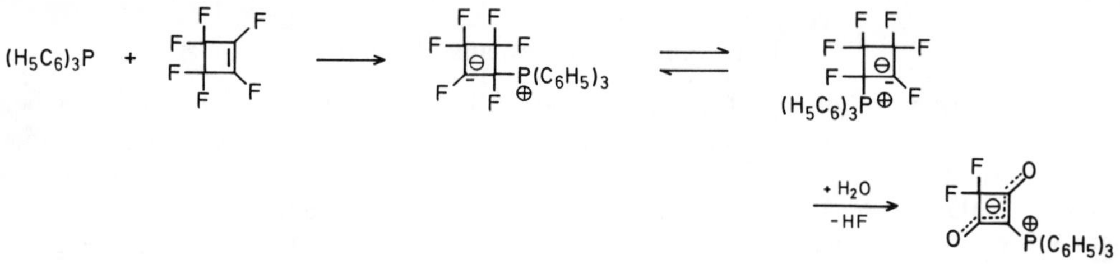

(3,3-Difluor-2,4-dioxo-1-dehydro-cyclobutyl)-triphenylphosphonium-betain; 42%

Tris-[dimethylamino]-phosphan und genügend nukleophile tert. Phosphane reagieren mit 2,3-Diphenyl-thiiren-1,1-dioxid in Benzol quantitativ zu betainartigen Vinyl-phosphonium-Verbindungen[425, 426]:

Die orangegelben (1,2-Diphenyl-2-sulfino-vinyl)-phosphonium-betaine können mit 3-Chlor-benzoepersäure in Dichlormethan leicht zu den farblosen (1,2-Diphenyl-2-sulfo-vinyl)-phosphonium-betainen oxigeniert werden[425].

Durch Umsetzung von z.B. 2,4-Diethoxycarbonyl-pentadiendisäure-diethylester mit Triphenyl- oder Tris-[dimethylamino]-phosphan kann.das stabile dipolare Addukt *2-Triphenylphosphoniono-* und *2-(Tris-[dimethylamino]-phosphoniono)-1,1,3,3-tetraethoxycarbonyl-propenid* hergestellt werden[427]:

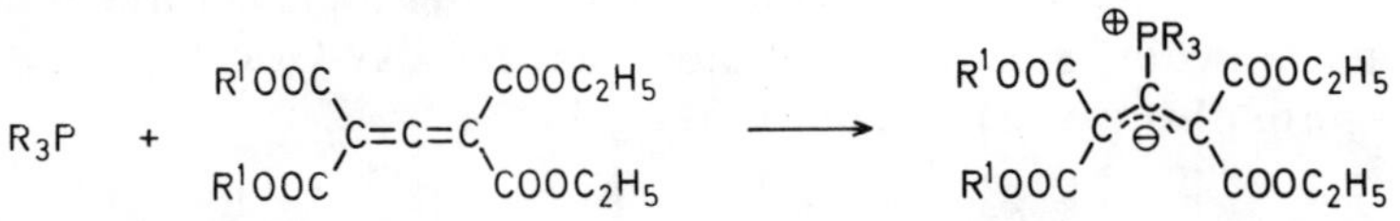

$R^1 = CH_3, C_2H_5$

Unter Methylchlorid-Eliminierung und Erhalt der C≡C-Dreifachbindung verläuft die Reaktion zwischen Chlorethinphosphonsäure-dimethylester und Triphenylphosphan in Benzol oder Ether zum *Methyl-triphenylphosphonio-ethinphosphonat*[428]:

[423] R. F. Stockel, F. Megson u. M. T. Beachem, J. Org. Chem. **33**, 4395 (1968).
[424] US 3 359 321 (1967/1964), U.S.A., Secretary of Agriculture, Erf.: S. E. Ellzey; C. A. **69**, 10 534 r (1968).
[425] B. B. Jarvis u. W. P. Tong, Synthesis **1975**, 102.
[426] B. B. Jarvis, W. P. Tong u. H. L. Ammon, J. Org. Chem. **40**, 3189 (1975).
[427] R. Gompper u. U. Wolf, Justus Liebigs Ann. Chem. **1979**, 1406.
[428] E. Fluck u. W. Kazenwadel, Z. Naturforsch. **31 b**, 172 (1976).

$$(H_3CO)_2\overset{O}{\overset{\|}{P}}-C\equiv C-Cl \quad + \quad (H_5C_6)_3P \quad \xrightarrow[-CH_3Cl]{} \quad {}^{\ominus}O-\overset{O}{\overset{\|}{\underset{H_3CO}{P}}}-C\equiv C-\overset{\oplus}{P}(C_6H_5)_3$$

Demgegenüber geht Dicyanethin in der Kälte bei der Einwirkung von Triphenylphosphan in Gegenwart von Schwefeldioxid und Wasser in das zwitterionische *1,2-Dicyan-2-triphenylphosphoniono-ethansulfonat* über[429]. Als Lösungsmittel kann feuchter Ether dienen. Eine anloge Umsetzung ist mit Ethindicarbonsäure-dimethylester durchführbar[430].

$$(H_5C_6)_3P \quad + \quad NC-C\equiv C-CN \quad + \quad SO_2 \quad + \quad H_2O \quad \longrightarrow \quad (H_5C_6)_3\overset{\oplus}{P}-\underset{CN}{\overset{|}{C}}H-\underset{CN}{\overset{|}{C}}H-SO_3{}^{\ominus}$$

Das 1:1-Addukt zwischen Tris-[dimethylamino]-phosphan und Tetrachlor-1,4-benzochinon soll im Gegensatz zu dem in Bd. XII/1 (4. Aufl.), S. 111, beschriebenen Addukt zwischen Triphenylphosphan und 1,4-Benzochinon eine äußerst hydrolysestabile (4-Oxy-phenoxy)-phosphonium-Struktur aufweisen[431]. Eine solche Struktur wird auch in der älteren Literatur für das Umsetzungsprodukt zwischen Triphenylphosphan und Tetrachlor-1,4-benzochinon diskutiert[432]:

$$\left[(H_3C)_2N\right]_3P \quad + \quad O=\!\!\!\!\!\!\bigcirc\!\!\!\!\!\!=O \quad \longrightarrow \quad \left[(H_3C)_2N\right]_3\overset{\oplus}{P}-O-\!\!\!\!\!\!\bigcirc\!\!\!\!\!\!-O^{\ominus}$$

(4-Oxy-tetrachlor-phenoxy)-tris-[dimethylamino]-phosphonium

Demgegenüber soll die Reaktion zwischen Diethyl-phenyl-phosphan und Tetrachlor-1,4-benzochinon wiederum unter Angriff auf das C-Atom verlaufen[433]. Neuerdings wird aber auch die in Bd. XII/1 (4. Aufl.), S. 111 abgebildete Struktur I des Anlagerungsproduktes zwischen Triphenylphosphan und 1,4-Benzochinon zugunsten der **Struktur II** bestritten[434].

I   II

Im Gegensatz zur Reaktion mit N-Chlor-sulfonylisocyanat [vgl. 4. Aufl., Bd. XII/1, S. 110] liefern die Umsetzungen von N-Fluor-sulfonylisocyanat mit Triphenyl- und Tris-[dimethylamino]-phosphan[435, 436] isolierbare, beständige 1:1-Addukte[435]. Das bei tiefer Temperatur erhältliche Anlagerungsprodukt zwischen Triethylphosphit und N-Fluor-sulfonylisocyanat ist dagegen bei 20° zersetzlich[435]:

[429] *P.J. Butterfield, J.C. Tebby* u. *D.V. Griffith*, J. Chem. Soc., Perkin Trans. I **1979**, 1189.

[430] *M.A. Shaw, J.C. Tebby, R.S. Ward* u. *D.H. Williams*, J. Chem. Soc. **1968**, 2795.

[431] *L.I. Mizrakh, L.Y. Polonskaya, T.A. Babushkina, V.V. Ogorodnikova* u. *T.M. Ivanova*, Zh. Obshch. Khim. **50**, 799 (1980); engl.: 638.

[432] *F. Ramirez* u. *S. Dershowitz*, J. Am. Chem. Soc. **78**, 5614 (1956).

[433] *F. Ramirez, D. Rhum* u. *C.P. Smith*, Tetrahedron **21**, 1941 (1965).

[434] *L.V. Nesterov, N.E. Krepysheva* u. *L.P. Chirkova*, Zh. Obshch. Khim. **48**, 338 (1978); engl.: 303.

[435] *H. Hoffmann, H. Förster* u. *G. Tor-Poghossian*, Monatsh. Chem. **100**, 311 (1969).

[436] *H.W. Roesky* u. *G. Sidiropoulos*, Chem. Ber. **110**, 3703 (1977).

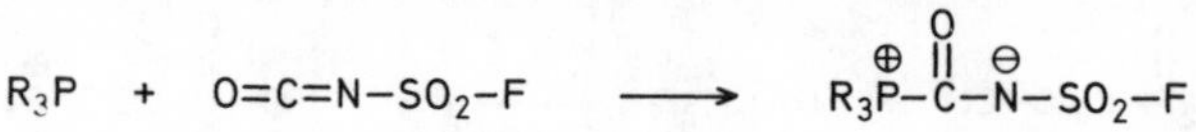

$$R_3P \ + \ O=C=N-SO_2-F \ \longrightarrow \ \overset{\oplus}{R_3P}-\overset{\overset{\textstyle O}{\|}}{C}-\overset{\ominus}{N}-SO_2-F$$

$$R = C_6H_5, \ N(CH_3)_2, \ OC_2H_5$$

In einer Reihe von Fällen können Phosphor-betaine durch Umsetzung von heterocyclischen Verbindungen mit tert. Phosphanen hergestellt werden. Die Betain-Bildung verläuft hierbei stets unter Ringspaltung. Ähnlich den Sulfonen [s. 4. Aufl., Bd. XII/1, S. 109] reagieren auch cyclische Sulfate wie 1,3,2-Dioxathiolan-2,2-dioxid mit tert. Phosphanen beim Erhitzen in inerten Lösungsmitteln unter Bildung eines zwitterionischen Sulfato-phosphonium-betains[437]. Analog sind auch die entsprechenden Sulfito-phosphonium-betaine zugänglich[438]; z.B.:

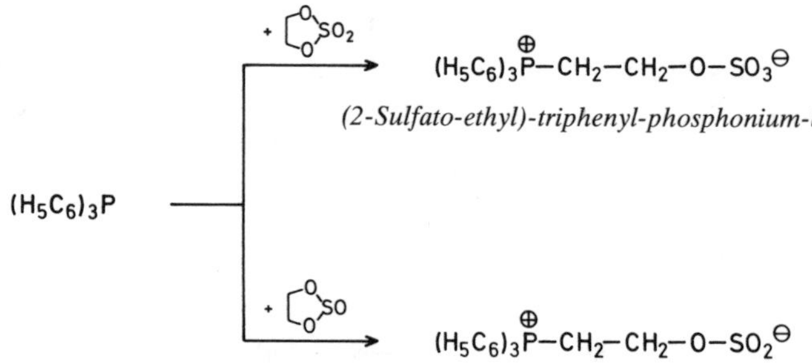

$$(H_5C_6)_3\overset{\oplus}{P}-CH_2-CH_2-O-SO_3{}^{\ominus}$$

(2-Sulfato-ethyl)-triphenyl-phosphonium-betain

$$(H_5C_6)_3P$$

$$(H_5C_6)_3\overset{\oplus}{P}-CH_2-CH_2-O-SO_2{}^{\ominus}$$

(2-Sulfito-ethyl)-triphenyl-phosphonium-betain

Betaine mit einer P–P-Bindung können durch Einwirkung einer benzolischen Suspension eines Perthiophosphonsäureanhydrids auf tert. Phosphane hergestellt werden[439,440]:

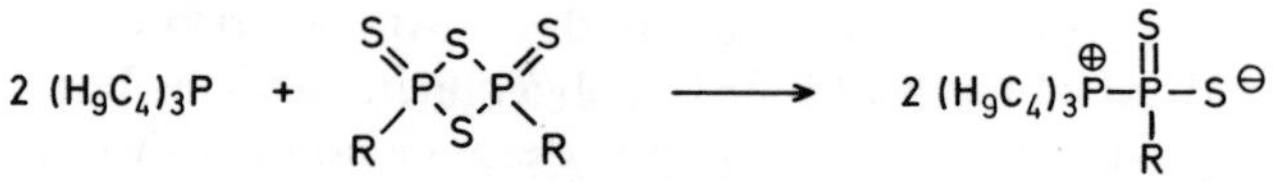

$$2 \ (H_9C_4)_3P \ + \ \underset{R}{\overset{S}{\underset{\diagdown}{P}}}\underset{S}{\overset{S}{\diagup}}\underset{R}{\overset{S}{\underset{\diagup}{P}}} \ \longrightarrow \ 2 \ (H_9C_4)_3\overset{\oplus}{P}-\overset{\overset{\textstyle S}{\|}}{\underset{\underset{\textstyle R}{|}}{P}}-S{}^{\ominus}$$

R = C₆H₅; *Phenyl-tributyl-phosphoniono-dithiophosphinat*
R = 4-CH₃O–C₆H₄; *(4-Methoxy-phenyl)-tributyl-phosphoniono-dithiophosphinat*
R = N(CH₃)₂; *Dimethylamino-tributyl-phosphoniono-dithiophosphinat*

Zwitterionische Amino-phosphonium-sulfate kann man günstig herstellen, indem man ein Phosphorigsäureamid bei tiefer Temperatur (-50 bis $-40°$) unter Ausschluß von Feuchtigkeit in einem inerten Lösungsmittel mit einem Oxiran und Schwefeltrioxid umsetzt[441].

2. aus Phosphonium-Salzen

Die in Bd. XII/1 (4. Aufl.), S. 107 beschriebene Methode zur Herstellung von Phosphor-betainen durch Behandlung von (Carboxy-alkyl)-phosphonium-Salzen mit Alkalimetall oder Silberoxid wird ausführlicher in Lit.[442] dargelegt. Auch einige durch Phosphonio-ethylierung (s.S. 559) aktiver Methylen-Verbindungen erhältliche Salze können durch Behandlung mit Basen in isolierbare Betaine überführt werden[443]:

[437] US 3471544 (1969/1966), Dow Chemical Co., Erf.: *D.A. Tomalia*; C.A. **71**, 124644y (1969).
[438] FR 2015566 (1970/1968), BASF-AG; C.A. **74**, 13261p (1971).
[439] *E. Fluck* u. *H. Binder*, Angew. Chem. **78**, 677 (1966).
[440] *E. Fluck, G. Gonzalez, K. Peters* u. *H.-G. von Schnering*, Z. Anorg. Allg. Chem. **473**, 51 (1981).
[441] DE 1210836 (1966/1964), Farbenfabriken Bayer AG, Erf.: *D. Glabisch* u. *G. Oertel*; C.A. **64**, 19681c (1966).
[442] *D.B. Denney* u. *L.C. Smith*, J. Org. Chem. **27**, 3404 (1962).
[443] *E.E. Schweizer* u. *C.M. Kopay*, J. Org. Chem. **36**, 1489 (1971).

$$\left[(H_5C_6)_3\overset{\oplus}{P}-CH_2-CH_2-\underset{\underset{R^2}{\overset{|}{C}}}{CH}-C\overset{R^1}{\underset{\diagdown}{\overset{\diagup}{C=0}}} \right] Br^{\ominus} \quad \underset{-\,HBr}{\overset{+\,H_9C_4-Li}{\rightleftharpoons}} \quad (H_5C_6)_3\overset{\oplus}{P}-CH_2-CH_2-C\overset{\overset{R^1}{\overset{|}{C=0}}}{\underset{\underset{R^2}{\diagdown}}{\overset{\diagup}{C=0}}}\ominus$$

$R^1 = R^2 = C_6H_5$; *(3-Benzoyl-4-oxo-4-phenyl-3-dehydro-butyl)-triphenyl-phosphonium*;
$\sim 100\%$

$R^1 = C_6H_5$; $R^2 = OC_2H_5$; *2-Benzoyl-4-triphenylphosphoniono-2-dehydro-butansäure-
ethylester*; $\sim 100\%$

(3-Benzoyl-4-oxo- 4-phenyl- 3-dehydro-butyl)- triphenyl-phosphonium[443]: Eine Lösung von 9,6 g (16,8 mmol) (3-Benzoyl-4-oxo-4-phenyl-butyl)-triphenyl-phosphonium-bromid in 50 *ml* trockenem Ether wird mit der äquivalenten Menge Butyllithium in DMF versetzt. Die Lösung wird 15 Min. unter Stickstoff gerührt. Die gelbe Lösung wird in 600 *ml* Wasser gegeben. Dabei bildet sich ein gelber Feststoff, der filtriert und mit 200 *ml* Wasser und 400 *ml* trockenem Ether gewaschen wird. Nach dem Trocknen i. Vak. wird aus Dichlormethan/Benzol umkristallisiert; Ausbeute: $\sim 100\%$; Schmp.: 188–189°.

Durch Einwirkung von Natriumhydrid kann auch das (Anilinocarbonyl-methyl)-triphenyl-phosphonium-chlorid in benzolischer Lösung in ein zwitterionisches Produkt überführt werden[444]:

$$\left[(H_5C_6)_3\overset{\oplus}{P}-CH_2-\overset{\overset{O}{\|}}{C}-NH-C_6H_5 \right] Cl^{\ominus} \quad \overset{NaH}{\longrightarrow} \quad (H_5C_6)_3\overset{\oplus}{P}-CH_2-C\overset{\overset{O}{\diagup}}{\underset{\underset{N-C_6H_5}{\diagdown}}{}}\ominus$$

Triphenylphosphoniono-N-dehydro-essigsäure-anilid; 87%

Mit Tricarbonyl-Verbindungen wie Oxo-malonsäure-diethylester bildet Tris-[dimethyl-amino]-phosphan in THF durch Angriff am mittleren Carbonylsauerstoff-Atom ein dipolares Addukt[445]:

$$H_5C_2O\underset{\underset{O}{\|}}{\overset{\overset{O}{\|}}{C}}-\overset{\overset{O}{\|}}{C}-\underset{\underset{O}{\|}}{\overset{}{C}}-OC_2H_5 \quad + \quad \left[(H_3C)_2N\right]_3P \quad \longrightarrow \quad \left[(H_3C)_2N\right]_3\overset{\oplus}{P}-O-C\overset{\overset{H_5C_2O}{\diagdown}{C=0}}{\underset{\underset{H_5C_2O}{\diagup}}{\overset{\diagup}{C=0}}}\ominus$$

*(Tris-[dimethylamino]-phosphonionooxy)-dehydro-malonsäure-
diethylester*; $\sim 90\%$

Ein ähnliches Anlagerungsprodukt bildet auch 9,10-Phenanthren-chinon[445].
Ausgehend von cyclischen Carbonyl-Verbindungen kann man durch Reaktion mit tert. Phosphanen in vielen Fällen Phosphorbetaine herstellen. Läßt man z. B. auf das durch Alkylierung von Triphenylphosphan mit Chlor-bernsteinsäureanhydrid gebildete Phosphonium-Salz Triethylamin einwirken, so erhält man ein dipolares Addukt[446], das identisch mit dem durch Umsetzung von Triphenylphosphan und Maleinsäureanhydrid erhältlichen Produkt ist[447]. Dieses hydrolysiert unter Decarboxylierung in neutraler Lösung.

[443] *E. E. Schweizer* u. *C. M. Kopay*, J. Org. Chem. **36**, 1489 (1971).
[444] *S. Ito* u. *S. Sugiura*, Bull. Chem. Soc. Jpn. **44**, 1714 (1971).
[445] *F. Ramirez*, *A. V. Patwardhan* u. *C. P. Smith*, J. Am. Chem. Soc. **87**, 4973 (1965).
[446] *P. A. Chopard* u. *R. F. Hudson*, Z. Naturforsch. **18b**, 509 (1963).
[447] *R. F. Hudson* u. *P. A. Chopard*, Helv. Chim. Acta **46**, 2178 (1963).

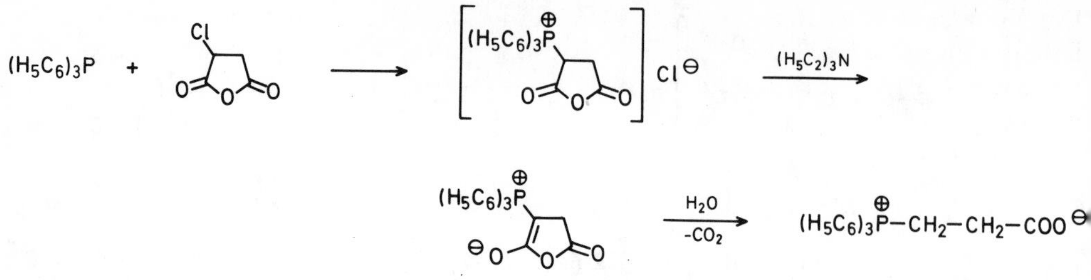

3-Triphenylphosphoniono-propanoat

Als Beispiel für die Phosphorbetain-Bildung durch Additionsreaktionen an die C–C-Doppelbindung eines Phosphonium-Salzes sei die Umsetzung von 2,5-Dihydro-phospholenium-Salzen mit Natriumsulfit in wäßriger Lösung genannt, wobei erwartungsgemäß ein Stereoisomerengemisch anfällt[448]; z. B.:

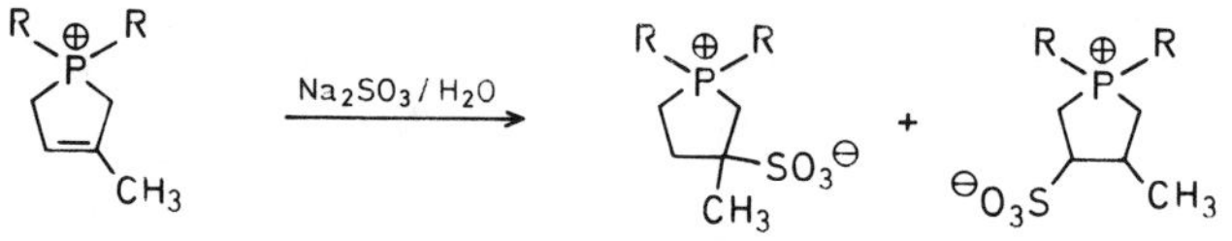

3. Abbaureaktion aus Alkyliden-phosphoranen

Die Umsetzung von Alkyliden-phosphoranen mit Carbonyl-Verbindungen erlaubt in vielen Fällen die Herstellung von Phosphorbetainen. So reagiert bereits Kohlendioxid mit Alkyliden-phosphoranen unter Bildung kristalliner (1-Carboxy-alkyl)-phosphonium-betaine[449]:

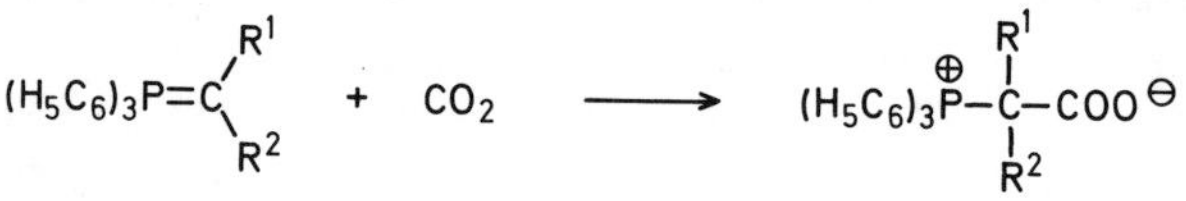

$R^1, R^2 \neq H$

Alkyliden-phosphorane, die am α-C-Atom ein H-Atom tragen, können mit Kohlendisulfid im Molverhältnis 2:1 in einer komplexen Reaktionsfolge zu Phosphonium-Salzen der 2-(Triphenyl-phosphoranyliden)-alkandithiosäure umgesetzt werden. Diese fallen aus benzolischer Lösung aus[450]. Weiterreaktion mit Halogen-Verbindungen liefert ebenfalls betainartig aufgebaute und in Benzol lösliche Dithiosäureester[450]. Das gleichzeitig gebildete Phosphoniumhalogenid fällt wiederum aus.

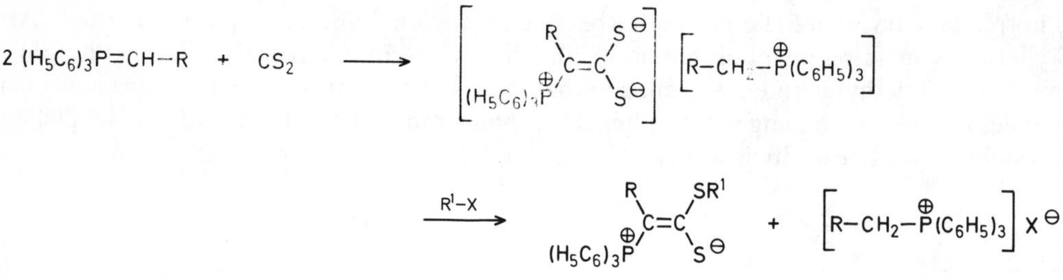

---

[448] US 3625999 (1971/1968), Lever Brothers Co., Erf.: *H. M. Priestley*; C. A. **76**, 59747w (1972).
[449] *H. J. Bestmann, T. Denzel* u. *H. Salbaum*, Tetrahedron Lett. **1974**, 1275.
[450] *H. J. Bestmann, R. Engler, H. Hartung* u. *K. Roth*, Chem. Ber. **112**, 28 (1979).

Die Umsetzung von Lactonen mit Alkyliden-phosphoranen erlaubt die Herstellung isolierbarer Phosphoniono-carboxylate in guten Ausbeuten[451]. So reagiert z. B. 3-Propanolid mit Methylen-triphenyl-phosphoran in THF in der Kälte zu dem hygroskopischen *4-triphenylphosphoniono-butanoat* $(85^0/_0)$[451]:

$$(H_5C_6)_3P=CH_2 \quad + \quad \text{[lactone]} \quad \longrightarrow \quad (H_5C_6)_3\overset{\oplus}{P}-(CH_2)_3-COO^{\ominus}$$

Durch Thermolyse der Betaine bei 220° erfolgt Spaltung in Triphenylphosphan und in das um eine Methylen-Gruppe erweiterte Lacton[451].

Unter Umständen können (2-Oxo-alkyliden)-phosphorane auch unter Knüpfung einer C–N-Bindung in Betaine überführt werden, wie entsprechende Umsetzungen mit Benzol-diazonium-2-carboxylat[452] und Dehydrodithizon[453] belegen:

$$(H_5C_6)_3P=CH-\overset{O}{\overset{\|}{C}}-R \quad + \quad \text{[diazonium-benzoat]} \quad \longrightarrow \quad (H_5C_6)_3\overset{\oplus}{P}-\overset{CO-R}{\underset{|}{C}}H-N=N-\text{[benzoat]}$$

R = CH$_3$; *2-(2-Oxo-1-triphenylphosphoniono-propylazo)-benzoat*; 95$^0/_0$

R = C$_6$H$_5$; *2-(2-Oxo-2-phenyl-1-triphenylphosphoniono-ethylazo)-benzoat*; 61$^0/_0$

$$(H_5C_6)_3P=CH-COOC_2H_5 \quad + \quad \text{[dehydrodithizon]} \quad \longrightarrow \quad \text{[Produkt]}$$

2,3-Diphenyl-1-(ethoxycarbonyl-triphenylphosphoniono-methyl)-2,3-dihydro-tetrazol-5-thiolat; 72$^0/_0$

Borwasserstoff oder auch das bequemer handhabbare Tetrahydrofuran-Adduktes des Borwasserstoffs reagieren mit Alkyliden-phosphoranen fast quantitativ zu den zwitterionischen Trihydro-(1-triorganophosphoniono-alkyl)-boraten[454] (vgl. auch die entsprechende Reaktion mit Bortrifluorid in Bd. XII/1 (4. Aufl.), S. 112):

$$R_3^1P=CH-R^2 \quad + \quad \text{[THF-}\overset{\oplus}{O}-\overset{\ominus}{BH_3}] \quad \xrightarrow{-THF} \quad R_3^1\overset{\oplus}{P}-\underset{R^2}{\overset{|}{C}}H-\overset{\ominus}{BH_3}$$

Trihydro-(1-trimethylphosphoniono-methyl)-borat[454]: Eine salzfreie Lösung von 1,8 g (20 mmol) Methylen-trimethyl-phosphoran wird in 50 *ml* THF bei –20° langsam mit 20 mmol einer 1 m Lösung des Borwasserstoff/THF-Adduktes in THF versetzt. Das Produkt fällt als farbloser Feststoff aus. Nach 2 Stdn. wird bei 20° aus Dichlormethan/Pentan oder aus heißem THF kristallisiert; Ausbeute: 1,64 g (79$^0/_0$); Schmp.: 128–130°.

Eine ähnliche Reaktion geht Bis-[triphenylphosphoranyliden]-methan mit Triphenyl-boran unter Bildung eines mesomeren Zwitterions ein[455]:

$$(H_5C_6)_3P=C=P(C_6H_5)_3 \quad + \quad (H_5C_6)_3B \quad \longrightarrow \quad (H_5C_6)_3P\overset{\ominus B(C_6H_5)_3}{\overset{|}{\underset{\oplus}{C}}}P(C_6H_5)_3$$

Triphenyl-(triphenylphosphoniono-triphenylphosphoranyliden-methyl)-borat; 17$^0/_0$

[451] H. Kise, Y. Arase, S. Shiraishi, M. Seno u. T. Asahara, J. Chem. Soc., Chem. Commun. **1976**, 299.
[452] T. Kawashima u. N. Inamoto, Bull. Chem. Soc. Jpn. **45**, 3504 (1972).
[453] P. Rajagoplan u. P. Penev, J. Chem. Soc. (D) **1971**, 490.
[454] H. Schmidbaur, G. Müller u. G. Blaschke, Chem. Ber. **113**, 1480 (1980).
[455] J. S. Driscoll, D. W. Grisley, jr., J. V. Pustinger, J. E. Harris u. C. N. Matthews, J. Org. Chem. **29**, 2427 (1964).

Methoden zur Herstellung und Umwandlung von Phosphor(V)-Verbindungen

I. Der Koordinationszahl 3

bearbeitet von

Prof. Dr. MANFRED REGITZ

Fachbereich Chemie der Universität Kaiserslautern

Hinweise oder auch unmittelbare Beweise für die Existenz fünfbindiger Phosphor-Derivate mit der Koordinationszahl 3 wurden erst in den letzten Jahren gegeben, sei es durch kinetisch-mechanistische Untersuchungen, durch Abfangreaktionen mit geeigneten Cycloadditionspartnern oder aber durch deren unmittelbare Isolierung. Neben Bis-[methylen]-phosphoranen I sind zahlreiche, teils stabile, teils kurzlebige Vertreter der Metaphosphinate II, Metaphosphonate III und Metaphosphate IV bekannt geworden.

$$(Z)\ R\!-\!P\!\begin{array}{c}\overset{|}{C}\!-\\ \\ \overset{}{C}\!-\\ |\end{array}\qquad R\!-\!P\!\begin{array}{c}\overset{|}{C}\!-\\ \\ X\end{array}\qquad R\!-\!P\!\begin{array}{c}Y\\ \\ X\end{array}\qquad Z\!-\!P\!\begin{array}{c}Y\\ \\ X\end{array}$$

$$\text{I}\qquad\qquad\text{II}\qquad\qquad\text{III}\qquad\qquad\text{IV}$$

R = C-Rest
X,Y = O, S, Se, N
Z = Heteroatom-haltiger Rest

Bisher war es nicht möglich, dreifach koordinierte Phosphor(V)-Verbindungen mit Sauerstoff als Heteroatom zu isolieren.

Aus kinetischen und stereochemischen Untersuchungen wurde planare, trigonale Konfiguration für Phosphor-Verbindungen des Typs I–IV abgeleitet[1], was durch Röntgenstrukturanalyse von *(Bis-[trimethylsilyl]-amino)-bis-[trimethylsilylimino]-phosphoran* bestätigt wird[2]. Die vergleichsweise kurzen P/N(Imin)-Abstände (150,3 pm) werden einem hohen π-Bindungsanteil im planaren System des koordinativ ungesättigten Phosphors zugeschrieben. Zur spektroskopischen Charakterisierung von Phosphor(V)-Verbindungen der Koordinationszahl 3 eignet sich die ^{31}P-NMR-Spektroskopie (s.S. 11).

[1] *J. Wiseman* u. *F. H. Westheimer*, J. Am. Chem. Soc. **96**, 4262 (1974), sowie dort zitierte Literatur.
[2] *S. Pohl, E. Niecke* u. *B. Krebs*, Angew. Chem. **87**, 284 (1975); engl.: **14**, 261.

a) Bis-[methylen]-phosphorane

A. Herstellung

Die einzige bisher bekannte Methode zur Herstellung von Bis-[methylen]-phosphoranen besteht in der Umsetzung von Phosphonigsäure-dihalogeniden mit 3 Mol Bis-[trimethylsilyl]-chlor-methyllithium (in situ erzeugt aus Bis-[trimethylsilyl]-chlor-methan mit Butyllithium)[3]:

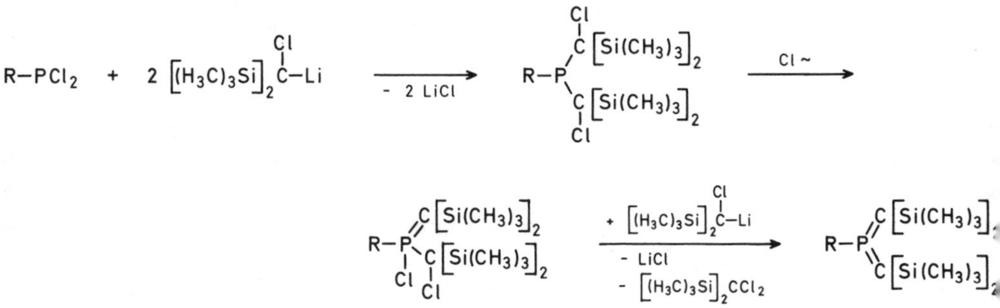

Bis-[bis-(trimethylsilyl)-methylen]-...

$R = C_6H_{11}$;   ...-*cyclohexyl-phosphoran*; Sdp.: $131°/10^{-3}$ Torr (0,13 Pa)
$R = C_6H_5$;   ...-*phenyl-phosphoran*; Sdp.: $136°/10^{-3}$ Torr (0,13 Pa)
$R = N(CH_3)_2$; ...-*dimethylamino-phosphoran*; Sdp.: $118°/10^{-3}$ Torr (0,13 Pa)

Bis-[bis-(trimethylsilyl)-methylen]-organo-phosphorane; allgemeine Arbeitsvorschrift[3]: Zu einem auf $-110°$ gekühlten Gemisch aus 200 *ml* THF, 20 *ml* Diethylether, 20 *ml* Pentan und 20,0 g (87 mmol) Bis-[trimethylsilyl]-dichlor-methan werden langsam unter Rühren 56,6 *ml* einer käuflichen 1,6 m Butyllithium-Lösung in Hexan (87 mmol) getropft. Nach 3 Stdn. gibt man langsam eine Lösung von 29 mmol Dihalogen-organo-phosphan in 20 *ml* THF zu. Nach Erwärmen auf 20° (Rühren, ~ 12 Stdn.) werden die leicht flüchtigen Anteile i. Vak. abgezogen. Man nimmt den Rückstand in wenig Pentan auf, filtriert und fraktioniert durch Destillation bei 10^{-3} Torr (0,13 Pa); Ausbeute: 65–70%.

Versuche, ein Bis-[methylen]-phosphoran durch Thermolyse eines $1,2,4\lambda^3$-Diazaphospholins herzustellen, waren erfolglos; die Stickstoff-Abspaltung liefert das cycloisomere λ^3-Phosphiran[4].

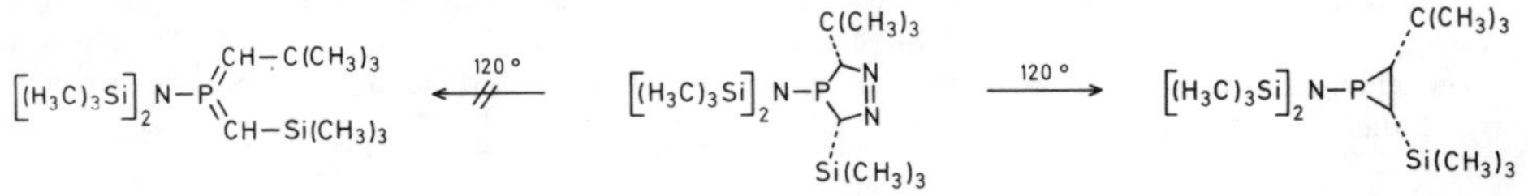

1-(Bis-[trimethylsilyl]-amino)-3-tert.-butyl-2-trimethylsilyl-λ^3-phosphiran; 76%

Zur Synthese von *Bis-[bis-(trimethylsilyl)-methylen]-chlor-phosphoran* s. Lit.[4a]

---

[3] *R. Appel, J. Peters* u. *A. Westerhaus*, Angew. Chem. **94**, 76 (1982); engl.: **21**, 80.
[4] *E. Niecke, W. Schoeller* u. *D.A. Wildbredt*, Angew. Chem. **93**, 119 (1981); engl.: **20**, 131.
[4a] *R. Appel* u. *A. Westerhaus*, Tetrahedron Lett. **1982**, 2017.

b) Metaphosphinate

Metaphospinate sind kurzlebige, hochreaktive Zwischenstufen, deren Isolierung bisher nicht gelang, jedoch mit protischen Nukleophilen bzw. Carbonyl-Verbindungen abgefangen werden können[5]. Erzeugt werden Metaphospinate aus phosphorylierten Diazo-Verbindungen[6]. Durch Photo- bzw. Thermolyse entstehen zunächst phosphorylierte Carbene[7], die – neben anderen Reaktionen – auch 1,2-Verschiebung eines Restes vom P- zum Carben-C-Atom unter Bildung von Metaphosphinaten („Phosphene") eingehen[8]:

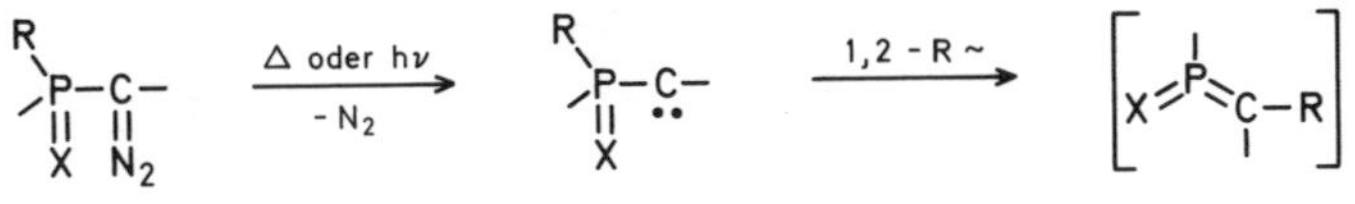

X = O,S

Metaphosphinate werden nur im Beisein geeigneter Abfangreagenzien erzeugt[8].

α) Aryl-methylen-oxo-phosphorane

A. Herstellung

Die Blitzpyrolyse von (α-Diazo-benzyl)-diphenyl-phosphanoxid bei 600° liefert vermutlich primär *(Diphenyl-methylen)-oxo-phenyl-phosphoran*, das in der Pyrolysezone der Weiterreaktion zu Triphenylmethan, Fluoren und Benzophenon unterliegt[9].

Prinzipiell sind sowohl Thermolyse (Benzol, Toluol, Xylol) als auch Photolyse zur Erzeugung von Aryl-methylen-oxo-phosphoranen aus α-Diazo-diaryl-phosphan-oxiden geeignet. Oft gibt man der photochemischen Variante den Vorzug, da phosphorylierte Diazo-Verbindungen thermisch stabil sind[10, 11] und man so lange Thermolysedauer in Kauf nehmen muß. *(Diphenyl-methylen)-oxo-phenyl-phosphoran* ist nach beiden Varianten zugänglich[12–14].

Nachteil dieser Reaktion ist die Tatsache, daß mit dem primär gebildeten Diphenylphosphoryl-phenyl-carben eine weitere hochreaktive Spezies der Bildung des (Diphenyl-methylen)-oxo-phenyl-phosphorans vorgeschaltet ist. Dieses kann mit dem für das Heterokumulen vorgesehenen Abfangreagenz reagieren und teilweise oder ganz dessen Bildung verhindern.

[5] *M. Regitz* u. *G. Maas*, Topics in Current Chemistry **97**, 71 (1981).
[6] *M. Regitz, Diazoalkane*, 1. Aufl., S. 78, 115, 163ff., Thieme-Verlag, Stuttgart 1977.
[7] *M. Regitz*, Angew. Chem. **87**, 259 (1975); engl.: **14**, 222.
[8] *M. Regitz, A. Liedhegener, W. Anschütz* u. *H. Eckes*, Chem. Ber. **104**, 2177 (1971).
[9] *M. Jones*, Universität Princeton, persönliche Mitteilung, 1975.
    s. hierzu auch *M. Regitz* u. *G. Maas*, Topics in Current Chemistry **97**, 71 (1981).
[10] *M. Regitz, W. Anschütz, W. Bartz* u. *A. Liedhegener*, Tetrahedron Lett. **1968**, 3171.
[11] *M. Regitz* u. *W. Bartz*, Chem. Ber. **103**, 1477 (1970).
    s. auch *M. Regitz, Diazoalkane*, 1. Aufl., S. 42ff., Thieme-Verlag, Stuttgart 1977.
[12] *M. Regitz, H. Scherer, W. Illger* u. *H. Eckes*, Angew. Chem. **85**, 1115 (1973); engl.: **12**, 1010.
[13] *M. Regitz* u. *H. Eckes*, Chem. Ber. **113**, 3303 (1980).
[14] *M. Regitz* u. *H. Eckes*, Tetrahedron **37**, 1039 (1981).

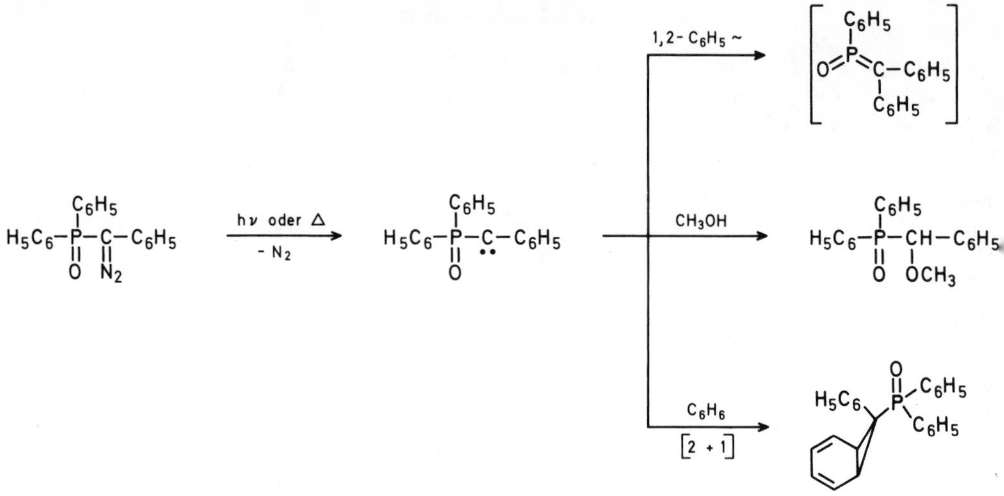

$$1,2-C_6H_5 \sim \quad \left[\begin{array}{c} C_6H_5 \\ O=P-C-C_6H_5 \\ C_6H_5 \end{array} \right]$$

$$\underset{\underset{O}{\overset{C_6H_5}{|}}{\overset{||}{P}}-\underset{N_2}{\overset{|}{C}}-C_6H_5 \quad \xrightarrow[- N_2]{h\nu \ \text{oder} \ \Delta} \quad H_5C_6-\underset{O}{\overset{C_6H_5}{\overset{|}{P}}}-\underset{\cdot\cdot}{\overset{|}{C}}-C_6H_5 \quad \xrightarrow{CH_3OH} \quad H_5C_6-\underset{O}{\overset{C_6H_5}{\overset{|}{P}}}-\underset{OCH_3}{\overset{|}{CH}}-C_6H_5$$

$$\xrightarrow[{[2+1]}]{C_6H_6}$$

So entsteht bei der Photolyse von (α-Diazo-benzyl)-diphenyl-phosphanoxid in Methanol ausschließlich (α-Methoxy-benzyl)-diphenyl-phosphanoxid (100%) durch O/H-Insertion des Carbens[15, 16]. Zwar reagiert auch das gleiche, photolytisch in Benzol erzeugte Carben mit dem Solvens unter Bildung von 7-*exo*-Diphenylphosphoryl-7-*endo*-phenyl-bicyclo[4.1.0]hepta-2,4-dien, doch bleibt die 1,2-Phenyl-Verschiebung zum Methylen-oxophosphoran dominierend, was Abfangreaktionen ermöglicht (s. S. 587ff.).

Durch Einführung eines Donorsubstituenten (z. B. Methoxy) in die 4-Position der P-Phenyl-Gruppe läßt sich die Umlagerungsrate des Carbens steigern[17]. Auch der Zweitsubstituent am Carben-C-Atom hat Einfluß auf die Phosphoryl-carben/Methylen-oxo-phosphoran-Umlagerung. Während z. B. Diphenylphosphoryl-phenyl-carben in Methanol die Umlagerung völlig zugunsten der O/H-Insertion umgeht (s. oben), lagert sich Diphenylphosphoryl-carben unter gleichen Bedingungen noch zu 61% in *Benzyliden-oxo-phenylphosphoran* um[16] (Abfangreaktionen s. unten).

Für dieses unterschiedliche Verhalten ist möglicherweise die Grundzustandskonformation entsprechender Diazo-Verbindungen oder der Spinzustand der Carbene verantwortlich[18]. In Analogie zur Wolff-Umlagerung[19] sollten nur Singulettcarbene zur Bildung der Heterokumulene befähigt sein.

B. Umwandlung

1. Addition protischer Nukleophile

Aus (Diazo-methyl)-diphenyl-phosphanoxid photolytisch erzeugtes *Benzyliden-oxophenyl-phosphoran* addiert glatt protische Nukleophile wie Wasser, Methanol, Morpholin bzw. Anilin zu entsprechenden Phosphinsäure-Derivaten[20] (vgl. a. S. 591ff.):

[15] M. Regitz, H. Scherer u. W. Anschütz, Tetrahedron Lett. **1970**, 753.
[16] M. Regitz, A. Liedhegener, W. Anschütz u. H. Eckes, Chem. Ber. **104**, 2177 (1971).
[17] M. Regitz u. M. Hufnagel, unveröffentlichte Versuche, Universität Kaiserslautern 1980.
[18] H. Tomiaka, H. Okuno u. Y. Izawa, J. Org. Chem. **45**, 5778 (1980).
[19] W.J. Baron, M.R. DeCamp, M.E. Hendrick, M. Jones, R.H. Levin u. M.B. Sohn in M. Jones u. R.A. Moss, Carbenes I, 1. Aufl., S. 120, Wiley & Sons, New York 1973.
[20] M. Regitz, A. Liedhegener, W. Anschütz u. H. Eckes, Chem. Ber. **104**, 2177 (1971).

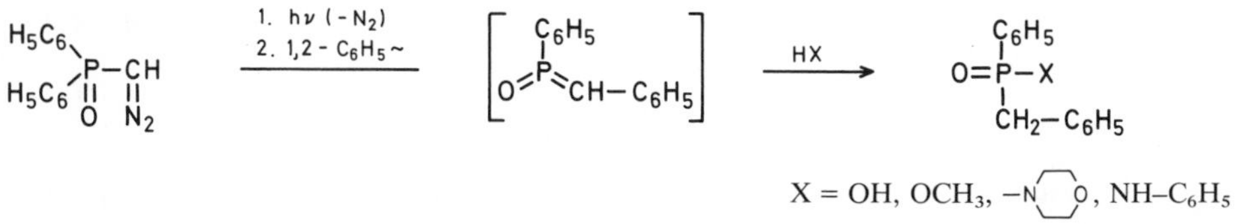

$$X = OH, \; OCH_3, \; -N\bigcirc O, \; NH-C_6H_5$$

Benzyl-phenyl-phosphinsäure[20]: Die Lösung von 2,0 g (Diazo-methyl)-diphenyl-phosphanoxid in 150 ml 1,4-Dioxan/Wasser wird 4 Stdn. bestrahlt (Lampe: Philips HPK 125 Watt), i. Vak. eingedampft und der großenteils kristalline Rückstand an 200 g Kieselgel Merck (0,2–0,5 mm) mit 2,20 l Chloroform/Methanol 10:1 chromatographiert; Ausbeute: 1,95 g (84%); Schmp.: 181° (aus Ethanol).

Auf vergleichbare Art werden z. B. erhalten:

X = OCH₃	*Benzyl-phenyl-phosphinsäure-methylester*	61%
X = Morpholino	*Benzyl-phenyl-phosphinsäure-morpholid*	54%
X = Anilino	*Benzyl-phenyl-phosphinsäure-anilid*	55%

2. [2+2]-Cycloaddition mit Aldehyden

Erzeugt man *(Diphenyl-methylen)-oxo-phenyl-phosphoran* durch Bestrahlen von (α-Diazo-benzyl)-diphenyl-phosphanoxid in Benzol, dem man aromatische Aldehyde als Abfangreagenzien zusetzt, so entstehen durch orientierungsspezifische [2+2]-Cycloaddition 2-Oxo-1,2λ⁵-oxaphosphetane:

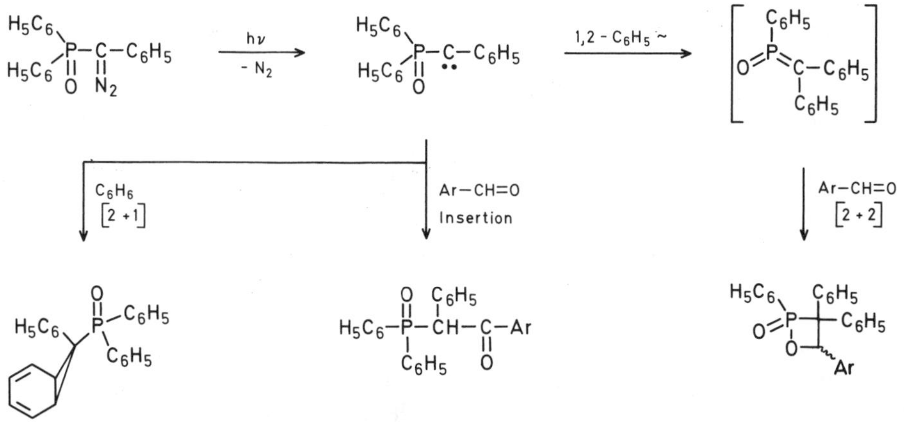

Im allgemeinen reagiert das Diphenylphosphoryl-phenyl-carben ferner unter [2+1]-Cycloaddition mit dem Solvens zum 7-*exo*-Diphenylphosphoryl-7-*endo*-phenyl-bicyclo[4.1.0]hepta-2,4-dien; im Ausnahmefall beobachtet man dessen Insertion in die Aldehyd-C/H-Bindung zu (2-Aryl-2-oxo-1-phenyl-ethyl)-diphenyl-phosphanoxiden[21, 22].

2-Oxo-2,3,3,4-tetraphenyl-1,2-λ⁵-oxaphosphetan[22]: Die Lösung von 9,5 g (30 mmol) (α-Diazo-benzyl)-diphenyl-phosphanoxid und 10,6 g (100 mmol) Benzaldehyd in 750 ml wasserfreiem Benzol wird 4 Stdn. bestrahlt (Lampe: Philips HPK 125 Watt), i. Vak. eingedampft, der Rückstand in 50 ml Methanol gelöst und die Lösung auf −20° abgekühlt; das ausgeschiedene Kristallisat wird abfiltriert; Ausbeute: 2,1 g (18%); Schmp.: 245–246° (aus Butanol).

---

[20] *M. Regitz, A. Liedhegener, W. Anschütz* u. *H. Eckes*, Chem. Ber. **104**, 2177 (1971).

[21] *M. Regitz, H. Scherer, W. Illger* u. *H. Eckes*, Angew. Chem. **85**, 1115 (1973); engl.: **12**, 1010 (1973).

[22] *M. Regitz* u. *H. Eckes*, Chem. Ber. **113**, 3303 (1980).

Das Methanol-Filtrat wird i. Vak. eingedampft und an 300 g Kieselgel Woelm 0,05–0,2 mm (Säule 2,8 × 150 cm) chromatographiert.

a) Eluieren mit 1 *l* Benzol liefert den nicht umgesetzten Benzaldehyd zurück.

b) Weiteres Eluieren mit 2,5 *l* Ether liefert 2,0 g (18%) *7-exo-Diphenylphosphoryl-7-endo-phenyl-bicyclo[4.2.1]hepta-2,4-dien*; Schmp.: 179–180° (aus Essigsäure-ethylester).

c) Weiteres Eluieren mit 2 *l* Essigsäure-ethylester liefert 0,9 g (8%) *Diphenyl-(1,2-diphenyl-2-oxo-ethyl)-phosphanoxid*; Schmp.: 230–231° (aus Essigsäure-ethylester).

3. Reaktionen mit α,β-ungesättigten Carbonyl-Verbindungen

α,β-Ungesättigte Aldehyde und Ketone fangen photolytisch aus (α-Diazo-benzyl)-diphenyl-phosphanoxid erzeugtes *(Diphenyl-methylen)-oxo-phenyl-phosphoran* zunächst ebenfalls unter Bildung entsprechender $1,2\lambda^5$-Oxaphosphetane ab. Auch hier sind typische Carbenreaktionen (Bildung von Bicyclo[4.1.0]hepta-2,4-dien, Cyclopropanierung einer olefinischen C/C-Doppelbindung) in Kauf zu nehmen.

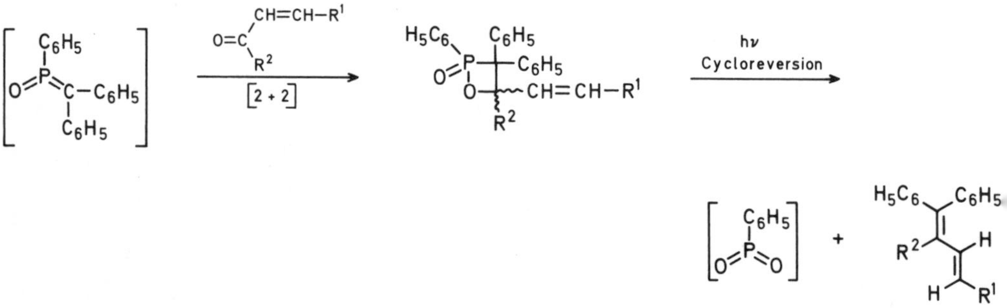

R¹ R²	C₆H₅ H	4-H₃CO–C₆H₄ C₆H₅	4-H₃C–C₆H₄ C₆H₅	C₆H₅ C₆H₅	CH=CH–C₆H₅ 4-H₃C–C₆H₄
% Oxaphosphetan	–	19	22	11	28
% Dien bzw. Trien	9	8	11	8	9

Neben den $1,2\lambda^5$-Oxaphosphetanen entstehen im allgemeinen 1,3-Butadiene bzw. 1,3,5-Hexatriene (in Abhängigkeit vom Substituenten R¹), die durch nachträgliche Photofragmentierung der [2+2]-Cycloaddukte gebildet werden. Dioxo-phenyl-phosphoran (s. hierzu S. 594 ff.) entsteht als zweite Komponente der Fragmentierungsreaktion[23, 24]. Unter systematischen Aspekten ist die Reaktion der Metaphosphinate mit α,β-ungesättigten Carbonyl-Verbindungen als Olefinierung aufzufassen. Zur Umsetzung wird das (α-Diazo-benzyl)-diphenyl-phosphanoxid in Gegenwart ungesättigter Carbonyl-Komponenten so lange bestrahlt, bis der photostabile Endzustand erreicht ist[25, 26]:

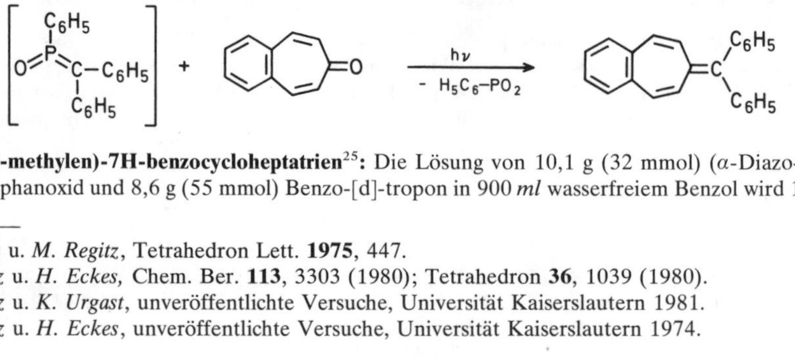

7-(Diphenyl-methylen)-7H-benzocycloheptatrien[25]: Die Lösung von 10,1 g (32 mmol) (α-Diazo-benzyl)-diphenyl-phosphanoxid und 8,6 g (55 mmol) Benzo-[d]-tropon in 900 *ml* wasserfreiem Benzol wird 18 Stdn. be-

[23] *H. Eckes* u. *M. Regitz*, Tetrahedron Lett. **1975**, 447.
[24] *M. Regitz* u. *H. Eckes,* Chem. Ber. **113**, 3303 (1980); Tetrahedron **36**, 1039 (1980).
[25] *M. Regitz* u. *K. Urgast*, unveröffentlichte Versuche, Universität Kaiserslautern 1981.
[26] *M. Regitz* u. *H. Eckes*, unveröffentlichte Versuche, Universität Kaiserslautern 1974.

strahlt (Lampe: Philips HPK 125 Watt) und filtriert, wobei 0,54 g Diphenyl-(diphenyl-methyl)-phosphanoxid verbleiben. Das Filtrat wird i. Vak. eingedampft, der ölige Rückstand am 1200 g Kieselgel Woelm 0,05–0,2 mm auf einer wassergekühlten Säule mit 1,6 *l* Ether chromatographiert; Ausbeute: 3,8 g (39%); Schmp.: 122° (aus Methanol).

Erzeugt man (Diphenyl-methylen)-oxo-phenyl-phosphoran thermisch in der Schmelze eines α,β-ungesättigten Ketons, so findet man neben [2 + 2]-Cycloaddition zu 2-Oxo-$1,2\lambda^5$-oxaphosphetanen (und deren Zerfallsprodukten) auch [4 + 2]-Cycloaddition zu 2-Oxo-3,4-dihydro-$1,2\lambda^5$-oxaphosphorinen (Hetero-Diels-Alder-Reaktion)[27]:

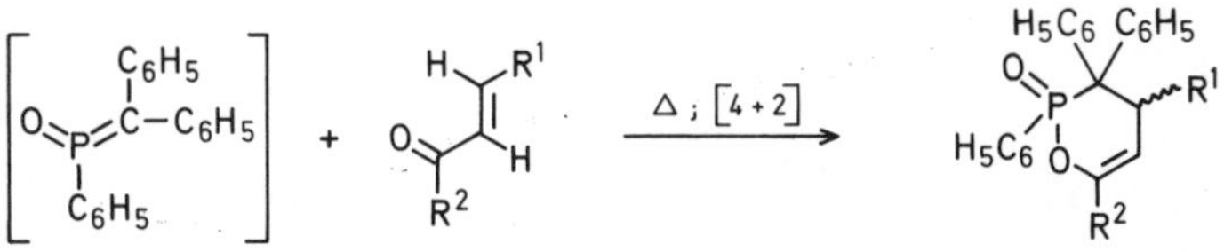

$$\left[\begin{array}{c} C_6H_5 \\ O_{\sim}P{=}C{-}C_6H_5 \\ C_6H_5 \end{array}\right] + \underset{R^2}{\overset{H{\sim}R^1}{O}} \xrightarrow{\Delta\ ;\ [4+2]} \underset{R^2}{\overset{H_5C_6\ C_6H_5}{\overset{O_{\sim}P}{\underset{H_5C_6\ O}{}}{\sim}R^1}}$$

2-Oxo-2,3,3,4,6-pentaphenyl-3,4-dihydro-$1,2\lambda^5$-oxaphosphorin ($R^1 = R^2 = C_6H_5$)[27]: Das fein pulverisierte Gemisch aus 6,4 g (20 mmol) (α-Diazo-benzyl)-diphenyl-phosphanoxid und 4,2 g (20 mmol) 3-Oxo-1,3-diphenyl-propen ($R^1 = R^2 = C_6H_5$) wird im Ölbad unter Stickstoff langsam geschmolzen und 30 Min. auf 125° (Ölbadtemp.) erhitzt. Die noch warme, hochviskose Schmelze wird in 50 *ml* Benzol gelöst und an 230 g Kieselgel Woelm 0,05–0,2 mm (Säule 2,4 × 150 cm) chromatographiert.
a) Eluieren mit 400 *ml* Benzol: 1,9 g (27%) *1,1,2,4-Tetraphenyl-1,3-butadien*; Schmp.: 151–152°.
b) Weiteres Eluieren mit 1,5 *l* Benzol/Ether 85 : 15 liefert ein Gemisch aus [4 + 2]-Cycloaddukt und α,β-ungesättigtem Keton. Lösen in 10 *ml* Ether und Kühlen auf –20° gibt 1,65 g *2-Oxo-2,3,3,4,6-pentaphenyl-3,4-dihydro-$1,2\lambda^5$-oxaphosphorin*; Schmp.: 247–249° (aus Ether).
c) Weiteres Eluieren mit 1 *l* Benzol/Ether 85 : 15 liefert 2,4 g eines 55 : 45-Gemisches aus [4 + 2]-Cycloaddukt und [2 + 2]-Cycloaddukt. Gesamtausbeute an [4 + 2]-Cycloaddukt: 2,95 g (30%).
d) Weiteres Eluieren mit 200 *ml* Benzol/Ether 85 : 15 gibt 0,35 g *2-Oxo-4-(2-phenyl-vinyl)-2,3,3,4-tetraphenyl-$1,2\lambda^5$-oxaphosphetan*; Schmp.: 197–198°. Gesamtausbeute an [2 + 2]-Cycloadduakt: 1,40 g (14%).

Auch gegenüber Acylketenen verhält sich (Diphenyl-methylen)-oxo-phenyl-phosphoran als Dienophil. So entsteht *5,6-Bis-[4-methoxy-phenyl]-2,4-dioxo-2,3,3-triphenyl-3,4-dihydro-$1,2\lambda^5$-oxaphosphorin* (30%), wenn man (α-Diazo-benzyl)-diphenyl-phosphanoxid und 1,3-Bis-[4-methoxy-phenyl)-2-diazo-1,3-dioxo-propan (aus dem durch Wolff-Umlagerung das Keten entsteht) gemeinsam in Xylol auf 100° erhitzt[28]:

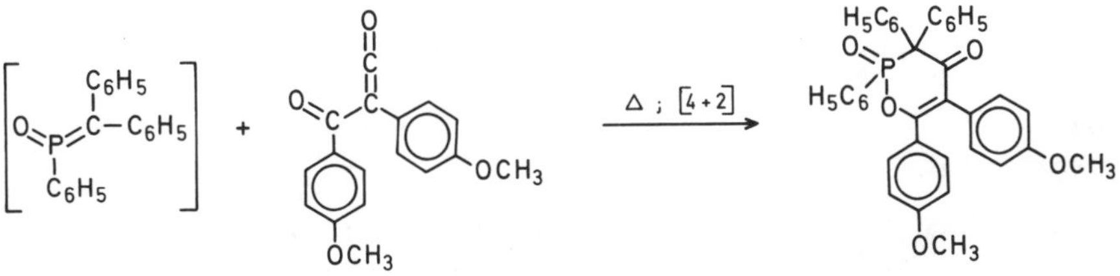

4. Cycloaddition mit Tropon bzw. Oxo-tetraphenyl-cyclopentadien

Ungewöhnliche Cycloadditionsreaktionen geht (Diphenyl-methylen)-oxo-phenyl-phosphoran mit cyclischen, ungesättigten Ketonen ein. Photochemisch erzeugtes Heterokumulen addiert sich in einer [8+2]-Reaktion an Tropon zu *2,3,3-Triphenyl-2,3-dihydro-2H-⟨cyclohept[d]-1,2-oxaphosphol⟩-2-oxid* (11%); thermisch in Toluol hergestelltes Metaphosphinat geht mit Oxo-tetraphenyl-cyclopentadien sowohl [6+2]- als auch [12+2]-Cycloaddition ein, wobei *2,3,3,3a,4,5,6-Heptaphenyl-3,3a-dihydro-2H-⟨cyclo-*

[27] *M. Regitz* u. *H. Eckes*, Tetrahedron **36**, 1039 (1980).
[28] *L. Capuano* u. *T. Tammer*, Chem. Ber. **114**, 456 (1981).

pent[d]-1,2-oxaphosphol⟩-2-oxid (7%) und *1,2,3,5,6,6-Hexaphenyl-6,6a-dihydro-5H-⟨benzo[d]-cyclopent[f]-1,2-oxaphosphepin⟩-5-oxid* (6%) nebeneinander entstehen[29]:

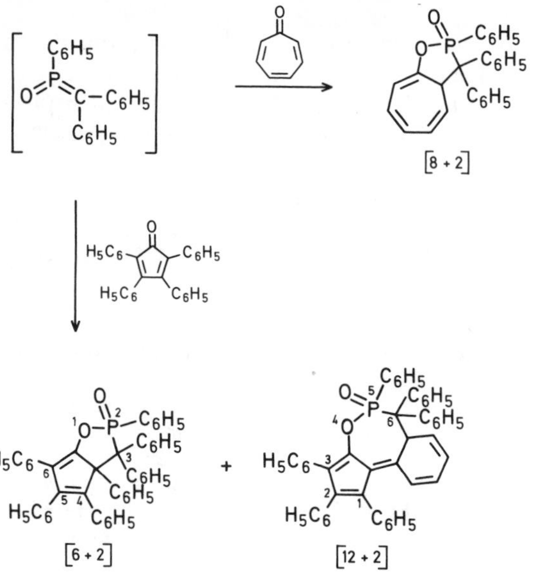

Die unter Einbeziehung eines Phenyl-Restes ablaufende [12+2]-Cycloaddition zeigt, daß (Diphenyl-methylen)-oxo-phenyl-phosphoran extrem energiereich sein muß.

β) Aryl-oxo-(2-oxo-alkyliden)-phosphorane

A. Herstellung

Aryl-oxo-(2-oxo-alkyliden)-phosphorane (kurzlebig und hochreaktiv) erhält man durch Photolyse von Acyl-diphenylphosphoryl-diazomethanen. Primär entstehende Carbene lagern sich durch P/C-Phenyl-Verschiebung in Heterokumulene um[30-32]. Das Ausmaß der Umlagerung wird auch hier durch unerwünschte, aber unvermeidliche Carbenreaktionen begrenzt[31]; z.B.:

a) reduktive Stickstoff-Eliminierung[33, 34], die Diphenyl-(2-oxo-alkyl)-phosphanoxide liefert[34]

b) Insertion in die H/X-Bindung protischer Nukleophile (HX = Methanol u.a.)[31], soweit solche als Lösungsmittel oder Abfangreagenzien verwendet werden

c) klassische Wolff-Umlagerung, die zu Diphenylphosphoryl-ketenen führt[35]:

[29] *G. Maas, M. Regitz, K. Urgast, M. Hufnagel* u. *H. Eckes*, Chem. Ber. **115**, 669 (1982).

[30] *M. Regitz*, Angew. Chem. **87**, 259 (1975); engl.: **14**, 222.

[31] *M. Regitz, A. Liedhegener, W. Anschütz* u. *H. Eckes*, Chem. Ber. **104**, 2177 (1971).

[32] *M. Regitz, W. Illger* u. *G. Maas*, Chem. Ber. **111**, 705 (1978).

[33] *L. Horner* u. *H. Schwarz*, Tetrahedron Lett. **1966**, 3579.

[34] *L. Horner* u. *G. Bauer*, Tetrahedron Lett. **1966**, 3573.

[35] *M. Regitz* u. *M. Hufnagel*, unveröffentlichte Versuche, Universität Kaiserslautern 1980.

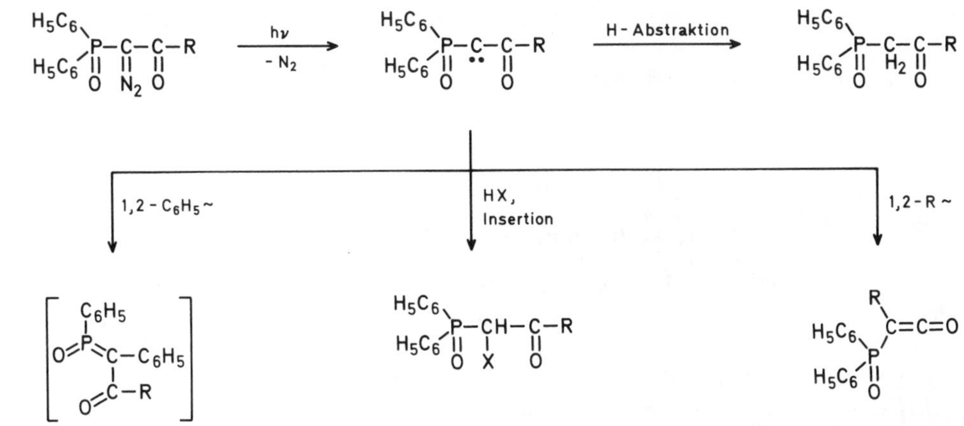

Das Ausmaß der 1,2-Umlagerung ist substituentenabhängig. Im Falle von R = C₆H₅ dominiert die Umlagerung zu *(1,2-Diphenyl-2-oxo-ethyliden)-oxo-phenyl-phosphoran* mit 2:1 über die Bildung von *Diphenylphosphoryl-phenyl-keten*[31]. 4-Methoxy-Substitution in der Diphenylphosphoryl-Gruppe erhöht die Rate der P/C-Aryl-Verschiebung, 4-Chlor-Substitution setzt sie herab[35]. Indirekter, aber großer Einfluß auf den P/C-Phenylshift geht vom Acyl-Substituenten R aus. Wie Tab. 51 zeigt, unterdrücken Heteroaryl-Reste R weitgehend die Wolff-Umlagerung und fördern damit die Bildung entsprechender Oxo-(2-oxo-1-phenyl-alkyliden)-phenyl-phosphorane; umgekehrt liegen die Verhältnisse bei sperrigen aromatischen R-Substituenten[36].

Sterisch aufwendige Reste R unterdrücken die Wolff-Umlagerung total, ohne daß davon der P/C-Phenylshift profitiert.

Tab. 51: Substituenteneinfluß auf die Acyl-diphenylphosphoryl-carben/Oxo-(2-oxo-1-phenyl-alkyliden)-phenyl-phosphoran-Umlagerung (photolytisch in Methanol)[37]

R	P/C–C₆H₅-Shift 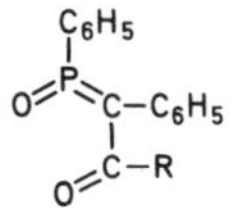	C/C–R-Shift 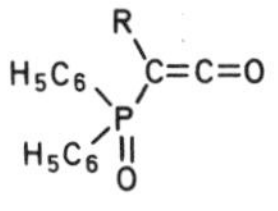	O/H-Insertion	reduktive N₂-Eliminierung
C₆H₅	44	12	13	5
4-Pyridyl	40	8	2	21
2-Furyl	85	–	10	–
2-Thienyl	65	11	–	–
2-Benzofuryl	69	–	5	–
2-Benzothienyl	52	–	36	–
2-Pyrryl	21	–	29	32
9-Anthryl	–	85	–	–
1-Naphthyl	33	37	14	–
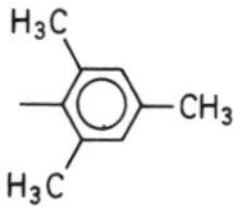 2,4,6-Trimethylphenyl	–	40	–	–
4-Chinolyl	30	32	–	–
C(CH₃)₃	4	–	40	25
1-Adamantyl	9	–	56	–

[31] *M. Regitz, A. Liedhegener, W. Anschütz* u. *H. Eckes*, Chem. Ber. **104**, 2177 (1971).
[35] *M. Regitz* u. *M. Hufnagel*, unveröffentlichte Versuche, Universität Kaiserslautern 1980.
[36] *M. Regitz* u. *M. Martin*, unveröffentlichte Versuche, Universität Kaiserslautern 1978.
[37] *M. Regitz* u. *G. Maas*, Topics in Current Chemistry **97**, 71 (1981).

Die höchste Umlagerungsrate wird beim Bis-[diphenylphosphoryl]-diazomethan beob-achtet, bei dessen Photolyse (Wasser/1,4-Dioxan) mindestens 92% (α-Diphenylphospho-ryl-benzyliden)-oxo-phenyl-phosphoran entstehen[38].

B. Umwandlung

1. Addition protischer Nukleophile

Oxo-(2-oxo-1-phenyl-alkyliden)-phenyl-phosphorane addieren bereitwillig protische Nukleophile zu Phosphinsäure-Derivaten. So erhält man bei der Photolyse von [1-Diazo-2-(2-furyl)-2-oxo-ethyl]-diphenyl-phosphanoxid in Methanol neben 10% O/H-Insertion 85% eines Diastereomeren-Gemisches von (R,S) bzw. (S,R)-*[2-(2-Furyl)-2-oxo-1-phe-nyl-ethyl]-phenyl-phosphinsäure-methylester*, wobei die Chiralitätszentren bei der Addi-tion von Methanol an [2-(2-Furyl)-2-oxo-1-phenyl-ethyliden]-oxo-phenyl-phosphoran aufgebaut werden[36]:

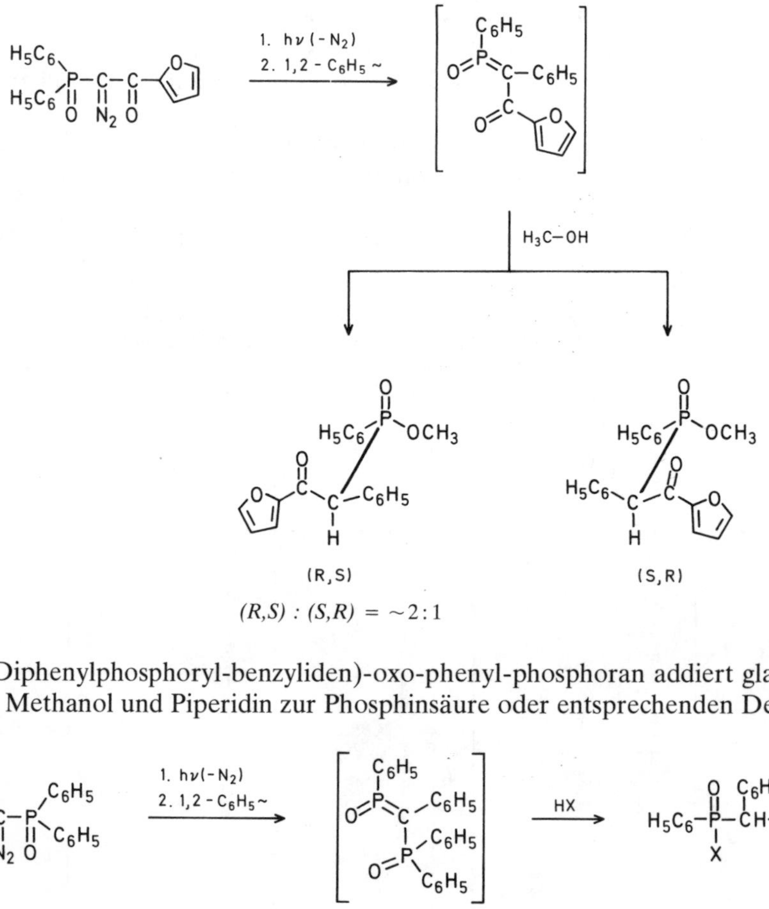

$$(R,S) : (S,R) = \sim 2:1$$

Auch (α-Diphenylphosphoryl-benzyliden)-oxo-phenyl-phosphoran addiert glatt Wasser oder auch Methanol und Piperidin zur Phosphinsäure oder entsprechenden Derivaten[38].

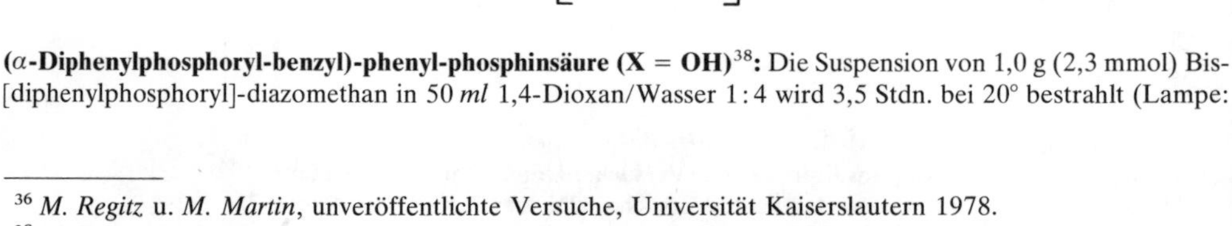

(**α-Diphenylphosphoryl-benzyl)-phenyl-phosphinsäure (X = OH)**[38]: Die Suspension von 1,0 g (2,3 mmol) Bis-[diphenylphosphoryl]-diazomethan in 50 *ml* 1,4-Dioxan/Wasser 1:4 wird 3,5 Stdn. bei 20° bestrahlt (Lampe:

---

[36] *M. Regitz* u. *M. Martin*, unveröffentlichte Versuche, Universität Kaiserslautern 1978.
[38] *M. Regitz, F. Bennyarto* u. *H. Heydt*, Justus Liebigs Ann. Chem. **1981**, 1044.

Philips HPK 125 Watt), wobei 0,8 g Phosphinsäure auskristallisieren. Die Mutterlauge wird i. Vak. eingedampft, der Rückstand in 10 *ml* Chloroform gelöst, mit 5%iger wäßr. Natronlauge ausgeschüttelt und die alkalische Phase mit 6N Salzsäure angesäuert, wobei man weitere 0,1 g Phosphinsäure erhält; Gesamtausbeute: 0,9 g (92%); Schmp.: 214° (aus Chloroform/Ether 1:4).

Auf vergleichbare Art und Weise werden u. a. erhalten:

X = OCH₃;   (α-*Diphenylphosphoryl-benzyl*)-*phenyl-phosphinsäure-methylester*; 46%

X = -N⟨ ⟩ ; (α-*Diphenylphosphoryl-benzyl*)-*phenyl-phosphinsäure-piperidid*; 64%

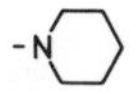

2. [4+2]-Cycloaddition mit Aldehyden und Ketonen

Die Sauerstoff-Affinität des Phosphors ist auch für die [4 + 2]-Cycloaddition von (1,2-Diphenyl-2-oxo-ethyliden)-oxo-phenyl-phosphoranen mit Carbonyl-Verbindungen verantwortlich, bei der letzteres die Rolle des Hetero-1,3-diens übernimmt. Photolytisch aus (1-Diazo-2-oxo-2-phenyl-ethyl)-diphenyl-phosphanoxid erzeugtes Heterokumulen (1,4-Dichlor-benzol bei 60° oder Tetrachlormethan) liefert mit Carbonyl-Dienophilen 4-Oxo-4,5,6-triphenyl-1,2,4λ⁵-dioxaphosphorine[39-41]. Im Gegensatz zu symmetrisch substituierten Ketonen wie Aceton, Cyclohexanon oder Benzophenon liefern unsymmetrisch substituierte Carbonyl-Verbindungen (2,2-Dimethyl-3-oxo-butan, Acetaldehyd und Benzaldehyd) Diastereomerengemische[40], die aufgetrennt werden können:

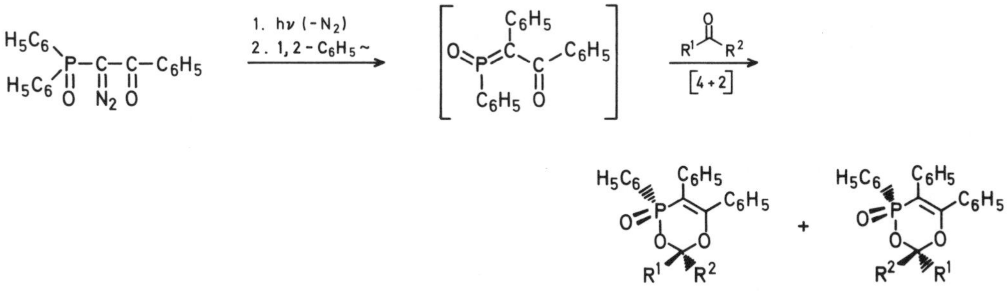

(**E**)- **und** (**Z**)-**2-Methyl-4-oxo-4,5,6-triphenyl-1,3,4λ⁵-dioxaphosphorin** (**Diastereomere I und II, R¹ = CH₃, R² = H**)[40]: Die Suspension von 5,20 g (15 mmol) (1-Diazo-2-oxo-2-phenyl-ethyl)-diphenyl-phosphanoxid und 1,98 g (90 mmol) Acetaldehyd in 300 *ml* Tetrachlormethan wird bei 15° 22 Stdn. bestrahlt (Lampe: Philips HPK 125 Watt), i. Vak. eingedampft und der ölige Rückstand an 400 g Kieselgel Woelm 0,05–0,2 mm (Säule: 2,8 × 155 cm) mit 3,5 *l* Chloroform/Ether 7:3 und 1 *l* Methanol/Essigsäure-ethylester 2:1 chromatographiert, wobei man nacheinander erhält:

a) 1,26 g (23%) blaßgelbes, öliges (Z)-Isomeres II, das aus Ether kristallisiert; Schmp.: 199–200° (aus Essigsäure-ethylester).
b) 1,47 g (27%) gelbes, öliges (E)-Isomeres I, das aus Ether kristallisiert; Schmp.: 160–161° (aus Essigsäureethylester/Petrolether 55–70°).
c) 0,46 g (8%) *Diphenylphosphoryl-phenyl-essigsäure-ethylester* (Wolff-Umlagerungsprodukt) als blaßgelbes Harz, das aus Ether kristallisiert; Schmp.: 177–179° (aus Benzol/Petrolether 55–70°).

[39] *M. Regitz, H. Scherer, W. Illger* u. *H. Eckes*, Angew. Chem. **85**, 1115 (1973); engl.: **12**, 1010.
[40] *M. Regitz, W. Illger* u. *G. Maas*, Chem. Ber. **111**, 705 (1978).
[41] *G. Maas, M. Regitz* u. *W. Illger*, Chem. Ber. **111**, 726 (1978).

γ) Aryl-methylen- und Aryl-(2-oxo-alkyliden)-thioxo-phosphorane

(Diphenyl-methylen)-phenyl-thioxo-phosphoran[42] wird thermisch, *(1,2-Diphenyl-2-oxo-ethyl)-phenyl-thioxo-phosphoran*[43] photolytisch aus den entsprechenden α-Diazo-phosphansulfiden durch 1,2-Phenyl-Shift erzeugt:

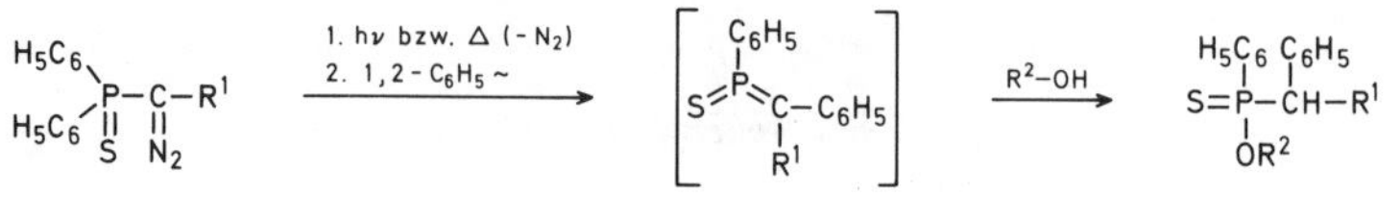

$$
\begin{array}{ccccc}
\underset{H_5C_6}{\overset{H_5C_6}{>}}\underset{\underset{S}{\|}\,\underset{N_2}{\|}}{P-C-R^1} & \xrightarrow[\text{2. 1,2-C}_6\text{H}_5\sim]{\text{1. h}\nu\text{ bzw. }\Delta\ (-N_2)} & \left[\,S=\overset{C_6H_5}{\underset{R^1}{\underset{|}{P}}}-C-C_6H_5\,\right] & \xrightarrow{R^2-OH} & \underset{OR^2}{\overset{H_5C_6\ C_6H_5}{S=P-CH-R^1}}
\end{array}
$$

$R^1 = C_6H_5$; $R^2 = C_4H_9$
$R^1 = CO-C_6H_5$; $R^2 = CH_3$

Zahlreiche Nebenreaktionen drücken die Umlagerungsrate auf 17 bzw. 18% herab. Abgefangen werden die Heterokumulene durch 1,2-Addition mit Butanol bzw. Methanol.

c) Metaphosphonate

Metaphosphonate mit P/O-Doppelbindung (Aryl-dioxo-phosphorane und Alkyl- bzw. Aryl-imino-oxo-phosphorane) sind kurzlebig und nur durch Abfangreaktionen nachweisbar. Im Gegensatz dazu lassen sich Amino-methylen-thioxo-phosphorane sowie Amino-imino-methylen-phosphorane in Substanz isolieren.

α) Aryl-dioxo-phosphorane

Aryl-dioxo-phosphorane sollen bei der Umsetzung von Aryl-phosphonsäuren mit Aryl-phosphonsäure-dichloriden entstehen[44, 45]; man erhält jedoch lediglich Dimere bzw. Trimere des Heterokumulens[46]. Ob für deren Bildung intermediär auftretendes Aryl-dioxo-phosphoran verantwortlich gemacht werden kann, ist nicht entschieden.

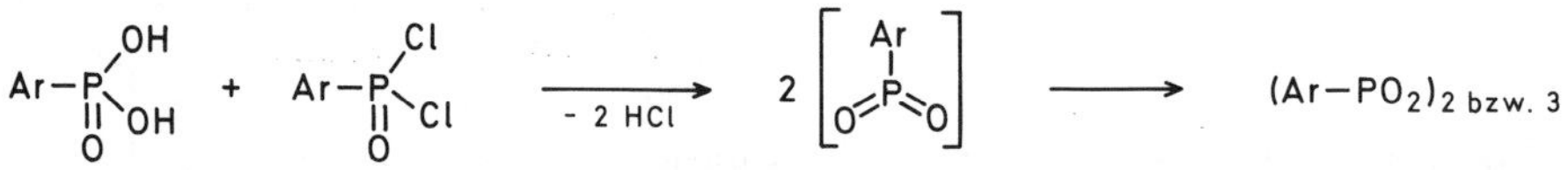

$$
\underset{O}{\overset{OH}{Ar-P}}\overset{}{\underset{\|}{}}OH \;+\; \underset{O}{\overset{Cl}{Ar-P}}\overset{}{\underset{\|}{}}Cl \;\xrightarrow{-2\,HCl}\; 2\left[\underset{O}{\overset{Ar}{\underset{|}{P}}}O\right] \;\longrightarrow\; (Ar-PO_2)_{2\ bzw.\ 3}
$$

A. Herstellung

1. durch Fragmentierung cyclischer Phosphinsäureester

Bei der elektronenstoßinduzierten Fragmentierung sowohl von 2-Oxo-2-phenyl-1,2λ⁵-oxaphosphetanen (s. S. 587) als auch von 4-Oxo-4-phenyl-1,3,4λ⁵-dioxaphosphorinen (s. S. 593) entsteht *Dioxo-phenyl-phosphoran*[47]; entsprechende Zerfallsreaktionen treten unter photolytischen bzw. thermischen Bedingungen auf. So liefert die Photolyse von 4-[2-(4-Methoxy-phenyl)-vinyl]-2-oxo-2,3,3,4-tetraphenyl-1,2λ⁵-oxaphosphetan neben

[42] *M. Yoshituji, J. Tagawa* u. *N. Inamoto*, Tetrahedron Lett. **1979**, 2415.
[43] *B. Divisia*, Tetrahedron **35**, 181 (1979).
[44] *A. Michaelis* u. *F. Rothe*, Ber. Dtsch. Chem. Ges. **25**, 1747 (1882).
[45] *A. Michaelis*, Justus Liebigs Ann. Chem. **293**, 193 (1896); **294**, 1 (1896); **315**, 43 (1901).
[46] *E. Cherbuliez, B. Baehler, F. Hunkeler* u. *J. Rabinowitz*, Helv. Chim. Acta **44**, 1812 (1961).
[47] *M. Regitz* u. *G. Maas*, Topics in Current Chemistry **97**, 71 (1981).

Dioxo-phenyl-phosphoran noch 4-(4-Methoxy-phenyl)-1,1,2-triphenyl-1,3-butadien[48] (s. hierzu S. 588).

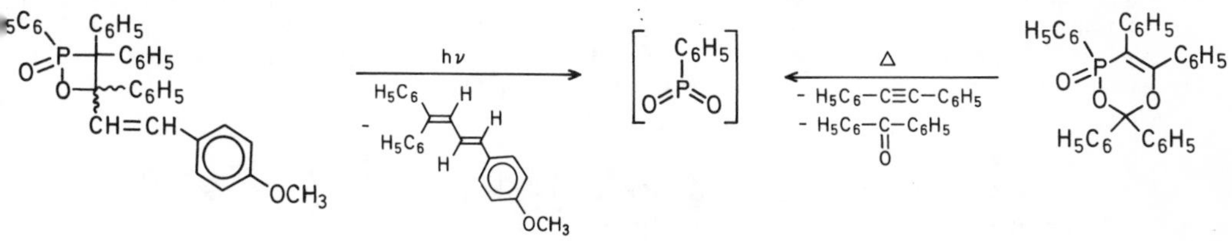

Das gleiche Phosphoran wird bei der Thermolyse ($\sim 220°$) von 4-Oxo-2,2,4,5,6-penta-phenyl-1,3,4λ^5-dioxaphosphorin neben Diphenyl-acetylen und Benzophenon gebildet[49]. Bei der unter Retro-Diels-Alder-Reaktion ablaufenden Hochvakuumpyrolyse [600°/0,08 Torr ($1,1 \cdot 10^{-2}$ kPa)] von 2-Oxo-2-(2,4,6-trimethyl-phenyl)-3,4-dihydro-1,2λ^5-oxa-phosphorin erhält man neben *Dioxo-(2,4,6-trimethyl-phenyl)-phosphoran* noch 1,3-Bu-tadien[50].

2. durch Cycloeliminierung an polycyclischen Phosphinsäureestern

2-Oxo-2-(2,4,6-trimethyl-phenyl)-1,2-oxaphosphorin liefert bei 165° in Gegenwart von Acetylen-dicarbonsäure-dimethylester *Dioxo-(2,4,6-trimethyl-phenyl)-phosphoran*. Nicht isolierbar ist unter diesen Bedingungen das heterobicyclische Intermediat, da es of-fenbar unter diesen Bedingungen rasch im gewünschten Sinne zerfällt[50]:

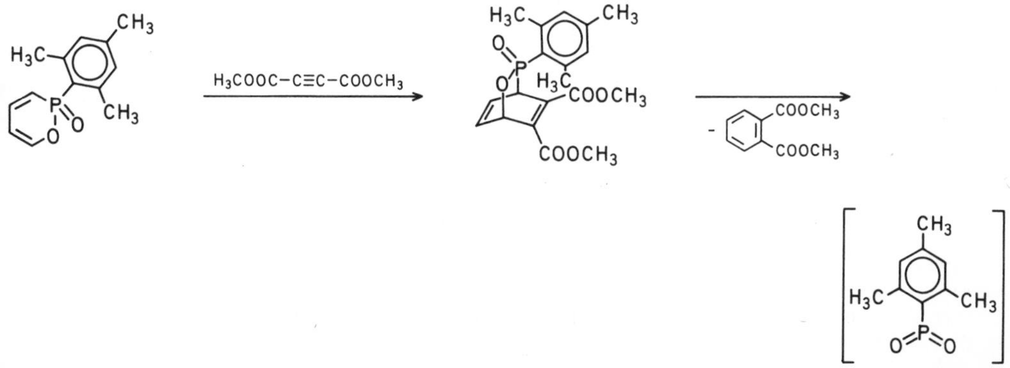

Bereits bei 20° zerfällt der polycyclische Phosphinsäureester I unter Cycloeliminierung zu *Dioxo-phenyl-phosphoran* und *1-Phenyl-3,3a,5,6-tetramethyl-3a,7a-dihydro-1H-⟨benzo[b]phosphol⟩-1-oxid*[51]:

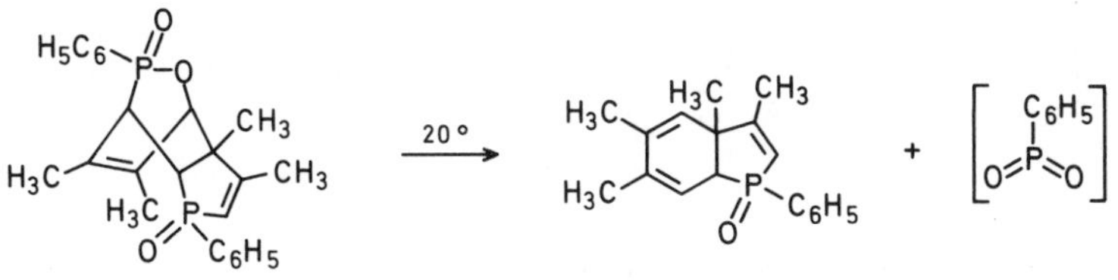

I

[48] *M. Regitz* u. *H. Eckes*, Tetrahedron **36**, 1039 (1980).
[49] *M. Regitz, W. Illger* u. *G. Maas*, Chem. Ber. **111**, 705 (1978).
[50] *J. Sigal* u. *L. Loew*, J. Am. Chem. Soc. **100**, 6394 (1978).
[51] *Y. Kashman* u. *O. Averbouch*, Tetrahedron **31**, 53 (1975).

3. durch alkalische Fragmentierung einer β-Brom-phosphinsäure

Dioxo-phenyl-phosphoran wird als Zwischenstufe der Hydroxylionen-initiierten Fragmentierung von [(2-Brom-1,3-diphenyl-3-oxo)-propyl]-phenyl-phosphinsäure postuliert[52]. Es ist allerdings fraglich, ob die Reaktion über das 4-Benzoyl-2,3-diphenyl-2-oxo-1,2λ⁵-oxaphosphetan abläuft, da zumindest 4-Phenyl-1,2λ⁵-oxaphosphetane unter vergleichbaren Bedingungen nur Hydrolyse zu β-Hydroxy-phosphinsäuren eingehen[53]. Die Fragmentierung könnte auch unmittelbar und ausschließlich vom Phosphinat selbst ausgehen:

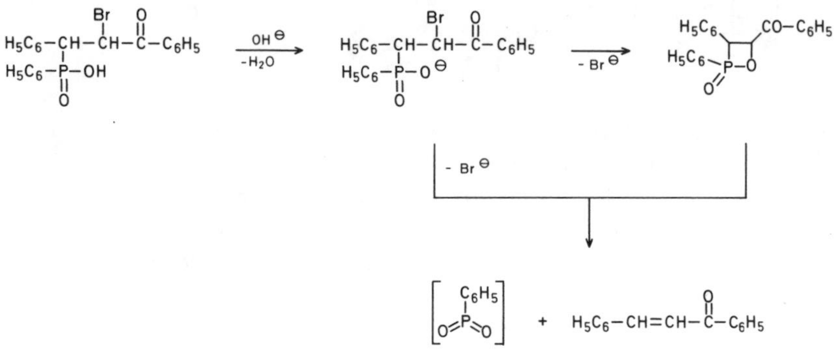

B. Umwandlung

Aryl-dioxo-phosphorane addieren protische Nukleophile (Wasser, Methanol) zu Aryl-phosphonsäuren bzw. den entsprechenden Estern[54⁻56].

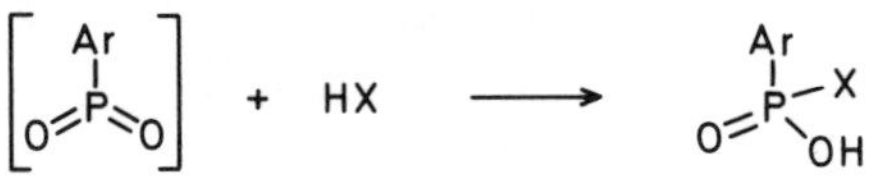

β) Alkyl- und Aryl-imino-oxo-phosphorane

Literaturangaben über die Isolierung von *Oxo-phenyl-phenylimino-phosphoran* (Dampfphasenpyrolyse von Diphenyl-phosphinsäure-azid bei 680°)[57] sowie von *(1-Adamantyl-imino)-oxo-phenyl-phosphoran* [β-Eliminierung an Phenyl-phosphinsäure-(1-adamantyl-amid)-chlorid][58] bedürfen der Überarbeitung; möglicherweise wurden Oligomere der Heterokumulene isoliert.

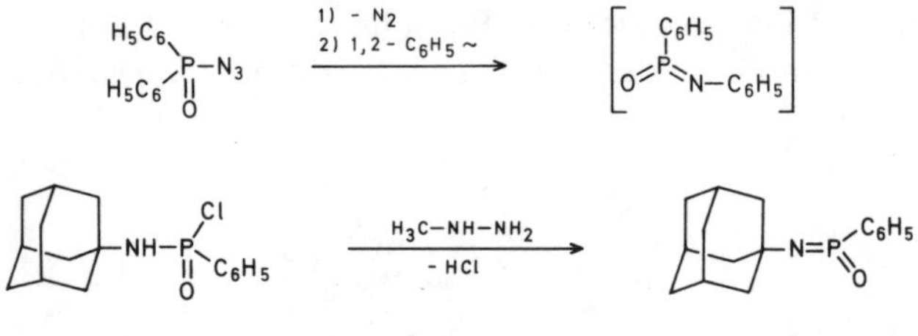

[52] *J. B. Connat* u. *S. M. Pollack*, J. Am. Chem. Soc. **43**, 1665 (1921).

[53] *M. Regitz* u. *H. Eckes*, Chem. Ber. **113**, 3303 (1980).

[54] *H. Eckes* u. *M. Regitz*, Tetrahedron Lett. **1975**, 447.

[55] *M. Regitz* u. *H. Eckes*, Tetrahedron **37**, 1039 (1981).

[56] *M. Regitz, W. Illger* u. *G. Maas*, Chem. Ber. **111**, 705 (1978).

[57] *W. T. Reichle*, Inorg. Chem. **3**, 402 (1964).

[58] *L. A. Cates*, Phosphorus **5**, 1 (1974).

A. Herstellung

1. durch α-Eliminierung an Diaryl-phosphinsäure-(methylsulfonyloxyamiden)

Im Gegensatz zu den erfolglosen Eliminierungsversuchen am 1-Chloramino-1-oxo-2,2,
3,4,4-pentamethyl-phosphetan (u. a. mit Natriummethanolat, Kalium-tert.-butanolat und
Trimethylamin)[59], liefert die Behandlung von Diaryl-phosphinsäure-(methylsulfonyloxy-
amiden) mit tert.-Butylamin in Ausbeuten von mehr als $90^0/_0$ die gesuchten Heterokumulene[60]; Kernstück der Reaktion ist eine P/N-Phenyl-Verschiebung, die vermutlich syn-
chron zur Sulfonat-Ablösung erfolgt.

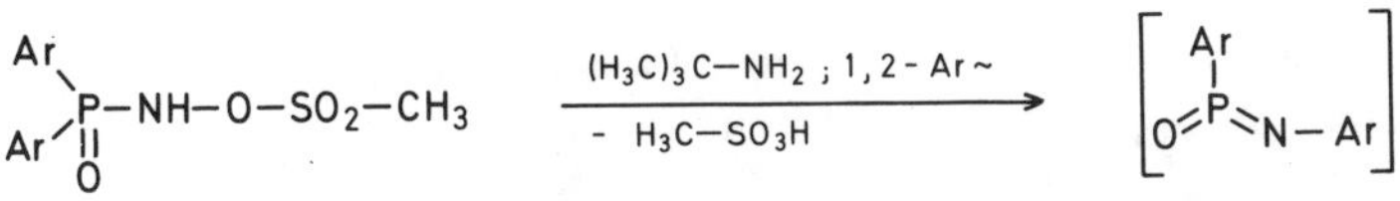

Ar = C_6H_5;   *Oxo-phenyl-phenylimino-phosphoran*
Ar = 4-H_3CO–C_6H_4;   *(4-Methoxy-phenyl)-(4-methoxy-phenylimino)-oxo-phosphoran*
Ar = 4-H_3C–C_6H_4;   *Oxo-(4-methyl-phenyl)-(4-methyl-phenylimino)-phosphoran*

2. durch Photolyse von Phosphinsäure-aziden

Hohe Wanderungsraten – selbst von tert.-Butyl-Gruppen werden bei der Photolyse offenkettiger Phosphinsäure-azide, z.B. von Di-tert.-butyl-[61] und Diphenyl-phosphinsäure-azid[62] (bis zu 71 bzw. $100^0/_0$), beobachtet. In diesen Fällen dürfte die Substituenten-
wanderung auf der Nitren-Stufe erfolgen.

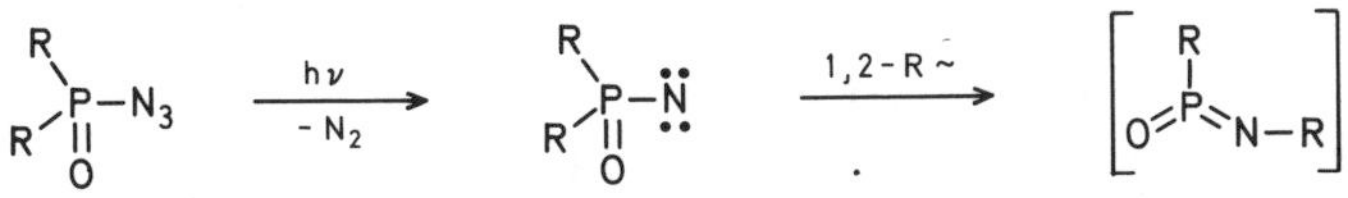

R = $C(CH_3)_3$;   *Tert.-Butyl-(tert.-butylimino)-oxo-phosphoran*
R = C_6H_5;   *Oxo-phenyl-phenylimino-phosphoran*

Wesentlich weniger selektiv im Hinblick auf die Bildung von Metaphosphonimidaten ist
die Photolyse cyclischer Phosphinsäure-azide, so z.B. von 1-Azido-phosphetan-1-oxi-
den[63–65]. Im Falle der sehr sorgfältig aufgearbeiteten (Hochdruck-Flüssigkeitschromato-
graphie) Photolysen von 1-Azido-2,2,3,4,4-pentamethyl-phosphetan-1-oxid in Methanol
lagern sich nur $65^0/_0$ Edukt zum cyclischen Imino-oxo-phosphoran durch 1,2-C-Shift um.

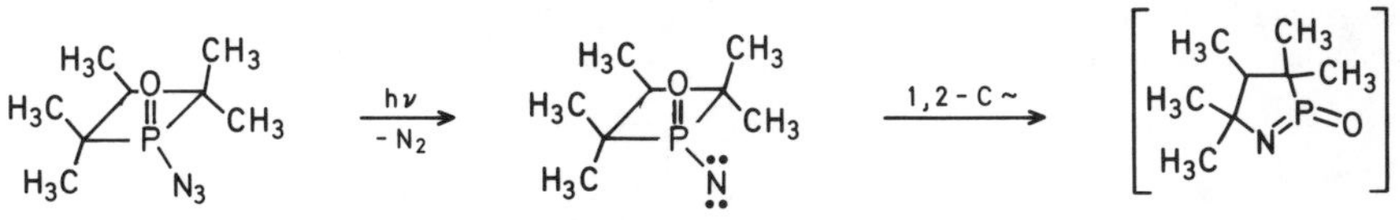

Solvolyse der Azido-Gruppe durch Methanol ($6^0/_0$), O/H-Insertion des Nitrens in das Solvens ($1^0/_0$), intramolekulare C/H-Insertion (Methylgruppe) des Nitrenstickstoffs ($14^0/_0$) und 1,2-C-Shift zum Sauerstoff der Phosphoryl-Gruppe ($13^0/_0$) sind für den Verlust an Selektivität verantwortlich[65].

[59] *M.J.P. Harger* u. *M.A. Stephen*, J. Chem. Soc. [Perkin Trans. I] **1980**, 705.
[60] *M.J.P. Harger*, Chem. Commun. **1979**, 930.
[61] *M.J.P. Harger* u. *M.A. Stephen*, J. Chem. Soc. [Perkin Trans. I] **1981**, 736.
[62] *G. Bertrand, J.-P. Majoral* u. *A. Baceiredo*, Tetrahedron Lett. **1980**, 5015.
[63] *M.J.P. Harger*, Chem. Commun. **1971**, 442.
[64] *M.J.P. Harger*, J. Chem. Soc. [Perkin Trans. I] **1974**, 2604.
[65] *J. Wiseman* u. *F.H. Westheimer*, J. Am. Chem. Soc. **96**, 4262 (1974).

B. Umwandlung

In Abwesenheit eines Abfangreagenzes geht Oxo-phenyl-phenylimino-phosphoran „head to tail" Dimerisierung ($\sim 100\%$) zu *2,4-Dioxo-1,2,3,4-tetraphenyl-1,3,2λ^5,4λ^5-diazadiphosphetidin* ein[62]:

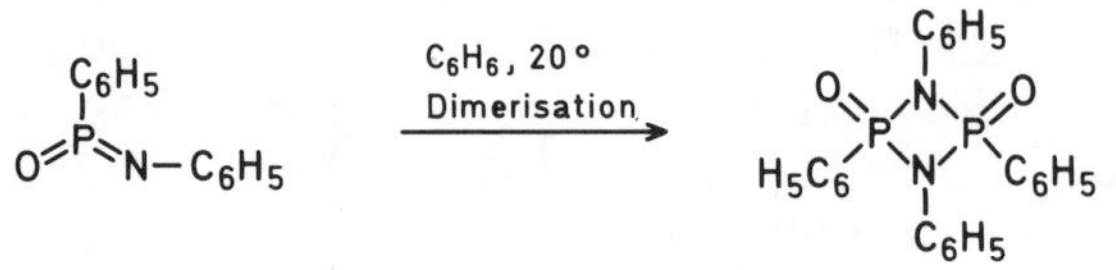

Erzeugt man dagegen die Phosphonimidate in Gegenwart von Alkoholen oder Aminen, so werden diese glatt an die P/N-Doppelbindung addiert[60, 61]:

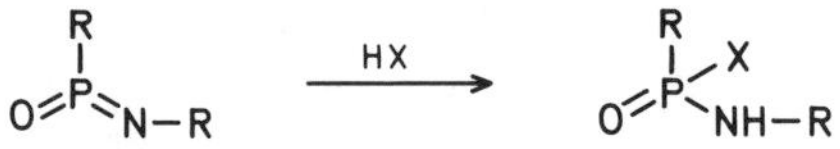

R = C(CH$_3$)$_3$; X = OCH$_3$; *1,1-Dimethyl-ethanphosphonsäure-methylester-tert.-butylamid*; 71%
R = C$_6$H$_5$; X = NH–C(CH$_3$)$_3$; *Benzolphosphonsäure-N-tert.-butylamid-phenylamid*; $\sim 90\%$

1,1-Dimethyl-ethanphosphonsäure-methylester-tert.-butylamid[61]: Die Lösung von 0,54 g (2,7 mmol) Di-tert.-butyl-phosphinsäure-azid in 60 *ml* Methanol wird 19 Stdn. bei 20° bestrahlt und das Reaktionsgemisch durch Schichtchromatographie an Aluminiumoxid mit Ether als Fließmittel aufgetrennt. Ausbeute: 0,39 g (71%); Schmp.: 98–99° (aus tiefsiedendem Petrolether).
Anschließendes Entwickeln mit Ether/Methanol 97:3 liefert 45 mg (8%) *Di-tert.-butyl-phosphinsäure-methoxyamid* (Nitren-Insertion in die O/H-Bindung des Methanols); Schmp.: 170–171° (aus tiefsiedendem Petrolether).

Auch cyclische Phosphonimidate gehen glatt 1,2-Addition protischer Nukleophile an der P/N-Doppelbindung ein; so liefert die Methanol-Addition im vorliegenden Fall diastereomere *2-Methoxy-2-oxo-3,3,4,5,5-pentamethyl-1,2λ^5-azaphospholidine* (Verhältnis 30:70)[65]. Interessanterweise gelangt man zum gleichen Produktverhältnis, unabhängig davon ob man vom *cis-* oder *trans-*Phosphorylazid ausgeht.

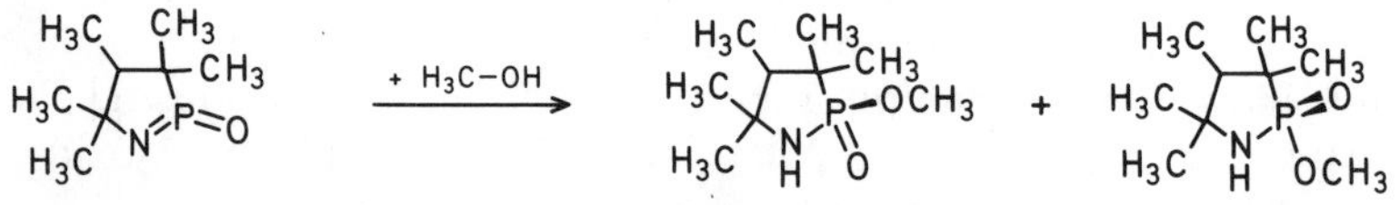

Der stereochemische Unterschied beider Edukte geht während der Reaktion verloren, wofür trigonal planare Substituentenanordnung um den pentavalenten, trikoordinierten Phosphor verantwortlich sein kann (s. auch S. 583); pyramidale Struktur mit schneller Inversion ist a priori nicht auszuschließen.

γ) Amino-methylen-thioxo-phosphorane

[*Bis-(trimethylsilyl)-amino*]-*thioxo-(trimethylsilyl-methylen)-phosphoran* – bisher einziger Vertreter dieser Stoffklasse – wird durch Reaktion von [Bis-(trimethylsilyl)-amino]-(trimethylsilyl-methylen)-phosphan mit Schwefel erhalten[66]:

[60] *M. J. P. Harger*, Chem. Commun. **1979**, 930.
[61] *M. J. P. Harger* u. *M. A. Stephen*, J. Chem. Soc. [Perkin Trans. I] **1981**, 736.
[62] *G. Bertrand, J.-P. Majoral* u. *A. Baceiredo*, Tetrahedron Lett. **1980**, 5015.
[65] *J. Wiseman* u. *F. H. Westheimer*, J. Am. Chem. Soc. **96**, 4262 (1974).
[66] *E. Niecke* u. *D.-A. Wildbredt*, Chem. Commun. **1981**, 72.

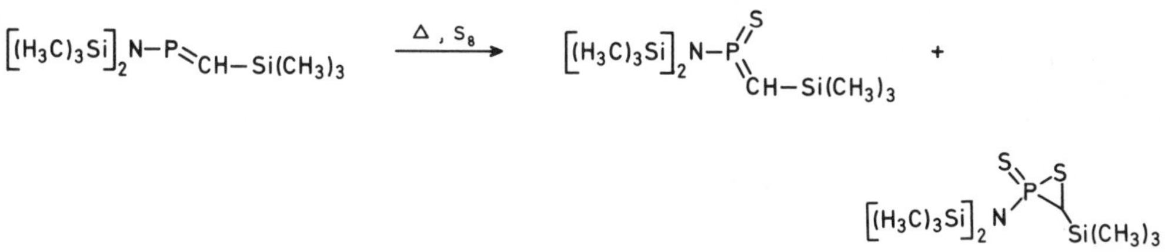

Als Nebenprodukt entsteht *2-[Bis-(trimethylsilyl)-amino]-2-thioxo-3-trimethylsilyl-λ^5-thiaphosphiran*, das auch unmittelbar aus dem Heterokumulen und Schwefel erhalten werden kann.

[Bis-(trimethylsilyl)-amino]-thioxo-(trimethylsilyl-methylen)-phosphoran[66]: Die Lösung von 5,65 g (20 mmol) [Bis-(trimethylsilyl)-amino]-(trimethylsilyl-methylen)-phosphan und 0,67 g (20 mmol) Schwefel in 20 *ml* Benzol wird 1 Stde. unter Rückfluß erhitzt und eingedampft. Das Rohprodukt, das zu 90% aus Amino-methylen-thioxo-phosphoran besteht, wird fraktioniert destilliert; Ausbeute: 2,8 g (40%); Sdp.: 75–77°/0,01 Torr (1,3 Pa).

δ) Amino-imino-methylen-phosphorane

Amino-imino-methylen-phosphorane werden aus Amino-imino-phosphanen und Diazoalkanen erhalten; ob sich die Reaktion ein- oder zweistufig abwickeln läßt, hängt von den Substituenten ab.

1. aus Amino-imino-phosphanen und Diazoalkanen

[Bis-(trimethylsilyl)-amino]-(trimethylsilylimino)-phosphan reagiert mit prim. bzw. sek. Diazoalkanen unter Stickstoff-Verlust zu entsprechenden Amino-imino-methylen-phosphoranen[67, 68]:

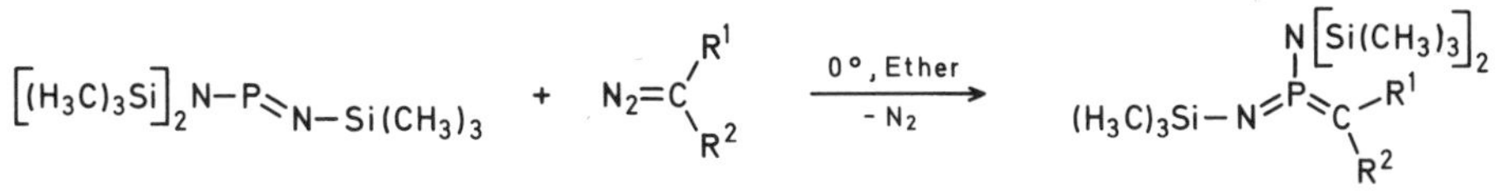

[Bis-(trimethylsilyl)-amino]-isopropyliden-(trimethylsilylimino)-phosphoran [$R^1 = R^2 = CH_3$][68]: Zu 27,8 g (100 mmol) [Bis-(trimethylsilyl)-amino]-(trimethylsilylimino)-phosphan tropft man unter Rühren bei 0° die auf −30° gekühlte Lösung von 2-Diazo-propan in Ether bis die Stickstoff-Entwicklung nachläßt und die Farbe des Diazoalkans erhalten bleibt. Nach 1 Stde. Rühren bei 20° wird i. Vak. eingedampft und der Rückstand fraktioniert destilliert; Ausbeute: 25,6 g (80%); Sdp.: 50–51°/0,01 Torr (1,3 Pa).

Nach der gleichen Vorschrift sind auch zugänglich:

$R^1 = CH_3$, $R^2 = C_2H_5$;   *[Bis-(trimethylsilyl)-amino]-1-methyl-propyliden-(trimethylsilylimino)-phosphoran;* 57%; Sdp.: 59–60°/0.1 Torr (13 Pa);
I: II = 3:2

$R^1 = CH_3$, $R^2 = C(CH_3)_3$;   *[Bis-(trimethylsilyl)-amino]-(trimethylsilylimino)-(1,2,2-trimethyl-propyliden)-phosphoran;* 79%; Sdp.: 70–71°/0.1 Torr (13 Pa);
I: II = >20:1

$R^1 = C(CH_3)_3$, $R^2 = H$;   *[(Bis-(trimethylsilyl)-amino]-(2,2-dimethyl-propyliden)-(trimethylsilylimino)-phosphoran;* 72%; Sdp.: 66–67°/0.1 Torr (13 Pa);
I: II = 1:>20

[66] *E. Niecke* u. *D.-A. Wildbredt*, Chem. Commun. **1981**, 72.
[67] *E. Niecke* u. *D.-A. Wildbredt*, Angew. Chem. **90**, 209 (1978); engl.: **17**, 199.
[68] *E. Niecke* u. *D.-A. Wildbredt*, Chem. Ber. **113**, 1549 (1980).

Die am Methylen-C-Atom unsymmetrisch substituierten Imino-methylen-phosphorane
fallen bei der Synthese als Isomerengemische (I und II) an.

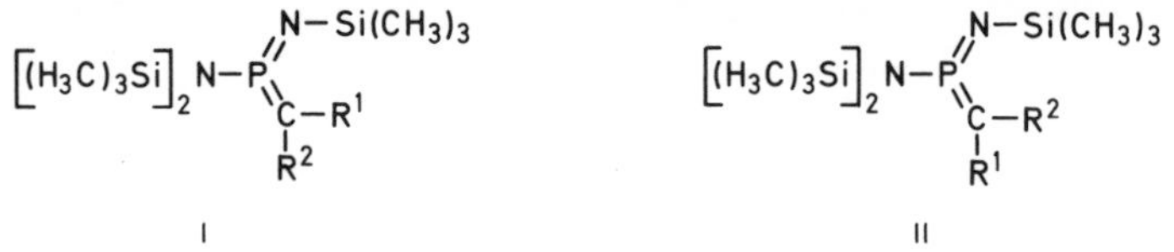

$$\left[(H_3C)_3Si\right]_2 N-P\overset{N-Si(CH_3)_3}{\underset{\overset{|}{R^2}}{\diagdown C-R^1}}$$

$$\left[(H_3C)_3Si\right]_2 N-P\overset{N-Si(CH_3)_3}{\underset{\overset{|}{R^1}}{\diagdown C-R^2}}$$

I   II

Bei der Reaktion von [Bis-(trimethylsilyl)-amino]-tert.-butylimino-phosphan mit 2-Dia-
zo-propan tritt dagegen Trimethylsilyl-Wanderung ein und man erhält *(tert.-Butyl-trime-
thylsilyl-amino)-isopropyliden-trimethylsilylimino-phosphoran* $(56\%)^{68}$:

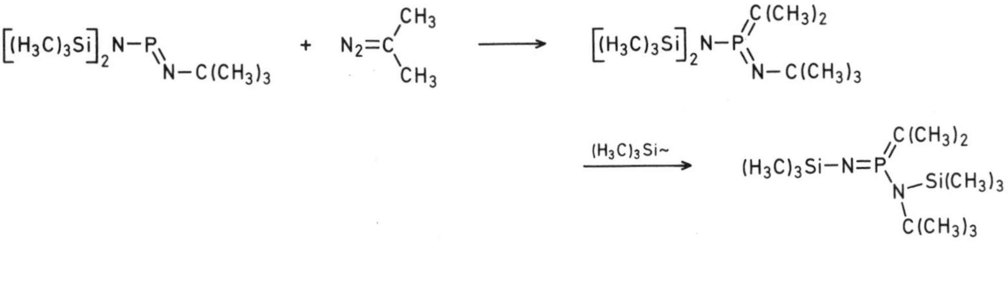

$$\left[(H_3C)_3Si\right]_2 N-P\overset{}{\underset{N-C(CH_3)_3}{\diagdown}} \quad + \quad N_2=C\overset{CH_3}{\underset{CH_3}{\diagdown}} \longrightarrow \left[(H_3C)_3Si\right]_2 N-P\overset{C(CH_3)_2}{\underset{N-C(CH_3)_3}{\diagdown}}$$

$$\overset{(H_3C)_3Si\sim}{\longrightarrow} (H_3C)_3Si-N=P\overset{C(CH_3)_2}{\underset{\overset{|}{C(CH_3)_3}}{\diagdown N-Si(CH_3)_3}}$$

2. aus 1,2,3,4-Triazaphospholinen durch thermische Zersetzung

3,5-Di-tert.-butyl-4-diisopropylamino-4,5-dihydro-3H-1,2,3,4-triazaphosphol – durch
[3+2]-Cycloaddition von 1-Diazo-2,2-dimethyl-propan an tert.-Butylimino-diisopropy-
lamino-phosphan gut zugänglich – verliert bereits bei 50° Stickstoff unter der Bildung von
tert.-Butylimino-diisopropylamino-(2,2-dimethyl-propyliden)-phosphoran; die thermisch
sehr empfindliche Verbindung läßt sich durch rasche Vakuumdestillation reinigen^{69}:

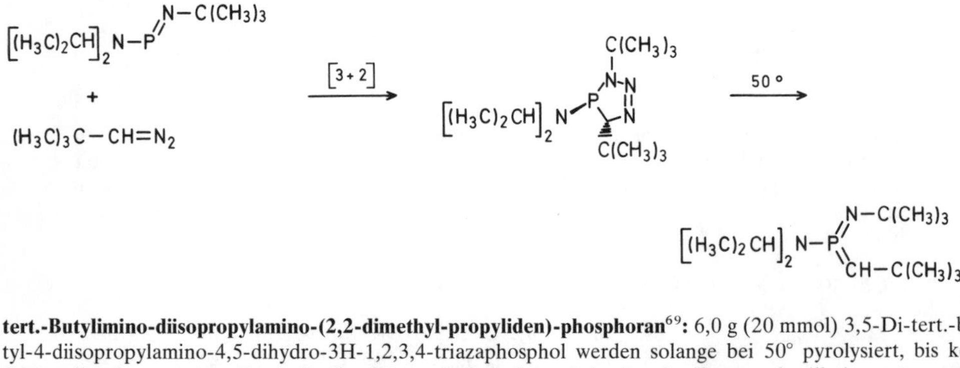

$$\left[(H_3C)_2CH\right]_2 N-P\overset{N-C(CH_3)_3}{\diagdown}$$

+

$$(H_3C)_3C-CH=N_2$$

$$\overset{[3+2]}{\longrightarrow} \left[(H_3C)_2CH\right]_2 N-P\overset{C(CH_3)_3}{\underset{C(CH_3)_3}{\diagdown N-N \atop N}}$$

$$\overset{50°}{\longrightarrow} \left[(H_3C)_2CH\right]_2 N-P\overset{N-C(CH_3)_3}{\underset{CH-C(CH_3)_3}{\diagdown}}$$

tert.-Butylimino-diisopropylamino-(2,2-dimethyl-propyliden)-phosphoran^{69}: 6,0 g (20 mmol) 3,5-Di-tert.-bu-
tyl-4-diisopropylamino-4,5-dihydro-3H-1,2,3,4-triazaphosphol werden solange bei 50° pyrolysiert, bis kein
Stickstoff mehr entweicht. Das hellgelbe, flüssige Rohprodukt wird sofort der Kurzwegdestillation unterworfen
und das Destillat in der Vorlage bei −30° ausgefroren; Ausbeute: 3,8 g (70%) Sdp.: 53°/0,01 Torr (1,3 Pa)

^{68} *E. Niecke* u. *D.-A. Wildbredt*, Chem. Ber. **113**, 1549 (1980).
^{69} *E. Niecke, A. Seyer* u. *D.-A. Wildbredt*, Angew. Chem. **93**, 687 (1981); engl.: **20**, 675.

B. Umwandlung

Am Stickstoff silylierte Amino-imino-methylen-phosphorane sind i.a. stabil, doch beobachtet man in besonderen Fällen auch Dimerisierung, so beim längeren Stehen von (Bis-[trimethylsilyl]-amino)-ethyliden-(trimethylsilylimino)-phosphoran. Der Dimerisierung geht eine 1,3-Trimethylsilylgruppen-Verschiebung voraus. Das gleiche Heterokumulen reagiert glatt mit [Bis-(trimethylsilyl)-amino]-(trimethylsilylimino)-phosphan unter [2 + 2]-Cycloaddition[68].

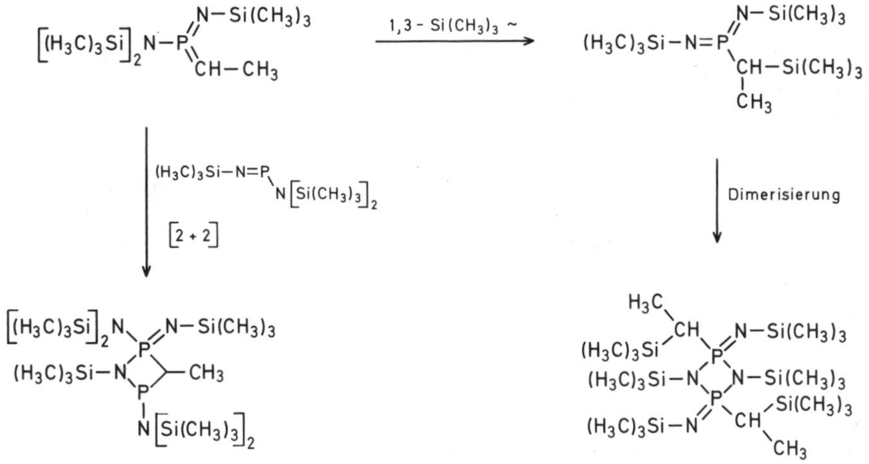

2,4-Bis-[bis-(trimethylsilyl)-amino]-3-methyl-1-trimethylsilyl-4-(trimethylsilylimino)-1,2λ³,4λ⁵-azadiphosphetidin[68]: Das Gemisch aus 2,8 g (10 mmol) [Bis-(trimethylsilyl)-amino]-trimethylsilylimino]-phosphan und 3,0 g (10 mmol) [Bis-(trimethylsilyl)-amino]-ethyliden-trimethylsilylimino-phosphoran wird 24 Stdn. bei 20° gerührt, wobei das Cycloaddukt auskristallisiert; Ausbeute: 2,5 g (43%); Schmp.: 118° (aus Dichlormethan).

Im Falle der Umsetzung von vollständig trimethylsilylsubstituiertem Amino-imino-phosphan mit Diazomethan bei −35° dimerisiert das primär entstehende Imino-methylen-phosphoran spontan zum *1,3-Bis-[bis-(trimethylsilyl)-amino]-1,3-bis-[trimethylsilylimino]-1,3-diphosphetan* (*cis/trans*-Isomerengemisch, 20%). Andererseits kann das Imino-methylen-phosphoran mit überschüssigem Diazomethan − möglicherweise über ein [3+2]-Cycloaddukt − in *1-[Bis-(trimethylsilyl)-amino]-1-trimethylsilylimino-λ⁵-phosphiran* umgewandelt werden[68, 70]:

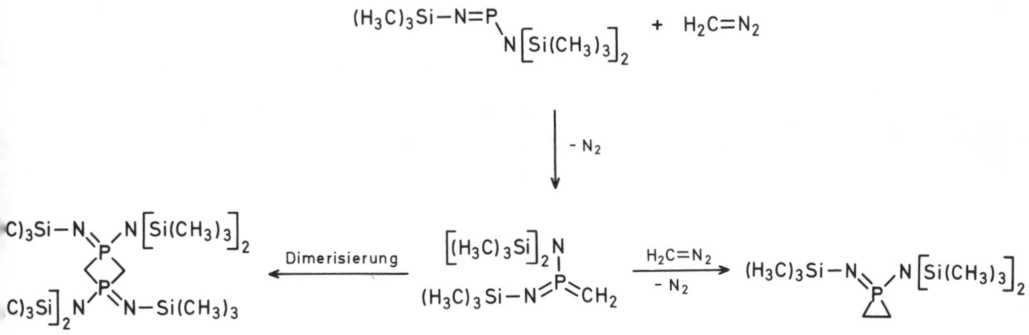

---

[68] E. Niecke u. D.-A. Wildbredt, Chem. Ber. **113**, 1549 (1980).
[70] E. Niecke u. W. Flick, Angew. Chem. **87**, 355 (1975); engl.: **14**, 363.

Ein interessantes thermisches Verhalten zeigt tert.-Butylimino-diisopropylamino-(2,2-dimethyl-propyliden)-phosphoran. Bei 0° dimerisiert es innerhalb weniger Stunden nahezu quantitativ über die P/N-Doppelbindungen zum Diazadiphosphetidin, während beim kurzen Erwärmen auf 140° Isomerisierung zum Azaphosphiran eintritt[69]:

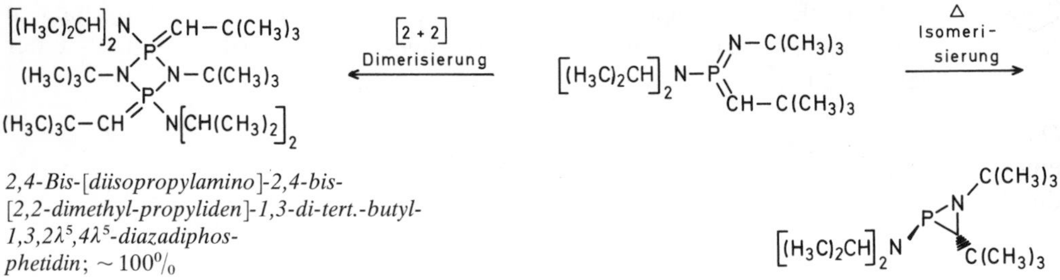

2,4-Bis-[diisopropylamino]-2,4-bis-[2,2-dimethyl-propyliden]-1,3-di-tert.-butyl-1,3,2λ^5,4λ^5-diazadiphosphetidin; ~ 100%

1,3-Di-tert.-butyl-2-diisopropylamino-λ^3-azaphosphiran; 57%

d) Metaphosphate

Breiten Raum in der Diskussion der Metaphosphate nimmt das monomere Metaphosphat-Anion (PO$_3^\ominus$) ein. Es wird als Zwischenstufe zahlreicher Hydrolysereaktionen von Phosphorsäureestern und auch von Phosphorylierungsreaktionen postuliert[71]. Das Metaphosphat-Anion wird in ds. Handb. nicht abgehandelt.
Metaphosphate mit P/O-Doppelbindung sind kurzlebig und im klassischen Sinne nicht isolierbar; Vertreter mit P/N- und P/S-Doppelbindungen dagegen sind stabil.

α) Alkoxy- und Aryloxy-dioxo-phosphorane

A. Herstellung

Alle in der früheren Literatur beschriebenen Alkoxy-dioxo-phosphorane (Metaphosphorsäureester)[72] sind entweder Oligomerengemische oder aber definierte Oligomere, wie z.B. das cyclische Triethyl-trimetaphosphat[73].

So wurde z.B. das Reaktionsprodukt aus Diethylether und Phosphor(V)-oxid als Ethyl-metaphosphat bezeichnet, das auch aus anderen ethoxyhaltigen Verbindungen und Phosphor(V)-oxid gebildet werden soll[74, 75]. Auch die aus Benzoesäure-anhydrid und Phosphor(V)-oxid erhaltene „glasig durchscheinende feste Masse" dürfte kaum als Metaphosphat zu betrachten sein.

1. durch thermische und photochemische Fragmentierung von Phosphonaten

Eine sichere Methode zur Erzeugung von *Dioxo-methoxy-phosphoran (Metaphosphorsäure-methylester)* besteht in der Gasphasenpyrolyse von 2-Methoxy-2-oxo-3,6-dihydro-1,2λ^5-oxaphosphorin; die Retro-Diels-Alder-Reaktion liefert hohe Ausbeuten an

---

[69] E. Niecke, A. Seyer u. D.-A. Wildbredt, Angew. Chem. **93**, 687 (1981); engl.: **20**, 675.
[71] M. Regitz u. G. Maas, Topics in Current Chemistry **97**, 71 (1981).
[72] G.H. Kosalapoff, Organophosphorus Compounds, S. 347, 352, Wiley & Sons, New York 1950.
[73] F. Cramer u. H. Hettler, Chem. Ber. **91**, 1181 (1958).
[74] K. Langheld, Ber. Dtsch. Chem. Ges. **43**, 1857 (1910) sowie **44**, 2078 (1911).
[75] W. Steinkopf u. J. Schubart, Justus Liebigs Ann. Chem. **424**, 1 (1921).

1,3-Butadien neben dem Heterokumulen, das in Abwesenheit von Abfangreagenzien oligomerisiert bzw. polymerisiert[76−79]:

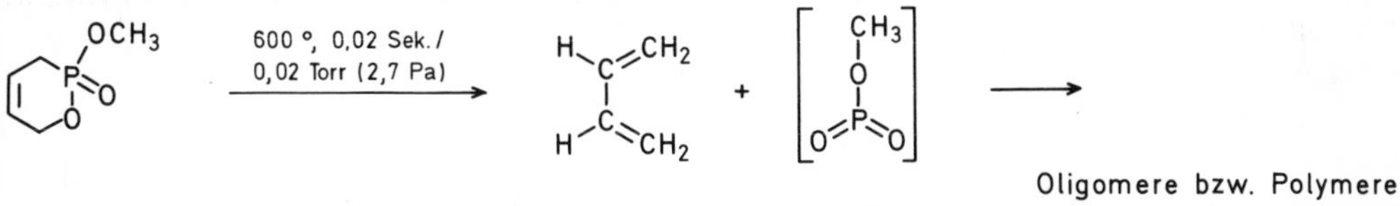

Oligomere bzw. Polymere

Dioxo-isopropyloxy-phosphoran wird durch Thermolyse des $1,2\lambda^5$-Oxaphosphetans I in einer 2+2-Cycloreversion neben 2,4,6-Triphenyl-toluol erhalten. Der gleiche Zerfall wird durch Photolyse bzw. im Massenspektrometer erreicht[80].

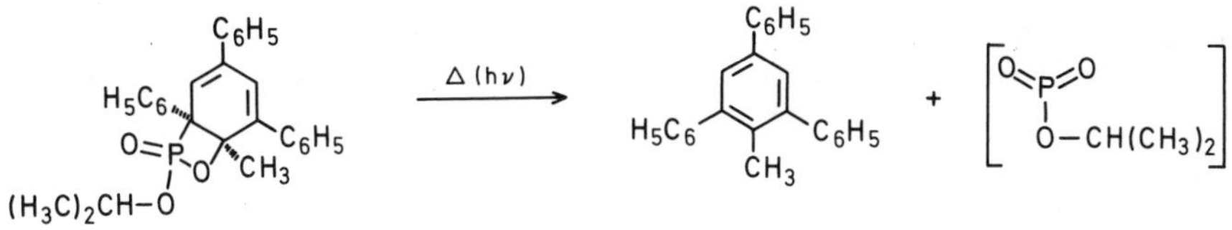

Unter den Bedingungen der elektronenstoßinduzierten Fragmentierung wird verschiedentlich die Bildung von Alkyloxy- sowie Aryloxy-dioxo-phosphoranen beobachtet[81−83].

2. durch Spaltungsreaktionen an aktivierten Phosphaten und Phosphonaten

Phosphate und Phosphonate mit guten Austrittsgruppen sind potentielle Vorläufer zur Erzeugung von Aryl- und Alkyl-dioxo-phosphoranen. So überträgt polymerengebundenes Tetramethylammonium-acyl-phenyl-phosphat ~8% seines Phenyl-metaphosphat-Strukturteils auf Glycin-polymer-methylester[84]:

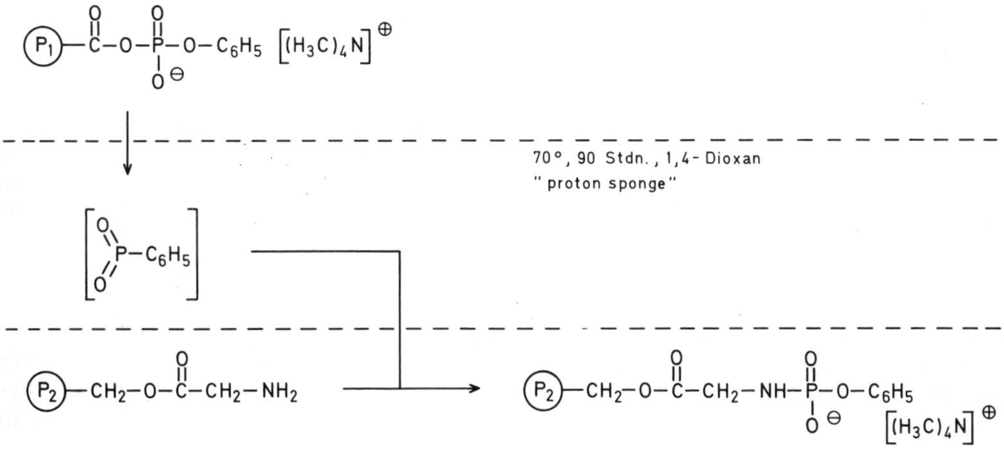

70°, 90 Stdn., 1,4-Dioxan
"proton sponge"

[76] *C.H. Clapp* u. *F.H. Westheimer*, J. Am. Chem. Soc. **96**, 6710 (1974).
[77] *C.H. Clapp, A.C. Satterthwait* u. *F.H. Westheimer*, J. Am. Chem. Soc. **97**, 6873 (1975).
[78] *A.C. Satterthwait* u. *F.H. Westheimer*, J. Am. Chem. Soc. **100**, 3197 (1978).
[79] *F.H. Westheimer*, Chem. Rev. **81**, 313 (1981).
[80] *M. Constenla* u. *K. Dimroth*, Chem. Ber. **109**, 3099 (1976).
[81] *S. Meyerson, E.S. Kuhn, F. Ramirez, J.F. Marecek* u. *H. Okazaki*, J. Am. Chem. Soc. **100**, 4062 (1978).
[82] *L. Tökes* u. *G. Jones*, Org. Mass. Spectrom. **10**, 241 (1975).
[83] *G. Maas* u. *R. Hoge*, Justus Liebigs Ann. Chem. **1980**, 1028.
[84] *J. Rebek, F. Gaviña* u. *C. Navarro*, J. Am. Chem. Soc. **100**, 8113 (1978).

Ungeklärt ist, welche Rolle der „proton-sponge" bei der Erzeugung und Stabilisierung des Dioxo-phenoxy-phosphorans spielt.

Ein weiteres instruktives Beispiel stellt die Spaltung von 1,2-Dibrom-1-phenyl-propan-phosphonsäure-monomethylester (bzw. dessen Anion) zu 1-Brom-1-phenyl-propen und *Dioxo-methoxy-phosphoran* dar[85]:

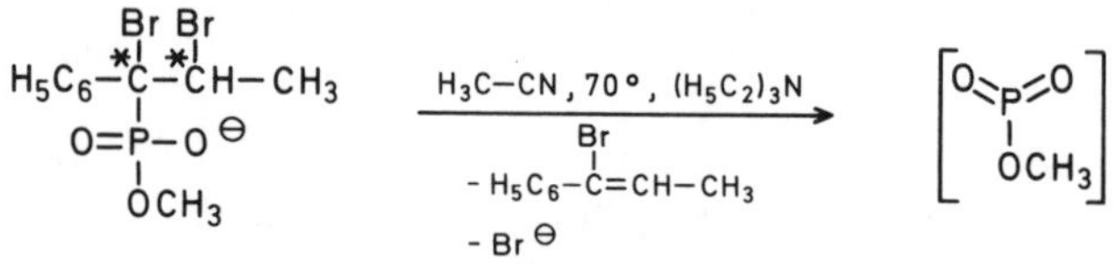

erythro: k = 0,022 min^{-1}; *threo:* k = 0,033 min^{-1}

Treibende Kraft der Reaktion scheint die Bildung einer phenylkonjugierten Doppelbindung zu sein. In diesem Zusammenhang sei auf das Auftreten monomerer Metaphosphate in der Oligonukleotid-Synthese hingewiesen sowie auf deren Funktion als aktive Phosphorylierungsreagenzien.

Unter den chemischen Methoden der Oligonukleotid-Synthese nimmt die Umsetzung von Nucleosiden mit Nucleosidphosphaten in Gegenwart aktivierender Reagenzien, z.B. Dicyclohexyl-carbodiimid, Arylsulfonyl-chloriden oder Phosphorsäure-halogeniden breiten Raum ein. In allen Fällen geht der Bildung der Nucleosid-substituierten Metaphosphate die Bildung von Intermediaten mit guten Austrittsgruppen voraus[86, 87]:

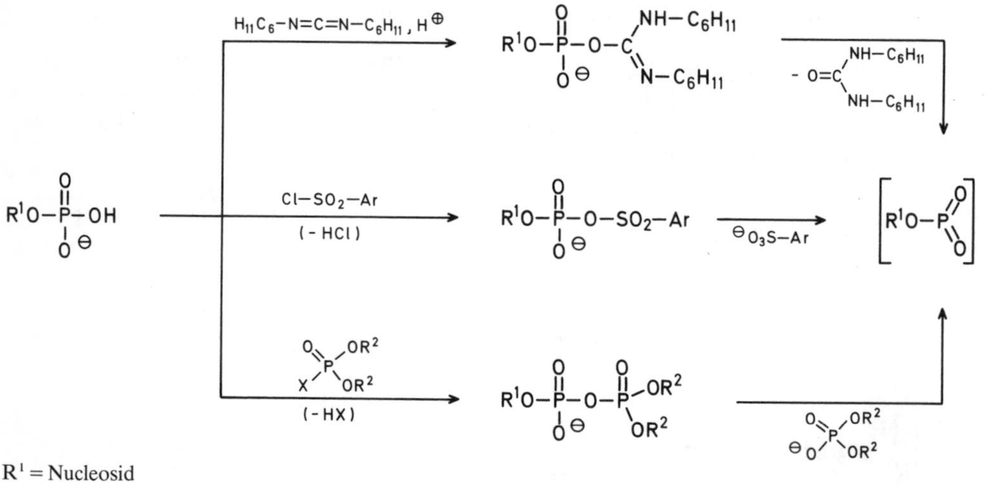

R^1 = Nucleosid

Nucleosid-metaphosphate als Intermediate dieser Reaktion wurden schon frühzeitig postuliert[88]. Zum Mechanismus der Oligonucleotid-Synthese mit Arylsulfonylchloriden als aktivierenden Reagenzien unter Beteiligung von Nucleosid-metaphosphaten s. Lit.[89].

[85] *A. C. Satterthwait* u. *F. H. Westheimer*, J. Am. Chem. Soc. **100**, 3197 (1978).

[86] *R. J. Zhdanov* u. *S. M. Zhenodarova*, Synthesis **1975**, 222.

[87] *S.* auch *M. Regitz* u. *G. Maas*, Topics in Current Chemistry **97**, 71 (1981).

[88] *A. R. Todd*, Proc. Nat. Acad. Sci. (USA) **45**, 1389 (1957); Proc. Chem. Soc. (London) **1961**, 187; **1962**, 199.

[89] *V. F. Zarytova, D. G. Knorre, A. L. Lebedev, A. S. Levina* u. *A. I. Rezvukhin*, Doklady Akad. Nauk. SSSR **212**, 630 (1973); Chem. Abstr. **79**, 146782j (1973).

D. G. Knorre, A. V. Lebedev, A. S. Levina, A. I. Rezvukhin u. *V. F. Zarytova*, Tetrahedron **30**, 3073 (1974).

B. Umwandlung

Alkyloxy- und Aryloxy-dioxo-phosphorane sind bezüglich des Phosphor-Atoms extrem starke Elektrophile, was sich u. a. in der Addition protischer Nucleophile sowie in der Bereitschaft, elektronenreiche Aromaten elektrophil zu substituieren, äußert.

So reagiert Dioxo-methoxy-phosphoran mit N-Methyl-anilin (2 Mol) unter Bildung von *(N-Methyl-anilinium)-methyl-(N-methylanilino)-phosphat*[90]:

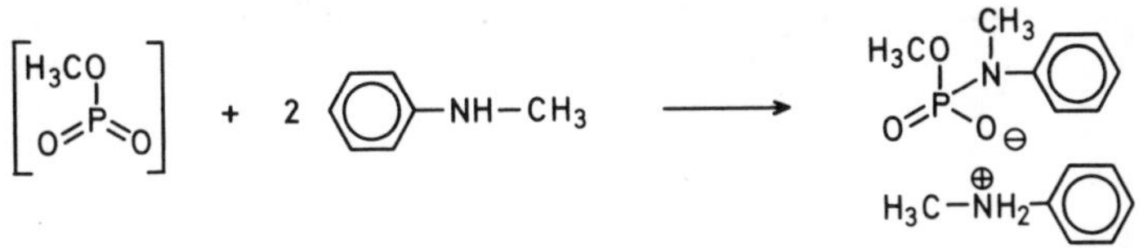

Elektrophile Substitution von Arenen mit Dioxo-methoxy-phosphoran tritt bei peralkylierten aromatischen Aminen[91, 92] bzw. beim N-Methyl-anilin[93] (bei diesem können 1,2-Addition und elektrophile Aromatensubstitution miteinander konkurrieren) ein. So reagiert Dioxo-methoxy-phosphoran mit N,N-Diethyl-anilin sowohl in der o- als auch in der p-Position zu entsprechenden Betainen[91]; die Substitution tritt bereits bei −60° ein:

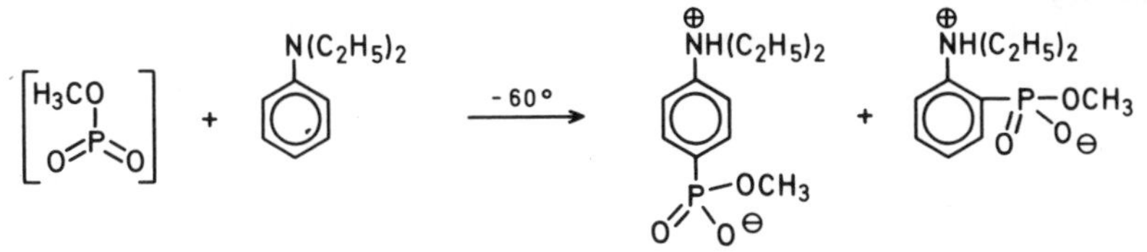

4- und *2-Diethylamino-benzolphosphonsäure-methylester-betain*

Das Ausmaß der Aromaten-Phosphorylierung hängt stark vom Solvens ab; so drängt die Anwesenheit von Pyridin, Acetonitril, 1,4-Dioxan oder 1,2-Dimethoxy-ethan die aromatische Substitution von N,N-Diethyl-anilin bis unter die Nachweisgrenze zurück. Dies wird auf die Ausbildung betainartiger Komplexe zurückgeführt, die zwar noch Phosphorylierungsreagenzien darstellen, jedoch zu schwach sind, um den Aromaten zu substituieren (s. a.[94]):

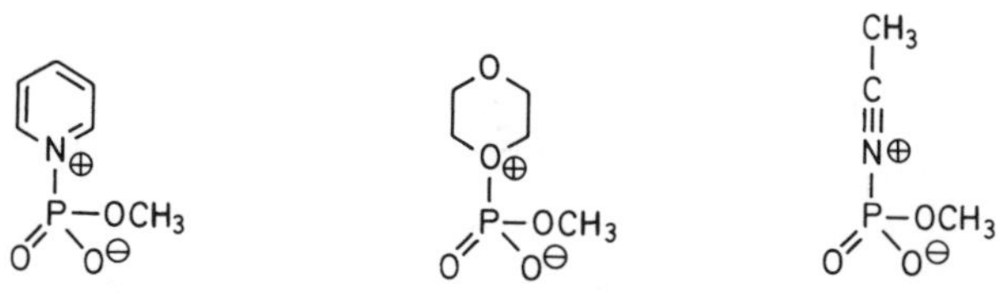

Das ausgeprägte Phosphorylierungsverhalten des monomeren Dioxo-methoxy-phosphorans kommt auch bei der Reaktion mit Acetophenon zum Ausdruck. Führt man die zum

---

[90] *C. H. Clapp* u. *F. H. Westheimer*, J. Am. Chem. Soc. **96**, 6710 (1974).

[91] *A. C. Satterthwait* u. *F. H. Westheimer*, J. Am. Chem. Soc. **100**, 3197 (1978).

[92] *A. C. Satterthwait* u. *F. H. Westheimer*, J. Am. Chem. Soc. **102**, 4464 (1980).

[93] *A. C. Satterthwait* u. *F. H. Westheimer* in *W. J. Stec*, *Phosphorus Chemistry directed towards Biology*, 1. Aufl., S. 118, Pergamon Press, New York 1980.

[94] *F. H. Westheimer*, Chem. Rev. **81**, 313 (1981).

Heterokumulen führende Spaltung von 1,2-Dibrom-1-phenyl-propanphosphonsäure-monomethylester (s. S. 604) in Gegenwart von 2,2,6,6-Tetramethyl-piperidin und dem Keton aus, so wird das *2,2,6,6-Tetramethyl-piperidinium-methyl-(1-phenyl-vinyl)-phosphat* zu 90% gebildet[92]:

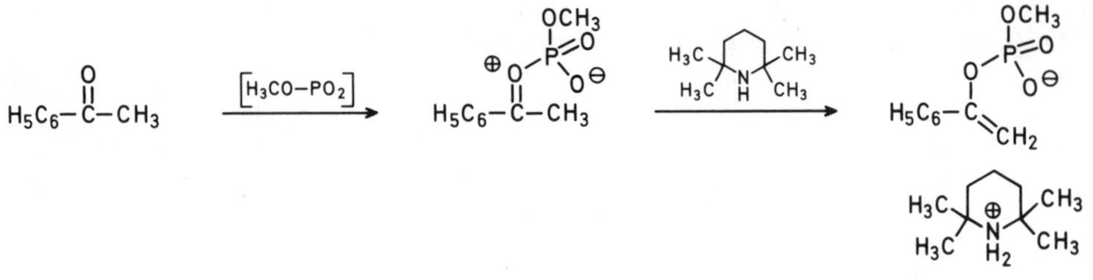

β) Alkoxy(Amino)-imino-oxo- und Alkoxy-imino-thioxo-phosphorane

Ebenso wie Alkoxy(bzw. Aryloxy)-dioxo-phosphorane entziehen sich die Alkoxy-imino-oxo-, Amino-imino-oxo- bzw. Alkoxy-imino-thioxo-phosphorane der unmittelbaren Isolierung. Im Gegensatz zu diesen gibt es, wenn man von der Photolyse der Phosphorsäure-azide absieht, keine sicheren Abfangreaktionen für die kurzlebigen Heterokumulene, so daß die Existenz der einen oder anderen Spezies umstritten bleibt.

A. Herstellung

1. durch Hydrolyse von Phosphorsäure-amiden

Phosphorsäure-amide mit einer guten Austrittsgruppe sowie mindestens einem Amid-H-Atom sind geeignete Edukte zur Erzeugung von Alkoxy(Amino)-imino-oxo- bzw. Alkoxy-imino-thioxo-phosphoranen. Beispielhaft sei die alkalische Hydrolyse des Phosphorsäure-amid-diesters I (Austrittsgruppe: Methanthiolat)[95], der Phosphorsäure-bis-[amid]-chloride II (Austrittsgruppe: Chlorid)[96⁻98] sowie des Phosphorsäure-bis-[amid]-esters III (Austrittsgruppe: 4-Nitro-phenolat)[99] und des Thiophosphorsäure-amid-chlorid-esters IV (Austrittsgruppe: Chlorid)[100] erwähnt.

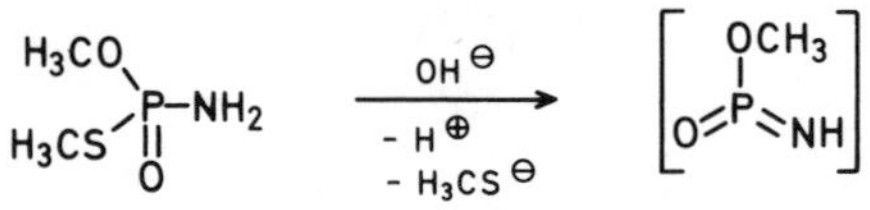

I   *Imino-methoxy-oxo-*
                           phosphoran

[92] A. C. Satterthwait u. F. H. Westheimer, J. Am. Chem. Soc. **102**, 4464 (1980).
[95] M. A. Fahmy, A. Khasawinah u. T. R. Fukuto, J. Org. Chem. **37**, 617 (1972).
[96] D. Samuel u. F. H. Westheimer, Chem. Ind. (London) **1959**, 51.
[97] E. W. Crunden u. R. F. Hudson, Chem. Ind. (London) **1958**, 1478.
[98] P. S. Traylor u. F. H. Westheimer, J. Am. Chem. Soc. **87**, 553 (1965).
[99] A. Williams u. K. T. Douglas, J. Chem. Soc., Perkin Trans. 2 **1972**, 1454 sowie **1973**, 318.
[100] A. F. Gerrard u. N. K. Hamer, J. Chem. Soc. B **1968**, 539.

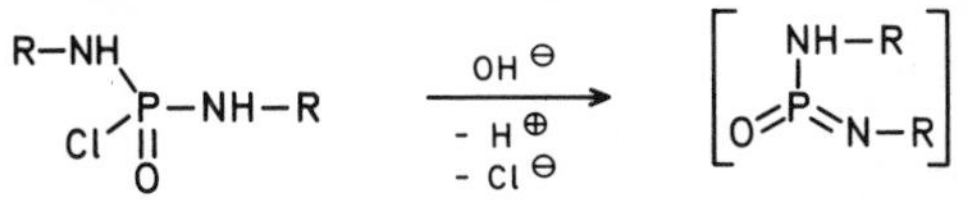

II

R = CH₃: *Methylamino-methylimino-oxo-phosphoran*

R = C₂H₅: *Ethylamino-ethylimino-oxo-phosphoran*

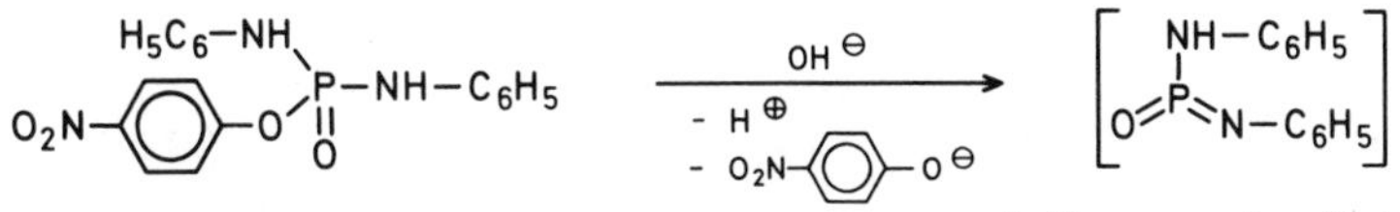

III

Anilino-oxo-phenylimino-phosphoran

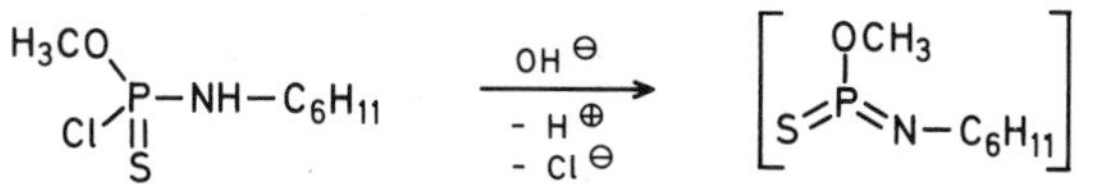

IV

Cyclohexylimino-me-thoxy-thioxo-phosphoran

Verbindungen der Typen I–IV hydrolysieren im alkalischen Bereich weitaus schneller als im neutralen Medium, wofür ein „Metaphosphor-imidat"-Mechanismus verantwortlich gemacht wird[96, 101, 102]:

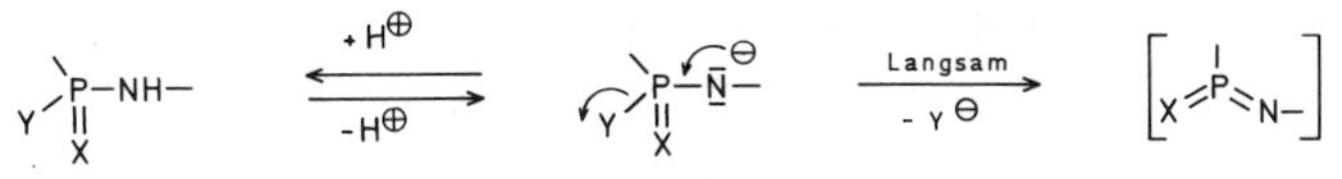

Diesem ist ein Deprotonierungs/Protonierungs-Gleichgewicht vorgeschaltet, gefolgt vom Verlust der Austrittsgruppe Y⊖ (Ausführliche Behandlung kinetischer und streochemischer Untersuchungen[103, 104]).

Hinweise auf das intermediäre Auftreten von *Cyclohexylamino-cyclohexylimino-oxo-phosphoran* liefert ein Dreiphasenexperiment. Wird eine Suspension der beiden funktionalisierten Polymeren V und VI in 1,4-Dioxan mit „proton-sponge" behandelt, so findet die Übertragung einer Phosphor-diamidat-Einheit vom Phosphorsäure-diamid-ester V auf den Ester VI unter der Bildung des polymer gebundenen Phosphorsäure-triamides VII statt, wofür das Heterokumulen verantwortlich gemacht wird[105]; möglicherweise wird dieses in Form des 1,4-Dioxan-Komplexes übertragen (s. hierzu S. 605).

[96] D. Samuel u. F.H. Westheimer, Chem. Ind. (London) **1959**, 51.
[101] E.W. Crunden u. R.F. Hudson, Chem. Ind. (London) **1958**, 1478; J. Chem. Soc. **1962**, 3591.
[102] F.H. Westheimer, Chem. Soc. Special Publ. **8**, 181 (1957).
[103] M. Regitz u. G. Mass, Topics in Current Chemistry **97**, 71 (1981).
[104] F.H. Westheimer, Chem. Rev. **81**, 313 (1981).
[105] J. Rebek u. F. Gaviña, J. Chem. Soc. **97**, 1591 (1975).

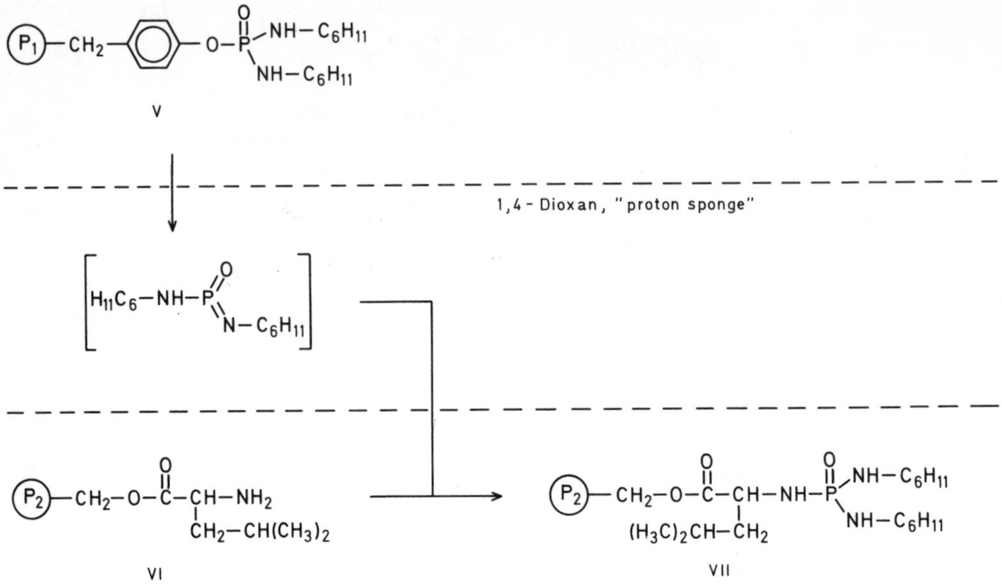

V

1,4 - Dioxan, "proton sponge"

VI

VII

2. durch Photolyse von Phosphorsäure-aziden

Die Photolyse von Phosphorsäure-azid-bis-[dimethylamid] führt zunächst zum Bis-[dime-thylamino]-phosphoryl-nitren, das sich weitgehend durch 1,2-Dimethylamino-Shift zu *Dimethylamino-dimethylhydrazono-oxo-phosphoran* umlagert. In Cyclohexan (mit dem nur ~ 7% Nitren unter C/H-Insertion reagieren) findet vermutlich Polymerisation statt. In Methanol läßt sich das Monomere abfangen (s.S. 609):

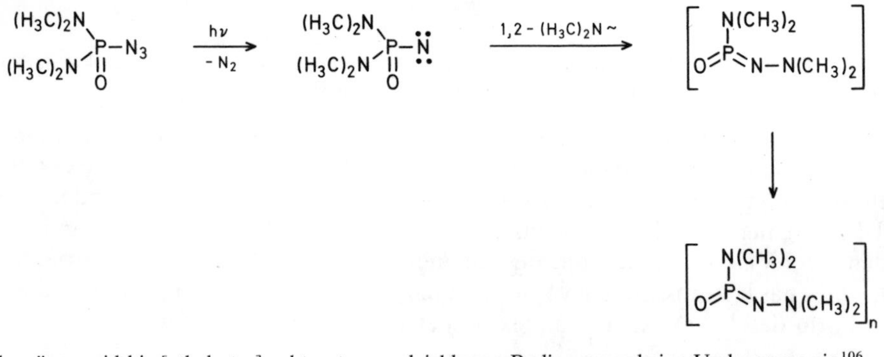

Phosphorsäure-azid-bis-[ethylester] geht unter vergleichbaren Bedingungen keine Umlagerung ein[106].

B. Umwandlung

Durch alkalische Hydrolyse von Phosphorsäure-amiden erzeugte Alkoxy(Amino)-imi-no-oxo-phosphorane (s.S. 606) reagieren mit der Base unter Bildung entsprechender Salze:

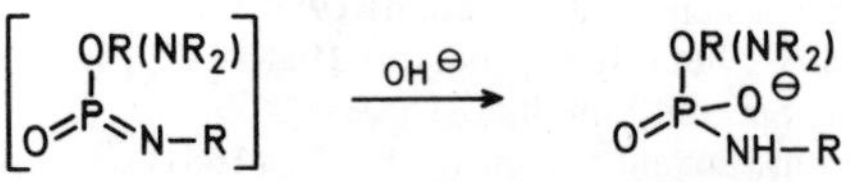

---

[106] *R. Breslow, A. Feiring* u. *F. Herman*, J. Am. Chem. Soc. **96**, 5937 (1974).

Das photolytisch in Methanol erzeugte *Dimethylamino-dimethylhydrazono-oxo-phosphoran* geht 1,2-Addition mit dem Solvens ein[106]:

$$
\left[\begin{array}{c} N(CH_3)_2 \\ | \\ O{=}P{\diagdown}_{N-N(CH_3)_2} \end{array}\right] \xrightarrow{\ H_3C-OH\ } \begin{array}{c} N(CH_3)_2 \\ | \\ O{=}P{-}OCH_3 \\ {\diagdown}NH-N(CH_3)_2 \end{array}
$$

*Phosphorsäure-dimethylamid-dimethylhydrazid-
methylester*

γ) Amino-imino-thioxo(selenoxo)-phosphorane

Im Gegensatz zu fast allen vorab abgehandelten Phosphor(V)-Verbindungen der Koordinationszahl 3 stellen die Titelsubstanzen im herkömmlichen Sinne stabile Substanzen dar.

A. Herstellung

Amino-imino-thioxo(selenoxo)-phosphoran erhält man durch Umsetzung von Amino-imino-phosphanen mit Schwefel bzw. Selen[107]:

$$
\begin{array}{c} R^1 \\ {\diagdown}N{-}P{=}N{-}R^3 \\ R^2{\diagup} \end{array} \xrightarrow{\ 1/8\ S_8\ bzw.\ Se\ } \begin{array}{c} R^1 \qquad N{-}R^3 \\ {\diagdown}N{-}P{\diagup} \\ R^2{\diagup} \quad \|\! \\ \qquad X \end{array}
$$

$R^1 = C(CH_3)_3;\ R^2 = Si(CH_3)_3;\ R^3 = C(CH_3)_3;$
    $X = S$: *tert.-Butylimino-(tert.-Butyl-trimethylsilyl-
    amino)-thioxo-phosphoran*; 78%

$R^1 = R^2 = Si(CH_3)_3;\ R^3 = C(CH_3)_3;$
    $X = S$: *[Bis-(trimethylsilyl)-amino]-tert.-
    butylimino-thioxo-phosphoran*; 74%
    $X = Se$: *[Bis-(trimethylsilyl)-amino]-tert.-
    butylimino-selenoxo-phosphoran*; 60%

Die Metathiophosphorsäure-Derivate liegen in Lösung und in der Gasphase monomer vor, während die Kristallstrukturanalyse von [Bis-(trimethylsilyl)-amino]-tert.-butyl-imino-thioxo-phosphoran für den festen Zustand eine dimere Struktur ergibt ([2+2]-Cyclo-addition über die P/S-Doppelbindung)[108].

tert.-Butylimino-(tert.-butyl-trimethylsilyl-amino)-thioxo-phosphoran[109]: Die Lösung von 3,5 g (14,2 mmol) tert.-Butylimino-(tert.-butyl-trimethylsilyl-amino)-phosphan in 15 *ml* Benzol wird nach Zusatz von 0,48 g (15 mmol) Schwefel 5–6 Stdn. unter Rückfluß erhitzt. Das Lösungsmittel wird abgezogen und das Phosphoran fraktioniert; Ausbeute: 3,1 g (78%); Sdp.: 56–58°/0,01 Torr (1,3 Pa); Schmp.: 1–3°.
Das Phosphoran ist bis mindestens 100° stabil.

[Bis-(trimethylsilyl)-amino]-tert.-butylimino-selenoxo-phosphoran[110]: Die Lösung von 4,8 g (18,3 mmol) [Bis-(trimethylsilyl)-amino]-tert.-butylimino-phosphan in 20 *ml* Benzol wird mit 1,8 g (22,8 mmol) grauem Selen versetzt und 15 Stdn. unter Rückfluß erhitzt. Anschließend wird das Lösungsmittel bei 12 Torr entfernt, der Rückstand in 10 *ml* Pentan aufgenommen, über eine G3-Fritte filtriert und das Filtrat fraktioniert destilliert; Ausbeute: 3,7 g (60%); Sdp.: 63–65°/0,01 Torr (1,3 Pa); Schmp.: 17–19°.

[106] *R. Breslow, A. Feiring* u. *F. Herman*, J. Am. Chem. Soc. **96**, 5937 (1974).
[107] *O. J. Scherer* u. *N. Kuhn*, Angew. Chem. **86**, 899 (1974); engl.: **13**, 811; J. Organomet. Chem. **82**, C3 (1974).
[108] *S. Pohl*, Chem. Ber. **109**, 3122 (1976).
[109] *O. J. Scherer* u. *N. Kuhn*, Angew. Chem. **86**, 899 (1974); engl.: **13**, 811.
[110] *O. J. Scherer* u. *N. Kuhn*, J. Organomet. Chem. **82**, C3 (1974).

B. Umwandlung

1. 1,2-Addition von Methanol

Methanol reagiert glatt bei 0° mit Amino-imino-thioxo-phosphoranen unter Addition an die P/N-Doppelbindung und Bildung von Thiophosphorsäure-bis-[amid]-estern[111]; z.B.:

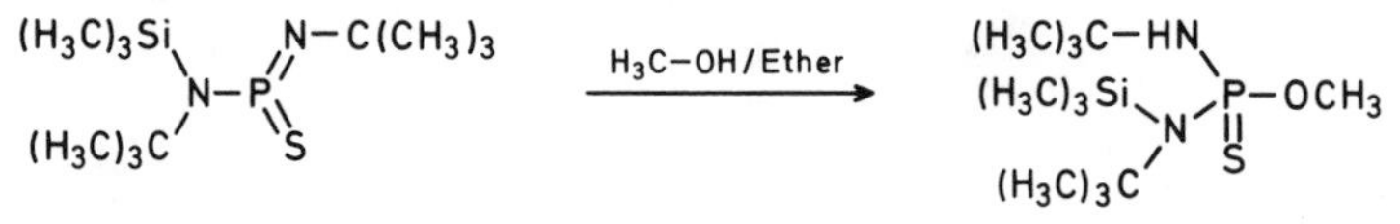

Thiophosphorsäure-(tert.-butylamid)-(tert.-butyl-trimethylsilyl-amid)-O-methylester; 100%

2. Reaktion mit Elementhalogeniden der Hauptgruppen IV–VI

Aus tert.-Butylimino-(tert.-butyl-trimethylsilyl-amino)-thioxo-phosphoran und Elementhalogeniden der IV. bis VI. Hauptgruppe erhält man unter Abspaltung von Chlortrimethyl-silan P,N-Element-Vierringsysteme. So liefert die Umsetzung mit Trichlorphosphan ein Gemisch *cis/trans*-isomerer 1,3,2λ^5,4λ^3-diazadiphosphetidine. Analoge Reaktionen gehen Tetrachlorgerman und Thionylchlorid mit dem gleichen Amino-imino-thioxo-phosphoran ein[111]:

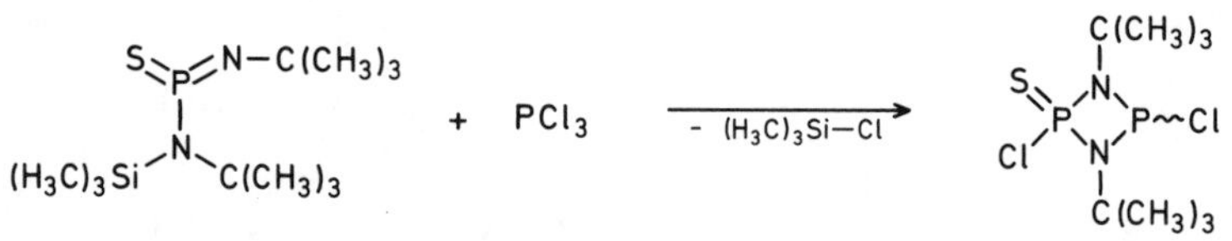

1,3-Di-tert.-butyl-2,4-dichlor-1,3,2λ^5,4λ^3-diazadiphosphetidin (Gemisch geometrischer Isomerer)[111]: Zu der Lösung von 3,0 g (10,8 mmol) tert.-Butylimino-(tert.-butyl-trimethylsilyl-amino)-thioxo-phosphoran in 4 *ml* Benzol tropft man unter Eiskühlung 1,6 g (11,7 mmol) Trichlorphosphan und rührt 12 Stdn. bei 20°. Nach Entfernen des Lösungsmittels i. Ölpumpenvak. wird der Rückstand bei 120–130°/0,01 Torr (1,3 Pa) sublimiert; Ausbeute: 2,7 g (81%), Schmp.: 43–50° (Isomerengemisch; 70:30).

3. Ylid-Gruppen-Übertragung

tert.-Butylimino-(tert.-butyl-trimethylsilyl-amino)-thioxo-phosphoran überträgt sowohl die Thioxo- als auch die Imino-Gruppe auf Phosphane, wobei der Akzeptor bestimmt, welche Gruppe übertragen wird. So wird die Thioxo-Gruppe auf Trimethylphosphan übertragen, während Trimethoxyphosphan die Imino-Gruppe übernimmt[111].

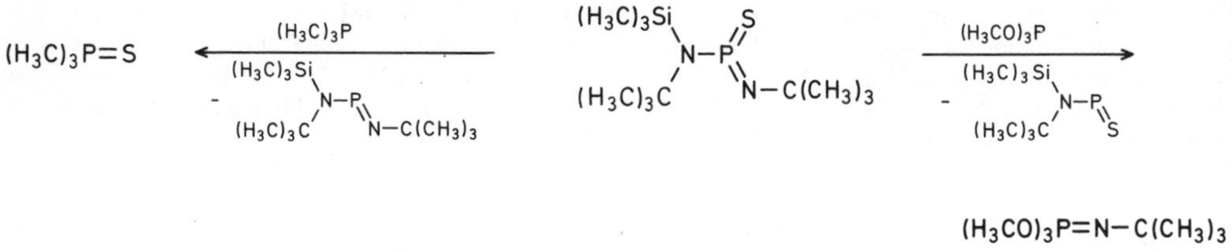

[111] *O.J. Scherer, N.-T. Kulbach* u. *W. Gläsel*, Z. Naturforsch. **33b**, 652 (1978).

4. [2+2]-Cycloaddition

Das Amino-imino-thioxo-phosphoran I reagiert selektiv mit Di-tert.-butyl-schwefeldi-imid unter Auflösung der P/N-Doppelbindung und unter Bildung von *1-tert.-Butylimi-no-3-(tert.-butyl-trimethylsilyl-amino)-2,4-di-tert.-butyl-1λ⁴,2,4,3λ⁵-thiadiazaphospheti-din* (100%) [112]:

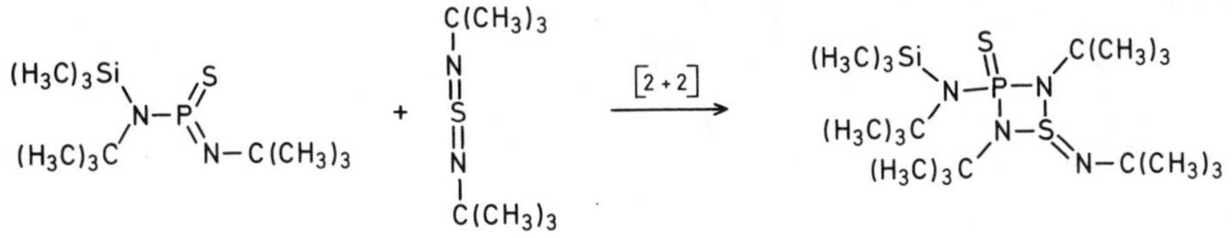

5. Metallkomplexe

Das Amino-imino-thioxo-phosphoran I neigt zur Bildung von Übergangsmetallkomplexen. So resultiert aus dessen Umsetzung mit der Platin-Verbindung II der Phosphoran-Komplex III, der π-gebundenes Heterokumulen enthält („side-on"-Anordnung).

Das P-Atom des Komplexes ist im Gegensatz zum Phosphoran I (sp²-Hybridisierung, s. S. 583) sp³-hybridisiert und zeigt dynamisches Verhalten [113].

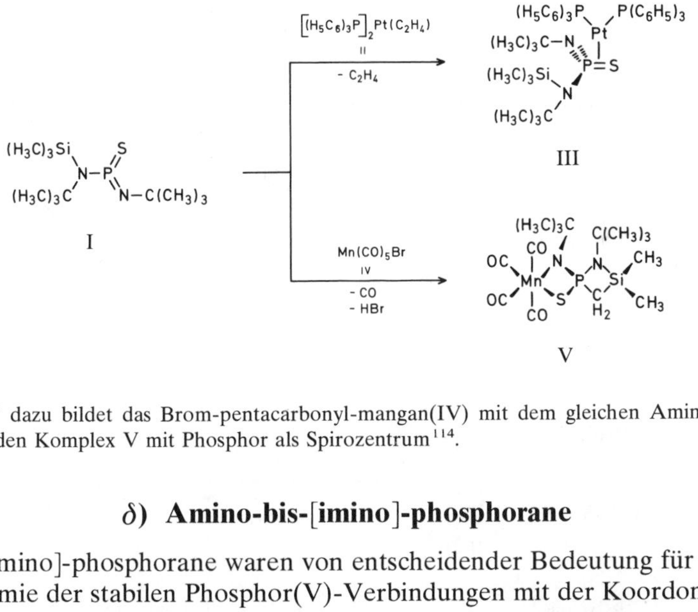

Im „Gegensatz" dazu bildet das Brom-pentacarbonyl-mangan(IV) mit dem gleichen Amino-imino-thioxo-phosphoran III den Komplex V mit Phosphor als Spirozentrum [114].

δ) Amino-bis-[imino]-phosphorane

Amino-bis-[imino]-phosphorane waren von entscheidender Bedeutung für die Entwick-lung der Chemie der stabilen Phosphor(V)-Verbindungen mit der Koordonationszahl 3.

[Bis-(trimethylsilyl)-amino]-[bis-(trimethylsilylimino)]-phosphoran zeigt eine trigonal-planare Substituentenan-ordnung am P-Atom; der P/N-Doppelbindungsabstand (150,3 pm) ist an der unteren Grenze aller bekannten Werte für diese Gruppierung einzuordnen [115].

[112] *N.-T. Kulbach* u. *O.J. Scherer*, Tetrahedron Lett. **1975**, 2297.
[113] *O.J. Scherer* u. *H. Jungmann*, Angew. Chem. **91**, 1020 (1979); engl.: **18**, 953.
[114] *O.J. Scherer, J. Kerth, B.K. Balbach* u. *M.L. Ziegler*, Angew. Chem. **94**, 149 (1982); engl.: **21**, 136.
[115] *S. Pohl, E. Niecke* u. *B. Krebs*, Angew. Chem. **87**, 284 (1975); engl.: **14**, 261.

A. Herstellung

1. aus Amino-imino-phosphanen und Aziden

Phosphorsäure-azid-bis-[bis-(trimethylsilyl)-amid]-trimethylsilylimid – aus [Bis-(trimethylsilyl)-amino]-trimethylsilylimino-phosphan zugänglich – zerfällt beim Erhitzen unter β-Eliminierung von Trimethylsilylazid zu *[Bis-(trimethylsilyl)-amino]-bis-[trimethylsilylimino]-phosphoran*[116–118]:

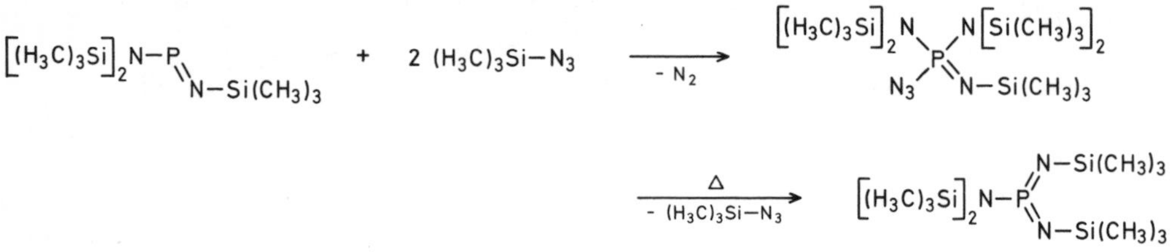

(Bis-[trimethylsilyl]-amino)-bis-[trimethylsilylimino]-phosphoran[118]:
Phosphorsäure-azid-bis-[bis-(trimethylsilyl)-amid]-trimethylsilylimid: Die Lösung aus 4,1 g (14,7 mmol) [Bis-(trimethylsilyl)-amino]-(trimethylsilylimino)-phosphan und 4,6 g (40 mmol) Trimethylsilylazid in 10 *ml* Pentan wird 12 Stdn. unter Rückfluß erhitzt. Nach Entfernen von überschüssigem Azid sowie des Lösungsmittels i. Wasserstrahlvak. wird der Rückstand 1 Stde. bei 40–50° i. Ölpumpenvak. getrocknet; Ausbeute: 7,0 g (100%).
(Bis-[trimethylsilyl]-amino)-bis-[trimethylsilylimino]-phosphoran: Das erhaltene Azid wird der Vakuumdestillation unterworfen (Ölbadtemp. bis 150°) und das erhaltene Phosphoran destilliert; Ausbeute: 4,0 g (74%); Sdp.: 70–72°/0,01 Torr (1,3 Pa); Schmp.: 45–47°.

Mit tert.-Butylazid reagiert das persilylierte Amino-imino-phosphan abweichend:

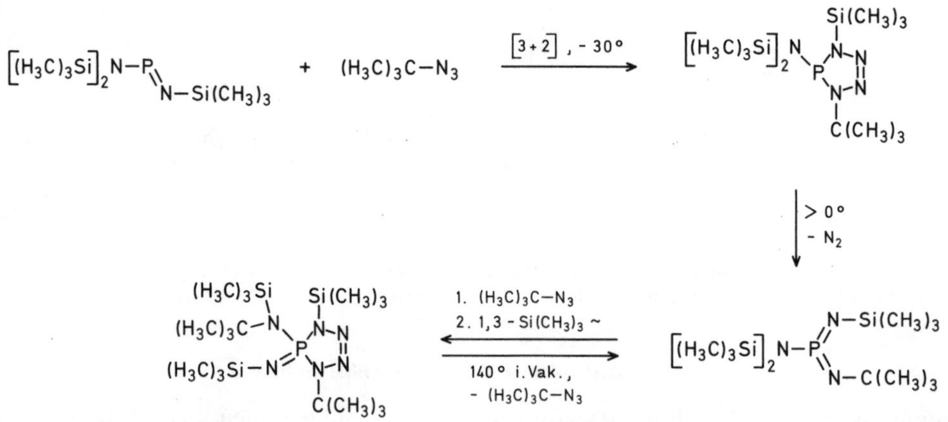

Der quantitativen [3+2]-Cycloaddition des Azids an die P/N-Doppelbindung, die bereits bei tiefer Temperatur das entsprechende 4,5-Dihydro-3H-λ³-tetraazaphosphol liefert, folgt bereits bei >0° Zerfall zu Stickstoff und *(Bis-[trimethylsilyl]-amino)-tert.-butylimino-trimethylsilylimino-phosphoran*. Dieses geht, wenn die Umsetzung Phosphan/Azid im Verhältnis von ~1:2 ausgeführt wird, eine weitere [3+2]-Cycloaddition mit tert.-Butylazid ein; sie ist mit einer 1,3-Silyl-Gruppenwanderung verbunden und führt zum 4,5-Dihydro-3H-λ⁵-tetraazaphosphol. Aus letzterem lassen sich durch Thermolyse bei 140° bescheidene Mengen (30%) am *Bis-[trimethylsilylimino]-(tert.-butyl-trimethylsilyl-amino)-phosphoran* isolieren (Umkehrung der Bildungsreaktion)[117].

[116] *E. Niecke* u. *W. Flick*, Angew. Chem. **86**, 128 (1974); engl.: **13**, 134.
[117] *E. Niecke* u. *H.-G. Schäfer*, Chem. Ber. **115**, 185 (1982).
[118] *O.J. Scherer* u. *N. Kuhn*, Chem. Ber. **107**, 2123 (1974).

Thermisch stabiler ist das [3+2]-Cycloaddukt aus tert.-Butylazid und tert.-Butylimino-diisopropylamino-phosphan (95%, in Schwefelkohlenstoff). Das aus der Thermolyse (>85°) hervorgehende *Bis-[tert.-butylimino]-diisopropylamino-phosphoran* ist unter diesen Bedingungen nicht stabil und dimerisiert zu einem Gemisch *cis/trans*-1,3,2λ^5,4λ^5-Diazadiphosphetidine[117].

Die ursprüngliche Vorstellung der Bildung bicyclischer Phosphor/Stickstoff-Heterocyclen[119] anstelle von [3+2]-Cycloaddukten bei der Umsetzung von Amino-imino-phosphanen mit tert.-Butylazid ist nicht nur durch die Reaktivität der Addukte (s. oben) sondern auch durch Röntgenstrukturanalyse widerlegt[120].

2. aus silylierten Amino-imino-phosphanen und Halogenaminen

Behandelt man N-trimethylsilyl-substituierte Amino-imino-phosphane mit N-Halogen-aminen, so werden letztere in nahezu quantitativen Ausbeuten am P-Atom zu Iminophos-phorsäure-halogeniden addiert, die durch Vakuumpyrolyse in ebenfalls guten Ausbeuten unter Abspaltung von Halogen-trimethyl-silan Amino-bis-[imino]-phosphorane lie-fern[121]:

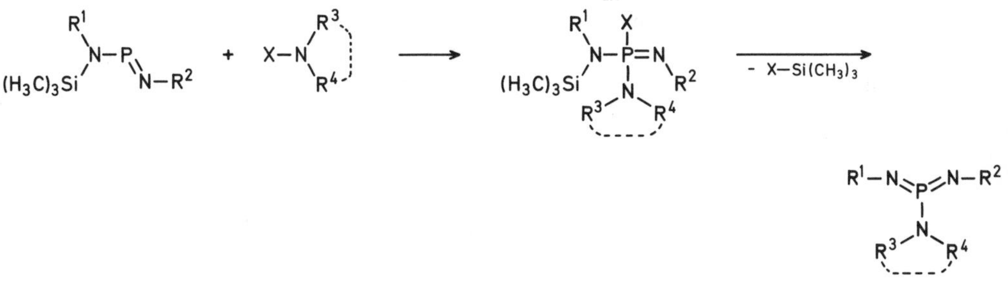

Amino-bis-[imino]-phosphorane; allgemeine Arbeitsvorschrift[121]: Zu der Lösung von 50 mmol N-Trimethylsi-lyl-subst. Amino-imino-phosphan in 70 *ml* Benzol tropft man bei 0° unter Rühren die Lösung von 50 mmol N-Halogen-amin in 50 *ml* Benzol. Nach 3–10 Stdn. Rühren bei 20° wird bei 20°/15 Torr (2 kPa) eingedampft, wobei die reinen Iminophosphorsäure-halogenide verbleiben. Vakuumdestillation der Rückstände liefert die hygro-skopischen, farblosen Amino-bis-[imino]-phosphorane, die beim Kühlen kristallisieren.
Auf diesem Wege werden u.a. erhalten:

$R^1 = Si(CH_3)_3$; $R^2 = C(CH_3)_3$; $R^3 = R^4 = Si(CH_3)_3$;

(Bis-[trimethylsilyl]-amino)-tert.-butyl-imino-trimethyl-silylimino-phosphoran; 78%; Sdp.: 77–78°/0,1 Torr (13 Pa)

$R^1 = R^2 = C(CH_3)_3$; $R^3 = Si(CH_3)_3$; $R^4 = C(CH_3)_3$;

Bis-[tert.-butylimino]-tert-butyl-trimethylsilyl-amino)-phosphoran; 63%; Sdp.: 56–57°/0,05 Torr (6,7 Pa)

$R^1 = Si(CH_3)_3$; $R^2 = C(CH_3)_3$; R^3–$R^4 =$ –$C(CH_3)_2$–$(CH_2)_3$–$C(CH_3)_2$–;

tert.-Butylimino-(2,2,6,6-tetramethyl-piperidino)-tri-methylsilylimino-phosphoran; 67%; Sdp.: 88–89°/0,1 Torr (13 Pa)

$R^1 = R^2 = R^3 = R^4 = Si(CH_3)_3$;

(Bis-[trimethylsilyl]-amino)-bis-[trimethylsilylimino]-phosphoran; 81%; Sdp.: 80–83°/0,05 Torr (6,7 Pa)

3. durch Isomerisierung von 1,2,3λ^3-Diazaphosphiranen

1,2,3λ^3-Diazaphosphirane isomerisieren unter Spaltung der N/N-Bindung zu Amino-bis-[imino]-phosphoranen. Die in Toluol bei 50° langsam, bei 100° dagegen recht schnell ab-laufende Ringöffnungsreaktion bleibt nicht auf der Stufe der Primärprodukte stehen:

---

[117] *E. Niecke* u. *H.-G. Schäfer*, Chem. Ber. **115**, 185 (1982).
[119] *E. Niecke* u. *H.-G. Schäfer*, Angew. Chem. **89**, 817 (1977); engl.: **16**, 783.
[120] *S. Pohl, E. Niecke* u. *H.-G. Schäfer*, Angew. Chem. **90**, 135 (1978); engl.: **17**, 136.
[121] *L.N. Markovski, V.D. Romanenko* u. *A.V. Ruban*, Synthesis **1979**, 811.

Tert.-butylimino-(tert.-butyl-trimethylsilyl-amino)-trimethylsilylimino-phosphoran

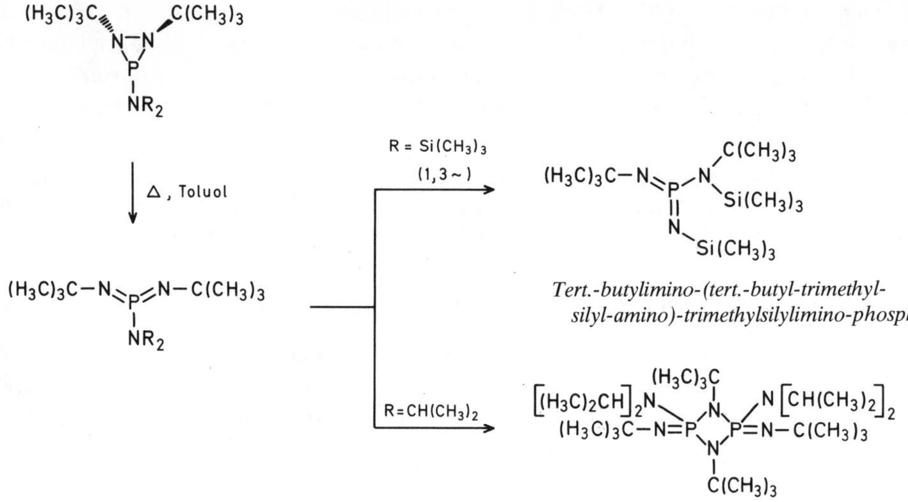

Im Falle von R = Isopropyl dimerisiert das zunächst entstehende Amino-bis-[imino]-phosphoran zu einem Gemisch *cis/trans*-isomerer 1,3-Diazadiphosphetidine; für R = Trimethylsilyl folgt der Ringöffnung eine 1,3-Verschiebung einer Trimethylsilyl-Gruppe[122].

B. Umwandlung

1. Reaktionen mit Diazo- und Azido-Verbindungen

(Bis-[trimethylsilyl]-amino)-bis-[trimethylsilylimino]-phosphoran reagiert glatt mit Diazomethan unter Cyclopropanierung einer P/N-Doppelbindung zu einem 1,2λ^5-Azaphosphiran[123].

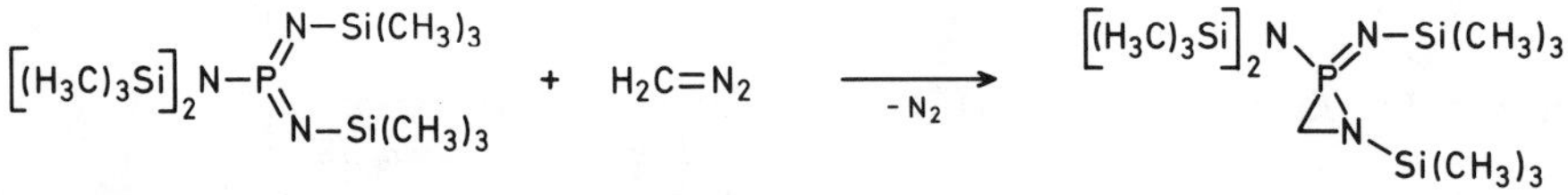

2-(Bis-[trimethylsilyl]-amino)-1-trimethylsilyl-2-(trimethylsilylimino)-1,2λ^5-azaphosphiran[123]: In einem 500-*ml*-Zweihalskolben mit Tropftrichter und Rückflußkühler wird zu 250 *ml* einer mehrfach getrockneten, ges. ether. Diazomethan-Lösung unter Rühren und Kühlen bei 0° die Lösung von 18,5 g (50 mmol) (Bis-[trimethylsilyl]-amino)-bis-[trimethylsilylimino]-phosphoran in 50 *ml* Ether getropft. Die Reaktionslösung wird 3–4 Stdn. bei 20° gerührt, i. Vak. eingedampft und der Rückstand fraktioniert destilliert; Ausbeute: 17,0 g (90%); Sdp.: 109–110°/0,2 Torr (27 Pa).

Zur Cycloaddition von Aziden an Amino-bis-[imino]-phosphorane s. S. 612.

2. Betain-Bildung mit Doppelbindungssystemen und Elementhalogeniden

(Bis-[trimethylsilyl]-amino)-bis-[trimethylsilylimino]-phosphoran geht mit permethyliertem Iminophosphorsäure-triamid keine [2+2]-Cycloaddition zum 1,3-Diazadiphosphetidin ein, sondern addiert das Phosphoran zu einem stabilen Betain[124]:

---

[122] *E. Niecke, K. Schwichtenhövel, H.-G. Schäfer* u. *B. Krebs*, Angew. Chem. **93**, 1033 (1981); engl. **20**, 963

[123] *E. Niecke* u. *W. Flick*, Angew. Chem. **87**, 355 (1975); engl. **14**, 363.

[124] *M. Halstenberg, R. Appel, G. Huttner* u. *D. v. Seyerl*, Z. Naturforsch. **34b**, 1491 (1979).

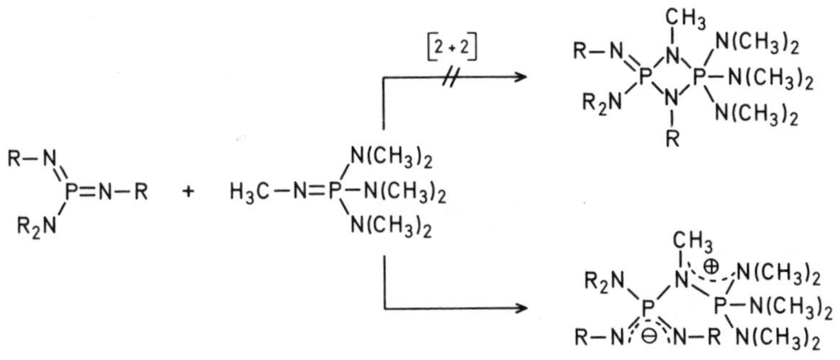

$$R-N=P(R_2N)=N-R \quad + \quad H_3C-N=P(N(CH_3)_2)_3 \xrightarrow{[2+2]} \text{(Cycloaddukt)}$$

R = Si(CH$_3$)$_3$

Die Umsetzung des gleichen Amino-bis-[imino]-phosphorans mit Methylimino-triphenyl-phosphoran scheint zu einem [2+2]-Cycloaddukt zu führen [125]. Auch mit Dimethyl-trimethylsilylimino-sulfan geht das trikoordinierte Phosphor(V)-Derivat [2+2]-Cycloaddition ein [125].

Die Bildung viergliedriger P,N-Metall-Heterocyclen mit zwitterionischer Struktur beobachtet man bei der Umsetzung von (Bis-[trimethylsilyl]-amino)-bis-[trimethylsilylimino]-phosphoran mit Elementhalogeniden [126]:

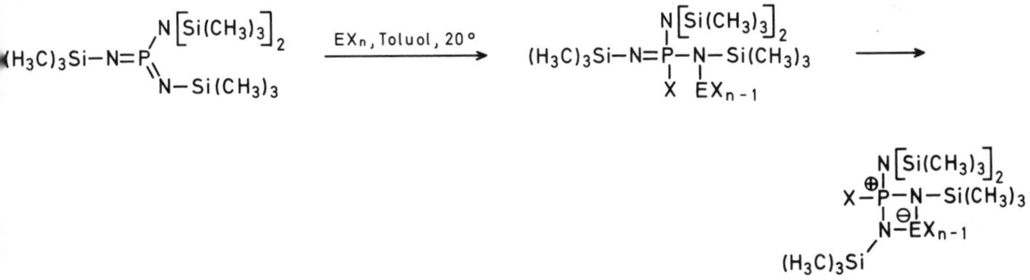

$$(H_3C)_3Si-N=P \begin{matrix} N[Si(CH_3)_3]_2 \\ N-Si(CH_3)_3 \end{matrix} \xrightarrow{EX_n, \text{Toluol}, 20°} (H_3C)_3Si-N=P \begin{matrix} N[Si(CH_3)_3]_2 \\ N-Si(CH_3)_3 \\ X \quad EX_{n-1} \end{matrix} \longrightarrow$$

$$X \overset{\oplus}{-}P \begin{matrix} N[Si(CH_3)_3]_2 \\ N-Si(CH_3)_3 \\ \overset{\ominus}{N}=EX_{n-1} \\ (H_3C)_3Si \end{matrix}$$

37–72%

EX$_n$ = SnCl$_2$, AlCl$_3$, FeCl$_3$, TiCl$_4$, NbCl$_5$

3. Metallkomplexe

(Bis-[trimethylsilyl]-amino)-bis-[trimethylsilylimino]-phosphoran kann als „Chelatligand" in Nickel- und Palladium-Komplexen auftreten. So entstehen mit Bis-[η^3-allyl]-nickel bzw. -palladium bei tiefen Temperaturen Chelatkomplexe, die eine Allyl-Gruppe σ-gebunden am P-Atom enthalten [127]:

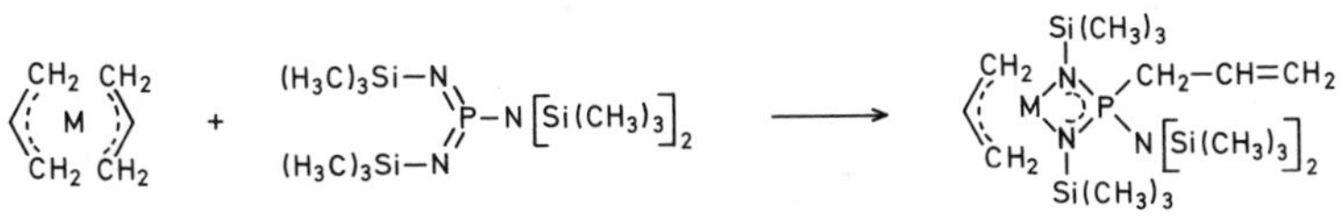

M = Ni, Pd

47 bzw. 43%

Der Nickel-Komplex katalysiert die Ethen-Polymerisation (70°, 50 bar).

[125] R. Appel u. M. Halstenberg, Angew. Chem. 87, 810 (1975); engl.: 14, 768.

[126] E. Niecke, R. Kröhner u. S. Pohl, Angew. Chem. 89, 902 (1977); engl.: 16, 864.

[127] W. Keim, R. Appel, A. Storeck, L. Krüger u. R. Goddard, Angew. Chem. 93, 91 (1981); engl.: 20, 116.

616

II. Phosphor(V)-Verbindungen der Koordinationszahl 4

a) Phosphor-Ylide

bearbeitet von

Prof. Dr. Hans-Jürgen Bestmann

und

Dr. Reiner Zimmermann

Institut für Organische Chemie der
Universität Erlangen-Nürnberg, Erlangen

α) Alkyliden-phosphorane

A. Herstellung

1. Aufbaureaktionen

1.1. aus Phosphinen

1.1.1. mit Carbenen bzw. Dehydroaromaten

Durch Addition von Carbenen bzw. Carbenoiden an tert. Phosphane sind insbesondere Methylen-phosphorane mit einem oder zwei Halogen-Atomen (Fluor, Chlor, Brom) am Ylid-C-Atom (zur Struktur s.S. 6, 685) zugänglich:

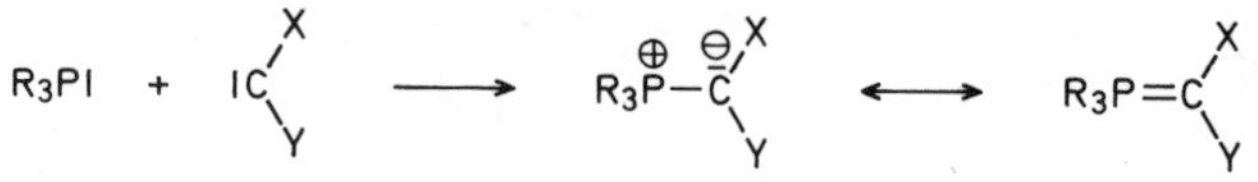

$$R_3PI + IC\begin{smallmatrix}X\\Y\end{smallmatrix} \longrightarrow R_3\overset{\oplus}{P}-\overset{\ominus}{C}\begin{smallmatrix}X\\Y\end{smallmatrix} \longleftrightarrow R_3P=C\begin{smallmatrix}X\\Y\end{smallmatrix}$$

Die Carbene bzw. Carbenoide werden intermediär durch Umsetzung von Organo-lithium-Verbindungen[1,2] oder Alkanolaten[3,4] mit Di- bzw. Trihalogenmethanen sowie

[1] *D. Seyferth, S.O. Grim* u. *T.O. Read*, J. Am. Chem. Soc. **82**, 1510 (1960).
[2] *G. Wittig* u. *M. Schlosser*, Angew. Chem. **72**, 324 (1960); Chem. Ber. **94**, 1373 (1961).
[3] *A.J. Speziale, G.J. Marco* u. *K.W. Ratts*, J. Am. Chem. Soc. **82**, 1260 (1960).
A. Speziale u. *K.W. Ratts*, J. Am. Chem. Soc. **84**, 854 (1962).
[4] *D.J. Burton* u. *H.C. Krutzsch*, Tetrahedron Lett. **1968**, 71.

durch Zersetzung von Natrium-halogenacetaten[4-7] in Gegenwart tert. Phosphane erzeugt; z.B.:

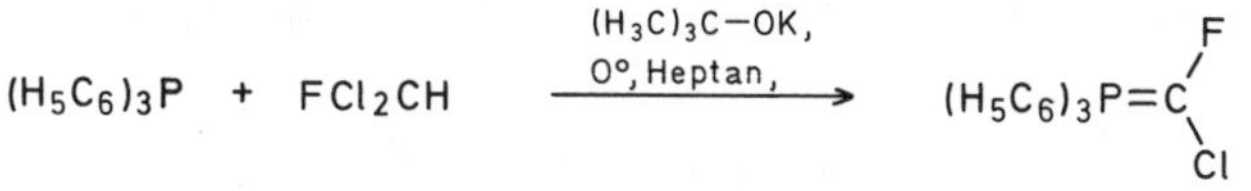

$$(H_5C_6)_3P \ + \ FCl_2CH \ \xrightarrow{\substack{(H_3C)_3C-OK, \\ 0°, Heptan,}} \ (H_5C_6)_3P{=}C\begin{smallmatrix} F \\ \diagup \\ \diagdown \\ Cl \end{smallmatrix}$$

(Chlor-fluor-methylen)-triphenyl-phos-
phoran[4]; 39% (Wittig-Reaktion
mit Benzaldehyd)

$$(H_5C_6)_3P \ + \ F_2Cl-COONa \ \xrightarrow{90\text{-}95°} \ (H_5C_6)_3P{=}C\begin{smallmatrix} F \\ \diagup \\ \diagdown \\ F \end{smallmatrix}$$

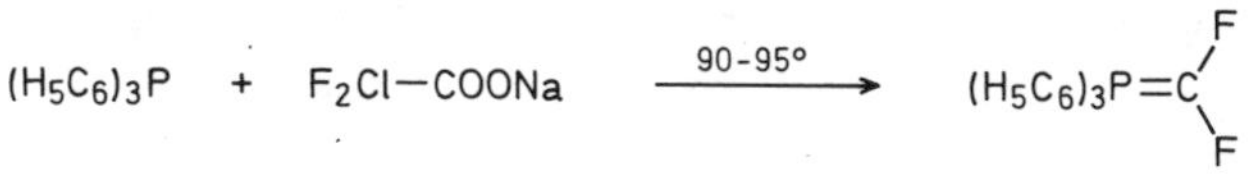

Difluormethylen-triphenyl-phosphoran[5]; 74%
(Wittig-Reaktion mit Benzaldehyd)

Halogenmethylen- bzw. Dihalogenmethylen-phosphorane erhält man ferner aus Halogenmethyl-phenyl-quecksilber und Triphenylphosphan[8].
Die hergestellten Ylide werden i.a. nicht isoliert.

Chlormethylen-triphenyl-phosphoran-Lösung[2]: Zu einer Lösung von 35 mmol Triphenylphosphan in 45 *ml* abs. Dichlormethan werden innerhalb 40 Min. bei −60° unter gutem Rühren 40 mmol Butyl-lithium in 22 *ml* abs. Diethylether zugetropft.

Auch Diazoalkane können in Gegenwart von Kupfer(I)-Salzen als Carbenquelle eingesetzt werden[9]:

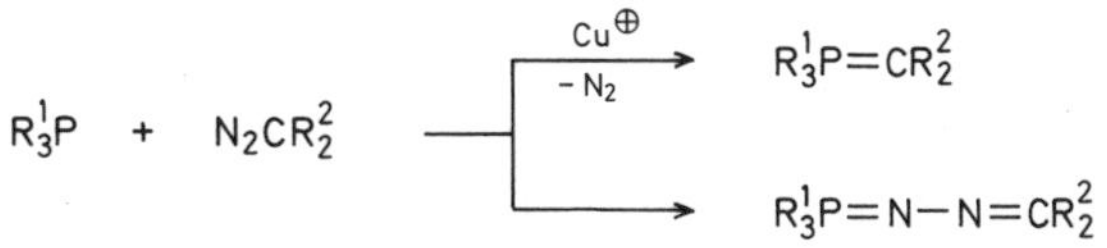

$$R_3^1P \ + \ N_2CR_2^2 \ \xrightarrow{\substack{Cu^{\oplus} \\ -N_2}} \ \begin{cases} R_3^1P{=}CR_2^2 \\ R_3^1P{=}N{-}N{=}CR_2^2 \end{cases}$$

Die ohne Kupfer(I)-Katalyse i.a. entstehenden Phosphazine lassen sich nur in einem Sonderfall pyrolytisch zum Methylenphosphoran zersetzen[10,11].

Substituierte Cyclopentadienyliden-triphenyl-phosphorane werden aus den entsprechenden Diazo-Verbindungen in geschmolzenem Triphenylphosphan erhalten[12]. Mit Kupferbronze als Katalysator gelingt die Herstellung bei niederer Temperatur und in Lösung[13].
Bis-[alkylthio]-carbene liefern (Bis-[alkylthio]-methylen)-triphenyl-phosphorane[14].

---

[2] *G. Wittig* u. *M. Schlosser*, Angew. Chem. **72**, 324 (1960); Chem. Ber. **94**, 1373 (1961).
[4] *D.J. Burton* u. *H.C. Krutzsch*, Tetrahedron Lett. **1968**, 71.
[5] *S.A. Fuqua*, *W.G. Duncan* u. *R.M. Silverstein*, J. Org. Chem. **30**, 1027, 2543 (1965).
[6] *D.J. Burton* u. *F.E. Herkes*, J. Org. Chem. **32**, 1311 (1967); **33**, 1854 (1968).
   D.J. Burton u. *H.C. Krutzsch*, J. Org. Chem. **35**, 2125 (1970).
   D.G. Naae, *H.S. Kesling* u. *D.J. Burton*, Tetrahedron Lett. **1975**, 3789.
[7] *H. Yamanaka*, *T. Ando* u. *W. Funaska*, Bull. Chem. Soc. Jpn. **41**, 757 (1968).
[8] *D. Seyferth*, *H.D. Simmons* Jr. u. *G. Singh*, J. Organomet. Chem. **3**, 337 (1965).
[9] *G. Wittig* u. *M. Schlosser*, Tetrahedron **18**, 1023 (1962).
[10] *H. Staudinger* u. *J. Meyer*, Helv. Chim. Acta **2**, 619 (1919).
[11] *H. Staudinger* u. *G. Lüscher*, Helv. Chim. Acta **5**, 75 (1922).
[12] *M. Regitz* u. *A. Liedhegener*, Tetrahedron **23**, 2701 (1967).
[13] *B.H. Freeman* u. *D. Lloyd*, Tetrahedron **30**, 2257 (1974).
[14] *D.M. Lemal* u. *E.H. Banitt*, Tetrahedron Lett. **1964**, 245.

Aus Diphenyl-methyl-phosphan und Dehydrobenzol wird *Methylen-triphenyl-phos-phoran* gebildet[15] und Metallkomplex-substituierte Ylide bzw. kationische Halbylide sind aus Trimethylphosphan mit Carbin-Metall-Komplexen zugänglich[16].

1.1.2. mit Tetrahalogenmethanen

(Dihalogen-methylen)-phosphorane erhält man in besonders einfacher Weise aus Tetrahalogenmethanen und tert. Phosphanen[17, 18] (insbesondere Triphenylphosphan):

$$2\ R_3P\ +\ CX_4\ \longrightarrow\ R_3P{=}CX_2\ +\ R_3PX_2$$

-triphenyl-phosphoran

$CX_4 = CCl_4$; *Dichlormethylen*-...[17,21]
$CX_4 = CBr_4$; *Dibrommethylen*-...[18,21,21a,21b]
$CX_4 = CBr_2F_2$; *Difluormethylen*-...[17, 19]
$CX_4 = CCl_2F_2$; *Difluormethylen*-...[17]
$CX_4 = CCl_3Br$; *Dichlormethylen*-...[17, 20, 23]

Die Ylide werden i. a. in situ in Gegenwart von Carbonyl-Verbindungen erzeugt[17-21,21a,21b], wobei das gleichzeitig gebildete Dihalogen-triorgano-phosphoran mit der Carbonyl-Verbindung Dichloracetale bildet.

Dibrommethylen-triphenyl-phosphoran-Lösung[18]: 26,2 g (0,1 mol) Triphenylphosphan werden unter starkem Rühren zu einer Lösung von 16,6 g (0,05 mol) Tetrabrommethan in 250 *ml* trockenem Dichlormethan gefügt. Es resultiert eine orange-farbene Lösung, die mit 5,3 g (0,05 mol) Benzaldehyd 11,0 g (84%) 1,1-Dibrom-2-phenyl-ethen liefert.
Eine Base ist nicht erforderlich.

Aus gemischten Tetrahalogenmethanen werden bevorzugt Difluormethylen- bzw. Dichlormethylen-phosphorane gebildet.
Beim Triphenylphosphan/Tetrachlormethan bleibt die Reaktion nicht beim *Dichlorme-thylen-triphenyl-phosphoran* stehen sondern man erhält [*Chlor-(triphenylphosphoranyli-den)-methyl*]*-triphenyl-phosphoniumchlorid*[22]:

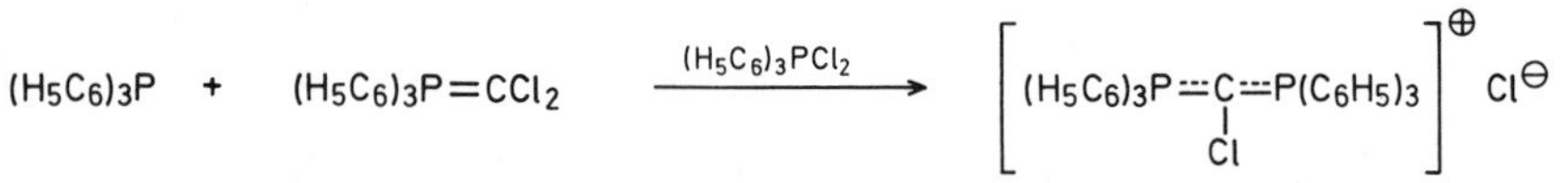

$$(H_5C_6)_3P\ +\ (H_5C_6)_3P{=}CCl_2\ \xrightarrow{(H_5C_6)_3PCl_2}\ \left[(H_5C_6)_3P{=\!=}\underset{\underset{Cl}{|}}{C}{=\!=}P(C_6H_5)_3 \right]^{\oplus}\ Cl^{\ominus}$$

Mit Tris-[dimethylamino]-phosphan werden wahrscheinlich intermediär keine Dihalogenmethylen-tris-[dimethylamino]-phosphorane gebildet[23-25].

Enthalten die tert. Phosphane CH-acide Wasserstoff-Atome so entstehen P-Halogen-Ylide, deren Halogen-Atome nucleophil ersetzt werden können[26]:

[15] *D. Seyferth* u. *J. M. Burlitch*, J. Org. Chem. **28**, 2463 (1963).
[16] *F. R. Kreißl* et al., Chem. Ber. **111**, 2451, 3283 (1978).
[17] *R. Rabinowitz* u. *R. Marcus*, J. Am. Chem. Soc. **84**, 1312 (1962).
[18] *F. Ramirez*, *N. B. Desai* u. *N. McKelvie*, J. Am. Chem. Soc. **84**, 1745 (1962).
[19] *D. G. Naae*, *H. S. Kesling* u. *D. J. Burton* , Tetrahedron Lett. **1975**, 3789.
[20] *R. L. Soulen* et al., J. Org. Chem. **36**, 3386 (1971); **38**, 479 (1973); **39**, 97 (1974); **41**, 556 (1976).
[21] *C. Raulet* u. *E. Levas*, C. R. Acad. Sci. **270** [C] 1467 (1970); Bull. Soc. Chim. Fr. **1971**, 2598.
[21a] *E. J. Corey* u. *P. L. Fuchs*, Tetrahedron Lett. **1972**, 3769.
[21b] *H. J. Bestmann* u. *H. Frey*, Justus Liebigs Ann. Chem. **1980**, 2061.
[22] *R. Appel* et al., Angew. Chem. **87**, 863 (1975); engl.: **14**, 801; **88**, 340 (1976); engl.: **15**, 315; Chem. Ber. **109**, 58 (1976); Tetrahedron Lett. **1977**, 399.
[23] *W. G. Salmond*, Tetrahedron Lett. **1977**, 1239.
[24] *W. Ried* u. *H. G. Appel*, Justus Liebigs Ann. Chem.**679**, 51 (1964).
[25] *J. Villiéras* et al., Tetrahedron Lett. **1971**, 1035; Bull. Soc. Chim. Fr. **1971**, 2047.
[26] *O. I. Kolodyazhnyi*, Zh. Obshch. Khim. **47**, 2159 (1977); C. A. **88**, 121297 (1978).

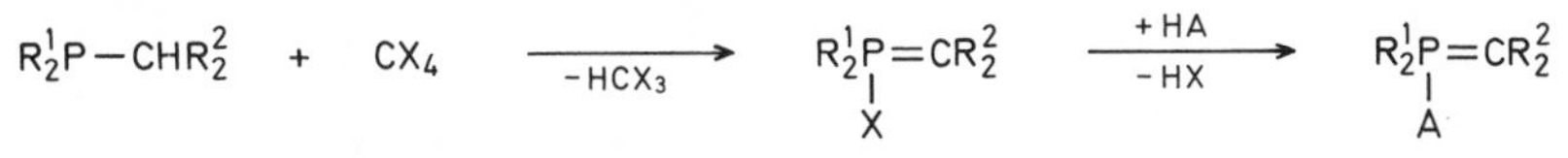

$$R_2^1P-CHR_2^2 \quad + \quad CX_4 \quad \xrightarrow[-HCX_3]{} \quad R_2^1\overset{|}{\underset{X}{P}}=CR_2^2 \quad \xrightarrow[-HX]{+HA} \quad R_2^1\overset{|}{\underset{A}{P}}=CR_2^2$$

$$R^1 = C_2H_5, \ OC_2H_5, \ C_6H_5$$
$$R^2 = COOC_2H_5, \ SO_2-C_6H_5, \ SO_2-CF_3$$
$$A = OR^3, \ SR^3, \ NH-R^3$$

Trihalogen-essigsäureester reagieren mit Triphenylphosphan unter Bildung von (Alkoxycarbonyl-halogen-methylen)-triphenyl-phosphoranen[27]:

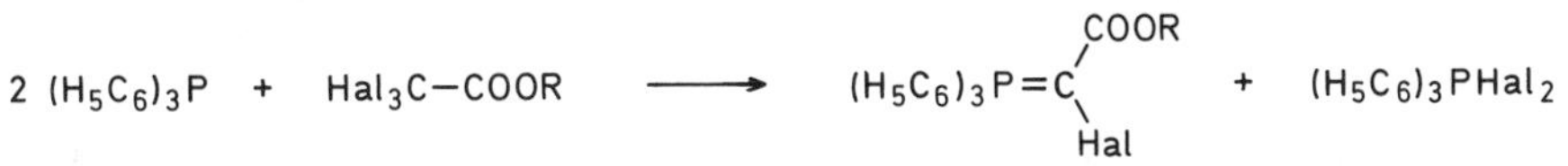

$$2 \ (H_5C_6)_3P \quad + \quad Hal_3C-COOR \quad \longrightarrow \quad (H_5C_6)_3P=C\overset{\displaystyle COOR}{\underset{\displaystyle Hal}{<}} \quad + \quad (H_5C_6)_3PHal_2$$

1.1.3. mit aktivierten C,C-Mehrfachbindungen

1.1.3.1. mit Alkenen

Trivalente Phosphor-Verbindungen (tert. Aryl-, Alkyl- und Aminophosphane, Phosphite und Phosphinite) addieren sich an die aktivierte C=C-Doppelbindung α,β-ungesättigter Ketone bzw. Carbonsäure-Derivate. Das zwitterionische Primäraddukt (i. a. ein Phosphonioenolat) geht in der Regel durch 1,2-Protonen-Verschiebung in ein Methylen-phosphoran über:

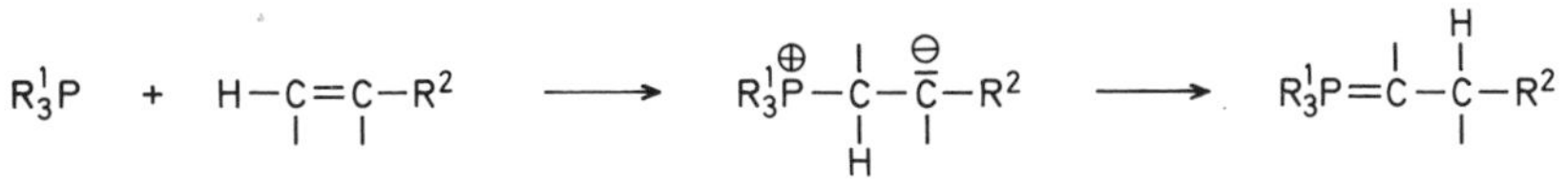

$$R_3^1P \quad + \quad H-\overset{|}{\underset{|}{C}}=\overset{|}{\underset{|}{C}}-R^2 \quad \longrightarrow \quad R_3^1\overset{\oplus}{P}-\overset{|}{\underset{|}{\underset{H}{C}}}-\overset{|}{\underset{|}{\overset{\ominus}{C}}}-R^2 \quad \longrightarrow \quad R_3^1P=\overset{|}{\underset{|}{C}}-\overset{H}{\underset{|}{\overset{|}{C}}}-R^2$$

Die auf diese Weise aus Acrylsäure-Derivaten und Triphenylphosphan in situ erzeugten Ylide[28-31], sind auf anderem Wege infolge des leicht erfolgenden Hofmann Abbaus nur schwierig zugänglich:

$$(H_5C_6)_3P \quad + \quad H_2C=CH-R \quad \longrightarrow \quad (H_5C_6)_3P=CH-CH_2-R$$

$\ldots\ldots$-triphenyl-phosphoran
R = COOR[2]; (2-Alkoxycarbonyl-ethyliden)-...
R = CO–NH$_2$; (2-Aminocarbonyl-ethyliden)-...
R = CN; (2-Cyan-ethyliden)-.....

Dieser Reaktion sind ferner 1,4-Dioxo-1,4-diphenyl-buten[32], Maleinsäureanhydride[33-36] und Maleinsäureimide[36,37] zugänglich:

---

[27] D.J. Burton u. J.R. Greenwald, Tetrahedron Lett. **1967**, 1535.
[28] N. Takashina u. C.C. Price, J. Am. Chem. Soc. **84**, 489 (1962).
[29] R. Oda, T. Kawabata u. S. Tanimoto, Tetrahedron Lett. **1964**, 1653.
[30] J.D. McClure, Tetrahedron Lett. **1967**, 2401.
[31] H.J. Bestmann et al., Justus Liebigs Ann. Chem. **1981**, 1705.
[32] F. Ramirez, O.P. Madan u. C.P. Smith, Tetrahedron Lett. **1965**, 201; J. Am. Chem. Soc. **86**, 5339 (1964); Tetrahedron **22**, 567 (1966).
[33] R.F. Hudson u. P.A. Chopard, Helv. Chim. Acta **46**, 2178 (1963).
[34] C. Osuch, J.E. Franz u. F.B. Zienty, J. Org. Chem. **29**, 3721 (1964).
[35] J.E. McMurray u. S.F. Donovan, Tetrahedron Lett. **1977**, 2869.
[36] E. Hedaya u. S. Theodoropulos, Tetrahedron **24**, 2241 (1968).
[37] A.N. Pudovik, E.S. Batyeva, Yu. N. Girfanova u. V.Z. Kondranina, Zh. Obshch. Khim. **45**, 2579 (1975); C.A. **84**, 105689 (1976).

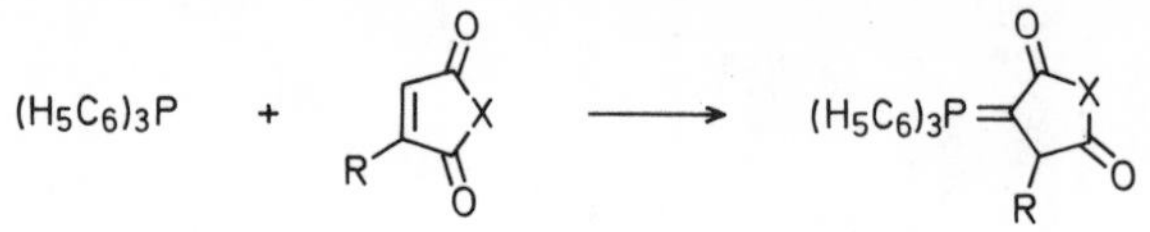

$(H_5C_6)_3P$ + [Struktur: Maleinsäureanhydrid-Derivat] $\longrightarrow$ $(H_5C_6)_3P{=}$ [Struktur: Succinanhydrid-Ylid]

Triphenylphosphoranyliden-. . .

z. B.: R = H; X = O; . . . .*-bernsteinsäureanhydrid*[36]; 46%; Schmp.: 157–159°

   X = NH; . . .*-succinimid*[36]; 100%; Schmp.: 228°

   X = NH-C$_6$H$_5$; . . .*-N-phenyl-succinimid*[36]; 66%; Schmp.: 176,5–178,5°

Methyl-triphenylphosphoranyliden-. . .

R = CH$_3$; X = O; . . .*-bernsteinsäureanhydrid*[36]; 52%; Schmp.: 179–181°

   X = NH–C$_6$H$_5$; . . .*-N-phenyl-succinimid*[36]; 47%; Schmp.: 184–186°

Triphenylphosphoranyliden-bernsteinsäureanhydrid[36]: 2,0 g (0,02 mol) Maleinsäureanhydrid und 6,0 g Triphenylphosphan werden in 30 *ml* Eisessig bei 20° 3 Stdn. gerührt, Ether hinzugefügt und der kristalline Niederschlag aus Aceton umkristallisiert; Ausbeute: 3,3 g (46%); Schmp.: 157–159°.

Folgende Abweichungen von der Stabilisierung des zwitterionischen Primäradduktes durch 1,2-Protonen-Verschiebung zum Ylid sind bekannt:

① Intramolekulare Cyclisierung zum 1,3-Oxaphospholan mit pentavalentem Phosphor-Atom[38, 39]

② 1,4-Protonenverschiebung[40, 41]; z. B.:

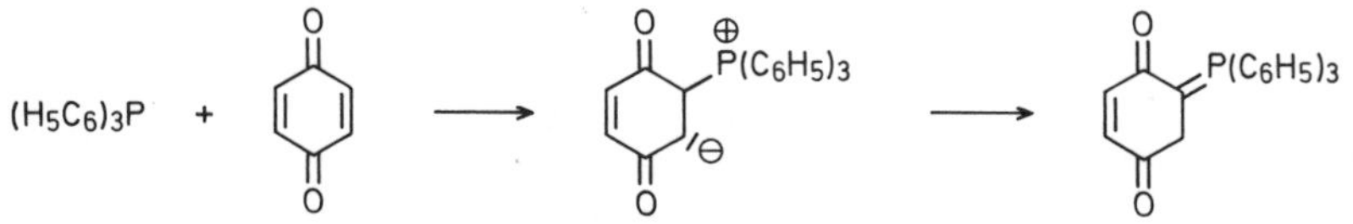

$(H_5C_6)_3P$ + [Struktur: Benzochinon] $\longrightarrow$ [Struktur: Addukt mit $\overset{\oplus}{P}(C_6H_5)_3$ und $\ominus$] $\longrightarrow$ [Struktur: $P(C_6H_5)_3$-Ylid]

(2,5-Dioxo-3-cyclohexenyliden)-triphenyl-phosphoran; 100%

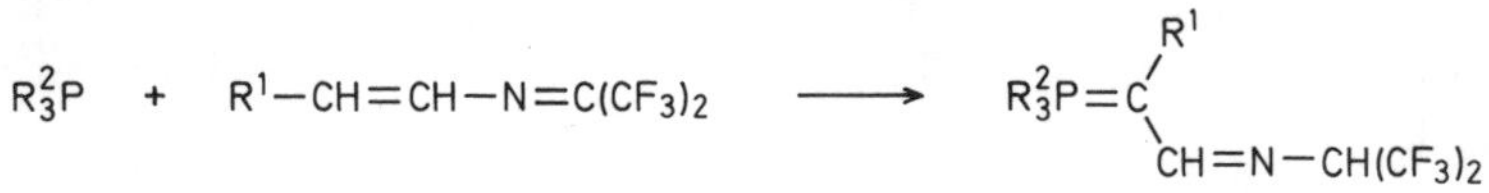

R_3^2P + $R^1{-}CH{=}CH{-}N{=}C(CF_3)_2$ $\longrightarrow$ $R_3^2P{=}C\overset{\displaystyle R^1}{\underset{\displaystyle CH=N-CH(CF_3)_2}{}}$

③ Bildung eines anderen Ylids, wenn einer der Organo-Reste am Phosphan eine zur Stabilisierung einer negativen Ladung befähigte Gruppe R^1 trägt[42]:

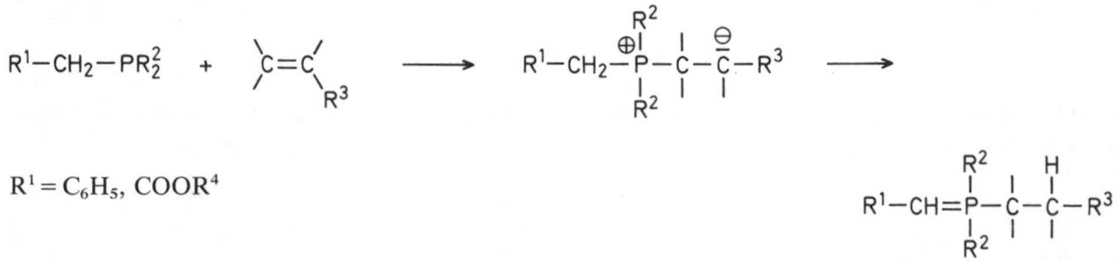

$R^1{-}CH_2{-}PR_2^2$ + $\overset{}{C}{=}\overset{}{C}{\underset{R^3}{}}$ $\longrightarrow$ $R^1{-}CH_2{-}\overset{\displaystyle R^2}{\underset{\displaystyle R^2}{\overset{\oplus}{P}}}{-}\overset{}{C}{-}\overset{\ominus}{C}{-}R^3$ $\longrightarrow$

$R^1 = C_6H_5$, COOR^4 $R^1{-}CH{=}\overset{\displaystyle R^2}{\underset{\displaystyle R^2}{P}}{-}\overset{}{C}{-}\overset{\displaystyle H}{C}{-}R^3$

④ Bildung eines cyclischen Ylids bei Verwendung von Diphenyl-(1-phenyl-vinyl)-phosphan[43]:

[36] *E. Hedaya* u. *S. Theodoropulos*, Tetrahedron **24**, 2241 (1968).
[38] *F. Ramirez*, *O. P. Madan* u. *C. P. Smith*, Tetrahedron **22**, 567 (1966).
[39] *F. Ramirez*, *O. P. Madan* u. *S. R. Heller*, J. Am. Chem. Soc. **87**, 731 (1965).
[40] *F. Ramirez* u. *S. Dershowitz*, J. Am. Chem. Soc. **78**, 5614 (1956).
[41] *K. Burger*, *J. Fehn*, *J. Albanbauer* u. *J. Friedel*, Angew. Chem. **84**, 258 (1972); engl.: **11**, 319.
   K. Burger u. *A. Meffert*, Justus Liebigs Ann. Chem. **1975**, 317.
[42] *S. Trippett*, Chem. Commun. **1966**, 468.
[43] *M. P. Savage* u. *S. Trippett*, J. Chem. Soc. **1968**, 591.

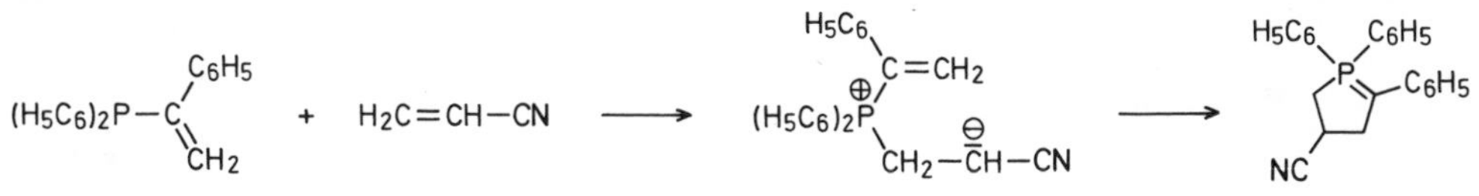

4-Cyan-1,1,2-triphenyl-4,5-dihydro-
3H-λ^5-phosphol; 23% (Wittig-
Reaktion mit Benzaldehyd)

⑤ Mit Diphenyl-cyclopropenon tritt Ringspaltung ein[44]:

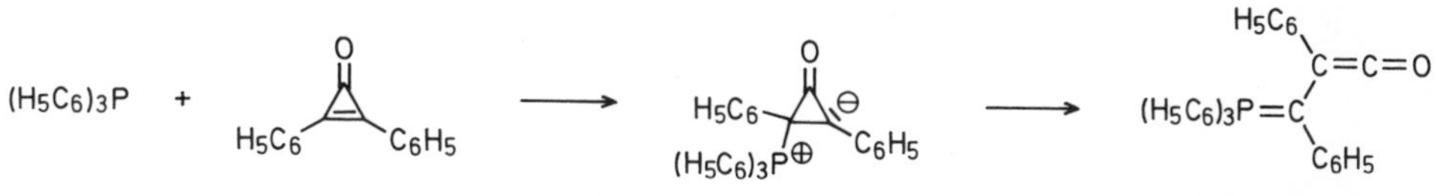

(2-Carbonyliden-1,2-diphenyl-ethyliden)-
triphenyl-phosphoran; 92%

Das zwitterionische Intermediärprodukt aus Triphenylphosphan und Benzoyl-cyclopropan liefert unter
Fragmentierung Methylen-triphenyl-phosphoran[45].

⑥ Mit 1,2-Dichloro-perfluoro-cycloalkenen entstehen stabile Phosphonium-Salze, die
erst nach der Hydrolyse stabile Ylide liefern[46]; z.B.:

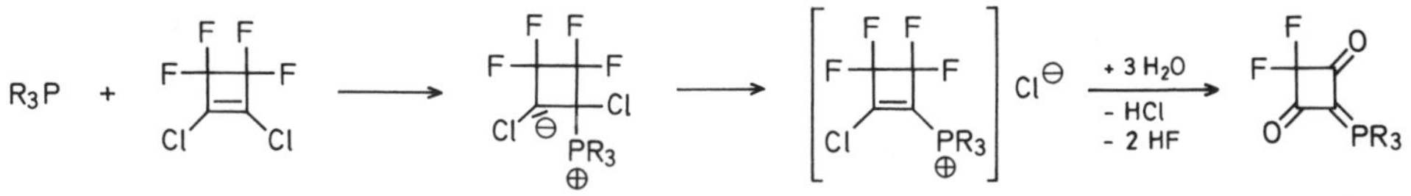

Ähnlich reagiert Triphenylphosphan mit Octafluor-cyclobutan[47].

⑦ Bildung von Yliden mit P–P-Bindung aus Chlor-diethyl-phosphan mit (Alkoxy-trime-
thylsilyloxy-methylen)-malonsäure-diestern[48]:

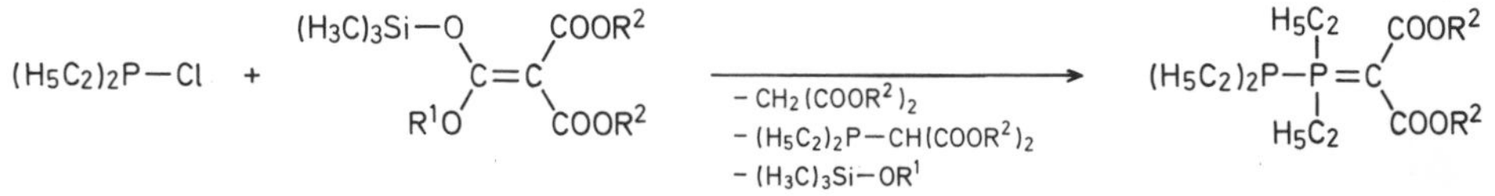

1-(Dialkoxycarbonyl-methylen)-1,1,2,2-tetraethyl-
1λ^5-biphosphan

1.1.3.2. mit Alkinen

Alkine mit aktivierter C≡C-Dreifachbindung setzen sich mit tert. Phosphanen im Molverhältnis 1:2 zu stabilen 1,2-Bis-[triorganophosphoranyliden]-alkanen um[49,58]:

[44] *N. Obata* u. *T. Takizana*, Tetrahedron Lett. **1970**, 2231.
  A. Hamada u. *T. Takizawa*, Tetrahedron Lett. **1972**, 1849.
[45] *E. E. Schweizer* u. *C. M. Kopay*, Chem. Commun. **1970**, 677.
[46] *R. F. Stockel, F. Megson* u. *M. T. Beachem*, J. Org. Chem. **22**, 4395 (1968).
[47] *M. A. Howells, R. D. Howells, N. C. Baenzinger* u. *D. J. Burton*, J. Am. Chem. Soc. **95**, 5366 (1973).
[48] *O. I. Kolodyazhnyi*, Zh. Obshch. Khim. **45**, 2561 (1975); C. A. **84**, 74 365 (1976).
[49] *M. A. Shaw* et al., J. Chem. Soc. [C] **1967**, 2442; **1970**, 5.
[58] *R. Ketari* u. *A. Foucaud*, Tetrahedron Lett. **1978**, 2563.

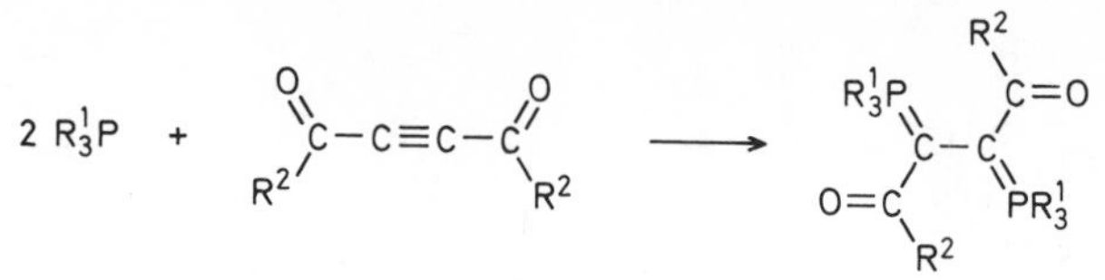

$$2\ R_3^1P\ +\ \underset{R^2}{\overset{O}{\underset{\|}{C}}}-C\equiv C-\underset{R^2}{\overset{O}{\underset{\|}{C}}}\ \longrightarrow\ \underset{O=C}{\overset{R_3^1P}{\underset{\underset{R^2}{\overset{\|}{C}}-C}{\overset{\|}{C}}}}\overset{\overset{R^2}{\overset{\|}{C}=O}}{\underset{PR_3^1}{}}$$

Bis-[triphenylphosphoranyliden]-bernsteinsäure-dimethylester[49]: Zu 3,9 g (15 mmol) Triphenylphosphan in 30 *ml* trockenem Ether werden unter Eiskühlung und Rühren 0,7 g (5 mmol) Acetylendicarbonsäure-dimethylester innerhalb von 20 Min. tropfenweise zugefügt. Nach weiteren 10 Min. wird der Niederschlag abfiltriert und mit 5 *ml* Methanol bzw. 20 *ml* Ether gewaschen; Ausbeute: 2,7 g (81%); Schmp.: 220–222°.

In Gegenwart von Alkoholen wird das primär gebildete 1:1-Addukt unter Bildung von (2-Alkoxy-alkyliden)-phosphoranen[50] abgefangen:

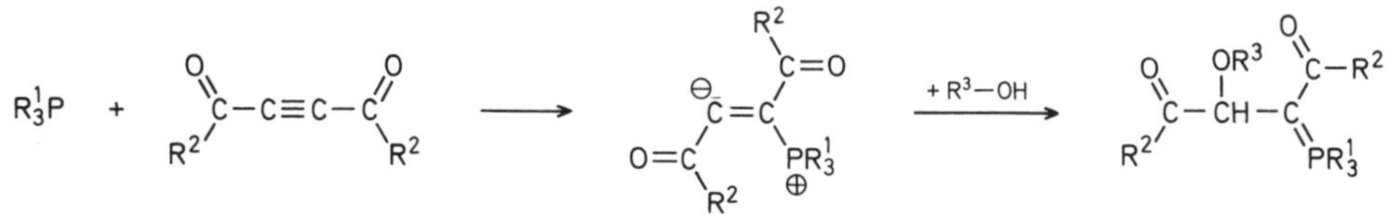

$$R_3^1P\ +\ \underset{R^2}{\overset{O}{\underset{\|}{C}}}-C\equiv C-\underset{R^2}{\overset{O}{\underset{\|}{C}}}\ \longrightarrow\ \underset{O=C}{\overset{\overset{R^2}{\overset{\|}{C}=O}}{\underset{\underset{R^2}{\overset{\oplus}{C}}-\overset{\ominus}{C}}{\overset{}{}}}}\overset{}{\underset{PR_3^1}{}}\ \xrightarrow{+R^3-OH}\ \underset{R^2-C}{\overset{O}{\underset{\|}{C}}}-\underset{\overset{|}{OR^3}}{CH}-\underset{PR_3^1}{\overset{O}{\overset{\|}{C}-R^2}}$$

Mit Bis-[phosphano]-alkanen und Alkinen werden cyclische **Diphosphorane** gebildet[51,52]; z.B.:

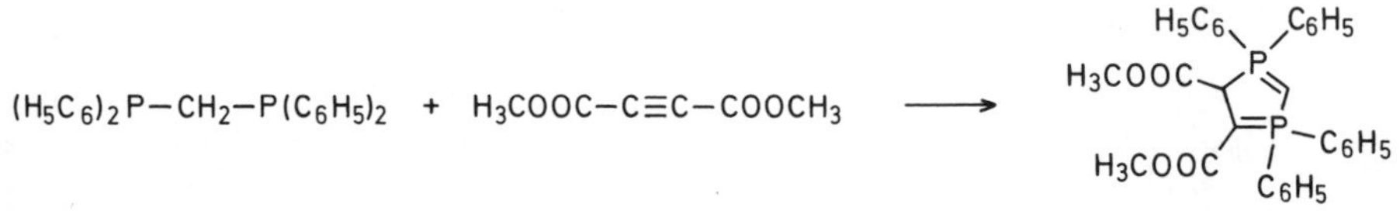

$$(H_5C_6)_2P-CH_2-P(C_6H_5)_2\ +\ H_3COOC-C\equiv C-COOCH_3\ \longrightarrow\ \underset{H_3COOC}{\overset{H_3COOC}{}}\ \underset{C_6H_5}{\overset{H_5C_6\quad C_6H_5}{\underset{C_6H_5}{}}}$$

4,5-Dimethoxycarbonyl-1,1,3,3-
tetraphenyl-5H-1(λ^5),3(λ^5)-di-
phosphol[51]; 45%; Schmp.: 176–177°

Zur Herstellung weiterer cyclischer Ylide aus Alkinen mit tert. Phosphanen im Molverhältnis 2:1[53,54] bzw. 1:1[55] s. Lit.

Mit konjugierten Diinen sind in Gegenwart aktiver Methylen-Verbindungen 1,3-Alkadienyliden-phosphorane zugänglich[56]:

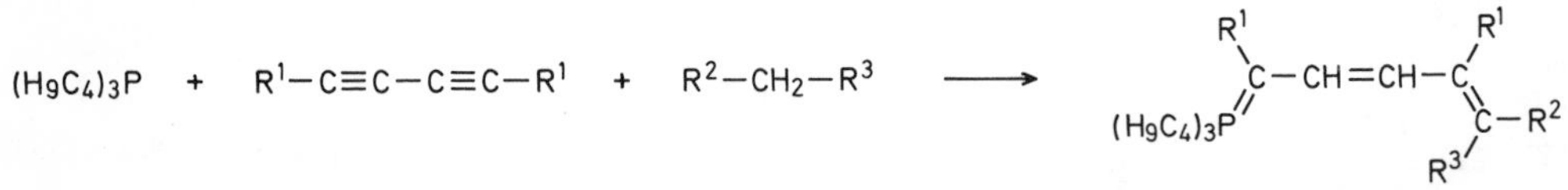

$$(H_9C_4)_3P\ +\ R^1-C\equiv C-C\equiv C-R^1\ +\ R^2-CH_2-R^3\ \longrightarrow\ \underset{(H_9C_4)_3P}{\overset{R^1}{\overset{\|}{C}}}-CH=CH-\underset{R^3}{\overset{R^1}{\underset{\|}{C}}}\underset{C-R^2}{}$$

Das Adukt aus Tributylphosphan und Schwefelkohlenstoff reagiert mit Alkinen in Gegenwart aromatischer Aldehyde zu 2-Benzyliden-1,3-dithiolen, die offenbar über ein intermediäres Ylid gebildet werden[57]:

[49] *M. A. Shaw* et al., J. Chem. Soc. [C] **1967**, 2442; **1970**, 5.
[50] *I. F. Wilson* u. *J. C. Tebby*, J. Chem. Soc. [Perkin Trans. 1] **1972**, 2830.
[51] *M. A. Shaw, J. C. Tebby, R. S. Ward* u. *D. H. Williams*, J. Chem. Soc. [C] **1970**, 504.
[52] *A. N. Hughes* u. *S. W. S. Jafry*, J. Heterocycl. Chem. **1969**, 6, 991.
[53] *N. E. Waite, J. C. Tebby, R. S. Ward* u. *D. H. Williams*, J. Chem. Soc. [C] **1969**, 1100.
[54] *N. E. Waite* u. *J. C. Tebby*, J. Chem. Soc. [C] **1970**, 386.
[55] *A. N. Hughes* u. *M. Davies*, Chem. Ind. **1969**, 138.
[56] *H. E. Sprenger* u. *W. Ziegenbein*, Angew. Chem. **75**, 1011 (1965); engl.: **4**, 954.
    DBP 1 221 221 (1966), Chemische Werke Hüls A.G., Erf.: *H. E. Sprenger*; C. A. **65**, 20 164 (1966).
[57] *H. D. Hartzler*, J. Am. Chem. Soc. **93**, 4961 (1971).

$$(H_9C_4)_3\overset{\oplus}{P}-\overset{S}{\underset{S}{C}}{}^{\ominus} \quad + \quad R-C\equiv C-R \quad + \quad Ar-CHO \quad \longrightarrow \quad \overset{R}{\underset{R}{\vphantom{R}}}\overset{S}{\underset{S}{\diagdown}}C=CH-Ar$$

1.1.4. mit anderen Verbindungen

Tert. Phosphane reagieren mit Oxiranen zu einem Olefin und einem Phosphanoxid, wobei das intermediär auftretende Phosphorbetain im Gleichgewicht mit dem entsprechenden Ylid und der Carbonyl-Verbindung steht[59]; z. B.:

$$(H_5C_6)_3P \quad + \quad \underset{H_5C_6}{\overset{O}{\triangle}}COOR \quad \longrightarrow \quad (H_5C_6)_3\overset{\oplus}{P}-\underset{C_6H_5}{\overset{COOR}{\underset{|}{CH}}}-CH-\overset{\ominus}{\underset{|}{O}}| \quad \xrightarrow{-(H_5C_6)_3P=O} \quad H_5C_6-CH=CH-COOR$$

$$\Updownarrow$$

$$(H_5C_6)_3P=CH-COOR \quad + \quad H_5C_6-CHO$$

(1-Arylazo-alkyliden)-triphenyl-phosphorane sind aus Triphenylphosphan mit in situ erzeugten Nitriliminen zugänglich[61-63]

$$R-\underset{N-NH-Ar}{\overset{Cl}{\underset{\|}{C}}} \quad \xrightarrow[-\,[(H_5C_2)_3\overset{\oplus}{N}H]\,Cl^{\ominus}]{+\,(H_5C_2)_3N} \quad R-C\equiv N\rightarrow N-Ar \quad \xrightarrow{+\,(H_5C_6)_3P} \quad (H_5C_6)_3P=\overset{R}{\underset{|}{C}}-N=N-Ar$$

und aus (Dicyan-methylen)-sulfuranen erhält man mit Triphenylphosphan in der Schmelze *Dicyanmethylen-triphenyl-phosphoran*[64]:

$$(H_5C_6)_3P \quad + \quad \underset{R^2}{\overset{R^1}{\diagdown\diagup}}S=C(CN)_2 \quad \xrightarrow{-\,R^1-S-R^2} \quad (H_5C_6)_3P=C(CN)_2$$

Dicyanmethylen-triphenyl-phosphoran[64]: 2,5 g (10 mmol) Dicyanmethylen-diphenyl-sulfuran und 2,62 g (10 mmol) Triphenylphosphan werden 18 Stdn. bei 130° gehalten. Nach beendeter Reaktion wird Diphenylsulfan abdestilliert [1,0 g (55%); Sdp.: 120–123°/1 Torr (0,13 kPa)].
Aus dem Reaktionsrückstand, der mehrmals aus Methanol umkristalliert wird (Zusatz von Aktivkohle), erhält man das Ylid; Ausbeute: 2,1 g (62%); Schmp.: 185–187°.

α-Lithiierte tert.-Phosphane werden durch P-Organylierung in Ylide übergeführt[65-67].

$$\overset{\diagup}{\underset{\diagup}{P}}-\overset{|}{\underset{|}{C}}-Li \quad + \quad RX \quad \xrightarrow{-\,LiX} \quad -\overset{|}{\underset{R}{P}}=\overset{\diagup}{\underset{\diagdown}{C}}$$

[59] *G. Wittig* u. *W. Haag*, Chem. Ber. **88**, 1654 (1955).
[61] *V. V. Kosovtsev, V. N. Chistokletov* u. *A. A. Petrov*, Zh. Obshch. Khim. **40**, 2132 (1970); C. A. **74**, 42 423 (1971).
[62] *S. P. Konotopova, V. N. Chistokletov* u. *A. A. Petrov*, Zh. Obshch. Khim. **42**, 2412 (1972); C. A. **78**, 72 293 (1972).
[63] *P. Dalla Croce, P. Del Buttero, E. Licandro* u. *S. Maiorana*, Synthesis **1979**, 299.
[64] *K. Wallenfels, K. Friedrich* u. *J. Rieser*, Justus Liebigs Ann. Chem. **1976**, 656.
[65] *K. Issleib* u. *H. P. Abicht*, J. Prakt. Chem. **312**, 456 (1970).
[66] *R. Appel, M. Wander* u. *F. Knoll*, Chem. Ber. **112**, 1093 (1979).
[67] *R. Appel* u. *G. Haubrich*, Angew. Chem. **92**, 206 (1980); engl.: **19**, 213.

Aus Amidinen mit Bis-[diphenylphosphano]-methan[68] bzw. aus Malonsäure-diethylester mit Dichlor-phenyl-phosphan[69] werden cyclische Ylide gebildet:

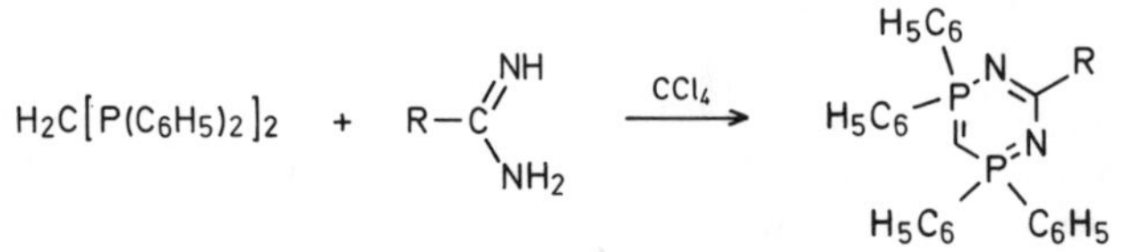

$$H_2C\left[P(C_6H_5)_2\right]_2 \ + \ R-C\underset{NH_2}{\overset{NH}{\big\|}} \ \xrightarrow{CCl_4} \ $$

4,4,6,6-Tetraphenyl-1,3,4(λ^5),6(λ^5)-diazadiphosphorine

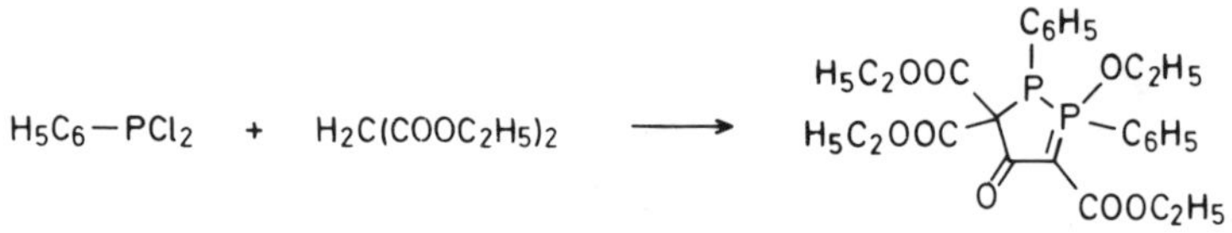

$$H_5C_6-PCl_2 \ + \ H_2C(COOC_2H_5)_2 \ \longrightarrow$$

2-Ethoxy-1,2-diphenyl-4-oxo-2-phenyl-3,5,5-triethoxycarbonyl-4,5-dihydro-1,2(λ^5)-diphosphol

Durch Photolyse von Triphenylphosphan und Benzophenon wird *Diphenylmethylen-triphenyl-phosphoran* erzeugt[70].

1.2. Aus Dihalogen-triorgano-phosphoranen

Dihalogen-triorgano-phosphorane, z.B. Dichlor-triphenyl-phosphoran, liefern unter Feuchtigkeitsausschluß mit Verbindungen mit aktivierten Methylen-Gruppen in Gegenwart von Triethylamin in guten Ausbeuten stabile, wenig reaktive Ylide[71-73]:

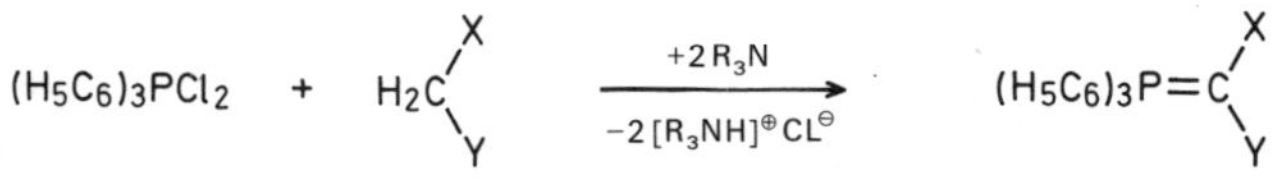

$$(H_5C_6)_3PCl_2 \ + \ H_2C\underset{Y}{\overset{X}{\big\langle}} \ \xrightarrow[-2\,[R_3NH]^{\oplus}Cl^{\ominus}]{+2\,R_3N} \ (H_5C_6)_3P{=}C\underset{Y}{\overset{X}{\big\langle}}$$

X,Y = CN, SO$_2$–R, COOC$_2$H$_5$, CO–R usw.

Ausgehend von substituierten 3-Oxo-pyrazolinen, 4-Oxo-2-thiono-1,3-thiazolidinen, 2-Oxo-2,3-dihydro-indolen bzw. Barbitursäuren werden Cyclohetalkyliden-phosphorane erhalten[73]:

[68] *R. Appel, R. Kleinstück* u. *K. D. Ziehn*, Chem. Ber. **105**, 2476 (1972).
[69] *W. Saenger*, J. Org. Chem. **38**, 253 (1973).
[70] *C. D. Westcott* jun., *H. Sellers* u. *P. Poh*, Chem. Commun. **1970**, 586.
[71] *L. Horner* u. *H. Oediger*, Chem. Ber. **91**, 437 (1958).
[72] *H. Diefenbach, H. Ringsdorf* u. *R. E. Wilhelms*, J. Polym. Sci. **5**, 1039 (1967).
[73] *J. J. Pappas* u. *E. Gancher*, J. Heterocycl. Chem. **6**, 265 (1969).

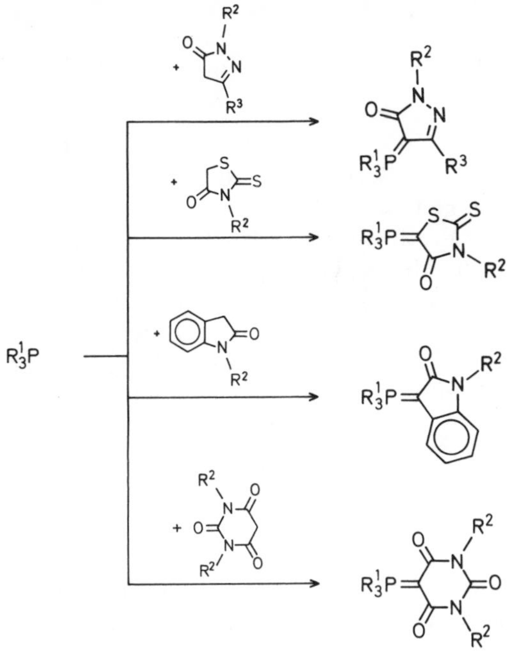

2,6-Di-tert.-butyl-phenol wird durch Dichlor-triphenyl-phosphoran zum *(3,5-Di-tert.-butyl-4-oxo-2-cyclohexenyliden)-triphenyl-phosphoran* (60,7%) umgesetzt[74]:

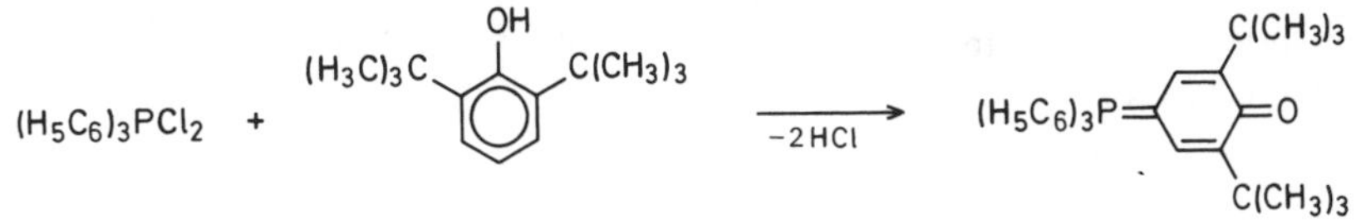

1.3. aus Phosphanoxiden

Dicyanethin reagiert mit Triphenyl-phosphanoxid bei 160° in Umkehr zur intramolekularen Wittig-Reaktion von (2-Oxo-alkyliden)-phosphoranen zum *(1,2-Dicyan-2-oxo-ethyliden)-triphenyl-phosphoran* (78%)[75]:

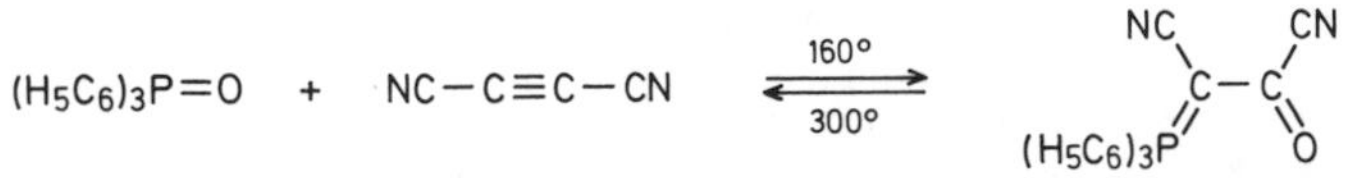

1.4. aus quartären Phosphonium-Salzen

1.4.1. mittels Basen

Die wichtigste Herstellungsmethode von Alkyliden-phosphoranen ist die Deprotonierung der korrespondierenden Phosphonium-Salze mit geeigneten Basen:

---

[74] Japan Kokai 74, 110650 (1974), Sagami Chemical Research Center, Erf.: *T. Fujisawa, T. Kojima* u. *K. Hata*; C. A. **82**, 139691 (1975).
[75] *E. Ciganek*, J. Org. Chem. **35**, 1725 (1970).

$$\left[R_3^1 \overset{\oplus}{P} - \overset{\overset{\displaystyle R^2}{|}}{C}H - R^3 \right] X^\ominus \quad \xrightarrow[- HX]{Base} \quad R_3^1 P = C \overset{\displaystyle R^2}{\underset{\displaystyle R^3}{}}$$

Neben der Deprotonierung kann gelegentlich auch die Abspaltung einer anderen kationischen Abgangsgruppe (z. B. Halogen, Triorganosilyl usw.) aus der zum Phosphor-Atom benachbarten α-Position eintreten[76-80].

Mit Komplikationen ist zu rechnen, wenn das Phosphonium-Salz in β-Position eine gute Abgangsgruppe (Halogen, Alkoxy, Phenoxy, Amino, Phosphano bzw. entsprechende vinyloge Gruppierungen) trägt[81-87], so daß ein Vinyl-phosphonium-Salz entstehen kann, bzw. wenn ein β-Wasserstoff-Atom so acid ist, daß der Hofmann Abbau gegenüber der Ylid-Bildung begünstigt ist[88, 89]. So führt die Einwirkung von Phenyllithium auf 1,2-Bis-[triphenylphosphoniono]-ethan-dibromid lediglich zum Triphenyl-vinyl-phosphonium-bromid[82]:

$$\left[(H_5C_6)_3 \overset{\oplus}{P} - CH_2 - CH_2 - \overset{\oplus}{P}(C_6H_5)_3 \right] \; 2\,Br^\ominus \quad \xrightarrow[\substack{- (H_5C_6)_3P \\ - HBr}]{H_5C_6-Li} \quad \left[(H_5C_6)_3 \overset{\oplus}{P} - CH=CH_2 \right] Br^\ominus$$

Bei der Herstellung von [1-(2-Furyl)-alkyliden]-phosphoranen tritt nach einem Additions/Eliminierungsmechanismus Abspaltung von Triphenylphosphan ein[90].

Bei der Herstellung instabiler Alkyliden-phosphorane[91] mit elektronendrückenden Substituenten am Methylen-C-Atom wird auf die Isolierung zumeist verzichtet.

Die Wahl des jeweiligen, zur Ylid-Synthese verwendeten Base/Solvens-Systems, hängt außer von der Acidität des eingesetzten Salzes bzw. der Stabilität des resultierenden Ylides im jeweiligen Reaktionsmedium von der beabsichtigten Verwendung ab.

Für viele Reaktionen der Ylide ist es wichtig, metallsalzfreie Lösungen zu verwenden. Dies gilt insbesondere für Lithium-Salze, da sie den Ablauf der Ylid-Reaktionen entscheidend mitbestimmen können.

1.4.1.1. mit Stickstoffbasen

Zur Herstellung lithiumsalzfreier Lösungen hat sich die Natriumamid-Methode[92, 93] bewährt.

Salzfreie Alkyliden-phosphoran-Lösungen[93]: Alle Operationen werden unter Schutzgasatmosphäre (Stickstoff oder Argon) ausgeführt.

[76] G. Köbrich, Angew. Chem. **74**, 33 (1962).

[77] F. Ramirez, N. B. Desai u. N. McKelvie, J. Am. Chem. Soc. **84**, 1745 (1962).

[78] N. E. Miller, J. Am. Chem. Soc. **87**, 390 (1965).

[79] H. Schmidbaur u. W. Tronich, Chem. Ber. **100**, 1032 (1967).

[80] A. Sekiguchi u. W. Ando, J. Org. Chem. **44**, 413 (1979); Chem. Lett. **1977**, 1293.

[81] F. Bohlmann u. P. Herbst, Chem. Ber. **92**, 1319 (1959).

[82] G. Wittig, E. Eggers u. P. Duffner, Justus Liebigs Ann. Chem. **619**, 10 (1958).

[83] J. A. Ford u. C. V. Wilson, J. Org. Chem. **26**, 1433 (1961).

[84] D. Seyferth, J. S. Fogel u. J. K. Heeren, J. Am. Chem. Soc. **86**, 307 (1964).

[85] E. E. Schweizer, W. S. Creasy, K. K. Light u. E. T. Shaffer, J. Org. Chem. **34**, 212 (1969).

[86] E. E. Schweizer u. R. D. Bach, Org. Synth. **48**, 129 (1968).

[87] A. Marxer u. T. Leutert, Helv. Chim. Acta **61**, 1708 (1978).

[88] H. J. Bestmann, H. Häberlein u. I. Pils, Tetrahedron **20**, 2079 (1964).

[89] R. P. Welcher u. N. E. Day, J. Org. Chem. **27**, 1824 (1962).

[90] J. A. Elix, Austr. J. Chem. **22**, 1951 (1969).

[91] Zur Einteilung der Ylide in reaktive, moderierte und stabile vgl. *Methodicum Chimicum*, Bd. 7; S. 530 (1976).

[92] G. Wittig, H. Eggers u. P. Duffner, Justus Liebigs Ann. Chem. **619**, 10 (1958).

[93] H. J. Bestmann, Angew. Chem. **77**, 609 (1965).

Zu wasserfreiem, flüssigem Ammoniak gibt man die zur Umsetzung notwendige Menge fein zerschnittenes, krustenfreies Natrium (bis 25% Überschuß) und fügt einige Körnchen Eisen(III)-nitrat zu. Wenn die blaue Natrium-Lösung grau geworden ist, wird das trockene und fein pulverisierte Phosphonium-Salz zugegeben, mit einem Glasstab kurz umgerührt und sodann das Ammoniak über ein Quecksilberventil verdampft (das Erwärmen mit heißer Luft beschleunigt die Verdampfung). Zum Rückstand gibt man 100 *ml* eines inerten, wasserfreien Lösungsmittels (z. B. Benzol, Toluol, Ether, Tetrahydrofuran) und kocht zur Entfernung von Gasresten ~ 10 Min., wobei der Rückflußkühler durch ein Quecksilberventil verschlossen ist. Anschließend wird durch eine G-3-Fritte von festem Rückstand filtriert. Das Filtrieren kann unterbleiben, wenn überschüssiges Natriumamid und ungelöstes Natriumhalogenid die folgenden Reaktionen nicht stören.

Durch Einengen der benzolischen Ylid-Lösungen bis zur Kristallisation, sind nach dieser Methode salzfreie, kristalline Alkyliden-triphenyl-phosphorane leicht zugänglich[94].

Natriumamid kann auch als Suspension in Benzol[95] eingesetzt werden.

Im Gegensatz zu den Alkyl-triaryl-phosphonium-Salzen werden die analogen Tetraalkyl-Verbindungen durch Natrium- oder Kaliumamid erst in siedendem Tetrahydrofuran deprotoniert[96]:

$$\left[\begin{array}{c} R^1 \quad R^5 \\ R^2-\overset{\oplus}{P}-CH-R^4 \\ R^3 \end{array} \right] X^{\ominus} \xrightarrow[- MX \,/\, - NH_3]{MNH_2 \,/\, THF} \begin{array}{c} R^1 \quad R^5 \\ R^2-P=C \\ R^3 \quad R^4 \end{array}$$

$R^1, R^2, R^3 = \text{Alkyl}$
$M = K, Na$
$X = Cl, Br$

Phosphoniumjodide sind als Ausgangsmaterial wenig geeignet, da die freigesetzten Alkalimetalljodide mit den resultierenden Alkyliden-trialkyl-phosphoranen thermisch stabile Komplexe bilden. Nach Entwicklung der theoretischen Menge Ammoniak wird das ausgefallene Alkalimetallhalogenid und überschüssiges Amid abgesaugt und nach dem Entfernen des Lösungsmittels das Alkyliden-trialkyl-phosphoran durch Destillation gewonnen.

tert.-Butyl-dimethyl-methylen-phosphoran[97]: Eine Suspension von 1,0 g (26 mmol) Natriumamid und 5,4 g (25 mmol) tert.-Butyl-trimethyl-phosphoniumbromid in 75 *ml* THF wird 3 Stdn. zum Sieden erhitzt, das freiwerdende Ammoniakgas abgeleitet. Man filtriert vom Natriumbromid ab und entfernt das Lösungsmittel i. Vak. Der Rückstand wird i. Hochvak. bei 40° sublimiert; Ausbeute: 1,4 g (42%); Schmp.: 144°; Subl.p.: 111°/758 Torr (101,04 kPa).

Di-tert.-butyl-methyl-methylen-phosphoran[97]: Zu 13,2 g (52 mmol) Di-tert.-butyl-dimethyl-phosphoniumbromid werden 2,2 g (57 mmol) Natriumamid zugegeben und in 100 *ml* THF aufgeschwemmt, man erhitzt 3 Stdn. zum Rückfluß, filtriert das Natriumbromid ab und befreit von THF. Der Rückstand wird i. Vak. destilliert; Ausbeute: 6,1 g (67,3%); Schmp.: −28°; Sdp.: 102–104°/8 Torr (1,07 kPa).

Die Methode bietet in gewissen Fällen auch Vorteile bei der Herstellung von Alkyliden-triphenyl-phosphoranen, da Verlauf und Endpunkt der Reaktion durch Titration des entwickelten Ammoniaks genau bestimmt werden können.

Die Tendenz der Alkyl-Reste im Phosphonium-Salz ein Proton abzuspalten und in die Alkyliden-phosphorane überzugehen, nimmt in folgender Reihenfolge ab[96]:

$$CH_2-\overset{\overset{\textstyle CH_3}{|}}{C}=CH_2 \quad \gg \quad CH_3 \quad \gg \quad C_3H_7$$

$$C_4H_9 \quad > \quad C_2H_5$$

$$CH(CH_3)_2$$

[94] *H. J. Bestmann* u. *H. G. Liberda*, unveröffentlicht.
   H. G. Liberda, Dissertation, Erlangen 1968.
[95] DBP 1003730 (1957), BASF, Erf.: *G. Wittig* u. *H. Pommer*; C. A. **53**, 16063 (1959).
[96] *R. Köster, D. Simić* u. *M. A. Grassberger*, Justus Liebigs Ann. Chem. **739**, 211 (1970).
[97] *H. Schmidbaur, G. Blaschke* u. *F. H. Köhler*, Z. Naturforsch. **32 b**, 757 (1977).

so daß aus Methyl-trialkyl- bzw. Alkyl-trimethyl-phosphonium-Salzen mit Ausnahme des (2-Methyl-allyl)-trimethyl-phosphoniumbromids stets Methylenphosphorane entstehen. Auch beim Vorliegen weitgehend reiner Ylide können beim Erhitzen oder in Gegenwart protonenaktiver Verbindungen die H-Atome an den α-C-Atomen einem Austausch unterliegen[98]. Diese intramolekulare Umylidierung hat zur Folge, daß die Liganden am Phosphor-Atom im Methylen-trialkyl-phosphoran wechselweise als Alkyl- oder Alkyliden-Rest vorliegen[96,99–100].

Unter bestimmten Reaktionsbedingungen (niedrige Temperatur, längere Reaktionszeit, Natriumamid-Überschuß) erhält man jedoch aus Tetramethylphosphoniumhalogenid neben geringen Mengen *Methylen-trimethyl-phosphoran Dimethyl-methylen-[(trimethyl-phosphoranyliden)-amino]-phosphoran*[102]:

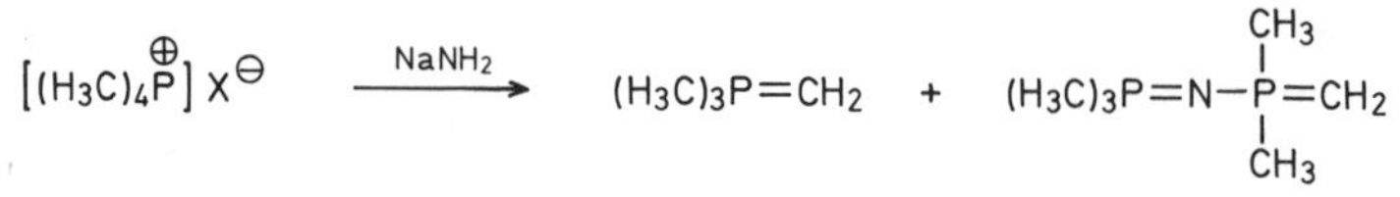

$$[(H_3C)_4\overset{\oplus}{P}]\ X^{\ominus} \xrightarrow{\ NaNH_2\ } (H_3C)_3P{=}CH_2 \ + \ (H_3C)_3P{=}N{-}\overset{\overset{\displaystyle CH_3}{|}}{\underset{\underset{\displaystyle CH_3}{|}}{P}}{=}CH_2$$

Salzfreie Ylid-Lösungen werden insbesondere auch mit Hilfe von Natrium-bis-[trimethyl-silyl]-amid als Base erhalten[103]:

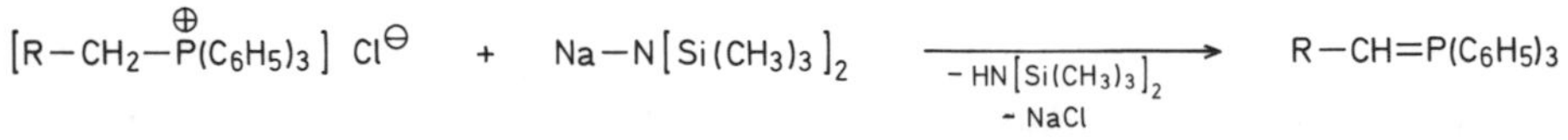

$$[R{-}CH_2{-}\overset{\oplus}{P}(C_6H_5)_3]\ Cl^{\ominus} \ + \ Na{-}N[Si(CH_3)_3]_2 \xrightarrow[-NaCl]{-HN[Si(CH_3)_3]_2} R{-}CH{=}P(C_6H_5)_3$$

Salzfreie Ylid-Lösungen mit Natrium-bis-[trimethylsilyl]-amid als Base[103]**:**
Methode ⓐ: Zu einer Lösung von 3,66 g (20 mmol) Natrium-bis-[trimethylsilyl]-amid[104] in wasserfreien Lösungsmitteln (z. B. Benzol, Toluol, THF, Hexan, Phoshorsäure-tris-[dimethylamid]) gibt man unter Stickstoff und Feuchtigkeitsausschluß 20 mmol eines Phosphonium-Salzes, rührt 30 Min. bei 20° und erhitzt 1 Stde. zum Rückfluß. Die entstandene farbige Ylid-Lösung kann in vielen Fällen sofort für Umsetzungen verwendet werden, das ungelöste Natriumhalogenid kann unter Stickstoff abgesaugt werden.
Methode ⓑ: Nach Methode ⓐ wird aus 20 mmol Base und 20 mmol eines Phosphonium-Salzes eine Ylid-Lösung hergestellt. Zur Entfernung des gebildeten Hexamethyldisilazans destilliert man zunächst das Lösungsmittel und anschließend das Silazan bei ~ 100° Badtemp. im Ölpumpenvak. ab. Der Rückstand wird in einem gewünschten Lösungsmittel gelöst. Das ungelöste Natriumhalogenid stört bei den meisten Umsetzungen nicht.
Methode ⓒ: Zu einer Lösung von 22 mmol Base in 50 *ml* wasserfreiem Hexan gibt man 22 mmol eines Phosphonium-Salzes und erhitzt das Reaktionsgemisch 3 Stdn. zum Rückfluß. Anschließend kühlt man auf −20°, wobei das gebildete Ylid auskristallisiert. Man saugt es zusammen mit dem ungelösten Natriumhalogenid ab, verwirft das Filtrat und wäscht aus dem Filterkuchen das Ylid mit einem Lösungsmittel (z. B. Benzol, Toluol, THF, Phosphorsäure-tris-[dimethylamid]) heraus. Die entstehende Ylid-Lösung wird für die gewünschte Reaktion verwendet.

Alle Operationen werden unter Feuchtigkeitsausschluß und Stickstoffschutz ausgeführt.

Wegen der guten Löslichkeit in vielen Solventien, der leichten Handhabung und exakten Dosierbarkeit des Natrium-bis-[trimethylsilyl]-amids ist seine Anwendung der von Natrium-amid in flüssigem Ammoniak in vielen Fällen vorzuziehen.
Zur Salzdeprotonierung können ferner folgende Stickstoffbasen verwendet werden:

[96] *R. Köster, D. Simić u. M. A. Grassberger*, Justus Liebigs Ann. Chem. **739**, 211 (1970).
[98] *H. J. Bestmann u. H. G. Liberda u. J. P. Snyder*, J. Am. Chem. Soc. **90**, 2963 (1968).
[99] *H. Schmidbaur u. W. Tronich*, Chem. Ber. **101**, 604 (1968).
[100] *H. J. Bestmann u. N. Schöpf*, J. Chem. Res. **1977**, 543 (M), 59(S).
[102] *H. Schmidbaur u. H. J. Füller*, Chem. Ber. **110**, 3528 (1977).
[103] *H. J. Bestmann, W. Stransky u. O. Vostrowsky*, Chem. Ber. **109**, 1694 (1976).
[104] *U. Wannagat u. H. Niederprüm*, Chem. Ber. **94**, 1540 (1961).

Ammoniak[105] Pyridin[107, 108] Lithiumpiperidid[110, 111]
Triethylamin[106–108] Lithiumdiethylamid[109] cyclische Amidine[112]

Die beim Lösen von Kalium in Phosphorsäure-tris-[dimethylamid][113] (HMPT) resultierenden Anionen eignen sich ebenfalls zur Erzeugung reaktiver Ylide aus ihren korrespondierenden Salzen[114]:

$$[(H_3C)_2N]_3P{=}O \;+\; 2\,K \;\longrightarrow\; [(H_3C)_2N]_2\overset{\ominus}{P}{=}O \;+\; (H_3C)_2\overset{\ominus}{N}I \;+\; 2\,K^{\oplus}$$

Auch als Lösungsmittel erweist sich Phosphorsäure-tris-[dimethylamid] bei einer Reihe von Ylid-Reaktionen als sehr vorteilhaft[114].

1.4.1.2. Mit Alkanolaten

Einfach zu handhabende Basen zur Freisetzung der Ylide aus den entsprechenden Salzen sind Alkanolate. Sie werden entweder alkoholfrei in einem inerten Lösungsmittel[115–118] oder im entsprechenden Alkohol[119–126] als Solvens eingesetzt. Verwendet werden u. a. Natriummethanolat[119, 120], Natriumethanolat[120–124], Lithiummethanolat[125, 126], Natriumpropanolat[120], Natriumbutanolat[120], Kalium-tert.-butanolat[116, 117, 124] und Natrium-1,1-dimethyl-propanolat[118] im jeweils entsprechenden Alkohol oder einem geeigneten Lösungsmittel. Der Vorteil der Alkanolat-Methode liegt darin, daß die Erzeugung und Umsetzung von Yliden in homogener Phase erfolgen kann, und daß bei Phosphonium-Salzen mit Alkoxycarbonyl-Gruppen der Alkoxy-Rest nicht abgespalten wird[127]. Bei der Alkanolat-Methode stehen Ylid und Phosphonium-Salz im Gleichgewicht[121]:

$$[(H_5C_6)_3\overset{\oplus}{P}{-}CH_2{-}R]\;\overset{\ominus}{O}C_2H_5 \;\rightleftharpoons\; (H_5C_6)_3P{=}CH{-}R \;+\; C_2H_5OH$$

Diese Tatsache wird zur Synthese tritiummarkierter Alkyliden-phosphorane ausgenutzt[128, 129].

[105] *L. A. Pinck* u. *G. E. Hilbert*, J. Am. Chem. Soc. **69**, 723 (1947).
[106] *G. Märkl*, Chem. Ber. **95**, 3003 (1962).
[107] *S. Trippett* u. *D. M. Walker*, J. Chem. Soc. **1961**, 1266.
[108] *D. B. Denney* u. *S. T. Ross* J. Org. Chem. **27**, 998 (1962).
[109] *H. Hoffmann*, Chem. Ber. **95**, 2563 (1962).
[110] *G. Köbrich*, Angew. Chem. **74**, 33 (1962).
[111] *G. Wittig, H. Eggers* u. *P. Duffner*, Justus Liebigs Ann. Chem. **619**, 10 (1958).
[112] *H. Oediger, H. J. Kabbe, F. Möller* u. *K. Eiter*, Chem. Ber. **99**, 2012 (1966).
[113] *H. Normant*, Angew. Chem. **79**, 1029 (1967); engl.: **6**, 1046.
[114] *H. J. Bestmann* et al., Synthesis **1974**, 798; Tetrahedron Lett. **1974**, 779; **1974**, 207; Chem. Ber. **108**, 3582 (1975).
[115] *L. Horner* u. *F. Lingnau*, Justus Liebigs Ann. Chem. **591**, 135 (1954).
[116] *G. Märkl*, Tetrahedron Lett. **1961**, 807.
[117] *G. Märkl*, Z. Naturforsch. **18b**, 84 (1963).
[118] *J. M. Conia* u. *J. C. Limasset*, Bull. Soc. Chim. Fr. **1967**, 1936.
[119] *F. Bohlmann*, Chem. Ber. **90**, 1519 (1957).
[120] *K. Friedrich* u. *H. G. Henning*, Chem. Ber. **92**, 2944 (1959).
[121] *G. Wittig* u. *W. Haag*, Chem. Ber. **88**, 1654 (1955).
[122] DBP 943 648 (1954), BASF, Erf.: *H. Pommer* u. *G. Wittig*; C. **1957**, 799.
[123] *A. Mondon*, Justus Liebigs Ann. Chem. **603**, 115 (1957).
[124] *G. Wittig, W. Böll* u. *K. H. Krück*, Chem. Ber. **95**, 2514 (1962).
[125] *T. W. Campbell, R. N. McDonald*, J. Org. Chem. **24**, 1246 (1959).
[126] *G. Drefahl* u. *G. Plötner*, Chem. Ber. **93**, 990 (1960).
[127] *L. D. Bergelson, V. A. Vaver* u. *M. M. Shemyakin*, Izv. Akad. Nauk SSSR **1960**, 1900; C. A. **55**, 14 294 (1961).
[128] *H. J. Bestmann, O. Kratzer* u. *H. Simon*, Chem. Ber. **95**, 2750 (1962).
[129] *H. J. Bestmann, O. Kratzer, R. Armsen* u. *E. Maekawa*, Justus Liebigs Ann. Chem. **1973**, 760.

Da Alkanolate bzw. Alkohole Phosphonium-Salze und Ylide zu Phosphinoxiden spalten können[120, 130], wird die Wittig-Reaktion in der Weise durchgeführt, daß ein Gemisch aus Phosphonium-Salz und Carbonyl-Verbindung vorgelegt und die Base zugetropft wird. Allerdings besteht hierbei die Gefahr der Selbstkondensation der Carbonyl-Verbindung unter dem Einfluß der Base und Zersetzung des Ylides durch freigesetzte Hydroxy-Ionen[124]. Mit Kalium-tert.-butanolat und Natrium-1,1-dimethyl-propanolat können auch reaktive Ylide aus ihren Salzen erzeugt werden[118, 124].

Stehen in β-Stellung zum Phosphor-Atom aktivierte H-Atome, so sind Alkanolate als Basen ungeeignet, da sie die Spaltung des Phosphonium-Salzes zu Phosphan und Olefin begünstigen[131].

1.4.1.3. mit carbanionischen Basen

Organo-lithium-Verbindungen (insbesondere Phenyl-lithium) werden sehr oft zur Deprotonierung von Phosphonium-Salzen eingesetzt[132−136]. Als Lösungsmittel dienen zumeist Diethylether oder THF.

Bei dieser Methode kann neben der Deprotonierung durch nucleophilen Angriff am Phosphor-Atom Ligandenaustausch eintreten, wobei prinzipiell mindestens zwei verschiedene Ylide alternativ oder nebeneinander entstehen können[137−139, 139a]. Daher ist z. B. im Falle von Triphenyl-phosphonium-Salzen Phenyl-lithium als Base zu verwenden. Bei Phosphonium-Salzen, mit einem Halogen-Atom in α-Stellung zum Phosphor-Atom kann neben der Deprotonierung[140] je nach Base und Halogen auch positives Halogen abgespalten werden[141, 142]; z.B.:

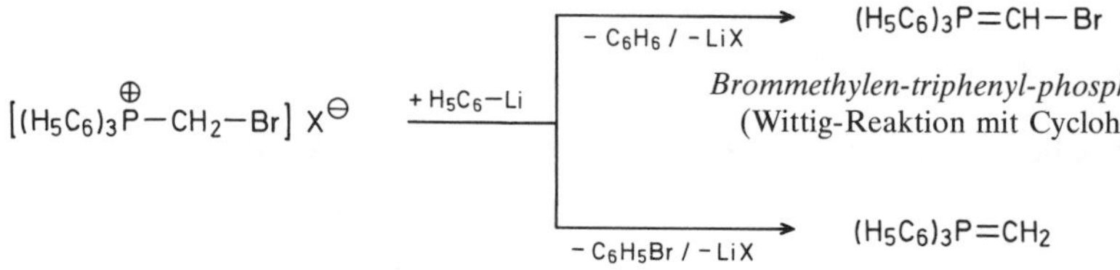

$$[(H_5C_6)_3\overset{\oplus}{P}-CH_2-Br]\ X^{\ominus} \xrightarrow{+H_5C_6-Li}$$

$$\xrightarrow{-C_6H_6 \ / \ -LiX} (H_5C_6)_3P{=}CH{-}Br$$

Brommethylen-triphenyl-phosphoran; 46% (Wittig-Reaktion mit Cyclohexanon[141])

$$\xrightarrow{-C_6H_5Br \ / \ -LiX} (H_5C_6)_3P{=}CH_2$$

Methylen-triphenyl-phosphoran; 18% (Wittig-Reaktion mit Cyclohexanon[141])

Auch die Substitution des Halogens durch einen am Phosphor-Atom haftenden Rest ist möglich[139]; z.B.:

[118] *J. M. Conia* u. *J. C. Limasset*, Bull. Soc. Chim. Fr. **1967**, 1936.
[120] *K. Friedrich* u. *H. G. Henning*, Chem. Ber. **92**, 2944 (1959).
[124] *G. Wittig, W. Böll* u. *K. H. Krück*, Chem. Ber. **95**, 2514 (1962).
[130] *M. Grayson* u. *P. T. Keough*, J. Am. Chem. Soc. **82**, 3919 (1960).
[131] *H. J. Bestmann, H. Häberlein* und *I. Pils*, Tetrahedron **20**, 2079 (1964).
[132] *D. D. Coffman* u. *C. S. Marvel*, J. Am. Chem. Soc. **51**, 3496 (1929).
[133] *G. Wittig* u. *M. Rieber*, Justus Liebigs Ann. Chem. **562**, 177 (1949).
[134] *G. Wittig* u. *G. Geissler*, Justus Liebigs Ann. Chem. **580**, 44 (1953).
[135] *G. Wittig* u. *H. Laib*, Justus Liebigs Ann. Chem. **580**, 57 (1953).
[136] *G. Wittig* u. *U. Schöllkopf*, Chem. Ber. **87**, 1318 (1954).
[137] *D. Seyferth* et al., J. Am. Chem. Soc. **84**, 1764 (1962); **87**, 2847, 3467 (1965).
[138] *H. G. Bestmann* u. *T. Denzel*, Tetrahedron Lett. **1966**, 3591.
[139] *G. M. Pilling* u. *F. Sondheimer*, J. Am. Chem. Soc. **93**, 1970 (1971).
[139a] *M. Miyano* u. *M. A. Stealy*, J. Org. Chem. **40**, 2840 (1975).
[140] *G. Wittig* u. *M. Schlosser*, Chem. Ber. **94**, 1373 (1961).
[141] *D. Seyferth, J. K. Heeren,* u. *S. O. Grim*, J. Org. Chem. **26**, 4783 (1961).
[142] *G. Köbrich* et al., Angew. Chem. **74**, 33 (1962); Chem. Ber. **99**, 689 (1966).

$$[(H_5C_6)_3\overset{\oplus}{P}-CH_2-Cl]\ Cl^{\ominus}\ +\ H_9C_4-Li\ \longrightarrow$$

$$(H_5C_6)_3P=CH-Cl\ +\ (H_5C_6)_3P=CH-C_4H_9\ +\ \underset{H_9C_4}{\overset{H_5C_6}{>}}P=CH-C_6H_5$$

Chlormethylen-triphenyl-phosphoran; 55% (Wittig-Reaktion mit 2-Ethinyl-1-formyl-1-cyclohexen)	*Pentyliden-triphenyl-phosphoran*; 0–13% (Wittig-Reaktion mit 2-Ethinyl-1-formyl-1-cyclohexen)	*Benzyliden-butyl-diphenyl-phosphoran*; 2% (Wittig-Reaktion mit 2-Ethinyl-1-formyl-1-cyclohexen)

Steht ein Halogen-Atom in β-Stellung zum Phosphor-Atom so werden zunächst Vinyl-phosphonium-Salze gebildet, die ein zweites Mol Base addieren[143]; z.B.:

$$[(H_5C_6)_3\overset{\oplus}{P}-CH_2-CH_2-Br]\ Br^{\ominus}\ +\ H_5C_6-Li\ \xrightarrow[-C_6H_6\ /\ -LiBr]{}\ [(H_5C_6)_3\overset{\oplus}{P}-CH=CH_2]\ Br^{\ominus}$$

$$\xrightarrow[-LiBr]{+\ H_5C_6-Li}\ (H_5C_6)_3P=CH-CH_2-C_6H_5$$

(2-Phenyl-ethyliden)-triphenyl-phosphoran; 35%

Gelegentlich entstehen anstatt der gewünschten andere Ylide; z.B. reagiert das aus (Methoxycarbonyl-methyl)-triphenyl-phosphoniumhalogenid resultierende Ylid in einer Folgereaktion zu (2-Oxo-vinyliden)-phosphoranen[144]:

$$[(H_5C_6)_3\overset{\oplus}{P}-CH_2-COOC_2H_5]\ X^{\ominus}\ \xrightarrow[-Li-X/-RH]{+\ R-Li}\ \{(H_5C_6)_3P=CH-COOC_2H_5\}$$

$$\xrightarrow[\substack{-LiOC_2H_5\ /\ -C_6H_6\\ bzw.\ -RH}]{+\ R-Li}\ (H_5C_6)_3P=C=C=O\ +\ H_5C_6-\underset{C_6H_5}{\overset{R}{\underset{|}{\overset{|}{P}}}}=C=C=O$$

(2-Oxo-vinyliden)-triphenyl-phosphoran; 55%; Schmp.: 171–172° (R = C$_6$H$_5$)	*Diphenyl-organo-(2-oxo-vinyliden)-phosphorane*

Bei der Deprotonierung von Trialkyl-phosphonium-Salzen ist zu berücksichtigen, daß die resultierenden Ylide mit überschüssiger Base zu metallierten Yliden[145] weiterreagieren und mit Lithiumhalogeniden in stärkerem Maße als die Triphenylanalogen[146] stabile Komplexe bilden, aus denen die Ylide durch Erhitzen wieder freigesetzt werden können[145, 147]. Bei der Deprotonierung mit Phenyl-lithium in Dimethylformamid oder -acetamid erhält man infolge Reaktion der Base mit dem Lösungsmittel zusätzliche Nebenprodukte[148].

Besonders bewährt als Base hat sich das aus Dimethylsulfoxid und Natriumhydrid zugängliche Methylsulfinyl-methylnatrium (in DMSO als Lösungsmittel)[149, 150, 160]:

[143] *D. Seyferth, J. S. Fogel* u. *J. K. Heeren*, J. Am. Chem. Soc. **86**, 307 (1964).

[144] *H. J. Bestmann, R. Besold* u. *D. Sandmeier*, Tetrahedron Lett. **1975**, 2293.

[145] *H. Schmidbaur* u. *W. Tronich*, Chem. Ber. **101**, 595, 3556 (1968).

[146] *T. A. Albright* u. *E. E. Schweizer*, J. Org. Chem. **41**, 1168 (1976).

[147] *W. Malisch, D. Rankin* u. *H. Schmidbaur*, Chem. Ber. **104**, 145 (1979).

[148] *J. O. Currie*, jun., *R. A. LaBar, R. D. Breazeale* u. *A. G. Anderson*, jun., Justus Liebigs Ann. Chem. **1973**, 166.

[149] *E. J. Corey* u. *M. Chaykovsky*, J. Am. Chem. Soc. **84**, 866 (1962).

[150] *R. Greenwald, M. Chaykovsky* u. *E. J. Corey*, J. Org. Chem. **28**, 1128 (1963).

[160] *H. S. Corey, J. R. D. McCormick* u. *W. E. Swensen*, J. Am. Chem. Soc. **86**, 1884 (1964).

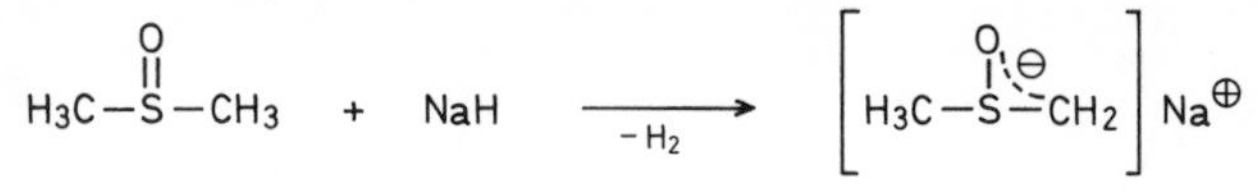

$$H_3C-\overset{\overset{O}{\|}}{S}-CH_3 \quad + \quad NaH \quad \xrightarrow{-H_2} \quad \left[H_3C-\overset{\overset{O}{\|}}{S}{\overset{\ominus}{=}}CH_2 \right] Na^{\oplus}$$

Ylid-Lösung nach der Dimethylsulfinat-Methode[150]; allgemeine Arbeitsvorschrift: Unter Stickstoff und sorgfältigem Feuchtigkeitsausschluß wird die stöchiometrische Menge Natriumhydrid (in 50%iger Mineralöl-Suspension) auf einer Glasfritte durch mehrmaliges Waschen mit abs. Petrolether vom Mineralöl befreit und dann in ein Schlenkrohr oder einen Kolben eingefüllt. Man gibt über Calciumhydrid getrocknetes Dimethylsulfoxid (50 *ml* Dimethylsulfoxid für 100 mmol Natriumhydrid), setzt einen Rückflußkühler mit Quecksilberventil auf und erwärmt das Gemisch langsam unter Rühren (magnetischer Rührer) auf 70–80°. Nach 45 Min. ist die Wasserstoff-Entwicklung beendet. Die Lösung des entstandenen Dimethylsulfoxid-Anions wird in Eis gekühlt und die warme Lösung oder Suspension (≈ 50°) des Phosphonium-Salzes in Dimethylsulfoxid (50 mmol Salz in ≈ 100 *ml* Dimethylsulfoxid) zugegeben.
Vor der weiteren Umsetzung wird das Reaktionsgemisch 10–20 Min. bei 20° gerührt.

Natriumacetylenid und Triphenylmethyl-natrium können ebenfalls als Basen verwendet werden[151,152,152a].

1.4.1.4. mit anderen Basen

Wäßrige Alkalimetallhydroxid-Lösungen[153–159] und Alkalimetallcarbonate[154,158,159] vermögen am α–C-Atom mit stark elektronenanziehenden Gruppen (z. B. Acyl, Alkoxycarbonyl, Cyan, 9-Fluorenyl, Nitrophenyl) substiuierte Phosphonium-Salze in Ylide zu überführen.
Natriumhydrid eignet sich ebenfalls zur Deprotonierung von Phosphonium-Salzen[161].

Methylen-triphenyl-phosphoran[161]: Zu 29,0 g (0,081 mol) Methyl-triphenyl-phosphoniumbromid, suspendiert in 200 *ml* trockenem THF, werden unter Rühren 1,67 g Natriumhydrid (Überschuß) gegeben und die Reaktionsmischung 24 Stdn. bei 20° gerührt. Anschließend wird von unumgesetzten Natriumhydrid und vom entstandenen Natriumbromid filtriert und das tiefgelbe Filtrat i. Vak. stark eingeengt. Das dabei anfallende Rohprodukt kann durch Extraktion mit Petrolether (40–60°) und Kristallisation gereinigt werden.
Durch nicht wasser- und sauerstofffreies Arbeiten entstandenes Diphenyl-methyl-phosphinoxid kann durch Sublimation bei 100°/0,1 Torr entfernt werden, danach wird aus Petrolether umkristallisiert; Ausbeute: 19,1 g (85%); Schmp.: 96°.

Blei(IV)-acetat reagiert mit (2-Oxo-alkyl)-phosphonium-Salzen zu (2-Oxo-alkyliden)-phosphoranen, die anschließend in α-Position zu (1-Halogen-2-oxo-alkyliden)-phosphoranen substituiert werden[162].
Ylide sind häufig selbst ausreichend starke Basen um aus Phosphonium-Salzen die zugehörigen, weniger basischen Ylide zu erzeugen (Umylidierung)[163]. So wird z. B. aus Methylen-triphenyl-phosphoran und (2-Oxo-2-phenyl-ethyl)-triphenyl-phosphoniumbromid *(2-Oxo-2-phenyl-ethyliden)-triphenyl-phosphoran* in sehr guter Ausbeute erhalten[164]:

[150] *R. Greenwald, M. Chaykowsky* u. *E. J. Corey*, J. Org. Chem. **28**, 1128 (1963).
[151] DBP 954247 (1954), BASF, Erf.: *G. Wittig* u. *H. Pommer*, C. A. **53**, 2279e (1959)
[152] DBP 1026745 (1958), BASF, Erf.: *G. Wittig, H. Pommer* u. *W. Sarnecki*; C. A. **54**, 11074f (1960).
[152a] *D. D. Coffman* u. *C. S. Marvel*, J. Am. Chem. Soc. **51**, 3496 (1929).
[153] *O. G. Isler* et al., Helv. Chim. Acta **40**, 1242 (1957).
[154] *F. Ramirez* u. *S. Dershowitz*, J. Org. Chem. **22**, 41 (1957).
[155] *L. Horner* u. *E. Lingnau*, Justus Liebigs Ann. Chem. **591**, 135 (1955).
[156] *F. Ramirez* u. *S. Levy*, J. Org. Chem. **21**, 488 (1956).
[157] *F. Ramirez* u. *S. Levy*, J. Am. Chem. Soc. **79**, 67 (1957).
[158] *F. Kröhnke*, Chem. Ber. **83**, 291 (1950).
[159] *G. P. Schiemenz* u. *H. Engelhard*, Chem. Ber. **94**, 578 (1961).
[161] *H. Schmidbaur, H. Stühler* u. *W. Vornberger*, Chem. Ber. **105**, 1084 (1972).
[162] *E. Zbiral* u. *H. Hengstberger*, Monatsh. Chem. **99**, 429 (1968).
[163] *H. J. Bestmann*, Angew. Chem. **77**, 609 (1965); engl.: **4**, 583.
[164] *H. J. Bestmann*, Chem. Ber. **95**, 58 (1962).

$$(H_5C_6)_3P{=}CH_2 \quad + \quad \left[(H_5C_6)_3\overset{\oplus}{P}{-}CH_2{-}CO{-}C_6H_5\right]Br^{\ominus} \quad \longrightarrow$$

$$\left[(H_5C_6)_3\overset{\oplus}{P}{-}CH_3\right]Br^{\ominus} \quad + \quad (H_5C_6)_3P{=}CH{-}CO{-}C_6H_5$$

(2-Oxo-2-phenyl-ethyliden)-triphenyl-phosphoran[164]: Zu einer salzfreien Lösung von 5,52 g (0,02 mol) Methylen-triphenyl-phosphoran in 100 ml abs. Toluol gibt man 9,24 g (0,02 mol) i. Vak. über Phosphor(V)-oxid getrocknetes, fein pulverisiertes (2-Oxo-2-phenyl-ethyl)-triphenyl-phosphoniumbromid und erhitzt unter Feuchtigkeits- und Sauerstoffausschluß 24 Stdn. zum Rückfluß. Anschließend wird das Methyl-triphenyl-phosphoniumbromid (7,8 g) abgesaugt, mit Toluol gewaschen und die Lösung i. Vak. eingedampft. Der kristalline Rückstand wird mit 15–20 ml Essigsäure-ethylester versetzt und abgesaugt. Beim langsamen Verdunsten der Mutterlauge erhält man eine geringe zweite Fraktion. Gesamtausbeute: 6,65 g (87%); Schmp.: 180°.

Methylen-triphenyl-phosphoran[161]: Zu 9,5 g (0,026 mol) Methyl-triphenyl-phosphoniumbromid[165], suspendiert in 75 ml trockenem Diethylether, werden unter Rühren langsam 2,4 g (0,026 mol) Methylentrimethyl-phosphoran[166], gelöst in 20 ml Diethylether, gegeben. Nach 20 Stdn. Rühren wird vom ausgefallenen Tetramethyl-phosphoniumbromid abfiltriert und das gelbe Filtrat eingeengt. Das dabei gebildete tiefgelbe Rohprodukt wird durch Umkristallisation aus Petrolether (40–60°) gereinigt (bei allen Operationen wird unter trockenem Stickstoff oder Argon gearbeitet); Ausbeute: 6,0 g (82%); Schmp.: 96°.

Chlormethylen-triphenyl-phosphoran[167]: 13,8 g (0,05 mol) Methylen-triphenyl-phosphoran werden zu 21 g (0,06 mol) Chlormethyl-triphenyl-phosphoniumchlorid in 300 ml wasserfreiem THF gegeben. Nach 20–30 Min. Rühren wird das in Lösung vorliegende Ylid vom ausgefallenen Methyl-triphenyl-phosphoniumchlorid und überschüssigem Chlormethyl-triphenyl-phosphoniumchlorid abfiltriert. Die beim Einengen der orangefarbenen Lösung sich abscheidenden Kristalle werden i. Hochvak. getrocknet, weitere Fraktionen durch Umkristallisieren aus THF gereinigt; Ausbeute: 10,9 g (70%); Zers.: 95–98°.

Die Umylidierung ist insbesondere als Folgereaktion verschiedenster Substitutionsreaktionen der Ylide mit elektrophilen Reaktionspartnern von Bedeutung. Voraussetzung für einen eindeutigen Reaktionsablauf ist, daß sich die beiden beteiligten Ylide hinsichtlich ihrer Basenstärke ausreichend unterscheiden.

Oxiran kann anstelle der üblichen Basen zur Überführung von Phosphonium-Salzen (auch ein Gemisch aus Phosphan und Alkylhalogenid kann verwendet werden) in die entsprechenden Ylide eingesetzt werden[168–170]:

$$\left[R_3^1\overset{\oplus}{P}{-}\overset{\displaystyle R^2}{\underset{\displaystyle H}{C}}{-}R^3\right]X^{\ominus} \quad + \quad \underset{\triangle}{\overset{O}{}} \quad \rightleftharpoons \quad R_3^1P{=}C\overset{\displaystyle R^2}{\underset{\displaystyle R^3}{\big\langle}} \quad + \quad HO{-}CH_2{-}CH_2{-}X$$

[2-(4-Nitro-phenyl)-2-oxo-ethyliden]-triphenyl-phosphoran[169]: 300 mg (0,53 mmol) [2-(4-Nitro-phenyl)-2-oxo-ethyl]-triphenyl-phosphoniumjodid werden in 2 ml 2-Methyl-oxiran suspendiert und geschüttelt. Nach einigen Min. ist das Salz gelöst, und es fallen gelbe Nadeln aus. Nach dem Einengen der Mischung wird filtriert; Ausbeute: 150 mg (65%); Schmp.: 196–197° (aus Acetonitril).

Als deprotonierendes Agenz fungieren je nach Acidität des eingesetzten Phosphonium-Salzes das 2-Halogen-ethanolat, das Gegenion $X^{\ominus}$ des Phosphonium-Salzes oder das Oxiran selbst[170]. Vorteile des Oxirans gegenüber den bei Wittig-Reaktionen üblicherweise verwendeten Basen sind die einfache Durchführung (keine gesonderte Ylid-Herstellung, zumeist auch keine Herstellung der Phosphonium-Salze notwendig) der Reaktion und das neutrale Reaktionsmedium, so daß die typischen, durch Basen hervorgerufenen Nebenreaktionen unterbleiben. Für schwach acide Phosphonium-Salze ist das Verfahren wenig geeignet, da eine Deprotonierung zum Ylid erst bei ~150° erfolgt.

[161] H. Schmidbaur, H. Stühler u. W. Vornberger, Chem. Ber. **105**, 1084 (1972).
[164] H.J. Bestmann, Chem. Ber. **95**, 58 (1962).
[165] G. Wittig u. U. Schöllkopf, Chem. Ber. **87**, 1318 (1954).
[166] H. Schmidbaur u. W. Tronich, Chem. Ber. **101**, 595 (1968).
[167] R. Appel u. W. Morbach, Angew. Chem. **89**, 203 (1977); engl.: **16**, 180.
[168] J. Buddrus, Angew. Chem. **84**, 1173 (1972); engl.: **11**, 1041.
[169] J. Buddrus, Chem. Ber. **107**, 2050 (1974).
[170] J. Buddrus u. W. Kimpenhaus, Chem. Ber. **107**, 2062 (1974).

Eventuell auftretende Nebenreaktionen

Cyclopropan-Bildung aus Ylid und überschüssigem Oxiran

Bildung und Zerfall intermediärer pentacovalenter Phosphor-Derivate

Acetal-Bildung aus Carbonyl-Verbindung und Oxiran

sind i.a. langsamer als die Olefin-Bildung.

Eine weitere Ylid-Synthese, die ebenfalls ein basisches Reaktionsmilieu vermeidet und bei der das resultierende Ylid ebenfalls im Gleichgewicht mit seinem konjugiertem Salz steht, geht von Phosphoniumfluoriden aus[172]. Die Basizität des Fluorid-Anions ist ausreichend, um die Rolle der üblicherweise zugesetzten äußeren Hilfsbase zu übernehmen, so daß sich ein Gleichgewicht zwischen Salz und Ylid ausbildet:

$$[(H_5C_6)_3\overset{\oplus}{P}-CH_2-R]\ F^{\ominus} \quad \rightleftharpoons \quad (H_5C_6)_3P=CH-R \quad + \quad HF$$

Die Phosphoniumfluoride müssen nicht als solche eingesetzt werden, sondern können in situ aus den entsprechenden Chloriden und Kaliumfluorid erzeugt werden.

Bei der Reduktion von Phosphonium-Salzen mit metallischem Natrium entstehen ebenfalls Ylide[173].

1.4.2. durch Pyrolyse

Silylsubstituierte Phosphonium-Salze spalten beim Erhitzen Silylhalogenid ab unter Bildung eines Methylenphosphorans[174,175,175a]; z.B.:

$$[(H_5C_6)_3\overset{\oplus}{P}-CH_2-Si(CH_3)_3]\ Cl^{\ominus} \quad \xrightarrow[-(H_3C)_3Si-Cl]{\Delta} \quad (H_5C_6)_3P=CH_2$$

Methylen-triphenyl-phosphoran[175];
98%, Schmp.: 76–77°

Auch die Thermolyse von (1-Alkoxycarbonyl-alkyl)-triphenyl-phosphonium-Salzen führt unter Abspaltung von Kohlendioxid und Alkylhalogenid zum Ylid[176,177]:

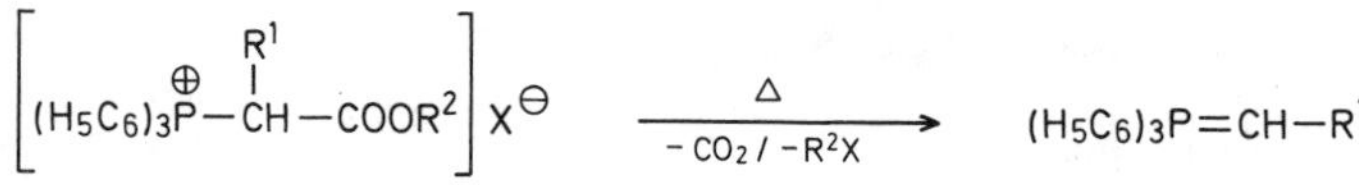

$$\left[(H_5C_6)_3\overset{\oplus}{P}-\overset{\overset{\textstyle R^1}{|}}{CH}-COOR^2\right] X^{\ominus} \quad \xrightarrow[-CO_2\,/\,-R^2X]{\Delta} \quad (H_5C_6)_3P=CH-R^1$$

1.4.3. durch Elektrolyse

Phosphonium-Salze lassen sich auch auf elektrolytischem Wege in die entsprechenden Ylide überführen[178–180]. Wenngleich die Methode den Einsatz einer starken Base umgeht, scheint ihre präparative Anwendbarkeit begrenzt.

---

[172] G. P. Schiemenz, J. Becker u. J. Stöckigt, Chem. Ber. **103**, 2077 (1970).

[173] A. W. Herriott, Tetrahedron Lett. **1971**, 2547.

[174] N. E. Miller, J. Am. Chem. Soc. **87**, 390 (1965).

[175] H. Schmidbaur u. W. Tronich, Chem. Ber. **100**, 1032 (1967).

[175a] A. Sekiguchi u. W. Ando, J. Org. Chem. **44**, 413 (1979).

[176] H. J. Bestmann, Angew. Chem. **77**, 609 (1965); engl.: **4**, 583.

[177] S. Seltzer, A. Tsolis u. D. B. Denney, J. Am. Chem. Soc. **91**, 4236 (1969).

[178] T. Shono u. M. Mitani, J. Am. Chem. Soc. **90**, 2728 (1968).

[179] P. A. Iversen u. H. Lund, Tetrahedron Lett. **1969**, 3523.

[180] J. M. Savéant u. S. K. Binh, Bull. Soc. Chim. Fr. **1972**, 3549.

1.4.4. durch Addition nucleophiler Reagentien an Vinyl-, Ethinyl- und Cyclopropyl-triphenyl-phosphonium-Salze

Organo-lithium-Verbindungen reagieren mit Triphenyl-vinyl-phosphoniumbromid zu (2-substituierten Ethyliden)-triphenyl-phosphoranen[181]; z.B.:

$$[(H_5C_6)_3\overset{\oplus}{P}-CH=CH_2]\ Br^{\ominus}\ +\ H_5C_6-Li\ \xrightarrow[-LiBr]{}\ (H_5C_6)_3P=CH-CH_2-C_6H_5$$

(2-Phenyl-ethyliden)-triphenyl-phosphoran; 33%,
(Wittig-Reaktion mit Aceton)

Zu beachten ist, daß mit Organo-metall-Verbindungen Ligandenaustauschreaktionen am Phosphor-Atom eintreten können. Das Verfahren wird mit großem Erfolg zur Addition O-, N- bzw. S-haltiger Anionen oder weniger reaktiver Carbanionen an die C=C-Doppelbindung von Vinyl-phosphonium-Salzen unter Bildung von (2-substituierten Alkyliden)-phosphoranen eingesetzt[182-196]:

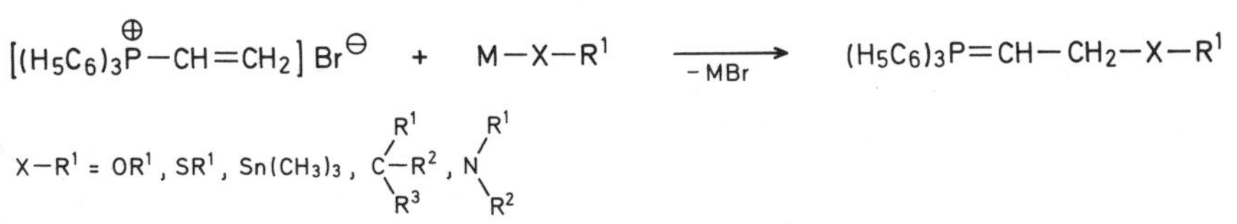

$$[(H_5C_6)_3\overset{\oplus}{P}-CH=CH_2]\ Br^{\ominus}\ +\ M-X-R^1\ \xrightarrow[-MBr]{}\ (H_5C_6)_3P=CH-CH_2-X-R^1$$

$$X-R^1 = OR^1,\ SR^1,\ Sn(CH_3)_3,\ \overset{R^1}{\underset{R^3}{C-R^2}},\ \overset{R^1}{\underset{R^2}{N}}$$

(2-substituierte Ethyliden)-triphenyl-phosphorane; allgemeine Arbeitsvorschrift[184]: 2,16 g (0,09 mol) Natriumhydrid werden mit 100 ml einer aciden Verbindung (z.B. Piperidin, Diethylamin, Ethanol, Thiophenol etc.) unter Stickstoffschutz und Rühren zum Rückfluß erhitzt. Nach 14–18 Stdn. wird auf 20° abgekühlt und 33,2 g (0,09 mol) Triphenyl-vinyl-phosphoniumbromid und 50 ml Dimethylformamid zugefügt. Nach 3–5 Min. wird die resultierende Ylid-Lösung durch tropfenweise Zugabe von 0,09 mol einer Carbonyl-Verbindung umgesetzt; Ausbeute: 30–68% (Wittig-Reaktion mit Benzaldehyd).

Triphenyl-vinyl-phosphoniumbromid wird insbesondere mit Oxo-Gruppen haltigen Anionen umgesetzt, die nach intramolekularer Wittig-Reaktion cyclische Verbindungen liefern[182-192] (s.a. S. 717–718).
Die Ylide werden i.a. nicht isoliert.
Das Verfahren läßt sich auf substituierte Vinyl-phosphonium-[197,198] und 1,3-Butadienyl-triphenyl-phosphonium-Salze[199,200] übertragen:

[181] D. Seyferth, J.S. Fogel u. J.K. Heeren, J. Am. Chem. Soc. **86**, 307 (1964).
[182] E.E. Schweizer, J. Am. Chem. Soc. **86**, 2744 (1964).
[183] E.E. Schweizer u. K.K. Light, J. Am. Chem. Soc. **86**, 2963 (1964).
[184] E.E. Schweizer, L.D. Smucker u. R.J. Votral, J. Org. Chem. **31**, 467 (1966).
[185] E.E. Schweizer u. G.J. O'Neill, J. Org. Chem. **30**, 2082 (1965).
[186] E.E. Schweizer u. K.K. Light, J. Org. Chem. **31**, 870 (1966).
[187] E.E. Schweizer u. L.D. Smucker, J. Org. Chem. **31**, 3146 (1966).
[188] E.E. Schweizer u. J.G. Liehr, J. Org. Chem. **33**, 583 (1968).
[189] E.E. Schweizer, W.S. Creasy, J.G. Liehr, M.E. Jenkins u. D.L. Dalrymple, J. Org. Chem. **35**, 601 (1970).
[190] E.E. Schweizer u. C.M. Kopay, J. Org. Chem. **37**, 1561 (1972).
[191] J.M. McIntosh et al., Tetrahedron Lett. **1973**, 3157; J. Org. Chem. **39**, 202 (1974).
[192] W.G. Dauben et al., Tetrahedron Lett. **1975**, 151.
[193] E. Zbiral, M. Rasberger u. H. Hengstberger, Justus Liebigs Ann. Chem. **725**, 22 (1969).
[194] H. Saikachi, N. Shimojyo u. H. Ogawa, Yakugaku Zasshi **90**, 581 (1970); C.A. **73**, 35456 (1970).
[195] E. Vedejs u. J.P. Bershas, J. Org. Chem. **37**, 2639 (1972).
[196] S.J. Hannon u. T.G. Traylor, Chem. Commun. **1975**, 630.
[197] E.E. Schweizer u. W.S. Creasy, J. Org. Chem. **36**, 2244 (1971).
[198] E.E. Schweizer, A.T. Wehman u. D.M. Nycz, J. Org. Chem. **38**, 1583 (1973).
[199] P.L. Fuchs, Tetrahedron Lett. **1974**, 4055.
[200] G. Büchi u. M. Pawlak, J. Org. Chem. **40**, 100 (1975).

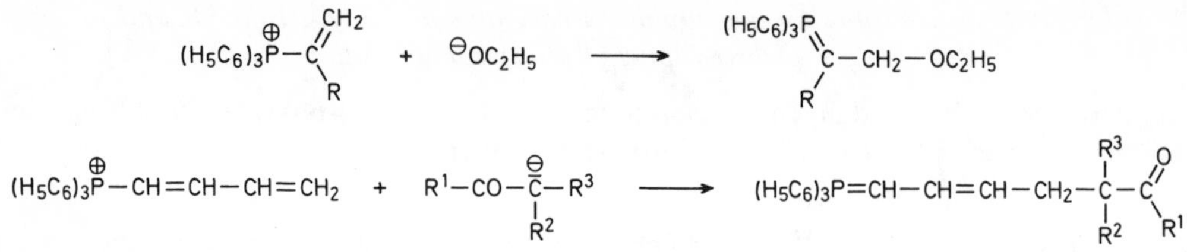

Eine Überführung substituierter Vinyl-phosphonium-Salze in Ylide ist gelegentlich auch durch Abspaltung eines Protons aus der γ-Position zum Phosphor-Atom möglich[201-205]:

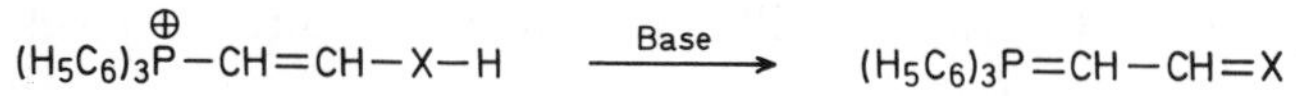

$$(H_5C_6)_3\overset{\oplus}{P}-CH=CH-X-H \quad \xrightarrow{\text{Base}} \quad (H_5C_6)_3P=CH-CH=X$$

Auch durch nucleophile Addition an die C≡C-Dreifachbindung von Ethinyl-phosphonium-Salzen sind Ylide zugänglich[206, 207]; z.B.[206]:

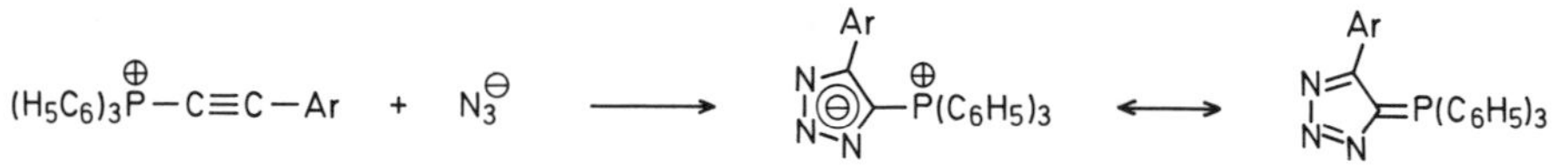

5-Aryl-4-triphenylphosphoranyliden-4H-1,2,3-triazin; 86–93%

(1-Subst.-Cyclopropyl)-phosphonium-Salze werden bei Einwirkung geeigneter Anionen unter Ringöffnung zu (1-substituierten-Alkyliden)-phosphoranen aufgespalten[209-211]. Wird eine Carbonyl-haltige Base verwendet, so reagiert das intermediär gebildete Ylid unter Cyclisierung ab; z.B.[209]:

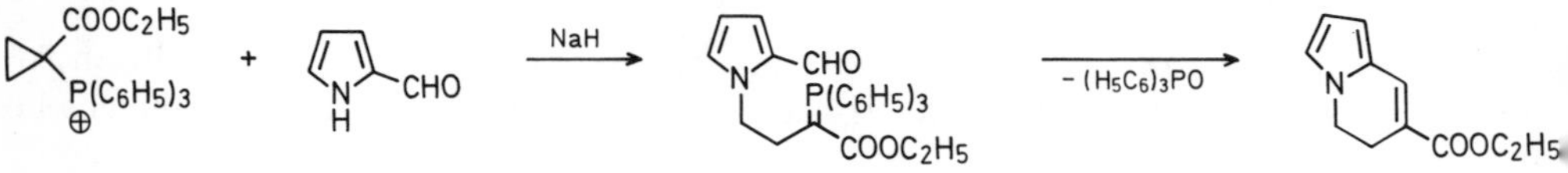

[1-Ethoxycarbonyl-3-(2-formyl-pyrrolo)-propyliden]-triphenyl-phosphoran

7-Ethoxycarbonyl-5,6-dihydro-indolizin; 92%

2. aus anderen Alkyliden-phosphoranen

2.1. durch Substitution des Wasserstoff-Atoms am Ylid-C-Atom

Alkyliden-phosphorane, die am α-Kohlenstoff-Atom mindestens ein Wasserstoff-Atom tragen, reagieren mit einer Vielzahl elektrophiler Reaktionspartner zu Phosphonium-Salzen bzw. zwitterionischen Intermediärprodukten, aus denen durch Deprotonierung bzw. Protonen-Wanderung substituierte Ylide erhalten werden.

[201] H. Saikachi, N. Shimojyo u. H. Ogawa, Yakugaku Zasshi 90, 581 (1970); C.A. 73, 35456 (1970).
[202] C.F. Garbers, J.S. Malherbe u. D.F. Schneider, Tetrahedron Lett. 1972, 1421.
[203] E.E. Schweizer, C.S. Kim, C.S. Labaw u. W.P. Murray, Chem. Commun. 1973, 7.
[204] R.K. Howe, J. Org. Chem. 39, 3501 (1974).
[205] E.E. Schweizer, S.D.V. Goff u. W.P. Murray, J. Org. Chem. 42, 200 (1977).
[206] Y. Tanaka u. S.I. Miller, J. Org. Chem. 38, 2708 (1973).
[207] N. Morita u. S.I. Miller J. Org. Chem. 42, 4245 (1977).
[209] P.L. Fuchs, J. Am. Chem. Soc. 96, 1607 (1974).
[210] W.G. Dauben u. D.J. Hart, J. Am. Chem. Soc. 97, 1622 (1975); Tetrahedron Lett. 1975, 4353.
[211] J.P. Marino u. R.C. Landick, Tetrahedron Lett. 1975, 4531.

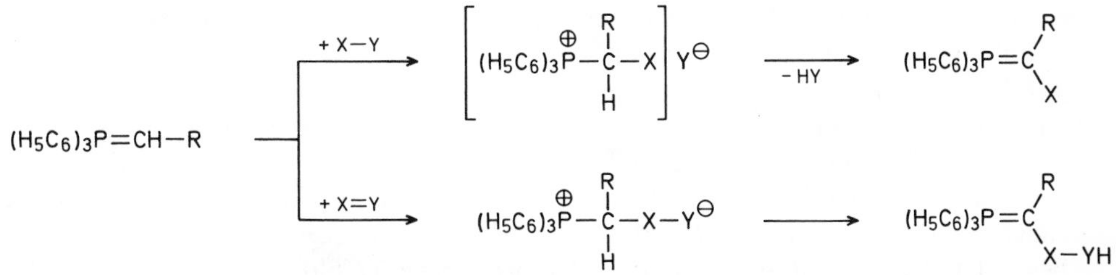

$$(H_5C_6)_3P=CH-R$$

with

$$+ X-Y \longrightarrow \left[(H_5C_6)_3\overset{\oplus}{P}-\underset{\underset{H}{|}}{\overset{\overset{R}{|}}{C}}-X\right]Y^{\ominus} \xrightarrow[-HY]{} (H_5C_6)_3P=C\overset{R}{\underset{X}{\big\backslash}}$$

$$+ X=Y \longrightarrow (H_5C_6)_3\overset{\oplus}{P}-\underset{\underset{H}{|}}{\overset{\overset{R}{|}}{C}}-X-Y^{\ominus} \longrightarrow (H_5C_6)_3P=C\overset{R}{\underset{X-YH}{\big\backslash}}$$

Wenn die Einführung des Liganden X die Acidität des gebildeten Salzes gegenüber der korrespondierenden Säure des Ausgangsylides erhöht, erfolgt Abspaltung des Protons unter Umylidierung[212], bei der ein zweites Mol des eingesetzten Ylides die Rolle der Base übernimmt.

Der Deprotonierung des intermediären Phosphonium-Salzes durch eine externe Base oder ein zweites Mol Ylidbase kann auch eine Metallierung des Ausgangsylides[213, 214], insbesondere bei der Verwendung von Methylen-trialkyl-phosphoranen, entsprechen.

2.1.1. Ersatz gegen heterofunktionelle Gruppe

2.1.1.1. gegen Halogen

Die stabilen (2-Oxo-alkyliden)- bzw. (Alkoxycarbonyl-methylen)-phosphorane reagieren mit freiem Halogen (z.B. Brom)[215] oder anderen Halogenüberträgern zu Phosphonium-Salzen, die durch Umylidierung oder ein dem Reaktionsgemisch zugesetztes tertiäres Amin[215–217], bzw. nach der Isolierung durch eine geeignete Base[215,217–219] (z.B. Natriumhydroxid, Natriumcarbonat) in (1-Halogen-2-oxo-alkyliden)- bzw. (Alkoxycarbonyl-halogen-methylen)-phosphorane übergeführt werden:

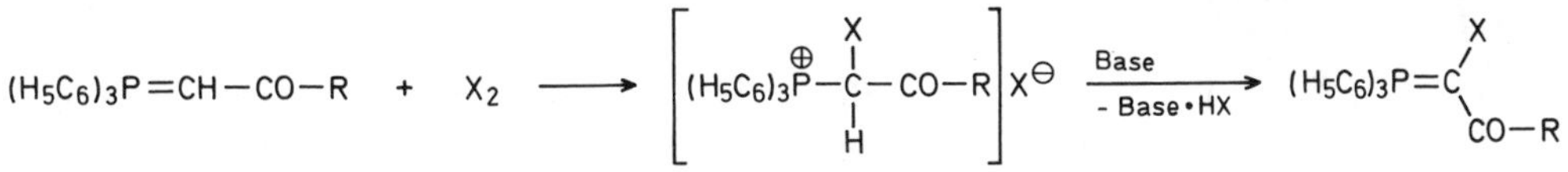

$$(H_5C_6)_3P=CH-CO-R \ + \ X_2 \longrightarrow \left[(H_5C_6)_3\overset{\oplus}{P}-\underset{\underset{H}{|}}{\overset{\overset{X}{|}}{C}}-CO-R\right]X^{\ominus} \xrightarrow[-\ Base \cdot HX]{Base} (H_5C_6)_3P=C\overset{X}{\underset{CO-R}{\big\backslash}}$$

X = Cl, Br, J
R = Alkyl, Aryl, O-Alkyl

(1-Brom-2-oxo-alkyliden)- und (Alkoxycarbonyl-brom-methylen)-triphenyl-phosphorane[215]:

In Eisessig: 10 mmol Ylid und 2,5 mmol wasserfreies Natriumacetat werden in 25 ml Eisessig gelöst und unter Rühren bei 10–15° mit 10 mmol Brom in 10 ml Eisessig versetzt. Nach Zugabe von 5 ml konz. Salzsäure wird das Lösungsmittel i. Vak. (Rotationsverdampfer) abgezogen, der Rückstand in Wasser oder Wasser/Methanol gelöst, das (1-Brom-alkyliden)-phosphoran mit verd. Natronlauge gefällt und aus Essigsäure-ethylester/Petrolether oder Methanol/Wasser umkristallisiert; Ausbeuten: s. Tab. 52 (S. 639).

In Chloroform: Zur Lösung von 10 mmol Ylid und 11 mmol frisch destilliertem Triethylamin in 25 ml Chloroform läßt man bei 10° 10 mmol Brom in 10 ml Chloroform zutropfen. Zur Entfernung des Triethylammoniumchlorids wird 2mal mit Wasser gewaschen, getrocknet, das Lösungsmittel abgezogen und der Rückstand wie vorstehend beschrieben umkristallisiert; Ausbeuten: s. Tab. 52 (S. 639).

---

[212] H.J. Bestmann, Angew. Chem. **77**, 609 (1965); engl.: **4**, 583.

[213] A.M. Van Leusen, B.A. Reith, A.J.W. Iedema u. J. Strating, Recl. Trav. Chim. Pays-Bas **91**, 37 (1972).

[214] H. Schmidbaur et al., Chem. Ber. **101**, 3545, 3556 (1968); **102**, 83 (1969); **110**, 677 (1977); Angew. Chem. **88**, 376 (1976); engl.: **15**, 367.

[215] G. Märkl, Chem. Ber. **95**, 3003 (1962).

[216] G. Märkl, Chem. Ber. **94**, 2996 (1961).

[217] D.B. Denney u. S.T. Ross, J. Org. Chem. **27**, 998 (1962).

[218] A.J. Speziale u. K.W. Ratts, J. Org. Chem. **28**, 465 (1963).

[219] A.J. Speziale u. C.C. Tung, J. Org. Chem. **28**, 1353 (1963).

Bromcyan wirkt auf stabile Ylide sowohl bromierend als auch cyanierend, wobei die Produktverteilung stark vom Lösungsmittel beeinflußt wird[220]. In Gegenwart von Triethylamin erfolgt ausschließlich Bromierung.

Die Chlorierung mit Phenyljodidchlorid[215] ist einfacher und liefert die Reaktionsprodukte in größerer Reinheit als die Umsetzung mit freiem Chlor[216].

Wird die Halogenierung im Beisein einer externen Base durchgeführt, können anstelle der Ylide auch die entsprechenden Phosphonium-Salze eingesetzt werden[215].

Eine besonders einfache Methode stellt die Chlorierung mit Chloramin T in heißer wäßriger Lösung dar[221]:

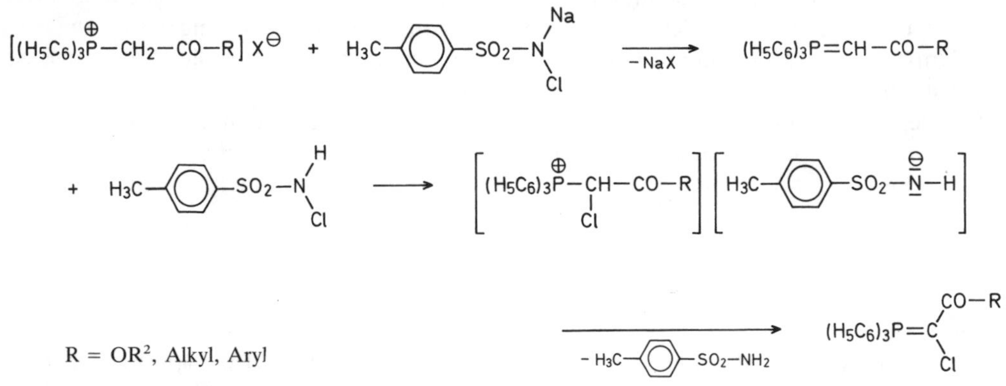

R = OR², Alkyl, Aryl

(1-Chlor-2-oxo-alkyliden)- bzw. (Alkoxycarbonyl-chlor-methylen)-triphenyl-phosphorane[221]: 100 mmol (2-Oxo-alkyliden)- bzw. (Alkoxycarbonyl-methylen)-triphenyl-phosphoran werden in 50 ml Wasser mit 5 ml 2 N Salzsäure bei 60–80° in Lösung gebracht. Unter Rühren wird eine auf 70–80° erwärmte Lösung von 2,81 g Chloramin T in 20 ml Wasser zugegeben. Das sich abscheidende Öl wird heiß vom Wasser getrennt und mit Ether verrieben, wobei Kristallisation eintritt. Man saugt ab, trocknet und kristallisiert aus Essigsäure-ethylester/Diethylether oder Petrolether um; Ausbeuten: s. Tab. 52 (S. 639).

Die Jodierung des Methoxycarbonylmethylen-triphenyl-phosphorans gelingt mit elementarem Jod oder auf dem Umweg über die Brom-Verbindung mit Kaliumjodid[216]. Für die analoge Überführung der weniger basischen (2-Aryl-2-oxo-ethyliden)-phosphorane ist freies Jod zu reaktionsträge[218] und wird zweckmäßigerweise durch Jodbromid ersetzt[222, 223].

Fluormethylen-triphenyl-phosphoran erhält man durch Umsetzung von salzfreiem Methylen-triphenyl-phosphoran mit Perchlorylfluorid in einem unpolaren Lösungsmittel und Deprotonierung des Fluormethyl-triphenyl-phosphoniumsalzes mit Phenyl-lithium bei −78°[224].

Die Umsetzung stark basischer Methylenphosphorane mit freien Halogenen ist von Nebenreaktionen begleitet und für präparative Zwecke ungeeignet[225].

[215] *G. Märkl*, Chem. Ber. **95**, 3003 (1962).

[216] *G. Märkl*, Chem. Ber. **94**, 2996 (1961).

[218] *A.J. Speziale* u. *K. W. Ratts*, J. Org. Chem. **28**, 465 (1963).

[220] *D. Martin* u. *H.J. Niclas*, Chem. Ber. **100**, 187 (1967).

[221] *H.J. Bestmann* u. *R. Armsen*, Synthesis **1970**, 590.

[222] *A.A. Grigorenko, M.I. Shevchuk* u. *A. V. Dombrowskii*, Zh. Obshch. Khim. **36**, 1121 (1966); C.A. **65**, 12230d (1966).

[223] *V.N. Kushnir, M.I. Shevchuk* u. *A. V. Dombrowskii*, Zh. Obshch. Khim. **47**, 1715 (1977); C.A. **87**, 152324t (1977).

[224] *M. Schlosser* u. *M. Zimmermann*, Synthesis **1969**, 75.

[225] *H.J. Bestmann*, unveröffentlicht.

Tab. 52: (1-Halogen-2-oxo-alkyliden)- bzw. (Alkoxycarbonyl-halogen-methylen)-phosphorane aus (2-Oxo-alkyliden)- bzw. (Alkoxycarbonyl-methylen)-phosphoranen durch Halogenierung.

$(H_5C_6)_3P{=}CH{-}CO{-}R$ R	Halogenierungs-mittel	Base/Lösungs-mittel	...-triphenyl-phosphoran	Ausbeute [%]	Schmp. [°C]	Literatur
H	$H_5C_6{-}JCl_2$	NaOH/Chloroform	(Chlor-formyl-methylen)-...	66	195–197	215
	Br_2	NaOH/Eisessig bzw. Triethylamin/Chloroform	(Brom-formyl-methylen)-...	83	180–181	215
CH_3	$H_5C_6{-}JCl_2$	NaOH/Chloroform	(1-Chlor-2-oxo-propyliden)-...	88	190–192	215
	Chloramin T	Anion des Chloramin T/Wasser		86	191	221
	Br_2	NaOH/Eisessig bzw. Triethylamin/Chloroform	(1-Brom-2-oxo-propyliden)-...	87	163–165	215
C_2H_5	$H_5C_6{-}JCl_2$	NaOH/Chloroform	(1-Chlor-2-oxo-butyliden)-...	94	165–167	215
	Br_2	NaOH/Eisessig bzw. Triethylamin/Chloroform	(1-Brom-2-oxo-butyliden)-...	97	156–158	215
C_6H_5	$H_5C_6{-}JCl_2$	NaOH/Chloroform	(1-Chlor-2-oxo-2-phenyl-ethyliden)-...	87	154–156	215
	Chloramin T	Anion des Chloramins T/Wasser		73	154	221
	Br_2	NaOH/Eisessig bzw. Triethylamin/Chloroform	(1-Brom-2-oxo-2-phenyl-ethyliden)-...	91	167–169	215
	Br–J	Na_2CO_3/Chloroform	(1-Jod-2-oxo-2-phenyl-ethyliden)-...	75–90	156,5–157,5	222,223
OCH_3	$H_5C_6{-}JCl_2$	NaOH/Chloroform	(Chlor-methoxycarbonyl-methylen)-...	95	171–173	215
	Chloramin T	Anion des Chloramins T/Wasser		91	172–173	221
	Br_2	NaOH/Eisessig bzw. Triethylamin/Chloroform	(Brom-methoxycarbonyl-methylen)-...	96	166–168	215
	J_2	Ylid/Methanol	(Jod-methoxycarbonyl-methylen)-...	87	165–167	216

[215] G. Märkl, Chem. Ber. 95, 3003 (1962).
[216] G. Märkl, Chem. Ber. 94, 2996 (1961).
[221] H.J. Bestmann u. R. Armsen, Synthesis 1970, 590.
[222] A.A. Grigorenko, M.I. Shevchuk u. A.V. Dombrowskii, Zh. Obshch. Khim. 36, 1121 (1966); C.A. 65, 12230d (1966).
[223] V.N. Kushnir, M.I. Shevchuk u.A.V. Dombrowskii, Zh. Obshch. Khim. 47, 1715 (1977); C.A. 87, 152324t (1977).

2.1.1.2. gegen Elemente der sechsten Hauptgruppe (Schwefel, Selen)

Sulfenylchloride reagieren sowohl mit resonanzstabilisierten als auch basischen Yliden in Benzol oder THF bei 20° unter Umylidierung zu (Alkylthio-methylen)-phosphoranen[226, 227]:

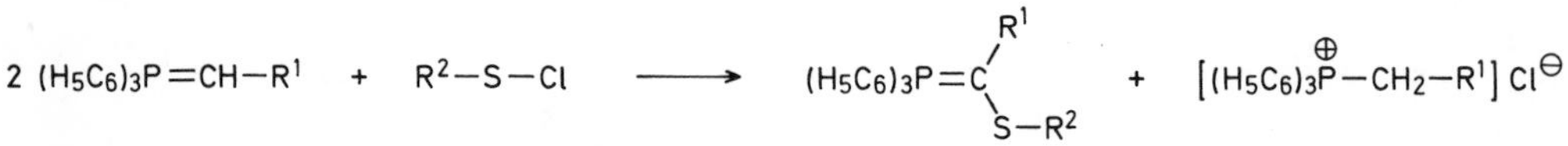

$$2\ (H_5C_6)_3P{=}CH{-}R^1\ +\ R^2{-}S{-}Cl\ \longrightarrow\ (H_5C_6)_3P{=}C\big\langle\begin{smallmatrix}R^1\\S{-}R^2\end{smallmatrix}\ +\ \big[(H_5C_6)_3\overset{\oplus}{P}{-}CH_2{-}R^1\big]\,Cl^{\ominus}$$

Im Falle des Methylen-triphenyl-phosphorans wird bei einem Molverhältnis von Ylid zu Chlor-phenyl-sulfan von 3:2 *(Bis-[phenylthio]-methylen)-triphenyl-phosphoran* (70%) erhalten[226]:

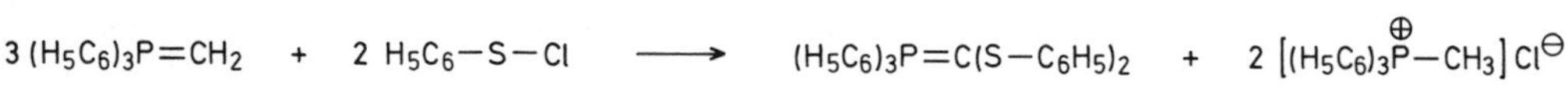

$$3\ (H_5C_6)_3P{=}CH_2\ +\ 2\ H_5C_6{-}S{-}Cl\ \longrightarrow\ (H_5C_6)_3P{=}C(S{-}C_6H_5)_2\ +\ 2\ \big[(H_5C_6)_3\overset{\oplus}{P}{-}CH_3\big]\,Cl^{\ominus}$$

(Arylthio-ethoxycarbonyl-methylen)-triphenyl-phosphorane entstehen wider Erwarten[228] auch bei der Einwirkung aromatischer Sulfonsäurechloride auf (Ethoxycarbonyl-methylen)-triphenyl-phosphoran[229, 230]. Die Phenylthio-Gruppe kann auch mit Hilfe von N-Methyl-N-phenylthio-acetamid eingeführt werden[231]; z.B.

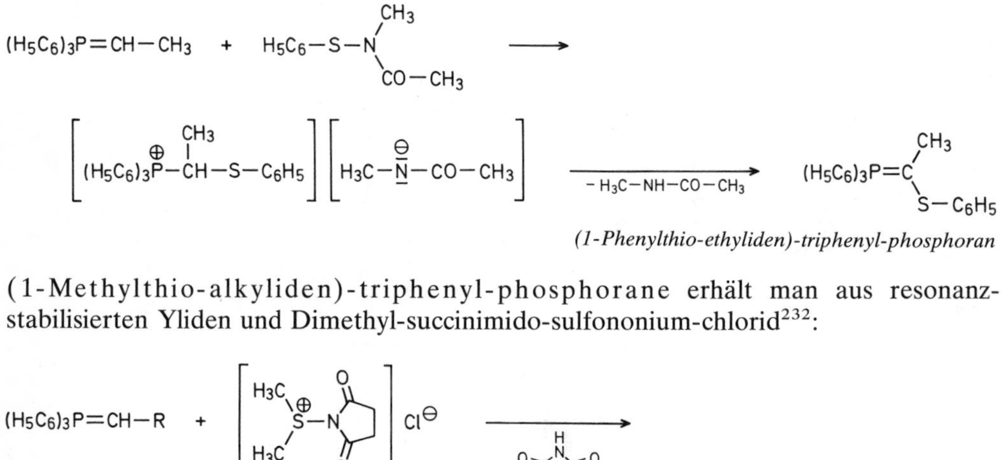

(1-Phenylthio-ethyliden)-triphenyl-phosphoran

(1-Methylthio-alkyliden)-triphenyl-phosphorane erhält man aus resonanzstabilisierten Yliden und Dimethyl-succinimido-sulfonium-chlorid[232]:

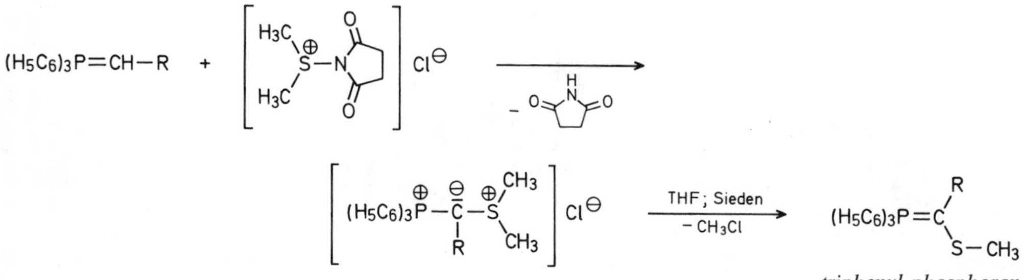

...-triphenyl-phosphoran

R = COOC$_2$H$_5$; *(Ethoxycarbonyl-methylthio-methylen)-...*; 50%
R = CN; *(Cyan-methylthio-methylen)-...*; 29%
R = CO–CH$_3$; *(1-Methylthio-2-oxo-propyliden)-...*; 47%
R = CO–C$_6$H$_5$; *(1-Methylthio-2-oxo-2-phenyl-ethylien)-...*; 52%

[226] *T. Mukaiyama, S. Fukuyama* u. *T. Kumamoto*, Tetrahedron Lett. **1968**, 3787.
[227] *H. Saikachi* u. *S. Nakamura*, Yakugaku Zasshi **88**, 715 (1968); C.A. **69**, 106824 (1968).
[228] *N. Petragnani* u. *M. de Moura Campos*, Chem. Ind. (London) **1964**, 1461.
[229] *H. Saikachi* u. *S. Nakamura*, Yakugaku Zasshi **88**, 1039 (1968); C.A. **70**, 11435 (1969).
[230] *A.M. van Leusen, B.A. Reith, A.J.W. Iedema* u. *J. Strating*, Recl. Trav. Chim. Pays-Bas **91**, 37 (1972).
[231] *T. Mukaiyama, T. Kumamoto, S. Fukuyama* u. *T. Taguchi*, Bull. Chem. Soc. Jpn. **43**, 2870 (1970); C.A. **73**, 109839 (1970).
[232] *E. Vilsmaier, W. Sprügel* u. *W. Boehm*, Synthesis **1971**, 431.

Der Vorteil dieses Verfahrens und der N-Thio-acetamid-Methode liegt darin, daß im Gegensatz zur Reaktion mit Sulfenylchloriden nicht die Hälfte des eingesetzten Ausgangsylides bedingt durch Umylidierung für das Endprodukt verlorengeht.

(1-Methylthio-alkyliden)-triphenyl-phosphorane[232]: Zu einer Lösung von 2,7 g (20 mmol) N-Chlor-succinimid in 50 *ml* abs. Dichlormethan gibt man unter Rühren bei 0° 1,3 g (20 mmol) Dimethylsulfan. Nach ~ 10 Min. wird eine Lösung von 20 mmol Alkyliden-triphenyl-phosphoran in wenig Dichlormethan zugefügt. Das zunächst ausfallende Dimethyl-succinimido-sulfonium-chlorid löst sich bald auf, womit die Reaktion beendet ist. Das Dichlormethan wird im Wasserstrahl-Vak. abgezogen und der Rückstand in Tetrahydrofuran oder 50 *ml* 1,4-Dioxan 24 Stdn. zum Rückfluß erhitzt. Der zunächst vorhandene Niederschlag geht in Lösung. Nach dem Abkühlen wird das Lösungsmittel bei 20° abgezogen, der Rückstand mehrmals mit Wasser ausgewaschen und über Phosphor(V)-oxid getrocknet.

Bei der Reaktion von Methylen-triphenyl-phosphoran mit Diphenyldisulfan wird *(Phenylthio-methylen)-triphenyl-phosphoran* als Zwischenprodukt gebildet[233].
Ylide lassen sich mit Sulfonsäurehalogeniden bzw. -anhydriden in die entsprechenden (1-Sulfonyl-alkyliden)-phosphorane überführen[238, 234, 235]:

$$2 \; (H_5C_6)_3P{=}CH{-}R^1 \; + \; R^2{-}SO_2{-}X \; \longrightarrow \; (H_5C_6)_3P{=}C\genfrac{}{}{0pt}{}{R^1}{SO_2{-}R^2} \; + \; [(H_5C_6)_3\overset{\oplus}{P}{-}CH_2{-}R^1]\,X^{\ominus}$$

$X = Cl, F, O{-}SO_2{-}R^1$

Die Reaktion verläuft unter Umylidierung, da das Ausgangsylid basischer ist als das 1-Sulfonyl-Derivat. An der Sulfonierung können auch Sulfene beteiligt sein, die unter der Einwirkung von Basen aus den Sulfonsäurehalogeniden bzw. -anhydriden entstehen[234 – 236].

Aromatische Sulfonylchloride (z. B. Tosylchlorid) bewirken Halogenierung des eingesetzten Ylides bzw. man erhält in einer Folgereaktion (1-Arylthio-alkyliden)-phosphorane[237, 238].
Mit Alkansulfensäurechlorid werden die (1-Alkansulfonyl-alkyliden)-phosphorane nur in mäßiger Ausbeute erhalten; z. B.:

(Methansulfonyl-methylen)-triphenyl-phosphoran[238]   13%
[(2-Oxo-2-phenyl-ethansulfonyl)-methylen]-triphenyl-phosphoran[234]   35%

Im Gegensatz zu den Arensulfenchloriden wirken die entsprechenden Fluoride ausschließlich sulfonierend und eignen sich gut zur Herstellung von (1-Sulfonyl-alkyliden)-triphenyl-phosphoranen[238].

Tosylmethylen-triphenyl-phosphoran[238]: Zu einer Suspension von 17,85 g (50 mmol) Methyl-triphenyl-phosphoniumbromid in 150 *ml* trockenem THF tropft man unter Rühren und unter Stickstoff bei 20° eine molare ether. Lösung von Phenyl-lithium (~ 60 *ml*) bis alles Phosphonium-Salz gelöst ist. Nach 90 Min. Rühren wird innerhalb ~ 5 Min. tropfenweise eine Lösung von 4,35 g (25 mmol) Tosylfluorid zugegeben und 1 Stde. weitergerührt. Der farblose Niederschlag wird abfiltriert und das Filtrat i. Vak. eingeengt. Der Rückstand wird in Chlorbenzol aufgenommen und 3mal mit je 200 *ml* Wasser gewaschen. Nach dem Trocknen über wasserfreiem Magnesiumsulfat wird das Chlorbenzol entfernt, der Rückstand in 60 *ml* Dichlormethan gelöst, die Lösung mit Aktivkohle behandelt, filtriert und auf 20 *ml* eingeengt. Nach Zugabe von 80 *ml* Hexan kristallisiert das Phosphoran aus; Ausbeute: 8 g (74%); Schmp.: 182–184°.

[232] *E. Vilsmaier, W. Sprügel* u. *W. Boehm*, Synthesis **1971**, 431.
[233] *L. Field* u. *C. H. Banks*, J. Org. Chem. **40**, 2774 (1975).
[234] *Y. Ito, M. Okano* u. *R. Oda*, Tetrahedron **23**, 2137 (1967).
[235] *B. A. Reith, J. Strating* u. *A. M. van Leusen* J. Org. Chem. **39**, 2728 (1974).
[236] *A. M. Hamid* u. *S. Trippett*, J. Chem. Soc. **1968**, 1612.
[237] *H. Saikachi* u. *S. Nakamura*, Yakugaku Zasshi **88**, 1039 (1968); C. A. **70**, 11435 (1969).
[238] *A. M. van Leusen, B. A. Reith, A. J. W. Iedema* u. *J. Strating*, Recl. Trav. Chim. Pays-Bas **91**, 37 (1972).

Tab. 53: (1-Arensulfonyl-alkyliden)-triphenyl-phosphorane aus Alkyliden-phosphoranen und Arensulfonylfluoriden[238]

$(H_5C_6)_3P=CH–R$ R	Ar–SO$_2$–F Ar	...-triphenyl-phosphoran	Ausbeute [%]	Schmp. [°C]
H	C$_6$H$_5$	(Benzolsulfonyl-methylen)-...	78	144–147
	4-OCH$_3$–C$_6$H$_4$	[(4-Methoxy-benzolsulfonyl)-methylen]-...	67	172–174
	4-Cl–C$_6$H$_4$	[(4-Chlor-benzolsulfonyl)-methylen]-...	74	183–185
	4-NO$_2$–C$_6$H$_4$	[(4-Nitro-benzolsulfonyl)-methylen]...	29	212–213
4-OCH$_3$–C$_6$H$_4$	4-CH$_3$–C$_6$H$_4$	[2-(4-Methoxy-benzolsulfonyl)-4-methyl-benzyliden]-...	15	216–217

Die weniger basischen Benzyliden- und Alkyliden-triphenyl-phosphorane mit sperrigen Resten am α-C-Atom werden durch Arensulfonsäurefluoride in schlechter Ausbeute bzw. nicht mehr sulfoniert[239]. Gute Ausbeuten erzielt man in diesen Fällen jedoch mit den reaktiven Alkan- und Arylalkansulfonylfluoriden bzw. den entsprechenden Anhydriden. Die Umsetzung verläuft vermutlich über Sulfene, die mit der C=P-Doppelbildung in einer [2+2]-Cycloaddition reagieren, in deren Verlauf neben dem zu erwartenden (1-Sulfonyl-alkyliden) I ein umgegelagertes Derivat II gebildet werden kann:

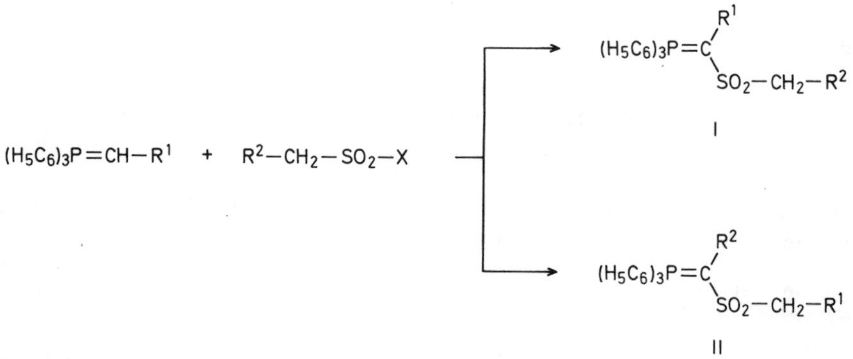

Welches Phosphoran gebildet wird, hängt stark von dem Größenverhältnis der Reste R^1 und R^2 ab (s. Tab. 53). Gelegentlich werden mit Benzolsulfonylhalogeniden disulfonierte Produkte gebildet, wobei die ursprüngliche Ylid-Gruppierung erhalten oder umgelagert sein kann.

(1-Sulfinyl-alkyliden)-phosphorane werden analog mit Hilfe von Sulfinylhalogeniden hergestellt. So erhält man z.B. aus (Ethoxycarbonyl-methylen)-triphenyl-phosphoran mit Phenylmethansulfinsäurechlorid in Gegenwart von Triethylamin (Ethoxycarbonyl-phenylmethansulfinyl-methylen)-triphenyl-phosphoran (64%) (die Reaktion verläuft vermutlich über ein intermediär gebildetes Sulfin)[236]:

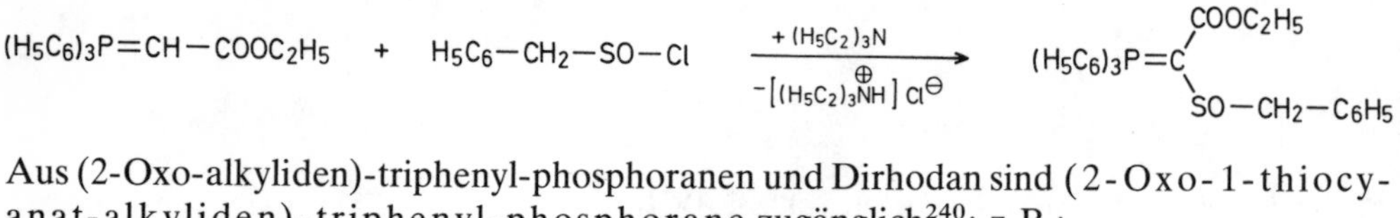

Aus (2-Oxo-alkyliden)-triphenyl-phosphoranen und Dirhodan sind (2-Oxo-1-thiocyanat-alkyliden)-triphenyl-phosphorane zugänglich[240]; z.B.:

[236] A. M. Hamid u. S. Trippett, J. Chem. Soc. 1968, 1612.
[238] A. M. van Leusen, B. A. Reith, A. J. W. Iedema u. J. Strating, Recl. Trav. Chim. Pays-Bas 91, 37 (1972).
[239] B. A. Reith, J. Strating u. A. M. van Leusen, J. Org. Chem. 39, 2728 (1974).
[240] E. Zbiral u. H. Hengstenberger, Justus Liebigs Ann. Chem. 721, 121 (1969).

Tab. 54: (1-Sulfonyl-alkyliden)-triphenyl-phosphorane aus Alkyliden-triphenyl-phosphoranen mit Alkan- bzw. Arylalkan-sulfonylfluoriden bzw. -anhydriden[239]

R²–CH=P(C₆H₅)₃	R¹–CH₂–SO₂–X		Reaktions-temp. [°C]	R¹–CH₂–SO₂–C(R²)=P(C₆H₅)₃ ...-triphenyl-phosphoran	R²–CH₂–SO₂–C(R¹)=P(C₆H₅)₃ ...-triphenyl-phosphoran	Ausbeute [%]	Schmp. [°C]
R²	R¹	X					
H	H	F	20	(Methansulfonyl-methylen)-···	—	70	202–204
	CH₃	O–SO₂–CH₃	20	—	(1-Methansulfonyl-ethyliden)-···	73	200–201
	CH(CH₃)₂	F	–65	[(2-Methyl-propansulfonyl)-methylen]-···	—	83	125–126
	C₆H₅	F	–95	(Phenylmethansulfonyl-methylen)···	—	63	172–173
CH₃	H	O–SO₂–CH₃	20	(1-Methansulfonyl-ethyliden)···	—	63	200–201
	H	F	–65	—	—	62	
	C(CH₃)₃	F	20	[1-(2,2-Dimethyl-propansulfonyl)-ethyliden]···	—	50	>120
	C₆H₅	F	20	(1-Phenylmethansulfonyl-ethyliden)-···	—	30	171,5–172,5
C(CH₃)₃	H	F	20	—	[(2,2-Dimethyl-propansulfonyl)-methylen]-···	69	146–147
	H	F	–90	—	—	65	
	CH₃	O–SO₂–CH₃	20	(1,3%)	[1-(2,2-Dimethyl-propansulfonyl)-ethyliden]-···	58	>120
	CH₃	F	–90°	(7%)	—	76	
(1-Adamantyl)	H	F	20	—	(1-Adamantylmethansulfonyl-methylen]-···	51	140–141
C₆H₅	H	F	20	—	(Phenylmethansulfonyl-methylen)···	95	172–174
	CH₃	O–SO₂–CH₃	20	—	(1-Phenylmethansulfonyl-ethyliden)···	54	171,5–172,5
	CH₃	F	20	—	—	94	

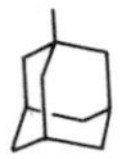

[239] B.A. Reith, J. Strating u. A.M. van Leusen, J. Org. Chem. 39, 2728 (1974).

Tab. 54: (Fortsetzung)

R^2–CH=P(C_6H_5)₃	R^1–CH₂–SO₂–X		Reaktions-temp. [°C]	$\overset{R^2}{\underset{}{R^1-CH_2-SO_2-\overset{\mid}{C}=P(C_6H_5)_3}}$ ...-triphenyl-phosphoran	$\overset{R^1}{\underset{}{R^2-CH_2-SO_2-\overset{\mid}{C}=P(C_6H_5)_3}}$ ...-triphenyl-phosphoran	Ausbeute [%]	Schmp. [°C]
R^2	R^1	X					
C_6H_5	$C(CH_3)_3$	F	20	[α-(2,2-Dimethyl-propansulfonyl)-benzyliden]-...	–	77	163,5–164,5
	C_6H_5	F	20	[α-(Phenylmethansulfonyl)-benzyliden]-...	–	91	210–211
	4-NO₂–C_6H_4	F	20	[α-(4-Nitro-phenylmethansulfonyl)-benzyliden]-...	–	48	214,5–215
4-OCH₃–C_6H_5	C_6H_5	F	20	(4-Methoxy-α-phenyl-methansulfonyl-benzyliden)-...	–	88	194–195
4-NO₂–C_6H_5	H	F	20	(α-Methansulfonyl-4-nitro-benzyliden)-...	–	82	275–276

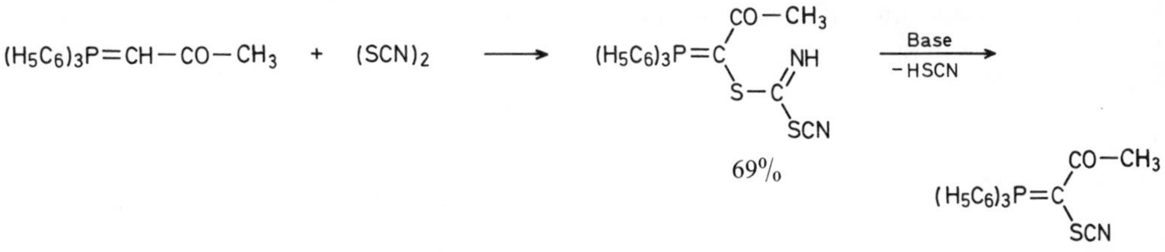

$$(H_5C_6)_3P{=}CH{-}CO{-}CH_3 \quad + \quad (SCN)_2 \quad \longrightarrow \quad (H_5C_6)_3P{=}C\underset{S{-}C}{\overset{CO{-}CH_3}{\big|}}\underset{SCN}{\overset{NH}{\big|}} \quad \xrightarrow[-\,HSCN]{Base}$$

69%

$$(H_5C_6)_3P{=}C\underset{SCN}{\overset{CO{-}CH_3}{\big\langle}}$$

(2-Oxo-1-thiocyanat-propyliden)-triphenyl-phosphoran;
65%; Schmp.: 161–164°

Die Umylidierungsreaktion von Benzolselenylbromid mit zwei Mol eines Alkyliden-triphenyl-phosphorans liefert (1-Phenylseleno-methylen)-triphenyl-phosphorane[241–243]:

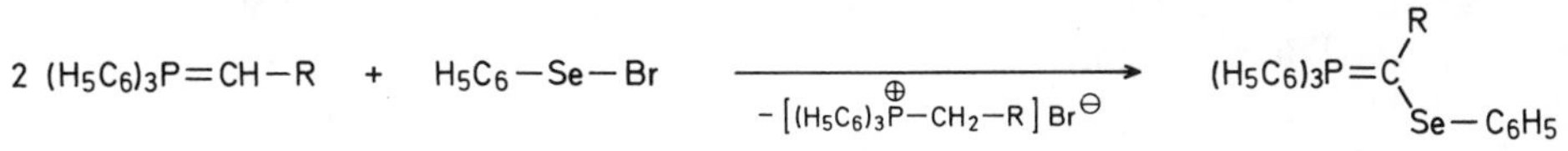

$$2\ (H_5C_6)_3P{=}CH{-}R \quad + \quad H_5C_6{-}Se{-}Br \quad \xrightarrow[-\,[(H_5C_6)_3\overset{\oplus}{P}{-}CH_2{-}R]\,Br^{\ominus}]{} \quad (H_5C_6)_3P{=}C\underset{Se{-}C_6H_5}{\overset{R}{\big\langle}}$$

. . .-triphenyl-phosphoran

z.B.: R = CH$_3$; *(1-Phenylseleno-ethyliden)-*. . .; 99% (Wittig-Reaktion mit Benzaldehyd)
R = H; *(Phenylseleno-methylen)-*. . .; 98% (Wittig-Reaktion mit Benzaldehyd)

Eine doppelte Selenenylierung ist ebenfalls möglich[244]. Der Phenylselenyl-Rest läßt sich auf Alkoxycarbonyl-methylen-phosphorane auch mit Hilfe von Dichlorseleniden übertragen[245].

2.1.1.3. gegen Elemente der fünften Hauptgruppe

(2-Oxo-alkyliden)-phosphorane addieren sich an die N=N-Doppelbindung von 3,5-Dioxo-4,5-dihydro-3H-1,2,4-triazolen zu [1-(3,5-Dioxo-1,2,4-triazolidin-1-yl)-2-oxo-alkyliden]-phosphoranen[246–247]:

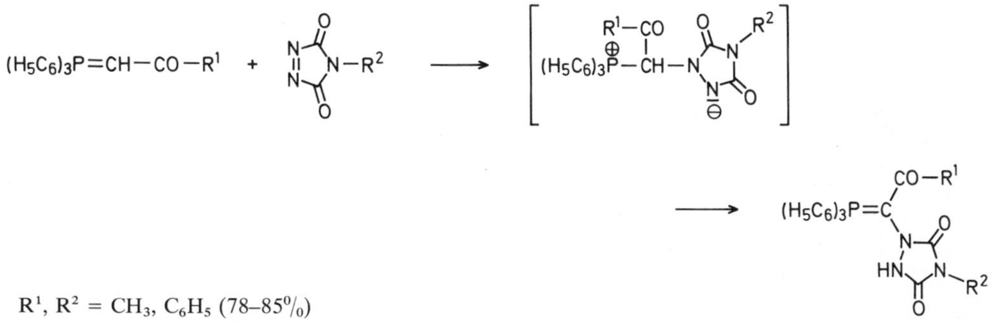

$$(H_5C_6)_3P{=}CH{-}CO{-}R^1 \quad + \quad \overset{triazol}{} \quad \longrightarrow \quad \left[(H_5C_6)_3\overset{\oplus}{P}{-}CH{-}N\cdots\right]$$

$$\longrightarrow \quad (H_5C_6)_3P{=}C\underset{triazolidin}{\overset{CO{-}R^1}{\big\langle}}$$

R^1, R^2 = CH$_3$, C$_6$H$_5$ (78–85%)

[241] *N. Petragnani* u. *M. de Moura Campos*, Chem. Ind. (London) **1964**, 1461.
[242] *N. Petragnani, R. Rodrigues* u. *J. V. Comasseto*, J. Organomet. Chem. **114**, 281 (1976).
[243] *N. Petragnani, J. V. Comasseto, R. Rodriguez* u. *T. J. Brocksom*, J. Organomet. Chem. **124**, 1 (1977).
[244] *G. Saleh, T. Minami, Y. Ohshiro* u. *T. Agawa*, Chem. Ber. **112**, 355 (1979).
[245] *N. N. Magdesieva* u. *R. A. Kyandzhetsian*, Zh. Obshch. Khim. **44**, 1708 (1974); C. A. **82**, 16895 (1975).
[246] *A. Hassner, D. Tang* u. *J. Keogh*, J. Org. Chem. **41**, 2102 (1976).
[247] Vgl. *H. J. Bestmann* u. *R. Zimmermann*, Fortschr. Chem. Forsch. **20**, 103 (1971).

Mit Chlor-dialkyl- oder -diaryl-phosphanen reagieren Ylide je nach Reaktionsführung zu Phosphonium-Salzen oder unter Umylidierung zu (1-Phosphano-alkyliden)-phosphoranen[248]:

$$(H_5C_6)_3P{=}CH{-}R^1 \ + \ R_2^2P{-}Cl \ \longrightarrow \ \left[(H_5C_6)_3\overset{\oplus}{P}{-}\overset{\overset{\textstyle R^1}{|}}{C}H{-}PR_2^2 \right] Cl^{\ominus}$$

$$\xrightarrow[{- \ [(H_5C_6)_3\overset{\oplus}{P}{-}CH_2{-}R^1] \ Cl^{\ominus}}]{+ \ (H_5C_6)_3P{=}CH{-}R^1} \qquad (H_5C_6)_3P{=}C\overset{\textstyle R^1}{\underset{\textstyle PR_2^2}{\diagdown}}$$

Gibt man zur Lösung des Chlorphosphans das Ylid langsam zu, so bleibt die Reaktion auf der Stufe des Phosphonium-Salzes stehen; fügt man jedoch zur Ylid-Lösung das Chlorphosphan zu, so tritt sofort zwischen dem Phosphonium-Salz und überschüssigem Ausgangsylid Umylidierung ein.

Die durch Umylidierung entstehenden Phosphonium-Salze werden nahezu quantitativ gebildet und können erneut für die Herstellung der entsprechenden Ylide verwendet werden.

Methylen-triphenyl-phosphoran ist wegen der $H_2C = P$-Gruppierung zu einem zweifachen Protonenaustausch fähig. Bei der Reaktion mit Chlor-diphenyl-phosphan ist es infolge der unterschiedlichen Geschwindigkeiten beider Reaktionsschritte möglich, die Teilreaktionen nacheinander auszuführen und *(Diphenylphosphano-methylen)-* bzw. *(Bis-[diphenylphosphano]-methylen)-triphenyl-phosphoran* in reiner Form zu isolieren[248].

(1-Diorganophosphano-alkyliden)-triphenyl-phosphorane; allgemeine Arbeitsvorschrift[248]: Zu einer Lösung von 100 mmol Alkyliden-phosphoran in 300 *ml* Benzol wird bei 80° unter Rühren eine verd. Benzol-Lösung von 50 mmol Chlor-diorgano-phosphan langsam zugetropft, wobei das Phosphonium-Salz ausfällt. Der „Äquivalenzpunkt" der Umsetzung ist durch einen Farbumschlag von rot nach orange bzw. gelb (R = CH₃, C₆H₅) bzw. durch das Ausbleiben der Phosphonium-Salzfällung bei weiterer Chlorphosphan-Zugabe (R = H, COOAlkyl) zu erkennen. Nach beendeter Reaktion wird das Phosphonium-Salz über eine G-3-Fritte abfiltriert und die benzolische Lösung auf 50 *ml* eingeengt. Die Kristallisation erfordert in einigen Fällen mehrtägiges Aufbewahren im Kühlschrank und wird durch einen geringen Zusatz an Benzin (80°–100°) beschleunigt.

Die resultierenden Ylide sind bis auf die Alkoxycarbonyl-Derivate oxidations- und hydrolyseempfindlich. Auf diese Weise erhält man in 82–100% u. a.

$$(H_5C_6)_3P{=}C\overset{\textstyle R^1}{\underset{\textstyle PR_2^2}{\diagdown}}$$

R¹	R²	...-triphenyl-phosphoran	Schmp [°C]
H	C₆H₅	*(Diphenylphosphano-methylen)* ...	113–115
CH₃	C₆H₁₁	*(1-Dicyclohexylphosphano-ethyliden)* ...	226–229
	C₆H₅	*(1-Diphenylphosphano-ethyliden)* ...	148–150
C₆H₅	C₆H₅	*(α-Diphenylphosphano-benzyliden)* ...	214–216
COOCH₃	C₆H₅	*(Diphenylphosphano-methoxycarbonyl-methylen)-* ...	192–194
P(C₆H₅)₂	C₆H₅	*(Bis-[diphenylphosphano]-methylen)* ...	239–243 (Zers.)

Alkyliden-phosphorane mit Dimethylamino-[249], Alkyl-[250,251] bzw. Cyclohexyl-Substituenten[248] am Phosphor-Atom reagieren analog.

---

[248] *K. Issleib* u. *R. Lindner*, Justus Liebigs Ann. Chem. **699**, 40 (1966).
[249] *K. Issleib* u. *M. Lischewski*, J. prakt. Chem. **312**, 135 (1970).
[250] *H. Schmidbaur* u. *W. Tronich*, Chem. Ber. **101**, 3545 (1968).
[251] *D.R. Mathiason* u. *N.E. Miller*, Inorg. Chem. **7**, 709 (1968).

(Dimethylphosphano-methylen)-trimethyl-phosphoran[250]: Zu einer Lösung von 7,0 g (80 mmol) Methylen-trimethyl-phosphoran in 60 *ml* Diethylether wird bei 10° langsam unter Rühren eine Lösung von 3,8 g (40 mmol) Chlor-dimethyl-phosphan in 40 *ml* Ether so zugegeben, daß die Ausgangstemp. nicht wesentlich überschritten wird. Nach 12 Stdn. Rühren unter Luft- und Lichtausschluß wird vom ausgeschiedenen Tetramethylphosphoniumchlorid abfiltriert, das Lösungsmittel i. Vak. abgezogen und der Rückstand destilliert; Ausbeute: 3,6 g (58%): Sdp.: 80–82°/12 Torr (1,6 kPa); Schmp.: –12 bis –10°.

Mit Diphenylphosphinsäure-chlorid bzw. Diphenyl-thiophosphinsäure-chlorid reagieren Ylide bei längerem Erhitzen (das Chlor-Atom ist nicht sehr reaktiv) unter Umylidierung zu [1-Diphenylphosphinyl- bzw. 1-(Diphenyl-thiophosphinyl)-alkyliden]-phosphoranen (73–95%)[252]:

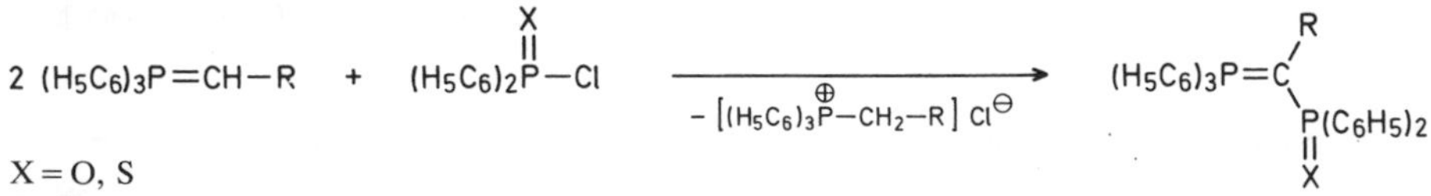

$$2 \ (H_5C_6)_3P{=}CH{-}R \quad + \quad (H_5C_6)_2\overset{\overset{X}{\|}}{P}{-}Cl \quad \xrightarrow[{-\ [(H_5C_6)_3\overset{\oplus}{P}{-}CH_2{-}R]\ Cl^{\ominus}}]{} \quad (H_5C_6)_3P{=}C\overset{\diagup R}{\diagdown \underset{\underset{X}{\|}}{P}(C_6H_5)_2}$$

X = O, S
R = H, CH$_3$, C$_6$H$_5$

Im Methylen-triphenyl-phosphoran sind beide Wasserstoffe substituierbar.

Das resonanzstabilisierte (2-Oxo-propyliden)-triphenyl-phosphoran reagiert dagegen mit Diphenylphosphinsäure-chlorid lediglich zum (2-Diphenylphosphinyloxy-1-propenyl)-triphenyl-phosphonium-chlorid[252]:

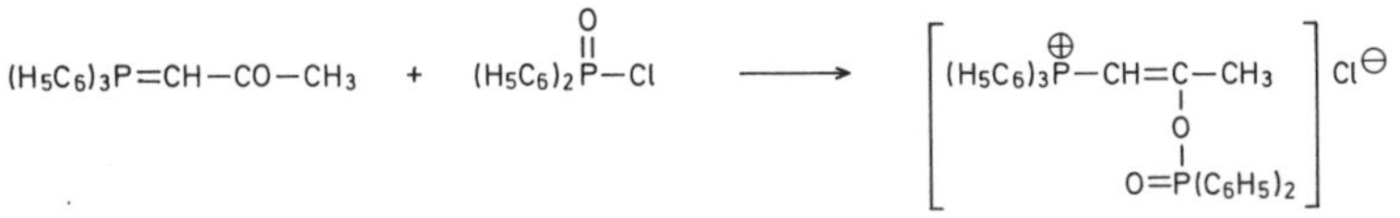

$$(H_5C_6)_3P{=}CH{-}CO{-}CH_3 \quad + \quad (H_5C_6)_2\overset{\overset{O}{\|}}{P}{-}Cl \quad \longrightarrow \quad \left[(H_5C_6)_3\overset{\oplus}{P}{-}CH{=}\underset{\underset{\underset{O{=}P(C_6H_5)_2}{|}}{\underset{O}{|}}}{C}{-}CH_3 \right] Cl^{\ominus}$$

Die Herstellung von *(Diethoxyphosphino-* bzw. *Diphenoxyphosphino-methylen)-triphenyl-phosphoran* gelingt mit Phosphorsäure-chlorid-diestern in THF bei 22° zu 60%[253]:

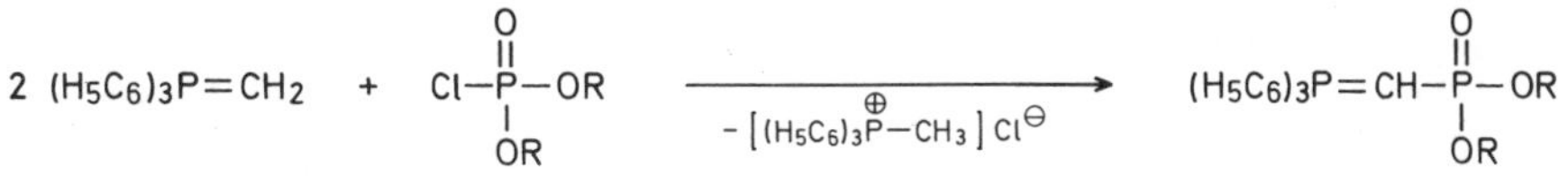

$$2 \ (H_5C_6)_3P{=}CH_2 \quad + \quad Cl{-}\underset{\underset{OR}{|}}{\overset{\overset{O}{\|}}{P}}{-}OR \quad \xrightarrow[{-\ [(H_5C_6)_3\overset{\oplus}{P}{-}CH_3]\ Cl^{\ominus}}]{} \quad (H_5C_6)_3P{=}CH{-}\underset{\underset{OR}{|}}{\overset{\overset{O}{\|}}{P}}{-}OR$$

R = C$_2$H$_5$, C$_6$H$_5$

Dichlor-phenyl-phosphan, Phosphor(III)-chlorid, Phosphoroxidchlorid oder Thiophosphorylchlorid reagieren mit Methylen-triphenyl-phosphoran zu *Bis-[triphenylphosphoranyliden-methyl]-phenyl-phosphan, Tris-[triphenylphosphoranyliden-methyl]-phosphan, -phosphanoxid* bzw. *-phosphanthioxid*[254]; z.B.:

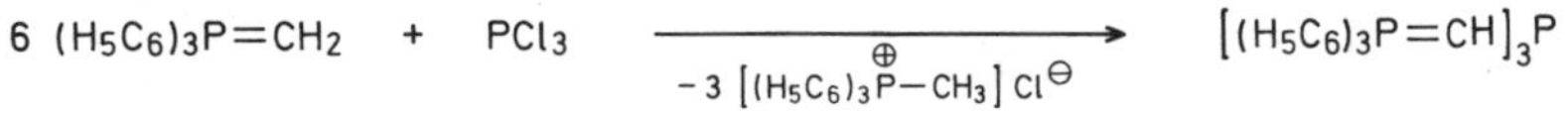

$$6 \ (H_5C_6)_3P{=}CH_2 \quad + \quad PCl_3 \quad \xrightarrow[{-\ 3\ [(H_5C_6)_3\overset{\oplus}{P}{-}CH_3]\ Cl^{\ominus}}]{} \quad [(H_5C_6)_3P{=}CH]_3P$$

Allyliden-triphenyl-phosphoran reagiert mit verschiedenen P-Halogeniden in Allylstellung[254]; z.B.:

[250] H. Schmidbaur u. W. Tronich, Chem. Ber. **101**, 3545 (1968).
[252] K. Issleib u. R. Lindner, Justus Liebigs Ann. Chem. **707**, 112 (1967).
[253] G. H. Jones, E. K. Hamamura und J. G. Moffat, Tetrahedron Lett. **1968**, 5731.
[254] K. Issleib u. M. Lischewski, J. prakt. Chem. **311**, 857 (1969).

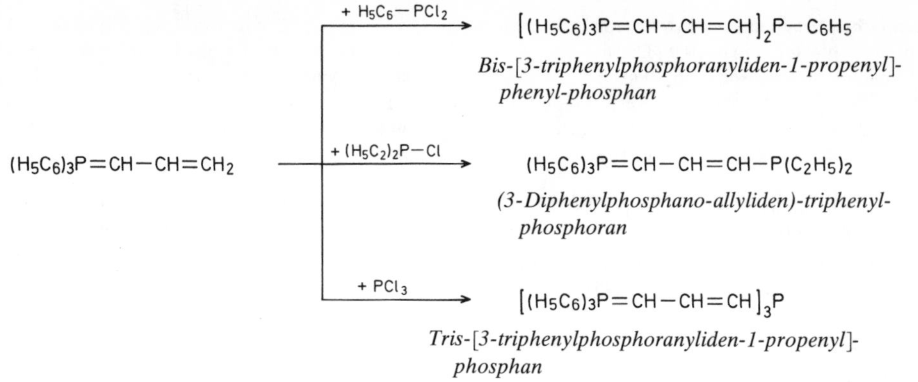

$$+ H_5C_6-PCl_2 \longrightarrow [(H_5C_6)_3P=CH-CH=CH]_2P-C_6H_5$$

Bis-[3-triphenylphosphoranyliden-1-propenyl]-phenyl-phosphan

$$(H_5C_6)_3P=CH-CH=CH_2 \xrightarrow{\ + (H_5C_2)_2P-Cl\ } (H_5C_6)_3P=CH-CH=CH-P(C_2H_5)_2$$

(3-Diphenylphosphano-allyliden)-triphenyl-phosphoran

$$+ PCl_3 \longrightarrow [(H_5C_6)_3P=CH-CH=CH]_3P$$

Tris-[3-triphenylphosphoranyliden-1-propenyl]-phosphan

Zur Herstellung von (1-Arsano- bzw. 1-Stibano-alkyliden)-phosphoranen s. S. 675, 676.

2.1.1.4. Gegen Organometall-Substituenten (Silicium, Germanium, Zinn, Blei, Quecksilber)

Methylen-triphenyl-phosphoran reagiert mit Chlor-trimethyl-silan im Verhältnis 2:1 zum *(Trimethylsilyl-methylen)-triphenyl-phosphoran*[256, 257]:

$$2\ (H_5C_6)_3P=CH_2\ +\ (H_3C)_3Si-Cl \xrightarrow[-[(H_5C_6)_3\overset{\oplus}{P}-CH_3]Cl^{\ominus}]{} (H_5C_6)_3P=CH-Si(CH_3)_3$$

(Bis-[trimethylsilyl]-methylen)-triphenyl-phosphoran bildet sich unter diesen Reaktions-bedingungen nicht, obwohl (Trimethylsilyl-methylen)-triphenyl-phosphoran mit Brom-trimethyl-silan zum (Bis-[trimethylsilyl]-methyl)-triphenyl-phosphonium-bromid rea-giert[258]. Aus Methylen-trimethyl-phosphoran wird dagegen mit Chlor-trimethyl-silan das *(Bis-[trimethylsilyl]-methylen)-trimethyl-phosphoran* erhalten[257].

(Trimethylsilyl-methylen)-triphenyl-phosphoran[257]: Eine Lösung von 0,04 mol Methylen-triphenyl-phosphoran (frisch aus Methyl-triphenyl-phosphoniumbromid und Butyllithium bereitet) in Ether wird langsam zu einer Lö-sung von 2,2 g (0,02 mol) Chlor-trimethyl-silan in Ether gegeben. Es scheidet sich sofort ein Niederschlag aus. Nach 5 Tage Rühren wird im geschlossenen Kolben mittels einer Umkehrfritte filtriert, der Ether i. Vak. entfernt und der gelbe Rückstand aus Petrolether umkristallisiert; Ausbeute: 4,7 g (67%); Schmp.: 76–77°.

Auf analoge Weise entstehen aus 1-Chlor-1-methyl-siletan und Alkyliden-trialkyl-phos-phoranen unter Erhaltung des Ringsystems infolge Umylidierung [1-(1-Methyl-sil-etan-1-yl)-alkyliden]-phosphorane[260]; z.B.:

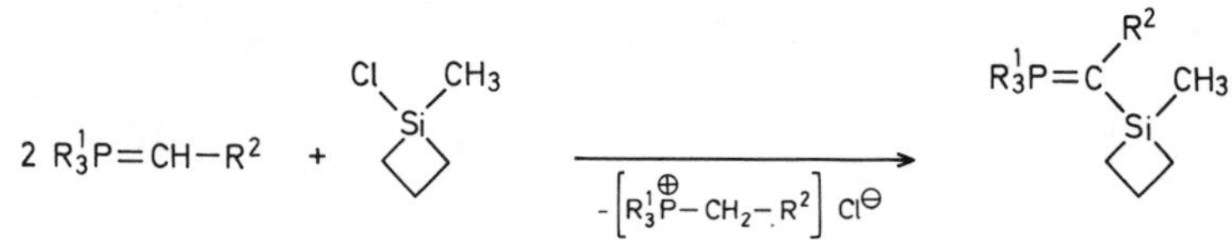

$$2\ R_3^1P=CH-R^2\ +\ \underset{Si}{\overset{Cl\diagdown\ \diagup CH_3}{}}\quad \xrightarrow[-[R_3^1\overset{\oplus}{P}-CH_2-R^2]Cl^{\ominus}]{} \quad R_3^1P=C\underset{Si}{\overset{\diagup R^2}{\diagdown CH_3}}$$

R^1 = CH$_3$; R^2 = Si(CH$_3$)$_3$; [(1-Methyl-1-siletanyl)-trimethylsilyl-methylen]-tri-methyl-phosphoran; 84%

R^1 = C$_2$H$_5$; R^2 = CH$_3$; [1-(1-Methyl-1-siletanyl)-ethyliden]-triethyl-phosphoran; 81,5%

R^1 = CH(CH$_3$)$_2$; R^2 = H; [(1-Methyl-1-siletanyl)-methylen]-triisopropyl-phosphoran; 72%

[256] *D. Seyferth* u. *G. Singh*, J. Am. Chem. Soc. **87**, 4156 (1965).
[257] *H. Schmidbaur* u. *W. Tronich*, Chem. Ber. **100**, 1032 (1967).
[258] *H. Schmidbaur, H. Stühler* u. *W. Vornberger*, Chem. Ber. **105**, 1084 (1972).
[260] *H. Schmidbaur* u. *W. Wolf*, Chem. Ber. **108**, 2851 (1975).

Silanylmethylen-trimethyl-phosphoran (95%) ist auf folgendem Wege zugänglich[261]:

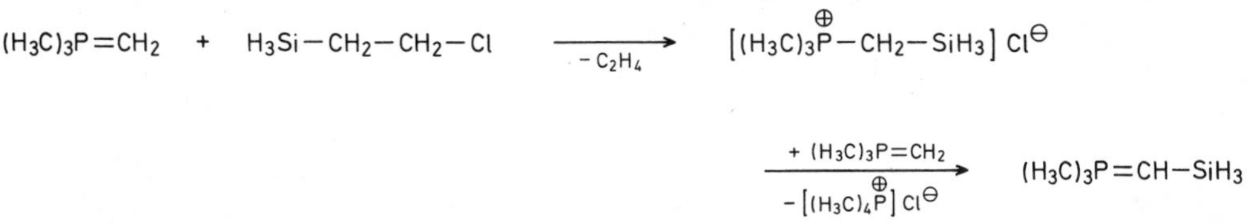

$$(H_3C)_3P{=}CH_2 \quad + \quad H_3Si{-}CH_2{-}CH_2{-}Cl \quad \xrightarrow[-C_2H_4]{} \quad [(H_3C)_3\overset{\oplus}{P}{-}CH_2{-}SiH_3] \; Cl^{\ominus}$$

$$\xrightarrow[-[(H_3C)_4\overset{\oplus}{P}] \, Cl^{\ominus}]{+ (H_3C)_3P{=}CH_2} \quad (H_3C)_3P{=}CH{-}SiH_3$$

Mit Chlor-methyl-silan werden unter Angriff des Ylids am Silicium-Atom mit anschließender 1,2-Hydrid-Verschiebung (1-Methylsilanyl-alkyliden)-phosphorane erhalten[262]:

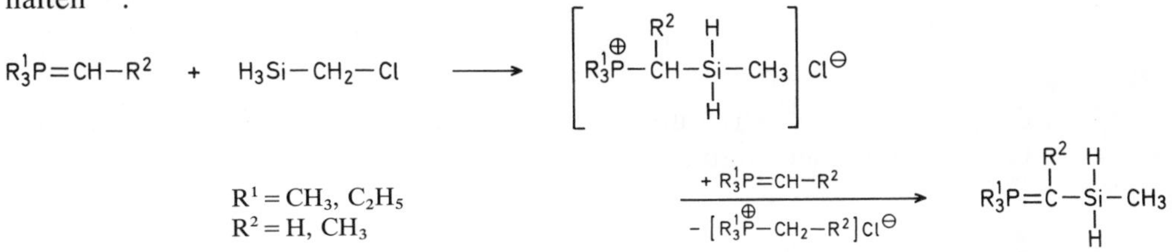

$$R_3^1P{=}CH{-}R^2 \quad + \quad H_3Si{-}CH_2{-}Cl \quad \longrightarrow \quad \left[R_3^1\overset{\oplus}{P}{-}\overset{\overset{R^2}{|}}{C}H{-}\overset{\overset{H}{|}}{\underset{\underset{H}{|}}{Si}}{-}CH_3 \right] Cl^{\ominus}$$

$$\begin{array}{l} R^1 = CH_3, \, C_2H_5 \\ R^2 = H, \, CH_3 \end{array} \qquad \xrightarrow[- [R_3^1\overset{\oplus}{P}{-}CH_2{-}R^2]Cl^{\ominus}]{+ R_3^1P{=}CH{-}R^2} \quad R_3^1P{=}\overset{\overset{R^2}{|}}{C}{-}\overset{\overset{H}{|}}{\underset{\underset{H}{|}}{Si}}{-}CH_3$$

Aus Methylen-phosphoranen (R^2=H) können (Bis-[methyl-silanyl]-methylen)-phosphorane entstehen.

Bei der Umsetzung von Alkyliden-trialkyl-phosphoranen mit Dialkyl-dihalogen-silanen bilden sich über einer Reihe von Quartärnierungs- und Umylidierungsschritten 2,4-Bis-[trialkylphosphoranyliden]-1,1,3,3-tetraalkyl-1,3-disiletane[264], die bei längerer Reaktionsdauer und in Gegenwart eines geringen Ylid-Überschusses zu den thermodynamisch stabileren 1,1,3,3,5,5-Hexaalkyl-4-(trialkylphosphoranyliden)-3,4,5,6-tetrahydro-1,3,5-phosphadisilinen isomerisieren[263]; z.B.:

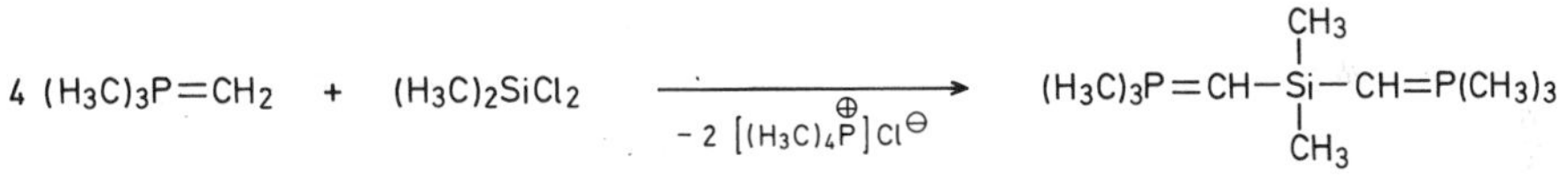

$$4 \, (H_3C)_3P{=}CH_2 \quad + \quad (H_3C)_2SiCl_2 \quad \xrightarrow[-2 \, [(H_3C)_4\overset{\oplus}{P}] Cl^{\ominus}]{} \quad (H_3C)_3P{=}CH{-}\overset{\overset{CH_3}{|}}{\underset{\underset{CH_3}{|}}{Si}}{-}CH{=}P(CH_3)_3$$

(Bis-[trimethyl-phosphoranyliden]-methyl)-dimethyl-silan; 61%)

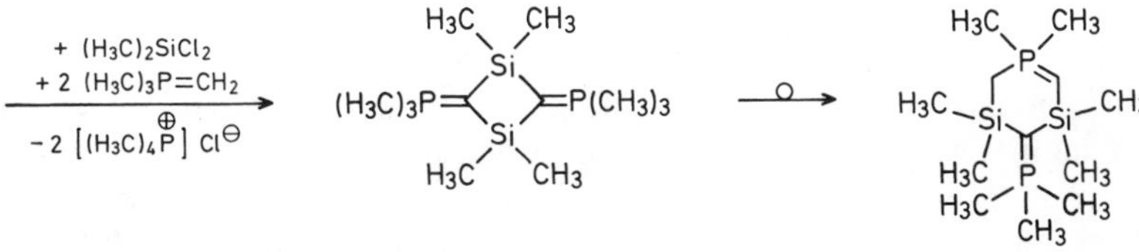

$$\xrightarrow[-2 \, [(H_3C)_4\overset{\oplus}{P}] \, Cl^{\ominus}]{\overset{+ \, (H_3C)_2SiCl_2}{+ \, 2 \, (H_3C)_3P{=}CH_2}}$$

2,4-Bis-[trimethylphosphoran-
yliden]-1,1,3,3-tetramethyl-
1,3-disiletan; 55%

1,1,3,3,5,5-Hexamethyl-4-
trimethylphosphoranyliden-
3,4,5,6-tetrahydro-1,3,5-phos-
phadisilin

Wird das Ylid langsam der Lösung von Dialkyl-dihalogen-silan zugetropft, so kann das Bis-[trialkylphosphoranyliden-methyl]-dialkyl-silan isoliert werden[264]. Die Reaktion gelingt auch mit 1,1-Dichlor-siletan[260].

[260] *H. Schmidbaur* u. *W. Wolf*, Chem. Ber. **108**, 2851 (1975).
[261] *E. A. V. Ebsworth, D. W. H. Rankin, B. Zimmer-Gasser* u. *H. Schmidbaur*, Chem. Ber. **113**, 1637 (1980).
[262] *H. Schmidbaur* u. *B. Zimmer-Gasser*, Angew. Chem. **89**, 678 (1977); engl.: **16**, 639.
[263] *W. Malisch* u. *H. Schmidbaur*, Angew. Chem. **86**, 554 (1974); engl.: **13**, 540.
[264] *H. Schmidbaur* u. *W. Malisch*, Chem. Ber. **103**, 97 (1970).

Cyclische Derivate werden auch bei der Umsetzung von Dilithiomethylen-trimethyl-phosphoran mit Bis-[chlor-dimethyl-silyl]-methan in 47–67% Ausbeute erhalten[265]:

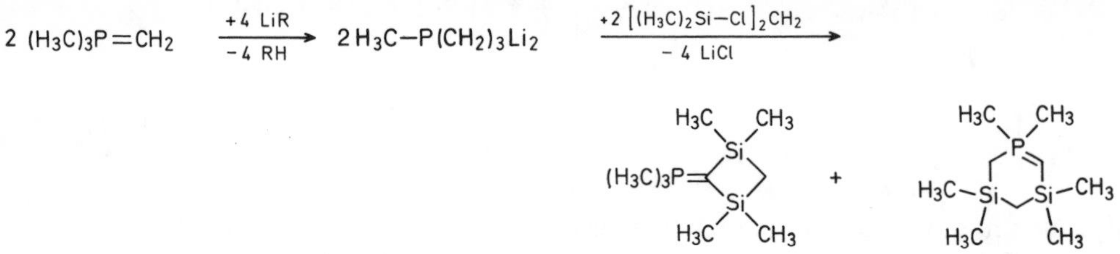

$$2\ (H_3C)_3P{=}CH_2 \xrightarrow[-4\ RH]{+4\ LiR} 2\ H_3C{-}P(CH_2)_3Li_2 \xrightarrow[-4\ LiCl]{+2\ [(H_3C)_2Si{-}Cl]_2CH_2}$$

1,1,3,3-Tetramethyl-2-   *1,1,3,3,5,5-Hexamethyl-*
(trimethyl-   *3,4,5,6-tetrahydro-*
phosphoranyliden)-   *1,3,5-phosphadisilin*
1,3-disiletan

Die Si-Si-Gruppe läßt sich als Struktureinheit in offenkettige und cyclische Phosphorylide mit Hilfe von Chlordisilanen einführen[266]; z.B.:

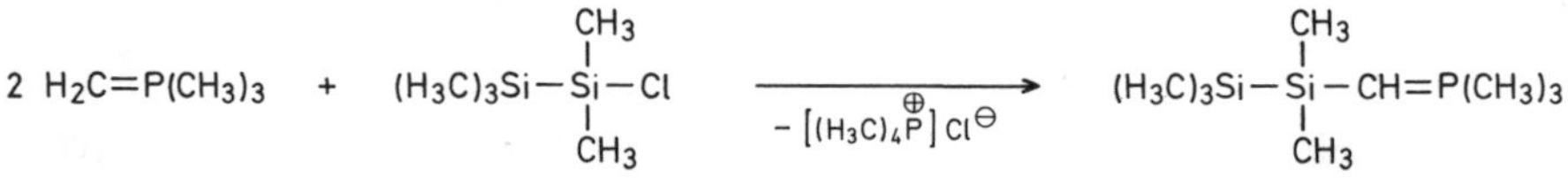

[(Pentamethyl-disilyl)-methylen]-
trimethyl-phosphoran; 87%

Vermutlich auf Grund sterischer Einflüsse stößt die Einführung einer zweiten Disilanyl-Gruppe auf Schwierigkeiten.

Verwendet man anstelle von Chlor-pentamethyl-disilan das 1,2-Dichlor-tetramethyl-di-silan, so erhält man z.B. *1,2-Bis-{[trimethyl- (bzw. triphenyl)-phosphoranyliden]-me-thyl}-tetramethyl-disilan* (72 bzw. 25%)[266]:

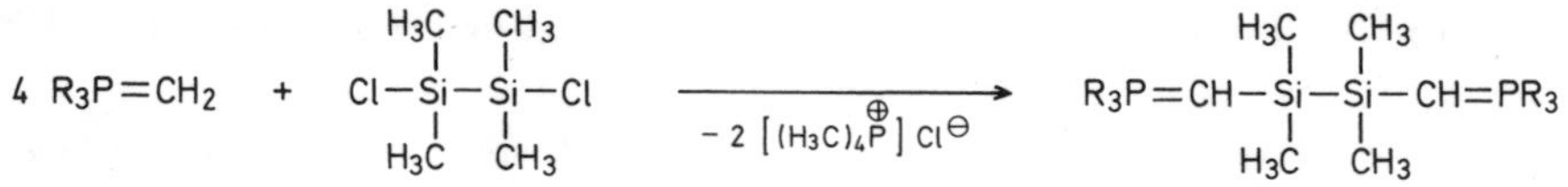

R = CH₃, C₆H₅

I

Das intermediär entstehende [(2-Chlor-tetramethyl-disilyl)-methylen]-trimethyl-phos-phoran kann unter Chlorwasserstoff-Abspaltung zum *1,1,3,3,4,4-Hexamethyl-4,5-di-hydro-3H-1,3,4-phosphadisilol* (II) cyclisieren. Das offenkettige Bis-Ylid I (R = C₆H₅) liefert mit einem weiteren Mol 1,2-Dichlor-tetramethyl-disilan *3,6-Bis-[trimethyl-phos-phoranyliden]-octamethyl-1,2,4,5-tetrasilocan* (III)[266].

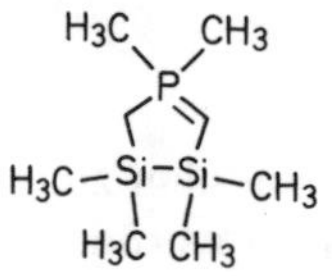

II

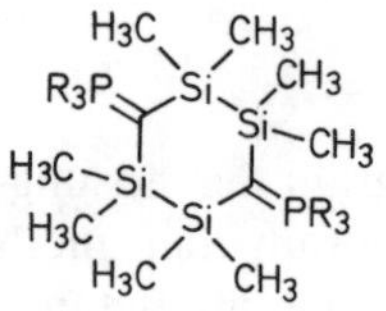

III

[265] *H. Schmidbaur* u. *M. Heimann*, Chem. Ber. **111**, 2696 (1978).
[266] *H. Schmidbaur* u. *W. Vornberger*, Angew. Chem. **82**, 773 (1970); engl.: **9**, 737; Chem. Ber. **105**, 3173 (1972).

α-silylierte Ylide werden auch aus Siletanen bzw. 1,3-Disiletanen erhalten; z.B.[267]:

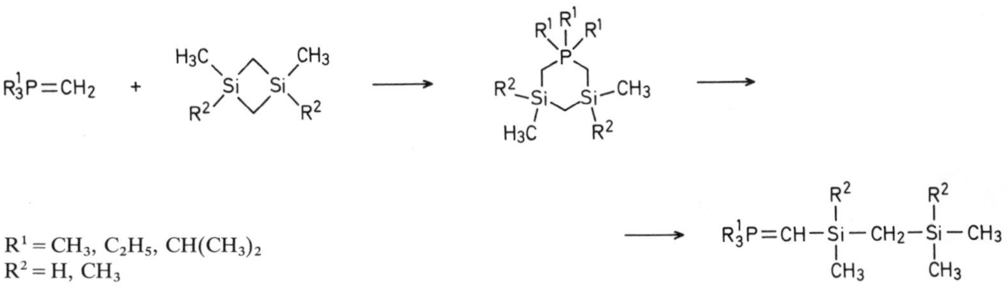

$R^1 = CH_3, C_2H_5, CH(CH_3)_2$
$R^2 = H, CH_3$

Aus 1,1-Dimethyl-siletan erhält man dagegen Dialkyl-(3-trimethylsilyl-propyl)-alkyliden-phosphorane[267].

Siletan selbst reagiert bei der Umsetzung mit Alkyliden-trialkyl-phosphoranen unter Ringspaltung und nachfolgender Recyclisierung und unter Wasserstoff-Eliminierung zu 3,4,5,6-Tetrahydro-1(λ^5),3-phosphasilinen[268]; z.B. *1,1,3-Trimethyl-3,4,5,6-tetrahydro-1(λ^5),3-phosphasilin* (78%):

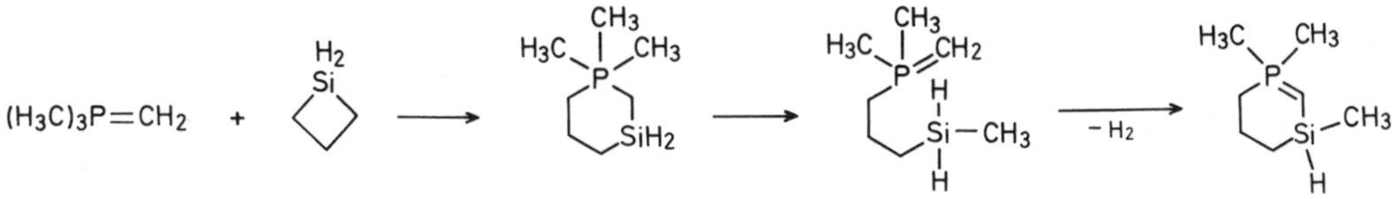

Mit dem reaktionsträgeren Methylen-triisopropyl-phosphoran tritt keine Ringspaltung des Siletans ein und man erhält unter Wasserstoff-Abspaltung *(1-Siletanyl-methylen)-triisopropyl-phosphoran* (57%)[268]:

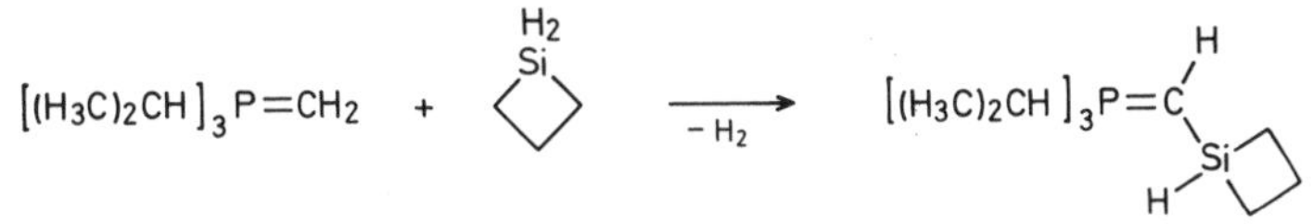

Fluorsilyl-Einheiten werden auf Methylen-trialkyl-phosphorane mit Übergangsmetall-Komplexen übertragen[269].

Chlor-trimethyl-german bzw. -stannan reagieren im Gegensatz zur entsprechenden Silicium-Verbindung mit Methylen-triphenyl-phosphoran nicht zum monosubstituierten sondern im Molverhältnis 2:3 zum disubstituierten Ylid[270]:

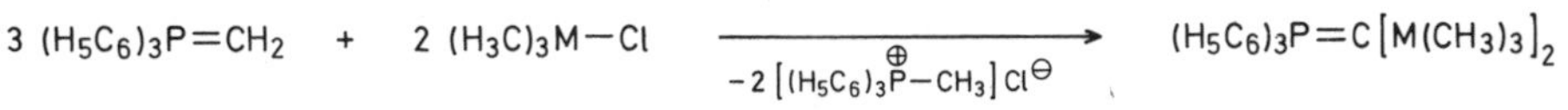

$$3 \, (H_5C_6)_3P{=}CH_2 \; + \; 2 \, (H_3C)_3M{-}Cl \xrightarrow[-2\,[(H_5C_6)_3\overset{\oplus}{P}-CH_3]\,Cl^\ominus]{} (H_5C_6)_3P{=}C\,[M(CH_3)_3]_2$$

M = Ge, Sn

Ein Überschuß an Ausgangsylid führt lediglich zur Verunreinigung des Produktes, nicht aber zur Bildung der einfach substituierten Verbindung.

(Bis-[trimethylgermanyl- (bzw. -stannyl)-methylen]-triphenyl-phosphoran[270]: Eine ether. Lösung von 9,93 g (36 mmol) bzw. 33,12 g (120 mmol) Methylen-triphenyl-phosphoran wird langsam und unter starkem Rühren zu

[267] *H. Schmidbaur* u. *W. Wolf*, Chem. Ber. **108**, 2834 (1975).
[268] *H. Schmidbaur* u. *W. Wolf*, Chem. Ber. **108**, 2842 (1975).
[269] *W. Malisch*, J. Organomet. Chem. **77**, C15 (1974).
[270] *H. Schmidbaur* u. *W. Tronich*, Chem. Ber. **100**, 1032 (1967).

einer Ether-Lösung von 3,6 g (23 mmol) Chlor-trimethyl-german bzw. 15,9 g (80 mmol) Chlor-trimethyl-stannan gegeben (es bildet sich sofort ein heller Niederschlag). Man rührt 5 Stdn., filtriert im geschlossenen Kolben vom Niederschlag ab, entfernt vom Filtrat den Ether i. Vak. und kristallisiert den festen gelben Rückstand mehrfach aus Petrolether um; Ausbeute: 2,95 bzw. 13,3 g (51 bzw. 55%).
Eine Vakuumdestillation ist möglich, liefert jedoch weniger reine Produkte.

Zur Herstellung entsprechender Bis-[trimethylgermanyl (bzw. -stannyl)-methyl]-trimethyl-phosphorane s. S. 676.
Ausgehend von Trimethyl-(trimethylsilyl-methylen)-phosphoranen werden *Trimethyl-(trimethylgermanyl-trimethylsilyl-methylen)-* (62%) bzw. *Trimethyl-(trimethylsilyl-trimethylstannyl-methylen)-phosphoran* (52%) erhalten[270]:

$$2 \ (H_3C)_3P{=}CH{-}Si(CH_3)_3 \ + \ (H_3C)_3M{-}Cl \xrightarrow[- \ [(H_3C)_3\overset{\oplus}{P}{-}CH_2{-}Si(CH_3)_3] \ Cl^{\ominus}]{} (H_3C)_3P{=}C\overset{Si(CH_3)_3}{\underset{M(CH_3)_3}{<}}$$

M = Ge, Sn

Die Umsetzung von (2-Oxo-2-phenyl-ethyliden)-triphenyl-phosphoran mit Chlor-trimethyl- bzw. -triphenylstannan führt zu substituierten Phosphonium-Salzen, aus denen die zugehörigen Ylide jedoch nicht erhalten werden[271] (vgl. a. S. 685).
Mesomeriestabilisierte Methylen-triphenyl-phosphorane reagieren mit Quecksilber(II)-chlorid zu mercurierten Phosphonium-Salzen, die in Lösung im Gleichgewicht mit den Ausgangskomponenten stehen[272, 273] und unter dem Einfluß einer Base in (1-Chlormercuri-alkyliden)-phosphorane übergeführt werden können[273, 274]; z.B.:

$$(H_5C_6)_3P{=}CH{-}CO{-}C_6H_5 \ + \ HgCl_2 \ \rightleftharpoons \ \left[(H_5C_6)_3\overset{\oplus}{P}{-}\underset{HgCl}{\overset{|}{C}}H{-}CO{-}C_6H_5 \right] Cl^{\ominus}$$

$$\xrightarrow[- \ CH_3OH \ / \ - \ Cl^{\ominus}]{+ \ H_3CO^{\ominus}} (H_5C_6)_3P{=}C\overset{CO{-}C_6H_5}{\underset{HgCl}{<}}$$

(1-Chlormercuri-2-oxo-2-phenyl-ethyliden)-triphenyl-phosphoran; 90%

Mit Quecksilber(II)-acetat werden **Bis-[1-triphenylphosphoranyliden-alkyl]-quecksilber-Verbindungen** erhalten[275]; z.B.:

$$(H_5C_6)_3P{=}\underset{R}{\overset{R}{\underset{|}{C}}}{-}Hg{-}\underset{R}{\overset{R}{\underset{|}{C}}}{=}P(C_6H_5)_3$$

...-*triphenylphosphoranyliden-methyl]-quecksilber*
R = COOCH₃; *Bis-[methoxycarbonyl-...*; 80%
R = CN; *Bis-[cyan-...*; 80%

Ausgehend von Yliden ohne mesomeriefähige Substituenten am Methylen-C-Atom sind mercurierte Ylide weder durch einen Ylid-Überschuß auf dem Wege einer Umylidierung noch durch Umsetzung mit Butyl-lithium aus den mercurierten Phosphonium-Salzen zu-

[270] *H. Schmidbaur* u. *W. Tronich*, Chem. Ber. **100**, 1032 (1967).
[271] *S. Kato, T. Kato* u. *M. Mizuta*, J. Organomet. Chem. **51**, 167 (1973).
[272] *N.A. Nesmeyanov* et al., Zh. Org. Khim. **2**, 942 (1966); **4**, 1685 (1968); C. A. **65**, 15420 (1966); **70**, 19463 (1969).
[273] *N.A. Nesmeyanov, V.M. Novikov* u. *O.A. Reutov*, J. Organomet. Chem. **4**, 202 (1965).
[274] *N.A. Nesmeyanov* et al., Izv. Akad. Nauk SSSR, Ser. Khim. **1964**, 722; C. A. **61**, 3143 (1964).
[275] *N.A. Nesmeyanov* et al., Dokl. Chem. **195**, 98 (1970); C. A. **74**, 1001185 (1971); Izv. Akad. Nauk SSSR, Ser. Khim. **1972**, 1189; C. A. **77**, 87649e (1972).

gänglich. Lediglich das Trimethyl-(trimethylsilyl-methylen)-phosphoran setzt sich mit Methyl-quecksilberchlorid durch Umylidierung (oder über metalliertes Ylid) um[276]:

$$(H_3C)_3P=CH-Si(CH_3)_3 \quad + \quad H_3C-HgCl \quad \longrightarrow \quad \left[(H_3C)_3\overset{\oplus}{P}-\underset{Si(CH_3)_3}{\overset{|}{C}}H-HgCH_3 \right] Cl^{\ominus}$$

$$\xrightarrow[{- [(H_3C)_3\overset{\oplus}{P}-CH_2-Si(CH_3)_3] Cl^{\ominus}}]{+ (H_3C)_3P=CH-Si(CH_3)_3} \quad (H_3C)_3P=C\overset{\displaystyle HgCH_3}{\underset{\displaystyle Si(CH_3)_3}{\diagup}}$$

(Methylmercuri-trimethylsilyl-methylen)-trime-thyl-phosphoran; 26%

2.1.2. Ersatz durch eine C-Gruppe

2.1.2.1. durch eine Alkyl-Gruppe

Die Substitution eines α-ständigen Wasserstoff-Atoms in einem Alkyliden-phosphoran durch einen Alkyl-Rest (in der Praxis meist ein substituierter Alkyl-Rest) ist prinzipiell auf zweierlei Weise möglich:

(a) Michaeladdition an elektronenarme C=C-Doppelbindungen:

$$R_3P=C\overset{\diagup}{\underset{H}{\diagdown}} \quad + \quad \overset{\diagdown}{\underset{\diagup}{C}}=C\overset{\diagup}{\diagdown} \quad \longrightarrow \quad R_3\overset{\oplus}{P}-\overset{|}{C}H-\overset{|}{C}-\overset{|}{C}^{\ominus} \quad \longrightarrow \quad R_3P=\overset{|}{C}-\overset{|}{C}-\overset{|}{C}-H$$

(b) Reaktion mit Alkylierungsmitteln zu den entsprechenden Phosphonium-Salzen und anschließende Deprotonierung durch eine externe Base oder Umylidierung zu substituierten Yliden:

$$R_3P=C\overset{\diagup}{\underset{H}{\diagdown}} \quad + \quad -\overset{|}{C}-X \quad \longrightarrow \quad \left[R_3\overset{\oplus}{P}-\overset{|}{C}H-\overset{|}{C}- \right] X^{\ominus} \quad \xrightarrow{-HX} \quad R_3P=\overset{|}{C}-\overset{|}{C}-$$

2.1.2.1.1. durch Addition von Yliden an Olefine

Das resonanzstabilisierte (Methoxycarbonyl-methylen)-triphenyl-phosphoran reagiert mit aktivierten C=C-Doppelbindungen, unter Protonen-Verschiebung zu substituierten (1-Methoxycarbonyl-alkyliden)-triphenyl-phosphoranen. So erhält man mit 4-Oxo-4-phenyl-2-butensäure-methylester das *(1-Methoxycarboxy-2-oxo-2-phenyl-ethyliden)-triphenyl-phosphoran* (92%)[277] und mit 1-Nitro-alkenen (1-Methoxycarbonyl-3-nitro-alkyliden)-triphenyl-phosphorane[278, 279]:

$$(H_5C_6)_3P=CH-COOCH_3 \quad + \quad R^1-CH=\overset{\overset{\displaystyle R^2}{|}}{C}-NO_2 \quad \longrightarrow \quad \left\{ (H_5C_6)_3\overset{\oplus}{P}-\overset{\overset{\displaystyle COOCH_3}{|}}{C}H-\underset{R^1}{\overset{|}{C}}H-C\overset{\displaystyle R^2}{\underset{\displaystyle NO_2}{\diagup}} \right\}$$

$$\longrightarrow \quad (H_5C_6)_3P=\overset{\overset{\displaystyle H_3COOC}{|}}{C}-CH-\underset{R^1}{\overset{|}{C}}H-NO_2 \quad \overset{\displaystyle R^2}{}$$

[276] *H. Schmidbaur* u. *K. H. Räthlein*, Chem. Ber. **107**, 102 (1974).
[277] *H. J. Bestmann* u. *F. Seng*, Angew. Chem. **74**, 154 (1962).
[278] *J. Asunskis* u. *H. Shechter*, J. Org. Chem. **33**, 1164 (1968).
[279] *D. T. Connor* u. *M. von Strandtmann*, J. Org. Chem. **38**, 1047 (1973).

(1-Methoxycarbonyl-3-nitro-butyliden)-triphenyl-phosphoran[278]: 3,5 g (0,04 mol) 2-Nitro-propen und 13,4 g (0,04 mol) (Methoxycarbonyl-methylen)-triphenyl-phosphoran werden in Toluol unter Rühren 40 Stdn. auf 90–100° erhitzt. Die Lösung wird abgekühlt und das Toluol i. Vak. abdestilliert. Der Rückstand wird mit 200 *ml* trockenem Ether umgelöst; Ausbeute: 9,7 g (57%); Schmp.: 161,5–163,5° (aus Essigsäure-ethylester).

Auf analoge Weise erhält man u. a.

(1-Methoxycarbonyl-2-methyl-3-nitro-propyliden)-triphenyl-phosphoran	33%; Schmp.: 164–166°
(1-Methoxycarbonyl-3-nitro-2-phenyl-propyliden)-triphenyl-phosphoran	23%; Schmp.: 180–181°
(1-Methoxycarbonyl-3-nitro-2-phenyl-butyliden)-triphenyl-phosphoran	48%; Schmp.: 204–207°
[2-(2-Furyl)-1-methoxycarbonyl-3-nitro-propyliden]-triphenyl-phosphoran	47%; Schmp.: 184,5–185,5°

Enthält das eingesetzte Olefin Substituenten, die leicht als Anion abgespalten werden können, so entstehen Alkenyliden-phosphorane[280]; z.B.:

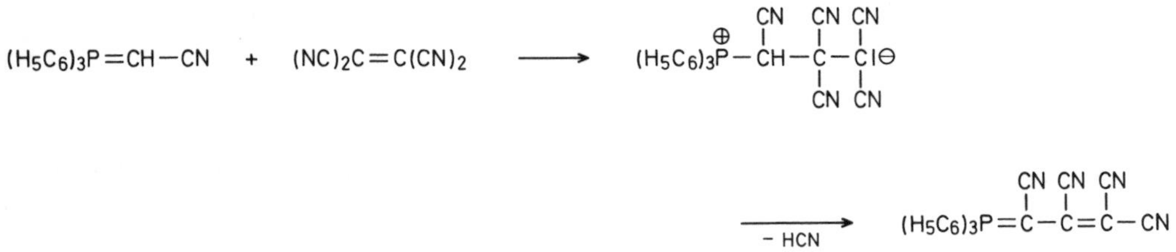

$(H_5C_6)_3P=CH-CN$ + $(NC)_2C=C(CN)_2$ $\longrightarrow$ $(H_5C_6)_3\overset{\oplus}{P}-CH-\overset{CN}{\underset{CN}{\overset{|}{\underset{|}{C}}}}-\overset{CN}{\underset{CN}{\overset{|}{\underset{|}{C}}}}\ominus$

$\xrightarrow[-HCN]{}$ $(H_5C_6)_3P=\overset{CN}{\overset{|}{C}}-\overset{CN}{\overset{|}{C}}=\overset{CN}{\overset{|}{C}}-CN$

(Tetracyan-allyliden)-triphenyl-phosphoran;
56%

Gelegentlich stellt auch das aus einer vorausgehenden Wittig-Reaktion resultierende Olefin den Reaktionspartner für die Michael-Addition eines zweiten Moleküls Ylid dar[281, 282].

2.1.2.1.2. durch Reaktion von Yliden mit Alkylierungsmitteln

Methylen-triphenyl-phosphoran reagiert mit Methyljodid zu *Ethyl-triphenyl-phosphoniumjodid*[283]:

$(H_5C_6)_3P=CH_2$ + CH_3J $\longrightarrow$ $[(H_5C_6)_3\overset{\oplus}{P}-CH_2-CH_3]\,J^{\ominus}$

Auch die Umsetzung von (Methoxycarbonyl-methylen)-triphenyl-phosphoran mit Alkylhalogeniden führt zunächst zu Phosphonium-Salzen[283, 284]:

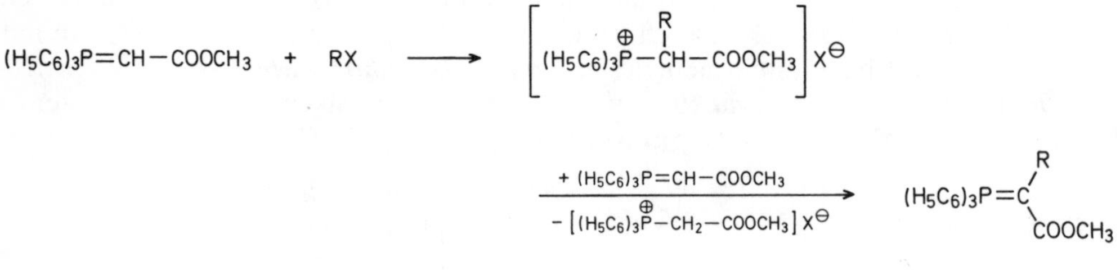

$(H_5C_6)_3P=CH-COOCH_3$ + RX $\longrightarrow$ $\left[(H_5C_6)_3\overset{\oplus}{P}-\overset{R}{\overset{|}{C}H}-COOCH_3\right]X^{\ominus}$

$\xrightarrow[- [(H_5C_6)_3\overset{\oplus}{P}-CH_2-COOCH_3]\,X^{\ominus}]{+ (H_5C_6)_3P=CH-COOCH_3}$ $(H_5C_6)_3P=\overset{R}{\underset{COOCH_3}{C}}$

[278] *J. Asunskis* u. *H. Shechter*, J. Org. Chem. **33**, 1164 (1968).
[280] *S. Trippett*, J. Chem. Soc. **1962**, 4733.
[281] *H.J. Bestmann* u. *H.J. Lang*, Tetrahedron Lett. **1969**, 2101.
[282] *H. Strzelecka, M. Dupré* u. *M. Simalty*, Tetrahedron Lett. **1971**, 617.
[283] *H.J. Bestmann* u. *H. Schulz*, Tetrahedron Lett. **1960**, Nr. 4, 7.
[284] *H.J. Bestmann* u. *H. Schulz*, Chem. Ber. **95**, 2921 (1962).

Bei der Umsetzung mit Alkyljodiden in absolutem Essigsäure-ethylester bleibt die Reaktion auf der Stufe des alkylierten Phosphonium-Salzes stehen, da dieses wegen des +I-Effektes des aliphatischen Restes eine schwächere Säure ist, als die bei der Umylidierung entstehende korrespondierende CH-Säure des Ausgangsylides. Die Salz-Ausbeute nimmt mit zunehmender Länge des aliphatischen Restes ab. Da eine teilweise Umylidierung auch zwischen Alkyliden-phosphoranen und Phosphonium-Salzen gleicher CH-Acidität und Basenstärke abläuft, können unerwünschte Nebenprodukte durch Mehrfachalkylierung entstehen. Eindeutig zum Ylid verlaufen die Umsetzungen nur dann, wenn der Alkyl-Rest im Alkylhalogenid eine -I-Gruppe beinhaltet; z.B.:

$$RX = H_2C=CH-CH_2-X \quad H_3COOC-CH_2-X \quad NC-CH_2-X \quad H_5C_6-CH_2-X \quad H_5C_6-CH=CH-CH_2-X$$

Man erhält ein (1-subst. Methoxycarbonyl-methylen)-triphenyl-phosphoran und das Methoxycarbonylmethyl-triphenyl-phosphoniumbromid, aus dem durch Basen das Ausgangsylid zurückgewonnen werden kann.

(1-Methoxycarbonyl-alkyliden)-triphenyl-phosphoran[284]: Zu einer siedenden Lösung von 0,4 mol (Methoxy-carbonyl-methylen)-triphenyl-phosphoran in abs. Essigsäure-ethylester gibt man 0,2 mol des Alkylhalogenides und kocht 2 Stdn. unter Rückfluß. Das ausgefallene (Methoxycarbonyl-methyl)-triphenyl-phosphoniumhalogenid (Ausbeute: 80–95%) wird abgesaugt und das Filtrat i. Vak. eingeengt. Der Rückstand, der oft ölig anfällt, kristallisiert beim Reiben und wird aus Essigsäure-ethylester umkristallisiert.

Auf diese Weise erhält man u. a.

R = CH$_2$–CH = CH$_2$; *(1-Methoxycarbonyl-allyliden)-triphenyl-phosphoran*   93%; Oel
R = CH$_2$–COOCH$_3$; *(1,2-Dimethoxycarbonyl-ethyliden)-triphenyl-phosphoran*   98%; Schmp.: 157–158°
R = CH$_2$–CN; *(2-Cyan-1-methoxycarbonyl-ethyliden)-triphenyl-phosphoran*   89%; Schmp.: 138–139°
R = CH$_2$–C$_6$H$_5$; *(1-Methoxycarbonyl-2-phenyl-ethyliden)-triphenyl-phosphoran*   75%; Schmp.: 186–187°
R = CH$_2$–CH = CH–C$_6$H$_5$; *(1-Methoxycarbonyl-4-phenyl-3-butenyliden)-triphenyl-phosphoran*   81%; Oel

Die Umsetzung des (Methoxycarbonyl-methylen)-triphenyl-phosphorans mit α-Brom-ketonen nimmt einen anderen Verlauf: Das zunächst entstehende Phosphonium-Salz zerfällt zu Olefin und Triphenylphosphan[285].

(2-Oxo-alkyliden)-triphenyl-phosphorane können wegen ihres ambidenten Charakters sowohl am C- als auch am O-Atom[286–288, 290] alkyliert werden. So erhält man z.B. mit Bromessigsäure-methylester unter Umylidierung (1-Acyl-2-methoxycarbonyl-ethyliden)-triphenyl-phosphorane[289]:

$$(H_5C_6)_3P=CH-CO-R \; + \; Br-CH_2-COOCH_3 \longrightarrow \left[(H_5C_6)_3\overset{\oplus}{P}-\underset{\underset{CO-R}{|}}{CH}-CH_2-COOCH_3 \right] Br^{\ominus}$$

$$\xrightarrow[\; -[(H_5C_6)_3\overset{\oplus}{P}-CH_2-CO-R]\;Br^{\ominus}\;]{+\;(H_5C_6)_3P=CH-CO-R} \quad (H_5C_6)_3P=C\overset{\displaystyle CH_2-COOCH_3}{\underset{\displaystyle CO-R}{<}}$$

(1-Acetyl-2-methoxycarbonyl-ethyliden)-triphenyl-phosphoran[289]: Zu einer siedenden Lösung von 6,4 g (0,02 mol) (2-Oxo-propyliden)-triphenyl-phosphoran[290] in 120 *ml* abs. Benzol gibt man 1,53 g (0,01 mol) Bromessig-säure-methylester und kocht 15 Stdn. unter Rückfluß. Das ausgefallene (2-Oxo-propyl)-triphenyl-phosphoniumbromid wird abgesaugt (3,8 g, 95%) und das Filtrat i. Vak. eingedampft. Der ölige Rückstand wird beim Verreiben mit wenig abs. Essigsäure-ethylester kristallin; Ausbeute: 2,9 g (74%); Schmp.: 148–150°.

[284] *H. J. Bestmann* u. *H. Schulz*, Chem. Ber. **95**, 2921 (1962).
[285] *H. J. Bestmann, E. Seng* u. *H. Schulz*, Chem. Ber. **96**, 465 (1963).
[286] *F. Ramirez, O. P. Madan* u. *C. P. Smith*, Tetrahedron **22**, 567 (1966).
[287] *C. J. Devlin* u. *B. J. Walker*, Tetrahedron **28**, 3501 (1972).
[288] *A. A. Grigorenko, M. I. Shevchuk* u. *A. V. Dombrovskii*, Zh. Obshch. Khim. **36**, 506 (1966); C. A. **65**, 737 (1966).
[289] *H. J. Bestmann, G. Graf* u. *H. Hartung*, Justus Liebigs Ann. Chem. **706**, 68 (1967).
[290] *F. Ramirez* u. *S. Dershowitz*, J. Org. Chem. **22**, 41 (1957).

Auf ähnliche Weise erhält man u. a.

[1-(Methoxycarbonyl-methyl)-2-oxo-4-phenyl-butyliden]-triphenyl-phosphoran   40%; Schmp.: 130–131°
[2-Cyclohexylcarbonyl-1-(methoxycarbonyl-methyl)-ethyliden]-triphenyl-phosphoran   72%; Schmp.: 167–168°
(1-Benzoyl-2-methoxycarbonyl-ethyliden)-triphenyl-phosphoran   20%; Schmp.: 177–178°

(2-Oxo-2-aryl-ethyliden)-triphenyl-phosphorane reagieren mit Methyljodid im Molverhältnis 1:1 lediglich unter Salzbildung[288], mit 4-Nitro-benzylchlorid erhält man beim Molverhältnis 2:1 unter Umylidierung [1-Aroyl-2-(4-nitro-phenyl)-ethyliden]-triphenyl-phosphorane[291].

Die Umsetzung von Benzyliden-triphenyl-phosphoranen mit Benzylhalogeniden führt zu den entsprechenden (1,2-Diphenyl-alkyl)-triphenyl-phosphonium-Salzen[292], die auch nach 12 Stdn. Kochen in Benzol nicht zum Ylid umylidieren.

Eine Alkylierung von (Ethoxycarbonyl-methylen)- bzw. (2-Oxo-2-phenyl-ethyliden)-triphenyl-phosphoran wird mit gutem Erfolg durch Mannichbasen erreicht[293]; z.B.:

$$(H_5C_6)_3P=CH-COOC_2H_5 \quad + \quad \text{[indol with } CH_2-N(CH_3)_2\text{]} \quad \xrightarrow{-(H_3C)_2NH} \quad (H_5C_6)_3P=C \text{[indolyl]}$$

[1-Ethoxycarbonyl-2-(3-indolyl)-ethyliden]-triphenyl-phosphoran; 92%

Alkylierung von Methylen-phosphoranen mit Mannichbasen; allgemeine Arbeitsvorschrift[293]: Eine Lösung von 0,1 mol Mannichbase und 0,1 mol Methylen-phosphoran in 500 ml Toluol wird unter Stickstoff 6–7 Stdn. zum Rückfluß erhitzt. Die Mischung wird abgekühlt, der kristalline Niederschlag abfiltriert und mit kaltem Toluol und Petrolether gewaschen; Ausbeuten: 72–92%.

Die Umsetzung von 1-Acyl- und 1-Tosyl-aziridinen mit (Ethoxycarbonyl-methylen)-triphenyl-phosphoran führt unter C–N-Spaltung des Dreiringes zu (3-Amino-1-ethoxycarbonyl-propyliden)-triphenyl-phosphoranen[294]:

$$(H_5C_6)_3P=CH-COOC_2H_5 \quad + \quad R-N\text{[aziridine]} \quad \longrightarrow \quad (H_5C_6)_3P=C\begin{array}{l}COOC_2H_5\\CH_2-CH_2-NH-R\end{array}$$

Auch 1,1-Dimethyl-siletane reagieren mit Alkyliden-trialkyl-phosphoranen ebenfalls unter Ringspaltung zu Alkyliden-dialkyl-(3-trimethylsilyl-propyl)- bzw. zu (3-Dimethylsilyl-alkyliden)-trialkyl-phosphoranen[295]; z.B.:

$$(H_5C_2)_3P=CH_2 \quad + \quad \text{[siletane]} \quad \longrightarrow \quad H_5C_2-\underset{\substack{\|\\H_3C-CH}}{\overset{C_2H_5}{P}}-CH_2-CH_2-CH_2-Si(CH_3)_3$$

$$\rightleftharpoons \quad (H_5C_2)_3P=CH-CH_2-CH_2-Si(CH_3)_3$$

[288] A. A. Grigorenko, M. I. Shevchuk u. A. V. Dombrovskii, Zh. Obshch. Khim. **36**, 506 (1966); C. A. **65**, 737 (1966).
[291] M. I. Shevchuk, A. F. Tolochko u. A. V. Dombrovskii, Zh. Obshch. Khim. **41**, 540 (1971); C. A. **75**, 49228 (1971).
[292] H. J. Bestmann, E. Vilsmaier u. G. Graf, Justus Liebigs Ann. Chem. **704**, 109 (1967).
[293] M. v. Strandtmann, M. P. Cohen, C. Puchalski u. J. Shavel jr., J. Org. Chem. **33**, 4306 (1968).
[294] H. W. Heine, G. B. Lowrie u. K. C. Irving, J. Org. Chem. **35**, 444 (1970).
[295] H. Schmidbaur u. W. Wolf, Chem. Ber. **108**, 2834 (1975).

Mit α-Chlor-aminen (z.B. Chlormethyl-dimethyl-amin) reagieren Ylide unter Umylidierung z.B. zu [(1-Dimethylamino-methyl)-alkyliden]-triphenyl-phosphoranen (60–80%)[296, 299]:

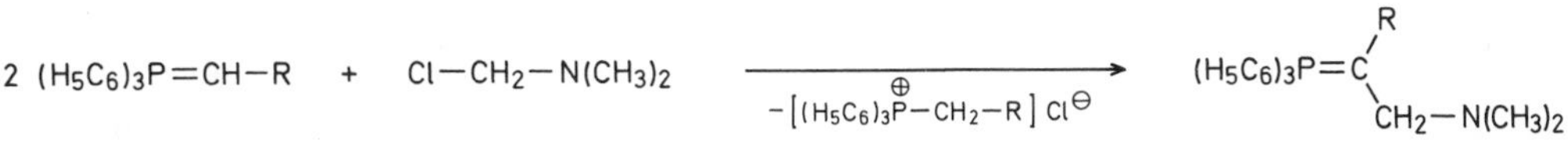

$$2\ (H_5C_6)_3P{=}CH{-}R\ +\ Cl{-}CH_2{-}N(CH_3)_2\ \xrightarrow[-[(H_5C_6)_3\overset{\oplus}{P}-CH_2-R]\ Cl^{\ominus}]{}\ (H_5C_6)_3P{=}C\overset{R}{\underset{CH_2-N(CH_3)_2}{\big\langle}}$$

Enthält der Alkyliden-Substituent des Ausgangsylids in β-Stellung zum Phosphor-Atom zwei Wasserstoff-Atome, so kommt es zur Bildung von Allenen[297] (vgl. Reaktion mit der C=N-Doppelbindung S. 738). Auch der Zerfall des primär gebildeten Phosphonium-Salzes in Dimethylamin und Vinylphosphonium-Salz wird beobachtet[298, 299].

(ω-Halogen-alkyliden)-phosphorane unterliegen einer intramolekularen C-Alkylierung[300–302, 305]. Das resultierende *exo*-cyclische Phosphonium-Salz kann mit einer zweiten Base in das zugehörige Ylid überführt werden, das i.a. ohne Isolierung weiterverarbeitet wird:

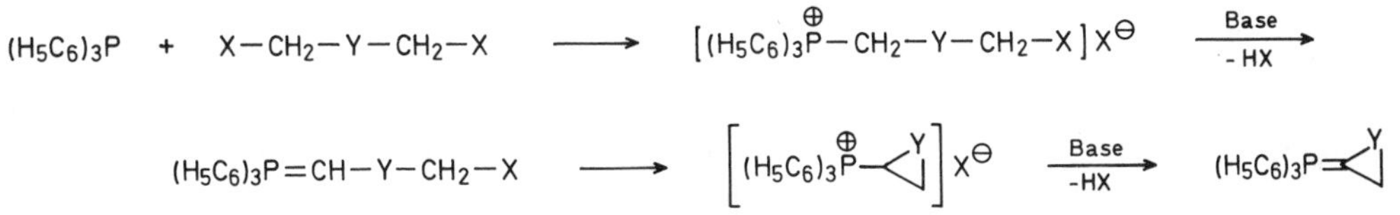

$$(H_5C_6)_3P\ +\ X{-}CH_2{-}Y{-}CH_2{-}X\ \longrightarrow\ [(H_5C_6)_3\overset{\oplus}{P}{-}CH_2{-}Y{-}CH_2{-}X]\ X^{\ominus}\ \xrightarrow[-HX]{Base}$$

$$(H_5C_6)_3P{=}CH{-}Y{-}CH_2{-}X\ \longrightarrow\ \left[(H_5C_6)_3\overset{\oplus}{P}{-}\overset{Y}{\triangleleft}\right]X^{\ominus}\ \xrightarrow[-HX]{Base}\ (H_5C_6)_3P{=}\overset{Y}{\triangleleft}$$

$Y = CH_2$; *Cyclopropyliden-triphenyl-phosphoran*

$Y = CH_2-CH_2$; *Cyclobutenyliden-triphenyl-phosphoran*

$Y = $; *3-Triphenylphosphoranyliden-tetralin*

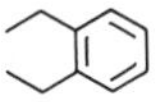

$Y = $; *6-Triphenylphosphoranyliden-⟨dibenzo-1,3-cyclodecadien⟩*

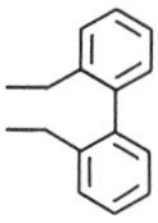

$Y = $; *8-Triphenylphosphoranyliden-7,8,9,10-⟨cyclohept[d;e]naphthalin⟩*

Während bei (ω-Halogen-alkyl)-triphenyl-phosphonium-Salzen die Cyclisierung so abläuft, daß das Phosphor-Atom nicht Bestandteil des Ringes wird, ist bei den entsprechenden Trialkyl-Verbindungen eine Einbeziehung des Onium-Zentrums in das Ringsystem möglich, da hierbei die Carbanion-Funktion im primär gebildeten Ylid in die Seitenkette und nicht wie beim Phenyl-Analogen am α-C-Atom der Halogenalkyl-Kette eingeführt wird[303]; z.B.:

[296] *H.J. Bestmann* u. *F. Seng*, Tetrahedron **21**, 1373 (1965).

[297] *H.J. Bestmann* u. *R. Zimmermann*, Fortschr. Chem. Forsch. **20**, 26 (1971).

[298] *A.T. Hewson*, Tetrahedron Lett. **1978**, 3267.

[299] *H.J. Bestmann, J. Popp* u. *G. Schmid*, unveröffentlicht.

[300] *H.J. Bestmann, R. Härtel* u. *H. Häberlein*, Justus Liebigs Ann. Chem. **718**, 33 (1968).

[301] *H.J. Bestmann* u. *E. Kranz*, Chem. Ber. **105**, 2098 (1972).

[302] *A. Mondon*, Justus Liebigs Ann. Chem. **603**, 115 (1957).

[303] *H. Schmidbaur* u. *H.P. Scherm*, Chem. Ber. **110**, 1576 (1977).

[305] *H.J. Bestmann, H. Häberlein* u. *W. Eisele*, Chem. Ber. **99**, 28 (1966).

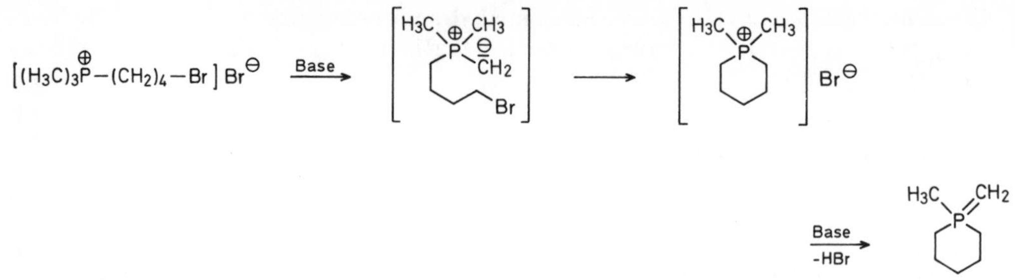

$$[(H_3C)_3\overset{\oplus}{P}-(CH_2)_4-Br]\ Br^{\ominus} \xrightarrow{\text{Base}} \left[\ \right] \longrightarrow \left[\ \right]\ Br^{\ominus}$$

$$\xrightarrow[-HBr]{\text{Base}}$$

1-Methyl-1-methylen-λ^5-phosphorinan;
47%

Cyclobutyliden-triphenyl-phosphoran [**Y = (CH₂)₂**][300]: 9,56 g (20 mmol) (4-Brom-butyl)-triphenyl-phosphoniumbromid, 100 *ml* abs. Ether und 22 mmol einer ether. Phenyl-lithium-Lösung werden unter Stickstoff im Schlenkrohr bei 20° geschüttelt. Der Ether färbt sich tiefrot. Nach 24 Stdn. ist eine fast farblose Suspension des Cyclobutyl-triphenyl-phosphoniumbromids entstanden, zu der man weitere 22 mmol Phenyl-lithium in Ether gibt, wobei sich der Niederschlag schnell löst (rote Lösung).

(ω-Brom-propyl)-triphenyl-phosphoniumbromid wird auch mit äquivalenten Mengen 1n Natronlauge ins Cyclopropyl-triphenyl-phosphoniumbromid übergeführt, da die Ylid-Bildung mit anschließendem Ringschluß offenbar schneller abläuft als der alkalische Abbau von Phosphoniumhydroxiden und Yliden[301].

Voraussetzung für diese Reaktion ist, daß aus dem 1,ω-Dihalogen-Derivat und Triphenylphosphan eindeutig das Monosalz erhalten werden kann. Dies ist nur bei Dihalogenmethanen und 1,2-Dihalogen-ethanen[300, 302, 304] möglich, da bei höheren 1,ω-Dihalogen-alkanen nicht trennbare Gemische der Mono und Diphosphonium-Salze entstehen[300].

Gezielte Ringschlußreaktionen durch intramolekulare C-Alkylierung von Alkylidenphosphoranen sind also nur ausgehend von Bishalogen-Verbindungen möglich, die entweder zwei gleichwertige C-Halogen-Verbindungen aufweisen, jedoch mit einem Mol Triphenylphosphan ein Monosalz bilden, oder die zwei verschieden reaktive X-Halogenbindungen besitzen, von denen eine bevorzugt mit dem Phosphin reagiert.

Zur ersten Gruppe gehören o-Bis-[brommethyl]-arene (n = o), zur zweiten Verbindungen mit n > o[300, 305]:

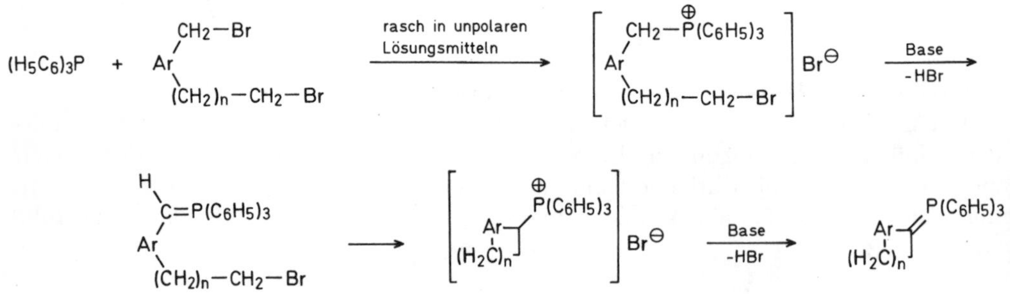

$$(H_5C_6)_3P\ +\ \underset{Ar}{\overset{CH_2-Br}{\diagdown}}\ \xrightarrow[\text{Lösungsmitteln}]{\text{rasch in unpolaren}}\ \left[\underset{Ar}{\overset{CH_2-\overset{\oplus}{P}(C_6H_5)_3}{\diagdown}}\right]Br^{\ominus}\ \xrightarrow[-HBr]{\text{Base}}$$

$$\underset{Ar}{\overset{H}{\diagdown}}C=P(C_6H_5)_3 \longrightarrow \left[\underset{(H_2C)_n}{\overset{\overset{\oplus}{P}(C_6H_5)_3}{|}}Ar\right]Br^{\ominus}\ \xrightarrow[-HBr]{\text{Base}}\ \underset{(H_2C)_n}{\overset{P(C_6H_5)_3}{Ar}}$$

[300] *H.J. Bestmann, R. Härtel* u. *H. Häberlein*, Justus Liebigs Ann. Chem. **718**, 33 (1968).
[301] *H.J. Bestmann* u. *E. Kranz*, Chem. Ber. **105**, 2098 (1972).
[302] *A. Mondon*, Justus Liebigs Ann. Chem. **603**, 115 (1957).
[304] *E.E. Schweizer, C.J. Berninger* u. *J.G. Thompson*, J. Org. Chem. **33**, 336 (1968).
    K. Sisido u. *K. Utimoto*, Tetrahedron Lett. **1966**, 3267.
[305] *H.J. Bestmann, H. Häberlein* u. *W. Eisele*, Chem. Ber. **99**, 28 (1966).

Auf diese Weise erhält man mit o-Bis[brommethyl]-arenen u. a.[300]

1-Triphenylphosphoranyliden-acenaphthen	62% (bestimmt durch Hydrolyse)
1-Triphenylphosphoranyliden-1,2,5,6-tetrahydro- ⟨*cyclopent[f,g]acenaphthylen*⟩	24% (bestimmt durch Hydrolyse)

Mit o-(ω-Brom-alkyl)-brommethyl-arenen werden u. a. erhalten[300]

1-Triphenylphosphoranyliden-indan	61% (bestimmt durch Hydrolyse)
1-Triphenylphosphoranyliden-tetralin	66% (bestimmt durch Hydrolyse)
5-Triphenylphosphoranyliden-6,7-di- hydro-5H-dibenzo[a;c]cycloheptadien⟩	41% (bestimmt durch Hydrolyse)

Cycloalkyliden-phosphorane durch intramolekulare C-Alkylierung[300]: Als Reaktionsmedium wird i. a. abs. tert. Butanol verwendet, in dem die Phosphonium-Salze schlecht löslich sind, sie müssen daher fein pulverisiert unter kräftigem Rühren umgesetzt werden (Schutzgas Stickstoff). Als Reaktionsgefäß, das mit einem Quecksilberventil verschlossen sein muß, dient ein Schlenkrohr oder ein Rundkolben mit Stickstoffansatz. Letzterer ist vorzuziehen, da sich bei der Reaktion oft sehr voluminöse Produkte bilden.
Durch Auflösen von Kalium-tert.-butanolat oder metallischem Kalium in abs. Butanol erhält man eine Alkanolat-Lösung, die aus einem Tropftrichter mit Druckausgleich zur Suspension des Phosphonium-Salzes gegeben wird. Die an der Eintropfstelle entstehende orange- bis dunkelrote Färbung verschwindet sofort; mit fortschreitender Zugabe der Base entfärbt sich die Lösung immer langsamer, bis sie schließlich gelb bis orange bleibt. Nach Zugabe von 1 Äquiv. Base wird 10–30 Min. bei 20° gerührt und dann langsam auf 50–70° erhitzt.
Hierbei tritt weitere Aufhellung, meist sogar Entfärbung ein. Nach dem Abkühlen fügt man ein weiteres Äquiv. Base zu und rührt die entstehende orange- bis dunkelrote Ylid-Lösung ~ 5 Min. ehe man sie zur Umsetzung bringt.

Ist das Halogen Bestandteil der Seitenkette eines P-ständigen Phenylkerns so erhält man cyclische Derivate mit der Ylid-Gruppierung als Bestandteil des Ringes[306] (vgl. S. 783 f.).

Die intramolekulare Alkylierung scheitert in der rein aliphatischen Reihe weitgehend daran, daß die erforderlichen Monophosphonium-Salze mit wenigen Ausnahmen nicht rein herstellbar sind. Diese Schwierigkeiten lassen sich durch Kombination der intermolekularen mit der intramolekularen C-Alkylierung umgehen[307]; i. a. Umsetzung von zwei Molen Methylen-triphenyl-phosphoran mit einem Mol α,ω-Dihalogen-Verbindung (oder -tosylat).

Das zunächst entstehende ω-Halogen-phosphonium-Salz steht zusammen mit dem zweiten Mol Methylen-triphenyl-phosphoran im Umylidierungsgleichgewicht mit dem Methyl-triphenyl-phosphoniumhalogenid und dem ω-Halogen-methylenphosphoran. Letzteres geht durch intramolekulare C-Alkylierung in ein exocyclisches Phosphonium-Salz über und fällt zusammen mit dem Methyl-triphenyl-phosphoniumhalogenid aus der benzolischen Lösung aus. Dadurch wird das Umylidierungsgleichgewicht ständig gestört, so daß die Reaktion vollständig unter Bildung der beiden Salze verläuft. Diese können durch Umkristallisation aus wenig Wasser, in dem das Methyl-triphenyl-phosphoniumhalogenid gut löslich ist, getrennt werden.

Aus dem Cycloalkyl-triphenyl-phosphonium-Salz läßt sich mit Basen das zugehörige Ylid herstellen. Die Rolle der Base kann gelegentlich auch durch ein drittes Mol Methylen-triphenyl-phosphoran übernommen werden[308].

$$(H_5C_6)_3P=CH_2 \;+\; X-CH_2-Y-CH_2-X \;\longrightarrow\; [(H_5C_6)_3\overset{\oplus}{P}-CH_2-CH_2-Y-CH_2-X]\,X^{\ominus}$$

$$\xrightarrow[-\,[(H_5C_6)_3\overset{\oplus}{P}-CH_3]\,X^{\ominus}]{+\,(H_5C_6)_3P=CH_2} \;(H_5C_6)_3P=CH-CH_2-Y-CH_2-X \;\longrightarrow$$

$$\left[(H_5C_6)_3\overset{\oplus}{P}-\diamondsuit Y\right]X^{\ominus} \;\xrightarrow[-\,HX]{Base}\; (H_5C_6)_3P=\diamondsuit Y$$

[300] *H. J. Bestmann, R. Härtel* u. *H. Häberlein*, Justus Liebigs Ann. Chem. **718**, 33 (1968).
[306] *G. Märkl*, Z. Naturforsch. **18b**, 84 (1963); Angew. Chem. **75**, 168 (1963); engl.: **2**, 153.
[307] *H. J. Bestmann* u. *E. Kranz*, Chem. Ber. **102**, 1802 (1969).
[308] *H. J. Bestmann* u. *H. A. Heid*, Angew. Chem. **83**, 329 (1971); engl.: **10**, 336.

So erhält man u.a.

$(H_5C_6)_3P=$ ⬠ Cyclobutyliden-triphenyl-phosphoran; 25% (Cycloalkyl-Salz)

$(H_5C_6)_3P=$ 2-Triphenylphosphoranyliden-spiro[3.3]heptan; 43% (Cycloalkyl-Salz)

$(H_5C_6)_3P=$ Cyclopentyliden-triphenyl-phosphoran; 88% (Cycloalkyl-Salz)

$(H_5C_6)_3P=$ C₆H₅ C₆H₅ 6,6-Diphenyl-3-triphenylphosphoranyliden-bicyclo[3.1.0]hexan; 62%
(Wittig-Reaktion mit Benzaldehyd)

$(H_5C_6)_3P=$ 3-Triphenylphosphoranyliden-bicyclo[3.2.0]heptan; 65%
(Wittig-Reaktion mit Benzaldehyd)

$(H_5C_6)_3P=$ 8-Triphenylphosphoranyliden-bicyclo[4.3.0]non-3-en; 29%
(Wittig-Reaktion mit Benzaldehyd)

$(H_5C_6)_3P=$ O 4-Triphenylphosphoranyliden-tetrahydropyran; 93% (Cycloalkyl-Salz)

$(H_5C_6)_3P=$ S 4-Triphenylphosphoranyliden-thian; 36% (Cycloalkyl-Salz)

P(C₆H₅)₃ 3-Triphenylphosphoranyliden-9-oxa-bicyclo[3.3.1]nonan; 35%
(Wittig-Reaktion mit Benzaldehyd)

=P(C₆H₅)₃ 3-Triphenylphosphoranyliden-bicyclo[3.1.1]heptan; 56%
(Wittig-Reaktion mit Benzaldehyd)

=P(C₆H₅)₃ Cycloheptyliden-triphenyl-phosphoran; 56% (Cycloalkyl-Salz)

Auf die Isolierung der so hergestellten Ylide wird im allgemeinen verzichtet.
Die Leistungsfähigkeit der Methode zeigt sich insbesondere daran, daß es mit ihrer Hilfe erstmalig gelang, ausgehend von einem offenkettigen Zucker-Derivat zum Ringgerüst der China- und Shikimisäure zu gelangen[308].

Cycloalkyliden-triphenyl-phosphorane durch kombinierte inter- und intramolekulare C-Alkylierung; allgemeine Arbeitsvorschrift[307]: Für die Ringschlußreaktion wird i.a. eine salzfreie filtrierte Lösung des Methylen-triphenyl-phosphorans verwendet[309, 310] (hergestellt mit Natrium-amid oder -hydrid).

Unter kräftigem Rühren gibt man zur Salz-freien Lösung von Methylen-triphenyl-phosphoran eine im entsprechenden Lösungsmittel gelöste Dihalogen-Verbindung bzw. das Bis-tosylat und erwärmt einige Stunden. Die zunächst gelbe Reaktionslösung wird rot, hellt sich jedoch anschließend zusehends auf; am Ende ist sie entweder farblos oder rosa. Man kann dann das ausgefallene Salzgemisch abfiltrieren und durch Umkristallisieren aus Wasser trennen. Ist letzteres nicht möglich, so wird das Gemisch in die entsprechenden Ylide überführt und weiter umgesetzt.

Im letzteren Fall kann auf die Isolierung des Salzgemisches verzichtet und die ursprüngliche Reaktionslösung z.B. mit Butyl-lithium behandelt werden. Eine solche Arbeitsweise empfiehlt sich besonders dann, wenn das Reaktionsgemisch nach der Ringschlußreaktion noch schwach rot gefärbt ist, was bei der Verwendung von Bis-tosylaten öfter der Fall ist.

Alle Operationen, bei denen noch unumgesetztes Ylid vorhanden ist, werden unter Stickstoff und Feuchtigkeitsausschluß vorgenommen.

[307] H.J. Bestmann u. E. Kranz, Chem. Ber. **102**, 1802 (1969).
[308] H.J. Bestmann u. H.A. Heid, Angew. Chem. **83**, 329 (1971); engl.: **10**, 336.
[309] H.J. Bestmann u. B. Arnason, Chem. Ber. **95**, 1513 (1962).
   H.J. Bestmann u. H. Schulz, Justus Liebigs Ann. Chem. **674**, 11 (1964).
[310] G. Wittig, H. Eggers u. P. Duffner, Justus Liebigs Ann. Chem. **619**, 10 (1953).

Cyclobutyliden-triphenyl-phosphoran[307]:
Cyclobutyl-triphenyl-phosphonium-bromid: Zu 16,56 g (60 mmol) Methylen-triphenyl-phosphoran[309, 310] (Natriumamid-Methode) in 30 ml abs. THF werden bei 50–60° unter Rühren 6,06 g (30 mmol) 1,3-Dibrom-propan in 30 ml THF zugetropft. Nach 4 Stdn. Rühren bei 50–60° ist die Lösung fast farblos. Das Salzgemisch (84%) wird abfiltriert, mit Ether gewaschen, getrocknet und aus wenig Wasser umkristallisiert; Ausbeute: 5,8 g (25%); Schmp.: 264–266°.
Cyclobutyliden-triphenyl-phosphoran: Zur Suspension von 4 g (10 mmol) des Phosphonium-Salzes wird unter Stickstoff in abs. THF unter Rühren die äquivalente Menge ether. Butyl-lithium-Lösung zugetropft. Nach 15 Min. hat sich das Salz aufgelöst. Es resultiert eine tiefrote Ylidlösung; Ausbeute nach Wittig Reaktion mit Benzaldehyd: 60%.

Bei der Reaktion von Bis-Yliden mit Bis-halogenverbindungen tritt doppelte intramolekulare C-Alkylierung ein, eine Überführung der resultierenden Salze in die entsprechenden Ylide wurde nicht erreicht[311].

2.1.2.2. durch die Alkenyl- bzw. Alkinyl-Gruppe

Resonanzstabilisierte Ylide mit einem α-ständigen Wasserstoff reagieren mit konjugierten Alkinen in einer Michaeladdition[312, 313], z.B.:

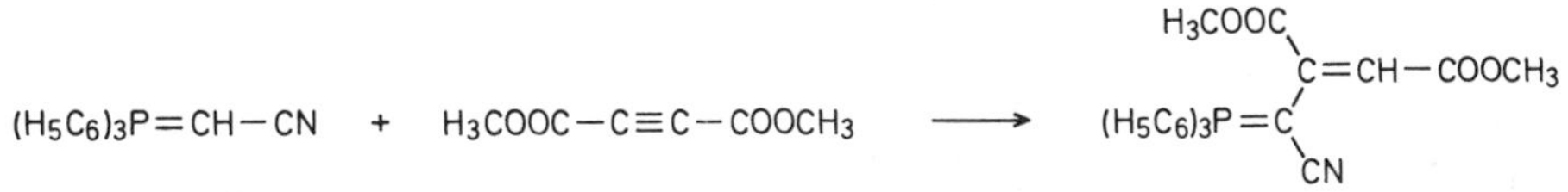

$$(H_5C_6)_3P{=}CH{-}CN \quad + \quad H_3COOC{-}C{\equiv}C{-}COOCH_3 \quad \longrightarrow \quad (H_5C_6)_3P{=}C\underset{CN}{\overset{C(COOH_3)=CH-COOCH_3}{<}}$$

(1-Cyan-2,3-dimethoxycarbonyl-allyliden)-triphenyl-phosphoran; 43%

Stärker basische Ylide dagegen reagieren unter Cycloaddition und nachfolgender Ringöffnung wobei die ursprüngliche P=C-Funktion unter Ausbildung alkenylsubstituierter Ylide gespalten wird (s.S. 710)[314, 315]
Allenylketone reagieren mit resonanzstabilisierten Yliden ebenfalls in einer Michaeladdition[316]; z.B.:

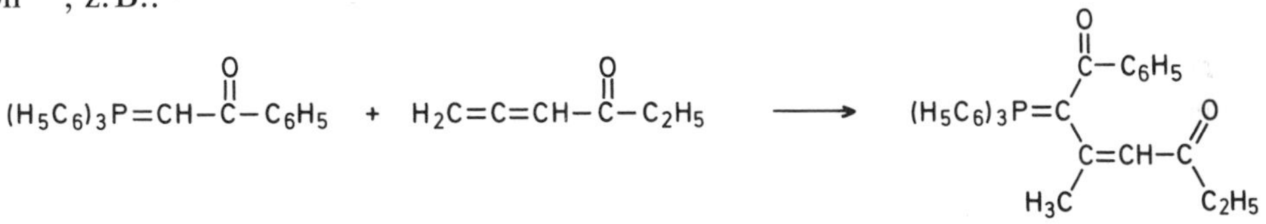

$$(H_5C_6)_3P{-}CH{-}\overset{O}{\overset{\|}{C}}{-}C_6H_5 \quad + \quad H_2C{=}C{=}CH{-}\overset{O}{\overset{\|}{C}}{-}C_2H_5 \quad \longrightarrow \quad (H_5C_6)_3P{=}C$$

(1-Benzoyl-2-methyl-4-oxo-2-hexenyliden)-triphenyl-phosphoran

Allyliden-triphenyl-phosphorane erhält man auch aus Methylen-triphenyl-phosphoran durch Umsetzung mit Alkylidenamino-dialkyl-aluminium-Verbindungen (zugänglich aus Diisobutylaluminiumhydrid und Nitrilen[317]) in Toluol bei 20°[318, 319]:

[307] *H.J. Bestmann* u. *E. Kranz*, Chem. Ber. **102**, 1802 (1969).
[309] *H.J. Bestmann* u. *B. Arnason*, Chem. Ber. **95**, 1513 (1962).
   H.J. Bestmann u. *H. Schulz*, Justus Liebigs Ann. Chem. **674**, 11 (1964).
[310] *G. Wittig, H. Eggers* u. *P. Duffner*, Justus Liebigs Ann. Chem. **619**, 10 (1953).
[311] *H.J. Bestmann* u. *D. Ruppert*, Angew. Chem. **80**, 668 (1968); engl.: **7**, 637.
[312] *S. Trippett*, J. Chem. Soc. **1962**, 4733.
[313] *J.B. Hendrickson*, J. Am. Chem. Soc. **83**, 2018 (1961).
[314] *H.J. Bestmann* u. *O. Rothe*, Angew. Chem. **76**, 569 (1964); engl.: **3**, 512.
[315] *G.W. Brown, R.C. Cookson* u. *I.D.R. Stevens*, Tetrahedron Lett. **1964**, 1263.
[316] *G. Buono, G. Pfeiffer* u. *A. Guillemonat*, C.R. Acad. Sci. **271** [C], 937 (1970).
[317] *L.I. Zakharkin* und *I.M. Khorlina*, Proc. Acad. Sci. USSR **116**, 422 (1957); engl.: 879.
[318] *B. Bogdanović* u. *S. Konstantinović*, Synthesis **1972**, 481.
[319] *B. Bogdanović* u. *J.B. Koster*, Justus Liebigs Ann. Chem. **1975**, 692.

$$(H_5C_6)_3P=CH_2 \quad + \quad \left[(H_3C)_2CH-CH_2\right]_2 Al-N=CH-\overset{\overset{\displaystyle R^1}{|}}{CH}-R^2$$

$$\xrightarrow[-\,[(H_3C)_2CH-CH_2]_2Al-NH_2]{\text{Toluol}\,;\,20°} \quad (H_5C_6)_3P=CH-CH=C\overset{\displaystyle R^1}{\underset{\displaystyle R^2}{\big\langle}}$$

Bei unverzweigtem 3-Alkenyliden-Rest $(R^1 = \text{Alkyl};\ R^2 = H)$ entstehen bevorzugt die *cis*-Isomeren[319, 320].

Allyliden-triphenyl-phosphorane; allgemeine Arbeitsvorschrift[319]: In die Suspension von 27,6–55,2 g (0,1–0,2 mol) Methylen-triphenyl-phosphoran[321] in 150–300 *ml* abs. Ether läßt man innerhalb 15–30 Min. bei 20° unter Argon und Rühren die äquimolare Menge Alkylidenamino-bis-[2-methyl-propyl]-aluminium in 100 *ml* Ether zutropfen. Die Kristalle lösen sich auf und die Lösung wird tiefrot. Man läßt 12–36 Stdn. bei 20° stehen und kühlt auf −78° ab. In einem Zeitraum von 12–72 Stdn. kristallisieren feine, tiefrote Kristalle aus (setzt die Kristallisation auch nach längerer Zeit nicht ein, so wird mit einigen Kristallen des betreffenden oder eines ähnlichen Allyliden-triphenylphosphorans angeimpft). Die Kristalle werden bei −78° mit Hilfe einer Tauchfritte G-2 (Fa. Schott) von der Mutterlauge befreit, 2mal mit je 100 *ml* abs. Pentan bei −78° gewaschen und bei 0,0001 Torr (0,013 Pa) getrocknet; Ausbeute: 30–80%.

Pyryliumsalze reagieren mit Yliden unter Umylidierung zu vinylogen (6-Oxo-2,4-alkadienyliden)-triphenyl-phosphoranen, die je nach Art der Substituenten isoliert werden können oder unter intramolekularer Wittig-Reaktion in aromatische Verbindungen übergehen[322, 323]:

$$2\ (H_5C_6)_3P=CH-R^4 \quad + \quad \left[\ \begin{array}{c} R^2 \\ R^1\!\diagdown\!\underset{O}{\diagup}\!R^3 \\ \oplus \end{array}\ \right][BF_4]^\ominus \xrightarrow[-\,[(H_5C_6)_3\overset{\oplus}{P}-CH_2-R^4]\,[BF_4]^\ominus]{}$$

$$(H_5C_6)_3P=\overset{\overset{\displaystyle R^4}{|}}{C}-\overset{\overset{\displaystyle R^3}{|}}{C}=CH-\overset{\overset{\displaystyle R^2}{|}}{C}=CH-\overset{\overset{\displaystyle R^1}{|}}{C}=O$$

In analoger Weise erhält man aus Cyan-1-methoxy-pyridinium-Salzen mit (Ethoxycarbonyl-methylen)-triphenyl-phosphoran in dipolar aprotischen Lösungsmitteln *(Cyan-1-ethoxycarbonyl-6-methoxyimino- all- trans-2,4-hexadienyliden)-triphenyl-phosphorane-*[324]:

$$2\ (H_5C_6)_3P=CH-COOC_2H_5 \quad + \quad \left[\ \begin{array}{c} R \\ \bigcirc \\ \underset{\underset{OCH_3}{|}}{N}\oplus \end{array}\ \right]ClO_4^\ominus \xrightarrow[-\,[(H_5C_6)_3\overset{\oplus}{P}-CH_2-COOC_2H_5]\,ClO_4^\ominus]{}$$

R = 2-, 2-, 4-CN

$$(H_5C_6)_3P=\!\!\!\diagup\!\!\!\diagdown\!\!\!\diagup\!\!\!\diagdown\!\!\!\underset{R}{\diagup}\!N-OCH_3 \quad (\text{COOC}_2\text{H}_5)$$

[319] *B. Bogdanović* u. *J. B. Koster*, Justus Liebigs Ann. Chem. **1975**, 692.
[320] *R. Bausch, B. Bogdanović, H. Dreskamp* u. *J. B. Koster*, Justus Liebigs Ann. Chem. **1974**, 1625.
[321] *G. Wittig, H. Eggers* u. *P. Duffner*, Justus Liebigs Ann. Chem. **619**, 10 (1958).
[322] *G. Märkl*, Angew. Chem. **74**, 696 (1962); engl.: **1**, 511.
[323] *K. Dimroth, K.H. Wolf* u. *H. Wache*, Angew. Chem. **75**, 860 (1963); engl.: **2**, 621.
[324] *J. Schnekenburger, D. Heber* u. *E. Heber-Brunschweiger*, Tetrahedron **33**, 457 (1977).

Sowohl stabilisierte als auch basische Ylide lassen sich durch (2-Chlor-vinyl)-ketone durch Umylidierung in die (4-Oxo-2-alkenyliden)-triphenyl-phosphorane überführen[325]:

$$(H_5C_6)_3P=CH-R^1 \quad + \quad R^2-CO-CH=CH-Cl \quad \xrightarrow[-\left[(H_5C_6)_3\overset{\oplus}{P}-CH_2-R^1\right]Cl^{\ominus}]{} \quad (H_5C_6)_3P=C\overset{R^1}{\underset{CH=CH-CO-R^2}{}}$$

...-triphenyl-phosphoran

$R^1 = COOC_2H_5$;	$R^2 = CH_3$; *(1-Ethoxycarbonyl-4-oxo-2-pentenyliden)*-...; 49%; Schmp.: 172–175°
	$R^2 = CH(CH_3)_2$; *(1-Ethoxycarbonyl-5-methyl-4-oxo-2-hexenyliden)*-...; 90%; Schmp.: 138–140°
$R^1 = CO-CH_3$;	$R^2 = CH(CH_3)_2$; *(1-Acetyl-5-methyl-4-oxo-2-hexenyliden)*-...; 20%; Schmp.: 146–148°
$R^1 = S-C_6H_5$;	$R^2 = C_2H_5$; *(4-Oxo-1-phenylthio-2-hexenyliden)*-...; 26%; Schmp.: 188–189°
	$R^2 = CH(CH_3)_2$; *(5-Methyl-4-oxo-1-phenylthio-2-hexenyliden)*-...; 87%; Schmp.: 235–237°
	$R^2 = C_6H_5$; *(4-Oxo-4-phenyl-1-phenylthio-2-butenyliden)*-...; 66%; Schmp.: 218–220°
$R^1 = C_6H_5$;	$R^2 = C_2H_5$; *(4-Oxo-1-phenyl-2-hexenyliden)*-...; 72%; Schmp.: 216–218°
$R^1 = CH_2-C_6H_5$;	$R^2 = CH(CH_3)_2$; *(1-Benzyl-5-methyl-4-oxo-2-hexenyliden)*-...; 36%; Schmp.: 185–188°
$R^1 = CH = CH-CH_3$;	$R^2 = CH(CH_3)_2$; *[5-Methyl-4-oxo-1-(1-propenyl)-2-hexenyliden]*-...; 26%; Schmp.: 160–162°

In analoger Weise erhält man durch Umsetzung mit 2-Chlor-tropon 2-(1-Triphenyl-phosphoranyliden-alkyl)-tropone[326].

(4-Oxo-2-alkenyliden)- bzw. (6-Oxo-2,4-alkadienyliden)-triphenyl-phosphorane; allgemeine Arbeitsvorschrift[325]:
Umsetzung von (2-Oxo-alkyliden)-triphenyl-phosphoranen: Das Ylid wird in wasserfreiem Benzol mit einer benzolischen Lösung der stöchiometrischen Menge (2-Chlor-vinyl)-keton versetzt und 5–10 Stdn. zum Sieden erhitzt. Das gebildete Phosphonium-Salz wird abgesaugt, die Lösung mehrmals mit Wasser gewaschen und nach dem Trocknen über Natriumsulfat eingedampft. Das Ylid wird durch Anreiben mit Ether zur Kristallisation gebracht.
Umsetzung reaktiver Ylide: Unter kräftigem Rühren wird die Suspension des Alkyl-triphenyl-phosphonium-Salzes in wasserfreiem Ether tropfenweise mit der ber. Menge ether. Phenyl-lithium-Lösung und anschließend mit der ether. Lösung eines (2-Chlor-vinyl)-ketons (0,5 mol pro mol Phosphonium-Salz) versetzt. Man rührt einige Min. bei 20° nach, versetzt die Lösung mit der 2- bis 3fachen Menge Benzol und erhitzt ~ 1 Stde. zum Sieden. Nach dem Erkalten schüttelt man kräftig mit Wasser, entfernt etwaige ungelöste Anteile durch Absaugen, wäscht die organ. Phase gut mit Wasser und trocknet sie über Natriumsulfat. Nach dem Abdampfen des Lösungsmittels wird das substituierte Ylid durch Digerieren mit Ether kristallin.

Ester aromatischer Carbonsäuren reagieren in Dimethylsulfoxid mit überschüssigem Methylen-triphenyl-phosphoran zu (2-Aryl-allyliden)-triphenyl-phosphoranen[327]:

$$2 (H_5C_6)_3P=CH_2 \quad + \quad R^1-COOR^2 \quad \xrightarrow[-(H_5C_6)_3PO]{-R^2-OH} \quad (H_5C_6)_3P=CH-C\overset{CH_2}{\underset{R^1}{}}$$

R^1 = subst. Phenyl, 2-Thienyl, 3-Pyridyl

1,1-Dibrom-olefine reagieren mit Methylen-triphenyl-phosphoran im Verhältnis 1:3 zu 2-Alkinyliden-triphenyl-phosphoranen[328]:

$$3 (H_5C_6)_3P=CH_2 \quad + \quad R-CH=CBr_2 \quad \xrightarrow[-2\left[(H_5C_6)_3\overset{\oplus}{P}-CH_3\right]Br^{\ominus}]{} \quad (H_5C_6)_3P=CH-C\equiv C-R$$

R = Alkyl, Cycloalkyl, Alkenyl, Aryl, Alkenyl, OC_2H_5

[325] *E. Werner* u. *E. Zbiral*, Angew. Chem. **79**, 899 (1967); engl.: **6**, 877.
[326] *I. Kawamoto, T. Hata, Y. Kishida* u. *C. Tamura*, Tetrahedron Lett. **1971**, 2417; **1972**, 1611.
[327] *A. P. Uijttewaal, F. L. Jonkers* u. *A. van der Gen*, Tetrahhedron Lett. **1975**, 1439.
[328] *H. J. Bestmann* u. *H. Frey*, Justus Liebigs Ann. Chem. **1980**, 2061.

2.1.2.3. durch die Acyl-Gruppe bzw. deren Derivate

Alkyliden-phosphorane reagieren mit Carbonsäurechloriden primär zu Phosphonium-chloriden, in denen das H-Atom am α–C-Atom der ehemaligen Alkyliden-Gruppe durch den Einfluß der benachbarten Carbonyl-Funktion stark acid ist, so daß sofort Weiterreaktion mit einem zweiten Mol Ausgangsylid unter Umylidierung erfolgt[329, 330]:

$$(H_5C_6)_3P{=}CH{-}R^1 \;+\; R^2{-}CO{-}Cl \longrightarrow \left[(H_5C_6)_3\overset{\oplus}{P}{-}\overset{\overset{R^1}{|}}{C}H{-}CO{-}R^2 \right] Cl^{\ominus}$$

$$\xrightarrow[{-\,[(H_5C_6)_3\overset{\oplus}{P}{-}CH_2{-}R^1]\,Cl^{\ominus}}]{+\,(H_5C_6)_3P{=}CH{-}R^1} (H_5C_6)_3P{=}C\overset{\overset{\textstyle CO{-}R^2}{\diagup}}{\underset{\underset{\textstyle R^1}{\diagdown}}{}}$$

Zur Übertragung dieser Umsetzung auf chirale Ylide bzw. optisch aktive Carbonsäure-chloride s. Lit.[331, 332].

(1-Acyl-alkyliden)-triphenyl-phosphorane; allgemeine Arbeitsvorschrift (mit Carbonsäure-chloriden)[330]: In einem Schlenkrohr mit Claisenaufsatz, der einen verschlossenen Rückflußkühler (Quecksilber-Ventil) und einen Umlauftropftrichter trägt, wird eine salzfreie Lösung von 0,022 mol eines Alkyliden-triphenyl-phosphorans in 100 ml abs. Benzol unter Stickstoff zum Sieden erhitzt. In diese siedende, gefärbte Lösung läßt man 0,01 mol Carbonsäurechlorid, gelöst in 50 ml Benzol, zutropfen (das Phosphoniumchlorid fällt aus). Das Zutropfen des Carbonsäurechlorids wird sofort eingestellt, wenn die Ylid-Lösung verbraucht ist (erkennbar an der Entfärbung; ein Überschuß an Carbonsäurechlorid ist unbedingt zu vermeiden, da es das acylierte Ylid angreift). Nach der Reaktion kann der Stickstoffschutz entfallen.
Das Phosphoniumchlorid wird abgesaugt, mit Benzol gewaschen, und die Lösung wird i. Vak. eingedampft. Der Rückstand wird mit 20 ml Essigsäure-ethylester versetzt, die Lösung kurz mit Eis/Kochsalz gekühlt und der Niederschlag abgesaugt. Durch Einengen der Mutterlauge kann eine zweite Fraktion gewonnen werden. Manchmal bleibt nach Verdampfen des Lösungsmittels ein öliger Rückstand zurück, der sich zumeist in Essigsäure-ethylester löst und nach 24 Stdn. im Kühlschrank kristallisiert; Ausbeuten: 0–93%.

Die meisten (1-Acyl-alkyliden)-triphenyl-phosphorane lassen sich aus Essigsäure-ethylester umkristallisieren. Die Löslichkeit steigt mit zunehmender Zahl der Methylen-Gruppen im Molekül. Einige ml Ether beschleunigen die oft langsame Kristallisation. Viele (1-Acyl-alkyliden)-triphenyl-phosphorane halten das Lösungsmittel hartnäckig fest.
Für weitere Umsetzungen ist es vielfach nicht unbedingt erforderlich, die Acyl-Verbindung zu isolieren.
Die Phosphoniumchloride bilden sich in Ausbeuten von 80–100% und können nach einmaligem Umfällen aus Chloroform mit Ether und sorgfältigem Trocknen zur erneuten Herstellung des Ylids eingesetzt werden. Hin und wieder fallen die Chloride ölig an, werden aber beim Reiben kristallin.
Die niedrigsten Ausbeuten erhält man aus stark basischen Alkyliden-phosphoranen mit Carbonsäurechloriden, die nahe der Carbonyl-Gruppe aktivierte H-Atome besitzen. In diesen Fällen (z. B. bei Verwendung von Phenyl-essigsäurechlorid) erhält man dunkle, harzige Produkte. Weitere Einzelheiten s. Tab. 55 (S. 666).

Die Acylierung kann auf resonanzstabilisierte (Alkoxycarbonyl- bzw. Cyan-methylen)-phosphorane übertragen werden[330, 333-336], wobei das zweite Mol Ylid durch Triethylamin ersetzt werden kann[336], wenn das Amin eine stärkere Base als das Ylid ist.
(2-Oxo-alkyliden)-phosphorane reagieren dagegen mit Carbonsäurechloriden unter O-Acylierung zu (2-Acyloxy-1-alkenyl)-phosphonium-Salzen[334, 337].

---

[329] *H.J. Bestmann*, Tetrahedron Lett. **1960**, (Nr. 4), S. 7.

[330] *H.J. Bestmann* u. *B. Arnsason*, Chem. Ber. **95**, 1513 (1962).

[331] *H.J. Bestmann* u. *I. Tömösközi*, Tetrahedron **24**, 3299 (1968).

[332] *H.J. Bestmann, H. Schulz* u. *E. Kranz*, Angew. Chem. **82**, 808 (1970); engl.: **9**, 796.

[333] *G. Märkl*, Chem. Ber. **94**, 3005 (1961).

[334] *S.T.D. Gough* u. *S. Trippett*, J. Chem. Soc. **1962**, 2333.

[335] *H.J. Bestmann* u. *Ch. Geismann*, Justus Liebigs Ann. Chem. **1977**, 282.

[336] *S.T.D. Gough* u. *S. Trippett*, J. Chem. Soc. **1964**, 543.

[337] *A.V. Dombrovskii, V.N. Listvan, A.A. Grigorenko* u. *M.I. Shevchuk*, Zh. Obshch. Khim. **36**, 1421 (1966); C.A. **66**, 11004 (1967).

Die Acylierung von (Cyan- bzw. Alkoxycarbonyl-methylen)-triphenyl-phosphoran mit Chloressigsäurechlorid führt zu *(3-Chlor-1-cyan-2-oxo-propyliden)-* bzw. *(1-Alkoxycarbonyl-3-chlor-2-oxo-propyliden)-triphenyl-phosphoran*, die durch Substitution des Chlor-Atoms funktionell abgewandelt werden können[338]; z. B.:

$$2 \ (H_5C_6)_3P=CH-R \quad + \quad Cl-CO-CH_2-Cl \xrightarrow{\quad [(H_5C_6)_3\overset{\oplus}{P}-CH_2-R] \ Cl^{\ominus} \quad} (H_5C_6)_3P=C\underset{CO-CH_2-Cl}{\overset{R}{<}}$$

$$\xrightarrow{+ \ (H_5C_6)_3P} \left[(H_5C_6)_3P=C\underset{CO-CH_2-\overset{\oplus}{P}(C_6H_5)_3}{\overset{R}{<}} \right] Cl^{\ominus} \xrightarrow[-HCl]{Base} (H_5C_6)_3P=C\underset{CO-CH=P(C_6H_5)_3}{\overset{R}{<}}$$

2,4-Bis-[triphenylphosphoranyliden]-3-oxo-. . .
R = CN; . . .-butansäure-nitril
R = COOAlkyl; . . .-butansäure-alkylester

Die Acylierung mit Carbonsäurechloriden hat den Nachteil, daß ein Mol des eingesetzten Ylides als Phosphoniumchlorid ausfällt, wenngleich man daraus erneut das Ausgangsylid herstellen kann. Ein Acylierungs-Verfahren das diesen Nachteil vermeidet und außerdem zu reineren Produkten führt, ist die Umsetzung mit Thiocarbonsäure-S-ethylestern[339, 340]:

$$2 \ (H_5C_6)_3P=CH-R^1 \quad + \quad R^2-CO-SC_2H_5 \xrightarrow{\quad -[(H_5C_6)_3\overset{\oplus}{P}-CH_2-R^1]^{\ominus}SC_2H_5 \quad} (H_5C_6)_3P=C\underset{CO-R^2}{\overset{R^1}{<}}$$

$$[(H_5C_6)_3\overset{\oplus}{P}-CH_2-R^1] \ ^{\ominus}SC_2H_5 \quad \rightleftharpoons \quad (H_5C_6)_3P=CH-R^1 \quad + \quad HSC_2H_5$$

Das primär gebildete Phosphoniumthiolat spaltet beim Erwärmen in einer Gleichgewichtsreaktion Ethanthiol ab, wobei das zunächst verbrauchte zweite Mol Ausgangsylid regeneriert und durch Reaktion mit weiterem S-Ester aus dem Gleichgewicht entfernt wird.

(1-Acyl-alkyliden)-triphenyl-phosphorane; allgemeine Arbeitsvorschrift (mit Thiocarbonsäure-S-ethylestern)[339]: Die Reaktionen werden im Schlenkrohr unter Stickstoff ausgeführt. Es ist zweckmäßig, den Rückflußkühler oben durch ein Quecksilberventil zu verschließen.
Zu einer siedenden Lösung von 0,022 mol salzfreiem Alkyliden-triphenyl-phosphoran in abs. Toluol (die Lösung braucht nicht filtriert zu werden) gibt man (0,02 mol) Thiocarbonsäure-S-ethylester und erhitzt 18 Stdn. zum Sieden, wobei der anfangs ausgefallene ölige Niederschlag des Phosphoniumthiolats langsam wieder in Lösung geht. Anschließend wird, falls eine nicht filtrierte Ylid-Lösung verwendet wurde, heiß vom Natriumhalogenid abgesaugt (ohne Stickstoffschutz). Beim Eindampfen der Lösung i. Vak. hinterbleibt das (1-Acyl-alkyliden)-phosphoran, das beim Reiben kristallisiert und aus Essigsäure-ethylester (unter Zugabe einiger *ml* Ether) umkristallisiert werden kann.
Der notwendige Überschuß an Phosphonium-Salz steigt mit wachsender Länge des Alkyl-Restes (z. B. beim Butyl-triphenyl-phosphoniumbromid: 35% Überschuß).

Nach dieser Methode erhält man u. a. die in Tab. 55 (S. 666) aufgeführten Ylide.

---

[338] *V. N. Listvan* u. *A. V. Dombrovskii*, Zh. Obshch. Khim. **38**, 601 (1968); C. A. **69**, 43 979 (1968).
[339] *H. J. Bestmann* u. *B. Arnsason*, Chem. Ber. **95**, 1513 (1962).
[340] *H. J. Bestmann* u. *W. Schlosser*, Synthesis **1979**, 201.

Tab. 55: (1-Acyl-alkyliden)-triphenyl-phosphorane durch Acylierung von Alkyliden-triphenyl-phosphoranen mit Carbonsäure-chloriden (Methode A) bzw. Thiocarbonsäure-S-ethylestern (Methode B)[339]

$(H_5C_6)_3P=CH-R^1$

$R^2-\overset{O}{\underset{Cl}{C}}$ bzw. $R^2-\overset{S}{\underset{SC_2H_5}{C}}$ → $(H_5C_6)_3P=C\overset{O}{\underset{R^1}{\overset{\|}{C}-R^2}}$

R¹	R²	Ausbeute [%]		Schmp. [°C]
	...triphenyl-phosphoran	Methode A	Methode B	
H	CH₃ (2-Oxo-propyliden)...	51	78	200–202
	CH₂–C₆H₅ (2-Oxo-3-phenyl-propyliden)...	0	42	147–148
	CH₂–CH₂–C₆H₅ (2-Oxo-4-phenyl-butyliden)...	49	80	148–150
	C₆H₅ (2-Oxo-2-phenyl-ethyliden)...	71	80	178–180
	4-NO₂–C₆H₅ [2-(4-Nitro-phenyl)-2-oxo-ethyliden]...	93	–	159–161; 176–178
CH₃	CH=CH–C₆H₅ [1-Methyl-2-oxo-4-phenyl-3-buten-yliden]...	73	70	205–208
	C₆H₅ (1-Benzoyl-ethyliden)...	71	93	170–172
C₃H₇	CH₂–CH₂–C₆H₅ (2-Oxo-4-phenyl-1-propyl-butyliden)...	30	63	147–149
C₆H₅	CH₃ (2-Oxo-1-phenyl-propyliden)...	73	68	166–168
	C₆H₅ (1,2-Diphenyl-2-oxo-ethyliden)...	64	58	192–194
COOCH₃	C₆H₅ (1-Methoxycarbonyl-2-oxo-2-phenyl-ethyliden)...	83	–	133–135

[339] H.J. Bestmann u. B. Arnsason, Chem. Ber. 95, 1513 (1962).

Dicarbonsäure-S,S-diethylester reagieren in analoger Weise[341]:

$$2 \; (H_5C_6)_3P=CH_2 \quad + \quad H_5C_2S-CO-(CH_2)_n-CO-SC_2H_5 \xrightarrow[-2\,H_5C_2-SH]{}$$

$$(H_5C_6)_3P=\overset{H}{\underset{CO-(CH_2)_n-CO}{C}}\overset{H}{\underset{}{C}}=P(C_6H_5)_3$$

Salzfreie Ylid-Lösungen reagieren i. a. nicht mit Ethyl- oder Methylestern[344]. Lediglich bei (ω-Ethoxycarbonyl-alkyliden)-triphenyl-phosphoranen tritt intramolekulare C-Acylierung zu ringförmigen Yliden[342, 343] ein:

$$(H_5C_6)_3P=CH-(CH_2)_n-COOC_2H_5 \xrightarrow[-C_2H_5OH]{} (H_5C_6)_3P=\overset{O}{\overset{||}{C}}(CH_2)_n$$

(2-Oxo-cyclohexyliden)-triphenyl-phosphoran[342]: 42 g (0,078 mol) (5-Ethoxycarbonyl-pentyl)-triphenyl-phosphoniumjodid werden zu einer Lösung von 3,4 g Kalium in 300 ml tert. Butanol gegeben. Man erhitzt 12 Stdn. zum Rückfluß, dampft i. Vak. ein und schüttelt den Rückstand mit Chloroform/Wasser. Die Chloroform-Lösung wird getrocknet und das Ylid mit Essigsäure-ethylester ausgefällt; Ausbeute: 22,1 g (79%); Schmp.: 243–245°.

Überraschenderweise werden Alkyliden-phosphorane durch nicht aktivierte Carbonsäureester in Gegenwart von Lithiumsalzen in geringen Ausbeuten acyliert[344-346]. Bessere Ergebnisse erzielt man mit salzfreien Ylid-Lösungen und aktivierten Carbonsäureestern[344, 347-349]. Als Nebenreaktion kann Olefinierung der Estercarbonyl-Gruppe eintreten[347-352].

(Alkoxycarbonyl-methyl)-phosphonium-Salze können als aktivierte Ester ebenfalls Acyl-Reste auf Ylide übertragen[353]:

$$(H_5C_6)_3P=CH-COOR^1 \quad + \quad \left[(H_5C_6)_3\overset{\oplus}{P}-CH_2-COOC_2H_5\right] Cl^{\ominus} \xrightarrow[-C_2H_5OH]{}$$

$$\left[(H_5C_6)_3P=\overset{COOR^1}{\underset{CO-CH_2-\overset{\oplus}{P}(C_6H_5)_3}{C}}\right] Cl^{\ominus}$$

. . .-2-oxo-3-triphenylphosphoranyliden)-propyl)-triphenyl-phosphonium-chlorid

$R^1 = C_2H_5$; *(3-Ethoxycarbonyl-. . .;* 53%; Schmp.: 214–215°
$R^1 = C(CH_3)_3$; *(3-tert.-Butyloxycarbonyl-. . .;* 82%; Schmp.: 218–219°

[341] *H.J. Bestmann* u. *W. Biedermann*, Erlangen, unveröffentlicht 1969.
[342] *H.O. House* u. *H. Babad*, J. Org. Chem. **28**, 90 (1963).
[343] *L.D. Bergelson, V.A. Vaver, L.I. Barsukov* u. *M.M. Shemjakin*, Izv. Akad. Nauk SSSR, Otd. Khim. Nauk **1963**, 1134; C.A. **59**, 8607d (1963).
[344] *H.J. Bestmann* u. *B. Arnsason*, Chem. Ber. **95**, 1513 (1962).
[345] *S. Trippett* u. *D.M. Walker*, J. Chem. Soc. **1961**, 1266.
[346] *G. Wittig* u. *U. Schöllkopf*, Chem. Ber. **87**, 1318 (1954).
[347] *M. Le Corre*, C.R. Acad. Sci. [C] **276**, 963 (1973).
[348] *M. Le Corre*, Bull. Soc. Chim. Fr. **1974**, 1951.
[349] *M. Le Corre*, Bull Soc. Chim. Fr. **1974**, 2005.
[350] *W. Grell* u. *H. Machleidt*, Justus Liebigs Ann. Chem. **693**, 134 (1966).
[351] *H.J. Bestmann, H. Dornauer* u. *K. Rostock*, Chem. Ber. **103**, 2011 (1970).
[352] *A.P. Uijttewaal, F.L. Jonkers* u. *A. van der Gen*, Tetrahedron Lett. **1975**, 1439.
[353] *P.A. Chopard*, J. Org. Chem. **31**, 107 (1966).

Bei der Acylierung mit N-Acyl-imidazolen[354-357] bzw. Carbonsäureanhydride[358-362] ist pro Mol Ylid ein Mol Acylierungsmittel erforderlich.

(1-Acyl-alkyliden)-triphenyl-phosphorane; allgemeine Arbeitsvorschrift (mit N-Acyl-imidazolen)[356]:
1-Acyl-imidazol: Zu einer Lösung von 13,6 g (0,2 mol) Imidazol in 250 ml THF/Ethylether (50:50) wird innerhalb 15 Min. unter Rühren und Stickstoff bei 5° eine ether. Lösung von 0,1 mol Acylchlorid in Ether zugetropft. Man rührt weitere 30 Min., filtriert unter Stickstoff und wäscht das Imidazol-Hydrochlorid mit Ether nach.
(1-Acyl-alkyliden)-triphenyl-phosphoran: Die Suspension von 35,7 g (0,1 mol) Methyl-triphenyl-phosphoniumbromid in 1 l Ether wird mit 8,4 g (0,1 mol) Phenyl-lithium in ml Benzol/Ether versetzt und 1,5 Stdn. bei 25° stehengelassen. Man fügt bei −70° innerhalb 30 Min. die ether. 1-Acyl-imidazol-Lösung zu, erwärmt die Mischung auf 25°, gießt sie in 2 l verd. Salzsäure und schüttelt mit 1 l Ether aus. Die wäßr. Phase enthält ein schweres, unlösliches Öl (das Hydrochlorid des acylierten Ylides), das oft beim Aufarbeiten kristallisiert. Die wäßr. Phase wird mit Kaliumcarbonat auf pH = 10 gebracht und das sich abscheidende Öl mit Benzol oder Toluol aufgenommen. Nach dem Waschen des organ. Extraktes mit 2%iger wäßr. Natriumcarbonat-Lösung und 1%iger wäßr. Kochsalz-Lösung wird die Lösung über Natriumsulfat getrocknet, filtriert, das Lösungsmittel vertrieben und der Rückstand aus Hexan oder Ether/Hexan umkristallisiert; Ausbeuten: 31−56%.

Bei der Acylierung der resonanzstabilisierten (Oxo- bzw. Alkoxycarbonyl-alkyliden)-phosphorane können Carbonsäureanhydride als Acylierungsmittel vorteilhaft sein[358], da zum einen keine Schwierigkeiten bei der Abtrennung des acylierten Ylides von dem durch Umylidierung resultierenden Phosphonium-Salz auftreten und zum anderen keine O-Acylierung eintritt[358]. Aus dem primär gebildeten Phosphonium-Salz kann durch Alkalimetallaugen oder durch Erhitzen i. Vak. (wenn die Carbonsäure flüchtig ist) das (1-Acyl-alkyliden)-phosphoran erhalten werden[358]:

$$(H_5C_6)_3P=CH-CO-R^1 \ + \ (R^2-CO)_2O \ \longrightarrow \ \left[(H_5C_6)_3\overset{\oplus}{P}-\underset{}{\overset{\overset{\displaystyle CO-R^1}{|}}{CH}}-CO-R^2 \right] R^2-COO^{\ominus}$$

$$\rightleftharpoons \ (H_5C_6)_3P=C\overset{\displaystyle CO-R^1}{\underset{\displaystyle CO-R^2}{\diagup}} \ + \ R^2-COOH$$

(1-Ethoxycarbonyl-2-oxo-butyliden)-triphenyl-phosphoran[358]: Eine 1:1-Mischung von (Ethoxycarbonyl-methylen)-triphenyl-phosphoran und Propansäureanhydrid werden ohne Lösungsmittel 2 Stdn. auf 100−120° erhitzt. Die Reaktionsmischung wird mit Aceton/Cyclohexan behandelt; Ausbeute: 50%; Schmp.: 123−125°.

Die Substitution eines α−H-Atoms im Alkyliden-Substituenten durch die Formyl-Gruppe ist mit Hilfe von Ameisensäureester[363, 364] 1-Formyl-imidazol[365], Essigsäure-, Ameisensäure-anhydrid[360] sowie durch N,N-Dimethyl-carbamidsäure-chlorid[366] möglich. Analog zum Acyl-Rest läßt sich die Thioacyl-Gruppe mit Hilfe von Dithiocarbonsäure-al-

[354] H. J. Bestmann, N. Sommer u. H. A. Staab, Angew. Chem. **74**, 293 (1962); engl.: **1**, 270.
[355] H. A. Staab u. N. Sommer, Angew. Chem. **74**, 294 (1962); engl.: **1**, 270.
[356] M. Miyano u. M. A. Stealey, J. Org. Chem. **40**, 2840 (1975).
[357] S. Masamume, H. Yamamoto, S. Kamata u. A. Fukazawa, J. Am. Chem. Soc. **97**, 3513 (1975).
[358] P. A. Chopard, R. J. G. Searle u. F. H. Devitt, J. Org. Chem. **30**, 1015 (1965).
[359] P. A. Chopard, Helv. Chim. Acta **50**, 101 (1967).
[360] M. Le Corre, Tetrahedron Lett. **1974**, 1037.
[361] D. T. Connor u. M. von Strandtmann, J. Org. Chem. **38**, 1047 (1973).
[362] J. M. Britain u. R. A. Jones, Tetrahedron **35**, 1139 (1979).
[363] S. Trippett u. D. M. Walker, J. Chem. Soc. **1961**, 1266.
[364] M. Le Corre, Bull. Soc. Chim. Fr. **1979**, 2005.
[365] H. A. Staab u. N. Sommer, Angew. Chem. **74**, 294 (1962); engl.: **1**, 270.
[366] G. Märkl, Tetrahedron Lett. **1962**, 1027.

kylestern in die α-Position von Methylen-phosphoranen einführen[367, 368] (allerdings können Nebenreaktionen auftreten[368]):

$$(H_5C_6)_3P=CH-R^1 \; + \; R^2-\overset{\overset{\textstyle S}{\|}}{C}-SR^3 \xrightarrow[-R^3-SH]{} (H_5C_6)_3P=C\overset{\textstyle R^1}{\underset{\underset{\textstyle S}{\|}}{\diagdown}{}_{C-R^2}}$$

(2-Thioxo-alkyliden)-triphenyl-phosphorane (40–83%)

(2-Imino-alkyliden)-triphenyl-phosphorane (71–77%) erhält man durch Einwirkung von Carbonsäure-imid-chloriden[369] auf Methylen-triphenyl-phosphorane

$$2 \; (H_5C_6)_3P=CH_2 \; + \; R^1N=C\overset{\textstyle R^2}{\underset{\textstyle Cl}{\diagdown}} \xrightarrow[-[(H_5C_6)_3\overset{\oplus}{P}-CH_3]\,Cl^{\ominus}]{} (H_5C_6)_3P=CH-\overset{\overset{\textstyle NR^1}{\|}}{C}-R^2$$

bzw. durch Addition von Yliden an die C=C-Doppelbindung von Keten-iminen[370].

2.1.2.4. durch Derivate der Carboxy-Gruppe

Bei der Umsetzung von Alkyliden-phosphoranen mit Chlorameisensäure-estern entstehen unter Umylidierung (1-Alkoxycarbonyl-alkyliden)-phosphorane[371]:

$$2 \; (H_5C_6)_3P=CH-R^1 \; + \; Cl-COOR^2 \xrightarrow[-[(H_5C_6)_3\overset{\oplus}{P}-CH_2-R^1]\,Cl^{\ominus}]{} (H_5C_6)_3P=C\overset{\textstyle R^1}{\underset{\textstyle COOR^2}{\diagdown}}$$

(1-Methoxycarbonyl-alkyliden)-triphenyl-phosphorane; allgemeine Arbeitsvorschrift[371]**:** Unter Stickstoff werden zu einer salzfreien, siedenden Lösung von 0,02 mol Alkyliden-triphenyl-phosphoran in 100 *ml* abs. Benzol 0,93 g (0,01 mol) Chlorameisensäure-methylester in 50 *ml* Benzol gegeben (das Phosphoniumchlorid fällt aus). Das Zutropfen wird sofort eingestellt, wenn die Ylid-Lösung verbraucht ist, erkennbar an der Entfärbung. Ein Überschuß an Chlorameisensäure-methylester ist zu vermeiden, da dieser auch das alkoxycarbonylierte Ylid angreift. Nach der Reaktion kann der Stickstoffschutz entfallen. Das Phosphoniumchlorid wird abgesaugt, mit Benzol gewaschen und die Lösung i. Vak. eingedampft. Der Rückstand kann aus Essigsäure-ethylester oder Mischungen von Essigsäure-ethylester bzw. Benzol mit Petrolether umkristallisiert werden.

Die Phosphoniumchloride erhält man in 80–100%iger Ausbeute. Sie können nach einmaligem Umfällen aus Chloroform mit Ether und sorgfältigem Trocknen zur erneuten Herstellung des Ylides verwendet werden. Zunächst ölige Chloride werden beim Reiben kristallin.
Auf diese Weise erhält man u. a.

(Methoxycarbonyl-methylen)-triphenyl-phosphoran[371]	80%; Schmp.: 164°
(1-Methoxycarbonyl-butyliden)-triphenyl-phosphoran[371]	96%; Schmp.: 105°
(α-Methoxycarbonyl-benzyliden)-triphenyl-phosphoran[371]	80%; Schmp.: 155°
(2,4-Dinitro-2-methoxycarbonyl-benzyliden)-triphenyl-phosphoran[372]	23%; Schmp.: 230–231°
(Cyclopropyl-methoxycarbonyl-methylen)-triphenyl-phosphoran[373]	38%; Schmp.: 178,5–179°
(Cyclohexyl-methoxycarbonyl-methylen)-triphenyl-phosphoran[371]	75%; Oel

[367] *H. Yoshida, H. Matsuura, T. Ogata* u. *S. Inokawa*, Bull. Chem. Soc. Jpn. **48**, 2907 (1975).

[368] *H.J. Bestmann* u. *W. Schaper*, Tetrahedron Lett. **1979**, 243.

[369] *H. Yoshida, T. Ogata* u. *S. Inokawa*, Synthesis **1977**, 626; Bull. Chem. Soc. Jpn. **50**, 3315 (1977).

[370] *Y. Ohshiro, Y. Mori, T. Minami* u. *T. Agawa*, J. Org. Chem. **35**, 2076 (1970).

[371] *H.J. Bestmann* u. *H. Schulz*, Justus Liebigs Ann. Chem. **674**, 11 (1964).

[372] *J.J. Pappas* u. *E. Gancher*, J. Org. Chem. **31**, 1287 (1966).

[373] *A. Maercker* u. *W. Theysohn*, Justus Liebigs Ann. Chem. **759**, 132 (1972).

Mit Kohlenstoffoxidsulfid werden primär Betaine I gebildet, die mit Alkylierungsmitteln und nachfolgend Basen [1-(Alkylthio-carbonyl)-alkyliden]-phosphorane ergeben[374]:

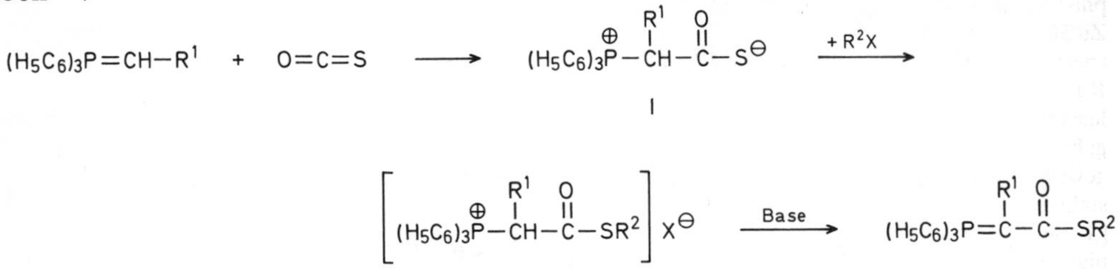

[1-(Alkylthio-carbonyl)-alkyliden]-triphenyl-phosphorane; allgemeine Arbeitsvorschrift[374]: Die Herstellung erfolgt unter Ausschluß von Feuchtigkeit und unter Stickstoff.

Betain I: Ein schwacher Strom Kohlenstoffoxidsulfid wird in eine Lösung von 0,1 mol Alkyliden-triphenyl-phosphoran in 500 ml trockenem Benzol (hergestellt nach der Natriumamid- oder Natrium-hexamethylsilyl-amid-Methode) unter kräftigem Rühren eingeleitet. Die Reaktion ist beendet, wenn die ursprüngliche Farbe des Ylides verschwunden ist. Der farblose bis schwach gelbe kristalline Niederschlag des Betains wird nach 15 Min. bei 20° filtriert und i. Hochvak. getrocknet. Eventuell ölige Produkte werden beim Stehen bei 20° (24 Stdn.) kristallin.

[1-(Alkylthio-carbonyl)-alkyl]-triphenyl-phosphonium-halogenid: 0,02 mol Alkylhalogenid in trockenem Dichlormethan oder Acetonitril werden zu 0,02 mol des Betains I in 100 ml Dichlormethan bei 20° tropfenweise zugefügt. Danach wird die Reaktionslösung 1 Stde. zum Sieden erhitzt. Nach dem Abkühlen wird das Phosphonium-Salz durch Zugabe von Essigsäure-methylester ausgefällt.

[1-(Alkythio-carbonyl)-alkyliden]-triphenyl-phosphoran: 0,02 mol des Phosphonium-Salzes werden in 50 ml Dichlormethan gelöst und kräftig mit 50 ml einer 10%igen Natriumcarbonat-Lösung geschüttelt. Die organ. Phase wird abgetrennt, mit Magnesiumsulfat getrocknet und das Lösungsmittel i. Vak. vertrieben. Der Rückstand kann aus Benzol oder Essigsäure-ethylester umkristallisiert werden.

Auf diese Weise erhält man u.a.

[1-(Methylthio-carbonyl)-methylen]-triphenyl-phosphoran	86%;	Schmp.: 208°
[1-(Ethylthio-carbonyl)-ethyliden]-triphenyl-phosphoran	77%;	Schmp.: 158°
[1-(Methylthio-carbonyl)-3-phenyl-propyliden]-triphenyl-phosphoran	69%;	Schmp.: 175°

In ähnlicher Weise werden ausgehend von Schwefelkohlenstoff [1-(Alkylthio-thio-carbonyl)-alkyliden]-phosphorane erhalten[375-377]:

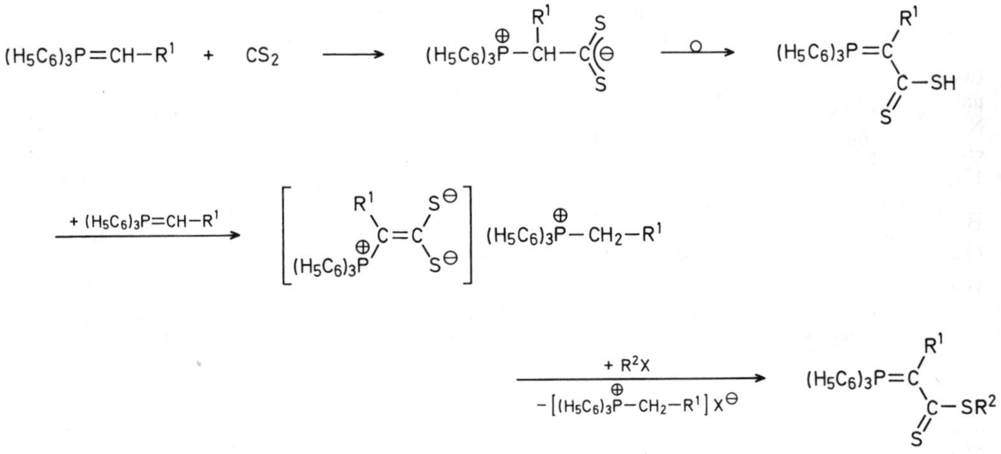

[374] H.J. Bestmann u. H. Saalbaum, Bull Soc. Chim. Belg. 88, 951 (1979).
[375] H.J. Bestmann, E. Engler u. H. Hartung, Angew. Chem. 78, 1100 (1966); engl.: 5, 1040.
[376] H.J. Bestmann, R. Engler, H. Hartung u. K. Roth, Chem. Ber. 112, 28 (1979).
[377] J.J. Pappas u. E. Gancher, J. Org. Chem. 31, 3877 (1966).

[1-(Alkylthio-thiocarbonyl)-alkyliden]-triphenyl-phosphorane; allgemeine Arbeitsvorschrift[376]:
(Alkyl-triphenyl-phosphonium)-(2-triphenylphosphoniono-vinyl-1,1-dithiolate): Der Schwefelkohlenstoff wird einige Stdn. mit Phosphor(V)-oxid getrocknet, filtriert und über frischem Phosphor(V)-oxid destilliert.
Zu 50 mmol einer nach der Natriumamid- oder der Natrium-bis[trimethylsilyl]-amid-Methode hergestellten, filtrierten Alkyliden-triphenyl-phosphoran-Lösung in 150 ml abs. Benzol tropft man sehr langsam bei 0–5° unter Rühren eine Lösung von 25 mmol Schwefelkohlenstoff in 60 ml abs. Ether. Bis zur Beendigung der Schwefelkohlenstoff-Zugabe müssen alle Reaktionen unter Ausschluß von Wasser und Sauerstoff und unter Schutzgas durchgeführt werden. Der ausgefallene meist gelbe Niederschlag wird abgesaugt, mit wasserfreiem Benzol und Ether gewaschen und über Phosphor(V)-oxid bei 25–35° i. Vak. getrocknet. Die Salze lassen sich aus Acetonitril umkristallisieren, können aber i. a. ohne weitere Reinigung weiterverarbeitet werden.
[1-(Alkylthio-thiocarbonyl)-alkyliden]-triphenyl-phosphorane: Zur Suspension der Phosphonium-Salze in der 20–30fachen Gewichtsmenge abs. Benzol tropft man unter gutem Rühren bei 50° die äquivalente Menge Alkylhalogenid, gelöst in der 20fachen Gewichtsmenge Benzol. Die entstehenden Phosphorane gehen in Lösung (Gelbfärbung) während die sich bildenden Alkyl-triphenyl-phosphonium-halogenide ungelöst bleiben und nach der Alkylhalogenid-Zugabe und 30 Min. Rühren von der noch warmen Lösung abgesaugt werden (90–98%).
Beim Eindampfen des Filtrats fallen die Phosphorane aus. Sie können aus Essigsäure-ethylester umkristallisiert werden.
Auf diese Weise erhält man u. a. folgende . . .-triphenyl-phosphorane:

[(Ethylthio-thiocarbonyl)-methylen]-. . .	93%; Schmp.: 172–174°
[1-(Ethylthio-thiocarbonyl)-ethyliden]-. . .	96%; Schmp.: 198–200°
[1-(Benzylthio-thiocarbonyl)-ethyliden]-. . .	89%; Schmp.: 154–156°
[1-(Ethylthio-thiocarbonyl)-3-phenyl-propyliden]-. . .	76%; Schmp.: 195–197°
[Cyclohexyl-(ethylthio-thiocarbonyl)-methylen]-. . .	90%; Schmp.: 201–203°
[α-(Methylthio-thiocarbonyl)-benzyliden]-. . .	94%; Schmp.: 243–245°
[α-(2-Oxo-propylthio-thiocarbonyl)-benzyliden]-. . .	91%; Schmp.: 223–225°

[(Alkylthio-thiocarbonyl)-methylen]-triphenyl-phosphorane sind auch durch Umsetzung von Methylen-phosphoranen mit Dithiokohlensäure-chlorid-ester[377] oder -diester[378] zugänglich.

Mit Isocyanaten werden (1-Aminocarbonyl-alkyliden)-phosphorane erhalten[379–382]:

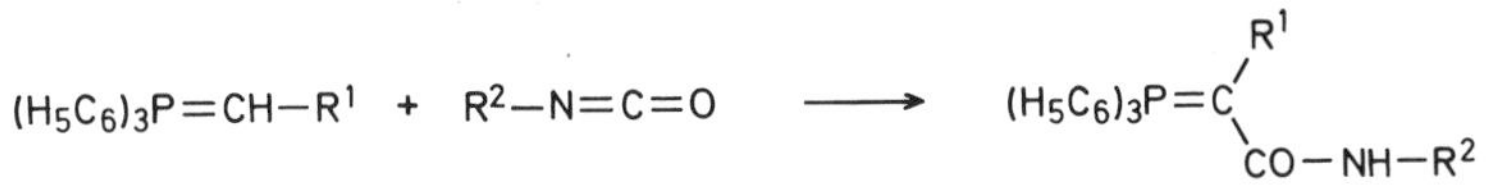

$$(H_5C_6)_3P=CH-R^1 \ + \ R^2-N=C=O \ \longrightarrow \ (H_5C_6)_3P=C \overset{R^1}{\underset{CO-NH-R^2}{\big\langle}}$$

(α-Benzoylaminocarbonyl-benzyliden)-triphenyl-phosphoran[380]: Die Mischung aus 0,04 mol Phenyl-lithium und 0,03 mol Benzyl-triphenyl-phosphoniumchlorid in 150 ml Ether wird 8 Stdn. unter Stickstoff bei 20° gerührt. Nach dem Zutropfen von 0,03 mol Benzoylisocyanat wird weitere 7 Stdn. gerührt. Das Reaktionsgemisch wird eingeengt und der Rückstand aus Benzol/Methanol umkristallisiert; Ausbeute: 15 g (73%); Schmp.: 176,5–178°.

Beim Molverhältnis Methylen-triphenyl-phosphoran/Acylisocyanat von 1:2 werden (Bis-[acylaminocarbonyl]-methylen)-triphenyl-phosphorane erhalten[380], die ausgehend vom Benzoylisocyanat intramolekular cyclisieren[380]:

[376] H.J. Bestmann, R. Engler, H. Hartung u. K. Roth, Chem. Ber. **112**, 28 (1979).
[377] J.J. Pappas u. E. Gancher, J. Org. Chem. **31**, 3877 (1966).
[378] H. Yoshida, H. Matsuura, T. Ogata u. S. Inokawa, Bull. Chem. Soc. Jpn. **48**, 2907 (1975).
[379] S. Trippett u. D.M. Walker, J. Chem. Soc. **1959**, 3874.
[380] Y. Ohshiro, Y. Mori, M. Komatsu u. T. Agawa, J. Org. Chem. **36**, 2029 (1971).
[381] W. Lwowski u. B.J. Walker, J. Chem. Soc. [Perkin Trans. 1] **1975**, 1309.
[382] H. Saikachi u. K. Takai, Yakugaku Zasshi **89**, 1401 (1969); C.A. **72**, 12452 (1970).

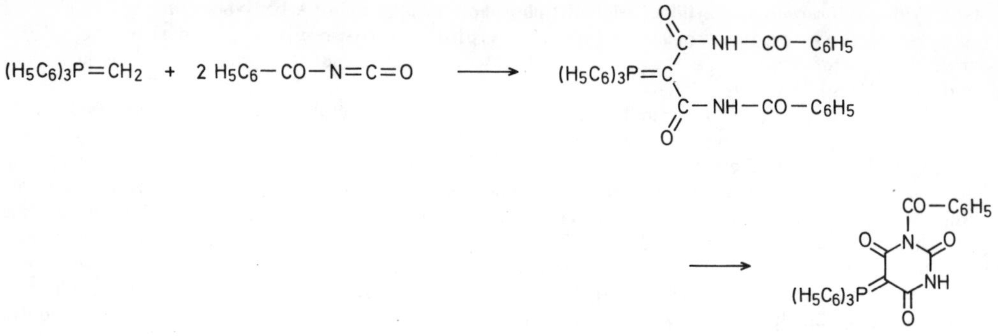

$$(H_5C_6)_3P=CH_2 \quad + \quad 2\ H_5C_6-CO-N=C=O \quad \longrightarrow \quad (H_5C_6)_3P=C\begin{array}{l} C-NH-CO-C_6H_5 \\ \\ C-NH-CO-C_6H_5 \end{array}$$

1-Benzoyl-2,4,6-trioxo-5-(triphenylphosphoranyliden)-hexahydropyrimidin; 43% d. Th.

Methylen-phosphorane bzw. Alkyliden-phosphorane mit aktiviertem α-H-Atom werden mit Thioisocyanaten zu [1-(Amino-thiocarbonyl)-alkyliden]-triphenyl-phosphoranen umgesetzt[382−384]:

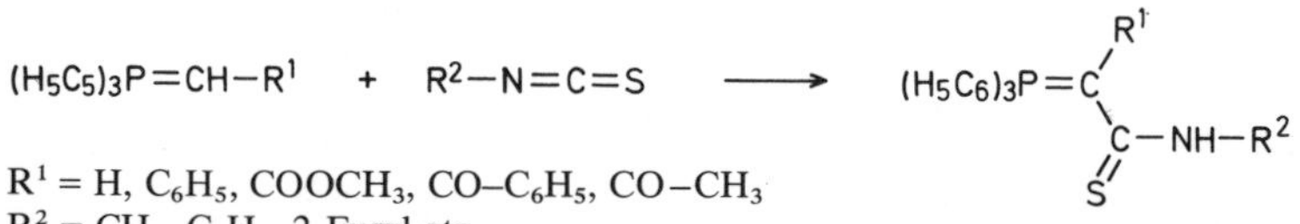

$$(H_5C_5)_3P=CH-R^1 \quad + \quad R^2-N=C=S \quad \longrightarrow \quad (H_5C_6)_3P=C\begin{array}{l} R^1 \\ \\ C-NH-R^2 \\ S \end{array}$$

R^1 = H, C$_6$H$_5$, COOCH$_3$, CO−C$_6$H$_5$, CO−CH$_3$
R^2 = CH$_3$, C$_6$H$_5$, 2-Furyl etc.

Dagegen erhält man aus Alkyliden-phosphoranen mit desaktiviertem α-H-Atom Betaine[383]. Letztere werden wie die [1-(Amino-thiocarbonyl)-alkyliden]-triphenyl-phosphorane z. B. durch Methyljodid am S-Atom methyliert und nachfolgend durch Basen in die entsprechenden [1-(Methylthio-iminocarbonyl)- alkyliden]-triphenyl- phosphorane überführt[383]:

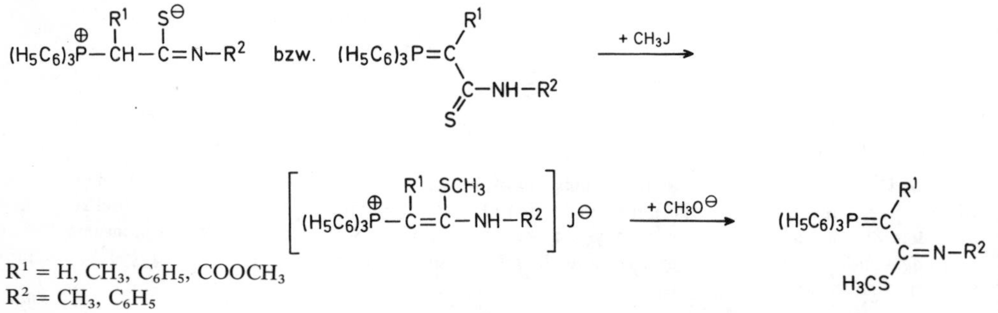

$$(H_5C_6)_3\overset{\oplus}{P}-CH-\overset{R^1}{\underset{}{C}}=N-R^2 \quad bzw. \quad (H_5C_6)_3P=C\begin{array}{l} R^1 \\ \\ C-NH-R^2 \\ S \end{array} \quad \xrightarrow{+\ CH_3J}$$

$$\left[(H_5C_6)_3\overset{\oplus}{P}-\overset{R^1}{\underset{}{C}}=\overset{SCH_3}{\underset{}{C}}-NH-R^2 \right] J^{\ominus} \quad \xrightarrow{+\ CH_3O^{\ominus}} \quad (H_5C_6)_3P=C\begin{array}{l} R^1 \\ \\ C=N-R^2 \\ H_3CS \end{array}$$

R^1 = H, CH$_3$, C$_6$H$_5$, COOCH$_3$
R^2 = CH$_3$, C$_6$H$_5$

Zur Herstellung dieser Verbindungen und der O-Analogen mit Carbamidsäure- bzw. Thiocarbamidsäure-chloriden s. Lit. [385, 386].
Die Cyan-Gruppe wird mittels Bromcyan[387, 388] oder Cyansäure-arylestern[389, 387] eingeführt, wobei Bromcyan auch bromierend wirken kann[387]:

[382] *H. Saikachi* u. *K. Takai*, Yakugaku Zasshi **89**, 1401 (1969); C.A. **72**, 12452 (1970).

[383] *H.J. Bestmann* u. *S. Pfohl*, Angew. Chem. **81**, 750 (1969); engl.: **8**, 761.

[384] *A.F. Tolochko, I.V. Megera* u. *M.I. Shevchuk*, Zh. Obshch. Khim. **45**, 2150 (1975); C.A. **84**, 44273 (1976).

[385] *H. Yoshida, T. Ogata* u. *S. Inokawa*, Synthesis **1977**, 626.

[386] *H. Yoshida, T. Ogata* u. *S. Inokowa*, Bull. Chem. Soc. Jpn. **50**, 3315 (1977).

[387] *D. Martin* u. *H.J. Niclas*, Chem. Ber. **100**, 187 (1967).

[388] *M.I. Shevchuk, A.A. Grigorenko* u. *A.V. Dombrovski*, Zh. Obshch. Khim. **35**, 2216 (1965); C.A. **64**, 11243 (1966).

[389] *H.J. Bestmann* u. *S. Pfohl*, Justus Liebigs Ann. Chem. **1974**, 1688.

$$(H_5C_6)_3P=CH-R \quad + \quad Br-CN \quad \longrightarrow \quad \left[(H_5C_6)_3\overset{\oplus}{P}-\overset{\overset{\textstyle R}{|}}{C}H-CN \right] Br^{\ominus}$$

$$\xrightarrow[\;-\;[(H_5C_6)_3\overset{\oplus}{P}-CH_2-R]\;Br^{\ominus}\;]{+\;(H_5C_6)_3P=CH-R} \quad (H_5C_6)_3P=C\overset{\textstyle R}{\underset{\textstyle CN}{\diagdown}}$$

$$(H_5C_6)_3P=CH-R \quad + \quad Ar-O-CN \quad \xrightarrow[-\;ArOH]{} \quad (H_5C_6)_3P=C\overset{\textstyle R}{\underset{\textstyle CN}{\diagdown}}$$

Aus Methylen-triphenyl-phosphoran erhält man mit Bromcyan *(Dicyan-methylen)-triphenyl-phosphoran*[387] während mit Cyansäure-4-methyl-phenylester das *Cyanmethylen-triphenyl-phosphoran*[389] isoliert wird.

(Cyan-methoxycarbonyl-methylen)-triphenyl-phosphoran[387]: 3,34 g (0,01 mol) (Methoxycarbonyl-methylen)-triphenyl-phosphoran[390] in 15 *ml* Benzol werden in einer Portion unter Rühren mit 0,529 g (0,005 mol) Bromcyan in 5 *ml* abs. Ether versetzt. Das Ausgangssylid löst sich dabei unter schwacher Erwärmung und Gelbfärbung der Lösung auf. Unmittelbar danach beginnt die Kristallisation des Ylides. Nach 24 Stdn. Stehen wird abgesaugt, das Festprodukt mit 100 *ml* Wasser verrührt und abfiltriert; Ausbeute: 1,29 g (72%); Schmp.: 217–218° (aus Ethanol).

Cyanmethylen-triphenyl-phosphoran[389]: Zu einer aus 18,0 g (0,05 mol) Methyl-triphenyl-phosphoniumbromid nach der Natriumamid-Methode hergestellten salzfreien Lösung von Methylen-triphenyl-phosphoran in 250 *ml* abs. Benzol gibt man unter Rühren und Eiskühlung (Reaktionstemp. 5–10°) 6,6 g (0,05 mol) 4-Methyl-phenylcyanat. Nach 30 Min. wird das ausgefallene Ylid abgesaugt und mit wenig kaltem Toluol gewaschen. Eine zweite Fraktion erhält man durch Eindampfen des Filtrates und Versetzen des Rückstandes mit wenig Toluol; Ausbeute: 11,1 g (75%); Schmp.: 196–197°.

(Dicyan-methylen)-triphenyl-phosphoran[389]: Eine Suspension von 3,1 g Cyanmethylen-triphenyl-phosphoran in 50 *ml* abs. Benzol wird mit 1,3 g 4-Methyl-phenylcyanat versetzt. Man rührt 12 Stdn., destilliert das Benzol ab und kristalliert den Rückstand aus Toluol um; Ausbeute: 1,0 g (30%); Schmp.: 186°.

2.1.2.5. durch Aryl- bzw. Hetaryl-Gruppen

Der Ersatz des H-Atoms am α–C-Atom der Alkyliden-Gruppe in Yliden durch eine Aryl-Funktion ist unter Umylidierung mit Hilfe von Chlor-polynitro-benzolen[391] bzw. Hexafluorbenzol möglich[392]:

$$2\;(H_5C_6)_3P=CH-R \quad + \quad Cl-\underset{O_2N}{\overset{O_2N}{\bigodot}}-NO_2 \quad \xrightarrow[-\;[(H_5C_6)_3\overset{\oplus}{P}-CH_2-R]\;Cl^{\ominus}]{} \quad (H_5C_6)_3P=C\overset{\textstyle R}{\diagdown}\underset{O_2N-\bigodot-NO_2}{\overset{\textstyle NO_2}{}}$$

. . .*-triphenyl-phosphoran*

R = COOCH$_3$; *(α-Methoxycarbonyl-2,4,6-trinitro-benzyliden)-* . . .; 57%
R = CN; *(α-Cyan-2,4,6-trinitro-benzyliden)-* . . .; 52%

[387] *D. Martin* u. *H.J. Niclas*, Chem. Ber. **100**, 187 (1967).
[389] *H.J. Bestmann* u. *S. Pfohl*, Justus Liebigs Ann. Chem. **1974**, 1688.
[390] *O. Isler* et al., Helv. Chim. Acta **40**, 1242 (1957).
[391] *J.J. Pappas* u. *E. Gancher*, J. Org. Chem. **31**, 1287 (1966).
[392] *N.A. Nesmeyanov, S.T. Berman* u. *O.A. Reutov*, Izv. Akad. Nauk SSSR Ser. Khim. **1972**, 605; C.A. **77**, 101 784 (1972).

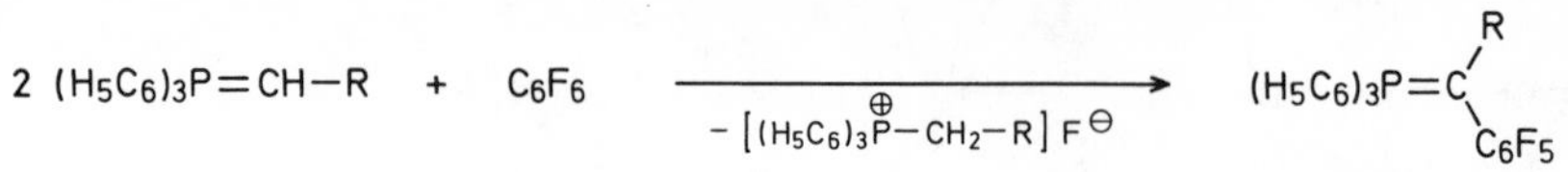

$$2 \ (H_5C_6)_3P{=}CH{-}R \ + \ C_6F_6 \xrightarrow[-\ [(H_5C_6)_3\overset{\oplus}{P}{-}CH_2{-}R]\ F^{\ominus}]{} \ (H_5C_6)_3P{=}C\overset{R}{\underset{C_6F_5}{<}}$$

[1-(Pentafluor-phenyl)-alkyliden]-triphenyl-phosphorane; 62–85%

Eine Vielzahl von Hetaryl-Gruppen kann in analoger Weise eingeführt werden[393, 394]:

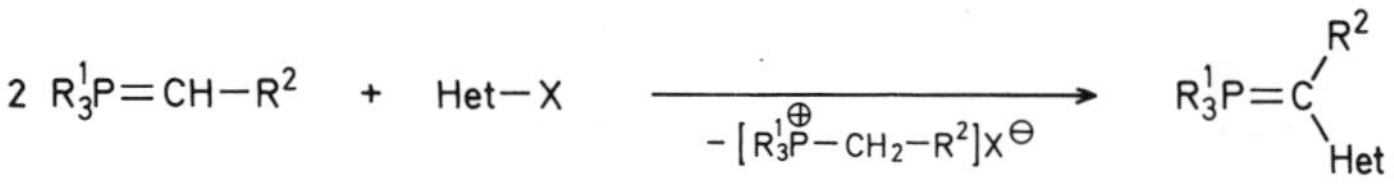

$$2 \ R_3^1P{=}CH{-}R^2 \ + \ Het{-}X \xrightarrow[-\ [R_3^1\overset{\oplus}{P}{-}CH_2{-}R^2]X^{\ominus}]{} \ R_3^1P{=}C\overset{R^2}{\underset{Het}{<}}$$

$R^1 = C_6H_5, C_4H_9$
$R^2 = H, CH_3, C_2H_5, C_6H_5$, subst. C_6H_5
$X = Cl, Br, SO_2{-}OCH_3$
Het = Hetaryl

Das Verfahren zeichnet sich durch große Variationsbreite aus und ist zur Einführung von fünf- und sechsgliedrigen sowie von polycyclischen Hetaryl-Substituenten geeignet[393].

(1-Hetaryl-alkyliden)-triorgano-phosphorane; allgemeine Arbeitsvorschrift[393]: Zur Suspension von 2,2 Moläquival. Phosphonium-Salz in abs. 1,2-Dimethoxy-ethan (50 ml DME für 10 mmol Salz) gibt man unter Stickstoff und Rühren bei −30 bis −35° 2,2 Moläquival. Butyl-lithium in Hexan. Das Reaktionsgemisch wird 1 Stde. gerührt und mit 1 Moläquival.Hetaren in 1,2-Dimethoxy-ethan (10 ml DME für 5 mmol Hetaren) versetzt. Man erwärmt die Reaktionsmischung innerhalb 1 Stde. auf 20° und rührt 3–72 Stdn. bei 20° bzw. beim Sieden. Die resultierenden Ylide werden in Lösung weiterverarbeitet.

2.2. durch Substitution eines Hetero-Liganden am Ylid-C-Atom

In (1-Halogen-alkyliden)-phosphoranen wird das **Halogen-Atom** mittels Organo-lithium durch einen Kohlenwasserstoff-Rest substituiert[395]; z.B. *Benzyliden-triphenyl-phosphoran* (62%; nach Hydrolyse):

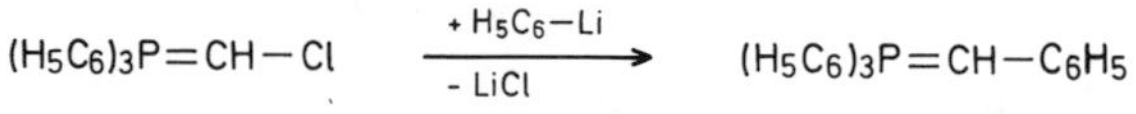

$$(H_5C_6)_3P{=}CH{-}Cl \xrightarrow[-\ LiCl]{+\ H_5C_6{-}Li} \ (H_5C_6)_3P{=}CH{-}C_6H_5$$

Die Umsetzung des (Dichlor-methylen)-triphenyl-phosphorans mit Chlor-ameisensäure-ethylester bzw. N,N-Diphenyl-carbaminsäurechlorid führt unter Substitution eines Chlor-Atoms zu *(Chlor-ethoxycarbonyl-methylen)-* bzw. *(Chlor-diphenylaminocarbonyl-methylen)-triphenyl-phosphoran*[396]:

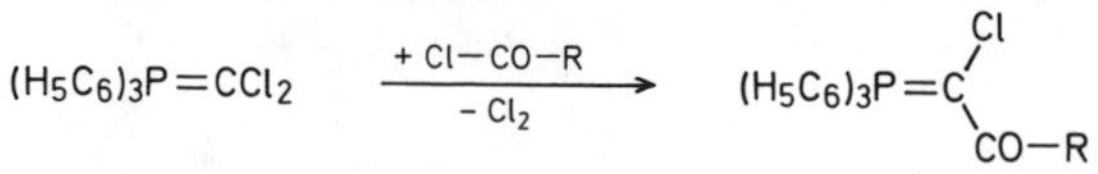

$$(H_5C_6)_3P{=}CCl_2 \xrightarrow[-\ Cl_2]{+\ Cl{-}CO{-}R} \ (H_5C_6)_3P{=}C\overset{Cl}{\underset{CO{-}R}{<}}$$

$R = OC_2H_5, N(C_6H_5)_2$

Das Brom-Atom kann ein durch anderes Halogen-Atom bzw. durch die Thiocyanat-Gruppe ersetzt werden[397, 398]; z.B.:

[393] *E.C. Taylor* u. *S.F. Martin*, J. Am. Chem. Soc. **96**, 8095 (1974).
[394] *J.J. Pappas* u. *E. Gancher*, J. Heterocycl. Chem. **5**, 123 (1968).
[395] *M. Schlosser*, Angew. Chem. **74**, 291 (1962).
[396] *A.J. Speziale* u. *K.W. Ratts*, J. Org. Chem. **28**, 465 (1963).
[397] *G. Märkl*, Chem. Ber. **94**, 2996 (1961).
[398] *A. Grigorenko, M.I. Shevchuk* u. *A.V. Dombrovskii*, Zh. Obshch. Khim. **36**, 1121 (1966); C.A. **65**, 12230d (1966).

$$(H_5C_6)_3P=C \overset{Br}{\underset{COOCH_3}{\Big\langle}} \quad \xrightarrow[- KBr]{+ KJ} \quad (H_5C_6)_3P=C \overset{J}{\underset{COOCH_3}{\Big\langle}}$$

*(Jod-methoxycarbonyl-methylen)-triphenyl-
phosphoran*; 90%

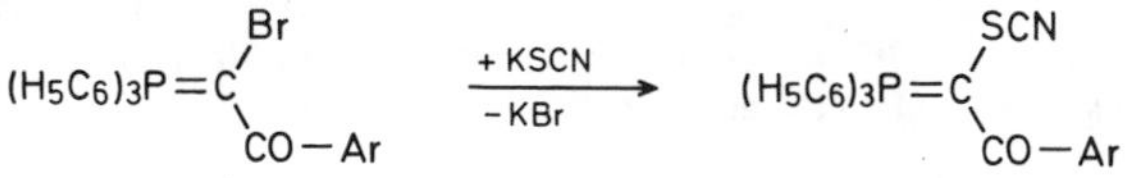

$$(H_5C_6)_3P=C \overset{Br}{\underset{CO-Ar}{\Big\langle}} \quad \xrightarrow[- KBr]{+ KSCN} \quad (H_5C_6)_3P=C \overset{SCN}{\underset{CO-Ar}{\Big\langle}}$$

*(2-Aryl-2-oxo-1-thiocyanat-ethyliden)-
triphenyl-phosphoran*

Aus (1-Lithium-2-oxo-alkyliden)-triphenyl-phosphoranen werden infolge Ersatz des Lithium-Atoms durch die Triorganostannyl-Gruppe (2-Oxo-1-triorganstannyl-alkyliden)-triphenyl-phosphorane erhalten[399]. Die aus Methylen-trimethyl-phosphoranen mit Phenyl-lithium zugänglichen Lithiummethylen-phosphorane werden in situ durch Metallhalogenide substituiert. Bei höherem Metallierungsgrad wird mehrfach substituiert[400]. Auch das Lithium-Atom der Lithiummethyl-Gruppe kann substituiert werden[401]; z.B.:

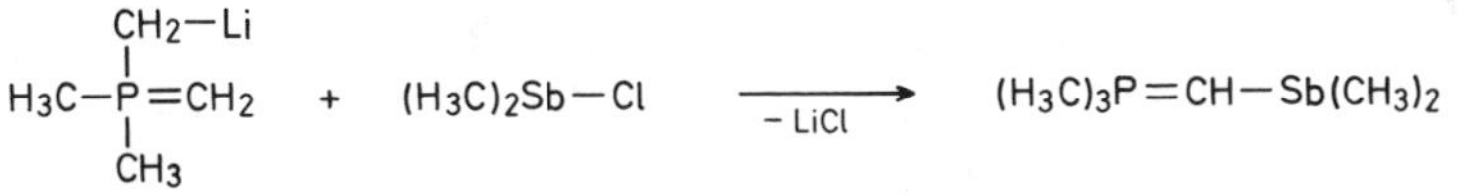

$$\underset{CH_3}{\overset{CH_2-Li}{\underset{|}{\overset{|}{H_3C-P=CH_2}}}} \quad + \quad (H_3C)_2Sb-Cl \quad \xrightarrow[- LiCl]{} \quad (H_3C)_3P=CH-Sb(CH_3)_2$$

*Trimethyl-(dimethylstibanyl-methylen)-
phosphoran*; 40%

(1-Silyl-alkyliden)-phosphorane sind unter Substitution der Silyl-Gruppe Ausgangsprodukte für zahlreiche Verbindungen, die auf anderem Wege (Deprotonierung der entsprechenden Salze) nicht oder nur schwierig zugänglich sind[402]; z.B. Herstellung salzfreier Methylen-trialkyl-phosphorane[403]:

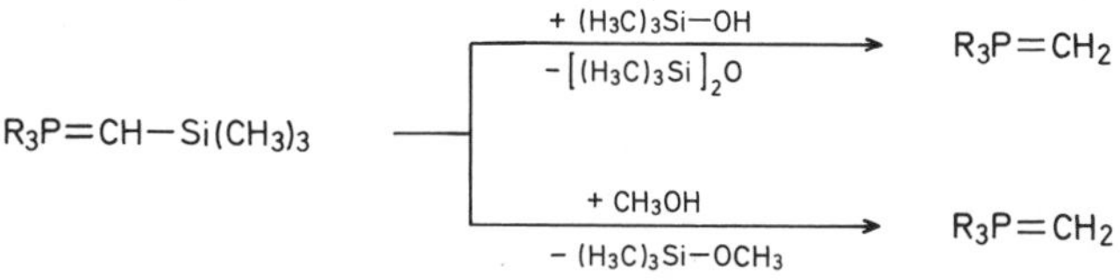

$$R_3P=CH-Si(CH_3)_3 \quad \begin{cases} \xrightarrow[-\,[(H_3C)_3Si]_2O]{+\,(H_3C)_3Si-OH} \quad R_3P=CH_2 \\[2ex] \xrightarrow[-\,(H_3C)_3Si-OCH_3]{+\,CH_3OH} \quad R_3P=CH_2 \end{cases}$$

Alkyliden-trialkyl-phosphorane; allgemeine Arbeitsvorschrift (durch Entsilylierung)[403]: Zur Lösung von 25–29 mmol Trialkyl-(trimethylsilyl-methylen)-phosphoran tropft man unter Rühren und Eiskühlung eine Lösung von 25–29 mmol Trimethylsilanol in Ether. Auch 25–29 mmol Alkohol können zugesetzt werden. Nach Beendigung der Zugabe wird 3–5 Stdn. bei 20° gerührt, die klare gelbliche Lösung wird bei 14 Torr (1,87 kPa) vom Ether befreit und der Rückstand fraktioniert destilliert. Nach einem Vorlauf von Hexamethyldisiloxan bzw. Methoxy-trimethyl-silan geht das Ylid farblos über; Ausbeuten. 69–95%.

In analoger Weise kann man nach der sog. Heterosiloxan-Methode die Silyl-Gruppe durch andere Organometall-Substituenten ersetzen[400, 401]:

[399] *J. Buckle* u. *P.G. Harrison*, J. Organomet. Chem. **77**, C22 (1974).
[400] *H. Schmidbaur, J. Eberlein* u. *W. Richter*, Chem. Ber. **110**, 677 (1977).
[401] *H. Schmidbaur* u. *W. Tronich*, Chem. Ber. **101**, 3545 (1968).
[402] *H. Schmidbaur*, Acc. Chem. Res. **8**, 62 (1975).
[403] *H. Schmidbaur* u. *W. Tronich*, Chem. Ber. **101**, 595 (1968).

$$(H_3C)_3P{=}CH{-}Si(CH_3)_3 \quad + \quad (H_3C)_3Si{-}OM(CH_3)_n \quad \xrightarrow[-\,[(H_3C)_3Si]_2O]{} \quad (H_3C)_3P{=}CH{-}M(CH_3)_n$$

$n = 2;\ M = As^{401}$
$n = 3;\ M = Ge^{401},\ Sn^{401},\ Pb^{400}$

(Dimethylarsano-methylen)-trimethyl-phosphoran[401]: Zu einer Lösung von 4,6 g (28,6 mmol) Trimethyl-(tri-methylsilyl-methylen)-phosphoran[404] in 30 *ml* Ether wird bei 20° langsam eine Lösung von 5,5 g (28, 6 mmol) Dimethylarsanoxy-trimethyl-silan[405] in 30 *ml* Ether gegeben. Mit kaum merklich exothermer Reaktion tritt Um-setzung ein. Nach 3 Stdn. werden bei 30°/12 Torr (1,6 kPa) das Lösungsmittel und das gebildete Hexamethyldisi-loxan abgezogen; der Rückstand wird i. Vak. destilliert; Ausbeute: 3,0 g (57%); Sdp.: 85–87°/12 Torr (1,6 kPa).

Mit elementarem Jod tritt Addition ein, desilyliert wird anschließend mit Fluorid-Ionen [406]:

$$(H_5C_6)_3P{=}C\!\!\begin{array}{l} {\diagup Si(CH_3)_3}\\ {\diagdown R}\end{array} \quad + \quad J_2 \quad \longrightarrow \quad \left[(H_5C_6)_3\overset{\oplus}{P}{-}\overset{\overset{\displaystyle Si(CH_3)_3}{|}}{\underset{\underset{\displaystyle J}{|}}{C}}{-}R \right] J^{\ominus} \quad \xrightarrow[-\,(H_3C)_3Si{-}F]{+\,F^{\ominus}} \quad (H_5C_6)_3P{=}C\!\!\begin{array}{l} {\diagup J}\\ {\diagdown R}\end{array}$$

(1-Jod-alkyliden)-triphenyl-phosphorane; 30–40%

Weiterhin läßt sich die Trimethylsilyl-Gruppe durch eine Vielzahl von Halogensilyl-Gruppen substituieren[407–410]. Solche Umsilylierungen verlaufen in der Regel bei 20° ge-nügend rasch und ergeben in hoher Ausbeute reine Produkte, einziges Nebenprodukt ist das leicht abtrennbare Chlor-trialkyl-silan. So kann z.B. (Bis-[trimethylsilyl]-methylen)-trimethyl-phosphoran mit Dichlor-dimethyl-silan im Überschuß leicht zum *(Bis-[chlor-dimethyl-silyl]-methylen)-trimethyl-phosphoran* (95%) umgesetzt werden:

$$(H_3C)_3P{=}C[Si(CH_3)_3]_2 \quad + \quad 2\,(H_3C)_2SiCl_2 \quad \xrightarrow[-\,2\,(H_3C)_3Si{-}Cl]{} \quad (H_3C)_3P{=}C\!\!\left[\begin{array}{c} CH_3\\ | \\ Si{-}Cl\\ | \\ CH_3 \end{array}\right]_2$$

Alkyliden-phosphorane vermögen sich an Isocyanate, Isothiocyanate und Schwefel-kohlenstoff zu addieren, wobei unter Wanderung eines α-ständigen Protons ein neues sub-stituiertes Ylid entsteht (vgl. S. 670–672). In analoger Weise wandert bei α-silylierten Yliden bevorzugt der Silyl-Rest[411]; z.B.:

$$H_5C_6{-}\overset{\overset{\displaystyle CH_3}{|}}{\underset{\underset{\displaystyle CH_3}{|}}{P}}{=}CH{-}Si(CH_3)_3 \quad + \quad CS_2 \quad \longrightarrow \quad H_5C_6{-}\overset{\overset{\displaystyle CH_3}{|}}{\underset{\underset{\displaystyle CH_3}{|}}{P}}{=}CH{-}\overset{\overset{\displaystyle S}{||}}{C}{-}S{-}Si(CH_3)_3$$

Dimethyl-phenyl-[(trimethylsilylthio-thiocar-bonyl)-methylen]-phosphoran; 77,4%

Bei der Umsetzung mit Isocyanaten bzw. Isothiocyanaten kann die Silyl-Gruppe sowohl an das Stickstoff- als auch an das Sauerstoff- bzw. Schwefel-Atom treten. Eine anschlie-

[400] *H. Schmidbaur, J. Eberlein u. W. Richter*, Chem. Ber. **110**, 677 (1977).
[401] *H. Schmidbaur u. W. Tronich*, Chem. Ber. **101**, 3545 (1968).
[404] *H. Schmidbaur u. W. Tronich*, Chem. Ber. **100**, 1032 (1967).
[405] *H. Schmidbaur, H. S. Arnold u. E. Beinhofer*, Chem. Ber. **97**, 449 (1964).
[406] *H. J. Bestmann u. A. Bomhard*, Erlangen, unveröffentlicht 1981
[407] *H. Schmidbaur u. W. Malisch*, Angew. Chem. **82**, 84 (1970); engl.: **9**, 77.
[408] *H. Schmidbaur u. W. Malisch*, Chem. Ber. **104**, 150 (1971).
[409] *H. Schmidbaur u. M. Heimann*, Angew. Chem. **88**, 376 (1976); engl.: **15**, 367 (1976).
[410] *W. Malisch*, J. Organomet. Chem. **77**, C15 (1974).
[411] *K. Itoh, H. Hayashi, M. Fukui u. Y. Ishii*, J. Organomet. Chem. **78**, 339 (1974).

ßende Addition an ein zweites Molekül Isocyanat bzw. Isothiocyanat unter Protonen-Wanderung ist prinzipiell möglich.

2.3. Reaktionen, die nicht am 1–C-Atom der Alkyliden-Gruppe ablaufen

Viele Ylide können, ohne daß Bindungen am ylidischen C-Atom gelöst werden, durch Abwandlung in der Seitenkette in neue Phosphorane überführt werden.

Allyliden-triphenyl-phosphorane reagieren mit Chlorameisensäureester[412], Acyl-chloriden[413–415], 3-Chlor-acrylsäureestern[416] bzw. (2-Chlor-vinyl)-ketonen[416] oder Chlorphosphanen[417] am γ-Kohlenstoff-Atom der Alkyliden-Gruppe zu Phosphonium-Salzen aus denen durch ein zweites Mol Ausgangsylid unter Bildung eines neuen substituierten Ylides ein Proton aus der γ-Position abgespalten wird; z.B.:

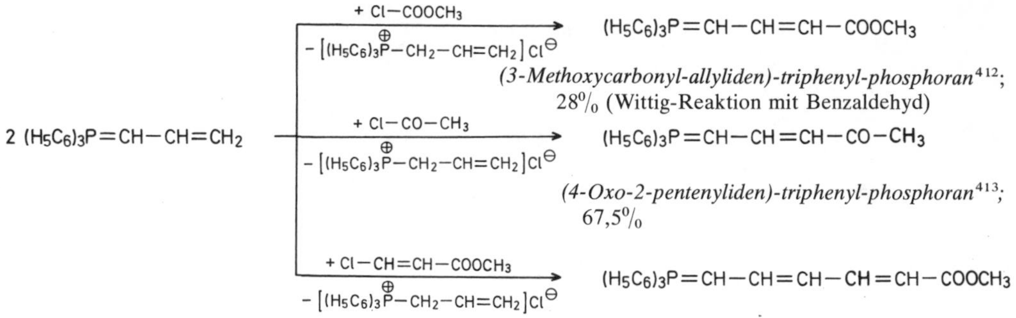

(3-Methoxycarbonyl-allyliden)-triphenyl-phosphoran[412]; 28% (Wittig-Reaktion mit Benzaldehyd)

(4-Oxo-2-pentenyliden)-triphenyl-phosphoran[413]; 67,5%

(5-Methoxycarbonyl-2,4-pentadienyliden)-triphenyl-phosphoran[416]; 84% (Wittig-Reaktion mit Benzaldehyd)

(4-Oxo-2-alkenyliden)-triphenyl-phosphorane[413]**; allgemeine Arbeitsvorschrift:** Eine Aufschlämmung von 23 g (0,06 mol) Allyl-triphenyl-phosphoniumbromid in abs. Ether wird mit der ber. Menge Phenyl-lithium in Ether zum Allyliden-triphenyl-phosphoran umgesetzt.
Zur erhaltenen Lösung fügt man die halbe stöchiometrische Menge Carbonsäurechlorid tropfenweise zu und erhitzt 30 Min. zur Vervollständigung der Reaktion. 300 *ml* Benzol werden zugegeben und die Lösung 30 Min. gerührt. Anschließend zersetzt man mit Wasser, trennt die organ. Phase ab und trocknet sie mit Natriumsulfat. Nach Abdampfen des Lösungsmittels bleibt ein dunkelbraunes bis schwarzes Öl zurück, das in einigen Fällen durch Befeuchten mit Ether zur Kristallisation gebracht werden kann; Ausbeute: 58–67%.

Zum Ersatz des γ–H-Atoms in der 2-Alkenyliden-Gruppe durch eine Nitroso-Gruppe s. Lit.[413]; zur Alkylierung des S-Atoms in [(1-Amino-thiocarbonyl)-alkyliden]-phosphoranen s. S. 672.

Das extrem stabile und reaktionsträge Cyclopentadienyliden-triphenyl-phosphoran und seine Substitutionsprodukte gehen keine Ylid-Reaktionen mehr ein[418], jedoch läßt sich der Cyclopentadienyl-Ring elektrophil in 2-Stellung substituieren; z.B.:

[412] *H.J. Bestmann* u. *H. Schulz*, Justus Liebigs Ann. Chem. **674**, 11 (1964).
[413] *E. Zbiral* u. *L. Berner-Fenz*, Tetrahedron **24**, 1363 (1968).
[414] *E. Öhler* u. *E. Zbiral*, Chem. Ber. **113**, 2852 (1980).
[415] *H.J. Bestmann* u. *K. Roth*, Angew. Chem. **93**, 587 (1981); engl.: **20**, 575.
[416] *E. Vedejs* u. *J.P. Bershas*, Tetrahedron Lett. **1975**, 1359.
[417] *K. Issleib* u. *M. Lieschewski*, J. Prakt. Chem. **311**, 857 (1969).
[418] *F. Ramirez* u. *S. Levy*, J. Am. Chem. Soc. **79**, 67 (1957).

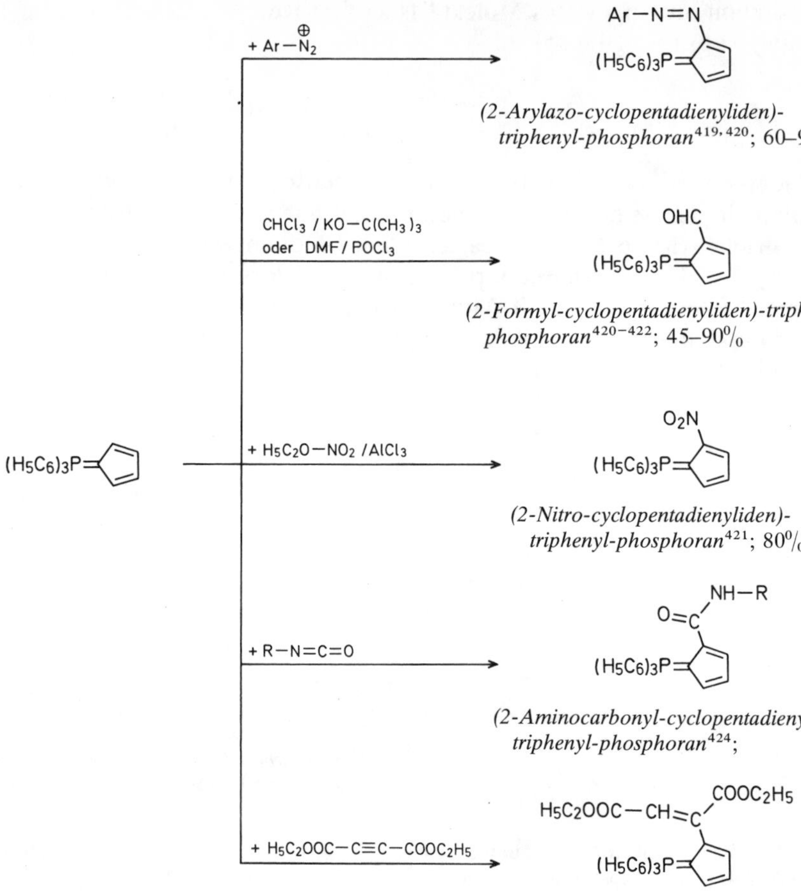

$+ Ar-N_2^{\oplus}$

$Ar-N=N$

$(H_5C_6)_3P=$

(2-Arylazo-cyclopentadienyliden)-triphenyl-phosphoran[419, 420]; 60–90%

$CHCl_3 / KO-C(CH_3)_3$
oder $DMF / POCl_3$

OHC

$(H_5C_6)_3P=$

(2-Formyl-cyclopentadienyliden)-triphenyl-phosphoran[420–422]; 45–90%

$(H_5C_6)_3P=$

$+ H_5C_2O-NO_2 /AlCl_3$

O_2N

$(H_5C_6)_3P=$

(2-Nitro-cyclopentadienyliden)-triphenyl-phosphoran[421]; 80%

$+ R-N=C=O$

$O=C\overset{NH-R}{}$

$(H_5C_6)_3P=$

(2-Aminocarbonyl-cyclopentadienyliden)-triphenyl-phosphoran[424];

$+ H_5C_2OOC-C\equiv C-COOC_2H_5$

$H_5C_2OOC-CH=C\overset{COOC_2H_5}{}$

$(H_5C_6)_3P=$

[2-(1,2-Diethoxycarbonyl-vinyl)-cyclopentadienyliden]-triphenyl-phosphoran[421a]; 100%

In analoger Weise sind Alkylierung[424], Acylierung[420, 424], Sulfonierung[424], Einführung des Sulfonium-Restes[423] und weitere Additionen an elektronenarme Mehrfachbindungen[421a,424–427] möglich.

(2-Oxo-propyliden)-triphenyl-phosphoran wird durch Butyl-lithium oder Lithium-diisopropylamid an der Methyl-Gruppe deprotoniert. Das resultierende Lithium-Derivat vermag mit einer Reihe von Elektrophilen (Alkylhalogeniden, Aldehyden, Ketonen und ak-

[419] F. Ramirez u. S. Levy, J. Am. Chem. Soc. **79**, 6167 (1957).
[420] D. H. Freeman u. D. Lloyd, Tetrahedron **30**, 2257 (1974).
[421] Z. Yoshida, S. Yoneda, Y. Murata u. H. Hashimoto, Tetrahedron Lett. **1971**, 1523.
[421a] Z. Yoshida, S. Yoneda, H. Hashimoto u. Y. Murata, Tetrahedron Lett. **1971**, 1527.
[422] Z. Yoshida, S. Yoneda u. T. Yato, Tetrahedron Lett. **1971**, 2973.
[423] K. H. Schlingensief u. K. Hartke, Justus Liebigs Ann. Chem. **1978**, 1754.
[424] Japan. Kokai 76 47 705 (1976), Meisei Chemical Works, Erf.: Z. Yoshida, S. Yoneda, H. Kajita u. Y. Kumada; C. A. **87**, 117 958 (1977).
[425] E. Lord, M. P. Naan u. C. D. Hall, J. Chem. Soc. [B] **1971**, 213.
[426] M. P. Naan, A. P. Bell u. C. D. Hall, J. Chem. Soc. [Perkin Trans. 2] **1973**, 1821.
[427] Z. Yoshida, S. Yoneda u. Y. Murata, J. Org. Chem. **38**, 3537 (1973).

tivierten Carbonsäureestern) zu substituierten Yliden zu reagieren[428−432],

$$(H_5C_6)_3P=CH-CO-CH_3 \xrightarrow[-RH]{+R-Li} (H_5C_6)_3P=CH-CO-CH_2-Li$$

$$\xrightarrow[-LiX]{+R-X} (H_5C_6)_3P=CH-CO-CH_2-R$$

die nach dem gleichen Verfahren unter Substitution eines weiteren H-Atoms der Methylen-Gruppe substituiert werden können[429, 432].

Tab. 56: Substitutionsprodukte des (2-Oxo-propyliden)-triphenyl-phosphorans durch Ersatz von einem bzw. zwei H-Atomen der Methyl-Gruppe mittels Phenyl-lithium und nachfolgend Elektrophilen[429]

Elektrophil	$(H_5C_6)_3P=CH-CO-CH-$ ...-triphenyl-phosphoran	Ausbeute [%]	Schmp. [°C]
$H_5C_6-CH_2-Cl$	(2-Oxo-4-phenyl-butyliden)...	47	147,5–149,5
$H_2C=CH-CH_2-Br$	(2-Oxo-5-hexenyliden)...	52	94–96,5
H_3C-CHO	(4-Hydroxy-2-oxo-pentyliden)-...	43	160–161
H_5C_6-CHO	(4-Hydroxy-2-oxo-4-phenyl-butyliden)...	50	163
$(H_5C_6)_2CO$	(4,4-Diphenyl-4-hydroxy-2-oxo-butyliden) ...	81	180–182
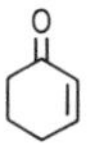 [Zeichnung Cyclohexanon]	[3-(1-Hydroxy-2-cyclohexenyl)-2-oxo-propyliden]...	52	124–126
$H_5C_6-CH=CH-CO-C_6H_5$	(4,6-Diphenyl-4-hydroxy-2-oxo-5-hexenyliden)...	63	148–150
$H_5C_6-COOCH_3$	(2,4-Dioxo-4-phenyl-butyliden)...	60	158–160
$H_5C_6-CH_2-Cl$ (2mal)	(3-Benzyl-2-oxo-4-phenyl-butyliden) ...	37	177–177,5
1. $H_5C_6-CH_2-Cl$ 2. $H_2C=CH-CH_2-Br$	(3-Benzyl-2-oxo-5-hexenyliden)...	50	127,5–130
$Br-(CH_2)_3-Br$	1,9-Bis-[triphenylphosphoranyliden]-2,8-dioxo-nonan	59	200–207

Das (1-Acetyl-2-oxo-propyliden)-triphenyl-phosphoran kann selektiv an einer bzw. an beiden Methyl-Gruppen metalliert und nachfolgend in ein Mono- bzw. Disubstitutionsprodukt überführt werden[431]. Die Umsetzung des Ylid-Dianions mit einem 1,ω-Dihalogenid liefert auf diese Weise (2,2'-Dioxo-cycloalkyliden)-triphenyl-phosphorane[431]:

[428] J. D. Taylor u. J. F. Wolf, Chem. Commun. 1972, 876.
[429] E. A. Sancaktar, J. D. Taylor, Y. V. Hay u. J. F. Wolfe, J. Org. Chem. 41, 509 (1976).
[430] M. P. Cook, jun., J. Org. Chem. 38, 4082 (1973).
[431] M. P. Cook, jun. u. R. Goswami, J. Am. Chem. Soc. 95, 7891 (1973).
[432] M. Schwarz, J. E. Oliver u. P. E. Sonnet, J. Org. Chem. 40, 2410 (1975).

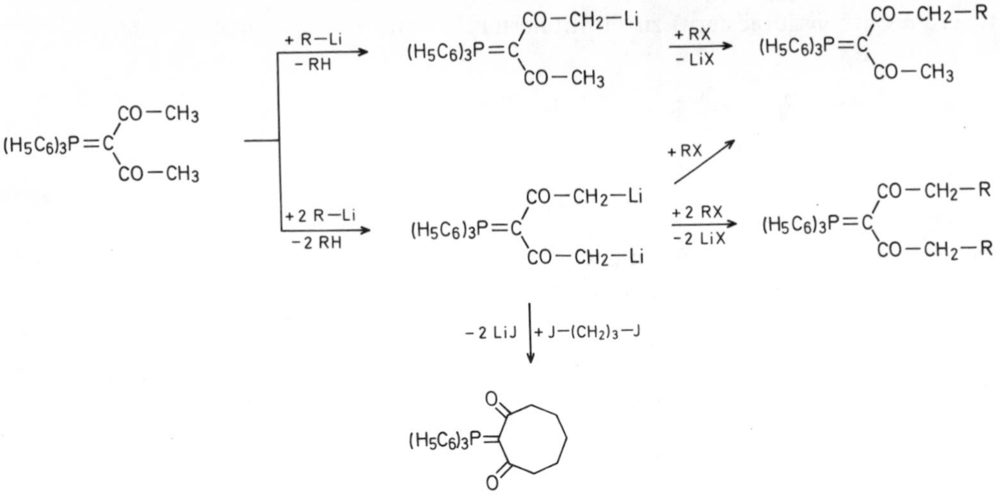

(2,8-Dioxo-cyclooctyliden)-triphenyl-phosphoran; 25%

Umsetzungen von (2-Oxo-propyliden)-triphenyl-phosphoran durch Reaktionen an der Methyl-Gruppe[429]: 5 g (0,016 mol) (2-Oxo-propyliden)-triphenyl-phosphoran werden in 300 ml trockenem THF unter Stickstoff gelöst und unter Kühlung mit Aceton/Trockeneis mit 9,23 ml (0,019 mol) Butyl-lithium in Hexan versetzt. Die rot-braune Lösung wird 20 Min. gerührt und dann das jeweilige Elektrophil (Halogenid etc.) in trockenem THF hin-zugegeben. Man rührt 1 Stde. bei −78° und läßt auf 20° erwärmen. Die erhaltene orangegelbe Lösung wird in ein 2:1-Gemisch von Wasser/Ether (300 ml) gegeben und 5 Min. gerührt. Die Ether-Schicht wird abgetrennt und die wäßr. Phase 3mal mit je 150 ml Chloroform extrahiert. Die vereinigten organ. Auszüge werden mit 10%iger wäßr. Kochsalz-Lösung gewaschen, die organ. Phase über Magnesiumsulfat getrocknet und das Lösungsmittel i. Vak. vertrieben. Das resultierende Öl kristallisiert beim Stehen oder beim Anreiben mit Ether/Hexan; Aus-beute: s. Tab. 55 (S. 679).

(1-Ethoxycarbonyl-2-oxo-3-alkenyliden)-triphenyl-phosphorane reagieren mit einer großen Anzahl von Kohlenstoffnucleophilen zu anionischen Addukten, die mit Elektro-philen (z.B. Alkylhalogenide) die entsprechenden substituierten Phosphorane liefern[433]; z.B.:

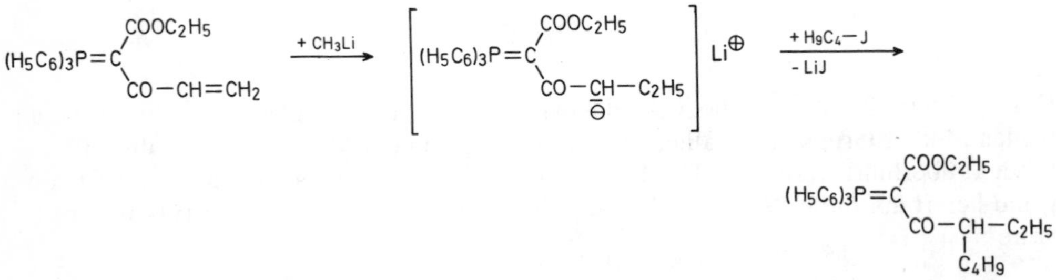

(1-Ethoxycarbonyl-3-ethyl-2-oxo-heptyliden)-triphe-nyl-phosphoran; 83%;

Bei Einsatz von (ω-Halogen-2-oxo-3-alkenyliden)-phosphoranen folgt auf die Anlage-rung des Nucleophils intramolekularer Ringschluß[434]:

[429] E. A. Sancaktar, J. D. Taylor, Y. V. Hay u. J. F. Wolfe, J. Org. Chem. **41**, 509 (1976).
[433] M. P. Cook, jun. u. R. Goswami, J. Am. Chem. Soc. **99**, 642 (1977).
[434] M. P. Cook, jun. Tetrahedron Lett. **1979**, 2199.

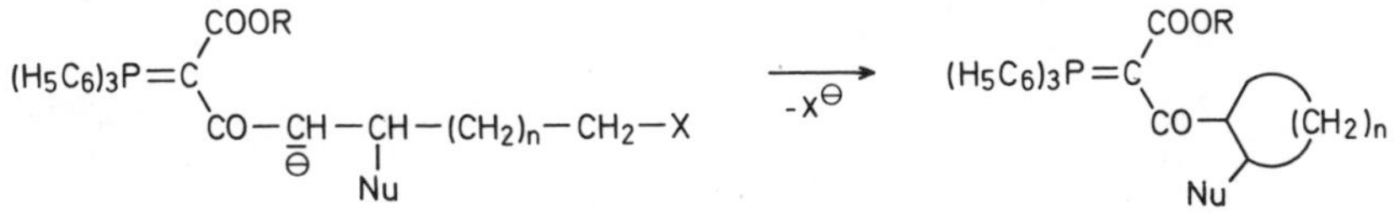

1,3-Bis-[triphenylphosphoranyliden]-2-oxo-propan reagiert mit 1,ω-Dibromo-Verbindungen an einer der beiden Ylid-Funktionen zu Phosphoranen mit einer Cycloalkyl-phosphoniumsalz-Gruppierung, bei deren Hydrolyse (2-Cycloalkyl-2-oxo-ethyliden)-triphenyl-phosphorane entstehen[435, 436]:

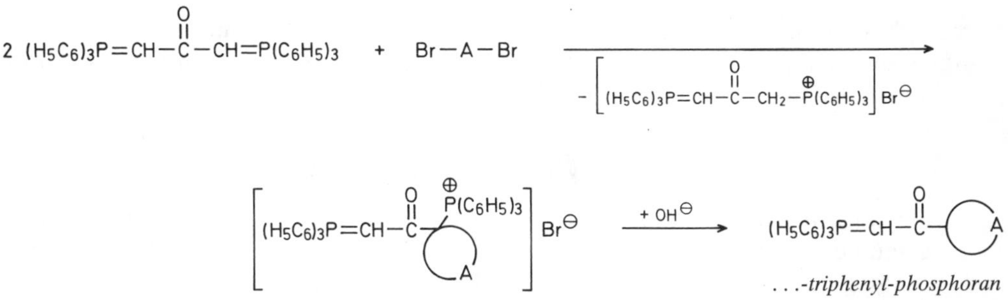

$$A = (CH_2)_2; \ \textit{(2-Cyclopropyl-2-oxo-ethyliden)-}\ldots; \ 70\%; \ \text{Schmp.: } 181–183°$$
$$A = (CH_2)_4; \ \textit{(2-Cyclopentyl-2-oxo-ethyliden)-}\ldots; \ 57\%; \ \text{Schmp.: } 162–163°$$

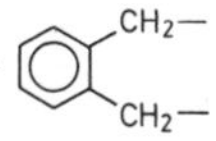

$[2\text{-}(2\text{-}Indanyl)\text{-}2\text{-}oxo\text{-}ethyliden)\text{-}\ldots; \ 82\%; \ \text{Schmp.: } 153–155°$

Mit Dijodmethan erhält man dagegen ein offenkettiges Phosphonium-Salz dessen Hydrolyse das *1,7-Bis-[triphenylphosphoranyliden]-2,6-dioxo-heptan* liefert:

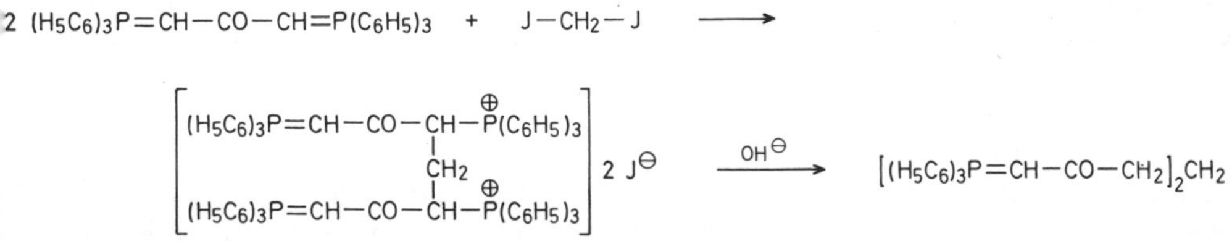

(2-Cycloalkyl-2-oxo-ethyliden)-triphenyl-phosphorane; allgemeine Arbeitsweise[436]: Zu einer Suspension von 28,9 g (0,05 mol) 1,3-Bis-[triphenylphosphoranyliden]-2-oxo-propan in 200 *ml* Toluol fügt man 0,025 mol 1,ω-Dibromid und erhitzt bis zum Verschwinden der gelben Farbe (10–90 Min.). Das erhaltene Salzgemisch wird filtriert, in möglichst wenig Methanol gelöst und mit 500 *ml* n Natriumcarbonat-Lösung behandelt. Nach 30 Min. Rühren gießt man in 1000 *ml* Wasser und extrahiert mit Chloroform. Nach dem Vertreiben des Lösungsmittels wird der Rückstand (Phosphoran-cycloalkylphosphonium-Salz) in siedendem Benzol extrahiert. 10 g des Phosphonium-Salzes werden in möglichst wenig Methanol gelöst und mit 100 *ml* konz. Natriumcarbonat-Lösung versetzt. Nach 20 Min. Rühren bei 20° verdünnt man mit 1000 *ml* Wasser, sättigt die Lösung mit Natriumchlorid, extrahiert 3mal mit Chloroform und rührt die erhaltene Lösung mit n Salzsäure. Die Chloroform-Phase wird abgetrennt und das Lösungsmittel vertrieben. Der Rückstand wird in Wasser aufgenommen, das unlösliche Phosphanoxid abfiltriert und das Ylid durch Zugabe von Natriumcarbonat-Lösung zur filtrierten wäßr. Lösung ausgefällt.

Aus [1-Chlor-organo-silyl)-alkyliden]-phosphoranen lassen sich durch Substitution des Halogen-Atoms neue Ylide synthetisieren[437]; z.B.:

---

[435] *A. Hercouet* u. *M. Le Corre*, Tetrahedron Lett. **1974**, 2491.
[436] *A. Hercouet* u. *M. Le Corre*, Tetrahedron **33**, 33 (1977).
[437] *H. Schmidbaur* u. *W. Malisch*, Chem. Ber. **104**, 150 (1971).

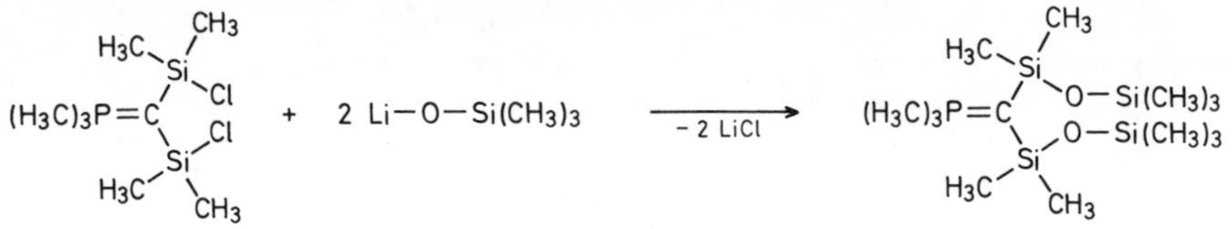

(Bis-[dimethyl-trimethylsilyloxy-silyl]-methylen)-triphenyl-phosphoran; 92%

3. aus Carbodiphosphoranen

Carbodiphosphorane können Ausgangsverbindungen zur Herstellung von Alkyliden-phosphoranen sein. Da die Umsetzungen oft komplexer Natur sind, werden sie im Zusammenhang auf den S. 755–758 besprochen.

4. aus Vinyliden-phosphoranen

Auch Vinyliden-phosphorane dienen als Ausgangsverbindungen für Alkyliden-phosphorane. Aufgrund der besseren Übersicht und der zusammenfassenden Darstellung über die Reaktionsmöglichkeiten der Vinyliden-phosphorane wird die Synthesemöglichkeit auf den S. 763–782 besprochen.

B. Umwandlung

1. Eigenschaften

1.1. Stabilität

P-Ylide sind bis auf wenige Ausnahmen thermisch stabile Verbindungen, die bei Ausschluß von Luft und Feuchtigkeit beliebig lagerfähig sind. Bemerkenswert thermisch stabil sind meistens Alkyliden-trialkyl-phosphorane, die unzersetzt bei Normaldruck oder i. Vak. destilliert werden können[438–440]. Im Gegensatz dazu sind diese Verbindungen gegenüber Sauerstoff oder Feuchtigkeit extrem reaktiv.
Thermolabil sind z. B. Allyliden-trimethyl-phosphoran[439], das bei 20° langsam in *Methylen-trimethyl-phosphoran* übergeht, Methylen-tri-tert.-butyl-phosphoran[441], das bei 20° in Isobuten und Di-tert.-butyl-methyl-phosphan zerfällt sowie das 1-Methyl-1-methylen-1λ^5-phospholan[442], das bei 20° langsam dimerisiert:

$$(H_3C)_3P{=}CH{-}CH{=}CH_2 \xrightarrow[{[-C_2H_4]}]{} (H_3C)_3P{=}CH_2$$

$$[(H_3C)_3C]_3P{=}CH_2 \longrightarrow (H_3C)_3C{=}CH_2 + H_3C{-}P[C(CH_3)_3]_2$$

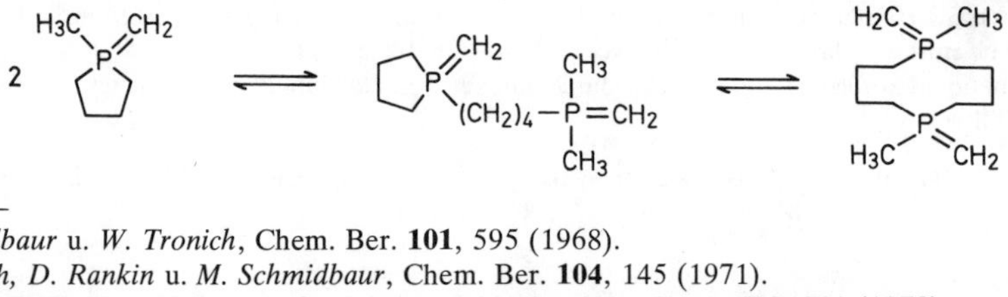

[438] *H. Schmidbaur* u. *W. Tronich*, Chem. Ber. **101**, 595 (1968).
[439] *W. Malisch, D. Rankin* u. *M. Schmidbaur*, Chem. Ber. **104**, 145 (1971).
[440] *R. Köster, D. Simić* u. *M. A. Grassberger*, Justus Liebigs Ann, Chem. **739**, 211 (1970).
[441] *H. Schmidbaur, G. Blaschke* u. *F. H. Köhler*, Z. Naturforsch. **32 b**, 757 (1977).
[442] *H. Schmidbaur, H. P. Scherm* u. *K. Schubert*, Chem. Ber. **111**, 764 (1978).

Der destabilisierende Einfluß sehr sperriger Substituenten am Phosphor-Atom zeigt sich auch bei der Deproto-nierung von Tris-[2,4,6-trimethyl-phenyl]-methyl-phosphoniumbromid mit Natriumamid, bei der nicht das ge-wünschte Ylid sondern das Produkt einer Stevensumlagerung gebildet wird[443]:

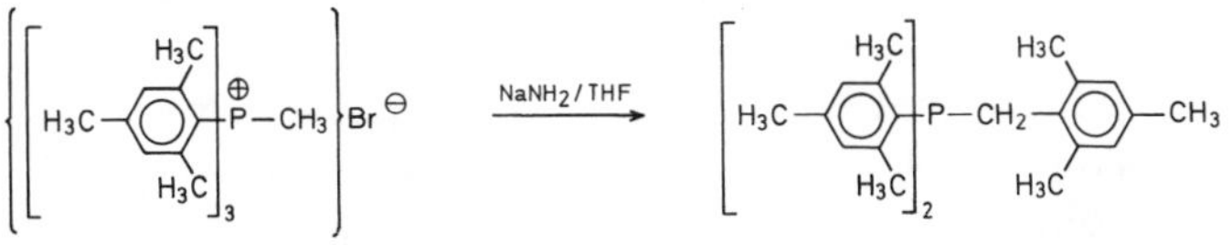

Silylsubstituenten üben eine stabilisierende Wirkung auf die Carbanion-Funktion von Yli-den aus[444–446]. Diese Stabilisierung ist die Treibkraft für eine Reihe von Ylid-Umlagerun-gen unter Silyl-Verschiebung[447,448]. Entsteht bei einer Reaktion ein Ylid, dessen carban-ionisches Zentrum ein weiteres bzw. zwei weitere H-Atome trägt und bei dem ein anderes zur Onium-Gruppierung α-ständiges C-Atom durch eine oder mehrere Silyl-Gruppen substituiert ist, so tritt Umlagerung ein, bei der formal Wasserstoff-Atome und Silyl-Gruppen ihre Plätze tauschen[447]; z.B.:

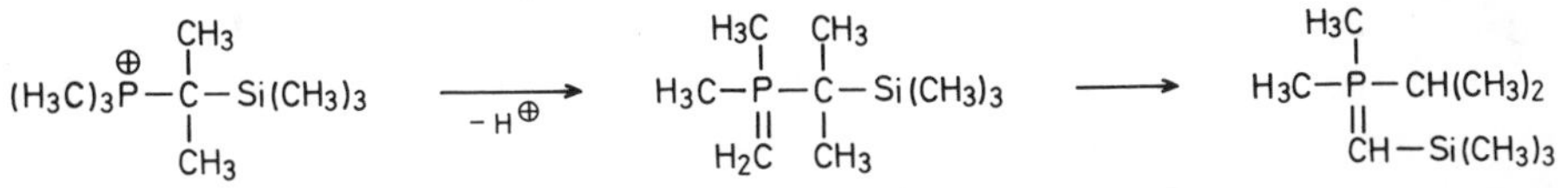

Dimethyl-isopropyl-(trimethylsilyl-methylen)-phosphoran; 83%

Wenn möglich werden bis zu zwei Silyl-Gruppen auf das Carbanion übertragen[447]; z.B.:

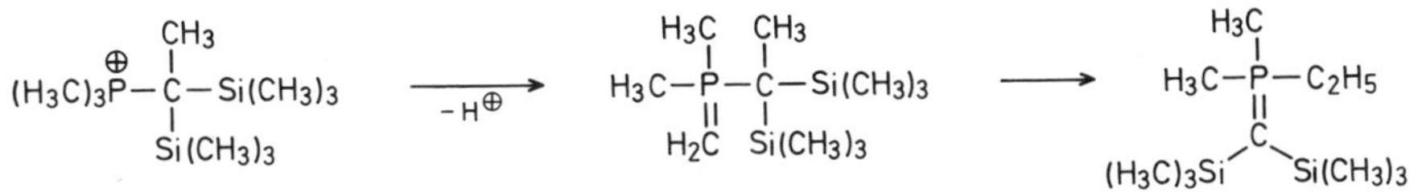

(Bis-[trimethylsilyl]-methylen)-dimethyl-ethyl-phosphoran; 81%

Alkyl-Reste destabilisieren die Ylid-Funktion. Eine Umlagerung unter Silyl-Verschie-bung tritt daher auch dann ein, wenn sie zur Bildung einer nicht alkylierten aber silylierten Carbanion-Funktion führt[447]; z.B.

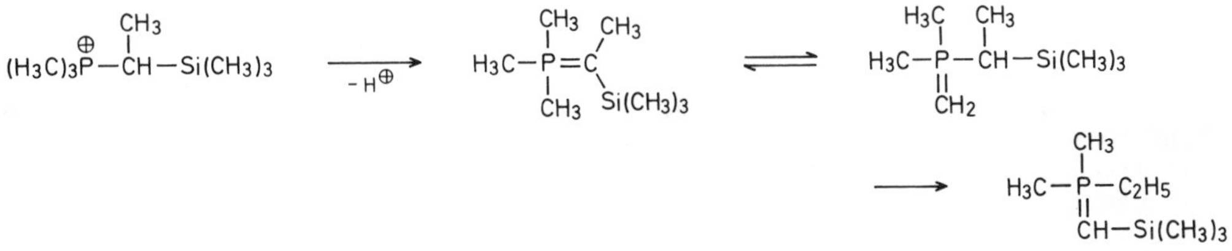

Silyl-Gruppen sind ferner leicht von einem Ylid bzw. seinem korrespondierenden Phos-phonium-Salz auf ein anderes übertragbar[447,449].
Analoge Umlagerungsreaktion gehen (1-Trimethylgermanyl- bzw. Trimethylstannyl-al-kyliden)-phosphorane ein[448] (M = Ge, Sn):

[443] *F. Heydenreich, A. Mollbach, G. Wilke, H. Dreeskamp, E. G. Hoffmann, G. Schroth, K. Seevogel* u. *W. Stemp-fle*, Isr. J. Chem. **10**, 293 (1972).
[444] *H. Schmidbaur* u. *W. Malisch*, Chem. Ber. **103**, 3007 (1970).
[445] *H. Schmidbaur* u. *W. Vornberger*, Chem. Ber. **105**, 3173 (1972).
[446] *W. Malisch* u. *H. Schmidbaur*, Angew. Chem. **86**, 554 (1974); engl.: **13**, 540.
[447] *H. Schmidbaur* u. *W. Malisch*, Chem. Ber. **103**, 3448 (1970).
[448] *H. Schmidbaur* u. *W. Malisch*, Chem. Ber. **102**, 83 (1969).
[449] *H. Schmidbaur, H. Stühler* u. *W. Vornberger*, Chem. Ber. **105**, 1084 (1972).

$$\underset{\substack{|\\ CH_2-M(CH_3)_3}}{\overset{\substack{CH_3\\ |}}{H_3C-P=CH-Si(CH_3)_3}} \longrightarrow (H_3C)_3P=C\underset{M(CH_3)_3}{\overset{Si(CH_3)_3}{\diagup\diagdown}}$$

Die stabilisierende Wirkung des Stannyl-Restes äußert sich ferner in der Disproportionierungsreaktion des Trimethyl-(trimethylstannyl-methylen)-phosphorans[450]:

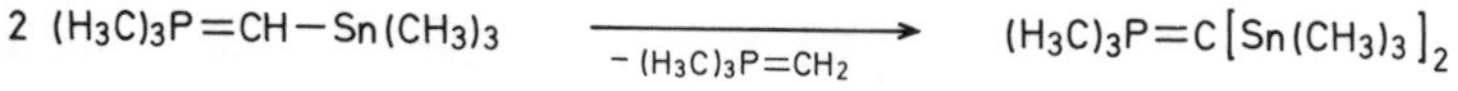

$$2\ (H_3C)_3P=CH-Sn(CH_3)_3 \xrightarrow[- (H_3C)_3P=CH_2]{} (H_3C)_3P=C[Sn(CH_3)_3]_2$$

Analog verhält sich die entsprechende Blei-Verbindung[451], während die analogen Arsano- bzw. Stibino-Derivate erst bei höherer Temperatur disproportionen[450].
(1-Alkoxy-alkyliden)-triphenyl-phosphorane (mit Ausnahme des Methoxy-Derivats) neigen bereits bei 20° zum Zerfall in das zugehörige Phosphan und ein Carben, das mit noch vorhandenem Ylid weiterreagiert[452].
Bei [1-(Diorgano-halogenalkyl-silyl)-alkyliden]-trimethyl-phosphoranen ist die Nucleophilie der Ylid-Funktion gegenüber der Halogenalkyl-Gruppe noch so stark ausgeprägt, daß bei höheren Temperaturen Quartärsalz-Bildung eintritt. Halogensilyl-Funktionen bleiben dagegen von der moleküleigenen Ylid-Funktion unangetastet[453].
Diphenyl-(3-methyl-2-butenyl)-(3-methyl-2-butenyliden)-phosphoran unterliegt bei 100° einer 3,2-sigmatropen Umlagerung[454].
Ylide, deren H-Atome am β-Kohlenstoff-Atom der Alkyliden-Gruppe durch elektronenziehende Reste aktiviert sind, gehen bei erhöhter Temperatur infolge intramolekularer Protonenwanderung und Abspaltung von Triphenylphosphan (intramolekulare β-Eliminierung, bzw. Hofmann-Abbau) in Olefine über[455-458]; z.B.:

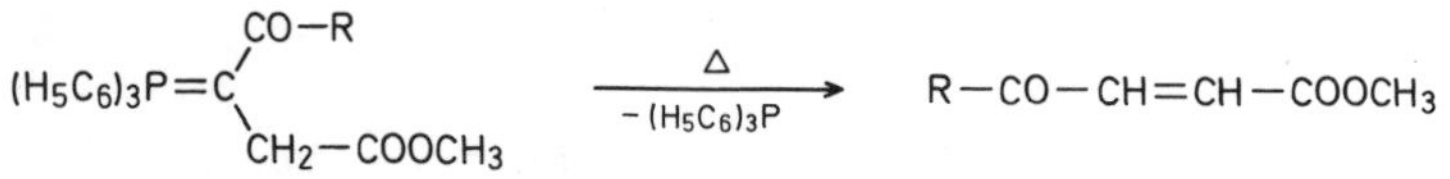

$$(H_5C_6)_3P=C\underset{CH_2-COOCH_3}{\overset{CO-R}{\diagup\diagdown}} \xrightarrow[- (H_5C_6)_3P]{\Delta} R-CO-CH=CH-COOCH_3$$

Die Reaktion wird durch Protonen katalysiert und stellt eine wichtige Methode zur Spaltung der C=P-Gruppierung in Yliden dar.
Die Formulierung der (2-Oxo-alkyliden)-phosphorane als Betaine macht die thermische Zersetzung dieser Ylide verständlich[459-469]:

[450] H. Schmidbaur u. W. Tronich, Chem. Ber. 101, 3545 (1968).
[451] H. Schmidbaur, J. Eberlein u. W. Richter, Chem. Ber. 110, 677 (1977).
[452] G. Wittig u. W. Böll, Chem. Ber. 95, 2526 (1962).
[453] H. Schmidbaur u. W. Malisch, Chem. Ber. 104, 150 (1971).
[454] J. E. Baldwin u. M. C. H. Armstrong, Chem. Commun. 1970, 631.
[455] H. J. Bestmann, H. Häberlein u. I. Pils, Tetrahedron 20, 2079 (1964).
[456] H. J. Bestmann, G. Graf u. H. Hartung, Justus Liebigs Ann. Chem. 706, 68 (1967).
[457] H. J. Bestmann u. S. Pfohl, Justus Liebigs Ann. Chem. 1974, 1688.
[458] H. J. Bestmann u. H. J. Lang, Tetrahedron Lett. 1969, 2101.
[459] S. Trippett u. D. M. Walker, J. Chem. Soc. 1959, 3874.
[460] S. T. D. Gough u. S. Trippett, J. Chem. Soc. 1962, 2333.
[461] G. Märkl, Chem. Ber. 94, 3005 (1961).
[462] J. M. Brittain u. R. A. Jones, Tetrahedron 35, 1139 (1979).
[463] J. J. Pappas u. E. Gancher, J. Org. Chem. 31, 1287 (1966).
[464] F. Bohlmann u. W. Skuballa, Chem. Ber. 106, 497 (1973).
[465] H. J. Bestmann u. Ch. Geismann, Justus Liebigs Ann. Chem. 1977, 282.
[466] S. T. D. Gough u. S. Trippett, J. Chem. Soc. 1964, 543.
[467] P. A. Chopard, R. J. G. Searle u. F. H. Devitt, J. Org. Chem. 30, 1015 (1965).
[468] H. J. Bestmann unveröffentlicht.
[469] J. Buckle u. P. G. Harrison, J. Organomet. Chem. 77, C22 (1974).

$$(H_5C_6)_3P=C\begin{array}{c}CO-R^1\\R^2\end{array} \longleftrightarrow (H_5C_6)_3\overset{\oplus}{P}-C\begin{array}{c}\overset{\ominus}{O}\\ \|\\C-R^1\\R^2\end{array} \xrightarrow[-(H_5C_6)_3PO]{\Delta} R^1-C\equiv C-R^2$$

Bei 200°–280° erfolgt in einer intramolekularen Wittig-Reaktion Zerfall in Phosphanoxid und ein Acetylen. Die Reaktion verläuft in guten bis sehr guten Ausbeuten unter folgenden Voraussetzungen:

R^2 = Aryl[459, 463], COOR[460, 461, 464, 465, 469], CN[460, 466], CO−R^3[467, 462]

Allene und Acetylene werden erhalten bei

R^1 = C$_6$H$_5$, Alkyl[468] R^2 = Alkyl[468]

Die Reaktion gelingt nicht mit Formylmethylen-triphenyl-phosphoran[459]. [1-(2,4-Dini-tro-phenyl)-2-oxo-2-phenyl-ethyliden]-triphenyl-phosphoran zerfällt bereits unter den Bedingungen seiner Synthese in siedendem Benzol zu *2,4-Dinitro-tolan* und Triphenyl-phosphanoxid[463].

Chlor-triorgano-stannane sollen die Phosphinoxid-Abspaltung durch Komplexbildung am Sauerstoff-Atom des (2-Oxo-alkyliden)-phosphorans erheblich beschleunigen[469].

2-Alkinsäure-methylester[465]: 10 g (1-Methoxycarbonyl-2-oxo-alkyliden)-triphenyl-phosphoran werden i. Vak. im rotierenden Kugelrohr auf ~ 220–255° erhitzt. Die Stärke des Vak. richtet sich nach dem Siedepunkt des zu erwartenden Alkins, das sofort nach dem Entstehen aus dem Pyrolyseraum in einen Kolben destillieren soll, der je nach Vakuum und Siedepunkt des Alkins mit flüssigem Stickstoff oder einem Eisbad gekühlt wird. Da meist etwas Triphenylphosphinoxid mitgeschleppt wird, werden die Rohprodukte erneut 1–2mal im Kugelrohr destilliert; Ausbeute: 65–88%.

Aus (Dialkoxycarbonyl-methylen)-triphenyl-phosphoranen erhält man keine Acetylene[460]. Bei der Umsetzung mit Phenylisocyanat erfolgt jedoch intermediär eine intramolekulare Phosphanoxid-Abspaltung[470].

Auf analoge Weise erhält man aus (1-Nitroso-alkyliden)-phosphoranen Nitrile[471]:

$$(H_5C_6)_3P=C\begin{array}{c}NO\\SO_2-R\end{array} \xrightarrow[-(H_5C_6)_3PO]{\Delta} R-SO_2-C\equiv N$$

(2-Thiono-alkyliden)-phosphorane liefern bei der Pyrolyse keine Acetylene, sondern Thiophene[472].

1.2. Reaktivität

Alkylidenphosphorane sind als stabilisierte Carbanionen aufzufassen[473], deren Elektronenstruktur als Resonanzhybrid zweier mesomerer Grenzformen wiedergegeben werden kann.

$$R_3P=C\begin{array}{c}R^1\\R^2\end{array} \longleftrightarrow R_3\overset{\oplus}{P}-\overset{\ominus}{C}\begin{array}{c}R^1\\R^2\end{array}$$

[459] *S. Trippett* u. *D. M. Walker*, J. Chem. Soc. **1959**, 3874.
[460] *S. T. D. Gough* u. *S. Trippett*, J. Chem. Soc. **1962**, 2333.
[461] *G. Märkl*, Chem. Ber. **94**, 3005 (1961).
[462] *J. M. Brittain* u. *R. A. Jones*, Tetrahedron **35**, 1139 (1979).
[463] *J. J. Pappas* u. *E. Gancher*, J. Org. Chem. **31**, 1287 (1966).
[464] *F. Bohlmann* u. *W. Skuballa*, Chem. Ber. **106**, 497 (1973).
[465] *H. J. Bestmann* u. *C. Geismann*, Justus Liebigs Ann. Chem. **1877**, 282.
[466] *S. T. D. Gough* u. *S. Trippett*, J. Chem. Soc. **1964**, 543.
[467] *P. A. Chopard*, *R. J. G. Searle* u. *F. H. Devitt*, J. Org. Chem. **30**, 1015 (1965).
[468] *H. J. Bestmann* unveröffentlicht.
[469] *J. Buckle* u. *P. G. Harrison*, J. Organomet. Chem. **77**, C22 (1974).
[470] *H. Wittmann* u. *D. Sobhi*, Z. Naturforsch. **30 b**, 766 (1975).
[471] *A. M. van Leusen*, *A. J. W. Iedema* und *J. Strating*, Chem. Commun. **1968**, 440.
[472] *H. J. Bestmann* u. *W. Schaper*, Tetrahedron Lett. **1979**, 243.
[473] Vgl. *A. W. Johnson*, *Ylid Chemistry*, S. 63ff., Academic Press, New York 1966.

43*

Die typische Molekülgeometrie ist i. a. durch eine quasi tetraedrische Onium- und eine trigonal-planare Ylid-Gruppierung gekennzeichnet[473–481, 418a, 481b, 481c]. Beim Cyclopropyliden-triphenyl-phosphoran beobachtet man pyramidale Geometrie am carbanionischen C-Atom[481d].

Sind die Liganden am Ylid-C-Atom in der Lage, die negative Ladung zu delokalisieren, so wird die Reaktivität des Alkylidenphosphorans reduziert[473]. In diesem Sinne kann bezüglich der Reaktivität eine folgende grobe Einteilung vorgenommen werden[482]:

reaktive: R^1 = H, Alkyl R^2 = H, Alkyl
moderierte: R^1 = 1-Alkenyl, 1-Alkinyl, Aryl, R^2 = H, Alkyl, 1-Alkenyl, 1-Alkinyl, Aryl,
            Halogen   Halogen
stabile: R^1 = CO–R^3, COOR^3, CN, SO$_2$–R^3 R^2 = beliebig

Elektronenabgebende Substituenten am Onium-Zentrum bewirken bei gleichen Substituenten am Ylid-C-Atom eine Erhöhung der Reaktivität[473].

Reaktives Zentrum der Alkyliden-phosphorane ist erwartungsgemäß das carbanionische C-Atom. Bei vielen Yliden, in denen die negative Ladung durch entsprechende Substituenten mesomer delokalisiert ist, ist jedoch eine Reaktion sowohl am Ylid-C-Atom als auch an der entsprechenden γ-Position möglich.

So können (2-Oxo-alkyliden)-triphenyl-phosphorane aufgrund ihres amidenten Charakters durch Alkylierungs- bzw. Acylierungsmittel sowohl am O-Atom[483–493], als auch am C-Atom[485, 486, 489, 490] angegriffen werden, sodaß (2-Alkoxy-vinyl)- bzw. (2-Oxo-alkyl)-phosphonium-Salze entstehen:

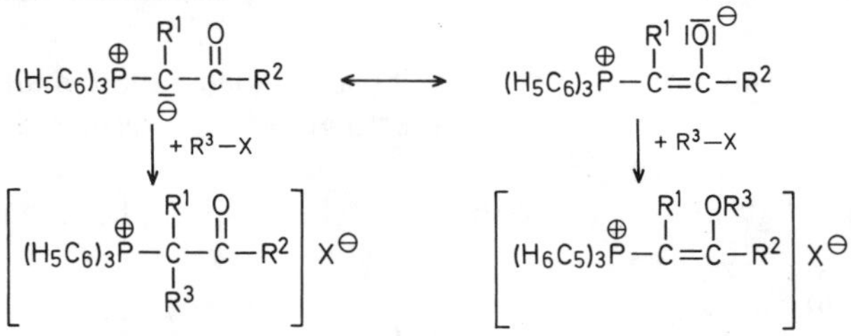

[473] Vgl. *A. W. Johnson*, *Ylid Chemistry*, S. 63 ff., Academic Press, New York 1966.
[474] *J. C Bart*, J. Chem. Soc. [B] **1969**, 350; Angew. Chem. **80**, 697 (1968); engl.: **7**, 730.
[475] *G. Chioccola* u. *J. J. Daly*, J. Chem. Soc. [A] **1968**, 568.
[476] *T. C. W. Mak* u. *J. Trotter*, Acta Crystallogr., **18**, 81 (1965); C. A. **62**, 4725 (1965).
[477] *H. Schmidbauer* u. *W. Tronich*, Chem. Ber. **101**, 595, 3556 (1968).
[478] *A. J. Speziale* u. *K. W. Ratts*, J. Am. Chem. Soc. **87**, 5603 (1965).
[479] *F. S. Stephens*, J. Chem. Soc. **1965**, 5640, 5658.
[480] *P. J. Wheatley*, J. Chem. Soc. **1965**, 5785.
[481] *R. Hoffmann, D. B. Boyd* u. *S. Z. Goldberg*, J. Am. Chem. Soc. **92**, 3929 (1970).
[481a] *M. A. Howells, R. D. Howells, N. C. Baenzinger* u. *D. J. Burton*, J. Am. Chem. Soc. **95**, 5366 (1973).
[481b] *H. L. Ammon, G. L. Whealer* u. *P. H. Watts*, J. Am. Chem. Soc. **95**, 6158 (1973).
[481c] *E. A. V. Ebsworth, D. W. H. Rankin* u. *T. E. Fraser*, Chem. Ber. **110**, 3494 (1977).
[481d] *H. Schmidbaur, A. Schier, B. Milewski-Mahrla* u. *U. Schubert*, Chem. Ber. **115**, 722 (1982).
[482] *Methodicum Chimicum*, Bd. **7**, S. 530 (1976).
[483] *F. Ramirez* u. *S. Dershowitz*, J. Org. Chem. **22**, 41 (1957).
[484] *F. Ramirez, O. P. Madan* u. *C. P. Smith*, Tetrahedron **22**, 567 (1966).
[485] *A. A. Grigorenko, M. I. Shevchuk* u. *A. V. Dombrovskii*, Zh. Obshch. Khim. **36**, 506 (1966); C. A. **65**, 737 (1966).
[486] *A. V. Dombrovskii, V. N. Listvan, A. A. Grigorenko* u. *M. I. Shevchuk*, Zh. Obshch. Khim. **36**, 1421 (1966); C. A. **66**, 11004 (1967).
[487] *N. A. Nesmeyanov, V. M. Novikov* u. *O. A. Reutov*, J. Organomet. Chem. **4**, 202 (1965).
[488] *C. J. Devlin* u. *A. J. Walker*, Tetrahedron **28**, 3501 (1972).
[489] *N. A. Nesmeyanov, S. T. Berman* u. *O. A. Reutov*, Izv. Akad. Nauk. SSSR, Ser. Khim. **1975**, 2845; C. A. **84**, 90227 (1976).
[490] *P. A. Chopard, R. J. Searle* u. *F. H. Devitt*, J. Org. Chem. **30**, 1015 (1965).
[491] *E. Öhler* u. *E. Zbiral*, Chem. Ber. **113**, 2326 (1980).
[492] *E. Öhler* u. *E. Zbiral*, Chem. Ber. **113**, 2852 (1980).
[493] *H. J. Bestmann* u. *K. Roth*, Angew. Chem. **93**, 587 (1981); engl.: **20**, 575.

Analoge Umsetzungen mit (Alkoxycarbonyl-methylen)-triphenyl-phosphoranen führen i.a. nur zu C-substituierten Produkten[490, 494–496]. Mit Triethyloxoniumtetrafluoroborat tritt zusätzlich O-Alkylierung[496a] unter Bildung eines *cis/trans* Gemisches der beiden Vinylphosphonium-Salze ein; z.B.:

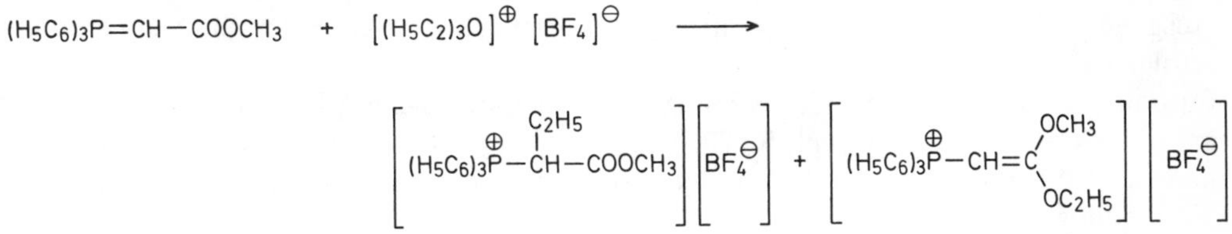

$$(H_5C_6)_3P=CH-COOCH_3 \quad + \quad [(H_5C_2)_3O]^{\oplus} \, [BF_4]^{\ominus} \quad \longrightarrow$$

$$\left[(H_5C_6)_3\overset{\oplus}{P}-\underset{\underset{}{}}{\overset{\overset{C_2H_5}{|}}{C}}H-COOCH_3 \right] \left[BF_4^{\ominus} \right] \quad + \quad \left[(H_5C_6)_3\overset{\oplus}{P}-CH=C\overset{OCH_3}{\underset{OC_2H_5}{<}} \right] \left[BF_4^{\ominus} \right]$$

Bei [(Alkoxy-thiocarbonyl)-methylen]-triphenyl-phosphoranen erfolgt die Alkylierung dagegen ausschließlich am S-Atom[497], wobei der Anteil des gebildeten *trans*-Isomeren mit zunehmender Größe der eingeführten Gruppe (R[1]) steigt.

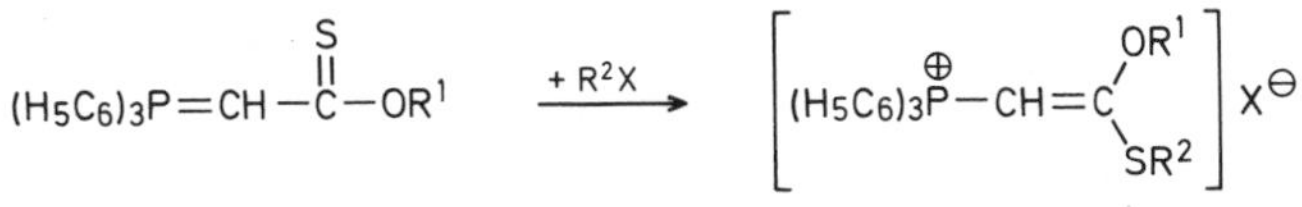

$$(H_5C_6)_3P=CH-\overset{\overset{S}{||}}{C}-OR^1 \quad \xrightarrow{+\,R^2X} \quad \left[(H_5C_6)_3\overset{\oplus}{P}-CH=C\overset{OR^1}{\underset{SR^2}{<}} \right] X^{\ominus}$$

cis/trans-Gemisch

Während die [1-(Amino-thiocarbonyl)-alkyliden]-phosphorane durch Methyljodid am S-Atom alkyliert werden[498], erfolgt bei den (1-Aminocarbonyl-alkyliden)-phosphoranen der Angriff am Ylid-C-Atom[499]:

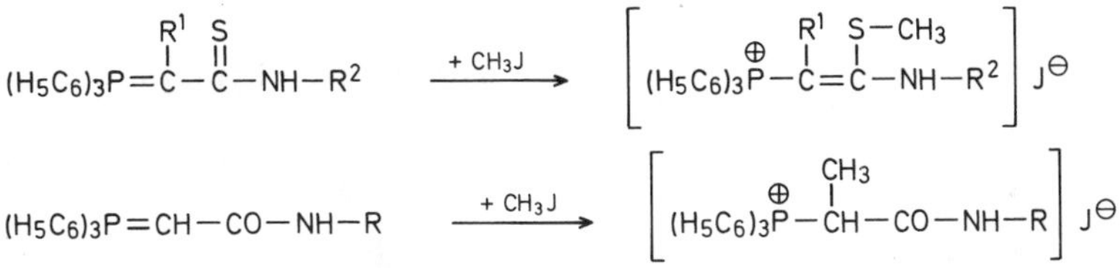

$$(H_5C_6)_3P=\overset{\overset{R^1}{|}}{C}-\overset{\overset{S}{||}}{C}-NH-R^2 \quad \xrightarrow{+\,CH_3J} \quad \left[(H_5C_6)_3\overset{\oplus}{P}-\overset{\overset{R^1}{|}}{C}=\overset{\overset{S-CH_3}{|}}{C}-NH-R^2 \right] J^{\ominus}$$

$$(H_5C_6)_3P=CH-CO-NH-R \quad \xrightarrow{+\,CH_3J} \quad \left[(H_5C_6)_3\overset{\oplus}{P}-\overset{\overset{CH_3}{|}}{C}H-CO-NH-R \right] J^{\ominus}$$

(Cyanmethylen)-triphenyl-phosphorane werden durch Alkylierungsmittel ebenfalls sowohl am Ylid-C-Atom als auch am N-Atom alkyliert[500]; z.B.:

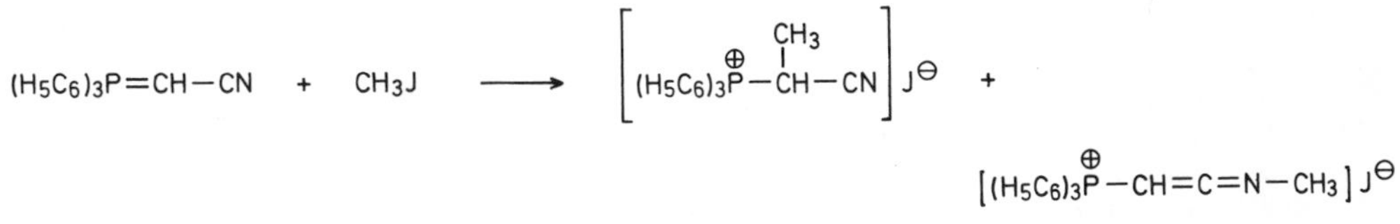

$$(H_5C_6)_3P=CH-CN \quad + \quad CH_3J \quad \longrightarrow \quad \left[(H_5C_6)_3\overset{\oplus}{P}-\overset{\overset{CH_3}{|}}{C}H-CN \right] J^{\ominus} \quad +$$

$$[(H_5C_6)_3\overset{\oplus}{P}-CH=C=N-CH_3] \, J^{\ominus}$$

[490] *P.A. Chopard, R.J. Searle* u. *F.H. Devitt*, J. Org. Chem. **30**, 1015 (1965).

[494] *H.J. Bestmann* u. *H. Schulz*, Chem. Ber. **95**, 2921 (1962).

[495] *H.J. Bestmann, F. Seng* u. *H. Schulz*, Chem. Ber. **96**, 465 (1963).

[496] *G. Märkl*, Chem. Ber. **94**, 3005 (1961).

[496a] *H.J. Bestmann, R.W. Saalfrank* u. *J.P. Snyder*, Chem. Ber. **106**, 2601 (1973).

[497] *H. Yoshida, H. Matsuura, T. Ogata* u. *S. Inokawa*, Chem. Lett. **1974**, 1065; Bull. Chem. Soc. Jpn. **48**, 2907 (1975).

[498] *H.J. Bestmann* u. *S. Pfohl*, Angew. Chem. **81**, 750 (1969); engl.: **8**, 762.

[499] *V.N. Kushnir, M.I. Shevchuk* u. *A.V. Dombrovskii*, Zh. Obshch. Khim. **47**, 1715 (1977); C.A. **87**, 152324 (1977).

[500] *H.J. Bestmann* u. *S. Pfohl*, Justus Liebigs Ann. Chem. **1974**, 1688.

Allyliden-triphenyl-phosphorane reagieren mit Chlorameisensäureester[501], Acylchloriden[502-504] und 3-Chlor-acrylsäure-estern[505] an der γ-Position der Allyliden-Gruppe (s. S. 677), mit Allylbromiden[506, 507] am Ylid-C-Atom und mit (2-Chlor-vinyl)-ketonen[505, 508] an beiden möglichen Positionen (s. S. 663).

Die im Verlauf der Umylidierung erfolgende Protonierung eines zweiten Moleküles des Ausgangsylides kann ebenfalls sowohl am α- als auch am γ-C-Atom der Allyliden-Gruppe erfolgen[503, 504].

Carbonyl-Verbindungen reagieren mit Allyliden-triphenyl-phosphoranen normalerweise am α-C-Atom des Ylides (vgl. S. 725). Bei α,β-ungesättigten Carbonyl-Verbindungen kann auch ein Angriff des Ylides aus der γ-Position an die Vinylog-Stellung der Carbonyl-Verbindung erfolgen[509].

Zur Verstärkung der nucleophilen Aktivität von Yliden kann die Metallierung gelegentlich von Nutzen sein[510-515]. So läßt sich z. B. das Tosylmethylen-triphenyl-phosphoran erst nach Überführung in sein Lithium-Derivat mit Chlorameisensäureester alkoxycarbonylieren[510].

$$(H_5C_6)_3P=CH-Tos \xrightarrow[- C_4H_{10}]{+ H_9C_4-Li} (H_5C_6)_3P=C \Big\langle {{Li} \atop {Tos}} \xrightarrow[- LiCl]{+ Cl-COOC_2H_5} (H_5C_6)_3P=C \Big\langle {{COOC_2H_5} \atop {Tos}}$$

Die Metallierung des Ausgangsylides entspricht der Deprotonierung durch ein zweites Mol Ylid in einer Umylidierungsreaktion[513].

Bei der Einwirkung von Organo-lithium-Verbindungen auf Ylide kann es jedoch auch zu einer Deprotonierung an einer anderen als der α-Position (vgl. S. 678) bzw. zu Eliminierungsreaktionen[511, 516] kommen.

2. Oxidative, reduktive und hydrolytische Spaltung einer P–C-Bindung

2.1. durch Reduktion

Mit Lithiumalanat wird einer der drei Liganden am Oniumzentrum als Kohlenwasserstoff abgespalten, während die ursprüngliche Carbanion-Gruppierung im resultierenden Phosphan verbleibt[517, 518].

$$(H_5C_6)_3P=CH-R \xrightarrow[- C_6H_6]{Li[AlH_4]} (H_5C_6)_2P-CH_2-R$$

[501] H.J. Bestmann u. H. Schulz, Justus Liebigs Ann. Chem. **674**, 11 (1964).

[502] E. Öhler u. E. Zbiral, Chem. Ber. **113**, 2852 (1980).

[503] H.J. Bestmann u. K. Roth, Angew. Chem. **93**, 587 (1981); engl.: **20**, 575.

[504] E. Zbiral u. L. Berner-Fenz, Tetrahedron **24**, 1363 (1968).

[505] E. Vedejs u. J.P. Bershas, Tetrahedron Lett. **1975**, 1359.

[506] E.H. Axelrod, G.M. Milne u. E.E. van Tamelen, J. Am. Chem. Soc. **92**, 2139 (1970).

[507] B. Bogdanović u. S. Konstantinović, Synthesis **1972**, 481.

[508] E. Werner u. E. Zbiral, Angew. Chem. **79**, 899 (1967); engl.: **6**, 877.

[509] Vgl. S. 719

[510] A.M. van Leusen, B.A. Reith, A.J.W. Iedema u. J. Strating, Recl. Trav. Chim. Pays-Bas **91**, 37 (1972).

[511] J. Buckle u. P.G. Harrison, J. Organomet. Chem. **77**, C22 (1974).

[512] H. Schmidbaur u. W. Tronich, Chem. Ber. **101**, 3556 (1968).

[513] H. Schmidbaur u. M. Heimann, Angew. Chem. **88**, 376 (1976); engl.: **15**, 367.

[514] C. Broquet u. M. Simalty, Tetrahedron Lett. **1972**, 933.

[515] C. Broquet, Tetrahedron **29**, 3595 (1973).

[516] H.J. Bestmann, R. Besold u. D. Sandmeier, Tetrahedron Lett. **1975**, 2293.

[517] M. Saunders u. G. Buschmann, Tetrahedron Lett. **1959**, 8.

[518] S.T.D. Gough u. S. Trippett J. Chem. Soc. **1961**, 4263.

Die Methode ist bisher ohne präparative Bedeutung[519]. Aus (2-Oxo-alkyliden)-triphenyl-phosphoranen erhält man durch reduktive Spaltung mit Zink/Eisessig Ketone[520, 521]:

$$(H_5C_6)_3P=C\begin{smallmatrix}R^1\\ \\CO-R^2\end{smallmatrix} \xrightarrow[- (H_5C_6)_3P]{Zn} R^1-CH_2-CO-R^2$$

Die Reaktion gelingt gut bei aromatischen, dagegen weniger gut mit aliphatischen Resten R^2.

2.2. durch Oxidation

Alkyliden-phosphorane werden bei der Einwirkung von Sauerstoff an der P=C-Bindung primär in eine Carbonyl-Verbindung und ein Phosphanoxid gespalten[522]:

$$R_3^3P=C\begin{smallmatrix}R^1\\ \\R^2\end{smallmatrix} + O_2 \longrightarrow \begin{smallmatrix}R^1\\ \\R^2\end{smallmatrix}C=O + R_3^3PO \xrightarrow[(R^2=H)]{+ R_3^3P=C\begin{smallmatrix}R^1\\ \\R^2\end{smallmatrix}} R^1-CH=CH-R^1 + R_3^3PO$$

Trägt das eingesetzte Ylid am Ylid-C-Atom ein H-Atom, so reagiert der zunächst gebildete Aldehyd sofort mit einem Molekül nicht oxidiertem Ylid unter Bildung eines Olefins und eines weiteren Moleküls Phosphanoxid (vgl. S. 718).
Trägt das Ylid-C-Atom kein H-Atom, so erhält man Ketone[523], da in diesem Fall die Autoxidation rascher abläuft, als die Wittig-Reaktion. Als Nebenreaktion kann hierbei eine Selbstkondensation des gebildeten Ketons unter der Basenwirkung noch nicht oxidierten Ylids eintreten[524].
Gegenüber der Autoxidation bietet die Oxidation mit Phosphit-Ozon-Addukten präparative Vorteile[525].

Das Oxidationsmittel ist genauer dosierbar, die Reaktionsbedingungen sind milder (Reaktionstemp. $-75°$), die Ausbeuten sind besser. Auch Ylide mit stark resonanzstabilisierten Gruppen, die von Sauerstoff nicht angegriffen werden, werden an der P=C-Bindung gespalten.

Insbesondere zur Überführung stabiler Ylide in die entsprechenden 1,2-Dicarbonyl-Verbindungen eignen sich die folgenden Oxidationsmittel:

Singulett-Sauerstoff[526]	Blei(IV)-acetat, -oxid[531]	Wasserstoffperoxid[534]
Ozon[527]	Kaliumpermanganat[532]	Hydroperoxide[534]
Persäuren[528–530]	Natriumperjodat[533]	selenige Säure[535]

[519] Vgl. A. W. Johnson,, Ylid Chemistry, S. 92, Academic Press, New York 1966.
[520] S. Trippett u. D. M. Walker, J. Chem. Soc. 1961, 1266.
[521] H. J. Bestmann u. B. Arnason, Chem. Ber. 95, 1513 (1962).
[522] Vgl. ds. Handb. Bd. V/1b, S. 408ff. (1972).
[523] H. J. Bestmann u. O. Kratzer, Chem. Ber. 96, 1899 (1963).
[524] H. J. Bestmann u. E. Kranz, Chem. Ber. 102, 1802 (1969).
[525] H. J. Bestmann, L. Kisielowski u. W. Distler, Angew. Chem. 88, 297 (1976); engl.: 15, 298.
[526] C. W. Jefford u. G. Barchietto, Tetrahedron Lett. 1977, 4531.
[527] F. Ramirez, R. B. Mitra u. N. B. Desai, J. Am. Chem. Soc. 82, 5763 (1960).
[528] D. B. Denney et al., J. Am. Chem. Soc. 82, 2396 (1960); J. Org. Chem. 28, 778 (1963).
[529] H. O. House u. H. Babad, J. Org. Chem. 28, 90 (1963).
[530] I. Kawamoto, Y. Sugimura u. Y. Kishida, Tetrahedron Lett. 1973, 877.
[531] E. Zbiral u. E. Werner, Monath. Chem. 97, 1797 (1966).
[532] E. Zbiral u. M. Rasberger, Tetrahedron 24, 2419 (1968).
[533] H. J. Bestmann, R. Armsen u. H. Wagner, Chem. Ber. 102, 2259 (1969).
[534] A. Nürrenbach, J. Paust, H. Pommer, J. Schneider u. B. Schulz, Justus Liebigs Ann. Chem. 1977, 1146.
[535] A. F. Tolochko, I. V. Megara, L. V. Zykova, M. I. Shevchuk, Zh. Obshch. Khim. 45, 2150 (1975); C. A. 84, 44273e (1976).

Im allgemeinen gelten die gleichen Regeln wie bei der Autoxidation. Mit Ozon bzw. Perjodat werden auch (2-Oxo-alkyliden)-phosphorane in 1,2-Dicarbonyl-Verbindungen übergeführt, wenn das Ylid-C-Atom ein H-Atom trägt.

1,2-Dicarbonyl-Verbindungen[533]: Zu 10 mmol Natriumperjodat in 50 *ml* Wasser gibt man 5 mmol Alkyliden-phosphoran und erhitzt 1 Stde. zum Rückfluß. Anschließend wird ausgeethert. Nach dem Trocknen der ether. Phase über Magnesiumsulfat destilliert man das Lösungsmittel ab, digeriert den Rückstand mit Petrolether, saugt abgeschiedenes Triphenylphosphanoxid ab und vertreibt den Petrolether. Der Rückstand wird entweder mit 2,4-Dinitro-phenylhydrazin gefällt, destilliert, umkristallisiert oder chromatographiert.

Auf diese Weise erhält man u.a.

Phenyl-glyoxal	100%: Schmp.: 283–284°; Bis-[2,4-dinitro-phenylhydrazon]
2-Oxo-propanal	64%; Schmp.: 280–282°; Bis-[2,4-dinitro-phenylhydrazon]
2,3-Hexandion	33%; Sdp.: 128°
Phenyl-glyoxylsäure-ethylester	100%; Sdp.: 148–150°/30 Torr (4 kPa)
Benzil	76%; Schmp.: 94°

Eine oxidative Abspaltung des Phosphors ist auch mit elementarem Schwefel möglich[536-539]. Die neben Triphenylphosphansulfid gebildete Thiocarbonyl-Verbindung ist jedoch i.a. nicht faßbar, sondern reagiert mit überschüssigem Ylid zu Olefinen[538] bzw. Polysulfiden[539].

2.3. durch Hydrolyse

Die hydrolytische Spaltung der P=C-Bindung ist eine präparativ wichtige Methode Alkyliden-phosphorane in phosphorfreie Endprodukte zu überführen[540, 541]:

$$R_3^3P=C\underset{R^2}{\overset{R^1}{\diagup}} \xrightarrow{+H_2O} \left[R_3^3\overset{\oplus}{P}-\underset{R^1}{\overset{R^2}{\underset{|}{C}H}} \right] OH^{\ominus} \rightleftharpoons R_3^3P-\underset{R^1}{\overset{HO\quad R^2}{\underset{|}{C}H}} \xrightarrow[-R_3^3PO]{} R^1-CH_2$$

Von den vier Liganden am Phosphor-Atom wird immer der abgespalten, der am stärksten elektronegativ oder am besten resonanzstabilisiert ist. So liefert Ethyliden-triphenylphosphoran[542] *Benzol* und Diphenyl-ethyl-phosphanoxid, (2-Oxo-2-phenyl-ethyliden)-triphenyl-phosphoran[543] dagegen *Acetophenon* und Triphenylphosphanoxid:

$$(H_5C_6)_3P=CH-CH_3 \xrightarrow{+H_2O} H_5C_6-\overset{O}{\underset{C_6H_5}{\overset{||}{P}}}-C_2H_5 + C_6H_6$$

$$(H_5C_6)_3P=CH-CO-C_6H_5 \xrightarrow{+H_2O} (H_5C_6)_3P=O + H_3C-CO-C_6H_5$$

Der Hydrolysemechanismus ist dem der entsprechenden Phosphonium-Salze sehr ähnlich[544].

[533] *H.J. Bestmann, R. Armsen u. H. Wagner*, Chem. Ber. **102**, 2259 (1969).
[536] *H. Staudinger u. J. Meyer*, Helv. Chim. Acta **2**, 635 (1919).
[537] *A. Schönberg, K.H. Brosowski u. E. Singer*, Chem. Ber. **95**, 2144 (1962).
[538] *H. Mägerlein u. G. Meyer*, Chem. Ber. **103**, 2995 (1970).
[539] *H. Tokunaga, K. Akiba u. N. Inamoto*, Bull. Chem. Soc. Jpn. **45**, 506 (1972).
[540] *H.J. Bestmann*, Angew. Chem. **77**, 609 (1965); engl.: **5**, 583.
[541] *A.W. Johnson*, Ylid Chemistry, S. 88ff., Academic Press, New York 1966.
[542] *D.D. Coffmann u. C.S. Marvel*, J. Am. Chem. Soc. **51**, 3496 (1929).
[543] *F. Ramirez u. S. Dhershowitz*, J. Org. Chem. **22**, 41 (1957).
[544] *A. Schnell, J.G. Dawber u. J.C. Tebby*, J. Chem. Soc. [Perkin Trans. 2] **1976**, 633.

Die zur hydrolytischen Spaltung erforderlichen Bedingungen variieren stark in Abhängigkeit von der Basizität des betreffenden Ylides[540, 541]. So hydrolysieren stark basische Ylide spontan in Gegenwart von Feuchtigkeit, während die resonanzstabilisierten sogar in wäßrigem Medium hergestellt werden können. Beim Ersatz der drei Phenyl-Gruppen am P-Atom durch Alkyl-[545], Cycloalkyl-[540] oder Methoxy-Gruppe[546] in Alkyliden-triphenyl-phosphoranen nimmt die Tendenz zur Hydrolyse zu. Während (Methoxycarbonyl-methylen)-triphenyl-phosphoran gegen kaltes Wasser stabil ist, wird die entsprechende Tricyclohexyl-Verbindung schon nach einigem Stehen unter diesen Bedingungen zersetzt[540]. Präparative Bedeutung hat insbesondere die Hydrolyse von (2-Oxo-alkyliden)- bzw. (1-Alkoxycarbonyl-alkyliden)-triphenyl-phosphoranen[546a] zur Synthese von K e t o n e n bzw. C a r b o n s ä u r e n erlangt:

$$(H_5C_6)_3P=C\begin{array}{l} R^1 \\ CO-R^2 \end{array} \xrightarrow[-(H_5C_6)_3P=O]{+H_2O} R^1-CH_2-CO-R^2$$

Die Hydrolyse wird zumeist in wäßrigem Alkohol ausgeführt[547]. Die Zugabe von wenig Alkalimetallhydroxid erhöht die Reaktionsgeschwindigkeit.

Ketone; allgemeine Arbeitsvorschrift[547]: ~ 0,02 mol (2-Oxo-alkyliden)-triphenyl-phosphoran (es kann das ungereinigte Reaktionsprodukt der Acylierung benutzt werden) in 50–80 ml 80%igem Methanol werden mit 1–2 ml 2N Natronlauge versetzt und 12 Stdn. zum Rückfluß erhitzt. Nach Zusatz von 3 ml Eisessig wird das gebildete Keton mit Wasserdampf übergetrieben, das Destillat ausgeethert, die ether. Phase getrocknet und das Keton nach Vertreiben des Lösungsmittels destilliert oder umkristallisiert.

Wenn das Keton nicht mit Wasserdampf flüchtig ist, muß die Hydrolyselösung nach Zugabe des Eisessigs eingedampft werden und das Keton durch Behandeln des Rückstandes mit Petrolether vom Triphenylphosphanoxid getrennt werden.

Auf diese Weise erhält man u. a.

Phenyl-aceton[547] 93%

5-Ethyl-2-oxo-heptan[548] 78%

3-Octanon[548] 95%

3-Oxo-1-phenyl-1-penten[547] 74%

2,6-Dimethyl-10-oxo-2,6-undecadien[548] 85%

Acetyl-cyclopropan[549] 62%

2-Acetyl-indan[549] 80%

3,11-Dimethyl-2-oxo-nonacosan[550] 28%

Bis-[2-oxo-alkyliden]-phosphorane liefern D i k e t o n e, die jedoch unter den Reaktionsbedingungen cyclisieren[551]. Weisen die beiden Ylid-Funktionen unterschiedliche Reaktivität auf, so gelingt es selektiv eine P=C-Bindung zu spalten[552].

Die alkalische Hydrolyse der (1-Methoxycarbonylmethyl-2-oxo-alkyliden)-triphenyl-phosphorane, führt unter Eliminierung von Triphenylphosphanoxid und gleichzeitiger Spaltung der Ester-Funktion zu 4-O x o - c a r b o n s ä u r e n[553]:

$$(H_5C_6)_3P=C\begin{array}{l} CH_2-COOCH_3 \\ CO-R \end{array} \xrightarrow[\substack{-(H_5C_6)_3P=O \\ -CH_3OH}]{\substack{1. H_2O/OH^\ominus \\ 2. H^\oplus}} R-CO-CH_2-CH_2-COOH$$

[540] H. J. Bestmann, Angew. Chem. **77**, 609 (1965); engl.: **5**, 583.

[541] A. W. Johnson, Ylid Chemistry, S. 88 ff., Academic Press, New York 1966.

[545] H. Schmidbaur u. W. Tronich, Chem. Ber. **101**, 595 (1968).

[546] F. Ramirez, O. P. Madan u. C. P. Smith, Tetrahedron **22**, 567 (1966).

[546a] K. Issleib u. R. Lindner, Justus Liebigs Ann. Chem. **713**, 12 (1968).

[547] H. J. Bestmann u. B. Arnason, Chem. Ber. **95**, 1513 (1962).

[548] M. P. Cook, jun., J. Org. Chem. **38**, 4082 (1973).

[549] A. Hercouet u. M. Le Corre, Tetrahedron **33**, 33 (1977).

[550] M. Schwarz, J. E. Oliver u. P. E. Sonnet, J. Org. Chem. **40**, 2410 (1975).

[551] A. Hercouet u. M. Le Corre, Tetrahedron Lett. **1974**, 2491.

[552] P. A. Chopard, J. Org. Chem. **31**, 107 (1966).

[553] H. J. Bestmann, G. Graf u. H. Hartung, Justus Liebigs Ann. Chem. **706**, 68 (1967).

(2-Oxo-alkyliden)-phosphorane mit einer weiteren resonanzstabilisierenden Gruppe (z., B. Phenyl, Methoxycarbonyl) am Ylid-C-Atom[554] sowie (2-Oxo-cycloalkyliden)-triphenyl-phosphorane[555] sind auf diese Weise nicht hydrolysierbar. Mit Salzsäure in Methanol/Wasser werden jedoch (1-Alkoxycarbonyl-2-oxo-alkyliden)-phosphorane unter Umkehrung der Acylierungsreaktion gespalten[556]:

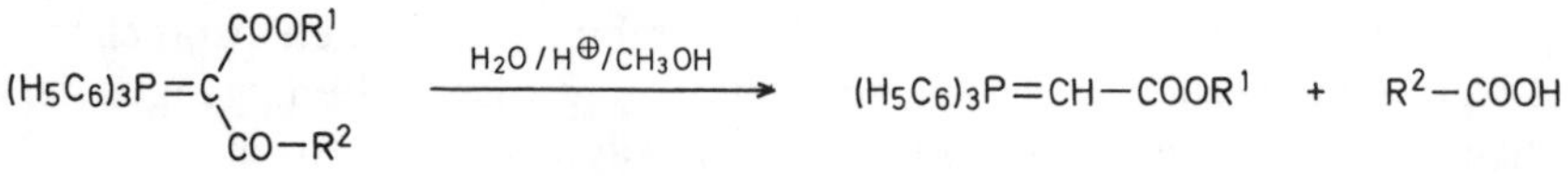

$$(H_5C_6)_3P{=}C\begin{matrix}COOR^1\\ \\CO{-}R^2\end{matrix} \xrightarrow{H_2O\,/\,H^{\oplus}/CH_3OH} (H_5C_6)_3P{=}CH{-}COOR^1 \;+\; R^2{-}COOH$$

Beim Arbeiten unter Ausschluß von Wasser erhält man direkt den Carbonsäure-methylester[557].

(1-Formyl-alkyliden)-phosphorane liefern Aldehyde[559]:

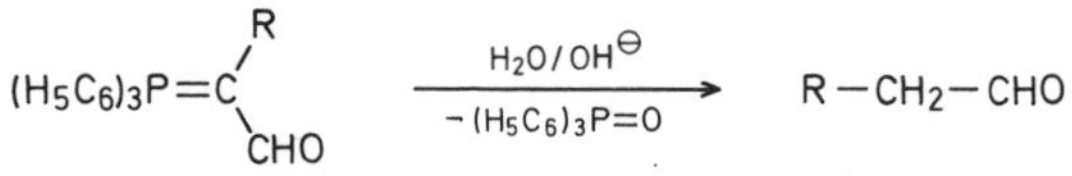

$$(H_5C_6)_3P{=}C\begin{matrix}R\\ \\CHO\end{matrix} \xrightarrow[-\,(H_5C_6)_3P{=}O]{H_2O\,/\,OH^{\ominus}} R{-}CH_2{-}CHO$$

Bei (1-Methoxycarbonyl-alkyliden)-triphenyl-phosphoranen tritt gleichzeitige Spaltung der Ester-Gruppe ein und man erhält eine um zwei C-Atome längere Carbonsäure als das zur Alkylierung eingesetzte Alkylhalogenid[560]:

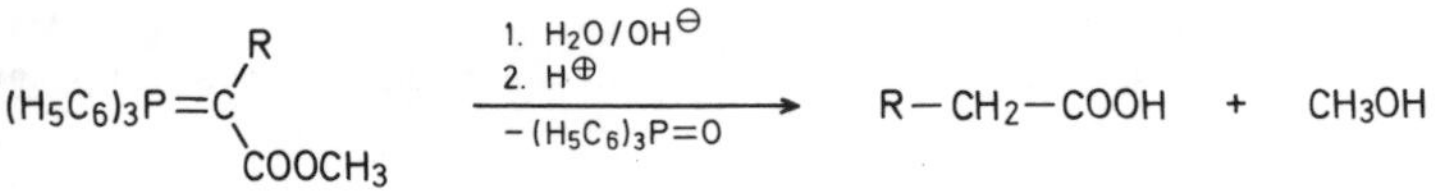

$$(H_5C_6)_3P{=}C\begin{matrix}R\\ \\COOCH_3\end{matrix} \xrightarrow[-\,(H_5C_6)_3P{=}O]{\substack{1.\;H_2O\,/\,OH^{\ominus}\\2.\;H^{\oplus}}} R{-}CH_2{-}COOH \;+\; CH_3OH$$

Die durch Umsetzung mit 1,4-Benzochinonen herstellbaren Ylide I liefern bei der alkalischen Hydrolyse (4-Hydroxy-aryl)-bernsteinsäuren[561]:

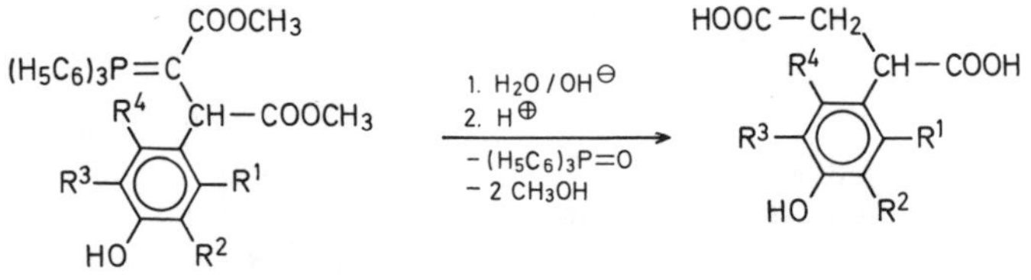

(1-Phosphano-alkyliden)-phosphorane werden zu einem tert. Phosphan und Triphenylphosphanoxid abgebaut[562].

Die Hydrolyse von Cycloalkyliden-phosphoranen führt zu polycyclischen Kohlenwasserstoffen[563,564]; z.B.:

[554] H.J. Bestmann u. B. Arnason, Chem. Ber. 95, 1513 (1962).
[555] H.O. House u. H. Babad, J. Org. Chem. 28, 90 (1963).
[556] P.A. Chopard, R.J.G. Searle u. F.H. Devitt, J. Org. Chem. 30, 1015 (1965).
[557] M.P. Cook, jun. u. R. Goswami, J. Am. Chem. Soc. 99, 642 (1977).
[559] H.A. Staab u. N. Sommer, Angew. Chem. 74, 294 (1962); engl.: 1, 270.
[560] H.J. Bestmann u. H. Schulz, Chem. Ber. 95, 2921 (1962).
[561] H.J. Bestmann u. H.J. Lang, Tetrahedron Lett. 1969, 2101.
[562] K. Issleib u. R. Lindner, Justus Liebigs Ann. Chem. 699, 41 (1966); 713, 12 (1968).
[563] H.J. Bestmann, R. Härtl u. H. Häberlein, Justus Liebigs Ann. Chem. 718, 33 (1968).
[564] H.J. Bestmann, H. Häberlein u. W. Eisele, Chem. Ber. 99, 28 (1966).

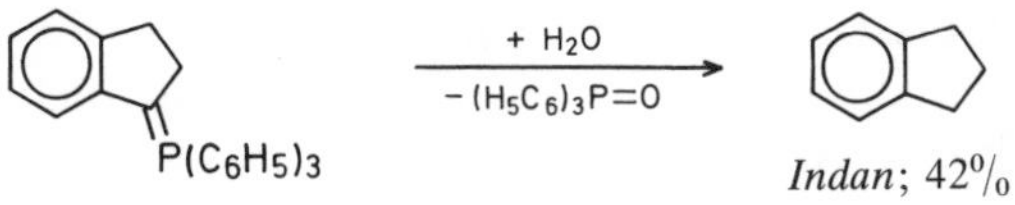

$$\text{[Indanyl-P(C}_6\text{H}_5\text{)}_3] \quad \xrightarrow[- (H_5C_6)_3P=O]{+ H_2O} \quad \text{[Indan]} \quad Indan;\ 42\%$$

(2-substituierte Allyliden)-triphenyl-phosphorane werden durch Wasser in Isopropenyl-Verbindungen übergeführt[564a]:

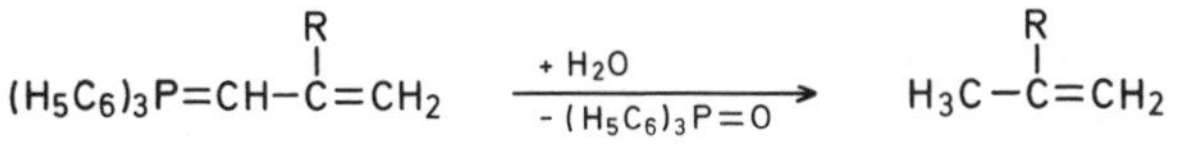

$$(H_5C_6)_3P{=}CH{-}\overset{\overset{\displaystyle R}{|}}{C}{=}CH_2 \quad \xrightarrow[- (H_5C_6)_3P=O]{+ H_2O} \quad H_3C{-}\overset{\overset{\displaystyle R}{|}}{C}{=}CH_2$$

3. Additionsreaktionen zu Phosphonium-Verbindungen

3.1. Addition von Säuren

Säuren reagieren mit Yliden zu Phosphonium-Verbindungen (vgl. S. 625). Halogenwasserstoff führt Phosphorylide in Umkehr ihrer Bildungsweise in quartäre Phosphonium-Halogenide über[565–567, 567a]:

$$R_3^3P{=}C\overset{\overset{\displaystyle R^1}{\diagup}}{\underset{\diagdown R^2}{}} \quad +\quad HX \quad \longrightarrow \quad \left[R_3^3\overset{\oplus}{P}{-}\overset{\overset{\displaystyle R^1}{|}}{C}H{-}R^2 \right] X^{\ominus}$$

Mit Alkoholen werden dagegen Alkoxy-tetraorgano-phosphorane gebildet, die verschiedene Folgereaktionen eingehen[567b]:

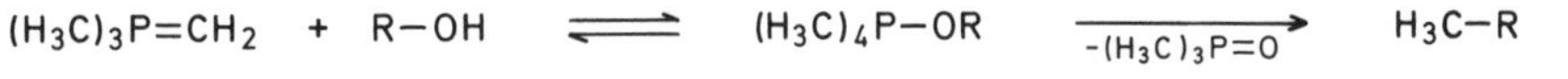

$$(H_3C)_3P{=}CH_2 \ +\ R{-}OH \ \rightleftharpoons\ (H_3C)_4P{-}OR \ \xrightarrow[-(H_3C)_3P=O]{}\ H_3C{-}R$$

$$R = CH_3,\ C_2H_5,\ CH(CH_3)_2,\ C(CH_3)_3$$

$$(H_5C_6)_3P{=}CH_2 \ +\ R{-}OH \ \rightleftharpoons\ (H_5C_6)_3P\overset{\diagup CH_3}{\underset{\diagdown OR}{}} \ \xrightarrow[-(H_5C_6)_2P{-}CH_3]{}\ RO{-}C_6H_5$$

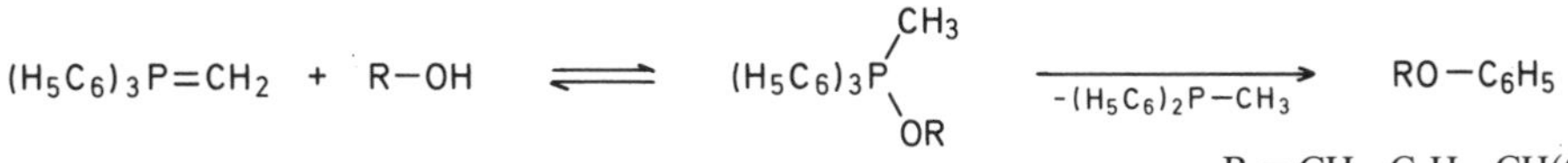

$$R = CH_3,\ C_2H_5,\ CH(CH_3)_2$$

Auf die intermediäre Bildung von Phosphonium-alkoxylaten bzw. -carboxylaten bei dem durch Alkohol bzw. Carbonsäure katalysierten Hoffmann-Abbau von Yliden sei an dieser Stelle hingewiesen[568]:

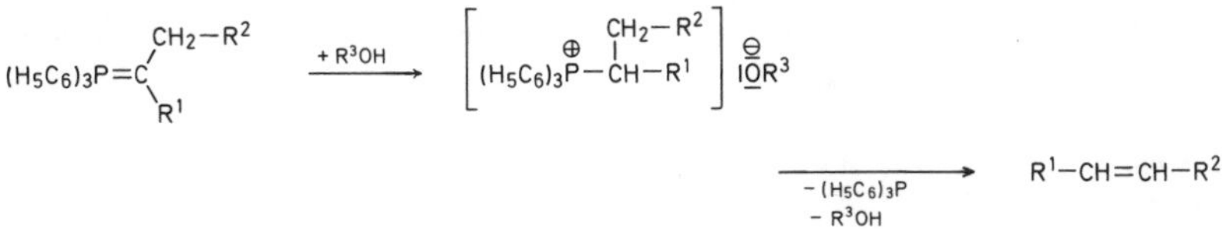

$$(H_5C_6)_3P{=}C\overset{\overset{\displaystyle CH_2{-}R^2}{\diagup}}{\underset{\diagdown R^1}{}} \quad \xrightarrow{+ R^3OH} \quad \left[(H_5C_6)_3\overset{\oplus}{P}{-}\overset{\overset{\displaystyle CH_2{-}R^2}{|}}{C}H{-}R^1 \right] \overset{\ominus}{I}\overset{\ominus}{O}R^3$$

$$\xrightarrow[-R^3OH]{-(H_5C_6)_3P} \quad R^1{-}CH{=}CH{-}R^2$$

[564a] A. P. Uijttewaal, F. L. Jonkers u. A. van der Gen, Tetrahedron Lett. **1975**, 1439.
[565] H. Staudinger u. J. Meyer, Helv. Chim. Acta **2**, 635 (1919).
[566] H. Schmidbauer u. H. Stühler, Z. Anorg. Chem. **405**, 202 (1974).
[567] F. Ramirez, O. P. Madan u. C. P. Smith, Tetrahedron **22**, 567 (1966).
[567a] H. J. Bestmann, Angew. Chem. **77**, 609 (1965); engl.: **4**, 583.
[567b] H. Schmidbaur, H. Stühler u. W. Buchner, Chem. Ber. **106**, 1238 (1973).
[568] H. J. Bestmann, G. Graf u. H. Hartung, Justus Liebigs Ann. Chem. **706**, 68 (1967).

Auf einem Protonen-Übergang zwischen Yliden und Phosphonium-Salzen beruht die sog. Umylidierung[569], die die Grundlage für viele Synthesemöglichkeiten mit Hilfe der Phosphorylide darstellt (s.a. S. 632):

$$(H_5C_6)_3P{=}CH{-}R^1 \quad + \quad [(H_5C_6)_3\overset{\oplus}{P}{-}CH_2{-}R^2]\,X^{\ominus} \quad \rightleftharpoons \quad [(H_5C_6)_3\overset{\oplus}{P}{-}CH_2{-}R^1]\,X^{\ominus}$$

$$+ \quad (H_5C_6)_3P{=}CH{-}R^2$$

Die Lage des Säure-Basengleichgewichtes wird durch die Reste R^1 und R^2 bestimmt. Ist die Basizität der beiden beteiligten Ylide bzw. der Säurecharakter der beiden Phosphonium-Salze sehr verschieden, so bildet sich bevorzugt das am schwächsten basische Ylid und das am wenigsten saure Phosphonium-Salz. So erhält man z. B. bei der Umsetzung von Methylen-triphenyl-phosphoran mit (2-Oxo-2-phenyl-ethyl)-triphenyl-phosphoniumbromid in fast 90%iger Ausbeute *Methyl-triphenyl-phosphoniumbromid* und *(2-Oxo-2-phenyl-ethyliden)-triphenyl-phosphoran*[569]. Ein Protonen-Austausch tritt jedoch auch dann auf, wenn sich Reste R^1 und R^2 hinsichtlich ihrer elektronischen Effekte nur wenig unterscheiden und selbst dann wenn die Reste R^1 und R^2 identisch sind[569-575].

Eine Deprotonierung der Phosphonium-Salze durch Ylid-Base kann jedoch auch in der β- und γ-Position erfolgen[576] (vgl. S. 695).

Außer von Phosphonium-Salzen vermögen Ylide auch von anderen CH-aciden Verbindungen Protonen abzuspalten und so basenkatalysierte Folgereaktionen auszulösen. So reagieren Chloressigsäureester[577] und ω-Chlor-acetophenon[578] mit Yliden zu Phosphonium-Salzen und Cyclopropanen:

$$3\,(H_5C_6)_3P{=}CH{-}R \quad + \quad 3\,Cl{-}CH_2{-}COOCH_3 \quad \longrightarrow$$

$$\text{(Struktur: trans,trans-1,2,3-Trimethoxycarbonyl-cyclopropan)}$$

trans,trans-1,2,3-Trimethoxycarbonyl-cyclopropan; 52%

$$+ \quad 3\,[(H_5C_6)_3\overset{\oplus}{P}{-}CH_2{-}R]\,Cl^{\ominus}$$

In diesem Zusammenhang ist die als Nebenreaktion bei der Wittig-Reaktion gelegentlich beobachtete Aldol-Kondensation von Carbonyl-Verbindungen zu nennen[579-581].

3.2. Umsetzung mit Organo-halogen-Verbindungen

Ylide reagieren mit organischen Halogeniden zu Phosphonium-Salzen. In gewissen Fällen kann die Reaktion auf dieser Stufe beendet sein. Vielfach beobachtet man jedoch, daß sich das primär gebildete Phosphonium-Salz mit einem zweiten Mol Ylid als Base umsetzt[582].

[569] *H.J. Bestmann*, Chem. Ber. **95**, 588 (1962).
[570] *H.J. Bestmann* u. *J.P. Snyder*, J. Am. Chem. Soc. **89**, 3936 (1967).
[571] *H.J. Bestmann, H.G. Liberda* u. *J.P. Snyder*, J. Am. Chem. Soc. **90**, 2963 (1968).
[572] *H. Schmidbaur* u. *W. Tronich*, Chem. Ber.**101**, 604 (1968).
[573] *P. Crews*, J. Am. Chem. Soc. **90**, 2961 (1968).
[574] *F.J. Randall* u. *A.W. Johnson*, Tetrahedron Lett. **1968**, 2841.
[575] *A. Piskala, M. Zimmermann, G. Fouquet* u. *M. Schlosser*, Collect. Czech. Chem. Commun. **36**, 1482 (1971).
[576] *H.J. Bestmann* u. *R. Zimmermann*, Fortschr. Chem. Forsch. (Topics in Current Chemistry) **20**, 14 (1971).
[577] *H.J. Bestmann, H. Dornauer* u. *K. Rostock*, Justus Liebigs Ann. Chem. **735**, 52 (1971).
[578] *D.J. Pasto, K. Garves* u. *J.P. Sevenair*, J. Org. Chem. **33**, 2975 (1968).
[579] *G. Wittig, W. Böll* u. *K.H. Krück*, Chem. Ber. **95**, 2514 (1962).
[580] *M.F. Ansell* u. *D.A. Thomas*, J. Chem. Soc. **1961**, 539.
[581] *H.J. Bestmann* u. *E. Kranz*, Chem. Ber. **102**, 1802 (1969).
[582] *H.J. Bestmann* u. *R. Zimmermann*, Fortschr. Chem. Forsch. **20**, 14 (1971).
    H.J. Bestmann, Angew. Chem. **77**, 651 (1965); engl.: **4**, 645.

Trägt das eingesetzte Ylid am Ylid-C-Atom ein aktiviertes H-Atom, so erfolgt Deprotonierung zu einem substituierten Ylid (Weg (a), s. S. 632). Sind die H-Atome am β-C-Atom der Alkyliden-Gruppe stark aktiviert, so erleidet das Phosphonium-Salz einen Hoffmann-Abbau (Weg (b)). Ist schließlich ein H-Atom in γ-Position des Alkyliden-Restes bevorzugt aktiviert, so bewirkt das zweite Mol Ylid eine γ-Eliminierung unter Bildung eines Betains (Weg (c)), das Folgereaktionen unterliegt:

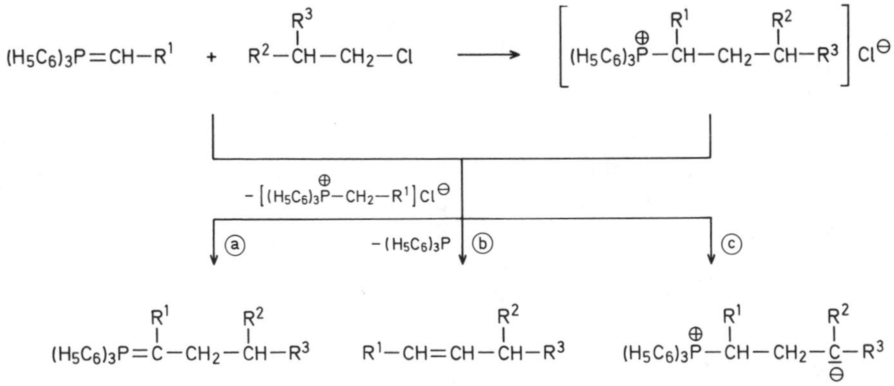

$$(H_5C_6)_3P{=}CH{-}R^1 \;+\; R^2{-}\underset{\underset{R^3}{|}}{CH}{-}CH_2{-}Cl \;\longrightarrow\; \left[(H_5C_6)_3\overset{\oplus}{P}{-}\underset{\underset{R^1}{|}}{CH}{-}CH_2{-}\underset{\underset{R^2}{|}}{CH}{-}R^3 \right] Cl^{\ominus}$$

$$-\,[(H_5C_6)_3\overset{\oplus}{P}{-}CH_2{-}R^1]\,Cl^{\ominus}$$

(a) $-\,(H_5C_6)_3P$ (b)   (c)

$$(H_5C_6)_3P{=}\underset{\underset{R^1}{|}}{C}{-}CH_2{-}\underset{\underset{R^2}{|}}{CH}{-}R^3 \qquad R^1{-}CH{=}CH{-}\underset{\underset{R^2}{|}}{CH}{-}R^3 \qquad (H_5C_6)_3\overset{\oplus}{P}{-}\underset{\underset{R^1}{|}}{CH}{-}CH_2{-}\underset{\underset{\ominus}{|}}{\underset{\underset{R^2}{|}}{C}}{-}R^3$$

3.2.1. Isolierung von Phosphonium-Salzen und präparative Nutzung

Die Isolierung von Phosphonium-Salzen aus Yliden und deren präparative Nutzung ist Gegenstand eines anderen Abschnitts ds. Bandes, es sei daher auf die S. 539–550 verwiesen.

3.2.2. β-Eliminierung

Der Hoffmann-Abbau kann bereits unter den Reaktionsbedingungen der Herstellung von Phosphonium-Salzen ablaufen (Weg (b), s.o.). Dabei ist neben der direkten β-Eliminierung auch α-Eliminierung zu einem Ylid mit nachfolgender intramolekularer Wasserstoff-Verschiebung und gleichzeitigem Austritt von Triphenylphosphan möglich[583].
Auf diesem Wege erhält man z.B. aus (Methoxycarbonyl-methylen)-triphenyl-phosphoran und α-Brom-ketonen 4-Oxo-2-butensäure-methylester[584, 585]:

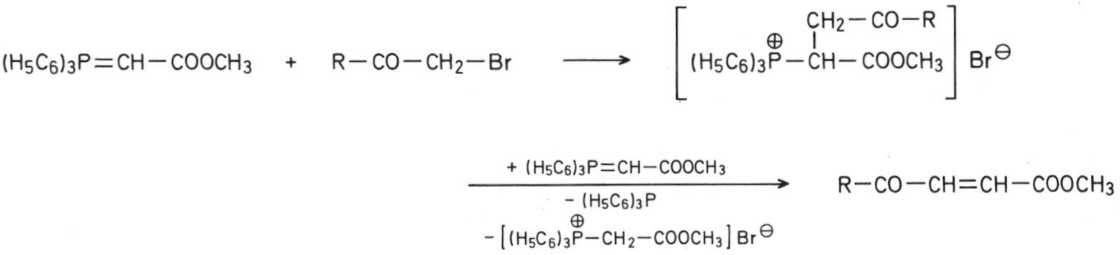

$$(H_5C_6)_3P{=}CH{-}COOCH_3 \;+\; R{-}CO{-}CH_2{-}Br \;\longrightarrow\; \left[(H_5C_6)_3\overset{\oplus}{P}{-}\underset{\underset{COOCH_3}{|}}{\overset{\overset{CH_2{-}CO{-}R}{|}}{CH}} \right] Br^{\ominus}$$

$$\xrightarrow[\substack{-\,(H_5C_6)_3P \\ -\,[(H_5C_6)_3\overset{\oplus}{P}{-}CH_2{-}COOCH_3]\,Br^{\ominus}}]{+\,(H_5C_6)_3P{=}CH{-}COOCH_3} \quad R{-}CO{-}CH{=}CH{-}COOCH_3$$

Alkyliden-triphenyl-phosphorane und 2-Brom- (bzw. 2-Jod)-carbonsäureester liefern α,β-ungesättigte Carbonsäureester[586], wobei das *trans*-Isomere bevorzugt gebildet wird:

[583] *H. J. Bestmann, H. Häberlein* u. *I. Pils,* Tetrahedron **20**, 2079 (1974).
[584] *H. J. Bestmann, F. Seng* u. *H. Schulz,* Chem. Ber. **96**, 465 (1963).
[585] *G. R. Pettit, B. Green, A. K. Das Gupta, P. A. Whitehouse* u. *J. P. Yardeley,* J. Org. Chem. **35**, 1381 (1970).
[586] *H. J. Bestmann, H. Dornauer* u. *K. Rostock,* Chem. Ber. **103**, 685 (1970).

$$(H_5C_6)_3P=C\begin{smallmatrix}R^1\\|\\\backslash\\R^2\end{smallmatrix} + R^3-\overset{X}{\underset{|}{C}H}-COOR^4 \longrightarrow \left[(H_5C_6)_3\overset{\oplus}{P}-\overset{R^1}{\underset{R^2}{\overset{|}{\underset{|}{C}}}}-\overset{R^3}{\underset{|}{C}H}-COOR^4\right]X^{\ominus}$$

$$\xrightarrow[{\displaystyle -\left[(H_5C_6)_3\overset{\oplus}{P}-\overset{R^1}{\underset{|}{C}}H-R^2\right]X^{\ominus}}]{{\displaystyle +(H_5C_6)_3P=C\begin{smallmatrix}R^1\\\backslash\\R^2\end{smallmatrix}}} \quad \overset{R^1}{\underset{R^2}{\diagdown}}C=C\overset{R^3}{\underset{COOR^4}{\diagup}}$$

$$-(H_5C_6)_3P$$

Sind die verwendeten Ylide stark basisch, so werden mit 2-Jod-carbonsäureester höhere Ausbeuten erzielt; sind die Reste $R^1 = R^2 \neq H$, so ist die Geschwindigkeit der Reaktion der Halogen-Verbindung mit dem durch Hoffmann-Abbau entstandenen Triphenylphosphan größer als mit dem Ylid. In diesen Fällen sind die beiden Ausgangsmaterialien im Molverhältnis 1:1 umzusetzen. Anstelle von Triphenylphosphan isoliert man das aus dem 2-Jod-carbonsäureester und Triphenylphosphan resultierende Phosphonium-Salz.

Auch die vinylogen 2-Halogen-carbonsäureester können eingesetzt werden. So entsteht aus zwei Molen Benzyliden-triphenyl-phosphoran und 4-Brom-2-butensäure-methylester in 85%iger Ausbeute *5-Phenyl-2,4-pentadiensäure-methylester*.

α,β-**ungesättigte Carbonsäureester; allgemeine Arbeitsvorschrift**[586]: Zu einer filtrierten, salzfreien Lösung von 2 Äquiv. eines Alkyliden-triphenyl-phosphorans in absol. Benzol (~ 150 *ml* Benzol auf 50 mmol Ylid) gibt man unter Rühren und Stickstoff 1 Äquiv. des 2-Brom- bzw. 2-Jod-carbonsäureesters. Nach 15 Min. Rühren bei 20° erhitzt man zum Sieden. Die Reaktionsdauer ist von den eingesetzten Yliden und 2-Halogen-carbonsäureestern abhängig. Nach Beendigung der Reaktion (angezeigt durch die Entfärbung der anfangs roten Ylid-Lösung) wird ohne Stickstoffschutz das Phosphonium-Salz abgesaugt, das Filtrat mit 1,5–2,5 Äquiv. Methyljodid versetzt und zur Abscheidung des Triphenylphosphans als Phosphoniumsalz 2 Stdn. zum Rückfluß erhitzt. Anschließend wird abgesaugt, das Filtrat über eine kleine Kolonne eingedampft und der Rückstand im rotierenden Kugelrohr i. Vak. destilliert. Dabei ist eine der als Vorlage dienenden Kugeln gut zu kühlen. Das Destillat wird anschließend i. Vak. fraktioniert.

Will man die freie Carbonsäure isolieren, so kann die Destillation im Kugelrohr unterbleiben. Man verseift sodann das Rohprodukt nach Abdestillieren des Benzols.

Auf diese Weise erhält man u. a.

$(H_5C_6)_3P=C\overset{R^1}{\underset{R^2}{\diagup}}$		$R^3-\overset{X}{\underset{|}{C}}H-COOR^4$			Ester	Ausbeute [%]
R^1	R^2	R^3	R^4	X		
CH_3	CH_3	H	C_2H_5	J	*3-Methyl-2-butensäure-ethylester*	63
	C_2H_5	H	C_2H_5	J	*3-Methyl-2-pentensäure-ethylester*	51
C_3H_7	H	CH_3	C_2H_5	J	*2-Methyl-2-hexensäure-ethylester*	55
C_6H_{11}	H	H	CH_3	J	*3-Cyclohexyl-acrylsäure-methylester*	60
C_6H_5	H	H	CH_3	Br	*Zimtsäure-methylester*	74
	CH_3	H	CH_3	Br	*3-Phenyl-2-butensäure-methylester*	59
4-Cl–C_6H_4	H	H	CH_3	Br	*4-Chlor-zimtsäure-methylester*	82

Die Umsetzung stark basischer Ylide mit Benzylbromid führt zu 1-Phenyl-alkenen[587].

---

[586] *H. J. Bestmann, H. Dornauer* u. *K. Rostock*, Chem. Ber. **103**, 685 (1970).
[587] *H. J. Bestmann* u. *E. Vilsmaier*, Erlangen, unveröffentlicht 1967.

$$(H_5C_6)_3P = C\overset{R^1}{\underset{R^2}{}} + Br-CH_2-C_6H_5 \longrightarrow \left[(H_5C_6)_3\overset{\oplus}{P}-\overset{R^1}{\underset{R^2}{C}}-CH_2-C_6H_5 \right] Br^{\ominus}$$

$$\xrightarrow[\displaystyle -\left[(H_5C_6)_3\overset{\oplus}{P}-\overset{R^1}{CH}-R^2\right]Br^{\ominus}]{\displaystyle + (H_5C_6)_3P=C\overset{R^1}{\underset{R^2}{}}} \quad \underset{R^2}{\overset{R^1}{}}C=CH-C_6H_5$$

$$-(H_5C_6)_3P$$

3.2.3. γ-Eliminierung

(1-Alkoxycarbonyl-alkyliden)-triphenyl-phosphorane ohne H-Atom am Ylid-C-Atom, reagieren mit Carbonsäurechloriden zu Phosphonium-Salzen aus denen durch ein zweites Mol Ylid ein γ-H-Atom des Alkyliden-Substituenten abgespalten werden kann[588, 589]. Aus den resultierenden Betainen entstehen durch Abspaltung von Triphenylphosphanoxid 2,3-Alkadiensäureester:

$$(H_5C_6)_3P=C\overset{R^3}{\underset{COOR^4}{}} + R^1-\overset{R^2}{CH}-CO-Cl \longrightarrow \left[(H_5C_6)_3\overset{\oplus}{P}-\overset{R^3}{\underset{COOR^4}{C}}-\overset{O}{C}-\overset{R^1}{CH}-R^2 \right] Cl^{\ominus}$$

$$\xrightarrow[\displaystyle -\left[(H_5C_6)_3\overset{\oplus}{P}-\overset{R^3}{CH}-COOR^4\right]Cl^{\ominus}]{\displaystyle + (H_5C_6)_3P=C\overset{R^3}{\underset{COOR^4}{}}} (H_5C_6)_3\overset{\oplus}{P}-\overset{R^3}{\underset{COOR^4}{C}}-\overset{O}{\underset{\ominus}{C}}-\overset{R^1}{C}-R^2 \longleftrightarrow (H_5C_6)_3\overset{\oplus}{P}-\overset{R^3}{\underset{COOR^4}{C}}-C=\overset{R^1}{\underset{R^2}{C}}$$

$$\xrightarrow[\displaystyle -(H_5C_6)_3P=O]{} \underset{R^2}{\overset{R^1}{}}C=C=\overset{R^3}{\underset{COOR^4}{C}}$$

2-Methyl-butadiensäure-ethylester[588]: 21,7 g (60 mmol) (1-Ethoxycarbonyl-ethyliden)-triphenyl-phosphoran werden unter Erwärmen in 70 ml abs. THF gelöst (Rückflußkühler mit Quecksilberventil; absoluter Ausschluß von Feuchtigkeit ist unbedingt erforderlich). Nach Zugabe von 2,3 g Acetylchlorid in 5–10 ml abs. THF wird 4 Stdn. unter Rückfluß erhitzt, wobei (1-Ethoxycarbonyl-ethyl)-triphenyl-phosphoniumchlorid ausfällt. Es wird abgesaugt, mit Ether gewaschen (11,2 g, 93%) und kann für die erneute Herstellung des Ausgangs-Ylids verwendet werden.
Aus dem Filtrat wird das Lösungsmittel über eine kurze Vigreux-Kolonne abdestilliert und der Rückstand mit 40 ml Petrolether (Sdp.: 40–80°) versetzt (8,3 g Triphenylphosphinoxid kristallisieren aus). Nach kräftigem Schütteln wird abgesaugt, mit eiskaltem Petrolether gewaschen, das Lösungsmittel über eine kleine Kolonne abdestilliert und der Rückstand i. Vak. destilliert; Ausbeute: 2,6 g (59%); Sdp.: 52°/11 Torr (1,47 kPa).

Das Verfahren eignet sich auch zur Synthese optisch aktiver 2,3-Alkadiensäure-ester, wenn von optisch aktiven Ausgangsmaterialien (Ylid oder Carbonsäurechlorid) ausgegangen wird[590].

---

[588] H. J. Bestmann u. H. Hartung, Chem. Ber. **99**, 1199 (1966); dort zahlreiche weitere Beispiele.
[589] H. J. Bestmann, G. Graf, H. Hartung, S. Kolewa u. E. Vilsmaier, Chem. Ber. **103**, 2794 (1970).
[590] H. J. Bestmann u. I. Tömösközi, Tetrahedron **24**, 3299 (1968).

Die Allen-Synthese gelingt leicht auch mit Yliden, die am Ylid-C-Atom einen Alkyl- oder Aryl-Rest tragen[591]. Die Substituenten am Carbonsäurechlorid können beliebig variiert werden. Mit zwei Alkyl-Resten am Ylid-C-Atom unterliegt das intermediär gebildete Betain komplexen Umlagerungen[591].

3.3. Reaktion mit verschiedenen X–X'-Einfachbindungen

Soweit Umsetzungen der verschiedenen Elementhalogenide mit Yliden zu substituierten Alkyliden-phosphoranen führen werden sie auf den S. 637–653 abgehandelt.

(2-Oxo-alkyliden)-phosphorane reagieren mit Phenyl-joddichlorid zu halogenierten Phosphonium-Salzen, deren alkalische Hydrolyse unsymmetrische α-Chlor-ketone liefert[592]:

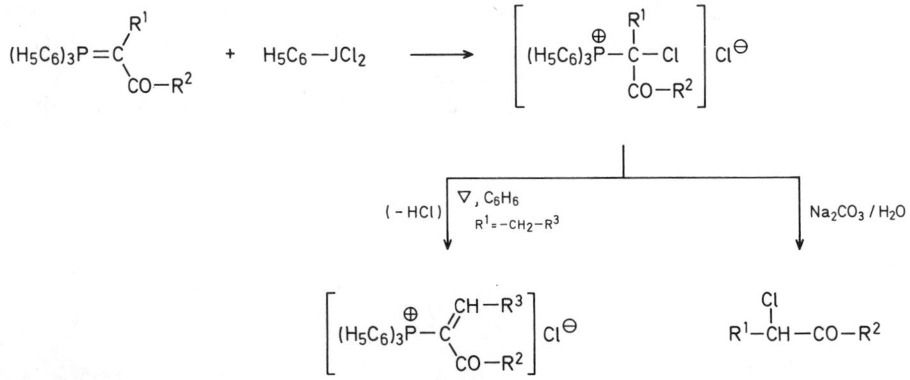

Im Falle von $R^1 = CH_2$–R^3 wird das (1-Halogen-2-oxo-alkyl)-phosphonium-Salz in siedendem Benzol unter Eliminierung von Chlorwasserstoff in (1-Acyl-1-alkenyl)-phosphonium-Salz übergeführt[593]:

Im Gegensatz zur Chlorierung führt die Umsetzung mit Dicyan-disulfan nicht zum entsprechenden (2-Oxo-1-thiocyanat-alkyl)-phosphonium-thiocyanat, da sich das Thiocyanat-Anion an das Cyan-C-Atom der eingeführten Thiocyanat-Gruppe addiert. Das resultierende Betain reagiert in Abhängigkeit vom Substituenten R^2 zu *1-Thiocyanat-allenen* ($R^2 = CH_3$) oder (2-Isothiocyat-vinyl)-thiocyanaten[594]:

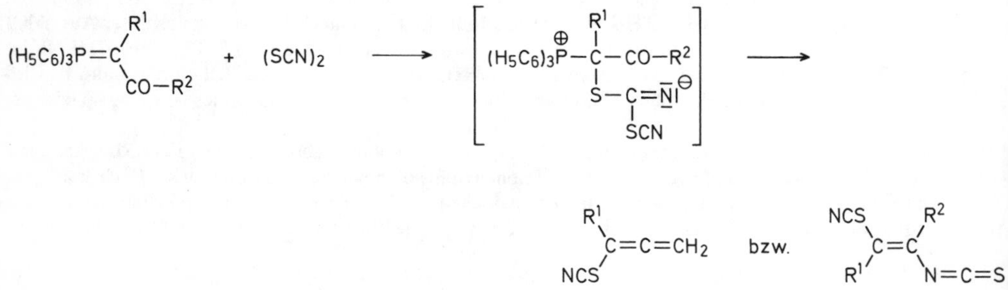

[591] *H.J. Bestmann* u. *R. Zimmermann*, Fortschr. Chem. Forsch. **20**, 36ff. (1971).

[592] *E. Zbiral* u. *M. Rasberger*, Tetrahedron **25**, 1871 (1969).

[593] *E. Zbiral, M. Rasberger* u. *H. Hengstenberger*, Justus Liebigs Ann. Chem. **725**, 22 (1969).

[594] *E. Zbiral* u. *H. Hengstenberger*, Justus Liebigs Ann. Chem. **721**, 121 (1969).

Die Reaktion von Yliden mit Nitrosylchlorid führt zu Nitrilen[595-600]:

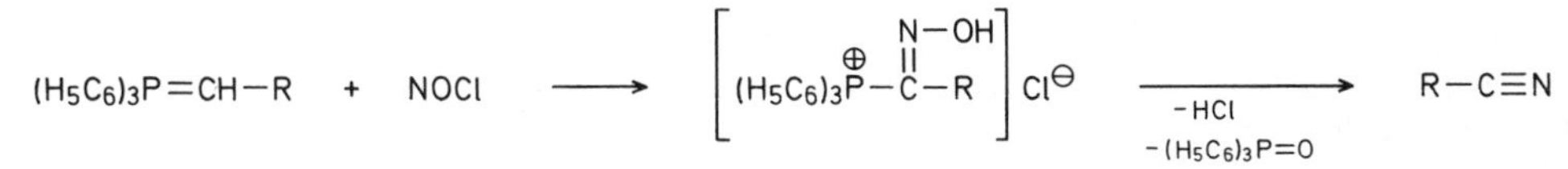

$$(H_5C_6)_3P=CH-R \ + \ NOCl \ \longrightarrow \ \left[(H_5C_6)_3\overset{\oplus}{P}-\overset{\overset{\displaystyle N-OH}{\|}}{C}-R \right] Cl^{\ominus} \xrightarrow[-(H_5C_6)_3P=O]{-HCl} R-C\equiv N$$

Anstelle von Nitrosylchlorid kann auch Ethylnitrit[597], N-Nitroso-acetanilid[597] oder salpetrige Säure[600] eingesetzt werden.

Die aus Phenylselenylbromid mit Yliden zugänglichen Phosphonium-Salze werden durch oxidative Eliminierung der Phenylseleno-Gruppe in 1-Alkenyl-phosphonium-Salze übergeführt[601]:

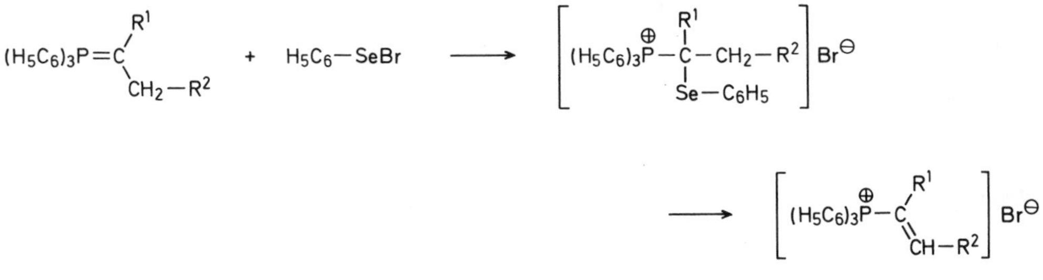

$$(H_5C_6)_3P=C\overset{\displaystyle R^1}{\underset{\displaystyle CH_2-R^2}{{}}} \ + \ H_5C_6-SeBr \ \longrightarrow \ \left[(H_5C_6)_3\overset{\oplus}{P}-\overset{\overset{\displaystyle R^1}{|}}{\underset{\underset{\displaystyle Se-C_6H_5}{|}}{C}}-CH_2-R^2 \right] Br^{\ominus}$$

$$\longrightarrow \left[(H_5C_6)_3\overset{\oplus}{P}-C\overset{\displaystyle R^1}{\underset{\displaystyle CH-R^2}{\|}} \right] Br^{\ominus}$$

4. Additionsreaktionen, die im Primärschritt zu dipolaren Verbindungen (Betainen) oder Cycloaddukten führen

4.1. Addition von Verbindungen mit Elektronenlücke

4.1.1. von Carbenen

Ylide reagieren mit Carbenen, insbesondere Dihalogen-carbenen, zu dipolaren Verbindungen, die in ein Phosphan und ein 1,1-Dihalogen-1-alken zerfallen[602-604]:

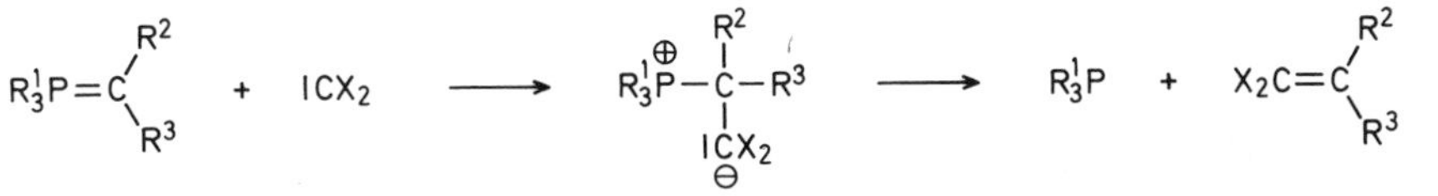

$$R_3^1P=C\overset{\displaystyle R^2}{\underset{\displaystyle R^3}{{}}} \ + \ ICX_2 \ \longrightarrow \ R_3^1\overset{\oplus}{P}-\overset{\overset{\displaystyle R^2}{|}}{\underset{\underset{\displaystyle ICX_2}{|}}{C}}-R^3 \ \longrightarrow \ R_3^1P \ + \ X_2C=C\overset{\displaystyle R^2}{\underset{\displaystyle R^3}{{}}}$$

Ausgehend von einem Mol Chlor-difluor-methan und zwei Molen Ylid lassen sich auf diese Weise in sehr guten Ausbeuten 1,1-Difluor-1-alkene herstellen, wobei das verwendete Ylid sowohl die carbenerzeugende Base als auch den Reaktionspartner für das Difluorcarben darstellt[604].

[595] K. Akiba, C. Eguchi u. N. Inamoto, Bull. Chem. Soc. Jpn. 40, 2983 (1967); 43, 438 (1970); C. A. 68, 78370 (1968).

[596] E. Zbiral u. L. Fenz, Monatsh. Chem. 96, 1983 (1965); vgl. a. Tetrahedron 24, 1363 (1968).

[597] A. Nürrenbach u. H. Pommer, Justus Liebigs Ann. Chem. 721, 34 (1969).

[598] A. M. van Leusen, A. J. W. Iedema u. J. Strating, Chem. Commun. 1968, 440.

[599] M. I. Shevchuk, E. M. Volynskaya u. A. V. Dombrovskii, Zh. Obshch. Khim. 41, 1999 (1971); C. A. 76, 34355 (1972).

[600] S. Yamada u. Y. Takeuchi, Chem. Pharm. Bull. (Japan), 22, 634 (1974); C. A. 80, 145701 (1974).

[601] G. Saleh, T. Minami, Y. Ohshiro u. T. Agawa, Chem. Ber. 112, 355 (1979).

[602] R. Oda, Y. Ito u. M. Okano, Tetrahedron Lett. 1964, 7.

[603] Y. Ito, M. Okano u. R. Oda, Tetrahedron 22, 2615 (1966).

[604] G. A. Wheaton u. D. J. Burton, Tetrahedron Lett. 1976, 895.

1,1-Difluor-1-alkene; allgemeine Arbeitsvorschrift (Difluoromethylen-cyclohexan)[604]: Eine Lösung von Methyl-lithium in Ether (50 *ml*, 0,1 mol) wird tropfenweise unter gutem Rühren zu einer Suspension von 42,5 g (0,1 mol) Cyclohexyl-triphenyl-phosphoniumbromid in 150 *ml* trockenem Ether unter Stickstoff und Eiskühlung gefügt. Man läßt die tiefrote Lösung auf 20° erwärmen und rührt 1 Stde. Dann kondensiert man 4,33 g (0,05 mol) Chlor-difluor-methan über einen Trockeneiskühlfinger in das Reaktionsgemisch und rührt weitere 4 Stdn. Das Reaktionsgemisch wird filtriert und das Cyclohexyl-triphenyl-phosphoniumchlorid (17,1 g, 90%) mit Ether gewaschen.

Das Filtrat und der Ether werden auf ~ 25 *ml* eingeengt, das Konzentrat flash-destilliert und das Destillat über eine 15-cm-Vigreux Kolonne fraktioniert.

Ausbeute: 5,3 g (80%) Difluormethylen-cyclohexan; Sdp. 104–106°.

Der Rückstand der ersten Destillation liefert nach dem Umkristallisieren aus 95%igem Ethanol 11,5 g (88%) Triphenylphosphan.

Komplexgebundenes Carben kann mit Yliden ebenfalls zur Reaktion gebracht werden[605].

4.1.2. von Verbindungen der Elemente der ersten, zweiten und dritten Hauptgruppe

Ylide addieren Borwasserstoff zu Betainen[606-610], die thermisch zu Triphenylphosphan-Alkyl-boranen umgelagert werden[609, 610]:

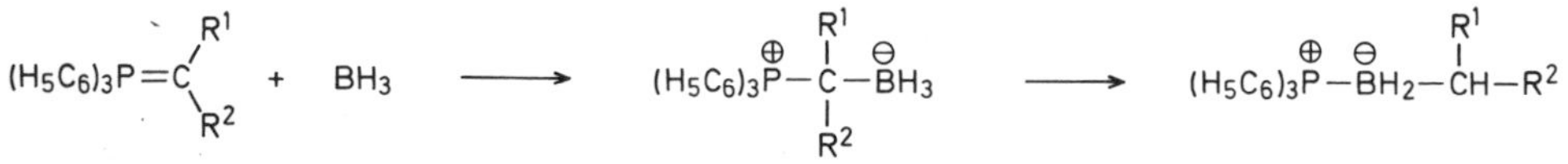

Wie Borwasserstoff reagieren auch Trihalogen- und Triphenyl-boran mit Yliden zu kristallinen zwitterionischen Verbindungen[611].

Trimethylaluminium läßt sich als Lewissäure ebenfalls glatt an Methylen-trimethylphosphoran addieren[612]. Trialkyl-gallium, -indium und -thallium liefern entsprechende Addukte[613, 614].

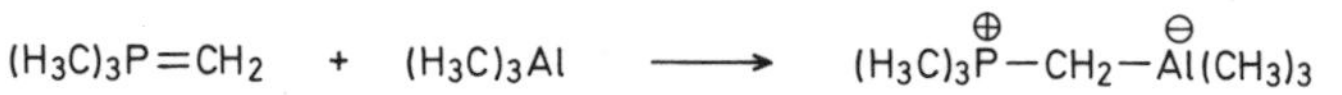

$$(H_3C)_3P{=}CH_2 \quad + \quad (H_3C)_3Al \quad \longrightarrow \quad (H_3C)_3\overset{\oplus}{P}{-}CH_2{-}\overset{\ominus}{Al}(CH_3)_3$$

Trimethyl-(trimethylphosphoniono-methyl)-aluminat;
94%

Bei höheren Homologen des Bors sind komplexe Folgereaktionen möglich. Aus dem primär gebildeten Zwitterion wird durch ein zweites Mol Ylid in einer Umylidierung ein Proton von einer Alkyl-Gruppe am Phosphor-Atom abgespalten, worauf die neu gebildete Donator- zusammen mit der Acceptor-Funktion des Metalls zur Oligomerisierung führt[615]. Dialkyl-magnesium reagiert ähnlich[616].

[604] *G. A. Wheaton* u. *D. J. Burton*, Tetrahedron Lett. **1976**, 895.
[605] *C. P. Casey* u. *T. J. Burkhardt*, J. Am. Chem. Soc. **94**, 6543 (1972).
[606] *M. F. Hawthorne*, J. Am. Chem. Soc. **83**, 367 (1961).
[607] *H. Schmidbaur, G. Müller* u. *G. Blaschke*, Chem. Ber. **113**, 1480 (1980).
[608] *H. Schmidbaur, G. Müller, B. Milewski-Mahrla* u. *U. Schubert*, Chem. Ber. **113**, 2575 (1980).
[609] *R. Köster* u. *B. Rickborn*, J. Am. Chem. Soc. **89**, 2782 (1967).
[610] *H. J. Bestmann, K. Sühs* u. *Th. Röder*, Angew. Chem. **93**, 1098 (1981); engl.: **20**, 1038.
[611] *D. Seyferth* u. *S. O. Grim*, J. Am. Chem. Soc. **83** 1613 (1961).
[612] *H. Schmidbaur* u. *W. Tronich*, Chem. Ber. **101**, 595 (1968).
[613] *H. Schmidbaur, H. J. Füller* u. *K. F. Köhler*, J. Organomet. Chem. **99**, 353 (1975).
[614] *H. Schmidbaur* u. *H. J. Füller*, Chem. Ber. **110**, 3528 (1977).
[615] *H. Schmidbaur* u. *H. J. Füller*, Chem. Ber. **107**, 3674 (1974).
[616] *H. Schmidbaur*, Acc. Chem. Res. **8**, 66 (1975).

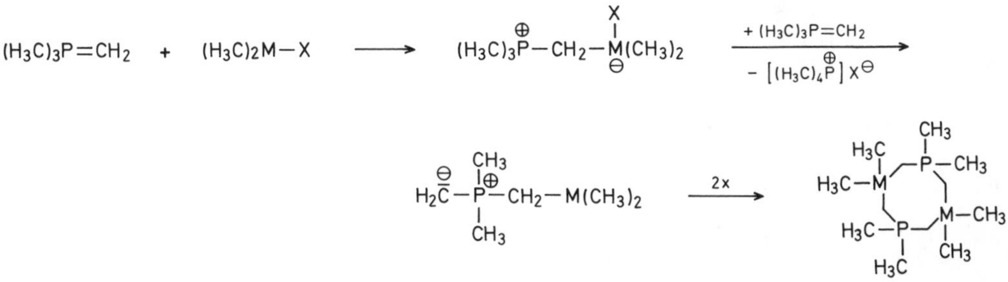

$(H_3C)_3P{=}CH_2$ + $(H_3C)_2M{-}X$ $\longrightarrow$ $(H_3C)_3\overset{\oplus}{P}{-}CH_2{-}\underset{\ominus}{\overset{\overset{\displaystyle X}{|}}{M}}(CH_3)_2$ $\xrightarrow{\ +\,(H_3C)_3P=CH_2\ }{\ -\,[(H_3C)_4\overset{\oplus}{P}]\,X^{\ominus}\ }$

$H_2\overset{\ominus}{C}{-}\underset{\underset{\displaystyle CH_3}{|}}{\overset{\overset{\displaystyle CH_3}{|}}{\overset{\oplus}{P}}}{-}CH_2{-}M(CH_3)_2$ $\xrightarrow{\ 2x\ }$

X = Cl, Br

M = Ga, In, Tl; *1,1,3,3,5,5,7,7-Octamethyl-1,5,3,7-diphosphadigallocan,* bzw. *-diphosphadiindiocan* bzw. *-diphosphadithallocan*; 77, 98, 94%

Mit Alkyl-lithium entsteht ein Chelat[617, 616]:

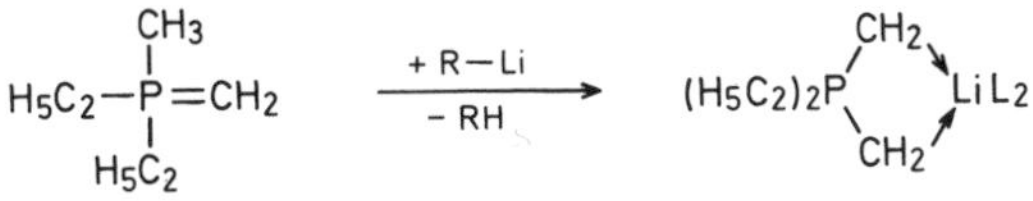

$H_5C_2{-}\underset{\underset{\displaystyle H_5C_2}{|}}{\overset{\overset{\displaystyle CH_3}{|}}{P}}{=}CH_2$ $\xrightarrow[\ -\,RH\ ]{\ +\,R{-}Li\ }$ $(H_5C_2)_2P{\big\langle}{\overset{\displaystyle CH_2}{\underset{\displaystyle CH_2}{}}}{\big\rangle}LiL_2$

L = Solvatmolekül

Lithiumhalogenide bilden Ylid-Assoziate, in denen das Lithium mehr oder weniger fest am Ylid-C-Atom gebunden ist[617, 618]. Solche Assoziate bilden sich zwangsläufig, wenn man ein Phosphonium-Salz mittels Organo-lithium in das Ylid überführt. Die Addukte[619] sind thermisch spaltbar[617] und unterscheiden sich in ihrem chemischen Verhalten nicht prinzipiell von den freien Yliden. Die Reaktionsgeschwindigkeit und die Stereochemie der Wittig-Reaktion werden jedoch entscheidend beeinflußt[618].

4.1.3. von Übergangsmetall-Verbindungen

Phosphorylide erweisen sich als ausgezeichnete Komplexbildner sowohl für Haupt- als auch Nebengruppenelemente[1006, 1007]. Durch Einwirkung von Yliden auf Übergangsmetall-Verbindungen erhält man Organometall-Derivate von bemerkenswerter thermischer Stabilität, in denen das ylidische Bauelement als ein- oder zweizähniger Ligand e n d s t ä n - dig (Typ A), b r ü c k e n s t ä n d i g (Typ B) oder c h e l a t i s i e r e n d (Typ C) fungieren kann:

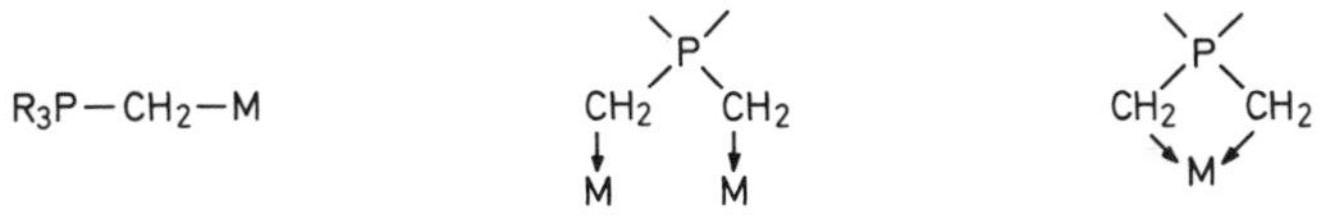

$R_3P{-}CH_2{-}M$

A

B

C

Für die Koordinierung von Yliden an Übergangsmetalle wird die Bildung einer σ-Bindung mit dem Metall angenommen, wobei eine zwitterionische Phosphonium-Metallat-Struktur resultiert, in der das Übergangsmetall formal negativ geladen ist[1008].

[616] *H. Schmidbaur*, Acc. Chem. Res. **8**, 66 (1975).
[617] *H. Schmidbaur* u. *W. Tronich*, Chem. Ber. **101**, 3556 (1968).
[618] *M. Schlosser* u. *K. F. Christmann*, Justus Liebigs Ann. Chem. **708**, 1 (1967).
[619] *Methodicum Chimicum*, Bd. **7**, S. 544 (1976).
[1006] *H. Schmidbaur*, Acc. Chem. Res. **8**, 62 (1975).
[1007] *H. Schmidbaur*, Pure Appl. Chem. **50**, 19 (1978).
[1008] *K. Itoh, M. Fukui* u. *Y. Ishii*, J. Organomet. Chem. **129**, 259 (1977).

Tab. 57: Alkyliden-phosphoran-Übergangsmetall-Komplexe

Komplex		Typ (S. 701)	Literatur
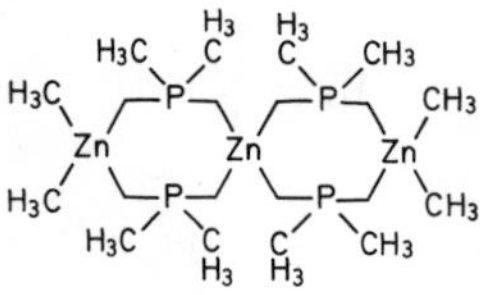 (Zn–Zn–Zn chain complex with P(CH$_3$)$_2$ bridges)		B	1006
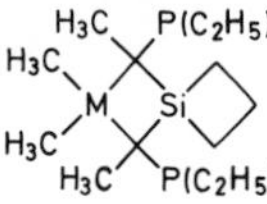 (H$_3$C)$_2$M–Si complex with P(C$_2$H$_5$)$_3$ ligands	M = Zn, Cd	A	1009
$[(H_3C)_3P-CH_2-Hg-CH_2-P(CH_3)_3]^{2\oplus}\ 2\ Cl^{\ominus}$		A	1010
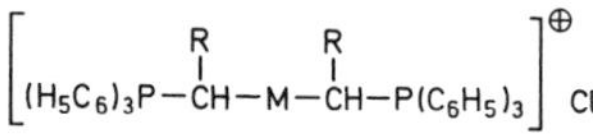 $\left[(H_5C_6)_3P-\overset{R}{\underset{}{C}}H-M-\overset{R}{\underset{}{C}}H-P(C_6H_5)_3\right]^{\oplus}\ Cl^{\ominus}$	M = Cu, Ag R = H, CH$_3$, CH(CH$_3$)$_2$	A	1011
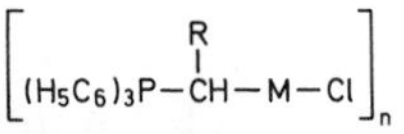 $\left[(H_5C_6)_3P-\overset{R}{\underset{}{C}}H-M-Cl\right]_n$	M = Cu, Ag R = H, CH$_3$, CH(CH$_3$)$_2$	A	1012
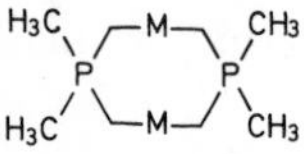 (H$_3$C)$_2$P bridged M–M cyclic complex with CH$_3$	M = Cu, Ag	B	1013
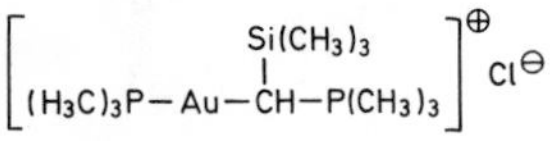 $\left[(H_3C)_3P-Au-\overset{Si(CH_3)_3}{\underset{}{C}}H-P(CH_3)_3\right]^{\oplus}\ Cl^{\ominus}$		A	1014
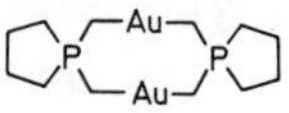 (Au–Au cyclic complex with P ligands)		B	1015
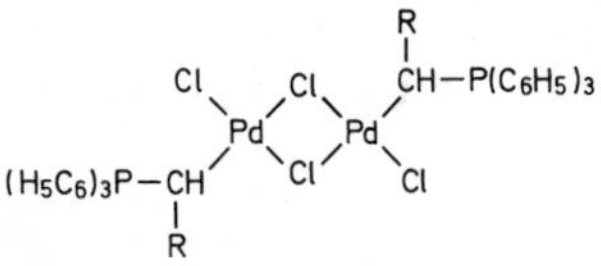 Pd$_2$Cl$_4$ dimer complex with (H$_5$C$_6$)$_3$P–CH(R) ligands	R = CO–CH$_3$, CO–C$_6$H$_5$, COOC$_2$H$_5$, CO–NH$_2$, CN	A	1016, 1017
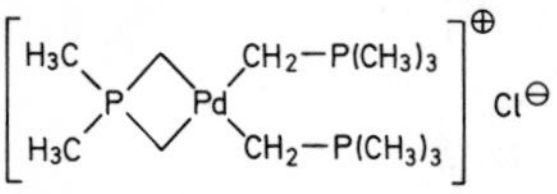 $\left[\begin{array}{c}H_3C\\H_3C\end{array}P\cdot Pd\begin{array}{c}CH_2-P(CH_3)_3\\CH_2-P(CH_3)_3\end{array}\right]^{\oplus}\ Cl^{\ominus}$		A + C	1018

[1006] H. Schmidbaur, Acc. Chem. Res. 8, 62 (1975).
[1009] H. Schmidbaur u. W. Wolf, Chem. Ber. 108, 2851 (1975).
[1010] H. Schmidbaur u. K. H. Räthlein, Chem. Ber. 107, 102 (1974).
[1011] Y. Yamamoto u. H. Schmidbaur, J. Organomet. Chem. 96, 133 (1975).
[1012] Y. Yamamoto u. H. Schmidbaur J. Organomet. Chem. 97, 479 (1975).
[1013] H. Schmidbaur, J. Adlhofer u. M. Heimann, Chem. Ber. 107, 3697 (1974).
[1014] H. Schmidbaur u. R. Franke, Angew. Chem. 85, 449 (1973); engl.: 12, 416.
[1015] H. Schmidbaur, H. P. Scherm u. U. Schubert, Chem. Ber. 111, 764 (1978).
[1016] H. Nishiyama, K. Itoh u. Y. Ishii, J. Organomet. Chem. 87, 129 (1975).
[1017] P. Bravo, G. Fronza u. C. Ticozzi, J. Organomet. Chem. 111, 361 (1976).
[1018] H. Schmidbaur u. H. P. Scherm, Chem. Ber. 111, 797 (1978).

Tab. 57: (Fortsetzung)

Komplex	Typ (s. 701)	Literatur
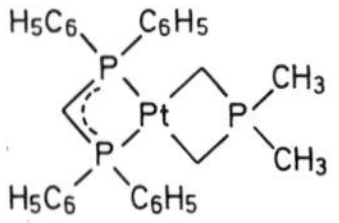 H5C6, C6H5 — P=Pt–P(CH3)(CH3) (H5C6, C6H5)	C	1019
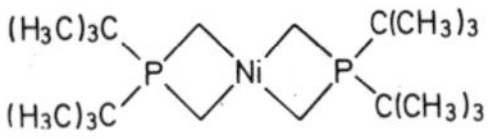 (H3C)3C, C(CH3)3 — P–Ni–P–C(CH3)3 (H3C)3C	C	1020
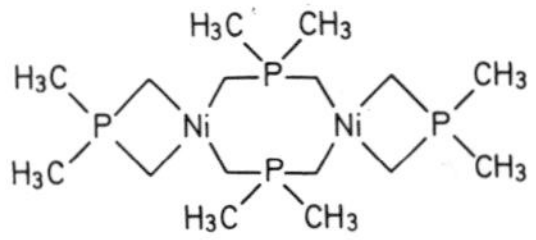 H3C, CH3 / H3C–P–Ni–P(CH3)–Ni–P–CH3 / H3C, CH3 (H3C CH3)	B + C	1021, 1022
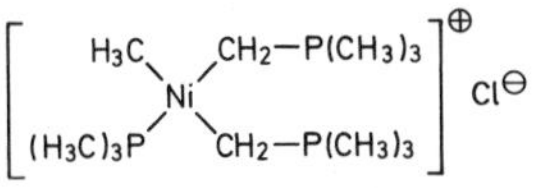 [H3C, CH2–P(CH3)3 / Ni \ (H3C)3P, CH2–P(CH3)3]⊕ Cl⊖	A	1023
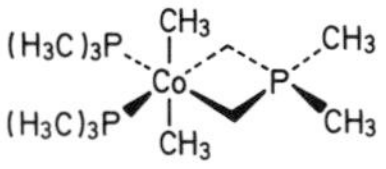 (H3C)3P, CH3 / Co–P(CH3)(CH3) / (H3C)3P, CH3	C	1022, 1024
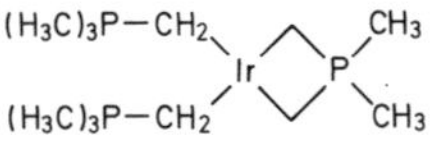 (H3C)3P–CH2, CH3 / Ir–P(CH3) / (H3C)3P–CH2, CH3	A + C	1025
[(H5C6)3P=CH–CH3]3Mo(CO)3	A	1026
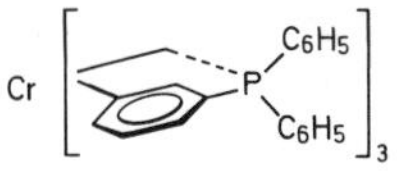 Cr [P(C6H5)(C6H5)]3	C	1027
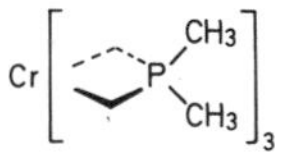 Cr [P(CH3)(CH3)]3	C	1027
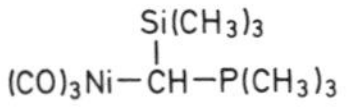 Si(CH3)3 / (CO)3Ni–CH–P(CH3)3	A	1028
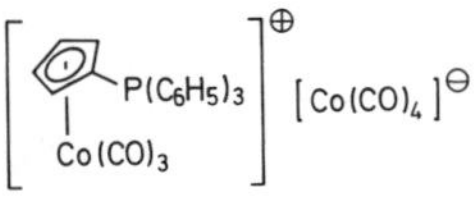 [P(C6H5)3 / Co(CO)3]⊕ [Co(CO)4]⊖	A	1029
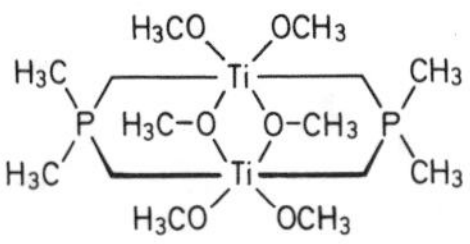 H3CO, OCH3 / H3C, CH3 / P–Ti–P / H3C–O, O–CH3 / H3C–Ti–CH3 / H3CO, OCH3	B	1030

1019 *J. M. Bassett, J. R. Mandl* u. *H. Schmidbaur*, Chem. Ber. **113**, 1145 (1980).
1020 *H. Schmidbaur, G. Blaschke* u. *H. P. Scherm*, Chem. Ber. **112**, 3311 (1979).
1021 *H. H. Karsch* u. *H. Schmidbaur*, Chem. Ber. **107**, 3684 (1974).
1022 *D. J. Brauer, C. Krüger, P. J. Roberts* und *Yi-Hung Tsay*, Chem. Ber. **107**, 3706 (1974).
1023 *H. H. Karsch, H. F. Klein* und *H. Schmidbaur*, Chem. Ber. **107**, 93 (1974).
1024 *H. H. Karsch, H. F. Klein, C. G. Kreiter* u. *H. Schmidbaur*, Chem. Ber. **107**, 3692 (1974).
1025 *T. E. Fraser, H. J. Füller* u. *H. Schmidbaur*, Z. Naturforsch. **34 b**, 1218 (1979).
1026 *H. Bock* u. *H. tom Dieck*, Z. Naturforsch. **21 b**, 739 (1966).
1027 *E. Kurras, U. Rosenthal, H. Mennenga* u. *G. Oehme*, Angew. Chem. **85**, 913 (1973); engl.: **12**, 854.
1028 *W. Malisch, H. Blau* u. *S. Voran*, Angew. Chem. **90**, 827 (1978); engl.: **17**, 780.
1029 *N. L. Holy, N. C. Baenzinger* u. *R. M. Flynn*, Angew. Chem. **90**, 732 (1978); engl.: **17**, 686.
1030 *H. Schmidbaur* et al., Angew. Chem. **90**, 628 (1978); engl.: **17**, 601.

Neben der Substitution ursprünglicher Liganden in Übergangsmetall-Verbindungen durch ein Phosphorylid kann bei geeigneten Liganden auch eine Reaktion an diesen selbst erfolgen. So wird z. B. Addition an das Carbonyl-C-Atom von Metallcarbonylen[1031, 1028] und Olefin-Bildung mit komplexgebundenem Carben beobachtet[1032]:

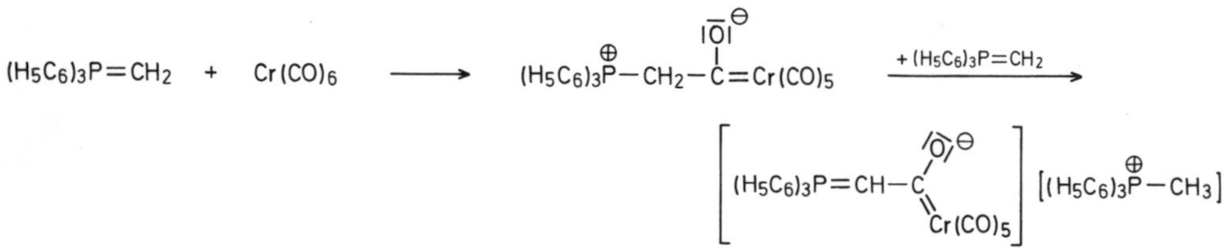

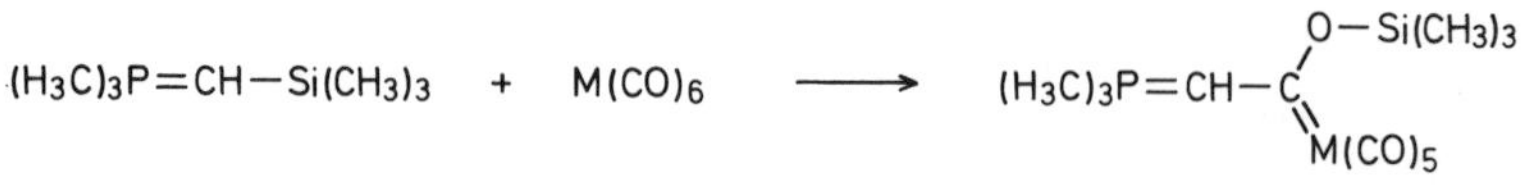

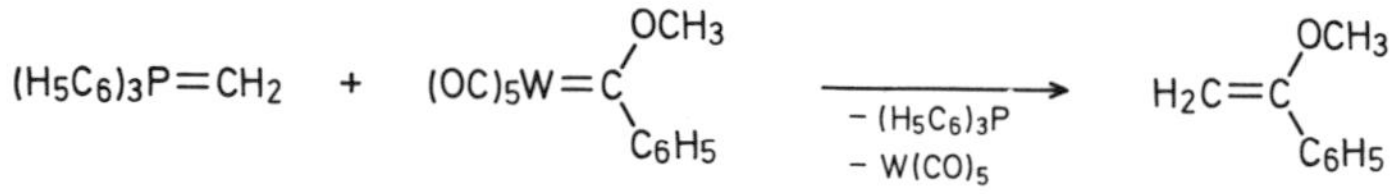

$$(H_5C_6)_3P{=}CH_2 \;+\; Cr(CO)_6 \;\longrightarrow\; (H_5C_6)_3\overset{\oplus}{P}{-}CH_2{-}\overset{\overset{\displaystyle |\overline{\underline{O}}|^{\ominus}}{|}}{C}{=}Cr(CO)_5 \;\xrightarrow{+\,(H_5C_6)_3P{=}CH_2}$$

$$\left[(H_5C_6)_3P{=}CH{-}C\overset{\diagup\overline{O}\ominus}{\underset{\diagdown Cr(CO)_5}{}} \right] \left[(H_5C_6)_3\overset{\oplus}{P}{-}CH_3 \right]$$

$$(H_3C)_3P{=}CH{-}Si(CH_3)_3 \;+\; M(CO)_6 \;\longrightarrow\; (H_3C)_3P{=}CH{-}C\overset{\diagup O{-}Si(CH_3)_3}{\underset{\diagdown M(CO)_5}{}}$$

$$(H_5C_6)_3P{=}CH_2 \;+\; (OC)_5W{=}C\overset{\diagup OCH_3}{\underset{\diagdown C_6H_5}{}} \;\xrightarrow[-\,W(CO)_5]{-\,(H_5C_6)_3P}\; H_2C{=}C\overset{\diagup OCH_3}{\underset{\diagdown C_6H_5}{}}$$

4.2. Addition von Verbindungen mit Mehrfachbindungen ([2 + 2]-Addition)

4.2.1. mit C,C-Mehrfachbindungen

4.2.1.1. mit C=C-Doppelbindungen

Ylide bilden mit elektronenarmen Alkenen Betaine, die verschiedene Sekundärreaktionen eingehen[620]:

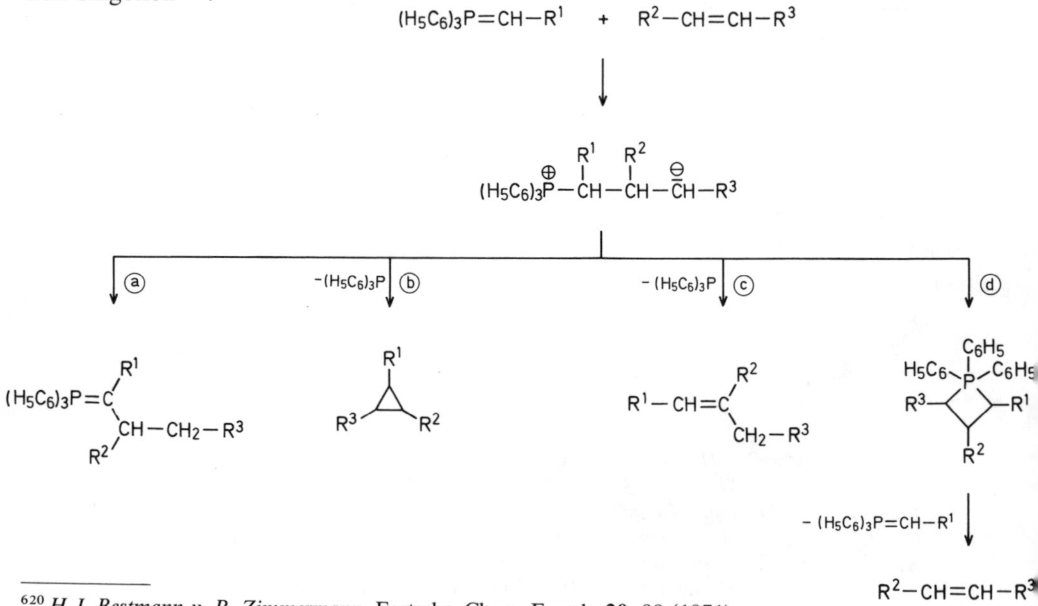

$$(H_5C_6)_3P{=}CH{-}R^1 \;+\; R^2{-}CH{=}CH{-}R^3$$

$$\downarrow$$

$$(H_5C_6)_3\overset{\oplus}{P}{-}\overset{\overset{\displaystyle R^1}{|}}{C}H{-}\overset{\overset{\displaystyle R^2}{|}}{C}H{-}\overset{\ominus}{C}H{-}R^3$$

(a) $-(H_5C_6)_3P$ (b) $-(H_5C_6)_3P$ (c)   (d)

$$(H_5C_6)_3P{=}C\overset{\diagup R^1}{\underset{\diagdown CH{-}CH_2{-}R^3}{\overset{|}{\underset{R^2}{}}}}$$

$$\overset{R^1}{\underset{R^3\triangle R^2}{}}$$

$$R^1{-}CH{=}C\overset{\diagup R^2}{\underset{\diagdown CH_2{-}R^3}{}}$$

$$\overset{\overset{\displaystyle C_6H_5}{}}{H_5C_6{-}\overset{|}{P}{-}C_6H_5}\;\;\overset{R^3{-}\square{-}R^1}{\underset{R^2}{}}$$

$$- (H_5C_6)_3P{=}CH{-}R^1 \downarrow$$

$$R^2{-}CH{=}CH{-}R^3$$

[620] H. J. Bestmann u. R. Zimmermann, Fortschr. Chem. Forsch. **20**, 88 (1971).
[1028] W. Malisch, H. Blau u. S. Voran, Angew. Chem. **90**, 827 (1978); engl.: **17**, 780.
[1031] W. C. Kaska, D. K. Mitchell, R. F. Reicheldorfer u. W. D. Korte, J. Am. Chem. Soc. **96**, 2847 (1974).
    W. Malisch et al., Angew. Chem. **92**, 1063, 1065 (1980); engl.: **19**, 1019, 1020.
[1032] C. P. Casey u. T. J. Burkhardt, J. Am. Chem. Soc. **94**, 6543 (1972).
    C. P. Casey, S. H. Bertz u. T. J. Burkhardt, Tetrahedron Lett. **1973**, 1421.

Weg (a): Übt der Rest R^1 einen erheblichen -I-Effekt aus, so tritt unter Wanderung des Protons vom Ylid-C-Atom an das anionische γ-C-Atom ,,Michael-Addition'' unter Bildung eines Ylides ein.

Weg (b): Übt der Rest R^1 einen +I- oder +M-Effekt aus, so kommt es durch intramolekulare Substitution unter Austritt von Triphenylphosphan zur Bildung von Cyclopropanen.

Weg (c): Üben die Reste R^1 und R^2 einen –I- bzw. –M-Effekt aus, so tritt eine Art Hofmann-Abbau unter Eliminierung von Triphenylphosphan und Wanderung eines Protons von der β- in die γ-Stellung. Man erhält ein Olefin.

Weg (d): Das Betain geht intermediär in ein Phosphetan über, das in ein Olefin und ein Ylid zerfällt.

Die Michael-Addition führt i.a. zu isolierbaren, substituierten Yliden (s.S. 653). Die bei der Anlagerung von (2-Oxo-alkyliden)-phosphoranen an 4-Oxo-1,2-alkadiene entstehenden Ylide spalten dagegen spontan Triphenylphosphanoxid ab und liefern über Alkine bzw. auf direktem Wege 4-Alkyliden-4H-pyrane[621–628]:

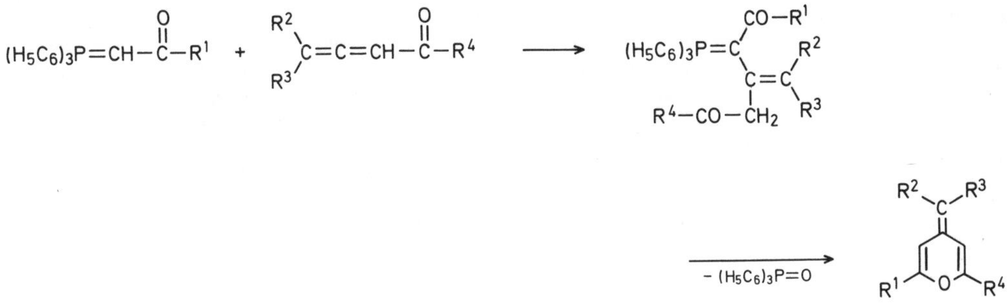

2,6-Diphenyl-4-(2-oxo-2-phenyl-ethyliden)-4H-pyran[623]: Eine Lösung von 2,48 g (10 mmol) 1,4-Dioxo-1,4-diphenyl-2,3-butadien in 30 *ml* trockenem Xylol wird tropfenweise innerhalb 1 Stde. zur siedenden Lösung von 3,8 g (10 mmol) (2-Oxo-2-phenyl-ethyliden)-triphenyl-phosphoran in 30 *ml* Xylol gefügt. Man kocht 1 Stde. zum Rückfluß und vertreibt das Xylol i. Vak. Auf Zugabe von Ether fallen P-haltige Produkte (unumgesetztes Ylid und Phosphanoxid) aus und werden abgetrennt. Der Ether wird vertrieben, der verbleibende Rückstand ins Pikrat überführt und aus Eisessig umkristallisiert (Schmp.: 188°). An einer Säule mit basischem Aluminiumoxid wird die reine Verbindung freigesetzt; Ausbeute: 0,98 g (28%); Schmp.: 160°.

Mit Acyl-keteniminen bilden sich in ähnlicher Reaktionsfolge 4-Imino-4H-pyrane[623]. Ebenfalls nach Art einer Michaeladdition erfolgt die Umsetzung des (1-Lithium-2-oxo-2-phenyl-ethyliden)-triphenyl-phosphorans mit α,β-ungesättigten Ketonen. Das resultierende Enolat geht durch Protonierung und anschließende Protonenverschiebung in ein Betain über, das zu einem 3-Oxo-cyclohexen cyclisiert[629]; z.B.:

[621] *H. Strzelecka, M. Simalty-Siemiatycki* u. *C. Prevost*, C.R. Acad. Sci. **254**, 696 (1962); **257**, 926 (1963).
[622] *H. Strzelecka* u. *M. Simalty-Siemiatycki*, C.R. Acad. Sci. **260**, 3989 (1965).
[623] *H. Strzelecka*, Ann. Chim. **1966**, 201.
[624] *M. Simalty, H. Strzelecka* u. *M. Dupré*, C.R. Acad. Sci. **265**, 1284 (1967); **266**, 1306 (1968).
[625] *M. Dupré, M. L. Filleux-Blanchard, M. Simalty* u. *H. Strzelecka*, C.R. Acad. Sci. **268**, 1611 (1969).
[626] *H. Strzelecka, M. Dupré* u. *M. Simalty*, Tetrahedron Lett. **1971**, 617.
[627] *M. Dupré* u. *H. Strzelecka*, C.R. Acad. Sci. **274**, 1091 (1972).
[628] Vgl. *E. Zbiral*, Synthesis **1974**, 782.
[629] *C. Broquet*, Tetrahedron **31**, 1331 (1975).

$$(H_5C_6)_3P=CH-CO-C_6H_5 \xrightarrow{Li/O=P[N(CH_3)_2]_3} (H_5C_6)_3P=C\begin{smallmatrix}Li \\ \\ CO-C_6H_5\end{smallmatrix}$$

$$\xrightarrow{+ H_5C_6-CH=CH-CO-CH_3} (H_5C_6)_3P=C\begin{smallmatrix}CO-C_6H_5 \\ \\ \overset{\ominus}{CH}-\overset{}{CH}-CO-CH_3 \\ H_5C_6\end{smallmatrix} \xrightarrow[- (H_5C_6)_3P=O]{+H^{\oplus}}$$

2,4-Diphenyl-6-oxo-cyclohexen; 25%

Allyliden-triphenyl-phosphorane mit einem Wasserstoff am γ-C-Atom addieren sich über die γ-Position an das β–C-Atom von Enonen und man erhält nach Protonen-Wanderung zum Ylid und intramolekularer Wittig-Reaktion Cyclohexadiene (vgl. S. 719). Stark basische Ylide reagieren mit aktivierten C=C-Doppelbindungen (insbesondere α,β-ungesättigte Carbonyl-Verbindungen) zu Cyclopropanen[630].

2,3-Dimethyl-1-ethoxycarbonyl-cyclopropan[630]: Aus 18,5 g (50 mmol) Ethyl-triphenyl-phosphoniumbromid wird nach der Natriumamid-Methode eine salzfreie Ylid-Lösung hergestellt, die mit 5,7 g (50 mmol) 2-Butensäure-ethylester versetzt wird (die hellrote Lösung wird unter Erwärmung schwarz-rot). Nach 12 Stdn. Kochen unter Rückfluß wird die Reaktionslösung mit 10%iger Schwefelsäure durchgeschüttelt und die über Magnesiumsulfat getrocknete Benzol-Phase zur Abscheidung des Triphenylphosphans 30 Min. mit 10 g Methyljodid gekocht [es fallen 12,1 g (60%) Methyl-triphenyl-phosphoniumjodid aus].
Nach Abdestillieren des Benzols wird der Rückstand fraktioniert; Ausbeute: 3,6 g (50%); Sdp.: 165–170°.

Bei der Cyclopropanierung ist prinzipiell die Bildung isomerer Produkte möglich. Am Beispiel des 2-Butensäureesters[630,631] wurde die Stereochemie der Reaktion eingehend untersucht[632,633].

Die Isomeren-Zusammensetzung ist unabhängig von der Geometrie des Olefins; von den möglichen Produkten wird bevorzugt dasjenige Isomere gebildet, in dem die beiden Substituenten an der ursprünglichen C=C-Doppelbindung E-ständig und die Methyl-Gruppe und der vom Ylid-C-Atom stammende Rest Z-ständig angeordnet sind (Tab. 58, S. 707), wobei mit zunehmender Größe dieses Restes in steigendem Maße auch die isomere E-Anordnung beobachtet wird.

Als Olefin-Komponenten eignen sich ebenfalls Fumarsäure- bzw. Maleinsäure-diester[634,635] (die beide zu gleichen Produkten führen), sowie 2,4-Alkadiensäureester[636]. Letztere liefern ein Gemisch aus Cyclopropanen (gebildet mit der Carboxy-fernen C=C-Doppelbindung) und Bicyclopropyl-Derivaten (s. Tab. 57, S. 707).
4-Oxo-2-butensäure-methylester reagiert mit zwei Molen Ylid zu Derivaten der Chrysanthemumsäure[637–639] (s. Tab. 58, S. 707). Die Cyclopropan-Bildung erfolgt auf der Stufe des zur Olefinierung der Carbonyl-Gruppe mittels des ersten Mols Ylid führenden 1,2-Oxaphosphetans. Da die Cyclopropanierung offensichtlich langsamer als der Zerfall des 1,2-Oxaphosphetans erfolgt, kann die Reaktion auch mit zwei verschiedenen Yliden durchgeführt werden (Tab. 58, S. 707).

[630] *H.J. Bestmann*, Angew. Chem. **77**, 850 (1965); engl.: **4**, 830.
[631] *H.J. Bestmann* u. *F. Seng*, Angew. Chem. **74**, 154 (1962).
[632] *H.J. Bestmann* u. *R. Zimmermann*, Fortschr. Chem. Forsch. **20**, 90 (1971).
[633] *G. Joachim*, Dissertation Univ. Erlangen-Nürnberg 1968.
[634] *M.J. Devos, J.N. Denis* u. *A. Krief*, Tetrahedron Lett. **1978**, 1847.
[635] Ger. Off. 2758624, Roussel-UCLAF, Erf.: *A. Krief*; C.A. **89**, 146498 (1978).
[636] *W.G. Dauben* u. *A.P. Kozikowski*, Tetrahedron Lett. **1973**, 3711.
[637] *M.J. Devos, L. Hevesi, P. Bayet* u. *A. Krief*, Tetrahedron Lett. **1976**, 3911.
[638] *M.J. Devos* u. *A. Krief*, Tetrahedron Lett. **1979**, 1511.
[639] *M.J. Devos* u. *A. Krief*, Tetrahedron Lett. **1979**, 1515.

Tab. 58: Cyclopropane aus Yliden und aktivierten Alkenen

Ylid	Olefin (bzw. Carbonyl-Verbindung)	Cyclopropan	Ausbeute [%]	Literatur
$(H_5C_6)_3P=CH_2$	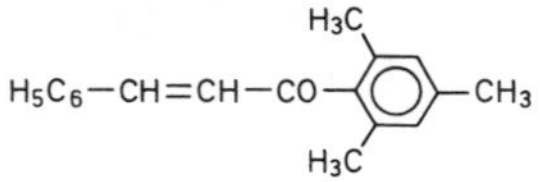 $H_5C_6-CH=CH-CO-$ (2,4,6-Trimethylphenyl)	trans-2-Phenyl-1-(2,4,6-trimethyl-benzoyl)-cyclopropan	50	640
	$H_3C-CH=CH-NO_2$	trans-2-Methyl-1-nitro-cyclopropan	5	641
$(H_5C_6)_3P=CH-CH_3$	$H_3C-CH=CH-COOCH_3$	trans, trans-2,3-Dimethyl-1-methoxycarbonyl-cyclopropan	50	630–633
	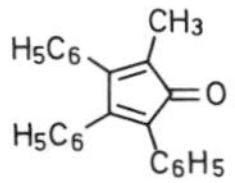 (Cyclopentadienon: CH_3, H_5C_6, H_5C_6, C_6H_5)	1,2,7-Trimethyl-4,5,6-triphenyl-spiro[2.4]-4,6-heptadien	32	642
$(H_5C_6)_3P=CH-C_3H_7$	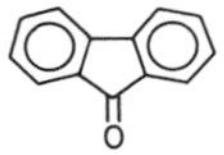 (Fluorenon)	2,3-Dipropyl-cyclopropan-⟨1-spiro-9⟩-fluoren	50	643
	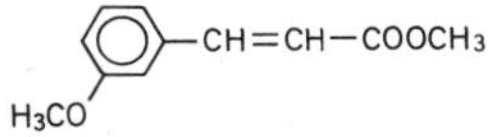 $CH=CH-COOCH_3$ (3-H_3CO-Phenyl)	3,3-Dimethyl-trans-2-methoxycarbonyl-1-(3-methoxy-phenyl)-cyclopropan	65	644
$(H_5C_6)_3P=C\begin{smallmatrix}CH_3\\CH_3\end{smallmatrix}$	$H_3C-(CH=CH)_2-COOC_2H_5$	3-(2-Ethoxycarbonyl-vinyl)-1,1,2-trimethyl-cyclopropan + 3-Ethoxycarbonyl-2,2,2',2',3'-pentamethyl-bicyclopropyl	–	645
	$OHC-CH=CH-COOCH_3$	3,3-Dimethyl-trans-2-methoxycarbonyl-1-(2-methyl-1-propenyl)-cyclopropan	60	637,638

630 H.J. Bestmann, Angew. Chem. 77, 850 (1965); engl.: 4, 830.
631 H.J. Bestmann u. F. Seng, Angew. Chem. 74, 154 (1962).
632 H.J. Bestmann u. R. Zimmermann, Fortschr. Chem. Forsch. 20, 90 (1971).
633 G. Joachim, Dissertation Univ. Erlangen-Nürnberg 1968.
637 M.J. Devos, L. Hevesi, P. Bayet u. A. Krief, Tetrahedron Lett. 1976, 3911.
638 M.J. Devos u. A. Krief, Tetrahedron Lett. 1979, 1511.
640 J.P. Freeman, J. Org. Chem. 31, 538 (1966).
641 J. Asunskis u. H. Shechter, J. Org. Chem. 33, 1164 (1968).
642 W. Ried, H. Knorr u. H. Gürcan, Justus Liebigs Ann. Chem. 1976, 1415.
643 R. Mechoulan u. F. Sondheimer, J. Am. Chem. Soc. 80, 4386 (1958).
644 P.A. Grieco u. R.S. Finkelhor, Tetrahedron Lett. 1972, 3781.
645 W.G. Dauben u. A.P. Kozikowski, Tetrahedron Lett. 1973, 3711.

Tab. 58: (Fortsetzung)

Ylid	Olefin	Cyclopropan	Ausbeute [%]	Literatur
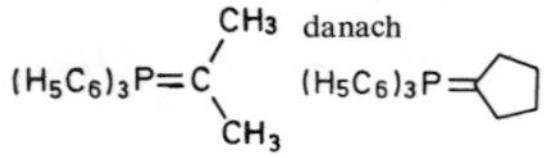 $(H_5C_6)_3P=C\langle CH_3 \rangle CH_3$ danach $(H_5C_6)_3P=$⬠	$OHC—CH=CH—COOCH_3$	trans-2-Methoxycarbonyl-1-(2-methyl-propenyl)-spiro[2.4.]heptan	45	639
$(H_5C_6)_3P=$◇	$(H_3CO)_2CH—CH=CH—COOCH_3$	3-(Dimethoxy-methyl)-2,2-dimethyl-trans-1-methoxycarbonyl-cyclopropan	80	646
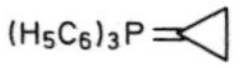 $(H_5C_6)_3P=$◁	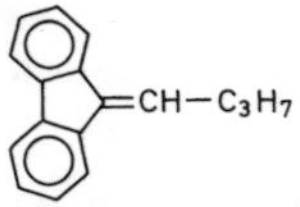 =CH—C$_3$H$_7$ (fluorene)	2-Propyl-spiro[2.2]pentan-⟨1-spiro-9⟩-fluoren	65	647
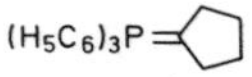 $(H_5C_6)_3P=$⬠	$H_3COOC—CH=CH—COOCH_3$	trans-1,2-Dimethoxycarbonyl-spiro[2.4]heptan	65	648
$(H_5C_6)_3P=CH—CH=C(CH_3)_2$	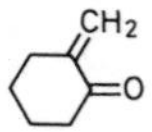 (cyclohexanone, =CH$_2$, =O)	2-(2-Methyl-1-propenyl)-4-oxo-spiro[2.5]octan	–	649
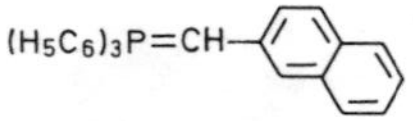 $(H_5C_6)_3P=CH—$ (naphthyl)	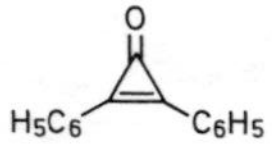 H_5C_6—◁—C_6H_5, =O	4,5-(Di-2-naphthyl)-1,2-diphenyl-spiro[2.2]-1-penten (lagert um)	–	650
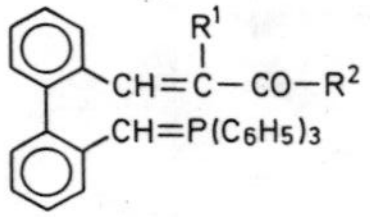 $R^1 CH=C—CO—R^2$ $CH=P(C_6H_5)_3$	(phenanthrene structure, R^1, CO—R^2)	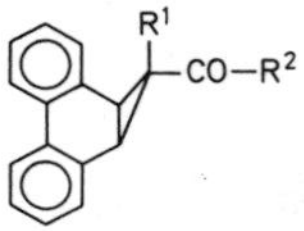	25	652
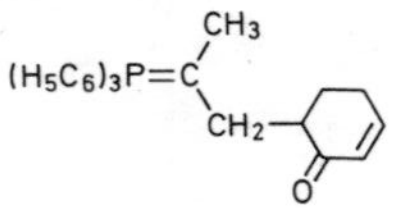 $(H_5C_6)_3P=C\langle CH_3 \rangle CH_2$	(cyclohexenone, CH$_3$, =O)	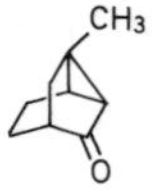 2-Methyl-4-oxo-tricyclo[3.2.1.0$^{1.3}$]octan	17	653

639 M.J. Devos u. A. Krief, Tetrahedron Lett. 1979, 1515.
646 H.J. Devos, L. Hevesi, P. Bayet u. A. Krief, Tetrahedron Lett. 1976, 3911.
647 H.J. Bestmann, T. Denzel u. R. Kunstmann, Tetrahedron Lett. 1968, 2895.
648 H.J. Bestmann u. R. Besold unveröffentlicht; R. Besold Dissertation Erlangen-Nürnberg 1973.

649 W.G. Dauben, D.J. Hart, J. Ipaktschi u. A.P. Kozikowski, Tetrahedron Lett. 1973, 4425.
650 E.D. Bergmann u. I. Agranat, J. Chem. Soc. 1968, 1621.
652 H.J. Bestmann u. H. Morper, Angew. Chem. 79, 578 (1967); engl.: 6, 561.
653 R.M. Cory, D.M.T. Chan, Y.M.A. Naguib, M.H. Rastall u. R.M. Renneboog, J. Org. Chem. 45, 1852 (1980).

Häufig erfolgt die Cyclopropanierung an einer aktivierten C = C-Doppelbindung, die in einer vorausgehenden Carbonylolefinierung gebildet wurde (s. Tab. 58, S. 707 f.).
Bei der Umsetzung von Cyclopropenon mit Yliden wird der ungesättigte Dreiring geöffnet (s. Tab. 58, S. 707 f., s. Lit. [651]).
Allyliden-triphenyl-phosphorane reagieren mit α,β-ungesättigten Ketonen nur dann zu Cyclopropanen (s. Tab. 58, S. 707 f.), wenn das γ–C-Atom der Allyliden-Gruppe kein H-Atom trägt, sodaß kein Cyclohexadien gebildet werden kann.

Zur Cyclopropan-Bildung von Allyliden-triphenyl-phosphoranen mit 2,4-Alkadiensäureestern, auch wenn das γ–C-Atom der Allyliden-Gruppe kein H-Atom trägt, s. Lit.[654]:

$$(H_5C_6)_3P=CH-CH=CH-R \quad + \quad H_3C-CH=CH-CH=CH-COOC_2H_5 \longrightarrow$$

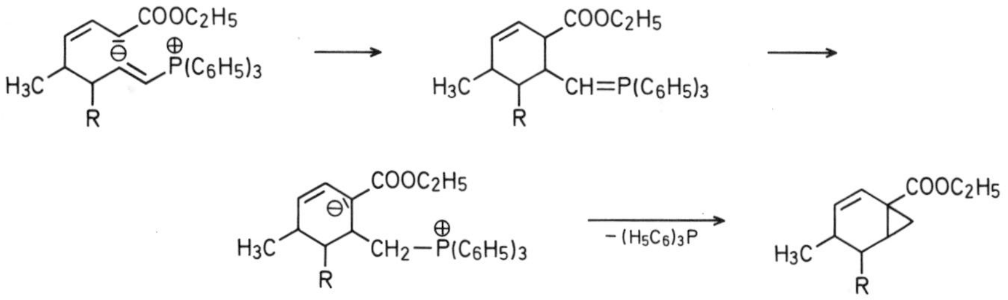

Eine Cyclopropanierung, die ebenfalls nicht in der üblichen Weise abläuft, beobachtet man bei der Umsetzung von Vinylsulfonium-Salzen mit Yliden. Hierbei wird anstelle von Triphenylphosphan nach einer Protonverschiebung Dimethylsulfan abgespalten und ein Cyclopropyl-phosphonium-Salz gebildet[655].
Bei der Umsetzung von Fumarsäure- oder Maleinsäure-diestern ist neben der Cyclopropanierung[634,635] auch die Bildung von Aryl- bzw. Alkyliden-bernsteinsäure-diestern möglich[633,648] (Weg ⓒ; S. 705):

$$(H_5C_6)_3P=CH-R^1 \quad + \quad R^2OOC-CH=CH-COOR^2 \longrightarrow (H_5C_6)_3\overset{\oplus}{P}-\underset{}{CH}(R^1)-CH(COOR^2)-\underset{\ominus}{CH}-COOR^2$$

$$\xrightarrow{-(H_5C_6)_3P} R^2OOC-C(=CH-R^1)-CH_2-COOR^2$$

·Ein Beispiel für eine Umsetzung von Yliden mit aktivierten C = C-Doppelbindungen, die nach Weg ⓓ (S. 705) verläuft, ist die Bildung von Acrylsäureester und *Cyanmethylen-triphenyl-phosphoran* aus Acrylnitril und (Methoxycarbonyl-methylen)-triphenyl-phosphoran[656]:

$$(H_5C_6)_3P=CH-COOCH_3 \quad + \quad H_2C=CH-CN \longrightarrow (H_5C_6)_3P=CH-CN \quad + \quad H_2C=CH-COOCH_3$$

Die Reaktion mit Kohlensuboxid verläuft vermutlich in analoger Weise[657].

---

[633] *G. Joachim*, Dissertation Univ. Erlangen-Nürnberg 1968.
[634] *M.J. Devos, J.N. Denis* u. *A. Krief*, Tetrahedron Lett. **1978**, 1847.
[635] Ger. Off. 2758624, Roussel-UCLAF, Erf.: *A. Krief*; C.A. **89**, 146498 (1978).
[648] *H.J. Bestmann* u. *R. Besold* unveröffentlicht; *R. Besold* Dissertation Erlangen-Nürnberg 1973.
[651] *Y. Tamura, T. Miyamoto, H. Kiyokawa* u. *Y. Kita*, J. Chem. Soc. [Perkin Trans. 1] **1974**, 2053.
[654] *W.G. Dauben* u. *A.P. Kozikowski*, Tetrahedron Lett. **1973**, 3711.
[655] *R. Manske* u. *J. Gosselck*, Tetrahedron Lett. **1971**, 2097.
[656] *J.D. McClure*, Tetrahedron Lett. **1967**, 2401.
[657] *H.F. van Woerden, H. Cerfontain* u. *C.F. van Valkenburg*, Recl. Trav. Chim. Pays-Bas **88**, 158 (1969).

4.2.1.2. mit C≡C-Dreifachbindungen

Ylide vermögen mit Alkinen außer durch Michaeladdition (vgl. S. 661) in einer Cycloaddition/Cycloreversion-Reaktionsfolge zu reagieren[658]:

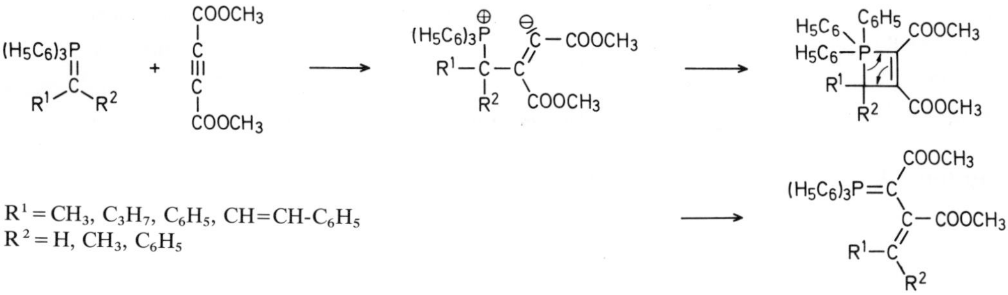

$R^1 = CH_3, C_3H_7, C_6H_5, CH=CH-C_6H_5$
$R^2 = H, CH_3, C_6H_5$

Mit Dehydrobenzol reagieren Alkyliden-triphenyl-phosphorane unter Umlagerung zu (2-Benzyl-phenyl)-diphenyl-phosphanen[659, 660]:

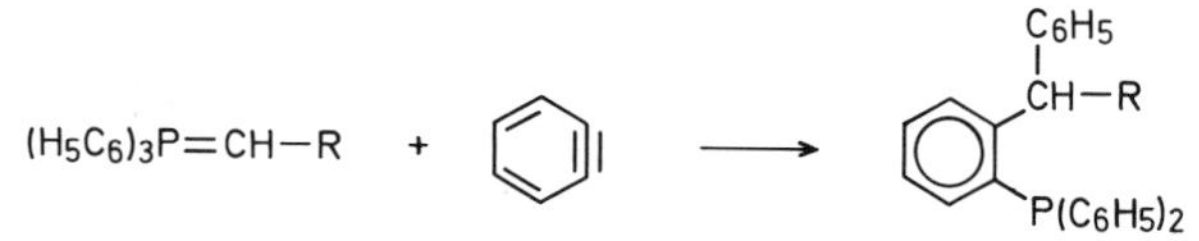

Allyliden-triphenyl-phosphoran dagegen reagiert in einer einfachen Addition am $\gamma-C$-Atom der Allyliden-Gruppe zu *(3-Phenyl-allyliden)-triphenyl-phosphoran*[661].

4.2.2. mit C=O-Doppelbindungen

4.2.2.1. Carbonylolefinierung (Wittig-Reaktion)

Carbonyl-Verbindungen reagieren mit Alkyliden-phosphoranen zu Olefinen[662–664]:

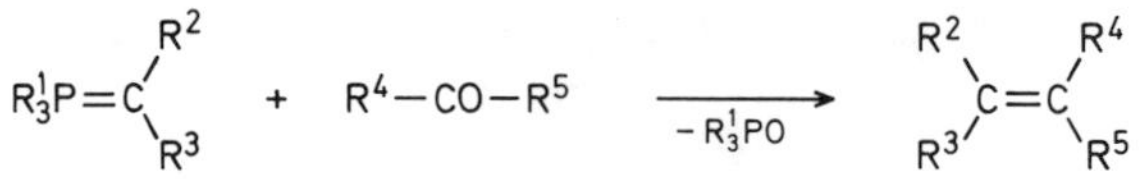

Als **Carbonyl-Komponente** werden in erster Linie Aldehyde und Ketone eingesetzt, doch lassen sich auch die Carbonyl-Gruppen von aktivierten Carbonsäure-estern[665] bzw.

---

[658] *H.J. Bestmann* u. *O. Rothe*, Angew. Chem. **76**, 569 (1964); engl.: **3**, 512.

[659] *E. Zbiral*, Monatsh. Chem. **95**, 1759 (1964).

[660] *E. Zbiral*, Tetrahedron Lett. **1964**, 3963.

[661] *E. Zbiral*, Monatsh. Chem. **98**, 916 (1967).

[662] Vgl. ds. Handb. (4. Auf.) Bd. V/1b, 383 (1972) und dort zitierte Literatur.

[663] Vgl. ds. Handb. (4. Aufl.) Bd. V/1d, 88 (1972).

[664] *A. Maercker*, Org. React. **14**, 270 (1965).
    A. W. Johnson, *Ylid Chemistry*, Academic Press, New York · London 1966.
    Methodicum Chimicium, Bd. **4**, 67, 137, (1980); Bd. **7**, 529 (1976).
    I. Gosney u. *A. G. Rowley*, in *J. I. Y. Cadogan, Organophosphorus Reagents in Organic Synthesis*, S. 17, Academic Press, London 1979.

[665] *W. Grell* u. *M. Machleidt*, Justus Liebigs Ann. Chem. **693**, 134 (1966).
    H.J. Bestmann, H. Dornauer u. *K. Rostock*, Chem. Ber. **103**, 2011 (1970).
    W. H. Ploder u. *D. F. Tavares*, Canad. J. Chem. **48**, 2446 (1970).
    M. Le Corre, C.R. Acad. Sci. **276 C**, 963 (1973).
    M. Le Corre, Bull. Soc. Chim. Fr. **1974**, 2005.
    A. P. Uijttewaal, F. L. Jonkers u. *A. van der Gen*, Tetrahedron Lett. **1975**, 1439.
    V. Subramanyam, E. H. Silver u. *A. H. Soloway*, J. Org. Chem. **41**, 1272 (1976).
    A. P. Uijttewaal, F. L. Jonkers u. *A. van der Gen*, J. Org. Chem. **43**, 3306 (1978).

-anhydriden[666], Enollactonen[667], Carbonsäure-imiden[668], Isocyanaten[669] und Ketenen[670] mit Erfolg olefinieren.

Verschiedene resonanzstabilisierte Ylide sind für eine erfolgreiche Carbonylolefinierung, insbesondere wenn der Reaktionspartner ein Keton ist, zu reaktionsträge[671, 672]. Protonen vermögen die Wittig-Reaktion mit stabilen Phosphoranen zu katalysieren[672], ohne das Z/E-Verhältnis zu beeinflussen[673]. Während z. B. (Alkoxycarbonyl-methylen)-triphenyl-phosphorane mit Ketonen nicht oder nur unter extremen Bedingungen reagieren, erreicht man eine Reaktion durch Zusatz von Carbonsäure[674].

Bei einer Reihe cyclischer Ketone gelingt die Olefinierung offenbar aufgrund sterischer Behinderung bzw. Enolisierung, selbst bei Verwendung stark basischer Ylide nicht[675, 676]. Gelegentlich kann es unter dem Einfluß reaktiver Ylide zu basenkatalysierten Nebenreaktionen (Aldolkondensation, Cannizzaro Reaktion, Eliminierung etc.) an der Carbonyl-Verbindung kommen[676−678, 677a].

Tragen die Reaktionspartner der Wittig-Reaktion mehrere funktionelle Gruppen so müssen diese gegebenenfalls geschützt werden.

Da Carbonsäure-Derivate nur in Ausnahmefällen olefiniert werden, treten bei der Wittig-Reaktion von Carbonyl-Verbindungen mit zusätzlicher Alkoxycarbonyl-Gruppe keine Komplikationen ein.

[666] *A. P. Gara, R. A. Massy-Westropp* u. *G. D. Reynolds*, Tetrahedron Lett. **1969**, 4171.

W. Flitsch, J. Schwiezer u. *U. Strunk*, Justus Liebigs Ann. Chem. **1975**, 1967.

D. W. Knight u. *G. Pattenden*, J. Chem. Soc. [Perkin Trans. 1] **1979**, 62.

D. R. Gedge u. *G. Pattenden*, J. Chem. Soc. [Perkin Trans. 1] **1979**, 89.

[667] *P. J. Babidge* u. *R. A. Massy-Westropp*, Austr. J. Chem. **30**, 1629 (1977).

[668] *W. Flitsch* u. *H. Peters*, Tetrahedron Lett. **1969**, 1161.

W. Flitsch et al. Chem. Ber. **104**, 2847, 2852 (1971); **106**, 1731 (1973).

[669] *S. Trippett* u. *D. M. Walker*, J. Chem. Soc. **1959**, 3874.

P. Froyen, Acta. Chem. Scand. [B] **28**, 586 (1974).

D. P. Deltsova, N. P. Gambaryan u. *I. L. Knunyants*, Dokl. Chem. **212**, 628 (1973); C. A. **80**, 3359 (1974).

[670] *G. Wittig* u. *A. Haag*, Chem. Ber. **96**, 1535 (1963).

G. Aksnes u. *P. Froyen*, Acta Chem. Scand. **22**, 2347 (1968).

D. A. Phipps u. *G. A. Taylor*, Chem. Ind. (London) **1968**, 1279.

Z. Hamlet u. *W. D. Barker*, Synthesis **1970**, 543.

V. Y. Orlos, S. A. Lebedev, S. V. Ponomarev u. *I. F. Lutsenko*, Zh. Obshch. Khim. **45**, 696 (1975); C. A. **83**, 43 428 (1975).

J. L. Bloomer, S. M. H. Zaidi, J. T. Strupczewski, C. S. Brosz u. *L. A. Gudzyk* J. Org. Chem. **39**, 3615 (1974).

M. I. Shevchuk, V. N. Kushir u. *A. V. Dombrovskii*, Zh. Obshch. Khim. **47**, 2513 (1977); C. A. **88**, 89 425 (1978).

[671] Vgl. *A. W. Johnson*, Ylid Chemistry, S. 138, Academic Press, New York · London 1966.

[672] *C. Rüchardt, P. Panse* u. *S. Eichler*, Chem. Ber. **100**, 1144 (1967).

[673] *A. K. Bose, M. S. Manhas* u. *R. M. Ramer*, J. Chem. Soc. **1969**, 2728.

[674] *H. J. Bestmann* u. *J. Lienert*, Chem. Ztg. **94**, 487 (1970).

[675] *F. Sondheimer, W. McCrae* u. *W. G. Salmond*, J. Am. Chem. Soc. **91**, 1228 (1969).

J. B. Jones u. *P. W. Marr*, Can. J. Chem. **49**, 1300 (1970).

D. Taub, R. D. Hoffsommer, C. H. Kuo, H. L. Slates, Z. S. Zelavski u. *N. L. Wendler*, Tetrahedron **29**, 1447 (1973).

R. K. Hill u. *D. W. Ladner*, Tetrahedron Lett. **1975**, 989.

H. M. McGuire, H. C. Odom u. *A. R. Pinder*, J. Chem. Soc. [Perkin Trans. 1] **1974**, 1879.

[676] *L. N. Mander, J. V. Turner* u. *B. G. Coombe*, Austr. J. Chem. **27**, 1985 (1974).

[677] *C. F. Hanser* et al., J. Org. Chem. **28**, 372 (1963).

G. Wittig, W. Böll u. *K. H. Krück*, Chem. Ber. **95**, 2514 (1962).

H. J. Bestmann u. *E. Kranz*, Chem. Ber. **102**, 1802 (1969).

A. K. Sen Gupta et al., Tetrahedron Lett. **1968**, 5205, 5207.

L. Salisbury, J. Org. Chem. **35**, 4258 (1970).

H. T. J. Chan, J. A. Elix u. *B. A. Ferguson*, Synth. Commun. **2**, 409 (1972).

[677a] *B. Janistyn* u. *W. Hänsel*, Chem. Ber. **108**, 1036 (1975).

[678] *V. Aris, J. M. Brown* u. *B. T. Golding*, J. Chem. Soc. [Perkin Trans. 2] **1974**, 700.

1,2-Diketone gehen mit Yliden i. a. nur Monoolefinierung ein[679];Oxo-aldehyde reagieren bevorzugt an der Formyl-Gruppe[680, 681].

Soll eine Carbonyl-Gruppe einer Dicarbonyl-Verbindung gezielt olefiniert werden, so muß die zweite geschützt werden (Überführung in Vinylether oder Acetale[680, 683]). Ylide, die nicht in Konjugation zur C=P-Bindung stehende Oxo-Gruppen enthalten, müssen ebenfalls als Acetale geschützt werden[682, 684].

Hydroxy-Gruppen im Ylid oder in der Carbonyl-Komponente werden als 2-Tetrahydropyranylether[685] (vgl. jedoch Lit.[677a]), tert.-Butyl-dimethylsilyl-ether[686] oder als Dimethyl-essigsäure-ester geschützt[687]. Die Acetat-Gruppe ist als Schutzfunktion weniger geeignet, da sie mit stark basischen Yliden leicht abgespalten wird[688]. Eine C≡C-Dreifachbindung wird durch eine Trimethylsilyl-Gruppe geschützt[689].

Wittig-Reaktionen lassen sich mit Erfolg auch in Zweiphasensystemen (Phasentransfer-Katalyse), selbst in hydrolytisch wirkenden Basensystemen, durchführen[690].

[677a] *B. Janistyn* u. *W. Hänsel*, Chem. Ber. **108**, 1036 (1975).

[679] *H.J. Bestmann* u. *H. Morper*, Angew. Chem. **79**, 578 (1967); engl.: **6**, 561.

H.J. Bestmann u. *H.L. Lang*, Tetrahedron Lett. **1969**, 2101.

E. Ritchie u. *W.C. Taylor*, Austr. J. Chem. **24**, 2137 (1971).

K. Inoue u. *K. Sakai*, Tetrahedron Lett. **1976**, 4107.

A.L. Koskinen u. *S. Eskola*, Finn. Chem. Lett. **1977**, 168; C.A. **88**, 104624 (1978).

M.M. Sidky u. *L.S. Boulos*, Phosphorus Sulfur **4**, 299 (1978).

H.E. Applegate, C.M. Cimarusti u. *W.A. Slusarchyk*, Tetrahedron Lett. **1979**, 1637.

K. Inoue, J. Ide u. *K. Sakai*, Bull. Chem. Soc. Jpn. **51**, 2361 (1978).

[680] *J.D. Surmatis, A. Walser, J. Gibas, K. Schwieter* u. *R. Thommen*, Helv. Chim. Acta **53**, 974 (1970).

[681] *A.J. Birch, J.E.T. Corrie* u. *G.S.R. Subba Rao*, Austr. J. Chem. **23**, 1811 (1970).

H.D. Locksley, A.J. Quillinan u. *F. Scheinmann*, J. Chem. Soc. **1971**, 3804.

J.P. Marino u. *T. Kaneko*, Tetrahedron Lett. **1973**, 3975.

[682] s. ds. Handb. (4. Aufl.), Bd. V/1d, 88 (1972).

[683] *F. Serratosa*, Tetrahedron **16**, 185 (1961).

W. Haede, W. Fritsch, K. Radscheit, U. Stache u. *H. Ruschig*, Justus Liebigs Ann. Chem. **741**, 92 (1970).

A.I. Meyers, R.L. Nolen, E.W. Collington, T.A. Narwid u. *R.C. Strickland*, J. Org. Chem. **38**, 1974 (1973).

[684] *M.B. Groen* u. *F.J. Zeelen*, J. Org. Chem. **43**, 1961 (1978).

J.C. Stowell u. *D.R. Keith*, Synthesis **1979**, 132.

[685] *F. Serratosa*, Tetrahedron **16**, 185 (1961).

F. Bohlmann, H. Bornowski u. *P. Herbst*, Chem. Ber. **93**, 1931 (1960).

H.J. Bestmann, K.H. Koschatzky, W. Schätzke, J. Süß u. *V. Vostrowsky*, Justus Liebigs Ann. Chem. **1981**, 1705.

[686] *E.J. Corey* u. *A. Venkateswarlu*, J. Am. Chem. Soc. **94**, 6190 (1972).

[687] *W.E. Bondinell, S.J. Di Mari, B. Frydman, K. Matsumnoto* u. *H. Rapoport*, J. Org. Chem. **33**, 4351 (1968).

[688] *H.J. Bestmann* u. *H.A. Heid*, Erlangen, unveröffentlicht 1967.

H.A. Heid, Dissertation, Erlangen–Nürnberg 1971.

T. Masamune, H. Murase u. *A. Murai*, Bull. Chem. Soc. Jpn. **52**, 135 (1979).

[689] *A.G. Fallis, E.R.H. Jones* u. *V. Thaller*, Chem. Commun. **1969**, 924.

A.G. Fallis, M.T.W. Hearn, E.R.H. Jones, V. Thaller u. *J.L. Turner*, J. Chem. Soc. [Perkin Trans. 1] **1973**, 743.

[690] *G. Märkl* u. *A. Merz*, Synthesis **1973**, 295.

M. Butcher, R.J. Mathews u. *S. Middleton*, Austr. J. Chem. **26**, 2062 (1973).

S. Hünig u. *J. Stemmler*, Tetrahedron Lett. **1974**, 3151.

W. Tagaki, I. Inoue, Y. Yano u. *T. Okonogi*, Tetrahedron Lett. **1974**, 2587.

H.J. Christau, A. Long u. *H. Christol*, Tetrahedron Lett. **1979**, 349.

R.M. Boden, Synthesis **1975**, 784.

M. Delmas, Y. Le Bigot u. *A. Gaset*, Tetrahedron Lett. **1980**, 4831.

M. Delmas, Y. Le Bigot, A. Gaset u. *J.P. Gorrichon*, Synth. Commun. **11**, 125 (1981).

E.V. Dehmlow u. *S. Barahona-Naranjo*, J. Chem. Res. [S] **1981**, 142; [M] **1981**, 1748.

G. Wittig u. *H. Schoch-Grübler*, Justus Liebigs Ann. Chem. **1978**, 362.

Sowohl Ylide[691] als auch Carbonyl-Verbindungen[692] können, an polymere Träger gebunden, der Wittig-Reaktion unterworfen werden, so daß das entstehende Phosphanoxid bequem abgetrennt werden kann.

Aldehyde lassen sich auch in Form einiger Derivate, die im Gleichgewicht mit der Carbonyl-Verbindung stehen (z.B. Bisulfit-Addukte[693], Hydrate[694], Lactole[695], Hydroxylactone[696] und Hydroxylactame[697]) in die Wittig-Reaktion einsetzen.

Bei einer Variante der Wittig-Reaktion wird durch Oxidation eines Phosphorans die erforderliche Carbonyl-Verbindung erzeugt und mit einem zweiten Mol Ylid olefiniert (vgl. S. 689).

4.2.2.2. Mechanismus und Stereochemie

Die mechanistische Deutung der Wittig-Reaktion und die Übereinstimmung theoretischer Voraussetzungen mit experimentellen Resultaten gelang erst etwa 25 Jahre nach deren Entdeckung[698–701]. Bereits von Wittig[702] wurde ein zwitterionisches Addukt in Form des P–O-Betains formuliert, das dann in ein 1,2-Oxaphosphetan als Übergangszustand übergehen und anschließend in ein Olefin und Phosphanoxid zerfallen sollte[s. a.703]:

$$R^1_3\overset{\oplus}{P}-\overset{\overset{\textstyle R^2}{|}}{C}-R^3$$
$$\overset{\ominus}{|\overline{O}}-\overset{\overset{\textstyle |}{C}}{\underset{\textstyle |}{C}}-R^4$$
$$R^5$$

Durch ^{31}P-NMR-Untersuchungen wurde gezeigt, daß 1,2-Oxaphosphetane nicht Übergangszustände, sondern echte Zwischenstufen bei der Wittig-Reaktion sind[699–701, 704–706]. Betaine konnten nicht nachgewiesen werden[701]. Außerdem konnte bewiesen werden, daß zwischen Ylid und Aldehyd auf der einen und dem 1,2-Oxaphosphetan auf der anderen Seite ein Gleichgewicht existiert[700, 701], das jedoch keinen Einfluß auf die Stereochemie

[691] F. Camps, J. Castells, J. Font u. F. Vela, Tetrahedron Lett. **1971**, 1715.

S. V. Mc Kinley u. J. W. Rakshys, jun. Chem. Commun. **1972**, 134.

W. Heitz u. R. Michels, Angew. Chem. **84**, 296 (1972); engl.: **11**, 298.

W. Heitz u. R. Michels, Justus Liebigs Ann. Chem. **1973**, 227.

F. Camps, J. Castells u. F. Vela, An. Quim. **70**, 374 (1974); C.A. **81**, 63015 (1975).

J. Y. Wong, C. Manning u. C. C. Leznoff, Angew. Chem. **86**, 743 (1974); engl.: **13**, 666.

J. Castells, J. Font u. A. Virgili, J. Chem. Soc. [Perkin Trans.] **1979**, 1.

[692] C. C. Leznoff, T. M. Fyler u. J. Weatherston, Can. J. Chem. **55**, 1143 (1977).

J. A. Moore u. J. J. Kennedy, Chem. Commun. **1978**, 1079.

[693] G. Koßmehl u. B. Bohn, Angew. Chem. **85**, 230 (1973); engl.: **12**, 237.

[694] G. Koßmehl u. B. Bohn, Chem. Ber. **107**, 710 (1974).

[695] K. Mori, Tetrahedron **31**, 3011 (1975).

N. Nakamura u. K. Sakai, Tetrahedron Lett. **1976**, 2049.

H. J. Bestmann u. Kedong Li, Tetrahedron Lett. **1981**, 4941.

[696] H. D. Scharf, J. Janus u. E. Müller, Tetrahedron **35**, 25 (1979).

[697] J. J. de Boer u. W. N. Speckamp, Tetrahedron Lett. **1975**, 4039.

[698] H. J. Bestmann, Pure Appl. Chem. **51**, 515 (1979); **52**, 771 (1980).

[699] H. J. Bestmann, K. Roth, E. Wilhelm, R. Böhme u. H. Burzlaff, Angew. Chem. **91**, 945 (1979); engl.: **18**, 879.

[700] H. J. Bestmann u. W. Downey, Erlangen, unveröffentlicht 1978.

[701] E. Vedejs, G. P. Meier u. K. A. J. Snoble, J. Am. Chem. Soc. **103**, 2823 (1981).

[702] G. Wittig u. U. Schöllkopf, Chem. Ber. **87**, 1318 (1954).

[703] M. Schlosser, in E. L. Eliel und N. L. Allinger, Topics in Stereochemistry, Vol. **5**, S. 13, Interscience Publ., New York 1970.

M. Schlosser u. K. F. Christmann, Justus Liebigs Ann. Chem. **708**, 1 (1967).

[704] E. Vedejs u. K. A. J. Snoble, J. Am. Chem. Soc. **95**, 5778 (1973).

[705] M. Schlosser, A. Piskala, C. Tarchini u. H. Ba Tuong, Chimia **29**, 341 (1975).

[706] M. Schlosser u. H. Ba Tuong, Angew. Chem. **91**, 675 (1979); engl.: **18**, 633.

des gebildeten Olefins[700] hat. Kinetische Untersuchungen[707] und theoretische Berechnungen[708, 709] sprechen für eine direkte Bildung der 1,2-Oxaphosphetane in einem Einstufenprozeß.

Diese Ergebnisse führten zu einer neuen Interpretation für den Mechanismus der Wittig-Reaktion, bei dem die Westheimer-Regeln über den wechselseitigen Übergang von tetravalentem und pentavalentem Phosphor-Atom zu berücksichtigen sind[710]: Eintretende Gruppen am tetravalenten und austretende Gruppen am pentavalenten Phosphor-Atom nehmen stets die apikale Position ein, d.h., daß das aus Ylid und Carbonyl-Verbindung gebildete 1,2-Oxaphosphetan die Struktur I mit apikalem Sauerstoff-Atom besitzen muß (^{31}P-NMR Untersuchungen, Röntgenstrukturanalyse[699, 700]). Die Gruppen R^2 und R^3 am 1,2-Oxaphosphetan I stehen zueinander in Z-Position (bis heute noch nicht in allen Einzelheiten geklärt[701, 704]):

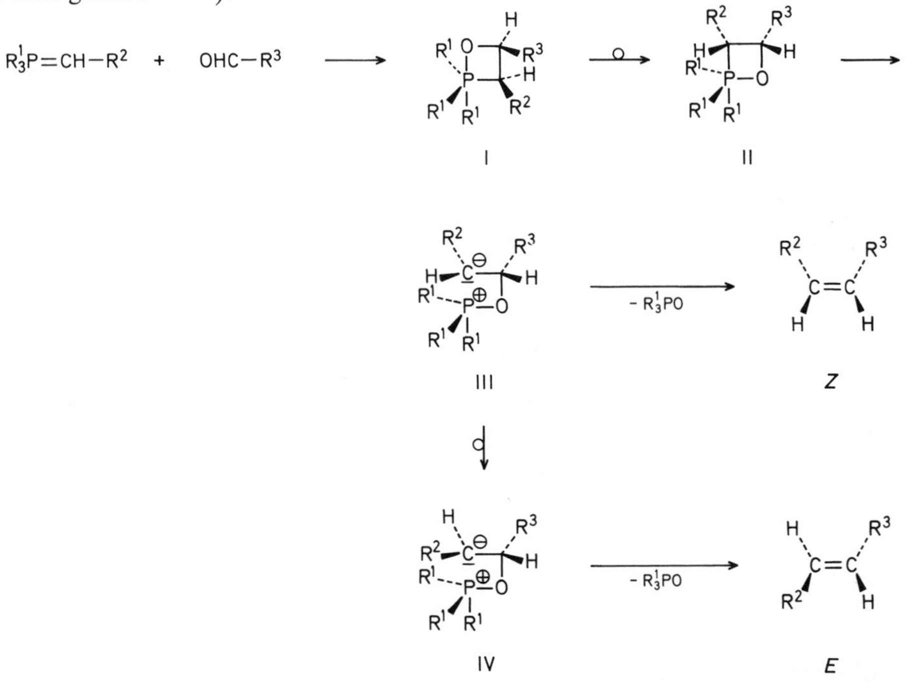

Im 1,2-Oxaphosphetan I ist nach den erwähnten Regeln der Bruch der ursprünglichen ylidischen PC-Bindung nicht erlaubt, da sie äquatorial steht. Für den im Verlauf der Olefin-Bildung notwendigen Bruch dieser Bindung ist ein Ligandenumordnungsprozeß (Pseudorotation)[711, 712] notwendig, der die Bindung in die apikale Position

[699] H.J. Bestmann, K. Roth, E. Wilhelm, R. Böhme u. H. Burzlaff, Angew. Chem. **91**, 945 (1979); engl.: **18**, 879.

[700] H.J. Bestmann u. W. Downey, Erlangen, unveröffentlicht 1978.

[701] E. Vedejs, G.P. Meier u. K.A.J. Snoble, J. Am. Chem. Soc. **103**, 2823 (1981).

[704] E. Vedejs u. K.A.J. Snoble, J. Am. Chem. Soc. **95**, 5778 (1973).

[707] P. Froyen, Acta Chem. Scand. **26**, 2163 (1972).
     G. Aksnes u. F.Y. Khalil, Phosphorus **2**, 105 (1972); **3**, 79, 109 (1973).
     N.A. Nesmeyanov, E.V. Vishtok u. O.A. Reutov, Dokl. Chem. **210**, 1102 (1973); C.A. **79**, 91 259 (1973).
     I.F. Wilson u. J.C. Tebby, J. Chem. Soc. [Perkin Trans. 1] **1972**, 2713.
     B. Giese, J. Schoch u. C. Rückhardt, Chem. Ber. **111**, 1395 (1978).

[708] C. Trindle, J.T. Hwang u. F.A. Carey, J. Org. Chem. **38**, 2664 (1973).

[709] R. Höller u. H. Lischka, J. Am. Chem. Soc. **102**, 4632 (1980).

[710] F.H. Westheimer, Acc. Chem. Res. **1**, 70 (1968).

[711] P. Gillespie, P. Hoffmann, H. Klusacek, D. Marquarding, S. Pfohl, F. Ramirez, E.A. Tsolis u. I. Ugi, Angew. Chem. **83**, 691 (1971); engl.: **10**, 687.

[712] D. Marquarding, F. Ramirez, I. Ugi u. P. Gillespie, Angew. Chem. **85**, 99 (1973) engl.: **12**, 91.

mit verlängerter P–C-Bindung bringt (über Abinitio-Berechnungen zur Pseudorotation von 1,2-Oxaphospheta-nen s. Lit.[709, 713]). Nach Erreichen der Struktur II oder auf dem Wege dorthin erfolgt der Bruch der P–C-Bindung zum Betain III. Die Stereochemie des zu bildenden Olefins wird nun vom elektronischen Charakter des Restes R^2 am ursprünglichen Ylid und den stationären Liganden R^1 am Phosphor-Atom bestimmt. Ist der Substituent R^2 ein Elektronendonor und sind die Liganden R^1 Phenyl-Gruppen, so erfolgt aus dem Betain III eine sehr schnelle Eliminierung von Triphenylphosphanoxid und man erhält in hoher Stereoselektivität Z- Olefine. Ist die Gruppe R^2 ein Elektronenakzeptor, so wird die Lebensdauer des Betains III erhöht. Es kann sich die thermodynamisch stabilere Konformation IV einstellen, aus der unter Abspaltung von Triphenylphosphanoxid die E-Olefine ge-bildet werden. Substituenten R^1 mit Donorcharakter (z. B. Alkyl- oder Cycloalkyl-Gruppen) verlangsamen die Phosphanoxid-Abspaltung. Dadurch wird die Wahrscheinlichkeit für den Konformationswechsel von III nach IV größer. Als Folge davon nimmt die E-Olefin-Bindung beim Übergang der Reste von R^1 = Phenyl zu R^1 = Alkyl oder Cycloalkyl zu.

Die Zugabe protischer Lösungsmittel verschiebt auch dann, wenn der Rest R^2 ein Elek-tronendonator ist, das Z : E-Verhältnis in Richtung der Bildung der E-Verbindung[714]. Gibt man nach Bildung des 1,2-Oxaphosphetans bei −70° O-Deutero-ethanol zum Reaktions-gemisch und erwärmt, so wird in hohem Maße Deuterium an der C = C-Doppelbindung des gebildeten Olefins eingebaut, wobei die Einbaurate im E-Isomeren größer ist als im Z-Isomeren.

Alle diese Befunde gelten für sogenannte Lithium-salzfreie Ylide (Herstellung s. S. 626−628). Für Wittig-Reaktionen mit salzfreien Phosphoranen ergeben sich folgende Regeln bezüglich der Stereochemie der gebildeten Olefine[715, 716]:

① Elektronendonator-Gruppen (z. B. Alkyl) am Ylid-C-Atom ergeben, insbesondere wenn sie mit Alde-hyden bei tiefer Temperatur (−70 bis −80°) zur Reaktion gebracht werden, in hoher Stereoselektivität (größer 98%) Z- Olefine[717, 718]. Protische Lösungsmittel sind auch in Spuren auszuschließen.

② Elektronenanziehende Gruppen am Ylid C-Atom (z. B. Methoxycarbonyl, Cyan) bewirken eine hohe E-Selektivität der Wittig-Reaktion, die durch Verwendung von Alkyl-bzw. Cycloalkyl-Gruppen als statio-näre Liganden am Phosphor sowie unter Verwendung protischer Lösungsmittel verstärkt werden kann.

③ Trägt das Ylid-C-Atom Aryl- oder Polyen-Gruppen so erhält man eine Mischung von Z- und E- Olefinen. Polare Lösungsmittel und Alkyl- bzw. Cycloalkyl-Reste am Phosphor-Atom erhöhen den E-Anteil[719], sper-rige oder elektronenanziehende Gruppen am Phosphor erhöhen den Z-Anteil[720, 721].

④ Bei der Verwendung von Allyliden-triphenyl-phosphoranen ist neben der Bildung eines Z/E-Olefin-Gemi-sches mit einer Isomerisierung an der ursprünglichen C = C-Doppelbindung des Ylides zu rechnen[722]. Au-ßerdem besteht die Möglichkeit, der Reaktion am γ−C-Atom der Allyliden-Gruppe (s. S. 719 u. 725).

⑤ Beim Einsatz von α,β-ungesättigten Carbonyl-Verbindungen bleibt die Konfiguration der C = C-Doppel-bindung dann erhalten, wenn man einen Überschuß an Ylid vermeidet[722].

Die Anwesenheit von Lithium-Salzen bewirkt eine Herabsetzung der (Z)-Stereose-lektivität mit reaktiven Yliden und zwar umso mehr, je raumfüllender das Anion im Li-thium-Salz ist[723]. Der Effekt wird vor allem in unpolaren Medien deutlich. Bei der Wit-tig-Reaktion mit moderierten und resonanzstabilisierten Yliden erhöht sich dagegen der

[709] R. Höller u. H. Lischka, J. Am. Chem. Soc. **102**, 4632 (1980).

[713] H. J. Bestmann, J. Chandrasekhar, W. Downey u. P. v. R. Schleyer, Chem. Commun. **1980**, 978.

[714] H. J. Bestmann, Pure Appl. Chem. **52**, 771 (1980).

[715] H. J. Bestmann, Pure Appl. Chem. **51**, 515 (1979); **52**, 771 (1980).
   M. Schlosser in E. L. Eliel u. N. L. Allinger, Topics in Stereochemistry, Vol. **5**, S. 13, Interscience Publ., New York 1970.

[716] Vgl. a. ds. Handb. (4. Aufl.), Bd. V/1b, 385ff. (1972).

[717] M. Schlosser, A. Piskala, C. Tarchini u. H. Ba Tuong, Chimia **29**, 341 (1975).

[718] H. J. Bestmann, W. Stransky u. O. Vostrowsky, Chem. Ber. **109**, 1694 (1976).

[719] H. J. Bestmann u. O. Kratzer, Chem. Ber. **95**, 1894 (1962).

[720] D. W. Allen u. H. Ward, Tetrahedron Lett. **1979**, 2707.

[721] D. W. Allen u. H. Ward, Z. Naturforsch. **35 b**, 754 (1980).

[722] H. J. Bestmann, Pure Appl. Chem. **51**, 515 (1979).

[723] M. Schlosser u. K. F. Christmann, Justus Liebigs Ann. Chem. **708**, 1 (1967).

Anteil an Z-Alken[724, 725, 724a]. Die anderen Alkalimetalle zeigen keine derartigen Effekte, so daß die entsprechenden Ylide keine Beeinträchtigung ihres Reaktionsverhaltens erleiden.

Zwar gelingt es, durch Zusatz von Lithium-Salzen den Anteil des E-Isomeren bei Wittig-Reaktionen mit reaktiven Yliden bis auf 70–80% zu steigern, doch ist die Reaktion, die zweckmäßigerweise diskontinuierlich durchgeführt wird, umständlich und verlustreich[723]. Ausbeuten an E-Alkenen bis zu 99% werden mit reaktiven Yliden dagegen nach einer Variante über β-Oxido-Phosphorylide (Betain-Ylide) erhalten[723, 716, 726–728]. Hierbei werden lithierte Zwischenprodukte der Wittig-Reaktion mit Organo-lithium-Verbindungen zu einem (2-Oxido-alkyliden)-phosphoran (Oxido-Ylide) deprotoniert und anschließend reprotoniert. Das bevorzugt gebildete threo-Produkt zerfällt bei der Einwirkung von Kalium-tert.-butanolat zum E-Olefin:

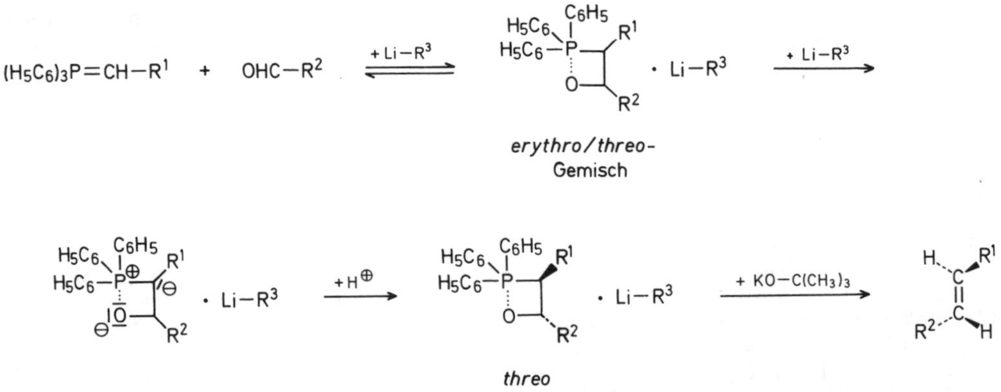

erythro/threo-
Gemisch

threo

Für die Zwischenprodukte dieser Variante ist die 1,2-Oxaphosphetan-Struktur zu diskutieren.

Die E-Selektivität verringert sich, wenn man an Stelle eines Aldehyds ein unsymmetrisches Keton in ein Alken überführt[723].

Außer mit Protonen können die sogenannten β-Oxido-Ylide mit einer Vielzahl elektrophiler Agentien (z.B. Deuteriumchlorid[726, 727], Halogene[726, 729], Alkylhalogenide[726, 730], Aldehyde[728–733]) umgesetzt werden. Man erhält Substitutionsprodukte der Zwischenverbindung der Wittig-Reaktion die nachfolgend unter Abspaltung von Triphenylphosphanoxid in trisubstituierte Alkene übergehen (SCOOPY-Reaktion = Substituierende Carbonylolefinierung via β-Oxido-Phosphorylide):

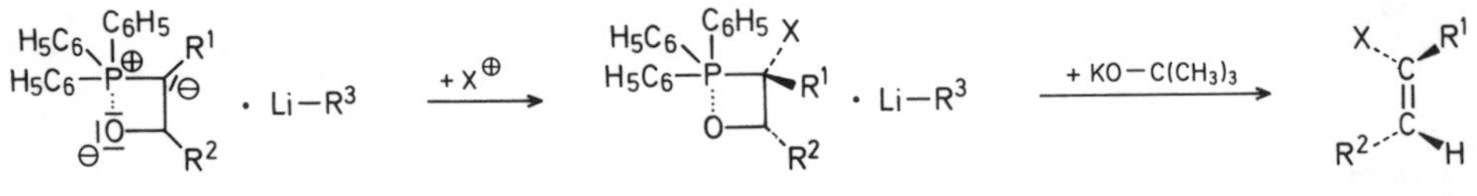

[716] Vgl. a. ds. Handb. (4. Aufl.) Bd. V/1b, 385ff. (1972).

[723] M. Schlosser u. K. F. Christmann, Justus Liebigs Ann. Chem. **708**, 1 (1967).

[724] L. D. Bergelson, L. I. Barsukow u. M. M. Shemyakin, Tetrahedron **23**, 2709 (1967).

[724a] D. J. Burton u. P. E. Greenlimb, J. Org. Chem. **40**, 2796 (1975).

[725] H. O. House, V. K. Jones u. G. A. Frank, J. Org. Chem. **29**, 3327 (1964).

[726] M. Schlosser u. K. F. Christmann, Synthesis **1969**, 38.

[727] M. Schlosser, K. F. Christmann und A. Piskala, Chem. Ber. **103**, 2814 (1970).

[728] M. Schlosser u. D. Coffinet, Synthesis **1971**, 380; **1972**, 575.

[729] E. J. Corey, J. I. Shulman u. H. Yamamoto, Tetrahedron Lett. **1970**, 447.

[730] E. J. Corey et al., J. Am. Chem. Soc. **92**, 226, 6635, 6636, 6637 (1970).

[731] M. Schlosser, K. F. Christmann, A. Piskala u. D. Coffinet, Synthesis **1971**, 29.

[732] E. J. Corey, P. Ulrich u. A. Venkateswarlu, Tetrahedron Lett. **1977**, 3231.

[733] W. G. Taylor, J. Org. Chem. **44**, 1020 (1979).

So führt die Alkylierung mit Methyljodid[726, 730] zu trisubstituierten Alkenen ($X = CH_3$) und die Umsetzung mit Formaldehyd[728, 730, 732, 734] zu den entsprechenden 1 - H y d r o x y - 2 - a l k e n e n. Auch bei dieser, um einen Freiheitsgrad erweiterten Variante der Wittig Reaktion, beobachtet man i. a., daß die Reste R^1 und R^2 in Gegenwart löslicher Lithium-Salze bevorzugt E-ständig an der neu geknüpften C = C-Doppelbindung erscheinen (vgl. jedoch Lit.[733]).

Bei der Wittig-Reaktion in hydroxylhaltigen Lösungsmitteln können auch Vinylphosphonium-Salze als Intermediärprodukte auftreten[734, 735].

4.2.2.3. Anwendungsbreite

4.2.2.3.1. Ringschlußreaktionen

Die Wittig-Reaktion eignet sich zur Synthese einer Vielzahl cyclischer Verbindungen aus offenkettigen Komponenten[736−738]. Cyclisierungen sind durch inter- und intramolekulare Varianten der Wittig-Reaktion möglich.

Die doppelte intermolekulare Wittig-Reaktion zwischen Dicarbonyl-Verbindungen und Bis-[alkyliden]-triphenyl-phosphoranen im Molverhältnis 1 : 1 wird insbesondere zur Synthese von nichtbenzoiden A r o m a t e n und A n n u l e n e n herangezogen[737, 739].

$$\begin{array}{c} CH{=}P(C_6H_5)_3 \\ A \\ CH{=}P(C_6H_5)_3 \end{array} \;+\; \begin{array}{c} OHC \\ B \\ OHC \end{array} \xrightarrow[\;-\,2\;(H_5C_6)_3PO\;]{} \begin{array}{c} A \;\;\; B \end{array}$$

Die nach diesem Verfahren aufgebauten Verbindungen reichen von 5- bis 36-gliedrigen Ringsystemen.

Eine Umsetzung im Molverhältnis 2 : 2 unter Bildung von Ringen mit doppelter Gliederzahl wird gelegentlich beobachtet[737].

Ylide mit Oxo-Gruppen im substituierten Methylen-Rest (Herstellung s. S. 635) cyclisieren im allgemeinen durch intramolekulare Carbonylolefinierung (falls diese nicht realisierbar ist, kann es auch zu einer cyclisierenden Dimerisierung kommen)[736]:

[726] M. Schlosser u. K. F. Christmann, Synthesis 1969, 38.

[728] M. Schlosser u. D. Coffinet, Synthesis 1971, 380; 1972, 575.

[730] E. J. Corey et al., J. Am. Chem. Soc. 92, 226, 6635, 6636, 6637 (1970).

[732] E. J. Corey, P. Ulrich u. A. Venkateswarlu, Tetrahedron Lett. 1977, 3231.

[733] W. G. Taylor, J. Org. Chem. 44, 1020 (1979).

[734] D. W. Allen, B. G. Hutley u. T. C. Rich, J. Chem. Soc. [Perkin Trans. 2] 1973, 820.

[735] E. E. Schweizer, D. M. Crouse, T. Minami u. A. T. Wehmann, Chem. Commun. 1971, 1000.

     D. J. H. Smith u. S. Trippett, Chem. Commun. 1972, 191.

     J. M. McIntosh u. R. S. Steevensz, Can. J. Chem. 55, 2242 (1977).

     H. J. Bestmann u. W. Downey, Erlangen, unveröffentlicht 1978.

[736] H. J. Bestmann u. R. Zimmermann, Chem. Ztg. 96, 649 (1972).

[737] K. P. C. Vollhardt, Synthesis 1975, 765.

[738] E. Zbiral, Synthesis 1974, 775.

     E. Zbiral in J. I. G. Cadogan, Organophosphorus Reagents in Organic Synthesis, S. 250, Academic Press, London 1979.

[739] C. F. Wilcox, Jr., J. P. Uetrecht, G. D. Grantham u. K. G. Grohmann, J. Am. Chem. Soc. 97, 1914 (1975).

     F. Sondheimer et al., Tetrahedron Lett. 1975, 4179, 4183.

     D. N. Nicolaides et al., Synthesis 1976, 675; 1977, 127, 268.

     M. B. Stringer u. D. Wege, Tetrahedron Lett. 1977, 65.

     B. Thulin et al., Tetrahedron Lett. 1977, 929, 931.

     M. Rabinovitz et al., Synthesis 1977, 410; Tetrahedron 35, 667 (1979).

     K. Fuji, K. Ichikawa u. E. Fujita, Tetrahedron Lett. 1979, 361.

$$\begin{array}{c}R\\ \diagup\\ A\diagdown\\ CH=P(C_6H_5)_3\end{array}C=O \quad \xrightarrow{-(H_5C_6)_3PO} \quad A\!\!\triangleleft^R$$

Auf diese Weise sind insbesondere 5- und 6-gliedrige Ringe zugänglich[757]; z.B.:

gespannte Bicycloalkene[740] (*anti*-Bredt-Systeme)
2-Buten-4-olide[741]
Azabicyclo[3.2.0]heptene[742]

Systeme mit Cephalosporin-Gerüst[743]
5- bzw. 6-gliedrige O-Heterocyclen[744]

Letztere entstehen interessanterweise durch intramolekulare Olefinierung an der Ester-carbonyl-Gruppe.

Wird das (ω-Oxo-subst.-methylen)-triphenyl-phosphoran ausgehend vom Vinyl- bzw. Cyclopropyl-triphenyl-phosphonium-Salz mittels einem Anion erzeugt so erhält man folgende Ringsysteme:

$$[(H_5C_6)_3\overset{\oplus}{P}-CH=CH_2]\,Br^{\ominus} \;+\; ^{\ominus}X-A-CO-R \;\longrightarrow\; (H_5C_6)_3P=CH-CH_2-X-A-CO-R$$

$$\xrightarrow{-(H_5C_6)_3PO} \quad \underset{R}{\overset{X}{\diagup\!\!\!\diagdown}}A$$

X = O, S, N–R²: Heterocyclische Systeme großer Variationsbreite[745, 746]
X = CR$_2^2$: Cycloalkene[747–755]: z.B.: Oxo-cyclopentene[748], Oxo-cyclohexene[753], Cyclohexadiene[749, 750, 753], gespannte 1-Bicycloalkene (sp²-C-Atom als Brückenkopf)[751], 1-Mercapto-Cyclopentene[752, 755] usw.

Die Oxidation (vgl. S. 689) von Bis-[triphenylphosphoranyliden]-alkanen an einer Ylid-Funktion führt ebenfalls zu (ω-Oxo-subst.-methylen)-phosphoranen, die durch intramolekulare Wittig-Reaktion Cycloolefine liefern[756–762]:

---

[740] K. B. Becker, Helv. Chim. Acta 60, 68, 81 (1977).
    M. Nakazaki, K. Naemura u. S. Nakahara, Chem. Commun. 1979, 82.
[741] S. F. Krauser u. A. C. Watterson, jun., J. Org. Chem. 43, 3400 (1978).
[742] A. J. G. Baxter, K. H. Dickinson, P. M. Roberts, T. C. Smale u. R. Southgate, Chem. Commun. 1979, 236.
[743] R. Scartazzini et al., Helv. Chim. Acta 55, 408, 423, 2567 (1972).
    J. H. C. Nayler, M. J. Pearson u. R. Southgate, Chem. Commun. 1973, 58.
[744] M. Le Corre et al., Tetrahedron Lett. 1979, 5, 2145, 2149.
[745] E. E. Schweizer, J. Am. Chem. Soc. 86, 2744 (1964).
[746] M. E. Garst u T. A. Spencer, J. Org. Chem. 39, 584 (1974).
    W. Flitsch u. E. R. Gesing, Tetrahedron Lett. 1976, 1997.
    J. M. Mc Intosh u. R. S. Steevensz, Can. J. Chem. 55, 2442 (1977).
[747] E. E. Schweizer u. G. J. O'Neill, J. Org. Chem. 30, 2082 (1965).
[748] I. Kawamoto, S. Muramatsu u. Y. Yura, Tetrahedron Lett. 1974, 4223; Synth. Commun. 5, 185 (1975).
[749] P. L. Fuchs, Tetrahedron Lett. 1974, 4055.
[750] G. Büchi u. M. Pawlak, J. Org. Chem. 40, 100 (1975).
[751] W. G. Dauben u. J. D. Robbins, Tetrahedron Lett. 1975, 151.
[752] A. T. Hewson, Tetrahedron Lett. 1978, 3267.
[753] S. F. Martin u. S. R. Desai, J. Org. Chem. 43, 4673 (1978).
[754] P. L. Fuchs, J. Am. Chem. Soc. 96, 1607 (1974).
    W. G. Dauben u. D. J. Hart, J. Am. Chem. Soc. 97, 1622 (1975).
[755] J. P. Marino u. R. C. Landick, Tetrahedron Lett. 1975, 4531.
[756] Vgl. ds. Handb. (4. Aufl.), Bd. V/1b, S. 410.
[757] H. J. Bestmann u. R. Zimmermann, Chem. Ztg. 96, 649 (1972).
[758] H. J. Bestmann, H. Häberlein, H. Wagner u. O. Kratzer, Chem. Ber. 99, 2848 (1966).
[759] H. J. Bestmann, R. Armsen u. H. Wagner, Chem. Ber. 102, 2259 (1969).
[760] H. J. Bestmann u. W. Both, Chem. Ber. 107, 2923 (1974).
[761] H. J. Bestmann u. H. Pfüller, Angew. Chem. 84, 528 (1972); engl.: 11, 508.
[762] J. A. Deyrup u. M. F. Betkouiski, J. Org. Chem. 40, 284 (1975).

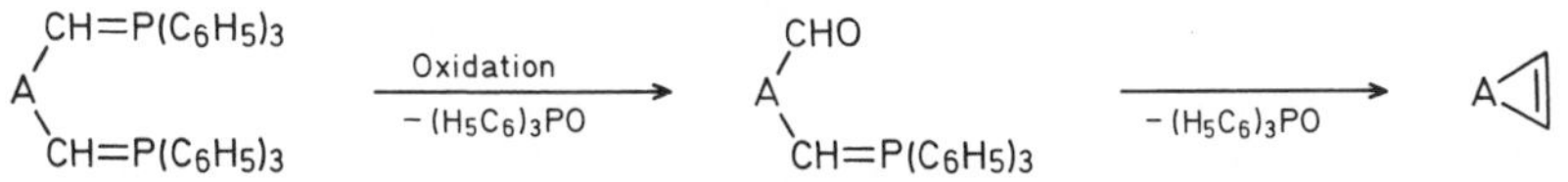

Das Verfahren eignet sich insbesondere zur Synthese polycyclischer Verbindungen[758-760] (z. B. von optisch aktiven *Pentahelicen*[760]).

Bei 1, ω-Bis-[triphenylphosphoranyliden]-nonan und höheren Homologen [A = $(CH_2)_7\ldots$] entstehen bei der Oxidation Gemische makrocyclischer Polyalkene, die durch mehrfach aufeinanderfolgende inter- und intramolekulare Wittig-Reaktion resultieren[761]. Beim 1,4-Bis-[triphenylphosphoranyliden]-butan [A = $(CH_2)_2$] erfolgt cyclisierende Dimerisierung zum *1,5-Cyclooctadien*.

Durch intramolekulare Wittig-Reaktion von Alkyliden-phosphoranen, die durch Addition von aciden Carbonyl-Verbindungen an Vinyliden-phosphorane erhalten werden (s. S. 767–769) sind heterocyclische Systeme zugänglich.

Carbonyl-Verbindungen kondensieren mit Allyliden-triphenyl-phosphoranen normalerweise am Ylid-C-Atom. Der Angriff am ylidischen γ–C-Atom ist als Konkurrenzreaktion selten[763], so daß man Carbonyl-Verbindungen mit Hilfe von Alkyliden-triphenyl-phosphoranen in konjugierte Diene überführen kann[764]. Mit α,β-ungesättigten Carbonyl-Verbindungen jedoch erfolgt ein Angriff des Ylides aus der γ-Position an die Vinylog-Stellung der Carbonyl-Verbindung. Die anschließende Tautomerisierung führt zu einem carbonylsubstituiertem Ylid, das durch Abspaltung von Triphenylphosphanoxid 1,3-Cyclohexadiene liefert[765]:

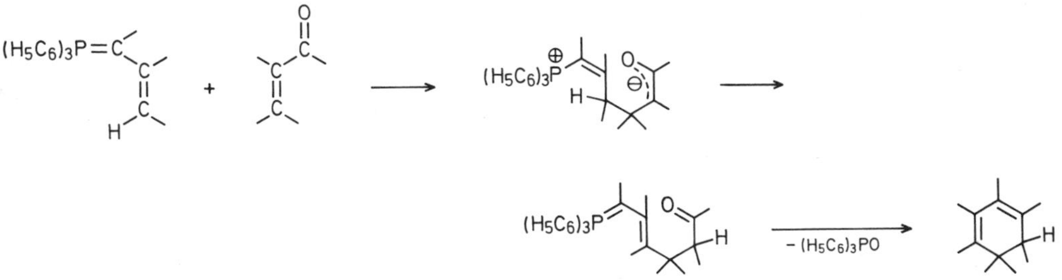

Ringschlüsse durch intramolekulare Wittig-Reaktion beobachtet man weiterhin als Folgereaktion der Umsetzung von Yliden mit einer Reihe von Reagenzien; z. B.:

mit Enol-lactonen → *Oxo-cycloalkene*[766]   4-Oxo-1,2-alkadienen → *4-Alkyliden-4H-pyrane*[768]

Pyrylium-Salzen → *Arene*[767]   Acylisocyanaten   → *4-Imino-4H-pyrane*[768]

Mannichbasen → *Benzo-pyrane*[768]

[758] *H. J. Bestmann, H. Häberlein, H. Wagner* u. *O. Kratzer*, Chem. Ber. **99**, 2848 (1966).

[759] *H. J. Bestmann, R. Armsen* u. *H. Wagner*, Chem. Ber. **102**, 2259 (1969).

[760] *H. J. Bestmann* u. *W. Both*, Chem. Ber. **107**, 2923 (1974).

[761] *H. J. Bestmann* u. *H. Pfüller*, Angew. Chem. **84**, 528 (1972); engl.: **11**, 508.

[763] *E. J. Corey* u. *B. W. Erickson*, J. Org. Chem. **39**, 821 (1974).

     E. Vedejs, J. P. Bershas u. *P. L. Fuchs*, J. Org. Chem. **38**, 3625 (1973).

[764] *B. Bogdanović* u. *S. Konstantinović*, Synthesis **1972**, 481.

[765] *G. Büchi* u. *H. Wüest*, Helv. Chim. Acta **54**, 1767 (1971).

     W. G. Dauben et al., Tetrahedron Lett. **1973**, 3711, 4425; J. Am. Chem. Soc. **95**, 5088 (1973).

     F. Bohlmann u. *C. Zdero*, Chem. Ber. **106**, 3779 (1979).

     A. Padwa u. *L. Brodsky*, J. Org. Chem. **39**, 1318 (1974).

     J. R. Neff, R. R. Gruetzmacher u. *J. E. Nordlander*, J. Org. Chem. **39**, 3814 (1974).

     S. F. Martin u. *S. R. Desai*, J. Org. Chem. **42**, 1665 (1977).

[766] *C. A. Henrick, E. Böhme, J. A. Edwards* u. *J. H. Fried*, J. Am. Chem. Soc. **90**, 5926 (1968).

[767] *G. Märkl*, Angew. Chem. **74**, 696 (1962).

[768] Vgl. *E. Zbiral*, Synthesis **1974**, 782 ff.

4.2.2.3.2. Synthese offenkettiger Olefine

Substituierte Olefine lassen sich durch die Wittig Reaktion in größter Vielfalt aufbauen[769]. Funktionelle Gruppen bzw. bestimmte Substituenten können in das Produkt der Carbonylolefinierung sowohl durch das Ylid als auch durch die Carbonyl-Komponente eingebracht werden.

4.2.2.3.2.1. Heteroatom-substituierte Olefine

4.2.2.3.2.1.1. Vinylhalogenide

Durch Wittig-Reaktionen von Halogenmethylen- bzw. (Dihalogenmethylen)-phosphoranen mit Aldehyden oder Ketonen ist eine Vielzahl von 1-Halogen-olefinen bzw. 1,1-Dihalogen-1-alkenen zugänglich[770-788]:

$$R_3^2P{=}C\begin{smallmatrix}R^1\\\\Hal\end{smallmatrix} \;+\; O{=}C\begin{smallmatrix}R^2\\\\R^3\end{smallmatrix} \quad\xrightarrow{-\,R_3^2PO}\quad \begin{smallmatrix}R^2\\\\R^3\end{smallmatrix}C{=}C\begin{smallmatrix}R^1\\\\Hal\end{smallmatrix}$$

$$R^1 = Hal,\ H,\ CO{-}R^3,\ COOR^3$$

So werden u. a. erhalten

1-Fluor-olefine[771]	1,1-Dichlor-1-alkene[781, 785]
1,1-Difluor-1-alkene[772, 773]	1-Brom-olefine[775, 776, 778, 782-784]
1-Chlor-1-fluor-1-alkene[774]	1,1-Dibrom-1-alkene[781, 785-788]
1-Chlor-olefine[775-780]	1-Jod-olefine[778, 778a, 783]

Der Einsatz von [1-Acyl-(bzw. Alkoxycarbonyl)-halogen-alkyliden]-phosphoranen führt zu 1-Acyl-1-halogen-1-alkenen bzw. 2-Halogen-2-alkensäuren[775-778, 782-784]. Bei der Verwendung von 2-Oxo-carbonsäure-nitrilen als Carbonyl-Komponente erhält man mit (Dihalogenmethylen)-phosphoranen 3,3-Dihalogen-acrylnitrile[781].

[769] A. Maercker Org. React. **14**, 316 (1965).
   I. Gosney u. A. G. Rowley in J. I. G. Cadogan, Organophosphorus Reagents in Organic Synthesis, S. 17, Academic Press, London 1979.
[770] A. Maercker, Org. React. **14**, 345 (1965).
[771] M. Schlosser u. M. Zimmermann, Synthesis **1969**, 75.
[772] D. G. Naae u. D. J. Burton, Synth. Commun. **1973**, 197.
[773] R. R. Ortiz de Montellano u. W. A. Vinson, J. Am. Chem. Soc. **101**, 2222 (1979).
[774] D. J. Burton u. H. C. Krutzsch, J. Org. Chem. **35**, 2125 (1970).
[775] G. Märkl, Chem. Ber. **94**, 2996 (1961).
[776] G. Märkl, Chem. Ber. **95**, 3003 (1962).
[777] A. J. Speziale u. K. W. Ratts, J. Org. Chem. **28**, 465 (1963).
[778] M. I. Shevchuk, A. S. Antonyuk u. A. V. Dombrovskii, Zh. Org. Khim. **1970**, 2579; C. A. **74**, 64276 (1971).
[778a] M. I. Shevchuk, A. F. Tolochko u. A. V. Dombrovskii, Zh. Obshch. Khim. **40**, 57 (1970); C. A. **72**, 100818 (1970).
[779] S. Miyano, Y. Izumi, K. Fujii, Y. Ohno u. H. Hashimoto, Bull. Chem. Soc. Jpn. **52**, 1197 (1979).
[780] A. F. Orr, Chem. Commun. **1979**, 40.
[781] R. L. Soulen et al., J. Org. Chem. **36**, 3386 (1971); **38**, 479 (1973); **39**, 97 (1974).
[782] A. J. Speziale u. C. C. Tung, J. Org. Chem. **28**, 1353 (1963).
[783] A. Gorgues u. A. Le Coq, C. R. Acad. Sci. Ser. C **278**, 1153 (1974).
[784] A. Roedig, G. Märkl u. H. Schaller, Chem. Ber. **103**, 1011 (1970).
[785] C. Raulet u. E. Levas, Bull. Soc. Chim. Fr. **1971**, 2598.
[786] J. Perman, R. A. Sharma u. M. Bobek, Tetrahedron Lett. **1976**, 2427.
[787] E. J. Corey u. P. L. Fuchs, Tetrahedron Lett. **1972**, 3769.
[788] H. J. Bestmann u. H. Frey, Justus Liebigs Ann. Chem. **1980**, 2061.

4.2.2.3.2.1.2. Vinylether

Vinylether sind durch Umsetzung von Aldehyden oder Ketonen mit (Alkoxymethylen)-triphenyl-phosphoranen[789-792] bzw. durch Olefinierung aktivierter Carbonsäureester mit reaktiven Yliden erhältlich (vgl. S. 710):

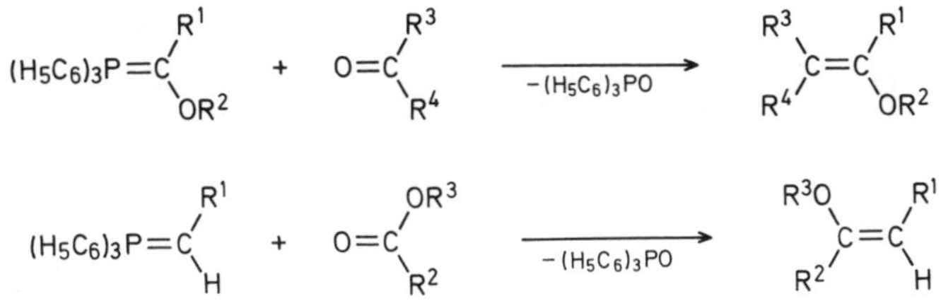

$$(H_5C_6)_3P{=}C\binom{R^1}{OR^2} \;+\; O{=}C\binom{R^3}{R^4} \xrightarrow{-(H_5C_6)_3PO} \binom{R^3}{R^4}C{=}C\binom{R^1}{OR^2}$$

$$(H_5C_6)_3P{=}C\binom{R^1}{H} \;+\; O{=}C\binom{OR^3}{R^2} \xrightarrow{-(H_5C_6)_3PO} \binom{R^3O}{R^2}C{=}C\binom{R^1}{H}$$

Ziel der Umsetzung ist i.a. die Homologisierung der eingesetzten Carbonyl-Verbindung, zumeist eines Aldehyds, durch Hydrolyse des gebildeten Vinylethers. Bei der Verwendung von acylierten (Methoxymethylen)-triphenyl-phosphoran sind auf diese Weise auch 1,2-Dicarbonyl-Verbindungen erhältlich[790]. Die Methode gestattet auch den Aufbau von Allyl-vinyl-ethern[791] und Divinyl-ethern[792a].

4.2.2.3.2.1.3. Vinylsulfane

Analog den Vinyläthern lassen sich Vinylsulfane durch Wittig-Reaktionen mit (1-Alkyl-thio-alkyliden)-triphenyl-phosphoranen synthetisieren[793-795]:

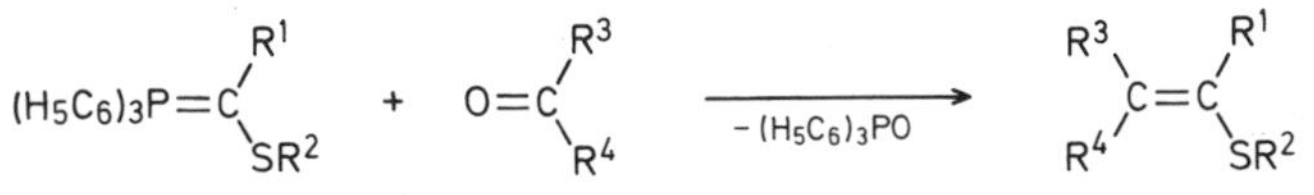

$$(H_5C_6)_3P{=}C\binom{R^1}{SR^2} \;+\; O{=}C\binom{R^3}{R^4} \xrightarrow{-(H_5C_6)_3PO} \binom{R^3}{R^4}C{=}C\binom{R^1}{SR^2}$$

$$R^1 = H, \text{ Alkyl, CN, COOR}^5, \text{ SR}^2$$

Die Methode eignet sich ebenfalls zur Homologisierung von Aldehyden (für R = H) unter milden basischen Bedingungen[794, 795]. (Bis-[alkylthio]-methylen)-phosphorane (R^1 = SR^2) führen zu Ketendithioacetalen[796]. Divinyl-sulfane werden bei der Umsetzung des Bis-[triphenylphosphoranyliden-methyl]-sulfan mit Carbonyl-Verbindungen er-

[789] A. Maercker, Org. React. 14, 346 (1965).

[790] E. Zbiral, Tetrahedron Lett. 1965, 1483.

[791] E. J. Corey in J. I. Shulman, J. Am. Chem. Soc. 92, 5522 (1970).

[792] A. H. Alberts, H. Wynberg u. J. Strating, Synth. Commun. 1972, 79; Tetrahedron Lett. 1973, 543.
   H. Schlude, Tetrahedron 31, 89 (1975).
   N. S. Narasimhan u. R. S. Mali, Tetrahedron Lett. 1973, 843.
   M. Yanagiya, K. Kaneko u. T. Kaji, Tetrahedron Lett. 1979, 1761.

[792a] F. Sondheimer et al., J. Am. Chem. Soc. 97, 640, 641 (1975).

[793] G. Wittig u. M. Schlosser, Chem. Ber. 94, 1373 (1961).
   T. Mukaiyama, S. Fukuyama u. T. Kumamoto, Tetrahedron Lett. 1968, 3787.
   H. Saikachi u. S. Nakamura, Yakugaku Zasshi 88, 1039 (1968); 89, 1446 (1969).
   T. Mukaiyama, T. Kumamoto, S. Fukuyama u. T. Taguchi, Bull. Chem. Soc. Jpn. 43, 2870 (1970); C. A. 73, 109839 (1970).

[794] I. Vlattas u. A. O. Lee, Tetrahedron Lett. 1974, 4451.

[795] H. J. Bestmann u. J. Angerer, Justus Liebigs Ann. Chem. 1974, 2085.
   H. J. Bestmann u. J. Angerer, Tetrahedron Lett. 1969, 3665.

[796] K. Ishikawa, K. Akiba u. N. Inamoto, Tetrahedron Lett. 1976, 3695.
   C. G. Kruse, N. L. J. M. Broekhof, A. Wijsman u. A. van der Gen, Tetrahedron Lett. 1977, 885.

halten[797]. Die Reaktion wurde insbesondere zum Aufbau cyclischer Verbindungen eingesetzt (vgl. S. 717).

4.2.2.3.2.1.4. Elementorganisch-substituierte Olefine

Durch Umsetzung von (1-elementorganisch substituierten Alkyliden)-phosphoranen mit Aldehyden werden Vinyl-silane[798,798a], -phosphane[799], -phosphonate[800], -selenane[801] und Vinyl-quecksilber-Verbindungen[802] hergestellt. Von präparativer Bedeutung sind Vinyl-silane, da sich mit ihrer Hilfe die Stereochemie der Wittig-Reaktion umpolen läßt[798]:

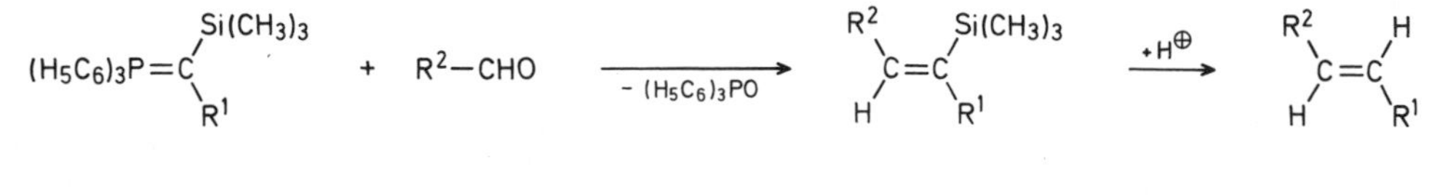

$$(H_5C_6)_3P=C\underset{R^1}{\overset{Si(CH_3)_3}{<}} \; + \; R^2-CHO \xrightarrow[-(H_5C_6)_3PO]{} \underset{H}{\overset{R^2}{>}}C=C\underset{R^1}{\overset{Si(CH_3)_3}{<}} \xrightarrow{+H^\oplus} \underset{H}{\overset{R^2}{>}}C=C\underset{R^1}{\overset{H}{<}}$$

E-Olefin

Vinylphosphonate sind auch durch Olefinierung von Acylphosphonaten zugänglich[803].

4.2.2.3.2.2. α,β-ungesättigte Carbonyl-Verbindungen

4.2.2.3.2.2.1. Aldehyde

α,β-ungesättigte Aldehyde erhält man entweder aus Yliden mit halbseitig durch Acetal- oder Thioacetal-Bildung blockiertem Glyoxal[804, 805] bzw. aus Aldehyden mit (Formylmethylen)-triphenyl-phosphoran[804, 806]:

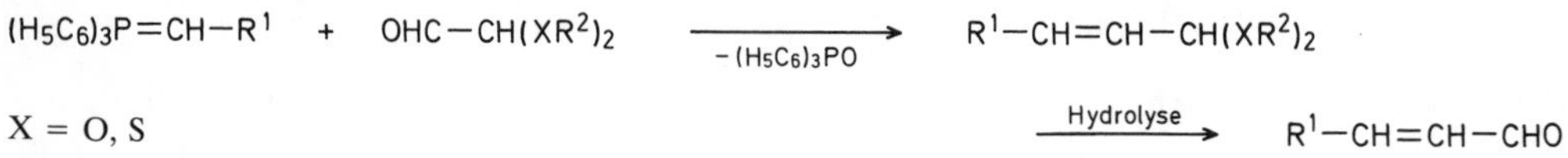

$$(H_5C_6)_3P=CH-R^1 \; + \; OHC-CH(XR^2)_2 \xrightarrow[-(H_5C_6)_3PO]{} R^1-CH=CH-CH(XR^2)_2$$

$$X = O, S \xrightarrow{Hydrolyse} R^1-CH=CH-CHO$$

Da letzteres aufgrund der Resonanzstabilisierung relativ reaktionsträge ist, kann die Anwendung eines an der Formyl-Gruppe durch Acetalisierung[807] bzw. Imin-Bildung[808] geschützten Derivates vorteilhaft sein:

[797] *R. H. McGirk* u. *F. Sondheimer*, Angew. Chem. **11**, 897 (1972); engl.: **11**, 834.
   F. Sondheimer et al., J. Am. Chem. Soc. **97**, 640, 641 (1975); Tetrahedron Lett. **1975**, 195.
[798] *H. J. Bestmann*, Pure Appl. Chem. **52**, 771 (1980).
[798a] *H. Schmidbaur* u. *W. Tronich*, Chem. Ber. **100**, 1032 (1967).
[799] *K. Issleib* u. *R. Lindner*, Justus Liebigs Ann. Chem. **699**, 40 (1966).
[800] *G. H. Jones, E. K. Hamamura* u. *J. G. Moffat*, Tetrahedron Lett. **1968**, 5731.
[801] *N. Petragnani* et al., J. Organomet. Chem. **114**, 281 (1976); **124**, 1 (1977).
[802] *N. A. Nesmeyanov* et al., Dokl. Chem. **195**, 98 (1970); Izv. Akad. Nauk SSSR, Ser. Khim. **1972**, 1189; C. A. **74**, 100185 (1971); **77**, 87649 (1972).
[803] *M. Kojima, M. Yamashita, H. Yoshida, T. Ogata* u. *S. Inokawa*, Synthesis **1979**, 147.
[804] Vgl. *A. Maercker*, Org. React. **14**, 332 (1965).
[805] *A. I. Meyers, R. L. Nolen, E. W. Collington, T. A. Narwich* u. *R. C. Strickland*, J. Org. Chem. **38**, 1974 (1973).
[806] *G. Koßmehl* u. *B. Bohn*, Chem. Ber. **107**, 710 (1974).
   I. Hagedorn u. *W. Hohler*, Angew. Chem. **87**, 486 (1975); engl.: **14**, 486.
[807] *T. M. Cresp, M. V. Sargent* u. *P. Vogel* J. Chem. Soc. [Perkin Trans. 1] **1974**, 37.
[808] *G. Wittig* u. *H. Schoch-Grübler*, Justus Liebigs Ann. Chem. **1978**, 362.

$$(H_5C_6)_3P=CH-X \quad + \quad R^1-CHO \quad \xrightarrow[-(H_5C_6)_3PO]{} \quad R^1-CH=CH-X$$

$$X = CHO;\ CH(OR^2)_2;\ CH = N–R^2$$

Während das freie (Formylmethylen)-phosphoran überwiegend E-Olefine liefert, erhält man mit dem acetalisierten Derivat vornehmlich Z-Olefine[809].

4.2.2.3.2.2.2. Ketone

α,β-ungesättigte Ketone sind aus (2-Oxo-alkyliden)-triphenyl-phosphoranen und Aldehyden zugänglich[810-813]:

$$(H_5C_6)_3P=CH-CO-R^1 \quad + \quad R^2-CHO \quad \xrightarrow[-(H_5C_6)_3PO]{} \quad R^2-CH=CH-CO-R^1$$

z.B.: $R^1 = CH_2Br$, $CH_2–OCH_3$, $CH_2–OC_6H_5$, $CHCl_2$, $CH(OC_2H_5)_2$, $COOC_2H_5$, $CO–NH_2$, $PO(OC_2H_5)_2$, $CH=P(C_6H_5)_3$

Die Übertragung der Reaktion auf 1,3-Bis-[triphenylphosphoranyliden]-aceton führt zu Divinylketonen[813].

Zur Olefinierung von Ketonen sind (2-Oxo-alkyliden)-triphenyl-phosphorane i. a. nicht geeignet, es sei denn das Ylid wird in Form seines Enolats eingesetzt[814]. Die hierfür erforderliche Gegenwart einer starken Base führt jedoch zur Bildung der isomeren β,γ-ungesättigten Ketone.

Aus (2-Imino-alkyliden)-phosphoranen werden α,β-ungesättigte Keton-imine erhalten[815].

α,β-ungesättigte Ketone erhält man auch durch Monoolefinierung von 1,2-Diketonen (vgl. S.712).

[809] *H.J. Bestmann* u. *K. Roth*, Chem. Ber. **115**, 161 (1982).
[810] *A. Maercker*, Org. React. **14**, 334 (1965).
[811] *M. Le Corre* et al., C.R. Acad. Sci. **273** C, 81 (1971); Tetrahedron Lett. **1974**, 2491; Bull. Soc. Chim. Fr. **1974**, 1951; Tetrahedron Lett. **1976**, 825.
[812] *D. E. Bergstrom* u. *W. C. Agosta*, Tetrahedron Lett. **1974**, 1087.
    P. Bravo u. *C. Ticozzi*, Chem. Ind. (London) **1975**, 1018.
    M. I. Shevchuk, A. S. Antonyuk u. *A. V. Dombrovskii*, Zh. Obshch. Khim. **41**, 1696 (1971); C.A. **76**, 3962 (1972).
    M. I. Shevchuk, M. V. Khalaturnik u. *A. Dombrovskii*, Zh. Obshch. Khim. **41**, 2146 (1971); C.A. **76**, 85881 (1972).
    M. V. Khalaturnik, M. I. Shevchuk u. *A. V. Dombrovskii*, Zh. Obshch. Khim. **42**, 992 (1972); C.A. **77**, 101774 (1972).
    A. S. Antonyuk, M. I. Shevchuck u. *A. V. Dombrovskii*, Zh. Obshch. Khim. **42**, 1706 (1972); C.A. **78**, 29908 (1973).
    M. I. Shevchuk, V. N. Kushnir, V. A. Dombrovskii, M. V. Khalaturnik u. *A. V. Dombrovskii*, Zh. Obshch. Khim. **45**, 1228 (1975); C.A. **83**, 131685 (1975).
[813] *H.J. Bestmann* u. *W. Schlosser*, Synthesis **1979**, 201.
[814] *C. Broquet*, Tetrahedron **29**, 3595 (1973).
[815] *T. A. Albright, S. Evans, C. S. Kim, C. S. Labaw, A. B. Russiello* u. *E. E. Schweizer*, J. Org. Chem. **42**, 3691 (1977).
    H. Yoshida, T. Ogata u. *S. Inokawa*, Synthesis **1977**, 626; Bull. Chem. Soc. Jpn. **50**, 3315 (1977).

4.2.2.3.2.2.3. Carbonsäure-Derivate

α,β-ungesättigte Carbonsäureester werden in erster Linie aus (1-Alkoxycarbonyl-alkyliden)-triphenyl-phosphoranen und Aldehyden oder Ketonen[816, 817], seltener aus Yliden und 2-Oxo-carbonsäureestern hergestellt[816, 818]:

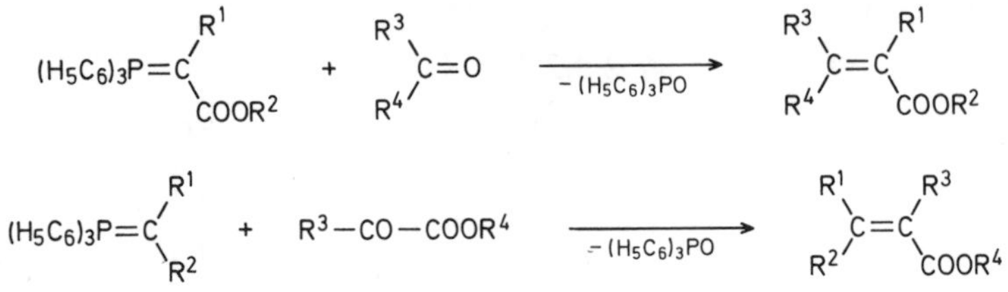

Die beiden alternativen Synthesewege haben insbesondere für die Stereochemie der Reaktionsprodukte Konsequenzen.

Bei der Umsetzung von Carbonyl-Verbindungen mit (1-Alkoxycarbonyl-alkyliden)-phosphoranen kommt es in einer Reihe von Fällen im Anschluß an die Carbonylolefinierung unter Beteiligung der Ester-Funktion zu Cyclisierungsreaktionen[819].

Ungesättigte Carbonsäure-amide[816, 820, 821] und -nitrile[816, 822] erhält man aus [1-Aminocarbonyl- (bzw. Cyan)-methylen]-triphenyl-phosphoranen und Aldehyden. Weitere α,β-ungesättigte Carbonsäure-Derivate (Thiocarbonsäure-S-ester[821, 823], Carbonsäure-ester-imide[821, 824, 825], Thiocarbonsäure-ester-imide[821, 825], Amidine[821]) lassen sich in großer Variationsbreite, insbesondere ausgehend von 1,2-Alkadienyliden-phosphoranen synthetisieren.

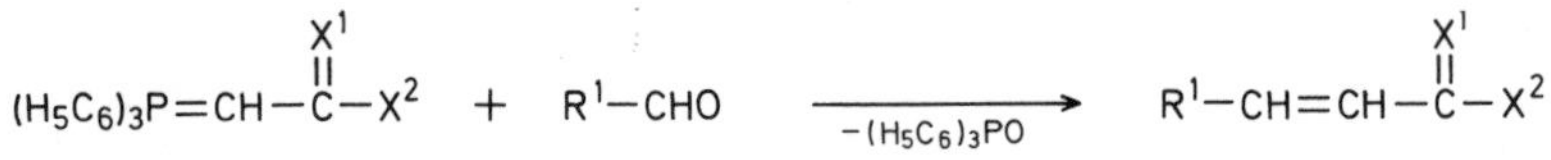

$$X^1 = N-R^3, O, S$$
$$X^2 = OR^2, SR^2, NR^2$$

4.2.2.3.2.3. Diene, Polyene, Enine

1,3-Diene können mit Hilfe der Wittig-Reaktion[826] auf drei Wegen aufgebaut werden:

[816] A. Maercker, Org. React. 14, 335 (1965).

[817] H.J. Bestmann u. H. Schulz, Justus Liebigs Ann. Chem. 674, 11 (1964).
     P.L. Stotter u. K.A. Hill, Tetrahedron Lett. 1975, 1699.

[818] M.S. Quali, M. Vaultier u. R. Carrié, Synthesis 1977, 626.

[819] H.J. Bestmann u. H.J. Lang, Tetrahedron Lett. 1969, 2101.
     A.K. Soerensen u. N.A. Klitgaard, Acta Chem. Scand. 24, 343 (1970).
     A. Padwa, J. Smolanoff u. A. Tremper, J. Org. Chem. 41, 543 (1976).
     R.S. Mali u. V.J. Yadav, Synthesis 1977, 464.

[820] DOS 2358645/1974, Syntex Inc., USA, Erf.: J.G. Moffatt u. G. Trummlitz; C.A. 81, 105908 (1974).

[821] H.J. Bestmann, G. Schmid u. D. Sandmeier, Chem. Ber. 113, 912 (1980).

[822] M. Natsume, M. Takahashi, K. Kiuchi u. H. Sugaya, Chem. Pharm. Bull. 19, 2648 (1971).
     J.W. Wilt u. A.J. Ho, J. Org. Chem. 36, 2026 (1971).
     H.J. Bestmann u. S. Pfohl, Justus Liebigs Ann. Chem. 1974, 1688.

[823] H.J. Bestmann u. H. Saalbaum, Bull. Soc. Chim. Belg. 88, 951 (1979).

[824] H.J. Bestmann u. S. Pfohl, Angew. Chem. 81, 750 (1969); engl.: 8, 762.

[825] H. Yoshida, T. Ogata u. S. Inokawa, Synthesis 1977, 626.

[826] A. Maercker, Org. React. 14, 316 (1965).
     ds. Handb. (4. Aufl.,), Bd. V/1/c, S. 575–615 (1970).

(a) aus Allyliden-triphenyl-phosphoranen und Carbonyl-Verbindungen[827-830]
(b) aus Alkyliden-triphenyl-phosphoranen und α,β-ungesättigten Carbonyl-Verbindungen[831]
(c) aus 1,2-Dicarbonyl-Verbindungen durch doppelte Olefinierung[832]:

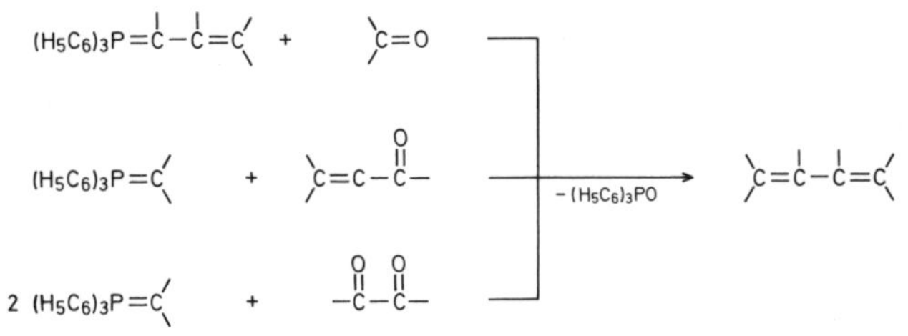

Die Reaktion mit Allyliden-triphenyl-phosphoranen kann auch am γ–C-Atom der Allyliden-Gruppe erfolgen[828]. Aus dem Primäraddukt wird mit Basen ein (3-substituiertes Allyliden)-phosphoran erzeugt, das mit einem zweiten Mol Aldehyd normale Wittig-Reaktion zu einem 1,3-Dien eingeht; z.B.:

[827] *G. Cardillo, L. Merlini* u. *S. Servi*, Ann. Chim. (Rome) **60**, 564 (1970).
D. Lednicer, J. Org. Chem. **35**, 2307 (1970).
M.J. Berenguer, J. Castells, R.M. Galard u. *M. Moreno-Mañas*, Tetrahedron Lett. **1971**, 495.
R.K. Howe, J. Am. Chem. Soc. **93**, 3457 (1971).
R. Hug, H.J. Hansen u. *H. Schmid*, Helv. Chim. Acta **55**, 1828 (1972).
B. Bogdanović u. *S. Konstantinović*, Synthesis **1972**, 481.
[828] *E. Vedejs, J.P. Bershas* u. *P.L. Fuchs*, J. Org. Chem. **38**, 3625 (1973).
[829] *E.J. Corey* u. *B.W. Erichson*, J. Org. Chem. **39**, 821 (1974).
M.I. Shevchuk, I.V. Megera, N.A. Burachenko u. *A.V. Dombrovskii*, Zh. Org. Khim. **1974**, 167; C.A. **80**, 121064 (1974).
F. Bohlmann u. *D. Körnig*, Chem. Ber. **107**, 1780 (1974).
H.J. Bestmann u. *R.W. Saalfrank*, Chem. Ber. **109**, 403 (1976).
H.J. Bestmann, M. Ettlinger u. *R.W. Saalfrank*, Justus Liebigs Ann. Chem. 1977, 276 (1977).
B.I. Rosen u. *W.P. Weber*, Tetrahedron Lett. **1977**, 151.
U.E. Meissner, A. Gensler u. *H.A. Staab*, Tetrahedron Lett. **1977**, 3.
R.N. Gedye, K.C. Westaway, P. Arora, R. Bisson u. *A.H. Khalil*, Can. J. Chem. **55**, 1218 (1977).
S.F. Martin u. *P.J. Garrison*, Tetrahedron Lett. **1977**, 3875.
E. Vedejs, D.A. Engler u. *M.J. Mullins*, J. Org. Chem. **42**, 3109 (1977).
J. Font u. *P. March*, Tetrahedron Lett. **1978**, 3601.
[830] *H.J. Bestmann* u. *K. Roth*, Angew. Chem. **93**, 587 (1981); engl.: **20**, 575.
[831] *E. Werner* u. *E. Zbiral*, Angew. Chem. **79**, 899 (1967); engl.: **6**, 877.
L. Crombie, P. Hemesley u. *G. Pattenden*, J. Chem. Soc. **1969**, 1016.
N.N. Belyaev u. *M.D. Stadnichuk*, Zh. Obshch. Khim. **41**, 1877 (1971); C.A. **76**, 3955 (1972).
N. Viswanathan, V. Balakrishnan, B.S. Joshi u. *W. von Philipsborn*, Helv. Chim. Acta. **58**, 2026 (1975).
P.M. Wege, R.D. Clark u. *C.H. Heathcock*, J. Org. Chem. **41**, 3144 (1976).
D.H. Hunter, S.K. Sim u. *R.P. Steiner*, Can. J. Chem. **55**, 1229 (1977).
M. Baumann u. *W. Hoffmann*, Synthesis **1977**, 681.
A.C. Bazan, J.M. Edwards u. *U. Weiss*, Tetrahedron **34**, 3005 (1978).
D.C. Green u. *R.W. Allen*, Chem. Commun. **1978**, 832.
K. Tatsuta, T. Yamauchi u. *M. Kinoshita*, Bull. Chem. Soc. Jpn. **51**, 3035 (1978).
H.D. Scharf u. *J. Janus*, Tetrahedron **35**, 385 (1979).
M.E. Jung u. *B. Gaede*, Tetrahedron **35**, 621 (1979).
M.J. Devos, L. Hevesi, P. Bayet u. *A. Krief*, Tetrahedron Lett. **1976**, 3911.
H.J. Bestmann, J. Süß u. *O. Vostrowsky*, Justus Liebigs Ann. Chem. **1981**, 2117.
[832] *G. Koßmehl* u. *B. Bohn*, Chem. Ber. **107**, 710 (1974).
R.J.K. Taylor, Synthesis **1977**, 564, 566.
H.D. Perlmutter u. *R.B. Trattner*, J. Org. Chem. **43**, 2056 (1978).

$$(H_5C_6)_3P=CH-CH=CH_2 \quad + \quad H_5C_6-CHO \quad \longrightarrow \quad (H_5C_6)_3\overset{\oplus}{P}-CH=CH-CH_2-\overset{\overset{\displaystyle |\overline{O}|^{\ominus}}{|}}{CH}-C_6H_5$$

$$\xrightarrow{\text{Base}} \quad (H_5C_6)_3P=CH-CH=CH-\overset{\overset{\displaystyle OH}{|}}{CH}-C_6H_5$$

$$\xrightarrow[- (H_5C_6)_3PO]{+ H_5C_6-CHO} \quad H_5C_6-CH=CH-CH=CH-\overset{\overset{\displaystyle OH}{|}}{CH}-C_6H_5$$

1,3-Diphenyl-5-hydroxy-1,3-pentadien: 26%

Bei α,β-ungesättigten Carbonyl-Verbindungen ist auch ein Angriff an der C=C-Doppelbindung möglich (vgl. S. 719) und die Olefinierung von 1,2-Dicarbonyl-Verbindungen bleibt häufig auf der Stufe der α,β-ungesättigten Carbonyl-Verbindung (Monoolefinierung) stehen (vgl. S. 712).

Ein grundsätzlicher Unterschied der Methoden ⓐ und ⓑ liegt in der Geometrie der durch die Wittig-Reaktion neu gebildeten C=C-Doppelbindung: diese ist im Falle ⓑ, bei der Verwendung reaktiver Ylide, überwiegend *Z*-, im Falle ⓐ eher *E*-konfiguriert[830] (vgl. S. 715).

1,4-Diene sind durch Olefinierung von β,γ-ungesättigten Carbonyl-Verbindungen oder durch Wittig-Reaktion mit Hilfe von 1,3-Bis-[triphenylphosphoranyliden]-propan zugänglich[833].

Die drei zur Synthese von Dienen angewandten Varianten der Wittig-Reaktion lassen sich auf die Herstellung von Polyenen übertragen[834, 835]. Dabei ist zu beobachten, daß Allyliden-triphenyl-phosphorane mit α,β-ungesättigten Carbonyl-Verbindungen auch Cyclohexadiene bilden können (vgl. S. 719). Bei den erhaltenen Polyenen handelt es sich häufig um Carotinoide oder Isoprenoide und verwandte Naturstoffe (vgl. S. 731).

Enine werden analog der für Diene beschriebenen Synthesewege ⓐ und ⓑ hergestellt[836-839].

[830] *H.J. Bestmann* u. *K. Roth*, Angew. Chem. **93**, 587 (1981); engl.: **20**, 575.
[833] *R.G. Salomon* u. *N.E. Sanadi*, J. Am. Chem. Soc. **97**, 6214 (1975).
    M. Schlosser u. *A. Piskala*, Synthesis **1970**, 22.
    M. Sato, Yakugaku Zasshi **22**, 349 (1973) C.A. **79**, 136684 (1973).
[834] ds. Handb. (4. Aufl.), Bd. V/1d, S. 88 (1972).
    Methodicum Chimicum, Bd. **4**, S.136 (1980).
    J.W. van Reijenden, G.J. Heeres u. *M.J. Jannsen*, Tetrahedron **26**, 1291 (1970).
    M.P.L. Caton, T. Parker u. *G.L. Watkins*, Tetrahedron Lett. **1972**, 3341.
    J. Ferard, M. Keravec u. *P.F. Casals*, C.R. Acad. Sci. Ser. C **277**, 1261 (1973).
    Jap. P. 7308108 (1973), *Kaken Chemical Co.*, Ltd. u. *Nisshin Fluor Milling Co.*, Erf.: *N. Takahashi, S. Yoshida, S. Esumi* u. *T. Shimizu* C.A. **79**, 42363 (1973).
    L.A. Paquette, R.P. Henzel u. *R.F. Eizember*, J. Org. Chem. **38**, 3257 (1973).
    Y. Takeuchi, A. Yasuhara, S. Akiyama u. *M. Nakagawa*, Bull. Chem. Soc. Jpn. **46**, 909 (1973).
    G. Manecke u. *M. Härtel*, Chem. Ber. **106**, 655 (1973).
    E. Vedejs u. *J.P. Bershas*, Tetrahedron Lett. **1975**, 1359.
[835] *C.W. Spangler, B. Keys* u. *D.C. Bookbinder*, J. Chem. Soc. [Perkin Trans. 2] **1979**, 810.
[836] *K. Eiter* u. *H. Oediger*, Justus Liebigs Ann. Chem. **682**, 62 (1965).
    J.L. Olivé, M. Mousseron-Canet u. *J. Dornand*, Bull. Soc. Chim. Fr. **1969**, 3247.
    L. Jaenicke, T. Akintobi u. *D.G. Müller*, Angew Chem. **10**, 537 (1971); engl.: **10**, 492.
    A. Ali, D. Sarantakis u. *B. Weinstein*, Chem. Commun. **1971**, 940.
    F. Sondheimer et al., Angew. Chem. **13**, 163, 167, 346 (1974); engl.: **13**, 138, 141, 337.
    T.R. Boronoeva, N.N. Belyaev, M.D. Stadnichuk u. *A.A. Petrov*, Zh. Obshch. Khim. **44**, 1949 (1974); C.A. **82**, 43506 (1975).
[837] *H. Hauptmann*, Tetrahedron Lett. **1974**, 3593.
[838] *H. Ogawa, J. Makae, Y. Taniguchi* u. *H. Kato*, Tetrahedron Lett. **1978**, 4929.
    T. Masamume, H. Murase u. *A. Murai*, Bull. Chem. Soc. Jpn. **52**, 127, 135 (1979).
[839] *H.J. Bestmann* u. *H. Frey*, Justus Liebigs Ann. Chem. **1980**, 2061.

Durch Verwendung von Propargyliden-triphenyl-phosphoranen erreicht man eine hohe *E*-Stereoselektivität bei der Bildung der C = C-Doppelbindung[839]. [1-(1-Alkinyl)-2-alkinyliden]-phosphorane gehen keine Wittig-Reaktion mehr ein[837].

4.2.2.3.2.4. Aryl-substituierte Olefine

Arylsubstituierte Olefine[840−853] sind ausgehend von aromatischen Aldehyden bzw. Ketonen und/oder (1-Aryl-alkyliden)-triphenyl-phosphoranen zugänglich; z.B.:

Stilbene[841, 844, 846, 849]
2-(2-Phenyl-1-alkenyl)-pyridine[842]
1,2- bzw. 1,4-Divinyl-benzole[843, 848, 853]

1-Alkenyl-indole[850]
(4-Vinyl-phenyl)-phosphane[852]
Helicen-Vorstufen[845, 851]

4.2.2.3.2.5. Cycloalkyl- und heterocyclisch-substituierte Olefine

Vinyl-cyclopropane werden hauptsächlich durch Olefinierung von Formyl-cyclopropanen[854], in einigen Fällen auch mit Hilfe von (Cyclopropylmethylen)-phosphoranen[855] erzeugt. Vinyl-cyclobutane werden durch Umsetzung der entsprechenden cyclobutyl-substituierten Carbonyl-Verbindungen mit Yliden erhalten[856]. Vinyl-cyclobutadiene können in komplex gebundener Form ebenfalls hergestellt werden[857].
Triphenyl-(2-troponyl-methylen)-phosphorane reagieren mit aromatischen Aldehyden zu 2-Vinyl-troponen[858].

[837] *H. Hauptmann*, Tetrahedron Lett. **1974**, 3593.
[839] *H.J. Bestmann* u. *H. Frey*, Justus Liebigs Ann. Chem. **1980**, 2061.
[840] *A. Maercker*, Org. React. **14**, 321 (1965).
[841] *E. Reimann*, Tetrahedron Lett. **1970**, 4051.
[842] *V. Boeckelheide* et al., J. Am. Chem. Soc. **92**, 3675, 3684 (1970).
[843] *J. Meinwald* u. *D.A. Seeley*, Tetrahedron Lett. **1970**, 3739, 3743.
[844] *G. Jones* et al., J. Chem. Soc. [C] **1971**, 141, 143.
[845] *R.H. Martin* et al., Synth. Commun. **1**, 257 (1971); Tetrahedron Lett. **1972**, 2839; Tetrahedron **31**, 2135 (1975).
[846] *A.A. Baum*, J. Am. Chem. Soc. **94**, 6866 (1972).
   T.M. Cresp, R.G.F. Giles u. *M.V. Sargent*, Chem. Commun. **1974**, 11.
[847] *R.S. Tewari, N. Kumari* u. *P.S. Kendurkar*, Z. Naturforsch. **30b**, 513 (1975).
   M.I. Shevchuk, V.N. Kushnir, V.A. Dombrovskii, M.M. Khalaturnik u. *A.V. Dombrovsikii*, Zh. Obshch. Khim. **45**, 1228 (1975); C.A. **83**, 131685 (1975).
   R. Broos u. *M. Anteunis*, Synth. Commun. **6**, 53 (1976).
[848] *R.I. Yurchenko, O.M. Voitsekhovskaya* u. *A.A. Rykov*, Zh. Obshch. Khim. **46**, 2131 (1976); C.A. **86**, 43 533 (1977).
[849] *G. Pattenden* et al., J. Chem. Soc. [Perkin Trans. 1] **1976**, 1466, 1476.
   L. Lonsky, W. Lonsky, K. Kratzl u. *I. Falkehag*, Monatsh. Chem. **107**, 685 (1976).
[850] *R.S. Tewari* u. *K.C. Gupta*, Indian. J. Chem. **14B**, 419 (1976).
[851] *W.H. Laarhoven* u. *R.J.F. Nivard*, Tetrahedron **32**, 2445 (1976).
[852] *I.N. Zhmurova, V.G. Yurchenko, R.I. Yurchenko* u. *T.V. Savenko*, Zh. Obshch. Khim. **47**, 2207 (1977); C.A. **88**, 50971 (1978).
[853] *L.Y. Malkes, T.P. Boronenko* u. *V.N. Dmitrieva*, Zh. Obshch. Khim. **47**, 1468 (1977); C.A. **87**, 134148 (1977).
   G.W. Buchanan u. *A.E. Gustafson*, J. Org. Chem. **38**, 2910 (1973).
[854] *K.C. Das* u. *B. Weinstein*, Tetrahedron Lett. **1969**, 3459.
   J.P. Marino u. *T. Kaneko*, Tetrahedron Lett. **1973**, 3975.
   J.M. Brown, B.T. Golding u. *J.J. Stofko*, jun., Chem. Commun. **1973**, 319; J. Chem. Soc. [Perkin Trans. 2] **1978**, 436.
   A. Schmidt u. *G. Köbrich*, Tetrahedron Lett. **1974**, 2561.
[855] *S. Nishida* et al., Chem. Commun. **1969**, 781; J. Chem. Soc. [C] **1971**, 3252.
[856] *J. Szykula* u. *A. Zabza*, Bull. Acad. Pol. Sci., Ser. Sci. Chim. **25**, 523 (1977); C.A. **88**, 50333 (1978).
   H.D. Scharf, J. Janus u. *E. Müller*, Tetrahedron **35**, 25 (1979).
[857] *E.R. Biehl* u. *P.C. Reeves*, Synthesis **1974**, 883.
[858] *I. Kawamoto, Y. Sugimura* u. *Y. Kishida*, Tetrahedron Lett. **1973**, 877.

Olefine mit heterocyclischen Resten an der C = C-Doppelbindung sind mit Hilfe der Wittig-Reaktion in großer Zahl zugänglich, wobei der heterocyclische Rest durch die Carbonyl-Gruppe[859-868] oder das Ylid[866-882] eingebracht wird. U. a. wurden synthetisiert:

Vinyl-oxirane[862]	Pyrazine[877, 879]
Aziridine[863]	1,3-Oxazole[879]
Arsanine[864]	Pyridine[879]
Phosphorine[866]	Chinoxaline[879]
Furane[860, 867, 868, 873]	Purine[879]
Pyrrole[859, 861, 865, 871, 874]	Oxazine[880]
Tetrahydrofurane[870]	Pyrazole[882]
Thiophene[869, 872]	1,2-Oxazole[878, 882]
Imidazole[875]	Pyrroline[881]
Pyrimidine[876]	

4.2.2.3.2.6. Verbindungen mit exocyclischer und kumulierten Doppelbindungen

Die Wittig-Reaktion eignet sich in besonderem Maß zur Einführung exocyclischer C = C-Doppelbindungen[883]. Alkyliden-cycloalkane bzw. -cycloalkene werden durch Olefinierung cyclischer Ketone synthetisiert:

Dreiring[884]   Vierring[885]   Fünfring[886]

[859] W. Flitsch u. U. Neumann, Chem. Ber. **104**, 2170 (1971).

[860] J. A. Elix, Austr. J. Chem. **24**, 93 (1971).

[861] H. J. Callot, Tetrahedron **29**, 899 (1973).

[862] S. Masamume, C. U. Kim, K. E. Wilson, G. O. Spessard, P. E. Georghiu u. G. S. Bates, J. Am. Chem. Soc. **97**, 3512 (1975).

[863] D. Borel, Y. Gelas-Mialhe u. R. Vessiere, Can. J. Chem. **54**, 1582 (1975).

[864] G. Märkl, J. B. Rampal u. V. Schöberl, Tetrahedron Lett. **1977**, 2701.

[865] D. P. Arnold, R. Gaete-Holmes, A. W. Johnson, A. R. P. Smith u. G. A. Williams, J. Chem. Soc. [Perkin Trans. 1] **1978**, 1660.

[866] K. Dimroth, H. H. Pohl u. K. H. Wichmann, Chem. Ber. **112**, 1272 (1979).

[867] S. Yoshima, A. Tanaka u. K. Yamamoto, Yakugatu Zasshi **88**, 65 (1968).

[868] H. Saikachi u. S. Nakamura, Yakugaku Zasshi **88**, 110 (1968).

[869] T. R. Pampalone, Org. Prep. Proced. **1**, 209 (1969).

[870] E. E. Schweizer et al., J. Org. Chem. **34**, 212 (1969).

[871] J. A. Eenkhoorn, S. O. de Silva u. V. Snieckus, Chem. Commun. **1970**, 1095; Can. J. Chem. **51**, 792 (1973).

[872] M. B. Groen, H. Schadenberg u. H. Wynbert, J. Org. Chem. **36**, 2797 (1971).

[873] S. Yoshima u. I. Maeba, Chem. Pharm. Bull. Jpn. **19**, 1465 (1971).

[874] S. Hünig u. H. C. Steinmetzer, Tetrahedron Lett. **1972**, 643.
     S. O. de Silva u. V. Snieckus, Can. J. Chem. **52**, 1294 (1974).

[875] E. Zbiral et al., Justus Liebigs Ann. Chem. **1973**, 278.

[876] R. S. Klein u. J. J. Fox, J. Org. Chem. **37**, 4381 (1972).

[877] E. C. Taylor u. T. Kobayashi, J. Org. Chem. **38**, 2817 (1973).

[878] P. Bravo, A. Ricca u. O. Vajna de Pava, Chim. Ind. (Milan) **56**, 25 (1974); C. A. **81**, 13 419 (1974).

[879] E. C. Taylor u. S. F. Martin, J. Am. Chem. Soc. **96**, 8095 (1974).

[880] G. R. Malone u. A. I. Meyers, J. Org. Chem. **39**, 623 (1974).

[881] M. A. Calcagno u. E. E. Schweizer, J. Org. Chem. **43**, 4207 (1978).

[882] E. Öhler u. E. Zbiral, Chem. Ber. **113**, 2852 (1980).

[883] A. Maercker, Org. React. **14**, 316 (1965).

[884] T. Eicher, E. v. Angerer u. A. M. Hansen, Justus Liebigs Ann. Chem. **746**, 102 (1971).

[885] W. Ried et al., Justus Liebigs Ann. Chem. **1977**, 545; Chem. Ber. **109**, 1506, 3869 (1976).
     A. P. Krapcho u. D. E. Horn, Tetrahedron Lett. **1969**, 4537.
     J. M. Conia u. J. M. Denis, Tetrahedron Lett. **1969**, 3545.
     B. M. Trost u. L. H. Latimer, J. Org. Chem. **43**, 1031 (1978).

[886] D. A. Lightner u. G. D. Christiansen, Tetrahedron Lett. **1972**, 883.
     T. B. Malloy jun., R. M. Hedges u. F. Fischer, J. Org. Chem. **35**, 4256 (1970).

Sechsring[887, 888]   hh. gliedrige Ringe[888a, 889]

Eine Alternative hierzu ist die Umsetzung von Phosphoranyliden-cycloalkanen mit Aldehyden oder Ketonen

Dreiring[890]   Vierring[891, 892, 893]   Fünfring[891, 892]   Sechsring[891, 892, 894]   Siebenring[891]

In analoger Weise lassen sich Oxo-heterocyclane (vgl. die Olefinierung cyclischer Carbonsäure-Derivate S. 711) olefinieren[895] und Phosphoranyliden-heterocyclen[892, 896] (vgl. S. 657–661) zu Wittig-Reaktionen einsetzen.

Allene und Ketenimine werden durch Olefinierung von Ketenen[897] bzw. Isocyanaten[898] erhalten.

[887] *H.J. Bestmann* u. *H.J. Lang*, Tetrahedron Lett. **1969**, 2101.

W.W. Sullivan, D. Ullman u. *H. Shechter*, Tetrahedron Lett. **1969**, 457.

H.J. Bestmann u. *J. Lienert*, Angew. Chem. **81**, 751 (1969); engl.: **8**, 763.

J.W. Huffman u. *M.L. Mole*, Tetrahedron Lett. **1971**, 501.

C.H. Heathcock u. *R. Ratcliffe*, J. Am. Chem. Soc. **93**, 1746 (1971)

F. Kido, H. Uda u. *A. Yoshikoshi*, Chem. Commun. **1969**, 1335.

W.I. Fanta u. *W.F. Erman*, J. Org. Chem. **37**, 1624 (1972).

E.G. Brain, F. Cassidy, A.W. Lake, P.J. Cox u. *G.A. Sim*, Chem. Commun. **1972**, 497.

M. Deighton, C.R. Hughes u. *R. Ramage*, Chem. Commun. **1975**, 662.

T. Sasaki, S. Eguchi u. *F. Nakata*, Tetrahedron Lett. **1978**, 1999.

R.S. Tewari et al., J. Chem. Eng. Data **22**, 351 (1977); **23**, 93 (1978); C.A. **87**, 102086 (1977); **88**, 104980 (1978).

[888] *F. Bickelhaupt* et al., Recl. Trav. Chim. Pays-Bas **97**, 105 (1978).

[888a] *L.A. Paquette, R.P. Henzel* u. *R.F. Eizember*, J. Org. Chem. **38**, 3257 (1973).

[889] *A.K. Koli*, J. Indian Chem. Soc. **51**, 1012 (1974); C.A. **83**, 130678 (1975).

[890] *H.J. Bestmann* et al., Tetrahedron Lett. **1966**, 3591; **1968**, 2895.

K. Utimoto, M. Tamura u. *K. Sisido*, Tetrahedron **29**, 1169 (1973).

L. Fitjer, Angew. Chem. **88**, 803, 804 (1976); engl.: **15**, 762, 763.

N.A. Donskaya, T.V. Akhochinskaya u. *Yu.S. Shabarov*, Zh. Org. Khim. **12**, 1596 (1976); C.A. **85**, 176883 (1976).

E.E. Schweizer et al., Chem. Commun. **1966**, 666; J. Org. Chem. **33**, 336 (1968).

R. Kopp u. *M. Hanack*, Angew. Chem. **87**, 874 (1975); engl.: **14**, 821.

DOS 27123333 (1977), Shell International Research Maatschappij B.V., Erf.: *R.H. Davis* u. *R.J.G. Searle*; C.A. **88**, 50385 (1978).

[891] *H.J. Bestmann, R. Härtl* u. *H. Häberlein*, Justus Liebigs Ann. Chem. **718**, 33 (1968).

[892] *H.J. Bestmann* u. *E. Kranz*, Chem. Ber. **102**, 1802 (1969).

[893] *J.E. Baldwin* u. *R.H. Fleming*, J.Am. Chem. Soc. **94**, 2140 (1972).

L.K. Bee, J. Beeby, J.W. Everett u. *P.J. Garrat*, J. Org. Chem. **40**, 2212 (1975).

[894] *H.J. Bestmann, H. Häberlein* u. *W. Eisele*, Chem. Ber. **99**, 28 (1966).

H.J. Bestmann u. *H.A. Heid*, Angew. Chem. **83**, 329 (1971); engl.: **10**, 336.

R. Bonjouklian u. *R.A. Ruden*, J. Org. Chem. **42**, 4095 (1977).

[895] *E. Lüdtke* u. *R. Haller*, Chem. Ztg. **98**, 371 (1974).

G. Seitz u. *H. Hoffmann*, Chem. Ztg. **100**, 440 (1976).

[896] *H. Zimmer* et al. Tetrahedron Lett. **1968**, 5435.

E.E. Schweizer u. *C.S. Khim.*, J. Org. Chem. **36**, 4033 (1971).

J.E.T. Corrie, Tetrahedron Lett. **1971**, 4873.

S.V. Krivun, O.F. Voziyanova u. *S.N. Baranov*, Zh. Obshch. Khim. **42**, 289 (1972); C.A. **77**, 34224 (1972).

D.W. Knight u. *G. Pattenden*, J. Chem. Soc. [Perkin Trans. 1] **1975**, 635; Chem. Commun. **1974**, 188.

M.A. Calcagno u. *E.E. Schweizer*, J. Org. Chem. **43**, 4207 (1978).

[897] *H.J. Bestmann* u. *H. Hartung*, Chem. Ber. **99**, 1198 (1966).

G. Aksnes u. *P. Froyen*, Acta Chem. Scand. **22**, 2347 (1968).

D.A. Phipps u. *G.A. Taylor*, Chem. Ind. (London) **1968**, 1279.

G. Wittig u. *A. Haag*, Chem. Ber. **96**, 1535 (1963).

Z. Hamlet u. *W.D. Barker*, Synthesis **1970**, 543.

J.L. Bloomer, S.M.H. Zaidi, J.T. Strupczweski, C.S. Brosz u. *L.A. Gudzyk*, J. Org. Chem. **39**, 3615 (1974).

V.Y. Orlov, S.A. Lebedev, S.V. Ponomarev u. *I.F. Lutsenko*, Zh. Obshch. Khim. **45**, 696 (1975); C.A. **83**, 43428 (1973).

M.I. Shevchuk, V.N. Kushnir u. *A.V. Dombrovskii*, Zh. Obshch. Khim. **47**, 2513 (1977); C.A. **88**, 89425 (1978).

[898] *S. Trippett* u. *D.M. Walker*, J. Chem. Soc. **1959**, 3874.

D.P. Deltsova, N.P. Gambaryan u. *I.L. Knunyants*, Dokl. Chem. **212**, 628 (1973); C.A. **80**, 3359 (1974).

P. Froyen, Acta Chem. Scand. **28**, 586 (1974).

4.2.2.3.2.7. Verschiedene Olefine

Verschiedene mit Hilfe der Wittig-Reaktion hergestellte Alkene sind im Alkyl-Teil funktionell substituiert; z.B. durch eine

Hydroxy-Funktion[899] (entsteht bei Einsatz eines Lactols)
Amino-Gruppen[900]
Carboxy-Gruppe[901]
Aminocarbonyl-Gruppe[902] (bei Verwendung von Hydroxylactamen)

Formyl-Funktion[903]
Sulfonat-Rest[904]
Phosphonium-Gruppe[905]
Phosphinyl-Gruppe[906] (ausgehend von cyclischen Yliden)

Partielle asymmetrische Synthesen axial chiraler Moleküle, z.B. 4-substituierter Alkyliden-cyclohexane, sind ausgehend von optisch aktiven Yliden (mit Phosphor als Chiralitätszentrum bzw. einem chiralen Rest im Alkyliden-Teil) oder mit inaktiven Yliden in Gegenwart optisch aktiver Säuren (asymmetrische Säure-Katalyse) möglich[907]. Chirale C-Atome im Ylid oder in der Carbonyl-Komponente behalten während der Wittig-Reaktion ihre Konfiguration[908] bei.

Die Wittig-Reaktion wurde zur Synthese einer Reihe von deuterierten, tritierten und C-14 markierten Alkyliden-Verbindungen herangezogen[909].

[899] K. Mori, Tetrahedron **31**, 3011 (1975).
    P.A. Grieco, C.S. Pogonovski u. M. Miyashita, Chem. Commun. **1975**, 592.
    N. Nakamura u. K. Sakai, Tetrahedron Lett. **1976**, 2049.
    H.J. Bestmann u. Kedong Li, Tetrahedron Lett. **1981**, 4941.
[900] E.D. Bergmann u. Y. Migron, Org. Prep. Proced. Int. **8**, 75 (1976); C.A. **85**, 62587 (1976).
    B.P. 1250 601, Welcome Foundation Ltd.; Erf.: J.E.W. Billinghurst; C.A. **76**, 4013 (1972).
    A. Marxer u. T. Leutert, Helv. Chim. Acta **61**, 1708 (1978).
[901] A.S. Kovaleva, V.M. Bulina, L.L. Ivanov, Y.B. Pyatnova u. R.P. Evstigneeva, Zh. Org. Khim. **10**, 696 (1974); C.A. **81**, 37206 (1974).
    Japan Kokai 74116068, Ono Pharmaceutical Co. Ltd.; Erf.: M. Hayashi u. H. Miyaka; C.A. **82**, 170200 (1975).
    Japan Kokai 7535133, Ono Pharmaceutical Co. Ltd.; Erf.: M. Hayashi, S. Kori u. Y. Iguchi; C.A. **84**, 43430 (1976).
[902] J.J.J. de Boer u. W.N. Speckamp, Tetrahedron Lett. **1975**, 4039.
[903] J.C. Stowell u. D.R. Keith, Synthesis **1979**, 132.
[904] Y. Iguchi, S. Kori u. M. Hayashi, J. Org. Chem. **40**, 521 (1975).
[905] M. Le Corre, Tetrahedron Lett. **1974**, 1037.
    R.I. Yurchenko u. O.M. Voitsekhovskaya, Zh. Obshch. Khim. **47**, 68 (1977); C.A. **86**, 155752 (1977).
[906] B.D. Cuddy, J.C.F. Murray u. B.J. Walker, Tetrahedron Lett. **1971**, 2397.
    D. Lednicer, J. Org. Chem. **35**, 2307 (1970); **36**, 3473 (1971).
[907] H.J. Bestmann u. J. Lienert, Angew. Chem. **81**, 751 (1969); engl.: **8**, 763.
    H.J. Bestmann, E. Heid, W. Ryschka u. J. Lienert, Justus Liebigs Ann. Chem. **1974**, 1684.
    H.J. Bestmann u. J. Lienert, Chem. Ztg. **94**, 487 (1970).
[908] P. Salvadori, S. Bertozzi u. R. Lazzaroni, Tetrahedron Lett. **1977**, 195.
[909] L. Pichat et al., Bull Soc. Chim. Fr. **1969**, 1198, 1200.
    L. Crombie, C.F. Doherty u. G. Pattenden, J. Chem. Soc. **1970**, 1076.
    F. Bohlmann u. W. Skuballa, Chem. Ber. **103**, 1886 (1970).
    B. Miller u. K.H. Lai, Tetrahedron Lett. **1971**, 1617.
    D.H.R. Barton, G. Mellows, D.A. Widdowson u. J.J. Wright, J. Chem. Soc. **1971**, 1142.
    G.W. Buchanan u. A.E. Gustafson, J. Org. Chem. **38**, 2910 (1973).
    G.C. Barley, E.R.H. Jones, V. Thaller u. R.A. Vere Hodge, J. Chem. Soc. [Perkin Trans. 1] **1973**, 151.
    P. Gilgen, J. Zsindely u. H. Schmid, Helv. Chim. Acta **56**, 681 (1973).
    J.R. Bearder, V.M. Frydman, P. Gaskin, J. MacMillan, C.M. Wels u. B.D. Phinney, J. Chem. Soc. [Perkin Trans. 1] **1976**, 173.
    H. Lehmann, H. Repke, D. Gross u. H.R. Schuette, Z. Chem. **13**, 255 (1973).
    H.J. Bestmann, O. Kratzer u. H. Simon, Chem. Ber. **95**, 2750 (1962).
    T. Hamasaki, K. Chin, N. Okukado u. M. Yamaguchi, Bull. Chem. Soc. Jpn. **46**, 1553 (19737.
    F. Bohlmann u. T. Burkhardt, Chem. Ber. **105**, 521 (1972).
    E.R.H. Jones et al., J. Chem. Soc. [C] **1971**, 3308.
    J.C. Bonnafous u. M. Mousseron-Canet, Bull. Soc. Chim. Fr. **1971**, 4551.

4.2.2.3.2.8. Naturstoffe

Der Wittig Reaktion kommt eine überragende Bedeutung in der Naturstoffsynthese[910] zu. Sie findet u. a. Anwendung bei der Herstellung von

Polyenen[911] (insbesondere von Carotinoiden, die auch im industriellen Maßstab hergestellt werden[912])

---

[910] *A. Maercker*, Org. React. **14**, 354 (1965).

  H. J. Bestmann u. *O. Vostrowsky*, Fortschr. Chem. Forsch. in Vorbereitung.

  I. Gosney u. *A. G. Rowley*, in *J. I. G. Cadogan, Organophosphorus Reagents in Organic Synthesis*, S. 17, Academic Press, London 1979.

[911] ds. Handb. (4. Aufl.), Bd. V/1d, S. 88 (1972).

  Methodicum Chimicum **4**, 137 (1980).

  J. D. Surmatis, A. Walser, J. Gibas u. *R. Thommen*, J. Org. Chem. **35**, 1053 (1970).

  G. Pattenden, J. E. Way u. *B. C. L. Weedon*, J. Chem. Soc. [C] **1970**, 235.

  F. Arcamore, B. Camerion, G. Franceschi u. *S. Penco*, Gazz. Chim. Ital. **100**, 581 (1970).

  H. Kjøsen u. *S. Liaaen-Jensen*, Acta Chem. Scand. **24**, 2259 (1970).

  T. G. Halsall u. *I. R. Hills*, Chem. Commun. **1971**, 448.

  D. E. Loeber, S. W. Russel, T. P. Toube, B. C. L. Weedon u. *J. Diment*, J. Chem. Soc. **1971**, 404.

  DOS 2 132 032 (1972), Hoffmann-La Roche, Erf.: *W. Bollag, N. Rigassi* u. *U. Schwieter*; C. A. **76**, 99 874 (1972).

  H. Kjøsen u. *S. Liaaen-Jensen*, Acta Chem. Scand. **25**, 1500 (1971).

  A. G. Andrews u. *S. Liaaen-Jensen*, Acta Chem. Scand. **25**, 1922 (1971).

  US. P. 3 624 105 (1971), Hoffmann-La Roche, Erf.: *J. D. Surmais* u. *A. Walser*; C. A. **76**, 72 678 (1972).

  A. G. Andrews u. *S. Liaaen-Jensen*, Acta Chem. Scand. **27**, 1401 (1973).

  T. Hamasaki, K. Chim, N. Okukado u. *M. Yamaguchi*, Bull. Chem. Soc. Jpn. **46**, 1553 (1973).

  H. J. Bestmann, O. Kratzer, R. Armsen u. *E. Maekawa*, Justus Liebigs Ann. Chem. **1973**, 760.

  H. Kjøsen u. *S. Liaaen-Jensen*, Acta Chem. Scand. **27**, 2495 (1973).

  Y. Badar, W. J. S. Lockley, T. P. Toube, B. C. L. Weedon u. *L. R. Guy Valadon*, J. Chem. Soc. [Perkin Trans. 1] **1973**, 1416.

  J. V. Frosch, I. T. Harrison, B. Lythgoe u. *A. K. Saksena*, J. Chem. Soc. [Perkin Trans. 1] **1974**, 2005.

  N. Okukado et al., Bull. Chem. Soc. Jpn. **47**, 350, 2345 (1974).

  N. Okukado, T. Kimura u. *M. Yamaguchi*, Mem. Fac. Sci. Kyushu Univ. Ser. C **1974**, 9, 139; C. A. **81**, 152 447 (1974).

  S. Liaaen-Jensen et al., Acta Chem. Scand. **28**, 273, 301, 349, 737, 1096 (1974).

  T. Ike, J. Inanaga, A. Nakano, N. Okukado u. *M. Yamaguchi*, Bull. Chem. Soc. Jpn. **47**, 350 (1974).

  H. Brzezinka, B. Johannes u. *H. Budzikiewicz*, Z. Naturforsch. **29 b**, 429 (1974).

  B. C. L. Weedon et al., J. Chem. Soc. [Perkin Trans. 1] **1975**, 1457, 2529.

  F. Näf, R. Decorzant, W. Thommen, B. Willhalm u. *G. Ohloff*, Helv. Chim. Acta **58**, 1016 (1975).

  K. Tsukida, K. Saiki, M. Ito, I. Tomofuji u. *M. Ogawa*, J. Nutr. Sci. Vitaminol. **21**, 147 (1975); C. A. **83**, 131 784 (1975).

  A. Eidem, R. Buchecker, H. Kjøsen u. *S. Liaaen-Jensen*, Acta Chem. Scand. **29**, 1015 (1975).

  A. G. Andrews, G. Borch u. *S. Liaaen-Jensen*, Acta Chem. Scand. **30**, 214 (1976).

  S. Liaaen-Jensen, Pure Appl. Chem. **47**, 129 (1976).

  B. C. L. Weedon, Pure Appl. Chem. **47**, 161 (1976).

  F. Kienzle, Pure Appl. Chem. **47**, 181 (1976).

  J. F. Blount, R. J. L. Han, B. A. Pawson, R. G. Pitcher u. *F. H. Williams*, J. Org. Chem. **41**, 4108 (1976).

  DOS 2 542 612 (1976), Hoffmann-La Roche, Erf.: *W. Bollag, R. Ruegg* u. *G. Ryser*; C. A. **85**, 32 639 (1976).

  L. Barlow u. *G. Pattenden* J. Chem. Soc. [Perkin Trans. 1] **1976**, 1029.

  H. Achenbach u. *J. Witzke*, Angew. Chem. **89**, 198 (1977); engl.: **16**, 191.

  J. E. Johansen u. *S. Liaaen-Jensen*, Tetrahedron **33**, 381 (1977).

  B. C. L. Weedon et al., Chem. Commun. **1977**, 357.

  B. C. L. Weedon et al., J. Chem. Soc. [Perkin Trans. 1] **1978**, 1511.

  M. P. Prisbylla, K. Takabe u. *J. D. White*, J. Am. Chem. Soc. **101**, 762 (1979).

  G. Pattenden, Tetrahedron Lett. **1969**, 4049.

  S. Isoe, Y. Hayase u. *T. Sakan*, Tetrahedron Lett. **1971**, 3691.

[912] *H. Pommer*, Angew. Chem. **89**, 437 (1977); engl.: **16**, 423.

Isoprenoiden[913]　　　　Steroiden[914]　　　Fettsäuren und Fettsäureestern[915]

[913] *J. A. Marshall, M. T. Pike* u. *R. D. Carroll*, J. Org. Chem. **31**, 2933 (1966).

E. J. Corey u. *E. Hamanaka*, J. Am. Chem. Soc. **89**, 2758 (1967).

A. Tanaka, H. Uda u. *A. Yoshikoshi*, Chem. Commun. **1967**, 188.

D. L. Roberts, R. A. Heckman, B. P. Hege u. *S. A. Bellin*, J. Org. Chem. **33**, 3566 (1968).

J. J. Plattner, U. T. Bhalerao u. *H. Rapoport*, J. Am. Chem. Soc. **91**, 4933 (1969).

W. E. Bondinell, C. D. Snyder u. *H. Rapoport*, J. Am. Chem. Soc. **91**, 6889 (1969).

J. L. Gras, R. Maurin u. *M. Bertrand*, Tetrahedron Lett. **1969**, 3533.

G. Büchi, W. Hofheinz u. *J. V. Paukstelis*, J. Am. Chem. Soc. **91**, 6473 (1969).

F. Kido, H. Uda u. *A. Yoshikoshi*, Chem. Commun. **1969**, 1335.

R. A. Appleton, P. A. Gunn u. *R. McCrindle*, J. Chem. Soc. [C] **1970**, 1148.

K. Mori, Y. Nakahara u. *M. Matsui*, Tetrahedron Lett. **1970**, 2411.

Swiss P. 493451 (1970), Givaudan, L. et Cie. S. A., Erf.: *E. Bertele* u. *P. Schudel*; C. A. **73**, 120775 (1970).

J. A. Marshall u. *R. A. Ruden*, Tetrahedron Lett. **1970**, 1239.

E. J. Corey u. *H. Yamamoto*, J. Am. Chem. Soc. **92**, 226 (1970).

E. J. Corey u. *H. Yamamoto*, J. Am. Chem. Soc. **92**, 6637 (1970).

K. Sato, S. Inoue u. *S. Ota*, J. Org. Chem. **35**, 565 (1970).

M. D. Soffer u. *L. A. Burk*, Tetrahedron Lett. **1970**, 211.

R. M. Coates u. *W. H. Robinson*, J. Am. Chem. Soc. **93**, 1785 (1971).

U. T. Bhalerao u. *H. Rapoport*, J. Am. Chem. Soc. **93**, 5311 (1971).

W. I. Fanta u. *W. F. Erman*, J. Org. Chem. **37**, 1624 (1972).

H. Lehmann, H. Repke, D. Gross u. *H. R. Schuette*, Z. Chem. **13**, 255 (1973).

F. Bohlmann u. *D. Körning*, Chem. Ber. **107**, 1777, 1780 (1974).

D. J. Faulkner u. *L. E. Wolinsky*, J. Org. Chem. **40**, 389 (1975).

M. Baumann, W. Hoffmann u. *H. Pommer*, Justus Liebigs Ann. Chem. **1976**, 1626.

W. G. Dauben u. *D. J. Hart*, J. Am. Chem. Soc. **97**, 1622 (1975).

[914] *A. K. Bose, M. S. Manhas* u. *R. M. Ramer*, J. Chem. Soc. [C] **1969**, 2728.

G. R. Petit, B. Green, G. L. Dunn u. *P. Sunder-Plassman*, J. Org. Chem. **35**, 1385 (1970).

W. S. Johnson, M. B. Gravestock u. *B. E. McCarry*, J. Am. Chem. Soc. **93**, 4332 (1971).

J. P. Schmit, M. Piraux u. *J. F. Pilette*, J. Org. Chem. **40**, 1586 (1975).

H. A. C. M. Keuss u. *J. Lakeman*, Tetrahedron **32**, 1541 (1976).

M. B. Groen u. *F. J. Zeelen*, J. Org. Chem. **43**, 1961 (1978).

A. A. Macco, J. M. G. Driessen-Engles, M. L. M. Pennings, J. W. De Haan u. *H. M. Buck*, Chem. Commun. **1978**, 1103.

[915] *L. D. Bergelson, V. A. Vaver, A. A. Bezzubov* u. *M. M. Shemyakin*, Zh. Obshch. Khim. **32**, 1802 (1962); C. A. **58**, 4416 (1963).

L. D. Bergelson, V. A. Vaver, L. I. Barsukov u. *M. M. Shemyakin*, Izv. Akad. Nauk SSSR, Ser. Khim. **1963**, 1417; C. A. **59**, 15176 (1963).

D. L. Bergelson, V. A. Vaver, V. Y. Kovtun, L. B. Senyavina u. *M. M. Shemyakin*, Zh. Obshch. Khim. **32**, 1802 (1962); C. A. **58**, 4415 (1963).

L. D. Bergelson u. *M. M. Shemyakin*, Angew. Chem. **76**, 113 (1964); engl.: **3**, 250.

H. S. Corey, jr., *J. R. D. McCormick* u. *W. E. Swensen*, J. Am. Chem. Soc. **86**, 1884 (1964).

L. D. Bergelson, V. D. Solodovnik u. *M. M. Shemyakin*, Izv. Akad. Nauk SSSR, Ser. Khim. **1967**, 843; C. A. **67**, 99692 (1967).

G. Pattenden u. *B. C. L. Weedon*, J. Chem. Soc. [C] **1968**, 1984.

L. D. Bergelson u. *M. M. Shemyakin* in *The Chemistry of Carboxylic Acids and Esters* S. 295, Interscience, London 1969.

R. W. Bradshaw, A. C. Day, E. R. H. Jones, C. B. Page, V. Thaller u. *R. A. V. Hodge*, J. Chem. Soc. [C] **1971**, 1156.

A. S. Kovaleva, V. M. Bulina, L. L. Ivanov, Y. B. Pyatnova u. *R. P. Evstigneeva*, Zh. Org. Khim. **10**, 696 (1974); C. A. **81**, 37206 (1974).

A. Jurasek, R. Kada, V. Koman, V. Cuhova u. *O. Voros*, Z. Pr. Chemickotechnol. Fak. SVST **1972** (publ. **1974**), 67; C. A. **82**, 169954 (1975).

H. J. Bestmann, W. Stransky, O. Vostrowsky u. *P. Range*, Chem. Ber. **108**, 3582 (1975).

E. Ucciani, Y. Bensimon u. *P. Ranguis* in *M. Nandet, M. Ucciani* u. *A. Uzzan*, *Actes Congr. Mond. – Soc. Int. Etude Corps Gras*, 13ᵉ, Sect. C, 43, ITERG, Paris (1976).

H. J. Bestmann, O. Vostrowsky, H. Paulus, W. Billmann u. *W. Stransky*, Tetrahedron Lett. **1977**, 121.

H. J. Bestmann, K. H. Koschatzky u. *O. Vostrowsky*, Chem. Ber. **112**, 1923 (1979).

H. J. Bestmann u. *O. Vostrowsky*, Chem. Phys. Lipids **24**, 335 (1979).

H. J. Bestmann, P. Rösel u. *O. Vostrowsky*, Justus Liebigs Ann. Chem. **1979**, 1189.

Forts. Fußnote 615 S. 733

Prostaglandinen[916]

[916] P. F. Beal, III, J. C. Babcock u. F. H. Lincoln, J. Am. Chem. Soc. **88**, 3131 (1966).
P. F. Beal, III, J. C. Babcock u. F. H. Lincoln, Proc. 2nd Nobel Symp., S. Bergström u. B. Samuelsson, The Prostaglandins, Almquist and Wicksell, Stockholm 1967.
G. Just u. C. Simonovitch, Tetrahedron Lett. **1967**, 2093.
M. Miyano u. C. R. Dorn, Tetrahedron Lett. **1969**, 1615.
R. B. Morin, D. O. Spry, K. L. Hauser u. R. A. Mueller, Tetrahedron Lett. **1968**, 6023.
N. Finch u. J. J. Fitt, Tetrahedron Lett. **1969**, 4639.
V. Axen, F. H. Lincoln u. J. L. Thompson, J. Chem. Soc. Chem. Commun. **1969**, 303.
E. J. Corey, N. M. Weinshenker, T. K. Schaaf u. W. Huber, J. Am. Chem. Soc. **91**, 5675 (1969).
G. Just, C. Simonovitch, F. H. Lincoln, W. P. Schneider, V. Axen, G. B. Spero u. J. E. Pike, J. Am. Chem. Soc. **91**, 5364 (1969).
E. J. Corey et al. Tetrahedron Lett. **1970**, 311; J. Am. Chem. Soc. **92**, 397 (1970).
N. S. Crossley, Tetrahedron Lett. **1971**, 3327.
G. Bundy, F. Lincoln, N. Nelson, J. Pike u. W. Schneider, Ann. N. Y. Acad. Sci. **180**, 76 (1971).
E. J. Corey, Ann. N. Y. Acad. Sci. **180**, 24 (1971).
E. J. Corey, H. Shirahama, H. Yamamoto, S. Terashima, A. Venkateswarlu u. T. K. Schaaf, J. Am. Chem. Soc. **93**, 1490 (1971).
M. Miyano, C. R. Dorn, F. B. Colton u. W. J. Marsheck, J. Chem. Soc. Chem. Commun. **1971**, 425.
M. Miyano u. M. A. Stealy, J. Org. Chem. **40**, 1748 (1975).
E. J. Corey u. G. Moinet, J. Am. Chem. Soc. **95**, 7185 (1973).
P. H. Bentley, Chem. Soc. Rev. **2**, 29 (1973).
P. Crabbé, A. Guzman u. M. Vera, Tetrahedron Lett. **1973**, 3021.
W. Bartmann, G. Beck u. U. Lerch, Tetrahedron Lett. **1974**, 2441.
M. Brawner Floyd, Synth. Commun. **4**, 317 (1974).
DOS 2431930; (1975), Sandoz Ltd., Erf.: P. Bollinger, C. A. **83**, 58248 (1975).
Jap. Kokai 75/49259 (1975), Ono Pharmaceutical Co., Ltd., Erf.: M. Hayashi, S. Kori u. H. Miyake, C. A. **83**, 205824 (1975).
J. Ernest, Angew. Chem. **88**, 244 (1976); engl.: **15**, 207.
W. Bartmann, Angew. Chem. **87**, 143 (1975); engl.: **14**, 137.
Jap. Kokai 74/116068, (1974), Ono Pharmaceutical Co., Ltd., Erf.: M. Hayashi u. H. Miyake; C. A. **82**, 170200 (1975).
P. A. Grieco, C. S. Pogonowski u. M. Miyashita, J. Chem. Soc. Chem. Commun. **1975**, 592.
Jap. Kokai 75/137961 (1975), Ono Pharmaceutical Co., Ltd., Erf.: M. Hayashi, S. Kori, H. Wakatsuka, M. Kawamura u. Y. Konishi; C. A. **84**, 164263 (1976).
A. E. Greene, J. P. Depres, M. C. Meana u. P. Crabbé, Tetrahedron Lett. **1976**, 3755.
N. A. Nelson u. R. W. Jackson, Tetrahedron Lett. **1976**, 3275.
C.-L. J. Wang, P. A. Grieco u. F. J. Okuniewicz, J. Chem. Soc. Chem. Commun. **1976**, 939.
US. P. 3928391 (1975), Pfizer Inc., Erf.: H. J. E. Hess, L. J. Czuba u. T. K. Schaaf; C. A. **84**, 121292 (1976).
H. Miyake, S. Iguchi, S. Kori u. M. Hayashi, Chem. Lett. **1976**, 211.
Jap. Kokai 76/01461 (1976), Tanabe Seiyaku Co., Ltd., Erf.: J. Himuzu, S. Saijo, K. Noguchi, M. Wada, Y. Harigaya u. O. Takaichi; C. A. **85**, 123751 (1976).
E. J. Corey, M. Shibasaki, K. C. Nicolaou, C. L. Malmsten u. B. Samuelsson, Tetrahedron Lett. **1976**, 737.
N. Nakamura u. K. Sakai, Tetrahedron Lett. **1976**, 2049.
K. Kojima u. K. Sakai, Tetrahedron Lett. **1976**, 101.
E. J. Corey, K. Narasaka u. M. Shibasaki, J. Am. Chem. Soc. **98**, 6417 (1976).
C. Gandolfi, R. Pellegata, E. Dradi, A. Forgione u. E. Pella, Farmaco Ed. Sci. **31**, 763 (1976).
J. Fried, M. S. Lee, B. Gaede, J. C. Sih, Y. Yoshikawa u. J. A. McCracken, in B. Samuelsson u. R. Paoletti, Advances in Prostaglandin and Thromboxane Research, Vol. **1**, S. 173, Raven, New York 1976.
Y. Iguchi, S. Kori u. M. Hayashi, J. Org. Chem. **40**, 521 (1975).
Jap. Kokai 75/35133 (1975), Ono Pharmaceutical Co., Ltd., Erf.: M. Hayashi, S. Kori u. Y. Iguchi; C. A. **84**, 43430 (1976).
DOS 2618861 (1976), Chembro Holdings Ltd., Erf.: G. J. Lourens u. J. M. Koekemoer; C. A. **86**, 89589 (1977).
G. J. Lourens u. J. M. Koekemoer, Tetrahedron Lett. **1975**, 3719.

Forts. Fußnote 616 S. 734

Forts. v. Fußnote 915 (S. 732)
H. J. Bestmann, R. Wax u. O. Vostrowsky, Chem. Ber. **112**, 3740 (1979).
H. J. Bestmann, K. H. Koschatzky, W. Schätzke, J. Süß u. O. Vostrowsky, Justus Liebigs Ann. Chem. **1981**, 1705.
H. J. Bestmann, J. Süß u. O. Vostrowsky, Justus Liebigs Ann. Chem. **1981**, 2117.

Kohlehydraten[917]   Pheromonen[918]

[917] *J. M. J. Tronchet* et al., Helv. Chim. Acta **52**, 817 (1969); **53**, 154, 364, 1463 (1970); **54**, 687 (1971); **55**, 613, 1141 (1972); **56**, 1310, 1802 (1973); **58**, 1501, 1735 (1975).
  J. M. J. Tronchet et al., Carbohydr. Res. **24**, 263 (1972); **28**, 129 (1973); **30**, 395 (1973); **33**, 237 (1974); **36**, 404 (1974); **38**, 320 (1974); **46**, 9 (1976).
  Yu. A. Zhdanov et al., Zh. Obshch. Khim. **37**, 2635 (1967); **38**, 1046, 1951, 2594 (1968); **39**, 112, 119, 405, 1121, 1124 (1969); **40**, 666 (1970); **41**, 1396, 1844 (1971); C. A. **70**, 11905 (1969) **69**, 97046 (1968); **70**, 29212, 58175 (1969); **71**, 13300, 13293, 13299, 70829, 70830 (1969); **73**, 25772 (1970); **75**, 88855 (1971); **76**, 14841 (1972).
  Yu. A. Zhdanov et al., Carbohydr. Res. **10**, 184 (1969).
  D. G. Lance u. *W. A. Szarek*, Carbohydr. Res. **10**, 306 (1969).
  G. H. Jones u. *J. G. Moffatt*, J. Am. Chem. Soc. **90**, 5337 (1968).
  N. K. Kochetkov, B. A. Dimitriev u. *L. V. Backinowsky*, Carbohydr. Res. **11**, 193 (1969).
  R. E. Harmon, G. Wellmann u. *S. K. Gupka*, Carbohydr. Res. **11**, 574 (1969).
  H. J. Bestmann u. *J. Angerer*, Tetrahedron Lett. **1969**, 3665.
  P. Howgate, A. S. Jones u. *J. R. Tittensor*, Carbohydr. Res. **12**, 403 (1970).
  A. Rosenthal et al.; Can. J. Chem. **46**, 2868 (1968); **48**, 3253 (1970).
  H. Paulsen, W. Bartsch u. *J. Thiem*, Chem. Ber. **104**, 2545 (1971).
  N. Baggett, J. M. Webber u. *N. R. Whitehouse*, Carbohydr. Res. **22**, 227 (1972).
  G. J. Lourens u. *J. M. Koekemoer*, Tetrahedron Lett. **1975**, 3715.
  D. B. Repke, H. P. Albrecht u. *J. G. Moffatt*, J. Org. Chem. **40**, 2481 (1975).
  J. A. Secrist u. *S. R. Wu*, J. Org. Chem. **44**, 1434 (1979).
[918] *H. J. Bestmann* u. *O. Vostrowsky*, in *R. Wegler*, Chemie der Pflanzenschutz- und Schädlingsbekämpfungsmittel, Vol. **6**, S. 29, Springer-Verlag, Berlin 1980.
  H. J. Bestmann, R. Range u. *R. Kunstmann*, Chem. Ber. **104**, 65 (1971).
  H. J. Bestmann, O. Vostrowsky u. *A. Plenchette*, Tetrahedron Lett. **1974**, 779.
  H. J. Bestmann u. *O. Vostrowsky*, Tetrahedron Lett. **1974**, 207.
  S. Iwak, S. Marumo, T. Saito, M. Yamada u. *K. Katagiri*, J. Am. Chem. Soc. **96**, 7842 (1974).
  P. E. Sonnet, J. Org. Chem. **39**, 3793 (1974).
  D. R. Hall, P. S. Beevor, R. Lester, R. G. Poppi u. *B. F. Nesbitt*, Chem. Ind. (London) **1975**, 216.
  R. J. Anderson u. *C. A. Henrick*, J. Am. Chem. Soc. **97**, 4327 (1975).
  H. J. Bestmann, W. Stransky, O. Vostrowsky u. *P. Range*, Chem. Ber. **108**, 3582 (1975).
  M. Schwarz, J. E. Oliver u. *P. E. Sonnet*, J. Org. Chem. **40**, 2410 (1975).
  A. W. Burgstahler, L. O. Weigel, W. J. Bell u. *M. K. Rust*, J. Org. Chem. **40**, 3456 (1975).
  H. J. Bestmann, K. H. Koschatzky, W. Stransky u. *O. Vostrowsky*, Tetrahedron Lett. **1976**, 353.
  K. Mori, T. Takigawa u. *M. Matsui*, Tetrahedron Lett. **1976**, 3953.
  H. J. Bestmann, O. Vostrowsky u. *W. Stransky*, Chem. Ber. **109**, 3375 (1976).
  V. M. Bulina, T. I. Kislitsyna, L. L. Ivanov u. *Yu. B. Pyatnova*, Khemoretseptsiya Nasekomykh **2**, 211 (1975); C. A. **85**, 77553 (1976).
  L. Garanti, A. Marchesini, U. M. Pagnoni u. *R. Trave*, Gazz. Chim. Ital. **106**, 187 (1976); C. A. **85**, 123260 (1976).
  H. J. Bestmann et al. Tetrahedron Lett. **1977**, 121.
  J. H. Babler u. *M. J. Martin*, J. Org. Chem. **42**, 1799 (1977).
  H. J. Bestmann, J. Süß u. *O. Vostrowsky*, Tetrahedron Lett. **1978**, 3329.
  H. J. Bestmann et al., Angew. Chem. **90**, 815 (1978); engl.: **17**, 768.
  M. Fetizon u. *C. Lazare*, J. Chem. Soc. [Perkin Trans. 1] **1978**, 842.
  H. J. Bestmann, I. Kantardjiew, P. Rösel, W. Stransky u. *O. Vostrowsky*, Chem. Ber. **111**, 248 (1978).
  H. J. Bestmann, K. H. Koschatzky u. *O. Vostrowsky*, Chem. Ber. **112**, 1923 (1979).
  H. J. Bestmann u. *O. Vostrowsky*, Chem. Phys. Lipids **24**, 335 (1979).   Forts. v. Fußnote 918 auf S. 735

Forts. v. Fußnote 916 (S. 733)
  M. J. Dimsdale, R. F. Newton, D. K. Rainey, C. F. Webb, T. V. Lee u. *S. M. Roberts*, J. Chem. Soc. Chem. Commun. **1977**, 716.
  S. Hanessian u. *P. Lavallee*, Can. J. Chem. **55**, 562 (1977).
  G. Ambrus, I. Barta, G. Cseh, P. Tolnay u. *C. Mehesfahvi*, Hung. Teljes **11**, 745 (1977); C. A. **86**, 16352 (1977).
  Neth. Appl. 7512794 (1976), Hoechst AG; C. A. **86**, 89596 (1977).
  A. Sugie, H. Shimomura, J. Katsube u. *H. Yamamoto*, Tetrahedron Lett. **1977**, 2759.
  E. J. Corey, M. Shibasaki, J. Knolle u. *T. Sugahara*, Tetrahedron Lett. **1977**, 785.
  K. C. Nicholaou, G. P. Gasic u. *W. E. Barnette*, Angew. Chem. **90**, 360 (1978), engl.: **17**, 293 (1978).
  K. C. Nicholaou et al., Chem. Commun. **1978**, 1067.
  I. Tömösközi, G. Galambos, G. Kovacs u. *L. Gruber*, Tetrahedron Lett. **1979**, 1977.

Juvenilhormonen[919]   Geruchs- und Geschmacksstoffen[920]   Antibiotica[921]
Alkaloiden[922]   verschiedenen Verbindungen[923]

4.2.2.4. mit Kohlendioxid

Reaktive Ylide reagieren mit Kohlendioxid zu B e t a i n e n, aus denen durch alkalische Hydrolyse und anschließendes Ansäuren C a r b o n s ä u r e n gebildet werden[924]. Die Thermolyse der kristallinen Betaine führt zu (2-Oxo-alkyliden)-phosphoranen bzw. Allenen:

[919] *B. H. Braun, M. Jacobson, M. Schwarz, P. E. Sonnet, N. Wakabayashi* u. *R. M. Waters*, J. Econ. Entomol. **61**, 866 (1968).
H. Schulz u. *I. Sprung*, Angew. Chem. **81**, 258 (1969); engl.: **8**, 271.
J. A. Findlay u. *W. D. MacKay*, Chem. Commun. **1969**, 733; J. Chem. Soc. [C] **1970**, 2631.
J. S. Cochrane u. *J. R. Hanson*, J. Chem. Soc. [Perkin Trans. 1] **1972**, 361.
E. J. Corey u. *H. Yamamoto*, J. Am. Chem. Soc. **92**, 6636, 6637 (1970).
C. A. Henrick, F. Schaub u. *J. B. Siddall*, J. Am. Chem. Soc. **94**, 5374 (1972).
R. J. Anderson, C. A. Henrick, J. B. Siddall u. *R. Zurflüh*, J. Am. Chem. Soc. **94**, 5379 (1972).
F. Camps, R. Canela, J. Coll, A. Messeguer u. *A. Rocca*, Tetrahedron **34**, 2179 (1978).
[920] *G. Ohloff*, Fortschr. Chem. Org. Naturst. **35**, 431 (1978).
H. J. Bestmann, O. Vostrowsky, H. Paulus, W. Billmann u. *W. Stransky*, Tetrahedron Lett. **1977**, 121.
G. Ohloff u. *M. Pawlak*, Helv. Chim. Acta **56**, 1176 (1973).
M. Baumann u. *W. Hoffmann*, Synthesis **1977**, 681.
M. J. Devos, L. Hevesi, P. Bayet u. *A. Krief*, Tetrahedron Lett. **1976**, 3911.
H. J. Bestmann u. *J. Süß*, Justus Liebigs Ann. Chem. **1982**, 363.
[921] *R. Scartazzini, H. Peter, H. Bickel, K. Heusler* u. *R. B. Woodward*, Helv. Chim. Acta, **55**, 408 (1972).
J. Finkelstein, K. G. Holden u. *C. D. Perchonok*, Tetrahedron Lett. **1978**, 1629.
M. Mervic u. *E. Ghera*, J. Am. Chem. Soc. **99**, 7673 (1977).
L. D. Cama u. *B. G. Christensen*, J. Am. Chem. Soc. **100**, 8006 (1978).
I. Ernst, J. Gosteli, G. W. Greengrass, W. Holick, D. E. Jackman, H. R. Pfaendler u. *R. B. Woodward*, J. Am. Chem. Soc. **100**, 8214 (1978).
[922] *V. W. Armstrong, S. Coulton* u. *R. Ramage*, Tetrahedron Lett. **1976**, 4311.
H. Plieninger, W. Lehnert, D. Mangold, D. Schmalz, A. Völkl u. *J. Westphal*, Tetrahedron Lett. **1975**, 1827.
[923] *R. Chong, R. W. Gray, R. R. King* u. *W. B. Whalley*, J. Chem. Soc. [C] **1971**, 3571.
J. D. Brewer u. *J. A. Elix*, Tetrahedron Lett. **1969**, 4139.
K. Mori, M. Matsui u. *Y. Sumiki*, Tetrahedron Lett. **1970**, 429.
[924] *H. J. Bestmann, T. Denzel* u. *H. Salbaum*, Tetrahedron Lett. **1974**, 1275.

Forts. v. Fußnote 918 (S. 734)
H. J. Bestmann, P. Rösel u. *O. Vostrowsky*, Justus Liebigs Ann. Chem. **1979**, 1189.
H. J. Bestmann, R. Wax u. *O. Vostrowsky*, Chem. Ber. **112**, 3740 (1979).
H. J. Bestmann, J. Süß u. *O. Vostrowsky*, Tetrahedron Lett. **1979**, 245, 2467.
J. H. Babler u. *M. J. Coghlan*, Tetabler u. *J. J. Coghlan*, Tetrahedron Lett. **1979**, 1971.
R. H. Wollenberg u. *R. Peries*, Tetrahedron Lett. **1979**, 297.
K. Mori, T. Takigawa u. *T. Matsuo*, Tetrahedron **35**, 833, 933 (1979).
C. Canevet, Th. Röder, O. Vostrowsky u. *H. J. Bestmann*, Chem. Ber. **113**, 1115 (1980).
H. J. Bestmann, J. Süß und *O. Vostrowsky*, Justus Liebigs Ann. Chem. **1981**, 2117.
H. J. Bestmann, K. H. Koschatzky, W. Schätzke, J. Süß u. *O. Vostrowsky*, Justus Liebigs Ann. Chem. **1981**, 1705.
H. J. Bestmann, K. H. Koschatzky, A. Plenchette, J. Süß u. *O. Vostrowsky*, Justus Liebigs Ann. Chem. **1982**, 536.
O. Vostrowsky u. *H. J. Bestmann*, Mitt. dtsch. Ges. allgem. angew. Entomol. **2**, 252 (1981).
H. J. Bestmann u. *Kedong Li*, Tetrahedron Lett. **1981**, 4941.
L. Jaenicke, T. Akintobi u. *F. J. Marner*, Justus Liebigs Ann. Chem. **1973**, 1252.
A. I. Meyers u. *E. W. Collington*, Tetrahedron **27**, 5979 (1971).
C. A. Henrick, Tetrahedron **33**, 1845 (1977).
R. Rossi, Synthesis **1977**, 817.

$$(H_5C_6)_3P=C\begin{smallmatrix}R^1\\\\R^2\end{smallmatrix} \quad + \quad CO_2 \quad \longrightarrow \quad (H_5C_6)_3\overset{\oplus}{P}-\overset{R^1}{\underset{R^2}{C}}-COO^{\ominus}$$

$$R^2 = H$$

$-CO_2 / -(H_5C_6)_3PO \;\; \triangledown \qquad\qquad -(H_5C_6)_3PO \;\; \triangledown \qquad\qquad -(H_5C_6)_3PO \;\; \big| \; +H_2O/OH^{\ominus}$$

$$\begin{smallmatrix}R^1\\\\R^2\end{smallmatrix}C=C=C\begin{smallmatrix}R^1\\\\R^2\end{smallmatrix} \qquad\qquad (H_5C_6)_3P=C\begin{smallmatrix}R^1\\\\CO-CH_2-R^1\end{smallmatrix} \qquad\qquad \begin{smallmatrix}R^1\\\\R^2\end{smallmatrix}CH-COOH$$

4.2.3. mit X = S-Doppelbindungen

Die Thiocarbonyl-Gruppe läßt sich analog der Carbonyl-Gruppe mit Yliden olefinieren. So reagiert Thiobenzophenon mit Methylen-triphenyl-phosphoran zu *1,1-Diphenyl-ethen* und Triphenylphosphansulfid[925]. Im Gegensatz dazu führt die Umsetzung des 2-Thiono-adamantans zur Bildung von *Thiiran-⟨spiro-2⟩-adamantan* $(80^0/_0)$[926]:

$$(H_5C_6)_3P=CH_2 \quad + \quad (H_5C_6)_2C=S \quad \xrightarrow[-(H_5C_6)_3P=S]{} \quad (H_5C_6)_2C=CH_2$$

$$(H_5C_6)_3P=CH_2 \quad + \quad \text{[Adamantan-thion]} \quad \xrightarrow[-(H_5C_6)_3P]{} \quad \text{[Thiiran-spiro-adamantan]}$$

Monothioimide, wie z.B. das Monothio-succinimid, werden durch resonanzstabilisierte Ylide bevorzugt an der C=S-Doppelbindung olefiniert[927].

Die bei der Umsetzung von Yliden mit elementarem Schwefel in siedendem Toluol intermediär gebildeten Thioaldehyde liefern mit überschüssigem Ylid Stilbene[928] in Ausbeuten, die über denen der analogen Sauerstoff-Oxidation liegen (vgl. S. 689). Beim Arbeiten in Benzol erhält man dagegen überwiegend Polysulfane[929].

$$2\ (H_5C_6)_3P=CH-R \quad \xrightarrow[-2\ (H_5C_6)_3P=S]{S_8} \quad R-CH=CH-R$$

Trans-Stilben[928]: In einem 500-*ml*-Dreihalskolben mit Tropftrichter, Rückflußkühler und Rührer werden unter Reinstickstoff 7,77 g (20 mmol) Benzyl-triphenyl-phosphoniumchlorid und 150 *ml* wasserfreies Toluol vorgelegt. Unter Rühren werden bei 20° 1,28 g (20 mmol) Butyl-lithium in 12,8 *ml* Toluol zugetropft. Die entstandene orangerote Lösung wird 30 Min. gerührt, auf 110° erhitzt und innerhalb 2 Stdn. tropfenweise mit 0,64 g (20 mmol) Schwefel in 50 *ml* angewärmten Toluol versetzt. Der Niederschlag wird abfiltriert, das Filtrat i. Vak. bei 40° eingedampft und der feste, gelbe Rückstand (6,9 g) aus 75 *ml* heißem Ethanol fraktioniert kristallisiert. Zunächst fallen in der Kälte 5,2 g Triphenylphosphansulfid (88%; Schmp.: 158°) aus, nach dem Einengen der Mutterlauge auf den zehnten Teil das *trans*-Stilben; Ausbeute: 1,66 g (77%); Schmp.: 124°.

Das Ergebnis der Umsetzung von Yliden mit Schwefelkohlenstoff hängt von dem verwendeten Phosphoran und den Reaktionsbedingungen ab. So reagieren Ylide, die am Ylid-

[925] *U. Schöllkopf*, Angew. Chem. **71**, 260 (1959).
[926] *A. P. Krapcho, M. P. Silvon u. S. D. Flanders*, Tetrahedron Lett. **1974**, 3817.
[927] *A. Gossauer, R. P. Hinze u. H. Zilch*, Angew. Chem. **89**, 429 (1977); engl.: **16**, 418.
[928] *H. Mägerlein u. G. Meyer*, Chem. Ber. **103**, 2995 (1970).
[929] *H. Fokunaga, K. Akiba u. N. Inamoto*, Bull. Chem. Soc. Jpn. **45**, 506 (1972).

C-Atom kein H-Atom mehr tragen [z.B. (Diphenyl-methylen)-[930], 9-Fluorenyliden-[931], und unter bestimmten Bedingungen Benzyliden-triphenyl-phosphoran[932]], mit Schwefelkohlenstoff unter Olefinierung einer C=S-Doppelbindung zu Thioketenen, die dimerisieren[931], polymere Produkte[930] liefern oder andere Folgereaktionen[932] eingehen. Cyanmethylen-triphenyl-phosphoran setzt sich mit Schwefelkohlenstoff zu *(1-Cyan-1-mercaptothiocarbonyl-methylen)-triphenyl-phosphoran* (98%) um[933]:

$$(H_5C_6)_3P{=}CH{-}CN \quad + \quad CS_2 \quad \longrightarrow \quad (H_5C_6)_3P{=}C\begin{smallmatrix}CN\\\\CS{-}SH\end{smallmatrix}$$

Aus lithiumsalzfreien, benzolischen Lösungen basischer Ylide, die am Ylid-C-Atom ein H-Atom tragen, erhält man mit Schwefelkohlenstoff Alkyl-triphenyl-phosphonium-Salze von 2-(Triphenylphosphoranyliden)-alkandithiocarbonsäure-estern, die mit Alkylhalogeniden in [(Alkylthio-thiocarbonyl)-alkyliden]-triphenyl-phosphorane überführt werden können (s.S. 670)[934, 935].

Basische Ylide ohne H-Atom am Ylid-C-Atom reagieren mit Schwefelkohlenstoff bei 0° zu Betainen, die sich mit Halogen-Verbindungen zu Phosphonium-Salzen umsetzen lassen, bei deren Elektrolyse neben Triphenylphosphan Dithiocarbonsäureester gebildet werden[935]:

$$(H_5C_6)_3P{=}C\begin{smallmatrix}R^1\\\\R^2\end{smallmatrix} \quad + \quad CS_2 \quad \longrightarrow \quad (H_5C_6)_3\overset{\oplus}{P}{-}\underset{R^2}{\overset{R^1}{C}}{-}C\overset{S}{\underset{S}{\ominus}} \quad \xrightarrow{+\,R^3X} \quad \left[(H_5C_6)_3\overset{\oplus}{P}{-}\underset{R^2}{\overset{R^1}{C}}{-}\overset{S}{\overset{\Vert}{C}}{-}SR^3 \right] X^{\ominus}$$

$$\xrightarrow[-\,(H_5C_6)_3P]{e} \quad R^1{-}\underset{R^2}{\overset{}{C}}H{-}\overset{S}{\overset{\Vert}{C}}{-}SR^3$$

Die Umsetzung von Yliden mit der C=S-Doppelbindung des Kohlenoxidsulfids führt zu substituierten Phosphoranen (vgl. S. 670).

Sulfene setzen sich mit Yliden, außer zu (1-Sulfonyl-alkyliden)-phosphoranen (s.S. 641 u. 642) in einer der Cyclopropanierung von C=C-Doppelbindungen analogen Reaktion unter Abspaltung von Triphenylphosphan, auch zu Thiiran-1,1-dioxiden (bzw. deren Zerfallsprodukten) um[936]:

$$(H_5C_6)_3P{=}C\begin{smallmatrix}R^1\\\\R^2\end{smallmatrix} \quad + \quad H_2C{=}SO_2 \quad \longrightarrow \quad (H_5C_6)_3\overset{\oplus}{P}{-}\underset{SO_2{-}\underset{\ominus}{C}H_2}{\overset{R^1}{C}}{-}R^2 \quad \xrightarrow{-\,(H_5C_6)_3P}$$

$$\overset{O_2}{\underset{R^2}{\triangle}}{R^1} \quad \longrightarrow \quad H_2C{=}C\begin{smallmatrix}R^1\\\\R^2\end{smallmatrix}$$

[930] *H. Staudinger, G. Rathsam* u. *F. Kjelsberg*, Helv. Chim. Acta **3**, 853 (1920).

[931] *A. Schönberg, E. Frese* u. *K.H. Brosowski*, Chem. Ber. **95**, 3077 (1962).

[932] *G. Purrello* u. *P. Fiandaca*, J. Chem. Soc. [Perkin Trans. 1] **1976**, 692.
  G. Bombieri, E. Forsellini, U. Chiacchio, P. Fiondaca, G. Purrello, E. Foresti u. *R. Graziani*, J. Chem. Soc. [Perkin Trans. 2] **1976**, 1404.

[933] *J.J. Pappas* u. *E. Gancher*, J. Org. Chem. **31**, 3877 (1966).

[934] *H.J. Bestmann, R. Engler* u. *H. Hartung*, Angew. Chem. **78**, 1100 (1966); engl.: **5**, 1040.

[935] *H.J. Bestmann, R. Engler, H. Hartung* u. *K. Roth*, Chem. Ber. **112**, 28 (1979).

[936] *Y. Ito, M. Okano* u. *R. Oda*, Tetrahedron **23**, 2137 (1967).

N-Sulfinyl-amine können durch Ylide sowohl an der N = S- als auch an der S = O-Doppelbindung angegriffen werden, wobei Sulfine bzw. Sulfin-imide gebildet werden[937]:

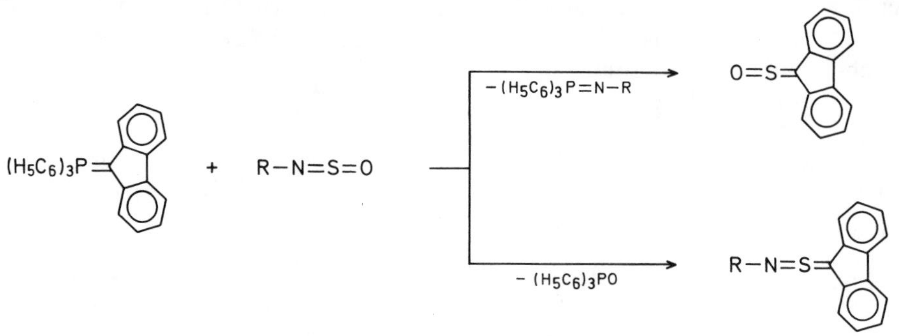

4.2.4. mit C,N-Mehrfachbindungen

4.2.4.1. mit C = N-Doppelbindungen

Ylide, die in β-Stellung zum P-Atom keine CH_2-Gruppe tragen, setzen sich bei 150–180° mit Iminen analog der Carbonylolefinierung zu Olefinen und Phosphaniminen um[938]:

$$(H_5C_6)_3P=CH-R^1 \;+\; H_5C_6-N=CH-R^2 \longrightarrow R^1-CH=CH-R^2 \;+\; (H_5C_6)_3P=N-C_6H_5$$

Das erforderliche Imin kann auch in situ durch Umsetzung eines Ylides mit einer Nitroso-Verbindung erzeugt werden[939] (s.S. 740). Gegenüber dem bei der Wittig-Reaktion anfallenden Triphenylphosphanoxid hat das Phosphanimin den Vorteil, daß aus ihm Triphenylphosphan leichter regeneriert werden kann[938].

Diphenylcarbodiimid reagiert in analoger Weise. Das neben dem Phosphanimin gebildete Ketenimin vermag ein weiteres Molekül Ylid an der C = C-Doppelbindung zu addieren, sodaß ein neues Ylid gebildet wird[940]:

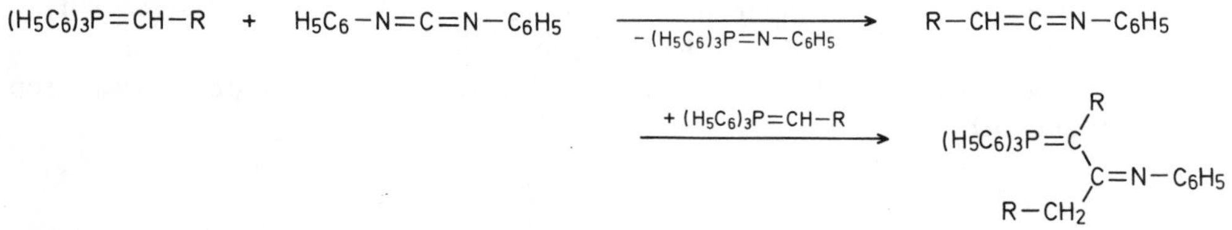

Eine Michaeladdition an die C = N-Bindung des Diphenylcarbodiimids beobachtet man dagegen bei der Umsetzung mit Methylen-triphenyl-phosphoran[940].

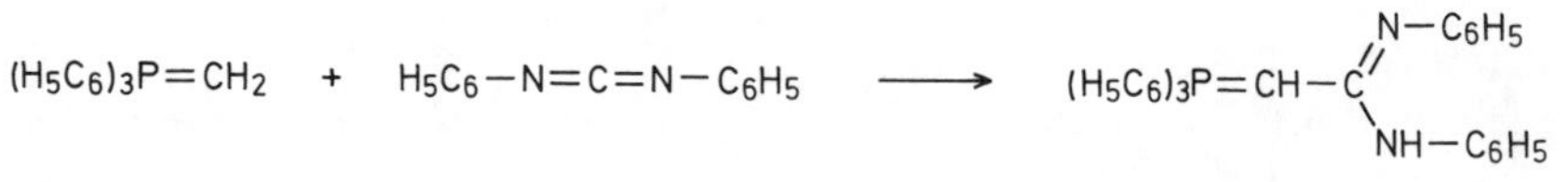

N,N'-Diphenyl-triphenylphosphoranyliden-acetamidin; 81%

Ylide, die in β-Stellung zum P-Atom eine CH_2-Gruppe tragen, liefern bei der Umsetzung mit Benzyliden-aminen Betaine, die bei der Pyrolyse in ein Allen, Triphenylphosphan

[937] T. Saito u. S. Motoki, J. Org. Chem. **42**, 3922 (1977).
[938] H. J. Bestmann u. F. Seng, Tetrahedron **21**, 1373 (1965).
[939] A. Nürrenbach u. H. Pommer, Justus Liebigs Ann. Chem. **721**, 34 (1969).
[940] Y. Ohshiro, Y. Mori, T. Minami u. T. Agawa, J. Org. Chem. **35**, 2076 (1970).

und ein Amin zerfallen[938]. Die recht hohen Zersetzungstemperaturen haben eine teilweise Umlagerung der gebildeten Allene zur Folge.

$$(H_5C_6)_3P=CH-CH_2-R \quad + \quad H_5C_6-CH=N-Ar \quad \longrightarrow \quad \begin{array}{c} H_5C_6-CH-\overset{\ominus}{\underset{|}{N}}-Ar \\ (H_5C_6)_3\overset{\oplus}{P}-CH-CH_2-R \end{array}$$

$$\xrightarrow[\substack{-(H_5C_6)_3P \\ -Ar-NH_2}]{} \quad H_5C_6-CH=C=CH-R$$

Phenylallen[938, 941]: Zu einer salzfreien benzolischen Lösung von 5,8 g (20 mmol) Ethyliden-triphenyl-phosphoran gibt man unter Stickstoff 3,7 g (20 mmol) Benzaldehyd-phenylimin. Nach 1 Stde. bei 20° wird das Benzol i. Vak. bei einer maximalen Badtemp. von 60° abgezogen. Es hinterbleibt das Betain, das beim Versetzen mit Petrolether/Ether (5:2) zu gelben Kristallen erstarrt. Man saugt ab und zersetzt es in einem rotierenden Kugelrohr bei ~15 Torr (2 kPa), wobei die Badtemp. bis 190° gesteigert wird. Ab jetzt kann der Stickstoffschutz entfallen. Das Destillat – Anilin und Phenylallen – wird in 30 ml 25%ige Schwefelsäure gegossen. Man ethert aus, vertreibt nach dem Trocknen der Ether-Phase das Lösungsmittel und destilliert den Rückstand i. Vak.; Ausbeute: 1,25 g (58%); Sdp.: 69–71°/11 Torr (1,47 kPa).

Isocyanate liefern mit Yliden durch Addition an die C=N-Doppelbindung substituierte Ylide (vgl. S. 671) oder werden an der C=O-Gruppe olefiniert (vgl. S. 711).

4.2.4.2. mit C≡N-Dreifachbindungen

Ylide reagieren mit Nitrilen[942-946] über eine Betain- bzw. 2,3-Dihydro-1,2-azaphosphet-Zwischenstufe zu Phosphiniminen. Häufig erhält man hierbei zwei isomere Verbindungen[944].

$$(H_5C_6)_3P=C\overset{R^1}{\underset{R^2}{\big\langle}} \quad + \quad R^3-C\equiv N \quad \longrightarrow \quad \begin{array}{c} R^1 \\ (H_5C_6)_3\overset{\oplus}{P}-\overset{|}{C}-R^2 \\ \underset{\ominus}{|N}=\overset{|}{C}-R^3 \end{array} \quad \longrightarrow$$

$$\begin{array}{c} R^1 \\ (H_5C_6)_3P{-}|{-}R^2 \\ \underset{R^3}{N}{=} \end{array} \quad \longrightarrow \quad (H_5C_6)_3P=N-\overset{R^3}{\underset{R^2}{C\overset{\diagdown}{\diagup}}}\overset{}{\underset{}{C}}-R^1$$

Bei der Umsetzung mit Polynitrilen können Umlagerungen eintreten[945, 946]. Resonanzstabilisierte Ylide reagieren nur mit aktivierten Nitrilen (z.B. Dicyan, Trifluoracetonitril), nicht dagegen mit Benzonitril[944].

Die Umsetzung von Ethyliden- bzw. Benzyliden-triphenyl-phosphoran mit aromatischen Nitrilen liefert nach der Hydrolyse der Reaktionsprodukte (Betaine[942] bzw. Phosphanimine[944]) in guten bis sehr guten Ausbeuten Propanoyl- bzw. Phenyl-acetyl-arene[942, 943].

[938] *H. J. Bestmann* u. *F. Seng*, Tetrahedron **21**, 1373 (1965).
[941] *H. J. Bestmann*, Angew. Chem. **77**, 850 (1965); engl. **4**, 830.
[942] *A. Bladé-Font, W. E. McEwen* u. *C. A. VanderWerf*, J. Am. Chem. Soc. **82**, 2646 (1960).
[943] *R. G. Barnhardt, Jun.* u. *W. E. McEwen*, J. Am. Chem. Soc. **89**, 7009 (1967).
[944] *E. Ciganek*, J. Org. Chem. **35**, 3631 (1970).
[945] *C. Gadreau* u. *A. Foucaud*, Tetrahedron Lett. **1974**, 4243.
[946] *C. Gadreau* u. *A. Foucaud*, Tetrahedron **33**, 1273 (1977).

4.2.5. mit Nitroso-Verbindungen

Aus Nitrosobenzol und Yliden bilden sich **Imine** und Phosphanoxide[947]:

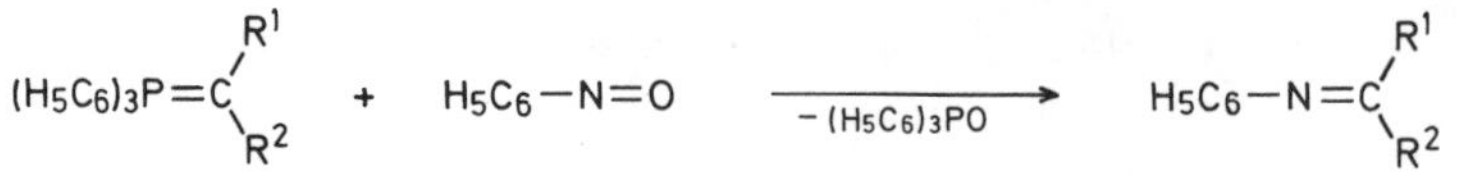

$$(H_5C_6)_3P{=}C\overset{R^1}{\underset{R^2}{\diagdown}} \ + \ H_5C_6{-}N{=}O \quad \xrightarrow[-\,(H_5C_6)_3PO]{} \quad H_5C_6{-}N{=}C\overset{R^1}{\underset{R^2}{\diagdown}}$$

Bei Verwendung von N,N′-Dimethyl-4-nitroso-anilin erhält man zusätzlich Olefine, die aus Imin mit überschüssigem Ylid entstehen[948]. Ausgehend von Axerophthyl-triphenyl-phosphoniumsulfat gelangt man auf diese Weise in 50%iger Ausbeute zu *β-Carotin*[948]. N-Methyl-N-nitroso-p-toluolsulfonamid liefert dagegen mit Yliden in glatter Reaktion die entsprechenden **Nitrile**, die aus den intermediär resultierenden Hydrazonen unter dem Einfluß überschüssiger Base entstehen[948]:

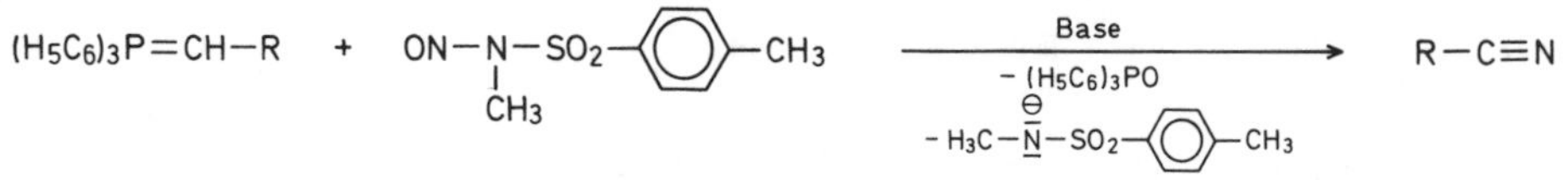

$$(H_5C_6)_3P{=}CH{-}R \ + \ ON{-}\underset{CH_3}{N}{-}SO_2{-}\!\!\bigcirc\!\!{-}CH_3 \quad \xrightarrow[\substack{-\,(H_5C_6)_3PO \\ -\,H_3C-\overset{\ominus}{\underline{N}}-SO_2-\bigcirc-CH_3}]{Base} \quad R{-}C{\equiv}N$$

Die Reaktion läßt sich auch in einem Eintopfverfahren, ausgehend von Triphenyl-phosphan, Alkylhalogenid (bzw. Alkohol), Base und Nitroso-Verbindung, durchführen. Auf diesem Wege gelingt es u. a. **Polyensäure-nitrile** herzustellen.

N-Methyl-N-nitroso-harnstoff ergibt mit Yliden die diesen zugrundeliegenden Kohlen-wasserstoffe, z. B. *Axerophthen* aus Axerophthyliden-triphenyl-phosphoran.

<small>Mit N-Methyl-N-nitroso-urethan erhält man dagegen ein Gemisch aus Dimerisierungsprodukt, Kohlenwasser-stoff, Nitril und Aldehyd (durch Hydrolyse des Imins).</small>

Ausgehend von 6-Amino-1,3-dimethyl-2,4-dioxo-5-nitroso-hexahydropyrimidinen las-sen sich mit Yliden **Purine**[949], **Pteridine**[950] und **Pyrimido-triazine**[951] synthetisieren. Der Primärreaktion an der Nitroso-Gruppe folgt eine intramolekulare Cyclisierung und Dehydrierung; z. B.[950]:

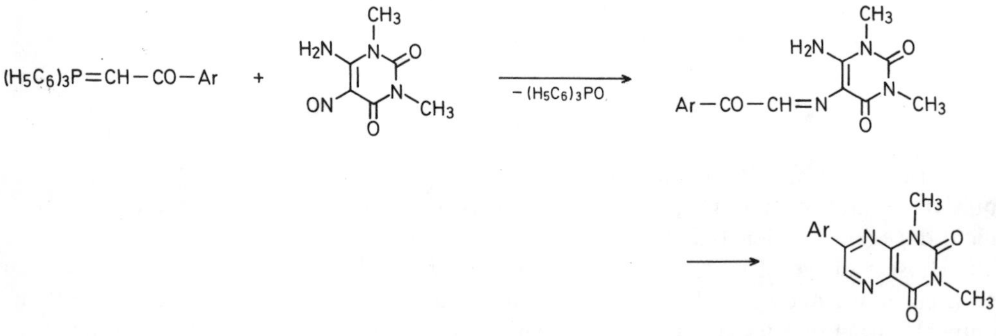

Mit überschüssigem Stickstoffmonoxid reagieren Ylide zu komplexen Gemischen[952].

---

[947] *U. Schöllkopf*, Angew. Chem. **71**, 260 (1959).
    A. Schönberg u. *K. H. Brosowski*, Chem. Ber. **92**, 2602 (1959).
[948] *A. Nürrenbach* u. *H. Pommer*, Justus Liebigs Ann. Chem. **721**, 34 (1969).
[949] *K. Senga, H. Kanazawa* u. *S. Nishigaki*, Chem. Commun. **1976**, 155.
[950] *K. Senga, H. Kanazawa* u. *S. Nishigaki*, Chem. Commun. **1976**, 588.
[951] *K. Senga, M. Ichiba, Y. Kanomori* u. *S. Nishigaki*, Heterocycles **9**, 29 (1978); C. A. **88**, 89 631 (1978).
[952] *K. Akiba, M. Imanari* u. *N. Inamoto*, Chem. Commun. **1969**, 166.

4.2.6. mit Azo-Verbindungen

Die Reaktion der Ylide mit der N=N-Doppelbindung hängt außer vom eingesetzten Ylid wesentlich vom Molverhältnis der Reaktanden und den Reaktionsbedingungen ab[953]. Mit den stabilen (2-Oxo-alkyliden)- und (Alkoxycarbonyl-methylen)-triphenyl-phosphoranen erhält man aus Azodicarbonsäure-diestern in einer Michaeladdition substituierte Ylide, die leicht Triphenylphosphan abspalten. Das daneben gebildete phosphorfreie Spaltprodukt vermag mit überschüssigem Ausgangsylid (R = OCH$_3$) oder mit dem aus Triphenylphosphan und überschüssigem Azodicarbonsäure-diester gebildeten Adduct (R = CH$_3$, C$_6$H$_5$) an der C=N-Doppelbindung weiter zu reagieren:

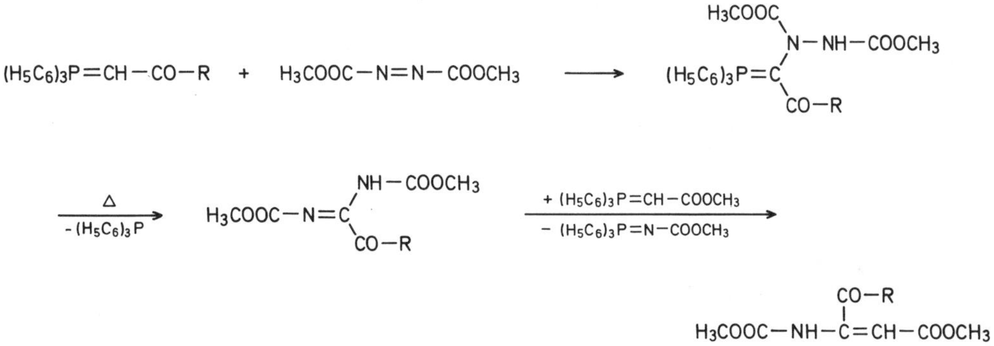

$$(H_5C_6)_3P=CH-CO-R \quad + \quad H_3COOC-N=N-COOCH_3 \quad \longrightarrow \quad (H_5C_6)_3P=C\begin{smallmatrix} N-NH-COOCH_3 \\ \mid \\ CO-R \end{smallmatrix}$$

$$\xrightarrow[- (H_5C_6)_3P]{\Delta} \quad H_3COOC-N=C\begin{smallmatrix} NH-COOCH_3 \\ \\ CO-R \end{smallmatrix} \quad \xrightarrow[- (H_5C_6)_3P=N-COOCH_3]{+ (H_5C_6)_3P=CH-COOCH_3}$$

$$H_3COOC-NH-\overset{\overset{\textstyle CO-R}{|}}{C}=CH-COOCH_3$$

Bei der Reaktion mit basischeren Yliden zerfällt das primär gebildete Betain I spontan in Triphenylphosphan und ein Betain II, das mit dem aus Triphenylphosphan und überschüssigem Azodicarbonsäure-diester gebildetem Adduct weiter reagiert. Erhalten wird letztlich ein 1,4,5,6-Tetrahydro-tetrazin:

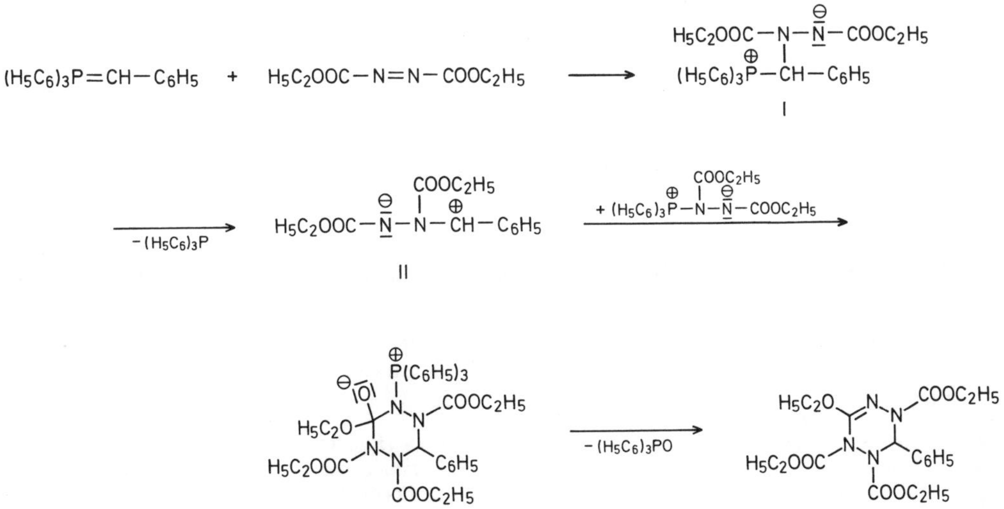

$$(H_5C_6)_3P=CH-C_6H_5 \quad + \quad H_5C_2OOC-N=N-COOC_2H_5 \quad \longrightarrow \quad \begin{smallmatrix} H_5C_2OOC-N-\overset{\ominus}{\underline{N}}-COOC_2H_5 \\ \overset{\oplus}{|} \\ (H_5C_6)_3P-CH-C_6H_5 \end{smallmatrix}$$

I

$$\xrightarrow[- (H_5C_6)_3P]{} \quad \begin{smallmatrix} \overset{COOC_2H_5}{|} \\ H_5C_2OOC-\overset{\ominus}{\underline{N}}-N-\overset{\oplus}{C}H-C_6H_5 \end{smallmatrix} \quad \xrightarrow[]{+ (H_5C_6)_3\overset{\oplus}{P}-N-\overset{\overset{\textstyle COOC_2H_5}{|}}{\underline{N}}-COOC_2H_5}$$

II

4.3. Addition dipolarer Verbindungen

4.3.1. 1,3-Dipolare Verbindungen

4.3.1.1. Direkte Addition

4.3.1.1.1. von Nitriloxiden

Nitriloxide reagieren mit Alkyliden-triphenyl-phosphoranen in einer 1,3-dipolaren Addition zu $4,5$-Dihydro-$1,2,5\lambda^5$-oxazaphospholen[954, 955]:

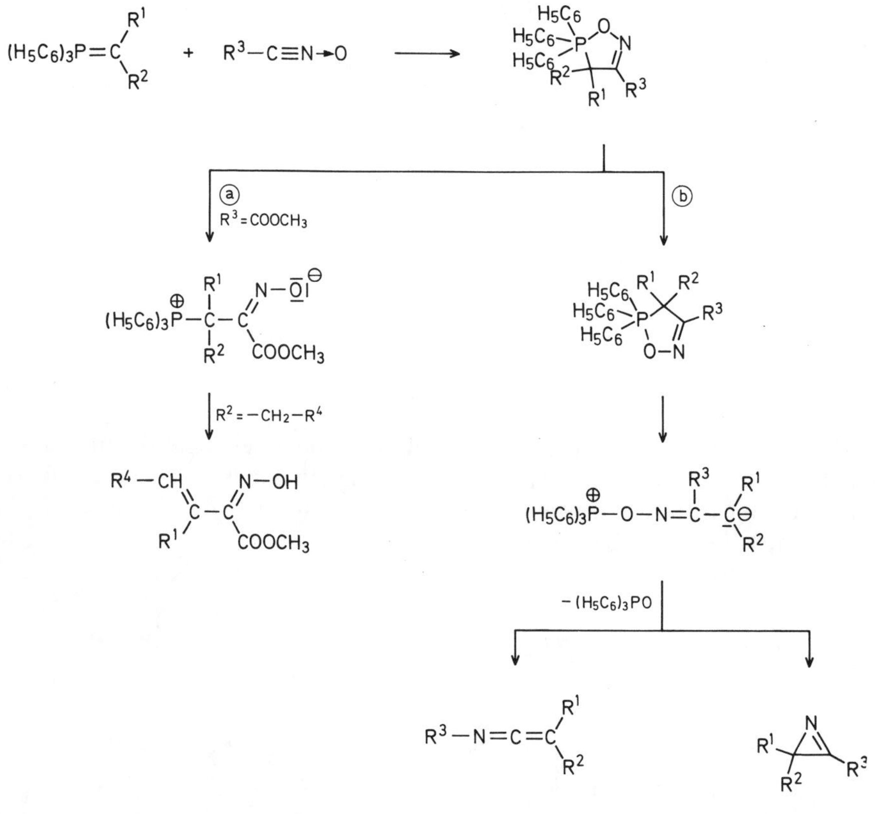

Mit den Resten $R^1 = R^2 = H$ bzw. Alkyl können cyclische Produkte mit pentavalentem Phosphor isoliert werden[954, 955]; in manchen Fällen sind diese auch durch Einwirkung von Alkali auf (2-Hydroximino-alkyl)-phosphonium-Salze[956, 957] erhältlich.

Die Stabilität und der Zerfallsweg der Primärprodukte wird durch die Reste R bestimmt[958].

Weg (a): Ist der Rest R^3 elektronenanziehend bei $R^1 = R^2 =$ Alkyl (Elektronendonator), so öffnet sich die apikale P–O-Bindung. Das entstehende Betain unterliegt einem intramolekularen Hoffmann-Abbau. Unter Austritt von Triphenylphosphan entsteht ein α,β-ungesättigtes Oxim.

Weg (b): Ist der Rest R^3 aliphatisch oder aromatisch, so tritt beim Erwärmen eine Pseudorotation ein, worauf wiederum die jetzt apikale C–P-Bindung geöffnet wird. Das gebildete Betain zerfällt in Abhängigkeit von der elektronischen Natur der Reste R^1 und R^2:

[954] H.J. Bestmann u. R. Kunstmann, Chem. Ber. **102**, 1816 (1969).
[955] R. Huisgen u. J. Wulff, Chem. Ber. **102**, 1833 (1969).
[956] G. Gaudiano, R. Mondelli, P.P. Ponti, C. Ticozzi u. A. Umani-Ronchi, J. Org. Chem. **33**, 4431 (1968).
[957] M. Masaki, K. Fukui u. M. Ohta, J. Org. Chem. **32**, 3564 (1967).
[958] H.J. Bestmann, Bull. Soc. Chim. Belg. **90**, 519 (1981).

1. Ziehen die Reste R^1 und R^2 Elektronen an (z. B. COOR) so erfolgt eine 1,2-Verschiebung von R^3. Unter Austritt von Triphenylphosphanoxid erhält man Ketenimine.
2. Sind die Reste R^1 und R^2 Elektronendonatoren, so ist die Nucleophilie des anionischen C-Atoms so groß, daß nunmehr eine nucleophile Substitution unter Austritt von Triphenylphosphanoxid und Bildung eines Azirins eintritt. Ist R^3 ein Rest, der nicht wandern kann (z. B. COOR), so entstehen auch dann, wenn die Reste R^1 und R^2 einen I- und M-Effekt ausüben, die entsprechenden Azirine.

Azirine und Ketenimine können auch nebeneinander gebildet werden. Sowohl Azirine als auch Ketenimine können mit überschüssigem Ylid weiter reagieren[954, 955].

2,2-Dimethyl-3-phenyl-2H-azirin[954]:
4,4-Dimethyl-3,5,5,5-tetraphenyl-4,5-dihydro-1,2,5λ^5-oxazaphosphol: Aus 15,44 g (40 mmol) Isopropyl-triphenyl-phosphoniumbromid wird nach der Natriumamid-Methode eine salzfreie benzol. Lösung des (2-Methyl-ethyliden)-triphenyl-phosphorans hergestellt. Man tropft unter Rühren innerhalb 90 Min. 2,86 g (20 mmol) Benzhydroximsäurechlorid in 30 *ml* Benzol zu, saugt vom Phosphonium-Salz ab, dampft i. Vak. ein und versetzt den Rückstand mit wenig Methanol. Nach mehreren Stdn. Stehen bei 0° wird abgesaugt und aus Methanol unter Zusatz von wenig Wasser umkristallisiert; Ausbeute: 2,30 g (54%): Schmp.: 122–123°.
2,2-Dimethyl-3-phenyl-2H-azirin: 1 g Dihydro-1,2,5λ^5-oxazaphosphol wird in einem rotierenden Kugelrohr bei 0,01 Torr (1,3 Pa) auf 130° erhitzt. Das Aziridin destilliert ab. Durch Lösen in wenig Ether wird es vom mitgerissenen Triphenylphosphanoxid befreit und dann fraktioniert; Ausbeute: 0,30 g (88%); Sdp.: 57–60°/0,01 Torr (1,3 Pa).

Einen prinzipiell anderen Verlauf beobachtet man bei der Reaktion von Nitriloxiden mit (2-Oxo-alkyliden)-phosphoranen: Es tritt 1,3 dipolare Cycloaddition an die C=C-Doppelbindung der Enol-Betain-Form des Ylides ein. Das Betain zerfällt in Phosphanoxid und ein 1,2-Oxazol[959]:

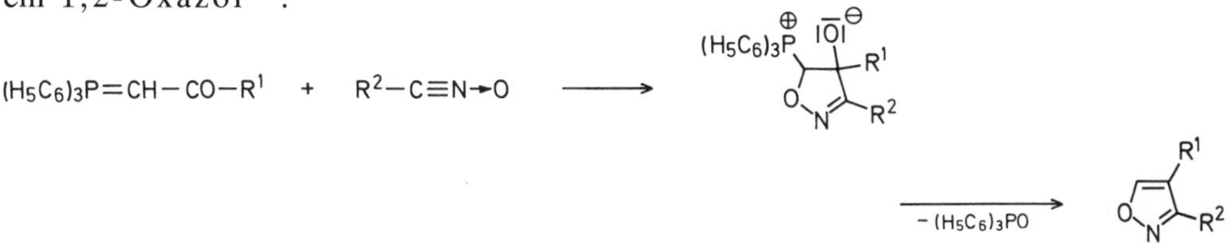

(H5C6)3P=CH–CO–R1
+
R2–C≡N→O
(H5C6)3P
R1
R2
O
N
– (H5C6)3PO

1,2 Oxazole erhält man auch aus Nitriloxiden und Allyliden-triphenyl-phosphoranen[960]; z. B.:

(H5C6)3P=CH–CH=CH–CN
+
O2N
C≡N→O
+ [(H5C2)3NH] Cl⊖; 0-5°
(H5C6)3P–CH2
NC
NO2
Cl⊖
(H5C2)3N, 65°
– [(H5C6)3P–CH3] Cl⊖
NC
NO2

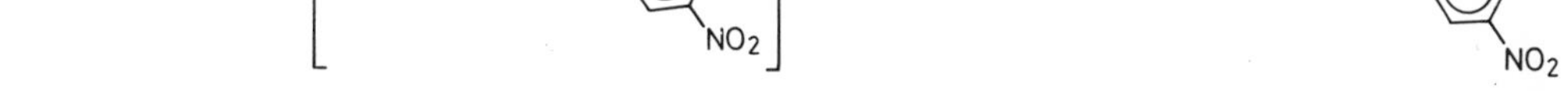

4-Cyan-3-(4-nitro-phenyl)-1,2-oxazol; 85%

[954] *H. J. Bestmann* u. *R. Kunstmann*, Chem. Ber. **102**, 1816 (1969).
[955] *R. Huisgen* u. *J. Wulff*, Chem. Ber. **102**, 1833 (1969).
[959] *T. Sasaki, T. Yoshioka* u. *Y. Suzuki*, Yuki Gosei Kagaku Kyokai Shi **28**, 1054 (1970); C. A. **74**, 125528 (1971).
M. I. Shevchuk, S. T. Shpak u. *A. V. Dombrovskii*, Zh. Obshch. Khim. **45**, 2609 (1975); C. A. **84**, 59280d (1976).
[960] *P. Dalla Croce* u. *D. Pocar*, J. Chem. Soc. [Perkin Trans. 1], **1976**, 619.

4.3.1.1.2. von Nitriliminen

Nitrilimine, in situ aus Carbonsäure-chlorid-hydrazoniden mit Triethylamin erzeugt, reagieren mit (2-Oxo-alkyliden)-phosphoranen zu Betainen, die in einer Gleichgewichtsreaktion durch Protonen-Wanderung in substituierte Ylide übergehen. Beim Erhitzen erfolgt unter Rückbildung der Betain-Stufe Cyclisierung und Abspaltung von Triphenylphosphanoxid zu 3,5-disubstituierten 1-Aryl-pyrazolen[961–963]:

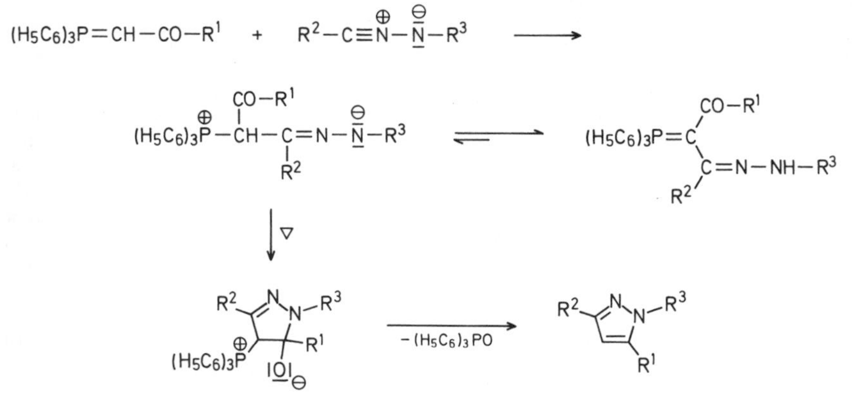

3,5-Disubstituierte 1-Aryl-pyrazole; allgemeine Arbeitsvorschrift[962]: Zu einer Lösung von 0,1 mol (2-Oxo-alkyliden)-triphenyl-phosphoran in 100 *ml* abs. Chloroform gibt man 15,2 g (0,15 mol) Triethylamin und dann vorsichtig unter Rühren eine Lösung von 0,1 mol Carbonsäure-chlorid-hydrazonid in 50 *ml* Chloroform. Das Gemisch wird 4 Stdn. zum Rückfluß erhitzt. Anschließend wird das Lösungsmittel i. Vak. entfernt und der Rückstand in Benzol aufgenommen. Die Lösung wird filtriert (Entfernung von Amin-Hydrochlorid) und zur Abtrennung von Triphenylphosphanoxid durch eine Säule mit Aluminiumoxid laufen gelassen, wobei das Pyrazol zuerst eluiert wird (mit Benzol). Zur Entfernung von anhaftendem Triphenylphosphanoxid wird nochmals an Aluminiumoxid und Benzol/Essigsäure-ethylester (1:1) als Lösungsmittel chromatographiert.
Auf diese Weise erhält man u. a.

$(H_5C_6)_3P=CH-CO-R^1$	$R^2-C\equiv\overset{\oplus}{N}-\overset{\ominus}{\underset{}{N}}-R^3$		...-*pyrazol*	Ausbeute	Literatur
R^1	R^2	R^3		[%]	
CH_3	$COOCH_3$	C_6H_5	*3-Methoxycarbonyl-5-methyl-1-phenyl-...*	70	962
C_6H_5	$COOC_2H_5$	C_6H_5	*1,5-Diphenyl-3-ethoxycarbonyl-...*	79	962
OCH_3	C_6H_5	C_6H_5	*1,3-Diphenyl-5-methoxy-...*	37	961
OC_2H_5	$CO-CH_3$	C_6H_5	*3-Acetyl-5-ethoxy-1-phenyl-...*	71	961
	$COOC_2H_5$	C_6H_5	*5-Ethoxy-3-ethoxycarbonyl-1-phenyl-...*	86	962
		$4-NO_2-C_6H_4$	*5-Ethoxy-3-ethoxycarbonyl-1-(4-nitro-phenyl)...*	80	962
$N(CH_3)_2$	$COOCH_3$	C_6H_5	*5-Dimethylamino-3-methoxycarbonyl-1-phenyl-...*	40	962
$COOC_2H_5$	$COOC_2H_5$	C_6H_5	*3,5-Diethoxycarbonyl-1-phenyl-...*	20	962

Mit Allyliden-triphenyl-phosphoranen reagieren Nitrilimine (in analoger Weise wie Nitriloxide) durch Addition an die C_β, C_γ-Einheit des Ylides und nachfolgende Abspaltung von Methyl-triphenyl-phosphonium-Salzen ebenfalls zu Pyrazolen[964]:

[961] *J. Wulff* u. *R. Huisgen*, Chem. Ber. **102**, 1841 (1969).
[962] *R. Fusco* u. *O. Dalla Croce*, Chim. Ind. (Milan) **52**, 45 (1970)
Vgl. *E. Zbiral*, Synthesis **1974**, 781.
[963] *P. Dalla Croce*, Ann. Chim. (Rome) **63**, 867 (1973).
[964] *P. Dalla Croce* u. *D. Pocar*, J. Chem. Soc. [Perkin Trans. 1] **1976**, 619.

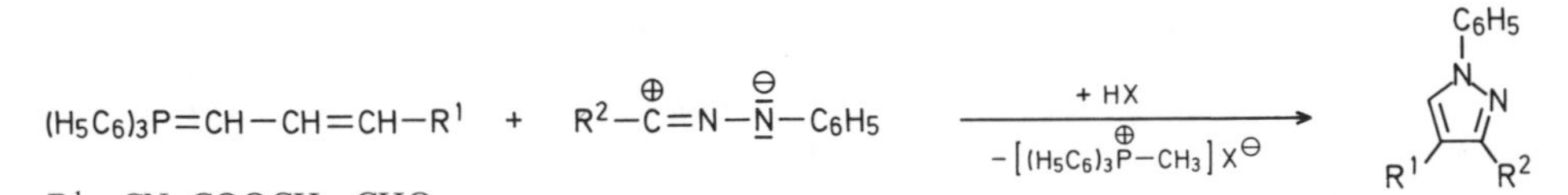

$$(H_5C_6)_3P=CH-CH=CH-R^1 \quad + \quad R^2-\overset{\oplus}{C}=N-\overset{\ominus}{\underset{..}{N}}-C_6H_5 \quad \xrightarrow[-\,[(H_5C_6)_3\overset{\oplus}{P}-CH_3]\,X^{\ominus}]{+\,HX} $$

R¹ = CN, COOCH₃, CHO
R² = COOCH₃, C₆H₅

4.3.1.1.3. von Aziden

Azide addieren sich an [2-Oxo- (bzw. 2-Alkoxycarbonyl)-alkyliden]-triphenyl-phosphorane unter Bildung von Betainen, die durch Abspaltung von Triphenylphosphanoxid 1,2,3-Triazole liefern[965–975]:

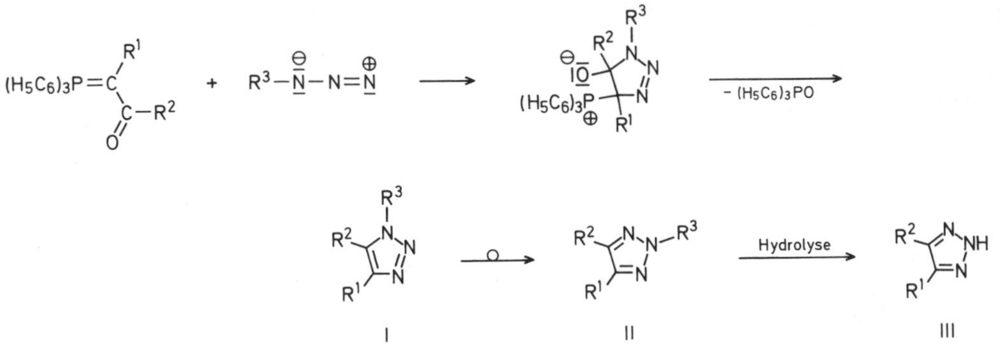

In die regioselektive Cycloaddition[968, 972] lassen sich Sulfonylazide[965], Arylazide[965, 967, 971, 972, 974], Acylazide[965, 967, 969, 970], Vinylazide[973] und Azidoameisensäureester[966, 970, 972] einsetzen.

Der Rest R³ ist im resultierenden 1,2,3-Triazol primär in 1-Stellung lokalisiert (I), er kann jedoch insbesondere für R³ = Acyl- oder Alkoxy-carbonyl auch in die 2-Stellung wandern (II)[970, 972]. In manchen Fällen isoliert man nicht die 1- bzw. 2-Acyl-1,2,3-triazole, sondern man führt sie durch Hydrolyse in die entsprechenden, am Stickstoff unsubstituierten 2H-1,2,3-Triazole (III) über[969, 975].

Bei der Verwendung von Bisaziden kann die Cyclisierungsreaktion prinzipiell zweimal ablaufen. Man erhält z.B. 1,4-Bis-[2H-1,2,3-triazolo]-benzole[971, 972] oder Gemische aus Mono- bzw. Bis-,1,2,3-triazolen[973].

Die Reaktionsgeschwindigkeit der Triazol-Bildung wird durch elektronenanziehende Reste am Azid und elektronendrückende Substituenten am Ylid erhöht[971]. Während Tosylazid innerhalb weniger Stunden bei 20° reagiert[976], ist mit Vinylaziden teilweise eine monatelange Reaktionsdauer erforderlich[973]. Alkylazide reagieren auch in siedendem Chloroform nicht mit (2-Oxo-alkyliden)-phosphoranen[976].

Bei der Reaktion der (Alkoxycarbonyl-methylen)-triphenyl-phosphorane mit Aziden kann auch eine 1,3-dipolare Cycloaddition der Azido-Gruppe an die P=C-Bindung des

[965] G. R. Harvey, J. Org. Chem. 31, 1587 (1966).
[966] G. L'abbé u. H. J. Bestmann, Tetrahedron Lett. 1969, 63.
[967] G. L'abbé, P. Ykman u. G. Smets, Tetrahedron 25, 5421 (1969).
[968] G. L'abbé, P. Ykman u. G. Smets, Bull. Soc. Chim. Belg. 78, 147 (1969).
[969] E. Zbiral u. J. Stroh, Monatsh. Chem. 100, 1438 (1969).
[970] P. Ykman, G. L'abbé u. G. Smets, Tetrahedron Lett. 1970, 5225.
[971] P. Ykman, G. L'abbé u. G. Smets, Tetrahedron 27, 845 (1971).
[972] P. Ykman, G. L'abbé u. G. Smets, Tetrahedron 27, 5623 (1971).
[973] P. Ykman, G. Mathys, G. L'abbé u. G. Smets, J. Org. Chem. 37, 3213 (1972).
[974] P. Ykman, G. L'abbe u. G. Smets, Tetrahedron 29, 195 (1973).
[975] E. Öhler u. E. Zbiral, Chem. Ber. 113, 2326 (1980).
[976] G. R. Harvey, J. Org. Chem. 31, 1587 (1966).

Tab. 59: 1,2,3-Triazole aus (2-Oxo-alkyliden)-triphenyl-phosphoranen und Aziden

$(H_5C_6)_3P=C\begin{smallmatrix}R^1\\\\CO-R^2\end{smallmatrix}$		R^3-N_3	...-1,2,3-triazol		Ausbeute [%]	Literatur
R^1	R^2	R^3				
H	CH$_3$	Tosyl	5-Methyl-1-tosyl-1H-...	I	98	[965]
		COOC$_2$H$_5$	1-Ethoxycarbonyl-5-methyl-1H-...	I	65	[966]
		CO–C$_6$H$_5$	2-Benzoyl-4-methyl-2H-...	II	50	[972]
	C$_6$H$_5$	C$_6$H$_5$	1,5-Diphenyl-1H-...	I	80	[971]
		CH=CH–CO–C$_6$H$_5$	1-(3-Oxo-3-phenyl-propenyl)-5-phenyl-1H-...	I	95	[973]
		COOC$_2$H$_5$	2-Ethoxycarbonyl-4-phenyl-2H-...	II	46	[972]
CH$_3$	OC$_2$H$_5$	CO–C$_6$H$_5$	5-Ethoxy-1-benzoyl-4-methyl-1H-...	I	63	[967]
		COOC$_2$H$_5$	5-Ethoxy-1-ethoxycarbonyl-4-methyl-1H-...	I	100	[966]
	CH$_3$	C(C$_6$H$_5$)=CH$_2$	4,5-Dimethyl-1-(1-phenyl-vinyl)-1H-...	I	54	[973]
–CH=CH–CH$_3$	C$_3$H$_7$	H	5-(1-Propenyl)-4-propyl-2H-...	III	76	[969]
–CH$_2$–CH$_2$–CH$_2$–CH$_2$–	H		4,5,6,7-Tetrahydro-2H- ⟨benzo-triazol⟩	III	75	[975]

Phosphorans eintreten. Der dadurch gebildete Heterocyclus zerfällt anschließend in ein Phosphanimin und einen Diazoessigsäureester[976, 977, 974, 978]:

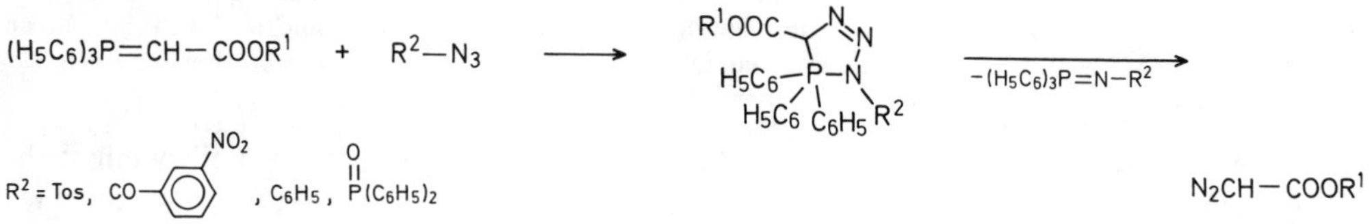

$$(H_5C_6)_3P{=}CH-COOR^1 \;+\; R^2{-}N_3 \longrightarrow \begin{smallmatrix}R^1OOC\\H_5C_6-P-N\\H_5C_6\;C_6H_5\;R^2\end{smallmatrix} \xrightarrow{-(H_5C_6)_3P=N-R^2}$$

$$R^2 = Tos, \; CO-\hspace{-2pt}\left\langle\!\!\!\bigcirc\!\!\!\right\rangle\!\!-NO_2 \;, \; C_6H_5, \; \overset{O}{\overset{\|}{P}}(C_6H_5)_2 \qquad\qquad N_2CH-COOR^1$$

α-Diazo-carbonyl-Verbindungen lassen sich nach dieser Methode in guten Ausbeuten insbesondere aus (2-Oxo-alkyliden)-triphenyl-phosphoranen und dem 2-Azido-3-ethyl-1,3-benzothiazolium-tetrafluoroborat gewinnen[979].

[965] G. R. Harvey, J. Org. Chem. **31**, 1587 (1966).
[966] G. L'abbé u. H. J. Bestmann, Tetrahedron Lett. **1969**, 63.
[967] G. L'abbé, P. Ykman u. G. Smets, Tetrahedron **25**, 5421 (1969).
[969] E. Zbiral u. J. Stroh, Monatsh. Chem. **100**, 1438 (1969).
[971] P. Ykman, G. L'abbé u. G. Smets, Tetrahedron **27**, 845 (1971).
[972] P. Ykman, G. L'abbé u. G. Smets, Tetrahedron **27**, 5623 (1971).
[973] P. Ykman, G. Mathys, G. L'abbé u. G. Smets, J. Org. Chem. **37**, 3213 (1972).
[974] P. Ykman, G. L'abbe u. G. Smets, Tetrahedron **29**, 195 (1973).
[975] E. Öhler u. E. Zbiral, Chem. Ber. **113**, 2326 (1980).
[976] G. R. Harvey, J. Org. Chem. **31**, 1587 (1966).
[977] G. L'abbé u. H. Bestmann, Tetrahedron Lett. **1969**, 63.
     G. L'abbé, H. Bestmann u. G. Smets, Tetrahedron **25**, 5421 (1969).
[978] U. Schöllkopf u. P. Markusch, Justus Liebigs Ann. Chem. **753**, 143 (1971).
[979] M. Regitz, A. M. Tawfik u. H. Heydt, Synthesis **1979**, 805.

Diazoessigsäure-tert.-butylester[978]: 75,4 g (0,2 mol) (tert.-Butyloxycarbonyl-methylen)-triphenyl-phosphoran, in 150 *ml* trockenem Dichlormethan, tropft man innerhalb 30 Min. zu einer Lösung von 39,4 g (0,2 mol) Tosyl-azid in 150 *ml* trockenem Dichlormethan. Dann wird i. Vak. eingedampft, der zähe Rückstand 3mal mit je 100 *ml* Ether extrahiert und die vereinigten Auszüge eingedampft. Man destilliert den Rückstand bei <60° (Bad)/1,5 Torr (0,20 kPa) und fängt das Destillat in einer auf −80° gekühlten Vorlage auf; Ausbeute: 18 g (63%).

Die analoge Reaktion mit (1-Ethoxycarbonyl-ethyliden)-triphenyl-phosphoran führt nicht zum 2-Diazo-propansäure-ethylester[976, 980].

Gelegentlich erfolgt gleichzeitige Addition an die P=C- und Enolat-Doppelbindung[974, 979, 981].

Bei der Umsetzung von (1-Alkoxycarbonyl-alkyliden)-triphenyl-phosphoranen mit Acetylazid erhält man infolge Wittig-Reaktion der Carbonyl-Funktion des Azids Azido-olefine[982].

4.3.1.1.4. von verschiedenen 1,3-Dipolen

Nitrone und reaktive Alkyliden-triphenyl-phosphorane gehen eine Cycloaddition zu $1,2,5\lambda^5$-Oxazaphospholidinen ein, deren Thermolyse zu Phosphanoxiden führt[983]:

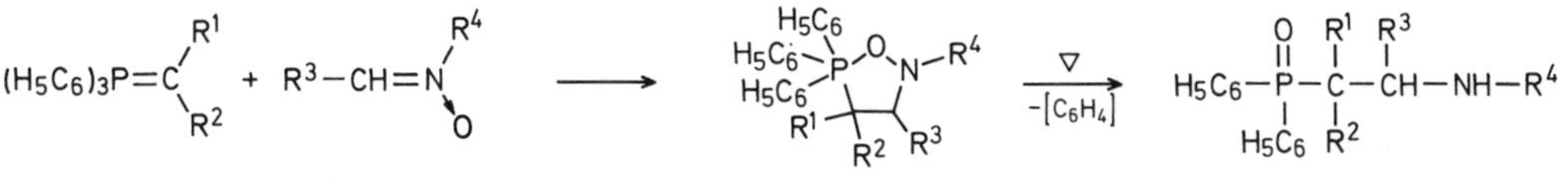

Die Addition mesoionischer Verbindungen als 1,3-dipolare Verbindungen an Phosphorylide unter Bildung eines betainartigen 1:1-Adduktes ist ebenfalls möglich[984]. Hiervon abweichend reagiert das 2,4-Diphenyl-3-methyl-1,2-oxazolium-5-oxid, offenbar aus der im Gleichgewicht befindlichen Keten-Form heraus mit Benzyliden-triphenyl-phosphoran in einer Wittig-Reaktion[985].

Mit aliphatischen Diazo-Verbindungen reagieren Ylide (z.B. Benzyliden-triphenyl-phosphoran) bei 20° in absolutem Benzol oder Toluol zu Azinen und Triphenylphosphan[986, 987]. Letzteres reagiert häufig mit noch nicht umgesetztem Diazoalkan zu einem Phosphazin.

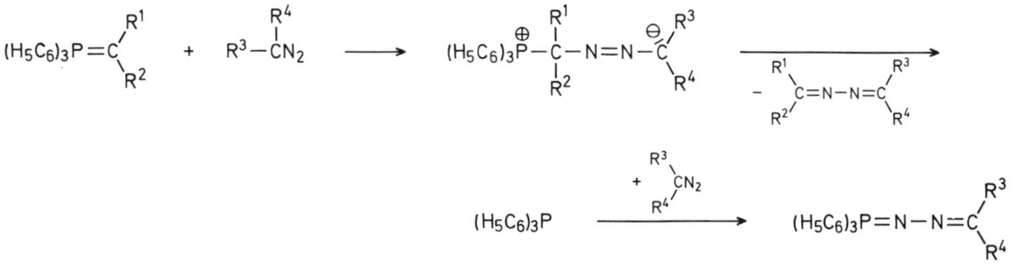

---

[974] P. Ykman, G. L'abbe u. G. Smets, Tetrahedron **29**, 195 (1973).
[976] G.R. Harvey, J. Org. Chem. **31**, 1587 (1966).
[978] U. Schöllkopf u. P. Markusch, Justus Liebigs Ann. Chem. **753**, 143 (1971).
[979] M. Regitz, A.M. Tawfik u. H. Heydt, Synthesis **1979**, 805.
[980] M.B. Sohn, M. Jones Jr., M.E. Hendrick, R.R. Rando u. W.v.E. Doering, Tetrahedron Lett. **1972**, 53.
[981] M. Regitz, A.M. Tawfik u. H. Heydt, Justus Liebigs Ann. Chem. **1981**, 1865.
[982] E. Zbiral u. J. Stroh, Monatsh. Chem. **100**, 1438 (1969).
[983] R. Huisgen u. J. Wulff, Chem. Ber. **102**, 746 (1969).
[984] P. Rajagopalan u. P. Penev, Chem. Commun. **1971**, 490.
[985] J. Wulff u. R. Huisgen, Chem. Ber. **102**, 1841 (1969).
[986] G. Wittig u. M. Schlosser, Tetrahedron **18**, 1023 (1962).
[987] G. Märkl, Tetrahedron Lett. **1961**, 811.

Bei der Umsetzung mit stark basischen Yliden ($R^1 = H$, $R^2 = $ Alkyl) werden Nebenreaktionen beobachtet[987]. Die stabilen (2-Oxo-alkyliden)-triphenyl-phosphorane reagieren unter den genannten Bedingungen nicht[987].

Diazo-azole addieren sich in einer [4 + 1]-Addition an Ylide unter Bildung von 1,2,4-Triazolen[988].

4.3.1.2. mit potentiellen Verbindungen

4.3.1.2.1. mit Oxiranen

Alkyliden-triphenyl-phosphorane reagieren mit Oxiranen zu $1,2\lambda^5$-Oxaphospholanen[989-991] mit apikaler neu geknüpfter P–O-Bindung[992]. Die Verbindungen können auf verschiedenem Wege zerfallen, wobei der elektronische Charakter der Gruppen R sowohl die Zerfallsgeschwindigkeit als auch den Zerfallsweg beeinflußt[993-996]:

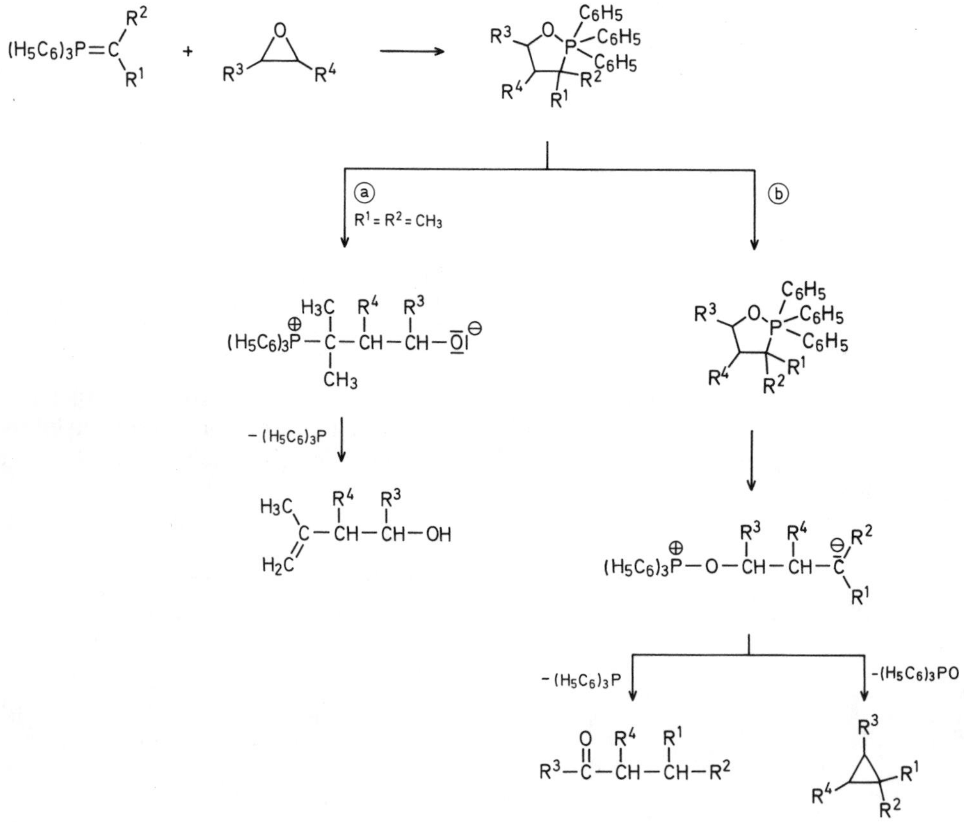

---

[987] G. Märkl, Tetrahedron Lett. **1961**, 811.

[988] G. Ege u. K. Gilbert, Tetrahedron Lett. **1979**, 1567.

[989] H.J. Bestmann, T. Denzel, R. Kunstmann u. I. Lengyel, Tetrahedron Lett. **1968**, 2895.

[990] J. Wulff u. R. Huisgen, Chem. Ber. **102**, 1841 (1969).

[991] H. Schmidbaur u. P. Holl, Chem. Ber. **112**, 501 (1979).

[992] H.J. Bestmann, Bull. Soc. Chim. Belg. **90**, 519 (1981).

[993] S. Trippett, Q. Rev. Chem. Soc. **17**, 426 (1963).

[994] W.E. McEwen u. A.P. Wolf, J. Am. Chem. Soc. **84**, 676 (1962).
   W.E. McEwen, A. Bladé-Font u. C.A. VanderWerf, J. Am. Chem. Soc. **84**, 677 (1962).

[995] Y. Inouye, T. Sugita u. H.M. Walborsky, Tetrahedron **20**, 1695 (1964).

[996] D.B. Denney, J.J. Vill u. M. Boskin, J. Am. Chem. Soc. **84**, 3944 (1962).

Weg (a): Ist der Rest R^3 elektronenanziehend, so öffnet sich die apikale P–O-Bindung. Es entsteht ein Betain, das bei den Resten $R^1 = R^2 = CH_3$ einen Hoffmann-Abbau unter Eliminierung von Triphenylphosphan und Bildung eines Hydroxy-olefins erleidet[990].

Weg (b): Der 1,2-Oxaphospholan-Ring kann einen Ligandenumordnungsprozeß (Pseudorotation) eingehen. Die apikale $P-CR^1R^2$-Bindung kann nunmehr gebrochen werden und das gebildete Betain in Abhängigkeit von der elektronischen Natur der Reste R^1, R^2 zerfallen.

(1) Ist der Rest R^3 ein Elektronendonator, so erfolgt aufgrund der hohen Nucleophilie des carbanionischen C-Atoms eine Protonenabstraktion in β-Stellung zum P-Atom, die zu einem Hoffmann-Abbau unter Austritt von Triphenylphosphan führt. Es entsteht ein Keton[990, 994].

(2) Ist der Rest R^1/R^2 ein Elektronenakzeptor, so erfolgt wegen der verminderten Basizität des carbanionischen C-Atoms, eine intramolekulare, nucleophile Substitution mit Austritt von Triphenylphosphanoxid und Bildung eines Cyclopropans[995,996,996a].

Da für die Cyclopropan-Synthese einer der Substituenten am Ylid-C-Atom elektronenziehend wirken muß, (2-Oxo-alkyliden)-phosphorane aber zu wenig nucleophil sind, um mit Oxiranen zu reagieren, bleibt die Anwendbarkeit der Methode auf Cyclopropancarbonsäureester beschränkt.

6-Ethoxycarbonyl-bicyclo[3.2.1]heptan[996]: Eine Mischung von 10 g (0,028 mol) (Ethoxycarbonyl-methylen)-triphenyl-phosphoran und 10 g (0,102 mol) 1,2-Epoxy-cyclohexan werden 26 Stdn. auf 200° erhitzt. Die Reaktionsmischung wird destilliert; Ausbeute: 2,6 g (56%); Sdp.: 80–82°/1 Torr (0,13 kPa).

Die bei der Reaktion von Yliden mit Oxiranen primär gebildeten 1,2λ^5-Oxaphospholane sind auch auf zwei unabhängigen Wegen zugänglich[997, 998]. Einer davon eröffnet den Zugang zu Acyl-cyclopropanen[998], die aus Oxiranen und (2-Oxo-alkyliden)-phosphoranen nicht zu erhalten sind.

4.3.1.2.2. mit Aziridinen

Aus (Ethoxycarbonyl-methylen)-triphenyl-phosphoran und 1-Acyl- bzw. 1-Tosyl-aziridinen erhält man unter Spaltung der CN-Bindung (3-Amino-alkyliden)-phosphorane[999] (vgl. S. 656). Bei der Umsetzung des (1-Ethoxycarbonyl-ethyliden)-triphenyl-phosphorans ist eine Protonenwanderung im intermediär gebildeten Betain nicht möglich; man erhält infolge intramolekularer Cyclisierung 4,5-Dihydro-pyrrole[999]:

[990] J. Wulff u. R. Huisgen, Chem. Ber. **102**, 1841 (1969).

[994] W.E. McEwen u. A.P. Wolf, J. Am. Chem. Soc. **84**, 676 (1962).
 W.E. McEwen, A. Bladé-Font u. C.A. VanderWerf, J. Am. Chem. Soc. **84**, 677 (1962).

[995] Y. Inouye, T. Sugita u. H.M. Walborsky, Tetrahedron **20**, 1695 (1964).

[996] D.B. Denney, J.J. Vill u. M. Boskin, J. Am. Chem. Soc. **84**, 3944 (1962).

[996a] E. Zbiral, Monatsh. Chem. **94**, 78 (1963).

[997] A.R. Hands u. A.J.H. Mercer, J. Chem. Soc. **1967**, 1099.

[998] E.E. Schweizer u. W.S. Creasy, J. Org. Chem. **36**, 2379 (1971).

[999] H.W. Heine, G.B. Lowrie u. K.C. Irving, J. Org. Chem. **35**, 444 (1970).

Geeignet substituierte Aziridine können auch eine Spaltung an der CC-Bindung erleiden. Das resultierende Betain I reagiert mit stabilisierten Phosphoranen zu zwitterionischen Intermediärprodukten, die nach Protonen-Wanderung durch intramolekulare Wittig-Reaktion in 2,5-Dihydro-pyrrole übergehen[1000]; z.B.:

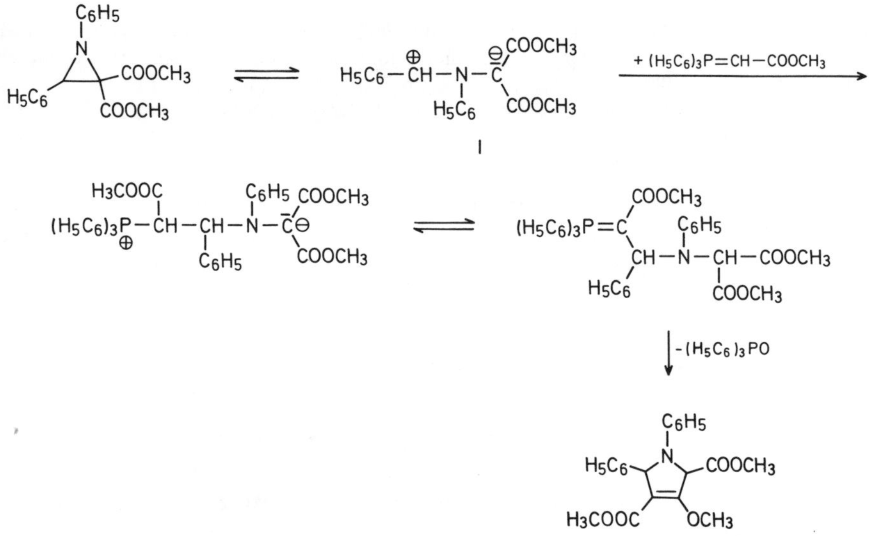

2,4-Dimethoxycarbonyl-1,5-diphenyl-3-methoxy-2,5-dihydro-pyrrol; 90%

Neben Aziridinen sind auch bestimmte 2,3-Dihydro-1,3-oxazole als Quelle für die reagierenden Betaine I einsetzbar.

4.3.2. Ringöffnung höhergliedriger Verbindungen

Neben dreigliedrigen Ringen lassen sich auch einige höhergliedrige Ringe unter der Einwirkung von Yliden öffnen.

Enollactone reagieren mit Yliden zu Betainen, die durch Protonen-Wanderung in (2-Oxo-alkyliden)-phosphorane übergehen, aus denen durch intramolekulare Wittig-Reaktion α,β-ungesättigte Ketone entstehen[1001]:

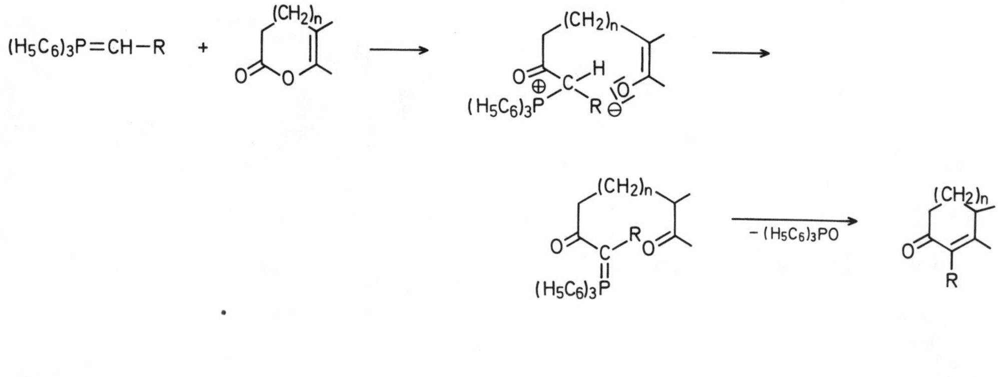

[1000] M. Vaultier, R. Danion-Bougot, D. Danion, J. Hamelin u. R. Carrié, Bull. Soc. Chim. Fr. **1976**, 1537.
F. Texier u. R. Carrié, Tetrahedron Lett. **1971**, 4163.
[1001] C.A. Henrick, E. Böhme, J. Edwards u. J.H. Fried, J. Am. Chem. Soc. **90**, 5926 (1968).

Die Reaktion von Alkyliden-triphenyl-phosphoranen mit Lactonen liefert Betaine[1002, 1003], die sich durch Thermolyse unter Abspaltung von Triphenylphosphan in Lactone überführen lassen[1002]:

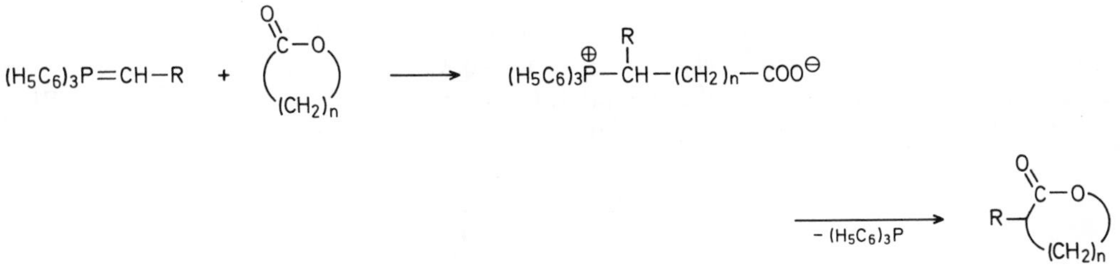

Aus Methylen-triphenyl-phosphoran und Butyrolacton erhält man dagegen *(5-Hydroxy-2-oxo-pentyliden)-triphenyl-phosphoran*[1003].

Oxetan läßt sich analog dem Oxiran mit Methylen-trialkyl-phosphoranen zu mono- und spirocyclischen Phosphoranen umsetzen[1004]. Entsprechende Phosphorane mit pentavalentem Phosphor werden intermediär auch bei der Ringöffnung von Siletanen gebildet (vgl. S. 651).

Durch Methylen-triphenyl-phosphoran wird 1,3-Dioxo-cyclobutan unter C–C-Spaltung geöffnet. Nach Protonenwanderung wird ein (2,4-Dioxo-alkyliden)-phosphoran[1005] erhalten.

[1002] H. Kise, Y. Arase, S. Shiraishi, M. Seno u. T. Asahara, Chem. Commun. **1976**, 299.
[1003] H. J. Bestmann, M. Ettlinger u. R. W. Saalfrank, Justus Liebigs Ann. Chem. **1977**, 276.
[1004] H. Schmidbaur u. P. Holl, Chem. Ber. **112**, 501 (1979).
[1005] E. A. LaLancette, J. Org. Chem. **29**, 2957 (1964).

β) Cumulierte Phosphorane

β₁) *Carbodiphosphorane (Bis-[phosphoranyliden]-methane)*

Struktur, Bindungsverhältnisse, Stabilität

Physikalisch-chemische Daten weisen die Homologen des Carbodiphosphorans als stark gewinkelte, flexible Moleküle aus, deren P–C–P-Winkel, in Abhängigkeit von den Resten an den beiden P-Atomen bis auf maximal 120° verengt werden kann[1033–1038]. Die Bindungsverhältnisse[1039] werden durch die mesomeren Grenzformeln I–III, bzw. am besten durch die Kurzschreibweise IV mit einer weitgehenden Lokalisierung eines freien Elektronen-Paares am zentralen C-Atom, wiedergegeben[1040, 1038].

$$R_3P{=}C{=}PR_3 \quad\longleftrightarrow\quad R_3\overset{\oplus}{P}\overset{\overset{\ominus}{C}}{}PR_3 \quad\longleftrightarrow\quad R_3\overset{\oplus}{P}\overset{\overset{2\ominus}{C}}{}\overset{\oplus}{P}R_3$$

I II III

$$R_3P\overset{\overset{\ominus}{C}}{}\overset{\oplus}{P}R_3 \qquad R_3P\overset{\overset{\ominus}{C}}{\underset{\oplus}{}}PR_3$$

II IV

Die flexible Molekülgeometrie gestattet sogar, die Doppelfunktion in sechs- und siebengliedrige Ringe zu integrieren[1041].

Carbodiphosphorane zeichnen sich durch eine erstaunlich hohe Bildungstendenz aus und entstehen gelegentlich selbst aus Vorläufern, die die Bildung anderer Ylide erwarten lassen[1042].

Prototrope Formen sind i. a. energetisch ungünstiger, so daß vom Bis-[trimethylphosphoranyliden]-methan V die Isomeren VI und VII nicht existieren[1036] (bei Anwesenheit von Komplexbildnern werden die Isomeren VI und VII beobachtet[1034, 1043]).

$$(H_3C)_3P{=}C{=}P(CH_3)_3$$

V

$$(H_3C)_3P{=}CH{-}\underset{\overset{\|}{CH_2}}{P}(CH_3)_2$$

VI

$$(H_3C)_2\underset{\overset{\|}{CH_2}}{P}{-}CH_2{-}\underset{\overset{\|}{CH_2}}{P}(CH_3)_2$$

VII

[1033] A. T. Vincent u. P. J. Wheatly, J. Chem. Soc. [Dalton Trans.] **1972**, 617.
    H. Schmidbaur, G. Haßlberger, U. Deschler, U. Schubert, C. Kappenstein u. A. Frank, Angew. Chem. **91**, 437 (1979); engl.: **18**, 408.
    G. E. Hardy, J. I. Zink, W. C. Kaska u. J. C. Baldwin, J. Am. Chem. Soc. **100**, 8001 (1978).
    M. S. Hussain u. H. Schmidbaur, Z. Naturforsch. **31 b**, 721 (1976).
[1034] H. Schmidbaur u. O. Gasser, J. Am. Chem. Soc. **97**, 6281 (1975).
[1035] E. A. V. Ebsworth, T. E. Fraser, D. W. H. Rankin, O. Gasser u. H. Schmidbaur, Chem. Ber. **110**, 3508 (1977).
[1036] H. Schmidbaur, O. Gasser u. M. S. Hussain, Chem. Ber. **110**, 3501 (1977).
[1037] H. Lumbroso, J. Curé u. H. J. Bestmann, J. Organomet. Chem. **161**, 347 (1978).
[1038] H. Schmidbaur et al., Angew. Chem. **91**, 437 (1979); engl.: **18**, 408.
[1039] C. Glidewell, J. Organomet. Chem. **159**, 23 (1978).
    T. A. Albright, P. Hofmann u. A. R. Rossi, Z. Naturforsch. **35 b**, 343 (1980).
[1040] H. Schmidbaur, Nachrichten aus Chemie, Technik u. Laboratorium **27**, 620 (1979).
[1041] H. Schmidbaur, T. Costa, B. Milewski-Mahrla u. U. Schubert, Angew. Chem. **92**, 557 (1980); engl.: **19**, 555.
[1042] H. Schmidbaur u. A. Wohlleben-Hammer, Chem. Ber. **112**, 510 (1979).
[1043] H. Schmidbaur u. O. Gasser, Angew. Chem. **88**, 542 (1976); engl. **15**, 502.

Konjugierte Ylide vom Typ VI werden begünstigt, wenn eine mesomeriefähige Gruppe in die Seitenkette eingeführt wird. Daher existieren die Ylide VIII und IX nur in Form der konjugierten Ylide[1036,1043a].

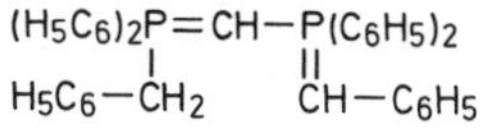

$$(H_5C_6)_2P=CH-P(C_6H_5)_2 \qquad\qquad (H_3C)_3P=CH-P(CH_3)_2$$
$$\overset{|}{H_5C_6-CH_2} \quad \overset{||}{CH-C_6H_5} \qquad\qquad\qquad \overset{||}{CH-Si(CH_3)_3}$$

$$\text{VIII} \qquad\qquad\qquad\qquad \text{IX}$$

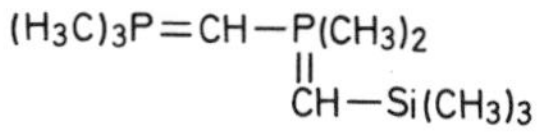

Doppelylide vom Typ VII sind ausgehend von Lithium-[bis(trimethylsilyl)-methylen]-diphenyl-phosphoranid zugänglich[1044].

Die Umlagerung von Carbodiphosphoranen in (Phosphano-methylen)-phosphorane wird bei einigen unsymmetrischen Vertretern beobachtet[1045]:

$$(H_5C_6)_3P=C=P(CH_2-R)_3 \longrightarrow \begin{array}{c} CH_2-R \\ | \\ (H_5C_6)_2P-CH=P-CH_2-R \\ | \\ H_5C_6-CH-R \end{array}$$

Bemerkenswerterweise lassen sich an den P-Atomen von Carbodiphosphoranen Halogen-Funktionen einführen, ohne daß es zu spontanen Folgereaktionen kommt[1046].

A. Herstellung

Carbodiphosphorane lassen sich durch Dehydrohalogenierung oder durch Dechlorierung geeigneter Phosphoniumsalz-Vorstufen gewinnen.

Bis-[triphenylphosphoranyliden]-methan (60%) wird durch zweifache Dehydrobromierung des Bis-[triphenylphosphoniono]-methan-dibromids in zwei Reaktionsschritten erhalten[1047]:

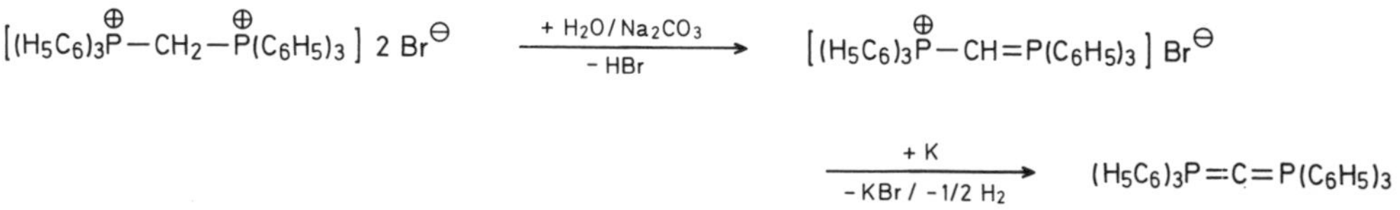

$$\left[(H_5C_6)_3\overset{\oplus}{P}-CH_2-\overset{\oplus}{P}(C_6H_5)_3\right] 2\,Br^{\ominus} \xrightarrow[-\,HBr]{+\,H_2O/Na_2CO_3} \left[(H_5C_6)_3\overset{\oplus}{P}-CH=P(C_6H_5)_3\right] Br^{\ominus}$$

$$\xrightarrow[-\,KBr\,/\,-1/2\,H_2]{+\,K} (H_5C_6)_3P=C=P(C_6H_5)_3$$

Die Dehydrohalogenierung der jeweiligen Bisphoniumsalze kann bei der Verwendung entsprechend starker Basen auch in einem Schritt durchgeführt werden[1048,1049,1049a]; z.B.:

[1036] *H. Schmidbaur, O. Gasser* u. *M.S. Hussain*, Chem. Ber. **110**, 3501 (1977).
[1043a] *H. Schmidbaur, U. Deschler, B. Zimmer-Gasser, D. Neugebauer* u. *U. Schubert* Chem. Ber. **113**, 902 (1980).
[1044] *R. Appel* u. *G. Haubrich*, Angew. Chem. **92**, 206 (1980); engl.: **19**, 213.
[1045] *R. Appel* u. *G. Erbelding*, Tetrahedron Lett. **1978**, 2689.
[1046] *R. Appel* et al., Chem. Ber. **111**, 2054 (1978); Angew. Chem. **91**, 177 (1979); engl.: **18**, 169.
[1047] *F. Ramirez, N.B. Desai, B. Hansen* u. *N. McKelvie*, J. Am. Chem. Soc. **83**, 3539 (1961).
[1048] *H. Schmidbaur, O. Gasser* u. *M.S. Hussain*, Chem. Ber. **110**, 3501 (1977).
[1049] *H. Schmidbaur* u. *A. Wohlleben-Hammer*, Chem. Ber. **112**, 510 (1979).
[1049a] *M.S. Hussain* u. *H. Schmidbaur*, Z. Naturforsch. **31b**, 721 (1976).

$$(H_5C_6)_2P-CH_2-P(C_6H_5)_2 \ + \ 2 \ CH_3Br \ \longrightarrow \ \left[(H_5C_6)_2\overset{\oplus}{\underset{CH_3}{P}}-CH_2-\overset{\oplus}{\underset{CH_3}{P}}(C_6H_5)_2 \right] 2 \ Br^{\ominus}$$

$$\xrightarrow[-2\,NH_3\,/\,-2\,NaBr]{NaNH_2} \ (H_5C_6)_2P\underset{CH_3}{=}C\underset{CH_3}{=}P(C_6H_5)_2$$

Bis-[diphenyl-methyl-phosphoranyliden]-methan; ~ 100%

Erfolgt die Dehydrohalogenierung mittels lithiumorganischer Verbindungen, so fällt das Carbodiphosphoran zunächst als Lithiumsalz-Komplex an, aus dem es durch nachfolgende Pyrolyse freigesetzt werden kann[1048].

Monoylide, die anschließend in Carbodiphosphorane überführbar sind, lassen sich auch aus einfachen Yliden[1048] oder chlorierten Methyl-phosphonium-Salzen gewinnen[1050, 1051].

Sowohl Methylen-trimethyl- als auch Trimethyl-(trimethylsilyl-methylen)-phosphoran reagieren mit Difluor-trimethyl-phosphoran zum [[(Fluor-trimethyl-phosphoranyl)-methylen]-trimethyl-phosphoran (das im Gegensatz zum Chlorid und Bromid nicht ionisch gebaut ist), aus dem mit Natriumhydrid oder Butyl-lithium das *Bis-[trimethylphosphoranyliden]-methan* entsteht[1048]:

$$(H_3C)_3PF_2 \ \longrightarrow \ \boxed{\begin{array}{c} + \ (H_3C)_3P=CH-Si(CH_3)_3 \\ \hline - \ (H_3C)_3Si-F \\ \hline + 2 \ (H_3C)_3P=CH_2 \\ \hline - \ [(H_3C)_3P]^{\oplus}F^{\ominus} \end{array}} \ \longrightarrow \ (H_3C)_3\overset{F}{P}-CH=P(CH_3)_3$$

$$\xrightarrow[\substack{- \ NaF \ (LiF) \\ - \ H_2 \ (- \ C_4H_{10})}]{NaH \ od. \ H_9C_4-Li} \ (H_3C)_3P=C=P(CH_3)_3$$

Das durch dosierte Wasser-Zugabe zum System Triphenylphosphan/Tetrachlormethan zugängliche Dichlormethyl-triphenyl-phosphoniumchlorid reagiert mit Trialkylphosphanen zu Ylid-Salzen, die mit Butyl-lithium Carbodiphosphorane liefern[1050]:

$$[(H_5C_6)_3\overset{\oplus}{P}-CHCl_2] \ Cl^{\ominus} \ + \ R_3P \ \longrightarrow \ \left[(H_5C_6)_3P \overset{CH}{\cdots} PR_3 \right]^{\oplus} Cl^{\ominus}$$

$$\xrightarrow[\substack{- \ LiF \\ - \ C_4H_{10}}]{+ \ H_9C_4-Li} \ (H_5C_6)_3P=C=PR_3$$

R = C_2H_5; *Triethylphosphoranyliden-triphenylphosphoranyliden-methan*; ~ 100%
R = C_3H_7; *Triphenylphosphoranyliden-tripropylphosphoranyliden-methan*; ~ 100%
R = C_4H_9; *Tributylphosphoranyliden-triphenylphosphoranyliden-methan*; ~ 100%

Einen bequemen Zugang zum *Bis-[triphenylphosphoranyliden]-methan* eröffnet die Umsetzung von Triphenylphosphan mit Tetrachlormethan in polaren Lösungsmitteln zu [Chlor-(triphenylphosphoranyliden)-methyl]-triphenyl-phosphoniumchlorid, das sich mit Tris-[dimethylamino]-phosphin leicht dechlorieren läßt[1051]:

$$3 \ (H_5C_6)_3P \ + \ CCl_4 \ \xrightarrow[- \ (H_5C_6)_3PCl_2]{} \ \left[(H_5C_6)_3P \underset{\underset{Cl}{|}}{\overset{\cdots}{\underset{\cdots}{C}}} P(C_6H_5)_3 \right]^{\oplus} Cl^{\ominus} \ \xrightarrow[- \ Cl_2P[N(CH_3)_2]_3]{+ \ P[N(CH_3)_2]_3} \ $$

$$(H_5C_6)_3P=C=P(C_6H_5)_3$$

[1048] *H. Schmidbaur, O. Gasser* u. *M. S. Hussain*, Chem. Ber. **110**, 3501 (1977).
[1050] *R. Appel* u. *G. Erbelding*, Tetrahedron Lett. **1978**, 2689.
[1051] *R. Appel, F. Knoll, H. Schöler* u. *H. D. Wihler*, Angew. Chem. **88**, 769 (1976); engl.: **15**, 701.

Bis-[triphenylphosphoranyliden]-methan (Hexaphenyl-carbodiphosphoran)[1051]: Die Umsetzung wird in einem 250-*ml*-Kolben mit seitlichem Hahn und aufgesetzter Umkehrfritte vorgenommen, der zuvor ausgeheizt und mit Argon gespült wurde.

40,0 g (0,066 mol) [Chlor-(triphenylphosphoranyliden)-methyl]-triphenyl-phosphoniumchlorid und 10,8 g (0,066 mol) Tris-[dimethylamino]-phosphan werden in 150 *ml* Benzol gerührt. Das Phosphonium-Salz löst sich langsam auf, die Suspension färbt sich langsam gelb. Nach 24 Stdn. wird die Mischung möglichst rasch (vorgeheiztes Ölbad) zum Sieden gebracht und sofort durch die Umkehrfritte filtriert. Beim Abkühlen kristallisiert das Carbodiphosphoran aus dem trüb durchgelaufenen Filtrat. Es wird abfiltriert, 2mal mit Ether gewaschen und bei 20° i. Vak. getrocknet; Ausbeute: 21,8 g (61%); Schmp.: 213–215°.

Die analoge Herstellung des Bis-[trimethylphosphoranyliden]-methans ist nicht möglich, da auf Grund dessen extremer Basizität Hydrochlorierung erfolgt.

P-Halogen-Carbodiphosphorane werden durch Dechlorierung des Phosphoniumchlorids I[1052] bzw. durch Einwirkung von Tetrachlormethan auf Bis-[diphenylphosphano]-trimethylsilyl-methan[1053] erhalten:

$$\left[(H_5C_6)_3P\overset{Cl}{\underset{Cl}{\overset{|}{\underset{|}{\cdots C \cdots}}}}P(C_6H_5)_2\right]^{\oplus} Cl^{\ominus} \quad \xrightarrow[-\,Cl_2P[N(CH_3)_2]_3]{+\,P[N(CH_3)_2]_3} \quad (H_5C_6)_3P{=}C{=}P(C_6H_5)_2$$

I

*(Chlor-diphenyl-phosphoranyliden)-
triphenylphosphoranyliden-methan*; 62%

$$(H_5C_6)_2P{-}\overset{\overset{\displaystyle Si(CH_3)_3}{|}}{CH}{-}P(C_6H_5)_2 \quad \xrightarrow[-\,(H_3C)_3Si{-}Cl]{\overset{+\,2\,CCl_4}{-\,CHCl_3}} \quad (H_5C_6)_2\overset{|}{\underset{Cl}{P}}{=}C{=}\overset{|}{\underset{Cl}{P}}(C_6H_5)_2$$

Bis-[chlor-dimethyl-phosphoranyliden]-methan; 90%

B. Umsetzungen

Carbodiphosphorane sind starke zweisäurige Basen, die bei der Einwirkung von einem Äquivalent Halogenwasserstoff, in Umkehrung ihrer Bildungsweise, in Ylid-Salze und mit einem weiteren Äquivalent in Bis-[triorganophosphoniono]-methan-dihalogenide überführt werden[1054-1056,1056a] (vgl. a. S. 753):

$$R_3P{=}C{=}PR_3 \quad \xrightarrow{+\,HX} \quad \left[R_3P\overset{CH}{\underset{\cdots}{\cdots}}PR_3\right]^{\oplus} X^{\ominus} \quad \xrightarrow{+\,HX} \quad [R_3\overset{\oplus}{P}{-}CH_2{-}\overset{\oplus}{P}R_3]\,2\,X^{\ominus}$$

Mit Wasser erhält man aus Phenyl-carbodiphosphoranen stabile (Phosphinyl-methylen)-phosphorane[1054, 1055; z. B.: 753):

[1051] R. Appel, F. Knoll, H. Schöler u. H. D. Wihler, Angew. Chem. **88**, 769 (1976); engl.: **15**, 701.

[1052] R. Appel u. H. D. Wihler, Chem. Ber. **111**, 2054 (1978).

[1053] R. Appel u. K. Waid, Angew. Chem. **91**, 177 (1979); engl.: **18**, 169.

[1054] F. Ramirez, N. B. Desai, B. Hansen u. N. McKelvie, J. Am. Chem. Soc. **83**, 3539 (1961).

[1055] M. S. Hussain u. H. Schmidbaur, Z. Naturforsch. **31 b**, 721 (1976).

[1056] H. Schmidbaur, O. Gasser u. M. S. Hussain, Chem. Ber. **110**, 3501 (1977).

[1056a] R. Appel, F. Knoll, H. Schöler u. H. D. Wihler, Angew. Chem. **88**, 769 (1976); engl.: **15**, 701.
R. Appel, F. Knoll u. H. Veltmann, Angew. Chem. **88**, 340 (1976); engl.: **15**, 315.
R. Appel u. H. D. Wihler, Chem. Ber. **111**, 2054 (1978).
R. Appel u. K. Waid, Angew. Chem. **91**, 177 (1979); engl.: **18**, 169.

$$(H_5C_6)_3P=C=P(C_6H_5)_3 \quad\begin{cases} \xrightarrow[-\,C_6H_6]{+\,H_2O} & (H_5C_6)_3P=CH-\overset{\overset{\displaystyle O}{\|}}{\underset{\underset{\displaystyle C_6H_5}{|}}{P}}-C_6H_5 \\[2em] & \textit{(Diphenylphosphinyl-} \\ & \textit{methylen)-triphenyl-} \\ & \textit{phosphoran};\ 100\% \\[2em] \xrightarrow{+\,Br_2} & \left[(H_5C_6)_3P \cdots\underset{\underset{\displaystyle Br}{|}}{C}\cdots P(C_6H_5)_3\right]^{\oplus}\ Br^{\ominus} \end{cases}$$

Bis-[trimethylphosphoranyliden]-methan reagiert mit Wasser **explosions**artig unter Bildung von Methan und Trimethylphosphanoxid[1056]. Elementares Brom liefert mit Bis-[triphenylphosphoranyliden]-methan das *(Brom-triphenylphosphoranyliden-methyl)-triphenyl-phosphonium-bromid* (70%)[1054]. Chlor-trimethyl-silan reagiert mit Bis-[diphenylmethyl-phosphoranyliden]-methan erwartungsgemäß zum *Bis-[diphenyl-methyl-phosphoniono]-bis-[trimethylsilyl]-methan-dichlorid*[1055], mit Bis-[trimethylphosphoranyliden]-methan dagegen durch Umylidierung in einer formalen Substitution in der Seitenkette[1056]:

$$\underset{\underset{\displaystyle H_5C_6}{|}}{\overset{\overset{\displaystyle H_5C_6}{|}}{H_3C-P}}=C=\underset{\underset{\displaystyle C_6H_5}{|}}{\overset{\overset{\displaystyle C_6H_5}{|}}{P-CH_3}} \quad + \quad 2\ (H_3C)_3Si-Cl \quad\longrightarrow\quad \left[\begin{matrix} & \overset{\displaystyle CH_3}{\underset{\displaystyle Si}{H_3C-\!\!\overset{|}{}\!\!-CH_3}} & \\ H_5C_6\diagdown\ \ \ \diagup C_6H_5 \\ H_3C-\overset{\oplus}{P}-C-\overset{\oplus}{P}-CH_3 \\ H_5C_6\diagup\ \ \ \diagdown C_6H_5 \\ & \underset{\displaystyle CH_3}{\overset{\displaystyle Si}{H_3C-\!\!\overset{|}{}\!\!-CH_3}} & \end{matrix} \right]\ 2\ Cl^{\ominus}$$

$$2\ (H_3C)_3P=C=P(CH_3)_3 \quad + \quad (H_3C)_3Si-Cl \quad\longrightarrow\quad (H_3C)_3P=CH-\underset{\underset{\displaystyle CH_3}{|}}{\overset{\overset{\displaystyle CH-Si(CH_3)_3}{\|}}{P}}-CH_3$$

$$+\quad \left[(H_3C)_3P\cdots\overset{\displaystyle CH}{\cdots}P(CH_3)_3\right]^{\oplus}\ Cl^{\ominus}$$

Mit Alkylhalogeniden reagiert Bis-[triphenylphosphoranyliden]-methan zu Phosphoniumsalzen, die unter der Einwirkung von Basen Umlagerungen eingehen[1057]. Eine Reihe von Reaktionen des Bis-[triphenylphosphoranyliden]-methans verlaufen unter Abspaltung von Triphenylphosphanoxid. Mit Salicylaldehyd erhält man bei 20° ein Phosphoniumphenolat, das beim Erhitzen in siedendem Toluol unter Abspaltung von Triphenylphosphanoxid das *2H-⟨Benzo[e]-1,2λ⁵-oxaphosphorin⟩* liefert[1058]:

[1054] *F. Ramirez, N. B. Desai, B. Hansen* u. *N. McKelvie*, J. Am. Chem. Soc. **83**, 3539 (1961).

[1055] *M. S. Hussain* u. *H. Schmidbaur*, Z. Naturforsch. **31 b**, 721 (1976).

[1056] *H. Schmidbaur, O. Gasser* u. *M. S. Hussain*, Chem. Ber. **110**, 3501 (1977).

[1057] *H. J. Bestmann*, Pure Appl. Chem. **52**, 771 (1980).

    H. J. Bestmann u. *H. Öchsner*, Erlangen, unveröffentlicht 1980.

[1058] *H. J. Bestmann* u. *W. Kloeters* Tetrahedron Lett. **1977**, 79.

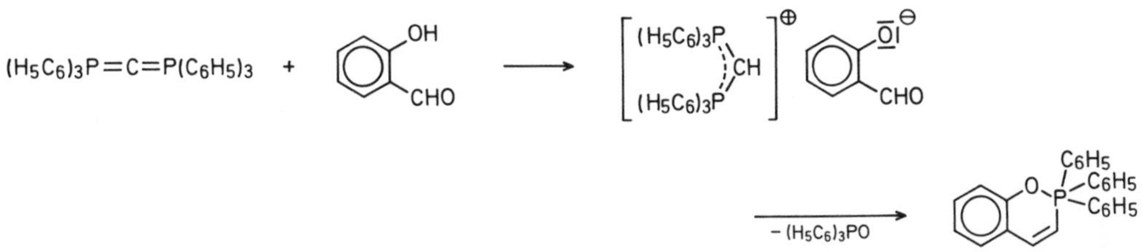

$(H_5C_6)_3P\!=\!C\!=\!P(C_6H_5)_3$ +

[structure: 2-hydroxybenzaldehyde with OH and CHO]

$\longrightarrow$

$\left[\begin{array}{c} (H_5C_6)_3P \\ \diagdown \\ (H_5C_6)_3P \end{array} \!\!\!\! C\!H \right]^{\oplus}$ [phenolate with $\overline{\underline{O}}|^{\ominus}$ and CHO]

$\xrightarrow[-\,(H_5C_6)_3PO]{}$

[benzoxaphosphine ring structure with $O-P$ bearing C_6H_5, C_6H_5, C_6H_5]

Mit aromatischen Carbonsäurechloriden wird Bis-[triphenylphosphoranyliden]-methan zu Ylid-Salzen umgesetzt, die beim Erhitzen Triphenylphosphanoxid abspalten und in (Arylethinyl)-triphenyl-phosphonium-Salze übergehen[1059]:

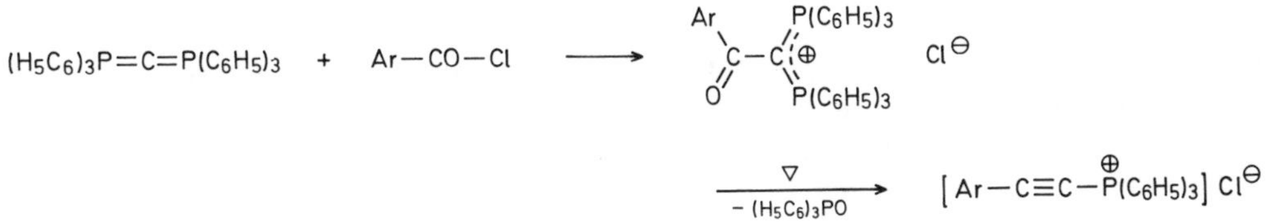

$(H_5C_6)_3P\!=\!C\!=\!P(C_6H_5)_3$ + Ar—CO—Cl $\longrightarrow$

$\begin{array}{c} Ar \\ \diagdown \\ O \end{array}\!\!\! C\!-\!\overset{P(C_6H_5)_3}{\underset{P(C_6H_5)_3}{C|^{\oplus}}}$ $Cl^{\ominus}$

$\xrightarrow[-\,(H_5C_6)_3PO]{\triangledown}$ $[\,Ar\!-\!C\!\equiv\!C\!-\!\overset{\oplus}{P}(C_6H_5)_3\,]\ Cl^{\ominus}$

In aromatischen Carbonsäureanhydriden läßt sich über eine Reaktionsfolge das anhydrische O-Atom durch die Ylid-Funktion austauschen[1060]; z.B.:

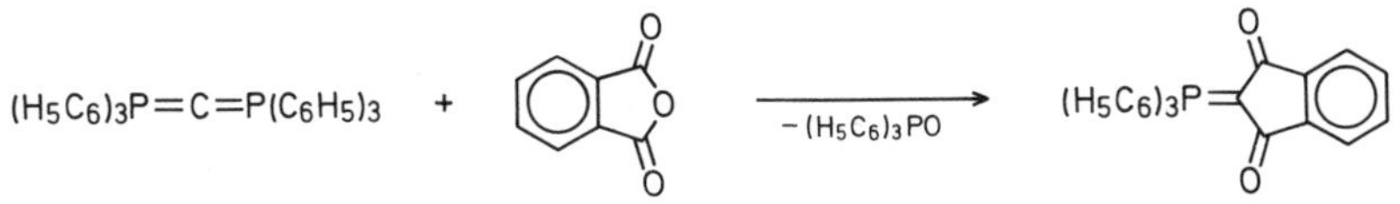

$(H_5C_6)_3P\!=\!C\!=\!P(C_6H_5)_3$ + [phthalic anhydride structure] $\xrightarrow[-\,(H_5C_6)_3PO]{}$ $(H_5C_6)_3P\!=$ [1,3-dioxoindane structure]

(1,3-Dioxo-2-indanyliden)-triphenyl-phosphoran; 64%

Bei der Reaktion zwischen Hexafluoraceton und Bis-[triphenylphosphoranyliden]-methan konnte erstmals ein 1,2-Oxaphosphetan *(4,4-Bis-[trifluormethyl]-2,2,2-triphenyl-3-triphenylphosphoranyliden-1,2λ⁵-oxaphosphetan)* als Zwischenstufe der Wittig-Reaktion isoliert werden, das beim Erwärmen in das *(3,3,3-Trifluor-2-trifluormethyl-1-propenyliden)-triphenyl-phosphoran* übergeht[1061]:

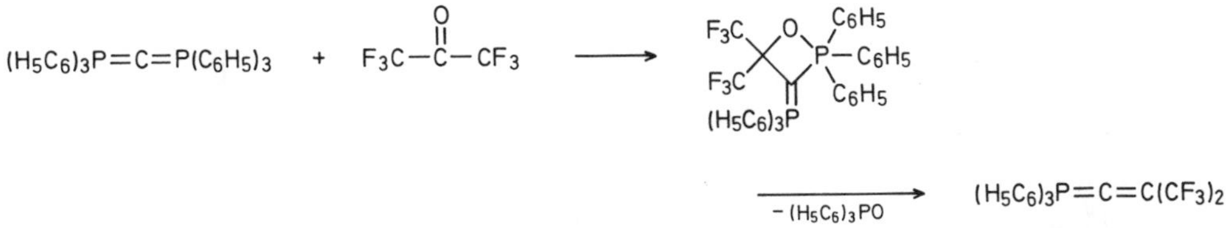

$(H_5C_6)_3P\!=\!C\!=\!P(C_6H_5)_3$ + $F_3C\!-\!\overset{\overset{O}{\|}}{C}\!-\!CF_3$ $\longrightarrow$

[oxaphosphetane ring structure with F_3C, F_3C, $(H_5C_6)_3P$, O, P—C_6H_5, C_6H_5, C_6H_5]

$\xrightarrow[-\,(H_5C_6)_3PO]{}$ $(H_5C_6)_3P\!=\!C\!=\!C(CF_3)_2$

Bis-[triphenylphosphoranyliden]-methan reagiert mit einer Reihe von Heteroallenen zu Betainen[1062], bei deren Thermolyse neue cumulierte Ylide wie das *Oxovinyliden*[1062, 1063,] das *Thioxovinyliden*-[1063] und die *Iminovinyliden-triphenyl-phosphorane*[1064] resultieren.

[1059] *H.J. Bestmann* u. *W. Kloeters*, Angew. Chem. **89**, 55 (1977).; engl.: **16**, 45.
[1060] *H.J. Bestmann* u. *W. Kloeters*, Tetrahedron Lett. **1978**, 3343.
[1061] *G.H. Birum* u. *C.N. Matthews*, Chem. Commun. **1967**, 137.
[1062] *C.N. Matthews, J.S. Driscoll* u. *G.H. Birum*, Chem. Commun. **1966**, 736.
[1063] *C.N. Matthews* u. *G.H. Birum*, Tetrahedron Lett. **1966**, 5707.
[1064] *G.H. Birum* u. *C.N. Matthews*, Chem. Ind. **1968**, 653.

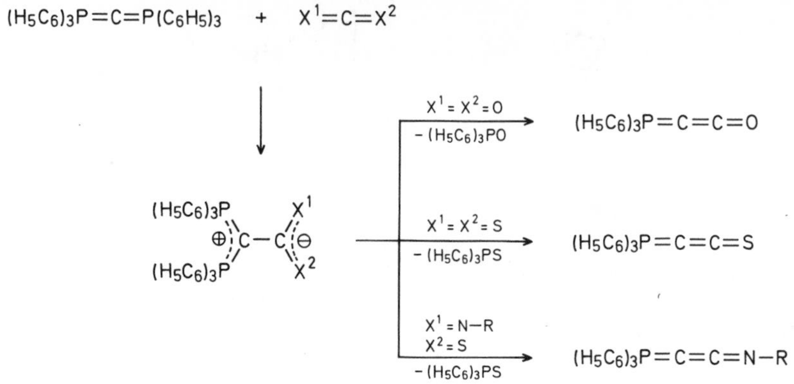

$$(H_5C_6)_3P=C=P(C_6H_5)_3 \quad + \quad X^1=C=X^2$$

Das mit Diphenylcarbodiimid gebildete Betain stabilisiert sich dagegen durch Phenyl-Wanderung vom Phosphor an den Stickstoff[1065].

Wie Alkyliden-phosphorane können Carbodiphosphorane als Liganden für Haupt- und Nebengruppenelemente fungieren[1066-1068]:

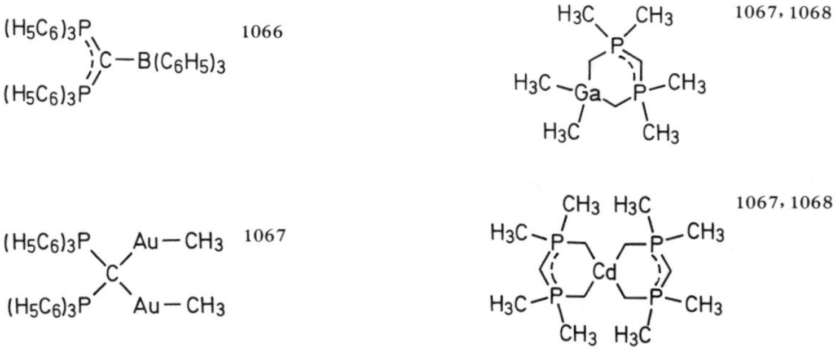

Die Methyl-carbodiphosphorane verhalten sich im Gegensatz zum Phenyl-Derivat ambident und bilden Chelate, die offensichtlich aus der prototropen Form heraus entstehen[1067-1069]:

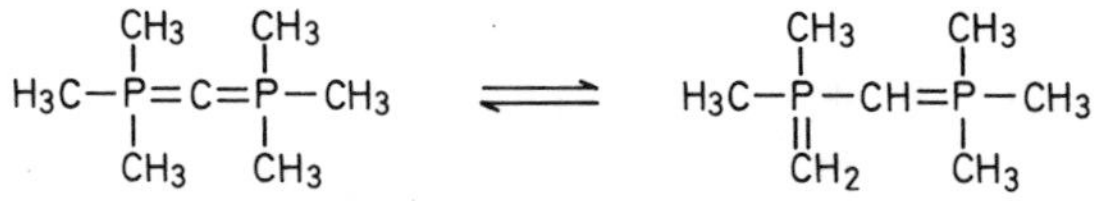

Bei Einwirkung von Bis-[triphenylphosphoranyliden]-methan auf Metallcarbonyle erfolgt Umsetzung nach Art der Wittig-Reaktion an der metallkoordinierten Carbonyl-Gruppe unter Bildung eines Ethinyl-Liganden[1070]:

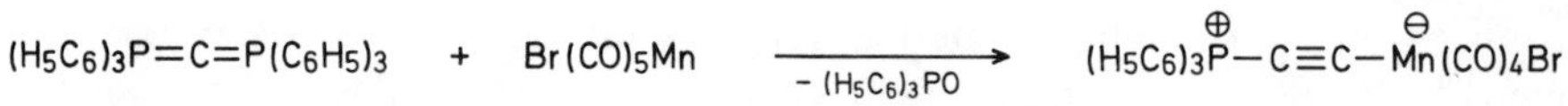

[1065] F. Ramirez, J. F. Pilot, N. B. Desai, C. P. Smith, B. Hansen u. N. McKelvie, J. Am. Chem. Soc. **89**, 6273 (1967).

F. K. Ross, L. Manojlovic-Muir, W. C. Hamilton, F. Ramirez u. J. F. Pilot, J. Am. Chem. Soc. **94**, 8738 (1972).

[1066] C. N. Matthews u. G. H. Birum, Acc. Chem. Res. **2**, 373 (1969).

[1067] H. Schmidbaur u. O. Gasser, Angew. Chem. **88**, 542 (1976); engl.: **15**, 502.

[1068] H. Schmidbaur, O. Gasser, C. Krüger u. J. C. Sekutowski, Chem. Ber. **110**, 3517 (1977).

[1069] H. Schmidbaur, U. Deschler, B. Zimmer-Gasser, D. Neugebauer u. U. Schubert Chem. Ber. **113**, 902 (1980).

[1070] W. C. Kaska, D. K. Mitchell, R. F. Reichelsdorfer u. W. D. Korte, J. Am. Chem. Soc. **96**, 2847 (1974).

β_2) *Vinyliden-phosphorane*

Struktur, Bindungsverhältnisse, Reaktivität

Vinyliden-phosphorane sind gewinkelte Moleküle, deren $P-C_\alpha-C_\beta$-Winkel von der π-Akzeptorstärke des C=X-Fragments abhängt[1071]:

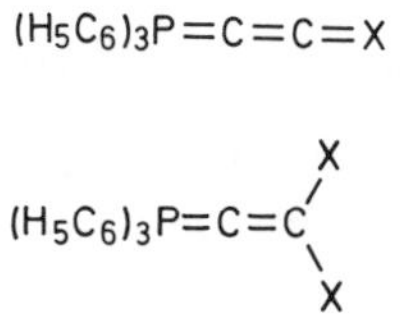

$$(H_5C_6)_3P=C=C=X$$

$$(H_5C_6)_3P=C=C\begin{smallmatrix}X\\X\end{smallmatrix}$$

$$\begin{aligned}=X &: O, S, NR \\ -X &: OR, SR, H\end{aligned} \left.\begin{aligned}\\\\\end{aligned}\right\} \quad \text{Vinyliden-phosphorane}$$

$$=X : CR_2, \quad =\!\!\!\!<\!\!\rangle \qquad \text{1,2-Alkadienyliden-phosphorane}$$

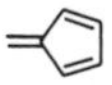

Beim Übergang von X = (OR)$_2$ über NR, O nach S wird das Molekül zunehmend weniger gewinkelt und der $C_\alpha-C_\beta$-Bestand kürzer.

(Oxo-, Thioxo- bzw. Imino-vinyliden)-phosphorane lassen sich durch die Strukturformeln I und II beschreiben, die sich in ihrer Geometrie und Elektronenverteilung unterscheiden. Mit zunehmendem Elektronenacceptorcharakter von X und seiner abnehmenden Tendenz Doppelbindungen einzugehen, wird die Struktur II bevorzugt.

$$(H_5C_6)_3\overset{\oplus}{P}\underset{\ominus}{\diagdown}C=C=X \qquad\qquad (H_5C_6)_3\overset{\oplus}{P}-C\equiv C-\overline{\underline{X}}|^{\ominus}$$

$$\text{I} \qquad\qquad\qquad\qquad \text{II}$$

Die damit verbundene, verstärkte Delokalisierung des carbanionischen freien Elektronenpaares bedingt eine Abnahme der nucleophilen Reaktivität in der Reihenfolge

$$NR > O > S.$$

Das Strukturelement der Vinyliden-phosphorane läßt sich auch in ringförmige Verbindungen integrieren[1072].

(Diethoxy-vinyliden)-triphenyl-phosphoran lagert sich in siedendem Toluol in ein Benzophosphol[1972] um, *(Bis-[alkylthio]-vinyliden)-triphenyl-phosphorane* zerfallen in Triphenylphosphan und Bis-[alkylthio]acetylene[1073], und *(Arylimino-vinyliden)-triphenyl-phosphorane* dimerisieren beim Erhitzen über den Schmelzpunkt[1074, 1075].

[1071] *H.J. Bestmann*, Angew. Chem. **89**, 361 (1977); engl.: **16**, 349.
  T.A. Albright, P. Hofmann u. *A.R. Rossi*, Z. Naturforsch. **32b**, 343 (1980).
  H. Burzlaff, U. Voll u. *H.J. Bestmann*, Chem. Ber. **107**, 1949 (1974).
  H. Burzlaff, E. Wilhelm u. *H.J. Bestmann*, Chem. Ber. **110**, 3168 (1977).
  J.J. Daly u. *P. Wheatley*, J. Chem. Soc. [A] **1966**, 1703.
  J.J. Daly, J. Chem. Soc. [A] **1967**, 1913.
[1072] *H.J. Bestmann, K. Roth* u. *R.W. Saalfrank*, Angew. Chem. **89**, 915 (1977); engl.: **16**, 877.
[1073] *H.J. Bestmann* u. *K. Roth*, Tetrahedron Lett. **1981**, 1681.
[1074] *H.J. Bestmann, G. Schmid, R. Böhme, E. Wilhelm* u. *H. Burzlaff*, Chem. Ber. **113**, 3937 (1980).
[1075] *H.J. Bestmann* u. *G. Schmid*, Chem. Ber. **113**, 3369 (1980).

A. Herstellung

1. aus Bis-[triphenylphosphoranyliden]-methan

Bis-[triphenylphosphoranyliden]-methan reagiert mit Kohlendioxid, Schwefelkohlenstoff bzw. Isothiocyanaten zu Betainen, die bei der Thermolyse *Oxovinyliden-, Thioxovinyliden-* bzw. *Iminovinyliden-triphenyl-phosphoran* liefern (s. S. 758).

2. aus Methylen-triphenyl-phosphoran und geminalen Dihalogeniden

Methylen-triphenyl-phosphoran reagiert mit geminalen Dihalogeniden (Isocyaniddichlorid, Thiophosgen und 1,1-Dihalogen-1-alkenen) im Molverhältnis 3:1. Das primär gebildete Phosphonium-Salz wird durch Umylidierung in das zugehörige Ylid überführt, aus dem durch Abspaltung von Halogenwasserstoff das Thioxovinyliden-, Iminovinyliden- bzw. 1,2-Alkadienyliden-phosphoran entsteht[1075, 1076]:

$$(H_5C_6)_3P=CH_2 \; + \; \begin{array}{c} Hal \\ \backslash \\ C=X \\ / \\ Hal \end{array} \longrightarrow \left[(H_5C_6)_3\overset{\oplus}{P}-CH_2-C\begin{array}{c} Hal \\ \diagdown \\ X \end{array} \right] Hal^\ominus \quad \xrightarrow[- \left[(H_5C_6)_3\overset{\oplus}{P}-CH_3\right] Hal^\ominus]{+ (H_5C_6)_3P=CH_2}$$

$$(H_5C_6)_3P=CH-C\begin{array}{c} Hal \\ \diagdown \\ X \end{array} \quad \xrightarrow[- \left[(H_5C_6)_3\overset{\oplus}{P}-CH_3\right] Hal^\ominus]{+ (H_5C_6)_3P=CH_2} \quad (H_5C_6)_3P=C=C=X$$

X = S, N–R, CR^1R^2
Hal = Cl, Br

Vinyliden- bzw. 1,2-Alkadienyliden-phosphorane; allgemeine Arbeitsvorschrift[1075, 1076]: Zur salzfreien Lösung von 12,4 g (45 mmol) Methylen-triphenyl-phosphoran in 100 *ml* Benzol/THF (1:1) tropft man unter Stickstoff und Eiskühlung eine Lösung von 15 mmol eines geminalen Dihalogenids in 50 *ml* Benzol. Man rührt 1 Stde. und filtriert das ausgefallene Phosphonium-Salz unter Feuchtigkeitsausschluß ab. Das Lösungsmittel wird abdestilliert und der Rückstand aus Essigsäure-ethylester oder Essigsäure-ethylester/Benzol bzw. Essigsäure-ethylester/Ether umkristallisiert.

Auf diese Weise erhält man u. a.

(Phenyliminovinyliden)-triphenyl-phosphoran	85%;	Schmp.: 151–152°
(4-Chlor-phenyliminovinyliden)-triphenyl-phosphoran	75%;	Schmp.: 183°
(4-Methyl-phenyliminovinyliden)-triphenyl-phosphoran	69%;	Schmp.: 89–91°
(Methyliminovinyliden)-triphenyl-phosphoran	70%;	Schmp.: 157–158°
Thioxovinyliden-triphenyl-phosphoran	60%;	Schmp.: 223–226°
(9-Fluorenyliden-vinyliden)-triphenyl-phosphoran	80%;	Schmp.: 188–189°
(3-Cyan-3-methoxycarbonyl-propadienyliden)-triphenyl-phosphoran	51%;	Schmp.: 220°

Mit 1,1-Dihalo-1-alkenen gelingt die Reaktion dann, wenn die Substituenten R^1 und R^2 elektronenanziehend wirken[1076]. Zur Herstellung des Oxovinyliden-triphenyl-phosphorans, ausgehend von Phosgen, ist die Methode nicht geeignet.

3. durch β-Eliminierung aus (2-Alkoxycarbonyl-
bzw. Alkylthio-thiocarbonyl-methylen)-phosphoranen

Die Abspaltung von Methanol bzw. Methanthiol aus (Methoxycarbonyl-methylen)-triphenyl-phosphoran und seinem Dithioanalogen mit Hilfe geeigneter Basen liefert in guter Ausbeute das *Oxovinyliden-* (X = O; 80%; Schmp.: 171–172°) bzw. *Thioxovinyliden-tri-*

[1075] *H.J. Bestmann* u. *G. Schmid*, Chem. Ber. **113**, 3369 (1980).
[1076] *H.J. Bestmann* u. *G. Schmid*, Tetrahedron Lett. **1975**, 4025.

phenyl-phosphoran (X = S; 76%; Schmp.: 224–226)[1077, 1078]. In analoger Weise sind aus (2-Ethoxy-2,4-alkadienyliden)-phosphoranen[1079] 1,2-Alkadienyliden-triphenyl-phosphorane zugänglich[1078]:

$$(H_5C_6)_3P{=}CH{-}\overset{\overset{\displaystyle X}{\|}}{C}{-}X{-}CH_3 \quad\longleftrightarrow\quad (H_5C_6)_3\overset{\oplus}{P}{-}CH{=}\overset{\overset{\displaystyle X\cdot{\ominus}}{|}}{C}{-}X{-}CH_3$$

$$\xrightarrow[\substack{-\ Na{-}X\ {-}CH_3 \\ -\ HN[Si(CH_3)_3]_2}]{+\ NaN[Si(CH_3)_3]_2} \quad (H_5C_6)_3P{=}C{=}C{=}X$$

$$(H_5C_6)_3P{=}CH{-}\overset{\overset{\displaystyle H_5C_2O}{|}}{C}{=}C\overset{\displaystyle R^1}{\underset{\displaystyle R^2}{\diagdown\!\!/}} \ +\ NaN[Si(CH_3)_3]_2 \quad\xrightarrow[\substack{-\ HN[Si(CH_3)_3]_2 \\ -\ NaOC_2H_5}]{} \quad (H_5C_6)_3P{=}C{=}C{=}C\overset{\displaystyle R^1}{\underset{\displaystyle R^2}{\diagdown\!\!/}}$$

...-*triphenyl-phosphoran*

R[1] = C$_6$H$_5$; R[2] = CN; *(3-Cyan-3-phenyl-propadienyliden)-*...; 65%; Schmp.: 145–146°
           R[2] = COOCH$_3$; *(3-Methoxycarbonyl-3-phenyl-propadienyliden)-*...; 59%; Schmp.: 120–122°
R[1] = 4-OCH$_3$–C$_6$H$_4$; R[2] = CN; *[3-Cyan-3-(4-methoxy-phenyl)-propadienyliden]-*...; 47%;
           Schmp.: 128–130°
R[1]–R[2] = –(CH=CH)$_2$; *(Cyclopentadienyliden-vinyliden)-*...; 51%; Schmp.: 163–165°

Oxovinyliden-, Thioxovinyliden- bzw. Propadienyliden-triphenyl-phosphoran; allgemeine Arbeitsvorschrift[1078]: Alle Operationen werden unter Stickstoff und Feuchtigkeitsausschluß durchgeführt.
Man erwärmt eine Lösung von [Methoxycarbonyl- bzw. (Methylthio-thiocarbonyl)-methylen]- bzw. (2-Ethoxy-2,4-alkadienyliden)-triphenyl-phosphoran und Natrium-bis[trimethylsilyl]-amid[1080] im Molverhältnis 1:1,1 in abs. Benzol 6–7 Stdn. auf 60–65°, saugt das ausgefallene Natriumalkanolat bzw. -alkanthiolat ab, wäscht den Filterrückstand mit heißem Benzol, dampft das Filtrat i. Vak. ein und kristallisiert den Rückstand aus einem geeigneten Lösungsmittel (meist Benzol; vgl. Lit.) um.

4. aus Phosphonium-Salzen

Aus Vinyl-phosphonium-Salzen lassen sich mit Natriumamid in flüssigem Ammoniak Vinyliden-phosphorane erzeugen[1081, 1082]:

$$\left[(H_5C_6)_3\overset{\oplus}{P}{-}CH{=}C\overset{\displaystyle R^1}{\underset{\displaystyle R^2}{\diagdown\!\!/}}\right] X^{\ominus} \quad\xrightarrow[-\ NH\ /{-}NaX]{+\ NaNH_2}\quad (H_5C_6)_3P{=}C{=}C\overset{\displaystyle R^1}{\underset{\displaystyle R^2}{\diagdown\!\!/}}$$

...-*triphenyl-phosphoran*

R[1] = H; R[2] = OC$_2$H$_5$; *(2-Ethoxy-vinyliden)-*...[1083]; 69%; Schmp.: <65°
R[1] = R[2] = SCH$_3$; *(Bis-[methylthio]-vinyliden)-*...[1082]; 65%; Schmp.: 55–60°
R[1] = R[2] = SC$_2$H$_5$; *(Bis-[ethylthio]-vinyliden)-*...[1082]; 71%; Schmp.: 63–67°
R[1] = R[2] = SC$_4$H$_9$; *(Bis-[butylthio]-vinyliden)-*...[1082]; Oel
R[1] = SCH$_3$; R[2] = SC$_2$H$_5$; *(2-Ethylthio-2-methylthio-vinyliden)-*...[1082]; 49%; Schmp.: 55–60°

[1077] *J. Buckle* u. *P.G. Harrison*, J. Organomet. Chem. **77**, C22 (1974).
       H.J. Bestmann, R. Besold u. *D. Sandmeier*, Tetrahedron Lett. **1975**, 2293.
[1078] *H.J. Bestmann* u. *D. Sandmeier*, Chem. Ber. **113**, 274 (1980).
[1079] *H.J. Bestmann, M. Ettlinger* u. *R.W. Saalfrank*, Justus Liebigs Ann. Chem. **1977**, 276.
[1080] *H.J. Bestmann, W. Stransky* u. *O. Vostrowsky*, Chem. Ber. **109**, 1694 (1976).
[1081] *H.J. Bestmann, R.W. Saalfrank* u. *J.P. Snyder*, Chem. Ber. **106**, 2601 (1973).
[1082] *H.J. Bestmann, K. Roth* u. *M. Ettlinger*, Tetrahedron Lett. **1981**, 1681.
[1083] *H.J. Bestmann* u. *K. Roth*, Chem. Ber. **115**, 161 (1982).

(2,2-Diethoxy-vinyliden)-triphenyl-phosphoran[1081]:

(2,2-Diethoxy-vinyl)-triphenyl-phosphonium-tetrafluoroborat: Zu einer Lösung von 13,3 g (70 mol) Triethyloxonium-tetrafluoroborat in 40 *ml* wasserfreiem Dichlormethan in einem Schlenkrohr unter Feuchtigkeitsausschluß, Stickstoffschutz, Eiskühlung und Rühren tropft man innerhalb 1 Stde. eine Lösung von 24,4 g (70 mol) (Ethoxycarbonyl-methylen)-triphenyl-phosphoran. Nach 15 Min. Stehen bei 20° wird durch ein Faltenfilter gegossen und das Filtrat i. Vak. (Badtemp.: ~ 30°) eingedampft. Der harzige Rückstand wird mit 200 *ml* 10%iger wäßr. Natriumcarbonat-Lösung und 500 *ml* Benzol kräftig gerührt. Dabei kristallisiert das Phosphonium-Salz langsam aus, während sich die Benzol-Phase gelb färbt. Anschließend wird der Niederschlag abgesaugt, die Kristalle nacheinander mit Wasser und Benzol gewaschen und 8 Stdn. bei 50–60° i. Vak. getrocknet; Ausbeute: 22,0 g (68%), Schmp.: 124° (aus Essigsäure-ethylester).

(2,2-Diethoxy-vinyliden)-triphenyl-phosphoran: Alle Reaktionen werden unter Stickstoff durchgeführt. In einem Schlenkrohr gibt man zu einer aus 1,5 g Natrium hergestellten Suspension von Natriumamid in flüssigem Ammoniak unter Rühren (Magnetrührer) 18,0 g (0,04 mol) fein gepulvertes und getrocknetes (2,2-Diethoxy-vinyl)-triphenyl-phosphonium-tetrafluoroborat und läßt das Ammoniak über ein Quecksilberventil abdampfen. Der Rückstand wird mit 150 *ml* abs. Benzol 30 Min. unter Rückfluß ausgekocht, die erhaltene gelbe Lösung durch eine G-3-Glasfritte filtriert und das Filtrat i. Vak. weitgehend eingeengt. Nach längerem Stehenlassen bei 10° beginnt das Phosphoran auszukristallisieren. Es kann aus Cyclohexan umkristallisiert werden; Ausbeute: 7,2 g (48%); Schmp.: 80–81°.

Ausgehend von (2-Diethoxy-vinyliden)-triphenyl-phosphoran läßt sich über ein cyclisches Vinyl-Salz *1,1-Diphenyl-3-ethoxy-2-dehydro-⟨benzo[b]phosphol⟩-Betain* gewinnen[1084]:

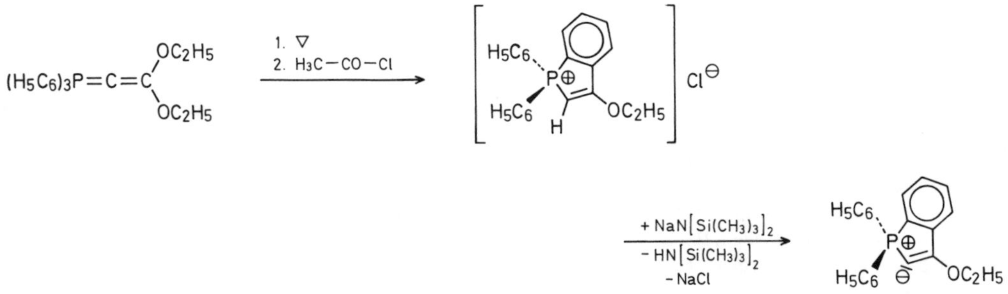

Das *(Diphenyl-propadienyliden)-triphenylphosphoran* wird bei der Einwirkung von Triethylamin auf das (3,3-Diphenyl-allenyl)-triphenyl-phosphoniumbromid oder dessen Vorstufe gebildet[1085]:

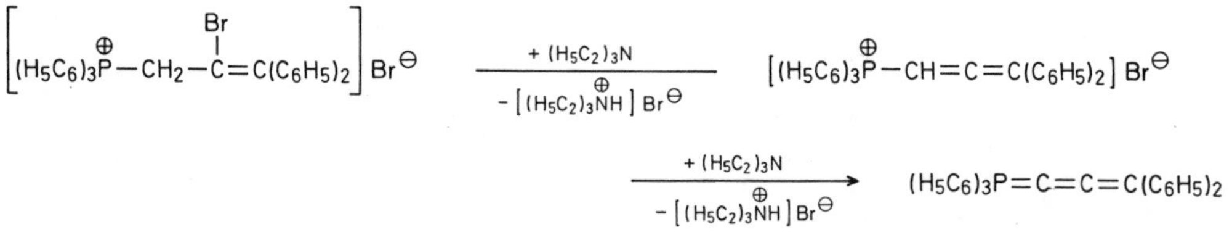

Propadienyliden-triphenyl-phosphoran entsteht bei der Umsetzung von Propargyl-triphenyl-phosponiumbromid mit Butyl-lithium offensichtlich als Folge einer Isomerisierung[1086]:

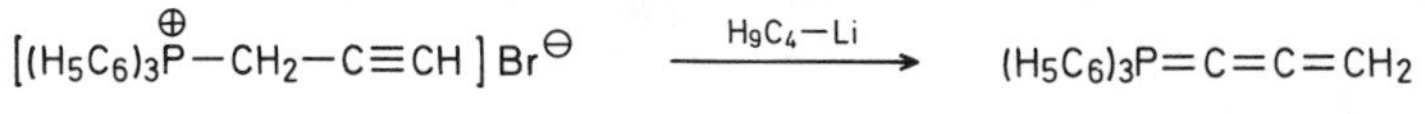

[1081] *H.J. Bestmann, R.W. Saalfrank* u. *J.P. Snyder*, Chem. Ber. **106**, 2601 (1973).
[1084] *H.J. Bestmann, K. Roth* u. *R.W. Saalfrank*, Angew. Chem. **89**, 915 (1977); engl.: **16**, 877.
[1085] *K.W. Ratts* u. *R.D. Partos*, J. Am. Chem. Soc. **91**, 6112 (1969).
[1086] *E.J. Corey* u. *R.A. Ruden*, Tetrahedron Lett. **1973**, 1495.

B. Umwandlung

1. Nucleophile Substitution

1.1. Allgemeines

Durch Anlagerung eines Elektrophils E an das freie Elektronenpaar der (Oxo-, Thioxo-, Iminovinyliden)-phosphorane geht das nucleophile π^4-π^4-System in das dipolare π^4-π^2-System der Ketene über; das resultierende Phosphonium-Salz vermag nach Art der „echten" dipolaren Ketene weiterzureagieren[1087]:

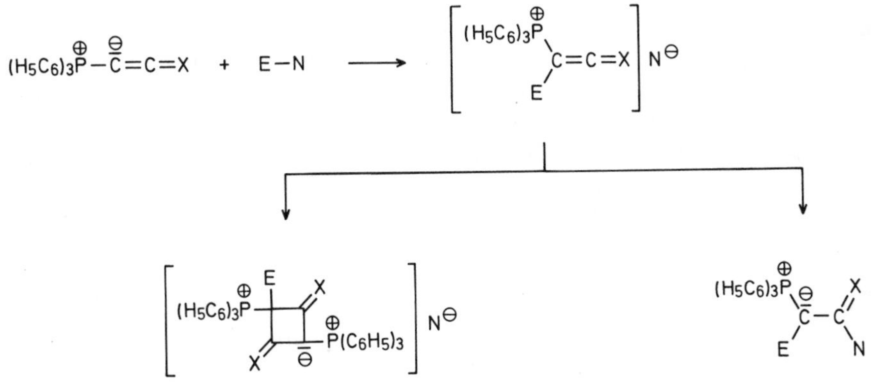

Ist das Anion $N^\ominus$ ein stärkeres Nucleophil als das (Oxo-, Thioxo-, Iminovinyliden)-phosphoran, so bildet sich ein neues Ylid, in dem die Verbindung E–N an die C=C-Bindung des ursprünglichen, cumulierten Ylides addiert ist. Ist umgekehrt das Ausgangsylid stärker nucleophil als $N^\ominus$, so reagiert es mit dem primär gebildeten Phosphonium-Salz in einer [2 + 2]-Cycloaddition zu einem 1,3-Dioxo-cyclobutan-derivat.

1.2. Dimere

Die bei der Umsetzung von Oxovinyliden- bzw. Iminovinyliden-phosphoranen mit Chlorwasserstoff im Molverhältnis 2 : 1 gebildeten 1,3-Dioxo- bzw. 1,3-Diimino-cyclobutane werden durch Basen-Einwirkung in stabile Bis-phosphorane überführt[1087, 1088]. Diese Dimeren der eingesetzten Oxovinyliden- bzw. Iminovinyliden-phosphorane sind deshalb bemerkenswert, da sie in einer ihrer mesomeren Grenzformen einen weiteren Typ von push-pull-Cyclobutadienen repräsentieren.

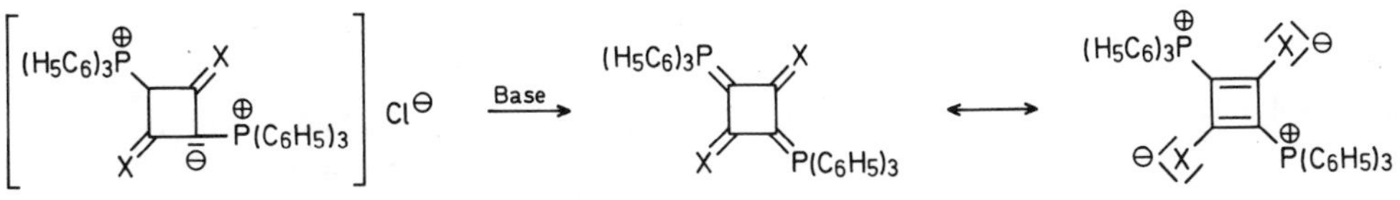

X = O; *2,4-Bis-[triphenylphosphoranyliden]-1,3-dioxo-cyclobutan*; 83%
X = N–C$_6$H$_5$; *2,4-Bis-[phenylimino]-1,3-bis-[triphenylphosphoranyliden]-cyclobutan*; 63%

[1087] *H. J. Bestmann*, Angew. Chem. **89**, 361 (1977); engl.: **16**, 349.
[1088] *H. J. Bestmann, G. Schmid, D. Sandmeier* u. *L. Kisielowski*, Angew. Chem. **89**, 275 (1977); engl.: **16**, 268.

Die Dimeren lassen sich in eine Reihe, zum Teil präparativ nutzbarer Reaktionen (Alkylierung, Wittig-Reaktion, Hydrolyse und Oxidation jeweils an einer Ylid-Funktion, sowie Ringöffnung mit Methanol) einsetzen.

1.3. Reaktion mit organischen Halogenverbindungen

Oxovinyliden- bzw. Iminovinyliden-phosphorane reagieren mit Halogen-Verbindungen zu Phosphonium-Salzen mit einer Ylid-Funktion im Molekül die man auch aus den Dimeren erhält [1087–1092].

Die aus Oxovinyliden-triphenyl-phosphoran bzw. seinem Dimeren und Alkylhalogeniden leicht zugänglichen 1,3-Dioxo-cyclobutane I reagieren mit Natriummethanolat leicht unter Ringöffnung [1087, 1089]. Die entstehenden Bis-Ylide *(2,4-Bis-[triphenylphosphoranyliden]-3-oxo-alkansäure-methylester)* und die daraus erhältlichen Monoylide [*(1-Methoxycarbonyl-2-oxo-alkyliden)-triphenyl-phosphoran*] können in die üblichen Ylid-Reaktionen eingesetzt werden und eignen sich unter anderem zur Synthese von Alkeninsäure-, 3-Oxo-4-alkensäure-, 2-Alkinsäure- bzw. 3-Oxo-alkansäureestern [1087–1093]:

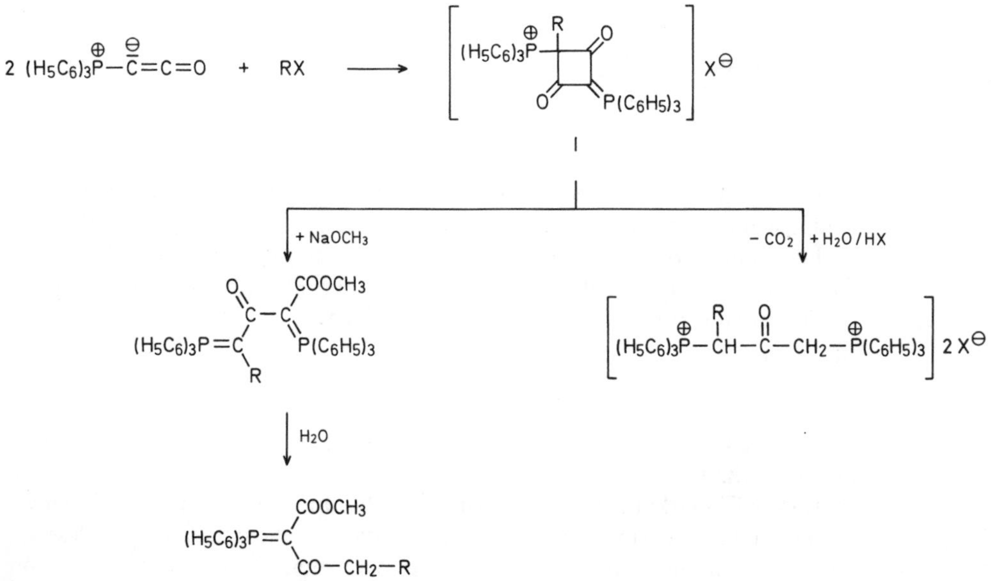

$$2\ (H_5C_6)_3\overset{\oplus}{P}-\overset{\ominus}{C}=C=O \ + \ RX \ \longrightarrow \ \left[\begin{array}{c} (H_5C_6)_3\overset{\oplus}{P} \\ \end{array} \square \right] X^{\ominus}$$

I

+ NaOCH₃   − CO₂ + H₂O/HX

$$(H_5C_6)_3P{=}C \underset{R}{\overset{COOCH_3}{\diagup}} P(C_6H_5)_3$$

$$\left[(H_5C_6)_3\overset{\oplus}{P}-\overset{R}{\underset{}{CH}}-\overset{O}{\underset{}{C}}-CH_2-\overset{\oplus}{P}(C_6H_5)_3 \right] 2\,X^{\ominus}$$

H₂O

$$(H_5C_6)_3P{=}C \underset{CO-CH_2-R}{\overset{COOCH_3}{\diagup}}$$

Die bei der decarboxylierenden Ringöffnung entstehenden 1,3-Bis-[triphenylphosphoniono]-2-oxo-alkan-dihalogenide stellen das Ausgangsmaterial zur Synthese von Divinyl-ketonen dar [1089].

Bei der Umsetzung des Oxovinyliden-triphenyl-phosphorans oder seines Dimeren mit aromatischen Carbonsäurechloriden erhält man dagegen zunächst das *2-Aryl-4,6-dioxo-3-triphenylphosphoniono-5-triphenylphosphoranyliden-5,6-dihydro-4H-pyran-chlorid,*

[1087] *H.J. Bestmann*, Angew. Chem. **89**, 361 (1977); engl.: **16**, 349.
[1088] *H.J. Bestmann, G. Schmid, D. Sandmeier* u. *L. Kisielowski*, Angew. Chem. **89**, 275 (1977); engl.: **16**, 268.
[1089] *H.J. Bestmann* u. *C. Geismann*, Erlangen, unveröffentlicht 1979.
     C. Geismann, Dissertation 1979, Erlangen–Nürnberg.
[1090] *H.J. Bestmann, R. Besold* u. *D. Sandmeier*, Tetrahedron Lett. **1975**, 2293.
[1091] *H.J. Bestmann* u. *C. Geismann*, Tetrahedron Lett. **1980**, 257.
[1092] *G.H. Birum* u. *C.N. Matthews*, J. Am. Chem. Soc. **90**, 3842 (1968).
[1093] *H.J. Bestmann* u. *C. Geismann*, Justus Liebigs Ann. Chem. **1977**, 282.

das sich mit Natriummethanolat in *4-Aryl-2,4-bis-[triphenylphosphoranyliden]-3,5-dioxo-butansäure-methylester* überführen läßt[1091]:

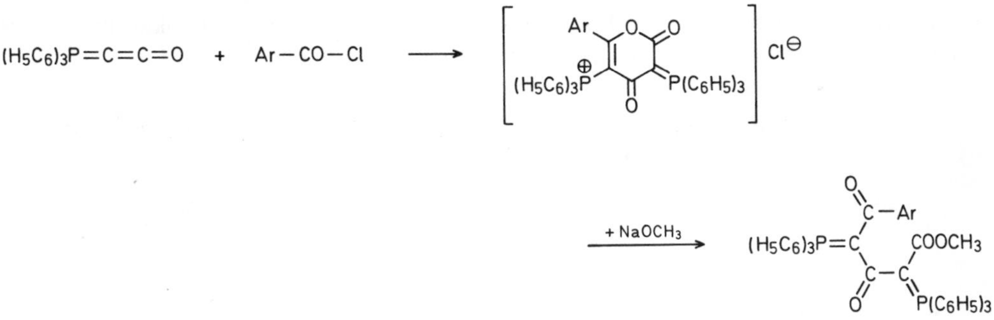

$(H_5C_6)_3P=C=C=O$ + Ar—CO—Cl $\longrightarrow$

$$\left[\begin{array}{c} Ar\ \ O\ \ O \\ (H_5C_6)_3\overset{\oplus}{P}\diagdown\diagup\diagdown\diagup P(C_6H_5)_3 \\ O \end{array} \right] Cl^{\ominus}$$

$\xrightarrow{+ NaOCH_3}$ $(H_5C_6)_3P=C\diagup\diagdown$ ...

Mit Carbonsäure-chloriden mit einem 2-H-Atom wird in dem primär gebildeten Ylid-Salz die Vinyl-Salzgruppierung durch Umylidierung in eine Ylid-Funktion umgewandelt, so daß cyclische Bis-ylide entstehen[1091].

(Alkoxy- bzw. Alkylthio-vinyliden)-phosphorane reagieren mit Alkylhalogeniden zu Vinyl-phosphonium-Salzen[1094–1096]:

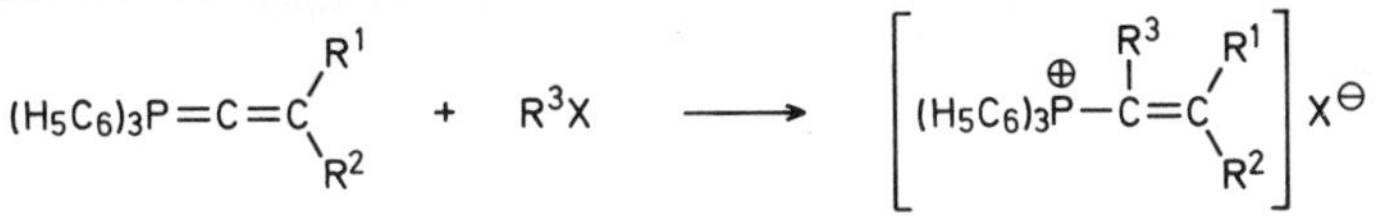

$$(H_5C_6)_3P=C=C\overset{R^1}{\underset{R^2}{\diagup\diagdown}} + R^3X \longrightarrow \left[(H_5C_6)_3\overset{\oplus}{P}-\overset{R^3}{\underset{}{C}}=C\overset{R^1}{\underset{R^2}{\diagup\diagdown}} \right] X^{\ominus}$$

1.4. Reaktionen mit aciden Verbindungen

1.4.1. mit (Oxo-, Thioxo-, Imino-vinyliden)-phosphoranen

Bei der Umsetzung von OH-, NH-, SH- und CH-aciden Verbindungen mit (Oxo-, Thioxo-, Imino-vinyliden)-phosphoranen ist die Nucleophilie des Anions $Y^{\ominus}$ im primär gebildeten Phosphonium-Salz so groß, daß die Addition des Anions einer möglichen Cycloaddition eines zweiten Mols Ausgangs-Ylid den Rang abläuft[1097–1102]:

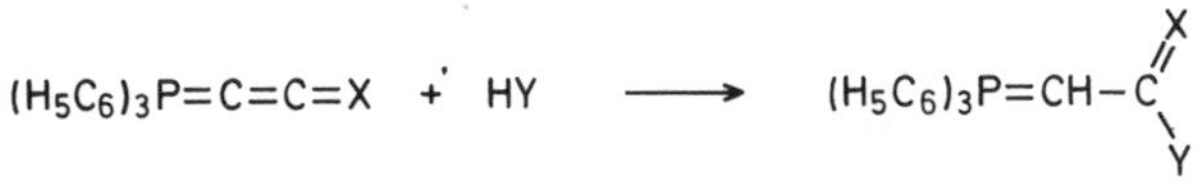

$$(H_5C_6)_3P=C=C=X + HY \longrightarrow (H_5C_6)_3P=CH-C\overset{X}{\underset{Y}{\diagup\diagdown}}$$

Entsprechend der unterschiedlichen Nucleophilie der Ylide addieren Oxovinyliden- und Iminovinyliden-triphenyl-phosphorane glatt Alkohole, Thiole und acide NH-Verbindungen, dagegen reagiert das Thioxovinyliden-triphenyl-phosphoran gut mit Thiolen und Phenolen, weniger schnell mit aliphatischen Alkoholen und nicht mit NH-aciden Substanzen[1098]. Stark aktivierte CH_2-Gruppen addieren sich leicht an Iminovinyliden-triphenyl-phosphoran, weniger schnell an Oxovinyliden- und nicht an das Thioxovinyliden-triphenyl-phosphoran.

[1091] *H.J. Bestmann* u. *C. Geismann*, Tetrahedron Lett. **1980**, 257.
[1094] *H.J. Bestmann, R.W. Saalfrank* u. *J.P. Snyder*, Chem. Ber. **106**, 2601 (1973).
[1095] *H.J. Bestmann, K. Roth* u. *R.W. Saalfrank*, Angew. Chem. **89**, 915 (1977); engl.: **16**, 877.
[1096] *H.J. Bestmann* u. *K. Roth*, Tetrahedron Lett. **1981**, 1681.
[1097] *H.J. Bestmann*, Angew. Chem. **89**, 361 (1977); engl.: **16**, 349.
[1098] *H.J. Bestmann, G. Schmid* u. *D. Sandmeier*, Chem. Ber. **113**, 912 (1980).
[1099] *H.J. Bestmann, G. Schmid* u. *D. Sandmeier*, Angew. Chem. **88**, 92 (1976); engl.: **15**, 115.
[1100] *H.J. Bestmann, G. Schmid* u. *D. Sandmeier*, Tetrahedron Lett. **1980**, 2939.
[1101] *F. Bohlmann* et al., Chem. Ber. **113**, 2694, 3086 (1980).
[1102] *H.J. Bestmann, G. Schade* u. *G. Schmid*, Angew. Chem. **92**, 856 (1980); engl.: **19**, 822.

Die entstehenden Phosphorane lassen sich mit Aldehyden in großer Variationsbreite zu α,β-ungesättigten Carbonsäuren-Derivaten umsetzen[1098]. Dagegen vermögen die mit CH-aciden Verbindungen (1,3-Dicarbonyl-Verbindungen, Cyanessigsäureester, Malonsäure-dinitril) resultierenden Phosphorane auf Grund der starken Delokalisierung des freien Elektronenpaares keine Wittig-Reaktion mehr einzugehen[1097].

Tab. 60: Phosphorane aus (Oxo-,Thioxo-, Imino-vinyliden)-phosphoranen mit aciden Verbindungen[1098]

$(H_5C_6)_3P=C=C=X$	HY	$(H_5C_6)_3P=CH-C{\overset{X}{\underset{Y}{\diagdown}}}$	Ausbeute [%]	Schmp. [°C]
X	Y	...-triphenyl-phosphoran		
S	OC$_6$H$_5$	(Phenoxy-thiocarbonyl-methylen)...	69	109
O	SCH$_3$	[(Methylthio-carbonyl)-methylen]-...	68	208
	NH–SO$_2$–C$_6$H$_5$	(Tosylaminocarbonyl-methylen)-...	83	195
	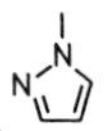 (Pyrazol)	(Pyrazolocarbonyl-methylen)-...	75	197
N–C$_6$H$_5$	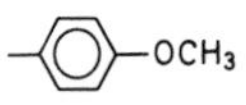 –⟨⟩–OCH$_3$	{[(4-Methoxy-phenoxy)-N-phenyl-imino-carbonyl]-methylen}-...	68	159
	S–C$_6$H$_5$	[(N-Phenyl-phenylthio-iminocarbonyl)-methylen]...	59	151 (Zers.)
	S–CH$_2$–C$_6$H$_5$	[(Benzylthio-N-phenyl-iminocarbonyl)-methylen]...	53	173
	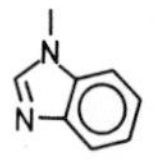 (Benzimidazol)	[(Benzimidazolo-N-phenyl-iminocarbonyl)-methylen]...	75	184
	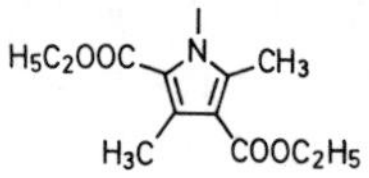 H$_5$C$_2$OOC–(Pyrrol)–CH$_3$ / H$_3$C–COOC$_2$H$_5$	{[(3,5-Diethoxycarbonyl-2,4-dimethyl-pyrolo)-N-phenyl-iminocarbonyl]-methylen}-	79	163

(Phenylimino-vinyliden)-triphenyl-phosphoran addiert Carbonsäuren primär zu den nicht isolierbaren Phosphoranen II, die durch Umlagerung bzw. Abspaltung von Phenylisocyanat in die Phosphorane III–V übergehen:

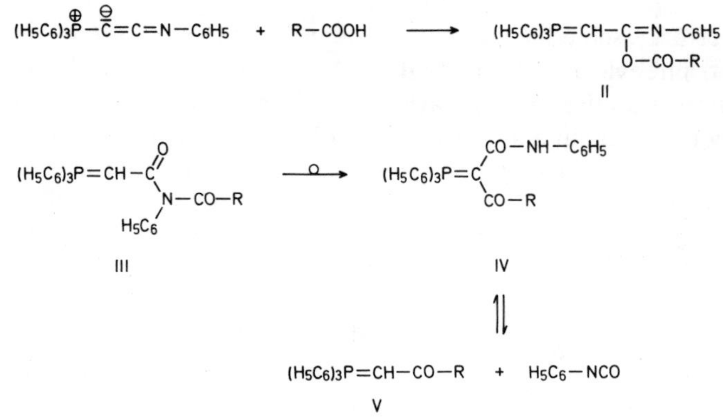

$$(H_5C_6)_3\overset{\oplus}{P}-\overset{\ominus}{C}=C=N-C_6H_5 \ + \ R-COOH \ \longrightarrow \ (H_5C_6)_3P=CH-\underset{\underset{O-CO-R}{|}}{C}=N-C_6H_5$$

II

$$(H_5C_6)_3P=CH-\underset{\underset{H_5C_6}{|}}{C}\overset{\diagup O}{\diagdown}N-CO-R \ \xrightarrow{\quad}$$

III

$$(H_5C_6)_3P=C\overset{\diagup CO-NH-C_6H_5}{\diagdown CO-R}$$

IV

$$(H_5C_6)_3P=CH-CO-R \ + \ H_5C_6-NCO$$

V

[1097] H.J. Bestmann, Angew. Chem. **89**, 361 (1977); engl.: **16**, 349.
[1098] H.J. Bestmann, G. Schmid u. D. Sandmeier, Chem. Ber. **113**, 912 (1980).

Die Addition acider Verbindungen an (Oxo-, Thioxo-, Imino-vinyliden)- bzw. Propadie-nyliden-phosphorane eignet sich zur Synthese cyclischer, insbesondere heterocyclischer Verbindungen, wenn das acide Molekül neben der Y–H-Bindung eine Gruppierung enthält, die nach der Addition eine Cyclisierung mit der Ylid-Funktion eingehen kann[1099–1102].

Geeignete Gruppierungen hierfür sind die Carbonyl-, Alkoxycarbonyl- und Nitroso-Gruppe:

$$(H_5C_6)_3P = C = C = X \quad + \quad O = Z - A - YH \longrightarrow$$

Moleküle vom Mannich Typ führen zu Yliden, die durch intramolekulare C-Alkylierung zu neuen cyclischen Yliden weiterreagieren, die nachfolgend, z.B. durch Umsetzung mit einem Aldehyd, in einen phosphorfreien Heterocyclus umgewandelt werden können:

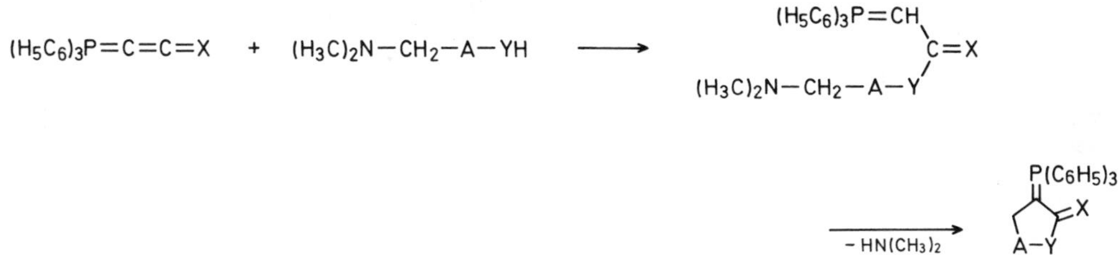

$$(H_5C_6)_3P = C = C = X \quad + \quad (H_3C)_2N - CH_2 - A - YH \longrightarrow$$

Heterocyclen[1099]: 10 mmol (Oxo-, Thioxo-, Imino-vinyliden)- bzw. Propadienyliden-phosphoran in 30 *ml* was-serfreiem Benzol werden unter Rühren mit 10 mmol einer aciden Verbindung versetzt. Man läßt 2–3 Tage stehen oder erwärmt 24 Stdn. unter Rückfluß, zieht das Lösungsmittel ab, gibt heißes Methanol oder Isopropanol zum Rückstand und filtriert. Beim Stehen der Lösung im Kühlschrank kristallisieren die heterocyclischen Produkte aus. Sie werden durch Umkristallisieren aus Isopropanol oder Benzol/Methanol gereinigt.

Triphenylphosphoranyliden-heterocyclen[1099]: Man rührt eine Lösung von 10 mmol (Oxo-, Thioxo-, Imino-viny-liden)- bzw. Propadienyliden-phosphoran und 10 mmol Mannich-Verbindung in 50 *ml* wasserfreiem Benzol un-ter Rückfluß und leitet zugleich einen schwachen Stickstoff-Strom durch die Apparatur. Wenn die Dimethyla-min-Entwicklung beendet ist, wird 1 Stde. gerührt, das Lösungsmittel i. Vak. abgezogen und der Rückstand aus Essigsäure-ethylester oder Essigsäure-ethylester/Benzol umkristallisiert.

Setzt man in die oben erwähnte Addition von Carbonsäuren an (Phenylimino-vinyliden)-triphenyl-phosphoran Oxocarbonsäuren ein, so vermögen die durch Addition bzw. nach-folgende Umlagerung gebildeten Phosphorane VI, VII und IX Ringschlußreaktionen durch intramolekulare Wittig-Reaktion einzugehen (Weg ⓐ, ⓑ und ⓓ; S. 769). Ob die Cyclisierung auf der Stufe VI, VII oder IX verläuft, hängt von der Position der Oxo-bzw. Alkoxy-Carbonyl-Gruppe in der verwendeten Oxo-carbonsäure bzw. Dicarbonsäure ab. Die Reaktion eignet sich zur Herstellung von Imiden, Enamin-lactamen und Oxo-cycloalkenen (insbesondere von anellierten Vertretern)[1102]:

[1099] *H.J. Bestmann, G. Schmid* u. *D. Sandmeier*, Angew. Chem. **88**, 92 (1976); engl.: **15**, 115.
[1100] *H.J. Bestmann, G. Schmid* u. *D. Sandmeier*, Tetrahedron Lett. **1980**, 2939.
[1101] *F. Bohlmann* et al., Chem. Ber. **113**, 2694, 3086 (1980).
[1102] *H.J. Bestmann, G. Schade* u. *G. Schmid*, Angew. Chem. **92**, 856 (1980); engl.: **19**, 822.

Tab. 61: Heterocyclen aus (Oxo-, Thioxo-, Imino-vinyliden)- bzw.
Propadienyliden-phosphoranen und aciden Verbindungen

acide Verbindung	$(H_5C_6)_3P{=}C{=}C{=}X$ X	Heterocyclus	Ausbeute [%]	Schmp. [°C]	Literatur
$H_5C_6{-}\overset{O}{\overset{\|}{C}}{-}\overset{OH}{\overset{\|}{CH}}{-}C_6H_5$	O N–C$_6$H$_5$	(Furanon-Struktur, X)	58 29	149 209	[1099] [1099]
$H_5C_6{-}\overset{O}{\overset{\|}{C}}{-}\overset{S}{\overset{\|}{C}}\overset{\|}{\underset{NH{-}C_6H_5}{}}$	N–C$_6$H$_5$	$H_5C_6{-}N{\cdots}S{\cdots}N{-}C_6H_5$ (Thiophen-Struktur)	76	253	[1100]
$H_3C{-}\overset{O}{\overset{\|}{C}}{-}\overset{N{-}NH{-}C_6H_5}{\overset{\|}{C}}{-}\overset{O}{\overset{\|}{C}}{-}CH_3$	O N–C$_6$H$_5$	(Pyridazin-Struktur, C$_6$H$_5$, X, CO–CH$_3$, CH$_3$)	70 83	134 152	[1100] [1100]
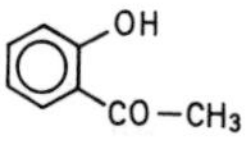 (2-Hydroxyacetophenon, OH, CO–CH$_3$)	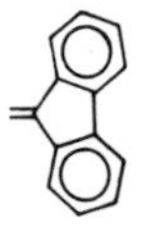 (Fluorenyliden)	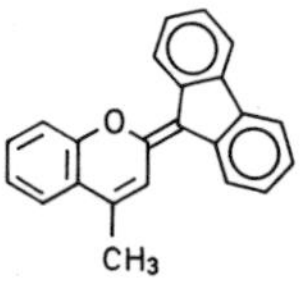 (Chromenyliden-Struktur, CH$_3$)	78	162	[1099]
(Naphthol, CHO, OH)	O N–C$_6$H$_5$	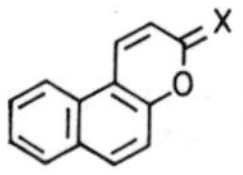 (Benzochromen-Struktur, X)	73 68	117 137	[1099] [1099]
	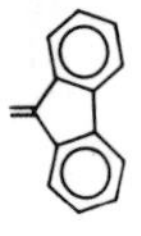	(Fluorenyliden-Struktur)	41	197	[1099]
(Naphthol, NO, OH)	N–C$_6$H$_5$	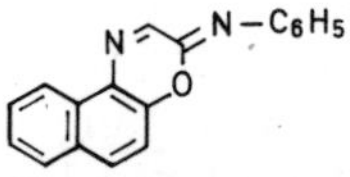 (Benzoxazin-Struktur, N–C$_6$H$_5$)	71	183	[1099]
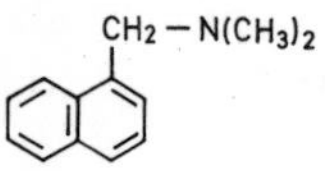 (Naphthalin, CH$_2$–N(CH$_3$)$_2$)	O S	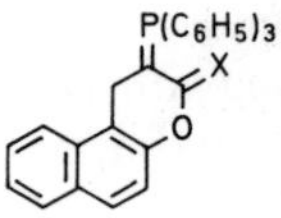 (Benzochromen-Struktur, P(C$_6$H$_5$)$_3$, X)	69 93	217 172	[1099] [1099]
(Pyrrol, CO–C$_6$H$_5$)	N–C$_6$H$_5$	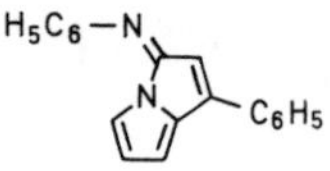 $H_5C_6{-}N$ (Pyrrolizin-Struktur, C$_6$H$_5$)	99	81	[1099]

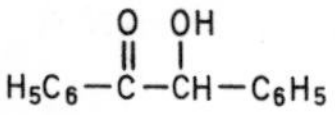

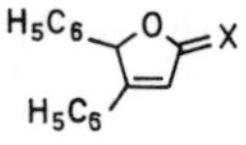

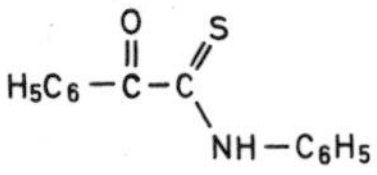

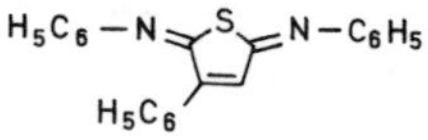

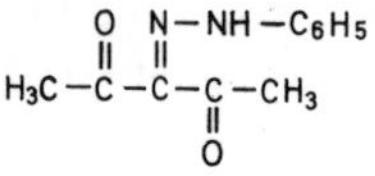

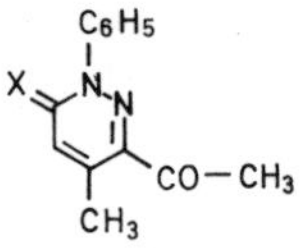

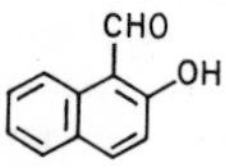

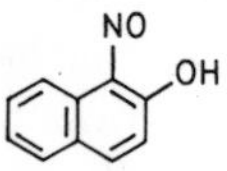

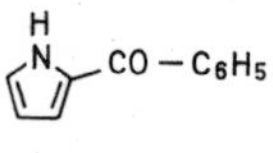

[1099] *H.J. Bestmann, G. Schmid* u. *D. Sandmeier*, Angew. Chem. **88**, 92 (1976); engl.: **15**, 115.
[1100] *H.J. Bestmann, G. Schmid* u. *D. Sandmeier*, Tetrahedron Lett. **1980**, 2939.

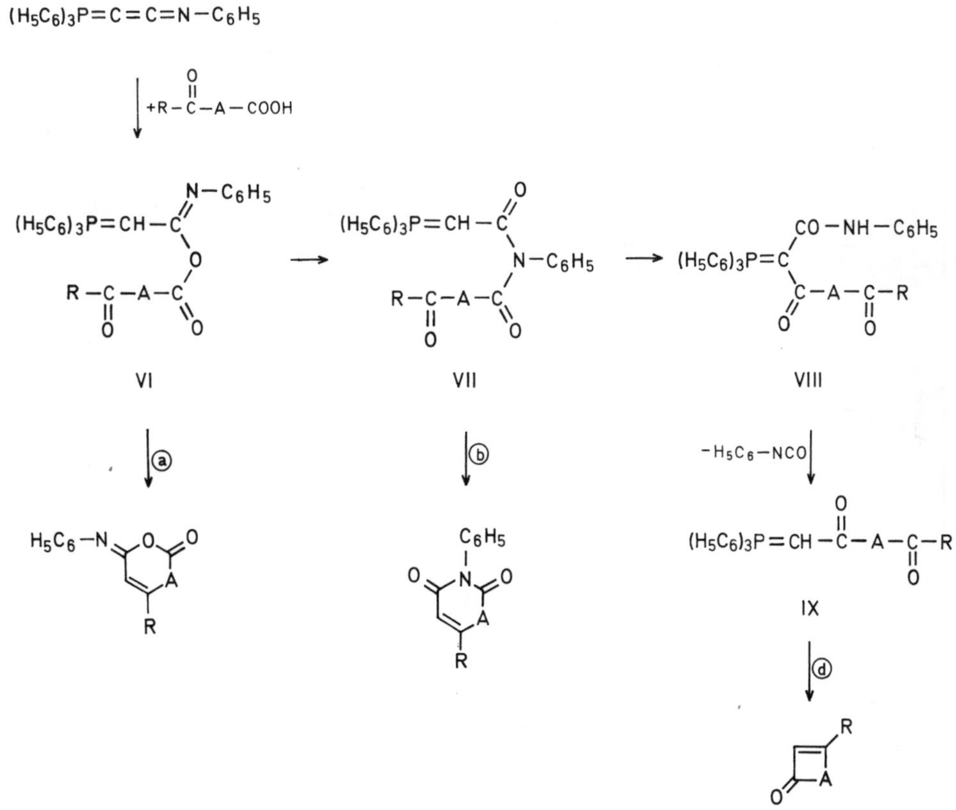

$(H_5C_6)_3P=C=C=N-C_6H_5$

$$\downarrow \quad +R-\overset{\overset{\displaystyle O}{\|}}{C}-A-COOH$$

$(H_5C_6)_3P=CH-\overset{\displaystyle N-C_6H_5}{\underset{\displaystyle O}{\overset{\displaystyle |}{C}}}$

$\underset{\underset{\displaystyle O}{\|}}{R-C}-A-\underset{\underset{\displaystyle O}{\|}}{C}$

VI

$\longrightarrow$

$(H_5C_6)_3P=CH-\overset{\overset{\displaystyle O}{\|}}{\underset{\displaystyle N-C_6H_5}{C}}$

$R-\overset{\overset{\displaystyle O}{\|}}{C}-A-\overset{\overset{\displaystyle O}{\|}}{C}$

VII

$\longrightarrow$

$(H_5C_6)_3P=\overset{\displaystyle CO-NH-C_6H_5}{\underset{\underset{\displaystyle O}{\|}}{\underset{\displaystyle C}{|}}-A-\underset{\underset{\displaystyle O}{\|}}{C}-R}$

VIII

(a) $\downarrow$

$H_5C_6-N\underset{R}{\overset{O}{\diagdown}}\overset{A}{\diagup}O$

(b) $\downarrow$

$O\underset{R}{\overset{C_6H_5}{\diagdown}}N\overset{A}{\diagup}O$

$-H_5C_6-NCO \downarrow$

$(H_5C_6)_3P=CH-\overset{\overset{\displaystyle O}{\|}}{C}-A-\overset{\overset{\displaystyle O}{\|}}{C}-R$

IX

(d) $\downarrow$

$O=\overset{R}{\underset{A}{\diagdown}}$

3-Oxo-bicyclo[3.3.0]oct-1-en[1102]: 10 g (26,5 mmol) (Phenylimino-vinyliden)-triphenyl-phosphoran werden in 200 *ml* wasserfreiem Essigsäure-ethylester suspendiert und 3,8 g (26,8 mmol) (3-Oxo-cyclopentyl)-essigsäure in 20 *ml* Essigsäure-ethylester zugesetzt. Die Lösung wird 3 Stdn. unter Rückfluß erhitzt. Beim Abkühlen kristallisieren 11,3 g [2-Oxo-3-(2-oxo-cyclopentyl-propyliden]-triphenyl-phosphoran aus. 10 g (19,3 mmol) des so erhaltenen Ylids werden in 80 *ml* wasserfreiem Toluol, das 5 *ml* Ethanol enthält, 12 Stdn. unter Rückfluß erhitzt. Das Lösungsmittel wird abgezogen und der Rückstand mit 50 *ml* Pentan digeriert. Man trennt vom ausgefallenen Triphenylphosphanoxid ab und führt eine Kugelrohrdestillation durch; Ausbeute: 1,41 g (60%); Sdp.: 40°/0,02 Torr (2,7 Pa).

1.4.2. mit (Alkoxy- bzw. Alkylthio-vinyliden)-phosphoranen

Die Addition von Alkohol an die C=C-Doppelbindung von (Ethoxy- bzw. Diethoxy-vinyliden)-triphenyl-phosphoran liefert stabile Ylide, die wertvolle Ausgangsmaterialien für nachfolgende Wittig-Reaktionen darstellen[1103, 1104]:

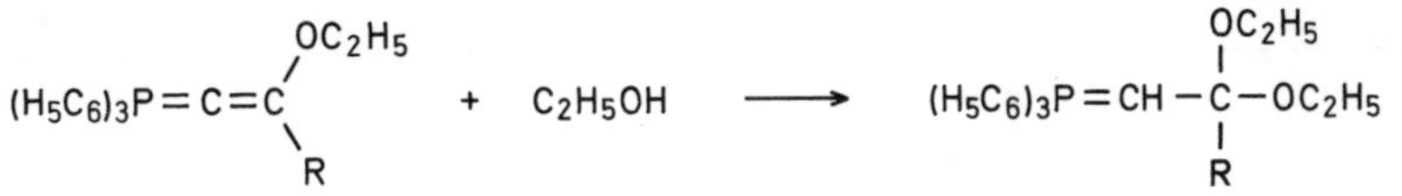

$(H_5C_6)_3P=C=\overset{\displaystyle OC_2H_5}{\underset{\displaystyle R}{\overset{\displaystyle /}{C}}}$ $+$ C_2H_5OH $\longrightarrow$ $(H_5C_6)_3P=CH-\overset{\displaystyle OC_2H_5}{\underset{\displaystyle R}{\overset{\displaystyle |}{\underset{\displaystyle |}{C}}}}-OC_2H_5$

R = H; *(2,2-Diethoxy-ethyliden)-triphenyl-phosphoran*; 96%
R = OC$_2$H$_5$; *(2,2,2-Triethoxy-ethyliden)-triphenyl-phosphoran*; 90%

[1102] *H.J. Bestmann, G. Schade* u. *G. Schmid*, Angew. Chem. **92**, 856 (1980); engl.: **19**, 822.

[1103] *H.J. Bestmann, K. Roth* u. *M. Ettlinger*, Chem. Ber. **115**, 161 (1982).

[1104] *K. Roth*, Dissertation, Universität Erlangen-Nürnberg 1981.

Tab. 62: Oxo-cycloalkene bzw. Heterocyclen aus (Phenylimino-vinyliden)-triphenyl-phosphoran mit Oxo-carbonsäuren[1102]

$R-\overset{O}{\overset{\|}{C}}-A-COOH$	Weg (S. 769)	Produkte	Ausbeute [%]	Schmp. [°C]
$H_3C-CO-COOH$	a	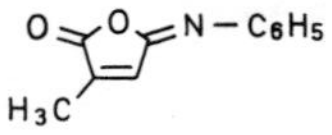	42	106
$H_5C_2-CO-COOH$	b	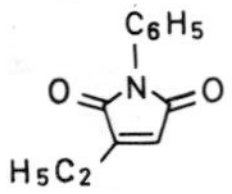	50	95
$H_7C_3-CO-COOH$	b	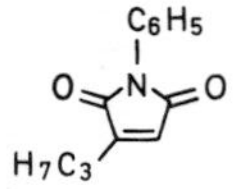	49	68
$H_5C_6-CO-COOH$	a	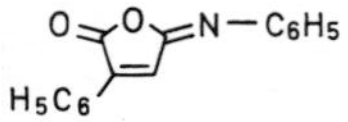	69	128
$H_5C_6-CO-(CH_2)_2-COOH$	d	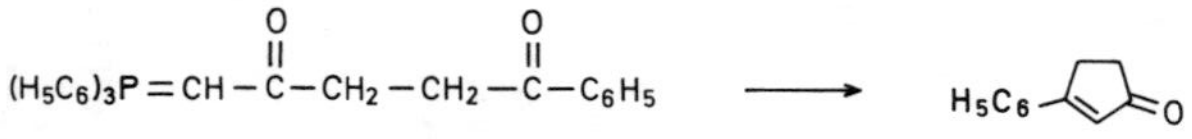 $(H_5C_6)_3P=CH-C-CH_2-CH_2-C-C_6H_5$ (64%; Schmp.: 165–167°, Zers.)	78	82
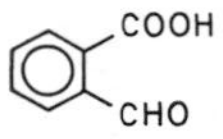 (o-COOH / CHO benzene)	b	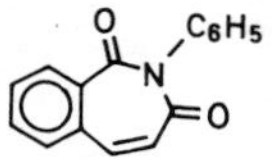 (benzazepindione, 82%; Schmp.: 167–169°, Zers.)	51	155
(cyclopentanone-CH₂-COOH)	d	$(H_5C_6)_3P=CH-C-CH_2$	60	(Sdp.:40°/0,02 Torr/ 2,7 Pa)

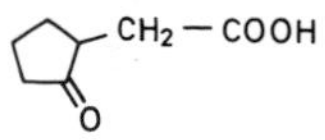

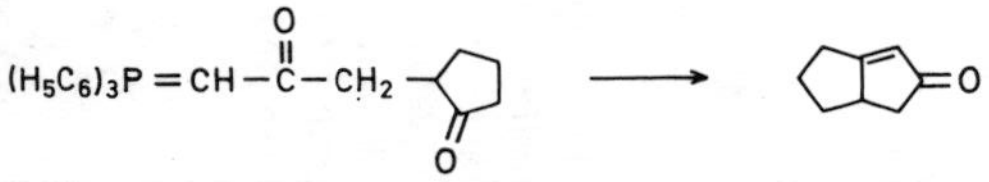

1102 H.J. Bestmann, G. Schade u. G. Schmid, Angew. Chem. 92, 856 (1980); engl.: 19, 822.

Tab. 62: (Fortsetzung)

$R-\overset{O}{\overset{\|}{C}}-A-COOH$	Weg (S. 769)	Produkte	Ausbeute [%]	Schmp. [°C]
CH₂-CH₂-COOH	d	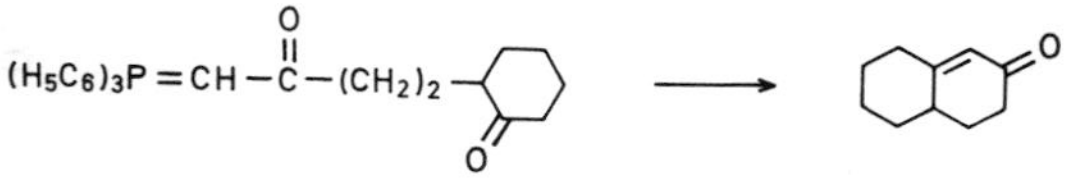 $(H_5C_6)_3P=CH-\overset{O}{\overset{\|}{C}}-(CH_2)_2-$ (72%; Schmp.: 177-179°, Zers.) →	85	(Sdp.:60°/0,01Torr/ 1,3 Pa)
CH₂-COOH	d	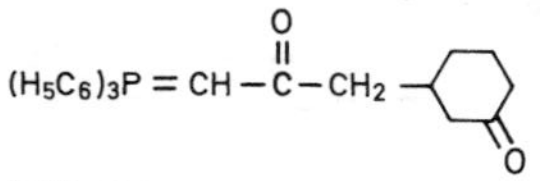 $(H_5C_6)_3P=CH-\overset{O}{\overset{\|}{C}}-CH_2-$ (64%; Schmp.: 173-175°, Zers.) 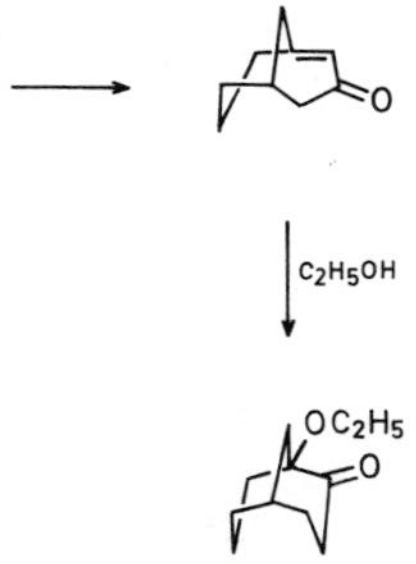 → $\xrightarrow{C_2H_5OH}$	82	38-39
COOCH₃ / COOH	d	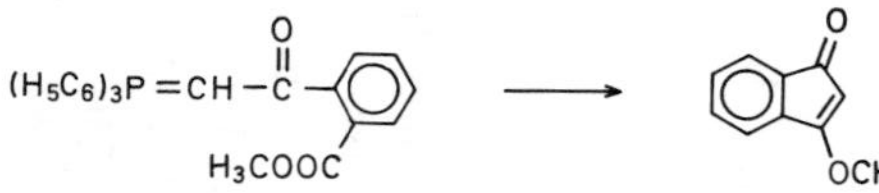 $(H_5C_6)_3P=CH-\overset{O}{\overset{\|}{C}}-$ H₃COOC (95%; Schmp.: 203-205°, Zers.) →	55	65-66

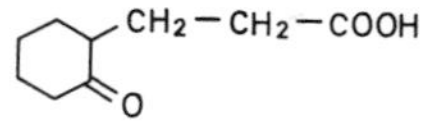

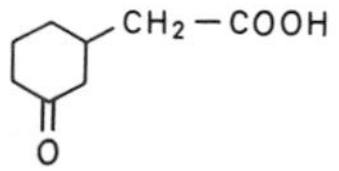

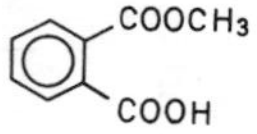

Zur Addition von Alkohol an die P=C-Bindung eines cyclischen Ylides s. Lit.[1105].
Bei der Addition von Thiolen an (Alkoxy- bzw. Alkylthio-vinyliden)-phosphorane beobachtet man Eliminierungsreaktionen der primär gebildeten Ylide[1106, 1107]:

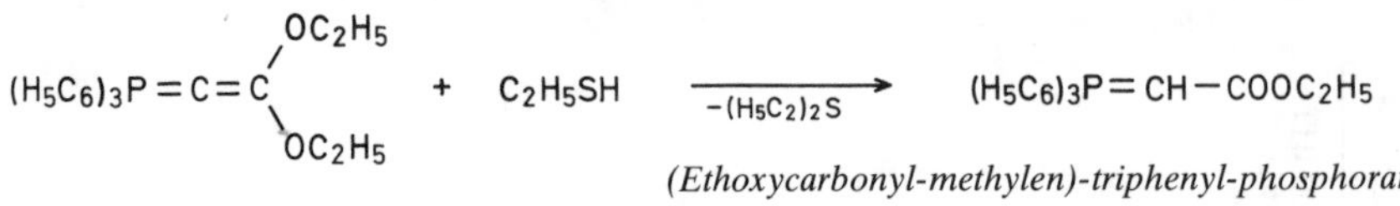

$$(H_5C_6)_3P=C=C\begin{matrix}OC_2H_5\\\\OC_2H_5\end{matrix} + C_2H_5SH \xrightarrow{-(H_5C_2)_2S} (H_5C_6)_3P=CH-COOC_2H_5$$

(Ethoxycarbonyl-methylen)-triphenyl-phosphoran; 90%

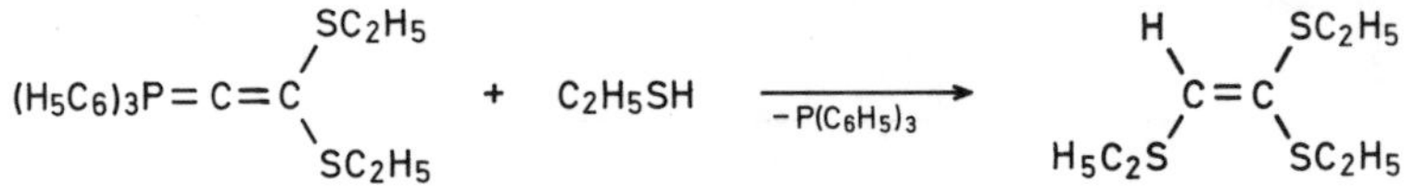

$$(H_5C_6)_3P=C=C\begin{matrix}SC_2H_5\\\\SC_2H_5\end{matrix} + C_2H_5SH \xrightarrow{-P(C_6H_5)_3} \begin{matrix}H\\H_5C_2S\end{matrix}C=C\begin{matrix}SC_2H_5\\SC_2H_5\end{matrix}$$

(Diethoxy-vinyliden)-triphenyl-phosphoran reagiert mit einer Vielzahl CH-acider Verbindungen, auch solchen, die mit (Oxo-, Thioxo-, Imino-vinyliden)-phosphoranen keine Reaktion eingehen[1108, 1109]:

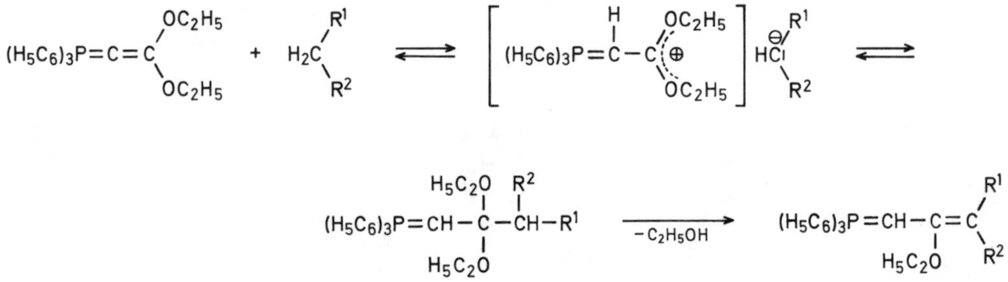

$$(H_5C_6)_3P=C=C\begin{matrix}OC_2H_5\\\\OC_2H_5\end{matrix} + H_2C\begin{matrix}R^1\\\\R^2\end{matrix} \rightleftharpoons \left[(H_5C_6)_3P=C-C\begin{matrix}H\\\oplus\end{matrix}\begin{matrix}OC_2H_5\\\\OC_2H_5\end{matrix}\ \ominus\begin{matrix}R^1\\HCl\\R^2\end{matrix}\right] \rightleftharpoons$$

$$(H_5C_6)_3P=CH-\overset{\overset{H_5C_2O}{|}}{\underset{\underset{H_5C_2O}{|}}{C}}-CH-R^1 \xrightarrow{-C_2H_5OH} (H_5C_6)_3P=CH-C\begin{matrix}R^1\\\\R^2\end{matrix} \\ \ \ H_5C_2O$$

(2-Ethoxy-2-alkenyliden)-triphenyl-phosphorane

Von besonderem Interesse ist die Umsetzung CH-acider Carbonyl-Verbindungen, da die resultierenden (2-Ethoxy-4-oxo-2-alkenyliden)-phosphorane durch nachfolgende Wittig-Reaktion den Aufbau γ,δ-ungesättigter β-Dicarbonyl-Verbindungen, deren Enolethern sowie 4-Oxo-2,3-dihydro-4H-pyranen gestatten[1108].
NH-acide Amine reagieren in analoger Weise zu [(Ethoxy-iminocarbonyl)-methylen]-triphenyl-phosphoranen[1109]:

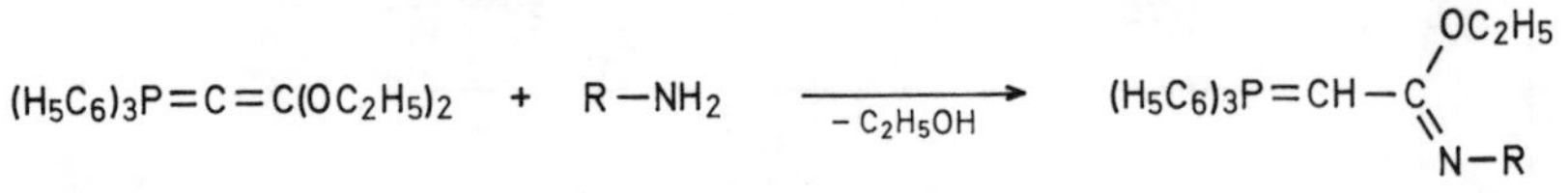

$$(H_5C_6)_3P=C=C(OC_2H_5)_2 + R-NH_2 \xrightarrow{-C_2H_5OH} (H_5C_6)_3P=CH-C\begin{matrix}OC_2H_5\\\\N-R\end{matrix}$$

Mit stark CH-aciden Verbindungen und mit Carbonsäuren reagiert das (Diethoxy-vinyliden)-triphenyl-phosphoran unter Ethyl-Gruppenübertragung[1108, 1110].

[1105] *H.J. Bestmann, K. Roth* u. *R.W. Saalfrank*, Angew. Chem. **89**, 915 (1977); engl.: **16**, 877.
[1106] *H.J. Bestmann* u. *K. Roth*, Tetrahedron Lett. **1981**, 1681.
[1107] *K. Roth*, Dissertation, Universität Erlangen-Nürnberg 1981.
[1108] *H.J. Bestmann* u. *R.W. Saalfrank*, Chem. Ber. **109**, 403 (1976).
[1109] *H.J. Bestmann, M. Ettlinger* u. *R.W. Saalfrank*, Justus Liebigs Ann. Chem. **1977**, 276.
[1110] *H.J. Bestmann* u. *K. Roth*, Synthesis **1981**, 998.

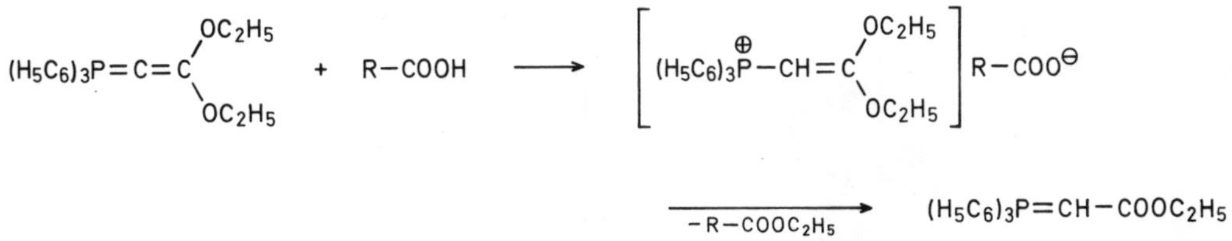

$$(H_5C_6)_3P=C\overset{OC_2H_5}{\underset{OC_2H_5}{\diagdown}} + \quad R-COOH \quad \longrightarrow \quad \left[(H_5C_6)_3\overset{\oplus}{P}-CH=C\overset{OC_2H_5}{\underset{OC_2H_5}{\diagdown}}\right] R-COO^{\ominus}$$

$$\xrightarrow[-R-COOC_2H_5]{} \quad (H_5C_6)_3P=CH-COOC_2H_5$$

(Ethoxycarbonyl-methylen)-triphenyl-
phosphoran; 70–87%

Tab. 63: (2-Ethoxy-2-alkenyliden)-triphenyl-phosphorane aus (Diethoxy-vinyliden)-
triphenyl-phosphoran und CH-aciden Verbindungen[1109]

CH-Verbindung	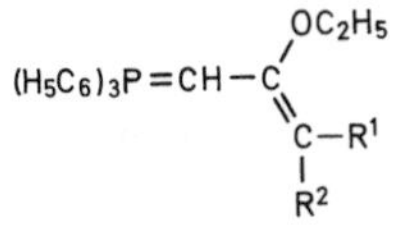 $(H_5C_6)_3P=CH-C\overset{OC_2H_5}{\underset{\underset{R^2}{\overset{\mid}{C-R^1}}}{\diagdown}}$			Ausbeute [%]	Schmp. [°C]
	R¹	R²	...-triphenyl-phosphoran		
H₃C–NO₂	H	NO₂	(2-Ethoxy-3-nitro-allyliden)...	49	211
H₅C₆–CH₂–CN	C₆H₅	CN	(3-Cyan-2-ethoxy-3-phenyl-allyliden)...	44	170
(H₃C)₂SO₂	H	SO₂–CH₃	(2-Ethoxy-3-methylsulfonyl-allyliden)...	61	163
(cyclopentadiene)	–(CH=CH)₂–		(2-Cyclopentadienyliden-2-ethoxy-ethyliden)-...	39	117–120
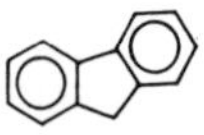 (fluorene)	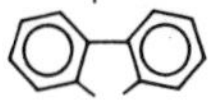 (fluorenyliden)		(2-Ethoxy-2-fluorenyliden-ethyliden)...	54	192–194
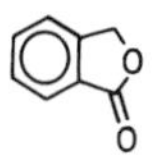 (phthalide)	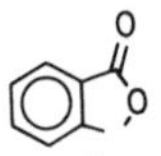 (phthalidyliden)		(2-Ethoxy-2-phthalidyliden-ethyliden)...	55	208–212
H₅C₆–CO–CH₃	H	CO–CH₃	(2-Ethoxy-4-oxo-2-penten-yliden)-...	65	174
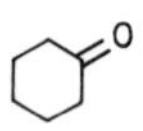 (cyclohexanone)	–(CH₂)₄–CO–		[2-Ethoxy-2-(2-oxo-cyclohexy-liden)-ethyliden]...	69	177
H₃C–COOC₂H₅	H	COOC₂H₅	[2-Ethoxy-3-ethoxycarbonyl-allyliden]	74	166

2. Cycloadditionen

2.1. [2+2]-Cycloaddition

[2+2]-Cycloadditionen sind sowohl an der polaren PC-Ylid-Bindung als auch an der C=C-Doppelbindung durch Synchronreaktion bzw. über dipolare Zwischenstufen möglich[1111]:

[1109] H. J. Bestmann, M. Ettlinger u. R. W. Saalfrank, Justus Liebigs Ann. Chem. 1977, 276.
[1111] H. J. Bestmann, Angew. Chem. 89, 361 (1977); engl.: 16, 349.

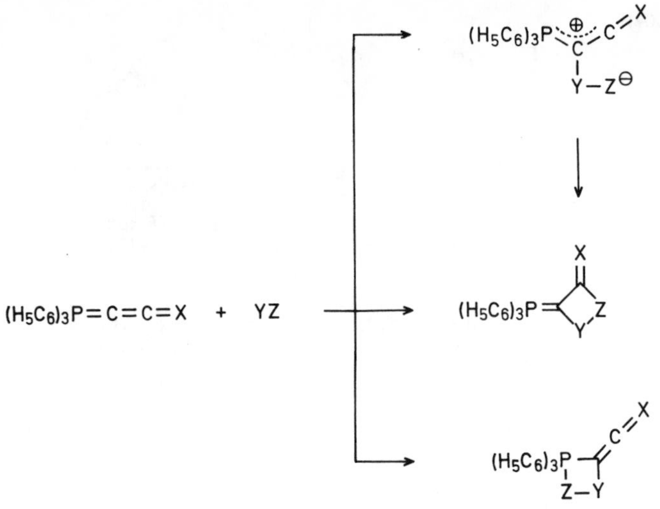

$$(H_5C_6)_3P = C = C = X \quad + \quad YZ \longrightarrow$$

Die Weiterreaktion des dipolaren 1:1-Adduktes mit einem zweiten Mol YZ ist möglich. Die durch Addition an die PC-Bindung gebildeten λ^5-Phosphetane gehen meist Folgereaktionen (Cycloreversion oder elektrocyclische Ringöffnung) ein.

2.1.1. mit Aldehyden und Ketonen

Das Oxovinyliden-[1112] und Iminovinyliden-triphenyl-phosphorane[1113] reagieren mit Aldehyden oder Ketonen über 1,2-Oxaphosphetane und nachfolgende Abspaltung von Triphenylphosphanoxid sowie Cycloaddition eines zweiten Mols Ylid an die C=C-Bindung zu 1,3-Dioxo-cyclobutanen:

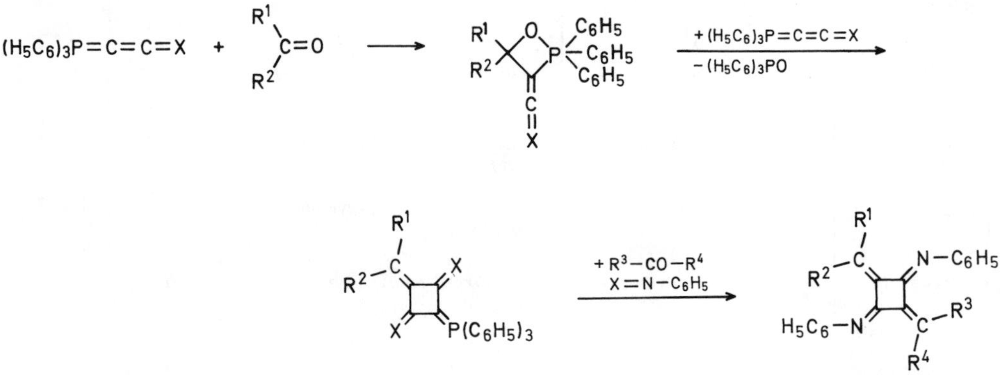

$$(H_5C_6)_3P = C = C = X \quad + \quad \underset{R^2}{\overset{R^1}{>}}C = O \longrightarrow \quad \xrightarrow{\;+(H_5C_6)_3P = C = C = X\;}_{-(H_5C_6)_3PO}$$

Von den so gebildeten Phosphoranen lassen sich die Phenylimino-Derivate in einer weiteren Wittig-Reaktion in 1,3-Bis-[arylmethylen]-2,4-bis-[phenylimino]-cyclobutane überführen[1113].

Die analoge Umsetzung des (Phenylimino-vinyliden)-triphenyl-phosphorans mit Nitrosobenzol führt zu *Tetrakis-[phenylimino]-cyclobutan (tetrameres Phenylisocyanid)*[1114, 1115]

[1112] G. H. Birum u. C. N. Matthews, J. Am. Chem. Soc. **90**, 3842 (1968).

[1113] H. J. Bestmann u. G. Schmid, Angew. Chem. **86**, 479 (1974); engl.: **13**, 473.

[1114] H. J. Bestmann, G. Schmid u. E. Wilhelm, Angew. Chem. **92**, 134 (1980); engl.: **19**, 136.

[1115] H. J. Bestmann, E. Wilhelm u. G. Schmid, Angew. Chem. **92**, 1045 (1980); engl.: **19**, 1012.

Aus Propadienyliden-triphenyl-phosphoranen und Carbonyl-Verbindungen erhält man durch Wittig-Reaktion ([2 + 2]-Cycloaddition zwischen Carbonyl-Gruppe und Ylid-Bindung) Butatriene[1116–1118]:

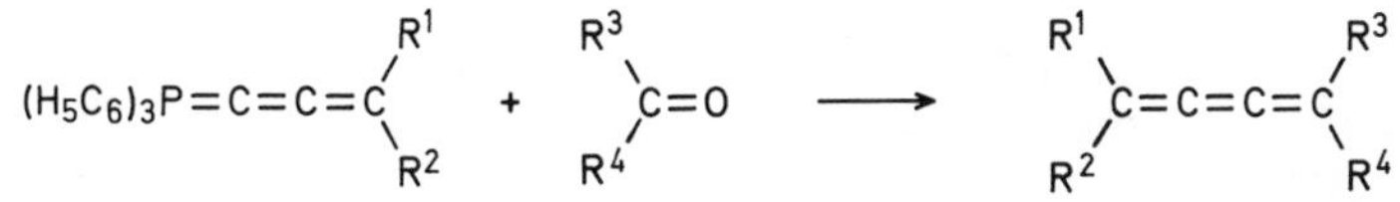

$$(H_5C_6)_3P=C=C=C\begin{smallmatrix}R^1\\R^2\end{smallmatrix} + \begin{smallmatrix}R^3\\R^4\end{smallmatrix}C=O \longrightarrow \begin{smallmatrix}R^1\\R^2\end{smallmatrix}C=C=C=C\begin{smallmatrix}R^3\\R^4\end{smallmatrix}$$

$R^1 = R^2 = H$; $R^3 = C_6H_{11}$, $R^4 = H$; *Cyclohexyl-butatrien*[1118]
$R^1 = R^2 = C_6H_5$; $R^3 = 4\text{-}NO_2\text{-}C_6H_4$; $R^4 = H$; *1,1-Diphenyl-4-(4-nitro-phenyl)-butatrien*[1116];
69%; Schmp.: 136–137°
$R^3 = 3,4\text{-}Cl_2\text{-}C_6H_3$; $R^4 = H$; *3-(3,4-Dichlor-phenyl)-1,1-diphenyl-butatrien*[1116];
80%; Schmp.: 113°

$R^1\text{–}R^2 = R^3\text{–}R^4 =$ 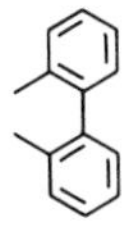   *Bis-[fluorenyliden]-ethen*[1117]; 71%; Schmp.: 323°

In analoger Weise entstehen aus (Alkoxy- bzw. Alkylthiovinyliden)-phosphoranen Allene[1119–1122], vorausgesetzt in α-Stellung zur CO-Gruppe steht keine CH_2-Gruppe (vgl. S. 772).

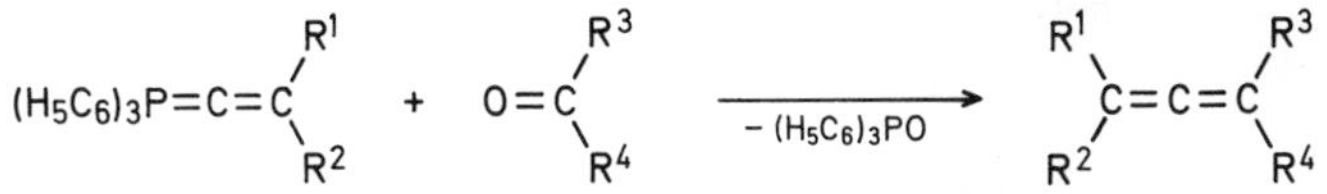

$$(H_5C_6)_3P=C=C\begin{smallmatrix}R^1\\R^2\end{smallmatrix} + O=C\begin{smallmatrix}R^3\\R^4\end{smallmatrix} \xrightarrow{-(H_5C_6)_3PO} \begin{smallmatrix}R^1\\R^2\end{smallmatrix}C=C=C\begin{smallmatrix}R^3\\R^4\end{smallmatrix}$$

Unter bestimmten Bedingungen läßt sich das intermediäre 1,2-Oxaphosphetan isolieren[1121, 1122, 1123].

2.1.2. Cycloaddition an C=C- und C=N-Doppelbindungen sowie C≡C-Dreifachbindungen

(Phenylimino-vinyliden)-triphenyl-phosphoran addiert sich an elektronenarme C=C- und C=N-Doppelbindungen unter Bildung von *exo*cyclischen Yliden, die sich durch nachfolgende Wittig-Reaktion in phosphorfreie Cyclobutane bzw. Azetidine umwandeln lassen[1124]; z.B.:

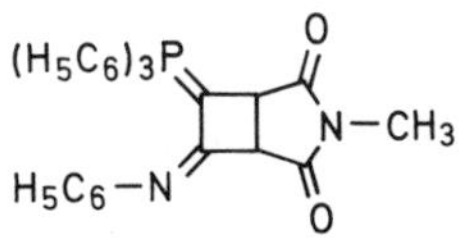

4-Phenylimino-3-triphenyl-phosphoranyliden-cyclo-butan-1,2-dicarbonsäure-methylimid

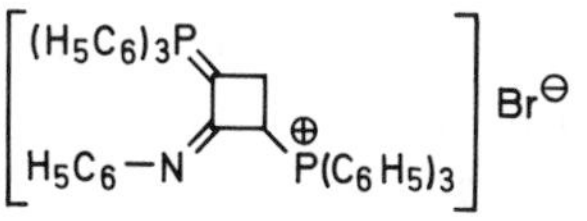

2-Phenylimino-3-triphenyl-phosphoniono-1-triphenyl-phosphoranyliden-cyclobutan bromid

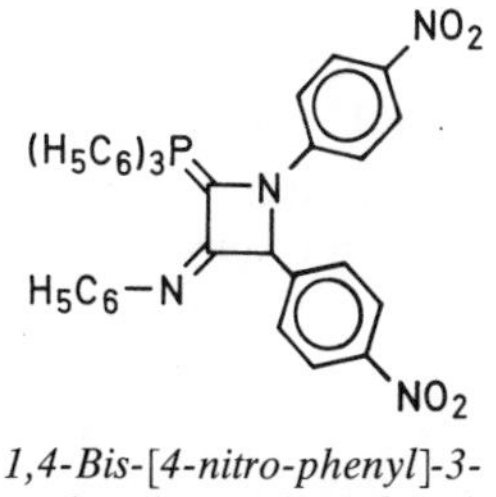

1,4-Bis-[4-nitro-phenyl]-3-phenylimino-2-triphenyl-phosphoranyliden-azetidin

[1116] *K. W. Ratts* u. *R. D. Partos*, J. Am. Chem. Soc. **91**, 6112 (1969).
[1117] *H. J. Bestmann* u. *G. Schmid*, Tetrahedron Lett. **1975**, 4025.
[1118] *E. J. Corey* u. *R. A. Ruden*, Tetrahedron Lett. **1973**, 1495.
[1119] *H. J. Bestmann, R. W. Saalfrank* u. *J. P. Snyder*, Chem. Ber. **106**, 2601 (1973).
[1120] *R. W. Saalfrank*, Tetrahedron Lett. **1973**, 3985.
[1121] *R. W. Saalfrank*, Tetrahedron Lett. **1975**, 4405; *R. W. Saalfrank*, Chem. Ber. **113**, 2950 (1980).
[1122] *H. J. Bestmann, K. Roth* u. *R. W. Saalfrank*, Angew. Chem. **89**, 915 (1977); engl.: **16**, 877.
[1123] *H. J. Bestmann, K. Roth, E. Wilhelm, R. Böhme* u. *H. Burzlaff*, Angew. Chem. **91**, 945 (1979); engl.: **18**, 876.
[1124] *H. J. Bestmann* u. *G. Schmid*, Erlangen, unveröffentlicht 1977.

Mit Acetylenen erfolgt die Cycloaddition an der PC-Ylid-Gruppierung[1125, 1126]. Die primär resultierenden Phosphetane erfahren eine elektrocyclische Ringöffnung zu offenkettigen Phosphoranen mit einer Kumulen-Gruppierung in α-Stellung, an der Folgereaktionen durchgeführt werden können:

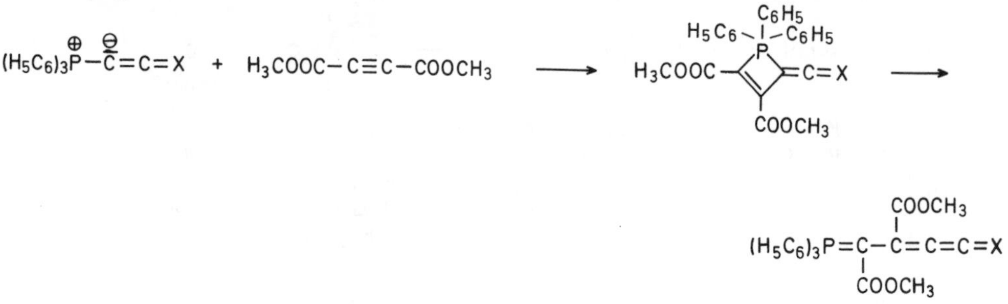

$$(H_5C_6)_3\overset{\oplus}{P}-\overset{\ominus}{C}=C=X \ + \ H_3COOC-C\equiv C-COOCH_3 \longrightarrow$$

$$(H_5C_6)_3P=C-\underset{\underset{COOCH_3}{|}}{\overset{\overset{COOCH_3}{|}}{C}}=C=C=X$$

. . .-triphenyl-phosphoran

X = S; *(1,2-Dimethoxycarbonyl-4-thiono-2,3-butadienyliden)-. . .; 74%*
X = N–C$_6$H$_5$; *(1,2-Dimethoxycarbonyl-4-phenylimino-2,3-butadienyliden)-. . .; 70%*

X = 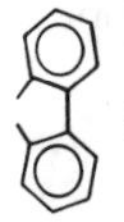 ; *(1,2-Dimethoxycarbonyl-3-fluorenyliden-2-propenyliden)-. . .; 76%*

2.1.3. Reaktionen mit Heteroallenen

Heteroallene (z.B. Schwefelkohlenstoff, Kohlendioxid, Kohlenoxidsulfid, Isocyanate, Isothiocyanate, Ketene, Ketenimine) reagieren mit Vinyliden-phosphoranen zu cyclischen Produkten mit einer exocyclischen Ylid-Gruppierung[1127–1137].
Die Richtung des Ringschlusses der [2 + 2]-Cycloaddition an die C=C-Doppelbindung hängt von der Nucleophilie von Y bzw. Z ab[1135]:

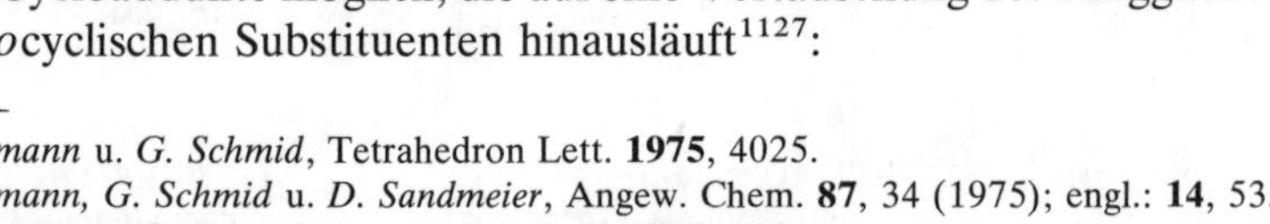

$$(H_5C_6)_3P=C=C=X$$
$$+$$
$$Y=C=Z$$

Bei der Umsetzung von (Oxo-, Thioxo-, Imino-vinyliden)-phosphoranen ist über eine elektrocyclische Ringöffnung und erneuten Ringschluß eine Isomerisierung der primär gebildeten Cycloaddukte möglich, die auf eine Vertauschung des Ringglieds Z bzw. Y gegen den *exo*cyclischen Substituenten hinausläuft[1127]:

[1125] *H.J. Bestmann u. G. Schmid*, Tetrahedron Lett. **1975**, 4025.
[1126] *H.J. Bestmann, G. Schmid u. D. Sandmeier*, Angew. Chem. **87**, 34 (1975); engl.: **14**, 53.
[1127] *H.J. Bestmann u. G. Schmid*, Tetrahedron Lett. **1977**, 3037.
[1128] *H.J. Bestmann u. R. W. Saalfrank*, J. Chem. Res. (M) **1979**, 3670; (S) **1979**, 313.
[1129] *H.J. Bestmann u. K. Roth*, Tetrahedron Lett. **1981**, 1681.
[1130] *H.J. Bestmann, G. Schmid, D. Sandmeier u. C. Geismann*, Tetrahedron Lett. **1980**, 2401.
[1131] *H.J. Bestmann u. R. W. Saalfrank*, Chem. Ber. **114**, 2661 (1981).
[1132] *H.J. Bestmann u. G. Schmid*, Erlangen, unveröffentlicht, 1977.
   G. Schmid, Dissertation, Universität Erlangen–Nürnberg 1974.
[1133] *H.J. Bestmann u. D. Sandmeier*, Erlangen, unveröffentlicht 1977.
   D. Sandmeier, Dissertation, Universität Erlangen–Nürnberg 1977.
[1134] *H.J. Bestmann*, Bull. Soc. Chim. Belg. **90**, 519 (1981).
[1135] *H.J. Bestmann*, Angew. Chem. **84**, 361 (1977); engl.: **16**, 349.
[1136] *G. W. Birum u. C.N. Matthews*, J. Am. Chem. Soc. **90**, 3842 (1968).
[1137] *H.J. Bestmann u. G. Schmid*, Angew. Chem. **86**, 479 (1974); engl.: **13**, 473.

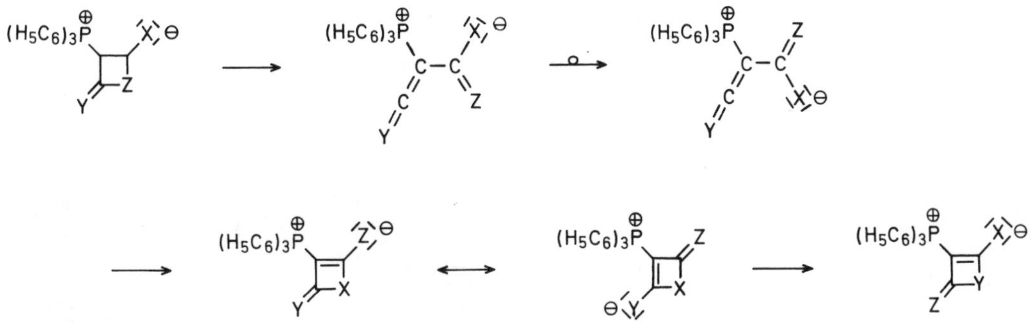

X = O, S, N–R

Unter Umständen kann der Vierring auch in einer Cycloreversion zerfallen, wobei ein Vinyliden-phosphoran und ein Heteroallen gebildet werden, in denen die ursprünglichen Substituenten X und Y bzw. Z ausgetauscht sind[1136]; z.B.:

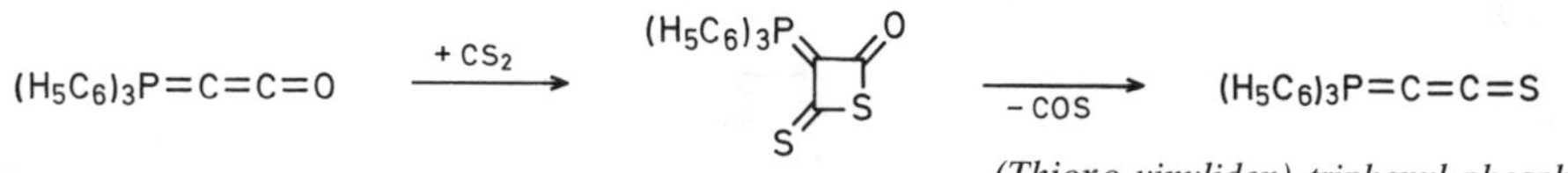

(Thioxo-vinyliden)-triphenyl-phosphoran

Durch Addition eines weiteren Moleküls des Heteroallens an die dipolare Form des 1:1-Adduktes werden sechsgliedrige Ringe im Sinne einer [4+2]-Addition gebildet[1135, 1136, 1131]:

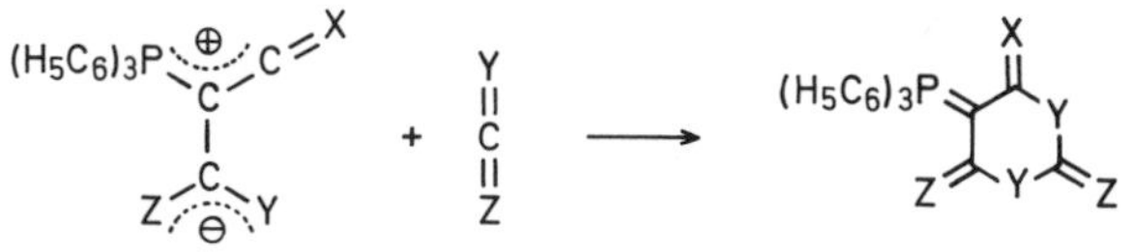

Dieser Reaktionstyp tritt insbesondere dann auf, wenn die Lebensdauer der dipolaren Zwischenstufe durch Stabilisierung der positiven Ladung ausreichend groß ist.

Eine Umlagerung der dipolaren Zwischenstufe durch intramolekulare nucleophile Substitution ist bei der Reaktion mit (Diethoxy-vinyliden)-triphenyl-phosphoran möglich[1128]:

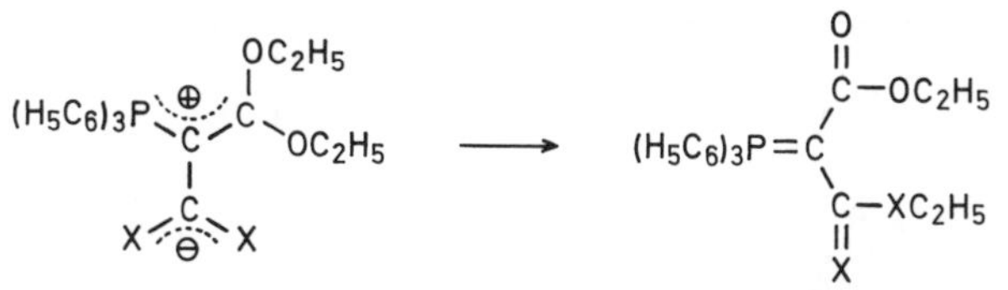

...-triphenyl-phosphoran

X = O; (Diethoxycarbonyl-methylen)-...; 66%
X = S; [Ethoxycarbonyl-(ethylthio-thiocarbonyl)--methylen]-...; 67%

[1128] H.J. Bestmann u. R.W. Saalfrank, J. Chem. Res. (M) **1979**, 3670; (S) **1979**, 313.

[1131] H.J. Bestmann u. R.W. Saalfrank, Chem. Ber. **114**, 2661 (1981).

[1135] H.J. Bestmann, Angew. Chem. **84**, 361 (1977); engl.: **16**, 349.

[1136] G.W. Birum u. C.N. Matthews, J. Am. Chem. Soc. **90**, 3842 (1968).

Tab. 64: Cycloalkyliden- bzw. Heterocycloalkyliden-triphenyl-phosphorane aus Vinyliden-triphenyl-phosphoranen mit Heteroallenen

$(H_5C_6)_3P=C=C=X$ X	Heteroallen	Vierringe nicht umgelagert	Vierringe umgelagert	Sechsringe	Literatur
O	$H_5C_6-N=C=O$			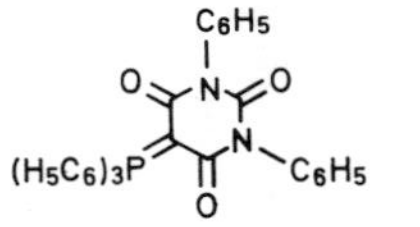 [Strukturformel: $(H_5C_6)_3P$, C_6H_5, $N-C_6H_5$, O]	1136, 1133, 1137
	$H_5C_6-SO_2-N=C=O$	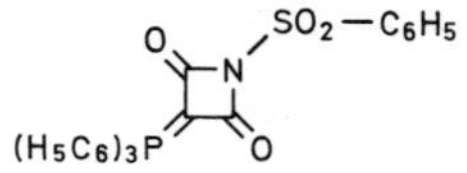	[Strukturformel: $SO_2-C_6H_5$, N, O, $(H_5C_6)_3P$]		1135, 1133
	$H_5C_6-N=C=S$			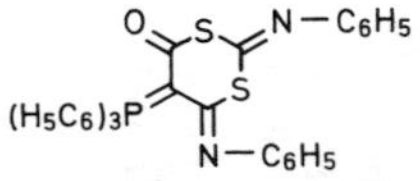 [Strukturformel: $(H_5C_6)_3P$, S, $N-C_6H_5$, $N-C_6H_5$, O]	1135, 1133
	$(H_5C_6)_2C=C=O$	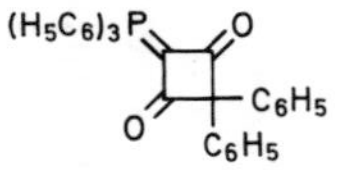 [Strukturformel: $(H_5C_6)_3P$, C_6H_5, C_6H_5, O, O]			1136
S	$H_5C_6-N=C=O$		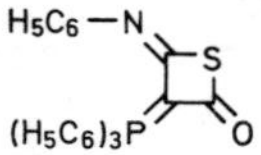 [Strukturformel: H_5C_6-N, S, O, $(H_5C_6)_3P$]		1135, 1133
	$H_5C_6-N=C=S$	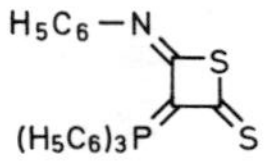 [Strukturformel: H_5C_6-N, S, S, $(H_5C_6)_3P$]			1135, 1133

[1133] H.J. Bestmann u. D. Sandmeier, Erlangen, unveröffentlicht 1977.
D. Sandmeier, Dissertation, Universität Erlangen–Nürnberg 1977.
[1135] H.J. Bestmann, Angew. Chem. 84, 361 (1977); engl.: 16, 349.
[1136] G.W. Birum u. C.N. Matthews, J. Am. Chem. Soc. 90, 3842 (1968).
[1137] H.J. Bestmann u. G. Schmid, Angew. Chem. 86, 479 (1974); engl.: 13, 473.

Tab. 64: (1. Fortsetzung)

$(H_5C_6)_3P=C=C=X$ X	Heteroallen	Vierringe nicht umgelagert	Vierringe umgelagert	Sechsringe	Literatur
$N-C_6H_5$	CO_2		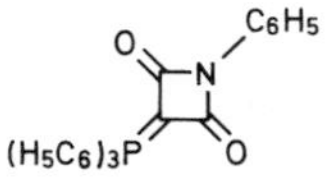 (β-Lactam-Ring mit C_6H_5 am N, =O, $(H_5C_6)_3P$)		1127
	CS_2	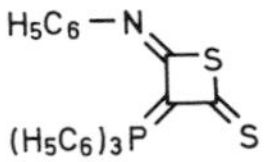 H_5C_6-N Vierring mit $=S$, S, $(H_5C_6)_3P$			1127
	COS	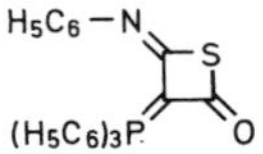 H_5C_6-N Vierring mit $=O$, S, $(H_5C_6)_3P$			1132, 1135
	$H_5C_6-N=C=O$	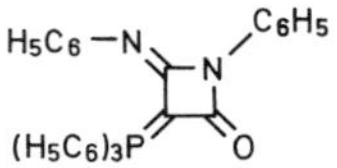 H_5C_6-N Vierring mit $N-C_6H_5$, $=O$, $(H_5C_6)_3P$			1132, 1135
	$H_5C_6-N=C=S$	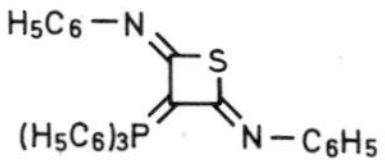 H_5C_6-N Vierring mit $N-C_6H_5$, $=S$, $(H_5C_6)_3P$			1132, 1135
	$(H_5C_6)_2C=C=N-C_6H_5$	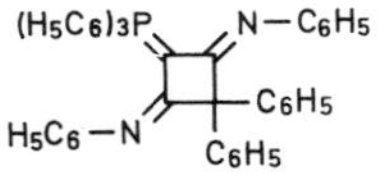 Vierring mit $(H_5C_6)_3P$, $N-C_6H_5$, C_6H_5, C_6H_5, H_5C_6-N			1132, 1135
$(OC_2H_5)_2$	CS_2	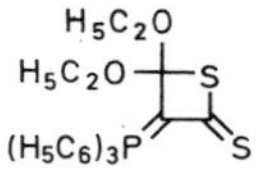 Vierring mit H_5C_2O, H_5C_2O, $=S$, S, $(H_5C_6)_3P$			1128

[1127] H.J. Bestmann u. G. Schmid, Erlangen, unveröffentlicht, 1977.
[1128] H.J. Bestmann u. R.W. Saalfrank, J. Chem. Res. (M) 1979, 3670; (S) 1979, 313.
[1132] H.J. Bestmann u. G. Schmid, Tetrahedron Lett. 1977, 3037.
   G. Schmid, Dissertation, Universität Erlangen-Nürnberg 1974.
[1135] H.J. Bestmann, Angew. Chem. 84, 361 (1977); engl.: 16, 349.

Tab. 64: (2. Fortsetzung)

Heteroallen	Vierringe		Sechsringe	Lite-ratur
	nicht umgelagert	umgelagert		
$(H_5C_6)_2C = C = O$	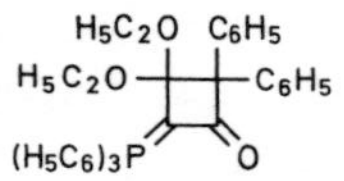			1135
$H_5C_6 - N = C = O$			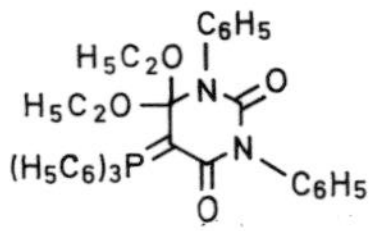	1131
$(H_5C_6)_2C = C = O$	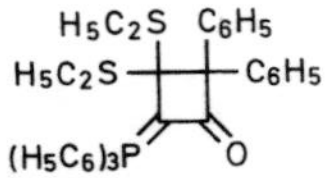			1129

$(OC_2H_5)_2$

$(SC_2H_5)_2$

1129 *H. J. Bestmann* u. *K. Roth*, Tetrahedron Lett. **1981**, 1681.
1131 *H. J. Bestmann* u. *R. W. Saalfrank*, Chem. Ber. **114**, 2661 (1981).
1135 *H. J. Bestmann*, Angew. Chem. **84**, 361 (1977); engl.: **16**, 349.

Isocyanate und Ketene können außer der [2+2]-Cycloaddition der C=N- bzw. C=C-Gruppe an die C=C-Doppelbindung auch eine Wittig-Reaktion der Carbonyl-Gruppe mit der Ylid-Funktion eingehen[1129, 1138].

Die durch Umsetzung von Vinyliden-phosphoranen mit Heteroallenen zugänglichen *exo*-cyclischen Phosphorane lassen sich in viele der bekannten Ylid-Reaktionen einsetzen und stellen somit ein erhebliches präparatives Potential zur Synthese offenkettiger und cyclischer Verbindungen dar[1134, 1135].

2.2. [3+2]-Cycloaddition

1,3-Dipolare Verbindungen addieren sich an die C=C-Doppelbindung von Vinyliden-phosphoranen[1135, 1139]. Aus (Phenylimino-vinyliden)-triphenyl-phosphoran entstehen auf diese Weise mit Nitriloxiden, Aziden und Diazo-carbonyl-Verbindungen ylidische Heterocyclen, denen die Ringgerüste des 1,2-Oxazols, 1,2,3-Triazols und Pyrazolins zugrunde liegen[1139]:

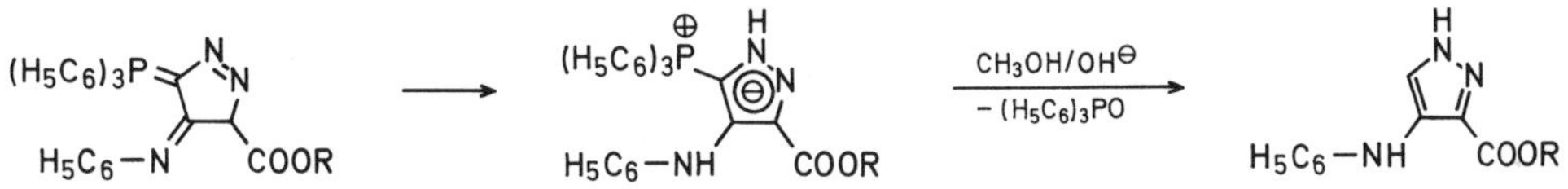

Die 4,5-Dihydro-3H-pyrazole lagern sich in die tautomeren Pyrazole um, in denen eine maximale Delokalisierung des ylidischen Elektronenpaares im Ring möglich ist. Durch Erwärmen mit methanolischer Kalilauge lassen sich die entsprechenden phosphorfreien Heterocyclen gewinnen.

2.3. (4+2)-Cycloaddition

α,β-ungesättigte Ketone[1135], Acylketene[1140] sowie Acyl-, Thioacyl- und Imidoyl-isocyanate bzw. -thioisocyanate[1130] vermögen sich in einer [4+2]-Cycloaddition an die C=C-Doppelbindung von (Oxo-, Thioxo-, Imino-vinyliden)-phosphoranen anzulagern:

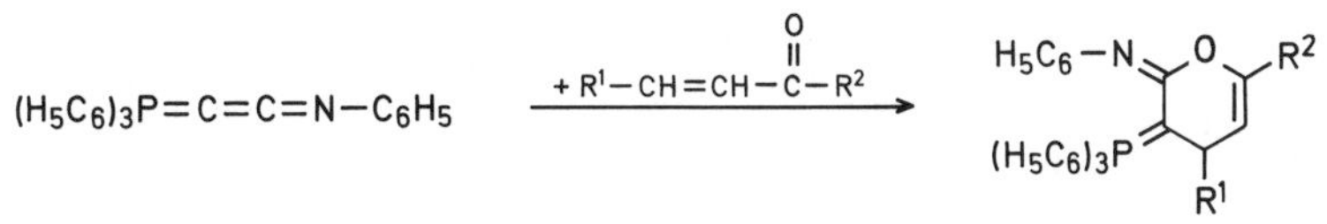

[1129] *H.J. Bestmann* u. *K. Roth*, Tetrahedron Lett. **1981**, 1681.
[1130] *H.J. Bestmann, G. Schmid, D. Sandmeier* u. *C. Geismann*, Tetrahedron Lett. **1980**, 2401.
[1134] *H.J. Bestmann*, Bull. Soc. Chim. Belg. **90**, 519 (1981).
[1135] *H.J. Bestmann*, Angew. Chem. **84**, 361 (1977); engl.: **16**, 349.
[1138] *K.W. Ratts* u. *R.D. Partos*, J. Am. Chem. Soc. **91**, 6112 (1969).
[1139] *H.J. Bestmann* u. *G. Schmid*, Tetrahedron Lett. **1981**, 1679.
[1140] *H.J. Bestmann* u. *C. Geismann*, Erlangen, unveröffentlicht 1979.
    C. Geismann, Dissertation, Universität Erlangen–Nürnberg 1979.

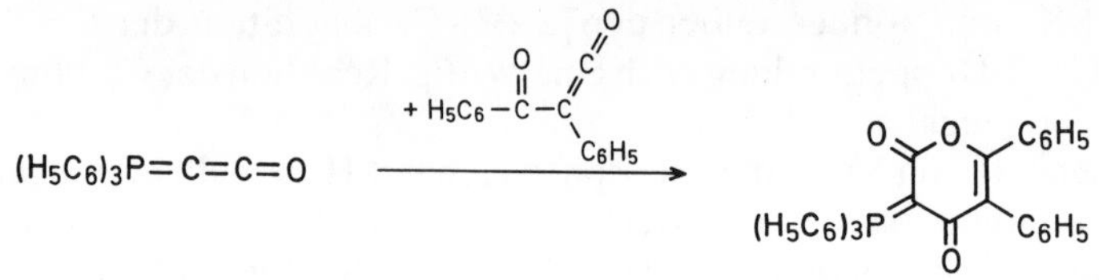

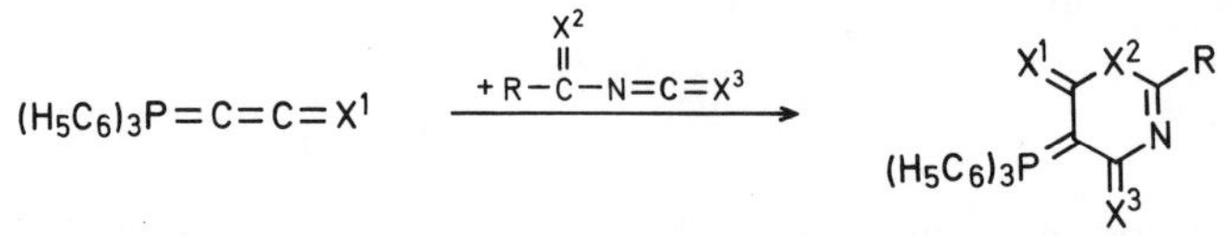

$$(H_5C_6)_3P=C=C=O \xrightarrow{\quad + H_5C_6-\overset{\overset{O}{\|}}{C}-\overset{\overset{\overset{O}{\|}}{C}}{\underset{C_6H_5}{}}\quad} $$

(Reaktionsprodukt: Pyranon-Struktur mit $(H_5C_6)_3P$, O, O, C_6H_5, C_6H_5)

$$(H_5C_6)_3P=C=C=X^1 \xrightarrow{\quad + R-\overset{\overset{X^2}{\|}}{C}-N=C=X^3\quad}$$

(Reaktionsprodukt: Ring mit X^1, X^2, R, N, $(H_5C_6)_3P$, X^3)

$X^1 = O, S, N–C_6H_5,$

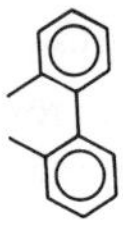

$X^2 = O, S, N\text{-}Ar$
$X^3 = O, S$

Im Falle der Isothiocyanate kann es in einigen Fällen, insbesondere bei (Phenylimino-vinyliden)-triphenyl-phosphoran oder bei (Fluorenyliden-methylen)-phosphoran, zu einer [2 + 2]-Cycloaddition mit der C=S-Doppelbindung kommen[1130]:

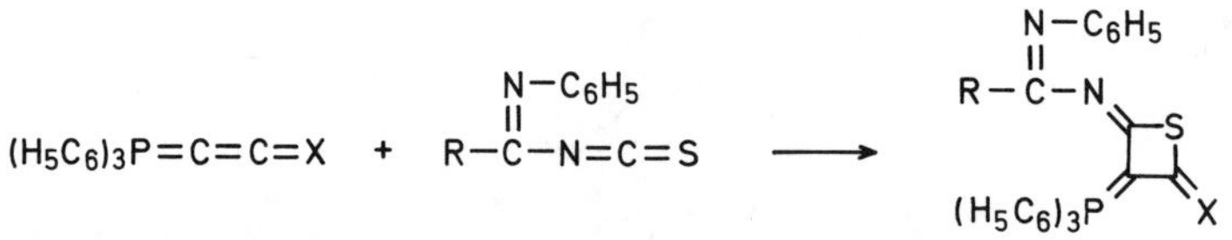

$$(H_5C_6)_3P=C=C=X \quad + \quad R-\overset{\overset{N-C_6H_5}{\|}}{C}-N=C=S \quad \longrightarrow \quad$$

(Reaktionsprodukt: $R-\overset{\overset{N-C_6H_5}{\|}}{C}-N$, Viergliedriger Ring mit $(H_5C_6)_3P$, X, S)

3. Reaktion mit Übergangsmetall-Verbindungen

Im Gegensatz zu den Alkyliden-triphenyl-phosphoranen (s.S. 701) und den Carbodiphosphoranen (s.S. 758) reagieren (Oxo- bzw. Thioxo-vinyliden)-triphenyl-phosphoran mit Metallcarbonylen unter Ligandenverdrängung durch das Ylid[1141]:

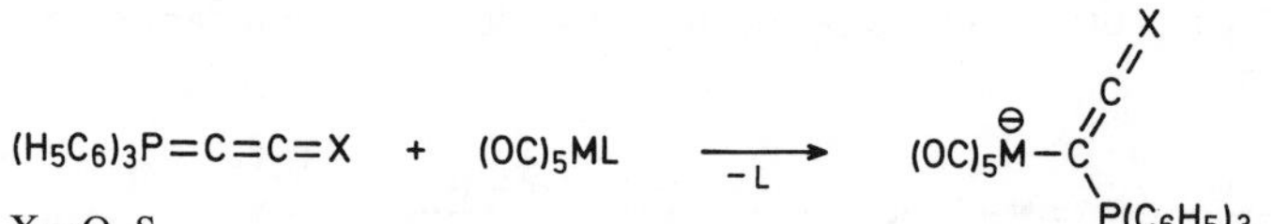

$$(H_5C_6)_3P=C=C=X \quad + \quad (OC)_5ML \xrightarrow[-L]{\quad\quad} (OC)_5\overset{\ominus}{M}-\underset{\underset{P(C_6H_5)_3}{\oplus}}{\overset{\overset{X}{\|}}{C}}$$

X = O, S
M = Mo, Cr, W
L = HC$_3$–CN, CO

[1130] H.J. Bestmann, G. Schmid, D. Sandmeier u. C. Geismann, Tetrahedron Lett. **1980**, 2401.
[1141] E. Lindner u. H. Berke, Chem. Ber. **107**, 1360 (1974).

b) λ^5-Phosphorine

bearbeitet von

PROF. DR. KARL DIMROTH

Fachbereich Chemie
Philipps Universität, Marburg

λ^5-Phosphorine sind nicht als 6π-delokalisierte „nicht klassische" aromatische Verbindungen I[1-7], sondern als cyclische Phosphonium-ylide II aufzufassen, bei denen das vierbindige Phosphor-Atom die Konjugation über den Ring unterbricht[8-12]:

Die negative Ladung ist über die Ring-C-Atome, die positive, je nach der Natur der Substituenten X und Y, mehr oder weniger am Phosphor-Atom lokalisiert. Die meisten der bisher bekannten λ^5-Phosphorine sind an C-2, C-4 und C-6 durch aromatische oder aliphatische Reste substituiert, während die Substituenten X und/oder Y am Phosphor-Atom Kohlenstoff- oder Hetero-Liganden sein können[13]. Bisher sind nur wenige λ^5-Phosphorine bekannt, die an C-2 und C-6 nicht substituiert sind[14], und nur ein einziges (1,1-Dimethyl-λ^5-phosphorin), das keinen Substituenten am Ring trägt[15].

Das Besondere an dieser Stoffklasse ist die selbst an der Luft ungewöhnliche Beständigkeit der 2,4,6-trisubstituierten λ^5-Phosphorine, vor allem der mit Hetero-Liganden am Phosphor-Atom und deren geringe Basizität. Auch ist die sehr starke Fluoreszenz, insbesondere der 1,1-Dialkoxy-λ^5-phosphorine erwähnenswert. Offenkettige Phosphonium-ylide mit Hetero-Liganden am Phosphor-Atom sind erst seit kurzem bekannt[16-18].

[1] G. Märkl, Angew. Chem. **75**, 1121 (1963); engl.: **3**, 1121 (1964).
[2] P. D. Craig u. N. L. Paddock, J. Chem. Soc. **1962**, 418.
[3] E. Heilbronner, Tetrahedron Lett. **1964**, 1923.
[4] S. F. Mason, Nature (London) **205**, 495 (1965).
[5] R. Vilceanu, A. Balint u. Z. Simon, Nature (London) **217**, 61 (1968).
[6] R. Vilceanu, A. Balint u. Z. Simon, Rev. Roum. Chim. **13**, 533 (1968); C.A. **69**, 105775.
[7] R. Vilceanu, A. Balint, Z. Simon, C. Rentia u. G. Unterweger, Rev. Roum. Chim. **13**, 1623 (1968); C.A. **71**, 6656.
[8] M. J. S. Dewar, E. A. C. Lucken u. M. A. Whitehead, J. Chem. Soc. **1960**, 2423.
[9] H. Oehling u. A. Schweig, Tetrahedron Lett. **1970**, 4941.
[10] W. Schäfer, A. Schweig, K. Dimroth u. H. Kanter, J. Am. Chem. Soc. **98**, 4410 (1976).
[11] K. Dimroth, S. Berger u. H. Kaletsch, Sulfur and Phosphorus **10**, 295 (1981).
[12] K. Dimroth, Acc. Chem. Res., **15**, 58 (1982).
[13] Übersicht:
    K. Dimroth, Fortschr. Chem. Forsch. (Topics in Current Chem.), **38**, 1 (1973)
    G. Märkl, H. Baier u. R. Liebl , Justus Liebigs Ann. Chem. **1981**, 919.
[14] G. Märkl, H. Baier, R. Liebl u. D. Stephenson, Justus Liebigs Ann. Chem. **1981**, 870.
[15] H. J. Ashe III, J. Am. Chem. Soc. **98**, 781 (1976).
[16] O. I. Kolodiazhni, Zh. Obshch. Khim. **49**, 104 (1979); engl.: 88.
[17] O. I. Kolodiazhni, Zh. Obshch. Khim. **50**, 1485 (1980); engl.: 1198.
[18] O. I. Kolodiazhnyi, Tetrahedron Lett. **21**, 2269; 3983 (1980).

Nach Röntgenstrukturuntersuchungen ist der Sechsring aller bisher untersuchten λ^5-Phosphorine praktisch eben[19-25]. Der Winkel des nahezu tetraedrischen Phosphor-Atoms zu den Ringatomen C-2 und C-6 beträgt 104–107°, der P-C_2 und P-C_6 Abstand ist mit 172–176 ppm deutlich kürzer als der einer P-C-Einfachbindung (1,820 ppm).

Die Ylid-Struktur ergibt sich aus dem ^{13}C-NMR-Spektrum der C-Atome 2,4,6, die bei hohem Feld liegen[26,27] und den ^{1}H-Spektren des nicht am Ring substituierten oder der nur an C-4 substituierten λ^5-Phosphorine, die durch ihre Hochfeldverschiebung einen aromatischen Ringstrom ausschließen. Die ^{31}P-NMR-Resonanzen rücken im Gegensatz zu den λ^3-Phosphorinen nach hohem Feld, in den Bereich offenkettiger Ylide, wobei zugleich die $^3J_{PH}$-Kopplungskonstante von $\sim$ 6 Hz auf 20–50 Hz ansteigt[28]. Der Bindungszustand des Phosphor-Atoms mit seinen benachbarten Ring-C-Atomen ist nicht völlig geklärt[29,30]. Ein gewisser Anteil einer Rückbindung des ungebundenen Elektronenpaares in unbesetzte d-Orbitale oder eine hypervalente Dreielektronenbindung ist wie bei Phosphoniumyliden nicht auszuschließen. Da es sich aber hierbei sicher nicht um die Bildung einer $2p\pi$-$2p\pi$- bzw. $3p\pi$-Doppelbindung wie im Ethen oder den λ^3-Phosphorinen handelt, halten wir die Angabe eines Mesomeriepfeiles zwischen I und II für irreführend. Im folgenden wird bei allen λ^5-Phosphorinen aus Gründen der Systematik und Nomenklatur die Schreibweise I beibehalten, obwohl II den Betaincharakter der λ^5-Phosphorine besser zum Ausdruck bringt (s. S. 783).

A. Herstellung

1. durch Ringschlußreaktionen

1.1. aus prim. Phosphanen mit Pyrylium-Salzen in Gegenwart von Nucleophilen

2,4,6-Triphenyl-pyrylium-Salze reagieren mit prim. Phosphanen (oder besser ihren in situ erzeugten Bis-[hydroxymethyl]-Derivaten) zu den hochreaktiven, bisher nicht isolierten λ^4-Phosphorin-Kationen[31], die sofort Nucleophile wie Alkohole, Phenole der Thioalkohole an das Phosphor-Atom unter Bildung von 2,4,6-Triphenyl-λ^5-phosphorinen anlagern[32,33].

[19] J.J. Daly u. G. Märkl, Chem. Commun. **1969**, 1057.

[20] J.J. Daly, J. Chem. Soc. [A] **1970**, 1832.

[21] U. Thewalt, Angew. Chem. **81**, 783 (1969); engl.: **8**, 769.

[22] U. Thewalt, C. Bugg u. A. Hettche, Angew. Chem. **82**, 933 (1970); engl.: **9**, 898.

[23] U. Thewalt u. C. Bugg, Acta Crystallogr. Sect. B, **28**, 871 (1972).

[24] T. Debaerdemaeker, Cryst. Struct. Commun. **1979**, 309.

[25] T. Debaerdemaeker, H.H. Pohl u. K. Dimroth, Chem. Ber. **110**, 1497 (1977).

[26] T. Buungard, H.J. Jakobsen, K. Dimroth u. H.H. Pohl, Tetrahedron Lett. **1974**, 3179.

[27] A.J. Ashe III, Acc. Chem. Res. **11**, 153 (1978).

[28] K. Dimroth, St. Berger u. H. Kaletsch, Phosphorus and Sulfur **10**, 305 (1981).

[29] H. Kwart u. K.G. King, d-Orbitals in the Chemistry of Silicon, Phosphorus and Sulfur, Reactivity and Structure Concepts in Organic Chemistry **8**, Springer Verlag, Berlin/Heidelberg/New York 1977.

[30] K.H.A. Ostoja Starzewski, W. Richter u. H. Schmidbauer, Chem. Ber. **109**, 473 (1976).

[31] C.C. Price, T. Parasaran u. T. Lakshminarayan, J. Am. Chem. Soc. **88**, 1034 (1966).

[32] G. Märkl u. A. Merz, Tetrahedron Lett. **1969**, 1231.

[33] G. Märkl, A. Merz u. H. Rausch, Tetrahedron Lett. **1981**, 2889.

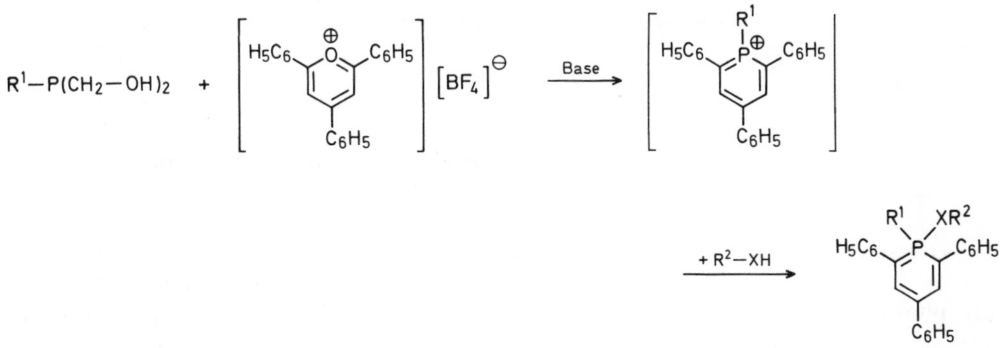

R¹−P(CH₂−OH)₂ + $\left[\begin{array}{c} H_5C_6 \overset{\oplus}{O} C_6H_5 \\ \\ C_6H_5 \end{array}\right] [BF_4]^{\ominus}$ $\xrightarrow{\text{Base}}$ $\left[\begin{array}{c} R^1 \\ H_5C_6 \overset{\oplus}{P} C_6H_5 \\ \\ C_6H_5 \end{array}\right]$

$\xrightarrow{+ R^2−XH}$ $\begin{array}{c} R^1 \quad XR^2 \\ H_5C_6 \overset{|}{P} C_6H_5 \\ \\ C_6H_5 \end{array}$

z.B. R¹ = CH₂–C₆H₅; XR² = OCH₃;   *1-Benzyl-1-methoxy-2,4,6-triphenyl-λ⁵-phosphorin;*
                                                                        30%; Schmp.: 133°

R¹ = CH₂–C₆H₅; XR² = O–CH₂–C₆H₅;   *1-Benzyl-1-benzyloxy-2,3,6-triphenyl-λ⁵-phosphorin;*
                                                                        17%; Schmp.: 118–119°

R¹ = C₆H₅; XR² = OCH₃;   *1-Methoxy-1,2,4,6-tetraphenyl-λ⁵-phosphorin;*
                                                                        36%; Schmp. : 136–137°

R¹ = C₆H₅; XR² = OC₆H₅;   *1-Phenoxy-1,2,4,6-tetraphenyl-λ⁵-phosphorin;*
                                                                        24%; Schmp.: 186–187°

R¹ = C₆H₅; XR² = SC₂H₅;   *1-Ethylthio-1,2,4,6-tetraphenyl-λ⁵-phosphorin*;
                                                                        Schmp.: 82–84°

Wasser als Nucleophil führt zu *1(R)-1-Hydroxy-2,4,6-triphenyl-λ⁵-phosphorin*, dessen Gleichgewicht ganz zugunsten von *1,2-Dihydro-1(R)-2,4,6-triphenyl-phosphorin-1-oxid* liegt. Dagegen liegt das Gleichgewicht der 1-Alkoxy-1-alkylamino-2,4,6-triphenyl-λ⁵-phosphorine ganz auf seiten des λ⁵-Phosphorins, offenbar, weil die P=NR-Doppelbindung weniger thermodynamisch begünstigt ist als das P-NHR-λ⁵-Phosphorin.

1.2. aus tert. Phosphanen bzw. Phosphonium-Salzen

Ausgehend von [2-(3-Brom-propyl)-phenyl]-diphenyl-phosphan wird durch Ringschluß, Bromierung und Dehydrobromierung *1,1-Diphenyl-⟨benzo[b]-λ⁵-phosphorin⟩* (Tetraphenylborat-Salz; Schmp.: 220–221°) erhalten[34].

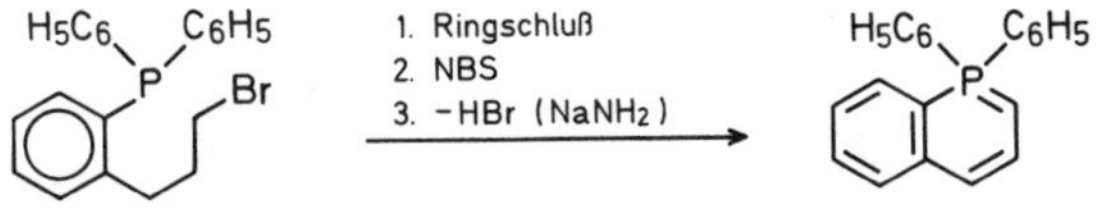

$\begin{array}{c} H_5C_6 \quad C_6H_5 \\ P \\ \text{Br} \end{array}$ $\xrightarrow[\substack{\text{1. Ringschluß} \\ \text{2. NBS} \\ \text{3. −HBr (NaNH}_2\text{)}}]{}$ $\begin{array}{c} H_5C_6 \quad C_6H_5 \\ P \end{array}$

1,1,2-Triphenyl-⟨benzo[b]-λ⁵-phosphorin⟩ (Tetrafluoroborat-Salz; Schmp.: 178–180°) ist aus Benzyl-[2-(2-brom-ethyl)-phenyl]-diphenyl-phosphoniumbromid zugänglich[34, 35]:

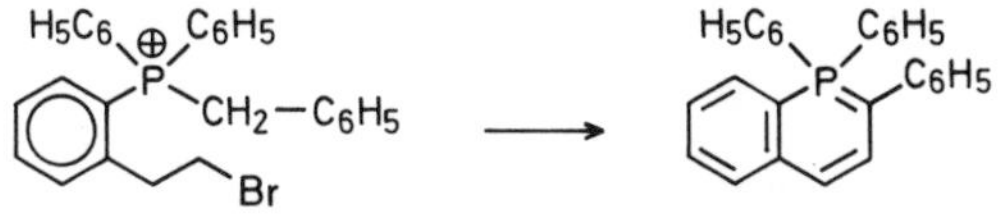

$\begin{array}{c} H_5C_6 \overset{\oplus}{\quad} C_6H_5 \\ P \\ CH_2−C_6H_5 \\ \text{Br} \end{array}$ $\longrightarrow$ $\begin{array}{c} H_5C_6 \quad C_6H_5 \\ P \quad C_6H_5 \end{array}$

[34] *G. Märkl*, Angew. Chem. **75**, 168 (1963); engl.: **2**, 168.
[35] Zusammenfassung: *G. Märkl*, Angew. Chem. **77**, 1109 (1965); engl.: **4**, 1023.

Aus [2-(2-Brom-ethyl)-phenyl]-tribenzyl-phosphoniumbromid wird in ähnlicher Weise *1,1-Dibenzyl-2-phenyl-⟨benzo[b]-λ^5-phosphorin⟩* (rote Blättchen; Schmp. 123°) erhalten[36].

2. aus 1,2- bzw. 1,4-Dihydro-λ^3-phosphorinen durch Umlagerung

2.1. thermisch

1,2-Dibenzyl-2,4,6-triphenyl-1,2-dihydro-phosphorin lagert sich bei 180° zum *1,1-Dibenzyl-2,4,6-triphenyl-λ^5-phosphorin* um[37]. Bei 2-Benzyl-1,2,4,6-tetraphenyl-1,2-dihydro-phosphorin benötigt man für die [1,2]-Umlagerung 220°. Nach dieser Methode lassen sich auch 2-Allyl- usw. -Derivate thermisch in λ^5-Phosphorine umlagern.

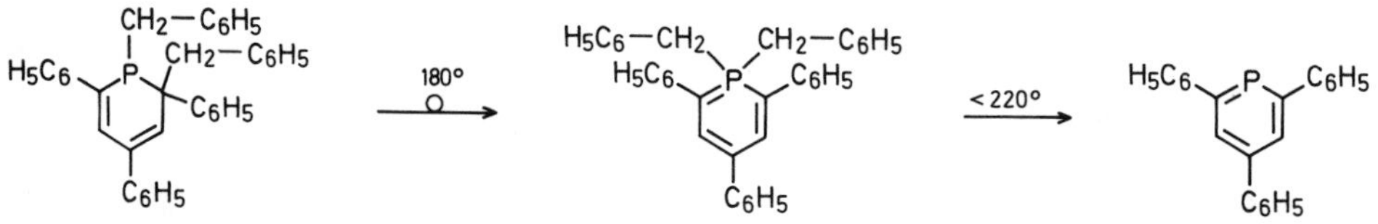

Höhere Temperaturen (bis 300°) spalten beide Benzyl- sowie die 1-Alkoxy-1-tert.-butyl-Reste der λ^5-Phosphorine ab (s.S. 72). Die tert.-Butyl-Gruppe am Phosphor-Atom erweist sich als besonders geeignet[38]. Möglicherweise sind auf diese Weise bisher nicht isolierbare 1-H, 1(R^1)-λ^5-Phosphorine Zwischenprodukte (zur Herstellung vgl. Lit. [39,40]).

2.2. säurekatalysiert

Von den 1(R^1), 4(R^4)-4-Methoxy-1,4-dihydro-phosphorinen[41] lagern sich die E-Isomeren mit Säuren[42] intramolekular, die Z-Isomeren z.T. intermolekular[43] in 1(R^1)-1-Methoxy-4(R^2)- bzw. in Gegenwart anderer Alkohole in 1-Alkoxy-1(R^1)-4(R^4)-λ^5-phosphorine um[44].

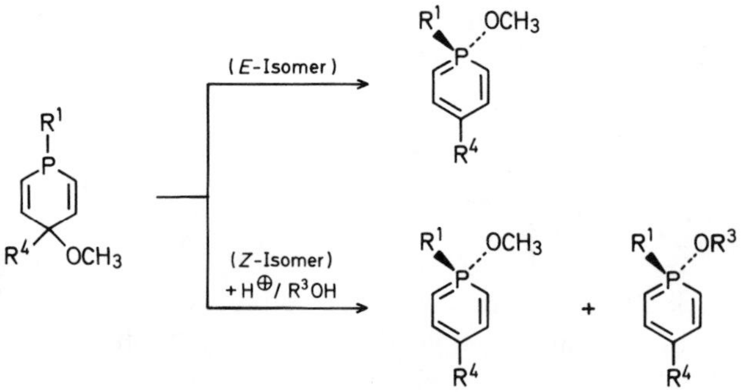

[36] *G. Märkl* u. *K.H. Heier*, Angew. Chem. **84**, 1066 (1972); engl.: **11**, 1016.
     G. Märkl u. *H. Olbrich*, Angew. Chem. **78**, 598 (1966); engl.: **5**, 588.
[37] *G. Märkl* u. *A. Merz*, Tetrahedron Lett. **1971**, 1215.
[38] *G. Märkl, R. Liebl* u. *A. Hüttner.* Angew. Chem. **90**, 566 (1978); engl.: **17**, 588.
[39] *G. Märkl* u. *D. Matthes*, Angew. Chem. **81**, 1069 (1972); engl.: **11**, 1019.
[40] *G. Märkl*, Phosphorus and Sulfur **3**, 77 (s.S. 102), 1977.
[41] *G. Märkl, H. Baier* u. *R. Liebl*, Synthesis **1977**, 842.
[42] *G. Märkl* u. *R. Liebl*, Synthesis **1978**, 846.
[43] *G. Märkl, R. Liebl* u. *A. Huttner*, Angew. Chem. **90**, 566 (1978); engl.: **17**, 528.
[44] *G. Märkl, H. Baier, R. Liebl* u. *D.S. Stephenson*, Justus Liebigs Ann. Chem. **1981**, 870.

1,4-Diphenyl-1-methoxy-λ^5-phosphorin[44]: 2,50 g (8,90 mmol) 1,4-Diphenyl-4-methoxy-1,4-dihydro-phosphorin in 50 *ml* Benzol werden mit einer Spatelspitze Toluolsulfonsäure versetzt und 12 Stdn. bei 20° gerührt. Die Lösung wird 2 mal mit Wasser gewaschen, über Magnesiumsulfat getrocknet und destilliert. Das bei 170–180° übergehende, intensivgelbe Öl kristallisiert; Ausbeute: 1,90 g (76%); Schmp.: 73° (aus Petrolether 50–70°).

Auf analoge Weise erhält man z.B.[44]:

$R^1 = C_6H_5$; $R^4 = C_6H_{11}$; *4-Cyclohexyl-1-methoxy-1-phenyl-λ^5-phosphorin*; 75%; Schmp.: 71°

   $R^4 = C(CH_3)_3$; *4-tert.-Butyl-1-methoxy-1-phenyl-λ^5-phosphorin*; 55%; Schmp.: 58°

   $R^4 = C_2H_5$; *4-Ethyl-1-methoxy-1-phenyl-λ^5-phosphorin*; 80%; gelbes Öl

$R^1 = C(CH_3)_3$; $R^4 = C_6H_{11}$; *1-tert.-Butyl-4-cyclohexyl-1-methoxy-λ^5-phosphorin*; 47%; Schmp.: 61–62°

$R^1 = $ 1-Adamantyl; $R^4 = C_6H_5$; *1-Adamantyl-1-methoxy-4-phenyl-λ^5-phosphorin*; 78%; Schmp.: 117°

$R^1 = OCH_3$; $R^4 = C_6H_5$; *1,1-Dimethoxy-4-phenyl-λ^5-phosphorin*; 50%; Schmp.: 69–71°

$R^1 = OC_2H_5/C_6H_5$; $R^4 = C_6H_{11}$; *4-Cyclohexyl-1-ethoxy-1-phenyl-λ^5-phosphorin*; 80%; Schmp.: 30°

$R^1 = N(C_2H_5)_2$; $R^4 = C_6H_5$; *1-Diethylamino-1-methoxy-4-phenyl-λ^5-phosphorin*; 90%; Öl

3. aus λ^3-Phosphorinen

3.1. durch Addition

3.1.1. *eines starken Nucleophils und eines Elektrophils*

3.1.1.1. normale Addition (beide an das P-Atom)

2,4,6-Trisubstituierte λ^3-Phosphorine I addieren starke Nucleophile (z.B. Lithium- oder Grignard-Verbindungen[45, 46] in Benzol, Natriumalkanolate in THF[47]) an das Phosphor-Atom zu den tieffarbigen ambidenden Salzen II (einige konnten als Tetrabutylammonium-Salze isoliert werden)[48]. Die Phosphorin-Anionen II addieren Elektrophile, je nach deren Natur, der Konstitution des λ^3-Phosphorins und den Reaktionsbedingungen, wie dem Lösungsmittel[46], entweder (bevorzugt in THF oder 1,2-Dimethoxy-ethan) an das Phosphor-Atom zu λ^5-Phosphorinen III oder (bevorzugt in Benzol) an C-2 zu 1(R^1)-2($R^{1'}$)-2,4,6-Triphenyl-1,2-dihydro-phosphorinen IV[46] (Benzoylchlorid wird an C-4 addiert)[46]. Protonen addieren sich stets an C-2 (IV). Die 1,2-Dihydro-Derivate IV werden z.B. mit Methyliodid zu 1,1-disubstituierten Phosphonium-Salzen alkyliert, die mit wäßrig-alkoholischer 2N Natriumhydroxid-Lösung zu 1(R^1)-1-Methyl-λ^5-phosphorinen deprotoniert werden.

  I   II   III   IV

1-Methyl-1,2,4,6-tetraphenyl-λ^5-phosphorin[46, 49]: Zu einer Lösung von 0,324 g (1 mmol) 2,4,6-Triphenyl-λ^3-phosphorin in 10 *ml* abs. Benzol gibt man eine äquivalente Menge Phenyl-lithium in Benzol/Ether, wobei das tiefviolette 1-Phenyl-lithiumsalz entsteht. Anschließend wird mit überschüssigem Methyljodid versetzt; Ausbeute: 0,336 g (81%); Schmp.: 169–170° (aus Ethanol).

[44] *G. Märkl, H. Baier, R. Liebl* u. *D. S. Stephenson*, Justus Liebigs Ann. Chem. **1981**, 870.

[45] *G. Märkl, F. Lieb* u. *A. Merz*, Angew. Chem. **79**, 59 (1967); engl.: **6**, 87.

[46] *G. Märkl* u. *A. Merz*, Tetrahedron Lett. **1968**, 3611.

[47] *K. Dimroth* u. *J. Kaletsch*, unveröffentlicht.

[48] *G. Märkl* u. *C. Martin*, Angew. Chem. **86**, 445 (1974); engl.: **13**, 408.

[49] *A. Merz*, Dissertation, Universität Würzburg 1969.

Analog werden z.B. erhalten[46]:

1-Ethyl-1,2,3,4-tetraphenyl-λ^5-phosphorin	72%; Schmp.: 151–152°
1-Benzyl-1,2,3,4-tetraphenyl-λ^5-phosphorin	42%; Schmp.: 201–203°
1,1-Dimethyl-2,4,6-triphenyl-λ^5-phosphorin	43%; Schmp.: 119–120°

Zur Herstellung von *1,1-Dimethyl-λ^5-phosphorin* s. Lit.[50,51].

1-Methoxy-1-methyl-2,4,6-triphenyl-λ^5-phosphorin[52]: Zu einer Lösung von 0,324 g (1,5 mmol) 2,4,6-Triphenyl-λ^3-phosphorin in 50 *ml* THF gibt man die 1,5 molare Menge Natriummethanolat und versetzt nach 30 Min. mit überschüssigem Methyljodid; Ausbeute: 0,260 g (70%).

3.1.1.2. durch Addition eines starken Nucleophils, Protonierung an C-2 und Hydrid-Abspaltung in Gegenwart eines Nukleophils

Die durch Addition eines Protons an die Lithium- oder Halogenmagnesium-Salze I erhaltenen 1,2-Dihydro-1(R¹)-Derivate II werden durch Triphenylcarbonium-tetrafluoroborat und Ethanol[53], dimerem 2,4,6-Triphenyl-phenoxyl[54] bzw. Quecksilber(II)-acetat[55] in Gegenwart von Nucleophilen möglicherweise über das Kation III zu 1(R¹), 1-Nu-λ^5 phosphorinen IV umgesetzt[56,57]:

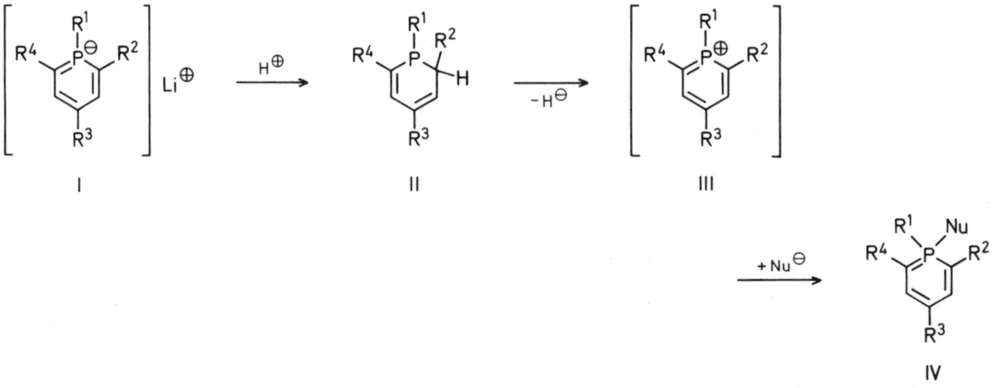

1-Phenoxy-1,2,4,6-tetraphenyl-λ^5-phosphorin[58]: 0,402 g (1 mmol) 1,2,4,6-Tetraphenyl-1,2-dihydro-phosphorin, 0,320 g Quecksilber(II)-acetat und 1 g Phenol in 20 *ml* Benzol werden 5 Stdn. bei 20° gerührt, vom ausgeschiedenen Quecksilber filtriert und an basischem Aluminiumoxid chromatographiert; Ausbeute: 0,435 g (88%); Schmp.: 186–187°.

Auf ähnliche Weise erhält man aus 1,2,4,6-Tetraphenyl-1,2-dihydro-phosphorin mit Bis-2,4,6-triphenyl-phenoxyl in Benzol *1,2,4,6-Tetraphenyl-1-(2,4,6-triphenyl-phenoxy)-λ^5-phosphorin* (72%; Schmp.: 210–214°)[53]. Mit Quecksilber(II)-acetat/Phenol wird aus 1-(1-Benzofuran-2-yl)-2,4,6-triphenyl-1,2-dihydro-phosphorin *1-(1-Benzo-*

[46] *G. Märkl* u. *A. Merz*, Tetrahedron Lett. **1968**, 3611.
[50] *A.J. Ashe III* u. *T. W. Smith*, Tetrahedron Lett. **1977**, 407.
[51] *A.J. Ashe III* u. *T. W. Smith*, J. Am. Chem. Soc. **98**, 7861 (1976).
[52] *K. Dimroth* u. *H. Kaletsch*, unveröffentlicht.
[53] *A. Merz*, Dissertation, Universität Würzburg 1969.
[54] *K. Dimroth, A. Berndt* u. *H. Perst*, Organic Synthesis, Coll. Vol. V, 1130 (1973).
[55] *K. Dimroth*, Fortschritte der Chem. Forsch. **38**, 1 (1973).
[56] *G. Märkl, A. Merz* u. *H. Rausch*, Tetrahedron Lett. **1971**, 2989.
[57] *H. Rausch*, Staatsexamensarbeit, Universität Würzburg 1969.
[58] *A. Merz*, Dissertation, Universität Würzburg 1969.

furan-2-yl)-1-phenoxy-2,4,6-triphenyl-λ^5-phosphorin[60] (41% Schmp.: 158–160°) bzw. aus 1,1'-Bis-[2,4,6-triphenyl-1,2-dihydro-phosphorin-1-yl]-ferrocen mit Quecksilber (II)-acetat/Ethanol   *1,1'-Bis-[1-ethoxy-2,4,6-triphenyl-λ^5-phosphorin-1-yl]-ferrocen*[61] (68%; Schmp.: 209–210°) erhalten.

Auf analoge Weise erhält man aus den 1,2-Dihydro-phosphorin-Derivaten mit Methyljodid

1-Methyl-1-(2-thienyl)-2,4,6-triphenyl-λ^5-phosphorin[60]	77%; Schmp.: 153–154°
1-Ferrocenyl-1-methyl-2,4,6-triphenyl-λ^5-phosphorin[60]	47%; Schmp.: 139–142°

3.1.1.3. durch reduktive Addition

2,4,6-Triphenyl-λ^3-phosphorin wird mit einer Natrium/Kalium-Legierung in THF zum Anion-Radikal, dem diamagnetischen Dianion und dem Trianion-Radikal reduziert[61, 62]. Präparativ läßt sich an das Dianion, das durch Komproportionierung des Trianion-Radikals mit 2,4,6-Triphenyl-λ^3-phosphorin entsteht, Methyljodid zum *1,1-Dimethyl-2,4,6-λ^5-phosphorin* addieren[63]:

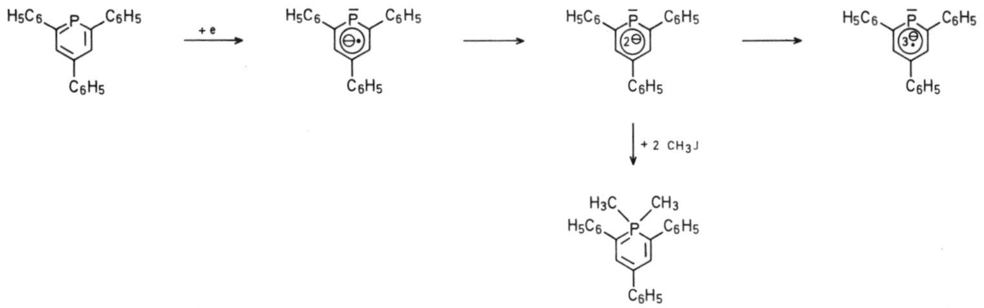

3.1.2. durch Addition von Diazoalkanen bzw. Alkyl-(Aryl)aziden

2,4,6-Triaryl-λ^3-phosphorine addieren Diazoalkane (Diazomethan, Diphenyldiazomethan, Diazoessigsäure-ethylester) in Gegenwart von Alkoholen, Phenolen, Thiolen oder Aminen unter Stickstoff-Abspaltung zu 1-funktionell-subst. 1-Alkyl-1(Nu)-λ^5-phosphorinen in meist sehr guten Ausbeuten[64, 65]:

[60] *G. Märkl, C. Martin* u. *W. Weber*, Tetrahedron Lett. **22**, 1207 (1981).
[61] *K. Dimroth* u. *F. W. Steuber*, Angew. Chem. **79**, 410 (1967).
[62] *F. Gerson, G. Plattner, A. J. Ashe III* u. *G. Märkl*, Mol. Phys. **28**, 601 (1974).
[63] *H. Weber*, Dissertation, Universität Marburg 1975.
[64] *P. Kieselsack* u. *K. Dimroth*, Angew. Chem. **86**, 129 (1974); engl.: **13**, 148; dort zahlreiche weitere Beispiele.
[65] *P. Kieselsack, C. Helland* u. *K. Dimroth*, Chem. Ber. **108**, 3656 (1975); dort zahlreiche weitere Beispiele.

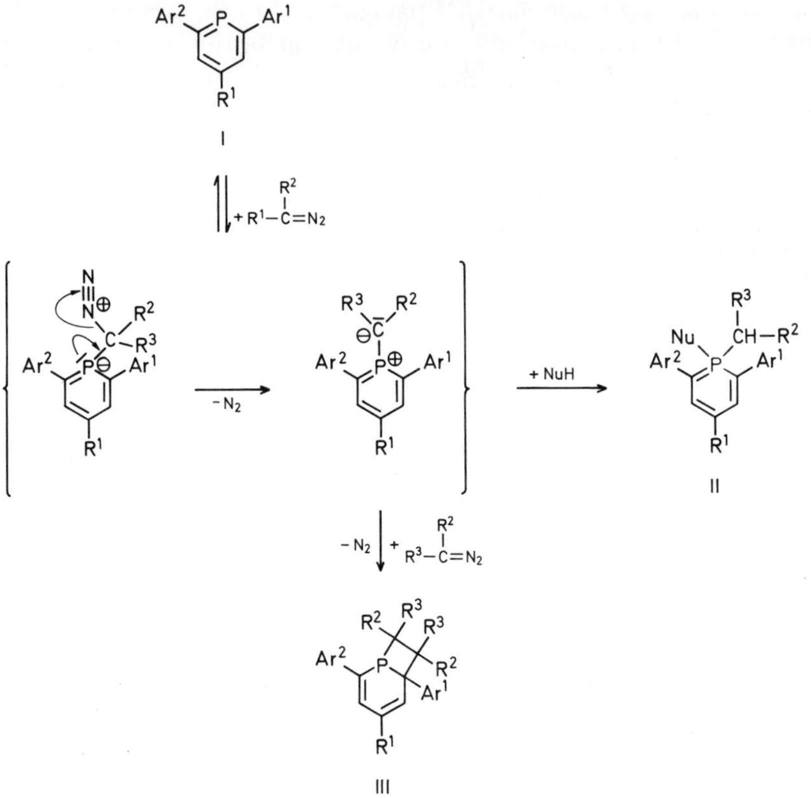

Ohne Zugabe eines Nucleophils entsteht mit 2 Mol Diphenyldiazomethan in Benzol das bicyclische Derivat III ($R^2 = R^3 = C_6H_5$).
Mit Methyl- oder Arylaziden und Methanol entstehen unter Stickstoff-Abspaltung *1-Methoxy-1-methylamino-* bzw. *Arylamino-1-methoxy-λ^5-phosphorine*[65].

1-funktionell-subst. 1-Organo-λ^5-phosphorine: allgemeine Arbeitsvorschrift[64]**:**
1-Alkyl-Derivate (mit Diazomethan): Zu einer Lösung von 1 mmol des 2,4,6-substituierten λ^3-Phosphorins und überschüssigem Alkohol, Phenol, Amin in ~25 *ml* sauerstofffreiem, abs. Benzol wird bei 20° unter Rühren eine ether. oder petrolether. Diazoalkan-Lösung getropft. Die Lösung wird unter heftiger Stickstoff-Entwicklung augenblicklich gelb- bis gelbgrün-fluoreszierend. Die Diazoalkan-Zugabe wird so lange fortgesetzt, bis dünnschichtchromatographisch (Kieselgel, Benzol/Petrolether 1 : 1) kein λ^3-Phosphorin mehr nachzuweisen ist. Nach 10–20 Min. Rühren wird im Rotationsverdampfer bei 20° eingedampft. Die Reaktion verläuft so einheitlich, daß in allen Fällen Filtrieren über 50 g Kieselgel in Benzol zur Abtrennung polarer Nebenprodukte ausreicht. Umkristallisiert wird aus Methanol, Ethanol oder wenig Benzol/Methanol.
So erhält man u.a.:

Diazomethan
+ Methanol → *1-Methoxy-1-methyl-2,4,6-triphenyl-λ^5-phosphorin;* 81%
+ 2,2,2-Trichlor-ethanol → *1-Methyl-1-(2,2,2-trichlor-ethoxy)-2,4,6-triphenyl-λ^5-phosphorin;* 100%; Schmp.: 183–187°
+ Methanthiol → *1-Methyl-1-methylthio-2,4,6-triphenyl-λ^5-phosphorin;* 98%
+ Allylalkohol → *1-Allyloxy-4-tert.-butyl-2,6-diphenyl-1-methyl-λ^5-phosphorin*; 63%; Schmp.: 116–117°

[64] *P. Kieselsack* u. *K. Dimroth*, Angew. Chem. **86**, 129 (1974); engl.: **13**, 148; dort zahlreiche weitere Beispiele.
[65] *P. Kieselsack, C. Helland* u. *K. Dimroth*, Chem. Ber. **108**, 3656 (1975); dort zahlreiche weitere Beispiele.

Diazoethan
+ Methanol $\rightarrow$ *4-Benzyl-2,6-diphenyl-1-ethyl-1-methoxy-λ^5-phosphorin;* 80%
Schmp.: 81–90°

Diazoessigsäure-ethylester
+ Methanol $\rightarrow$ *1-Ethoxycarbonylmethyl-1-methoxy-2,4,6-triphenyl-λ^5-phosphorin;*99%
Schmp.: 147–150°

1-Benzyl-Derivate[66]: Eine Lösung von 2 mmol 2,4,6-Triphenyl-λ^3-phosphorin, 3–5 mmol dest. Phenyl-diazomethan und überschüssigem Alkohol bzw. Phenol in ~25 *ml* sauerstoffreiem abs. Benzol wird unter Stickstoff 20–24 Stdn. bei 20° gerührt. Die Reaktionslösung wird im Rotationsverdampfer eingeengt und durch präparative Dünnschichtchromatographie an Kieselgel mit Benzol/Petrolether-Gemischen als Laufmittel getrennt. Kristallisation erfolgt aus Ethanol bzw. Benzol/Ethanol.
So erhält man u. a. mit Benzyl-2,6-diphenyl-λ^5-phosphorin *1,4-Dibenzyl-2,6-diphenyl-1-methoxy-λ^5-phosphorin* (65%; Schmp.: 123–125°).

Weitere allgemeine Vorschriften mit 2,2,2-Trifluor-diazoethan, Diaryl-diazomethan bzw. Diazoessigsäure-ethylester s. Lit.[66]

1-Methoxy-1-methylamino-2,4-6-triphenyl-λ^5-phosphorin[66]: Zu einer Lösung von 0,324 g (1,0 mmol) 2,4,6-Triphenyl-λ^3-phosphorin und 2 *ml* Methanol in 50 *ml* Benzol werden in Abständen von je 90 Min. 3 Portionen von Methylazid (aus je 10 mmol Dimethylsulfat mit Natriumazid) gegeben. Zwischenzeitlich wird auf 70° erhitzt. Nach Einengen, dünnschichtchromatographischer Trennung an Kieselgel mit Benzol/Petrolether (1:1) wird 2 mal aus Ethanol/Methanol umkristallisiert; Ausbeute: 56%; Schmp.: 127–128° (gelbgrün).

Auf ähnliche Weise erhält man u. a.:

1-Anilino-1-phenoxy-2,4,6-triphenyl-λ^5-phosphorin 44%; Schmp.: 181–185°
1-Methoxy-1-(4-nitro-phenylamino)-2,4,6-triphenyl-λ^5-phosphorin 81%; Schmp.: 134–138°

3.1.3. durch Addition von Radikalen

2,4,6-Triorgano-λ^3-phosphorine addieren Radikale wie Diphenylaminyl[67], 2,4,6-Triphenyl-phenoxyl (TPPO)[67] (auch in Gegenwart von Alkoholen) oder Phenyl[68] (aus Diphenylquecksilber bei 240–270°) sowie Halogen-Atome zu 1,1-disubstituierten λ^5-Phosphorinen[72].

1,1-Bis-[diphenylamino]-2,4,6-triphenyl-λ^5-phosphorin[67]: 0,324 g (1 mmol) 2,4,6-Triphenyl-phosphorin werden 2 Stdn. in 30 *ml* trockenem Benzol mit 0,390 g (1,16 mmol) Tetraphenyl-hydrazin zum Sieden gebracht. Danach wird das Benzol abgezogen, der dunkelgrün-fluoreszierende, zähflüssige Rückstand in wenig Benzol/Hexan aufgenommen und an einer Silicium-dioxid-Säule chromatographiert; Ausbeute: 0,340 g (52%); Schmp.: 179° (Zers., aus Ethanol/Aceton).

---

[66] *P. Kieselsack* u. *K. Dimroth*, Angew. Chem. **86**, 129 (1974); engl.: **13**, 148; dort zahlreiche weitere Beispiele.
[67] *K. Dimroth, A. Hettche, W. Städe* u. *F. W. Steuber*, Angew. Chem. **81**, 784 (1969); engl.: **8**, 770.
[68] *G. Märkl* u. *A. Merz*, Tetrahedron Lett. **1969**, 1231.
[72] *H. Kanter, W. Mach* u. *K. Dimroth*, Chem. Ber. **110**, 395 (1977); dort zahlreiche weitere Beispiele.

1,1-Bis-[2,4,6-triphenyl-phenoxy]-2,4,6-triphenyl-λ^5-phosphorin[67]: 1,00 g (3,09 mmol) 2,4,6-Triphenyl-λ^3-phosphorin wird in 30 *ml* abs. Benzol bei 20° mit 2,00 g (6,25 mmol) dimerem 2,4,6-Triphenyl-phenoxyl in 30 *ml* Benzol gerührt. Nach 24 Stdn. Stehen im Dunkeln wird aus Benzol an Silicagel (akt. Stufe 4) chromatographiert; Ausbeute: 0,98 g (33%); Schmp.: 247–251° (tiefgelb).

1 - A l k o x y - 1 - d i a r y l a m i n o - 2 , 4 , 6 - t r i p h e n y l - λ^5 - p h o s p h o r i n e erhält man bei der Umsetzung des 2,4,6-Triphenyl-λ^3-phosphorins mit Tetraaryl-hydrazin in Gegenwart von Alkoholen[69].

1-(Bis-[4-methyl-phenyl]-amino)-1-ethoxy-2,4,6-triphenyl-λ^5-phosphorin[69]: 0,324 g (1 mmol) 2,4,6-Triphenyl-λ^3-phosphorin und 0,470 g (1,2 mmol) Tetrakis-[4-methyl-phenyl]-hydrazin werden 2 Stdn. in einer Mischung aus 30 *ml* Benzol und 10 *ml* abs. Ethanol gekocht. Durch Chromatographie an Kieselgel mit Benzol/Petrolether (60–80°) (1 : 1) wird die gelbgrüne Fraktion abgetrennt und aus Aceton/Ethanol kristallisiert; Ausbeute: 0,278 g (41%); Schmp.: 171–172°.

Zur Herstellung von *1,1-Bis-[2-diphenyl-4,6-(4-methoxy-phenyl)-phenoxy]-2,6-bis-[4-methoxy-phenyl]-4-phenyl-* (33%; Schmp.: 162°)[70] bzw. *1-Methoxy-2,4,6-triphenyl-1-(2,4,6-triphenyl-phenoxy)-λ^5-phosphorin* (17%; Schmp.: 114°)[69] s. Lit.

1,1,2,4,6-Pentaphenyl-λ^5-phosphorin[71]: Eine Mischung von 0,8 g (25 mmol) 2,4,6-Triphenyl-λ^3-phosphorin und 1,3 g Diphenyl-quecksilber werden 30 Min. bei 280° in der Schmelze gehalten. Nach Abkühlen wird mit Benzol aufgenommen und die tiefrote Lösung an Aluminiumoxid chromatographiert, auf 3 *ml* eingeengt und mit 30 *ml* Ethanol versetzt. Beim Abkühlen fallen tiefrote Nadeln aus, die aus Ethanol/Essigsäure-ethylester umkristallisiert werden; Ausbeute: 0,72 g (60%); Schmp.: 180°.

Auf ähnliche Weise werden *1,1-(Di-1-naphthyl)-* (54%; Schmp.: 260–262°) bzw. *1,1-Bis-[4-brom-phenyl]-2,4,6-triphenyl-λ^5-phosphorin* (44%; Schmp.: 251–254°) erhalten.

2,4,6-Triphenyl-λ^5- phosphorin-⟨1-spiro-5⟩-5H-⟨dibenzo- λ^5- phosphol⟩[71]:

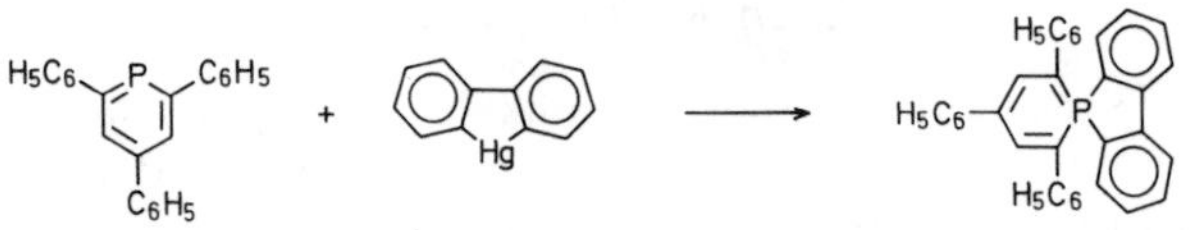

0,300 g (0,97 mmol) 2,4,6-Triphenyl-λ^3-phosphorin werden mit 0,300 g (0,92 mmol) tetramerem Biphenyl-2,2′-diyl-quecksilber bei 340° zusammengeschmolzen. Dann wird mit 5 *ml* Essigsäure-ethylester digeriert, von Quecksilber getrennt und das braune Pulver aus Benzol/Ethanol (1:2) umkristallisiert; Ausbeute: 0,139 g (30%); Schmp.: 275–280°.

Die bei weitem wichtigste Radikal-Addition an 2,4,6-trisubstituierte λ^3-Phosphorine ist die von Chlor bzw. Brom[72]. Sie muß nicht in jedem Fall über Radikale verlaufen, da auch z. B. Phosphor(V)-chlorid mit 2,4,6-Tri-tert.-butyl-λ^3-phosphorin bei 40° in Benzol das *1,1-Dichlor-2,4,6-tri-tert.-butyl-λ^5-phosphorin* liefert:

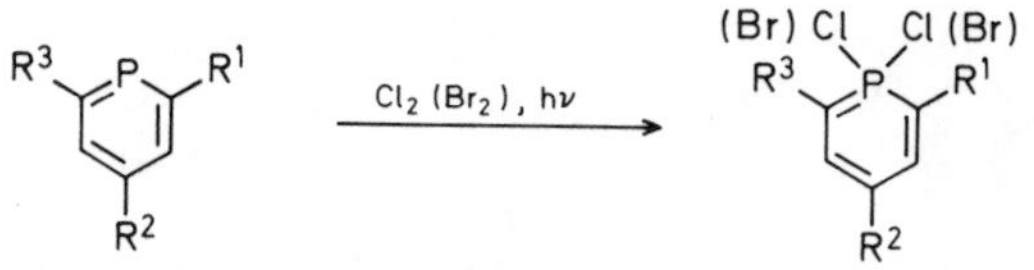

---

[67] *K. Dimroth, A. Hettche, W. Städe* u. *F. W. Steuber*, Angew. Chem. **81**, 784 (1969); engl.: **8**, 770.

[69] *A. Hettche*, Dissertation, Universität Marburg 1971.

[70] *K. Dimroth* u. *W. Städe*, unveröffentlicht.

[71] *A. Merz*, Dissertation, Universität Würzburg 1969.

[72] *H. Kanter, W. Mach* u. *K. Dimroth*, Chem. Ber. **110**, 395 (1977); dort zahlreiche weitere Beispiele.

1,1-Dichlor-λ^5-phosphorine: allgemeine Arbeitsvorschrift[72]: Die Lösung des λ^3-Phosphorins in Stickstoff ges. Tetrachlormethan oder Benzol wird mit einem geringen Überschuß an Phosphor(V)-chlorid bei 20° gerührt, wobei sich die Lösung unter Lösen des Phosphor(V)-chlorides zunehmend gelb färbt. Die Reaktion wird, allenfalls unter Bestrahlung mit einer Quecksilberhochdrucklampe fortgesetzt, bis sich bei einer mit Methanol versetzten Probe im Dünnschichtchromatogramm nur noch das 1,1-Dimethoxy-λ^5-phosphorin und kein λ^3-Phosphorin mehr nachweisen läßt. Nach Abzug des Lösungsmittels kristallisiert man durch Anreiben mit Acetonitril. Auf diese Weise erhält man z. B. *1,1-Dichlor-2,4,6-triphenyl-λ^5-phosphorin* (65%; Schmp.: 101–102°).

1,1-Dibrom-2,4,6-triphenyl-λ^5-phosphorin[72]: 0,650 g (2 mmol) 2,4,6-Triphenyl-λ^3-phosphorin in 50 ml abs. Tetrachlormethan werden mit 2,2 mmol Brom in 20 ml Tetrachlormethan und 10 ml Acetonitril versetzt und 2 Stdn. mit einer 6 V/35 W Glühlampe belichtet. Nach der Destillation i. Vak. bleibt ein braunes Pulver zurück, das unter trockenem Stickstoff monatelang haltbar ist; Ausbeute: 0,968 g (100%); Schmp.: 60° (Zers.).

3.1.4. *durch Addition einer leicht reduzierbaren Lewissäure und Addition von zwei gleichen oder verschiedenen Nucleophilen*

Eine variable und meist sehr glatt verlaufende Reaktion ist die Umsetzung von 2,4,5-trisubstituierten[73] bzw. 4-substituierten[74] λ^3-Phosphorinen mit Quecksilber(II)-acetat und Alkoholen, Phenolen, Aminen bzw. anderen Nucleophilen. Mit Quecksilber(II)-acetat entsteht (am besten in Benzol) zunächst ein λ^4-σ-Übergangsmetallkomplex[76] (s. dagegen andere Lewissäuren, s. S. 92) mit einem positivierten Phosphor-Atom, der vom Nucleophil unter λ^5-Phosphorin-Bildung angegriffen wird. Der Komplex bildet sich rasch nach, so daß die Reaktionen unter Abscheidung von metallischen Quecksilber bereits bei 20° mit meist sehr guten Ausbeuten ablaufen[75].

Der λ^4-Phosphorin-Silber(I)-trifluoracetat-Komplex bildet mit Alkoholen neben dem 1,1-Dialkoxy-λ^5-phosphorin wegen der Einstufenoxidation des Silber-Kations metallisches Silber und etwa die gleiche Menge Ausgangs-λ^3-phosphorin[76].

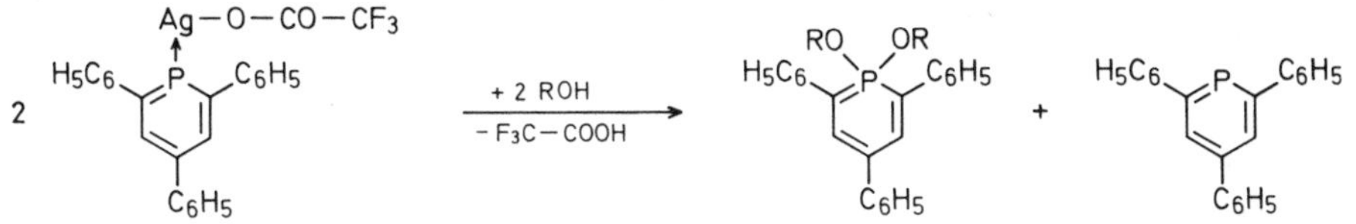

$$2\;\;\underset{C_6H_5}{\underset{|}{\overset{Ag-O-CO-CF_3}{\overset{|}{\underset{H_5C_6}{\overset{}{\bigcirc}}P}}}}C_6H_5\quad\xrightarrow[-\,F_3C-COOH]{+\,2\;ROH}\quad\underset{C_6H_5}{\overset{RO\quad OR}{\underset{H_5C_6}{P}}}C_6H_5\;\;+\;\;\underset{C_6H_5}{\underset{H_5C_6}{P}}C_6H_5$$

Mit einem Mol Alkohol als Nucleophil und Quecksilber(II)-acetat entsteht wahrscheinlich das instabile Derivat I, das ohne zusätzliches Nucleophil unter Abscheidung von Quecksilber 1-Acetoxy-1-alkoxy-λ^5-phosphorine II bildet, die nach langem Stehen mit Alkohol ebenfalls in 1,1-Dialkoxy-λ^5-phosphorin III (durch Verdrängen des Acetyl-Restes) übergehen:

[72] H. Kanter, W. Mach u. K. Dimroth, Chem. Ber. **110**, 395 (1977); dort zahlreiche weitere Beispiele.
[73] W. Städe, Dissertation, Universität Marburg 1968.
    s. auch K. Dimroth, Fortschritte Chem. Forsch. **38**, 1 (1973).
[74] G. Märkl, H. Baier, R. Liebl u. D. S. Stephenson, Justus Liebigs Ann. Chem. **1981**, 919.
[75] M. Constenla u. K. Dimroth, Chem. Ber. **107**, 3501 (1974).
[76] H. Kanter u. K. Dimroth, Tetrahedron Lett. **1975**, 541.

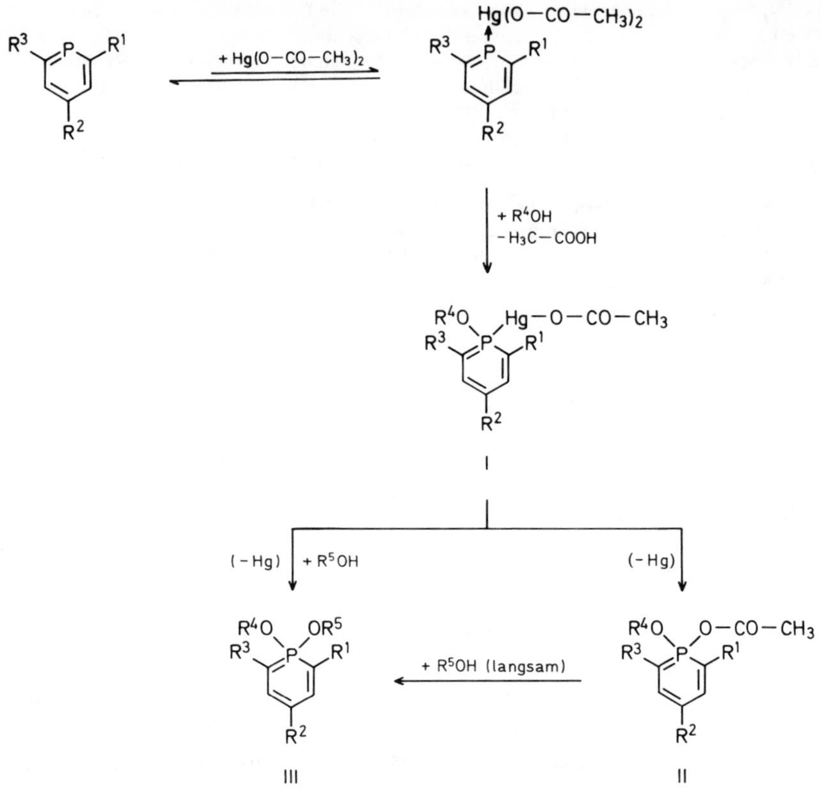

Eine Zusammenstellung vieler nach dieser Methode hergestellten λ^5-Phosphorine findet sich in Lit.[77].

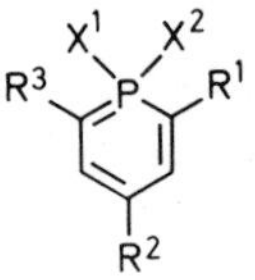

Im Gegensatz zu den 1-Hydroxy-λ^5-phosphorinen lagern sich die 1-Amino-λ^5-phosphorine nicht in 1,2-Dihydro-phosphorine mit einer P=N-Doppelbindung um (s. S. 785).

1,1-Difunktionell substituierte λ^5-Phophorine; allgemeine Arbeitsvorschrift[78]: 6,0 mmol eines 2,4,6-trisubstituierten λ^3-Phosphorins werden in 50 ml abs. Benzol und einem Überschuß des entsprechenden Alkohols (oder Phenols) gelöst. Nach Zugabe von 6,0 mmol Quecksilber(II)-acetat wird 15 Stdn. bei 20° gerührt, vom abgeschiedenen Quecksilber filtriert und das Lösungsmittel abdestilliert. Wenn das λ^5-Phosphorin nicht direkt auskristallisiert, wird es durch Chromatographie an Kieselgel in Benzol gereinigt.

1-Acetoxy-1-methoxy-2,4,6-triphenyl-λ^5-phosphorin[79]: 0,648 g (2 mmol) 2,4,6-Triphenyl-λ^3-phosphorin und 0,096 g (3 mmol) Methanol werden in 70 ml Stickstoff-ges., trockenem Benzol gelöst und innerhalb 30 Min. mit 0,636 g (2 mmol) Quecksilber(II)-acetat in kleinen Portionen versetzt. Man filtriert von Quecksilber ab, entfernt das Lösungsmittel i. Vak. und chromatographiert mit Petrolether/Aceton (2,5 : 1) an Kieselgel; Ausbeute: 0,523 g (64%; Schmp.: 127–129°).

Auf ähnliche Weise wird *1-Acetoxy-6-tert.-butyl-2,4-diphenyl-1-isopropyloxy-λ^5-phosphorin*[75] (35%; Schmp.: 115–116°) erhalten.

[75] M. *Constenta* u. K. *Dimroth*, Chem. Ber. **107**, 3501 (1974).
[77] K. *Dimroth*, Fortschr. Chem. Forsch. **38**, 1 (1973); insbes. Tabellen S. 91–99.
[78] K. *Dimroth* u. W. *Städe*, Angew. Chem. **80**, 966 (1968); engl.: **7**, 881.
[79] A. *Hettche*, Dissertation, Universität Marburg 1971.
    A. *Hettche* u. K. *Dimroth*, Tetrahedron Lett. **1972**; 829; dort zahlreiche Beispiele.

1,1-Dimethoxy-2,4,6-triphenyl-λ^5-phosphorin[81]: 0,84 g (2,6 mmol) 2,4,6-Triphenyl-λ^3-phosphorin und 0,83 g Quecksilber(II)-acetat werden 15 Stdn. bei 20° in einer Mischung von trockenem Methanol/Benzol (1:1) gerührt. Es wird vom Quecksilber abfiltriert, das Lösungsmittel i. Vak. entfernt und der Rückstand an Kieselgel mit Benzol chromatographiert; Ausbeute: 0,78 g (77%); Schmp.: 112° (grün fluoreszierend).

Auf ähnliche Weise erhält man u.a.:

2,6-Di-tert.-butyl-1,1-dimethoxy-4-phenyl-λ^5-phosphorin[82]	42%; Öl.
1,1-Dimethoxy-2,4,6-tri-tert.-butyl-λ^5-phosphorin[80]	45%; Schmp.: 86°
1,1-Dimethoxy-2,6-diphenyl-4-ethyl-λ^5-phosphorin[82]	84%; Schmp.: 70°
4-tert.-Butyl-1,1-dimethoxy-2,6-diphenyl-λ^5-phosphorin[83]	78%; Schmp.: 120–122°
1,1-Dimethoxy-2,6-diphenyl-4-(4-methoxy-phenyl)-λ^5-phosphorin[84]	42%; Schmp.: 106–107°
4-Benzyl-1,1-dimethoxy-2,6-diphenyl-λ^5-phosphorin[80]	95%; Schmp.: 101°
2,6-Bis-[4-methoxy-phenyl]-1,1-diethoxy-4-phenyl-λ^5-phosphorin[81]	77%; Schmp.: 107°
1,1-Bis-[2,2,2-trichlor-ethoxy]-2,4,6-triphenyl-λ^5-phosphorin[81]	30%; Schmp.: 160–163°
1,1-Diphenoxy-2,4,6-triphenyl-λ^5-phosphorin[81]	38%; Schmp.: 152–154°

4-tert.-Butyl-1,1-dimethoxy-λ^5-phosphorin[85]: 0,430 g (2,80 mmol) 4-tert.-Butyl-λ^3-phosphorin, 0,135 g Quecksilber(II)-acetat in 30 *ml* Benzol und 10 *ml* Methanol gelöst, werden unter Stickstoff 2 Stdn. unter Rückfluß gekocht. Nach Abdestillieren des Lösungsmittels wird aus Benzol an desaktiviertem Aluminiumoxid mit Benzol chromatographiert, gefolgt von einer Mikrodestillation; Ausbeute: 0,150 g (25%); Sdp.: 155–165°/12 Torr (1,6 kPa) (sehr luftempfindlich).

1,1-Dimethoxy-4-phenyl-λ^5-phosphorin[85]: 0,260 g (1,5 mmol) 4-Phenyl-λ^3-phosphorin werden mit 0,680 g (3,30 mmol) Quecksilber(II)-acetat in 10 *ml* Methanol/Benzol (1:1) 45 Min. unter Rückfluß und unter Stickstoff gekocht. Nach Abdampfen des Lösungsmittels wird aus Benzol an neutralem desaktiviertem Aluminiumoxid chromatographiert; Ausbeute: 0,180 g (50%); Schmp.: 69–71° (zitronengelb).

Mit Quecksilber(II)-benzoat erhält man u.a.:

1,1-Dibenzoyloxy-2,4,6-triphenyl-λ^5-phosphorin[75]	48%; Schmp.: 128–129°
1-Benzoyloxy-1-isopropyloxy-2,4,6-triphenyl-λ^5-phosphorin[75]	66%; Schmp.: 160–161°

Bis-[1-methoxy-2,4,6-triphenyl-λ^5-phosphorin-1-yl]-oxid[86]: Zu einer Stickstoff-ges. Lösung von 70 *ml* Benzol, 2 mmol 2,4,6-Triphenyl-λ^3-phosphorin, 1–2 mmol Wasser, 5 mmol Methanol gibt man innerhalb 30 Min. unter Rühren 2 mmol Quecksilber(II)-acetat in kleinen Portionen. Nach 8–10 Stdn. Rühren wird vom Quecksilber abfiltriert, das Lösungsmittel i. Vak. entfernt und der Rückstand mit Kieselgel an Benzol/Petrolether (66–80°) (1:1,5) chromatographiert; Ausbeute: 0,325 g (45%); Schmp.: 152–154°.

1,1-Bis-[diethylamino]-2,4,6-triphenyl-λ^5-phosphorin[86]: In eine unter Stickstoff gereinigte Lösung von 60 *ml* gereinigtem Acetonitril und 20 *ml* trockenem Benzol und 3 *ml* Diethylamin gibt man unter Eiskühlung und starkem Rühren innerhalb 30 Min. ein Gemisch aus 2,4,6-Triphenyl-λ^3-phosphorin und Quecksilber(II)-acetat in kleinen Portionen, wobei sich die Lösung zuerst orangerot, dann gelbgrün fluoreszierend färbt und Quecksilber abscheidet. Nach 8–10 Stdn. wird vom Quecksilber abgetrennt, das Lösungsmittel abdestilliert und der Rückstand an Kieselgel mit Benzol chromatographiert; Ausbeute: 0,430 g (60%); Schmp.: 126–127°.

Auf ähnliche Weise werden erhalten:

Bis-[1-diethylamino-2,4,6-triphenyl-λ^5-phosphorin-1-yl]-oxid	80%; Schmp.: 163–165°
(1-Isopropyloxy-2,4,6-triphenyl-phosphorin-1-yl)-(1-methoxy-2,4,6-triphenyl-phosphorin-1-yl)-oxid	48%; Schmp.: 144–146°

Spiro-λ^5-phosphorine; allgemeine Arbeitsvorschrift: 1,0 mmol 2,4,6-Triaryl-λ^3-phosphorin und 1,1 mmol eines Diols, Amino-alkohols bzw. Diamins in 20 *ml* abs. Benzol werden innerhalb von 2 Stdn. unter Rühren mit 1,1

---

[75] *M. Constenla* u. *K. Dimroth*, Chem. Ber. **107**, 3501 (1974).
[80] *W. Mach* u. *K. Dimroth*, unveröffentlicht.
[81] *W. Städe*, Dissertation, Universität Marburg 1968.
[82] *H. H. Pohl*, Dissertation, Universität Marburg 1974.
[83] *M. Lückoff*, Dissertation, Universität Marburg 1977.
[84] *W. Städe* u. *K. Dimroth*, unveröffentlicht.
[85] *G. Märkl, H. Baier, R. Liebl* u. *D. S. Stephenson*, Justus Liebigs Ann. Chem. **1981**, 870.
[86] *A. Hettche*, Dissertation, Universität Marburg 1971.
   A. Hettche u. *K. Dimroth*, Tetrahedron Lett. **1972**, 829; dort zahlreiche Beispiele.

mmol Quecksilber(II)-acetat gerührt, wobei sich allmählich unter Braunfärbung Quecksilber ausscheidet. Man rührt 24 Stdn. bei 20°, filtriert, schüttelt die Lösung mit Wasser und chromatographiert die Benzol-Phase an Kieselgel (Akt. Stufe IV).
Die Spiro-Verbindung kirstallisiert zumeist beim Anreiben mit Acetonitril.

Auf diese Weise[84-86] erhält man u. a. mit:

Glykol	→	*1,3,2-Dioxaphospholan-⟨2-spiro-1⟩-2,4,6-triphenyl-λ⁵-phosphorin*[84]	70%; Schmp.: 174–181°
1,2-Propandiol	→	*4-Methyl-1,3,2-dioxa-phospholan-⟨2-spiro-1⟩-2,4,6-triphenyl-λ⁵-phosphorin*[84]	71%; Schmp.: 161°
1,3-Propandiol	→	*1,3,2-Dioxaphosphorinan-⟨2-spiro-1⟩-2,4,6-triphenyl-λ⁵-phosphorin*[84]	29%; Schmp.: 197°
Brenzkatechin	→	*⟨Benzo-1,3,2-dioxaphospholan⟩-⟨2-spiro-1⟩-(2,4,6-triphenyl-λ⁵-phosphorin)*[84]	69%: Schmp.: 183–189°
2-Methylamino-ethanol	→	*3-Methyl-1,3,2-oxazaphospholan-⟨2-spiro-1⟩-2,4,6-triphenyl-λ⁵-phosphorin*[86]	61%; Schmp.: 149–151°.
1,2-Bis-[methyl-amino]-ethan	→	*1,3-Dimethyl-1,3,2-diazaphospholan-⟨2-spiro-1⟩-2,4,6-triphenyl-λ⁵-phosphorin*[86]	33%; Schmp.: 106–107°

3.2. durch Arylieren mit Aryldiazoniumsalzen in Gegenwart von Nucleophilen

Aryldiazonium-Salze setzen sich in Gegenwart von Nucleophilen mit 2,4,6-trisubstituierten λ^3-Phosphorinen in meist guten Ausbeuten zu 1-heterofunktionell 1-Aryl-λ^5-phosphorinen um[87]:

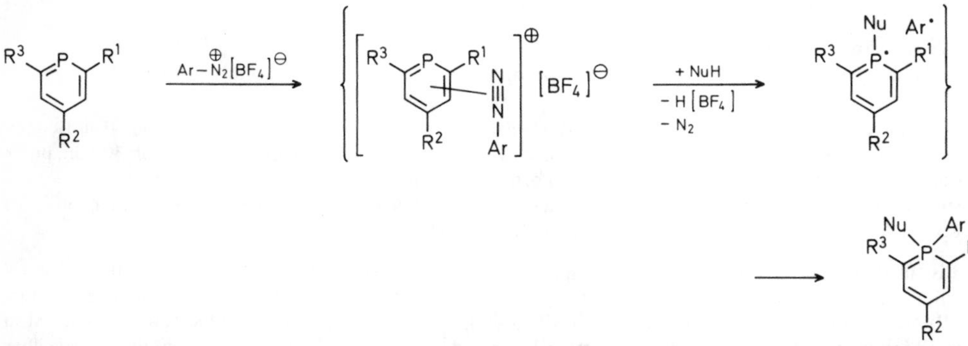

Für den angegebenen Reaktionsweg spricht, daß in Gegenwart von Thiolen und Alkoholen 1-Alkoxy-1-alkylthio-λ^5-phosphorine erhalten werden, da das Aryl-Radikal mit dem Thiol unter Bildung eines Arens und Thiol-Radikals reagiert[88]. Mit Thiolen und Aryldiazonium-Salzen werden 1,1-Bis-[alkylthio]-λ^5-phosphorine gebildet. Ohne Zusatz eines Nucleophils (Wasser, Alkohole, Phenole, Thioalkohole) wird ein Fluor-Atom dem Tetrafluoroborat entzogen und man erhält 1-Aryl-1-fluor-λ^5-phosphorine[89] (z.B. *1-Fluor-1-(4-methyl-phenyl)-2,4,6-triphenyl-λ⁵-phosphorin*; 21%; Schmp.: 130–132°).

1-Alkoxy-1-aryl- bzw. 1-Aryl-1-aryloxy-λ^5-phosphorine; allgemeine Arbeitsvorschrift[89]: Zu einer Lösung von 1 mmol eines 2,4,6-substituierten λ^3-Phosphorins in 5–10 mmol Alkohol (bzw. Phenol und etwas festem Natriumacetat) in ~ 25 *ml* trockenem Benzol gibt man portionsweise 1 mmol eines festen Aryldiazononium-tetrafluoroborats. Fast augenblicklich setzt die Reaktion unter Stickstoff-Abspaltung ein. Die Reaktionslösung wird schichtchromatographisch an Kieselgel aufgearbeitet. Als Laufmittel haben sich Benzol/Petrolether (60–70°)-

---

[84] W. *Städe* u. *K. Dimroth*, unveröffentlicht.
[85] G. *Märkl*, H. *Baier*, R. *Liebl* u. *D. S. Stephenson*, Justus Liebigs Ann. Chem. **1981**, 870.
[87] O. *Schaffer* u. *K. Dimroth*, Angew. Chem. **84**, 1146 (1972); engl.: **11**, 1091.
[88] O. *Schaffer* u. *K. Dimroth*, Chem. Ber. **108**, 3281 (1975).
[89] O. *Schaffer* u. *K. Dimroth*, Chem. Ber. **108**, 3271 (1975).

Gemische (2 : 1) bewährt. Die zumeist tieffarbigen λ^5-Phosphorine werden i. a. aus Methanol bzw. Ethanol, in einigen Fällen günstiger aus Acetonitril umkristallisiert.

Auf diese Weise erhält man u. a.:

1-Methoxy-1,2,4,6-tetraphenyl-λ^5-phosphorin   47%; Schmp.: 135°
1-Cyclohexyloxy-1-(4-methoxy-phenyl)-2,4,6-triphenyl-λ^5-phosphorin   24%; Schmp.: 171–172°
1,2,3,4-Tetraphenyl-1-(2,4,6-trimethyl-phenoxy)-λ^5-phosphorin   80%; Schmp.: 213–215°

1,1-Bis-[methylthio]-2,4,6-triphenyl-λ^5-phosphorin[89]: 1 mmol 2,4,6-Triphenyl-λ^3-phosphorin und 10 mmol Methylthiol werden in 30 *ml* trockenem Benzol gelöst, dem man etwas wasserfreies Natriumacetat und dann 1 mmol Phenyldiazonium-tetrafluoroborat zusetzt. Nach 24 Stdn. Rühren bei 20° wird die Lösung an Silicagel mit Benzol chromatographiert; Ausbeute: 28%; Schmp.: 147–148°.

Bis-[1,2,4,6-tetraphenyl-λ^5-phosphorin-1-yl]-oxid[89]: 0,324 g (1 mmol) 2,4,6-Triphenyl-λ^3-phosphorin werden in einem Gemisch aus 3 *ml* Benzol und 15 *ml* Essigsäure-ethylester gelöst. Im Eisbad wird unter Rühren eine ebenfalls gekühlte Lösung von 0,202 g (1 mmol) Benzoldiazoniumsulfat in 10 *ml* Wasser zugetropft. Bei portionsweiser Zugabe von Aceton tritt langsam Phasenvermischung ein. Unter Stickstoff-Abspaltung und Verfärbung der Lösung nach Gelb und Braun setzt die Reaktion ein. Es wird Aceton zugesetzt, bis beim Rühren ein gelbes Festprodukt ausfällt. Nach 15 Min. wird abgesaugt und der Niederschlag mit wenig eiskaltem Aceton gewaschen. Es wird in wenig Benzol aufgenommen und mit Methanol bei 0° kristallisiert; Ausbeute: 0,286 g (70%); Schmp.: 116° (Zers.).

4. aus 1,1-Diphenyl-1,2-dihydro-phosphorinium-Salzen

Das stark basische, luftempfindliche *1,1-Diphenyl-λ^5-phosphorin* ist aus dem 1,1-Diphenyl-1,2-dihydro-phosphorinium-perchlorat mit verd. Natronlauge zugänglich[90]:

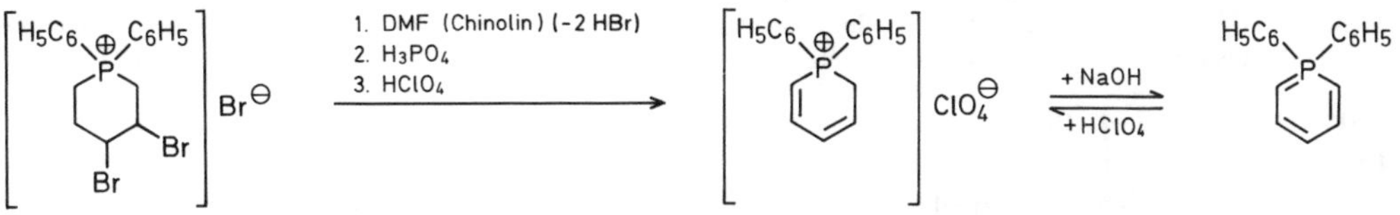

5. aus 1-subst. 1,2-, 1,4-Dihydro- bzw. 1,2,3,4-Tetrahydro-phosphorin-1-oxiden

1-Organo-1,2- oder 1,4-dihydro-phosphorin-1-oxide stehen mit den 1-Hydroxy-1-organo-λ^5-phosphorinen in einem Tautomeriegleichgewicht, das auf seiten des Dihydro-Derivats liegt[86]. Mit Alkylierungsmitteln (z. B. tert.-Oxonium-Salzen, Dimethylsulfat, Alkyljodiden) in Gegenwart von Basen (z. B. Diisopropyl-ethyl-amin) erhält man die am Sauerstoff-Atom alkylierten λ^5-Phosphorine[91, 92].

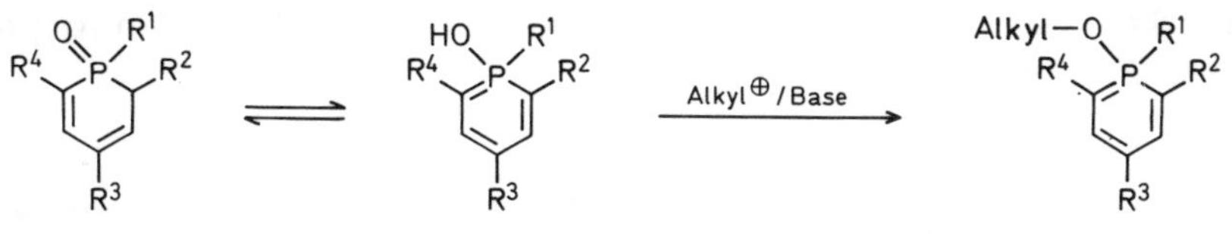

Die Methode ist breit anwendbar[86]. So erhält man z. B. aus 1,4-Dioxo-1,2,6-triphenyl-1,4-dihydro-phosphorin in Gegenwart von Natriumboranat *1,4-Dimethoxy-1,2,4,6-tetraphenyl-λ^5-phosphorin*[93]:

[86] *A. Hettche*, Dissertation, Universität Marburg 1971.
   A. Hettche u. *K. Dimroth*, Tetrahedron Lett. **1972**, 829; dort zahlreiche Beispiele.
[89] *O. Schaffer* u. *K. Dimroth*, Chem. Ber. **108**, 3271 (1975).
[90] *G. Märkl*, Angew. Chem. **75**, 669 (1963); engl. **2**, 479.
[91] *K. Dimroth*, Fortschr. Chem. Forsch. **38**, 87 (1973).
[92] siehe auch andere O-Alkylierungen an P–O-Verbindungen: *G. Hilgetag* und *H. Teichmann*, Angew. Chem.
   77, 1001 (1965); engl.: **4**, 914 (1965).
   H. Teichmann, M. Jatkowski u. *G. Hilgetag*, Angew. Chem. **79**, 379 (1967); engl. **6**, 372.
[93] *K. Dimroth* u. *M. Lückoff*, Chem. Ber. **113**, 3313 (1980).

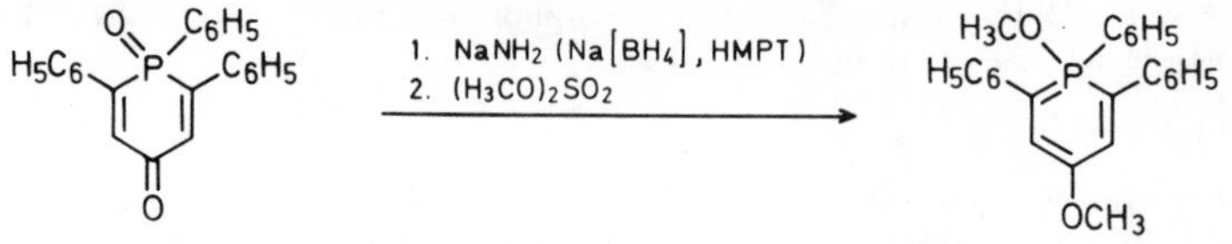

Bei der Umsetzung von 1-Ethoxy-2,4,6-triphenyl-1,2-dihydro-phosphorin-1-oxid mit Triethyloxonium-tetrafluoroborat entstehen neben *1,1-Diethoxy-2,4,6-triphenyl-λ^5-phosphorin* 13% 1-Ethoxy-2-ethyl-2,4,6-triphenyl-1,2-dihydro-phosphorin-1-oxid[91,92].

1-Ethoxy-1-isopropyloxy-2,4,6-triphenyl-λ^5-phosphorin[91,86]: Zu einer Stickstoff-ges. Lösung von 30 ml trockenem Dichlormethan und 0,500 g (1,26 mmol) 1-Isopropyloxy-2,4,6-triphenyl-1,2-dihydro-phosphorin-1-oxid gibt man 0,180 g (1,4 mmol) Diisopropyl-ethyl-amin und 0,276 g (1,4 mmol) Triethyloxonium-tetrafluoroborat. Man rührt 2 Stdn. bei 20°, destilliert das Lösungsmittel i. Vak. ab und chromatographiert den Rückstand an Silicagel mit Benzol/Petrolether (70–80°) (1 : 1); Ausbeute: 0,2 g (41%); Schmp.: 85–86°.

3-tert.-Butyl-3-methoxy-1-phenyl-5-H-⟨indolo[2,3-c]-λ^5-phosphorin⟩[94]:

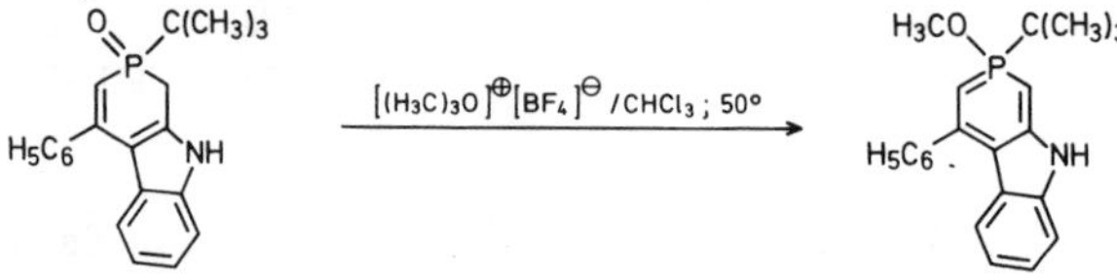

In einem 50-ml-Schlenkkolben werden 0,335 g (1 mmol) 3-tert.-Butyl-1-phenyl-3,4-dihydro-5H-⟨indolo[2,3-c]phosphorin⟩-3-oxid in 20 ml abs. Chloroform unter Stickstoff gelöst, 0,6 g Trimethyloxonium-tetrafluoroborat zugegeben, 48 Stdn. bei 20° und 48 Stdn. bei 50° geführt. Die Chloroform-Phase wird mit ges. Natriumhydrogencarbonat-Lösung, danach mit Wasser gewaschen und über Calciumchlorid getrocknet. Nach Entfernen des Lösungsmittels wird der kristalline Rückstand an Kieselgel mit Benzol chromatographiert. Die langsam laufende gelbe Zone ergibt das erwartete Produkt; Ausbeute: 0,147 g (42%); Schmp.: 196–107°.

Aus 4-Oxo-1,2,6-triphenyl-1,2,3,4-tetrahydro-phosphorin-1-oxid wird mit Dimethylsulfat/Natriumamid in HMPT *1,4-Dimethoxy-1,2,6-triphenyl-λ^5-phosphorin* erhalten, das als Tricarbonylchrom-Komplex isoliert wird[93]:

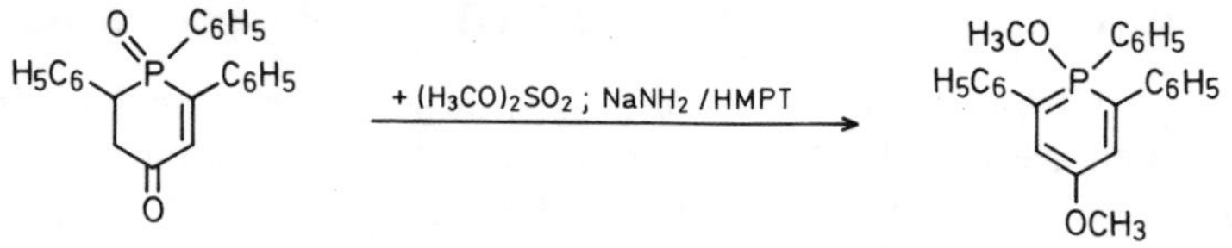

2-Acyl-1-alkoxy-2,4,6-triphenyl-1,2-dihydro-phosphorin-1-oxide lagern bereits bei 70° durch [1,2]-Verschiebung des Acyl-Restes in einem von beiden Seiten erreichbaren Gleichgewicht zu 1-Acyloxy-1-alkoxy-2,4,6-triphenyl-λ^5-phosphorinen um[95]:

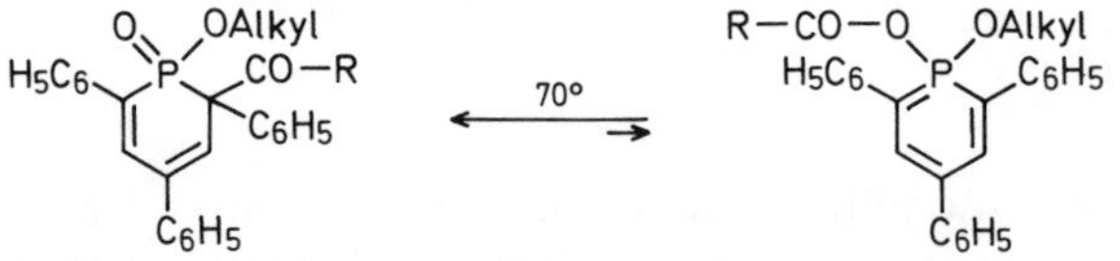

Bei *1-Acetoxy-1-isopropyloxy-2,4,6-triphenyl-λ^5-phosphorin* in Dekalin K = 0,06.

[86] *A. Hettche*, Dissertation, Universität Marburg 1971.

  A. Hettche u. *K. Dimroth*, Tetrahedron Lett. **1972**, 829; dort zahlreiche Beispiele.

[91] *K. Dimroth*, Fortschr. Chem. Forsch. **38**, 87 (1973).

[92] siehe auch andere O-Alkylierungen an P–O-Verbindungen: *G. Hilgetag* u. *H. Teichmann*, Angew. Chem. **77**, 1001 (1965); engl.: **4**, 914 (1965).

  H. Teichmann, M. Jatkowski u. *G. Hilgetag*, Angew. Chem. **79**, 379 (1967); engl.: **6**, 372.

[93] *K. Dimroth* u. *M. Lückoff*, Chem. Ber. **113**, 3313 (1980).

[94] *G. Märkl, G. Habel* u. *H. Baier*, Phosphorus and Sulfur **5**, 257 (1978).

[95] *A. Hettche* u. *K. Dimroth*, Tetrahedron Lett. **1972**, 1045.

6. aus anderen λ^5-Phosphorinen

6.1. durch Ersatz von Liganden am P-Atom

In 2,4,6-trisubstituierten λ^5-Phosphorinen lassen sich Chlor- oder Brom-Atome, Stickstoff- und Schwefel-Funktionen, wie Dialkylamino- bzw. Diarylamino-Gruppen, unter Erhaltung des λ^5-Ringsystems unter sehr verschiedenen Reaktionsbedingungen durch andere Reste austauschen. Die Verfahren sind sehr vielseitig, der Mechanismus ist nicht im einzelnen untersucht, verläuft jedoch, in der Regel nach einem Additions-Eliminations-Weg mit fünfbindigem Phosphor-Atom als Zwischenstufe.

6.1.1. von Chlor- bzw. Brom-Atomen

Das folgende Schema gibt einen Überblick über die vielfältigen Umsetzungen der leicht zugänglichen 1,1-Dichlor-λ^5-phosphorine unter sauren bzw. basischen Bedingungen[96]:

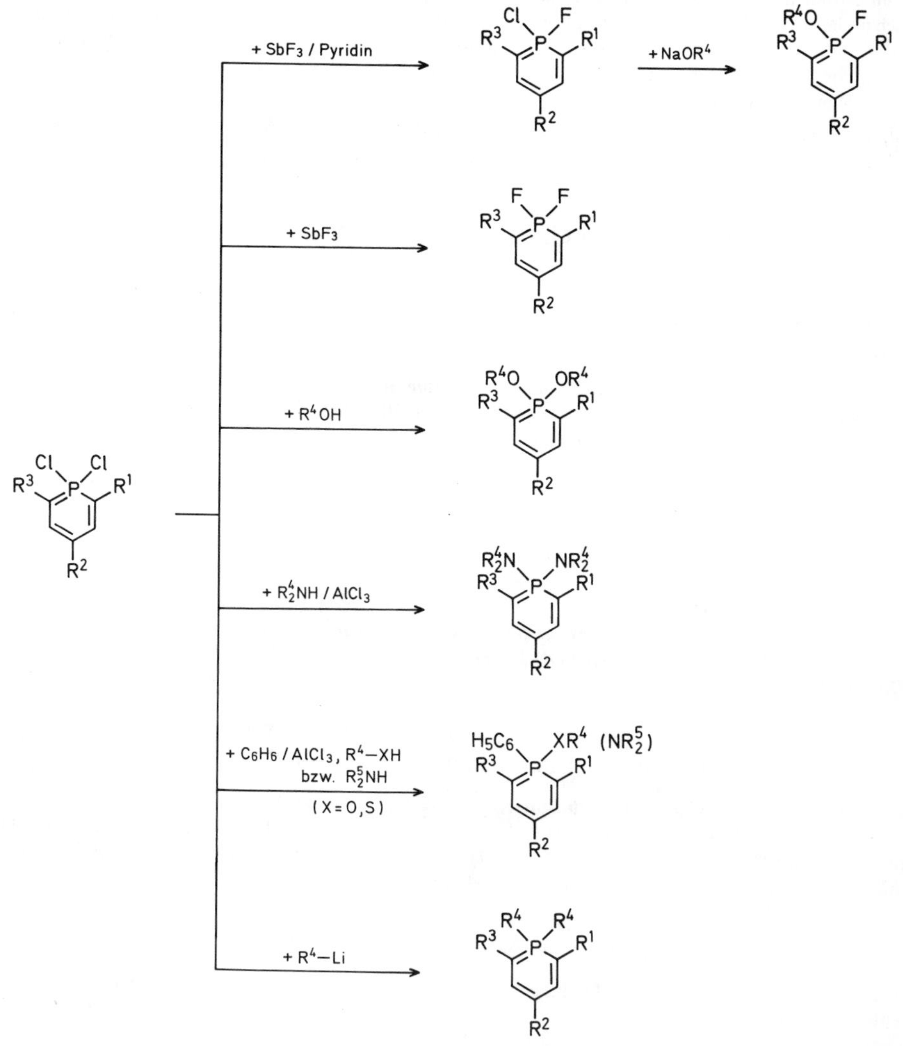

[96] H. Kanter, W. Mach u. K. Dimroth, Chem. Ber. **110**, 395 (1977).

6.1.1.1. gegen das Fluor-Atom

In 1,1-Dichlor- bzw. 1,1-Dibrom-λ^5-phosphorinen wird mittels Antimon(III)-fluorid zunächst nur ein Halogen-Atom gegen Fluor ausgetauscht. Mit überschüssigem Antimon(III)-fluorid in Tetrachlormethan werden dagegen beide Halogen-Atome durch Fluor ersetzt.

1-Chlor-1-fluor-2,4,6-triphenyl-λ^5-phosphorin[97]: 2,00 g (5,06 mmol) 1,1-Dichlor-2,4,6-triphenyl-λ^5-phosphorin werden mit 0,4 g (2,53 mmol) Antimon(III)-fluorid in 200 ml Tetrachlormethan 12 Stdn. bei 20° gerührt. Die Lösung wird an Kieselgel mit Petrolether (60–70°)/Aceton (3 : 1) chromatographiert; Ausbeute 1,23 g (64%); Schmp.: 127–128°.

1,1-Difluor-λ^5-phosphorine; allgemeine Arbeitsvorschrift[96]:
M e t h o d e A : 0,87 mmol 1,1-Dichlor- bzw. 1,1-Dibrom-2,4,6-trisubst. λ^5-phosphorin werden in 40 ml Tetrachlormethan und 10 ml Acetonitril gelöst und mit 0,5 g (Überschuß) Antimon(III)-fluorid 5 Stdn. bei 20° gerührt. Man filtriert und chromatographiert an Kieselgel (Akt. IV) aus Petrolether (60–70°)/Aceton (3 : 1). Aus Ethanol oder Acetonitril wird umkristallisiert.
M e t h o d e B : 2 mmol 2,4,6-trisubstituiertes λ^3-Phosphorin werden in 30 ml Benzol gelöst. Man fügt 4,4 mmol Brom unter Belichtung mit einer Tageslichtlampe zu. Nach 1–2 Stdn. Belichtung wird die Lösung mit 4,4 mmol (2,2fach molarer Überschuß) Silber-tetrafluoroborat versetzt, man rührt 30 Min. bei 20°, versetzt mit 2 mmol Pyridin und chromatographiert die Benzol-Lösung sofort an einer Kieselgel-Säule (Akt. Stufe IV oder V). Nach Einengen der Lösung i. Vak. wird aus Methanol umkristallisiert, Ausbeuten: 75–80%.
Auf diese Weise werden u. a. erhalten:

1,1-Difluor-2,4,6-triphenyl-λ^5-phosphorin   80%(MethodeA);89%(MethodeB);Schmp.:129–131°
1,1-Difluor-2,4,6-tri-tert.-butyl-λ^5-phosphorin   43% (Methode B); Schmp.: 139–140°

6.1.1.2. gegen eine Alkoxy- bzw. Aryloxy-Gruppe

Nucleophile wie Alkohole oder Phenole ersetzen beide Chlor- bzw. Brom-Atome am Phosphor-Atom. Die Ausbeuten an 1,1-Dialkoxy- bzw. 1,1-Diaryloxy-λ^5-phosphorinen sind sicherlich noch zu verbessern.

1,1-Dialkoxy- bzw. 1,1-Diaryloxy-λ^5-phosphorine; allgemeine Arbeitsvorschrift[96]: Man löst 1 mmol 1,1-Dichlor-λ^5-phosphorin in einem Gemisch aus 10 ml Benzol und 30 ml Ethanol (bzw. Phenol), rührt bei 20°, bis eine Probe mit Methyllithium keine Verfärbung mehr gibt. Dann rührt man mit einer Lösung von Kaliumhydrogencarbonat, filtriert, dampft das Lösungsmittel i. Vak. ab und filtriert in Petrolether (60–70°)/Aceton (4 : 1) über eine kleine Säule von Kieselgel, engt ein und kristallisiert zumeist aus Ethanol/Methanol um. Auf diese Weise erhält man u. a.

1,1-Dimethoxy-2,4,6-triphenyl-λ^5-phosphorin   85%; Schmp.: 112°
1,1-Dimethoxy-2,4,6-tri-tert.-butyl-λ^5-phosphorin   90%; Schmp.: 86°
1,1-Diethoxy-2,4,6-triphenyl-λ^5-phosphorin   76%; Schmp.: 106–107°
1,1-Dimethoxy-2,6-bis-[4-methoxy-phenyl]-4-phenyl-λ^5-phosphorin   59%; Schmp.: 123–125°
1,1-Dimethoxy-2,4,6-tris-[4-methoxy-phenyl]-λ^5-phosphorin   55%; Schmp.: 152–154°
1,1-Diphenoxy-2,4,6-triphenyl-λ^5-phosphorin   57%; Schmp.: 154–156°

Da Chlor-Atome in 1-Chlor-1-fluor-λ^5-phosphorinen bevorzugt substituiert werden, erhält man mit Natriummethanolat in Pyridin *1-Fluor-1-methoxy-λ^5-phosphorin*.

1-Fluor-1-methoxy-2,4,6-triphenyl-λ^5-phosphorin[97]: 0,2 g (0,53 mmol) 1-Chlor-1-fluor-2,4,6-triphenyl-λ^5-phosphorin werden in 50 ml abs. Pyridin mit 150 ml einer Natriummethanolat-Lösung [aus 0,150 g (0,53 mmol) Natrium in 10 ml abs. Methanol] versetzt und 1 Stde. bei 20° gerührt. Die Lösung wird an Kieselgel chromatographiert; Ausbeute: 0,80 g (40%); Schmp.: 129–131°.

6.1.1.3. gegen eine Alkylthio-bzw. Arylthio-Gruppe[96]

Die Chlor- bzw. Brom-Atome in 1,1-Dihalogen-λ^5-phosphorinen lassen sich in mäßigen Ausbeuten gegen eine Alkylthio- bzw. Arylthio-Gruppe austauschen. Man geht daher am besten von den entsprechenden 1,1-Bis-[dialkylamino]-2,4,6-trisubst. λ^5-phosphorinen aus (s. S. 795, 803).

---

[96] *H. Kanter, W. Mach* u. *K. Dimroth*, Chem. Ber. **110**, 395 (1977).
[97] *K. Dimroth* u. *W. Heide*, Chem. Ber. **114**, 3004 (1981).

6.1.1.4. gegen eine Amino-Gruppe

Auch der Austausch von Chlor- bzw. Brom-Atomen am Phosphor-Atom gegen eine Dialkylamino-Gruppe gelingt nur mit schlechten Ausbeuten. So erhält man *1,1-Bis-[diethylamino]-2,4,6-triphenyl-λ^5-phosphorin* aus dem 1,1-Dichlor-Derivat in Benzol mit Diethylamin/Aluminiumchlorid nur zu 38%[96].

6.1.1.5. gegen eine Kohlenstoff-Gruppe

Mit Organo-lithium-Verbindungen werden am Phosphor-Atom stehende Chlor- bzw. Brom-Atome durch den Organo-Rest mit mittleren Ausbeuten ersetzt[96].

1,1-Dimethyl-2,4,6-triphenyl-λ^5-phosphorin: 0,393 g (1 mmol) 1,1-Dichlor-2,4,6-triphenyl-λ^5-phosphorin in 30 *ml* abs. Benzol werden mit 2 *ml* einer 2 M Methyl-lithium-Lösung in Hexan versetzt und 3 Stdn. bei 20° gerührt. Nach Abdestillieren des Lösungsmittels wird mit 10 *ml* Methanol aufgeschlämmt und aus Ethanol umkristallisiert; Ausbeute: 0,13 g (37%); Schmp.: 118–119°.

6.1.1.6. durch zwei verschiedene Gruppen

Gemischt 1,1-substituierte λ^5-Phosphorine lassen sich aus 2,4,6-trisubstituierten 1,1-Dichlor- bzw. 1,1-Dibrom-λ^5-phosphorinen herstellen. Man erhitzt in Benzol bzw. substituierten Benzolen/Aluminiumchlorid (Substitution eines Halogen-Atoms gegen eine Aryl-Gruppe) bei nachfolgender Umsetzung mit Alkoholen, Phenolen, Thiolen bzw. Aminen (Substitution des zweiten Halogen-Atoms). Erhalten werden 1-Alkoxy(Aryloxy), 1-Organothio- bzw. 1-Dialkylamino-1-aryl-λ^5-phosphorine in z. Teil guten Ausbeuten[96].

1-Funktionell substituierte 1-Aryl-2,4,6-triphenyl-λ^5-phosphorine; allgemeine Arbeitsvorschrift[96, 101]: 1 mmol 1,1-Dichlor-2,4,6-triphenyl-λ^5-phosphorin werden in 40 *ml* abs. Benzol gelöst, mit 2,4 mmol Aluminiumchlorid versetzt und solange unter Rückfluß erhitzt, bis eine Probe des Niederschlages mit Methanol nur noch Spuren des grün fluoreszierenden 1,1-Dimethoxy-Derivates anzeigt. Dann wird das Nucleophil (Alkohol, Thiol oder sek. Amin) zur erkalteten Lösung gegeben und gegebenenfalls unter Rückfluß erhitzt. Die Lösung wird mit Wasser versetzt, mit verd. Schwefelsäure durchgeschüttelt und mit etwas Kieselgel gerührt. Danach wird an Kieselgel mit Benzol chromatographiert.

Auf diese Weise erhält man z. B. mit

Benzol/Methanol	→	*1-Methoxy-1,2,4,6-tetraphenyl-λ^5-phosphorin;* 51%; Schmp.: 136–137°
Benzol/Phenol	→	*1-Phenoxy-1,2,4,6-tetraphenyl-λ^5-phosphorin;* 60%; Schmp.: 186–187°
Benzol/Ethanthiol	→	*1-Ethylthio-1,2,4,6-tetraphenyl-λ^5-phosphorin;* 24%; Schmp.: 70° (erweicht)
Benzol/Dimethylamin	→	*1-Dimethylamino-1,2,4,6-tetraphenyl-λ^5-phosphorin;* 25%; Schmp. 130–131°
N,N-Dimethyl-anilin/Methanol	→	*1-(4-Dimethylamino-phenyl)-1-methoxy-2,4,6-triphenyl-λ^5-phosphorin;* 60%; Schmp.: 194–196°

6.1.2. Substitution von Sauerstoff-Funktionen

Bis-[1-dialkylamino(bzw. 1-alkoxy)-2,4,6-triphenyl-λ^5-phosphorin-1-yl]-oxide lassen sich unter Verdrängen einer Phosphorin-1-yloxy-Gruppe in λ^5-Phosphorine umwandeln[96, 98].

[96] H. Kanter, W. Mach u. K. Dimroth, Chem. Ber. **110**, 395 (1977).

[98] A. Hettche, Dissertation, Universität Marburg 1971.

[101] H. Kanter, Dissertation, Universität Marburg 1973.

1-Isopropoxy-1-methoxy-2,4,6-triphenyl-λ^5-phosphorin[98, vgl. a.99]: 0,503 g (0,65 mmol) Bis-[1-isopropyloxy-2,4,6-triphenyl-λ^5-phosphorin-1-yl]-oxid werden mit 0,160 g (5 mmol) Methanol, 0,065 g (0,6 mmol) Trifluoressigsäure in 60 ml Benzol 12 Stdn. bei 20° gerührt. Die Lösung wird durch Dünnschichtchromatographie an Kieselgel mit Petrolether (50–70°)/Aceton 3 : 1 aufgearbeitet. Es wird aus Methanol/Ethanol umkristallisiert; Ausbeute: 0,44 g (86%); Schmp.: 149–150°.

Mit Essigsäure-methylester als Eluierungsmittel wird als Zweitsubstanz das 1-Isopropyl-2,4,6-triphenyl-1,2-dihydro-phosphorin-1-oxid erhalten.

Eine ähnliche Verdrängungsreaktion läßt sich auch mit 1-Acyloxy-1-alkoxy-λ^5-phosphorinen ausführen[98] (s. S. 794).

Während 1,1-Dialkoxy- oder 1,1-Diphenoxy-2,4,6-substituierte λ^5-phosphorine mit Nucleophilen nicht reagieren, lassen sich die 1,3,2-Dioxaphospholan-$\langle$2-spiro-1$\rangle$-2,4,6-triphenyl-λ^5-phosphorine sowohl im neutralen, sauren wie basischen Milieu durch Methanol spalten[99, 100]; z.B. zu *1-(2-Hydroxy-ethoxy)-*(bzw. *2-Acetoxy-ethoxy)-1-methoxy-2,4,6-triphenyl-λ^5-phosphorin* (39 bzw. 15%):

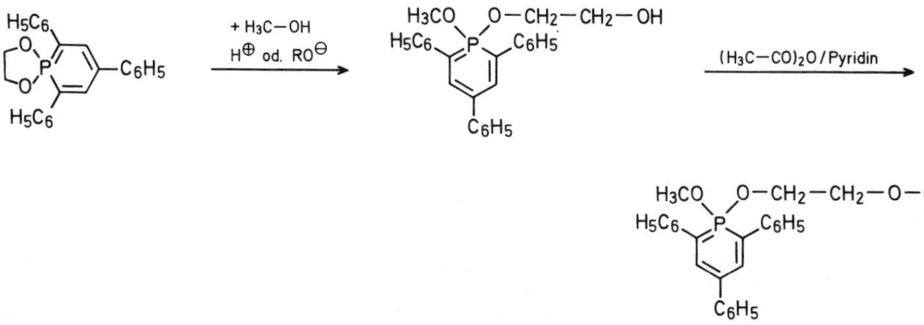

6.1.3. *Substitution von Alkylthio-Gruppen*

In 1,1-Bis-[alkylthio]-2,4,6-triphenyl-λ^5-phosphorinen wird in Gegenwart von wasserfreiem Aluminiumchlorid eine Alkylthio- durch eine Alkoxy-Gruppe ersetzt[98, 101].

1-Alkoxy-1-alkylthio-2,4,6-triphenyl-λ^5-phosphorine; allgemeine Arbeitsvorschrift[101]: Eine Lösung von ~0,5 mmol 1,1-Bis-[alkylthio]-2,4,6-triphenyl-λ^5-phosphorin in ~15 ml Benzol wird mit ~0,2 g wasserfreiem Aluminiumchlorid bis zur Entfärbung gerührt und nach Zugabe von 10 ml abs. Alkohol 20 Min. unter Rückfluß erhitzt. Man läßt abkühlen und gibt solange Cyclohexan und Wasser zu, bis der Niederschlag gelöst ist. Die organ. Phase wird abgetrennt, 2 mal mit Wasser gewaschen und mit Calciumchlorid getrocknet. Das nach Abdampfen des Lösungsmittels i. Vak. zurückbleibende gelbe Öl wird an Kieselgel mit Petrolether (60–70°)/Aceton 3 : 1 chromatographiert. Aus der schwach grün fluoreszierenden Lösung wird durch Zugabe von Methanol kristallisiert.

Auf diese Weise erhält man u.a.

1-Methoxy-1-methylthio-2,4,6-triphenyl-λ^5-phosphorin 64%; Schmp.: 119–121°
  (0,5 mmol/10 ml C_6H_6, 2 mmol $AlCl_3$/5 ml CH_3OH)
1-Ethoxy-1-ethylthio-2,4,6-triphenyl-λ^5-phosphorin 83%; Schmp.: 123–125°
  (0,67 mmol/15 ml C_6H_6, 2,5 mmol $AlCl_3$/10 ml Ethanol)

6.1.4. *Substitution von Amino-Gruppen*

In 1,1-Bis-[dialkyl(diaryl)amino]-λ^5-phosphorinen bleibt bei der Umsetzung mit Alkoholen oder Phenolen die Austauschreaktion meist bei den gemischt 1,1-disubstituierten λ^5-Phosphorinen stehen. Doch wird bei langer Reaktionszeit z.B. aus 1,1-Bis-[diethylami-

[98] *A. Hettche*, Dissertation, Universität Marburg 1971.
[99] *K. Dimroth, A. Hettche, H. Kanter* u. *W. Städe*, Tetrahedron Lett. **1972**, 835.
[100] *K. Dimroth* und *W. Städe*, unveröffentlicht.
[101] *H. Kanter*, Dissertation, Universität Marburg 1973.

no]-2,4,6-triphenyl-λ^5-phosphorin in Gegenwart von Proton- oder Lewis-Säuren zweifacher Austausch mit Methanol zum *1,1-Dimethoxy-2,4,6-triphenyl-λ^5-phosphorin* beobachtet:

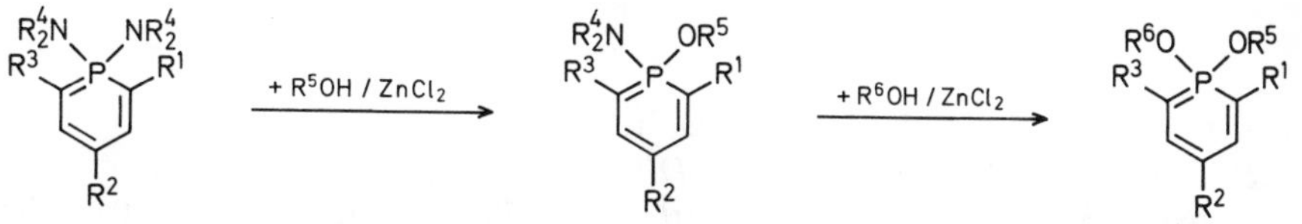

1-Amino-1-organoxy-2,4,6-triphenyl-λ^5-phosphorine; allgemeine Arbeitsvorschrift[98]: 1 mmol 1,1-Bis-[dialkylamino-(bzw. diarylamino)]-2,4,6-triphenyl-λ^3-phosphorin in 60 *ml* trockenem sauerstofffreiem Benzol wird mit 10 mmol eines Alkohols und 1–2 mmol Trifluoressigsäure je nach Reaktivität der Ausgangsverbindung 15–48 Stdn. bei 20° oder am Rückfluß gerührt. Nach Beendigung gibt man 1 mMol eines leicht flüchtigen Amins zu, destilliert das Lösungsmittel ab und chromatographiert mit Benzol/Petrolether (50–70°) (1 : 1) an Kieselgel (Akt. IV); Ausbeuten: 30–90%.
So erhält man u. a.

1-Dimethylamino-1-methoxy-2,4,6-triphenyl-λ^5-phosphorin 93%; Schmp.: 140°
1-Diphenylamino-1-ethoxy-2,4,6-triphenyl-λ^5-phosphorin 93%; Schmp.: 183–184°
1,3,2-Dioxaphospholan-⟨2-spiro-1⟩-2,4,6-triphenyl-λ^5-phosphorin 40%; Schmp.: 239°.

Mit Bortrifluorid-Diethyletherat entstehen 1-Dialkylamino-1-fluor-2,4,6-triphenyl-λ^5-phosphorine (z. B.: *1-Dimethylamino-1-fluor-2,4,6-triphenyl-λ^5-phosphorin*; 40%; Schmp.: 105–108°). Auch Antimon(V)-fluorid in Acetonitril kann verwendet werden[101].

Mit Thiolen bilden sich 1,1-Bis-[alkylthio]- bzw. 1,1-Bis-[arylthio]-2,4,6-triphenyl-λ^5-phosphorine[98]; z. B.:

1,1-Bis-[methylthio]-2,4,6-triphenyl-λ^5-phosphorin 57%; Schmp.: 146–147°
1,1-Bis-[ethylthio]-2,4,6-triphenyl-λ^5-phosphorin 16%; Schmp.: 104–105°
1,3,2-Dithiaphospholan-⟨2-spiro-1⟩-2,4,6-triphenyl-λ^5-phosphorin 27%; Schmp.: 167–170°

Dagegen reagiert 1,1-Bis-[diethylamino]-2,4,6-triphenyl-λ^5-phosphorin mit Ethanthiol bzw. Thiophenol in Gegenwart von Trifluoressigsäure z. T. unter S−O-Austausch zum *1-Diethylamino-1-ethoxy-(bzw.-1-phenoxy)-2,4,6-triphenyl-λ^5-phosphorin* (32%) neben 16% *1,1-Bis-[ethylthio]-2,4,6-triphenyl-λ^5-phosphorin* (Schmp.: 104–105°)[101], bzw. zu 21% *2,4,6-Triphenyl-λ^3-phosphorin, 1-Diethylamino-1-phenoxy-2,4,6-triphenyl-λ^5-phosphorin* (ölig) und 21% Diphenylsulfan.

6.2. durch Substitution am Ring C-Atom

6.2.1. *eines Wasserstoff-Atoms*

1,1-Diphenyl-λ^5-phosphorin[102] wird bereits mit verdünnten Säuren an C-2 protoniert; durch Basen bildet sich wieder das λ^5-Phosphorin-Derivat. Mit Aryldiazonium-Salzen entstehen nicht näher beschriebene 2- oder 3-Arylazo-λ^5-phosphorine. Näher untersucht sind Reaktionen aus 1,1-Diphenyl-⟨benzo[b]-λ^5-phosphorin⟩. Protonierung findet (reversibel) an C-2, Methylierung (mit Methyljodid) ebenso wie Diazotierung (mit Aryldiazonium-Salzen) an C-4 zu *4-Methyl-, 4-Arylazo-* bzw. *2,4-Bis-[arylazo]-1,1-diphenyl-⟨benzo[b]-λ^5-phosphorin⟩* statt. Mit Orthoameisensäure-triester in Pyridin/Dimethylformamid erhält man *Bis-(1,1-diphenyl-⟨benzo[b]-λ^5-phosphorin⟩-4-yl)-carbenium-Salz*[103].

---

[98] *A. Hettche*, Dissertation, Universität Marburg 1971.
[101] *H. Kanter*, Dissertation, Universität Marburg 1973.
[102] *G. Märkl*, Angew. Chem. **77**, 1109 (1965); engl.: **4**, 1023.
[103] *G. Märkl* u. *K. H. Heier*, Angew. Chem. **84**, 1016 (1972); engl.: **11**, 1016.

1,1-Dibenzyl-2-phenyl-⟨benzo[b]-λ^5-phosphorin⟩ wird analog mit Methyliodid bzw. Benzoylchlorid in 4-Stellung zum *1,1-Dibenzyl-4-methyl-* (bzw. *4-Benzoyl)-2-phenyl-⟨benzo[b]-λ^5-phosphorin⟩* substituiert[103]. Ähnlich verläuft die elektrophile Substitution am 1-Benzyl-1-phenyl-⟨dibenzo[b;e]-λ^5-phosphorin⟩[104] (zum Mechanismus s. Lit.[105, 106]).

4-Cyclohexyl-2-(4-dimethylamino-phenylazo)-1-methoxy-1-phenyl-λ^5-phosphorin[107]: Eine Lösung von 0,7 g (2,4 mmol) 4-Cyclohexyl-1-methoxy-1-phenyl-λ^5-phosphorin und 0,5 g Natriumacetat in 40 *ml* Methanol/5 *ml* Benzol wird mit 1,20 g (5,0 mmol) 4-Dimethylamino-benzoldiazonium-tetrafluoroborat 6 Stdn. bei 0° gerührt. Man versetzt danach mit Wasser, extrahiert mit Benzol und chromatographiert das schwarzviolette Rohprodukt an Aluminiumoxid (Akt. II) aus Benzol; Ausbeute: 0,6 g (58% d. Th.).
Als Nebenprodukt werden 28% *2,6-Bis-[4-dimethylamino-phenylazo]-4-cyclohexyl-1-methoxy-1-phenyl-λ^5-phosphorin* (Schmp.: 146–147°) erhalten.

Zur Substitution einer in 4-Stellung stehenden tert.-Butyl-Gruppe in *1,1-Diphenoxy-2,4,6-tri-tert.-butyl-λ^5-phosphorin* durch eine Arylazo-Gruppe s. Lit.[108].

6.2.2. *einer C-Funktion*

(1,1-Dialkoxy-2,6-diphenyl-λ^5-phosphorin-4-yl)-carbenium-tetrafluoroborate lassen sich in Gegenwart von Acetonitril mit einer Spur Wasser und Aryldiazoniumsalzen in meist guten Ausbeuten in 4-Arylazo-1,1-dialkoxy-2,6-diphenyl-λ^5-phosphorine überführen[109]. Das als Zwischenprodukt entstehende *4-Hydroxymethyl-λ^5-phosphorin* kann nicht isoliert werden. Siehe hierzu eine analoge Reaktion bei 4-Dimethylamino-1-hydroxymethyl-benzol[110–112].

4-Arylazo-1,1-dimethoxy (bzw. 1-ethoxy-1-methoxy)-2,6-diphenyl-λ^5-phosphorine; allgemeine Arbeitsvorschrift[109, 113]: 12,2 mmol des (1,1-Dialkoxy-2,6-diphenyl-λ^5-phosphorin-4-yl)-4-carbenium-tetrafluoroborats werden in 50 *ml* 1,2-Dimethoxy-ethan suspendiert und mit einem Überschuß Natriumhydrogencarbonat (2 g) versetzt. Unter Rühren zu der auf 0° gekühlten Suspension gibt man 12 mmol festes Aryldiazoniumtetrafluoroborat und einige Tropfen Wasser. Nach 1 Stde. wird über eine kurze Säule Kieselgel filtriert und das Lösungsmittel i. Vak. verdampft. Die 4-Arylazo-λ^5-phosphorine kristallisieren meist beim Anreiben mit Ethanol aus.

[103] *G. Märkl* u. *K.H. Heier*, Angew. Chem. **84**, 1016 (1972); engl.: **11**, 1016.
[104] *C. Jongsma, F.I.M. Freijee* u. *F. Bickelhaupt*, Tetrahedron Lett. **1976**, 481.
[105] *Z. Yoshida, S. Yoneda, Y. Murata* u. *H. Hashimoto*, Tetrahedron Lett. **1971**, 1523, 1527.
[106] *Z. Yoshida, S. Yoneda* u. *Y. Murata*, J. Org. Chem. **38**, 3537 (1973).
[107] *G. Märkl* u. *R. Lieb*, Synthesis **1978**, 846; dort zahlreiche Beispiele.
[108] *O. Schaffer* u. *K. Dimroth*, Chem. Ber. **108**, 3271, 3281 (1975).
[109] *W. Schäfer* u. *K. Dimroth*, Angew. Chem. **85**, 815 (1973); engl. **12**, 753.
[110] *E. Ziegler* u. *G. Snatzke*, Monatsh. Chem. **84**, 610 (1953).
[111] *M. Stiles* u. *A.J. Sisti*, J. Org. Chem. **25**, 1691 (1960); **27**, 279 (1962).
[112] *A.J. Sisti*, Org. Synth. Coll. Vol. **5**, 46
[113] *K. Dimroth* u. *W. Schäfer*, unveröffentlicht.

Auf diese Weise erhält man u. a.:

1,1-Dimethoxy-2,6-diphenyl-4-phenylazo-λ^5-phosphorin[109]	77%; Schmp.: 151–152°
1,1-Dimethoxy-2,6-diphenyl-4-(4-methoxy-phenylazo)-λ^5-phosphorin[109]	59%; Schmp.: 153–156°
2,6-Diphenyl-1-ethoxy-1-methoxy-4-(2-methyl-4-nitro-phenylazo)-λ^5-phosphorin[114]	51%; Schmp.: 130°
2,6-Di-tert.-butyl-4-(2,4-dichlor-phenylazo)-1,1-diphenoxy-λ^5-phosphorin[114]	23%; Schmp.: 182–183°

Auch mit dem Triphenylmethyl-Kation wird die 4-Hydroxymethyl-Gruppe substituiert. Auf diese Weise erhält man aus 2,6-Diphenyl-λ^5-phosphorin-4-carbenium-tetrafluoroborat das *1,1-Dimethoxy-2,6-diphenyl-4-(triphenylmethyl)-λ^5-phosphorin*[114] zu 60% (Schmp.: 144–145°).

Zum Ersatz einer 4-tert.-Butyl-, 4-Benzyl-, 4-Methoxymethyl- sowie anderen C-Gruppen durch Elektrophile s. Lit.[114].

6.3. Reaktionen am 4-C-Atom von 4-Alkyl- bzw. Arylalkyl-Substituenten

6.3.1. durch Hydrid-Abspaltung am α-C-Atom einer 4-Alkyl-Gruppe[115–118]

Das H-Atom am α-C-Atom einer 4-Alkyl-Gruppe der 2,6-disubstituierten 4-Alkyl-1,1-dialkoxy- bzw. 4-Alkyl-1,1-bis-[dialkylamino]-λ^5-phosphorinen wird mit Triphenylcarbenium-tetrafluoroborat als Hydrid-Ion abgespalten und man erhält in sehr guten Ausbeuten die sehr beständigen λ^5-Phosphorin-4-yl-carbenium-tetrafluoroborate I, die auch als 4-Alkyliden-1,4-dihydro-phosphonium-tetrafluoroborate II aufgefaßt werden können (^{13}C- und ^{1}H-NMR-Spektren und viele chemische Reaktionen sprechen für die Beteiligung des Carbenium- und des Phosphonium-Ions am Grundzustand).

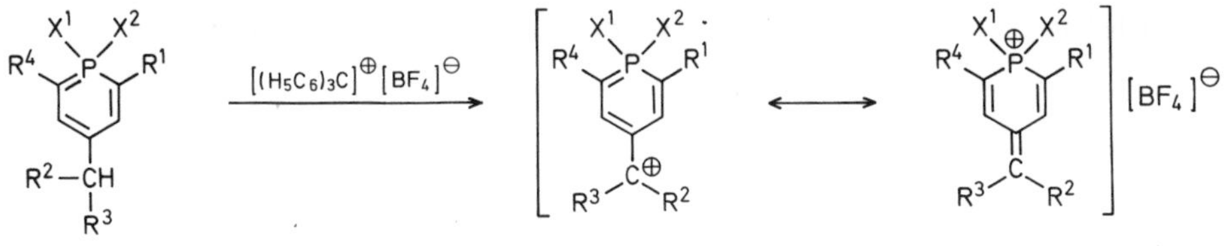

λ^5-**Phosphorin-4-yl-carbenium-tetrafluoroborate; allgemeine Arbeitsvorschrift:** 4,6 mmol 2,6-disubst. 4-Alkyl-1,1-dialkoxy-(bzw.-diaryloxy- oder des -bis-dialkylamino)-λ^5-phosphorins werden in möglichst wenig 1,2-Dimethoxy-ethan (meist 50 *ml*) unter Ausschluß von Feuchtigkeit und Luft mit einem kleinen molaren Überschuß (4,8–5 mmol) Triphenylcarbenium-tetrafluoroborat 30 Min. gerührt. Falls das eingesetzte λ^5-Phosphorin-Derivat fluoresziert, verschwindet die Fluoreszenz bereits nach kurzer Zeit. Die 4-Carbenium-tetrafluoroborate scheiden sich meist als tiefrote Kristalle ab, die durch kurzes Waschen mit Benzol gereinigt werden. Auf diese Weise erhält man u. a.:

[109] *W. Schäfer* u. *K. Dimroth*, Angew. Chem. **85**, 815 (1973); engl.: **12**, 753.
[114] *K. Dimroth* u. *W. Schäfer*, unveröffentlicht.
[115] *K. Dimroth*, Fortschr. Chem. Forsch. **38**, 1 (1973).
    s. S. 128, 132.
[116] *W. Schäfer*, Dissertation, Universität Marburg 1972.
[117] *K. Dimroth* u. *W. Schäfer*, unveröffentlicht.
[118] *W. Schäfer* u. *K. Dimroth*, Tetrahedron Lett. **1972**, 843.

$X^1 = X^2$ (vgl. S. 805)	R^2	R^3	... carbenium-tetrafluoroborat ($R^1 = R^4 = C_6H_5$)	Ausbeute [% d. Th.]	Schmp. [°C]	Literatur
OCH_3	H	H	*(1,1-Dimethoxy-2,6-diphenyl-λ^5-phosphorin-4-yl)-...*	91	ab 160 (Zers.)	[119]
		C_2H_5	*(1,1-Dimethoxy-2,6-diphenyl-λ^5-phosphorin-4-yl)-ethyl-...*	94	141–142	[120]
		C_6H_5	*(1,1-Dimethoxy-2,6-diphenyl-λ^5-phosphorin-4-yl)-phenyl-...*	71	148–149	[119]
	CH_3	CH_3	*(1,1-Dimethoxy-2,6-diphenyl-λ^5-phosphorin-4-yl)-dimethyl-...*	92	157–158	[119]
	H	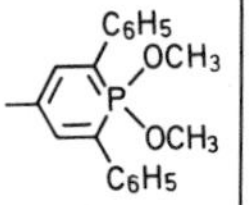 [Struktur: C_6H_5, OCH_3, P, OCH_3, C_6H_5]	*Bis-[1,1-dimethoxy-2,6-diphenyl-...λ^5-phosphorin-4-yl]-*	82	190	[119]
OC_2H_5	H	C_2H_5	*(1,1-Diethoxy-2,6-diphenyl-λ^5-phosphorin-4-yl)-ethyl...*	78	124–130	[120]
OC_6H_5	H	H	*(1,1-Diphenoxy-2,6-diphenyl-λ^5-phosphorin-4-yl)-...*	80	Öl	[117]
		CH_3	*(1,1-Diphenoxy-2,6-diphenyl-λ^5-phosphorin-4-yl)-methyl-...*	40	Öl	[121]
$O-\langle C_6H_4\rangle-CH_3$	H	C_2H_5	*(1,1-Bis-[4-methyl-phenoxy]-2,6-diphenyl-λ^5-phosphorin-4-yl)-ethyl-...*	86	88–89	[122]
$N(CH_3)_2$	CH_3	CH_3	*(1,1-Bis-[dimethylamino]-2,6-diphenyl-λ^5-phosphorin-4-yl)-dimethyl-...*	76	135	[119]

(λ^5-Phosphorin-4-yl)-carbenium-Salze können vielfältige Reaktionen eingehen. Hydrid-, Cyanid-, Thiocyanat-Anionen sowie N,N-Dimethyl-anilin, Indol oder Triphenylphosphan werden in meist guten Ausbeuten an das Carbenium-Ion addiert:

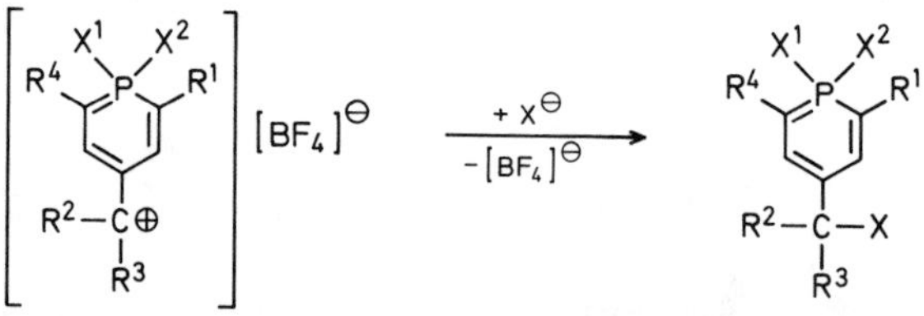

(λ^5-Phosphorin-4-yl)-carbenium-Salze mit einer oder zwei Alkyl-Gruppen am Carbenium-C-Atom werden durch tert. Amine zu 4-(1-Alkenyl)-λ^5-phosphorinen deprotoniert[123]. Da das Vinyl-Derivat auch als Betain angesehen werden kann (vgl. a. S. 805), reagiert es wie ein En-amin mit Elektrophilen, wobei in z.Tl. schwer kontrollierbarer Reaktion neben dimeren und trimeren auch höhere Kationen entstehen, die weiteren Reaktionen unterliegen.

[117] *K. Dimroth* u. *W. Schäfer*, unveröffentlicht.
[119] *K. Dimroth, W. Schäfer* u. *H. H. Pohl*, Tetrahedron Lett. **1972**, 839.
[120] *H. H. Pohl* u. *K. Dimroth*, Chem. Ber. **108**, 1384 (1975).
[121] *K. Dimroth, H. H. Pohl* u. *K. H. Wichmann*, Chem. Ber. **112**, 1272 (1979).
[122] *K. H. Wichmann*, Dissertation, Universität Marburg 1978.
[123] *H. H. Pohl* u. *K. Dimroth*, Chem. Ber. **108**, 1384 (1975).

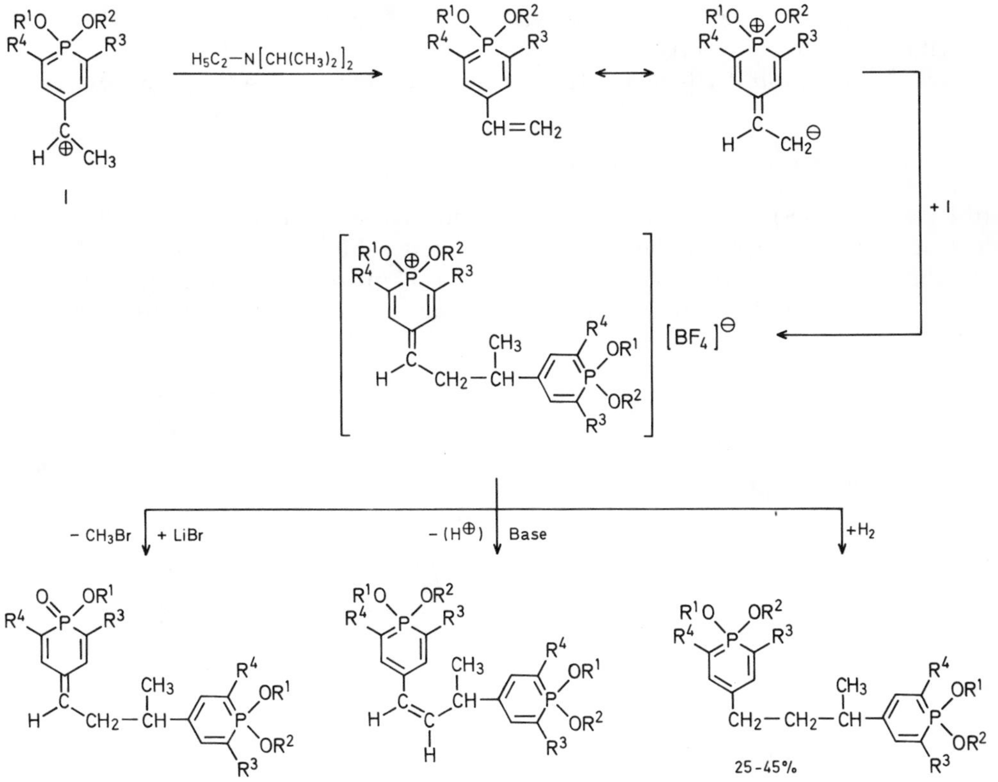

(λ^5-Phosphorin-4-yl)-carbenium-Salze **I** werden durch Diisopropyl-ethyl-amin unter Spaltung einer C−C-Bindung trimerisiert und man erhält z.B. aus (1,1-Dimethoxy-2,6-diphenyl-λ^5-phosphorin-4-yl)-carbenium-tetrafluoroborat *4,4-Bis-[1,1-dimethoxy-2,6-diphenyl-λ^5-phosphorin-4-methyl]-2,6-diphenyl-1-methoxy-1,4-dihydro-phosphorin-1-oxid* **III**[124]:

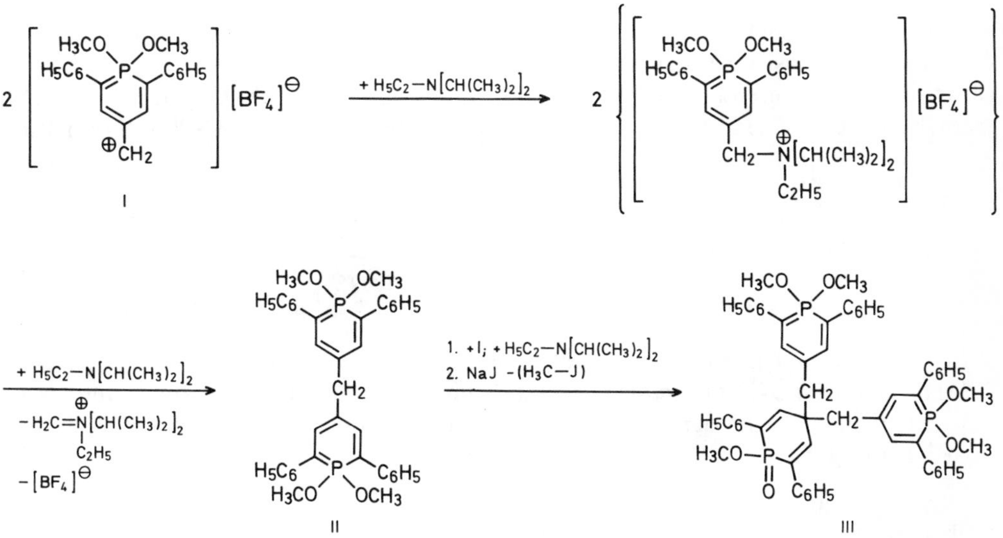

---

[124] *T. Debaerdemaeker, H.H. Pohl* u. *K. Dimroth*, Chem. Ber. **110**, 1497 (1977).

In analoger Weise wird mit einer Spur Wasser in 1,2-Dimethoxy-ethan unter Selbstkondensation bei gleichzeitiger Abspaltung von Formaldehyd das *Bis-[1,1-dimethoxy-2,6-diphenyl-λ^5-phosphorin-4-yl]-methan* (II; $\sim 100\%$; Schmp.: 141–142°, vgl. S.807) erhalten[125, 126].

6.3.2. Deprotonierung am α-C-Atom einer 1-Alkyl-Gruppe[127]

In 1-Alkyl-λ^5-phosphorinen wird mit Butyl-lithium das α-C-Atom deprotoniert. Das erhaltene Carbanion vermag Elektrophile zu addieren. Mit Benzaldehyd wird das entsprechende 1-(2-Hydroxy-2-phenyl-ethyl)-λ^5-phosphorin erhalten, das zum 1-(2-Phenyl-vinyl)-Derivat dehydratisiert werden kann. Eine Wittig-Olefinierung ist nicht möglich.

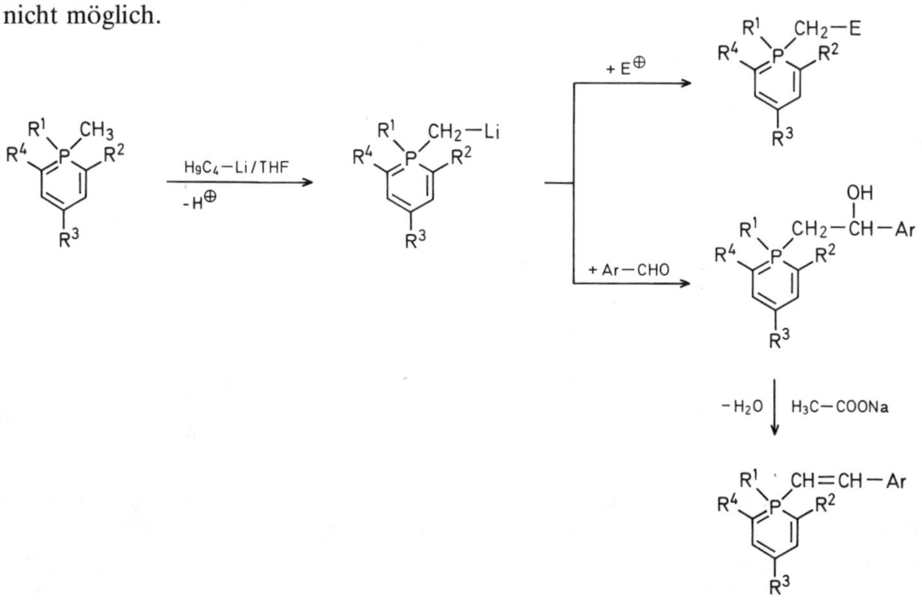

6.3.3. Reaktionen an der 4-(1-Alkenyl)-Gruppe

4-(1-Alkenyl)-λ^5-phosphorine werden durch Kaliumpermanganat in Benzol/Wasser in Gegenwart katalytischer Mengen Tetrabutylammoniumbromid zu 4-Formyl-λ^5-phosphorinen oxygenierend gespalten. Die Weiteroxidation liefert in Gegenwart von Dimethylsulfat den Carbonsäure-methylester unter Erhalt des λ^5-Phosphorin-Ringes[128]:

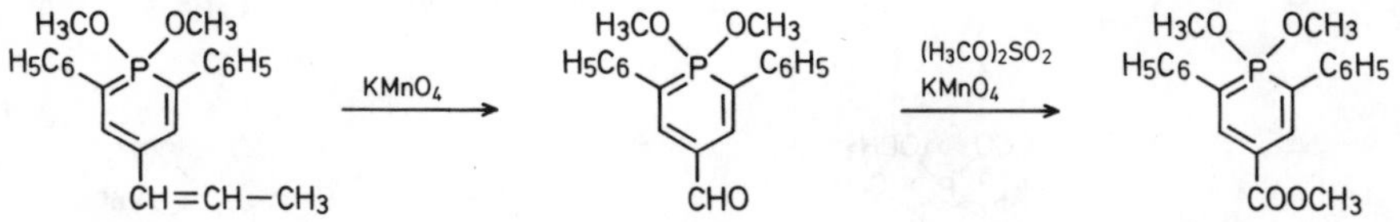

Wird das 4-Formyl-Derivat mit Salpetersäure oxidiert, so erhält man *1,1-Dimethoxy-2,6-diphenyl-4-nitro-λ^5-phosphorin* (22%; Schmp.: 163–165°). Die Formyl- und Carboxy-Gruppe unterliegen den normalen typischen Reaktionen ohne daß der λ^5-Phosphorin-Ring angegriffen wird[128,129].

[125] K. Dimroth u. W. Schäfer, unveröffentlicht.
[126] W. Schäfer u. K. Dimroth, Tetrahedron Lett. **1972**, 843.
[127] K. Dimroth u. H. Kaletsch, Angew. Chem. **93**, 898 (1981); engl.: **20**, 871.
[128] K.H. Wichmann, Dissertation, Universität Marburg 1978.
[129] K. Dimroth, H.H. Pohl u. K.H. Wichmann, Chem. Ber. **112**, 1272 (1979).

Lithiumbromid greift das Formyl-λ^5-phosphorin am P-Atom unter Ausbildung von 4-Hydroxymethylen-1-methoxy-1,4-dihydro-phosphorin-1-oxid an (s. S. 811).

6.3.4. spezielle Reaktionen

4-Triphenylphosphoniummethyl-λ^5-phosphorine werden z. B. mit Phenyl-lithium zu 4-(Triphenylphosphoranyliden-methyl)-λ^5-phosphorinen umgesetzt[129], die zur Wittig-Reaktion eingesetzt werden können.

1-Ethoxycarbonyl-1-methoxy-2,4,6-triphenyl-λ^5-phosphorin kann mit guten Ausbeuten ohne Zerstörung des λ^5-Phosphorin-Ringes alkalisch hydrolysiert[130], in andere Ester oder das Säureamid übergeführt[130], decarboxyliert[130] oder mit Lithiummalanat zum *1-(2-Hydroxy-ethyl)-1-methoxy-2,4,6-triphenyl-λ^5-phosphorin* (80%; Schmp.: 102–104°) reduziert werden[130] (nähere Einzelheiten s. Lit.).

6.3.5. Reaktion an λ^5-Phosphorin-Carbonylmetall-Komplexen einschließlich der Freisetzung des λ^5-Phosphorins.

Die aus λ^3-Phosphorin-Tricarbonylmetall-Komplexen zugänglichen λ^5-Phosphorin-Komplexe I (s. S. 92) reagieren mit dem Nucleophil in *exo*-Stellung und werden durch Elektrophile (Protonen, Halogenalkane) in *endo*-Stellung am Phosphor-Atom substituiert.

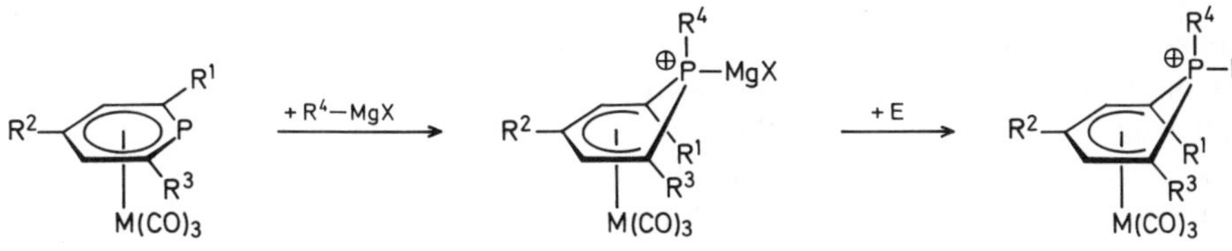

Durch Oxidation mit Eisen(III)-Salzen, Quecksilber(II)-acetat oder durch Säuren wird die Tricarbonylmetall-Schutzgruppe abgespalten und die λ^5-Phosphorine freigesetzt[133].

Aus λ^5-Phosphorinen lassen sich durch Umsetzung mit Metallcarbonylen die λ^5-Phosphorin-tricarbonyl-metall-Komplexe I herstellen. Hierbei geht der größere Substituent in die *exo*-, der kleinere in die *endo*-Stellung[132, 134].

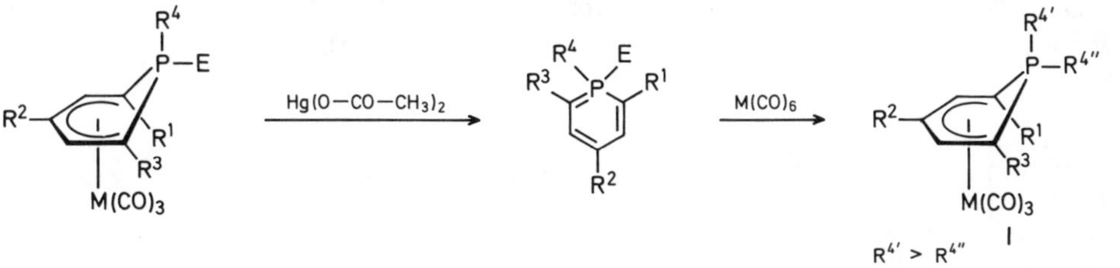

[129] *K. Dimroth, H. H. Pohl* u. *K. H. Wichmann*, Chem. Ber. **112**, 1272 (1979).

[130] *P. Kieselsack, C. Helland* u. *K. Dimroth*, Chem. Ber. **108**, 3656 (1975).

[132] *K. Dimroth, S. Berger* u. *H. Kaletsch*, Phosphorus and Sulfur **10**, 898 (1981).

[133] *K. Dimroth* u. *H. Kaletsch*, J. Organomet. Chem. (im Druck) (1982).

[134] *T. Debaerdemaeker*, Acta Cryst. allogr., Sect. B, **35**, 1686 (1979) und unveröffentlichte Ergebnisse.

Auch in den Komplexen I kann das α-C-Atom einer 1-Alkyl-Gruppe deprotoniert werden[135] (vgl. S. 808).

B. Umwandlungen

1. Protonierung

1,1-Dialkyl- bzw. 1,1-Diaryl-λ^5-phosphorine sind relativ starke Basen, die in reversibler Reaktion bereits mit wäßrigen Säuren am C–2-Atom protoniert werden und quartäre Phosphonium-Salze bilden[136-139, s.a.140]. Durch elektronenanziehende *exo*-cyclische Substituenten am Phosphor-Atom wird die Basizität stark herabgesetzt. 1,1-Dimethoxy-2,4,6-triphenyl-λ^5-phosphorin wird z.B. nur mit wasserfreier Trifluor-essigsäure am C–2- und C–4-Atom im Verhältnis 3:1 protoniert und bereits mit Wasser wieder zum λ^5-Phosphorin deprotoniert[141]. Ähnlich verhält sich 1,1-Bis-[dimethylamino]-2,4,6-triphenyl-phosphorin[142]. Lewis-Säuren addieren sich – offenbar vorwiegend am C–2-Atom – zu σ-Komplexen, die ebenfalls leicht wieder zu λ^5-Phosphorinen hydrolysieren[143].

2. Thermolyse

Bei der Thermolyse (300°) von 1,1-Dibenzyl-λ^5-phosphorinen werden unter Abspaltung der Benzyl-Gruppen λ^3-Phosphorine gebildet (vgl. hierzu S. 72). Wesentlich leichter werden die 1,1-Bis-[diarylamino]- und noch leichter die 1,1-Bis-[alkylthio]-Substituenten thermolytisch (~80°) abgespalten. Letztere Tatsache kann dazu ausgenutzt werden, um 1,1-Bis-[dialkylamino]-λ^5-phosphorine in Gegenwart von Thiophenol in λ^3-Phosphorine überzuführen. Auch 1,1-Dichlor- oder 1,1-Dibrom-λ^5-phosphorine spalten das Halogen durch trockenes Erhitzen bzw. beim Erwärmen auf 70° in indifferenten Lösungsmitteln wieder ab[142] (geeigneter ist der Zusatz von Triphenylphosphan[145]).

1,1-Dialkoxy- oder 1,1-Diphenoxy-λ^5-phosphorine sind dagegen thermisch beständig. So bleibt z.B. 1,1-Bis-[2,4,6-triphenylphenoxy]-2,4,6-triphenyl-λ^5-phosphorin selbst nach 8 Stdn. Kochen in Toluol unverändert, obwohl hier die Bildung des sehr stabilen 2,4,6-Triphenyl-phenoxyls (bzw. dessen Dimeres) die Abspaltung begünstigen sollte[144].

3. Hydrolyse

1,1-Dialkoxy-λ^5-phosphorine werden durch Salzsäure (Chlorid-Ionen) unter Abspaltung einer Alkoxy-Gruppe zu 1-Alkoxy-1,2-dihydro-phosphorin-1-oxiden angegriffen[145]:

[135] K. Dimroth u. H. Kaletsch, Angew. Chem. **93**, 898 (1981); engl.: **20**, 871.
[136] G. Märkl, Angew. Chem. **75**, 669 (1963); engl.: **2**, 479.
[137] G. Märkl u. A. Merz, Tetrahedron Lett. **1968**, 3611.
[138] G. Märkl u. K.H. Heier, Angew. Chem. **84**, 1066 (1972); engl.: **11**, 1016.
[139] A.J. Ashe III u. T.W. Smith, J. Am. Chem. Soc. **98**, 7861 (1976).
[140] K. Dimroth, S. Berger u. H. Kaletsch, Phosphorus and Sulfur **10**, 305 (1981).
[141] W. Städe, Dissertation, Universität Marburg 1968.
    K. Dimroth, Fortschr. Chem. Forsch. **38**, 1 (1973), s. S. 117.
[142] K. Dimroth, A. Hettche, H. Kanter u. W. Städe, Tetrahedron Lett. **1972**, 835.
[143] H. Kanter, W. Mach u. K. Dimroth, Chem. Ber. **110**, 395 (1977).
[144] W. Städe, Dissertation, Universität Marburg 1968.
[145] H. Kanter, W. Mach u. K. Dimroth, Chem. Ber. **110**, 395 (1977).
    K. Dimroth u. W. Kaletsch, unveröffentlicht.

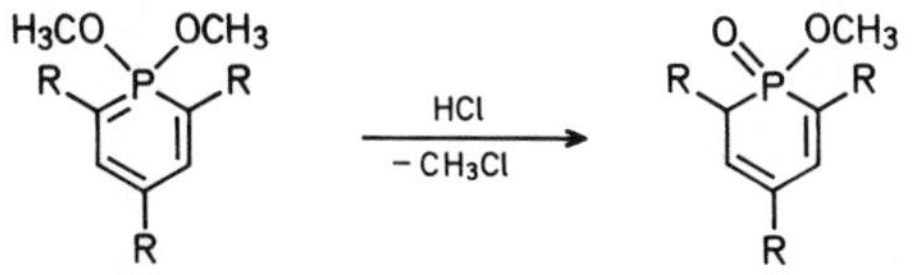

Aus (1,1-Dialkoxy-λ^5-phosphorin-4-yl)-carbenium-Salzen werden mit Halogen-Ionen durch eine Arbuzov-Entalkylierung 1-Alkoxy-4-alkyliden-1,4-dihydro-phosphorin-1-oxide gebildet (s. hierzu S. 807)[146]:

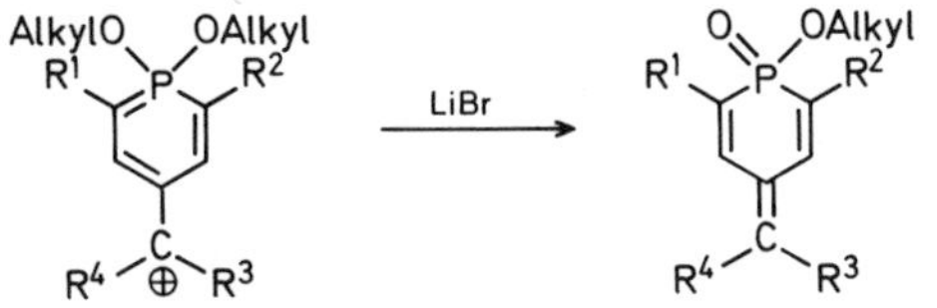

Ebenfalls mit Lithiumbromid wird aus dem Aldehyd I unter Abspaltung von Methylbromid das Enol-Derivat II erhalten, das zu *4-Acetoxymethylen-* bzw. *4-Anilinomethylen-2,6-diphenyl-1-methoxy-1,4-dihydro-phosphorin-1-oxid* (III) umgesetzt werden kann[147]:

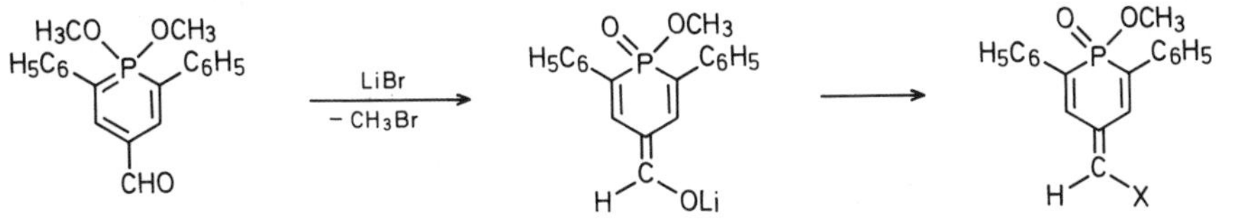

III: X = O—CO—CH₃ , NH—C₆H₅

4. Umlagerung und Photolyse

1-Acyloxy-1-alkoxy-2,4,6-triphenyl-λ^5-phosphorine lagern sich als Gleichgewichtsreaktion beim Erhitzen in Benzol, Cyclohexan, Dekalin usw. zu 2-Acyl-1-alkoxy-2,4,6-triphenyl-1,2-dihydro-phosphorin-1-oxiden um[148] (vgl. a. S. 812).

Zu ausführlichen Untersuchungen und den ΔH- und ΔS-Werten usw. s. Lit.[149]. Die Umlagerung führt zur *cis*-Verbindung (P=O und CO—R auf der gleichen Seite des Ringes). Elektronenanziehende Substituenten am Phenyl-Kern (R) der Benzoyl-Gruppe verschieben das Gleichgewicht in Richtung zu den 1,2-Dihydro-Derivaten. Die Umlagerung er-

[146] K. Dimroth, W. Schäfer u. H.H. Pohl, Tetrahedron Lett. **1972**, 839.
   H.H. Pohl, Dissertation, Universität Marburg 1972.
   K. Dimroth u. W. Schäfer, unveröffentlicht.
   W. Schäfer u. K. Dimroth, Tetrahedron Lett. **1972**, 843.
[147] K. Dimroth, H.H. Pohl u. K.H. Wichmann, Chem. Ber. **112**, 1272 (1979).
[148] A. Hettche u. K. Dimroth, Tetrahedron Lett. **1972**, 1045.
[149] M. Constenla u. K. Dimroth, Chem. Ber. **107**, 3501 (1974).

folgt auch photochemisch[150] und führt mit kurzwelligem Licht ebenfalls zum 1,2-Dihydro-Derivat, mit längerwelligem Licht wird 2,4,6-Triphenyl-toluol erhalten, wobei das bicyclische Zwischenprodukt isoliert werden kann:

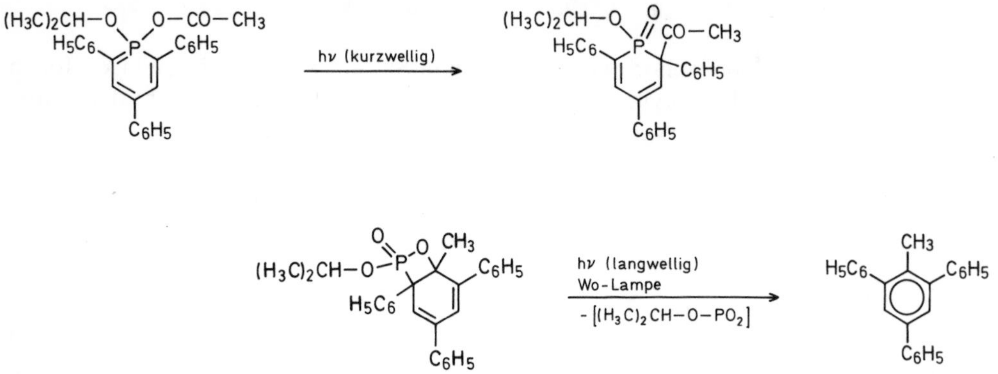

Beim Erwärmen von 1-Allyloxy-1-methyl-2,4,6-triphenyl-λ^5-phosphorin auf 110° in siedendem Toluol erhält man zunächst *4-Allyl-1-methyl-2,4,6-triphenyl-1,4-dihydro-phosphorin-1-oxid*, das durch eine Cope-Umlagerung in das *2-Allyl-1-methyl-2,4,6-triphenyl-1,2-dihydro-phosphorin-1-oxid* übergeht. Beim Erhitzen auf 140° tritt intramolekulare Diels-Alder-Reaktion zum *4-Methyl-3,5,7-triphenyl-4-phospha-tricyclo[3.3.1.0³,⁸]non-6-en-4-oxid* ein[151, 152]:

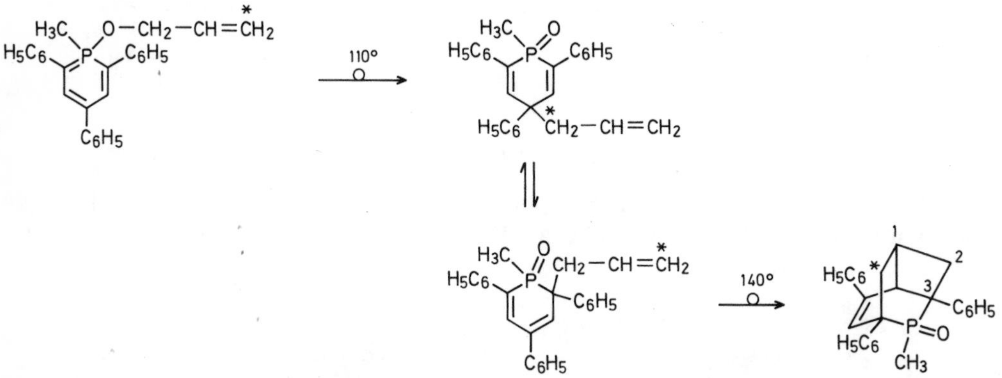

Die Umlagerung wurde ausführlich auch an 1-Propargyloxy-λ^5-phosphorinen untersucht[153].

Elektronenliefernde Substituenten im 4-Phenyl-Rest oder elektronenziehende Gruppen am Phosphor-Atom beschleunigen die Umlagerung. Der in allen Schritten suprafacial verlaufende Mechanismus der Umlagerungen ist ausführlich untersucht worden[153].

[150] *M. Constenla* u. *K. Dimroth*, Chem. Ber. **109**, 3099 (1976).
[151] *O. Schaffer* u. *K. Dimroth*, Angew. Chem. **87**, 136 (1975); engl.: **14**, 112.
[152] *W.J. Seifert, O. Schaffer* u. *K. Dimroth*, Angew. Chem. **88**, 229 (1976); engl. **15**, 238.
[153] *K. Dimroth, O. Schaffer* u. *G. Weiershäuser*, Chem. Ber. **114**, 1752 (1981).

5. Oxidation

1,1-Dialkoxy-2,4,6-triorgano-λ^5-phosphorine werden durch Wasserstoffperoxid in Gegenwart von Lithiumbromid zu den stereoisomeren 1-Alkoxy-4-hydroxy-2,4,6-triorgano-1,4-dihydro-phosphorin-1-oxiden oxidiert, die sich chromatographisch trennen lassen[154, 155].

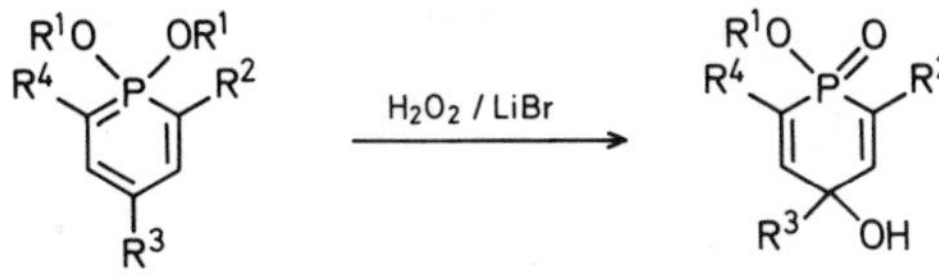

Wird 1,1-Dimethoxy-2,6-diphenyl-4-formyl-λ^5-phosphorin mit Kaliumpermanganat oxidiert, so erhält man infolge Alkylierung durch die 1-Methoxy-Gruppe *2,6-Diphenyl-4-methoxycarbonyl-1,4-dihydro-phosphorin-1-oxid* (bei der Oxidation in Gegenwart von Dimethylsulfat bleibt das λ^5-Phosphorin-System erhalten s. S. 808)[156]:

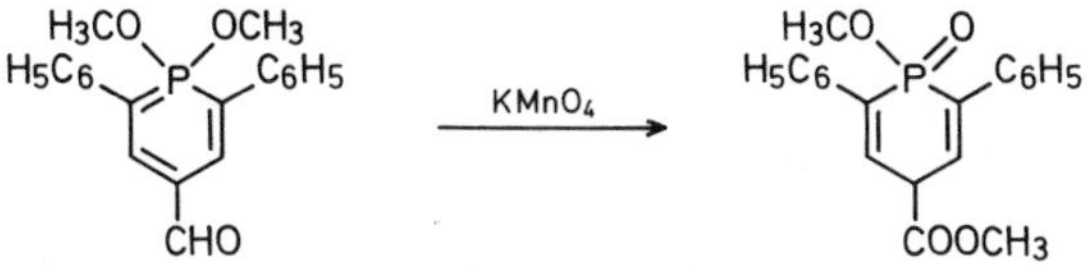

6. Reduktion[157]

Reduziert man 1,1-Dimethoxy-2,4,6-triphenyl-λ^5-phosphorin in 1,2-Dimethoxy-ethan mit einer Natrium/Kalium-Legierung unter sorgfältigem Luftausschluß, so entsteht unter Abspaltung der Methoxy-Gruppen das *2,4,6-Triphenyl-λ^3-phosphorin-Anion-Radikal*. Mit Naphthalin-Natrium wird das *2,4,6-Triphenyl-λ^3-phosphorin-mono-Radikal* erhalten. Auch aus 1,1-Bis-[dimethylamino]- oder -[diethylamino]-2,4,6-triphenyl-λ^5-phosphorin werden mit Kalium in 1,2-Dimethoxy-ethan in die λ^3-Phosphorin-Anion-Radikale erhalten. Hierzu Lit.

C. λ^5-Phosphorin-Radikal-Kationen[158–165]

Bei der elektrolytischen Oxidation von 1,1-Dimethoxy-2,4,6-tri-tert.-butyl-λ^5-phosphorin entsteht das relativ beständige *1,1-Dimethoxy-2,4,6-tri-tert.-butyl-λ^5-phosphorin-Kation-Radikal* das in Gegenwart von Lithiumbromid unter Abspaltung von Methylbro-

[154] *K. Dimroth* u. *W. Städe*, unveröffentlicht.
[155] *K. Dimroth*, Fortschr. Chem. Forsch. **38**, 1 (1973); s.S. 124, 55.
[156] *K. Dimroth, H.H. Pohl* u. *K.H. Wichmann*, Chem. Ber. **112**, 1272 (1979).
[157] *H. Weber*, Dissertation, Universität Marburg 1975.
[158] *K. Dimroth, A. Hettche, W. Städe* u. *F. W. Steuber*, Angew. Chem. **81**, 784 (1969); engl.: **8**, 776.
[159] *K. Dimroth* u. *W. Heide*, Chem. Ber. **114**, 3004 (1981).
[160] *D. Griller, K. Dimroth, T. M. Fyles* u. *K. U. Ingold*, J. Am. Chem. Soc. **97**, 5526 (1975).
[161] *K. Dimroth* u. *W. Heide*, Chem. Ber. **114**, 3019 (1981).
[162] *K. Dimroth, N. Greif, H. Perst* u. *F. W. Steuber*, Angew. Chem. **79**, 69 (1967); engl.: **6**, 69.
[163] *K. Dimroth, Chimie Organic de Phosphor* VIIc, Nr. 182, S. 139 (Edit. Centre National de Recherche Scientifique, Paris 1970).
[164] *K. Dimroth* u. *W. Heide, Radicaux Libres Organiques*, No. 278, S. 151 (Edit. Centre National de Recherche Scientifique, Paris 1978).
[165] *K. Dimroth*, Fortschr. Chem. Forsch. **38**, 1 (1973), s.S. 83, 93.

mid in das neutrale *1-Methoxy-2,4,6-tri-tert.-butyl-λ^5-phosphorin-1-oxid-Radikal* übergeht[159]:

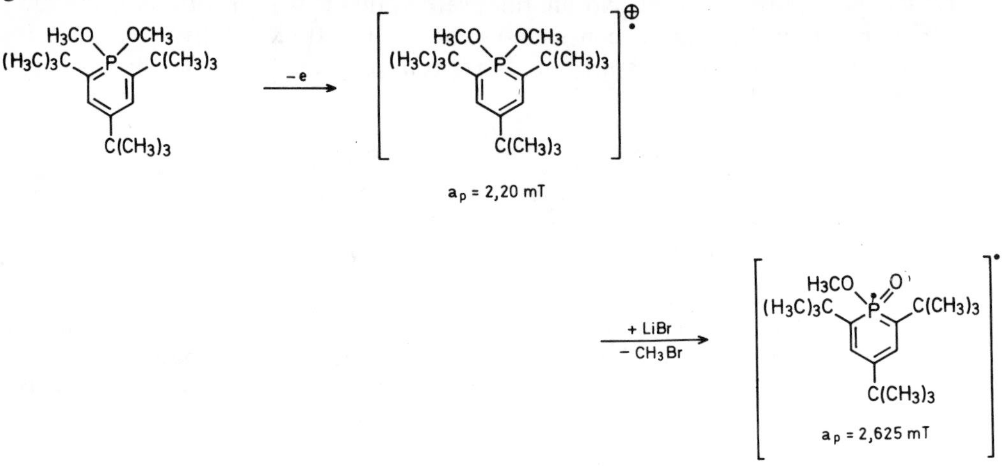

Ähnliche Kationen- und Neutralradikale erhält man auch aus 2,6-Di-tert.-butyl-4-(3,5-di-tert.-butyl-phenyl)-1,1-dimethoxy- und 1,1-Dimethoxy-2,4,6-triphenyl-λ^5-phosphorin. Auch aus 1,1-Difluor-2,4,6-triphenyl-λ^5-phosphorin läßt sich in Gegenwart eines großen Überschußes von Tetrabutylammoniumfluorid in wasserfreiem Acetonitril durch elektrolytische Oxidation das *1,1-Difluor-2,4,6-triphenyl-λ^5-phosphorin-Kation-Radikal* erzeugen, das außerordentlich leicht durch Hydrolyse in das sehr beständige *1-Fluor-2,4,6-triphenyl-phosphorin-1-oxid-Neutral-Radikal* übergeht. Dagegen erhält man aus 1,1-Bis-[dimethylamino]-(bzw. 1,1-Dimethyl)-2,4,6-triphenyl-λ^5-phosphorin lediglich das *1,1-Dimethylamino-* (bzw. *1,1-Dimethyl)-2,4,6-triphenyl-λ^5-phosphorin-1-oxid-Neutral-Radikal.*

Zur Herstellung der *1-Fluor-1-methoxy-* bzw. *1-Methyl-1-methylamino-* (bzw. *-1-methyl)-2,4,6-triphenyl-λ^5-phosphorin-Kationen-Radikale* und deren Umsetzung mit Lithiumbromid zu 1-Fluor-, 1-Methylamino- bzw. 1-Methyl-2,4,6-triphenyl-phosphorin-1-oxo-Neutralradikalen s. Lit.[159].

λ^5-Phosphorin-Radikale sind auch ausgehend von 2,4,6-trisubstituierten λ^3-Phosphorinen durch Oxidation und Addition von Wasser bzw. Alkohol zugänglich[160, 161].

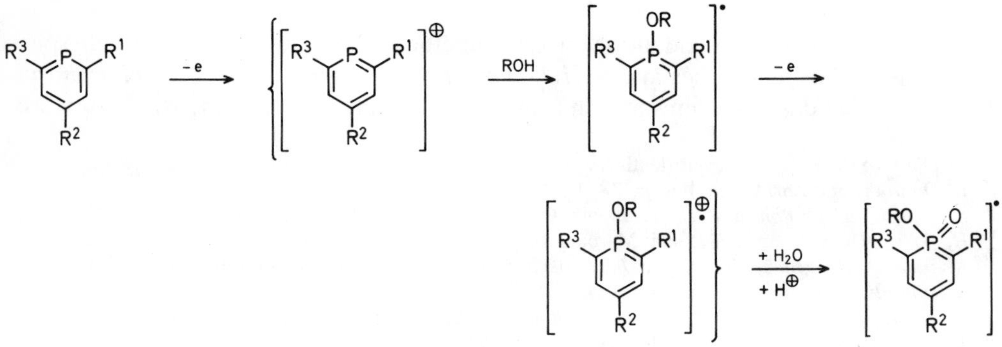

[159] *K. Dimroth* u. *W. Heide*, Chem. Ber. **114**, 3004 (1981).
[160] *D. Griller, K. Dimroth, T. M. Fyles* u. *K. U. Ingold*, J. Am. Chem. Soc. **97**, 5526 (1975).
[161] *K. Dimroth* u. *W. Heide*, Chem. Ber. **114**, 3019 (1981).

D. λ^5-Phosphorin-Komplexe

λ^5-Phosphorine werden durch Hexacarbonyl- bzw. Tricarbonyl-tris-[acetonitril]-chrom-, -molybdän bzw. -wolfram in die Tricarbonyl-metall-Komplexe (π^6-η^5-Ylid-Komplexe) übergeführt. Hierbei geht der größere Substituent am Phosphor-Atom in die *exo*-Stellung. Eine ausführliche Beschreibung der Methode sowie der Eigenschaften s. Lit.[166–169].

Zur Herstellung von Chrom-, Molybdän-, Wolfram-, Pentacarbonylchrom-, Gold-, Silber- oder Quecksilber-λ^4-phosphorin-Komplexen s. Lit.[170–174] (vgl. a. S. 92, 793).

[166] *K. Dimroth* u. *M. Lückoff,* Angew. Chem. **88**, 543 (1976); engl.: **15**, 503.

[167] *K. Dimroth, M. Lückoff* u. *H. Kaletsch,* Phosphorus and Sulfur **10**, 285 (1981).

[168] *K. Dimroth, S. Berger* u. *H. Kaletsch,* Phosphorus and Sulfur **10**, 295 (1981).

[169] Kristallstruktur: *T. Debaerdemaeker,* Acta Crystallogr. Sect. **B 35**, 1686 (1979).

[170] *H. Frazer, D. G. Holab, A. N. Hughes* u. *B. C. Hui,* J. Heterocycl. Chem. **9**, 1457 (1972).

[171] *K. C. Naiman* u. *C. T. Sears,* J. Organomet. Chem. **148**, C 31 (1978).

[172] *J. Deberitz,* Diplomarbeit, Universität Marburg 1969.
    J. Deberitz u. *H. Nöth,* Chem. Ber. **103**, 2541 (1970); J. Organomet. Chem. **49**, 453 (1973).

[173] *K. C. Dash, J. Eberlein* u. *H. Schmidbaur,* Synth. Inorg. Met. Org. Chem. **3**, 375 (1973).

[174] *H. Kanter* u. *K. Dimroth,* Tetrahedron Lett. **1975**, 541.

Bibliographie

a) Sterischer Aufbau, spektroskopische Identifizierung

Sterischer Aufbau

G. M. Kosolapoff u. *L. Maier*, Organic Phosphorus Compounds, 2. Aufl., 1 ff., Wiley, New York 1972.

F. G. Mann, The Stereochemistry of the Group V Elements in *W. Klyne* u. *P. B. D. de la Mare*, Progress in Stereochemistry **2**, 196, Butterworths, London 1958.

W. E. McEwen, Stereochemistry of Reactions of Organophosphorus Compounds, Topics in Phosphorus Chemistry **2**, 1 (1965).

R. F. Hudson, Structure and Mechanism in Organo-Phosphorus Chemistry, 1 ff., Academic Press, London 1965.

M. J. Gallagher u. *J. D. Jenkins*, Stereochemical Aspects of Phosphorus Chemistry in *E. L. Eliel* u. *N. L. Allinger*, Topics in Stereochemistry **3**, 1 ff., Wiley, New York 1972.

D. Hellwinkel in *G. M. Kosolapoff* u. *L. Maier*, Organic Phosphorus Compounds, 2. Aufl., **3**, 185 Wiley, New York 1972.

R. Luckenbach, Dynamic Stereochemistry of Pentaco-ordinated Phosphorus and Related Elements, 1 ff., Thieme, Stuttgart 1973.

W. E. McEwen u. *K. D. Berlin*, Organophosphorus Stereochemistry I und II, Benchmark Papers in *Organic Chemistry* **3** und **4**, Dowden, Hutchinson & Ross, Stroudsburg/Pennsylvania 1975.

W. Klyne u. *J. Buckingham*, Atlas of Stereochemistry, 2. Aufl., **1**, 231 sowie **2**, 121, Chapman & Hall, London 1978.

Spektroskopische Identifizierung

J. C. Tebby in *D. W. Hutchinson* u. *S. Tripett*, Organophosphorus Chemistry **1**, 273 (1970); **2**, 236 (1971); **3**, 248 (1972); **4**, 250 (1973); **5**, 247 (1974); **6**, 221 (1975); **7**, 228 (1976); **8**, 248 (1977); **9**, 237 (1978); **10**, 262 (1979); **11**, 247 (1980), The Chemical Society, London 1970 ff.

M. M. Crutschfield, C. H. Dungan, J. H. Letcher, V. Mark u. *J. R. Van Wazer*, P^{31} Nuclear Magnetic Resonance, Topics in Phosphorus Chemistry **5**, 227 (1967).

M. M. Crutchfield, C. H. Dungan u. *J. R. Van Wazer*, The measurement and interpretation of high resolution, ^{31}P-nuclear magnetic resonance spectra, Topics in Phosphor Chemistry, **5**, 1 (1967).

V. Mark, C. H. Dungan, M. M. Crutchfield u. *J. R. Van Wazer*, Compilation of ^{31}P-NMR data, Topics in Phosphorus Chemistry **5**, 227 (1967).

J. R. Van Wazer u. *J. H. Letcher*, Interpretation of experimental ^{31}P-NMR chemical shifts and some remarks concerning coupling constants, Topics in Phosphorus Chemistry **5**, 169 (1967).

D. E. C. Corbridge, Infrared Spectra of Phosphorus Compounds, Topics in Phosphorus Chemistry **6**, 235 (1969).

J. R. Van Wazer, Determination of Organic Structures by Physical Methods **4**, Academic Press, New York 1971.

K. Dimroth, Delocalized Phosphorus – Carbon Double Bonds, Topics in Current Chemistry **38**, 1 (1973).

G. Mavel, Annual Reports on NMR-Spectroscopy **5 b**, 1 ff. (1973).

L. C. Thomas, Interpretation of the Infrared Spectra of Organophosphorus Compounds, 1 ff., Heyden, London 1974.

H. Bock, Photoelectronic spectra and bonding in phosphorus compounds, Pure Appl. Chem. **44**, 343 (1975).

E. Fluck u. *D. Weber*, Röntgen-Photoelektronenspektroskopie und ihre Anwendung in der Phosphorchemie, Pure Appl. Chem. **44**, 373 (1975).

J. Goubeau, Schwingungsspektren und Kraftkonstanten von Phosphorverbindungen, Pure Appl. Chem. **44**, 393 (1975).

J. Gronoth, The mass spectra of organophosphorus compounds, Topics in Phosphorus Chemistry **8**, 41 (1976).

P. Schipper, E. H. J. M. Jansen u. *H. M. Buck*, ESR of phosphorus compounds, Topics in Phosphorus Chemistry **9**, 407 (1977).

V. V. Zverev u. *Y. T. Kitaev*, The photoelectron spectroscopy of organophosphorus compounds, Usp. Khim. **46**, 1515 (1977); engl.: 791.

E. Fluck, Compounds of Phosphorus with Coordination Number 2, Topics in Phosphorus Chemistry **10**, 193 (1980).

J. P. Albrand u. *J. B. Robert*, *Nuclear magnetic resonance of organophosphorus molecules oriented in liquid crystals*, Pure Appl. Chem. **52**, 1047 (1980).

R. Appel, F. Knoll u. *J. Ruppert*, *Phospha-alkene und Phospha-alkine, Genese und Charakteristika ihrer (p-p)π-Mehrfachbindung*, Angew. Chem. **93**, 771 (1981); engl.: **20**, 731.

b) Phosphinidene

U. Schmidt, *Bildung, Nachweis und Reaktionen von Phosphinidenen*, Angew. Chem. **87**, 535 (1975); engl.: **14**, 523.

c) Alkylidinphosphane

R. Appel, F. Knoll u. *J. Ruppert*, *Phospha-alkene und Phospha-alkine, Genese und Charakteristika ihrer (p-p)π-Mehrfachbindung*, Angew. Chem. **93**, 771 (1981); engl.: **20**, 731.

d) Methylenphosphane der Koordinationszahl 3

K. Dimroth, *Delocalized Phosphorus-Carbon Double Bonds*, Topics in Current Chemistry **38**, 1 (1973).

E. Niecke u. *O. J. Scherer*, *Neue Phosphor-Stickstoff-Ylide*, Nachr. Chem. Techn. **23**, 395 (1975).

N. J. Shvetsov-Shilovskii, R. G. Bobkova, N. P. Ignatova u. *N. N. Melnikov*, *Compounds of Two-coordinated Phosphorus*, Russ. Chem. Rev. **46**, 514 (1977).

E. Fluck, *Compounds of Phosphorus with Coordination Number 2*, Topics in Phosphorus Chemistry **10**, 193 (1980).

R. Appel, F. Knoll u. *J. Ruppert*, *Phospha-alkene und Phospha-alkine, Genese und Charakteristika ihrer (p-p)π-Mehrfachbindung*, Angew. Chem. **93**, 771 (1981); engl.: **20**, 731.

e) λ^3-Phosphorine

S. Tripett, D. J. H. Smith u. *D. W. Allen* in *D. W. Hutchinson* u. *S. Tripett*, Organophosphorus Chemistry **1**, 34 (1970); **2**, 26 (1971); **3**, 26 (1972); **4**, 23 (1973); **5**, 25 (1974); **6**, 24 (1975); **7**, 26 (1976); **8**, 29 (1977); **9**, 28 (1978); **10**, 30 (1979); **11**, 31 (1980), The Chemical Society, London 1970 ff.

K. Dimroth, *Phosphorus-Carbon Double Bonds*, Topics in Current Chemistry **38**, 1 (1971).

N. J. Svetsov-Shilowskii, R. B. Bobkova, N. P. Ignatova u. *N. N. Melnikov*, *Compounds of Two-coordinated Phosphorus*, Usp. khim. **46**, 967 (1977); engl.: 514.

E. Fluck, *Compounds of Phosphorus with Coordination Number 2*, Topics in Phosphorus Chemistry **10**, 193 (1980).

R. Appel, F. Knoll u. *J. Ruppert*, *Phospha-alkene und Phospha-alkine, Genese und Charakteristika ihrer (p-p)π-Mehrfachbindung*, Angew. Chem. **93**, 771 (1981); engl.: 731.

L. D. Quin, *The Heterocyclic Chemistry of Phosphorus*, Wiley, New York 1981.

f) tert. Phosphane

L. Maier in *G. M. Kosolapoff* u. *L. Maier*, *Organic Phosphorus Compounds*, 2. Aufl., **1**, 1 ff., Wiley, New York 1972.

S. Tripett, D. J. H. Smith u. *D. W. Allen* in *D. W. Hutchinson* u. *S. Tripett*, Organophosphorus Chemistry **1**, 1 (1970); **2**, 1 (1971); **3**, 1 (1972); **4**, 1 (1973); **5**, 1 (1974); **6**, 1 (1975); **7**, 1 (1976); **8**, 1 (1977); **9**, 1 (1978); **10**, 1 (1979); **11**, 1 (1980), The Chemical Society, London 1970 ff.

L. Maier, *Progress and Properties of Primary, Secondary and Tertiary Phosphines* in *F. A. Cotton*, Progress in Inorganic Chemistry **5**, 27, Wiley, New York 1963.

K. D. Berlin, T. H. Austin u. *M. Nagabhushanam*, *Nucleophilic displacement reactions on phosphorus halides and esters by Grignard and Lithium reagents*, Topics in Phosphorus Chemistry **1**, 17 (1964).

L. Horner, *Darstellung und Eigenschaften optisch aktiver tertiärer Phosphine*, Pure Appl. Chem. **9**, 225 (1964).

G. Märkl, *Phosphor-Heterocyclen*, Angew. Chem. **77**, 1109 (1965); engl.: **4**, 1023.

K. A. Petrov u. *V. A. Parshina*, *Hydroxyalkylphosphines and Hydroxyalkylphosphine Oxides*, Usp. Khim. **37**, 1218 (1968); engl.: 532.

K. D. Berlin u. *D. M. Hellwege*, *Carbon-Phosphorus heterocycles*, Topics in Phosphorus Chemistry **6**, 1 (1969).

E. W. Abel u. *S. M. Illingworth*, *Phosphines, Arsines, Stibines and Bismuthines containing Silicon, Germanium, Tin or Lead*, Organomet. Chem. Rev. A **5**, 143 (1970).

K. Issleib, *Aspekte der Koordinationschemie des 3-bindigen Phosphors*, Pure Appl. Chem. **44**, 237 (1975).

H. Schumann, J. Held, W.-W. DuMont, G. Rodewald u. *B. Wübke* in *J. J. Zuckerman, Organotin Compounds: New chemistry and applications, Advances in Chemistry Series* **157**, 57, American Chemical Society, Washington 1976 (dort werden auch Organophosphane beschrieben).

O. Stelzer, Transition complexes of phosphorus ligands, Topics in Phosphorus Chemistry **9**, 1 (1977).

L. Markó, Phosphine complexes of Rhodium as homogeneous catalyst, Pure Appl. Chem. **51**, 2211 (1979).

L. Horner, Optisch aktive Phosphorverbindungen, ihre Synthese, chemische Eigenschaften und Bedeutung für die asymmetrische Homogenhydrierung, Pure Appl. Chem. **52**, 843 (1980).

F. Mathey, Phosphole Chemistry, Topics in Phosphorus Chemistry **10**, 1 (1980).

M. L. Venanzi, Phosphorus Chemistry and the coordination chemist, Pure Appl. Chem. **52**, 1117 (1980).

g) Biphosphane

L. Maier in *G. M. Kosolapoff* u. *L. Maier, Organic Phosphorus Compounds*, 2. Aufl., **1**, 314, Wiley, New York 1972.

R. E. Banks u. *R. N. Haszeldine, Polyfluoralkyl Derivatives of Metalloids and Nonmettals* in H. J. Emeleus u. A. G. Sharpe, Advances in Inorganic Chemistry and Radiochemistry **3**, 371 (1961).

L. Maier, Progress and Properties of Primary, Secondary and Tertiary Phosphines in F. A. Cotton, Progress in Inorganic Chemistry **5**, 69, Wiley, New York 1963.

J. E. Huheey, Chemistry of Diphosphorus Compounds, J. Chem. Educ. **40**, 153 (1963).

E. Wiberg, M. van Ghemen u. *G. Müller-Schiedmaier, Neues aus der Chemie der Polyphosphane*, Angew. Chem. **75**, 814 (1963).

K. D. Berlin, T. H. Austin, M. Peterson u. *M. Nagabhashanan, Nucleophilic Displacement Reactions on Phosphorus Halides and Esters by Grignard and Lithium Reagents*, Topics in Phosphorus Chemistry **1**, 17 (1964).

K. Issleib, Zur Synthese von Organo-Phosphor-Verbindungen unter Verwendung von P-substituierten Metallphosphiden, Pure Appl. Chem. **9**, 205 (1964).

A. H. Cowley, The Chemistry of the Phosphorus – Phosphorus Bond, Chem. Rev. **65**, 617 (1965).

A. H. Cowley u. *R. P. Pinell, The Structure and Reactions of Cyclophosphines*, Topics in Phosphorus Chemistry **4**, 1 (1967).

L. Maier, Struktur, Darstellung und Reaktionen von Cyclopolyphosphinen, Topics in Current Chemistry **8**, 1 (1967).

K. D. Berlin u. *D. M. Hellwege, Carbon-Phosphorus Heterocycles*, Topics in Phosphorus Chemistry **6**, 1 (1969).

A. B. Burg, Chemical Consequences of Fluorocarbon Phosphines, Acc. Chem. Res. **2**, 353 (1969).

K. Issleib, Aspekte der Koordinationschemie des 3-bindigen Phosphors, Pure Appl. Chem. **44**, 237 (1975).

J. F. Lutsenko u. *M. V. Proskurina, Organic Phosphorus Compounds with a P–P-Bond*, Usp. Khim. **47**, 1648 (1978); engl.: 880.

M. Baudler, Three-Membered Phosphorus Ring Compounds, Pure Appl. Chem. **52**, 755 (1980).

E. Fluck, Compounds of Phosphorus with Coordination Number 2, Topics in Phosphorus Chemistry **10**, 193 (1980).

J. F. Lutsenko u. *K. L. Foss, Rearrangements of Diphosphine Oxides and Anhydrides of Phosphorus Acids, Phosphorotropic Tautomerism*, Pure Appl. Chem. **52**, 917 (1980).

M. Baudler, Ketten- und ringförmige Phosphorverbindungen – Analogien zwischen Phosphor- und Kohlenstoffchemie, Angew. Chem. **94**, 520 (1982); engl.: **21**, 492.

h) Phosphinige Säuren und deren Derivate

A. W. Frank in *G. M. Kosolapoff* u. *L. Maier, Organic Phosphorus Compounds*, 2. Aufl., **4**, 255, Wiley, New York 1972.

D. W. Hutchinson u. *S. Tripett*, Organophosphorus Chemistry **1**, 97 (1970); **2**, 93 (1971); **4**, 115 (1973); **5**, 111 (1974); **6**, 96 (1975); **7**, 104 (1976); **8**, 100 (1977); **9**, 99 (1978); **10**, 118 (1979); **11**, 102 (1980), The Chemical Society, London 1970 ff.

L. Maier, Preparations and Properties of Primary and Secondary Phosphine Sulfides, their Thioacids and Thioanhydrides and Tertiary Phosphine Sulfides, Topics in Phosphorus Chemistry **2**, 43 (1965).

M. Mikolajczyk u. *M. Leitloff, The stereochemistry of optically active thio-derivatives of phosphorus-based acids*, Usp. Khim. **44**, 1419 (1975); engl.: 670.

A. J. Bokanov u. *B. J. Stepanov, Chemistry of Dihydrophenophosphazines*, Usp. Khim. **46**, 1625 (1977); engl.: 855.

E. A. Krasilnikova, Structure and Reactivity of Esters of Thio-acids of Three-coordinated Phosphorus, Usp. Khim. **46**, 1638 (1977); engl.: 861.

O. Stelzer, Transition Complexes of Phosphorus Ligands, Topics in Phosphorus Chemistry **9**, 1 (1977).

M. Mikolajczyk, Optically active trivalent Phosphorus Acid Esters: Synthesis, Chirality at Phosphorus and some Transformations, Pure Appl. Chem. **52**, 959 (1980).

i) Phosphonige Säuren und deren Derivate

M. Fild u. *R. Schmutzler* in *G. M. Kosolapoff* u. *L. Maier, Organic Phosphorus Compounds*, 2. Aufl., **4**, 75 und 255, Wiley, New York 1972.

D. W. Hutchinson u. *B. J. Walker* in *D. W. Hutchinson* u. *S. Tripett*, Organophosphorus Chemistry **1**, 97 (1970); **2**, 92 (1971); **3**, 91 (1972); **4**, 115 (1973); **5**, 111 (1974); **6**, 96 (1975); **7**, 104 (1976); **8**, 100 (1977); **9**, 99 (1978); **10**, 118 (1979); **11**, 102 (1980), The Chemical Society, London 1970 ff.

K. A. Petrov u. *R. G. Goltsova, Transesterification of Phosphites and Phosphonites with monohydric and polyhydric alcohols and phenols*, Usp. Khim. **35**, 1477 (1966); engl.: 622.

M. Mikolajczyk u. *M. Leitloff, The Stereochemistry of optically active Thio-derivatives of Phosphorus based Acids*, Usp. Khim. **44**, 1419 (1975); engl.: 670.

E. A. Krasilnikova, Structure and Reactivity of Esters of Thio-acids of Three-coordinated Phosphorus, Usp. Khim. **46**, 1638 (1977); engl.: 861.

O. Stelzer, Transition Complexes of Phosphorus Ligands, Topics in Phosphorus Chemistry **9**, 1 (1977).

M. Mikolajczyk, Optically active trivalent Phosphorus Acid Esters, Synthesis, Chirality at Phosphorus and some Transformations, Pure Appl. Chem. **52**, 959 (1980).

j) Phosphorigsäure-Derivate

W. Gerrard u. *H. R. Hudson* in *G. M. Kosolapoff* u. *L. Maier, Organic Phosphorus Compounds*, 2. Aufl., **5**, 21, Wiley, New York 1973.

D. W. Hutchinson u. *B. J. Walker* in *D. W. Hutchinson* u. *S. Tripett*, Organophosphorus Chemistry **1**, 80 (1970); **2**, 67 (1971); **3**, 68 (1972); **4**, 87 (1973); **5**, 83 (1974); **6**, 74 (1975); **7**, 78 (1976); **8**, 84 (1977); **9**, 80 (1978); **10**, 95 (1979); **11**, 83 (1980), The Chemical Society, London 1970 ff.

R. Schmutzler, Fluorides of Phosphorus, Adv. Fluorine Chem. **5**, 31 (1965).

R. Burgada, Les composés organiques du phosphore trivalent. Les réactions de la liaison phosphore azote, Ann. Chim. (Paris) **1966**, 15.

K. A. Petrov u. *R. G. Goltsova, Transesterification of Phosphites and Phosphonites with Monohydric and Polyhydric Alcohols and Phenols*, Usp. Khim. **35**, 1477 (1966); engl.: 622.

E. A. Chernyshev u. *E. F. Bugerenko, Organosilicon Compounds Containing Phosphorus*, Organomet. Chem. Rev. A **3**, 469 (1968).

G. J. Drozd, Phosphorus Fluorides, Usp. Khim. **39**, 3 (1970); engl.: 1.

A. F. Grapov, N. N. Melnikov u. *L. V. Razvodovskaya, Cyclodiphosphazanes*, Usp. Khim. **39**, 39 (1970); engl.: 20.

B. E. Ivanov u. *V. F. Zheltukhin, Reactivity of Trivalent Phosphorus Derivatives*, Usp. Khim. **39**, 773 (1970); engl.: 358.

E. E. Nifantev u. *I. V. Fursenko, Acyl Phosphites*, Usp. Khim. **39**, 2187 (1970); engl.: 1050.

J. F. Nixon, Recent Progress in the Chemistry of Fluorophosphines, Advances in Inorganic Chemistry and Radiochemistry **13**, 363 (1970).

I. V. Konovalova u. *A. N. Pudovik, Reactions of Derivatives of Phosphorus(III)acids with Carbonyl Compounds*, Usp. Khim. **41**, 799 (1972); engl.: 411.

D. Heinz, Zur Chemie von Phosphor(III)-oxid, Pure Appl. Chem. **44**, 141 (1975).

M. Mikolajczyk u. *M. Leitloff, The Stereochemistry of optically active Thio-derivatives of Phosphorus based Acids*, Usp. Khim. **44**, 1419 (1975); engl.: 670.

E. Niecke u. *O. J. Scherer, Neue Phosphor-Stickstoff-Ylide*, Nachr. Chem. Techn. **23**, 395 (1975).

R. Vilceanu, V. Elin-Ceausescu, D. Eue, P. Schulz, Z. Szabadai u. *N. Vilceanu, Zur Chemie der Amide Phosphorhaltiger Mineralsäuren*, Pure Appl. Chem. **44**, 285 (1975).

E. A. Krasilnikova, Structure and Reactivity of Esters of Thio-acids of Three-coordinated Phosphorus, Usp. Khim. **46**, 1638 (1977); engl.: 861.

O. Stelzer, Transition Complexes of Phosphorus Ligands, Topics in Phosphorus Chemistry **9**, 1 (1977).

E. E. Nifantev, Chemistry of Phosphinylidene Compounds – Advances and Prospects of Development, Usp. Khim. **47**, 835 (1978); engl.: 1565.

I. F. Lutsenko u. *V. L. Foss, Rearrangements of Diphosphine Oxides and Anhydrides of Phosphorus Acids*, Pure Appl. Chem. **52**, 917 (1980).

I. G. Verkade, Ligation of trivalent Phosphorus to Protons, Selenium and Metals: Some new Aspects, Pure Appl. Chem. **52**, 1131 (1980).

A. F. Grapov, L. V. Razvodovskaya u. *N. N. Melnikov, Diazadiphosphetidines*, Usp. Khim. **50**, 606 (1981); engl.: 324.

k) Phosphonium-Salze

P. Beck in *G. M. Kosolapoff* u. *L. Maier, Organic Phosphorus Compounds*, 2. Aufl., **2**, 189, Wiley, New York 1972.

S. Tripett, D.J.H. Smith u. *D. W. Allen* in *D. W. Hutchinson* u. *S. Tripett, Organophosphorus Chemistry* **1**, 21 (1970); **2**, 18 (1971); **3**, 16 (1972); **4**, 15 (1973); **5**, 15 (1974); **6**, 16 (1975); **7**, 17 (1976); **8**, 18 (1977); **9**, 18 (1978); **10**, 20 (1979); **11**, 20 (1980), The Chemical Society, London 1970 ff.

H. Hoffmann u. *H.J. Diehr, Die Phosphoniumsalz-Bildung zweiter Art,* Angew. Chem. **76**, 944 (1964); engl.: **3**, 737.

G. Märkl, Phosphor-Heterocyclen, Angew. Chem. **77**, 1109 (1965); engl.: **4**, 1023.

K. A. Petrov u. *V. A. Parshina, Hydroxyalkylphosphines and Hydroxyalkylphosphineoxides,* Usp. Khim. **37**, 1218 (1968); engl.: 532.

H.J. Bestmann u. *R. Zimmermann* in *R. L. Augustine, Carbon – Carbon Bond Formation* **1**, 353, Marcel Dekker, New York 1979.

l) Metaphosphinate

E. Niecke u. *O.J. Scherer, Neue Phosphor-Stickstoff-Ylide,* Nachr. Chem. Techn. **23**, 395 (1975).

M. Regitz, Chemie der Phosphorylcarbene, Angew. Chem. **87**, 259 (1975); engl.: **14**, 222.

M. Regitz u. *G. Maas, Short-Lived Phosphorus(V) Compounds Having Coordination Number 3,* Topics in Current Chemistry **97**, 71 (1981).

F. H. Westheimer, Monomeric Metaphosphates, Chem. Rev. **81**, 313 (1981).

m) Methylenphosphorane

H.J. Bestmann u. *R. Zimmermann, Phosphine Alkylenes and other Phosphorus Ylides* in *G. M. Kosolapoff* u. *L. Maier, Organic Phosphorus Compounds* **3**, 1, Wiley, New York 1972.

S. Tripett, D.J. Smith u. *B.J. Walker* in *D. W. Hutchinson* u. *S. Tripett, Organophosphorus Chemistry* **1**, 176 (1970); **2**, 156 (1971); **3**, 150 (1972); **4**, 176 (1973); **5**, 170 (1974); **6**, 160 (1975); **7**, 166 (1976); **8**, 177 (1977); **9**, 182 (1978); **10**, 204 (1979); **11**, 192 (1980), The Chemical Society, London 1970 ff.

L. D. Bergelson u. *M. M. Shemyakin, Stereospecitic Carbonyl Olefination with Phosphorylids,* Pure Appl. Chem. **9**, 271 (1964).

H.J. Bestmann, Neue Reaktionen von Phosphinalkylenen und ihre präparativen Möglichkeiten, Pure Appl. Chem. **9**, 285 (1964).

S. Tripett, The Wittig Reaction, Pure Appl. Chem. **9**, 255 (1964).

G. Wittig, Variationen zu einem Thema von Staudinger; ein Beitrag zur Geschichte der phosphororganischen Carbonylolefinierung, Pure Appl. Chem. **9**, 245 (1964).

H.J. Bestmann, Neue Reaktionen von Phosphinalkylenen und ihre präparativen Möglichkeiten, Angew. Chem. **77**, 609, 651 und 850 (1965); engl.: **4**, 583, 645, 830.

A. Maercker, The Wittig Reaction, Org. React. **14**, 270 (1965).

A. W. Johnson, Ylid Chemistry, 1 ff., Academie Press, New York 1966.

H.J. Bestmann in *W. Foerst, Neuere Methoden der präparativen organischen Chemie V,* 1 ff., Verlag Chemie, Weinheim 1967.

H.J. Bestmann u. *R. Zimmermann, Phosphinalkylene und ihre präparativen Aspekte,* Fortschr. Chem. Forsch. **20**, 1 (1971).

H.J. Bestmann u. *R. Zimmermann, Synthese cyclischer Verbindungen mit Hilfe von Phosphinalkylenen,* Chem.-Ztg. **96**, 649 (1972).

E. Zbiral, Synthese von Heterocyclen mit Hilfe von Alkylidenphosphoranen, Synthesis **1974**, 775.

H. Schmidbaur, Inorganic Chemistry with Ylides, Acc. Chem. Res. **8**, 62 (1975).

K. P. C. Vollhardt, Bis-Wittig Reactions in the Synthesis of Nonbenzoid Aromatic Ring Systems, Synthesis **1975**, 765.

M. Schlosser, Phosphorylide, in *H. Zimmer* u. *K. Niedenzu, Methodicum Chimicum* **7**, 529, Thieme, Stuttgart 1976.

H.J. Bestmann, Phosphacumulenylide und Phosphaallenylide, Angew. Chem. **89**, 361 (1977); engl.: **16**, 343.

H.J. Bestmann u. *R. Zimmermann, Alkylations and Acylations of Phosphonium Ylides* in *R. L. Augustine, Carbon – Carbon Bond Formation* **1**, 353, Marcel Dekker, New York 1977.

H. Schmidbaur, Classical and novel Ylid Systems in Organometallic Chemistry, Pure Appl. Chem. **50**, 19 (1978).

I. Gosney u. *A. J. Rowley, Stereoselective Synthesis of Alkenes via the Wittig Reaction* in *J. I. G. Cadogan, Organophosphorus Reagents in Organic Synthesis,* 17, Academic Press, London 1979.

H.J. Bestmann, Old and new Ylid Chemistry, Pure Appl. Chem. **52**, 771 (1980).

H.J. Bestmann u. *R. Zimmermann, Alkene und Cycloalkene durch Carbonylolefinierung nach Wittig, Diene und Polyene durch Aufbaureaktionen* in *J. Falbe, Methodicum Chimicum* **4**, 67 und 137, Thieme, Stuttgart 1980.

T. A. Mastyrukova, I. M. Aladzheva, I. V. Leonteva, P. V. Petrovski, E. J. Fedin u. *M. Y. Kabachnik, Dyadic Phosphorus Carbon Tautomerism,* Pure Appl. Chem. **52**, 945 (1980).

H. Schmidbaur, Synthesis and Structure of some new organophosphorus Ligands and their Metal Complexes, Pure Appl. Chem. **52**, 1057 (1980).

h) λ^5-Phosphorine

S. Tripett, D.J.H. Smith u. *D. W. Allen* in *D. W. Hutchinson* u. *S. Tripett*, Organophosphorus Chemistry **1**, 34 (1970); **2**, 26 (1971); **3**, 26 (1972); **4**, 23 (1973); **5**, 25 (1974); **6**, 24 (1975); **7**, 26 (1976); **8**, 29 (1977); **9**, 28 (1978); **10**, 30 (1979); **11**, 31 (1980), The Chemical Society, London 1970 ff.

K. Dimroth, Phosphorus-Carbon Double Bonds, Topics in Current Chemistry **38**, 1 (1971).

J. Emsley u. *D. Hall, The Chemistry of Phosphorus*, Harper and Row, London 1976.

H. Kwart u. *K. G. Klug, d-Orbitals in the Chemistry of Silicon, Phosphorus and Sulfur*, Springer, Berlin 1977.

N. I. Svetsov-Shilowskii, R. B. Bobkova, N. P. Ignatova u. *N. N. Melnikov, Compounds of Two-coordinated Phosphorus*, Usp. Khim. **46**, 967 (1977); engl.: 514.

E. Fluck, Compounds of Phosphorus with Coordination Number 2, Topics in Phosphorus Chemistry **10**, 193 (1980).

R. Appel, F. Knoll u. *J. Ruppert, Phospha-alkene und Phospha-alkine, Genese und Charakteristica ihrer (p–p)π-Mehrfachbindung*, Angew. Chem. **93**, 771 (1981); engl.: **93**, 731.

K. Dimroth, The λ^5-Phosphorines, Acc. Chem. Res. **15**, 58 (1982).

L. D. Quin, The Heterocylic Chemistry of Phosphorus, Wiley, New York 1981.

Autorenregister

Gubnitskaya, E. S., Semashko,
Z. T., u. Kirsanov, A. V. 432,
435
–, –, Parkhomenko, V. S., u.
Kirsanov, A. V. 362, 435
Gudkova, I. P., vgl. Kochetkov,
N. K. 400, 403, 410, 411,
416, 420, 454
–, vgl. Nifantev, E. E. 273, 332,
343, 399, 401
Gudzyk, L. A., vgl. Bloomer,
J. L. 711, 729
Günther, E., vgl. Dittrich, K.
329
Gürcan, H., vgl. Ried, W. 707
Guilherm, J., vgl. Charrier, C.
238, 239
Guillemonat, A., vgl. Buono,
G. 661
–, vgl. Pfeiffer, G. 486
Guillerm, D., vgl. Chodkiewicz,
W. 158
–, vgl. Jore, D. 246
Guimaraes, A. C., vgl. Dutasta,
J. P. 296
Gumenyuk, A. V., vgl. Koz-
hushko, B. N. 504, 556
Gundermann, K. D., u. Gar-
ming, A. 107
Gunn, P. A., vgl. Appleton,
R. A. 732
Gupka, S. K., vgl. Harmon,
R. E. 734
Gupta, K. C., vgl. Tewari, R. S.
727
Gurevich, P. A., vgl. Razumov,
A. I. 439
Gurvich, Y. A., vgl. Kirpichni-
kov, P. A. 379, 380, 436
Gurylev, L. V., vgl. Nikonorov,
K. V. 458
Gusar, N. I., vgl. Budilova, I. Y.
481
–, Budilova, I. Y., u. Gololobov,
Y. G. 377, 435
Guseva, F. F., vgl. Arbusov,
B. A. 432, 436, 453
–, vgl. Nuretdinova, O. N. 437
Guskova, I. P., vgl. Nifantev,
E. E. 403
Gustafson, A. E., vgl. Buche-
man, G. W. 727, 730
Gustova, I. V., vgl. Nifantev,
E. E. 349, 388, 410, 453
Guyer, J. W., vgl. Rothke, J. W.
173
Guy-Valadon, L. R., vgl. Badar,
Y. 731
Guzman, A., vgl. Crabbé, P.
733

Haag, A., vgl. Wittig, G. 623,
629, 711, 729

Haake, M., vgl. Böhme, H. 511
Haas, A., vgl. Darmadi, A. 308
–, u. Winkler, D. 360, 386, 470
Haas, H. 162, 182
Habel, G., vgl. Märkl, G. 82,
87, 798
Habashi, K., vgl. Sodeyama, T.
351
Häberlein, H., vgl. Bestmann,
H. J. 558, 626, 630, 657, 658,
659, 684, 692, 695, 718, 719,
729
Hänsel, W., vgl. Janistyn, B.
711 f.
Härtel, M., vgl. Manecke, G.
726
Härtel, R., vgl. Bestmann, H. J.
657, 658, 659, 692, 729
Haferburg, D., vgl. Issleib, K.
147, 148
Haftendorn, M., vgl. Issleib, K.
134
Hagedorn, I., u. Hohler, W. 722
Hagen, H., vgl. Zorn, H. 139
Hahn, J., vgl. Baudler, M. 196,
228, 232, 239
Haines, L. M., u. Singleton, E.
259
Halekin, S. I., vgl. Ofitserov,
E. N. 387
Hall, C. D., Bramblett, J. D.,
u. Lin, F. F. S. 296
–, vgl. Denney, D. B. 296
–, vgl. Lord, E. 678
–, vgl. Naan, M. P. 678
–, u. Powell, R. L. 513, 514
Hall, D., vgl. Emsley, J. 821
Hall, D. R., Beevor, P. S., Le-
ster, R., Poppi, R. G., u. Nes-
bitt, B. F. 734
Hall, E. A. L., u. Horner, L.
163, 573
Hallab, M., vgl. Baudler, M.
195, 225
Haller, R., vgl. Ludtke, E. 729
Halsall, T. G., u. Hills, I. R. 731
Halstenberg, M., vgl. Appel,
R. 188, 194, 195, 234, 487,
614
–, Appel, R., Huttner, G., u.
von Seyerl, D. 614
Haltiwanger, R. C., vgl. Chang,
C. C. 472
–, vgl. Thompson, M. L. 482, 487
Hamada, A., u. Takizawa, T.
621
Hamamura, E. K., vgl. Jones,
G. H. 647
Hamana, H., vgl. Kobayashi, Y.
102, 103
Hamasaki, T., Chin, K., Okuka-
do, N., u. Yamaguchi, U.
730, 731

Hamelin, J., vgl. Vaultier, M.
750
Hamer, N. K., vgl. Gerrard,
A. F. 606
Hamid, A. M., u. Trippett, S.
641, 642
Hamilton, L. A. 112
Hamilton, W. C., vgl. Ross, F. K.
758
Hamlet, Z., u. Barker, W. D.
711, 729
Hammer, D., vgl. Schindlbauer,
H. 141
Hammerschmidt, F., u. Zbiral,
E. 568
Hammerström, K., vgl. Baudler,
M. 226, 230
Hammes, O., vgl. Bergerhoff,
G. 239
Hammond, P. J., vgl. Denney,
D. B. 444
Hancock, R. D., vgl. Allum,
K. G. 117
Han, R. J. L., vgl. Blount, J. F.
731
Hanack, M., vgl. Kopp, R. 729
Hands, A. R., u. Mercer, A. J. H.
749
Hanessian, S., u. Lavallee, P.
734
Hanifin, J. W., jr., vgl. Denney,
D. B. 532, 533
Hanna, H. R., u. Miller, J. M.
178
Hannig, H.-J., vgl. Issleib, K.
126
Hannon, S. J., u. Traylor, T. G.
635
Hansen, A. M., vgl. Eicher, T.
728
Hansen, B., vgl. Ramirez, F.
753, 755, 756, 758
Hansen, E. R., vgl. Bentrude,
W. G. 428
Hansen, H. J., vgl. Hug, R. 725
Hansen, K. C., vgl. Aguiar,
A. M. 104, 136, 496
–, Wright, C. H., Aguiar, A. M.,
Morrow, C. J., Turkel, R. M.,
u. Bhacca, N. S. 515
Hanser, C. F. 711
Hanson, J. R., vgl. Cochrane,
J. S. 735
Hanzawa, Y., vgl. Kobayashi,
Y. 103
Hardy, G. E., Zink, J. I., Kaska,
W. C., u. Baldwin, J. C. 752
Harger, M. J. P. 597, 598
–, u. Stephen, M. A. 597, 598
Hargis, J. H., u. Alley, W. D.
393, 453
–, u. Mattson, G. A. 369, 400,
407, 410

Massa, W., vgl. Becker, G. 33,34
Massy-Westropp, R.A., vgl.
  Gara, A.P. 711
Mastalerz, P., vgl. Soroka, M. 323
Mastryukova, T.A., vgl. Aladz-
  heva, I.M. 500, 540, 541
–, Aladzheva, I.M., Leonteva,
  J.V., Petrovski, P.V., Fedin,
  E.J., u. Kabachnik, M.J. 820
–, –, Matrosov, E.I., u. Kabach-
  nik, M.I. 541
–, –, Suerbaev, K.A., Matrosov,
  E.I., u. Petrovskii, P.V. 500
–, vgl. Kabachnik, M.I. 402
–, vgl. Nifant'ev, É. E. 293
Masumura, M., vgl. Yoshino,
  N. 473
Mathewes, D.A., vgl. Quin,
  L.D. 171
Mathews, R.J., vgl. Butcher, M.
  712
Mathey, F. 83, 818
–, vgl. Charrier, C. 238, 239
–, vgl. Holand, S. 298
–, u. Mercier, F. 170
–, –, u. Charrier, C. 78
–, –, u. Santini, C. 170
–, u. Muller, G. 177
–, vgl. Nief, F. 83, 92, 93
Mathiasch, B. 133
–, u. Draeger, M. 133
Mathiason, D.R., u. Miller,
  N.E. 544, 646f.
Mathis, F., vgl. Boudjebel, H.
  386, 448, 449, 466, 470, 471
–, vgl. Burgada, R. 418
–, vgl. Goncalves, H. 420, 421,
  449, 470
–, vgl. Lafaille, L. 439
–, vgl. Sanchez, M. 443, 458
Mathys, G., vgl. Ykman, P. 745,
  741
Matouek, J. 330
Matough, M.F.S., vgl. Downie,
  I.M. 103
Matrosov, E.I., vgl. Bondarenko, N.A. 139
–, vgl. Mastryukova, T.A. 500,
  541
–, vgl. Nifant'ev, E.E. 327, 336
Matschiner, H., Krause, L., u.
  Krech, F. 182
–, Krech, F., u. Steinert, A. 211
–, u. Tannenberg, H. 172, 191,
  197, 200, 230
–, vgl. Tzschach, A. 172
–, Tzschach, A., u. Matuschke,
  R. 172, 191
–, –, u. Steinert, A. 172
Matsui, M., vgl. Mori, K. 732,
  734, 735
Matsumoto, K., vgl. Bondinell,
  W.E. 712

Matsuo, T., vgl. Mori, K. 735
Matsuura, H., vgl. Yoshida, Y.
  669, 671, 687
Matthes, D. 87, 104, 105
–, vgl. Märkl, G. 82, 87, 104,
  105, 178, 780
Matthews, C.N., vgl. Birum,
  G.H. 498, 536, 549 757,
  764, 774, 776, 777
–, u. Birum, G.H. 757, 758
–, vgl. Driscoll, J.S. 541, 579
–, Driscoll, J.S., u. Birum, G.H.
  757
Mattson, G.A., vgl. Hargis,
  J.H. 369, 400, 407, 410
Matuschke, R., vgl. Matschiner,
  H. 172, 191
Matveev, I.S. 24, 25
Matveeva, L.V., vgl. Nifant'ev,
  E.E. 323
Matyusha, A.G., vgl. Kolotilo,
  M.V. 271, 435, 437, 445
–, vgl. Shokol, V.A. 428, 471
Matzura, H., vgl. Wittig, G. 524
Maul, R., vgl. Zinke, H. 467
Maurin, R., vgl. Gras, J.L. 732
Mavel, G. 11, 12,816
Maxwell, W., vgl. Petragnani,
  N. 557
Mayer, N., Pfahler, G., u. Wie-
  zer, H. 438
Mayo, H.P., vgl. Dyke, R. 326
Mazanec, T.J., vgl. Uriate, R.
  115, 133
Mazepa, I.K., vgl. Feshchenko,
  N.G. 171
Mazour, Z. 375
–, u. Brunetti, H. 376
Mead, R.W., vgl. Warner, P.F.
  467
Meads, R.E., vgl. Osborne,
  A.G. 154
Meana, M.C., vgl. Greene,
  A.E. 733
Mebazaa, M.H., vgl. Simalty,
  M. 501
Mechoulan, R., u. Sondheimer,
  F. 707
Meck, D.W., vgl. Kordosky, G.
  200
Medda, P.K., vgl. Baudler, M. 196
Medvedeva, M.D., vgl. Pudo-
  vik, M.A. 301, 383, 421,
  422, 423, 433, 434, 435, 440,
  442, 446, 452, 453, 455, 461,
  462, 463
Meek, D.W., vgl. Berglund, D.
  493
–, vgl. Cloyd, J.C. 137
–, vgl. Uriate, R. 115, 133
Meffert, A., vgl. Burger, K. 620
Megera, I.V., vgl. Bukachuk,
  O.M. 517, 519, 521, 562

–, vgl. Shevchuk, M.I. 517, 519,
  561, 725
–, vgl. Tolochka, A.F. 672, 689
Megson, F., vgl. Stockel, R.F.
  574, 621
Mehesfahvi, C., vgl. Ambrus,
  G. 734
Mehrotra, S.K., vgl. Cowley,
  A.H. 389, 391, 476
Meier, G.P., vgl. Vedejs, E.
  713, 714
Meier, W.P., vgl. Lindner, E. 266
Meinel, L., vgl. Mardersteig,
  H.G. 212
–, vgl. Nöth, H. 212, 268
Meinhardt, N.A. 214, 216
Meinwald, J., u. Seeley, D.A. 727
Meisei. Chemical Works 678
Meissner, U.E., Genster, A.,
  u. Staats, H.A. 725
Melcher, K., vgl. Steininger, E.
  186
Meller, A., vgl. Klingebiel, U.
  66, 393
Mellows, G., vgl. Barton,
  D.H.R. 730
Melnichuk, E.A., vgl. Feshchenko, N.G. 191, 193, 284
Melnikov, N.N., Chaskin, B.A.,
  u. Petruchenko, N.B. 460
–, vgl. Grapov, A.F. 397, 482,
  486,819
–, vgl. Italinskaya, T.L. 384,
  462, 463
–, vgl. Khaskin, B.A. 513
–, Khaskin, B.A., u. Petruchenko, N.B. 477
–, –, u. Tuturina, N.N. 513
–, vgl. Mandelbaum, Ya.A. 329
–, vgl. Negrebetskii, V.V. 35
–, vgl. Petrina, N.B. 501
–, vgl. Shvestov-Shilovskii, N.I.
  28, 35,817, 821
–, Tuturina, N.N., u. Khaskin,
  B.A. 513
–, vgl. Vasil'ev, A.F. 35, 36, 37,
  384, 414
Mennenga, H., vgl. Kurras, E. 703
Mentrup, A., vgl. Horner, L. 6
Mentsalova, F.F., vgl. Nifantev,
  E.E. 458
Mercer, A.J.H., vgl. Hands,
  A.R. 749
–, vgl. Mann, F.G. 235
Mercier, F., vgl. Mathey, F. 78,
  170
Merlini, L., vgl. Cardillo, G. 725
Mervic, M., u. Ghera, E. 735
Merz, A. 73, 76, 81, 85, 94,
  101, 787, 788, 792
–, vgl. Märkl, G. 76, 77, 81, 86,
  95, 96, 98, 101, 712, 784,
  786, 787, 788, 791, 810

Sachregister

Wegen der Kompliziertheit vieler Verbindungen wurde das Sachregister nach Stammverbindungen geordnet. Entstehende Verbindungen wurden grundsätzlich aufgenommen. Kursiv gesetzte Seitenzahlen weisen auf Umwandlungen hin. Substituenten werden in alphabetischer Reihenfolge genannt, wobei die Vorsilben Di, Tri, Tetra usw. sowie Bis, Tris usw. mit in das Alphabet einbezogen wurden. Nähere Einzelheiten zur Nomenklatur s. S. 3–5. Dicarbonsäure-anhydride bzw. -imide sind als Substituenten, selten als zusätzliches Ringsystem registriert. Allen cyclischen und spirocyclischen Verbindungen sind Strukturformeln vorangestellt.

Die Verbindungen und Begriffe der Punkte A und Es sind alphabetisch geordnet. Bei der Einordnung der Verbindungen innerhalb der Punkte B–D hat der kleinste Ring Vorrang vor den größeren, der weniger komplizierte vor den komplizierteren, innerhalb desselben Ringsystems erfolgt die Einordnung nach Carbo, Monohetero (O, S, N usw.), Dihetero usw., sowie nach Oxidationsgrad; z.B. Cyclohexadien vor Benzol.

Fettgedruckte Seitenzahlen weisen auf Vorschriften hin. Die Bandnummern sind ebenfalls fett gedruckt.

Inhalt

A. Offenkettige Verbindungen

A

Acetat
(Trimethyl-phosphoniono)- **XII/1**, 107

Aceton
1,3-Bis-[triphenylphosphoranyliden]- **E1**, *545, 723*
Phenyl- **E1** 691

Acetylen
s. u. Ethin

Acrylsäure
3-Cyclohexyl- ; -methylester **E1**, 696

Alkadiensäure
-ester **E1**, 697

Alkan
1,ω-Bis-[alkalimetall-phosphano]- **E1**, *235*
Bis-[alkoxy-hydroxy-phosphinoxy]- **E1**, 327
1,ω-Bis-[(ω-brom-alkyl)-diorgano-phosphaniono]- **E1**, 497
1,2-Bis-[triorganophosphoranyliden]- **E1**, 621
1,3-Bis-[triphenylphosphonio]-2-oxo- ; -dihalogenide **E1**, 764
Bis-[triphenylphosphoranyliden]- **E1**, *718*
1,ω-Bis-[triphenylphosphoranyliden]-2,(ω-1)-dioxo- **E1**, 667

Alkansäure
2,4-Bis-[triphenylphosphoranlyiden]-3-oxo- ; -methylester **E1**, 764
3-Oxo- ; -ester **E1**, 764

1-Alken
1-Acyl-1-halogen- **E1**, 720
1,2-*cis*-Bis-[diorganophosphano]- **E1**, 121
1,2-Bis-[triorganophosphoniono]- **E1** 181
1,1-Difluor- **E1**, 699
1,1-Dihalogen- **E1**, 720
1-Phenyl- **E1**, 696

2-Alken
1-Hydroxy- **E1**, 717

2-Alkenale E1, 273, 722

2-Alkensäure
2-Halogen **E1**, 720
3-Methoxycarbonylamino-3-oxo- ; -methylester **E1**, 741

4-Alkensäure
3-Oxo- ; -ester **E1**, 764

2-Alkinsäure
-ester **E1**, 764
-methylester
    aus (1-Methoxycarbonyl-2-oxo-alkyliden)-triphenyl-phosphoran durch Pyrolyse **E1**, **685**

Allene E1, 738, 775
Phenyl-
    aus Ethyliden-triphenyl-phosphoran und Benzaldehyd **E1**, **739**
Thiocyanat- **E1**, 698

Aluminat
Trimethyl-(trimethylphosphoniono-methyl)- **E1**, 700

Aluminium
Tris-[α-benzoylphosphanyliden-benzyloxy]- **E1**, 33

Amin
Acetyl-bis-[difluorphosphano]- **E1**, 371
Alkyl-bis-[diaryloxyphosphano]- **E1**, 447
Alkyl-bis-[dichlorphosphano]- **E1**, 370
Alkyl-bis-[difluorphosphano]- **E1**, 370f.
Alkyl-bis-[dijodphosphano]- **E1**, 371f.
Aryl-bis-[dichlorphosphano]- **E1**, 371, 395
Bis-[alkoxy-chlor-phosphoryl]- **E1**, 382
Bis-[bis-(dimethylamino)-phosphano]-ethyl- **E1**, 481f.
Bis-[bis-(dimethylamino)-phosphano]-methyl- **E1**, 481f.
Bis-[bis-(methylthio)-phosphano]-methyl- **E1**, 472
Bis-[bis-(trifluormethyl)-phosphano]- **E1**, 268
Bis-[tert.-butyl-methyl-phosphano]- **E1**, 268
Bis-[chlor-dimethylamino-phosphano]-methyl- **E1**, 482, *483*
Bis-[chlor-methyl-phosphano]-methyl- **E1**, 289
Bis-[dibromphosphano]-methyl- **E1**, *398*
Bis-[dichlorphosphano]- **E1**, *364*
Bis-[dichlorphosphano]-tert.-butyl- **E1**, *396*
Bis-[dichlorphosphano]-(4-chlor-phenyl)- **XII/2**, 126
Bis-[dichlorphosphano]-ethyl- **E1**, 395, *398, 481f.*
Bis-[dichlorphosphano]-(4-methoxy-phenyl)- **XII/2**, 126, *130*; **E1**, *483*
Bis-[dichlorphosphano]-methyl- **E1**, 365, 371, 372, *381, 396, 398, 472, 481f.*
  aus Methylamin-Hydrochlorid und Phosphor(III)-chlorid **E1**, 370
Bis-[dichlorphosphano]-(4-methyl-phenyl)- **E1**, *396*
Bis-[dichlorphosphano]-phenyl- **E1**, *482*
  aus Anilin-Hydrochlorid und Phosphor(III)-chlorid **XII/2**, **126**
Bis-[diethoxyphosphano]-methyl- **E1**, 447
Bis-[difluorphosphano]-methyl- **E1**, *368*
  aus Bis-[dichlorphosphano]-methyl-amin und Antimon(III)-chlorid **E1**, **371**
Bis-[dimethylphosphano]- **XII/1**, 216
Bis-[diphenylphosphano]- **E1**, 268, 537
  aus Chlor-diphenyl-phosphan und Hexamethyl-disilazan **E1**, **269**
Bis-[diphenylphosphano]-methyl- **E1**, 268
Bis-[fluor-methoxy-phosphano]-methyl- **E1**, 385
Bis-[(4-methoxy-phenylimino)-phosphano]-(4-methoxy-phenyl)- **XII/2**, 130
Bis-[1,3,2-oxazaphosphol-2-yl]- **E1**, 382
Bis-[3-phenyl-1,3,2-phospholan-2-yl]-phenyl- **E1**, 463
Bis-[tetrachlorphosphorano]-methyl- **E1**, *372*
(Diethoxy-phosphano)-(diethoxy-phosphoryl)-methyl- **XII/2**, 122
Tris-[bis-(trifluormethyl)-phosphano]- **E1**, 268
Tris-[dimethylphosphano]- **XII/1**, 216

Aminosäuren
N-(Triphenylphosphoniono-acetyl)- **E1**, 561
N-[2-Triphenylphosphoniono-ethoxycarbonyl)- **E1**, 504, 561

Ammonium
Bis-[2-diphenylphosphano-ethyl]- **E1**, 137

Arene
Bis-[dichlor-phosphanoxy]- **E1**, 354

B

Benzoat
2-(2-Oxo-2-phenyl-1-triphenylphosphoniono-ethylazo)- **E1**, 579
2-(2-Oxo-1-triphenylphosphoniono-propylazo)- **E1**, 579

Bernsteinsäure
Alkyliden- ; -diestern **E1**, 709
Bis-[triphenylphosphoranyliden]- ; -dimethylester
  aus Triphenylphosphan und Acetylendicarbon-säure-dimethylester **E1**, **622**
(4-Hydroxy-aryl)- **E1**, 692
Methyl-triphenylphosphoranyliden- ; -anhydrid **E1**, 620
Triphenylphosphoranyliden- ; -anhydrid
  aus Maleinsäureanhydrid und Triphenylphosphan **E1**, **620**

Biphosphan s.u. Diphosphan

Boran
Dimethylphosphano- **E1**, 169

Borat
Trihydro-(1-trimethylphosphoniono-methyl)-
  aus Methylen-trimethyl-phosphoran und Tetra-hydrofuran-Boran **E1**, 579
Triphenyl-(triphenylphosphoniono-triphenylphos-phoranyliden-methyl)- **E1**, 579

2,3-Butadiensäure
2-Methyl- ; -ethylester
  aus (1-Ethoxycarbonyl-ethyliden)-triphenyl-phosphoran und Acetylchlorid **E1**, **697**

Butan
2,3-Bis-[bis-(trifluormethyl)-phosphano]-1,1,1,3,3,3-hexafluor- **E1**, 121
1,4-Bis-[dibenzylphosphano]- **E1**, *497f.*
1,4-Bis-[dichlorphosphano]- **E1**, 284
1,4-Bis-[dicyclohexylphosphano]- **XII/1**, 24
1,4-Bis-[diethylphosphinyl]- **XII/1**, 162
1,4-Bis-[diethyl-phenyl-phosphoniono]- ; -dijodid **XII/1**, 86
2,3-Bis-[diphenylphosphano]- **E1**, 140
1,4-Bis-[diphenylphosphinyl]- **XII/1**, 152
1,4-Bis-[ethyl-phenyl-phosphano]- **XII/1**, 24, *86*
1,4-Bis-[ethyl-phenyl-phosphinyl]- **XII/1**, 143
1,4-Bis-[ethylphosphano]- **E1**, 166, *260*
1,4-Bis-[ethyl-thiophosphoranyl]-
  aus 1,4-Bis-[ethylphosphano]-butan und Schwefel **E1**, **260**
1,4-Bis-[hydroxy-phenyl-phosphano]- **E1**, 242
1,4-Bis-[lithium-phenyl-phosphano]- **XII/1**, 24
1,4-Bis-[methyl-phenyl-phosphano]- **XII/1**, 19
1,4-Bis-[methyl-phosphano]- **E1**, *242*
1,4-Bis-[phenylphosphano]- **XII/1**, *19*, 22, 24; **E1**, 242
1,4-Bis-[phenylphosphoranyliden]-1,4-bis-[tri-methylsiloxy]- **E1**, *194*
1,4-Bis-[phosphano]- **E1**, 135, 166
1,4-Bis-[triphenylphosphoniono]- ; -dibromid **XII/1**, 86
1,4-Bis-[triphenylphosphoranyliden] *719*

Butanol
4-Triphenylphosphoniono- **E1**, 579

Dichlor-methyl-
  XII/1, *36, 246*, 305, 307, 310, 316, *324, 339,*
    399, 602; **E1**, *25, 31, 49, 156, 169, 202, 223,*
    232, 235, 245, *273,* 275, 277 f., *283, 285,*
    287 ff., 290, 294 f., 299 f., 305 f., 311 f.,
    397, 494, 525
  aus Methan-thiophosphonsäure-dichlorid und
    Tributyl-phosphan **XII/1**, **307**
  aus Methyl-tetrachlor-phosphoran-Aluminium-
    chlorid-Komplex und Aluminium-Kalium-
    chlorid-Schmelze **XII/1**, **306**
  aus Phosphor(III)-chlorid, Aluminiumchlorid
    und Methylchlorid **XII/1**, **306**; **E1**, **278**
Dichlor-(3-methyl-butyl)- **XII/1**, 311
Dichlor-(2-methyl-phenyl)- **XII/1**, 309, 312
  aus Bis-[2-methyl-phenyl]-quecksilber und Phos-
    phor(III)-chlorid **XII/1**, **308**
Dichlor-(3-methyl-phenyl)- **XII/1**, 312
Dichlor-(4-methyl-phenyl)- **XII/2**, 37, 312, *339*, **E1**,
  aus Phosphor(III)-chlorid, Toluol, Aluminium-
    chlorid und Phosphoroxychlorid **XII/1**, **315**
Dichlor-(2-methyl-propyl)- **XII/1**, 311
  aus (2-Methyl-propyl)-phosphan und Phosgen
    XII/1, **303**
Dichlor-naphthyl- **XII/1**, 312
Dichlor-2-naphthyl- **XII/1**, 312, 314
Dichlor-octyl- **XII/1**, 304, 311
Dichlor-(pentafluor-phenyl)- **E1**, 227, 279, *311*
Dichlor-(pentamethyl-cyclopentadienyl)- **E1**, 280
Dichlor-pentyl- **XII/1**, 311
Dichlor-(4-phenoxy-phenyl)- **XII/1**, 37
Dichlor-phenyl- **XII/1**, 20, *36 ff., 39, 41 f., 58, 60,*
  130, 138, 190 f., 204 f., 230, 232, 246, 303 f.,
  309, 312 f., *317, 337, 340;* **E1**, *19, 49, 153 f.,*
  157 f., 159, 165, 168, 194, 202, 226 ff., 232,
  246 f., 273, 284, 285 f., 290, 294 f., 300, 308,
  310 ff., 526, 624, 647
  aus Phosphor(III)-chlorid und
    Benzol/Aluminiumchlorid **XII/1**, **315, 316**
    Benzolphosphonigsäure **XII/1**, **302**
    Chlorbenzol **E1**, **276**
Dichlor-(2-phenyl-ethyl)- **E1**, *248*
Dichlor-(2-phenyl-1-propenyl)- **E1**, 282
{[(2,5-Dichlor-phenyl)-trimethylsilyl-amino]-(phe-
  nyl-trimethylsilylphosphano)-methylen}-phe-
  nyl- **E1**, 41
Dichlor-(2-phenyl-vinyl)- **XII/1**, 305
  aus Styrol und Phosphor(V)-chlorid/Phosphor
    (III)-chlorid **E1**, **282**
Dichlor-propyl- **XII/1**, 311, **E1**, 227
Dichlor-thienyl- **XII/1**, 313 f., **E1**, *154,* 279, *285*
Dichlor-(2,4,6-tri-tert.-butyl-phenyl)- **E1**, *70*
Dichlor-trichlormethyl- **XII/1**, 304 f.
  aus Dichlor-methyl-phosphan, Chlor und Dichlor-
    methoxy-phosphan **XII/1**, **307**
Dichlor-trifluormethyl- **XII/1**, 306, **E1**, *273*
Dichlor-(2,2,4-trimethyl-1-pentenyl)-
  aus 2,4,4-Trimethyl-1-penten, Phosphor(V)-
    chlorid und Phosphor **XII/1**, **305**
Dichlor-(2,4,6-trimethyl-phenyl)- **XII/1**, *37*
Dichlor-(α-trimethylsilyl-benzyl)- **E1**, *31*
Dichlor-(4-trimethylsilyl-phenyl)- **E1**, 280
Dichlor-trioctyl- **XII/1**, *58*
Dichlor-triphenyl- **XII/1**, *58, 203*
Dichlor-triphenylmethyl- **XII/1**, 302
Dichlor-vinyl- **XII/1**, *36,* 311; **E1**, 282
Dicyan-ethoxy- **XII/2**, 19, *512*
Dicyanmethylen-triphenyl-
  aus Dicyanmethylen-diphenyl-sulfuran und Tri-
    phenylphosphan **E1**, **623**

(2,2-Dicyan-1-methyl-vinyl)-diphenyl- **E1**, 107
Dicyan-propyloxy-
  aus Phosphorigsäure-dichlorid-propylester und
    Silbercyanid **XII/2**, **19**
Dicyan-trifluormethyl- **E1**, *184*
Dicyclohexyl- **XII/1**, 26, 46, 56, 62 f.; **E1**, *127, 130,*
  161, 264, 492
Dicyclohexyl-diethylamino-
  aus Chlor-dicyclohexyl-phosphan und Diethyl-
    amin **XII/1**, **214**
Dicyclohexyl-diethylaluminium- **E1**, 141
Dicyclohexyl-dimethylamino- **E1**, *205*
Dicyclohexyl-(4-diphenylarsano-butyl)- **E1**, 136
Dicyclohexyl-ethoxycarbonyl- **XII/1**, 74
Dicyclohexyl-ethyl- **XII/1**, 38
Dicyclohexyl-(2-hydroxy-ethyl)-
  aus Lithium-dicyclohexyl-phosphid und Oxiran
    XII/1, **25**
Dicyclohexyl-[α-(α-imino-benzylimino)-benzyl]- **E1**,
  146
Dicyclohexyl-lithiummethyl- **E1**, *176*
Dicyclohexyl-methyl- **E1**, *176*
Dicyclohexyl-(4-methyl-phenyl)-phenyl- **E1**, 138
Dicyclohexyl-phenyl- **E1**, 153
Dicyclohexyl-phenylethinyl- **E1**, 136
Dicyclohexyl-phenylthio-
  aus Diphenyldisulfan und Dicyclohexylphosphan/
    Hydrochinon **E1**, **264**
Dicyclohexyl-trichlormethyl- **E1**, 131, 193
Dicyclohexyl-trimethylsilyloxy- **E1**, *207*
Dicyclohexyl-triphenylmethyl- **E1**, 157
Dideutero-trifluormethyl- **E1**, 171
Diethoxy- **E1**, *291*
Diethoxy-ethyl- **XII/1**, 253, 255, 326, 328 ff., *581, 604*
Diethoxy-(1-ethyl-1,2-dihydro-2-pyridyliden-
  amino)- **E1**, *528 f.*
Diethoxy-(1-hydroxy-ethyl)- **XII/2**, *64*
Diethoxy-indenyl- **XII/1**, 256
Diethoxy-(4-methoxy-phenyl)- **XII/1**, 256, 327
Diethoxy-methyl- **XII/1**, 326, **E1**, 294
Diethoxy-(4-methyl-phenyl)- **XII/1**, 327
Diethoxy-phenyl- **XII/1**, 62, 255 f., *259, 321,* 326,
  328 ff., *581;* **E1**, *286, 295,* 296
  aus Dichlor-phenyl-phosphan, Ethanol und Di-
    methylamin **XII/1**, **325**
Diethoxy-phenylethinyl- **E1**, *170*
Diethoxyphosphoryl-tributylphosphanyliden)- **E1**,
  70 f.
  aus Tris-[diethoxyphosphoryl]-phosphan/Tri-
    butyl-phosphan **E1**, **71**
Diethoxyphosphoryl-(triethylphosphanyliden)-
  E1, 70 f.
Diethoxy-propyl- **XII/1**, 326
Diethyl- **XII/1**, 58 f., *73;* **E1**, *107 f., 113, 115, 120,*
  128 f., 172
  aus Chlor-diethyl-phosphan und Kalium **XII/1**, **57**
  aus Tetraethyl-diphosphan-1,2-bis-sulfid und
    Lithium-aluminiumhydrid **XII/1**, **63**
Diethylamino-diphenyl- **E1**, 255, 265, *527*
(2-Diethylamino-ethoxy)-ethoxy-phenyl-
  aus Diethylamino-ethanol und Chlor-ethoxy-
    phenyl-phosphan **XII/1**, **327**
Diethylamino-ethoxy-ethyl- **XII/1**, 335
Diethylamino-ethoxy-phenyl- **E1**, 300
(2-Diethylamino-ethyl)-diphenyl- **E1**, 137
Diethylamino-ethyl-ethylthio- **E1**, 307
Diethylamino-ethyl-phenyl- **E1**, *258*
Diethylamino-fluor-(4-methyl-phenyl)- **E1**, 291
Diethylamino-(2,2,3,3,4,4,4-heptafluor-butyloxy)-
  heptafluorpropyl- **E1**, 301

Phosphan (Forts.)
Diphenyl-(methylamino-thiocarbonyl)- **E1**, 130
Diphenylmethylen-organo- **E1**, *51*
Diphenyl-(2-methyl-propylthio)- **XII/1**, *171*
Diphenyl-(methylthio-methyl)- **E1**, 155
Diphenyl-1-naphthyl- **XII/1**, *46*, **E1**, 139, *172*
Diphenyl-(natriumoxycarbonyl)- **XII/1**, 74
Diphenyl-(2-nitro-1-phenyl-ethyl)- **E1**, 119
Diphenyl-octyl- **XII/1**, 38
Diphenyl-(2-oxo-propyl)- **E1**, 112
(1,3-Diphenyl-3-oxo-propyl)-phenyl- **E1**, 146
Diphenyl-(pentachlor-phenyl)- **E1**, 155
Diphenyl-phenoxy- **XII/1**, *132, 151, 200*; **E1**, 258
    aus Phosphorigsäure-dichlorid-phenylester und
    Phenyl-magnesiumchlorid **XII/1**, **210**
Dimethyl-phenyl- **E1**, *527*
Diphenyl-phenylethinyl- **XII/1**, 39
(*E,E*)-Diphenyl-(4-phenyl-1,3-butadienyl)- **E1**, 170
Diphenyl-phenylethinyl- **E1**, *501*
Diphenyl-(1-phenyl-propyl)- **E1**, 160
Diphenyl-(α-phenylsulfonylamino-benzyl)- **E1**, 129
Diphenyl-phenylthio- **E1**, 265
Diphenyl-(1-phenyl-vinyl)- **E1**, 620f.
Diphenyl-(2-phenyl-vinyl)- **E1**, 121, 146
(2-Diphenylphosphano-ethyl)-phenyl- **E1**, 114
Diphenyl-(phosphano-methyl)- **E1**, 166
(Diphenyl-phosphano)-(α-trimethylsilyl-benzy-
    liden-
    aus Chlor-(phenyl-trimethylsilyl-methy-
    len)-phosphan und Diphenylphosphan **E1**, **32**
Diphenyl-(phthalimido-methyl)- **E1**, 111
Diphenyl-piperidino- **XII/1**, 214, *287*
Diphenyl-1-pyridyl- **XII/1**, 39
Diphenyl-2-pyridyl- **XII/1**, *86*
Diphenyl-(2-pyridylamino)- **XII/1**, 214
Diphenyl-pyrrolidino- **E1**, *256*
Diphenyl-2-thienyl- **E1**, *522*
Diphenyl-tributylstannyl- **E1**, 109, 112, 141
Diphenyl-trichlormethyl- **E1**, 131, *193*, 251
Diphenyl-triethylgermanyl- **E1**, 141
Diphenyl-triethylstannyl- **XII/1**, 78
Diphenyl-trifluoracetyl- **E1**, 137
Diphenyl-trifluormethyl- **E1**, 129
Diphenyl-(3,3,3-trifluor-propinyl)- **E1**, 155
Diphenyl-trimethylgallium- **E1**, 141
Diphenyl-trimethylsilyl- **XII/1**, 78; **E1**, *149f., 187f.,*
    252
Diphenyl-(trimethylsilyl-acetyl)- **E1**, 120
Diphenyl-(trimethylsilyl-ethinyl)- **E1**, 155, 177
Diphenyl-(trimethylsilyl-methyl)- **E1**, *159*
Diphenyl-trimethylsilyloxy- **E1**, *243, 257*
Diphenyl-(1-trimethylsilyloxy-vinyl)- **E1**, 120
Diphenyl-triphenylgermanyl-
    aus Diphenyl-phosphan mit Triphenyl-
    germaniumbromid **E1**, **108**
Diphenyl-triphenylstannyl- **E1**, 109
Diphenyl-vinyl- **XII/1**, 39, **E1**, *146, 177*
Diphenyl-(4-vinyl-phenyl)- **XII/1**, 39
Dipiperidino-naphthyl- **XII/1**, 297
Dipiperidino-phenyl- **XII/1**, 38, *233, 597*
    aus Dichlor-phenyl-phosphan und Piperidin
    XII/1, **335**
Dipropylamino-trimethylsilylimino- **E1**, 187
Dipropyl-(4-ethyl-phenyl)- **XII/1**, 37
Dipropyl-(methoxycarbonyl-methyl)- **E1**, 163
Dipropyl-(4-methoxy-phenyl)- **XII/1**, 37
Dipropyloxy-ethyl- **XII/1**, 326, 329
Dipropyloxy-methyl- **XII/1**, 326
Dipropyloxy-(4-methyl-phenyl)- **XII/1**, 327
Dipropyloxy-phenyl- **XII/1**, *256*, 326, 329

Dipropyloxy-propyl- **XII/1**, *255*, 326
Dipropyl-phenyl- **XII/1**, 37
Dipropyl-trichlormethyl- **E1**, 131
Di-2-pyridyl-phenyl- **XII/1**, *86*
Di-2-thienyl-phenyl- **E1**, *522*
Divinyl-phenyl- **XII/1**, 37
Dodecyl- **XII/1**, 62, *297*, **E1**, 107, *161*
Eicosyl- **E1**, *116f.*
Ethinyl- **E1**, 121, 158
(2-Ethoxy-ethyl)-ethyl-phenyl- **XII/1**, 23
Ethoxy-ethyl-phenoxy- **XII/1**, 331
Ethoxy-(2-ethylthio-ethoxy)- **XII/2**, 89
Ethoxy-(2-ethylthio-ethoxy)-methyl- **XII/1**, 331
Ethoxy-ethylthio-phenyl-
    aus Chlor-ethoxy-phenyl-phosphan und Ethan-
    thiol **E1**, **298**
Ethoxy-methoxy-2-tetrahydrofuryl- **XII/2**, 37
Ethoxy-methyl-octyloxy- **XII/1**, 331
Ethoxy-methyl-phenyl- **XII/1**, 209
Ethyl- **XII/1**, 18, 23, 45; **E1**, 135
    aus Monolithium-phosphid und Ethylbromid
    XII/1, **21**
(1-Ethyl-1,3-benzothiazolium-2-yl)-(1-ethyl-1,2-di-
    hydro-1,3-benzothiazol-2-yliden)- ; -tetra-
    fluoroborat **E1**, 36, 44
(1-Ethyl-chinolinium-2-yl)-(1-ethyl-1,2-dihydro-
    chinolin-2-yliden)- ; -tetrafluoroborat bzw. -per-
    chlorat **E1**, 46
(1-Ethyl-chinolium-2-yl)-(3-ethyl-6-methoxy-1,2-
    dihydro-1,3-benzothiazol-2-yliden)- ; -perchlorat
    E1, 46
(3-Ethyl-1,2-dihydro-1,3-benzothiazol-2-yliden)-
    (1-ethyl-4-methyl-chinolium-2-yl)- ; -perchlorat
    E1, 46
Ethyl-ethylthio-(2-phenyl-hydrazino)- **E1**, 307
Ethyl-(4-hydroxy-butyl)-phenyl-
    aus Diphenyl-ethyl-phosphan/Lithium und tert.
    Butylchlorid **E1**, **138**
Ethyl-(5-hydroxy-pentyl)-phenyl- **E1**, 139
Ethyl-(3-hydroxy-propyl)-phenyl- **E1**, 115
Ethylidin- **E1**, 24
Ethyl-isopropyl-(2-methyl-isopropyl)- **XII/1**, 19
Ethyl-isopropylthio-(2-phenyl-hydrazino)- **E1**, 307
Ethyl-(2-methoxymethyl-benzyl)-phenyl- **XII/1**, 23
Ethyl-(4-methoxy-phenyl)-phenyl- **XII/1**, *81*
Ethyl-methyl- **XII/1**, 63, 65
Ethyl-(4-methyl-phenoxy)-phenyl- **E1**, 258
Ethyl-methyl-phenyl- **XII/1**, 50, 52ff., **E1**, 160, *256*
Ethyl-(4-methyl-phenyl)- **XII/1**, 39
(4-Ethyl-phenyl)- **XII/1**, 65
Ethyl-phenyl- **E1**, *115, 183*
Ethyl-phenyl-(3-triethoxysilyl-propyl)- **E1**, 136
Ethyl-phenyl-(2,2,2-trifluor-ethoxy)- **E1**, 258
Ethyl-phenyl-trimethylsilyl- **E1**, *187*
Ethyl-(2-propinyloxy)- **XII/1**, 326
Fluormethylidin- **E1**, 25, 28
Fluor-phenyl-(2,2,2-trifluor-1-trifluormethyl-
    ethoxy)- **E1**, 286
{[(2-Fluor-phenyl)-trimethylsilyl-amino]-(phenyl-
    trimethylsilylphosphano)-methylen}-phenyl-
    E1, 41
(Heptafluor-isopropyl)-jod-(pentafluor-ethyl)- **E1**,
    250f.
Heptyl- **XII/1**, 23
    aus Kalium, Phosphor-Wasserstoff in Ammoniak
    und Heptylbromid **XII/1**, **20**
Hexafluor-1-hydroxy-cyclobutyl- **E1**, 123
(5-Hexenyl)-phenyl- **E1**, *118*
Hexyl- **XII/1**, 62
Hexyl-diphenyl- **XII/1**, 38

Phosphonium (Forts.)

Dimethyl-phenyl-(2-phenyl-ethyl)- ; -hydroxid
   XII/1, *148*

(2,2-Diorgano-1-methyl-hydrazino)-triphenyl- ; -jo-
   dide **E1**, 553

(2,3-Dioxo-1-methyl-3-phenyl-propyl)-triphenyl- ;
   -bromid **E1**, 503

(3,3-Diphenyl-allenyl)-triphenyl- ; -bromid **E1**, *762*

(5,5-Diphenyl-4,5-dihydro-3H-pyrazol-3-yl)-tri-
   phenyl- ; -bromid **E1**, 570

Diphenyl-di-2-thienyl- ; -bromid **E1**, 522

Diphenyl-ethoxycarbonyl-methyl- ; -jodid **XII/1**, 83

Diphenyl-ethyl-methyl- ; -hydroxid **XII/1**, *148*

Diphenyl-ethyl-methyl- ; -jodid **XII/1**, *52*

(2,2-Diphenyl-ethyl)-tributyl- ; -hydroxid **XII/1**, *146*

(1,2-Diphenyl-ethyl)-triphenyl- ; -bromid **E1**, 543
   aus Benzyliden-triphenyl-phosphoran/Benzyl-
     bromid **E1**, **544**

Diphenyl-(2-hydroxy-ethyl)-methyl- ; -jodid **XII/1**,
   83

Diphenyl-isopropenyl-methyl- ; -jodid **E1**, *566*

Diphenyl-methoxy-methyl- ; -trifluormethansulfonat
   E1, 527f.

Diphenyl-methyl-(1-methyl-2-piperidino-ethyl)- ;
   -jodid **E1**, 566

Diphenyl-methyl-phenoxy- ; -jodid **XII/1**, 132

(4-Diphenylmethyl-phenyl)- **E1**, 510

(4-Diphenylmethyl-phenyl)-tributyl- **E1**, 511

(4-Diphenylmethyl-phenyl)-triphenyl- **E1**, 511

Diphenylmethyl-triphenyl- ; -bromid
   aus Brom-diphenyl-methan und Triphenyl-phos-
     phan **XII/1**, **84**

(1,2-Diphenyl-2-oxo-ethyl)-triphenyl- ; -bromid **E1**,
   502

(1-Diphenylphosphano-1-methyl-ethyl)-triphenyl- ;
   -chlorid **E1**, 549

(Diphenylphosphano-triphenylphosphoranyliden-
   methyl)-triphenyl- ; -chlorid **E1**, *536*, 549

(1-Diphenylphosphinyl-alkyl)- **E1**, 549

(2-Diphenylphosphinyl-ethyl)-triphenyl- ; -jodid **E1**,
   565

(Diphenylphosphinyl-methyl)-triphenyl- ; -tosylat
   E1, 513

(2-Diphenylphosphinyloxy-1-propenyl)-triphenyl- ;
   -chlorid **E1**, 647

(3,3-Diphenyl-propadienyl)-triphenyl- ; -bromid
   E1, 564

(2,6-Diphenyl-4H-pyran-4-yl)-triphenyl- **E1**, 512

(1,2-Diphenyl-2-sulfino-vinyl)- ; -betaine **E1**, 574

(1,2-Diphenyl-2-sulfo-vinyl)- ; -betaine **E1**, 574

[1-(Diphenyl-thiophosphinyl)-alkyl]- ; -chloride **E1**,
   549

[2-(1,3-Dithian-2-yliden)-1-methyl-propyl]-triphe-
   nyl- ; -tetrafluoroborat **E1**, 514

Dithiomethyl-tributyl- **E1**, *623*

Dodecyl-triphenyl- ; -chlorid **XII/1**, *105*

Ethinyl- ; -Salze
   aus tert. Phosphan und Halogenalkin **E1**, **505**

Ethinyl-triphenyl- ; -bromid **E1**, 563

(Ethoxycarbonyl-methyl)-trimethyl- ; -hydroxid
   XII/1, *148*

(Ethoxycarbonyl-methyl)-triphenyl- **E1**, 547, *667*

(Ethoxycarbonyl-methyl)-triphenyl- ; -bromid **E1**,
   11

(Ethoxycarbonyl-methyl)-triphenyl- ; -chlorid **XII/1**,
   108; **E1**, 501

(Ethoxycarbonyl-methyl)-triphenyl- ; -tetrafluoro-
   borat **E1**, *558*

(1-Ethoxycarbonyl-2-oxo-alkyl)-triphenyl- ; -car-
   boxylat **E1**, 546

(3-Ethoxycarbonyl-4-oxo-4-phenyl-butyl)-triphenyl-
   ; -bromid **E1**, *577*

(1-Ethoxycarbonyl-2-oxo-propyl)-triphenyl- ;
   -bromid **E1**, 540

[3-Ethoxycarbonyl-2-oxo-3-triphenylphosphoran-
   yliden-propyl)-triphenyl- **E1**, 667

(4-Ethoxycarbonyl-phenyl)-triphenyl- ; -Salze **XII/1**,
   96

(1-Ethoxy-cyclopropyl)-triphenyl- **E1**, *636*

(2-Ethoxy-ethyl)-triphenyl- ; -bromid
   aus (2-Phenoxy-ethyl)-triphenyl-phosphonium-
     bromid und Triphenyl-phosphan **E1**, **560**

(1-Ethoxy-2-phenylthio-ethyl)-triphenyl- ; -bromid
   E1, 565

(2-Ethoxy-2-phenyl-vinyl)-triphenyl- ; -jodid **E1**, 545

(2-Ethoxy-1-propenyl)-triphenyl- ; -jodid **E1**, 545

(1-Ethoxy-vinyl)-triphenyl- ; -bromid **E1**, 563, *565*

[2-(4-Ethyl-5-methyl-4,5-dihydro-1,3-thiazol-2-
   ylthio)-ethyl]-tributyl- ; -chlorid **E1**, 564

Ethyl-trimethyl- ; -chlorid **XII/1**, *47*

Ethyl-trimethyl- ; -hydroxid **XII/1**, *148*

Ethyl-trimethyl- ; -jodid **XII/1**, 101

Ethyl-triphenyl- ; -bromid **XII/1**, 54; **E1**, 11, *706*

Ethyl-triphenyl- ; -hydroxid **XII/1**, *149*

Ethyl-triphenyl- ; -jodid **XII/1**, *52*, 100; **E1**, 654

Ethyl-tripropyl- ; -hydroxid **XII/1**, *145*

Ethyl-tris-[2-cyan-ethyl]- ; jodid **XII/1**, *52*, 83

Ethyl-tris-[hydroxymethyl]- ; -jodid **XII/1**, 50

Ethyl-tris-[4-methyl-phenyl]- ; -hydroxid **XII/1**, *149*

Ethyl-tris-[phenylthio]- ; -tetrafluoroborat **E1**, *172*

Fluormethyl-triphenyl- **E1**, *638*

(α-Formyl-benzyl)-triphenyl- **E1**, 558f.

2-Furyl-triphenyl- ; -bromid **E1**, 517, 519

Halogenmethyl-tris-[amino]- **E1**, 529

(1-Halogen-2-oxo-alkyl)-triphenyl- **E1**, 540

Halogen-phenyl-triphenyl- ; -Salze **XII/1**, 96

2-Hexenyl-triphenyl- ; -bromid
   aus Triphenyl-phosphin und 1-Brom-2-hexen
     XII/1, **81**

Hydrazino-triphenyl- ; -Salze **E1**, *550 f.*

Hydrazino-triphenyl- ; -bromid **E1**, *562*

Hydro-trimethyl- ; -chlorid **E1**, 494

Hydro-triphenyl- ; -tetrafluoroborat **E1**, *514*

(1-Hydroximino-alkyl)-triphenyl- **E1**, 507

(1-Hydroximino-2-oxo-2-phenyl-ethyl)-triphenyl- ;
   -chloride **E1**, 550

(2-Hydroxy-ethyl)-triethyl- ; -bromid **XII/1**, 82

(2-Hydroxy-ethyl)-triethyl- ; -chlorid **XII/1**, *103*

(2-Hydroxy-ethyl)-trimethyl- ; -chlorid **XII/1**, 82

(2-Hydroxy-ethyl)-triphenyl- **E1**, 562

(2-Hydroxy-ethyl)-triphenyl- ; -bromid **XII/1**, 82

(2-Hydroxy-ethyl)-triphenyl- ; -chlorid **E1**, *561*

(2-Hydroxy-ethyl)-triphenyl- ; -hydroxid **XII/1**, *146*

(2-Hydroxy-ethyl)-tris-[hydroxymethyl]- ; -chlorid
   XII/1, 91

Hydroxymethyl-triethyl- ; -jodid **XII/1**, 50

Hydroxymethyl-triphenyl- ; -chlorid **XII/1**, 92

Hydroxymethyl-tris-[3-chlor-2-hydroxy-propyl]- ;
   -chlorid
   aus Tetrakis-[hydroxymethyl]-phosphonium-
     chlorid und Kaliumhydroxid/Chlormethyl-oxiran
     E1, **555**

Hydroxymethyl-tris-[2-cyan-ethyl]- ; -hydroxid
   XII/1, 50

(5-Hydroxy-2-oxi-phenyl)-triphenyl- **XII/1**, 109, 111

(4-Hydroxy-phenyl)-triphenyl- ; -bromid **XII/1**, *109*
   aus Triphenyl-phosphan und 4-Brom-phenol
     XII/1, **93**

[4-(1-Hydroxy-vinyl)-phenyl]-triphenyl- ; -bromid
   E1, 517, 519

B. Cyclische Verbindungen (s. a. Sachreg. Bd. **E2**)

I. Monocyclische

Diphosphiran

1,2-Di-tert.-butyl-3,3-dimethyl- **E1**, 237
1,2-Diisopropyl- **E1**, 236

Azadiphosphiran E1, 17

2-(Bis-[trimethylsilyl]-amino)-1,3-di-tert.-butyl- **E1**,
    17
2-(Bis-[trimethylsilyl]-amino)-3-diisopropylamino-
    1-trimethylsilyl- **E1**, *17*
2-(Bis-[trimethylsilyl]-amino)-3-dipropylamino-1-
    trimethylsilyl- **E1**, *17*
3-tert.-butylimino-1,2,3-tri-tert.-butyl **E1**, 69

Triphosphiran

Tri-tert.-butyl- **E1**, 229, 232
    aus tert.-Butyl-dichlor-phosphan und Magnesium
    232
Tricyclohexyl- **E1**, 231
Tris-[heptafluor-isopropyl]- **E1**, 231
Tris-[pentafluor-ethyl]- **E1**, 231

Cyclobutan

1,3-Bis-[arylmethylen]-2,4-bis-[phenylimino]- **E1**,
    774
4,4-Bis-[ethylthio]-3,3-dimethyl-2-oxo-1-triphenyl-
    phosphoranyliden- **E1**, 780
2,4-Bis-[phenylimino]-1,3-bis-[triphenylphosphor-
    anyliden]- **E1**, 763
2,4-Bis-[phenylimino]-3,3-diphenyl-3-triphenyl-
    phosphoranyliden- **E1**, 779
2,4-Bis-[triphenylphosphoranyliden]-1,3-dioxo- **E1**,
    763
4,4-Diethoxy-3,3-diphenyl-2-oxo-1-triphenylphos-
    phoranyliden- **E1**, 780
2-Phenylimino-3-triphenylphosphoniono-1-tri-
    phenylphosphoranyliden- ; -bromid **E1**, 775
4-Phenylimino-3-triphenylphosphoranyliden- ; -1,2-
    dicarbonsäure-methylimid **E1**, 775
Tetrakis-[phenylimino]- **E1**, 774

Cyclobuten

1,2-Bis-[diphenylphosphano]-tetrafluor- **E1**, 107

Thietan

2,4-Bis-[phenylimino]-3-triphenylphosphoranyli-
    den- **E1**, 779
4,4-Diethoxy-2-thioxo-3-triphenylphosphoranyli-
    den- **E1**, 779
4-Oxo-2-phenylimino-3-triphenylphosphoranyliden-
    E1, 778f.
4-Phenylimino-2-thioxo-3-triphenylphosphoranyli-
    den- **E1**, 778f.

Azetan

2,4-Bis-[4-nitro-phenyl]-3-phenylimino-2-triphenyl-
    phosphoranyliden- **E1**, 775
2,4-Dioxo-1-phenyl-3-triphenylphosphoranyliden-
    E1, 779
2,4-Dioxo-1-phenylsulfonyl-3-triphenylphosphor-
    anyliden- **E1**, 778
4-Oxo-2-phenylimino-3-triphenylphosphoranyliden-
    E1, 779

Phosphetan

1-Azido-2,2,3,4,4-pentamethyl- ; -1-oxid **E1**, *597*
1-Chloramino-2,2,3,4,4-pentamethyl- ; -1-oxid
    E1, *597*

Phosphetanium

1-Chlor-1,2,2,3,4,4-hexamethyl- ; -tetrachloroalu-
    minat **E1**, 526
1-Chlor-2,2,3,4,4-pentamethyl-1-phenyl- ; -tetra-
    chloroaluminat
    aus Dichlor-phenyl-phosphan und 2,4,4-Trime-
    thyl-2-penten/Aluminiumchlorid **E1**, **526**
3-(Diphenylphosphano-methyl)-1,1-diphenyl-3-me-
    thyl- ; -chlorid **E1**, 493

Phospheten

2-Carbonylen-3,4-dimethoxycarbonyl-1,1,1-tri-
    phenyl-1,2-dihydro- **E1**, 776
3,4-Dimethoxycarbonyl-2-phenylimino-1,1,1-tri-
    phenyl-1,2-dihydro- **E1**, 776
3,4-Dimethoxycarbonyl-2-thiocarbonylen-1,1,1-tri-
    phenyl-1,2-dihydro- **E1**, 776

1,2-Oxaphosphetan

4-Benzoyl-2,3-diphenyl- ; -2-oxid **E1**, *596*
4,4-Bis-[trifluormethyl]-2,2,2-triphenyl-3-triphe-
    nylphosphoranyliden- **E1**, 757
4-[2-(4-Methoxy-phenyl)-vinyl]-2,3,3,4-tetraphenyl-
    ; -2-oxid **E1**, *594f.*
2-Hydro- ; -2-oxid **E1**, 589
2-Phenyl- ; -2-oxid **E1**, *594f.*
4-(2-Phenyl-vinyl)-2,3,3,4-tetraphenyl- ; -2-oxid **E1**,
    589
2,3,3,4-Tetraphenyl- ; -2-oxid
    aus (α-Diazo-benzyl)-diphenyl-phosphanoxid
    und Benzaldehyd/Photolyse **E1**, **587**
2,3,3-Triphenyl- ; -2-oxid **E1**, 587

1,2-Azaphosphet

2,3-Dihydro- **E1**, 739
1,3-Diphenyl-tetrahydro- **E1**, 174

Thiophen

5-Acetyl-2-triphenylphosphoniono- ; -jodid **E1**, 517
3,4-Bis-[diphenylphosphano]-2,5-dioxo-2,5-dihy-
　　dro- **E1**, 149
2,5-Bis-[phenylimino]-3-phenyl-2,5-dihydro- **E1**,
　　768
2,5-Bis-[triphenylphosphoniono]- ; -dijodid **E1**, 518
2,5-Bis-[4-(2-triphenylphosphoniono-ethoxy)-butyl]-
　　; -dijodid **E1**, 565

Succinimid

3-Ethyl-N-phenyl- **E1**, 770
4-Methyl-N-phenyl-3-triphenylphosphoranyliden-
　　E1, 620
N-Phenyl-3-propyl- **E1**, 770
N-Phenyl-3-triphenylphosphoranyliden- **E1**, 620
3-Triphenylphosphoranyliden- **E1**, 620

Pyrrol

3,4-Bis-[diphenylphosphano]-2,5-dioxo-1-methyl-
　　2,5-dihydro- **E1**, 149
2,4-Dimethoxycarbonyl-1,5-diphenyl-3-methoxy-
　　2,5-dihydro- **E1**, 750
trans-4-Diphenylphosphano-2-(diphenylphosphano-
　　methyl)- tetrahydro- **E1**, 140

Phospholan

1-Chlor- **XII/1**, 200; **E1**, 158, 252
　　aus 1-Phenyl-phospholan und Phosphor(III)-
　　chlorid **E1**, **252**
1-Cyclohexyl- **XII/1**, 24, *87*; **E1**, 158, 161
1-Cyclohexyl- ; -1-sulfid **XII/1**, 170
1-Diethylamino- **E1**, 158, 266
　　aus 1,4-Dibrom-butan/Phosphorigsäure-dichlor-
　　id-diethylamid und Magnesium **E1**, **266**
1-Ethyl- **XII/1**, 24, 87; **E1**, 158
1-Ethyl- ; -1-sulfid **XII/1**, 170
2-Methoxycarbonyl-1-methyl- **E1**, *179*
1-Methyl- **E1**, 158
1-Methyl-1-methylen- **E1**, *682*
Pentaphenyl- **E1**, 131
1-Phenyl- **XII/1**, 24, 39, *87*, **E1**, 118, 158, *252*
1-Phenyl- ; -1-oxid **XII/1**, 165
1-Phenyl- ; -1-sulfid **XII/1**, 170
1,2,3,4-Tetraphenyl- **E1**, 237
1,1,1-Trifluor- **E1**, 12

Phosphol

1-Brom-3,4-dimethyl-2,5-dihydro- **E1**, 250
1-Chlor-3-methyl-4,5-dihydro- **E1**, 250
1-Chlor-3-methyl-4,5-dihydro- ; -1-oxid **E1**, *250*
1,1-Dichlor-3-methyl-1-phenyl-2,5-dihydro- **E1**, *171*
2,5-Dihydro- **E1**, 19
2,5-Dimethyl-2,5-dihydro- **E1**, 19

2,4-Dimethyl-1-phenyl-2,5-dihydro- ; -1-oxid **XII/1**,
　　138
3,4-Dimethyl-1,1,1-tribrom-2,5-dihydro- **E1**, *250*
1-Ethyl-3-methyl-2,5-dihydro- ; -1-oxid **XII/1**, 138
1-Methyl-2,5-dihydro- **E1**, 171
3-Methyl-1-phenyl-2,5-dihydro- **XII/1**, 61; **E1**, 171,
　　296
3-Methyl-1-phenyl-2,5-dihydro- ; -1-oxid **XII/1**, *61*,
　　138
3-Methyl-1-phenyl-2,5-dihydro- ; -1-sulfid
　　aus Dichlor-phenyl-phosphan, Isopren, Kupfer-
　　stearat und Schwefelwasserstoff **XII/1**, **168**
Pentaphenyl- **XII/1**, 24, 42
Pentaphenyl- ; -1-oxid **XII/1**, 143, 162
Pentaphenyl- ; -1-selenid **XII/1**, 174
Pentaphenyl- ; -1-sulfid **XII/1**, 170
1-Phenyl-2,5-dihydro- ; -1-oxid **XII/1**, *165*; **E1**, *55*
　　aus Dichlor-phenyl-phosphan, 1,3-Butadien und
　　Kupferstearat **XII/1**, **138**
1-Phenyl- ; -1-oxid **XII/1**, 165
1,2,5-Trimethyl-2,5-dihydro- **E1**, *296*
1,2,3-Triphenyl- **E1**, *535*
1,2,5-Triphenyl- **E1**, *78f.*

Phospholium

1-Amino-1,2,5-triphenyl- ; -chlorid **E1**, 535
1,1-Bis-[2-methyl-propyl]-2,5-dihydroxy-tetra-
　　hydro- **E1**, 492
1-Chlor-1,2,5-trimethyl-2,5-dihydro- ; -chlorid **E1**,
　　525
1,1-Dibutyl-2,5-dihydroxy-tetrahydro- ; -chlorid **E1**,
　　492
1,1-Dimethyl-2,5-dihydro- ; -chlorid **E1**, 525
1-Ethyl-1-phenyl-tetrahydro- ; -bromid **E1**, 554
1,1,2,5-Tetramethyl-2,5-dihydro- **E1**, 525

3H-Phosphol

4-Cyan-1,1,2-triphenyl-4,5-dihydro- **E1**, 621

1,3-Dioxolan

trans-4,5-Bis-[diphenylphosphano-methyl]-2,2-di-
　　methyl- **E1**, 139f.

1,2-Oxazol

3-Phenyl-5-phenylimino-4-triphenylphosphoranyli-
　　den-4,5-dihydro- **E1**, 781

1,2-Oxaphospholan

Derivate **E1**, 748
2-Hydro-3,3,4,5,5-pentamethyl- ; -2-oxid **E1**, 597
2-Phenyl- **E1**, 256
2-Phenylthio- **E1**, 299

2-(3-Brom-propyloxy)- **E1**, 437
3-tert.-Butyl-2-chlor-5-oxo- **E1**, 372, *410*
3-tert.-Butyl-2-diethylamino-5-oxo- **E1**, 410
2-Chlor- **E1**, 384
2-Chlor-3-phenyl- **XII/2**, 98, *106, 757*; **E1**, *344*, 384, *463*
2-(3-Chlor-propyloxy)- **E1**, 436
3-(2-Cyan-ethyl)-2-diethylamino- **E1**, *419, 455*
3-(2-Cyan-ethyl)-2-morpholino- **E1**, 455
2-Dialkylamino-3-phenyl- **E1**, *383*
3,5-Di-tert.-butyl-2-methyl- **E1**, 300
3-(2,4-Dichlor-phenyl)-2-phenyl- **E1**, 300
3,5-Diethoxy-2-ethoxy- **E1**, *403*
3-(Diethoxyphosphano)-2-diethylamino- **E1**, 459
2-Diethylamino-3-methyl- **E1**, *442*
2-Diethylamino-3-phenyl- **E1**, *384*, 454
2-(Diethylamino-thiocarbonylthio)-3-phenyl- **E1**, *454*
2-Dimethylamino-3-methyl-
    aus 2-Methylamino-ethanol und Phosphorig-
    säure-tris-[dimethylamid] **E1**, 458
2-Dimethylamino-3-phenyl- **XII/2**, 106; **E1**, *409, 441*
2-(Dimethylamino-thiocarbonylthio)-3-phenyl- **E1**, 409
3,4-Dimethyl-2-dimethylamino-5-phenyl- **E1**, *441*
    aus 2-Methylamino-1-phenyl-propanol und
        Phosphorigsäure-tris-[dimethylamid] **E1**, **458**
3,5-Dimethyl-2-dimethylamino-5-phenyl- **E1**, 458
3,4-Dimethyl-2-methoxy-5-phenyl-
    aus 3,4-Dimethyl-2-dimethylamino-5-phenyl-
    1,3,2-oxazaphospholan/Methanol/Amin **E1**, **441**
2,3-Diphenyl-
    aus 2-Anilino-ethanol/Triethylamin und Dich-
    lor-phenyl-phosphan **E1**, **300**
2-Ethoxy- **E1**, *403*
2-Ethoxy-3-methyl- **E1**, *419*
2-Ethoxy-3-phenyl- **E1**, 419
2-Hydro- ; -2-oxid **E1**, 345
2-Hydro-3-phenyl- ; -2-oxid
    aus Wasser/Triethylamin und 2-Chlor-3-phenyl-
    1,3,2-oxazaphospholan **E1**, **344**
3-(2-Hydroxy-ethyl)-2-phenoxy- **E1**, 431
2-Isopropyloxy-3-trimethylsilyl-
    aus Phosphorigsäure-bis-[diethylamid]-isopropyl-
    ester und 2-Amino-ethanol **E1**, **440**
2-Methoxy-3-methyl-
    aus Trifluoressigsäure-methylester/2-Dimethyl-
    amino-3-methyl-1,3,2-oxazaphospholan **E1**, **442**
2-Methoxy-3-phenyl- **E1**, 441
3-(4-Methoxy-phenyl)-2-phenyl-
    aus Bis-[diethylamino]-phenyl-phosphan und
    2-(4-Methoxy-anilino)-ethanol **E1**, **302**
2-(2-Methylamino-ethoxy)-3-methyl- **E1**, 444
3-Methyl-2-(2-methylamino-ethoxy)-
    aus 2-Methylamino-ethanol und Phosphorig-
    säure-tris-[dimethylamid] **E1**, **443**
2-Methyl-3-phenyl- **E1**, 302
3-Phenyl-2-(N-trimethylsilyl-anilino)- **E1**, *463*
3-Phenyl-2-trimethylsilyloxy- **E1**, 446
2-Silyloxy- **E1**, *345*
2-Trimethylsilyloxy- **E1**, *423*

1,3,2-Oxazaphosphol

4-Alkoxy-2-chlor-2,5-dihydro- **E1**, 380
2-Alkoxy-2,3-dihydro- **E1**, 431
3-Alkyl-2-chlor-2,3-dihydro- **E1**, 380
3-tert.-Butyl-2-tert.-butylamino-5-phenoxy-2,3-di-
    hydro- **E1**, 453, *456*

3-tert.-Butyl-2-chlor-5-phenoxy-2,3-dihydro- **E1**, *453*
2-Chlor-2,3-dihydro- **E1**, 380
3,5-Di-tert.-butyl-2-methoxy-2,3-dihydro- **E1**, 431
2-Silylamino-2,3-dihydro- **E1**, *383*

1,3,2-Dithiaphospholan

2-Benzoyloxy-4-methyl- **E1**, 409
2-Chlor- **XII/2**, 91, *92;* **E1**, *468*
2-Dimethylamino- **E1**, *466*, 470
2-Dimethylamino-4-methyl- **E1**, *409*
2-(Dimethylamino-thiocarbonylthio)- **E1**, 466
2-Ethoxy- **XII/2**, 92
2-Methoxy- **XII/2**, 92
2-Methyl- **E1**, 305
2-Phenoxy- **XII/2**, 92

1,3,2-Dithiophosphol

2-Alkoxy- **E1**, 448
2-Chlor- **E1**, *448*
2-Chlor-4-methyl- **E1**, 386

1,3,2-Thiazaphospholan

2-(1-Alkyl-3-chlor-propyl)-3-tert.-butyl- **E1**, 449
3-tert.-Butyl-2-chlor- **E1**, *449*
2-Diethylamino-4-oxo-3-phenyl- **E1**, 473
2-Methyl- **E1**, 307

1,2,5-Thiadiphosphol

3,4-Bis-[trifluormethyl]- **E1**, 103

1H-1,2,3-Triazol

1-Benzoyl-5-ethoxy-4-methyl- **E1**, 746
4,5-Dimethyl-1-(1-phenyl-vinyl)- **E1**, 746
1,5-Diphenyl- **E1**, 746
1-Ethoxycarbonyl-5-methyl- **E1**, 746
5-Ethoxy-1-ethoxycarbonyl-4-methyl- **E1**, 746
5-Methyl-1-tosyl- **E1**, 746
1-(3-Oxo-3-phenyl-propenyl)-5-phenyl- **E1**, 746
5-Phenylimino-1-tosyl-4-triphenylphosphoranyli-
    den-4,5-dihydro- **E1**, 781

2H-1,2,3-Triazol

2-Benzoyl-4-methyl- **E1**, 746
2-Ethoxycarbonyl-4-phenyl- **E1**, 746
5-(1-Propenyl)-4-propyl- **E1**, 746

4H-1,2,3-Triazol

5-Aryl-4-triphenylphosphoranyliden- **E1**, 636

1,2,4-Triazolidin

3,5-Dioxo-4-methyl-1-(2-oxo-1-triphenylphosphor-
anyliden-propyl)- **E1**, 645
3,5-Dioxo-1-(2-oxo-2-phenyl-1-triphenylphosphor-
anyliden-ethyl)-4-phenyl- **E1**, 645

2H-1,2,3-Diazaphosphol

2-Acetyl-3-chlor-5-methyl-3,4-dihydro- **E1**, 35
2-Acetyl-5-methyl- **E1**, 35
4-Alkyl-2-aryl-
   aus Phosphor(III)-chlorid und Keton-arylhydra-
   zon/Triethylamin **E1**, **36**
4-Alkyl-2-aryl-5-methyl- **E1**, 36
2-Butyl- **E1**, 34
2-Butyl-4-ethyl- **E1**, 35
3-Chlor-5-methyl-2-(4-methyl-phenyl)-3,4-dihy-
   dro- **E1**, 35
3-Chlor-5-methyl-2-phenyl-3,4-dihydro- **E1**, 35
4-(Chlor-methyl-phosphano)-2,5-dimethyl- **E1**, 49
3-Chlor-5-methyl-2-(2-pyridyl)-3,4-dihydro- **E1**, 35
2-(4-Chlor-phenyl)-4-methyl- **E1**, 37
4-(Chlor-phenyl-phosphano)-2,5-dimethyl- **E1**, 49
4-Dibromphosphano- **E1**, 49
4-Dibromphosphano-2,5-dimethyl- **E1**, 50
   aus 2,5-Dimethyl-2H-1,2,3-diazaphosphol und
   Phosphor(III)-bromid **E1**, **49**
4-Dichlorphosphano- **E1**, 49
4-Dichlorphosphano-2,5-dimethyl- **E1**, *50*
2-(Dichlor-thiophosphono)- **E1**, 50
4-Dicyanphosphano-2,5-dimethyl- **E1**, *49*
4-(2,2-Dimethoxy-1,3,2-dioxaphosphol-2-yl)-2,5-
   dimethyl- **E1**, 50
4-Dimethoxyphosphano-2,5-dimethyl- **E1**, 50
4-(Dimethoxy-thiophosphano)-2,5-dimethyl- **E1**, 50
2,4-Dimethyl- **E1**, 37,
2,5-Dimethyl- **E1**, 49, *50*
   aus Phosphor(III)-chlorid und Aceton-methylhydrazon **E1**, **36**
2,5-Dimethyl-4-diphenylphosphano- **E1**, 49
2,5-Dimethyl-3-halogen-3,4-dihydro- ; -3-sulfid **E1**,
   50
2,5-Dimethyl-4-methoxy- **E1**, 50
4,5-Dimethyl-2-phenyl- **E1**, 36
4-Ethyl-5-methyl-2-phenyl- **E1**, 36
4-Ethyl-2-phenyl- **E1**, 36f.
5-Methyl-2-(4-methyl-phenyl)- **E1**, 35, 37
4-Methyl-2-phenyl- **E1**, 37
5-Methyl-2-phenyl- **E1**, 35
4-Methyl-2-(2-pyridyl)- **E1**, 37
5-Methyl-2-(2-pyridyl)- **E1**, 35
2-Phenyl- **E1**, 37
2-Phenyl-5-propyl- **E1**, 36

3H-1,2,4-Diazaphosphol

4-(Bis-[trimethylsilyl]-amino)-3-tert.-butyl-5-tri-
   methylsilyl-4,5-dihydro- **E1**, *584*
1,2-Diisopropyl-4-phenyl-tetrahydro- **E1**, 174

1,3,2-Diazaphospholan

2-Acetoxy-1,3-dimethyl- **E1**, *400*
2-(Acetyl-trimethylsilyl-amino)-1,3-dimethyl- **E1**,
   461
1,3-Bis-[1-phenyl-ethyl]-2-phenyl- **E1**, 312
2-Chlor-1,3-dimethyl- **E1**, 389, *478*
1,3-Di-tert.-butyl-5-oxo-2-phenoxy- **E1**, 456
2-Dimethylamino- **E1**, *403*
1,3-Dimethyl-2-dimethylamino- **E1**, *457, 467*
1,3-Dimethyl-2-(dimethylamino-thiocarbonylthio)-
   E1, 467
1,3-Dimethyl-2-(2,2-dimethyl-hydrazino)- **E1**, 478
1,3-Dimethyl-2-fluor- **E1**, *63*, 388
1,3-Dimethyl-2-methoxy- **E1**, *407*, 457
1,3-Dimethyl-2-trimethylsilyloxy- **E1**, 461

2H-1,2,3-Diazaphospholium

1,3-Dimethyl-tetrahydro- ; -hexafluorophosphat **E1**,
   63
1,2,5-Trimethyl- ; -methylsulfat **E1**, 48

1,2,5-Azadiphospholan

2,5-Difluor-1-methyl- **E1**, 289

1,2,3-Triphosphol

4,5-Diethyl-1,2,3-triphenyl-2,3-dihydro- **E1**, 238
Pentakis-[trifluormethyl]-2,3-dihydro- **E1**, 238
Pentaphenyl-2,3-dihydro- **E1**, 18, 238
Phenyl-2,3-dihydro-
   aus Pentaphospholan/Acetylen **E1**, **238**
1,2,3-Triphenyl-tetrahydro- **E1**, 235, 237

1H-1,2,3-Phosphoniandiphosphol

1,1,3,3-Tetraphenyl-4,5-diphenyl- ; -hexachloro-
   stannat **E1**, 240

1,3,2-Diphosphasilolan

2,2-Dimethyl-1,3-diphenyl- **E1**, 145

1,3,2-Diphosphastannolan

1,2-Bis-[diphenylphosphano]-3,4-dioxo- **E1**, 149
2,2-Diethyl-1,3-diphenyl- **E1**, 149

3H-1,3,4-Phosphadisilol

1,1,3,3,4,4-Hexamethyl-4,5-dihydro- **E1**, 650

1,2,4,3-Trioxaphosphol

3-Ethoxy- **E1**, *415*

1,3,4,2-Dioxazaphosphol

2-Chlor-5-phenyl- **E1**, 385

1,3,4,2-Oxadiazaphosphol

3-Acetyl-2,5-dimethyl-2,3-dihydro- **E1**, 303
2-Anilino-5-methyl-3-phenyl-2,3-dihydro- **E1**, 463
2-(Benzoyl-hydrazino)-5-phenyl-2,3-dihydro-
 XII/2, 130
2-Chlor-3,5-dimethyl-2,3-dihydro-
 aus Phosphor(III)-chlorid und 1- und 2-Acetyl-1-
 methyl-hydrazin **E1**, **384**
2-Chlor-5-methyl-2,3-dihydro- **E1**, *463*
2-Chlor-5-methyl-3-phenyl-2,3-dihydro- **E1**, 384, *463*
2,5-Dichlor-3,4-dimethyl-tetrahydro- **E1**, 372
4-Methyl-3-phenyl-2-(2-phenyl-hydrazino)-2,3-
 dihydro- **E1**, 463

1,3,2,5-Oxazadiphospholan

2-Dimethylamino-5-ethoxy-3-(1-methyl-propyl)- ;
 -5-oxid **E1**, 413

1,3,4,2-Thiadiazaphosphol

2-Alkoxy-5-methylthio-3-phenyl-2,3-dihydro-
 E1, *450*
2-Amino-5-methylthio-3-phenyl-2,3-dihydro- **E1**,
 474
2-Chlor-5-methylthio-3-phenyl-2,3-dihydro- **E1**,
 387, *450*

Tetrazol

2,3-Diphenyl-1-(ethoxycarbonyl-triphenylphosphoniono-methyl)-2,3-dihydro- ; -5-thiolat **E1**,
 579

1H-1,2,4,3-Triazaphosphol

3-Alkoxy-2-methyl-5-phenyl-2,3-dihydro- **E1**, 462
5-Amino- **E1**, *394*
5-Benzyl-1-methyl- **E1**., 60
1,5-Dimethyl- **E1**, 56, *68*
1,5-Dimethyl-(π-tetracarbonylchrom)- **E1**, 68
3-Ethoxy-3,4-dihydro- **E1**, 462
1-Methyl-5-phenyl-
 aus Dichlor-ethoxy-phosphan und Benzoesäure-
 imid-methylester/Triethylamin sowie Methyl-
 hydrazin **E1**, **60**

2H-1,2,4,3-Triazaphosphol

3-Dialkylamino-2-methyl-5-phenyl-3,4-dihydro- **E1**,
 479
5-Dimethylamino-
 aus N'-Amino-N,N-dimethyl-guanidinium-jodid
 und Tris-[dimethylamino]-phosphan **E1**, **61**
5-Isopropyl-2-methyl-
 aus 2-Methyl-propansäure-amid-(2-methyl-
 hydrazon)-Hydrochlorid und Tris-[diethylami-
 no]-phosphan **E1**, **62**
2-Methyl-5-phenyl- **E1**, 56, 62, *68, 462, 479*
 aus 2,8-Dimethyl-5,9-diphenyl-2,2,7,7-tetra-
 chlor-1,3,4,6,8,9-hexaaza-2λ^5,7λ^5-diphospha-
 tricyclo[5.3.0.0^{2,6}]deca-4,9-dien und 1,3-Pro-
 pandithiol/Triethylamin **E1**, **57**
2-Methyl-5-phenyl-(π-tetracarbonylchrom)- **E1**, 68

2H-1,2,4,3-Azoniadiazaphosphol

1,5-Dimethyl-3,3,5-trichlor-3,4-dihydro- ; -chlorid
 E1, *56*

3H-1,2,3,4-Triazaphosphol

3,5-Di-tert.-butyl-4-diisopropylamino-4,5-dihydro-
 E1, *600*

1,4,2,3-Diazaphosphaphospholium

2-Dimethylamino-5-oxo-1,2,3,4-tetramethyl- ;
 -chlorid **E1**, 240

Tetraphospholan

1,2,3,4-Tetramethyl- **E1**, 237

1H-Tetraazaphosphol

5-(Bis-[trimethylsilyl]-amino)-4-tert.-butyl-1-tri-
methylsilyl-4,5-dihydro- **E1**, 612
4-tert.-Butyl-5-(tert.-butyl-trimethylsilyl-amino)-1-
trimethylsilyl-5-(trimethylsilylimino)-4,5-dihy-
dro- **E1**, 612
1,4-Di-tert.-butyl-5-(bis-[trimethylsilyl]-amino)-
4,5-dihydro- **E1**, 481
1,4-Di-tert.-butyl-5-diisopropylamino-4,5-dihydro-
E1, 481

Pentaphospholan

Pentabutyl- **E1**, 22 f.
  aus Phosphor und Butyl-magnesiumbromid/
  Butylbromid **E1**, **229**
Pentacyclohexyl- **E1**, 231
Pentaethyl- **E1**, 228 f.
Pentakis-[pentafluor-phenyl]- **E1**, 231
Pentakis-[trifluormethyl]- **E1**, *18*, 19
Pentamethyl- **E1**, 131, *238*
  aus Dichlor-methyl-phosphan und Lithium **E1**,
  232
Pentaphenyl- **E1**, *18, 19, 131, 188, 197,* 226, 227,
  230, 231, 232, 233, *238, 306, 308*
Pentapropyl- **E1**, 227, 229

Phosphatetrasilolan

H₂Si und SiH₂ ... *(structure)*

Octamethyl-1-phenyl- **E1**, 144

Cyclohexan

1,2-Bis-[dichlorphosphano]- **E1**, *157*
1,2-Bis-[diphenylphosphano]- **E1**, 157
Difluoromethylen-
  aus Methyl-lithium und Cyclohexyl-triphenyl-
  phosphonium-bromid durch Chlor-difluor-
  methan **E1**, **700**
2,4,6-Trioxo-1,3,5-tris-[trialkylphosphoniono]- ;
  -trichloride **E1**, 501

Benzol

1,4-Bis-[bis-(dimethylamino)-phosphano]- **XII/1**,
  336; **E1**, 272
1,4-Bis-[dichlor-phosphano]-
  aus 1,4-Bis-[bis-(dimethylamino)-phosphano]-
  benzol und Chlorwasserstoff **XII/1**, **303**
1,4-Bis-[dichlorphosphano-methyl]- **E1**, 277
1,2-Bis-[diethoxy-phosphanoxy]- **XII/2**, 63
1,3-Bis-[diethoxy-phosphanoxy]- **XII/2**, 64
1,4-Bis-[diethoxy-phosphanoxy]- **XII/2**, 64
1,2-Bis-[diethyl-phosphano]- **XII/1**, 41, 43
1,4-Bis-[diethyl-phosphano]- **XII/1**, 41

1,2-Bis-[diethyl-phosphano]-4-methyl- **XII/1**, 40,
  89
1,3-Bis-[diphenyl-phosphano]- **E1**, 139
1,4-Bis-[diphenyl-phosphano]- **XII/1**, 41, *177*
1,2-Bis-[diphenylphosphano-carbonyl]- **E1**, 149
1,4-Bis-[2,6-diphenyl-λ³-phosphorin-4-yl]- **E1**, 75
1,3-Bis-[hydroxy-phospho-methyl]-
  aus Isophthalsäurealdehyd und Dihydroxyphos-
  phan **XII/1**, **299**
Bis-[lithium-phenyl-phosphano]- **E1**, *137*
1,2-Bis-[methyl-phenyl-phosphano]- **E1**, 138
-1,4-bis-[phosphonigsäure] **E1**, 272
1,4-Bis-[2H-1,2,3-triazolo]- **E1**, 745
1,4-Bis-[triphenylphosphoniono]- ; -dibromid **E1**, 519
1,4-Bis-[triphenylphosphoniono]- ; -dichlorid **E1**,
  521
1,4-Bis-[triphenylphosphoniono]- ; -dijodid **E1**, 517
1,4-Bis-[triphenylphosphoniono-methyl]- ; -dibromid
  XII/1, *115*
  aus 1,4-Bis-[brom-methyl]-benzol und Triphenyl-phosphan **XII/1**, **86**
2,4-Bis-[triphenylphosphoniono]-1-methyl- ; -dibro-
  mid **E1**, 521
1,4-Bis-[triphenylphosphoranyliden-methyl]- **XII/1**,
  115
2-Chlor-1,3,5-tri-tert.-butyl- **E1**, 101
2-Chlor-1,3,5-triphenyl- **E1**, 101
1-(Diethyl-phosphano)-2-(diphenyl-phosphano)-
  XII/1, 41; **E1**, 155
1,2,3,5-Tetraphenyl- **E1**, 101
1,3,5-Tri-tert.-butyl- **E1**, *101*
1,3,5-Triphenyl- **E1**, *101*
1,3,5-Tris-[triphenylphosphoniono]- ; -tribromid
  E1, 522

4H-Pyran

4-Alkyliden- **E1**, 705, 719
2-Aryl-4,6-dioxo-3-triphenylphosphoniono-5-tri-
  phenylphosphoranyliden-5,6-dihydro- ; -chlorid
  E1, 764, 765
4,6-Dioxo-2,3-diphenyl-5-triphenylphosphoranyli-
  den- **E1**, 782
2,6-Diphenyl-4-(2-oxo-2-phenyl-ethyliden)-
  aus 1,4-Dioxo-1,4-diphenyl-2,3-butadien und
  (2-Oxo-2-phenyl-ethyliden)-triphenyl-phos-
  phoran **E1**, **705**
2,6-Diphenyl-4-triphenylphosphoniono- **E1**, 512
4-Imino- **E1**, 705, 719
4-Oxo-2,3-dihydro- **E1**, 772
6-Phenylimino-5-triphenylphosphoranyliden-5,6-
  dihydro- **E1**, 781
4-Triphenylphosphoranyliden-tetrahydro- **E1**, 660

Thian

2,4-Bis-[phenylimino]-6-oxo-5-triphenylphosphor-
  anyliden- **E1**, 778
4-Triphenylphosphoranyliden- **E1**, 660

Pyridin

2-(Diethoxyphosphonoimino)-1-ethyl-1,2-dihydro-
  E1, *528 f.*

1,2,3,4-Tetraphenyl-1-(2,4,6-trimethyl-phenoxy)-
E1, 797
1,2,4,6-Tetraphenyl-1-(2,4,6-triphenyl-phenoxy)-
E1, 788
2,4,6-Triphenyl- **E1**, 784, 785, 787, 788, 803
1(R)-2,4,6-Triphenyl-1,2-dihydro- ; -1-oxid **E1**, 785
4-(Triphenylphosphoranyliden-methyl)- **E1**, 809

Phosphorinium

1,1-Diphenyl-1,2-dihydro- ; -perchlorat **E1**, 797

λ⁵-Phosphorin-Kation-Radikal

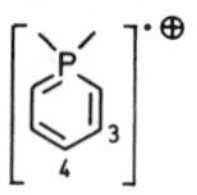

1,1-Difluor-2,4,6-triphenyl- **E1**, 814
1,1-Dimethoxy-2,4,6-tri-tert.-butyl- **E1**, 813f.
1-Fluor-1-methoxy-2,4,6-triphenyl- **E1**, 814
1-Methyl-1-methylamino-2,4,6-triphenyl- **E1**, 814

λ⁵-Phosphorin-Neutral-Radikal

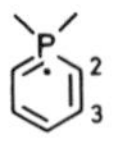

1-Dimethylamino-2,4,6-triphenyl- ; -1-oxid **E1**, 814
1-Fluor-2,4,6-triphenyl- ; -1-oxid **E1**, 814
1-Methoxy-2,4,6-tri-tert.-butyl ; -1-oxid **E1**, 814
1-Methylamino-2,4,6-triphenyl- ; -1-oxid **E1**, *814*
1-Methyl-2,4,6-triphenyl- ; -1-oxid **E1**, *814*

Phosphorin-Anion

2,4,6-Triphenyl- **E1**, 95

λ³-Phosphorin-Anion-Radikal

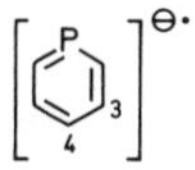

2,4,6-Tri-tert.-butyl- **E1**, 95
2,4,6-Triphenyl- **E1**, 95, 813

λ³-Phosphorin-Radikal-Trianion

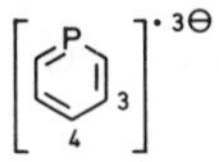

1-Ethyl-2,4,6-triphenyl- **E1**, *92*
1-Methyl-2,4,6-triphenyl- **E1**, *94*

1,2-Oxaphosphorinan

2-Hydro- ; -2-oxid **XII/1**, 320

2H-1,2-Oxaphosphorin

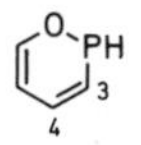

5,6-Bis-[4-methoxy-phenyl]-4-oxo-2,3,3-triphenyl-
3,4-dihydro- ; -2-oxid **E1**, 589
3,4-Dihydro- ; -2-oxid **E1**, 589
2-Methoxy-3,6-dihydro- ; -2-oxid **E1**, *602f.*
2,3,3,4,6-Pentaphenyl-3,4-dihydro- ; -2-oxid
aus (α-Diazo-benzyl)-diphenyl-phosphanoxid und
3-Oxo-1-phenyl-1-buten **E1**, **589**
2-(2,4,6-Trimethyl-phenyl)-3,4-dihydro- ; -2-oxid
E1, *595*
2-(2,4,6-Trimethyl-phenyl)- ; -2-oxid **E1**, *595*

1,3-Oxaphosphorinan

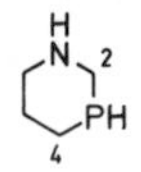

2,3-Diphenyl- **E1**, 126

4H-1,4-Oxaphosphorin

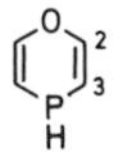

2,3-Diacetyl-4,4,4,6-tetraphenyl- **E1**, 12
2,3-Dimethoxycarbonyl-4,4,4,6-tetraphenyl- **XII/1**,
126

4H-1,4-Oxaphosphorinanium

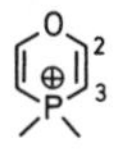

2,6-Dimethyl-4-phenyl-4-subst. **E1**, 567
2,3,4,4,6-Pentaphenyl- ; -bromid **E1**, 501

1,3-Thiophosphorinan

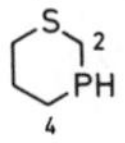

2,3-Diphenyl- **E1**, 126

1,4-Thiaphosphoranium
E1, 567

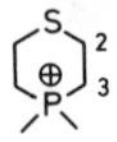

Salze
aus Dialkyl-phosphonium-Salz/Natriumhydro-
gensulfid und Bromwasserstoffsäure **E1**, **568**

Pyridazin

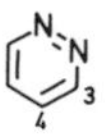

3-Acetyl-4-methyl-6-oxo-1-phenyl-1,6-dihydro- **E1**,
768
3-Acetyl-4-methyl-1-phenyl-6-phenylimino-1,6-di-
hydro- **E1**, 768

Pyrimidin

1-Benzoyl-2,4,6-trioxo-5-(triphenylphosphoranyliden)-hexahydro- **E1**, 672
6,6-Diethoxy-2,4-dioxy-1,3-diphenyl-4-triphenyl-
phosphoranyliden-hexahydro- **E1**, 780
2,3-Diphenyl-2,4,6-trioxo-5-triphenylphosphoran-
yliden-hexahydro- **E1**, 778

1,3-Azaphosphorinan

(3-Amino-propyl)-phenyl- **E1**, *124*
2,3-Diphenyl-
    aus (3-Amino-propyl)-phenyl-phosphan und
    Benzaldehyd **E1**, **124**
3-Phenyl-2-thioxo- **E1**, 127

1,4-Azaphosphoranium

Salze **E1**, 567

1,4-Azaphosphorin

4-Alkoxy-2,6-di-tert.-butyl-1,4-dihydro- **E1**, 105
4-Alkoxy-2,6-diphenyl-1,4-dihydro- **E1**, 105
4-Alkyl-(Aryl)thio-2,6-di-tert.-butyl-1,4-dihydro-
    E1, 105
4-Alkyl(Aryl)thio-2,6-diphenyl-1,4-dihydro- **E1**, 105
4-Amino-2,6-di-tert.-butyl-1,4-dihydro- **E1**, 105
4-Amino-2,6-diphenyl-1,4-dihydro- **E1**, 105
4-tert.-Butyl-2,6-diphenyl-1,4-dihydro- **E1**, *104*
4-Chlor-2,4,6-tri-tert.-butyl- **E1**, *104*
2,6-Di-tert.-butyl- **E1**, 104
3,5-Di-tert.-butyl- **E1**, *105*
2,6-Di-tert.-butyl-4-hydroxy-1,4-dihydro- **E1**, 105
2,6-Di-tert.-butyl-4-phenyl-1,4-dihydro- **E1**, 105
2,6-Diphenyl- **E1**, *105*
3,5-Diphenyl- **E1**, 104
2,6-Diphenyl-4-hydroxy-1,4-dihydro- **E1**, 105

1,2-Diphosphorin

1,2,3,6-Tetrahydro- **E1**, 19
1,2,4,5-Tetramethyl-1,2,3,6-tetrahydro- **E1**, 238

1,3-Diphosphorinan

2-Organoelement- **E1**, 149

1,3-Diphosphorandionium

1,1,3,3-Tetraphenyl- ; -dibromid **E1**, 496

1,4-Diphosphorinan

1,4-Dibenzyl- **XII/1**, 53, *89*
1,4-Dijod-octafluor- **XII/1**, 206

1,4-Diphosphorinandionium

Derivate **E1**, 492
Dialkoxy- ; -dibromide **E1**, 515
2,5-Bis-[alkyliden]-1,1,4,4-tetraphenyl- ; -dihalo-
    genide **E1**, 516
1,4-Dibenzyl-1,4-diphenyl- ; -dibromid **XII/1**, 89
1,4-Diethyl-1,4-diphenyl- ; -dibromid **XII/1**, 89
1,1,4,4-Tetraalkyl- ; -diacetate **E1**, 515
1,1,4,4-Tetrabenzyl- ; -dibromid **XII/1**, 89

1,4-Diphosphorin

1,4-Dichlor-2,3,5,6-tetrakis-[trifluormethyl]-1,4-
    dihydro- **E1**, 103
2,3,5,6-Tetrakis-[trifluormethyl]- **E1**, 102f.

1,4-Diphosphorindionium

1,4-Dihydro-
    Derivate **E1**, 515f.
1,1,4,4-Tetraphenyl-1,4,5,6-tetra-hydro- ; -dibromid
    E1, 496

1,3-Phosphasilin

1,1,3-Trimethyl-3,4,5,6-tetrahydro- **E1**, 651

1,4-Phosphastannin

1-tert.-Butyl-4,4-dibutyl-1,4-dihydro- **E1**, 178

1,3,2-Dioxaphosphorinan

2-Acetoxy- **E1**, *333*
2-Acetoxy-4-methyl- **E1**, 401
2-Acetoxy-5-methyl- **E1**, *333*
2-Acyloxy- **E1**, 401
2-Allyloxy- **XII/2**, 67

(2-Amino-vinyl)- **XII/2**, 100
2-Benzyl-5-tert.-butyl- **E1**, 430
2-Benzyloxy- **XII/2**, 67
4,4-Bis-[brommethyl]-2-chlor- **E1**, 374
4-Brom-2-chlor-4-nitro- **E1**, 374
5-tert.-Butyl-2-dimethylamino- **E1**, 430
5-Butyl-5-ethyl-2-methoxy- **XII/2**, *285*
2-Chlor- **XII/2**, *100*; **E1**, 374, *415*
    aus Phosphor(III)-chlorid und 1,3-Glykol/Pyri-
    din; allgemeine Arbeitsweise **XII/2**, **48**
2-Chlor-4,4-dimethyl- **E1**, *209*, 374
2-Chlor-5,5-dimethyl- **E1**, *425*
2-(2-Chlor-ethoxy)-
    aus Tris-[2-chlor-ethoxy]-phosphan und 1,3-
    Diol; allgemeine Arbeitsweise **XII/2**, **75**
2-(2-Chlor-ethoxy)-4-methyl- **XII/2**, 67, 75
2-(2-Chlor-ethoxy)-4,6,6-trimethyl- **XII/2**, 75
2-Chlor-4-hydroxy- **E1**, 374
2-Chlor-4-methyl- **XII/2**, 48; **E1**, *401, 434f., 446*
2-(3-Chlor-1-methyl-propyloxy)- **E1**, 415
2-Dialkylamino- **E1**, 443
2-Diethylamino- **XII/2**, 100
2-Diethylamino-4,5-dimethyl- **XII/2**, 100
2-(2-Diethylamino-ethoxy)- **XII/2**, 67
5,5-Diethyl-2-[5,5-diethyl-2-oxo-phosphorinan-2-
    yloxy]- **XII/2**, 909
5,5-Diethyl-2-(2-methoxycarbonyl-propylthio)-
    XII/2, 714
2-Dimethylaminocarbonyloxy-6-methyl- **E1**, 403
2-Dimethylamino-4-methyl- **E1**, *403*
4,4-Dimethyl-2-diphenylphosphano- ; -1-oxid **E1**,
    208f.
2-(2,2-Dimethyl-hydrazino)- **E1**, 445
5,5-Dimethyl-2-hydro- ; -2-oxid **XII/2**, 25, 36
    aus 2-Methyl-propanol, 2,2-Dimethyl-propan-
    diol-(1,3) und Phosphor(III)-chlorid **XII/2**,
    26
5,5-Dimethyl-2-hydro- ; -sulfid
    aus 2-Chlor-5,5-dimethyl-1,3,2-dioxaphosphori-
    nan und Schwefelwasserstoff **E1**, **425**
5,5-Dimethyl-2-methoxy- **E1**, *208*
2-(Diphenylmethylen-amino)-4-methyl- **E1**, 434f.
2-Ethoxy- **XII/2**, 67, *353*
2-Ethoxycarbonyloxy-4-methyl- **E1**, 401
2-Hydro-4-methyl- ; -2-oxid **XII/2**, 36
2-Hydro- ; -2-oxid **XII/2**, 36; **E1**, 333
    aus Diethoxy-hydroxy-phosphan und einem 1,3-
    Glykol; allgemeine Arbeitsweise **XII/2**, **36**
2-Hydro- ; -2-sulfid **XII/2**, 85
2-Imidazolino- **XII/2**, 100
2-Methoxy- **XII/2**, 67
2-Methoxy-4-methyl- **XII/2**, *357*
4-Methyl- ; -2-oxid **E1**, 327
2-Phenoxy- **XII/2**, 77, *286*
2-Propyloxy- **XII/2**, 67

2H,4H-1,3,4-Dioxaphosphorin

(E)-/(Z)-2-Methyl-4,5,6-triphenyl- ; -4-oxid
    aus (1-Diazo-2-oxo-2-phenyl-ethyl)-diphenyl-
    phosphanoxid und Acetaldehyd/Photolyse **E1**,
    593
2,2,4,5,6-Pentaphenyl- ; -4-oxid **E1**, *595*
4-Phenyl- ; -4-oxid **E1**, 594f.
4,5,6-Triphenyl- ; -4-oxid **E1**, 593

1,3,5-Dioxaphosphorinan

5-(4-Chlor-anilinocarbonyl)-2,4,6-triiso-
    propyl- **XII/1**, 75
2,4,6-Triisopropyl- **XII/1**, 30, *75*, *225*
2,4,6-Triphenyl- **XII/1**, 30
2,4,6-Tris-[1-ethyl-pentyl]- **XII/1**, 30

1,3,2-Oxathiaphosphorinan

2-Hydro- ; -2-oxid **E1**, 346

1,3,2-Oxazaphosphorinan

2-Alkoxy- **E1**, *319, 436, 442*
2-Alkoxy-3-alkyl- **E1**, 430
2-Alkoxy-3-trimethylsilyl- **E1**, 432
3-Aryl-2-chlor- **E1**, 380
2-Chlor-3-dialkoxyphosphoryl- **E1**, *449*
3-Dialkoxyphosphoryl-2-ethylthio- **E1**, *449*
2-Diethylamino-3-propyl- **E1**, 451
2-Propyloxy- **E1**, *419*

1,3,5-Oxazaphosphorinan

3-Methyl-2,4,5,6-tetraphenyl- **E1**, 128

1,3,2-Dithiaphosphorinan

2-Chlor- **E1**, *347, 468*
    aus Phosphor(III)-chlorid und 1,3-Propandi-
    thiol **E1**, **386**
2-Chlor-4-methyl- **E1**, *347*, 386
2-(Diethoxy-thiophosphorylthio)- **E1**, *346*
2-Diethylamino-4-methyl- **E1**, *421*
2-Fluor- **E1**, 386
2-Hydro-4-methyl- ; -2-oxid **E1**, 347
2-Phenyl- **E1**, 305

1,3,5-Triazin

6-Azido-2,4-bis-[triphenyl-phosphoranyliden-
    amino]- **XII/1**, 177
2,4,6-Tris-[diphenylphosphano]- **E1**, 110
2,4,6-Tris-[triphenyl-phosphoranyliden-amino]-
    XII/1, 177

1,3,2-Diazaphosphorinan

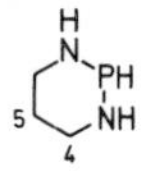

2-Acetoxy-1,3-dimethyl- **E1**, 410
2-Chlor- **E1**, 391
2-Chlor-1,3-di-tert.-butyl-4-methyl- **E1**, *192*
2-Chlor-1,3-dimethyl- **E1**, *348, 410*
2-Chlor-1,3,5,5-tetramethyl- **E1**, 63
2-Chlor-1,3,4-trimethyl-
    aus 1,3-Bis-[methylamino]-butan und Phosphor
    (III)-chlorid **E1**, **389**
1,3-Di-tert.-butyl-2-(2-methoxycarbonyl-ethyl)-
    4-methyl- **E1**, 309
1,3-Di-tert.-butyl-4-methyl- **E1**, *309*
2-Diethylamino-1,3-diphenyl- **E1**, 475
1,3-Dimethyl-2-ethoxy-4-oxo-
    aus 3-Methylamino-propansäure-methylamid/
    Triethylamin und Phosphorigsäure-dichlorid-
    ethylester **E1**, **451**
1,3-Dimethyl- ; -2-oxid **E1**, 348
    aus 2-Chlor-1,3-dimethyl-1,3,2-diazaphosphori-
    nan und Triethylamin **E1**, **348**
5,5-Dimethyl- ; -2-oxid **E1**,. *317*
1,3,4-Trimethyl- ; -2-oxid **E1**, *328*

1,3,2-Diazaphosphoniarinan

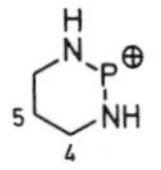

1,3,5,5-Tetramethyl- ; -hexachlorophosphat **E1**, 63

1,3,5-Diazaphosphorinan

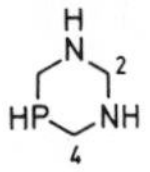

2-Methyl-5-phenyl- **E1**, 174
1,3,5-Triphenyl- **E1**, 174

1,2,3-Diphosphasilinan

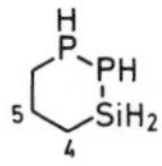

3,3-Dimethyl-1,2-diphenyl- **E1**, 238

1,3,2-Diphosphasilinan

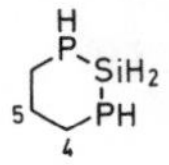

2,2-Dimethyl-1,3-diphenyl- **E1**, 145

1,3,2-Diphosphastanninan

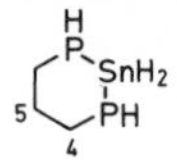

2,2-Dimethyl-1,3-diphenyl- **E1**, 145

1,2,3-Diphosphagerminan

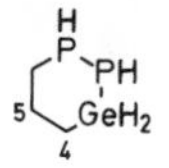

3,3-Dimethyl-1,2-diphenyl- **E1**, 238

1,3,5-Phosphadisilin

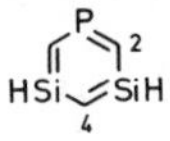

1,1,3,3,5,5-Hexaalkyl-4-(trialkyl-phosphoranyli-
    den)-3,4,5,6-tetrahydro- **E1**, 649
1,1,3,3,5,5-Hexamethyl-3,4,5,6-tetrahydro- **E1**, 650
1,1,3,3,5,5-Hexamethyl-4-trimethylphosphoranyli-
    den-3,4,5,6-tetrahydro- **E1**, 649

1,3,5,2-Dioxaphosphaborinan

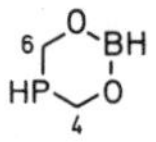

2,5-Diphenyl- **E1**, 174

1,3,5,2-Dioxaphosphasilinan

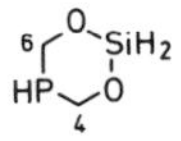

2,2-Dimethyl-5-phenyl- **E1**, 174

1,2,4,5-Tetrazin

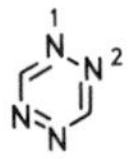

3-Ethoxy-6-phenyl-1,4,5-trimethoxycarbonyl-1,4,5,
    6-tetrahydro- **E1**, 741

1,2,4,3-Triazaphosphorinan

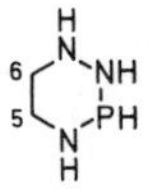

3-Diethylamino- **E1**, 479

1,3,4,6-Diazadiphosphorin

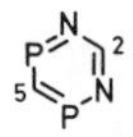

4,4,6,6-Tetraphenyl- **E1**, 624

1,2,4,5-Tetraphosphorinan

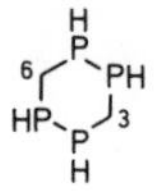

1,2,4,5-Tetraisopropyl- **E1**, 236

1,2,4,5,3-Tetraazaphosphorinan

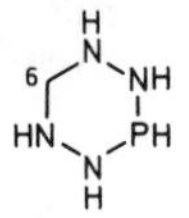

3,6-Dichlor-1,2,4,5-tetramethyl- **E1**, *370*

1,3,5,2,4,6-Trioxatriphosphorinan

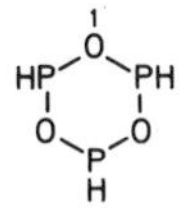

2,4,6-Triethoxy- **E1**, 399
2,4,6-Tris-[dialkylamino]- **E1**, *400*
2,4,6-Tris-[diethylamino]- **E1**, 401
2,4,6-Tris-[diisopropylamino]- **E1**, 52, 401
    aus tert.-Butylimino-diisopropylamino-phosphan
    und Schwefeldioxid **E1**, **53**

1,2,4,5,3,6-Tetraazadiphosphorinan-

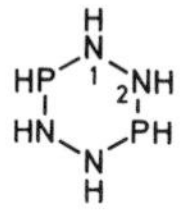

3,6-Bis-[dimethylamino]-1,2,4,5-tetramethyl- **E1**,
    479
3,6-Bis-[methylthio]-1,2,4,5-tetramethyl- **E1**, 474
3,6-Dibrom-1,2,4,5-tetramethyl- **E1**, 394
3,6-Dichlor-1,2,4,5-tetramethyl- **E1**, *64*, 394, 413,
    463, 479f.,
3,6-Dimethoxy-1,2,4,5-tetramethyl- **E1**, 463

1,2,4,5,3,6-Tetraazadiphosphoniarinan

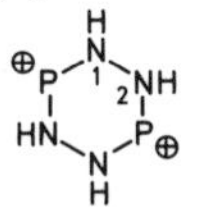

1,2,4,5-Tetramethyl- ; -bis-[tetrachloroaluminat]
    E1, 64

1,3,5,2,4,6-Triazatriphosphorinan

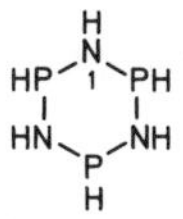

1,3-Dibrom-5-diisopropylamino- **E1**, *487*
2,4-Dibrom-6-diisopropylamino- **E1**, *487*
2,4,6-Trialkoxy- **E1**, 464f.
2,4,6-Triaryloxy- **E1**, 464f.
2,4,6-Tribrom-1,3,5-trimethyl- **E1**, *464f.*, 474, *487f.*
    aus Phosphor(III)-bromid und Heptamethyl-
    disilazan **E1**, **397**
2,4,6-Trichlor- **E1**, *474*
2,4,6-Trichlor-1,3,5-triethyl- **E1**, 398
2,4,6-Trichlor-1,3,5-trimethyl- **E1**, 397, *467, 488*
2,4,6-Trichlor-1,3,5-tris-[dimethylamino]- **E1**, 398
2,4,6-Trihalogen-1,3,5-trimethyl- **E1**, *397*, 398
2,4,6-Trihydro- ; -2,4,6-tris-oxid
    Silbersalz
        aus 2,4,6-Trioxo-1,3,5-triaza-2,4,6-triphos-
        phorinan-tetrahydrat (Natriumsalz) und Silber-
        nitrat **XII/2**, **994**
1,3,5-Trimethyl-2,4,6-tris-[diethylamino]- **E1**, *487*
2,4,6-Tris-[alkylthio]- **E1**, 474
2,4,6-Tris-[arylthio]- **E1**, 474
2,4,6-Tris-[dialkylamino]-1,3,5-trimethyl- **E1**, 487

1,3,5,2,4,6-Triazatriphosphorin

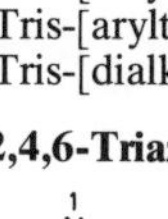

6-Phenoxy-2,2,4,4-tetraphenyl-5,6-dihydro-
    E1, 454, 455

1,3,5,2,4,6-Triazaphosphaphosphoniasilin

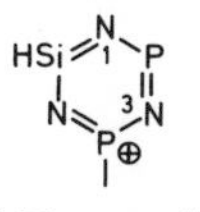

1,5,6,6-Tetramethyl-2,2,4,4-tetraphenyl-1,4,5,6-
    tetrahydro- ; -chlorid **E1**, 555

1,3,5,2,4,6-Triphosphatrigerminan

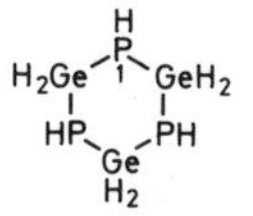

Nonaphenyl- **E1**, 144

Phosphapentasilinan

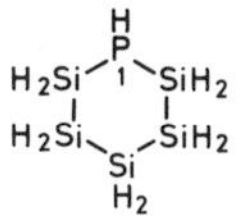

Decamethyl-1-phenyl- **E1**, 144

Tropon

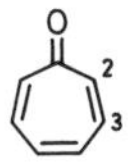

2-(1-Triphenyl-phosphoranyliden-alkyl)- **E1**, 663
2-Vinyl- **E1**, 727

1H-Phosphepin

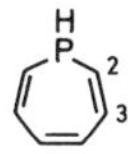

1-Phenyl-4,5-dihydro- **E1**, 121
1-Phenyl-hexahydro- **E1**, 118

1,3-Oxaphosphepan

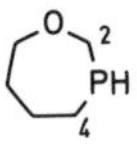

2,3-Diphenyl- **E1**, 126

1,4-Diphosphepandionium

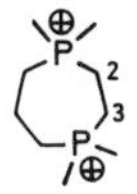

1,1,4,4-Tetrabenzyl- ; -dibromid
    aus 1,2-Bis-[dibenzylphosphano]-ethan und
    1,3-Dibrom-propan **E1**, **498**

1,3,2-Dioxaphosphepan

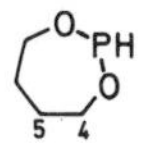

2-Chlor- **E1**, 374

1,3,5-Oxadiphosphepandionium

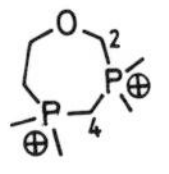

3,3,5,5-Tetraphenyl- ; -dichlorid **E1**, 496

1,3,6-Oxadiphosphepandionium

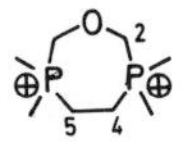

3,3,6,6-Tetraphenyl- ; -dibromid **E1**, 496

1,3,2-Diphosphasilepan

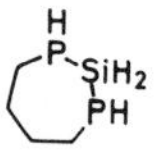

1,3-Dibutyl-2,2-dimethyl- **E1**, 145

1,2,4,5,3-Tetraazaphosphepan

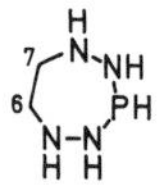

3-Diethylamino- **E1**, 479
1,5-Dimethyl-3-{2-[2-methyl-(1-methyl-hydrazino)-ethyl]-hydrazino}- **E1**, 480

Phosphahexasilepan

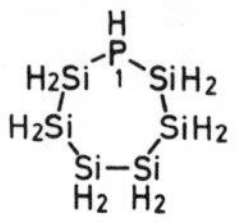

Dodecamethyl-1-phenyl- **E1**, 144

Phosphocan

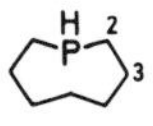

1-Phenyl- **E1**, 168
1-Phenyl- ; -1-oxid **E1**, *168*

1,5,3,7-Diphosphadigallocan

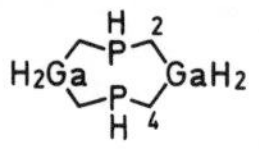

1,1,3,3,5,5,7,7-Octamethyl- **E1**, 701

1,5,3,7-Diphosphadiindinocan

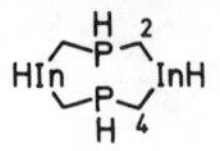

1,1,3,3,5,5,7,7-Octamethyl- **E1**, 701

1,2,4,5-Tetrasilocan

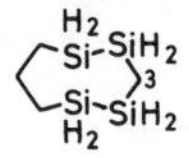

3,6-Bis-[trimethyl-phosphoranyliden]-octamethyl- **E1**, 650

1,3,5,7,2,4,6,8-Tetraaza Tetraphosphocan

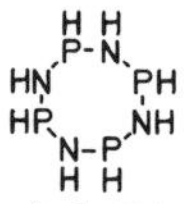

Octamethyl- **E1**, 312

1,8-Diphospha-cyclodecan

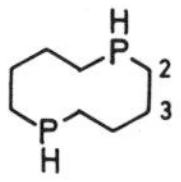

1,6-Bis-[methylen]-1,6-dimethyl- **E1**, 682

1,6-Diphosphonia-cyclodecan

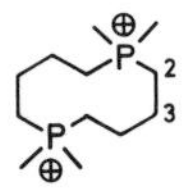

1,1,6,6-Tetrabenzyl- ; -dibromid **E1**, 497

1,3,6,8-Tetraoxa-2,7-diphospha-cyclodecan

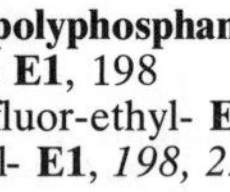

2,7-Dihydro- ; -2,7-bis-oxid **XII/2**, 25
2,7-Diphenyl- **E1**, 296

1,6,11,16-Tetraphosphonia-cycloeicosan
1,1,6,6,11,11,16,16-Octabenzyl- ; -tetrabromid **E1**, 497

Cyclopolyphosphane
Ethyl- **E1**, 198
Pentafluor-ethyl- **E1**, *350f.*
Phenyl- **E1**, *198, 224*

II. Bicyclische

Bicyclo[3.1.0]hexan

6,6-Diphenyl-3-triphenylphosphoranyliden- **E1**, 660

3-Phospha-bicyclo[3.1.0]hexan

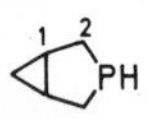

3-Methyl-6-oxo- ; -3-oxid **E1**, *168*

6-Oxa-3-phospha-bicyclo[3.1.0]-hexan

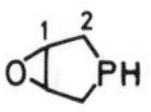

3-Methyl- **E1**, 168

Bicyclo[4.1.0]hept-2-en

1-Ethoxycarbonyl- **E1**, 709

Bicyclo[4.1.0]-hepta-2,4-dien

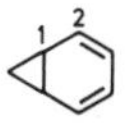

7-*exo*-Diphenylphosphoryl-7-*endo*-phenyl- **E1**,
586ff.

2,3,5,6-Tetraphospha-bicyclo[2.2.0]hexan

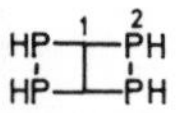

1,4-Bis-[trimethylsilyloxy]-2,3,5,6-tetraphenyl- **E1**,
234

Bicyclo[3.2.0]heptan

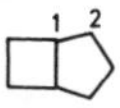

3-Triphenylphosphoranyliden- **E1**, 660

Bicyclo[3.1.1]heptan

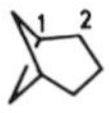

3-Triphenylphosphoranyliden- **E1**, 660

7-Oxa-8-phospha-bicyclo[4.2.0]octa-2,4-dien

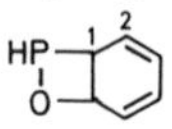

8-Isopropyloxy-6-methyl-1,3,5-triphenyl- ; -8-oxid
E1, 603

Bicyclo[3.3.0]oct-1-en

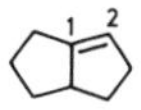

3-Oxo- **E1**, 770
   aus (Phenylimino-vinyliden)-triphenyl-phospho-
   ran und (3-Oxo-cyclopentyl)-essigsäure **E1**,
   769

Bicyclo[2.2.1]heptan

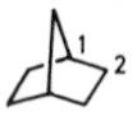

1-Triphenoxyphosphoniooxy- **E1**, 533
endo-2-Triphenylphosphonionooxy- ; -bromid **E1**,
532f.
7-Triphenylphosphoniooxy- ; -bromid **E1**, 532f.
1-Triphenylphosphonionooxy- ; -chlorid **E1**, 533
1-(Triphenoxyphosphoniono-methoxy)- **E1**, 534
1-(Triphenylphosphonionooxy-methyl)- ; -dihydro-
   genchlorid **E1**, 533

Bicyclo[2.2.1]hepten

5-(Dibutyloxy-phosphano)- **XII/1**, 329
6-Cyan-5-triphenylphosphoniono- ; -bromid
E1, 569

3H-Pyrrolizin

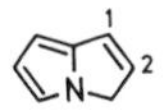

1-Phenyl-3-phenylimino- **E1**, 768

1-Phospha-bicyclo[2.2.1]heptadien

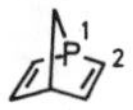

2,3,5,7,7-Pentaphenyl- **E1**, 78

7-Phospha-bicyclo[2.2.1]heptan

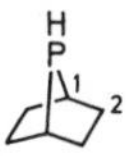

5-Cyan-5-methyl-1,4,7-triphenyl- **E1**, *17*

7-Phospha-bicyclo[2.2.1]hepten

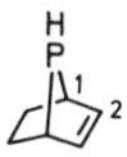

7-(5-Brom-pentyl)-2,3-dimethyl- ; -5,6-dicarbon-
   säureanhydrid- ; -7-sulfid **E1**, *298*
7-(5-Brom-pentyl)-2,3-dimethyl- ; -5,6-(dicarbon-
   säure-phenylimid)- ; -7-sulfid **E1**, *298*
7-Butyl-2,3-dimethyl- ; -5,6-dicarbonsäureanhydrid-
   ; -7-sulfid **E1**, *298*
7-Butyl-2,3-dimethyl- ; -5,6-(dicarbonsäure-
   phenylimid)- ; -7-sulfid **E1**, *298*
2,3-Dimethyl-7-phenyl- ; -5,6-dicarbonsäureanhy-
   drid- ; -7-sulfid **E1**, *298*
2,3-Dimethyl-7-phenyl- ; -5,6-(dicarbonsäure-
   phenylimid)- ; -7-sulfid **E1**, *298*

2H-⟨Cyclopent[d]-1,2-oxaphosphol⟩

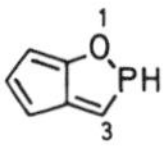

2,3,3,3a,4,5,6-Heptaphenyl-3,3a-dihydro- ; -2-oxid
E1, 589

7-Oxa-1-phospha-bicyclo[2.2.1]heptadien

2,4,6-Tri-tert.-butyl- ; -1-oxid **E1**, 99

1,4-Diphospha-bicyclo[2.2.1]heptadien

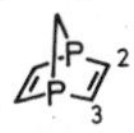

7,7-Dichlor-2,3,5,6-tetrakis-[trifluormethyl]- **E1**,
103

7-Thia-1,4-diphospha-bicyclo[2.2.1]heptadien

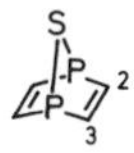

2,3,5,6-Tetrakis-[trifluormethyl]- **E1**, 103

2,3-Diaza-4-phospha-bicyclo[3.3.0]oct-1,4-dien

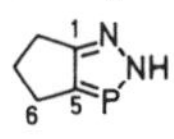

3-Methyl- **E1**, 36

3,7-Dioxa-1-aza-5-phospha-bicyclo[3.3.0]octan

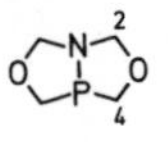

aus Bis-[2-hydroxy-ethyl]-amin und Phosphorig-
säure-tris-[dimethylamid] **E1**, **444**

1,2,6-Triaza-4-phospha-bicyclo[2.2.1]heptan

2,6-Dicyan- **E1**, 173

1,5-Diaza-3,7-diphospha-bicyclo[3.3.0]octan

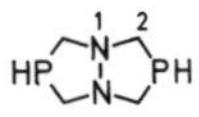

3,7-Dicyclohexyl- **E1**, 174

1,2,5,6-Tetraphospha-bicyclo[3.3.0]octan
E1, 235

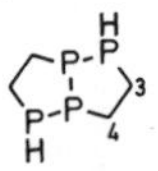

2,3,4,6,7,8-Hexaphospha-bicyclo[3.3.0]oct-1⁵-en

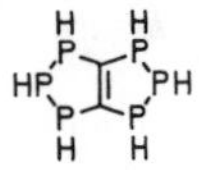

2,3,4,6,7,8-Hexamethyl- **E1**, 237

7-Oxa-2,3,5,6-tetraaza-1,4-diphospha-bicyclo
[2.2.1]heptan

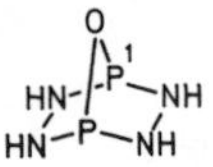

2,3,5,6-Tetramethyl- **E1**, 413

7-Thia-2,3,5,6-tetraaza-1,4-diphospha-bicyclo-
[2.2.1]heptan

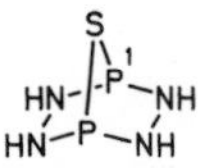

2,3,5,6-Tetramethyl- **E1**, 467

1,4-Diphospha-2,3,5,6,7-pentastanna-bicyclo[2.2.1]
heptan

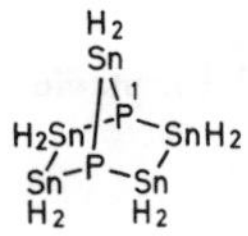

2,2,3,3,5,5,6,6,7,7-Decamethyl- 133

Bicyclo[4.3.0]non-3-en

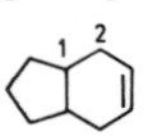

8-Triphenylphosphoranyliden- **E1**, 660

Indan

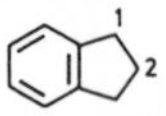

1-Triphenylphosphoranyliden- **E1**, 659

Bicyclo[3.2.1]octan

6-Ethoxycarbonyl-
aus (Ethoxycarbonyl-methylen)-triphenyl-phos-
phoran und 1,2-Epoxycyclohexan **E1**, **749**

Indolizin

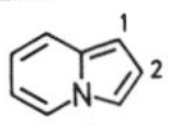

7-Ethoxycarbonyl-5,6-dihydro- **E1**, 636

1H-⟨Benzo[b]phosphol⟩

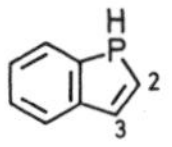

1-Ethyl-2,3-dihydro- **XII/1**, 48
1-Phenyl-3,3a,5,6-tetramethyl-3a,7a-dihydro- ; -1-
oxid **E1**, 595

1H-⟨Benzo[b]phospholium⟩

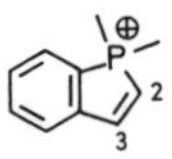

1,1-Diethyl-2,3-dihydro- ; -bromid **XII/1**, 88
1,1-Diphenyl-3-ethoxy-2-dehydro- ; -Betain **E1**,
762

2H-⟨Benzo[c]phosphol⟩

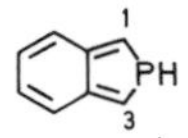

1,3-Dioxo-2-phenyl-2,3-dihydro- **E1**, 108, 150
aus Phenyl-phosphan/Kalium-carbonat und
Phthalsäure-dichlorid **E1**, **109**
2-Phenyl-1,3-dihydro- **XII/1**, 22, 48

2H-⟨Benzo[c]phospholium⟩

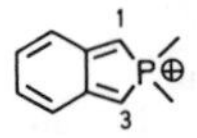

2,2-Diphenyl-1,3-dihydro- ; -bromid **XII/1**, 88; **E1**,
526
2,2-Diphenyl-1,3-dihydro- ; -perchlorat
aus Chlor-diphenyl-phosphan/Calciumcarbid und
1,2-Bis-[brommethyl]-benzol **E1**, **526**

Benzo-1,3-oxaphosphol

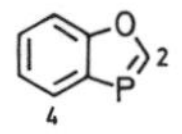

2-tert.-Butyl-
aus (2-Hydroxy-phenyl)-phosphan und 2,2-Di-
methyl-propansäure-chlorid-(4-methyl-phe-
nylimid) **E1**, **38**

Benzo-1,3-thiazol

2-(Bis-[dimethylamino]-phosphanthio)- **E1**, *465*
2-[Bis-(dimethylamino-thiocarbonylthio)-phosphan-
thio]- **E1**, 465

Benzo-1,3-thiazolium

2-Azido-3-ethyl- ; -tetrafluoroborat **E1**, 746

Benzo-1,3-thiaphosphol

2-(2-Mercapto-phenyl)- **E1**, *38f.*
2-Methyl- **E1**, 38
2-Phenyl- **E1**, 38 f.

Imidazo[1,2-a]pyridin

2-(bzw. 3)-(Triphenylphoniono-methyl)- ; -bromid
E1, 568

1H-⟨Benzo-1,3-azaphosphol⟩

3-Butyl-2,2-diethyl-2,3-dihydro- **E1**, 125
2-Methyl- **E1**, 39
2-Phenyl- **E1**, 39

Benzo-1,3,2-dioxaphosphol

2-Acetoxy- **E1**, *417*
2-Acyloxy- **E1**, 401
2-Benzyloxy- **XII/2**, 68
2-Brom- **XII/2**, 50
2-Chlor- **XII/1**, 51, 62, *68f., 121, 124, 496*; **XII/2**,
50, **E1**, 377f.
aus Brenzkatechin und Phosphor(III)-chlorid
XII/2, 49
2-(2-Chlor-ethoxy)- **XII/2**, 69, 75
2-Chlor-5-methyl- **XII/2**, *133*
2-Chlor-7-methyl- **XII/2**, 50
2-Cyclohexyloxy- **XII/2**, 68
2-(Dialkoxy-phosphanoxy)- **XII/2**, 124
2-Dialkylamino- **E1**, *403*
2-Dialkylamino- **E1**, 443
2-(Diethoxy-thiophosphoryloxy)- **XII/2**, 121
2-Dimethylamino- **E1**, *403*
2-Ethoxy- **XII/2**, 68
2-Fluor- **E1**, 377
2-(2-Hydroxy-phenoxy)- **XII/2**, 49, 60, 62
2-Phenoxy- **XII/2**, 62
2-Phenyl- **E1**, 294
2,4,6-Tri-tert.-butyl- ; -2-oxid **E1**, 54
2,2,2-Trichlor- **E1**, *378*

Benzo-1,3,2-oxathiaphosphol

2-Methyl-
aus 2-Mercapto-phenol/Triethylamin und Dichlor-methyl-phosphan **E1**, **299**

Benzo-1,3,2-oxazaphosphol

3-Acetyl-2-brom-2,3-dihydro- **E1**, 383
3-Acetyl-2-chlor-2,3-dihydro- **E1**, 380
3-Acetyl-2-diethylamino-2,3-dihydro- **E1**, *383*
3-Acetyl-2-methyl-2,3-dihydro-
aus 2-Acetylamino-phenol/Triethylamin und
Dichlor-methyl-phosphan **E1**, **300**
3-Acetyl-2-phenyl-2,3-dihydro- **E1**, 300
2-Alkoxy-2,3-dihydro- **E1**, 442
2-Amino-2,3-dihydro- **E1**, *383*
2-Amino-2,3-dihydro- **E1**, *383*, 451
2-Aryloxy-2,3-dihydro- **E1**, *379*
2-Arylthio-2,3-dihydro- **E1**, *379*
3-(Bis-[diethylamino]-phosphano)-2-diethylamino-
2,3-dihydro-
aus Phosphorigsäure-tris-[diethylamid] und 2-
Amino-phenol **E1**, **459**
3-(Bis-[dialkylamino]-phosphano)-2,3-dihydro- **E1**,
455
2-Chlor-2,3-dihydro- **E1**, *379, 452*
2-Diethylamino-2,3-dihydro-
aus 2-Amino-phenol/Triethylamin und Phosphorigsäure-dichlorid-diethylamid **E1**, **452**
aus 2-Chlor-2,3-dihydro-⟨benzo-1,3,2-oxaza-
phosphol⟩ und Diethylamin **E1**, **452**
3-(Diethylamino-propyloxy-phosphano)-2-propyl-
oxy-2,3-dihydro- **E1**, 440
2,3-Dimethyl-2,3-dihydro-
aus 2-Methylamino-phenol und Bis-[dimethyl-
amino]-methyl-phosphan **E1**, **302**
2-Silylamino-2,3-dihydro- **E1**, *383*
3-Trimethylsilyl-2,3-dihydro- **E1**, 455

Benzo-1,3,2-dithiaphosphol

2-Chlor- **E1**, 386
2-Chlor-5-methyl- **E1**, 386
2-Dialkylamino- **E1**, *449*
2,5-Dimethyl- **E1**, 305
2-Dimethylamino- **E1**, 471
2-Methoxy- **E1**, 449

Benzo-1,3,2-thiazaphosphol

2-Chlor-3-methyl-2,3-dihydro- **E1**, 473
2-Diethylamino-3-methyl-2,3-dihydro- **E1**, 473
2-Methyl-2,3-dihydro- **E1**, 306 f.

1H-⟨Benztriazol⟩

1-(Tris-[dimethylamino]-phosphoniono-methyl)- ;
-hexafluorophosphat **E1**, 554

3,7-Dioxa-1-phospha-bicyclo[3.3.1]nonan

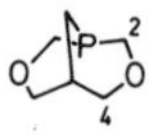

2,8-Diphenyl-9-isopropyl- **E1**, 124

2,6,7-Trioxa-1-phospha-bicyclo[2.2.2]octan

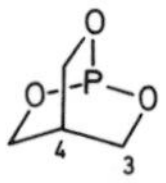

4-Ethyl- **XII/2**, *285 f.*
   aus 1,1,1-Tris-[hydroxymethyl]-propan, Trieth-
   oxy-phosphan und Triethylamin **XII/2**, **78**
4-Methyl- **XII/2**, 57, **E1**, 417

2,10-Dioxa-6-aza-1-phospha-bicyclo[4.4.0]decan
   E1, 444

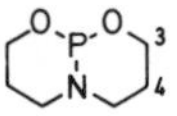

   aus Bis-[3-hydroxy-propyl]-amin und Phospho-
   rigsäure-tris-[diethylamid] **E1**, **444**

2,6,7-Trioxa-1,4-diphospha-bicyclo[2.2.2]octan
   E1, 173

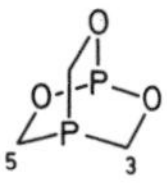

2,3,5,6-Tetraaza-1,4-diphospha-bicyclo[2.2.2]octan

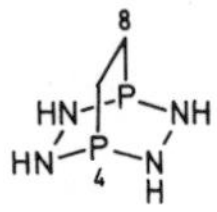

2,3,5,6,7,8-Hexamethyl- **E1**, *370*

**2,4,6,8,9-Pentaaza-1,3,5,7-tetraphospha-bicyclo-
[3.3.1]nonan**

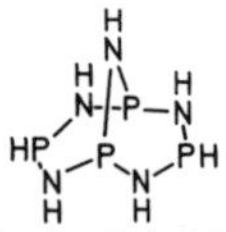

3,7-Dibrom-2,4,6,8,9-pentamethyl-
   aus 2,4,6-Tribrom-1,3,5-trimethyl-1,3,5,2,4,6-

triazatriphosphorinan und Heptamethyldisilazan
E1, 488
3,7-Dichlor-2,4,6,8,9-pentamethyl- **E1**, 488

**2,3,5,6,7,8-Hexaaza-1,4-diphospha-bicyclo[2.2.2]
octan**

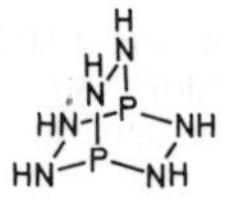

2,3,5,6,7,8-Hexamethyl- **E1**, *394*, 480

7H-⟨Benzocycloheptatrien⟩

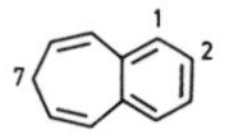

7-(Diphenyl-methylen)-
   aus (a-Diazo-benzyl)-diphenyl-phosphanoxid und
   Benzo[d]tropon **E1**, **588**

1H-⟨Benzo[c]azepin⟩

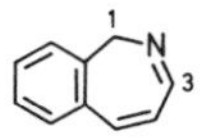

1,3-Dioxo-2-phenyl-2,3-dihydro- **E1**, 770

1H-⟨Benzo[c]phosphepinium⟩

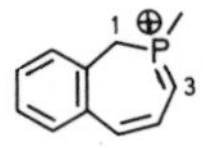

2,2-Diphenyl-5-oxo-2,3,4,5-tetrahydro- ; -hexa-
fluorophosphat **E1**, 571

1H-⟨Benzo[f]-1,3-azaphosphepin⟩

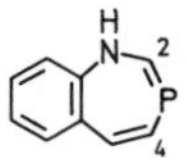

2-Ethyl-2-methyl-2,3,4,5-tetrahydro- **E1**, 126

Benzo-1,4,8-triphosphacycloundec-2-en

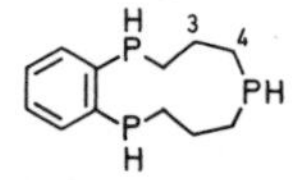

1,5,9-Triphenyl- **E1**, 137

III. Tricyclische

1,4-Diphospha-tricyclo[2.1.1.0⁵·⁶]hex-2-en

2,3,5,6-Tetrakis-[trifluormethyl]- **E1**, 104

Tricyclo[2.2.1.0²·⁶]heptan

exo-3-Chlor-*endo*-5-(chlor-methyl-phosphino)- **E1**,
252

Tricyclo[3.2.1.0¹·³]octan

2-Methyl-4-oxo- **E1**, 708

**2,4,6,8,9,10-Hexaaza-1,3,5,7-tetraphospha-tri-
cyclo[5.1.1.1³·⁵]decan**

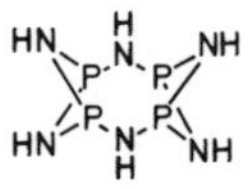

2,4,6,8,9,10-Hexaisopropyl- **E1**, 485

1,3,4,6,8,9-Hexaaza-2,7-diphospha-tricyclo[5.3.0.0²,⁶]deca-4,9-dien

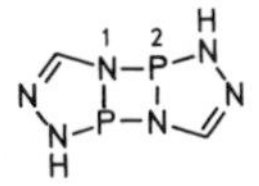

3,8-Dimethyl-5,10-diphenyl-2,2,7,7-tetrachlor- **E1**, *56*

4-Phospha-tricyclo[3.3.1.0³,⁸]non-6-en

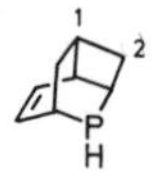

4-Methyl-3,5,7-triphenyl- ; -4-oxid **E1**, 812

Benzo-7-phospha-bicyclo[2.2.1]heptadien

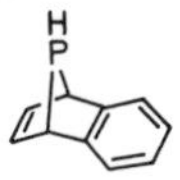

1,6,7,8,9-Pentaphenyl- ; -9-oxid **E1**, *55*

1,3,7-Triaza-5-phospha-tricyclo[3.3.1.1³,⁷]decan
E1, 173

Fluoren

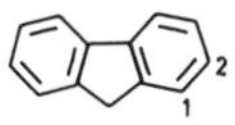

9-Triphenylphosphoranyliden- **XII/1**, *121*

Acenaphthylen

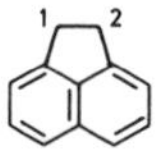

1-Triphenylphosphoranyliden- **E1**, 659

5H-⟨Indolo[3,2-c]phosphorin⟩

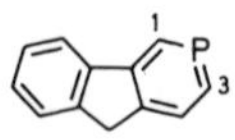

2-Phenyl-1,2,3,4-tetrahydro- **E1**, 175

5H-⟨Indolo[2,3-c]phosphorin⟩

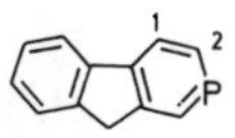

3-tert.-Butyl-3-ethoxy-5-ethyl-1-phenyl- **E1**, *87*
3-tert.-Butyl-3-methoxy-5-methyl-1-phenyl- **E1**, *87*
3-tert.-Butyl-3-methoxy-1-phenyl-
   aus 3-tert.-Butyl-3-oxo-1-phenyl-3,4-dihydro-
   5H-⟨indolo[2,3-c]-λ⁵-phosphorin⟩-3-oxid und
   Trimethyloxonium-tetrafluoroborat **E1**, **798**
3-tert.-Butyl-1-phenyl-3,4-dihydro- ; -3-oxid **E1**,
   798
5-Ethyl- **E1**, 87
5-Methyl- **E1**, 87

5H-⟨Dibenzophosphol⟩ E1, 18

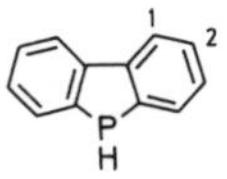

5-Acetyl- **E1**, 110
5-Phenyl- **XII/1**, 61; **E1**, 18
5-Phenyl- ; -5-oxid **XII/1**, 163
5-(2-Thienyl)- **E1**, 154
5-Trifluoracetyl- **E1**, 110

10-Oxa-5,11-diphospha-tricyclo[5.2.2.0²,⁶]undeca-3,8-dien

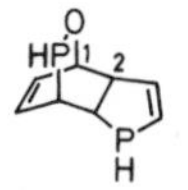

5,10-Diphenyl-2,3,8,9-tetramethyl- ; -5,10-bis-
   oxid **E1**, 595

13-Phospha-tricyclo[6.4.1.0⁴,¹³]tridecan
E1, 116

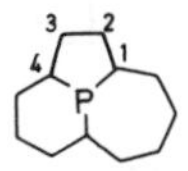

5H-⟨Benzo[d]-cyclopent[f]-1,2-oxaphosphepin⟩

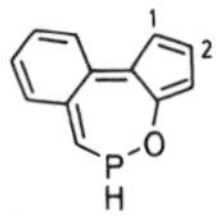

1,2,3,5,6,6-Hexaphenyl-6,6a-dihydro- **E1**, 590

Anthracen

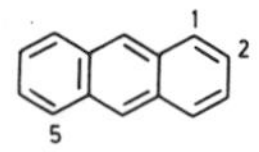

9,10-Bis-[(tert.-butylamino-diphenyl-phosphoniono)-
   methyl]- ; -dichlorid **E1**, 527

2H-⟨Benzo[f]chromen⟩

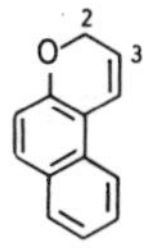

2-Oxo- **E1**, 768
2-Oxo-3-triphenylphosphoranyliden-3,4-dihydro-
   E1, 768
2-Phenylimino- **E1**, 768
2-Thioxo-3-triphenylphosphoranyliden-3,4-di-
   hydro- **E1**, 768

Naphtho[1,2-b]phosphorin

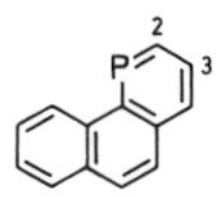

2-tert.-Butyl-4-phenyl-
   aus 2-tert.-Butyl-4-phenyl-⟨naphtho-[1,2-b]-
   pyrylium⟩-tetrafluoroborat und Tris-[hydroxy-
   methyl]-phosphan **E1**, 74

Dibenzo[b;d]phosphorin
   E1, 80

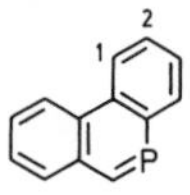

5-Benzyl-6-phenyl-5,6-dihydro- **E1**, *83*
5-Benzyl-6-phenyl-5,6-dihydro- ; -5-sulfid **E1**, *83*
5-Chlor-5,6-dihydro- **E1**, *80*
6-Phenyl- **E1**, 80, 83

⟨**Dibenzo[b;e]-phosphorin**⟩
   E1, 80

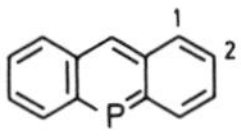

5-Benzyl-5-phenyl- **E1**, *804*
5-Chlor-5,10-dihydro- **E1**, *80*
5-Chlor-10-methyl-5,10-dihydro- **E1**, *80*
10-Methyl-5,10-dihydro- **E1**, 80
10-Phenyl-
  aus 5-Chlor-10-phenyl-5,10-dihydro-⟨dibenzo[a;
  e]-λ^3-phosphorin/ und DMF/DBN **E1**, **80**
5-Phenyl-5,10-dihydro- ; -10-oxid **E1**, 167

13-Phospha-tricyclo[7.3.1.0^{5,13}]tridecan
   E1, 116

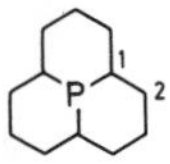

**5-Phospha-tricyclo[7.3.1.0^{5,13}]tridecen-1^{13},9,11-
trien**

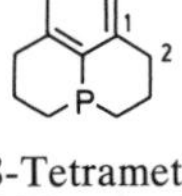

2,2,8,8-Tetramethyl- **E1**, 168
2,2,8,8-Tetramethyl- ; -5-oxid **E1**, *168*

3H-⟨Naphtho[2,1-b]-1,4-oxazin⟩

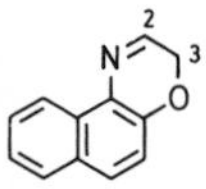

3-Phenylimino- **E1**, 768

10H-⟨Dibenzo-1,4-oxaphosphorin⟩

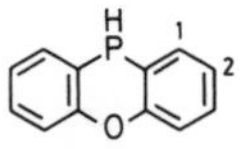

10-Phenyl- **XII/1**, 42

Phenophosphazin

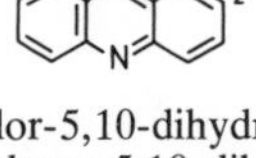

10-Chlor-5,10-dihydro- **XII/1**, 199
10-Hydroxy-5,10-dihydro- **XII/1**, *199, 222*
  aus Diphenylamin und Phosphor(III)-chlorid
   XII/1, **194**

Dibenzo-1,2-azaphosphorin

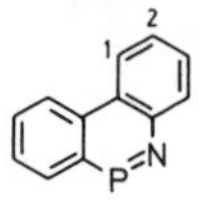

6-Chlor-5,6-dihydro- **XII/1**, *334*
6-Hydroxy-5,6-dihydro- **XII/1**, 334
6-Phenyl-5,6-dihydro- **XII/1**, 215, *264*

Dibenzo-1,4-diphosphorin

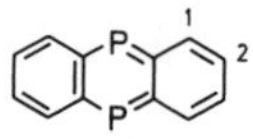

5,10-Diphenyl-5,10-dihydro- **E1**, 235

**1,8-Diphospha-tricyclo[6.2.2.0^{2,7}]dodeca-9,11-
dien**

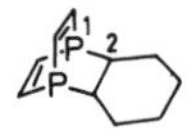

9,10,11,12-Tetrakis-[trifluormethyl]- **E1**, 103

2,4,8-Trioxa-6-phospha-adamantan

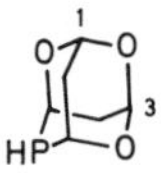

1,3,5,7-Tetramethyl- **XII/1**, 30

1,3,7-Triazo-5-phosphonia-adamantan

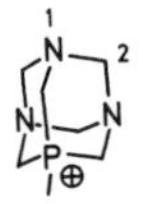

5-Methyl- ; -jodid **E1**, 560

2,3,5,7,8,9-Hexaaza-1-phospha-adamantan
   E1, 480

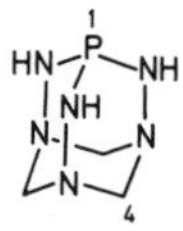

**2,4,6,8,9,10-Hexaaza-1,3,5,7-tetraphospha-adaman-
tan**

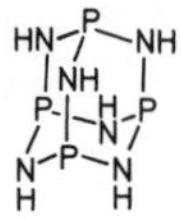

2,4,6,8,9,10-Hexakis-[dimethylamino]- **E1**, 480,
488
2,4,6,8,9,10-Hexamethyl- **E1**, 488

5H-⟨Dibenzo[a;c]cycloheptatrien⟩

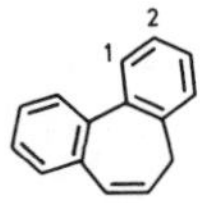

5-Triphenylphosphoranyliden-6,7-dihydro- **E1**, 659

Cyclohept[d,e]naphthalin

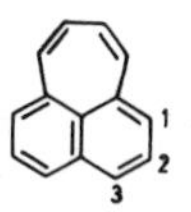

8-Triphenylphosphoranyliden-7,8,9,10-tetrahydro-
E1, 657

5H-⟨Dibenzo[b;f]phosphepin⟩

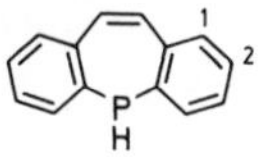

5-Phenyl-10,11-dihydro- **XII/1**, 42

Naphtho-[1,8]-1,3,2-dioxaphosphorin

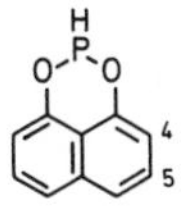

2-Chlor- **E1**, 374

Dibenzo[a;c]cyclooctatetraen

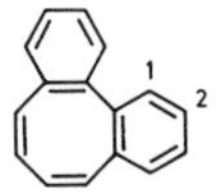

6-Triphenylphosphoranyliden-5,6,7,8-tetrahydro-
E1, 657

11H-⟨Dibenzo-1,2,5,7,6-dithiadiazaphosphorin⟩
E1, 61

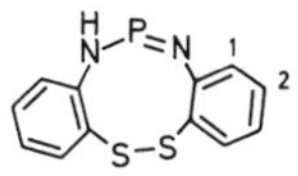

IV. Tetracyclische

2,5-Diphospha-tetracyclo[4.4.0.0²,⁴.0³,⁵]dec-8-en

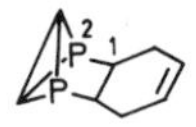

8,9-Dimethyl-1,3,4,6-tetrakis-[trifluormethyl]-
E1, 104

4-Phospha-tetracyclo[3.2.1.0²,⁶,0³,⁸]octan

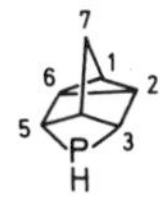

4,4-Dichlor-4-methyl **E1**, *252*

Cyclopent[f;g]acenaphthen

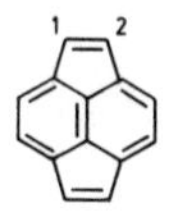

1-Triphenylphosphoranyliden-1,2,5,6-tetrahydro-
E1, 659

Phenanthro-[9,10-d]-1,3,2-dioxaphosphol

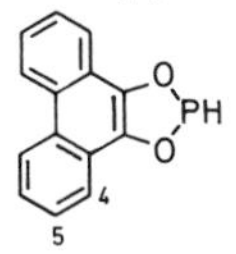

2-tert.-Butyl- ; -2-oxid **E1**, 54

Benzo[c]phenanthren

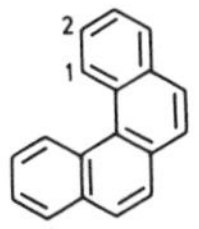

2,11-Bis-{[bis-(3-methyl-phenyl)-phosphano]-
methyl}- **E1**, 137

Tribenzo-1,4-diphospha-tricyclo[2.2.2]octatrien
E1, 137

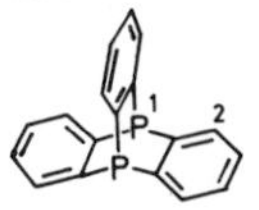

V. Pentacyclische

**11-Oxa-3,6-diphospha-pentacyclo[6.2.1.0²,⁷.
0³,⁵.0⁴,⁶]undec-9-en**

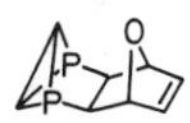

Tetrakis-[trifluormethyl]- **E1**, 104

Dinaphtho[1,2-b; 2,1-e]phosphorin

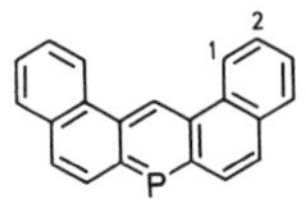

7-Phenyl-**E1**, 75

C. Bi-aryl-, Bi-alkyl-Verbindungen

Bi-cyclopropyl

3-Ethoxycarbonyl-2,2,2',2',3'-pentamethyl- **E1**, 707

1,1'-Bi-cyclobutenyl

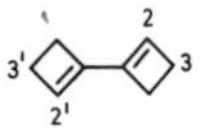

2,2'-Bis-[diphenylphosphano]-octachlor- **E1**, 107

1,1'-Bi-phospholanyl

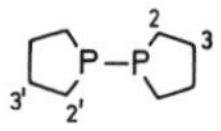

-1,1'-bis-sulfid 219

Biphenyl

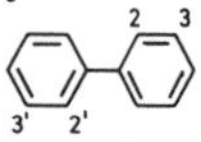

2,2'-Bis-[diethylphosphano]- **E1**, 154
4,4'-Bis-[diphenylphosphano]-**E1**, 155

4,4'-Bi-phosphorinyl

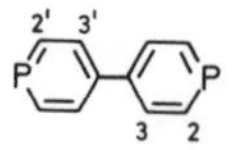

2,2',6,6'-Tetraphenyl – **E1**, 84

1,1',4,4'-Tetrahydro-4,4'-bi-phosphorinyliden

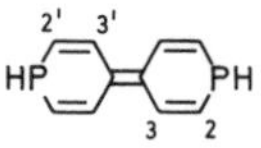

1,4-Dibenzyl-2,2',6,6'-tetraphenyl- **E1**, *84*

2,2'-Bi-(1,3,2-diazaphosphorinan-yl)

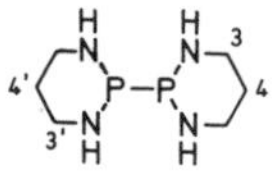

3,3'-Dimethyl-1,1',3,3'-tetra-tert.-butyl – **E1**, 192

D. Spirocyclische Verbindungen (s.a. Sachreg. Bd. E2)

Spiro[2.2]-1-penten

4,5-(Di-2-naphthyl)-1,2-diphenyl- **E1**, 708

Spiro[2.4]heptan

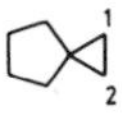

trans-1,2-Dimethoxycarbonyl- **E1**, 708
trans-2-Methoxycarbonyl-1-(2-methyl-propenyl)-
   E1 708

Spiro[2.4]-4,6-heptadien

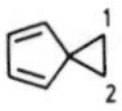

1,2,7-Trimethyl-4,5,6-triphenyl- **E1**, 707

Cyclopropan-⟨spiro-9⟩-fluoren

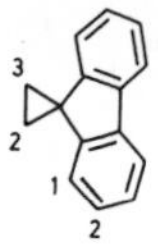

2,3-Dipropyl- ; - **E1**, 707

Thiiran-⟨spiro-2⟩-adamantan E1, 736

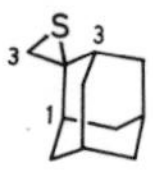

Spiro[2.5]octan

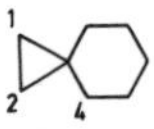

2-(2-Methyl-1-propenyl)-4-oxo- **E1**, 708

Spiro[3.3]heptan

2-Triphenylphosphoranyliden- **E1**, 660

1-Oxa-4-phospha-spiro[4.4]nonan

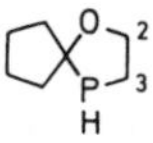

4-Phenyl- **E1**, 125

1,4,6,9-Tetraoxa-5-phospha-spiro[4.4]nona-2,7-dien

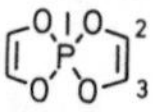

2,3,5,7,8-Pentaphenyl – **E1**, 19

1,4,6-Trioxa-9-aza-5-phospha-spiro[4.4]nonan

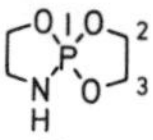

5-Hydro-7-oxo- **E1**, *445*

**1,3,2-Dioxaphospholan-⟨2-spiro-2⟩-2,3-dihydro-
⟨benzo-1,3,2-oxazaphosphol⟩ E1**, 445

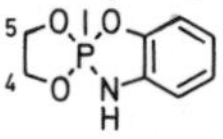

1,3,2-Dioxaphospholan-⟨2-spiro-8⟩-7-oxa-9-aza-8-phospha-bicyclo[4.3.0]nonan E1, *459*

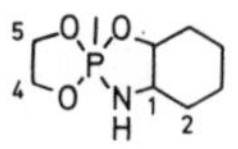

5H-1,6-Dioxa-9,9-diaza-5-phospha-spiro[4.4]decan E1, *338*

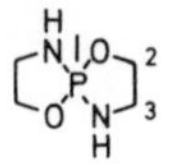

4,9-Dimethyl- **E1**, 444
2,7-Diphenyl-3,4,8,9-tetramethyl- **E1**, *320*

5H-⟨Dibenzo-λ^5-phosphol⟩-⟨5-spiro-1⟩-λ^5-phosphorin

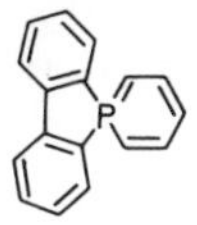

2,4,6-Triphenyl- ;-
aus 2,4,6-Triphenyl-λ^3-phosphorin und Biphenyl-2,2'-diyl-quecksilber **E1, 792**

⟨Benzo-1,3,2-dioxaphospholan⟩-⟨2-spiro-1⟩--λ^5-phosphorin

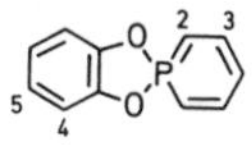

- ; - -2,4,6-triphenyl- **E1**, 796

1,3,2-Oxazaphospholan-⟨2-spiro-1⟩- λ^5-phosphorin

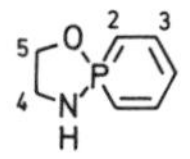

3-Methyl- ; -2,4,6-triphenyl- **E1**, 796

1,3,2-Dithiaphospholan-⟨2-spiro-1⟩-λ^5-phosphorin

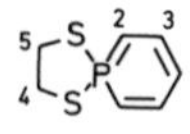

- ; - 2,4,6-triphenyl- **E1**, 803

1,3,2-Diazaphospholan-⟨2-spiro-1⟩-λ^5-phosphorin

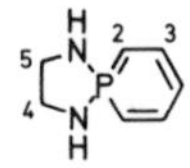

1,3-Dimethyl- ; -2,4,6-triphenyl- E1, 796
4-Methyl- ; -2,4,6-triphenyl- **E1**, 796
- ; -2,4,6-triphenyl- **E1**, 796, 803

1,3,2-Dithiaphosphorinan-⟨2-spiro-1⟩-λ^5-phosphorin

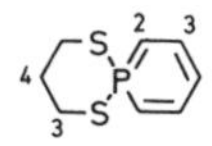

- ; - 2,4,6-triphenyl- **E1**, *89*

1-Aza-5-phospha-spiro[5.5]undecan

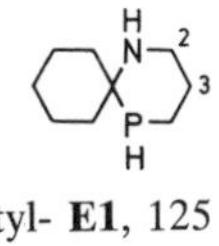

5-Butyl- **E1**, 125

2,4,8,10-Tetraoxa-3,9-diphospha-spiro[5.5]undecan

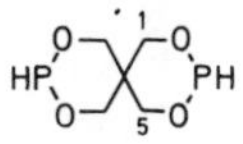

3,9-Dichlor- **XII/2**, 48
3,9-Diethoxy- **XII/2**, 67 (Tab.)

1,2,3,4-Tetrahydro-⟨benzo[b[phosphorinium⟩-⟨1-spiro-1⟩-1,2,3,4-tetrahydro-⟨benzo[b]phosphorinium⟩

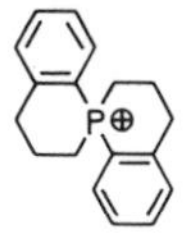

-bromid **XII/1**, 88

9,10-Dihydro-phosphazinium-⟨10-spiro-10⟩-9,10-dihydro-phosphazinium

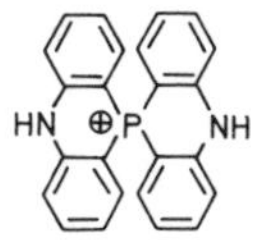

-chlorid **E1**, 528

Spiro-λ^5-phosphorine

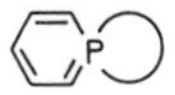

aus 2,4,6-Triaryl-λ^3-phosphorin und Diol, Amino-alkohol bzw. Diamin/Quecksilberacetat **E1**, 795

Spiro[2.2]pentan-⟨1-spiro-9⟩-fluoren

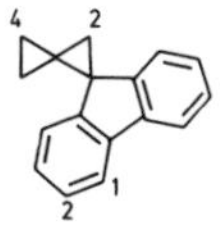

2-Propyl- ; - **E1**, 708

13,15-Dioxo-4-phospha-dispiro[5.0.5.3]pentadecan

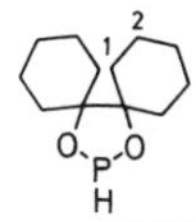

14-Ethoxy- **XII/2**, 67

2,4,11,13-Tetraoxa-3,12-diphospha-dispiro[5.2.5.2]pentadecan

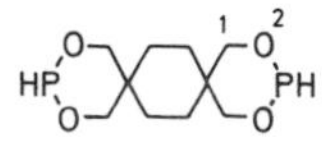

3,12-Dichlor- **E1**, 374

E. Allgemeine Begriffe, Trivialnamen, Namensreaktionen

Adenosin
5'-O-Dihydroxyphosphano-2,3'-O-isopropyliden-
  XII/2, 5

Anti-Bredt-Regel E1, 718

Berry-Pseudorotation E1, 6

BOP-Reagenz E1, 554

Buckler-Rotation E1, 162

Carbonylolefinierung
Anwendungsbreite **E1**, 717 ff.
Mechanismus **E1**, 713 ff.
Stereochemie **E1**, 713 ff.

DIOP
  aus 1,3 g Triphenyl-phosphan/Kalium/Natrium
  und trans-4,5-Bis-[tosyloxy-methyl]-2,2-di-
  methyl-1,3-dioxolan **E1**, **140**

Galaktopyranosid
1,2;3,4-Bis-O-isopropyliden-6-diphenyl-phosphano-
  6-deoxy- **E1**, 140

Glucitol
Bis-[dihydroxyphosphano]-1,4;3,6-dianhydro-
  E1, 319

Mannitol
Bis-[dihydroxy-phosphano]-1,4; 3,6-bis-anhydro-
  E1, 319

Peoc-Schutzgruppe
  E1, 561

Phosphonioethylierung
  mit Tributyl-vinyl-phosphonium-bromid **E1**, **566**

SCOOPY-1Reaktion
  E1, 716

trans-**Stilben**
  aus Benzyl-triphenyl-phosphonium-chlorid/
    Butyl-lithium und Schwefel **E1**, 736

Turnstile Rotation
  E1, 6

Westheimer-Regeln
  E1, 714

Abkürzungen
für den Text der präparativen Vorschriften
und der Fußnoten[1]

Abb. .... Abbildung
abs. .... absolut
asymm. .... asymmetrisch
bez. .... bezogen
bzw. .... beziehungsweise
cycl. .... cyclisch
g .... Gramm
ges. .... gesättigt
konz. .... konzentriert
i. Vak. .... im Vakuum
l .... Liter
M (als Konzen-
   trationsangabe) ... molar
mg .... Milligramm
Min .... Minute
ml .... Milliliter
N .... normal
organ. .... organisch
prim. .... primär
racem. .... racemisch
s. .... siehe
S. .... Seite

s. a. .... siehe auch
Schmp. .... Schmelzpunkt
Sdp. .... Siedepunkt
sek. .... sekundär
Sek. .... Sekunde
s. o. .... siehe oben
spez. .... spezifisch
Stde., Stdn., stdg. .... Stunde, Stunden, stündig
s. u. .... siehe unten
Subl. p. .... Sublimationspunkt
symm. .... symmetrisch
Tab. .... Tabelle
Temp. .... Temperatur
tert. .... tertiär
theor. .... theoretisch
usw. .... und so weiter
verd. .... verdünnt
vgl. .... vergleiche
vic. .... vicinal
Zers. .... Zersetzung
Δ .... Erhitzung
~ .... etwa, ungefähr

---

[1] Alle Temperaturangaben beziehen sich auf Grad Celsius, falls nicht anders vermerkt.